为从事专业五十年而著

猪病学

（第三版）

宣长和 马春全 陈志宝
韩一超 武 瑞 等主编

中国农业大学出版社

图书在版编目（CIP）数据

猪病学／宣长和，等主编．--3版．--北京：中国农业大学出版社，2010.3
ISBN 978-7-81117-697-1

Ⅰ．①猪… Ⅱ．①宣… Ⅲ．①猪病－防治 Ⅳ．①S858.28

中国版本图书馆CIP数据核字（2010）第004100号

书　名　猪病学（第三版）
作　者　宣长和　马春全　陈志宝　韩一超　武瑞　等主编

策划编辑　董夫才　赵中　　　责任编辑　李少莉
责任校对　李晓东　王旭辉
出版发行　中国农业大学出版社
社　址　北京市海淀区圆明园西路2号　　　邮政编码　100193
电　话　发行部 010-62731190，2620　　　读者服务部 010-62732336 62817526
　　　　编辑部 010-62732617，2618　　　出　版　部 010-62733440
网　址　http://www.cau.edu.cn/caup　　　e-mail　cbsszs@cau.edu.cn
经　销　新华书店
印　刷　北京天成印务有限责任公司
版　次　2010年3月第3版　　2010年3月第1次印刷
规　格　889×1194　16开本　66.5印张　1 790千字　彩插64
定　价　398.00元

内容简介

本书文字1790千字，图片968幅。共9篇，第一篇总论系统地介绍了疾病的概念、病因学、发病学、诊断方法、疾病治疗与预防的控制策略。第二篇传染病，首先介绍了传染病基本特征、流行过程三个基本环节以及猪传染病诊断、治疗、防疫措施及种群净化和疫病根除。然后以病毒、细菌、真菌、衣原体与螺旋体进行分类，并分别概述了各类病原形态、结构、化学特点的基础上，去认识病毒、细菌等微生物的生命体如何在宿主体内外生长繁殖、抵抗力、致病性、免疫性等特性及致病于动物机体的奥秘，同时对各类传染病的发生发展共同规律作了概述。便于续者由浅入深的理解、掌握、运用各种传染病防治等技术措施，从而提高诊治水平，其中病毒性传染病28种、细菌性传染病34种。第三篇寄生虫病介绍了寄生虫与宿主、寄生虫感染宿主的途径及对宿主机体的影响、流行病学和地理分布、寄生虫的命名和分类、诊断和综合防治措施，寄生虫病19种。第四篇内科病分别介绍了消化器官疾病11种、呼吸器官疾病20种、泌尿器官疾病8种、心血管系统疾病6种、神经系统疾病5种、营养代谢病15种、中毒性疾病13种，每大类疾病均从生理解剖学方面阐述其发病机制，为诊治提供理论基础。第五篇介绍了外科手术方法及常见外科病。第六篇繁殖类疾病，介绍了生殖器官解剖及生理和常见繁殖类疾病。第七篇概述了猪病综合征在我国发生、流行、危害、控制的基本措施，然后介绍猪腹泻（下痢）、猪呼吸道疾病、猪繁殖障碍、猪免疫障碍、猪高热、母猪无乳、猪应激综合征等的鉴别诊断、防治综合措施。第八篇介绍病理学基础知识与术语、尸体剖检技术、尸体检查以及如何利用病理学的基本理论和技术提高剖检工作的质量做好鉴别诊断。第九篇药物学首先概述了药物对机体的作用与机体对药物的作用和影响药物作用的因素；然后较详尽分别阐述了磺胺药、苄氨嘧啶类、喹诺酮类、喹啉类、抗真菌类等抗微生物药和防腐消毒药及其合理应用；对作用于血液循环、呼吸、消化、生殖、神经系统药，解热镇痛抗炎，中枢神经兴奋药和抑制药以及解毒药应用亦作了全面叙述；介绍常用药百十种，并含药物的配伍禁忌。

编委名单

主　编　宣长和　马春全　陈志宝　韩一超　武　瑞　葛利江　朱战波　梁　洋　徐　军　许连祥　孟庆红　许春林　张力文

副主编　（以姓氏笔画为序）

于　海　万清山　王山宏　王廷斌　王　燕　方　朴　尤显红　刘旭芸　刘　薇　刘琦玮　叶维民　孙运刚　孙平清　孙江才　马世良　冯志达　李　海　司建成　李德锋　苏胜华　仰国盛　全双军　迟玉东　何　晶　陆书峰　张景伟　张弥申　张玉英　武立文　完善春　赵传毅　赵小彦　柳敦发　高　芳　陈　锦　郭廷君　郭艳清　曹　峰　韩文龙　韩必忠　桑学波　谢　东　谢红霞

主　审　孙福先　张桂红　陈建熬　王相友　贾东平　崔玉东　孙　斌　李士泽　王　新

审　校　卫广森　王瑞久　林春驿　王亚军　张洪友　周瑞君　耿国富

策划＼摄影及组织切片编辑　任凤兰　周　景　冯悦萍　郗文莉　吴海燕

编　者　（按章节顺序排序）

第一篇　总论
梁　洋

第二篇　传染病
崔玉东　朱战波　孙　斌　王　新

第一章　传染病总论／韩一超

第二章　病毒性传染病／韩一超　赵传毅　许连祥　王山宏　刘琦玮　张景伟

第三章　细菌性传染病／完善春　张景伟　叶维民　韩必忠　李　海　孙江才

第四章　支原体性传染病／孙运刚　迟玉东　冯志达

第五章　真菌性传染病／李德锋　桑学波

第六章　猪衣原体与螺旋体性传染病／许连祥　韩文龙

第三篇　寄生虫病
陈建熬

第一章　总论／孙平清　苏圣华

第二章　绦虫病和吸虫病／许连祥　尤显红　韩必忠

第三章　线虫病／马世良

第四章　原虫病／赵传毅　赵小彦

第五章　外寄生虫病／郭廷君　高　芳

第四篇　内科病
武　瑞　贾东平　李士泽　仰国盛

第一章　消化器官疾病／武立文　许春林

第二章　呼吸器官疾病／孟庆红　何　晶

第三章　泌尿器官疾病／陆书峰　高　芳

第四章　心血管系统疾病／何　晶　张玉英

第五章　神经系统疾病／方　朴　陈　锦

第六章　营养代谢性疾病病／司建成　王廷斌

第七章　中毒性疾病／刘　薇　柳敦发　曹　峰

第五篇　外科手术及外科病
于　海　王相友

第一章　外科手术／谢　东　刘旭芸

第二章　外科病／何　晶　刘旭芸

第六篇　繁殖类疾病
葛利江　李士泽

第一章　生殖器官解剖及生理／王廷斌

第二章　繁殖类疾病／万清山　柳敦发

第七篇　猪病综合征
徐　军

第八篇　病理学
谢红霞　全双军

第九篇　药物学
陈志宝　郭艳清

本书有关疾病防治、免疫程序与保健预防用药的声明

兽医临床学是一门不断发展的学科。用药安全注意事项必须遵守，随着生命科学技术的不断发展，新药品种和新型疫苗逐年增加；临床防治技术不断更新， 因此在疾病防治上以及用药和疫苗选择上亦必须或有必要做相应的调整。建议读者在使用每一种药物（疫苗）之前，一定需要参阅厂家提供的产品说明书以确认推荐的药物（疫苗）用量、 方法、所需用药时间及禁忌等。

新的传染病侵入我国后， 有关免疫程序与保健用药，各地不一，在疫苗应用中要根据本地区猪病流行情况，制定本猪群的保健措施与免疫程序。临床医生有责任根据经验和对患病动物的症状决定用药 （疫苗）量，并选择最佳方案。出版社和作者对任何在防治中所发生的对患病动物和或/财产所造成的损害不承担任何责任。

宣长和 教授

宣长和，中国共产党党员。1958年东北农业大学兽医专业毕业。黑龙江八一农垦大学教授，在教学、科研、生产中，取得了多项教学、科研成果。享受国务院政府特殊津贴。曾多次被评为学校先进工作者、优秀教师、优秀共产党员。先后四次获黑龙江农垦总局先进科技工作者；1989年荣获全国农垦系统先进教师；1996年荣获黑龙江省普通高等学校优秀共产党员称号；1998年荣获全国农垦教育系统先进教师；1999年荣获黑龙江垦区优秀专家。从教四十年为国家培养大批畜牧兽医人才遍布国内外；同时在科研上从事了猪病的临床流行病学与病理学诊断和防治技术的研究；为农垦事业的建设献出了宝贵的青春年华。

《兽医病理教学资源库的建立研究》2001年获黑龙江省教学成果二等奖。《特急性型猪丹毒病理形态学诊断与防治技术的研究》1992年获黑龙江省科技进步三等奖。《弥散性血管内凝血的病理形态学研究》1992年获黑龙江省科技进步四等奖。《畜禽缺硒病的病理形态学诊断和防治技术的系列研究》1993年获黑龙江省科技进步四等奖。九五国家科委《年产30万头肉猪产、加、销配套体系的研究》课题，所建立的“猪防病灭病技服务体系研究（课题编号：HKK90-0701）”2001年获黑龙江省科技进步三等奖。

先后主编《猪病学》、《当代猪病诊疗图说》、《当代牛病诊疗图说》、《当代鸡病诊疗图说》、《猪病诊断彩色图谱与防治》、《动物疾病诊断色图谱与防治》、《猪病混合感染鉴别诊断与防治彩色图谱》。在《中国畜牧兽医学报》与《中国农业科学》等刊物发表论文50多篇。 曾任第一届至第四届东北地区兽医病理研究会副理事长、《黑龙江畜牧兽医》杂志编委。曾任黑龙江省永安迪卡种猪场、卫星种猪场、八五七农场种猪场、铁西种猪场、金正种猪场、大北农黑龙江省分公司、河北省石家庄种猪场技术顾问。2005年特聘为《养殖技术顾问杂志》的特邀顾问。

2002年移居北京东燕郊开发区，面向全国从事猪病的病理学诊断与防治技术的研究；同时进行了猪病诊断与防治著述工作。2003~2004年先后出版了《猪病学》第二版和新版《猪病诊断彩色图谱与防治》、《动物疾病诊断彩色图谱与防治》。在北京金海伟业饲料公司董事长于长江先生的热诚推荐下，2003~2007年间到华北地区一些猪场进行现场实地临床诊治和猪场疾病综合防制工作，积累了许多临床经验，收集了新的猪病临床病理流行病学与防制技术的宝贵资料，为在理论上如何阐明猪病的诊断与防治，提供新的思路与理念。2008~2010年1月，又到华南、内蒙、东北、华北等地一些猪场作了调研工作，其间收集、记录了一批影像、文字资料，较全面地掌握了国内猪病流行现状，与此同时对几十年来积累资料与经验进行整理和提高，把原先分散的猪病诊断防治的资料与经验升华为猪病诊断与防治体系；为编写《猪病学》第三版奠定了坚实基础。近年成功研制《防止从国外进口猪感染猪瘟的技术措施》。

马春全 教授

马春全，男，博士，教授。1962年10月生，1983年毕业于黑龙江八一农垦大学兽医专业并留校任教，1986年考取东北农学院兽医系(硕士研究生，1989年毕业，获硕士学位，2004年毕业于中国农业大学基础兽医学专业，获博士学位。曾任黑龙江八一农垦大学动物科学技术学院副院长、副书记。现任佛山科学技术学院生命学院动物医学系主任，中国动物病理学分会常务理事，动物病理中南区分会副理事长，中国动物微生态分会理事，华南农业大学硕士研究生导师，广东省科技厅H1N1流感防控专家组成员，佛山市重大动物疫病防控专家组副组长，广东省重点扶持学科和佛山科学技术学院重点学科学术带头人，广东省高等院校科研型重点实验室(佛山科学技术学院预防兽医学实验室)副主任。长期从事动物病理学和兽医信息学方面的教学与研究工作，在畜牧兽医学报、中国预防兽医学报、中国兽医杂志以及中国兽医科技等学术刊物上发表论文60余篇。主审、编写有《猪病学》、《猪病混合感染鉴别诊断与防治彩色图谱》、《家畜病理生理学》、《猪病图说》、《鸭病诊疗图谱及用药指南》、《家畜病理学》、《兽医病理学》等专著和教材。先后主持完成省部级科研课题4项，曾获得黑龙江省科技进步二等奖1项，厅局级科技进步奖3项。主持在研项目有国家自然基金项目1项，主持2006年粤港澳重点领域突破招标项目《农业灾害监测预警信息化平台——广东省动物疫病防控信息化技术》，主持广东省科技攻关项目2项，教育部科研课题1项，农业部重点实验室开放科研项目1项，及佛山市科技专项基金课题等。主要涉及畜禽传染病免疫病理及防控、农业灾害监测预警信息化平台建设等研究领域。在进行教学和研究工作同时，积极把理论应用于实践，深入国内多个省规模化养猪场进行技术指导和讲座，积累了较丰富的实践经验和材料，取得了较好的经济社会效益。

图2.2.1–1　猪瘟　急性型　发病猪两眼无神，精神极度沉郁

图2.2.1–5　猪瘟　急性型　发病猪全身震颤，发抖，常挤卧在一起

图2.2.1–2　猪瘟　急性型　发病猪伏卧嗜睡

图2.2.1–6　猪瘟　急性型　常喜钻入草堆，呈怕冷状

图2.2.1–3　猪瘟　急性型　发病猪全身无力，站立时腰背拱起

图2.2.1–7　猪瘟　病初减食或停食，饲喂时食数口后，即退槽回床卧下

图2.2.1–4　猪瘟　急性型　行动迟缓，四肢软弱无力，步态不稳

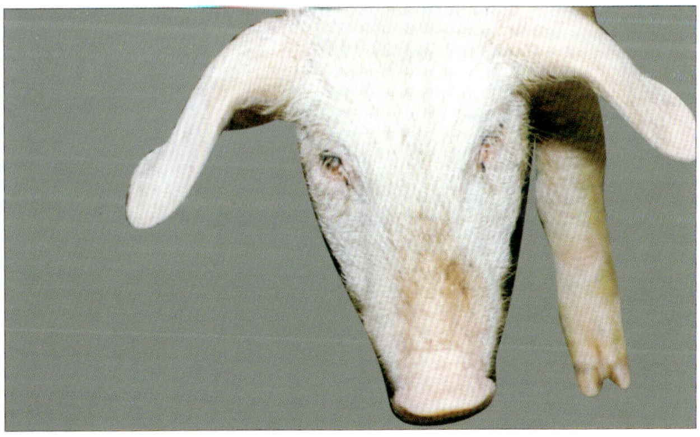
图2.2.1–8　猪瘟　急性型　眼出现结膜炎，分泌物呈褐色而粘着眼角

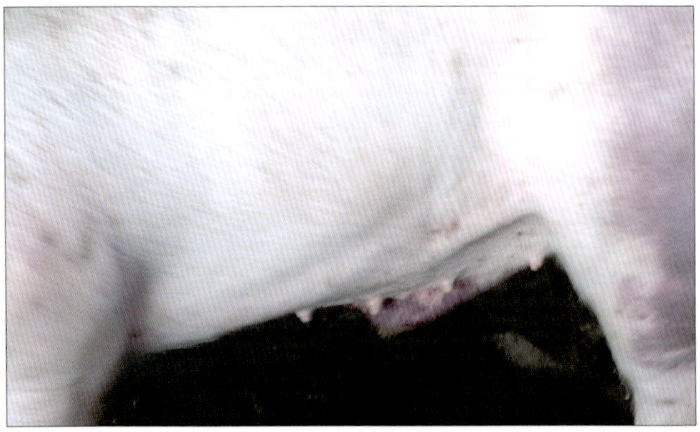

图2.2.1-9　猪瘟　急性型　在猪包皮内常积有尿液，皮肤出血

图2.2.1-10　猪瘟　初期患猪便秘，排干粪球状，附带血的黏液或伪膜

图2.2.1-11　猪瘟　急性型　病猪可出现腹泻

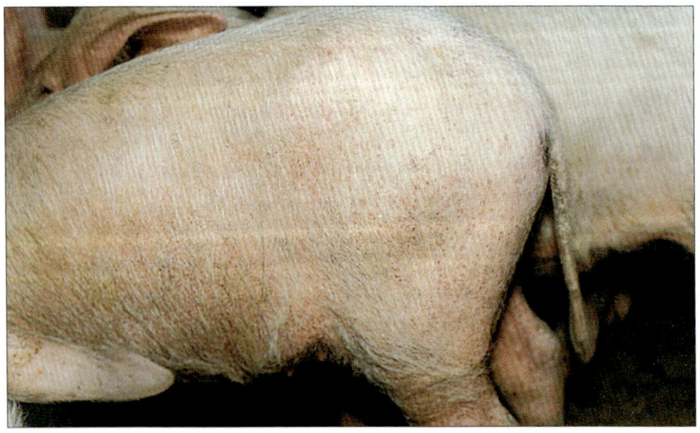

图2.2.1-12　猪瘟　急性型　体侧皮肤散在密发的出点

图2.2.1-13　猪瘟　急性型　鼻梁处皮肤出血斑

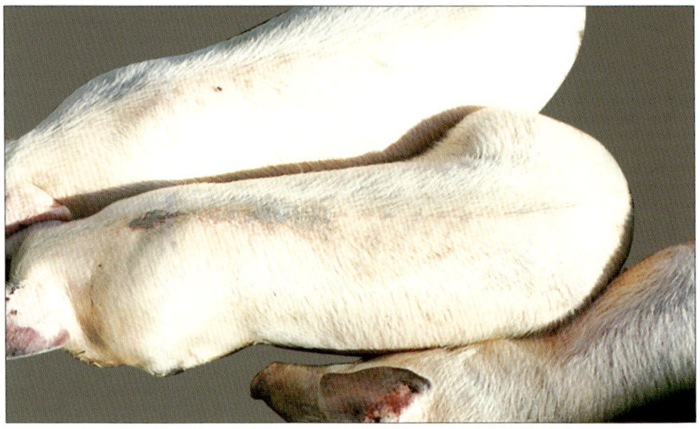

图2.2.1-14　猪瘟　急性型　脊背部与耳部皮肤弥漫性出血

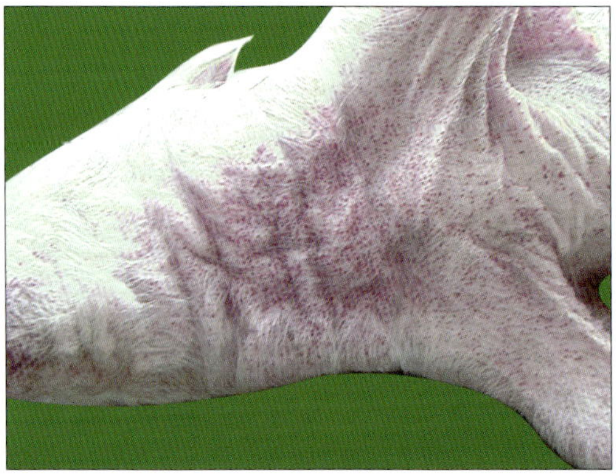

图2.2.1-15　猪瘟　急性型　颈下部皮肤出血点

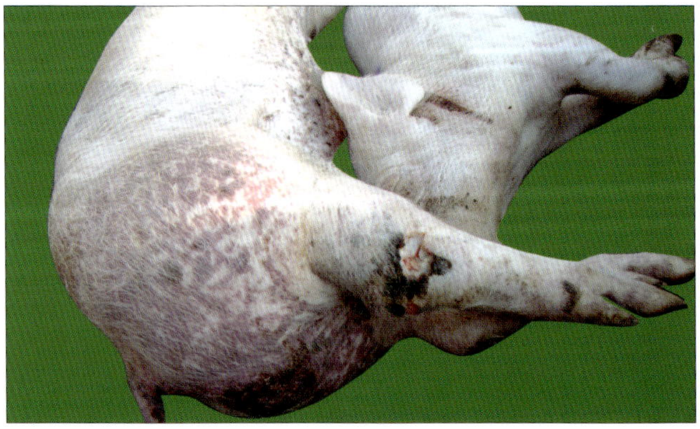

图2.2.1-16　猪瘟　急性型　臀部皮肤出血点

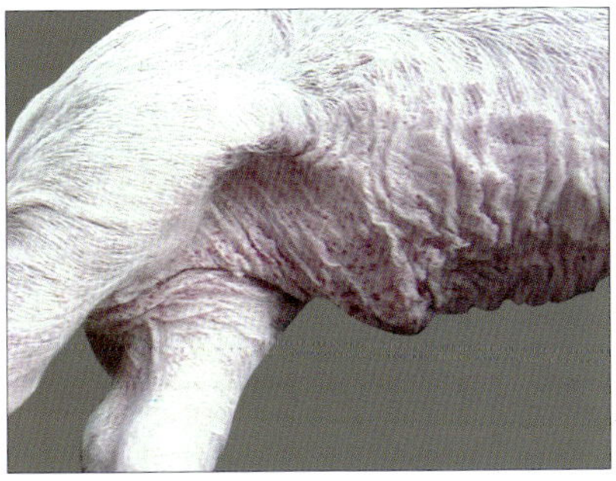

图2.2.1-17　猪瘟　急性型　胸腹侧皮肤出血点

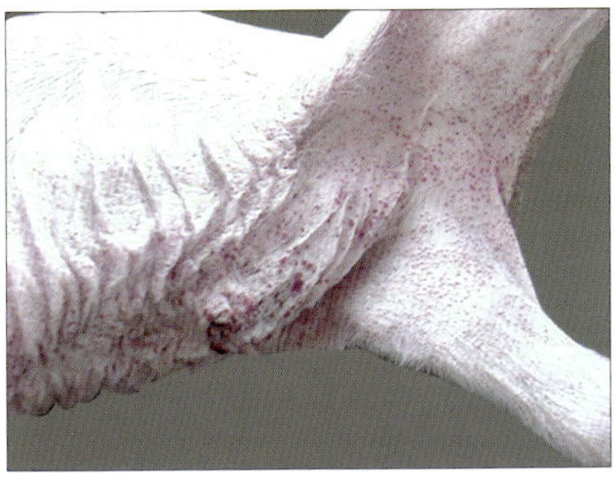

图2.2.1-18　猪瘟　急性型　股内侧皮肤出血点

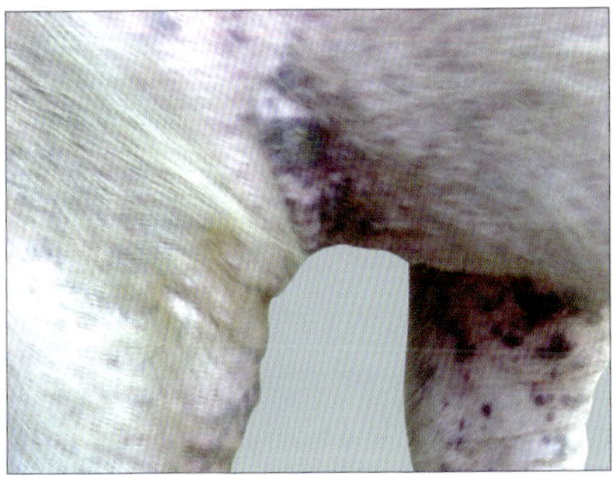

图2.2.1-19　猪瘟　急性型　前肢内侧腋下皮肤出血斑

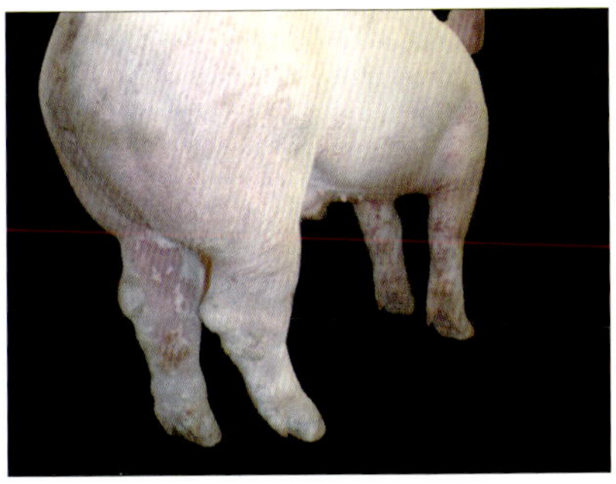

图2.2.1-20　猪瘟　急性型　后肢和前肢后部皮肤出血

图2.2.1-21　猪瘟　急性型　病程长的它们互相融合形成较大的出血斑

图2.2.1-22　猪瘟　急性型　病猪神经症状惊厥，肌肉僵直倒地

图2.2.1-23　猪瘟　亚急性型　病猪日渐消瘦衰竭

图2.2.1-24　猪瘟　亚急性型　病猪日渐消瘦衰竭，神经症状转归死亡

图2.2.1-25　猪瘟　慢性型　病猪消瘦贫血

图2.2.1-26 猪瘟 慢性型 病猪消瘦，被毛干枯

图2.2.1-27 猪瘟 慢性型 病猪消瘦，耳部皮肤有陈旧性坏死痂

图2.2.1-28 猪瘟 慢性型 病猪消瘦，继发副伤寒

图2.2.1-29 猪瘟 温和型 育肥猪感染后末梢皮肤仅出现轻微出血性变化 精神食欲正常

图2.2.1-30 猪瘟 温和型 母猪产出弱小或颤抖的仔猪

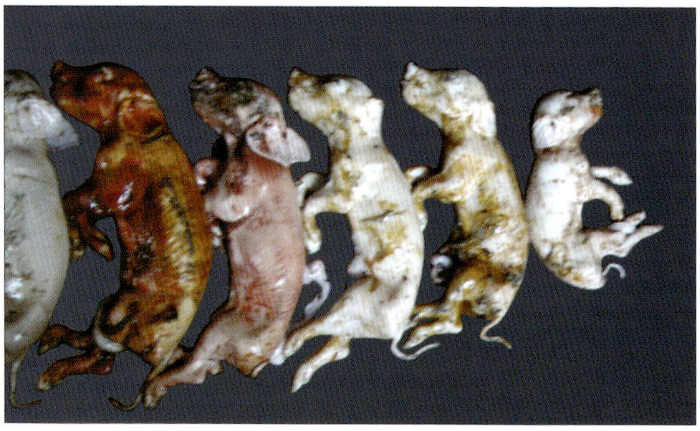

图2.2.1-31 猪瘟 温和型 母猪繁殖障碍型 产死胎 木乃伊胎

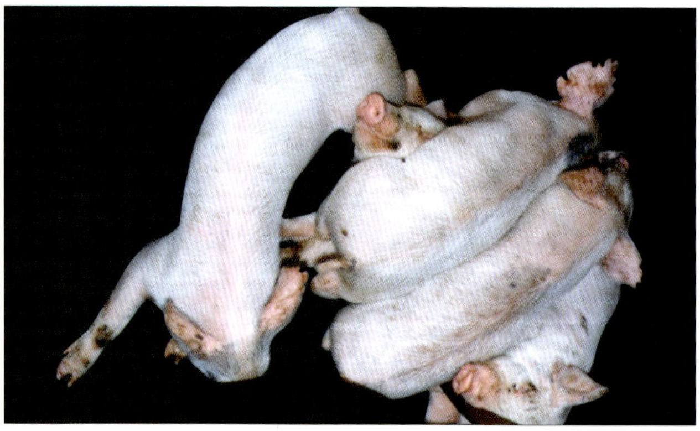

图2.2.1-32 猪瘟 温和型 断奶后又复发出现猪瘟症状面部水肿下痢

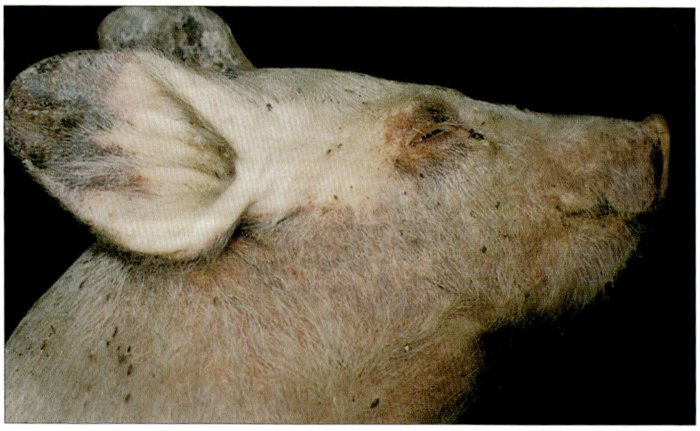

图2.2.1-33 猪瘟 急性型 耳根、颈部皮肤出血

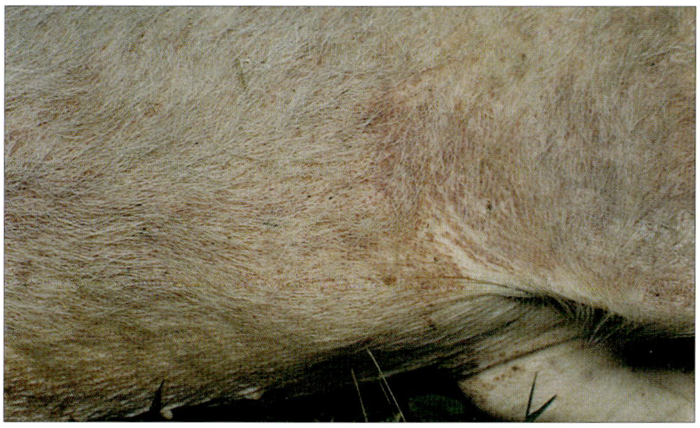
图2.2.1-34 猪瘟 急性型 胸部皮肤出血

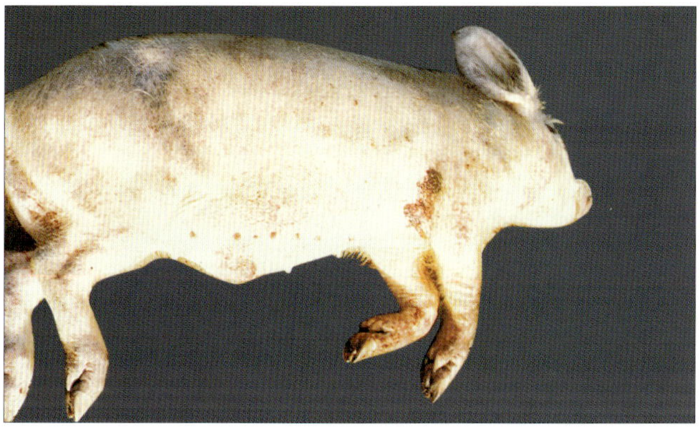
图2.2.1-35 猪瘟 急性型 腹部皮肤出血

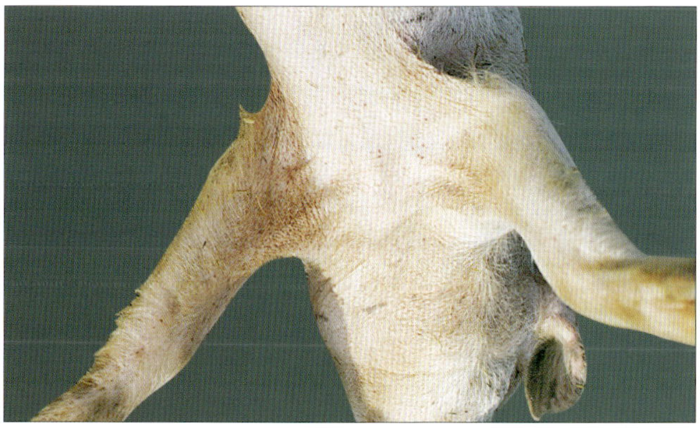
图2.2.1-36 猪瘟 急性型 前肢内侧部皮肤出血

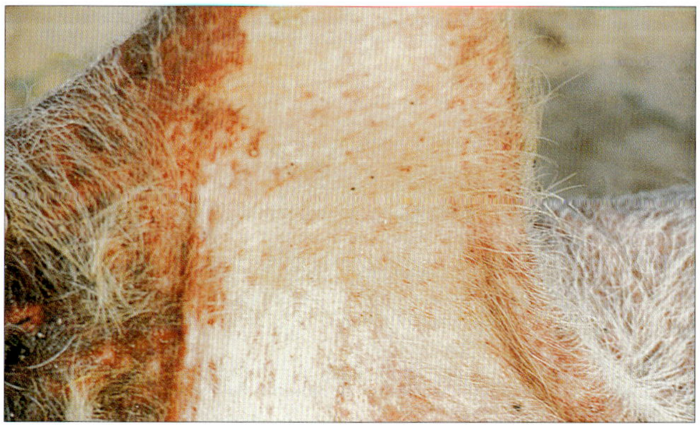
图2.2.1-37 猪瘟 急性型 皮肤出血，初期可见淡红色充血区

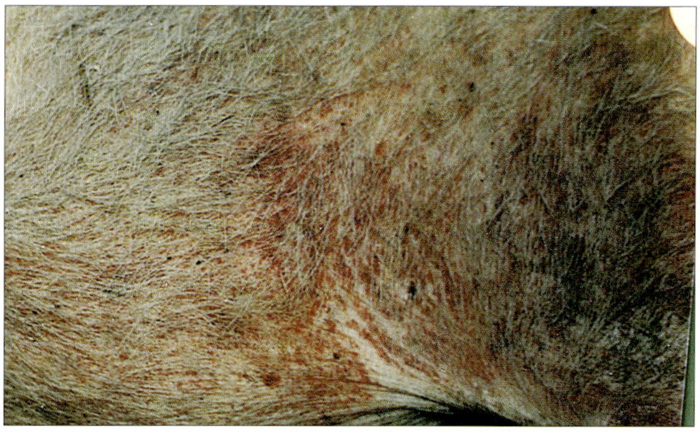
图2.2.1-38 猪瘟 急性型 皮肤出血以后红色加深，有明显的小出血点

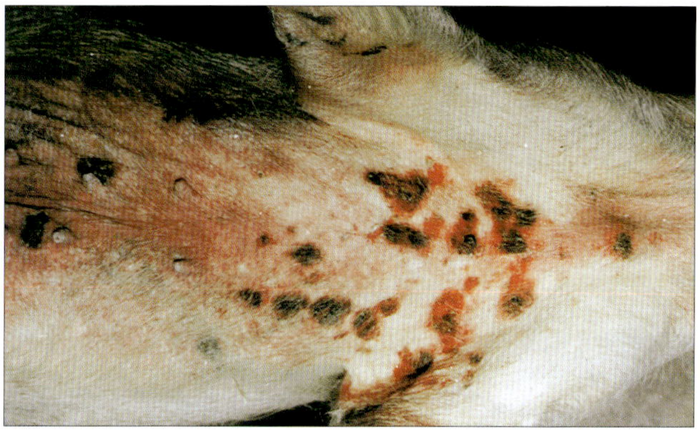
图2.2.1-39 猪瘟 急性型 皮肤出血病程稍久，相互融合形成的紫红色斑块

图2.2.1-40 猪瘟 急性型 皮肤出现圆形出血灶

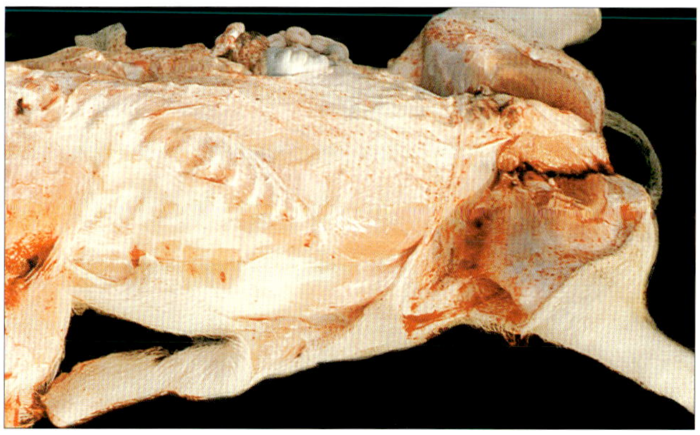
图2.2.1-41 猪瘟 急性型 皮下组织出血

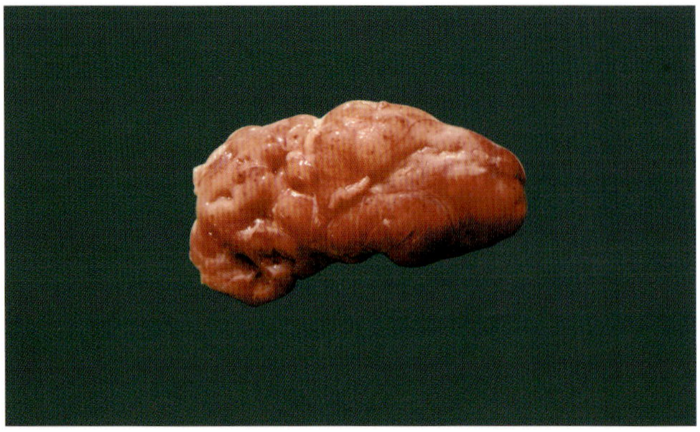

图2.2.1-42　猪瘟　急性型　淋巴结肿胀，被膜暗红并有出血点

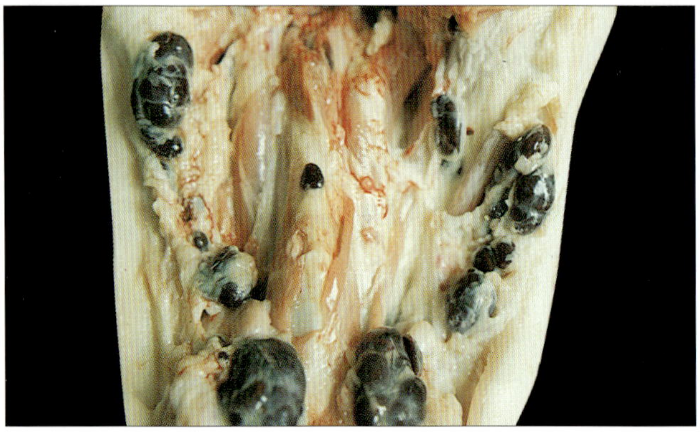

图2.2.1-43　猪瘟　急性型　淋巴结肿胀紫红色

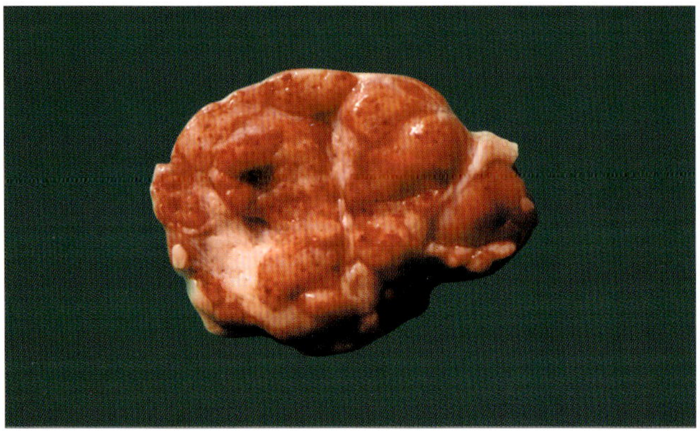

图2.2.1-44　猪瘟　急性型　淋巴结切面有弥漫性出血点斑

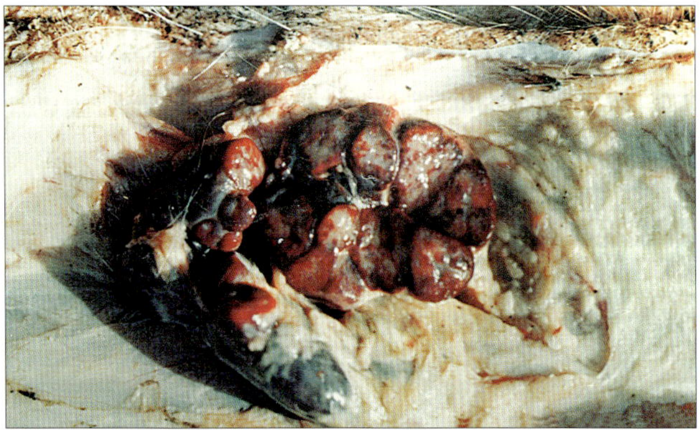

图2.2.1-45　猪瘟　急性型　淋巴结切面弥漫性出血点斑

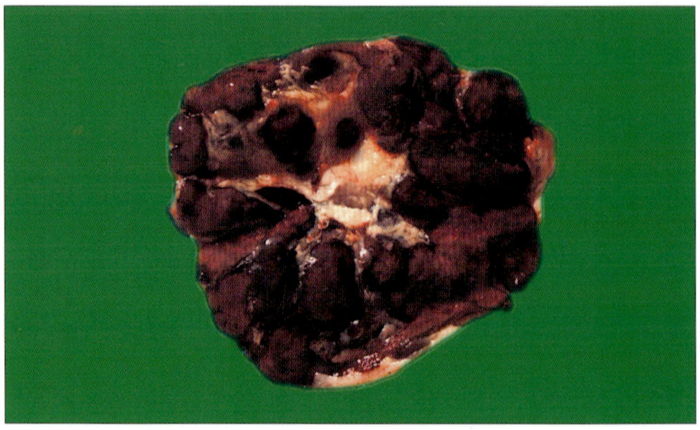

图2.2.1-46　猪瘟　急性型　淋巴结切面弥漫性出血

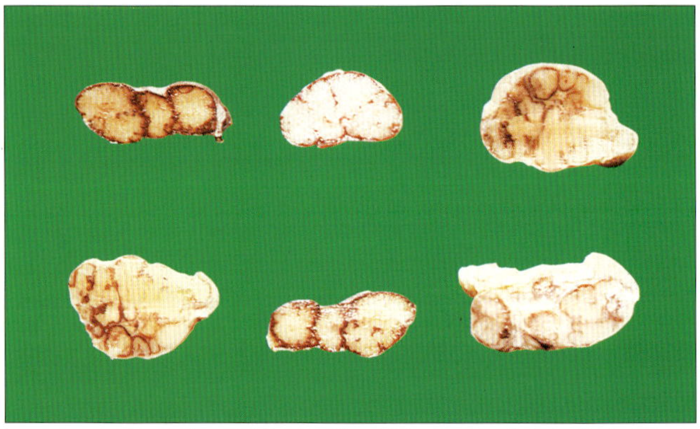

图2.2.1-47　猪瘟　急性型　淋巴结切面呈红白相间的大理石状外观

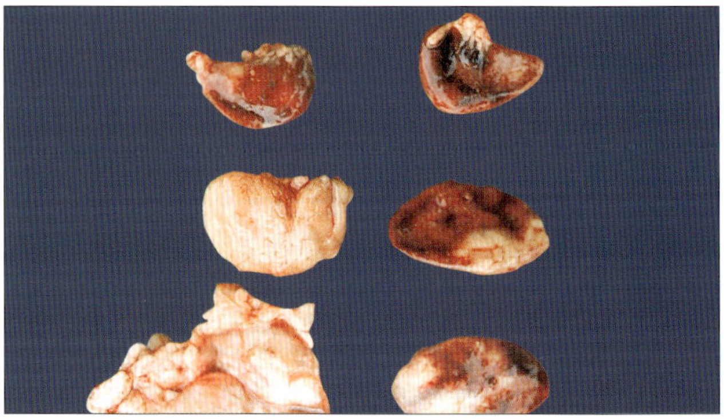

图2.2.1-48　猪瘟　急性型　淋巴结切面出血坏死呈红白相间的大理石状外观

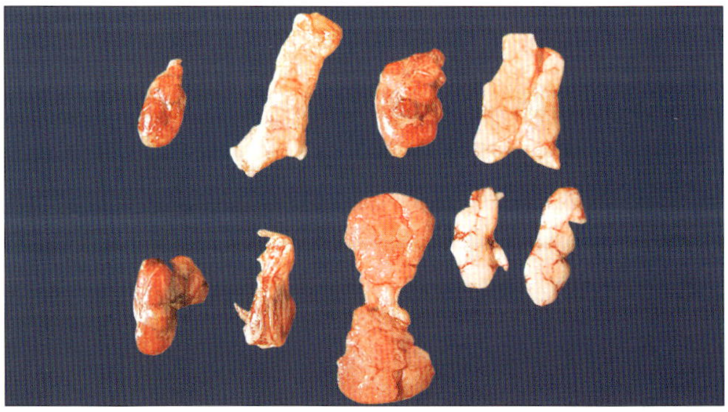

图2.2.1-49　猪瘟　急性型　淋巴结切面出血坏死呈红白相间的大理石状外观

图2.2.1-50 猪瘟 急性型 颌下淋巴结变化

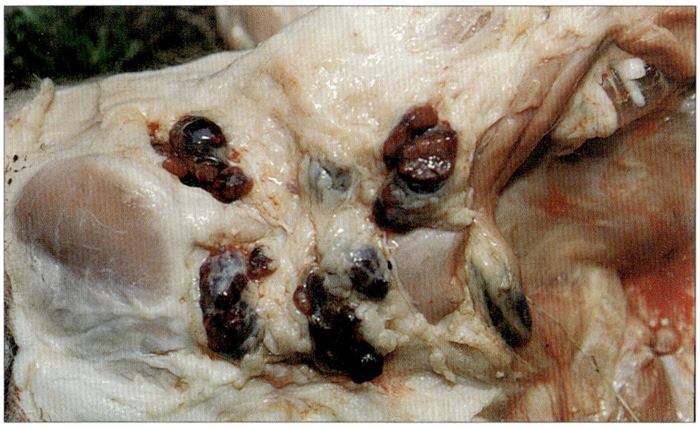
图2.2.1-51 猪瘟 急性型 咽背淋巴结变化

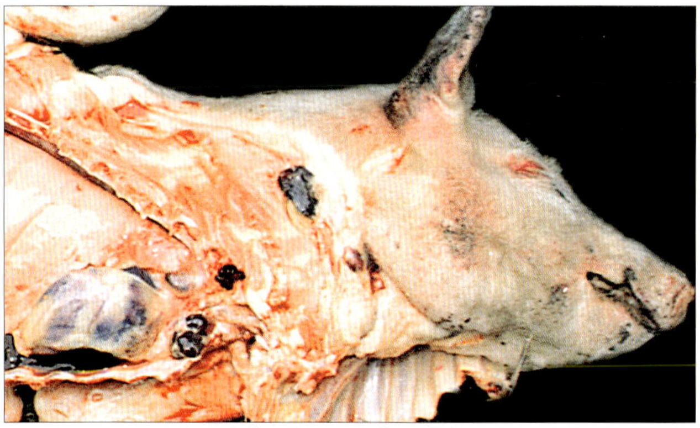
图2.2.1-52 猪瘟 急性型 耳下淋巴结变化

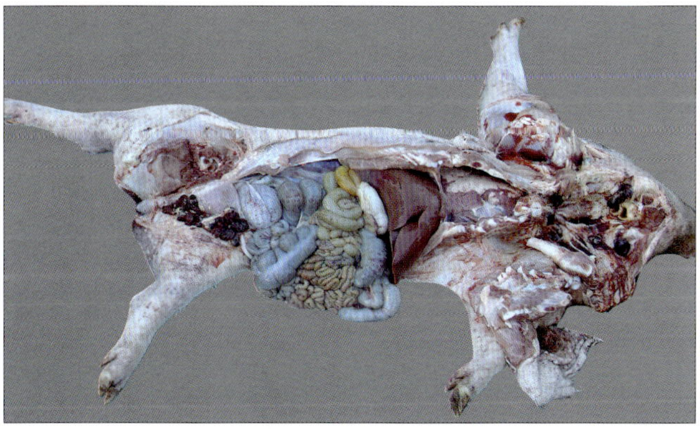
图2.2.1-53 猪瘟 急性型 全身体表淋巴结展示，腹股沟、胸前耳下下颌淋巴结肿大出血

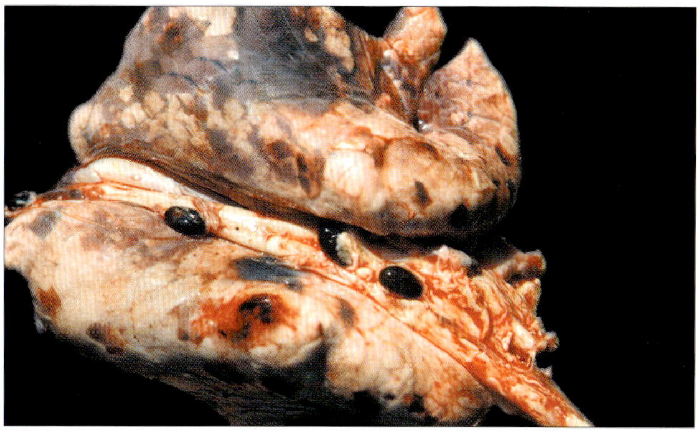
图2.2.1-54 猪瘟 急性型 肺门淋巴结变化

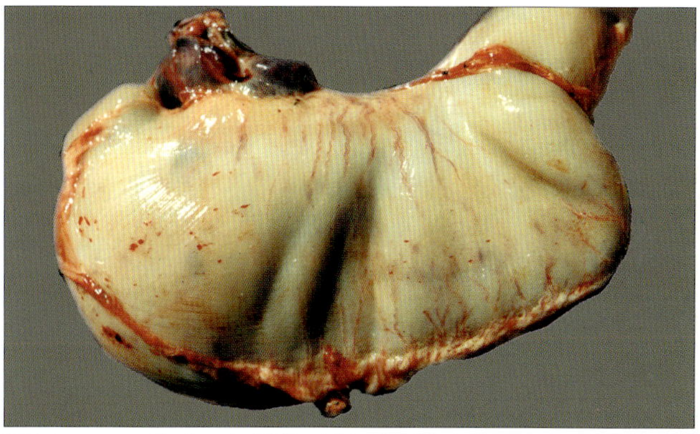
图2.2.1-55 猪瘟 急性型 胃门淋巴结变化

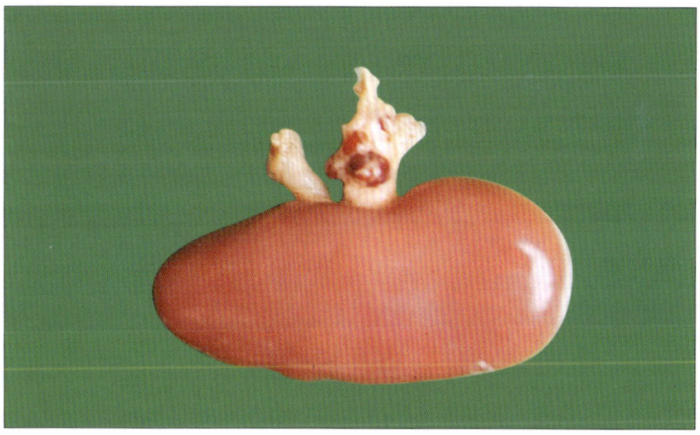
图2.2.1-56 猪瘟 急性型 肾门淋巴结变化

图2.2.1-57 猪瘟 急性型 肝门淋巴结变化

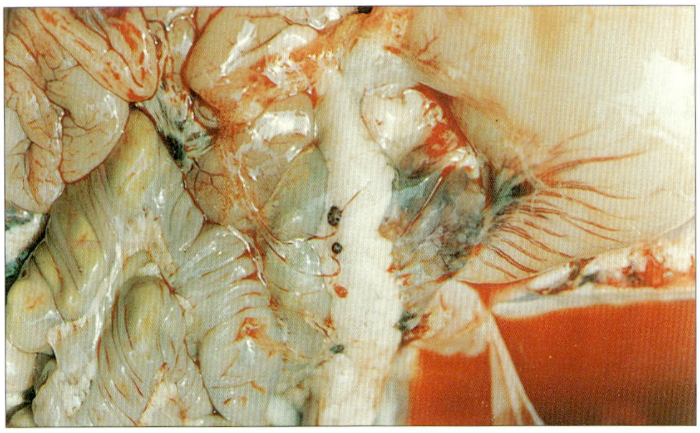

图2.2.1-58 猪瘟 急性型 胰门淋巴结变化

图2.2.1-62 猪瘟 急性型 髂内淋巴结变化

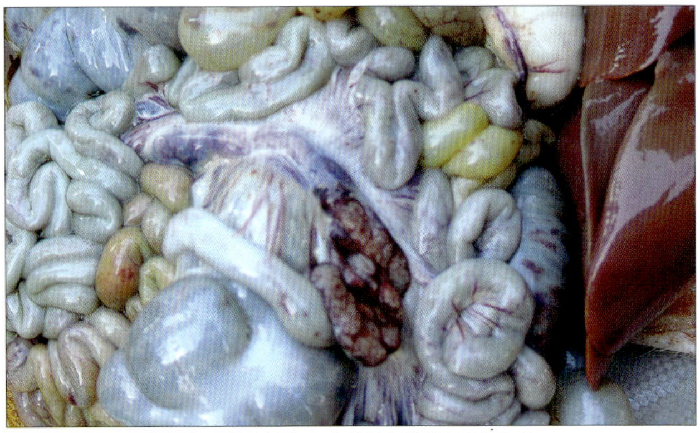

图2.2.1-59 猪瘟 急性型 小肠系膜淋巴结变化

图2.2.1-63 猪瘟 急性型 腘淋巴结变化

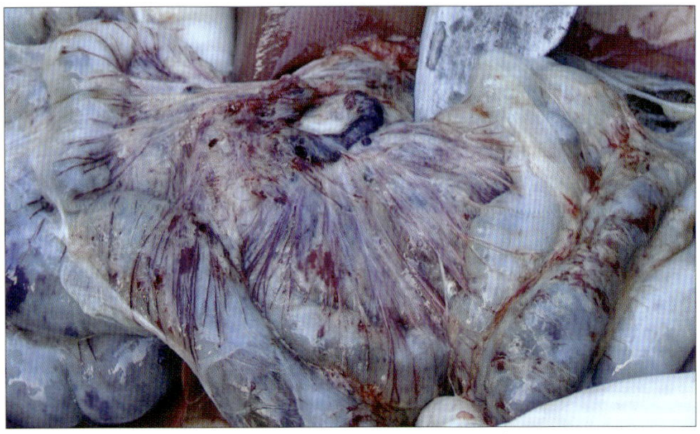

图2.2.1-60 猪瘟 急性型 大肠系膜淋巴结变化

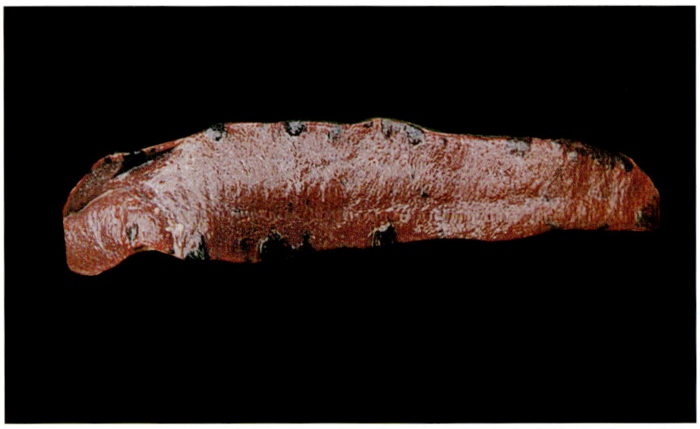

图2.2.1-64 猪瘟 急性型 脾一般不肿胀，脾边缘有出血性梗死灶

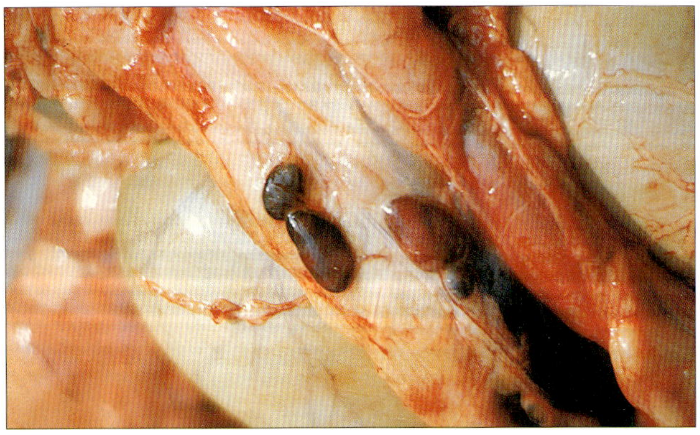

图2.2.1-61 猪瘟 急性型 直肠淋巴结变化

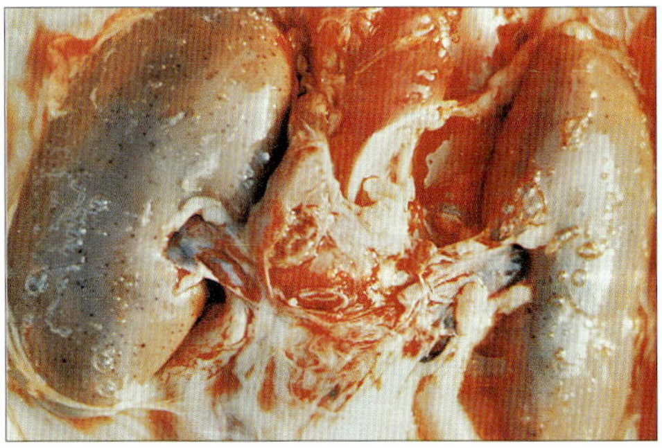

图2.2.1-65 猪瘟 急性型 肾包膜下有暗紫红色小点状出血

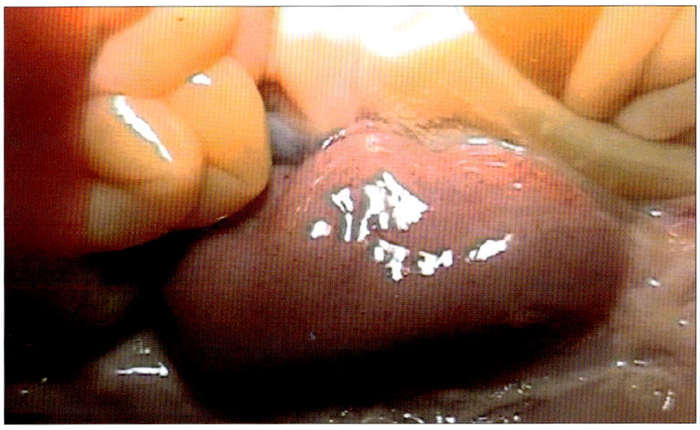
图2.2.1-66　猪瘟　急性型　新生仔猪肾小点状出血

图2.2.1-67　猪瘟　急性型　肾脏表面小点状出血密如麻雀卵样

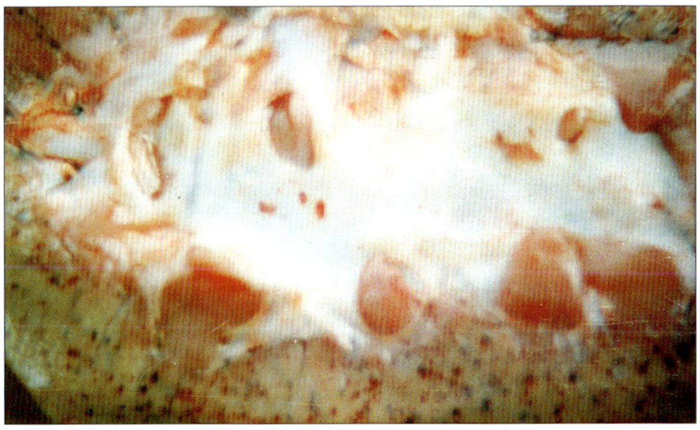
图2.2.1-68　猪瘟　急性型　肾纵切面肾皮质和髓质肾乳头出血

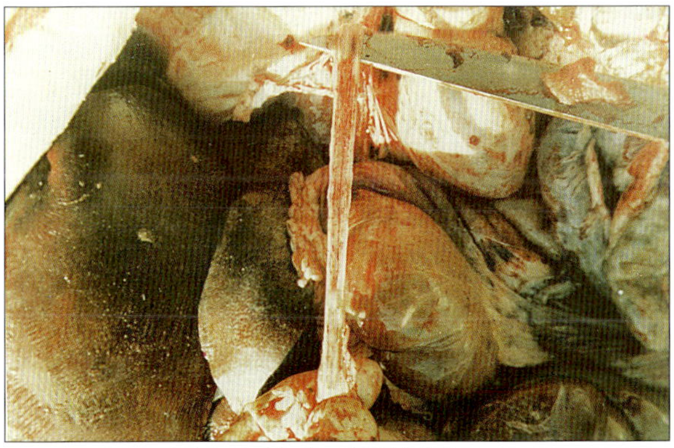
图2.2.1-69　猪瘟　急性型　输尿管出血

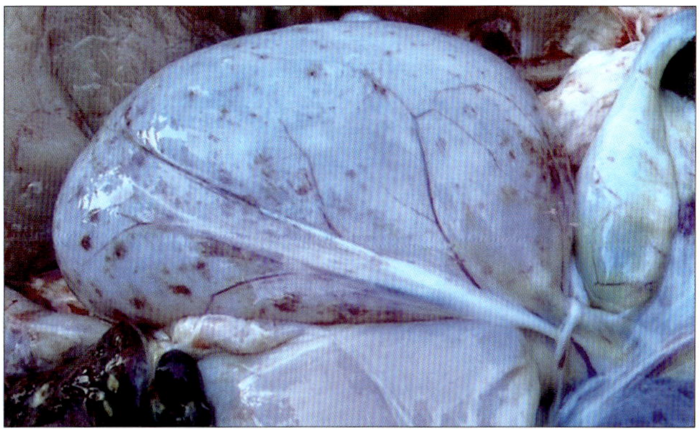
图2.2.1-70　猪瘟　急性型　膀胱黏膜处有出血

图2.2.1-71　猪瘟　急性型　膀胱出血性浸润

图2.2.1-72　猪瘟　急性型　小肠系膜有小点状出血

图2.2.1-73　猪瘟　急性型　大肠系膜有小点状出血

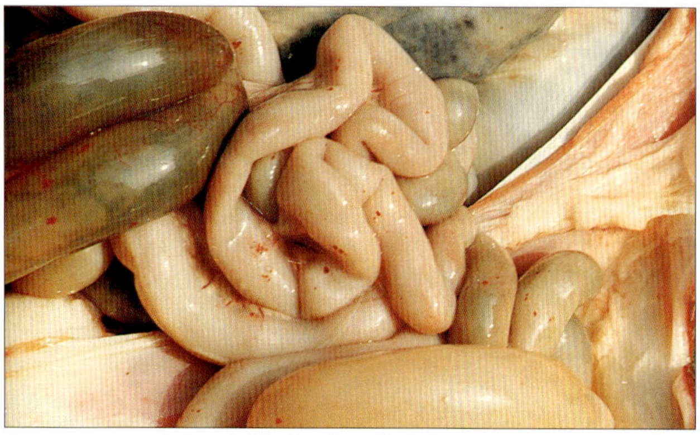

图2.2.1–74　猪瘟　急性型　小肠浆膜出血点

图2.2.1–75　猪瘟　急性型　结肠浆膜出血点

图2.2.1–76　猪瘟　急性型　胃底腺部黏膜弥漫性密集出血点

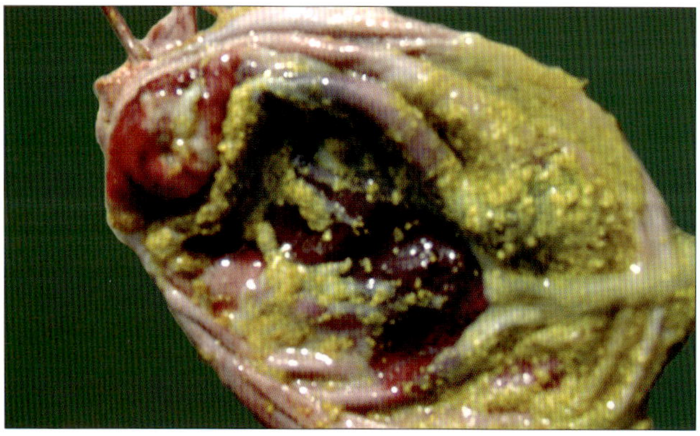

图2.2.1–77　猪瘟　急性型　胃底腺部黏膜弥散出血

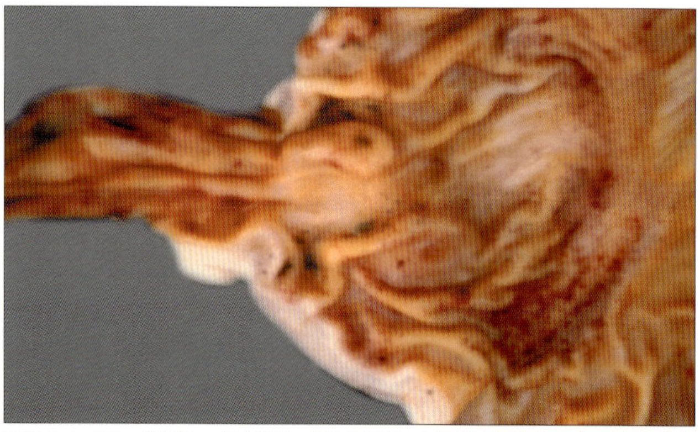

图2.2.1–78　猪瘟　急性型　胃贲门及12指肠粘膜出血与滤泡肿胀

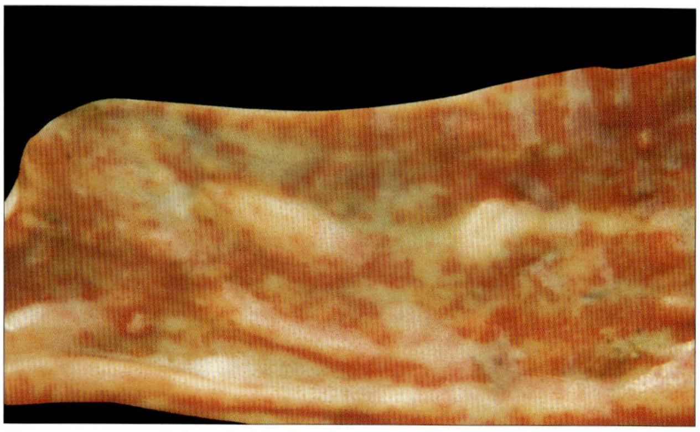

图2.2.1–79　猪瘟　急性型　空肠黏膜出血滤泡肿胀

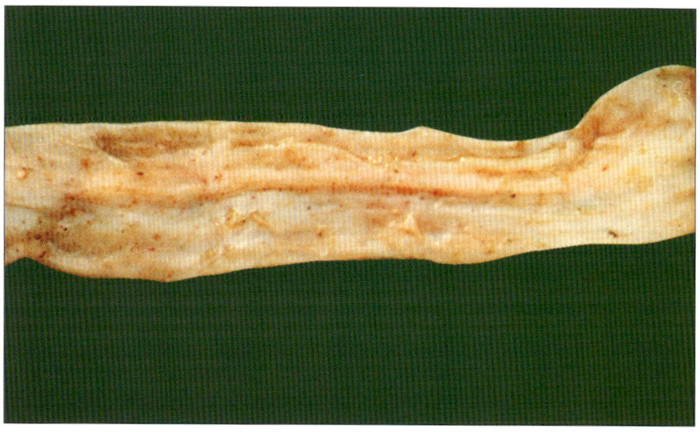

图2.2.1–80　猪瘟　急性型　回肠黏膜出血点

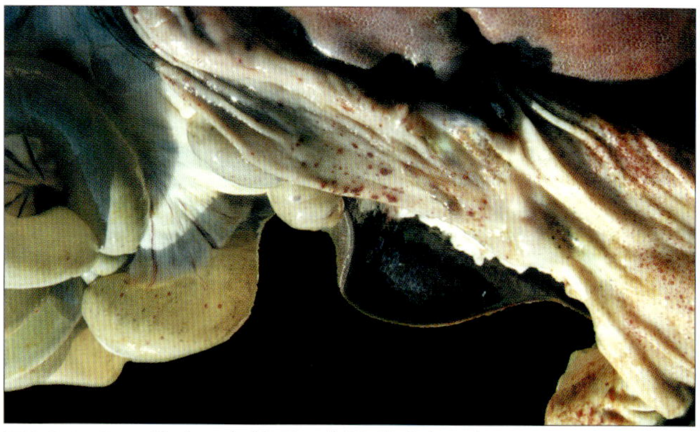

图2.2.1–81　猪瘟　急性型　盲肠黏膜出血点

图2.2.1-82 猪瘟 急性型 结肠黏膜出血点

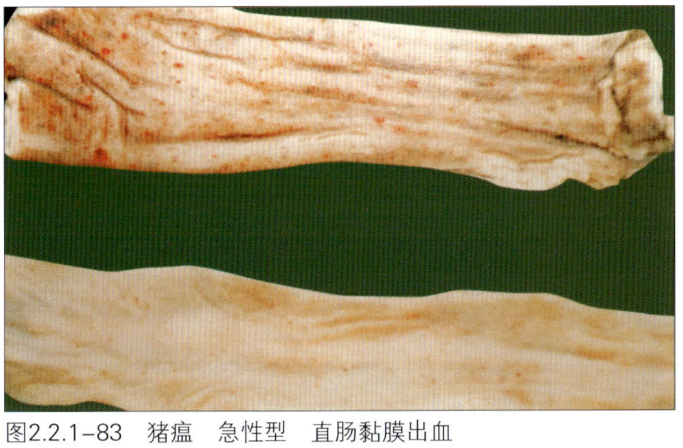

图2.2.1-83 猪瘟 急性型 直肠黏膜出血

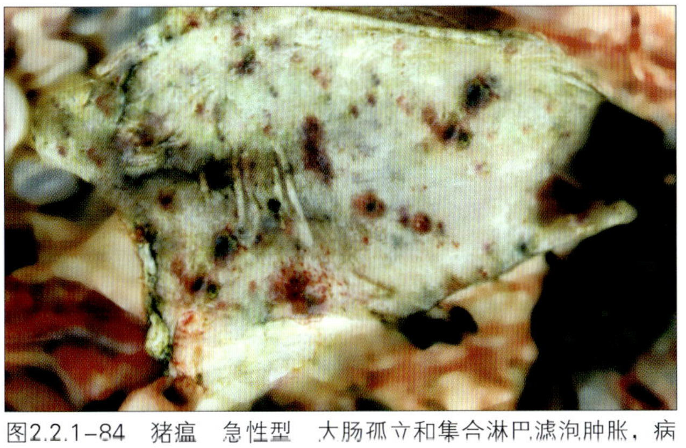

图2.2.1-84 猪瘟 急性型 大肠孤立和集合淋巴滤泡肿胀，病灶周围可见炎性反应

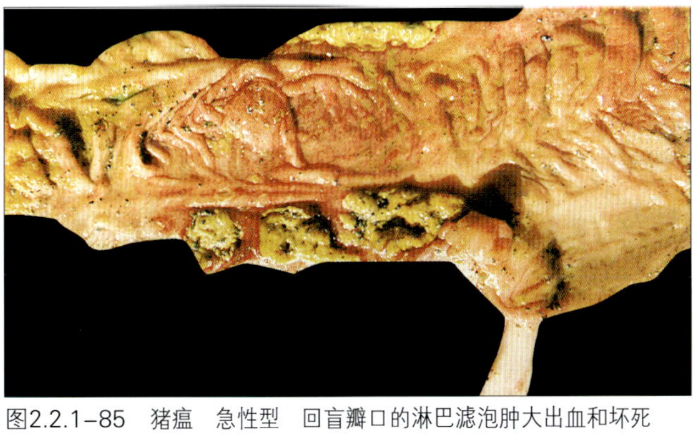

图2.2.1-85 猪瘟 急性型 回盲瓣口的淋巴滤泡肿大出血和坏死

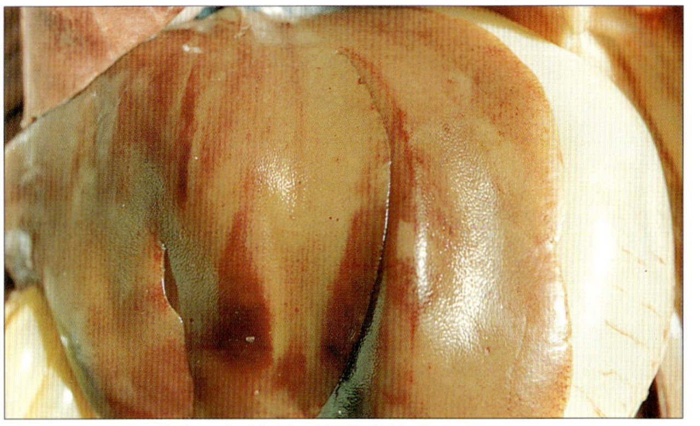

图2.2.1-86 猪瘟 急性型 肝脏变性出血点

图2.2.1-87 猪瘟 急性型 胆囊浆膜有出血斑

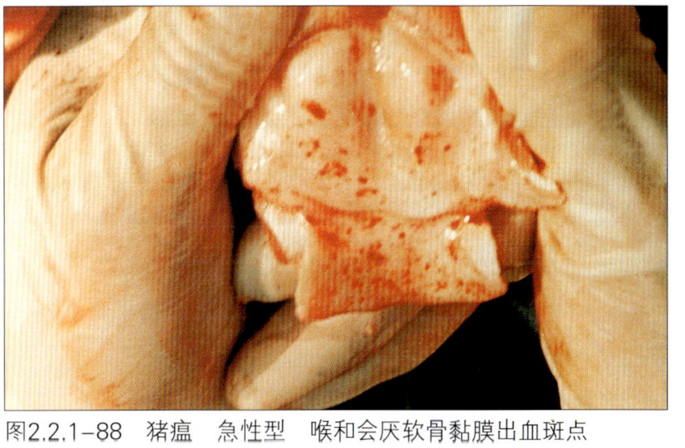

图2.2.1-88 猪瘟 急性型 喉和会厌软骨黏膜出血斑点

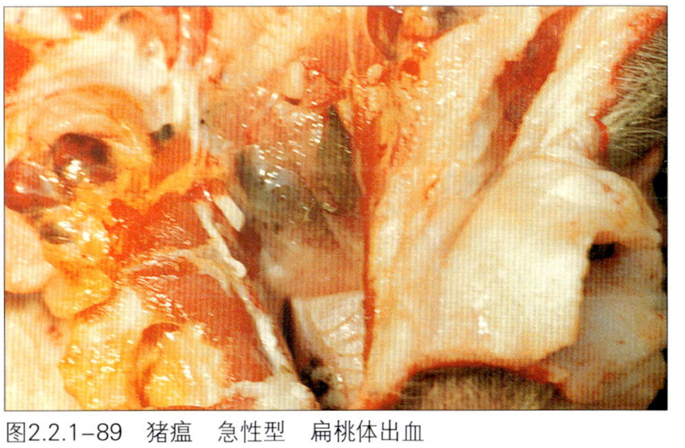

图2.2.1-89 猪瘟 急性型 扁桃体出血

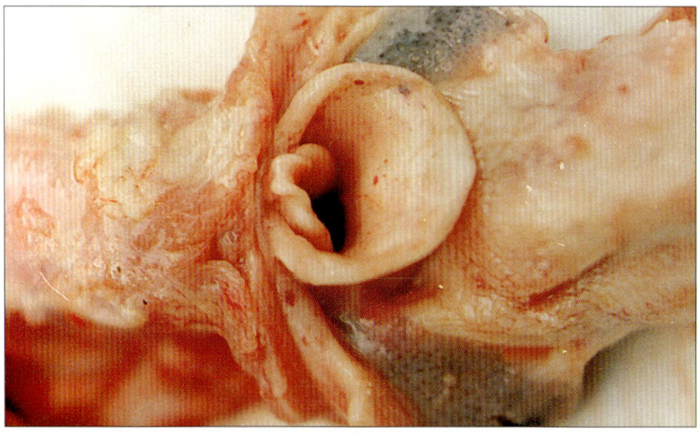

图2.2.1-90 猪瘟 急性型 扁桃体出血与坏死

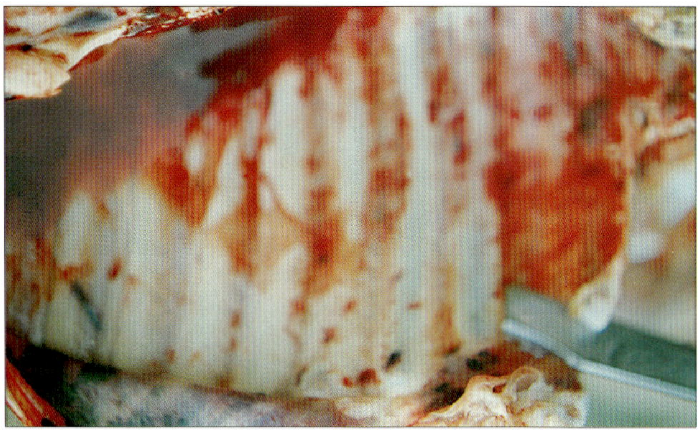

图2.2.1-91 猪瘟 急性型 肋胸膜有点状出血

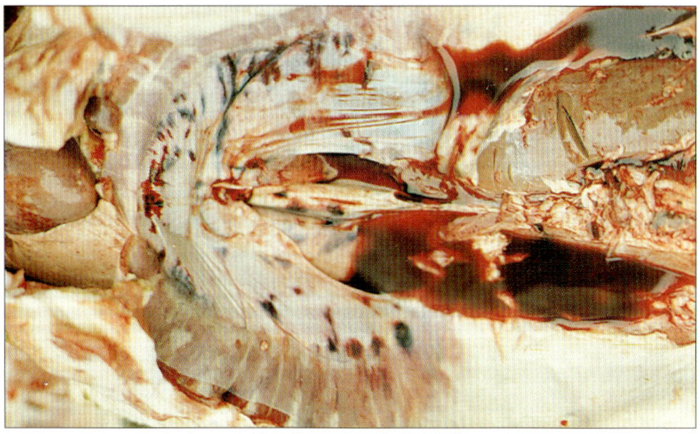

图2.2.1-92 猪瘟 急性型 膈肌弥散性出血斑

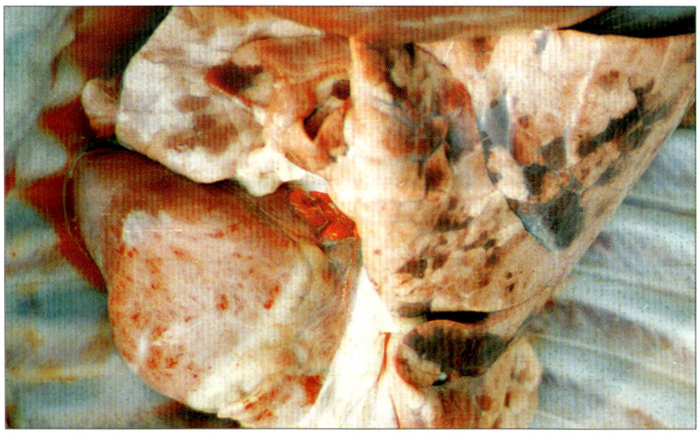

图2.2.1-93 猪瘟 急性型 肺有局灶性出血斑

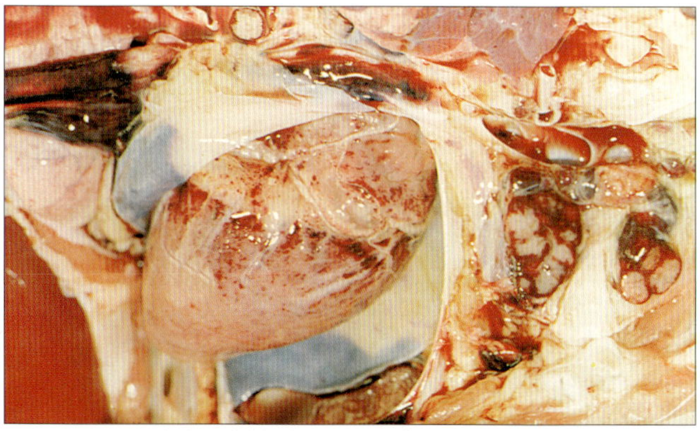

图2.2.1-94 猪瘟 急性型 心外膜出血斑点

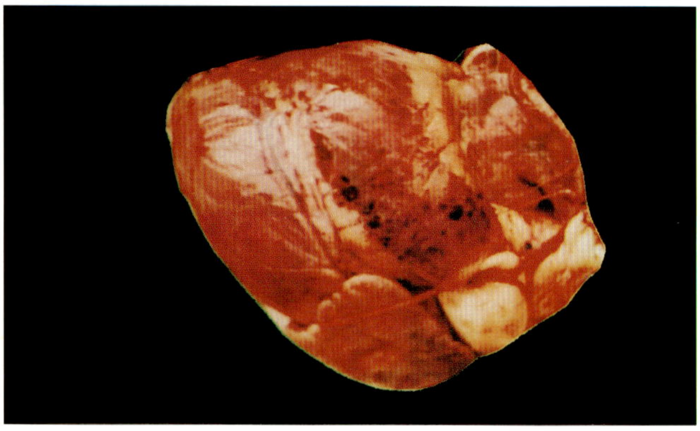

图2.2.1-95 猪瘟 急性型 心两侧纵沟出血斑点

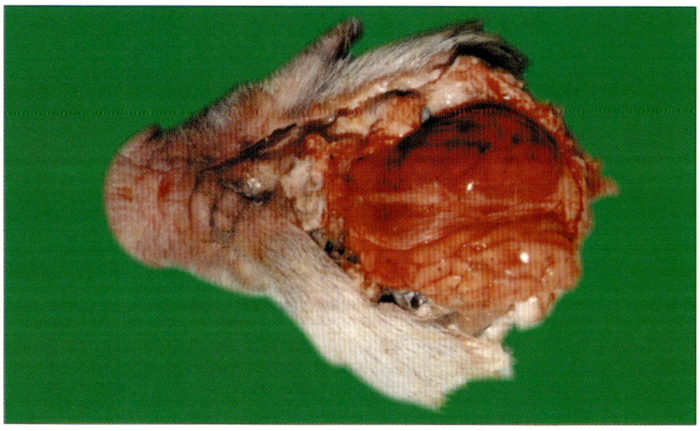

图2.2.1-96 猪瘟 急性型 脑软膜和脑实质出血斑点

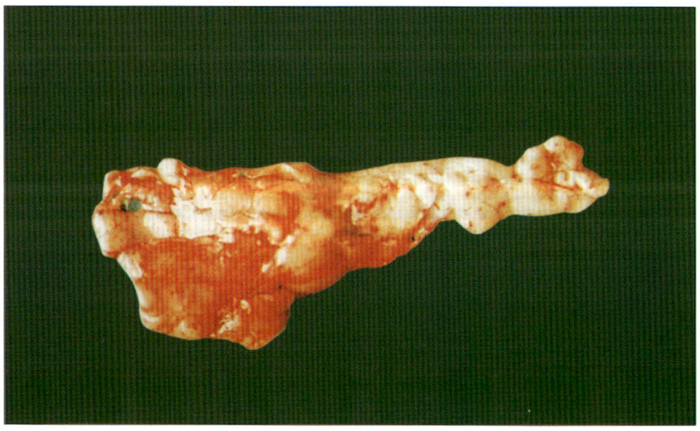

图2.2.1-97 猪瘟 急性型 胸腺大小不等的出血点

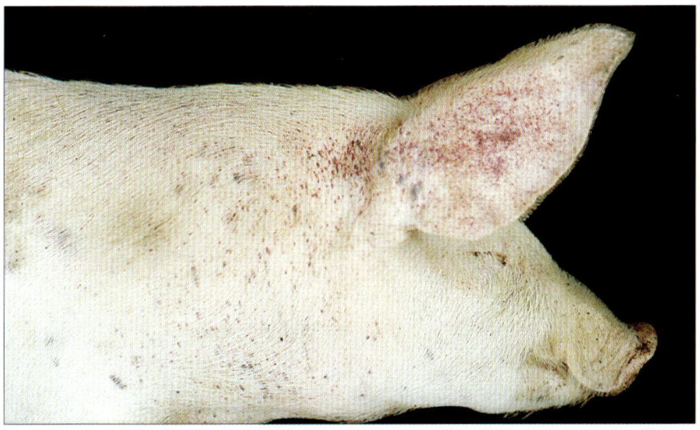
图2.2.1-98 猪瘟 亚急性型 皮肤陈旧的出血点

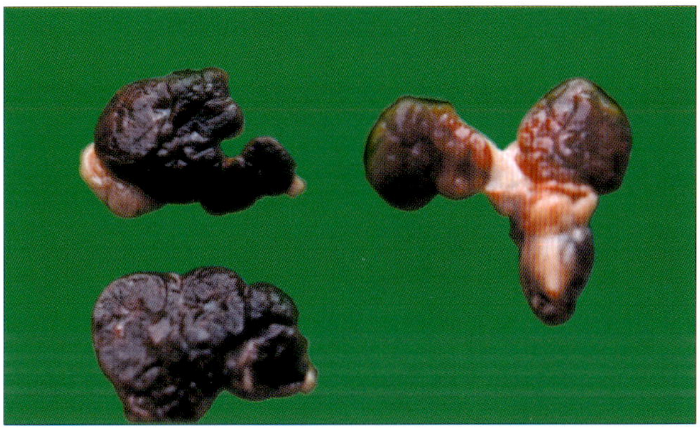
图2.2.1-99 猪瘟 亚急性型 淋巴结陈旧的出血点斑

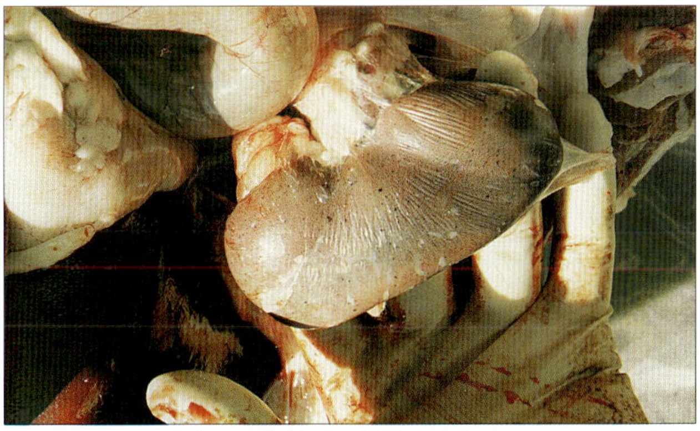
图2.2.1-100 猪瘟 亚急性型 肾陈旧出血点

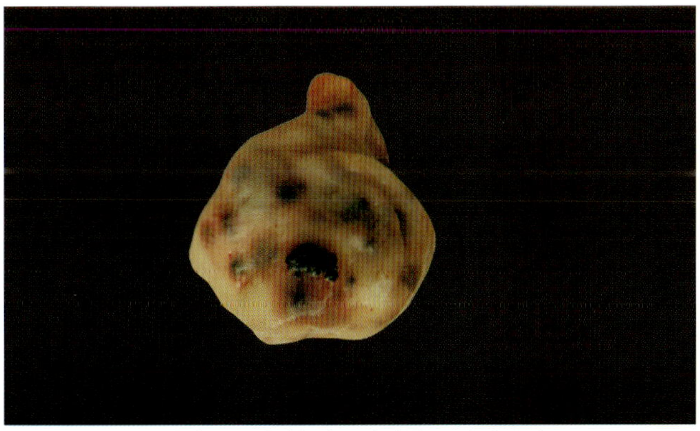
图2.2.1-101 猪瘟 亚急性型 膀胱陈旧的出血斑

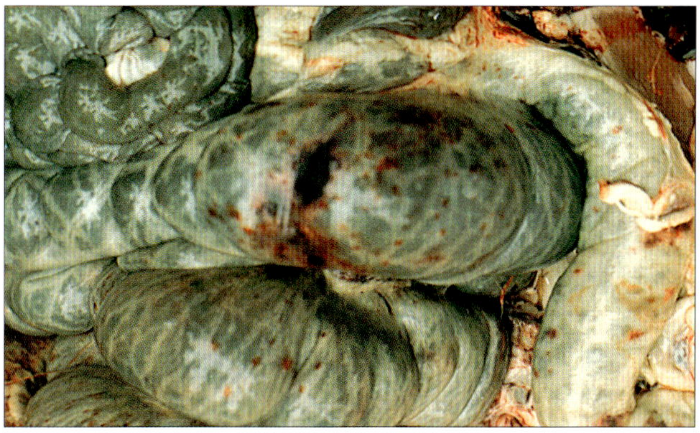
图2.2.1-102 猪瘟 慢性型 结肠浆膜与肠管局灶性出血坏死灶

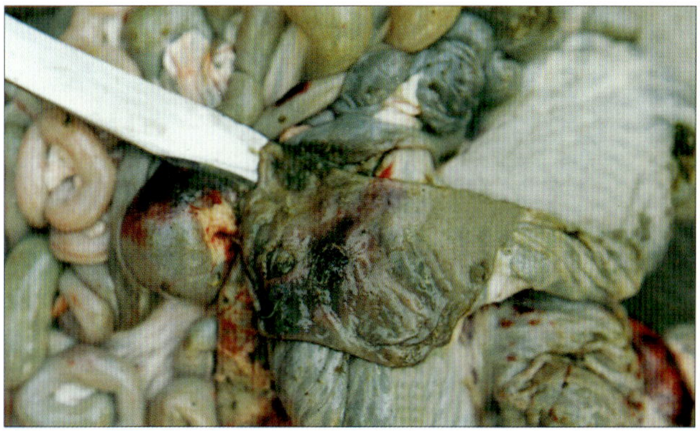
图2.2.1-103 猪瘟 慢性型 图2.2.1-102剪开肠管后肠表面的扣状肿病变

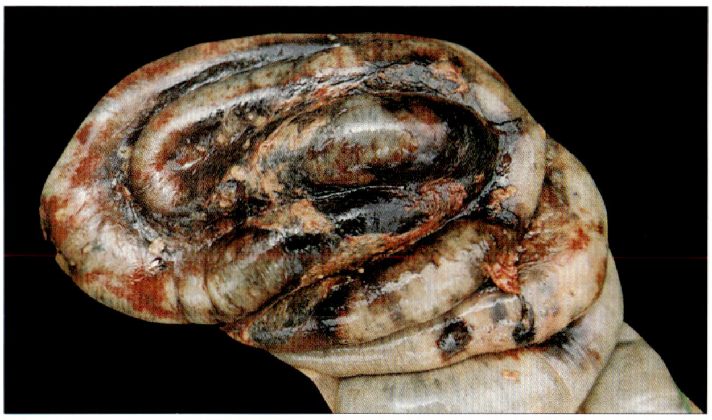
图2.2.1-104 猪瘟 慢性型 结肠浆膜与结肠弥漫性出血坏死灶

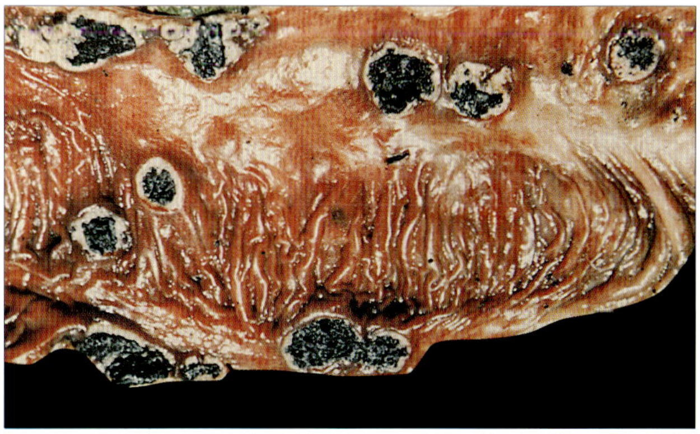
图2.2.1-105 猪瘟 慢性型 图2.2.1-104剪开肠管后肠表面的扣状肿病变

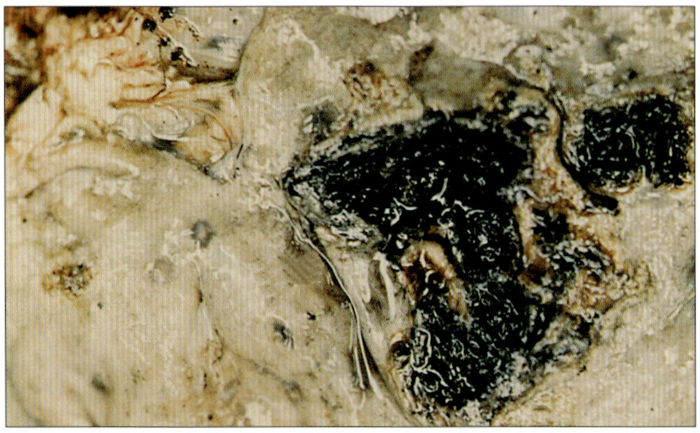

图2.2.1-106 猪瘟 慢性型 回盲口处形成一个较大的扣状肿病变

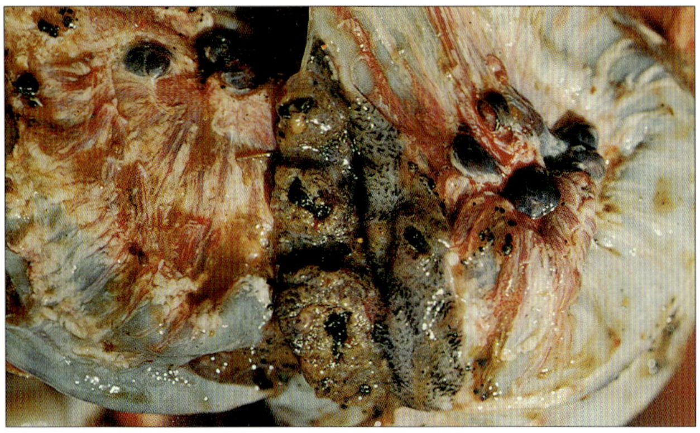

图2.2.1-107 猪瘟 慢性型 结肠表面形成多个中等大小表面附有粪便残渣粗糙的扣状肿病变

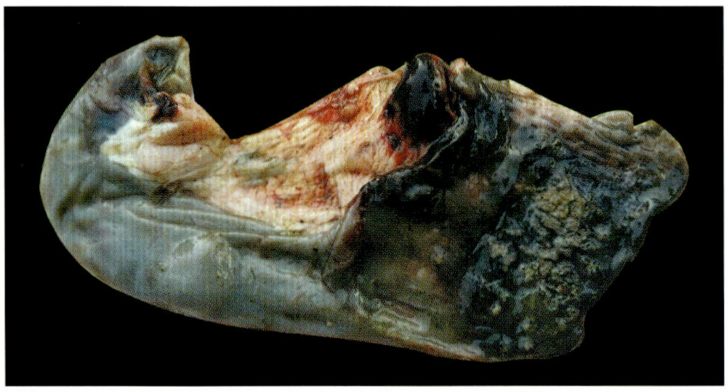

图2.2.1-108 猪瘟 慢性型 盲肠表面较小扣状肿

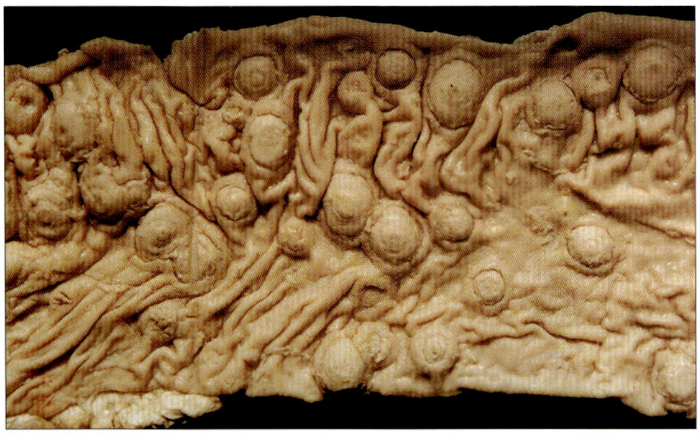

图2.2.1-109 猪瘟 慢性型 扣状肿几乎密布结肠表面

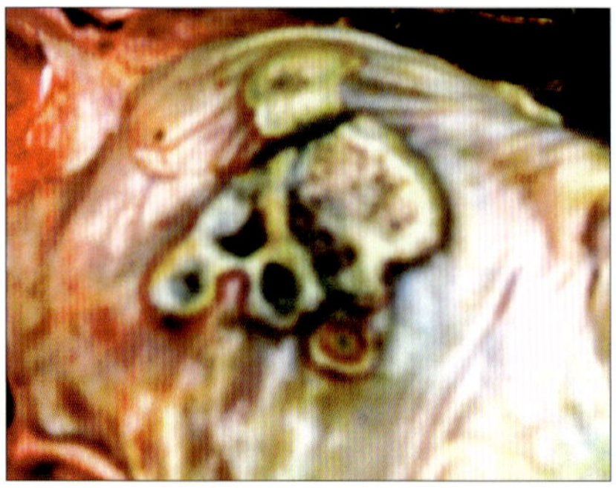

图2.2.1-110 猪瘟 慢性型 胃黏膜“扣状肿”

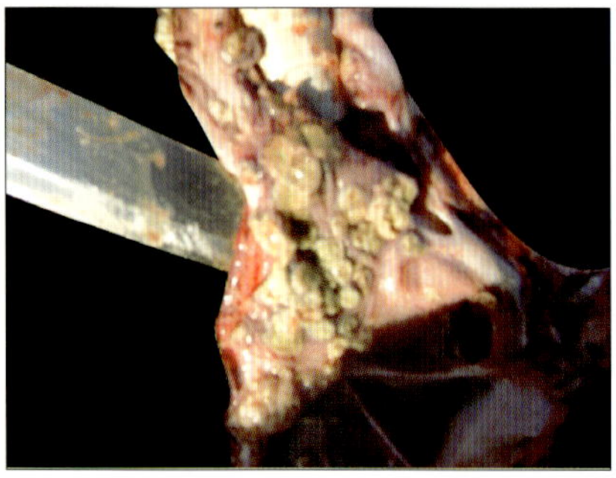

图2.2.1-111 猪瘟 慢性型 阴筒包皮黏膜“扣状肿”

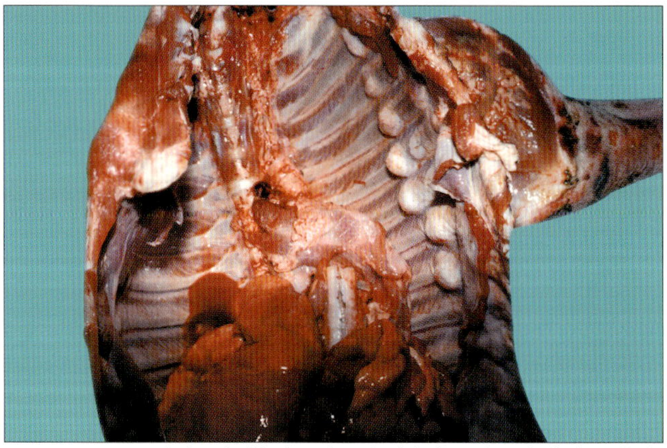

图2.2.1-112 猪瘟 慢性型 肋骨末端与软骨交界部位有骨化线

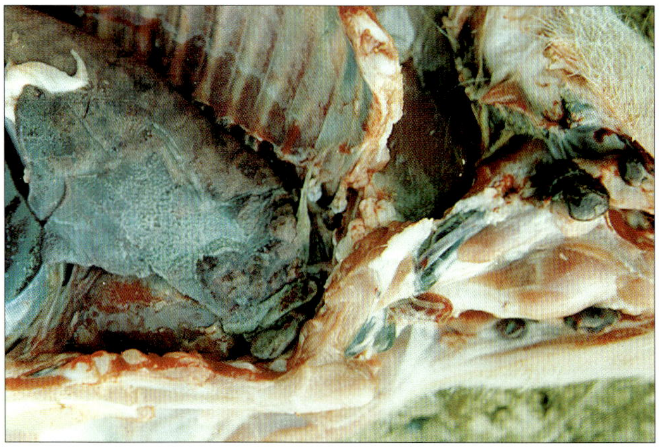

图2.2.1-113 猪瘟 胸型 猪瘟时继发感染巴氏杆菌而引起的纤维素性胸膜肺炎

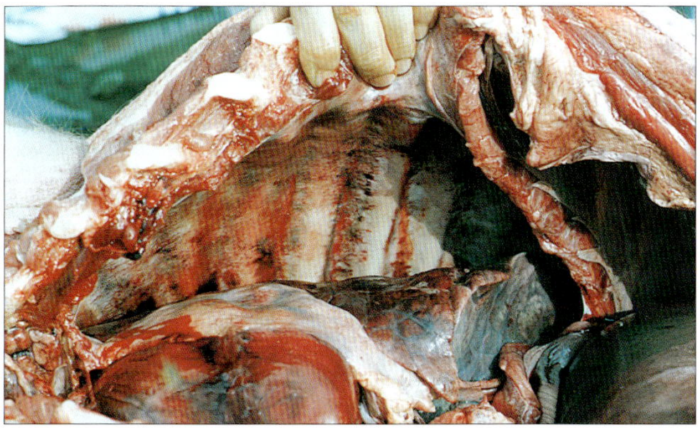

图2.2.1-114　猪瘟　胸型　猪瘟时继发感染巴氏杆菌而引起的纤维素性胸膜肺炎与心包炎

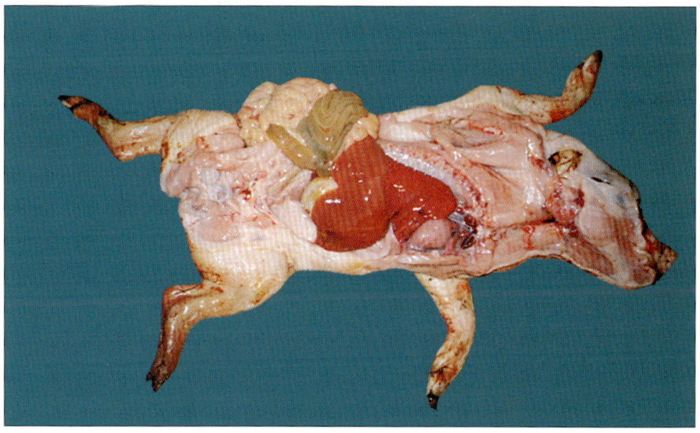

图2.2.1-118　猪瘟　繁殖障碍型　死胎下颌淋巴结肿大出血

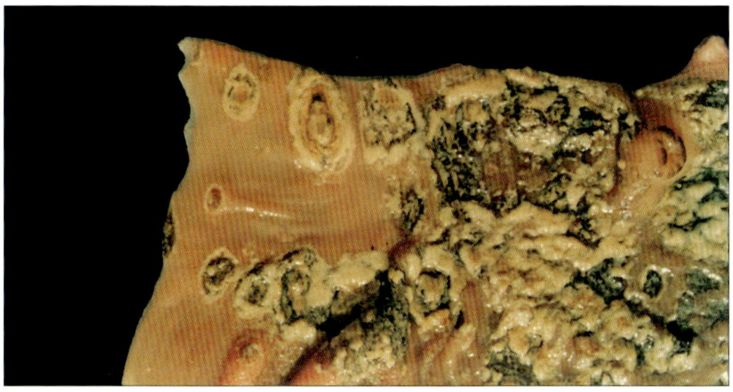

图2.2.1-115　猪瘟　肠型　猪瘟时感沙门氏杆菌而引起的纤维素坏死性肠炎

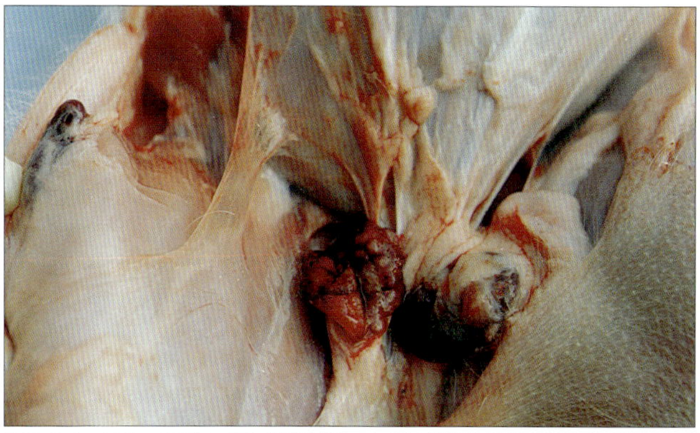

图2.2.1-119　猪瘟　繁殖障碍型　死胎腹股沟淋巴结肿大出血

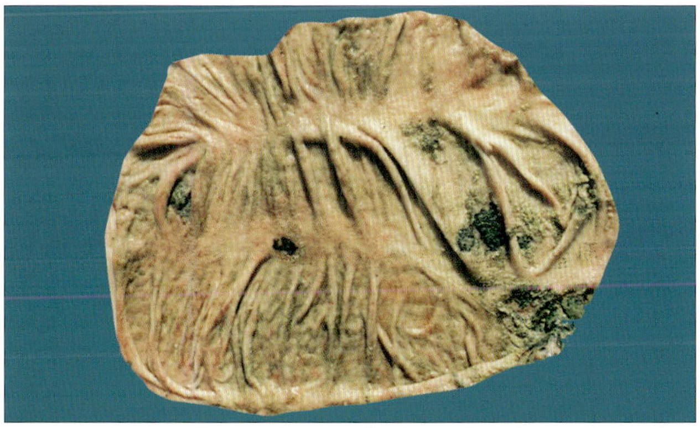

图2.2.1-116　猪瘟　肠型　肠扣状肿修复病理变化

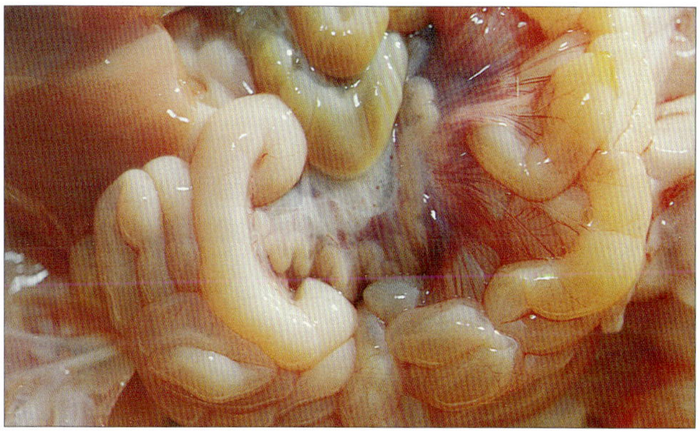

图2.2.1-120　肠系膜所属淋巴结肿大与肠系膜出血点

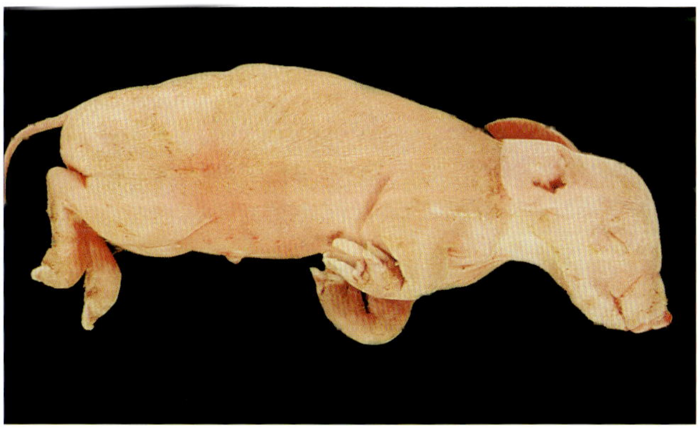

图2.2.1-117　猪瘟　繁殖障碍型　死胎水牛头

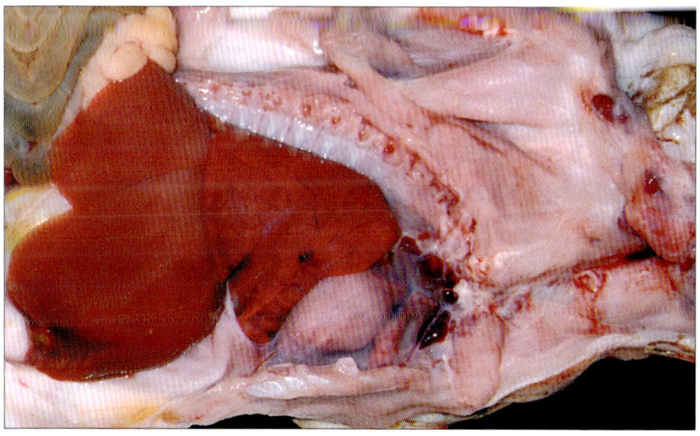

图2.2.1-121　猪瘟繁殖障碍型　死胎胸前淋巴结出血

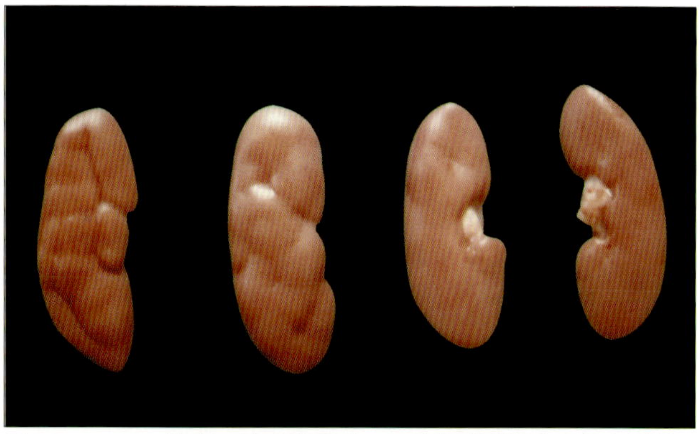
图2.2.1-122　猪瘟　繁殖障碍型　死胎肾畸形肾皮质部有裂缝

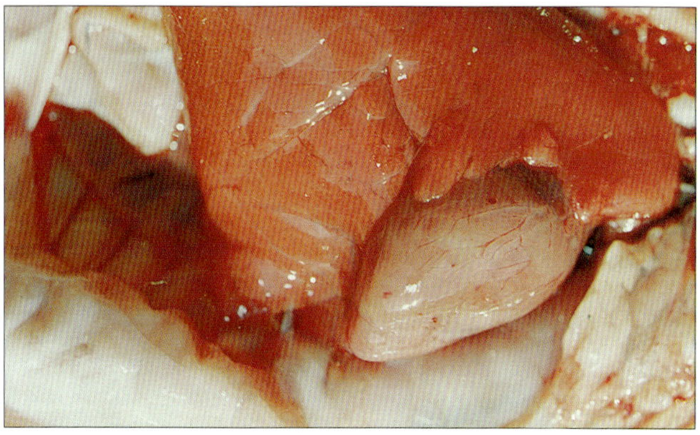
图2.2.1-123　猪瘟　繁殖障碍型　死胎肺出血点

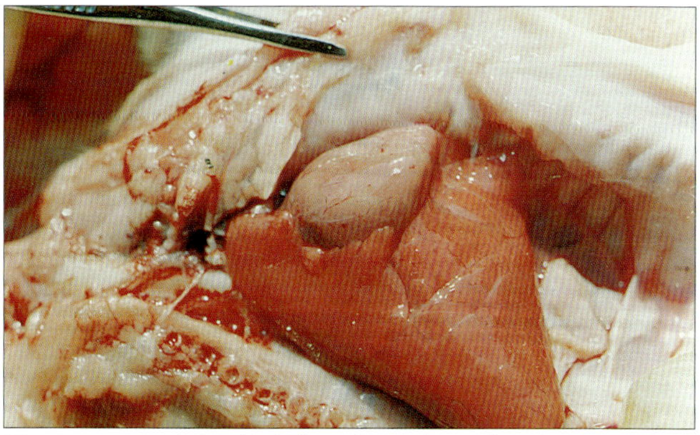
图2.2.1-124　猪瘟　繁殖障碍型　死胎心肌出血点

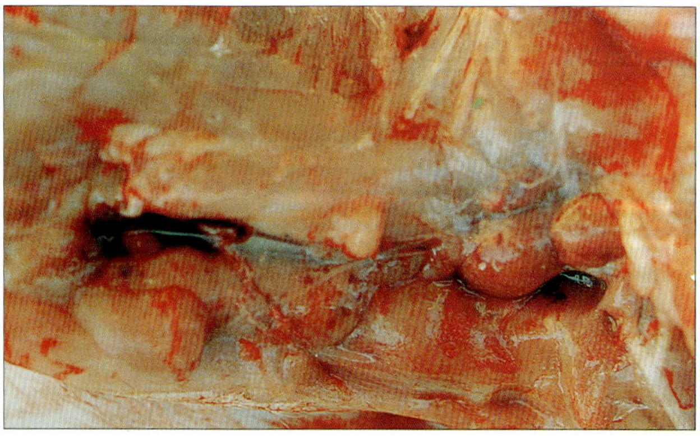
图2.2.1-125　猪瘟　繁殖障碍型　死胎胸腺出血

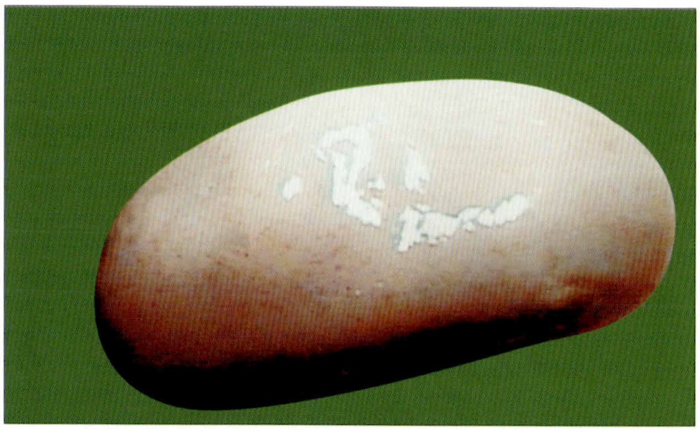
图2.2.1-126　猪瘟　繁殖障碍型　死胎肾出血点（特技）

图2.2.1-127　猪瘟　3日龄仔猪　皮肤出血

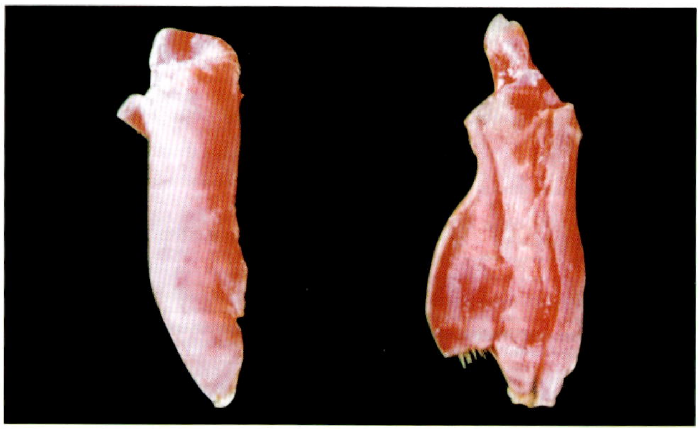
图2.2.1-128　猪瘟　图2.2.1-127仔猪后肢皮肤出血

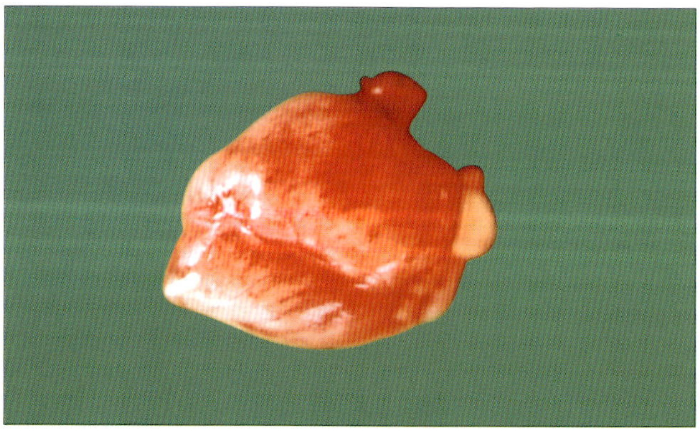
图2.2.1-129　猪瘟3日龄仔猪　心肌出血

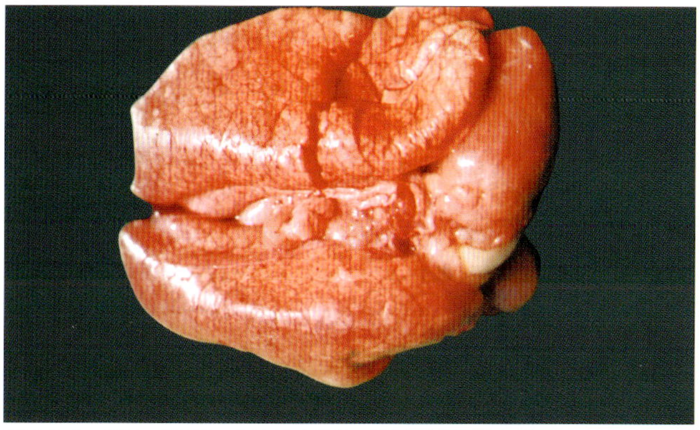
图2.2.1-130 猪瘟 3日龄仔猪 肺弥漫性出血点

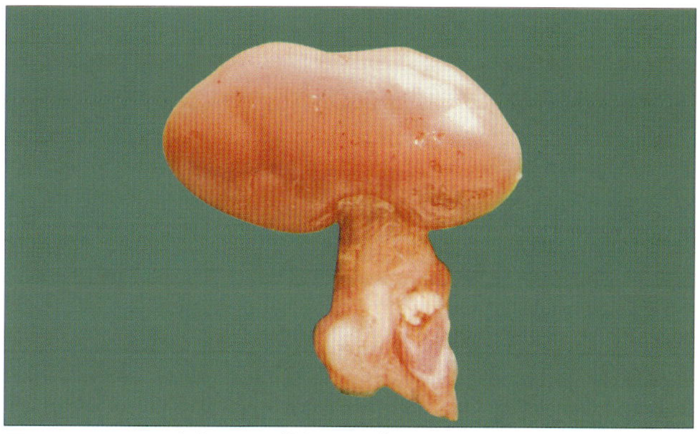
图2.2.1-134 猪瘟 3日龄仔 肾出血

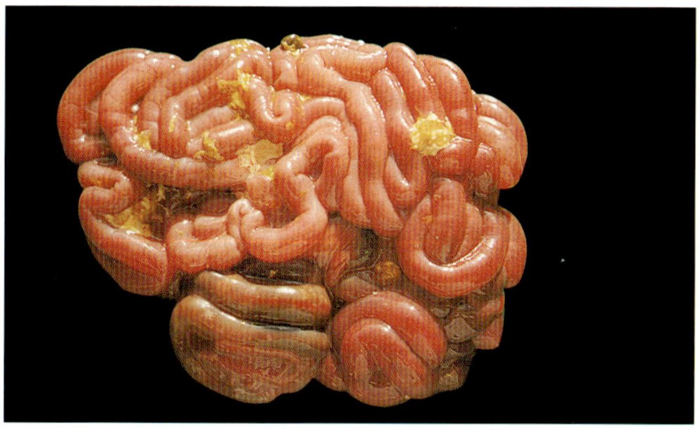
图2.2.1-131 猪瘟 3日龄仔猪 大、小肠弥漫性出血及出血斑点展示

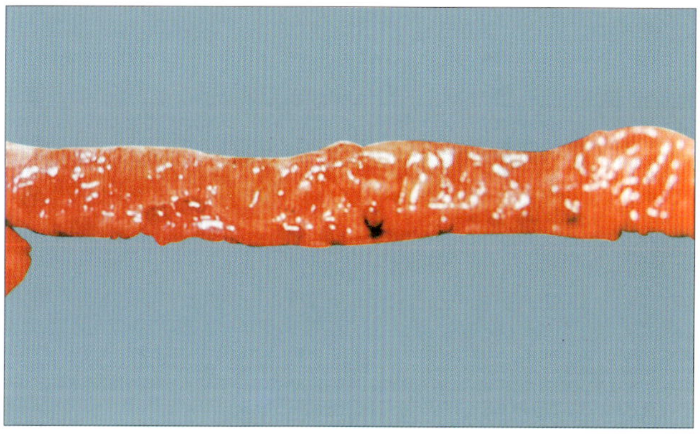
图2.2.1-135 猪瘟 3日龄仔猪 直肠所属淋巴结病变

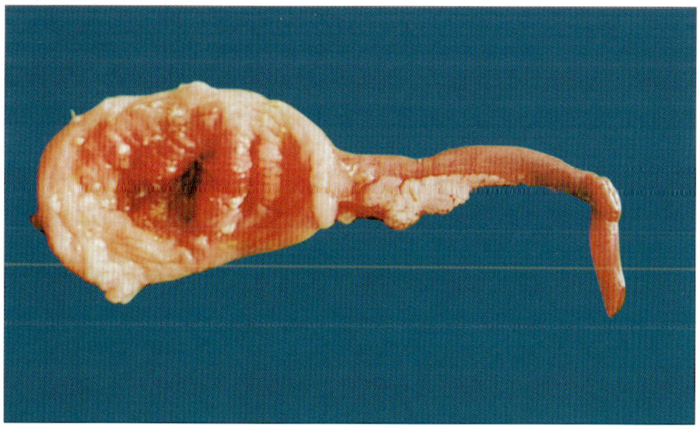
图2.2.1-132 猪瘟 3日龄仔猪 胃黏膜出血

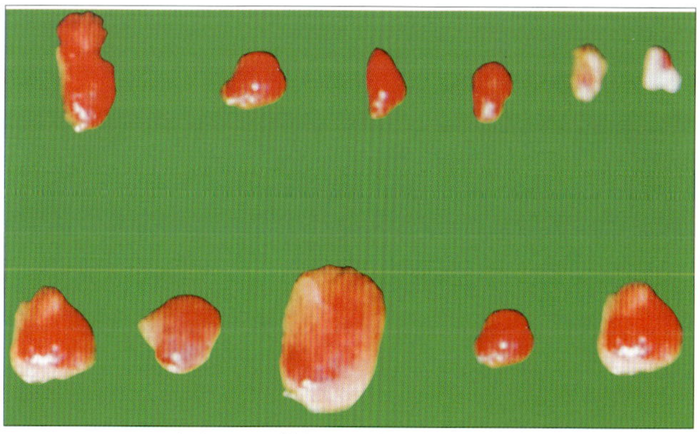
图2.2.1-136 猪瘟 3日龄仔猪 淋巴结出血病变展示

图2.2.1-133 猪瘟 3日龄仔猪 膀胱黏膜出血

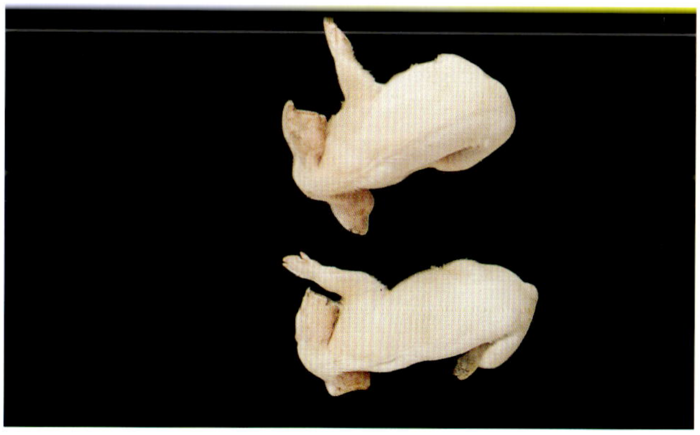
图2.2.1-137 猪瘟 10日龄仔猪 发病仔猪虚弱、后躯麻痹，起立困难

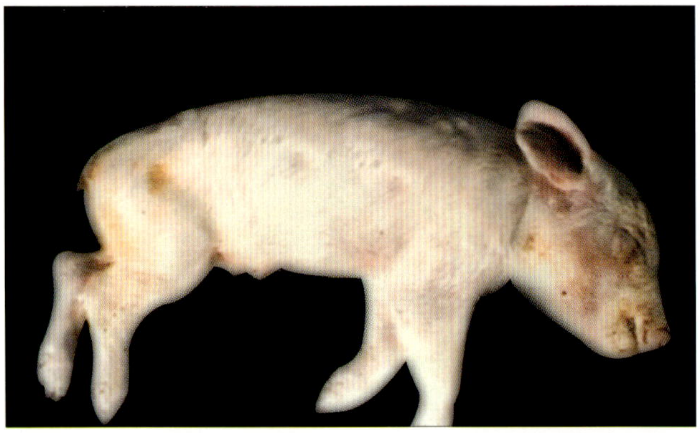
图2.2.1-138　猪瘟　10日龄仔猪　耳部和四肢末梢弥漫性出血斑点

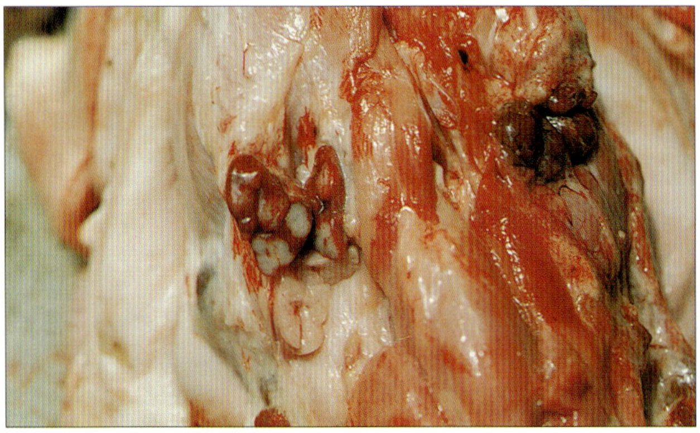
图2.2.1-139　猪瘟　10日龄仔猪　下颌淋巴结病变

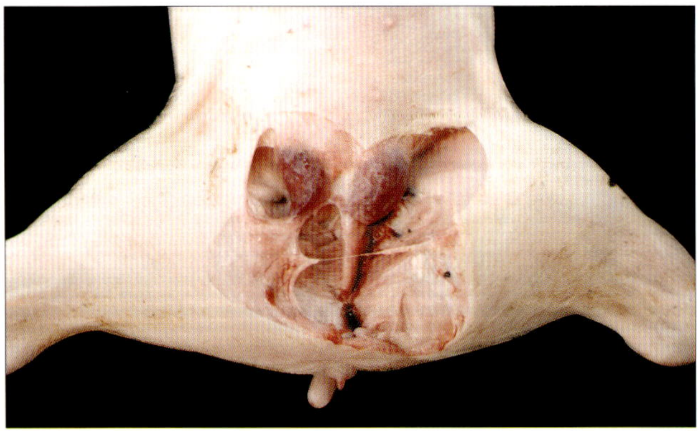
图2.2.1-140　猪瘟　10日龄仔猪　腹股沟淋巴结病变

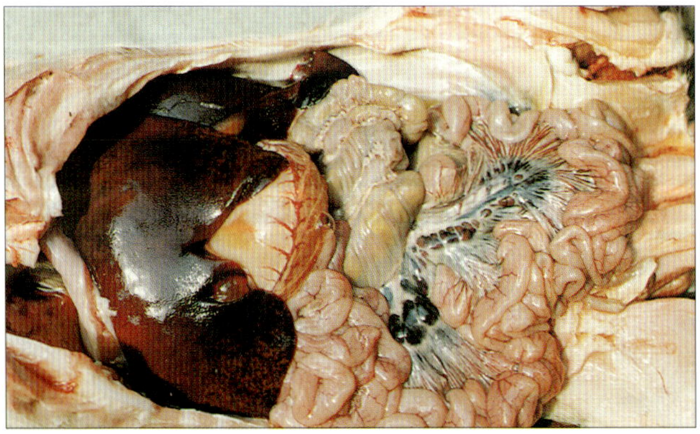
图2.2.1-141　猪瘟　10日龄仔猪　肠系膜所属淋巴结病变

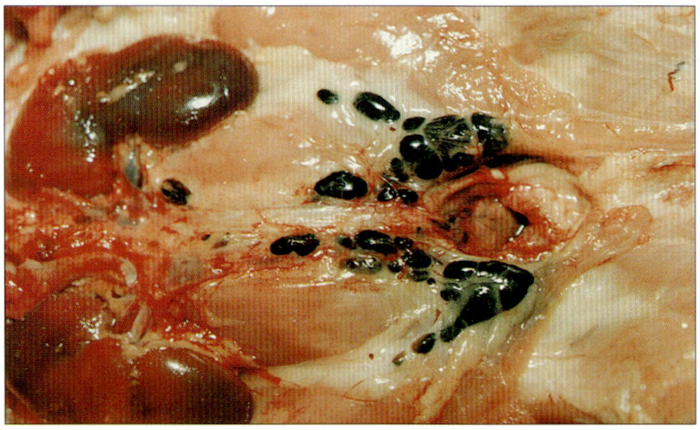
图2.2.1-142　猪瘟　10日龄仔猪　髂内淋巴结病变

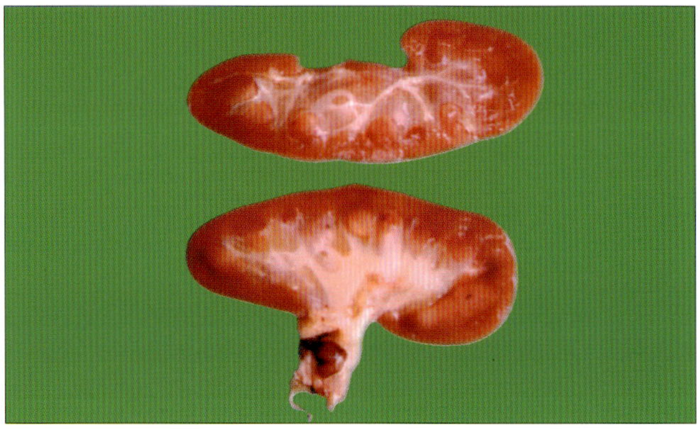
图2.2.1-143　猪瘟　10日龄仔猪　肾所属淋巴结病变

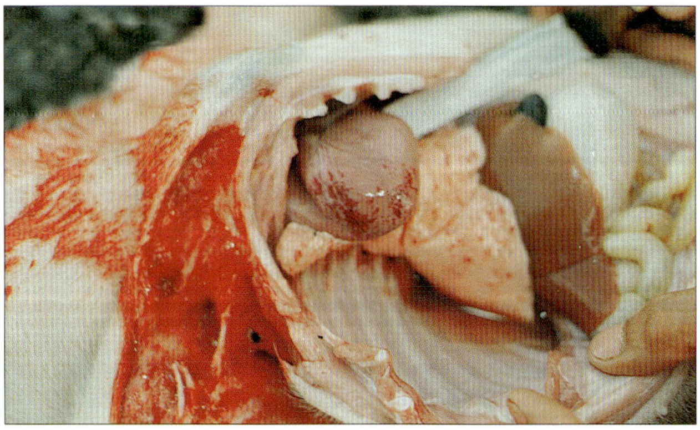
图2.2.1-144　猪瘟　10日龄仔　猪心肌出血斑点

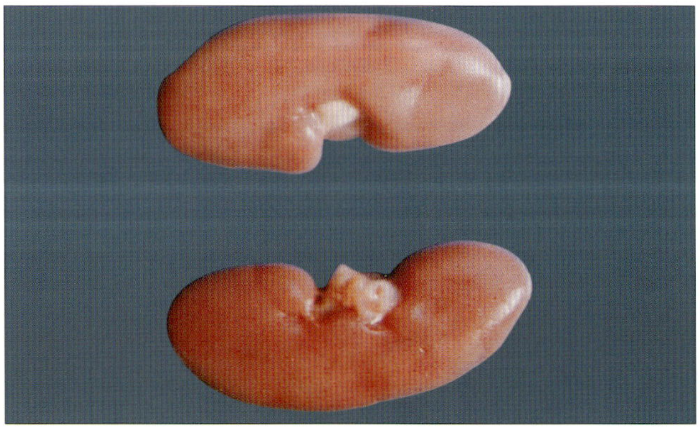
图2.2.1-145　猪瘟　10日龄仔猪　肾散在点状出血

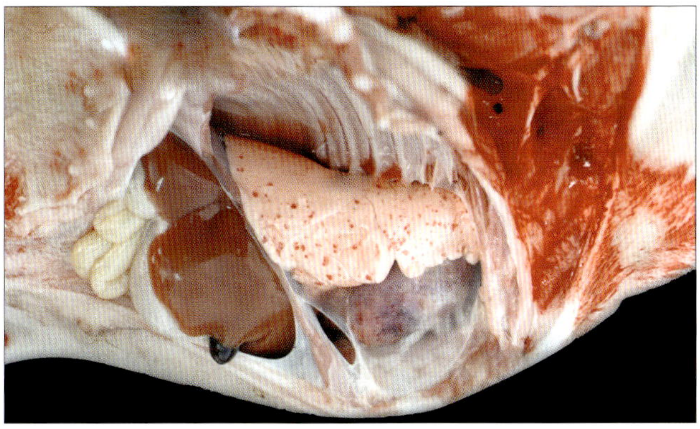

图2.2.1-146 猪瘟 10日龄仔猪 肺弥漫性出血点

图2.2.1-150 猪瘟 断奶仔猪两耳、眼部、鼻部呈暗紫红色，后驱麻痹起立困难

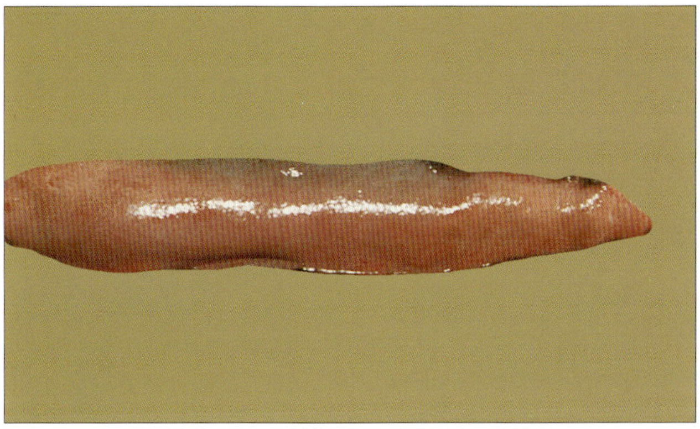

图2.2.1-147 猪瘟 10日龄仔猪 脾出血梗死灶

图2.2.1-151 猪瘟 断奶仔猪仔猪神经症状，病猪间歇性抽搐

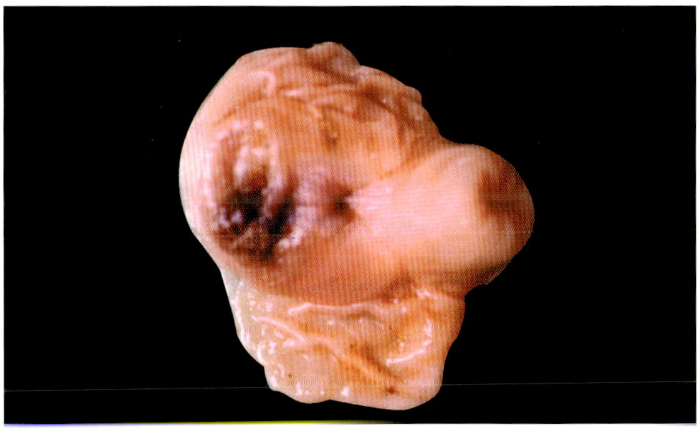

图2.2.1-148 猪瘟 10日龄仔猪 胃底腺部出血

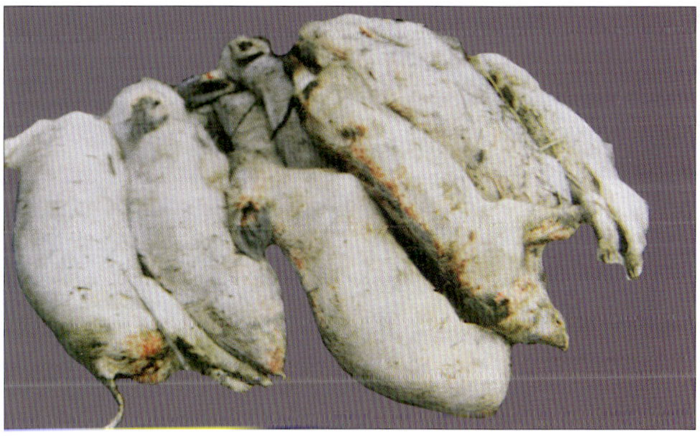

图2.2.1-152 猪瘟 断奶仔猪全身性皮肤出血展示

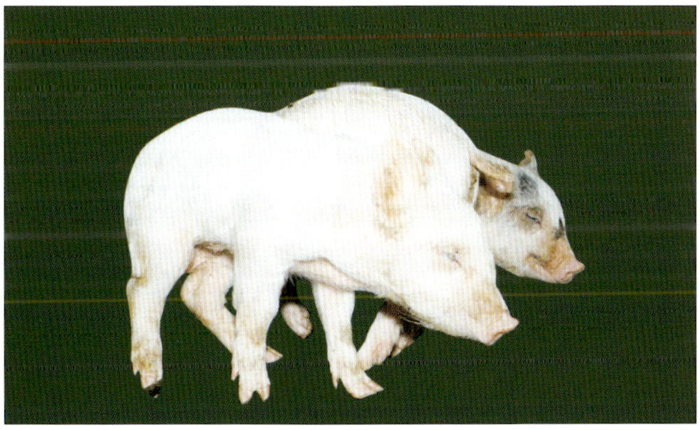

图2.2.1-149 猪瘟 断奶仔猪面部肿胀，精神沉郁，伴有腹泻

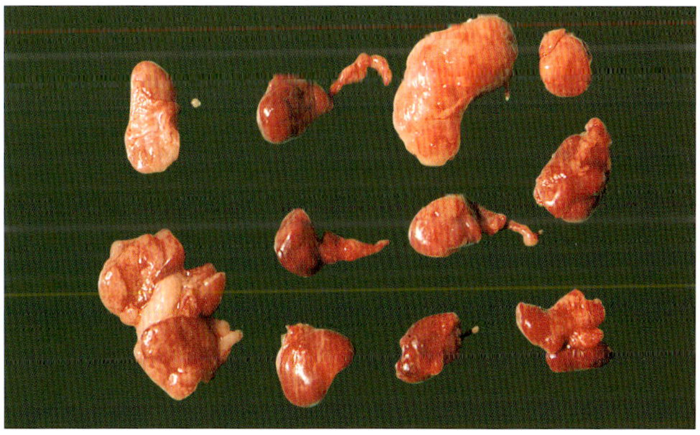

图2.2.1-153 猪瘟 断奶仔猪淋巴结病变展示

图2.2.1–154 猪瘟 断奶仔猪肠系膜淋巴结病变

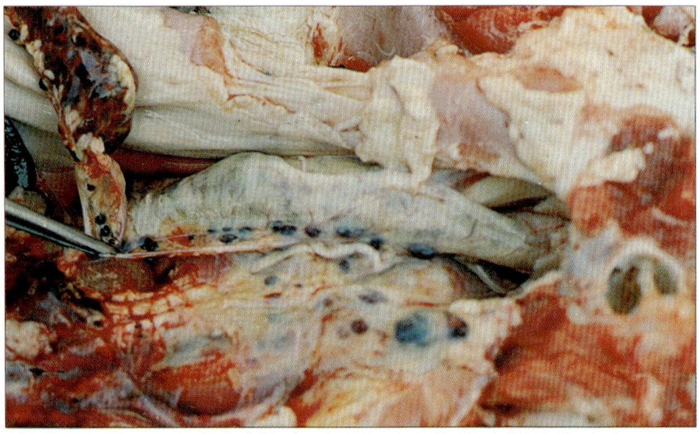
图2.2.1–155 猪瘟 断奶仔猪直肠周围与髂内淋巴结病变

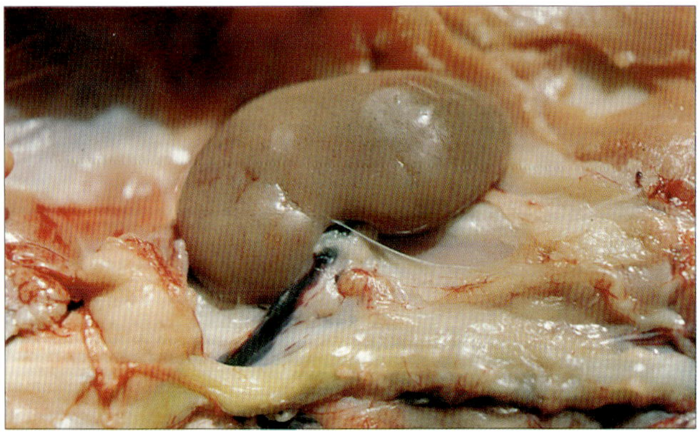
图2.2.1–156 猪瘟 断奶仔猪肾点状出血

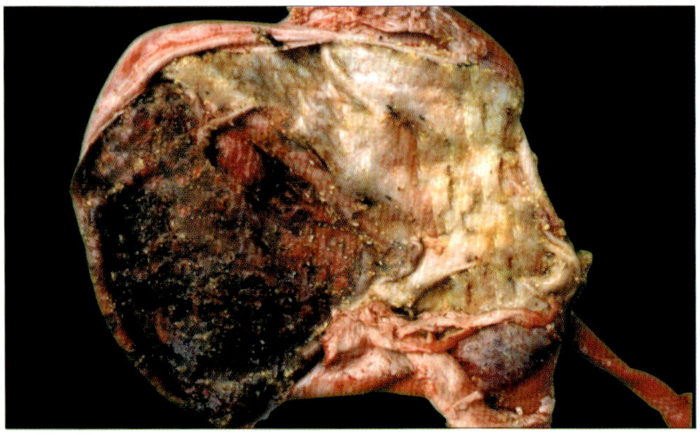
图2.2.1–157 猪瘟 断奶仔猪胃底腺部出血

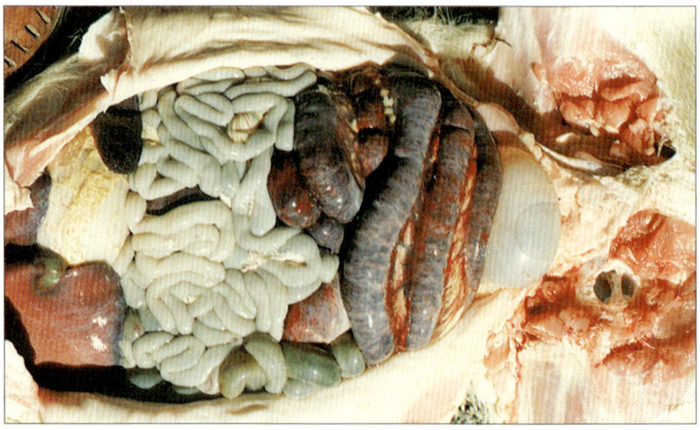
图2.2.1–158 猪瘟 断奶仔猪结肠出血

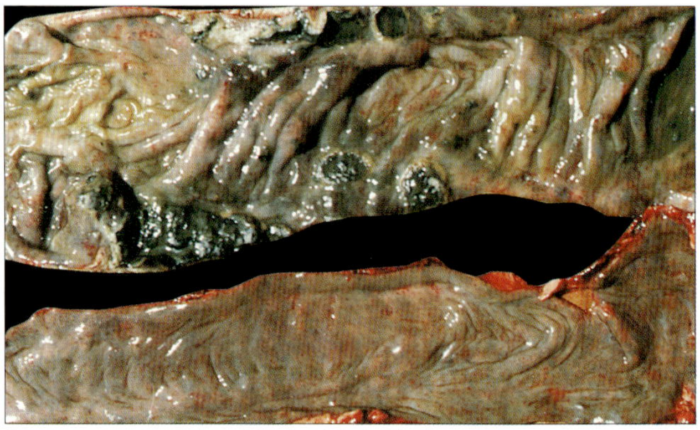
图2.2.1–159 猪瘟 断奶仔猪肠扣状肿

图2.2.1–160 猪瘟 断奶仔猪脾出血梗死灶

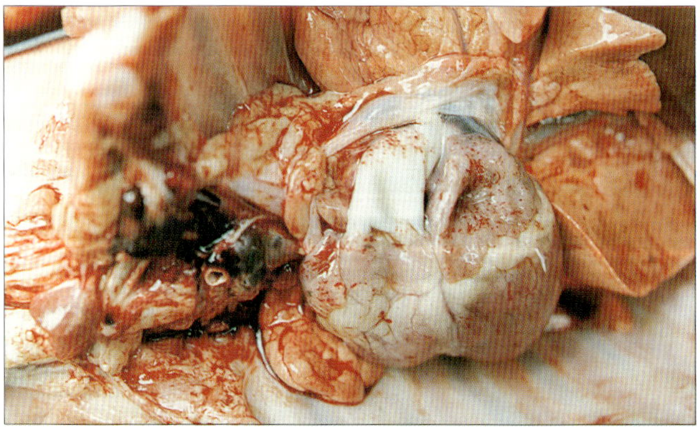
图2.2.1–161 猪瘟 断奶仔猪心肌与主动脉弓被膜出血

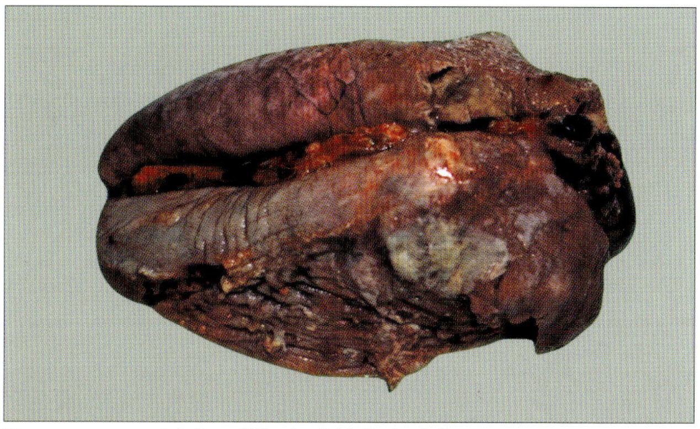

图2.2.1-162 猪瘟 断奶仔猪继发猪肺疫

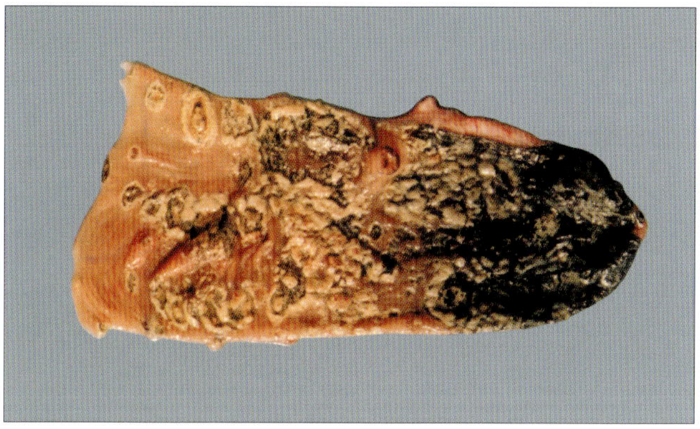

图2.2.1-163 猪瘟 断奶仔猪继发副伤寒

图2.2.1-164 猪瘟 70日龄肾出血点肾畸形（胚胎期感染）

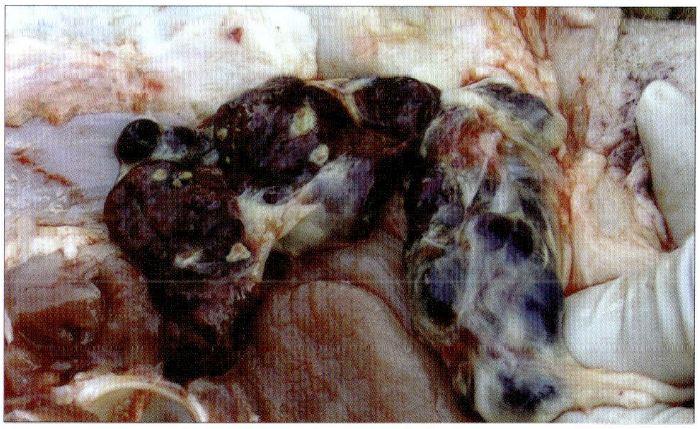

图2.2.1-165 猪瘟 混合型 猪链球菌病 淋巴结化脓灶与猪瘟淋巴结出血

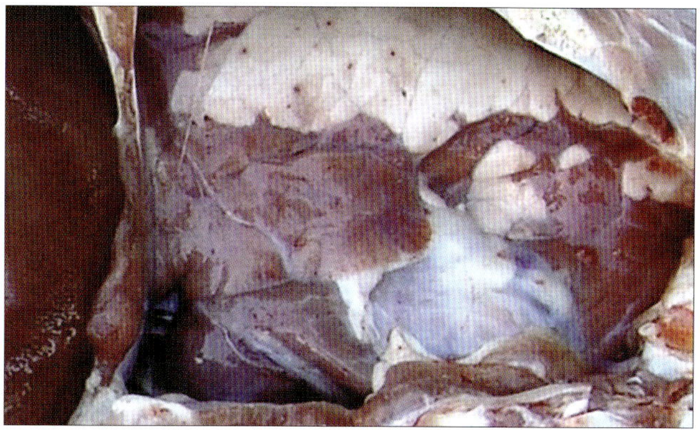

图2.2.1-166 猪瘟 混合型 气喘病 肺心尖叶肉样变与猪瘟肺出血点

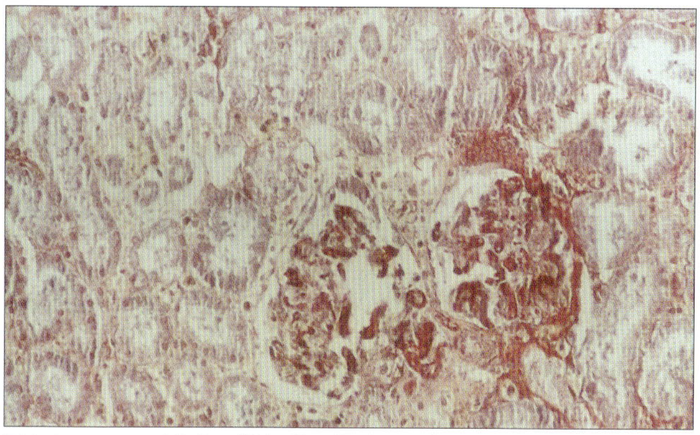

图2.2.1-167 猪瘟 组织学 肾（DIC）PTAH×40

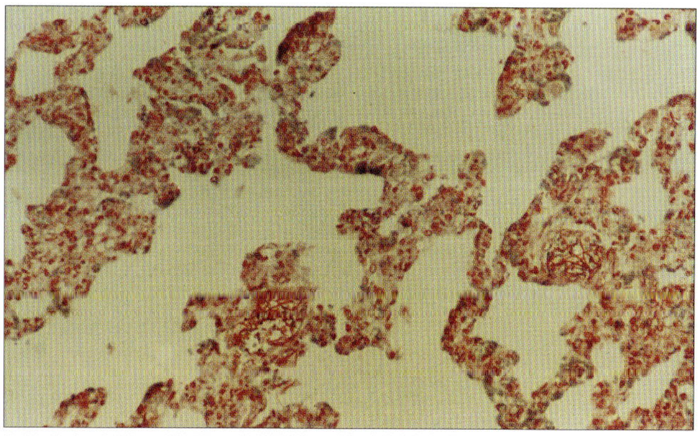

图2.2.1-168 猪瘟 组织学 肺（DIC）PTAH×20

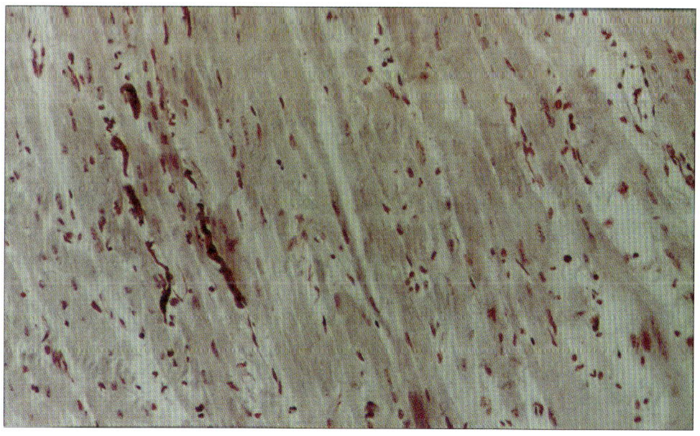

图2.2.1-169 猪瘟 组织学 心（DIC）PTAH×20

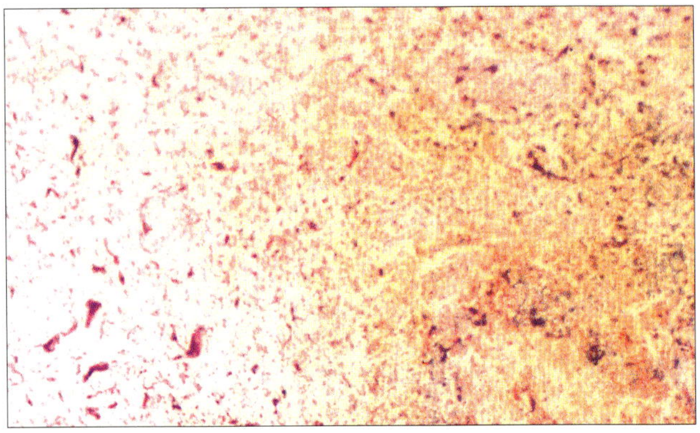
图2.2.1–170 猪瘟 组织学 脑（DIC）PTAH×20

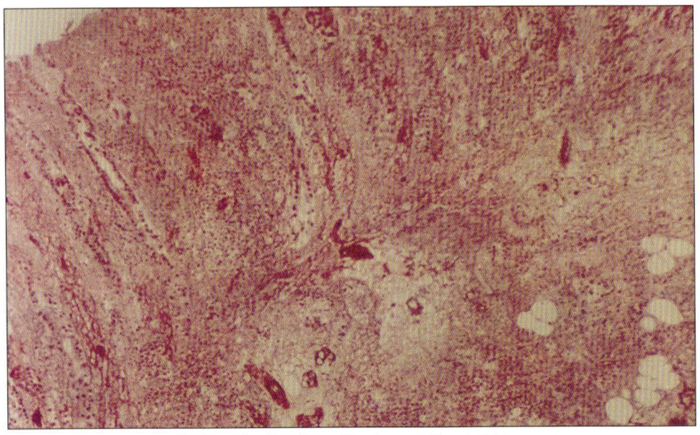
图2.2.1–171 猪瘟 组织学 肠（DIC）PTAH×20

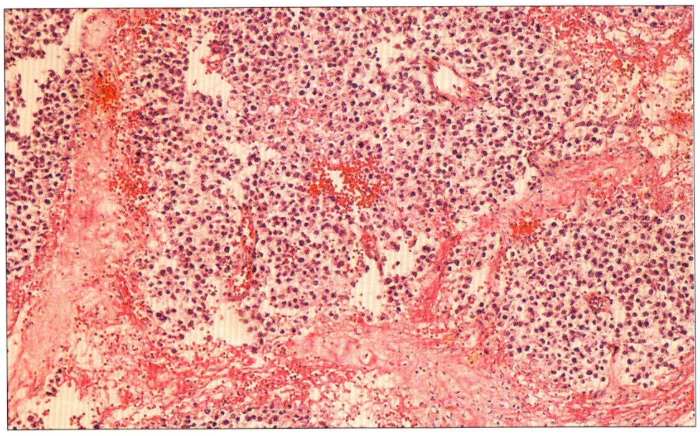
图2.2.1–172 猪瘟 组织学 淋巴结出血HE×20

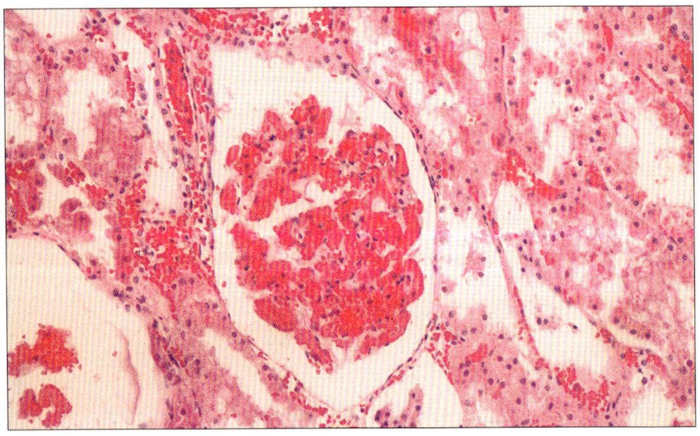
图2.2.1–173 猪瘟 组织学 肾小球出血HE×20

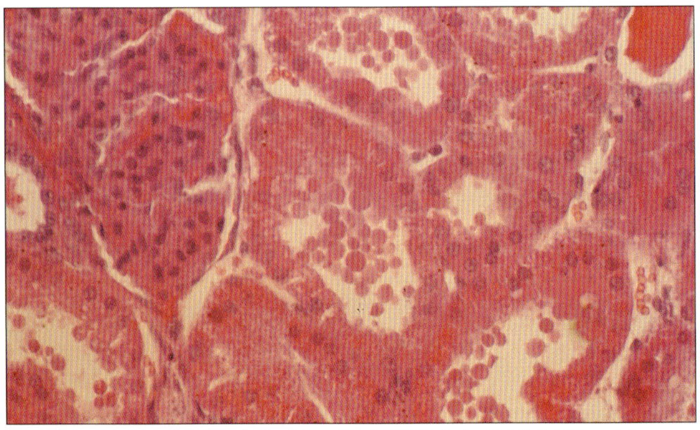
图2.2.1–174 猪瘟 组织学 肾小管出血与滴状变HE×20

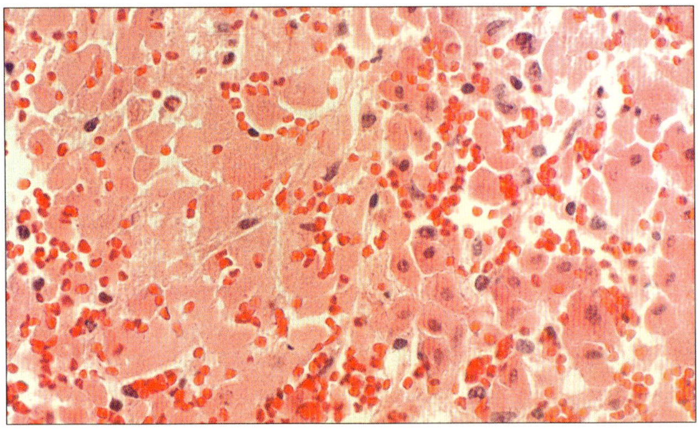
图2.2.1–175 猪瘟 组织学 肝出血HE×20

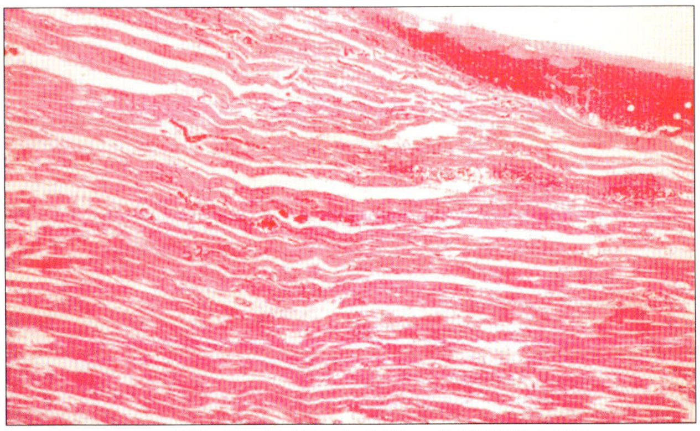
图2.2.1–176 猪瘟 组织学 心内膜下弥漫性出血HE×10

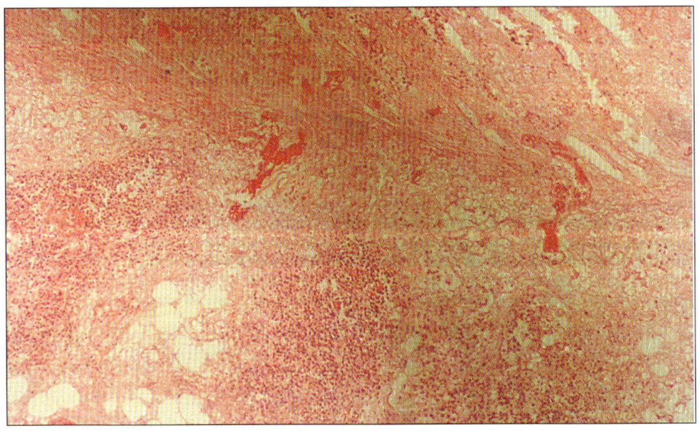
图2.2.1–177 猪瘟 组织学 大肠扣状肿时的出血坏死HE×20

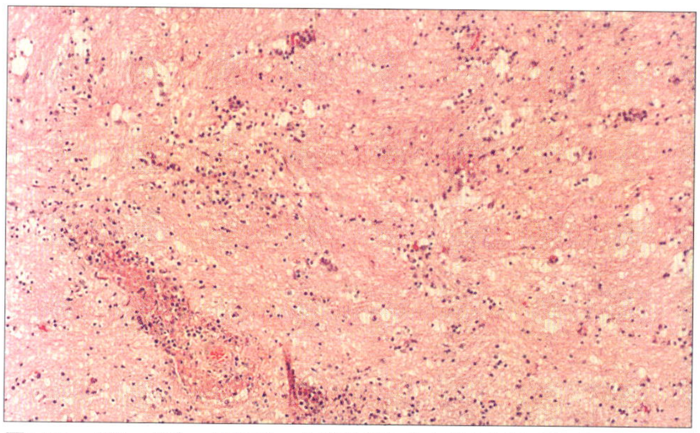
图2.2.1 -178　猪瘟　组织学　非化脓性脑炎血管套与胶质结节　HE×10

图2.2.2-1　猪流感　病初时猪可出现鼻炎症状初期流水样鼻液

图2.2.2-2　猪流感　发病4～5天后流黏稠鼻液

图2.2.2-3　猪流感　眼结膜潮红

图2.2.2-4　猪流感　鼻孔黏性分泌物已干涸

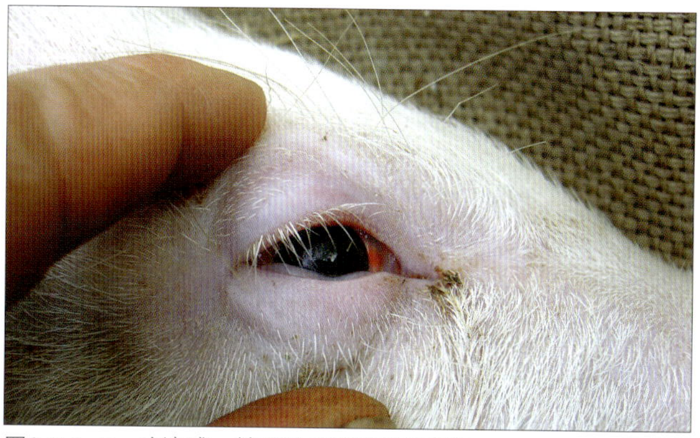
图2.2.2-5　猪流感　结膜炎初期眼结膜潮红

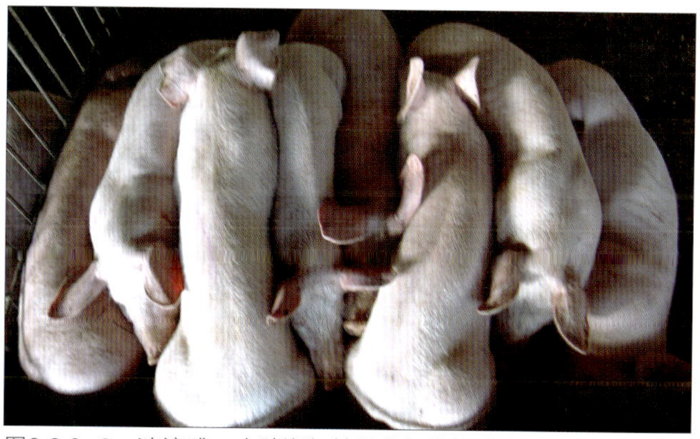
图2.2.2-6　猪流感　皮肤潮红精神萎顿常挤卧在一起

图2.2.2-7　猪流感　群体常卧地全身皮肤潮红

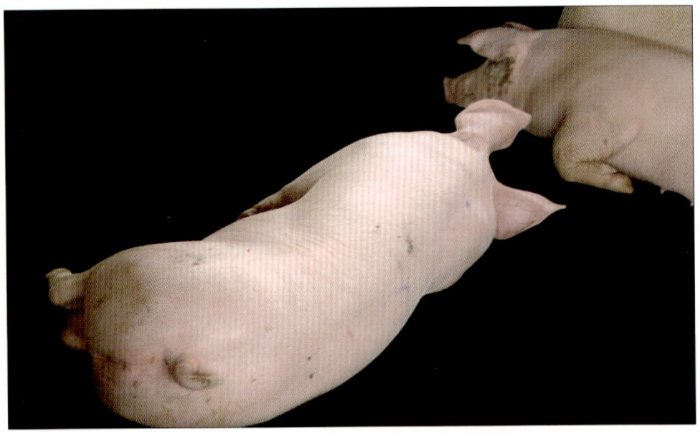
图2.2.2-8　猪流感　个体常卧地，全身皮肤潮红

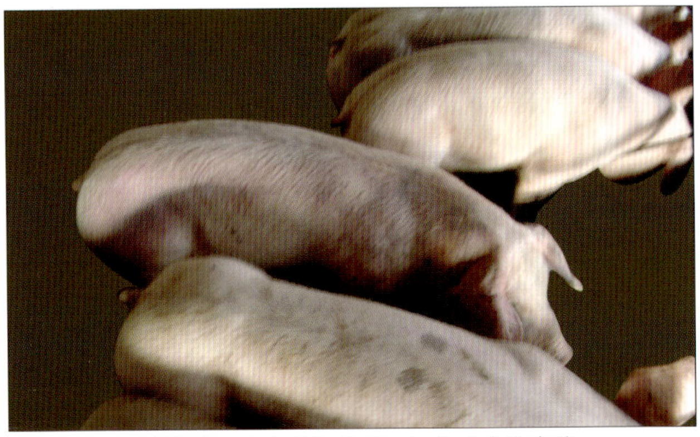
图2.2.2-9　猪流感　全身皮肤发绀，厌食或食欲废绝

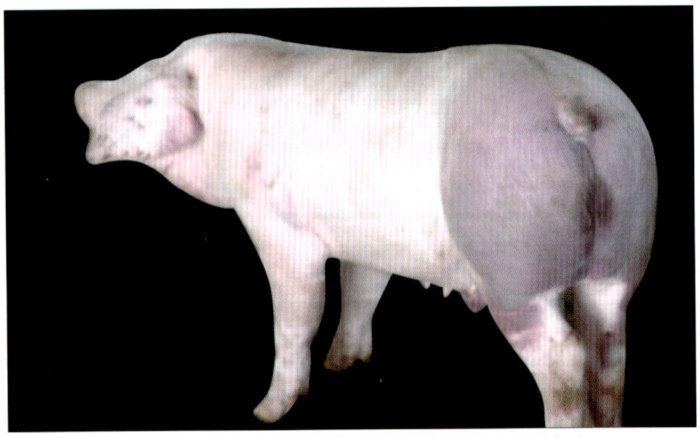
图2.2.2-10　猪流感　全身皮肤发绀，有时喝几口清水

图2.2.2-11　猪流感　全身皮肤发绀，极度虚弱乃至虚脱

图2.2.2-12　猪流感　全身皮肤发绀，腹卷缩

图2.2.2-13　猪流感　张口呼吸

图2.2.2-14　猪流感　全身皮肤发绀，阵发性震颤，极其衰弱

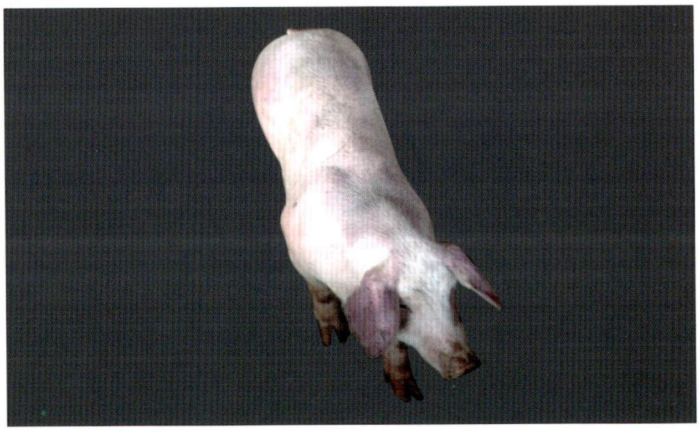
图2.2.2-15　猪流感　后期耳部、颈部皮肤发绀

图2.2.2–16　猪流感　后期背侧皮肤发绀

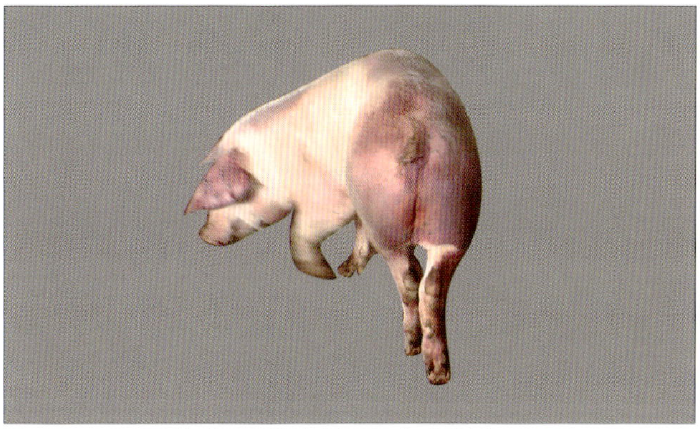
图2.2.2–17　猪流感　后期腹侧臀部皮肤发绀

图2.2.2–18　猪流感　后肢末端部位皮肤发绀

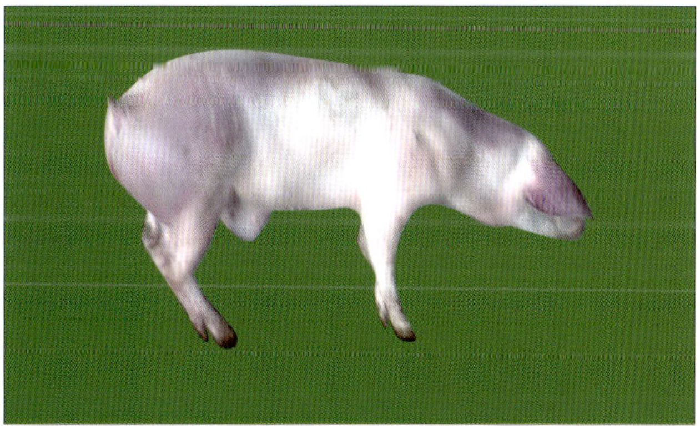
图2.2.2–19　猪流感　病程1周后体重明显下降衰竭

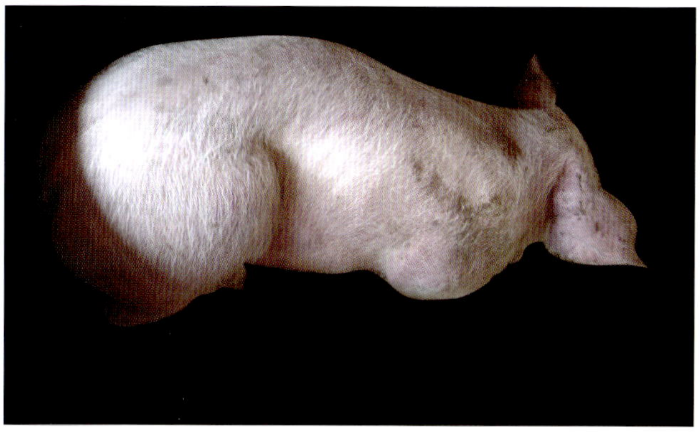
图2.2.2–20　猪流感　皮肤蓝紫色，全身蜷缩，阵发性震颤，极其衰弱

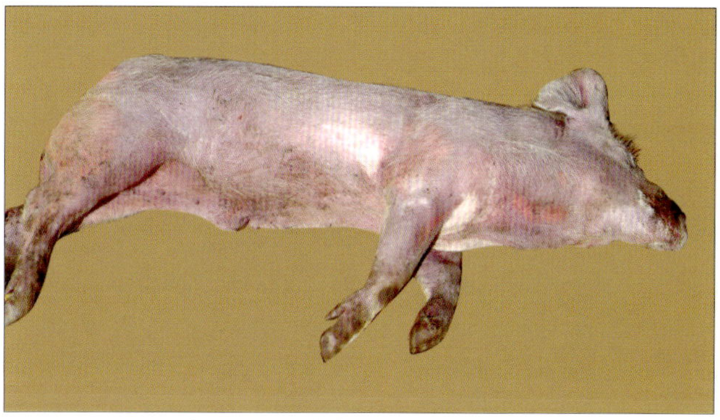
图2.2.2–21　猪流感　尸僵良好，全身皮肤弥散发绀

图2.2.2–22　猪流感　十几头死亡猪尸体皮肤变化一致

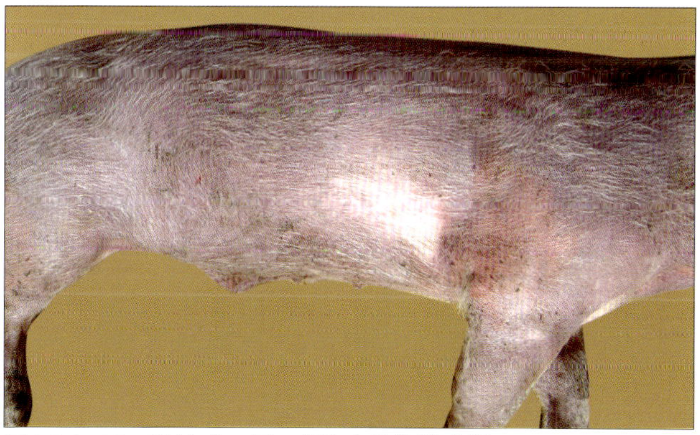
图2.2.2–23　猪流感　展示背胸皮肤弥散发绀

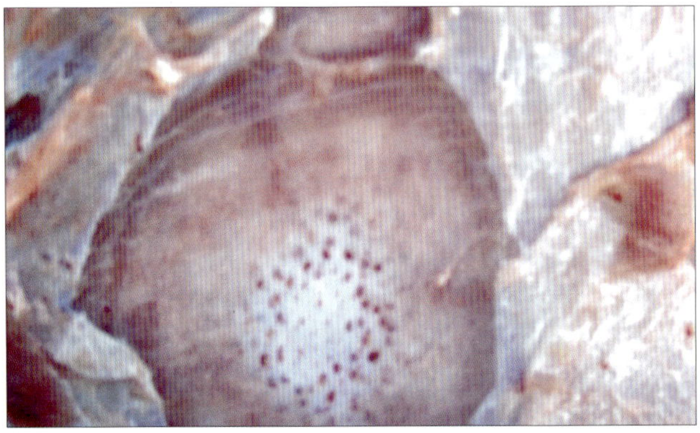
图2.2.2-24 猪流感 展示弥散发绀处实皮肤毛囊血管淤血

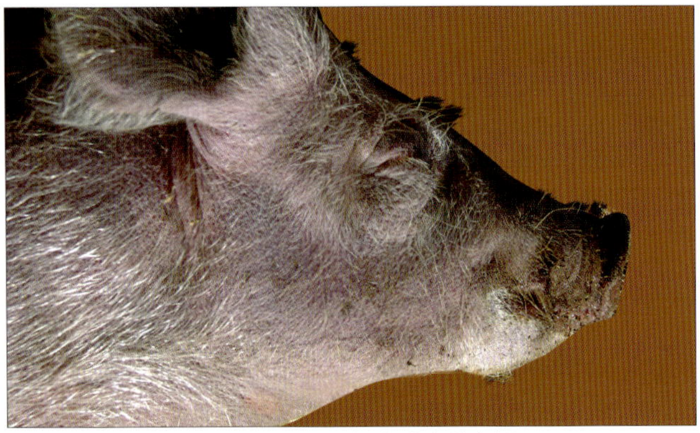
图2.2.2-25 猪流感 展示头颈部皮肤弥散发绀

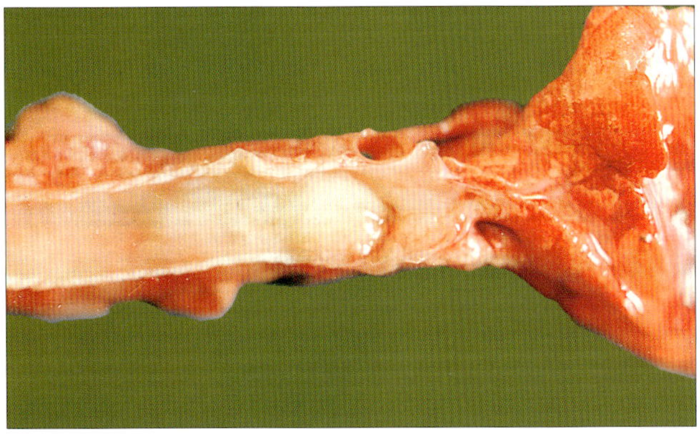
图2.2.2-26 猪流感 气管有乳白色泡沫状黏性分泌物

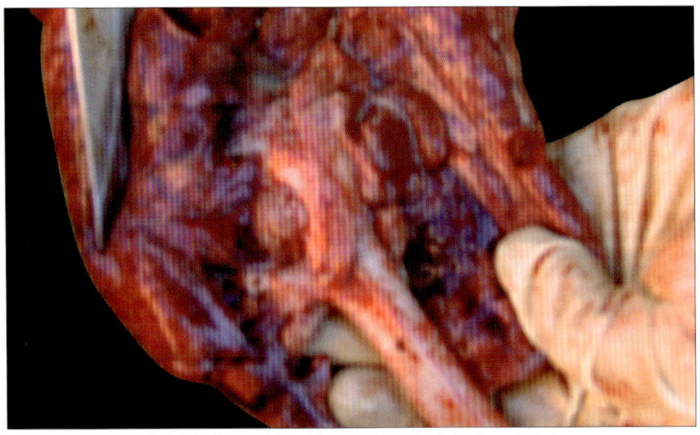
图2.2.2-27 猪流感 肺气管周围淋巴结充血、肿大

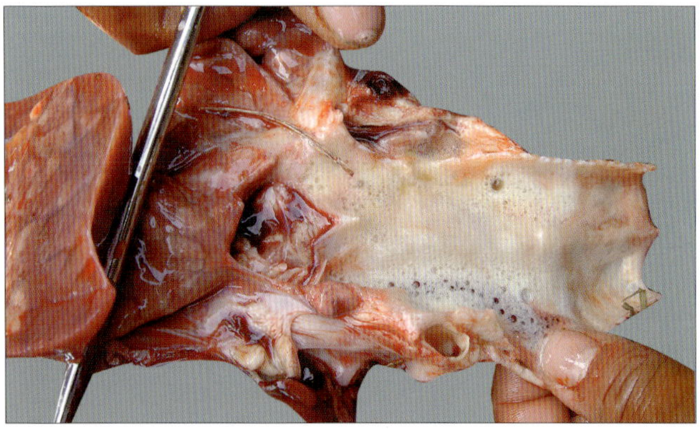
图2.2.2-28 猪流感 气管的黏膜轻度充血肿胀

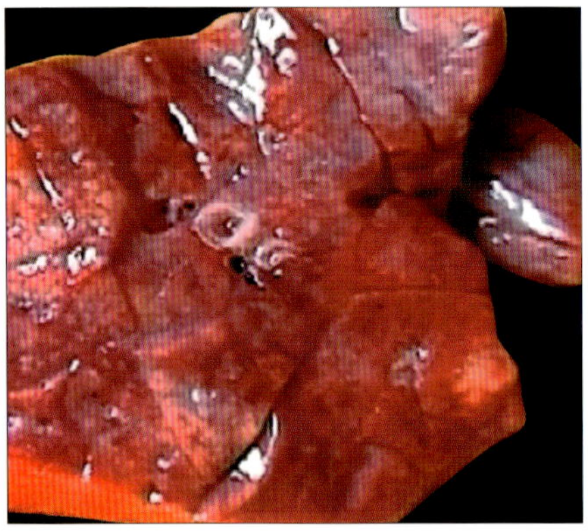
图2.2.2-29 猪流感 肺切面支气管的黏膜出血点

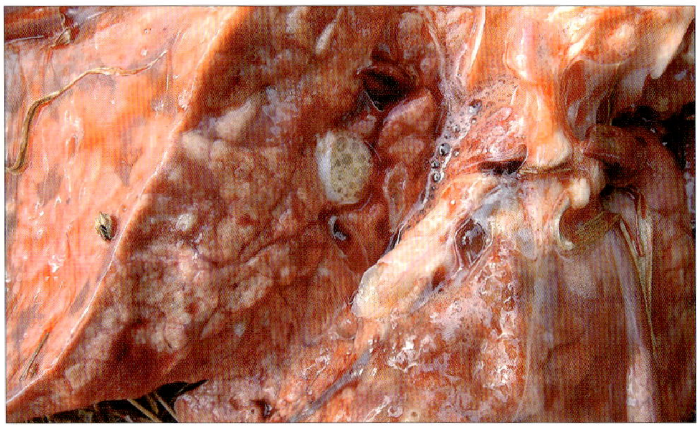
图2.2.2-30 猪流感 小支气管和细支气管内充满泡沫样渗出液

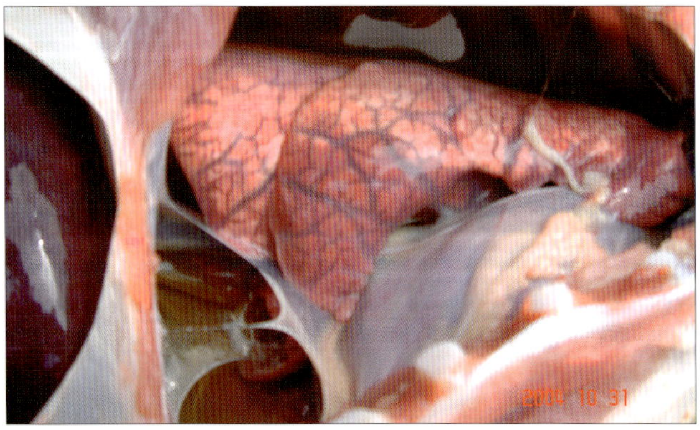
图2.2.2-31 猪流感 胸腔蓄积浆液

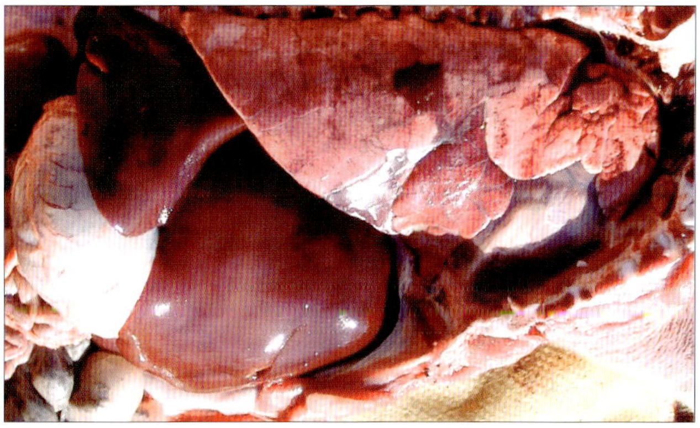

图2.2.2-32 猪流感 肺炎症和正常组织之间有明显的界线

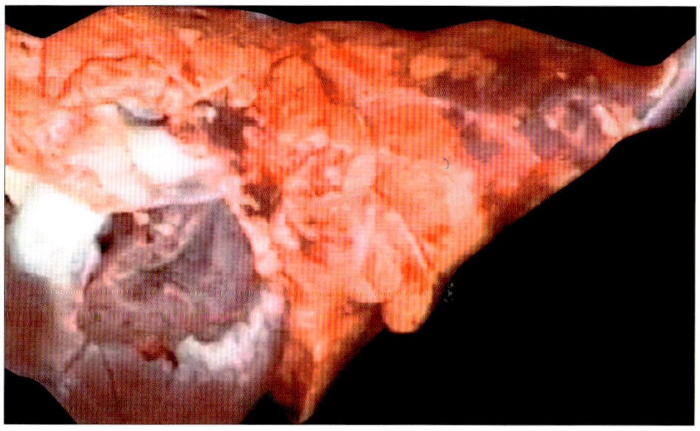

图2.2.2-36 猪流感 膈叶尾部病变区为紫色，质地硬

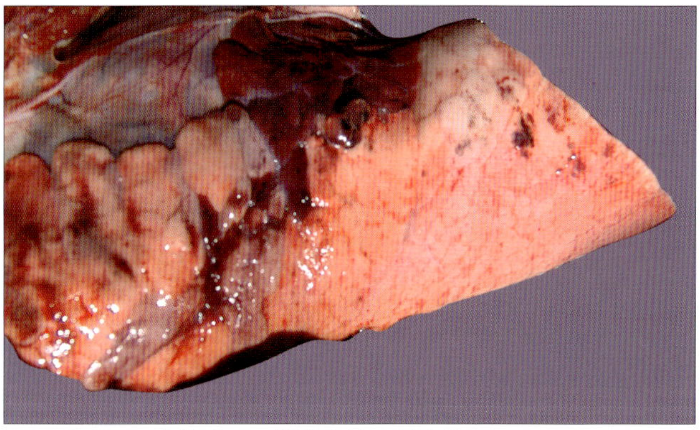

图2.2.2-33 猪流感 早期肺炎灶呈长条状

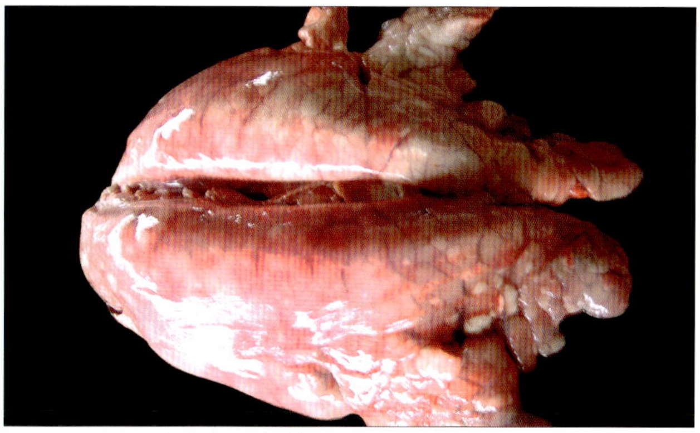

图2.2.2-37 猪流感 肺叶间质明显水肿

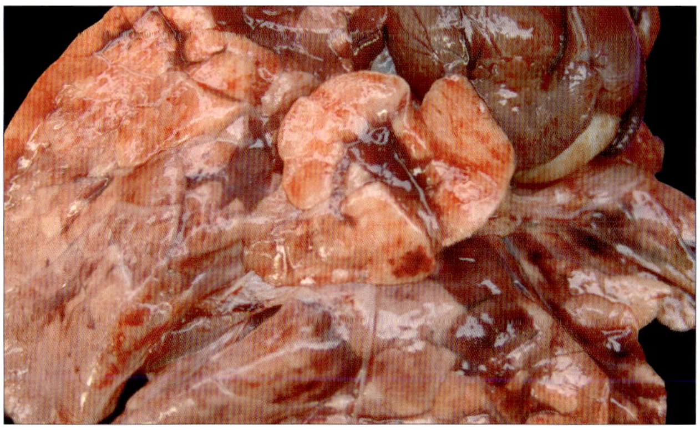

图2.2.2-34 猪流感 肺炎灶块状散在分布

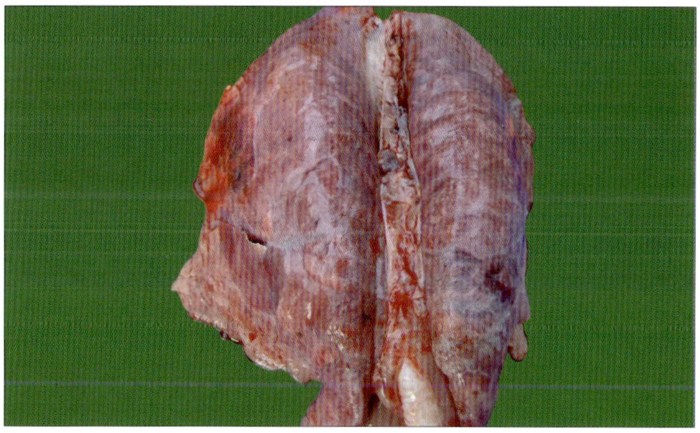

图2.2.2-38 猪流感 肺胸膜有纤维素附着

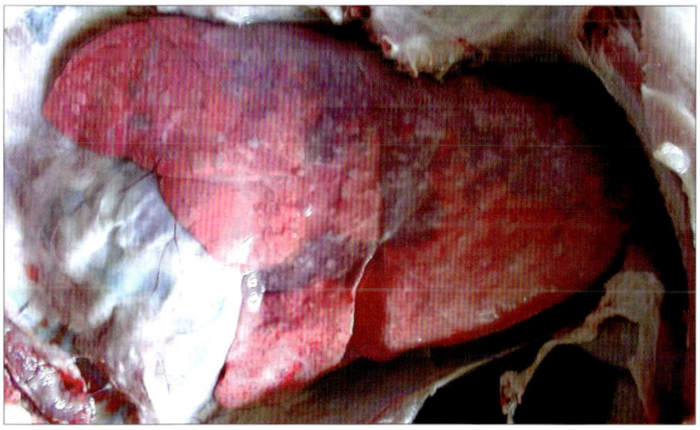

图2.2.2-35 猪流感 肺炎灶呈颗粒状

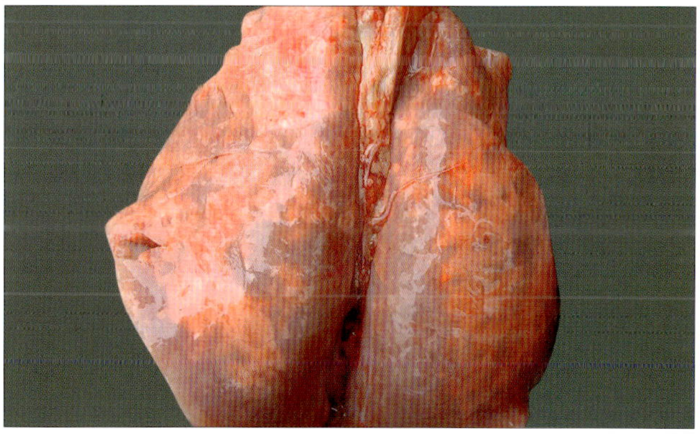

图2.2.2-39 猪流感 肺胸膜与肋胸膜局部有纤维素粘连

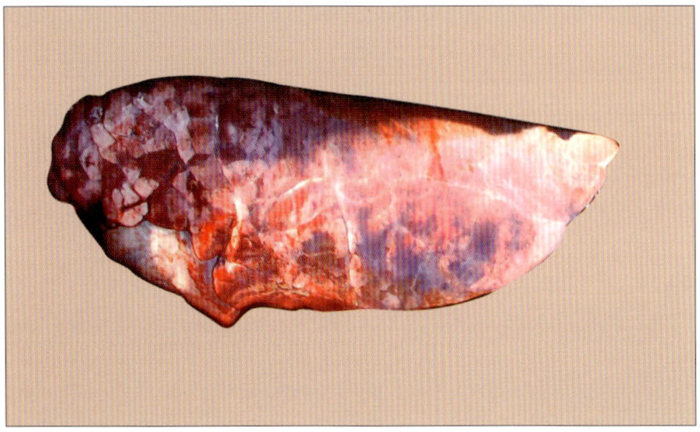

图2.2.2-40 猪流感 肺炎灶心叶肺炎灶气肿

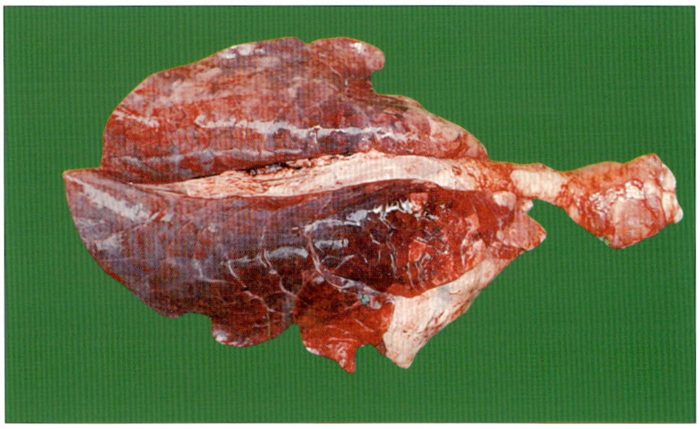

图2.2.2-44 猪流感 肺的间质增宽

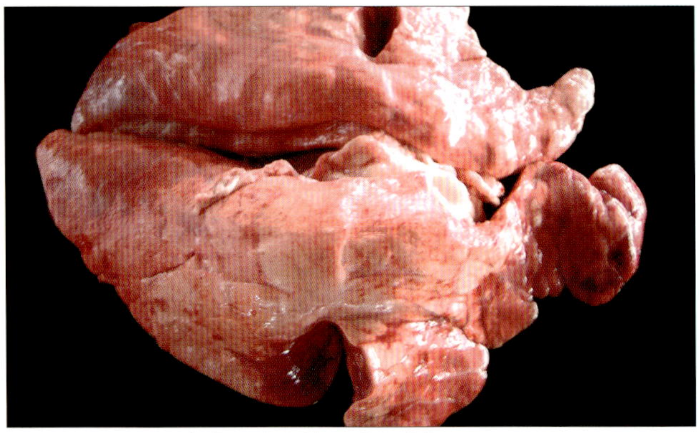

图2.2.2-41 猪流感 肺炎灶隔叶的背部

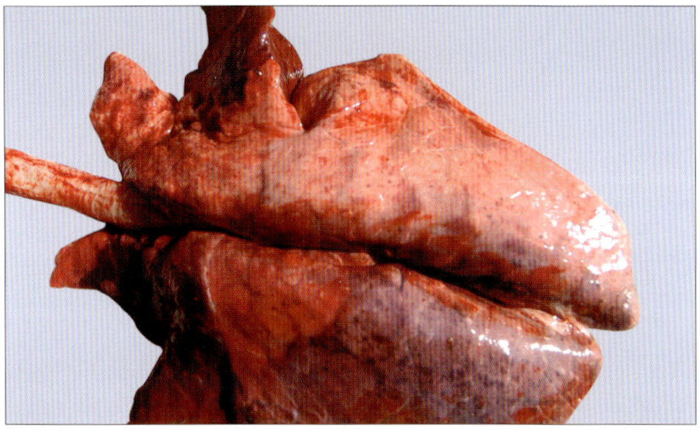

图2.2.2-45 猪流感 肺病变区膨胀不全

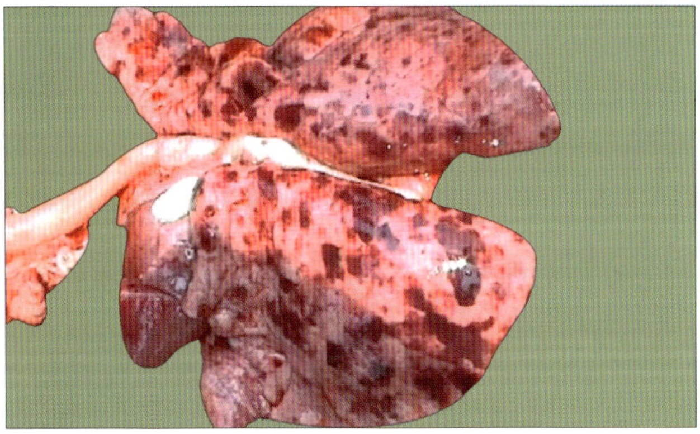

图2.2.2-42 猪流感 全肺的出血性炎灶散在分部

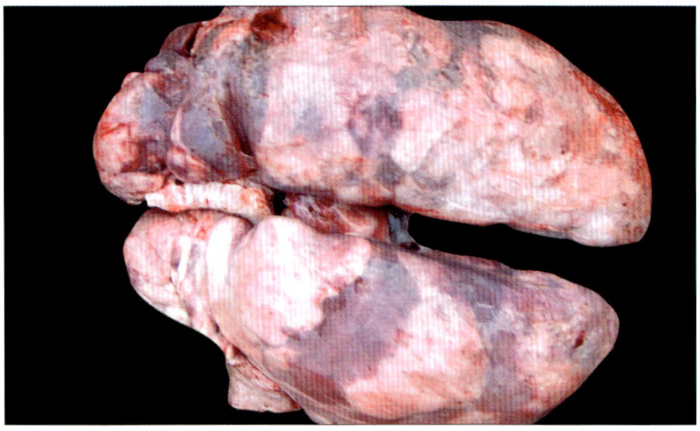

图2.2.2-46 猪流感 肺病变区其周围苍白色的气肿

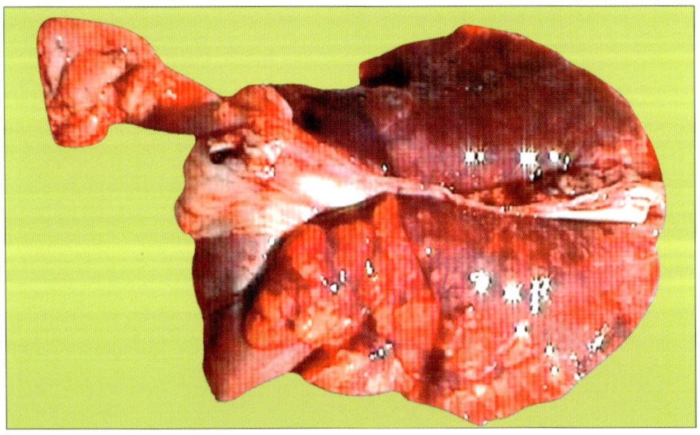

图2.2.2-43 猪流感 全肺炎灶颜色由红至紫，塌陷、坚实，韧度似皮革

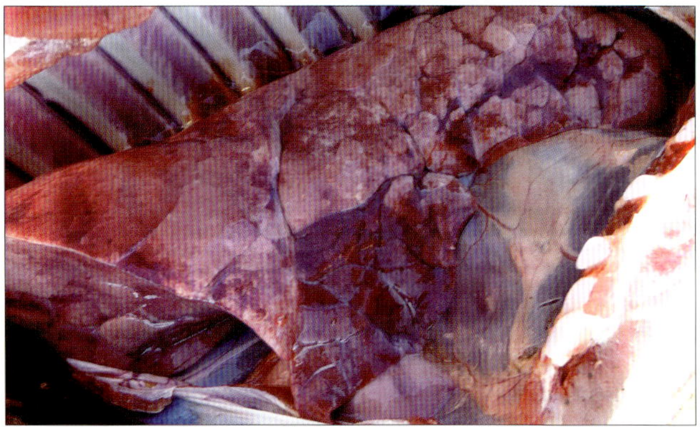

图2.2.2-47 猪流感 肺隔叶前下缘肺炎灶

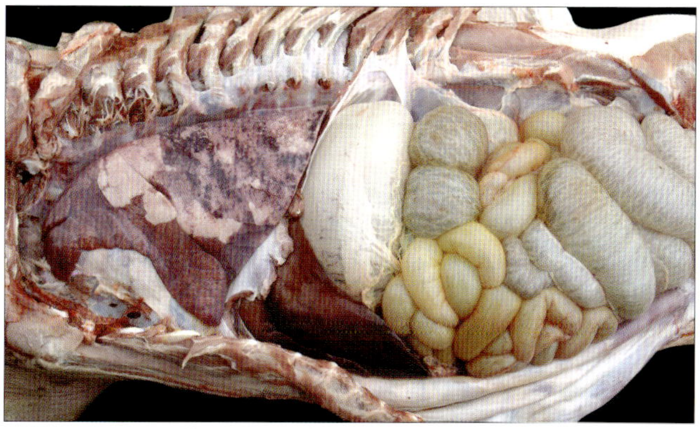

图2.2.2-48　猪流感　肺脏病变与猪地方性肺炎的病变相似，胃肠肝无明显所见

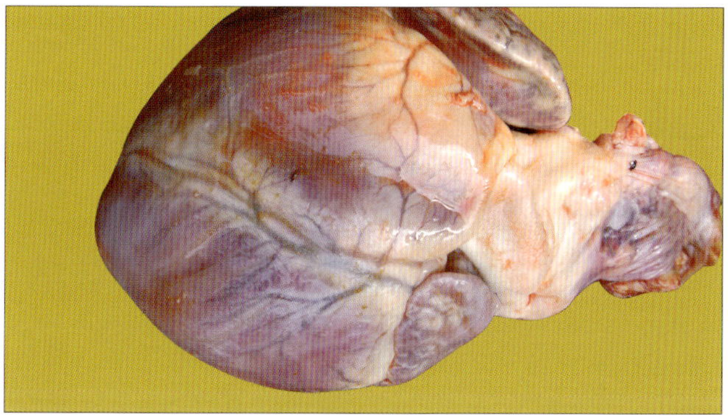

图2.2.2-49　猪流感　心肌变性扩张

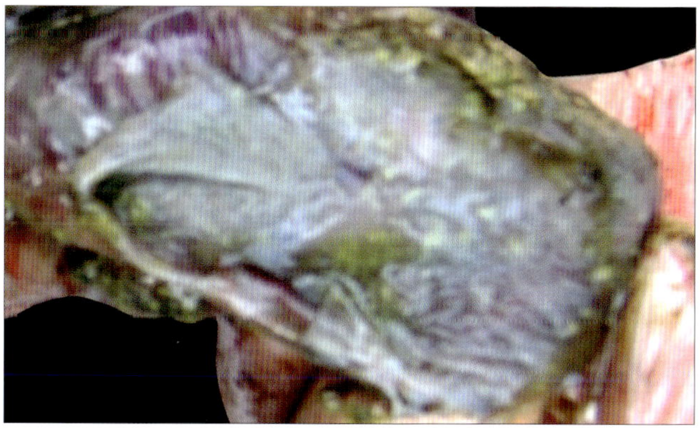

图2.2.2-50　猪流感　胃黏液性炎黏膜轻度肿胀充血并附黏液

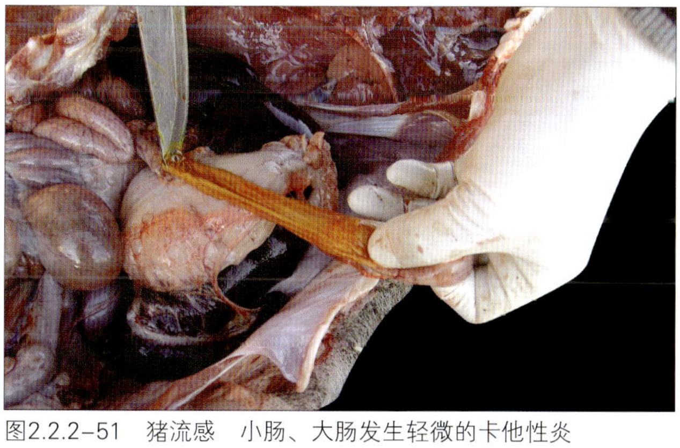

图2.2.2-51　猪流感　小肠、大肠发生轻微的卡他性炎

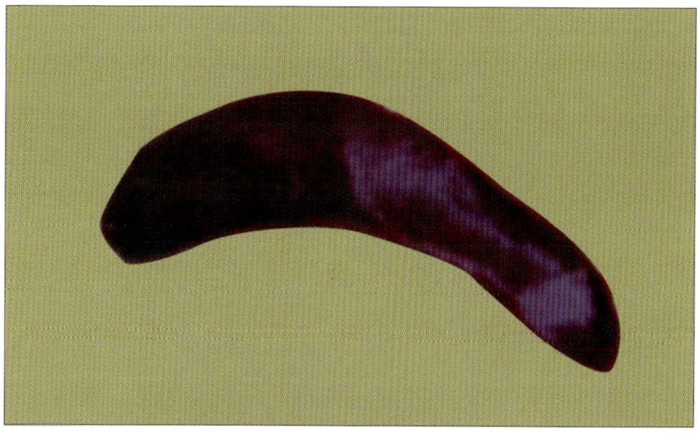

图2.2.2-52　猪流感　脾脏肿大不一

图2.2.2-53　猪流感　肝轻度肿胀无出血性变化

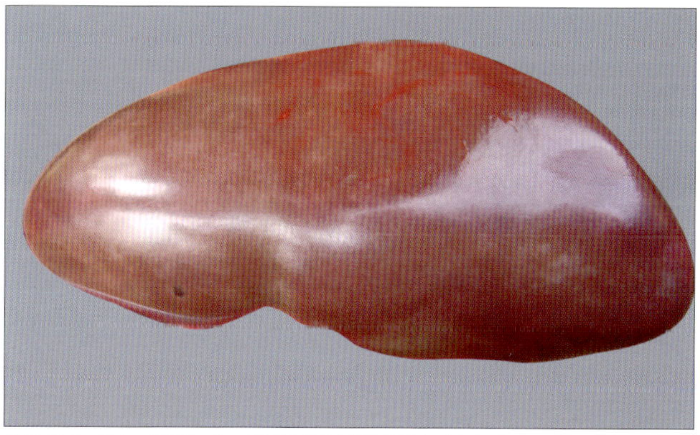

图2.2.2-54　猪流感　肾轻度肿胀无出血性变化

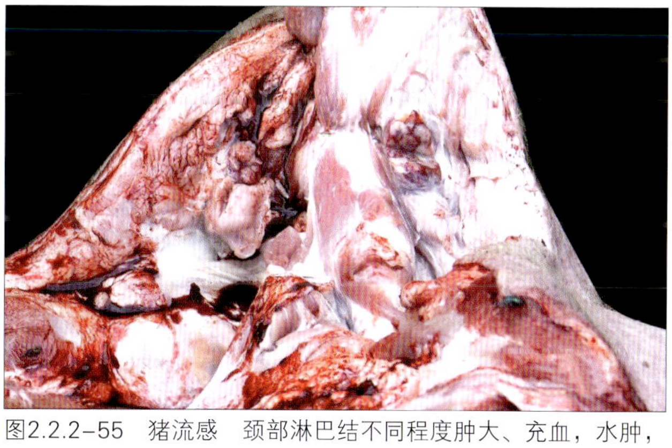

图2.2.2-55　猪流感　颈部淋巴结不同程度肿大、充血，水肿，淡红色

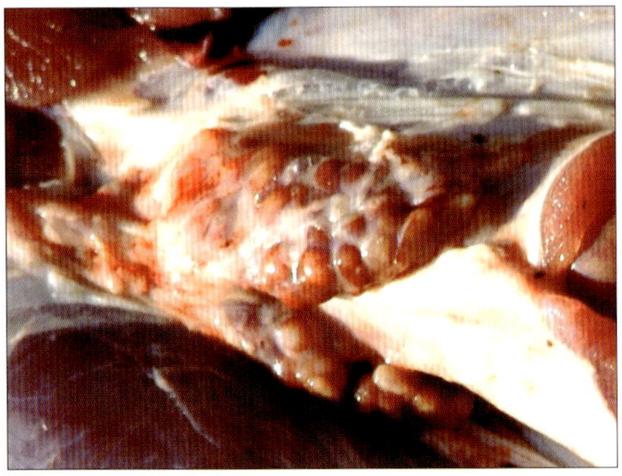

图2.2.2-56 猪流感 股前淋巴结肿大多汁淡红色

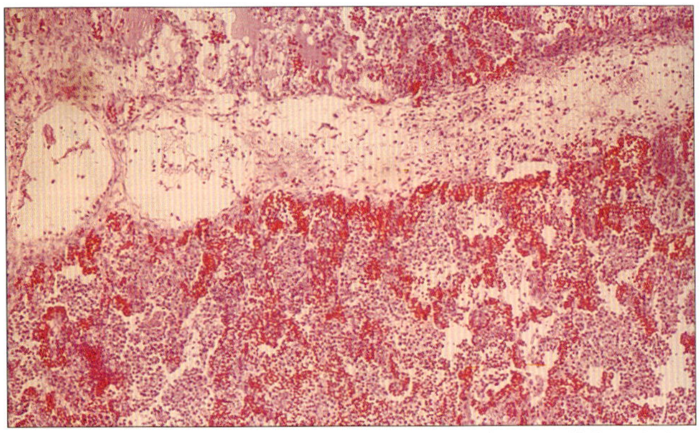

图2.2.2-57　猪流感　组织学　早期死亡猪肺泡壁毛细血管充血水肿

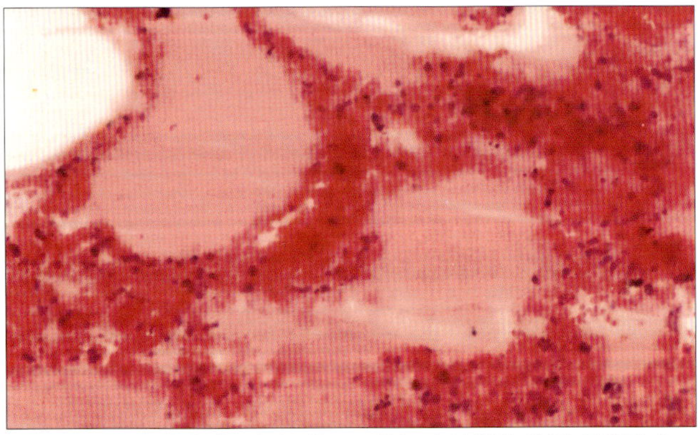

图2.2.2-58　猪流感　组织学　早期死亡猪肺泡腔透明膜形成，呈休克肺变化

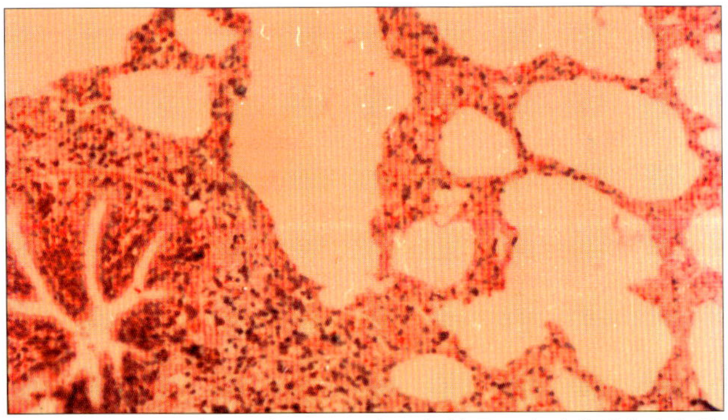

图2.2.2-59　猪流感　组织学　小支气管周围水肿黏膜上皮细胞脱落并炎性细胞浸润

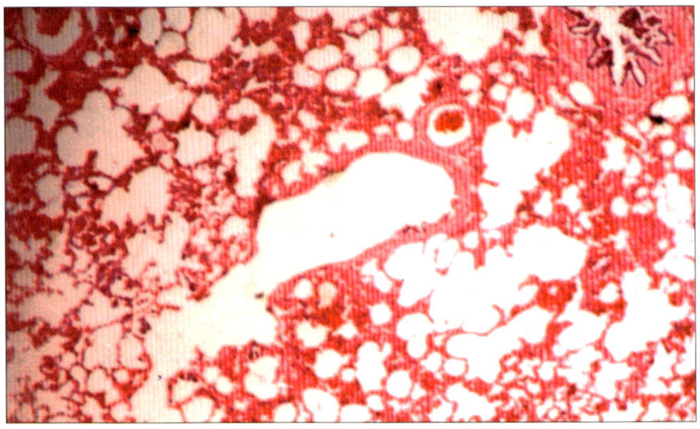

图2.2.2-60　猪流感　组织学　在病的后期重症例支气管管腔完全被炎性细胞填塞肺泡壁皱褶、增厚大量的淋巴细胞

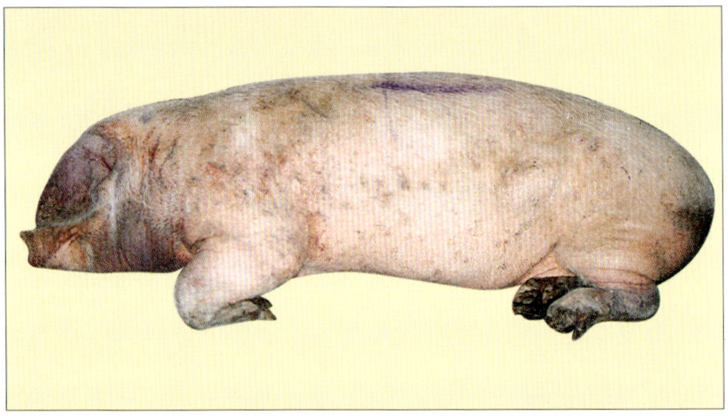

图2.2.3-1　PRRS　发病母猪双耳、腹部、尾部蓝紫色

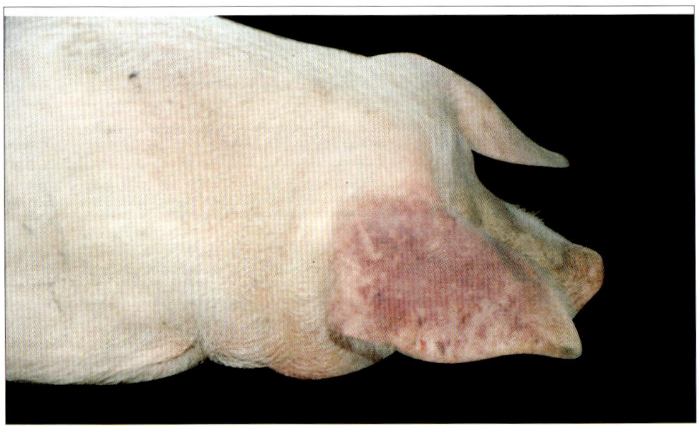

图2.2.3-2　PRRS　展示发病猪双耳蓝紫色

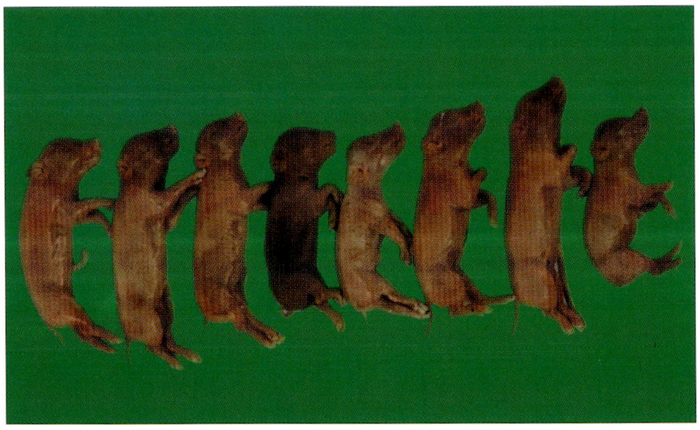

图2.2.3-3　PRRS　病母猪产死胎

图2.2.3-4 PRRS 病母猪早产弱仔，张口呼吸，仔猪奄奄一息

图2.2.3-5 PRRS 哺乳仔猪几个仔猪呼吸频率加快，共济失调，皮毛粗乱

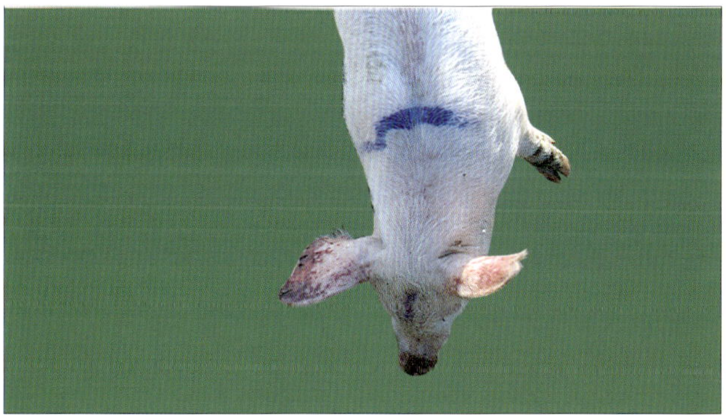

图2.2.3-6 PRRS 断奶仔猪耳部蓝紫色

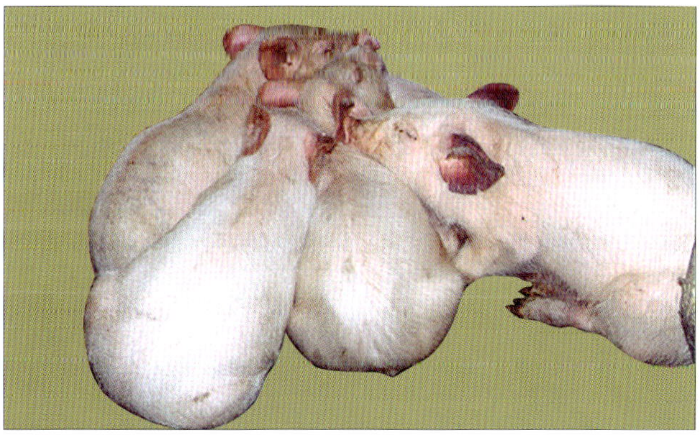

图2.2.3-7 PRRS 断奶仔猪中有几个不同猪耳部蓝紫色程度深浅不一

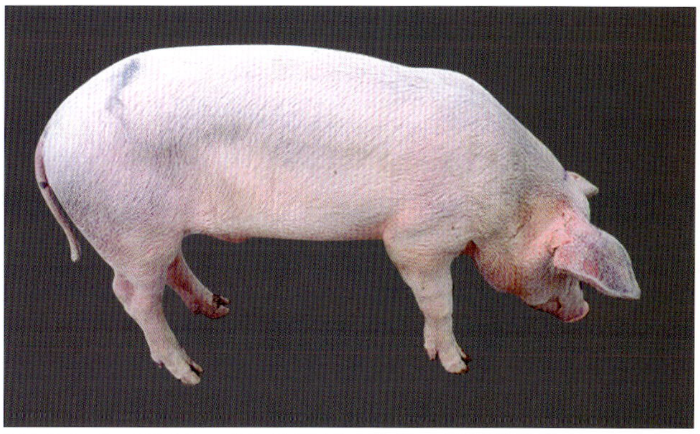

图2.2.3-8 PRRS 青年猪耳部、腹部、臀部蓝紫色

图2.2.3-9 PRRS 青年猪中有几个不同猪耳部、腹部、臀部蓝紫色

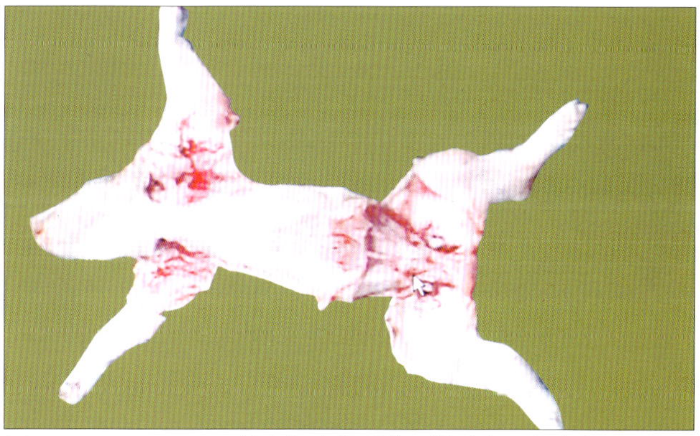

图2.2.3-10 PRRS 新生仔猪鼠蹊淋巴结肿大，灰白色

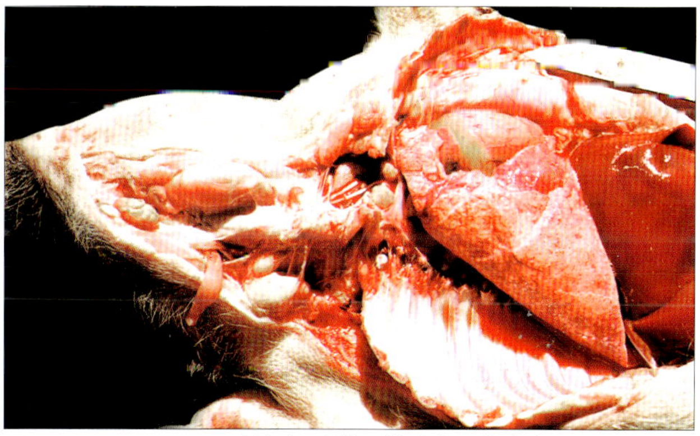

图2.2.3-11 PRRS 断奶仔猪淋巴结肿大，灰白色

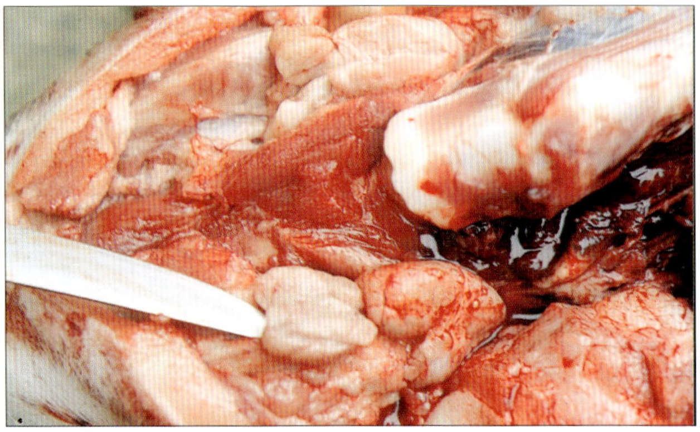

图2.2.3-12 PRRS 青年猪颌下淋巴结肿大，灰白色

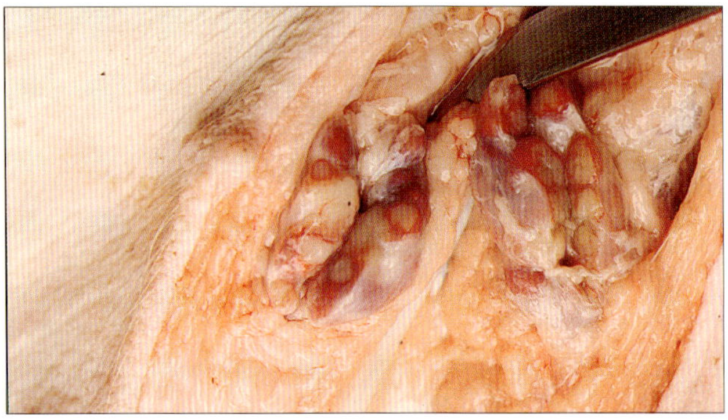

图2.2.3-13 PRRS 青年猪鼠蹊淋巴结肿大，灰白色，周边炎性充血

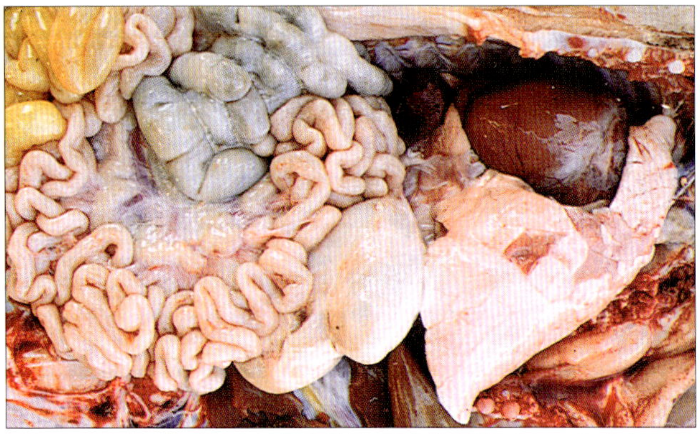

图2.2.3-14 PRRS 断奶仔猪肠系膜淋巴结肿大，灰白色，局灶性间质性肺炎灶

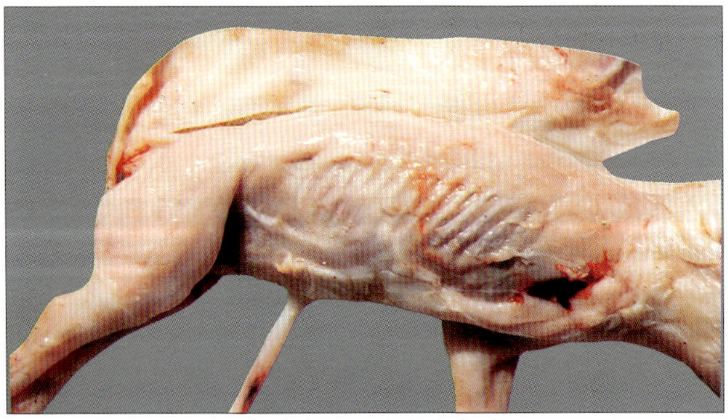

图2.2.3-15 PRRS 新生仔猪肌肉灰白水肿

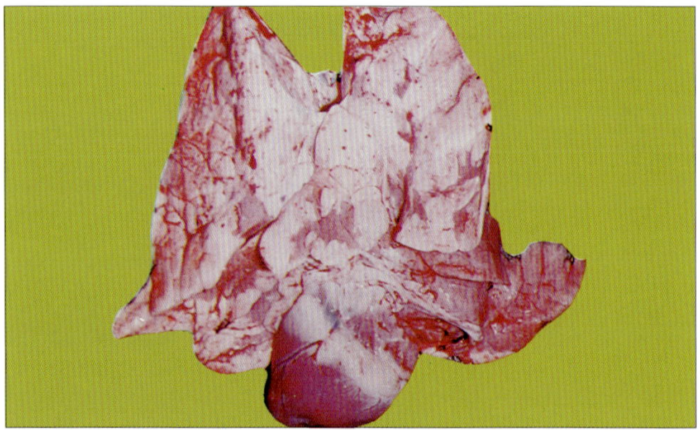

图2.2.3-16 PRRS 哺乳仔猪伴发支原体性肺炎

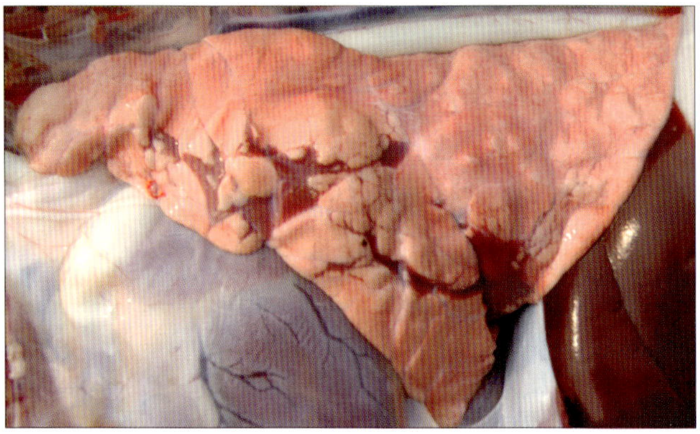

图2.2.3-17 PRRS 断奶仔猪局灶性间质性肺炎灶

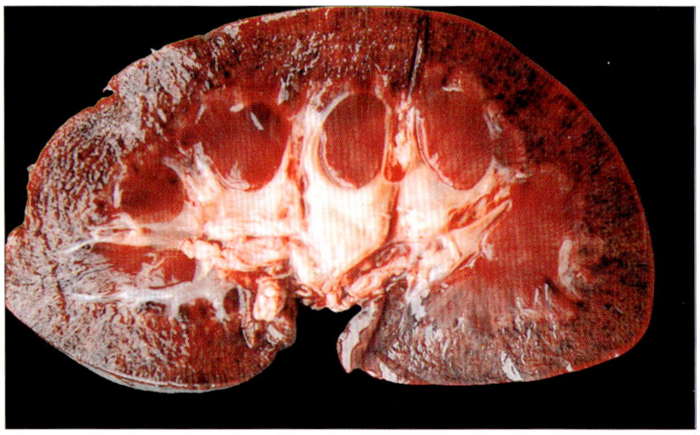

图2.2.3-18 PRRS 青年猪肾切面弥漫性出血斑点

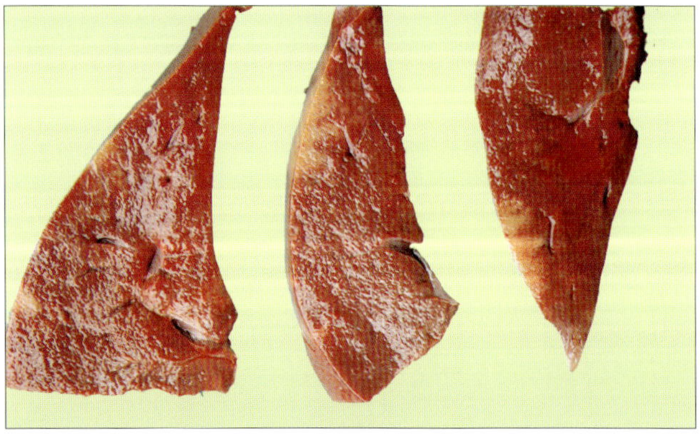

图2.2.3-19 PRRS 青年猪肝切面灰白色坏死灶

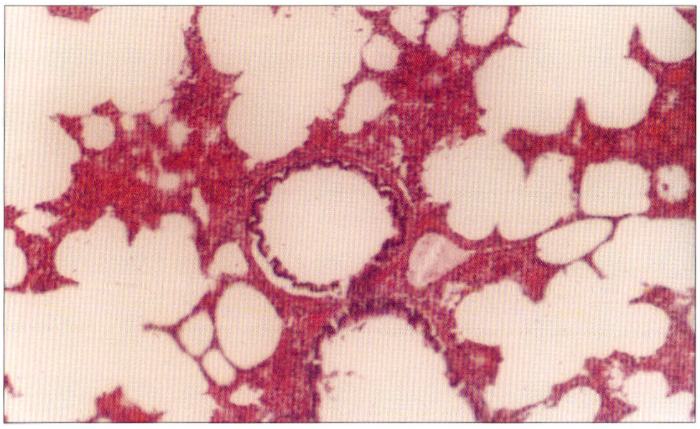

图2.2.3-20　PRRS　肺小支气管黏膜纤毛上皮呈环状分离与即将脱落HE×5

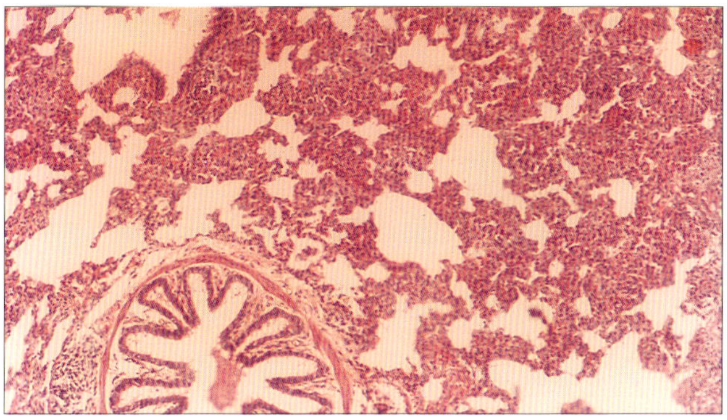

图2.2.3-21　PRRS　肺细支气管腔内分泌物，肺间隔淋巴细和巨噬细胞增生HE×10

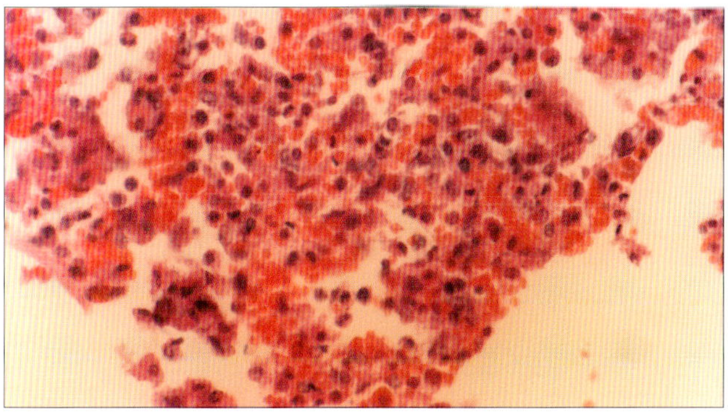

图2.2.3-22　PRRS　青年猪肺间隔血管充血与大量淋巴细胞和巨噬细胞增生HE×40

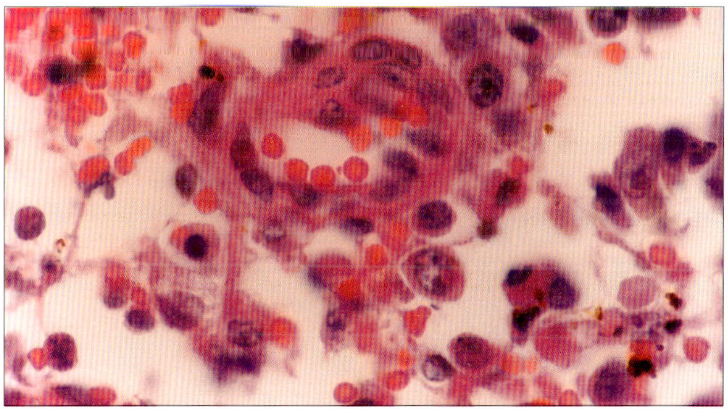

图2.2.3-23　PRRS　青年猪肺泡壁上皮巨噬细胞增生HE×100

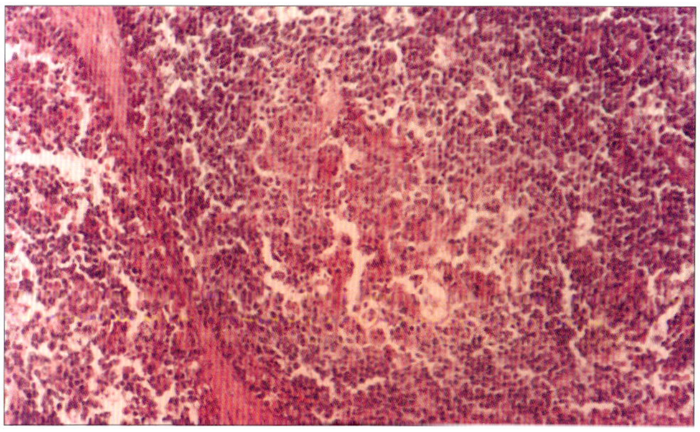

图2.2.3-24　PRRS　青年猪淋巴结淋巴中心细胞坏死HE×20

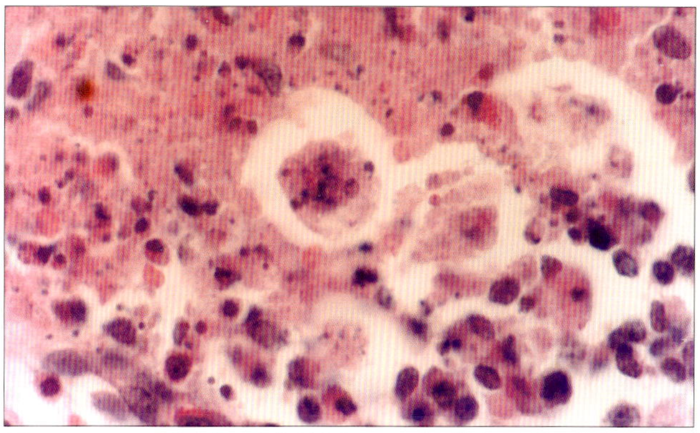

图2.2.3-25　PRRS　青年猪图2.2.3-20放大示淋巴结弥漫淋巴细胞坏死HE×40

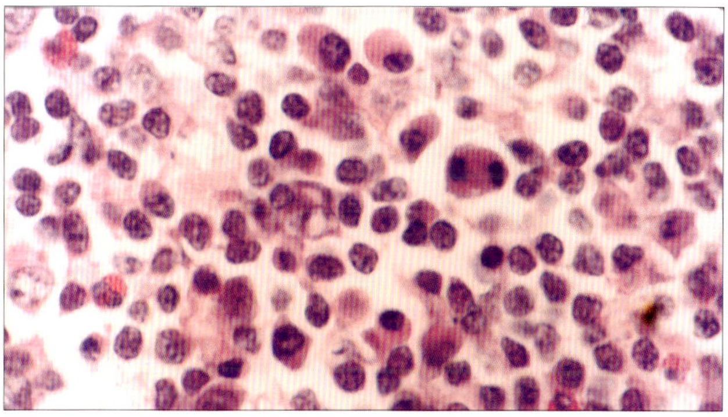

图2.2.3-26　PRRS　示细胞免疫应答反应，淋巴细胞分裂象HE×100

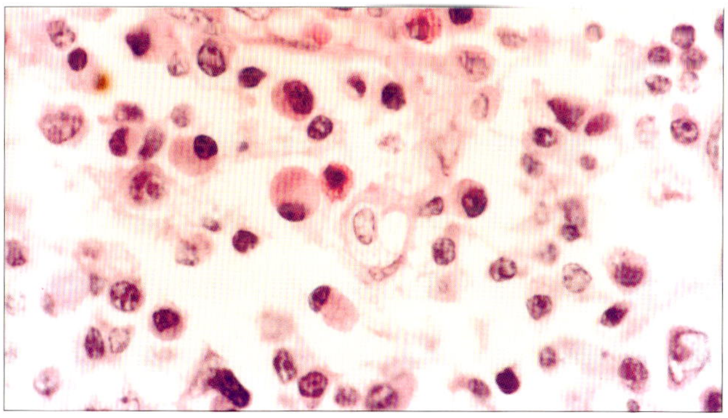

图2.2.3-27　PRRS　示免疫应答反应，浆细胞增生HE×100

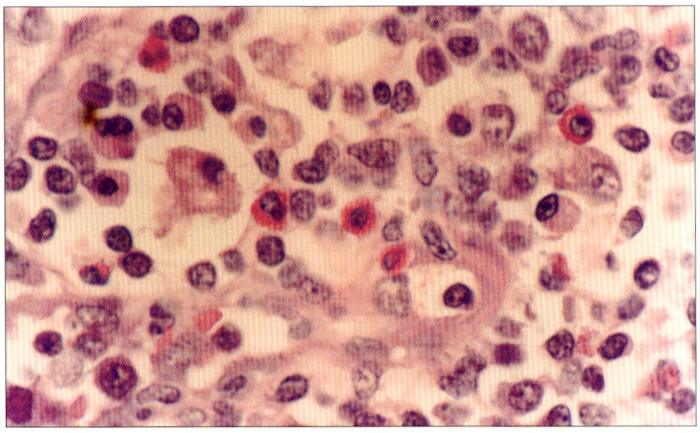

图2.2.3-28　PRRS　示细胞免疫应答反应，嗜酸性粒巴细胞增生HE×100

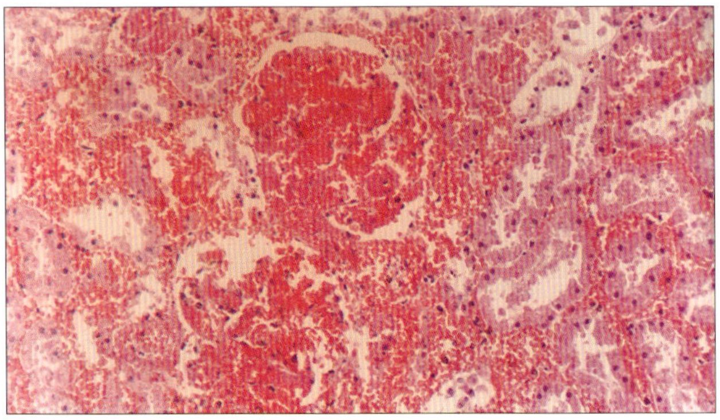

图2.2.3-29　RRS　肾弥漫性出血HE×10

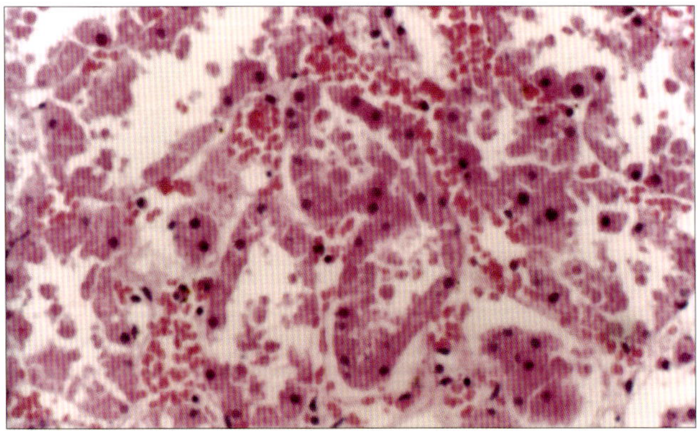

图2.2.3-30　PRRS　肾小管弥漫性出血、变性、坏死，肾小管腔内滴状物HE×40

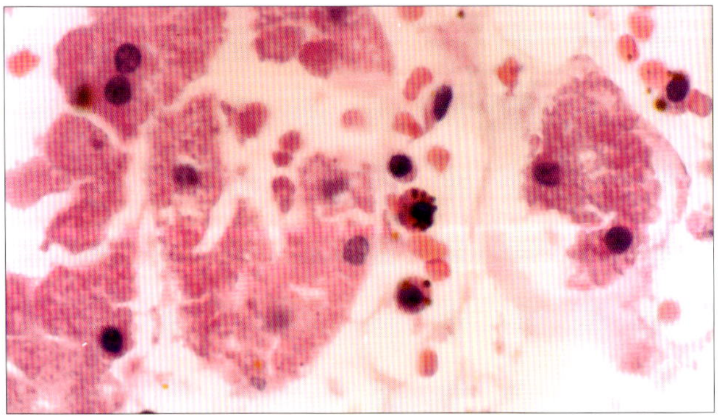

图2.2.3-31　PRRS　肾小管上皮细胞浆溶解与核淡染与核崩解HE×100

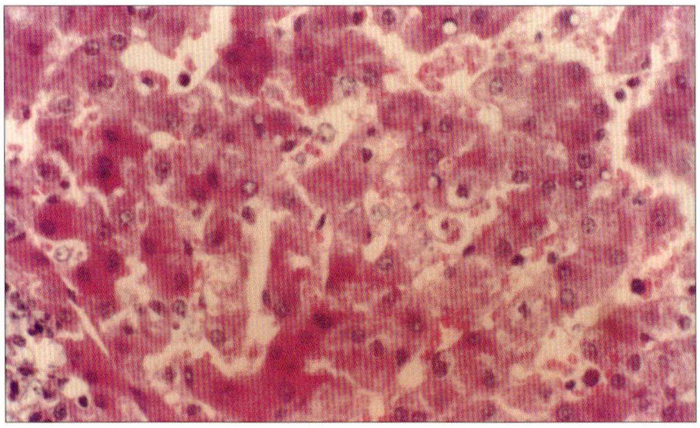

图2.2.3-32　PRRS　肝细胞颗粒变性与坏死HE×40

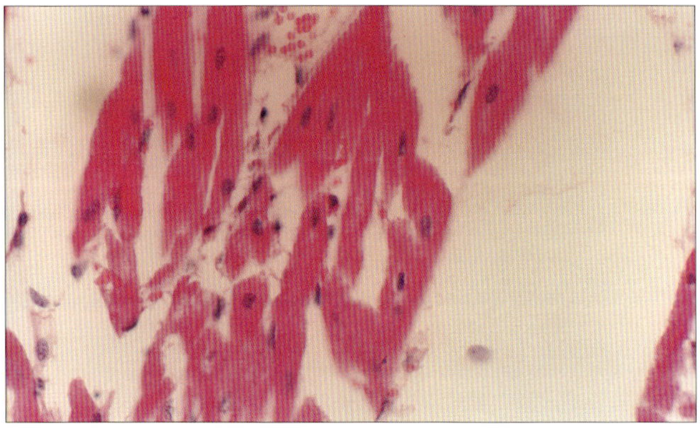

图2.2.3-33　PRRS　心肌纤维变性HE×40

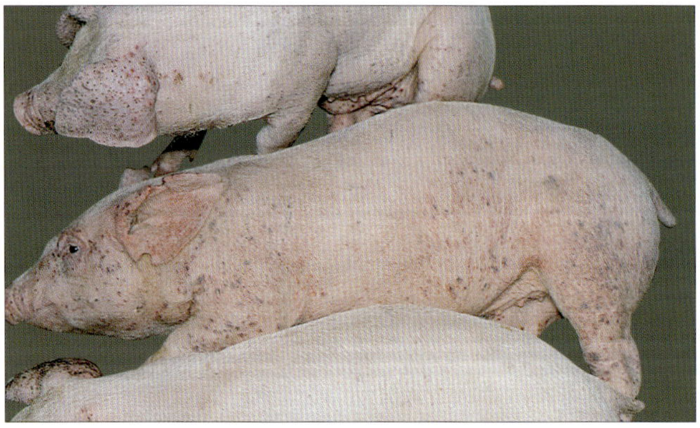

图2.2.4-1　猪圆环病毒感染　病猪感染初期耳与腹部皮肤出现的较鲜艳的红紫色丘状斑点

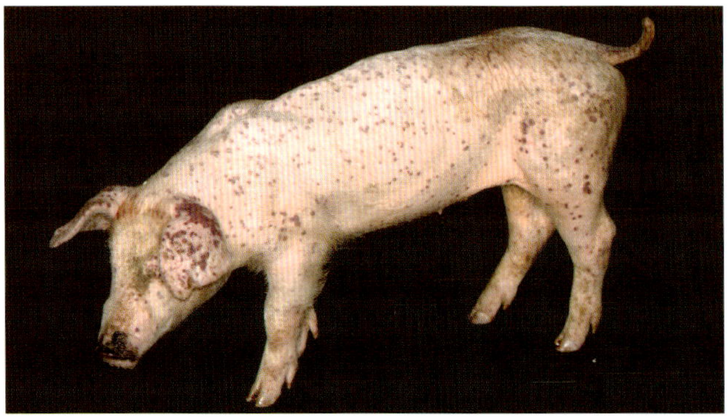

图2.2.4-2　猪圆环病毒感染　病猪耳、胸腹、臀部皮肤出现的红紫色丘状斑点

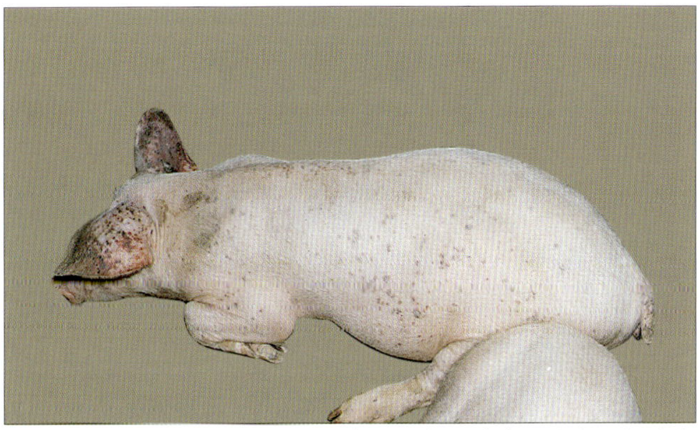
图2.2.4-3 猪圆环病毒感染 病猪全身皮肤出现散在的红紫色丘状斑点

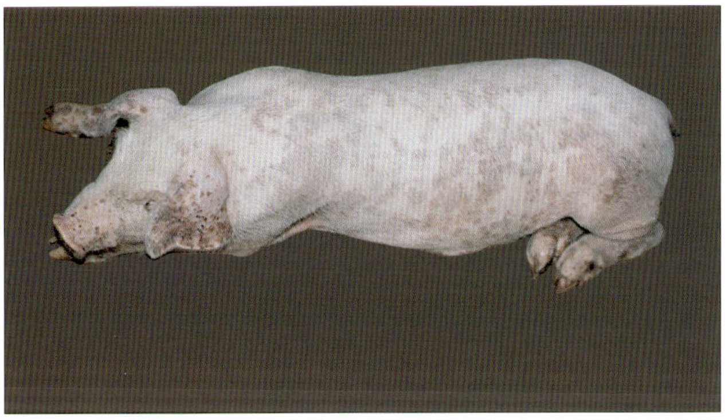
图2.2.4-4 猪圆环病毒感染 病猪皮肤红紫色丘状斑点病灶扩散吸收

图2.2.4-5 猪圆环病毒感染 病猪皮肤红紫色丘状斑点，病灶扩散吸收，腹腔内多量腹水使腹围增大

图2.2.4-6 猪圆环病毒感染 病猪后期消瘦，皮肤红紫色丘状斑点病灶扩散吸收，继发多系统衰竭综合征

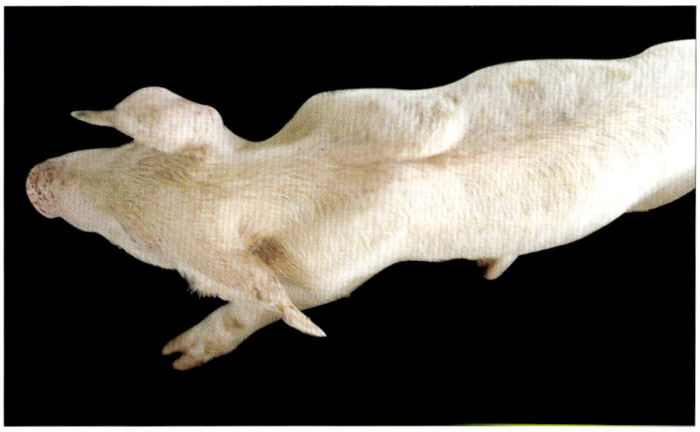
图2.2.4-7 猪圆环病毒感染 病猪后期极度消瘦，病变消散皮肤苍白，继发多系统衰竭综合征

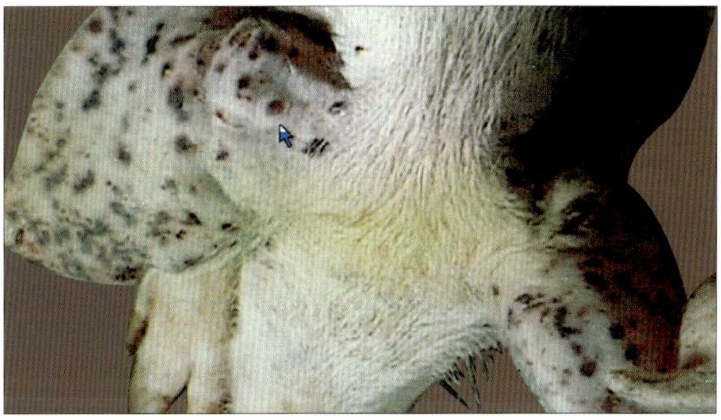
图2.2.4-8 猪圆环病毒感染 耳部红紫色丘状斑点（特技）

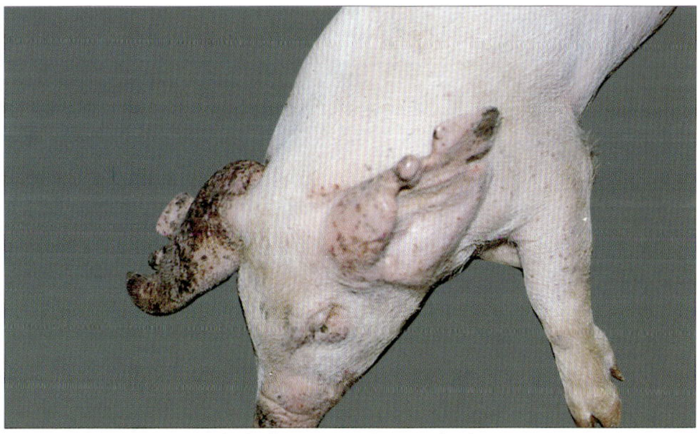
图2.2.4-9 猪圆环病毒感染 眼睑周围水肿

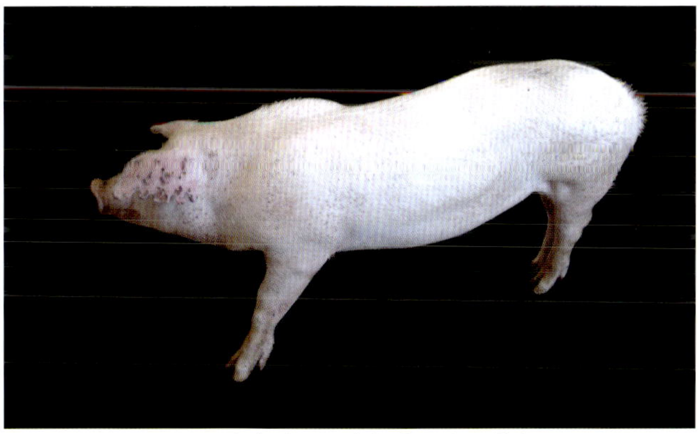
图2.2.4-10 猪圆环病毒感染 康复病猪皮炎修复

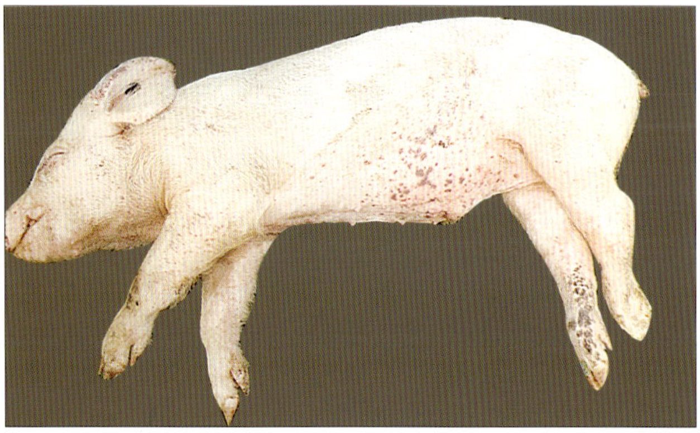

图2.2.4-11 病死猪耳部、腹部、四肢内侧皮肤出现不同程度皮炎变化

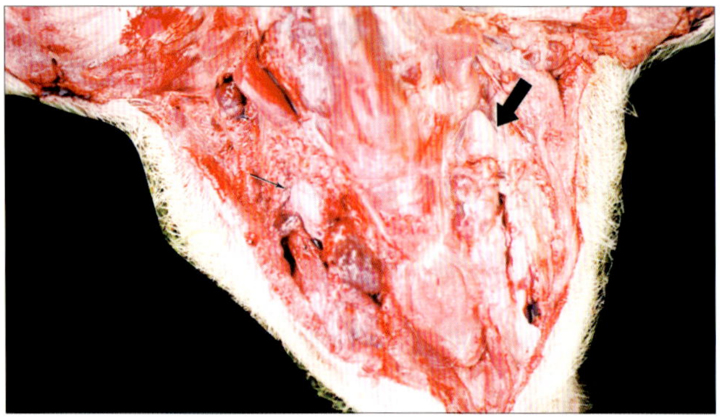

图2.2.4-12 淋巴结肿大，灰白色

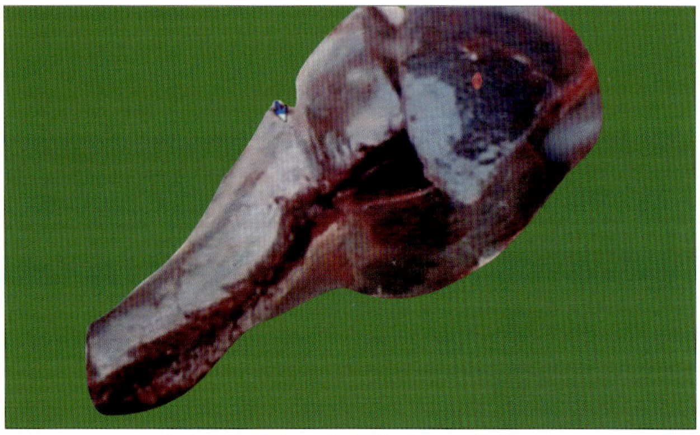

图2.2.4-13 脾头高度肿大，弥漫性出血（特技）

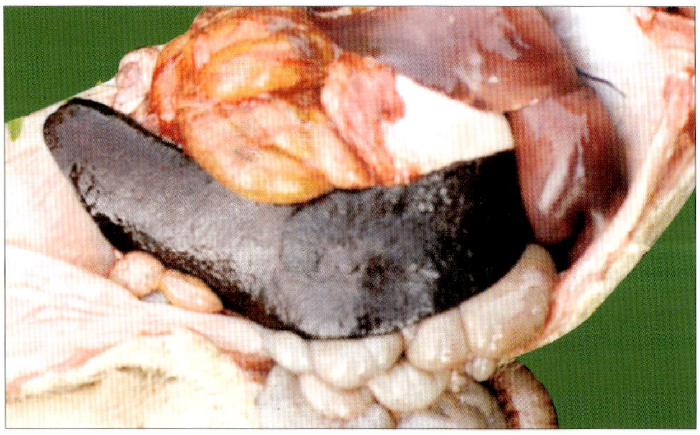

图2.2.4-14 脾约1/2部分肿大，弥漫性出血

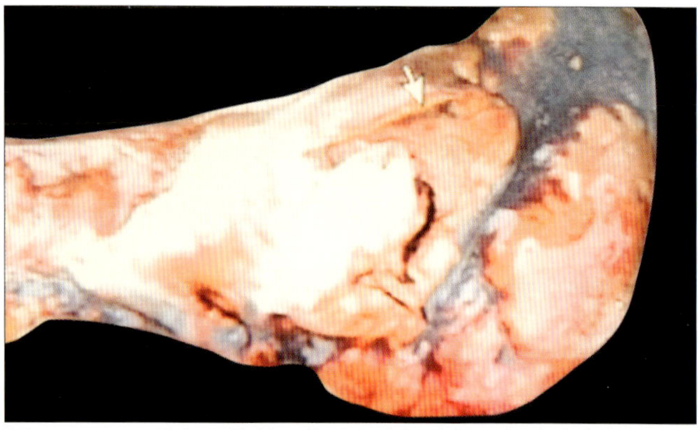

图2.2.4-15 脾坏死灶被吸收后呈淡红砖样，仅脾头残存少部分正常组织颜色（特技）

图2.2.4-16 图2.2.4-4脾切面出血坏死灶被机化吸收（特技）

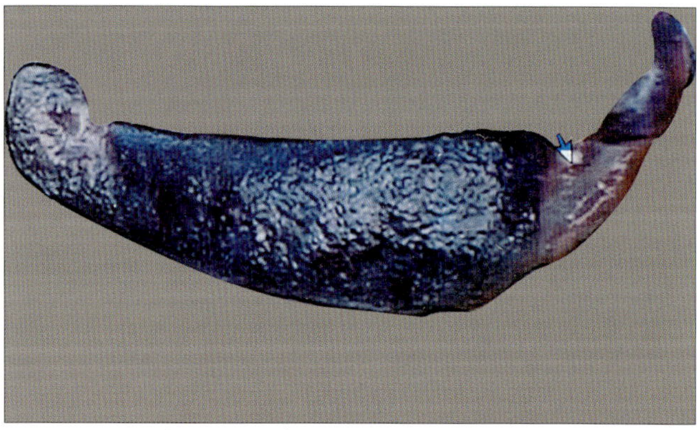

图2.2.4-17 脾头和脾尾出血坏死灶被机化吸收（特技）

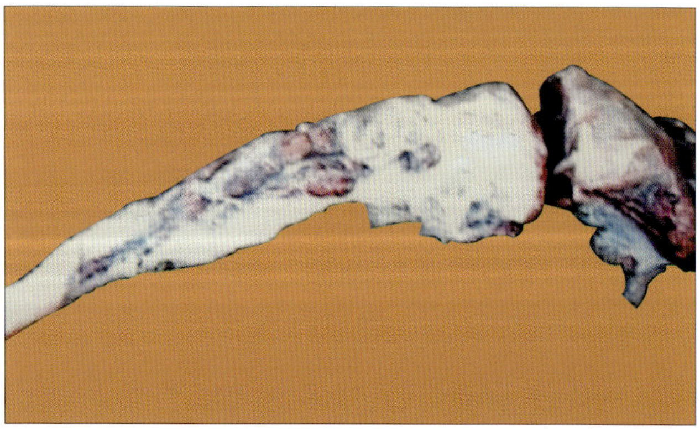

图2.2.4-18 整个脾出血坏死灶被机化而萎缩，附有结缔组织包膜（特技）

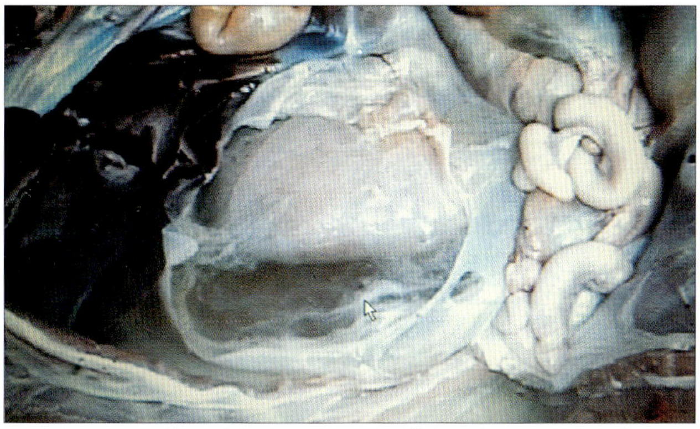
图2.2.4-19　肾包膜腔隙内积有大量淡黄色液体，肾肿大（特技）

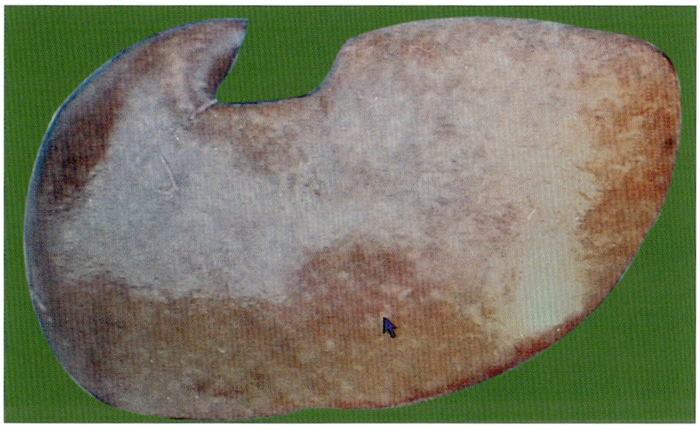
图2.2.4-20　肾外观暗灰红色、肿大，表面有弥漫性灰白色斑点，花斑状外观（特技）

图2.2.4-21　肾外观暗灰红色、肿大，表面有弥漫性小出血点，花斑状外观（特技）

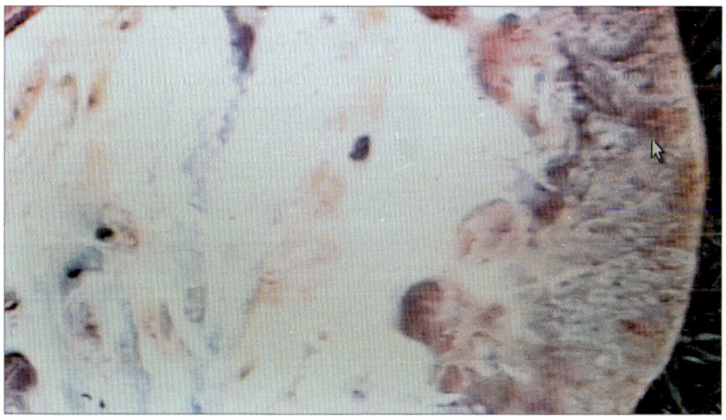
图2.2.4-22　肾切面有散在出斑血点（特技）

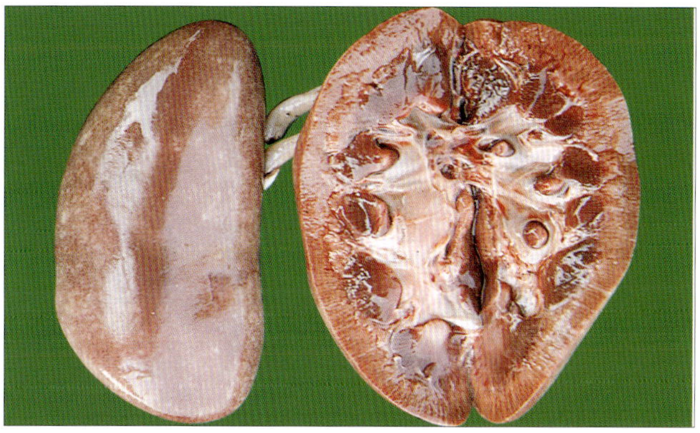
图2.2.4-23　肾外观暗红色、表面有弥漫性灰白色斑点

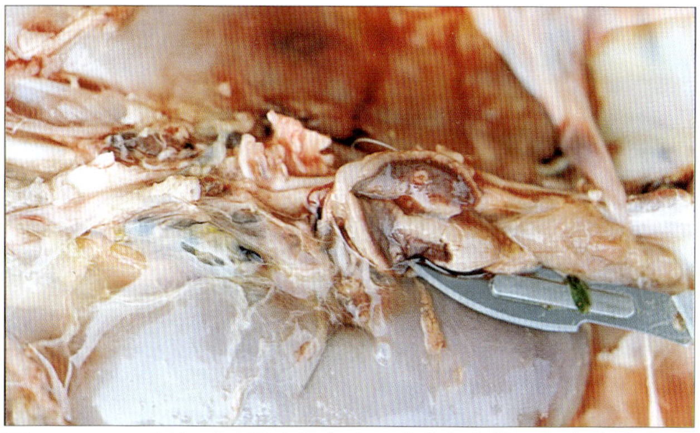
图2.2.4-24　肾包膜腔隙内积有大量淡黄色液体，肾上腺肿大

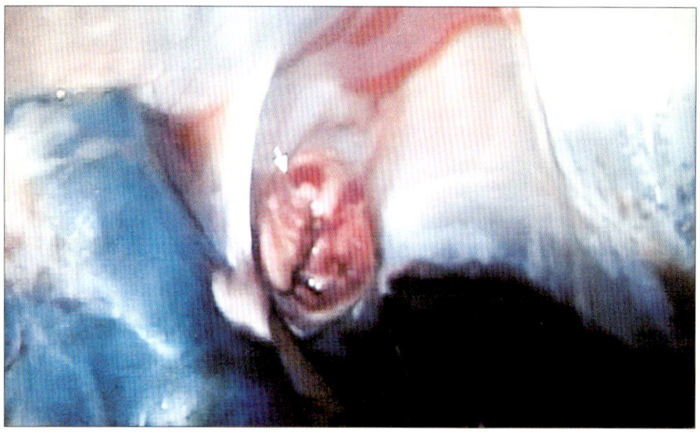
图2.2.4-25　图2.2.4-23肾上腺切面可见皮质部坏死（特技）

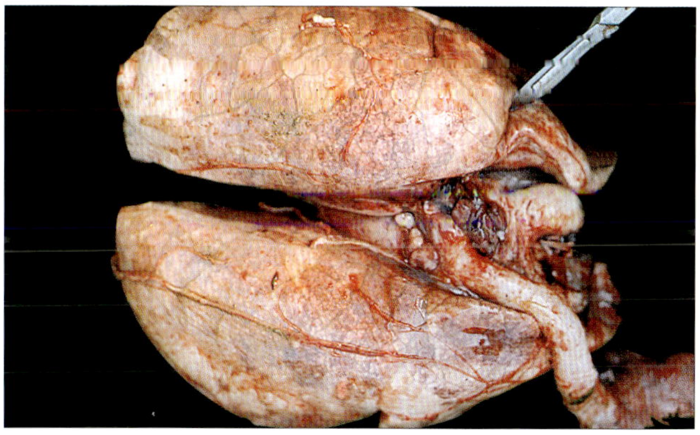
图2.2.4-26　肺门淋巴结肿大暗红色，弥漫性间质性肺炎

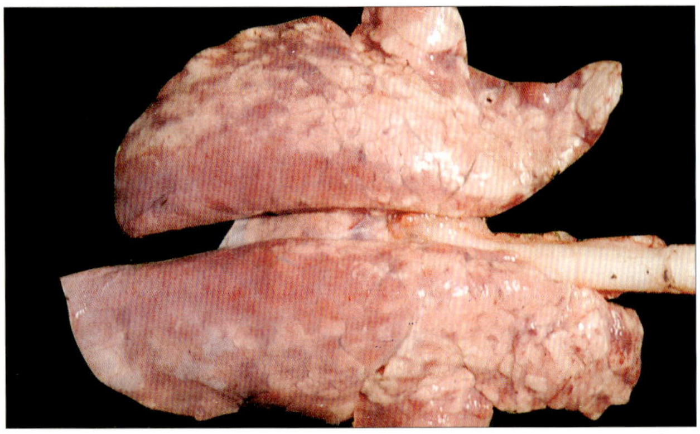

图2.2.4-27 肺肿大暗红色，小叶间增宽，各叶均可见红色肝变期

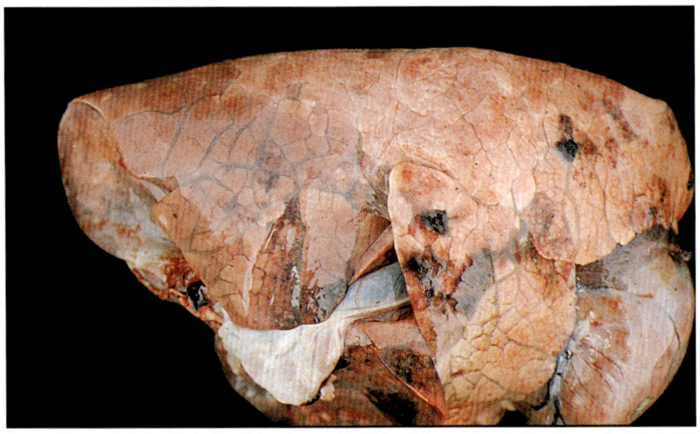

图2.2.4-28 肺肿大暗红色，小叶间增宽，明显可见，有散在出血灶

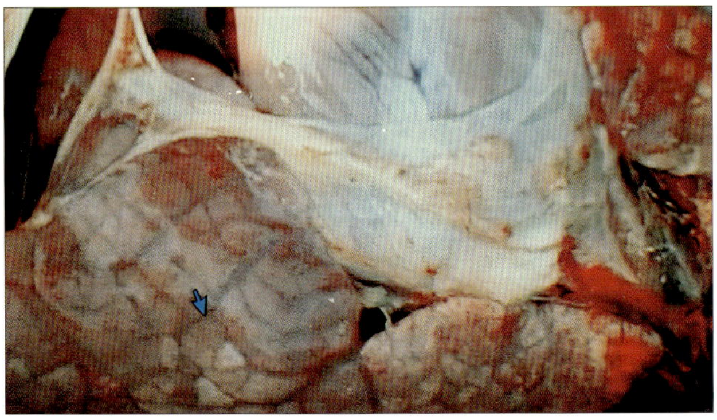

图2.2.4-29 示小叶尚间增宽，肺小叶实变、肉变、气肿

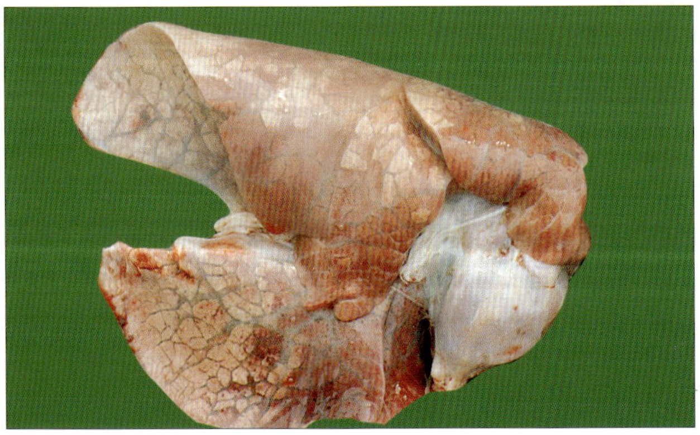

图2.2.4-30 示心包积液与肺小叶尚间增宽以及肺小叶实变、气肿

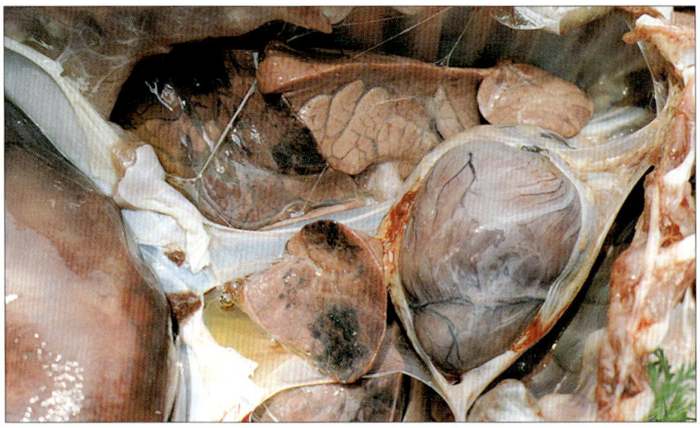

图2.2.4-31 心肌发育不良，缺乏弹性柔软，右心扩张与纤维素性胸膜肺炎的病变

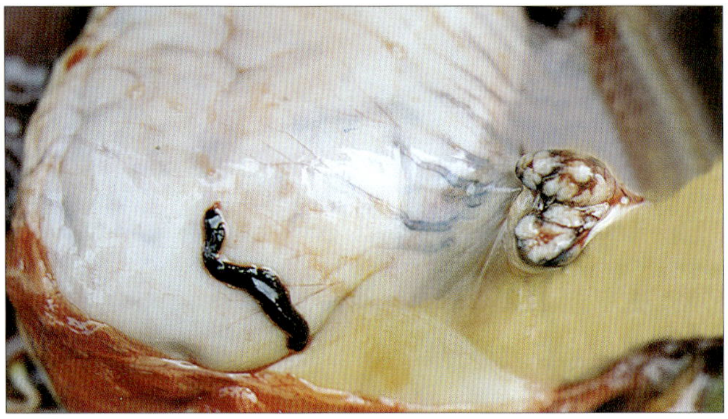

图2.2.4-32 胃发育不良，表现胃壁缺乏弹性非薄，胃门淋巴结肿大

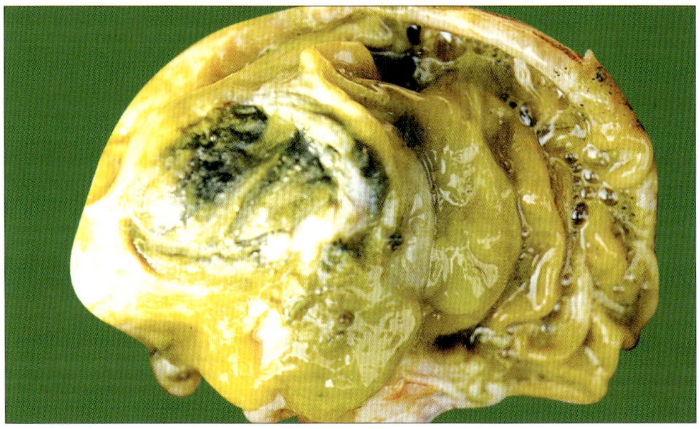

图2.2.4-33 胃黏膜污浊，缺乏黏膜固有的光泽脆弱

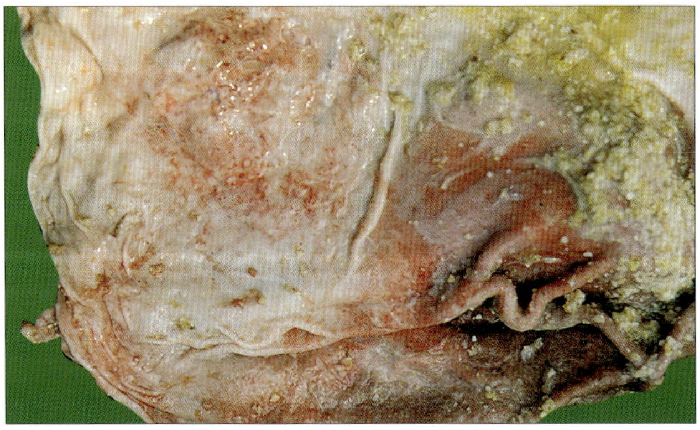

图2.2.4-34 胃壁缺乏弹性非薄胃黏膜弥漫性淤血

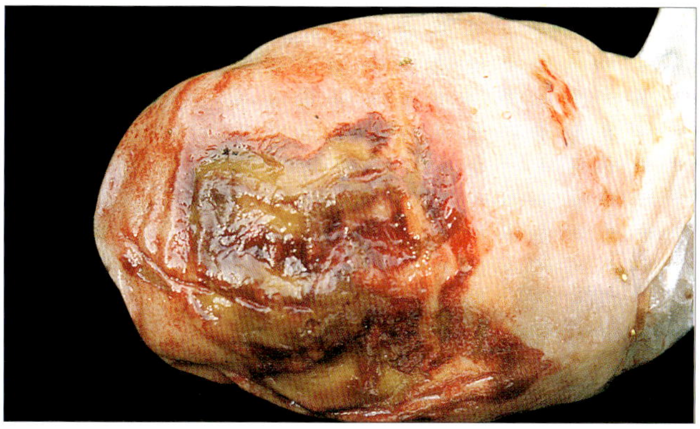

图2.2.4-35 胃发育不良，胃黏膜弥漫性出血糜烂

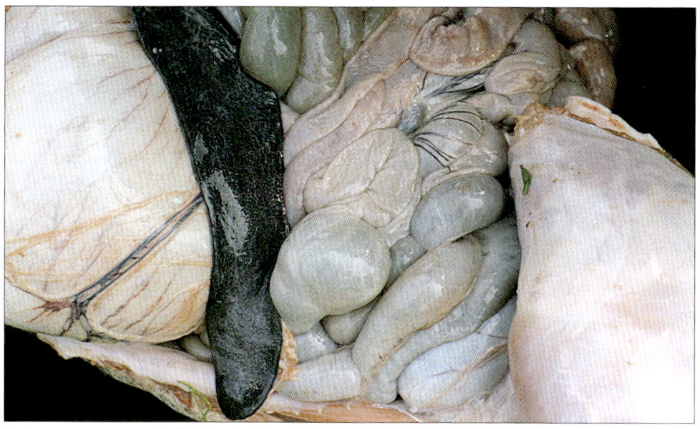

图2.2.4-36 各肠段有较明显皱褶，即为不同程度的衰竭现象

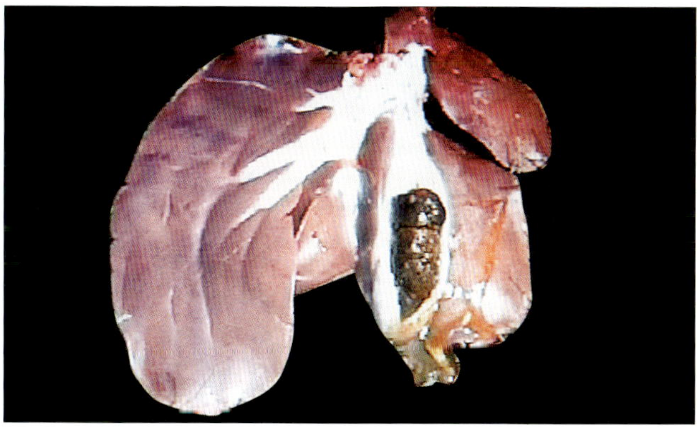

图2.2.4-37 胆囊内胆汁浓稠成杆状

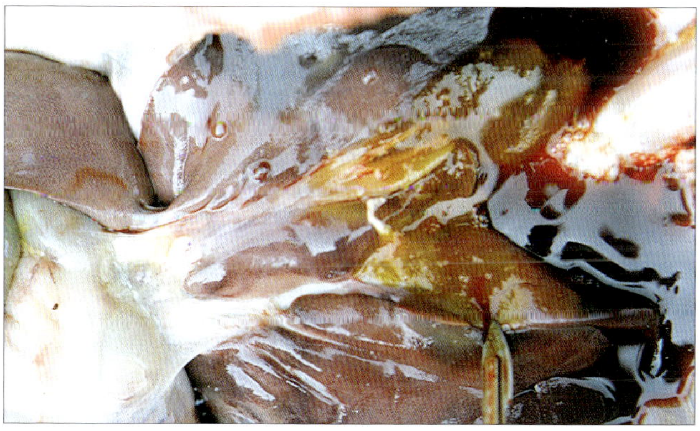

图2.2.4-38 化胆囊内胆汁浓凋浓绿色，内有尘埃样残渣

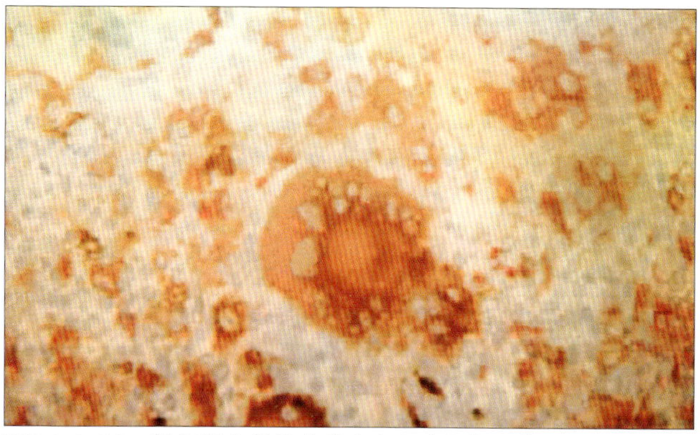

图2.2.4-39 组织学扁桃体生发中心有大量包涵体

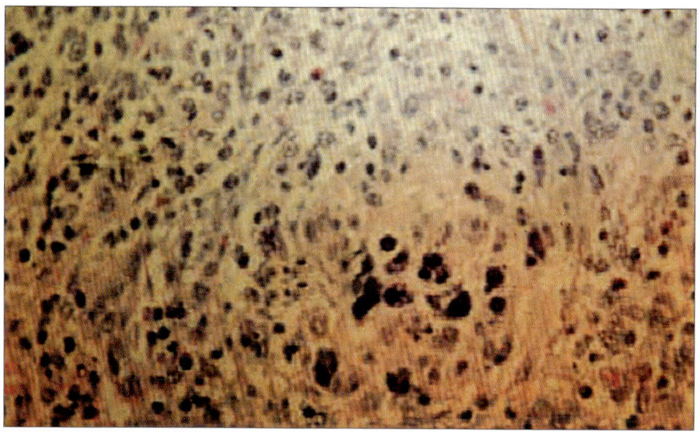

图2.2.4-40 组织学 淋巴结有多核巨噬细胞（溶酶体粉红色）

图2.2.5-1 伪狂犬病 2个新生仔猪两肢张开

图2.2.5-2 伪狂犬病 3个弱小新生仔猪爬行

图2.2.5-3 伪狂犬病 仔猪神经症状四肢僵直震颤惊厥

图2.2.5-4 伪狂犬病 断奶仔猪强毒感染，神经紧张眼发直

图2.2.5-5 伪狂犬病 青年母猪发病后视力消失

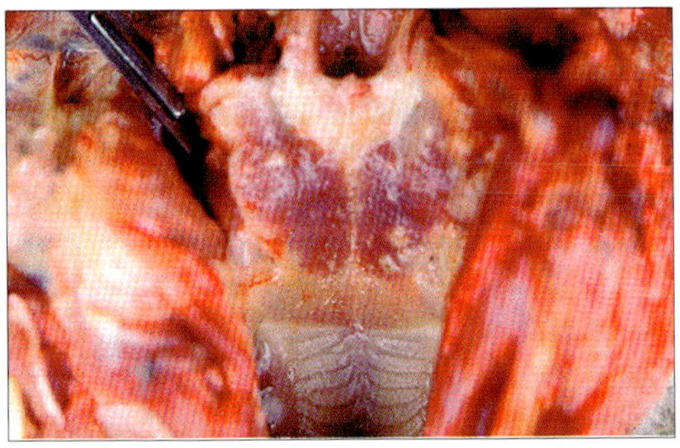

图2.2.5-6 伪狂犬病 扁桃体化脓坏死性炎

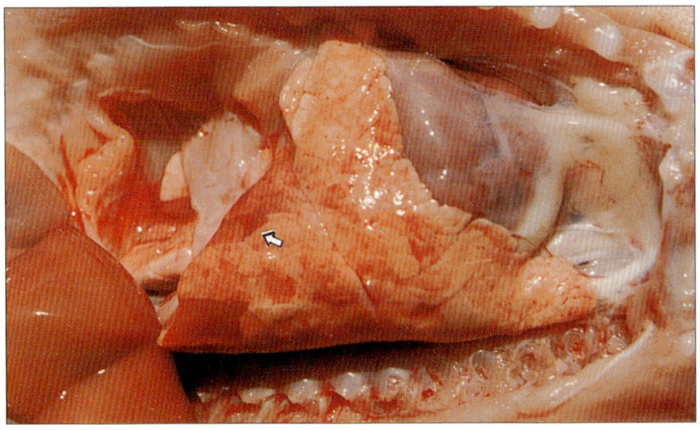

图2.2.5-7 伪狂犬病 出血性肺炎

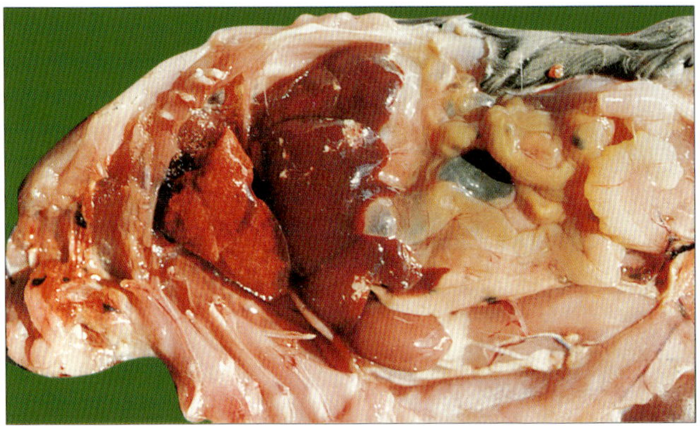

图2.2.5-8 伪狂犬病 肝坏死灶

图2.2.5-9 伪狂犬病 肾弥漫性淤点

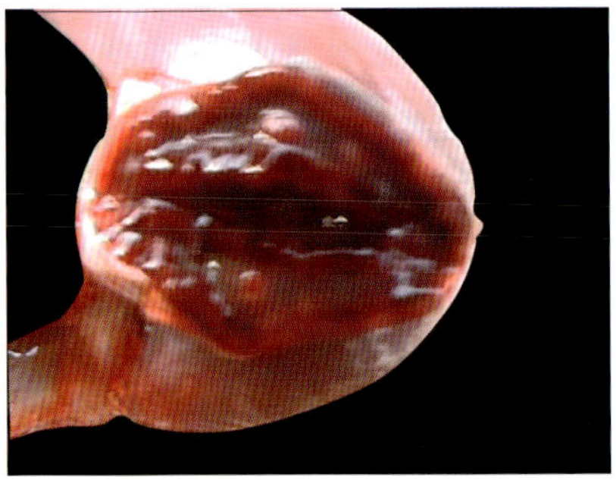

图2.2.5-10 伪狂犬病 肾上腺切面坏死点

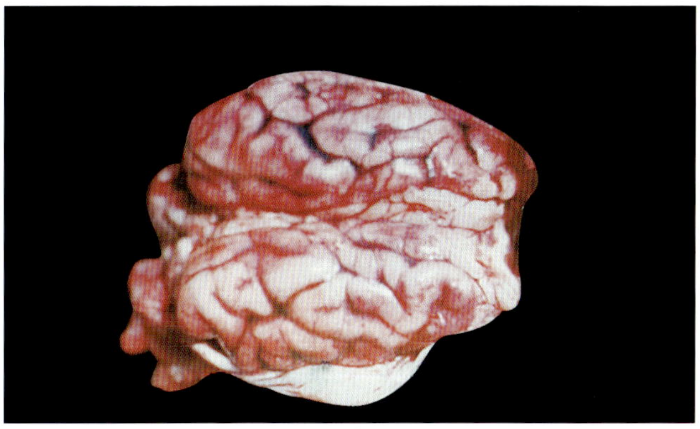
图2.2.5-11　伪狂犬病　脑实质出现针尖大小出血点

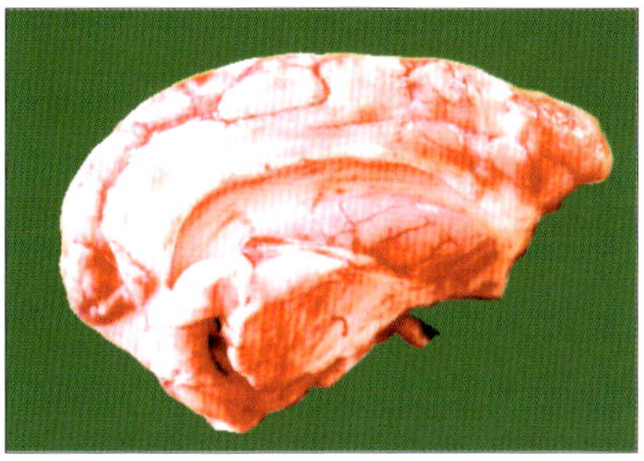
图2.2.5-12　伪狂犬病　脑切面实质出现针尖大小出血点

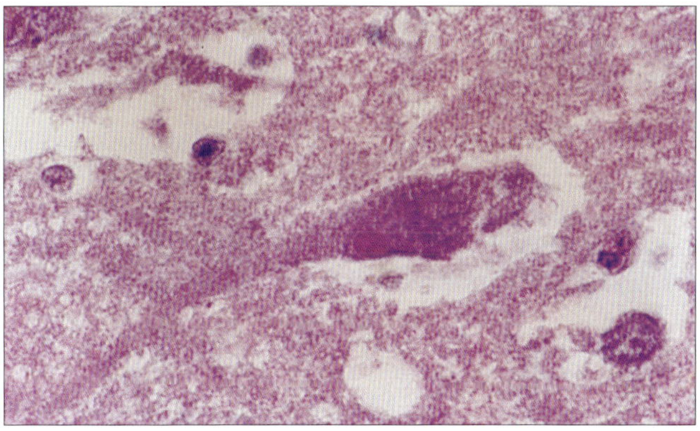
图2.2.5-13　脑神经细胞包涵体　HE×100

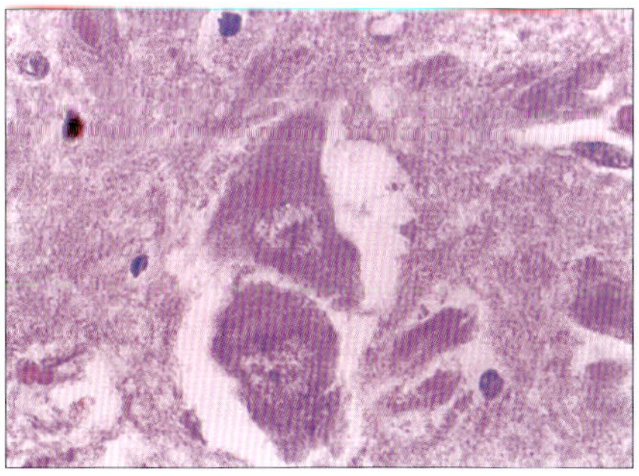
图2.2.5-14　脑神经细胞包涵体　HE×100

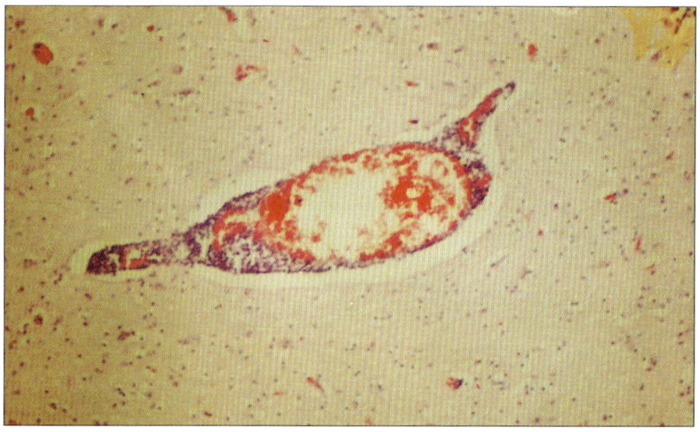
图2.2.5-15　非化脓性脑炎血管周围细胞浸润　HE×40

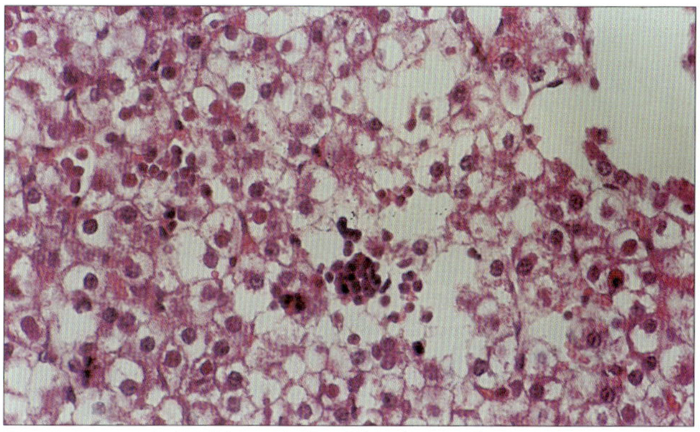
图2.2.5-16　肝细胞坏死有淋巴样细胞浸润灶　HE×20

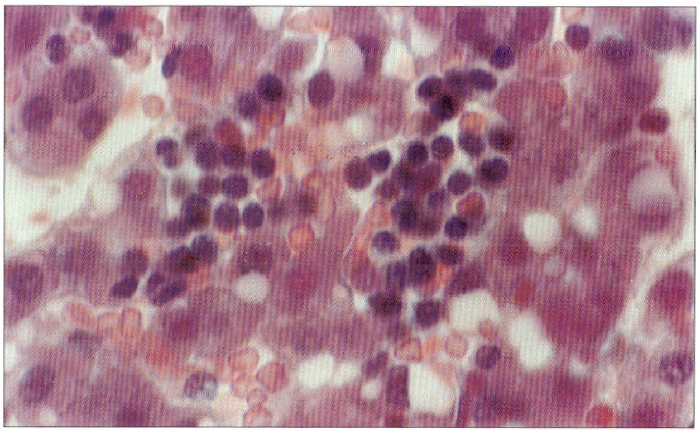
图2.2.5-17　肝坏死灶有2个淋巴细胞样浸润灶　HE×40

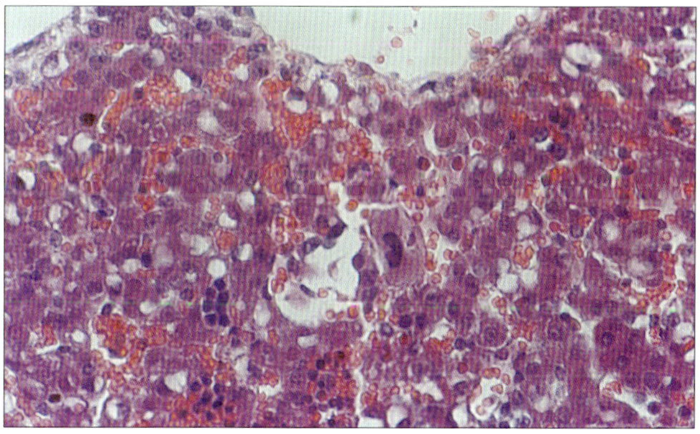
图2.2.5-18　肝局灶性出血坏死和炎性细胞浸润和巨核样巨噬细胞　HE×20

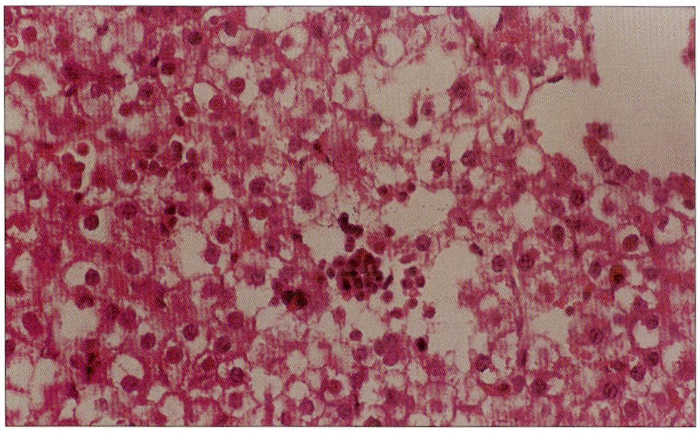

图2.2.5-19　肝局灶性出血坏死和炎性细胞浸润和巨核样巨噬细胞HE×20

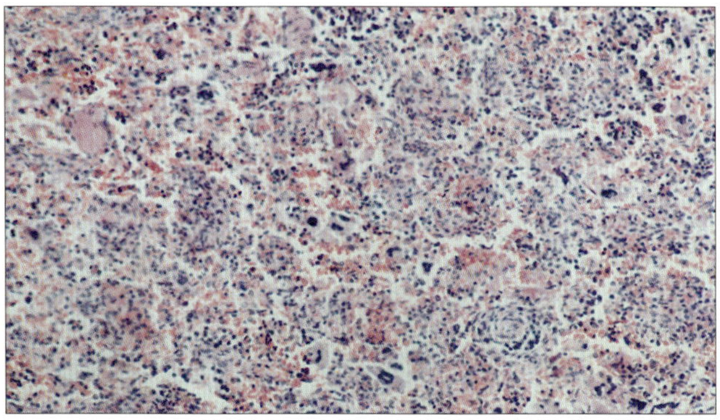

图2.2.5-20　脾局灶性充出血坏死和炎性细胞浸润和巨核样巨噬细胞HE×10

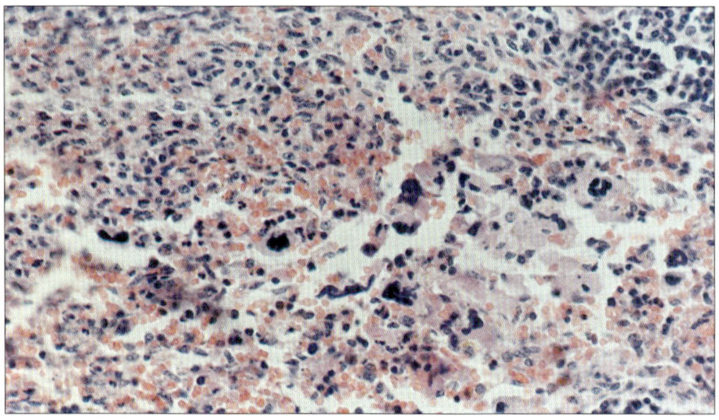

图2.2.5-21　脾局灶性充出血坏死和炎性细胞浸润和巨核样巨噬细胞HE×20

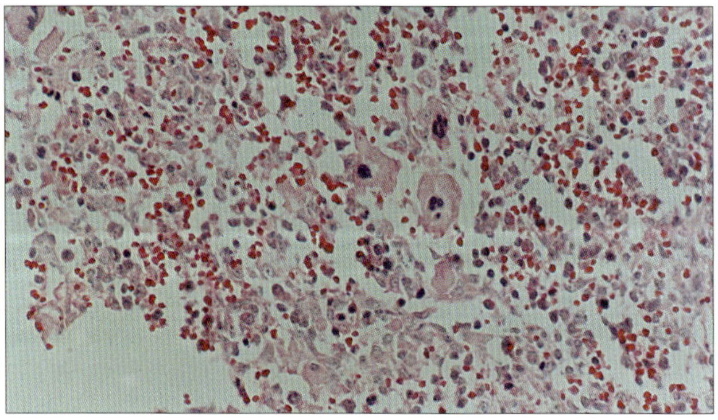

图2.2.5-22　脾局灶性充血、出血坏死和炎性细胞浸润和巨核样巨噬细胞HE×40

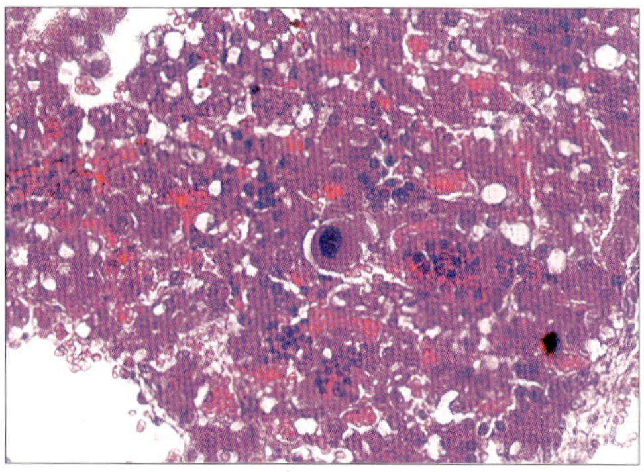

图2.2.6-23 伪狂犬病　脾坏死灶有淋巴细胞样浸润可见有巨核样巨噬细胞HE×40

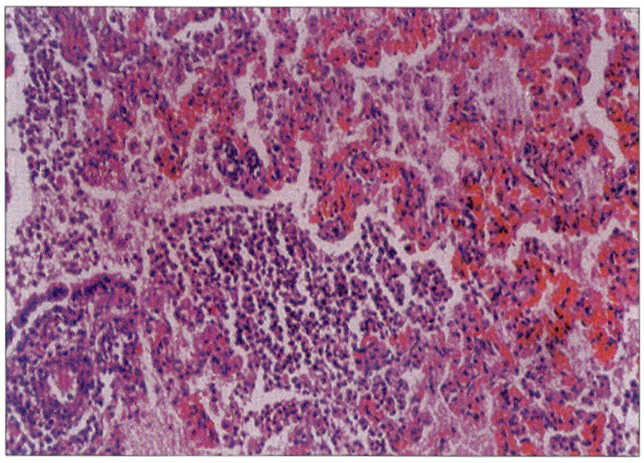

图2.2.6-24 伪狂犬病　肺局灶性炎症有淋巴样细胞增生HE×20

图2.2.6-1　猪口蹄疫　精神不振，依墙呆立，蹄部发炎疼痛致起卧困难

图2.2.6-2　猪口蹄疫　蹄部发炎疼痛致起卧困难

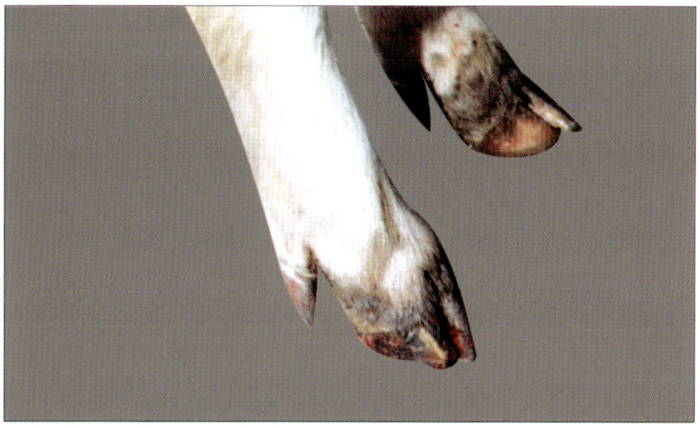

图2.2.6-3　猪口蹄疫　驱赶病猪致蹄冠部皮肤的角质和基部出血

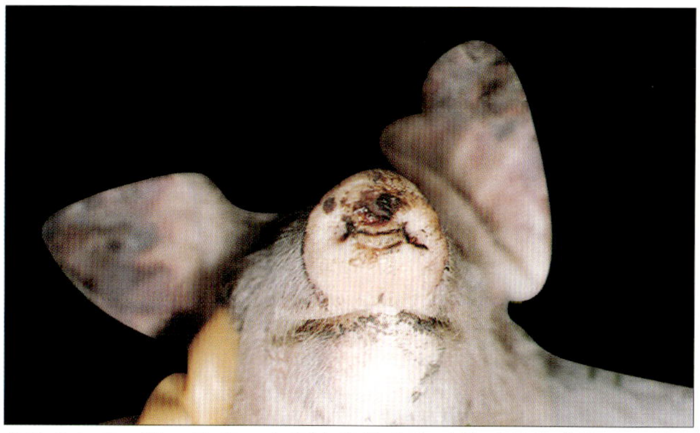

图2.2.6-7　猪口蹄疫　育肥猪鼻镜水疱破溃后的溃疡灶

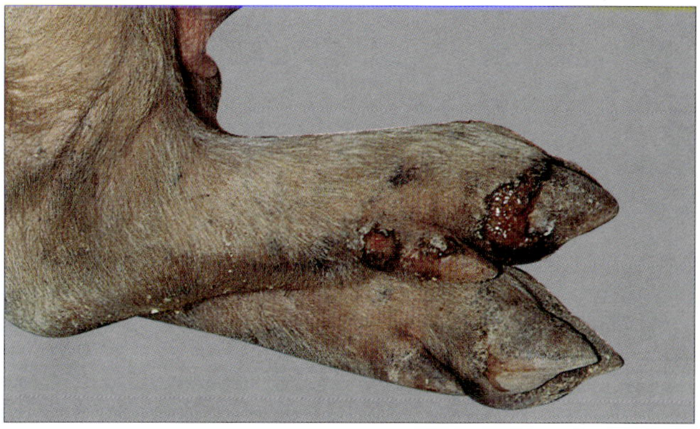

图2.2.6-4　猪口蹄疫　临床症状蹄冠的溃疡出血

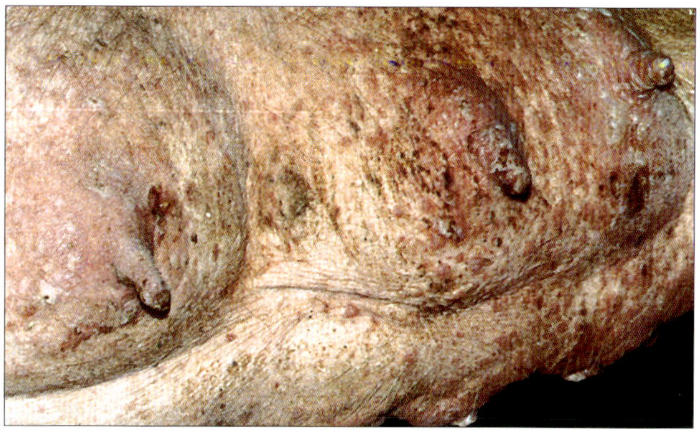

图2.2.6-8　猪口蹄疫　母猪乳头水疱

图2.2.6-5　猪口蹄疫　蹄的炎症常使角质和基部分离，脱匣，病猪跛行

图2.2.6-9　猪口蹄疫　哺乳仔猪蹄壳脱落

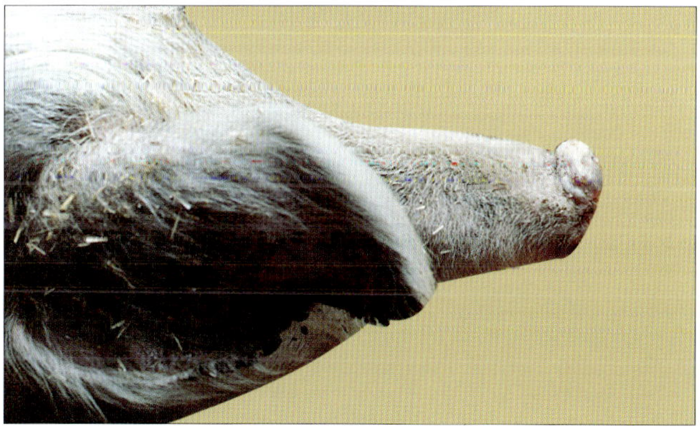

图2.2.6-6　猪口蹄疫　育肥猪鼻镜水疱

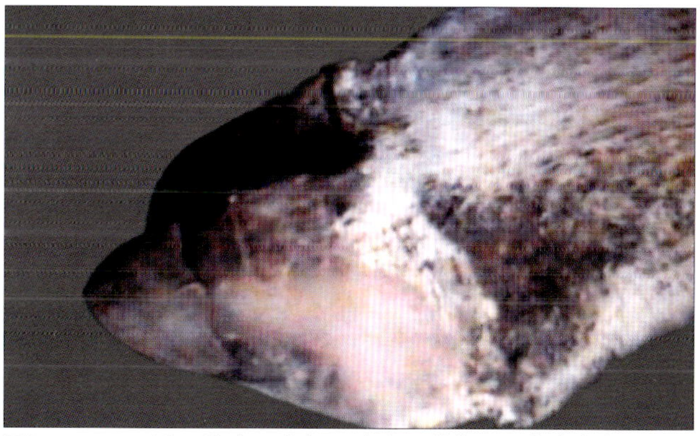

图2.2.6-10　猪口蹄疫　康复母猪蹄匣脱落，再生蹄壳有分层，似年轮裂纹

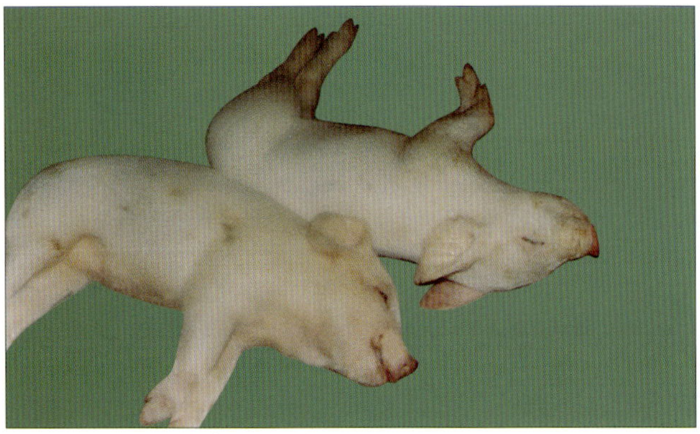
图2.2.6-11 口蹄疫 哺乳仔猪因心肌炎突然死亡

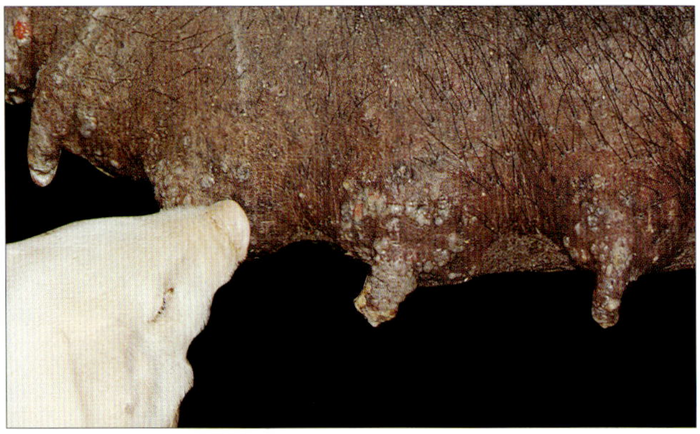
图2.2.6-12 口蹄疫 有母源抗体的哺乳仔猪可安然无恙

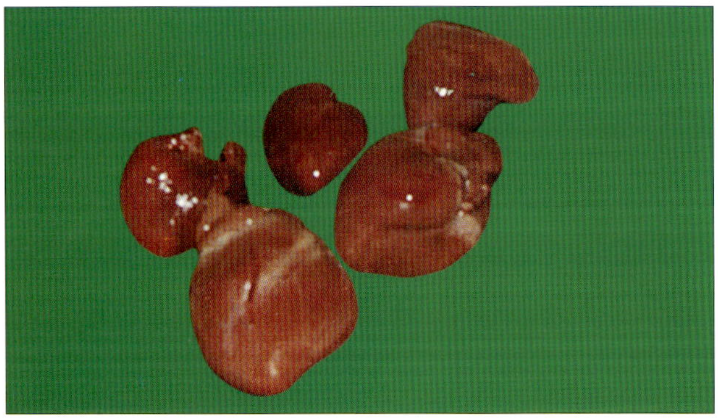
图2.2.6-13 口蹄疫 因心肌炎死亡心肌病变展示

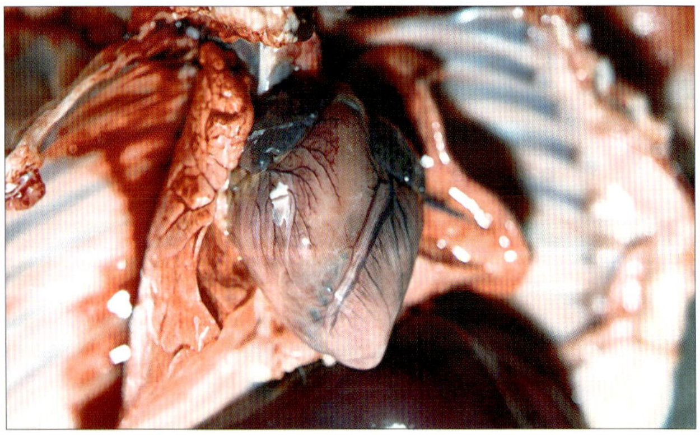
图2.2.6-14 口蹄疫 色淡，质变柔软

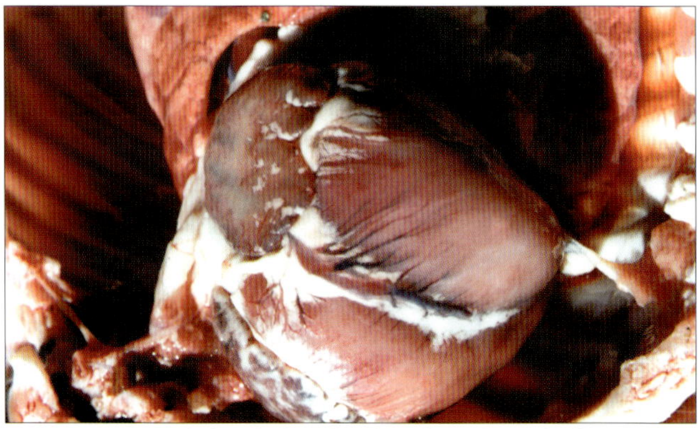
图2.2.6-15 口蹄疫 色淡质变柔软弹性下降心肌扩张

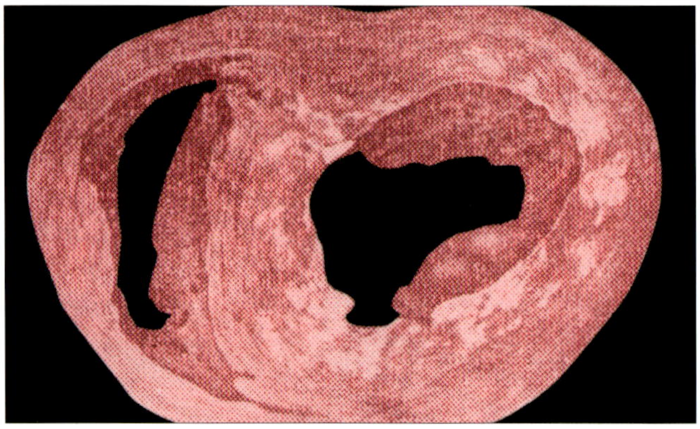
图2.2.6-16 口蹄疫 心肌横切面灰黄色条纹病变区围绕心腔呈环层状分布“虎斑心”

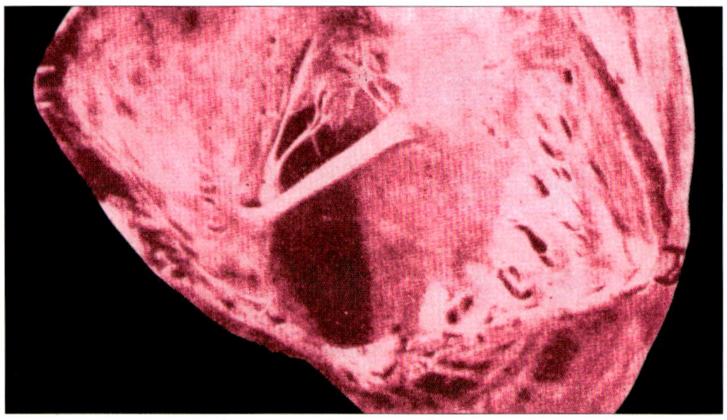
图2.2.6-17 口蹄疫 心肌内膜炎性病变区呈条纹分布，形似虎皮的斑纹呈“虎斑心”

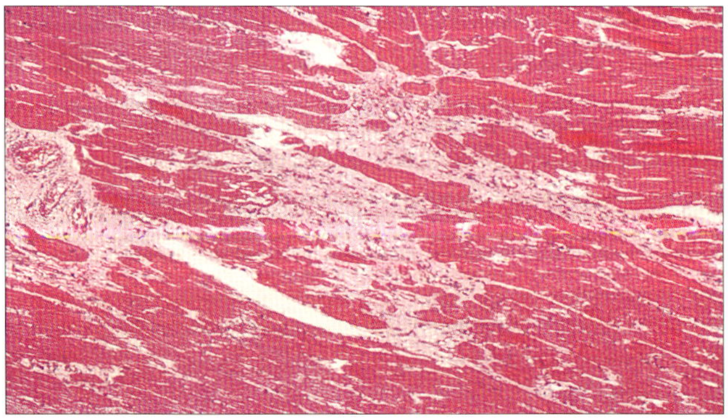
图2.2.6-18 口蹄疫 猪心肌炎。肌纤维变性炎灶性细胞浸润HE ×20

图2.2.7-1 TGE 母猪体温升高，无奶，仔猪腹泻，粪便黄绿色或白色，脱水、消瘦

图2.2.7-2 TGE 仔猪腹泻，黄绿色粪便污染全身，明显脱水，消瘦

图2.2.7-3 TGE 病仔猪腹泻时的黄绿色粪便

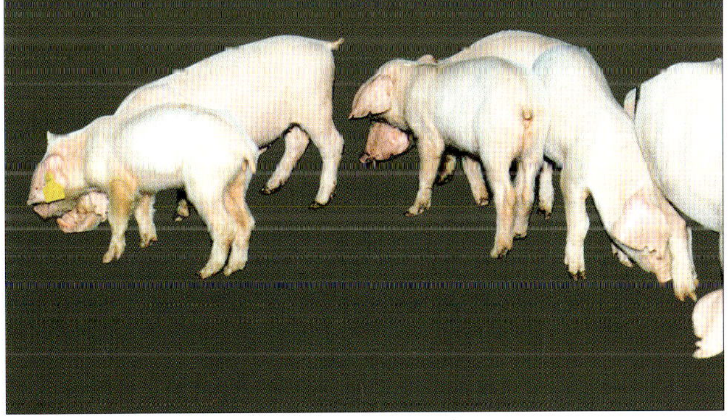

图2.2.7-4 TGE 痊愈仔猪生长发育不良

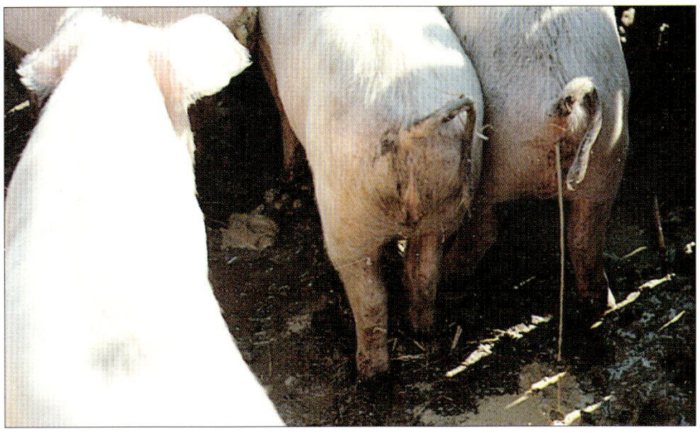

图2.2.7-5 TGE 架子猪水样腹泻，呈喷射状

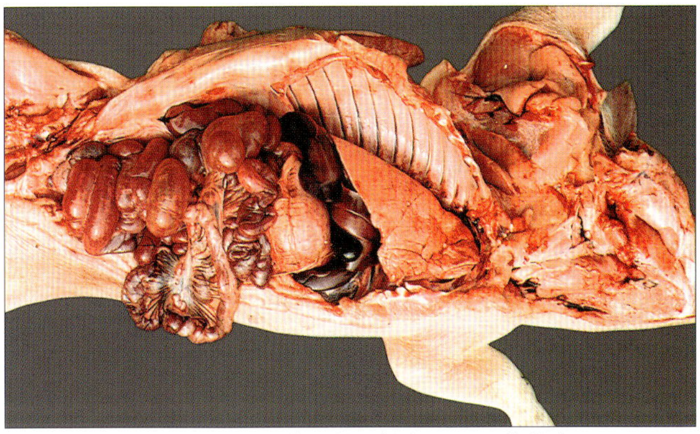

图2.2.7-6 TGE 大小肠弥漫性炎性充血，肠管扩张

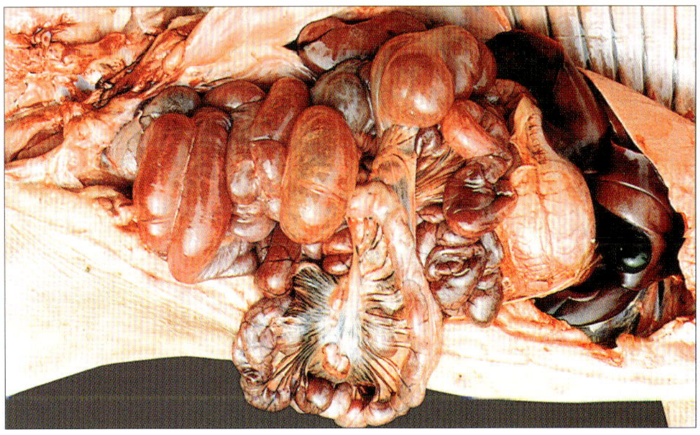

图2.2.7-7 TGE 肠壁弛缓，变薄有透明感，大面积绒毛消失

图2.2.7-8 TGE 小肠绒毛变短，大面积绒毛消失

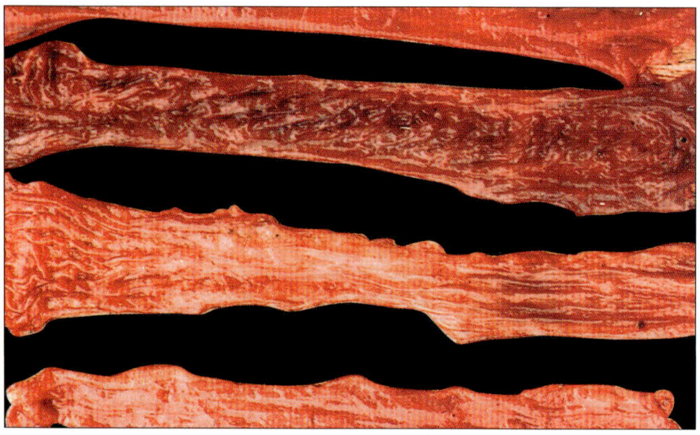
图2.2.7-9 TGE 肠黏膜潮红充血及弥散出血

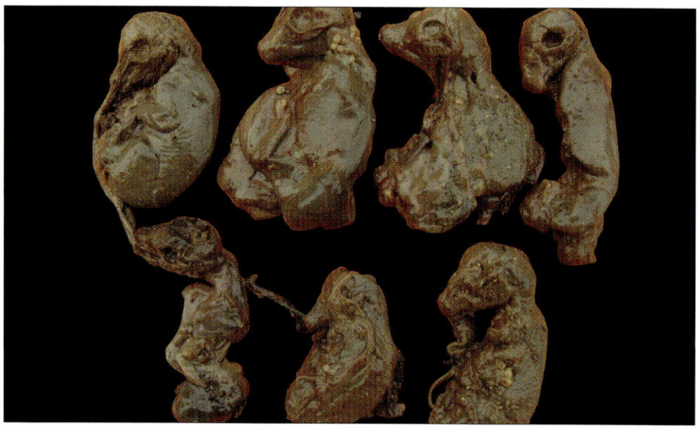
图2.2.10-1 PPV 胎儿木乃伊化

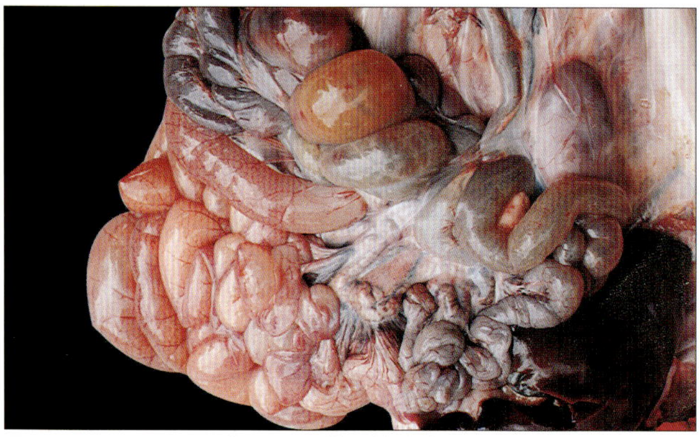
图2.2.7-10 TGE 小肠系膜淋巴结肿大

图2.2.10-2 PPV 胎儿木乃伊化

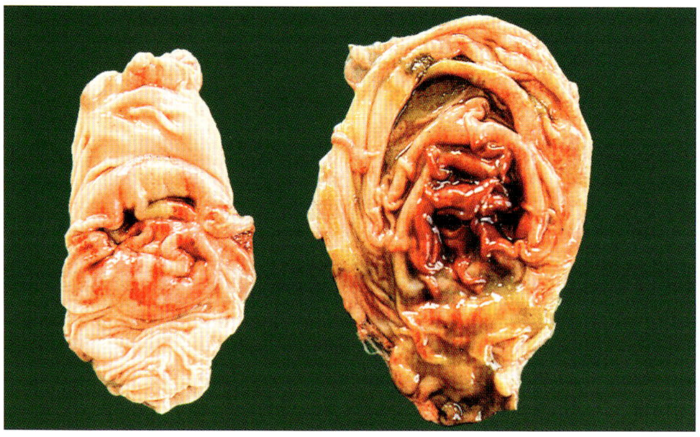
图2.2.7-11 TGE 胃底黏膜潮红充血点状或斑状出血

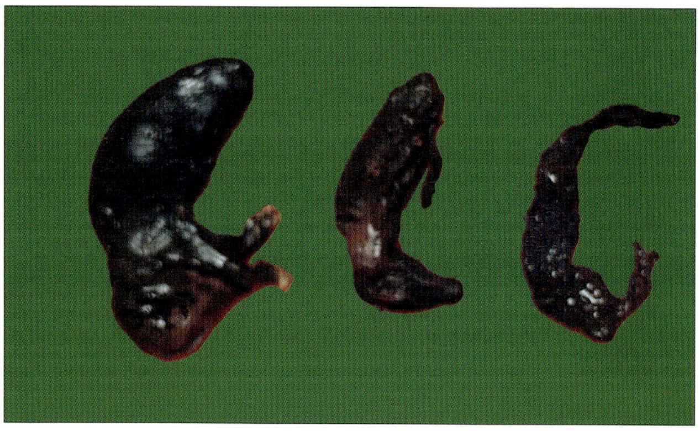
图2.2.10-3 PPV 死亡胎儿黑化

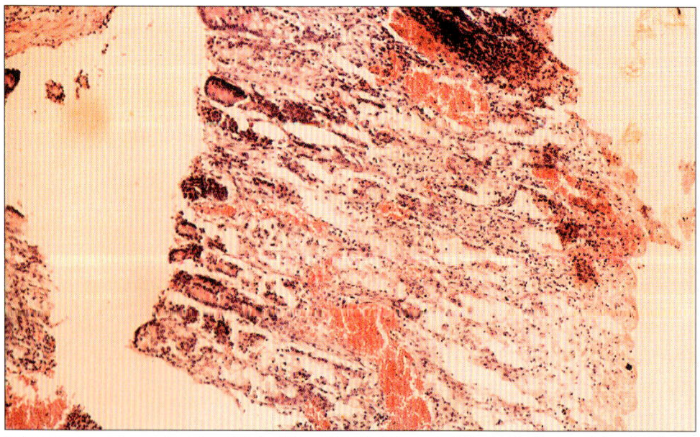
图2.2.7-12 TGE 组织学 肠黏膜上皮纤毛脱落，毛细血管充血HE×10

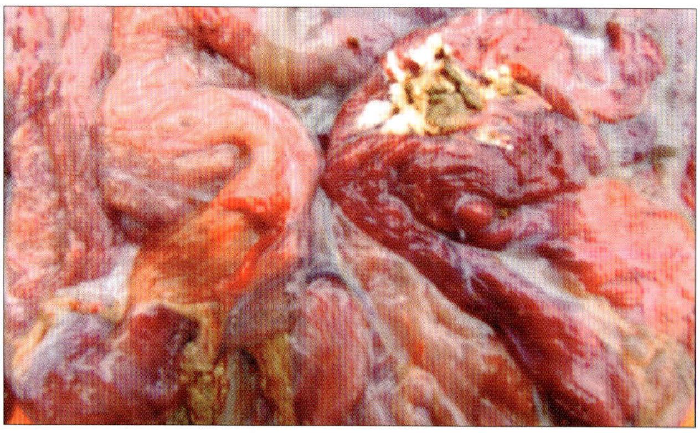
图2.2.10-4 PPV 胎盘部分钙化

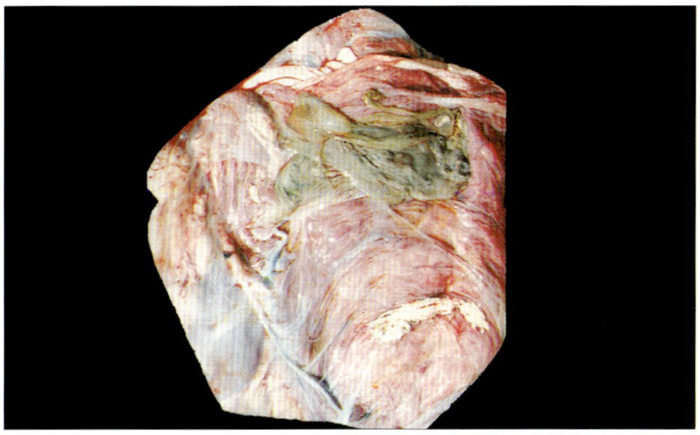

图2.2.10-5 PPV 胎衣弥散暗红色淤血部与灰白带状钙化灶对比下明显可见

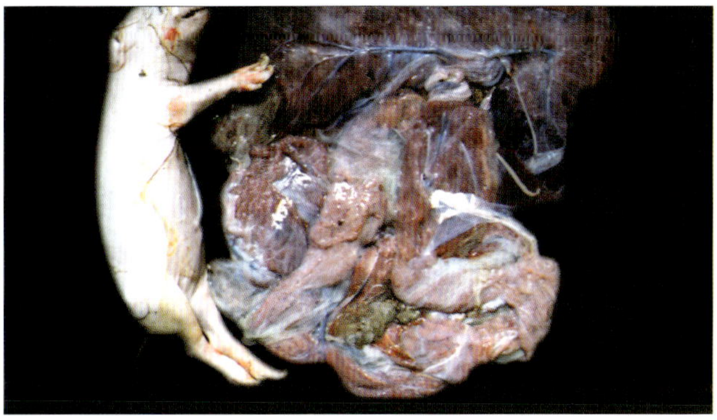

图2.2.10-6 PPV 死产胎儿体腔积液而膨大胎盘部分钙化

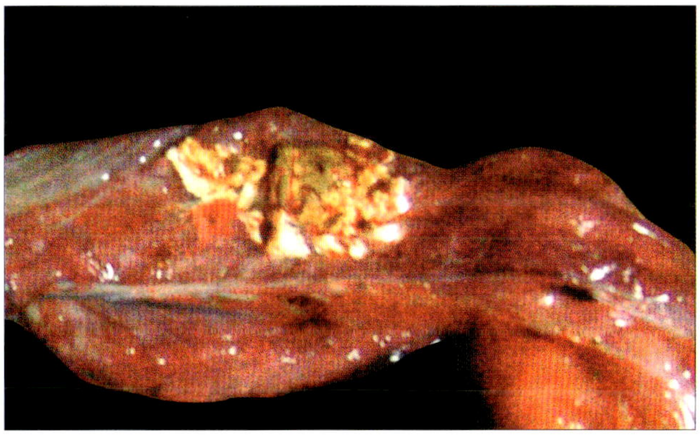

图2.2.10-7 PPV 胎盘部分钙化

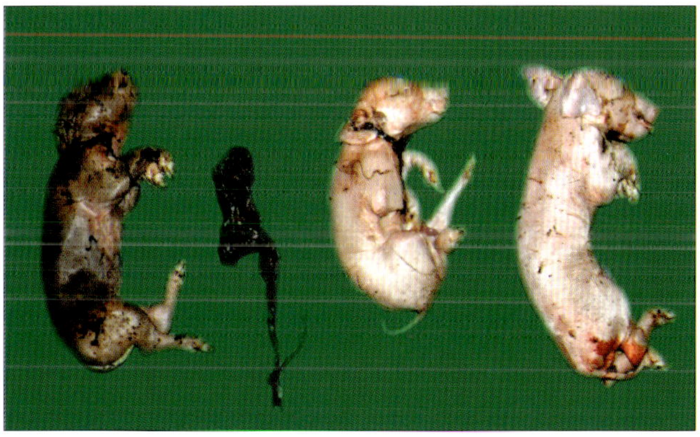

图2.2.10-8 PPV 早期被感染的胎儿被溶解和吸收

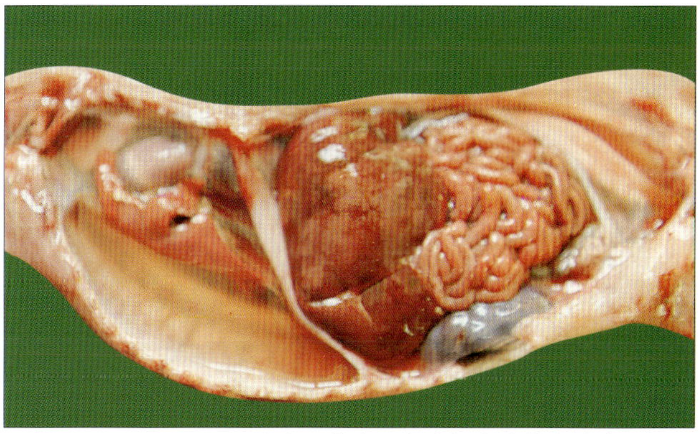

图2.2.10-9 PPV 死胎胸、腹腔积有淡红或淡黄色渗出液，肝与肾变性

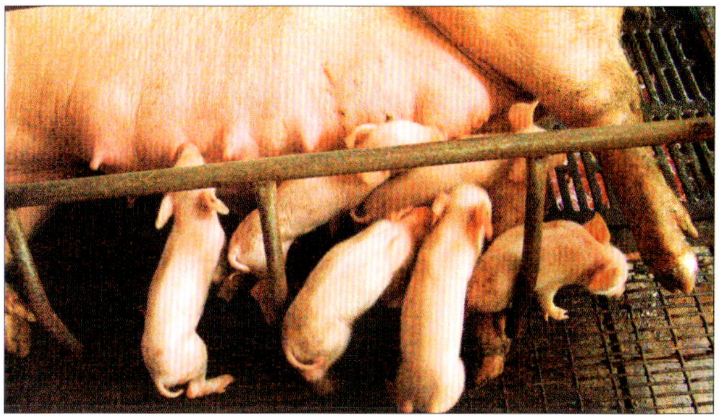

图2.2.10-10 PPV 初产母猪产弱仔，初生重低于正常，活力弱

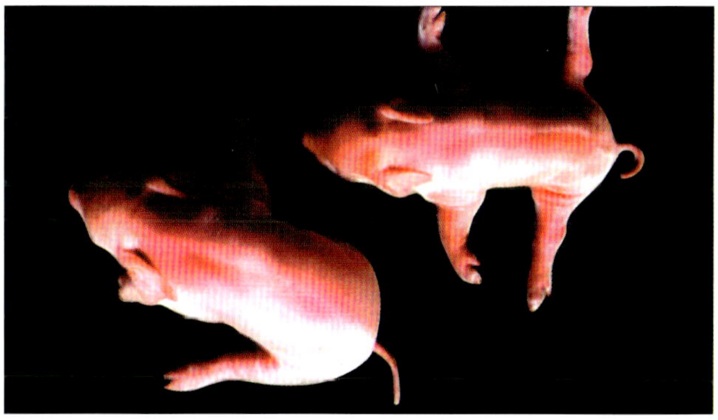

图2.2.11-1 猪乙型脑炎 新生仔猪衰弱、震颤、抽搐、站立不稳等神经症状

图2.2.11-2 猪乙型脑炎 仔猪头膨大，皮下水肿，震颤

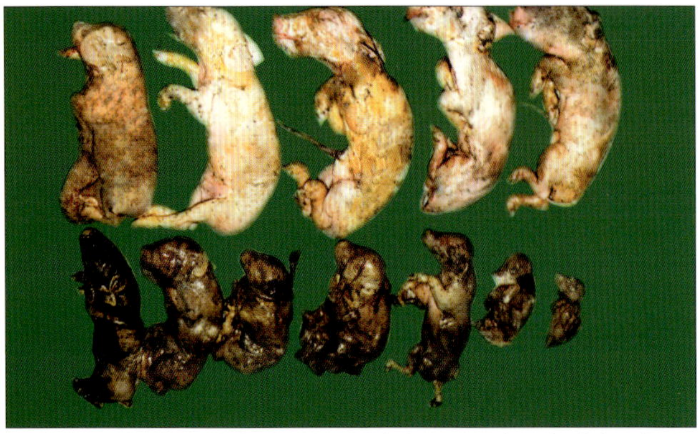
图2.2.11-3 猪乙型脑炎 胎儿呈大小不一及出现各种木乃伊胎

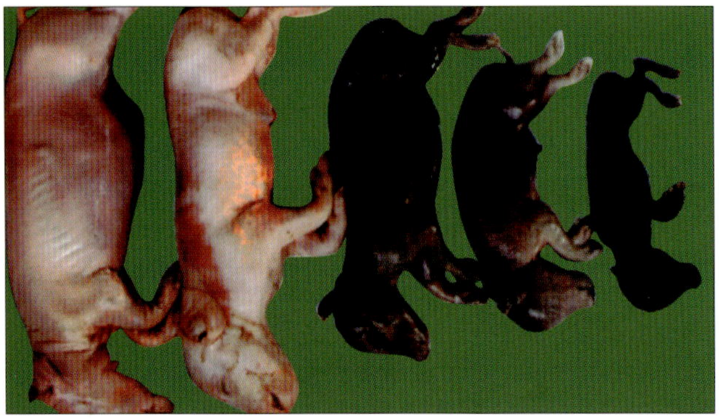
图2.2.11-4 猪乙型脑炎 化死胎、木乃伊胎，同一窝的死胎大小不一

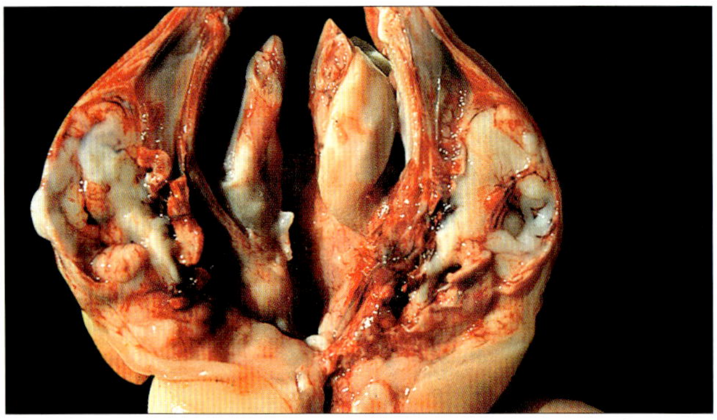
图2.2.11-5 猪乙型脑炎 仔猪脑切面，脑内水肿，颅腔和脑室内脑脊液增量

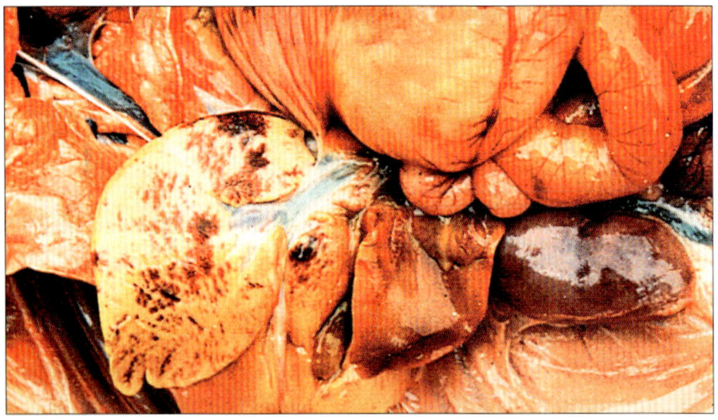
图2.2.11-6 猪乙型脑炎 肝脏多发性坏死灶

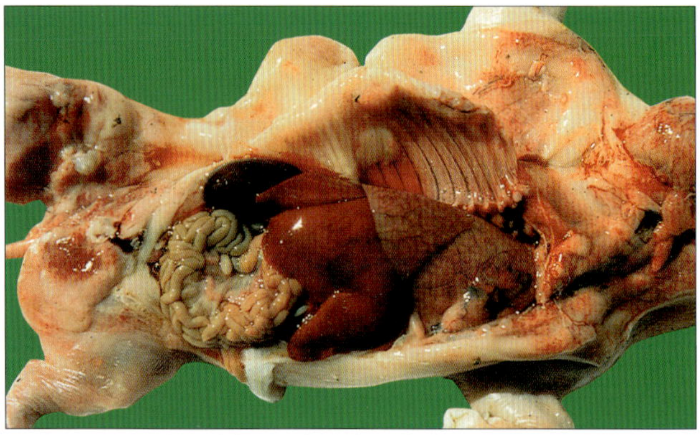
图2.2.11-7 猪乙型脑炎 仔猪皮下水肿

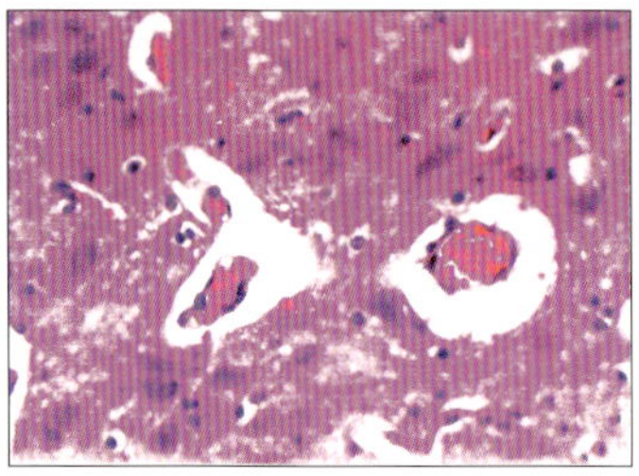
图2.2.11-8 猪乙型脑炎 组织学 脑水肿，神经细胞变性HE×40

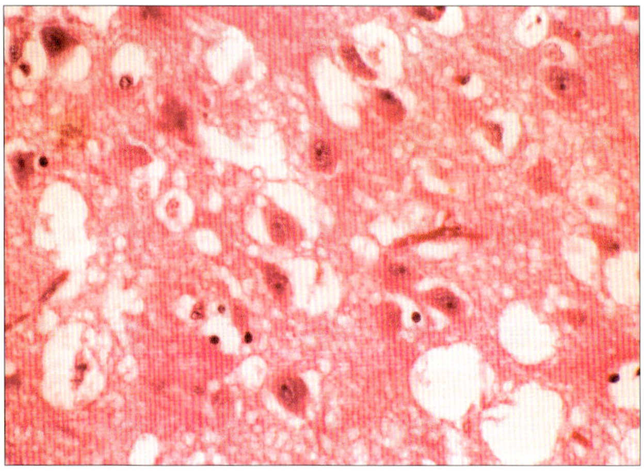
图2.2.11-9 猪乙型脑炎 组织学 神经细胞变性HE×40

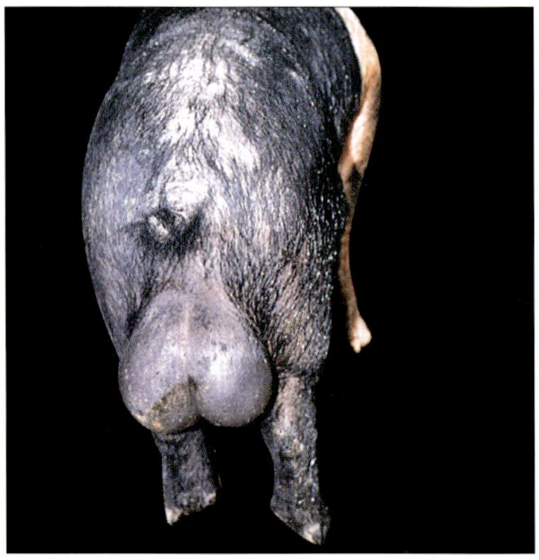
图2.2.11-10 猪乙型脑炎 猪常发生睾丸炎，多为单侧性

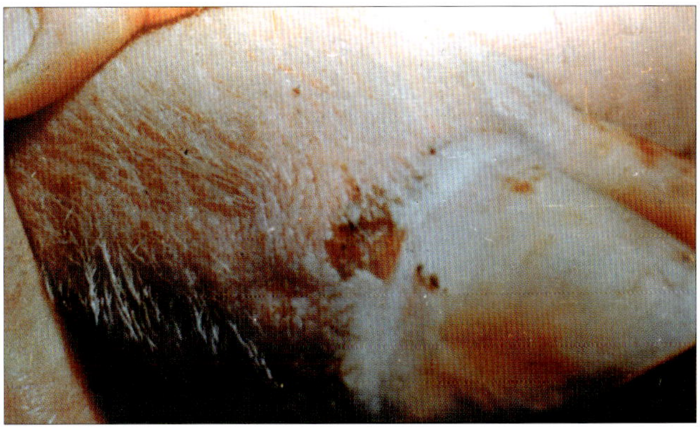
图2.2.12-1 猪水疱病 蹄冠部和副蹄溃疡（自德田）

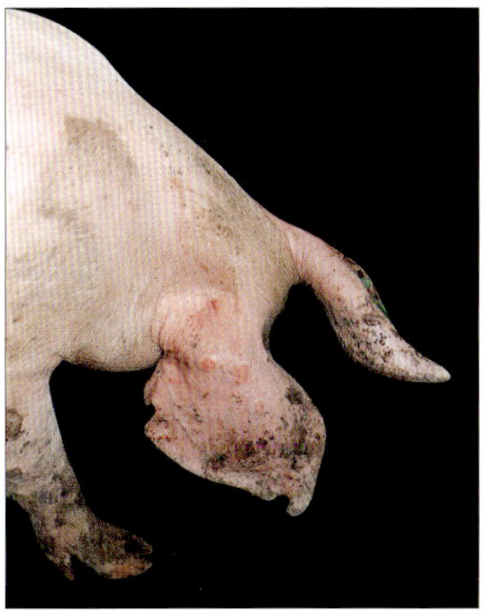
图2.2.13-1 猪痘 耳部皮肤痘疹

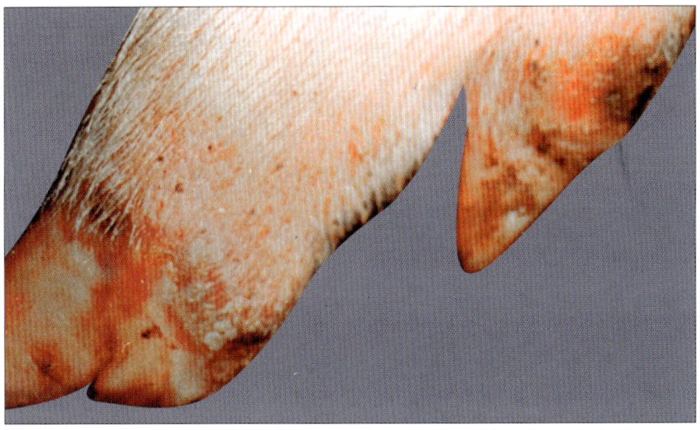
图2.2.12-2 猪水疱病 蹄冠部的水泡破溃后形成溃疡（自德田）

图 2.2.13-2 猪痘 耳部皮肤的表面痘疹（张弥申提供）

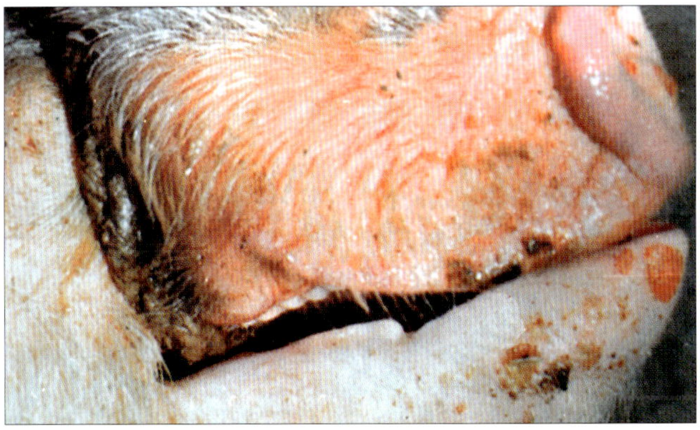
图2.2.12-3 猪水疱病 上下唇水泡和溃疡（自德田）

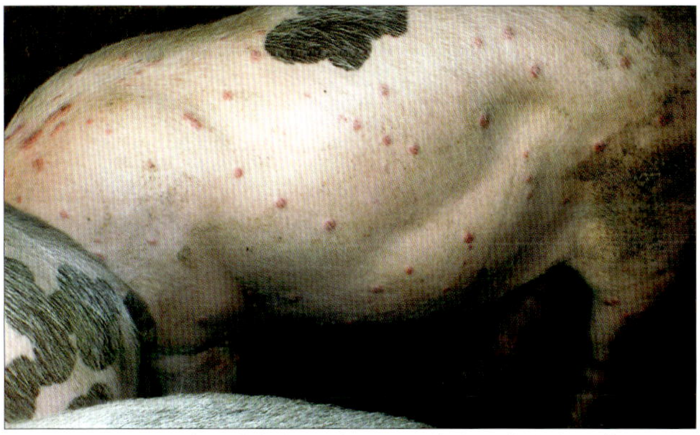
图 2.2.13-3 猪痘 体侧部皮肤的表面痘疹（张弥申提供）

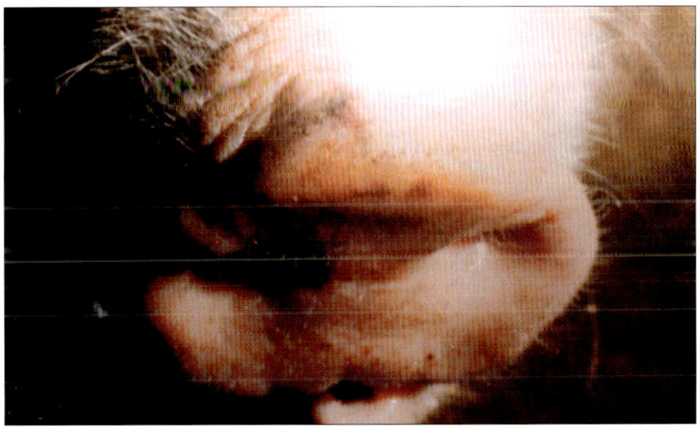
图2.2.12-4 猪水疱病 发病初期鼻镜上端的水泡（自德田）

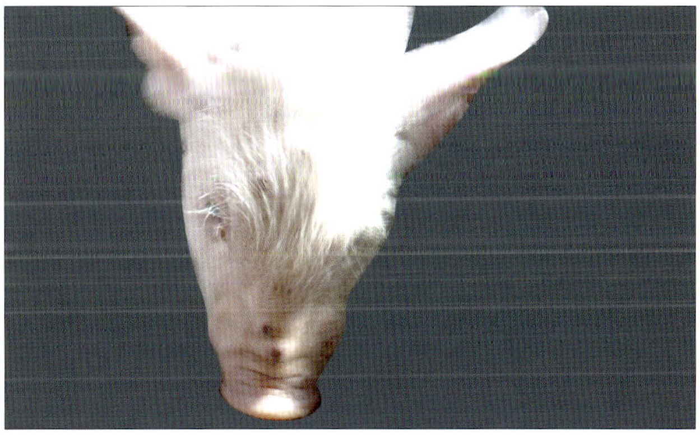
图 2.2.13-4 猪痘 鼻部皮肤的表面痘疹

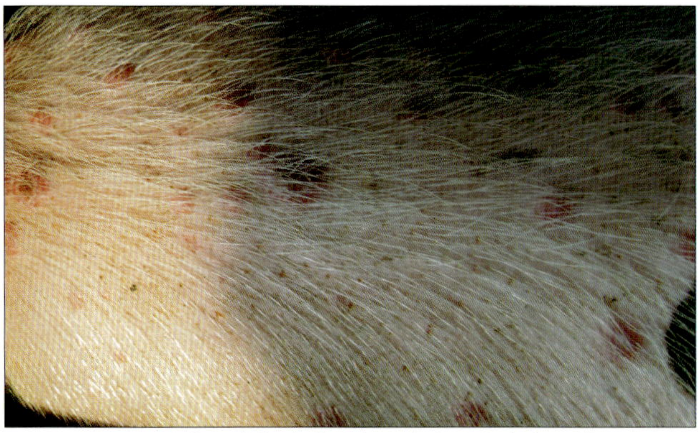
图 2.2.13-5　猪痘　背部皮肤的表面痘疹（张弥申提供）

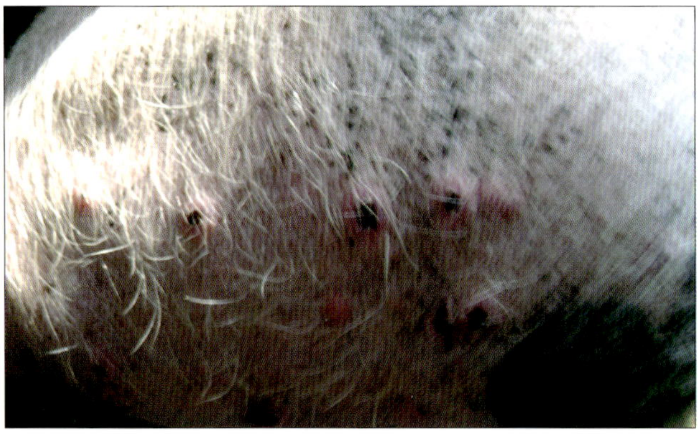
图 2.2.13-6　猪痘　胸腹部皮肤的表面痘疹（张弥申提供）

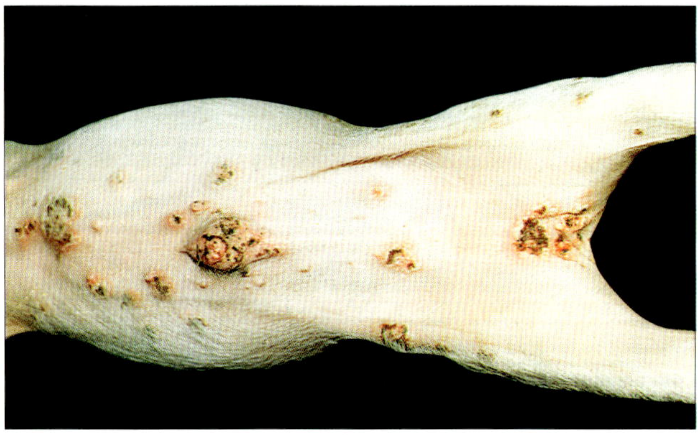
图 2.2.13-7　猪痘　胸腹部皮肤的表面脓疱

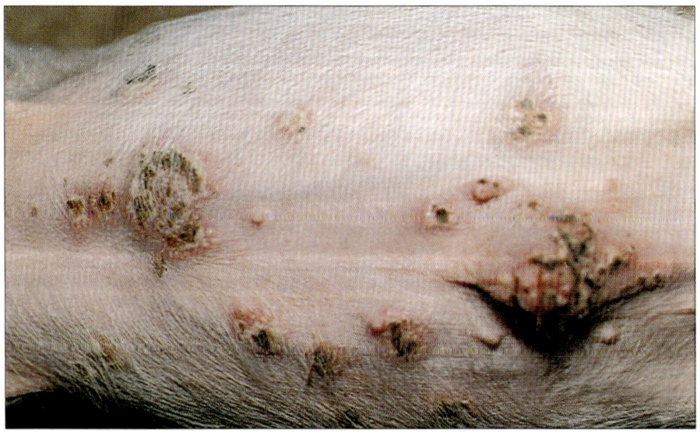
图 2.2.13-8　猪痘　突出于胸部皮肤的表面脓疱

图2.2.14-1　猪狂犬病　病猪被犬咬伤后40天后发病，狂躁不安，攻击障碍物，啃咬木棍（张弥申提供）

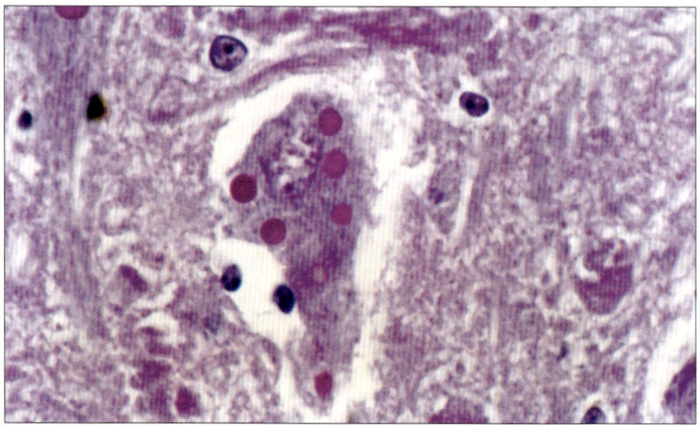
图2.2.14-2　组织学　在神经细胞浆内出现包涵体 HE × 100

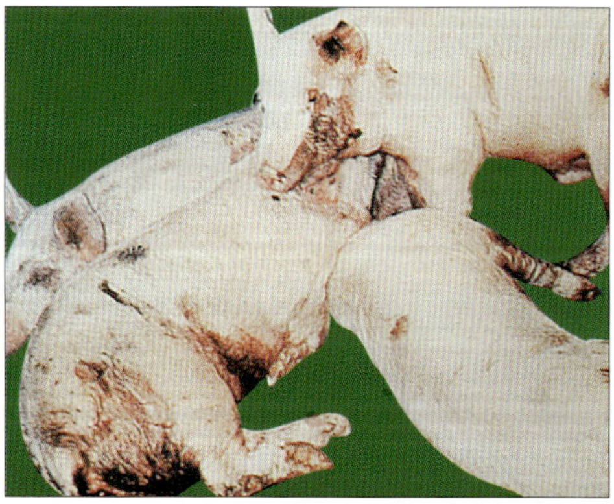
图2.2.15-1　全身衰弱，腹泻，便血（自Karl-OttoEich）

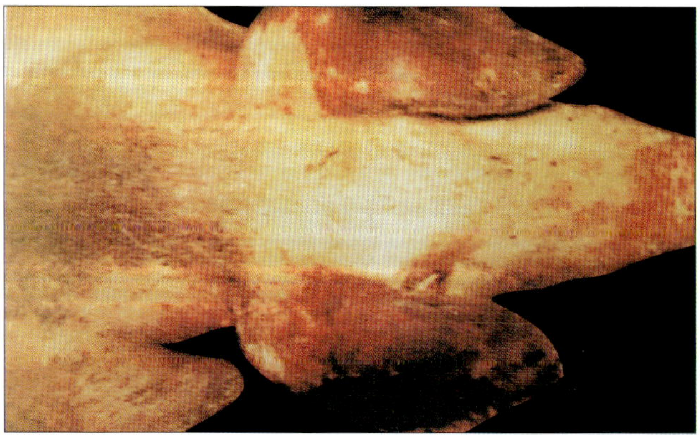
图2.2.15-2　耳、背部皮肤紫绀区（自Karl-OttoEich）

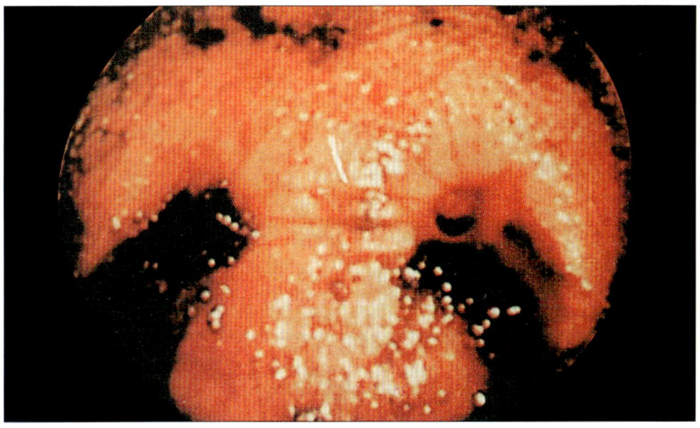
图2.2.15-3 鼻孔出血（自Karl-OttoEich）

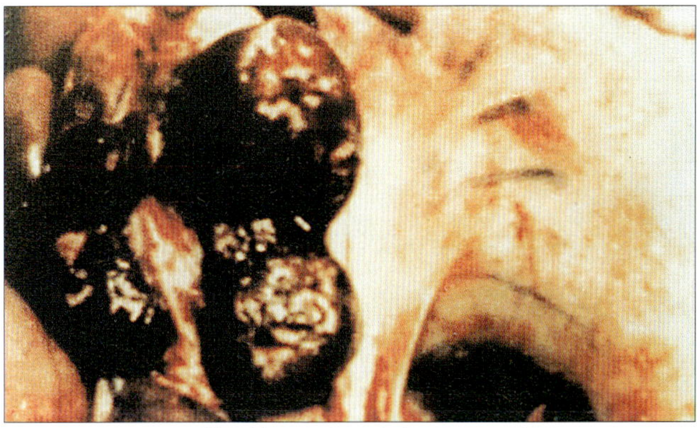
图2.2.15-4 胃门淋巴结严重出血（自WJSmith等）

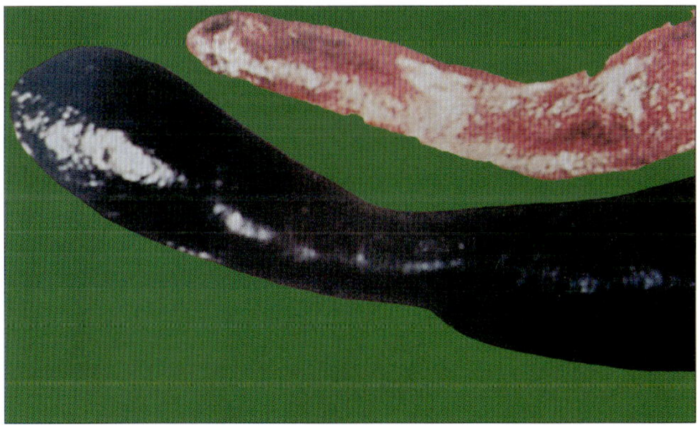
图2.2.15-5 脾严重充血肿大，呈黑紫色、质度柔软（自Karl-OttoEich）

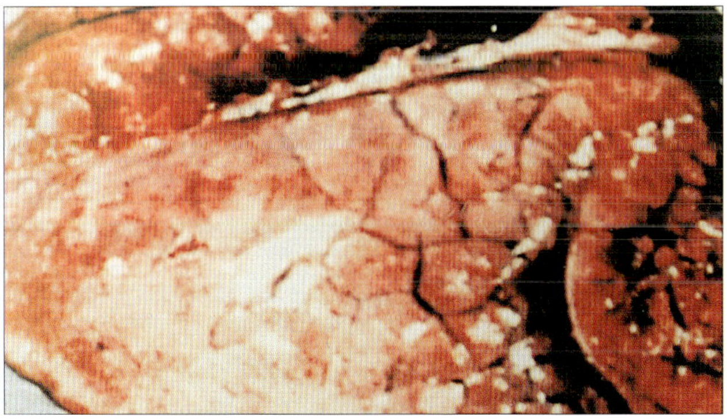
图2.2.15-6 肺水肿及充血，有实变（自WJSmith等）

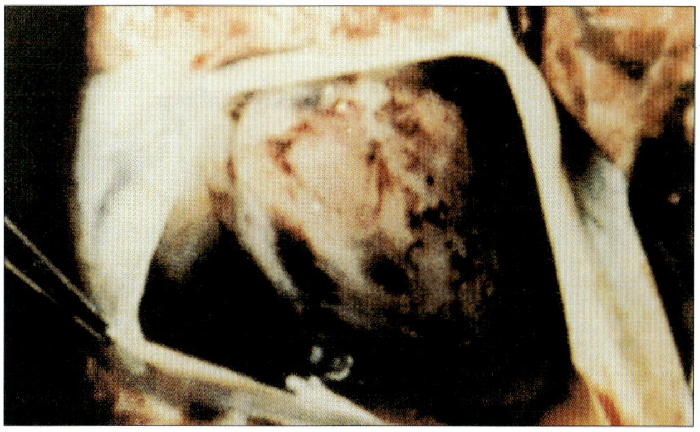
图2.2.15-7 心肌出血（自WJSmith等）

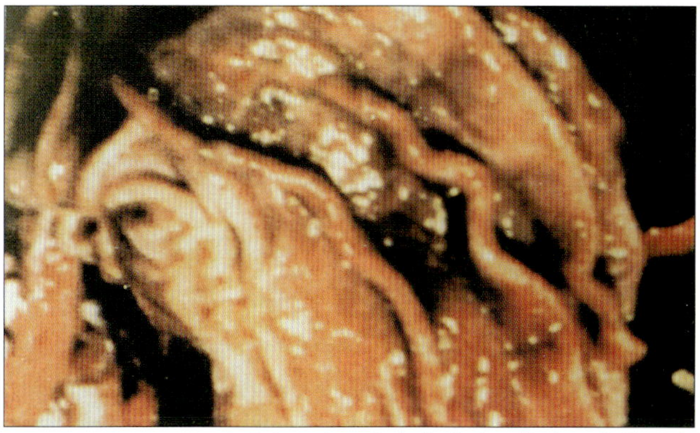
图2.2.15-8 胃肠黏膜有炎症和斑点状或弥漫性出血变化（自Karl-OttoEich）

图2.2.15-9 肾脏出血点（自WJSmith等）

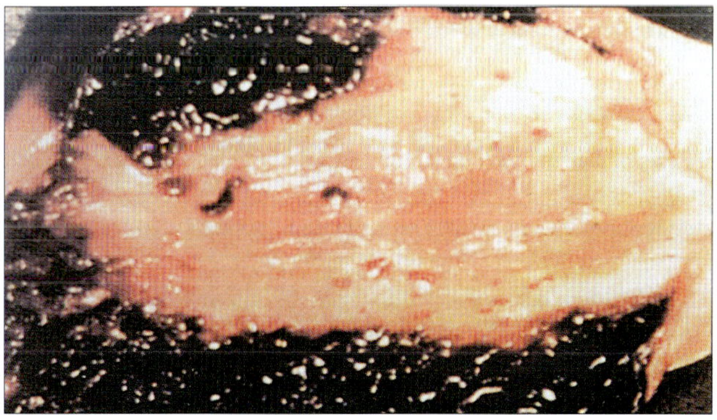
图2.2.15-10 膀胱粘膜有严重出血（自Karl-Otto Eich）

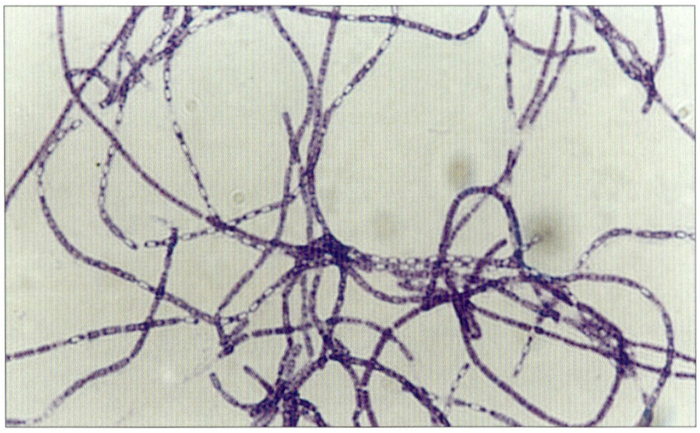
图2.3.1-1　炭疽　杆菌形态　革兰氏染色阳性竹节状×40

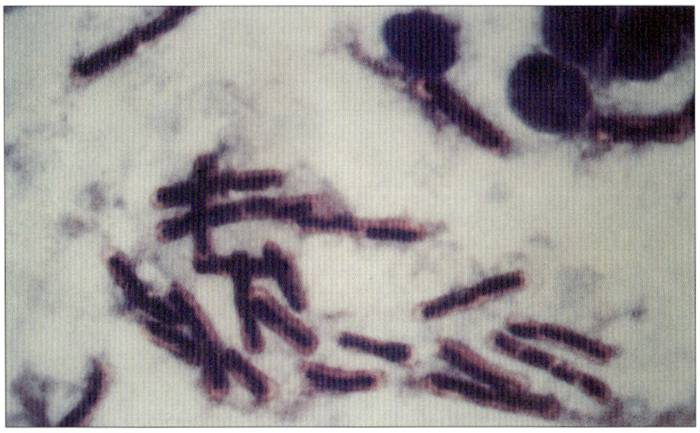
图2.3.1-2　炭疽　血液涂片感染炭疽动物体内的炭疽荚膜瑞氏染色×100

图2.3.1-3　炭疽　咽喉部红肿（自蔡宝祥）

图2.3.1-4　炭疽　颌下淋巴结切面肿大，被膜增厚，干燥，质地变硬，砖红色或灰黄色坏死灶（自蔡宝祥）

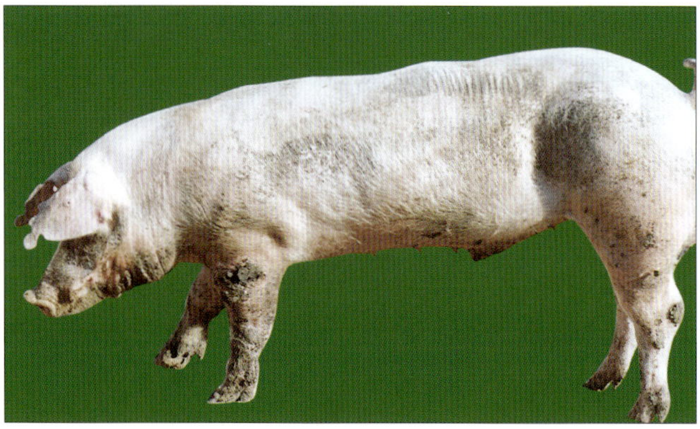
图2.3.3-1　坏死杆菌病　坏死性皮炎左侧臀部的皮肤坏死后形成的痂皮

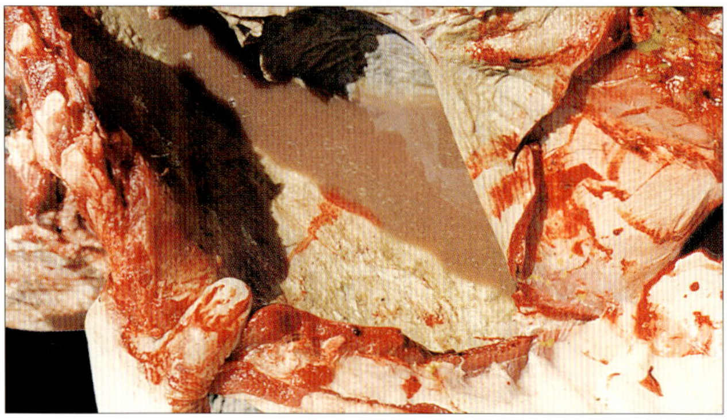
图2.3.3-2　坏死杆菌病　纤维素性坏死性肺炎　肺胸膜与肋胸膜发生纤维素性炎，并形成黄白色的伪膜，胸腔中有大量浑浊的液体

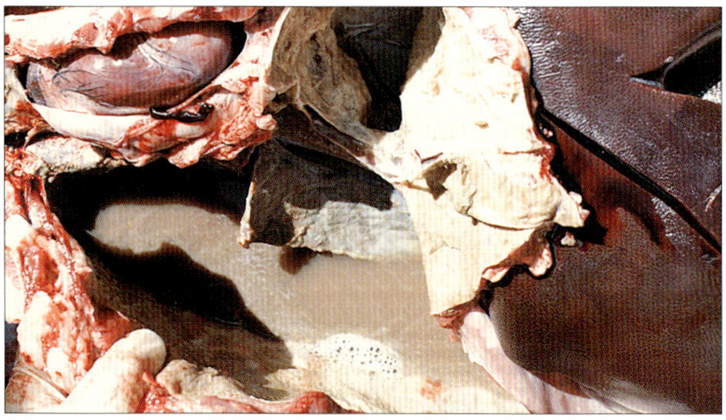
图2.3.3-3　坏死杆菌病　纤维素性坏死性肺炎　可见灰白色的伪膜，胸腔中有大量浑浊的液体并有气泡，而心肌外观无明显所见

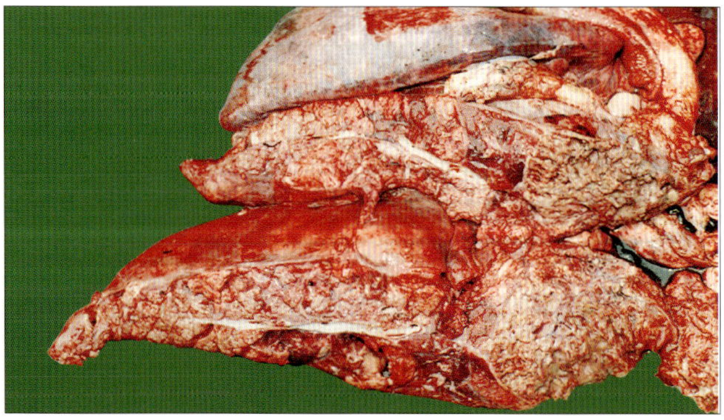
图2.3.3-4　坏死杆菌病　纤维素性坏死性肺炎　肺切面示肺坏死组织结构消失

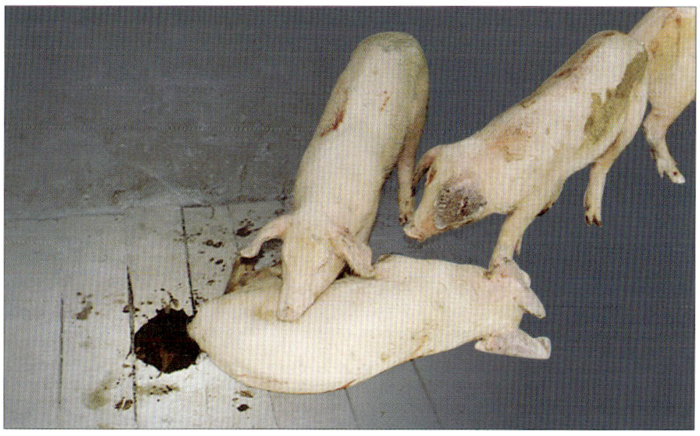

图2.3.3-5　坏死杆菌病　与副伤寒等病并发纤维素性坏死性肠炎，病猪消瘦、腹泻，粪便中带有血液

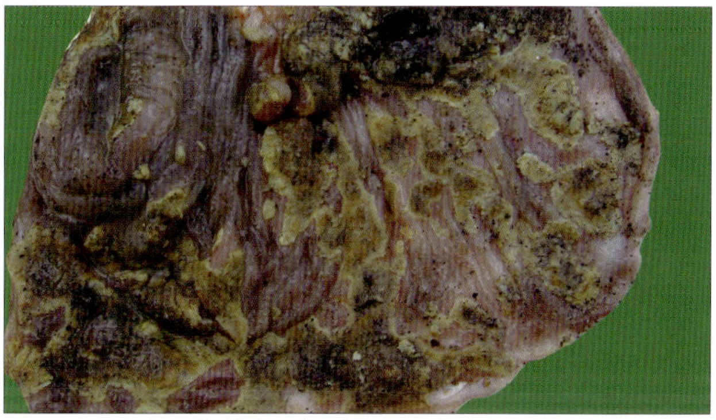

图2.3.3-6　坏死杆菌病　与副伤寒等病并发纤维素性坏死性肠炎病猪肠黏膜坏死碎片

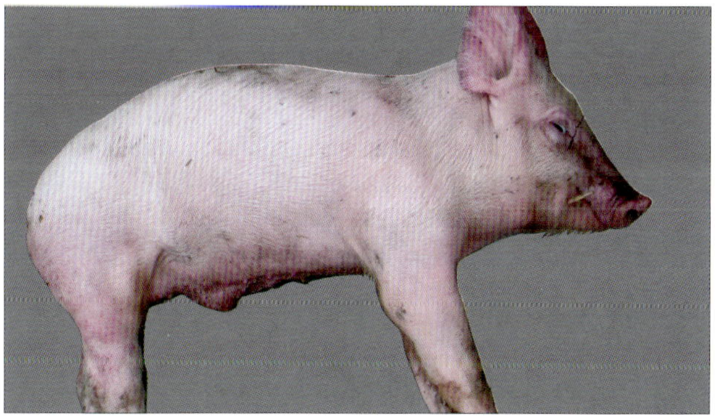

图2.3.4-1　破伤风　四肢僵硬后伸　强直痉挛症状（张弥申提供）

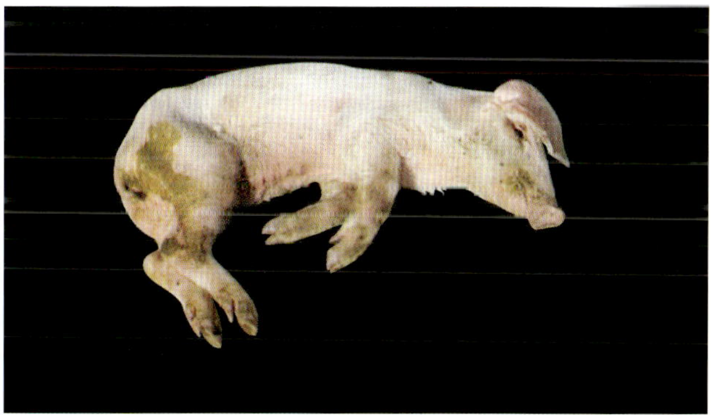

图2.3.5-1　梭菌性胃肠炎　病猪呈现持续的腹泻，极度消瘦和脱水

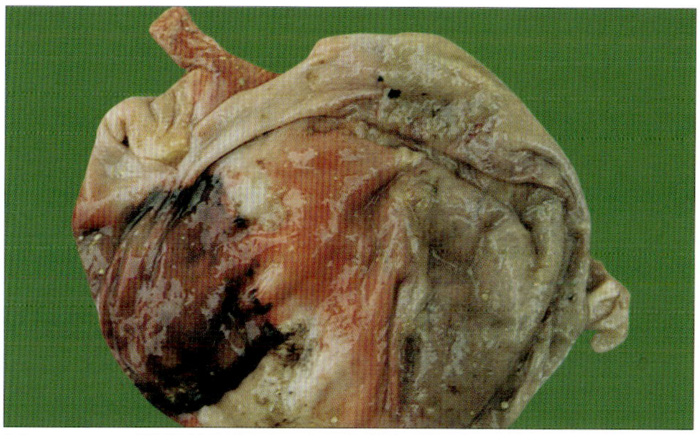

图2.3.5-2　梭菌性胃肠炎　胃黏膜弥漫性出血

图2.3.5-3　梭菌性胃肠炎　肠黏膜弥漫性出血

图2.3.5-4　梭菌性胃肠炎　肠系膜淋巴结出血性病变

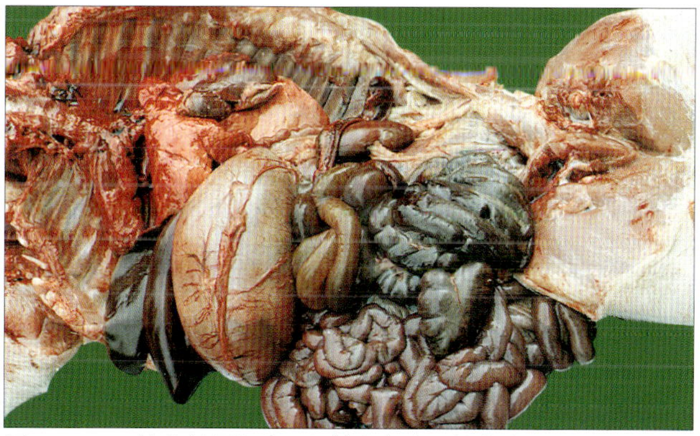

图2.3.5-5　梭菌性胃肠炎　肠管全部出血性病变

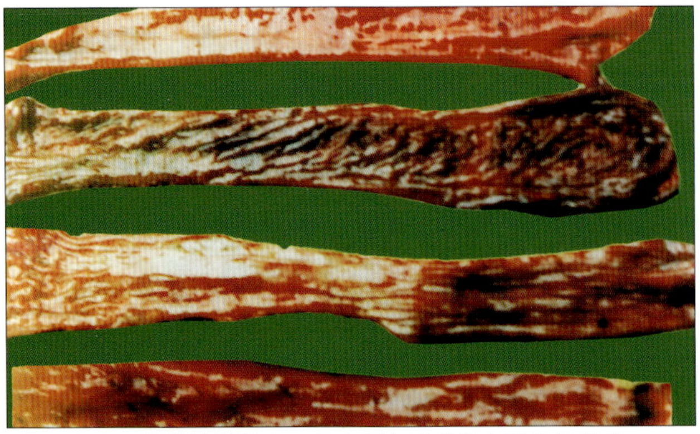

图2.3.5-6 梭菌性胃肠炎 示小肠各段的出血性炎的病变

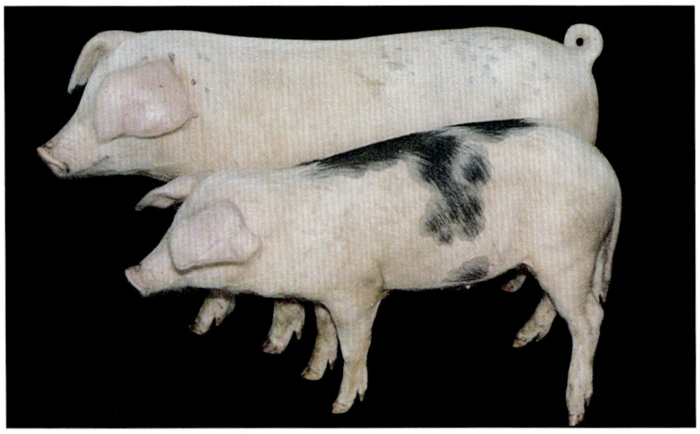

图2.3.6-4 人工接种33h后体温升至41.5℃，病猪精神沉郁

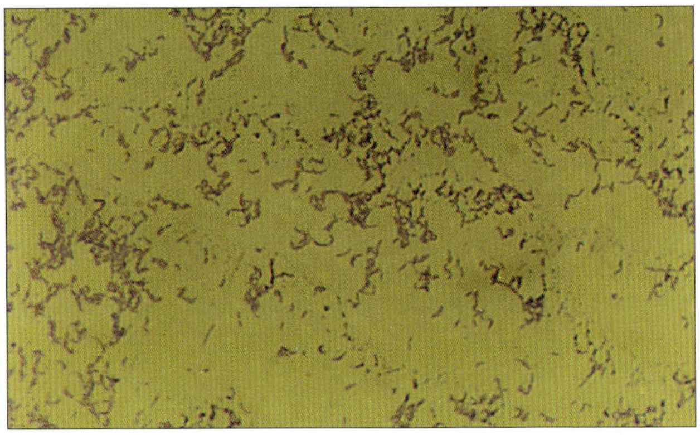

图2.3.6-1 猪丹毒菌形态 光镜下为纤细小杆菌 革兰氏染色×100

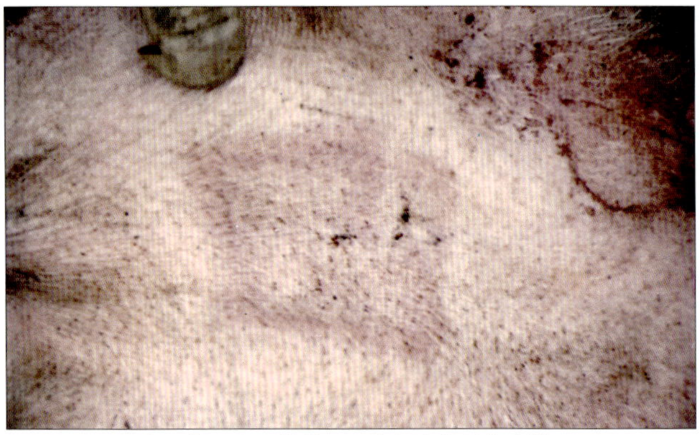

图2.3.6-5 猪丹毒 人工接种33h后皮肤出现的疹块

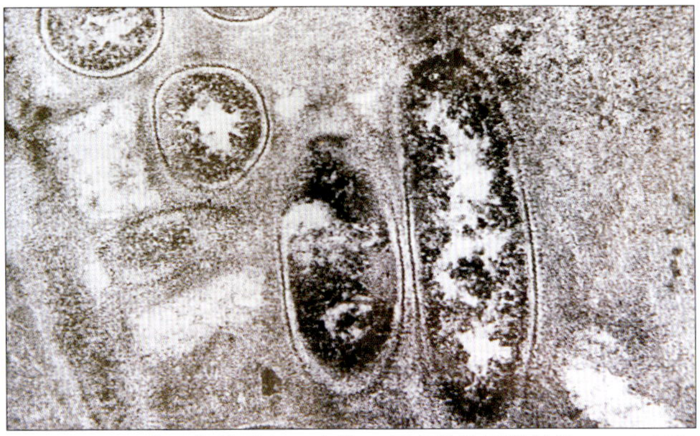

图2.3.6-2 猪丹毒菌形态 电镜下丹毒菌的超微结构×150 000

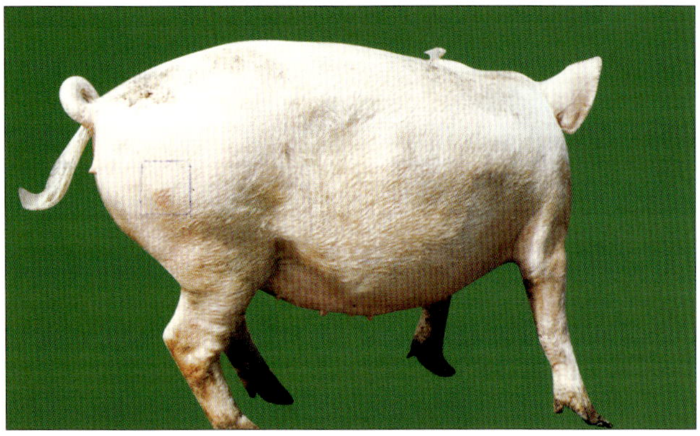

图2.3.6-6 猪丹毒 亚急性型皮肤出现的疹块

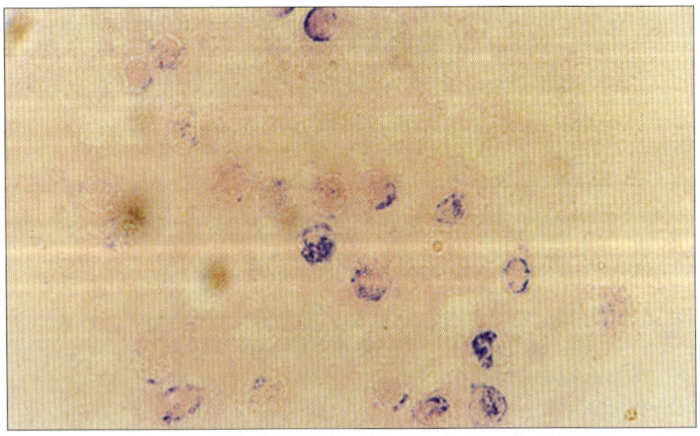

图2.3.6-3 猪丹毒菌在白血球内一般成丛存在 革兰氏染色×100

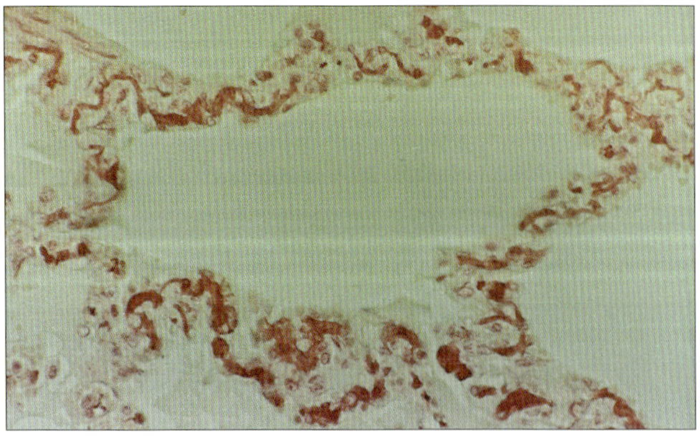

图2.3.6-7 肺泡壁毛细血管内纤维素性微血栓 PTAH×40

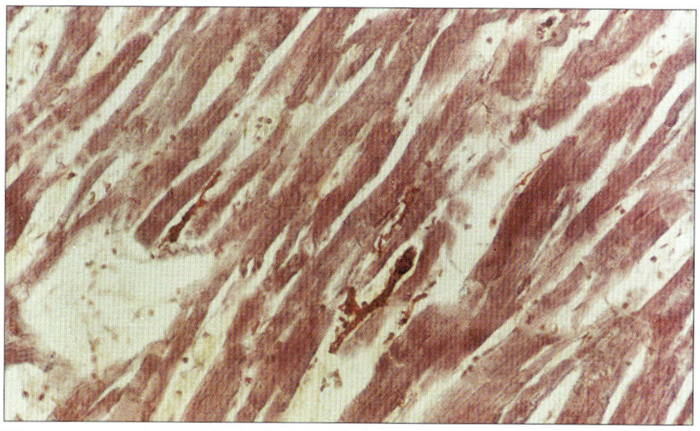

图2.3.6-8　心肌毛细血管内纤维素性微血栓PTAH×40

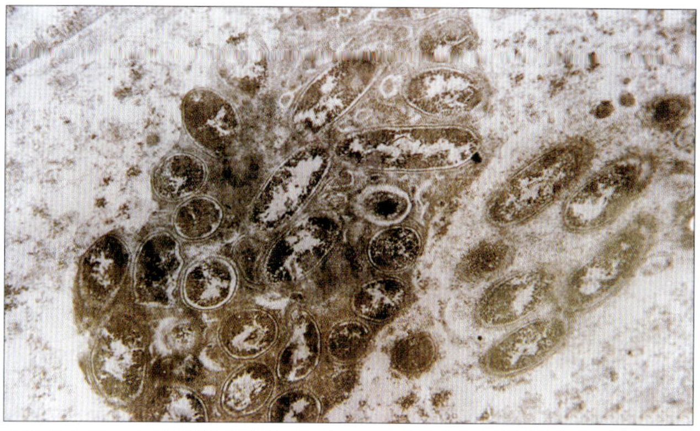

图2.3.6-9　心肌毛细血管内的丹毒菌丝周围有多量纤维素×80 000

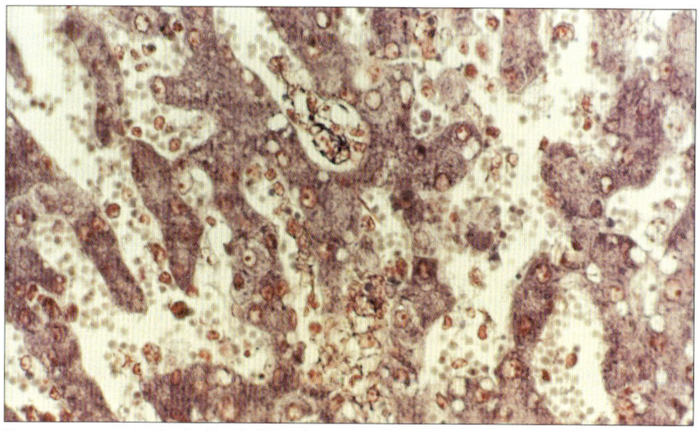

图2.3.6-10　肝窦状隙淤血与肝细胞脂肪变性以及窦内纤维素性微血栓 PTAH×40

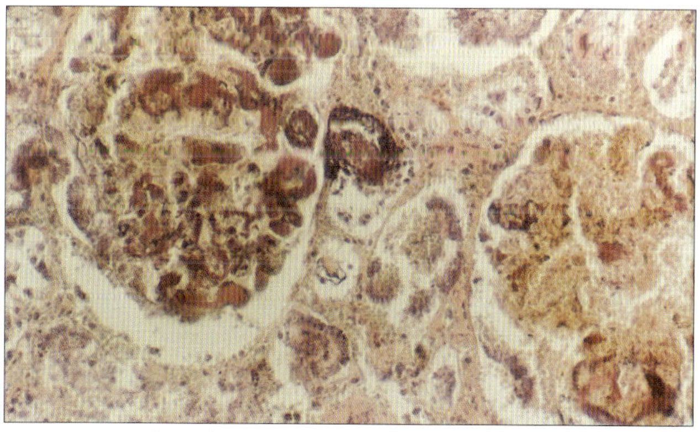

图2.3.6-11　肾小球毛细血管内纤维素性微血栓 PTAH×40

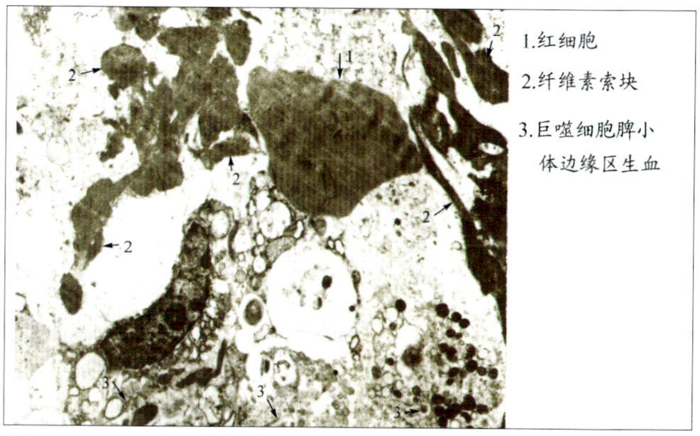

图2.3.6-12　脾小体边缘区出血与DIC　1.红细胞　2.纤维素索块　3.巨噬细胞 ×20 000

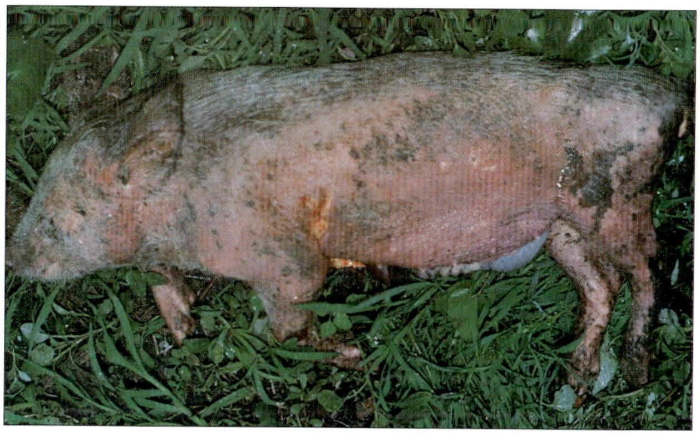

图2.3.6-13　猪丹毒　特急性型　病死猪全身皮肤呈紫红色

图2.3.6-14　猪丹毒　特急性型　脾脏白髓周围“红晕”

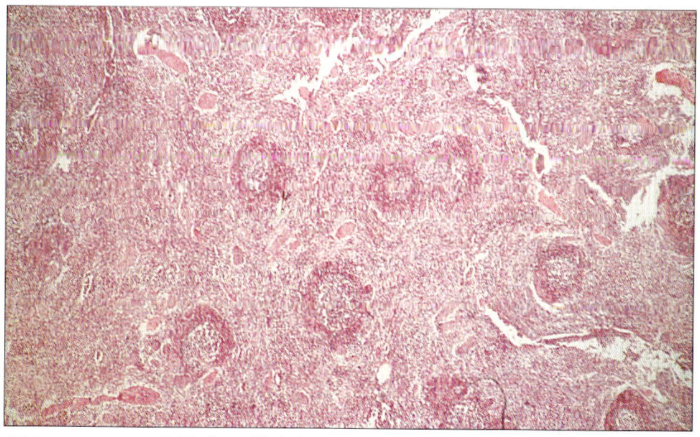

图2.3.6-15　猪丹毒　特急性型　脾脏白髓周围“红晕”HE×10

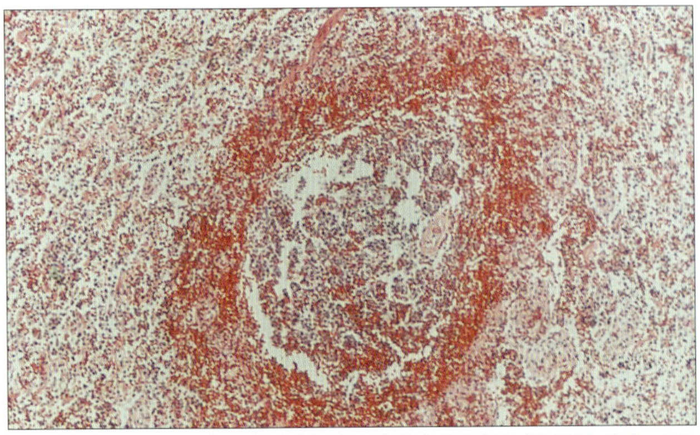

图2.3.6-16 猪丹毒 特急性型 脾脏白髓周围“红晕”HE×20

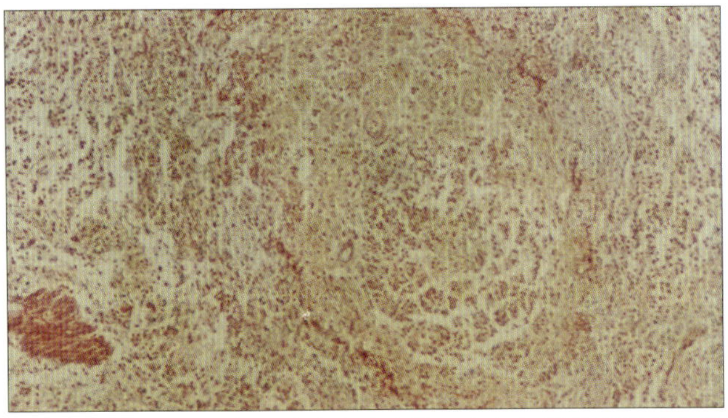

图2.3.6-17 猪丹毒 脾脏白髓边缘区出血与纤维素性微血栓 PTAH×20

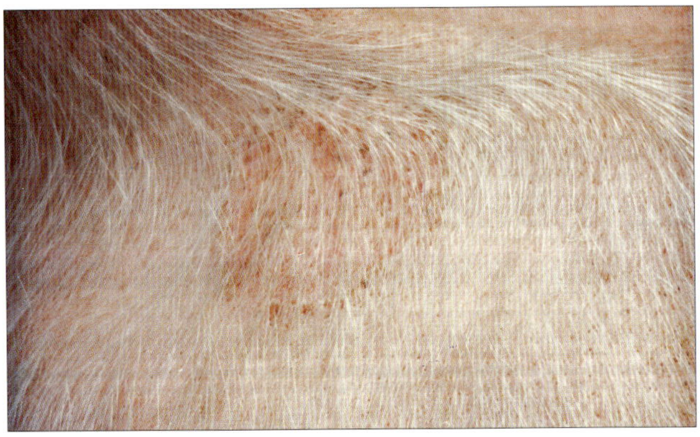

图2.3.6-18 急性型 皮肤丹毒性红斑

图2.3.6-19 急性型 肾肿大紫红色，有暗灰色斑

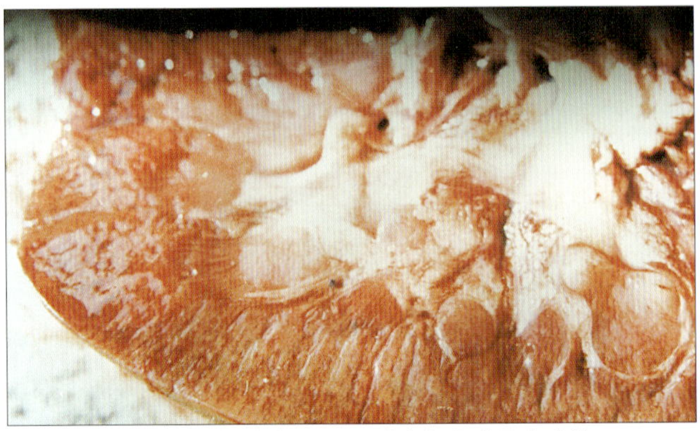

图2.3.6-20 急性型 肾切面可见肿大肾小球呈串珠样

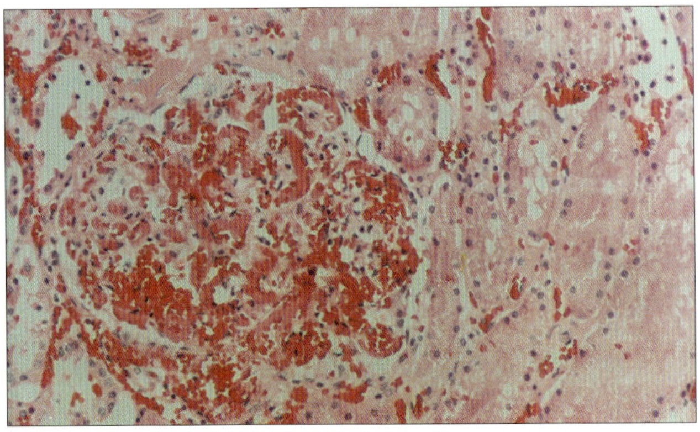

图2.3.6-21 肾出血性肾小球肾炎HE×20

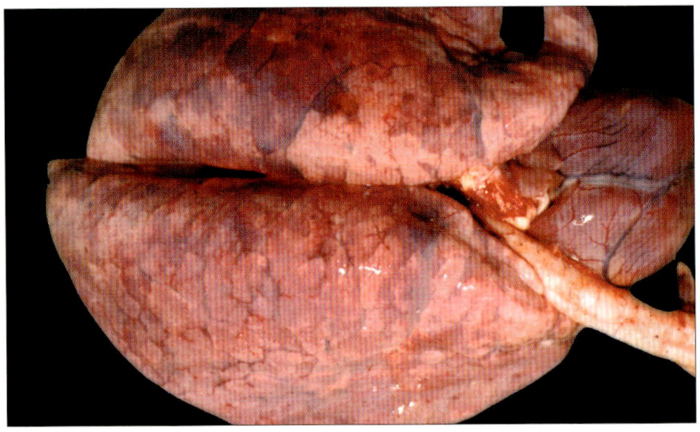

图2.3.6-22 猪丹毒 急性型 休克肺呈花斑样

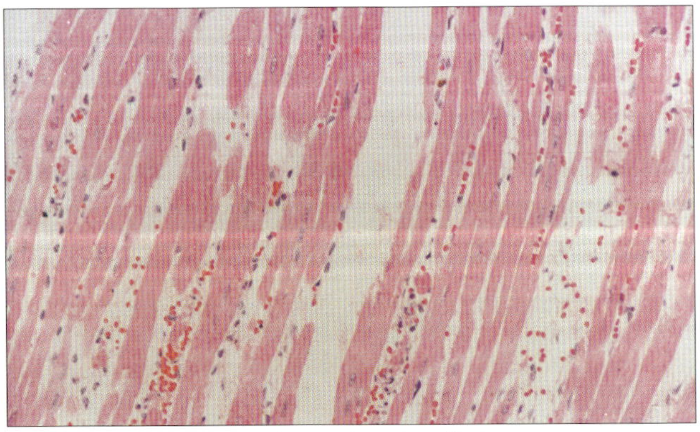

图2.3.6-23 心肌纤维变性，肌间毛细血管出血HE×20

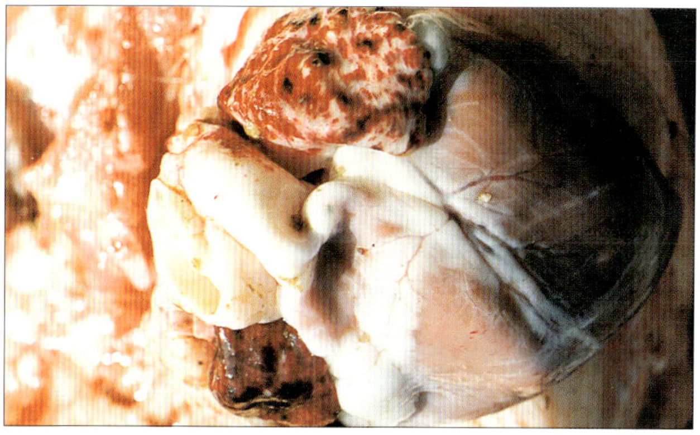
图2.3.6-24 猪丹毒 急性型 心房出血斑与心冠周围脂肪小出血点

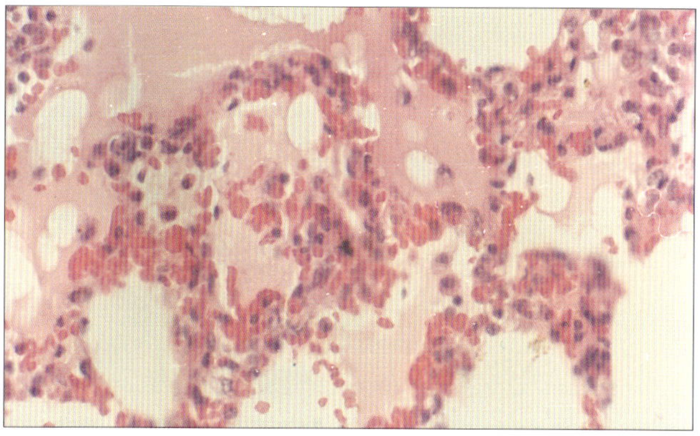
图2.3.6-25 肺泡毛细血管有纤维素与红细胞透明膜形成HE×20

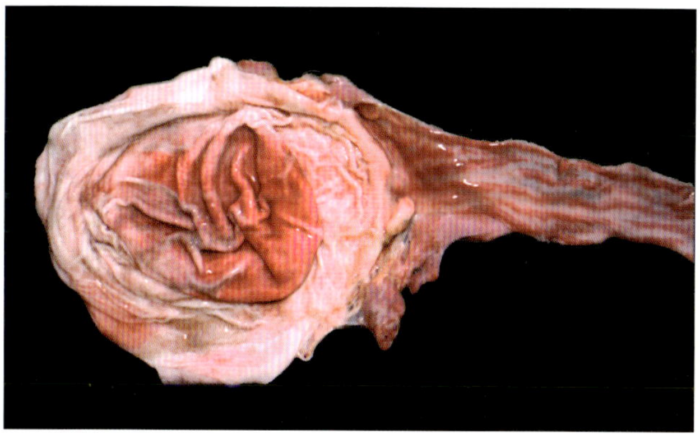
图2.3.6-26 胃底部和十二指肠初段充血

图2.3.6-27 急性型 脾充血肿大

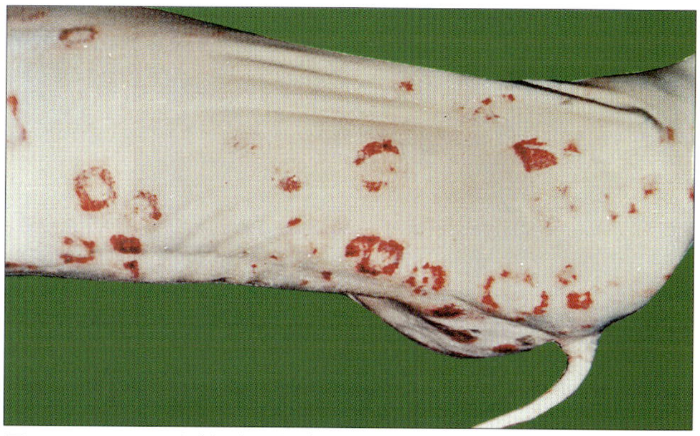
图2.3.6-28 亚急性型 皮肤疹块

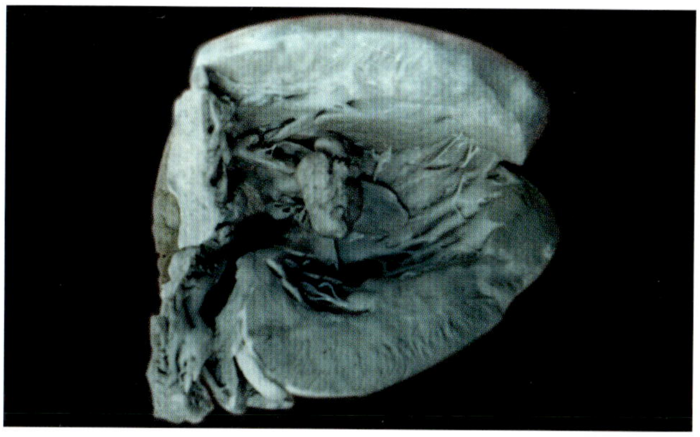
图2.3.6-29 慢性型 二尖瓣疣状内膜炎

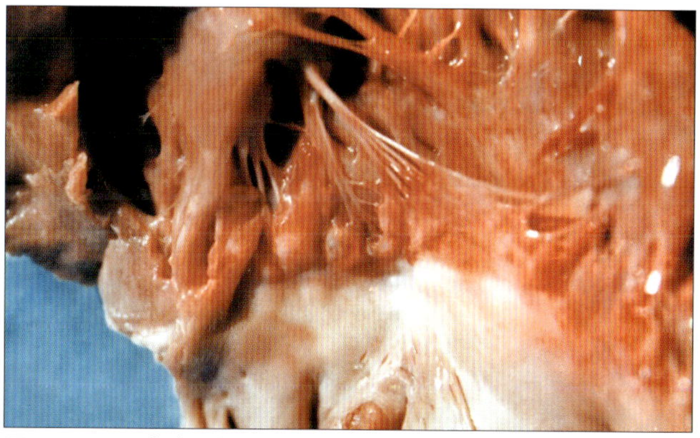
图2.3.6-30 慢性型 二尖瓣疣状内膜炎早期病变

图2.3.6-31 慢性型 肾外观贫血性梗死

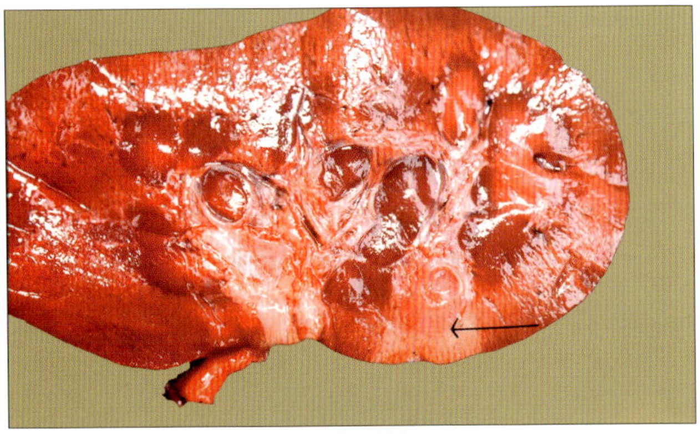

图2.3.6-32　慢性型　肾切面贫血性梗死

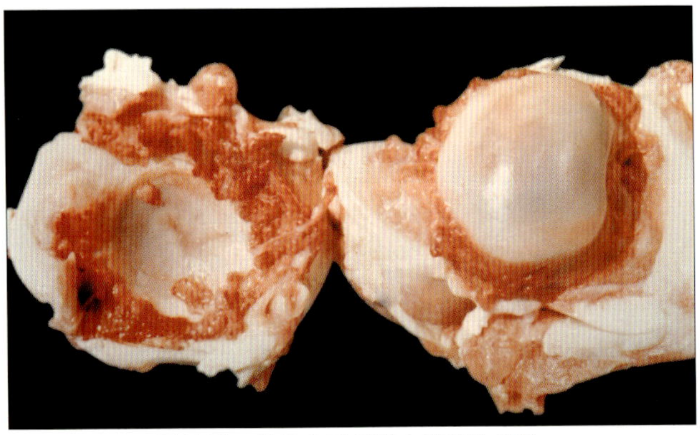

图2.3.6-33　慢性型　关节炎时骨膜血管花边病灶

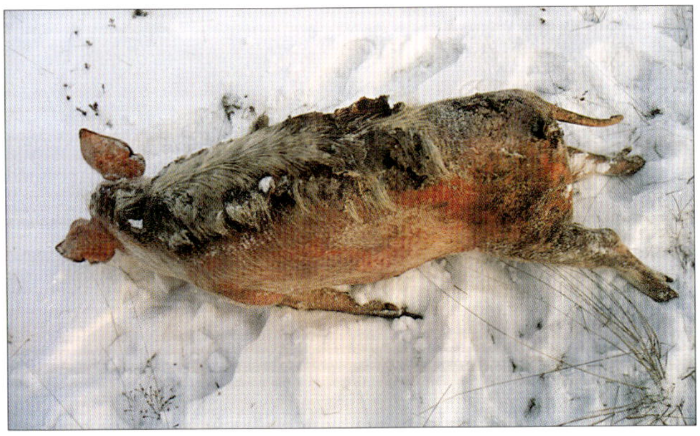

图2.3.6-34　慢性型　皮肤坏死

图2.3.7-1　猪传染性胸膜肺炎临床症状精神沉郁，不食，呼吸高度困难，心衰、耳、鼻、四肢皮肤呈蓝紫色

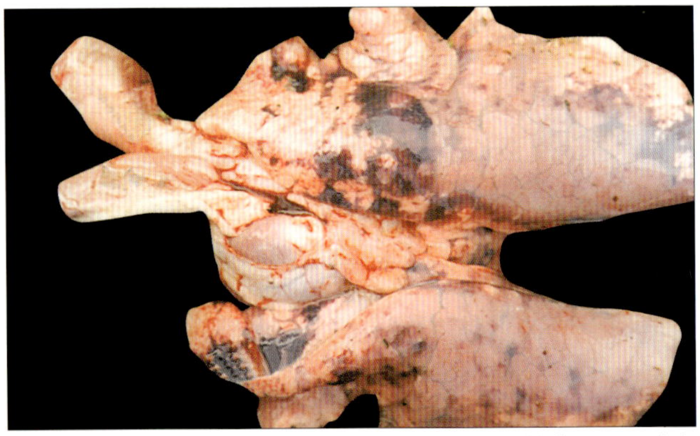

图2.3.7-2　猪传染性胸膜肺炎　肺门的主支气管出现周界清晰的出血性实变区或坏死区

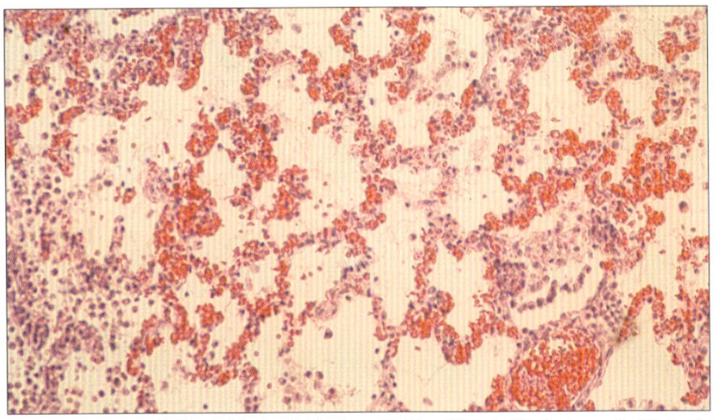

图2.3.7-3　猪传染性胸膜肺炎　肺泡毛细血管充血，血管内有纤维素性血栓形成，肺泡腔有维纤素网罗少量炎性细胞HE×20

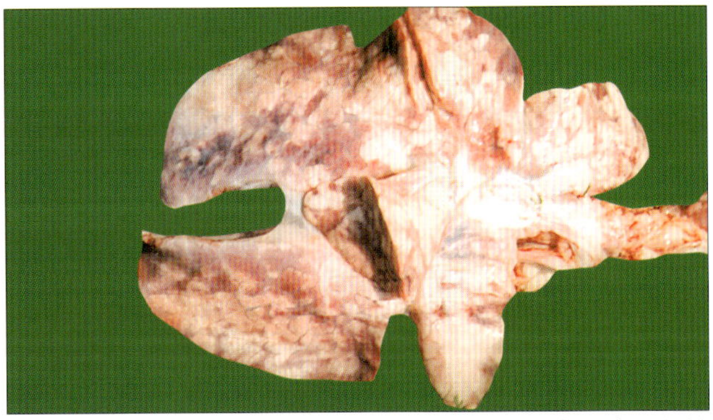

图2.3.7-4　猪传染性胸膜肺炎　肺脏面病灶局灶性分布，纤维素性胸膜炎明显

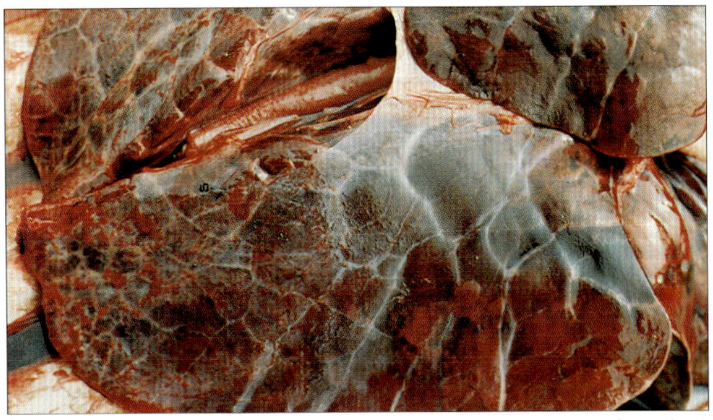

图2.3.7-5　猪传染性胸膜肺炎　病灶区呈紫红色，坚实，胸膜表面附有绒毛样纤维素

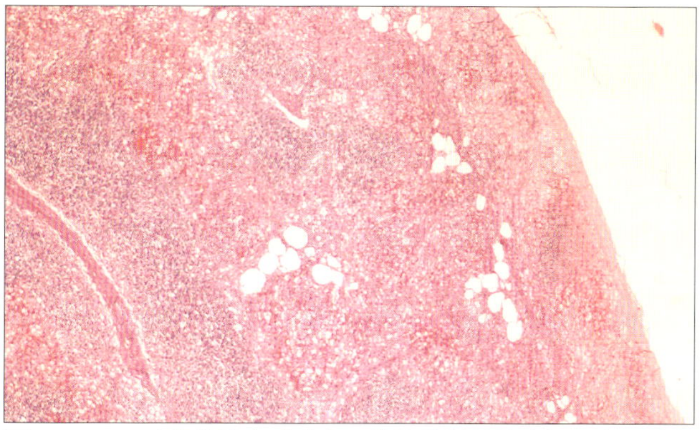
图2.3.7-6 猪传染性胸膜肺炎 肺胸膜纤维结缔组织大量增生 HE×10

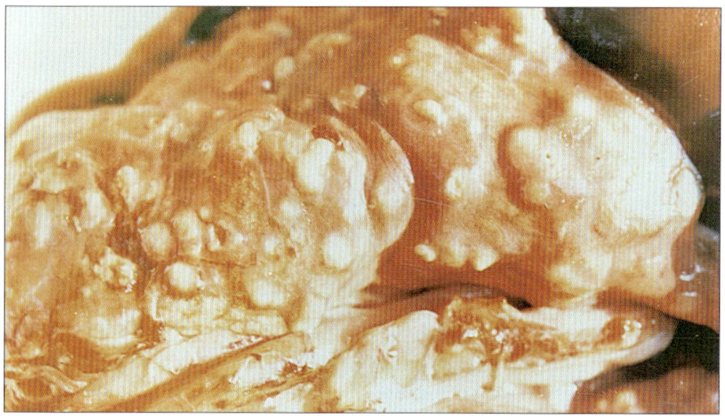
图2.3.7-7 猪传染性胸膜肺炎 肺炎病灶转变为脓肿

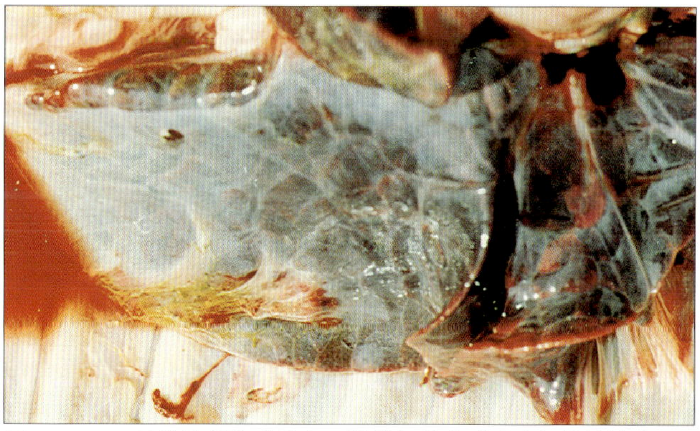
图2.3.7-8 猪传染性胸膜肺炎 肺常与肋胸膜发生纤维性粘连

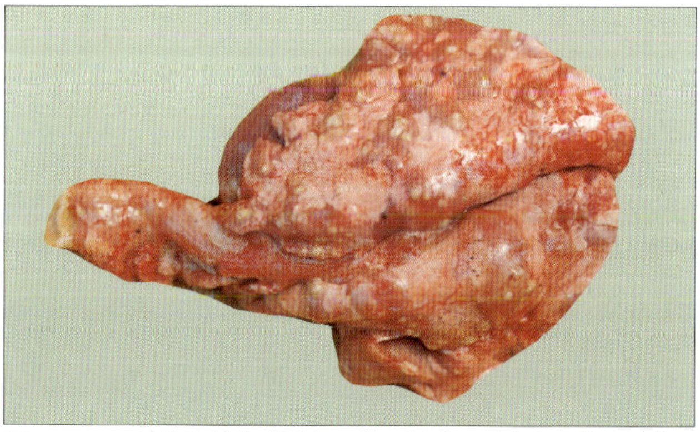
图2.3.7-9 猪传染性胸膜肺炎 常于膈叶见到大小不等的结节

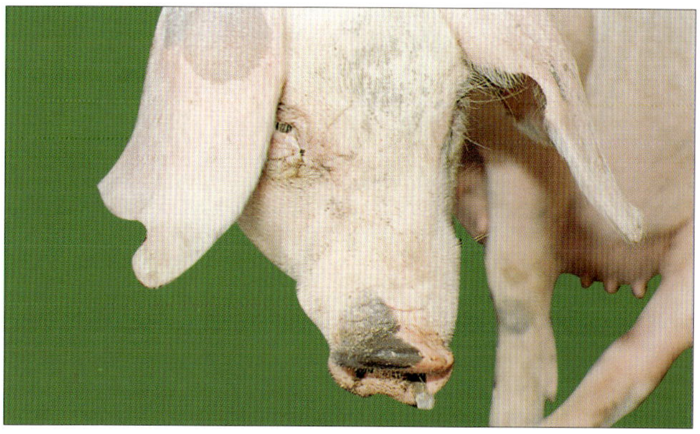
图2.3.8-1 猪传染性萎缩性鼻炎 病猪鼻梁弯曲，流出鼻涕

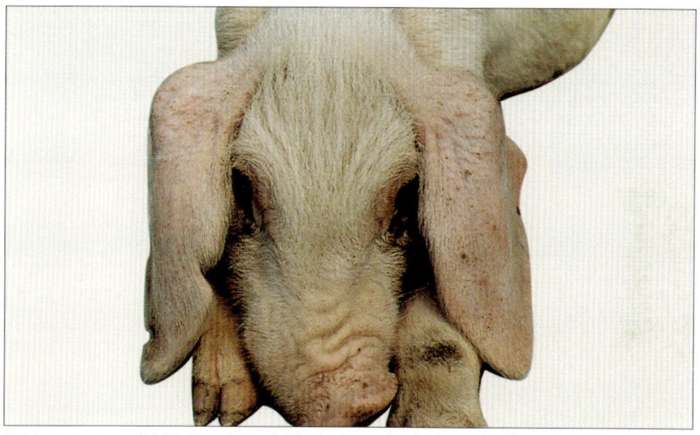
图2.3.8-2 猪传染性萎缩性鼻炎 病猪鼻梁弯曲

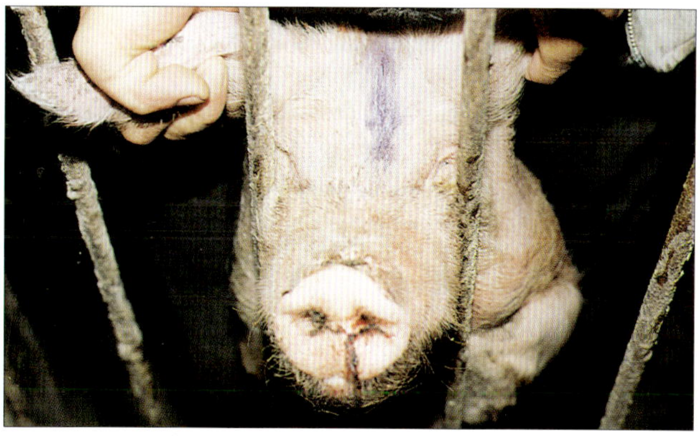
图2.3.8-3 猪传染性萎缩性鼻炎 病猪鼻梁弯曲，流出鼻血

图2.3.8-4 猪传染性萎缩性鼻炎 病猪鼻梁弯曲形脸部“上撅”

图2.3.8-5 猪传染性萎缩性鼻炎 鼻梁弯曲，眼角的泪斑

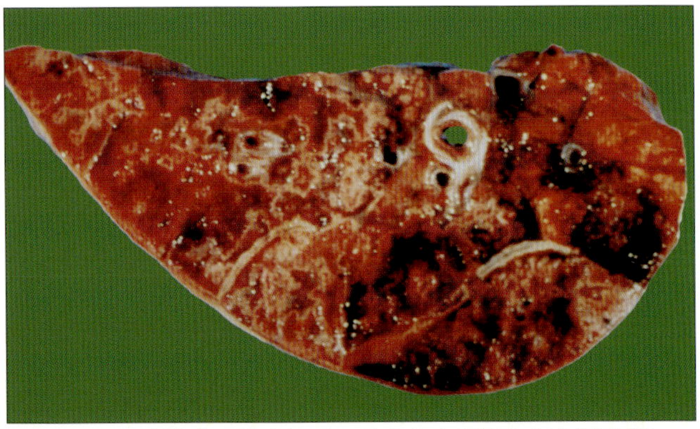

图2.3.9-3 猪肺疫 肺疫切面示肺充血水肿期和红色肝变期

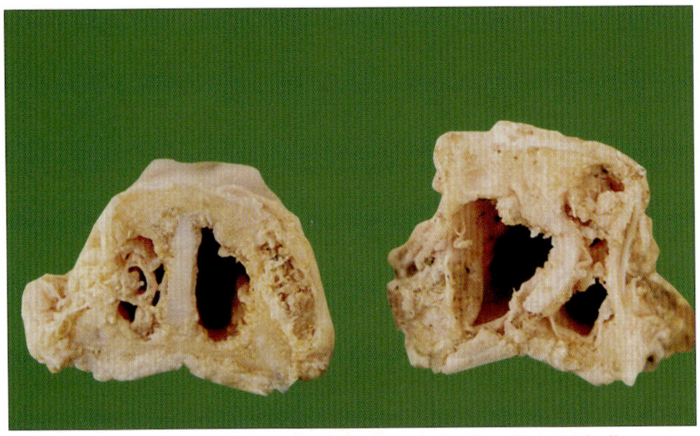

图2.3.8-6 鼻甲骨消失，鼻腔变成一个鼻道，鼻中隔弯曲

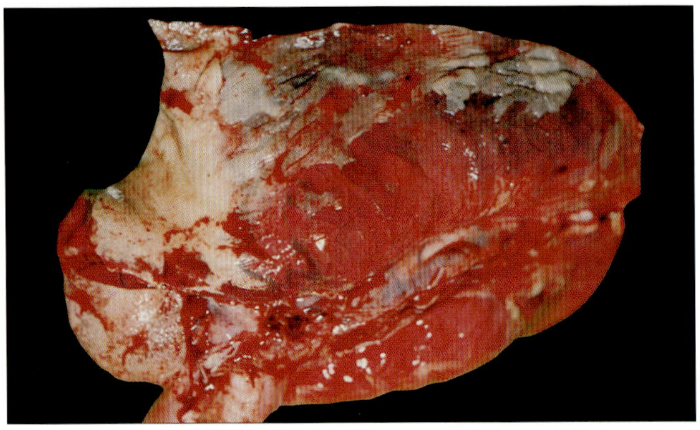

图2.3.9-4 猪肺疫 肺的纤维素性炎表层附有纤维素伪膜

图2.3.9-1 猪肺疫 病猪呼吸极度困难，呈犬坐姿势

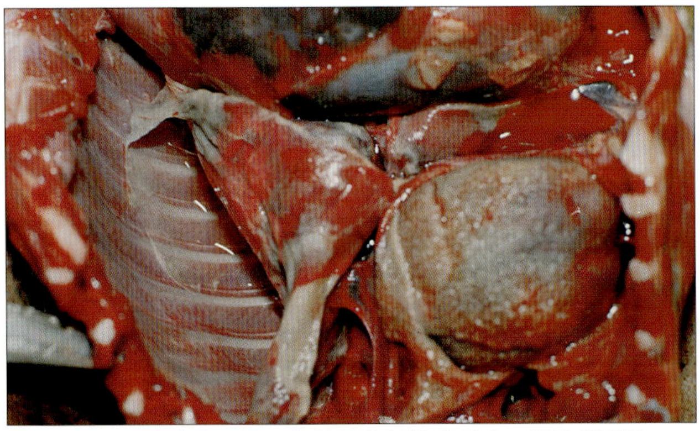

图2.3.9-5 猪肺疫 肺、心外膜的纤维素性炎，肋胸膜粘连

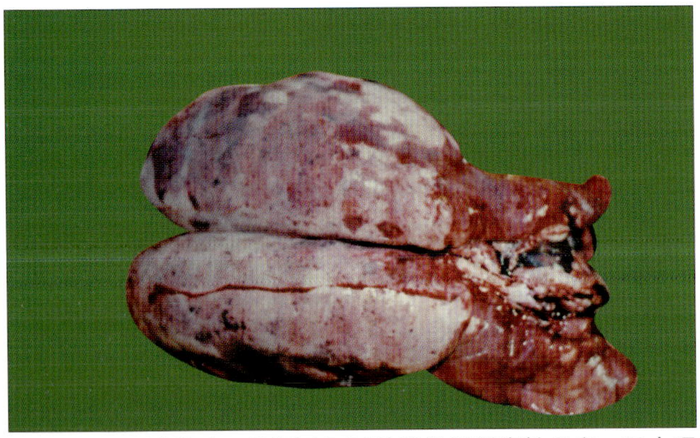

图2.3.9-2 猪肺疫 肺膈叶不同阶段的纤维素性炎症，呈大理石样外观

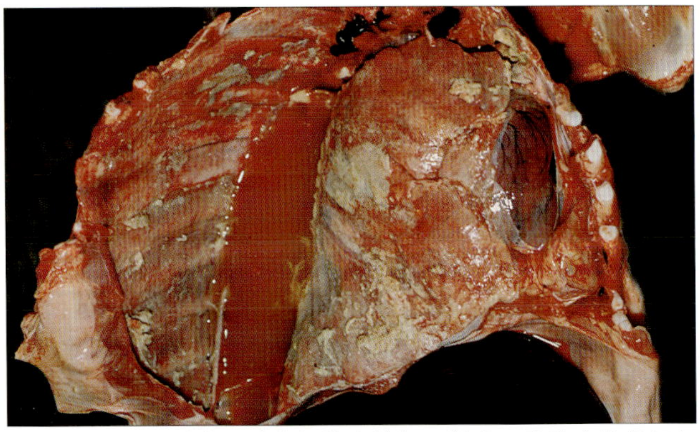

图2.3.9-6 猪肺疫 肺的纤维素性坏死性炎，胸腔内的黄红色浑浊液体

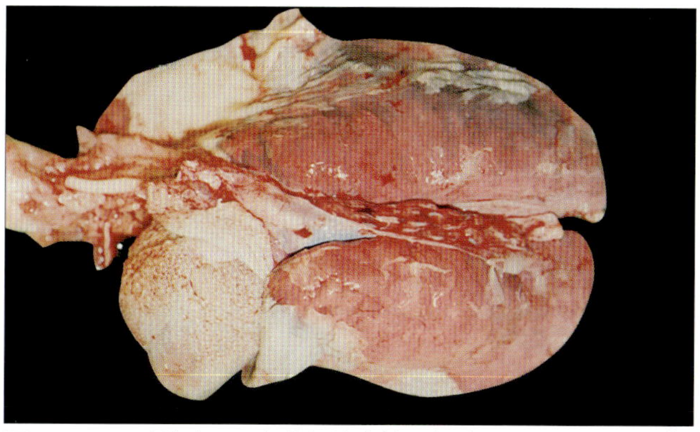
图2.3.9-7　猪肺疫　心包的纤维素性炎与肺的纤维素性炎

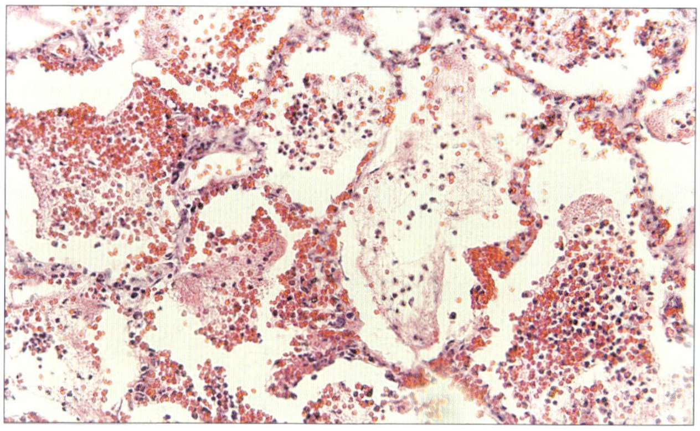
图2.3.9-8　猪肺疫　肺炎充血水肿期和红色肝变期肺泡毛细血管扩张充血，肺泡腔内多量红细胞与少量中性粒细胞以及纤维素和渗出液HE×20

图2.3.10-1　仔猪黄痢　发病仔猪全身衰弱脱水

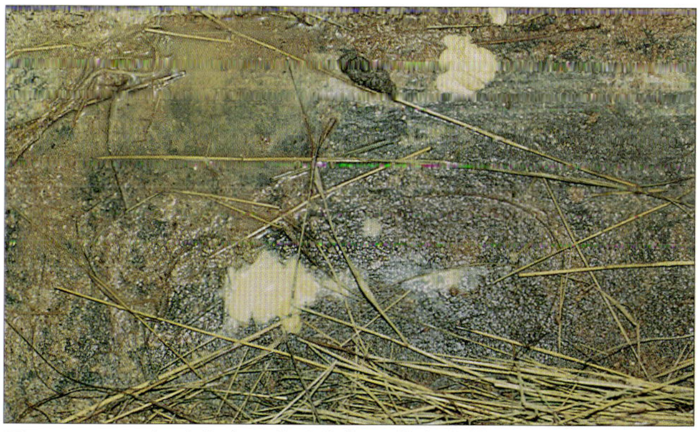
图2.3.10-2　仔猪黄痢　病猪粪便呈黄色浆状

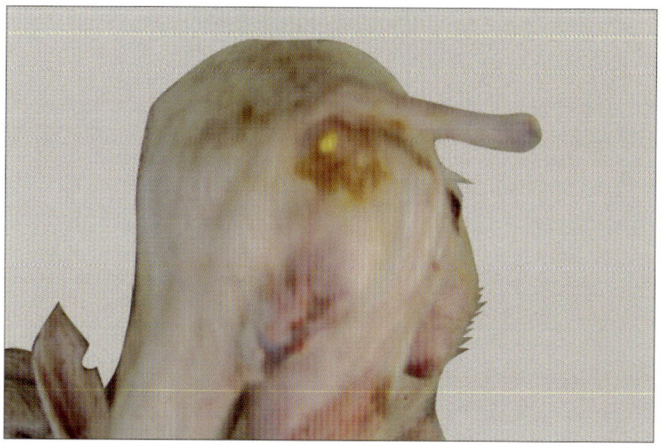
图2.3.10-3仔猪黄痢病猪肛门周围的黄色稀粪

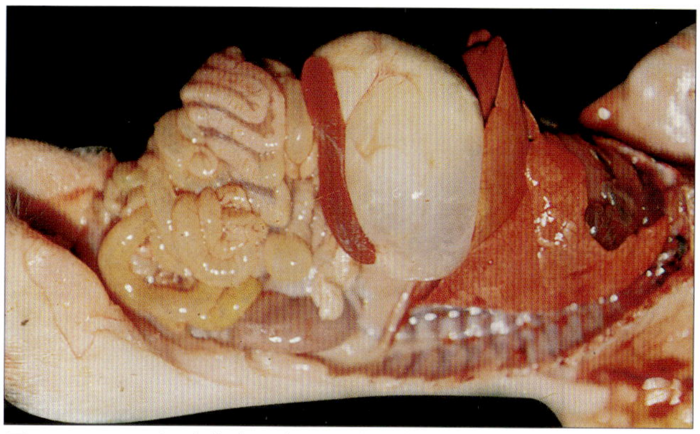
图2.3.10-4　仔猪黄痢　病猪胃内积有凝固不良的乳块，肠管内充有多量黄色液体

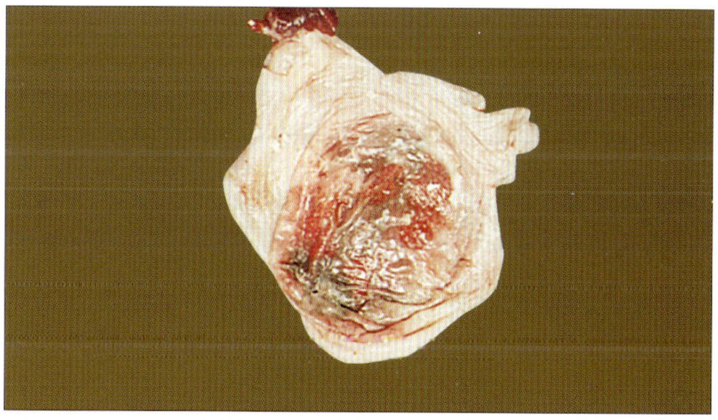
图2.3.10-5　仔猪黄痢　病猪胃底部潮红充血

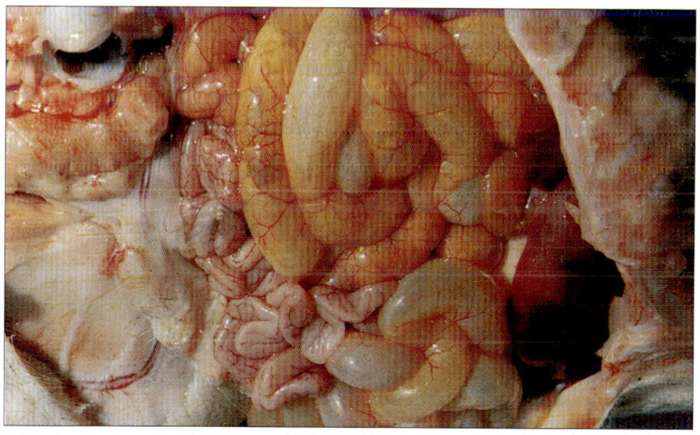
图2.3.10-6　仔猪黄痢　病猪结肠管扩张，内有黄色粥状内容物

图2.3.10-7 仔猪白痢 病猪的白色稀粪

图2.3.10-8 猪水肿病 眼睑水肿

图2.3.10-9 猪水肿病 病猪神经症状惊厥和麻痹

图2.3.10-10 猪水肿病 尸体营养良好

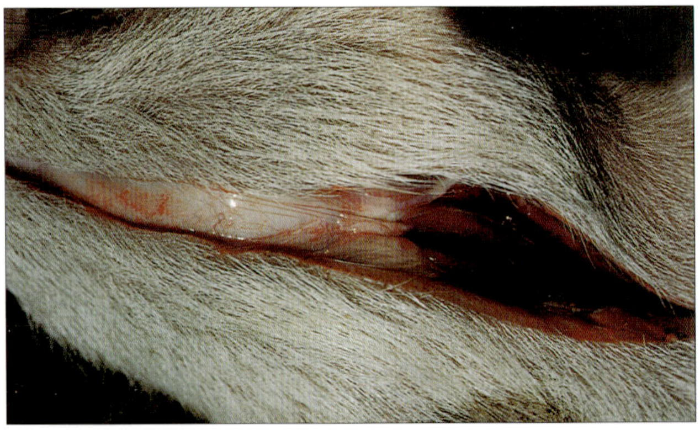
图2.3.10-11 猪水肿病 头顶部皮下炎性水肿

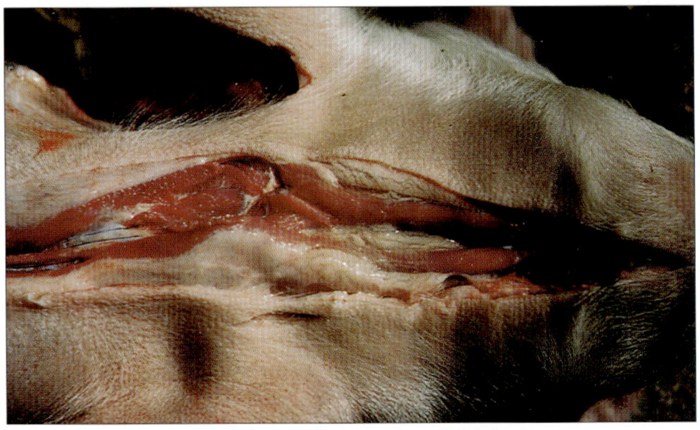
图2.3.10-12 猪水肿病 下颌间部皮下炎性水肿

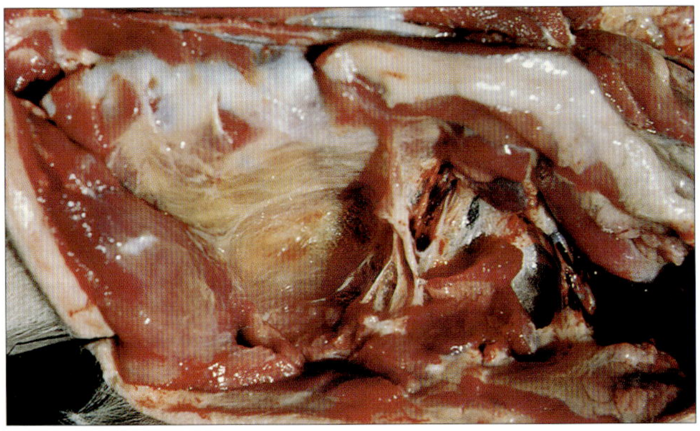
图2.3.10-13 颈部与前肢皮下炎性水肿，呈黄色胶冻样浸润皮下组织

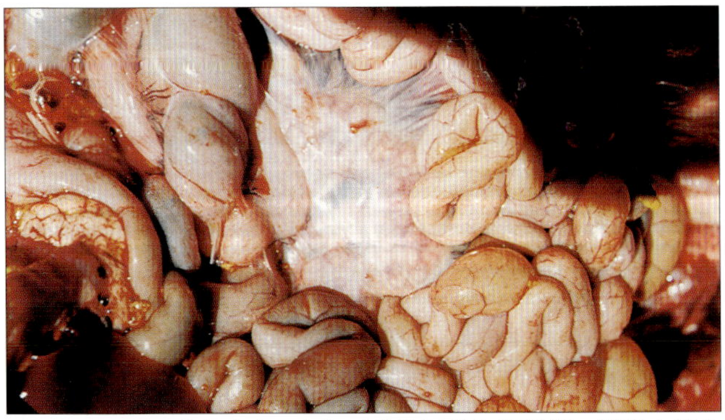
图2.3.10-14 猪水肿病 小肠系膜淋巴结急性肿胀，被膜血管充血，小肠卡他急性炎性，浆膜血管充血，肠内容物淡黄色米汤样

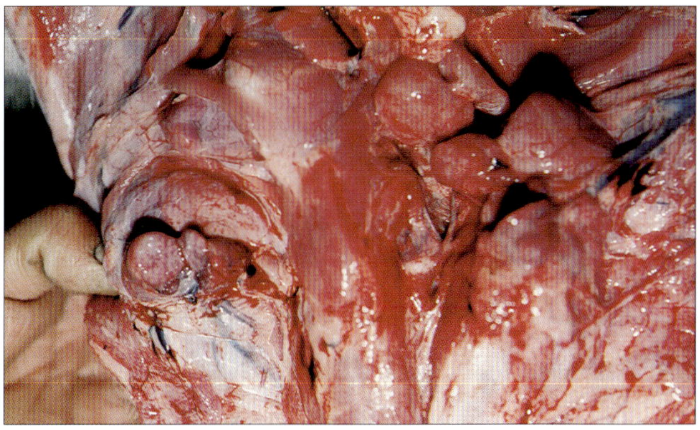
图2.3.10-15 猪水肿病 下颌淋巴结急性浆液性出血性炎性肿胀

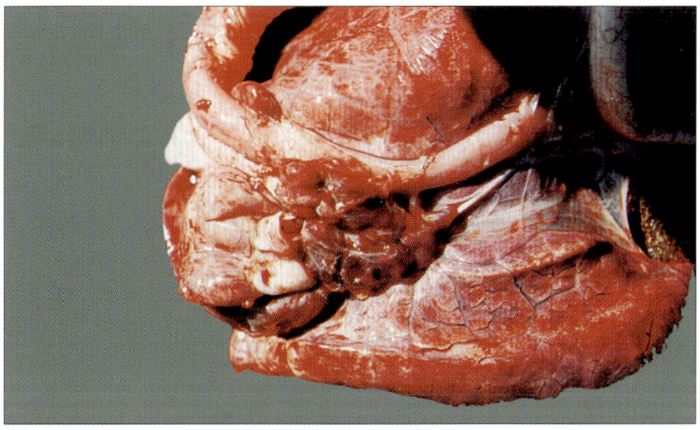
图2.3.10-16 猪水肿病 肺门淋巴肿大充血

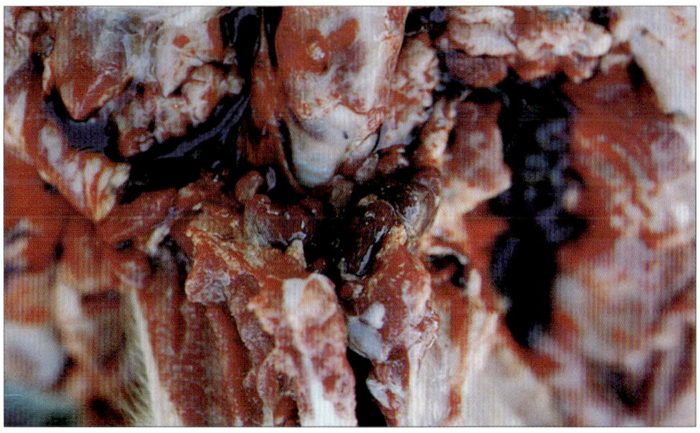
图2.3.10-17 猪水肿病 纵隔前淋巴结急性浆液性出血性炎性肿胀

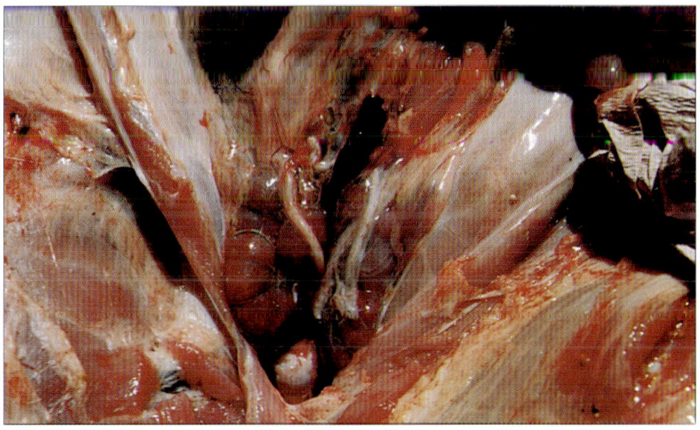
图2.3.10-18 猪水肿病 腹股沟淋巴结急性浆液性出血性炎性肿胀

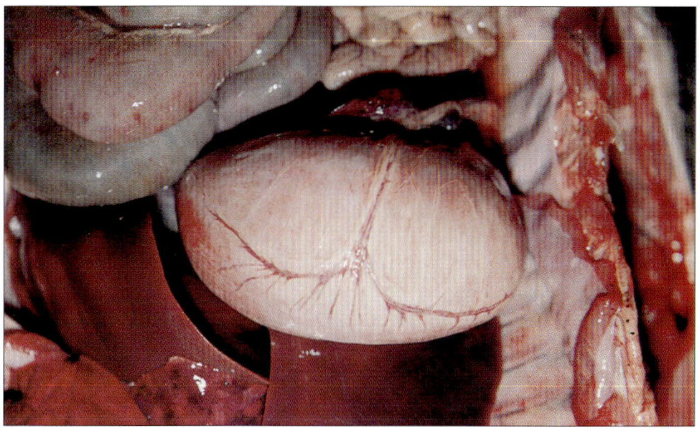
图2.3.10-19 猪水肿病 胃外观肿胀，浆膜血管炎性充血

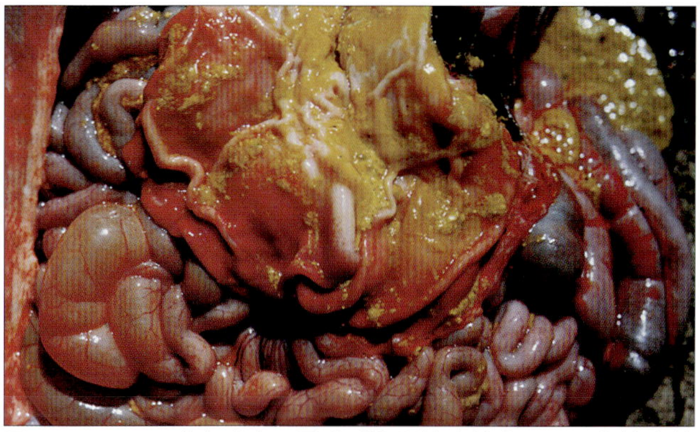
图2.3.10-20 猪水肿病 胃黏膜弥漫性炎性充血，胃急性卡他性炎

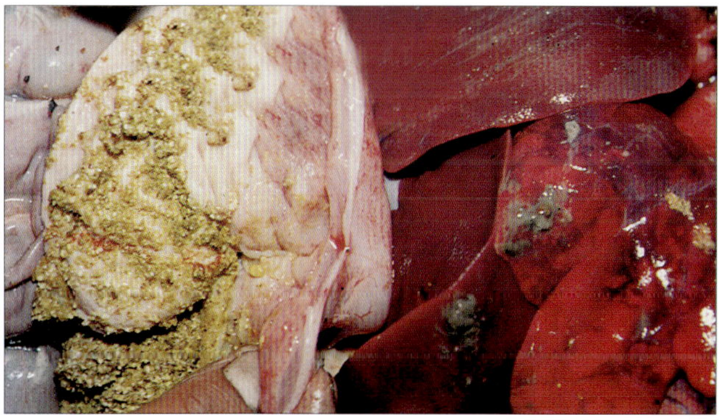
图2.3.10-21 胃壁水肿，小肠急性卡他性出血性炎

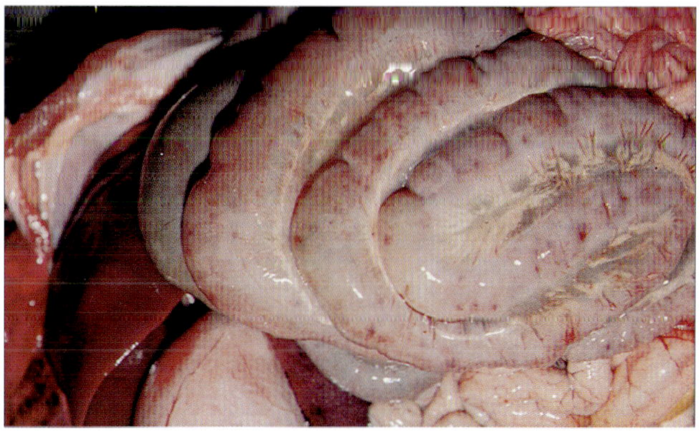
图2.3.10-22 猪水肿病 结肠系膜显著水肿大肠，肠壁散在出血斑点，急性卡他性出血性炎

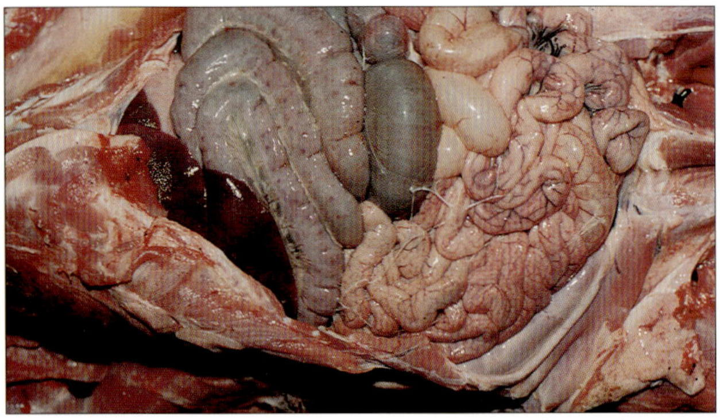
图2.3.10-23 腹腔有几束纤维蛋白，结肠散在多量红色斑点，小肠血管充血

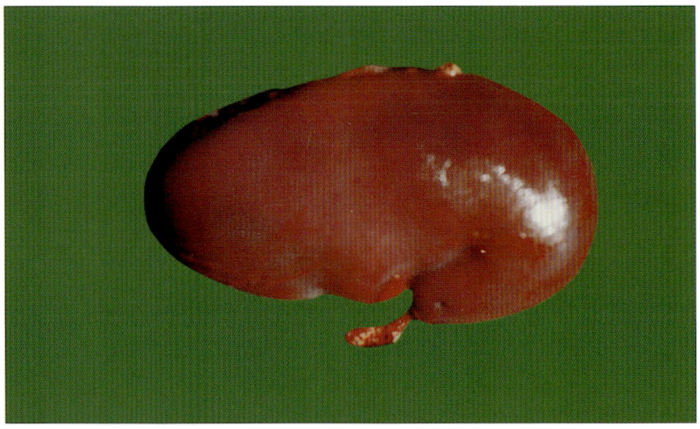
图2.3.10-27 猪水肿病 肾淤血营养不良

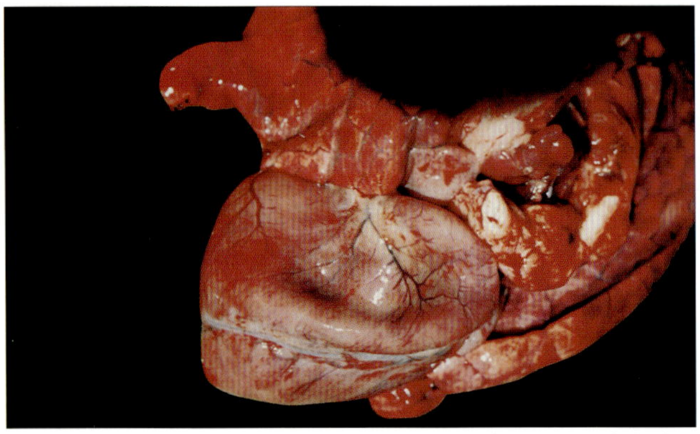
图2.3.10-24 猪水肿病 心肌变性与条纹状出血，右心室扩张

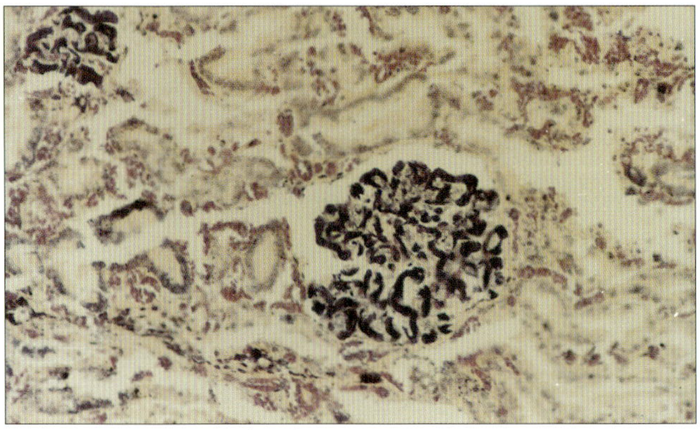
图2.3.10-28 猪水肿病 肾DICPTAH×40

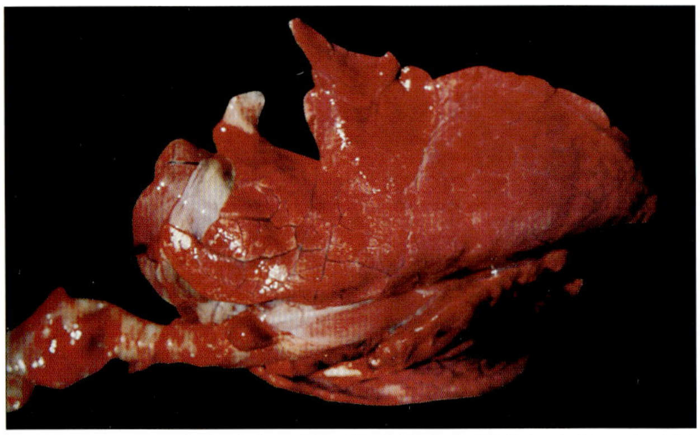
图2.3.10-25 猪水肿病 肺呈休克肺病变肺淤血水肿，小叶间增宽

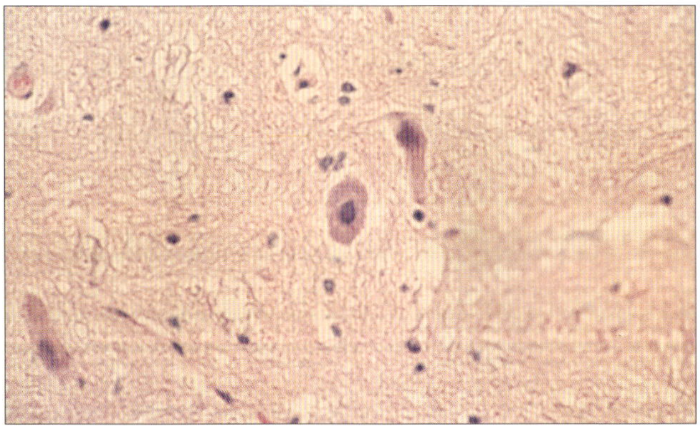
图2.3.10-29猪水肿病组织学脑水肿，脑神经细胞固缩HE×40

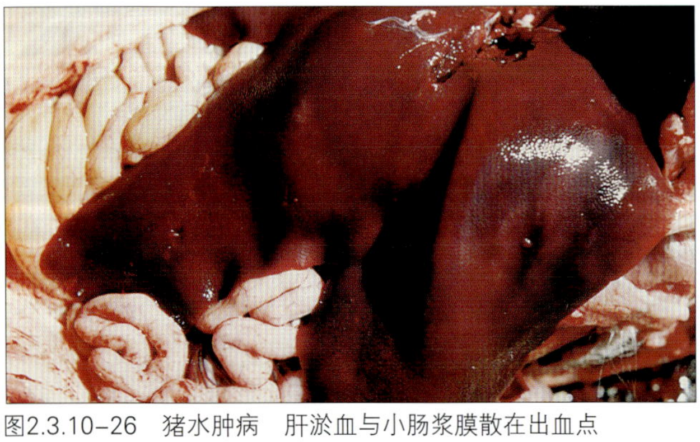
图2.3.10-26 猪水肿病 肝淤血与小肠浆膜散在出血点

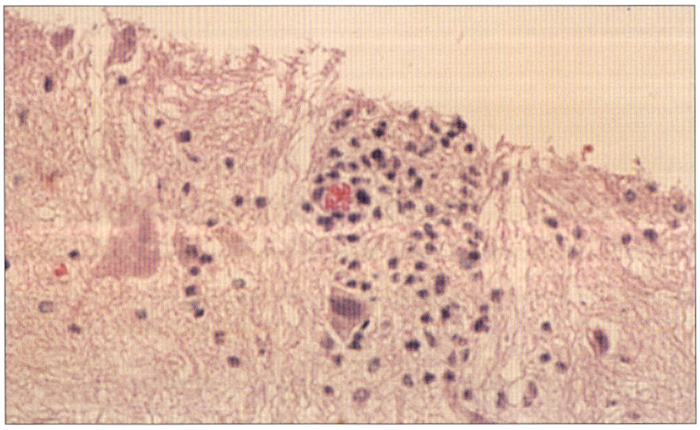
图2.3.10-30 脑膜血管充血，周围有炎性细胞浸润神经细胞固缩HE×40

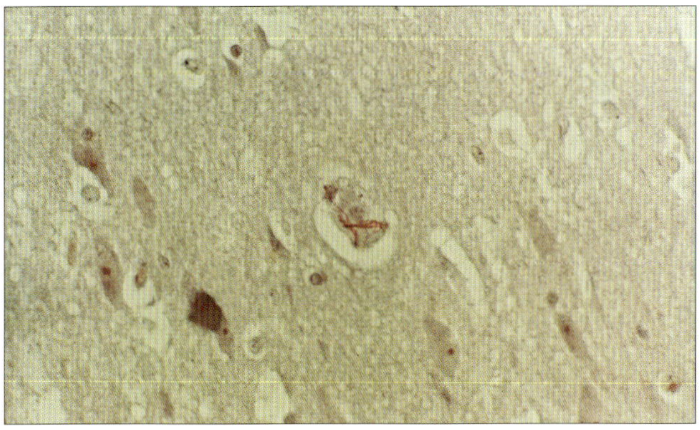
图2.3.10-31　猪水肿病　脑DICPTAH×409

图2.3.11-1　猪副伤寒　急性型　病猪消瘦耳部皮肤发绀

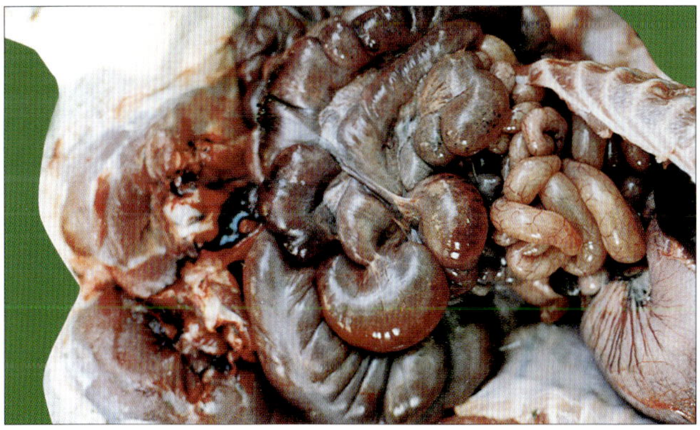
图2.3.11-2　猪副伤寒　急性型　结肠盲结肠内有多量暗红色液体，急性卡他性出血性肠炎

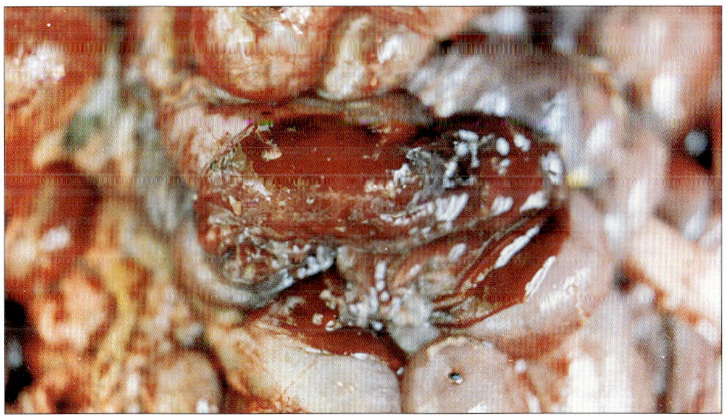
图2.3.11-3　猪副伤寒　急性型　结肠示肠黏膜急性出血性炎性

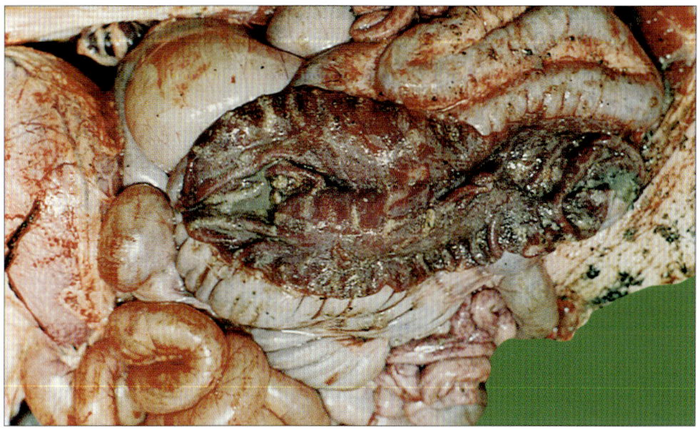
图2.3.11-4　急性型　结肠急性卡他性出血性肠炎，黏膜多量纤维蛋白

图2.3.11-5　猪副伤寒　急性型　结肠急性出血性纤维素性肠炎

图2.3.11-6　猪副伤寒　急性型　回肠后段急性出血性炎

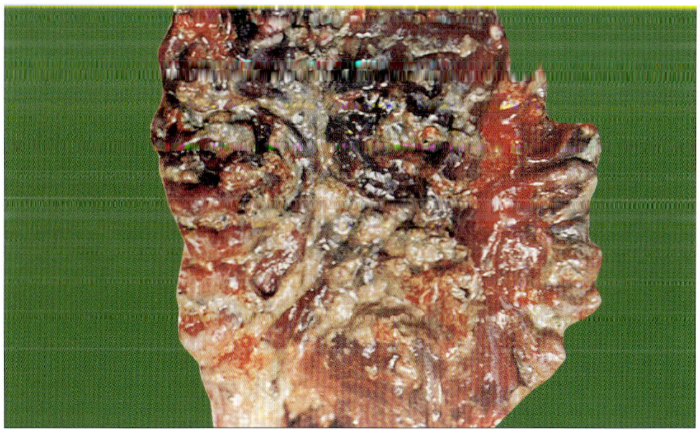
图2.3.11-7　亚急性型　肠黏膜渗出的纤维蛋白与脱落上皮细胞凝结为糠麸样伪膜

图2.3.11-8　猪副伤寒　亚急性型大肠坏死，肠黏膜凝结为糠麸样伪膜

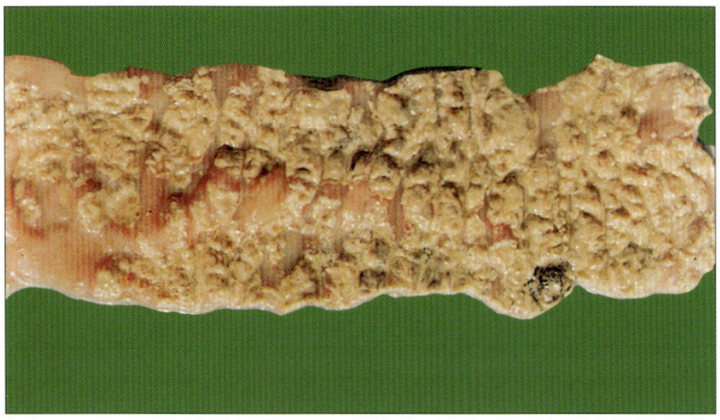

图2.3.11-9　慢性型　大肠黏膜、坏死肠黏膜凝结为糠麸样伪膜

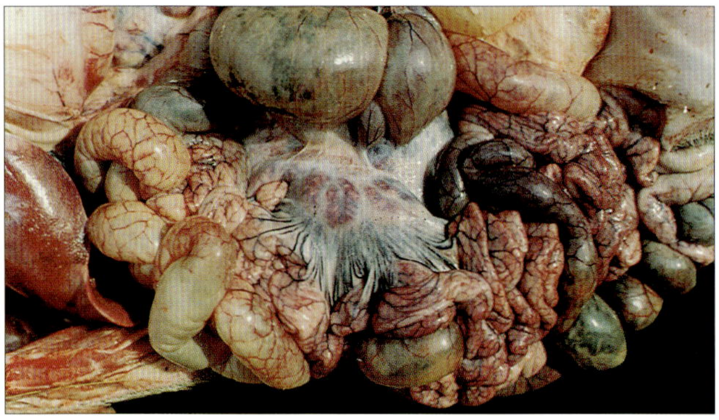

图2.3.11-10　猪副伤寒　急性型　肠系膜淋巴结轻度肿大

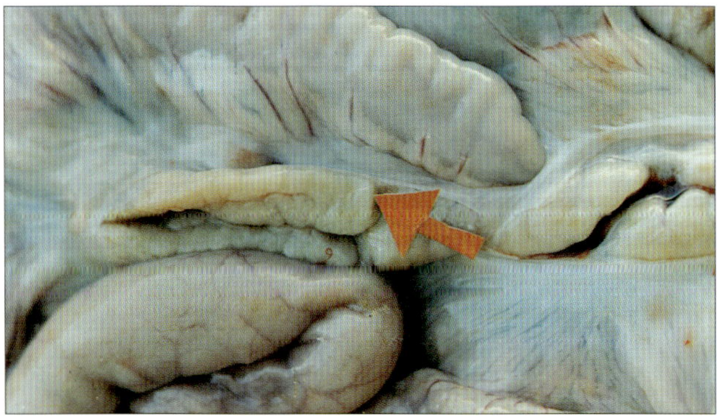

图2.3.11-11　猪副伤寒　慢性型　肠系膜淋巴结呈索样肿切面灰白色

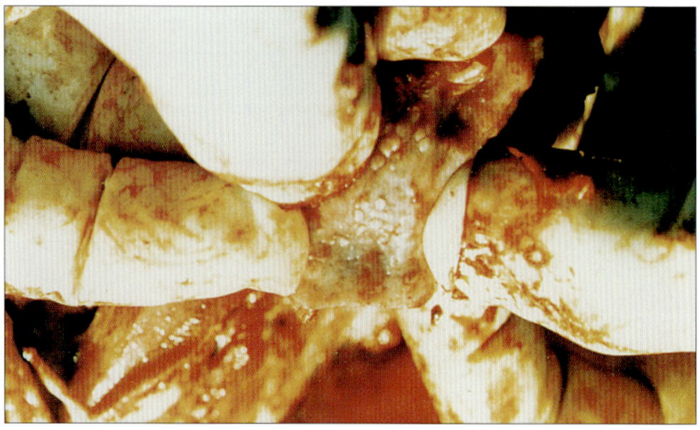

图2.3.11-12　慢性型　扁桃体隐窝内充满黄灰色坏死物

图2.3.11-13　慢性型　胆囊肿大壁增厚，其黏膜溃疡与坏死

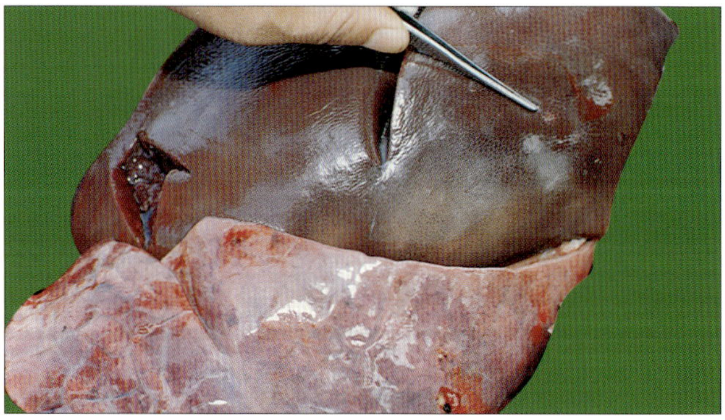

图2.3.11-14　猪副伤寒　慢性型　肝肿大有几个小坏死灶

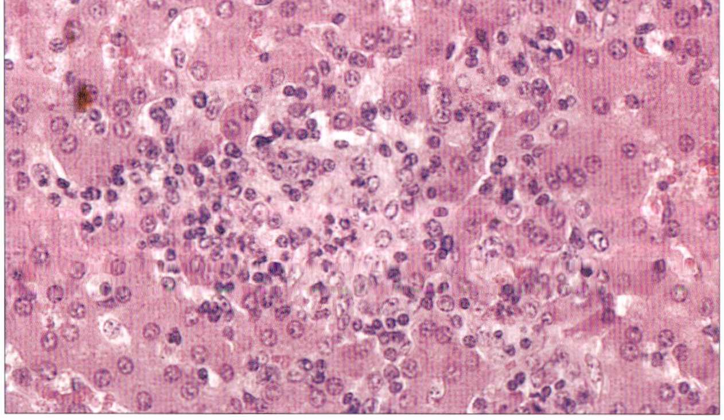

图2.3.11-15　猪副伤寒　肝结节HE×20

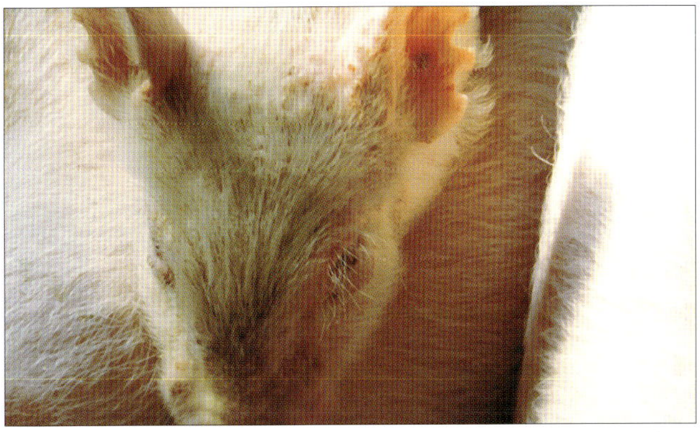
图2.3.12-1 猪渗出性皮炎 病猪额头、耳后、眼周围、鼻出现红褐色斑点

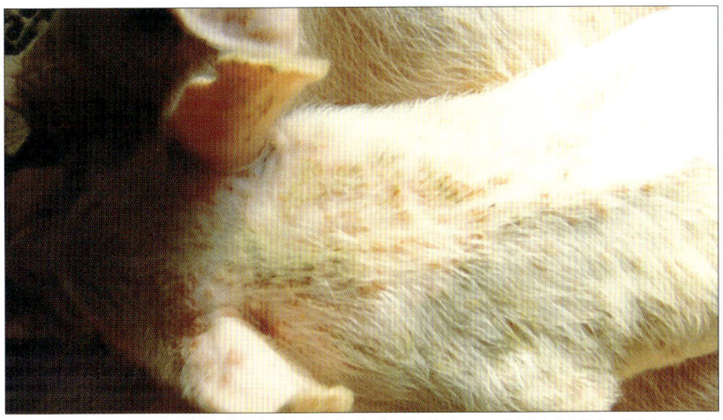
图2.3.12-2 猪渗出性皮炎 病猪皮肤发红，颈后出现红褐色斑点

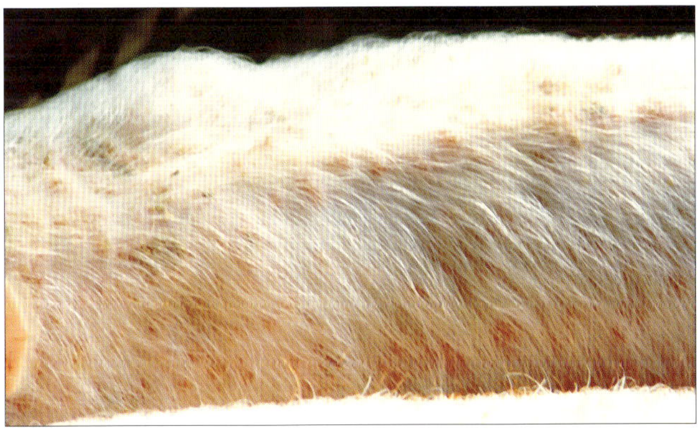
图2.3.12-3 猪渗出性皮炎 病猪脊背部出现红褐色斑点

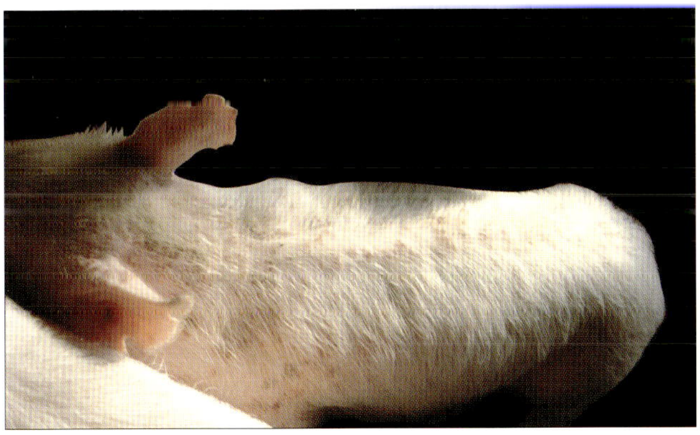
图2.3.12-4 猪渗出性皮炎 病猪脊背部出现红褐色近似圆形病灶

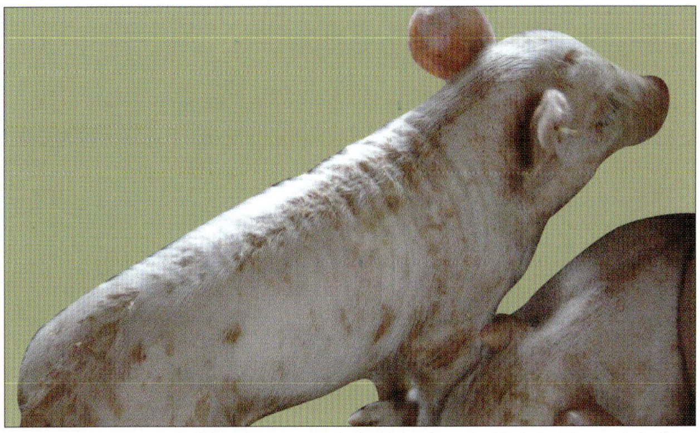
图2.3.12-5 猪渗出性皮炎 病猪体侧部出现红褐色近似圆形病灶

图2.3.12-6 猪渗出性皮炎 病猪全身化出现弥散性病变

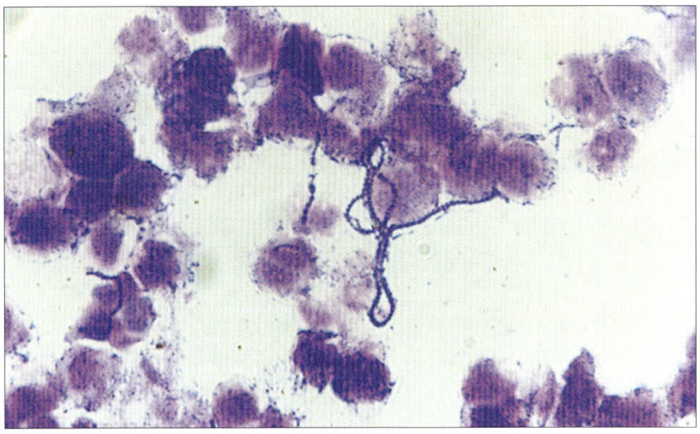
图2.3.13-1 猪链球菌病 细菌形态

图2.3.13-2 猪链球菌病 败血型 病猪精神沉郁口鼻耳颈部潮红

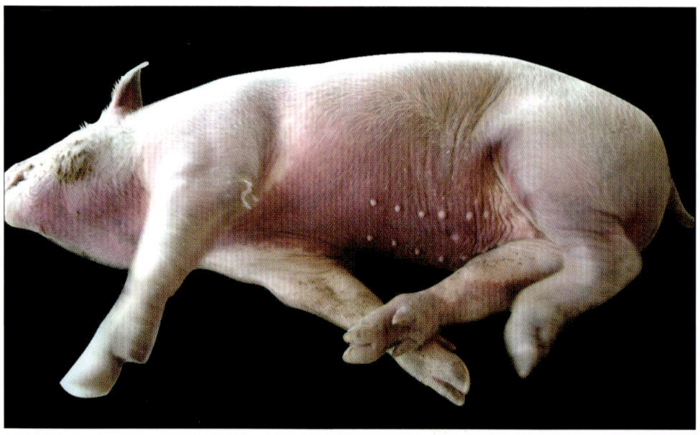

图2.3.13-3　猪链球菌病　败血型　病猪耳、颈、胸、腹下及四肢下端皮肤弥散性发绀

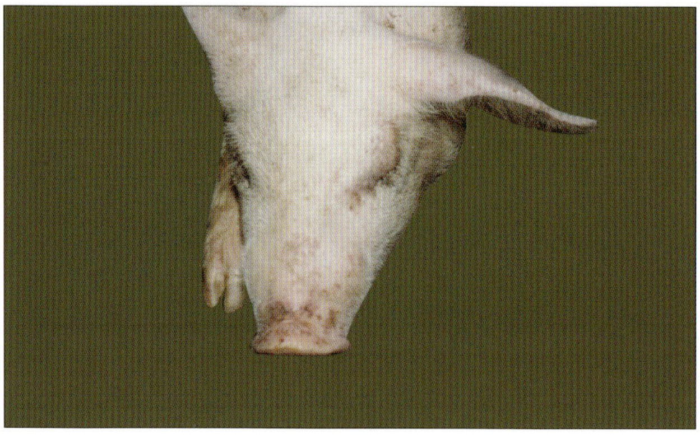

图2.3.13-4　猪链球菌病　败血型　病猪眼结膜潮红、流泪或有脓性分泌物流出

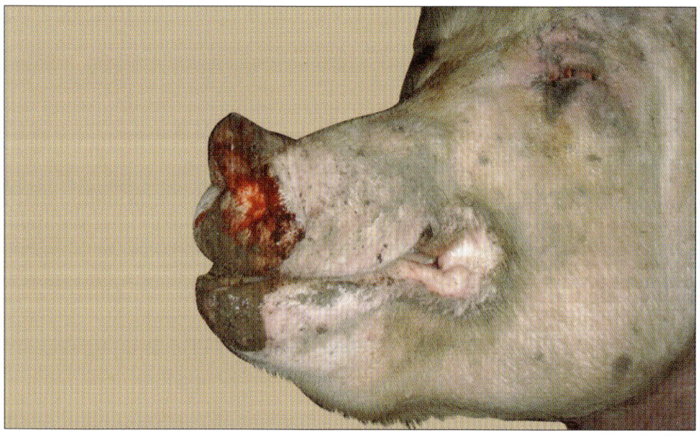

图2.3.13-5　猪链球菌病　败血型　濒死期病猪鼻孔流出暗红色血液

图2.3.13-6　猪链球菌病　脑膜炎型　病猪神经症状颈部强直抽搐共济失调后躯麻痹

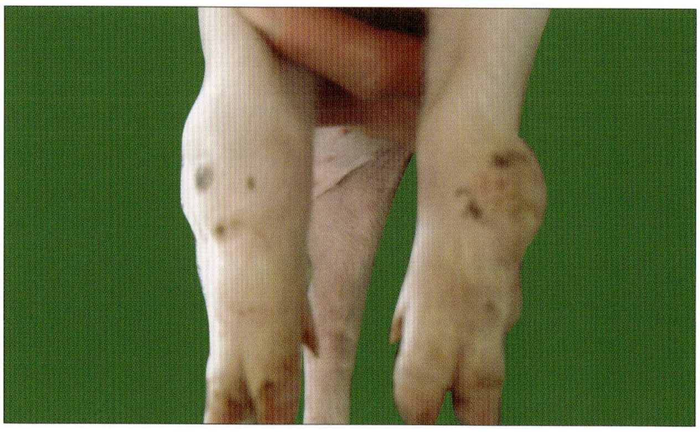

图2.3.13-7　猪链球菌病　关节炎型　病猪前肢关节肿大

图2.3.13-8　猪链球菌病　关节炎型　病猪两后肢关节肿胀

图2.3.13-9　猪链球菌病　关节炎型　病猪前后肢关节肿胀

图2.3.13-10　猪链球菌病　淋巴结脓肿型　多见于颌下淋巴结

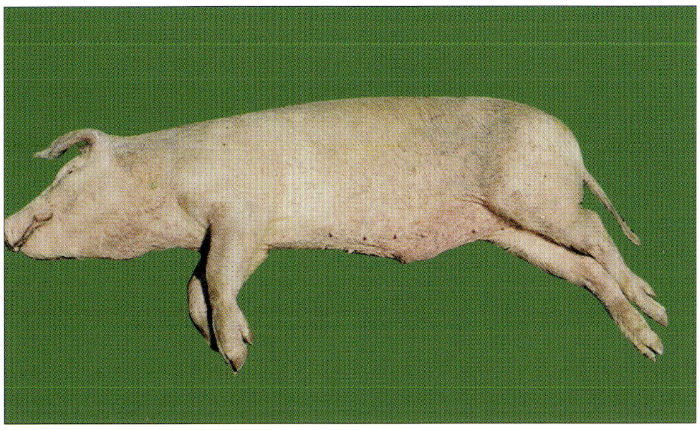

图2.3.13-11　猪链球菌病　败血型　颈下、腹下及四肢末端皮肤有紫红色病灶

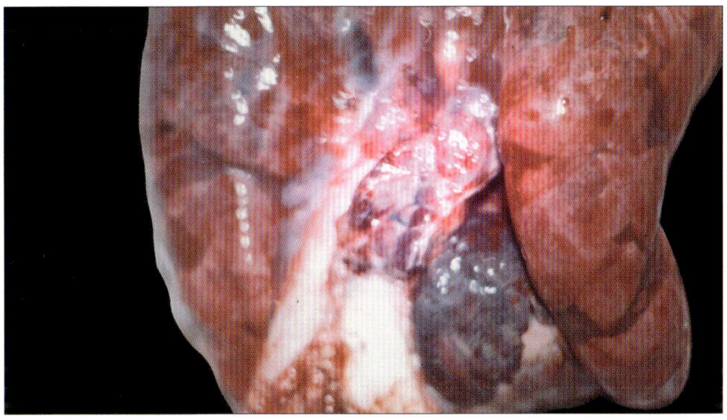

图2.3.13-12　猪链球菌病　败血型　肺门肿大，出血

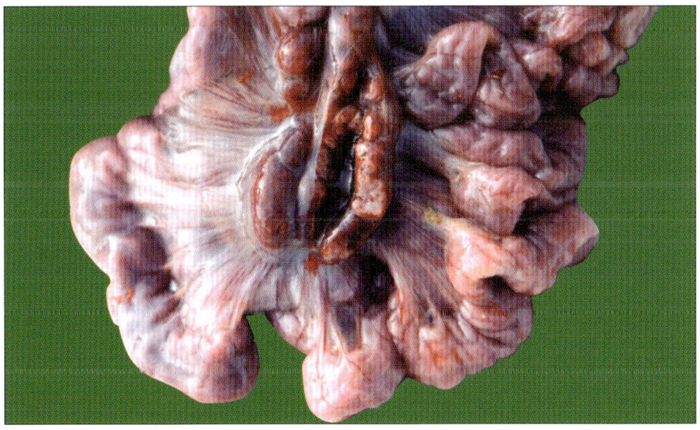

图2.3.13-13　猪链球菌病　败血型　大小肠系膜淋巴结肿大，出血

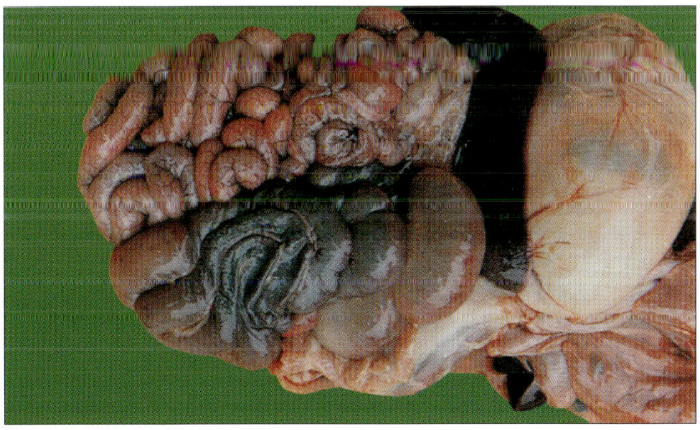

图2.3.13-14　猪链球菌病　败血型　脾肿大1～3倍，呈暗红色或蓝紫色

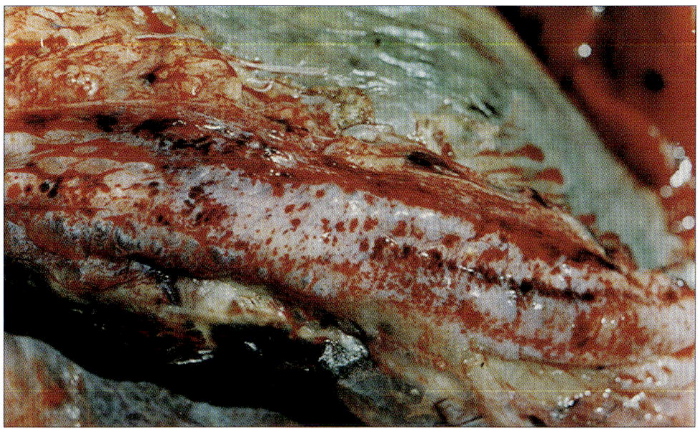

图2.3.13-15　猪链球菌病　败血型　胸主动脉浆膜弥散性出血

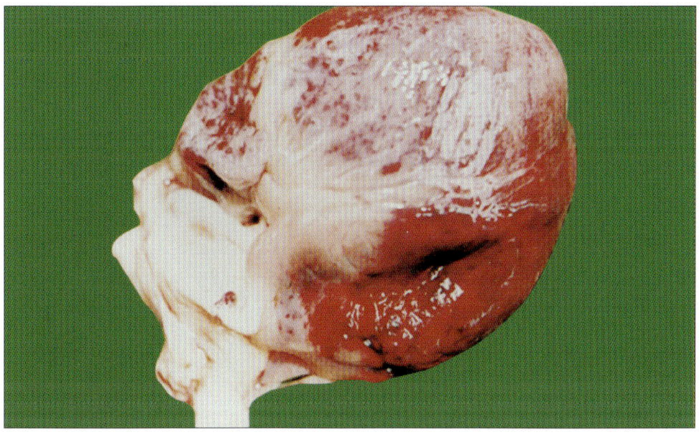

图2.3.13-16　猪链球菌病　败血型　心外膜有条纹状出血或点状出血

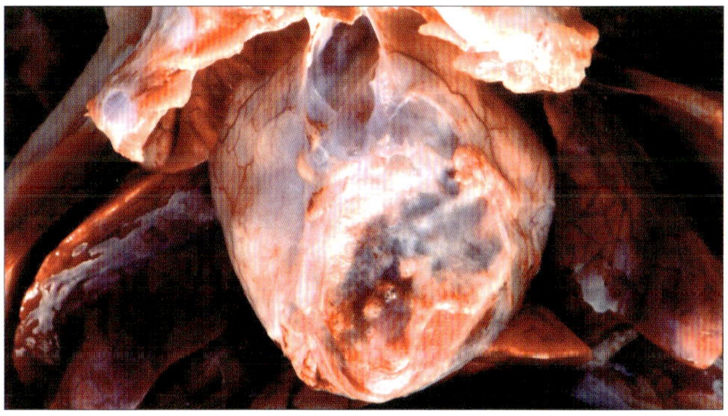

图2.3.13-17　猪链球菌病　败血型　心肌常与心包粘连

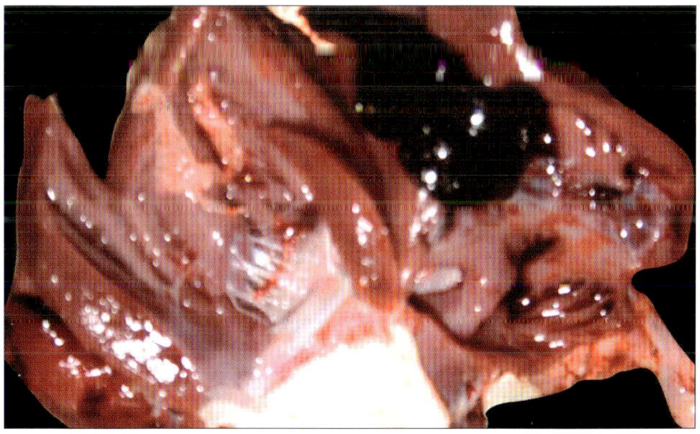

图2.3.13-18　猪链球菌病　败血型　心室内积有煤焦油样的血块

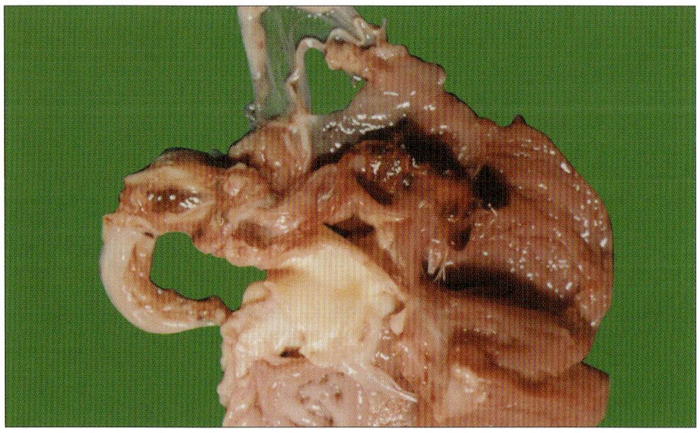
图2.3.13-19 猪链球菌病 败血型 心瓣膜炎形成的血栓

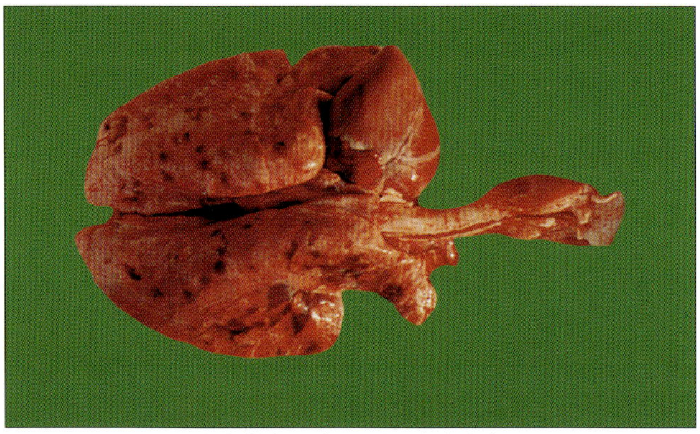
图2.3.13-20 猪链球菌病 败血型 肺脏有出血

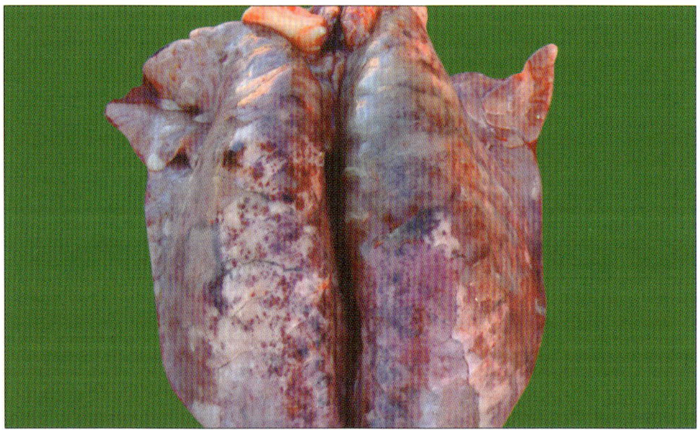
图2.3.13-21 猪链球菌病 败血型 肺脏体积膨大表面较多的有大小不一出血斑点

图2.3.13-22 猪链球菌病 败血型 肺切面小叶间增宽，有出血灶

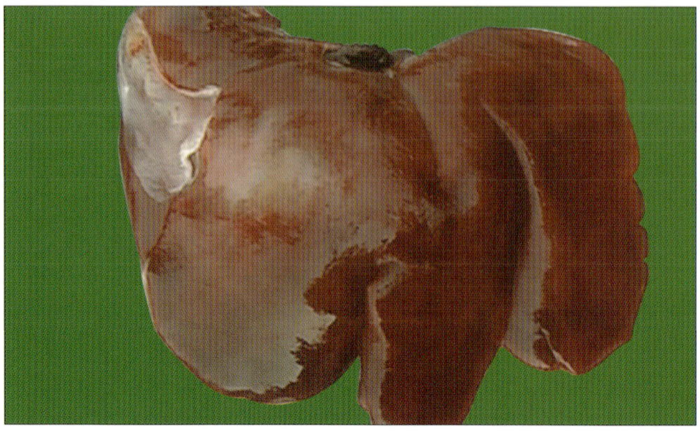
图2.3.13-23 猪链球菌病败血型 肝脏肿大暗红色

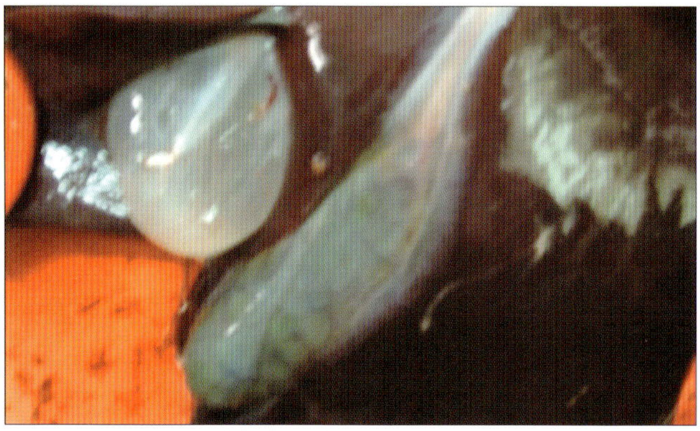
图2.3.13-24 猪链球菌病 败血型 胆囊水肿

图2.3.13-25 猪链球菌病 败血型 胆囊壁增厚

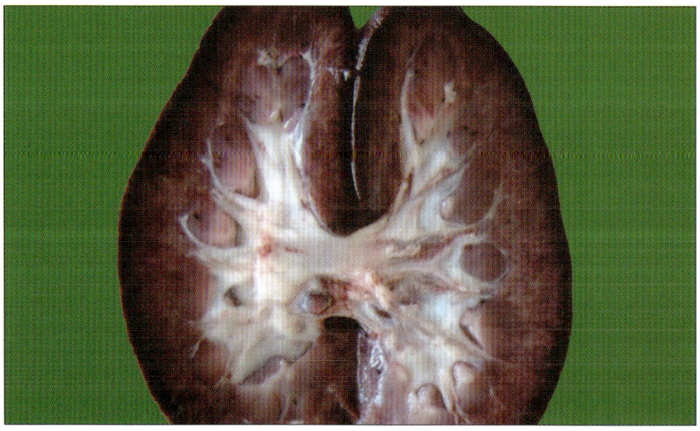
图2.3.13-26 猪链球菌病 败血型 皮质和髓质切面界限不清，并有斑点状出血

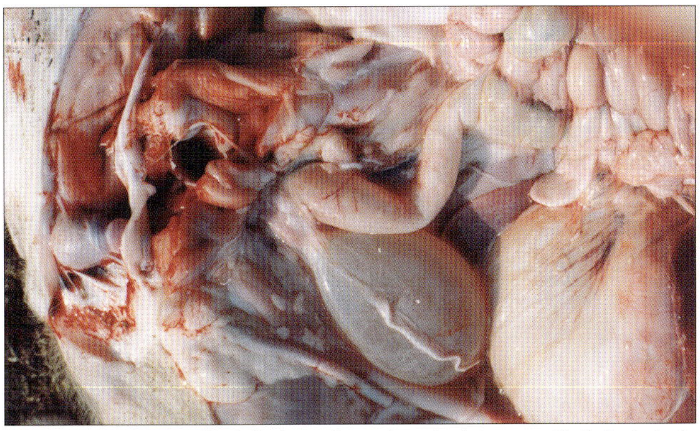

图2.3.13-27　猪链球菌病　败血型　膀胱积尿，黏膜有出血点或充血带

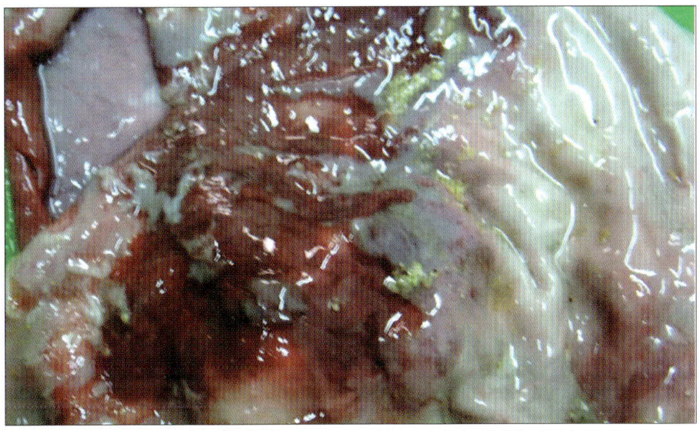

图2.3.13-28　猪链球菌病　败血型　胃底部呈弥漫性出血

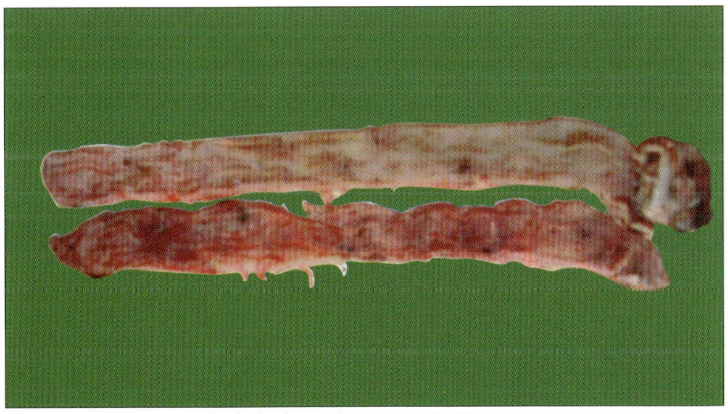

图2.3.13-29　猪链球菌病　败血型　卡他性炎症

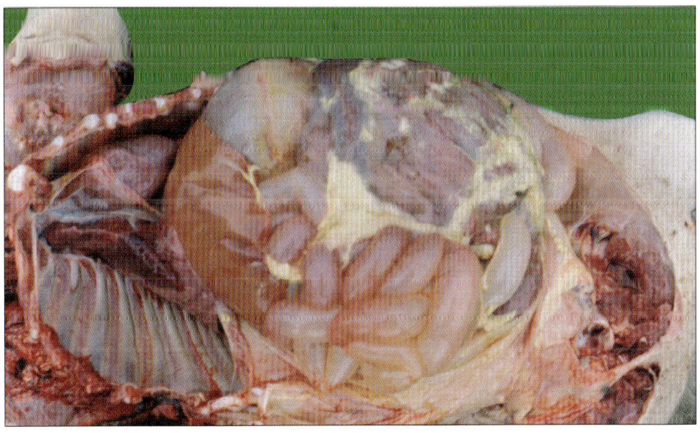

图2.3.13-30　猪链球菌病　败血型　胸腹腔内有多量淡红黄色液体及纤维素伪膜

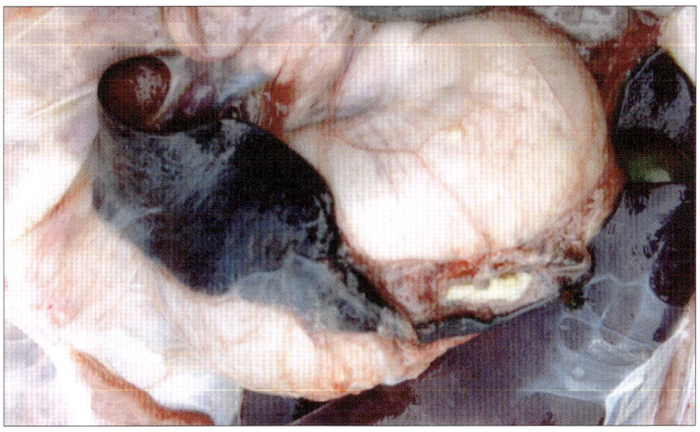

图2.3.13-31　猪链球菌病　败血型　脾膜被覆有一层纤维素，尾部有化脓灶

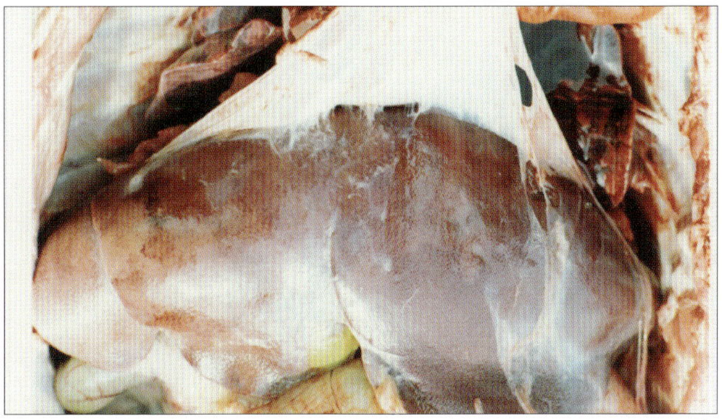

图2.3.13-32　猪链球菌病　败血型　肝膜被覆有一层纤维素性渗出物

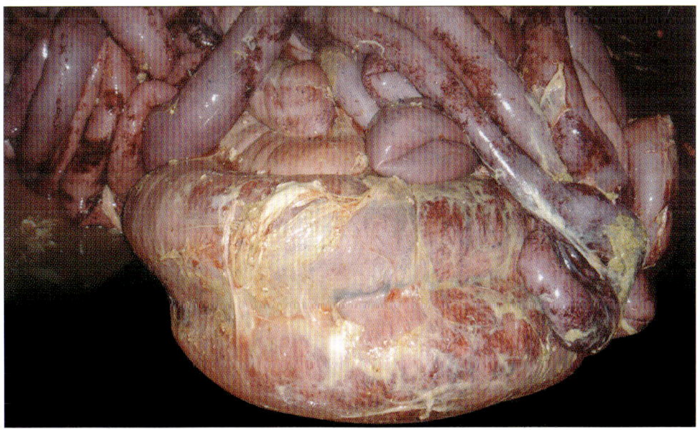

图2.3.13-33　猪链球菌　大小肠覆有纤维素，被覆一层纤维素性渗出物

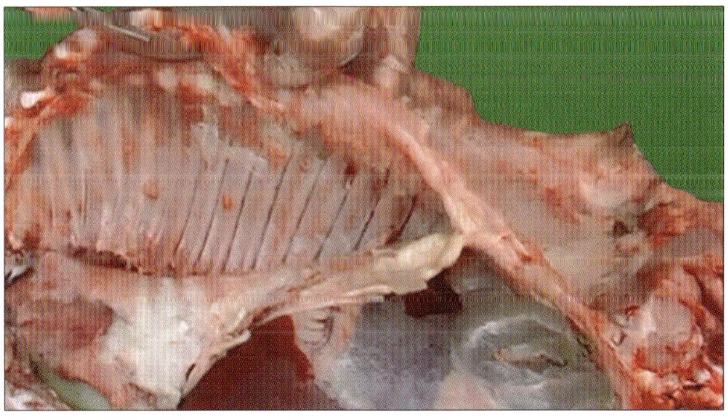

图2.3.13-34　猪链球菌　肺胸膜附着有纤维素或与肋胸膜发生粘连

图2.3.13-35 猪链球菌 心包腔内积有淡黄色的液体

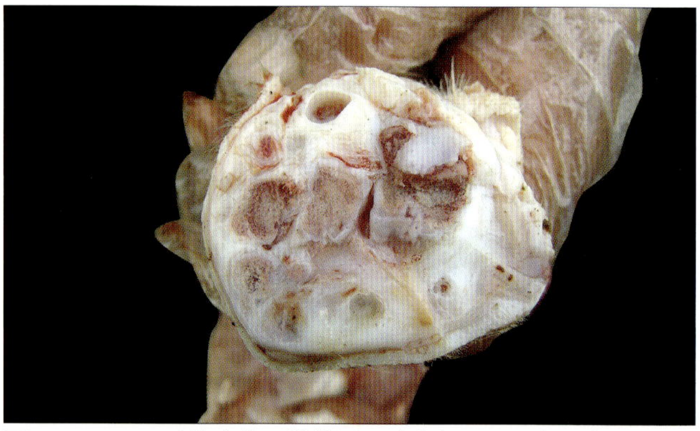

图2.3.13-39 猪链球菌 关节周围肿胀充血，滑液浑浊

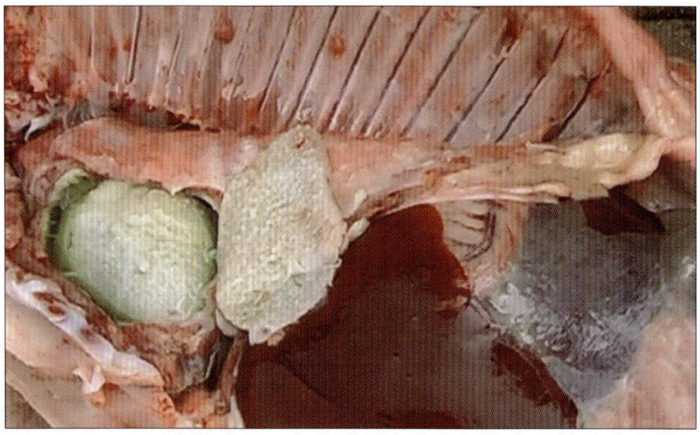

图2.3.13-36 猪链球菌 心外膜附有多量纤维素呈绒毛乳头状

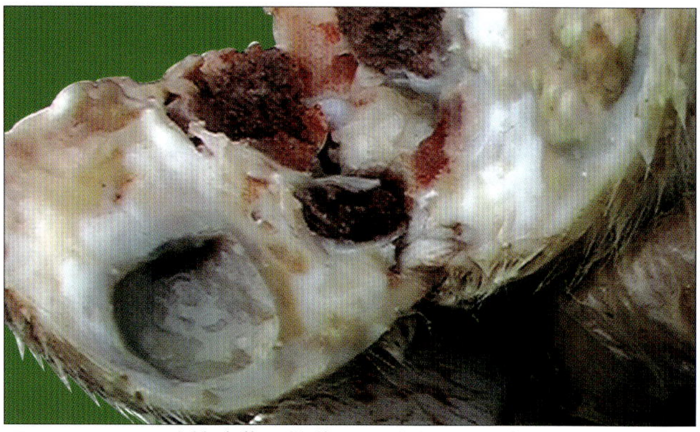

图2.3.13-40 猪链球菌 关节周围肿胀，关节软骨坏死

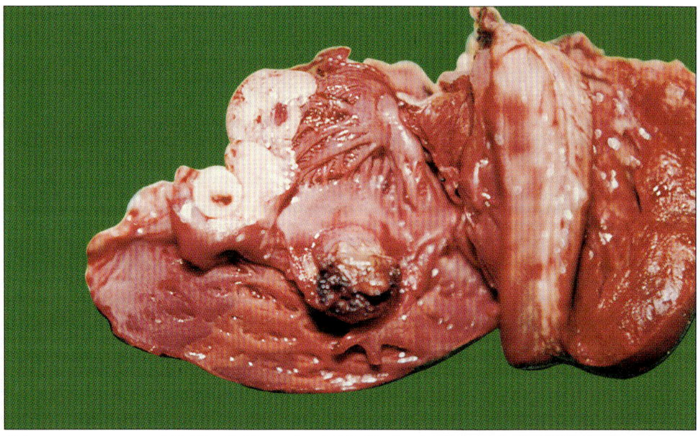

图2.3.13-37 猪链球菌 心内膜发生内膜炎形成的赘生物

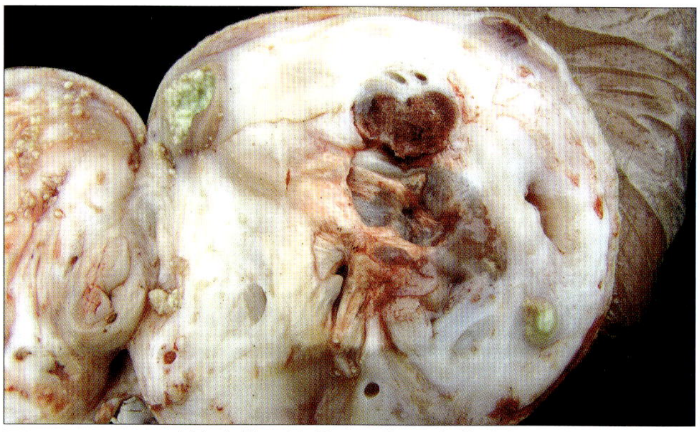

图2.3.13-41 猪链球菌 关节周围组织有多发性化脓灶

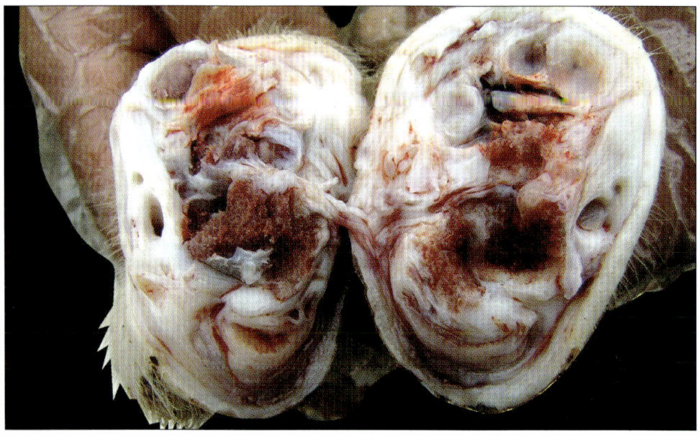

图2.3.13-38 猪链球菌 关节炎型关节周围肿胀

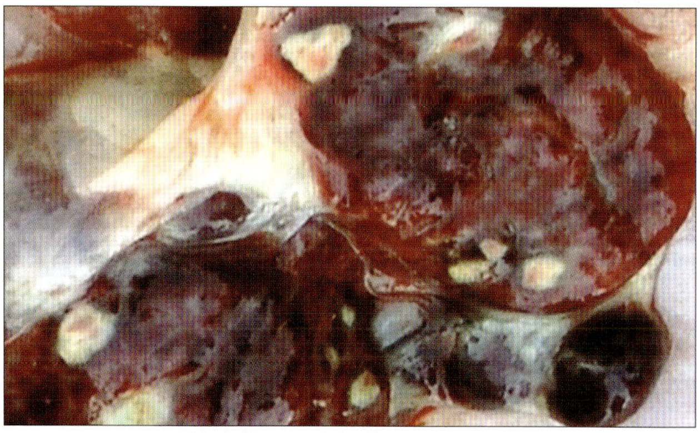

图2.3.13-42 猪链球菌 化脓性淋巴结炎型 淋巴结脓肿

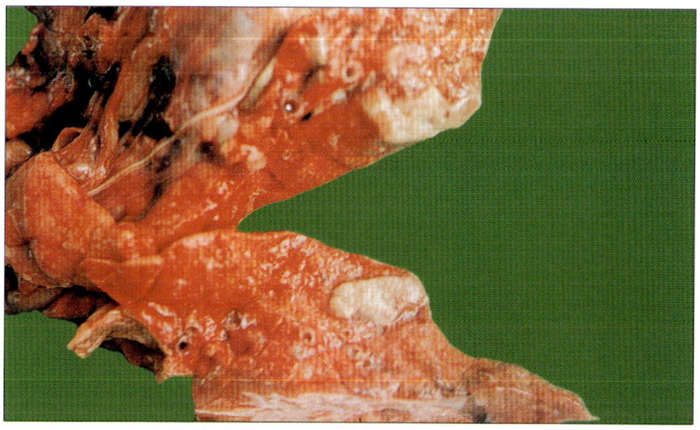

图2.3.13-43　猪链球菌　肺可见转移性脓肿

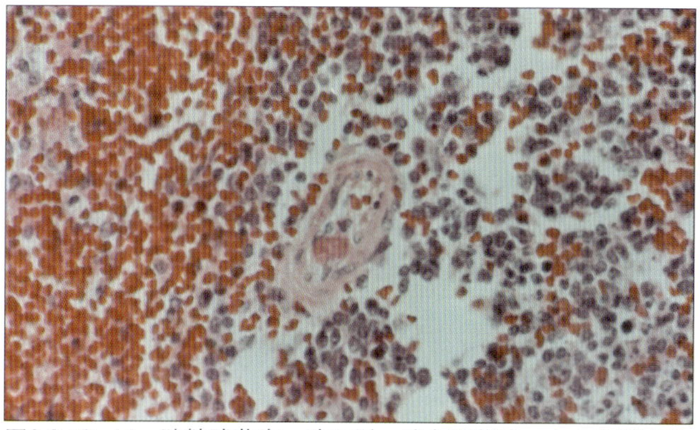

图2.3.13-44　猪链球菌病　败血型　脾白髓萎缩，中央动脉变性

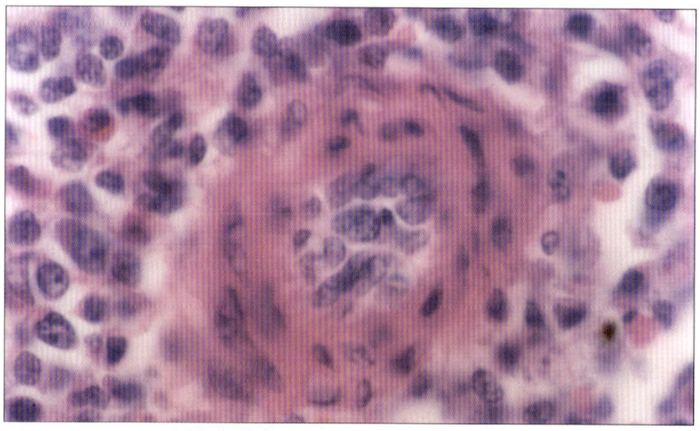

图2.3.13-45　猪链球菌病　败血型　红髓鞘动脉壁网状细胞增生

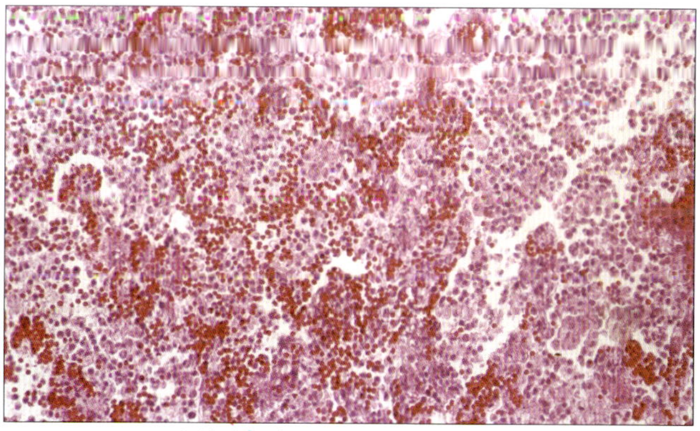

图2.3.13-46　猪链球菌病　败血型　淋巴结的淋巴窦扩张充满浆液、白细胞和红细胞

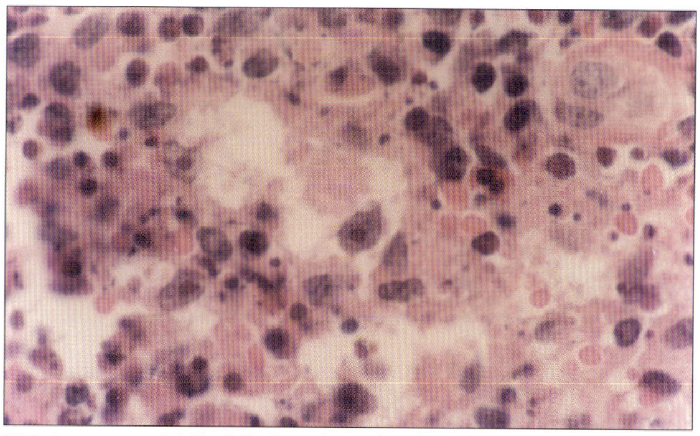

图2.3.13-47　猪链球菌病　败血型　皮质淋巴小结变性、坏死

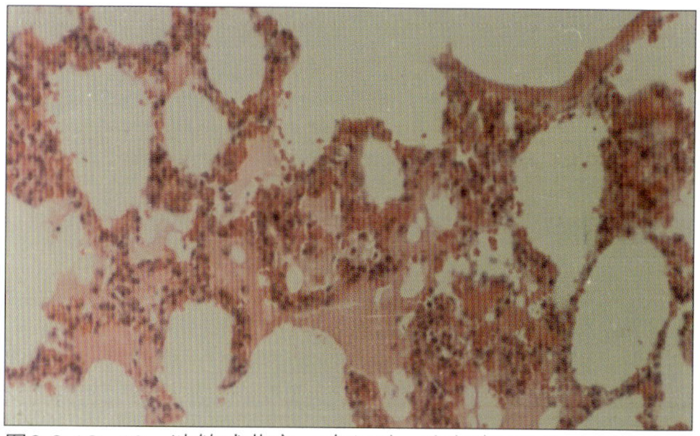

图2.3.13-48　猪链球菌病　败血型　肺泡壁因充血、水肿和炎症细胞浸润而增厚

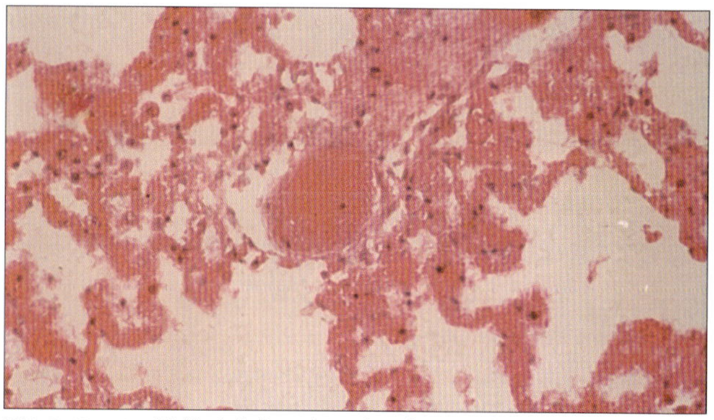

图2.3.13-49　猪链球菌病　败血型　肺毛细血管及小静脉内血栓形

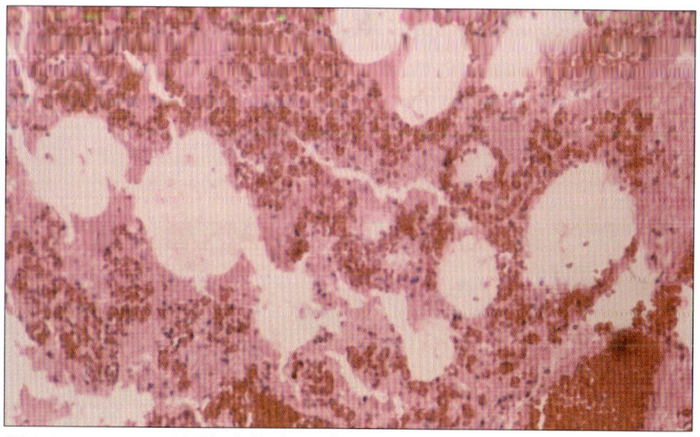

图2.3.13-50　猪链球菌病　败血型　肺泡腔中可见脱落肺泡上皮、嗜中性白细胞以及浆液和透明形成

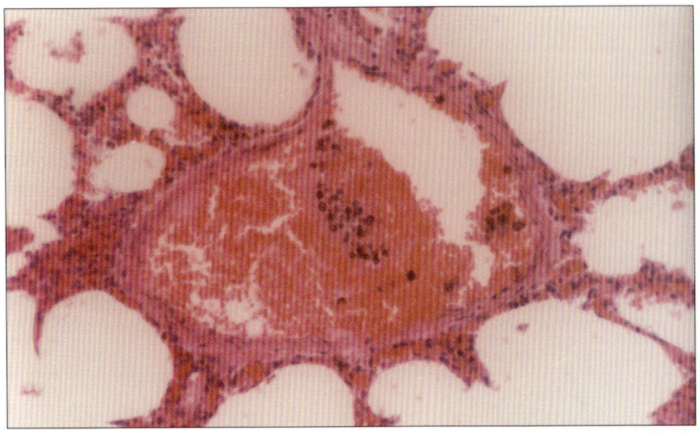

图2.3.13-51 猪链球菌病 败血型 肺泡壁毛细血管及小静脉内常见嗜中性白细胞和单核细胞噬菌

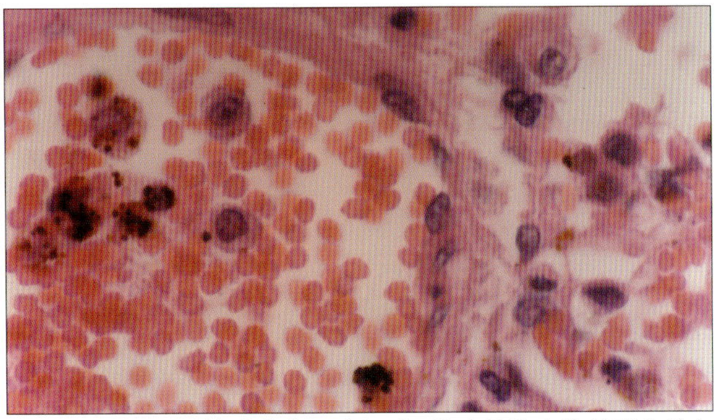

图2.3.13-52 猪链球菌病 败血型 肺小静脉内常见嗜中性白细胞和单核细胞噬菌

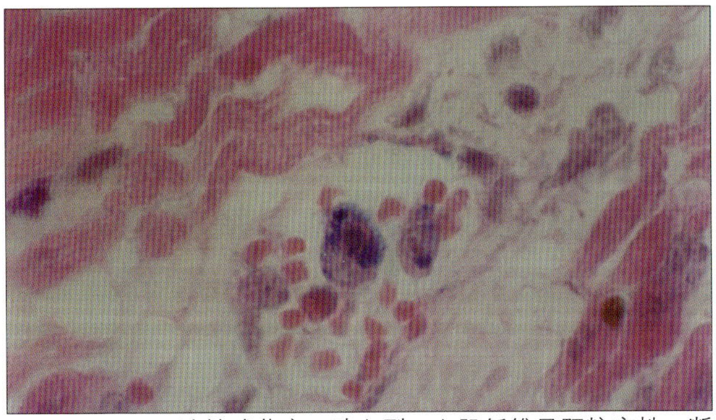

图2.3.13-53 猪链球菌病 败血型 心肌纤维呈颗粒变性、断裂与坏死炎性渗出物中均有多量的病原菌

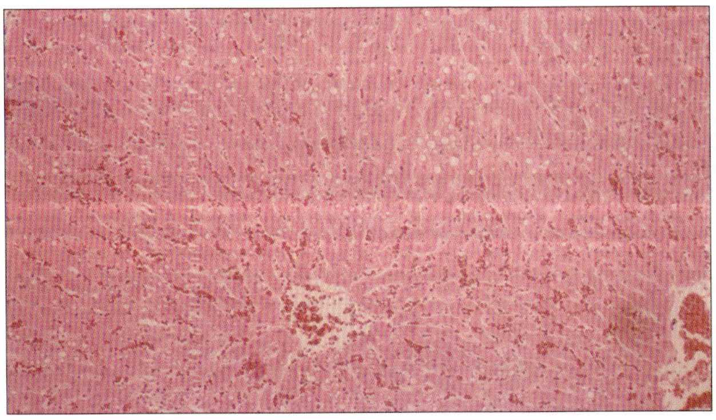

图2.3.13-54 猪链球菌病 败血型 肝细胞呈颗粒变性

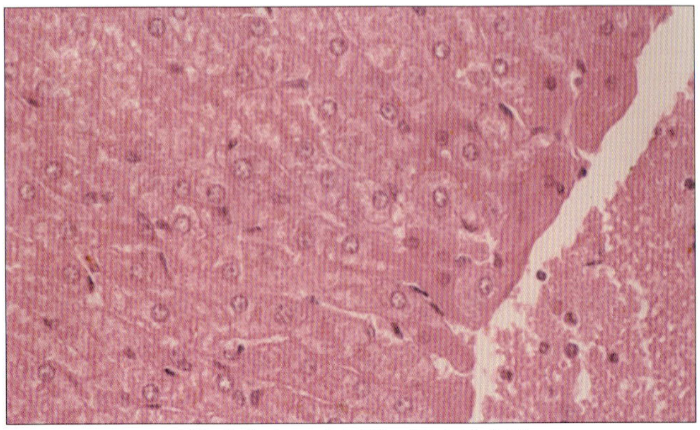

图2.3.13-55 猪链球菌病 败血型 肝脂肪变性

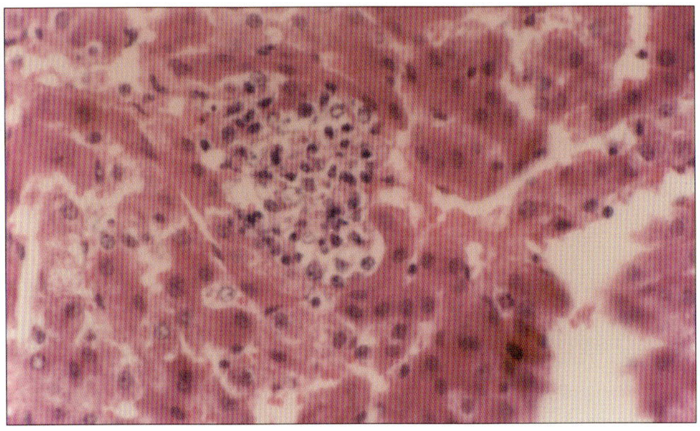

图2.3.13-56 猪链球菌病 败血型 肝小叶内尚可见小的坏死灶

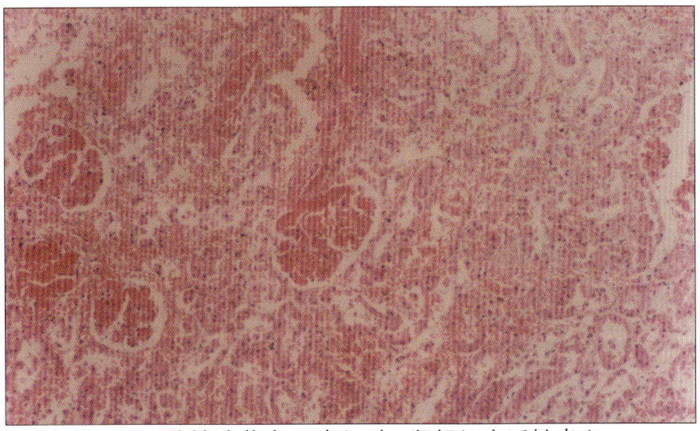

图2.3.13-57 猪链球菌病 败血型 肾组织广泛性出血

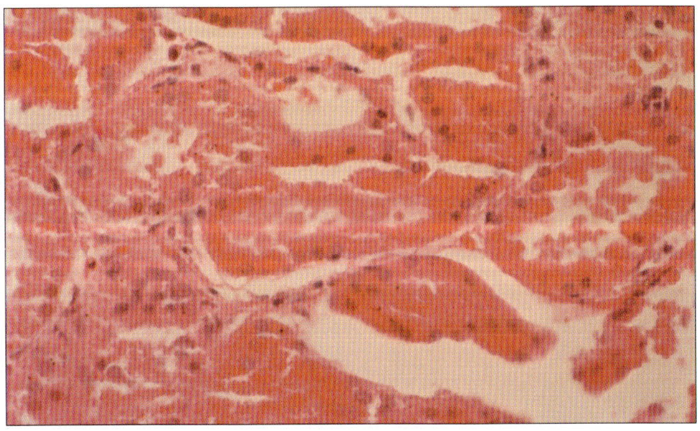

图2.3.13-58 猪链球菌病 败血型 肾小管上皮细胞肿胀

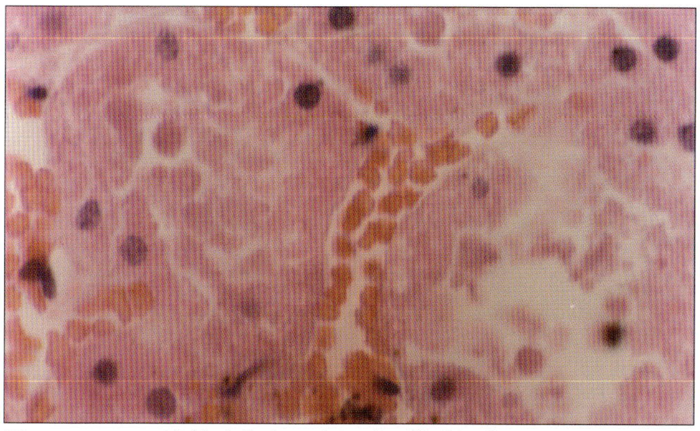

图2.3.13-59 猪链球菌病 败血型 管腔闭塞

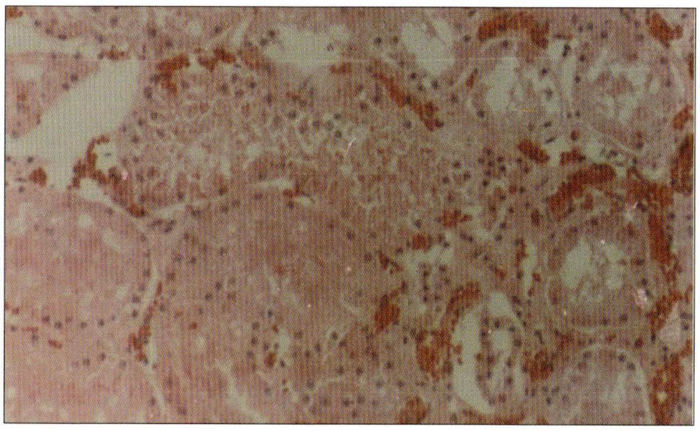

图2.3.13-60 猪链球菌病 败血型 管腔中为管型所阻塞

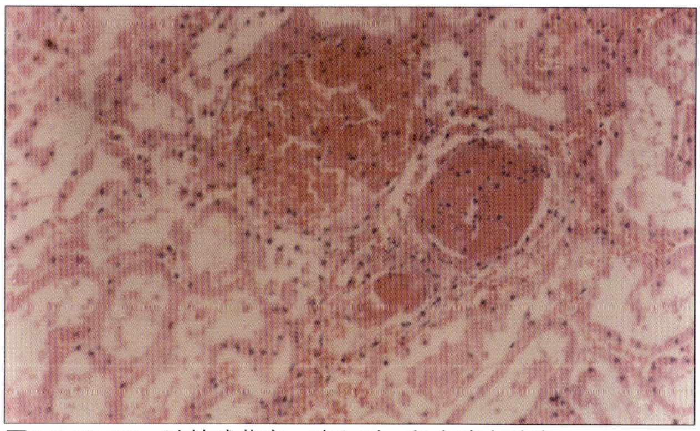

图2.3.13-61 猪链球菌病 败血型 肾小球囊肿胀

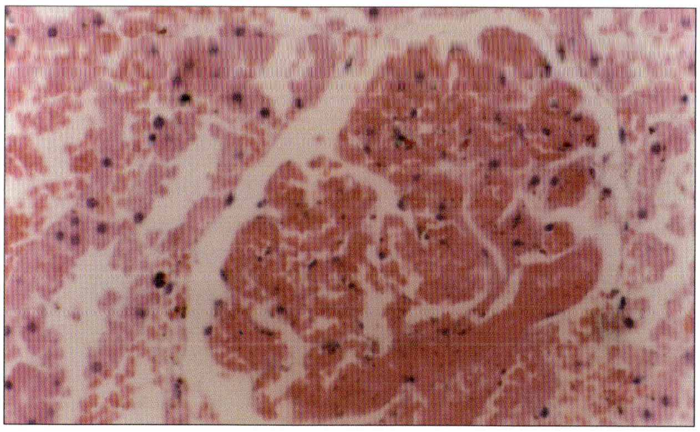

图2.3.13-62 猪链球菌病 败血型 肾小球囊出血

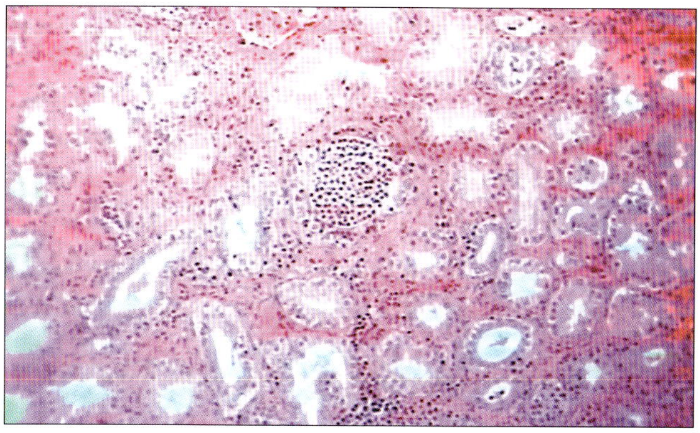

图2.3.13-63 猪链球菌病 败血型 部分肾小球坏死、崩解呈急性增生性肾小球肾炎

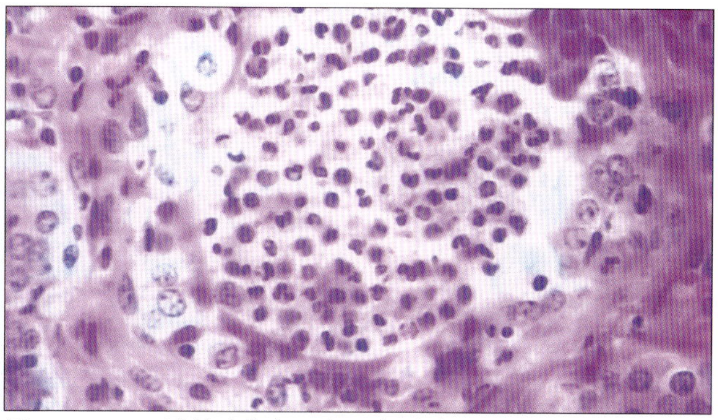

图2.3.13-64 猪链球菌病 败血型 肾组织中嗜中性白细胞浸润

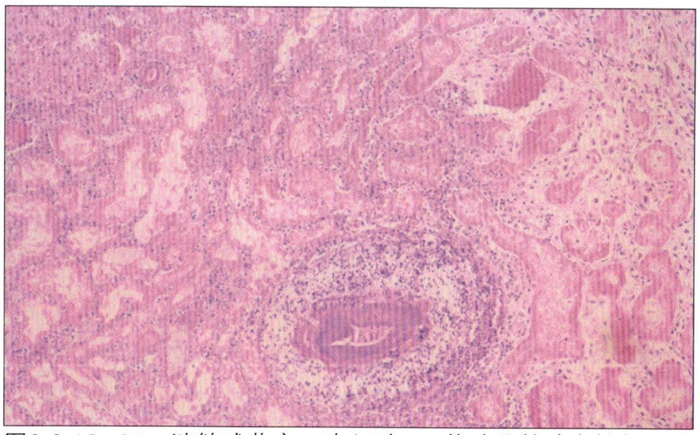

图2.3.13-65 猪链球菌病 败血型 弓状动的管壁变性与炎症细胞浸润，外膜及其周围结缔组织炎性水肿

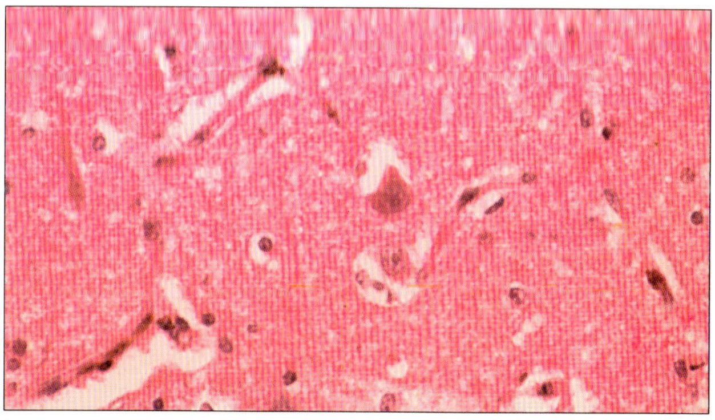

图2.3.13-66 脑灰质中血管周围淋巴间隙扩张，神经细胞虎斑消失、固缩

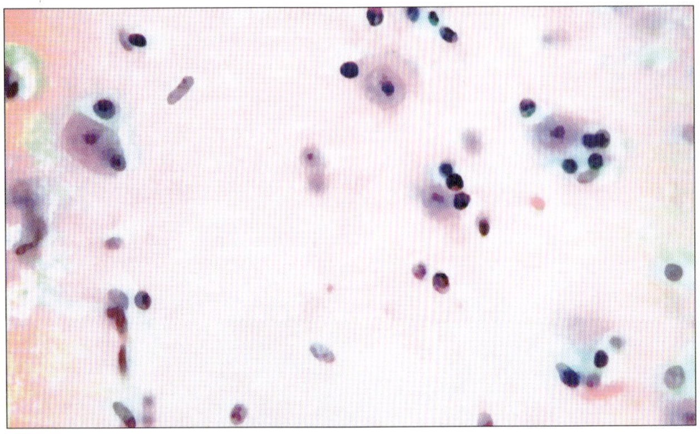

图2.3.13-67　胶质细胞呈灶性增生而形成胶质结节

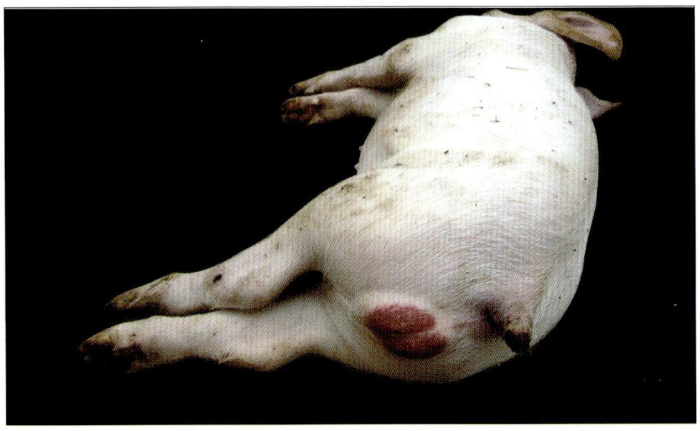

附图2.3.13-1　猪链球菌病　最急性型　尾末端炎症睾丸皮肤充出血

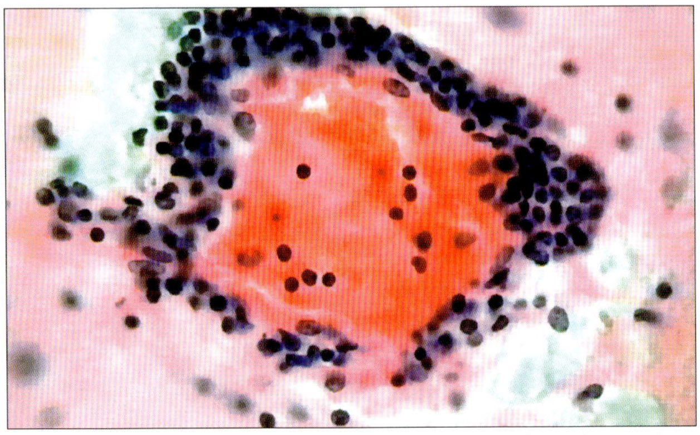

图2.3.13-68　小血管可见由嗜中性白细胞和单核细胞等围绕而呈现的“管套”现象

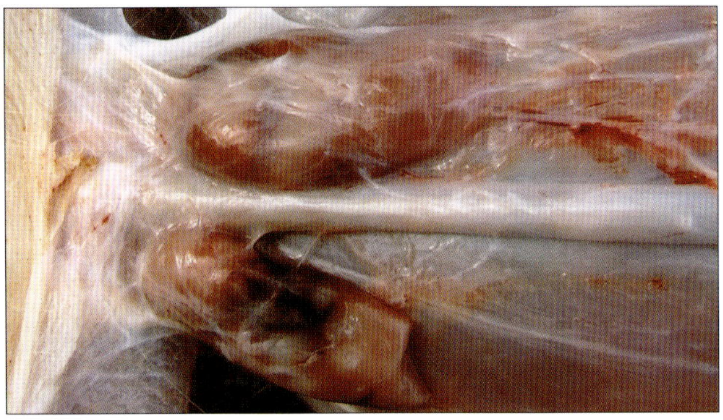

附图2.3.13-2　猪链球菌病　最急性型　腹股沟淋巴结肿胀

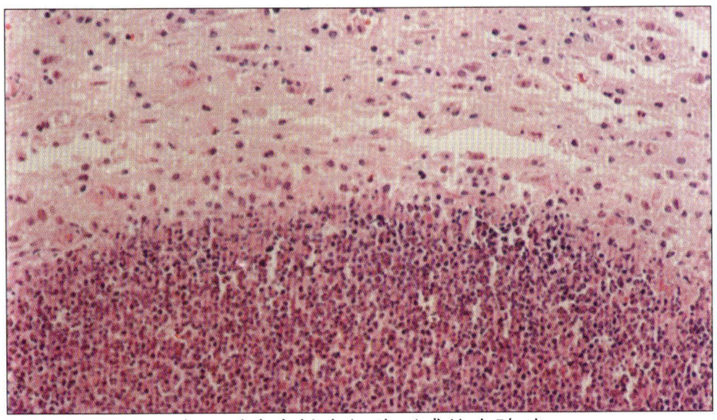

图2.3.13-69　脑炎型嗜中性白细胞形成的小脓肿

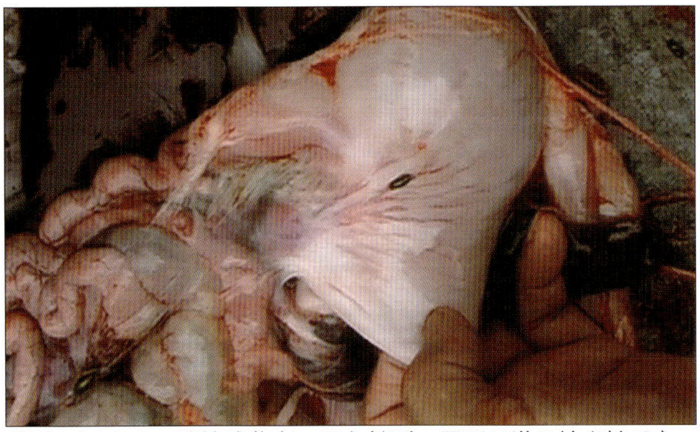

附图2.3.13-3　猪链球菌病　最急性型　胃所属淋巴结炎性反应

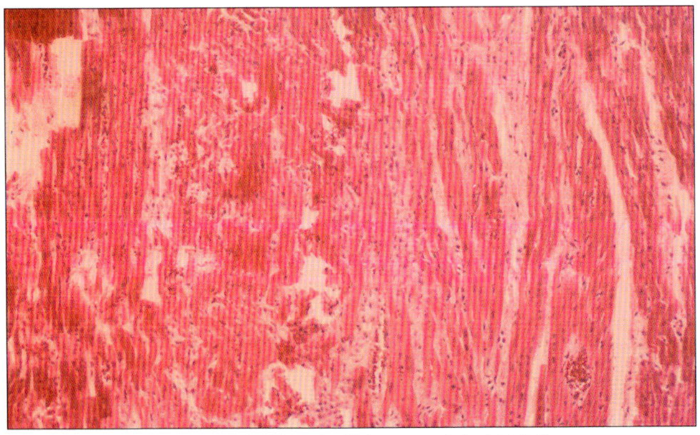

图2.3.13-70　骨骼肌纤维肌纤维坏死、溶解并消失

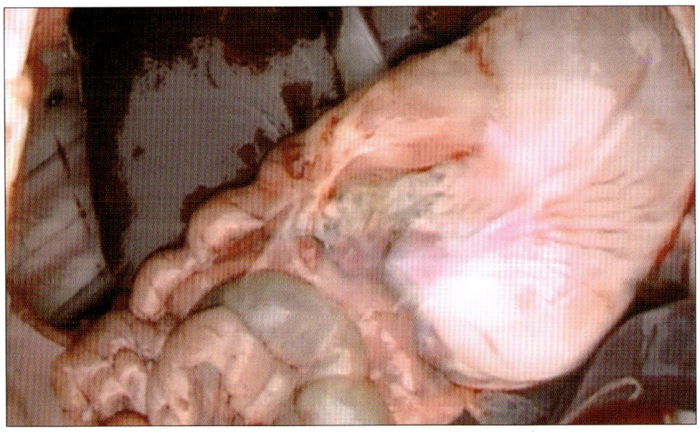

附图2.3.13-4　猪链球菌病　最急性型　胰所属淋巴结炎性反应

附图2.3.13-5　猪链球菌病　最急性型　脾所属淋巴结炎性反应

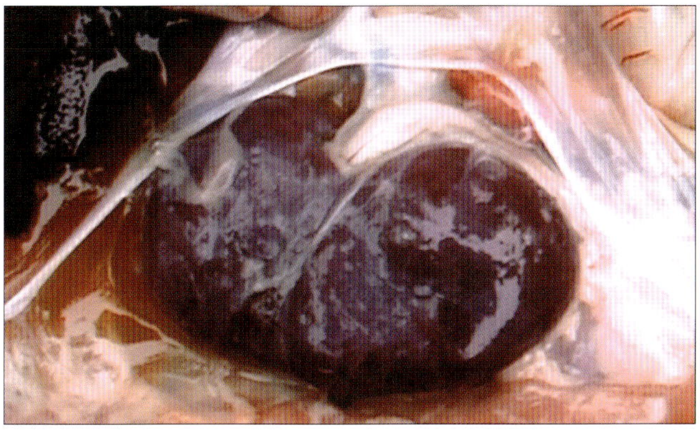

附图2.3.13-6　猪链球菌病　最急性型　肾所属淋巴结炎性反应

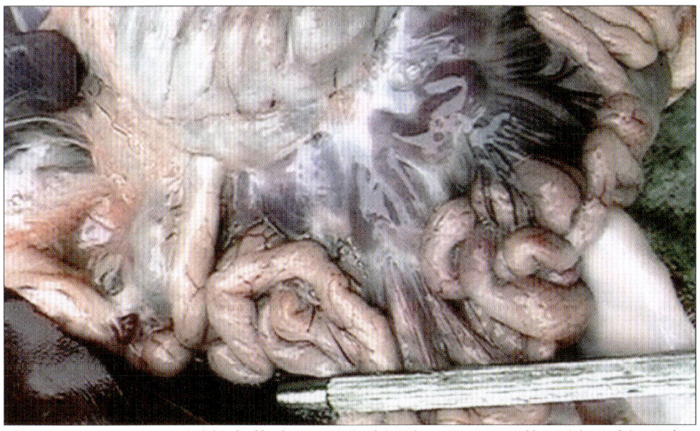

附图2.3.13-7　猪链球菌病　最急性型　肠所属淋巴结炎性反应

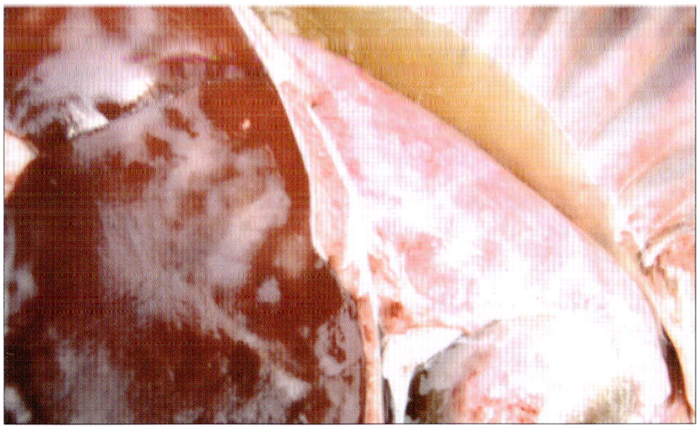

附图2.3.13-8　猪链球菌病　最急性型　胸腔内有多量淡黄色液体

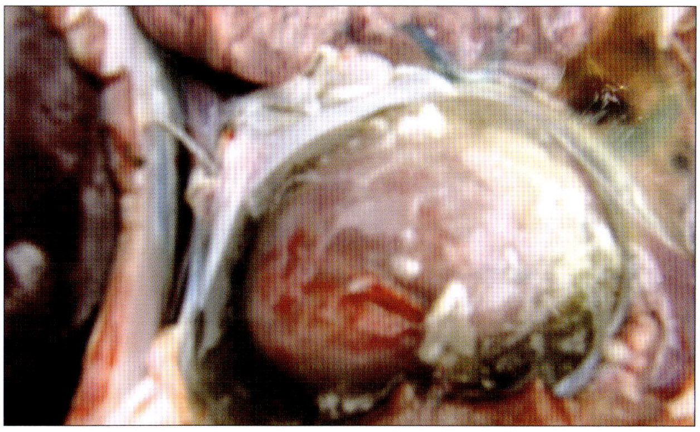

附图2.3.13-9　猪链球菌病　最急性型　心包腔内积有淡黄色的液体内有纤维素絮片

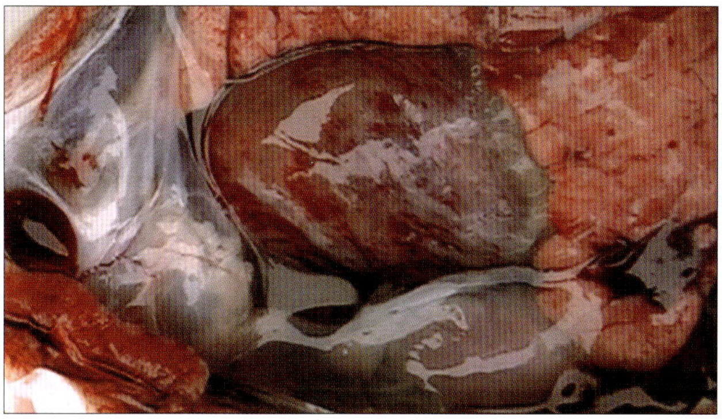

附图2.3.13-10　猪链球菌病　最急性型　心外膜弥漫性条纹条状出血

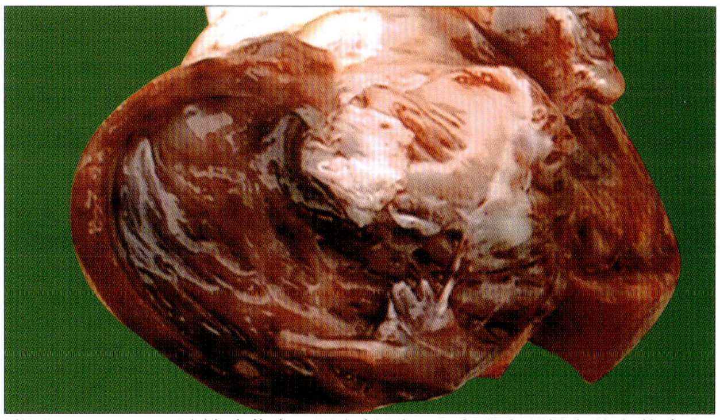

附图2.3.13-11　猪链球菌病　最急性型　心内膜弥漫性条纹条状出血

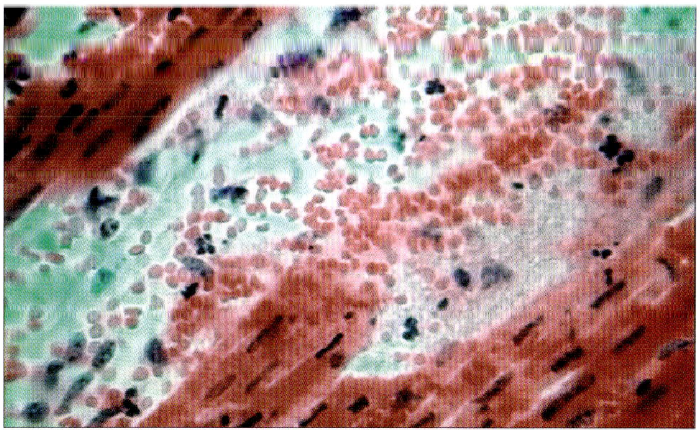

附图2.3.13-12　猪链球菌病　最急性型　心内膜下出血HE×20

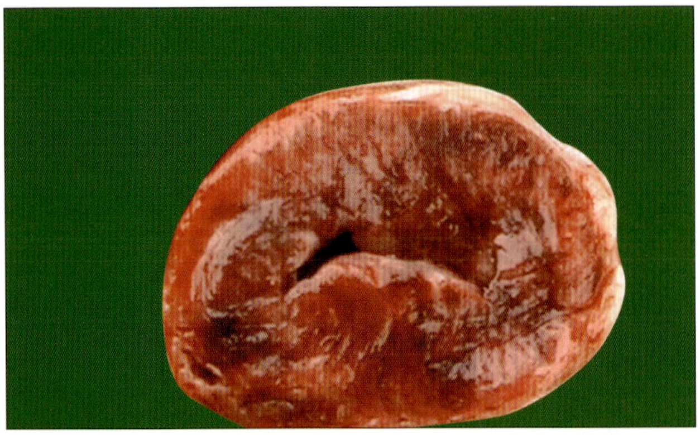

附图2.3.13-13 猪链球菌病 最急性型 弥漫性条纹状出血

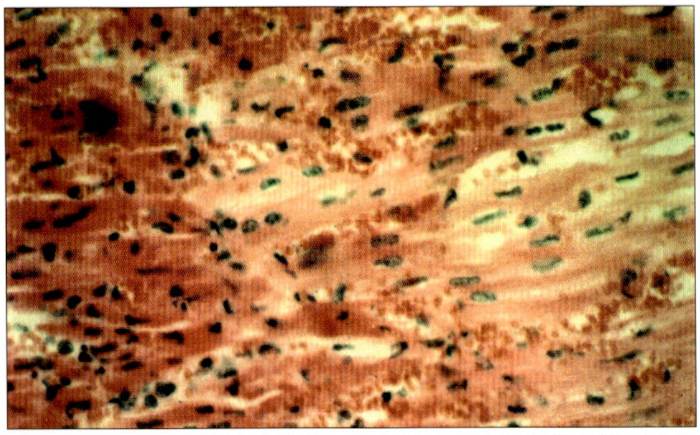

附图2.3.13-14 猪链球菌病 最急性型 心肌纤维变性及弥漫性出血HE×40

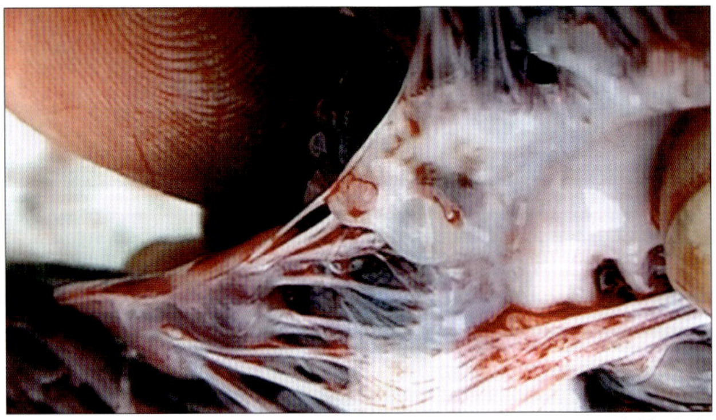

附图2.3.13-15 猪链球菌病 最急性型 心瓣膜炎早期泡状肿胀

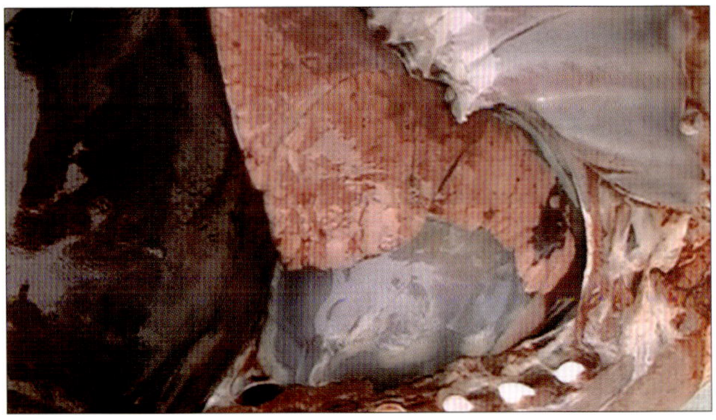

附图2.3.13-16 猪链球菌病 最急性型 肺脏体积膨大、淤血水肿

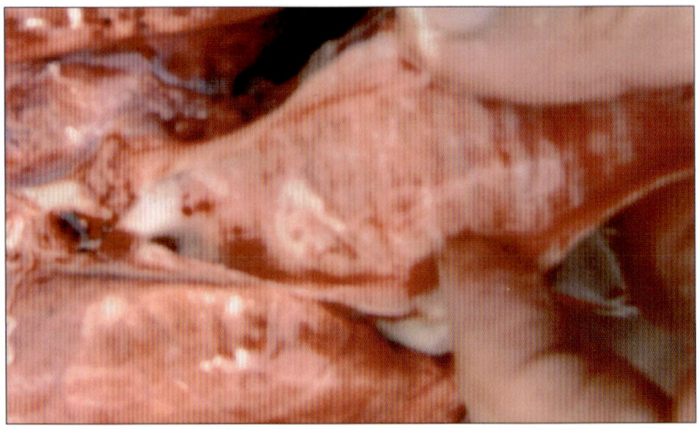

附图2.3.13-17 猪链球菌病 最急性型 气管黏膜弥散出血内有泡沫状液体

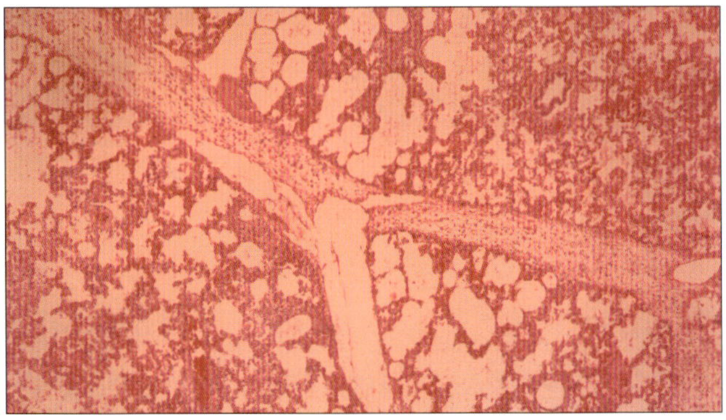

附图2.3.13-18 猪链球菌病 最急性型 肺弥散性充血小叶间炎性水肿HE×5

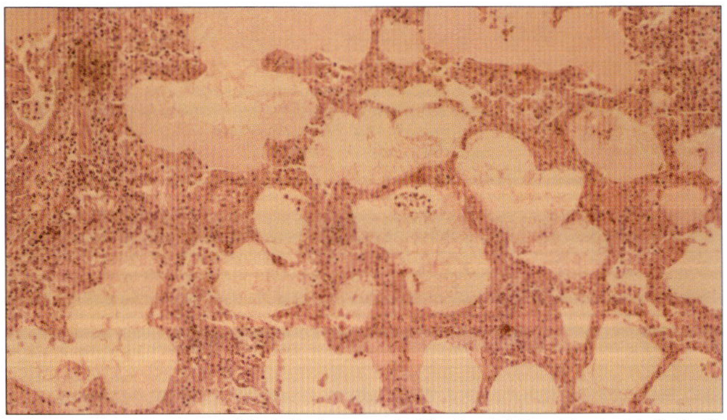

附图2.3.13-19 猪链球菌病 最急性型 肺泡毛细血管充血肺泡腔内炎性渗出物HE×20

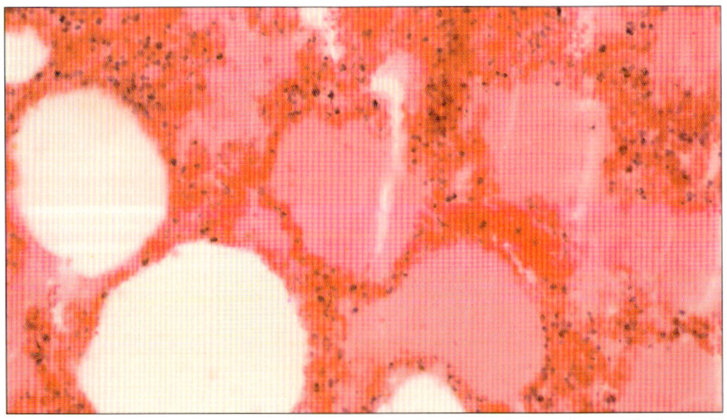

附图2.3.13-20 猪链球菌病 最急性型 肺泡毛细血管充血肺泡腔内炎性渗出物及透明膜形成HE×40

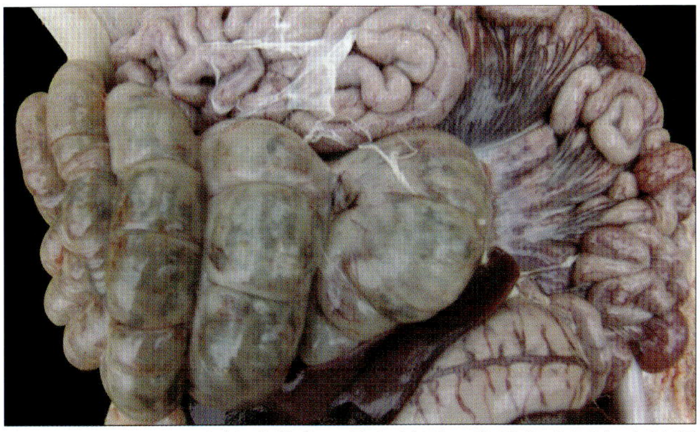

附图2.3.13-21 猪链球菌病 最急性型 腹腔肠表面有少量纤维素条絮

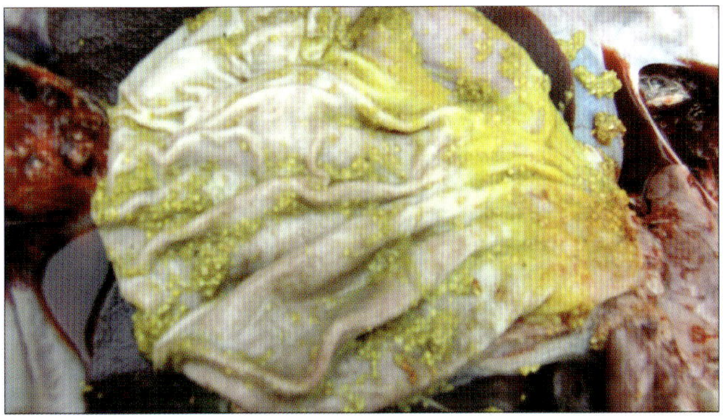

附图2.3.13-22 猪链球菌病 最急性型 胃黏膜有不同程度的充血和出血

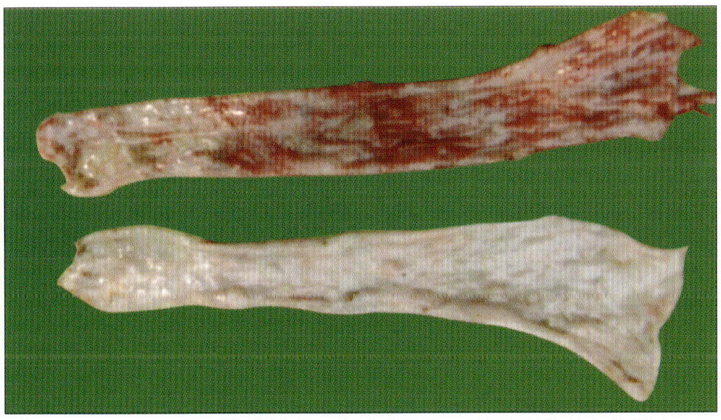

附图2.3.13-23 猪链球菌病 最急性型 小肠黏膜充血和出血

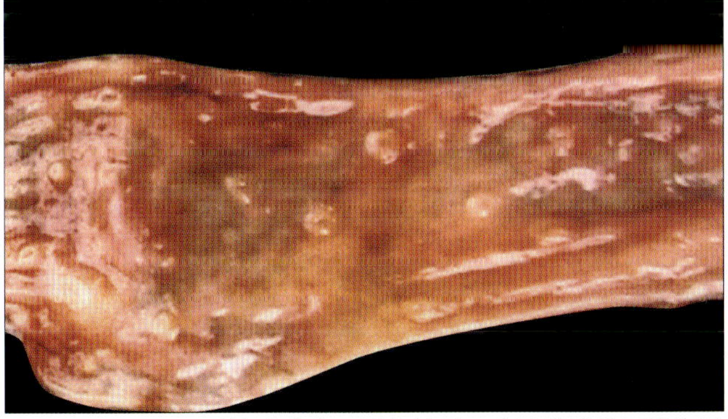

附图2.3.13-24 猪链球菌病 最急性型 直肠黏膜淋巴滤泡肿胀

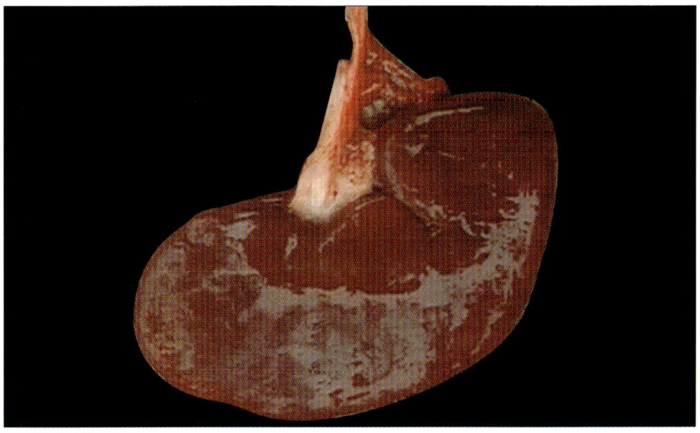

附图2.3.13-25 猪链球菌病 最急性型 肾瘀血肿大

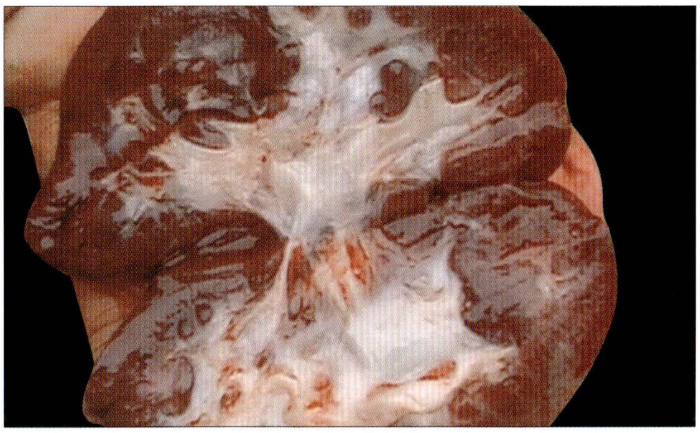

附图2.3.13-26 肾切面 肾盂有出血

图2.3.14-1 李氏杆菌病 四肢张开呈观星姿势

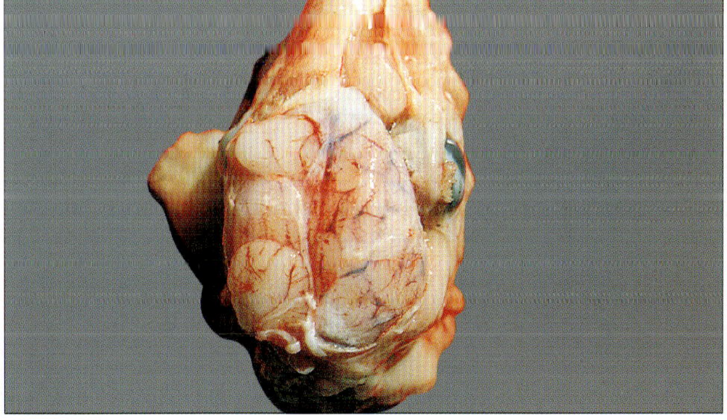

图2.3.14-2 李氏杆菌病 脑膜和脑实质充血与水肿

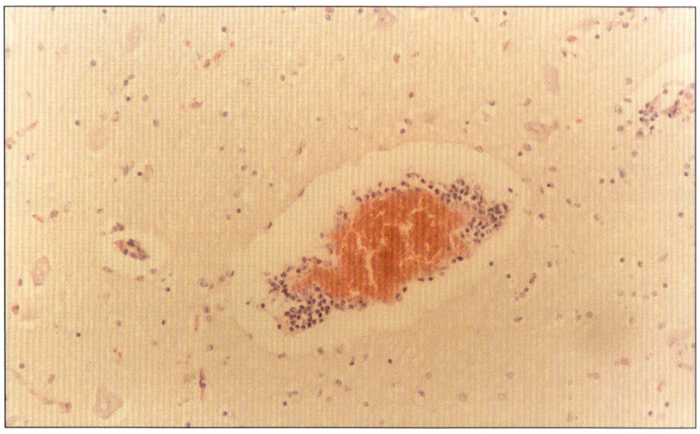

图2.3.14-3　李氏杆菌病　脑血管周围有以单核细胞为主的细胞浸润

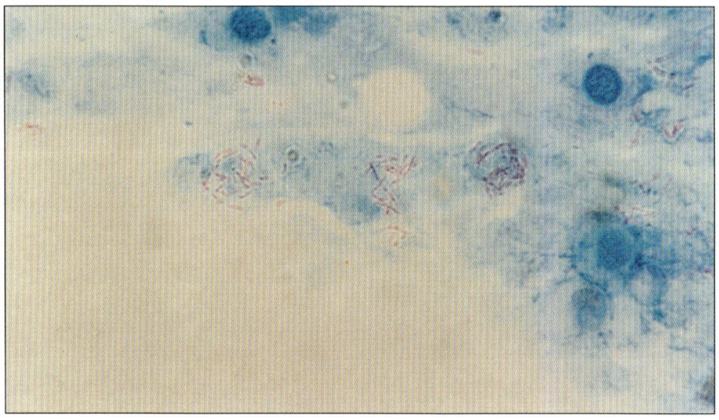

图2.3.15-1　结核病　结核菌染成红色　抗酸染色法×100

图2.3.15-2　结核病　肠系膜淋巴结切面呈灰黄色干酪样坏死

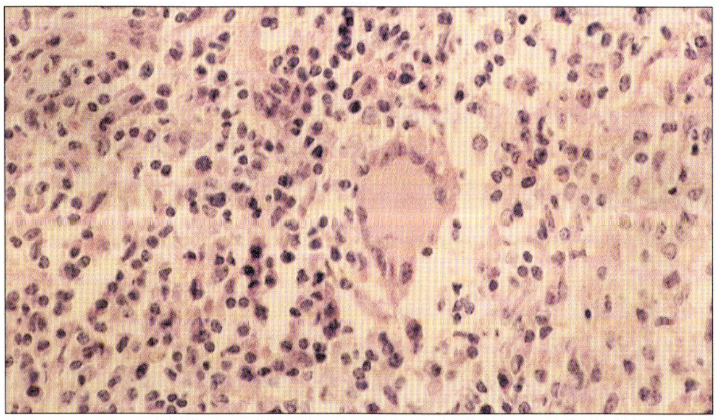

图2.3.15-3　结核病　淋巴结　增生性结核结节，内有多核巨噬细胞HE×40

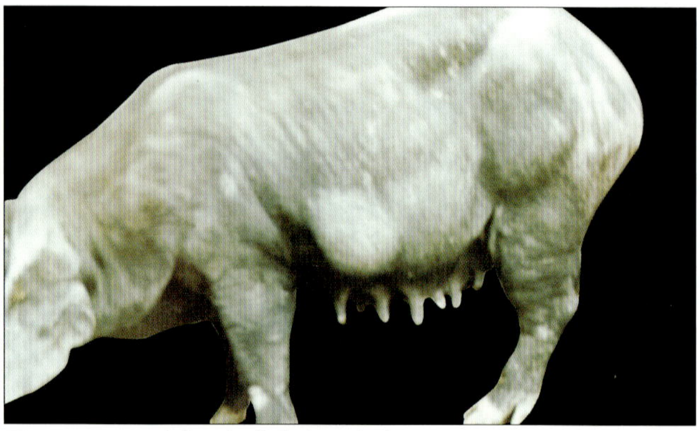

图2.3.16-1　猪布氏杆菌病皮下脓肿

图2.3.16-2　猪布氏杆菌病　膝关节因感染布氏杆菌而肿胀

图2.3.16-3　猪布氏杆菌病　因椎骨部有瘘管，发生后肢跛行

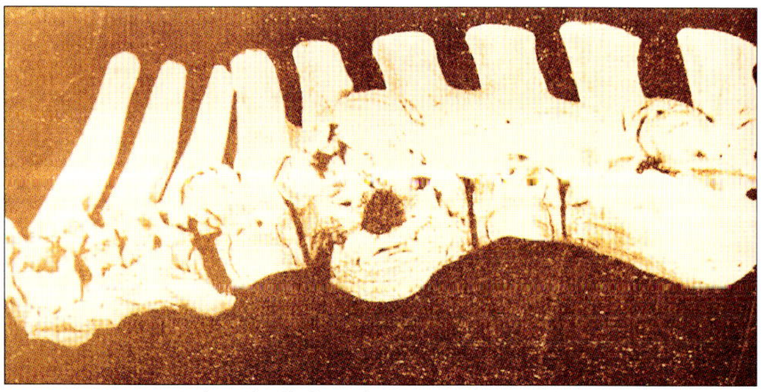

图2.3.16-4　猪布氏杆菌病　病猪胸椎和腰椎变形，中部有一瘘管（自Hutyra）

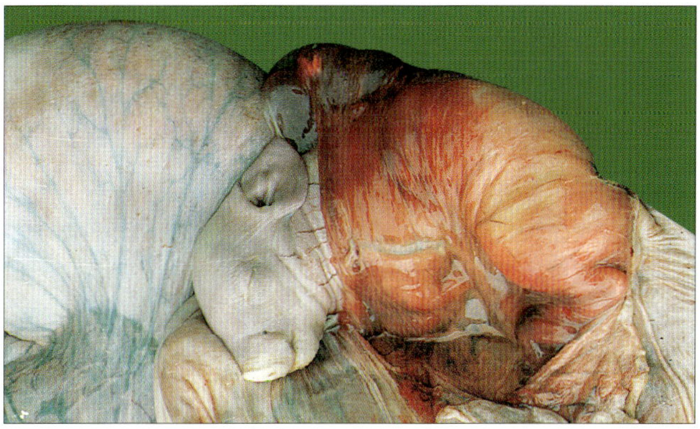
图2.3.16-5 猪布氏杆菌病 胎衣水肿出血

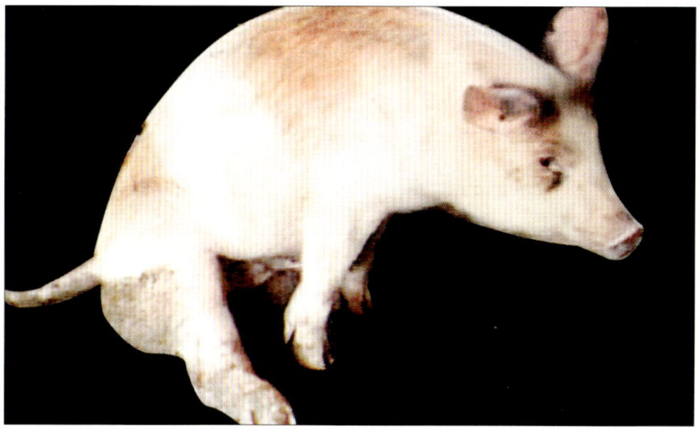
图2.3.17-1 副猪嗜血杆菌 病猪关节发炎，站立不起

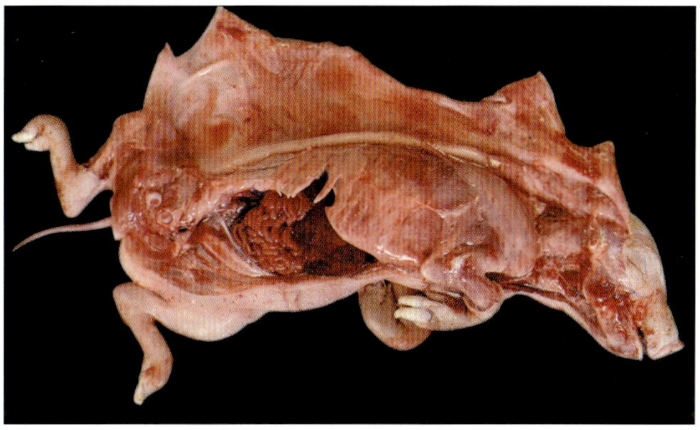
图2.3.16-6 猪布氏杆菌病 胎儿皮下水肿

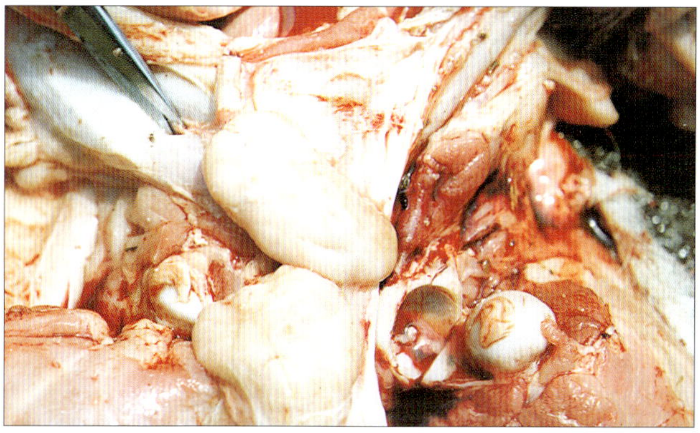
图2.3.17-2 副猪嗜血杆菌 腹股沟淋巴结肿大灰白色

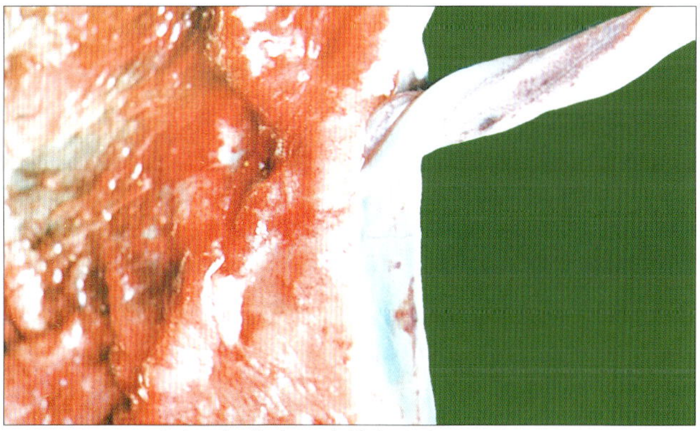
图2.3.16-7 猪布氏杆菌病 脐带水肿出血

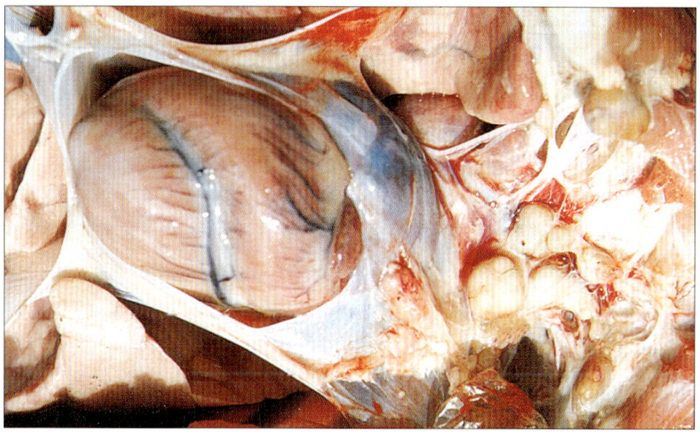
图2.3.17-3 副猪嗜血杆菌 胸前淋巴结肿大灰白色

图2.3.16-8 猪布氏杆菌病 肾脓肿

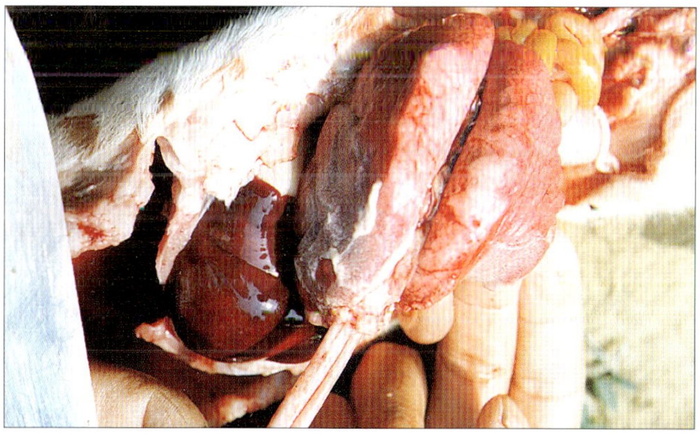
图2.3.17-4 副猪嗜血杆菌 肺浆膜的纤维素伪膜

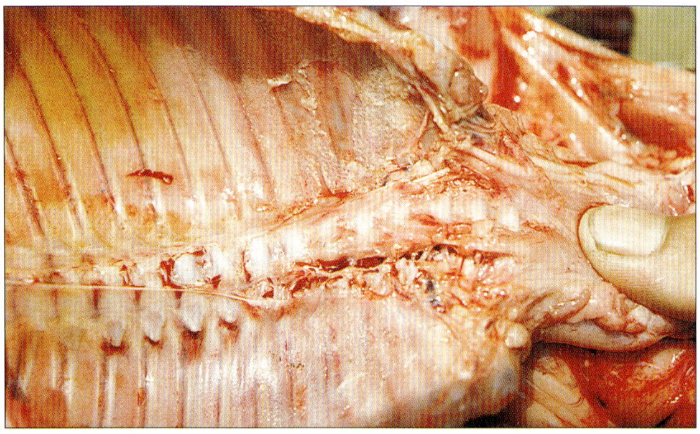

图2.3.17-5 副猪嗜血杆菌 胸肋膜的纤维素伪膜

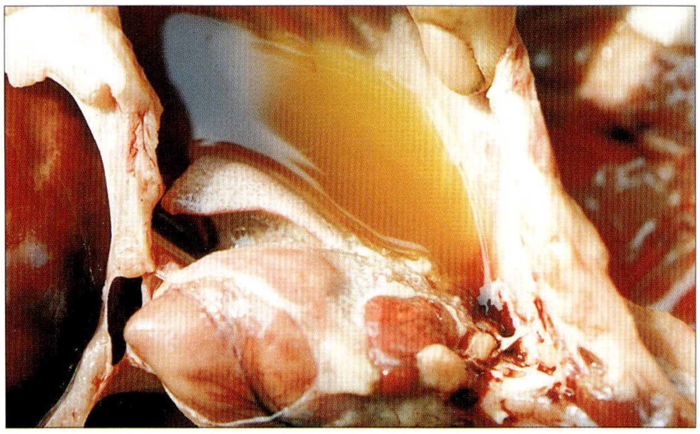

图2.3.17-6 副猪嗜血杆菌 心包的纤维素性炎症

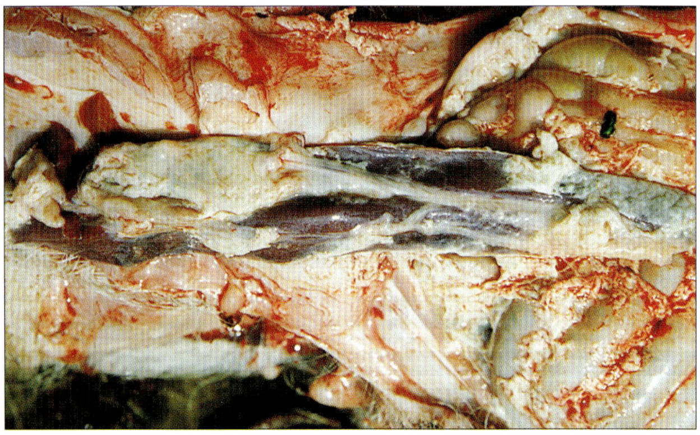

图2.3.17-7 副猪嗜血杆菌 脾浆膜的纤维素伪膜

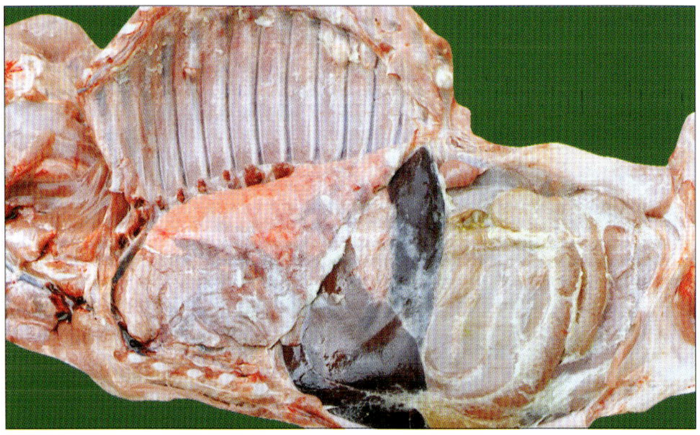

图2.3.17-8 副猪嗜血杆菌 肝周炎和腹膜炎

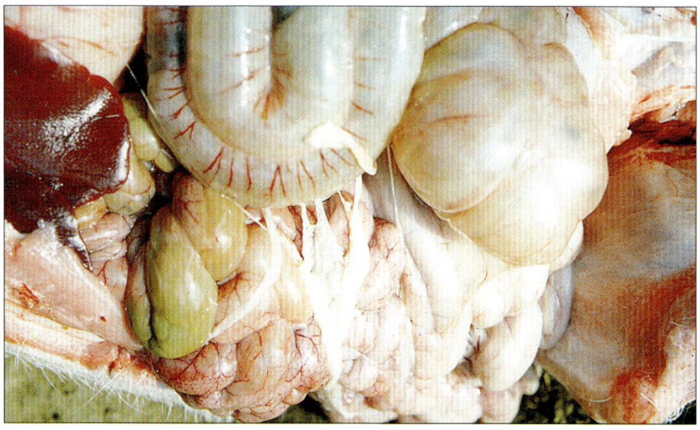

图2.3.17-9 副猪嗜血杆菌 肠管及腹腔内的纤维素条索

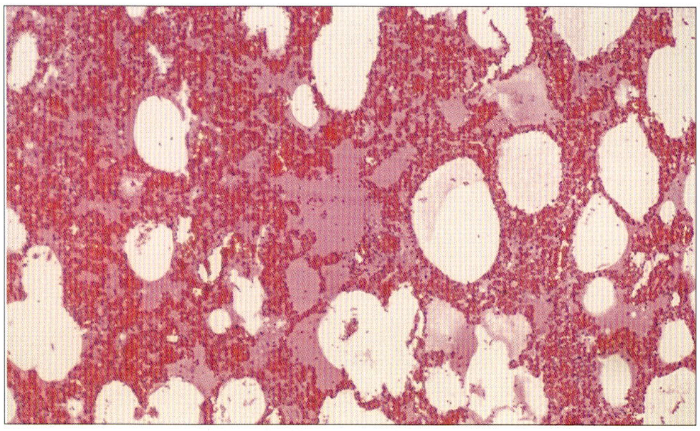

图2.3.17-10 副猪嗜血杆菌 肺泡壁毛细血管扩张充满红细胞，肺泡内积有浆液和炎性细胞HE×10

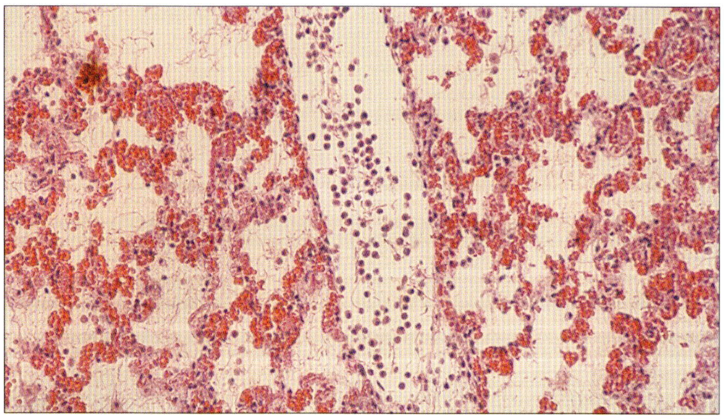

图2.3.17-11 副猪嗜血杆菌 肺泡壁毛细血管强度扩张充满红细胞，肺泡内有纤维素浆液和炎性细胞，小叶间多量炎性细胞HE×20

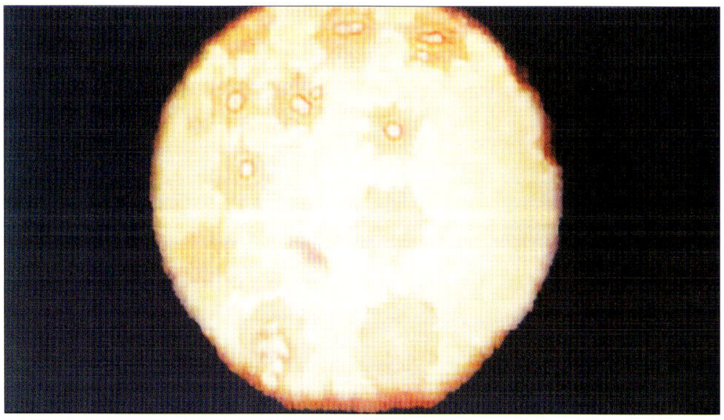

图2.3.18-1 猪附红细胞体 血液压片红细胞周围的附红细胞体（特技）

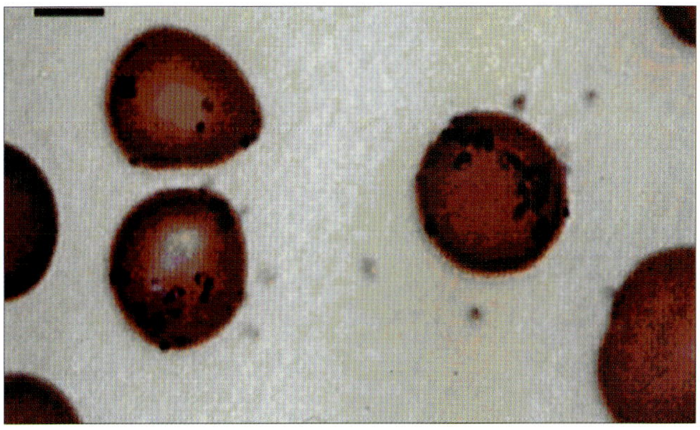

图2.3.18-2　猪附红细胞体　在油镜下并能见到附红细胞体是一种典型的原核生物，无细胞壁和细胞膜，无明显的细胞器和细胞核，整个结构呈单层膜包被的圆盘状（葛立江）

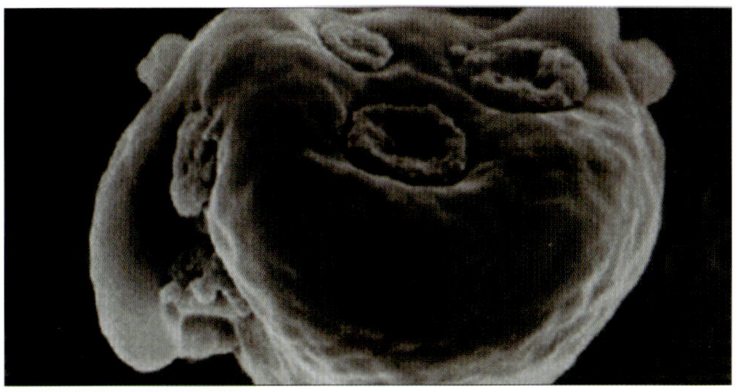

图2.3.18-3　猪附红细胞体　感染的猪附红细胞体寄生的红细胞区呈凹陷，球状扫描电镜（葛立江）

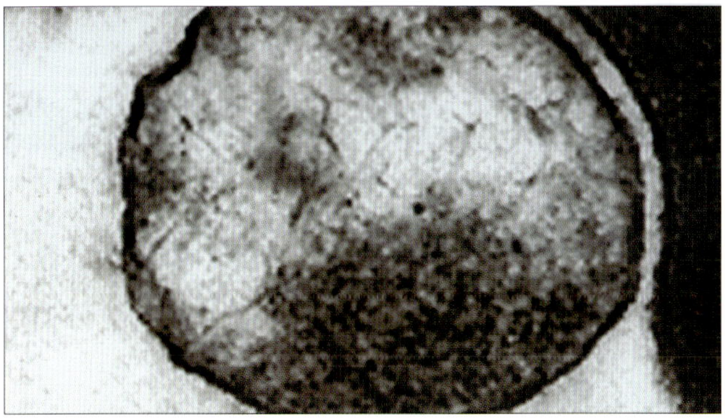

图2.3.18-4　猪附红细胞体　猪的附红细胞体有一层膜包被胞浆膜下有lottm的微管，有类似的核糖体颗粒，无明显的细胞器及细胞核结构透射电镜（葛立江）

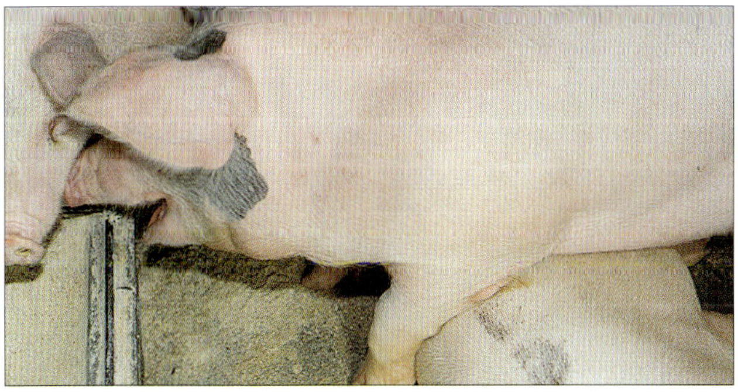

图2.3.18-5　猪附红细胞体　病猪耳、颈、肩部皮肤毛孔处弥漫性渗血

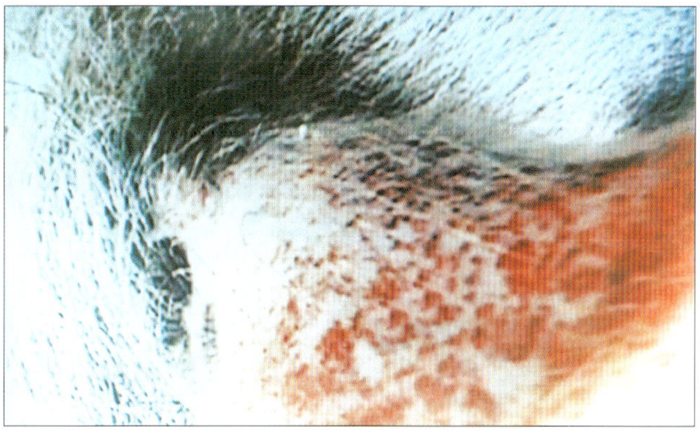

图2.3.18-6　猪附红细胞体　病猪耳部皮肤毛孔处弥漫性渗血（特技）

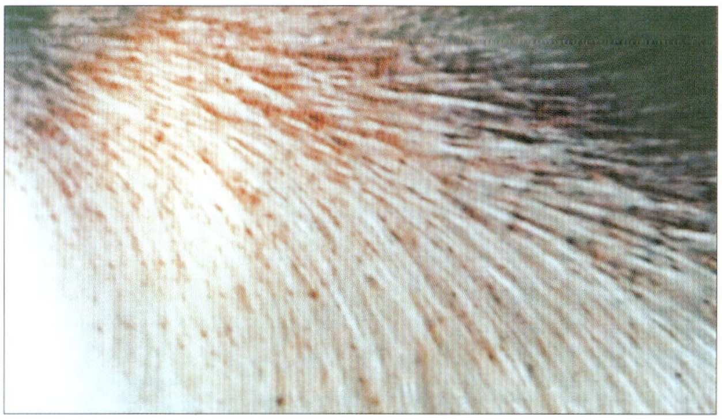

图2.3.18-7　猪附红细胞体　病猪颈背皮肤毛孔处弥漫性渗血（特技）

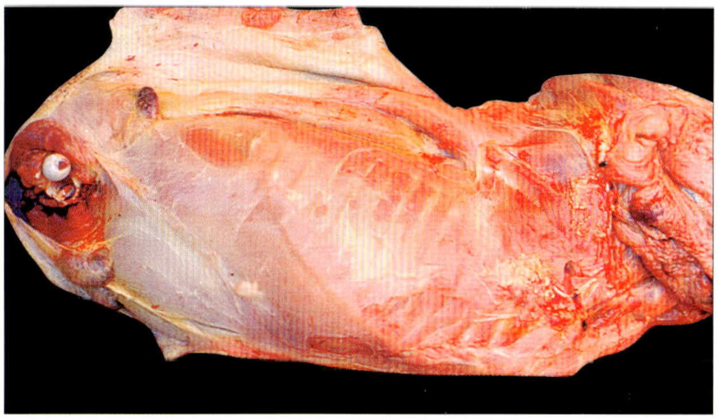

图2.3.18-8　猪附红细胞体　皮下黄染

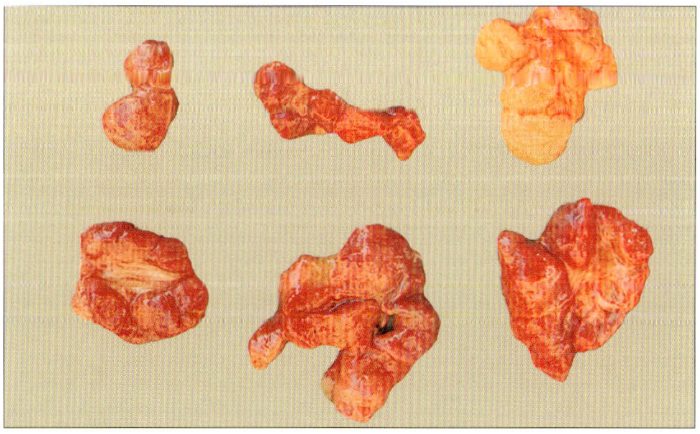

图2.3.18-9　猪附红细胞体　淋巴结的展示，有程度不同的肿大充血和黄染

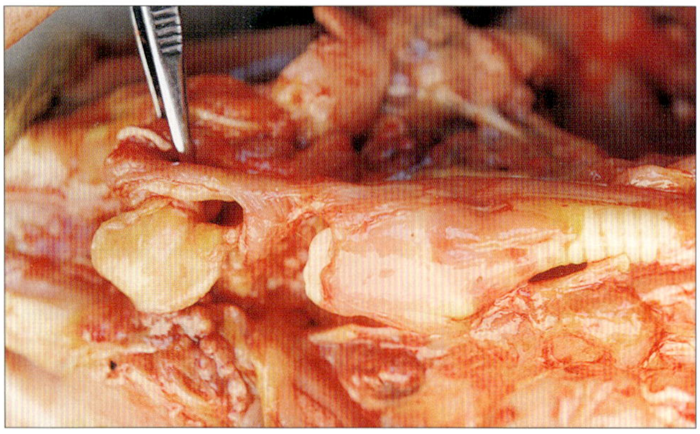
图2.3.18-10 猪附红细胞体 喉头黏膜和气管外膜黄染

图2.3.18-11 猪附红细胞体 心包浆膜黄染

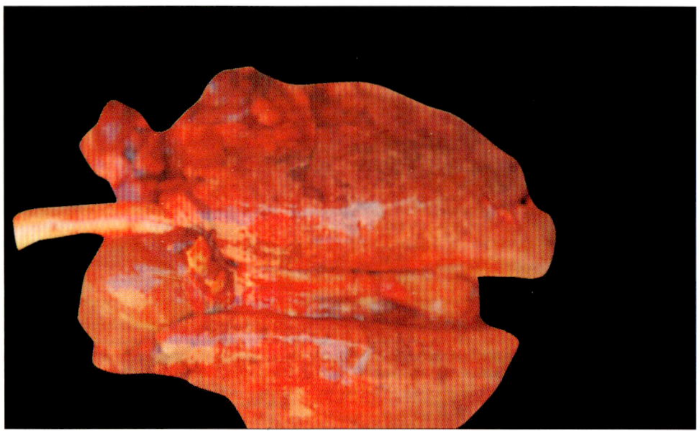
图2.3.18-12 猪附红细胞体 肺浆膜黄染

图2.3.18-13 猪附红细胞体 胸肋膜弥漫性黄染

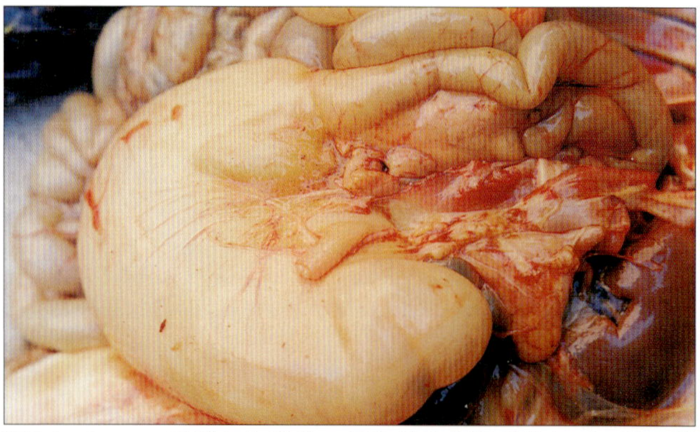
图2.3.18-14 猪附红细胞体 胃浆膜弥漫性黄染与所属淋巴结肿胀

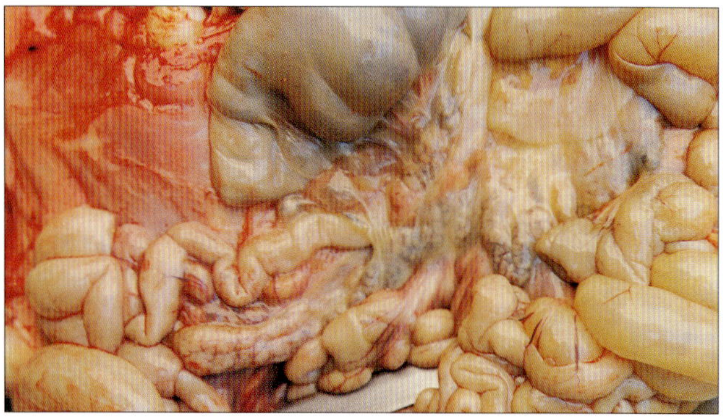
图2.3.18-15 猪附红细胞体 小肠与肠系膜弥漫性黄染

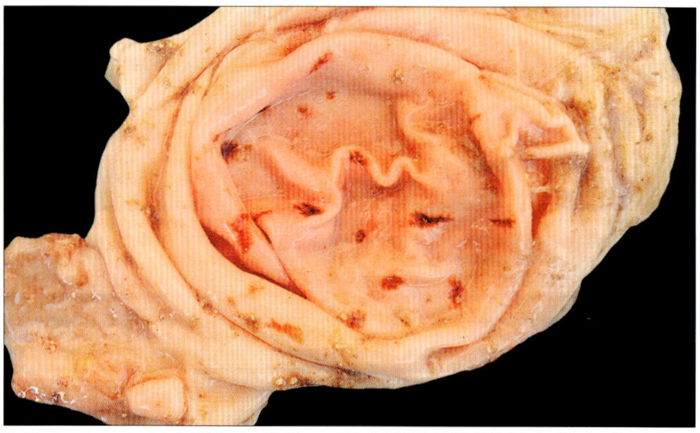
图2.3.18-16 猪附红细胞体 胃黏膜弥漫性黄染与散在出血斑

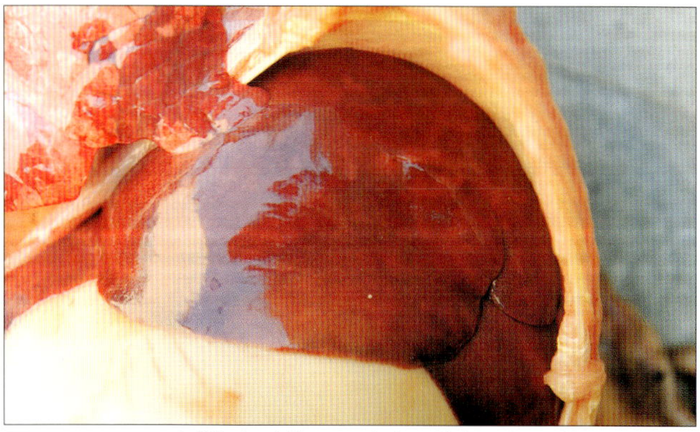
图2.3.18-17 猪附红细胞体 肝脏有局灶性的坏死灶

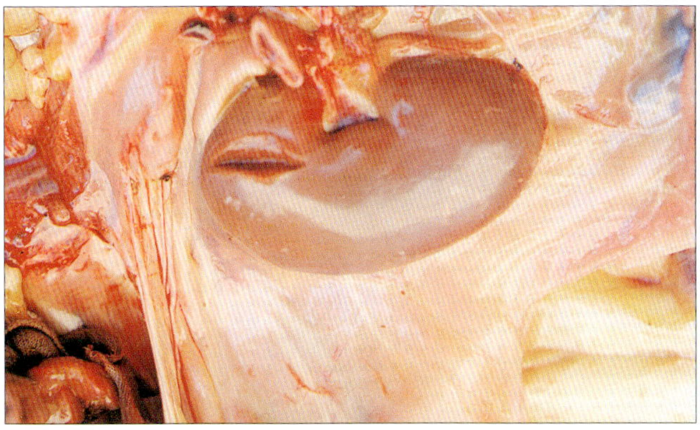
图2.3.18-18　猪附红细胞体　肾外观黄染

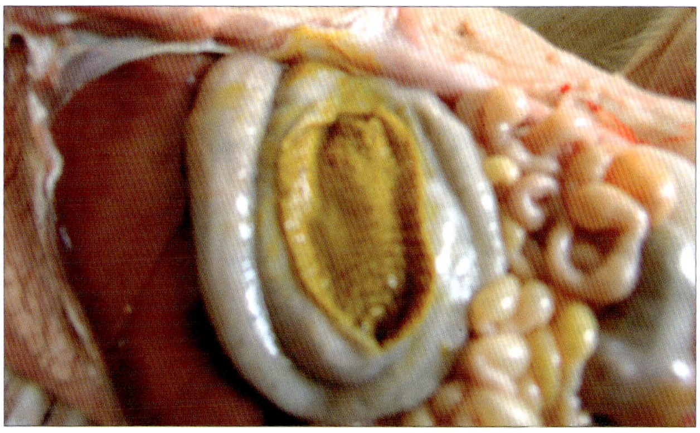
图2.3.19-3　猪增生性肠炎　结肠壁明显变厚

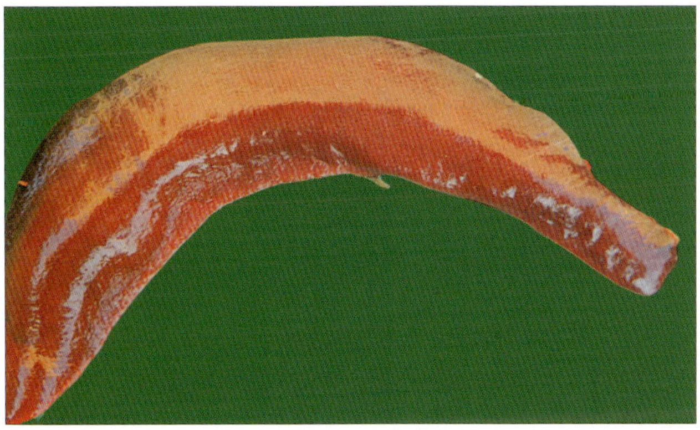
图2.3.18-19　猪附红细胞体　脾肿大黄染

图2.3.19-4　猪增生性肠炎　切开后可见坏死性结肠炎

图2.3.19-1　猪增生性肠炎　发病猪生长缓慢

图2.3.19-5　猪增生性肠炎　盲肠黏膜呈颗粒状炎性肿胀

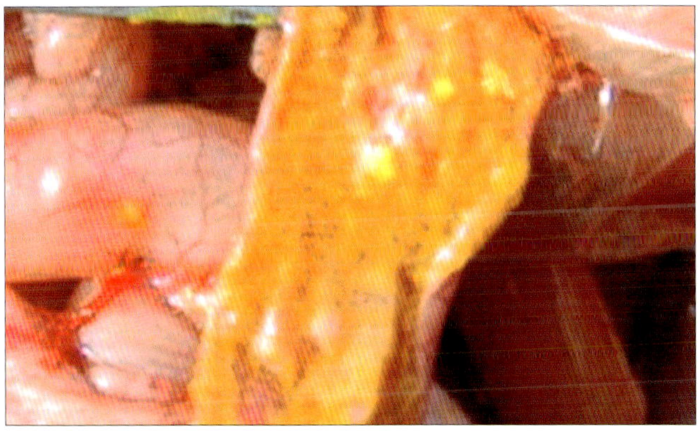
图2.3.19-2　猪增生性肠炎　回肠黏膜呈颗粒状炎性肿胀

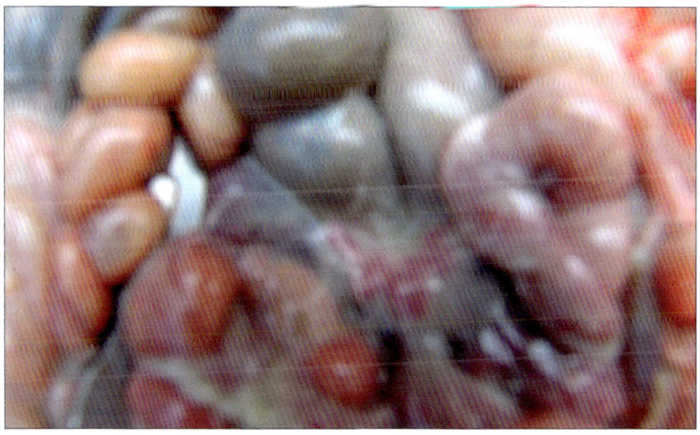
图2.3.19-6　猪增生性肠炎　大肠所属淋巴结肿胀

图2.4.1–1　猪气喘病　病猪明显的腹式呼吸困难，示似犬坐而缓解呼吸困难

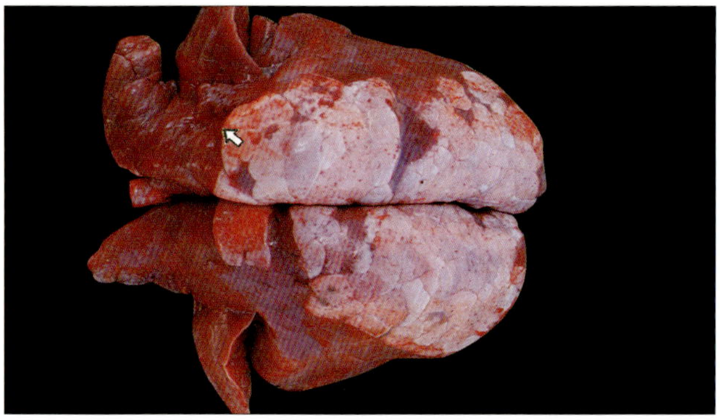

图2.4.1–2　猪气喘病　肺对称性肉样病变

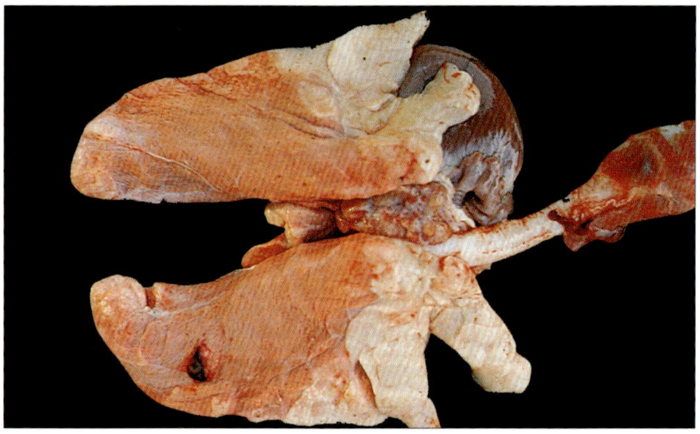

图2.4.1–3　猪气喘病　肺对称性胰样病变

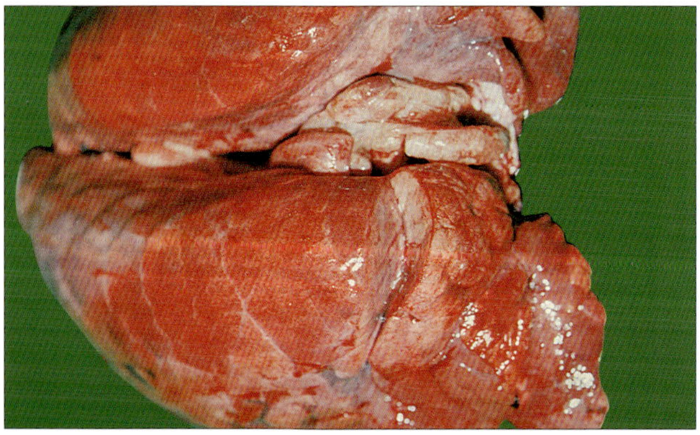

图2.4.1–4　猪气喘病　肺门淋巴结肿大10倍

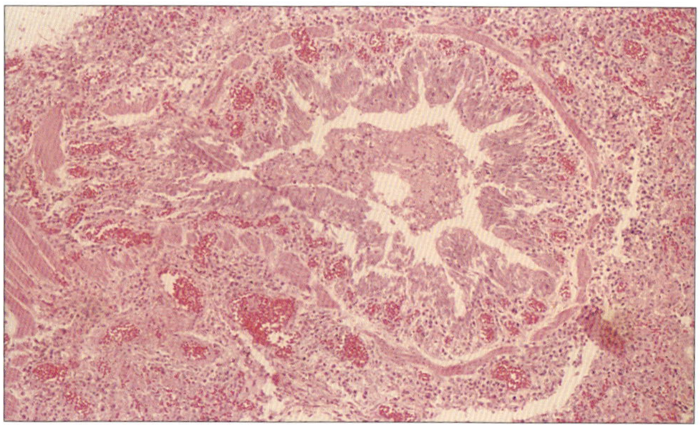

图2.4.1–5　猪气喘病　细支气管内炎性分泌物，周围微血管充血，淋巴样细胞增生HE×10

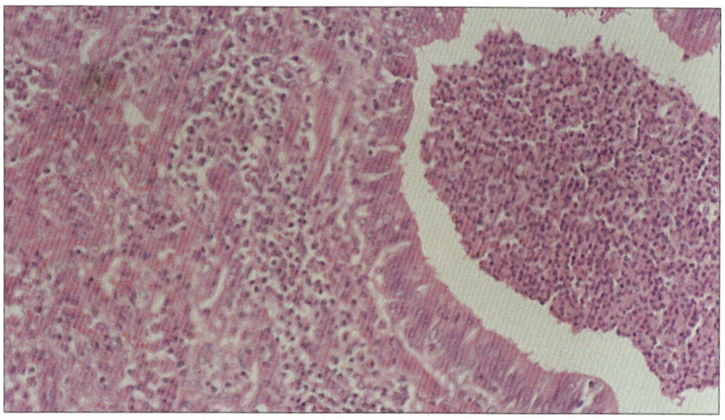

图2.4.1–6　猪气喘病　支气管周围淋巴样细胞增生HE×20

图2.5.1–1　猪的皮肤真菌病　头部、颈部、肩部达环状大小病变

图2.5.1–2　猪的皮肤真菌病　体侧部环状或多环状大小病变

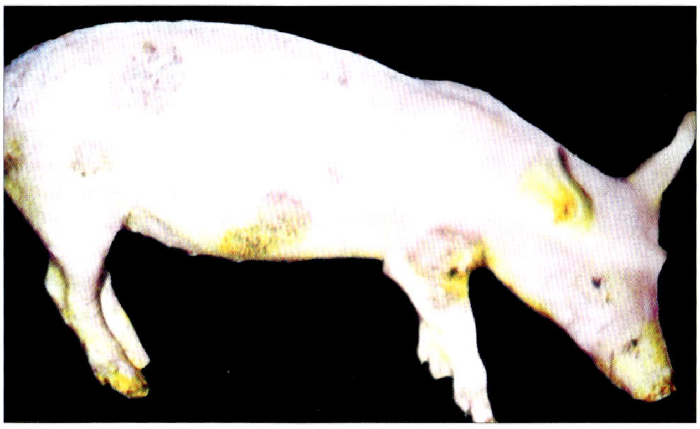

图2.5.3-1 猪的小孢子霉菌病 皮肤钱癣发生散在病灶（自WJ.Smith等）

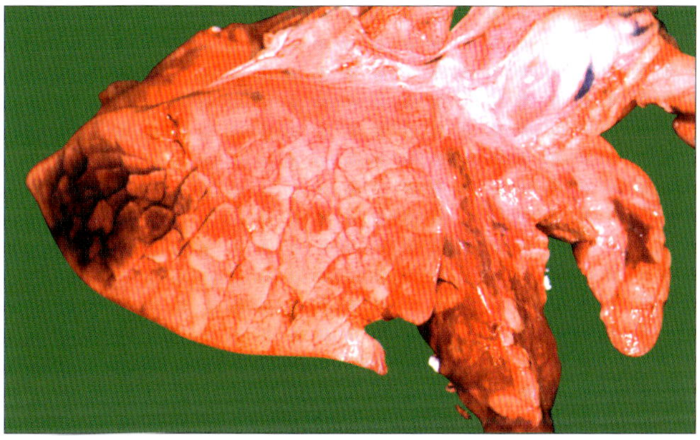

图2.5.4-1 猪的霉菌性肺炎 肺的表面霉菌结节周围不同程度的充血

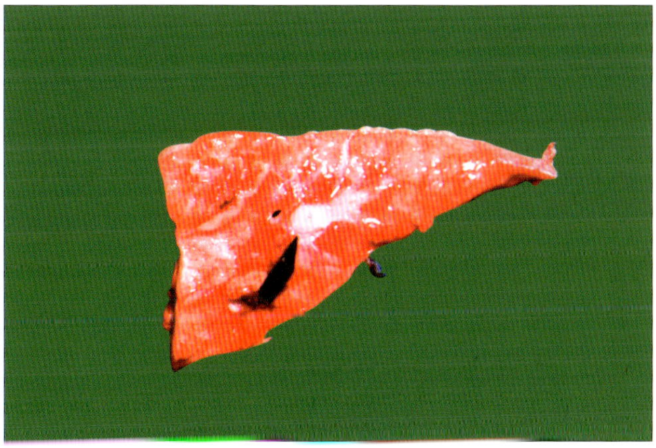

图2.5.4-2 猪的霉菌性肺炎 肺的切面支气管霉菌结节灰白色

图2.5.6-1 猪念珠菌病 病猪营养不良，并有慢性腹泻

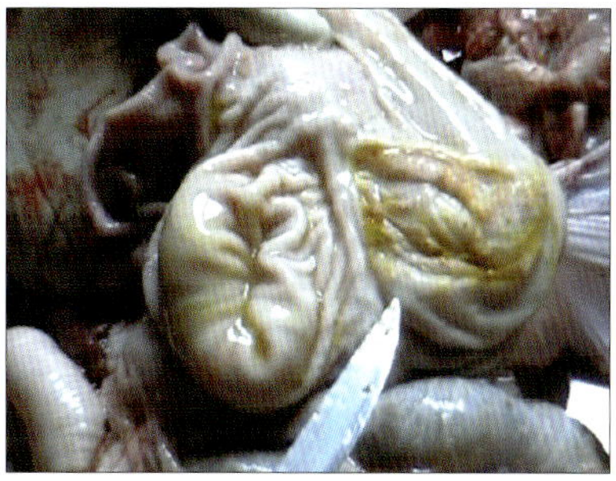

图2.5.6-2 猪念珠菌病 在胃贲门区出现小出血灶

图2.5.6-3 猪念珠菌病 在胃底部形成白色圆形伪膜病灶

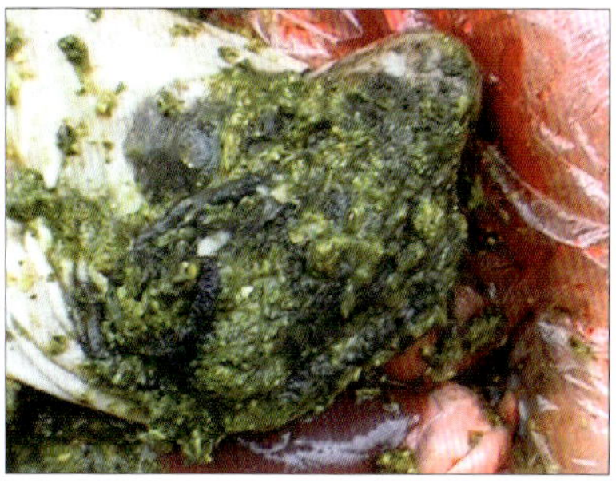

图2.5.6-4 猪念珠菌病 严重感染猪在胃底部形成弥散伪膜病灶

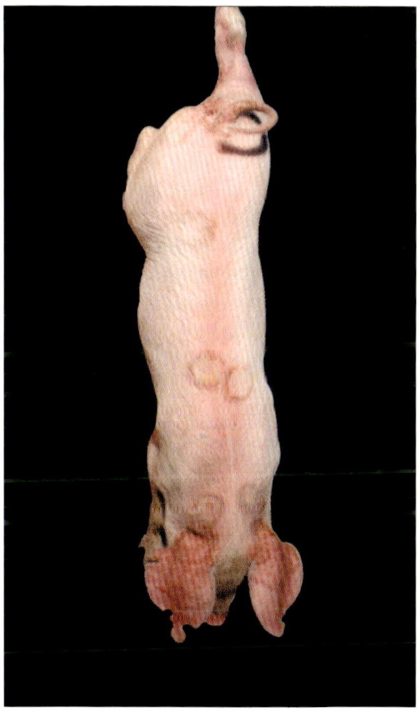

图2.5.7-1 玫瑰糠疹病猪背部蔷薇糠疹

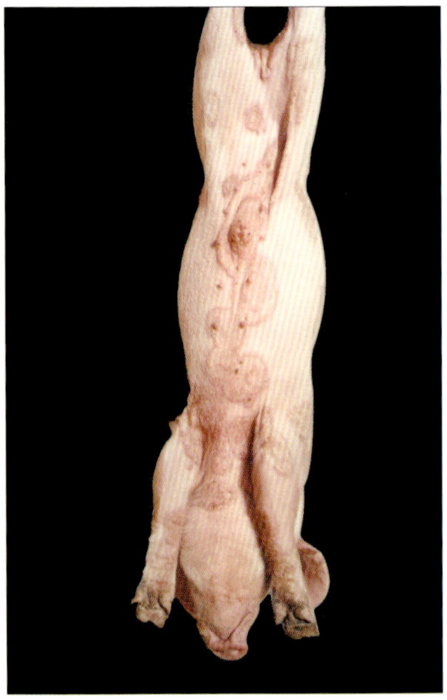

图2.5.7-2 玫瑰糠疹 病猪腹部蔷薇糠疹

图2.5.7-3 玫瑰糠疹 病猪体侧部蔷薇糠疹

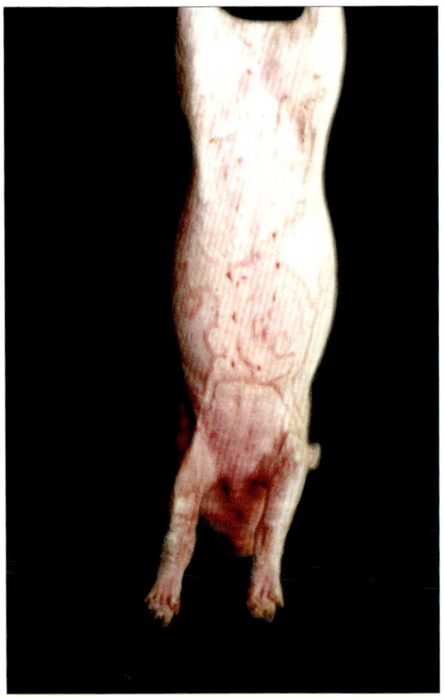

图2.5.7-4 玫瑰糠疹 病猪腹部即将痊愈蔷薇糠疹

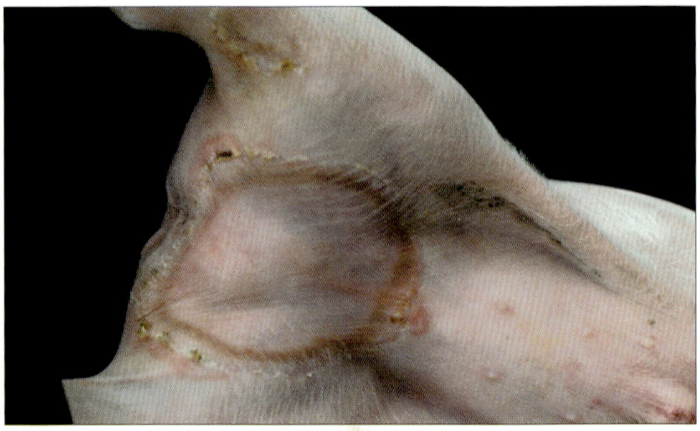

图2.5.7-5 玫瑰糠疹 病猪腹部即将痊愈蔷薇糠疹

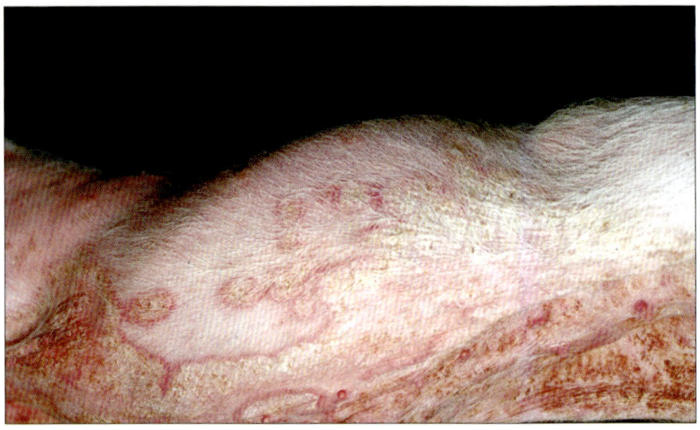

图2.5.7-6 玫瑰糠疹 病猪腹部即将痊愈蔷薇糠疹

图2.6.1-1 衣原体 产下弱仔

图2.6.1-2 衣原体 产下死胎

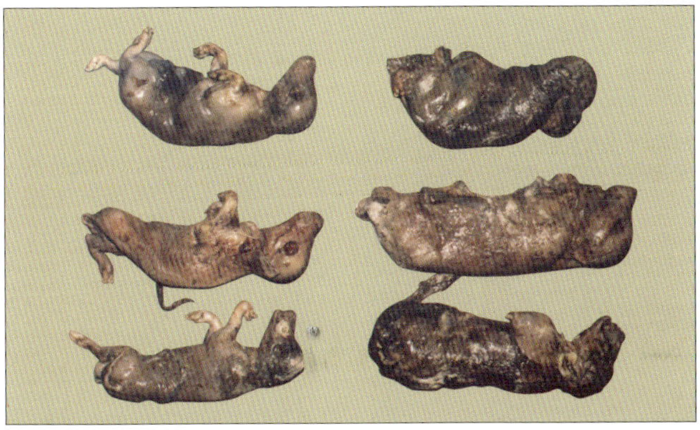

图2.6.1-3 衣原体 木乃伊胎儿展示

图2.6.1-7 衣原体 胎儿体表呈暗灰色

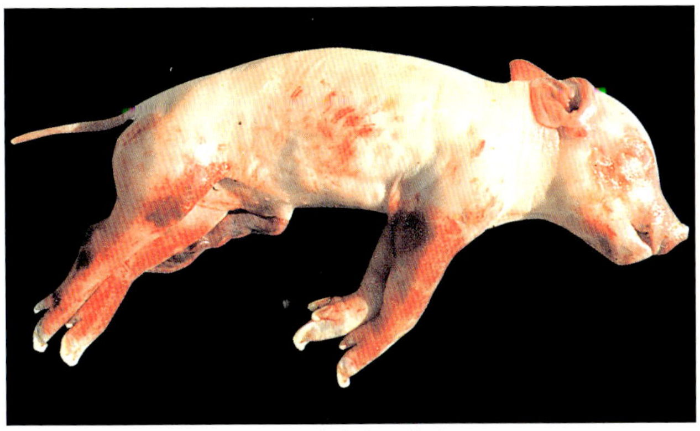

图2.6.1-4 衣原体 胎儿皮肤有出血斑点

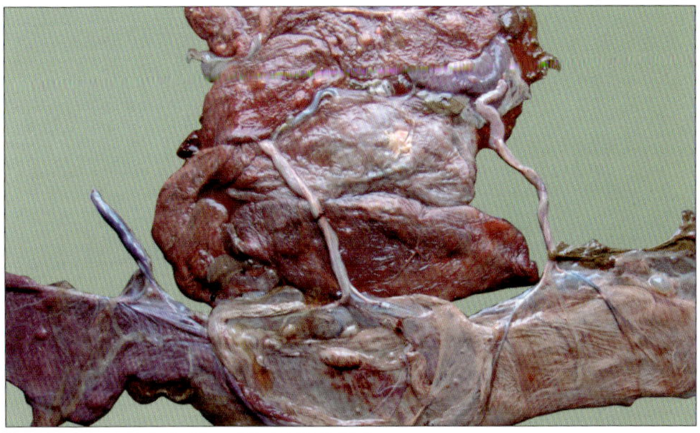

图2.6.1-8 衣原体 胎衣呈暗红色

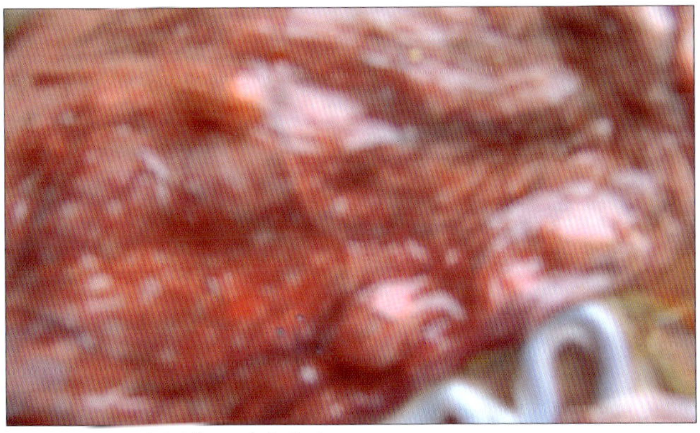

图2.6.1-5 衣原体 胎衣充血

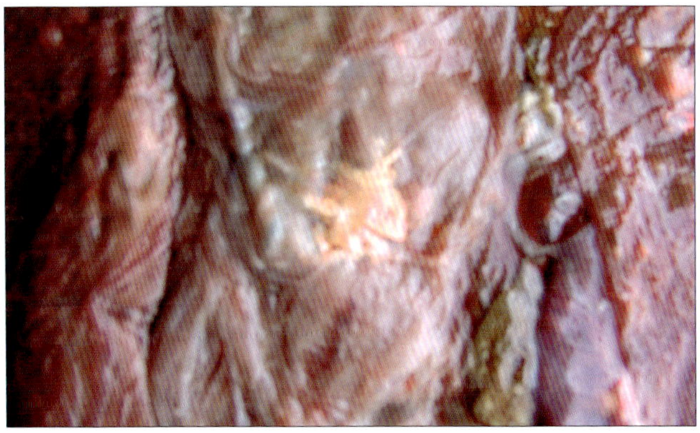

图2.6.1-9 衣原体 胎衣的黏膜表面有坏死病灶

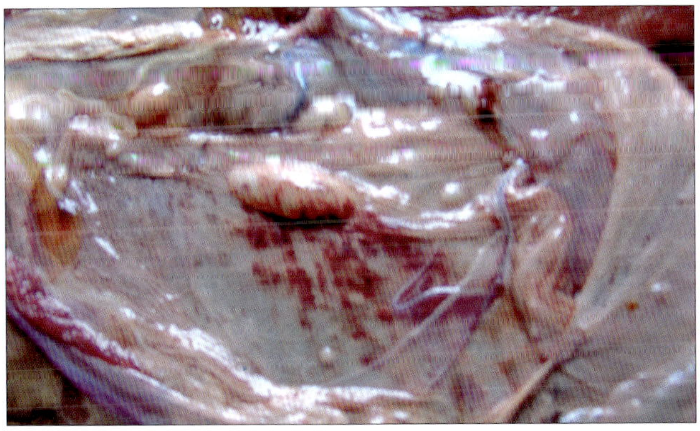

图2.6.1-6 衣原体 胎衣出血

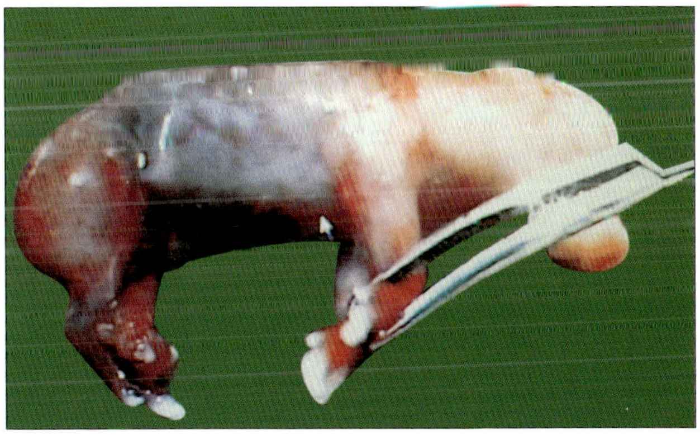

图2.6.1-10 衣原体 流产胎儿皮肤有淤血斑

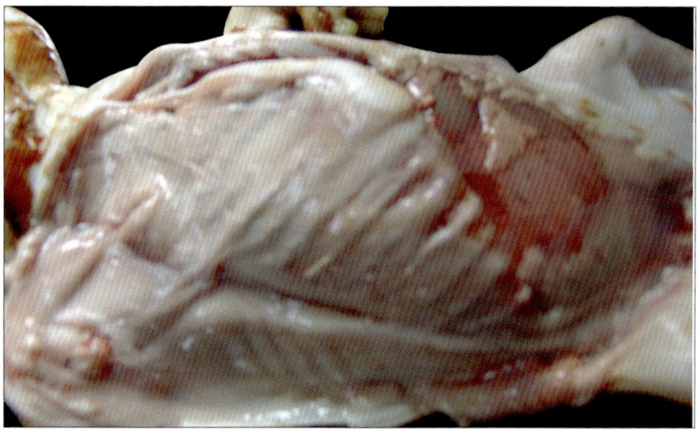

图2.6.1-11　衣原体　流产胎儿皮下水肿

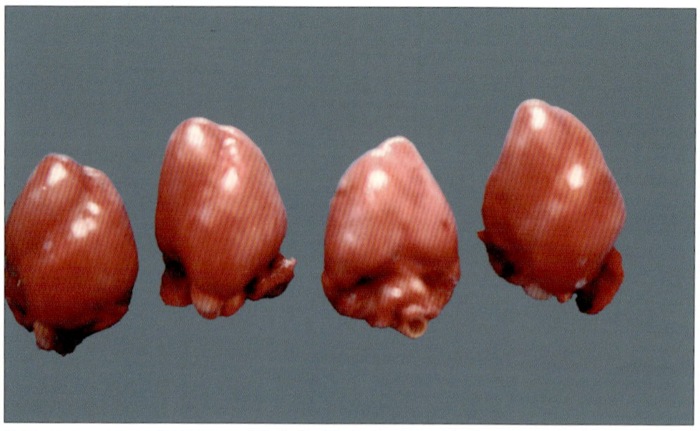

图2.6.1-15　衣原体　新生仔猪心肌表面出血

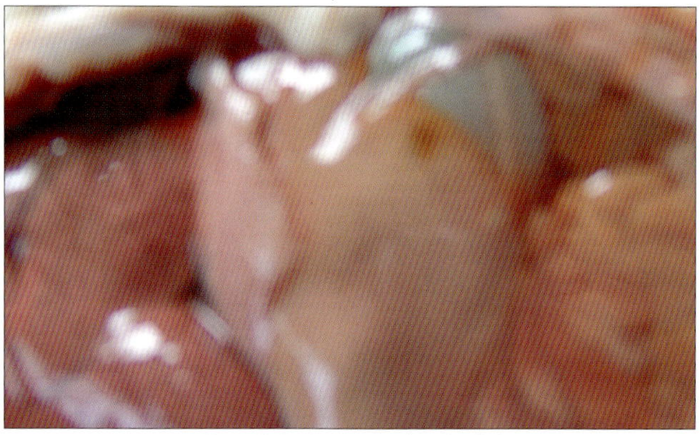

图2.6.1-12　衣原体　流产胎儿肝肿大呈红黄色

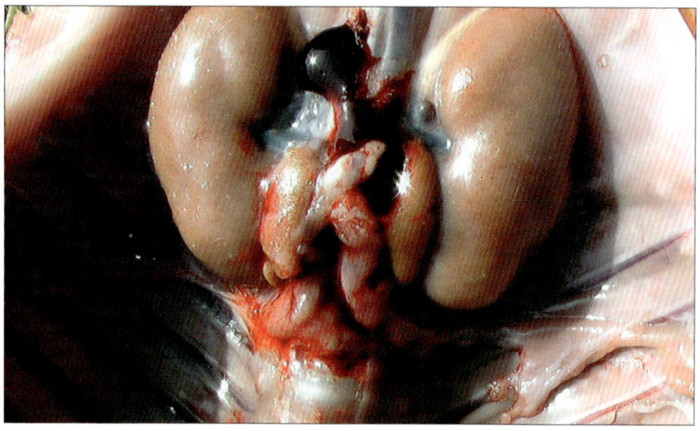

图2.6.1-16　衣原体　新生仔猪肾点状出血

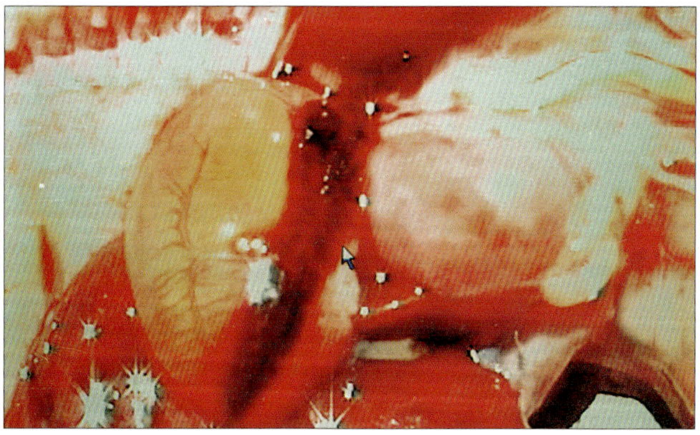

图2.6.1-13　衣原体　流产胎儿心外膜有出血点，脾脏肿大

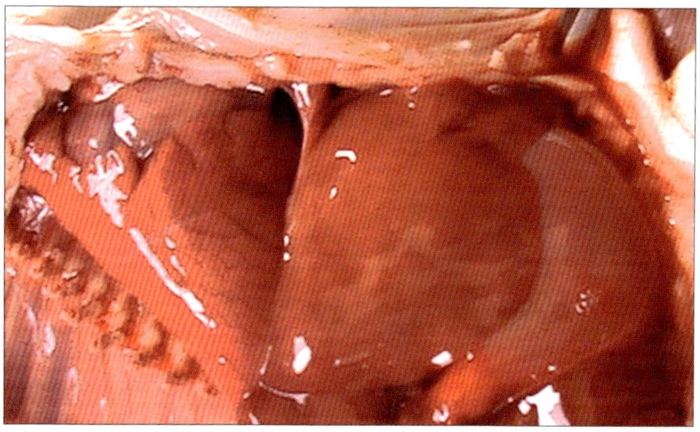

图2.6.1-17　衣原体　新生仔猪肝质地脆弱

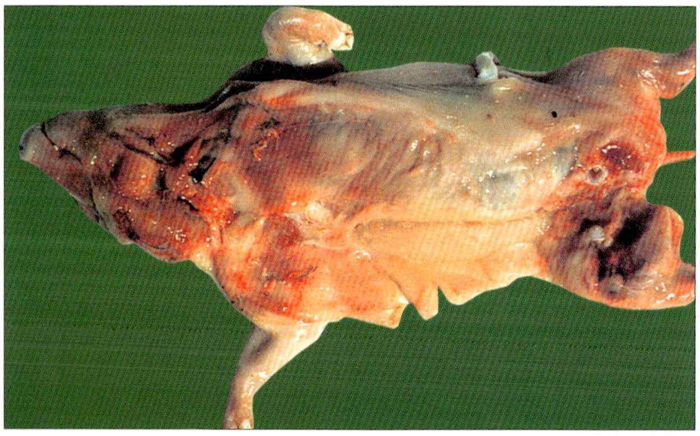

图2.6.1-14　衣原体　新生仔猪头、胸及肩胛等部皮下水肿

图2.6.1-18　衣原体　2～6周龄发病仔猪消瘦

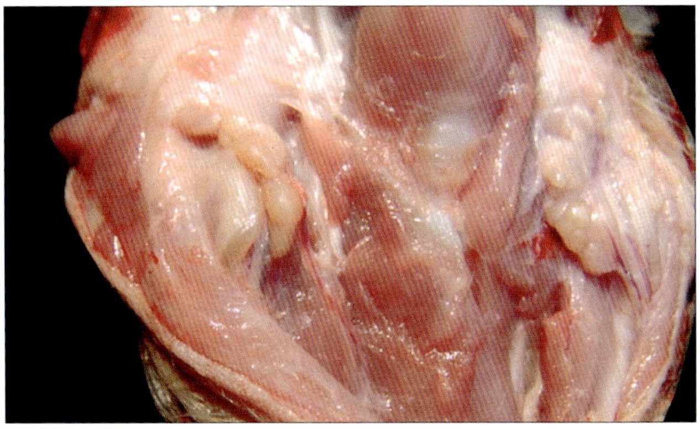
图2.6.1–19 衣原体 下颌淋巴结肿胀

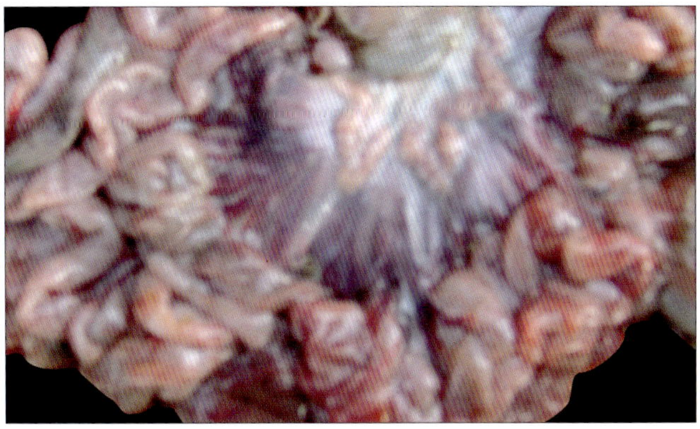
图2.6.1–20 衣原体 肠系膜淋巴结肿胀

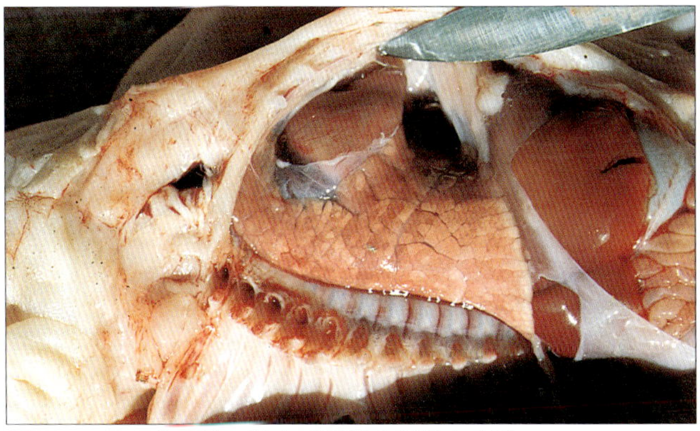
图2.6.1–21 衣原体 肺小叶间增宽肺淤血水肿

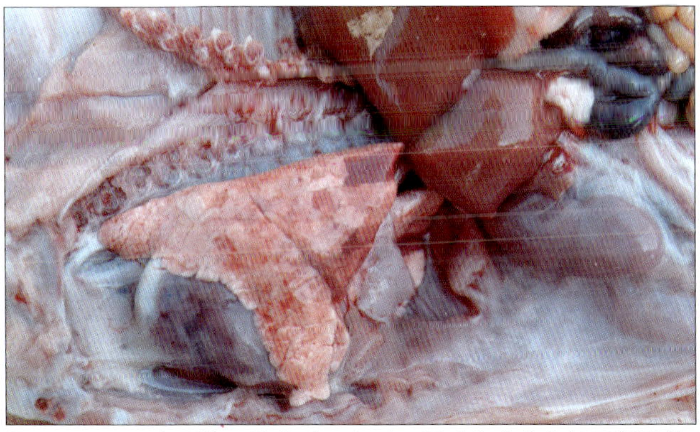
图2.6.1–22 衣原体 肺尖叶、心叶、隔叶各病变之间界线清楚

图2.6.1–23 衣原体 胸腔内积有多量淡红色渗出液

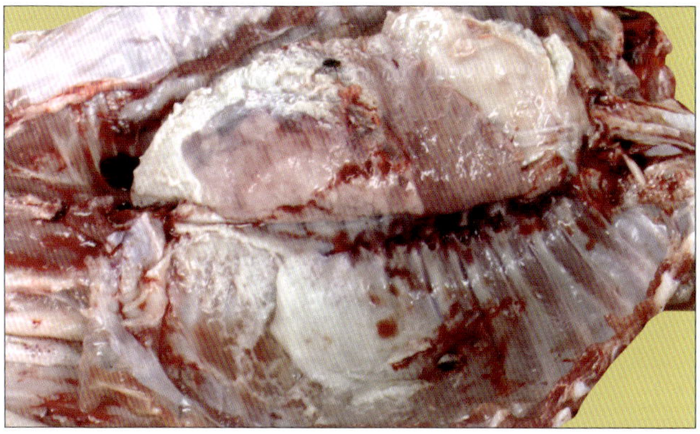
图2.6.1–24 衣原体 腹腔内脏器发生纤维素性粘连

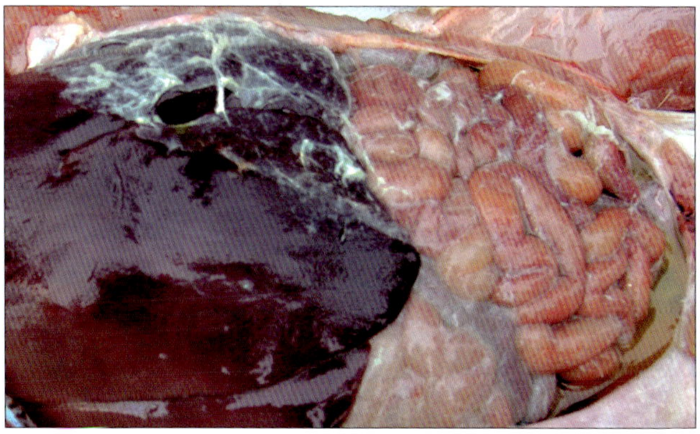
图2.6.1–25 衣原体 肝脏表面有纤维素

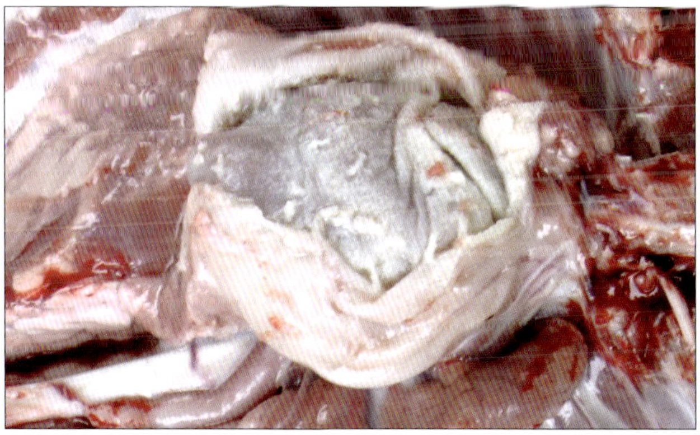
图2.6.1–26 衣原体 心包膜纤维素性炎

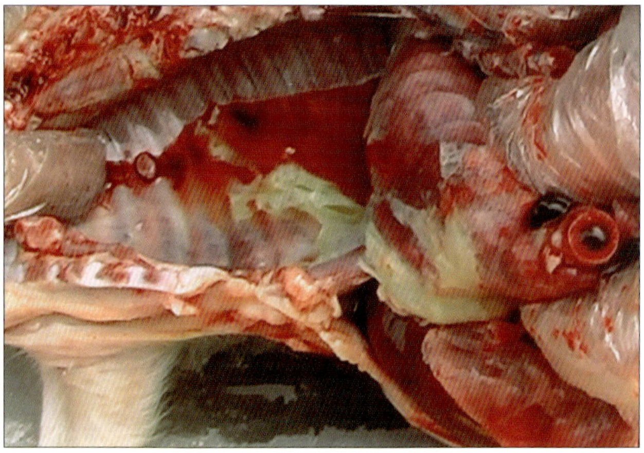

图2.6.1-27 衣原体 心外膜、胸壁发生纤维素性粘连

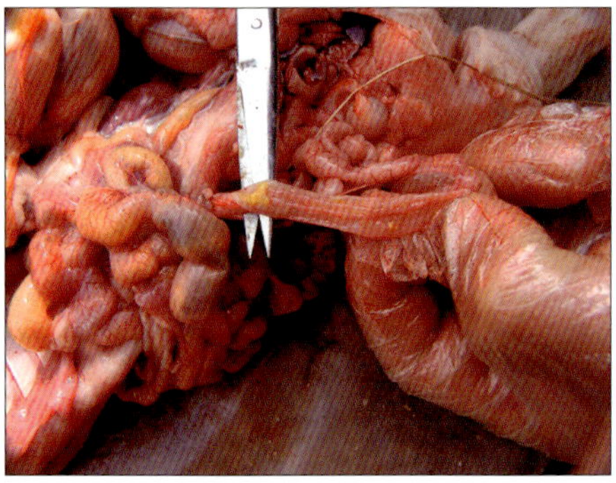

图2.6.1-28 衣原体 小肠黏膜充血水肿，肠黏膜发炎而潮红

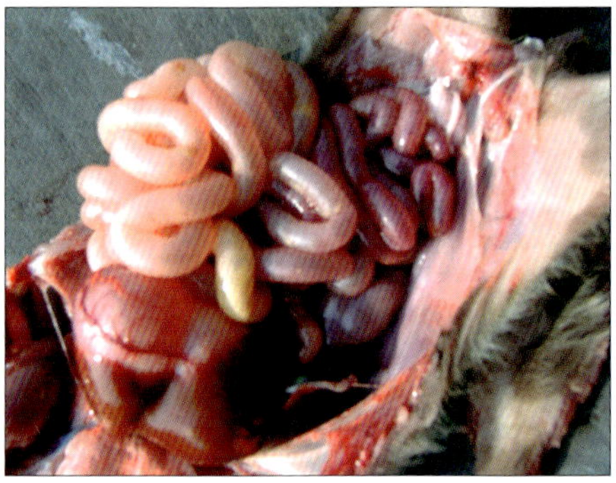

图2.6.1-29 衣原体 小肠内容物稀薄，混有黏液及血液

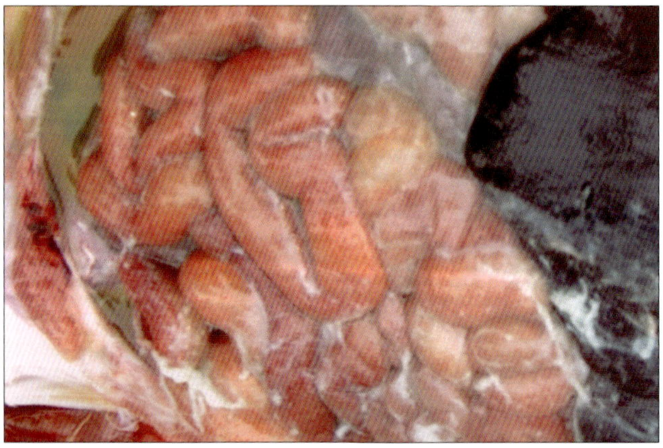

图2.6.1-30 衣原体 小肠和结肠浆膜面灰白色浆液性纤维素性覆盖物

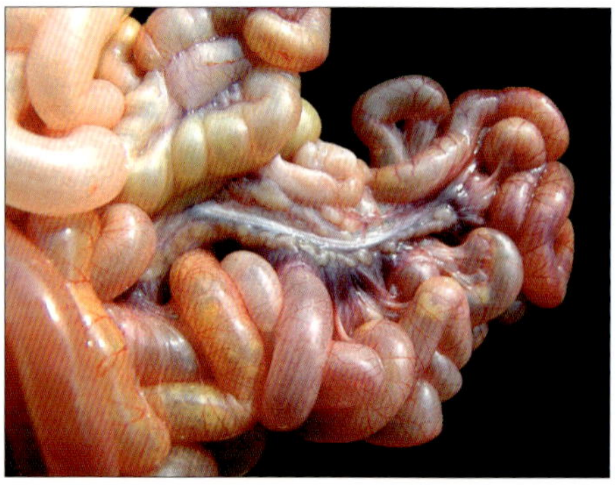

图2.6.1-31 衣原体 肠系膜淋巴结肿胀

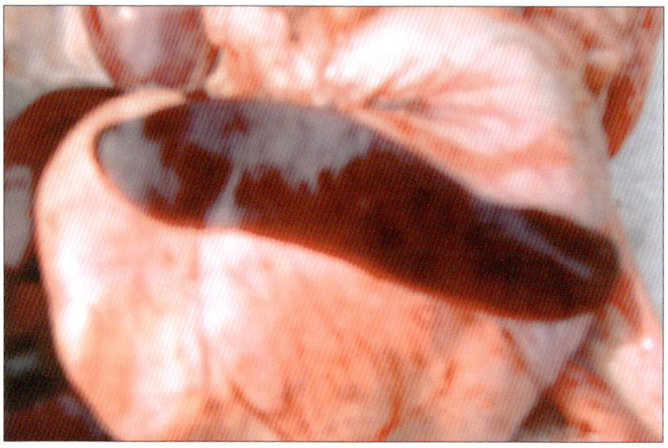

图2.6.1-32 衣原体 脾脏轻度肿大

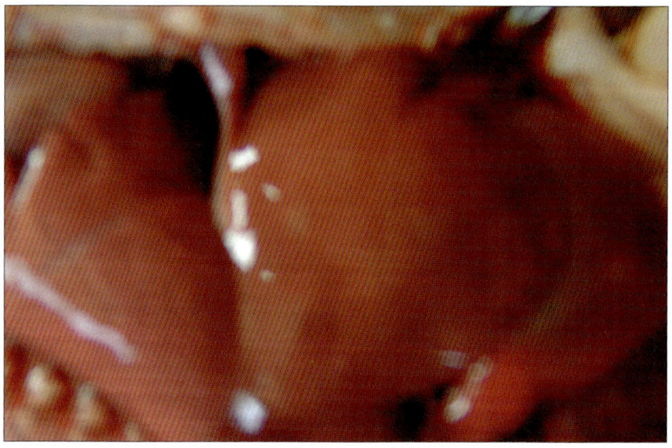

图2.6.1-33 衣原体 肝色淡肿大质脆

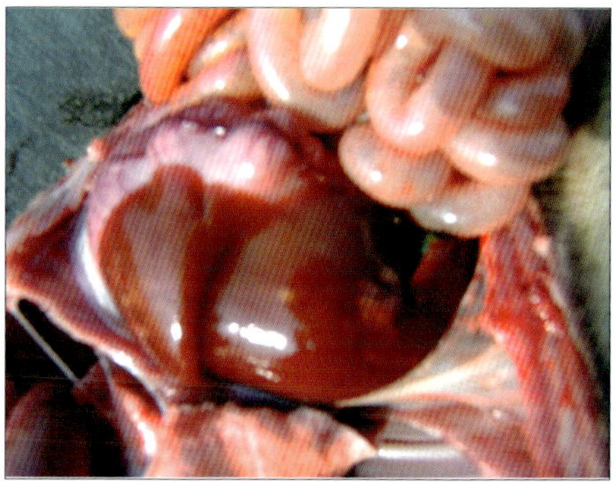

图2.6.1-34 衣原体 肝表面有灰白色斑点

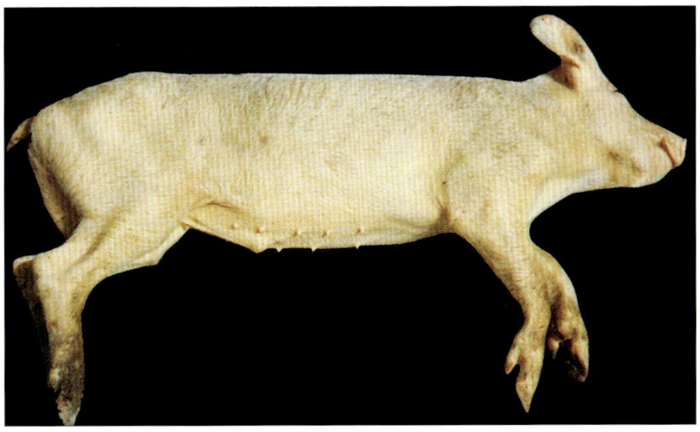
图2.6.2-1 钩端螺旋体病 黄疸型 全身皮肤黄染

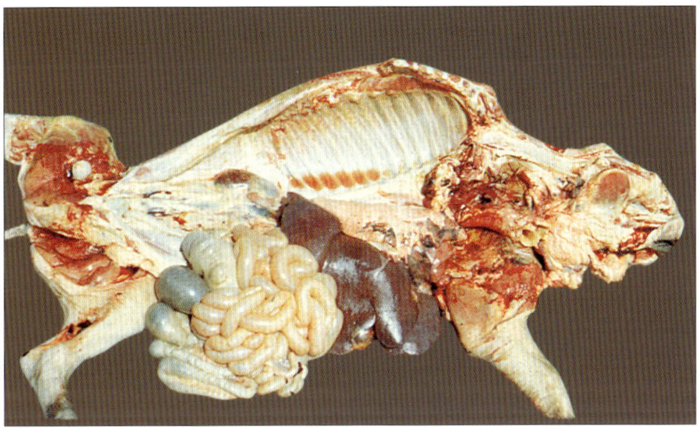
图2.6.2-2 钩端螺旋体病 皮下与各浆膜组织等黄染

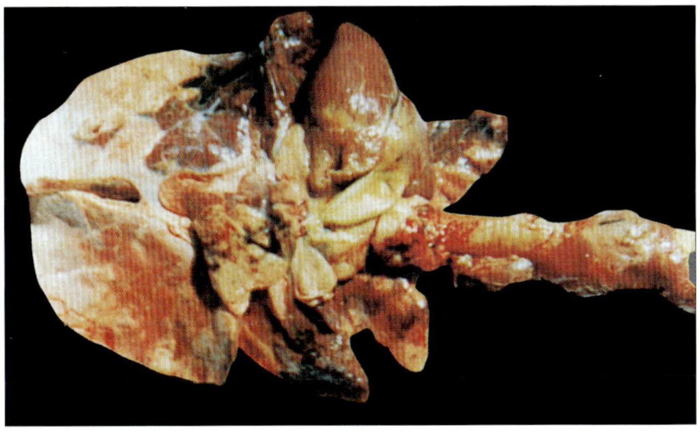
图2.6.2-3 钩端螺旋体病 肺黄染

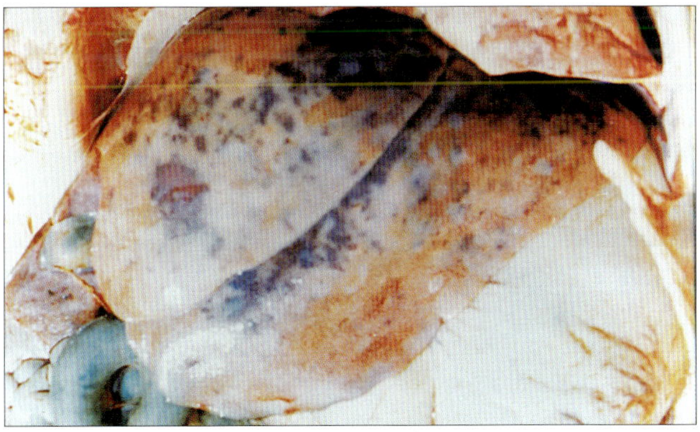
图2.6.2-4 钩端螺旋体病 肝黄色及出血灶

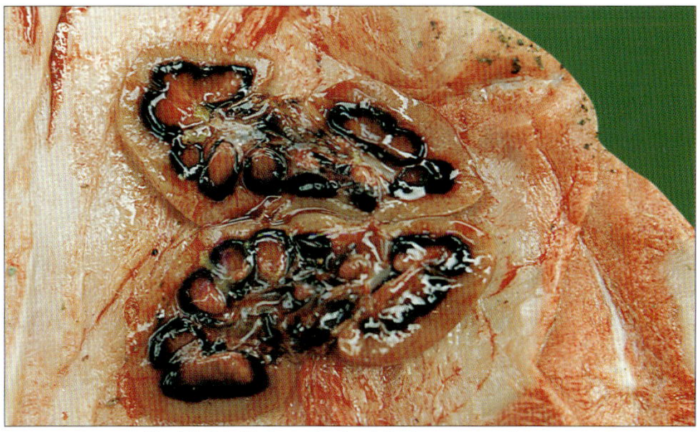
图2.6.2-5 钩端螺旋体病 肾皮质与肾盂周围出血

图2.6.2-6 钩端螺旋体病 肾皮质部表面散在灰白色病灶

图2.6.3-1 猪痢疾 病猪消瘦、下痢便血

图2.6.3-2 猪痢疾 粪便中可见有血便

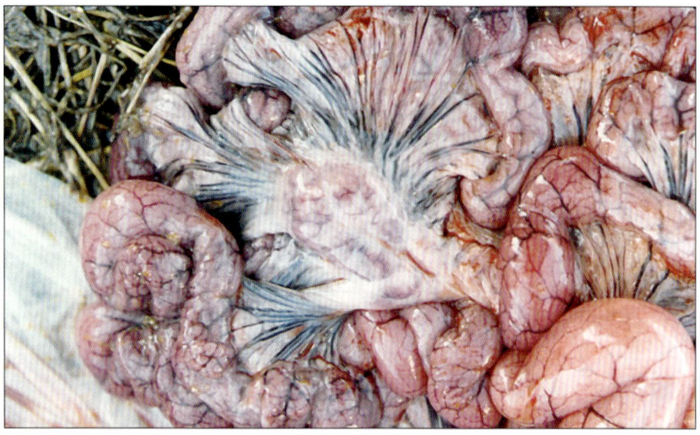
图2.6.3-3 猪痢疾 肠系膜淋巴结肿胀

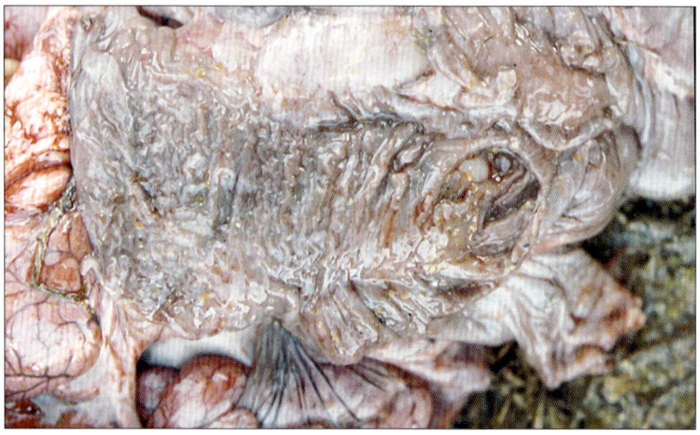
图2.6.3-4 猪痢疾 结肠及盲肠黏膜皱褶明显，呈卡他性炎变化

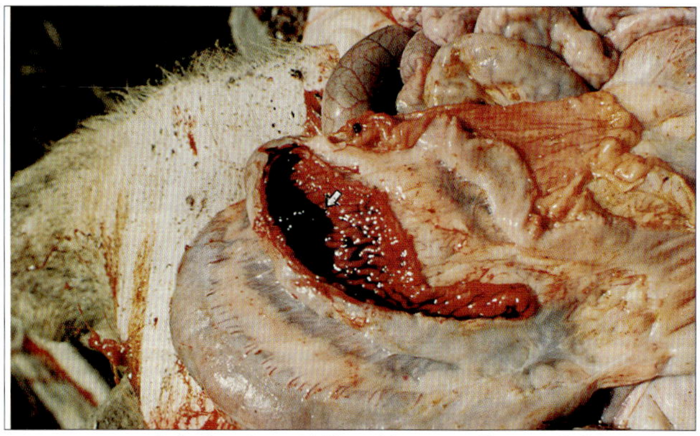
图2.6.3-5 猪痢疾 切开的结肠襻，可见结肠黏膜暗红色，肠管中有血凝块

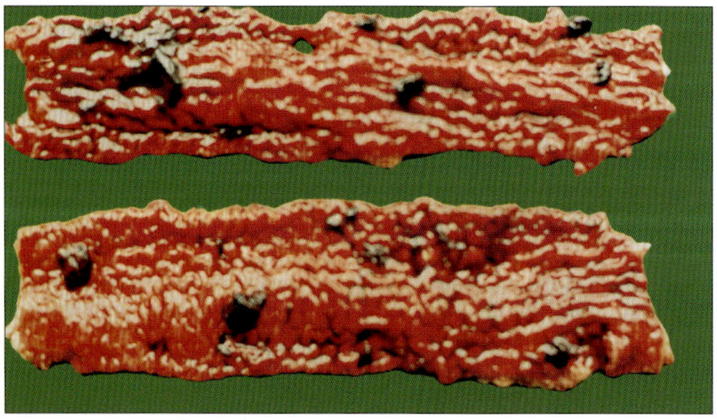
图2.6.3-6 猪痢疾 结肠黏膜肿胀，呈脑回样弥散性暗红色，附有散在的出血凝块

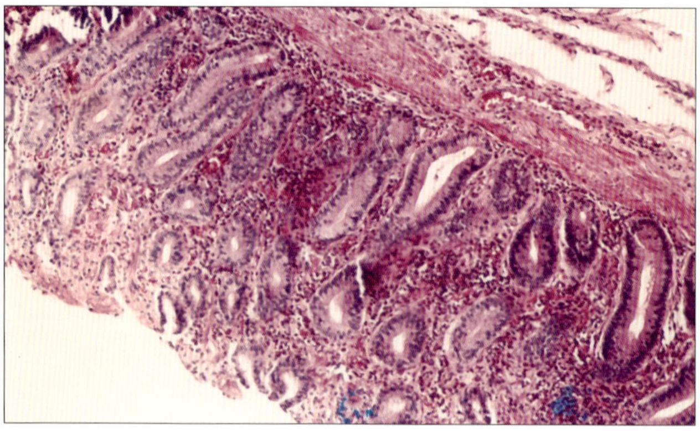
图2.6.3-7 猪痢疾 大肠黏膜坏死，黏膜中腺管间出血与炎性细胞浸润HE×20

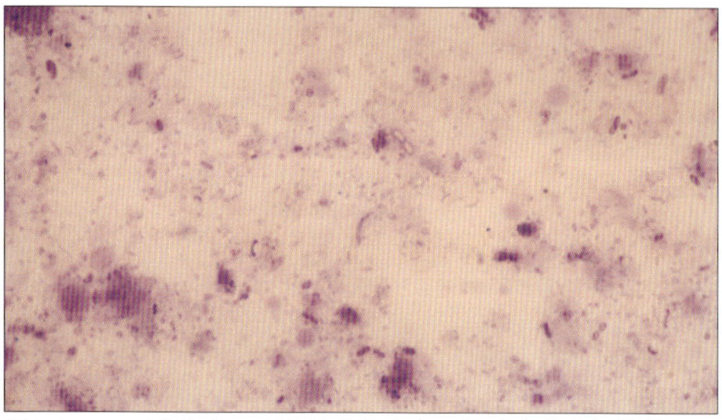
图2.6.3-8 猪痢疾 直肠黏膜涂片中心部猪痢疾密螺旋体瑞氏染色×100

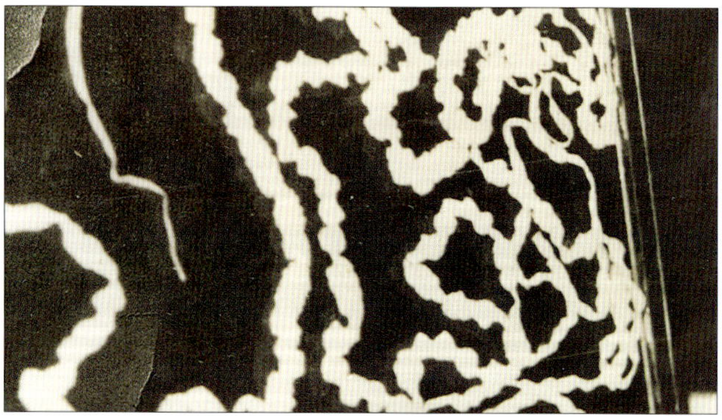
图3.2.1-1 猪囊尾蚴病 有钩绦虫节片

图3.2.1-2 猪囊尾蚴病 猪囊尾蚴

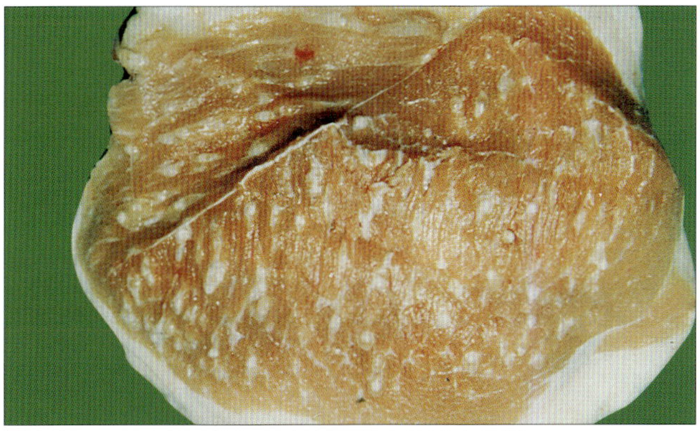
图3.2.1-3　猪囊尾蚴病　寄生于肌肉的猪囊尾蚴

图3.2.3-1　猪细颈囊尾蚴病　寄生于猪肠系膜上的细颈囊尾蚴

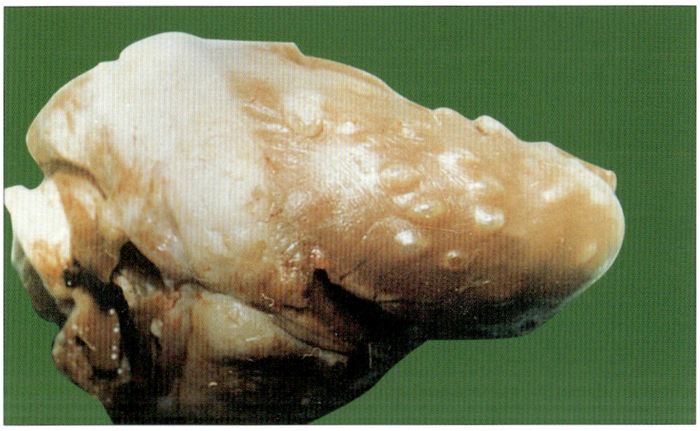
图3.2.1-4　猪囊尾蚴病　寄生于心肌的猪囊尾蚴

图3.2.4-1　姜片吸虫病　成虫形态

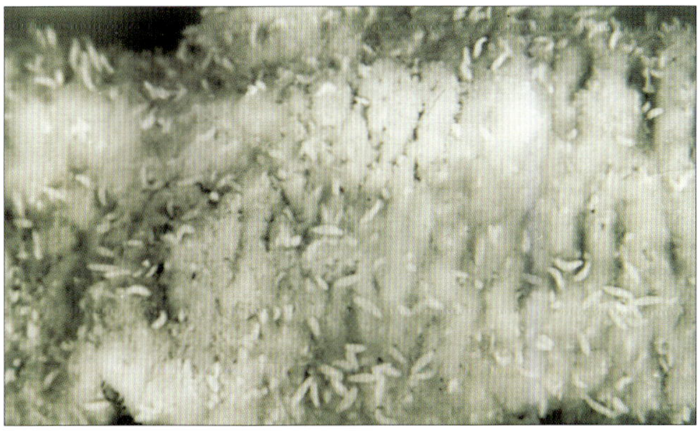
图3.2.2-1　寄生于狗小肠内的细粒棘球绦虫的幼虫（棘球蚴）

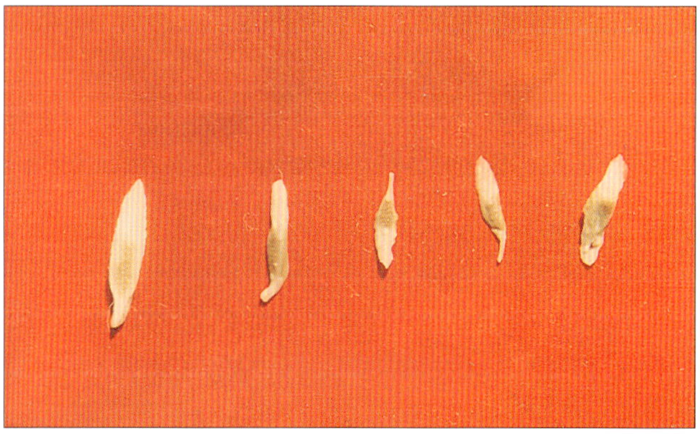
图3.2.5-1　华枝睾吸虫病　成虫形态

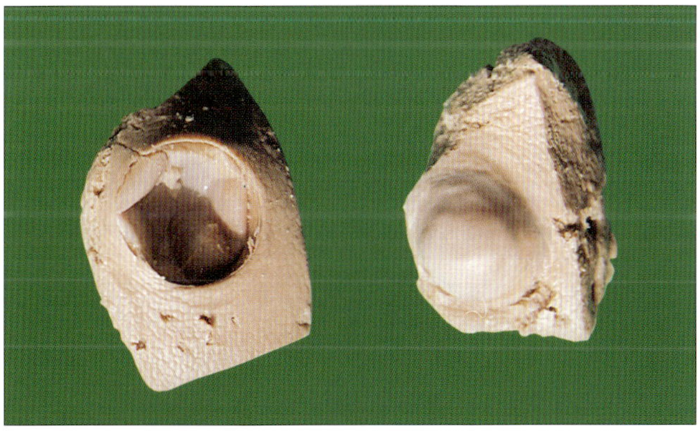
图3.2.2-2　寄生于猪肝脏的棘球蚴压迫肝脏而形成的凹陷病灶

图3.3.1-1　猪蛔虫病　肠管内的猪蛔虫

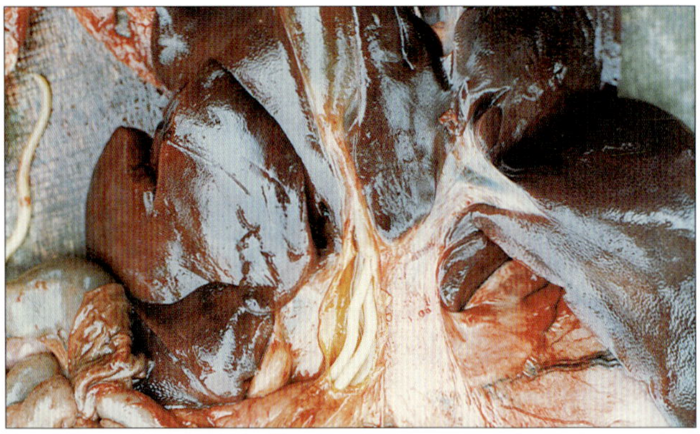
图3.3.1-2 猪蛔虫病 钻入胆管内的猪蛔虫

图3.3.3-2 从结肠浆黏膜剥下的幼虫展示

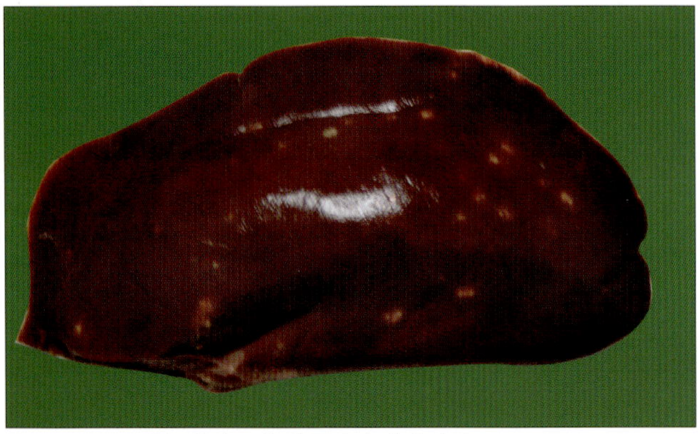
图3.3.1-3 猪蛔虫病 肝表面有灰白色斑点

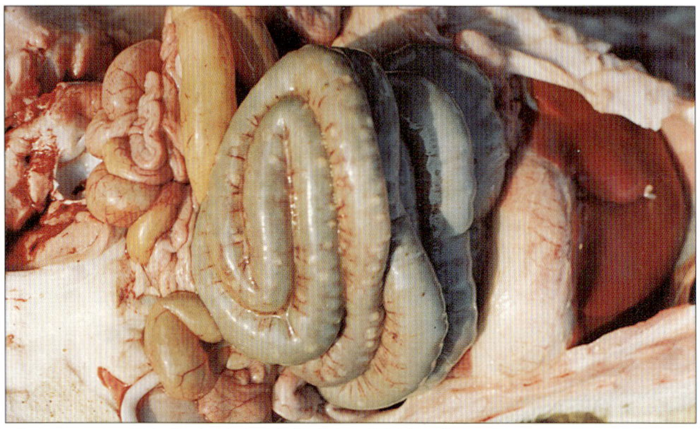
图3.3.3-3 幼虫在结肠黏膜内形成的结节

图3.3.1-4 猪蛔虫病 肝切面有灰白色斑点

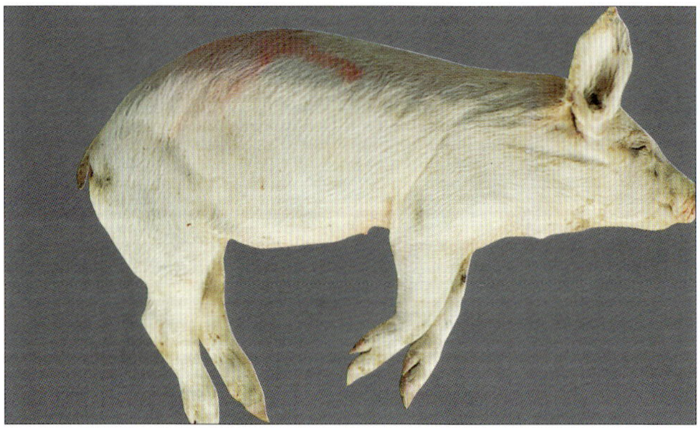
图3.3.4-1 猪后圆线虫病 死亡病猪尸体无明显所见

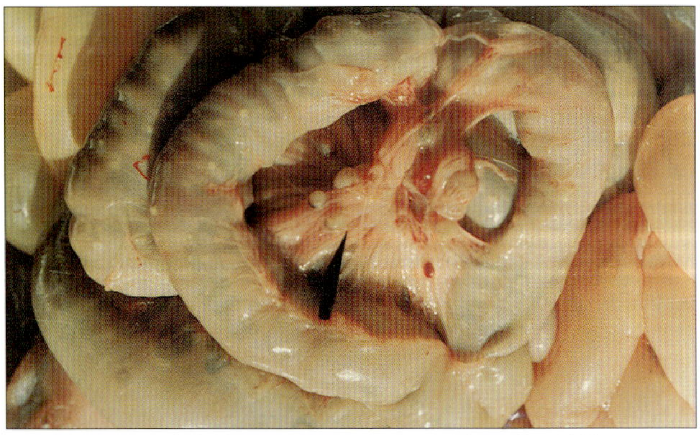
图3.3.3-1 幼虫在结肠肠系膜和在浆黏膜内形成的结节

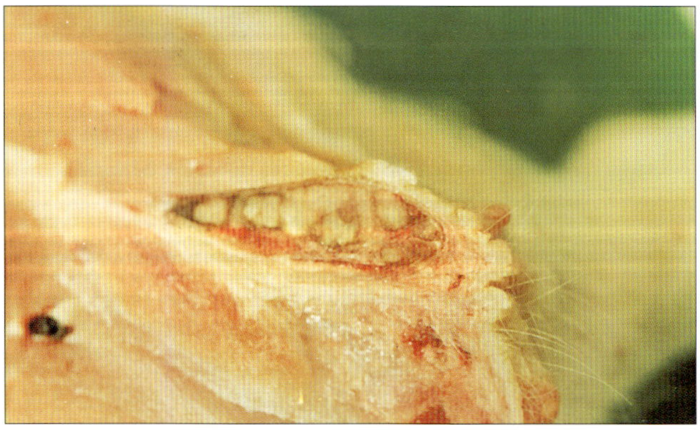
图3.3.4-2 猪后圆线虫病 腹股沟淋巴结肿胀

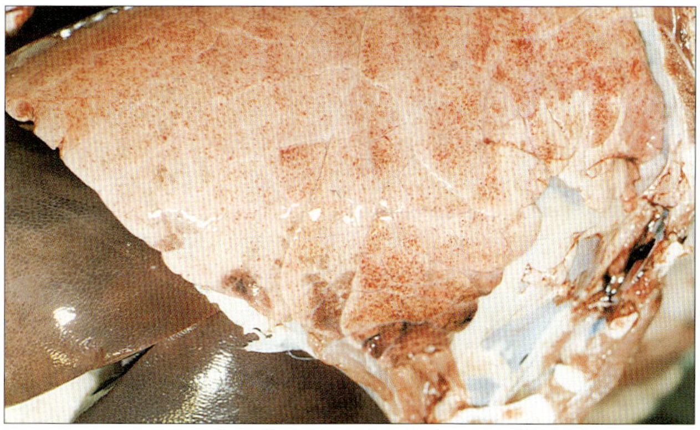
图3.3.4–3 肺隔叶表面散在的弥漫网状充血小叶间增宽

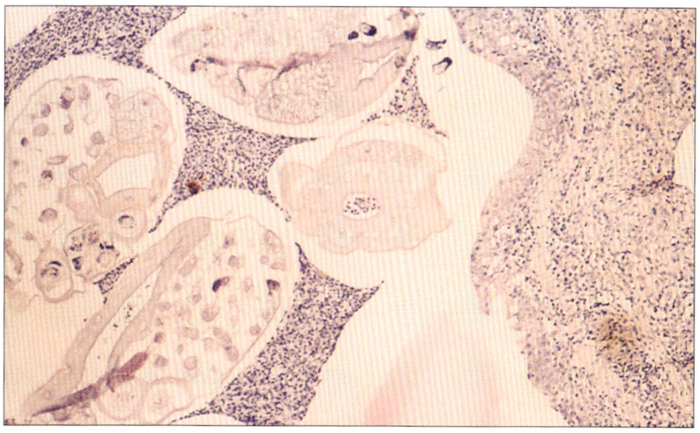
图3.3.4–7 支气管内的虫体HE × 20

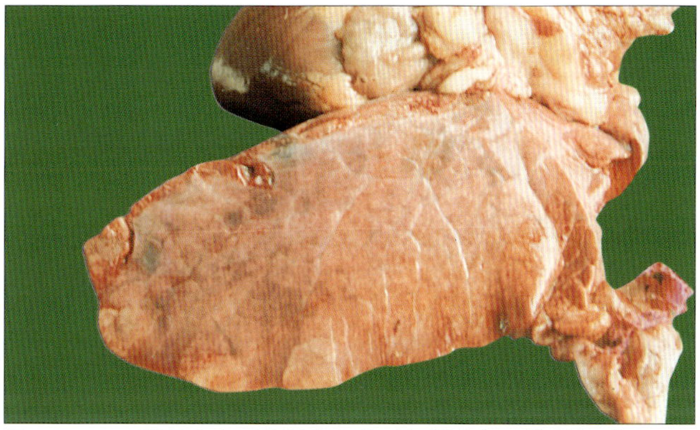
图3.3.4–4 肺隔叶表面弥漫充血小叶间增宽与局灶性气肿

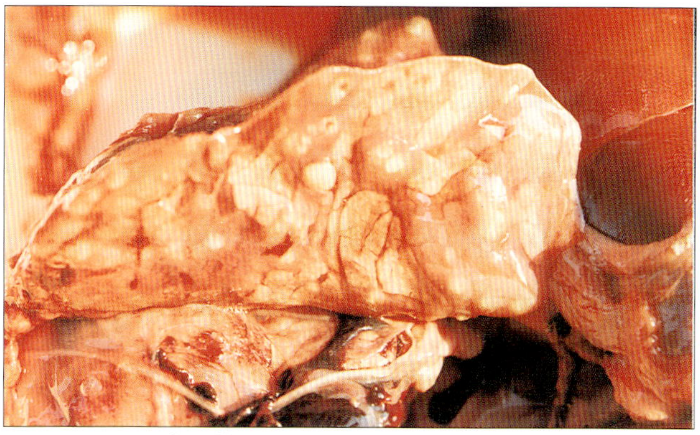
图3.3.4–8 继发细菌感染发生化脓性肺炎

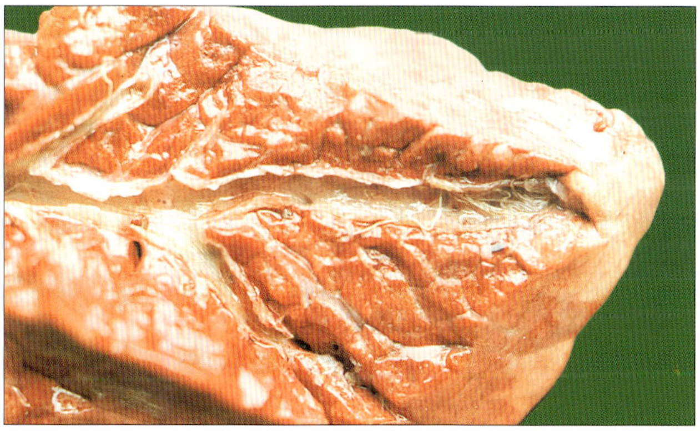
图3.3.4–5 肺纵切支气管内的猪肺线虫

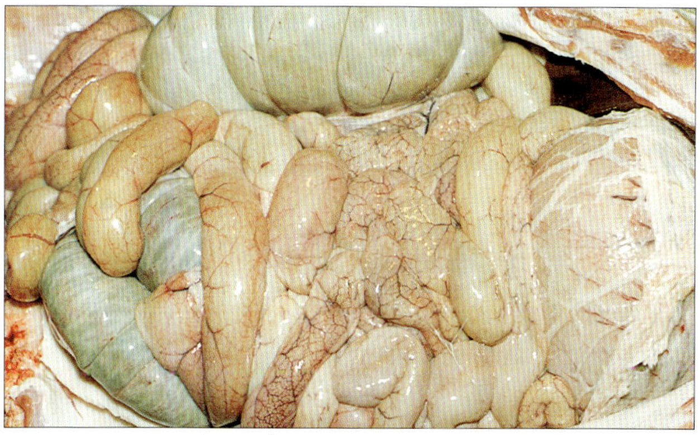
图3.3.4–9 胃肠外观形态无明显可见病变

图3.3.4–6 肺横切支气管内的猪肺线虫

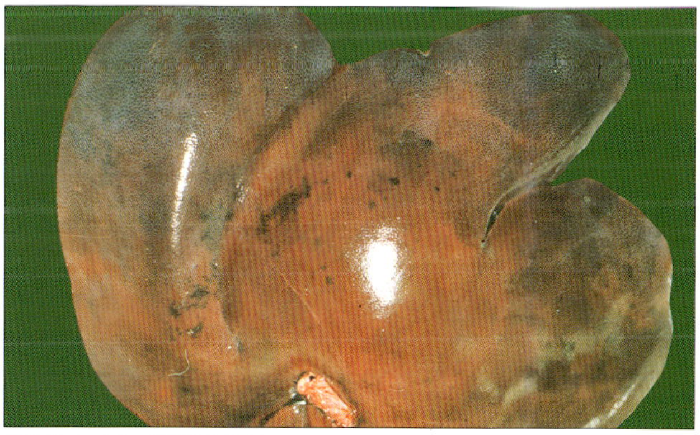
图3.3.4–10 肝营养不良

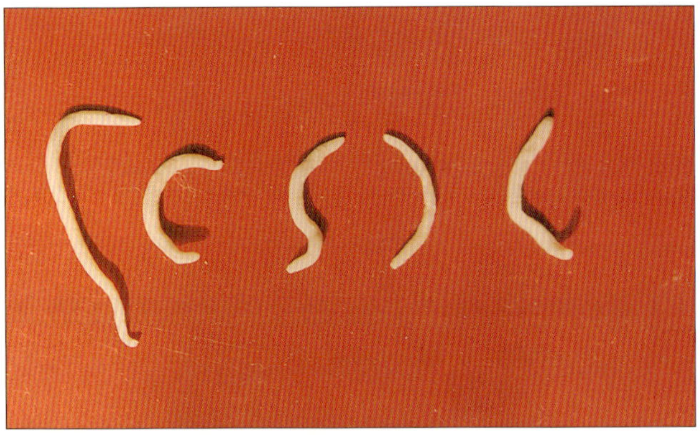

图3.3.5-1 猪冠尾线虫病猪肾虫形态

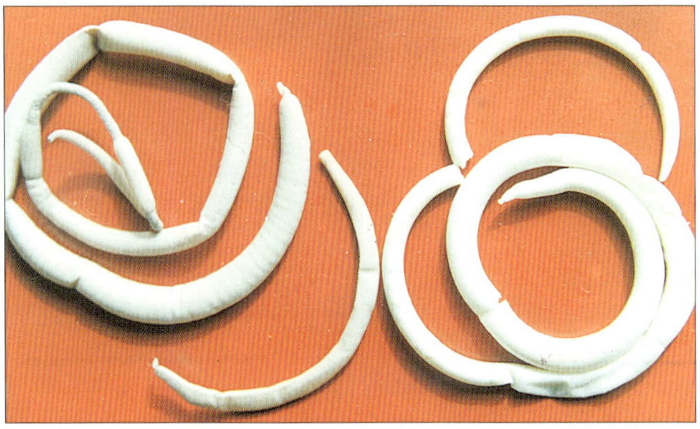

图3.3.9-1 猪棘头虫病 猪蛭形巨噬棘头虫体

图3.3.6-1 猪毛首线虫病 猪毛首线虫体

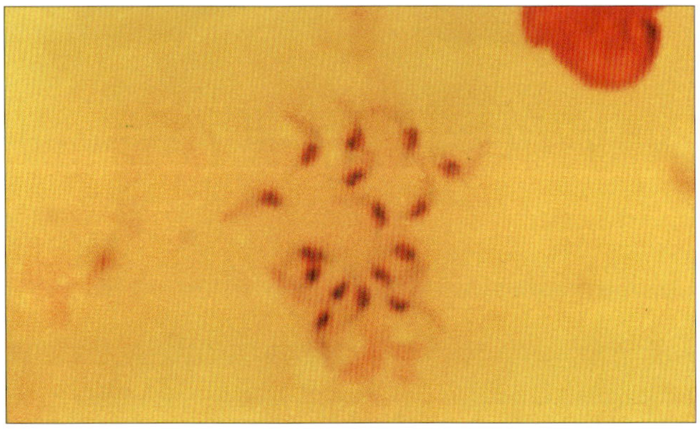

图3.4.1-1 弓形虫病 病猪淋巴结涂片滋养体瑞氏染色×100

图3.3.6-2 猪毛首线虫病 寄生于盲肠猪毛首线虫（鞭虫）

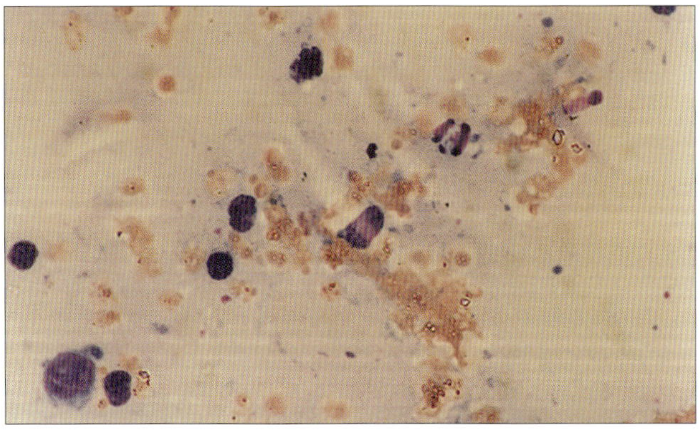

图3.4.1-2 病猪淋巴结涂片分裂的滋养体瑞氏染色×100

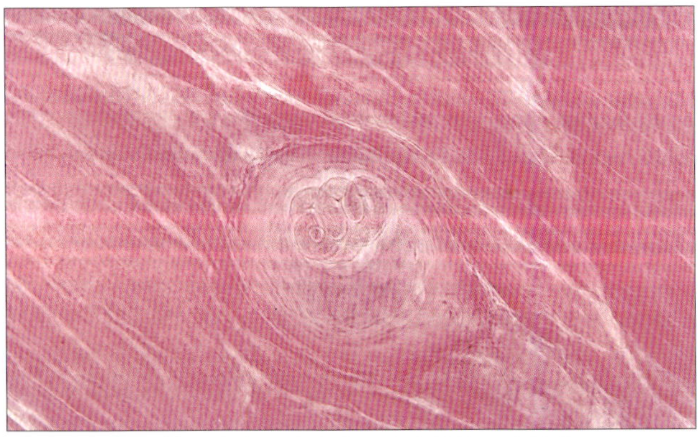

图3.3.7-1 猪旋毛虫病 寄生在肌肉中的旋毛虫幼虫HE×20

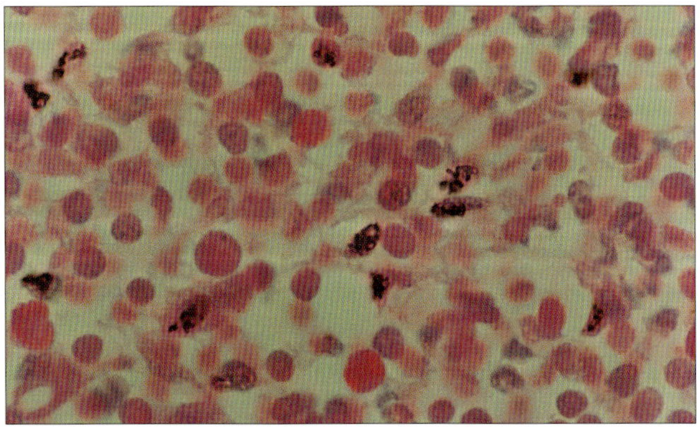

图3.4.1-3 肺内的包囊组织学HE×100

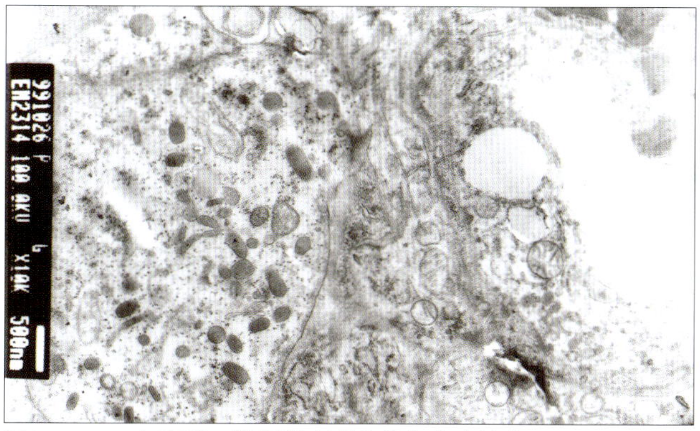

图3.4.1-4　包囊型　肾超微病理变化包囊内的孢子×10 000

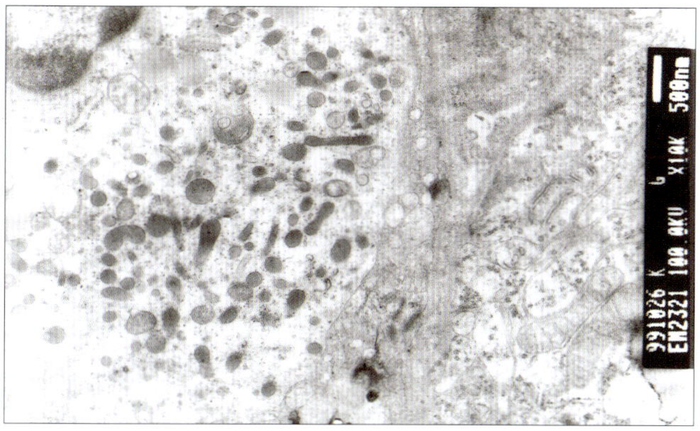

图3.4.1-5　包囊型　肺超微病理变化包囊内的孢子×10 000

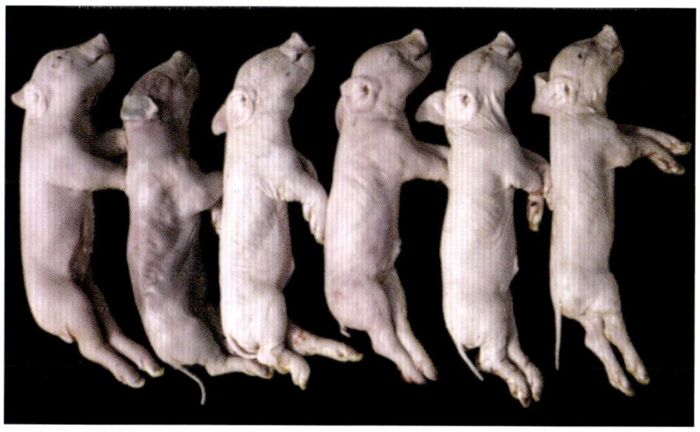
图3.4.1-6　包囊型　展示死胎与死亡的弱仔猪

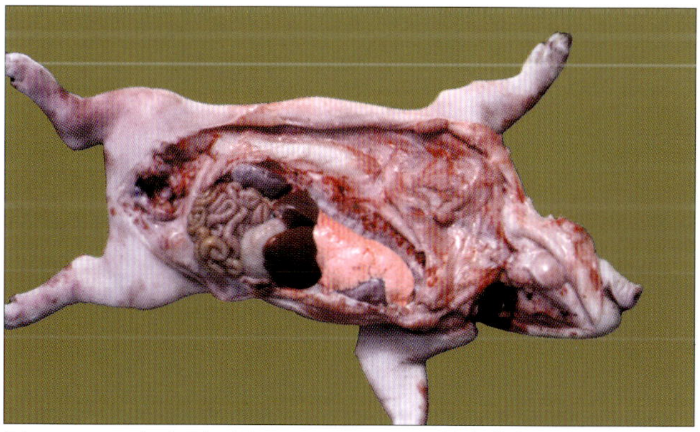
图3.4.1-7　包囊型　展示图3.4.1-5肌肉苍白营养不良

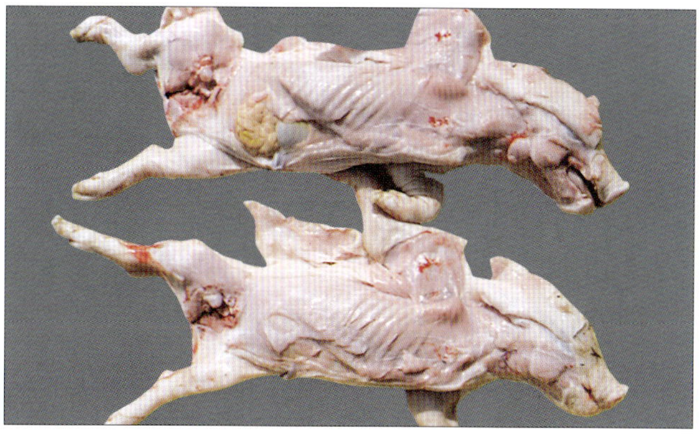
图3.4.1-8　包囊型　展示体表淋巴结肿大，灰白色

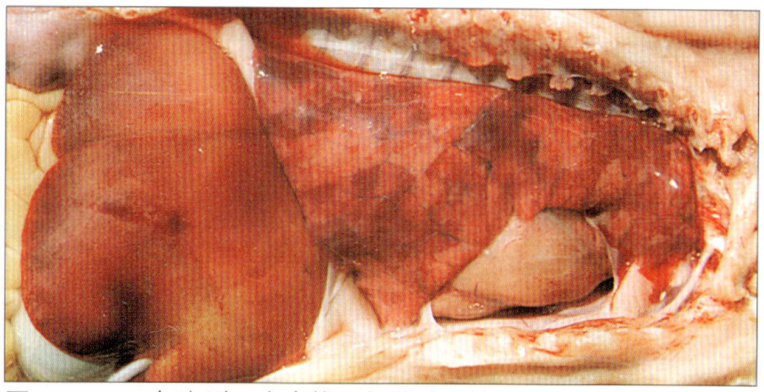
图3.4.1-9　包囊型　由虫体引起的肺炎灶

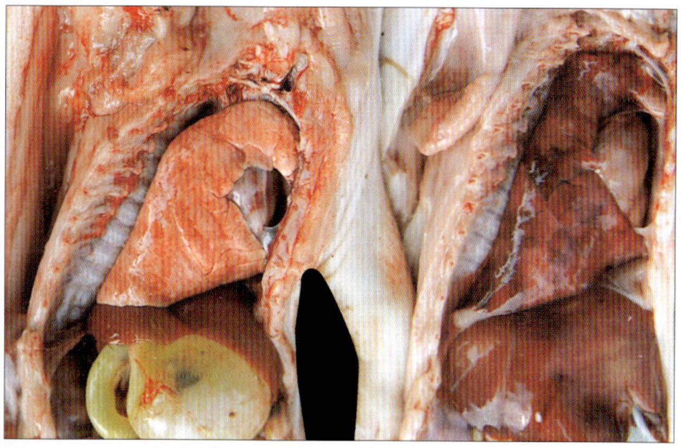
图3.4.1-10　包囊型　同一窝眼观未见到肺炎灶的对照

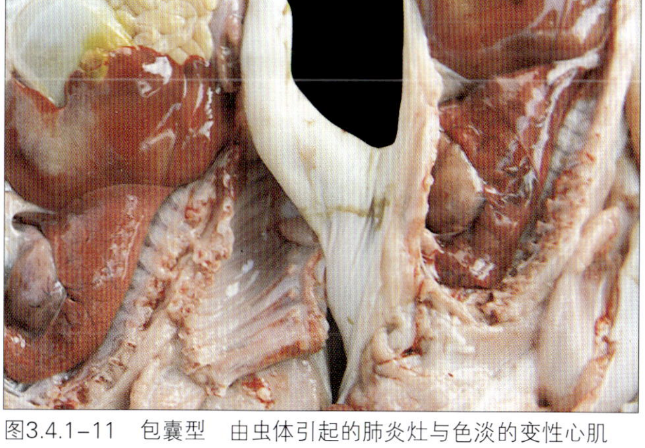
图3.4.1-11　包囊型　由虫体引起的肺炎灶与色淡的变性心肌

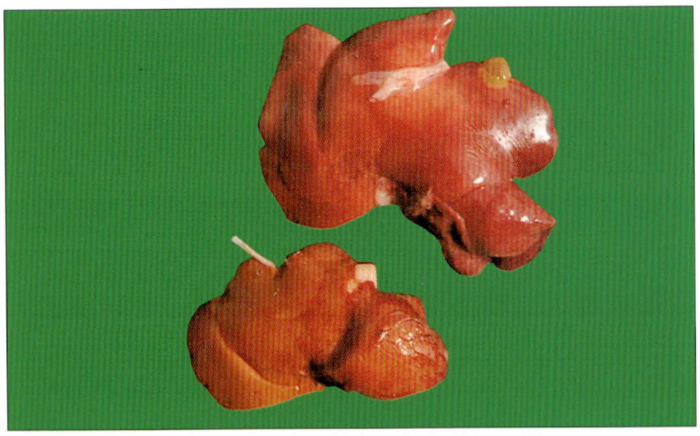
图3.4.1-12　包囊型　肝淤血肿大，有变性坏死灶

图3.4.1-13　包囊型　肾肿大有弥漫性淤血点

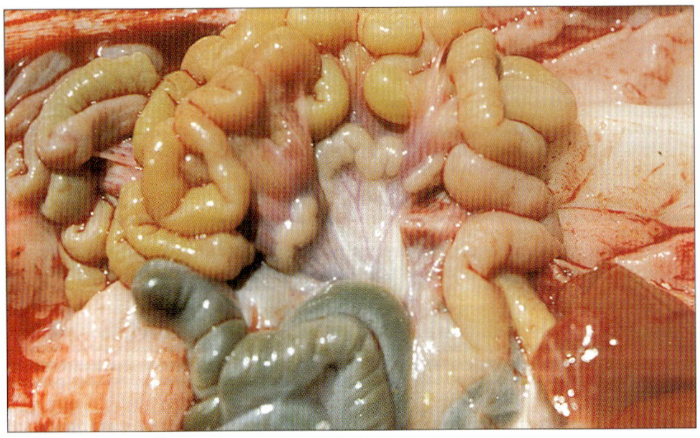
图3.4.1-14　包囊型　小肠系膜淋巴结肿大灰白色

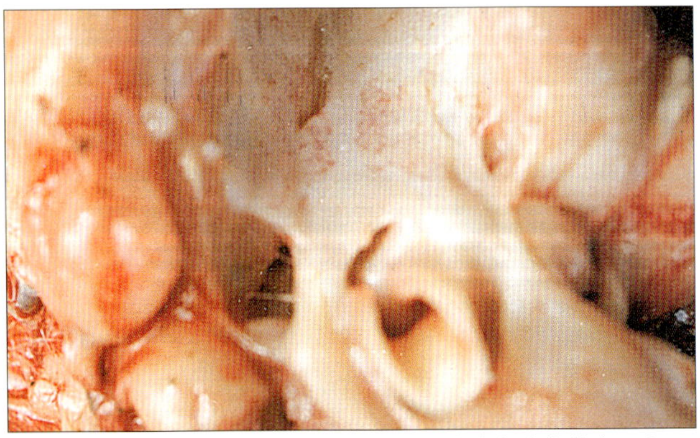
图3.4.1-15　包囊型　下颌淋巴结肿大灰白色与扁桃体出血点

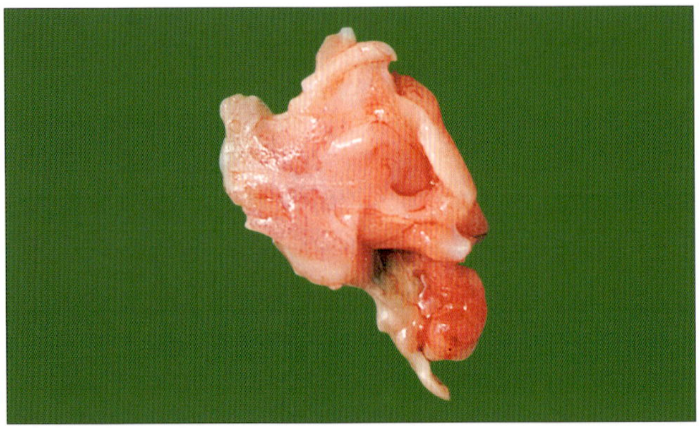
图3.4.1-16　扁桃体　出血点

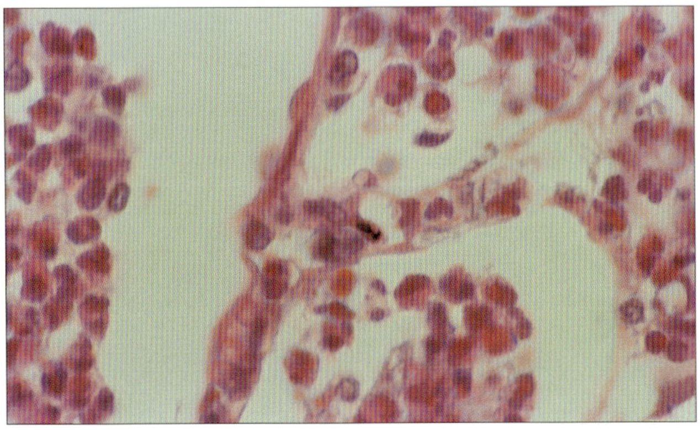
图3.4.1-17　死胎由虫体引起的肺炎灶HE×100

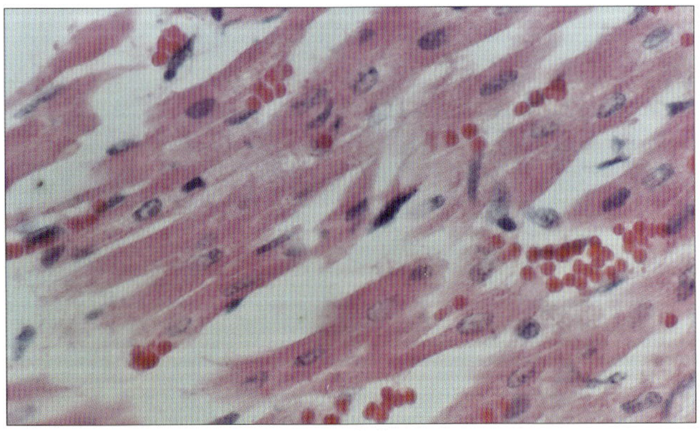
图3.4.1-18　死胎心肌细胞内的虫体HE×100

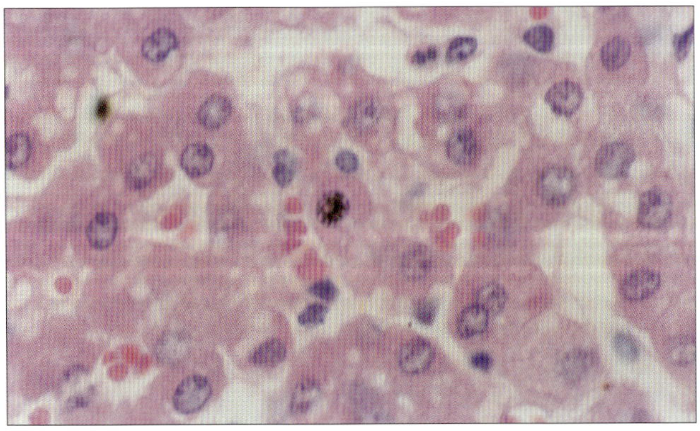
图3.4.1-19　肝细胞内的虫体HE×100

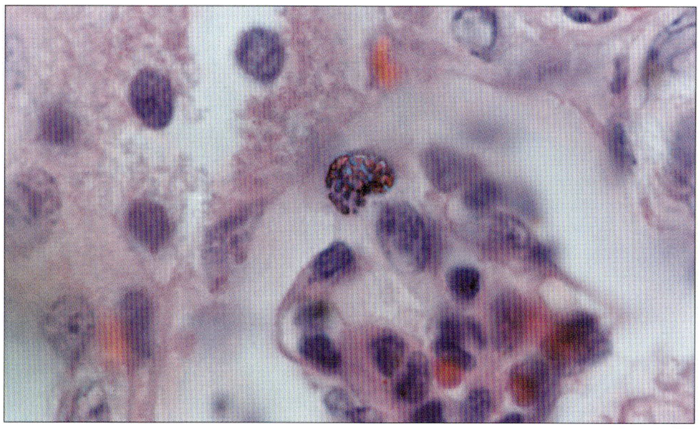
图3.4.1-20　肾小球上皮细胞内的虫体HE×100

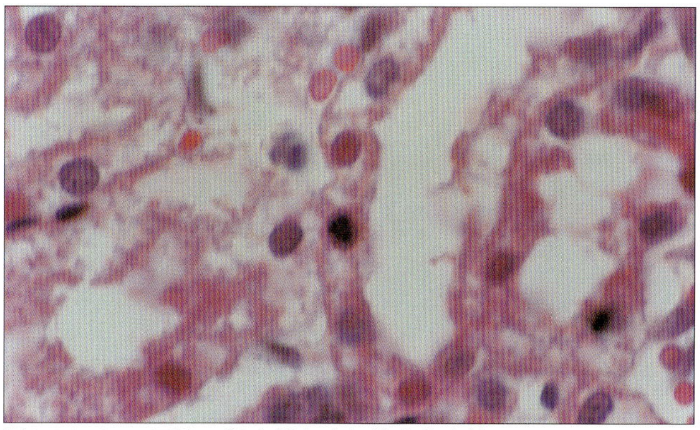
图3.4.1-21　死胎　肾小管上皮细胞内的虫体HE×100

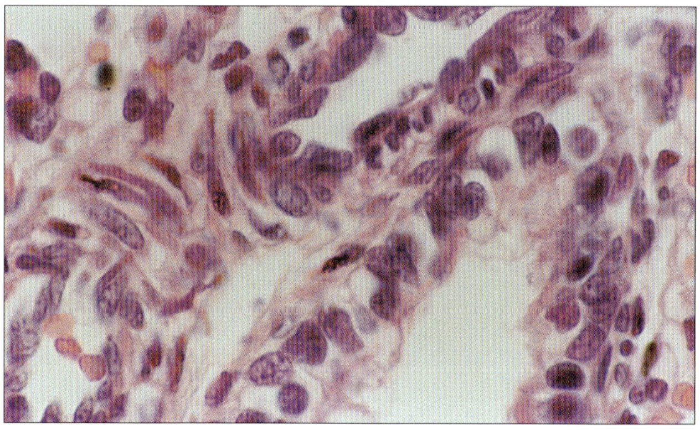
图3.4.1-22　死胎　肺小动脉血管平滑肌内虫体HE×100

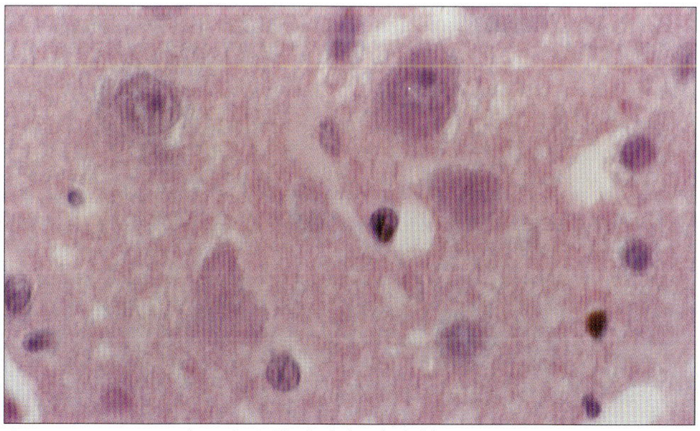
图3.4.1-23　死胎　脑血管内皮细胞虫体HE×100

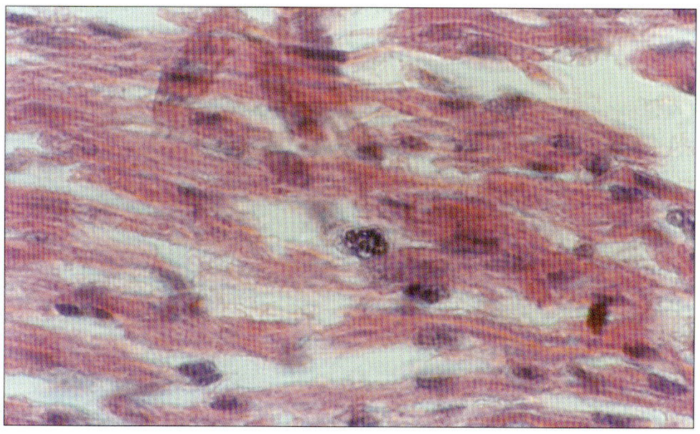
图3.4.1-24　死胎　肌肉纤维中的虫体HE. ×100

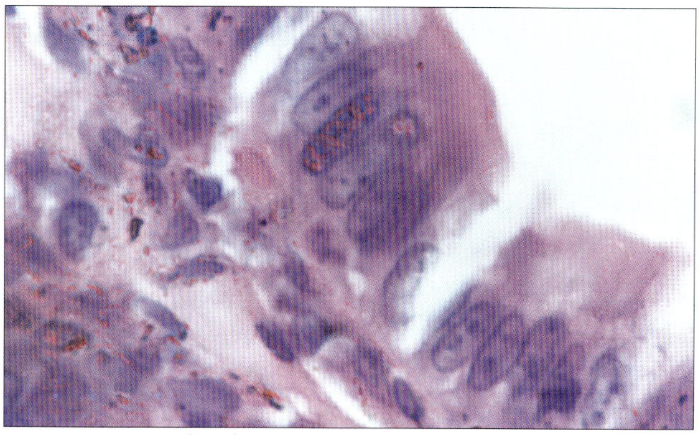
图3.4.1-25　死胎　小肠黏膜上皮细胞内的虫体HE×100

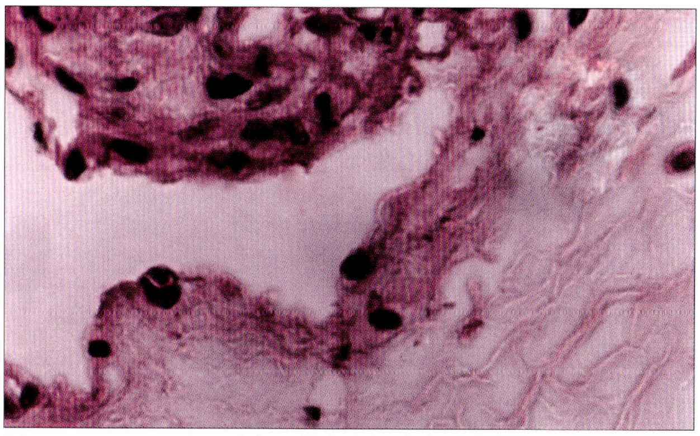
图3.4.1-26　死胎　胎盘血管内皮细胞内的虫体HE×100

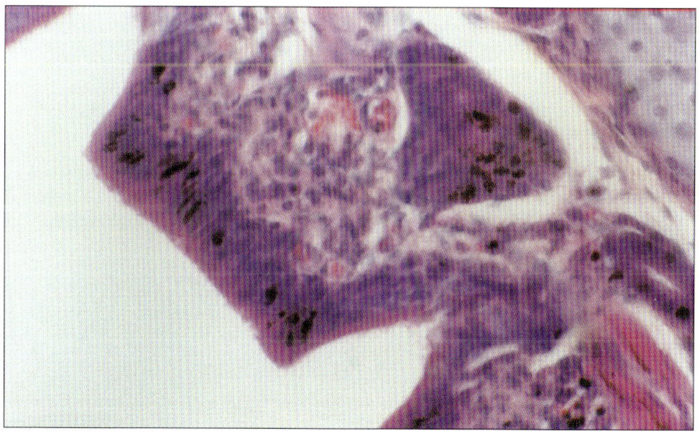
图3.4.1-27　死胎　支气管黏膜上皮细胞内的虫体HE×100

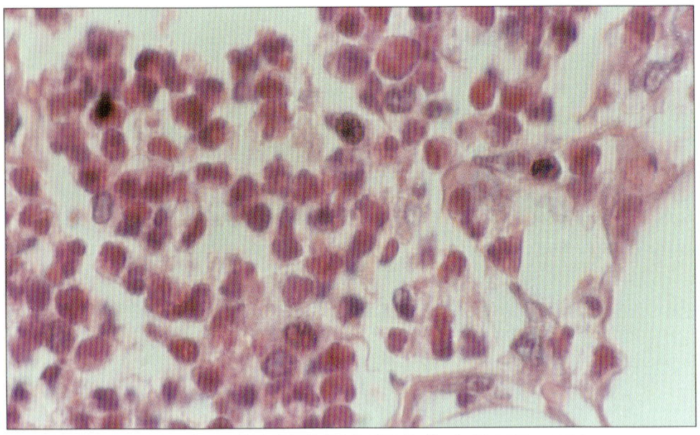
图3.4.1-28 死胎 肺炎灶内肺间隔中的虫体HE×100

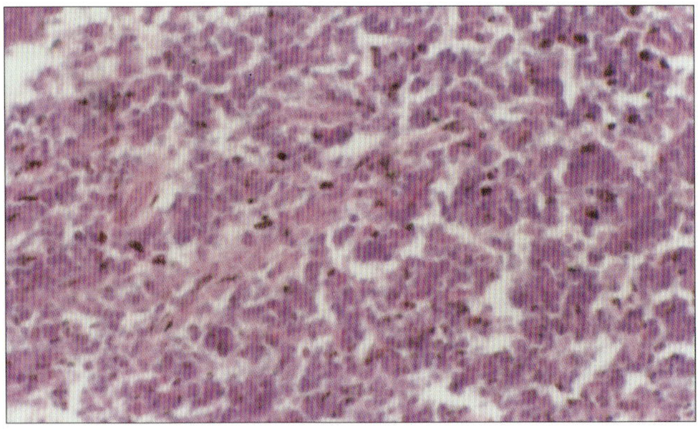
图3.4.1-32 哺乳仔猪 肺炎灶中虫体与炎性细胞HE×100

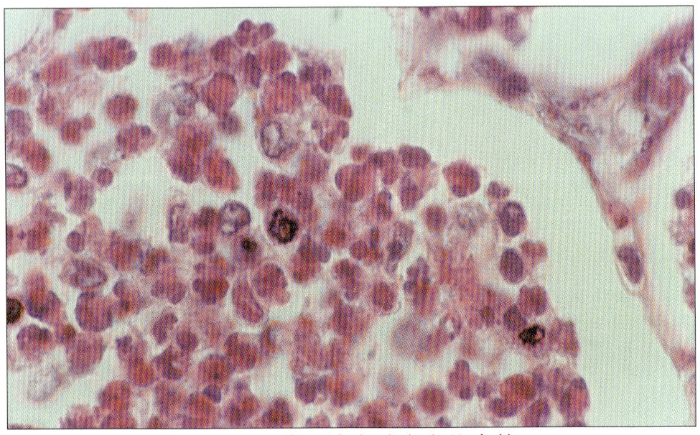
图3.4.1-29 哺乳仔猪 肺炎灶内肺泡中的虫体HE×100

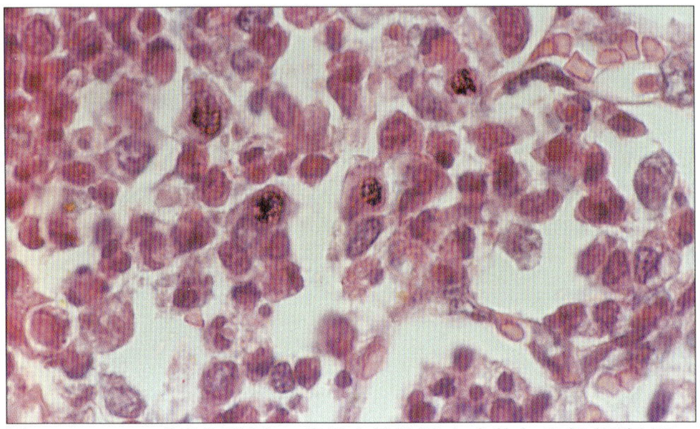
图3.4.1-33 哺乳仔猪肺 炎灶中肺泡腔内虫体与炎性细胞HE×100

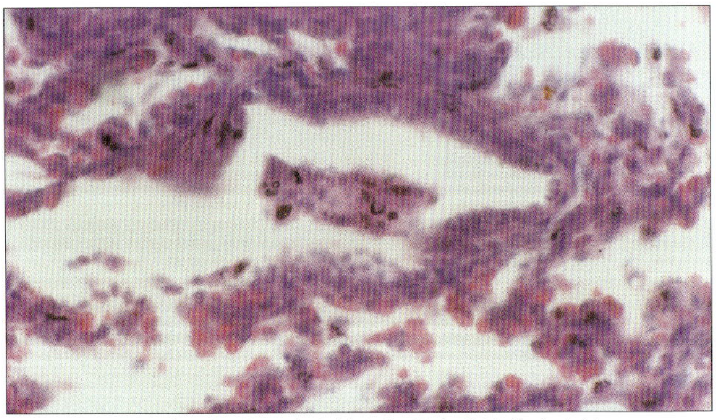
图3.4.1-30 哺乳仔猪 肺炎灶支气管内分泌物中虫体HE×20

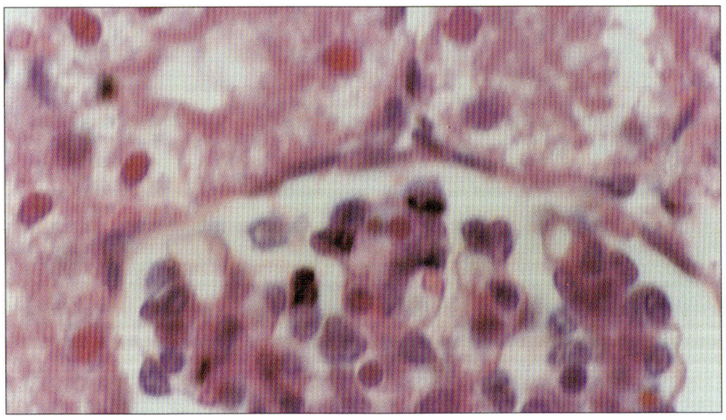
图3.4.1-34 哺乳仔猪肾炎灶中虫体和肾小管变性坏死HE×100

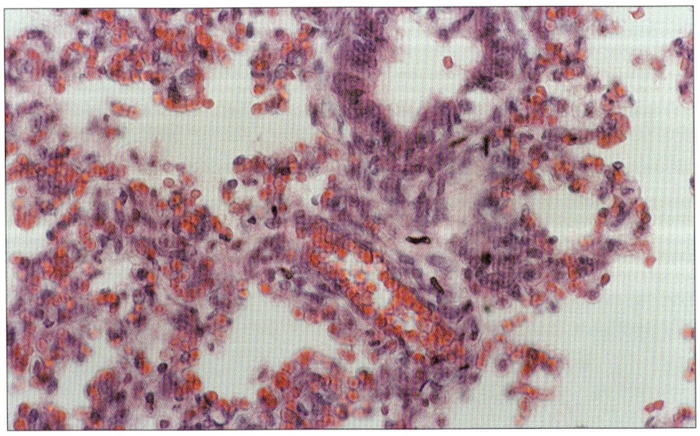
图3.4.1-31 哺乳仔猪 肺炎灶肺泡毛细血管充血与其中虫体HE×20

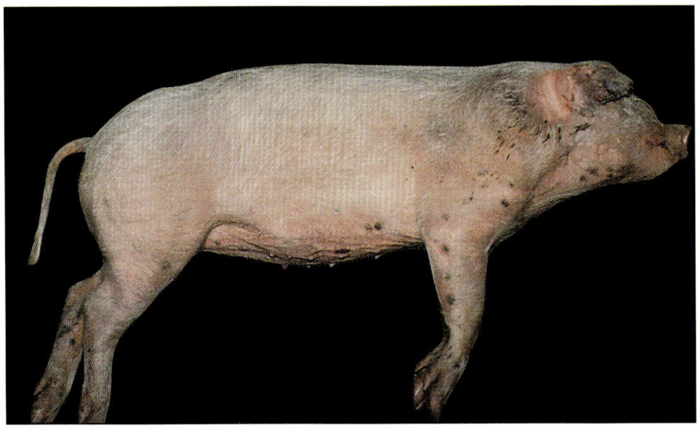
图3.4.1-35 育肥猪 皮肤出血结痂

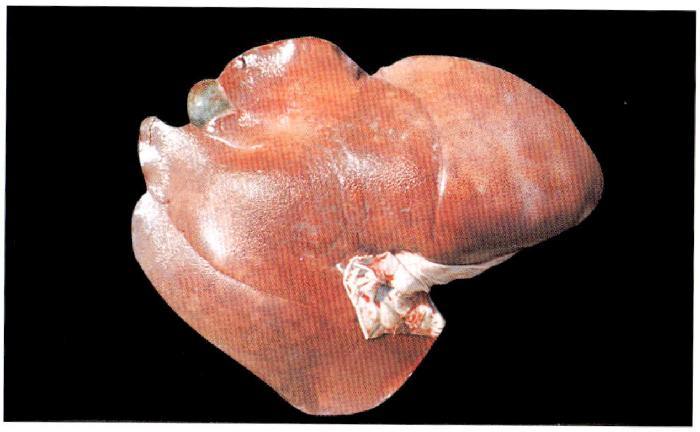

图3.4.1-36 育肥猪 肝表面有大小不一的灰白色病灶

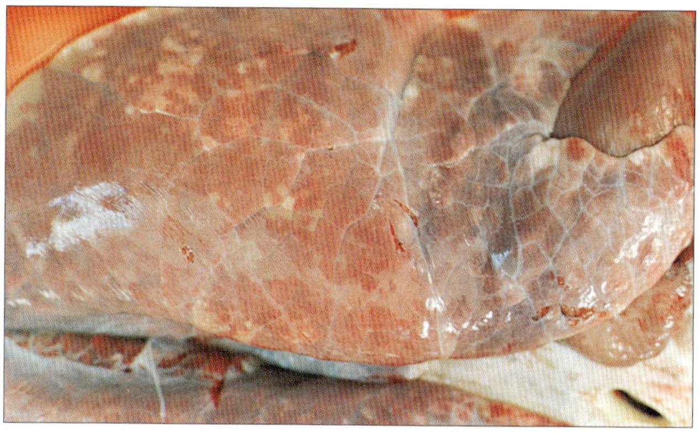

图3.4.1-37 育肥猪 肺间质增宽水肿、大小不一的小坏死灶

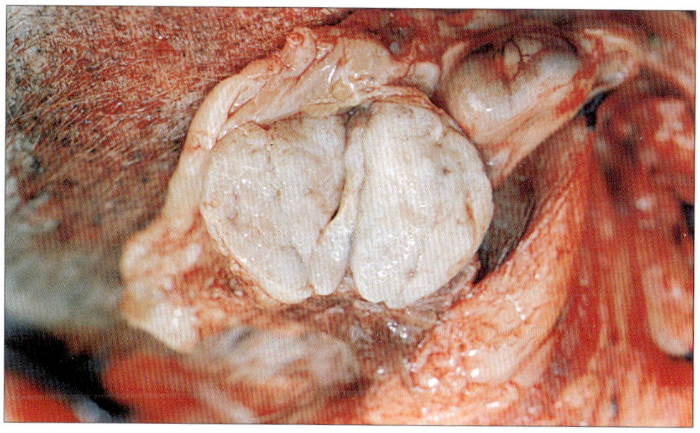

图3.4.1-38 育肥猪 淋巴结肿大灰白色、出血坏死

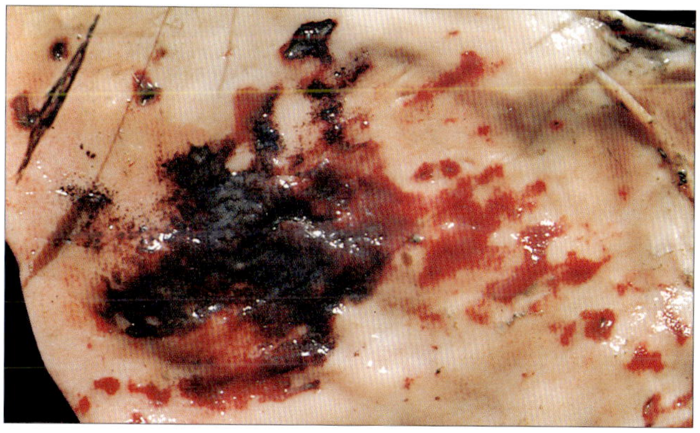

图3.4.1-39 育肥猪 肾表面大小不一的灰白色病灶

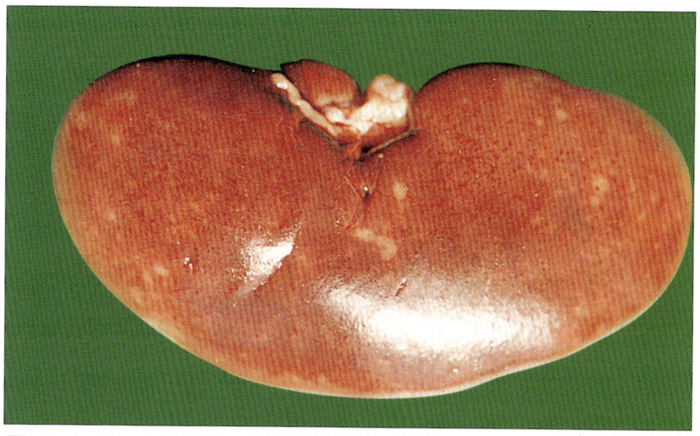

图3.4.1-40 育肥猪 胃黏膜条形斑状出血

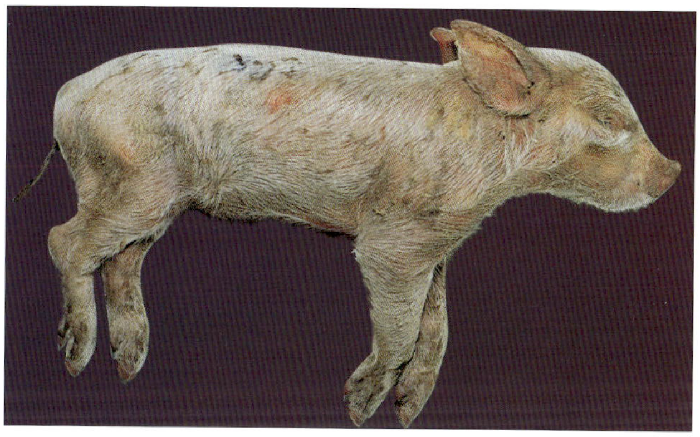

图3.4.1-41 哺乳仔猪 尸体营养不良皮肤不洁有斑点

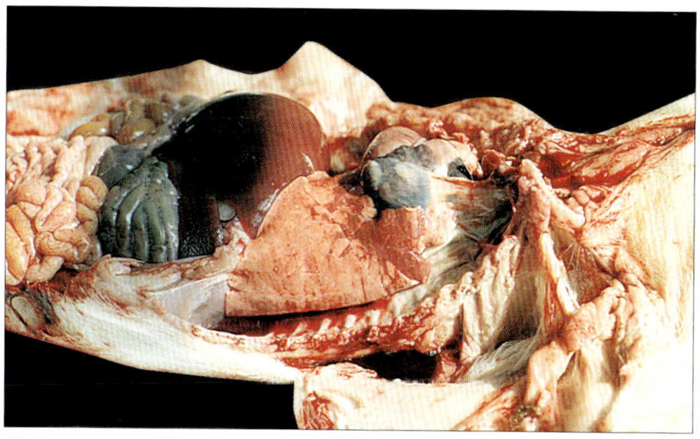

图3.4.1-42 哺乳仔猪 肺心叶与隔叶前下缘出现肺炎灶

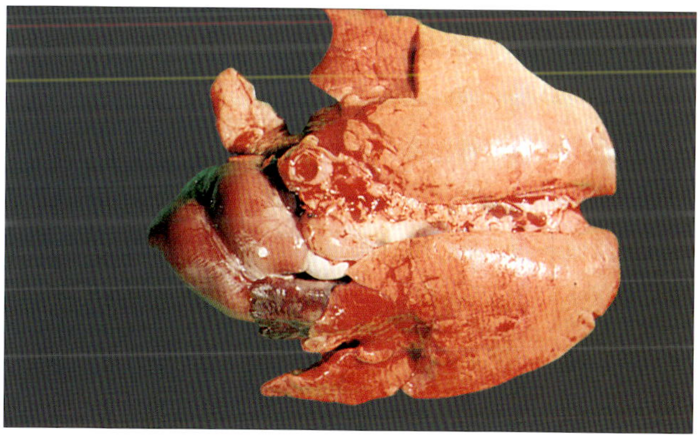

图3.4.1-43 哺乳仔猪 肺门淋巴肿大

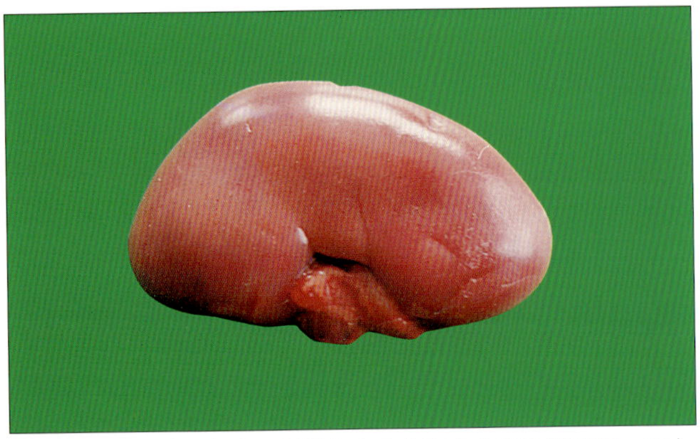

图3.4.1-44 哺乳仔猪 肾淤血有小点斑点（见组织学17～22）

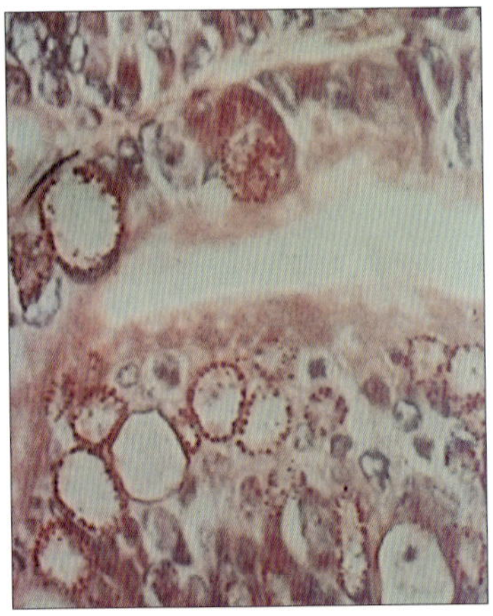

图3.4.2-4 猪球虫病 小肠黏膜上见不同成熟期的球虫和小配子体、大配子体及卵囊污染HE

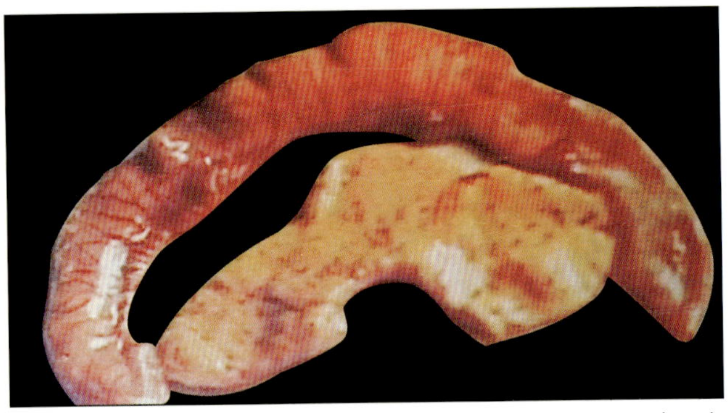

图3.4.2-1 猪球虫病 不透明浆膜表面和较厚的回肠肠壁，内容物内含坏死物质

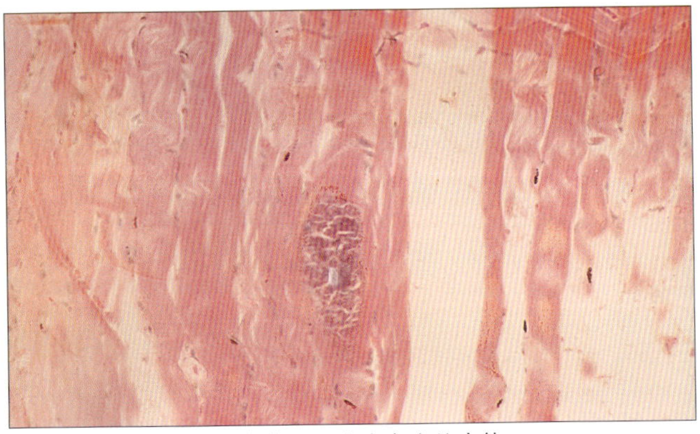

图3.4.3-1 住肉孢子虫病 肌肉中寄生的虫体

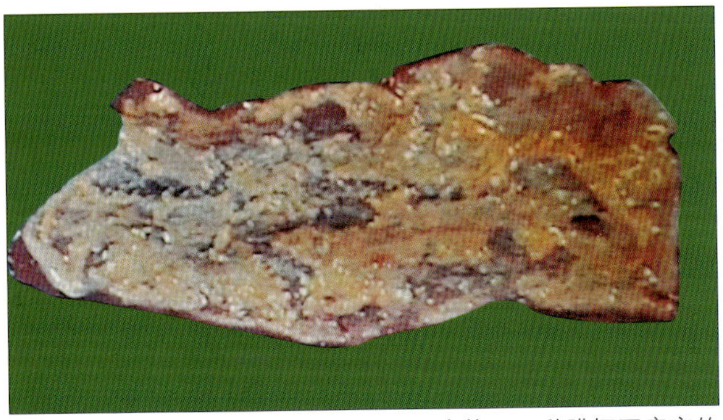

图3.4.2-2 猪球虫病 仔猪小肠内的虫体图示黏膜坏死病变的肠黏膜附有撒糠样的伪膜

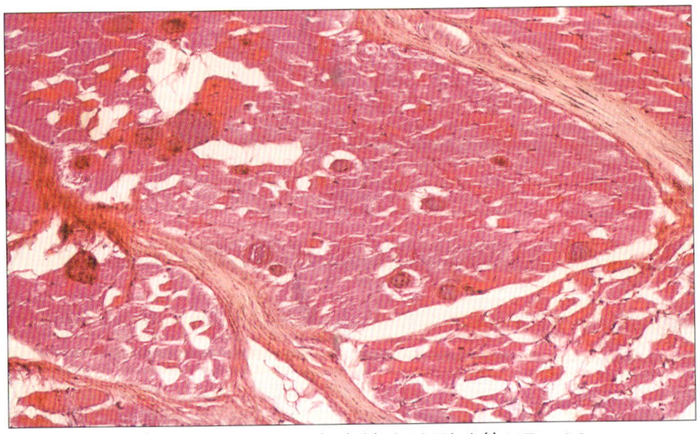

图3.4.3-2 住肉孢子虫病 寄生精囊的裂殖体HE×20

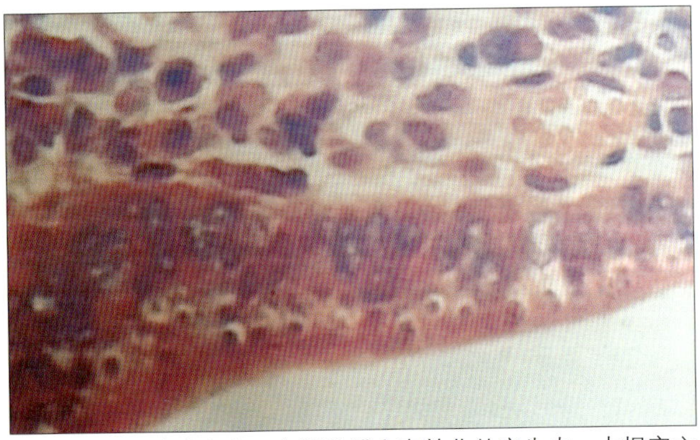

图3.4.2-3 猪球虫病 小肠黏膜上有粘化的寄生虫，占据宿主每个细胞HE

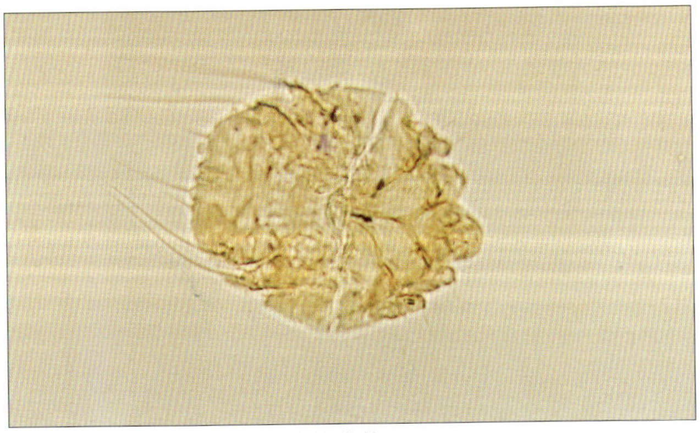

图3.5.1-1 猪疥螨 病猪疥螨虫体

图3.5.1-2　猪疥螨　病面部和耳根部的皮肤疥螨病变

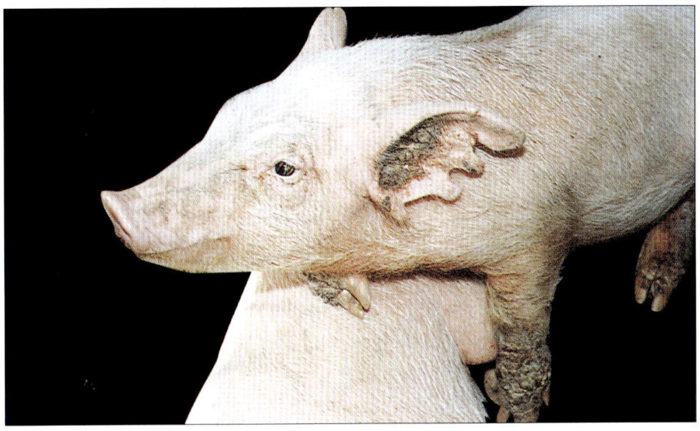

图3.5.1-3　猪疥螨病　耳内侧皮肤疥螨病变

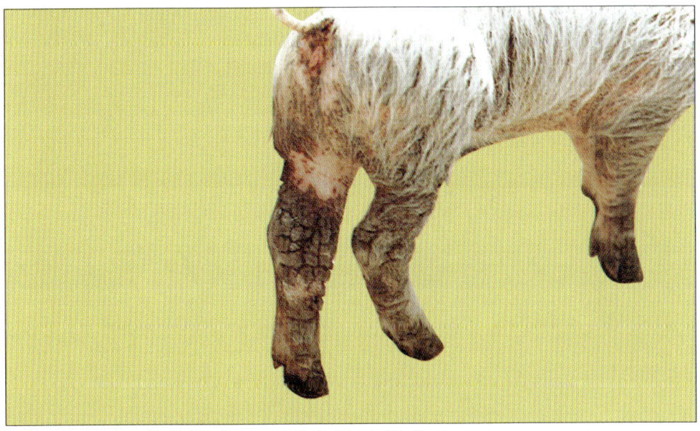

图3.5.1-4　猪疥螨病　四肢皮肤疥螨病变

图3.5.2-1　猪虱病　猪血虱虫体

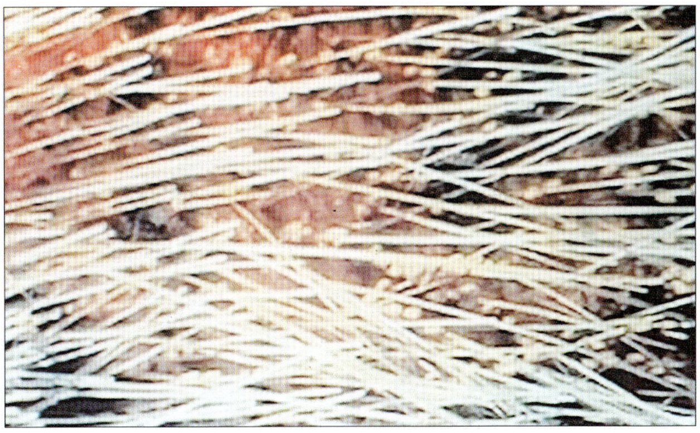

图3.5.2-2　猪虱病　寄生于背毛上的虫卵（WJSmith等）

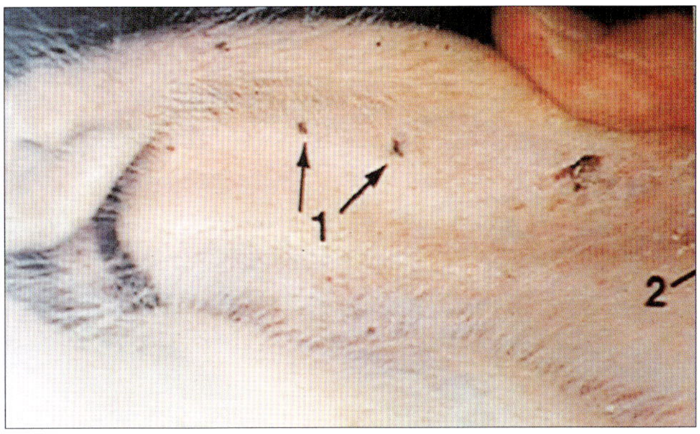

图3.5.2-3　猪虱病　寄生于背毛中的血虱（WJSmith等）

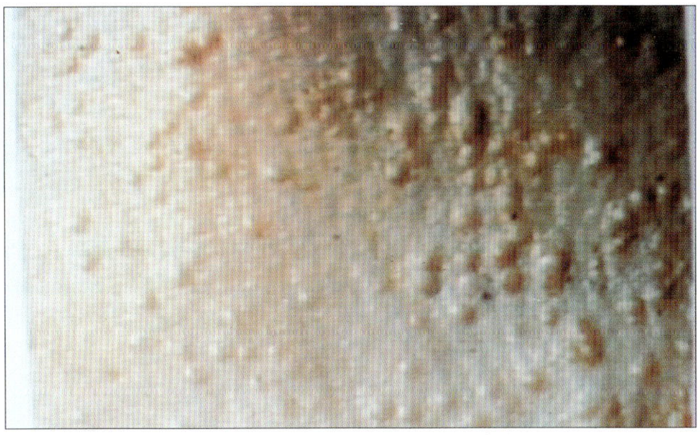

图3.5.2-4　猪虱病　因血虱叮咬引起的泡状病变（WJSmith等）

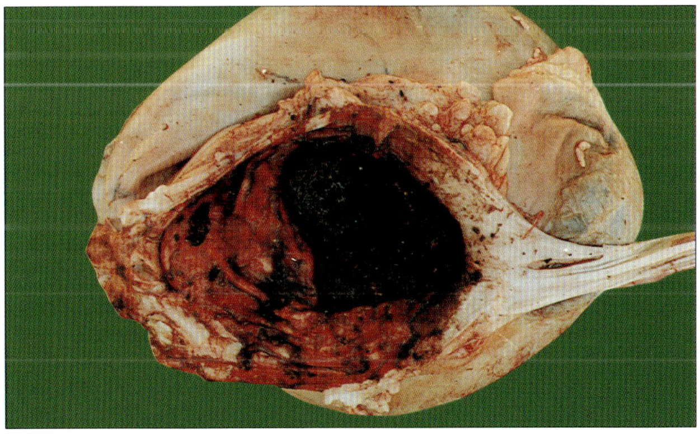

图4.1.5-1　胃溃疡　胃出血　胃剪开后胃内充满凝固血块

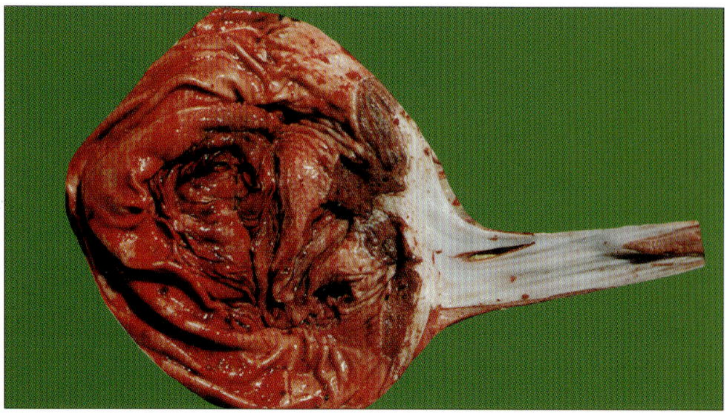

图4.1.5-2 胃溃疡 胃出血 图4.1.5-1凝固血块取出后可见胃黏膜溃疡

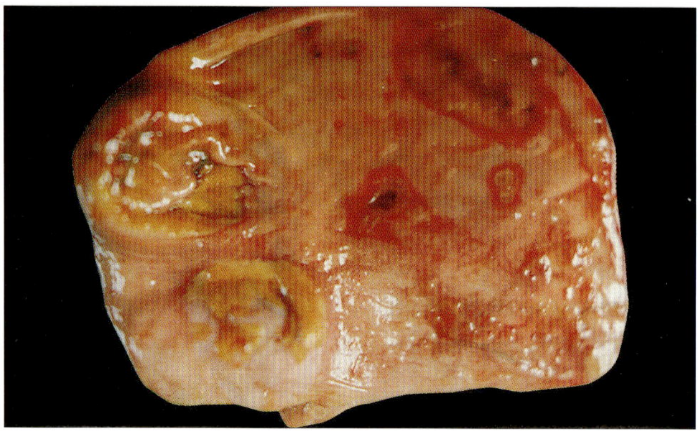

图4.1.5-3 胃溃疡 胃底腺黏膜较大溃疡

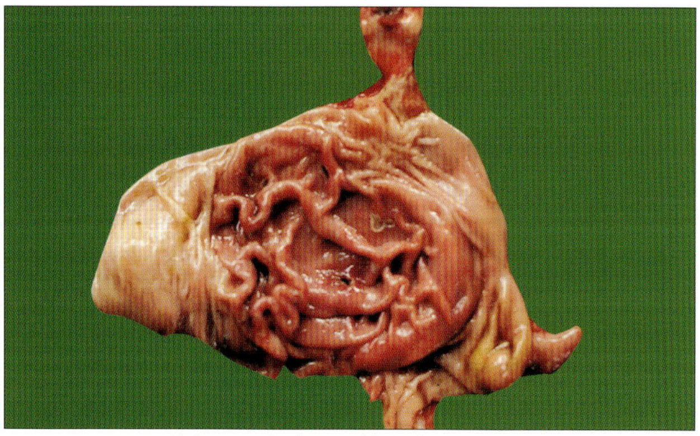

图4.1.5-4 胃溃疡 胃底腺黏膜较小溃疡

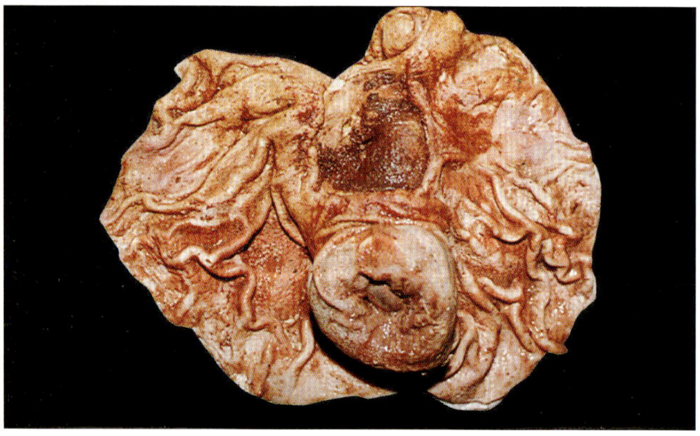

图4.1.5-5 胃溃疡 胃喷门与幽门黏膜溃疡

图4.1.5-6 胃溃疡 胃幽门黏膜溃疡

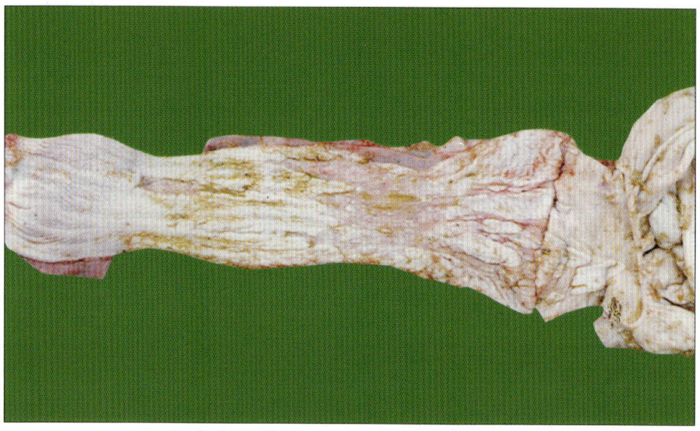

图4.1.5-7 食道溃疡 食道黏膜弥漫性溃疡

图4.6.1-1 蛋白质缺乏 产出弱仔、死胎、木乃伊

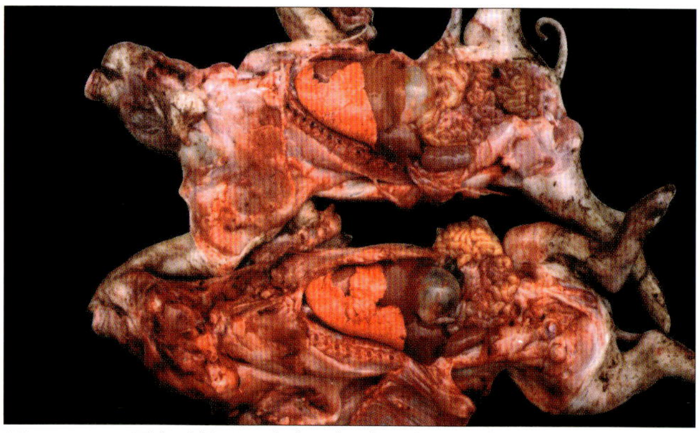

图4.6.1-2 蛋白质缺乏 产出弱仔2个（各脏器淋巴结均无明显变化）

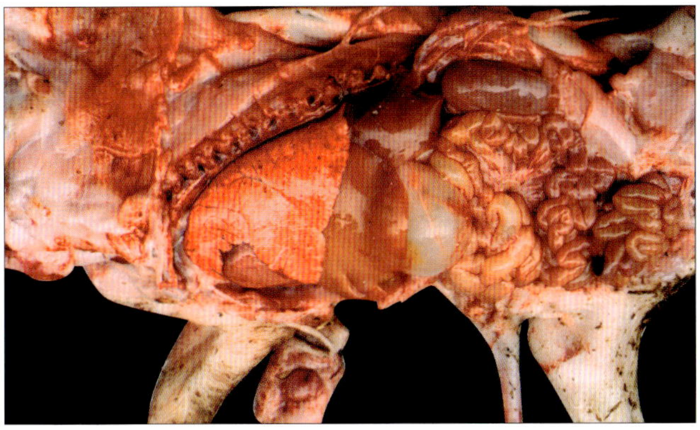
图4.6.1-3　蛋白质缺乏　产出弱仔（肺粉红色）

图4.6.2-1　钙缺乏症　猪病两前肢弯曲

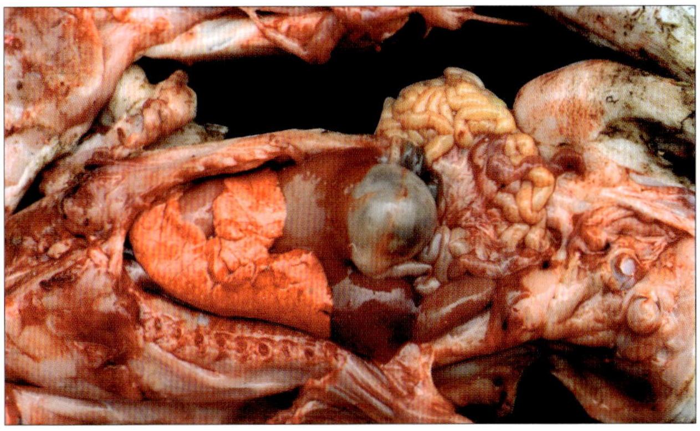
图4.6.1-4　蛋白质缺乏　产出弱仔（肝暗红色）

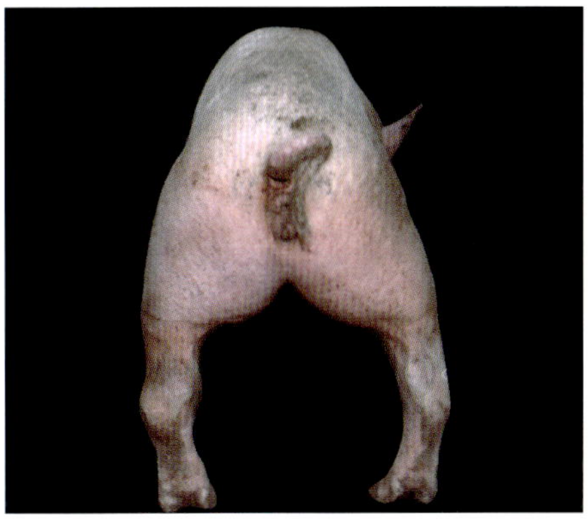
图4.6.2-2　钙缺乏症　猪病两后肢弯曲

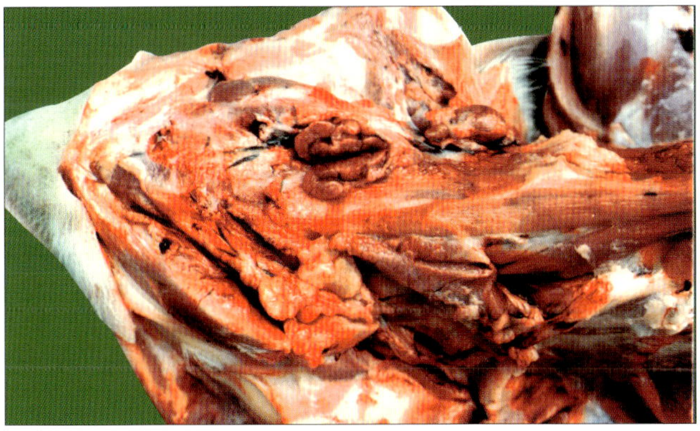
图4.6.1-5　蛋白质缺乏　产出弱仔（下颌淋巴结无明显变化）

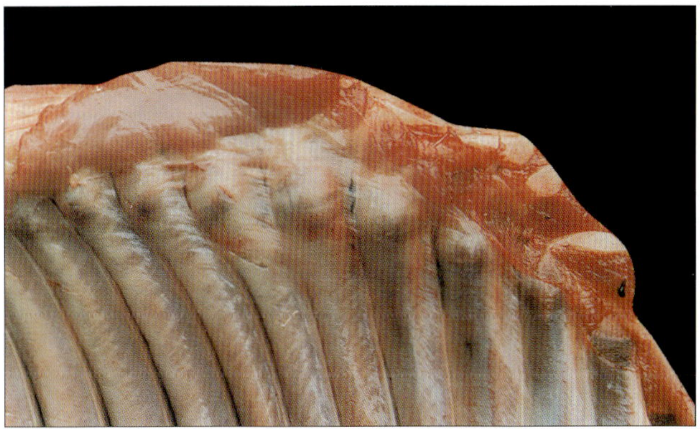
图4.6.2-3　钙缺乏症　猪病肋骨与肋软骨结合处肿大

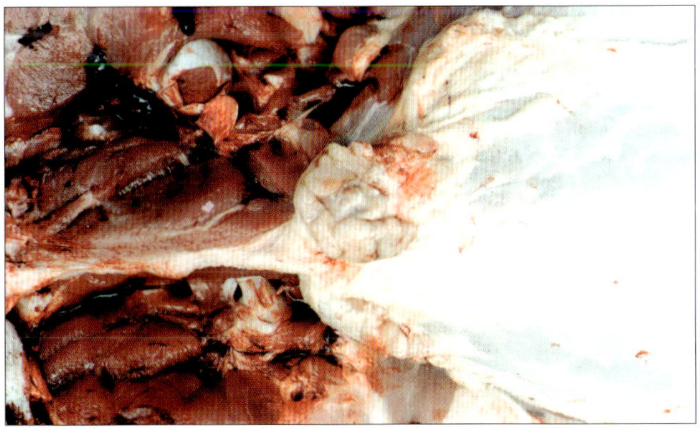
图4.6.1-6　蛋白质缺乏　产出弱仔（鼠蹊淋巴结无明显变化）

图4.6.2-4　钙缺乏症　成年母猪骨软病（运动障碍，腰腿僵硬，弓背站立）

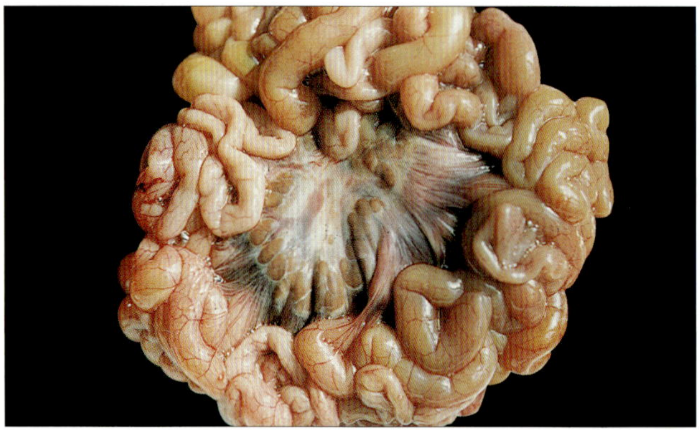

图4.6.6-1 肠系膜淋巴结肿大呈褐色

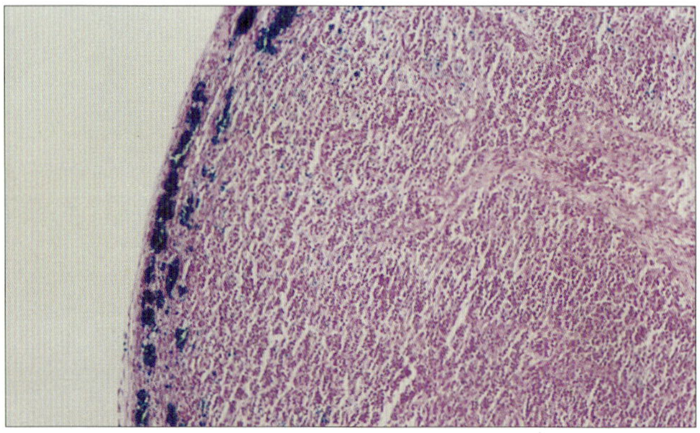

图4.6.6-2 淋巴结周边见大量铁颗粒沉积（铁染色 × 20）

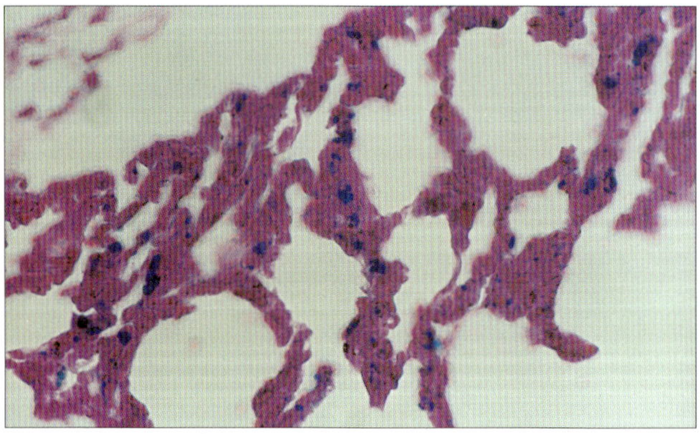

图4.6.6-3 肺泡壁毛细血管巨噬细胞吞铁（铁染色 × 20）

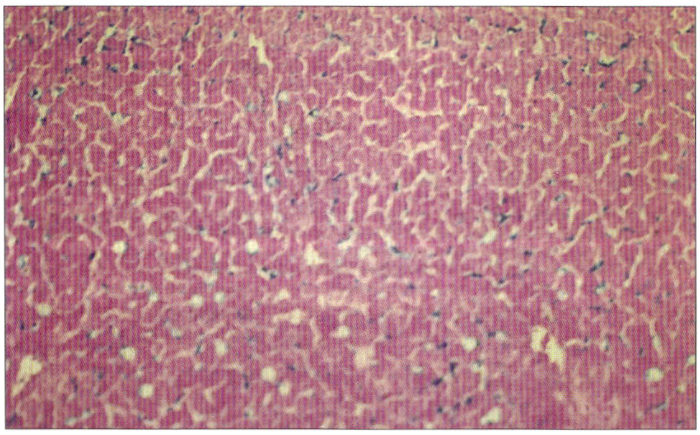

图4.6.6-4 肝库氏细胞吞铁（铁染色 × 20）

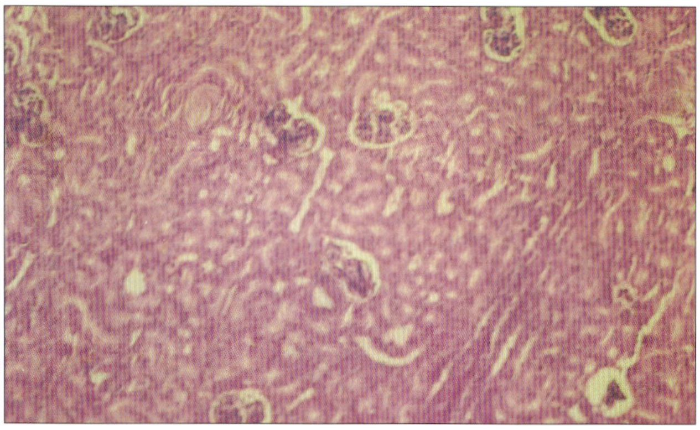

图4.6.6-5 肾小球血管内皮细胞吞噬了大量铁颗粒（铁染色 × 20）

图4.6.8-1 硒缺乏症 实验性硒缺乏症发病猪群（1976）

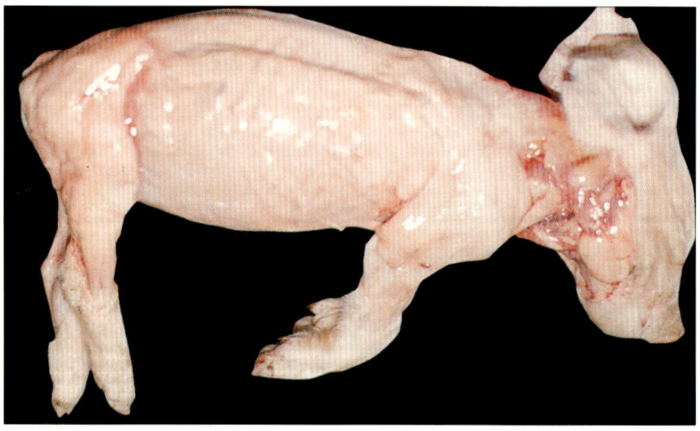

图4.6.8- 2 硒缺乏症 新生仔猪骨骼肌鱼肉样

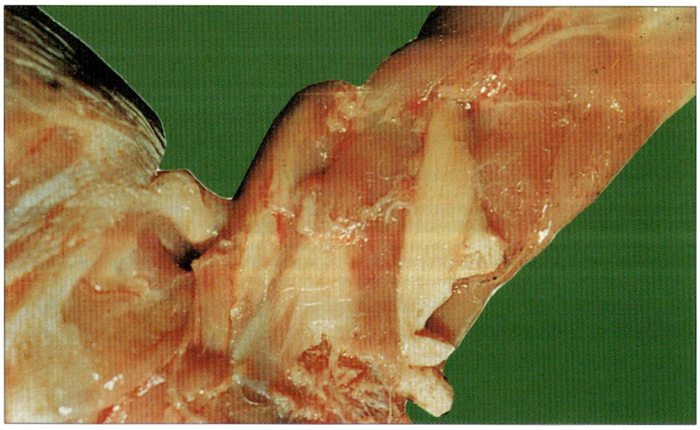

图4.6.8-3 硒缺乏症 哺乳仔猪大圆肌、肩胛下肌、岗上肌病变

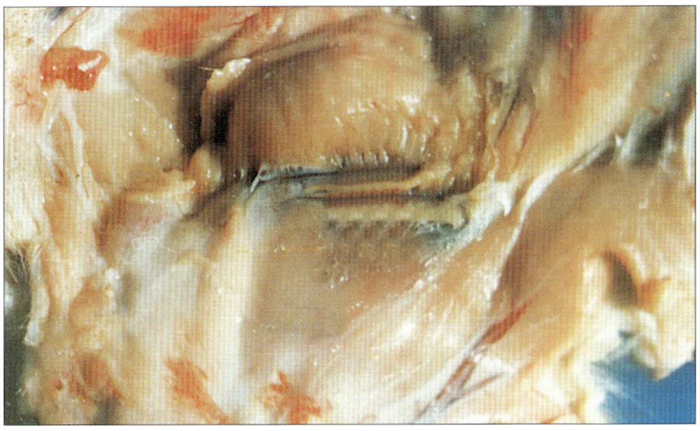
图4.6.8-4 硒缺乏症 哺乳仔猪前肢内侧肌肉群病变

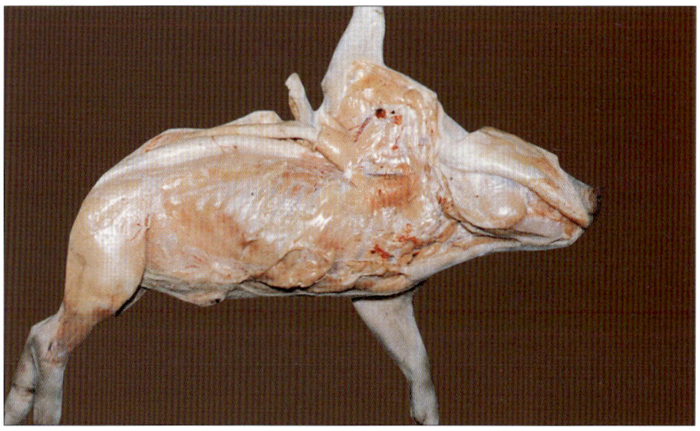
图4.6.8-8 硒缺乏症 青年猪皮下表面各皮肌灰白色条纹状病变

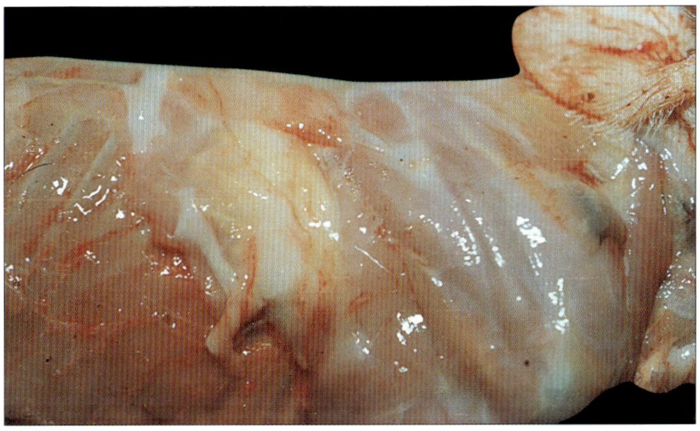
图4.6.8-5 硒缺乏症 哺乳仔猪下锯肌灰白色鱼肉样

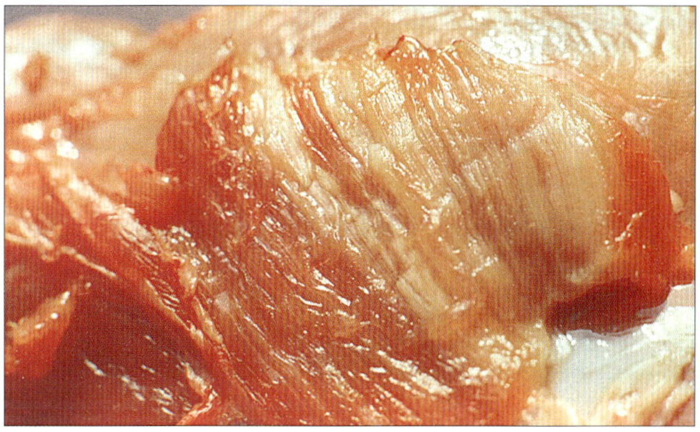
图4.6.8-9 硒缺乏症 青年猪下锯肌条纹状坏死灶

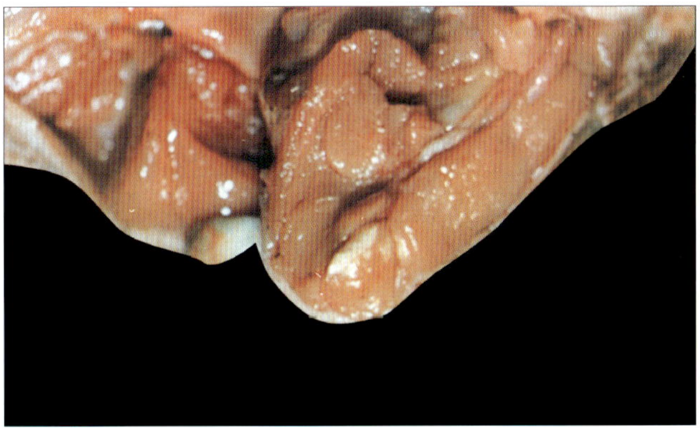
图4.6.8-6 硒缺乏症 哺乳仔猪半腱肌灰白色病变

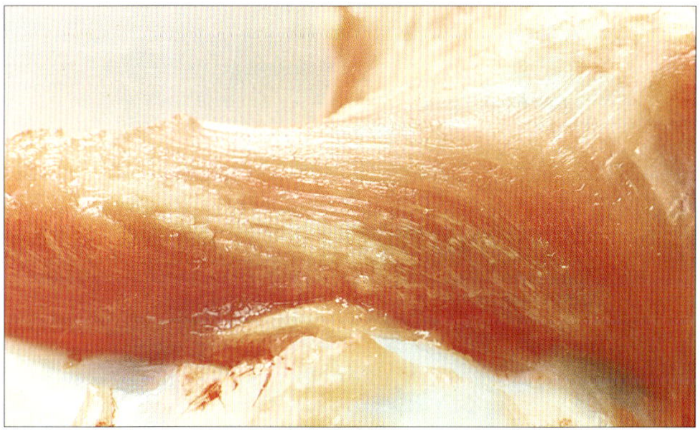
图4.6.8-10 青年猪菱形肌条纹状密集的灰白色变性坏死灶

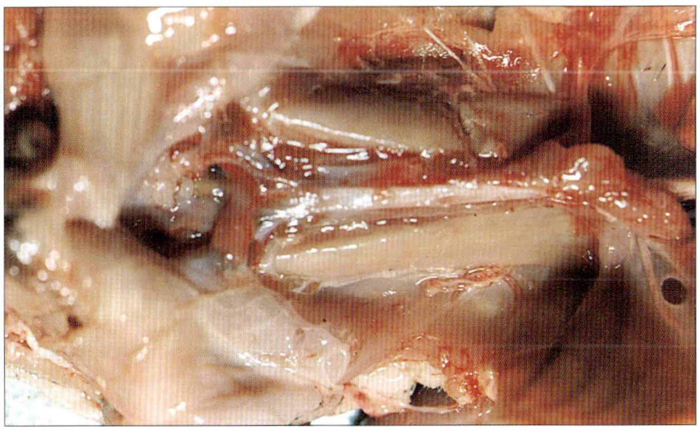
图4.6.8-7 硒缺乏症 哺乳仔猪腰肌灰白色病变

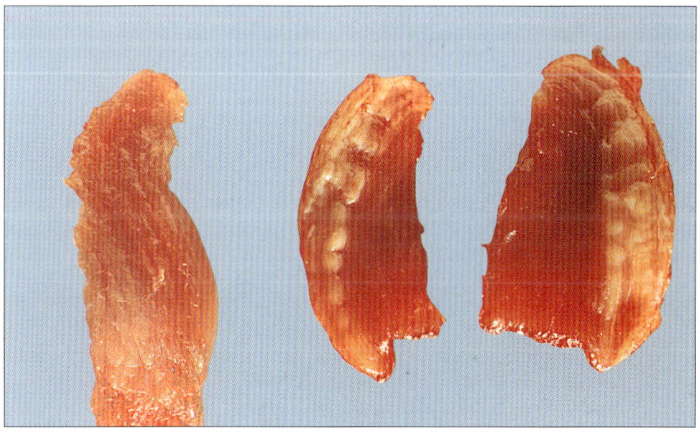
图4.6.8-11 青年猪岗下肌肉块密集的灰白色变性坏死灶与钙化灶

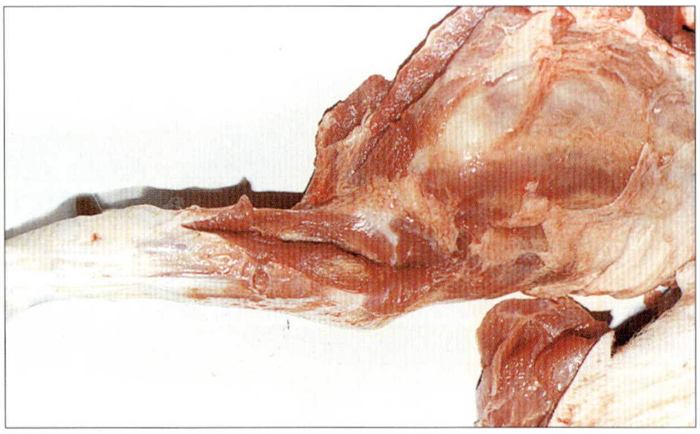

图4.6.8-12　硒缺乏症　青年猪前肢伸指总肌肉灰白色变性坏死灶

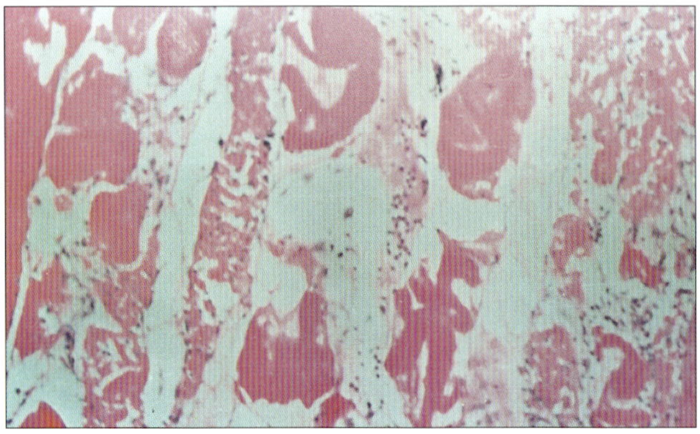

图4.6.8-13　骨骼肌　纤维溶解后的网状空架（HE×10）

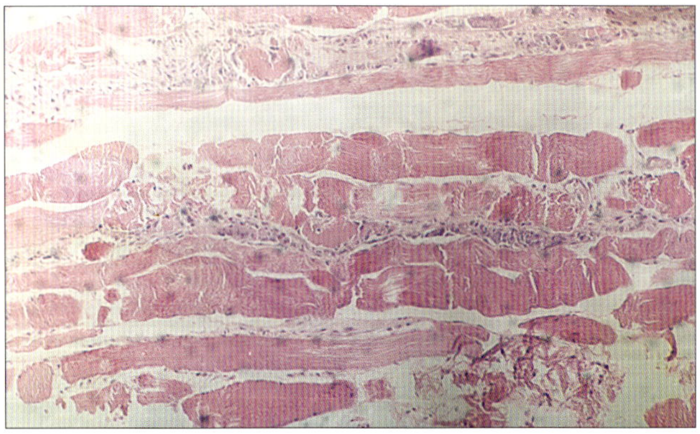

图4.6.8-14　骨骼肌　纤维溶解有多量细胞增生（HE×10）

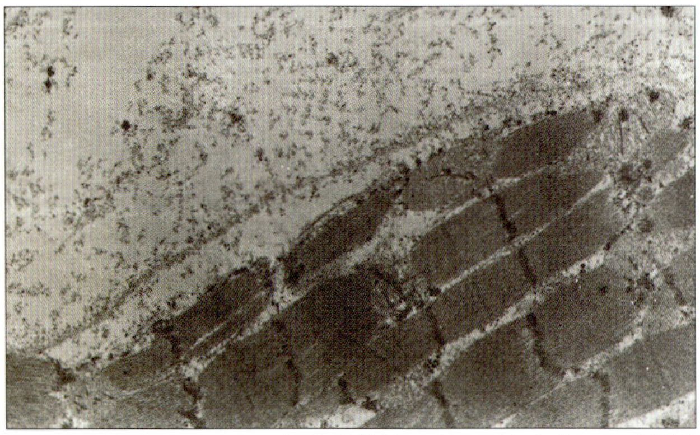

图4.6.8-15　骨骼肌　肌细胞膜结构不清，肌细胞膜双层膜结构消失（×10 000）

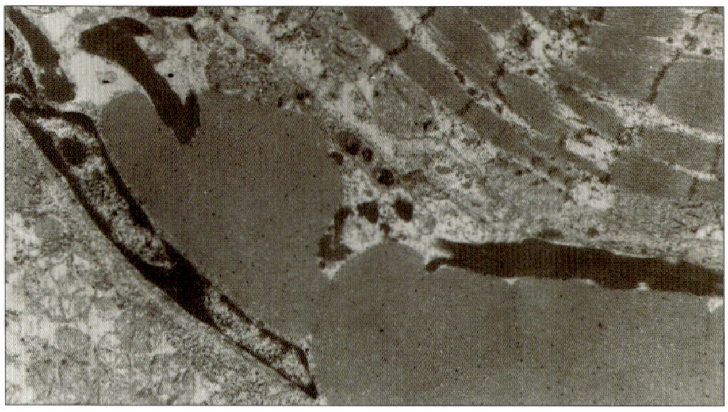

图4.6.8-16　骨骼肌　线粒体部分肿胀嵴崩解血管内纤维素块（×9 000）

图4.6.8-17　骨骼肌　线粒体嵴增多纤维间少量糖原颗粒电镜（×12 000）

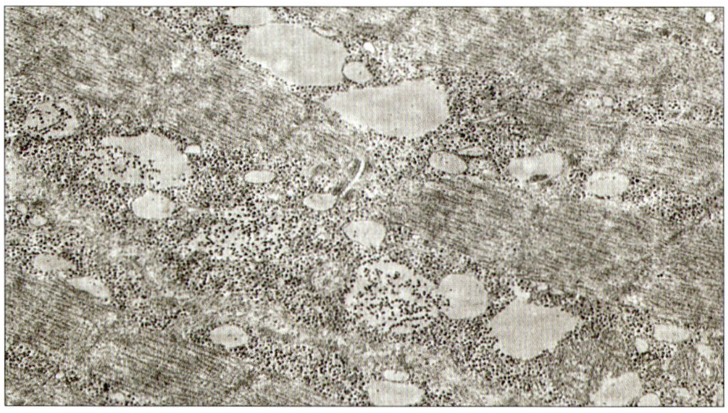

图4.6.8-18　肌原纤维间多量糖原颗粒散在肌浆管扩张肌丝走向紊乱（×12 000）

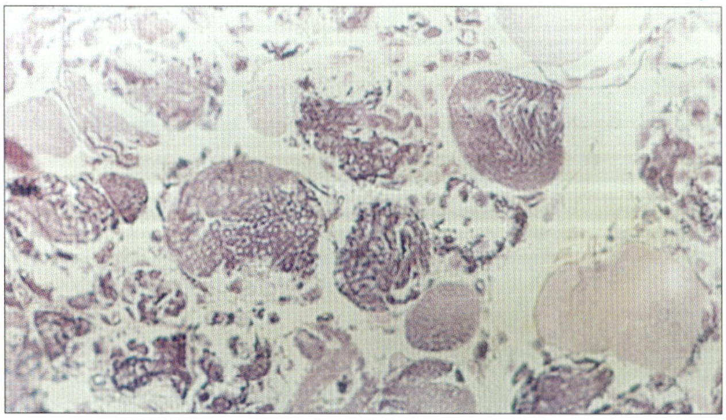

图4.6.8-19　横切肌　纤维崩解成大小不一的碎块（PTAH×40）

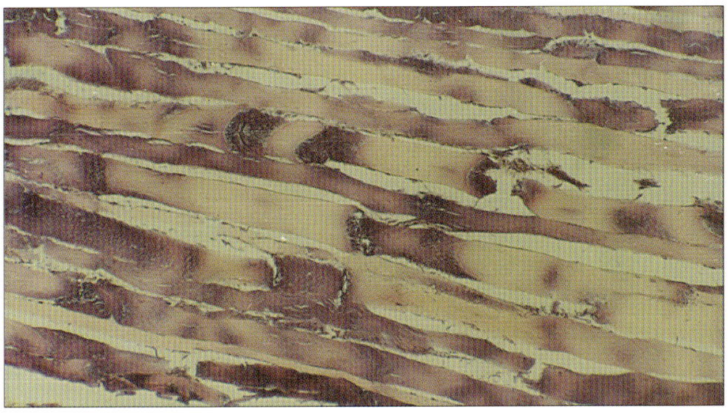

图4.6.8-20　纵切肌　纤维带状收缩呈竹节状（PTAH×10）

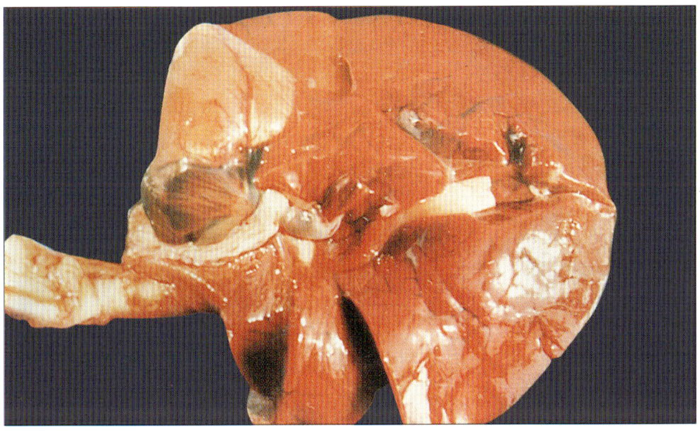

图4.6.8-21　心肌型　白肌病　心肌与肺淤血对比之下，心肌变性而呈灰白色

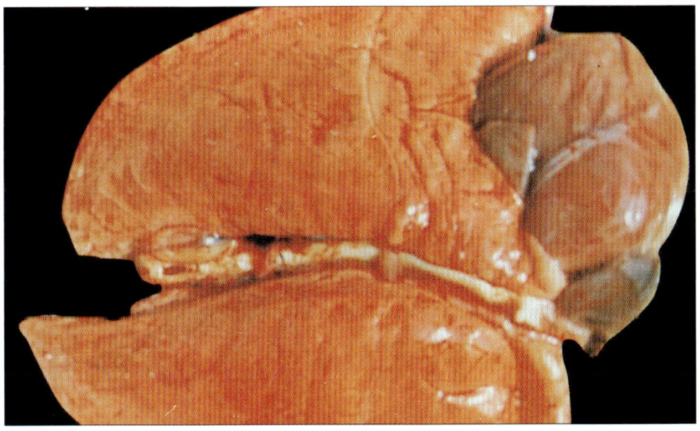

图4.6.8-22　心肌型　白肌病　心肌呈桑椹型，右心扩张

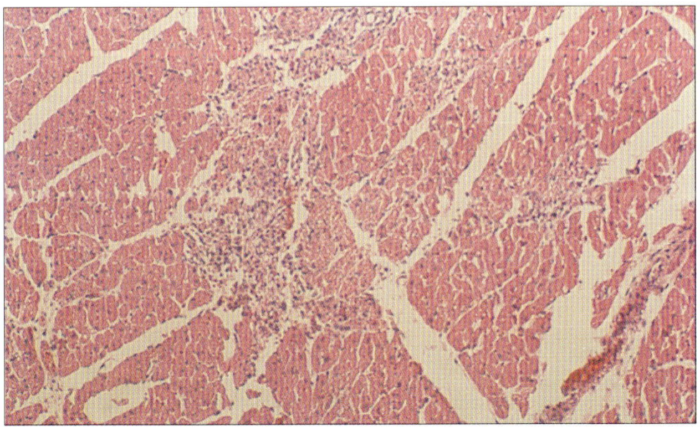

图4.6.8-23　硒缺乏症　心肌坏死灶（HE×10）

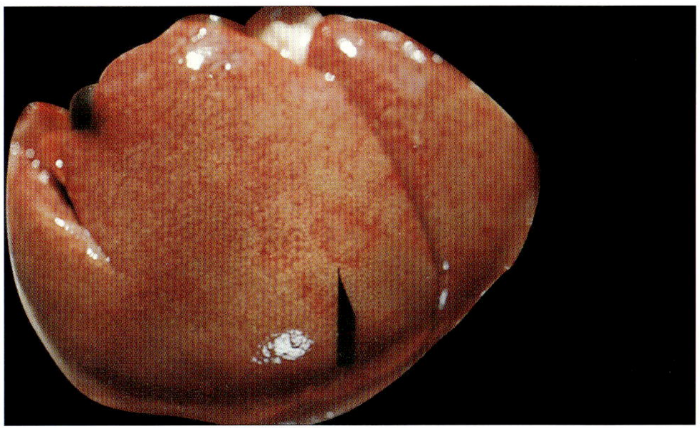

图4.6.8-24　肝坏死型　哺乳仔猪肝坏死早期变化　变性出血灶弥散性分布

图4.6.8-25　肝坏死型　肝坏死硬化（甲醛固定标本）

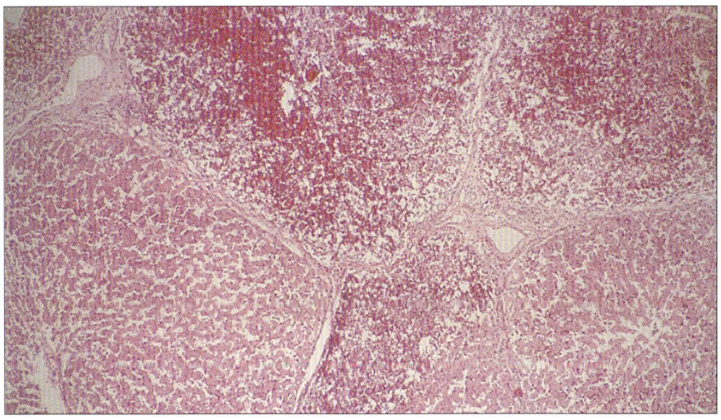

图4.6.8-26　肝坏死型　以肝小叶为单位的弥散性局灶性出血坏死灶（HE×10）

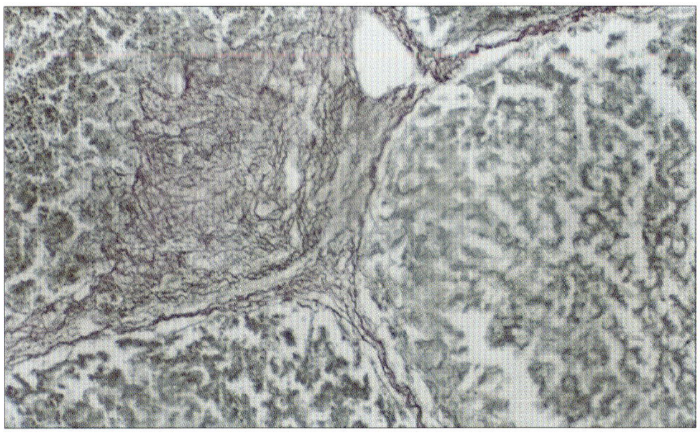

图4.6.8-27　肝坏死同时伴有网状纤维的崩解断裂（嗜银染色×10）

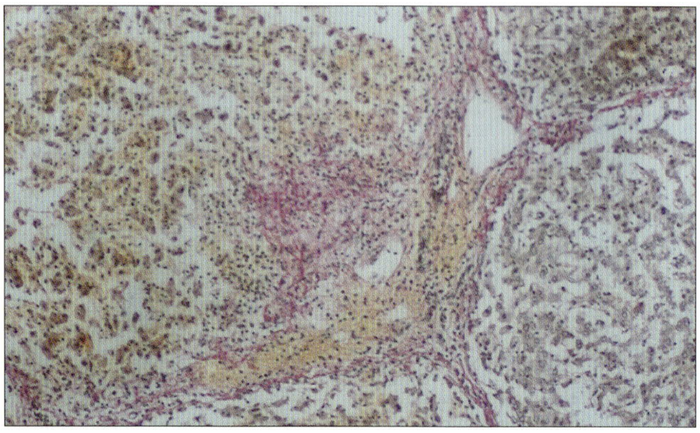

图4.6.8-28 肝坏死后网状纤维胶原化（胶原染色×10）

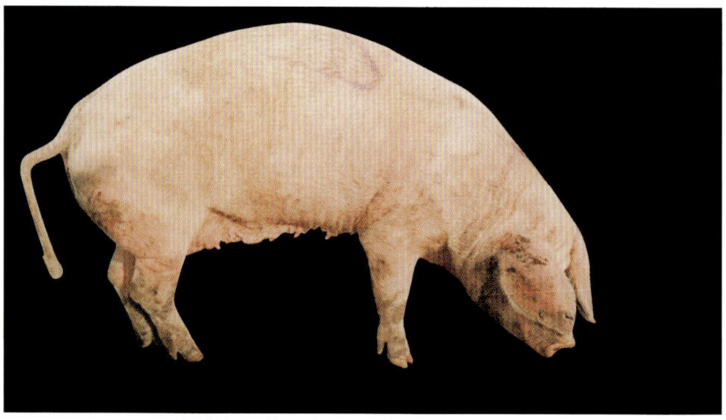

图4.7.5-1 霉饲料中毒 饲喂1个月霉玉米发病母猪，精神沉郁，消瘦，耳、四肢内侧和腹侧皮肤出现红斑

图4.6.15-1 异嗜癖 胃内积存的毛团

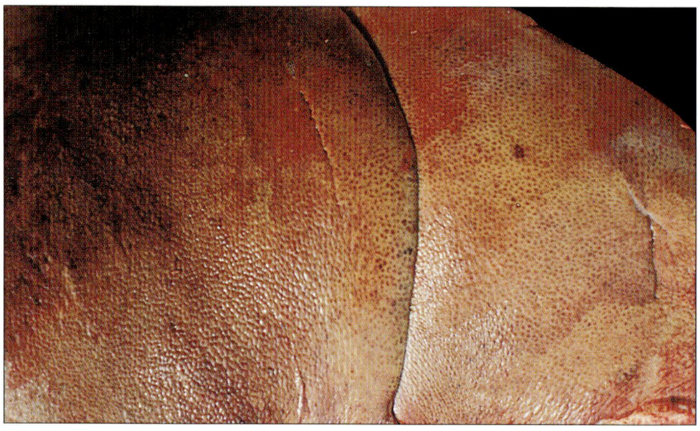

图4.7.5-2 霉饲料中毒 肝肿大变性，土黄色

图4.7.2-1 食盐中毒 病猪表现兴奋不安

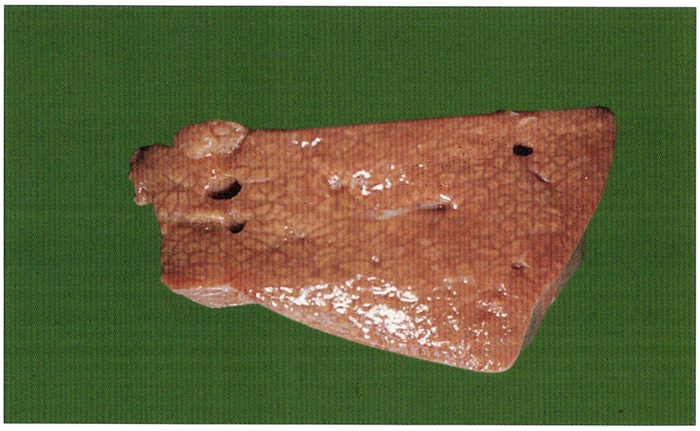

图4.7.5-3 霉饲料中毒 肝切面肝小叶肿大变性

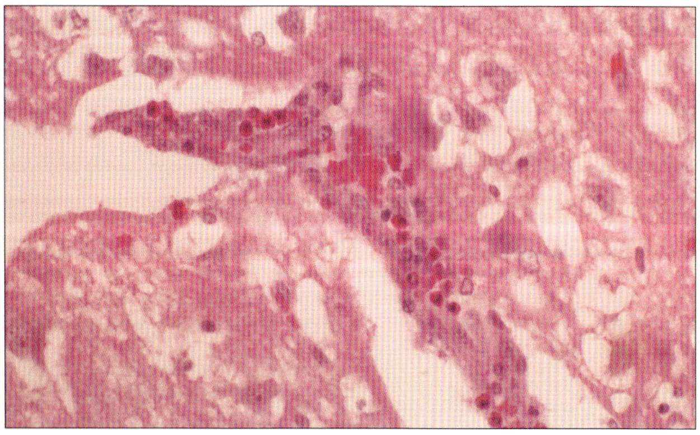

图4.7.2-2 食盐中毒 脑切片血管周围间隙有大量嗜酸性粒细胞聚集，形成嗜酸细胞血管套（HE×10）

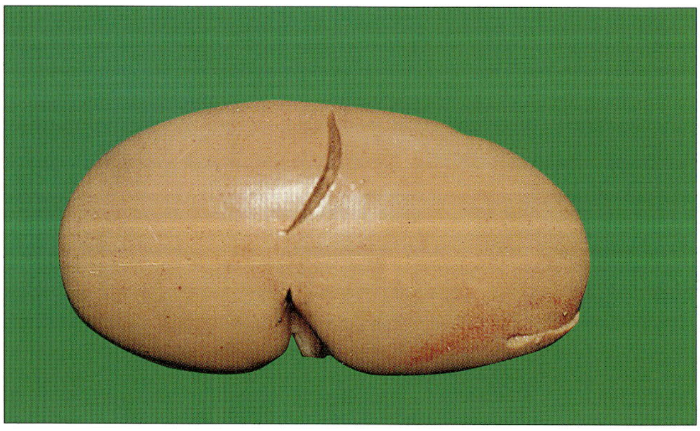

图4.7.5-4 霉饲料中毒 肾变性、质脆、色淡

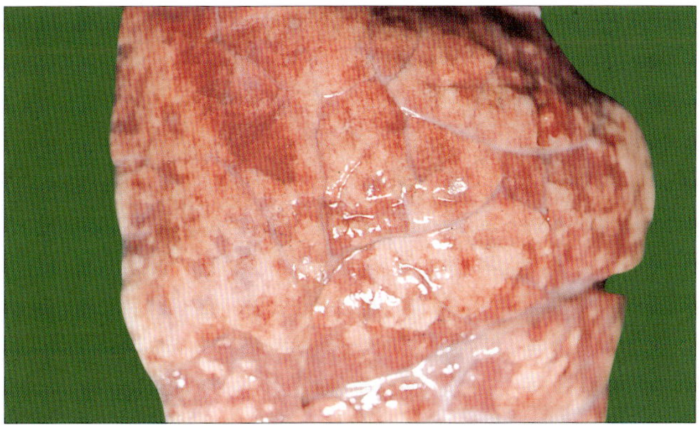
图4.7.5-5 霉饲料中毒 肺表面可见黄白色霉菌结节

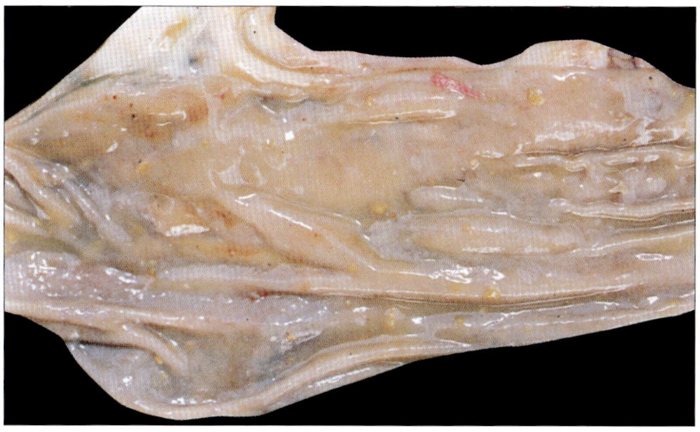
图4.7.5-9 霉饲料中毒 空肠黏膜霉菌结节

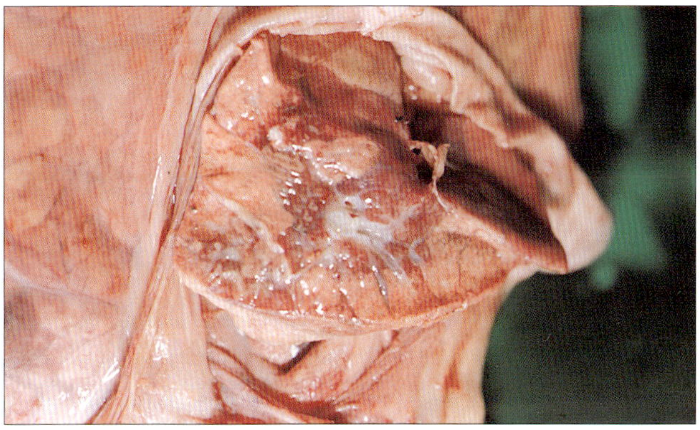
图4.7.5-6 霉饲料中毒 肺切面可见红色霉菌结节肺炎灶

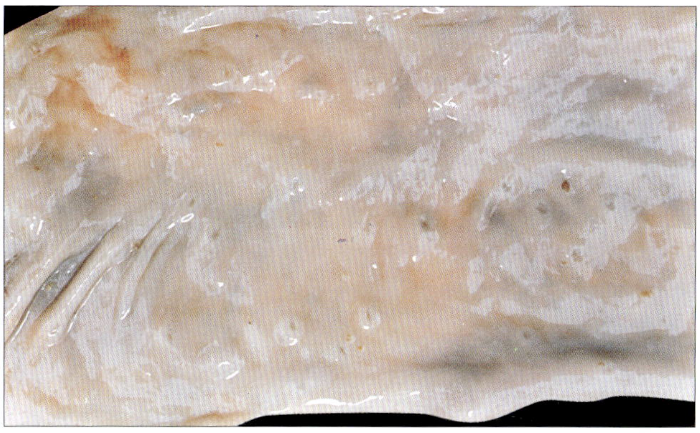
图4.7.5-10 霉饲料中毒 回肠黏膜霉菌结节

图4.7.5-7 霉饲料中毒 胃黏膜霉菌结节

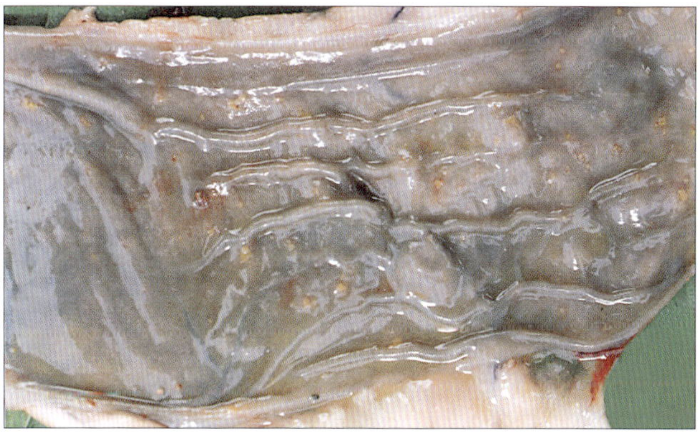
图4.7.5-11 霉饲料中毒 结肠黏膜霉菌结节

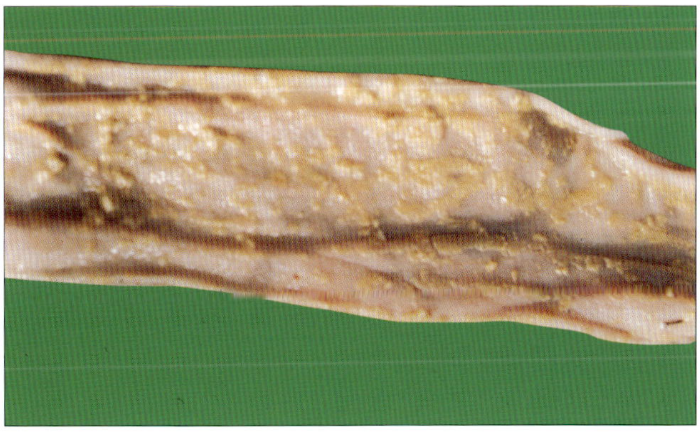
图4.7.5-8 霉饲料中毒 12指肠黏膜霉菌结节

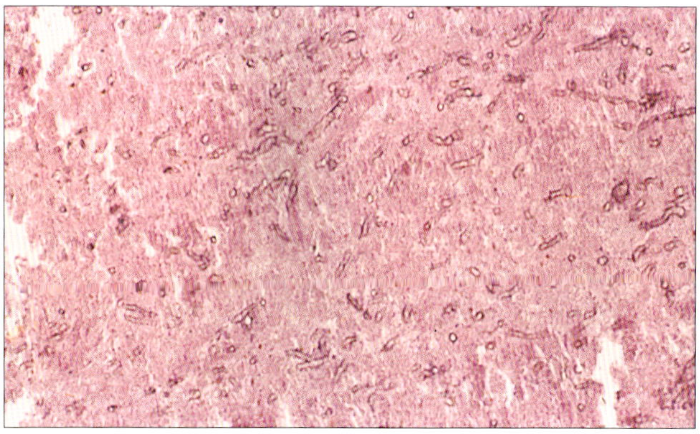
图4.7.5-12 霉饲料中毒 肺霉菌结节（HE×20）

图4.7.10-1 感光过敏 病初患猪头部、背部和颈部等皮肤出现弥漫性红斑

图4.7.10-2 感光过敏 患猪眼结膜充血，眼睑被分泌物粘连

图5.2.1-1 脓肿 可见球状物突出于皮肤表面与正常组织界限清楚

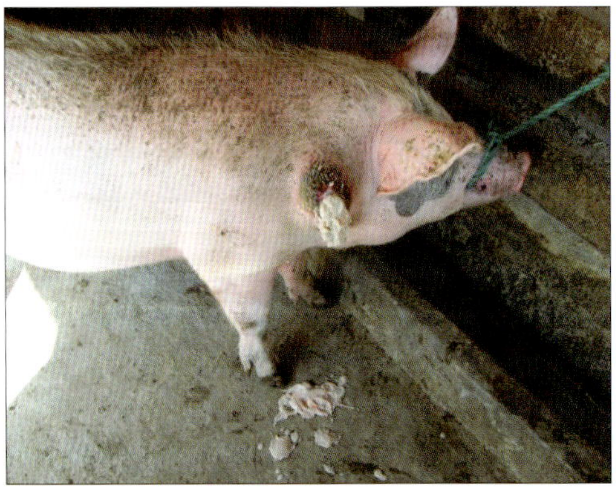

图5.2.1-2 脓肿 切开皮肤流出乳黄色脓汁

图5.2.1-3 脓肿 四肢逐渐变粗，运步不自如或强拘

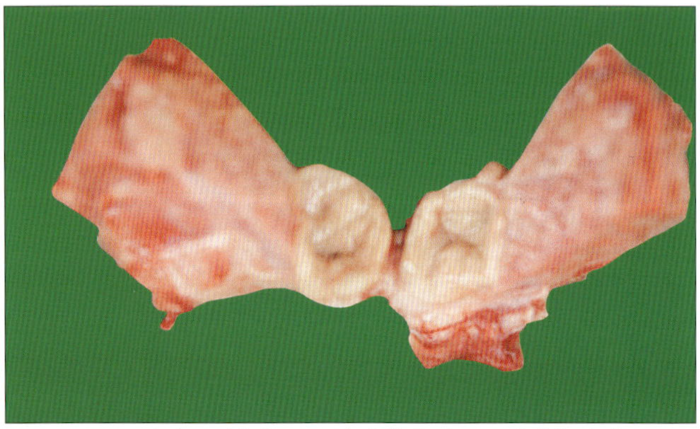

图5.2.1-4 脓肿 肺部切开，脓汁流出后可见脓腔与腔壁

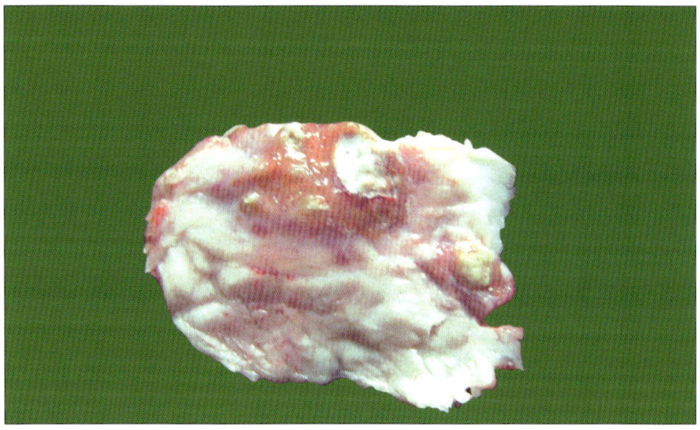

图5.2.1-5 脓肿 肌肉切开后可见脓腔中乳黄色脓汁

图5.2.2-1 血肿 耳皮下肿胀呈袋状

图5.2.2-2 血肿 耳皮下肿胀呈袋状

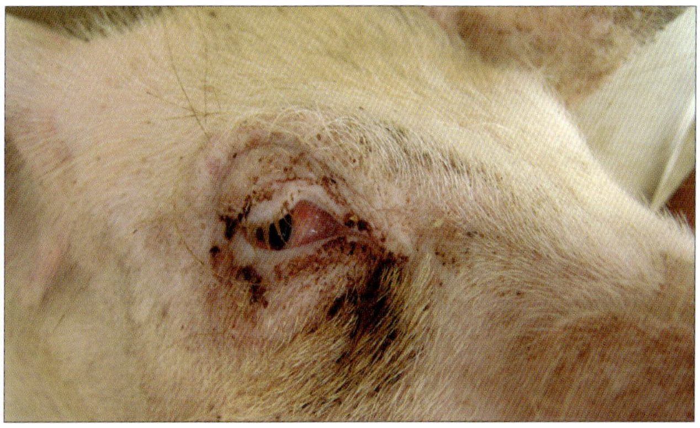

图5.2.4-1 结膜炎 结膜潮红

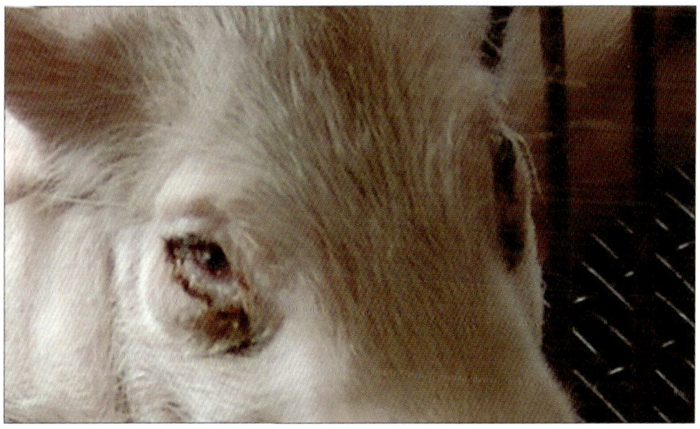

图5.2.4-2 结膜炎 肿胀，黏液性分泌物

图5.2.5-1 脐疝 脐部有一疝囊

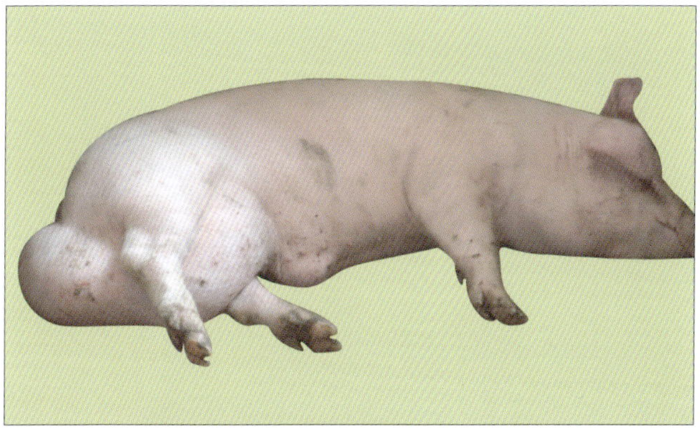

图5.2.5-2 腹股沟阴囊疝 阴囊腹股沟有一大疝囊

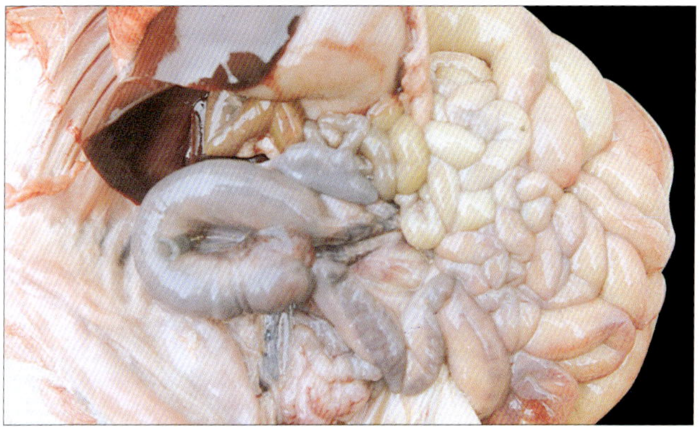

图5.2.6-1 肠变位 小肠套叠

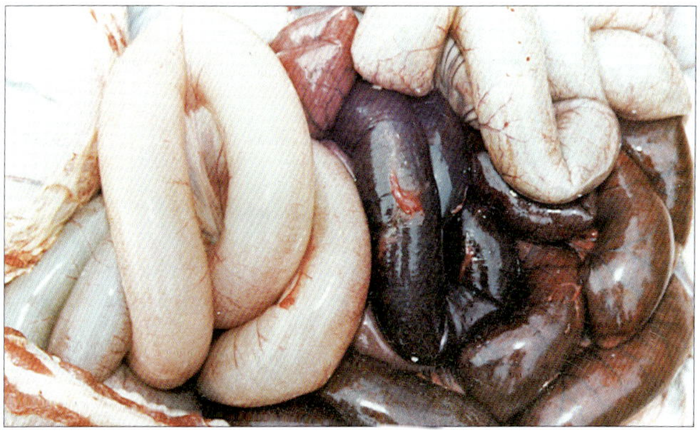

图5.2.6-2 肠变位 小肠扭转

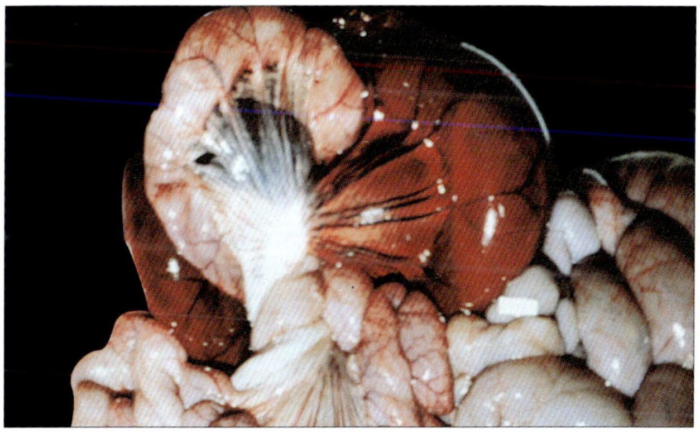

图5.2.6-3 肠变位 小肠扭转

图7.2.2-1 猪呼吸道疾病综合征 发病的哺乳仔猪

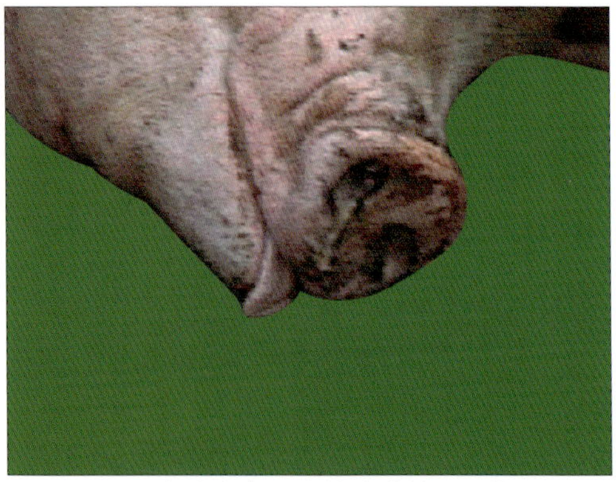
图7.2.2-5 鼻孔流出黏液性或脓性分泌物

图7.2.2-2 发病的6～10周龄断奶仔猪

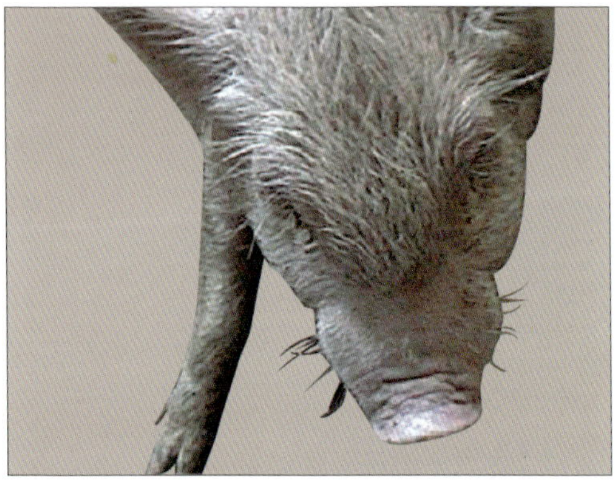
图7.2.2-6 病猪结膜炎，眼睛肿胀

图7.2.2-3 发病的13～15周龄育成猪

图7.2.2-7 猪呼吸道疾病综合征 病猪生长缓慢

图7.2.2-4 病猪呼吸困难、喘气

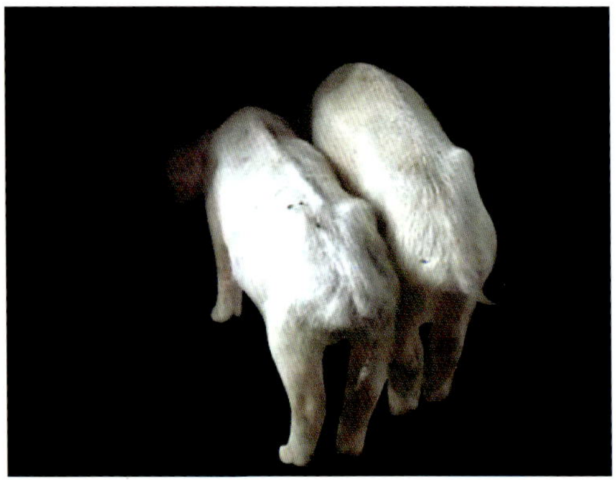
图7.2.2-8 猪呼吸道疾病综合征 病猪消瘦

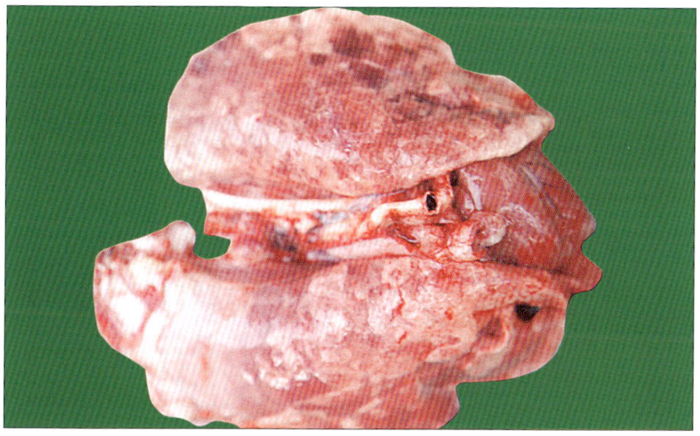
图7.2.2-9 弥漫性间质性肺炎呈花斑样

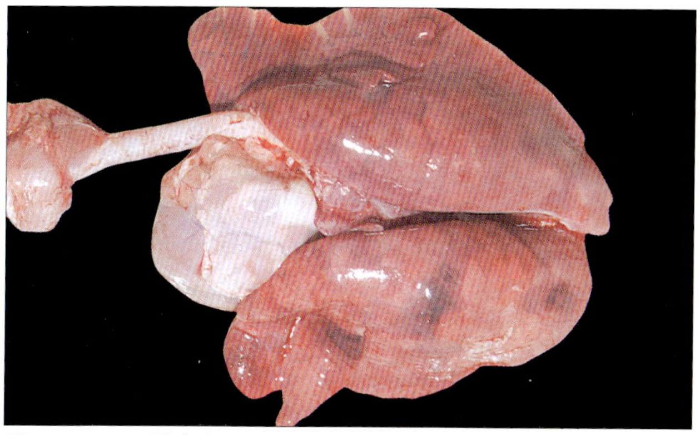
图7.2.2-13 肺出血

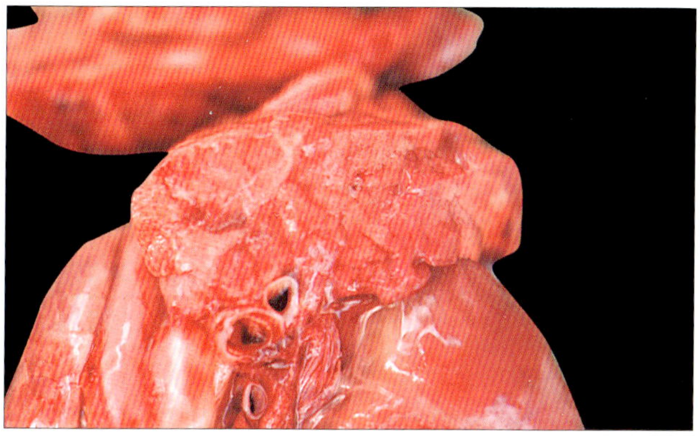
图7.2.2-10 肺横切面

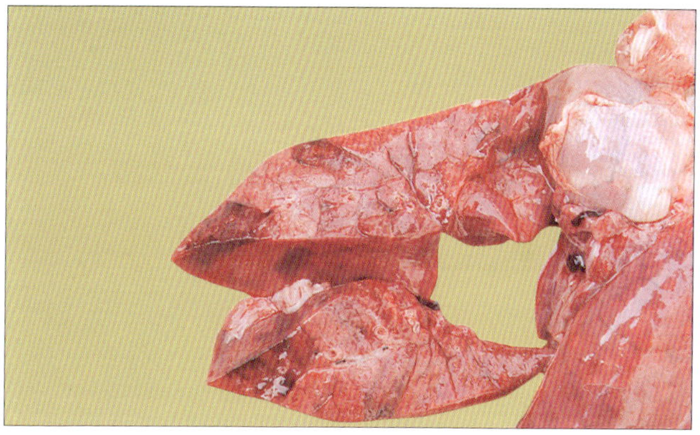
图7.2.2-14 肺横切面

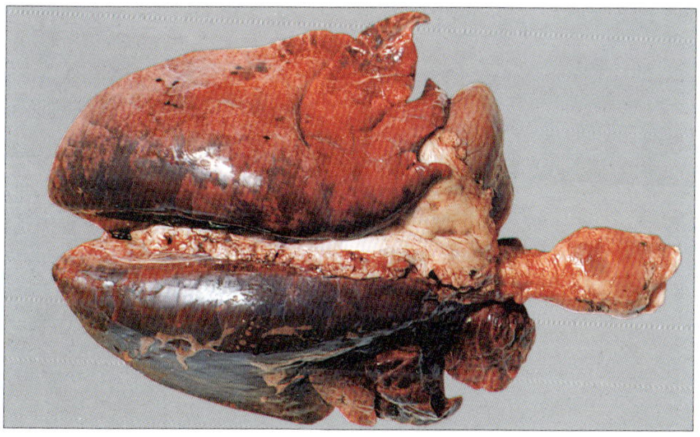
图7.2.2-11 间质性肺炎

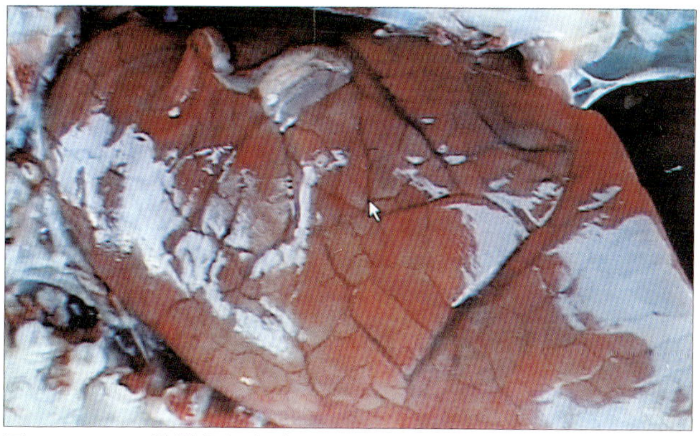
图7.2.2-15 肺淤血与水肿

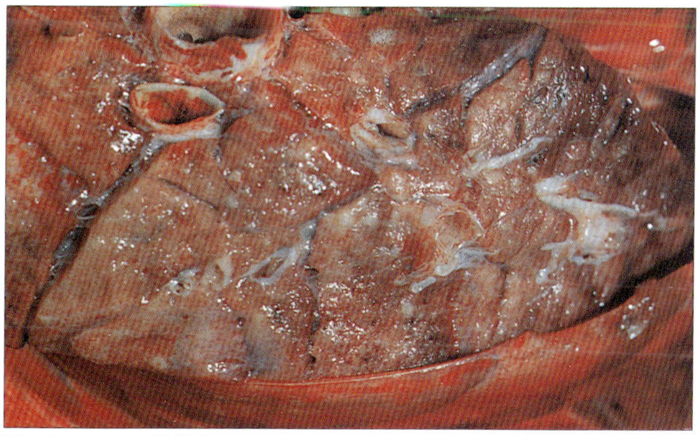
图7.2.2-12 肺横切面

图7.2.2-16 肺气肿

图7.2.2-17　肺肉变

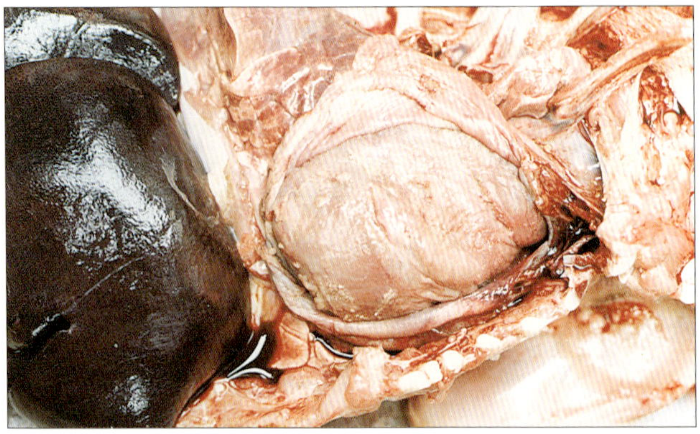
图7.2.2-21　纤维素性心包炎

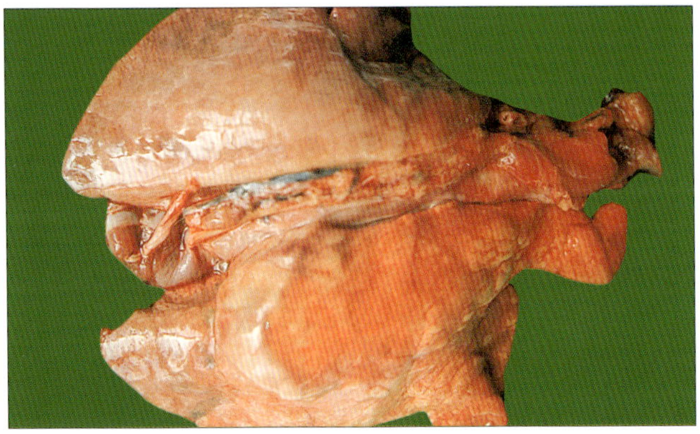
图7.2.2-18　肺化脓灶

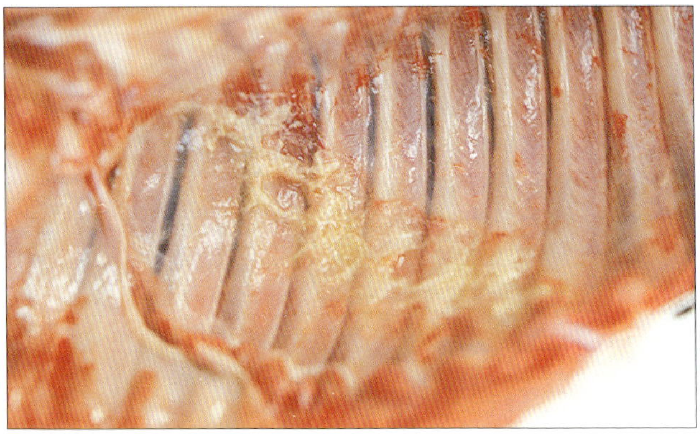
图7.2.2-22　胸肋膜纤维素性炎

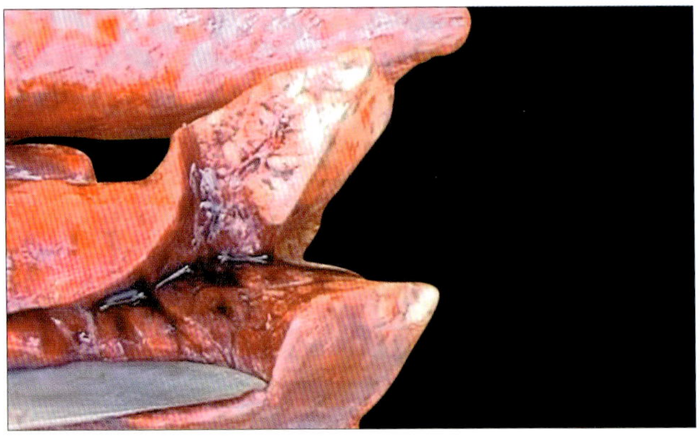
图7.2.2-19　肺横切面脓肿灶

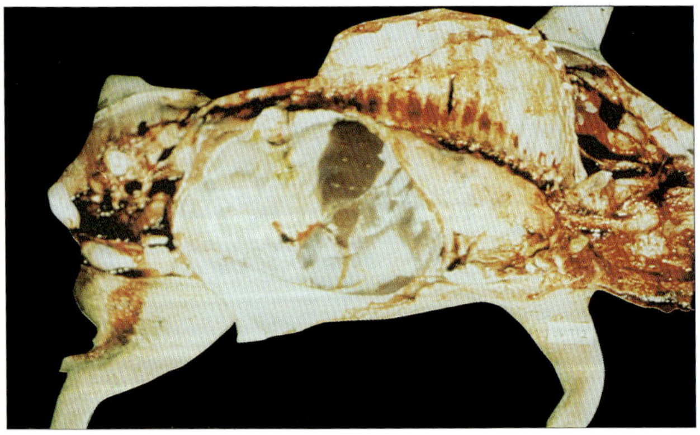
图7.2.2-23　广泛性多发性纤维素性浆膜炎

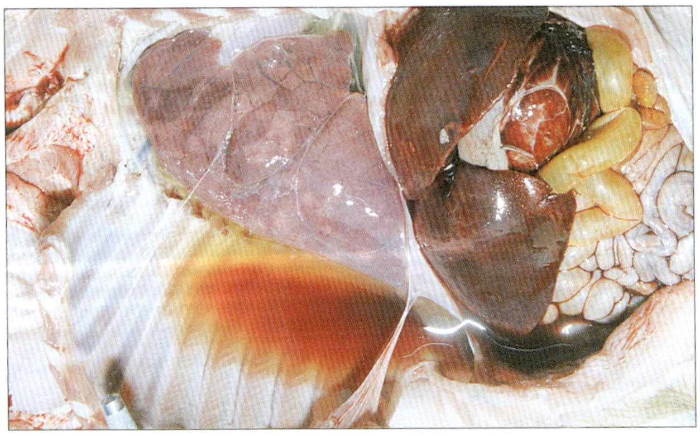
图7.2.2-20　肺纤维素渗出

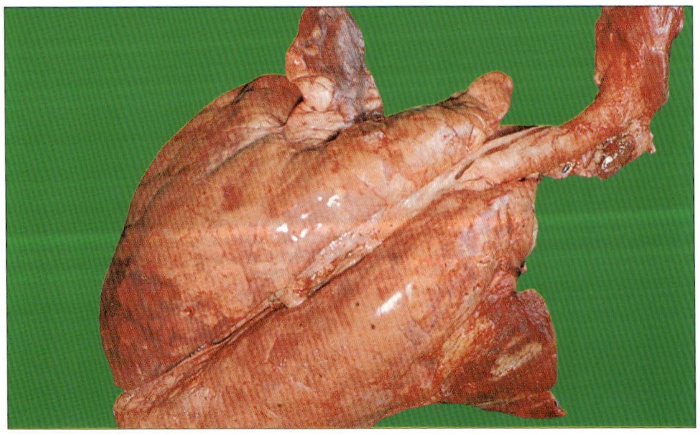
图7.2.2-24　肺部病变与猪支原体肺炎相类似

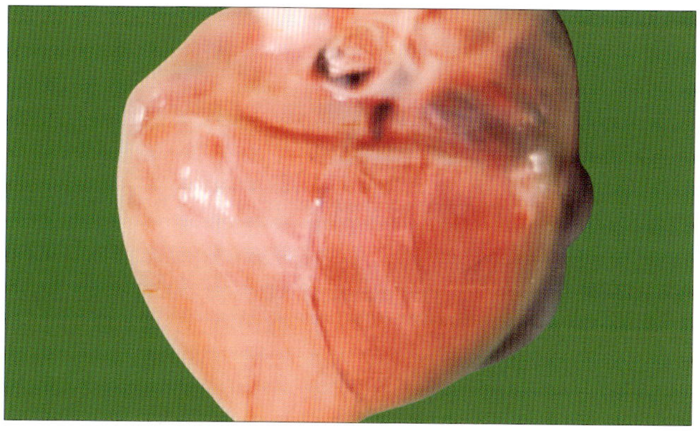
图7.2.2-25　右心扩张与肌营养不良

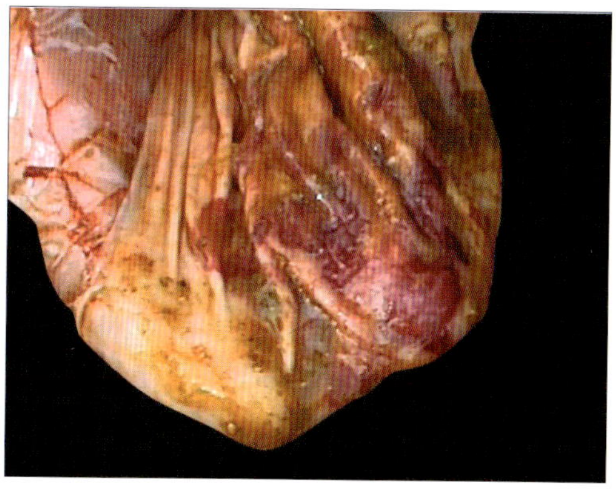
图7.2.2-29　胃肠不同程度的出血性炎症

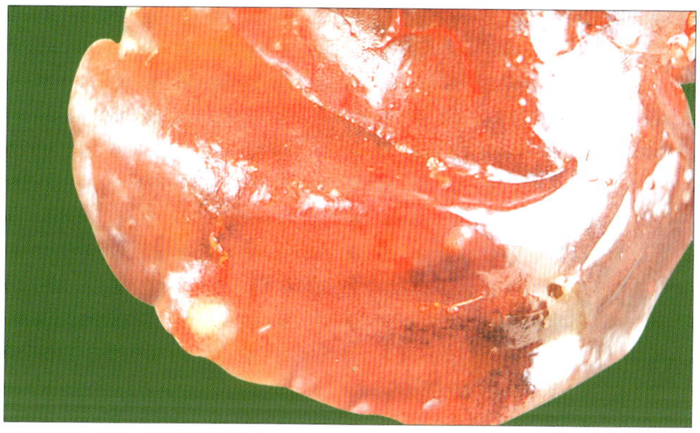
图7.2.2-26　肝营养不良

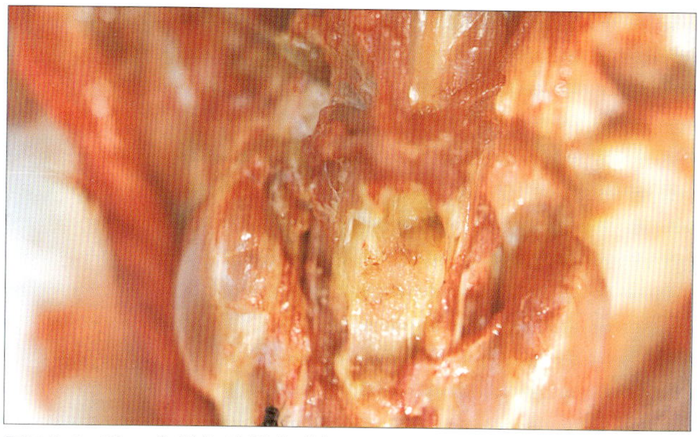
图7.2.2-30　扁桃体肿胀化脓坏死

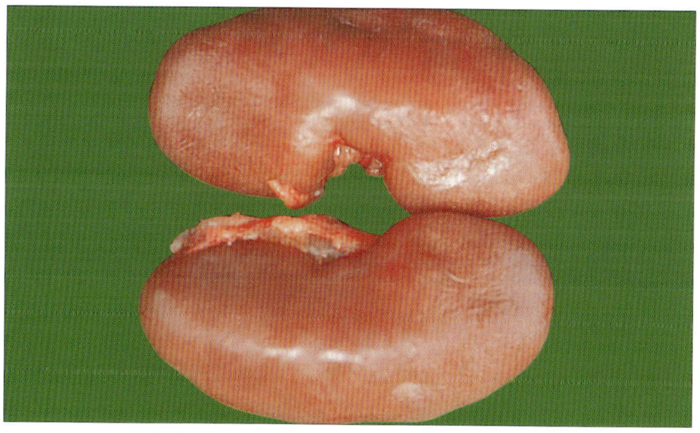
图7.2.2-27　肾营养不良

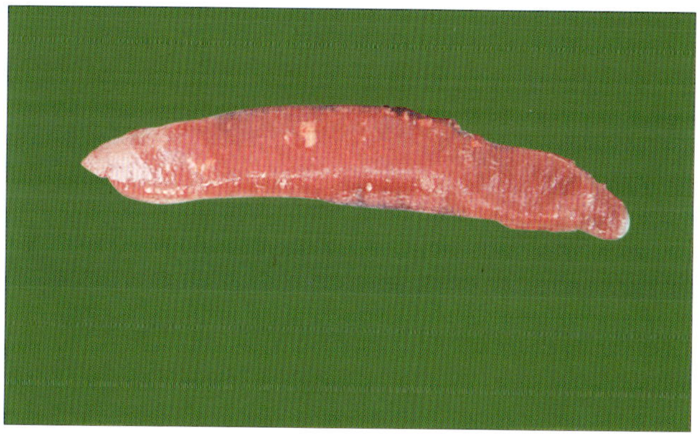
图7.2.2-31　脾边缘出血坏死灶被吸收

图7.2.2-28　胃肠不同程度的卡他性

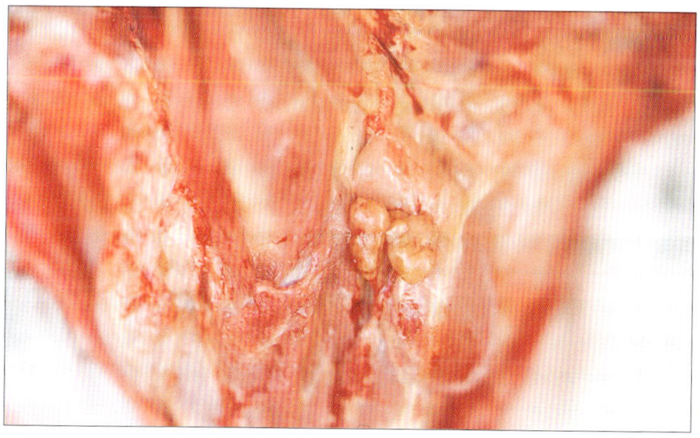
图7.2.2-32　下颌淋巴结肿大

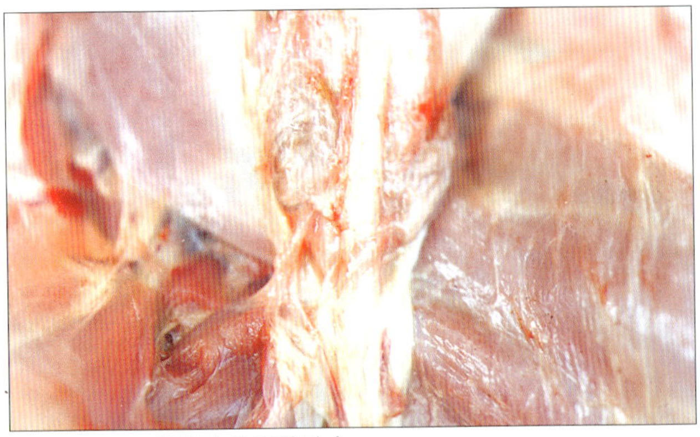
图7.2.2-33 腹股沟淋巴结肿大

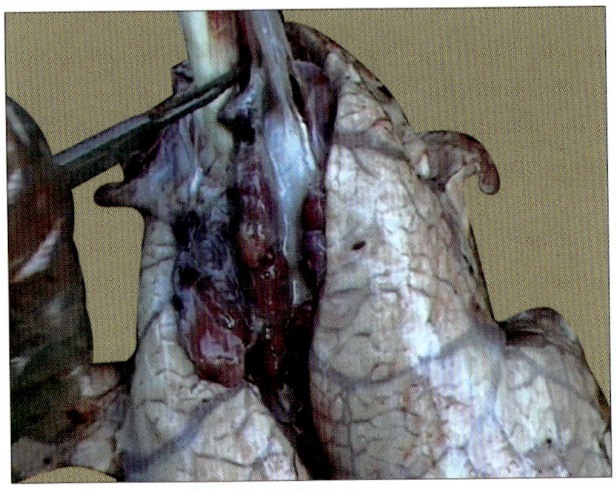
图7.2.2-34 肺门淋巴结肿大

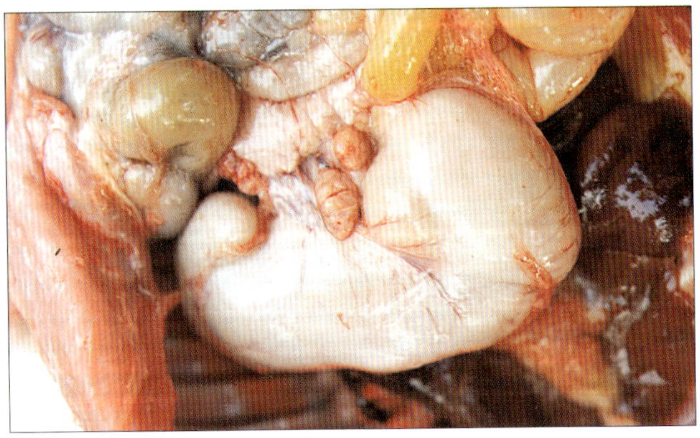
图7.2.2-35 胃所属淋巴结肿大

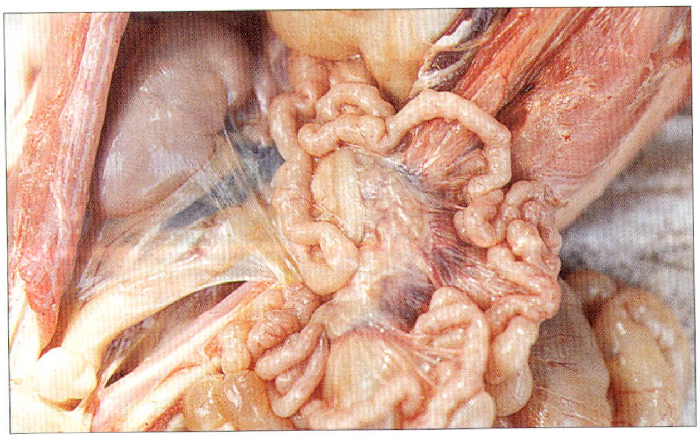
图7.2.2-36 小肠所属淋巴结肿大

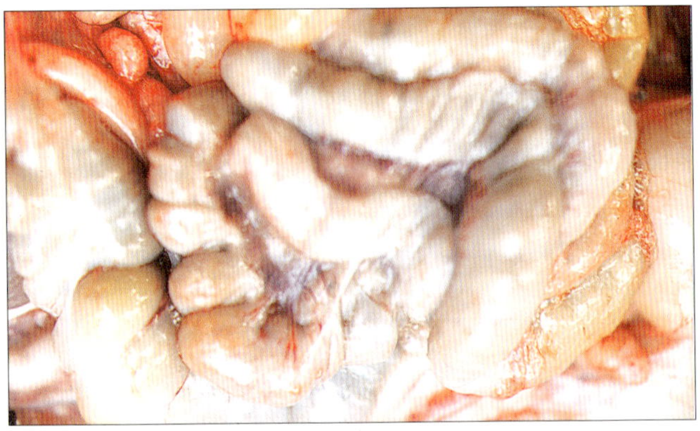
图7.2.2-37 大肠所属淋巴结肿大

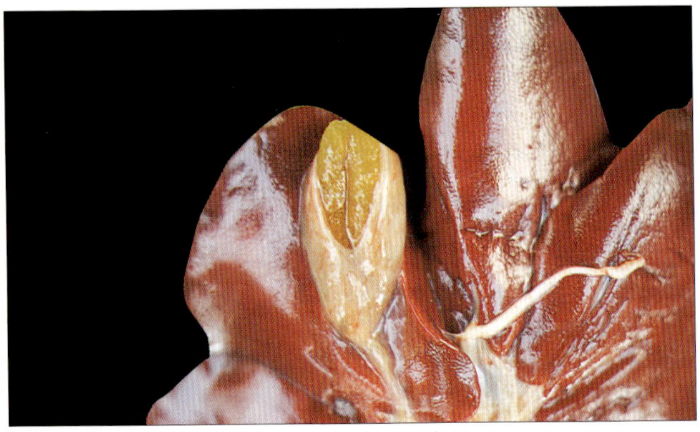
图7.2.2-38 肝胆囊肿大，内有胆石样栓塞

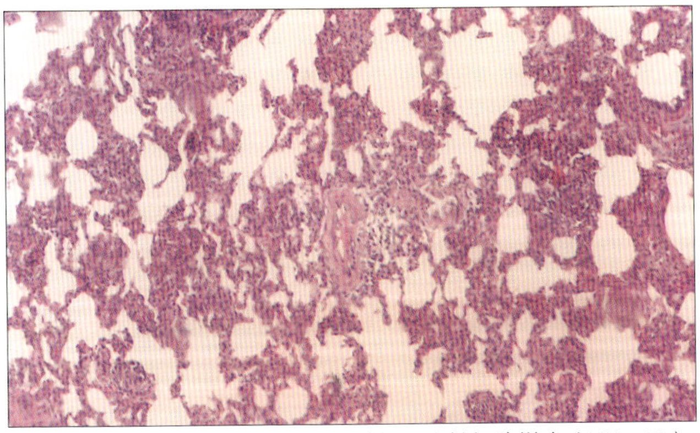
图7.2.2-39 弥漫性间质性肺炎 肺间隔炎性细胞增生（HE×10）

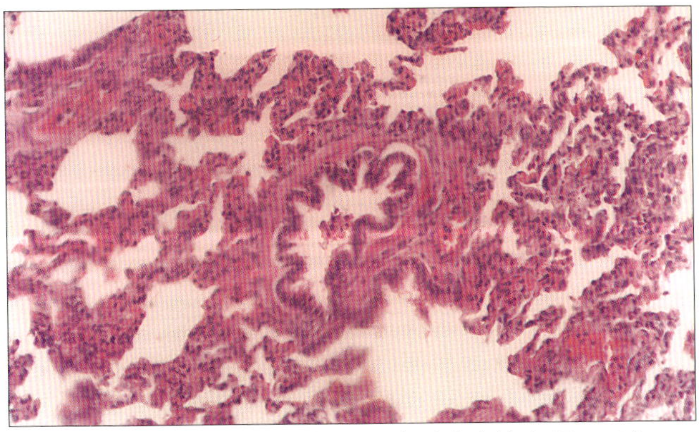
图7.2.2-40 弥漫性间质性肺炎 支气腔内炎性（HE×10）

序一

党的十一届三中全会之后，随着经济体制改革不断深化，国家制定并实施一系列有利于养猪业发展的方针和政策，增加了养猪业的投入，调动了广大农民和养猪企业的积极性，使我国养猪业有了突飞猛进的发展，养猪头数已居世界首位。养猪业的发展对繁荣农村经济，增加农民收入，丰富城乡居民的“菜篮子”以及维护社会安定，起着极为重要的作用。

然而随着养猪业的大发展，对外交流和国内猪只及其产品的流动频繁，以及由于目前我国检疫技术和手段还比较落后等因素，致使很多疾病传入我国，如猪的伪狂犬病、细小病毒病、萎缩性鼻炎、猪接触性传染性胸膜肺炎等，已给养猪业造成巨大的经济损失。猪病的危害严重威胁着养猪业的发展，广大畜牧兽医工作者迫切需要有一本既有理论又有实践经验的猪病防治方面的专著，以便用来作为与猪病斗争的有力武器，既便能降低百分之一的死亡率，就等于增加成千个年出栏1500头猪的规模化猪场的年生产量。因此，我国养猪业的发展应采取内含扩大再生产的策略，挖潜使科技与经济相结合，以科技促生产。

本书是一部理论和实践并重的猪病防治方面的专著。书中反映了国内外猪病研究的最新进展和成果，全面而系统地介绍了猪病的各个方面，尤其是诊断和防治技术方面的最新成就。书中文字通畅，图文并茂，许多内容是作者们结合自己的科研成果和工作经验而撰写的，是一部很好的参考书。因此，我高兴地向读者推荐本书，希望它能在控制猪病的发生与发展方面发挥出巨大的威力。

中国农业大学动物医学院教授　郭玉璞

1996年2月1日

序二

我国具有悠久的养猪历史，是一个名副其实的养猪大国。改革开放以来，养猪形势出现了新的变化，许多规模化养猪场逐渐建立，对我国猪肉的出口和满足广大群众的猪肉消费做出了较好的贡献。与此同时，猪病的发生，特别是猪传染病的发生和流行，对养猪业是一巨大的威胁，一定程度上制约了养猪业的健康发展。宣长和教授的《猪病学》（第三版），又进一步较全面地介绍了猪病的诊断和防治知识，并附有900多幅照片，必将为养猪业的疾病控制提供较可靠的手段，对养猪业健康发展起到"保驾护航"的作用。作为一个专业教育工作者，我乐于向广大教学、科研、养猪、猪病诊断和管理工作者推荐宣长和教授即将出版的《猪病学》（第三版）一书。

中国农业大学教授　甘孟侯

2008年5月6日

序 言（第一版）

本书是一部猪病防治方面的专著，在编写过程中，摄取了各临床学科有关猪病方面资料精萃，广泛搜集猪病的病原学、流行病学、临床学、病理学、治疗学、免疫学、预防医学等方面的最新技术资料。基本上反映了90年代以来的猪病防治水平，既有作者长期从事猪病教学科研生产工作的经验和科研成果，又吸收国内外猪病研究方面的最新成就，书中彩色照片全部是作者在科研和外检工作中摄制的。是一部理论和实践并重的专著。可供兽医临床工作者、养猪专业工作者、大中专畜牧兽医专业学生自学及有关科技工作者参考。

众所周知，猪病的诊断防治技术正在不断发展，尽管作者力求在书中反映出这方面的最新成就和学术水平，但在浩如烟海的文献资料中，选用适合各种读者要求的内容却是一件难度较大的工作。因我们的业务水平所限，掌握资料不全，编写时间匆促，书中定有疏漏不妥之处，敬请读者指正，以便再版时进行修定，使其更加完善，以满足养猪业的大发展。

宣长和

1995.12

序　言（第二版）

本书自1996年出版以来，受到广大读者的青睐。为了使本书的内容不断完善，编者在第一版问世后便开始了再版的文献资料的准备工作。在此期间编者深入到国内许多猪场进行调查研究，积累了大量的临床资料，真实地反映了我国当前猪病的临床病理特征，为本书的再版提供了宝贵的基础资料。

为了使本书内容图文并茂，准确翔实，便于广大读者阅读和为疾病诊断提供准确依据，在近万幅彩色照片中精选了320幅照片。

全书章节也做了相应调整，个别章节做了删节。许多疾病中加了新的科研成果和创新技术，新增了圆环病毒感染、猪副嗜血杆菌病、猪球虫病等疾病。

为了弥补某些疾病图片资料的不足，编排过程中从国内外著作中选取了部分图例，特此对作者和出版社表示由衷的感谢。

限于编者的水平和条件，书中的不妥和遗漏之处在所难免，欢迎广大读者提出宝贵意见，以便再版时修正补充。

宣长和

黑龙江八一农垦大学

2003年3月于北京东燕郊

序 言（第三版）

《猪病学》是我国“九五”期间国家重要科技攻关项目《建立年产30万商品肉猪产、加、销配套技术体系（课题编号：HKK90-0701）》中《猪场防病灭病技术服务体系》研究课题实施过程中，课题组结合自身研究工作，总结前人成果和多年来的临床实践经验，将研究内容编写成出版物，并以图书形式出版发行，便于成果推广。是我国猪病科技读物中首部以《猪病学》冠名的图书。1996年中国农业科技出版社出版发行后，很快传播国内各地，受到国内猪场、教学、科研队伍中科技人员及其广大养猪户读者青睐，成为我国猪病防治领域中的精品科技读物。

2000年课题鉴定后，为了将成果进一步推广，该书修订成第二版，自2003年出版发行以来，先后印刷三次近10000册。2005年又将研究过程中积累的图片资料编成《猪病诊断彩色图谱与防治》，在中国农业科技出版社出版，先后印刷四次12000册。2009年5月又编成首部《猪病混合感染鉴别诊断与防治彩色图谱》，在中国农业大学出版社出版。至今成果在国内数万家猪养殖户受益，获得了很高的社会效益。

猪病的发生和流行是影响和制约我国养猪业发展的重要因素，近代由于种猪和畜产品国际间交流的日益频繁，一些猪传染病流入境内，导致某些新侵入的传染病快速传播，给养猪业带来了巨大危害，使我国猪病出现了严峻形势。

在这一新的挑战面前，必须以科学发展观为指导思想，以猪生物学特性为基础，从解剖学、生理学、生物化学、微生物学、免疫学、病理生理学、病理解剖学、药理学、临床诊断学、环境卫生学、传染病学、寄生虫病学、普通病学、产科学、预防医学、流行病学、畜牧学、运筹学等多学科角度；并从我国猪病实际出发，编写一部既有理论又可指导猪病防治的科技著作。为此，笔者从2004年上半年到2009年5月，到华南、华中、华北、东北等地规模化猪场与专业养猪户作了大量的调研工作和成果转化，较全面地掌握了国内猪病现状。用唯物主义辩证法的方法论为指导，将收集的文献资料和自身研究成果重组进一步加工配套，由点到面、由简到繁、由浅入深、由低到高、由局部到全局，由基础到临床，向读者全面系统介绍猪病诊治基本知织、基本理论和基本技能，为深入认识和掌握猪病发生发展的规律，为诊断和控制猪病奠定坚实理论基础而编写《猪病学》第二版。全书章节在成书过程中几易其稿，做了较大调整，对许多疾病的解析中加入了最前沿的科研新成果和临床实用新技术。本书编排程序依猪病特点和当前从事猪病诊断和防治的科技人员现状，按照总论、传染病、内科病、寄生虫病、外科病和繁殖障碍疾病划分，并对危害性严重的传染病从病原、发病机制、免疫学、诊断、预防控制等方面进行了深入分析和探讨。本书精选自摄的几十余种疾病的典型症状和病变的图片968幅，其中一些属难得珍贵的图片，首次发表。

作者从事教学、科研和生产长达50余年，书中融汇了作者对猪病诊断和防治技术领悟与经验，同时书中吸纳了国内外猪病专家教授对常见、多发病的最新研究成果与先进的临床经验以及国内猪场、教学、科研队伍中科技人员的部分成果和文献资料。

为了便于各地方猪病工作者和基层兽医的学习，本书增加了疾病总论、生理解剖学、病理学、药物学的基础知识。

在当前猪病混合感染日益增多的情况下，出现症状相同、病理变化错综复杂的综合征，本书收编了相关“综合征”文献资料，并作为单篇编入书中。

本书结合时代特点，较全面地反映了21世纪以来猪病诊治的新成果。内容极为丰富、实用、针对性强、信息量大；文字叙述通俗易懂，图例典型、图片清晰、图文并茂；是一部专业性和通俗性有机结合的科普读物。

本书在撰写编辑过程中，得到国内知名专家的通力支持，他们中有关猪病研究的部分成果汇编此书；本书还从葛利江、马世良、赵传毅、张弥申先生等提供的图片中选取了部分图例；国内多家猪场提供场地和病例，特别是《猪病诊断彩色图谱与防治》一书出版后开通了免费咨询电话，许多养猪户和基层兽医技术人员纷纷打来电话咨询有关猪病疑难问题，从中了解到各地猪病临床流行病学情况，获得了一线素材；同时，本书的编写出版还得到了《猪业科学》杂志总编孙德林先生、北京金海伟业饲料有限公司总经理于长江先生、河北省石家庄种猪场经理司志强先生、湖南圣雅凯生物科技有限公司董事长黎明先生等各方大力支持，在此一并表示诚挚的感谢。

本书是一部理论和实践并重的猪病专著。可供养猪专业户、兽医临床工作者、养猪专业技术工作者、饲料兽药营销售后服务人员使用，还可作为大中专院校兽医专业教师、研究生和学生的参考用书。特别是对养猪场的经理们是一部及时而适用的指导用书。

本书出版的目的是全心全意服务于从事猪病防治和养猪户读者，确信该书能够在猪病防治上给他们带来关键性的技术与理论指导。但是限于编者们的水平，书中难免有不足甚至错误，恳请读者批评指正。

您在参阅本书时如有猪病诊断与防治疑难问题，可拨打电话010-61598704或发电子邮件到xuanchanghe@yahoo.com.cn咨询，对有特殊需要者，作者可到现场指导。

宣长和

2010年3月4日于北京东燕郊

绪论

养猪在农业和农村经济中占有重要地位。我国是世界养猪生产和消费第一大国，猪存栏、出栏总量世界第一，2006年占世界猪肉总产量的52%。 我国的养猪业持续高速发展， 在一系列重要猪病的防制中取得了举世瞩目的成绩，20世纪50年代研制成功的猪瘟兔化弱毒疫苗，对控制和消灭猪瘟在我国乃至全球范围内成效巨大。

近半个世纪来，在养猪集约化生产的推进下，种猪和畜产品的国际间交流频繁的新形势下，一些传染病乘虚而入，与此同时国内猪只调运移动频繁，人们对防范猪病的认识不足和措施不力，从而导致一些新发现的传染病快速传播和已控制的疫病重新流行，给养猪业造成了严重危害。 猪疾病的发生和流行是影响我国养猪业发展的重要因素之一 ，因此必须抓好猪疾病的防治工作。为了做好猪疾病的防治工作，首先对我国猪病的疾病流行情况有所了解，才能有的放矢。以科学发展观为指导思想，用辩证统一的方法，运用哲学、生物学、兽医学、运筹学的基本理论做好猪病防控工作 。

一、我国猪传染病防制技术的主要成就

我国是世界上养猪最多的国家，猪病发生较多，对养猪业危害十分严重。在猪病中，猪瘟是危害最大、最受重视的一种传染病。1955-1956年，我国成功研制了中国系猪瘟兔化弱毒疫苗，该疫苗具有高度的安全性和良好的免疫原性，且具有无残毒、毒力不返强等优点。在全国推广应用以后，历经50年，对控制猪瘟的流行起到了重要作用。1994年研制的猪瘟单克隆抗体诊断试剂盒，可以区分猪瘟强毒、弱毒，牛病毒性腹泻病毒和羊边界病毒，为我国控制和消灭猪瘟提供了有效的检疫手段。另外，在猪瘟疫苗生产方法改进、免疫程序、免疫诊断、免疫监测及非典型猪瘟防治等方面的研究都取得了显著成果。我国对猪丹毒也进行了深入研究，研制成猪丹毒GC42和G4 Ti弱疫苗及灭活疫苗、猪三联弱毒疫苗（猪瘟、猪丹毒、猪肺疫）及二联弱毒疫苗（猪瘟、猪丹毒）等，为控制猪丹毒流行起到了积极作用。猪支原体肺炎（猪气喘病）发病较多，危害较大，经联合攻关研究，提出了有效的防制方法，还研制成猪气喘病兔化弱毒疫苗和猪气喘病弱毒疫苗，取得了良好的免疫效果。

目前，我国养猪业逐步向现代化饲养方式转变，猪群高度集中，猪只接触频繁，发病机会增多，疫病流行特点发生了新的变化，一些具有综合征候群的疾病，引起了人们的高度重视。具有呼吸道综合征候群的猪呼吸系统传染病发生增多，病因越来越复杂，对发病较多的猪肺疫、猪接触传染性胸膜肺炎、猪传染性萎缩性鼻炎和猪气喘病，均已研制出安全有效的疫苗和快速诊断方法，成功地控制了猪呼吸系统疾病的大范围流行。猪传染性繁殖障碍综合征的病因较多，如非典型猪瘟、伪狂犬病、猪细小病毒感染、流行性乙型脑炎、猪衣原体病、猪繁殖与呼吸综合征等，相应的检测方法和以疫苗接种为主要手段的防制措施，使这些疾病得到了有效地控制。猪传染性腹泻是我国发病最多、影响最为严重的一类疾

病，包括猪大肠杆菌病、仔猪副伤寒、猪传染性胃肠炎、猪流行性腹泻、猪痢疾和猪梭菌性肠炎等。为此，在病原特征、诊断方法、疫苗和防制措施等方面作了大量的研究工作，取得了显著成绩。其中大肠杆菌病K88、K99、987P三联灭活苗和K88、LTB二价基因工程苗已推广应用，对仔猪黄痢具有良好的免疫效果。猪传染性胃肠炎、猪流行性腹泻、猪轮状病毒感染的疫苗及其联苗已研制成功，在生产中应用具有良好的免疫保护作用。

二、 猪传染病的发生和流行特点

1. 流行病学

由于认真实施防制措施，疫苗接种、动物抗病力增强以及环境条件的改变、病原变异、毒力减弱等多种因素的影响，致使一些曾暴发流行且死亡率高的传染病流行转为缓慢，并表现为散发，如猪瘟目前很少出现暴发和大流行。猪瘟出现了以繁殖障碍为主的综合征，但也有些传染病则由流行缓慢变为迅速传播。如猪蓝耳病由相对稳定状态的缓慢流行于2006年开始暴发式流行，农业部称为高致病性蓝耳病；猪伪狂犬病，过去多为一个地区或猪场发生，但在20世纪90年代则呈世界流行，发病率和死亡率显著增高。 上述情况表明强度有所改变，动物传染病的流行正在不断发生变化。

2. 新传染病的种类增多

随着社会的不断发展，由于我国畜牧业的快速发展，国内各地区及国际间的种苗和商业猪的流通增多，各地多渠道地从国外引进大量种猪，为疾病发生与流行创造了条件；在入境检疫时缺乏有效的监测手段，加之国内种猪调运移动频繁，致使新的疫病不断出现。许多疫病传入我国，并大规模暴发，如猪繁殖和呼吸障碍综合征（猪蓝耳病）、猪圆环病毒等疫病的发生流行，给我国养猪业造成了巨大的危害。据农业部1996-1990年对全国畜禽疫病普查结果统计，我国动物传染病有202种之多，其中20世纪80年代发现的新增病达17种(传染病15种，寄生虫病2种)。这17种传染病中，有猪细小病毒病、猪传染性胃肠炎、猪流行性腹泻、猪痢疾和猪衣原体病。90年代以来又新发现传染病10种，包括猪传染性接触性胸膜炎、副猪嗜血杆菌病、猪繁殖和呼吸综合征、猪圆环病Ⅱ型感染、猪副红细胞体病和猪增生性肠炎等。加上原有在我国较多猪场发生的猪瘟、猪气喘病、猪口蹄疫、仔猪大肠杆菌病、猪伪狂犬病、猪传染性萎缩性鼻炎、猪链球菌病、猪布鲁氏菌病和猪流行性乙型脑炎等。这些疫病的出现给当前的防疫增加了许多新问题，严重威胁养殖业的发展，为此这些疫病的防制和研究工作应该受到高度重视。 一些原已控制的病又重新抬头，如猪瘟、链球菌、弓形体等老疫病。新出现和重新出现的疾病不断地危害着猪群。一些病原对机体的免疫系统造成破坏，如猪繁殖与呼吸综合征病毒、猪圆环病毒Ⅱ型均可侵害猪的免疫器官和免疫细胞，造成细胞免疫和体液免疫的抑制，导致猪群免疫失败，抗病能力大大减弱，猪群整体健康水平下降。在做好猪瘟防控的基础上，对众多疾病中应当对猪呼吸道疾病、猪繁殖障碍性传染病以及免疫抑制性疫病作为防控重点。

3. 病原毒力变异和发病非典型化

在疫病流行过程中，病原的毒力常发生变异。有些病原的毒力出现减弱，加上动物群体中的免疫水平不高或不一致，导致某些疫病在流行病学、临诊症状和病理变化等方面出现非典型变化，如目前出现的非典型猪瘟即是明显的例证。另一方面有些病原的毒力出现增强，虽然经过免疫接种，但仍常出现免疫失败，从而给疾病的防制带来新的困难。

4. 某些细菌性疾病的危害日益严重

目前，在传染病的流行过程中，细菌性疾病明显增加，如链球菌病、大肠杆菌病、沙门氏菌病、多杀性巴氏杆菌病、葡萄球菌病、支原体病和衣原体病等。这些细菌性疾病的危害日益严重，2005年四川省内链球菌病暴发流行不但猪大批发病死亡，而且传染给人，有37人死亡，已成为公共卫生中的严重问题。造成这种情况的原因主要有：大规模集约化饲养以后，猪群密度过大、饲养管理条件不能及时改善，多种不良的应激因素等常常使猪的抵抗力下降，容易使一些细菌大量繁殖、致病力增强；猪群体中流行的免疫抑制性疾病也容易使机体继发细菌性疾病；盲目地乱用抗菌药物、任意加大剂量、在饲料中混加不必要的抗菌药物等，使一些常见的细菌产生较强的耐药性，一旦发病抗菌药物则难以奏效。

5. 传染病的混合感染与综合征

目前在猪传染病的流行过程中，常常出现两种或多种传染病的混合感染，如病毒性疾病与病毒性疾病混合感染，病毒性疾病与细菌性疾病混合感染，细菌性疾病与细菌性疾病混合感染，甚至有时还能混感某种寄生虫。由于科学技术的发展有效疫苗的应用，机体免疫抗体数量与种类的增多；引起病原微生物群落毒力的变异，它们相遇重新组合、配对等自然选择；发生了俗称的多种疾病互为因果相互促进的混合感染而构成的综合征，多种病原微生物组成给被感染动物的机体造成严重的损害，多病原的多重感染或混合感染，使病情复杂化。由于人们在引种或生猪交流过程中，把疾病传播开来使疾病迅速发展。主要是猪繁殖和呼吸综合征病毒与猪圆环病毒Ⅱ型、猪繁殖和呼吸综合征病毒和猪伪狂犬病病毒、猪伪狂犬病病毒与猪圆环病毒Ⅱ型、猪瘟病毒与猪伪狂犬病病毒、猪瘟病毒与猪繁殖和呼吸综合征病毒、猪瘟病毒与猪圆环病毒Ⅱ型的双重感染；还有猪繁殖和呼吸综合征病毒、猪伪狂犬病病毒和猪圆环病毒Ⅱ型的三重感染的现象。细菌间或细菌与病毒病病原的多重感染是十分普遍的，诊断和防治更加困难，这样在临诊表现上，与单一病原感染有相同之处，又有不同之处，因而极易导致临床病例的错误诊断。因此，在分析动物疾病的诊断和制定防制措施时，均应考虑不同传染病混合感染的问题。在这些病原污染的猪场，猪群发病后的临床症状复杂，病情严重，现场也难以确诊，防治效果也很差，造成严重的经济损失 。

三、猪传染病的诊断

诊断是猪病控制的基础，对于群发病诊断应当是发生疫情第一反应的应急措施。当猪场发生传染病或疑似传染病时，必须按“早、快、严、小”原则，采取有力的紧急措施，尽快将疫病消灭在萌芽状态。虽然当前猪病的病情复杂，多种多样，而且多为一种疾病与其他传染病混感，特别是非典型猪病的出现，给诊断增加许多困难。及时做出正确诊断，必须采取多种诊断方法，如病原学、流行病学、临床血液学、病理剖检、免疫荧光技术和酶标技术等方法的综合诊断。由于猪病的症状与病变多样，应在现场多剖检几例综合多数病猪剖检结果，以便观察猪病变的全貌，及早做出正确诊断并不困难。

陈健雄（2005）提出：对传播速度快，发病率、死亡率高的疫病必须在短时间内快速做出确诊，并采取有效措施予以控制，才能把损失减少到最低限度，否则将造成惨重的损失。但疫病的诊断特别是病毒性疫病的诊断，经常需要几天甚至1周以上的时间才能做出较为准确的诊断，如果等待实验室诊断结果再采取控制措施，将会造成极大的损失。因而根据流行病学，临床症状和剖检等方面的资料，及时做出较为准确的诊断很是重要。如猪场一旦发生猪瘟，特别是大型猪场，应迅速做出早期诊断具有重大意义。因猪瘟的扑灭有效方法是在猪群中尚未大批感染时，早期紧急接种猪瘟弱毒苗，使猪群又获得一次免疫应答，可抵抗猪瘟野毒的攻击，及时控制猪瘟的发生和流行。因此，像对猪瘟这样传播速度快、发病率和死亡率高的疾病必须在短时间内快速做出确诊，并采取有效措施予以控制，才能把损失减少到最低限度，否则将造成惨重的损失。

此外应当注意，当前对猪瘟的诊断，不应以临床症状和剖检的病理变化，结合自己的临床经验就断定是某一种病；实验室检测还应当采取相应的样品进行实验室检测工作，最后根据实验室检测结果结合猪场的病史，流行病学、临床症状和剖检的病理变化，做出正确诊断，否则可能出现误诊。

四、 猪传染病防制

1. 控制策略

为有效控制日益复杂的猪病，兽医学和畜牧学等多学科紧密结合，兽医与畜牧技术人员必须密切配合， 规模化猪场必须以防为主、防治结合的预防兽医学，同时注重保健、改善管理的生产兽医学，而生物安全性措施的制定和落实要求有综合的知识，采取综合性防制措施，努力为猪群创造良好的生长和繁育条件，提高猪群整体健康水平，净化种源，从而达到控制猪病，提高猪场生产水平。建立有效的生物安全体系，畜牧业领域养猪生产中猪病防治体系即生物保健安全控制体系。该体系以生命科学为基础，根据畜牧兽医各学科、系统工程学、运筹学和管理学的原理，与猪生物学特性和病原、宿主、环境辨证关系，实施封闭式管理、科学饲养和营养标准、科学监测、消毒防范、科学的免疫程序、全进全出的生产工艺流程，从而产生了现代的生产兽医防制学新理念。

2. 贯彻“预防为主”的方针

应做好饲养管理、防疫卫生、预防接种、检疫、隔离和消毒等综合性防制措施，以达到提高家畜的健康水平和抗病能力，控制和杜绝传染病的传播蔓延，降低发病率和死亡率。

只要实施综合性防制措施，很多传染病是可以控制的。随着大规模集约化养殖业的发展，贯彻“预防为主”方针显得更加重要。各级政府要稳定动物防疫机构和防疫队伍，提高专业素质，克服防疫意识淡薄的倾向，在实际工作中切实执行各项防疫政策和措施，真正做到防重于治。

3. 加强法制的宣传和贯彻实施

1998年1月1日起实行的《中华人民共和国动物防疫法》是我国兽医史上的

一部大法，使我国动物防疫工作真正纳入了法制轨道，各地应认真贯彻执行，增强全民的法制观念。职能部门要依法行政，加大执法力度，逐步实现疫病防疫工作规范化、科学化和法制化。认真执行国境检疫、交通检疫、市场检疫和屠宰检疫等各项检疫工作，严格控制疫病的引入和蔓延。规范兽医生物制品和兽药的申报、生产、监督、检验和销售环节。严格执行《动物防疫法》中有关传染病的预防、控制和消灭的各项具体规定。

4. 进一步健全和完善猪防疫体系

不断提高专业人员的业务素质，需进一步加强和完善。结合各地（场）的实际情况，制定配套的防疫、消毒等卫生措施；建立科学的免疫程序和免疫方法；健全和规范疫病的诊断、检测方法；建立严格的疫情报告制度；完善药品、疫苗、诊断液的购储和冷冻体系，加大防疫工作中的科技含量。

20世纪90年代以来，兽医科学技术得到了迅速发展，新的诊断方法、疫苗和防制技术不断出现，基层兽医人员往往跟不上发展。因此，各级主管部门应举办培训班，传授相关兽医知识及依法防疫的要求，尽快提高整个兽医队伍的技术素质和业务水平，把防疫工作做好。重视交流学习和创新，以适应形势发展的需要，要抓猪场的总体防疫，重点解决危害猪场的主要问题。近年来新的猪病种类增多，病原对机体的免疫系统造成破坏，导致猪群免疫失败。如猪繁殖与呼吸道综合征、猪圆环病毒感染，引起机体的基础免疫功能下降，必须引起高度重视。只有不断地汲取最新兽医学知识，制定相应的预防措施，因而猪病控制技术需要不断创新，以适应形势变化的需要。

5. 做好猪群的保健及疾病的预防工作

树立动物保健的观念，目前猪场发生的疾病大多是病毒性疾病的继发感染细菌性疾病，不仅仅只是细菌性疾病，等到猪群发病时再使用药物进行治疗效果往往不理想，甚至无效。因此，抗菌药物的使用必须从治疗用药转向预防用药，不要等到猪发病才用药，而应在猪发病高峰期以前用药，主动控制细菌性继发感染。猪场应结合自身的实际情况，制定适合本猪场的药物预防程序，坚持定期进行各种类型的药敏试验，筛选出当期最佳防治效果的药物。根据不同季节气候变化的特点，在饲料中添加预防性药物，减少发生细菌性疫病的机会，哺乳、保育仔猪腹泻及保育、生长育成猪呼吸道疾病是猪场多发病，通过选择质量可靠的敏感药物投放于饲料或饮水中进行预防，比治疗更有意义。

6. 加强传染病防治技术的科学研究和科技成果推广

在21世纪，世界各国都加强了动物防疫工作。我国在颁布《动物防疫法》以后，相继制定了一系列有关的法令和规章，逐步地完善兽医管理体制，并在畜禽传染病防制和兽医科学技术研究上取得了显著的成绩。但与世界上畜牧业发达的国家相比，我国对动物传染病的消灭和控制程度仍然很低，在疫病的检测、诊断、预防和扑灭等各个环节都存在体系不健全、设备简陋、技术手段落后等问题，特别是与国际接轨的预防检疫体系尚未建全。在动物疫病防制和兽医卫生管理工作难度不断加大的情况下，动物传染病仍然是威胁着畜牧生产和畜产品安全的主要因素，也影响着我国畜产品在国际市场上的信誉。因此，加强我国猪传染病的防制研究和科技成果推广是非常必要的。

研究工作应该密切结合生产实际，要着重研究和解决中国猪病防制中的关键问题，走创新、稳健、踏实、发展之路，切不能忽视传统科学和技术的重要性。开展重要传染病病原的分子生物学研究，对病原微生物的基因结构、遗传变异规律、耐药性机理及免疫原性等进行分析，探明一些疫病的免疫保护和防制效果欠佳的原因，为研制和开发新型疫苗和兽药提供科学依据。注意提高畜禽传染病的诊断水平，建立快速、敏感、准确、简便的诊断方法，并组装成标准化的诊断试剂盒，以便在生产中普及和推广应用。尽快制定符合我国畜牧业生产的疫病诊断标准。开展重要传染病的流行病学研究，建立较完整的疫病流行病学数据库和流行趋势计算机模拟预测模型。开展动物传染病和免疫机理的研究，为免疫防制提供科学依据。在研究管理上要克服封闭式的格局，实行跨单位、跨行业的协作研究，以发挥群体力量和优势互补，提高现有研究的整体水平。对取得的重大研究成果，应加速转化为生产力，尽快实现产业化，建立符合市场经济发展的科技运行机制。利用现代信息网络技术，不断地跟踪、分析和利用国内外的先进科技信息，不断地采用先进手段、设备和技术，提高畜牧业生产和疾病预防工作的科技含量，为养猪业的高速度发展提供保证。

目 录

第一篇

总论

第一章　猪病概论

第二章　猪病诊断

第三章　猪病治疗

第四章　免疫预防

第五章　猪病的预防策略

——猪病生物安全控制体系的建立

第一章
猪病概论

第一节　猪病概念

疾病的概念

疾病（disease）相对健康（health）而言，指机体在一定病因和条件的作用下，超过自身调节的限度而发生的一系列异常生命活动。包括生理功能、代谢和形态结构的改变，临床上表现出相应的症状和体征。动物疾病是机体与外界致病因素相互作用而产生的损伤与抗损伤的复杂斗争过程，并表现出机体生命活动障碍，动物的生产能力下降及经济价值降低。动物的疾病具有以下特点：

⑴疾病是在一定条件下由病因作用于机体而引起的自然现象，任何疾病的发生都有其相应的原因，没有原因的疾病是不存在的。因此，在临床上，查明疾病的原因是有效防治疾病的先决条件。

⑵疾病是完整机体的反应。机体与外界环境的统一和体内各器官系统之间的协调活动，是动物健康的标志，疾病的发生意味着这种协调活动的破坏。此时，机体内部各器官之间和它与外界环境之间的关系发生变化，而且协同作用发生不同程度的障碍甚至完全破坏，在机体的某些局部出现明显的变化。但任何变化都是完整机体的反应，并受神经和体液的影响。因此，在实际工作中必须避免只见局部，忽视整体的错误。

⑶疾病是一种矛盾斗争的过程，在致病因素的作用下机体发生了机能、代谢障碍和形态结构改变等损伤性反应，妨碍了机体的正常生命活动，不利于机体的生存。但是，与此同时，机体内也必然出现抗损伤反应，借以抵抗和消除致病因素及其所造成的损伤。在疾病过程中，损伤与抗损伤现象贯穿于疾病的始终，构成一种矛盾斗争过程，推动着疾病的发生与发展。

⑷生产力降低是动物患病的标志之一。随着疾病的发生，机体内部的机能、代谢和形态结构发生障碍或损伤，必然导致动物生产力（使役力、增重、产蛋、产毛、泌乳和繁殖力）下降，并使其经济价值降低，这是动物患病的重要标志。

第二节　病因学

病因学（etiology）研究疾病发生的原因和条件，解答“为什么会发生疾病”的问题。

一、疾病发生的原因

疾病发生的原因简称病因，病因应是特指引起某一疾病的特定因素或根本原因。疾病发生的原因很多，可分为以下几类：

1. 生物性因素　包括各种致病微生物和寄生虫，是感染性疾病的主要病因。这些微生物和寄生虫的致病性取决于其侵入宿主的数量、毒力、侵袭力和宿主机体的防御、抵抗能力。

2. 理化因素　包括机械性创伤、高温低温、电流、电离辐射和气压等物理性致病因素；强酸、强碱和化学毒物（如汞、砷、氰化物和有机磷农药）等化学性致病因素。物理性致病因素的致病性主要取决于其作用强度、作用部位和持续时间等；化学性致病因素的致病作用有急性和慢性之分，慢性者可有一个毒物在机体内蓄积的过程。不少化学性因素对机体的组织、器官有一定的选择性毒性作用，如四氯化碳主要引起肝细胞损伤等。

3. 遗传性因素 遗传物质的改变如染色体畸变、基因突变等，可直接引起疾病或使机体获得遗传易感性，比一般动物更易患某些疾病，以后者多见遗传性因素是越来越受重视的一类致病原因，目前认为几乎所有的疾病都不同程度的与遗传有关。随着动物疾病与基因关系的深入研究，人们越来越多的认识到疾病发生发展的本质涉及基因的作用，要彻底明确疾病的原因和根治疾病，必须从分子生物学和分子遗传学入手去寻找解决的办法，这是21世纪医学研究的主要课题。

4. 营养性因素 生命必需物质的缺乏或过多，主要营养物质、维生素、微量元素等的缺乏和过剩是重要的致病原因。

5. 免疫因素 十分重要的机体致病因素，包括机体免疫力缺陷或低下导致的感染性疾病和恶性肿瘤；机体超敏反应引起的组织损伤和自身免疫性疾病，常见的青霉素过敏、破伤风抗毒素注射过敏都属于此类原因。

6. 自然因素与社会因素对疾病发生的影响 疾病发生的自然因素是指季节、气候和地区等自然环境对疾病发生的作用。低温潮湿的条件不但可诱发动物风湿症，而且可以使飞沫传播媒介的作用时间延长，加之寒冷使动物呼吸道黏膜抵抗力降低，很容易诱发呼吸道疾病。而环境温度过高，可导致动物体温过高，引起一系列功能紊乱，同时又可使肠道传染病增加。南方地区有血吸虫病，而北方地区常发生微量元素缺乏等代谢性疾病。近年来，随着工业的发展，某些工厂排出的废气、废水、废渣，污染周围环境，成为引起动物发病的重要致病因素和条件。自然条件对疾病发生有着重要的作用，但自然条件是可以改变和控制的。只要积极改善不良的自然环境，就能减少环境因素对动物疾病发生的作用。

疾病发生的社会因素：是指社会因素对疾病发生的影响，包括社会制度、科技水平和社会环境等。

二、疾病发生的条件

疾病发生的条件是指病因作用下，决定或影响疾病发生发展的主要机体内外因素。这些因素本身虽然不能引起疾病，但是可以左右病因、成为疾病是否发生的重要因素。如营养不良、应激、过冷过热导致机体抵抗力下降，容易发生感染性疾病。仔猪呼吸道和消化道的解剖生理特点，导致其易患呼吸道和消化道传染病等。

第三节 疾病的分类

为了便于对疾病进行研究和采取有效的防治措施，需要对疾病进行分类。疾病的分类方法很多，通常采用以下几种分类方法。

一、按疾病的经过分类

1. 最急性型 这类疾病的基本特征为：病程短促，仅数小时，动物突然死亡，生前无明显症状，死后病理变化不显著。如，最急性炭疽、最急性猪丹毒等。

2. 急性型 病情进展迅速，经过的时间由数小时至2～3周不等。这类疾病常伴有急剧而明显的临床症状，如出现发热、疼痛、食欲减退等现象。病理变化显著。如急性炭疽、急性猪瘟等传染病等。

3. 亚急性型 介于急性型与慢性型之间的一个类型，病程为3～6周。如亚急性猪丹毒等。

4. 慢性型 病程进展缓慢，经过的时间较长，从6周以上以至数年不等。病程迁延较久，症状一般不明显，患病动物的体力逐渐消耗，日渐消瘦。如结核、某些寄生虫病等。

在临床实践中，上述四种类型疾病之间并没

有严格的界限。如急性病在一定条件下可以转变为亚急性病或慢性病，而慢性病也可以转变为急性发作。

二、按疾病发生的原因分类

1. 传染病　由病原微生物侵入机体，并在体内进行生长繁殖而引起的具有传染性的疾病。如猪瘟、猪巴氏杆菌病等。按病原微生物与动物机体的相互作用及其表现，通常将感染分为不同的类型。

⑴按感染动物的临床表现分为：①显性感染（symptomatic infection）：病原体侵入机体后，动物表现出该病特有临床症状的感染过程。②隐性感染（inapparent infection）或亚临床感染（subclinical infection）：病原体侵入机体后，机体不出现任何临床症状，呈隐蔽经过的感染。隐性感染动物体内的病理变化，依病原体种类和机体状态而不同，有些被感染动物虽然外表看不到症状，但体内可呈现一定的病理变化。而另一些隐性感染动物既无临床症状又无病理变化，一般只能通过微生物学或免疫学方法检查出来。

⑵按感染发生的部位分为：①局部感染（local infection）：由于动物机体抵抗力较强，侵入机体的病原微生物毒力较弱或数量较少，致使病原体被局限在机体内一定部位生长繁殖而引起一定程度的病变，如化脓性葡萄球菌、链球菌所引起的各种化脓创等；②全身感染（general infection）：如果感染的病原微生物或其代谢产物突破机体的防御屏障，通过血流或淋巴循环扩散到全身各处，并引起全身性症状。全身感染的表现形式主要包括菌血症、病毒血症、毒血症、败血症、脓毒症和脓毒败血症等。

⑶按感染的病原微生物来源分为：①外源性感染（exogenous infection）：病原微生物从动物体外侵入机体而引起的感染。②内源性感染（endogenous infection）：由于受到某些因素的作用，动物机体的抵抗力下降，致使寄生于动物体内的某些条件性病原微生物或隐性感染状态下的病原微生物得以大量生长繁殖而引起的感染现象，如猪肺疫等有时就是通过内源性感染发病的。

⑷按感染病原微生物的次序及相互关系分为：①单纯感染(single infection)：将一种病原微生物所引起的感染；②混合感染(mixed infection）：两种或两种以上病原微生物同时参与的感染；③原发性感染(primary infection）：由病原微生物本身引起机体的首次感染过程；④继发性感染（secondary infection）：当动物机体感染了某种病原微生物引起抵抗力下降后，造成另一种或几种新侵入病原微生物的感染，如慢性猪瘟经常继发感染多杀性巴氏杆菌或猪霍乱沙门菌等；⑤协同感染(synergic infection）：在同一感染过程中有两种或两种以上病原体共同参与、相互作用，使其毒力增强，而参与的病原体单独存在时则不能引起相同临床表现的现象。如专性厌氧菌可保护混合感染中的其他细菌不被吞噬，消除厌氧菌后吞噬细胞便可有效地消灭混合感染灶中的需氧菌而阻止感染的发生。协同感染的机制可表现为抑制白细胞吞噬功能或细胞内杀伤作用；提供必要的生长因子；改变局部环境以利于其他细菌的生长、繁殖；相互作用而提高毒力；改变抗生素的抗菌活性等。

目前，在兽医临床实践中，各种病原体的混合感染和继发感染非常普遍，厌氧菌和需氧菌同时存在，可能导致协同作用的发生。细菌混合共存，其中一些菌能抵御或破坏宿主的防御系统，使共生菌得到保护。更为重要的是，混合感染常使抗生素活性受到干扰，体外药敏试验常不能反映混合感染病灶中的实际情况。病原体间相互作用，还使一些疫病的临床表现复杂化，给动物疫病的诊断和防制增加了困难。

⑸持续性感染（persistent infection）：在入侵的病毒不能杀死宿主细胞而形成病毒与宿主细胞间的共生平衡时，感染动物可在一定时期内带毒或终生带毒，而且经常或反复不定期地向体外排出病毒，但不出现临床症状或仅出现与免疫病理反应相关症状的一种感染状态。持续性感染包括潜伏性感染（latent infection）、慢性感染、隐性感染和慢发病毒感染等。疱疹病毒、披膜病毒、副黏病毒、反转录病毒和阮病毒等科属的成员常能导致持续性感染。

2. 寄生虫病　由各种寄生虫（包括原虫、蠕虫和节肢动物等）侵入机体内部或侵害体表而引起的疾病，如血液原虫病、猪蛔虫病和疥螨病等。

3. 普通病（非传染性疾病） 由一般性的致病因素所引起的或由于某些营养物质的缺乏所引起的疾病，如中毒、外伤、骨折、病痛和维生素缺乏症等。

三、按患病器官系统分类

根据这种分类原则，可将疾病分为神经系统疾病、心血管系统疾病、血液和造血系统疾病、消化系统疾病、呼吸系统疾病、泌尿系统疾病、生殖系统疾病、内分泌系统疾病及运动器官系统疾病等。

这种分类方法便于对疾病进行分析，但是，任何机体都是一个完整的统一体，当某一个系统或器官发生疾病时，其他系统或器官也往往会表现出不同程度的病变。

四、按患病动物种类分类

根据这种分类原则，由于各种动物集约化生产出现，动物防治要求以各种动物生物学特性为基础，将动物传染病、普通病、寄生虫病等疾病，依动物种类分猪、牛、禽（鸡、鸭、鹅、鸽）、犬、猫和水貂疾病；又可分野生动物疾病和反刍动物疾病等。

第四节 发病学

发病学（pathogenesis）主要研究疾病发生、发展过程中的规律和机制，发病学也研究疾病的转归和结局。

一、疾病发生发展的一般规律

主要指各种疾病过程中一些普遍存在的基本规律。疾病发生发展过程中，一般存在以下几个基本规律：

1. 损伤与抗损伤 贯穿始终的病因，导致机体损伤与机体的抗损伤反应存在于疾病全过程，两者相互联系、相互对抗，构成疾病的基本改变，引起各种临床表现。损伤与抗损伤的力量对比决定疾病的发展和转归。临床上对于疾病防治，通常就是尽量支持和加强抗损伤反应和减轻或消除损伤反应。但应注意损伤与抗损伤反应并无严格的界限，它们常可以互相转化，如细菌感染时白细胞由血管内游出可以杀灭细菌，但过多的白细胞游出又会造成局部组织的损伤。

2. 因果交替 因果交替相互转化是指疾病过程中，病因作用于机体导致一定的后果，这种后果又可能作为下一级致病原因引起一系列新的后果。这种因果转化可以形成一条“反应链”，甚至可以形成恶性循环，使病情不断加重。临床治疗中必须有效地阻断这种因果交替和恶性循环，使疾病朝着有利于机体的良性循环方向发展。

3. 局部和整体 密切相关机体局部的任何疾病，都不同程度地存在整体反应。局部病变可通过神经-体液等途径引起机体的整体反应，机体的整体反应又可以影响局部病变的发展，两者互相影响、互相制约。如局部细菌感染可能引起全身发热，全身发热有利于机体抵抗感染，清除致病因素。正确认识局部和整体的相互关系，对疾病的诊治具有重要意义。护理工作中要善于用局部病变解释整体反应，也要学会从整体反应中了解局部病变的情况。

二、疾病发生的基本机制

不同的疾病发病机制各异，但各种疾病的发生存在着一些共同的基本机制。一般认为，疾病发生的基本机制可包括神经机制、体液机制和细胞分子机制等多个方面。

从分子水平研究疾病发生的机制，使我们对机体疾病时形态、功能和代谢变化的认识进入了一个新的阶段，即分子病理学（molecular pathology）时代。细胞及其间质内含有很多大分子多聚体和小分子物质，大分子多聚体主要指蛋白质和核酸，核酸贮存生命的信息，蛋白质调节和控制生命过程的化学反应。疾病的发生可能是核酸贮存的生命信息错乱的结果，如基因突变或染色体畸变所致的恶性肿瘤和遗传性疾病，也可能是由于蛋白质的质和量变化所致，包括：①酶缺陷所致的疾病；②血浆蛋白和细胞结构蛋白缺陷所致的疾病；③受体或配体减少或缺失的疾病；④膜转运障碍所致的疾病。更有意义的可能是，这些大、小分子之间复杂的信号传导和细胞间通讯失常而引起的异常生命现象。

过去较为公认的神经机制和体液机制，强调疾病的整体性，神经机制和体液机制常同时发生，共同参与，故常称为神经-体液机制。疾病过程中病因直接或间接的作用于机体的神经和体液系统，影响神经递质和体液性因子的合成、释放和分解，引起相应器官组织功能、代谢协调性的破坏，并进一步导致形态学改变和相应的临床表现。其实神经-体液机制本身就是复杂的分子水平的变化，从细胞分子水平来研究和阐述疾病发生的基本机制，是发病学研究的方向。

第五节 疾病的经过与结局

一、疾病的经过

疾病从发生、发展到结束的过程称为病程。疾病在其发展过程中，具有一定的阶段性，不同的发展阶段有不同的表现。通常可将病程分为四个阶段，但这四个阶段是相互联系的，没有十分明显的界限。

1. 潜伏期（又称隐蔽期） 从致病因素作用于机体开始，到机体出现疾病的最初症状时为止。由于病因的特点和机体本身状况的不同，潜伏期的长短不一。如传染病，不同传染病潜伏期长短不同，这取决于病原微生物的种类、数量、毒力以及猪的免疫力。最短的数小时（如猪流感），长的可达数月至一年以上（如狂犬病），但多数都在数日内。即使是同一种传染病，其潜伏期的长短也不一样。如猪瘟的潜伏期最长为21天，最短的仅2～4天，平均为5～8天。一般来说，急性传染病潜伏期较短，变动范围也小；慢性传染病潜伏期较长，变动范围也较大。侵入机体的病原微生物如果数量多或毒力强时，潜伏期就短；反之则较长。此外，有些疾病，其潜伏期的长短还与病原体的侵入部位有关，如狂犬病，咬伤部位距中枢神经越近，潜伏期越短；反之则长。在潜伏期中，机体动员各种防御机能与致病因素进行斗争。如果防御机能能克服致病因素的损害，则在出现临床症状之前疾病就停止进行；反之，则出现疾病的最初症状。多数传染病的潜伏期都比较恒定，这有助于推算各种传染病的受感染期，也可根据潜伏期确定隔离、封锁时间。

2. 前驱期（又称先兆期） 从临床症状出现起到特征性症状开始出现这段时间。一般说来，此期病猪仅表现出体温升高，精神沉郁，食欲减退，渴欲增加，被毛粗乱，不愿走动等一般性临床症状，无特异性。此期多数持续1～2天，这是传染病的先兆阶段，预示着传染病开始发生。如果此期能做出初步诊断，并采取适宜的防制措施，将极大地减少经济损失。在临床上，根据这些症状很难对疾病进行确诊。

3. 明显期 是前驱期之后，逐步明显地表现特征性症状和病变的时期。疾病的主要症状或典型症状完全显现的阶段，又称临床经过期。在这一阶段，不同疾病所表现出的症状不同，具有特异性，因此对疾病的诊断具有重要意义。在这一阶段中，致病因素所造成的损伤表现得相当明显，因此，详细研究这一阶段中机体内机能、代谢和形态结构的变化，对于理解疾病本质和制定合理的治疗措施有着极其重要的意义。此期是传染病发展的高峰阶段，比较容易做出诊断。本期持续时间因病而异，一般持续数日。

4. 转归期（又称终结期） 经过明显期后，疾病进入结束阶段。在这一阶段中，有些疾病结束得很快，疾病的症状几乎在数小时至24 h内迅速消除，称为骤退；有些疾病结束得很慢，其症状的强度逐渐减弱或消失，称为渐退或缓退。传染病在此期有两个转归方向，一个是病原微生物致病性强大或猪的抵抗力较弱，最终导致死亡；另一个是猪的抵抗力逐渐增强，各种组织损伤和机能障碍得到修复和调整，症状逐渐消失而渐渐康复。实际工作中，此期要注意病猪是否彻底治愈，并防止继发其他猪病（如猪瘟继发巴氏杆菌感染）或复发（如仔猪副伤寒）或转为慢性（如猪丹毒）。在疾病的经过中，有时因抵抗力下降使症状和机能障碍加剧，称为疾病的恶化。若疾病的症状在一定时间内暂时减弱或消失，称为减轻。此外，在某些疾病的经过中，有时还可以发生并发症，如幼畜副伤寒时可并发肺炎。

二、疾病的转归及结局

疾病的转归是指疾病的发展走向和结局。转归的好坏取决于致病原因、发生条件、机体状况和是否得到正确及时有效的治疗。根据机体的状况、病因的性质和是否进行及时正确的诊断和治疗，可将疾病的转归分为完全痊愈、不完全痊愈和死亡3种形式。

1. 完全痊愈　当致病因素的作用停止或消失后，机体的机能、代谢及形态结构恢复正常；疾病的症状全部消除，病理性调节被生理性调节所取代，动物机体与外界环境之间及体内各器官系统之间的协调关系得以重新建立；动物的生产能力也恢复到正常水平。

完全痊愈并不等于患畜又回到病前状态，这时，由于机体机能已经重新改建，所以在抵抗有害因素的能力和机体的反应性方面均有所改变。如患过某种传染病后，一般可在一定时间内获得对该病的不易感性，即产生了免疫。

2. 不完全痊愈　疾病的主要症状虽然消失，但疾病时受损的机能和组织器官的形态结构并未完全恢复，还遗留有某些损伤的残迹或持久性的变化，但这些变化常可借助于其他器官机能活动的增强而得以代偿。如心内膜炎痊愈后所遗留瓣膜孔狭窄或闭锁不全，乳腺炎后引起的乳腺结缔组织增生，从而使泌乳机能降低等均属于不完全痊愈。这种在疾病之后所遗留的比较稳定的或发展极不明显的形态结构与机能的变化，称为病理状态。

3. 死亡　生命活动的终止，完整机体的解体，即机体作为一个整体其生命活动永久性停止。死亡的发生主要是由于致病因素的损伤作用过强，机体的适应能力耗尽，不能适应其生存条件的要求，引起呼吸、心跳等生命活动停止，最终走向死亡。

死亡可能发生在瞬间，也可能逐渐发生。凡是没有任何症状或先兆突然发生的死亡，称为急死或骤死，这种死亡通常见于生命活动的重要器官，如大脑、心脏等遭到严重损伤的情况下。一般情况下，死亡是逐渐发生的，称为渐死。在其发生发展过程中，一般要经历以下三个阶段：

⑴濒死期：在此期间，机体各系统的机能发生严重的障碍，中枢神经系统脑干以上的部分处于深度抑制状态，表现为意识模糊或消失，反射迟钝，心跳微弱，血压降低，呼吸时断时续或出现周期性呼吸、括约肌松弛、大小便失禁等。此期持续时间因病而异，一般可由1～2 min到数小时或2～3天。临床工作中特别要注意濒死期的症状，不应把濒死期的症状作为诊断依据。

⑵临床死亡期：此期的主要标志是心跳和呼吸完全停止，反射消失，延髓处于深度抑制状态，但各组织仍然进行着微弱的代谢。此期一般持续5～6 min（即血流停止后，脑组织所能耐受的缺氧时间），超过此时间大脑将发生不可逆性的变化。

临床死亡期是一种相对死亡，在这一时期由于重要器官的代谢尚未停止，若采取紧急抢救措施，机体有复活的可能，称死亡的可逆时期。

⑶生物学死亡期：死亡的最后阶段，此时从大脑皮质开始到整个神经系统及其他各器官系统的新陈代谢相继停止，并出现不可逆性变化，即细胞死亡。此时，整个机体已不可能复活，并逐渐出现尸僵、尸冷、尸斑、尸腐和血液凝固等五大尸症。

第二章 猪病诊断

诊断（diagnosis）通过观察和检查，对病例的病性和病情做出判断【中华人民共和国家标准动物防疫基本术语（GB/T 18635-2002）】。

以下对临床流行病学、病理学诊断、实验室诊断等分别介绍。对新发生的疾病应以病原及病因作为依据。

第一节　流行病学诊断

一、概念

用流行病学方法，以宏观的全局的观点对所发生的疾病进行诊断。为疾病的确诊提供依据。它是以动物群体（包括健康动物、患病动物和病死动物）为单位，从疾病现场（疾病发生的实际地点和环境）着手，首先观察和搜集最原始的数据资料，然后再进行室内统计学分析和相应的实验室工作。它注重于对整个动物群体的发病率、死亡率、发病类型和发病概率的研究，其直接目的之一是探寻疾病和死亡的决定因素，以此为线索探讨和证实各种诱发原因，最终目的是明确病因学和获得相关知识，用以降低群体的发病率和死亡率。有些疾病（如口蹄疫、猪水泡病、水泡性口炎和水泡性疹等）虽然临床表现十分相似，但流行特点和流行规律却大不一样，因而可通过流行病学资料加以初步区分。

流行病学诊断与临床诊断和病理学诊断，在诊断对象、诊断场所、诊断方法、研究目标、目的均有差别，但又是相互联系的，彼此间都有着某种桥梁作用。如临床诊断为病理剖检提供参考，病理学诊断为临床治疗提供理论依据。

流行病学诊断所应用的方法有跟踪调查和普查。跟踪调查是对一个动物群体内所有可能与发病事件有关的各种因素，进行详细的全面调查研究。普查是对动物群体的一部分或全部个体，有组织地进行数据的收集、稽核、分析和解释，以阐明群体内的疾病事件，作为制定防制措施和采取其他行动的依据。

二、调查和分析方法

（一）调查

1. 询问调查　通过询问、座谈等形式向畜主、管理人员、当地居民收集有关疫病信息，力求查明传染源和传播媒介。包括：发病起因和传染源，同时发病或相继发病的动物种类，以前是否有同类传染病，近期引入过何种动物，饲料、水质情况，饲养和管理状况，免疫程序、疫苗的来源及保管、接种技术，发病动物的头数、性别等。

2. 现场查看　亲临疫区察看情况，了解疫区内的兽医卫生状况，该地区的气候特点，饲养管理情况。

3. 追踪调查　流行病学的目标之一是保护已发病的动物群内未发病的动物，以及防止发生疾病向其他动物群传播。为此，首先了解疾病的实际情况，进行确诊是重要的。其主要方法是广泛的追踪调查。调查的目标是追溯初发病例，并查清大群发生的开始及其发生原因，及明确初次发生动物的来源。如果其他动物群也有动物发病时，应弄清与发病动物群的关系（如是否来自共同的市场等）。另外，从屠宰场追溯到农场，或查明由一个农场到另一个农场的患畜移动情况，也包括在追踪的调查之内。

通过调查获得一系列流行病学资料，然后对其进行分析。

（二）分析

1. 对发病率、死亡率的分析　分析各传染病在所有传染病总数中所占的比例，以把握防疫重点；分析发病的不同时间，明确季节性分布；分析几年内发病率、死亡率的变化，找出变化原因；分析发病年龄、饲养管理等与传染的关系；比较邻近地区的发病率。

2. 对传染源的分析　根据疫病的潜伏期来寻找传染源的线索。如新引进的猪在引入第一天就发病则说明疫源在外，而在半个月后发病则表明疫源在内。

3. 对传播途径的分析　首先搞清首发病例的日期，再向前推一个潜伏期，然后分析这一端时期的情况。若是呼吸道病，检查畜舍卫生和饲养密度；对血液性传染病，则分析吸血昆虫；皮肤病则检查表皮损伤。

4. 对自然条件的分析　季节明显的传染病，应分析气候季节、节肢动物和吸血昆虫等，猪乙型脑炎、猪附红细胞体常见于夏秋季节。

5. 对社会条件的分析　着重分析当地饲养管理等情况。

6. 对防疫措施的分析　了解疫苗的来源、质量、运输、保管和使用，考察隔离、消毒、杀虫和灭鼠等环节。

三、流行病学检测

在广大的范围内，有组织地收集流行病学的情报。一般认为，在历史上大规模地扑灭牛肺疫时，美国畜产局采用的沿途展开扑灭的方法，是流行病学检测的开端。当时，美国畜产局及州畜产卫生局，亲自到污染地带，观察诊断病牛，并进行淘汰。其结果，无论是对牛肺疫流行情况的观察，还是从地区上扑灭本病，都是成功的。在欧洲按照同样的方法，成功地扑灭了牛肺疫。以后，丹麦在野外现场进行了牛结核的检疫诊断。这种方法作为大规模有组织地在畜群进行的皮内反应，被各国广泛采用，现在已成为了解牛结核污染状况的有力监测方法。现在已建立了血清流行病学及其他的畜群检疫诊断或流行的监视体制。

四、实验室检查

包括理化和生化检验、血清学诊断、分子诊断等（见有关章节）。

五、统计学分析

流行病学统计分析常用的频率指标有发病率、感染率、流行率、死亡率和病死率、带菌率等。

1．发病率　一定时期内某病在畜群中新病例发生的频率，它能反映某传染病的流行情况，但不能说明其整个流行过程，因为有些动物呈隐性感染而不出现临床症状，但是传染源。

发病率 =（某时期内某病新病例数/某时期内该群动物的平均数）× 100%

2. 感染率　通过临床诊断和各种检验方法，检查出来的所有感染动物数（包括隐性感染动物）占被检查动物总数的百分比。它能反映疫病流行过程的情况，对某些慢性传染病具有特别重要的指导意义。

感染率 =（感染某传染病的动物总数/被检查动物总数）× 100%

3. 患病率（流行率）　在某一时刻动物群中存在某疫病的病例数占调查时暴露动物总数的比率。患病率反映了特定时间动物群中疫病的数量的一个侧面。它与发病率不同，患病率指调查时正在患病的动物数，多用于急性传染病调查；而发病率指一段时间内（一般为一年）新发病的动物数，一般用于慢性传染病的流行病学研究。

患病率 =（一定时间内某动物群中存在的病例数/同一时间内该群动物总数）× 100%

4. 死亡率　某病病死动物数占某群动物总数的百分比。它能表示该病在畜群中造成死亡的频率，但不能说明传染病发展的特性。在死亡率很高的情况下它能反映疫病流行的动态，但对于虽可大规模流行却不易致死的传染病如口蹄疫，则不能表示出其流行范围广的特征。

死亡率 =（因某病死亡动物数/同时期某群动物总数）× 100%

5. 病死率（致死率）　某疾病致死的动物数占发病总数的百分比，它能反映某传染病的严重程度，故比死亡率更准确地反映传染病的流行过程。

病死率 =（因某病致死的动物数/该群动物患病总数）× 100%

6. 带菌率　携带某传染病病原体的动物数与被调查动物总数的百分比，它反映隐性感染状况。

带菌率 =（携带某传染病病原体的动物数/调查动物总数）× 100%

第二节　临床诊断

临床诊断学是系统地研究诊断疾病的临床方法和理论的科学。传统兽医临床诊断学主要为望、闻、问、切等有关诊断方法的内容。现代兽医临床诊断学包括：①一般临床检查方法；②实验室检查方法；③特殊检查方法，主要是借助于X射线机、心电图机、超声装置、内窥镜等现代仪器设备进行临床检查，或利用某种特殊功能试验确定动物机体的功能状况；④综合分析检查结果诊断疾病的系统理论。

临床诊断是技术人员通过检查动物个体临床表现作出初步诊断的方法，它既古典、简单、常规和实用，又是最基本的诊断手段。就是应用问、视、触、叩、听和嗅等最基本的检查方法，通过眼、耳、手、鼻和脑等主要器官去发现症状，有时也包括血、尿、粪的常规检验，从而做出初步诊断，再经过分析，做出正确的诊断；为治疗及控制疾病提供临床依据。临床诊断与流行病学诊断是紧密联系、互相验证的，有时两者同时进行。当然，临床诊断有一定的局限性，特别是发病初期（尚未表现特征性症状）、非典型病例（无症状隐性感染）以及类似疾病，仅仅依靠临床很难确诊，需要综合分析动物群体表现和借助其他检测手段加以判定。

一、基本诊断方法

进入猪场后首先自己深入猪场一线，检查产房、育仔、育肥、后备种猪、妊前妊后空怀猪、种公猪，检查饲料库，最后剖检病猪。

（一）问诊

1. 一般情况　进入猪场后首先向业主了解建场时间、规模、设备，猪的品种与更新，种猪来源地（国内或国外），种猪来源是一个场还是多个场，管理和专业技术人员配备等。

2. 询问病猪或猪群发病情况　病猪发病前是否已购入猪只，隔离否，观察多少时间；免疫状况，做免疫后监测、消毒防疫、封闭管理、全进全出、饲料购入、猪场周围疫情。问诊是基本诊断的第一步，为检查病猪和确定诊断提供线索。问诊是一项不可忽视的工作。究竟应问些什么，由于病情不同，可以灵活掌握。一般应着重了解下列几方面：

①病猪的发病时间，发病后的主要表现，以前生过什么病，周围有没有同样的疾病发生，病猪的数目及有无死亡。询问这些内容，可以了解疾病为急性还是慢性，病程在初期还是在后期，有些疾病如猪痘等生过后就有免疫力；有的疾病容易从急性转为慢性，如胃肠炎。此外，还可大概推断患病的主要器官，疾病是否为传染病，还是普通病。预防注射对于一些传染病的鉴别诊断有重要的参考价值。

②症状：有关人所见到的疾病现象，如喘息、腹泻和尿血等，常可得到诊断线索。

③病的经过：当时与开始发病时疾病程度的比较，是减轻还是加重；症状有否变化；是否经过治疗；用药情况；效果怎样等。

④饲养管理情况：饲料日粮的种类、数量和质量，饲喂方法等；猪舍的结构和卫生条件（光照、通风、保温、粪便排除设备等）。

⑤病史：即过去病情与猪群病史。主要内容是：过去患病的情况，是否得过类似疾病，其经过和结局如何；防疫检疫情况，对现症与过去疾病的关系，以及对传染病和地方性病分析上都有重要诊断意义。

3. 调查技巧 放下官架或专家权威身份，态度和蔼，语言通俗，取得畜主、饲养管理人员的良好信任与配合。用启发式调查，既要有重点又要全面搜集情况。询问来的材料，不要简单地肯定或否定。应该分析是否合乎客观规律，然后再与观察检查到的材料比较对照，最后予以适当的评价。避免先入为主，以询问来的材料作唯一的依据，而忽视了客观的检查。同时，也不应轻视病史，而放弃了有价值的诊断材料。对搜集到的材料，应结合现症检查结果，进行综合分析尽可能做出正确诊断，给予明确结论；如暂时做不出明确结论，须进一步做化验室检测，应向业主解释明白。

（二）视诊

用肉眼直接观察猪的状态，视野可小可大，事出有因，病在其中，一目了然，专业工作者可发现很多人们平时注意不到而有重要价值的临床症状，为诊断提供重要依据的资料。首先不惊扰猪群，使猪保持自然状态。观察全栋猪舍猪群，先观其全貌。包括对猪群发育情况、营养状态、体躯结构，精神状态、姿势、运动情况、对外界反应敏感度，被皮系统、被毛情况、皮肤及体表病变，看可视黏膜的色泽，如粉红、苍白、发绀等；呼吸运动是否有腹式呼吸；采食、咀嚼、吞咽等情况有否异常。病猪的分泌物、排泄物的数量、性状和颜色等。

（三）触诊

用手抚摸或压触检查的部位，必要时进行详细检查。

就是用手以确定病变的位置、硬度、大小、温度、压痛、移动性和表面状态等。发现体表肿胀时，压之留有压痕的叫捏粉样肿胀，如皮下水肿；压之有波动感，指移去后不留压痕，表明组织间有液体存在，如脓肿等；压之发生捻发音的是皮下气肿的表现。对仔猪还可通过软腹壁进行深部触诊，从而感知腹腔状态（如腹水、胃肠内容物与性状等）。

（四）叩诊

依靠叩打体躯的某一部位（如胸部）所发生音响的性质，来查知叩打部位发生的变化。借以引起其振动，并发生音响，根据产生的音响性质，推断内部器官病理变化的检查方法。常用于胸腔、肺和心的检查等。

（五）听诊

用听诊器用听觉去辨识病猪某些器官活动过程中所发生的声音，借以检查判断其病理变化。对心脏血管系统听取心脏及大血管的声音，特别判定心音的频率、强度、性质、节律以及有否附加音（杂音）；心包摩擦音及击水音都是应检查的内容；对呼吸系统听取呼吸音，如喉、气管以及肺泡呼吸音，附加的杂音（如啰音）等；对消化系统听取胃肠的蠕动音，判定其频率、强度及性质等。

（六）嗅诊

靠嗅觉嗅察分泌物、排泄物等气味的一种方法。主要是嗅闻病猪呼出的气体、口腔的臭味以及病猪所分泌的和排泄的有特殊臭味的分泌物、排泄物及其他病理产物等。如呼出气体及鼻汁有特殊腐败臭味，是呼吸道及肺脏的坏疽性病变引起的。有机磷农药经口中毒时，其胃内容物有类似大蒜味。

二、一般性检查

通过一般性检查可了解病猪的一般概况，并可在其中发现疾病有重要价值的症状，对进一步的系统检查和确诊提供数据。

（一）精神状态检查

主要观察病猪的精神状态，病态猪常常表现抑制或兴奋。抑制状态的患猪表现耳耷头低，眼无神或半闭，对周围事物反应迟缓，漠不关心，呆立少动，重者表现嗜睡或昏睡。

（二）姿势检查

主要观察猪的姿势特征。正常猪一般食后好躺卧，生人接近时迅速起立逃避。异常猪躺卧姿势常见有：躺卧、痉挛、昏迷、犬坐姿势、猪头颈歪斜、做圆周运动、肢腿麻痹、共济失调、失去平衡，强直、阵发性痉挛。

（三）皮肤和被毛检查

⑴检查猪鼻盘湿润、颜色；检查皮肤的颜色、温度、湿度、弹性及疹疱等病变。

⑵检查被毛光泽度。

⑶皮下组织的检查。检查皮下浮肿与气肿和血肿等。检查皮下或体表有肿胀时，注意肿胀物的大

小、形状，触诊判断其内容物的性状、硬度、移动性及敏感性等。

常见的肿胀有炎性肿胀、气肿、血肿、淋巴外渗、脓肿、疝及肿瘤等。

（四）可视黏膜的检查

包括口腔、鼻腔、眼结膜、阴道、肛门等黏膜。可视黏膜的颜色变化除可反映其局部的病变外，常见黏膜潮红、苍白、黄染和发绀。还可据以推断全身的循环状态及血液中某些成分的改变，在诊断和预后的判定上都有一定的意义。正常的猪结膜是粉红色；主要观察其颜色，以及有否出血点，眼分泌物的量和性状，眼睑状态，结膜的色泽及角膜、巩膜、眼球的状况等。

（五）体温检查

猪属恒温动物，能在外界不同温度条件下，经常保持着恒定的体温，其正常指标变动在较为稳定的范围之内。猪的正常体温为38～39.5℃。健康猪只的体温可因年龄因素的影响引起一定程度的生理性变动。2月龄内仔猪的体温可达39.3～40.8 ℃，高于成年猪正常体温1.3℃。其次，性别、品种、营养及生产性能等特点，对体温生理性变动也有一定影响。如母猪妊娠后期比空怀母猪体温略高，育肥猪体温较高而营养不良者体温稍低。所以在检查体温时一定要把这些因素考虑进去。

1. 体温升高　如为病理原因所引起，称为病的发热或发热病，是机体对病原微生物或病毒、代谢产物的刺激引起的应答反应。一般认为，发热的程度可反映疾病的程度、范围和性质。根据体温升高的程度可分为：

(1)微热：体温升高1℃，见于局限性的炎症及轻微的病程如感冒、口炎和胃肠卡他等。

(2)中等热：体温升高2℃，常见于消化道、呼吸道的一般性炎症及亚急性、慢性传染病。

(3)高热：体温升高3℃，多见于急性感染性疾病，有广泛性炎症，如猪瘟和猪肺疫等。

(4)最高热：体温升高3℃以上，提示某些严重的急性传染病，如猪丹毒、炭疽、脓毒败血症及日射病、热射病等。

2. 热型

(1)稽留热：高热持续数日或更长时间，而且昼夜的温差在10℃以内。此乃致热物质在血液中长时间存在并对中枢神经系统不断刺激的结果，可见于猪瘟和猪丹毒等。

(2)弛张热：昼夜间有较大的升降变动，可在1～2℃以上，多见于许多化脓性疾病及脓毒败血症。

(3)间歇热：在持续数日发热后，出现体温恢复正常。如此以一定时间间隔反复交替出现发热现象，通常是依其病原性有毒（致热性）物质周期性地进入血液而呈现规律热型。

(4)不定型热：体温升高与恢复无规律性的变动，可见于许多非典型经过的疾病中，如慢性猪瘟、猪肺疫和副伤寒等。

3. 意义　体温升高，多为感染性疾病；体温过低，多见于严重的营养不良、贫血性疾病（如猪低血糖症），也可见于脑水肿及中毒等。大失血、内脏破裂等多种疾病在濒死期均可表现低体温。

判定预后，一般低体温同时伴有发绀、末梢冷厥、高度沉郁或昏迷、心脏衰弱等是预后不良的征兆。

三、系统检查

（一）循环系统检查

猪的循环系统原发病并不多，许多传染病、寄生虫病和中毒病，常发生心功能障碍，所以准确地判定心血管系统的机能状态，不仅对诊断疾病十分重要，而且对推断病猪预后也有一定意义。对猪来说，心血管系统检查主要可用触诊和听诊方法。

1. 心脏触诊　可检查心脏的搏动或心音的频率而代之。健康猪心搏动次数60～80次／min；2月龄以内的仔猪心搏动次数80～100次／min。

2. 心脏听诊　猪的心音最佳听诊点在左胸侧第三、第四和第五肋间，胸廓下1/3的中央水平线上、下。猪的心音较混浊，第一心音较弱，肥胖猪的心音更微弱。

3. 脉搏检测　猪的脉搏可在股内动脉进行触诊。若浅在动脉的搏动过于微弱，触诊较困难时，检查脉搏的次数。

（二）呼吸系统检查

当前猪呼吸系统疾病发病率很高，几乎所有疾病都出现呼吸系统疾病症状。日常巡诊时应时刻观察，健康猪呼吸频率为10～20次/min。

1. 呼吸运动的检查　检查呼吸运动时，应注意呼吸的频率、类型、节律、对称性、呼吸困难和膈肌痉挛。

⑴呼吸类型：呼吸类型即呼吸方式，可分为三种类型：

①胸腹式呼吸：健康猪的一般呼吸形式，即在呼吸时，胸廓和腹壁的起伏动作很协调，强度也大致相等，正常时以腹式呼吸占优势。

②胸式呼吸：即以胸式呼吸为主，是一种病理性呼吸形式。即在呼吸时，胸廓的起伏动作特别明显，而腹壁的运动却很弱。这种呼吸形式常见于急性腹膜炎、肠臌气、肠套叠、腹腔内大量积液和腹壁外伤等。

③腹式呼吸：以腹式呼吸为主，也是一种病理性呼吸形式。呼吸时，腹壁的起伏动作特别明显，而胸廓的运动却很弱。这种呼吸形式常见于急性胸膜炎、胸膜肺炎和胸腔大量积液，此乃是疼痛反射性地抑制胸壁的起伏动作所致。

⑵呼吸节律：健康猪呼吸时，具有一定的节律，即吸气之后紧接着呼气，每次呼吸运动之后，稍有间歇，再进行第二次呼吸。每次呼吸之间间隔的时间相等，如此周而复始，很有节律。呼吸有一定的深度和长度。猪的呼气和吸气时间之比为1∶1。健康猪的呼吸节律可因运动、恐惧和尖叫等产生暂时性变化。

在病理情况下，正常的呼吸节律遭到破坏，节律变为异常。临床常见的变化为：

①吸气延长：表现吸气异常费力，而且吸气时间延长，气流进入肺部不畅，呈现吸气困难。见于上呼吸道狭窄，如鼻、喉和气管内有炎性肿胀、肿瘤、黏液、假膜和异物阻塞或呼吸道外有病变组织压迫等。

②呼气延长：呼气特别费力，而且时间明显延长，表示气流呼出不畅，呈现呼气困难。此乃支气管管腔狭窄，肺的弹性不足所致，见于慢性肺气肿和慢性支气管炎等。

③间断性呼吸：在呼吸时，呈现多次短促的吸气或呼气动作，乃是病猪先抑制呼吸，然后进行补偿所致，见于细支气管炎、慢性肺气肿、胸膜炎和伴有疼痛的胸腹部疾病，也见于脑炎、中毒和濒死期。

④陈－施氏呼吸：此乃病理性呼吸节律的典型代表。特征是呼吸逐渐加强、加深、加快，当达到高峰后，又逐渐变弱、变浅、变慢，而后中断。约经数秒乃至15～30s的间歇后，又以同样的方式出现。这种呼吸方式又称潮式呼吸。这种呼吸多是神经系统疾病导致脑内循环障碍的结果，是病猪危险的表现，见于脑炎、心力衰竭、某些中毒（如尿毒症、药物或有毒植物中毒等）。

⑤毕欧特式呼吸：这也是一种病理性呼吸节律，特征是数次连续的、深度大致相等的深呼吸和呼吸暂停交替出现。这种呼吸形式表示呼吸中枢的敏感性极度降低，是病危的标志，常见于各种脑膜炎，也见于某些中毒，如碱中毒、酸中毒和尿毒症等。

⑥库斯茂尔氏呼吸：其特征是呼吸不中断，发生深而慢的大呼吸，而且次数减少，见于酸中毒、尿毒症和濒死期，偶见于大失血、脑脊髓炎和脑水肿等。

⑶呼吸困难：根据引起呼吸困难的原因和表现形式，可分为三种类型：

①吸气性呼吸困难：此乃是病猪上呼吸道狭窄的特征，见于猪传染性萎缩性鼻炎、喉水肿和咽喉炎等。

②呼气性呼吸困难：此乃肺组织弹性减弱和细支气管狭窄，肺泡内空气排出困难的结果，见于急性细支气管炎和慢性肺气肿等。

③混合性呼吸困难：这是最常见的一种呼吸困难，特征为呼气和吸气均发生困难，伴有呼吸次数的增加。临床上，表现混合性呼吸困难非常多，如猪的喘气病、猪肺疫、心内膜炎、心肌炎、亚硝酸盐中毒和氢氰酸中毒、有机磷农药中毒、支气管痉挛和肺水肿等都可引起呼吸困难。

2. 胸部的检查　猪的胸部检查主要用叩诊和听

诊法。

⑴猪肺叩诊区：上界距背中线4～5指宽；后界由第11肋骨处开始，向下、向前经坐骨结节线与第9肋骨间交点，肩关节线与第7肋间之交点，而止于第4肋间。肥猪的叩诊界不够清楚，其上界往往下移，前界则后移。

叩诊区的病理变化，主要表现扩大或缩小。变动范围与正常叩诊区相差2～3cm以上时，可认为是病理现象。

叩诊区扩大，为肺过度膨胀（肺气肿）和胸腔积气（气胸）的结果。

叩诊区缩小，为腹腔器官对膈的压力增强，将肺后界向前推移，见于母猪妊娠后期、肠臌气、腹腔大量积液等。

⑵胸部听诊：肺听诊区与叩诊区基本一致。听诊时先从中1/3开始，由前向后逐渐听取，其次听上1/3，最后听下1/30，每个部位听2～3次呼吸音，再变换位置，直至听完全部。

①正常呼吸音：健康猪可听到微弱的肺泡呼吸音，吸气时较清楚，如吹风样的声音，以肺区中部最明显。仔猪肺泡呼吸音较成猪呼吸音强，肥猪肺泡呼吸音较弱。

支气管呼吸音仅能在肩后靠近肩关节水平线附近区域内能听到。

②病理性呼吸音：包括肺泡呼吸音增强、减弱或消失、附加呼吸音等。

肺泡呼吸音增强，为呼吸中枢兴奋，呼吸运动和肺换气加强结果，见于热射病、代谢亢进及伴有一般性呼吸困难的疾病。肺泡呼吸音减弱或消失，见于大叶性肺炎、小叶性肺炎、渗出性胸膜炎、胸腔积液和胸膜增厚等。

附加呼吸音，有啰音和摩擦音。啰音主要出现于吸气的末期，呈尖锐或断续性，是呼吸道内积有病理性产物的标志。

干啰音，声音尖锐，似蜂鸣、飞箭声，表明支气管黏膜肿胀、支气管狭窄或分泌物较为黏稠，气流通过而形成的声音。湿啰音，又称水泡音，是支气管炎与肺炎的重要标志反应。

气管内有较稀薄的病理性产物，气流通过时而形成的声音。分为大、中、小水泡音，主要取决于分泌物存在的支气管管腔的大小。

捻发音，类似揉捻毛发发出的声音，类似细碎的小水泡音，见于毛细支气管炎与肺水肿等。

胸膜摩擦音，出现于吸气末期及呼气初期，呈断续性，类似两粗糙膜面的擦过音，见于纤维素性胸膜炎。

3. 上呼吸道的检查　主要包括鼻面部及副鼻窦、口腔、喉和气管的检查。观察鼻面部及副鼻窦的外形有无改变及表在病变。触诊和叩诊鼻窦和副鼻窦的敏感性及叩诊音变化，猪的鼻面部短缩、歪曲、变形，是传染性萎缩性鼻炎的特征。健康猪鼻黏膜稍湿润、有光泽、呈淡红色。对咽腔及黏膜检查，可打开猪的口腔直接视诊。气管检查主要用外部触诊法，注意有无变形、弯曲及周围组织肿胀等。

（三）消化系统检查

消化系统包括口腔、咽、食道、胃、肠和肝脏等。消化系统疾病是临床上的常见病多发病。消化系统检查，主要用视诊、触诊、叩诊和听诊法检查。有时也用胃管探诊、腹腔穿刺等特殊检查方法，进行诊断。

1. 采食、饮水、呕吐物的检查　主要注意采食和饮水的方式、食量多少、咀嚼状态、吞咽活动等。

⑴饮食的改变：食欲减少乃至废绝，食欲减少，主要见于消化器官的各种疾病及热性病；全身衰弱，消化及代谢功能扰乱，食欲废绝，提示猪的疾病严重。食欲亢进，见于重病的恢复期、某些代谢障碍性疾病和某些寄生虫病等。饮欲增加或减少，饮欲增加乃至贪饮，见于某些热性病、大出汗、严重的腹泻和食盐中毒。饮欲下降多见于脑炎及某些胃肠病。异嗜，即是吃些健康猪不应吃的东西，如啃泥土、墙皮和煤渣，母猪吞食胎衣也食仔，仔猪相互咬尾尖和耳朵等现象。异嗜多由矿物质、微量元素补给不足引起的。此外，猪患寄生虫病时，也有可能出现异嗜现象。采食、咀嚼和吞咽，健康猪的采食是用上下腭的动作完成的。猪患破伤风时，或舌、牙、咽、食道出现疾病时，表现采食困难。重度破伤风时，病猪张口、咀嚼、吞咽都不能进行。

⑵呕吐：呕吐是一种病理性的反射活动，常见于胃食滞、肠阻塞、中毒病与中枢神经系统疾病。猪食道阻塞时，病初精神状态尚好，仍有食欲，但当吃食下咽后，立即将食物逆呕出来，表示是食道阻塞的症状。

2. 口腔、咽及食道的检查 一般用视诊、触诊和嗅诊等方法检查。

⑴口腔检查：主要注意流涎、气味、口唇黏膜的温度、湿度、颜色及完整性，舌及牙齿的变化。

⑵咽的检查：注意咽部及周围组织肿胀、热感，并呈现明显的疼痛反应，是咽炎或咽喉炎，特别应注意猪的咽炭疽和急性猪肺疫等。

⑶食道检查：当发现猪有吞咽障碍，怀疑食道阻塞时，则应重点检查食道。常用视诊、触诊及探诊检查方法进行检查。

3. 腹部及胃肠检查 主要用触诊、叩诊和听诊进行检查。

⑴触诊：触诊时，被检猪取站立姿势。检查者位于后方，两手同时自两侧肋弓后方开始，加压触摸的同时，逐渐向上后方滑动进行检查；或采用侧卧保定，然后用手掌或用并拢、屈曲的手指，进行深部触诊。胃肠炎时有疼痛反应，便秘时触之有硬块。

⑵叩诊：一般采用侧卧姿势，然后进行指指叩诊（主要用于仔猪）。肠鼓气时，叩诊呈现鼓音。

⑶听诊：用听诊器进行胃、肠蠕动音的听诊检查。如胃肠炎时，胃肠蠕动音增强；重度便秘或肠套叠时，肠蠕动音减弱或消失。

4. 排粪动作及粪便感观检查 观察猪排粪时动作和姿势。排粪动作异常：排粪动作异常或障碍表现有便秘、腹泻或下痢、排粪失禁或带痛、里急后重等。排粪的次数频繁并且粪便稀薄，称腹泻。排粪次数过少，排粪费力，粪便干硬，称便秘。排粪失禁，粪便自行从肛门流出，见于急性胃肠炎等。病猪在排粪时表现疼痛不安或伴有呻吟，因排粪带痛，见于腹膜炎、直肠炎等。当猪排出粪便后长时间仍采取排粪姿势，或反复、频频做排粪动作，用力努责且仅有少量粪便或黏液排出，称里急后重，常见于小肠炎、直肠炎、子宫炎和阴道炎症。

检查粪便的数量、形状和硬度，粪便的颜色和气味，粪便混杂异物。

在观察粪便形态时，应注意排除粪便的数量、种类和质量。一般腹泻时，粪便量多而稀，且不呈固有的形状；便秘时，由于水分被直肠吸收粪便少而干硬。病程长的便秘，粪便可呈串珠状。

仔猪下痢时，粪便呈灰白色或黄 白色，便秘时色深。肠道出血时，粪便是黑色，说明是前部肠管出血；粪便呈红色，是后部肠道出血的特征。

粪便异常混有物的变化，对于鉴别胃肠炎的种类和类型具有重要意义，卡他性胃肠炎时，粪便稀软并混有黏液；急性重剧性胃肠炎，粪便呈粥样或水样；出血性肠炎，粪便混有红色或黑色血液，如魏氏梭菌性肠炎；粪中混有脱落的肠黏液或黏膜时，则为坏死性、伪膜性肠炎的特征。粪便中还常夹杂着寄生虫或虫卵（如蛔虫等），在检查猪粪便时也应予以注意。

（四）泌尿系统检查

一般猪每昼夜排尿2～3次，尿量2～5 L，尿液几乎无色。泌尿系统的检查，主要有多尿与频尿，少尿与无尿，尿失禁与尿淋漓，排尿疼痛 。尿液的感官检查猪的排尿次数和尿量多少与肾脏功能，饲料种类、含水量和饮水量有关。

尿液异常味有：呈强烈的氨臭味、腐败臭味。若膀胱或尿道有溃疡、坏死、化脓或组织崩解时，由于蛋白质分解时尿液有腐败臭味，应注意猪瘟。

尿色变深：可见于热性病或尿量减少。若尿呈现深黄色且其泡沫也被染成黄色，可见肝病及胆道阻塞性疾病。尿液呈红色，红尿在排除药物引起之外（如用百浪多息）是血尿和血红蛋白尿的特征，见于新生仔猪溶血病。血尿是肾或尿路、膀胱出血性疾病的结果，若为鲜血多系尿道损伤，若混有血凝块或条状则多为膀胱出血，可见肾或膀胱癌。

（五）神经系统检查

神经系统检查不仅对神经系统本身疾病，而且对机体的其他系统许多疾病，如各种内源性及外源性中毒、代谢病和营养障碍疾病等都具有相当重要的意义。

1. 中枢神经机能的检查 观察猪的精神状态和

行为。兴奋、狂躁，表现不安、惊恐，重者前冲后退，不顾一切，狂奔乱走，甚至有攻击性。抑制、昏迷，表现为精神沉郁、嗜睡甚至昏迷。神经症状和行为的出现，主要是由脑膜和脑充血和炎症、颅内压升高、代谢障碍以及各种中毒病、侵害中枢神经系统的传染病所致。

2. 头骨和脊柱的检查　可利用视诊、触诊，对头颅部也可运用叩诊。

⑴头颅部检查：应注意其形态和大小的变化、温度、硬度等。局限性隆起，可因局部外伤、脑和颅壁的肿瘤所致。仔猪头颅部异常增大，多见于先天性脑室积水。头颅部局部增温，除因局部外伤、炎症所致外，常由热射病、脑充血、脑和脑膜的炎症引起，如猪的乙型脑炎。头颅部压痛，见于外伤、炎症、肿瘤及脑囊虫病。

⑵脊柱检查：脊柱变形是临床上比较常见的重要症状。脊柱的弯曲是由于支配脊柱肌肉不协调，最常见的原因为脑膜炎、脊髓炎、破伤风、软骨症等骨质代谢障碍疾病或骨质剧烈疼痛性疾病。

脊柱局部肿胀、疼痛，常为外伤引起。如有骨折，在骨折后方感觉消失，造成猪的截瘫，在临床上也时有发生。

3. 感觉器官的检查　主要检查视觉和听觉器官。

⑴视觉器官的检查：检查眼睑、眼球、角膜和瞳孔等。

①眼睑浮肿，常是仔猪水肿病的特征，也常见于猪瘟。

②眼球震颤，眼球呈有节律性的震颤，有呈垂直的、水平的或转动的震颤，多为脑炎的重要症状。

③角膜混浊或视觉丧失，可见于外伤、维生素A缺乏症、食盐中毒和其他重度眼病。

④瞳孔扩大或缩小，见于脑膜炎、脑肿瘤或脓肿、脑囊虫、脑积水和有机磷中毒等疾病。

⑵听觉器官的检查：利用人的呼唤声或其他音响的刺激，观察猪的反应。

①听觉增强，对轻微声音的刺激呈强烈反应，如惊恐不安、肌肉痉挛等，可见于破伤风、狂犬病等。

②听觉减弱，对较强烈的声音刺激无任何反应，是神经中枢疾病的特征。

4. 反射机能的检查　反射机能，即刺激通过感受器传入神经－神经中枢－传出神经－效应器而构成反射弧，是不随意的反射运动。当神经中枢发生疾病时，反射机能也发生改变。控制麻醉的深度也常检查反射机能。

⑴角膜反射：用毛轻轻刺激角膜，引起眼睑闭合，检查反应程度。

①角膜反射减弱或消失，见于中枢抑制或反射弧的经路受损伤、脑脊髓灰白质的损伤、麻醉过深、虚脱等。

②角膜反射增强或亢进，见于破伤风、士的宁中毒和有机磷中毒等。

⑵肛门反射：用针轻轻触及肛门周围皮肤时，肛门收缩。 器官反射还有呼吸、咳嗽、吞咽、呕吐、排粪和排尿等反射。

5. 运动机能的检查　观察猪静止时的姿态及运动时的步样和协调性，触诊肌腱的张力和硬度，针刺肢体反应等。

⑴盲目运动：猪表现无目的地行走、直冲、后退和圆周运动等，主要见于脑膜的局灶性刺激，如脑及脑膜炎及一些中毒病，一般取慢性经过，反复呈现同样的盲目运动，如猪的脑囊虫病。

⑵共济失调：静止间站立不稳，四肢叉开，倚墙靠壁，运动间的步态失调，多为小脑性失调，见于脑炎、脑脊髓炎，也见于侵害中枢的传染病和某些中毒病。

⑶痉挛：表现阵发性痉挛、强直性痉挛，主要见于破伤风和某些中毒病、脑炎与脑膜炎，也可见于矿物质缺乏症、维生素缺乏症及代谢病。

⑷麻痹（截瘫）：可分为末梢性和中枢性麻痹。

①末梢性麻痹　猪见于坐骨神经麻痹和挠神经麻痹。

②中枢性麻痹　可见于狂犬病和某些中毒等，多伴有中枢神经机能障碍（昏迷）。

按瘫痪部位可分为单瘫、偏瘫和截瘫。单瘫表现某一肌群或一肢的瘫痪，多属于末梢神经损伤；偏瘫是体躯一侧性瘫痪，多因脑病所致；截瘫表现两后肢的对称性瘫痪，是因脊髓损伤引起的。

第三节　病理诊断

病理诊断是运用病理学的理论和知识，以及其他有关学科的理论、知识、技术，用解剖学的方法检查死亡动物尸体的病理形态学变化，来诊断疾病的一种技术方法；是运用兽医病理学理论与技术确认猪病的一种手段。主要方法是尸体剖检和病理组织检查。

在临床实践中，通过尸体剖检以提高临床诊疗工作的质量，并及时验证生前诊断的正确与否，从而可以避免医疗工作的失误。

在传染病等群发病的诊断，尸体剖检常常可迅速做出初步诊断、甚至可以确诊或为进一步的诊断提供重要线索，特别是为疾病的病原学诊断方向提供病理学依据。在肉类加工厂或屠宰场中，通过病理解剖学检查，可以确立肉品食用价值，确保人类健康。尸体剖检在疫病发生时，将是诊断疫病第一快速反应机制中一项重要客观依据。从病理学学科地位理论观点出发，病理学方法在猪病诊断的实用价值是不可否定的。

剖检可以提高临床诊疗工作的质量，并及时验证生前诊断的正确与否。

对传播速度快、发病率、死亡率高的疫病，必须在短时间内快速做出确诊。疾病时出现的临床流行病学与病理变化，是动物机体与特异性病原体之间相互斗争的结局。

疾病的诊断要求，并采取有效措施予以控制，才能把损失减少到最低限度，否则将造成惨重的损失。但疾病的诊断特别是病毒性疫病的诊断，经常需要几天甚至1周以上的时间才能做出较为准确的诊断，如果等待实验室诊断结果再采取控制措施，将会造成极大的损失。因而根据流行病学，临床症状、剖检等方面的资料，及时做出较为准确的诊断很是重要。

各种传染病都有其相应的特异性病原体，由于不同病原体都具有其特有的生物学特性-DNA(RNA)复制和转录，因此当它们侵入机体后，就发挥其相应的生物学作用，在体内繁殖，释放其毒素，对机体发挥其损害作用。

有的病原体对机体器官具有特异的选择性，如狂犬病等。当病原体侵入机体后，机体就要发挥其特异性和非特异性免疫反应，试图抑制和消灭病原体；与此同时，机体出现一系列代偿适应性的防御反应，如体温升高、心率加快、呼吸增强、白细胞增多和分泌增强等。上述反应过程是在中枢神经系统控制下进行的神经—体液反应，如血凝系统、激素系统和免疫系统等。

即使混合感染增多的今天，在现场应用病理学方法亦可做出诊断。由此可见，尸体剖检在兽医临床实践中有重要学术地位和价值。虽然如此，但是作为病理工作者，应当明确，尸体剖检只是诊断疾病方法之一，不是唯一的，所以必须与临床流行病学、微生物学诊断、免疫学诊断、毒物学诊断、病理组织学检查等密切配合，最后综合分析，才能做出正确诊断 。

第四节　实验室诊断

一、血液学常规检验

（一）红细胞计数

红细胞压积容量测定，根据红细胞数目同正常值的偏差，来提示机体是否为急性胃肠炎或热性疾病导致的红细胞增多，或是由于某些病原或慢性消耗性疾病导致的贫血。

（二）白细胞计数

用冰醋酸将红细胞破坏后，计算每立方毫米内白细胞总数。

1. 白细胞数目增加　提示某些细菌、真菌、立克次氏体等感染或注射疫苗及血清后的表现。

2. 白细胞数目减少　则提示某些病毒性疫病

如猪瘟病毒或流感病毒等感染，白细胞数目急剧下降，提示病情严重可能会愈后不良。

（三）白细胞分类计数

将被检血推片后以瑞氏（Wright）染色液或姬姆萨氏（Giemsa）染色液进行染色，计算出各种白细胞所占的百分率，即为白细胞分类比值。根据中性粒细胞数目增多或减少及其核指数变化，即核左移或核右移、嗜酸性粒细胞数目增多或减少、淋巴细胞增多或减少及单核细胞的增多或减少，提示某些细菌、病毒、寄生虫感染或动物机体中毒、严重创伤等状态。

二、细菌学诊断

猪细菌性传染病的实验室诊断主要有显微镜检查、分离培养、生化特性试验、动物试验及血清学试验等。

（一）显微镜检查

1. 显微镜种类　普通光学显微镜、暗视野显微镜、相差显微镜、荧光显微镜及电子显微镜等。

2. 显微镜检查目的　可依据细菌的形态、大小、排列及有无芽孢、荚膜、鞭毛和染色特性等对病原菌做出初步定性，为下一步诊断工作提供依据。

3. 显微镜检查方法

⑴直接法：多用于观察细菌能否运动，可采用压滴法或悬滴法制备标本，通过暗视野显微镜或相差显微镜检查，具有运动能力的细菌可由一个地方泳动到另一个地方，但应注意区分细菌受水分子运动的冲击而表现的布朗氏运动。

⑵染色法：通过染料对细菌染色后，在明视野显微镜下检查细菌的形态、排列及构造。常用的细菌染色法有碱性美蓝染色法、革兰氏染色法、瑞氏染色法、姜－尼(Ziehl-Neelesen)氏染色法、科兹洛夫斯基染色法和鞭毛染色法等。

（二）细菌的分离培养

细菌的分离培养是细菌学诊断中重要的一步。用于细菌学诊断的临诊标本常有多种细菌混杂，分离培养的目的在于获得致病菌的纯培养物。然后根据菌落的形态、大小、色泽、气味、透明度、黏稠度、边缘结构及有无溶血等进行鉴定，为确诊提供依据。

细菌的分离培养和生化特性试验鉴定是常规的传统的方法，它也有诸多不足之处。随着动物学、血清学、分子生物学及分析微生物学的发展，应用非培养法检测和鉴定细菌显出美好的前景。

三、病毒学诊断

病毒缺乏完整的酶系统，只在活细胞内增殖；病毒的体积小，多数能通过常规的细菌滤器，只有借助电子显微镜才能观测其形态。常用病毒的培养、病毒的提纯、病毒主要成分和理化特性的测定及电子显微镜技术进行。

四、动物试验

在传染病的诊断过程中，动物试验也是常用的方法之一。在病原体的分离、鉴定、毒力测定、生物制品制造、传染病的发病试验和发病机理的研究等方面都占有十分重要的地位。动物试验的优点是发病与死亡指标确定，接种简单，有良好的实验模型。

五、血清学试验

血清学试验是猪传染病诊断的一项重要手段。猪体受到病原微生物（细菌、病毒）感染，都可产生相应的特异性抗体，产生的抗体与其相应的微生物抗原可发生特异性反应。因此，利用这一原理，在临诊上可利用已知的微生物抗原（病毒或细菌抗原、基因工程表达的重组特异性抗原蛋白）来检测患病猪群或个体体内存在的特异性抗体，或比较发病猪群或个体急性发病期和恢复期的特异性抗体水平有无明显升高，从而判定猪群或个体是否受到感染而做出诊断。利用血清学试验也能监测猪群的带毒情况，以及进行疫苗免疫效果的评价。也可应用特异性诊断血清或单克隆抗体，采用相应的血清学技术，来检测病原微生物和对分离的病原体进行相应的鉴定。目前，已建立了一些可区分野毒感染和疫苗免疫接种猪群或个体的抗体检测技术。在猪传染病的诊断中，常用的血清学试验有凝集试验、沉淀试验、补体结合试验、中和试验、免疫酶技术和免疫荧光技术等。

六、分子生物学诊断

分子生物学诊断又称基因诊断，是在核酸（基因）水平直接检测病料组织中的病原微生物。目前，一些分子生物学诊断技术已成为猪传染病，特别是一些病毒性传染病诊断的有效手段。常用的分子生物学诊断技术有聚合酶链式反应（PCR）、反转录－聚合酶链式反应（RT－PCR）和核酸探针等。

七、营养代谢病检验

（一）血糖、蛋白测定

血糖测定、血清蛋白测定、尿肌红蛋白测定、血清脂蛋白测定（琼脂糖凝胶电泳法）。

（二）微量元素检验

硒的测定、铜的测定、血清铜测定（分光光度法）、组织铜测定（火焰原子吸收分光光度法）、血酮体定量测定、氟的测定（氟离子选择电极法）、全血锰的测定（非火焰原子吸收分光光度法）、锌的测定。

（三）维生素检验

血清维生素A测定（微量荧光法）、维生素B测定、血浆维生素C测定和维生素E测定。

八、毒物检验

重金属铅、汞、氟、霉菌毒素、农药、鼠药。

九、寄生虫的检验

实验室诊断对确诊某些寄生虫病可以起到决定性的作用。主要诊断方法有粪便检查法（直接涂片法 、漂浮法、沉淀法、幼虫检查法），尿液检查法和血液检查法。

第五节　诊断的建立

诊断是预防与治疗的基础， 疾病的诊断应理解为以科学发展观为指导思想，用辩证统一的方法，运用哲学、生物学、兽医学和运筹学的基本理论，以病原学、临床学、流行病学、病理学、免疫学和动物试验学的方法，对疾病的病性做出准确的科学判断。

普通病等一些非感染性疫病，经临床和化验室工作可以做出诊断。感染性疫病只要分离出病原体，即可做出诊断。

虽然临床工作者在现场以临床、流行病学、病理学的特征，用综合分析的方法做出疾病的判断；并能够熟练对单发性和群发性猪病进行病性的确定；但是由于临诊上类症较多，容易混淆，且在发病初期未能表现典型特征的疾病及隐性感染的个体、亚临床感染的群体要做出确切的诊断，必须借助实验室诊断的方法才能确诊。特别是当前猪病出现多病原的多重感染或大量混合感染，使病情复杂化，重大疫病诊断的任务更加艰巨。

尤其是近三年来，几种影响免疫功能疾病困扰着我国养猪业，给养猪业造成了难以估量的损失，如猪环状病毒感染、猪繁殖与呼吸综合征等疫病的发生流行，引起机体的基础免疫功能下降，导致猪群免疫失败，如猪繁殖与呼吸综合征（ PRRS）、仔猪断奶后多系统衰弱综合征（PMWS）、猪呼吸道疾病综合征（PRDC）、猪皮炎肾病综合征（PDNS）等。多种病原体引起的疾病的临床病变极其严重，极易造成临床上的误诊和防治上的困难。由此可见，20世纪90年代中叶蓝耳病、圆环病毒Ⅱ型等先后传入我国， 由此多病原的多重感染或混合感染大量出现，使病情复杂化。从分析当前我国猪场所存在的影响较大危害严重的传染病来看，猪群症状相同， 特别是传染病病种日益增多，病情日趋复杂；症状相互重叠、相互掩盖，临床症状不典型，病因复杂的疾病，使猪的疾病诊断和防治更加困难。传染病的诊断在多重感染或混合感染中分离出2～5种病原体以上时，如何做出符合客观实际的诊断；依据病原体的生物学特性而呈现的临床、流行病学（发病率、病死率等）、病理学的特征以及经济损失，其次该病原体在混合感染中扮演的作用，最后做出正确的诊断。在诊断技术中没有统一的模式，需参与者自己创新。以下作者对猪瘟在混合感染与鉴别诊断中的地位提出几点认识。自2001年猪高热综合征流行以来，国内许多人士做了大量的病原学分离鉴定。据几年来文献资料和网络报道，主要有病毒、细菌、支原体和衣原体等。主要临床症状表现为高热，各种猪都可发生。高烧达40～42℃，持续2～3周，传播速度极快，2～4个月猪群几天内全群发病高达99%。死亡率80%～99%，经济损失重大，引起了广泛重视。农业部公布（2007），2006年夏秋季节，我国南方部分地区猪群出现了以高热、厌食或不食、眼结膜炎、咳嗽、喘等呼吸道症状；后躯无力、不能站立或摇摆等神经症状；以及高死亡率为主要临床特征的一种新的传染病，即猪的高热病。该病的发生，给我国养猪业造成了很大的经济损失，经对猪高热病的病因进行调查，病原的实验室分离鉴定，最终证实为猪繁殖与呼吸综合征，随后将由猪繁殖与呼吸综合征病毒变异株引起的猪高热病 命名为高致病性猪蓝耳病。由此可见，猪高热综合征是高热病，是由多种病原所引发，即是多种疾病的病毒及细菌混合感染，而引起持续高热症候群的综合征，只是混合感染的症状，蓝耳病病毒不是唯一病原，病毒变异株是本病的主要病因，是高致病性蓝耳病病毒。这种新的传染病病原是多种病原微生物，临床特征呈混合感染的症状；其病原体分离鉴定结果基本一致。万逐如教授报告关于高热病病原体国内分离情况，中国动物疫病防控中心从全国19个省、市、自治区的148个猪场送检的170批次病料中的701份样品中，检出蓝耳病阳性样品250份，阳性率为35.7%，其中有172份样品为蓝耳病病毒变异毒株（占69%）。变异毒株与美洲型毒株（VR-2332株）的同源性为93.2%～94.2%；而与欧洲型毒株的同源性只有63.4%～64.5%。哈尔滨兽医研究所从江西和湖南等6个省送检的不同病料中，分离到了3株蓝耳病变异毒株。江西省动物疫病防控中心检查26个发病猪场送检的病料，检出蓝耳病与猪瘟混合感染占54%、蓝耳病与猪瘟和传染性胸膜肺炎混合感染占23%、蓝耳病与圆环病毒Ⅱ型感染和伪狂犬病混合感染占15%。湖北省动物疫病防控中心检查31批发病猪场送检的病料，检出蓝耳病占80%、猪瘟占42%、圆环病毒Ⅱ型感染占19%、多病毒与多细菌混合感染占87%。河南省动物疫病防控中心从发病猪场送检的病料中，检出蓝耳病占40%、猪瘟占7.9%、伪狂犬病占25%、圆环病毒Ⅱ型感染占11%、弓形虫病占59%、附红细胞体病占18%，少数病料中检出有细小病毒和链球菌等。华中农业大学从送检的121份病料中，检出大肠杆菌占30.6%、链球菌占14.9%、副猪嗜血杆菌占7.4%、巴氏杆菌占1.7%、沙门氏菌占2%、大肠杆菌与巴氏杆菌混合感染占1.7%。另据报道，从256份病料中检出大肠杆菌占59.5%、链球菌占29.1%、副猪嗜血杆菌占6%、巴氏杆菌占2.7%、沙门氏菌占2%。从上述检验报告来看，由全国各地送检的高热病病料中蓝耳病阳性率检出最高，如湖北占80%，河南占40%。由此可见，引发猪高热病的主要病原为蓝耳病病毒，但不是唯一元凶。因为不同地区的病料检验结果显示出多病原的混合感染与继发感染，如湖北省检出多病毒与多细菌混合感染占87%，江西省的病料检出结果也证明了这一事实。在临床上也常见蓝耳病与猪瘟或圆环病毒Ⅱ型感染，或猪伪狂犬病或猪流感等混合感染，并继发链球菌Ⅱ型、多杀性巴氏杆菌、副猪嗜血杆菌、支原体、胸膜肺炎放线杆菌、沙门氏菌、大肠杆菌以及附红细胞体病或弓形体病等。除外，有的地区在发生典型高热病的病猪群中没有检测到蓝耳病病毒的存在，而检出了其他病毒与细菌或寄生虫等。这就有力地表明，猪高热病是由多种病原混合感染与继发感染而引起的一种急性热性传染性疾病，故病名定为猪高热综合征较为科学。既然高热病是由多种病原所引发，蓝耳病病毒不是唯一病原，并且在已检出的蓝耳病病毒中有相当多的不是变异毒株。值得一提是，在病料检出的蓝耳病病毒是猪群中持续感染病毒携带者的病毒，还是因暴发流行新侵入的病毒？如果是前者应另当别论了。

从万逐如教授统计资料中可知，作为混合感染的病例中最后确诊时应当如何做出科学诊断，既客观实际又能在防制上取得效果，诊断是一项难度较大的工作。作者认为：诊断是疾病控制的基础，以每种疾病的流行病学特征以及“症候群”与“病变群”作为相应疾病的诊断基础；然后依化验室报告结果进行综合分析判断，做出符合客观存在的诊断。诊断应遵循以下观念：

1. 科学发展观 应用现代生命科学的基本理论

和技术与方法，用生物学理念以辩证唯物主义的科学发展观为指导思想；以实践论和矛盾论为诊断的指导方法。

2. 实践是检验真理的唯一标准　实践是创新的源泉。要创新首先是广博生命科学的基本知识、基本方法、基本技术，并应熟悉本专业领域的发展历程与现状和解决的问题，最后才能创新。创新贯彻研究始终，勇于深入生产实践才能创新。阅读专业文献资料（网上）、期刊和书籍。如病理专业工作者素质要求：掌握基本病变，熟练运用本专业的基本理论，多到现场，多剖检，多看组织切片；多思考，多分析，多判定。熟练运用辩证法。

3. 临床症状、流行病学、病理学、病原学辩证统一观念　一般情况下是统一的，如猪瘟、猪巴氏杆菌病和猪丹毒等；但当前出现的混合感染情况错综复杂，给诊断带来巨大的难度。

当前猪高热病的诊断可以认为：

⑴高致病性猪蓝耳病是由猪繁殖与呼吸综合征（俗称蓝耳病）病毒变异株引起的一种急性高致死性疫病。

⑵高致病性蓝耳病是由猪繁殖与呼吸综合征（俗称蓝耳病）病毒变异株为主要病原，单独或继发（混合）感染其他致病微生物的一系列疾病的总称。

⑶当前流行的猪高热病是一种混合感染与饲养管理不善的产物，从以流行病学为主的观念做出诊断符合客观实际。矛盾主要方面是蓝耳病病毒，因为没有蓝耳病病毒这个致病因子作用，则不会发生猪高热病的流行。

⑷感性与理性关系：在调查研究的基础上，对收集大量的感性材料进行分析，才能将做出的判断上升为理性。

⑸普遍性和特殊性：每种疾病的临床流行病学病理变化都具有普遍性和特殊性，我们应当在普遍性的基础上，注意总结每种疾病的特殊性才有诊断意义。从生物学观点，客观地实事求是地全面地辩证地发展的观点去分析临床流行病学及病变特征；此外，对分离病原种类、毒力以及其他检测资料等进行全方位去分析判断 。

⑹对资料的处理：要善于从大量现象中去粗取精、去伪存真、由表及里、从现象到本质，从感性认识到理性认识去分析病变，最后对疾病做出正确诊断。

⑺正确认识临床症状与病理变化发生发展过程：任何一种病变形成，都是正常的代谢功能形态的基础上发展而来的。一般情况下往往都是先出现代谢和机能变化即临床症状，然后是病变形态学变化。对某一病变要认识发生、发展的全过程，这样才能发现一般人未能发现的病变，同时尚可为确诊树立信心，如猪瘟早期的大肠扣状肿是大肠淋巴滤泡炎症的充出血变化。

⑻分清病理过程的主次：任何一种疾病的某一病例，都要出现许多临床症状及病理过程， 同一疾病不同病例在形态学上表现，虽然主要的病理形态学变化基本一致，但由于病因的强度、机体的状态、病程等不同，所以同一疾病的同一器官形态学变化还是有差异的，如猪瘟淋巴结大理石样变化。因此，我们在判断时应分清病理过程的主次，找出疾病的主要形态学变化，特别是一些传染病，流行期间系统观察和剖检发病死亡病例，对疾病发生、发展全过程进行分析判断，通常情况下都可以找出最主要的形态学变化，由此最后做出科学的诊断。

⑼分析病型的先后：同一疾病，在流行的不同阶段，可以出现不同型，初期往往是特急性型和败血型，中期亚急性型，后期慢性型。如猪瘟初期为急性型，中期胸型或继发肺疫，后期肠型有典型的扣状肿或继发副伤寒。同一器官病变出现的先后，其变化有所不同，要根据病变的特征新旧程度来判定。如猪瘟淋巴结出血急性、较鲜艳，慢性被吸收，较陈旧、色暗。要根据某一病变的形成过程进行判断其先后：如猪瘟扣状肿的形成，结核结节、肿瘤的原发灶和转移灶等。

⑽症候群：疾病在临床上出现的各方面异常表现，体温、呼吸、行为、血液学、生化学和血清抗体滴度等，许多疾病可出现一系列具有诊断价值的临床症状与亚临床症状，称为症候群，可为疾病提供早期诊断依据。如猪瘟、猪传染性萎缩性鼻炎、猪丹毒和猪口蹄疫等。

⑾病变群：本质是病理变化，是某种疾病发生、发展全部过程所出现的形态学上的变化。对疾病的诊断，全面观察，综合分析，特别是要寻找病变群，一个病例往往代表该疾病的某一个侧面。多个病例才能够全面地、客观地、真实地反映出该疾病全部过程的病理特征，即所谓病变群。进一步说，就是同一疾病的典型病变不一定在一个动物身上全部表现出来，只能表现典型病理变化中的某一个阶段，所以很难从这个阶段去判定。又因为病变形成需要时间，所以某一个病理变化只能反映出时间上的某一阶段的变化；多剖检一些病例才具有代表性，为诊断疾病提供依据。根据剖检时所获得的资料，做出病理解剖学诊断。最后在全面观察和综合分析的基础上分析病因，探索死因，做出疾病的诊断，如猪瘟、猪呼吸综合征、猪肺炎支原体、猪圆环病毒感染等。

⑿病理变化的本质：动物机体与致病因子相互斗争结局在形态学上的反应，矛盾主要方面是致病因子，因为没有致病因子作用，动物机体则不会发生疾病，疾病种类的命名来源是致病因子（病原微生物、寄生虫、机械、理化学因素、微量元素与维生素缺乏等）。每种致病因子对动物机体都有其特异性，其出现的临床症状与病理变化具有特异性或特征性，具有诊断价值。以猪疾病临床症状的“症候群”与病理变化的“病变群”作为诊断基础，为猪重大疫病发生第一时间判断提供诊断依据。

随着我国养猪事业的迅速增长，猪的疾病种类的增多，混合感染日益严重。对猪的疾病诊断由一种病到多种疾病，由一例到多例；即由点到面，由局部到全局，由分散到集中，由表及里，由感性上升到理性，由实践到理论的发展过程。为指导生产，控制疫情，为疾病确诊提供临床病理学诊断依据。因此，对传播速度快、发病率、死亡率高的疫病，必须在短时间内快速确诊，并采取有效措施予以控制，才能把损失减少到最低限度，否则将造成惨重的损失。但疫病的诊断特别是病毒性疫病的诊断，经常需要几天甚至1周以上的时间才能做出较为准确的诊断，如果等待实验室诊断结果再采取控制措施，将会造成极大的损失。因而根据流行病学，临床症状、剖检等方面的资料，及时做出较为准确的诊断很是重要。因此，像对猪瘟这样传播速度快、发病率和死亡率高的疾病必须在短时间内快速作出确诊，并采取有效措施予以控制，才能把损失减少到最低限度，否则将造成惨重的损失。

我国猪重大疫病诊断与防治过程中，应广泛搜集了国内外猪病的病原学、流行病学、临床学、病理学、治疗学、免疫学和预防医学等方面的最新科技成果。同一疾病，在流行的不同阶段，可以出现不同型，而且同一种疾病在发生时的环境条件变化多端，每一例出现的症状与病变亦有微妙的变化，应注意观察；为猪重大疫病判断提供诊断依据，便于猪病诊断与防治，提高猪病防治技术水平。由此可见，猪瘟在鉴别诊断中的地位是当前猪病流行病学的主要矛盾方面，同时具有普遍存在的意义，经济损失最大。因此，在实验室检验结果猪瘟抗原阳性时，其诊断应是猪瘟，防治亦应遵循猪瘟措施处理。

急性败血型猪瘟与急性猪丹毒、最急性猪肺疫、仔猪副伤寒和猪败血性链球菌病等，在临床上表现极为相似。因此，临床表现只供参考，还必须从病理变化、流行病学等多方面综合判断，做鉴别诊断。

繁殖障碍型猪瘟和猪繁殖与呼吸综合征、猪伪狂犬病、猪日本乙型脑炎、猪细小病毒病、猪布鲁菌病和猪衣原体病等，在临床上也容易混淆，应该予以鉴别。

慢性猪瘟在临床上以腹泻为主要特点，病理特征是大肠的纤维素性坏死性肠炎，应与慢性猪副伤寒、猪痢疾及其他的腹泻性疫病进行鉴别。

确诊猪瘟可采集病猪各种病料检测病毒，或采集病猪血清用单克隆抗体诊断试剂做酶联免疫吸附试验，检测猪瘟强毒抗体；但还应做兔体交互免疫试验。

第三章
猪病治疗

兽医临床治疗学(veterinary clinical therapeutics）是应用物理、化学和生物学等原理及手段，作用于患病动物体，以治疗各种疾病的一门学科，也是确定病性诊断方法的组成部分（诊断性疗法）。其内容包括各种疗法的作用理论和适应症、禁忌症等。兽医临床治疗学已形成自身的学科体系，是以家畜生理学、动物生物化学和兽医病理生理学为理论基础，以实验动物和患病动物为研究对象，辅以畜牧学、饲养学、家畜卫生学等领域知识综合应用建立起来的。兽医临床治疗学实施的基本原则，主要遵循动物的生理性、个体性、综合性和主动性等基本原理，同时又应以动物体与外界环境的统承性，动物体内部的完整性及其神经系统的主导性作用为基础。遵循兽医临床治疗学实施的基本原理，充分调动、促进患病动物体的抵抗力和生理防御机能，消除病因或病原，即由病理状态恢复至正常生理状态而采用的各种治疗方法，统称为治疗方法。按其应用目的和手段，概括地分为病因疗法、症状疗法、食饵疗法、饥饿疗法、化学疗法、组织疗法、普鲁卡因疗法和透析疗法等。

第一节　治疗基本原则

⑴遵循动物的生理性、个体性、综合性和主动性等基本原理，同时又应以动物体与外界环境的统承性，动物体内部的完整性及其神经系统的主导性作用为基础。

⑵遵循兽医临床治疗学实施的基本原理，充分调动、促进患病动物体的抵抗力和生理防御机能，消除病因或病原，即由病理状态恢复至正常生理状态。

⑶考虑经济价值。当确认患病猪无法治愈或所用医疗费超过病猪痊愈后的价值时，可不进行治疗而淘汰宰杀。以《中华人民共和国动物防疫法》为依据，如病猪对人、畜有严重的传染威胁，或当地传入一种过去从没有发生过的危害性较大的新病时，为了防止疫病扩散，造成难以收拾的局面，应在严密消毒的情况下将病猪淘汰，并做无害处理。一般情况下，我们既要反对那种只管治不管防的单纯治疗观点，又要反对那种从另一个极端曲解“预防为主”、“防重于治”，认为治疗可有可无的倾向。

南京农业大学吴增坚教授提出规模化猪场的病猪“五不治”：①无法治愈的病猪不治；②治疗费用高的病猪不治；③治疗费时费工的病猪不治；④治愈后经济价值不高的不治；⑤传染性强、危害人的病猪不治。作者认为这种淡化治疗的建议有实际的参考意义。

⑷传染病的治疗。特别是那些流行性强，危害严重的传染病，治疗必须在严密隔离的情况下进行，不得使病猪成为散播病原的传染源。在治疗过程中，既要考虑针对病原体的一些疗法，又要考虑能帮助机体增强抗病能力的支持疗法。只有采取综合性的治疗措施，才能加速病畜的康复。

第二节 药物选择和疗程

猪病防治工作做得好坏，是养猪生产成败的关键。药物是猪病治疗的一种十分重要的物质基础，亦是与猪病作斗争的武器，用于预防、诊断和治疗疾病。同时，还有许多药物对猪有调节代谢 、促进生长、改善消化吸收和提高饲料转化率作用。所以，国内外有越来越多的药物应用于养猪生产中，成为科学养猪、提高生产效能的重要手段。为了达到药物预防治疗的效果，以及预防药物中毒，对于药品的选择、用法和剂量的掌握是十分重要的。在临床实践中，对一种疾病进行药物预防与治疗时，必须严格掌握适应症，正确选药。选择药品最主要的观念是使用首选药物，特别是对抗菌药物的选择更为重要，各种抗生素药物有各自的抗菌谱，都有其相应的适应症。临床确诊之后，必然按照适应症选择抗菌作用强、对某一疾病病原具有杀伤作用和预防治疗效果确切的最佳药物。

一、药物选择原则

选用对所治疾病疗效最高的药物，同时还要选择毒性低、副作用小的药物。必要时可以通过配合使用其他药物的办法来降低药物的毒性，如青霉素和磺胺制剂并用时，可防止由青霉素引起的过敏反应，又能防止因磺胺制剂乙酰化的降低而引起的中毒。用药剂量可根据药物的要求和猪的体重给予足够的剂量，才能达到治疗目的。

二、在使用药物时要本着以下几个方面选用

(1)选用效果好、价廉和投药方便的药物。

(2)避免长期使用同一种类药物，否则易产生耐药性。

(3)应选用长效药物，减少投药次数，以节省时间和成本，并考虑副作用小及毒性小的药物。

(4)使用抗生素时，应选用有效的抗生素，避免二次使用具有交叉抗药性的药物。

(5)未确定病因时，最好不要滥用抗生素。

(6)注意药物合用时的配伍禁忌，以便提高疗效。除上述外，使用前最好详细阅读说明书，或做药敏试验。四环素类最好单独使用，因与多种抗菌药物有配伍禁忌。青霉素G钾盐不宜与四环素、磺胺药、卡那霉素、庆大霉素和多黏菌素E并用，也不可与维生素C相混合。 磺胺药特别是复方增效磺胺制剂，能与多种药物产生配伍禁忌，用时应单独注射。氢化可的松与多种抗菌药有配伍禁忌。混合注射时防止产生配伍禁忌。

第三节 按疗程用药

综上所述，治疗用药一定依疾病的性质与疗效决定用药种类、剂量和间隔时间，决定疗程。如急性猪丹毒用青霉素，第一次大剂量肌肉注射每间隔4h一次；要比每间隔6～12h一次疗效高。肺炎的治疗一个疗程若在15～30天，才能达到预期效果，这是因为肺炎由发生到结局的炎症发展过程是30天左右，此为肺炎的客观发展规律，是不依人们的意识为转移的。

规模化猪场的群体性治疗关键技术是发病时诊断准确度，一旦暴发猪传染病，一夜之间或几天之内突然大批发病，养殖户惊慌失措，一时不知如何处置，应用当前习惯方法大剂量注射猪瘟兔化弱毒苗，然后不管三七二十一，又用抗生素和磺胺解热镇痛药联合应用，有时不惜一切代价用免疫球蛋、转移因子等；几天未见好转，由于没有确定病因，滥用抗菌药物不但对病猪无疗效，还可造成多种危害；10～20天左右不但一个没治好而全军覆灭；反而又投入大量资金，损失惨重应吸取教训。

抗菌药物对细菌性传染病才有疗效，对猪的病毒性传染病无效，只有在确定有某种细菌继发感染

时才可使用，其目的也在于控制继发感染的细菌。那种仔猪出生后就投服抗菌药物，在以后的饲养阶段也不定期投喂抗菌药物的防病办法，有害无益，应予禁止。

第四节 治疗方法

猪传染病的治疗，包括病因疗法和对症疗法两种。病因疗法有免疫血清疗法、抑制或杀灭病原细菌的抗生素疗法以及抑制病毒增殖的干扰素疗法，对症疗法是辅以病因疗法，所进行的能够促使机体从病态转入康复的治疗方法。早确诊、早治疗是提高治疗效果的关键技术。

治疗时采取的措施一方面针对病因和病原体，另一方面是对症治疗。对帮助机体调整和恢复生理机能，一般治疗方法应采取病因疗法和对症疗法相结合的综合性治疗方法等。应转变观念，由个体用药转为群体用药，从整体效益计算是最好的选择。

一、病因疗法

1. 特异性高免血清疗法 应用特异性高免血清或病愈后的血清，对病猪进行治疗的一种方法。这种方法适于某些急性传染病，如猪瘟、猪丹毒、猪肺疫和破伤风等。由于这种血清只对特定的病原体起作用，而对其他病原微生物无作用，所以使用时必须诊断确实，否则无法取得良好的疗效。而且应尽量在病的早期应用，用足够大的剂量才能取得良好的效果。如果症状明显时使用，往往效果不佳。

高免血清可以用同种动物制取，也可以用异种动物制取。一般抗病毒血清多用同种动物制取，如猪瘟抗血清多用猪制取；抗菌和抗毒素血清多用异种动物制取，如猪丹毒抗血清可用牛制备，破伤风抗毒素血清过去多用马制备。如果没有特制的高免血清，可以用康复猪血清代替。抗菌血清在广泛使用抗生素的今天已很少使用。

血清治疗是一种人工被动免疫方法，注射血清后随着抗体的代谢，其作用逐渐消失，在没有产生主动免疫的猪应适时进行疫苗接种。使用的血清如果是异种动物血清，反复注射会发生过敏反应，应值得注意。另外，抗血清价格昂贵，不易购到，使用量也较大，所以，使用并不广泛，对病毒病已被紧急接种所代替，细菌性疾病已被抗生素取代。

免疫增强剂具有增强细胞免疫、促进抗体产生、提高机体抗感染能力的作用，已成为人医治疗肿瘤和某些慢性传染病的重要辅助性药物之一。其中一些免疫增强剂，如转移因子、干扰素、左旋咪唑等亦开始用于某些猪传染病，特别是病毒病的治疗，并取得较好的效果。

总之，由于高免血清很少生产，而且并非随时可买得到，因此在兽医临床实践中对细菌性疾病的治疗远不如抗生素和磺胺类药物应用得广泛和方便。

2. 对细菌性传染病的治疗 抗生素作为细菌性传染病的主要治疗药物，已在兽医实践中广泛使用，并取得了显著成效。但在实际工作中只有合理地应用抗生素，才能充分发挥其作用，取得明显效果。如抗生素应用不合理，不但影响疗效，还会引起一些不良后果，如药物残留、产生耐药性菌株或引起机体不良反应等。治疗细菌性传染病，目前广泛采用抗生素、磺胺类、硝基呋喃类和喹诺酮类药物治疗。这些是在临诊工作中应用最多的药物，也是治疗效果较好的一类药物，实际工作中应该熟悉它、掌握它和应用它。

⑴药物种类：猪病最重要的是传染病，而且在临床上发病的机会多。那么在临床治疗上，使用抗生素的机会也最多。

①四环素类：在养猪生产上广泛使用的四环素类药物，有四环素、金霉素和土霉素三种。此类药物是广谱抗生素，对多种革兰氏阳性菌和阴性菌均有效，另外对猪附红细胞体病的病原体也有作用。其作用机理，是通过干扰蛋白的合成来抑制细菌生长。临床上常用于治疗呼吸道传染病，尤其是巴氏杆菌病。一般采用口服给药，给药后2～4h，体内药物浓度达到高峰。由于四环素类药物能与钙、铁、

铝或铋结合，可降低肠道对四环素类药物的吸收，饲料给药时应尽量减少日粮中钙含量和避免日粮中四环素物质的含量过高。土霉素还可以肌注给药，但对局部有一定的刺激性，此类药物相对无毒，仅偶见反复注射过敏者。

②氨基糖甙类：此类药物常用的有链霉素、双氢链霉素、新霉素、卡那霉素和庆大霉素等。这类药物主要对革兰氏阴性菌有效，但有些革兰氏阳性菌对这类药物也敏感，其作用机理是在微生物核糖体完全形成之前，附着在核糖体上干扰蛋白质合成从而抑制细菌。临床上多用于治疗肠道传染病，主要采用肠道途径给药。由于这类药物是最具毒性的一类抗菌药物，所以非经肠给药要小心，其毒性反应包括神经传道阻滞、呼吸停止、心血管机能降低、肾病变和耳聋等。

③青霉素类：一类毒性最小的抗菌药物，所以被用于治疗不同动物的传染病。但由于这类药物主要对革兰氏阳性菌有效，所以使用受到了一定的限制，这类药物最有效地用于由链球菌、葡萄球菌以及猪丹毒杆菌引起的疾病。现在一些新的半合成青霉素则具有广谱抗性，越来越多地用于治疗对四环素、磺胺类和氨基甙类药物具有抗性的大肠杆菌所引起的疾病。这类药物主要有青霉素和具有广谱抗性的氨苄青霉素、羧苄青霉素。此类药物主要是作用于细菌的细胞壁，抑制细菌细胞壁肽聚糖的合成，主要采用非经肠道给药。

④其他抗生素：大环内酯类抗生素包括红霉素、螺旋霉素和泰乐菌素等。其中泰乐菌素在临床上广泛使用，这类药物抗菌谱几乎和青霉素一致，泰乐菌素对猪支原体有效。非经肠道给药，肌注有刺激作用，偶尔有毒性反应，主要为皮肤出现红斑，直肠脱垂、水肿和轻度短时腹泻。

林可霉素在化学上与环内酯不同，但它们具有几乎一致的抗菌谱。林可霉素对治疗猪痢疾疗效很好，并也可治疗支原体，常以饲料添加剂形式来投药，毒性与泰乐菌素相同。

氯霉素具有广谱抗菌活性，而且对许多具有抗药性的细菌都有效，但这种药物能引起人再生障碍性贫血，不宜给猪使用，以免肉中残留而危害人的健康，而且此药残留时间很长。

先锋霉素类化学结构与青霉素相似，抗菌谱几乎与氨苄青霉素一致。

⑤磺胺类药物：最早使用的一类化学合成抗菌药物，由于抗生素的发展，已减少了对磺胺的药物性使用。此类药物在组织中有残留，常用的给药途径是口服。由于刺激性很强，因而不宜注射，如果注射会导致组织无菌性脓肿。此类药物具有广谱抗菌活性，对大部分革兰氏阳性和许多革兰氏阴性菌有效，故临床上常用于治疗呼吸道和消化道感染。磺胺药物在体内主要经泌尿系统排泄，故而在肾脏中出现磺胺沉淀。如果必须使用，应选用溶解度高的药物，故磺胺二甲氧嘧啶非经肠给药治疗大肠杆菌肠类已日趋广泛。磺胺药物作用机理是磺胺与对氨基苯甲酸结构相似，而与对氨基苯甲酸产生竞争性的颉颃作用。氨基苯甲酸是许多细菌形成叶酸过程的必需成分，而叶酸参与嘌呤和核酸的形成。

能抑制细菌二氢叶酸还原酶的药物会产生明显的增效活性，这些磺胺增效剂是苄氨嘧啶和二甲氧苄氨嘧啶，故常与磺胺类药物合用。

⑵应用抗生素要注意的几个问题

①严格掌握各类抗生素的适应症：选择药物时，应全面考虑病畜的全身情况、临床症状、病原体的种类及其对药物的敏感性等。尽量选择对病原体高度敏感、抗菌作用强或临床效果好、不良反应较小的抗生素。抗生素治疗若有效，病猪将在24h内出现体况和食欲好转、体温下降。体温下降1℃或更多，是临床好转的指标。多数使用适当抗生素治疗的病例，48～72h后体温降至正常。抗生素治疗最少需要3天，多数需要5～7天，如果7天内还没有明显效果，应该立即停药，改用其他疗法。

②抗生素用量用法要适当，疗程应充分：首次剂量要大，以后再根据病情酌减用量。疗程应根据疾病的类型、病猪的具体病情决定。用药期间应密切注意可能产生的不良反应，以便及时停药或改换用药或采取相应的解救措施。对于肝、肾功能受到损害的病猪，使用抗生素要特别慎重，以免发生意外。

③抗生素不能滥用：对原因不明的发热病畜，除病情严重者外，不宜轻易采用抗生素治疗，以免

影响正确诊断和延误正当治疗。对病毒性传染病除了有继发感染外，一般不宜应用抗生素治疗。可用可不用时一般不用，可用窄谱抗生素时就不用广谱抗生素，一种抗生素能奏效时，就不必使用多种抗生素。

④抗生素类药物的配伍禁忌：有些抗生素联合使用可起协同作用，增强疗效。如青霉素与链霉素合用，土霉素与氯霉素合用。有些抗生素联合使用可产生颉颃作用，影响疗效，如青霉素与氯霉素合用，土霉素与链霉素合用。临床常见的注射用抗生素药物有：

青霉素G钾、青霉素G钠、氨苄青霉素、先锋霉素（包括先锋5号、先锋秘）、硫酸链霉素、硫酸卡那霉素、硫酸庆大霉素、磺胺嘧啶钠注射液。其中青霉素G钾、青霉素G钠不宜与四环素、土霉素、卡那霉素、庆大霉素、磺胺嘧啶钠注射液、碳酸氢钠、维生素C、维生素B_1、去甲肾上腺素、阿托品、氯丙嗪等混合使对。青霉素G钾比青霉素G钠的刺激性强，钾盐静注时浓度过高或过快，可致高血钾症而使心脏中毒，出现心脏骤停等；氨苄青霉素不可与卡那霉素、庆大霉素、氯霉素、盐酸氯丙嗪注射液、碳酸氢钠、维生素C、维生素B_1、5%葡萄糖注射液、5%葡萄糖生理盐水配伍使用；先锋霉素忌与氨基苷类抗生素如硫酸链霉素、硫酸卡那霉素、硫酸庆大霉素联合使用，可与生理盐水或复方氯化钠注射液配伍；磺胺嘧啶钠注射液遇pH较低的酸性溶液易析出沉淀，除可与生理盐水、复方氯化钠注射液、20%的甘露醇、硫酸镁注射液配伍外，与多种药物均为配伍禁忌。

⑤ 猪传染病的治疗：与普通猪病不同，对危害严重、流行性强的猪传染病必须在隔离和封锁条件下进行，不能因为治疗而散播病原。因此，治疗中消毒等防疫措施也需要严格执行。病猪的分泌物、排泄物及污染的饲料、饮水、垫草和用具等，都应及时进行清除和消毒处理。病猪要由专人管理，加强护理，增强对传染病的抵抗力。养猪场，特别是集约化养猪场，为了保证人民对肉食品安全的要求，以及有出口任务的猪场，一定要遵照国家颁发的有关规定，应用允许使用的抗生素及化学药物，防止兽药、农药、激素等残留及重金属超标，在屠宰上市前的规定时间内停药（休药期）。

3. 抗病毒疗法　迄今为止，治疗用抗病毒药物仅有少数几种试验性研究成果，且由于价格昂贵等原因，尚未广泛地用于临床。抗病毒药物应抑制病毒在宿主细胞内某一增殖过程或切断病毒吸附，但由于病毒与宿主细胞核酸的复制机制有类似之处，因此，抗病毒药物对宿主细胞也有某种程度的损害。加之多数情况下病毒病发病时，病毒已在嗜性器官或细胞中大量增殖，所以，不能期待仅用抗病毒药物取得治疗效果。如果使用，最好用于发病初期。由此考虑，抗病毒药物应仅限于尚无有效疫苗或疫苗效果不佳的病毒性疾病的治疗。

目前，在医学上用于临床的有效抗病毒药物有：5-碘脱氧尿核苷（疱疹病毒和痘苗病毒）、甲红硫脲（痘病毒）、金刚烷胺盐酸盐（流感病毒）、 阿糖胞苷（疱疹病毒型角膜炎）、阿糖腺苷（疱疹病毒型角膜炎）、异喹啉（甲型和乙型流感病毒及副流感病毒）、马啉双胍（腺病毒性角膜炎）、三氮唑核苷（流感病毒、副流感病毒、白血病病毒及口蹄疫病毒等）、无环鸟苷（疱疹病毒）、磷甲酸盐（疱疹病毒）。

虽然干扰素不能直接杀灭病毒，但干扰素可作用于细胞，使细胞产生抗病毒蛋白。因此，干扰素具有广谱抗病毒、抗衣原体、抗部分细菌及抗瘤作用。最近有将干扰素和抗病毒药物联合使用的报道，且效果良好，干扰素有 α、β、γ 三种。在医学领域里，α 和 γ 干扰素对疱疹病毒、单纯疱疹病毒、带状疱疹病毒、甲型肝炎病毒均有治疗效果，α 干扰素对急性病毒性脑炎等有治疗效果。在兽医领域里，日本用干扰素治疗猫杯状病毒感染。

二、对症疗法

根据某一特殊症状，有针对性地用药治疗或实施手术，以减轻或消除该症状，调节和恢复机体生理机能，为此所进行的内外科疗法均为对症治疗。如使用退热、止痛、止血、止泻、解痉、强心、补液、利尿、抗过敏、防止酸中毒、调节电解质平衡等药物，以及实施急救手术或局部治疗等，都属于对症治疗的范畴。对症治疗直接或间接地支持了动物机体防御功能，增强了机体与疾病斗争的能力，有的对症治疗起到对机体调节和补充作用，有的为抢救之用。因此，对于病猪用对症治疗十分重要，决不可忽视。

1. 以消化系统症状为主的疾病对症治疗　该类疾病的共同症状表现为腹泻。临床治疗原则为：在积极治疗原发病的基础上，加强对症治疗，即消炎补液、缓泻止泻和健胃消食。缓泻药有液体石蜡、植物油、硫酸钠和硫酸镁；止泻药有鞣酸蛋白、次硝酸秘、泻立停、药用碳等；健胃消食药有龙胆酊、马钱子酊、姜酊、人工盐、胃蛋白酶、胰酶、干酵母片、乳酸菌素片、稀盐酸和碳酸氢钠。腹泻导致脱水时要补液，缺水性脱水以补水（5%～10%葡萄糖溶液）为主，在补液量中水和盐的比例2：1（2份5%～10%葡萄糖溶液加1份生理盐水）；缺盐性脱水以补盐（0.9%生理盐水溶液）为主，在补液量中水和盐的比例1：2；混合性脱水补液时，水和盐的比例为1：1。另外，酸中毒时补充5%碳酸氢钠，碱中毒时补充林格氏液。

2. 以呼吸系统症状为主疾病的对症治疗　该类疾病的共同症状表现为咳嗽、流鼻液和呼吸困难。临床治疗原则为：在积极治疗原发病的基础上，加强对症治疗，即消炎、镇咳、化痰和平喘，强心补液。镇咳药有复方甘草合剂和咳必清；祛痰药有氯化铵、碘化钾；平喘药有盐酸麻黄碱、氨茶碱；强心药有安钠加、肾上腺素、樟脑磺酸钠和洋地黄等；补液参照以消化系统症状为主的传染病的对症治疗方法。

3. 以败血症为主要症状疾病的对症治疗　该类疾病的共同特点是皮肤和全身浆膜、黏膜出血或淤血，发病迅速陷于衰竭状态，高热稽留，表现消化系统、呼吸系统甚至神经系统等全身性症状。临床治疗原则为：在积极治疗原发病的基础上，加强对症治疗，即提高机体免疫力。常用药物有免疫球蛋白、高免血清、转移因子、环磷酰胺、干扰素等，还有强心、补液、补碱、补盐、止血和维生素疗法等。

4. 以神经系统症状为主的疾病的对症治疗　该类疾病的共同症状表现为沉郁或兴奋。临床治疗原则为：在积极治疗原发病的基础上，加强对症治疗，即镇静、解热、止痛、营养神经和补液等。镇静药物有盐酸氯丙嗪、安定；抗惊厥药物有苯巴比妥钠、扑癫酮；解热止痛药物有安痛定、安乃近和炎痛宁；营养神经药物有维生素B_1、脑活素和脑神经生长因子；消除脑水肿，常用甘露醇和山梨醇。

5. 以皮肤和黏膜出现水疱或溃疡为主要症状疾病的对症治疗　该类疾病的共同症状表现为皮肤和黏膜出现大小不等的丘疹、水泡、脓疱、溃疡和结痂。临床治疗原则为：在积极治疗原发病的基础上，加强对症治疗，即消炎止痛。病变的黏膜用0.1%高锰酸钾清洗后，再用1%明矾或碘甘油涂擦患部；病变蹄部先用3%来苏儿洗后再涂擦鱼石脂或松馏油，最后用绷带包扎；病变的皮肤和乳房用3%硼酸洗后，再用各种抗生素或磺胺类软膏涂擦患处。

6. 以贫血和黄疸为主要症状疾病的对症治疗　该类疾病的共同症状表现为皮肤、结膜苍白和黄染，动物出汗易疲劳。临床治疗原则为：在积极治疗原发病的基础上，加强对症治疗，即保肝利胆，补充造血物质。常用药物有葡萄糖铁钴注射液、维生素B_{12}、叶酸、硫酸铜、亚硒酸钠维生素E、维生素C和20%葡萄糖溶液等。

7. 以关节炎为主要症状疾病的对症治疗　该类疾病的共同症状表现为关节肿大、行动困难。临床治疗原则为：在积极治疗原发病的基础上，加强对症治疗，即消炎止痛。常用药物有炎痛宁、镇跛敏、地塞米松和保泰松等。

8. 以角膜结膜炎为主要症状疾病的对症治疗　该类疾病的共同症状表现为结膜潮红、羞明流泪。临床治疗原则为：在积极治疗原发病的基础上，加强消炎止痛等对症疗法。先用3%硼酸水清洗眼部，后滴5%蛋白银溶液或各种抗生素眼药水，也可涂擦各种抗生素眼药膏，角膜浑浊时可选用黄降汞软膏。

9. 以繁殖障碍为主要症状疾病的对症治疗　该类疾病的共同症状表现为流产、早产、死胎、木乃伊胎和产弱仔。临床治疗原则为：在积极治疗原发病的基础上，加强对症治疗，即加强护理消炎补液。常用药物有维生素A、维生素E和黄体酮等。

10. 维生素疗法 维生素是猪生长发育不可缺少的重要物质，但常因集约化养猪和水泥地面养猪，饲料中若维生素配给量不足，或缺乏某种维生素，或长时间投给广谱抗生素，均能导致维生素缺乏症。所以，维生素疗法是非常重要的。如长期投给广谱抗生素，常会出现皮肤、黏膜的炎症。由于维生素B和维生素K缺乏可引起出血性素质，这是由于抑制了肠内大肠菌和乳酸菌等而引发维生素合成能力降低的结果。

三、其他疗法

在治疗过程中，既要考虑针对病原体的一些疗法，又要考虑能帮助机体增强抗病能力的支持疗法。只有采取综合性的治疗措施，才能加速病畜的康复。

猪病的临床治疗方法有病因疗法、对症疗法外；根据实际情况还可选用补液疗法、洗胃疗法、输血疗法、输氧疗法、封闭疗法、手术疗法、支持疗法、抗休克疗法和激素疗法等等。它们可以单独使用，也可配合使用，在临床实践中可根据具体情况选择使用。往往有许多猪同时发病，即使没发病的猪也受到严重威胁，为了尽快控制疫情，常常需要普遍用药。可将药物治疗量预先混入饲料中，在喂饲的过程中同时将药物投给，以达到治疗目的。本法简单、方便、省时和省事，为大多数养猪场所采用。

第四章
免疫预防

概 述

免疫预防是依免疫学理论为基础，用免疫接种使猪获得相应的特异性免疫力，增强易感猪群的免疫水平，即通过免疫接种，增强猪群对传染病的抵抗力；预防相应传染病的发生和流行，以便根除其传染病。当前，许多传染病尤其是猪瘟，出现免疫接种失败，为我们提出了新的课题。

免疫（immune）是机体识别“自身”与“非己”抗原，对自身抗原形成天然免疫耐受，对“非己”抗原产生排斥作用的一种生理功能。正常情况下，这种生理功能对机体有益，可产生抗感染、抗肿瘤等维持机体生理平衡和稳定的免疫保护作用。分先天免疫和后天免疫（人工免疫）。人工免疫分为主动免疫与被动免疫两种。主动免疫主要是应用疫苗（活苗与灭活苗）注射，以调动机体产生主动免疫；被动免疫主要是以注射特异性免疫血清，此法仅用于紧急预防和早期治疗。

猪对猪的传染病极少具有天然免疫力（先天免疫），有些传染病在感染康复后才能获得坚强的保护。然而，有些传染病有极高的传染性，发病率高，自然康复猪极少，如猪瘟。免疫预防是预防猪传染病的基础工作。

因此，利用动物的“免疫”生物学特性，在当代传染性疾病尚未消灭之前， 预防猪的传染病发生与流行，疫苗和疫苗接种是控制猪传染病的主要手段，是猪传染病防制中的重要环节。猪的传染病免疫技术，历来是人们研究猪病防制的重要方面。特别是免疫失败，导致相应疾病的发生流行造成直接经济损失尤为巨大；因此，了解和掌握猪的传染病免疫技术的操作过程，对防制猪的传染病具有指导意义。免疫的成败，决定于疫苗质量和免疫程序以及接种等技术是否正确。

免疫保护力标准：用疫（菌）苗接种的动物，在免疫期内可抵抗强毒的感染和攻击，免疫保护力应以保护亚临床感染为标准，即不产生带毒感染即潜伏感染及隐性感染、持续感染。据统计学结果表明，保护率如高于80%，疫病就不会流行。

实验室免疫保护力标准和田间免疫保护力标准：各兽医生物制造厂的疫苗是遵照国家标准进行生产的，并由国家兽医药品监察所检测合格后才准许出厂销售。田间免疫保护力一般达不到实验室免疫保护力标准，此与田间实际情况错综复杂有关，第一线的科技工作者应当深入猪群调查研究进行解决。

免疫预防：在免疫监测的基础上，确定免疫疫病种类，选定疫苗种类、免疫时间、免疫日龄、免疫次数和免疫剂量，制定出一个既能抵抗猪瘟临床感染又能防止亚临床感染和阻止强毒在体内复制和散毒的一种防病措施，免疫预防是目前控制猪传染病可靠的措施。进一步来说，免疫预防是通过免疫接种手段来实施，免疫接种是利用人工制备的各种免疫制剂激发动物机体产生特异性抵抗力，使易感动物转化为不易感动物的一种手段，是预防和控制猪传染病的一项极为重要的措施；免疫接种的目的是提高猪对传染病的特异抵抗力，预防疾病传染 ，保证猪体及猪群的健康，提高经济效益，是综合性防疫措施的一个重要组成部分。免疫接种分为预防免疫接种和紧急免疫接种两种。预防免疫接种是在常发某种传染病地区实施的疫苗接种；紧急免疫接种是在发生传染病的疫区和疫点作为紧急措施所采取的免疫接种。免疫接种对抗生素预防无效的病毒性传染病尤为重要。动物在完整的生产周期中，必须按免疫程序进行免疫接种，如果猪群对某种传染病的免疫合格率达到80%以上，则这种传染病就不会流行。

当前我国生产各种疫苗，对控制猪传染病的发生发挥巨大作用；但因存在免疫失败的现象，有时很严重，为什么呢？多数企业管理者、科技人员对免疫接种技术重大意义认识不足，一些人认为打了“防疫针”万事大吉，猪再不会得病了；其实不然，打了“防疫针”以后照得不误；问题在何处？许多问题是在实施过程中出现技术操作失误而引起的。

第一节　疫（菌）苗的概念及种类

一、疫苗概念

动物用的疫苗（vaccines），是用微生物（细菌、病毒、支原体、衣原体、钩端螺旋体等）、微生物代谢产物、原虫、动物血液或组织等，经加工制成，作为预防、治疗特定传染病或其他有关疾病的生物制剂。

疫苗用细菌制成的抗原性生物制品称为菌苗，用病毒、螺旋体、立克次体和衣原体制成的抗原性生物制品称为疫苗。习惯上把以上两类制剂统称为疫苗。

疫苗可分为死疫苗和活疫苗两类。一类是死疫苗（death vaccine)，又称灭活苗，选用免疫原性强的微生物标准株经大量培养后，用物理或化学方法将其杀死或灭活而制成的预防制剂称死疫苗。死疫苗保持原有免疫原性，可刺激机体产生免疫应答，但因其不能在体内繁殖，对免疫系统刺激时间短，故要获得较强的免疫力，需多次注射。另一类是活疫苗（live vaccine），用人工定向变异或从自然界筛选获得的毒力高度减弱或基本无毒的病原微生物制成的预防制剂。此类疫苗进入机体后有一定的增殖能力，类似自然状态下的轻型或隐性感染，免疫系统受刺激时间长，故只需注射一次即可获得较好的免疫效果。按疫苗剂型，可分为真空冻干苗、加氢氧化铝的灭活苗、加油佐剂的灭活苗、湿苗。

二、疫苗种类

（一）常规疫苗(conventional vaccines）

由细菌、病毒、螺旋体和支原体等完整微生物制成的疫苗。

1. 活苗（live vaccines）又称弱毒苗（attenuated vaccines）或活疫苗，是微生物的自然强毒通过物理、化学方法处理和生物的连续继代，使其对原宿主动物丧失致病力或只引起轻微的亚临床反应，但仍保存良好的免疫原性的毒株，用以制备的疫苗（如猪瘟兔化弱毒疫苗）。此外，从自然界筛选的自然弱毒株，同样可以制备弱毒疫苗。

2. 灭活苗（inactivated vaccines）　又称死苗。

⑴ 一般灭活苗菌、毒种：应是标准强毒或免疫原性优良的弱毒株。经人工大量培养后，用理化方法将其杀死（灭活）后制成灭活苗。灭活苗一般要加佐剂，以提高其免疫力。

⑵自家灭活苗：从患病动物自身病灶中分离出来的病原体，经培养灭活后制成的疫苗，再用于该动物本身，故称为自家疫苗(autogenous vaccine)。此种疫苗可用以治疗慢性的，反复发作而用抗生素治疗无效的细菌性感染或病毒性感染，如顽固性葡萄球菌感染症。脏器灭活苗（组织灭活苗）是利用病、死动物的含有原微生物脏器制成乳剂、加甲醛等灭活脱毒所制成的疫苗。如预防猪呼吸综合征，用肺和肺所属淋巴结等组织制成乳剂，加甲醛溶液灭活，制成组织苗。这些疫苗制法简单，成本低廉，在没有特效疫苗的情况下，用之作为一种应急措施，在疫病流行地区控制疫病的发展起到了很大作用。

3. 单价疫苗：利用同一种微生物菌（毒）株或一种微生物中的单一血清型菌（毒）株的增殖培养

物所制备的疫苗称为单价疫苗。单价疫苗对相应的单一血清型微生物所致的疾病有良好的免疫保护效能（如猪肺疫氢氧化铝菌苗，系由B型猪源多杀性巴氏杆菌强毒株制造，对由A型多杀性巴氏杆菌引起的猪肺疫基本无免疫保护作用）。

4. 多价疫苗：用同一种微生物中若干血清型菌（毒）株的增殖培养物混合制备的疫苗。多价疫苗能使免疫动物获得完全的保护（如猪多价副伤寒死菌苗）。

5. 混合疫苗：即多联苗，指利用不同微生物的增殖培养物，根据病性特点，按免疫学原理和方法，组配而成。接种动物后，能产生对相应疾病的免疫保护，可达到一针防多病的目的（如猪瘟、猪丹毒和猪肺疫三联苗）。

6．同源疫苗：利用同种、同型或同源微生物制备的、而又应用于同种类动物免疫预防的疫苗（如猪瘟兔化弱毒苗、猪流行性腹泻疫苗，可用于预防各种品种猪的猪瘟和猪流行性腹泻症）。常见的疫苗大多属于同源疫苗。

（二）基因工程疫苗

利用现代基因工程技术制取的疫苗，包括亚单位疫苗、活载体疫苗、基因缺失苗及核酸疫苗等。

1. 亚单位疫苗　微生物经物理、化学方法处理，去除其无效物质，提取其有效抗原部分（如细菌荚膜、鞭毛、病毒衣壳蛋白等），制备的疫苗（如猪大肠杆菌菌毛疫苗）。亚单位疫苗包括细菌、病毒及激素等亚单位疫苗。其副作用少，免疫效果好，应用潜力很大。

2. 活载体疫苗　用基因工程方法对细菌和病毒进行改造后成为活体重组疫苗。这种活体重组疫苗可以是非致病性微生物携带并表达某种特定病原物的抗原决定簇基因，产生免疫原性；也可以是致病性微生物修饰或去掉毒性基因以后，仍保持免疫原性。活载体疫苗克服了常规疫苗的缺点，兼有死疫苗和活疫苗的优点，在免疫效力上很有优势。

3. 基因缺失苗　应用基因操作，将病原细菌或病毒中与致病性有关的基因序列除去或失活，使之成为无毒株或弱毒株，但仍保持免疫原性。

如最为成功的猪伪狂犬病基因缺失苗，不但免疫原性好，而且由于毒力基因的缺失，使其成为一种标记性疫苗，可用于鉴别诊断。因此，目前各国实施的猪伪狂犬病根除计划，就是用gE－基因工程伪狂犬病活疫苗配合gE鉴别诊断试剂盒来实施的，而且基本都获得了成功。虽然，到目前为止这类疫苗中成功的例子还不多，但的确是研制疫苗的一个重要方向。

4. 核酸疫苗　又名基因疫苗或DNA疫苗，是一种或多种抗原编码基因克隆到真核表达载体上，将构建的重组质粒直接注入到体内而激活机体免疫系统。它所合成的抗原蛋白类似于亚单位疫苗，区别在于核酸疫苗的抗原蛋白是在免疫对象体内产生的。

5. 合成肽疫苗　也称为表位疫苗，是用化学合成法人工合成类似于抗原·决定簇的小肽（约20～40个氨基酸）作为疫苗。此种疫苗研究最早始于口蹄疫病毒（FMDV）合成肽疫苗，主要集中在FMDV的单独B细胞抗原表位或与T细胞抗原表位；结合而制备的合成肽疫苗研究。

目前，我国研制的猪口蹄疫0型合成肽疫苗已获一类兽用新生物制品，保护效果不错，而且同常规的口蹄疫病毒灭活苗相比，副作用较小，是一种很有希望的疫苗。

6. 转基因植物可食疫苗　将病原微生物抗原编码基因导入植物，人或动物食用含有该种抗原的转基因植物后，产生对病毒、寄生虫等病原菌的免疫能力。据报道具有一定的效果。

7. 抗独特型疫苗　是免疫调节网络学说发展到新阶段的产物。抗独特型抗体可以模拟抗原物质，刺激机体产生与抗原特异性抗体具有同等效应的抗体，能抵抗病原的感染，由此制成的疫苗称为抗独特型疫苗或内影像疫苗。此种疫苗目前尚处于实验室阶段。

（三）各类疫苗特点

1. 冷冻真空干燥疫苗　大多数的活疫苗都采用冷冻真空干燥的方式冻干保存，可延长疫苗的保存时间，保持疫苗的效价。病毒性冻干疫苗常在－15℃以下保存，一般保存期1～2年。细菌性冻干疫苗在－15℃保存时，一般保存期2年；2～8℃保存时，保存期9个月。

2. 油佐剂灭活疫苗　这类疫苗为灭活疫苗，以白油为佐剂乳化而成，大多数病毒性灭活疫苗采用这种方式。油佐剂疫苗注入肌肉后，疫苗中的抗原物质缓慢释放，从而延长疫苗的作用时间。这类疫苗2～8℃保存，禁止冻结。

3. 铝胶佐剂疫苗　以铝胶按一定比例混合而成，大多数细菌性灭活疫苗采用这种方式，疫苗作用时间比油佐剂疫苗快。2～8℃保存，不宜冻结。

4. 蜂胶佐剂灭活疫苗　以提纯的蜂胶为佐剂制成的灭活疫苗，蜂胶具有增强免疫的作用，可增加免疫的效果，减轻注苗反应。这类灭活疫苗作用时间比较快，但制苗工艺要求高，需高浓缩抗原配苗。2～8℃保存，不宜冻结，用前充分摇匀。

第二节　疫苗的保存与运输和管理

一、正确认识疫苗的保存与运输的重大意义

疫苗在疾病的预防中起着极为重要的作用，特别是一些病毒性疾病，良好的免疫是预防疾病发生的重要手段。要想达到良好的免疫效果，除了免疫人员正确的技术操作、合理使用疫苗外，加强疫苗的保存、冷链管理、规范疫苗的领发、运输、贮存等环节，对于保障预防接种的成功亦有重大意义。

二、疫苗的保存及运输

1. 疫苗的保存　关键是温度，温度的高低是保证疫苗质量关键技术，是决定免疫成败的重要因素之一。因此，保管单位要按国家要求进行科学的保管，应负有法律责任。疫苗应低温保存和运输，冻干苗需要0～－20℃的保存温度；而油乳剂疫（菌）苗和铝胶剂疫（菌）苗则应避免冻结，最适温度为2～8℃。疫苗要由专人保管，分类存放。

2. 疫苗的运输　疫苗的运输环节重在加强免疫，规划疫苗的冷链管理。

各级动物疾病预防控制中心应装备有冷藏车，低温冷库，常、低温冰柜，冰箱；预防接种点（冷藏包内放置冰块）。疫苗冷运必须严格按照说明书的要求，具体冷运要求。疫苗冷运实行发放、运送、接收各环节温度监测登记制度。领取疫苗时必须配置相应的冷藏设备，否则，疫苗发放人员不得发放疫苗。疫苗在从省一市、区、乡镇动物疾病预防机构的运输过程中，由疫苗发放人员、运送人员、接收人员进行温度监测记录，详细填写疫苗运输温度监测记录。发现疫苗在出库、冷运、入库任何一个环节温度监测不符合疫苗冷链要求的，当值人员必须作好详细记录，拒绝接收并及时报告同级疾病预防控制机构负责人。

3. 疫苗的保存管理

(1)冷链室必须保持通风，避免阳光直射。各类疫苗必须严格按照说明书在2～8℃或在-20℃条件下贮存。

(2)疫苗冷藏温度由当值人员进行监测登记。每台单温冷链设备必须配有1支温度计和1张单独的温度监测记录表；双温冷链设备必须配有2支温度计和1张温度监测记录表，2支温度计要分别放置于冷藏室与冷冻室内。

(3)各级动物疾病预防控制机构或预防接种服务单位负责疫苗冷藏温度监测的管理，当值人员必须每天上午和下午各查看1次运行设备温度及冷链室环境温度，并填写温度监测记录表。当值人员发现异常情况，应立即报告本单位负责人处理。

第三节　免疫接种操作技术规范

一、概念

将疫苗注入猪等动物机体内这一阶段性技术操作完整过程，并能达到人工主动免疫效果，从而预防相应传染病的发生流行。该项技术操作是指常规的大家自觉不约而同在技术上又必须实施执行的专业技术，若没有贯彻实施，将导致免疫失败。规范是参考国内有关资料和作者几十年免疫预防成功经验编写成。由20世纪50年代至今，从东北黑龙江到华北石家庄至北京，许多猪场应用本技术规范都获得了令人满意的效果。

标准：被接种的每头猪都能够接受足够的疫（菌）苗量，产生可靠的免疫力。

二、疫苗的接种方法

1. 皮下注射　皮下注射是目前使用最多的一种方法，大多数疫苗都是经这一途径免疫。皮下注射是将疫苗注入皮下组织后，经毛细血管吸收进入血流，通过血液循环到达淋巴组织，从而产生免疫反应。注射部位多在耳根皮下，皮下组织吸收比较缓慢而均匀，油类疫苗不宜皮下注射。

2. 肌肉注射　肌肉注射是将疫苗注射于肌肉内，注射时注意针头要足够长，以保证疫苗确实注入肌肉里。

3. 滴鼻接种　滴鼻接种是属于黏膜免疫的一种，黏膜是病原体侵入的最大门户，有95%的感染发生在黏膜或由黏膜侵入机体，黏膜免疫接种既可刺激产生局部免疫，又可建立针对相应抗原的共同黏膜免疫系统工程；黏膜免疫系统能对黏膜表面不时吸入或食入的大量种类繁杂的抗原，进行准确的识别并做出反应，对有害抗原或病原体产生高效体液免疫反应和细胞免疫反应。目前使用比较广泛的是猪伪狂犬病基因缺失疫苗的滴鼻接种。

4. 口服接种　由于消化道温度和酸碱度都对疫苗效果有很大的影响，因此这种方法目前很少使用。

5. 气管内注射和肺内注射　这两种方法多用在猪喘气病的预防接种。

6. 穴位注射　在注射有关预防腹泻的疫苗时，多采用后海穴注射，能诱导较好免疫反应。

三、疫苗的购置

（一）疫苗选购

根据本场的实际情况，选择可靠和适合自己猪场的疫苗及相应的血清型，基本原则是选用好疫苗、用好疫苗。免疫程序是一般原则，仅作为参考，必须根据实际防疫效果适当修正。严格贯彻疫苗使用操作规程，切实执行农业部6号令，即由各级兽医站实施直线供应，保证疫苗出厂、运输、保存及使用各个环节贯彻“冷链系统”工程。

（二）疫苗验收

必须注意疫苗生产日期，过期和失效的绝对禁止使用，在有效期内使用时，要时刻注意疫苗运输、保存的温度。不能机械的认为疫苗有效期内可靠，要灵活掌握，时刻注意疫苗使用后，在免疫期内是否发生猪瘟，及时确定该疫苗的使用价值。

四、接种前准备

1. 技术人员把关　接种前兽医人员应对被接种的猪群健康情况及有无疫病流行认真检查；并逐个清点猪头数，确保每头猪都进行免疫。被免疫猪只必须是健康无病的，否则达不到预期的免疫效果，并引起死亡。

2. 疫苗检查　核对本次疫苗种类，对疫苗认真的检查，尽量减少影响免疫效果的因素。要仔细阅读疫苗的说明书，严格检查疫苗质量，详细记录生产批号和失效日期。凡失真空、破损、无标签、疫苗变色、油乳剂灭活苗不慎被冻结等问题的疫苗不能使用，均应废弃。油乳剂疫苗使用前应置于室温（20℃左右）2h左右预温，使用时应充分摇匀。疫苗启封后在24h内用完。冻干活疫苗使用时要检查真空度，失真空疫苗不得使用。

3. 免疫器具进行消毒　注射器具严格消毒，刻度要清晰，不滑杆、不漏液。

4. 疫苗的稀释　稀释疫苗之前应对使用的疫苗逐瓶检查，尤其是名称、有效期、剂量、内容物状态、封口是否严密、是否破损和吸湿、真空度如何等，如发现问题，不得使用。稀释时稀释液要符合要求，用量准确，还要注意无菌操作，尤其是注射疫苗时更应注意。稀释液以生理盐水最佳，稀释液的酸碱度以中性为合格，过酸过碱的稀释液可使疫苗效价降低，而影响免疫效果，甚至失败。

5. 疫苗瓶盖消毒及真空测定　首先用金属剪刀或镊子启开铝盖帽，然后用点燃酒精棉球消毒疫苗瓶胶盖，插入备好的消毒针头，稀释时要注意对每瓶疫苗进行真空测定。其方法为疫苗瓶倒立将抽满稀释液的注射器刺入针头时，稀释液当即自动吸入疫苗瓶中，开始时稀释液呈水柱状自下向上喷入瓶中。吸疫苗时，绝不能用已给猪只注射过的针头吸取，可用一个灭菌针头，插在瓶塞上不拔出、裹以挤干的酒精棉球专供吸药用，吸出的药液不应再回注瓶内，可注入专用空瓶内进行消毒处理。疫苗使用要现用现配，即用完一瓶再稀释另一瓶疫苗，大批疫苗接种时，禁止一次性将若用疫苗全部稀释完。

6. 预测试　新购入大批量疫苗并要进行大批注射时，首先要做好预测试验，可先选做10头猪。

五、接种操作技术

（一）注射部位消毒

即先用碘酊，再用酒精脱碘，待挥发后再注射，注射完毕应按少许时间减少疫苗溢出。大批注射时，应选择专职消毒员，用0.5%碘酊先涂擦临时固定的右或左侧耳根后部皮肤，然后用70%酒精脱碘，待3～5min后注射疫苗，注射时剂量一定要确实。

（二）注射深度

正确把握进针深度是接种的成败因素之一，针头粗细长短要适宜，大小猪应选择各自适宜针头，以防疫苗有效剂量的减少及疫苗的漏出。进针过深易刺到骨骼，造成机体损伤，过浅易注到脂肪内形成脓肿，起不到免疫作用。进针深度的适宜程度，应根据猪只大小、肥瘦程度灵活掌握。

（三）注射针头大小

1. 肌肉注射　母猪、后备母猪和公猪的肌肉注射最好采用16号针头，10kg以下的猪宜用20号针头，10～30kg的猪宜用19号针头，30～100kg的猪宜用18号针头。肌肉注射部位在耳后靠近轻松皮肤皱褶和较紧皮肤交界处耳根基部最高点5～7cm处。正确的方法是垂直刺入皮肤。

2. 皮下注射　短的18号或19号针头，长度通常在1～3厘米之间。注射部位位于耳后凹陷处较松轻处。方法是用拇指和食指将皮肤捏成皱褶、将针头刺入两指间的皮肤皱褶的皮下。

（四）一猪一个针头模式

必须实施“一猪一针头”的模式，减少交叉感染。从现在情况看，像猪蓝耳病、伪狂犬病等阳性率比较高或猪瘟隐性带毒猪存在，每头猪一个针头虽然麻烦，但非常有必要。

注射的剂量要准确，不漏注、不白注。注射操作细致，进针要稳，拔针要速，以确保疫苗液真正足量地注射于肌肉内或皮下。

（五）稀释弱毒疫苗的保存与应用

⑴弱毒疫苗自稀释后不论任何季节都应放冰水桶中冷藏下使用，特别是南方地区或夏季，更应当注意冷藏。

⑵稀释的疫苗时间限制：稀释后的疫苗应2h内用完，夏季应在冷藏保存下进行。否则会因此一项操作失误而导致免疫失败。生产厂家一般都提供规定的操作程序，应严格遵照执行。

六、预防接种的副反应

1. 接种的同时应由饲养人员随时观察猪群情况，有否过敏反应。疫苗注射后如有过敏反应、热反应（灭活疫苗有轻微的热反应）等时，应立即采取对症治疗，直到畜群恢复正常。

2. 接种弱毒疫苗后，致弱的病毒或细菌在体内增殖，使机体抵抗力下降，可能继发或混合感染细菌或支原体，应注意观察。

3. 接种灭活苗时，应考虑因注射大量异物引起的发热和疼痛等反应，可引起局部红肿、疼痛、甚至附近淋巴结肿大以及发热、乏力和全身不适等反应。对此只需一般的对症处理，或不经处理也可消退。

4. 超敏反应：个别猪只因个体差异，在注射活疫苗后半小时左右开始出现呼吸急促、全身潮红或苍白等异常症状，如接种猪瘟、口蹄疫疫苗常有I型超敏反应，反应率在0.5%～5%，这可能与机体生理因素、免疫功能状态有关。多次注射灭活苗有时可引起的过敏反应，在实际工作中应注意。

5. 解救：一般要经常备用0.1%肾上腺素和地塞米松等解救。

七、疫苗无害化处理

1. 废弃的活疫苗　必须高温或用火烧后集中处理，灭活疫苗可采取深埋的办法。接种弱毒疫苗后用过的空瓶要消毒或深埋处理，以免其他动物感染发病。

2. 注射器具严格消毒　免疫接种工作结束后，将所有用过的疫苗瓶及接触过疫苗液的瓶、皿、注射器及针头等不得冲洗，直接放入煮沸消毒器进行消毒处理。

八、免疫接种档案设立

疫苗免疫接种后要及时做好免疫记录，并由相关人员签名。疫苗使用前要逐瓶检查，观察疫苗瓶有否破损，封口是否严密，瓶签是否完整，是否在有效期内，剂量记载是否清楚，稀释液是否清晰等，并记下疫苗生产厂家、批号等，以便备案。

第四节　猪免疫注射的禁忌事项

1. 猪群良好状态下免疫才能成功。对有疫情、疾病或有临床病症的猪，无论症状严重与否均应推迟免疫时间，待恢复健康后再进行补免，避免免疫抑制。

2. 气候突变前后，特别是入冬前，应做好危害性严重传染病的免疫接种，如猪瘟和口蹄疫等。

3. 在断奶、转群等应激条件下7天内，阉割前7天、后7天禁忌免疫接种。

4. 注射疫苗后4～7天内，禁忌免疫注射其他疫苗。注射猪瘟疫苗后7天内、注射口蹄疫苗后15天内，禁忌注射猪其他任何疫苗（含口服疫苗）。

5. 引种到场7天内猪群禁忌注射任何疫苗。

6. 防止疫苗相互之间的干扰：同时禁忌注射两种以上疫苗。两种疫苗注射以后，牛猪需要一定的时间以产生抗体。如果两种疫苗同时注射，疫苗之间会互相干扰，影响抗体的形成，效果往往不佳。所以注射两种不同的疫苗，应间隔5～7天，最好10天以上。同一种病毒性活疫苗和灭活疫苗，可同时分开使用。

7. 防止药物对疫苗接种的干扰：在使用弱毒疫苗前后5～7天内，禁忌在饮水或饲料中使用抗病毒药物或消毒药物；在使用弱毒菌苗的前后7天内，饲料或饮水中禁忌使用抗菌药物和消毒药；在注射病毒性疫苗的前后3天，严禁使用抗病毒药物，注射活菌疫苗前后5天，严禁使用抗生素，抗生素对细菌性灭活疫苗没有影响。免疫注射含有活菌的疫苗时，如仔猪副伤寒活苗、猪肺疫弱毒菌苗和链球菌活疫苗等，免疫前后1周都不能在饲料、饮水中添加抗生素，也不能肌注抗生素。

8. 禁忌随便加大疫苗的用量，确需加大量时要在当地兽医指导下使用。细菌性活疫苗，如猪肺疫活疫苗、链球菌活疫苗和猪丹毒活疫苗等虽然是弱毒疫苗，按规定剂量使用是安全的，但毕竟还是有部分毒力，在使用时应严格按说明书剂量使用。

9. 禁忌随便改变疫（菌）苗标定的接种途径，也不要随便将不同疫（菌）苗混合在一起接种。对没有使用经验的、尤其是没有正式批准生产使用的疫苗，最好不要使用。如必须要使用，应先进行小群试验，证明安全有效后再大量使用，以免造成不可弥补的损失。

10. 禁忌妊娠母猪在产前和产后10天免疫接种。若给怀孕母猪注射疫苗是一种弱病毒，能引起母猪流产、早产或死胎。对繁殖母猪，最好在配种前一个月注射疫苗，既可防止母猪在妊娠期内因接种疫苗而引起流产，又可提高出生仔猪的免疫力。

11. 注射局部消毒：禁忌用5%碘酊在注苗时局部

消毒，用70%酒精即可，酒精棉球需在48h前准备。免疫时，每注射一头猪要换一枚针头，以防带毒和带菌。同时，在猪群免疫注射前后，还要禁忌大搞消毒活动和使用抗菌药物。

12. 禁忌打飞针、白针，一支注射针头一直用到底。

13. 禁忌用不消毒的注射器及注射针头。

14. 剂量要准确，禁忌注射剂量过多或过少，疫（菌）苗的使用剂量应严格按产品说明书进行。注射过多往往引起疫苗反应，过少则抗原不足，达不到预防效果，不能刺激机体产生足够的免疫效应。剂量过大，可能引起免疫麻痹或毒性反应。大群接种时，为弥补使用过程中疫（菌）苗的浪费，可适当增加10%～20%的用量。

免疫剂量：据杜念兴（1998）报道，免疫剂量不足是当前猪瘟出现持续感染、繁殖障碍型猪瘟和生长肥猪免疫失败的主要因素。因此，提高猪瘟兔化苗的免疫剂量，成为当前猪瘟免疫成败的关键。根据高瑞文（1991）实验结果，4头份（600个兔体反应量）猪瘟兔化苗接种，可抵抗强毒攻击和阻止猪瘟病毒在体内复制和散毒。近年据资料报道，各地根据猪瘟流行及发病特点的变化，增加免疫剂量都取得了好的效果。据此，下述免疫程序是目前多数专业工作者倡导的。种公猪每年进行2次，每次每头猪注4头份；哺乳仔猪为了排除母源抗体干扰，21～24日龄时一律注4头份，55～60日龄时二免同样剂量。繁殖母猪和后备母猪，配种前30天注4头份。此外，也可根据猪瘟疫苗种类和质量以及流行情况确定剂量。

第五节 疫苗接种后的监测与评价

一、监测

疫苗接种后的监测是科学制定免疫计划的依据，定期做好免疫接种，是控制集约化养殖场疫病流行的重要措施。若想免疫成功与否，应在注射该疫苗后15～20天后采血作抗体监测；依结果进行分析；决定是否进行强化免疫。

二、监测项目

我国各省、市设有动物防控中心，省、市、县亦设有动物防控中心。各猪场应自行选定。

（一）疫病种类

猪瘟、猪流感、猪繁殖与呼吸综合征、猪圆环病毒感染、猪伪狂犬病、猪口蹄疫、猪传染性胃肠炎、猪传染性腹泻、猪轮状病毒病、细小病毒病、猪乙型脑炎、猪水泡病猪丹毒、猪接触传染性胸膜肺炎、猪传染性萎缩性鼻炎、猪巴氏杆菌病、猪痢疾、猪链球菌病、猪结核病、猪布氏杆菌病、猪副嗜血杆菌病、猪附红细胞体病、猪增生性肠病、猪气喘病、猪衣原体病和弓形虫病。

（二）当前重点病种类

依本地区和猪场注射疫苗选定疾病 。猪瘟、猪繁殖与呼吸综合征、猪圆环病毒感染、猪伪狂犬病、猪口蹄疫、猪衣原体病和弓形虫病。

（三）样品送检

1. 样品采集设计方案 根据目的与需要而定。

⑴首次流行病学调查：应检猪瘟、 猪繁殖与呼吸综合征、猪圆环病毒感染、猪伪狂犬病、猪口蹄疫、 猪衣原体病、弓形虫病的血清学抗体；最后统计阳性率。

⑵调查母源抗体消长规律（当前主要是猪瘟）：①哺乳仔猪首免前1～2天仔猪，每窝1～2头仔猪；②哺乳仔猪二免前1～2天仔猪，每窝1～2头仔猪；③三免前1～2天断奶猪。

⑶检测时间：①年定期：大型场每年，每季初旬。②不定期：注射疫苗后从产生抗体达标时开始。如猪瘟注射疫苗后15～20天之间内采血。

2. 样品采集数量 各家不一，根据监测目的不同而定；只测定疫苗的接种后抗体效价的，一般为相应猪群数量的10%～20%；如净化种群，每个种猪都应必须采样；并编号登记，注册。

3. 血样采集　采血部位：①颈静脉适于50kg以上猪；②前腔颈静脉适于哺乳仔猪和断奶猪。

4. 血样器具　①市场销售一次性塑料注射器。②市场销售真空一次性塑料采血试管。

5. 血样制备　①距检测中心较近时，可专人送检。②另外，采血后令自然吸取后注入备好的灭菌干燥青霉素瓶中，放入冰箱中冷冻保存。

三、结果分析与判定

（一）测定方法

每种测定方法都有标准，依各种标准免疫合格率50%以下示为免疫不合格，80%以上示为合格。免疫接种不合格的重新进行，同时做强化免疫，并分析找出原因。

（二）定期进行修订

各场应根据本地区疫病流行情况、疫苗的性质和工艺流程、应激时间、气候条件和其他因素来决定本地区使用的疫苗种类、接种方法和免疫程度，不能生搬硬套别人的方法。由于病原微生物的致病力常常会受到环境的影响而改变其传染的规律，因此对于已制定的免疫接种计划，也要根据防疫效果和当地疫病流行情况的变化，定期进行修订。

第六节　免疫失败的原因和防制对策

随着我国养猪业的飞速发展，我国猪场免疫失败的问题日益严重。免疫失败（vaccination failure）就是进行了免疫，但猪群或猪只不能获得抵抗感染的足够保护力，发生临床型疾病，甚至仍然发生相应的亚临床型疾病。免疫后猪群或猪只抗体水平或细胞免疫水平不能达标，保持持续性感染带毒状态，都属于免疫失败。

接种疫（菌）苗后猪群发病有多种原因，主要包括：某些因素造成疫（菌）苗免疫失效；接种时猪群处于该病的潜伏期；猪群生理状况不佳，使它对疫（菌）苗注射无应答或应答过度；猪只受到过致病力较强的感染因子作用（Straw等，1999）。

一、免疫剂量不足，疫苗中病毒株免疫原性差

导致免疫剂量不足的原因包括以下几点：

1. 保存不当实验证明，猪瘟兔化弱毒冻干苗在。0～8℃条件下只能保存6个月，若放在25℃条件下，至多10天即失去效力。一些冻干苗在27℃条件下保存1周后有20%不合格，保存2周后有60%不合格。含氢氧化铝胶的灭活苗冻结后其免疫力降低。

2. 运输不当　未坚持“苗随冰行，苗完冰未化”的疫（菌）苗运输原则，特别是在高温天气，往往使疫（菌）苗失效。

3. 疫（菌）苗稀释不当　有些疫（菌）苗和稀释液内可能含有可灭活其他弱毒苗的防腐剂，在同一支注射器内混合使用多种疫（菌）苗，就会导致活苗失活。另外，猪瘟兔化弱毒疫苗在稀释液的pH超过7时很容易失活。稀释的疫（菌）苗在使用前未振摇均匀，稀释后未及时使用也会使疫（菌）苗失活。

4. 选用针头不当　如给小猪群注射使用孔径大的针头，药液容易溢出；给大、中猪群注射使用针头过短，疫（菌）苗停留在皮下脂肪内，不能直接进入肌层，则不能发挥抗原的效力。

5. 注射部位消毒不当　涂搽酒精、碘液配过多，或使用5%以上的碘酊消毒皮肤，对活疫苗有破坏作用；包裹注射针头外的棉花酒精湿度过大，酒精渗进针孔也能损坏活疫苗活力。使用其他化学消毒剂处理过的注射器或针头，如果有残留消毒剂，也会使弱毒苗灭活（刘加银等，1999）。

6. 疫苗中病毒株、抗原的免疫原性差　如机体对口蹄疫病毒抗原的免疫反应较弱，新形成的口蹄疫病毒粒子时常可逃脱抗体，进入机体免疫系统，导致持续性感染。

二、疫（菌）苗毒株（或菌株）的血清型不包括引起疾病病原的血清型或亚型

目前发现，口蹄疫病毒有7个血清型，80多个亚型，病毒易变异，新的亚型在不断出现，且型间无交叉保护，型内各亚型间也仅有部分交叉保护。若

口蹄疫疫苗毒株的血清亚型，不包含正在流行的口蹄疫病毒的血清亚型，则可引起免疫失败。

目前，已发现猪的A型流感病毒HA有15个亚型，NA有9个亚型，已分离到的有H4N6、H3N2、H1N2和H1N1等毒株；胸膜肺炎放线杆菌至少有12个血清型（在亚洲优势血清型为2和5，我国为1、5、7型等）；副猪嗜血杆菌至少有15个血清型；猪链球菌荚膜抗原血清型有35种以上（大多数致病性血清型为1～9型）。由于病原含有多个血清型，防制猪流感、猪胸膜肺炎放线杆菌病、猪副嗜血杆菌病、猪链球菌病等的疫苗或菌苗，应包含当地流行的血清型。如果疫苗毒株（或菌株）的血清型不包括流行病原的血清型，则必定引起免疫失败。因此，必要时可使用自家灭活苗进行防制。

三、佐剂应用不合理，忽视黏膜免疫

通过给猪群皮下或肌内注射不含佐剂或含一般佐剂的灭活苗（包括油苗），可刺激机体免疫系统产生IgM和IgG类抗体，但引起的细胞免疫较弱，保护黏膜表面的IgA生成很少，不能控制肠道、呼吸道、乳腺、生殖道部位等黏膜表面的感染。控制黏膜表面感染，需要依靠细胞免疫和分泌型IgA的作用。使用弱毒苗或高效佐剂的死苗，则可引起细胞免疫和黏膜免疫。如一些国外公司目前所生产的猪支原体肺炎灭活菌苗就可引起细胞免疫，起到保护作用。据报道，给猪接种猪链球菌灭活菌苗，对抵抗相同血清型致病性猪链球菌攻毒感染的保护率很低或无效。由于细胞免疫在抵抗猪链球菌感染中也起到很大作用，因此防制猪链球菌病必须接种相同血清型猪链球菌弱毒活菌苗。另外，胸膜肺炎放线杆菌或猪副嗜血杆菌病等菌苗的免疫效果也受佐剂影响。

四、疫苗的污染

目前，已发现有些疫病是通过接种疫苗而暴发的，如使用被牛病毒性腹泻-黏膜病病毒污染的小牛血清制作的弱毒苗，可导致猪群感染牛病毒性腹泻-黏膜病病毒；若牛病毒性腹泻-黏膜病病毒污染了猪瘟疫苗，则可抑制猪体内猪瘟病毒中和抗体的产生。

五、强毒株流行

持续性感染猪长期带毒、排毒，病原发生变异是免疫失败的重要原因，如妊娠母猪感染猪瘟强毒株、野毒株后，病毒可通过胎盘，造成乳猪在出生前即被感染，发生乳猪猪瘟。

另外，由于动物群体免疫压力，动物群中流行毒株由于逃脱中和抗体的作用可发生抗原漂移，如猪A型流感病毒含有8个独立的RNA节段，如果有2种毒株共同感染1个个体，在复制时它们就可交换彼此的RNA节段，通过基因重组产生含有来自不同亲本基因的新毒株，发生抗原转变，这就是世界各地不同时期流行猪流感病毒H亚型不同的主要原因。

六、免疫程序不合理

1. 给妊娠母猪接种弱毒菌苗，弱毒苗有可能进入胎儿体内，由于此时胎儿的免疫系统尚未成熟，结果导致免疫耐受和持续感染，引起流产、死胎或畸形，这种情况曾见于某些猪丹毒菌苗。

2. 如果在免疫期间猪群遭受感染，那么这时疫苗还未诱导免疫力产生，猪群就会发生临床疫病，表现为疫苗免疫失败。由于疾病症状通常在接种后不久出现，人们就会误以为是由疫（菌）苗毒（菌）导致的发病。

3. 未及时检测猪群免疫力，对接种后未产生保护性免疫力、抗体水平下降至临界值的猪只未进行及时补免，造成免疫空白，一旦强毒感染，就会导致发病。

4. 给不健康的猪群接种，猪只不能产生抵抗感染的足够免疫力。

5. 未选用合适的疫苗，如在猪瘟强毒流行地区，给猪免疫猪瘟、猪丹毒和猪肺疫三联苗，由于猪瘟病毒的免疫剂量较小，导致免疫效果不佳。

制定免疫程序要依据当地疫情、猪群免疫状态和本场饲养管理等，做好猪瘟母源抗体水平监测，以确定首免时间。定期监测猪群猪瘟病毒、猪伪狂犬病病毒、猪繁殖与呼吸综合征病毒、猪细小病毒等的血清抗体，以确定猪群群体免疫力和野毒感染情况，为制等免疫程序提供依据。猪群的免疫接种时间应在疫病流行之前进行，另外要注意猪群的抗体水平，包括母源抗体水平。如果猪群存在较高水平的抗体，会极大地影响疫（菌）苗免疫效果。

据卓宜恒（1990）报道，仔猪1日龄中和抗体滴度在1∶512以上，10日龄时中和抗体滴度在1，128以上，15日龄下降至1，64以上，这期间保护率为100%；20日龄抗体滴度下降至1∶32，保护率为75%，此时为免疫的临界线；30日龄时抗体滴度下降至1，16以下，无免疫力。如果新生仔猪有母源抗体存在，且抗体水平未降至适当水平（中和抗体滴度为1，32)，此时给仔猪接种疫苗，会造成母源抗体封闭，破坏仔猪机体的被动免疫，从而发生猪瘟。也有的仔猪在21～25日龄接种了疫苗，从此再未免疫接种，由于仔猪体内尚残留部分母源抗体，干扰疫（菌）苗免疫力，则会由于免疫时间较短，抵抗不住野毒的侵袭而患病，导致免疫失败。

七、猪体的免疫功能受到抑制

1. 由于自身的免疫抑制　如发生遗传性免疫抑制疾病等，猪只衰老也可导致免疫抑制。

2. 由于营养性免疫抑制　如缺乏维生素A会导致淋巴器官的萎缩，影响淋巴细胞的分化、增殖、受体表达与活化，导致体内的T淋巴细胞，NK细胞数量减少，吞噬细胞的吞噬能力下降，B淋巴细胞的抗体产生能力下降（刘宝全，1994）；而在日粮中添加适量维生素E或硒，可提高猪只的体液免疫和细胞免疫水平。

3. 由于毒物与毒素所引起的免疫抑制　霉菌毒素、重金属、工业化学物质和杀虫剂等可损害免疫系统，引起免疫抑制，即使在不使猪群发生中毒症状的剂量下，也能使猪群发生感染性疾病（Koller，1979）。如饲料中的黄曲霉毒素可降低猪对猪瘟的免疫力，并由于继发沙门氏菌病而加重临床症状，增加口腔接种猪痢疾密螺旋体的易感性（Joens等，1981）。

4. 由于药物所引起的免疫抑制　免疫接种期间如使用免疫抑制药物，如地塞米松（糖皮质激素）、氯霉素（抗菌药）等，可导致免疫抑制。因此，要限制使用可抑制机体免疫反应的药物，特别是在机体免疫接种期间。在免疫时可适当选用免疫增强剂，如肌内注射0.1%亚硒酸钠-维生素E针剂，或一些具有免疫增强作用的中药制剂等。

5. 由于环境应激所引起的免疫抑制　各种应激因素，如过冷、过热、拥挤、捕捉、混群、断奶、限饲、运输、噪声和保定均可导致血浆皮质醇浓度显著升高，抑制猪群免疫功能（Kelley，1985），此时，以产生高水平抗体为目的的多次免疫，会使猪群生产力下降。

6. 由于病原体感染所引起的免疫抑制　引起免疫抑制的感染因素很多，如猪肺炎支原体感染损害呼吸道上皮黏液纤毛系统，引起单核细胞流入细支气管和血管周围，刺激机体产生促炎细胞因子，降低巨噬细胞的吞噬杀菌作用，引起免疫抑制。猪繁殖与呼吸综合征病毒损伤猪体的免疫系统和呼吸系统，特别是对肺脏，可感染肺泡巨噬细胞或单核细胞，引起免疫抑制。人工感染猪Ⅱ型圆环病毒和猪繁殖与呼吸综合征病毒，可出现猪多系统衰弱综合征（PMWS）。在免疫猪肺炎支原体时或免疫之后，感染猪繁殖与呼吸综合征病毒将降低猪肺炎支原体的免疫效果。猪伪狂犬病病毒能损伤猪肺脏的防御体系，可在单核细胞和肺泡巨噬细胞内进行复制，并损害其杀菌和细胞毒功能。猪细小病毒可在肺泡巨噬细胞和淋巴细胞内复制，并损害巨噬细胞的吞噬功能和淋巴细胞的母细胞化能力（Harding和Molitor，1988)。胸膜肺炎放线杆菌的细胞毒素，对肺泡巨噬细胞有毒性（Tarigan等，1994）。

7. 由于免疫前已感染了所免疫预防的疫病或其他疾病，降低了机体的抗病能力和对疫（菌）苗接种的应答能力。猪群免疫功能受到抑制时，猪群不能充分对免疫接种做出应答，甚至在正常情况下具有较低致病性的微生物或弱毒疫苗也能引起猪群发病，使猪群发生难以控制的复发性疾病和多种疾病综合征，猪只死亡率增加。在这些情况下，必要时应使用灭活苗免疫。

八、免疫干扰

1. 已有抗体和细胞免疫的干扰　母源抗体的存在，可使仔猪在一定时间内被动地得到保护，但又会给免疫接种带来影响。一般情况下，母源抗体的持续时间为：猪瘟18～74d，平均60d左右；猪丹毒90d左右；猪肺疫60～75d；猪伪狂犬病21～28d；猪细小病毒14～28周。在此期间接种疫苗，由于抗体的中和、吸附作用，不能诱发机体产生免疫应答，可导致免疫失败。但在母源抗体完全消失后再接种疫苗，又增加了仔猪感染病原的风险（刘旭银等，1999）。

当前采用的猪瘟初乳前免疫（超前免疫、零时免疫），即在仔猪出生后未吃初乳前立即用猪瘟兔化弱毒疫苗免疫接种1次，接种后1～2h可哺乳，到60～65日龄时，再强化免疫1次（4头份/只），可极好地解决仔猪猪瘟病毒母源抗体的干扰问题。

2. 病原微生物之间的干扰　同时免疫两种或多种弱毒苗，往往会产生干扰现象。干扰的原因可能包括两方面：一是两种病毒感染的受体相似或相等，产生竞争作用；二是一种病毒感染细胞后产生干扰素，影响另一种病毒的复制。

3. 药物的干扰　在使用由细菌制成的活苗（如巴氏杆菌菌苗、猪丹毒杆菌菌苗）时，猪群在接种前后10天内使用（包括拌料）敏感的抗菌类药物（包括敏感的具有抗菌作用的中药），易造成免疫失败。将病毒苗与弱毒菌苗混合使用，若病毒苗中加有抗生素则可杀死弱毒菌苗，从而导致免疫失败。在使用活菌制剂（包括猪丹毒、猪肺疫、仔猪副伤寒弱毒苗）的前后10天内，应避免给予猪只敏感的抗菌药物（如在饲料、饮水中添加或肌内注射等），若饲料中有敏感的抗菌药，则免疫时应选用适宜的灭活菌苗，而不能用活菌苗。

九、免疫耐受发生

特异性免疫耐受后对疫苗病毒感染不产生免疫反应，但受到野毒感染后可发病。如仔猪胚胎在妊娠早期发生先天性感染，产后仔猪对猪瘟病毒具有免疫耐受现象，以后只有遭到猪瘟强毒感染才会发生猪瘟。

十、免疫麻痹

使用疫苗的免疫剂量过大，机体免疫应答就会受到抑制，发生免疫麻痹。超大剂量活疫苗感染在免疫抑制的情况下，甚至可导致猪只发生临床疾病。

总之，猪群的免疫效果受疫苗、猪群、病原、环境等多种因素影响，防制猪病不能期望单纯依赖疫苗提供100%的保护率，只有结合其他防制措施，才能充分发挥疫（菌）苗的作用，避免免疫失败。

十一、疫苗的实施技术应用问题

例如猪瘟免疫失败。中监所丘惠森专家曾著文，实验确凿证实，“免疫接种我国研制猪瘟疫苗不但能抵抗所有猪瘟野毒株的攻击，完全保护，而且在受到野毒攻击后，能完全抑制猪瘟野毒在体内的复制，证明中国兔化弱毒疫苗完全有效，可以放心使用。”由此可见，“免疫失败现象”是和疫苗保存、运输、注入猪体内的效价是否达标了等诸多因素有关的。首先必须提高对免疫注射技术与重大意义的认识，免疫接种是否按技术标准操作，是关系预防猪瘟成功与失败重中之重的关键技术，绝对不能忽视小看一针一剂的操作技术，它是决定猪场控制猪瘟发生和流行的重大技术措施。据调查，第一线亲自操作人员基本不了解接种操作规程，任意打一针不管注入剂量是否准确。

第七节　免疫预防程序的制定

科学制定免疫计划，定期做好免疫接种，是控制集约化养殖场疫病流行的重要措施。各场应根据本地区疫病流行情况、疫苗的性质和工艺流程、应激时间、气候条件和其他因素，来决定本地区使用的疫苗种类、接种方法和免疫程度，不能生搬硬套别人的方法。由于病原微生物的致病力常常会受到环境的影响而改变其传染的规律，因此对于已制定的免疫接种计划，也要根据防疫效果和当地疫病流行情况的变化，定期进行修订。

根据本地、本场实际情况，参考别人的成功经验，结合免疫学的基本理论，制定适合本地或本场的免疫程序，按照免疫程序所要求的方法实施免疫接种。

依动物病原微生物分类名录（中华人民共和国农业部2005年5月31日第53号令）确定疾病种类。

1. 一类动物病原微生物　猪口蹄疫病毒、猪水泡病毒。

2. 二类动物病原微生物　猪瘟病毒、猪布氏杆菌病、狂犬病病毒。

3. 三类动物病原微生物

⑴多种动物共患病病原微生物：低致病性流感病毒、伪狂犬病病毒、破伤风梭菌、结核分支杆菌、致病性大肠杆菌病、沙门氏菌、巴氏杆菌病、致病性链球菌病、李氏杆菌、鹦鹉衣原体、放线菌和钩端螺旋体。

⑵猪致病原微生物：日本脑炎病毒（乙型脑炎）、猪繁殖与呼吸综合征、猪细小病毒病、猪圆环病毒感染、猪流行性腹泻病毒、猪传染性胃肠炎病毒、猪丹毒杆菌、猪支气管败血波氏杆菌 、猪胸膜肺炎放线杆菌、副猪嗜血杆菌 、猪支原体肺炎和猪密螺旋体。

一、免疫程序制定的原则

免疫程序是指根据一定地区或猪场内各种传染病的流行状况及疫苗特性，为特定动物群制定的疫苗接种类型、次序、次数、途径及间隔时间。制定免疫程序通常应遵循的原则为：

1. 动物群的免疫程序是由传染病的三间分布特征决定的　由于动物传染病在地区、时间和动物群中的分布特点和流行规律不同，它们对动物造成的危害程度也会随着发生变化，一定时期内兽医防疫工作的重点就有明显的差异，需要随时调整。有些传染病流行时具有持续时间长、危害程度大等特点，应制定长期的免疫防制对策。如猪瘟应列入免疫程序首位，而且是终身的并是猪场兽医防疫工作的重中之重。

2. 免疫程序是由疫苗的免疫学特性决定的　疫苗的种类、接种途径、产生免疫力需要的时间、免疫力的持续期等差异是影响免疫效果的重要因素，因此在制定免疫程序时要根据这些特性的变化进行充分的调查、分析和研究。

3. 免疫程序应具有相对的稳定性　如果没有其他因素的参与， 某地区或养殖场在一定时期内动物传染病分布特征是相对稳定的。因此，若实践证明某一免疫程序的应用效果良好，则应尽量避免改变这一免疫程序。如果发现该免疫程序执行过程中仍有某些传染病流行，则应及时查明原因（疫苗、接种、时机或病原体变异等），并进行适当地调整。

二、免疫程序制定的方法和程序

目前仍没有一个能够适合所有地区或猪场的标准免疫程序，不同地区或部门应根据传染病流行特点和生产实际情况，制定科学合理的免疫接种程序。对于某些地区或猪场正在使用的程序，也可能存在某些防疫上的问题，需要进行不断地调整和改进。因此，了解和掌握免疫程序制定的步骤和方法具有非常重要的意义。

1．掌握威胁本地区或猪场传染病的种类及其分布特点　根据疫病监测和调查结果，分析该地区或猪场内常发多见传染病的危害程度，以及周围地区威胁性较大的传染病流行和分布特征，并根据动物的类别，确定哪些传染病需要免疫或终生免疫，哪些传染病需要根据季节或动物年龄进行免疫防制。

2．了解疫苗的免疫学特性　由于疫苗的种类、适用对象、保存、接种方法、使用剂量、接种后免疫力产生需要的时间、免疫保护效力及其持续期、最佳免疫接种时机及间隔时间等疫苗特性是免疫程序的主要内容，因此在制定免疫程序前应对这些特性进行充分的研究和分析。一般来说，弱毒疫苗接种后5～7天，灭活疫苗接种后2～3周可产生免疫力。

3. 充分利用免疫监测结果　由于年龄分布范围较广的传染病需要终生免疫，因此应根据定期测定的抗体消长规律确定首免日龄和加强免疫的时间。初次使用的免疫程序应定期测定免疫动物群的免疫水平，发现问题要及时进行调整并采取补救措施。新生动物的免疫接种应首先测定其母源抗体的消长规律，并根据半衰期确定首次免疫接种日龄，以防止高滴度的母源抗体对免疫力产生的干扰。在半衰期临界值决定首免日龄；有抗体和细胞免疫的干扰母源抗体的存在，可使仔猪在一定时间内被动地得到保护，但又给免疫接种带来影响。一般情况下，母源抗体的持续时间为：猪瘟18～74d，平均60d左右；猪丹毒90d左右；猪肺疫60～75d；猪伪狂犬病21～28d；猪细小病毒14～28周。在此期间接种疫苗，由于抗体的中和、吸附作用，不能诱发机体产生免疫应答，可导致免疫失败。但在母源抗体完全消失后再接种疫苗，又增加了仔猪感染病原的风险

（刘旭银等，1999）。因此要灵活掌握，根据监测确定首免。

4. 传染病发病及流行特点决定是否进行疫苗接种 接种次数及时机主要发生于某一季节或某一年龄段的传染病，可在流行季节到来前2～4周进行免疫接种，接种的次数则由疫苗的特性和该病的危害程度决定。

总之，制定不同动物或不同传染病的免疫程序时，应充分考虑本地区常发多见或威胁大的传染病分布特点、疫苗类型及其免疫效能和母源抗体水平等因素，这样才能使免疫程序具有科学性和合理性。

三、参考免疫程序

根据第53号令，结合本地区或本场各种疾病流行情况危害性，筛选疾病种类，制订方案。确定各种猪群接种疫苗种类，下面介绍我国猪的常用免疫程序。其中接种疫苗种类高达几十种，尤其是基础母猪（配种前后、产前、产后）及仔猪断奶前应接种疫苗多，有时很难实施。此时抓主要矛盾，选择危害性严重疾病进行接种。

1. 种公猪 猪瘟、口蹄疫、猪伪狂犬病疫苗、猪丹毒、日本乙脑、巴氏杆菌病、猪繁殖与呼吸综合征、猪细小病毒病。

2. 基础母猪

⑴配种前：完成猪瘟、口蹄疫、猪伪狂犬病疫苗、猪丹毒、乙脑、巴氏杆菌病、猪繁殖与呼吸综合征和猪细小病毒病。

⑵母猪产前：

①产前40天：K88、K99、987P大肠杆菌苗（经产猪不免）。

②产前35天：传染性萎缩性鼻炎灭活苗。

③产前30天：每年12月至翌年3月间，传染性胃肠炎、流行性腹泻二联苗。

④产前25天：伪狂犬病活疫苗。

⑤产前15～20天：注射K88、K99、987P大肠杆菌苗。

⑶母猪产后

①2～3周：猪瘟疫苗。

②每年3～4月份：乙脑活疫苗。

3. 后备公、母猪 后备猪转群后在配种前1～1.5个月一般需要接种以下疫苗：

⑴第 1 周：猪瘟（活苗），首免，肌肉注射4～6头份。

⑵第 2 周：口蹄疫（灭活苗），首免 3 血。

⑶第 3 周：伪狂犬，1 头份。

⑷第 4 周：猪瘟（活苗），二免4～6头份。

⑸第 5 周：伪狂犬，二免 1 头份。

⑹第 6 周：乙脑，首免 1 头份；细小，首免1头份。

⑺第 8 周：乙脑，二免 1 头份；细小，二免1头份。

4. 生长肥育猪

⑴20～25日龄：肌肉注射猪瘟苗。

⑵35～40日龄：仔猪副伤寒菌苗，口服或肌肉注射（在疫区，首免后，隔3～4周再二免）。

⑶50～55日龄：肌肉注射口蹄疫高效浓缩苗。

⑷60～65日龄：猪瘟、肺疫、丹毒三联苗，2倍量肌肉注射。

⑸70日龄：肌肉注射伪狂犬病弱毒苗。

⑹75～80日龄：肌肉注射口蹄疫高效浓缩苗。

四、疫苗的选择

根据本地区流行病调查。

⑴依本地的疫病疫情。

⑵依本场的疫病史和目前仍有威胁的主要传染病。对本地、本场尚未证实发生的疾病，必须证明确实已受到严重威胁时才能计划接种，对强毒型的疫苗更应非常慎重，不得已时方可引进使用。

⑶根据与本场有联系的场外地区的疫情情况。

⑷要选择具备批准文号和疫苗生产许可证的大型、正规的疫苗生产厂家生产的疫苗。

五、紧急免疫接种的注意事项

紧急免疫接种应根据疫苗或抗血清的性质、传染病发生及其在动物群中的流行特点，进行合理的安排。接种后能够迅速产生保护力的一些弱毒苗或高免血清，可以用于急性病的紧急接种，因为此类疫苗进入机体后往往经过3～5 d便可产生免疫力，而高免血清则在注射后能够迅速分布于机体各部。由于疫苗接种能够激发处于潜伏期感染的动物发病，且在操作过程中容易造成病原体在感染动物和健康动物之间的传播，因此为了提高免疫效果，在进行紧急免疫接种时应首先对动物群进行详细的临床检查和必要的实验室检验，以排除处于发病期和感染期的动物。

紧急免疫接种常用的生物制品，主要包括各种疫苗和高免血清。多年来的临床实践证明，在传染病暴发或流行的早期，紧急免疫接种可以迅速建立动物机体的特异性免疫，使其免遭相应疾病的侵害。但在紧急免疫时需要注意：①必须在疾病流行的早期进行；②尚未感染的动物既可使用疫苗，也可使用高免血清或其他抗体预防，但感染或发病动物则最好使用高免血清或其他抗体进行治疗；③必须采取适当的防范措施，防止操作过程中由人员或器械造成的传染病蔓延和传播。

零时免疫：又称超前免疫，是指在仔猪未吃初乳时注射疫苗，注苗后1～2h才给吃初乳。目的是避开母源抗体的干扰和使疫苗毒尽早占领病毒复制的靶位，尽可能早刺激产生基础免疫，这种方法常用在猪瘟的免疫。注意剂量不能过大，否则损伤仔猪幼小免疫器官。

第八节 常用疫苗简介

目前，市场上各种疫苗种类繁多，这里主要是举例介绍目前常用的一些疫苗，有关的介绍依据主要是各生物制品厂家的说明书。具体使用疫苗时，应以所用疫苗说明书的使用方法为准。

一、猪常用疫苗

（一）猪瘟疫苗

本品系用猪瘟兔化弱毒株接种易感细胞或乳兔，收获病毒，加稳定剂，经冷冻真空干燥制成。目前使用最为普遍的是猪瘟活疫苗（细胞苗）；而乳兔苗和淋脾苗虽然免疫原性较好，但由于价格稍高等原因，一般用于发病时的紧急免疫或用于种畜场的免疫。

1. 免疫期 猪瘟疫苗接种4天后即可产生免疫力，免疫期为6个月。

2. 用法与用量 ①按瓶签注明头份，每头份加1ml灭菌生理盐水稀释，大小猪均肌肉或皮下注射1ml。细胞苗断奶前，仔猪每头可注射4头份疫苗，以防母源抗体干扰。②在没有猪瘟流行地区，断奶后无母源抗体的仔猪，注射1次即可。有疫情威胁时，仔猪可于生后21～30日龄和65日龄左右各注射1次疫苗。

3. 保存 −15℃以下，保存期为18个月。

（二）高效口蹄疫O型灭活苗

本疫苗系用口蹄疫猪源强毒细胞培养物经过抗原浓缩和二乙烯亚胺（BEI）灭活，加精制白油和乳化剂配制成的双相乳剂苗。本品主要用于预防猪、牛、羊O型口蹄疫。

1. 用法 用前振摇，猪耳根后肌肉注射，牛、羊肌肉或皮下注射。

2. 免疫期 注射后15天产生免疫力，免疫期为6个月。

3. 用量 猪用作重点防疫时80kg以上注射3ml，30～80kg每猪注射2ml，30kg以下每猪注射1ml。一般防疫时大小猪每猪均注射1ml。

4. 保存期 2～8℃贮藏，保存期暂定12个月，不可冻结。

（三）猪伪狂犬基因缺失活疫苗

用于预防猪伪狂犬病。

1. 免疫期 可持续3～6个月。

2. 用法与用量 按瓶签注明的头份，用无菌PBS（pH7.0的磷酸盐缓冲液）或生理盐水稀释为每ml含1头份。乳猪每头股内侧肌肉注射0.5m1，断乳后，股内侧肌肉或臀部肌肉再注射1m1；3月龄以上仔猪和架子猪，每头股内侧肌肉或臀部肌肉注射1ml；成年猪及妊娠母猪，每头臀部肌肉注射2m1。

3. 贮藏与有效期 在−20℃保存，有效期为1年半；在2～8℃保存，有效期为9个月。

（四）猪繁殖与呼吸综合征疫苗

1. 猪繁殖与呼吸综合征灭活疫苗（Ch−1a株）

⑴安全性好：由于繁殖与呼吸综合征灭活疫苗的本身性质决定了该苗具有良好的安全性，该

苗选用国内分离毒株（CH-1a株），该毒株是经Marc-145细胞系传代、多次克隆纯化，筛选出嗜Marc-145细胞生长的PRRSV毒株。该毒株的细胞培养液经化学试剂灭活后，配以医用油佐剂，制成了繁殖与呼吸综合征灭活疫苗。将该疫苗倍量给怀孕母猪和仔猪肌肉注射，除个别猪接种局部的正常反应外，接种猪无全身反应，精神、食欲等均不受影响，证明该疫苗具有良好的安全性。由于该疫苗为死苗，因此摒弃了弱毒疫苗容易散毒的危险，使其应用于种猪成为可能。

⑵免疫产生效力强：由于选用国内分离毒株（CH-1a株）研制而成，具有免疫保护力好，免疫持续期长的特点，试验证明猪在第二次免疫该苗20天后，就可产生较强的免疫力，有80%以上的免疫猪可抵御强毒的攻击。并且其免疫期可长达6个月之久，因此该疫苗是种猪肠和PRRS阴性场防PRRS的首选疫苗。

⑶可为新生仔猪提供良好的被动免疫：用繁殖与呼吸综合征灭活疫苗免疫的母猪，可通过初乳给新生仔猪提供被动免疫，保护仔猪在哺乳期间免受PRRSV的侵袭。试验表明，免疫母猪所产仔猪在24～28日龄仍可检测到母源抗体。

⑷疫苗的保存期：将繁殖与呼吸综合征灭活疫苗放置在2～8℃的条件下保存，定期抽样进行物理性状测定，并对4周龄以上的PRRS阴性猪进行免疫接种。免疫后4周，将免疫猪用PRRS毒强毒攻击。结果，2～8℃保存4、8、12个月的繁殖与呼吸综合征灭活疫苗的物理性状没有明显变化，保存不同时间的疫苗免疫猪后，均能获得90%以上的免疫保护。

⑸用法与用量：颈部肌肉注射。母猪，在怀孕40天内进行初次免疫接种，间隔20天后进行第2次接种，以后每隔6个月接种1次，每次每头4ml；种公猪，初次接种与母猪同时进行，间隔20天后进行第2次接种，以后每隔6个月接种1次，每次每头为4ml；仔猪，21日龄接种1次，每头2ml。

⑹贮藏与有效期：2～8℃保存，有效期为1年。

2. 猪繁殖与呼吸综合征病毒活疫苗（CH-1R株）

安全性：高度安全性，疫苗弱毒株，毒力不返强，安全，稳定可用于普免。

安全性试验：从两个方面检测该疫苗所用的PRRSCH-1R毒株的安全性。

⑴毒力返强试验：选择对蓝耳病毒最敏感的85～93胎龄的重胎母猪做试验，经猪继代3~4次后就很难在血清、鼻拭子检测到病毒核酸，试验母猪没有发生繁殖障碍等临床表现，说明PRRSCH-1R毒株的遗传性状是稳定的。

⑵对疫苗不同免疫剂量的安全性进行了检测，分别以单剂量重复免疫、10倍量大剂量免疫，对怀孕母猪和断奶仔猪的免疫结果观察，各批次疫苗免疫仔猪的临床症状和母猪的产仔情况均正常。证明该疫苗对猪是安全。

免疫效力：超强免疫效力。

疫苗毒株：为国内分离的美洲株。与2006年“无名高热综合征”中蓝耳病分离株同源性达98%以上。更快启动保护，产生有效保护力。免疫1周产生抗体，2周产生保护力，可用于紧急免疫。

疫苗效价：高于105.0TCID50/头份。

免疫期：可达4个月。

免疫保护试验：免疫后血清抗体的检测，免疫28～35日龄仔猪。免疫后7天，将能检测到PRRSV的IFA抗体；免疫后2周，80%以上的猪就可以获得保护。

最小免疫剂量和使用剂量：疫苗滴度达到104.0TCID50/头份的免疫剂量，即可完全保护仔猪和母猪抵抗强毒的攻击，为了确保疫苗的使用效果，我们将疫苗的使用剂量定为105.0TCID50/头份，而实际上我们的出厂标准定为106.0TCID50/头份，相当于100倍的最小免疫剂量。

免疫持续期：通过分别用3个以上批次的疫苗，分别免疫28~35日龄的仔猪和怀孕母猪1次，免疫后5个月，强毒攻毒，保护率为100%。出于安全的考虑，我们将免疫保护期定为4个月。

低免疫应激性：免疫健康猪群无体温升高、采食下降和影响增重现象。

3. 高致病性猪蓝耳病灭活疫苗（NVDC_JXA1株）

农业部发布高致病蓝耳病技术规范2007-6-26

1. 范围

本规范规定了高致病性猪蓝耳病灭活疫苗使用过程中有关运输、贮藏、免疫接种等方面的技术要求。本规范适用于高致病性猪蓝耳病灭活疫苗。

2. 术语和定义

下列术语和定义适用于本规范。

2.1批号

疫苗瓶签上表示产品批次的代码。

2.2剂量

标签上标定的特定年龄猪，经肌肉1次接种疫苗的使用量。

3. 免疫接种

3.1根据高致病性猪蓝耳病疫情流行情况，对猪群进行预防接种。

3.2对同一猪群接种时，尽量使用同一厂家、同一批号的疫苗。

3.3疫苗的运输和贮藏

3.3.1疫苗应采用冷藏运输；冬季运输应注意防冻。

3.3.2疫苗应在2～8℃避光贮藏。

3.4疫苗使用要求

3.4.1接种动物

疫苗仅用于健康猪群；高致病性猪蓝耳病发病猪禁用；屠宰前21日内禁用。

3.4.2疫苗的检查疫苗使用前应仔细检查，同时详细记录生产企业、疫苗批号和有效期。如发生包装破损、破乳分层、颜色改变等现象的疫苗不得使用。

3.4.3疫苗的准备

疫苗使用前，应恢复至室温（从冰箱取出后放置2～3h），注射前充分摇匀；疫苗启封后，限当日内用完。

3.4.4接种器具及针头的要求

接种用器具应无菌；接种时一般应使用12号针头；一猪一针头，避免交叉污染。

3.4.5接种部位的选择与消毒

耳后部肌肉注射，注射部位应采用碘酊或75%酒精严格消毒。

3.5接种记录

疫苗接种时应做好记录。记录内容包括：猪的品种、日龄和性别，如为怀孕母猪还应包括孕期；疫苗的来源、批号和接种时间等。

3.6接种后观察

3.6.1接种后，应仔细观察猪只反应。个别猪可能出现过敏，重者可注射肾上腺素，并采取辅助治疗措施。

3.6.2接种后少数猪可能出现一过性的体温升高、减食等反应，一般在2天内可自行恢复。

3.7接种器具及废弃物的处理

接种结束后，接种器具及所有废弃物应按有关规定进行无害化处理。

4. 接种程序

4.1商品仔猪

仔猪断奶后首次免疫，剂量为2ml。在高致病性猪蓝耳病流行地区，可根据实际情况在首免后一个月采用相同剂量加强免疫1次。

4.2母猪

后备母猪70日龄前接种程序同商品仔猪；以后每次于怀孕母猪分娩1个月前进行1次加强免疫，剂量为4ml。

4.3种公猪

70日龄前接种程序同商品仔猪；以后每隔6个月加强免疫1次，剂量为4ml。

5. 其他

5.1必须使用国家批准的定点企业生产的高致病性猪蓝耳病灭活疫苗，该疫苗粘贴有“中国兽药质量监督”标志的“二合一”疫苗防伪标签。

5.2各级兽医行政管理部门要加强对高致病性猪蓝耳病灭活疫苗的使用监管，确保疫苗免疫效果。

（五）猪细小病毒灭活疫苗

系采用猪细小病毒经MRS细胞培养，收获感染病毒液，经灭活剂灭活后与油佐剂混合乳化而成。用于预防猪细小病毒病。

1. 免疫期　6个月。

2. 用法　1母猪、公猪均于配种前3～4周颈部肌肉注射疫苗2ml。

3. 贮藏及有效期 2～8℃保存，有效期1年。

（六）猪日本乙型脑炎活疫苗

用于预防猪日本乙型脑炎，含猪乙型脑炎活疫苗病毒，每头份应至少105-7TCID50。

1. 免疫期 免疫后1个月产生极强的免疫力，免疫期为12个月。

2. 用法与用量 肌肉注射。按瓶签注明头份，加入专用稀释液每头份1ml，待完全溶解后，肌肉注射每头1 ml。6～7月龄后，备种母猪和种公猪配种前20～30天肌注1ml，以后每年春季加强免疫1次。经产母猪和成年种公猪，每年春季免疫1次，肌注1 ml。

3. 贮藏与有效期 在-15℃以下保存，有效期18个月；2 ～8℃保存，有效期9个月。

疫苗接种最好选择在4～5月份（蚊蝇孳生季节前）。

（七）猪传染性胃肠炎、猪流行性腹泻灭活苗

用于预防猪传染性胃肠炎和猪流行性腹泻。

1. 免疫期 免疫2周后可产生免疫力，免疫期为6个月。

2. 用法与用量 后海穴位（即尾根与肛门中间凹陷的小窝部位）注射。接种疫苗时，进针深度按猪龄大小为0.5～4.0cm，3日龄仔猪0. 5cm，随猪龄增大而加深，成猪4cm，进针时保持与直肠平行或稍偏上。妊娠母猪于产仔前20～30日每头4ml，其所生仔猪于断奶后7天内接种1ml，体重25kg以下仔猪1ml，25～50kg育成猪2ml，50kg以上成年猪每头4ml。

3. 贮藏与有效期 在2～8℃保存，有效期为1年。

（八）猪副伤寒疫苗

本品系用免疫原性良好的猪霍乱沙门氏菌C500弱毒株的培养物，加适当稳定剂经冷冻真空干燥制成。本疫苗用于预防仔猪副伤寒，用口服法或注射法免疫，具有同样预防效果。

1. 免疫期 免疫7～9天后产生免疫力，免疫期为6个月。

2. 用法与用量 本品适用于1月龄以上哺乳或断乳健康仔猪。体弱和具有其他疾病和副伤寒病的都不宜使用，瓶签注明限于口服者不得注射。①口服法：按瓶签注明的头份，临用前用冷开水稀释（每头份按5～10ml），均匀地拌入少量新鲜冷饲料中，让猪自行采食，或将每一头份疫苗稀释于5～10ml冷开水中给猪灌服；②注射法：按标签注明的头份，用20%氢氧化铝胶生理盐水，按每头份1ml将疫苗稀释后，于猪耳后浅层肌肉注射，但标签注明限于口服者不得注射。③为了加强免疫力，对经常发生仔猪副伤寒的猪场和地区，可在猪断乳前后各免疫1次，间隔3～4周。

3. 贮藏与有效期 -15℃保存，有效期为1年；2～8℃保存期为9个月。

4. 注意事项 ①本品注射前应了解当地确无本病发生，被注射的猪一定要健康，体弱有病的猪不宜使用；②口服时最好在喂食前服，以使每只猪都能吃到口服菌苗，禁用热食、酒糟和泔水发酵饲料拌苗；③稀释后的疫苗，限4h内用完，同时要随时振摇均匀；④用本苗时前后7天禁止使用抗生素类药物，以免影响免疫效果，否则要重新免疫；⑤注射免疫时，有些猪反应较大，有的仔猪注射30min后会出现体温升高、发抖、呕吐和减食等症状。一般1至2天后可恢复，重者可注射肾上腺素。口服法无上述反应或反应轻微；⑥注射器、针头、空苗瓶等用具在使用后必须煮沸消毒30min。⑦必须冷藏运输，严禁阳光照射和高温。

（九）猪喘气病活疫苗

1. 用法与用量 按瓶签规定的头份数，以每头份苗5ml灭菌生理盐水的比例稀释，充分摇匀后从右侧胸腔倒数第六肋骨至肩胛骨后缘3～7厘米处进针，做胸腔穿刺注射。每头注射5ml。

2. 免疫期 注射本苗后60天产生强免疫力，免疫期为8个月。

3. 贮藏与有效期 本苗贮存于-15℃保存期为8个月，0～ 8℃为1个月。

4. 注意事项 ①本苗应在冷藏条件下运输。②本苗一经稀释限4小时用完。③病猪、体弱猪及体温不正常的猪均不宜注射本苗。④本苗使用前15天和用后60天内禁用土霉素、卡那霉素等药，以确保免疫效力。

（十）猪链球菌活疫苗

本品是用猪源兽疫链球菌弱毒株接种于适宜培养基，收获培养物加稳定剂冷冻真空干燥制成的细菌苗。用于预防猪链球菌病。

1. 免疫期　免疫7天后产生免疫力，免疫期为6个月。

2. 用法与用量　按瓶签注明头份，用20%氢氧化铝或生理盐水按每头1ml稀释，于猪耳后浅层肌肉注射。对经常发生猪链球菌的猪场和地区，可在断奶前免疫1次，间隔3～4周再加强免疫1次。

3. 贮藏与有效期　在-15℃保存，有效期1年。

4. 注意事项　①稀释后的疫苗必须在4小时内用完。用时要随时振摇均匀。②用本苗前后5天禁止使用抗生素药物，以免影响免疫效果。③疫苗必须在兽医指导下使用。

（十一）仔猪大肠杆菌腹泻K88、K99、987P三价灭活疫苗

本疫苗系采用猪大肠杆菌培养灭活，浓缩加入一定比例的氢氧化铝胶而制成，含有K88、K99、987P三种抗原物质。

1. 免疫期　免疫2周后产生免疫力，一般母源抗体可保护仔猪至断奶。

2. 用途　应用本疫苗免疫怀孕母猪，初生乳猪通过初乳获得抗猪大肠杆菌感染的抗体，增强抵抗力，预防初生仔猪大肠杆菌腹泻病（又称仔猪黄痢）。

3. 用法与用量　用前充分振摇后，免疫怀孕母猪，产前40天和15天各注射1次，不论猪只大小，每次颈部肌肉注射2ml。

4. 贮藏与有效期　保存于4～8℃，防止冻结，保存期1年。

（十二）猪传染性胸膜肺炎三价灭活苗

预防由猪胸膜肺炎放线杆菌相应血清型引起的猪传染性胸膜肺炎。

1. 免疫期　3～6个月。

2. 用法及用量　颈部皮下注射或肌肉注射。种公猪每年2次，每次注射每头2.0mL。

仔猪（非免疫母猪所产），4周龄时注射0. 5mL/头，间隔2周再注射0.5mL/头；母猪于产前4周注射2mL/头，所生仔猪5周龄注射0.5～1mL/头。

3. 贮藏与有效期　4～8℃闭光保存，有效期1年。

4. 注意事项　①疫苗严禁冻结保存；②疫苗启封后须当天用完。

（十三）猪萎缩性鼻炎灭活苗

本品采用支气管败血波氏杆菌和产毒素多杀性巴氏杆菌培养后，经福尔马林灭活，加入油佐剂制成，疫苗呈乳白色或淡红色。

1. 用途　用于预防支气管败血波氏杆菌和产毒素多杀性巴氏杆菌感染引起的猪传染性萎缩性鼻炎。本品既适用于注射妊娠母猪，防止其仔猪产生鼻腔病变，推迟感染，也可注射仔猪。

2. 免疫期　免疫2周后产生免疫力，母源抗体可保护仔猪2周至2月龄不等。

3. 用法及用量　颈部皮下注射。母猪于产前4周注射2mL/头，新引进未经免疫接种的后备母猪应立即接种1mL/头。仔猪先后1周龄注射0.2mL/头（未免疫母猪所生），4周龄时注射0.5 mL/头，8周龄时注射0.5mL/头。种公猪每年2次，每次注射2mL/头。

4. 贮藏与有效期　4℃条件下保存，有效期1年。

第五章
猪病的预防策略
——猪病生物安全控制体系的建立

生物安全体系的内涵：生物安全的意义比较广泛，它是指预防临床或亚临床疫病发生的一种畜禽生产安全体系，重点强调环境因素在保证动物健康中所起的决定性作用，也就是保证猪群生长于最佳状态的生态环境体系中，保证其发挥最佳的生产性能。广义的生物安全是泛指生命的安全，包括人、畜、禽的舒适、安宁和福利等；狭义的生物安全是针对所有人、畜、禽的病原，核心是预防病原微生物侵入生物群体内并产生危害，是疾病综合防治的重要环节。

生物安全体系，是世界畜牧业发达国家兽医专家学者和动物养殖企业，经过数十年科学研究和对生产实践经验不断总结，提出的最优化的、全面的畜牧生产和动物疫病防制系统工程。生物安全体系是预防临床或亚临床疾病的总规划及措施，重点强调环境因素在保证动物健康中所起的决定性作用。同时，充分考虑了动物福利和动物养殖对周围环境的影响因素，使动物生长于最佳状态的生产体系中，发挥其最佳的生产性能，并最大限度地减少对环境的不利影响，实现企业利益与社会责任的和谐统一。不同畜牧生产类型对生物安全的需要不同，其生物安全体系中各组成要素的作用和重要性也不一样，但各种生物安全体系的基本构成要素是一致的，概括而言，任何生物安全体系都应包括隔离、传播控制和卫生条件三个方面的基本构成要素。

我国加入WTO后，根据国际有关肉食品标准，确定我国生产技术原则，猪肉生产应是无公害绿色食品，由此引起了养猪灭病的绿色革命。

畜牧业领域养猪生产中猪病防治体系——生物安全控制体系。该体系以生命科学为基础，根据畜牧兽医各学科、系统工程学、运筹学和管理学的原理，与猪生物学特性和病原、宿主、环境辩证关系，养猪实施封闭式管理，全进全出的生产工艺流程，以环境、营养、管理为基础的有机配合，集中国内外猪病防治的先进技术结合我们的基础，制定适合国情的防疫灭病技术模式，首先是防止疫源侵入，其次是净化种群。组装成配套的生物安全控制体系——防疫灭病技术体系模式。

一、预防为主方针

调查研究掌握猪场附近及周围地区传染病、常发病、营养缺乏病及流行规律，建立行之有效的防疫程序，检疫隔离制度，免疫程序及防治措施。使猪场防疫与生产过程标准化。

二、猪场兽医卫生防疫制度的制定

1. 建立健全防疫组织　猪场应建立厂长统一指挥，以兽医为主，饲养员和后勤职工紧密配合的防疫灭病组织。全场上下齐心合力，步调一致，认真贯彻防疫措施，才能控制疾病的发生和流行。

2. 坚持严格执行防疫制度　各猪场根据本场实际情况，制定猪场防疫制度。

3. 定期消毒、灭鼠、灭蝇、驱虫　猪场贯彻每季度大消毒一次，平时用水冲洗猪舍，每周带猪消毒1次。产房全进全出方式进行消毒。

4. 猪场实行封闭式管理，生产区和生活区隔离分开　猪场要坚持封闭式管理，饲养人员日常住在猪场生活区宿舍，定期轮休，回猪场时洗澡消毒，更衣换鞋。

5. 养猪场内职工不准私自养猪　所需猪肉及其制品应由本场供应，不得外购。

三、环境控制

养猪场环境条件是决定养猪业经济效益的重要因素，集约化养猪场必须高度重视养猪场环境。

1. 场址选择要合理　养殖场内的布局结构应符合防疫要求和管理要求，舍栋间距应达到30m，病理解剖室应在养殖场主风向的下方，距离应达到200～500m，粪便发酵池应建在院墙外并能净化无污染。排污沟要加盖水泥盖板。

2. 猪场设防疫围墙　在猪场围墙四周，猪舍之间、道路两旁种植树木鲜花，绿化美化能起到防疫屏障作用。

3. 完善基础防疫设施　猪场要控制疫病发生，必须设消毒池、更衣室、洗澡间、兽医室、病死猪处理场以及完备的粪污处理设备。

四、疾病监测

疾病的监测是猪场预防疾病的首选技术，可把疾病消灭在萌芽状态。常用以下几种方法：

1. 临床学方法　是疾病监测和诊断的最基本常用的方法，可为进一步诊断疾病提供依据。许多疾病的临床症状都可为疾病诊断的提供根据，如出现神经症状可怀疑为伪狂犬、乙型脑炎、李氏杆菌。流产、死胎、木乃伊胎可怀疑为猪瘟、细小病毒、布氏杆菌、蓝耳病和弓形虫病。

2. 病理解剖学方法　猪场淘汰猪、死猪、流产胎儿和死胎等，日常进行剖检可发现一些病变，对病变进行分析判定，可反映猪群的饲养管理、营养情况。对一些疾病可提供一些早期预防措施，特别是对营养代谢病、寄生虫病，都可提供监测诊断结论。此外，可到屠宰场进行观察出售育肥猪。

3. 血液学监测和诊断　用常规方法经常有选择地对分娩母猪、哺乳母猪、病猪作血常规，检查红白细胞总数，血红素含量，白细胞分类，测定血清钙、磷、锌、硒，对传染病特别是对营养代谢病监测起到心中有数事半功倍的作用。

4. 细菌培养和药敏　对仔猪下痢，每半年做一次细菌培养和菌型鉴定及药敏试验，都可针对性地用药。这样可以提高疗效，节约用药。

5. 免疫学诊断技术　应用各种方法检验抗原和抗体，病毒性疾病有猪瘟、口蹄疫、传染性胃肠炎、流行性腹泻、繁殖呼吸综合征、乙型脑炎和猪细小病毒等。细菌性疾病有猪丹毒、猪肺疫、传染性萎缩性鼻炎、猪痢疾、气喘病、布病、衣原体、猪传染性胸膜肺炎和钩端螺旋体病。寄生虫病有猪旋毛虫、囊虫和弓形虫病等疾病。

五、传染病控制

猪传染病的流行必须有传染源、传染途径、易感猪三个基本条件同时存在，缺一不可，依此控制传染病的发生和流行。但目前我国一般猪场还达不到标准化猪场防疫水平，要采取制定防疫制度、疫病监测、免疫接种等手段，控制猪传染病的发生和流行。各种猪场应根据本地区的流行疫病，制定出本场的免疫程序。传染病免疫程序：用免疫学监测的方法，在确定猪群的免疫状态基础上，选定疫苗种类，制定免疫时间、免疫日龄、免疫次数和免疫剂量等，特别对猪瘟应制定出既能抵抗猪瘟临床感染又能防止亚临床感染和阻止强毒在体内复制和散毒的措施。战略上控制病毒性传染病为重点，战术上认真对待出现的每种疾病（见传染病篇）。

六、寄生虫病控制

普查：新建猪场，用检查虫卵的方法进行，然后确定种类。其中主要有蛔虫、疥螨和包囊型弓形虫等。药物选择：应选择安全、高效、广谱、残留低的药物，伊维菌素的各种制剂为首选。程序：首次实施本寄生虫控制程序时，首先对全场猪只进行彻底的驱虫，然后彻底大消毒1次。新购入猪用伊维菌素后隔离饲养至少30天，才能和其他猪并群饲养。可控制猪蛔虫、猪疥螨的发生和流行。

七、营养缺乏病的控制

仔猪缺铁性贫血、缺硒病、妊娠母猪缺钙症等疾病，不能轻视营养缺乏病预防，这些疾病一旦发生出现临床症状，再采取措施就为时过晚，往往成批发生，而造成直接经济损失也是相当严重。

国内饲料公司都配有猪用4%、5%、6%系列预混料和乳猪系列浓缩预混料，含有预防乳猪、小猪、中猪、大猪、怀孕母猪、空怀母猪和哺乳母猪的营养缺乏病的有效成分，公司专家根据我国猪营养缺乏情况，设计的含有猪生长发育必需维生素、微量元素、氨基酸、钙、磷和盐等。

八、群体性药物预防

集约化养猪场贯彻“预防为主、防重于治”；为因饲养中的断奶、转群、去势、分栏、有应激因素出现等情况下，可能引起疾病发生时，群体应用药物防治是重要的措施之一。某些传染病采用抗生素、磺胺类、硝基呋喃类和喹诺酮类药物后，常可收到良好的防治效果。一般是将药物按一定比例混入饲料或饮水中，是群体性药物防治的主要形式。另一种药物预防的方式是，在饲料中添加一定比例的抗菌药物，作为添加剂让猪服用。除了防止某些疾病外，还有促进生长、增重的作用。群体混饲给药法省时省力，投药方便，但要求药物用量标准，药物与饲料要混合均匀，饲料中没有影响药物效果的物质存在，要求在规定的时间内喂完。

兽医防治人员要转变观念，将治疗性用药转变为预防性用药，针对本地区或猪场疫病发生的种类和流行特点，制定预防用药方案是十分必要的。选用一定的抗菌药物和剂量组合，在母猪产仔前后、哺乳仔猪、仔培猪、育肥猪四个阶段，以及转群时使用，以预防猪群外源性和内源性细菌继发感染。微生态制剂（活菌制剂）用于防治仔猪大肠杆菌性腹泻等下痢性疾病，收到较好的效果。此外，微生态制剂对促进仔猪发育、增重等都有一定作用。

群体药物预防是集约化养猪的重要防病内容，除有疫病发生时，要及时给猪群投服治疗或预防药物外，为预防仔猪出生后的大肠杆菌病、沙门氏菌病，在断奶、转群、去势、分栏、有应激因素出现等情况下，可能引起疾病发生时，根据当时具体情况，选用一定种类药物给猪群喂服，是集约化饲养条件下新的防病技术，各养猪场可灵活应用。

因许多细菌目前出现抗药性，应定期作药敏试验，选择敏感药物，价格低的、有效的药物在饲料中或饮水中添加进行预防，药物剂量为预防量，投予药物持续时间6～7天。常用各种抗生素类和化学合成类药物等，投药时应注意不干扰免疫接种。育肥猪出栏前2个月，不投予任何药物和硒制剂。

九、 无特定病原猪群的建立

无特定病原（specific pathogen free，SPF），是指一个畜群中不患有某些指定的特定病原微生物和寄生虫疾病，畜禽呈明显的健康状态。目前认为无7种特定病原，无猪喘气病（MPS）原、无猪痢疾（密螺旋体SD）病原、 无猪萎缩性鼻炎（AR）病原、无传染性胃肠炎（TGE）病原、无伪狂犬(PRV)病原、无虱和螨病原。同时，无蓝耳病、细小病毒、猪瘟等绝大多数急慢性传染病原。20世纪50年代初，美国内布拉斯加州的Young首先提出了SPF的概念，并生产出了SPF猪。不久，就发现SPF猪在养猪业中建立健康猪群的重要作用，从而引到养猪生产中。80年代以来，因传染病种类增多，特别是病毒性传染病出现新的特点，免疫抑制性疾病的出现，而多发生继发感染与混合感染，使疫病驱向复杂化，因多种病原互为因果，形成恶循环，使疾病控制难度增大。解决的有效途径 ，即我国种猪场核心群应当采用SPF方法培育种猪，实行封闭式管理、全进全出的生产工艺流程，以环境、营养和管理为基础的有机配合，才能控制许多疫病的流行，每个省市都应当采用SPF方法培育种猪。我国在20世纪70年代三江白猪育种过程中，为了控制气喘病采用SPF方法成功的培育出三江白猪。北京养猪育种中心建立了SPF猪场，为我国养猪业中建立健康猪群提供先进技术与优良的种猪，是我国未来养猪育种与猪病控制的方向，是成功之路。

第二篇

传染病

第一章
传染病总论

第一节 猪传染病特性

一、传染与传染病术语

1. 传染（infection） 又称感染。病原体侵入机体并在机体内繁殖，又可引起机体发生一定反应。

2. 传染过程（process of infection） 又称感染过程。病原体侵入易感动物体内，并引起不同程度的病理学反应的过程，即传染发生、发展和结束的过程。

3. 显性感染（apparent infection） 动物或人被某种病原体感染并表现出相应的特有症状。

4. 隐性感染（inappanent infection） 不呈现明显症状的感染，亦称亚临床感染（subclinical infection）。

5. 持续性感染（persistent infection） 病原体长期存留在生物体内的一种感染。

6. 潜伏感染（lantent infection） 持续性感染一种形式，一般无明显症状，甚至检测不到病原体，但在某种条件下可引起发病而表现症状。

7. 慢病毒感染（letitivirus infection） 由慢病毒引起的潜伏期长、病程缓慢一种进行性感染。

8. 全身感染（totally body infection） 当机体抵抗力较弱时，病原微生物冲破了机体各种防御屏障，侵入血液并向全身扩散的感染。

9. 局部感染（localized infection） 由于动物机体的抵抗力较强，而侵入的病原微生物毒力较弱或数量较少，病原微生物被局限在一定部位生长繁殖，并引起一定病变的感染。

10. 混合感染（mixed infection） 由两种以上的病原微生物同时参与的感染。

11. 继发感染（Stecondary infection） 动物感染了一种病原微生物之后，在机体抵抗力减弱的情况下，又由新侵入的或原来存在于机体内的另一种病原微生物引起的感染。

12. 外源性感染（exogenous infection） 病原微生物从外界侵人机体引起的感染过程。

13. 内源性感染（endogenous infection） 寄生在动物机体内的条件性病原微生物，在机体正常的情况下，不表现其病原性。当受到不良因素的影响而使动物机体的抵抗力减弱时，体内的条件性病原微生物大量增殖，毒力增强，最后致使机体发病，这一过程称为内源性感染。

14. 潜伏期（incubation period） 从病原体侵入机体开始至最早症状出现为止的期间。

15. 流行性（epidemicty） 某病在一定时间内发病数量比较多，传播范围比较广，形成群体性发病或感染。

16. 暴发（outbreak） 在一定地区或某一单位的动物群体中，某种疫病在短时期内突然发生很多病例。

17. 散发（sporadic） 病例以散在形式发生，且各病例之间在时间和地点上无明显联系。

18. 季节性（seasonal） 某些疫病在一定季节表现发病率明显升高的现象。

19. 周期性（periodicity） 某病规律性地间隔

一定时间发生一次流行的现象。

20. 地方流行性（endemic enzootic） 某种疾病发病数量较大，但其传播范围限于一定地区。

21. 最急性感染（hyperacute infection） 病程短促，常在数小时或一天内突然死亡，症状和病变不显著，常见于疾病的流行初期。

22. 急性感染（acute infection） 病程较短，自几天至二三周不等，并伴有明显的典型症状。

23. 亚急性感染（subacute infection） 其临诊表现不如急性那么显著，病程稍长。和急性相比，是一种比较缓和的类型。

24. 慢性感染（chronic infection） 病程缓慢的一种感染。

25. 菌血症（bacterenia） 病原菌由感染局部侵入血流，但不在血液中大量繁殖，只作短暂扩散的过程。

26. 病毒血症（viresnia） 病毒毒粒存在于血液中的现象。但病毒血症并不等于败血症，病毒血症能否引起败血症还与机体的免疫状态有关。

27. 败血症（septicemia） 病原体侵入血液，并在血液中大量生长繁殖的状态。

28. 毒血症（taxenia） 病原菌在局部病灶内生长繁殖，仅其产生的毒素和代谢产物不断进入血液，并引起全身功能失调和中毒症状。几乎所有的传染病中都可以见到不同程度的毒血症表现。

29. 脓毒血症（pyemia） 败血症过程中，化脓菌侵入其他脏器，引起继发性化脓病变的全身性传染。

30. 人兽共患病（zoarnosis） 在脊椎动物和人之间自然传播和相互感染的疾病。

31. 动物疫病（anfnrdtepidemic） 生物性病原引起的动物群发性疾病，包括动物传染病和寄生虫病。

32. 动物传染病（infectious disease of animals） 由致病微生物引起具有传播性的动物疾病。

二、猪传染病的基本特征

猪传染病的发生和发展，是由病毒、细菌和支原体等特异性病原微生物侵入动物机体，在一定的部位定居和生长繁殖，引起机体一系列病理反应，并表现一定的临床症状的过程。这一过程区别于其他非传染性疾病，具有下列基本特征：

1. 由特定病原体引起 如猪瘟的病原体为猪瘟病毒、猪丹毒的病原体为丹毒杆菌，猪气喘病的病原体为猪肺炎支原体等。这一特征是区别传染病与非传染病的根本依据。

2. 传染性 即从患传染病的猪体内排出的病原微生物，可以侵入另一易感的健畜体内，并能引起同样症状疾病。是否具有传染性，是确定传染病与非传染病的一个重要特征。

3. 流行性 传染病不仅仅是个体之间的传播，而且也能在群体中传播和蔓延。根据在一定时间内发病率高低和传播范围的大小，、流行过程的表现形式分为散发性、地方流行性、流行性和大流行。另根据传染病发生季节不同和间隔地发生，将流行过程分为季节性和周期性。

4. 免疫性 机体免疫系统的三大功能为免疫防御、免疫自稳及免疫监视。机体抵抗病原微生物感染的免疫机制，主要包括非特异性免疫与特异性免疫。感染的发生与否及其演变和转归，依机体的免疫力与病原微生物的致病力相互消长而定。长期以来，抗感染免疫的理论与实践推动了人工免疫的发展，并在传染性疾病和非传染性疾病的防治中得到广泛应用。另一方面，免疫学也是在抗感染免疫的基础上建立和发展而来。患病动物痊愈后能获得针对病原体及其产物（如毒素）的特异性免疫应答，使机体在一定时期内不再感染该种传染病。动物机体产生的这种特异性体液免疫和细胞免疫，可用血清学和变态反应等方法特异地检测出来。

5. 特征性临诊表现 大多数传染病的发生和发展都有一定的规律性，其过程分为潜伏期、前驱期、症状明显期和转归期：①潜伏期。从病原体侵入动物机体起、至最初症状出现为止的这段时间。潜伏期长短因病原体的种类、数量、毒力、侵入途径、机体的免疫状态不同而出现差异。潜伏期对流行病学研究具有很重要的意义。②前驱期。从出现临诊症状起，至特征性症状开始出现为止的这段时间。这一时期表现出体温升高、食欲减退、精神不振、呼吸和脉搏增加等多数家畜传染病共有的一般症状，一般持续1～2天。③症状明显期。在前驱期之后表现出该传染病特殊症状的时期。如以消化道症状为主的传染病有腹泻，排黏液、血液及坏死黏膜碎片、脱水等症状，在诊断上比较容易识别。④转归期。传染病的转归期，其结果患病动物恢复健康或转为死亡。如果病原体的致病力很强，或动物机体的抵抗力减弱，则动物以死亡为转归；如果动物体的抵抗力得到增强，则机体逐渐恢复健康。有的还能引起动物生长迟滞或后遗症。

传染病发展过程中，按其病程长短，分为最急性型、急性型、亚急性型和慢性型；按症状是否典型，又分为典型、非典型；按病情轻重程度，可分为良性型和恶性型。

第二节　猪传染病流行病学

一、家畜传染病流行病学术语

1. 传染源（source of infection）　体内有病原体寄存、生长和增殖，并能将其排出体外的动物（包括昆虫）或人，也包括一切可能被病原体污染并使病原体传播的物体。

2. 感染期（infective period）　被感染的动物作为传染源的最长期限。

3. 传播媒介（transmission vector）　将病原体传播给易感动物或人的中间载体。

4. 易感动物（susceptible animals）　对某种病原体或致病因子缺乏足够的抵抗力而易受其感染的动物。

5. 水平传播（horizontal transmission）　传染病在群体之间或个体之间横向传播。

6. 机械传播（mechanical transmission）　病原体通过动物或物体直接或间接携带，而使易感动物或人被感染的传播方式。

7. 疫源地（nidus of infection）　有传染源存在或被传染源排出病原体污染的地区。

8. 自然疫源性疾病（discasc of natural nidus）　病原体能在天然条件下于野生动物体内繁殖，在野生动物中间传播并在一定条件下可传染给人或家畜、家禽的疫病。

9. 自然疫源地（natural nidus）　存在自然疫源性疾病的地区。

10. 流行病学调查（epidemiological survey）　对疫病或其他群发性疾病的发生情况、发生频率、分布、发展过程、原因以及自然和社会条件等相关影响因素进行的系统调查，以查明疫病发生、发展趋向和规律，评价防治效果。

11. 流行病学监测（epidemiological surveillance）　对某种疫病的发生、流行、分布及相关因素进行系统的长时间的观察与检测，以把握该疫病的发生、发展趋势。

12. 感染率（infection rate）　特定时间内，某疫病感染动物的总数在被调查（检查）动物群样本中所占的比例。

$$（某疫病）感染率=\frac{（调查当时）感染动物数}{被调（检）查动物总数}\times 100\%$$

13. 发病率（morbidity）　在一定时间内新发生的某种动物疫病病例数与同期该种动物总头数之比，常以百分率表示。

$$发病率=\frac{新生病例数}{同期平均动物总头数}\times 100\%$$

注：“动物总头数”系对该种疫病具有易感性的动物总头数，特指者例外；“平均”系指特定期内（如1月或1周）存养均数。此注亦适用于病死率、死亡率、患病率、流行率。

14. 病死率（fataity）　一定时间内某病病死的动物头数与同期确诊该病的病例总数之比，以百分率表示。

$$病死率=\frac{某病病死头数}{同期确诊的该病例动物总头数}\times 100\%$$

15. 死亡率（mortality） 某动物群体在一定时间死亡动物总数与该群同期动物平均数之比值，常以百分率表示。

$$死亡率=\frac{（一定时间内）动物死亡总头数}{该群体动物的平均总数}\times 100\%$$

16. 患病率（prevalence rate） 又称现患率。表示特定时间内，某地动物群体中存在某病新老病例的频率。

$$（某病疫）患病率=\frac{（特定时间某病）（新老）患病例数}{（同期）暴露（受检）动物头数}\times 100\%$$

17. 流行率（prevalence infectious rate） 在调查时，特定地区某病（新老）感染头数占调查头数的百分率。

$$流行率=\frac{某病（新老）感染头数}{被调查动物总数}\times 100\%$$

二、家畜传染病流行的基本环节

流行病学是研究传染病在动物群体中发生频率、分布、发展过程及其原因的科学，其目的是为了探明传染病在动物群体中发生和发展的规律，并提出有效的防制措施。目前，流行病学在公共卫生学领域中，以动物和人类疾病为对象进行广泛研究，并得以发展。传染病发生和发展的原因是多方面的，但主要分为病原因素、宿主因素和环境因素三个方面。这三种因素的相互作用或相互关系，将决定传染病的发生和发展。病原因素指细菌、病毒、真菌等病原微生物的特性，即毒力、组织亲和性、对环境的抵抗力及变异等。另外，患病动物和病原携带者，以及病原体的排出途径和携带情况等均属此范畴。宿主因素包括对病原体的易感性或钝感性有关的诸原因，如品种、品系等遗传因素和年龄、性别、营养状态及免疫状态等。环境因素指宿主所处的周围环境条件，如气候、水、土壤及饲料等物理条件和饲养管理、经营状态、经济状况等社会因素。

家畜传染病的发生和发展过程，就是从家畜个体感染发病发展到群体发病的蔓延流行过程，传染病在畜群中的传播，必须具备三个相互连接的基本环节，即传染源、传播途径及易感动物。

（一）猪传染病的流行过程

猪传染病的流行过程是指一头猪感染发病到群体感染发病的过程，也就是传染病在猪群的发生、发展过程。传染病在猪群中流行蔓延，首先由病猪或带菌猪排出病原体，然后排出的病原体经过某种途径传播，被易感的猪感染，导致出现新的病猪。在这个流行过程中必须有传染源、传播途径、易感猪三个基本条件同时存在，缺一不可。否则，缺少其中某一条件，都会使流行过程中的三个基本环节受到影响。各种外部因素通过作用于这三个基本环节，而影响和改变猪传染病的流行过程。

（二）流行过程的三个基本环节

1. 传染源 也称传染来源，是指携带并排出病原体的猪只。对于人畜共患的传染病，人和其他携带、排出病原体的动物也是传染源。传染源能连续不断地向外界排出病原体，包括病猪和病原携带猪。

病猪是指处在前驱期和症状明显期的发病猪，它是重要的传染源，能够向外界排出大量的病原体。所以，工作中对病猪要严格隔离、消毒。死亡的病猪在一定时间里尸体内仍有大量的病原体生存，如果处理不当，可造成病原体散播。

生产中，引入新的携带病原猪常常会给猪群带来新的疾病，并在全群迅速传播。病原携带猪可以间歇地排出病原体，所以要经过多次病原学检查为阴性，才能确认为非病原携带者，并在与原有猪混群前经过一定时间的隔离观察。主要包括患病动物、病原携带者、潜伏感染动物、传染源性土壤及自然宿主等。

(1)患病动物：表现某疾病临床症状的动物，是主要的传染源。动物感染传染病后，通过不同的途径排出病原体，如呼吸道传染病随鼻汁和唾液排出病原体；消化道传染病，主要通过粪便向体外排出病原体；全身感染性传染病，由尿、粪便、鼻汁、唾液和乳汁排出病原体。多数传染病是以多种途径排出病原体，即便是一种传染病，其病型不同，病原体排出途径也不同。

⑵病原携带者：体内有病原体寄居、生长和增殖并能排出体外，而无症状的动物和人，是危险的传染源。它分为潜伏期病原携带者、恢复期病原携带者和健康病原携带者。

①潜伏期病原携带者：在潜伏期内排出病原体的动物。如患口蹄疫的动物出现水疱前1～3d，由咽黏液和乳汁中排出病毒；猪瘟在发病前由尿排出多量病毒，它们都可成为传染源。

②恢复期病原携带者：主要症状消失后仍排出病原体的动物。大多数传染病恢复期都或多或少排出病原体而成为传染源。如钩端螺旋体病恢复期的动物，在数周至数月随尿排出病原体；猪传染性胃肠炎恢复期的仔猪，在数日至数周通过粪便排出病毒。

③健康病原携带者：在隐性感染中仍能排出病原体的动物。隐性感染在流行病学上起着重要作用。一方面作为健康病原携带者可成为传染源；另一方面隐性感染可刺激机体产生免疫应答，起到提高群体免疫水平、控制疾病流行的作用。病原携带猪是指外表无症状，但能够携带和排出病原体的猪。一般说来，它排出病原体的数量少于病猪，有少数传染病在潜伏期能排出病原体，如狂犬病、口蹄疫和猪瘟等；也有的传染病处在恢复期仍能排出病原体，如猪气喘病和布氏杆菌病；有时临床健康的猪体内也可携带、排出某种病原体，这是隐性感染的缘故，如健康猪体可分离到巴氏杆菌、猪丹毒和沙门氏菌等。有研究报道，健康猪群中猪丹毒杆菌的带菌率在0.37%～14.3%不等。在一项研究中，几乎90%的4个月龄或更大的健康猪携带有β－溶血性链球菌。成年猪经常是对青年猪有致病性的病原携带者，如母猪常于粪便中排出传染性胃肠炎病毒。

⑶潜伏感染动物：猪伪狂犬和牛传染性鼻气管炎的病原体均为疱疹病毒属成员，两种病的共同特征是康复后病毒仍潜伏于神经节细胞内。在潜伏细胞内虽可检出病毒DNA，但有时检不出感染性病毒粒子，这种潜伏状态可持续终生。在此期间如有寒冷、运输、妊娠等应激因素时，可间歇性地产生感染性病毒粒子，致使动物发病，成为传染源。

⑷传染源性土壤：有些病原微生物可以在土壤中长期存活，如破伤风梭菌、炭疽杆菌、魏氏梭菌和猪丹毒杆菌等。这些存在土壤中的微生物，经污染饲料被食入或在猪拱土时被食入或经破损的皮肤感染时，可以引起易感猪发病。由于这类病原微生物能在土壤中长时间存活，有的长达数十年，所以猪场的土壤一旦被污染就可能成为长期的疫源地。对工厂化养猪，由污染的土壤传播是十分重要的。炭疽、破伤风、气肿疽和恶性水肿等均由土壤中的芽孢菌感染而发病，因此称为土壤病。患病动物葬后，病原菌以芽孢的形式存在于动物体内。气肿疽和恶性水肿的病原菌是健康动物消化道内的常在菌，随粪便排出体外，污染土壤。芽孢对环境诸因素的抵抗力很强，可长期生存在土壤中，而在土壤中这些菌是否增殖尚不完全清楚。但有研究证明，炭疽菌可在气温37℃左右、湿度100%的弱碱性富含有机质土壤中增殖。因此，这些地区的土壤常作为传染源而引起炭疽发生。

⑸自然宿主（reservoir）：一般来说，自然宿主是指病原体生长、增殖并传播给易感动物的场所，也称传染源，因此是主要的传染源。自然宿主是具有生态学意义的术语，其含义是病原体在自然界为了持续生存所选择的原栖息地，常指作为传染源的异种动物。如猪伪狂犬病的病原自然宿主是猪，牛和绵羊由猪感染发病；狂犬病的病原自然宿主是犬、臭鼬、狐狸和吸血蝙蝠等，人和家畜由犬和吸血蝙蝠感染而发病。

2. 传播途径　病原体由一个传染源传播到另一易感个体所行经的途径。病原体在受感染的机体内不可能永久地存活下去，必须由一个宿主转移到另一个新宿主才得以继续存活。病原体更新宿主，在很大程度上取决于病原体在受感染机体的存在和繁殖部位，以及病原体排出体外的途径。按病原体更迭宿主的方式，即病原体从传染源传播给其他易感动物的途径，包括直接接触传播、间接接触传播和垂直传播。

⑴直接接触传播：病原体由传染源与易感猪直接接触而引起的传播，没有任何媒介参与。常见的直接接触方式有舔咬、交配，如狂犬病通过传染

源直接咬伤易感猪而引起传播；患布氏杆菌病的公猪与母猪交配时可引起母猪感染。只以此种方式传播的传染病在流行病学上的特点是一个接一个地发生，呈链索状，而且不易造成流行，呈散发性。无明显的季节性。另外，近距离飞沫传播也属于直接接触传播的范畴。

⑵间接接触传播：易感动物或人接触传播媒介而发生感染的传播方式。一般根据媒介不同，将其分为空气传播、饲料和饮水传播、活的媒介传播。

①空气传播：以空气中的飞沫、飞沫核以及尘埃作为媒介物而引起的传播。如猪流感、气喘病和猪肺疫等。所有的呼吸道传染病都可以以这种方式传播，甚至猪传染性胃肠炎也能经空气传播。传染源在咳嗽、打喷嚏、鸣叫时从口鼻腔随飞沫排出病原体，携带病原体的飞沫飞散于空气中，作短时间停留，易感猪吸入飞沫而引起感染。一次喷出的飞沫在空气中存在不过几个小时，因为飞沫中的病原体几乎是裸露的，对温度、紫外线照射以及蒸汽压都非常敏感。一般说来，环境温度越高，空气传播的细菌、病毒死亡也越快，这可能是由于脱水的缘故。有资料表明，在密闭的猪舍、温暖气候下，空气中含有15 000个/m^3细菌颗粒，而寒冷气候下，含35 000个/m^3。波长在0.25～0.28nm的紫外线，可以杀死细菌和病毒，空气中的病原体没有有机物保护，而易被紫外线杀灭；蒸汽压对病原体的影响较复杂，在低湿度的情况下，有囊膜的病毒存活较好。而无囊膜的病毒在较高湿度情况下存活较好，对空气传播的细菌和病毒，在相对湿度50%～80%的情况下不利于病原体存活，是致命的。有资料表明，当空气的相对湿度突然由高或低变到致命的中心范围时，空气中的霉形体有90%以上在8min内死亡。但较潮湿和较重的飞沫下降较快。所以，温暖、光亮、干燥和通风良好的环境病原体死亡较快。尽管如此，但由于每次排出的病原体量很大，如打喷嚏，足可以存活并达到易感猪感染的剂量。有资料记载，每个喷嚏大约喷出40 000个带微生物的飞沫颗粒。

如果飞沫中的水分蒸发变干后，就成为以病原体为核心的飞沫核，一般飞沫核在空气中存在的时间比飞沫更长一些。有时病猪污染的环境干燥后，受到气流冲击的带病原体的尘埃在空气中飞扬，可被易感猪吸入引起感染。能够以这样方式传播的只有少数耐干燥和阳光曝晒的病原体，如结核杆菌、炭疽杆菌、痘病毒等。经空气传播的传染病有如下流行特点：病例连续发生，发病猪多为传染源周围的易感猪，潜伏期短的传染病在猪只集中地区易暴发。多有季节性和周期性，冬春季多发，猪舍条件差或拥挤的情况下多发。如口蹄疫、猪流行性感冒和猪气喘病等主要是通过飞沫传播。1967年英国口蹄疫的大流行，是在适宜温、湿度条件下，通过风速传播到远处，是通过飞沫传播的典型病例。借尘埃传播的传染病有结核病、炭疽和痘病等。

②饲料和饮水传播：由污染病原体的饲料、饮水作为媒介物而引起的传播，如猪大肠杆菌病、沙门氏菌病、仔猪红痢、猪痢疾、猪瘟、口蹄疫和传染性胃肠炎等。以消化道为侵入门户的传染病，均可以此种方式传播。传染源的分泌物、排泄物以及尸体、废弃物污染饲料、饲草、水池、水井、盛装和运输饲料饮水的工具、车辆，乃至饲料贮存场所，甚至母猪的乳头、躯体，都可以被易感猪食入而感染。许多大的养猪场采用漏缝地板，这样可以大大减少粪尿等排泄物对环境的污染，但无法做到彻底根除。有些病原体如沙门氏杆菌，对环境有较强的抵抗力，这些病原体存在于猪周围环境中总是有机会使易感猪感染。母猪因食入被致病性大肠杆菌、C型魏氏梭菌等污染的饲料，经一段时间便从粪便排出病原体，如果污染母猪乳房、乳头可引起易感的仔猪感染，随粪便排的病原体造成的污染，在许多疾病的传播上起着重要的作用。实际上工作中，要注意环境卫生消毒和饲料、饮水及其盛装用具的卫生管理。

③活的媒介传播：除猪以外的其他动物和人作为媒介来传播的一种方式。起传播作用的媒介者主要包括节肢动物、野生动物和人。节肢动物作为传播媒介的主要有虻类、螯蝇、蚊、蠓、家蝇和蜱等。这种传播分机械性传播和生物性传播。机械性传播是病原体在节肢动物体内不繁殖，但起机械性传播的作用。在猪痘传播中，蚊叮咬病灶部位时口器被病毒污染，再次叮咬易感动物时便机械性地传

播本病。蝇和虻主要是机械性地传播病原体。生物性传播必须具备以下条件才能成立：一是病原体在节肢动物体内生长增殖；二是在节肢动物血中病原体的浓度很高；三是节肢动物对易感动物具有嗜性等。日本脑炎、赤羽病和茨城病等均以蚊和蠓为媒介进行传播，因此这些病的病毒称为节肢动物媒介性病毒。以蜱作为媒介的传染病，有非洲猪瘟、衣原体病和立克次体病等。节肢动物传播的传染病，在流行病学上的特点是有一定的地区性和明显的季节性，即与节肢动物的地理分布有关和在夏、秋季节发病率升高。

在野生动物中，以啮齿类动物携带和传播病原体最为多见。野生动物指本身对该病原体无易感性，但可机械地传播疾病，如鼠类机械地传播猪伪狂犬病等。老鼠经常活动于饲料库、猪舍甚至排泄的污物中，并在猪群中传播许多疾病，如炭疽、布氏杆菌病、李氏杆菌病、巴氏杆菌病、沙门氏杆菌病、猪丹毒、钩端螺旋体、伪狂犬病、口蹄疫、猪瘟以及一些寄生虫病等，使人们防不胜防。

野生动物和畜禽作为传播媒介也有两种情况，一种是这些媒介者本身对某些传染病的病原体无易感性，但可以机械地传播这些病原体，如乌鸦啄食炭疽病畜的尸体以后本身不受感染，但可以随粪便排出炭疽杆菌的芽孢而传播炭疽；伴侣动物狗可以传播猪瘟；鼠类可以传播口蹄疫等。另一种情况是野生动物和畜禽本身对某些病原体有易感性，感染后作为传染源把病原体传播给猪，如狐、狼将狂犬病传染给猪，鼠不但感染沙门氏杆菌，也可以把沙门氏杆菌传播给猪。

饲养人员在防疫卫生制度不全和消毒不严格的情况下，在病畜舍和健畜舍之间通过手、衣服、鞋底等机械性地将病原体传播给易感的健康畜禽。兽医人员可经消毒不严的注射针、体温计以及其他器械机械地传播多种传染病，如猪附红细胞体病、猪瘟和炭疽等。人在许多疾病的传播上一直起着不可忽视的作用。在养猪场中，每个猪舍的饲养人员应固定，而且不应出入其他猪舍。有时饲养员出于好奇和热心而到其他猪舍查找或帮忙，便随着衣物、鞋，甚至手把病原体带入，邻近猪场的人员或其他人员来访，往往会带来新的疾病，决不应进入猪舍，尤其对于工厂化养猪，甚至不应进入生产区，另外，还应指出养猪场职工在家里不应养猪，甚至不能饲养狗、猫和其他家畜，以避免从家中将病原体带入猪场，最好猪肉也不要从市场购买，应由养猪场自行解决为宜。

猪场的兽医工作者由于在检查病变和排泄物时，手和衣服常常会被污染而造成疾病传播，兽医经常告诫其他人员遵守防疫制度，而忽视了对自身的约束，甚至可以随意的进出猪舍，而不知不觉地散播着病原体。

然而，在实际工作中根除所有的动物媒介和人对传染病的传播，是一项非常艰巨、甚至是难以实现的任务。

⑶垂直传播：母体所患疫病或所带的病原体，经胎盘传播给子代的传播方式。从母体到子代的传播方式，包括经精子、（卵）、胎盘、出生时产道内感染和产后经母乳传播及直接接触感染。经胎盘感染胚胎的垂直传播是繁殖障碍性疾病发生流产、死胎、不孕、产弱仔等的主要原因。猪布氏杆菌病、猪日本脑炎、猪细小病毒感染等，虽然母猪无症状或表现轻微的症状，但对胎儿能引起明显的病理变化。出生后母仔之间因直接接触所致的垂直传播，如猪支原体肺炎、猪传染性萎缩性鼻炎等慢性呼吸道传染病，其母猪为慢性带菌者，仔畜在哺乳时受到母猪感染。仔猪成长后又成为带菌者，将病原体垂直传播给下一代仔猪。因免疫麻痹终生不产生抗体，但处于持续的病毒血症状态，成为水平传播的传染源。经胎盘垂直感染引起仔猪免疫麻痹的传染病还见于猪瘟，其所生仔畜成为带毒者。

以上是猪传染病常见的传播方式，实际上对于大多数传染病来讲传播方式不只一种，往往是几种方式都能传播，甚至有时是非常复杂的，如口蹄疫，即可以直接接触传播，又可以通过空气和污染饲料饮水传播。因此，当某些传染病流行时，对传播途径不要轻易地主观确定，要经过深入细致地调查，根据流行的具体情况加以分析，以判明流行的主要传播途径，从而达到控制和终止传染病的流行。

3. 猪群的易感性　有了传染源和适宜的传播途径，没有易感猪群也不会引起流行和出现新病例。因而易感猪群的存在，是传染病发生和流行的又一个重要条件。所谓易感性，是指机体对传染病是否容易感染和易感染的程度，即缺乏免疫力。病原体进入缺乏免疫力的机体可以引起疾病。猪群作为一个整体，对某传染病病原体易感染的程度称为猪群易感性。猪群易感性取决于构成该猪群的每个个体的易感状态，如果没有易感个体或易感个体少，就不发生或不容易发生疾病；如果易感个体多，则为传染病的发生和流行准备了条件，当然，能否流行还取决于传染源和传播途径。猪群对传染病易感性的高低，除与病原体的种类和毒力有关外，主要是由下列因素决定的：

⑴猪群年龄结构与感染：宿主对感染的抵抗力，随年龄的增长而增强，而到老龄抵抗力又下降，这是一般的趋势。这与动物机体免疫机构的成熟和衰老是分不开的。在精子、卵子、胚胎和胎儿早期发生感染，可造成不孕、流产、死产和产畸形胎等繁殖障碍性疾病，但多数情况下同舍的成年猪不出现异常。多数肠道传染病对新生仔猪的致死率很高，但随着动物年龄的增长，其病死率明显下降。

年龄增长伴随着病型的变化。猪大肠杆菌病对新生仔猪表现为败血症，断奶期仔猪表现为白痢，断奶后仔猪表现为水肿病，而成年期呈现关节炎和乳房炎等局灶性病变。

在饲养不同年龄猪的大型养猪场内，一旦流行急性传染病，在流行停息后的几年内可能会反复流行该传染病。这种现象解释为流行后幸免死亡的猪成为传染源，再传染给新生的易感仔猪，如此反复几年。因此，无论是禽还是猪和牛，按年龄单独集中饲养，不仅便于饲养管理，而且是防制这种反复感染的有效措施。

⑵猪群特异性免疫状态：当易感猪群发生的传染病逐渐蔓延到后期时，常保存一定数量的幸免死亡者而停息。其原因是随着传染病的发生和发展，一部分动物死亡，一部分动物逐渐恢复而获得免疫，从而使群体的免疫水平提高。对猪群实施免疫接种时，其免疫密度达到一定程度后（即使达不到100%），这种传染病就难以流行。群体免疫水平的大体目标是，其免疫率为70%～80%。群体免疫水平随时间的推移而变化。如某种传染病流行之后，获得主动免疫的个体经一段时间后免疫水平逐渐下降，若和易感的新生猪群世代交替，使群体的免疫水平也降低。降低到一定水平时，该传染病再度流行，这种现象称为家畜传染病的周期性。

评价群体免疫水平的常用方法是监测血清中的特异性抗体。对猪群定期采血，分离血清，检测抗体效价，分析群体免疫率，是制定免疫计划的科学依据。

⑶传染环（infection cycle）：在广域的动物群体内，存在包括野生动物的异种易感动物时，这些动物之间有时形成传染链，称为传染环。传染环因各种动物的易感性和分布密度等生态学特性不同而变化，因此具有地域特征。

在日本，猪是日本脑炎病毒的主要自然宿主。猪感染后由于持续数日高毒价的病毒血症，致使叮咬病猪的蚊感染率很高，当被感染的蚊叮咬另一易感的猪、牛、马和人时、这些动物便可感染发病。但除猪以外的其他哺乳动物，感染该病毒后表现微弱的病毒血症，因而使叮咬的蚊虫体内不能携带引起动物发病的足量病毒，因此传染环被中断，这种动物称为终末宿主。猪不仅在体内增殖病毒，而且为其他宿主提供病毒，故称为增殖动物（amplifier）。

在非洲，蜱是非洲猪瘟病毒的主要自然宿主，因此病毒在蜱群中维持独特的生态系统而持续繁衍下去。由蜱感染的猪群，通过接触感染虽然扩大其感染环，但由于病死率高，而且猪的分布密度低，不能持续流行。野猪等野生动物被蜱感染后，虽可长期携带非洲猪瘟病毒，但绝大多数是不能成为传染源的终末宿主。在西班牙和葡萄牙，蜱和猪是非洲猪瘟病毒的自然宿主。在这些区域，非洲猪瘟病毒对猪的毒力逐渐减弱，病死率较低，而且饲养密度也比非洲高。这可能是该病毒在猪只之间维持繁衍的主要原因之一。

在欧洲，狂犬病病毒的自然宿主是狐狸，在北美是臭鼬等，在南美是吸血蝙蝠，它们各自形成特有的感染环。当这些野生动物成为主要的病原自然宿主时，难以控制疾病的流行，因此狂犬病迄今仍有扩散的趋势。与下列因素有关：

首先是猪群的内在因素：即猪群的种属免疫力以及年龄等因素。此内容已在非特异性免疫部分阐述。

其次是猪群的外在因素：即饲养管理因素，包括环境卫生、猪舍温度和湿度、猪群密度、饲料的质量和营养等等都与疾病的发生密切相关，尤其对一些细菌性疾病，如猪气喘病、仔猪副伤寒等更是如此，甚至有时可以决定这些疾病能否表现临床发病和发病后的轻重程度。在同一地区同一时间内，类似猪场和猪群存在疾病差别时，就很明显地可以看出饲养管理条件是非常重要的疾病因素。随着养猪规模的扩大和养猪水平提高，这些饲养管理因素已越来越受重视。

最后是特异性免疫状态：它是影响猪群易感性的重要因素。特异性免疫水平高的猪群易感性就低，反之亦然。这种特异性免疫可以被动地来自母体，或于病后康复获得，也可能来自于人工免疫接种或人工转移抗体而获得。因而，有计划地采用预防免疫接种，提高猪群的特异性免疫状态，降低易感性，是猪传染病防制的重要手段。然而在下列情况下，可导致猪群特异性免疫水平下降，易感性升高。

①新生仔猪增加：新生仔猪由于可以从母乳、尤其是初乳中得到多种疾病的母源抗体保护，但这种免疫保护力以后逐渐下降，到断奶时已降到极低水平，这时对许多传染病易感性升高。

②易感猪群的引入：某些具有地方流行性传染病的地区，由于实施人工免疫接种或由于自然患病及隐性感染，使当地猪群都具有特异性免疫力，易感性很低。如果从外地引入猪群，由于缺乏这种特异性免疫力，而使猪群易感染性升高。

③免疫猪群自然免疫力的消退：许多传染病病愈后或人工免疫后猪群，免疫力经过一定时间都会逐渐降低，使易感性升高，而成为易感猪群。另外，病原体发生变异后，相当于出现一个新的传染病，猪群易感性也很高。

在上述易感性逐渐增高的情况下，适时做好猪群的免疫监测并进行人工免疫接种，降低猪群易感性，可以有效地防止传染病的发生。

正确认识传染源、传播途径和猪群易感性三个环节的相互关系后，可以采取科学的防制措施，预防和控制传染病的发生和流行。

（三）疫源地

凡是有传染源以及被传染源排出的病原体所污染地方都称为疫源地。即除传染源以外，还包括被污染的场所（猪舍、运动场等）、物体以及这个范围内怀疑有被传染的可疑动物和储存宿主等。疫源地具有向外传播病原体的条件，可对其他地区构成威胁。疫源地的范围依传染病不同而不同，这主要取决于传播途径及条件。如仔猪红痢发生后传播的范围很有限，一般仅限于一个猪群，甚至同群不同窝之间有发病的，有不发病的，形成疫源地范围较小;而口蹄疫发生后，传播范围一般较广泛，形成疫源地范围较大。即使是同一种传染病在不同条件下，疫源地范围也不同。由于传染源不断地活动，传播途径的复杂性和传播条件的变化，每种传染病疫源地范围可随时间而变化，所以在划分疫源地时并不都是很清楚的。实际工作中，常把范围较小的单个疫源地称为疫点，把范围较大的疫源地或连成片的疫源地称为疫区。疫源地存在有一定的时间性，只有当最后一个传染源死亡，或愈后不再携带病原体或已离开该疫源地，对所污染的环境进行彻底消毒处理，并且经过该病最长的潜伏期不再看到新病例出现，血清学检查猪群均为阴性时，才能认为疫源地已被消灭。

（四）传染病流行特征

1. 流行形式　在传染病流行过程中，根据在一定时间内发病率的高低和传播范围的大小，可区分为下列几种表现形式：

⑴散发性：发病数量不多，并在一个较长的时期内，只有个别零星地散在发生，如破伤风、狂犬病和钩端螺旋体等。

⑵地方流行性：发病数目较多，但传播范围不广，常局限于一定的地区内。如猪丹毒、气喘病、炭疽等。某些散发性传染病在猪群易感性升高或传播条件有利时也可出现地方流行，如巴氏杆菌病和沙门氏杆菌病。

⑶流行性：发病数目多，并在较短的时间内传播到较广的范围，如猪瘟和口蹄疫等。这类疾病的

传染性都很强，而且常呈急性经过。

⑷大流行：发病数目很多，蔓延的地区非常广泛，可能传播到全国或几个国家，如口蹄疫和流行性感冒等。

⑸暴发：在一个单位或一定地区范围内，在短时间出现很多同类病例。有的认为暴发和流行性是同义词。

以上几种流行形式是相对的，没有严格的界限，而不是固定不变的。

2. 季节性和周期性

⑴季节性：某些传染病常在一定的季节里发生或在一定的季节里发病率明显升高，此即为传染病流行的季节性。出现季节性的原因，主要有以下几个方面：

①季节对病原体在外界环境中存在和散播的影响：夏日气温高，日照时间长，对抵抗力较弱的病原体在外界环境中的存活不利，如口蹄疫在冬春寒冷季节易发生流行，在夏季流行减缓或平息；炭疽在夏季常由于洪水的泛滥，使土壤中的炭疽芽孢散播而造成病例增多。

②季节对传播媒介节肢动物的影响：夏季炎热、潮湿，节肢动物大量增殖，并且活动频繁，由它们传播的疾病也容易发生，如猪丹毒和乙型脑炎等。

③季节对猪只活动和抵抗力的影响：冬季寒冷季节猪舍通风不良，湿度增加易发生呼吸道传染病，如气喘病、流行性感冒等。

这种流行的季节性不是不可改变的，随着养猪条件改善和科学的免疫预防，使许多传染病都不发生季节性流行。

⑵周期性：某些传染病经过一定的间隔时期（数年）还可以表现再度流行，这种现象称为周期性，如口蹄疫和流行性感冒，这种周期性主要与毒株毒力和抗原变异有关，有时也与免疫力自然消失以及易感猪群的引入有关。

第三节　猪传染病诊断

传染病的诊断，是根据流行病学、临床症状和病理变化作出初步诊断，在分析流行病学、临床症状和病理变化的基础上，探讨死因与病因过程中，应注意各种变化之间的关系，病变新旧、大小与病程发展的关系，局部病变与全身病变的辩证关系，以及病变特征与临诊资料之间的关系等。当前猪病常常是多病原的混合感染和继发感染，造成病变群组合复杂多变，都增加了诊断难度。特别是对新出现的传染病诊断，作为确诊一种新传染病时，分离出来的病原体应当是在发病第一时间出现患病动物的病原体。诊断任何疾病，应当在流行病学调查的基础上，进行临床与病理学诊断，然后需做病原分离、鉴定和血清学诊断、动物试验等，对所获得资料进行综合分析判断，最后才能确诊。为进一步治疗和采取防疫措施，提供科学依据。

一、流行病学诊断

流行病学诊断是在流行病学调查的基础上进行的。由于各种传染病的特点不同，调查的侧重点也不同，通常进行以下四个方面的调查。

1. 流行情况调查　发病的时间、地点和传播情况；疫区内病畜的种类、数量、年龄、性别和分布情况；该次流行的感染率、发病率、病死率（致死率）和死亡率。

2. 传染源　调查本地过去是否发生过类似的疫病？在何时何地发生过类似疫病？流行情况如何？是否经过确诊？有无历史资料查询？何时采取过何种防治措施？效果如何？如本地未发生过类似疫情，附近地区曾否发生？这次发病前，曾否由其他地方引进畜禽、畜禽产品或饲料？输出地有无类似的疫病存在？

3. 传播途径和方式的调查　本地各类畜禽的饲养管理方法、使役和放牧情况如何？牲畜流动、收购、调拨及卫生防疫情况如何？交通检疫、市场检疫和屠宰检验的情况如何？病死牲畜处理方式如何？有哪些助长疫病传播蔓延的因素和控制疫病蔓延的成功经验；全疫区的地理、地形、河流、交通，气候、植被和野生动物、节肢动物等的分布和活动情况，它们与本次疫病的发生和传播有无关系？

4. 发病地区的政治和经济情况调查　群众生产和生活的活动情况和特点；畜牧兽医机构的设置和工作情况；发病地区的领导、兽医、饲养员和群众对疫情的看法如何？

二、临床与病理学诊断

疾病的临床症状与病理形态学变化，是机体与致病因子相互斗争的结局，其形成过程是复杂的生物学过程，疾病的症状与病变是客观存在的客体。每种猪病都有相应特定的致病因子，当致病因子作用于动物机体后，机体出现一系症状与病理变化，形成的“症候群”与“病变群”具有诊断价值，以“症候群“与“病变群”作为诊断疾病依据。

（一）临床诊断

家畜传染病的临床诊断是借助问诊、视诊、触诊、叩诊和听诊等对病畜进行直接检查和对血、粪、尿等进行常规实验室检查。“症候群”是动物发生疾病时在临床上出现的各方面异常表现，体温、呼吸、行为血液学和生化学等，许多疾病可出现一系列具有诊断价值的临床症状，称为“症候群”。如某些具有特征性临床症状的典型病例，一般不难作出诊断，如破伤风的“木马状姿势”、狂犬病等。但是对非典型病例和隐性病例，仅依靠临床诊断则难以确诊，一般只能提示可疑疫病的大致范围，必须结合其他诊断方法才能确诊。因此，在进行临床诊断时，常采用类症鉴别的方法进行鉴别诊断，借助实验室诊断和特殊诊断方法确诊疾病和排除疾病，有些疾病还可参考药物治疗。

（二）病理学诊断

猪病病理诊断是运用兽医病理学理论与技术确认猪病的一种手段，其任务是通过尸体病变的检查、识别与判断，对未知的或临诊上难于确诊的单发性或群发性猪病进行病性的确定，以达到诊断疾病和为临诊防治提供依据的目的。病理学诊断通常包括眼观检查和组织学检查（光镜检查和电镜检查），对于具有特征性眼观病理变化的传染病，可以通过病理剖检直接作出诊断、如结核病、猪瘟和口蹄疫等。对于没有特征性眼观病理变化的传染病，通过病理剖检，可以为进一步诊断提供启示和线索。如有些传染病除眼观检查外，还需做病理组织学检查。

“病变群”是某种疾病发生、发展全部过程所出现形态学上的变化。对疾病的诊断，要寻找病变群，一个病例往往代表该疾病的某一个侧面。多个病例才能够全面地、客观地、真实地反映出该疾病全部过程的病理特征，即所谓“病变群”。进一步说，就是同一疾病的典型病变不一定在一个动物身上全部表现出来，只能表现典型病理变化中的某一个阶段，所以很难从这个阶段去判定。又因为病变形成需要时间，所以某一个病理变化只能反映出时间上某一阶段的变化；因此多观察一些病例才具有代表性，即主动有目的去发现“病变群”，为诊断疾病提供依据。根据剖检时所获得的资料，作出病理解剖学诊断。最后在全面观察和综合分析的基础上分析病因，作出疾病的诊断。病理变化的本质，是动物机体与致病因子相互斗争结局在形态学上的反应；矛盾主要方面是致病因子，因为没有致病因子作用，动物机体则不会发生疾病，疾病名称种类的来源是致病因子（病原微生物、寄生虫、机械和理化学因素）。每种致病因子对动物机体都有其特异性，其出现的临床症状与病理变化具有特异性或特征性，有诊断价值。如猪瘟的淋巴结大理石样病变、脾出血梗灶、大肠扣状肿等。

不同病因引起的猪病，绝大多数具有特异的病变和病变群，尤其生物性病因引起的特异性病变，为临诊上病理诊断提供了依据，如猪瘟、猪丹毒、猪肺疫和仔猪副伤寒等。但是，病变的特异性受病原体的特性与毒力、机体的营养与免疫状态、年龄与品种、饲养管理条件、地理环境与用药情况以及病程快慢等许多因素影响，往往会出现非典型性。此外，当前猪病常常是多病原的混合感染和继发感染，造成病变群组合混乱，都增加了病理诊断的难度。因此，必须强调病理诊断要结合病原学、血清学和临诊学资料进行综合分析。

三、病原学诊断

病原学诊断就是运用兽医微生物学方法检查，这是家畜传染病的主要诊断方法之一。检查结果正确与否与病料采集、包装、送检及检验技术是否适当密切相关。当前猪病常常是多病原的混合感染和继发感染病例增多，一例病料往往分离出多种病原体；给确诊增加了许多困惑，应注意分析判断。

（一）病料的采集

病料力求新鲜，最好能在濒死期或死后数小时内采取，用具、器皿应予灭菌，采病料时应无菌操作。根据流行病学、临诊症状和病理变化能够作出初步诊断时，有目的地采取病料。如怀疑猪瘟时可采取淋巴结和脾脏；口蹄疫、水疱病等，采取水疱皮和水疱液；痘病则刮取结痂；大肠杆菌病、沙门氏菌病和魏氏梭菌病等以消化道病变为主的传染病，应采取肠内容物、肠系膜淋巴结；母畜流产，采取其阴道分泌物、有病变的胎盘及流产胎儿。若难以怀疑是何种疫病时，应全面地采集，即采取血、肝、脾、肺、肾、脑、淋巴结、骨髓和肠内溶物等，同时，要注意采取带有病变的部分作为病料。

（二）显微镜检查

一些病原体，如炭疽杆菌、巴氏杆菌、坏死杆菌、腐败梭菌、钩端螺旋体等具有特征性形态结构，将病料涂片、染色后，用光学显微镜检查，即可较快地作出诊断。有一些病原体，如结核杆菌、副结核杆菌、布氏杆菌等形态特征不明显，但用特殊的鉴别染色法染色，也可迅速得出结论。但对大多数传染病来说，显微镜检查只能为进一步检查提供依据或线索。

电子显微镜负染技术对于某些病毒，特别是轮状病毒、冠状病毒、痘病毒、腺病毒、细小病毒和一些疱疹病毒等引起的传染病，可根据病毒形态结构快速作出诊断。根据需要还可以采用免疫电镜方法进行检查，提高特异性鉴别能力。

（三）分离培养和鉴定

用人工培养的方法将病原体从病料中分离出来，并用适当的方法进行鉴定。如分离细菌、真菌、螺旋体等，可选择适当的人工培养基；分离病毒，可选用鸡胚、鸭胚、细胞培养或实验动物接种等方法。对所分离的细菌经形态学、培养特性和生化试验等进行鉴定，对所分离的病毒常用已知的抗血清做血清学试验进行鉴定。

（四）实验动物接种试验

随着组织细胞培养技术的发展，现很少使用实验动物来分离培养病原体（毒），但乳鼠脑内接种法常用于多种病毒的分离培养。利用动物接种法分离病毒适于以下几方面：①动物接种法比其他分离方法敏感时；②感染病毒的动物有特征性的临诊症状（竖毛、兴奋、脑炎、麻痹、震颤等）而死亡时；③培养和分离只能在特定动物体内生长的病毒时；④先将病料接种于动物，使病毒在其体内适应，之后再接种于培养细胞更易于分离培养时；⑤以接种动物的特异性免疫应答为指示，间接证明接种病料中有病毒存在时。动物接种方法不同于鸡胚和细胞培养方法，易受多种环境因素的影响，加之实验动物经常携带传染病等问题，有碍于病原体分离，因此需考虑使用SPF动物或无菌动物。

四、血清学诊断

血清学诊断法常用于可疑病例的确诊或对某种病原体感染程度进行检测。它是用已知抗原来测定被检动物血清中的特异性抗体，或用已知抗体（免疫血清）来鉴定被检材料中的抗原。常用的血清学试验有以下几种：

（一）沉淀试验

适量的可溶性抗原和相应抗体，在溶液和凝胶中结合后，形成特异的、肉眼可见的不溶性复合物，称为沉淀反应。利用该反应进行的血清学试验，称为沉淀试验。根据操作方法不同，可将沉淀试验分为环状沉淀试验、絮状沉淀试验、琼脂扩散沉淀试验（单向单扩散、单向双扩散、双向单扩散、双向双扩散）、免疫电泳、对流免疫电泳、火箭电泳和放射火箭电泳等。

（二）凝集试验

某些病原微生物和红细胞等颗粒性抗原与相应抗体结合后，在适量电解质存在的情况下，出现肉眼可见的凝集小块，称为凝集反应。根据这一原理建立的凝集试验，在临床免疫学检验中应用颇多。如直接凝集试验（玻片法、玻板法、试管法），间接凝集试验（间接红细胞凝集试验、间接乳胶凝集试验、间接碳凝集试验），病毒血凝和血凝抑制试验、抗球蛋白凝集试验等。

（三）病毒中和试验

病毒与相应的抗体相结合时，抗体可阻止病毒吸附于宿主细胞，从而抑制病毒感染组织培养细胞或活体细胞，这种反应称为病毒中和试验，这种抗体称中和抗体。培养的细胞、鸡胚和实验动物均可用作宿主细胞。用培养细胞做病毒中和试验时，以细胞培养物是否出现细胞病变、能否吸附红细胞及蚀斑减少等作为指示，测定中和抗体。用鸡胚做病毒中和试验时，以鸡胚的生死和羊水、尿囊液是否具有红细胞凝集性及绒毛尿囊膜上是否生成痘斑作为指示，测定中和抗体。用实验动物做病毒中和试验时，根据动物的生死和发病作为指示，测定中和抗体。病毒中和试验用于多数病毒性疾病的诊断，也可用于病毒的鉴定。

另外，病毒中和试验用于毒素与抗毒素检测，将抗毒素和相应毒素以适当比例混合后，接种于易感实验动物。通过观察能否保护易感动物免于死亡或有无毒性反应出现，可鉴定产气荚膜梭菌等毒素类型。

（四）补体结合试验

补体结合试验是可溶性抗原和相应的抗体结合时，补体非特异性地结合于抗原抗体复合物而被消耗。这种反应肉眼见不到，要以绵羊红细胞和溶血素（抗绵羊红细胞抗体）作为指示系统共同孵育，根据有无溶血现象出现，检查被检系统中有无相应的抗原抗体存在的一种血清学试验。常用已知抗原检测未知血清，也可以用已知血清检测未知的相应抗原。如果不出现溶血反应，则补体结合反应结果为阳性。这种方法广泛应用于细菌、病毒、立克次氏体及原虫等引起的各种家畜传染病诊断。

（五）与标记抗体有关的试验

包括荧光抗体试验（FAD）、酶联免疫吸附试验（ELISA）。

1. 荧光抗体试验　将抗体或抗原标记上荧光素（常用的主要有异硫氰酸荧光黄、四乙基罗丹明等），与相应的抗原或抗体发生特异性结合，在荧光显微镜下可看到发出荧光的抗原–抗体反应，从而可对标本中相应抗原或抗体进行鉴定和定位。

2. 酶联免疫吸附试验　是根据抗原抗体反应的特异性和酶催化反应的高度敏感性，而建立起来的免疫检测技术，分为固相酶联免疫吸附试验和酶免疫组织化学技术。

ELISA法具有极高的敏感性，常用于抗原和抗体检测，其应用于细菌、病毒真菌或寄生虫等疾病的诊断。酶免疫组织化学技术是利用酶标记抗体作为组织或细胞内抗原或抗体定位的标记物，在光镜下进行细胞（涂片、压片及培养细胞）或普通组织切片抗原或抗体定位。

（六）单克隆抗体的应用

利用免疫动物制备的抗体属于多克隆抗体，常因不只针对一种抗原决定簇而影响血清学试验的特异性。而应用淋巴细胞杂交瘤技术制备的单克隆抗体是针对单一抗原决定簇的抗体，由于它具有特异性强、敏感性高、质量稳定和易于标准化等优点，越来越多地代替前者而被用于家畜传染病的诊断。

五、变态反应诊断

迟发型变态反应是一种检查细胞免疫的有效方法，常用于临床诊断。结核菌素皮内变态反应是其中一个典型例子。感染结核菌的牛于皮内接种结核菌素（结核菌培养滤液），经72h后根据皮肤炎性反应程度对牛结核菌病作出诊断。变态反应诊断方法常用于鼻疽、副结核病、布氏杆菌病和弓形体病等。变态反应诊断法具有操作简单、特异性较高的优点。

六、分子生物学诊断

分子生物学诊断又称基因诊断，主要是针对不同病原微生物所具有的特异性核酸序列和结构进行检测。在传染病诊断方面，具有代表性的技术主要有：核酸探针、核酸电泳和PCR技术。

（一）核酸探针技术

核酸探针技术是近年来发展起来的通过DNA分子杂交检测核酸的新技术。它是根据2条单链DNA（或DNA与RNA）之间互补碱基序列能专一配对的原理进行的，因而具有高度的敏感性和特异性。一般利用已标记的某种DNA（或RNA）片段作为探针，对待检DNA分子中是否有与探针同源的DNA序列进行检测。该方法有三大组成部分：①待检核酸；②固相载体（NC硝酸纤维膜或尼龙膜）；③用同位素、酶或荧光标记的核酸探针。

核酸探针技术有：原位杂交（直接在组织切片或细胞涂片上进行杂交反应）；斑点杂交（将待检的核酸或细胞裂解物，经过变性后直接点在固相膜上进行杂交反应）；Southern杂交（将待检DNA经内切酶消化、琼脂糖凝胶电泳后，转移到固相膜上进行杂交反应）。

Northern杂交（方法与Southern杂交基本相同，但待检的是RNA）。探针材料是取自已知病原微生物的核酸片段、已知DNA（或cDNA）核酸片段或者根据已知病原微生物核酸序列设计并人工合成的特异性寡聚核酸片段，总之探针核酸是已知的。然后将其标记上同位素、地高辛、生物素等制备成探针。固定在支持物上的模板核酸与探针经过变性、复性，根据碱基配对原则，如果模板核酸与探针核酸同源，则两者结合，否则两者不发生结合。

利用放射自显影或酶底物反应方法，在固相膜的相应位置可见预期条带，进而可作出准确诊断。基因探针方法敏感性高，特异性强，简便快速，可以从混合标本中正确鉴定出目的病原微生物。

核酸探针技术目前主要应用于以下几个方面：①对病毒、细菌、支原体、立克次体、寄生虫和原虫等病原均能作出快速准确诊断；②在混有大量杂菌或混合感染样品中直接检出主要病原，包括难以在体外培养的病原；③检出带菌、带毒等隐性感染动物；④可对病原微生物进行准确分类鉴定；⑤可对动物产品或食品进行卫生检验。

（二）核酸电泳技术

即将提取的病原体核酸进行电泳的方法，也可用于病原学诊断。这种方法一般适用于病原分离和鉴定之后，可区别同一血清型不同亚型。如具有分段RNA基因组的轮状病毒，可用此方法区别亚型。另外，双链DAN病毒如疱疹病毒，将其提纯物用限制性内切酶处理后进行电泳，根据其片段不同可区别血清型。在病原细菌，提取质粒后进行电泳，根据其大小和数量进行分析和比较，可区别未知血清型和耐药性，也可用于多发疾病的感染途径等流行病学分析。

（三）PCR技术

PCR技术又称基因体外扩增技术。根据已知病原微生物特异性核酸序列（目前可以在因特网GeneBank中检索到很大一部分病原微生物特异性核酸序列），设计合成与其5'端同源、3'端互补的2条引物，在反应管中加入待检的病原微生物核酸（称为模板DNA）、引物dNTP和具有热稳定性的碱基DNA聚合酶。在适当条件（Mg^{2+}，pH等）下，置于自动化热循环仪（PCR仪）中，经过变性、复性、延伸三种反应温度，此为一个循环，每次扩增可进行20～30个循环。如果待检的病原微生物核酸与引物上的碱基匹配，合成的核酸产物就会以2*n*（*n*为循环次数）指数形式递增。产物经琼脂糖凝胶电泳，可见到预期大小的DNA条带，根据电泳结果可作出确切诊断。PCR技术具有高度敏感性和特异性，只要知道病原微生物特异的核酸序列，就可用PCR方法检测。另外，PCR技术为检测那些生长条件苛刻、培养困难的病原体，为潜伏感染或病原核酸整合到感染动物体细胞基因组的病原体检疫，提供了极为有效的手段。PCR技术与其他分子生物学诊断技术组合，形成了限制性片段长度多态性（PCR-RFLP）、反转录PCR（RT-PCR）、单链构象多态性（PCR-SSCP）、随机扩增多态性DNA（RAPD）等技术。

1. 限制性片段长度多态性　将PCR方法扩增的DNA片段，用限制性内切酶进行酶切后，经电泳比较酶切片段的方法。电泳后还可以利用DNA杂交技术进一步分析。

2. 反转录PCR　利用反转录酶将RNA翻转录成cDNA后，用常规的PCR方法扩增特异性片段。这种方法可扩增出mRNA或RNA病毒基因组中特异性片段。

3. 单链构象多态性　将双链DNA片段变性后成为单链时，单链DNA靠自身碱基序列形成立体结构。这种DNA在非变性聚丙烯酰胺凝胶中边加热边电泳时，根据其立体结构的差异，即使是长度相同但立体结构不同的DNA片段，其电泳位置也不同。

该方法可检出数百个碱基序列的DNA片段中只有一个碱基差异的不同DNA片段，故非常敏感。

4. 随机扩增多态性DNA　这种方法是利用随机引物或病原体基因组中的重复序列或某生物种中常见基因的特异性引物进行PCR，其结果扩增出不同长度的DNA片段，根据其片段长度鉴定病原体和血清型。

综上所述，传染病的每一种诊断方法都有其特定的作用和使用范围，单靠某一种方法不能把所有的传染病和带菌（毒）动物都检查出来，有些传染病应尽可能应用几种方法进行综合诊断。相信随着科学技术的发展，家畜传染病的诊断水平必将得到进一步的提高。

第四节　猪传染病治疗

猪传染病的治疗，包括病因疗法和对症疗法两种。病因疗法有免疫血清疗法、抑制或杀灭病原细菌的抗生素疗法以及抑制病毒增殖的干扰素疗法；对症疗法是辅以病因疗法，所进行的能够促使机体从病态转入康复的治疗方法。

对于传染病虽然以“预防为主、防重于治”，但有时发生传染病采取一些治疗措施也是必要的。通过治疗，一方面可以使发病猪群减少死亡，挽救一部分损失；另一方面也可以消除传染源。当然在治疗时首先要考虑治疗的价值，如果治疗的费用高于病猪本身的价值或者治疗对疾病恢复起不到明显效果时，应将病猪淘汰或宰杀，尤其是对过去从未发生过危害比较大的新病更应如此。而且为了防止病原体蔓延散播，应在严密消毒、隔离的情况下进行处理。传染病的治疗与普通病不同，特别是流行性强、危害严重的传染病，其治疗必须在严格隔离和封锁的条件下进行，以免散播病原体。治疗时采取的措施一方面针对病原体；另一方面是对症治疗。对帮助机体调整和恢复生理机能，一般治疗方法应采取病因疗法和对症疗法相结合的综合性治疗方法。

第五节　猪传染病的防疫措施

一、猪传染病防疫术语

1. 动物检疫（animal quarantine）　动物防疫监督机构的检疫人员按照国家标准、农业部行业标准和有关规定，对动物及动物产品进行的是否感染特定疫病或是否有传播这些疫病危险的检查以及检查定性后的处理。

2. 口岸检疫（port quarantine inspection）　在口岸对出入国境的动物、动物产品、可疑染疫的运输工具等进行的检疫和检疫处理。

3. 进境检疫（entry quarantine）　对从国外输入境内的动物、动物产品和可疑染疫的运输工具等进行的检疫和检疫后处理。

4. 出境检疫（exit quarantine）　对从我国口岸输出的动物、动物产品及其他非本国物品进行的检疫。

5. 产地检疫（quarantine in origin area）　在动物及动物产品生产地区（如县境内）进行的检疫。

6. 检疫场所（quarantine establishment）　对动物实施检疫（特别是进出口检疫）的建筑物或专用场地，在这里要求被检动物处于与其他动物无直接或间接接触的完全隔离软态，接受不同期限的观察和各种检验，以使检疫当局、官方兽医能够确保放行的动物无特定疾病。

7. 疫区（epidemic area）　疫病暴发或流行所波及的区域。

8. 疫点（epidemic spot）　发生疫病的自然单

位（圈、舍、场、村），在一定时期内成为疫振地。

9. 受威胁区（risk area） 与疫区相邻并有疫区疫病传入危险的地区。

10. 患病动物（sisk animal） 表现某种疾病临床症状的动物。

11. 疑似感染动物（suspiciousinfected animal） 与患疫病的动物处于同一传染环境中且有感染该疫病可能的易感动物，如与患病动物同舍饲养、同车运输或位于患病动物临近下风的易感动物。

12. 假定健康动物（supposed healthy animal） 发病动物的大群体中除患病或可疑感染动物以外的动物。对这些动物要采取隔离、紧急预防、观察和诊断等措施，直至确认为健康动物并经必要安全处理后，方能与健康动物混群。

13. 免疫监侧（immune surveillance） 普检或抽检动物群体的抗体水平，以监控群体的免疫状态，为实施计划免疫和加强免疫提供依据。

14. 隔离（isolation） 将疫病感染动物、疑似感染动物和病原携带动物，与健康动物在同空间上间隔开，并采取必要措施切断传染途径，以杜绝疫病继续扩散。

15. 封锁（block） 某一疫病暴发后，为切断传染途径，禁止人、动物、车辆或其他可能携带病原体动物在疫区与疫区周围出入。

16. 无害化处理（bio-safety disposal） 用物理化学或生物学等方法，处理带有或疑似带有病原体的动物尸体、动物产品或其他物品，以消灭传染源，切断传染途径，破坏毒素，保障人畜健康安全。

17. 扑杀（stamp out） 将感染某疫病的动物（有时包括可疑感染动物）全部杀死并进行无害化处理，以彻底消灭传染源和切断传染途径。

18. 销毁（destroy） 将动物尸体及其产品或附属物进行焚烧、化制等无害处理，以彻底消灭它们所携带的病原体。

19. 控制（control） 采取措施，使疫病不再继续蔓延和发展。

20. 净化（cleaning） 对某病发病地区采取一系列措施，达到消灭和清除传染源的目标。

21. 扑灭（elimination） 在一定区域内采取紧急措施以迅速消灭某一疫病。

二、传染病的防疫措施

有效的防疫措施，是根据传染病流行病学特性而确定切实可行的对策。流行病学特性包括病原因素、宿主因素和环境因素，这三种因素对内源性感染和外源性感染所引起传染病的作用是不同的。内源性感染是在动物机体抵抗力下降时，宿主体内常在的病原体大量繁殖而发病的感染类型。而宿主的防御机能又受环境因素的影响，因此，对内源性感染所致的传染病，主要采取改善环境条件、加强饲养管理和免疫接种等防疫措施。外源性感染所致的传染病，原则上对上述三因素之一采取彻底有效的措施，即可达到预防或扑灭的目的，但多数情况下很难做到或不现实，因而有必要对病原因素、宿主因素和环境因素同时采取可行的综合性对策。

有些传染病不易区别内源性或外源性感染，或是两者兼而有之。如猪支原体肺炎常由致病性猪肺炎支原体和其他常在性支原体或细菌类混合感染形成，当饲养环境恶劣、机体抵抗力下降时，这些病原体在体内大量增殖，导致病情加重。在一般情况下，很难清除猪肺炎支原体，常用的措施是接种疫苗、改善饲养管理和环境条件、使用抗生素等。国际上正在推行的彻底消灭本病的措施是，在严格封闭条件下饲养无肺炎支原体的SPF猪。

另一方面，驱除传播病原体的动物，如蝇、蚊和鼠类等，也是很重要的防疫措施。以节肢动物为媒介的传染病，随着传播媒介的数量减少而降低发病率。

家畜传染病的防疫，要针对传染源、传播途径和易感畜群采取综合性措施，具体分为兽医卫生措施和医疗措施。清除病原体和防止病原体侵入的卫生措施包括清毒、隔离和扑杀等，医疗措施有免疫接种和使用抗生素等药物进行治疗。

（一）对传染源的措施

对传染源的措施是传染病发生时首当其冲的技术，关键技术是消灭和控制传染源。

对患畜、可疑患畜及病原携带者采取扑杀、深埋或焚烧处理；对以慢性病原携带者为主的传染源，如结核病动物和布氏杆菌病动物，主要采取定期检疫，阳性动物进行扑杀或送隔离区酌情处理。

1. 消毒　对病原体污染的物体进行消毒，达到杀死病原体为标准，是传染病防疫中一项很重要的措施。根据消毒对象不同，采用不同的消毒方法。作业服、长靴及车辆的消毒：出入畜舍必须更换已消毒的作业服和长靴；畜牧和兽医工作人员必须随身携带次氯酸钠或洗必泰等消毒药，随时进行消毒；畜舍出入口须设消毒池并及时更换有效的消毒剂，如次氯酸钠、石炭酸和来苏儿等，以防车辆和外来人员的鞋携带病原体。畜舍的清扫和消毒：用机械或人工清除舍内粪尿，以高压泵充分冲洗畜舍地面、天棚和墙壁后，用漂白粉液、次氯酸钠、来苏儿和石炭酸等消毒液，按$2L/m^2$量计算，彻底进行喷雾消毒，或者使用甲醛蒸汽消毒畜舍。必要时对产房育仔间的水泥地面、金属栏栅网格等进行火焰消毒。动物体的喷雾消毒：用洗必泰、次氯酸钠等消毒液，喷雾动物体和畜舍空气，可达到较好的消毒效果。使用消毒药时，应考虑影响消毒效果的一些因素，如消毒液中有机物含量高、有效浓度低、直射光线等均会降低消毒效果。消毒池中的消毒液至少在1周内更换1～2次，同时防止雨水流入，避免直射光照射。

2. 扑灭计划　在特定地域内扑灭特定传染病，必须做到彻底清除传染源，并切断从外地传入这种传染病的一切传播途径。扑灭某种传染病的计划，应由一个国家或几个国家联合组织和实施。它必须具备以下条件：①充分掌握所列传染病的流行病学特性，并能采取有效的防制措施；②从家畜卫生学或公共卫生学意义上有必要扑灭的传染病，或扑灭所带来的经济利益远大于扑灭经费；③具备可靠的诊断方法和实施体制；④健全可操作的限制家畜流动和扑杀患畜等强制性法规和补偿制度；⑤加强对畜主等有关人员的教育，以便理解和协助扑灭措施。

（二）对传播途径的措施

传播途径是传染病流行过程三个基本环节之一，是传染病在猪群中流行蔓延的途径，控制传染病流行必须切断传播途径，是消灭和控制传染病关键技术之一。

在一个国家，为防止从国外传入某种传染病，要加强国境检疫和口岸检疫，有疫情时禁止进口动物及其产品。在养殖场，要做到对引进的家畜隔离检疫，检出畜群中的病原携带者，限制外来人员出入，进入场内的物品要进行消毒等。在放牧场地，要经常巡视栅栏，防止野生动物和其他家畜进入场地。如果有条件，在放牧场设间隔2m以上的双重栅栏，以避免栅栏内外动物的接触，提高隔离效果。切实有效地控制传播途径的办法，有封闭式饲养和培育SPF动物。

1. 封闭式饲养　发生外源性传染的主要原因是引进病原携带者，然而在实际工作中常难以从引进家畜中检出带菌（毒）者，因此尽可能不从外地引进家畜。采取封闭式饲养管理，是加强群体防疫的有效措施。澳大利亚、新西兰和日本等岛国利用有利的地理条件，在严格控制进口家畜和野生动物的条件下，保持封闭的饲养系统。

在养猪场，多数是采取自繁自养的饲养模式，即繁殖母猪生产的仔猪在场内育肥。这种封闭的饲养方式对生产带来的困难是育种问题，也就是如何确保引进的种畜安全可靠。为了扩大优良的遗传性状，养殖场采取繁殖塔式的饲养模式，即分别饲养祖代和原种，将原种扩大繁殖后再提供给一般的养殖场。如果年产150万头肥猪，就需要500头祖代猪和6 000头原种猪。若祖代和原种猪场发生传染病，则生产猪场很可能全场发生该传染病。因此，对祖代猪场和原种猪场需采取更加严格的防疫措施，避免生产猪场的猪逆向移动到种猪场，保证以种猪和商品猪为一体的完整封闭系统。另外，人是携带病原体的重要媒介，因此这种封闭系统必须健全人员出入的规章制度，加强消毒、更衣等措施。

2. 培育SPF动物　猪支原体肺炎、猪传染性萎缩性鼻炎和猪痢疾等，均为难以净化和预防的传染病，彻底净化这些传染病的唯一途径是培育SPF猪。

（三）对易感猪群的措施

易感猪是传染病流行过程三个基本环节之一，消除猪群的易感性，是消灭和控制传染病关键技术之一。主要技术措施是免疫接种，来增强易感猪群的免疫水平。即通过免疫接种，增强畜群对传染病的抵抗力，使易感猪转化为不易感猪。其次是抗病育种和饲料中添加抗生素药物，抗病育种虽然是发展方向，但尚未应用于生产。在饲料中添加抗生素类药物，主要是预防和治疗新生幼畜的细菌性传染病，并广泛应用于生产实践，但是，耐药性菌株的不断出现和药物残留，已成为公共卫生学的一大难题。为此，许多人致力于开发免疫增强剂和免疫调节剂，以替代抗生素添加剂。

第二章
病毒性传染病

病毒概述

本概述是将病毒学基本理论的核心部分介绍给读者，其目的是为了理解病毒性疾病的病原形态、结构、化学特点的基础上，更加深刻地了解病毒生物学特性，由此去认识病毒这个无细胞的生命体如何致病于动物机体的奥秘，从而提高我们的诊治水平。

病毒以病毒颗粒的形式存在，具有一定形态、结构与传染性，在电镜下才能观察。各种病毒颗粒形态不一，但都具有蛋白质的衣壳及其包裹的核酸芯髓，衣壳与芯髓共同构成核衣壳。有的病毒核衣壳外还有囊膜及纤突。衣壳由壳粒组成，呈二十面体对称或螺旋对称，少数为复合对称。每一种病毒只含一种核酸，或是DNA，或是RNA。每种核酸又有双股与单股、正股与负股、线状与环状、分节段与不分节段之分。病毒的蛋白质有结构蛋白与非结构蛋白之分。脂质与糖是囊膜与纤突的组分，可被氯仿或乙醚等脂溶剂破坏。核酸是病毒分类的最基本标准，ICTV出版”分类“”成了病毒分类”体系。

病毒（virus）一词原义泛指一切有毒的物质，目前指一类微生物的专用术语。

病毒的发现由烟草花叶病毒开始。1892年俄国学者伊凡诺夫斯基报道，烟草花叶病的病原体能通过细菌滤器，1898年荷兰学者Beijerinck重复并证实这一发现，命名此种病原体为病毒。同年，德国科学家Loeffler和Frosch发现家畜口蹄疫的病原体为病毒，揭开了动物病毒学的篇章。

病毒在自然界分布广泛，人与动物、植物、藻类、真菌和细菌都有病毒感染。其中，动物病毒种类繁多，多数对宿主有致病作用，引致疫病流行，造成重大损失。例如口蹄疫、流行性感冒、狂犬病等，有的则可引致肿瘤。随着时间的推移和技术的进步，不断有新的病毒被发现，例如引致艾滋病（AIDS）的人与动物的免疫缺陷病毒、致人和猪脑炎并死亡的角麦（Nipah）病毒等。对脊椎动物病毒的研究是整个病毒学研究中涉及面最广、进展最快、最为深入的一个分支。兽医病毒学的研究对象主要为脊椎动物的病毒，包括动物与人共同感染的病毒，同时也涉及低等脊椎动物如鱼类、爬行类及两栖类的病毒，并已交叉渗透到无脊椎动物如甲壳类、贝类及昆虫等的病毒，取得了可喜进展。

一、病毒的结构特征

病毒一般以病毒颗粒或病毒子（viralparticle或virion）的形式存在，具有一定的形态、结构以及传染性。

病毒颗粒大小：个体微小，以nm（1nm=1/1000μm）为测量单位，能通过细菌滤器，需在电子显微镜下观察。

最大的病毒为痘病毒（poxvirus），约300nm；最小的病毒为圆环病毒（circovirus），仅17nm。病毒颗粒的形态有多种，多数为球状，少数杆状、丝状或子弹状。有的则表现为多形性，如副黏病毒（paramyxovirus）和冠状病毒（coronavirus）等。痘病毒为砖状，某些噬菌体为蝌蚪状。

（一）基本结构

完整的病毒颗粒，主要由核酸和蛋白质组成。

1. 核酸 核酸构成病毒的基因组（genome），为病毒的复制、遗传和变异等功能提供遗传信息。由核酸组成的芯髓（core）被衣壳（capsid）包裹，衣壳与芯髓在一起组成核衣壳（nucleocapsid）。

2. 蛋白质 衣壳的成分是蛋白质，其功能是保护病毒的核酸免受环境中核酸酶或其他影响因素的破坏，并能介导病毒核酸进入宿主细胞。

⑴衣壳蛋白特点：衣壳蛋白具有抗原性，是病毒颗粒的主要抗原成分。

⑵衣壳组成：衣壳系由一定数量的壳粒（capsomere）组成，每个壳粒又由一个或多个多肽分子组成。不同种类的病毒，衣壳所含的壳粒数目不同，是病毒鉴别和分类的依据之一。

⑶囊膜和纤突：有些病毒在核衣壳外面尚有囊膜（envelope），囊膜是病毒在成熟过程中从宿主细胞获得的，含有宿主细胞膜或核膜的化学成分。有的囊膜表面有突起，称为纤突（spike）或膜粒（peplomer）。囊膜与纤突构成病毒颗粒的表面抗原，与宿主细胞嗜性、致病性和免疫原性有密切关系。

⑷囊膜病毒：有囊膜的病毒称为囊膜病毒（enveloped virus），无囊膜的病毒称裸露病毒（naked-virus）。

⑸裸露病毒：病毒的结构主要是通过电镜观察了解的。近年来，应用X衍射、氨基酸测序结合电脑空间构像模拟技术等，发现了某些在电镜下未曾发现的细微结构，如微RNA病毒（picornavirus）颗粒表面的沟槽（canyon）或环突（loop）。

（二）对称型

根据壳粒数目和排列不同，病毒衣壳主要有螺旋状与二十面体两种对称类型，少数为复合对称。

1. 螺旋状对称（helicalsymmetry） 壳粒呈螺旋形对称排列，中空，见于弹状病毒（rhabdovirus）、正黏病毒（orthomyx-ovirus）和副黏病毒及多数杆状病毒（baculovirus）。

2. 二十面体对称（icosahedral symmetry） 核衣壳形成球状结构，壳粒排列成二十面体对称型式，有20个等边三角形构成12个顶、20个面、30个棱的立体结构。病毒颗粒顶角由5个相同的壳粒构成，称为五邻体（penton），而三角形面由6个相同壳粒组成，称为六邻体（hexon）。大多数球状病毒呈这种对称型，包括大多数DNA病毒、反录病毒（retrovirus）及微RNA病毒等。

3．复合对称型（comple symmetry） 壳粒排列既有螺旋状对称又有立体对称的形式，如痘病毒和噬菌体。

二、病毒的化学组成

病毒的化学组成包括：核酸、蛋白质及脂类与糖三类物质，前两种是最主要的成分。

（一）核酸

病毒的核酸分DNA和RNA两大类，两者不同时存在。核酸可分单股（single stranded）或双股（double stranded）、线状（linear）或环状（circular）、分节段（segmented）或不分节段，分节段可称为多分子，不分节段则为单分子。

DNA病毒多数为双股、线状，少数为双股、环状，如多瘤病毒（polyomavirus）和乳头瘤病毒（papillomavirus）或单股、线状，如细小病毒（parvovirus），或单股、环状，如圆环病毒。RNA病毒多数为单股、线状，不分节段：少数分节段，如正黏病毒（orthomyxovirus）、布尼病毒（bunyavirus）、砂粒病毒（arenavirus）。少数RNA病毒为双股、线状，分节段，如呼肠孤病毒（reovirus）和双RNA病毒（birnavirus）。

按病毒学的惯例，把mRNA的碱基序列作为标准，凡与此相同的核酸称为正股（positivesense），与其互补的则为负股（negativesense）。在单股RNA病毒中，冠状病毒、微RNA病毒、嵌杯病毒（calicivirus）、披膜病毒（togavirus）等均为正股。而副黏病毒（paramyxovirus）、弹状病毒（rhabdovirus）、丝状病毒（filovirus）、波纳病毒（bornavirus）等为负股。某些RNA病毒，如布尼病毒及砂粒病毒，其单股RNA部分节段为负股，部分为正、负股，称之为双向（ambisense）。

为了维持核酸的稳定性，病毒核酸往往具有特殊的结构形式，如痘病毒的两股DNA分子共价交联成发夹样末端（hairpinends）。腺病毒及细小病毒的DNA

分子有倒置末端重复序列（inverted terminal repeats），这些病毒核酸分子的5'端还与病毒的蛋白质（饰）共价结合，以起保护作用，微RNA病毒、嵌杯病毒也是如此。病毒如是正股单股RNA，其3'端一般有聚A尾（polyadenylated），如微RNA病毒、嵌杯病毒；或5'端加帽（capped），如黄病毒（flavivirus）；或两者兼有，如冠状病毒和披膜病毒。

病毒的基因：病毒的基因组大小有很大差异，最小的DNA病毒圆环病毒的基因组仅1.7kb，而最大的DNA病毒疱疹病毒（herpesivurs）及痘病毒大于200kbpo与DNA病毒相比，一般RNA病毒的基因组较小。双股RNA病毒为16～27kbp。单股RNA病毒中冠状病毒最大，为20～32kb；最小的丁型肝炎病毒（deltavirus）为1.7kb，是一种基因组缺损的卫星病毒（satellitevirus），需要辅助病毒（helpervirus）的存在，才能复制。与其他生物相比，病毒的基因组无疑是最小之列。

以lkb的DNA才足以编码一个平均大小的蛋白质分子计算，病毒要具有2～200个基因，才能编码2～200个蛋白质。事实并非如此，病毒能以不同形式最大限度地利用其基因组的编码能力。像单股RNA的病毒，小小的基因组具有若干阅读框，以及重叠的（overlapping）阅读框，阅读框能在相反方向编码，并能通过移码（frameshifting）阅读或变换转录mRNA的剪接（splicing）模式组成阅读框。较大的双股DNA病毒能够利用其重复序列及其他复杂的程序，提高其编码蛋白能力。

（二）蛋白质

组成病毒的蛋白称结构蛋白（structural protein），约占病毒总重量的70%，少数低至30%～40%。病毒蛋白质构成全部衣壳成分和囊膜的主要成分，具有保护病毒核酸的功能。衣壳蛋白、膜蛋白或纤突蛋白可特异地吸附至易感细胞受体并促使病毒穿入细胞，是决定病毒对宿主细胞性的重要因素。病毒蛋白质是良好的抗原，可激发机体发生免疫应答。

非结构蛋白（nonstructural protein）：是指病毒组分之外的蛋白，在病毒复制过程中的某些间产物，具有酶的活性或其他功能。非结构蛋白的作用近年来已逐步被了解。

（三）脂质与糖

脂质与糖均来自宿主细胞。脂质主要存在于囊膜，主要是磷脂（50%～60%），其次是胆固醇（20%～30%）。用脂溶剂可去除囊膜中的脂质，使病毒失活。因此，常用乙醚或氯仿处理病毒，再检测其活性，以确定该病毒是否具有囊膜结构。

糖类一般以糖蛋白的形式存在，是某些病毒纤突的成分。如流感病毒的血凝素（H）、神经氨酸酶（N）等，与病毒吸附细胞受体有关。

三、病毒的增殖

病毒没有细胞结构和代谢系统，因此必需寄生在易感活细胞内，由宿主细胞提供酶系统、能量、原料和合成场所，按照病毒核酸为模板进行核酸复制，并转录成病毒信使RNA（mRNA），译制成病毒蛋白质，再装配成子代病毒体。病毒的这种繁殖方式称为复制（replication）。从病毒体侵入细胞到子代病毒生成释放，称为一个复制周期，包括吸附、穿入、脱壳、生物合成和组装与释放五个阶段。

（一）吸附

吸附（adsorption）是病毒体感染细胞的第一步。首先，病毒体依靠分子运动的随机碰撞和静电吸引与细胞接触。这种接触是可逆的，非特异的，可被阳离子Ca^{2+}、Mg^{2+}、Na^{+}促进。然后，病毒体通过其衣壳或包膜表面的某些蛋白分子，与细胞表面的受体结合而吸附于易感细胞。吸附是特异性的，不可逆的，最终将导致病毒体进入细胞。

包膜病毒体的受体通常是糖蛋白，广泛分布于细胞表面，可与病毒包膜糖蛋白发生特异性结合。如流感病毒的血凝素刺突可与呼吸道上皮细胞膜表面的糖蛋白结合。

病毒体表面结构与细胞受体的特异性结合，是病毒体启动感染的关键，并决定了病毒体感染细胞的宿主范围。细胞上有无特异性受体，决定了细胞对某种病毒体是否易感。细胞表面受体通常是具有某种功能的自然蛋白，病毒巧妙地利用了这些功能蛋白作为与之结合的受体而启动感染。通过消除细胞表面受体或以受体类似物及特异性抗体，阻止病毒体与受体的接触，使细胞免受病毒体的侵入，是预防病毒感染的重要研究方向之一。

（二）穿入

病毒体吸附在宿主细胞膜上后，可通过几种穿入（penetration）方式进入细胞。无包膜的裸露病毒体一般是经细胞膜吞入，称为病毒胞饮，如腺病毒等。有些裸露病毒体的表面位点与细胞受体结合后，由细胞表面的酶类作用使衣壳蛋白结构发生改变，从而释放病毒核酸直接进入细胞内，衣壳则留在胞外，如痘病毒和疱疹病毒等。

（三）脱壳

脱去蛋白质衣壳的过程称为脱壳（uncoating）。核酸只有脱去衣壳后才能发挥指令作用。有些裸露病毒体在穿入过程中已伴有脱壳。包膜病毒体则在宿主细胞溶酶体酶的作用下裂解衣壳蛋白，释放出病毒核酸。痘类病毒的脱壳较为复杂，分为两步：第一步在宿主细胞溶酶体酶的作用下部分脱壳；第二步在病毒编码的脱壳酶作用下全部脱壳。

（四）生物合成

病毒基因组在细胞内被脱壳释放后，通常便利用宿主细胞的代谢系统，依照病毒基因的指令分别合成大量子代病毒的核酸和蛋白质，此过程称为生物合成（biosynthesis）期。此期在感染细胞内检测不到完整的病毒体，故称为隐蔽期。各种病毒的隐蔽期长短不一，如腺病毒为16～17h。

1．病毒核酸的复制　以病毒基因组的DNA或RNA为模板，依照碱基配对原则，复制出子代病毒基因组核酸。

2．病毒蛋白质的合成　包括转录和翻译两个过程。

（1）由病毒DNA或RNA为模板，合成病毒特异性mRNA的过程称为转录。

（2）以病毒特异性mRNA为模板在细胞核糖体上合成病毒蛋白质的过程称为翻译。

（3）病毒特异性mRNA可翻译合成：①病毒的结构蛋白。②功能蛋白和调节蛋白。前者即衣壳、包膜及刺突蛋白；后者包括病毒的复制酶、调控蛋白和抑制宿主细胞代谢的抑制蛋白等。

（4）病毒在细胞内进行生物合成的场所：不同种类的病毒，在细胞内进行生物合成的场所不一样。①大多数DNA病毒在宿主细胞核内复制DNA，在细胞浆内合成蛋白质；②而大多数RNA病毒（除去流感病毒和逆转录病毒）的生物合成全部在胞浆中进行。

3．核酸类型　病毒基因组的核酸类型，决定其转录mRNA的方式。依据核酸类型，可将病毒分为双股DNA病毒、单股DNA病毒、单股正链RNA病毒、单股负链RNA病毒、逆转录病毒和双股RNA病毒。

（1）双股DNA病毒（dsDNA）：双股DNA病毒复制时以病毒核酸为模板，依靠宿主细胞核内依赖DNA的RNA聚合酶，转录出早期MRNA，再在胞浆内的核蛋白体翻译合成病毒早期蛋白质，即功能蛋白，主要是DNA聚合酶和抑制蛋白，具有合成大量子代病毒DNA和抑制宿主细胞自身代谢的功能。然后以子代DNA为模板，转录大量晚期MRNA，继而在胞浆核蛋白体翻译出晚期蛋白质，主要是构成病毒衣壳以及病毒包膜和刺突的结构蛋白。

（2）单股RNA病毒（ssRNA：）又分为单股正链RNA病毒、单股负链RNA病毒和逆转录病毒三种类型。①单股正链RNA病毒，其核酸本身具有mRNA功能，进入细胞后可直接附着在核蛋白体上翻译出早期蛋白质，主要是依赖RNA的RNA聚合酶，可催化转录一股与亲代正股RNA互补的负股RNA，形成双股RNA（±RNA）即复制中间型。其中正股RNA起mRNA作用转译晚期蛋白，主要是衣壳等结构蛋白；负股则为模板，复制出互补的子代RNA。②单股负链RNA病毒，其核酸本身不具有mRNA功能，但病毒核心含有依赖RNA的RNA聚合酶，可催化转录出互补的正链RNA作为mRNA，既转录出与之互补的子代负股RNA，又转译出病毒的结构蛋白和酶蛋白。③逆转录病毒其基因组非常独特，有两条相同的正链RNA，并带有逆转录酶（依赖RNA的DNA聚合酶）。复制时以病毒RNA为模板，在逆转录酶的作用下首先产生RNA：DNA杂交中间体，进一步产生双股DNA，从而整合于宿主细胞的DNA中，再转录复制出子代RNA。

（五）组装与释放

1．组装　子代病毒的核酸和蛋白质，在细胞内分别合成之后装配成核衣壳的过程称为组装（assembly）。各种病毒在细胞内的组装部位不尽相同，如腺病毒在胞核内，流感病毒在胞浆膜上，疱疹病毒在核膜和胞浆膜上。

2. 释放 病毒颗粒组装后，由感染细胞内释出的过程称为释放（release）。释放的方式有：

（1）细胞裂解释放：裸露病毒体在宿主细胞内大量复制，干扰了细胞的正常代谢而致细胞破裂死亡，大量子代病毒随之全部释放。

（2）出芽释放包膜：病毒体的核衣壳在宿主细胞浆内或核内组装之后，便向包膜或核膜外突出形似出芽，并由此获得部分宿主细胞膜或核膜成为病毒本身的包膜裹在核衣壳外，然后脱离宿主细胞释出，如流感病毒的释放。出芽释放不直接引起细胞死亡，但可使宿主细胞膜带有病毒的某些抗原，以致被机体免疫系统识别和攻击。

（3）通过细胞间桥或细胞融合释放：有些包膜病毒体如麻疹病毒、巨细胞病毒很少释放到细胞外，而是通过细胞间桥或细胞融合，使病毒从受感染细胞直接向邻近正常细胞释放。病毒在生物合成和组装过程中，可因基因的变异、短缺、包装错误等形成结构不完整的缺陷病毒或空心病毒。这些病毒颗粒无感染性，但可干扰正常病毒体的复制。

四、病毒的干扰现象

两种病毒感染同一细胞或机体时，常常发生一种病毒抑制另一种病毒复制的现象，称为干扰现象（interference）。干扰现象较常见，可发生在异种、同种、同型以及同株病毒之间，也可发生在灭活病毒和活病毒之间。

病毒间干扰的机制尚不十分清楚，可能与下列因素有关：①第一种病毒诱导宿主细胞产生干扰素，抑制第二种病毒的生物合成；②易感细胞的表面受体与第一种病毒结合后被破坏，阻断了第二种病毒的吸附；③缺陷病毒（又称缺陷性干扰颗粒）（DIP）的基因组比完整病毒小，因此复制速度比完整病毒快，可与之竞争复制原料和复制酶而干扰其复制；另外，DIP与完整病毒有着相同结构的衣壳蛋白，可与完整病毒竞争细胞表面的受体而干扰其吸附。

病毒间的干扰现象可终止感染，使机体康复。机体感染毒力较弱的呼吸道病毒后，一段时间内对另一些病毒不易感，因此干扰现象属于机体非特异性免疫的一部分。若给机体接种病毒减毒活疫苗，可阻止毒力较强的病毒感染。在使用各种病毒疫苗时要注意避免发生干扰现象，以免影响疫苗的免疫效果。

五、病毒的分类

病毒的种类多达数千种，为了研究及应用的方便，对病毒必需进行分类。20世纪50年代以前，由于对病毒的基本特性了解很少，主要根据病毒所致的疾病及组织或器官嗜性分类，未能反映病毒的本质。1961年Looper建议，以病毒核酸作为病毒分类的首要标准，从此病毒分类开始形成较合理的框架。

病毒的分类方法有多种。过去按其寄生宿主的不同，分为动物病毒、植物病毒和细菌病毒。与人类疾病有关的病毒为动物病毒。临床上习惯按病毒入侵部位及引起的疾病进行分类，包括呼吸道病毒、肠道病毒、肝炎病毒、虫媒病毒、皮肤与黏膜病毒、神经病毒及肿瘤病毒七大类。现代分类法则根据国际病毒分类委员会的决定，按病毒核酸类型的不同，首先将其分为DNA病毒和RNA病毒两大类。然后再按核酸的结构和分子质量、病毒体的结构、形状和大小等因素，将动物病毒分为19个病毒科。

亚病毒（subvirus）是近年来科学家们发现的比病毒更小的传染因子，包括类病毒、拟病毒和朊病毒。

1. 类病毒（viroid） 1971年，美国Diener等在研究马铃薯纺锤形块茎病时发现其传染因子比病毒更小（约为最小病毒体的1/20），仅有核酸，不能编码蛋白质，故称为类病毒，其核酸为单股共价闭合环状RNA分子。1981年，又有人在患淋巴瘤的仓鼠体内发现DNA型类病毒。近来有学者认为类病毒可能是引起人类慢病毒感染的病原体。

2. 拟病毒 在研究类病毒时发现的又一种引起植物病的亚病毒。其核酸为单股闭合环状的RNA分子，含300～400个核苷酸。拟病毒的二级结构与类病毒相似。

3. 朊病毒（prion） 美国Siner在研究羊痒病的病因时所发现的一种蛋白质感染因子。朊病毒对蛋白酶、蛋白变性剂敏感，而对核酸酶、核酸变性剂等有抵抗，提示其化学成分是蛋白质而不是核酸。阮病毒为直径25nm、长100～200nm杆状或纤维状物，奶牛疯牛病。近来有研究报道，阮病毒含有微量核酸。

1966年建立了国际病毒命名委员会（ICNV），1973年更名为国际病毒分类委员会（interna-tional committeeon taxonomy of viruses，ICTV），作为国际公认的病毒分类与命名的权威机构。

病毒分类根据形态与结构、核酸与多肽、复制以及对理化因素的稳定性等诸多方面。随着分子生物学技术的发展，至1998年4月，已完成包括76种人类病毒在内的527株病毒的基因组全序列测定，病毒基因组的特征对分类愈来愈显得重要。如动脉炎病毒属原为披膜病毒科的一个属，现已独立为动脉炎病毒科（arteriviridae），因其具有套式系列mRNA，与披膜病毒全然不同，尽管形态有相似之处。

分类的现状：根据ICTV的分类报告，目前可把所有已知病毒分为233个属。其中204个属归于64个科，脊椎动物病毒为主的有27科，无脊椎动物为主的有5科，其余分别为植物病毒、细菌病毒（噬菌体）、真菌病毒，藻类和霉形体病毒。科下设属，有的科还分亚科，科和属是病毒分类的主要单位。

六、理化因素对病毒的影响

病毒在某些理化因素的作用下可失去感染性，称为灭活（inactivation）。灭活病毒仍保留抗原性和吸附红细胞等特性。

1. 温度　绝大多数病毒耐冷不耐热。加热56℃ 30min或100℃数秒钟，病毒即被灭活；保存病毒则多置于-20℃、-70℃或真空冰冻干燥贮藏。冻融尤其是反复冻融，可使多数病毒灭活。室温条件下，病毒仅能存活数h。肝炎病毒抵抗力较强，在自然界中可生存数日至数月。

2. 紫外线与电离辐射　紫外线与γ射线、X射线均可使病毒灭活。但经紫外光灭活的某些病毒经可见光照射后可复活，因此不宜用紫外线制备灭活疫苗。

3. pH　大多数病毒在pH6～8时较稳定，在pH5.0以下或pH9.0以上时则迅速被灭活。肠道病毒对酸的抵抗力较强，在pH2.2的环境下仍能保持感染性达24h；披膜病毒在pH8.0以上的碱性环境中仍能保持稳定。病毒污染器具的消毒可用1%～3%盐酸溶液浸泡；保存病毒则以中性或偏碱性为宜，如常用50%中性甘油盐水保存含病毒的组织块。

4. 脂溶剂与去垢剂　包膜病毒体的包膜因富含脂类，易被乙醚、氯仿、丙酮、阴离子去垢剂等脂溶剂溶解而被灭活。裸露病毒体则对此有抵抗力。

5. 氧化剂、卤素及其化合物　病毒对过氧化氢、高锰酸钾、漂白粉、碘及碘化物等均敏感，可用于病毒的灭活和消毒。70%甲醇和70%乙醇可使大多数病毒灭活。过氧乙酸、次氯酸盐对肝炎病毒消毒效果较好。

6. 醛类和酚类　甲醛能破坏病毒的感染性而对其抗原性影响不大，故常被用于制备病毒灭活疫苗。酚及其衍生物为蛋白质变性剂，可作为病毒的消毒剂，如1%～5%苯酚可使许多病毒灭活。

7. 抗生素与中草药　现有的抗生素对病毒均无抑制作用。某些中草药如板蓝根、大青叶、大黄、七叶一枝花等对某些病毒有抑制作用。

七、病毒的感染致病机理

病毒感染是病毒经一定方式侵入宿主体内并进入易感细胞，在其中进行复制增殖导致病变的整个过程。由于病毒无细胞结构，其一切生命活动都表现在和宿主细胞的关系上。病毒的致病性与其免疫性、胞内寄生性等密切相关。因此，病毒感染的特点不同于其他微生物。病毒感染比其他微生物的感染类型更多，某些过去认为原因不明的疾病，现在发现与病毒有关，病毒感染诱发的免疫应答，可以保护机体，也可造成机体的损伤，是病毒重要的致病机制。

（一）病毒感染的途径及在体内的扩散方式

病毒感染导致疾病是从病毒进入宿主开始的，病毒侵入机体的方式与途径，常常决定感染的发生和发展；而且病毒必需进入一定类型的细胞（有人称允许细胞或易感细胞）才能致病。病毒侵入机体进入允许细胞以及在机体内播散的途径和方式，在不同的水平是各不相同的。

1. 病毒侵入宿主体内的途径与方式　即病毒在宿主个体间的传播途径，其方式有水平传播（hori-zontal transmission）和垂直传播（vertical transmis-

sion）两种。

(1)水平传播：病毒在猪群个体之间的传播，称为水平传播，亦称水平感染。水平传播主要是经皮肤与黏膜表面传播。自然条件下，皮肤、呼吸道与消化道的上皮表层，是病毒侵入机体重要的三大门户。

①经皮肤传播：有些病毒可通过破损皮肤侵入机体而致病。如经昆虫叮咬而感染的日本脑炎病毒；被狂犬咬伤而感染的狂犬病毒等。也有经注射等方式进入机体等。

②经黏膜表面传播：多数病毒可经呼吸道、消化道侵入机体，黏膜表面的上皮为某些病毒最先增殖的部位。有些病毒感染可局限于呼吸道或消化道黏膜，引起呼吸道或消化道疾病，如流感病毒、轮状病毒；有的病毒也可扩散至邻近组织和淋巴管，并进入血流，引起病毒血症，病毒经血到达靶细胞或器官，在其中大量增殖而出现典型症状，如猪瘟病毒、口蹄疫病毒等。

(2)垂直传播：病毒由母体直接经胎盘或产道传播给胎儿的方式，称垂直传播，亦称垂直感染。垂直传播是病毒感染的特点之一，其他微生物极少经此方式传播。广义的垂直传播还包括母体与新生仔猪之间的传播。经胎盘传播仅发生在孕娠的病毒血症期，猪瘟病毒等病毒可经垂直传播，引起死胎、流产、先天性畸形或先天性感染。

2. 病毒在宿主体内的播散方式　病毒侵入机体在局部允许细胞内增殖，需进一步播散或向周围扩散后方可引起疾病。

(1)局部播散：病毒播散仅局限于侵入部位附近的组织，进一步增殖，由此引起局部或全身症状，如流感病毒和轮状病毒的感染，病毒向周围播散的方式可以是细胞→细胞或细胞→分泌液→细胞的播散过程。此种感染不易建立特异性免疫应答。

(2)血液播散：病毒在侵入局部增殖后进入血流而播散，即有病毒血症期。病毒的种类不同，其形成的病毒血症次数也不同。

(3)神经播散：某些病毒侵入机体后的进一步播散可沿神经播散，可从末梢播散到中枢神经系统，也可从中枢神经播散到外周组织或器官，如狂犬病毒。

（二）病原微生物的致病性

病原微生物引起致病首先必需侵入机体，然后在体内增殖、抵抗机体吞噬和清除作用，并通过某些方式引起机体损伤。

1. 病原微生物的侵入和定位　病原微生物必需经某特定部位侵入体内才能引起感染，这种侵入途径一般是较严格固定的。猪传染性胃肠炎经消化道进入才能引起致病。猪瘟和口蹄疫病毒可以经呼吸道、消化道、皮肤或黏膜感染。一般说来，病原微生物进入机体的途径主要有呼吸道、消化道、泌尿生殖道、皮肤和结膜等。

病原微生物进入机体后，首先要牢固地吸附于局部体表组织，否则会被体液的机械冲洗、正常微生物群系的干扰以及局部分泌物的抵抗作用清除而无法引起感染，它们往往是通过某些表面的特殊结构成分或所合成的某些物质附着于体表组织上。如流感病毒利用表面的神经氨酸酶，分解呼吸道黏液中阻止其吸附的糖蛋白抑制素而吸附于呼吸道上皮细胞受体的。吸附后有的病原微生物在吸附部位生长繁殖而致病，也有的需要通过上皮细胞或细胞间质而进入表层下组织继续扩散。病毒则需要经过吞饮或者囊膜与细胞膜融合或直接穿入的方式进入细胞，才能进行增殖致病。

定位是指病原微生物侵入机体后所寄居、生存繁殖的组织器官。许多病原微生物经侵入途径直接到达定位的组织器官引起致病，如传染性胃肠炎病毒定位于胃肠道的上皮组织，也有很多病原微生物经侵入途径进入机体后，由短暂的病毒血症散播到全身，病原微生物的定位不同决定了它的不同排出途径和停留在不同的外界环境，进而也影响了再感染其他猪时的侵入途径和定位。侵入途径和定位是病原微生物在长期进化过程中，由于适应而形成的致病能力的一个部分。

2. 病原微生物在体内增殖、扩散和抗吞噬　病原微生物侵入机体后，必需在猪体内的组织中增殖，或在局部增殖或是扩散至全身。对病毒进入易感细胞后，利用细胞的某些物质来合成病毒的自身结构成分，从而使病毒增殖，影响或破坏感染细胞。病毒对感染的细胞也有一定的选择性，如猪流感病毒可感染呼吸道上皮细胞，并在其中增殖。猪传染性胃肠炎病毒只感染肠道上皮细胞并在其中增殖。

病原微生物的扩散能力，也是其致病性的一个重要组成部分。病毒的扩散主要有两种方式，一种方式是病毒在感染的细胞中成熟后释放于细胞外，再进入邻近细胞，如猪瘟病毒，此为大多数病毒的主要传播方式。另一种是病毒通过胞浆间桥感染邻近细胞，不经过胞外环境，如猪痘病毒。能以后者传播的病毒多数也可以以前一种形式传播。

病毒一旦进入组织，就会受到机体内具有非特异性免疫防御机能的吞噬细胞的作用。但病毒能产生各种产物抑制或抵抗吞噬细胞作用而免于被清除。

3. 病原微生物对机体的致病作用病毒致病性　病毒对机体的损伤，一方面是病毒感染引起细胞破坏、死亡及转化等；另一方面感染引起免疫病理反应。

（三）病毒感染的致病机制

病毒感染细胞以后，引起细胞蛋白质和核酸代谢障碍，而且细胞内可出现大量堆积的病毒粒子，从而对细胞正常生命活动造成危害。有的释放病毒以致引起死亡；也有的病毒感染后在细胞内产生包涵体或引起细胞融合，或引起细胞恶性变而造成组织细胞的损伤，进而引起炎症反应等一系列病理过程。

病毒感染也可引起机体发生多种免疫病理反应。如病毒抗原–抗体复合物沉积在组织（如基底膜）中引起免疫病理损伤，或者抗体和带有病毒抗原的细胞作用，并在补体的参与下引起炎性介质的释放造成组织损伤等等。这种免疫病理反应给机体带来了极大的危害。

以上是病毒的致病作用，其他病原微生物的致病作用是通过在感染局部增殖引起炎症反应。病原微生物的致病作用实质上是病原微生物对机体体表的吸附、侵入组织，在体内或细胞内增殖、扩散蔓延，抗拒机体的防御机能以及产生毒性产物，或引起免疫病理反应而造成机体损伤的总和。但由于各种病原微生物的结构、代谢能力和代谢产物、增殖所需条件等不同而侵害不同的部位，产生不同的致病物质，所致各组织器官的病理变化也不同，进而在临床上就有不同的表现。

病毒侵入机体后在易感细胞内大量增殖，从而引起细胞破坏或发生各种变化，是病毒致病的基础。因此，病毒与细胞的相互作用，直接关系到病毒感染的发展和结局。当病毒与细胞相互作用后，可发生以下几种情况，同时这也是病毒致病的机制。

1. 细胞破坏、死亡　病毒导致细胞破坏、死亡的作用称为杀细胞效应（cytocidd effect），若发生在体外培养的细胞时，称为细胞病变效应（cytopathic effect，CPE）。细胞破坏、死亡的原因主要是：①某些病毒结构成分的直接毒性作用，如腺病毒的触须，可直接作用于细胞引起CPE，腮腺炎病毒可溶解红细胞；②病毒的早期蛋白等抑制宿主细胞的代谢，使细胞的高分子物质不能合成；③病毒感染使细胞的溶酶体受损，导致细胞自溶；④病毒感染使细胞染色体受损。

2. 细胞膜结构与功能改变　病毒感染细胞的整个过程，包括吸附、穿入，以及释放等都会引起细胞膜发生改变。其改变有：①细胞膜成分改变，表面出现新的抗原，如包膜病毒的包膜糖蛋白，细胞表面的受体被破坏；②细胞膜及膜性细胞器通透性异常，可出现混浊肿胀，其原因与蛋白质及脂质的合成受阻有关；③细胞融合，即病毒感染后可出现细胞与细胞的融合，形成多核巨细胞。

3. 细胞转化　病毒感染细胞后并不增殖，而是以整合的方式，病毒的核酸基因组插入到细胞的染色体中，如某些DNA病毒的部分或全部核酸，某些RNA病毒经逆转录而产生的DNA等。整合后的病毒核酸称为前病毒。整合作用可使细胞的遗传特性发生改变，而导致细胞转化。转化的细胞失去了接触抑制与分裂抑制的特性，可以无限制的生长繁殖，而导致肿瘤的发生。转化的细胞也可死亡，也可发生恶性变。前病毒在一定条件下也可由细胞的DNA中脱离出来，进行复制增殖，如白血病病毒能引起体外培养细胞发生转化。

4. 包涵体形成　有些病毒感染细胞后，在胞浆或/和胞核内出现光镜下可见的圆形或椭圆形的斑块状结构，称为包涵体。其大小、数目不等，有嗜酸性和嗜碱性包涵体。包涵体是病毒感染细胞的最具特征性的形态改变，对病毒感染具有辅助诊断以及鉴别的作用。病毒包涵体含有病毒颗粒、未装配的病毒成分等。包涵体可破坏细胞的正常结构和功能，有时可引起细胞死亡。某些化学因素以及衣原体、细菌等也可引起类似的组织学变化。

5. 病毒引起免疫应答导致宿主细胞损伤

(1)体液免疫的损伤：作用病毒特异性抗体与出现在细胞膜上的病毒抗原特异性结合，激活补体导致细胞破坏溶解，这种作用称为补体依赖性细胞毒作用。与细胞膜上病毒抗原结合的抗体，通过其Fc段架桥，可引起抗体依赖细胞介导的细胞毒作用。

(2)循环免疫复合物引起的损伤：血流中的病毒抗原抗体复合物在一定条件下发生沉积，激活补体引起Ⅲ型变态反应，如肾小球肾炎和关节炎等。

(3)细胞免疫的损伤：作用致敏Tc及TH淋巴细胞与细胞膜上的病毒抗原结合，通过直接的细胞毒作用或释放细胞因子如TNF、IFN等引起组织细胞损伤。

(4)自身免疫应答引起的损伤：病毒感染可以引起宿主细胞表面成分的改变，出现自身抗原。自身抗原诱导机体产生自身抗体或致敏淋巴细胞，通过自身免疫应答造成组织细胞损伤。

6. 导致免疫系统受损或功能降低　某些病毒感染可以导致机体的免疫功能降低，甚至缺陷，其机制是：①侵入并损伤淋巴细胞，如人类免疫缺陷病毒对$CD4^{+}$细胞（介）具有较强的亲和性，侵入介后可使其破坏，从而造成TH细胞减少，甚至缺乏。因此，人类免疫缺陷病毒感染的机体可出现体液免疫功能与细胞免疫功能的降低，甚至缺陷。白血病病毒可使抗体形成细胞减少，造成体液免疫功能降低；②抑制淋巴细胞的活化，如麻疹病毒、风疹病毒等具有此作用。

7. 垂直感染对胚胎发育的不良影响　怀孕母猪感染母瘟病毒后可发生垂直传播，导致胚胎感染。胎儿的组织细胞处于活跃的生长分化期，受病毒作用后能大量杀死胚胎细胞；因此，发育期的胚胎感染病毒后可出现死胎、流产、早产、先天性畸形或发育障碍等。

（四）病毒感染的类型

病毒感染包括病毒侵入机体，增殖并与机体相互作用的整个过程。病毒侵入机体能否引起疾病，不仅与体内是否具有侵入病毒的易感细胞，病毒在易感细胞内增殖引起细胞病变有关，而且还与机体的免疫状态、营养、年龄、遗传以及机体所处的环境条件等都有关系。因此，病毒感染的类型是多种多样的。

1. 急性感染　一般是潜伏期短，发病急，病情较重，恢复或死亡快，如猪流感、猪瘟、猪丹毒等多表现为急性感染。

2. 持续性感染　病毒在宿主体内持续存在较长时间，数月数十年甚至终身，其潜伏期长，发病慢，恢复或死亡也很慢。持续感染时病毒在宿主体内不一定持续增殖和引起症状。

(1)慢性感染：病毒在宿主体内持续增殖，病程长，症状长期迁延，多为慢性进行性感染，并可经常地或间歇地排出病毒，如猪瘟、蓝耳病等。

(2)潜伏感染：病毒初次感染机体时可表现为急性感染，原发感染后，病毒未被消除，可长期潜伏在机体的某种组织或器官内，不出现临床症状。较长时间（数月或数年）后，由于某些因素的影响，则病毒增殖出现临床症状。在初次发病和以后各次急性发作之间的间歇期是不易查到病毒的。当机体抵抗力降低时，潜伏的病毒又活跃起来，再次急性发作，又能查到病毒，如猪瘟。

(3)隐性感染：病毒侵入机体后不出现临床症状者为隐性感染。此种感染最为多见，可经隐性感染而使机体获得抗某种病毒的特异性免疫力。

八、抗病毒免疫

（一）非特异性免疫

1. 屏障作用　完整的皮肤黏膜及其附属结构、分泌物如呼吸道的纤毛、汗液中的乳酸、胃酸等具有阻挡、排除、中和或杀灭病毒的作用，是抵抗病毒感染的第一道防线。发育完善的血脑屏障、胎盘屏障能阻止多种病毒进入对中枢神经系统和胎儿的损伤。

2. 吞噬作用　机体的吞噬细胞具有吞噬清除侵入体内病毒的功能，主要是巨噬细胞，巨噬细胞对阻止病毒感染和促使病毒感染的恢复具有重要的作用。巨噬细胞不仅能吞噬灭活病毒，而且还能产生多种活性物质如IFN、TNF、IL-1补体成分等参与抗病毒免疫。中性粒细胞也能吞噬病毒，但不能消灭病毒；相反，病毒在其中还能增殖，导致病毒的扩散。

3. 抑制物的抑制作用 正常人的血清和体液中含有能抑制病毒感染的物质，称为病毒抑制物。如能抑制流感病毒的血凝及中和流感病毒感染力的α、β、γ抑制物等，补体系统中的C1、C4、C2、C3、备解素也有中和灭活病毒的作用。

4. NK细胞的抗病毒作用 NK细胞具有杀灭肿瘤细胞和病毒感染细胞的功能。NK细胞的天然而非特异性细胞毒作用，不需要抗体的存在，也不受MHC限制，能被IFN、IFN诱生剂特别是病毒所增强。

5. 干扰素的抗病毒作用 干扰素（interferon，IFN）是由病毒或其他干扰素诱生剂诱使人或动物细胞产生的一类糖蛋白。它作用于机体可表现出抗病毒、抗肿瘤及免疫调节等多方面的生物学活性。因其干扰病毒的侵入与增殖的作用首先被发现而得名。

(1)干扰素的种类：干扰素的种类繁多，可分为人、动物、植物、昆虫和细菌干扰素等。

干扰素有三种，白细胞产生α干扰素，成纤维细胞产生β干扰素，T 淋巴细胞产生γ干扰素。α和β干扰素又称I型干扰素，γ干扰素又称Ⅱ型干扰素或免疫干扰素，是淋巴因子的一种。

(2)干扰素诱生的机制：机体细胞染色体存在着干扰素基因（α和β干扰素基因位于第9对染色体上，γ干扰素基因在第12对染色体上），平时由于存在抑制蛋白，使基因处于抑制状态，不能产生干扰素。当病毒等干扰素诱生剂作用于细胞，与抑制蛋白结合，抑制被去除，干扰素基因得以表达，即干扰素基因活化，转译出干扰素蛋白，迅速释放至细胞外，作用于相邻未受染细胞，激发抗病毒作用。也可使完好的自身细胞具有抗病毒能力。

能诱生干扰素的物质主要是：①各种病毒；②人工合成的双链RNA，如聚肌胞（PolyI:C）。其次是：①布氏杆菌、立克次体、结核杆菌等胞内寄生的微生物；②脂多糖、真菌多糖；③吡喃、聚丙烯酸等多聚化合物；④促有丝分裂原（PHA、PWM、Con-A）；⑤某些特异性抗原等。

(3)干扰素抗病毒作用的机制：干扰素的抗病毒作用不是直接杀伤病毒，而是通过细胞产生抗病毒蛋白来抑制病毒的增殖。干扰素首先作用于邻近正常细胞膜上的干扰素受体，两者结合使编码抗病毒蛋白的细胞基因活化，继而合成抗病毒蛋白，使细胞处于抗病毒状态。干扰素具有：①广谱性：对所有的病毒几乎都有抑制作用；②种属特异性：仅对产生该干扰素的同种系细胞起作用，对异种系细胞无活性；③间接性：无直接灭活病毒的作用等特点。

(4)干扰素的生物学活性：干扰素具有以下生物学活性：①抗病毒作用。在病毒感染早期，感染细胞能迅速产生干扰素，中断受染细胞的病毒感染，又能作用到邻近细胞，阻止病毒在细胞内增殖，限制病毒的扩散。因而在抗体还未产生之前，干扰素是抗病毒感染的重要因素。②抗肿瘤作用。干扰素对迅速分裂的肿瘤细胞有抗分裂作用，但不影响正常细胞的分裂，故干扰素具有抗肿瘤作用。③免疫调节作用。干扰素对免疫细胞具有调节作用，它能活化NK细胞和TC细胞，增强其杀伤靶细胞的能力。

（二）特异性免疫

病毒具有良好的抗原性，侵入机体后在非特异性免疫的基础上，能诱导机体产生正常的免疫应答，即特异性免疫，包括体液免疫与细胞免疫，有助于病毒感染的恢复并防御再次感染，对机体起一定的保护作用。

1. 体液免疫的保护作用 机体受病毒感染或接种病毒疫苗后，体液中出现各种特异性抗体，其中具有保护作用的主要是中和性抗体，它是由病毒衣壳或包膜上的抗原刺激机体产生的。中和抗体包括IgG、IgM、IgA三类，这些抗体可与病毒表面抗原结合，阻止病毒对细胞的吸附与穿入，使细胞得到保护免受病毒的感染。存在于细胞外液中游离病毒的消除主要是靠上述中和作用，在补体参与时中和作用可大大增强。此外，细胞外液的病毒与相应抗体结合后可经调理作用，促进吞噬细胞对病毒的吞噬。包膜病毒体与相应抗体结合后可激活补体，经类似溶细胞作用的方式将包膜病毒体溶解破坏。对进入细胞内的病毒，也可经特异性抗体与感染细胞

（其表面带有病毒的抗原）结合，通过激活补体，发挥溶细胞效应；激活NK细胞、中性粒细胞等，发挥ADCC效应，将病毒感染的细胞破坏。

2. 细胞免疫的保护作用　中和抗体仅能消除细胞外液中游离的病毒，对细胞内的病毒不能发挥作用，对进入细胞内的病毒必需依靠细胞免疫清除，其主要机制是通过致敏T细胞的效应作用。致敏T细胞主要是TC细胞与TH细胞，TC细胞可直接杀伤或破坏表面带有特异病毒抗原的靶细胞（即受病毒感染的细胞），此类杀伤受MHC-I类抗原限制。TH细胞与受染细胞再次接触后，可释放多种淋巴因子，如TNF、IFN、IL-2等，发挥直接杀伤、活化吞噬细胞与NK细胞等，破坏病毒感染细胞，终止感染。

九、病毒感染的实验室检测

病毒感染十分常见，病毒性感染的检查不仅用于临床确定诊断，也可用于流行病学调查，为病毒性疾病的预防和治疗提供科学依据。但由于病毒分离培养所要求的条件较高，传统的血清学检测既费时又费事，远不能满足临床需要。近年来，由于许多新技术在病毒学中的应用，建立了快速诊断方法，为病毒感染的诊断提供了方便。

（一）标本的采集

标本的正确采集与迅速送检是病毒感染诊断成功的关键。

1. 标本的采集　依据临床症状、病期及检测的目的为采取不同的标本。标本采集的原则和要求：

⑴早期采集：病程初期或急性期采取标本，标本中含病毒量多，易于检出，故病毒分离标本最好在发病的1～2天内采取。

⑵由感染部位采集：呼吸道感染采取鼻咽部分泌物（如采取鼻咽洗漱液）及痰液，肠道感染采取粪便，皮肤感染采取局部渗出液，脑内感染采取脑脊液；此外，还可采取血液、尿液、唾液、宫颈及阴道分泌物、脱落细胞和活体组织等。

⑶严格无菌操作：采集标本时应严格无菌操作，避免杂菌污染标本。

⑷血清学诊断标本的采集：应在发病初期和病后2～3周内各取一份血清，双份血清同时进行检测，如抗体滴度升高4倍以上才有诊断意义。

2. 标本的处理　采取的标本应置入无菌器皿立即送检。对本身带有杂菌的标本，如粪便、咽漱液和痰液等应进行抗生素除菌处理，多用高浓度的青霉素、链霉素和庆大霉素等。对组织细胞标本，有时要将其研磨及用胰酶消化。对不能立即送检的标本，应置入含抗生素的50%甘油缓冲盐水中，低温下保存送检。若暂时不能检查或分离培养时，应将标本存放在-70℃低温冰箱或液氮罐内保存。

为了提高病毒及其成分的检出率，可对标本进行离心沉淀，即先用低速离心去沉渣，取上清液再行高速离心沉淀，这样可将病毒浓缩集中，提高检出率。

（二）病毒体的检测

1. 镜检　在光镜或电镜下，尤其是在电镜下，不仅能直接观察及检测病毒的形态与结构，也能鉴定病毒。如采用免疫标记法，可提高镜下检出率。此外，观察细胞内有无包涵体的出现，也是检测病毒感染的指标之一。电镜下观察病毒常用磷钨酸进行负染色。镜检是快速检测病毒的方法之一。

2. 分离培养与鉴定　由于病毒只能在活细胞内复制增殖，所以应根据病毒的不同，选择敏感动物、鸡胚或离体组织与细胞，分别进行动物接种、鸡胚接种、组织培养或细胞培养来分离培养病毒。目前，实验室最常用的是细胞培养，常用的细胞有原代细胞、二倍体肾细胞、传代细胞细胞等。病毒在细胞中增殖的指标有：①细胞病变效应（CPE）。多数病毒在细胞内增殖，可引起细胞形态学改变，称为细胞病变效应。常见的病变为细胞变圆、坏死、溶解和脱落，有的细胞内出现包涵体，如狂犬病毒。②红细胞吸附现象。流感病毒和副流感病毒感染的细胞膜上出现病毒基因编码的抗原，可以与红细胞结合。若向培养瓶内加入红细胞，可见红细胞吸附于细胞膜上，这种现象称为红细胞吸附现象。

新分离的病毒，根据临床症状和病毒的特性（包括易感宿主动物范围、细胞病变特征与红细胞吸附现象等），即可初步鉴定病毒的科属。进一步分型需用特异性抗体进行血清学鉴定。

（三）病毒抗原与相应抗体的检测

由于免疫学技术的发展和应用，不仅可以检测病毒的各种抗原，而且还可检测病毒抗原相应的特异性抗体。免疫荧光、免疫酶、放射免疫、蛋白印迹技术、中和试验、红细胞凝集试验、红细胞凝集抑制、间接血凝试验等技术和方法，均可用来检测病毒的各种抗原以及相应的抗体，作为病毒性感染的诊断、辅助诊断或病情与病程分析的指标。尤其是酶联免疫吸附试验，因其具有简便、快速、灵敏和特异性高等特点，已广泛用于多种病毒抗原及相应抗体的检测。

（四）病毒核酸的检测

1. 病毒核酸杂交技术 利用双链DNA可解离和重组合的性质，将一条已知的单链DNA标记上同位素作为探针，与待检标本中的病毒核酸（与探针DNA同源或部分同源）进行核酸分子杂交，这种方法称为病毒核酸杂交技术。此法可测病毒的DNA，也可测病毒的RNA。目前，常用的核酸杂交技术有斑点杂交法、Southerm吸印法和Northerm吸印法等。病毒核酸杂交技术的主要用途是：①检测血或组织细胞中的病毒核酸；②观察血清或组织细胞中病毒核酸的分子质量大小；③用于细胞内基因的定位及细胞内核酸的定性与定量等。核酸杂交技术比电镜、免疫电镜、免疫酶标等方法更为特异、敏感和快速。

2. 多聚酶链反应 多聚酶链反应（polynerage chain reaction，PCR）是一种体外基因扩增方法。先将目的DNA变性为单链模板，加两个人工合成的与已变性的单链DNA模板互补的引物。在DNA聚合酶催化（72℃）下，将单核苷酸从引物3'端开始掺入，沿模板5'→3'方向延伸，合成DNA新股。标本中只需有少量基因组DNA，经放大后（可放大上万倍）即能检测出病毒序列。

此种方法比核酸杂交法敏感、快速，目前已应用到AIDS，甲型肝炎、乙型肝炎、丙型肝炎等病毒感染的诊断中，取得了较好的效果。

十、病毒性感染特异性预防与治疗

（一）人工主动免疫

实践证明，应用疫苗接种的人工自动免疫法，可以达到预防多种病毒性疾病的目的。

（二）人工被动免疫

常用的人工被动免疫制剂有各种疾病血清有一定效果。

（三）病毒感染的药物防治

1. 抗病毒药物的作用靶位和机制 但由于病毒结构简单，仅由一种核酸RNA或DNA和蛋白质组成，缺乏完整的酶系统，有严格的寄生性，必需依靠宿主细胞的功能而复制。病毒只能在敏感的细胞内培养或感染易感机体。抗病毒药物的特点是必需通过细胞膜进入细胞，始可作用于病毒。不少抗病毒物质对细胞或机体有毒性作用，限制了抗病毒药物的发展。有效的抗病毒药物必需是既能防止病毒吸附于宿主细胞表面，又能特异地抑制病毒复制中的某些需要步骤。理想的药物应当不影响动物机体细胞的代谢而发生作用。但是，由于许多代谢步骤为病毒和细胞的功能所共有，所以很难研制出一种无毒的抗病毒新药。许多抗病毒药物在体外细胞培养中虽然是病毒复制的强抑制剂，但在动物体内却有毒性。

不同的抗病毒药物其作用机制不尽一致。一般情况下，通过以下9种方式抑制或杀灭病毒：①抑制病毒吸附；②抑制病毒穿入；③抑制病毒脱壳；④抑制病毒核酸转录；⑤抑制病毒核酸复制；⑥抑制病毒蛋白合成；⑦促进机体抵抗力、诱生干扰素；⑧抑制病毒装配；⑨阻断细胞受体。其中，抗病毒药物抑制病毒核酸复制时，通过下列形式体现：①抑制病毒DNA合成模板；②掺入病毒核酸；③抑制病毒DNA或RNA多聚酶；④抑制病毒逆转录酶；⑤抑制病毒胸苷激酶；⑥抑制病毒肌苷单磷酸脱氢酶；⑦抑制病毒mRNA帽。

2. 抗病毒的化学制剂 由于病毒只能在细胞内增殖，因此，抗病毒药物必需能穿入细胞，并选择性地抑制病毒在细胞内的复制而不或少损害宿主细胞。所以，理想的抗病毒药是很难制备的，这就给病毒感染的治疗带来了困难，至今国际上仅有数种抗病毒的药物被采用。目前，用于防治病毒感染的抗病毒药物主要有以下几种：

⑴甲基金刚烷胺：金刚烷胺的衍生物，效果与金刚烷胺相似，但毒性较小，人医临床用于预防或早期治疗甲型流感有效。在甲型流感流行时可降低发病率，早期治疗也可缩短病程或减轻症状。金刚

烷胺的作用，主要是抑制病毒脱壳。金刚胺及其衍生物金刚胺类药物。主要包括金刚烷胺（amentadine）和甲基金刚烷胺（rimentadine）两种。它们作用于细胞和病毒膜蛋白的融合，防止病毒入侵宿主细胞，或阻断其脱壳过程，但不能抑制病毒吸附或穿入细胞。有研究者认为，药物作用于流感病毒甲型第7片段编码的病毒膜蛋白（M）和血凝素。流感甲型病毒经胞饮进入感染细胞后，由ATP泵使局部pH降低至5.0～5.5，引起病毒血凝素蛋白HA多肽末端构型变化，与细胞内膜融合。金刚烷胺对胞内膜有缓冲作用，使pH不降低，抑制细胞内膜和流感甲型病毒蛋白融合。在细胞培养中，应能防止某些黏病毒、副黏病毒及披盖病毒的污染。兽医临床上常用于猪流感的防治。但据报道用金刚烷胺防治产蛋鸡流感时，易致鸡产蛋率下降。在人医上常用其防治人的流行性感冒。

⑵病毒唑：又称利巴韦林。病毒唑为核苷类似物，类似鸟苷，为细胞激酶磷酸化，其主要有三方面的作用：①抑制肌苷单磷酸脱氢酶（IMP），使鸟苷单磷酸（GMP）的合成受到抑制，细胞内鸟苷储存迅速降低，使细胞缺少合成病毒DNA和RNA的基质；②病毒唑三磷酸抑制流感病毒的RNA多聚酶，抑制RNA启动子-5'端帽，抑制病毒RNA合成，对流感病毒效果较强；③病毒唑三磷酸可改变信使RNA的5'端帽。在兽医临床上，病毒唑常用作腺病毒、疱疹病毒、流感病毒、副流感病毒、呼吸道合胞病毒、痘病毒等的感染性疾病的防治，但其对机体细胞有一定毒性，不可长期使用。

⑶焦磷酸化合物磷甲酸钠（foscamet）：焦磷酸类似物，它与病毒在焦磷酸结合部位非竞争性地抑制疱疹病毒DNA多聚酶，抑制多种脱氧核苷三磷酸，作用于PFA中心磷分子的3'-OH末端，阻断3'-5'磷酸二酯键，使核酸不能延伸。非竞争性地抑制逆转录病毒的逆转录酶，作用于依赖于RNA的DNA及基质和模板。磷甲酸钠主要抑制疱疹病毒、嗜肝DNA病毒及逆转录病毒，兽医临床上常用于防治猪伪狂犬病等。

⑷缩氨硫服靛红氨硫脉（IBT）：痘病毒的一种强抑制剂，也对某些腺病毒有效，主要干扰晚期的病毒密码mRNA转译。在兽医临床上，可试用于防治猪痘等疾病。在人医上，国外常用于治疗人的天花病。

⑸其他抗病毒的化学药物：利福霉素、托利普霉素、曲张链丝菌素对某些痘病毒及肿瘤病毒显示有抗病毒活性，但对机体细胞有毒。嘌呤霉素、放线菌酮、对一氟苯丙氨酸等，能抑制病毒及细胞蛋白质的合成，也能抑制细胞培养中的病毒复制，但因毒性较大而失去实用价值。曲氟尿苷（抑制痘病毒、某些腺病毒）、丙氧鸟苷（抑制巨噬细胞病毒）、贵苷洛韦（抗疟疾病毒）、碘苷（抑制疱疹病毒、痘病毒）等均有一定的抗病毒谱，在人医上有一定应用，但尚未在兽医临床上推广。左旋咪唑作为一种宿主抵抗力的调节剂特别是作为细胞介导免疫的刺激剂而在抗病毒的作用上大有希望。

3. 抗病毒感染的生物制剂　干扰素（interferon，IFN）：IFN是一组由病毒或其他诱生剂使生物体细胞产生的分泌性糖蛋白，具有抗病毒、免疫调节及抗增殖作用，因而抑制病毒的生长，它的作用反映于机体非特异性和特异防御机制。干扰素有天然干扰素及基因工程干扰素两种。干扰素不能直接灭活病毒，它主要作用于细胞受体，使细胞内产生抗病毒蛋白，以阻断细胞内的病毒复制。针对不同宿主细胞和不同病毒，IFN可通过抑制病毒进入宿主细胞，阻止其脱壳、mRNA的合成或甲基化，阻止病毒蛋白的翻译或病毒装配和释放等作用而抑制病毒生长繁殖。另一方面，IFN作用于机体免疫系统，包括增加前炎性细胞因子的产生，增强（低浓度）或抑制（高浓度）抗体生成，增强NK细胞活性，增强巨噬细胞的吞噬作用和溶细胞作用，抑制巨噬细胞移动，增强细胞表面MHC抗原的表达，增强细胞毒T淋巴细胞的溶解作用，增强IgE介导的组胺释放及淋巴细胞和辅助细胞Fe受体表达，以及干扰激素与某些毒素在细胞膜上神经节苷脂受体的附着等。总之，IFN通过其直接抗病毒作用和对免疫反应的调节作用，而有利于病毒感染的减轻或消除。目前，利用干扰素治疗猪瘟的研究在四川已有一定结果，认为对患猪瘟病的猪具有治疗作用，但因药物成本与动物价值的矛盾而运用较少。

IFN具有广谱抗病毒作用，常用的为白细胞产生的IFN，其副作用小。IFN可用于某些病毒性疾病的预防和治疗，若与Ara-A联合应用能增强疗效。人医干扰素滴鼻可预防流感。干扰素诱生剂具有广谱抗病毒、诱生干扰素和免疫促进作用。最有效的干扰素诱生剂是一种人工合成的双股RNA，是由聚肌苷酸和胞苷酸构成的PolyI：C或称聚肌胞。近年来发现，二乙氨基乙基葡聚糖（DEAF-dextran）、新霉素和中草药黄芪等能加强PolyI：C的作用，故又称为PolyI：C增效剂。

（四）抗病毒感染的中草药

经实践发现，中医中药在防治病毒感染方面有一定的效果，尤其是在提高机体抗病能力方面有其独到之处，有着广阔的研究前景。目前，已知板蓝根、大青叶、贯仲、螃蜞、冬虫夏草、苍术、艾叶等中草药对多种病毒包括呼吸道病毒、肠道病毒、虫媒病毒、疱疹病毒等都有抑制作用，其作用机制尚在研究之中。

第一节 猪瘟（classic swine fever, CSF）

猪瘟是由病毒引起的一种急性热性全身性败血性传染病，各种年龄猪只均可发病，病程从急性到慢性等多种多样。一年四季流行，传染性极强，具有高的发病率和死亡率，一旦发生具有毁灭性，严重地威胁养猪业的发展。

猪瘟俗称“烂肠瘟”，美国称为猪霍乱（hogcholera），英国为猪热病，欧洲一些地区的人称为古典猪瘟。我国是世界上养猪最多的国家，历来十分重视猪病的防制和研究。在猪病中，猪瘟是危害最大、最受重视的一种病。目前，猪瘟的临床表现形式有急性、亚急性、慢性、非典型性或温和型、繁殖障碍型等多种，不同的临床症状给诊断带来很多的困难。猪瘟至今仍是养猪业威胁最严重的传染病之一，当前应是猪病防控的重大问题之一。

1833年首先在美国等地发现，1903年证明猪瘟的病原体是病毒。本病自发现以来，广泛流行世界各地，传染性极强，高的发病率和死亡率，一旦发生具有毁灭性；目前具有绵延性，是当前世界上危害养猪业最严重的传染病。本病的病原学、流行病学、临床症状、病理变化、混合与并发感染疾病的种类以及防制等诸方面都有了新的变化；诊断与预防的难度增大，向我们提出新的挑战，对本病的研究亦取得实效性新的进展。猪瘟在我国曾有广泛流行，20世纪50年代后期使用猪瘟兔化弱毒苗后，该病的发生曾得到一定的控制。但近20年来，非典型性猪瘟发病增多，仔猪发病的报道也趋多见。猪瘟是国际兽医卫生组织（OIE）法定必检的A类16种传染病之一。要求各会员国有义务报告疫情，按规定检疫和遵守国际交换的有关规定。在我国被列为一类传染病。据联合国粮农组织和国际兽疫局1982年《动物健康年鉴》记载，北美、北欧已有21个国家宣布消灭了猪瘟。我国基本控制了本病的流行。

一、病原学

猪瘟病毒是黄病毒科（Flaviviridae）、瘟病毒属（Pestivirus）的一个成员。其与牛病毒性腹泻病毒（bovineviraldiarrheavixus，BVDV）及羊边界病病毒（Borderdiseasevirus，BDV）同属。猪瘟病毒与牛病毒性腹泻病毒之间，基因组序列有高度同源性，抗原关系密切，既有血清学交叉反应又有交叉保护作用。病毒粒子呈球形，直径40～50nm，二十面体对称，其芯髓直径29～30nm，有囊膜，囊膜上有6～8nm长的纤突。浮密度为1.15～1.16g/mL，等电点4.8，沉降系数140～180S。猪瘟病毒为有囊膜的核糖核酸（RNA）病毒，毒粒直径40～50nm，有二十面体对称的核衣壳，内部核心直径约30nm，病毒粒子略呈圆形，具有脂蛋白囊膜，病毒囊膜表面有6～8nm长的纤突。猪瘟病毒核酸为单股正链RNA，具有感染性。猪瘟病毒含有4种结构蛋白，从N端到C端依次为P14、E0、E1和E2。P14为非糖基化核衣壳蛋白，分子质量为36kDa。后3种为糖蛋白，其中

gp55（E1）是病毒的主要囊膜蛋白，携带能刺激病毒中和抗体产生的抗原位点，在感染细胞病毒中它能形成具有疏水性gp26的二硫化物桥的二聚体，后者在病毒囊膜上固定gp55蛋白。gp44/gp48（E2）也能形成同源二聚体，在介导中和反应方面可能起作用。gp33（或称E3）是一种小的糖蛋白，类似于牛病毒性腹泻病毒的糖蛋白gp25，它可能是一种转膜蛋白，在细胞外常与gp55形成二聚体。病毒分布于病猪机体内各种组织器官和体液，其中以血液、淋巴结、脾含毒量最高。每克含毒量可达数百万个猪最小感染量，病毒还可通过母体胎盘感染给胎儿。急性型病猪全身各个器官和组织均含有病毒，只是含毒量的高低不同。病毒随口、鼻、眼分泌物和粪、尿等向体外排出、散播。有的猪在感染后24～48h，在未出现症状前就能排毒。有的猪病愈后5～6周，仍可带毒和排毒。排毒和带毒时间的长短，因毒株毒力的强弱和病程的长短而有所不同，但也不能排除与机体的状态有关。感染强毒株的猪，在10～20天内向体外大量排毒。而新生仔猪感染低毒力毒株后，则以短期排毒为特征。慢性感染猪则能不断地排毒或间歇排毒，直至死亡。上述各类猪所散播的大量病毒，不断地污染周围环境，是导致猪瘟持续发生的主要原因。

猪瘟病毒能在猪源的原代细胞和传代细胞上生长。这些细胞包括骨髓、淋巴结、肺、白细胞、肾、睾丸、脾等组织细胞以及PK-15、IBRS-2等传代细胞，但不能使细胞产生病变。在不能使细胞产生病变的情况下，却能在细胞中长时间存活，并不断地复制。在猪源白细胞培养物内，病毒至少可连续复制达2个月之久；在仔猪肾细胞上传75代，病毒仍然存活，每次换液，均可收获病毒。中国农业科学院哈尔滨兽医研究所曾用剪碎的猪睾丸组织块，在鸡胚绒毛尿囊膜上培养，猪瘟病毒能进行复制，曾继代至第八十四代；如不加猪睾丸组织，则猪瘟病毒不能生长。感染猪瘟病毒的细胞，用电子显微镜观察，可见粗面内质网的膜距变宽，以至呈现空泡化，并能诱导产生簇状聚核糖体。猪肾细胞是最常用于培养猪瘟病毒的细胞，毒复制部位限于细胞浆，且不产生细胞病变。在细胞培养中，猪瘟病毒通过培养液、胞浆桥传播到相邻细胞，或由母细胞传子细胞，病毒在细胞浆内膜上成熟。

因猪瘟病毒不能使细胞产生病变，通常用免疫荧光技术检查病毒在细胞内的复制情况。病毒抗原存在于细胞浆内，接种后6～8h即可检查出来。适宜于细胞培养的病毒株，潜伏期短、毒价高。猪瘟病毒能在猪睾丸细胞上增强新城疫病毒的细胞病变。利用这种现象，可检查猪瘟病毒是否增殖、在细胞上检查猪瘟病毒滴度和进行中和试验，称为END试验。而此法只能检查野毒，对兔化弱毒无效，也不是特异的。

猪瘟病毒在细胞内的繁殖过程机理：病毒吸附于敏感细胞，形成内吞泡进入细胞浆内，黑暗期约1h。脱衣壳的病毒基因组RNA可作为mRNA合成非结构蛋白，即先翻译产生对RNA复制所必需的酶类。在受染细胞内合成两种正链RNA、495病毒RNA和26SmRNA，它们均是从病毒RNA的全长拷贝（负链）转录的。26SmRNA与495病毒RNA的3’OH端1/3是相同的。26SmRNA编码结构蛋白，而49SmRNA翻译非结构蛋白。与小RNA病毒一样，26SmRNA作为一种单顺反子的mRNA产生一种多聚蛋白，后通过自身或细胞蛋白酶的切割活性，首先切出衣壳蛋白，然后是其他的结构蛋白。外膜蛋白糖基化后，通过内质网和高尔基氏体搬运到胞浆膜，成为一种穿膜蛋白。核衣壳蛋白则能识别插入的位点，最终包装成毒粒，最后由细胞表面芽生释放出病毒。在细胞感染5～6h后，就有病毒从细胞中释放出来，在一个生长周期内，病毒滴度呈对数性增长，并一直持续到感染后15h。此后几天内，病毒的产生仍保持在较高水平。在细胞培养过程中，病毒通过培养液和细胞间桥传到邻近细胞，同时由母代细胞传向子代细胞。

猪瘟病毒除对猪（包括野猪）有致病性外，对其他动物无致病性。能一过性地在牛、山羊、绵羊、兔、豚鼠和小鼠体内增殖，但不能致病，被接种动物能产生中和抗体，同居的动物（包括易感猪）不被感染。

用科学发展观分析猪瘟病毒变化规律是诊断防制根除本病理论依据，现将国内外学者的试验与论述摘录供读者参考。猪瘟病毒的毒力：不同毒株的CSFV抗原性、血清学特性、毒力特性差别，特别是野外的CSFV毒力和致病性差别更大。不同毒株的CSFV除了抗原性、血清学特性的区别外，其毒力上也有较大的差别，特别是野外的CSFV毒力和致病性差别更大。

猪瘟病毒没有型的区别，只有毒力强弱之分。目前，仍认为本病毒只有单一的血清型。自1976年以来，美国、法国、日本的一些学者进行中和试验证明，猪瘟病毒具有不同的血清学变异株，不能完全被特异性抗血清所中和。如美国的331株和法国分离的几株低毒力毒株，对猪的免疫力与弱毒疫苗株不同，通常不能产生完全的中和抗体。尽管已分离到不少变异性毒株，但都在一个血清型之内。

猪瘟病毒有的毒力株不稳定，通过猪体1代或多代后可使毒力增强。低毒力株则常常引起迟发性猪瘟（lateonset猪瘟），并能致猪胎儿和新生仔猪发病死亡。猪瘟病毒毒力的这种不稳定特性，若经猪体传代，毒力可以增强。涂长春等（2004）曾用从甘肃、宁夏、广西和陕西的猪瘟病猪分离的猪瘟病毒进行感染试验，也观察到分离的毒株经猪体多次传代后，感染猪发病时间缩短，但病理损伤基本一致，且不同毒株所致的病理损伤也存在差异。

猪瘟病毒不同毒株间存在显著的抗原差异。根据对单抗的反应可将猪瘟病毒分为两大抗原群，但未发现抗原群与毒力之间的相关关系。不过易被牛病毒性腹泻病毒抗体中和的猪瘟病毒野毒株，毒力都比较弱。国内外都已研制出只与猪瘟病毒毒株而不与牛病毒性腹泻病毒毒株反应的单抗，以及只与猪瘟病毒疫苗弱毒株（C系）反应，而不与猪瘟病毒其他毒株反应的单抗，成为猪瘟病毒毒株鉴定的有用工具。

具有重大意义的是毒力的差异，在强毒株和弱毒株或几乎无毒力的毒株之间，有各种逐渐过渡的毒株。在每次猪瘟流行过程中，都可以见到这种毒力变化的毒株。但目前还没有找出毒力强弱的抗原标志。

长期田间和试验观察的猪瘟病毒免疫原性一致认为，猪感染猪瘟病毒任何毒株后，对其他毒株的再感染，都可获得保护。

毒株间的毒力变化很大：有强、低、无以及持续感染毒株之分。Garbrey等将分离到的135株猪瘟病毒分别接种无特定病原（SPF）猪，据试验结果，将其分为强毒力株为45%、低毒力株为27%、无毒力株为22%以及能引起高滴度病毒血症，但临床上不表现任何症状而能持续感染的毒株为6%等4类。有的毒力性状不稳定，通过猪体1代或多代后，可使毒力增强。根据猪瘟病毒毒力的强弱，Aynaud等（1974）提出，将其分为A和B两个亚群。A亚群为已知的致病性强的毒株，以及由其演变而来的变异毒株（弱毒株），如美国的ALD株，我国的石门系和C株，日本的GPE株等。德国和荷兰报道的低毒力野毒株均属A亚群。B亚群为从自然分离的无毒、低毒、中等毒力的毒株，如以美国的331株为代表的毒株和从各地所谓“温和型”猪瘟病猪上分离到的自然弱毒株。此类毒株在抗原性上，与牛病毒性腹泻病毒的亲缘关系较A亚群密切。日本上条泰雄等（1977）根据与抗牛病毒性腹泻病毒血清中出现中和反应的强弱程度，将猪瘟病毒分为H和B两个亚群、B群毒株能被牛病毒性腹泻病毒的抗血清所中和，为弱毒株，仅能引起慢性猪瘟；H群为强毒株，不能被牛病毒性腹泻病毒的抗血清中和。H群相当于Aynaud等的A亚群，B群相当于其B亚群，不同之处在于Aynaud等将GPE株分属于A亚群，而上条泰雄等将其分属于B群。共同点是上条泰雄等的B群也无强毒株。

变异株的来源据有关文献报道有以下几种情况：

(1)来源于病毒与抗血清共同注射的“减弱活疫苗”病毒。减弱活疫苗中产生免疫压力，在免疫压力下发生选择，在选择压力下产生变异株，而导致慢性和亚临床猪瘟病毒的血清学变异（Aynaud，1974）。

(2)在慢性猪瘟恢复期产生的毒力弱的毒株（Kon，1965）。这是由于猪瘟病毒在特异性抗体存在的情况下仍可复制，可能导致与原病毒群在抗原关系上略有差异，或产生对中和抗体有抵抗性的变异株。

⑶来源于不能获得完全免疫的灭活疫苗。接种猪感染的自然毒株，在选择压力下衍生出变异株。

⑷来源于现代活苗（C株及其衍生系、GPE株、Thiverval株等）。若免疫接种用苗不当，或剂量不足，不能使猪获得完全免疫的情况下，感染的自然弱毒株发生变异。

不同毒株的猪瘟病毒除了抗原性、血清学特性的区别外，其毒力上也呈多样性。野外存在各种各样病原性的猪瘟病毒毒株。特别是野外的猪瘟病毒毒力和致病性差别更大。在野外，并不完全是强毒，引起慢性猪瘟的弱毒株亦常见。病原性和抗原性之间呈相关性。相对于B型（B群）来说，H型（H群）的病原性更强。猪瘟的病型根据病程可分最急性、急性（10d）、亚急性（11～20d）和慢性型（21d以上）。H型（B群）病毒主要引起急性、亚急性猪瘟。根据实验感染测定，多数猪在10d之内，最长病例14天以内死亡。然而，B型病毒主要诱导亚急性、慢性、恢复型、不明显型等多种病型。由于猪瘟病毒的广泛存在，其在自然界存在的方式不明了。而从英、美实行对感染猪进行淘汰的做法使他们取得扑灭猪瘟的成功来看，猪以外的动物持续存在本病毒并介导猪瘟发生的可能性很小。因此，认为猪瘟病毒是通过天然宿主猪而持续存在。猪群内病毒持续存在的方式可能有：①小规模反复发生；②存在有健康带毒；③慢性感染长期带毒；④由于免疫耐受导致持续感染猪的存在。猪瘟病毒在自然界存在的方式有各种各样的可能，但对野外的实际情况了解不多。随着大量疫苗的广泛使用，已证明猪瘟病毒能在免疫的健康猪体内存在，特别是在免疫猪的扁桃腺中存在。这样为病毒的毒力返祖提供了良好的场所。为此目的，对猪瘟病毒在自然宿主猪体的传代进行了研究，发现疫苗毒株伴随继代数的增加，检出病毒的器官增多，毒价也不断上升，这似乎与猪瘟病毒的毒力变化有关。

强毒株引起急性或慢性感染，死亡率高，而中等毒力的毒株通常诱发亚急性感染，新生仔猪感染低毒力猪瘟病毒后，导致慢性或急性感染。同时，这种毒株造成妊娠母猪带毒综合症，产生胎儿的胎盘感染及新生仔猪先天感染、免疫耐受和终身带毒、排毒等状况。

猪感染中等毒力毒株后，其结果在一定程度上取决于宿主的年龄、免疫能力、营养状况等因素，而感染强毒或无毒力的毒株后，宿主因素所起的作用很小。

猪瘟病毒的毒力除有强弱之分外，还有稳定性的变化，即猪瘟病毒毒力有易变的特性。Dunne等报道，猪瘟病毒的毒力不太稳定，因为低毒株经猪传一代或几代后，毒力便增强。临床上猪瘟病毒株毒力的强弱，会造成猪发病的轻、重、缓、急，给生产带来不同的经济损失。因此，毒力是猪瘟病毒最重要的特性之一。随着分子生物学技术的应用，我们对猪瘟病毒的认识开始增加，逐渐了解了NCV许多生物学特性的分子基础。

猪瘟病毒对理化因素及各种消毒药的抵抗力：①对物理因素抵抗力较强。对不同温度变化敏感性高低不一，血液中的病毒在56℃经60min、60℃经10min才能被灭活，在37℃中可存活10天。在室温中能存活2～5个月，在冻肉中能存活 6 个月之久。冻干后在4～6℃条件下可存活1年，在-70℃中保存数年其毒价不变。在腐败的尸体、血液和尿中的病毒经2～3天可被灭活。经日光直射5～9天可被破坏。在骨髓中的病毒能存2个月，即使在腐败的情况下，仍能保持毒力达15天之久或更长，在盐腌的肉中能存活 1 个月。②猪瘟病毒对化学消毒抵抗力，对碱性消毒药最敏感，如苛性钠、煤酚等溶液中能很快被灭活。2%克辽林、2 %苛性钠、1%次氯酸钠溶液于室温条件下，经30分钟能杀死血液中稀释1%的病毒。2%克辽林、3%苛性钠溶液可杀死粪便中的病毒。但存在于以蛋白质为基质的病料中的病毒则对升汞、甲醛、石炭酸等消毒药有较强的抵抗力，5%石炭酸溶液不能杀死该病毒。在血液或组织病料中加含有3%～5%石炭酸的50%甘油生理盐水，在室温下可保存数周，适用于送检病料的防腐。猪瘟病毒对乙醚、氯仿、去氧胆酸盐敏感，能被其迅速灭活。猪瘟对胰蛋白酶有中等程度的敏感性。二甲基亚砜（DMSO）对病毒囊膜中的脂质和脂蛋白有稳定作用。在10%二甲基亚砜溶液中的猪瘟病毒，对反复冻融有耐受性。猪瘟病毒在

pH值5～10的条件下较稳定，过酸或过碱均能使其灭活、迅速丧失感染性。猪瘟病毒不能凝集任何动物的红细胞。

二、流行病学

（一）易感动物

⑴猪：猪是目前本病唯一的自然宿主，在自然条件下，猪具有较强的易感性，野猪亦可感染。各种品种的猪对猪瘟病毒都易感，不同年龄和性别的猪均可感染，易感性差别不大。但一般认为优良纯种和改良种，以及仔猪易感性较强而且与猪的性别、营养无关。各种不含母源抗体的非免疫猪不分大年龄小均易感。但在目前猪瘟疫苗免疫注射的猪群中，仔猪更易感。

⑵黄牛和绵羊：人工实验证实，可使异种动物感染，黄牛和绵羊接种病毒后，病毒在血液中可持续2～4周，有传染性，体内可在一定时期内保毒，但无临床症状。如以10～100mL猪瘟病毒接种黄牛和以5～l0mL接种绵羊或山羊后，病毒在体内能存活2～3周，血毒对猪仍具有传染性。

⑶兔：病毒在兔体内可连续传代，经多代次连续传代后，可适应兔体而在其体内复制，并能引起体温升高，产生定型热反应。对猪的毒力明显减弱，已不能使猪发病，但仍保持良好的免疫原性，如我国的猪瘟兔化弱毒株（C株），已用其作为制造疫苗的种毒。

（二）传染源

分析当前猪瘟传染源时应注意下述情况，在控制与净化猪瘟时需多方追索传染源在猪群中存在的可能，因为猪瘟传染源具有多样性。

⑴病猪是最主要的传染源，急性型病猪全身各个器官和组织均含有病毒，只是含毒量的高低不同。以脾脏和淋巴结含毒量最高，其次为血液和肝脏。病毒随口、鼻、眼分泌物和粪、尿等向体外排出、散播。有的猪在感染后24～48h，在未出现症状前就能排毒。有的猪病愈后，5～6周仍有带毒和排毒现象。排毒和带毒时间的长短，因毒株毒力的强弱和病程的长短而有所不同。感染强毒株的猪，在10～20天内向体外大量排毒。

⑵病毒携带猪：应包括病后带毒猪、潜伏期带毒猪和隐性感染猪，均可成为传染源。当前病毒的储存宿主，主要是亚临床感染的“带毒母猪”，大量的病毒可通过“带毒母猪”产下的仔猪进行传播。由于猪瘟病毒广泛存在于母体、胎儿和胎盘及子宫分泌物中，所以分娩母猪随产仔大量向周围环境散播病毒。

据报道带毒母猪可以达到猪群内全部妊娠母猪的10～43%。从流行病学观点看，刚出生的隐性先天性感染仔猪是全部感染猪中最危险的传染源。这些仔猪可能排毒4～6个月，甚至终身，而不呈现病状或不产生免疫应答或产生免疫偏离。

仔猪出生后感染低毒力或中等毒力毒株，也可导致带毒状态，所以，慢性感染猪和持续性感染猪的存在是造成猪群中猪瘟长期流行的主要原因。据我国王在时（2002年）报道近5年，对从8个省、市的19个猪场采取的15 736份样品，检查猪瘟带毒情况，结果表明：带毒猪1 822头，带毒率46.1%～30.7%，平均为11.58%。持续感染母猪的血清中检测不到抗体或者只有低水平的抗体，而且加强免疫不能使其猪瘟抗体水平提高，流产胎儿经PCR检测猪瘟抗原呈阳性结果。潜伏感染的种猪，猪瘟抗体水平偏高，通常较常规免疫抗体高两个滴度以上。

⑶先天感染带毒仔猪和无临床症状的持续感染猪，这些猪不易被发现，而终身排毒，有的存活150天左右，成为当前猪瘟最重要的传染源。

⑷新生仔猪感染低毒力毒株后，则以短期排毒为特征。慢性感染猪则能不断地排毒。间歇排毒，直至死亡。上述各类猪所散播的大量病毒，不断地污染周围环境，是导致猪瘟持续发生的主要原因。

⑸在血清中有中和抗体的猪可带猪瘟病毒，构成潜在的传染源，丘惠森试验证实了这一点。

⑹淘汰的带毒母猪、屠宰肥猪中的带毒猪、急宰的猪瘟病猪，因我国尚无对其检测猪瘟抗原的指标，又未经无害化处理，故可散播猪瘟病毒，使易感猪也能受到感染。

⑺被猪瘟病毒污染的饲料、饮水、饲养工具、运输工具，饲养人员、管理人员、参观者、屠宰人员以及与病猪直接接触人员的工作服、鞋等如未被彻底消毒都可成为传染媒介。猪瘟病毒在冷藏条件下的猪肉和肉制品中能存活几个月，在冷库结冻猪

肉中存活可达数年。在火腿中能存活100多天。所以屠宰病猪的血液、脏器、肌肉和废料、废水不经灭毒处理，也可大量散播病毒，造成猪瘟的发生和流行。

据研究，猪感染猪瘟病毒后，在出现症状前和整个病程中都可经口、鼻、眼泪、尿、粪便向外大量排毒，直到猪死亡；康复猪在产生特异性抗体之前仍可排毒；新生仔猪感染低毒力毒株后，则以无临床症状、免疫耐受和终身排毒为特征；带毒种猪或带毒后备猪（包括种公猪）均能终身排毒，在配种或产仔时更是大量排毒、传播。因此，我们应当认识到无临床症状的带毒猪和持续感染猪是当前本病最危险的传染源。强毒株感染特点是通常比中等毒力或低毒力株在猪群中传播快，此为流行病学分析时判定强毒株、中等毒力株、低毒力株感染的依据之一。

（三）传播途径

⑴水平传播感染：主要传播途径是病毒经易感猪消化道由口腔经扁桃体，或经呼吸道黏膜、生殖道黏膜、眼结膜、皮肤擦伤直接接触等方式进入组织水平传播感染。

⑵胎盘垂直感染：怀孕母猪受低毒力毒株感染后，其本身并不表现临床症状，但病毒可经胎盘感染胎儿，造成猪的持续感染。据Matumoto（1969）报道，猪瘟病毒的持续感染属于慢性病毒感染型，此型感染是通过病毒在宿主体内长期存在的机制，进而导致对新宿主的长期连续性感染或间断性感染。患持续感染的仔猪，在出生后的头几周与非感染的同窝仔猪相比，在外表上无任何差异，但它们可以将病毒传给同窝非感染仔猪。这种猪在流行病学上更具危险性。

既往猪瘟的流行主要是猪瘟病毒在易感猪之间传播而引起，其次才是由其他方式传播而发病。当前胎盘垂直传播和持续感染带毒猪与易感猪的直接接触则是规模化猪场群体暴发猪瘟时传播的主要方式。即在自然条件下多数病例是以上述一种或几种途径传播的。农村乡镇城郊个体饲养者的猪群发生猪瘟除上述原因之外，主要是病死猪尸体处理不当，或随意将尸体投放野外、田间，由家犬采食而使病毒散布污染周围环境。

（四）流行特征

本病一年四季均可发生，没有明显的季节性。然而受气候条件等因素的影响，以春、秋两季较为严重。易感猪群初次受到猪瘟病毒侵袭时，常引起急性暴发，先是一头或几头猪发病，呈最急性经过，突然死亡。继之病猪不断增加，1～3周达到流行高潮，多数病猪呈急性经过和死亡，发病率与死亡率在90%以上。此后逐渐趋向低潮，病猪多呈亚急性或转为慢性。病的后期常继发沙门氏菌和巴氏杆菌感染，加剧猪瘟病程。如无继发感染，则少数慢性病猪经1个月左右死亡或恢复，流行终止。

（五）当前发生特点与流行动态

20世纪70年代后期以及80年代以来猪瘟的发病特点和流行形式发生了很大变化，而且这种变化是世界性的。

首先，流行形式已从原来尚未研制出有效疫苗时，频繁大规模的发生流行和高致死率，转变为周期性、波浪式的区域性散发流行等。疫点显著减少，多局限散发于某些地区、某些猪场的所谓“猪瘟不稳定区”。从典型性转为非典型性（亚临床型）、温和性（病毒血清型变异，免疫失败等造成）。从单一的传染病转为多种传染病混合感染，如2001年、2002年出现猪瘟和流感混合感染，出现病毒病、寄生病虫和细菌病多重感染，猪瘟和附红细胞体病并发等，给疾病的诊断和治疗带来麻烦。

由于防制措施的认真实施，猪群预防接种弱毒苗的广泛实施，使绝大多数猪只获得了不同程度抗猪瘟抗体。病原变异、毒力减弱，动物抗病力增强，以及环境条件的改变等多种因素的影响，致使原来曾暴发流行且死亡率高的流行转为缓慢，并表现为散发。目前很少出现暴发和大流行，而出现了以繁殖障碍为主的综合征。表现为温和性猪瘟（非典型猪瘟）与持续感染。

姚龙涛（2000年）报道，对105个猪场免疫后进行猪瘟抗体检测，检测血清样本4 965头份，间接血凝抗体合格率为76.8%（＞1/64）。送检病料的105个猪场，酶标法直接检测猪瘟野毒感染的阳性场达60个，阳性率为58.3%，被检样本302份，阳性140

份，阳性率46.4%。在上述检测到猪瘟野毒的阳性猪场，都有非典型猪瘟的发生和流行。

由于大规模实施猪瘟疫苗的计划免疫，在集约化猪场里，已基本消除了种猪和生长猪的临床发病病例。但在一部分猪场中，种猪的亚临床感染依然存在，有持续感染和潜伏感染两种表现，前者表现为繁殖障碍（死胎、流产）和两周龄内的仔猪发病死亡，后者主要表现在保育期仔猪的发病死亡。据估计，我国每年因猪瘟死亡的猪占病死亡猪的30%左右。

吕宗吉等曾对我国16个省、市、自治区的48个猪瘟流行疫点进行过疫情统计，利用RT-PCR方法和荧光抗体染色法检测出猪瘟的发病率达41%～44%。甘、宁、青三省区2000年统计猪瘟发病率为21.79%。虽然许多猪未表现出临床症状，但可能是感染温和型或低毒力株猪瘟病毒而呈潜伏感染。周斌（2004）报道：据2003年下半年至2004年3月份的统计，从江、浙、皖、沪、闽四省一市送检的25个猪场的106份病料中，通过RT-PCR技术检测，发现19个猪场的65份病料中检出猪瘟病毒，其中有的猪场猪瘟的发病率很高，占易感猪的80%以上，有的猪场流行时间已久，反复感染长达数年。刘军，杨本勇（2003）报道辽宁省猪瘟流行病学情况，从20世纪60年代区域性流行，变为近年局限性零星散发，或仅在某一个场、某一个圈舍发生，一般不出现大面积的发生和流行。发病日龄趋向于仔猪，一般在3～60日龄，成年猪及母猪较少见。

目前猪瘟流行初期最急性型和急性型很少见，多出现亚急性型和非典型猪瘟，而流行速度趋向缓和，流行范围局限化，以往的那种省、市、县、乡大流行已不复存在，多数为局部地区的村屯，以户为单位散发居多，一户的猪群不一定个个猪都发病，而是群体中一个或几个猪发病，其他猪安然无恙。大型猪场很少有猪瘟流行，一旦发生猪瘟往往是一栋猪舍内的几头猪发病，常常表现为母猪流产，出现弱仔、死胎、木乃伊胎或仔猪发病等。

在发病特点上，出现了所谓非典型猪瘟、温和型猪瘟和无名高热，甚至隐性猪瘟。临床症状显著减轻，发病率不高，病势较缓和，潜伏期及病程较长，死亡率较低，多呈散发，中、小型猪及哺乳仔猪死亡率较高，成年猪较轻或耐过（隐性带毒），有时还可以在注射过疫苗的猪群中发生。病理变化也不特征，以至于必需依赖实验室诊断才能确诊。同时出现了猪瘟病毒的持续性感染（亚临床感染）、胎盘感染，初生仔猪先天性震颤（抖抖病）和妊娠母猪带毒综合征（母猪繁殖障碍），在出现上述种种现象的地区和猪场，往往同时表现有无法解释的免疫失败。

关于“猪瘟的持续感染”：低毒力猪瘟病毒经胎盘感染胎儿，称生前或先天感染，是构成猪瘟持续感染的主要部分，生后发生持续感染的只占次要部分。Wensvoort和Terpstra调查感染猪群的母猪，发现这种所谓“带毒母猪综合征（Carrier Sow Syndrome）”，当妊娠母猪自然感染低毒力或中等毒力的猪瘟病毒后引起潜伏感染。病毒可通过胎盘传给胎儿、胎儿之间也可相互感染，俗称带毒母猪综合征。这种先天性感染经常导致母猪流产、产木乃伊胎、死胎、弱仔和先天性震颤。有时产下外表“健康”的仔猪，这种先天性感染仔猪可长时间排毒而不表现症状，也检查不出抗体，是最危险的传染源。我国目前规模化猪场中这种带毒母猪综合征的状况：可达4%～30%。

妊娠母猪感染猪瘟病毒后，在妊娠期间均可通过胎盘传播给胎儿。因妊娠日龄阶段不同感染猪瘟病毒时，其表现后果亦不同①母猪在妊娠10天内感染，常常导致胚胎死亡并被吸收；②妊娠15～65天内感染，可见畸形胎、无毛猪、水肿、积水、皮下水肿等；③妊娠90天感染，胎儿死亡率最高；④产前1周感染，不影响胎儿存活，但是可致新生胎儿活力减弱或发病死亡。总之，母猪妊娠前45天感染的胎儿比妊娠65天以后感染的胎儿更容易出现死胎或发展为持续感染和产生免疫耐受。此外，在妊娠的最后45天感染中等毒力猪瘟病毒时，出生的胎儿在出生后或生后不久就表现出猪瘟的症状。

丘惠森报道（2000），将生产中2头妊娠初期的带毒母猪在实验室进行观察、跟踪。2头母猪均按预产期产仔，其中1头产下11头仔猪，有5头带毒，第9天死亡1头；另1头母猪产仔14头，其中3头死胎，14头中有12头带毒，而且在出生后的2～51d内自然死亡6头。

当前多数学者认为发生持续感染的原因，其一为病原因素：低毒力毒株（特别是从野外分离到的自然弱毒株）与疫苗株不同，对怀孕母猪具有感染力，母猪可保持不显现症状的状态，但对胚胎和胎儿具有致病力，并可导致其死亡。其二为母猪因素：母猪缺乏对低毒力毒株的抗感染力，不能阻止病毒进入循环，转入胎盘，或是母猪血清中的抗体不足以完全中和病毒。怀孕母猪感染低毒力株病毒后，可经胎盘感染胚胎和胎儿，在分娩时，可散布大量病毒。存活的先天感染仔猪，可长期带毒，有的终生保持高水平病毒血症，成为病毒的持续散播源。

猪瘟常发地区低毒力毒株的存在，是猪瘟不能扑灭和扑灭之后再次暴发的重要原因。世界上猪瘟的发生呈现不平衡状态，有的国家和地区呈减少的趋势。据联合国粮农组织和国际兽疫局1982年《动物健康年鉴》记载，北美、北欧已有21个国家宣布消灭了猪瘟，如丹麦、瑞典、挪威、芬兰、美国、加拿大、澳大利亚、新西兰等国家。欧盟诸国正在实施猪瘟扑灭计划，猪瘟在欧盟国家的发生也逐渐减少。但中南美洲及亚洲的多数国家猪瘟仍然继续发生，成为威胁养猪业的重要传染病。

值得注意的是，已经宣布消灭猪瘟的国家中，在没有查清任何引进传染源和传播媒介或已查清的情况下，猪群中又突然暴发猪瘟的流行。日本在过去的数十年中也受到猪瘟的严重影响，1969年后，使用了良好的疫苗GPE-株，猪瘟的发生急剧减少。1976～1979年的4年间无猪瘟发生记录。但是在1981和1982两年分别有9个县27个猪场1 807头猪和8个县21个猪场2 000多头猪发生了猪瘟。1986年在冲绳县也有12个猪场2 812头发病，此后也出现过零星散发的现象。1992年熊本县发生猪瘟。2004年8月28日日本鹿儿岛县公布了该县鹿屋市的养猪场出现了猪瘟疑似病例的消息，并在前一天对发生地半径3公里以内的71家养猪场71 000头猪进行自肃管理，发生地的养猪场共饲养了约800头猪，24日已出现1头母猪死亡的现象，当时对46头猪进行检查有10头呈阳性。其后又有意大利、德国、英国、比利时、法国、荷兰等一些国家也相继再次暴发了猪瘟。

猪瘟造成的经济损失是巨大和惊人的。荷兰在1983和1984年度为控制猪瘟，用于运输和销毁感染猪群、消毒房舍、赔偿畜主损失、疫苗注射以及防疫猪的鉴定和注册等的直接开支共1.27亿荷兰盾。

当前我国猪瘟的分子流行病学新特点：涂长春与万遂如（2004）报道，他们从27个省市自治区，收集了猪瘟野毒110个，覆盖了98%的国土面积。采用RT-PCR和核酸序列测定技术，分析了猪瘟流行毒株的基因变异情况。首次在分子流行病学方面揭示了中国猪瘟病毒复杂的遗传多态性背景，绘制了第一份中国猪瘟病毒遗传多态性的地理分布图。遗传衍化分析表明我国猪瘟病毒起源于不同病毒祖先，而且，近十年来我国流行的猪瘟病毒毒株多半是由欧洲传播过来的。为我国病原的生物多样性提供了有重要价值的资源库，所建立的分子流行病学数据库不仅可用于监测我国CSF的流行情况，追踪流行毒株的来源与去向，而且也为今后随时发现和监测新的变异株提供了科学的依据。对今后猪瘟病毒的理论研究与猪瘟的防制都具有重要的指导意义。现摘录如下：

⑴遗传变异本底：国际上将CSFV分为3个基因群共10个基因亚群，我国目前流行着2个基因群共4个基因亚群，即基因2群中的2.1，2.2，2.3亚群和基因1群中的1.1亚群。

⑵优势流行毒株：基因2群在我国猪瘟流行中占绝对优势，分析的110个野毒中93.696%属这一群，其中2.1和2.2亚群是我国主要流行的基因亚群。基因1群在我国CSF流行中作用较弱。只发现了7个1群野毒，而且全部属于1.1亚群，我国的标准强毒石门株与疫苗毒兔化弱毒株属1.1亚群成员。说明全国范围内流行的毒株与石门毒的遗传关系较远。

⑶多态性分布：分布无地理特点，但明显地与养猪业的发展水平有关。2.1和2.2亚群毒株呈全国性分布。2.3亚群由于不是优势流行毒，该亚群分布比较局限，仅限于南方部分省份。基因1群（1.1亚群）的分布显示出原始特征，与中国的经典石门毒株和猪瘟LV的遗传关系十分接近。它们大多数分布于青海、西藏、贵州和广西等地区。这群病毒可能是真

正在中国流行几十年的本土病毒。

⑷中国猪瘟传播源：遗传分型为寻找中国猪瘟的传染来源提供了最可靠、最直接的证据。分子流行病学研究结果首次明确了近十多年中国CSF流行的传染源主要来自欧洲，因为：①欧洲特别是欧共体国家CSF流行没有真正停止过，1990年以后一些欧盟国家相继暴发流行。而且欧盟一直是世界发达养猪业的中心，其活猪及其猪肉产品远销世界各地，因此疫病完全可能随贸易而扩散；②欧盟是我国改革开放后进口猪种的主要来源地，虽然有进口检疫，但难免遗漏，在引进猪种的同时，也无意地引进了一些猪病。如我国曾多次出现进口猪在检疫期发生CSF的情况。此外，蓝耳病和仔猪多系统衰竭综合征等均是通过贸易从国外传入我国的；③我国从未向欧盟出口活猪及猪肉制品，所以我们的猪病传到欧洲的几率很低；④遗传分型发现我国广为流行的基因2群毒株中的每一个亚群都能在系统进化树上找到遗传关系｜分接近而早就流行于欧洲的毒株，甚至是流行于欧洲野猪群中的毒株。

⑸流行态势：从许多省份收集的当年流行株中鉴定出2个或3个基因亚群，充分说明我国许多地方的猪瘟流行有不同的传染来源，或者说各种传染源引发了多起CSF同时暴发。所以我国CSF流行态势十分复杂，很难追踪某起CSF暴发的来源及去向，为防制工作带来困难。

⑹传播途径：遗传分型还表明，运输和贸易带来的猪群流动是传播与扩散CSF的重要途径。如广东省毗连香港，连接内地，是我国生猪及猪肉制品运输与交易最繁忙的地区，同时也是内地猪仔出口海外的主要集散地。遗传分型表明该省有最多的CSFV基因群毒株，基因2群中的3个基因亚群均在广东流行。其他一些省份也有类似特征，提示我国生猪的无序流动已导致不同基因型病毒同时在同一地区甚至可能在同一群体中流行。这不仅严重危害着我国的养猪业和养猪产品的出口，而且警示我们，我国猪群中随时存在着由于不同基因型病毒重组产生新变异株的潜在危险。

⑺遗传变异与致病和免疫的关系：这是当前我国CSF防治工作中最引人关注的问题。虽然CSFV存在不同的基因群，但并未发现不同的血清型，说明血清学上的差异并不十分明显。作者与中国兽医药品监察所对国内分离的流行毒株进行的毒力测定表明我国流行的猪瘟毒株有高、中、低毒力之分，但是毒株的毒力差异与基因分型并不一致。交叉免疫保护实验结果也证明常规兔化弱毒疫苗诱导的免疫保护可以完全抵抗不同基因型野毒的攻毒。由此可见，我国虽然存在多种基因型的毒株，但是CSFV已经发生的基因变异尚未对目前的猪瘟免疫构成威胁，猪瘟兔化弱毒株对不同基因型毒株仍可产生交叉免疫保护。

三、发病机理

猪瘟病毒的致病机制是十分复杂的，短期内还难于揭示清楚，不过相信随着猪瘟病毒分子病理学研究的不断深入，其致病机制终将被阐明。发病机理是动物机体与致病因子互相斗争的过程，与机体的状态和病毒的毒力变化有密切关系。由于几十年猪群预防接种弱毒苗的广泛实施，绝大多数猪只获得了不同程度抗猪瘟抗体，在免疫的压力下出现了动物抗病力增强及病原变异、毒力减弱等，使猪群被感染时发病机理表现出强、中、低毒株各自具有不同特点，分析时也应注意个体的免疫状态。

1. 强毒株　多为急性型，在自然条件下，家猪和野猪是唯一可被感染并表现临床症状的动物。猪瘟强毒通过口、鼻、气溶胶、接触、生殖器官以及各种胃肠外的方法感染，侵入猪体后，首先在扁桃体的隐窝上皮细胞内增殖，因此扁桃体是猪瘟病毒最初定位和入侵器官，通过淋巴管从扁桃体转移到扁桃体区域的淋巴结，病毒在局部的淋巴结复制。然后再到达外周血液并扩散至周围的淋巴网状组织，并在脾、骨髓、内脏淋巴结以及小肠的淋巴样组织中大量增殖，最后侵入实质器官。通常在感染后5～16d内病毒即可传到全身，病猪的血液和组织中含有高浓度的病毒，通过唾液、尿、粪、鼻汁和泪液大量排毒污染环境。在猪瘟强毒感染的猪，这种病毒血症一直保持到猪死亡。

用荧光抗体可检查猪瘟病毒的动态分布。人工强毒感染试验证明，猪瘟病毒不论由何途径侵入机体，病毒均首先出现在扁桃体隐窝上皮细胞内，然后侵入周围的淋巴状组织，病毒经淋巴管再侵入到附近淋巴结进行复制，直到感染24h后经血液蔓延全身组织器官，病毒在体内复制和致病过程通常可分以下三个阶段:①淋巴阶段:病毒入血液7～16h后，首先出现在扁桃体内，感染后15～24h，病毒出现在淋巴系统和血管内皮细胞。②病毒血症阶段：感染后14h血小板中可检出病毒，16～18h血液中病毒浓度可达致病程度，4～8d病毒血症达高峰，此时白细胞明显下降，其后病毒血症减轻。③内脏阶段：猪瘟病毒感染48h以后，猪瘟病毒可在肝、肾、脾、胰等内脏器官出现，由此可见直到病毒血症的后期，病毒才有可能侵入实质器官，猪瘟发病过程中有弥散性血管内凝血过程出现，最后发展为败血性休克。据观察，猪瘟发病机制中多数为亚急性弥散性血管内凝血。

猪瘟的全身各组织器官出血性素质的发生机理：急性猪瘟多发生全身性出血，病变突出表现为细小点状或小的淤血点。主要机制是：①因病毒复制使小血管内皮细胞受到损害。当小血管内皮细胞变性、坏死时，透明质酸被破坏，嗜银纤维溶解，形成胶原。同时，血管壁内维生素C及黏多糖含量减少。结果，血管壁通透性增高使红细胞外渗，引起出血。②由于血凝系统的障碍。用荧光抗体检查发现血小板有病毒，急性感染第2d开始，血小板大量下降，第6d可降至每立方毫米10万以下，此外，凝血因子Ⅱ和Ⅹ的活性降低。因此猪瘟的出血性素质的变化是病毒直接侵入血管壁，引起血管壁损伤，为微血栓形成创造了有利条件。微血栓形成时消耗了大量的凝血因子，由于病毒作用，致使凝血因子的活性降低，这样它们之间互为因果形成恶性循环，所以猪的出血更加明显，使心、肾、肺等生命重要器官缺血性坏死进一步加重，出现多器官功能衰竭。单纯性猪瘟多由败血性休克而引起死亡。器官的出血是微血栓形成后继发的，微血栓的形成又加重了猪瘟的病毒血症。

综上所述，猪瘟病毒侵害的靶器官是机体的免疫器官，首先侵害的是淋巴组织，然后才是微血管内皮细胞。从猪瘟病变组织来看，淋巴器官的病变最为严重。猪瘟发病涉及猪的网状内皮系统和上皮组织系统，并与受感染和临床症状及病状的出现有关。而上皮组织受感染，使在这个部位进行复制的病毒免受体液抗体的干扰，而便于体外散毒，血清内所含有的中和抗体，没有机会作用于上皮细胞内所复制的病毒，因此上述病猪的排泄物或分泌物，极易传染易感猪，病毒污染的饲料也常引起感染，病毒由口腔或咽区进入宿主组织内，若猪群密度高，彼此密切接触时，由吸入也可引起传染。

组织学检查可以见到病毒侵害网状内皮系统和淋巴系统后，使网状内皮系统细胞肿胀、变性、血管闭锁、小血管周围发生细胞浸润。广泛发生淋巴样细胞坏死。淋巴结、胸腺、脾和淋巴组织萎缩，生发中心完全没有淋巴细胞。由此可见猪瘟病毒主要侵害免疫系统，破坏了免疫器官的正常功能和结构，致免疫系统应答过程障碍，因而病毒感染后发生免疫抑制，从现代免疫学观点可认为猪瘟是一种后天性免疫性疾病。当猪感染猪瘟后机体免疫功能减退，亚急性型和慢性型病猪体内常在寄生的巴氏杆菌、沙门氏菌借机大量繁殖，毒力增强而发生致病作用，而使猪瘟的病情复杂化，增加了死亡率。可以认为猪瘟是一种免疫抑制性疾病，带毒猪的存在是许多传染病暴发流行的原发性疾病，应引起注意。

2. 中等毒力毒株　感染可导致急性感染或亚急性感染，或经过急性期转化为慢性型及温和型感染，也可以康复。在临床上，此类毒株感染可分为3个时期，①在急性初期，病毒在体内的播散与急性猪瘟相似，但播散较慢，血液和器官中病毒的滴度较低，病毒主要存在于网状内皮系统、淋巴样组织和上皮组织中；②临床缓解期，血液中病毒滴度很低或无，病毒主要局限于扁桃体、回肠、胰腺和肾脏中。③急性恶化期，病毒再度传遍全身，并主要分布于淋巴组织的网状细胞和巨噬细胞中。血清中特异性抗体滴度升高可促使体内猪瘟病毒数量减少或暂时消失，而循环抗体与病毒形成的复合物又可沉着于肾脏，并吸引中性粒细胞，最终造成肾小球性肾炎。

中等毒力的猪瘟病毒也可以引起猪的持续性感染。这些感染猪初期表现中等强度或典型猪瘟症状。如：发热、厌食等，其后转为康复无猪瘟症状，但造成猪的体重不增加，成为所谓“僵猪”。这类猪虽无严重的临床症状，但一般都有较高滴度的持续性病毒血症，随之还表现出对猪瘟病毒不产生或产生较低的抗体反应。感染中等毒力株的猪，临床表现和病毒血症持续期经常有很大的个体差异，即使用同一个毒株感染同一窝猪也是如此。这表明，在同一毒力毒株的条件下，宿主因子也是影响感染过程和结局的因素。

猪感染中等毒力的猪瘟病毒株，除产生抗体反应能力低下外，还产生免疫偏离现象，即不产生猪瘟病毒中和抗体，但可产生其他试验可检出的抗体，或不产生对猪瘟病毒的任何抗体，而对除猪瘟病毒以外的其他病毒仍能产生抗体反应。造成此种现象的原因或许是由于病毒核酸整合在细胞核酸中躲避了机体的免疫识别作用，或是由于病毒感染能造成机体的免疫抑制。

3．低毒力毒株　低毒力的猪瘟病毒株的特点是：虽不能直接感染大多数猪而引起临床症状，但感染妊娠母猪却能造成母猪流产、产木乃伊胎儿、弱胎及死胎，或产带有先天性震颤的胎儿。由此可见低毒力的猪瘟病毒株只能穿过胎盘对免疫系统发育尚不成熟的胎儿发挥致病作用。低毒力的猪瘟病毒感染妊娠母猪后的致病机理尚不清楚。一般认为病毒的复制似乎主要在扁桃体和局部淋巴结，但能经血流传播，并穿过胎盘增殖。一些证据表明，猪瘟病毒似乎可以在一个或多个部位通过胎盘屏障，继而在胎儿间传播。有丝分裂与分化慢速、新陈代谢活跃的胎儿细胞，是有利于病毒复制的环境。猪胎儿往往呈病毒血症，病毒的分布似乎与生后感染猪瘟病毒强毒一样，在胎儿的网状内皮组织、淋巴组织和上皮细胞中，到处都有病毒。猪胎儿感染猪瘟病毒的最后结果取决于多种因素，如感染时的胎龄、病毒的毒力、宿主的基因型以及胎儿修复损伤的能力。一般来说，怀孕期间的感染愈早，胎儿损伤的危险性就愈大。

免疫耐受现象：先天性感染时，病猪一生都有高滴度的病毒血症，尤其是妊娠早期感染的母猪所生的仔猪，病毒广泛存在于其上皮组织、淋巴样组织及网状内皮组织中，并可通过口、鼻、泪腺分泌物和尿、粪便持续散毒。这种胎猪出生时和其他未感染猪瘟病毒的胎猪一样，血清抗体也为阴性，但在吸吮初乳后，其母源抗体消失比其他胎猪要快得多，因为体内高浓度的游离病毒与母源抗体可形成免疫复合物；母源抗体可使感染猪的病毒滴度暂时降低，但不能将其完全消除，随着母源抗体逐渐消失，体内病毒滴度可再次上升。另外，对先天性持续性感染的发病猪，疫苗免疫没有明显的抗病作用，发病猪照常死亡。先天性持续性感染的存活带毒仔猪具有明显的特异性免疫耐受现象，对猪瘟疫苗免疫不产生抗体应答或干扰免疫抗体产生，但当其再次感染猪瘟病毒野毒时，可发生速发型过敏反应，即病情迅速恶化、病势重和死亡率高；也可能表现为对猪瘟强毒感染的抵抗力增加，使带毒仔猪的存活期明显延长并长期排毒。

带毒妊娠母猪的亚临床感染可导致仔猪的胎盘感染，而通过胎盘感染的幸存仔猪，一方面能成为亚临床感染的带毒猪，持续排毒，污染环境，并感染新的妊娠母猪而造成新的胎盘感染，也可通过水平传播感染其他易感猪；另一方面若胎盘感染的幸存仔猪被选育为种母猪，则自动形成新的持续感染母猪，造成母猪繁殖障碍和新生仔猪带毒。

猪出生后感染低毒力的猪瘟病毒不表现或表现慢性症状或随后康复或长期拖延而致死。这样的猪可能在长时期内排毒，在猪群内，其传播缓慢，通常不能迅速做出诊断，从而使这样的猪群成为病毒传播源。

近几十年国外猪瘟流行地区，慢性或隐性感染的病例的出现逐渐变得很频繁，我国80年代初出现了上述现象，主要与毒力减弱的毒株出现有关。猪瘟病毒毒力降低的演变机理一般认为有以下两点。

首先是选择机理，即在免疫压力下出现猪瘟病毒毒力变异株。我们知道，病毒在有抗体的状况下，会引起病毒群体内出现与原病毒群体关系较小的变异株或有抗中和作用的变异株发生适应性的选择和进化。同时，机体产生过特异性的免疫反应会加强病毒抗原的漂移。这与korn在慢性感染的康复猪体内出现低毒力猪瘟病毒的观察一致。Aynaud等推测从慢性或亚临床病例分离到的血清变异株，是血清-疫苗共同注射后，由疫苗株衍生而来的，是疫苗株在血清共同注射所产生的免疫压力下的选择。欧洲大部分国家控制猪瘟主要以扑杀为基础，这是一种明显的选择状况，从而使容易识别的病例首先被消除，而由毒力减低的病毒株引起的慢性的非典型猪瘟难以识别，因而有利于这些毒株的传播。在这方面值得提起的是美国在根除猪瘟的十年中收集的135个野外分离物，经接种猪进行鉴定有55%是毒力降低的毒株。他们把从1965年至1976年所分离到的135个猪瘟野毒株接种SPF猪，其结果是：高毒力61株（占45%），低毒力37株（占27%），无毒力29株（占22%），引起持续性感染和免疫耐受者8株（占6%）。其次是疫苗株的返强，在美国六、七十年代的猪瘟弱毒疫苗，毒力都不十分稳定，在免疫猪群中约有77%可以散毒，根据美国兽医局公布的资料，在猪瘟病例中与疫苗有关的，1967年为31%，1968年为9%，1969年为1%，自1970年开始美国宣布禁止使用疫苗，采取扑杀等综合措施，1976年美国宣布已消灭猪瘟。

由低毒力毒株引起的持续性猪瘟病毒感染，临床上可分为慢性型和迟发型两种：①慢性型。猪瘟传播较慢，血液中和器官中病毒滴度较低，病毒抗原一般存在于扁桃体、唾液腺、回肠和肾的内皮细胞。血清中猪瘟病毒暂时消失。循环性病毒抗原-抗体免疫复合物在肾小球囊上皮沉着，引起肾小球肾炎。②迟发型。开始时病程不清，病猪一生都有高滴度的病毒血症，病毒抗原在上皮组织、淋巴样组织及网状内皮组织中广泛存在。近年来，发现用正常胰悬液和胰蛋白酶（Chymotrypsin）注射健康猪，出现一种与猪瘟相同的症状，如循环系统紊乱、淋巴髓样细胞增生和坏死等。因此认为猪瘟病毒致病性是由于病毒能引起宿主酶系统的紊乱，病毒扰乱了糜蛋白酶的形成和释放所致。

有人介绍：繁殖母猪在排卵时，其排出的卵细胞已经脱离了母猪的直接营养供给，与母体之间完全是两个个体，只是受到母猪体液的保护，在子宫内呈游离状态。当此时注射了猪瘟疫苗，弱毒疫苗中病毒粒子会立即分散到母猪全身的各个器官及肌肉组织，子宫内同样也遍布了猪瘟病毒的粒子，但卵细胞对猪瘟病毒的粒子却没有产生抗体的能力，子宫内的疫苗病毒的粒子就会直接感染游离状态的卵细胞，导致卵细胞先天性带毒；感染了疫苗病毒的粒子的卵细胞并没有因此而失去受精能力，一样可以完成受精着床的过程，卵细胞受精着床后就成为先天性带毒的胚胎，一直延续到胚胎成熟娩出。感染猪瘟病毒的胚胎因受到病毒的干扰或侵害，在发育过程中不能像正常胚胎那样从母猪体中汲取营养，以至产出的小猪初生重大小不一，体质虚弱，产出后直接呈现温和型猪症状，于是，为了对此现象进行补救，专门为此类小猪制定了一个新的免疫程序——“超免”，实践证明有效。

对猪瘟发病机理的了解有助于疾病的诊断，笔者于2005年对某规模化猪场，依据猪瘟发病机理的理论结合临床症状、流行病学、病理剖检所获得的资料进行综合分析，当场即做出了猪瘟的诊断，为控制疫情赢得了宝贵时间，受到了场家的认可。

四、临床症状

典型症状是在没有猪瘟病毒抗体的相同条件下，出现急性、亚急性、慢性感染；在生产实践中因疫苗不断接种，猪群中会存在不同的抗体水平，再加上猪的年龄、营养状况等其他宿主因素的不同和饲养环境条件的千差万别，此外尚有所谓妊娠带毒、免疫耐受等干扰，临床上就会出现发病轻、重、缓、急的不同症状，流行中后期多出现继发感染。即临床症状显著减轻，死亡率也较低。突出表现是妊娠母猪的带毒综合征（就是母猪感染猪瘟病毒之后，病毒通过母猪胎盘感染胎儿，造成死胎）和仔猪猪瘟（胎儿通过胎盘感染猪瘟病毒不死者，出生之后出现初生仔猪先天性震颤，即所谓的“抖抖病”）。这些“抖抖病”仔猪要么很快死亡，要么成为亚临床感染的带毒猪，长期排毒并传染同群的猪只。对于同群其他“健康”猪只而言，由于个体差异以及免疫状况的不同，同一毒株会出现不同结果，有些猪死于急性猪瘟，而另一些猪却呈现隐性感染，再继续排毒传染其他猪并污染环境，形成恶性循环。由病毒毒力降低所致的发病猪，临床表现由典型变为非典型，主要表现为母猪繁殖障碍，出生仔猪先天性颤抖等隐性感染的猪瘟症状。在临床实践中应注意发现。

潜伏期：用标准强毒株人工感染，一般为36～48h后体温升高至41℃以上；自然感染潜伏期为5～7d，短的2d，最长达21d。

《国际动物卫生法典》（International animal health.code，1999）中指出，古典猪瘟的潜伏期为40天。人工感染强毒株的猪，一般在36～48h体温升高。根据病程的长短、临床症状及特征，临床上将猪瘟分为最急性、急性、亚急性和慢性四种类型。前二型可称败血型，常为单纯性猪瘟。后二型常出现细菌性继发感染或混合感染。目前又发生了新的特点，出现了温和型和非典型猪瘟，可归属为慢性型。

（一）最急性型

体温高达41℃以上稽留1至数天死亡，可视黏膜和腹部皮肤有针尖大密发出血点，病程1～5d，往往没见明显症状而多突然发病死亡，经剖检和实验室检验才能确定为猪瘟。此外有些病猪突然发病，体温高达41℃以上，并稽留，食欲减退，口渴，精神委顿，嗜卧，乏力，腹下和四肢皮肤紫绀和有斑点状出血，很快因心力衰竭、气喘和抽搐而死亡，病程1～2天。此型多在猪瘟流行初期于较为易感的猪群中发生。目前本型因疫苗接种的广泛实施很少发生；但也有少数地方没有进行猪瘟疫苗注射，母源抗体一旦消失，强毒侵入常有一定比例本型病猪发生，应注意发现。

（二）急性型

病猪初期体温可升高至40.5℃～42℃，一般在41℃左右，发病后4～6天体温达到高峰，稽留7～10天，死前降至常温以下。发病时病猪明显减食或停食，精神极度沉郁，两眼无神（图2.2.1–1），伏卧嗜睡（图2.2.1–2），全身无力，站立和行走时腰背拱起（图2.2.1–3），四肢软弱无力，步态不稳（图2.2.1–4）。行动迟缓，摇摆不稳，全身震颤，发抖，常挤卧在一起（图2.2.1–5），或钻入垫草下（图2.2.1–6），呈怕冷状。有的猪仍有食欲，饲喂时缓慢走近食槽，食数口后，即退槽回床卧下，有的猪还可吃几口（图2.2.1–7），有时可见呕吐。眼结膜发炎，初期潮红，后期苍白，眼角开张不全，眼角处初期有多量黏液，后期转为脓性分泌物，呈褐色而粘着两眼（图2.2.1–8），不能张开，结膜常有出血斑点。口腔黏膜不洁，苍白或紫绀，在齿龈、口角等黏膜处可见有出血点，常出现假膜，继之形成溃疡，导致咽炎，以致吞咽和呼吸困难。鼻腔常流出脓性黏液性鼻汁。在猪包皮内常积有尿液（图2.2.1–9），排尿时流出异臭、浑浊、有沉淀物尿液。剖检时注意观察包皮黏膜病变，对诊断有一定参考价值。病猪可视黏膜与皮肤常呈现出血性素质的变化，可视黏膜见有大小不一的细小点状出血，在唇内侧、齿龈、口角、会阴、喉头和外阴部等处。初期患猪便秘，排干粪球状，附带血的黏液或伪膜（图2.2.1–10），有的病猪可出现腹泻，或便秘和腹泻交替（图2.2.1–11），排出带有特殊恶臭的稀便。有时表现为磨牙、局部麻痹和运动器官失调，出现昏睡或惊厥，过度刺激或喂食时，突发异常怪叫声，肌肉僵直，倒地、眼球上翻，四肢不停地划动，几分钟后恢复，有的猪反复发生，多以死亡告终。急性型病程1～2周，病死率达90%～95%以上。

血液学变化有一定规律，患猪因病程的进展，随着体温升高白细胞数减少，约为9×10^6个/L，甚至低至3×10^6个/L；中性粒细胞出现明显的核左移现象；血小板由正常的20万～50万个/mm^3减少到5～10万个/mm^3，有时竟查不到。病初血磷显著增加和血钙减少，磷钙失衡也是急性型猪瘟的一个特征。病程7～9d，最长不超过16d。耐过的病猪转为亚急性型或慢性型。时常并发巴氏杆菌和副伤寒感染。

皮肤初期常见潮红、充血，后期出现贫血状态。在全身皮肤各处均可见有大小不等的出血点和出血斑块（图2.2.1–12），通常可在鼻梁处（图2.2.1–13）、耳（图2.2.1–14）、颈下部（图2.2.1–15）、臀部（图2.2.1–16）、胸腹侧（图2.2.1–17），腹部（图2.2.1–18）、股内侧（图2.2.1–19）、腋下（图2.2.1–20）和四肢内外侧的皮肤明显可见。病程长的它们互相融合形成较大的（图2.2.1–21）。有时可融合成较大的出血坏死区。一旦病毒侵害中枢神经系统，病猪也常见出现神经症状（图2.2.1–22）。

（三）亚急性型

症状与急性型相似，但病势较急性型缓和，体温呈不规则热型，体温先升高后下降，然后又可升高，直到死亡。病程长达21天～30天，皮肤有明显的出血点，耳、腹下、四肢、会阴等处可见陈旧性出血点，或新旧交替出血点。因扁桃体发炎、咽喉部疼痛，捕捉时病猪叫声嘶哑痛苦，仔细观察可见扁桃体肿胀溃疡，舌、唇、齿龈黏膜有时也可见到溃疡。病猪日渐消瘦衰竭（图2.2.1–23），行走摇晃，后躯无力，站立困难，容易倒下，有较长时期的濒死期，倒地不起，四肢呈游泳状，时而出现神经症状，转归死亡（图2.2.1–24）。本型多见流行中后期或老疫区。常并发肺炎和纤维性坏死性肠炎。亚急性猪瘟病猪的白细胞减少症出现较迟。病猪多转归死亡，病程15～30天，病死率60%～90%以上。康复猪转为慢性型。

（四）慢性型

本型病猪多发生于猪瘟流行地区。通常病程一个月以上，病毒长期在机体细胞内复制呈持续性病毒血症，中和抗体很低或阴性，主要临床表现为体温时高时低，全身衰弱，精神不振，食欲不佳，消瘦，贫血（图2.2.1–25），便秘与腹泻交替出现，皮肤有陈旧性出血斑或坏死痂，被毛干枯（图2.2.1–26）。有的病猪耳部出现紫斑或坏死痂皮（图2.2.1–27），常见脱毛。病程常拖延1个月以上，病死率低，但很难康复。未死的病猪长期发育不良，常成为僵猪。呈慢性经过的猪瘟病例往往发生巴氏杆菌和沙门氏菌（图2.2.1–28）同时合并感染而引起的混合型猪瘟，多在流行末期出现。

（五）温和型

是由低毒力的猪瘟病毒引起的混合型猪瘟，其症状和病变不典型，病情缓和，发病率和病死率均低，死亡的多是幼猪，成年猪一般可耐过（图2.2.1–29）。这种病毒连续通过易感猪继代后，毒力增强，可使易感猪发生典型症状死亡。若阳性母猪或母猪于怀孕期感染猪瘟，可导致死胎、滞留胎、产出弱小或颤抖的仔猪（图2.2.1–30）、木乃伊胎（图2.2.1–31）。存活仔猪因免疫耐受，断奶后又复发出现猪瘟症状（图2.2.1–32）。

（六）非典型

理论或临床上不论任何年代所有疾病在一个流行期内依病程都可以出现最急性、急性、亚急性、慢性经过病例；典型与非典型病例。该型发病率及病死率均高，困扰养猪生产，经济损失大。首先是由侵入病毒的毒力强弱及病毒数量有关；其次与机体的免疫状态有关。当前一旦暴发本病，可采取紧急接种大剂量疫苗、检疫、隔离、封锁、消毒、对病猪无害化处理，疫情可暂时平息，但因病毒携带猪没有全部检出，成为持续性感染者，猪群一旦出现持续感染现象将困扰猪场正常生产，有时企业管理者无能为力，困扰养猪发展。

（七）持续感染型

猪瘟持续感染猪是病毒携带者，一旦机体抵抗力下降，寄居体内的猪瘟病毒便生长和繁殖并排出体外，可引起新一轮的感染过程。

近年来我国一些地区常见散发的猪瘟持续感染猪。呈持续性感染状态可称亚临床症状。症状较轻，且不典型，多为慢性型，无热或仅出现轻热，体温一般不超过40℃～41℃。很少见到典型猪瘟病猪皮肤和黏膜出血点，眼有脓性分泌物，公猪阴茎包囊积尿等症状。有的病猪耳、尾和四肢末端皮肤坏死，发育停滞。到后期则站立、行走不稳，后肢瘫痪，部分病猪附关节肿大。从这类病猪分离到的病毒，毒力较弱。但经接种易感猪，连续传几代后，则能导致其毒力的增强。经酶标记抗体、荧光抗体、交互免疫、中和保护等试验和病原特性鉴定，确认了从温和型猪瘟病猪分离的病毒与石门系猪瘟强毒为同一血清型。

国外一些猪群中，近年来也发现亚临床型、慢性型和非典型猪瘟，以缓慢的速度在猪群中蔓延流行。母猪的主要临床表现为受胎率下降，产仔率低，出现流产、死产、产木乃伊胎及畸形胎等。存活仔猪表现为先天性震颤，抽搐，死亡率高。青年仔猪生长缓慢，多成为僵猪。

基本述语

1. 显性感染（apparent infection）是指动物或人被某种病原体感染并表现出相应的特有症状。

2. 隐性感染（inapparent infection）是指不呈现明显症状的感染，亦称亚临床感染（subclinical-infection）。

3. 持续性感染（persistent infection）是指病原体长期存留在生物体内的一种感染。

4. 慢性感染（chronic infection）是指病程缓慢的一种感染。

5. 慢病毒感染（lentivirus infection）是指由慢病毒引起的潜伏期长、病程缓慢并呈进行性的一种感染。

6. 潜伏感染（lantent infection）是指是持续性感染的一种形式，一般无明显症状，甚至有时检测不到病原体，但在某种条件下可被激发发病而表现症状。

7. 感染期（infective period）是指被感染动物作为传染源的最长期限。

8. 潜伏期（incubation period）是指从病原体侵入机体开始至最早症状出现为止的期间。

9. 病原携带者（pathogen carrier）是指体内有病原体寄居、生长和繁殖并有可能排出体外而无症状的动物或人。

五、病理变化

因病毒毒力强弱和机体的免疫状态，感染后的经过长短及继发细菌感染情况不同其病理变化也各不相同。据有学者报道当前猪瘟病毒引起的病理学的变化也呈多样性，淋巴结、肾脏及全身脏器的出血性变化，特别是淋巴结的出血和肿胀很具参考意义。其中膀胱点状出血、脑出血、淋巴结弥漫出血和结膜炎的出现率最高，分别为79%、73%、71%和70%；其次为肾脏点状出血、支气管肺炎、淋巴结周边出血和胃炎，出现率在40%～60%之间；其他组织也不同程度地出现病变。猪瘟的病理组织学诊断应重点检查淋巴组织、脑、膀胱黏膜、肾脏等病变频率高的器官组织。

（一）眼观病理变化

1. 最急性型　常见本病流行早期，由于感染病毒的毒力过强，突发高热而无明显症状并且迅速死亡，常见不到病理变化，或偶可在浆膜、黏膜和肾脏、心脏的包膜或外膜下及膀胱黏膜上见到一至几个细小点状出血。淋巴结轻度肿胀，潮红或出血。

2. 急性型　具有典型的败血症变化，又称败血型猪瘟。血液凝固不良，呈木焦油样。皮肤、黏膜、浆膜和实质器官可见大小不等的出血变化。一般为细小点状出血，有的散在，有的密布，以肾及淋巴结出血最为常见。

⑴皮肤变化：皮肤出血具有重要诊断价值，特别是出血性质、形状大小、表现形式是本病特有的。主要见于耳根、颈（图2.2.1-33）、胸（图2.2.1-34）、腹部（图2.2.1-35）、腹股沟部、四肢内侧（图2.2.1-36）。初期可见淡红色充血区（图2.2.1-37），以后红色加深，有明显的小出血点（图2.2.1-38）。病程稍久，出血点可相互融合形成扁豆大的紫红色斑块（图2.2.1-39）。2005年在华北地区规模化猪场的育仔车间暴发猪瘟，皮肤出现圆形出血灶（图2.2.1-40），几十年来首次见到。切开皮下后皮下组织、脂肪及肌肉也均可见到出血（图2.2.1-41）。病程久者，出血部组织常继发坏死，形成黑褐色干固痂皮。

⑵淋巴结变化：具有特征性，全身淋巴结呈现急性淋巴结炎变化。几乎全身淋巴结都具有出血性淋巴结炎的变化。主要表现淋巴结肿胀，外观呈深红色，被膜暗红色并有出血点（图2.2.1-42），乃至紫红色（图2.2.1-43），切面有弥慢性出血点或出血斑（图2.2.1-44、45、46），呈红白相间的大理石状外观（图2.2.1-47、48、49），尤以颌下（图2.2.1-50）、咽背（图2.2.1-51）、耳下（图2.2.1-52）、腹股沟（图2.2.1-53）、肺门（图2.2.1-54）、胃门（图2.2.1-55）、肾门（图2.2.1-56）、肝门（图2.2.1-57）、胰门（图2.2.1-58）、小肠系膜（图2.2.1-59）、大肠系膜（图2.2.1-60）、直肠（图2.2.1-61）、额内（图2.2.1-62）、腘淋巴（图2.2.1-63）等淋巴结的病变最明显。

据我们的观察淋巴结病变出现的最早、最明显，具有早期诊断价值。猪瘟淋巴结的变化是猪病中唯一的出血性坏死性淋巴结炎的变化，有一定的特征性；特别是当前混合感染增多的情况下在鉴别诊断中具有重要意义。

⑶脾脏：脾一般不肿胀，脾脏边缘出现出血性梗死病灶，此变化具有诊断意义。病灶位于脾边缘呈粟粒至黄豆样，病灶大小不一，颜色深于脾颜色，呈紫红色隆起的出血性梗死灶，呈结节状，表面稍膨隆，切面多呈楔形，有时多数梗死灶连接成带状，一个脾可出现几个或十几个梗死灶（图2.2.1-64），有的互相融合在一起，形成凹凸不平的带状，其检出率约30%～60%。有的病例脾脏包膜下有时可见小丘状出血。

⑷肾脏变化：肾病变极其明显和常见，也是建立诊断的指标之一。肾脏实质变性，包膜下有暗紫红色小点状出血，数量不等，量少时可见出血点散在（图2.2.1-65），特别是新生仔猪如不仔细检查容易忽略（图2.2.1-66）。量多时密布整个肾脏表面，密如麻雀卵样（图2.2.1-67），纵切开肾脏时，可见肾皮质和髓质均有点状和线状出血，肾乳头、肾盂常见有出血（图2.2.1-68）。输尿管（图2.2.1-69）、膀胱黏膜处有出血（图2.2.1-70），膀胱黏膜少数病例可见有大面积的出血性浸润（图2.2.1-71）。肾上腺呈土棕色，实质出血。

⑸消化道：病变表现为口角、齿龈、颊部和舌面黏膜有出血点或坏死灶，舌底部偶见梗死灶。腹膜脂肪有出血点或出血斑。腹水混浊，混有黄白色纤维。网膜和消化道浆膜有小点状出血。小肠系膜（图2.2.1-72）、大肠系膜（图2.2.1-73）和小肠浆膜（图2.2.1-74）、结肠浆膜（图2.2.1-75）常见有小点状出血。胃底部黏膜可见出血溃疡灶（图2.2.1-76、77），十二指肠（图2.2.1-78）、空肠（图2.2.1-79）、回肠（图2.2.1-80）、盲肠（图2.2.1-81）、结肠（图2.2.1-82）和直肠黏膜（图2.2.1-83）也常有出血点。随病程进展淋巴滤泡溃疡，也常见有大量出血点，小肠和大肠孤立、集合淋巴滤泡肿胀，现场剖检时如见此病变时，可为诊断建立信心。病灶周围可见炎性反应（图2.2.1-84），此为慢性猪瘟扣状肿形成的基础。回盲瓣口的淋巴滤泡常肿大、出血和坏死（图2.2.1-85）。总之，胃肠黏膜具有卡他性、出血性炎性病变。肝脏变性质脆，包膜下和实质中有时有出血斑点（图2.2.1-86）。胆囊浆膜有出血斑（图2.2.1-87），黏膜有、小点状出血，有时可见到溃疡。胰脏间质水肿，有出血。

⑹呼吸系统：在鼻腔、喉和会厌软骨黏膜常有出血斑点（图2.2.1-88），扁桃体常见有出血（图2.2.1-89）或坏死（图2.2.1-90），胸膜有点状出血（图2.2.1-91），胸腔液增量，淡黄红色，膈肌常见有出血变化（图2.2.1-92），肺实质有局灶性出血斑块（图2.2.1-93），有时可见肺淤血、水肿。

⑺心血管：心包积液、心脏心肌松软，心外膜（图2.2.1-94）、冠状沟和两侧纵沟（图2.2.1-95）及心内膜均见有出血斑点，数量和分布不等。胸主动脉弓浆膜有时见有出血斑点。

⑻中枢神经系统：主要见于脑膜（图2.2.1-96）和脑实质有针尖大小的出血点。胸腺可出现大小不等的出血点（图2.2.1-97）。

3. 亚急性型　常见在本病经常流行地区及流行的中期，病程2～4周，败血性病变轻微，有新旧交替的出血点。主要病变在皮肤（图2.2.1-98）、淋巴结（图2.2.1-99）、肾（图2.2.1-100）、膀胱（图2.2.1-101）等器官，均可出现大小不一陈旧性出血斑点。

4. 慢性型　败血症的变化较轻微，皮肤和各器官均可见有陈旧性出血斑点和出血吸收灶。有时可见新旧交替出血斑点。本型特征性病变为大肠轮层状溃疡，俗称“扣状肿”。剖开腹腔后即可见有结肠浆膜与肠管局灶性（图2.2.1-102）或弥慢性出血坏死灶（图2.2.1-103），再剪开肠管可见到典型轮层状溃疡（图2.2.1-104、105、106、107、108、109）。目前认为轮状溃疡形成，是猪瘟病毒作用引起的，如继发感染猪霍乱沙门氏杆菌，在轮层状溃疡的基础上，可见有弥慢性坏死肠炎变化。

当前慢性型病例增多，剖检时注意观察黏膜器官，是扣状肿常在多发部位，如在胃和阴囊包皮黏膜的“扣状肿”（图2.2.1-110、111）。“扣状肿”，具有特异性，是国内外兽医科技工作者一致公认的具有一锤定性诊断价值的特征，国内范国雄教授（1994）首次报道慢性猪瘟胃黏膜的“扣状肿”，作者于2006年11月于某地又一次见到罕见的慢性猪瘟胃黏膜的“扣状肿”，2007年5月首次发现阴囊包皮黏膜的“扣状肿”病变，对“扣状肿”病变在猪群中出现可以确认猪瘟在该猪场中流行。慢性型断奶仔猪肋骨末端与软骨交界部位发生钙化，呈黄色骨化线（图2.2.1-112），检查肋软骨联合处，在骺线下1～4mm的骨化线是一个经常可见的变化，这在慢性猪瘟诊断上有一定价值。其病变，主要原因是由于感染后病猪体内磷钙代谢紊乱而引起的。

5. 胸型　感染巴氏杆菌而引起的，其病变除有猪瘟特有的病理变化外，尚有猪巴氏杆菌病的病理变化。本型的发生可能与猪瘟流行时，出现的应激因素有关，如气温突变、环境不良、饲养管理不佳等因素，但主要还是猪瘟病毒的感染，使病猪机体免疫功能下降，特别是呼吸道局部免疫功能降低，常在巴氏杆菌大量繁殖，毒力增强，而引起肺的纤维素性肺炎。并有坏死灶的形成，肺间质水肿，有时可见出血性浸润。病初胸膜有浆液性-出血性渗出物，以后混有纤维素渗出物，形成纤维素性胸膜肺炎（图2.2.1-113、114），同时可见纤维素性心包炎。本型一般有急性和亚急性型的猪瘟所特有的败血症变化，大理石样的淋巴结、出血性脾梗死和胃黏膜出血溃疡及肠出血性卡他性炎症等都有明显的表现。

6. 肠型　一般为慢性经过，由感染猪霍乱沙门氏杆菌引起。病变为盲结肠发生固膜性肠炎。有两种形式：一种是以慢性猪瘟的局灶性固膜性肠炎（特有的大肠扣状肿）形式出现（见图2.2.1-104～109）；另一种以仔猪慢性副伤寒的弥慢性固膜性肠炎形式出现。两种病变同在大肠相互交错存在。局灶性固膜性肠炎的发生，一般认为猪瘟病毒的靶器官之一为网状淋巴组织，猪瘟病毒侵入肠孤立淋巴滤泡后，在网状淋巴细胞内复制，引起炎症。初期滤泡肿胀，血管充血，表现增生肿胀的淋巴滤泡呈半球状隆起，中心凹陷，突出于黏膜（见图2.2.1-78）。随着炎症的进展，病灶周围出现炎性反应带，而形成病灶周围的晕圈（见图2.2.1-84）。以后炎症向周围逐渐扩大，渗出纤维素与坏死组织互相融合形成干固的坏死痂，呈同心轮层状，猪瘟病毒持久反复在滤泡内复制，致使组织损伤，发生纤维素性坏死性炎。炎症平息时，机体以肉芽组织增生机化，坏死组织形成一层结缔组织，此时炎症又再次复发，向外扩展，使组织又发生坏死性炎症。这样反复交替进行损伤和修复，结果形成较为整齐的轮层状的结构，形状似纽扣状，俗称“扣状肿”（图2.2.1-115）。通常从黄豆大到鸽卵大，呈褐色或污绿色，一般为圆形或椭圆形，坏死痂脱落后，遗留下圆形状的溃疡面。疾病好转时，溃疡可被机化而形成瘢痕组织，亦可生长出新的上皮组织（图2.2.1-116）。如果病情恶化，坏死性炎症可向深部发展，从肌层侵害到浆膜，外观可见肠坏死病灶，甚至发生肠穿孔，引起局灶性腹膜炎。

7. 繁殖障碍型　怀孕母猪发生持续感染（繁殖障碍型）。目前有许多报道，若母猪于怀孕期感染猪瘟或用减毒不充分的弱毒疫苗接种后可引起死胎、滞留胎、木乃伊胎、畸形胎、早产、产出弱小或颤抖的仔猪，多数仔猪可见到水肿、腹腔积水、死胎、水牛头样、颌小、肺动脉畸形、肾皮质层有裂缝、腿关节弯曲、皮肤和肾点状出血等。流产胎儿最明显的病理变化为全身皮下水肿，胸腔和腹腔积水，头、肢畸形，小脑和肺发育不全等。

死胎水牛头样（图2.2.1-117），剖检时常可见下颌（图2.2.1-118）和腹股沟（图2.2.1-119）、肠系膜（图2.2.1-120）、胸前（图2.2.1-121等淋巴结肿大、出血。肾皮质层有裂缝（图2.2.1-122），肺（图2.2.1-123）、心（图2.2.1-124）和胸腺出血（图2.2.1-125），肾弥慢性出血（图2.2.1-126）等。

8. 哺乳仔猪　哺乳仔猪猪瘟发病时往往出现出血性变化。死亡猪常见皮肤出血（图2.2.1-127、128），心肌出血（图2.2.1-129），肺弥慢性出血点（图2.2.1-130），大、小肠弥慢性出血及出血斑点（图2.2.1-131），胃黏膜出血（图2.2.1-132），膀胱黏膜出血（图2.2.1-133），肾出血（图2.2.1-134），淋巴结出血（图2.2.1-135、136）。

10日龄仔猪猪瘟：发病仔猪虚弱、皮肤不洁，被毛蓬乱，后躯麻痹，起立困难（图2.2.1-137）。死亡仔猪耳部和四肢末梢弥慢性出血斑点（图

2.2.1–138），下颌淋巴结病变（图2.2.1–139），鼠蹊淋巴结病变（图2.2.1–140），肠系膜所属淋巴结病变（图2.2.1–141），髂内淋巴结病变（图2.2.1–142），肾所属淋巴结病变（图2.2.1–143），心肌出血斑点（图2.2.1–144），肾散在点状出血（图2.2.1–145），肺弥慢性出血点（图2.2.1–146），脾出血梗死灶（图2.2.1–147），胃底部出血（图2.2.1–148）。

9. 断奶仔猪　仔猪面部肿胀，精神沉郁，伴有腹泻（图2.2.1–149），两耳、眼部、鼻部呈暗紫红色，后躯麻痹、起立困难（图2.2.1–150）。仔猪常出现神经症状，病猪间歇性抽搐（图2.2.1–151）。病死猪的皮肤全身性出血（图2.2.1–152），病死猪的淋巴结病变（图2.2.1–153），肠系膜淋巴结病变（图2.2.1–154），直肠周围与髂内淋巴结病变（图2.2.1–155），肾呈点状出血（图2.2.1–156），胃底腺部出血（图2.2.1–157），结肠出血与肠扣状肿（图2.2.1–158、159），脾出血梗死灶（图2.2.1–160），心肌与主动脉弓被膜出血（图2.2.1–161），继发猪肺疫和副伤寒（图2.2.1–162、163）。

70日龄猪瘟（胚胎期感染）：全身皮肤出血斑点，肾出血点（图2.2.1–164）与肾畸形为近似三角形。

10.混合型　既往此型为巴氏杆菌和沙门氏杆菌同时合并感染而引起的，具有前述胸型和肠型的变化，多在流行末期出现，呈慢性经过。

目前许多报道猪瘟与猪呼吸繁殖综合征、猪伪狂犬病、猪链球菌病（图2.2.1–165）、猪气喘病（图2.2.1–166）、猪副嗜血杆菌病、猪圆环病毒感染、猪弓形虫病、猪附红细胞体病混合或并发感染。

（二）组织学病理变化

肾（图2.2.1–167）、肺（图2.2.1–168）、心肌（图2.2.1–169）、脑（图2.2.1–170）、肠（图2.2.1–171）可见有弥散性血管内凝血（DIC）。可见淋巴结出血（图2.2.1–172）、肾小球出血（图2.2.1–173）肾小管滴状物（图2.2.1–174）、肝出血（图2.2.1–175）、心肌出血（图2.2.1–176）、大肠扣状肿时的出血坏死（图2.2.1–177）、非化脓性脑炎（图2.2.1–178）。

六、诊断

猪场一旦发生猪瘟，特别是大型猪场，应在发病第一时间迅速做出早期诊断，具有重大意义。因猪瘟的扑灭有效方法之一是在猪群中尚未大批感染时，早期紧急接种猪瘟弱毒苗，使猪群又获得一次免疫应答，提高群体中和抗体效价，可抵抗猪瘟野毒的攻击，及时控制猪瘟的流行。

当前猪瘟的病情复杂，病变多种多样，持续感染增多，而且多与其他传染病混合感染，特别是非典型猪瘟的出现，给诊断增加了许多困难。及时做出正确诊断，必需采取多种诊断方法，如病原学、流行病学、临床血液学、病理剖检、免疫荧光技术、酶标技术等方法的综合诊断。由于猪瘟病变复杂有时不易确认，应在现地对发病群仔细观察，死亡猪多剖检几例，综合临床症状的症候群和剖检结果的病变群进行分析判断，以便观察猪瘟临床流行病学和病理变化的全貌，及早做出正确诊断，及时采取有效技术措施。

当前对猪瘟的诊断，不应以临床症状和剖检的病理变化和自己的临床经验就断定是该病；还应进行实验室检测工作，最后根据实验室检测结果结合猪场的病史、疫病流行病学、临床症状和剖检的病理变化，做出正确诊断，否则可能出现误诊。尽管如此，但当前的免疫荧光技术、酶标技术、PCR诊断技术不能对猪瘟野毒株与弱毒疫苗株进行鉴别；因弱毒疫苗株不是基因缺失苗，还需做兔体交互试验。当前对猪瘟的诊断首先是一个猪场群体检测，关键在于种猪群；此类较容易，但个体的判定难度大，当前还没有一种方法通过采一次血一次定性猪瘟。所以猪瘟净化的难度在于此。

作者自1958年从事专业工作后，猪病诊断首例即是慢性猪瘟。至今在猪病流行地区、场家、个体养殖户，在剖检过程中均可发现慢性猪瘟的临床病理特征。在持续性感染猪瘟的群体中肯定有慢性猪瘟存在，其慢性猪瘟病变肯定存在，应注意发现。

（一）流行病学调查

应当注意的是，流行病学资料是诊断该病不可缺少和独特的依据。它是针对患猪群体，经常与临床诊断联系在一起的一种诊断方法。流行病学诊断是在流行病学调查的基础上进行的。疫情调查可在临床诊断过程中进行，向场方询问疫情，并亲自深入猪舍对现场进行仔细观察、检查，取得第一手资料，然后对材料进行分析处理，做出诊断。调查的内容应包括以下几个方面：①第一批病猪发病的时间、场内车间、蔓延的情况、目前疫情的场内分布。场区内猪只饲养的数量和分布情况，病猪的数量、年龄、性别、感染率、发病率和死亡率。②疫情来源的调查：这次疫情前是否引进生猪、购入饲料，产地有无类似的疫病存在。③传播途径和方式与其他的调查：本场猪的饲养管理方法，猪群流动、收购以及防疫卫生情况，病死猪处理情况，畜牧兽医机构及其工作的基本情况，当地群众、畜牧兽医人员、饲养员对疫情的看法等。

猪瘟流行特点是，一般流行初期猪群中仅有一至数头猪发病，经一周左右，同群猪相继大批发病。还注意要调查免疫预防注射情况，抗体水平，饲料来源，新猪引进情况，邻近猪群有无疫病发生，治疗效果，发病年龄和季节以及发病率、病死率等，应注意当前非典型流行病学特点。

（二）临床诊断

猪不分年龄、性别和品种均可感染。一年四季均能发生，抗菌药物治疗无效。病猪出现高热稽留，精神高度沉郁，全身衰弱，后躯无力，先便秘后下痢，出现化脓性结膜炎，皮肤的薄皮部有出血点，单纯型的病例出现白细胞减少症和血小板总数下降。一般情况下据此可做出初步诊断。但应与猪丹毒、猪副伤寒、猪肺疫、猪弓形虫病和猪链球菌病等进行鉴别。

（三）病理诊断

据典型猪瘟病理解剖学变化，在现场即可做出正确诊断。对病死猪就地剖检，如见全身淋巴结呈现出血性淋巴结炎，切面大理石样外观，皮肤有出血斑点，肾贫血，有点状出血，脾不肿大，有出血梗死，膀胱、喉头黏膜及心外膜和胃肠浆膜有出血点。慢性型黏膜器官的扣状肿，不但盲结肠有，而且其他部位甚至皮肤亦可出现。最后结合临床、流行病学调查，治疗效果，进行分析判断，通常可做出诊断。但非典型猪瘟尸体剖检时，应注意观察病变的特征。

（四）实验室检验

猪瘟的实验室诊断方法，常用的有血液学检查、病原学检查、病理组织检查、血清学检查等。免疫荧光试验、免疫酶组织化学染色法、琼脂扩散试验、新城疫病毒强化试验、动物接种试验等。每一种诊断方法的应用时机和诊断价值都有所不同，实践中应结合实际情况选择应用。

1. 血液学检查　无合并感染情况下，猪瘟时白细胞数和血小板数都显著减少，但有细菌并发感染时，白细胞数增多。有些败血性疾病，血小板也减少，慢性猪瘟出血变化消失之后，血小板恢复正常，诊断时应注意鉴别。

2. 细菌学检查　采病猪的血、肝、脾、肾、淋巴结等样品镜检和分离培养，如阴性，一般猪瘟可能性大，如阳性时，应注意分析流行病学、病理解剖等资料进行综合判定，特别是不应被并发感染的细菌所误，以免诊断失误。

3. 病理组织学　非化脓脑炎的特征，如脑血管套、胶质结节，具有诊断价值。应注意与其他病毒性脑炎区别。此外，淋巴结、肾、脾的组织变化亦可作为诊断参考。

4. 病毒分离试验　猪瘟病毒能在猪源的初代和传代的培养细胞内生长，骨髓、淋巴结、肾、睾丸、脾、白细胞、肺的细胞都可用于培养，除少数毒株外，一般培养细胞不出现病变。病毒培养一般用猪肾细胞，例如PK-15细胞。在PK-15细胞中增殖的病毒，可用聚乙二醇（PEG）及硫酸铵沉淀后，再经超速离心及梯度离心浓缩和提纯，即可获得纯化的病毒制品。

5. 兔体交叉免疫试验　猪瘟强毒不引起家兔体温反应，但能使其产生免疫力，猪瘟兔化弱毒能使家兔产生定型热反应，但对已产生免疫力的家兔则不产生体温反应。利用这一原理，将病料用抗生素处理后，接种家兔并每6h测温1次，连续测温5天。同时设注射生理盐水的对照兔，5天后对所有家兔静脉注射猪瘟兔化弱毒，同样每6h测温1次，连续测温96h。如对照兔发生定型热反应，说明试验成立，可以分析判定结果；试验组兔出现定型热反应，则说明病料中所含的病毒不是猪瘟强毒，反之试验组兔不发生定型热反应，说明病料中所含的病毒是猪瘟强毒。（免疫学）此方法简便易行、特异性高，是诊断猪瘟最准确的方法。其操作方法如下：

①试验用兔：选健壮、体重1.5kg以上、未做过猪瘟试验的家兔4只，分成2组，试验前测体温3天，每天3次，间隔8h。

②接种试验：无菌操作取病猪淋巴结和脾，制成1：10的悬液，取上清液，每毫升加青霉素、链霉素各500国际单位处理后，给第一组肌注，每只兔5mL。如用血液，则需加抗凝剂，每只兔接种2mL。第二组不注射病料，作对照。继续侧体温，每隔6小时测1次，连续3天。

③攻毒：7天后，用猪瘟兔化弱毒1：20～50的清液，各静脉注射1mL，每隔6小时测体温1次，连续3天，第二组也同时做同样处理，供对照。

④判定：根据发生的体温反应，做出诊断。具体判定方法见表1。

对照组的体温反应符合规律时（兔化弱毒接种后出现定型热或轻型热反应），如果病料接种组于病料接种后无体温反应，后来再接种兔化弱毒也不发生体温反应，证明病料内含有猪瘟病毒，可诊断为猪瘟。如果病料接种后无或有体温反应、后来接种兔化弱毒均有体温反应，证明不是猪瘟。

6. 荧光抗体试验　本法主要用于检查白细胞涂片、脏器压片和冰冻切片中的猪瘟病毒抗原，可作为猪瘟生前诊断和宰后检验之用。

①切取病料：取病猪的扁桃体、淋巴结、脾、腮腺、胰脏和脑组织等一小片，用滤纸吸去渗出的液体。

②制压片：取干净载玻片一块，稍为烘热，将组织小片的切面触压玻片，略加转动，做成压印片，置室温内干燥。如用冰冻组织切片，则效果更好。

③固定：滴冷丙酮数滴，置4℃固定15～20min。

④冲洗：用磷酸盐缓冲液浸洗，阴干。

⑤滴加猪瘟荧光抗体置37℃饱和湿度箱内染色30～40min。

⑥浸洗：用pH值7.6的磷酸缓冲液浸洗3次，每次3min，最后用蒸馏水浸洗3min。

⑦封片：干后滴上甘油缓冲液1滴，加盖玻片封闭。

⑧荧光显微镜检查：细胞呈亮黄绿色荧光，则为猪瘟；如呈暗绿色或灰蓝色，则不是猪瘟。人工感染猪瘟强毒的猪，3～10天内均能用荧光抗体检出猪瘟病毒。病毒出现的部位，在感染早期主要在扁桃体、口腔上皮细胞、网状内皮细胞及白细胞；中期为消化道黏膜上皮、胰腺及唾液腺上皮、肾上腺上皮，后期为中枢神经胶质细胞、全身结缔组织。荧光主要分布细胞浆内，呈弥散或团絮状，有时呈点状。

⑨对照试验：为了证明荧光的特异性，应做对照试验。将压印片或冰冻切片先用猪瘟血清处理，然后用猪瘟荧光抗体处理，此时用荧光显微镜检查，应不出现猪瘟病毒感染的特异荧光。

7. 猪瘟强毒单抗酶联免疫吸附试验（ELISA）

①抗原准备：用包被液将猪瘟强毒单抗纯化酶联抗原做100倍稀释；以100 μL分别加入做好标记的酶联板孔中，置湿盒于4℃过夜。

表1　家兔接种试验判定方法

组别	病料接种后的体温反应				兔化弱毒接种后的体温反应				诊断（病料中所含的病毒）			
1	（1）	（2）	（3）	（4）	（1）	（2）	（3）	（4）	（1）	（2）	（3）	（4）
	−	−	+	+	−	+	−	+	猪瘟病毒	非猪瘟病毒化	猪瘟兔弱毒	非猪瘟病毒
2	0				+							

注：0表示未接种，一表示无反应，+表示定型热或轻型热反应

②待检血清准备：洗涤液冲洗后，用稀释液将待检血清做400倍稀释，每孔加100μL，同时，将猪瘟阳性血清、阴性血清以100倍稀释作对照，于37℃培育1.5～2h。

③加入过氧化物酶结合物：洗涤液冲洗后，用稀释液将兔抗猪IgG-辣根过氧化物酶结合物作100倍稀释，每孔加入100μL，37℃培育1.5～2h。

④加底物溶液：洗涤液冲洗后，每孔加入底物溶液（每板所需底物溶液按邻苯二胺5mg＋底物缓冲液5mL＋30%过氧化氢μL配制）100μL，当阴性孔略微显色，立即终止反应。

⑤加终止液：每孔加入终止液50μL，于酶标仪上测定光密度（OD）值（490nm）。

OD值≥0.5，判为猪瘟强毒抗体阳性；OD值<0.5，判为猪瘟强毒抗体阴性。

8. 琼脂扩散试验　本方法主要是应用已知的猪瘟抗血清检测病料中的病毒抗原。

①待检抗原制备：取病猪脾、淋巴结或胰等材料，做成1∶2乳液，冻融3次，离心，取上清液做待检抗原。

②制备琼脂：用pH7.2磷酸缓冲液或pH8.0巴比妥缓冲液，制备1%琼脂，加0.01%硫柳汞或0.5%石炭酸防腐。

③制备平板：将熔化的琼脂分装于平皿内，每皿约3mL，琼脂层厚3mm。琼脂凝结成平板后，用孔径7mm的打孔器打孔，每皿按图案打7个孔，中央1个，周围6个，孔与孔的间距4mm。

④放试验材料：中央孔注入已知抗猪瘟血清，周围1、3孔注入已知猪瘟病毒，6孔注入正常猪血清，2、4、5孔都用病猪病料上清液。

⑤静置：将平皿放密闭盒内，盒内放一块湿纱布，以维持湿度，置室温。

⑥检查：每天检查2次，至72h为止。注意各孔之间是否出现沉淀线，出现的为阳性反应，不出现的为阴性反应。

⑦判定：中央孔与周围1、3孔应呈阳性反应，6孔应为阴性。中央孔与周围2、4、5孔如呈阳性反应，则为猪瘟；如呈阴性反应，则不是猪瘟。

此法在病的急性期阳性率高，发病后5天阳性率显著增高，发热6天以上的猪阳性率可达100%。濒死宰杀或死后组织检查，阳性率仅72%～75%。病程在3周以上者很难检出抗原。幼年猪的检出率比成年猪和老年猪高。

9. 酶标抗体试验

⑴抗猪瘟高免血清的制备与抗体的纯化：①抗猪瘟高免血清的制备：选用3～4个月龄的非免疫健康猪，先注射猪瘟兔化弱毒苗，2周后再注射含猪瘟强毒的血清，连注3次后，颈动脉采血提取血清。②抗体的纯化：先用硫酸铵沉淀法提取丙种球蛋白，再通过葡聚糖凝胶柱及DEAE-纤维素柱加以提纯。

⑵辣根过氧化物酶-抗体结合物的制备：操作按过碘酸钠法进行。结合物的纯化，可将结合物在pH7.2（0.015mol/L）的磷酸缓冲液充分透析后，再用饱和硫酸铵沉淀2次。最后充分透析，去掉铵离子。已纯化的结合物用组织粉和红细胞作进一步吸收处理，并测定结合物的最佳使用浓度。

⑶白细胞涂片及脏器压片的制作：①白细胞涂片的制作，由颈静脉或耳静脉采血2～5mL，立即注入已含有1mL3.8%柠檬酸钠溶液的管内，混匀后在室温静置3～4h，吸取血浆部分，以2000r/min左右的速度离心10min，去上清液。沉淀的白细胞用5～10倍体积的0.83%氯化铵溶液（用pH7.4的Tris-猪瘟1缓冲液配制）处理30min，使残留的红细胞解体，并以1 500～2 000r/min的速度离心5～10min，去上清液，再用氯化铵溶液处理1次，最后得到的白细胞沉淀物，用生理盐水洗2～3次，然后用生理盐水将白细胞沉淀物配制成适当浓度的悬液，再用细玻璃棒在清洁无油的载玻片上制成涂片，涂片不宜过厚。涂片吹干后，立即用4℃的丙酮固定10min，干后置冰箱保存备用。②脏器压片的制作，用脾和肾制成压片。材料采取后，将周围结缔组织和脂肪去净，并在清洁无油的载玻片上制成切压片。吹干后立即用4℃的丙酮固定10min，干后置冰箱保存备用。

⑷免疫酶标记操作方法：①覆酶标抗体：于上述涂片或切片上覆盖酶标记抗体，在37℃下的湿盒中作用30min。②冲洗：用磷酸缓冲液冲洗3次，每次10min。③加酶底物：自然干燥后，用酶底物（3.3二氨基联苯胺四盐酸盐75mg溶于100mL pH7.6

的0.5mol/LTris-猪瘟I缓冲液，室温避光搅拌3h，用前过滤，每10mL滤液加0.3%过氧化氢0.1mL）在避光的室温下作用6～8min。④浸洗：用pH7.6的0.5mol/LTris-猪瘟I缓冲液浸洗15～30min。⑤显微镜观察：在感染后24h的白细胞涂片中，有相对一部分单核细胞、淋巴细胞及其他类型白细胞的胞质染成棕黄色；感染后48～192h，几乎所有的单核细胞和淋巴细胞的胞质均染成棕黄色。以感染后48～120h的胞质着色最深，感染144h后，单核细胞和淋巴细胞的胞质着染略浅。脾和肾（人工感染猪瘟猪）的压片，全为阳性，脾的红髓部和肾皮质部细胞都染成棕黄色，特别是肾小球周围更明显。

10. 酶联免疫吸附试验 — 双抗体夹心法　①抗体包被：将提纯的兔抗猪瘟IgG用pH9.5的0.1mol/L碳酸盐缓冲液稀释成最适浓度（见试剂盒说明书），滴加于40孔酶标板，每孔100μL。置4℃过夜。

②洗涤：用磷酸缓冲盐水-吐温洗涤3次，甩干备用。

③加待检组织悬液：每孔加入100μL经1∶40稀释的待检组织悬液（脾、淋巴结、肾脏的组织悬液），每个样品加2孔，最后3对孔分别加入阳性抗原、阴性抗原及稀释液作对照。

④感作：置37℃作用2h。

⑤倾出反应物：反应物倾出后甩干，再洗涤3次，方法同②。

⑥加酶标兔抗猪瘟IgG：每孔加100μL酶标兔抗猪瘟IgG，37℃作用30min。

⑦用磷酸缓冲盐水-吐温洗涤：洗涤3次，方法同②。

⑧加底物：每孔加入100μL底物溶液，37℃反应20min。

⑨加终止液：每孔加入50μL终止液（2mol/L硫酸）。用酶联免疫检测仪测定各孔OD_{490}值并按下列公式计算P/N值。

$$P/N=\frac{（待检抗原OD值-空白对照OD值）}{（阴性抗原OD值-空白对照OD值）}$$

如果P/N值大于2者，判为阳性，表明样本中含猪瘟病毒。

11. 鸡新城疫病毒强化试验（END试验）

①制备病料上清液：将猪瘟病毒材料做成10倍稀释的上清液。

②培养细胞中接种病料液：经胰酶分散的猪睾丸细胞分装时，接种入稀释的上清液，或在培养至第三天睾丸细胞形成单层后接种，培养4天后，再接种鸡新城疫病毒。

③检查：接种病毒再培养4天，检查。

④判定：如鸡新城疫病毒滴度达$10^{7.5}$PFU/mL，并出现明显细胞病变，为猪瘟（阳性）；如滴度在10^{5}PFU/mL以下，不出现细胞病变，为非猪瘟（阴性）。

对照试验，用抗猪瘟血清处理病猪材料，做同样试验，应为阴性。

12. 血清学诊断

(1)PPA-ELISA：PPA-ELISA（金黄色葡萄球菌A蛋白-ELISA）用于检测猪瘟病毒抗体，具有敏感性高和特异性强的特点，与兔体中和试验呈显著的正相关。方法如下：

①包被：将用包被液稀释好的抗原加入40孔滴定板中，每孔100μL，4℃冰箱过夜或37℃2h。

②第一次洗涤：甩去包被液，用洗涤液洗涤3次，每次加入洗涤液后静置2～3min，甩干。

③加待检血清：待检血清用稀释液做1∶80稀释（25μL待检血清加稀释液2mL），每孔加100μL，每个样品加2孔，每块板做17个样品，同时设空白对照2孔（每孔加稀释液100μL），阳性对照2孔（每孔加1∶80稀释的阳性血清100μL），阴性对照2孔（每孔加1∶80稀释的阴性血清100μL），加样完毕后37℃，温箱静置2h。

④第二次洗涤：洗涤3次，方法同②。

⑤加酶标A蛋白：每孔加1∶100稀释的酶标A蛋白100μL，37℃静置1h。

⑥第三次洗涤：洗涤3次，方法同②。

⑦加底物：每孔加100μL底物显色液37℃作用20min，此时阳性孔与待检样品孔出现程度不同的显色反应。

⑧终止反应：每孔加入50μL终止液，此时颜色变深。

⑨结果判定：用酶标检测仪测取各孔OD值（490nm）。试验孔OD值（P）与阴性对照孔OD值

（N）之比P/N＞2判为阳性。被检血清抗体滴度以呈现阳性反应孔的血清最高稀释倍数表示。

⑵正向间接血凝试验：该方法是目前检测血清抗体比较常用的方法之一。

①待检血清稀释：在56℃水浴中把待检血清灭活30min。用稀释液将待检血清稀释成1∶32，1∶64，1∶128等6个稀释度（试管稀释或直接在血凝板上稀释均可）。用稀释液把阴性对照血清稀释成1∶64，把阳性对照血清稀释成1∶512。

②加待检血清：在干净的96孔血凝板上1～3排的第一至第六孔各加待检血清5μL，1～3排的第八孔加1∶64的阴性对照血清，每孔50μL。

③加对照阳性血清：第一排第九孔加猪瘟阳性对照血清（1∶512）50μL。1～3排的第十孔加稀释液50μL（空白对照孔）。如用液体诊断液，只需摇匀便可加样。若用冻干诊断液，则需提前2～3天加入稀释液，浸泡（4℃～6℃）后方可使用。

④加诊断液：在第一排1～6孔和8～10孔加猪瘟诊断液，每孔25μL。样加完后，立即将血凝板置于微量振荡器上，振荡1 min后，取下放在白纸上观察。

⑤振摇：若血细胞均匀悬浮，无沉淀，则继续下面的步骤，否则继续振荡。振荡混匀后，取下血凝板并盖上大小适中的玻璃板，防止水分蒸发，室温下静置1.5～2h或次日判定检测结果。

判定标准：在对照孔合格的前提下，第一至第三排的第一至六孔以红细胞呈现“＋＋”凝集的待检血清最大稀释度为其抗体效价。若第一排第一至三孔呈现“＋＋＋＋”（90%～100%红细胞凝集），第四孔出现“＋＋＋（75%红细胞凝集），第五孔呈现“＋＋”凝集，第六孔呈现“＋”凝集（10%～25%红细胞凝集），则判定该份血清中的猪瘟抗体效价为1∶512。若低于1∶16时，则应紧急接种猪瘟疫苗。

（五）鉴别诊断

急性败血型猪瘟与急性猪丹毒、最急性猪肺疫、仔猪副伤寒和猪败血性链球菌病等，在临床上表现极为相似。因此，临床表现只供参考，还必需从病理变化、流行病学等多方面综合判断，做鉴别诊断。

繁殖障碍型猪瘟和猪繁殖与呼吸综合征、猪伪狂犬病、猪日本乙型脑炎、猪细小病毒病、猪布鲁氏菌病、猪衣原体病等，在临床上也容易混淆，应该予以鉴别。

慢性猪瘟在临床上以腹泻为主要特点，病理特征是大肠的纤维素性坏死性肠炎，应与慢性猪副伤寒、猪痢疾及其他的腹泻性疫病进行鉴别。

确诊猪瘟可采集病猪各种病料检测病毒，或采集病猪血清用单克隆抗体诊断试剂做酶联免疫吸附试验，检测猪瘟强毒抗体。

下面将其鉴别要点分述。

1. 蓝耳病　冬春季节多发，可通过多种途经传播，呼吸道是该病的主要感染途经，无临床症状而带毒猪可以传播本病，并可垂直传播。感染猪场在没有继发感染的情况下，猪群一般不会出现临床症状。哺乳仔猪感染率最低，保育猪次之，育肥猪、母猪和后备猪高。感染来源主要是：公猪精液、引种带毒、注射针头、进入猪场的人和物、蚊蝇传播、运输车辆。

少有急性表现，以慢性、亚临床性表现为主（繁殖与生产性能下降，猪难养，易闹病）；散发性病猪晚期流产（冬春季节易出现初产母猪繁殖障碍和晚期流产，经产母猪不时出现流产）；猪群持续性、隐性感染、带毒，很难清除；是导致呼吸道疾病突出的根本原因，是原发性感染的病原体；使免疫系统损害，免疫功能下降，易继发附红细胞体病、链球菌病、沙门氏菌病等，与其他病原（支原体、PCV2、猪瘟、伪狂犬、流感等）形成多重感染，影响猪瘟疫苗的免疫效果；感染公猪精液带毒，可通过受精传播该病。我国蓝耳病流行毒株已出现一些基因缺失的变易毒株，靠现有的疫苗来控制猪蓝耳病是不现实的。

2. 急性猪丹毒　多发生于夏天，病程短，体温多在42～41℃稽留，有一定食欲。皮肤上的红斑，指压褪色，病程较长时，皮肤上有紫红色疹块。眼睛清亮有神，步态僵硬，发病率和病死率比猪瘟低。死后剖检，胃和小肠有严重的充血、出血、脾肿大，无梗死灶，呈樱桃红色，淋巴结和肾淤血肿大，肾呈特有的大红肾变化，肺花斑样呈休克肺病变。青霉素等治疗有特效。

3. 最急性猪肺疫　气候和饲养条件剧变时多发，发病率和病死率比猪瘟低，表现为咽喉部急性肿胀，呼吸困难，口鼻流泡沫，皮肤蓝紫，或有少数出血点。剖检时，咽喉部肿胀出血，肺充血水肿，颌下淋巴结出血，切面呈红色，脾不肿大。抗菌药治疗有一定效果。

4. 败血性链球菌病　本病多见于仔猪。除有败血症状外，常伴有多发性关节炎和脑膜炎症状，病程短。抗菌药物治疗有效。剖检见各器官充血、出血明显，心包液增量，脾肿大。有神经症状的病例，脑和脑膜充血、出血，脑脊髓液增量、浑浊，脑实质有化脓性脑炎变化。

5. 急性猪副伤寒　多见于2～4月龄的猪，在阴雨连绵季节多发，一般呈散发。先便秘后下痢，有时粪便带血，耳部及尾部及胸腹部皮肤呈蓝紫色。剖检肠系膜淋巴结显著肿大，肝可见黄色或灰色小点状坏死，大肠有溃疡，脾肿大。

6. 慢性猪副伤寒　与慢性猪瘟容易混淆。慢性副伤寒呈顽固性下痢，体温不高，皮肤无出血点，有时咳嗽。剖检时，大肠有弥慢性坏死性肠炎变化，脾增生肿大，肝、肠系膜淋巴结有灰黄色坏死灶或灰白色结节，有时肺有卡他性炎症。

7. 猪黏膜病毒感染　黏膜病病毒与猪瘟病毒同属瘟病毒属，主要侵害牛，猪感染后，多数没有明显症状或无症状。部分猪可出现类似温和型猪瘟症状，难以区别，需采取脾、淋巴结做实验室检查。

8. 弓形虫病　弓形虫病也有持续高热42～41℃，皮肤紫斑和出血点，大便干燥。剖检时淋巴结肿大，有的出现坏死灶，肺充血肿大，小叶间明显增宽，仔细观察有小的炎症灶，淋巴结涂片瑞特染色可检出虫体。

（六）猪瘟在传染病混合感染中的诊断地位

猪瘟可以继发任何传染病与营养缺乏性疾病，继发感染特点是加速死亡，出现特有继发病的病理变化。诊断时不应为继发病的病理变化特异性病变干扰而误导，做出错误诊断。忽视原发病的诊断，此为病程托长，原发病的病灶被吸收而缺乏原发病的病理变化之故。在传染病混合感染中，猪瘟为首选，此由猪瘟病毒生物学特性决定。

七、免疫

猪对猪瘟极少具有天然免疫力，只有在感染康复后才能获得坚强的保护。然而，本病有极高的传染性，发病率高，自然康复猪极少。因此，研究猪瘟的免疫方法，是预防猪瘟的基础工作。免疫力的形成过程与中和抗体的产生是相平行的，所以专家认为，本病免疫是以体液免疫为主。免疫母猪可通过初乳将抗体输给仔猪，使仔猪获得一定程度的被动免疫，其免疫持续期为1.5～2个月。而母源性免疫力对弱毒疫苗的免疫有一定的干扰作用。

人工免疫分为主动免疫与被动免疫两种。主动免疫主要是应用疫苗（活苗与灭活苗）注射，以调动机体产生主动免疫。未免疫母猪所生仔猪，生后7天用弱毒苗免疫，即可获得坚强免疫力，6个月后攻毒，100%保护。而免疫母猪所生仔猪，在7天、1个月或1.5个月免疫者，攻毒的保护率仅为50%～75%。人工免疫主要应用疫苗注射，以获得主动免疫。被动免疫仅用于已发病后的紧急防疫和早期治疗。

（一）疫苗研制历程

疫苗研制初期，用血清、血毒共同注射。目前已停止使用。某些国家因所培育的弱毒株尚有一定程度的毒力，故需与血清共同注射，但费用昂贵，应用不广。猪瘟结晶紫灭能疫苗在1934–1936年，由Doret和他的同事McBryde和Cole创造。1950年后我国兽医工作者选用抗原性优良的石门系毒株，缩短灭活时间，研究改进制成我国的猪瘟结晶紫疫苗，皮下注射1mL即可获得80%或更高的保护率，免疫期8～12个月。从1950年以后在全国广泛使用，证明安全有效。1955年兔化弱毒疫苗研制成功后，本疫苗的使用已逐渐减少；由于其保存性好，目前仍有少量生产。猪瘟弱毒疫苗自1946年以来，有些国家致力于研究培育无毒或弱毒的疫苗用毒株的报道很多，其致弱途径不外乎以下三类。

1. 通过适应动物传代减毒　1946年美国首先报道育成猪瘟兔化弱毒，但毒力较强，注射后有体温反应和神经症状，因此需与血清共同注射。1952

年我国台湾省由菲律宾引入Rovac家兔继代毒，由250代传至～817代，育成LPC株（Lapinized-porcinecholera）。1953年英国培育成SFA系兔化弱毒，亦需与血清共同注射。1958年保加利亚、日本先后育成兔化弱毒，均不够安全。以后日本进一步将上述3系兔化毒适应于山羊，但仍不安全。1954-1955年我国兽医工作者研制成功猪瘟兔化弱毒疫苗（国际上称C标），证明有高度安全性和优良的免疫原性。中国系兔化猪瘟弱毒，自1956年开始，除在我国广泛推广使用外，先后在前苏联、匈牙利、意大利、波兰、罗马尼亚、捷克、保加利亚、法国、比利时、德国和秘鲁等许多国家应用，取得了良好效果。

2. 通过适应于细胞培养传代减毒 本病毒易于在猪源细胞上生长，其毒力伴随继代次数的增加而逐渐减弱。奥地利研究者将猪瘟病毒通过猪睾丸细胞120代，获得弱毒株，可用以制苗。佐藤用猪肾细胞长时间连续培养法减毒，然后又适应于牛肾细胞制苗，称为LOM毒株。简原二郎用美国LAD株强毒，通过猪睾丸细胞124代，然后用极限稀释法选择无性子代（clone），在牛睾丸细胞上传36代减弱毒力，再选无性子代，适应于豚鼠肾细胞（GP株），最后用END法选出END阳性GPE^+和阴性GPE两种无性子代，以GPE^-作种毒连续通过豚鼠41代育成GPE^-株，用以制苗，在日本全国使用，曾一度消灭了猪瘟。即目前日本使用的猪瘟弱毒疫苗。

3. 先通过动物适应后再通过细胞减毒 法国学者（1961）将SPA系兔化毒，适应于兔肾原代细胞传代减毒，用其22代毒作种毒制苗，称为IPFA/A22系。德国先将强毒适应于兔，再通过羔羊肾细胞传代减弱，称为Viruman系。前苏联用我国兔化弱毒在羔羊睾丸细胞中传代，用以制苗，其细胞半数感染量（$TCID_{50}$）在10^{-6}以上，用猪测半数免疫量（ImD_{50}）在10^{-5}/2mL以上。法国梅里厄研究所用我国兔化毒通过羔羊肾细胞，连续传32代后用作种毒（称CL系），用其制成的冻干苗，称Pestiffa苗。用兔测毒为10^{-4}～10^{-5}，每头剂量规定含毒100免疫量。经测其免疫力产生时间为注射后第五天，免疫期在2年以上。

目前世界上较为著名的弱毒株有C株、LPC株、GPE^-株、CL株、Rovac株、SFA株、PAVT株、IFFA/A22系、Viruman系和Thiverval等。其中在欧洲和亚洲应用最广泛的为我国的C株、LPC株和GPE^-株，其共同点是免疫原性稳定，无毒力返祖证据，不产生或仅产生极其轻微的病毒血症，白细胞不减少，临床无疾病表现，无残余毒力或极低，接种后5～7天产生可靠的免疫力，免疫持续期均在1年以上。

在所有弱毒株中以中国系猪瘟兔化弱毒性能最好，已为全世界公认。不少国家应用我国毒株制苗，或将我国毒株进一步适应细胞培养后制苗，已有效地控制了本病的流行。

4. 中国系兔化弱毒的性能简介

⑴对兔的致病性：猪瘟兔化毒自1954-1958年间，已通过大耳白兔430代，家兔感染后仅发生体温反应，无其他临床症状及特征性病理变化。家兔出现的热反应率，随兔体传代次数增多而增高。

兔毒经皮下、肌肉、口腔和静脉接种都可使兔发生感染。不过经皮下、肌肉和口腔感染的热反应率稍低。静脉接种潜伏期30～40h，口腔及鼻腔接种的潜伏期，要延长到47～100h。

热反应兔的各种脏器中均有病毒。用兔滴定毒价是：脾10^{-5}，淋巴结10^{-4}～100^{-5}，肺，胸腺10^{-3}，心肌10^{-2}，血10^{-2}，肝，肾10^{-1}～10^{-2}，脑10^{-1}，分别1mL均能使接种兔典型发热。无热反应兔脏器中，也有与热反应兔相等的病毒，测定脾毒价也可达10^{-4}～10^{-6}。对猪的免疫性同样良好。一般在接种兔毒后第3～6天内，毒价维持在最高峰，第7天开始降低，到第12天，兔体内已测不出病毒。感染兔在发热期内，白细胞总数无变化，但出现淋巴细胞减少和中性粒白细胞增多，其消长时间与体温升降基本吻合，在体温恢复正常后，白细胞分类比率也恢复正常。

⑵安全性和稳定性：猪瘟病毒连续通过兔体传代后，对猪的毒力发生了明显的变化。随传代次数增多，对猪的毒力逐渐减低，直到通过兔体67代，对猪仍有10%以上的致死率。

直到90代以后，对断奶仔猪才较为安全，以91～165代的兔化毒淋脾和血毒（1：200倍稀释）2mL

免疫断奶仔猪的死亡率降低到0.188%；214代后，用于各龄仔猪（包括生后10～40天的乳猪）已很安全。自1957年后在全国广泛应用，平均反应率约1%，死亡率约0.1%（包括各种原因死亡在内，此时种毒为300代以后），说明兔化毒对猪毒力已充分减弱，安全性良好。

将已减弱的兔化毒连续通过15kg左右的断乳仔猪6代，无临床症状。以回归猪的第6代毒接种15日龄无母源抗体的易感乳猪4头，观察11天无体温反应，14天后攻毒全保护，证明本毒株的遗传性十分稳定，不因回归猪体返强。

用兔化毒免疫后的猪不长期带毒，免疫后7天的血液和脾脏中，尚存少量病毒可使兔发生热反应，免疫后17天的猪血和脾脏，已无病毒存在。免疫猪与健康猪同群饲养，不引起接触感染。用兔化毒免疫10～40日龄乳猪，不影响其发育。免疫怀孕1～3.5个月的母猪亦无不良反应。

法国梅里厄研究所（1978）为了鉴定中国系兔化毒通过羔羊肾细胞后的CL系的性能，进行了大量试验研究。证明本毒系非常安全，接种各种类型的母猪，对其产仔数、仔猪成活率及初生体重均无不良影响。毒系的遗传性稳定，不排毒，不返强，无残存致病力。

⑶免疫力：中国系兔化毒对猪有良好的免疫原性。中国兽医药品监察所在兔化毒继代过程中，曾分别采取不同代次反应兔的内脏毒和血毒稀释成不同滴度，各以1mL肌肉注射易感猪，10天后用强毒攻击，以测定其最小免疫量，同时接种家兔以测定对兔的最小感染量。

结果表明，猪经肌肉注射兔化毒免疫后，第三天即可产生可靠的免疫力。用兔化毒免疫断乳猪，大多数在免疫后1～1.5年，仍有免疫力，但少数在6个月或9个月时免疫力已消失。这可能是由于受母源抗体的影响。

实际使用规定每头份应含兔毒100PD_{50}。说明我国培育的兔化毒具有极为良好的免疫原性，注射极少量的兔毒即可获得坚强的免疫力。

⑷保存性：中国系猪瘟兔化毒在保存中毒价的递减与温度和保存条件有关。含毒的脾、血液、淋脾乳剂和淋脾冻干苗在不同温度下保存后，用兔测定其保存时期如表2。

表2　猪瘟兔化毒保存性

温度 / 含毒组织	−15～−20℃	0～8℃	15℃	13～25℃	室温10～28℃	25℃	35℃
脾	2年	15天（10^{-2}）；50%甘油中25天	7天（10^{-2}）	8天（10^{-2}）	–	2天	–
血毒	–	21天	4天	6天	4天	3天	–
淋巴结、脾混合乳剂	–	7天	4天	4天	–	3天	–
淋巴结、脾冻干苗	2年（10^{-2}）	1.6年（10^{-2}）	–	–	6天（10^{-2}）	–	45天（10^{-2}）

（）示保存后的毒价。

根据实验证明，防疫单位必需在防疫过程中应用冰瓶或其他方法冷藏保存冻干疫苗，否则必将影响免疫效果。

5. 猪瘟疫苗种类　我国主要使用猪瘟兔化弱毒疫苗系列。猪瘟兔化弱毒疫苗在我国大规模使用后，疫苗的生产技术不断改进和创新，不断开发新的苗源，现已形成系列，为在我国控制和消灭猪瘟做出了巨大贡献，也为世界许多国家认同和应用。

⑴大兔淋脾湿苗和冻干苗：猪瘟兔化弱毒经耳静脉接种1.5～1.8kg大兔，可产生定型热反应，兔的各个脏器均含有病毒。用兔滴定毒价为：脾10^{-5}，淋巴结10^{-5}～10^{-4}，肺和胸腺10^{-3}，心肌和血

液10^{-2}，肝和肾$10^{-2}\sim10^{-1}$，脑10^{-1}。平均每兔可采脾脏和淋巴结约3g，可制苗300头份，接种于猪后，3天可产生免疫力，4天后免疫力坚强可靠。可现地利用脾脏和淋巴结制造湿苗，随制随用。所制的疫苗在温度25℃以上条件下限12h内用完。每头猪肌注1mL，含100个免疫剂量（ImD），免疫持续期可达18个月。1956年猪瘟兔化弱毒疫苗在全国全面推广应用以来，最早应用的是大兔淋脾湿苗。平均每兔可采脾3g左右，可制苗约300头剂。疫苗以随制随用为原则，如必要保存，不得超过下列期限：0～4℃（冰瓶加冰）不超过72h，15～20℃（冰瓶加冷水）不超过48h，25℃以上室温限12h用完。1957年后大批生产冻干苗。

⑵牛体反应苗：猪瘟兔化弱毒能在1～2岁的易感犊牛体内增殖，但不产生临床反应。用兔脾毒乳剂，经颈静脉接种牛，第二天即可从血液中测出病毒。黄牛的感染率约为70%～80%。制苗时于接种后2～3天试血，阳性反应牛于第五天扑杀，取淋巴结、脾脏制苗，毒价可达$10^{-5}\sim10^{-4}$。如经睾丸途径接种，用去势法摘取睾丸制苗，毒价与用淋巴结和脾脏制苗的毒价相同，可不杀牛，但经颈静脉途径接种时，不能感染睾丸。牛体反应苗对猪的最小免疫量和对兔的最小感染量是一致的，免疫力产生时间和免疫持续期和大兔淋脾苗相似。每头牛的淋巴结、脾脏加睾丸可制10万头份疫苗，适合现地集中制苗，也可在生物制药厂生产冻干苗。

⑶乳兔冻干苗：由于大兔淋脾产苗量低，可用乳兔肌肉制苗以增加产量。用新鲜兔毒脾乳剂接种3～5日龄健康乳兔，以无菌操作采取含毒乳兔组织（包括肌肉）制成冻干苗，用兔测毒价和对猪的最小免疫量均可达10^{-4}。应用剂量要求每头份含毒应不少于150ImD（最小兔免疫量）。接种后6天可产生免疫力，免疫持续期1年以上。

⑷细胞培养苗：黑龙江兽医研究所潘兴广等（1973）用仔猪肾原代细胞培养猪瘟弱毒成功。以后，由中国兽医药品监察所组织各省兽医生物药品厂，发展用转瓶培养研制兔化猪瘟弱毒细胞苗。利用细胞培养技术生产弱毒疫苗，不仅有利于提高产品质量，而且可大大提高产品和劳动生产率，节省原材料，是生产技术上的一大改革。

猪瘟兔化弱毒能在猪原代细胞上大量增殖，不断地以出芽方式从细胞内释放出来，所以接种后可连续收毒，直至细胞老化。细胞液含毒量达1：20 000以上时（即兔的最小感染量）方可用其配制冻干苗。其安全性和免疫原性与大兔淋脾苗相似。

用仔猪肾细胞培养液制备的猪瘟兔化弱毒苗，对猪具有良好的免疫原性，在国内已大批量生产和应用。但必需指出，用仔猪肾细胞培养物配苗时有两点必需予以注意，即毒价不够稳定以及有混入猪瘟野毒和其他病原微生物的危险。为了排除用猪肾细胞隐性带毒问题，规定每批产品在出厂前，必需用猪做安全性检查。猪瘟病毒和牛病毒性腹泻病毒（BVDV）2种瘟病毒之间有较密切的抗原性和血清学关系。两者同源性很高，能互相诱导一定程度的同源病毒抗体。在西欧国家，猪BVDV的感染率很高（20%～40%）。BVDV感染妊娠母猪可引起繁殖障碍，病毒可经胎盘传染胎儿，使所产仔猪呈亚临床感染。据国内生产厂家反映，用家兔测定牛睾丸原代细胞生产的猪瘟兔化弱毒疫苗效价时，各批次间相差悬殊。究其原因有多种，但其中最值得注意的是瘟病毒（BVDV）污染。因为瘟病毒在体外培养大多不产生CPE，故不易引起检验人员注意。污染主要来源是小牛血清，从瘟病毒先天感染的小牛分离的血清含有感染性病毒，常规的热灭活又不能确保瘟病毒灭活。用BVDV污染的猪瘟疫苗免疫母猪后，仔猪发生类似先天性猪瘟感染，死亡率增加，因此给生产造成很大损失。

在我国，曾采用乳兔和家兔制苗（至今有少数厂家仍在生产），但制苗兔来源和疫苗产量十分有限，无法供应全国市场。目前普遍采用犊牛睾丸细胞生产疫苗，但这种疫苗存在病毒滴度低（主要是因为血清中牛病毒性腹泻病毒抗体干扰）、免疫效力不稳定和有可能污染内源性病毒（特别是牛病毒性腹泻病毒和口蹄疫病毒）等问题，在现地应用中，用户不得不大幅度加大免疫接种剂量，造成诸多衍生问题。近年来，已经废止的用牛只生产牛体反应苗的生产工艺被重新启用，牛体反应苗免疫原性好，免疫效力确实，但其生产工艺复杂，生产成本较高，合格的制苗牛供应难以保障，并且容易污染牛病毒性腹泻病毒，而且如何处理动物残体也面临环保和伦理问题。由于猪瘟兔化弱毒疫苗接种不容易与野毒感染相区分（尽管国内外已经研制出了猪瘟弱毒疫苗特异性单抗，但鉴别猪瘟野毒和弱毒疫苗株及其抗体并非易事），故国内外学者致力于研制新型猪瘟标记疫苗。已经研制出多种候选疫苗，包括基因工程亚单位疫苗（主要是重组E2蛋白，少数为重组Erns蛋白，E2糖蛋白为猪瘟病毒主要免疫原性蛋白，Erns为另一种病毒糖蛋白）、病毒活载体疫苗（以伪狂犬病毒、痘苗病毒或腺病毒为载体）、基因缺失疫苗（缺失猪瘟病毒Npro基因或Erns基因）、嵌合病毒疫苗（置换同属的牛病毒性腹泻病毒的Erns或E2基因）、DNA疫苗（E2基因疫苗）等。在欧洲，已经推出了商品化重组E2亚单位疫苗（基于杆状病毒表达的重组E2蛋白）及其配套的鉴别诊断方法Erns-ELISA（猪瘟野毒可诱导针对Erns的抗体），以供紧急接种之用。但现地试验表明，亚单位疫苗的免疫效力明显不及兔化弱毒疫苗（尤其是在阻止强毒的排毒和散毒方面），并且鉴别诊断方法的敏感性和特异性有待于提高。从目前的疫苗发展水平看来，不可取代传统的弱毒疫苗，也不大可能改变欧盟的不接种政策。

1979年我国台湾赖秀穗及法国Coieheieier曾试验对仔猪在出生后哺乳前即行注射猪瘟兔化弱毒疫苗获得成功，已推广应用。我国浙江省农业科学院盛祖恬等（1983）报道对初生仔猪在哺乳前接种猪瘟兔化弱毒疫苗，到60日龄时测定其血清中和抗体效价高达1：128，攻击强毒，保护率为100%，并经野外试验观察，效果良好，这为猪瘟兔化弱毒疫苗开辟了一种新的有效免疫途径。

（二）被动免疫

应用多次高度免疫方法可获得特异性免疫血清，使用这种血清可使猪免受猪瘟的侵害。免疫血清主要用于发病地区，对受威胁的猪群进行紧急预防和对病猪进行早期治疗，或用于贵重种猪的预防和治疗。若用快速高免方法或利用实验室攻强毒的耐过猪，按体重5mL/kg的1次大剂量攻毒，经10～14天后，可生产出效力良好的血清。但由于生产成本高、血清产量低、效果只能持续2～3周，高免猪可能有遗留带毒和排毒问题等，在许多国家不使用被动免疫法，而采用产生免疫力迅速，效果良好的弱毒主动免疫。

（三）猪瘟疫苗的改进

猪瘟弱毒疫苗的广泛应用，对于控制猪瘟的流行起到了关键作用。但是，由于用这类疫苗免疫后并没有彻底阻断猪瘟病毒的传递途径，猪瘟病毒野毒仍然存在并以低水平传播，致弱疫苗毒也存在因突变或与野毒发生重组而造成毒力返强的几率。另一方面，弱毒疫苗的普遍使用，促使了猪瘟病毒的变异这一事实已为近期流行毒与疫苗毒在分子水平上存在较大差异所证明。因此，研制可克服传统疫苗不足之处的新型疫苗是十分必要的。如病毒活载体疫苗以无致病力或低毒力的痘苗病毒或伪狂犬病病毒为载体，将猪瘟病毒K基因与之重组研制出的基因重组疫苗，免疫动物后可对2种病毒产生良好的保护力。但对此类疫苗的安全性和实用价值目前还有争议。因为人类至今还不了解病毒的自然发生及变异机制，一旦将该病毒放入自然界中，有可能衍变出对人和动物有危害的病毒变种。

八、防制与根除

新中国成立以来应用猪瘟兔化弱毒疫苗预防和控制猪瘟，猪瘟大面积流行已得到控制。但目前猪瘟仍是威胁养猪业最严重的传染病，造成重大的经济损失。虽然现在猪瘟流行的特点和表现形式都已发生较大的变化，如低毒力毒株、野毒株不断出现，潜伏感染、免疫耐受和胎盘感染并存，亚临床和隐性病例传播等。但所有发病猪群都有一个共同的规律，即免疫猪群发病，出现免疫失败，猪瘟免疫抗体水平不高，不能完全保护猪群免受猪瘟强毒感染。这可能是由于怀孕母猪亚临床感染猪瘟病毒，病毒经胎盘感染胎儿所致，这些猪可终身带毒，形成持续感染，具有免疫耐受性，抗体水平低。近年来，一些地方的猪瘟发病率有上升的趋势，据调查，80%以上的猪场均注射了猪瘟疫苗，免疫猪发生猪瘟时有发生。这就是所谓的“免疫失败”现象。说明免疫注射并没有产生有效的抗病保护。何启盖等对多个省市的44个规模化猪场进行的免疫监测结果表明，猪群免疫平均合格率只达55.72%；其免疫合格率，母猪67%、育肥猪38%和仔猪22%。这些调查足以说明我国当前猪瘟的发生状况，特别是仔猪最易感染的直接原因为免疫力低下，不足以抵抗感染。发生免疫力低下，主要影响因素：一是免疫剂量不足，对此应当从两方面理解才为合情合理，具有科学性，首先国家制定的标准低；其次实际注入猪体有效剂量不足（见下述）。我国1头份疫苗中病毒的含量只及国外疫苗的1/4，免疫剂量不足产生的低水平抗体将不能有效清除感染的病毒，从而有可能使感染转入持续阶段。据杜念兴、高瑞文（1992）提倡免疫剂量为600兔体感染量（RID）以来，许多养猪业主已遵照实施了，时过10多年了，可以确认取得了显著成效，控制了大流行；。二是持续性感染和先天感染，这两种感染形式均可导致免疫耐受，即对疫苗注射的免疫反应低下，这可能是免疫力低下最重要的原因。妊娠母猪感染低毒力毒株可能发生持续感染（低毒力毒株可以逃避中和抗体的作用），病毒可通过胎盘感染胎儿，从而使母猪出现繁殖障碍，发生流产，产死胎、木乃伊胎或弱仔；如产下的猪仔存活，它们将成为外表健康的先天感染仔猪，是最危险的传染源，因为它们可排毒4～6个月，甚至终生排毒而不表现症状，对疫苗注射也不产生免疫应答。

在防制猪瘟上，应当注意持续感染母猪、病后带毒猪、隐性感染猪、潜伏期带毒猪作为重要传染来源在猪群中存在。特别是“种猪场”存在上述情况是最危险的现象。

（一）目前猪瘟发生的原因

1. 执法不严　据前述涂长春等从全国各地收集到的病料，证明了我国各省、市均有猪瘟流行。流行范围广的重要原因是生猪及猪肉产品频繁的运输和市场交易，以及缺乏有效的运输与市场检疫。调查中50%发病猪场的猪瘟是由新购入仔猪或种猪发病引起的。

总之，各地猪场都是事先没有很好执行我国制定的《动物防疫法》，随意（国内外）引种而引起猪瘟流行。许多养猪业主办场，事先对引种种猪场疫情不调查研究，购买的种猪不检疫，运回场不隔离观察，不及时接种疫苗；一些种猪场经检测，猪瘟抗体不合格的种猪在群体中占有很大的比例。种猪场也没有执行净化和根除措施，常将所谓健康的带毒猪作为种猪出售，成为“合法”的疫源地。

2. 生猪和肉品市场流通频繁　20世纪80年代以来集体、个体养猪发展迅速，使猪的自由贸易增多，大量生猪频繁调动，猪群中新引进的外表健康带毒猪常是引起猪瘟流行的一个主要原因。检疫不严，防疫密度不够是猪瘟传播流行的重要因素，常可使猪瘟隐性感染猪在全国范围内流传。近年来不法商贩私自宰杀和贩卖病猪肉，养猪场病死猪处理不当，加上执法检疫不严，使病猪肉产品在市场流通，也是造成猪瘟广泛传播的重要原因。我国虽早已公布实施《动物防疫法》（1998），但其配套的实施细则尚未出台，使很多防疫、检疫措施难以到位。加以执法主体多，各自为政、互相扯皮、分割执法，既不符合国际惯例，又不利于疫病的控制和消灭。此外，一些基层兽医站组织涣散，技术观念落后，重治轻防，防疫密度不够，也易促使猪瘟传播流行。

3. 病原的遗传变异　弱毒疫苗的普遍使用改变了猪瘟病毒原有的生态环境和病毒群落，从70年代末开始，全世界猪瘟流行的特点均发生了重大变化，以温和型猪瘟为主。而近年来我国又出现了猪瘟疫情的反弹现象，许多猪场的免疫猪群频繁发病。因此，了解猪瘟病毒的遗传变异情况，了解猪瘟病毒疫苗毒与现流行毒之间的差异，对于防制猪瘟是十分重要的。

1986年Lowings对世界上20多个国家的115株猪瘟病毒进行了序列比较、中和单抗反应性及内切酶分析后，将115株毒划分成2个群（或血清亚型）。血清型I有2个亚群，主要包括Brescia株（荷兰），疫苗毒株和60年代流行毒；血清型II有3个亚群，主要包括Alfort株（德国）和近10年来的流行毒。在此基础上，1999年Sakoda通过对40余株猪瘟病毒流行毒的序列分析，将猪瘟病毒分为三群：猪瘟病毒-1称为古典猪瘟病毒，以Brescia株为代表；猪瘟病毒-2以Alfort株为代表；猪瘟病毒-3与上述2个群均有较大差异，包括日本、泰国和中国台湾等地70～90年代的流行毒株。

我国开展猪瘟病毒分子流行病学的研究工作虽然较迟，但在兰州兽医研究所和原解放军军需大学等研究单位的不懈努力下，可反映我国猪瘟病毒遗传发生关系全貌的系谱图已日渐清晰。军需大学兽医研究所采用RT-PCR方法，从我国10个省、市、自治区收集23个猪瘟病毒流行毒株中，扩增了猪瘟病毒E：基因中主要抗原位点编码区。对各扩增片段进行了序列测定，通过计算机分析构建了系统发生树，并确定了它们之间的遗传相关性。结果表明，23个流行毒株中的18株属基因Ⅱ群，占78.26%；另外5个流行株与传统的石门系强毒、兔化弱毒株属基因Ⅰ群，占21.74%。两群间测序区的核酸同源性只有78.9%。此外，根据序列差异程度将基因Ⅱ群流行株分为3个亚群，各基因群猪瘟病毒在地域分布上未发现明显的特征性。该研究初步揭示了我国较大范围内流行的猪瘟病毒毒株与传统的石门强毒和疫苗用兔化弱毒在抗原基因上存在较大的差异，以及我国猪瘟病毒流行株在地域分布上的多样性。兰州兽医研究所的研究结果同样表明，我国和世界其他国家一样，近年来猪瘟病毒流行毒已呈远向疫苗毒的方向演变，近期猪瘟病毒流行毒与古典猪瘟病毒之间已有较大差异（核酸和氨基酸同源性分别为82.2%～84.3%和87.9%～90.4%）。但根据中国兽药监察所进行的猪瘟兔化弱毒疫苗对不同猪瘟病毒野毒株的免疫保护相关性研究结果表明：虽然在我国不同地区所分离的猪瘟病毒野毒株在其病原生物学上有所差异，但用我国目前使用猪瘟兔化弱毒疫苗免疫的猪完全能够抵抗这些野毒的攻击。结果再一次证明：我国现用的猪瘟兔化弱毒疫苗对预防目前流行的猪瘟病毒是完全有效的。

4. 疫苗的质量与实施应用问题

⑴疫苗的质量：丘惠森（2002）认为，我国从20世纪50年代便开始广泛应用兔化弱毒疫苗做预防注射，对控制我国猪瘟中起到重要的作用，把猪瘟的预防注射作为国策。随着养猪业的不断发展，集约化养猪场规模越来越大，随着不断从国（境）外引进种猪、国内生猪的交易和流通逐日加大等，给猪瘟的防制带来不少困难。虽然普遍注射了猪瘟兔化弱毒疫苗，但各地猪瘟仍时有发生，而且多表现为非典型、慢性及隐性状态，并普遍出现猪瘟病毒的持续感染和妊娠母猪带毒综合征（母猪带毒，垂直传染感染胎儿，造成死胎、弱仔及先天性震颤等）。持续性感染的根源在于带毒母猪，感染母猪一般不表现任何临诊症状，但可导致胎猪的先天感染。这些猪可长期带毒、排毒，感染其他健康猪，并具有免疫耐受性。如果用这些猪培育后备种猪则又会形成新的传染源。至于注射疫苗后为什么还不断发生猪瘟，这是值得深思及认真对待的问题。前些年有人推测，认为可能是猪瘟兔化弱毒由于多年不断传代而发生变异，位点发生漂移，导致疫苗效力下降，免疫猪不能抵抗野毒的攻击。此外，中国兔化弱毒是否会造成垂直传播？对妊娠母猪及其后代是否产生危害？中国兔化弱毒在猪体内保毒时间有多长？中国兽医药品监察所最近几年对以上问题做了一些初步的研究，现简介如下。

中国兔化弱毒疫苗的效力试验：用我国生产的猪瘟兔化弱毒牛睾丸细胞苗免疫无猪瘟抗体及抗原的易感染猪（每头皮下注射1头份），14天后分别注射近年来从我国不同省、自治区、直辖市分离到的9株猪瘟野毒（每头注射猪瘟血毒2mL）。结果表明：猪瘟弱毒细胞苗对9株猪瘟野毒株均产生坚强的保护力，免疫组18/18（100%）保护，对照组13/17（76.5%）死亡。以猪瘟荧光抗体法（猪瘟FA）检查，攻击前的免疫猪及对照猪均为阴性，即不存在猪瘟病毒，而所有对照猪于攻击后第1周（个别猪第2周）直至试验结束（3～5周）均为阳性，即均带毒，此外，他们也进行过用2株、3株甚至4株不同野毒的联合攻击，免疫猪也完全保护，足以证明其坚强的保护力。试验发现，由于野毒的毒力高低不同，攻毒后非免疫猪临诊表现，甚至死亡的时间有所不同，最短为12天，一般为20天左右，最长的长达79天，个别甚至不死（但发病，带毒严重）。由此看出，免疫接种猪不但能抵抗所有9株猪瘟野毒株的攻击，完全保护，而且在受到野毒攻击后能完全抑制猪瘟野毒在体内的复制，证明中国兔化弱毒疫苗完全有效，可以放心使用。

我国研制的中国系（C系）猪瘟兔化弱毒是国际公认的最佳疫苗用株，很多亚欧国家采用了C系弱毒苗，有效地控制了猪瘟流行，但在我国近年来常有免疫失败的报道，其原因虽然很多，但疫苗的质和量有重要的影响。疫苗免疫效果通常以防止临床感染为标准，应用这一标准时，常有部分猪免疫后，抗体水平不能达到防止亚临床感染水平，这部分猪感染强毒后常可引起亚临床感染。此种亚临床感染猪虽无明显症状，但在其存活期终生带毒、散毒，为猪瘟病毒主要储存宿主，剖检可见胸腺萎缩，淋巴结肿大，有这些猪存在，即可形成猪瘟常发地区。因此，专家们提出，疫苗应以能防止亚临床感染为标准。

用不同剂量的C系株苗免疫猪，证实免疫剂量与保护水平密切相关。剂量不足时，攻毒后不能阻止强毒在体内复制和带毒。免疫剂量提高到80～100PD_{50}（约320～400RID），攻毒后能制止亚临床感染，所有耐过猪均不带毒。目前欧洲为消灭猪瘟亚临床感染，多采用加大免疫剂量的方法。欧洲药典规定用C株疫苗免疫时，肌肉注射剂量为100PD_{50}（400RID）。我国猪瘟细胞苗出厂检验以5万倍稀释能致兔体热反应为合格，即每毫升原液含5万RID。规定的免疫剂量为150RID，折算为37PD_{50}。这一剂量远低于国际标准，应用这一剂量，不足以切断猪瘟亚临床感染引起的恶性循环。

⑵疫苗的实施应用问题：中国兽医药品监察所专家通过实验证实，免疫接种猪不但能抵抗所有9株猪瘟野毒株的攻击，完全保护，而且在受到野毒攻击后能完全抑制猪瘟野毒在体内的复制，证明中国兔化弱毒疫苗完全有效，可以放心使用。由此可见，免疫失败与疫苗保存、运输、注入猪体内的效价是否达标等诸多因素有关。首先必需提高对免疫注射技术的认识，免疫接种是否按技术标准操作是关系预防猪瘟成功与失败的重中之重，绝对不能忽视一针一剂的操作技术，它是决定猪场控制猪瘟发生和流行的重大技术措施。据调查，有的第一线亲自操作人员不了解接种操作规程，任意打一针，不管注入剂量是否准确。

⑶疫苗的运输、保存、使用不当，极易影响免疫效果。猪瘟冻干苗应在低温条件下运输和保存，稀释后应立即使用，不能存放过久。有人报道，夏季曾在一个防疫注苗点试验，早晨刚稀释的疫苗经检验完全符合出厂标准，即每头份含150个兔体反应量（RID），但到傍晚，自注苗点抽检最后一瓶稀释的疫苗检测，每一头份只有15个兔体反应量，在一天中效价已损失90%，因此稀释后的疫苗如不能立即用完，应放在冰瓶内低温保存。此外，疫苗注射操作过程中的失误，如使用失真空的疫苗或过有效期的疫苗；消毒不严，造成潜伏期病毒的传播等都会影响疫苗的免疫效果。

5. 免疫程序问题　免疫程序不尽合理也是当前猪瘟发生的一个重要因素。制订免疫程序的关键是排除母源抗体干扰，确定合适的首免日龄。门常平等（1982）报道母猪在配种前免疫接种，所产仔猪血中母源抗体的中和效价，3～5日龄时约为1：（64～128），母源抗体的半衰期约10天，仔猪20日龄前可得到母源抗体的保护，25日龄后保护力下降，至40日龄已完全丧失对强毒的抵抗力，45日龄前后母源抗体效价已降至1：（4～8）。仔猪首免日期最好选定在仔猪保有的母源抗体不会影响疫苗的免疫效果而又能防御病毒感染的期间，即母源抗体为1：8～1：64之间时，因此提出25日龄和65日龄两次免疫的建议，此种免疫程序目前已为多数猪场采用。目前许多资料报道，母猪免疫水平低下，抗体水平在1：（4～8）时，感染强毒可引起亚临床感染，并可通过胎盘感染仔猪，导致母猪繁殖障碍，抗体水平在1：16以上时，即可抵抗亚临床感染。

6. 猪体的免疫功能受到抑制与干扰

⑴微生物感染引起免疫抑制：因病原体感染引起免疫抑制的因素很多。猪肺炎支原体感染损害呼吸道上皮黏膜纤毛系统，引起单核细胞流入细支气管和血管周围，刺激机体产生促炎细胞因子，降低吞噬细胞的吞噬杀菌作用，可引起免疫抑制。猪繁殖与呼吸综合征病毒可损伤猪体的免疫系统和呼吸系统，特别是肺，感染肺泡巨噬细胞和单核细胞，引起免疫抑制。人工感染猪Ⅱ型圆环病毒+猪繁殖与呼吸综合征病毒，可出现猪多系统瘦弱综合征（PMWS）。在猪肺炎支原体免疫时或免疫之后，感染猪繁殖与呼吸综合征病毒，将降低猪肺炎支原体的免疫效果。猪伪狂犬病病毒能损伤猪肺的

防御体系，抑制肺泡巨噬细胞的功能。伪狂犬病病毒可在单核细胞和肺泡巨噬细胞内进行复制并损害其杀菌和细胞毒功能。猪细小病毒可在肺泡巨噬细胞和淋巴细胞内复制，并损害巨噬细胞的吞噬功能和淋巴细胞的母细胞化能力（Harding和Molitor，1988）。胸膜肺炎放线菌的细胞毒素对肺泡巨噬细胞有毒性（Tarigan等，1994）。

⑵营养性免疫抑制：营养不良，维生素和微量元素中一些成分的缺乏或过多均可导致免疫功能受损。例如，维生素A缺乏，会导致淋巴器官的萎缩，影响淋巴细胞的分化、增殖、受体表达与活化，导致体内的T淋巴细胞，NK细胞数量减少，吞噬细胞的吞噬能力下降，B淋巴细胞的抗体产生能力下降。日粮中添加适量维生素E或硒可提高猪只的体液免疫和细胞免疫水平。

⑶毒物与毒素所引起的免疫抑制：真菌毒素、重金属、工业化学物质和杀虫剂等可损害免疫系统，引起免疫抑制，即使在不使猪群发生中毒症状的剂量下，也能使猪群易发感染性疾病（Koller，1979）。饲料中的黄曲霉毒素可降低猪对猪瘟的免疫力，并由于继发沙门菌而加重临床症状，增加口腔接种猪痢疾密螺旋体的易感性（joens等，1981）。

⑷药物所引起的免疫抑制：免疫接种期间使用了免疫抑制药物，如地塞米松（糖皮质激素），可导致免疫抑制。要限制使用能抑制机体免疫反应的药物，特别是在机体免疫接种期间。在免疫时可适当选用免疫增强剂，如0.1%亚硒酸钠维生素E1mL肌注，及一些具有免疫增强作用的中药制剂。

⑸环境应激所引起的免疫抑制：应激因素，如过冷、过热、拥挤、捕捉、混群、断奶、限饲、运输、噪声和保定等，都会导致血浆皮质醇浓度显著升高，抑制猪群免疫功能（Kelley，1985）。为使猪产生高水平抗体而进行多次免疫接种，会造成猪群生产力下降。

⑹自身的免疫抑制：猪只发生遗传性免疫抑制疾病和猪只衰老，均会导致免疫抑制。

⑺免疫前已感染了疫病：因而降低了机体的抗病能力和对疫苗接种的应答能力，猪群免疫功能受到抑制时，猪群不能充分对免疫接种做出应答，甚至在正常情况下具有较低致病性的微生物或弱毒疫苗也可引起猪群发病，使猪群发生难以控制的复发性疫病和多种疾病综合征，猪只死亡率增加。在这些情况下，必要时使用死苗免疫。

⑻免疫干扰：

①已有抗体和细胞免疫的干扰：体内已有抗体，如母源抗体的存在，可使仔猪在一定时间内被动得到免疫保护，但给免疫接种带来影响。一般情况下，母源抗体持续时间猪瘟18～74天，平均60天。在此期内接种疫苗，由于抗体的中和、吸附作用，不能诱发机体产生免疫应答，导致免疫失败。当前的猪瘟乳前免疫（超前免疫、零时免疫），可避免母源抗体干扰，即在乳猪出生后未吃初乳前立即用猪瘟兔化弱毒疫苗免疫接种1次，接种后60～90min可哺乳，到60～65日龄时，再强化免疫1～4头份/只），就极好地解决了仔猪猪瘟病毒母源抗体的干扰问题。

②病原微生物之间的干扰：同时免疫两种或多种弱毒苗往往会产生干扰现象，干扰的原因可能有两个方面，一是两种病毒感染的受体相似或相等，产生竞争作用；二是一种病毒感染细胞后产生干扰素，影响另一种病毒的复制。

③药物的干扰：猪群在接种前、后10天内使用（包括拌料）敏感的抗菌类药物（包括敏感的具有抗菌作用的中药），易造成免疫失败。

⑼免疫耐受：猪发生特异性免疫耐受后，对疫苗病毒感染不产生免疫反应。但是，受到野毒感染后可发病，如仔猪早期发生先天性感染，仔猪产后对猪瘟病毒具有免疫耐受现象，以后遭到猪瘟，强毒感染后会发生猪瘟。

⑽免疫麻痹：使用疫苗的免疫剂量过大，机体免疫应答就会受到抑制，发生免疫麻痹。超大剂量活疫苗接种，在免疫抑制的情况下甚至可导致猪只发生临床疾病。总之，猪群的免疫效果受疫苗、猪群、病原、环境等多种因素的影响，导致猪群免疫失败的因素很多。防制猪病不能期望单纯依赖疫苗提供100%保护率，只有结合其他防制措施才能充分发挥疫苗的作用，避免免疫失败。

（二）防制

猪瘟是一种毁灭性疾病，一旦发生，有很高的发病率和病死率，并造成严重的经济损失，因此防疫工作显得极为重要，所以要加强平时的预防工作。

1. 预防工作的基本原则

⑴提倡自繁自养，必需引进种猪时，对将要购入的每一个种猪采5mL血液，制备血清后，应用单克隆抗体鉴别诊断，猪瘟强毒阴性猪方可引入。

⑵要加强饲养管理和卫生工作，舍内定期大消毒，粪肥指定地点做生物热处理，出入猪场猪舍应进行消毒，一般情况下杜绝进舍内参观。

⑶定期做猪瘟免疫抗体监测，种猪场应每月或每季采猪群总数的10%～100%血样，可应用中和试验（SN）、猪瘟间接血凝试验（IHA）、抗猪瘟兔化弱毒单克隆抗体酶联免疫吸附试验（猪瘟LV-MA-ELISA），然后根据每种方法要求的抗体水平，及时进行适时的疫苗接种和淘汰阳性猪。

2. 免疫预防　在免疫监测的基础上，确定免疫时间、免疫日龄、免疫次数、免疫剂量，制定出一种既能抵抗猪瘟临床感染又能防止亚临床感染和阻止强毒在体内复制和散毒的防病措施。免疫防制是目前控制猪瘟可靠的措施。

⑴疫苗种类：

①猪瘟兔化弱毒苗，有细胞苗和组织苗，可任选，接种后3～5d产生免疫力，免疫期1年以上。

②猪瘟、猪丹毒二联弱毒冻干苗，最好选用单苗。

⑵疫苗使用注意事项：

①严格贯彻疫苗使用操作规程，切实执行农业部6号令，即由各级兽医站实施直线供应，保证疫苗出厂、运输、保存及使用各个环节贯彻“冷链系统”工程。

②必需注意疫苗生产日期，过期和失效的绝对禁止使用，在有效期内使用时，要时刻注意疫苗运输、保存的温度，不能一概而论、机械地认为疫苗有效期内可靠，要灵活掌握，时刻注意疫苗使用后，在免疫期内是否发生猪瘟，及时确定该疫苗的使用价值。

③疫苗的稀释：稀释液以生理盐水为最佳，稀释液的酸碱度以中性为合格，过酸过碱的稀释液可使疫苗效价降低，而影响免疫效果，甚至失败。稀释时要注意对每瓶疫苗进行真空检查，疫苗使用要现用现配，即用完一瓶再稀释另一瓶疫苗，大批疫苗接种时，禁止一次性将疫苗稀释完。不论任何季节，稀释的疫苗应2h内用完，夏季应在冷藏保存下进行。

④一猪一针头，针头粗细、长短要适宜，大小猪应选择各自适宜针头，以防疫苗有效剂量的减少及疫苗的漏出。

⑤注射局部消毒，大批注射时，应选择专职消毒员，用0.5%碘酊先涂擦临时固定的右侧或左侧耳根后部皮肤，然后用70%酒精脱碘，待3～5min后注射疫苗，注射时剂量一定要确实。

⑥免疫前后7～10天，禁止应用抗生素和磺胺类等免疫抑制药物。

⑶免疫剂量：前述据杜念兴（1998）报道，免疫剂量不足是导致当前出现猪瘟持续感染、繁殖障碍型猪瘟、生长肥猪免疫失败的主要因素。因此，提高猪瘟兔化苗的免疫剂量成为当前猪瘟免疫成败的关键。根据高瑞文（1991）实验结果，4头份（600个兔体反应量）猪瘟兔化苗接种可抵抗强毒攻击和阻止猪瘟病毒在体内复制和散毒。近年据资料报道，各地根据猪瘟流行及发病特点的变化，增加免疫剂量都取得了好的效果。据此，下述免疫程序是目前多数专业工作者倡导的，种公猪每年进行两次免疫，每次每头猪注4头份。哺乳仔猪为了排除母源抗体干扰，21～24日龄时一律注4头份，55～60天时二免同样剂量。繁殖母猪和后备母猪配种前30天注4头份。此外，也可根据猪瘟疫苗种类和质量以及流行情况确定剂量。

3. 猪瘟流行时的防治措施

⑴暴发疫点的扑灭措施：

①检疫、隔离、封锁：一旦强毒株侵入猪群内暴发流行，及时把猪群划分病猪群、可疑感染和假定健康猪群，前者集中做无害化处理。

②紧急接种疫苗：对猪场的可疑猪群和假定健康猪群，在舍内彻底大消毒和猪体消毒后，再用新

出厂的猪瘟兔化弱毒苗进行接种，注射时局部彻底消毒，一猪换一针头。

③接种剂量：根据实际情况进行接种，首次大剂量，10～12天后，再接种一次，其剂量比第一次高2～4倍为好。

④初生仔猪的主动免疫，其方法为仔猪产出处理后，当即接种猪瘟疫苗2～4头份，放保温护仔箱内1.5～2h后哺乳，断奶后3～5天二免4头份。

⑵持续感染型猪场的净化措施：

①每两个月检测一次种猪的强毒抗体，阳性猪再用荧光抗体技术，活体穿刺取扁桃体，做冰冻切片，抗原阳性猪坚决淘汰，一般连检3～4次，直至被检猪全部阴性为止。

②免疫程序：种公猪每年2次，每次4头份，母猪在配种前30天接种4头份。

③平时消毒：定期做好舍内消毒工作。

④新生仔猪被动免疫：自制高免猪瘟血清，生后一日龄仔猪股内侧皮下注射2～5mL，20日龄首免2～4头份，50～60日龄二免4头份。

（三）根除

我国著名动物传染病学家蔡宝祥教授（2004）提出了认真制定执行控制和消灭猪瘟规划。我国曾多次制定控制和消灭猪瘟规划，但由于种种原因未取得预期成效。美国在上世纪50年代，猪瘟流行也很严重。1961年美国农业部开始组织在全国范围内消灭猪瘟，同年参众两院通过立法消灭猪瘟，并由总统批准了国家消灭猪瘟计划。经过16年的努力，1978年宣布在全国范围彻底消灭了猪瘟。16年间共拨款1. 4亿美元用于执行消灭猪瘟计划，而16年间猪场由于控制了疫病获利达15亿美元。且由于消灭了猪瘟，美国猪产品可重返国际市场，所获利润远大于灭病开支。虽然两国国情、疫情不同，但美国的灭病经验仍有可借鉴之处。

仇华吉和童光志（2005）认为在理论上明确猪瘟病毒复制机制和猪瘟兔化弱毒疫苗分子致弱机制，建立全国性猪瘟监测网络和数据库，研制出新型猪瘟标记疫苗和配套鉴别诊断方法，制定和实施猪瘟根除计划，基于此，未来几年里，应在以下几个方面开展研究工作。

⑴建立猪瘟兔化弱毒培养体系，改进猪瘟疫苗生产工艺，制订科学合理的猪瘟免疫程序。

⑵研究干扰猪瘟病毒复制的新策略，探讨RNA干扰等阻断病毒复制技术在猪瘟抗感染中的应用，为今后培育抗猪瘟的转基因猪新品种奠定基础。

⑶研制针对猪瘟病毒靶细胞表面蛋白、能阻断病毒复制的单抗或颉颃剂，以其鉴定猪瘟病毒的细胞表面受体，特别是与E2蛋白相互作用的分子，揭示病毒感染模式和复制动力学，探讨猪瘟病毒不致细胞病变的分子基础。

⑷利用反向遗传操作技术，鉴定病毒复制非必需区和决定猪瘟病毒毒力的相关基因/基因位点，揭示猪瘟兔化弱毒疫苗的毒力标志和分子致弱机制。

⑸以国家猪瘟参考实验室为核心，整合全国猪瘟研究资源，建立全国性猪瘟监测网络，收集和整理各地病毒分离株，进行分子遗传衍化分析，建立猪瘟流行病学数据库和病毒资源库，监测和预测猪瘟流行动态和流行趋势，同时为制订猪瘟疫苗政策提供依据。

⑹ 解析猪瘟兔化弱毒疫苗与猪瘟野毒的分子差异，建立鉴别猪瘟兔化弱毒疫苗和猪瘟野毒抗体的血清学诊断技术（区分抗体），建立鉴别猪瘟兔化弱毒疫苗和猪瘟野毒的分子诊断技术（区分病原）。

⑺研制基于猪瘟兔化弱毒疫苗的基因工程标记疫苗（如基因缺失疫苗、分子修饰疫苗、转基因植物疫苗和RNA复制子疫苗），建立与之配套的、国际通行的血清学鉴别诊断技术。在此基础上，制定和启动全国性猪瘟根除计划及相关兽医法规，建立与国际接轨的猪瘟检验检疫标准及疫情监测报告制度。

总之，通过今后数年的努力，明确猪瘟病毒复制机制和猪瘟兔化弱毒疫苗分子致弱机制，建立全国性猪瘟监测网络和数据库，研制出新型猪瘟标记疫苗和配套鉴别诊断方法，制定和实施猪瘟根除计划，争取在8～10年内达到OIE认可的“无猪瘟”状态，这对于提升我国养猪产业融入国际大市场具有深远的意义。已消灭猪瘟的国家和地区主要采用禁止从有猪瘟的国家和地区引进生猪、猪肉和未充分加热的猪肉产品等措施，防止引进猪瘟病毒。如出现猪瘟病例则立即采取扑灭的方法，销毁感染群的全部猪只，追踪传染源和可能的接触物，彻底消毒被污染场所。在猪瘟仅为散发的国家和地区也采用类似的控制和消灭措施。在猪瘟流行的国家和地区，常采用疫苗接种，或疫苗接种辅助以扑灭的政策。

例如英国制定和执行猪瘟的防制和根除计划，1963年实行强制性屠宰政策后，经3年半的努力，于1966在年消灭了猪瘟。为此，共耗资120万英镑。此后，除1971年曾发生过3次小规模暴发外，直到1986年3月前仍保持无猪瘟发生。但在1986年4月发生了典型急性猪瘟，共捕杀了26群，合计7 781头，仅此项的补偿费就达45万多美元。美国于1962年开始实施的猪瘟根除计划。在此之前，每年有5 000～6 000群猪被感染，每年经济损失约5 000万美元。1978年1月美国宣布消灭了猪瘟。为此，美国共花费了1. 4亿美元。

1982年欧共体（EEC）成员国开始采取根除猪瘟的共同计划。按照EEC条例规定：只有来自法定无猪瘟状态（即在过去的12月内未暴发猪瘟，和未注射过猪瘟疫苗，不存在免疫猪）的国家或地区的猪和猪肉制品才能取得在共同体自由贸易的许可证。因此，依赖出口生猪和猪肉制品的国家和地区，不能采取防疫而又要防止猪瘟的发生则困难很大。为此，比利时在1990年暴发113次猪瘟时，因不能进行免疫注射只好销毁了100万头猪，直接经济损失达2.7亿美元。

猪瘟造成的危害和经济损失是巨大的，尽管消灭猪瘟要花费许多经费（明显大于防疫的支出）。但分析英国对猪瘟根除计划的支出与收益表明，收益为4英镑。为此，全世界许多国家均根据OIE的资料，截止到1976年，已宣布无猪瘟的国家有：阿尔巴尼亚（1973）、保加利亚（1975）、丹麦（1933）、芬兰（1917）、英国（1971）、匈牙利（1971)、爱尔兰（1958）、冰岛（1953）、卢森堡（1971）、挪威（1963）、瑞典（1944）、瑞士（1974）。OIE-WHO的《动物卫生年鉴》历年资料，自1977-1992年底，宣布无猪瘟国（1978）、日本（1984）、海地（1984）、法国（1989）。根据FAO的国家还有：美葡萄牙（1991）、巴拿马（1992）、比利时（1992）、荷兰（1992）、奥地利（1992），此外，据报道还有新西兰、澳大利亚和斯堪的纳维亚半岛的国家也消灭了猪瘟。

综上所述，不论任何国家和地区或已宣布消灭了猪瘟的国家，都应时刻注意猪瘟的防制。我国基本控制了本病的流行，但是在各地仍有发生猪瘟的报道，因此，控制和消灭猪瘟，任重而道远。

九、预后

猪瘟是由病毒引起的一种急性热性全身性败血性传染病，各种年龄猪只均可发病，一年四季发生，具有高度接触传染性。我国是世界上养猪最多的国家，历来十分重视猪病的防制和研究。猪瘟是国际兽医卫生组织（OIE）法定必检的A类16种传染病之一。要求各会员国有义务报告疫情，按规定检疫和遵守国际交换的有关规定。在我国被列为一类传染病。在猪病中猪瘟危害最大，是养猪业威胁最严重的传染病之一。

1833年首先在美国发现以来，目前具有绵延性，是当前世界上危害养猪业最严重的传染病。虽然本病的病原学、流行病学、临床症状、病理变化、混合与并发感染疾病的种类以及防制等诸方面研究都有了新的长足进步；但诊断与预防的难度增大，向我们提出新的挑战。近20年来，非典型性猪瘟发病增多，仔猪发病的报道也趋多见。自本病发现以来广泛流行世界各地，传染性极强，高的发病率和死亡率，一旦发生具有毁灭性；任何地区一旦暴发本病，发病率和死亡率几乎百分之百，即使转为慢性型。

附录：

猪瘟检疫技术规范中华人民共和国国家标准GB16551—1996

Technical code of quarantine for swine fever

1996-10-03发布1997-02-01实施

国家技术监督局发布

1. 主题内容与适用范围

本标准规定了猪瘟群体检疫、个体检疫、实验室检验、综合判定和检疫后处理的技术规范。

本标准适用于猪瘟的检疫。

2. 引用标准

GB16548—1996畜禽病害肉尸及其产品无害化处理规程。

3. 群体检疫

3.1 经该规定接种合格的猪瘟疫苗，注射后一月内未发现疑似猪瘟的患猪，并处在免疫有效期内，可认为免疫符合要求。如未接种疫苗，或接种不符合要求，或接种后又发现疑似猪瘟的病猪，必需进行补充免疫接种，至免疫有效期开始未发生异常，或认为免疫合格，如免疫接种后再发生疑似猪瘟患猪，必需进行临床检查、解剖检查和实验室检查，在排除猪瘟染疫的可能性之后，方可认为免疫合格。

3.2 检查全群的健康状况，有否异常表征。如发现猪群中被检猪只体温在40.5℃以上，倦怠、食欲不振、精神委顿，可视黏膜充血、出血或有不正常分泌物、发绀、便秘腹泻交替，或其他疑似猪瘟的症状，作可疑猪瘟对待，全群隔离饲养，做进一步诊断。

此外，仔猪有衰弱、震颤或发育不良等现象时，可怀疑母猪携带猪瘟病毒，应进行实验室确诊。

3.3 对群体中检出的可疑患猪可抽样进行解剖检查，下述病变作为综合诊断定性的依据之一：

a. 肾皮质色泽变淡，有点状出血；

b. 淋巴结外观充血肿胀，切面周边出血，呈红白相间的“大理石样”；

c. 脾脏不肿长，边缘发现楔状梗死区；

d. 喉头、膀胱有小点出血；

e. 全身出血性变化，多呈小片或点状；

f. 回盲瓣、回肠、结肠形成“纽扣状肿”（慢性猪瘟）；

g. 公猪包皮积尿。

3.4 经检疫认为免疫合格，临床检查无异常；或发现疑似病例，经解剖检查、实验室检验等综合性诊断，证明不是猪瘟，应作为非猪瘟群对待。但易地饲养时，必需先隔离两周以上，经观察无异常方准与当地猪群混养。

4. 个体检疫

猪只作为单个检疫对象时，应进行认真的个体检疫。

4.1 个体检疫的内容包括：

a. 查明产地有否疫情或查验产地检疫证明；

b. 查验防疫证明；

c. 临床检查。

4.2 如上述三项均无疑问，可作为猪瘟非疫猪对待。

4.3 如4.1c项无问题，而4.1a、b两项有问题，可再次补充免疫接种，隔离15日无异常按非猪瘟猪对待。如免疫后有可疑症状，应继续隔离观察，如仍不能确诊，须进行解剖检查和实验室检验。

4.4 如4.1a、b两项无问题，4.1c项有问题，应隔离观察，如仍不能确诊，须做解剖检查和实验室检验。

5. 实验室检验

5.1 有下列情形之一者应进行实验室检验：

a. 产地定期检疫；

b. 非疫区对从外地引进的猪进行全群检查或抽检；

c. 发现疑似猪瘟患猪或“非典型猪瘟”患猪，母猪繁殖障碍和仔猪先天性痉挛病例须予确诊；

d. 原认为非疫群中或从非疫区引进猪群中发现可疑猪瘟或病毒携带者，须予确诊；

e. 发现疑似猪瘟暴发流行，在采取紧急防治措施的同时须做出确切诊断，或解除封锁前须查明猪体带毒情况；

f. 有重大疫病（如非洲猪瘟）嫌疑须做出鉴别诊断；

g. 交易双方共同要求，或农牧主管部门要求进行确诊；

h. 经群体检疫或个体检疫，需要进一步确诊者。

5.2 下述方法，其试验结果可作为检疫定性的依据之一。

5.2.1 兔体交叉免疫试验，见附录A（补充件）。

5.2.2 免疫酶染色试验，见附录A（补充件）。

5.2.3　病毒分离与增毒试验，见附录C（补充件）。

5.2.4　直接免疫荧光抗体试验，见附录D（补充件）。

6. 综合判定

发病不分年龄、季节，临床症状明显，解剖检查病变典型，用5.2中任一试验获阳性结果；或临床症状和发病情况不详，尸体解剖检查变典型，5.2中所列任一试验获阳性结果；发病情况、临床症状、病理变化不详、不明显或不典型，但5.2中所列试验的两项获阳性结果；这些情况均可判定为猪瘟毒感染猪。

7. 检疫后处理

在群体或个体检疫中，凡经综合判定为猪瘟者，其群体或个体一律按GB16548—1996处理。

表A1　兔体交叉疫试验结果判定

接种病料后体温反应	接种猪瘟兔化弱毒后体温反应	结果判定
−	−	含猪瘟病毒
−	+	不含猪瘟病毒
+	−	含猪瘟兔化病毒
+	+	含非猪瘟病毒热原性物质

注："+"表示多于或等于三分之二的动物有反应。

附录A　兔体交叉免疫试验（补充件）

将病猪的淋巴结和脾脏，磨碎后用生理盐水做1∶10稀释，对3只健康家兔做肌肉注射，5mL/只，另设3只不注射病料的对照兔，间隔5天对所有家兔静脉注射1∶20的猪瘟兔化病毒（淋巴脾脏毒），1mL/只，24h后，每隔6h测体温一次，连续测96h，对照组2/3出现定型热或轻型热，试验成立。试验组的试验结果判定见表A1。

附录B　免疫酶染色试验（补充件）

B1　解剖检查时采病畜扁桃体、脾、肾、淋巴结做压印片或冰冻切片。标本自然干燥后，在2%戊二醛和甲醛等量混合液中固定10min，干后，置冰箱内待检。

操作方法

B1.1　将标本浸入0.01%过氧化氢或0.01%迭氮钠的Tris-HCl缓冲液中，室温下作用30min。

B1.2　用pH7.4　0.02mol/L磷酸缓冲盐水漂洗5次，每次3min，将标本置于湿盒内，滴加1∶10酶标记抗体，覆盖标本面上，置37℃作用45min。

B1.3　用pH7.4　0.02mol/L磷酸缓冲盐水-1%吐温缓冲液漂洗5次，每次2～3min。

B1.4　将标本放入天AB（4-二甲氨基偶氮苯）Tris-HCl液内，置37℃温箱作用3min。

B1.5　用pH7.4　0.02mol/L磷酸缓冲盐水冲洗3～4次，每次2～3min，再用无水酒精、二甲苯脱水，封片检查。

B1.6　用显微镜检查，如细胞染成深褐色为阳性；黄色或无色为阴性。猪瘟兔化弱毒接种的猪组织细胞浆呈微褐色，与强毒株感染有明显区别。

附录C　病毒分离与增毒试验（补充件）

本试验可用来分毒和扩增病毒数量以提高检疫的敏感性。

C1　将2g扁桃体或脾脏，剪成小块，加上灭菌砂在乳钵中研成匀浆。用Hank's液或MEM配成20%悬液，加上青霉素（使终浓度为500单位/mL）和链霉素（使终浓度为500 μg/mL），室温下放置

1h，3 000r/min离心15min，取用上清液。

C2 将PK15单层细胞用胰酶消化分散后，800r/min离心10min，用含无BVDV的5%胎牛血清的MEM配成2×10^6个细胞/mL悬液。

C3 9份细胞悬液（C2）加1份病料悬液（C1）接种于转瓶或微量细胞培养板。另设不加病料的对照若干瓶（孔），于接种后1、2、3天.分别将2瓶（孔）培养物及1瓶（孔）对照用Hank's液或BV天V洗涤2次，每次5min，用冷丙酮固定10min.

C4 进行免疫酶染色或免疫荧光染色，镜检。

附录D 直接免疫荧光抗体试验（补充件）

D1 采样

群体检疫中，待检可疑猪不少于三例，其中至少二例为早期患猪，剖杀后或从活体摘取口腭扁桃体。后期病猪剖杀后采扁桃体和肾脏。个体检疫中，剖杀可疑猪采扁桃体和肾脏。所采组织样品必需新鲜。

D2 送检

采样后应尽快送检，如当日不能送出，必需冻结保存，避免组织腐败、自溶。

D3 切片

将样品组织块修切出1cm×1cm的面，不经任何固定处理，直接冻贴于冰冻切片托上（组织块太小时，如活摘的扁桃体可用冰冻切片机专用的包埋剂或化学糨糊包埋），进行切片。切片厚度要求5～7μm。将切片展贴于0.8～1mm厚的洁净载玻片上。

D4 固定

将切片置纯丙酮中固定15min，取出立即放入0.01mol/L，pH7.2的磷酸缓冲盐水中，轻轻漂洗3～4次。取出，自然干燥后，尽快进行荧光抗体染色。

D5 荧光抗体染色

将猪瘟荧光抗体滴加于切片表面，置湿盒内于37℃作用30min。取出后放入磷酸缓冲盐水中充分漂洗，再用0.5mol/L，pH9.0～9.5碳酸盐缓冲甘油封固盖片（0.17min厚）。染色后应尽快镜检。必要时可低温保存待检。

D6 镜检

将染色后的切片标本置激发光为蓝紫光或紫外光的荧光显微镜下观察。

D7 判定

于荧光显微镜视野中，见扁桃体隐窝上皮细胞或肾曲小管上皮细胞浆内呈现明亮的黄绿色荧光，判为猪瘟病感染阳性。

第二节 猪流行性感冒（Swine influenza，SI）

猪流行性感冒是由猪流行性感冒病毒引起的一种猪的急性、高度接触传染的群发性猪呼吸器官传染病。经常有猪嗜血杆菌或巴氏杆菌混合或继发感染，使病情加重。本病是许多所谓高致病传染病的始发性的致病因子，应引起重视，把本病的预防放在猪病防治的首位。

流行性感冒简称流感，是一种常见多发的呼吸道疾病，是人类至今尚不能控制、流行于全世界的病毒性传染病。流感病毒分为人的甲型（A型）、乙（B型）、丙型（C型）和猪、马、禽（鸟）等动物的甲型。其中A型病毒最易发生抗原漂移（量变）和抗原转变（质变），由此产生变种和新的亚型，常引起不同规模的流行或大流行。

流行性感冒在我国流行已有很久的历史，只是在1949年后才进行全面研究。1950–1956年相继分离出甲0、甲1、乙、丙等型流感病毒。1957年首次分离出甲型，1977年首次分离出新甲2型。1952－1989年我国共发生中等规模以上流感流行约24次，其中19次甲型流感，3次乙型流感，2次马流感，流行范围遍及全国各地。我国人口众多，地域辽阔，家畜、家禽和野鸟种类、数量繁多，且流感发生频繁，因此，对世界流感的研究和监测具有很重要的意义。

1918年，美国初次证实了猪流行感冒的存在。其后，在欧洲、美洲、非洲、亚洲都发现有猪流行性感冒发生。并且，多年来的资料和研究都证明，人和猪的流行性感冒有相互的交叉感染。经历过美国1918－1919年人流行性感冒大流行的老年人，迄今仍有抗猪流感血凝素的抗体和中和抗体。1970年从我国台湾的猪体内分离到人流行性感冒病毒的流行株A/香港/1/68（H_3N_2）。1976年在美国新泽西州的FortDix，从一名因患流行性感冒而死亡的士兵体内分离出一株猪流行性感冒病毒。从另外5名士兵也分离到同一毒株，即是H猪1/N猪1，与此同时，服务人员也感染了A/维多利亚/3/75病毒。血清学调查，当地约有500人具有猪流行性感冒病毒的抗体。1998年在美国北卡罗来纳州等4个州暴发的SI就是由一株“人-猪-禽”三重组SIV引起。目前，一些研究人员已从猪体内分离到H5N1亚型SIV，序列分析表明它与同亚型禽流感病毒具有高度遗传相关性，这更加引起人们对动物流感病毒沿“人-猪-禽”链条进行传播和变异的担心。因此，做好猪流感的防控对阻击流感全球大流行也有重要意义。

1977年在香港从猪体中分离出A-2香港/1/68（H3N2）毒株，这个毒株已多年未从人体分离出来。近年来，我国部分地区有本病的流行。国内对猪流感的认识尚不够重视，公开报道也很少，但不容置疑的是猪流感对养猪生产将是一个非常大的潜在危害。

猪流行性感冒多发生于寒冷季节，突然发病。实际上病群中所有的猪几乎同时发病出现临床症状。这与人的流行性感冒的流行情况十分相似。实际上，猪和人的流行性感冒病毒之间的确有密切关系。这应引起公共卫生人员的关心和注意，因为猪的流行性感冒病毒株随时都有可能出现某一特定毒株，它具有在人之间传播和对人有毒力的异常性能，并引起人的流行性感冒的大流行。猪的流行性感冒病毒能感染人，所以，本病是一种人畜共患传染病。在人类流行性感冒流行期间，猪也可能被有关的人流行性感冒毒株感染。

猪流感是由A型流感病毒所引起的一种猪的急性呼吸道传染病，以发病突然、传播迅速、康复快、死亡率低为特征，当前流行病学特点有巨大改变，因猪群潜伏感染疾病种类与状态有关。猪流感是集约化、规模化猪场的常见病，在世界各国均有发生和流行，在我国依然是猪的多发性疾病。猪流感感染后不仅造成猪生长性能及经济效益的下降，而且极易感染其他疫病（如猪链球菌病、猪繁殖与呼吸综合征等）而增高病死率，同时猪流感病毒可传染给人，是禽流感和人流感病毒的“放大器”和重组体，具有非常突出的公共卫生学意义，其传播流行不但影响到畜牧业的持续稳定发展，更严重影响着人类的身心健康。

一、病原

流行性感冒病毒(Infuenzavirus)，简称流感病毒，属于正黏病毒科(Orthomyxoviridae)。据最新资料报道，正黏病毒科现分为4个属，即A型流感病毒属、B型流感病毒属、C型流感病毒属和托高土病毒属。在动物和人群中能引起感染发病的只有A型和B型流感病毒，C型流感病毒仅感染人而很少感染动物。

典型的病毒粒子呈球状，直径为20～120nm，有些毒株在分离的初期呈丝状，长短不一，有多形性。病毒粒子有从宿主细胞膜获得的囊膜，为6～7nm厚的双层膜，从宿主细胞芽生时获得，囊膜含有宿主细胞的脂质，但无宿主细胞的蛋白质。囊膜表面有两种不同型的纤突致密地镶嵌成规则的毛边样。两种纤突分别是血凝素（hemagglutinin，H或HA）和神经氨酸酶（neuraminidase，N或NA）。血凝素是棒状的核蛋白多聚体，长10～14nm，宽4nm。神经氨酸酶呈蘑菇状，是完全不同于某些正常细胞中相应酶的糖蛋白多聚体。病毒为单股的RNA，核衣壳呈螺旋状对称，8个片段与核蛋白和转录酶结合存在，总分子质量为5×10^6，转录酶位于核衣壳内。在流行性感冒病毒的化学组成中，蛋白质的含量为68%～70%，核糖核酸（RNA）1%～2%，脂质20%～25%，碳水化合物5%～8%。所有毒株的蛋白质中都含有共同的内膜蛋白（membrane-protein，MP），核蛋白（nucleoprotein，NP）聚合酶和各不相同的血凝素和神经氨酸酶。RNA中各碱基百分率，C为23%～26%，A为21%～23%，G为18%～20%，U为31%～36%。种内基因重组频率高，但种间不重组。病毒的RNA是遗传基因的携带者。提取的流行性感冒病毒的核糖核酸没有感染性，需与一些具有聚合酶活性的蛋白在一起才具有感染性。RNA的基因外面覆盖了基础蛋白，它们含有型特异性抗原。通常只有感染后才能产生抗这种抗原的抗体，因而除非用特殊方法，否则注射已灭活或裂解的病毒的动物体中不能产生这种抗体。

血凝素是流行性感冒病毒的主要表面抗原，具有凝集多种动物红细胞的性质。借助血凝素对细胞受体的作用，病毒可附着于细胞，并可诱导产生中和抗体，产生免疫保护。血凝 素呈三角形细长的棒状，分子质量约150 000，含有2～3个分子质量约为60 000的重链糖多肽（HA1）和2～3个分子质量约30 000的轻链糖多肽（HA2）。这些重链和轻链分别借二硫键连接形成二聚体。每个血凝素亚单位都是由这样的2～3个二聚体构成。血凝素的疏水性末端形成脂蛋白键，植入病毒粒子的脂质层中，亲水性末端可吸附细胞受体。

神经氨酸酶是病毒粒子表面的另一种重要抗原。神经氨酸酶可水解细胞表面受体特异性糖蛋白末端的N-Z酰基神经氨酸。病毒在细胞表面成熟时，神经氨酸酶可移去细胞膜出芽点上的神经氨酸，有利于病毒粒子的成熟和释放，神经氨酸酶具有免疫原性，能诱发相应的抗体。神经氨酸酶抗体可抑制酶活性，具有免疫保护作用。神经氨酸酶亚单位为四聚体，呈哑铃状，植入脂质层内，两端由一长10nm的杆相连。外端呈钉帽状，大小为9×5nm，内端呈结节状，直径为4nm。神经氨酸酶亚单位的分子质量约150 000，由分子质量约55 000的糖多肽组成。核蛋白是病毒粒子的核心部分，没有感染性，是型特异性抗原，即可溶性抗原，具有免疫原性，但对病毒缺乏保护作用。核蛋白是病毒核酸最外面的一种蛋白质，由分子质量约为60 000的多肽链组成，在病毒粒子内部卷曲成螺旋结构。核蛋白并不把核酸完全包被起来，所以，核衣壳对核糖核酸酶敏感。核糖核酸被酶裂解后，核蛋白亚单位仍然存在。

内膜蛋白的分子质量为27 000，位于病毒囊膜与核蛋白之间，紧贴于囊膜脂质的内面。内膜蛋白具有免疫原性和型特异性。

在不同动物细胞中生长的流行性感冒病毒粒子具有该动物细胞的宿主抗原。例如鸡胚细胞中培养的病毒，给家兔免疫注射，不仅产生抗该病毒的抗体，还产生抗鸡细胞的抗体。宿主抗原占病毒总重量5%，分子质量为15 000，大部分是碳水化合物。宿主抗原连接于病毒表面蛋白上。抗触突宿主抗体主要针对宿主细胞的碳水化合物。聚合酶可能就是P蛋白，一般认为有P1、P2和P3三个亚单位，是病毒粒子中分子质量最大而含量最少的一种蛋白质，位于核衣壳上。

导致猪流感的病原是与A型流感病毒关系很近的一些病毒，这种病毒能够改变自身的抗原结构，从而突变出新的一些病毒。通过病毒表面的两种记为H和N的蛋白质，可将病毒分成多种血清型。导致猪只发病的有HlN1、HlN2和H3N2型。其中每一种血清型当中又有不同的毒株，这些毒株之间致病性也各不相同。

A型流行性感冒病毒的抗原性比较复杂。核蛋白构成病毒型的抗原特异性，而血凝素和神经氨酸酶分别构成株或亚型的特异性。已经确认A型流行性感冒病毒中有16种不同的血凝素（H1-H16）和9种不同的神经氨酸酶（N1-N9），它们之间的不同组成，使A型流感病毒由许多亚型（如H1N1、H2N2、H3N3、H7N7……），各亚型之间无交互免疫力。猪流行性感冒病毒的表面抗原式为Hsw-1N1，N1表明猪流行性感冒病毒的NA是人源的。也有人认为第一个分离自人的流感病毒（1933年）是猪源的，因为它是猪流感病毒分离（1930年）后三年才获得的，且因其NA与猪流行性感冒病毒相同，所以，也可以命名为HoNsw-1，以示其NA是猪源的。

猪流行性感冒的各病毒株之间的抗原性差异还不能将其定为亚型，在美国曾经根据血凝抑制反应和株特异性补体结合反应将猪流行性感冒病毒分为三个抗原群。这三个群的代表毒株为A/猪/艾奥瓦/31、A/猪/威斯康星/61和A/猪/威斯康星/68。

近年来的研究已经证明，来源于不同宿主的流行性感冒病毒亚型或毒株之间，会发生基因重排（genereassortants）而出现了明显的抗原变异（antigenicshift），在人、马、猪和禽流行性感冒之间都有这种现象。

现在已有证明，人源流行性感冒病毒（如A2/香港/1/68）在自然情况下能使猪感染，而猪源流感病毒（如A/猪/摩拉维亚/57）也能使人发病。近来报道，猪流行性感冒病毒和A/鸡/苏格兰/59流行性感冒病毒之间有抗原关系。人的香港株在苏联引起了狗和牛的流行性感冒。猪的流感病毒株具有相同或相似的表面抗原，但也常发生一些小的变化，即抗原漂离，也称抗原漂移（antigenicdrift）。因此，可用血凝抑制试验和神经氨酸酶试验鉴别出不同的毒株。抗原漂移通常是由于群体免疫增强，促成预先存在的突变体的选择的结果。抗原变异的原因和机理不十分清楚，有两种学说，即直接突变学说和遗传重组学说。

由于A型流感病毒不断地发生抗原变异和抗原漂移，因此，为了确切地了解抗原变异的幅度，经常用交叉血凝抑制试验进行抗原分析。所用的免疫血清包括以往流行过的代表株，当前流行的代表株以及新分离的毒株所制备的免疫血清。所用的抗原是与上述免疫血清相应的各株抗原。具体操作方法同血凝抑制试验。将每个免疫血清对所有的抗原都做一次血凝抑制试验，每个抗原需准确地调为4个或8个单位。由于血凝抗原易于失效，整个交叉血凝抑制试验应在同次同一条件下进行。

根据血凝抑制试验的结果，按下式计算抗原比：$r = r1 \times r2$。

r1 = 甲血清对乙抗原的血凝抑制滴度/甲血清对甲抗原的血凝抑制滴度

r2 = 乙血清对甲抗原的血凝抑制滴度/乙血清对乙抗原的血凝抑制滴度

r代表两个毒株之间的抗原差别。r值等于1，表示两毒株之间完全相同，是同一亚型病毒。r值愈大，两毒株的差异也愈大，它们之间的类属关系愈小，r值在4以上时，表示两毒株之间差异显著。

过去人们认为猪的流行性感冒是流行性感冒病毒和嗜血杆菌协同感染的结果。现在的研究证实，猪流行性感冒病毒单独感染就可引起猪的流行性感冒。

猪流行性感冒病毒能在鸡胚、猴肾细胞、胎猪气管、肺或鼻上皮组织的器官培养物中增殖，现今最常用的培养此病毒的方法是用10～12月龄鸡胚进行羊膜腔或羊膜腔和尿囊腔同时接种。感染的鸡胚多数都不死亡，胚液中出现血凝素。猪流行性感冒病毒也适应在犊牛肾细胞、犬及人源（张氏结膜）细胞系及鸡胚成纤维细胞，雪貂肾、肺细胞上培养，在细胞内能检出包涵体。具有V抗原和S抗原，这两种抗原都能与补体结合。

实验室条件下，猪流行性感冒病毒可感染小白鼠、羔羊和雪貂，发生肺炎，并能使鼠、猴发生呼吸道疾病。无猪流行性感冒的地区，单独感染猪流行性感冒病毒时，猪仅发生极温和的、几乎是隐性经过的疾病，这容易被管理人员和兽医忽视。而错过早期诊断预防的时机。

猪流感同时还有重要的公共卫生意义。研究发现，猪的呼吸道上皮细胞表面同时具有人流感和禽流感病毒受体。这一结构特征决定了SIV能感染人和禽，猪也能被人流感病毒和禽流感病毒感染。猪可以成为人流感和禽流感病毒发生基因重排或重组的重要场所。基因重排和重组的可能结果便是产生新的具有跨宿主传播能力的流行毒株，在人群或畜禽群中流行。

B型和C型流感病毒自然状态下仅感染人，一般呈散发或地方流行性，偶尔暴发。人流感在老年和儿童中可引起严重的后果，往往导致肺炎或继发其他疾病而死亡。此外流感病毒变异性大，每隔一段时间产生新的变种；以下介绍有关研究进展。

A型流感病毒粒子呈多型性，如球形、椭圆形及长丝状管等，直径为20～120nm。内部为单链负义的RNA，分为8个片段，被螺旋对称的核衣壳所包裹。核衣壳外为病毒囊膜，囊膜上有两种密集而交错排列的纤突，分别称为血凝素（HA）和神经氨酸酶（NA）。前者能与宿主细胞上的特异性受体结合，便于病毒侵入细胞；后者主要与病毒成熟后从细胞内通过细胞膜出芽释放有关。血凝素与病毒凝集多种动物红细胞的特性有关，并能诱导机体产生相应的抗体，因此可以通过血凝（HA）试验和血凝抑制（HI）试验来测定病毒及相应抗体。

病毒抗原：猪流感病毒含有核糖核蛋白（RNP）、血凝素（HA）和神经氨酸酶（NA）3种特异性抗原。RNP具有型特异性，而HA和NA分别具有亚型及株的特异性。抗原特征是病毒亚型的划分和命名的依据，按神经氨酸酶抗原可分成两个亚型，即N1和N2。根据血凝试验，可分为3个血清型。

HA和NA是流感病毒的表面抗原，均为糖蛋白，具有良好的免疫原性，同时又有很强的变异性，它们是病毒血清亚型及毒株分类的重要依据。目前已知HA抗原有16个亚型，即H1–H16，NA抗原有10个亚型，编号为N1-N10。由于不同的毒株所携带的HA和NA抗原不同，因此两者组合成了众多的血清亚型，如H1N1、H1N2、H5N2、H7N1、H9N2等。由HA诱导的相应抗体除能抑制病毒的血凝活性外，还具有中和病毒活性的作用；由NA诱导的抗体具有干扰病毒释放、抑制病毒复制的作用，因此两者均是病毒的保护性抗原，但不同血清亚型之间的交叉保护性较低。流感病毒的核蛋白抗原（NF'）和膜基质抗原（M）是内部抗原，具有较强的保守性，二者共同构成流感病毒的型特异性抗原，如A、B，C三种流感病毒就是根据这两种抗原的差异划分的，通常用琼脂扩散试验测定并区分这两种抗原。

由于流感病毒的基因组具有多个片段，在病毒复制时容易发生不同片段的重组和交换，从而出现新的亚型，尤其是在同一细胞中感染了两个不同血清型或亚型病毒时更是如此。流感病毒的变异主要发生在HA抗原和NA抗原上。当这种变异幅度较小，只引起个别氨基酸或抗原位点变化时叫做“抗原漂移”，这时只产生新的毒株，而不形成新的亚型。当抗原变异幅度较大时，如由H1变为H2或由N1变为N3等，则叫做“抗原转换”，这时产生新的亚型。根据对人流感病毒的分析，一般每2～3年发生1次小变异，15年左右发生1次大变异。因此自1918年至今，已发生过5次大变异，每次变异都造成1次大流行。由于不同亚型之间只有部分交叉保护作用，这就给疫苗研制和本病的防制带来极大的困难。

流感病毒的不同亚型对其宿主的特异性及致病性也不同，例如引起猪流感的主要是H1N1、H3N2亚型，引起禽流感的主要是H9N2、H5N1、H5N2、H7N1等亚型，引起人流感的主要是H1N1、H2N2、H3N2亚型，引起马流感的主要是H3N8亚型。即使是同一血清亚型的病毒，其毒力有时也有很大差异，例如同是N5和H7亚型，有些毒株对鸡和火鸡是低致病性的，而另一些毒株却是高致病性的（致死率可达100%）。因此人们根据禽流感病毒的毒力强弱，将其分为高致病性毒株和低致病性毒株两大类。到目前为止，发现高致病力的禽流感毒株均为HS和H7亚型。但是，并非所有HS和H7亚型都是高致病性毒株，甚至在禽流感暴发期间，流行初期和后期分离的毒株在致病力上也有很大的区别。流感病毒的宿主特异性主要由HA对宿主细胞受体的特异性识别所决定，而毒力则是由HA上蛋白酶水解位点处的特殊氨基酸序列所决定。

流感病毒为一种泛嗜性病毒，可存在于感染动物的各器官组织中，但以呼吸道、消化道以及家禽的生殖道含毒量最高。病毒从这些组织的上皮细胞中释放出来并随其分泌物排出体外。猪流感病毒主要存在于猪上呼吸道的分泌物中，如鼻液及气管、支气管渗出液，肺和肺部淋巴结中。而在肝脏、肾脏、脾脏、血液，肠系膜淋巴结和脑则常无病毒存在。

本病毒能在发育鸡胚及多种细胞培养中生长。病毒在9～12日龄的鸡胚上增殖作用为最好，也可在犊牛肾、猪肾、猪睾丸、胎猪肺、狗肾、猴肾、人胚肾、鸡胚成纤维细胞和人双倍体等多种细胞上生长繁殖，并能引起细胞病变。病毒能凝集鸡、小鼠、大鼠、马和人的红细胞。

目前已发现SIV至少有H1N1、H1N2、H1N7、H3N2、H3N6、H4N6、H5N1、H9N2等8种不同血清亚型，广泛流行于猪群中的主要有古典型猪H1N1、类禽型H1N1和类人型H3N2毒株。这些血清型的病毒都可引起各自的免疫反应，但互相之间不存在交叉免疫性。这样，猪群就可能先后感染不同血清型的猪流感，也可能同时感染上一种以上的猪流感。这种病的临床暴发通常发生在冬季，但其他季节也会以亚临床的形式在猪群中传播，有时还会引起小规模的发病。

郭元吉等（1981）首次在我国猪群中发现并分离出C型流感病毒。猪C型毒株无神经氨酸酶活性，这一点与人C型毒株一致。但对小鼠和大鼠红细胞凝集能力强。实验感染猪可发病，但症状轻，呼吸轻度困难，鼻腔分泌物增加，恢复得快。可重新分离出C型病毒。同居可感染密切接触的猪，被感染猪可见C型流感病毒抗体增高。

病毒对理化学因素及外部环境的抵抗力：猪流行性感冒病毒对紫外线、酸、碱、有机溶剂等均敏感，当有分泌物、排泄物（如粪便）等有机物保护时，病毒于4℃可存活30d以上，在羽毛中可存活18d，在骨髓中可存活10个月。一般消毒剂对猪流行性感冒病毒都有灭活作用。猪流行性感冒病毒对碘蒸气和碘溶液特别敏感，如0.1%新洁尔灭溶液、1%氢氧化钠溶液、2%甲醛溶液、0.5%过氧乙酸溶液等。对干燥和冻干有较强的抵抗力。病毒在冰冻池塘中可以越冬。耐低温、寒冷和干燥，在-70℃时稳定，冻干可活数年。保存在50%的甘油内的病料中的病毒可存活40d。对热较敏感，60℃下加热20min可灭活，日光直射40～48h全部灭活，以及阳光照射、60℃加热10min，堆积发酵等均可将其杀灭。

二、流行病学

1. 易感动物　A型流感病毒可以感染猪、马、禽类、人、貂、海豹、鲸等，而且一般只侵袭其自然宿主，但某些亚型能从一种动物传向另一种动物，包括在动物和人之间的相互传播，特别是人与猪、人与禽之间传播的可能性较大。各种动物不分年龄、品种和性别均可感染，但以猪、马、鸡、火鸡和人的发病较为严重。实验动物中小鼠可感染某些毒株而发病，而仓鼠、豚鼠、犬、猫等动物多为隐性感染。各个年龄、性别和品种的猪对A型流感病毒都有易感性。本病的流行有明显的季节性，天气多变的秋末、早春和寒冷的冬季易发生。几天寒冷的天气之后常有暴发。猪流行性感冒在猪群中常突然发生，全群猪几乎同时发病出现临床症状。但细心观察，在大群发病前2～5天就有少数猪发病。

2. 传染源　病猪和带毒猪是本病的主要传染源。病猪和带毒猪本病可发生于各年龄和各品种的猪。患病痊愈后猪带毒6～8周。病毒存在于病猪或带毒猪的鼻汁或气管、支气管渗出液以及肺和肺淋巴结内。在血液、脾、肝、肾、肠系膜淋巴结和脑中难以检出病毒。

3. 传播途径　呼吸道是主要的传播途径，猪或人经由呼吸道感染。猪也可由于食下含病毒的肺丝虫的幼虫而感染。当与猪嗜血杆菌混合感染时，病情趋重，引起间质性肺炎和复杂的肺损伤，猪感染猪流行性感冒病毒后，会刺激免疫器官和组织产生相应的抗体，其中抗血凝素抗体在抗感染免疫中起主要作用。此外，机体体液和呼吸道分泌物中存在的糖蛋白抑制物也能阻止病毒侵入易感细胞。病毒增殖后，局部产生的干扰素还可限制病毒的扩散。所以，流行性感冒的病程短，死亡率低，多数病猪于7～10d左右即可康复，发病前后鼻腔分泌物中含病毒最多，传染性最强。

4. 流行特点　一年四季均可流行，但多发生于天气突变的晚秋、初冬和早春季节，发病率高达100%。目前流行的猪流感病毒主要有H1N1和H3N2两种血清型。若无并发感染，死亡率较低。

本病接触性传染性极强。寒冷而潮湿的天气使猪受凉可能是暴发的诱因。本病传播迅速，常呈地方性流行或大流行。病的潜伏期短，仅数h到数天，一般自然感染病例的潜伏期为2～7d，人工感染的潜伏期为1～2d，病程短。无并发症的病例的病程为2～6d，康复快得象发病那样突然。虽然本病具有极高的发病率100%，但死亡率低，低于1%～4%，但在某些情况下也能高达10%。

5. 应激因素　当猪处于恶劣的环境和低标准饲养管理条件下，特别是温度的突变，长期处于低温潮湿的水泥地面舍内，晚秋和冬春寒冷季节舍内阴暗、潮湿、过于拥挤、营养不良、卫生状况差、消毒不严格、寄生虫侵袭等都可促使本病的发生，机体免疫功能下降，流感病毒感染常引起肺部的继发感染时；有时或继发细菌感染，病程就会延长，病情加重，以致发生格鲁布性出血性肺炎或肠炎而死亡。近几年因猪群中疫病种类增多，一旦暴发本病后病情严重，病程延长，死亡率增加，有的继发多重感染死亡率高达50%以上，应引起关注。常见混合感染的病原体有PRRSV、猪呼吸道冠状病毒（PRCV）、胸膜肺炎放线杆菌（APP）、支气管败血波氏杆菌、多杀性巴氏杆菌、副猪嗜血杆菌、猪肺炎支原体、猪链球菌等。继发感染会使病程延长、病情加重，甚至导致死亡，引起发病猪群的死亡率升高。动物体况下降是本病造成经济损失的主要原因，曾经有过报道猪流感还可以引起妊娠母猪流产，新生仔猪死亡。

6. 历史背景未来趋势　本病广泛分布于世界各地，普遍流行于多种动物和人群之中，最早报道，鸡群是在1878年（意大利）、猪群1918年（美国）、马流感1955年（欧洲）、人类流感1918年（美国）。人类流感至今已流行上百次，其中有详细记载的世界大流行6次（1918、1946、1957、1967、1976和1999年）。

本病属人和多种动物的一种急性、热性、高度接触性传染病，而且每次流行均与动物的流感有关。引起各国政府和研究人员的关注。一般来说，流感为非致死性疾病，但某些毒株却可以引起人和动物的高死亡率，如1918年的流感导致全球2 000万人丧生。对于鸡和火鸡，高致病性禽流感（又叫真性鸡瘟）是毁灭性的疾病，100%的死亡。例如2000年意大利仅在3个月内就死亡和扑杀家禽1 300万只，损失上亿欧元。由于本病的危害及造成的损失在许多方面与口蹄疫非常相似，因此各国政府及有关国际组织对其极为重视。尤其是1997年以来，流感在全球范围内又有泛滥、肆虐之势，已引起世界各国的高度警惕。

猪的流行性感冒在美国、前苏联、英国、波兰、肯尼亚、意大利、德国、捷克斯洛伐克、日本、中国台湾、中国香港等地都有发生。目前，本病已经遍及世界的几十个国家和地区。

1918年，美国最先报道了猪流行性感冒的发生，并认为与1918–1919年人类流行性感冒大流行有关。很多经历了1918–1919年流行性感冒大流行的老年人迄今仍有抗猪流行性感冒病毒血凝素的抗体和病毒的中和抗体是值得注意的。

我国流行研究动态，国内报道的所分离的猪流感病毒多为H3N2亚型，H1N1亚型也有发现。我国台湾（1969年）首次分离到H3N2亚型猪流感病毒后，Kundin（1970年）在我国香港发病猪体内也分离到。

广西流感协作小组（1977年）从65份猪样品中分离4株，陈立里（1979–1982年）等从成都地区用猪鼻咽拭子分离出16株该亚型病毒。郭元吉等（1992）在北京分离到20株猪源H_1N_1病毒。近期福建省部分地区猪场所出现的急性呼吸道疾病，根据其发病特征及从发病猪场和康复猪场检测到猪流感抗体等资料，怀疑该省部分地区猪场流行的传染病是猪流感。在山东曾出现怀疑为猪流感病毒所引起的急性传染性呼吸道疾病。广东、广西、河南等其他省区部分猪场也出现呼吸道症状比较明显的感染。已分离到多株流感病毒。

猪嗜血杆菌虽然是猪流行性感冒病毒的主要伴发或继发性细菌，但并不是猪流行性感冒不可缺少的病原因子。此外，巴氏杆菌、双球菌、链球菌等也常参与猪流行性感冒的继发感染。感染猪流行性感冒病毒的猪在以后的至少三个月当中能将病毒传染给同其接触的猪。康复的猪可长期带毒。病后康复的种猪可能成为传播本病的慢性带毒者。

崔尚金（2000年）在香港大学首次对国内猪流感开始进行研究，之后李海燕等（2001）曾对全国各省50个猪场进行89份血清学调查和病毒分离鉴定等工作，调查的大部分猪场呈血清抗体阳性，已经从东北辽宁、吉林、黑龙江等地区出现呼吸道症状的猪群和病死猪的病料中分离到多株H3N2亚型的猪流感病毒，并对它们的生物学特性进行了研究。

单松华报告了猪流感病毒与人类流感病毒关系自1930年Shope氏首次分离到猪流感病毒以来，猪流感病毒已多次引起人类的流感流行。1969–1970年在我国台湾省暴发了全岛规模的流感，猪血清中不仅有甲3型抗体，并从猪中分离到A／猪/台湾／69（H3N2）株，其表面抗原和人流感A/香港／1/68（H3N2）株相同。已经证明该毒株能在猪中传播，感染人志愿者后出现轻度反应和抗体升高，说明人和猪的流感病毒在自然条件下能交互感染、传播。1977~1983年间郭元吉等从广西、北京、丹东、安顺等地猪群中分离到数株甲3型（H3N2，）病毒，这些猪甲3型毒株按其分离时间都分别与当时人群中流行的甲3型毒株（京防75–39、粤防77–38、沪防80–31）抗原近似。此外，还从我国猪群中首次分离到2株甲1型流感病毒，其血凝素和神经氨酸酶抗原均与新甲型津防77–78株相似。

郭元吉等（1983）首次从在我国北京猪群中分离到15株人丙型流感病毒，这是迄今世界上从人类以外动物中分离到丙型流感病毒的唯一报道。

1985年又从猪群中分离到1株猪丙型流感病毒。猪丙型流感毒株的抗原近似于人丙型C/NJ/1/76株，但不同于较早年代的毒株。与人丙型毒株相比，猪丙型流感毒株无神经氨酸酶活性。用分离的猪丙型流感病毒（C/P/B/32/81）和人丙型流感病毒（C/NJ/1/76）在实验条件下可以感染猪，且病毒可以在猪群间传播，可见丙型流感病毒抗体升高，但在人与猪之间的自然传播有待证实。

姜冰洁等（1986）对猪群中人流感抗体的调查

结果显示，我国猪群血清中存在甲3、甲2、甲1、丙型和乙型流感病毒抗体。凡是当前人群中已消失的流感毒株如A/swine（猪型，Hsw1N1）、A/PR8（甲0型）和贵防57-1（甲2型），在猪血清中检测不到抗体，而人群中近年流行的毒株，则都可检测到一定水平的抗体；其中甲3型流行频繁，抗体阳性率较高（8.8%），南方猪的阳性率比北方猪高2倍以上。乙型流感病毒抗体虽也检测到，但阳性率较低（0.8%）。以上资料说明猪群中的流行性感冒与人群中流行性感冒具有密切关系。从我国猪群中分离出甲3型、甲1型和丙型流感病毒到从猪群血清中检测出甲3、甲2、甲1、丙型和乙型流感病毒抗体，表明猪在流感监测和公共卫生中占有重要地位。

近年来，我国猪流感的发生有增加的趋势，对华南地区部分猪场的血清学调查结果表明，虽然未做过猪流感免疫，但H3亚型猪流感抗体阳性率高达51%~53%，而H1亚型猪流感抗体阳性率也达到10%~31%。中国农业科学院哈尔滨兽医研究所的研究人员在1985份来自全国主要养猪地区的样品中分离到116株猪流感病毒，其中H1N1亚型25株，H1N2亚型2株，H3N2亚型45株，H9N2亚型8株，H5N1亚型2株。1988-1989年，美国中北部猪群的H1N1亚型猪流感抗体阳性率高达51%。而近20年里，在欧洲分离的许多H3N2亚型猪流感病毒都被证实整合了类人H3N2亚型病毒和类禽H1N1亚型病毒的基因。这些数据表明，猪流感已经对世界养猪业的发展和人类健康构成严重威胁。由于流感病毒的RNA复制酶缺乏校正阅读能力，编码HA和NA蛋白质的基因非同义替换的积累使其基因容易发生突变而造成抗原漂移，迄今为止，世界上猪流感病毒的主要优势血清型仍是H1和H3亚型。宋长绪（2006）报道广东省猪流感的现状：根不完全统计，2004年初H1型猪流感的发生率较低，只有10%左右的猪场发生猪流感，发生猪场的阳性率月为35%，2005年初的发病猪场率达到50%左右，发病猪场的猪的阳性率达到52%左右，2006年初则80%以上的猪场可以检测到猪流感抗体，发病猪场猪的阳性率月为50%。总体感觉是猪的流感的感染率越来越高，致病性越来越强，对养猪业的危害越来越大，是我们养猪业今后必需面对的严重问题之一。

三、发病机理

流感病毒为一泛嗜性病毒，可以侵害各系统组织器官。当机体在受风寒的情况下，上呼吸道黏膜的局部防御适应能力降低，病毒侵入机体后首先在呼吸道和消化道黏膜上皮细胞内繁殖、并引起轻微的初期症状，如精神欠佳、食欲减退、咳嗽、粪便变软等。此时呼吸道黏膜发生充血水肿，上皮细胞分泌增强等一系列抗损伤反应。首先在鼻腔、咽、喉、扁桃体气管等上呼吸道黏膜上皮内生长增殖，并在细胞内增殖，引起上皮细胞变性脱落，黏膜充血，水肿等上呼吸道局部卡他性炎症。因而从气管和支气管排出的大量渗出液含有大量感染性极强的病毒。病毒从细胞内释放，引起更多的黏膜细胞感染，当病毒增殖到一定浓度时，可引起组织病变和相应症状。此阶段一般在4~7天，病猪出现流鼻液、咳嗽、发热和单核巨噬细胞系统吞噬功能增强等是机体对入侵的流感病毒展开一系列斗争的抗损伤反应。若机体的抗损伤反应消灭了入侵的病原微生物，如果猪群健康情况良好，治疗与护理得当，被感染猪群将迅速康复。并使损伤得到修复，则机体由疾病状态恢复健康。反之，若病原微生物未被消灭，机体的损伤反应得不到修复，则疾病可进一步发展。则病毒经淋巴液侵入血流，形成病毒血症，并随血流侵入全身各组织器官，引起组织细胞的变性和坏死，从而出现高热、咳嗽、流鼻涕、呼吸困难、精神极度沉郁、腹泻、浑身肌肉关节酸痛等一系列症状；并发展为败血症；同时出现代谢性和呼吸性酸中毒，进一步出现败血性休克。病毒主要在气管和支气管细支气管、肺泡内的上皮细胞内复制，可使细支气管和肺感染，引起支气管炎和肺炎。肺部中性粒细胞浸润，造成气道阻塞，释放出损伤肺组织的酶。此时，如有继发感染，则发生纤维素性出血性肺炎或肠炎，能引起猪死亡。如无继发感染，肺内的损害迅速消失，留下极少的损伤或无损伤残留。流行性感冒病毒虽然主要在呼吸道黏膜上皮内增殖，很少侵入血流，但它含有毒素样物质则对全身器官呈现广泛的毒性作用，例如患猪表现发热，精神不振，眼鼻流出分泌物，呼吸急促，肌肉和关节疼痛等。

猪流行性感冒病毒的生态学和流行病学很复杂，尚未完全阐明。在一年的非流行季节中，病毒可能是由肺丝虫和蚯蚓保存下来的。Shop证明，肺丝虫和蚯蚓能长期带毒，在病猪支气管中寄生的肺丝虫吞食了病毒，通过卵将病毒带入幼虫体内，在猪呼吸道中孵化出来的幼虫随咳嗽进入口腔，然后被吞下，和粪一同排到地面。幼虫在土壤中被蚯蚓吞食，寄居于幼虫体内，大部分寄居于心脏和产钙腺（Calciferousglands）中，由一季保存到下一季。

感染SIV后肺部会产生高水平的促炎细胞因子，包括IFN-a，TNF-a和IL-I，病猪出现呼吸道症状。如果猪群存在继发感染，可发生纤维素性出血性肺炎或肠炎，从而引起猪只死亡。其病程、病情及严重程度随病毒毒株、猪的年龄和免疫状态、环境因素以及并发或继发感染的不同而异。猪流感病毒和繁殖与呼吸综合征病毒有协同作用，二者混合感染，发病情况更加严重。而支原体的存在，也是猪流感死亡率升高的原因。其传播途径主要为呼吸道。

四、临床症状

典型的猪流感属于暴发式群发性疾病，即在气温巨变又突然降温时猪群开始有几乎50%～70%猪发病；3～5天迅速波及全群；此为猪流感诊断重要指征，可以认为在猪病临床症状出现该症候是唯一的；是其他所有疾病没有的症候。

本病潜伏期非常短，在潜伏12～48h后突发，猪群中大多数猪同时出现症状。本病实际表现得似乎要严重得多。病初时表现上呼吸道黏膜的浆液性卡他性化脓性炎症，这一过程当前往往被勿视，因此开始流行时应注意观察。初期病猪出现鼻炎症状，流水样鼻液（图2.2.2-1），4～5天后流黏稠鼻液（图2.2.2-2），严重者可出现脓性带血鼻液。同时相继出现结膜炎，眼结膜潮红（图2.2.2-3），眼有浆液性及黏性分泌物（图2.2.2-4），鼻镜无露珠干燥潮红眼睑浮肿（图2.2.2-5）。发病初期病猪体温突然升高，可高达40～42.5℃，病猪全身皮肤潮红精神极度委顿（图2.2.2-7），常卧地（图2.2.2-8、），厌食或食欲废绝（图2.2.2-9），有时喝几口清水（图2.2.2-10），极度虚弱乃至虚脱（图2.2.2-11）衰竭等现象，咳喘（清晨为甚），病猪常卧地挤卧在一起（图2.2.2-6），腹蜷缩（图2.2.2-12），如驱赶就发生阵发性咳嗽，其声音似犬叫，呼吸急促，张口并行腹式呼吸（图2.2.2-13）、触及尖叫并出现全身阵发性震颤、极其衰弱。

呼吸和心跳次数增加，最后严重气喘，呈腹式或犬坐式呼吸。大便干硬发展到便秘，小便短少尿液呈黄色。既往文献资料记载少数病猪后期出现休克微循环障碍，全身皮肤发绀（图2.2.2-14），尤以耳部（图2.2.2-15）、背（图2.2.2-16）、腹侧臀部（图2.2.2-17）以及大腿内外侧（图2.2.2-18）病变明显。继之病猪出现阵发性咳嗽，疲倦不愿走动，肌肉和关节疼痛、跛行，后腿行走无力，严重的病猪后躯瘫痪。咳嗽表明上呼吸道和支气管有炎症。如果病猪体况良好，在发病期间始终处于干燥、温暖并多铺垫草的环境中，病程一般为1周，体重明显下降（图2.2.2-19、20），衰竭。如果没有其他疾病继发感染或者混合感染，一般都能耐过。则本病所致的主要损失仅为生长停滞和体重减轻。

在4～6天的病程后，症状迅速消失，这部分取决于初乳的抗体水平，然而，病猪体重大大减轻且恢复缓慢。死亡的病例在疾病的末期通常见有痉挛性惊厥。在本病的早期发生白细胞减少，可用病毒中和试验及血细胞凝集抑制试验鉴定康复猪。单纯的猪流感发病5～7天，随后迅速康复，而且只在血清阴性的猪场发生。

近几年症状错综复杂，除前述症状外，尤其是当年出生第一次被感染的断奶仔猪及育肥猪，发病时其症状严重。有资料显示，暴发SI时，出现繁殖障碍，怀孕母猪出现流产、死胎、弱小仔等现象。流产后的配种正常，但常不育。单纯的Si发病5～7d，随后迅速康复，而且只在血清阴性的猪场发生。

但在有伪狂犬病、蓝耳病、猪传染性胸膜肺炎和猪肺疫的猪场，发生Si时，并发的可能性大，其结果是病症不典型，但病情严重。如继发巴氏杆菌病、肺炎链球菌病等，死亡率可高达10%以上。

猪只感染年龄段的临床症状如下。

1. 哺乳仔猪　通常哺乳仔猪不会患猪流感，除非病毒是第一次侵入猪群，初乳可在哺乳期为仔猪提供母源免疫，咳嗽，肺炎，发烧等。

2. 母猪　当病毒首次侵入猪群时，头两天会发现两三头猪发病，之后，病情会迅速蔓延，体温升高，大群普遍表现厌食、哺乳母猪泌乳量减少重者无乳，突然出现呼吸道症状，包括咳嗽、上呼吸道卡它、支气管炎和肺炎，发病迅速扩散，之后繁殖系统会受到影响，急性呼吸困难的症状会持续7～10d临床症状退却。暴发SI时，出现繁殖障碍，怀孕母猪出现流产、死胎、弱小仔等现象。流产后的配种正常，但常不育。母猪断奶后到发情的天数延长。21d以外返情的母猪增多。假怀孕的母猪增多。

怀孕母猪，在大群水平上可观察到以下现象：母猪群突然发病，迅速传播。体温升高，出现咳嗽、肺炎，并迅速传播。母猪在怀孕期间感染猪流感病毒，如母猪分娩前40d感染时，可通过胎盘感染胎儿可引起流产，产死胎、木乃伊胎和早产，没流产的母猪所产仔猪发育不良或易患病断奶成活低。有的表现为产下的仔猪在产后2～5d发病严重，有些在哺乳及断奶前后死亡；存活的则转为慢性病，持续咳嗽，消化不良，病程可持续1个月以上，最后衰竭死亡。如无继发感染，病猪通常在临床症状出现后的5～7d内自然康复。继发其他细菌或病毒感染时，则病情加重或死亡。

3. 断奶猪与生长猪　呈现急性发病，体温升高40～42℃，患猪突然倒卧不起，这是个典型症状。呼吸沉重。剧烈咳嗽。多数猪只看起来会死掉，但是除非有其他呼吸道疾病并发，否则大部分不经治疗自会康复。猪流感病毒本身可导致严重的肺炎，但如果并发其他感染，如：放线杆菌胸膜肺炎、支原体性肺炎和猪繁殖与呼吸道综合征等，就会演变成一种慢性的呼吸系统综合症，很难处理。因此对病情严重的患猪个体应给予抗生素治疗以防止继发其他肺部感染。

4. 公猪　也会对公猪产生影响，感染后降低精子品质，受精率低，可持续4～5周。

地方性发病这种情况下该病毒驻留在猪群当中，引起小群发病（通常是断奶仔猪）。它有可能连续导致一些呼吸系统疾病，症状类似急性发病，但不那么严重。

五、病理变化

单纯猪流行性感冒的肉眼病理变化主要在呼吸器官，为病毒性肺炎。

主要病变如下：死亡猪尸僵良好（图2.2.2-21），突出变化是因猪流行性感冒病毒侵入机体后突破了呼吸系统防御屏障侵入血流引起病毒血症，进一步发展为败血性休克，导致病猪呼吸功能和心功能衰竭，出现全身性淤血，皮肤末梢血管淤血眼观可见皮肤暗紫红色，因此皮肤呈现不同程度的弥散发绀（图2.2.2-22、23、24、25）。

剖检时可见气管有红色、白色或乳白色泡沫状黏性分泌物（图2.2.2-26）。肺门淋巴结、纵隔淋巴结充血、肿大（图2.2.2-27）。气管（图2.2.2-28）和支气管的黏膜充血（图2.2.2-29）、肿胀，表面覆有黏稠的液体，气管、小支气管和细支气管内充满泡沫样渗出液（图2.2.2-30）。胸腔蓄积大量浆液（图2.2.2-31），病程长的混有纤维素的浆液。

肺门淋巴结、纵隔淋巴结充血、肿大。如并发或继发感染时，其病理变化常很复杂。

肺炎症表现为肺的尖叶、心叶、隔叶的炎症，病变组织和正常组织之间有明显的界线（图2.2.2-32），早期肺炎灶呈长条状（图2.2.2-33）、块状散在分布（图2.2.2-34），有的呈颗粒状（图2.2.2-35）病变区为紫色，质地硬（图2.2.2-36），一些肺叶间质明显水肿（图2.2.2-37）。

病势较重的病例在肺胸膜与肋胸膜亦有纤维素附（图2.2.2-38）和粘连（图2.2.2-39）。支气管的大量渗出液伴有肺下部的萎陷。肺脏的病变常发生于尖叶、心叶（图2.2.2-40）、中间叶、隔叶的背部（图2.2.2-41）与基底部，全肺出血性炎灶散在分布（图2.2.2-42），与周围组织有明显的界限，颜色由红至紫，塌陷、坚实，韧度似皮革（图2.2.2-43）。肺的间质增宽（图2.2.2-44）。肺病变区膨胀不全（图2.2.2-45），其周围常有苍白色的气肿（图2.2.2-46），并有许多出血点（图2.2.2-47）。虽然尖叶和心叶受损害最严重，并且，右肺较左肺严重，但是，这种肺膨胀不全区是广泛的，常呈不规则分布。眼观，猪流行性感冒病猪的肺脏病变与猪地方流行性肺炎的病变相似（图2.2.2-48），但这两种疾病的组织学变化有明显的区别。心肌变性扩张（图2.2.2-49），心包腔蓄积含纤维素的液体。胃肠黏膜发生卡他性炎。胃黏膜充血严重，特别是胃大弯部（图2.2.2-50）。小肠、大肠发生斑块状充血，并有轻微的卡他性渗出物（图2.2.2-51），但无黏膜糜烂。脾脏肿大不一（图2.2.2-52）。肝和肾轻度肿胀无出血性变（图2.2.2-53）。肾轻度肿胀（图2.2.2-54）。淋巴结不同程度肿大充血水肿呈淡红色，颈部淋巴结（图2.2.2-55）、股前淋巴结肿大多汁（图2.2.2-56），肺门淋巴病尤为显著。

组织学观察，早期死亡猪肺充血水肿，呈休克肺变化（图2.2.2-57）。在病中期多发生渗出性支气管炎，小支气管和终末细支气管充满含有大量嗜中性白细胞、淋巴细胞和少量脱落上皮的渗出物。支气管黏膜上皮破碎、脱落，上皮细胞空泡变性，纤毛成团状或消失。支气管周围有大量淋巴细胞和巨噬细胞浸润。肺泡萎陷，内含脱落的肺上皮细胞，少量单核细胞，肺泡壁皱缩、增厚，并伴有单核细胞浸润。肺间质增宽、间质内淋巴管扩张，有淋巴细胞浸润，在病的后期，严重病例可见更为明显的气管和支气管黏膜上皮细胞破坏，其管腔完全被白细胞填塞，肺泡充满红细胞、白细胞与凝固的浆液，肺泡壁皱褶、增厚，其中有大量的淋巴细胞（图2.2.2-58～60）。

六、病程与预后

多数病猪于7～10d左右即可康复，流行性感冒的病程短，死亡率低，发病前后鼻腔分泌物中含病毒最多，传染性最强。

猪流行性感冒是由正粘病毒科A型流感病毒属的猪流感病毒引起猪的一种急性、高度接触传染性、群发性呼吸道疾病，临床以突发、高热、咳嗽、呼吸困难、反复发作、衰竭、迅速康复或死亡为特征，能引起种猪繁殖障碍、育肥猪增重减慢等。该病发病率高，一旦发生，传播迅速，可直接引起患猪死亡。病程很短，一般1～3周可完全恢复，但若在发病期间管理不当，继发感染会很大程度上增加猪的病死率，因为SIV对呼吸道上皮细胞具有高度的特异亲嗜性，致使猪体与外界的天然屏障被破坏，极易引发呼吸道为靶器官的疾病。如猪繁殖-呼吸道综合征、猪呼吸道冠状病毒感染、猪传染性胸膜肺炎、支原体肺炎以及猪巴氏杆菌病等其他疾病的继发或混合感染，使疫情变得复杂而反复、病情加重和死亡率增高，导致经济损失进一步增加，特别是规模化养猪场普遍存在且难以根除的猪呼吸道疾病之一，对养猪业危害极大。故要重视搞好防治。

如果猪群无猪瘟、猪蓝耳病、支原体肺炎、圆环病毒Ⅱ等呼吸道疾病存在，在加强护理的基础上早期全群治疗一般预后良好，除少数慢性呼吸道疾病（严重的胸膜肺炎心包炎）病猪死亡外其他感冒病猪经及时治疗几天后绝大部分病猪治愈。猪流行性感冒的危害性应提高到，可认为具有持续性感染疾病的猪场暴发原发病的“导火线”或“应激性因子”。除了猪瘟，流感是预防重点疾病之一。

七、诊断

根据猪群的临床表现可做出可靠的诊断。其他任何疾病都没有像猪流感这样流行迅速、病情急剧。发病时对病猪采血验，2～3周后再采一次，可见抗体滴升高。也可用棉签作鼻腔或喉部涂样，试验室进行培养分离鉴定，这是最可行的诊断方式。流行性感冒的最大特点是急性型的临床症状和病理变化，因此在诊断上一定要抓住这一关键性时机。

（一）流行病学及临床症状和病理变化诊断

根据流行病学，临床症状和病理变化可以做出初步诊断。发病第一时间诊断依据是本病的流行特点，在气候骤变时，各种年龄、性别、品种的猪在几天内都可感染，大多在深秋、早春和气候骤变时发病流行。常在几天内全群感染，病程短，发病率高而死亡率低，临床可见支气管肺炎症状和病变。病理变化在呼吸系统及所属淋巴结，其病变性质都是急性变化即急性炎症表现急性充血水肿，出血性变化不明显或缺乏，甚至无有。当前第一批死亡猪多是有原发病的基础上而急性突然死亡，剖检时存有陈旧性慢性病，应注意区别，问题迎刃而解。

由于猪的流行性感冒不一定总是以典型的形式出现，并且与其他呼吸道疾病又很相似，所以诊断只能是假定性的。在秋季或初冬，猪群中发生呼吸道疾病就可怀疑为猪流行性感冒。暴发性地出现上呼吸道综合征，包括结膜炎、喷嚏和咳嗽以及低死亡率，可以将猪流行性感冒与猪的其他上呼吸道疾病区别开。在鉴别诊断时，应注意猪气喘病和本病的区别，二者最易相混淆，但前者的发作比较隐蔽，病程缓慢，组织学变化有明显的不同。猪瘟的死亡率高，病变在全身各组织器官广泛存在，呼吸道受损程度轻。仔猪包涵体鼻炎的暴发可能与猪流行性感冒相似，而萎缩性鼻炎的病程则要长得多，并伴有面部骨骼的严重变形。

特别是在一些圆环病病毒Ⅱ、支原体性肺炎、猪繁殖与呼吸道综合征、伪狂犬病、放线杆菌胸膜肺炎疾病等阳性猪场，一旦暴发本病就会演变成一种慢性的呼吸系统综合征。一时间发展为高病死率而导致严重后果，如有猪瘟持续感染率高的猪场暴发猪的流行性感冒，将是雪上加霜，后果不堪设想。

随着对流感病毒研究的不断深入及分子生物学技术发展的突飞猛进，为研制满足现代临床诊断需求的试剂提供了良好的基础，世界各国的兽医界和医学界都倾力于流感诊断方法的研究，建立了一些新型、快速、准确、可靠的检测方法和试剂，并在这个领域取得了瞩目的进展。

目前国内外用于诊断猪流感的检验方法，大体上可分为三类：第一类是病毒分离，包括鸡胚接种和细胞培养等；第二类为采用分子生物学检验方法，如聚合酶联反应方法（PCR）；第三类是采用免疫学方法检测特异性抗体，如血凝抑制（HI）试验，ELISA等。

（二）实验室诊断

1. 病毒分离技术　猪流感病毒可很容易通过在鸡胚或MDCK或猪原代肾细胞系中分离到，细胞培养和鸡胚接种具有相同的敏感性，细胞培养更容易在实验室保存。在鸡胚和培养细胞中增殖，尽早采取发病2~3天急性病猪的猪鼻拭样品（鼻腔分泌物）、气管或支气管的渗出物作为病料，进行病毒分离，也可采集急性病猪的脾、肝、肺、肺区淋巴结、支气管淋巴结等组织进行病毒分离。采集的病料应放人适宜的运输培养液（如PBS，MEM、生理盐水、甘油盐水）中，如果样品在收集后48h内能进行病毒分离，则应保存在4℃以内。如果这些样品需继续保存，建议将样品装入密封的容器中，保存在干冰或液氮中。为了促成病毒的分离，应将待检病料作适宜处理以消灭其中的细菌和真菌，过去曾用小白鼠或雪貂作鼻内接种。现在普遍采用的方法是待检材料按常规处理后，接种于9~11日龄鸡胚或犬肾细胞（MDCK）上，33~37℃培养3~5天后，采取羊水或细胞培养物作血凝试验。如阳性，则进一步作血凝抑制试验以确定其亚型，如连传3~5代仍无血凝特性，则可以判为阴性。病毒在鸡胚和培养细胞中均不引起明显的病变，需用HA，HI，PCR等试验证实病毒的存在。ClavijoA等比较了鸡胚接种和MDCK细胞培养两种方法分离SIV的效果，结果表明鸡胚接种敏感性高，检出的病毒阳性率高于细胞培养，为分离SIV的较好选择。现有的诊断方法中，病毒分离法是最敏感的，但最慢，需要2~3周进行分离鉴定，传输的冷冻鼻擦拭物和肺是合适的样本。该实验的样本须在发烧的急性感染猪中采集，因为感染后5~7天病毒即排放到鼻液中。（自孙泉云张苏华）

2. 血凝抑制（HI）试验　（HI）试验为了进一步确诊，需分离出病毒或证明双份血清间抗体效价增高。血清学反应中最常用的是血凝抑制试验。使用双份血清，第一份血清样品采于病猪的急性期，第二份采于2~3周后恢复期。如果恢复期血清的抗体效价比急性期血清高4倍以上，就可以诊断为猪流行性感冒。因猪的血清中含有非特异性细胞凝集物质和非特异性血凝抑制物质，所以，进行血凝抑制试验时，必需除去。一般用常用下述方法：取血清1份，加入霍乱滤液3份，37℃水浴12h，随后再以56℃水浴30min，破坏残存霍乱滤液的酶活性。取上述处理过的血清1份，加入1/90M的过碘酸钾（KIO_3）2份，室温作用30min后，再加1份20%甘油盐水。最后加入血清原量1/2的已经洗涤的鸡红细胞，充分混合，置室温中1h，期间振荡2~3次，再以1500rpm离心10min，吸取上清液进行试验。经此法处理的血清，其稀释度已为1：5。

是目前广泛应用的诊断方法，可用于感染抗体、免疫抗体监测和病毒血清亚型鉴定。HI试验可检测结合在流感病毒表面HA蛋白上的循环抗体，因而阻止病毒-红血球复合物的形成。HI试验必需设计成特异性地检测H1N1或H3N2型流感病毒株，因为这些病毒亚型产生的抗体之间很少有或没有交叉反应。

对HI滴度的合理解释需要了解抗体动力学。试验感染流感病毒5~7d后即可检测到流感抗体，3~6周后抗体滴度达到最高峰。这种高滴度的抗体可维持好几周，然后在感染后的3～6个月内逐步下降。在没有抗原的进一步刺激下，1～2年内仍可检测到低水平抗体。被动免疫抗体可于4～8周内检测到，但须从初乳中进行抗体浓缩。与其他试验相比，HI试验相对敏感是因为HA具有高度的抗原性，并能刺激机体产生高浓度的抗体。对于结果的判定，一些实验室认为1∶80或更高的滴度为阳性，并具有特异性，而1∶40或更低的滴度可能包含有非特异性反应。获得急性期和康复期的血清样本大约相隔3周，如果检测出抗体滴度有所上升，则表明近期出现了其中任何一种亚型流感病毒的感染。然而，最近美国有关资料表明，H1N1和H3N2型流感病毒株产生的抗体有时与相同亚型的毒株发生微弱的交叉反应，这些病毒流动可使血清学诊断变得复杂。

一般采取患猪急性期和恢复期（相隔14～21天）的双份血清样品，如恢复期抗体效价较急性期增高4倍或以上，即有诊断价值。经HI试验检测，猪在感染后7～10天即能检出抗体，并能确定是否为早期抗体（IgM）或成熟抗体（IgG）。针对H1N1亚型流感病毒的抗体滴度为1∶40时，表明新近遭受了H1N1 SIV感染；相反，HI抗体滴度为1∶80或以上时，说明以前可能遭受过H3N2 SIV感染，对H3N2 SIV高滴度特异性抗体的检出，显然是因为H3N2较之于H1N1的HI试验特异性低。当对母猪群进行日常监测时，平均滴度为1∶20～1∶40时表明母猪群新近感染过H3N2SIV，不过在没有表现临床病症时，也可能只是HI试验的背景反应值。应用HI方法时，观察HI抗体效价的均匀性或整齐度十分关键，如随机检测20个育肥猪，其抗体滴度从阴性至接近临界点（1∶10或1∶20），再至1∶160或1∶320，从最低至最高滴度间的每个滴度水平有2～5头猪，则特征性表明最近遭受过SIV感染。母猪4头份猪流感疫苗免疫后抗体效价通称可达1∶160或1∶320或更高，而且均匀度高，母源抗体半衰期为14～18天，保育猪接受1头份疫苗免疫后，HI效价可至1∶20～1∶40。

3. 酶联免疫吸附试验（ELISA） ELISA是用酶来标记抗原或抗体，通过显色反应来检测相应的抗体或抗原的一种方法。ELISA具有较高的敏感性，既可以检测抗体，也可以检测抗原，尤其适合于大规模样品的血清学调查，可以标准化而且结果容易分析。核蛋白是猪流感病毒保守性蛋白，具有

种群和型的特异性，是流感病毒诊断最具代表性的蛋白。利用原核或真核表达系统表达外源蛋白生产诊断抗原是一种新的方法。因此，将表达的核蛋白进行纯化然后作为抗原，组装成ELISA诊断试剂盒，具有敏感、方便的特点。美国IDEXX公司于1998年研制出检测猪流感H1N1抗体的商品ELISA试剂，主要用于检测H1N1亚型SIV抗体，对其他亚型抗体（如HlN2，H3N3等）的检测敏感度较低。本方法具有良好的敏感性和特异性，猪免疫接种后7天即能检测出抗体，而HI试验需7～10天，可见ELISA灵敏度高于HI试验。

ELISA试验程序：纯化病毒抗原包被—加入1∶40稀释的待检血清（30min）—加入酶标抗体（30min）—加入底物（15min）—加入终止液并测定OD650nm值。本方法操作方便快速，数据可靠，背景值低，值得推广。IDEXX－ELISA方法中使用的是猪A型流感病毒（SD/18582/88）。ELISA似乎比HI更敏感，但ELISA不能区分猪流感病毒亚型，因为除了H1N1（还有H1N2，H3N2）之外，其他亚型很少能够检测到。流感病毒的IDEXX-ELISA检测方法最早可以检测到感染后7天的抗体，有报道称，该方法的特异性达到99.7%。

4. 荧光抗体实验（IF） 多年来，荧光抗体实验（FA）用于检测冷冻的肺部病灶区的流感病毒。免疫荧光技术最早应用于流感病毒是鉴定和定位病毒感染细胞中特异性的抗原，主要是流感病毒NP或M抗原。用NP抗原的荧光抗体染色，主要出现核内荧光；M抗原荧光主要出现胞质荧光。将已与荧光剂相结合的猪流感抗体滴加在肺组织的冰冻切片上，然后在显微镜下对切片进行观察，即可鉴别被病毒感染的细胞。

该实验快速，经济，该实验将用于检测H1N1和H3N2株流感病毒。有一点值得注意，由于该实验仅需要一小块肺组织（4μm宽），而且只有有限数量的肺组织得以检测，所以，由于检测的样本小可导致出现假阴性结果。因此，FA实验最好与其他实验结合起来使用。包含可见的粗支气管和细支气管炎的冰冻肺脏，可以用作样本来包埋，因为流感病毒

在气管、支气管和细支气管上皮中复制。

5. 免疫组织化学试验（IHC） 该方法与荧光抗体试验很相似，是将抗体滴加到甲醛固定的组织切片上，然后在显微镜下观察。本试验和荧光抗体的灵敏性相当，但可以检测尸检时固定良好且送检过程中没有丧失组织完整性的病料，而荧光抗体试验只能检测新鲜的病料。美国依阿华州立大学兽医诊断室用猪流感病毒重组核蛋白免疫获取的抗体，对H1N1和H3N2两种亚型病毒都能够进行检测。免疫组化实验：免疫组化实验与FA实验的效果相当。采用A型流感病毒核蛋白的单克隆抗体，该实验可以检测H1N1和H3N2流感病毒株。虽然区分毒株有许多精确的方法，如PCR就很可取，但无论是H1还是H3亚型的IHC实验均能用于区分毒株。IHC实验比FA实验检测所需的时间更长，但它的优点是能够提供一份永久的实验记录和更好的详尽的组织学检查。然而，IHC实验受FA实验同一份血清取样人造物品的影响，这使IHC的敏感性比其他检测方法要显得更低。固定浓度和固定的持久性影响IHC的检测效果。应当注意将薄的肺组织小块（4mm厚）在10%的中性福尔马林缓冲液中固定约24～48h。如果样本固定的时间太长或者福尔马林的浓度太大，抗原将被掩饰，进而降低实验的敏感性。

6. 分子生物学诊断技术 猪流感病毒的聚合酶链式反应（PCR）检测方法，目前正用于检测和区分流感病毒。夏向荣，张立昌等建立了A型流感病毒TaqMan反转录PCR（TaqManRT-PCR）方法。TaqManRT-PCR实验用于检测A型流感病毒的核蛋白（NP）RNA。选择扩增NP是因为它是流感病毒最保守的基因。此法可检测哺乳动物、人和禽的A型流感病毒样本。目前，TaqManRT-PCR用于检测A型猪H1N1，人H1N1和人H3N2流感病毒可疑分离物。在2001年9月到12月间，他们从499份猪呼吸疾病病例中采集的支气管擦拭物和肺组织，运用TaqManRT-PCR法检测，结果表明，TaqManRT-PCR实验诊断的敏感性和特异性分别是97%和98%。而此相同样品使用A型流感病毒的Directigentesttm实验的敏感性和特异性分别为77%和100%。A型流感病毒NP的TaqManRT-PCR实验提供了更高的检测敏感性、快速检测性，并有利于样本进行其他的检测如亚型诊断和从样本中取出病毒核酸进行序列分析。其他的研究员也发现，流感的PCR诊断比组织培养更敏感，有利于分型和亚型分析。自动化技术降低了检测成本，提高了实验的特异性。PCR无疑将成为广泛应用的一种检测方法，尤其是用于快速区分毒株。而肺、气管、支气管、细支气管和鼻组织、气管、支气管擦拭物等是用于PCR检测的合适样本。

美国ChoiYK等建立了检测H1N1、HIN2和H3N2亚型SIV的RT-PCR方法。经测序，RT-PCR产物与A型流感病毒各亚型具相同的特征性大小片段，表明其对于H1N1、H1N2和H3N2亚型SIV具有特异性，经过扩增反应产生单一产物，此产物可通过琼脂糖凝胶电泳快速检测到。对1999-2000年间采自于表现呼吸道病症的猪群的360份样品（包括细胞培养物、鼻拭子、肺组织）进行了检测和鉴定，结果185份样品在扩增试验中产生一阳性带，而与12种猪常见的呼吸道系统病原体（如霉形支原体等）均没有产生扩增反应，本试验不但能对复杂的呼吸道疾病做出鉴别诊断，而且能直接区分不同亚型的猪流感病毒，为猪流感的快速诊断提供了有效技术工具。

中国农业科学院哈尔滨兽医研究所也开展了猪流感分子诊断及分子鉴别诊断技术的研究，初步建立了直接从猪鼻棉拭子或病料样品中检测H1和H3亚型的猪流感病毒的RT-PCR诊断法，无需病毒分离鉴定（通常需时10天以上）即可达到监测或鉴别诊断H1和H3亚型猪流感病毒感染的目的。

夏向荣，张立昌（2007）报道：抗原捕捉ELISA，已证实，商品ELISA检测试剂盒是快速检测A型流感病毒的有效途径。用于检测人咽喉和鼻部擦拭物中的流感病毒，同样也用于检测来自包括猪、禽和马的流感病毒，效果同样很好。检测速度快是该实验的一大优势，20min即可出结果。收集样本是一种有效的途径，能够降低实验成本。与在尸检中收集支气管擦拭物进行病毒分离相比，该实验的分析敏感性略微有些降低，但如果使用的是鼻擦拭物，则ELISA实验的临床敏感性将大为降低。正因为如此，将鼻擦拭物作ELISA实验后，还应进行病毒分离或PCR实验。冰冻肺的包埋，包含邻近病变的支气管，是最好的样本。

聚合酶链式反应：猪流感病毒的聚合酶链式反应（PCR）检测方法，目前正用于检测和区分流感病毒。为了提高现有诊断实验的水平，我们建立了A型流感病毒TaqMan反转录PCR（TaqManRT-PCR）。

TaqManRT-PCR实验用于检测A型流感病毒的核蛋白（NP）RNA。选择扩增NP是因为它是流感病毒最保守的基因。此法可检测哺乳动物、人和禽的A型流感病毒样本。目前，TaqManRT-PCR用于检测A型猪H1N1，人H1N1和人H3N2流感病毒可疑分离物。

TaqManRT-PCR实验很敏感，可以检测473TCID50/mL的A型流感病毒粒子，相当于病毒RNA8.0×10^{-3} μg/mL。该实验还具有一定的特异性，即它不会检测到没有流感病毒的样本，如在含有猪繁殖与呼吸综合征病毒、牛呼吸道合胞体病毒、禽肺病毒、牛病毒性腹泻病毒、感染性的牛鼻气管炎病毒、3型副流感病毒、猪2型圆环病毒的样本中检测到流感病毒。

八、免疫

患流行性感冒后完全康复的猪可对流行性感冒病毒产生免疫力，能够抵抗以后的感染。局部抗体在猪的流行性感冒的免疫性中是很重要的。有人试验，在猪鼻内接种猪流行性感冒病毒，接种后第二周，猪出现全身性和局部性的细胞介导的免疫应答，同时也出现了局部的和血清中和抗体。

母源性免疫力在本病流行病学中能起一定作用，免疫母猪所生的小猪，根据其母猪血清抗体效价的高低，能受保护长达13~18周，初乳抗体除了对仔猪有保护力外，还能抑制病毒在宿主体内增殖，从而抑制了主动免疫力的产生。病毒对具有较低抗体效价的仔猪的感染能导致免疫学的起动状态（immunologic priming）这种仔猪再次感染流行性感冒病毒时能产生一种次发性免疫应答，其临诊症状比病毒复制受到抗体完全抑制的仔猪轻，病程也短。由于流感病毒的RNA复制酶缺乏校正阅读能力，编码HA和NA蛋白质的基因非同义替换的积累使其基因容易发生突变而造成抗原漂移，迄今为止，世界上猪流感病毒的主要优势血清型仍是H1和H3亚型。

患流行性感冒的病猪痊愈后，可产生坚强持久的免疫力，能够抵抗以后的感染。康复猪体内可检出血凝抑制、中和、补体结合沉淀及神经氨酸酶等抗体，猪痊愈后免疫力持续时间不明，血清中及鼻腔分泌的局部抗体与抵抗力之间的关系也不清楚。康复公猪可能成为长期带毒者和排毒者。

对猪流行性感冒没有有效的商品疫苗，可在流行地区的流行季节，就地采取病料分离病毒制成灭活苗。有关猪流行性感冒病毒疫苗特别是福尔马林灭活疫苗的研究报道很多，据说可以提高猪的免疫力，但尚未见推广应用。关于猪流行性感冒病毒在畜体内感染永久性存在和激发机理的确切资料缺乏，所以，本病的防制是极其困难的。

九、防制

猪感染流感后不仅造成猪生长性能及经济效益的下降，而且极易感染其他疫病（如猪链球菌病、猪繁殖和呼吸综合症等）而增高病死率，同时猪流感病毒可传染给人，是禽流感和人流感病毒的“放大器”和重组体，具有非常突出的公共卫生学意义，虽然本病的防制难度极大，最后应可控制本病。控制本病关键性技术应是根据当猪品种生物学特性之一抗寒性极低，因此防备昼夜舍内温差过大，温差不能超过5℃。冬季舍内温度保持相对稳定，育肥猪舍最低温度应在15℃以上。

（一）管理措施

1. 加强饲养管理　良好的圈舍和保护猪不受恶劣天气的侵袭有助于预防严重的暴发。本病一旦暴发，几乎没有任何措施能够防止病猪传染其他猪。当前所使用的疫苗不能完全预防本病。如提供充足洁净的饮水和清洁、干燥、无尘土的垫草避免寒风侵袭、阴雨潮湿和气候变化急剧的季节，应特别注意猪群的饲养管理，保持猪舍清洁、干燥、防寒、保暖、定期驱虫。尽量不在寒冷多雨，气候骤变的季节长途运输猪，发现猪流行性感冒流行，要采取隔离措施。并加强猪群的饲养管理。猪圈、工具和饲槽要严格消毒，以防止本病的扩散蔓延。

2. 加强消毒　在该病的高发季节，猪舍可用“食醋”带猪熏蒸消毒，每天1次，连用3天。猪舍外环境和主干道可用2%火碱溶液进行喷雾消毒，每5天1次。

3. 建立良好的生物安全措施 购买的种猪必需是经过检疫并且是流感病毒阴性的，所有的设备及来往车辆必需严格消毒。应防止与其他动物，特别是禽类接触，更应避免与疑似流感病毒感染的人员与猪接触。

4. 药物预防 添加抗生素或其他药物以控制并发或继发感染。

（二）免疫预防

疫苗：目前，有亚单位疫苗、全病毒灭活苗和全裂解病毒。为产生最大的保护力，必需进行二次免疫接种，二次接种间隔一个月，第一次接种应在母源抗体消失时进行，及在10～14日龄之后进行。必需事先知道侵害本猪场的流感病毒是属于哪一型的，接种的疫苗也应是这型的才能有效，最好接种二种型以上的猪流感病毒疫苗。目前，在欧洲有一种皮内接种的免疫育肥猪的疫苗。用猪流感佐剂灭活苗对猪接种2次，免疫期可达8个月。

流行地区的流行季节，就地采取病料分离病毒制成灭活苗。有关猪流行性感冒病毒疫苗特别是福尔马林灭活疫苗的研究报道很多，据说可以提高猪的免疫力，但尚未见推广应用。但是安全有效的疫苗是需要的。如能经呼吸道接种，则更为有效。目前，在国内外的一些实验室中，通过基因重组技术已能制成安全而有免疫原性的毒株，所以，用良好的疫苗来免疫猪仅仅是时间问题了。

疫苗研究现状：廖明，叶贺佳，张文炎（2007）报道了猪流感全病毒灭活疫苗和亚单位疫苗的研究情况。疫苗研究现状，目前对猪流感尚无有效的治疗手段和药物，临床上主要是通过接种疫苗进行预防。

1. 猪流感全病毒灭活疫苗（inactivated-vaccines，SIV）

在已研制的猪流感疫苗中，技术最成熟并用于生产的主要是H1N1亚型和H3N2亚型单价或双价猪流感全病毒灭活疫苗。多为油佐剂疫苗，灭活剂一般采用甲醛等。猪流感灭活疫苗能有效保护断奶仔猪和种猪抵抗SI，使发病率降低30%～70%，使死亡率降低60%～87%。目前国内华南农业大学、哈尔滨兽医研究所等单位也在猪流感油乳剂灭活疫苗研制方面做了大量工作，其研究结果表明，用国内分离毒株培育后制备的H1亚型和H3亚型单价和双价猪流感油乳剂灭活疫苗经一次免疫后3周HI抗体效价即可达到1：160以上，免疫后4周HI抗体水平超过1：400，至免疫后12周HI抗体滴度仍可保持在1：100以上，超过1：80的抗体阳性标准。如果进行二免，则HI抗体水平更高，有效保护期可达到6个月以上，完全能够满足各种日龄猪只的防疫需要。目前，这些疫苗已经通过临床检测，正在申报新兽药证书，相信不久的将来即可有商品化的国产疫苗投放市场。

猪流感全病毒灭活疫苗虽然具有安全、高效、生产成本低、有效抗体持续期长等优点，但也存在产生抗体较慢、诱导细胞免疫的能力弱、应激反应强等不足。特别是疫苗种毒大多来自于流行毒株，一旦疫苗制备过程中发生病毒泄漏，容易造成环境污染，诱发新的疫情。为此，科学家们还在不断探索开发新型猪流感疫苗。

2. SIV亚单位疫苗（subunitvaccines，SIV）

亚单位疫苗是通过物理化学方法或基因工程手段获取病原体主要免疫原蛋白而制成的一种疫苗，它可以有效避免利用全病原体生产疫苗而导致的生物安全风险，并有利于提高疫苗中有效成分的浓度、纯度，以及开发多价、多联疫苗。构建猪流感病毒亚单位基因工程疫苗的方法有多种，其中报道较多的包括：

⑴利用原核表达系统（大肠杆菌系统）或真核表达系统（酵母系统）在体外表达猪流感病毒流行毒株的HA基因和NA基因，然后收获、浓缩和纯化目的蛋白，再进一步制苗免疫。这种方法的优点是制备过程简单、目的蛋白产量大、主要成分可以定量配置。但由于体外表达的蛋白难以维持或恢复天然蛋白的空间结构，蛋白纯化过程复杂、成本高，而且总体免疫效果尚不及传统的全病毒灭活疫苗，因此对这类疫苗从工艺方面还需进一步改进。

⑵将猪流感病毒免疫原（HA和NA）基因单独或者与细胞因子（白介素－6、γ干扰素等）编码基因串联后克隆到真核表达质粒中，然后再将重组DNA质粒导入机体细胞，通过机体内源性表达并提呈给免疫系统，诱导宿主产生特异性免疫应答，发挥保护作用，这就是所谓的DNA疫苗。研究结果表

明，单纯依靠猪流感病毒HA基因免疫的DNA疫苗效果并不理想（特异性抗体水平低、攻毒保护性差），如果共表达一些具有免疫调节作用的细胞因子，或者使用DNA疫苗后再用常规灭活疫苗进行加强免疫，则可以明显提高免疫保护水平。但总体来看，这类DNA疫苗的免疫效果不确实，重复性差，与传统全病毒灭活疫苗相比尚有一定差距，从实验室阶段到开发出成型产品还需要较长的时间。

⑶活载体基因工程亚单位疫苗。目前，这是被人们寄予较大希望，并有可能实现商品化的疫苗。被用作载体的包括人腺病毒5型（humanadeno virus5，HAd5）、猪腺病毒3型（porcineadeno virus3，PAV3）、猪伪狂犬病病毒（PRV）、杆状病毒（baculovirus）等。其中研究比较成熟的是以腺病毒为载体的猪流感亚单位基因工程疫苗，例如华南农业大学等单位开发的部分产品已进入转基因安全评价和临床实验阶段，预期开发前景良好。腺病毒载体具有许多优点：①腺病毒粒子相对稳定，病毒基因组重排频率低，在包装细胞内能有效复制；②安全性较好，尚未发现腺病毒与宿主基因的整合；③腺病毒基因组较大（约36kb），对外源基因的容量也大（目前已证实外源DNA插入容量可达7.5kb）；④腺病毒除了可在肠道和呼吸道繁殖以外，还可以感染肝细胞、血管内皮细胞、血管平滑肌细胞、神经胶质细胞等多种体细胞，并且，腺病毒感染对于受体细胞是否处于分裂期要求不严格；⑤腺病毒载体很容易将外源基因直接转移到靶细胞中，使其获得有效表达。研究证实，用携带H1N1亚型猪流感病毒HA和NA基因的重组腺病毒疫苗（$2\times10^{9}TCID_{50}$）对40日龄实验猪免疫2周后，HI抗体水平超过1∶160，能有效抵抗同亚型猪流感强毒株的攻击。人们在不断开发新的活载体基因工程疫苗的同时，也在努力解决抗原浓缩、二次免疫受初次免疫抗体干扰、部分猪只对细胞疫苗过敏等问题，希望不久的将来这类疫苗能够得到广泛应用，作为传统全病毒灭活疫苗的补充。

总之，随着生物技术的日新月异，猪流感疫苗的研制工作也将不断推进，新型疫苗将更加安全、有效。但必需强调的是，对于猪流感的防控，决不能仅仅依靠疫苗免疫这一种手段，加强日常饲养管理、做好生物安全防护和综合防疫措施才是关键。

（四）治疗

本病尚无有效疫苗，无特效疗法。如已发生猪流感，最好的办法是用阿司匹林控制高热，减缓其症状。所有的A型流行性感冒病毒毒株都对盐金刚胺（A.mant-dainehydrochloride或amantadine-HCL）敏感。此药口服，可以减轻热反应和病毒的排泄，也有一定的预防作用。但这种药现今尚未用于暴发的猪流行性感冒的防治。5-碘脱氧尿苷对猪流行性感冒病毒有抵抗作用，但对机体有毒性。为了控制继发性感染，可全群猪给予抗生素和磺胺类药物。

解热镇痛，可肌注30%安乃近、3~5mL或复方奎宁，复方氨基比林5~10mL。中药可试用下列2方：一方是柴胡6g、防风18g、蒿本12g、茯苓皮12g、枳壳12g、陈皮18g、薄荷18g、菊花15g、紫苏16g、生姜为引，煎服。另一方是金银花、连翘、黄芩、柴胡、牛蒡子、陈皮、甘草各10~15g，煎水内服。

重要的是良好的护理。提供舒适，铺垫好，无灰尘的圈舍是最重要的。猪舍保持清洁、干燥、温暖、无寒风袭击。应供给充分的清洁的饮水，水中放一些祛痰剂，可减轻症状，缩短病程。康复的头几天，饲料要限制供给。在发病期中不得骚扰或移动病猪。

唐式校，王富民（2007）报道中西医结合治疗猪流感：

病例一：中药选用紫苏、杏仁、茅根、桑白皮、地骨皮、金银花、薄荷各10g，煎水内服，1天1次，连服3天。为了解热和防止继发感染，西药选用了2%氨基比林10mL，青霉素80万国际单位肌肉注射，每天2次连用2天，经上述方法治疗第3天体温降为38.8℃，上述病状逐渐好转，开始进食。第5天病状消失，精神、食欲恢复正常，治愈率达98.96%。

病例二：取中药柴胡18g、土茯苓12g、陈皮1g、薄荷18g、菊花15g、紫苏12g，生姜为引，煎水一次内服，每天1次连用4天；西药选取安乃近5mL，卡那霉素10mL，每天2次，连用3天。第4天体温恢复正常，食欲增加，咳喘症状明显缓解，第6天全群康复，治愈率97.5%。

在治疗同时，猪舍彻底清扫、用百毒杀溶液喷雾消毒，另外注意圈舍保暖，给病猪补饲一些青绿多汁饲料，及时供应清洁饮水。

周彦飞（2007）报道，全群用药：

⑴饮水加药：70%阿莫西林400g/t＋口服葡萄糖3000g/t＋电解多维400g/t＋安乃近300g/t（只用3天），连续饮用7天。

⑵饲料加药：纽氟罗2 000g/t＋强力霉素400g/t+阿司匹林500g/t（只用3天），连续饲喂7天；或用磺胺五甲800g/t+小苏打1 500g/t+利高霉素1 500g/t，连续饮用7天。

⑶中草药：黄芪、黄芩、板蓝根、知母、公英、葛根、生石膏、玄参、连翘、二花、甘草、生地、柴胡、桔梗、荆芥、防风适量，机器打碎拌料或放入锅中文火水煎40min，滤渣，药液加白糖兑水拌料，连用3～5天，治疗该病成本低，效果好。

（五）防制思路

根据猪群的临床表现可做出可靠的判断。其他任何疾病都没有猪流感这样病迅速、病情急剧。发病时对病猪采血验，2～3周后再采一次，可见抗体滴度升高。也可用棉签作鼻腔或喉部涂样，试验室进行培养分离鉴定，这是最可靠的诊断方式。猪流感病毒很容易使猪感染，最急性发病的情况下病情急剧，迅速漫延到各日龄的猪群，其他疾病的暴发不会这样迅速、广泛。但如果该病转为地方性，则容易和其他病毒感染产生混淆，猪繁殖与呼吸综合征、呼吸道冠状病毒等减少损失的有效途径：用百毒杀、强力消毒灵、磺力杀等消毒剂进行消毒、并将病猪隔离；为预防继发感染，重症病猪应服用抗生素或磺胺类药品，同时给予止咳祛痰药，如泰磺安每500g配1吨饲料，每天饲喂2次，或土霉素碱与磺胺二甲基嘧啶混合拌料均有一定效果；选用疫苗进行紧急免疫接种，缩短病程，减少病毒的传播；补充体液，如人工输液或饮水中添加电解质多种维生素和葡萄糖等。

母猪、仔猪治疗对急性发病、体温升高，尤其是呼吸频率加快的种猪，应采用广谱抗生素进行治疗，连续三天。可选药物包括青链霉素、长效土霉素或轻氨苄青霉素之类的合成青霉素。如果病情严重，可饮水添加金霉素或土霉素，每天每1 000kg添加25g（纯度100%），连续五天。

断奶猪、生长猪治疗用抗生素控制继发细菌性肺炎。对病情严重的患猪进行个体注射。饮水投药3～5天。药品可选择土霉素、金霉素、泰妙菌素、林可霉素和磺胺二甲基苄氨嘧啶。复方板蓝根注射液、复方大青叶注射液、复方柴胡注射液、30%安乃近注射液按说明用。

附：

猪流感的防治，猪流感是由流感病毒引起的猪的一种急性以呼吸器官症状为主的传染病。该病发病率高，潜伏期2～7天，但病程很短，一般1～3周可完全恢复，但若在发病期间管理不当，继发感染猪瘟、附红细胞体病、弓形虫病、胸膜肺炎、链球菌病等，会很大程度上增加猪的病死率，故要重视搞好防治。

症状病猪突然发热可以达到42℃甚至更高，精神不振，食欲减退或不食，常横卧在一起，不愿活动，呼吸困难，咳嗽，眼、鼻流黏液。大部分病猪经过降温治疗，体温恢复正常，食欲逐渐恢复，一旦停止使用药物则表现高温稽留热，严重者逐渐消瘦死亡。

1. 预防

⑴猪舍铺垫干草，定期用5%～10%火碱水消毒。

⑵密切注意天气变化，及时取暖保温，加强饲养管理。

⑶防止易感猪与感染的动物接触。

⑷用猪流感佐剂灭活苗对猪接种2次，免疫期可达8个月。

2. 公共卫生　猪流感病毒最突出的流行病学特点是同时具有感染人、禽的潜力，猪流感病毒可以直接感染人而使人发病。1976年1月，美国新泽西州佛迪狄克斯1名新兵因感染猪源H1N1病毒而死于肺炎的事件，继而从其他5名士兵的身上也分到同样的病毒，从血清学调查结果看，至少有500人已受到该病毒的感染，首次证实了在自然条件下，流感病毒确实可从猪传播给人，从而开始了人畜共患流感年代表上的里程碑。1976年11月，在威斯康星州南部某猪场的猪和饲养员体内都分离出H1N1亚型猪流感病毒，两周后，在大约

100千米外某猪场的猪和14岁男孩体内又分到相同亚型的病毒，并至少已传给1位与他要好的同学。1988年，从死于原发性病毒性肺炎的怀孕妇女体内检测到的唯一致病原为A/Wisconsin/3523/88（H1N1），病毒7个片段全长cDNA每个克隆的序列与当时流行的猪流感病毒相应基因都有非常高的同源性，该妇女生前参加了猪群中普遍发生流感的猪展览会，其血清中抗猪流感病毒中和抗体滴度增高4倍，其他25名参观者76%出现抗猪流感病毒血清抗体阳性。1999年10月21日，在香港也发生了一名10月龄女婴感染H3N2猪流感病毒发病的事件。

回顾人类流感史，不难发现，20世纪每次人类流感大流行的前后都有猪流感的发生和流行。近来的研究报道1918年“西班牙流感”大流行的H1N1毒株与古典型H1N1猪流感病毒在基因和抗原方面极为相似，而且对其三个基因（HA、NA和NS基因）的序列进行了分析，发现HA基因是重组的，这很可能是导致大流行的原因。大量的研究证实，引起1957年“亚洲流感”和1968年“香港流感”的H2N2和H3N2毒株都是重组病毒株，都经过了猪体的基因重配过程。1997年亚型禽流感病毒（AIV）在香港导致18人发病，6人死亡晚，即97香港禽流感事件引起全球极大关注，1999年，在中国内地和香港疑似流感的人群中分离到了H9N2近几年，高致病性禽流感（H5N1和H5N2）在我国许多地方的禽群和人众多次被发现和确诊，与此同时，在猪群中也出现了H5N2和H9N2，说明了流感病毒已突破种间屏障。这些研究证实了感染猪的流感病毒具有感染人的潜力并能使与猪接触的人员产生急性、致死性呼吸道疾病。猪在“禽—猪—人”的种间传播链中，扮演着流感病毒中间宿主及多重宿主的作用，在人和动物流感的病原学、生态学及流行病学中占有举足轻重的地位，具有重要的公共卫生意义。（引自王泽洲、余勇）

3. 今后展望　因为猪是禽和哺乳动物流感病毒的中间宿主和产生组病毒的混合器，所以对猪流感的防制不仅可以减少对养殖业造成的直接经济损失，而且也可以降低出现新的流感病毒的可能性。用福尔马林或者乙醚灭活全病毒后接种猪体，结果在免疫猪的鼻腔分泌液和血清中检测到了病毒特异攻毒后，没有出现明显的抗体反应，显示病毒的复制受到了抑制。免疫猪获得保护，这证实了灭活疫苗在猪流感的防制中是有效的，也为评价活疫苗鼻腔接种对人的免疫保护提供了借鉴。根据我国特有的实际情况和猪流感重要的公共卫生意义，加大猪流感病毒的研究，加快猪流感疫苗的开发和利用都将是必然趋势。进行免疫接种以便避免猪流感的发生和流行，减少重大经济损失的发生及保障我国养猪业的健康发展都具有积极意义。当然，猪场倘若发生猪流感，就必需采取果断的综合性措施来降低其死亡率。

对于病毒病采取治疗措施相当不容易，也由于猪流感更易并发或继发其他疾病而导致严重经济损失，因此最好通过生物安全措施和免疫接种预防其发生。加快猪流感疫苗的研制和开发也将成为必要，因为及时进行免疫接种能够提供完全的保护力，可获得很好效果，但必需明确所发生流感的亚型，有时需接种不同亚型的双价苗。发达国家对流感的研究比较早，对猪流感的监测和防治也比较重视，并已开发出商品猪流感疫苗。这些疫苗是以全灭活猪流感病毒或其免疫蛋白（血凝素抗原和神经氨酸酶抗原）制成，主要依靠产生血液抗体而提供保护。H1N1猪流感病毒疫苗历史已久，H3N2疫苗因猪流感在美国北卡罗来纳州首次发生后数月内得以生产，并逐步改进，现包含在美国发现二个H3N2毒株，曾对数万头猪接种疫苗，从现场结果来看，其安全性和有效率都很好。美国已生产出一种水包油的Maxivac-FLU疫苗上市，注射局部的刺激较小，能诱导高水平的保护性抗体，有效保护断奶仔猪和种猪；现仍在研制一种包含H3N2型病毒和H1N1亚型病毒的混合苗。（引自崔尚金）

第三节 猪繁殖与呼吸综合征（蓝耳病）（Porcinere productive and respiratory syndrome，PRRS）

猪繁殖与呼吸综合征，是由PRRSV引起猪的一种繁殖障碍和呼吸道炎症的传染病。其临床症状特征为厌食、发热、母猪繁殖障碍，怀孕期发生大批流产，产死胎和木乃伊胎；仔猪与育成猪发生严重呼吸道症状疾患及高死亡率为特征的一种新的猪传染病。又称“猪蓝耳病”（Blue-ear disease）。病毒主要侵害猪的巨噬细胞，极易感染并损伤免疫器官致使机体免疫功能降低，使患病猪极易继发各种疾病。本病于1987年首先发现于美国，1990年出现于德国并散布至其他国家，1991年荷兰分离出致病病毒称为Lelystadvirus。是20世纪80年代末发生于养猪业发达国家的一种新发现的病毒性传染病，在世界各国引发了空前的“流产风暴”，给世界养猪业造成巨大的经济损失。据估计暴发PRRS每头母猪损失要超过236美元。因为PRRSV可引起母猪的繁殖障碍又可引起呼吸道炎症，所以称为综合征。

虽然本病1995年侵入我国已经过十几年的历程，经济损失巨大，但整体上对本病的病原学、免疫学、流行病学、临床病理学、预防医学等方面在理论与实践上了解的不够充分。因此出现对高热病的诊断与防治争论持续时间过久，影响了疫情战略决策。

作者阅读了有关文献资料后认为本病其特点是抗原异变性强；初次侵入阴性猪群呈暴发，经济损失大；传播速度快呈大流行。阴性猪群暴发后呈持续性感染，阳猪群呈不稳定性生产。在猪PRRS病例中已分离到各种传染原：猪链球菌、肾脏钩端螺旋体、衣原体、牛腹泻病毒、伪狂犬病毒、细小病毒、猪肠道病毒、脑心肌炎病毒、猪瘟病毒和猪流感病毒株、霉菌毒素和维生素E、Se缺乏也是病的起初发病原因。继发感染在PRRS暴发中是一个必然的显著特点。病毒感染后，降低机体对已经存在的其他病原体的抵抗力，所以才可能发生呼吸综合症、胸膜肺炎、萎缩性鼻炎、关节炎、断奶前或后腹泻、肠炎、腺瘤病、眼感染、肾盂肾炎膀胱炎、皮炎、螨病等疾病。

感染猪场在没有继发感染的情况下，猪群一般不会出现临床症状。猪繁殖与呼吸综合征是一个模糊概念，为什么不称为某种疾病呢？因为一旦PRRSV侵入猪机体发病都相伴有其他病原参与，因此称为综合征，而不称综合症。这样即可理解既然高热病是由多种病原所引发，蓝耳病病毒不是惟一病原，并且在已检出的蓝耳病病毒中有相当多的不是变异毒株，而将猪高热病定名为高致病性猪蓝耳病是可以理解的。

猪繁殖与呼吸综合征1987年在美国初次发生，在美国中西部北卡罗来纳、艾奥瓦等州的猪群暴发本病以来，首先发现一种未知的猪繁殖系统急性流行性传染病，并分离到病毒，90年代欧洲也发现猪蓝耳病。在欧美大陆间迅速传播，在大多数国家中呈流行性感染。1991年病原首次鉴定病毒是单链RNA病毒，属于动脉炎病毒科动脉炎病毒属，但是病毒的来源并未确定。1985年美国猪群猪繁殖与呼吸综合征病毒血清抗体的存在说明该病毒在发病之前就已经存在。1992年在美国的明尼苏达州召开的第一届国际研讨会正式采用该命名，也是世界动物卫生组织（OIE）正式定名。OIE将该病列为B类传染病，我国也将其列为二类传染病。本病曾称为“神秘猪病”（Swinemy stery disease，SMD）、因为部分病猪的耳都发紫，又称“猪蓝耳病”（Blue-ear disease），曾命名为猪不孕与呼吸综合征（SIRS）、“猪流行性流产和呼吸综合征”、“猪生殖与呼吸综合征”等。1991年，欧洲学者提出将本病命名为“猪繁殖与呼吸综合征”。

本病给世界养猪业造成的经济损失包括流产、死产及哺乳期前后猪只死亡的损失、饲料利用率低下、药物费用及劳动力费用增加等。

我国1995年从加拿大引进的种猪分离到PRRS病毒，1995年底华北地区猪场暴发，郭宝清等于1996年首次报道从流产胎儿中分离到病毒，经鉴定，我国流行猪蓝耳病为美洲型。1996－1998年出现流产风暴。1998年后，总体比较平稳缓和，呈零星暴发，猪群的生产性能下降。2000年圆环病毒Ⅱ侵入我国，猪场在猪蓝耳病的基础上又增加了新的病种，传遍全国的猪群，与此如出一辙的猪瘟、伪狂犬、附红细胞体、链球菌、呼吸道疾病发病率上升，母猪发情障碍、滞后产现象增多，猪病的危害雪上加霜。2001－2002年再次在我国南方地区流行，而且临床表现逐渐复杂，流行范围逐渐加大，目前猪蓝耳病已成为世界养猪业的主要传染病之一，在美国每年因蓝耳病导致数十亿美元损失。2007农业部通告，我国南方部分地区发生猪“高热病”是由变异株“高致病性猪蓝耳病”病毒引起的，并已研制成高致病性蓝耳病疫苗；与精典蓝耳病疫苗无交叉免疫反应。

近年来，美国流行一种严重的生殖道疾病称为“急性”或“非典型”PRRS，由新型毒力更强的PRRSV毒株引起，由此推断PRRSV正在不断变异。根据核苷酸序列和酶切分析，也证实这种判断。PRRSV出现变异，对控制和扑灭措施将提出严重挑战。在防疫上应时刻注意PRRSV出现变异株；在理论与实际上不会出现认识上的失误，在疫情面前惊慌失措；以防不测做到有备无患。

一、病原

猪繁殖与呼吸综合征病毒（PRRSV）属于动脉炎病毒科（Arteriviridae），动脉炎病毒属（Arterivirus）成员。1991年荷兰中央兽医研究中心，率先从人工和自然感染病猪分离到病毒，命名Lelystad病毒（LV）。美国分离株称为VR-2332。

病毒粒子呈卵圆形，直径50～65nm。在感染的肺泡巨噬细胞的超薄切片中，PRRSV直径为45～65nm的球状颗粒，核衣壳直径30～50nm，衣壳上有5nm短突起。病毒在氯化铯中的浮密度为1.19g/mL，在蔗糖中的浮密度1.14g/mL。该病毒有囊膜、二十面体对称，为单股正链不分节段、聚腺苷酸化RNA病毒。基因组长15 432b，包括8个开放阅架框架（ORFs），如ORF-7编码的核衣壳蛋白、ORF5编码的囊膜蛋白、ORF6编码的膜蛋白，以及ORF2，ORF3和ORF4编码的蛋白产物起反应，它们都很容易检测。每个阅读框和相邻的有部分重叠。ORF1编码病毒的复制酶，包括ORF1a核ORF1b，位于基因组的5’端。其上游是长约189个核苷酸的5’端非编码区（Non-codingregion，NCR），高度保守。在两种血清型毒株中，5’端非编码区的同源性高达99%。在紧接ORF1a起始密码子的前导序列中有两个发夹结构。ORF1是最大的一个阅读框，长约12kb，约占基因组的80%。ORF1a和ORF1b重叠16个核苷酸，在重叠序列中有庚核苷酸结构和拟节结构，这两种结构均是聚合酶翻译过程中核糖体移码所必需的。ORF2-7是病毒基因组的结构基因，主要编码病毒的结构蛋白，包括病毒囊膜蛋白（GPs）、基质蛋白（M）和核衣壳蛋白（N）。在ORF7终止密码子之后是3’端非编码区（NCR），含有polyA结构，其长度在14-23个核苷酸之间（平均长度为17个核苷酸）。在polyA上游有一个高度保守的八核苷酸序列。3’NCR在两种血清型毒株中的同源性为76%。认为这段序列的功能可能是聚合酶的结合区，用以启动负链RNA的合成。

PRRSV上的囊膜蛋白GP5是病毒的主要结构蛋白和免疫保护性抗原之一，有许多独特的生物学和免疫学功能，在致病和免疫机制中发挥着重要作用。PRRSV有许多不同的毒株，不同毒株间的抗原性和致病性存在明显的差别。PRRSV比较独特之处是，即使抗体试验结果阳性也不表示具有免疫力。具有高抗体滴度的猪仍可大量排出病毒。

PRRSV分为两个型，即以ATCCVR-2332毒株为代表的美洲型和以Lelystadvirus（LV株）为代表的欧洲型。PRRSV具有变异性，欧洲和美洲分离毒株之间存在显著的抗原差异性，两者只有很少的交叉反应。序列分析表明北美两地区的分离株存在广泛的基因组变异，而欧洲毒株之间则呈较为保守性。不同毒株之间在毒力和致病力上有明显的差异。我国的PRRSV分离毒株均属美洲型，迄今还没有发现欧洲型毒株。

PRRSV与所有的RNA病毒一样，具有高度的变异性，易形成一个异源的种群。同时我国的分离毒株也存在变异现象，现已发现有缺失变异毒株的存在，例如我国当前新出现的高致病性蓝耳病病毒；就是一个典型例证。

PRRSV的生长要求较高，PRRSV专嗜在猪肺泡巨噬细胞（PAM）内生长，在传代细胞系CL2621和Marc1451中亦可生长繁殖，且可产生明显的细胞病变；目前只有在猪原代肺泡巨噬细胞（PAM）、猴肾细胞CL2621细胞、MA104系的克隆株MARC-145细胞上生长良好，可用于PRRSV的分离与鉴定。据报道不同病毒株适合生长在不同的细胞上，有的毒株仅生长在一种细胞上，有的毒株生长在多种细胞上。PAM对大多数PRRSV毒株都适应，且产毒量高，但因PAM制备的技术难度较大、难以获得均质的PAM等问题，应用受到一定限制。目前，大多用MARC-145细胞分离培养PRRSV。

在这些细胞系上均能产生明显的细胞病变（CPE）。欧洲LV株在PAM生长较好，而在其他细胞系上培养则毒价很低，而美洲株在所有细胞系上生长都较好。

欧洲和美国分离的毒株在形态和理化性状上相似。但血清学试验、核苷酸和氨基酸序列分析，证实欧洲LV株和美国分离株VR-2332在抗原性上有差异。欧洲分离株（LV）仅能适应于猪肺巨噬细胞，并能产生细胞病变（CPE），美国分离株（VR-2332）可在CL2621、MarC-145、MA-104细胞系培养，并能出现CPE。因此，将PRRSV分为两个亚群，A亚群为欧洲原型；B亚群为美国原型。

根据基因的变异程度，目前将PRRSV分为2个不同的地理群：以欧洲原型病毒Lelystad virus（简称LV）为代表的A群和以美国原型病毒ATCCVR-2332株为代表的B群。血清学试验结果表明不同的分离株之间有共同的抗原决定簇，属一种病毒。但两者抗原性差异使其在血清学反应中仅有很少的交叉反应。核酸序列比较也表明它们的基因组中存在广泛的差异。两群病毒的抗原差异可大到只有应用同一种抗原型的病毒进行血清学试验才能确诊PRRSV。即使在同一群内不同毒株之间也存在着毒力及抗原性的差异。PRRSV的3种主要结构蛋白为：分子质量为15kD的核衣壳蛋白（N）、18kD的基质蛋白（M）和25kD的囊膜蛋白（E）。其中N蛋白免疫原性最强，在PRRSV感染猪体时，所有感染猪在攻毒后7d都能检测到抗N抗体。

病毒对乙醚和氯仿敏感，在pH6.5~7.5稳定。PRRSV不凝集红细胞，无血凝活性不凝集鸡、鹅、豚鼠、牛、马、猪、绵羊和人的红细胞。病毒经乙醚和吐温-80处理后具有血凝活性，且能被PRRSV特异性抗血清抑制。PRRSV对pH值及温度变化非常敏感；pH值大于7或小于5时其感染性降低90%以上，对碱耐受性极差，pH5.5~6.6为其保存最适pH值；室温及37℃以下迅速失活，56℃45min即被完全灭活；在-70℃可保存18个月，4℃保存1个月，37℃48h，56℃45min完全失去感染力。在血浆中的存活时间不超过5天，pH值高于7或低于5时，感染力可以减少90%以上。发病猪场的猪出场后，3周内仍具有感染力。对消毒剂抵抗力不强。利用这些特点可选用合适的消毒剂或热水清洁环境。

用免疫组化技术检查发现，病毒存在于病猪的肺泡巨噬细胞，细支气管上皮、肺泡上皮细胞，脾脏的红髓及边缘区的巨噬细胞内。从死胎和弱仔的血液、腹水。肺和脾可分离出病毒。国际上分美洲型和欧洲型毒株，我国郭宝清（1996）分离到的毒株都是美洲型，还没发现欧洲型毒株。

PRRSV另一个重要的生物学特征为抗体依赖性增强（ADE）作用，即在低水平

“亚中和”的PRRSV特异性抗体存在的情况下，PRRSV在细胞上的复制能力增强。

PRRSV的这种抗体依赖性增强（ADE）现象在体内和体外均得到证实。PRRSV具严格的宿主专一性，家猪是其唯一的天然宿主，此外，某些禽类也可人工感染。

PRRSV株间存在抗原性差异和毒株变异性，但也存在一些血清学交叉。依据病毒遗传基因特征和病原性的差异，可分为以LV株为代表的欧洲型的A亚群和以北美洲型ATCC-VR2332株为代表的B亚群。两个亚群可通过单克隆抗体和PCR方法加以区分。我国分离到的一些地方毒株均为美洲型毒株，但由于国内、国际猪只与肉品贸易的日益频繁，我国猪群也存在着受到欧洲型毒株感染的潜在危险。

2006年夏季，我国南方部分地区发生猪“高热病”疫情后，为追查疫源，提高防控成效，农业部组织有关专家深入疫区采集病料，多次进行联合会诊，同时组织病理、病毒、细菌等多学科专家联合攻关，从病毒、细菌、寄生虫等三个方面对猪“高热病”的病因进行调查。采用免疫组化分析、全基因序列分析、回归本动物感染实验等技术手段，逐一排除了非洲猪瘟、尼帕病毒等烈性传染病以及其他寄生虫病，于2006年9月锁定新的变异猪蓝耳病病毒是诱发猪“高热病”的原因。10月，对分离到的病毒进行全基因序列系统鉴定，发现样本病毒同传统的蓝耳病病毒相比，在NSP2区缺失30个氨基酸。2007年1月，农业部专家组对变异猪蓝耳病病毒开展了致病性研究。在上述试验和研究基础上，经专家综合分析和反复置疑、论证，最终确定变异猪蓝耳病病毒是猪“高热病”的原发病因，定名变异猪蓝耳病病毒为“高致病性猪蓝耳病”。这个结论，得到了国内学术界专家普遍认可，相关研究成果在国际知名学术刊物发表后，也得到了高度关注和好评。PRRS的强毒定义问题，PRRSV在各地所引发的疫情是非常严重的，但分离出的病毒回归动物往往所引起的临床症状不如现实的严重和典型，虽然PRRS的发生可能有一定的条件因素，但它在什么样的条件下，如环境，其他病原，或者免疫状态等情况下才能发生，至今尚无定论。各地所分离的PRRSV致病力也是不一样的，甚至同一病毒的重复性也不是很好。PRRSV首先攻击的是猪的防御系统巨噬细胞导致机体抵抗力下降容易引发其他疾病发生。

据万遂如（2007）报道，哈尔滨兽医研究所从江西和湖南等六个省送检的不同病料中分离到了3株蓝耳病变异毒株，并发现来自不同省份发病猪场的病料检出的变异毒株基因其有高度的同源性，但与1996年的分离株ORF5基因核苷酸同源性为87.9%～98.3%，氨基酸同源性为85.6%～96.5%。证实分离的3株变异毒株与以往流行的蓝耳病病毒株有较大的差异。接种健康猪只时发现新分离的毒株对猪有明显的致病作用，特别是对仔猪的致病力很强。研究还发现新分离的3株变异毒株的主要中和抗原即囊膜糖蛋白GPS在不同的毒株间存在高度的变异性。在进化树中，中国的分离株集中为两簇，分别位于北美洲型（VR－2332株）进化树的两级，分别称为亚群1和亚群2，二者氨基酸同源性为85%～89.5%。亚群1所有的毒株在病毒的主要中和抗原表位的抗体结合位点都发生变异，而亚群2则在此处高度保守。在两个潜在的毒力相关氨基酸（R13和R15）处，亚群1所有毒株均与标准的美洲强毒株（VR－2332株）一致。而亚群2所有毒株则与疫苗毒株（ResppPRRS/REPVO）一致。从地理分布位置来看，亚群1主要集中在我国的东南沿海地区。

二、流行病学

1. 易感性　在自然流行中、猪繁殖与呼吸综合征仅见于猪，其他家畜和动物未见发病。各种年龄、品种、性别的猪均具有易感性，但不同年龄猪的易感性有一定差异。怀孕中后期的母猪（特别是怀孕90日龄后）和胎儿对PRRSV最易感染。公猪感染后3～27d和43d所采集的精液中均能分离到病毒。7～14d从血液中可查出病毒，以含有病毒的精液感染母猪，可引起母猪发病，在21d后可检出PRRSV抗体。生长猪和肥育猪感染后的症状比较温和；母猪和仔猪的症状则较为严重，乳猪病死率可达80%～100%。鸟类（主要是野鸭）经人工感染，表现为亚临床症状，至少可在5～24d可以从粪便排毒但自身不发病，可能为本病的贮存宿主，而且从绿头鸭、珍珠鸡等的粪便中也能分离出病毒。当前尚未发现其他动物对本病有易感性。

2. 传染源　病猪和带毒猪是的主要传染源。本病主要侵害繁殖母猪和仔猪，而肥育猪发病温和。感染猪鼻分泌物、唾液、精液、乳汁、粪便、尿均含有病毒，不断的排毒。耐过猪可长期带毒和不断向体外排毒。有资料表明猪向外排毒具有间歇性。公猪在人工感染后经3、5、7、13、25、27和43d所采集的所有精液样品中均能分离出PRRSV。并将43天后所采集的精液受精可使小母猪血清转阳。公猪受感染后排毒可达90d之久。PRRSV阴性的小母猪，用猪繁殖与呼吸综合征阳性公猪的精液受精可使小母猪血清转阳。哺乳仔猪和断奶仔猪是猪繁殖与呼吸综合征病毒的主要贮存宿主。康复猪在康复后的3个月内可持续排毒。

3. 传播途径 本病传播迅速，病毒可以通过鼻、眼分泌物、胎儿及子宫分泌物甚至公猪的精液排出，感染健康猪只。主要传播途径是接触感染，空气传播和精液传播，因此，当健康猪与病猪接触，如同圈饲养，频繁调运，高度集中经呼吸道感染，更容易导致本病发生和流行。本病也可以进行母子间的垂直传播。猪可通过多种途径感染PRRSV，包括口、鼻、眼、腹膜、阴道等。而且PRRSV具有高度的感染性，通过眼或鼻接种10个或更少的病毒粒子即可引起猪发病。PRRSV经空气和机械传播是主要的传播方式。在低温、高湿和日照少的冬季气候条件下，可以加快空气的传播。1991年德国发生猪繁殖与呼吸综合征，主要是借风力散布到欧洲各国，风的方向通常是传播的方向，呈明显的跳跃式，间隔距离可达20～30千米。还有报道指出，鸟经口腔接种PRRSV后，虽无临床症状，不产生抗体，但感染后4～25天内可以从粪便中分离出该病毒，所以飞鸟和本病的长距离传播有关。

4. 流行特点 本病无季节性，一年四季均可发生。PRRSV的持续感染是该病流行病学的一个重要特点。在人工感染中，感染2~3周出现病毒血症，且持续时间长达6~7周。在攻毒后的210天尚可检测到病毒RNA。另一特点，在暴发后的猪场与污染场，因易感猪群的引入，潜在排毒猪群污染易感猪群；或感染母猪所产仔猪随着母源抗体的迅速下降成为易感猪群而造成持续感染。此外应激因素似乎是暴发的基础如，饲养管理不善，环境卫生，防疫消毒制度不佳，饲养密度过大等是促进本病的诱因。

5. 发现历史与流行现状 PRRS的发现历史耐人寻味，美国1987年首次正式报道暴发了PRRS。然而PRRS的病原体确定是荷兰莱利斯塔德的兽医研究中心（ID-DLO）。即PRRS最初在1991年由欧共体定义为一种病因不明的对繁殖和呼吸系统产生影响，并引起猪发病，生产力下降的传染病。这一定义包括了疾病由许多病原因子结合而发生。然后，1991年后期Wensvoort；Terpstra及其同事在荷兰研究中心确定PRRS主要病原是一种新的RNA病毒，最初命名为“Lelystad”病毒，现在一致认为是PRRS病毒。

各国发现历史

（1）北美：美国1987年首次正式报道暴发了PRRS，1987－1988年在美国北卡罗来纳州、明尼苏达州及艾奥瓦州首先发生。通过回顾性实验研究对1986年以来保存的血清样品，进行血清学检测证实其血清样品被测出PRRS抗体阳性。在美国1988年夏季至1989年PRRS病例急剧增多。随后，PRRS病例逐渐上升、1989年当流产“风暴”和呼吸系统疾病出现的时候，该病已达到高峰。1990年美国的19个州1 611个猪场。同年，研究者从南达科他州大学和明尼苏达大学利用采集具有典型PRRS临床症状猪的过滤组织悬液和未过滤组织悬液论证了PRRS对SPF猪的传播。他们都成功地分离到了致细胞病变的病毒，并确定这个分离物是引起无菌动物产生PRRS的原因。1990年以来，这个病的急性暴发变得越来越少，PRRS现在已经变成北美的地方流行病，更多的慢性和亚临床型变得更明显，出现严重的繁殖障碍。1987-1988年血清流行病学研究阳性率在某些州介于20%～83%之间。近来，估计在美国中西部、东南部大的饲养地区，40%～60%的猪群感染了PRRS病毒，但其中许多缺乏症状。自1989和1990以后，依利诺斯州报道发病较少，临床症状也较不明显，且多变、危害性较小。近来美国已决定在某些地区实施确定PRRS病毒的流行情况计划。

加拿大在1987年秋季PRRS已在加拿大的安大略和魁北克两个省报道。最早的报道是1987年秋季。起初称为HART综合症，即高热、厌食、流产。猪流感A型病毒新株也以一些暴发的病例中分离到，并复制此病。但在这两个省的一些感染群中发现PRRS抗体，并分离到PRRS病毒，并成功复制了PRRS综合征及病理变化。

（2）欧洲：德国1990年6月在慕尼黑的一个猪场首次暴发PRRS，在1990年冬季在德国规模大的养猪地区迅速传播；1991年4月和5月流行达到高峰，正式报道有3000个猪群受到感染，1991年夏季后报道PRRS的病例数急剧下降。1992年报道了最后一次病例，在小型猪群中具有明显临床症状的病例不再发现，但疾病连续存在。在一些大型种畜场母猪仍存在抗体，建立的抗体具有免疫作用，可能是PRRS

下降的原因。也推测可能病毒变型，变得致病力较弱。1991年1月荷兰官方报道此病已进入该国，很明显是由风传播引起。在荷兰，1990年12月首次发现PRRS症状，1991年初迅速在主要养猪地区蔓延。荷兰80%以上的猪群经历了这种病，在荷兰年生产总数为2 000万头生猪的，仅在6周时间内，该病从东向西蔓延，造成40万头仔猪死于本病。1991年1月在西班牙有一批从德国进口的300头种猪中发生该病。1991年3月PRRS在比利时发现。1991年5月16日英国南Humberside地区报道首次可疑病例，英国1991年6月13日官方肯定了PRRS存在，并进行了报道。1991年10月法国首次暴发此病，并于同年11月18日确诊，但其传染源有确定。法国在1991年11月–1992年5月间169个繁殖猪场发生PRRS，以后逐步下降。从1992年7月–9月没有新的发病记载，其传染源还不清楚，但病毒已在一些地方分离到。1992年3月丹麦首次报道了PRRS病例，怀疑是通过风从德国传入。丹麦首次PRRS可疑病例于1992年1月报道，3月份确诊为PRRS，怀疑由风从德国传入。在丹麦南部共40个猪场全部受到感染。在1992年夏季没有新的病例发生。1992年6月提出和实施限制猪的流动计划，可是丹麦南部在1992年9月和10月又发生了一例新的PRRS。1994年普查结果认为15～20%的猪群受到PRRS感染。奥地利：1992年10月该国要求有关部门建立PRRS诊断，但是一直未发现PRRS病毒存在。1993年11月首次报道了40头繁殖母猪发生PRRS，很可能因购入一头年轻的公猪而引起，四头母猪流产，其中一头发热，食欲不振，双耳及阴部发蓝。1994年正式记录有129个PRRS疫点。瑞士1992年11月用血清学和分离病毒方法对100例有可能是PRRS的病例进行诊断，但没有发现病毒。1992年2月马尔他地区首次发现PRRS临床症状，1991年的冬季已有此病的迹象。由此可见PRRS在欧洲流行1990～1991年冬季达到高峰，在德国约有2500个猪群感染，荷兰有1 500个猪群感染，很有可能有更多的猪场感染了，但官方还没有确认。

至1991年夏季，德国、荷兰和比利时的PRRS新病例数有所下降，而1991年9月和10月苏格兰首次有两个猪场发生PRRS，可能由于从英国Humberside地区引进进猪和精液造成的。但来源似乎十分神秘，因为十年来，马尔他从未从目前已知存在PRRS的国家进口过活猪和猪肉。

（3）南美洲发生情况：智利已报道临床典型的PRRS暴发，巴西主要是从欧洲进口许多猪而引起流行。墨西哥也从美国进口许多猪，但至今还没有正式报道PRRS发生，但墨西哥专家认为血清学诊断可能不完全可靠。

（4）亚洲发生情况：日本首次PRRS抗体血清学发现在1993年具有慢性肺炎的猪上，随后分离到PRRS病毒。同时，日本政府要求建立诊断系统及执行卫生防疫措施以减少经济损失。日本通过1987到1989年从国外进口的128份血清研究，其中19份有PRRS抗体。从1993年4月和1994年3月，日本开展PRRS检测，采用IFA试验检测抗体，47次检测中有45次发现血清学阳性。阳性猪场中约有10%具有临床影响，日本从不同地区分离到9株PRRS病毒，抗原特性与美国株十分接近。菲律宾已报道有PRRS血清学阳性。朝鲜1993年也首次发现户PRRS。韩国1993年进行了PRRS的血清抗体流行病学调查，从199个猪群中采集32 000份血清，猪阳性率为6.25%，阳性群为17.6%，且分布具有区域性，大多数阳性没有任何明显的临床症状。

前述报道发生PRRS的国家究竟是否是同一疾病？现在很明显，在北美有些繁殖一呼吸综合征是较为特殊的，有人认为，可能是由于非典型的猪流感病毒引起，然而，在欧洲和北美近年来大多数发生的繁殖一呼吸综合征是与以前并不知道的病毒有关，此病毒开始在欧洲称为“lelystad”病毒株，在北美称为SIRS病毒。目前共同称为PRRS病毒。PRRS病毒已经从1988–1990年美国低温冷藏的冻肉组织中分离到。

1991年6月路透社报道了位于荷兰莱利斯塔德的兽医研究中心，最早分离出了这个病毒。Wensvoort，Terpstra等博士在荷兰中央兽医研究所从感染PRRS猪中分离到一种新的病毒，莱利斯塔德命名为“Lelystad”病毒，以后人工实验接种健康猪时，证实此病毒能复制PRRS症状。同年，在美国和德国的病毒学家也分离到这种病毒，在美国分离到的美国病毒株开始称为Sirs病毒或Biah-001病毒，以后认为是一种国际参考病毒株ATCCVR-2332。分离病毒方法是PRRS病料接种FPF猪，然后取其肺进行病毒分离。1991年10月美国国家兽医服务中心分离到PRRS病毒及专门繁殖的细胞系（CL2621），随后证实此细胞系能有效地从感染组织中分离SIRS和PRRS病毒，并进行开发诊断PRRS的IPT和IFA血清学试验方法。

1993年中国台湾省首度发表本病之发生。在我国1995年不明原因的传入。1996－1999年，我国各大规模化猪场都经历了由猪繁殖与呼吸综合征引起的“流产风暴”表现为妊娠母猪的晚期流产、产弱仔、产死胎和木乃伊胎，哺乳仔猪和保育仔猪的高死亡率，造成了极大的经济损失。2000年以来，应该说在发生过猪繁殖与呼吸综合征的猪场和猪繁殖与呼吸综合征病毒感染猪场，总体而言，该病变得相对比较平稳，危害程度大大下降，在管理水平高和环境与饲养条件好的猪场，几乎没有任何临床表现；但一些阴性猪场或新引进阳性种猪的猪场，仍有暴发。目前在我国的流行特点表现为高感染率。据杨汉春（2003）近几年对各地送检的血清样本监测结果研究表明，猪繁殖与呼吸综合征病毒感染的阳性率在10%～88%。

付田英（2004）报道四省母猪繁殖障碍性疾病的调查及血清学检测，结果蓝耳病样本阳性率达37.7%，80/212，其中1～5场样本阳性率达38.58%（49/127）。2005年以来全国各地大规模发生的“高热病”实为PRRSV的变异种群作怪，即俗称高致病性蓝耳病，形势严峻。

姚龙涛（2005）调查结果表明，目前我国的规模化猪场有八成染疫，临床表现已从“流产风暴”为特征的暴发型转向损害保育猪为特征的“呼吸障碍”型，并已成为仔猪、生长猪呼吸病综合征（PRDC）首位原发性病原。在PRRSV暴发1年后，在3～5月龄猪体内还能检测到PRRSV的抗体，表明在猪群中存在持续性感染，在分离PRRSV时，以6～9周龄的仔猪的分离率最高，表明仔猪和育肥猪是PRRSV的主要贮存宿主。易感初产母猪可能是病毒在猪群中持续存在的另一个因素。有的学者用美洲株致弱后制成弱毒苗接种猪，9个月后，在同一猪场的免疫猪群及对照猪群中，都分离到了这种致弱毒株。这种毒株可导致猪群再次发生繁殖障碍，而且从流产胎儿体中也分离到了这种病毒，表明弱毒苗的使用在病毒的传播上有一定的意义，也可能是导致PRRSV持续感染的原因之一。

刘燕玲，王旭荣，黄忠，宋长绪（2007）报道广东省猪繁殖与呼吸综合征流行情况，应用RT-PCR检测方法，对2004年至2006年珠三角、粤北、粤西、粤东等4个地区的293个规模化养猪场采集的2015份病料进行了检测，所检测样品的总阳性率为48.5%，而猪场阳性率为19.4%。其中，以珠三角地区的阳性率最高，其猪场阳性率为57.4%，样品阳性为22.0%，而粤西地区阳性率最低，猪场阳性率为32.7%，样品阳性率为15.9%。粤北和粤东的阳性率介于珠三角和粤西之间，其猪场阳性率分别为49.1%和51.0%，样品阳性率分别为19.4%和18.9%。说明猪繁殖与呼吸综合征病毒在广东省各个地区的猪场中广泛存在，应加强针对该病毒感染的防控措施。

PRRSV流行病学特点是目前病毒性传染病惟一抗原变异性大，初次流行地区呈暴发式大流行，由原发地区一直散发到一个国家各地区，临床上母猪出现为流产、死产和弱仔的繁殖障碍症状，仔猪的呼吸道症状则表现为高热、呼吸困难等肺炎的症状，仔猪的死淘率增加。平息后康复猪呈持续带毒，成为病毒携带猪，将病毒散播猪群，造成本病的恶性循环。经济损失极高。

本病的暴发与流行似乎受感染宿主及病毒双方的影响。由于不同分离株的毒力和致病性不同，发病的严重程度也不同。许多因素对病情的严重程度都有影响，如猪群的抵抗力、环境及管理以及细菌、病毒的混合感染等。该病发生后经常可见的病原体包括猪呼吸道冠状病毒、猪流感病毒、猪链球菌和猪副嗜血杆菌。此外，新疫区和老疫区猪群的发病率及疫病的严重程度也有明显的差异，新疫区常呈地方性流行，而老疫区则多为散发性。

三、发病机理

发病机理特点为病毒主要侵害猪的巨噬细胞，免疫器官致使机体免疫功能降低，使患病猪极易继发感染各种疾病；若没有发生继发感染时本病不能出现临床症状；发生续性感染，而呈亚临床状态。

人工感染PRRS病毒后，出现病毒血症，7天达到高峰。急性期1~6周，持续感染6~12周。急性期后，中和抗体水平上升，T细胞分泌干扰素上升，中和抗体抵抗急性感染，干扰素解决持续感染。病毒在血液种存活28~90天，在淋巴组织中还要长，肺组织小于28天，精液4~12周。PRRSV可通过血行侵入胎盘而使胎儿感染，从而引起妊娠后期母猪流产。虽然在母猪的整个妊娠期间，胎儿对PRRSV都是易感的，但PRRSV感染妊娠早期的母猪较难引起流产，这可能与早期胎猪对病毒的致死作用有较强的抵抗力和病毒难以通过妊娠早期的胎盘有关。PRRSV是猪呼吸道疾病的重要病原，感染猪的肺脏、淋巴结、心脏和血管均可见到组织病理学变化。PRRSV感染的抗体依赖性病毒增强作用是致病的一个促进因素。血清学阴性的健康猪通过接触PRRS病毒或暴露于含病毒的空气中，均可经口和鼻自然感染，或经肌肉、静脉、腹腔、子宫内人工接种感染。据有关实验资料观察，病毒侵入机体后可在肺泡巨噬细胞中增殖，感染后12h即可通过排粒方式从肺泡巨噬细胞释放完整的病毒粒子，大量病毒进入血流和其他组织，12~24h可在血流中发现滴度较高的病毒，出现病毒血症，2~7d感染猪出现短暂的高热、嗜睡、厌食等症状。病毒可从外周白细胞、胸腺、脾、骨髓、外周淋巴结、肺和脑等多种器官分离到。8周后仍可从肺、血浆、血清、血细胞中分离出病毒。在妊娠期后3个月，病毒可穿过胎盘，引起胎儿感染，造成流产、早产、死产或产弱仔。

PRRSV可在猪的单核细胞—巨噬细胞系统如猪肺泡巨噬细胞（PAMs）、外周单核细胞、肺间质巨噬细胞中复制，其中PAMs最为敏感。目前认为病毒的初级复制部位是鼻黏膜或上呼吸道系统中的巨噬细胞，然后通过血液循环扩散至其他器官，并在其中的单核巨噬细胞系统内增殖。猪繁殖与呼吸综合征病毒侵染细胞的方式是首先和猪肺泡巨噬细胞上的受体结合，然后经胞吞作用进入细胞。猪繁殖与呼吸综合征病毒嗜好在肺泡巨噬细胞（PAMs）和肺内皮细胞巨噬细胞（PIMs）内复制，起初猪肺泡巨噬细胞的吞噬作用显著增强；随着感染时间的延长，PAMs的吞噬作用显著减弱，其释放超氧负离子的能力也下降，而不能消灭细胞外细菌，从而损伤了肺泡的重要防御武器，这样就为继发病原微生物感染创造了有利条件。此时采用抗菌类预防和治疗是最佳时期；临床工作者应善于巧妙的采取措施。猪繁殖与呼吸综合征病毒在肺泡巨噬细胞大量复制后，随着细胞的崩溃进入血液循环和淋巴循环，结果导致病毒血症的形成及全身淋巴结的感染，使血清中和抗体的滴度降低而不能有效地清除血液中的病毒，造成病毒血症持续存在。随着病毒在肺泡巨噬细胞、淋巴结等处的大量增殖，可在数小时至数天内造成肺、淋巴结的损伤。主要呈现特征性间质性肺炎和淋巴结的轻度或中度肿大。PRRSV感染可影响巨噬细胞的功能，诱导感染细胞的凋亡，引起T细胞亚群的改变，对B细胞功能和体内细胞因子的生产都会产生一定的影响。很多研究表明PRRSV感染可造成猪的免疫抑制，感染猪易诱发细菌性继发感染。本病发病机制特点是PRRSV在急性期只能引起病毒血症；然后发展为慢性病毒血症的持续存在。单独PRRSV感染不能发展为败血症；此为PRRSV生物学特性之故。但是当发病时环境条件恶劣时，尤其是舍内温度过低和过高时，亦可发展为败血症或感染猪继发细菌性感染。PRRSV通过呼吸道进入肺后，首先进入肺泡上皮细胞，在其内大量复制并促其增生，很快便进入肺毛细血管的内皮细胞，刺激其肿大、活化、增生和坏死脱落。随着病情发展，大面积的肺泡毛细血管受到损伤不能进行正常的气体交换，血液中还原血红蛋白增多，因此临床上出现呼吸困难和皮肤发绀。此阶段病毒随着血流达到全身各处的血管，引起广泛性出血，形成的微血栓可导致肺、肾、心、肝、脑等多处缺氧。病毒进入脑各级血管的内皮细胞引起广泛性血管炎，致静脉血管扩张，引起神经细胞变性、坏死和胶质细胞增生；病毒在巨噬细胞内复制并破坏其结构，引起广泛性的血管炎和其他组织的破坏，从而形成免疫器官广泛坏死，致使免疫系统遭受严重损伤，机体终因心衰、肺衰、免疫功能丧失而死亡。

PRRSV存在较大的基因变异。如2006年以来高热病是由蓝耳病病毒变异株所引起的，其“变异”发生的位置是在猪蓝耳病病毒基因组的第二个非结构蛋白的基因序列内部，它一共有两个地方发生了变异：一个是有3个碱基的缺失，另一个是有87个碱基的缺失，它分别导致了1个氨基酸和29个氨基酸的丢失。农业部组织的实验也表明，拿这样的发生变异毒株对猪进行攻毒实验，这个毒株的毒力明显比以前没有发生变异的毒力要强，并且从临床发病的与蓝耳病病毒有关的猪体里面分离的蓝耳病病毒毒株都是发生了这种缺失变异，这是一个事实！但是我们不能一概而论，认为所有发生了缺失变异的毒株一定都引起高致病性的蓝耳病。各分离株的毒力、抗原性差异较大，所引起的呼吸道症状、繁殖障碍的能力和病变有较大的差异。这种经常变异导致的异源性使机体被动免疫和获得性免疫对PRRSV的识别能力均降低，从而逃避免疫系统的识别及中和抗体或细胞毒性T细胞的杀伤作用；而出现细菌或病毒继发感染。持续性感染，PRRSV一旦侵入猪只体内长期在体内复制转录甚至终身持续性感染，而呈亚临床状态。PRRSV的持续性感染包括感染猪只体内病毒的持续性存在和污染场内感染猪群的持续性存在。在人工感染猪中，感染后2～3周内出现病毒血症，随感染动物的年龄和感染的病毒剂量不同，病毒血症持续的时间不同，有研究认为可以持续6～7周。在肺脏、血细胞和淋巴组织中可以分离到病毒。Mengelin认为在感染持续期内，PAM分离病毒的效果最好，可达感染后70d，而从血清、扁桃体和肺组织分离的效果次之。正因为病毒的持续性存在，给肺脏造成显微或肉眼可见的病变，而可能使局部的免疫受到抑制，为继发感染创造了有利条件。继发感染在PRRS暴发中是一个显著特点。病毒感染后，降低了机体对已经存在的其他病原体的抵抗力，所以也可能暴发肺炎、胸膜肺炎、萎缩性鼻炎、关节炎、断奶前或后腹泻、肠炎、腺瘤病、眼感染、脂溢皮炎（Greasypigdisease）、膀胱炎、肾盂肾炎或疥螨病等疾病。

在哺乳仔猪，初乳吸入不足也是引起继发感染的一个因素。地方流行的一些传染病例，如伪狂犬病，猪流感，猪痢疾，链球菌性脑膜炎和猪细小病毒病情可能加剧。母猪继发性膀胱炎和肾盂肾炎。

断奶前腹泻在英国PRRS发生中是一个显著特点。也有报道认为受影响猪更易出血和产生紫斑，尤其是在注射部位。在美国严重的霍乱沙门氏菌感染在断乳仔猪似与PRRS病毒感染相结合。

实验证实，在美国大部分仔猪鼻内接种链球菌时PRRS可突发临床症状。但在病毒出现以后较长时间才增加肺部的免疫细胞总数。VR-2332毒株能够暂时下降T淋巴细胞数。T淋巴细胞是一重要的宿主防御细胞，主要是刺激与细胞介导免疫的体液和细胞免疫。在另一研究，感染后第14天在外周血T细胞数短暂下降，在第7和21天属正常。PRRS感染后七天，感染猪肺冲洗液中巨噬细胞比例从原来>95%下降至50%，并有炎症现象和明显的肺巨噬细胞非特异杀菌作用受到抑制。美国PRRS病毒株并不引起免疫抑制，它能增强抗体和细胞介导对各种杭原的应答。在感染后一周，可下降肺泡巨噬细胞浓度和功能，但感染后一个月巨噬细胞功能又开始增强。

这些报道均认为猪感染PRRS病毒能暂损伤肺对病原的抵抗力，但不属一般的免疫抑制行为。这一结论也得到德国在肉猪上研究结果的支持。存在着继发性肺部疾病增加和通常的局限于肺部感染的败血症增加，但没有肠道疾病的增加，这些均支持了PRRS实际不属免疫抑制和仅导致局部肺防御机制退化的观点。

应激是疫病发生的导火索。PRRS引起继发感染病原有：断奶前后仔猪胸膜肺炎，放线杆菌，猪副嗜血杆菌关节炎，萎缩性鼻炎、多杀性巴氏杆菌、猪链球菌、沙门氏性结膜炎、渗出性表皮炎杆菌属、猪附红细胞体腹泻、肺炎、胸膜肺炎；育肥猪胸膜肺炎放线杆菌，猪副嗜血杆菌，肺炎，沙门氏菌病、多杀性巴氏杆菌、沙门氏菌属猪痢疾；母猪膀胱炎，肾盂肾炎，猪细小病毒病、钩端螺旋体病、猪伪狂犬病、脑心肌炎病毒、猪流感病毒、猪瘟。

四、临床症状

PRRS的临床症状在不同感染猪群中有很大差异；受病毒株、年龄、猪群的免疫状态以及管理因素和环境条件的影响有关。流行本病的感染猪群内，各种年龄都易感，北美和欧洲株的症状相似。

本病潜伏期长短不一，人工感染潜伏期4～7d，自然感染一般为14d，也可能更短。人工感染6日龄

SPF仔猪，潜伏期为2d，妊娠母猪为4～7d。病程3～4周，少数可长达6～12周。引入感染猪后易感猪群发生PRRS时的潜伏期，最短为3d，最长为37d。

猪群感染后首先是个体出现急性病毒血症，随后有病毒血症的母猪经胎盘垂直传给胎儿，这一过程常发生于怀孕的后期。PRRS病毒株毒力变化很大，低毒株可以引起猪群无临床症状的流行，而强毒株则出现严重的临床症状。急性感染都表现食欲不振、体温升高和呼吸异常症状。主要症状出现于许多母猪不足月分娩，通常在妊娠100d以后，少数妊娠到115～118d。妊娠母感染出现繁殖障碍，分娩大小不等的外表正常猪、死产猪、木乃伊、迟产死胎，每一窝中各种类型都有。

根据病的严重程度和病程不同，临床表现不一，目前临床上可分为急性型、慢性型、亚临床型等。田间条件下都是出现其母猪繁殖障碍，怀孕期发生流产，死胎和木乃伊胎时才被发现；而母猪厌食、发热等症状不易被发现；小猪呼吸道炎症相继出现。在接种PRRS病毒3d内：血液淋巴细胞和巨噬细胞数下降，但在14d恢复正常。在妊娠母猪感染后也发现淋巴细胞和单核细胞数下降。在PRRS猪群中的幼龄猪血清中ALI酸糖蛋白（一种表示急性组织损害的反应蛋白）水平升高。感染猪场在没有继发感染的情况下，猪群一般不会出现临床症状；在临床实践中应注意猪场普检，在预防工作做到心中有数。

（一）急性型

强毒株一旦侵入非免疫猪群中流行时，猪群呈暴发式流行，主要是由于急性病毒血症呈现出一种急性的全身性感染性疾病；妊娠母感染病毒后的胎盘感染而出现繁殖障碍，妊娠后期最为明显。其次是哺乳期仔猪的症状明显，仔猪抗感染能力量降低。流行时期，少数猪只可出现出一过性末梢皮肤充血或发绀，双耳、外阴、尾部、腹部及口部青紫发绀（急性病毒血症引起的微循环障碍），故称蓝耳病，这种发绀只存在数h或数天。在个别罕见病例中，还可出现四肢坏死。实验室检验病猪常常出现淋巴细胞减少。

母猪：开始流行时间大约持续2周左右，并在3～7天内陆续传播于整个猪群，发病率5%～75%，病猪最初呈现为病毒血症，体温升高和母猪繁殖障碍是病毒血症的指标之一，发病猪体温在40℃～41℃之间，主要症状为食欲减退、发热、呼吸困难，持续1～5天。年龄大的猪主要表现间歇性或温和的发热，有15%～65%的猪会出现食欲不振，呈现渐进性厌食，母猪出现这种现象的占50%～60%，初期的另一特征是嗜睡和沉郁，其特点是正常的运动减少或停止，时常采取侧卧姿势，呼吸急促和呼吸困难。

公猪：可能缺乏性欲和不同程度的精液质量降低，精液变化出现于病毒感染后2～10周。PRRS可通过精液传播，而且它可能是PRRS传入易感猪群的另一途经。

哺乳猪：常表现为快速的腹式呼吸或过度呼吸，刚断奶的仔猪有时也有这种表现，偶尔可见瘫痪、平衡功能障碍或躁动、呕吐等中枢神经系统症状。

高峰时母猪繁殖障碍的期间持续1～4个月，主要症状为早产、流产、死胎、木乃伊胎儿及弱产胎增多。早产（妊娠107～113d）率高达5%～30%，进入高峰期约3周，死产的数量达到高峰，在整个繁殖过程中，死产率可高达35%以上，每胎的死产数可由0～100%，可见到25%的木乃伊胎儿，常呈黑色、褐色或棕色，一般体长都在17cm以上。在PRRS暴发的高峰月，每窝仔猪的平均存活率减少4头左右，甚至更低。此期出生并存活下来的仔猪非常虚弱，而且带毒尤以早产猪为甚。常常双下肢呈外“八”字形而且食欲欠佳，营养不良，因哺乳仔猪数量减少，吮吸乳头皮肤刺激减弱反射性的导致母猪泌乳下降，因而有些仔猪被饿死。加之呼吸系统并发症，增加了死亡率。这些并发症多表现为快速腹式呼吸、眼睑水肿、结膜炎、打喷嚏和顽固性腹泻，偶尔可见呕吐及中枢神经系统症状，当剪尾或阉割时，出血的几率亦有所增加。这时断奶后的平均死亡率达30%～50%，个别窝可达80%～100%。

在高峰期，哺乳期仔猪的症状明显，仔猪抗感染能力量降低，尤其是抗内源性微生物感染能力极度低下，寄生在呼吸道黏膜的常在的感冒和冠状病毒、巴氏杆菌、支原体、衣原体以及寄生在红细胞的附红细胞体和弓形虫等，出现一系列呼吸系统疾症状咳嗽气喘等，同时其他疾病的病情加剧和病死率增高，断乳前的病死率高。较少的是在易感后备母猪群中出现散发性繁殖障碍。

断奶后死亡率增高，一般持续8～12周。生长猪尤其是刚断奶的仔猪发生继发感染的危险性继续攀高。继发感染可有副猪嗜血杆菌、链球菌、霍乱沙门氏菌、多杀性巴氏杆菌、胸膜肺炎放线杆菌、猪流感病毒、脑心肌炎病毒、伪狂犬病毒、猪巨噬细胞病毒、猪呼吸道冠状病毒以及猪副黏液病毒等呼吸道易感的病原体。在这个阶段由于呼吸系统疾病的继发感染，导致死亡率成倍增加。

流行末期：饲养管理良好条件下猪群整体状态逐渐恢复，达到或接近病前水平，但在仔猪和生长猪存在不同程度的呼吸系统症状。感染PRRSV后存活下来的断奶仔猪死亡率仍较高，并转慢性持续性感染阶段。在此阶段，绝大多数病猪的生殖功能几乎已恢复正常，但实际上在相当长的时间内猪的生产数目及仔猪存活率仍较正常偏低（窝产数下降10%～15%）。因PRRS病毒仍在猪中流行传播，一些新购入的母猪在交配后短期内受到感染无疑会使其怀孕率和窝胎数都下降。以前曾经感染过PRRS的母猪则不受影响，但绝大多数的生殖功能均在初期感染后6个月内恢复正常。PRRS的慢性影响主要存在于仔猪和生长猪。在急性期以后1～2.5年内，在育肥猪血液中仍可发现PRRS病毒抗体，表明了PRRS在猪体内可长期存在并相互传染。

在急性PRRS的末期最常见的临床表现是继发感染有持续上升的趋势，继发感染使生长猪采食量减少15%左右，除生长缓慢外，料／肉比率高于正常，断奶后的死亡率达15%，是正常的2倍。

为了掌握本病的特征，依母猪、仔猪、公猪、育肥猪的主要临床表现介绍如下：

⑴母猪繁殖障碍：主要表现为流产、早产、产死胎、胎儿木乃伊化，产弱仔。母猪感染本病后反复出现食欲不振、高热（40～41℃）、嗜睡、精神沉郁、出现不同程度的呼吸困难，加呼吸加速、呈腹式呼吸，偶可见呕吐和结膜炎。母猪可出现（1%～5%）耳朵、乳头、外阴、腹部（图2.2.3–1）、尾部和腿等处皮肤发绀，以耳尖最为常见（图2.2.3–2），这就是“蓝耳病“的来源。在妊娠后期107～113天时，约有5%～35%的妊娠晚期发生流产、早产，流产率可高达50%～70%，死产率可达35%以上，木乃伊可达25%，此外可出现死胎（图2.2.3–3）、弱仔（图2.2.3–4）和木乃伊胎。这种产仔情况往往持续数周，直至全群。每窝产死胎数差别很大，有的窝次无死胎，有的窝次可高达80%～100%。有些病例直到4～5个月后才能恢复正常。少数母猪皮下出现一过性淤斑、乳汁减少或产后无乳、胎衣停滞及阴道分泌物增多等。有的母猪出现肢麻痹性中枢神经症状。此外，还可出现分娩困难，继发膀胱炎和重发情等。配种前感染或慢性性猪繁殖与呼吸综合征的母猪产仔率降低、推迟发情、屡配不孕、或不发情等。

⑵仔猪：暴发本病时不同日龄仔猪感染PRRSV后表现为呼吸困难。哺乳仔猪：全窝可有几个仔猪呼吸频率加快，初期不影响哺乳，伴随病程进展症状逐渐严重开始有共济失调、发烧、皮毛粗乱（图2.2.3–5）、厌食、腹泻、震颤、眼睑水肿等症状出现，死亡率升高；体温40～41℃、耳尖至耳根皮肤发绀，生长缓慢或停滞，渐进性消瘦，同时容易继发细菌感染导致死亡率升高。断奶前仔猪死亡率可达80%～100%。

断奶仔猪：表现为严重的呼吸道症状，如呼吸急促、咳嗽、腹式呼吸及眼眶周围水肿、少部分仔猪可见耳部（图2.2.3–6）、体表皮肤发紫（图2.2.3–7（动图=3.8–5））。断奶后仔猪的增重降低，日增重可下降50%～75%，死亡率升高（10%～25%）。耐过猪生长缓慢，易继发其他疾病。

⑶公猪：公猪感染PRRS后至少21天便可通过精液排毒，直接导致母猪发病。表现为咳嗽，喷嚏，精神沉郁，食欲不振，嗜睡，呼吸急促和运动障碍。常出现性欲下降，精子质量下降，射精量少。少数公猪耳朵变色，继发膀胱炎和白细胞数减少。

⑷育肥猪：发病率为2%～10%。感染初期出现轻微的呼吸道症状，而后病情加重，除咳嗽、气喘外，普遍出现高热，腹泻、肺炎，还可出现耳部，腹部，、尾部和腿发绀（图2.2.3–8、9动图=3.8–6），眼肿胀，结膜炎，血小板减少，排血便，两腿外展等症状。

（二）慢性型

这是目前在规模化猪场PRRS表现的主要形式。

主要表现为猪群的生产性能下降、生长缓慢，母猪群的繁殖性能下降，猪群免疫功能下降，易继发感染其他细菌性和病毒性疾病。猪群的呼吸道疾病（如支原体感染、传染性胸膜肺炎、链球菌病、附红细胞体病）发病率上升。

（三）亚临床型

感染猪不发病，表现为PRRSV的持续性感染，群的血清学抗体阳性，血清阳性率持续上升，阳性率一般在10%～88%。

（四）当前仔猪发病情况

当前仔猪发病多出现在5～13周龄的猪群中（母源抗体消失），一般从5～6周龄开始发病，8～9周龄为发病与死亡高峰，以后逐渐减少，症状表现为体温升高达40～41℃，呼吸困难，呈腹式呼吸，减食、消瘦、皮肤发白、被毛粗乱、眼睑水肿，少数仔猪耳部和体表皮肤发紫，断奶前仔猪死亡率为80%～100%，断奶后仔猪发病死亡率为20%～50%，如出现多重感染其死亡率更高。当前在临床上多见蓝耳病常与圆环病毒2型感染、猪瘟、伪狂犬病或猪流感发生混合感染，并继发感染猪链球菌病、猪肺疫、气喘病、传染性胸膜肺炎、猪副嗜血杆菌病及仔猪副伤寒等，使症状复杂化，增大了防治的难度和死亡率，双重感染与多重感染的病例约占发病总数的83%。目前在我国猪群中流行的病毒株仍为美洲型，但近年来在全国不同的发病地区也分离到蓝耳病病毒变异毒株。2006年从发生高热病的病猪体内分离出的变异毒株的基因序列有缺失现象，与以前的流行毒株的同源性为94%，以变异毒株接种健康试验猪时表现为前肢跪卧，后肢麻痹，不能站立。免疫组织学检查发现脊髓中央管、中脑导水管、单核细胞胞质呈PRRSV强阳性反应，说明分离的变异毒株对脑组织有很强的亲嗜性。

本病首次暴发后，除非外引种带来新的变异株，其临床流行病学出现相对的稳定时期，猪场阳性群多为亚临床症状，但仔猪时而不定的发病死亡，虽然仔猪开始时有高滴度的母源抗体，到4周时抗体水平下降，8周龄左右降至最低点，所以2～28日龄仔猪感染后症状最为明显，死亡率高可达80%，临床症状与日龄有关。早产的仔猪出生当时或几天内死亡。大多数新生仔猪出现呼吸困难（腹式呼吸），肌肉震颤，后肢麻痹，共济失调，打喷嚏，嗜睡，精神沉郁，食欲不振。有的仔猪，耳朵和躯体末端皮肤发绀。哺乳仔猪发病率为11%～54%。除上述症状外，吮乳困难，断乳前死亡率可增加到30%～50%，甚至可达到100%。存活下来的仔猪体质衰弱、腹泻，对刺激敏感或呆滞，遭受再次感染几率增加。人工哺喂的仔猪则很少死亡，但常出现继发感染，并产生与呼吸和肠道疾病相关的临床症状。

当前临床表现趋于复杂，发病程度日渐加重，应引起我们的重视。目前出现的临床症状，如口鼻奇痒、腹泻、肌肉震颤、共济失调、后躯麻痹、眼睑水肿、皮下水肿及耳部皮肤增厚等。仔猪感染死亡率呈上升趋势，最高达100%。持续性感染，急性向慢性化转变，病毒亚型存在，各群免疫力不同，病毒感染源也不同，这样造成抗体无法同时产生而造成水平感染。常因更新母猪、外来猪群带来新的亚型而引起发病。.亚临床感染日渐普遍。这种非典型的PRRS是由一种可能是通过PRRS突变进化来的变异株引起的，可引起更严重的母猪繁殖障碍和仔猪较高的死亡率。

猪蓝耳病病毒感染急性过后的猪场经常发生继发感染，是流行病学的另一特征。这一现象和PRRS病毒的长期持续感染事实，使大多数人认为病毒可引起免疫抑制。PRRSV所致的肺损伤抑制了猪体的免疫力，使猪易发生继发感染。PRRS感染也可以恶化慢性传染性疾病。已有报道PRRSV能增强对猪链球菌的易感性。在这些试验中，在PRRSV攻毒3～7天后接种第2种病原。初步认为PRRS病毒可长期在青年猪易感猪体内循环存在。在感染的急性期，由于肺巨噬细胞的破坏，使猪对继发感染易感。但事情并非如此简单。双重感染的几个实验未能证明PRRSV和其他病原的相互作用。PRRS病毒不能加重多杀性巴氏杆菌，猪嗜血杆菌，沙门氏菌攻毒的临床表现。另一项研究中PRRS病毒感染14天后注射流感病毒，与单独感染相比发病率没有增加。因此，实验数据并不能清楚明确猪蓝耳病病毒的免疫抑制和慢性感染群中易继发感染的原因。至少这一切说明PRRSV造成的肺部损伤不是长期的，其免疫抑制也不是长期的。目前，该病和伪狂犬病、猪瘟、猪传染性胸膜肺炎、猪附红细胞体病等病混合感染呈持续上升之势。杨春莲（2004）报告了猪附红细胞体病与繁殖障碍综合症混合感染。

当较弱的毒株或病毒持续在猪群中感染时，主要呈地方性流行。猪群常常保持PRRS感染达数年，主要是长期的或持续的病毒血症和个别猪排毒，不断引入敏感后备种猪以及病毒在敏感的断奶猪中复制的结果。这时断奶猪和刚进育成舍的生长猪临床症状最明显。种猪群的临床症状常限于敏感小母猪或后备的公猪，由于这些种猪没有免疫力，被引入猪群后感染病毒，小母猪和公猪的急性临床疾病与前述一样。

总之必需明确，由PRRSV的特殊性其临床症状复杂多变，各地报道和发生的PRRS没有完全一致的临床特征。诊断时应注意鉴别。

（五）高致病性蓝耳病

据李富金等报道（2007）：流行病学，“经典蓝耳病”发病没有季节性，一年四季都可发，各种日龄猪都易感，但是主要危害乳猪和繁育母猪；通过呼吸道或公猪的精液经生殖道在同猪群间进行水平传播，也可以进行母子间的垂直传播。据报道，通过气源性感染可以使本病在3公里以内传播；猪群带毒率高，许多猪健康带毒；康复猪通常不会再发生感染。而这两年的“高致病性猪蓝耳病”往往春末开始，夏季暴发，传播迅速，蔓延速度快，猪场内先发于中大猪，后保育猪，随后全场大小猪都会发病；局部发病率50%～100%，死亡率30%～70%，个别猪场达80%～100%。

“经典蓝耳病”临床症状：由于年龄、性别和生理状态的不同，感染猪的临床表现也不同。妊娠母猪患该病，表现为突然厌食、发热、沉郁、昏睡，并出现喷嚏、咳嗽等呼吸道症状，有的母猪（特别是初次感染母猪）出现流产、早产、死胎、弱仔及木乃伊胎等；仔猪病情常常较重，以1月龄内仔猪最易感染；病猪呼吸急促，个别耳朵发紫，有时腹式呼吸，咳嗽，厌食，发热，体温达40℃以上，生长缓慢；后期皮肤青紫发给，常因继发感染使病情恶化，断奶前仔猪死亡率可达30%～50%；育成猪没有明显临床症状，有时表现为一过性发热。

“高致病性蓝耳病”的临床特征：为突然发病，传播迅速；皮肤发红、充血、淤血、片状甚至弥漫状，随后发白，个别有丘疹；双眼肿胀、结膜发炎，精神差个别有神经症状，站立困难；呼吸困难，有的流鼻液；怀孕母猪流产、死胎、甚至分娩中死亡；病死率高，多成败血症死亡；康复猪也有发病的，具有回潮性。

“经典蓝耳病”病理变化：仔猪主要病变在呼吸系统，肺肿大，间质增宽，个别可见肾脏有散在小出血点，淋巴结肿大，腹股沟淋巴结最明显，其他脏器病变不明现。

“高致病性蓝耳病”病理变化：具有多样性，病理变化以呼吸器官和肺脏最为严重，鼻、咽、喉、气管和支气管黏膜充血、出血，小支气管和细支气管内充满脓样渗出液，典型的间质性肺炎；有时胸腔积液；心肌表面弥慢性出血；肝肿大，呈暗红色或土黄色、质脆，胆囊扩张，胆汁黏稠；脾肿大，表面常见米粒大出血丘疹，有时边缘见出血性梗死灶。

全身淋巴结充血、水肿，切面外翻，病情严重的病例全身淋巴结常见出血性炎症，尤其是颈部、肺部和肠系膜淋巴结；肾淤血、肿大，有时常见出血斑、点，膀胱积尿，尿呈棕黄色；脑膜充血，脑水肿。

病原与致病性：“经典蓝耳病”与“高致病性蓝耳病”都属美洲株，“高致病性蓝耳病”部分基因缺失后毒株致病性增强，对各种年龄段的猪都有很强的致病力，而“经典蓝耳病”毒株仅对乳猪及繁育期母猪致病性强，表现明显的临床症状。两个毒株都会造成感染猪群免疫抑制及肌体抵抗力下降。

五、病理变化

没有继发感染的自然病例，PRRS病理变化不是致病性的。目前观察到的乳猪、仔猪、育肥猪和母猪病理变化不明显。PRRSV在猪中可诱发多系统感染，所有组织都可能被感染。

在首次暴发急性型都有病毒血症的过程出现，肉眼可见的病理变化常仅见于少数几个器官组织，如呼吸道和淋巴组织，全身淋巴结变化较为特殊。PRRSV感染的肉眼和显微病理变化在新生仔猪和断奶仔猪中最为明显。在诊断中应特别注意田间多数感染猪被一种或多种病原体共同感染，依此病理变化作为PRRS诊断依据容易发生误诊。PRRSV在母猪生殖道和胚胎中的损害特征性不强，也不总能看到。

据国外在发现本病后美国、加拿大、英国、荷兰、西班牙等国科研人员作了系统大量实验研究工作；国内褚贵芳（1997）报道利用郭宝清分离株人工接种PRRSV病理变化实验报告。国外学者认为PRRS田间病例除伴有继发感染变得复杂以外，一般尸体剖解大体正常。组学变化较小，仅局限于呼吸道病变。

国外学者在PRRS对肉猪群影响的研究中，结论认为存在典型的PRRS肺炎，观察到的临床和病理学疾病取决于流行在猪群的主要呼吸道病原。

单纯的实验PRRS病毒感染中，出现间质性肺炎和局部卡他性肺炎。同时脾髓巨噬细胞增大和产生空池。超微结构观察，存在肺巨噬细胞变性以及肺和鼻黏膜上皮细胞变性。同时也检出有内织网具有过量的空泡。研究英国病毒株的人员已报道在人工和自然感染英国PRRS毒株的典型病变；间质性肺炎和支气管上皮纤毛和微绒毛脱落。试验感染病例可发现肺组织的损伤，个别病例表现肺尖叶的实变，伴有轻微的淋巴结肿大。

在一项美国的研究中，感染的3周龄仔猪，出现中度弥漫增生性间质性肺炎，在肺泡内存在2型肺细胞肥大和增生，中度和轻度肺泡间隙浸润单核细胞和大量坏死细胞蓄积，同时混有炎性细胞。没有发现支气管和细支气管上皮损伤，但在一些较小气腔内（肺泡管）有坏死性细胞碎片。

西班牙研究人员发现实验用HuescalPRRS病毒，鼻内感染12头断乳仔猪（6～7kg），4头感染猪中仅1头在第二天扑杀时具有剖解肺部病变，主要表现肺小叶增厚实变，尤其是中叶和心叶的腹面。感染后第5天，4头猪中有2头肺实变，而在第9天，所有检测猪的分隔或相邻肺小叶均有实变，尤其肺中叶和附叶腹侧实变明显，而且尾侧叶或小叶尖端也较明显。其他脏器没有发现变化。

组织病理学变化，存在间质性肺炎，在肺泡腔或间隙内有渐进性细胞坏死。电镜观察，肺间质有许多变性坏死细胞浸润（中性粒细胞，浆细胞和Ⅱ型肺泡细胞）。也发现Ⅱ型小泡增生。有时细支气管上皮细胞也有变性。感染第九天，有一头猪有严重的化脓性支气管间质性肺炎。

在另一实验研究中，生长猪感染产生肉眼可见的多种肺实变病灶，下颌淋巴结充血和大肠浆膜出血，显微镜变化为间质性肺炎，巨噬细胞被破坏等。

由PRRS病毒产生的自然感染和实验感染病变已在美国明尼苏达和南达科州大学广泛研究。主要病变是间质性肺炎，淋巴单核细胞心肌炎和淋巴单核细胞脑炎。在母猪脑中发现局灶性血管炎，在胎儿中没有发现组织学变化。值得注意其他一些病因如流感等也能和PRRS一样引起间质性肺炎变化，但其病理变化应有差异。

国外20世纪90年代研究报道PRRS病理变化缺乏或轻微变化，在继发细菌感染时严重。应注视意与猪流感和猪呼吸冠状病毒病理变化鉴别；猪流感HIN1或H3N2，流感H1变异株病理变化是轻微肺隔叶实质变，肺轻度到严重充血，实变，肺重量增加。猪呼吸冠状病毒是轻度肺隔叶实变。

母猪：外观偶尔可见个别被毛粗乱，耳、外阴和腹部发绀，真皮内形成色斑、水肿和坏死。剖检母猪可见肺水肿、肾盂肾炎和膀胱炎。在自然流行和实验接种PRRSV诱发的繁殖障碍，主要特征为妊娠晚期发生流产和早产，胚胎自溶、木乃伊胎、死产猪和弱仔的数目增加。怀孕母猪实验感染PRRS病毒，其死胎和弱仔的胸腔中发现有大量清澈的积液。病毒感染的母猪产下的健康仔猪在8～12日龄剖杀时发现肺实变的小灰色病灶。显微观察，存在多病灶轻度肺炎并有单核细胞浸润增厚的肺泡间质。

PRRRS感染母猪的胎盘中发现有炎性和变性病变、病毒样结构存在于胎儿和胎盘毛细动脉细胞上，有时存在于上皮细胞间。

在妊娠母猪中通常没有特定的肉眼或显微损害。没有并发感染的流产，取其子宫作镜检，显现轻度至中度的淋巴浆细胞性子宫内膜炎和子宫肌炎，子宫内膜水肿也常见，淋巴浆细胞性胎盘炎出现较少。轻度的淋巴浆细胞性脑炎、轻度的多灶性组织细胞性间质性肺炎和淋巴浆细胞性心肌炎不一定看到。

仔猪共同病变：骨骼肌肉苍白、皮下、头部水肿、胸腹腔积液，肺多出现局灶性肺炎灶，表现为充血、出血、水肿，病程长的可出现胸膜肺炎和地方性肺炎。耐过猪呈多发性浆膜炎、关节炎、非化脓性脑膜炎和心肌炎等病变。Pol等则认为这些病理变化与继发感染有关，如脑炎、心包炎、胸膜炎和腹膜炎等都与继发感染链球菌、副嗜血杆菌有关，而肉样病变与感染斑疹和伤寒沙门氏菌有关。

新生仔猪：新生乳猪的肉眼和显微损害十分明显。肺有红棕色斑点，不能萎缩。感染组织和正常组织常难以明确区分。病变见于肺隔叶的前缘，感染范围，部分取决于毒株的致病力和感染后的时间。淋巴结呈中度到极度肿大，灰棕黄色，在颈前、胸腔纵隔和腹股沟部位淋巴结最明显，淋巴结切面多汁外翻灰白色。

镜检可见肺不同程度的多灶性间质性肺炎，主要特征为：肺泡间隔有单核细胞的浸润；Ⅱ型肺细胞肥大和增生；肺泡炎性和坏死性渗出液大量积聚。淋巴结明显的滤泡增生，滤泡坏死灶，深染小体巨噬细胞数目增加、滤泡内有核破裂碎片。滤泡有丝分裂指数增高，混合性炎症细胞使副皮质膨大。其他损害如淋巴浆细胞性鼻炎、脑炎和心肌炎在乳猪中也能看到。

哺乳仔猪：感染猪的肺不易萎陷，有数目不等的棕黄色和红色斑点。即使肺的肉眼损害不明显，镜检常显示间质性肺炎，与新生猪中所见者类似，但常较不严重，病灶更多。被PRRSV感染后出现最一致的肉眼损害，也是本病的一个标志，即显著肿大的棕黄色淋巴结。其他较不一致的肉眼损害为球结膜水肿，腹腔、胸腔和心包膜中透明液体增加。脑、扁桃体、淋巴结和心作镜检具有诊断价值。大多数PRRSV感染猪有不同程度的淋巴组织细胞性脑膜脑炎和脉络膜炎，特征为血管周套、血管炎、神经胶质增生和神经胶质结节形成。淋巴组织显现增生和局灶性滤泡坏死。淋巴浆细胞性和组织细胞性心肌炎在感染7天以后常能检出。心肌炎在心肌的内皮下和血管周围区最为严重。PRRSV感染也引发轻微到严重的非脓性鼻炎，伴有上皮性转化。

架子猪和育肥猪：血液检查可见白细胞和血小板减少。可见全身淋巴结肿大灰白色，尤以颌下、股前、肺门淋巴结更为明显。脾一般不肿大，有时边缘有丘状突起，所属淋巴结轻度肿大，边缘充血。肾轻度肿大，外观暗红色，有弥慢性暗红色淤点，切面有弥慢性条纹状出血。胃肠道病变不明显，有轻度的卡他性炎症，小肠系膜淋巴结轻度肿胀，切面灰白色。肝脏有弥慢性灰白色病灶。肺轻度水肿，暗红色，有局灶性出血性肺炎灶。

20世纪90年代中期以后出现的猪呼吸道综合征，PRRSV肺的病理变化由于混合感染而复杂化了，但PRRSV被认为是主要病原体，常见的共同病原体是猪肺炎支原体、多杀性巴氏杆菌和猪流感病毒。本复合征导致肺呈暗红和棕黄色，肺前部的30%～70%实变。支原体和细菌共同感染的结果，使病变和正常肺组织之间的界限更加清楚。镜检显示典型的PRRSV诱发的间质性肺炎是构成流行性肺炎或细菌性支气管肺炎的基础。脑炎和心肌炎与较小猪中所见者相仿，但通常较不普遍和较不严重。

公猪：PRRSV存在于公猪精液中，并通过精液传递给母猪。成年公猪用实验感染，不能看到一致的和明显的损害，但在病毒接种后104天，能自尿道球腺分离到PRRSV，由此推断PRRSV可能自副性腺排出。在公猪中诱发的损害和抗原分布的详细研究尚无报道。

发育成熟的死胎猪：体表淋巴结如下颌、股前淋巴结肿大，有充血、出血的变化，肌肉呈“鱼肉样”；脾无明显变化；肾外形不整，表面有弥慢性出血点；心肌柔软，发育不良，右心轻度肥大，心冠脂肪周围有时有少量的出血点；肺暗红色，轻度淤血水肿，有局灶性肺炎灶；胃肠无明显变化，有的小肠淋巴结轻度肿大。

胚胎：跨胎盘感染后引起的胚胎损害对诊断有用，然而不一定能看到，因为它们不是PRRS特有的。一个典型的感染窝猪中可能包含正常胚胎、死产猪、棕色和自溶的胚胎，胚胎表面覆盖一层黏性的胎粪、血液和羊水的混合物。胚胎中最一致的肉眼损害是脐带有部分到全长出血。肾周和结肠肠系膜水肿也常看到。

镜检可以看到部分的坏死性脐带动脉炎，特

征为脓性纤维蛋白性炎，血管内层和肌层坏死，壁内和血管周出血。在有些病例中可以看到间质性肺炎，特征为肺泡间隔有单核细胞浸润，2型肺细胞肿大和增生，炎性和坏死性混合肺泡渗出液增加。如发现坏死性和淋巴浆细胞性肺动脉炎也有诊断价值。在妊娠45～49天实验感染的胚胎中有细支气管芽坏死和肺出血。透明细胞性心肌炎、心肌纤维变性、淋巴浆细胞性血管周脑炎较少看到。

各种组织的巨噬细胞对PRRSV均易感，PRRSV侵入机体后，造成的组织损伤主要在肺，肺泡巨噬细胞是PRRSV的靶细胞，尤其是青年猪的肺泡巨噬细胞，造成严重的间质性肺炎，感染后第二天即可对肺造成损害，7d左右损伤可波及整个肺尖叶、心叶、隔叶，呈多中心性病灶，也可能某一区域极为严重。镜检肺泡壁增厚，并有单核细胞及巨噬细胞浸润。病毒对肺泡巨噬细胞侵害严重，感染后7d，40%以上的肺泡巨噬细胞被破坏，存活细胞功能下降，这就是为什么感染本病后易患呼吸综合征的缘故。14d淋巴结明显肿胀，主要变化是坏死。镜检免疫器官，如脾、胸腺、扁桃体、肠系膜淋巴结等淋巴组织呈现衰竭状态。PRRSV侵入细胞后在细胞内增殖使巨噬而细胞破裂、溶解、崩溃，造成肺泡巨噬细胞数量减少，肺泡壁增厚，淋巴组织呈现衰竭状态；同时也降低了肺泡巨噬细胞对其他细菌或病毒的免疫力，使其他细菌或病毒继发感染，如多杀性巴氏杆菌（PM），猪链球菌（SS），猪副嗜血杆菌（HP）、猪放线杆菌（AS）、猪巨细胞病毒（PCMV）、猪鼻支原体（MHR）、猪圆环病毒2型（PCV-2）等，这是本病常和其他疾病同时存在的根本原因。

我国学者观察到猪繁殖与呼吸综合征病毒死胎和弱仔有肉眼可见的病理变化，表现为头部水肿，特别是眼结膜、鼻两侧，后肢内侧水肿，并见有大面积出血性湿润，下领和肠淋巴结以及扁桃体水肿，并弥散性出血，腹腔积液，肺尖叶、心叶和隔叶前有暗红色肉变区，心外膜点状出血，肠系膜充血，胃底出血，黏膜脱落，肾表面点状出血明显，脑软膜轻度淤血。Pol等则认为这些病理变化与继发感染有关，如脑炎、心包炎、胸膜炎和腹膜炎等都与继发感染链球菌、副嗜血杆菌有关，而肉样病变与感染斑疹和伤寒沙门氏菌有关。

剖检病变主要为各种年龄的猪淋巴结肿大灰白色（图2.2.3-10、11、12、13、14）与肌肉灰白水肿（图2.2.3-15），仔猪多因免疫功能降低而伴发支原体性肺炎（图2.2.3-16）出血性肺炎和间质性肺炎（图2.2.3-17）或继发传染性胸膜肺炎，肾出血（图2.2.3-18）和肝坏死（图2.2.3-19）。

组织学变化：肺脏病变和微循环障碍为主。肺脏见有灶性间质性肺炎变化，是PRRS病毒感染最常见的组织病理损害，即肺脏病变以间质性肺炎为主，有时表现为支气管炎。常见坏死细胞聚集，有时为坏死性支气管炎，细支气管黏膜上皮细胞肿大、增生、有的脱落；管腔内渗出物中有少数脱落上皮细胞和巨噬细胞，细支气管周围有淋巴细胞和巨噬细胞浸润，肺泡隔不均匀增厚，肺泡壁增厚，间隔多量巨噬细胞和淋巴细胞浸润，主要是肿大、增生的毛细管内皮细胞、巨噬细胞和浸润的淋巴细胞。泡腔出现蛋白碎片聚集物和嗜酸性胞浆过多而胞核缩小和衰老细胞。有时还可见细胞轻度肿胀，空泡化。支气管上皮细胞纤毛的套管样脱落（图2.2.3-20、21），细支气管上皮细胞变性，有的细支气管内充满脱落的细胞；肺间质性肺炎（图2.2.3-22），肺巨噬细胞的活化增生（图2.2.3-23）。

淋巴结：几乎所有的病猪的淋巴结都发生了严重的坏死性变化。淋巴结的淋巴小结变性坏死和细胞免疫应答的出现（图2.2.3-24、25、26、27、28）。

肾出血性肾小球肾炎（图2.2.3-29、30、31）。肝细胞变性坏死（图2.2.3-32），心肌变性（图2.2.3-33）。

鼻甲介骨黏膜上皮鳞状变性，纤毛脱落，细胞肿胀、变圆，出现小囊腔，嗜中性白细胞增多，黏膜下层出现中性粒细胞炎性浸润。

可见脑干、中脑和大脑的白质尤其是髓质呈多灶性单核细胞性脑炎，出现由巨噬细胞、淋巴细胞、浆细胞及核碎片等组成的“血管套”。母猪可见脑内灶性血管炎，脑髓质可见单核淋巴细胞性小血管套。可见非特异性脾炎，动脉周围淋巴鞘的淋巴细胞减少，细胞核破裂和细胞空泡化。此外，在心、肾和胃等部位偶可见到血管周围炎和间质组织炎性浸润。胸腺皮质、扁桃体滤泡、肠系膜淋巴结淋巴细胞减少。肝窦扩大，内含大量嗜中性白细胞，细胞变性坏死。

皮下毛细管内皮细胞肿大，活化，排列紊乱，有的增生导致微循环障碍引起皮肤发绀。

血液涂片检查发现，PRRS病猪外周血液中淋巴细胞数量明显减少，大多数淋巴细胞变性、坏死，表现出淋巴细胞肿胀、破碎，很难见到正常淋巴细胞；病猪淋巴细胞平均占白细胞的32.9%，而健康猪为40.3%。电镜观察发现，淋巴结和脾淋巴细胞的线粒体、粗面内质网都受到了损伤，使其合成和分泌抗体的能力降低，从而不能有效地抵御各种有害物质的侵袭。

有报道免疫病理变化主要表现在肺和淋巴结，因为PRRSV主要是在单核巨噬细胞系统内进行复制的，PRRSV侵害免疫器官是因为淋巴结和脾含有丰富的血管及大量的游离或固定的巨噬细胞。当病毒随血流进入淋巴结和脾脏后，除引起广泛性血管炎和炎性细胞聚集外，病毒还随渗出物进入组织各部位并被巨噬细胞吞噬，同时病毒在其内复制，结果造成坏死性炎症的特征性变化；在淋巴结这种损伤几乎是全身性的，脾的这种变化也是普遍存在的，只是程度不同而已。由于淋巴结、淋巴小结和副皮质区及脾脏的白髓和红髓都受到了广泛性的破坏，致使机体的体液免疫和细胞免疫能力降低。猪肺血管内巨噬细胞在清除血液内的细菌和其他有害粒子方面具有十分重要的作用。猪血管内巨噬细胞对PRRSV极为敏感，表现为直接导致受感染的巨噬细胞对血液中异常颗粒物质的清除能力降低，同时对肺泡洗液检查，证实巨噬细胞数量明显减少，正常猪肺泡洗液巨噬细胞占所见细胞95%，PRRSV感染猪则为50%；Done用PRRS美洲株VR2332感染猪后，观察到感染猪肺部淋巴细胞暂时减少，对循环血液细胞有破坏作用。结果表明，肺泡巨噬细胞、血管内皮细胞及其他部位的单核巨噬细胞系统的细胞都受到了普遍性的损伤，表现为肿胀、坏死、脱落和发生广泛性的溶细胞作用；各级支气管黏膜上皮细胞肿胀、坏死、脱落，从而使支气管、细支气管的清除机能严重破坏。

六、诊断

由于猪繁殖与呼吸综合征临床症状并不十分典型，并且存在很大部分亚临床感染，所以仅靠临床症状诊断比较困难。确诊则有赖于病毒的分离鉴定及血清学检查。

临床流行病学及病理学诊断，在生产的各个阶段，根据猪群中发现有繁殖障碍，当暴发急性PRRS时，妊娠母猪后期发生流产、死胎、弱胎，新生仔猪死亡率高，出现呼吸道症状，组织病理检查，发病仔猪的间质性肺炎具有特征性。由于母猪及肥育猪除非在继发感染其他病原体的情况下，否则，不表现肉眼可见的病理变化。而其他猪临床表现温和猪群整体生产情况不理想，就要考虑PRRS。即使临床症状不明显，或缺少临床症状也不表明猪群中无PRRS病毒。或参照荷兰制订的三项诊断指标，即死产至少20%以上，流产母猪至少为80%以上，断乳仔猪的死亡率至少为26%以上。取其中两项作为诊断依据，可做出初步诊断。

PRRS的诊断目前主要用病毒分离鉴定，借助血清学试验检测PRRS抗原及其抗体。由于细胞制备和PRRSV不同毒株对细胞的选择性生长及毒株间的抗原差异，使实际诊断工作复杂、目前已建立血清学方法用于检测猪血清中的PRRSV抗原及其抗体：如免疫氧化物酶细胞单层测定（IPMA）、间接荧光抗体试验（IFA）、中和试验（NT）、免疫酶技术（ELISA、Dot-ELISA）等。

（一）病毒的分离与鉴定

目前多将猪原代肺泡巨噬细胞、CL2621细胞系和Marc145细胞用于该病毒培养的分离。

细胞培养法：病毒分离样品选择和采取的所有操作应为无菌规程进行。用免疫组化技术检查发现，病毒存在于病猪的肺泡巨噬细胞，细支气管上皮、肺泡上皮细胞，脾脏的红髓及边缘区的巨噬细胞内。①病毒分离的首选材料是肺、扁桃体、脾、淋巴结和血清，死产和流产胎儿的脾肺血清和胸水是适宜的检验材料，弱胎猪和有呼吸道症状的急性感染猪的检出率最高。②常用细胞培养法的细胞系：已知PRRS病毒能在猪肺泡巨噬细胞（PAM）、传代细胞CL2621和Marc145等细胞系生长。③病毒的分离取流产胎儿，新生仔猪的肺、脾、肝、肾、心、脑、扁桃体、支气管、淋巴结、胸腺和骨髓匀浆制成悬液，进行分离病毒。用含抗生素的维持液（含2%胎牛血清随MEM营养液）做1∶10

稀释，4500r/min离心30min，经0.45nm滤膜过滤，上清用MEM做1∶30稀释，接种于猪肺泡巨噬细胞（PAM）或CL2621、MA104细胞单层，于35℃吸附24h，加含4%胎牛血清的MEM，培养7d，观察CPE。首次传代有时可能无CPE，需盲传2~3代。不同的毒株可能适应不同的细胞系，有些毒株仅能在PAM或仅能在CL2621细胞中生长，欧洲株在PAM上的复制速度更快、效率更高，而CL2621更有利于北美毒株的分离。出现CPE并能被特异的抗血清中和的样品即为PRRS病毒。也可将分离到的病毒用免疫过氧化物酶单层细胞试验进行鉴定。大多数分离物都能适应PAM，尤其是用血清作为分离样品，但不同的毒株对不同细胞是有选择的。有的只能在一种细胞上生长，有的可在多种细胞上生长。以血清和肺组织分离成功率最高，木乃伊胎最低。可用于病毒鉴定的技术有单克隆抗体或多克隆抗体免疫荧光抗体技术和单层过氧化物酶试验，RT-PCR技术以及电镜技术。

（二）抗体检测技术

1. 免疫过氧化物酶单层试验（IPMA）　IPMA是最早报道用于检测PRRSV抗体的方法，本方法由荷兰中央兽医研究所的Wensvoort于1991年率先建立的，是目前欧盟最常用的PRRS诊断方法，特异性和敏感性好，该方法能在感染后6天的猪血清中检测到抗体，其缺点是试验结果主要靠主观判断，不能自动显示，操作复杂，费用高，有时出现假阳性；因而不适用于大规模检测，在我国未广泛使用。

2. 间接免疫荧光抗体试验（IFA）　IFA试验首先在美国应用于PRRS的诊断，与IPMA相当，可在感染后2～3周检测出抗体，已经成为欧美各国官方认可的权威检测方法，IgG—IFA检测的是IgG，最早在感染后6天即可检测出血清抗体，比ILISA检出时间提前1～2天。

3. 酶链免疫吸附试验（ELISA）　主要用于检测猪繁殖与呼吸综合征病毒抗体。具有敏感性、特异性高，抗原用量少，不需要特殊仪器，快速、经济，结果便于长期保存等优点，适于短期内大批量血清样品的检测，已有很多国家将本方法列为常规检测方法。

4. 血清中和试验（SN）　血清中和试验（SN）由于SN抗体比IFA抗体出现得晚，所以本方法对急性感染的检出率较低。

（三）分子生物学诊断技术

随着分子生物学的发展，有许多分子生物学方法用于PRRSV的检测，可采用RT-PCR、巢式PCR、原位PCR、RT-PCR-RFLP以及核酸探针技术直接检测病料组织中的病毒。由于PRRSV的抗原型的差异，一种方法只有使用两种抗原亚型才能检出A、B两群的抗原或抗体，这就给实际操作带来不便。目前血清学方法只能用于评价猪群PRRSV感染状况，若要确诊仍需进行病毒的分离鉴定。在生产实际中，用不同方法或同一方法不同单位提供的试剂进行检测，其结果往往差异较大。

单克隆抗体技术和分子生物学诊断方法为诊断该病提供了方便。现已制备了多种针对核衣壳蛋白上不同抗原表位的McAb。除由VR2332制备的McAb　SDOWD可识别N蛋白上一个保守表位外，大多数McAb只能分别识别美、欧毒株，用于分型。由于PRRSV体外培养的实验室宿主系统PAMs、CL-2621、Marc-145不易获得及PRRSV不同分离株对以上细胞的选择适应性生长的限制，使得PRRSV的分离培养复杂、费时。人们开始利用RT-PCR，核酸探针、序列测定和原位杂交等方法对PRRS进行分子诊断和分型，从分子水平揭示抗原变异的基础和毒株演化过程。RT-PCR扩增病毒基因组的通用引物分别针对欧美毒株的特异性引物进行分型鉴定。嵌套性RT-PCR中同时使用通用引物和特异性引物在一次PCR反应中即可进行分型诊断。利用反转录扩增所得的cDNA片段进行放射性同位素或光敏生物素或地高辛标记后制备DNA探针，通过Northern杂交检测PRRSV培养物或病料中提取的RNA，也是一种简便、稳定的诊断方法。另外对PRRSV的基因序列分析的研究表明：欧洲型和美洲型可能是病毒在环境选择压力下进化成的不同基因型，PRRSV的基因分型和抗原分型基本一致，其基因序列的差异是抗原型差异的基础。

RT-PCR试验：Suarez等应用RT-PCR建立一种直接检测PRRS病毒法。以RT-PCR法扩增从西班牙分离的7株病毒的312bp片段，进行克隆和测序。显出与PRRS病毒核糖核酸序列同源性达96%～97%。用3周龄仔猪实验感染后5天的各种组织病料样品，用RT-PCR检测PRRS病毒均为阳性，病毒滴度以肺泡巨噬细胞中最高（105TCID50），肝、脾较低（102TCID50）。RT-PCR法检测PRRS病毒有高度特异性。Woensel等用PCR反法能检测出在细胞培养物中，或精液中30个感染单位（TCID50）的PRRS病毒。对精液的检测，PCR法比PAM法敏感上10倍，是一种可代替细胞培养法检测PRRS病毒的良好方法。

已有用免疫组化和免疫荧光方法用来直接检测组织样品中猪繁殖与呼吸综合征抗原的报道。这两种方法比用病毒分离方法更迅速且无须细胞培养设施。也有用原位杂交法能检测和区别猪繁殖与呼吸综合征病毒北美株和欧洲株基因型的报道。反转录一聚合酶链反应（RT-PCR）以及套式PCR法检测病毒RNA的敏感性很高，现已广泛用于包括血清在内的多种组织的检测。多重PCR还可用于区别北美和欧洲型猪繁殖与呼吸综合征病毒分离株。最近，开发了PCR产物进行限制性片段长度多态性分析的方法，可用于猪繁殖与呼吸综合征野毒株以及疫苗分离株的分子流行病学检测。

应注意与其他繁殖障碍和呼吸道疾病进行鉴别诊断，如应与伪狂犬病、猪圆环病毒病、猪细小病毒病、猪瘟、猪流行性乙型脑炎、猪呼吸道冠状病毒病、猪脑心肌炎、猪血凝性脑脊髓炎以及其他细菌性疾病进行区分。

目前，中国动物疫病预防控制中心、中国兽医药品监察所已成功研制出高致病性猪蓝耳病病毒专用诊断试剂和新型疫苗，为下一步防控高致病性猪蓝耳病工作提供了有力技术支撑。（中央政府门户网站：www.gov.cn，2007年05月10日，来源：农业部网站）

七、免疫学

PRRSV的免疫学特性和免疫抑制机理的研究受到国内外学者的关注。现将国外内有关实验研究综述简介如下。

PRRSV的免疫学与其他病毒病的免疫应答有许多差异（例如猪瘟弱毒苗接种后72h产生中和抗体即可获得坚强免疫。），PRRSV感染猪的免疫应答，通过检测血清中的特异性抗体进行研究。抗体的出现与疾病症状、病毒血症和病毒排出的消退有关。猪康复后获得了免疫力，在随后的攻击中得到保护。但耐过母猪获得的免疫力不能保护胎儿垂直被感染；而被感染的母猪康复后（耐过）获得的免疫力不能消除体内的PRRSV；成为持续感染的病毒携带母猪。此为困扰当前猪场防控本病的技术难题。

体液免疫应答：国外许多实验感染后7天出现特异性IgM，14天出现特异性IgG，多种技术可以检验体液免疫应答，这类体液免疫应答达不到免疫保护。用间接荧光抗体试验（IFA），免疫氧化物酶细胞单层测定（IPMA），免疫酶技术（ELISA、Dot-ELISA）、中和试验（NT）试验方法检测结果是感染后5～6周抗体滴度达最高值，而中和抗体产生较迟，一般在感染后4～5周开始出现，感染后约10周达最高值。公猪中和抗体的出现更迟，约在感染后10周，到18周达最高值。

在母猪和公猪中抗体应答的持续时间未详尽记载，因为大多数试验期较短。血清学阳性的母猪将抗体分泌到初乳中，乳猪生下时为血清学阴性，它们从初乳获得母源抗体。

抗体能保护动物抵抗再感染，它们对病毒的主要蛋白，如ORF-7编码的核衣壳蛋白、ORF5编码的囊膜蛋白、ORF6编码的膜蛋白、以及ORF2，ORF3和ORF4编码的蛋白产物起反应，它们都很容易检测。

针对囊膜糖蛋白的抗体能中和病毒感染力，用ORF5或ORF3的重组蛋白免疫能提供部分保护力。抗核衣壳蛋白的抗体没有中和作用，因为蛋白不在病毒粒子的表面。针对ORF4蛋白的抗体能中和LV的感染力，ORF4蛋白是否存在于病毒粒子表面，能否中和北美株，都尚未清楚。PRRSV蛋白的氨基酸序列测定证明了抗原性的变异，也反映针对PRRSV分离株的单克隆抗体的专一性。为此用猪抗血清检测全病毒或被病毒感染的细胞作为血清学诊断，比用单克隆抗体或纯化的重组蛋白作诊断更为可靠。然而有些单克隆抗体具有一定范围的交叉反应性，超过多价抗血清。

细胞免疫应答：国外关于PRRSV感染的细胞免疫应答研究尚不明了。仅有感染后3～9天出现短暂性淋巴细胞减少，这是PRRSV感染的一个标志。然而在感染后14天，外周血液中淋巴细胞总数正常，T

细胞CD8增加的报道。

在病毒增殖过程中，可能由于巨噬细胞（PAM）的破坏而引起免疫抑制，由此推断呼吸道发病率增加和猪场生产力受损失，疫苗接种的失败都与此有关。然而要证实PRRSV感染的免疫抑制效应，和加剧并发感染一般不能成功。有人认为动物存在抗体时反而加剧PRRS的严重程度，这是由于与病毒结合的抗体，通过FC受体促使病毒进入巨噬细胞，然而尚无有说服力的资料支持这种假设。

疫苗：因PRRSV抗原变异大，国外已有的商品疫苗生产，没有交叉保护性。例如在北美的商品疫苗生产，应用结果表明有些动物接种后血清不能转阳，没有交叉保护性，几次接种减毒疫苗后显示免疫无应答性。因为接种动物存在遗传学和环境的差别，影响免疫应答的强度。由于野毒株不断在遗传学和抗原性的变异和预防接种引起的免疫学选择，导致变种的产生，逃避了市售疫苗提供的保护。

当前研究进展：目前对于PRRS免疫学的知识仅仅是初步的，至于它的保护性免疫应答的主要特征还存在很多疑问。这些包括抗体在病毒感染巨噬细胞中的作用，PRRS介导的免疫抑制的存在和后果，出生时就有病毒血症乳猪的免疫应答，这些问题的解答在控制和预防PRRS中甚为重要。

但亦有与上述观点不同的实验结果。临床上大部分猪从PRRS康复后可产生免疫，然而有一定比例的猪场在以后再次感染。西班牙研究人员曾报道母猪怀孕期再次感染PRRS的试验初报。血清抗体阳性母猪当再次感染时明显影响较轻，但第一次感染后超过5个月，母猪再次感染还会致病。公猪感染PRRS有这种情况发生。

美国采用IFA检测感染猪群的抗体情况，幼猪在开始时PRRS抗体呈阳性，四周龄时即转成阴性，接着在6～7周龄时又转成阳性，并保持1:1024滴度直至6月龄。在一项研究中43%哺乳猪在6～7周龄时PRRS病毒抗体呈阳性。存在的抗体能以许多方式预防和控制病毒感染。

⑴通过中和病毒，因此达到阻止细胞感染。

⑵用抗体包围病毒感染的细胞，通过补体结合受体使巨噬细胞连接到感染细胞上，引发吞噬作用。

⑶通过抗体依附的细胞毒作用。

⑷增加具有补体结合受体细胞的病毒感染（一种依附抗体的加强作用），这种现象在其他RNA和DNA病毒中也得到证实。

在一个近期的美国研究中提出，PRRS病毒复制可以由病毒特异抗体而得到加强。这是一种通过单核巨噬细胞清除病毒的正常免疫应答反应。但在PRRS感染中，这种免疫复制形式可能参与建立和保持持续感染。作者认为由于存在这种抗体，病毒抗原复制增加2～4倍，感染病毒抗体滴度增加10～100倍。从而得出抗体并不总起抗病毒感染作用，而且在这种免疫复合形式中的抗体能够加强病毒复制。

PRRS病毒株之间无交叉保护作用，因而制作疫苗时需考虑对抗所有病毒株。然而经修饰的活苗制备自美国的ATCCvR-2332毒株. 对Lelystad欧洲株在生长猪中使用显示交叉保护作用。

至于所关注的成年猪，通过巨噬细胞培养制成的灭活苗已在西班牙试用。怀孕一个月母猪经免疫接种，20天后再接种一次，然后在怀孕70～80天时攻毒。免疫接种母猪有血清抗体转换，并产出23头正常仔猪和2头死胎，而对照母猪产出36头死胎，没有一头正常仔猪。PRRS免疫的详尽机理还不清楚。通过血清学试验发现抗体很明显没有保护性，当然在巨噬细胞培养物中抗体不能中和病毒，而且血清阳性动物也同时有病毒血症。

SN和IFA监测的抗体对病毒VR-2332似乎能加强其复制。感染病毒后一周IPMA抗体就产生，第二周抗体增加，且能持续存在在某些情况下康复后超过一年。

对血清学反应的解释

1. 血清学阳性个体　血清抗体阳性表示该猪在某一时间几乎一定是感染过PRRS病毒，但不一定目前仍受感染和具有传染性，但有其可能。采用IPMA方法监测可能有2周或更长时间的病毒血症和抗体阳性共存。

在PRRS病毒感染后，猪通常数月有时超过一年呈血清抗体阳性。急性发病后，母猪和青年母猪保持血清抗体阳性至少一年。血清阳性和其免疫力之间关系目前还不清楚，仔猪由于接受母源抗体而血清可能阳性，但在一月龄左右开始下降，而至约6月龄时，主动感染发生导致血清学又呈阳性。

2. 血清学呈阴性个体 尽管猪群发生PRRS，但某些个体血清学抗体呈阴性。在荷兰发现一个感染场中8%母猪抗体保持阴性（采用IPMA试验），而另一个感染场10%和15%的母猪抗体保持阴性。

法国在刚发生PRRS时感染群中45%血清呈阴性（IPMA试验），但其中仅7%对ELISA试验血清阴性。另一系列样品中17%血清呈阴性，抗体经数月后（有时超过一年）下降。因此，血清阴性并不说明该猪以前没有感染过。有人报道，血清阳性母猪在4～6月后转成阴性。还不清楚血清阴性猪是否是病毒携带者，认为这不太可能。猪在感染早期，可能是带毒，同时血清抗体呈阴性。

PRRSV的免疫学特点：

1. PRRSV特嗜感染的靶细胞是猪肺泡巨噬细胞 肺泡巨噬细胞是猪体内重要的免疫细胞，亦是非特异性的预防由经外界空气传递病原微生物的重要门户，肺泡巨噬细胞一旦被感染后其在数量上大大减少，其非特异性杀菌能力和分泌细胞因子方面也发生相应的变化；结果导致肺屏障功能紊乱。早期的研究就表明PRRSV感染可导致猪肺泡巨噬细胞比例明显下降，从95%下降到50%，分泌的白细胞介素-1（IL-1）和肿瘤坏死因子-α（TNF-α）等的水平升高。

2. PRRSV可抑制肺泡巨噬细胞的非特异性杀菌能力 巨噬细胞的功能也发生相应的变化，清除血源性颗粒能力减低。已有研究表明，PRRSV感染早期可引起猪肺泡巨噬细胞和外周血单核细胞的凋亡，外周血中的CD3+、CD4+、CD8+和SLA-DR+细胞比例下降，淋巴细胞的增殖活性受到影响，IL-2和TNF-α的分泌量提高。PRRSV感染可导致猪瘟疫苗的体液免疫受到明显抑制，外周血淋巴细胞的IL-4和IL-10基因尤其是IL-4基因的转录受到严重抑制，猪肺泡巨噬细胞和外周血单核细胞表面MHCI（SLA-I）和MHCII（SLA-DR）类分子表达下调。国内外的资料表明PRRSV感染对猪肺泡巨噬细胞功能、细胞免疫和体液免疫均具有明显的影响，PRRSV感染具有明显的免疫抑制作用。

关于猪蓝耳病免疫至今仍说法不一，现介绍一些与猪蓝耳病免疫的相关的一些研究成果。各种传染病都有其相应的特异性病原体，由于不同病原体都具有其特有的生物学特性，对机体器官具有特异的选择性。当病原体侵入机体后，机体就要发挥其特异性和非特异性免疫反应，试图抑制和消灭病原体；机体对各种病原体具有准确的识别能力和反应特性。如免疫淋巴细胞具有识别抗原的特性。病原微生物也同时形成各种对抗方法来确保本身在宿主体内的繁殖和存活。这样病原微生物一旦逃脱了机体的免疫系统，如果病原体未被消灭，则机体和病原体相互斗争过程中出现一系列的免疫学上的机能、形态学变化，则猪只就会发病。病原微生物在机体持续稳定地增长，致宿主的组织细胞造成损伤，此时机体的免疫系统出现了免疫应答。

宏观上猪的免疫系统在胎儿期开始萌发直到出生后4～8周才发育的比较完全，而且随着个体的生长，免疫系统还在不断地发育完善。当在子宫中感染了猪蓝耳病病毒，但出生时仍存活的猪会变得比较虚弱，往往在断奶之前死亡，或成为持续的带毒者。在出生后早期感染蓝耳病的猪往往呈呼吸症状；此为PRRSV在肺巨噬细胞内增殖引起肺氧和二氧化碳的分子交换，而引起呼吸障碍。在母猪怀孕后期感染则表现为严重的繁殖障碍；在非孕期或怀孕早期则症状不明显。这些观察结果表明，随着日龄的增加免疫反应将逐渐增强，但当感染严重损伤免疫系统时，则机体的免疫应答将会不明显。

3. PRRSV特性是它以逃避免疫系统的监视 使机体延迟产生保护性的抗体或其他免疫因子的时间达4～6周之久，有些猪只甚至成为病毒的携带者，持续不断地释放病毒达3～4个月，即使是那些胎盘内感染的仔猪出生后也可以成为病毒携带者。蓝耳病病毒在猪体内的持续性存在证明该病毒可以导致免疫系统发生重要的改变，出现免疫抑制，与此同时在呼吸系统发生其他病原体的继发感染。

4. 猪的呼吸与繁殖器官是PRRSV的主要感染部位 但巨噬细胞并不是肺部感染蓝耳病病毒的主要的或惟一的细胞，因肺泡的Ⅱ型肺细胞也可以感染PRRSV，此外大量的未成熟的白细胞也是PRRSV的携带者。当猪只在感染PRRSV时．蓝耳病病毒一方面可以减少白细胞介素-10（IL-10）的产生，也可以减少γ一干扰素（IFN-γ）的产生，从而进一步减少细胞介导的免疫反应。

从实验免疫上的研究成果可以从理论上对本病的认识加深理解，为本病的诊断与防制确立信心。

PRRSV感染后，猪免疫系统参与了病毒导致的疾病发生和感染的免疫保护作用。PRRSV感染引起T.细胞亚群的变化和肺泡巨噬细胞数量和功能的变化；急性期感染能够促进一些细菌和呼吸道病毒的继发感染；病毒囊膜蛋白E能够诱导细胞凋亡。PRRSV感染后，核衣壳蛋白N和基质蛋白M能够较早诱导机体产生抗体，但无中和作用；囊膜蛋白E产生中和抗体有一定的免疫保护作用。PRRSV感染后也能引起特异性细胞反应，但免疫保护中的作用还不清楚。

5. 持续感染与PRRSV感染的特点 PRRSV的持续性感染包括感染猪只体内病毒的持续性存在和污染场内感染猪群的持续性存在。在人工感染猪中，感染后2～3周内出现病毒血症，随感染动物的年龄和感染的病毒剂量不同，病毒血症持续的时间不同，有研究认为可以持续6～7周。在肺脏、血细胞和淋巴组织中可以分离到病毒。Mengelin认为感染持续期内，PAM分离病毒的效果最好，可长达感染后70天，而从血清、扁桃体和肺组织分离的效果次之。正因为病毒的持续性存在，给肺脏造成显微或肉眼可见的病变，那么就可能使局部的免疫受到抑制，为继发感染创造了有利条件。但关于PRRSV能否导致免疫抑制目前还无定论。

在PRRSV污染的猪场内，净化是一个非常棘手的问题。怀孕母猪在不同时期感染后，抗体滴度不同，存活仔猪体内的抗体有些能够用ELISA方法检测出，有些不能。但到育成或育肥阶段，一些ELISA阴性猪能够检测出抗体。而且尽管仔猪开始时有高滴度的母源抗体，到4周时抗体水平下降，8周龄左右降至最低点，以后又逐步回升。青年猪的抗体水平不一致，在一些应激因素的影响下，可以排毒给易感猪，造成新的一轮感染。所以，在污染场内，猪群持续性感染的原因包括：易感猪群在感染急性期内不完全感染；新的易感猪群的引入；应激条件下，潜在排毒猪群排毒污染易感猪群；感染母猪所产仔猪随母源抗体的迅速下降，青年猪群成为易感猪或几个月后重新感染；主动免疫也可能造成病毒感染。因此病猪排出大量病毒使周围舍其他猪造成重复感染。尤其在饲养密度过大时更是如此。一批一批如此重复下去可以解释为什么感染持续存在。为控制持续感染的发生和存在，可考虑在临界点时进行免疫接种灭活苗和弱毒苗。

6. 免疫抑制 PRRSV主要侵害猪体的巨噬细胞系统，特别是肺泡巨噬细胞，使感染猪的免疫力降低，引发免疫抑制，造成多系统多器官疾病，如病毒血症、间质性肺炎、血管炎、淋巴结病、心肌炎和脑炎等，肺泡巨噬细胞的比例明显降低，肺泡巨噬细胞中的炎性细胞因子（IL-1和肿瘤坏死因子）的活性增强，细胞的非特异性杀菌活性受到抑制，并伴有循环淋巴结细胞的破坏及黏膜纤毛系统清除系统的破坏，对其他疾病的易感性也增强，也可恶化慢性传染性疾病。感染的肺泡巨噬细胞或外周血单核细胞表面的抗原表达调节能力下降或丧失，使在循环抗体存在的情况下，通过细胞免疫监视系统不易将病毒从感染猪中清除而导致长期的病毒血症和持续感染。Galina等证实，PRRSV可加剧猪链球菌（Streptococcussuis，SS）感染。ReethV发现PRRSV会加重呼吸道冠状病毒（Porcineres piratory corona virus，PRCV）和猪流感病毒（Swine influenga virus，SIV）引发的病情，但对后者的复制无明显影响。Rovira等通过感染试验发现，PRRSV可促进猪圆环病毒2型（Porcinecircovirus-type2，PCV-2）在猪体内的增殖，使猪病理变化明显加重。在PRRSV感染猪中，经常分离出猪胸膜肺炎放线杆菌（Actinobacilluspleuropneumoniac，APP）、猪肺炎支原体（Mycoplasmahyopneumoniae，Mhp）、化脓性放线菌（CA）、副猪嗜血杆菌（Haemophilu-parasuis，HPS）等。但也有许多研究证明，PRRSV引起的免疫抑制是暂时性的，仅在肺中并局限于一定的水平。大量试验表明，事先接种PRRSV对随后的副猪嗜血杆菌、多杀性巴氏杆菌（Pmc）、猪胸膜肺炎放线杆菌、猪肺炎支原体等病原没有激化作用，并不加剧它们的致病变程度。这些证据显示，PRRSV对免疫系统的影响也许不是严重而持久的。

由PRRSV引发的猪的呼吸道病常伴发细菌感染是PRRSV感染的一大特征，由PRRSV引起的免疫损伤和在合并症中各种病原微生物的关系在试验中没有得到复制，不同PRRSV毒株在诱发机体产生免疫抑制方面的差别也没有得到比较。所以在没有实验室证据前，应慎重看待PRRSV在诱发猪体产生免疫抑制方面的作用。PRRSV可在单核细胞系与巨噬细胞系细胞内复制，抗PRRSV抗体能促进巨噬细胞对PRRSV的吞噬作用，从而导致该病毒的复制增强；PRRSV还可引发无症状持续感染，且无抗体产生。引起免疫力降低，致使呼吸道黏膜局部免疫力低下，常存的巴氏杆菌肺炎支原体毒力增强而引起间质性支气管肺炎。

7. 继发感染　猪蓝耳病病毒感染急性过后的猪场经常发生继发感染，这一现象和PRRS病毒的长期持续感染事实使大多数人认为病毒可引起免疫抑制。PRRSV所致的肺损伤抑制了猪体的免疫力，使猪易发生继发感染。PRRS感染也可以恶化慢性传染性疾病。已有报道PRRSV能增强对猪链球菌的易感性。在这些试验中，在PRRSV攻毒3~7天后接种第2种病原。初步认为PRRS病毒可长期在青年猪易感猪体内循环存在。在感染的急性期，由于肺巨噬细胞的破坏，使猪对继发感染易感。但事情并非如此简单。双重感染的几个实验未能证明PRRSV和其他病原的相互作用。PRRS病毒不能加重多杀性巴氏杆菌，猪嗜血杆菌，沙门氏菌攻毒的临床表现。另一项研究中PRRS病毒感染14天后注射流感病毒，与单独感染相比发病率没有增加。因此，实验数据并不能清楚明确猪蓝耳病病毒的免疫抑制和慢性感染群中易继发感染的原因。至少这一切说明PRRSV造成的肺部损伤不是长期的，其免疫抑制也不是长期的。

八、免疫预防

PRRS的免疫预防，免疫接种是预防传染病重要手段之一，农业部发布为防制我国高致病性蓝耳病，从2007年5月开始全国接种高致病性蓝耳病灭活疫苗。战略上为控制PRRS在国内大流行，疫苗免疫接种是必要的；利大于弊。

已知猪瘟、猪伪狂犬病、猪传染性胃肠炎等病毒性疾病的疫苗，免疫效果令人满意。PRRS的免疫免疫效果则不然，人们目前尚未找到PRRSV抗原中属免疫保护性的分子生物学的基因决定簇系列。PRRSV分为美洲型和欧洲型，我国流行的主要是美洲型毒株，至今在我国还未有分离出欧洲型毒株的报道。PRRSV可逃避免疫系统的监测，可持续感染和形成长时间的病毒血症；抗原性变异较快，给PRRS的免疫预防带来困难。当前又出现了高致病性猪蓝耳病NVDC-JXA1株，实践证明与原我国分离的美洲型的Ch-1a株无交叉免疫，二者免疫后不能相互保护。又给本病的防控带来新的问题。

（一）疫苗接种效果

目前国内外免疫疫苗免疫接种应用情况：蓝耳病免疫机制不十分清楚，感染初期先天性免疫应答微弱，细胞免疫不明显，中和抗体免疫滞后，死苗免疫作用微弱，活疫苗可较快减轻病毒血症。在疫病状态下，活苗用于紧急接种反应快，可明显缩短排毒时间，缩短病毒血症和持续感染时间，减轻肺组织病变，缩短病毒在脏器的存留时间，提高全群的免疫力，抵抗野毒感染，杜绝流产风暴，减轻呼吸系统综合症的病情，减少继发感染。关于疫苗免疫接种，总的来说目前尚无十分有效的免疫防制措施，国内外已推出商品化的PRRS减毒疫苗和灭活苗，国内也有正式批准的灭活疫苗。人们的担忧PRRS减毒活疫苗的返祖毒力增强的现象和安全性问题。国内外有使用减毒活疫苗而在猪群中引起多起PRRS的暴发，因此，应慎重使用活疫苗。虽然灭活疫苗的免疫效果有限或不确定，但从安全性角度来讲是没有问题的，因此在感染猪场，可以考虑给母猪接种灭活疫苗。

PRRS灭活疫苗和弱毒疫苗在国外已经商品化。PtanaDura（1997）报道应用西班牙毒株研制成功一种灭活疫苗，用于免疫母猪和公猪效果不错，该苗需进行2次（间隔3周）基础免疫，对怀孕母猪的攻毒试验表明其免疫保护率可达70%以上；Rogan等（1999）研究表明：PRRS灭活疫苗免疫猪后，能刺激猪产生抗ORF5、ORF6、ORF7编码蛋白的特异性抗体，并能降低毒血症和阻止间质性肺炎的发生率。

美国的Gorcyca等研制的弱毒疫苗，可用于3~18周龄猪和后备母猪的免疫，在接种7天能产生保护性免疫，免疫期可达16周。弱毒疫苗接种后，病毒血症的持续时间较短，田间试验表明这种苗对PRRS流行地区的保育猪和哺乳猪有明显的保护作用。

哈兽研郭宝清等于1996年首先分离到国内的流行毒株（CH-1a）。利用该分离株在PRRS病毒专嗜Marc-145细胞上连续传代，获得了1株可用于疫苗生产的适应细胞传代的疫苗毒株。在此基础上，研制成功了PRRS灭活疫苗，经田间试验证明免疫保护率在85%以上，已经现地推广应用100多万头份，取得了比较满意的效果。与此同时，哈尔滨兽医研究所，采用国外引进的弱毒疫苗种毒研制成功了PRRS弱毒疫苗，该疫苗的各项指标均达到了国外同类产品的水平。特别是对PRRS流行地区的保育猪和哺乳猪有较高的免疫保护作用，对PRRS暴发猪场的紧急预防接种也有明显的效果。

PRRS疫苗有其特殊性，据国外资料介绍疫苗接种虽然可以预防本病的发生，但不能阻断野毒的感染与排毒。用致弱疫苗毒株和野毒株分别在母猪怀孕后的第85、90、97天攻毒，然后采集母乳并检测病毒，结果在怀孕中后期，母猪能通过其分泌物排毒并可能感染仔猪。在母猪妊娠早期，胚胎对猪繁殖与呼吸综合征病毒有一定的封阻作用，在妊娠中后期，经胎盘感染猪繁殖与呼吸综合征病毒的可能性增大。由于妊娠中后期母猪的持续感染，猪繁殖与呼吸综合征病毒可经胎盘传递给胎儿，最终造成母猪在妊娠晚期出现早产、流产、产弱仔或死胎等繁殖障碍。

在美国和欧洲有由美洲PRRSV分离株致弱的疫苗生产，但不用于种猪，而且有引起繁殖障碍的报告，在胎儿和死胎中可以分离到疫苗毒，怀疑传染源为免疫过的引进猪群。西班牙生产了一种灭活苗保护母猪的感染，它是用PAM生产的，数量有限。新一代的疫苗可能为基因工程苗。PRRSV的不同特异性蛋白产生的抗体在时间上有差别，这一点很有利于基因工程苗的研究和开发。

阳性母猪使用PRRS灭活疫苗，有利于提高免疫力，哺乳仔猪可以通过初乳获得被动免疫力。

姚龙涛试验证实（2005）免疫对染疫猪场实施疫苗免疫接种，已被绝大多数国家的兽医和养猪业主接受。中国免疫猪的数量正在迅速扩增。广东某公司对1.6万头母猪和其繁殖的仔猪全群实施弱毒疫苗免疫接种，并已历时3年，有效地控制了本病的危害，且未发现有不安全现象。免疫程序应严格按供苗单位的说明书执行。美国及欧共体已有多种弱毒苗和灭活疫苗注册上市，但中国尚未有注册疫苗，目前试用的疫苗绝大多数是中试产品，免疫效果不稳定的矛盾还比较突出，因此试用单位应将免疫抗体的监测列为日常工作，如发现问题可及时补救，以免造成不必要的损失。

（二）商品化疫苗种类

1. 经典灭活疫苗　预防后备母猪和经产母猪感染PRRS所造成的繁殖障碍。安全性好，攻毒试验结果表明，母猪繁殖水平、产仔数、流产率、死胎数、断乳后仔猪存活数等指标都有明显改善。但是接种剂量大、次数多、免疫力产生期较长，因而不适合仔猪免疫。据报道，灭活疫苗免疫后攻毒不能保护仔猪对PRRS病毒的感染，病毒感染后病毒血症的持续时间和病毒的滴度与非免疫组无显著差别。仔猪和架子猪带毒是猪场PRRSV持续存在的最重要原因，因此，通过灭活疫苗难以控制和根除PRRSV在猪场的存在和流行。

⑴蓝耳病灭活疫苗：

①经典蓝耳病灭活疫苗（CH-1a株）。

安全性好：该苗选用国内分离毒株（CH-1a株），该毒株是经Marc-145细胞系传代、多次克隆纯化，筛选出嗜Marc-145细胞生长的PRRSV毒株，制成了繁殖与呼吸综合征灭活疫苗。将该疫苗倍量给怀孕母猪和仔猪肌肉注射，除个别猪接种局部的正常反应外，接种猪无全身反应，精神、食欲等均不受影响，证明该疫苗具有良好的安全性。由于该疫苗为死苗，因此摒弃了弱毒疫苗容易散毒的危险，使其应用于种猪成为可能。

免疫产生效力强：免疫期可长达6个月之久，因此该疫苗是种猪肠和PRRS阴性场防PRRS的首选疫苗。可为新生仔猪提供良好的被动免疫：免疫母猪所产仔猪在24~28日龄仍可检测到母源抗体。

②高致病性猪蓝耳病灭活疫苗（NVDC-JXA1株）。

⑵经典蓝耳病弱毒疫苗：猪繁殖与呼吸综合征病毒活疫苗（CH-1R株）。是我国自行研制成功的弱毒活疫苗，毒株是PRRSCH-1R，毒力不返强，高度安全，稳定可用于普免。可供各阶段猪群使用，但主要供3～18周龄的仔猪接种使用，用于防制PRRS的呼吸道感染。免疫效力：疫苗毒株为国内分离的美洲株。与2006年“无名高热综合征”中蓝耳病分离株同源性达98%以上。更快启动保护，产生有效保护力。免疫1周产生抗体，2周产生保护力，可用于紧急免疫。疫苗效价高于$10^{6.0}TCID_{50}$/头份。免疫期可达4个月。免疫后2周，80%以上的猪就可以获得保护。疫苗是种猪场和PRRS阴性场防PRRS的首选疫苗。可为新生仔猪提供良好的被动免疫。

据国外实验研究报道，目前西班牙、荷兰、美国已研制出PRRS弱毒活疫苗并商品化。可供各阶段猪群使用，但主要供3～18周龄的仔猪接种使用，用于防制PRRS的呼吸障碍。据报道，接种PRRS弱毒疫苗后第110天用同源强毒攻击，动物可得到完全保护，而且对强毒攻击的保护甚至是终生的。据报道，尽管接种PRRS弱毒疫苗后能引起病毒血症，但对妊娠后期的母猪是安全的，也不向未接种猪传播疫苗病毒，架子猪接种7天后就激发保护性免疫应答，并可持续16周以上，与未接种的对照猪相比，接种猪攻毒后排毒时间减少，肺部病变减轻，生长发育良好。Shin等应用该疫苗接种公猪，对同源强毒攻击获得完全保护，用套式PCR也未检出精液排毒。然而，与以上相反的报道也很多。Botner等报道，在丹麦，对1 000多头PRRS血清学阴性猪使用了弱毒疫苗，可是不久后猪群发生了PRRS，而且从流产胎儿和死胎中分离到了疫苗病毒，发现疫苗病毒可经胎盘感染胎儿，并向未接种的母猪传播，有些猪群则表现出急性PRRS样综合症状。也有研究者用该疫苗接种公猪，随后以强毒攻击，发现有精液排毒和精液质量下降等现象。Opriessnig报道从一个多次接种IngelvacPRRSMLV的猪场发生PRRS后分离到一株PRRSV98-38803，并证实该毒株来自于IngelvacPRRSMLV。所以PRRS弱毒疫苗的毒力返强的可能性是存在的。从以上结果来看，PRRS弱毒疫苗免疫产生期快，在控制PRRS临床症状上明显好于PRRS灭活疫苗。但PRRS强毒和弱毒在猪体内的反应过程是一致的，所以长期使用PRRS弱毒疫苗所带来的安全问题仍是目前PRRS免疫中最大的争议。

弱毒疫苗使用时应注意：疫苗毒株在猪体内能持续数周至数月；接种疫苗猪能散毒感染健康猪；疫苗毒株能跨越胎盘导致先天感染；有的毒株保护性抗体产生较慢；有的免疫猪不产生抗体；疫苗毒株持续在公猪体内可通过精液散毒；成年母猪接种效果较佳。

2. 基因工程疫苗　目前正在实验室研制的PRRS新型疫苗种类很多，主要有基因疫苗、活载体疫苗和亚单位疫苗。活载体疫苗，它避免了PRRS灭活疫苗和弱毒疫苗的缺陷，可同时启动机体的细胞免疫和体液免疫，而且还可构建多价疫苗，对仔猪和母猪免疫保护效果优于灭活疫苗。

（三）免疫方案

疫苗的选择：目前已研制成弱毒疫苗和灭活苗。一般认为弱毒苗效果较佳，多半在受污染猪场使用。灭活苗是很安全的，可以单独使用或与弱毒疫苗联合使用。应认真负责的选择疫苗。

1. 方案一

⑴仔猪23～25日龄使用高致病性猪蓝耳病灭活疫苗进行免疫接种，作后备种猪使用时，于配种前再免疫接种1次。仔猪每头每次加入猪用转移因子0.25mL，与疫苗分别肌注。可有效促进抗体形成，提高抗体滴度和机体免疫力，减少免疫麻痹，免疫耐受的发生。

⑵后备母猪在配种前进行2次免疫，首免在配种前2个月，间隔1个月进行二免。小猪在母源抗体消失前首免；母源抗体消失后进行二免。公猪和妊娠母猪不能接种。（引自万逐如）

2. 方案二

⑴后备种公猪：一般，后备种公猪在配种前30天免疫一次“经典蓝耳病”疫苗，间隔10～15天，免疫高致病性蓝耳病灭活疫苗一次，种公猪每6个月免疫一次，两种疫苗都要防疫，间隔10～15天；

⑵后备母猪：后备母猪配种前30天免疫一次“经典蓝耳病灭活疫苗，间隔10天～15天，免疫“高致病性蓝耳病灭活疫苗一次；

⑶经产母猪：产后20天免疫“经典蓝耳病灭活疫苗，间隔10～15天，免疫“高致病性蓝耳病灭活疫苗；

⑷断奶仔猪断：断奶后注射“经典蓝耳病灭活疫苗一次，间隔10～15天，然后注射“高致病性蓝耳病灭活疫苗一次，到出栏。

注意事项：有猪场由于免疫疫苗品种太多，安排困难而尝试两种疫苗同一时间分别注射，副作用较大（如过敏几率增加、局部肿胀严重等）。在“高致病性蓝耳病”防疫上采取“一刀切”（同一时间内把猪场猪全部免疫）的免疫方式，结果造成猪群免疫程序混乱，免疫副反映增加（如怀孕母猪流产等），猪群多种疫病免疫失败的后果。

在疫苗的选择上，对“高致病性蓝耳病”，应首选NVDC-JXA1株灭活疫苗，在防控经典“蓝耳病”上，应首选灭活疫苗，对于已呈经典“蓝耳病”阳性猪场可以选择弱毒活疫苗。如果猪场要进行猪群“蓝耳病”净化，则只能而且是必需选择灭活疫苗，并逐渐淘汰带毒猪，来为猪场最终达到净化提供必备的前提条件。总之，猪“蓝耳病”虽然有高致病性与经典之分，并且发病广泛，危害严重，但是只要我们掌握其规律和两者的差异性，就可以辨清“蓝耳病”，而采取“经典蓝耳病”与“高致病性蓝耳病疫苗免疫“双管齐下”，加固猪病防疫“防火墙”，则是有效切断“蓝耳病”病毒“改头换面”多路围攻，危害猪群的必备要素。所以，养猪场应结合自己猪场的实际情况，认真执行农业部“高热病”防治规范，选择正确和安全性的疫苗，根据猪场实际情况制定合理的免疫程序，就一定可以控制甚至消灭“蓝耳病”。（引自李富金等2007年报道）

九、防制基本原则

猪繁殖与呼吸综合征的控制已是世界养猪业的一大难题。即使在美国这样养猪业和科技高度发达的国家，尚无控制与根除。据万逐如（2007）等报道蓝耳病已成为危害养猪业发展的严重疫病，在猪群中广泛存在，我国猪群中蓝耳病的感染率（包括抗体阳性和病毒阳性）非常高，几乎找不到蓝耳病阴性猪场。母猪隐性感染，持续带毒，可向外排毒达112天，经胎盘感染胎儿，出生后的仔猪带毒可达86天之久。PRRSV是引发猪高热病和呼吸道病综合征的主要病原，造成猪只大批发病而死亡。当前蓝耳病的发生与流行，在流行病学上是以持续性感染及垂直传播和水平传播为特征；在临床上则是以免疫抑制及与其他病原混合感染和继发感染为特征。最根本的办法是消除病猪、带毒猪、彻底消毒、切断传播途径。这项工作应反复进行；清除感染的断奶猪，保持保育室无PRRS猪，这样在断奶转栏时，只要不和污染猪舍共用通风系统，则不会发生PRRS传染；此外，应加强进口猪的检疫和本病监测，以防本病的扩散。本病目前又无特效药物疗法，目前主要在仔猪生长发育对本病感染敏感阶段采取对症疗法及综合防制措施。

1. 严格全方位贯彻执行动物防疫法。

2. 进行猪的饲养管理与防病的普及科学知的教育。

3. 建立稳定的种猪群，坚持自养自繁的原则，除特殊育种需要外一般情况下不引种。如必需引种，首先要搞清所引猪场的疫情，此外，还应进行血清学检测，阴性猪方可引入，禁止引入带毒猪。引入后必需建立隔离区，做好监测工作，一般需隔离检疫3～4周，健康者方可混群饲养。

4. 建立健全规模化猪场的生物安全体系，实行封闭式管理，生产流程实现全进全出，特别应做到产房和保育阶段的全进全出。

5. 科学的管理的基础上做好饲养、环境控制、卫生防疫、检疫、隔离、消毒等工作，在此基础上应做好各阶段猪群的饲养管理，猪群的全价营养水平定保持久，以提高猪群对其他病原微生物的抵抗力，从而降低继发感染的发生率和由此造成的损失。保证各阶段猪群所需温度标准特别是断奶育仔车的温度。

6. 做好其他疫病的免疫接种，控制好其他疫病，特别是猪瘟、猪伪狂犬病和猪气喘病的控制。在猪繁殖与呼吸综合征病毒感染猪场，应尽最大努力把猪瘟控制好，否则会造成猪群的高死亡率；同时应竭力推行猪气喘病疫苗的免疫接种，以减轻猪肺炎支原体对肺脏的侵害，从而提高猪群肺脏对呼吸道病原体感染的抵抗力。

7. 定期对猪舍和环境进行消毒，保持猪舍、饲养管理用具及环境的清洁卫生。一方面可防止外面疫病的传人，另一方面通过严格的卫生消毒措施把猪场内的病原微生物的污染降低到最低限，可以最大限度地控制和降低PRRSV感染猪群的继发感染机会。

8. 做好药物控制猪群的细菌性继发感染的敏感阶段。PRRS的危害主要表现在感染猪群的继发感染。PRRSV感染猪群由于免疫功能的损害，易引起一些细菌性的继发感染，因此，建议在妊娠母猪产前和产后阶段、哺乳仔猪断奶前和断奶后、转群等阶段按预防量适当在饲料中添加一些抗菌药物（如泰妙菌素、土霉素、金霉素、阿莫西林、利高霉素等），以防制猪群的细菌性（如肺炎支原体、副猪嗜血杆菌、链球菌、沙门氏菌、巴氏杆菌、附红细胞体等）继发感染。

9. 定期对猪群中猪繁殖与呼吸综合征病毒的感染状况进行监测，以了解该病在猪场的活动状况。一般而言，每季度监测一次，对各个阶段的猪群进行采样，用ELISA试剂盒进行抗体监测，如果4次监测抗体阳性率没有显著变化，则表明该病在猪场是稳定的。相反，如果在某一季度抗体阳性率有所升高，说明猪场在管理与卫生消毒方面存在问题，应加以改善。

10. 对发病猪场要严密封锁；对发病猪场周围的猪场也要采取一定的防范措施，避免疫病扩散。对流产的胎衣、死胎及死猪做好无害化处理，产房彻底消毒；隔离病猪，对症治疗，改善饲喂条件等。

第四节 猪圆环病毒感染（Porcine circo virus infection）

本病是由猪圆环病毒引起猪的一种新的传染病。主要感染6～12周龄猪，其特征是引起淋巴系统疾病、渐进性消瘦、呼吸道症状，造成患猪免疫机能下降、生产性能降低；主要临床症状为仔猪先天性震颤、断奶猪消瘦、呼吸急促、咳喘，黄疸，腹泻，贫血等。发病率一般为同期仔猪的10%～20%，仔猪死亡率较高，不死猪的发育明显受阻，变成僵猪、呆猪，失去经济价值。病理变化包括淋巴结炎，肠系膜淋巴结肿大3～4倍，脾脏、胸腺萎缩，肠炎，肾炎，间质性支气管肺炎等。给养猪业带来了很大的经济损失。可以认为猪圆环病毒病是指以Ⅱ型圆环病毒为主要病原、单独或继发（混合）感染其他致病微生物的一系列疾病的总称。

猪圆环病毒（Porcine Circo virus，PCV）是由德国科学家Tischer等于1974年在PK-15细胞系（ATCC-CCL31）中发现，当时认为它是一种细胞污染物，后被其证实为一种新的单链环状DNA病毒，命名为PCV-1。早期研究认为PCV-1对猪无致病性，但近来从死产的仔猪分离到该病毒。Hines和Lukert（1994）报道，认为PCV是新生仔猪先天性震颤的病原，1997年加拿大和新西兰学者认为猪断奶后多系统衰竭综合征（Post-weaning muhi systemic wasting syndrome，PMWS）与PCV有关。同年在法国首次从僵猪综合症的仔猪中分离到PCV-2型。

猪断奶后多系统衰竭综合征（Postweaning multi systemicwastingsyndrome，PMWS），是由猪2型圆环病毒（PCV-2）引起一种新的猪传染病。由于经济损失惨重，引起各国的广泛重视。本病呈现进行性消瘦，皮肤苍白或黄染，呼吸综合症，皮肤炎和肾衰以及脾大面积坏死等。

一、病原

猪圆环病毒属于圆环病毒科圆环病毒属。这科病毒有鸡贫血病毒、鹦鹉喙羽病毒。它是动物病毒中最小的一员。病毒粒子直径为14～25nm，CsCl中的浮密度为1.33～1.34，对酸性环境（pH3）、氯仿或者高温（56℃和70℃）有抵抗作用。二十面体对称，无囊膜，基因组为单股DNA。

PCV体外培养特性与猪细小病毒(porcine parvo virus，PPV)相似，适于在具有旺盛增殖能力并处于有丝分裂过程中的细胞上复制，并且PCV的复制依赖细胞周期S期表达的细胞蛋白。Tischer等将猪肾传代细胞系PKlsPCV培养物，用D—氨基葡萄糖（D-glucosamine）处理后可以促进病毒DNA进入细胞核，从而提高病毒复制。试验证明可使PCV抗原阳性的细胞数增加30%。Allan等证明PCV在源于猪骨髓、外周血液、肺洗出物和淋巴结的单核细胞/巨噬细胞中复制。牛外周血液来源的单核细胞也对PCV感染敏感。另据报道，PCV亦可在猪睾丸传代细胞系（ST）及Vero细胞上生长。但遗憾的是，迄今为止，PCV在所有细胞上培养时均不产生细胞病变，病毒检测需借助于免疫荧光试验、免疫组化试验、核酸探针及PCR等方法，比较烦琐。PCV能在PK15和ST细胞增殖。该病毒可长期持续污染PK15细胞，不出现CPE。通过病毒的分子生物学技术研究，如细胞克隆技术、交叉免疫荧光、核酸探针、PCR扩增技术、基因序列比较等，证明PCV在猪体内长时间演变过程中，产生变异株，对猪有致病性的PCV-2型；没有致病性的持续污染PK15，细胞的毒株为PCV-1型。

根据其抗原性及基因组不同，猪圆环病毒分为2种基因型，即PCV-1和PCV-2。PCV-1最初是从猪肾传代细胞系PK15分离到，动物感染试验表明此PCV无致病性。该病毒可长期持续污染PK15，不产生细胞病变。

猪圆环病毒2型（PCV-2）属圆环病毒科（Circoviridae）圆环病毒属（Circovirus）。

PCV-2是一种小而无囊膜、二十面体、共价闭合、环状的单股DNA病毒，病毒粒子直径平均为17nm，分子质量为0.58XIO'DaePCV-2在氯化艳中浮密度为1.37g/cm3，蔗糖梯度离心的沉降系数为52S，对pH3的酸性环境、氯仿作用或高温环境（70℃）有较强的抵抗力。不凝集牛、羊、猪、鸡等多种动物和人的红细胞。

PCV-2完整的基因组大小多数为1768bp，少数为1767bpo各分离株之间核苷酸序列的同源性大于96%，而与PCV-1分离株之间的核苷酸序列的同源性小于80%。PCV-1和PCV-2的ORF1的核苷酸和推导氨基酸序列的同源性分别为83%和86%，而ORF2的仅为67%和65%。PCV-2可在PK15细胞上良好生长，但不产生细胞病变。也可在其他猪源细胞上生长，同样不产生细胞病变。用300mM的D-氨基葡萄糖处理接种PCV后的细胞培养物30min，能够促进病毒的增殖。病毒在原代胎猪肾细胞、恒河猴肾细胞、BHK-21细胞上不能生长。PCV-2是PMWS的主要病因，但可能不是惟一的病原。PMWS的发生原因比较复杂，不仅与感染PCV-2有直接关系，而且与其他病原（如PPV、PRRSV及猪链球菌等）的混合感染或免疫应激密切相关。

PCV的理化特性：对外界环境的抵抗力较强，在酸性环境及氯仿中可以存活较长时间，在高温70℃时可以存活15min，56℃不能将其灭活。

PCV抗血清不能抑制细小病毒（PPV）的红细胞凝集，PCV-1与PCV-2基本上没有交叉反应。

二、流行病学

1. 易感动物　PCV-2的天然宿主是猪，各种年龄、不同性别的猪都可感染病毒，但并不都能表现出临床症状。本病主要感染断奶后仔猪，哺乳猪很少发病。如果采取早期断奶的猪场，10～14日龄断奶猪也可发病。一般本病集中于断奶后2～3周和5～8周龄的仔猪。有人发现乳猪出生后母源抗体在8～9周龄时消失，但在13～15周龄又出现抗体，这说明小猪又感染了PCV-2。

2. 传染源　PCV分布很广，猪群中血清阳性率常高达20%～80%。多为病毒携带者。因此本病传染来源广泛，在猪群中存在。病毒可随粪便，鼻腔分泌物排出体外。

3. 传播途径　通过消化道感染；胎盘垂直感染可能性存在。PCV-2病猪可通过粪便和鼻分泌物排出PCV，引起病毒在不同猪个体之间进行传播。和其他病毒的传播一样，猪在不同猪群之间的移动很可能是主要的传播途径。也可能通过衣物和设备以及鸟类、啮齿动物如鼠等带毒动物进行传播。有试验表明，外观正常的公猪精液中可检测到PCV-2，也有报道从流产猪和死胎中检测到PCV-2病毒，因此可能存在PMWS病的垂直传播，从而导致繁殖障碍。

4. 流行特征　混群、应激、高密度饲养等因素可诱发仔猪发病。用PCV-2人工感染试验猪后，其他未接种猪的同居感染率高达100%，感染猪可自鼻液、粪便等废物中排出病毒。.发病率很多猪可能未受影响，生长速度未改变，而有些猪变成慢性的僵猪，大多数猪群中，多数受影响的猪为：4～5周龄的猪约为5%；10～12周龄猪可达30%；13～15周龄猪可达15%；16～18周龄猪可达10%；.死亡率可高于正常10%。生长猪8%～20%；育肥猪5%～10%。症状出现后6～7个月内死亡率高于正常。根据法国报道，在肥育猪场出现典型病例，发病期间平均死亡率为18%，高达35%，有的国家报道死亡率可高达50%。猪群中未见其他异常症状，母猪生殖能力正常。饲养条件差、通风不良、饲养密度高、不同日龄猪混养等应激因素，均可加重病情的发展。PCV-2病毒在猪群中存在的长期性，给本病的控制带来了极大的困难，特别PRRSV、PPV、HCV、PRV等混合感染，促进了本病的发生流行。

Ⅰ型圆环病毒（PCV-1）25年前于美国最先发现，将其实验感染出生后不同时期的猪，证明没有致病性。而后来又发现PCV-1可经垂直传播感染胎猪，致使初生仔猪发生“先天性震颤”。

与PCV-2相关的PMWS，最早于1991年在加拿大西部发现，1997年作了最初报道。此后北美及欧洲相继有报道继发PMWS，但英国和西班牙的回顾性调查显示，1986年以前的猪组织样品中既已存在PMWS的病理损害，显示出病毒在猪群中传播至少已有15年时间，且其基因组未见有较大的改变。

导致PCV-2相关疾病暴发和流行的原因有：首先是集约化养猪的出现，导致管理及操作体系的巨大变动；其次是宿主遗传性状的改变与世界范围内的流动；三是因PRRS和PPV等病原体的混合感染；此外其他重大应激因素的产生与存在；生物安全体系落实不到位或处理得不好有关。

5. 本病的发现与流行动态　本病的发现经过：1974年，Tischer I等在PK-15细胞系ATCC-CCL31的传代过程中，出现类似细小病毒和乳多空病毒的颗粒，这种颗粒状物质不引起细胞病变（Cyto pathic effect，CPE），因此，当时被认为是一种细胞污染物。1982年，Tischer I等用超速离心法提取病毒粒子和病毒核酸，外切核酸酶S1鉴定核酸类型，用电镜观察核酸状态，首次揭示了这种细胞污染物实际上是一种单链环状DNA病毒，并将其命名为PCV。用该病毒感染试验动物，发现只有猪产生特异性抗体，而兔、鼠、牛，甚至人均为血清学阴性。1989年，Dulac G等也发现感染PK-15细胞的PCV接种猪后，猪产生了相应的抗体。血清学调查发现，欧洲和加拿大等国家的家养和野生猪群中PCV抗体阳性率最高可达95%。5%～15%断奶猪出现症状，部分感染猪群中的死亡率高达40%。加拿大学者Ellis J等最早从断奶猪多系统衰竭综合症患猪分离到一种新的病毒，该病毒类似PK-15细胞中圆环病毒。接着美国、西班牙、加拿大及欧洲国家也从病料中分离到圆环病毒。Allan G M将从病料中分离到的环状病毒称为2型（PCV-2），而将以前从传代细胞系PK-15中分离到的圆环病毒称为1型（PCV-1）。

Tischer I等证实，断奶猪多系统衰竭综合症早在1986年就在猪群中流行。1991年，加拿大学者详细描述了这种新的传染病。他们观察到，部分断奶猪和育肥猪生长缓慢、呼吸急迫、消瘦、贫血、出现黄胆现象，剖检后发现有淋巴结肿大、肝硬变、多灶性黏液性气管炎、间质性肺炎和肾炎，当时将之命名为断奶猪多系统衰竭综合症（Postweaning pigs multisystemic wasting syndrome，PMWS）。随后，其他国家陆续报道了类似症状。

该病1996年首次报道于加拿大，但回顾性研究发现，其实早在1991年就已经在加拿大存在PMWS感染。以后美国、墨西哥、法国、德国、西班牙、意大利有PCV-1和PCV-2两型。前者无致病性，基因组全长1760bp，存在于正常猪体各器官组织及猪源细胞中。后者基因组长1768bp，是本病主要病原。近年美国、加拿大、荷兰、日本、西班牙、丹麦及中国等国家先后报道猪群中有本病发生和流行。各国分离株序列的基因组96%相似，但与PCV-1相似性小于80%。鉴于本病给世界养猪业造成的巨大危害，现国际兽疫局（OIE）已明文规定各成员需及时汇报PMWS疫情。1998年以来，亚洲许多国家和地区，如韩国、日本等也陆续报告PMWS的存在，其流行的广泛程度很可能甚于此处所列。加拿大Clark E G（1991），美国Daft B（1996），法国LeCann P（1997），北爱尔兰Kenned S（1998），西班牙Segales J（1997）等均报道了各自国家的流行情况。我国已有本病流行的报道。朗洪武等（2000年）报道，自北京、河北、山东、天津、江西、吉林、河南等7省（市）22个猪群的559份血清用ELISA方法检测，结果20龄未断奶猪阳性率为0，1~2月断奶仔猪阳性率为16.5%，后母猪阳性率为43.3%，经产母猪阳性率为85.6%，总阳性率为42.9%。杨汉春（2000）等对北京、天津、广东、山西等12个规模大猪场病原检测和流行病学调查，发现11个猪场存在PMWS的感染，一个猪场存在PDNS的问题，可见PCV-2在我国的普遍性。王文军等（2003年）报道，黑龙江省血清学流行病调查结果，总阳性率42.9%。曹胜波等，通过DNA序列分析证实，PCV中国分离株与国外分离株同源性不是特别高，因此推测PCV-2在我国存在的时间也比较长，经过多年的流行，病毒发生了变异。由此可见，PMWS在我国广泛存在。曹胜波等，通过DNA序列分析证实，PCV中国分离株与国外分离株同源性不是特别高，因此推测PCV-2在我国存在的时间也比较长，经过多年的流行，病毒发生了变异。由此可见，PMWS在我国广泛存在。

三、发病机理

PCV2的发病机理至今尚不清楚。Rosell等从2个慢性病例的病变发现，PCV2从猪的鼻、口侵入体内，在扁桃体、局部淋巴结增殖后，向其他淋巴组织、肺、肝、肾扩散。受慢性感染的影响，诱发免疫抑制、肠炎、间质性肾炎及脾损伤。

Shibahara等研究表明PCV感染可诱导B细胞凋亡，从而导致机体免疫功能下降。Segales等、Dar-wich等通过流式细胞术对PMWS病猪外周血单核细胞进行研究表明，T细胞（包括CD4+、CD8+以及CD4+/CD8+阳性细胞）及B细胞数量均下降。从这些结果可以看出PCV感染可能干扰正常的免疫功能，从而致使机体抵抗力下降，导致发生PMWS，而且容易产生继发或并发感染，使疾病进一步恶化。

Allan等以PCV-2与PPV或PRRSV混合感染未经哺乳的仔猪，复制出了典型的PMWS症状及病变，而且还发现，PRRSV或PPV能促进PCV-2病毒的复制以及PCV-2的分布，这可能与这三种病毒都在单核细胞／巨噬细胞系统中复制并且引起免疫细胞功能障碍相关。这种病毒复制的促进作用可能在PMWS的发病过程也起着重要作用。

越来越多的报道表明，PCV-2还与繁殖障碍有密切关系。感染猪场的临床症状都是一致的，包括流产、死产、木乃伊胎增多、断奶前死亡率上升等，对胚胎而言，心脏是PCV-2增殖的主要场所，所以其病变主要为各种形式的心肌炎。猪断奶后多系统衰竭综合征可能是PCV-2与细小病毒（PPV）或猪繁殖与呼吸综合征病毒（PRRSV）共同感染的结果。文献资料报道，单用PCV-2感染仔猪仅复制出轻微PMWS病变，而症状不明显。而如与PCV或PRRSV混合感染，则可复制出本病的典型症状和病变，而PCV-2不能增强PPV感染的严重性。Allan和Ellis确认PCV-2是引起本病的原发性病原。PCV-2是幼猪原发性病原体，也即PCV-2能够进入猪体巨噬细胞内而不被破坏，并能干扰猪巨噬细胞改变或抑制猪免疫系统，使猪对感染十分敏感而直接引起使猪的PMWS。

PCV-2相关猪病的研究者认为与PCV-2对免疫系统的刺激破坏有关。实验证明，一方面PCV-2、PRRSV和PPV共同感染，表明这些病毒能刺激和激活免疫系统，从而在共同感染猪时加快了PCV-2增殖。另一方面，严重的淋巴组织病损，包括淋巴细胞缺失和这些组织中免疫细胞亚群的其他变化，是严重发病猪的规律性特征。因此推断PMWS感染猪对其他免疫原不能增进有效的免疫应答，成为本病致病机制的重要原因。下面简述一下PCV-2与免疫系统的关系。

1．免疫系统细胞中PCV-2的增殖　PMWS病猪的特征性损害为恒定地包含不同程度的淋巴细胞缺失和淋巴器官的肉芽肿炎症，而PCV-2核酸和抗原主要从PMWS病猪组织的细胞浆中检出，极少在巨噬细胞、树突状细胞和多核状细胞的细胞核内检出。病毒可从全身巨噬细胞，包括肝（kupffer细胞）、肺的肺泡和间质细胞及其他任何器官系统的炎症浸润液中的巨噬细胞中检出。在严重的PMWS病猪中能观察到显著的淋巴细胞缺失，但在淋巴细胞中不能检出PCV-2的核酸和抗原，或者极少发现。实验证明，病理损害的严重程度、淋巴组织中病毒存在量和临床后果之间具有强力的正相关。

众所周知，DNA病毒是在细胞核内增殖的，然而归属DNA病毒的PCV-2在单核细胞/巨噬细胞内很少发现，却在细胞浆内存在大量抗原和核酸。已经知道血细胞和其他上皮细胞或内皮细胞的细胞核内存在病毒标记物，由此推断这类细胞在病毒增殖中起着关键作用，而且单核细胞/巨噬细胞浆内存在的抗原和核酸是其吞噬结果所致。骨髓中巨噬细胞/单核细胞系统细胞前身在病毒增殖中的作用应该探索。

2. 免疫刺激和PCV-2 已有的实验已证明，幼龄易感猪接种PCV-2，可产生典型的PMWS显微病损，但只产生温和的临床病症。而PCV-2与PRRSV或PPV共同感染的猪可产生严重的病症，由此推断巨噬细胞受到PRRSV或PPV有关的激活，促进了PCV-2的增殖。或者其他未知因素可能增强了两种共同感染病毒的增殖。PRRSV在全世界广泛分布。在PMWS感染猪中，PCV-2和PRRSV共同感染的比例很高，在美国高达20%～60%，在德国PCV-2与PRRSV共同感染率高达75.9%。如果PRRSV和PPV刺激免疫系统和促进PCV-2增殖因果关系成立的话，可以假设在强力的佐剂中加入不相干的非传染性免疫原作局部或全身性免疫刺激也应诱发PMWS。根据这一思路研究人员对3日龄仔猪做了以下试验证实，单独感染PCV-2的猪没有一头发展成PMWS，而使用不完全Freund佐剂加钥孔血蓝素做肌肉注射，另外用（或不用）硫羟乙酸盐（葡聚糖）做腹腔注射，所有免疫猪都出现了严重的PMWS，然而另外两次分别用3周龄和9周龄的生长猪作类似的试验，试验猪和对照猪均未出现PMWS。上述研究结果表明，在某些条件下，免疫刺激可能在形成PMWS中起着重要作用。

3. 免疫抑制和PCV-2 由于免疫抑制而导致免疫缺陷的临床表现一般可见，对低致病性或减弱疫苗的微生物可以引发疾病；重复发病对治疗无应答性；对疫苗接种没有充分免疫应答；在一窝猪中有一头以上发生无法解释的出生期发病和死亡；猪群中同时有多种疾病综合征发生。而这些特征在PMWS的猪群中基本上都有不同程度的发生。

根据病理学、免疫组织学和血流细胞计数研究认为，PMWS病猪确实存在免疫抑制。这些研究结果表明，淋巴细胞缺失和淋巴组织的巨噬细胞浸润，是PMWS病猪的独特性病理损害和基本特征。而且此特征与血液循环中B和T细胞减少和淋巴器官中这类细胞的减少呈高度相关；与周围血液和淋巴组织中巨噬细胞/单核细胞谱系细胞的增加呈高度相关。另外，已证实的淋巴组织、相关免疫细胞和血液中的细胞有可能存在大量的PVC-2抗原。上述变更的细胞群体参与了血液和组织两者的免疫系统，由此推断活动性的病猪至少短暂性地不能发动有效的免疫。

四、临床症状

PMWS与PCV-2的相关性是最早被确认的，而PCV-2与其他猪病综合征的关系正逐渐为人们所接受。临床症状，目前与PCV感染所致的疫病有两种：即传染性先天性震颤和猪断奶后多系统衰竭综合征（PMWS）。发病为6～16周龄，多发于8～12周龄仔猪，其病程由初期消化功能降低而出现食欲不振到被毛无光泽，皮肤苍白或黄染，同时出现呼吸系统症状，持续性或间歇性腹泻。由于病程的进程而发生进行性消瘦，发病率和死亡率相差很大，在15%～60%之间，暴发时死亡率高达30%～50%。其临床症状错综复杂各种各样，给诊断和防治带来极大困难。

首先保育舍仔猪僵猪的比例明显提高，表现为食欲不振、衰弱、苍白、黄疸、消瘦、精神沉郁和神经症状，有的出现腹泻，有的病猪出现呼吸急促或咳嗽的症状。开始时部分猪有发热的症状。有些猪有比较特殊的结膜炎（眼睑水肿、眼睛分泌物增多）、面部、下颌和颈部水肿（容易与水肿病相区别）。如果有继发感染，则病猪可表现为被毛长而粗乱、关节炎（链球菌、猪副嗜血杆菌、支原体继发感染），甚至有些仔猪表现为皮肤继发感染（如渗出性皮炎）的增多。

（一）传染性先天性震颤

临床症状变化很大，其震颤程度从轻到重，每窝受感染仔猪的数量变化很大。出生后第一周，严重的震颤可因不能吃奶而死亡，存活者多数在3周时间恢复。震颤为双侧，影响骨骼肌肉，当卧下或睡觉时震颤消失。外界刺激（如突然噪音或寒冷等）可引发或加重震颤。

（二）猪断奶后多系统衰竭综合征

断奶后仔猪多系统衰竭综合征（PMWS）：暴发型：发病为6～16周龄，多发于8～12周龄仔猪，其病程由初期消化功能降低而出现食欲不振到被毛无光泽，皮肤苍白或黄染，同时出现呼吸系统症状，持续性或间歇性腹泻。由于病程的进程而发生进行性消瘦，股前等体表淋巴结肿大。其临床症状有：僵猪比例明显增多、生长不良或停滞、消瘦、呼吸困难、淋巴结肿大、腹泻、苍白、部分猪出现黄疸。但在同一头猪中，往往不表现出以上全部症状。同时亦有部分猪出现咳嗽、肺炎、发热、胃溃疡、中枢神经症状及突然死亡。其中有些症状可能与继发感染有关。病多因PRRSV、PPV、PRV等病毒和细菌以及霉形体和附红细胞体混合感染，所以发病率和死亡率相差很大，在15%~60%之间，暴发时死亡率高达30%~50%。其临床症状错综复杂各种各样，给诊断和防治带来极大困难。

（三）皮炎肾衰型（PDNS）

PDNS最早在英国报道，被认为是一种免疫介导的水泡性疾病，影响皮肤和肾脏。最常见的症状为皮肤发生圆形或不规则的隆起，呈现外周紫红色中央为黑色的病灶。病灶常融合成条带状和斑块。通常在后躯、后肢和腹部最先发生，亦可扩展到胸肋和耳。病轻的一般体温正常行为无异，可自行康复。严重者可出现跛行、发热、厌食和体重减轻。继发感染者出现全身皮肤溃烂、结痂，PDNS在临床上不常单独发生，在一个发病猪群中往往能同时见到PMWS、PDNS及其他与圆环病毒有关的病例，同时应与猪丹毒、猪痘、渗出性皮炎等区别。

本型有时可与PMWS同时发生，或之前或之后发生，散发其他生长猪和育肥猪群中，12~14龄为易感猪群。皮肤：病猪皮肤耳部、背部、胸部、前后肢内侧腹部等处都可出现皮肤炎症，突然广泛出现各种形状的大小不一的稍微突起的红紫色丘状斑点大小在4~10mm，（图2.2.4-1、2、3、4、5、6、7、8），四肢和眼睑周围水肿（图2.2.4-9）。由病程的进展紫色斑点病灶被黑色痂覆盖然后渐渐消失留下疤痕。也可单独发病，病灶分布。笔者在华北某规模化猪场亲临现场一年之多，血清学监测PCV-2阳性率为16%，临床上出现症状仅为0.2%。

受感染猪死亡率10%~20%。四肢和眼睑周围水肿，体表淋巴结肿大。感染初期体温升高，食欲不振，呆滞，运动失调和无力。胃溃疡和小肠大肠出血，实验室检查：血液中肌酸和脲的含量升高，表明肾脏严重受损，粪便潜血阳性。

（四）繁殖障碍

越来越多的报道表明，PCV-2还与繁殖障碍有密切关系。感染猪场的临床症状都是一致的，包括流产、死产、木乃伊胎增多、断奶前死亡率上升等，对胚胎而言，心脏是PCV-2增殖的主要场所，所以其病变主要为各种形式的心肌炎。

相关性繁殖障碍主要发生于初产母猪或导入的新猪群中，实际生产中将初产母猪集中分娩能明显地减少对经产母猪群的影响。

（五）肺炎

PMWS和PCV-2相关性肺炎，在许多情况下是交叉的，即相当部分的PMWS猪具有肺炎症状，可以被认为是PRDC（猪呼吸道疾病综合征），而PRDC病猪中也有相当病例具有消瘦、厌食等PMWS症状。PRDC通常是指生长育肥猪的肺炎，是呼吸道病原微生物的混合性感染，常见的呼吸道病原微生物包括肺炎霉形体（M.H）、猪流感病毒（SIV）、繁殖与呼吸综合征病毒（PRRSV）、多杀性巴氏杆菌、副嗜血杆菌、胸膜肺炎放线杆菌、弓形体及附红细胞体等。PCV-2日益与呼吸道病相关联，已成为PRDC最主要的病原之一。

在美国，PRRSV/PCV-2/M.H混合感染的慢性呼吸道病，其死亡率可达10%~20%，SIV感染同时感染PCV-2，死亡率亦可达10%。

相关性肺炎与PRDC所造成的损失，主要取决于存在的呼吸道病原微生物的种类、数量及致病力高低及饲养管理方式。PCV-2单独感染可引起温和的细支气管间质性肺炎。但PCV-2与其他呼吸道病原体的相互作用或协同作用才是最重要的。

（六）肠炎

从有腹泻病史的猪群，不显示多系统衰竭综合征，检测到PCV-2的现象日益常见，主要引起肉芽肿性肠炎。

（七）中枢神经系统疾病（CNS）

早期研究者就把先天性震颤与PCV联系在一起，现已证实在先天性震颤猪的脑和脊髓中存在PCV-2的核酸及抗原。在实验接种的不吮初乳猪的脑组织中PCV-2的DNA也存在最多。

五、病理变化

（一）传染性先天性震颤

唯一有关先天性震颤的病理变化为脊髓髓磷脂沉着迟缓。先天性震颤的猪无肉眼变化。

（二）猪断奶后多系统衰竭综合征

病理变化：病死猪皮肤可出现不同程度皮炎变化（图2.2.4–11）。免疫器官：全身淋巴结不同程度肿大（图2.2.4–12），外观灰白色或深线不一的暗红色，切面外翻多汁，灰白色脑髓样。脾肿大、边缘有丘状突起以及出血性梗死灶（图2.2.4–13、14、15、16、17、18），也有高度肿大弥慢性出血的，约有20%～30%的脾大面积出血坏死灶被机化吸收，仅残存二分之一或三分之一，脾切面出血坏死灶被机化吸收，脾头和脾尾出血坏死灶被机化吸收，有的病程较久的病例整个脾出血坏死灶被机化而萎缩，被有结缔组织包膜。

泌尿器官：肾不同程度的肿大，表面有弥慢性细小出血点，不一大小不等的灰白色的病灶，色彩多样，构成花斑状外观（图2.2.4–19、20、21、22、23），肾切面外翻三界无明显可见条纹状变性出血灶，肾盂有时出现出血点。肾上腺，肿大，切面可见皮质部坏死（图2.2.4–24、25）。

呼吸器官：肺多弥慢性间性肺炎（图2.2.4–26、27、28、29）或纤维素性胸膜肺炎的病变，多伴有气喘病、副嗜血杆菌病、巴氏杆菌等疾病的病变。肺的病理变化多种多样，往往不易判定病变的性质。

心血管器官：心肌发育不良，缺乏弹性柔软，右心扩张色淡（图2.2.4–30、31），有的有条纹状变性灶，心包液增量淡黄色，有的病例心包液内有纤维蛋白索状物，心腔内血液凝固性不一。

胃肠器官：不同程度的卡他性炎症，胃发育不良，表现胃壁缺乏弹性非薄（图2.2.4–32、33、34、35）。各肠段都可出现不同程度的衰竭现象（图2.2.4–36）。

肝胆器官：肝不同程度变性，质度脆弱，表面时有灰白色散在病灶，胆汁较浓稠豆油状不同程度的浓绿色，内有尘埃样残渣（图2.2.4–37、38）。

组织学：扁桃体生发中心有大量包涵体（图2.2.4–39），淋巴结有多核巨噬细胞（溶酶体粉红色）（图2.2.4–40）。

不同的猪场病理变化的严重程度不同，这与混合感染／继发感染的类型有关，也与猪场的饲养管理有关。以下是对大部分猪场病理变化的统计结果。淋巴结肿大（腹股沟淋巴结25%，肠系膜淋巴结33%，支气管淋巴结23%）；肺炎70%；胸膜炎17%；心包炎12%；胃溃疡30%；结肠水肿18%；腹泻50%；腹膜炎8%；脾肿大14%：肾肿大14%；肝萎缩5%～10%。内脏器官浆膜黄染（黄疸），心脏变形，质地变软，心冠脂肪萎缩。肺脏间质增宽，呈斑驳样，有时出血，手触之呈橡皮样感觉，继发猪副嗜血杆菌感染发生典型的心包炎、胸膜肺炎和肝周炎。全身淋巴结肿胀，腹股沟浅淋巴结肿胀发生继发感染时，淋巴结严重肿胀，皮质有明显的出血。肾脏肿胀，颜色变淡，表面有大量灰白色病灶，皮质变薄，有时肾脏出血。肾门淋巴结肿胀、充血、出血。病理解剖可见肺斑点状出血，全身淋巴结肿胀，尤其是腹股沟浅淋巴结、肠系膜淋巴结和支气管淋巴结明显肿大，切面浸润，呈土黄色，有的淋巴结皮质出血，使整个淋巴结呈紫红色外观。心脏变形、质地柔软、心冠脂肪萎缩，肾肿胀，皮质变薄，有时有出血点或灰白色病灶。

不同猪场所表现的临床症状和病理变化的严重程度不同，这与混合/继发感染的类型以及猪场的饲养管理水平有关。

临床上关于PMWS最原始的报道，主要局限于哺乳期及断奶后3～6周的仔猪，而美国主要发生于10～20周龄的猪，一般发病死亡率为5%～20%。我国部分地区调查发现，其死亡率有时可达40%甚至更高。

普遍的观点认为PMWS的主要病原为PCV–2，但促使其发生严重PMWS的因素有很多，如病原体共同感染（PRRS，PPV、SIV及其他病毒及肺炎支原体、胸膜肺炎放线杆菌、副猪嗜血杆菌、链球菌等细菌）；免疫刺激（疫苗及佐剂）；环境因素（氨气、霉菌毒素、细菌内毒素）；应激因素（断奶、合群、转群、运输等）；宿主遗传易感性差异。组织学：表现为淋巴器官的肉芽肿炎症和不同程度的淋巴细胞缺失。扁桃体生发中心有大量包涵体，气管和支气管周围淋巴样细胞增生，管腔内有变性坏死的炎性细胞和分泌物阻塞。肺因原发病和继发病原的不同则变化相差很大，既有原发病的变化又有继发病的特征。肾小球囊腔有多量炎性细胞增生，肾小管不同程度变性，管腔内有蛋白管型，有的肾小球纤维化，间质血管有微血栓形成，为肾病综合症变化。肝主要是变性变化，间质有淋巴样细胞增生灶。脾病变部为出血坏死，残存部位脾小体有数量不一的淋巴样细胞增生，有小出血灶。淋巴结有多核巨噬细胞（溶酶体粉红色）。剖检所见为：肾肿大、苍白，常伴有出血小点。显微病变为全身性坏死性脉管炎和纤维蛋白坏死性肾小球肾炎。

六、诊断

由PCV-2感染引起的断奶后多系统衰竭综合征，依据流行特点和临诊症状、剖检病变，可以做出初步诊断，确诊需依靠实验室相关技术。而与PCV-2感染有关的繁殖障碍、肺炎、肠炎等，仅靠临诊症状是没有诊断价值的。

（一）临诊诊断

⑴PMWS主要发生在5～12周龄的仔猪，仔猪断奶前生长发育良好。

⑵在一定时期内，猪场中同窝或不同窝的断奶仔猪既有呼吸道症状，又有腹泻等表现，抗生素治疗无效或疗效不佳，病程长的猪生长发育迟缓、体重下降，有时出现皮肤苍白或黄疸。

⑶死亡猪只剖检具有PMWS的病理变化，尤其是淋巴结肿胀，切面出血或呈灰黄色，脾脏轻度肿胀，肺脏肿胀，间质增宽，表面散在有大小不等的褐色实变区。其他脏器也可能有不同程度的病变和损伤。根据临床症状和淋巴组织、肺、肝、肾、脾的特征性病变和组织学变化，可以做出初步诊断。确诊依赖病毒分离和鉴定。还可应用免疫荧光或原位核酸杂交进行诊断。

（二）病毒分离鉴定

病毒的分离与鉴定无PCV污染的PK15细胞最常用于PCV-2的分离。可取死亡猪的肺脏、淋巴结、肾脏、血清等作为病原的分离材料。由于PCV-2在细胞培养中不产生细胞病变，因此，病料盲传1～3代后应进行PCV-2抗原或核酸的检测加以鉴定。

（三）病毒的检测

可采用PCR，原位核酸杂交、间接免疫荧光试验、间接免疫过氧化物酶试验等直接检测病料中的PCV2核酸或抗原。

（四）抗体检测

可采用酶联免疫吸附试验（ELISA），免疫荧光抗体技术、免疫过氧化物酶单层试验等，检测猪血清中的PCV-2抗体。但由于PCV-1和PCV-2之间存在抗原交叉反应，因此已有的方法不能完全区分PCV-1和PCV-2感染。制备PCV-2特异性的单克隆抗体，或者特异性的重组抗原能够满足建立特异性血清学方法的需要。国内已建立了利用基因工程表达的PCV-2重组蛋白作为抗原的ELISA抗体检测方法。需要注意的是目前在临诊上多种病原的合并感染十分普遍，因此在检测PCV-2的同时，应同时检测其他病原体（如PRRSV, PRV, PPV, 副猪嗜血杆菌等）。

因为PCV-2的感染是很普遍的，大部分是处于隐性感染，因此只有在病猪身上分离到病毒或检测到病毒的遗传物质，才能确诊。现在我国有很多实验室可以进行病毒的检测或分离，如中国农业大学、华中农业大学、南京农业大学、广西农业大学、哈尔滨兽医研究所等。

（五）电镜检查

用脾和淋巴结样品，2%戊二醛固定，制成超薄切片，可观察到细胞核内堆积大量的无囊膜病毒粒子。

七、防制

关于此病的预防，到目前为止还没有比较有效的方法，大多强调加强卫生和饲养管理，倡导全进全出的饲养模式。目前为止，还没有有效的疫苗用于此病预防。

（一）预防基本原则

本病发生的特点是猪群一旦侵入PCV-2就可能增加了其他病原协同感染的几率，并最终导致临床发病。因此，对其他传染病的控制尤为重要。及早发现和有效的隔离，尽可能控制此病的横向传播也是非常重要的。目前尚无疫苗，又无有效疗法，主要加强饲养管理和兽医防疫卫生措施。全进全出，严格执行生物安全措施，实行封闭性管理，谢绝参观，外进货物和车辆要消毒，防止疫病传入，控制并发和继发感染。猪场一旦感染本病，控制和净化消灭本病是很困难的，发现可疑病猪应及时隔离，并加强消毒，切断传播途径，杜绝疫情传播。目前主要采取控制继发感染，减少猪只死亡，降低经济损失的控制策略。

(1)建立猪场完善的生物安全体系，将消毒卫生工作贯穿于养猪生产的各个环节，最大的消灭场内污染的病原微生物，减少或杜绝猪群继发感染的几率。

(2)科学的饲养与管理、良好的舍内环境、保证各种猪群的舍温和空气质量，做到养猪各生产阶段的全进全出，避免将不同日龄的猪混群。

（二）免疫预防

在做好猪瘟、猪伪狂犬病、猪细小病毒病、气喘病、猪肺疫等疫苗的免疫接种的基础上，提高猪群整体免疫力，减少呼吸道病原体的继发感染，增强肺脏对PGV-2的抵抗力。

（三）药物防治

1. 药物预防 制定群体药物预防方案，控制猪群的细菌性继发感染，是目前规模化猪场的常规技术。常用药物有氟苯尼考、支原净、金霉素、强力霉素、阿莫西林、头孢噻呋等。母猪在产前和产后一周，仔猪在断奶前和哺乳阶段。

2. 药物治疗 对临床症状明显患猪进行个体治疗是必要地，用氟苯尼考、丁胺卡那霉素、庆大-小诺霉素、克林霉素、磺胺类药物等进行治疗，减少并发感染，同时应用促进肾脏排泄和缓解类药物进行肾脏的恢复治疗。用黄芪多糖注射液并配合维生素肌肉注射，也可以使用电解多维饮水或者拌料，增进和调整病猪的免疫器官的功能，增强病猪的体质，以使病猪快速恢复。

选用新型的抗病毒制剂如干扰素、白细胞介导素、免疫球蛋白、转移因子等进行治疗，同时配合中草药抗病毒制剂会取得非常明显的治疗效果。

一旦大批发病应用脉冲式投药增加药物剂量特别是对本场猪群敏感的药物。对出现症状的病猪，应隔离单独按疗程治疗。

第五节 猪伪狂犬病（Porcine pseudorabies，PR）

伪狂犬病（PR）又名狂痒病，猪疱疹病毒病，奥其基氏病，阿捷申氏病。是由伪狂犬病病毒引起的猪和其他动物共患的一种急性传染病，病的特征为发热、奇痒（猪除外），脑脊髓炎的症状。猪是该病毒的自然宿主和贮存者，仔猪和其他易感动物一旦感染伪狂犬病病毒，死亡率高达100%，成年母猪和公猪多表现为繁殖障碍以及呼吸道症状。但成年猪常为隐性感染，可有流产、死胎及呼吸症状，哺乳仔猪除呈脑脊髓炎和败血症综合症状外，还侵害呼吸、消化和生殖系统，本病有时感染人，但不引起死亡，所以兽医人员在剖检时必需小心，防止通过破损皮肤感染。

据文献资料报道本病1813年前后就存在于美国，1902年匈牙利学者Aujesjky首次认定本病是与狂犬病不同的一种独特型的疾病，并报道了发生在牛、狗和猫的病例，此病因此得名为Aujesjky氏病。1910年，Schmiedhoffer证明本病是由一种滤过性病毒引起的。1931年Shope提出在美国称为奇痒的传染病在血清学上与伪狂犬病有一致性。1933年Traud用组织培养方法分离病毒获得成功。目前，除澳大利亚外，世界许多国家均有报道，而且发病率不断上升。我国于1947年在家猫中发现本病，1956年在宝泉岭农场仔猪群中发生了本病的流行，以后一些地区陆续有牛、猪发生本病的报道。目前，除澳大利亚外，世界许多国家均有报道，而且发病率不断上升。近年来，猪伪狂犬病在我国部分地区的有扩大的趋势（任裕其等，1994年）。本病据日本的矢换辉武报道，近年来有的猪场常迸发以由放线菌属感染引起的胸膜炎，或巴氏杆菌属、霉形体等微生物的混合感染。造成了一定的危害。

一、病原

本病病原属疱疹病毒科（Herpesviridae）疱疹病毒亚科，水痘病毒属的成员，与其同属的还有1型牛疱疹病毒（BHV-1）、马疱疹病毒（EHV）以及水痘带状疱疹病毒（VSV）。猪疱疹病毒属成员，疱疹病毒粒子呈圆形或椭圆形，直径为150～180nm，核衣壳直径为105～110nm，G+C含量为73%，二十面体对称，有囊膜和纤突。

本病毒具有泛嗜性，能在许多细胞中增殖。病毒可在各种哺乳动物细胞上生长繁殖，产生核内包涵体，大多数学者采用胎儿或新生动物的肾、睾丸制备细胞增殖病毒。猪、牛、兔、犬、猫、猴、驹和雪貂的肾细胞培养物，牛的睾丸细胞培养物以及鸡胚成纤维细胞均能用于增殖该病毒。传代细胞如人的HeLa细胞、羊膜细胞、Hep-2，D6细胞，牛的MDBK，猪的PK-15，SK6、PS、IBRS-2细胞，猴的Vero细胞、GMK细胞，兔的EP细胞和仓鼠的BHK-21细胞也能用于增殖该病毒。在这些细胞可引起细胞病变和蚀斑。据认为毒力较低的毒株能产生较大的蚀斑，感染细胞形成大的合胞体，许多细胞含有A型核内包涵体。本病毒亦可在鸡胚绒毛尿囊膜上生长，接种后3～4d能形成大小不一的隆起的白痘斑，病毒可以通过鸡胚的卵黄囊、尿囊腔、尿囊膜中继代适应后，可于接种后2～3d致死胚体并使全身出血水肿。另外，本病毒在首先适应了鸡胚后，还可用猴肾细胞培养之。尽管以上细胞都能用于增殖伪狂犬病病毒，但表现的敏感度不同，其中以兔肾和猪肾（包括原代细胞和传代细胞）最适于病毒的增殖。细胞被伪狂犬病病毒感染后其细胞病变，表现为截然不同的两种形式，一是感染细胞中度变圆或形成巨大的合胞体，另一种是细胞变圆、固缩，折射率增加，但无合胞体形成。这两种形式的病变是由所采用的毒株和细胞决定的。实验动物也可用于病毒的分离。在兔、1日龄小鼠和组织培养之间对伪狂犬病病毒的敏感性无显著差异，但成年鼠对伪狂犬病病毒较新生鼠有较强的抵抗性。虽然鸡胚对伪狂犬病病毒不很敏感，但应用鸡胚作绒毛尿囊膜接种是最早用于病毒增殖和传代的方法，卵黄囊和尿囊腔接种途径，同样可用于病毒的增殖培养。（引自陈光春）

PRV只有一个血清型，但毒株间存在差异。但将病毒的DNA用限制性内切酶切断时，可将目前已分离到的PRV毒株分为四个类型（Ⅰ、Ⅱ、Ⅲ和Ⅳ），美国、德国、荷兰、日本和比利时分离株为Ⅰ、Ⅱ和其中间型，丹麦、瑞典等北欧国家的分离株为Ⅲ型，泰国为Ⅱ、Ⅳ型。

PRV基因组：PRV基因组为线性双链DNA分子，长约150kb，至少包括70个基因，足以编码70～100种病毒蛋白。基因组GC含量在疱疹病毒中最高，达73%。基因组被内部重复序列（IR）分成独特的长区段（UL）和独特的短区段（US），US的另一端是末端重复序列（TR）。至今，有近40个PRV基因被确定和测序，其中有IR中的IE、Rsp40基因；US区中的gG、gD、gE、gI、11KD、28KD基因；UL区中的gB、gC、gH、gL、TK、Pol、MCPICP18.5基因。疱疹病毒基因组的转录呈现串联样的协同调控模式。PRV感染后转录的第一个基因是立即早期基因（IE），在没有细胞蛋白合成的情况下，它就被转录，它编码调控蛋白。至今只鉴定出一个PRVIE蛋白（IE180），IE蛋白激活早期基因（E）的表达。这些基因都在病毒DNA复制启动前转录。E蛋白在病毒DNA复制、核酸代谢及毒力方面有作用，如DNA结合蛋白（DBP）、胸苷激酶（TK）等。早期-晚期基因（EL）在DNA复制前就开始转录，但之后才达到最高表达水平。晚期基因（L）只在DNA复制后才表达，大多数是编码病毒的结构蛋白。

PRV糖蛋白：已发现九种病毒糖蛋白，按照1993年第十八届International Herpesvirus Workshop命名分别为gB（gII）、gC（gIII）、gD（gp50）、gE（gI）、gI（gp63）、gL、gH、gG（gX）和gK（括号内为93年前命名）。其中前七种糖蛋白是病毒的结构蛋白，位于囊膜上，gG则是一种分泌蛋白，gK是最近刚发现的，资料不详。结构蛋白在介导感染和诱发免疫应答方面具有重要作用。已知gB、gD、gH和gL是病毒复制所必需的，而gC、gE、gI是非必需的。

糖蛋白在病毒吸附、穿膜、释放、膜融合、细胞-细胞扩散、神经入侵能力及毒力等方面都有关。gB是经蛋白酶酶解加工形成的两个亚单位以二硫键连接的同源二聚体。gB是最保守的、最主要免疫原性蛋白，也是病毒复制所必需的。gC是病毒的吸附蛋白，它与细胞表面带有硫酸肝素碳水化合物链的粘蛋白相互作用，引导病毒与靶细胞的初级结合，它还与病毒从细胞释放有关。gD识别另一种细胞表面受体，介导病毒与靶细胞的稳定结合。gE在病毒入侵能力和毒力方面具重要作用。gB、gD、gH、gL是病毒囊膜与细胞胞浆膜以及细胞胞浆膜之间融合过程中所必需的。gH和gL形成异源二聚体，很可能作为一个功能单位。gE和gI形成PRV的另一个异源二聚体，不过没有gI存在时，gE仍能发挥一定作用。在病毒直接的细胞-细胞扩散方式中，gH-gL和gB起主要作用，而gE-gI对该过程有明显的促进作用，gD则是不必要的。抗gB、gC、gD抗体无需补体就具中和作用，抗gE抗体也有一定的中和作用，但需要补体；猪抗gC多克隆抗血清在多形核白细胞（polymor phonuclear）存在时，还具有较高的ADCC活性，但gB、gD的ADCC活性则很弱。

PRV毒力：PRV的毒力是受多基因/蛋白控制的。决定PRV毒力的蛋白可分为三类：①囊膜糖蛋白，如gE、gI、gC等；②病毒自身所编码的酶，如胸苷激酶（TK）、核糖核酸还原酶、蛋白激酶、碱性核酸外切酶、脱氧尿苷三磷酸酶；③非必需的衣壳蛋白。病毒编码的调控核酸代谢的酶是疱疹病毒毒力的主要决定因子。TK对病毒在中枢神经系统的复制过程起着主导性作用，灭活TK可使毒力大大降低，但不影响病毒在组织中的复制。gE对PRV在神经系统中扩散有重要影响，缺少gE的PRV只能局限性神经感染。研究表明缺失gE全部或仅缺失Val-125和Cys-126两个氨基酸都将导致毒力显著降低。gE^-突变株对神经系统的侵入能力降低，可能是因为：①在鼻黏膜形成较小的蚀斑使感染神经组织的范围变小，感染神经元的数量减少；②病毒的释放受到限制；③病毒在神经突触处细胞-细胞传播受到影响；④病毒经三叉神经途径的顺行传播受到影响。此外，与亲本毒相比，gE^-突变株在猪肝、肾、肾上腺、脾等内脏中的病毒滴度低得多。gI^-突变株虽然仍能侵入中枢神经系统，但感染神经元的数量明显减少，其毒力介于亲本毒与gE^-突变株之间。gC缺失毒株对新生仔猪毒力没有降低，但对三周龄猪则毒力减弱，其机理尚不清楚。在没有gE存在时，gC则成为决定毒力的主要糖蛋白。gG对病毒的毒力没有影响。PRV虽只有一个血清型，但毒株之间的毒力有差别。60～70年代，出现了强毒变种，近年来，又报道了毒力很低的野外毒株的存在，而Hahn等从美国野猪中分离的PRV毒力也明显减弱，其本质仍有待于研究。（引自童光志）

本病毒的抵抗力较强，在畜舍内的干草上夏季能存活30天以上，冬季可存活46天，56℃30min可以被灭活。把病毒保存在50％的甘油生理盐水中，在冰箱温度可存活154天，而滴度几乎不降低。在4℃或-7℃可保存多年，腐败11天，腌渍20天可杀灭病毒。本病毒对热、甲醛、乙醚、紫外线都很敏感。对石炭酸有一定的抵抗力。病毒在pH5～9中，一般较稳定。本病毒能耐受3％酚，但不耐受5%的酚。5％石灰乳和0.5％苏打，0.5％硫酸和盐酸3min，0.5%～1％NaOH均能将其杀死，在胃蛋白酶、胰蛋白酶于pH7.6时90min可破坏本病毒。

二、流行病学

1. 易感性　自然条件下猪、牛（黄牛、水牛）羊、犬、猫、兔、鼠等多种动物，都可自然感染本病。野生动物如水貂、貉、北极熊、银狐、蓝狐等也可感染发病，除马属动物和高等灵长类（包括人）外，许多哺乳动物和禽类都能实验感染。马属动物对本病有较强的抵抗力。人偶尔也可感染发病。PRV对大多数动物呈致死性感染，实验动物中家兔、豚鼠、小鼠都易感。其中以家兔最敏感。在已知的自然宿主中，猪最具耐受性。猪和鼠类是自然界中病毒的主要贮存宿主和排毒者，是引起其他动物发病的疫源动物，在PRV的传播上起着甚为重要的作用。

2. 传染源　病猪，带毒猪及带毒鼠类是本病重要的传染源。病毒主要从病猪的鼻分泌物、唾液、乳汁和尿中排出，猪感染后2～4周内径口、鼻排毒，康复6个月后的猪三叉神经节和扁桃体内可分离到病毒，有的带毒猪可持续排毒1年，其他动物的感染与接触猪、鼠类有关。健康猪与病猪，带毒猪直接接触可感染本病。猪、猫、犬常因吃病鼠、病猪内脏经消化道感染。

3. 传播途径　除猪可经直接接触或间接接触发生传染外，其他家畜主要由于吃食病尸及病畜污染的饲料后经消化道感染。此外，本病还可经呼吸道黏膜破损处和配种等发生感染。妊娠母猪感染本病时可经胎盘垂直传播侵害胎儿，PRV可通过胎盘而传递给子体，而母体免疫球蛋白却不能保护，所以对胎儿的感染是致命的。泌乳母猪感染本病后1周左右乳中有病毒出现，可持续3～5d，此时仔猪可因哺乳而感染本病。带有病毒的空气飞沫核可随风传到9km或更远的地方，使健康猪群受到感染。近来研究表明还能通过生殖道感染，被污染的饲料、或带病毒的鼠、羊等动物也可传播。牛常因接触病毒而感染发病，但牛和猪之间也可以互相传播。

4. 流行经过 猪伪狂犬病的发生、病的演变过程、临床病理与猪的生理状况、年龄、品种、猪舍结构、饲养方式、猪群密度、温湿度、病毒的毒力、防疫措施的严格程度及免疫接种与否等而表现出很大的差异。

据杨宜生报道：一般首次发生伪狂犬病的猪群，发病第一周最初1～2天。在母猪群及育肥猪群中发现少数猪精神委顿，食欲不振，体温升高0.5℃左右，便秘增多，间或有轻度咳嗽、喷嚏、腹式呼吸而误诊为支气管肺炎。随着时间的延长，病猪渐多，并以罹病猪群为中心，向毗邻猪栏或猪舍蔓延。饲养密度高的育肥猪栏和仔猪培育舍中，往往全群几乎同时感染发病，猪舍一反常态，变得异常安静，除患猪抑郁、食量大减或废绝外，呼吸器官病症尤其明显，幼弱病猪开始死亡。发病第二周随着环境中PRV污染程度的加重，病势迅速扩展，全场各栋猪舍都出现大量病猪，多数呈现呼吸道病综合征，死猪急增，部分架子猪出现中枢神经病损综合征，神经症状明显，至此，才开始怀疑是伪狂犬病。生产母猪群表现拒食、发热、便秘、咳嗽、呼吸急促困难、腹式呼吸、呕吐等；有些呈现濒死状态，1～2天后死亡（2%～5%）或开始好转，妊娠母猪出现流产。育肥猪群病势更猛，饲养密度高的仔猪哺育舍病死率高，断奶至育成期的病死率高达30%～50%。有些死猪鼻孔流出带血的分泌物。并发病毒性肺炎者，肥猪的致死率也高达5%～10%。3月龄以内的中猪许多出现神经症状，表现后躯摇晃、尾根及头部震颤、共济失调、角弓反张、癫痫、转圈、尖叫、跳跃等。瘙痒发生率仅为1%～2%。带仔哺乳母猪感染后在泌乳逐渐停止的同时，仔猪吸吮含有PRV的母乳受到感染，2周龄内仔猪病死率100%，3～4周龄病死率50%左右。仔猪感染后36h出现呕吐、抑郁、下痢、发抖、脱水、衰弱、卧地不起、死亡，有的还出现流涎、转圈、下意识动作、癫痫强兴奋性痉挛、惊跳等。这时，场长和技术员已一筹莫展，无计可施。

发病第三周疫情达到顶峰，早期感染猪徐徐康复，精神食欲逐渐正常，但妊娠母猪流产病例增多，死胎、流产发生率达20%～60%，干尸化胎儿发生率达20%～30%。怀孕早期的母猪多在病后1周内流产，而中、后期的妊娠母猪多在病的恢复期流产。在分娩母猪群，大多数哺乳仔猪已经死亡，残存的仔猪亦多半虚弱。这种繁殖障碍和异常产仔状况可持续1个月以上。早期感染的肥猪群也逐渐康复，猪群越大，恢复越慢。

发病第四周，猪场病势逐渐缓和，母猪康复，死胎、流产呈散发性发生。但猪群呼吸道病损综合征较多并逐渐转为慢性。因后遗症和继发感染，猪群的淘汰剔除率上升。怀孕母猪的异常产仔仍在继续发生，但新生仔猪的发病和死亡大幅度减少，这是因母猪感染后免疫，初乳母源抗体的保护所致。发病后2～3个月疫病发生停息，然而，康复猪群对各种应激因子的影响十分敏感，有可能再度发病.但发生规模要小。大多数母猪可产生坚强的免疫力而繁殖正常，虽哺乳仔猪生长发育正常，但由于大量母猪流产及异常产仔，猪场的整个生产计划陷于混乱。发病后半年育肥猪群的呼吸系统器官感染增多。母猪繁殖成绩良好。哺乳仔猪生长发育正常，但到8～12周龄后，当母猪抗体消失时，容易遭受潜伏带毒猪排出的PRV感，猪群中急性病毒性肺炎病例死亡增加，机体的免疫功能下降，猪群的嗜血杆菌病、支原体肺炎、萎缩性鼻炎的发生率大幅度上升，而使猪场继续蒙受损害。肺型（呼吸型）伪狂犬病：潜伏期1天或更长，患猪食欲突然消失，体温41～42℃，稽留，剧烈咳嗽，鼻孔流出黏稠脓性分泌物，急速腹式呼吸，犬坐势，猪处于半昏迷状态，部分病例有神经症状，一般数小时至2天内死亡，病死率10%左右，耐过猪7～8大康复。无疹痒症状。

犬、猫的伪狂犬病：在猪群发病的同时，犬、猫等伴侣动物往往发病。多数病例体温正常，动物行为异常，沉郁，个别行为狂暴，攻击人畜。头、肩、颈部皮肤奇痒，不断抓、搔和啃咬出现痒感部位的皮肤，用头部摩擦墙壁等，使皮肤受损糜烂，随着病情发展，病犬猫疯狂地抓咬皮肤。犬大量流涎，呼吸困难，1～3天死亡，病死率100%，内脏无灰白点等病变。

5. 流行特点 本病一年四季都可发生，但以冬春两季和产仔旺季多发。往往是分娩高峰的母猪舍首先发病，该猪舍几乎每天都有产仔，几乎每窝都发病，窝发病率可达100%，但发病和死亡往往有一高峰（于分娩高峰滞后约5d），以后逐渐减少，由整窝发病变为每窝只发病2～3头，死亡率下降，其他母猪舍主要表现为散发，一窝发3～4头，死亡率也较发病率低。发病猪主要在15日龄以内仔猪，发病最早是2日龄，发病率为98%，死亡率85%，随着年龄的增长，死亡率可逐渐下降，成年猪多轻微发病，但极少死亡，主要发病的母猪舍病程约15d左右，其他母猪舍流行时间稍长为1～2个月，而肥猪舍约为一周即可停息。该病多呈地方性流行，也有散发。在疫区，怀孕母猪出现流产、死胎或木乃伊胎；成年猪多呈一过性而耐过，但体内长期带毒和排毒成为本病的主要传染源；仔猪出现神经症状、麻痹、衰竭死亡，甚至伴有消化系统症状，死亡率几乎100%。本病的传播途径主要是呼吸道和消化道，也可通过皮肤外伤、乳汁、交配，精液或胎盘感染。

6. 国内流行情况 自刘永纯（1948）首先在我国发现猫Pr以来，相继有许多省（市）报道有Pr的暴发和流行。猪、牛、绵羊、犬、猫、山羊和貂均有发病，但以猪为主。该病在我国流行范围很广，到目前为止，已扩展到21个省（市）。最近几年湖北、湖南、广东、北京、内蒙古及东北三省许多猪场均有该病暴发。刘显煌等报道自解放以来至80年代初，广东极少发生猪伪狂犬病，首次和第2次报道该病的时间是1958年，自此之后30年来未发生过猪伪狂犬病。大规模暴发开始于集约化大型猪场相继崛起的80年代末，10多年来，该病一直呈不断扩展蔓延之势，目前该病已成为常见病。任裕其等报道仅广东省在1988～1995年有26个猪场流行Pr，发病场的经产种猪共19 750头，全省100多个大中型猪场的30%，经统计，流行的猪场是1988年前40年总和的8.7倍。黄骏明等根据送检病料对黑龙江、吉林、辽宁和内蒙古等四个省34个猪场进行流行病，学调查其结果阳性场占58.82%（20/34）。刘兴民等报道，1995年3～4月内蒙古奈曼旗某猪场532头仔猪，相继发病死亡186头，占总仔猪数的34.96%。闫长茂报道大连某猪场在1993年1～5月，全场有871头母猪产仔7 370头，因病死亡1 882头，其中因Pr死亡的猪940头，占死亡总数的49.9%，新生仔猪发病率、死亡率100%。李树寿报道北京某场1994年2～3月因该病死亡300余头，死六率95%以上。童光志报道3个商品场发生Pr，其中窝发率100%、发病率为98%，死亡率为85%。黄志鑫等报道，某猪场于1991年10～11月，产仔59窝，共产仔585头，其中产死胎干尸149头，死胎干尸占产仔数的25.5%；全部活产的仅为16窝，占27.1%，全部死产的为4窝，占6.8%。陈焕春等报道，武汉市某种猪场在1990年秋季有35头母猪共产仔305头，其中死胎290头。黄骏明等报道，某场在1995年3～4月份陆续有97头母猪发生繁殖障碍，发病率高达37.74%，有52头母猪全窝死胎，45头母猪，部分死胎或少数木乃伊，其中初产母猪76头，占全场初产猪的37.25%（76/204），经产母猪21头，占全场经产猪的39.6%（21/53）不论初产还是经产母猪均可发生Pr，发病不分季节性，一年四季均可发病。引起新生仔猪大量死亡，特别是一周龄内仔猪发病率及死亡率几乎100%，有的全窝死亡。傅胜才报道，1991年某种猪场20窝仔猪有12窝发病，122头发病仔猪中有44头死少，其中有3窝全部死亡。韦华姜报道，湘北某种猪场25窝猪有12窝发病，窝发率为48%，发病窝仔猪发病率为64%（80/124），死亡率为100%。黄骏明等还报道了黑龙江、吉林、辽宁及内蒙古四省（区）的20个发病场中，有15个场是在3～5日龄仔猪因暴发PRV全窝死亡，占发病场的75%。宋念华，李复中等（2000年）报告了全省性猪伪狂犬病血清学检查，全省共查13个市、州50个县（市）的86个场，其中已用过疫苗的55个场，从未用过疫苗的31

个场，查出阳性场53个，其中未用过疫苗的阳性场24个，占未用疫苗场的77.4个抽查种猪8 424头，阳性猪889头，平均阳性率为10.4%，其中检查母猪5 881头，阳性533头，阳性率为9.1；检查公猪475头，阳性26头，阳性率为5.5%。母猪的阳性率比公猪的阳性率高3.6个百分点；查后备母猪1 583头，阳性119头，阳性率为7.5%。查后备公猪201头，阳性22头，阳性率为11%。为所有检测猪中阳性率最高。在检查的8 424头生猪中，已注射过疫苗的有2 345头，阳性有563头，阳性率为24%；未注射过疫苗的猪6 079头阳性猪326头，阳性率为5.4%，低于阳性率平均水平。抽查了后肢麻痹等临床可疑症状社会农户散养的猪284头，查出阳性猪高达66.5%阳性猪占总阴性数的21.3%，这初步说明这些可疑猪感染有伪狂犬病病毒。杨宗照（2004）应用血清学调查杭州地区14个规模化猪场176份血清的PR野毒抗体为23.9%，其中种猪36.5%，育肥猪32.7%，仔猪20.8%。近年来，猪伪狂犬病在我国部分地区的有扩大的趋势，应引起重视。

周绪斌，李聪，栗娟，秦云（2007）报道，对我国9个省市，75个规模化猪场共4703份血清（2006年），血清学检测结果75个规模化猪场中有52%的猪场伪狂犬病野毒抗体阳性，所有血清样品野毒阳性率为16.9%。天津、河南、浙江、河北、广东等省市有超过50%的猪场为阳性，河南、河北和天津样品血清阳性率较高（>25%），而浙江和广东，虽然阳性场比例较高，但是样品阳性率低于10%，而在江西，阳性场为21.4%，样品阳性率为3.2%。

三、发病机理

对每种疾病发病原理的阐明主要依据病原的生物学的特异性与易感动物的应答。据李学伍（2001）报道，猪是该病毒的主要保藏宿主和带毒者，与其他动物相比之下，猪对该病毒具有其特殊的反应，该病毒能在猪的神经细胞中呈隐性状态，此时病毒基因组绝大多数基因并不表达，只有一小段仍然转录，即隐性状态相关转录物（latenc yassoci-atedtran-script：LAT）但没有翻译产物，病毒DNA在细胞核内以附加体的形式存在，而带有隐性病毒的神经元功能仍是正常的，隐性病毒在一定条件下可以被激活。PRV这种特性在阳性场暴发本病具有重要意义。人工感染：通过口腔、胃内、鼻腔、气管、结膜内、子宫、睾丸、肌肉、静脉和脑内接种均可建立人工感染，但经鼻内接种感染后所表现的症状与病理变化更接近于自然病例。

自然条件下，PRV感染的初始部位是鼻咽部上皮和扁桃体，随后病毒由淋巴管扩散至局部淋巴结，当病毒被三叉神经、舌咽神经和嗅神经末梢摄入后，有囊膜的病毒粒子或无囊膜的核衣壳沿轴突逆行至嗅球或三叉神经，并至中枢神经系统，然后在脑桥和脊髓复制，再侵入到小脑和大脑。用免疫荧光试验，可在神经细胞中检测到PRV抗原。神经细胞感染PRV后，可导致中枢神经系统功能紊乱。

新生猪感染时，病毒最初增殖部位为口咽部及呼吸道组织，然后进入神经进而传播到中枢神经系统。但随后有病毒血症及内脏器官的病变，主要是肝、脾。由于仔猪因神经系统紊乱很快死亡，因此特征性病变不太明显。稍大的仔猪、架子猪、育肥猪感染时，病毒在最初增殖部位的复制可导致扁桃体坏死及肺炎。怀孕母猪感染导致的病毒血症可造成胎盘感染。胎盘感染可引起胎盘病变并导致胎儿死亡，造成流产、死产和胎儿木乃伊化。在流产胎儿的不同内脏器官常可发现坏死灶，提示全身性感染。

（一）发病经过

1. 病毒的靶器官　童光志报道（2005）病毒先在扁桃体、咽、嗅上皮组织内增殖，然后经嗅神经和舌咽神经沿神经干传到大脑。另外，还能由白细胞经血行路线传播到机体各部，已在血液单核细胞上发现了PRV糖蛋白。病毒主要存在于神经组织、呼吸道黏膜、唾液腺、淋巴结内。但近来，Romero等和Capua等从自然感染的野猪生殖道和脑中分离出了PRV。PRV对猪的致病作用依赖于多种因素，包括感染猪的年龄、毒株、感染剂量以及感染途径等，通过脑内、鼻内、气管、胃、口腔和肌肉等途径接种PRV，都可导致发病。PRV主要经呼吸道感染，近来研究表明还能通过乳汁和生殖道感染。

2. 病毒侵入机制　猪被病毒感染后，首先在鼻咽部、扁桃体中增殖，再经嗅神经、吞咽神经或三叉神经到达脑和脊髓。病毒亦可由鼻黏膜经呼吸道侵入肺泡。未断奶的仔猪感染PRV后，病毒最早在口咽部和呼吸道组织内复制，再经神经纤维到达中枢神经系统，但随后也会出现病毒血症，并在肝、脾等内脏器官引起病变；在新生仔猪，因神经系统功能紊乱而很快死亡，故随病程发展而表现出的典型病理症状不明显；在较大年龄的猪，如育肥猪和肥猪，病毒在最初增殖部位常引起病变，如扁桃体坏死、肺炎等，即使在这种较老年龄的猪，病毒也常经神经纤维或随血液循环到达中枢神经系统，从而可能出现神经症状。胎盘感染常引起胎盘病变和死胎，绝大部分症状出现在怀孕3个月之后，出现流产、木乃伊胎或产弱仔（少见），胎儿感染的一般症状是流产，同时胎儿的各内脏器官可见到坏死点。

公猪经鼻腔接种，可引起生殖器官退行性变化、精液品质下降等与自然感染相似的症状，但病毒不在生殖系统组织内增殖。另外，在自然感染PRV时，还可见到公猪阴囊肿大。

3. PRV在体内各脏器分布　李学伍、陈焕春等应用PCR方法（1998）对PRV感染细胞及自然发病猪不同组织样品进行检测，感染细胞毒最低检出量为10^{-5}个$TCID_{50}$病料组织样品最低取样为0.1mg时，仍能得到阳性结果其敏感性显著高于微量血清中和试验。PRV在自然发病猪体内分布很广，脑、三叉神经节、嗅球、扁桃体、心脏、肝、脾、肺、肾均有PRV的存在，PRV检出率最高的组织为三叉神经节，其检出率为100%。其他对照病毒及传代细胞PCR反应产物电泳结果均为阴性。

4. PRV感染经过途径　猪感染本病后，有明显的症状期，病毒主要在中枢神经系统（小脑、大脑、延髓、颈部等脊髓、视神经、嗅球、三叉神经节等），此外鼻甲骨、扁桃体、肺、咽背淋巴结及唾液腺亦有病毒存在。接种后9d病猪症状渐退时，病毒只能自视神经、鼻甲骨、肺及扁桃体分出。接种13d后病毒只能从扁桃体分出，这是用一般检查即把脏器磨碎后取上清液，接种敏感组织细胞所得的结果。猪自然感染PRV感染后，首先在鼻咽部、扁桃体中增殖，再经嗅神经、吞咽神经或三叉神经到达脑和脊髓。本病的传播途径是经鼻道与口腔。病毒最初复制的地点似为上呼吸道和鼻咽黏膜上皮。据研究，猪接触病毒18h后，可由嗅上皮和扁桃体分离出病毒，2～4h后可自嗅球，延髓和桥脑分出病毒，这说明病毒是自口鼻经第一，第五及第九对脑神经轴浆传播，此时血液中不出现病毒，随着病程的进展，病毒侵入鼻腔和口腔的三叉神经终末，很快散播到半月神经节，引起神经节炎。同样病毒侵入舌咽神经的舌轮廓乳头的神经终末并转运到神经节的神经细胞，病毒在这些部位复制后，病毒可再经神经轴浆扩展到大脑的各个中枢。另外，病毒还可由鼻、耳、咽黏膜经呼吸道侵入肺泡，血液中的病毒是间歇出现的，滴度低，不易测出，但是病毒可经血液到达全身各部，使其他器官和淋巴系统的实质细胞受到侵害。有的报告，房室结、腹腔神经节和星状神经节能早期丧失机能，促使患畜死亡。有人用恢复猪组织（于不同病期）小块作长期持续培养时，发现嗅球、视神经及三叉神经的混合组织以及扁桃体长期带毒，感染恢复后2个月及6个月带毒，咽背淋巴结及唾液腺于2个月亦有病毒存在，扁桃体于第十三个月仍呈阳性。像其他疱疹病毒一样，PRV初次感染后，往往以潜伏的形式存在于动物体内可达多年甚至终生。

PRV潜伏部位主要局限于三叉神经节，但近来发现扁桃体、脾、下颌淋巴结、外周血单核细胞也是其潜伏部位。尽管潜伏的PRVDNA主要以线性分子形式存在，但已发现了环形DNA分子。研究表明疱疹病毒的基因组可整合于细胞基因组内而形成长期潜伏。潜伏期间，病毒基因组表达受到抑制，不产生感染性病毒粒子，对细胞生命无影响；但是一部分病毒基因组仍具有转录活性，已检测到了潜伏相关转录产物。潜伏的病毒在一定条件下，如免疫抑制或机体抵抗力降低或应激等可被重新激活，引起复发性感染并散毒。此时可能体液抗体水平很高，但仍不能阻止复发。至今还没有一种PRV疫苗能阻止强毒在体内建立潜伏感染。病畜在病毒血症后，常发生中枢神经系统的炎症，使患畜呈现各种不同程度的神经综合症状，主要表现为皮肤奇痒（猪除外）。当病畜神经症状表现明显时，中枢神经系统的含毒量最大，而此时，血液中的病毒含量则逐渐下降甚至消失。发生脑脊髓炎后，可引起神经，特别是舌、咽神经的麻痹。如果病程较长，则可能继发呼吸、消化器官的病变。

（二）不同毒株的致病机理

在猪群里，有各种毒力的毒株存在。

1．低毒株 可感染各种年龄的猪，但只在2～3周龄以内的仔猪表现临床症状，病毒早期增殖部位有鼻咽部的上皮细胞及扁桃体隐窝的扁平上皮细胞内，通常在侵入部位无发现可见病变。病毒经淋巴循环从早期复制部位迁移至相应的淋巴结内增殖，从早期复制部位出发，病毒感染嗅神经移行至嗅球或感染舌咽神经而到达脊髓的微小核或经三叉神经而至脑桥和脊髓。病毒沿神经纤维的轴浆移行，经许旺氏细胞和神经内膜的成纤维细胞扩散，关于低毒株引起的病毒血症及其在致病过程中的作用还有争论，一般认为病毒是经神经通路到达中枢神经系统（CNS），然后在脑桥和脊髓复制再入侵到小脑和大脑的。用免疫荧光试验，可在神经细胞中检测到PRV抗原，神经细胞感染PRV后，可导致CNS功能紊乱。低毒力株具有严格的嗜神经性，在CNS以外不引起病理变化。

2．较强毒力的毒株 引起伪狂犬病的发生更为常见，但其致病性与上述基本相似。不同之处是它们常能致较大年龄的动物发病，并与呼吸道感染密切相关。这种大龄动物感染的基本特征是致使病毒扩散至全身，并有嗜组织特性的出现，如嗜生殖道。试验接毒的剂量也会影响症状出现的时间及严重程度，尤其是经呼吸道接毒（Baskerville，1972；Witimann et al.，（1987），肺泡巨噬细胞感染也是呼吸道感染PRV的一个重要特征。

（三）不同年龄的猪对PRV的易感性

1．怀孕母猪 怀孕期被感染可能引起胎盘感染。此时，在血清和红细胞碎片内无PRV，在单核细胞中也检测不到PRV，但可在淋巴细胞和多核粒细胞中检测到PRV（Wittmann et al.，1980）。胎盘感染可引起胎盘病变和死胎（Mare et al.，1976；Kluge and Mare，1978；Hsu，1980），绝大部分症状出现在怀孕3个月之后，出现新生胎儿流产、木乃伊胎或产弱仔（但这种情况少见）。

2．哺乳母猪 哺乳母猪在怀孕期被感染可以通过乳汁将病毒传给仔猪。经阴道分泌物和精液也能引起感染。排毒通常在中和抗体出现后终止，但也有持续较长时间排毒的报道。

3．胎儿感染 一般特征是流产，胎儿的各内脏器官可见到坏死点。

4．未断奶的仔猪 感染PRV后，病毒最早在口咽部和呼吸道组织内复制，再经神经纤维到达CNS，但随后也会出现病毒血症，并在肝、脾等内脏器官有病变。在新生仔猪，因神经系统功能紊乱而很快死亡，故随病程发展而表现出的典型病理症状不明显。

5．育肥猪和肥猪 病毒在最初增殖部位常引起病变，如扁桃体坏死、肺炎（Baskerville，1971）。即使在这种较老龄的猪，病毒也常经神经纤维或随血液循环到达CNS。大龄猪的CNS感染PRV后，有可能出现症状。许多毒株能在皮肤细胞内增殖，并引起脉管坏死（Narita et al.，1984）。

6．种公猪 自然感染和人工感染的精液内都分离到了病毒，但这些病毒粒子是来自于皮肤组织而不是睾丸（Gueguen and aynaud，1980；Medveczky and Szabo，1981；Ohinger and Wittrann，1984）。公猪经鼻腔接种，可引起生殖器官退行性变化、精液品质改变等与自然感染相似的症状，但病毒不在生殖系统组织内增殖（farsen et al.，1980）。另外，在自然感染PRV时，还可见到公猪阴囊肿大（Anon，1977）。用实验方法直接在阴道接种PRV，病毒可在生殖器官浆膜的间质细胞内增殖，而在公猪睾丸实质细胞内无PRV增殖。阴囊部的肿大是睾丸鞘膜炎性渗出的结果。生殖系统的实质器官也可见到继发性退行性病变。仅从精液中分离不到病毒。

7．其他 猪在自然接触病毒后2～3周从鼻腔、口腔持续排毒。

本病在发病机理上另一特点是病毒在体内持续较长时间，在临床上可出现亚临床感染，可分潜伏感染，被感染猪不表现临床症状，但病毒却能在猪体内长期以潜伏状态存在，也分离不到病毒，但用聚合酶探针方法可查出病毒基因组DNA的存在，在外界不良环境刺激等造成的免疫力减弱时，潜伏状态的病毒可转化为具有感染性的病毒。其次为隐性感染在猪群使用疫苗接种或自然感染部分少量病毒后，该猪只得到部分免疫，可发生隐性感染猪和表现为亚临床症状的猪，这种带毒猪排毒可持续一年以上。

四、临床症状

依据病毒株、猪的年龄、感染剂量和感染途径不同而异。共同特征是猪的年龄越大，抵抗力越强；对成年猪，低毒力毒株感染后病毒复制可能仅仅局限在感染局部，而不表现临床症状。自然条件下，非常小的感染剂量即可使猪出现血清阳转或使其成为无症状潜伏感染者。

病猪的临床症状和病程随年龄不同而有很大差异。本病潜伏期一般为3～6d，少数达10d。

猪妊娠母猪：妊娠母猪感染后发生流产、产死胎、木乃伊及分娩期后延，以产死胎为主。流产常发生于感染后的10d左右，流产胎儿的大小较一致。

新疫区可以造成60%～90%怀孕母猪流产和死胎，并主要发生于临产前的母猪。老疫区所造成的损失则与猪群的免疫状态和病毒的毒力有关。感染母猪有时还具有屡配不孕、返情率增高的表现。母猪在产死胎的同时，也能产出一些活仔，但体弱，多在1～3天内死亡死前表现呕吐腹泻，运动失调等神经症状。也有的仔猪出生时是健康的，5～6天开始陆续发病。这类病死的仔猪是由于它们的母亲感染了伪狂犬病，不表现明显的临床症状，但在乳汁中含有大量病毒，仔猪通过吮乳而感染本病。

哺乳仔猪：刚生下乳猪都很健壮，膘情极好，产仔数亦相当高。发病仔猪眼眶发红，闭目昏睡，接着病猪体温升高至41～41.5℃，精神沉郁，口角有大量泡沫或流出唾液，有的病猪呕吐或腹泻，其内容物为黄色。病猪两耳后竖，初期遇到声音刺激，发生兴奋和鸣叫，后期出现声音。任何强度疼痛刺激，都叫不出声音，只能引起肌肉反射活动（如局部肌肉频细和粗大震颤）。有的病猪后腿抬起呈“鹅步式”。病猪眼睑和嘴角有水肿、腹部几乎都有粟粒大小的紫色斑点，有的甚至全身呈紫色，病初站立不稳或步行蹒跚，有的只能向后退行，步态和姿势异常，容易跌倒，进一步发展为四肢麻痹，完全不能站立，头向后仰，四肢划游，或出现两肢开张和交叉（图2.2.5-1、2、3）。几乎所有病猪都有神经症状，初期以神经紊乱为主，如发病仔猪神经紧张眼发直（图2.2.5-4），后期以麻痹为特征，最常见而又突出的是间歇性抽搐，肌肉痉挛性收缩，癫痫发作，仰头歪颈，角弓反张，一般持续4～10min，症状缓解后病猪又站起来，盲目行走或转圈。有的则呆立不动，头触地或头抵墙，持续几分钟至10min左右，才缓解。间歇10～30min后，上述症状又重复出现。3～5天内是死亡高峰期，有的整窝整窝死光。发病仔猪表现出明显的神经症状、嗜睡、鸣叫、呕吐、拉稀，一旦发病，1～2天内死亡。病程最短4～6h，最长为5天，大多数为2～3天，发病24h以后表现为耳朵发紫，出现神经症状的乳猪几乎100%死亡，发病的仔猪耐过后往往发育不良或成为僵猪。母猪感染本病，能产生较高的抗体，仔猪在哺乳期间可从乳汁中获得母源抗体的保护，断奶后失去了母源抗体的保护，仍可发病，病死率可高达95%。随着日龄的增长，症状逐渐减轻，60日龄以上的猪，感染后，只表现短期发热、食欲减退，有的出现咳嗽和呕吐，经3～5天后自愈。

20日龄以上的仔猪到断奶前后的小猪：症状轻微，体温41℃以上，呼吸短促，被毛粗乱，不食或食欲减少，耳尖发紫，发病率和死亡率都低于15日龄以内的奶猪。但断奶前后的仔猪若拉黄色水样粪便，这样的仔猪100%死亡。断奶仔猪发病率在20%～40%左右，死亡率10%～20%左右，主要表现为神经症状、拉稀、呕吐等。

4月龄左右的猪：发病后只有轻微症状，有数天的轻热，呼吸困难，流鼻汁，咳嗽，精神沉郁，食欲不振，有的呈“犬坐姿势”，有时呕吐和腹泻，几天内可完全恢复，严重者可延长半个月以上，这样的猪表现为四肢僵直（尤其是后肢）震颤，惊厥等，行走相当困难，也有部分猪出现神经症状而往往预后不良。哺乳仔猪发病的同时，该窝的母猪有时出现厌食、便秘、震颤、惊厥、视觉消失（图2.2.5-5）或眼结膜炎，母猪多呈一过性或亚临床感染，很少死亡。有的母猪分娩延迟或提前，有的产下死胎、木乃伊或流产，产下的仔猪初生率极小，生命力低下。弱胎产下后2～3天死亡。流产发生率约50%。

种猪不育症：近几年发现有的猪场春季暴发伪狂犬病，出现死胎或断奶仔猪患伪狂犬病后，紧接着下半年秋季母猪配不上种，返情率高达90%，有反复配种数次都屡配不上，耽误了整个配种期。此外公猪感染伪狂犬病病毒后，表现出睾丸肿胀，萎缩，丧失种用能力。

脉管坏死：本病毒具有泛嗜性，能在很多细胞内增殖。许多毒株能在皮肤细胞内增殖，并引起脉管坏死。据于文志（2002）报道伪狂犬病猪皮肤脉管坏死表现有3种病状：第一种，是最多见的。在病猪腹股沟处、后肢内侧皮肤出现青蓝色星状斑点。病情较重的，还可在猪体的胸前、肘后、前肢内侧、整个腹下等部位见到相同的病状。同一头病猪各部位的斑点大小相近，色泽致，分布均匀，密密麻麻。星状斑点因猪的大小有所不同，新生仔猪发病斑点小于粟粒，断奶前后仔猪发病斑点大于粟粒，育肥猪发病斑点高粱粒大小。在发病后期，白毛猪全身呈现青白色，是全身皮肤脉管坏死的表现。第二种，较为少见。除具有第一种外，兼有耳郭外面皮肤呈现弥散性青蓝色。第三种，比较多见。病猪乳头呈青蓝色，有的在乳头基部发生绿豆大的青蓝色斑点。发生病变乳头有几个至全部不等。星状斑点样病状，能在病猪康复过程中逐渐消退。病猪自愈或用伪狂犬疫苗紧急免疫后康复，皮肤蜕落一层污垢，恢复正常红润色泽。在临床上，依据病猪皮肤脉管坏死这一特征症状，结合其他病症做出临床诊断，简捷、准确，便于应用，其临床诊断意义十分明确。

猪群首次暴发的临床症状：刘显煜报道，猪群首次暴发的临床症状阴性猪群首次发生伪狂犬病时，多呈暴发性。在临床症状和病理变化方面，可以见到典型症状和病理变化，包括育成猪出现短暂如感冒样症状；母猪出现流产、死胎和木乃伊；哺乳仔猪出现致死综合征和高死亡率（40%～80%），死亡仔猪肝脏、脾脏有灰白色坏死点、肾脏表面出现大量针尖大出血点等病变。用病料接种家兔出现剧痒而死，临床症状十分明显。

⑴阳性猪群的临床症状：阳性猪群发生伪狂犬病时，有时呈暴发性，更多时候呈散发性，常见不到典型临床症状及病理变化，形式多样，无临床经验或不做实验室检验，多会做出错误诊断，其造成的经济损失相对较轻。

⑵出现与阴性猪群首次发病相似的临床症状和病变。

①除怀孕母猪出现流产外，哺乳仔猪及其他猪只表现正常。

②仅哺乳仔猪或部分哺乳仔猪有腹泻（拉黄色稀粪），精神不振，颤抖，消瘦死亡等病状，怀孕母猪和其他猪只均无异常。目前这种情况在临床上最为多见，常让人们误认为是黄白痢或母猪奶水不足。

③哺乳仔猪和断奶仔猪同时发病，其余猪只见不到症状，这种情形有时可见到。

⑶执行免疫注射的猪群会发生疫情，出现疫病后，使用疫苗给猪群进行紧急免疫接种又可以控制疫情。这种情形也较为多见。

⑷发生过伪狂犬病的猪群会长期带毒，并呈隐性感染状态。在隐性感染状态下的病毒，猪群可再次发病，又可以与猪群“和平相处”。笔者曾见过两个发生伪狂犬病的猪场，在疫病平息后，没有作任何特别处理（包括免疫注射），虽然检测猪群血清时阳性率极高，但多年来猪群一直都处于“正常”状态。

⑸猪群发生伪狂犬病后，无论大小猪只，其呼吸道疾病（尤其是胸膜肺炎）都会明显增加。虽然猪伪狂犬病在临床上有其多样性，给临床诊断带来一定难度，但我们只要掌握本病特点，做出正确诊断并不难，而且还可以通过实验动物（家兔）接种、病毒分离鉴定和ELISA可区分野毒和基因缺失疫苗抗体）等，这些方法都比较准确、可靠。

五、病理变化

各种年龄的猪都易感染，但随猪年龄的不同其症状和死亡率有很大差异，较大猪发病过程较长，康复率也较高，成年猪可能没有症状，但一般不呈现瘙痒症状。哺乳仔猪最为敏感，发病后呈急性型致死过程，15日龄以内仔猪表现为最急性型，病程不超过72h，死亡率100%，由于病毒的泛嗜性，使病理变化呈现多样性，在诊断上具有参考价值的变化是鼻腔卡他性或化脓出血性炎，扁桃体充血，水肿、坏死（图2.2.5-6）并伴以咽炎和喉头水肿，勺状软骨和会厌皱襞呈浆液性浸润，并常有纤维素性坏死性假膜覆盖，肺充血、水肿，上呼吸道常见卡他性、卡他化脓性及出血性炎症（图2.2.5-7），内有大量泡沫样液体。上呼吸道内含有大量泡沫样的水肿液，喉黏膜和浆膜可见点状或斑状出血。淋巴结特别是肠淋巴和下颌淋巴充血、肿大、间有出血。此外尚可见一些器官的灰白色或黄白色坏死灶，其直径在1～2mm大小，出现率为：淋巴结75%，扁桃体、肾63%，肝（图2.2.5-8）、脾、心38%、肾、肝的坏死灶周围有红色晕圈。心肌松软、心内膜有斑状出血，肾点状出血性炎变化（图2.2.5-9），肾上腺切面散在坏死点（图2.2.5-10），胃底部可见大面积出血，小肠黏膜充血、水肿、黏膜形成皱褶并有稀薄黏液附着，大肠呈斑块状出血。脑为非化脓性脑炎，脑膜充血，水肿、脑实质有点状出血（图2.2.5-11、12），病程较长者，脑脊液都明显增多，心包液，胸、腹腔液亦增多，肝表面有大量纤维素渗出。

许多毒株能在皮肤细胞内增殖，并引起脉管坏死（Narita et al.，1984）。如新生仔猪急性死亡皮肤脉管坏死，腹下皮肤呈青蓝色星状斑点隐约可见，病程较长的仔猪腹下、前后肢内侧皮肤密布青蓝色粟粒大小星状斑点。有的猪部分或全部乳头呈现青蓝色病状。个别仔猪乳腺外侧出现数个黄豆粒大小串珠样肿，外观青蓝色。

组织学变化组织学检查发现所有病例都有大脑变化，灰质和白质同样受影响，最明显的变化是额和颞部。小脑的变化是脑膜炎。细胞变化与病变的程度有关，神经元发生广泛性坏死并伴有噬神经现象，神经元周围神经胶质增生和血管套。神经元的变化和坏死通常呈灶性，病灶间距较大，并伴有胶质细胞变性和坏死。血管套的厚度差别很大，最厚达到8层细胞。其细胞成分主要是小单核细胞和少量嗜中性白细胞、嗜酸性白细胞及巨噬细胞。脑膜也发生类似的血管套样细胞浸润。脑实质中小血管扩张充血，周围有淋巴样细胞，组织细胞呈围管浸润，即形成“脑血管套”。神经胶质细胞弥慢性或局灶性增生，可见多个神经细胞坏死崩解，神经细胞和胶质细胞的核内可见嗜酸性包涵体（图2.2.5-13、14），大脑枕叶有胶质细胞增生，形成胶质细胞结节，桥脑、延脑内毛细血管周围亦有单核细胞，小淋巴细胞形成的血管套（图2.2.5-15）。肝实质中有大量大小不等的分界明显的坏死灶（图2.2.5-16、17、18、19），多位于肝小叶周边区，坏死组织呈凝固性、粉红色，但色彩深浅不一，其中分布着多量蓝紫色坏死崩解的细胞核碎粒，周围附近小血管充血，血管周围间隙有少量淋巴细胞和单核细胞浸润，其他部分肝细胞肿大，颗粒变性，各级小血管，肝窦充满红细胞、肝小叶结构紊乱。

脾组织（图2.2.5-20、21、22）内有许多分界清晰的坏死区，在坏死区内粉红色坏死物中混杂着多量的兰染的细胞核崩解颗粒及一些红细胞，脾小体多数变成坏死区而消失，小血管多数坏死，红细胞漏出，少数和残存的各级血管周围有淋巴细胞聚集。脾索网状细胞大量增生，脾窦及其周围有多量的红细胞分布，窦内皮细胞、巨噬细胞数目增多，脾窦界限不清。

呼吸系统出现坏死性支气管炎、细支气管炎和肺泡炎，并可见大量的纤维渗出。肺组织内有少量的，但界限也很明显的坏死灶，灶内主要是核崩解的蓝色颗粒，衬以少量的粉红色坏死灶溶解物，灶内血管尚完整无损，呈充血、淤血状态，坏死灶周围肺泡壁及间质充血。肺泡腔和间质内有浆液渗出和红细胞分布及少量淋巴细胞，单核细胞浸润，肺泡上皮和气管黏膜上皮轻度坏死，同时扁桃体化脓性坏死。

肾小球内和间质出血，肾小管颗粒变性，肾上腺变性坏死，心肌颗粒变性，胃肠黏膜部分坏死，黏膜下出血，淋巴细胞浸润。在神经组织中很少见到CowdryA型核内包涵体。在舌、肌肉、肾上腺和扁桃体坏死区可见到包涵体。患伪狂犬病流产母猪，其胎盘绒毛膜出现凝固样坏死、滋养层细胞变性，有时在间叶细胞核内只有嗜酸性包涵体和成堆的疱疹病毒粒子。流产胎儿的肝、脾、肾上腺、脏器淋巴结也出现上述的凝固性坏死变化。电镜观察发现在支气管和细支气管的平滑肌细胞、成纤维细胞、淋巴细胞和巨噬细胞中有病毒的核衣壳和病毒粒子。肺泡上皮细胞、肺泡间隔结缔组织细胞和毛细血管内皮细胞出现病毒衣壳，在细胞浆和细胞间隙内见到病毒粒子。

六、诊断

根据临床症状以及流行病学资料分析，可做出初步的诊断，据刘显煌报道：阴性猪群首次发生伪狂犬病时，临床症状多呈暴发性。可以见到典型症状和病理变化，包括育成猪出现短暂如感冒样症状；母猪出现流产、死胎和木乃伊；哺乳仔猪出现致死综合征和高死亡率（40%～80%），死亡仔猪肝脏、脾脏有灰白色坏死点、肾脏表面出现大量针尖大出血点等病变。用病料接种家兔出现剧痒而死，临床症状十分明显。阳性猪群的临床症状阳性猪群发生伪狂犬病时，有时呈暴发性，更多时候呈散发性，常见不到典型临床症状及病理变化，形式多样，无临床经验或不做实验室检验，多会做出错误诊断，其造成的经济损失相对较轻。出现与阴性猪群首次发病相似的临床症状和病变。除怀孕母猪出现流产外，哺乳仔猪及其他猪只表现正常。仅哺乳仔猪或部分哺乳仔猪有腹泻（拉黄色稀粪），精神不振，颤抖，消瘦死亡等病状，怀孕母猪和其他猪只均无异常。目前这种情况在临床上最为多见，常让人们误认为是黄白痢或母猪奶水不足。哺乳仔猪和断奶仔猪同时发病，其余猪只见不到症状，这种情形有时可见到。执行免疫的猪群会发生疫情，出现疫病后，使用疫苗给猪群进行紧急免疫接种又可以控制疫情。这种情形也较为多见。发生过伪狂犬病的猪群会长期带毒，并呈隐性感染状态。在隐性感染状态下的病毒，猪群可再次发病，又可以与猪群“和平相处”。笔者曾见过两个发生伪狂犬病的猪场，在疫病平息后，没有作任何特别处理（包括免疫注射），虽然检测猪群血清时阳性率极高，但多年来猪群一直都处于“正常”状态。

猪群发生伪狂犬病后，无论大小猪只，其呼吸道疾病（尤其是胸膜肺炎）都会明显增加。虽然猪伪狂犬病在临床上有其多样性，给临床诊断带来一定难度，但我们只要掌握本病特点，做出正确诊断并不难，而且还可以通过实验动物（家兔）接种、病毒分离鉴定和ELISA可区分野毒和基因缺失疫苗抗体）等，这些方法都比较准确、可靠。要确诊本病则必需结合病理组织学变化或其他实验室诊断。

（一）根据临床症状以及流行病学诊断

临床特征：①母猪群出现繁殖异常，屡配不孕，空怀率高，妊娠母猪群死胎及流产的发生率高；②断奶仔猪群及育成猪群的中枢神经系统病损综合征候群；③哺乳仔猪的高致死率，年龄越小，病死率越高；猪群中呼吸器官感染症和腹泻症剧增；猪以外的哺乳动物感染时，出现“疯狂痒”及100%死亡。

（二）病毒分离

PRV的分离：OIE推荐下列两种方法从病猪脑、肝、脾、肺及呼吸道黏膜及扁桃体分离PRV，以确诊本病。

1. 细胞培养　接种PK15，SK6等易感细胞系或原代肾细胞，细胞出现特征性病变后，可通过免疫荧光染色、病毒中和试验或ELISA等试验证实；于18～96h出现病变，有病变的细胞用H·E染色，镜检可看到嗜酸性核内包涵体。

2. 兔体接种试验　上述悬液经2 000r/min离心10min，取上清液1～2mL经腹侧皮下或肌肉接种家兔，通常在36～48h发病。

3. 家兔接种　采取病猪脑组织磨碎后，加生理盐水制成10%悬浮液，同时每毫升加青、链霉素各1 000IU，离心、沉淀、上清液备用。取健康家兔2只，于后腿多侧皮下注射上述组织上清液2mL，家兔于24h后表现有精神沉郁，发热，呼吸加快（98～100次/分）脉搏加快，家兔开始先舔接种部位，以后逐渐变成用力撕咬接种点，严重者可出现角弓反张，在地上翻滚，仔细观察患部可发现有出血性皮炎、局部脱毛、皮肤破损出血，家兔表现局部奇痒症状，4～6h后病兔衰竭，倒卧于一侧，痉挛，呼吸困难而亡。病料亦可接种于小鼠，但要用脑内或鼻腔接种，症状可持续12h，有痒的症状。但小鼠不如兔敏感。病料亦可直接接种猪肾或鸡胚的红细胞，可产生典型的病变。分离出的病毒可再用已知血清作中和试验确诊本病。

（三）血清学诊断

现有的许多血清学方法已被移植于猪伪狂犬的实验诊断，OIE推荐用中和试验、胶乳凝集试验和ELISA检查一血清和乳汁中的PRV抗体。应用ELISA已精确到以区分自然感染抗体及疫苗接种抗体。

1. 中和试验（NT） NT有较高灵敏度，是一种常用的诊断方法。将标准病毒株与连续倍比稀释的等量血清混匀后，37℃中和1h，接种在96孔微量培养板上的单层猪肾继代细胞（PK-15）或鸡胚成纤维细胞，置37℃，5%CO_2培养观察CPE，以能完全中和试验病毒的血清最高稀释度的倒数为该血清的中和效价，中和效价大于或等于1∶2的判为阳性。

2. 酶联免疫吸附试验（ELISA） 程由铨等应用单克隆抗体介导的固相微球直接ELISA检测感染，小白鼠颌下腺、耳下腺混合物、肝、脾、肺、肾等材料，PRV的阳性检出率为98%。黄骏明等用过氧化物酶标记的葡萄球菌蛋白A建立的Dot-ELISA对猪血清PRV抗体具有特异强、灵敏度高的优点，与血清中和试验比较，Dot-ELISA阳性检出率为28.19%（53/188）、NT阳性检出率为20.74%（39/188）。

3. 免疫荧光抗体试验（FA） 程由铨等建立了检测病料组织中PRV间接荧光抗体试验，并和病毒分离（VI）作了比较，对肺和扁桃体中PRV抗原检出率分别为FA86%和92%，V194%和88%。黄骏明等建立了直接FA技术检测PRV，对病猪活体取鼻咽试子涂片，对病死猪取扁桃体、三叉神经节、脑、脊髓和鼻黏膜涂片，检出率高达95%以上。

（四）分子生物学技术

1. 核酸探针检测技术 郭万栓等，用斑点杂交法应用32P标记PRV全基因组DNA和重组质粒作探针检测细胞培养物中的PRV-DNA，均能检测10pg的PRV-DNA，且有较高特异性。魏伟等.用光敏生物素标记PRV特异性糖蛋白GP50克隆重组颗粒PUP作为探针，检测实验感染乳猪15头份，证明通过PCR和分子克隆技术制备的PRV特异性糖蛋白基因片段的光敏生物探针，能有效地用于检测伪狂犬病。

2. PCR技术 冉多良等，石建平等，周复春等，冉智光等先后应用PCR技术对PRV进行基因扩增，均获得了特异敏感的结果。

诊断实践中应当了解各种诊断方法的价值。病理组织学检查采取可疑病例脑脊髓组织切片，做苏木素—伊红染色，在伴有非化脓性淋巴细胞性脑炎和脑脊髓神经节炎的情况下，神经细胞、胶质细胞和毛细血管内皮细胞内可检出A型核内包涵体。

免疫荧光试验取自然病例的病料（或组织细胞培养物），如脑的压片或冰冻切片，用直接免疫荧光检查，可于神经节细胞的胞浆及核内产生荧光，几小时后可取得可靠的结果。

病毒分离可以用病料直接接种猪肾细胞或鸡胚细胞，病毒繁殖后，可出现典型的细胞病变。另外也可用被检的猪肾来制备细胞，用新出芽生长的细胞做指示细胞，或者将被检猪肾细胞组织剪碎，与指示细胞混在一起培养，可观察到病变。通过以上方法得到的假定阳性培养液，要通过病毒中和试验来鉴定。

中和试验此方法已被大多数国家采用，是一种相对敏感的血清学方法。采用常规方法进行。实验时应注意传染性牛鼻气管炎病毒与伪狂犬病病毒具有相同的抗原成分，可以出现单项的交叉反应。

酶联免疫吸附试验（ELISA）以抗原包被微量板，然后加入被检血清，再加入标记的抗猪IgG抗体，最后加入酶底物。此方法对检测伪狂犬病的抗体比中和试验更敏感。

多聚酶链反应（PCR）技术是80年代建立起来的一项体外酶促扩增DNA新技术，可用于PRVDNA的扩增，也适用于检测PRV潜在感染猪。

另外，用于伪狂犬病诊断的方法还有琼脂扩散及微量免疫扩散试验、补体结合试验、皮肤试验、间接血凝试验、对流免疫电泳等方法。

在类症鉴别中要注意与李氏杆菌病、猪乙型脑炎、猪脑脊髓炎、狂犬病、猪水肿病等进行区别。

七、免疫学

母猪感染本病，能产生较高的抗体，仔猪在哺乳期间可从乳汁中获得母源抗体的保护，断奶后失去了母源抗体的保护，仍可发病，病死率可高达95%。随着日龄的增长，症状逐渐减轻，60日龄以上的猪，感染后，只表现短期发热食欲减退，有的出现咳嗽和呕吐，经3～5天后自愈。

（一）伪狂犬病病毒的潜伏感染

免疫猪被猪伪狂犬病野毒感染后，通常野毒不能透过胎盘感染胎儿，仅能侵袭猪只的上呼吸道组织，免疫猪野毒排毒量比非免疫猪野毒排毒量大大减少；排毒期也可缩短为1/4～1/7。但是，感染的猪伪狂犬病野毒可以在三叉神经节等神经组织中潜伏，且当猪只受体内外各种因素的影响而活化时繁殖和排毒。这是免疫猪群中猪伪狂病野毒感染持续高水平阳性率的根本原因。但是，要想控制和净化猪伪狂犬病就一定要设法预防或减少野毒的潜伏感染。问题是疫苗接种并不能预防或减少猪伪狂犬病毒的潜伏感染。免疫接种与潜伏感染的预防业已证实，使用不同的疫苗毒株、剂量、接种途径影响免疫接种对猪伪狂犬病野毒潜伏感染的预防。一般来说，灭活疫苗诱导产生的抗体水平不如弱毒疫苗，更重要的是，即使通过改善佐剂或多次免疫使灭活疫苗能够诱导与弱毒疫苗相当的抗体水平，但由于灭活疫苗不能在三叉神经等伪狂犬病毒潜伏组织中增殖，因而完全不能预防甚至减少野毒的潜伏感染。弱毒疫苗（如英特威的Porcilis（r）Begonia）则不仅能诱导高水平的抗体，而且除能在注射部位和周围淋巴结繁殖外，还能在伪狂犬病毒潜伏组织中有限增殖，并可透过鼻腔和扁桃体有限排毒，由于这种“占位”作用，使弱毒疫苗能够预防或至少减少潜伏感染，已知鼻腔内接种弱毒疫苗亦有助于预防或减少潜伏感染。

（二）机体对gE基因缺失疫苗的应答特点

杨宗照（2000）通过试验，找到了预防PR的比较合理的免疫程序。使用gE基因缺失疫苗的猪群可以使用gE基因鉴定试剂盒，通过检测抗体来区分是否有PR野毒感染，即gE鉴定试剂盒抗体阳性表示感染了PR野毒，猪群患有PR，由于PR基因缺失疫苗便于诊断，且具有不易散毒的优点，所以本试验选用了gE基因缺失疫苗。通过本试验，找到了预防PR的比较合理的免疫程序。

1. 试验结果 ①为母猪在接种疫苗后10天，血清抗体滴度为1∶2～1∶4。1～1.5个月为1∶16～1∶128。5个月后仍维持1∶8～1∶16。②母猪的初乳抗体可高达1∶1 024～1∶2 048。产后10天降至1∶32～1∶64。产后20～30天为1∶16～1∶32。③新生仔猪吸吮初乳后第5天，血清抗体滴度达到最高水平，而且远高于母猪的血清抗体，然后逐渐下降，至断奶后两周（75日龄），仔猪血中的母源抗体消失。④初乳抗体的有效保护期为8.5天，能使仔猪免受PRV的感染引起的死亡，但初乳母源抗体不能阻止仔猪排毒。有人认为，初乳还可将敏化淋巴细胞或致敏淋巴细胞介导因子传递给仔猪，从而增强仔猪的细胞免疫。⑤疫后可使该批猪在115日龄时抗体依然较高，均为阳性。

2. 试验结论 ①免疫成年公母猪成年公母猪经过一次免疫后70天内抗体水平一直保持上升趋势，在大约免疫后第七天时PR总抗体转为阳性。gE抗体鉴定结果均为阳性，说明产生的抗体是gE基因缺失疫苗产生，不是由于野毒感染引起的。公猪产生的抗体滴度比同期母猪的高，从免疫后第九天开始，公猪的PR抗体滴度是母猪PR抗体的2倍多。总体上看，免疫后约从第7天开始，抗体全部转阳，并至少可以保持90天左右。②母源抗体可以传给仔猪；仔猪血清抗体滴度的高低与母源抗体水平的高低密切相关，母源抗体高的，所生仔猪的血清抗体滴度也比较高，母源抗体低的所生仔猪的血清抗体滴度也比较低，仔猪约在20日龄左右时体内的母源抗体已经消失，母源抗体在仔猪体内维持的时间不超过30天。母源抗体维持时间为20天左右。这个结果提示，为了预防仔猪发生PR，可以通过免疫母猪，使仔猪获得被动免疫，来预防仔猪PR的发生。③没有母源抗体的仔猪首免后10天时，抗体滴度已相当高，在首免后20天时稍有下降，但仍为阳性，在首免后24天抗体滴度仍比较高的情况下进行二免，抗体检测结果表明，二免后7天，抗体水平比二免前有明显的升高，之后有所下降，在二免后30天、50天、75天时SIP值分别为1.62，2.20，1.50，说明经过二次免康复母猪的初乳中也含有较高滴度的特异性抗体。

（三）免疫实践

刘显煜报道：执行免疫注射的猪群会发生疫情，出现疫病后，使用疫苗给猪群进行紧急免疫接种又可以控制疫情。这种情形也较为多见。发生过伪狂犬病的猪群会长期带毒，并呈隐性感染状态。

在隐性感染状态下的病毒，猪群可再次发病，又可以与猪群“和平相处”。笔者曾见过两个发生伪狂犬病的猪场，在疫病平息后，没有作任何特别处理（包括免疫注射），虽然检测猪群血清时阳性率极高．但多年来猪群一直都处于“正常”状态。由于PRV常与其他一些引起母猪繁殖障碍综合征的病原混合感染，已有二联苗、二联苗及四联苗（细小病毒、钩端螺旋体、衣原体及PRV）用于生产。并开始应用免疫调节剂或免疫增强剂（Immuno poten-tiator），以使机体细胞免疫机能活化，增强其抗病能力。

（四）母体抗体

杨宜生报道：母体抗体水平，一般资料反映若母猪免疫效果确实仔猪体内母体抗体水平可持续至56~98天。张立昌（2004）报道，母体抗体水平可持续至25~60天。

（五）免疫期

据杨宗照（2004）报道，用gE基因缺失疫苗免疫，成年母猪或公猪免疫PR疫苗后7天左右产生PR抗体免疫一次后抗体维持时间可达90天以上。

（六）PRV对抗体的免疫力有破坏作用

据杨宜生报道，PRV对抗体的免疫力有破坏作用，在病的急性感染期间，PRV可感染肺泡巨噬细胞和淋巴细胞，使其吞噬杀菌机能下降，以致巴氏杆菌、胸膜肺炎嗜血杆菌、支原体、大肠杆菌等微生物在肺中急剧增殖，使感染猪并发急性肺炎而死。康复猪血清中含有较高滴度的中和抗体，可耐受致死量强毒的攻击，甚至在脑内接种时也表现出免疫力。康复母猪的初乳中也含有较高滴度的特异性抗体。

（七）基因缺失疫苗研究动态

总之，为了预防猪场PR的发生，通过免疫是一个比较有效的方法，且gE基因缺失疫苗效果更可靠。种猪应该在产前3周左右免疫，仔猪应该在20日龄甚至更早些时首免，首免3周后二免，免疫剂量均为2头份。）国外一些国家制定根除PR的计划。一般是通过基因缺失疫苗免疫，并通过定期检测，隔离、淘汰阳性猪，控制该病的发生、扩散，逐步达到根除PR的目的。而国内一些猪场仍然使用PR灭活疫苗（非基因缺失疫苗），当猪场发病时，不利于尽快确诊，造成了不必要的损失。

1. 伪狂犬病基因缺失标记疫苗　基因缺失弱毒疫苗株由来：伪狂犬病基因缺失疫苗的研制始于20世纪80年代初期，即利用基因工程技术在PRV基因组中插入或缺失一段序列，致使PRV的某些基因不能表达，从而使PRV的毒力减弱，同时又保持其较强的免疫原性。PRV基因组为线性双股DNA，约150kb，由长独特区（U-L）和短独特区（US）及US两侧的末端倒转重复（TR）与内部重复（IR）组成，可编码70种~100种蛋白质，成熟的病毒粒子约有50种蛋白。在上述基因产物中，UL区段中的gC、TK及US区段中的PK、gG、gI、11K和28K为病毒增殖的非必需成分，TK、gC、gI、PK和CP（衣壳蛋白）等与PRV毒力相关。TK基因缺失株的神经毒力明显降低，如果与其他的毒力基因（如gE）联合缺失时，PRV强毒即可变成为一个双基因缺失弱毒疫苗株。世界上第一个获得批准使用的基因工程缺失疫苗就是伪狂犬病TK缺失疫苗株BUK-d13，它是以PPVBUK株为起始材料，通过缺失TK基因序列的148bp而获得。BUK疫苗株是将其亲本病毒通过鸡胚细胞传代800代以上获得的，其US区的gE基因存在缺失。因此，BUK-d13除了TK基因缺失外，还有来自BUK疫苗株的gE缺失。该毒株在细胞培养物上，即使在含有HAT的选择条件下也不能回复为TK^+。KitS等在PRVBUK-d13株的基础上删除gC基因的1100bp片段，构建出了$TK^-/gE^-/gC^-$的PRVgC/TK株。MarchioliCC等和VanZijlM等分别构建了缺失TK和gG基因的PRV疫苗株和缺失TK和gE基因的疫苗株（783株）。MettenleiterTC等报道，在建立表达PRVgD基因细胞系的基础上，从PRV的BamHI－7片段中缺失了5.1kb的片段（含有gG、gD、gE、gI基因的编码序列），构建出了PRV的$gG^-/gD^-/gE^-/gI^-$的四基因缺失株PRV376株。我国王琴等构建了基于PRVFa株的TK基因缺失株。颜其贵等构建了PRVFagI^-/gD^-基因缺失株，小鼠试验证实缺失株对小鼠具有一定的免疫原性。周复春等构建了一系列基因缺失株（PRVEaTK^-、$TK^-/LacZ^+$、$TK^-/gG^-/LacZ^+$等）。

四川农业大学的郭万柱主持的“猪伪狂犬（基

因缺失）活疫苗（SA215株）”获得国家新兽药证书，从而成为我国第1株动物病毒基因工程疫苗，试验研究和大量实际应用效果表明，该疫苗较常规疫苗及同类疫苗具有遗传稳定性和安全性好、免疫原性强和抗潜伏感染能力独特等优点，达到国际同类疫苗的应用标准。华中农大的$TK^-/gG^-/LacZ^+$已按新兽药证书的要求，完成了中试与区域试验，经动物实验和中试应用证明该产品在产生抗体的时间和保护效果优于目前的国内外同类产品。该项基因缺失疫苗和鉴别诊断方法的研究成功，为当前我国控制猪伪狂犬病和将来我国消灭此病提供了强有力的工具。

2. PRV载体疫苗　自1984年首次报道可以将HSV-1作为表达外源基因的载体以来，疱疹病毒作为载体得到了深入研究和广泛应用。PRV的基因结构和功能与单纯疱疹病毒的很相似，这就为PRV在载体方面研究提供了模型。自此PRV活载体疫苗的研究就拉开了序幕。

⑴以gD或gE基因缺失PRV为载体：

HooftvanIddekingeB等用PRV基因组中的糖蛋白gE基因作为一个插入位点，来表达猪瘟病毒（CSFV）的糖蛋白E1（现在称为E2）基因。重组病毒M401、M402、M403中外源基因的表达分别由PRVgD启动子、人巨细胞病毒（CMV）极早期启动子、PRVgE启动子控制；同时分别在各自的启动子下游都带有gG信号肽序列。用此3种不同启动子构建的重组病毒进行动物实验表明，M402重组病毒产生了较好的免疫保护效果。

PRV的囊膜糖蛋白gD是病毒侵入靶细胞所必需的，病毒在细胞-细胞之间的传播则不需要gD。当动物接种表型互补的$PRVgD^-$突变株时，病毒能够直接在细胞和细胞间转移，但是感染细胞释放的了代病毒无感染性，这主要是其缺失了gD基因。因此，这种gD基因缺失病毒不会散毒，不会从接种动物传染给其他动物，能够作为安全的活载体疫苗。动物实验表明，此重组PRV对猪有较好的免疫保护效果。

⑵以gG或TK基因缺失PRV为载体：

MettenleiterTC将LacZ基因插入到PRVgG基因的启动子下游，把构建的转移载体与PRV基因组进行共转染，所产生的重组病毒可以通过蚀斑颜色反应来鉴定。GG-LacZ融合基因可以作为表达盒，插入到PRV基因组的其他非必需区域（如TK、gI区域等），从而导致这些被插入区域的失活。因此，糖蛋白gG-LacZ基因可作为快速鉴定重组PRV的插入标记，能够方便地分离及纯化重组病毒。

VanZijlM等[5]将CSFVE1基因插入PRVgG基因信号肽下游，获得融合表达E1基因的重组PRV。动物实验证实，此重组病毒可以保护SPF猪对致死性CSFV和PRV强毒的攻击。田志军等以PRVBartha-K61（gE^-）为基础，获得的表达猪繁殖与呼吸综合征病毒（PRRSV）GP5基因的$TK^-/gE^-/GP5^+$组PRV株（rPRV-GP5）。经动物实验证实，rPRV-GP5对伪狂犬病和PRRS产生了较好的免疫保护效果。同时建立了针对PRRSVN蛋白和PRVgE蛋白的鉴别诊断方法，为我国在猪群中控制和根除伪狂犬病和PRRS提供了技术支持。

3. 基因缺失疫苗的优点

⑴由于PRV基因缺失疫苗株都缺失了目的基因的几百甚至几千个碱基，缺失区域明确，所以它们返祖的可能性极小。PRVBUK-d13株在专门筛选TK^+病毒细胞介质中增殖，没有恢复TK活性。

⑵PRV基因缺失株都缺失1个或几个影响病毒毒力的相关基因，所以大多数的PRV基因缺失株对鼠和猪无毒力或仅有相当低的毒力，但是，仅缺失TK基因的弱毒株对犊牛还有较低的毒力，而对猫和狗毒力较强，若同时再缺失gC或gE基因，则几乎不表现毒力。大多数的PRV基因缺失疫苗株都有较强的免疫原性，免疫动物都获得了保护。强毒攻击免疫猪不出现临床症状，猪排毒时间大大缩短，排毒量人为降低。

⑶大多数PRV基因缺失疫苗株都不能侵入中枢神经系统或复制能力大大减弱，仅能在三叉神经节处复制，但与强毒株相比，复制水平已大大降低，难以建立潜伏感染。已证实，PRV弱毒株在三叉神经节的定殖能阻止强毒侵入中枢神经系统，也使强毒很难在其中潜伏。

⑷PRV基因缺失疫苗株可以以缺失基因编码蛋白作为靶蛋白，建立敏感而特异的血清学检测方

法，通过检测特异性抗体，将缺失疫苗免疫动物与野毒感染或常规疫苗免疫动物区分开来，以便对野毒感染动物采取针对性的防制措施。

4. 展望 一些国家通过应用PRV基因缺失疫苗和与之相配套的血清学鉴别诊断方法正在实施根除猪伪狂犬病的计划。现行的PRV基因缺失疫苗多为gE^-表型，且许多国家只准使用gE^-PRV疫苗，因此发展以gE^-为基础的基因缺失疫苗及其配套的鉴别诊断方法应是今后的发展方向。将PRV发展为一种基因转移载体在基因表达、载体疫苗研制、基因投递和基因治疗等多个方面将会有广泛的应用前景。同时将PRV作为一种良好的疫苗载体，可以研制预防猪传染病的系列化二价、多价基因工程疫苗。只有易于被感染相鉴别的疫苗才可获准上市，用于动物接种，而伪狂犬病重组疫苗正符合这一趋势。（摘自周国辉）国外一些国家制定根除PR的计划。一般是通过基因缺失疫苗免疫，并通过定期检测，隔离、淘汰阳性猪，控制该病的发生、扩散，逐步达到根除PR的目的。当前国内应有一些猪场使用PR灭活疫苗（非基因缺失疫苗），当猪场发病时，不利于尽快确诊，造成了不必要的损失。

八、预防

（一）预防原则

⑴认真执行兽医卫生措施、隔离、消毒、灭鼠等相结合，将未受感染的母猪和仔猪以及妊娠母猪与已受感染的猪隔离管理，以防机械传播，在暴发本病的猪舍地面、墙壁、设施及用具等隔天消毒1次，用3%来苏儿喷雾，粪尿放发酵池处理，分娩栏和病猪死后的栏用2%烧碱消毒，哺乳母猪乳头用2%高锰酸钾水洗后，才允许吃初乳。病死猪要深埋，全场范围内要进行灭鼠和扑灭野生动物，禁止散养家禽和阻止猫犬进入场区。

⑵为保持猪场免于伪狂犬病病毒的感染，在引进新猪时，必需先隔离，在引进前或到圈后2周内采血，做血清学检查，确定是阴性猪再混群。避免人和污染的运输工具接触猪场。消灭猪场内的老鼠。防止野生动物与猪直接接触。严格将猪与牛及其他动物分开饲养。

⑶为了摆脱猪伪狂犬病的困扰，要净化或建立无伪狂犬病的猪群。主要采取检验和排除有反应的动物，免疫与剖腹产相结合，采取免疫、隔离或建立无病原核心群的方法。这样可以使猪群逐渐净化。有些国家和地区已采取彻底消灭伪狂犬病的措施，取得了明显的效果。

（二）免疫预防

1. 疫苗种类

⑴普通弱毒苗：普通弱毒苗优点是成本低、免疫源性好，缺点是安全性能差；

⑵灭活苗：灭活苗的优点是安全，缺点成本高、注射次数多；基因缺失弱毒苗的优点是免疫应答好、比较安全，缺点同样是成本高。

⑶基因缺失苗：基因缺失疫苗一般都把gE基因缺失掉了，使用gE基因缺失疫苗的猪群可以使用gE基因鉴定试剂盒通过检测抗体来区分是否有PR野毒感染，即gE鉴定试剂盒抗体阳性表示感染了PR野毒，猪群患有PR，由于PR基因缺失疫苗便于诊断，且具有不易散毒的优点，其中基因缺失苗又分gl，gE和TK基因缺失等多种疫苗。如英特威，富道和我国哈兽研生产的伪狂犬病疫苗都是基因缺失苗。据刘显煜报道经验，国产基因弱毒苗与进口基因弱毒苗相比，效价方面前者优于后者；安全性方面后者胜于前者。进口基因缺失苗较为适合猪场伪狂犬病净化。

2. 免疫程序 哺乳仔猪15日龄第1次注射0.5mL，断奶后再注1mL同时注油苗。3个月以上架子猪注射1mL，成年猪每6个月注射1次为2mL，妊娠母猪分娩前1个月再注2mL，同时可注射油苗1～2mL。免疫期为6个月。在未发生本病的地区，不主张使用弱毒苗。据刘显煜报道：生长猪:10周龄首免，4周后2免；后备公母猪配种前3～4周免疫1次；公猪每年免疫2次；母猪产前4周注苗1次。当猪群发生疫情时，通常的做法是即时给全场未病猪只（尤其是母猪）进行紧急免疫接种。在疫情平息后，按上述免疫程序执行常规免疫接种。实践证明紧急免疫接种可明显减少猪场经济损失。

仔猪6～8周龄首免，有条件的猪场可以先检测再确定免疫时向。母体抗体水平可持续至25～60天。

3. 应用疫苗注意事项

⑴小心处理注射过弱毒苗的注射用具、疫苗溶液和疫苗瓶，防止其他敏感动物接触后引起活化反应。

⑵为避免母源抗体影响，小猪首免时间应安排在70日龄，不宜太早。

⑶每个猪场只使用一种基因缺失弱毒苗，不要使用两种或多种基因缺失弱毒苗，以防基因重组的发生。

⑷使用对应的疫苗稀释液，使用普通生理盐水稀释伪狂犬病疫苗会影响免疫效价（任裕其）。笔者亲自处理过两个发生伪狂犬病的猪场（其中一个是万头猪场），诊断为伪狂犬病后使用生理盐水稀释的疫苗免疫猪群一直不见效，后改用伪狂犬病疫苗（缓冲）稀释液，经2个星期时间即见疫情受到控制。

（三）流行时的防治措施

1. 被动免疫　对于感染发病的猪，可经腹腔注射抗猪伪狂犬病高免血清进行治疗，它对断奶仔猪有明显的效果。对20kg体重的猪，用30mL以具有5×102中和能力抵抗伪狂犬病病毒的300个蚀斑形成单位的抗血清是很有效的剂量。对疫点，用有保护作用的免疫血清，可减轻疫情，降低死亡率，据高跃（1998）报道利用淘汰母猪制备抗血清，3日龄仔猪每头注射 5 mL有较好的预防效果。

2. 感染猪场净化措施　最彻底的方法是将感染猪群淘汰更新。本病最适用的方法是注射伪狂犬病油乳剂灭活苗，首次暴发点要增加免疫剂量，4～6周后再加免 1 次。据赵建山（1999）报道，用哈尔滨研究所生产的伪狂犬病弱毒冻干苗，种猪每头 4 mL，仔猪每头 2 mL，4 周后再注1次，疫情控制后，种公猪每年免疫 2 次，母猪临产前20～30日加免1次，所产仔猪在2周后再免1次。其次培育健康仔猪，将阴性母猪产仔断奶后，隔离饲养，用血清学方法检查，淘汰阳性，间隔1个月后再复检，将阴性猪混群，即可得到无本病的猪群。

鉴于伪狂犬病给养猪业造成巨大的危害和损失，控制和扑灭猪伪犬病已成为许多国家关注和研究的热点，现将西欧、美国等国防制方法综合介绍如下。

⑴病猪和隐性感染猪是危险的传染源。对猪群普遍接种基因缺损伪狂犬病疫苗，定期检测抗体、鉴别出是疫苗产生的抗体，还是野毒感染产生的抗体，淘汰野毒感染者。

⑵灭鼠。鼠可以携带病毒，是重要的传播媒介，平时要坚持做好灭鼠工作。

⑶免疫注射。各场应根据自己场的实际情况制定免疫程序，在伪狂犬病的疫区或流行场，具体免疫程序如下：①种公猪每年春秋各注射一次伪狂犬疫苗；②种母猪断奶后注射一次；③仔猪20～25日龄注射一次。

伪狂犬病目前只发现一个血清型，疫苗注射是最为切实可行的预防措施，只要我们严格按照免疫程序去做，伪狂犬病是会得到很好的控制的。

九、净化与根除

（一）阴性猪群的预防措施

1. 坚持自繁自养，实行自繁自养是猪场控制包括伪狂犬病在内各种传染病的最有效措施。如果要引进新猪（包括精液）必需来自阴性猪场，并进行种猪检疫和做好各种隔离、消毒工作，在引进前或引进后两周采血，作血清学检查，是阴性才混群。

2. 实行猪场单一性饲养，伪狂犬病病毒可以感染多种动物，如果在猪场内混养多种家畜，将会大大增加伪狂犬病传入的可能性。

3. 疫苗的应用技术，选择疫苗种类是预防本病关键技术和最有效措施之一。一般弱毒疫苗有毒力返强和基因缺失弱毒苗有重组变强的可能，因此，当阴性猪场受到伪狂犬病威胁而需要注射疫苗时，建议使用基因缺失灭活苗。使用基因缺失灭活苗的优点有二：一是安全，二是方便抗体检测。

免疫程序：生长猪10周龄首免，4周后二免；后备公母猪配种前30天接种1次；公母猪每半年1次。

（二）感染猪场的控制措施

无论是初次感染还是已发病猪群，及时正确地做出诊断和有效的调查、检测手段是必要的。制定对策的目标是控制本病的流行以减少损失和在发病猪群中消灭猪伪狂犬病。

⑴对感染猪群免疫接种的作用，给发病猪群接

种疫苗可预防或减少由本病引致怀孕母猪流产、死胎和仔猪死亡；在特殊情况下使用基因缺失苗并结合进行猪群监测和淘汰，可在已病猪群中消灭伪狂犬病。是控制乃至消灭伪狂犬病的重要措施。

⑵免疫程序生长猪:10周龄首免，4周后2免；后备公母猪配种前3～4周免疫1次；公猪每年免疫2次；母猪产前4周注苗1次。当猪群发生疫情时，通常的做法是即时给全场未病猪只（尤其是母猪）进行紧急免疫接种。在疫情平息后，按上述免疫程序执行常规免疫接种。实践证明紧急免疫接种可明显减少猪场经济损失。

⑶注意事项：①小心处理注射过弱毒苗的注射用具、疫苗溶液和疫苗瓶，防止其他敏感动物接触后引起活化反应。②为避免母源抗体影响，小猪首免时间应安排在70日龄，不宜太早。③每个猪场只使用一种基因缺失弱毒苗，不要使用两种或多种基因缺失弱毒苗，以防基因重组的发生。④使用对应的疫苗稀释液，使用普通生理盐水稀释伪狂犬病疫苗会影响免疫效价（任裕其）。笔者亲自处理过两个发生伪狂犬病的猪场（其中一个是万头猪场），诊断为伪狂犬病后使用生理盐水稀释的疫苗免疫猪群一直不见效，后改用伪狂犬病疫苗（缓冲）稀释液，经2个星期时间即见疫情受到控制。

⑷强化饲养管理猪场感染伪狂犬病后要控制、清除该病的难度非常大。只有在做好免疫接种的基础上，结合完善的生产、防疫管理，才可大大减少伪狂犬病的扩散蔓延，甚至达到在猪群中净化伪狂犬病的目的。在饲养管理方面，实行早期（3周龄）断奶、隔离饲养和全进全出的管理方法，是控制伪狂犬病的有效手段。在防疫管理方面，做到定期检测猪群，对阳性猪要严格限制其移动，对阴性猪给予注射基因（灭活）苗，提高机体免疫力，并逐步用阴性种猪代替阳性种猪。同时注意清除各种传染源和传播媒介，包括栏舍消毒、人员车辆进出消毒和杀虫灭鼠等，其中灭鼠问题是猪场控制伪狂犬病过程中绝不能忽视的工作。（引自刘显煌）

（三）我国规模化猪场猪伪狂犬病的净化

由于我国兽医防疫部门至今仍然没有颁布猪伪狂犬病的控制和净化规程，对现有的国产灭活或弱毒疫苗缺乏权威的安全与效力评估，国内科研机构对本病的研究还基本停留在诊断和控制的阶段。因此，在一段时间内，我国规模化猪场对猪伪狂犬病的控制和净化仍有赖于借鉴和使用国外的研究成果。

⑴使用基因缺失（tk-gE）弱毒疫苗：为防止潜伏感染和降低野毒感染阳性率所必需，需要注意的是在一个猪场内最好使用相同的基因缺失疫苗，避免不同基因缺失疫苗毒株之间可能发生的基因重组和毒力变异。但是，没有证据表明基因缺失疫苗会与野毒发生的基因重组，因而使用基因缺失的弱毒疫苗是安全的。

⑵执行猪伪狂犬病的净化免疫程序：以英特威Porcilis（r）Begonia疫苗为例，在对全群猪完成基础免疫（两次接种，间隔4周）后，对种猪群每隔4个月接种一次，而对后代仔猪则需要在10周和14周龄分别接种一次。在荷兰，采用净化程序的猪场，猪伪狂犬病野毒阳性率在不到两年的时间内自高达70%～80%下降至不到5%，在亚洲与我国相邻的泰国，正大集团的猪场在一年多的时间内将猪伪狂犬病野毒的阳性率由80%降至不到20%。

⑶定期野毒感染阳性率的监测：已有多家兽医防疫部门采用ELISA诊断试剂盒对猪场送检血清进行监测，可以容易地追踪在实施猪场的净化程序后猪群中阳性率的变化。

⑷引种监测和隔离检疫：只引进伪狂犬病阴性种猪是保证成功控制和净化猪场伪狂犬病的重要一环。有必要对引种猪进行隔离检疫，并进行疫苗接种。值得注意的是，虽然借鉴和使用国外的研究成果可以在规模化猪场内控制和净化猪伪狂犬病。杜绝猪伪狂犬病的临床和因隐性感染带来的经济损失。但由于在我国小规模或农户养猪场的广泛存在和伪狂犬病病毒经空气传播的特性，以及缺乏区域或全国性的强制净化工程，需要坚持对猪群阳性率的监测，并在净化成功后至少保持对种猪的免疫接种。（引自刘显煌）

第六节　口蹄疫（Aphthae epizooticae；Foot and mouth disease；FMD）

口蹄疫（FMD）是口蹄疫病毒（Foot-and-mouth disease virus，FMDV）引起偶蹄动物的一种急性、热性、高度接触性传播速度极快的烈性传染病，也是世界上危害最严重的动物传染病之一。主要特征是在口腔黏膜、蹄部、乳房、皮肤出现水疱，继而发生溃疡的一类传染病。感染动物多达30余种，主要危害对象是黄牛、奶牛、耗牛、水牛、猪、山羊、绵羊和驯鹿。据FAO牲畜健康年报，报道近十余年来，亚、非、拉美和欧洲大陆仍有数十个国家和地区发生及流行本病。由于本病传染性强、传播速度快、不易控制和消灭，因此，国际兽疫局（OIE）一直把本病列为A类动物疫病之首。FMD具有国际重要性，为防止FMDV或新的型及亚型毒株传染人，各国对进出口贸易都采取了极为严格的限制，将本病列为主要检疫对象，严加防范。

一、病原

口蹄疫病毒（Foot-and-mouth disease virus，FMDV）属小RNA病毒科（Picornaviridae）口疮疫病毒属（aphthovirus）。

1. 形态　病毒粒子为二十面体对称结构，呈球形或六角形，直径23～25nm，无囊膜。

口蹄疫病毒基因组为单股正链RNA，即是mRNA，又是负链RNA的模板，约有8500个核苷酸（nts）组成。基因组的基本结构是：VPg-5' UTR（S-polyC-IRES）-（L蛋白）-结构蛋白P1（VP4-VP2-VP3-VP1）-非结构蛋白（P2-P3）-3'UTR-poly（A），病毒核酸具有感染性。

口蹄疫病毒的外壳蛋白包括4种结构多肽（VP1～VP4）。VP1、VP2和VP3组成衣壳蛋白亚单位，VP4与RNA紧密结合，是病毒粒子的内部成分。VP1全长213个氨基酸，是序列依赖性表位的主要结构基础。

2. 病毒变异　口蹄疫病毒的变异性极强，主要由RNA突变造成。目前较有实际意义的检测变异的方法有两种。第一种是病毒核酸测序，检测基因变异情况，主要用于疫源追溯分析。第二种变异检测方法是测定病毒的抗原变化。早期检测抗原变异的方法是利用补体结合试验（CF）测定毒株间的亲缘关系值R。用R值确定被测病毒的亚型归属。

FMDV生物学最大特性是易变而型多，表型变异表现在抗原性和宿主嗜性两方面。以后还会不断出现新的变异型，抗原性方面，目前已发现FMDV有O型、A型、C型、Asia-1型（亚洲1型）、SAT1（南非1型）、SAT2（南非2型）、SAT3（南非3型）等7个血清主型。同一血清型内不同毒株的抗原性也不相同。已知有70个以上的亚型，各型之间无交叉免疫，同型内各亚型间交叉免疫力不同，不能保证都有完全的交叉免疫，这导致口蹄疫病毒具有多型性、易变异的特点。亚洲主要有4个型。A型最易变，已有30多个亚型。FMDV在细胞培养、实验动物和自然宿主中都可发生抗原性和毒力等变异，甚至每次流行时，在不同时间、不同地点分离出的病毒株也有不同程度的差别。

不同血清型的病毒感染动物所表现的临床症状基本一致，但无交互免疫性，例如患过O型口蹄疫的猪康复后，仅对O型病毒具有抵抗力，遇到其他型病毒的感染仍会发生口蹄疫；同一主型内的不同亚型之间也只有部分交叉免疫性，如用O1亚型病毒制成的疫苗接种猪群，免疫猪仅对该亚型强毒的感染产生免疫力，而对O5亚型强毒的感染就不那么有效。由于口蹄疫病毒具有多型性、易变的特点，这给本病的免疫学预防、制苗毒种的选定出了一道难题。我国分布的口蹄疫的病毒型为O型、A型和亚洲I型。

宿主嗜性方面：通常认为在自然情况下，牛对FMDV的易感染性最强，但近年来不断发生只感染猪或羊的病毒。

FMDV能在胎猪肾、胎牛肾原代细胞或传代细胞上生长，并出现明显的细胞病变。FMDV可在犊牛、仔猪、仓鼠肾细胞，牛舌上皮细胞、甲状腺细胞，牛胚胎皮肤细胞、肌肉细胞、胎肾细胞，兔胚胎肾细胞等原代或传代细胞中增殖，并可引起细胞病变。目前许多国家用BHK-21传代细胞，通过接种单层细胞和悬浮细胞培养该病毒。病毒在猪肾细胞较牛肾细胞产生更为明显的细胞病变。犊牛甲状腺细胞对病毒极为敏感，并能获得高滴度病毒，特别适于野外分毒。

FMDV感染动物体分布：在水疱皮和水疱液的含量最高，猪于感染FMDV后至临床症状期发生病毒血症，血液的含毒量可达到104.1～105.76ID_{50}，病毒通过淋巴循环途径散布到全身，因此，感染动物的任何产品和副产品在未经无害处理之前都含FMDV。据检测，病畜肉尸的带毒量为：肌肉为102.6PFU/g，肌肉中的血块104.1PFU/g，骨髓102.34PFU/g，淋巴结105.1PFU/g，水疱皮107～109ID_{50}/g，脊髓107ID_{50}/g，脑106ID_{50}/g，肝104～105ID_{50}/g，肾105ID_{50}/g，分泌物或排泄物106ID_{50}/mL。淋巴结、骨髓和血块中的FMDV受到了很好的保护，这些组织为病毒提供了较好的物理化学屏障，阻止了乳酸和其他灭活物质的渗入。

FMDV理化学因素抵抗力：对乙醚有抵抗力，在50%甘油盐水中保存的水疱皮在5℃环境下，其中的病毒可存活1年以上，本病毒在直射阳光下1h即可被杀死。FMDV在畜舍的干燥垃圾中可存活14d，潮湿垃圾中8d，厩肥中6d，尿中39d，土壤表层中3d（夏季）～28d（秋冬季），干草中为140d（22℃），污水中21d（17～21℃）、103d（4～13℃）。巴氏消毒的牛奶仍有残毒。甚至进口的牛痘疫苗、奶酪中也常常带有未灭活的病毒。

口蹄疫病毒对酸非常敏感，在pH6.5的缓冲液中，在4℃条件下14h可灭活90%，pH5.5时，1min可灭活90%，pH5.0时1min即可灭活90%，所以根据此特点，肉品可用酸化处理，利用肌肉酸化后作用时产生的微量乳酸来杀死病毒。但骨髓、淋巴结、脂肪、腺器官中产酸少，所以往往有病毒长期存活。

FMDV在低温条件下其传染性将保持数年之久，贮藏鲜肉的冷库易遭到FMDV污染而成为保毒及散毒的场所，变成相对持久的疫源地。病毒的存活期取决于屠宰时病畜所处的发病阶段。毒株特性及环境温度等。在肉尸带毒检测技术仍不完善，而亚临床感染带毒猪甚至病猪多的情况下，冷库受到污染是不可避免的事。冷库温度多在-15℃左右，是FMDV良好的长期保留所。据测定，在4℃条件下，病毒在未产酸的肉中可存活6个月，肉的血块中2个月，淋巴结中70d，骨髓中96～210d，而在-15～-20℃时，病毒能长期存活，甚至达数年之久。对受到污染的大型冷库的彻底消毒绝非易事，弄不好就成为危险的传染来源，尤其是中转仓库中的猪群，会不时受到威胁并有可能受到传染。

本病毒对碱亦十分敏感，1%NaOH1min，可杀死病毒，畜舍的消毒常用2%NaOH或KOH或4%Na_2CO_3或1%～2%甲醛溶液，30%草本灰水。本病毒对化学消毒药抵抗力很强，1∶1000的升汞溶液，3%的来苏儿，6h不能杀灭本病毒。在1%的石炭酸溶液中可存活5个月，70%酒精中可存活2～3d。

目前，常用的消毒药中，对FMDV效果确实的有3%～5%甲醛溶液，0.3%～1%菌毒灭及其他复合酚消毒剂，0.2%～0.5%过氧乙酸及2%～4%烧碱水。对病料加热处理往往不可靠，有人试验，组织中的FMDV经69℃加热2h，82℃1～2h，90℃15～30min，仍残留在淋巴组织中。淋巴组织悬液中加人1%食盐，经90℃加热0.5～1h，还提高了病毒的存活性。

二、流行病学

1. 易感性　偶蹄动物对本病敏感，单蹄动物不发病。偶蹄动物中以猪为主。据早期的研究资料，牛、羊对FMDV的气溶胶粒子最为敏感，最小发病量为：羊10$TCID_{50}$，牛25$TCID_{50}$。而猪为102.8$TCID_{50}$。仔猪对FMDV十分敏感。日龄越小，病死率越高，这是由于仔猪的免疫反应不全所致。新生仔猪吸吮初乳前，血中无FMDV抗体，仔猪的被动保护是通过吃进母乳而获得，母源抗体可保护99%的1月龄仔猪不感染FMDV，到2月龄（50%）。3月龄（8%）时迅速下降。

2. 传染源　病猪、带毒猪是最主要的直接传染源。尤以发病初期的病猪是最危险的传染源。另外病猪的尿、粪、乳、呼出的气、唾液、污染的精液、肉、毛、内脏等，以及污染的猪舍、饲料、水、饲养用具等都可有病毒存活，成为间接传染源；牛、羊、猪、驼可互相传染，但也有牛、羊感染而猪不感染或猪感染而牛、羊不感染的情况报道。猪发病后排毒期一般为4～5d。猪在发病开始的急性期，即水疱刚开始形成时，达到排毒的高峰期。猪是发病动物中产生气源性病毒滴度最高者。病愈之后病畜仍然带毒和排毒（随尿排出），一般可超过150d。猪群一旦受到感染，疫情将难以控制。与牛羊相比，猪排毒量大。破溃水疱液的毒价高达108.9ID_{50}。1头猪每天呼气排毒量约为l08.9ID_{50}，粪便排出105.5～6.5ID_{50}病毒，排毒的持续期4～5d，并在水疱症状出现之前1～2d就已开始排毒，为牛、羊的1000～3000倍。在生猪饲养区和以猪肉为主要肉食的地区，人作为一种难以控制的传播因素，通过各种活动不自觉地介入FMDV的传播。

3. 传播途径　本病主要通过消化道、呼吸道、破损的皮扶、黏膜、眼结膜、人工输精直接或间接的传播。另外鸟类、鼠类、昆虫等野生动物也能机械性的传播本病。另外据报道，病猪经呼吸排至空气中的病毒，能随风散播到50～100km以外的地方，所以有人认为气源性传播在口蹄疫流行上起着决定性的作用。

4. 流行经过　作者自1958年毕业后在黑龙江东部地区先后于1996年12月（大型规模化猪场）和2001年9月（小型规模化猪场）两次参与猪口蹄疫临床流行病学调查详细纪录那个猪场的猪口蹄疫始末。大小各类猪无一幸免，发病率100%；死亡率2%，而且是继发感染死亡。始末时间前者51d后者49d。令人费解的是与后者相邻的两个也未注猪口蹄疫疫苗的小型猪场均未受到感染。

5. 流行特点　一年四季均可发生，但以冬春、秋季，气候比较寒冷时多发，尤以春秋流行盛期。FMD作为一种灾难性疫病，每次大流行都造成了极其巨大的经济损失。尤其是在一些以畜牧业和畜产品为主要经济来源的国家和地区，如英国1967年暴发FMD，损失1.5亿英磅，FMD的危害大小依FMD流行过程中，波及家畜的种类、数量、传染过程的严重程度，疫病进一步传播蔓延的潜力和其他一些难以预料的因素而定。康复家畜丧失掉1/2的市场价值。本病的传染性极强，常呈大流行性，传播方式有蔓延式和跳跃式两种，还有呈2～5年1次的周期性流行。

据近期有关资料，当今FMD主要在猪群中流行，一些规模化养猪场首当其冲，受害尤为严重。疫区内的猪群几乎100%感染发病，牛、羊不敏感或发病率极低，临床症状亦轻。与牛、羊相比，猪群数量大、饲养密度高（尤其是在一些集约化猪场和生猪中转库），生命周期短（育肥猪只有5～6个月）、更新频繁、敏感动物的比例远高于牛、羊。即使是在一个高度免疫的猪群中，几乎每天都有大量非免疫或免疫力低下的敏感猪（新生仔猪及母源抗体消失的猪）补充进来，这无论是对气源性感染，还是消化道感染都创造了极为有利的条件。

口蹄疫在国内外流行的简史：早在14–15世纪阿位伯学者曾论述过症状上完全同于口蹄疫的牛病，1514年意大利的学者也有过类似的论述。17–19世纪，口蹄疫在德国、瑞士、意大利、奥地利和法国均有流行。当时口蹄疫的流行是大规模的，并见有恶性性质者，以至有时把恶性口蹄疫和牛瘟相混淆。19世纪下半期到20世纪口蹄疫曾在欧洲广泛流行。1924年在美国流行，扑杀处理病牛18万多头，1929年宣布消灭该病。1950–1952年，在英国、法国、比利时及荷兰等国先后流行。1952年，在德国又发现了许多新的流行区。1951–1952年欧洲有20多个国家发生A型口蹄疫，损失达一亿四千三百多万英磅。1958年，在意大利、法国、联邦德国和比利时有本病的流行。

在60年代到70年代，各国对畜产品的需要不断增加，家畜及畜产品贸易更加频繁，口蹄疫又一度呈世界性流行。先后流行于亚洲、非洲、欧洲、美洲的80多个国家和地区。疫情最严重的是欧洲、亚洲和非洲。1967－1968年口蹄疫在英国流行，在1967年的一年中曾扑杀销毁病牛和可疑病牛42万头以上，1968年宣布消灭后，1981年又有两个岛发生O型口蹄疫。法国、意大利、奥地利、西班牙、葡萄牙等地也有发生。丹麦于1970年消灭后，1982年又发生，可见口蹄疫是一种顽症。亚洲发生最严重的国家是印度，1960–1969年，每年有数千个疫点；泰国和缅甸也有发生。1969年前后，在亚洲有18个国家发生口蹄疫，且疫情不断。2005年和2007年英国先后 2 次发生口蹄疫。

口蹄疫在我国流行，由来已久。民间称为“口疮蹄痛”，“籂嘴烂蹄”，藏语称为“卡查”（译音）。据民间传说和文献记载，云南西双版纳地区早在1893年曾流行过类似口蹄疫的疾病；甘肃酒泉一带1902年（光绪27年）发生过口蹄疫大流行，1914年在新疆奇台地区有过流行；1915年在云南大雪山一带。1917–1924年云南和缅甸邻接的边境一带，疫情连年不断；1925年流行于甘肃；1928年云南边境再现疫情，直至1934年尚未中断。1932–1933年口蹄疫流行于甘肃、青海、江苏、安徽、河北等省；1935年初在苏皖两省沿京浦和沪宁铁路沿线发生口蹄疫，经程绍迥等确诊后，组织兽医人员进行防制，于同年6月扑灭，这是我国首次防制口蹄疫。1935–1936年青海有口蹄疫广泛流行并波及甘肃河西一带，1937–1938年广泛流行于云南边境及内蒙古牧区；1939年口蹄疫自缅甸传入云南省德宏、临沧、思茅一带，流行广泛；1940年云南疫情未熄，新疆喀什一带又有暴发。1941–1942年云南仍有疫情。1945–1946年在云南，1947年在云南、青海、宁夏，1948年云南及青海仍有流行。解放后，我国十分重视口蹄疫的防制工作，制定了控制和消灭口蹄疫规划和措施，经过几年的努力，已经控制和消灭了本病的发生。

三、发病机理

口蹄疫病毒靶器官为由上皮细胞构成的组织。病毒侵入机体后，首先在侵入部位的皮肤和黏膜的上皮细胞内生长繁殖而形成口蹄疫病变。

通常可分为两个阶段，第一阶段病毒侵入局部进行繁殖，形成初发性口蹄疫，第二阶段，病毒首先侵入血液，然后进入所有器官和组织，在此阶段易于皮肤和皮肤黏膜形成口蹄疫病灶，病毒侵入机体后，首先在侵入部位的上皮细胞内生长繁殖，引起浆液性渗出而形成原发性水疱（第一期水疱）。通常不易发现。1～3d后病毒进入血液，随血液到达口腔黏膜、蹄部、乳房皮肤的表层组织，形成第二期水疱。随病程的发展，当水疱融合破裂时，体温下降至正常，病毒从血液中开始逐渐消失，多数病例开始逐渐好转。10日龄以内的仔猪，因机体免疫抵抗力较弱，则病毒在血液内易大量繁殖而引起病毒血症而死，一般尚未能形成口蹄疫病变即行死亡。

有学者将口蹄疫病理发生分为以下4个阶段

1. 浆液性渗出（或原发性水疱）阶段　FMD病毒由消化道黏膜、呼吸道黏膜或损伤的皮肤侵人机体后，首先在侵入部位的上皮细胞内迅速繁殖，引起浆液性渗出而形成原发性水疱，称其为第一期水疱。此时，感染动物通常不表现临床症状或只表现轻度发热，因此往往不容易发现。人工感染时，浆液性水疱一般出现于感染后14～16h。

2. 病毒血症阶段　通常在原发性水疱出现数小时后，大量的病毒进入淋巴和血液循环系统，导致病毒血症。此时，机体产生全身性反应，引起体温升高，出现全身症状。人工感染后20～26h，血液和部分内脏中含有大量病毒，56h后则显著减少。

3. 继发性水疱阶段　FMD病毒对口、鼻、蹄、舌及乳房等处的上皮细胞有极强的亲和力。继病毒血症之后1～3d，病毒随着血液循环，抵达嗜好部位如口腔黏膜、舌面、鼻端、蹄冠、趾间、蹄底等部位的皮肤表层组织内，继续繁殖，形成继发性水疱，称作第二期水疱。此外，病毒还会在其他组织如胰腺、唾液腺、乳房腺泡与腺管上皮细胞、胃、直肠及肾脏的上皮细胞以及肌细胞内繁殖。病毒在心肌组织内繁殖，致使心肌变性或坏死而出现白色或淡灰色的斑点条纹，形成所谓“虎斑心”，多见于幼畜。

4. 转归阶段　随着第二期水疱的发展、融合、破裂，体温一般随即下降，逐渐恢复正常，病毒从血液中逐渐减少以至消失，病畜即进入恢复期。

四、临床症状

根据本病的特性和经过以及临床表现的延续性可分为急性和亚急性。急性经过持续一至数天，出现典型的临床症状；亚急性经过可持续12～22d，出现特征的临床症状，但往往不甚严重。在少数情况下，如外界环境因素不良（气压低，高温）以及机体抵抗力弱和病毒毒力强时，可呈现恶性口蹄疫经过，以高死亡率为特征。

猪口蹄疫的潜伏期为1～2d，有的病例1d发病，慢者为14d表现症状。

人工感染时，浆液性水疱一般出现于感染后14～16h。首先表现发热，病初体温上升至40～41℃，食欲减少，精神不振，倚墙呆立（图2.2.6-1），蜷腿而卧，不愿走动，跛行，为本病临床最早可见的症状，若当即采取检疫、隔离、消毒、无害化等得力措施可把疫情消灭在第一时间。早期检查触摸蹄部时局部皮温增高，叩诊时呈疼痛反应，而无水疱时，此为局部炎症渗出初期。2001年作者曾亲临现场近百头育肥猪群；有二头猪精神不振，蜷腿而卧，前肢走动疼痛，前肢蹲坐（图2.2.6-2），驱赶时有尖叫声呈强迫运动，出现跛行；对此症状勿视，而初诊可疑为白肌病或风湿病；第2天发现蹄部有水疱性病灶才确认是口蹄疫。因病猪驱赶着地时用力过大而致炎症过程中的蹄冠部皮肤的角质和基部出血（图2.2.6-3）

最初蹄冠部皮肤发白后1～2d出现水疱，然后迅速扩展到蹄后部的球节处，继而延伸到蹄叉，发生水疱之处表现为深红色斑块和破溃（图2.2.6-4）。由于炎症在蹄的皮基部蔓延，常使角质和基部分离，脱匣。此时病猪经常躺卧或跪行（图2.2.6-5），膝盖、飞节等处会有明显外伤。随着病程的进展，相继在鼻镜（图2.2.6-6、7）、口腔的唇、齿龈、舌面、口、乳房的乳头（图2.2.6-8）、蹄冠、蹄踵、蹄叉等部位出现一个、几个或更多的米粒大小的水疱，小水疱可相互融合呈豆粒大、蚕豆大或更大。水疱内的液体初期淡黄色透明，以后变成粉红色，其内可有多量的白细胞而变成混浊液泡，水疱自行破裂后形成鲜红色烂斑，表面渗出一层淡黄色渗出物，干燥后形成黄色痂皮，如无继发感染，一般约一周左右可痊愈。当继发细菌感染时，则病变向深层组织扩散形成溃疡，可发生化脓性炎和腐烂性炎，严重时造成蹄壳脱落（图2.2.6-9），在硬地上行走时呈明显的跛行。其他部位的皮肤如阴唇、睾丸的病变少见。经1～2个月可逐渐再生蹄壳（图2.2.6-10）。哺乳母猪的乳头上的病灶比较常见，可以导致泌乳下降。当口腔出现病灶时可影响猪的咀嚼吞咽，导致食欲减退。本病一般呈良性经过。大猪很少发生死亡。但初生仔猪和哺乳仔猪，特别是日龄很小的仔猪通常呈急性肠炎和心肌炎而突然死亡（图2.2.6-11），病死率可达60%～80%。有母源抗体的哺乳仔猪可安然无恙（图2.2.6-12）。

五、病理变化

病死猪尸体消瘦，鼻镜、唇内黏膜、齿龈舌面上发生大小不一的圆形水疱疹和糜烂病灶，个别猪局部感染化脓，有脓样渗出物，10日龄以内的仔猪由于疾病呈急性经过，口蹄疫典型的病理解剖学变化往往未及形成。有些猪见有卡他性－纤维素性口炎，卡他性出血性胃肠炎，偶见有糜烂，重症的猪可见心肌扩张（图2.2.6-13）、色淡与质变柔软（图2.2.6-14、15），弹性下降、虎斑心（图2.2.6-16、17）。大多数仔猪呈现败血症的症状，剖检因并发症死亡的病畜除上述病变外，可见吸入性支气管炎，严重的化脓性病变或各组织器官内移性脓肿，可出现脓毒败血症。在因并发症死亡的动物可见严重的化脓性病变，尤其是蹄冠部的化脓性病变，在个别情况下伴有邻近骨骼的骨疡和骨炎以及化脓性或腐臭性关节炎；此外还见身体各部的转移性脓肿和实质器官的变性。在有些病例，直接致死的原因是异物性肺炎。乳房中可能有脓肿。个别情况下粪便带血或者肠道中有血液，膀胱黏膜表现出血性炎症。

在恶性型口蹄疫病例中，有时可见疱疹的残余，心脏质软，心肌或者全部呈主质性变性，类似煮肉状，有灰白色或淡黄色相间呈不规则的斑纹（虎斑心）。有时骨骼肌、嚼肌、舌肌和隔肌也有变性变化，表现为肌纤维的一种蜡状透明变性，迅速继以发炎和早期钙化。

组织学变化：病毒侵入表皮和真皮并在其细胞内进行复制，使上皮细胞逐渐肿大，周围发生水疱变性和坏死，以后细胞间隙出现浆液性渗出物，而后形成一个或多个小水疱，胞膜由棘细胞上面的颗粒细胞层和角质构成，其底为真皮的乳头层，内容物混有坏死的上皮细胞、白细胞和极少量的红细胞及浆液。棘细胞层以上的表皮各层细胞，由于相互之间联合比较紧密，因此在变性时还保持了相互之间的联系而形成网状变性。在出现网状结构以前，细胞的原生质内产生大量的小空泡，乳头层的炎性变化为充血，血管周围有细胞浸润和白细胞游出，游出的白细胞大多积聚在棘细胞层的损伤细胞中间，其数量一般不多（有化脓伴发时例外），淋巴系统也发生凝栓性变化，造成淋巴淤滞而潴留在表皮内，淋巴内混有渗出物，使损伤的棘细胞层细胞之间的距离更加大了。这样，开始先形成只有在显微镜下能见到的小泡，逐渐联合而成为肉眼可见的小疱和口蹄疮疱，其胞膜由角质层形成，一部分由棘细胞层的上层形成，其底则置于真皮的乳头层上，大部分的柱状层通常都仍保存，只有大的乳头顶端常没有生发层细胞。继发死亡的病猪还表现心肌颗粒变性、脂肪变性、蜡样坏死和急性心肌炎（图2.2.6-17）等。

六、免疫

免疫机制

口蹄疫病毒的免疫主要是依赖T细胞的B细胞应答。感染或免疫机体在外周血液中有中和抗体并能抵抗同型强毒的攻击证实，免疫应答是有B细胞参与的。疫苗接种主要诱导中和抗体的产生。细胞介导的免疫反应作用明显，细胞免疫主要是由一个限制性的病毒亚单位来完成。Parkhouse等证实，初次免疫或感染后，T细胞增殖不明显，二免后亦是如此，但产生高水平的中和抗体。只有经过多次免疫或重复感染才可在血液中检测到T细胞的增殖效应，发现参与CD4细胞反应的只有Th2，而无炎性T细胞、Thl和细胞毒T细胞的协助。CD8细胞反应持久。Dimarchi等合成了O型毒株的一个蛋白质序列，该序列由VPl的两个抗原片段203-213和141-158氨基酸残基构成，用该片段制苗免疫小牛，可起到部分保护作用，推测该片段诱导的保护作用与T细胞和MHC识别的多肽有关。Bartels等应用特异性单抗的免疫荧光法研究了A5毒株接种犊牛后T细胞的变化，发现CD4+细胞可在体外用同源灭活毒来激发，高浓度的病毒对T细胞增殖起负作用。

Parkhouse等用基因工程技术合成了O型毒株的一个特异性序列，能快速准确地检测到FMDV抗原结构的变化，详细测定与FMDV长序列交联的核衣壳蛋白的特异性抗体，揭示了B细胞的抗原表位，同牛MHC连接反应物的分析结构一致。利用已经克隆的基因及其临近分子结构的多变性，可快速选择、删除、连接或切去T细胞和B细胞的表面抗原识别序列，反过来用不同的载体表达系统分析研究其抗原结构与功能的关系，有利于提供免疫保护的新措施。在牛用常规疫苗接种后21d内其保护力与中和抗体水平直接相关，但用多肽疫苗免疫未发现类似的关系。Mulcahy等研究认为多肽疫苗刺激产生了大量的IgG_2异构型抗体，该抗体与保护力无关。如果不考虑佐剂的作用，则抗体滴度达高峰时IgG。与IgG_2的比例接近1：1。

选用能中和病毒的血清来研究其对小鼠的保护力，证明免疫接种后4～8d内的免疫动物血清对小鼠不能或者仅能提供微弱的保护，而免疫后12、16和21d的血清保护力较好。Salt等用ELISA检测中和抗体、病毒特异性抗体和IgM。IgG_1。及IgG_2发现，中和抗体在感染早期作用显著。口蹄疫病毒免疫应答的细胞基础还应包括具有吞噬作用的与免疫有关的细胞；经抗体调理的吞噬细胞对于消除感染性病毒具有重要意义。

七、诊断

（一）临床综合诊断

根据本病的临床症状、病理变化，并结合流行病学，一般可做出初步诊断，但要确诊，区别水疱病、水疱疹、水疱性口炎则必须结合实验室手段进行确诊，最后的确诊由我国动物疾病控制中心口蹄疫实验室负责。

（二）实验室诊断

1. 样品采集和运输：由各级兽医行政防疫机关派专人采集和护送到上一级机构。组织样品应采集未破裂或刚破裂的新鲜水疱皮，在不能获得水疱皮的情况下，也可采集血液和食道、咽黏液样品，死亡病例可采集心肌组织或血液，但若可能仍以水疱皮最佳。至少采集3～4头动物的样品，置低温条件下安全送交实验室。

2. 抗原检测：采用PBS缓冲液研磨离心制备10%水疱皮组织悬液或离心澄清黏液样品，采用型特异性标准血清，进行补体结合试验鉴定病毒血清型。此方法检测费用低但检测敏感性、特异性不足，并且受前补体和抗补体因子的影响。目前，更多采用快速、敏感、特异的免疫捕捉ELISA检测方法，该方法操作简便且在3h内可获得型特异性检测结果。

3. 病毒分离鉴定：将野外样品组织悬液离心澄清，接种未断奶乳鼠和敏感细胞系（牛甲状腺原代细胞，猪、牛、羊羔肾原代细胞，BHK-21、IB-RS-2传代细胞系），进行病毒分离，通常连续盲传3代，观察乳鼠发病死亡情况和特异性细胞病变，进行病毒分离。病毒鉴定可采用补体结合试验或免疫捕捉ELISA。

4. 核酸检测和序列分析：目前已建立同时鉴别7个不同血清型的特异性复合RT-PCR检测技术对本病进行诊断和鉴别。在每个血清型内根据病毒基因（通常采用VP1编码基因1D）核苷酸序列的同源性差异，划分不同的基因型，进一步分析毒株间的起源、地理分布及系统发育关系。

5. 血清学检测：采用微量病毒中和试验和液相阻断ELISA检测血清样品中的特异性抗体，用于本病诊断。微量病毒中和试验和液相阻断ELISA为OIE推荐的国际贸易指定的口蹄疫诊断方法。克隆表达口蹄疫病毒3AB或3ABC非结构蛋白，建立病毒感染相关性抗体间接ELISA及酶联免疫电转移印迹（EITB）检测技术，用于鉴别自然感染和疫苗免疫动物。

（三）鉴别诊断

猪口蹄疫一般与猪水疱性口炎、猪水疱病、猪水疱性疹、猪痘等在临床症状上非常相似，水疱上很难区别，所以鉴别本病与其他病时一定要紧密结合流行病学、临床症状和实验室诊断，才能很好的把握本病，不致造成大的危害，下表是本病与一些相似病的区别

八、防制

近十几年来，FMD主要在亚、非、拉美等一些经济不发达的国家和地区发生。我国周边国家的FMD呈周期性暴发，疫情接连不断，反复发作，直接或间接地构成了对我国的巨大威胁。每次流行波及的国家众多，传播迅猛，范围广大。因此，国际上必须将FMD作为一个全球性问题来进行研究，共同制定防制对策。

和其他传染病一样，FMD具有自身流行过程的基本规律，存在疫源地、传染源、传播途径、易感动物群等方面的流行病学问题。传染病流行三要素相互连结、协同作用时，使得FMD的流行过程得以延续。当今在FMD的防制中，仍然存在几个难以解决而又必须认真解决的棘手问题。

猪用FMD疫苗效力差：注射过疫苗的猪群抵挡不住大型生猪仓库中FMDV的自然感染。现有猪用减毒活苗从未安全过。高效的猪用灭活疫苗尚待研制中，迄今报道的疫苗保护率多系实验室数据（同源毒株，定量攻毒）。而在大型活猪中转站中，可能由于：①FMDV毒株复杂（变异株的存在等）；②病毒浓度高（反复吸入和接触感染）；③猪群应激（运输、混群、斗咬、拥挤、饥饿、干渴等）导致抵抗力下降等；④群体大，以及猪的免疫生物学特性等原因，现有疫苗大多不能保护已免疫注射的猪群。因此，可以毫不隐讳地说，在这些关键问题尚未解决之前，人类想要消灭FMD的梦想将难以实现。

（一）FMD防制现状

由于FMDV的高度传染性和FMD的特殊性，防制工作将是一个庞大而复杂的系统工作，其立体防治中涉及到方方面面的诸多环节，包括政治与经济、技术与行政、部门与国家、贸易与禁运、畜牧与兽医、领导与群众、局部与全局等众多关系，执行起来涉及面广，困难相当多，稍有不慎就会功亏一篑。

当今各国防制FMD的主要办法有：①严格检疫。对病的传播媒介（活畜及畜产品）严加管理，减少FMDV传入的危险性。②对易感动物进行疫苗接种。③在疫病暴发期间，尤其是早期，及时对病畜和接触过病畜的动物进行扑杀，对污染的畜舍、场地进行彻底清扫消毒处理。从某种意义上讲，扑灭FMD需要严格的法规，需要一定的经济实力。由于雄厚的技术和经济基础，结合较为健全的法令法规及有效的行政管理手段，许多国家已卓有成效地控制或消灭了FMD。

（二）预防

1. 免疫程序　母源抗体在仔猪体内至少可保留3个月，半衰期平均为13～15d，其中IgM的半衰

期为4～8d，IgG为7～21d。在70日龄内，仔猪没有裂解或排除机制，抗体浓度下降系体重增加所致。母源抗体可严重干扰与抑制仔猪主动免疫的产生。有人试验，仔猪在1、2、4、8周龄免疫，6～7月龄攻毒时无一头保护。只有在3～4月龄时注射疫苗，免疫应答才不会受到母源抗体干扰。母猪的免疫接种也是影响仔猪免疫反应的重要因素之一。血清抗体高的母猪，初乳抗体效价也高，其仔猪血清抗体亦高。两次注射疫苗的母猪（配种前及分娩前一个月）所产的仔猪，其母源抗体水平比免疫一次（产前一个月）的母猪所产的仔猪高一倍。

2. 疫苗种类与型　接种疫苗前应注意先测定发生的口蹄疫型，然后再进行接种。

（1）灭活苗：①猪O型普通口蹄疫苗，现在生产的猪O型口蹄疫AEI（乙烯亚脂）灭活油佐剂苗，免疫效力很好，免疫保护期可达6个月，25kg以上的猪每6个月注射1次即可。②口蹄疫O型高效苗（兰州），多次接种可提高免疫猪群的抗病力。因第1次免疫接种，疫苗对机体只产生致敏作用，到疫苗中抗原的再次刺激，快速分化为分泌抗体的浆细胞从而分泌大量抗体，所以检测抗体效价会明显的高于首次接种后的抗体效价，免疫猪也将获更高的保护力。

（2）弱毒苗：猪用弱毒苗研究目前还不完全成熟，注射后有时可引起猪发病，所以还未推广使用。弱毒苗的应用，可能造成活毒在畜体或肉品中长期存留，构成疾病散播的潜在威胁；亦有可能出现毒力返强，则更应注意。

病名	猪口蹄疫		猪水疱病	猪水疱	猪水疱性口炎	猪痘
病原	口蹄疫病毒		猪水疱病病毒	猪水疱性疹病毒	猪水疱性口炎病毒	猪痘病毒、痘苗病毒
易感动物	各种年龄、品种的猪均易感、人亦可		各种年龄、品种的猪易感、人亦可	各种年龄、品种的猪均易感	猪、牛、马、绵羊、兔、人亦可	各种年龄猪
流行特点	一年四季均可发生，以春冬两季多发，多呈流行性或大流行性		一年四季均可发生，以猪只密集，调动频繁的单位传播较快	地方流行性或散发	有明显的季节性，多发生于夏季和秋初，一般呈蹼状散发	可发生于任何季节，以春秋两季多发，呈地方流行性
发病率	较高		较高	10%～100%	30%～95%	仔猪较多、成猪较低
临床症状与病理剖检	发热，蹄部、口、唇、鼻镜、乳房等部位出现水疱，虎斑心，急性胃肠炎，口腔水疱较少，细胞原生质内有大量小空泡		发热，传播较慢，蹄部、鼻镜、口腔、舌面上形成水疱和溃烂，口腔水疱较少，非化脓性，脑脊髓炎变化	特征性发热，吻、唇、舌、蹄、乳头等部可出现水疱	发热，口腔出现水疱，蹄部水疱少见或无	发热，体侧腹下、鼻镜、面部皱褶等无毛、少毛处多见，蹄部少见，特征性核空泡
动物接种试验	2日龄乳鼠	+	+	−	+	未测
	7～9日龄乳鼠	+	−	−	+	未测
	乳兔	+	+	−	−	+
抗酸试验	敏感		稳定	未知	敏感	敏感
猪口蹄疫血清保护实验	能保护		不保护	不保护	不保护	
猪水疱病血清保护实验	不保护		能保护	不保护	不保护	不保护

（3）基因工程疫苗：复旦大学生命科学院郑兆鑫教授等科研人员经过22年的艰苦探索、反复试验，研制成功了具有自主知识产权的猪口蹄疫O型基因工程疫苗，该项技术成果居国际领先水平，是国内外首先研制成功的可应用于商业化生产的猪口蹄疫O型基因工程疫苗。

（三）日常防制措施

1. 建立和健全严格的兽医防疫制度　尽管关于FMD的疫源地的争论有多种假说，但对规模化猪场来说，FMD毕竟是一种“外来病”。一般情况下，FMD不像猪瘟、猪链球菌病、大肠杆菌病那样，病原隐匿在各场的猪群中，而是从场外传入。因此，限制乃至拒绝来自FMD疫区的易感动物及其副产品进入非疫区，是控制FMD最有效的预防措施。猪场职工从事与其他猪群或动物接触的活动、从市场购买病猪鲜肉或其制品是最危险的。进入疫区的押运人员、车辆、个体屠宰人员等都是最有可能的FMDV带入者。据报道，人咽喉可带毒24h并通过呼气传染给其他动物。对畜主或职工应进行有关FMD知识的宣传教育，以便及早发现这种“外来病”，及时采取“早、快、严、小”的方针，就地扑杀、焚尸、消毒和净化现场。禁止将病猪及其产品转移，并严密监视同群猪。

2. 做好免疫接种　目的是保护易感动物，提高易感动物的免疫水平，降低口蹄疫流行的危害。现行油佐剂灭活疫苗的注射密度达80%以上时，能有效控制口蹄疫流行。疫苗接种可分为常年计划免疫、疫区周围环状免疫和疫区单边带状免疫。实施免疫接种，应根据疫情选择疫苗种类、剂量和次数。常规免疫应保证每年2～3次，每头份疫苗含3PD_{50}。

3. 限制动物、动物产品和其他污染物品移动，目的是切断传播途径。小到一个养猪户，大到一个国家，要想保持无口蹄疫状态，必须对动物和物品的引入和进口保持高度警惕。疫区必须有全局观念，易感动物及其产品运出是疫情扩散的主要原因。

4. 动物卫生措施　疫区除对场地严格消毒外，还要关闭与动物及其产品相关的交易市场。

5. 流行病学调查　包括疫源追溯和追查易感动物及相关产品外运去向，并对之进行严密监控和处理。以上措施可根据疫情和国情选择实施。

（四）紧急防制措施

当怀疑有本病发生时，除及时诊断外，应于当日向上级主管兽医防疫部门提出报告。

1. 扑杀病畜及感染动物　扑杀动物的目的是消除传染源，病毒是最主要的传染源；其次是扑杀隐性感染动物和持续性感染带毒动物。疫情发生后，可根据具体情况决定扑杀动物的范围，扑杀措施由宽到严的次序可为病畜－病畜的同群畜－疫区所有易感动物。

2. 一旦暴发口蹄疫　应当迅速对疫点进行封锁隔离；与疫区临近的非疫区，应在交通要道处设消毒站；运输工具、猪舍、饲养用具等要彻底消毒。在疫区未解除封锁前，严禁由外地购入猪只，同时对非疫区内猪群进行紧急疫苗接种。

3. 紧急疫苗接种　对疫区与受威胁地区的猪群进行疫苗接种，实施免疫接种应根据疫情，选择疫苗种类、剂量和次数。紧急预防应将每头份疫苗提高到6PD_{50}，并增加免疫次数。

（五）治疗

依国家动物法规定，发病后采取断然措施。对所有病猪、同群猪实行扑杀、火化或深埋。

第七节　猪传染性胃肠炎（Transmissible gastroenteritis of pigs，TGE）

猪传染性胃肠炎是由猪传染性胃肠炎病毒（TGEV）引起猪的一种高度接触性肠道传染病。临床症状以引起2周龄以下仔猪呕吐，严重腹泻，脱水和高死亡率（通常100%）为特征。虽然不同年龄的猪对这种病毒均易感，但5周龄以上的猪的死亡率很低，较大或成年猪几乎没有死亡。

本病于1945年发生于美国，次年由Doyle和Hutchings首次报道。以后日本、英国、加拿大也相继报道了本病，现在欧洲、亚洲、南美洲和北美洲的一些国家仍连年发生，是危害较大的一种猪传染病，我国也有本病的发生，而且我国周边的一些国家和地区，此病的发生率亦很高，引起的仔猪高度死亡和成年猪掉膘、低饲料报酬等造成的经济损失非常严重，是危害养猪业较严重的一种传染病。所以对本病我国应引起足够重视。

一、病原

猪传染性胃肠炎病毒属冠状病毒科（Coronavirdac）冠状病毒属（Coronavirus）成员，是一种单股RNA病毒，形态为球形，椭圆形，或多边形等各种形态，直径约为80～120nm，表面具有一层棒状纤突，长约12～25nm，有囊膜，表面具有花瓣状纤突。本病毒目前只发现一个血清型，3种抗原。但本病毒与猫传染性腹膜炎病毒、犬冠状病毒之间有抗原相关性。

病毒存在于发病仔猪的各器官、体液和排泄物中，但以空肠、十二脂肠及肠系膜淋巴结中含毒量最高，其滴度为每克组织含10^{-6}猪感染剂量，发病早期，呼吸系统组织及肾的含量也相当高。病毒能在猪肾、甲状腺及唾液腺、睾丸组织细胞中增殖和传代，其中以猪睾丸细胞最敏感，可引起明显的细胞病变，在猪肾细胞上需经过几次传代，才能看到细胞病变，在弱酸性培养液中，猪传染性胃肠炎病毒增殖的滴度最高。但是有些毒株始终不出现细胞病变，病毒对细胞的致病作用，常因毒株而异。据报道，应用胰蛋白酶处理猪胎肾原代细胞和传代细胞及兔肾原代细胞，可提高这些细胞对病毒的敏感性，增加病毒的收获量，并使细胞出现明显的CPE和空斑。因此可用空斑技术测定病毒及其含量。病毒在细胞浆中增殖，但不产生包涵体。用原代猪肾细胞培养增殖的病毒能凝集鸡、豚鼠和牛的红细胞，而不凝集小鼠和鹅的红细胞。

本病毒只有一种血清型。它与猪呼吸道冠状病毒（PRCV）、犬冠状病毒（CCV）、猫传染性腹膜炎病毒（FIPV）、猫肠道冠状病毒（FECV）具有抗原相关性，与猪流行性腹泻病毒（PEDV）无抗原交叉性。

病毒在pH4～8时稳定，pH2.5时则被灭活。病毒在冷冻贮存条件下非常稳定。-20℃可保存6个月；-18℃保存18个月，仅下降1个对数滴度。但在室温或室温以上很不稳定，37℃每24h病毒下降一个对数滴度，56℃ 45min，65℃ 10min即可杀死病毒。0.5mol的$MgCl_2$，可增强病毒对热的抵抗力。本病毒对光敏感，在阳光下曝晒6h即被灭活，紫外线能使病毒迅速失效，可是放在阴暗处7d，仍保持其感染力。本病毒对乙醚、氯仿及去氧胆酸钠敏感。对胰酶有一定的抵抗力，对0.9%胰酶能抵抗1h。0.05%的福尔马林，0.5%的石炭酸在37℃分别处理20min及50min，即可灭活病毒。

二、流行病学

1. 易感宿主　各种年龄的猪均有易感性，10日龄以内仔猪的发病率和死亡率很高，而断奶猪、育肥猪和成年猪的症状较轻，大多呈良性经过，能自然康复，其他动物对本病无易感性。

2. 传染源　病猪和带毒猪是主要的传染源。病毒随粪便、乳汁、鼻分泌物、呕吐物，呼出的气体排出，污染饲料、饮水、空气、土壤、用具等，通过消化道、呼吸道感染。特别是密闭式猪舍，湿度大，猪只密集，数量多时更易发生。

3. 传播途径　主要经消化道、呼吸道传染给易感猪，病毒也可通过乳汁传给仔猪。健康猪群的发病，多由于带毒猪或处于潜伏期的感染猪引入所致。未引入猪而原因不明的发病也不少，这可能是由人、车辆及携带病毒的动物为媒介传播的。另外，其他动物如猫、犬、狐狸、燕、八哥等也可以携带病毒，间接的引起本病的发生。

4. 流行动态　20世纪80～90年代本病的发生有明显的季节性，从每年12月至次年的4月发病最多，夏季发病最少。这大概是由于冬季气候寒冷病毒易于存活和扩散，本病的流行形式有三种：

⑴在新疫区：主要呈流行性发生，在新疫区，几乎所有的猪都发病，10日龄以内的猪死亡率很高，几乎达100%，但断乳猪、育肥猪和成年猪发病后取良性经过。几周以后流行终止，青年猪、成年猪产生主动免疫，50%的康复猪带毒，排毒可达2～8周，最长可达104 d之久。

⑵老疫区：则呈地方流行性或间歇性的地方流

行性发生。

⑶在老疫区：由于病毒和病猪持续存在，使得母猪大都具有抗体，所以哺乳仔猪10日龄以后发病率和死亡率均很低，甚至没有发病与死亡。但仔猪断奶后切断了补充抗体的来源，重新成为了易感猪，把本病延续下去。目前流行病学季节性不够明显。

三、发病机理

当病毒经口腔或鼻腔途径感染，病毒都被吞咽进入消化道，主要存在病猪的小肠黏膜（空肠和回肠），肠内容物和肠系膜淋巴结中。含有病毒的空气飞沫可通过呼吸道感染，并在鼻腔黏膜和肺组织中复制到很高滴度，但最重要的感染途径是消化道。

TGEV能抵抗低pH和蛋白水解酶而保持活性，到达肠内的病毒在小肠上皮细胞内及结肠的某些部位增殖，引起小肠黏膜上皮细胞变性、坏死、脱落和小肠绒毛萎缩，使小肠黏膜的分泌与蠕动性能破坏、酶活性下降，使肠壁通透性异常，致使电解质和营养成分分解与吸收异常和不平衡。造成肠内渗透压升高而发生脱水和腹泻。尤其是由于局限于小肠黏膜上皮乳糖酶类的产生受到阻碍，而使双糖类的分解吸收停止，从而加剧了腹泻。同时，由于小肠绒毛缩短，肠隐窝细胞分裂活跃，分泌亢进，使腹泻加剧。此外，消化吸收失衡而肠内容物异常发酵，产生大量酸性产物与毒素，使肠蠕动进一步增强也是腹泻的原因。

小肠绒毛短缩的程度与病原的强弱有密切关系。绒毛的长度与肠隐窝的深度之比，正常猪是7∶1，但在发生猪传染性胃肠炎时，可萎缩到1∶1，在猪流行性腹泻时，可萎缩到3∶1；在病原性最弱的轮状病毒感染时，只在绒毛的尖端有轻度的萎缩，这也就是这三种病毒在单独感染时，其临床症状严重程度有所不同的原因。当传染性胃肠炎病毒胃肠上皮细胞时，使感染病毒的柱状上皮细胞很快变性、坏死、脱落，小肠绒毛明显短缩，绒毛基部上皮增殖修复，由未成熟的扁平或立方上皮替代脱落的柱状上皮。由于上皮的损伤和肠黏膜表面积减少，导致肠管的消化吸收障碍和肠壁的渗出增加，大量食物和液体积留在胃肠内，胃肠扩张，胃肠壁变薄，临床表现上腹泻、呕吐和脱水。机体电解质失衡，很快发生酸中毒，造成心肾功能衰竭死亡。

四、临床症状

本病的潜伏期一般很短，约为15～18h，有的可延长2～3 d，本病传播迅速，数日内可蔓延全群。

仔猪的典型症状是短暂的呕吐，伴有或继而发生水样腹泻。粪便黄色、绿色或白色，常含有未消化的凝乳块，气味恶臭。排泄物中含有大量的电解质、水分和正常脂肪，呈碱性，但不含有糖，病猪极度口渴，明显脱水，体重迅速减轻，日龄越小，病程越短，病死率越高。10日龄以内的仔猪大都于2～7 d 内死亡。随着日龄的增长，病死率逐渐降低。痊愈仔猪生长发育不良。某些仔猪发病前先有短期体温升高，发生腹泻后体温下降。

架子猪、育肥猪和成年猪的症状较轻，发生一至数日的食欲不振或缺乏，个别猪有呕吐，然后发生水样腹泻，呈喷射状。排泄物灰色或褐色。体重迅速减轻。成年母猪泌乳减少或停止。一周左右腹泻停止而康复，极少死亡。某些泌乳母猪发病表现严重，体温升高，无乳，呕吐厌食或腹泻。地方流行性的猪场，感染仔猪的症状与同龄易感猪相似，但症状较轻，死亡率低，尤其把病猪放在温暖环境中。哺乳仔猪的临床症状与“白痢”相似，地方流行性的传染性胃肠炎主要发生于断奶猪，而且易与大肠杆菌、球虫、轮状病毒感染混淆。

成年母猪泌乳减少或停止（图2.2.7–1）。1周左右腹泻停止而康复，极少死亡。仔猪的典型症状是呕吐，伴有或继而发生水样腹泻，呈黄绿色，病猪脱水消瘦（图2.2.7–2、3），体重迅速减轻，日龄越小，病程越短，病死率越高。10日龄以内的仔猪大都于2～7d内死亡。随着日龄的增长，如断乳猪病死率逐渐降低，痊愈仔猪生长发育不良（图2.2.7–4）。架子猪、肥猪和成年猪的症状较轻，一至数日的食欲不振或缺乏，然后发生水样腹泻，呈喷射状（图2.2.7–5）。体重迅速减轻。

五、病理变化

具有特征性的病理变化主要见于小肠，剖检时取空肠一段，用生理盐水轻轻洗去肠内容物，置平皿中加入少量生理盐水，在解剖镜下观察，健猪空肠绒毛呈棒状，均匀，密集，可随水的振动而摆动；而患本病猪的小肠绒毛变短，粗细不均，甚至大面积绒毛仅留有痕迹或消失，二者对比十分明显。

整个小肠气性膨胀，伴有卡他性炎，肠管扩张，内容物稀薄，呈黄色，泡沫状，肠壁弛缓，缺乏弹性，变薄有透明感，25%病例有充、出血变化，胃底黏膜潮红，充、出血，并有黏液覆盖，50%病例见有小点状或斑状出血，胃内容物呈鲜黄色并混有大量乳白色凝乳块（或紫状小片）。较大猪（14日龄以上的猪）约10%病例可见有出血，溃疡灶，靠近幽门区可见有坏死区。脾脏和淋巴结肿大，肾包膜下见有出血，膀胱见有出血点，心肌质软、色灰白、冠状沟见有点状出血。

小肠，肠管扩张，空肠伴有卡他性炎症（图2.2.7-6），内容物稀薄，呈黄色，泡沫状，肠壁弛缓，变薄有透明感（图2.2.7-7），患病的小肠绒毛变短，粗细不均，甚至大面积绒毛仅留有痕迹或消失（图2.2.7-8）。并有充出血变化（图2.2.7-9），肠系膜淋巴结肿大（图2.2.7-10），胃底黏膜潮红充血，并有黏液覆盖，亦可见有小点状或斑状及弥散出血（图2.2.7-11），胃内容物呈鲜黄色并混有大量乳白色凝乳块。

组织学变化，小肠最早变化是绒毛顶部肿胀，黏膜血管充血、出血，上皮细胞变性、坏死和脱落（图2.2.7-12），继之绒毛萎缩变短，黏膜固有层水肿、增厚、淋巴管扩张，黏膜及黏膜下层出血，圆形细胞、多形核白细胞和嗜酸性粒细胞浸润，在胃溃疡灶周围可见有圆形细胞，多形核白细胞构成的炎性反应带。淋巴组织中的淋巴滤泡有活跃细胞的分裂相。半数病例肾曲细尿管变性，并伴有坏死和管腔阻塞，管腔内常见透明蛋白管形和尿酸盐沉着，脑血管周围有时见有圆形细胞浸润。

六、诊断

根据流行病学特点、临床症状和病理变化，可初步做出诊断。但进一步确诊需依赖血清学和病原学诊断，常用的有病毒分离、直接免疫荧光抗体法、免疫电镜法、RT-PCR、血清学检查等实验室检测方法。

（一）临床综合诊断

本病多发生于寒冷季节，不同年龄的猪相继或同时发病，表现水样腹泻和呕吐，10日龄猪病死率很高，较大的或成年猪经5～7d康复，病死仔猪小肠呈卡他性炎症变化，肠绒毛萎缩。现地兽医技术人员可据此做出初步诊断，尽快采取控制措施。

（二）病原学诊断

最常用的是免疫荧光染色和仔猪人工感染试验，人工接种猪，于接种后第5h至第7d可检出感染细胞。利用免疫酶技术检测，可获得同样效果，也可用琼脂扩散试验和对流免疫电泳检查小肠碱性浸出液中的病毒抗原。

1. 人工感染乳猪试验　将病猪小肠组织及肠内容物制成悬液，2 000r/min离心取上清经口接种2～3日龄健康乳猪，如果经12～48h出现典型症状，即可结合流行病学予以诊断，但仍不能排除其他病毒的可能。再结合荧光抗体法可确诊。

2. 细胞培养分离鉴定病毒　将小肠组织及内容物制成悬液，过滤除菌后，接种敏感细胞，如ST细胞，观察细胞病变。一般需经盲传多代方可见细胞病变。进一步鉴定病毒，可用荧光抗体法和RT-PCR检查细胞培养物。

3. 直接荧光抗体法　将感染猪的空肠制成冰冻切片，或刮取空肠绒毛上皮细胞制成抹片，丙酮4℃固定30min，而后滴加TGEV特异性荧光抗体，置于湿盒，37℃孵育30min，再用PBS冲洗，室温干燥，滴加甘油缓冲盐水，盖玻片封固，在荧光显微镜下检查。

TGEV荧光只见于胞浆中。这是目前认为敏感性和特异性都较高的TGE诊断法。

4. 免疫电镜法　直接用电镜检查病毒粒子可区别冠状病毒和轮状病毒，但不能从病毒的形态特征上区别PEDV和TGEV。区别这两种病毒需用免疫电镜法。

5. RT-PCR可直接检测粪便样品中的病毒。

（三）血清学诊断

常用中和试验。在呈流行性发生的猪群，应采取双份血清（急性期或康复后）或同时收集不同发病阶段的几头猪血清；在呈地方流行性发生时，最好采取2～6个月龄猪血清作试验，感染后7～8d可检出中和抗体，并可持续18个月。

琼脂扩散试验也能检测抗体，但不敏感。间接血凝试验和ELISA虽很敏感，但需浓缩纯化的病毒抗原。.血清学检查对发病期和恢复期的猪血清进行抗体检查，恢复期的抗体上升时即可确诊。

（四）鉴别诊断

在具有腹泻症状的仔猪疾病的鉴别诊断方面，应注意与仔猪白痢、仔猪副伤寒、仔猪低血糖及猪流行性腹泻、猪轮状病毒感染等疾病鉴别诊断。一般来说，这些疾病没有绒毛萎缩现象或很轻微，不像猪传染性胃肠炎那样严重，而且结合发病年龄，治疗试验等往往可以确诊。必要时可应用免疫荧光技术。对需做进一步诊断的病例可用病变组织，做冰冻切片或涂片，荧光染色用荧光显微镜检查，可以确诊猪传染性胃肠炎，小肠壁77.2%可见特异荧光反应，肠淋巴为85.6%，扁桃体为93.3%。

1. 仔猪红痢：病原为C型产气荚膜梭菌，主要侵害1日龄～3日龄的初生仔猪，病程短，死亡率高；1周龄以上的仔猪很少发病。典型症状：发病开始突然排血样红褐色稀便，偶有呕吐，迅速脱水，体质虚弱，呈中毒性败血性休克，很快死亡。病变主要特征在空肠，外表呈暗红色，肠腔内充满含血的液体，肠系膜淋巴结呈鲜红色，有时病变可扩展到回肠，但胃与十二指肠一般没有明显病变。

2. 仔猪黄痢：病原为致病性大肠杆菌，主要发生于1周龄内特别是3日龄左右的仔猪，发病率和病死率均很高，排出黄色黏液状的稀粪或水样粪，混有凝乳状小片和气泡。肠内有多量黄色液状内容物和气体，肠黏膜呈急性卡他性炎症，以十二指肠最严重，空肠和回肠次之，结肠较轻。

3. 仔猪白痢：病原为致病性大肠杆菌，通常发生于10～30日龄的仔猪，发病率较高，但病死率较低。排出灰白色、浆糊样稀粪，有腥臭味。肠黏膜充血、出血，肠壁变薄。

4. 猪痢疾：由猪痢疾密螺旋体引起，最常见于2～3月龄的猪，病死率低，传播缓慢。不同程度地腹泻，粪便中充满血液和黏液，呈棕色、红色或黑色。大肠黏膜发生卡他性出血性炎症，进而发展为纤维素性坏死性肠炎。

5. 猪副伤寒：病原是沙门氏菌，1～4月龄仔猪发病较多。急性型，初便秘，后下痢，恶臭血便，耳、腹及四肢皮肤呈深红色，后期呈青紫色。慢性者反复下痢，粪便呈灰白、淡黄或暗绿色。急性主要为败血症的病理变化；慢性为坏死性肠炎，盲肠、结肠凹陷不规则的溃疡和伪膜，脾稍肿大，肺中有针尖大至粟粒大的灰白色坏死灶。

6. 轮状病毒感染：成年猪隐性经过，8周龄以内的仔猪易发病，发病率和病死率低。病初呕吐，迅速发生腹泻，粪便黄白或暗黑色。胃壁弛缓，小肠壁菲薄，半透明，内容物呈液状、灰黄或灰黑色。

7. 猪流行性腹泻：病原为流行性腹泻病毒，多发于寒冷季节，大、小猪几乎同时发生腹泻，大猪在数日内可康复，仔猪有部分死亡。呕吐、水样腹泻和脱水，与猪传染性胃肠炎极为相似。病变限于小肠，肠管扩张，内充满黄色液体，肠系膜充血。

8. 猪球虫病：是由艾美尔球虫和两种等孢子球虫引起的疾病。6～14日龄仔猪发生腹泻，拉黄色水样的稀粪，恶臭。肠黏膜涂片显微镜下可见球虫卵囊。有的粪便胶冻样，暗红色，混有血液。病仔猪厌食，精神极差，脱水，消瘦，生长发育迟缓。

七、防制

（一）预防

1. 预防原则：由于TGE是一种病毒性肠道传染病，而且传播快，发展迅速，因而必须加强综合防制。避免从疫区或疫场引入带毒猪，对引进的猪要进行隔离观察和检疫。要实行“全进全出”。要做好猪群的饲养管理工作，猪舍要定期消毒，保持舍内清洁卫生，在寒冷季节应加强饲养管理，防寒保暖，不准无关人员进人猪舍，饲喂营养丰富的饲料，供给洁净的饮水等，防止犬、猫以及燕、八哥等进入猪圈。做好这些工作可减少猪传染性胃肠炎的发生。

2. 免疫预防：TGE具有高度传染性，猪场一旦暴发此病，会造成出生2周龄以内仔猪近乎100%死亡，损失十分严重，而初乳中的Ig必能在肠道中杀死病毒，抵抗感染，故特异性免疫预防主要是针对仔猪的主动免疫和被动免疫。

⑴疫苗种类：

①强毒苗：即在母猪分娩前2～3周，用病死仔猪的肠内容物稀释混入饲料内，对母猪进行口服感染，可以使仔猪得到明显保护。但该种方法母猪的粪便易造成环境污染，使该病反复发作，故不提倡。

②灭活苗：安全性好，免疫妊娠母猪后，产生的母源抗体对仔猪有较好的保护性。但灭活苗对肠黏膜表层下IgA浆膜细胞刺激很小，肠道局部的IgA产生较少，因而灭活苗主动免疫的效力不如弱毒疫苗。

③弱毒苗：具有激发肠黏膜IgA应答的能力，完全致弱的活疫苗是TGE疫苗的发展趋势。

⑵免疫程序：猪传染性胃肠炎的免疫属于典型的局部免疫（黏膜免疫），目前还没有特异有效的治疗方法，妊娠母猪产前30d接种后，则对其3日龄哺乳仔猪的被动免疫保护率达95%以上。每年10～3月份做好疫苗注射工作。冻干猪传染性胃肠炎弱毒疫苗按说明于母猪产前20～30d，后海穴位注射。也可以采用猪传染性胃肠炎和猪流行性腹泻二联灭活疫苗预防注射。

（二）治疗

在治疗方面，常用药物没有疗效，母猪发病后对新生仔猪有保护作用，说明通过初乳可使仔猪获得被动免疫。对本病的治疗，目前虽然没有安全而有效的药物，但猪发病时进行适当的对症治疗是非常必要的，这不仅能防止并发症的发生，也能提高猪对疾病的抵抗能力，促进疾病及早康复，对减少猪只死亡和促进仔猪的发育增重都有很好的效果。对症治疗措施以补液、防止酸中毒、防止继发感染为原则。

1. TGEV的高免血清、康复猪的全血或血清给新生仔猪口服，有一定的预防和治疗作用。.康复猪抗凝全血疗法，每天注射10mL，连续3d，据报道可获得一定的预防和治疗作用。

2. 补充体液，TGE往往会使病猪由于严重腹泻而导致脱水，因此补液是十分必要的。可以口服补液盐，对于脱水严重者可注射5%葡萄糖、生理盐水及5%碳酸氢钠，可防止脱水和酸中毒，必要时可注射硫酸阿托品。

3. 应用抗菌药物虽对本病无直接效果，但适当应用抗菌药物可防止继发感染，可以应用肠道抗菌药如氟哌酸、新诺明、庆大霉素等预防继发感染。

4. 可用中草药进行辅助治疗。中草药不仅有抑杀病毒的作用，还可通过调节机体免疫力来发挥其抗病毒作用。

（1）可用中药“三黄加白汤”，处方：黄连8g，黄芩10g，黄柏10g、白头翁15g，枳壳8g，猪苓10g，泽泻10g，连翘10g，木香8g，甘草5g，清水800mL，浸泡30min后，水煎至约500mL，去渣候温灌服，每日1剂，3剂为1疗程。

（2）可用焦神曲、焦麦芽、焦山楂各10～30g，开水煎15min拌食喂或胃管投服。

5. 防继发或并发感染，可采用抗菌药物如口服磺胺脒片或鞣酸蛋白，肌肉注射环丙沙星或恩诺沙星等抗菌素。

（三）发生猪传染性胃肠炎的防疫措施

1. 发生猪传染性胃肠炎的猪场：本病尚无特效治疗药物。一旦发生，要立即隔离病猪，进行大消毒，用2%～3%火碱消毒猪舍、运动场、用具、车辆等。发病猪与健康猪严格隔离，将损失控制在最小范围内。冬季做好保暖，猪舍按大小猪提供26～32℃的温暖环境，无贼风，干燥。停食或减食的猪只要多给清洁饮水或易消化饲料，提供电解质、多维等。

2. 治疗

⑴用高免血清和康复猪的抗凝血给新生仔猪皮下注射5～10mL，口服10mL，有一定的预防和治疗作用。此外可采用对症疗法，对发病猪进行抗菌补液，防止继发感染。

⑵据有人报道，应用鸡新城疫Ⅰ系苗诱导干扰素的原理治疗猪传染胃肠炎有较好的疗效，粗制全血干扰素的制备方法：健康猪血放入加有抗凝剂的无菌瓶中，每500mL加入1 000支份鸡新城疫Ⅰ系苗，摇匀，同时加入100单位硫酸卡那霉素，置37℃温箱中诱导20h，期间摇3～5次，使诱导剂充分与白细胞接触，即制得全血干扰素，置4~6℃冰箱中备

用，可保存半个月。本制剂对30kg体重左右的猪有较好的效果。第一次每头猪腹腔注射30mL，加氯霉素2.5mL，10h后再肌肉注射10mL，次日肌注10mL，注后第二天痊愈。中猪5～10mL；大猪10～15mL。

(3)鸡新城疫Ⅰ系苗用灭菌生理盐水50倍稀释，皮下注3～5mL，1日1次，连用2d。对新生仔猪有一定的预防性治疗效果。治疗可参考仔猪黄痢章节。

(4)刘朝明等报道，猪的传染性胃肠炎采取中西医结合的综合防治措施，病情可得到控制。

①用5%的葡萄糖生理盐水、5%的碳酸氢钠溶液对脱水严重的大猪进行静脉注射，每天1～2次，连用5d；脱水严重的仔猪可以腹腔注射；同时肌肉注射硫酸庆大霉素，每天2次，连用3d。肌肉注射山莨菪碱10mg，维生素$B_1$50mg，两侧三里穴注射，每日1次，连用3d，并按20kg体重一次量肌肉注射病毒唑200mg，地塞米松2～5mg，每天2次，连续注射3d，按每60kg饲料中添加亚硒酸钠VE粉一包（含亚硒酸钠40mg，微生素E1 000mg）。对所有发病猪只饮用口服补液盐，让其自由饮服。

②中药配合治疗以益气滋阴、止泻收敛、保护胃肠黏膜为原则。组方：当参50g、黄芪50g、升麻45g、陈皮40g、麦冬50g、玄参50g、槐花炭150g、柯子50g、黄连35g、大枣25枚、甘草50g混合加水适量，水煎3次，3次所煎药液总量500～1 000mL，（本药方为哺乳仔猪10头或大猪1头1d的剂量）候温灌服每天1剂，连用5d。

③应用康复猪全血给刚出生乳猪口服，每天每头10mL，连用3d。加强管理和消毒工作，使用法国“密斯陀”环境调节剂，洒在发病哺乳仔猪的粪便上，既能吸附粪便臭味，净化猪舍环境，又能防止病原扩散。最终除部分仔猪死亡外，患病大猪基本全部康复，以后定期消毒，40d内无腹泻发生，疫情得到控制。结果表明，中西医结合治疗不仅能缩短病程，增强治疗效果，而且能有效的降低死亡率。

第八节　猪流行性腹泻（Porcine epidemic diarrhea，PED）

猪流行性腹泻是由猪流行性腹泻病毒（Porcine epidemic diarrhea virus）引起的一种急性高度接触性肠道性传染病。其特征为呕吐、腹泻和脱水，各种年龄的猪均易感。其流行特点、临诊症状和病理变化都与猪传染性胃肠炎（TGE）十分相似，但哺乳仔猪死亡率较低，在猪群中的传播速度相对缓慢。

1971年在英格兰暴发了本病，主要引起架子猪和育肥猪群急性腹泻，当时被称为“流行性病毒性腹泻（epidemic viral diarrhea，EVD）”。1977年首次报道可侵害哺乳仔猪的类似TGE的急性腹泻，在排除了TGEV和其他已知的肠道致病性病原后，将该病称为“2型EVD”，以区别于20世纪70年代早期发现的1型腹泻，随后分离到引起该病的病毒，被命名为CV777。1982年将该病统一命名为“猪流行性腹泻（PED）”。目前世界各地许多国家都有本病发生流行，西德、英国、匈牙利、法国、加拿大、日本等国相继报道了本病的发生。

一、病原

猪流行性腹泻病毒（Porcine epidemic diarrhea Virus，PEDV）属于冠状病毒科（Coronaviridae）冠状病毒属（Covona virus）的成员。病毒形态：在粪便中的病毒粒子常呈现多形态，倾向球形，直径95～190nm，有囊膜，囊膜上有花瓣状纤突，长12～24nm，由核心向四周放射，其间距较大且排列规则，呈皇冠状。病毒在蔗糖中的浮密度为1.18g/mL。

核酸型为RNA型，病毒只能在肠上皮组织培养物内生长；若在Cv-1，Vero等猴肾传代细胞内培养，必须在每毫升无血清营养液中添加10μg/mL胰蛋白酶。

经免疫荧光和免疫电镜试验证明，本病毒与猪传染性胃肠炎病毒、猪血球凝集性脑脊髓炎病毒，新生犊牛腹泻病毒、犬肠道冠状病毒、猫传染性腹膜炎病毒无抗原关系。与猪传染性胃肠炎病毒进行交叉中和试验，猪体交互保护试验、ELISA试验等，都证明本病毒与猪传染性胃肠炎病毒在抗原性上是不同的，没有共同的抗原性。PEDV毒株属于同一个血清型。

病毒核酸为线性单股正链RNA，具有侵染性。基因组长为27 000～33 000个核苷酸（nt），相对分子质量为6×10^6～8×10^6。

无迹象证明PEDV存在不同的血清型。从欧洲、韩国和中国分离的毒株与原型CV777毒株在血清学上是完全相同的。采用免疫印迹法，发现韩国株的多肽带的相对分子质量与CV777相似。病毒N基因的核苷酸序列分析表明PEDV韩国株和比利时分离的CV777株存在着97%的同源性。

由于在细胞培养液中加入犊牛血清会抑制PEDV与细胞受体的结合，故该病毒的细胞培养很长一段时间内未获得成功。李佑民、宣华（1980）利用猪体分离到本病毒，称为“吉”毒株。1988年瑞典学者和1991年我国李树根等都报道在Vero传代细胞培养液中加入胰酶可使PEDV适应传代细胞培养，随后PEDV可转人PK和ST细胞中增殖，并可产生明显的CPE。

本病毒不能凝集人、兔、猪、鼠、犬、马、羊、牛的红细胞。对外界抵抗力弱，对乙醚、氯仿敏感，一般消毒药物都可将其杀灭。病毒在60℃ 30min，可失去感染力，但在50℃条件下相对稳定。病毒在40℃，pH5.0～9.0或在37℃，pH6.5～7.5时稳定。

病毒对外界环境和消毒药抵抗力不强，对乙醚、氯仿等敏感，一般消毒药都可将它杀死。

病原学研究方面我国学者取得了突破性进展。

（1）上海农业科学院畜牧兽医研究所测定沪株病毒粒子的大小为110～150nm，纤突长14～20nm。

（2）广州动检所测定当一地分离毒株的病毒粒子直径为90～150nm，纤突长12～18nm，病毒粒子有不透明的核心（Core），由一半透明环与囊膜分开。

（3）林诚斌等鉴定病毒的核酸型为RNA型。

（4）马思奇等采用聚乙二醇沉淀法结合蔗糖梯度密度离心法纯化PEDV，以改良的SDS-PAGE分析表明，PEDV粒子有分种结构蛋白，其分子质量分别为：VP133KD、VP240KD、VP353KD、VP462KR、VP5163KD和VP6190KD，除VP5（纤突蛋白）与TGEV在电泳条带排布上有显著差异外，其余5种结构蛋白则与TGEV很相似。

（5）细胞培养：继宜华等用胎猪肠组织上皮细胞单层和黄文芳用胎猪小肠组织块绒毛上皮细胞培养PEDV，获成功。李树根等采用加胰酶的细胞维持液以Vero传代细胞分离PEDV取得满意结果，他们筛选出最佳胰酶用量，并成功地将分离的PEDV适应于Vero、PK15和ST传代细胞，建立了适应传代细胞的粗PEDVG1株。我国学者所取得的研究成果，为进一步研究PEON的生物学和免疫学创造了良好的条件。

二、流行病学

1. 易感性　各种年龄猪对病毒都很敏感，都能感染发病。有学者报道PED在哺乳仔猪群中的流行极少，而主要引起断奶仔猪、育肥猪和青年种猪的腹泻。很可能由于母源抗体对哺乳仔猪产生了保护作用。

2. 传染源　病猪是主要的传染源，在肠绒毛上皮和肠系膜淋巴结内存在的病毒，随粪便排出，污染周围环境和饲养用具，散播传染。

3. 传播途径　本病主要经消化道传染，但有人报道本病还可经呼吸道传染，并可由呼吸道分泌物排出病毒。病毒多经发病猪的粪便排出，运输车辆、饲养员的鞋子或其他带病毒的动物，都可作为传播媒介。PED可单一发生或与TGEV混合感染，最近有PEDV与猪圆环病毒（PCV）混合感染的报道。

4. 流行特点　哺乳仔猪，断奶仔猪和育肥猪感染发病率为100%，成年母猪为15%～90%。本病发生有一定的季节性，多发生于冬季，夏季也有发生的报道。我国多在12～2月寒冬季节发生流行。它常常是有一头猪发病后，同圈或邻圈的猪在1周内相继发病，2～3周后症状可缓解。体内可产生短时间（几个月）的免疫记忆。

5. 本病的发现与现状　1971年，英国暴发了架子猪和育肥猪的急性腹泻，当时不明其病因。症状与传染性胃肠炎（TGE）相似，但是低于4～5周龄的哺乳仔猪没有发病。不久，该病扩散到了其他欧洲国家。病原学结果分析，该病并非TGE病毒（TGEV）或其他已知的肠道传染病病毒所致，怀疑存在着另外一种未知病毒。暂被命名为“流行性病毒性腹泻（EVD）”。

1976年，又暴发了一种类似TGE的疾病，引起各种猪的急性腹泻。经病因分析，又不是TGEV或其他已知的肠道传染病病原所引起的。为了将其与70年代初暴发的EVD（定为1型）区别，故命名为2型EVD。1型和2型EVD的区别在于2型可引起哺乳仔猪在内的所有架子猪发病。1978年，找到了1株类冠状病毒，与2型EVD暴发有关。将冠状病毒CV777分离株接种仔猪和育肥猪，都引起肠道致病，表明1型和2型EVD的暴发均由该病毒感染所致，从此又统一命名为猪流行性腹泻（PED）。最近有人对1型和2型PED的临诊差异作出了解释。1982－1990年，世界各地为检测PEDV的存在，做了大量的血清学试验，比利时、英国、德国、法国、新西兰、瑞士、保加利亚等国和我国台湾省检出特异性抗体，奥地利和北美为阴性。欧洲的大部分养猪国家，以及中国、韩国、日本都先后分离到PEDV。最新研究证实，北美和南美也存在PED。据报道，近几年PED在亚洲发病相当严重，而且病死率高。1996年冬天，在日本9个县内，有108个以自繁自养为主的猪场PED呈流行性暴发，引起56 256头初生仔猪腹泻，39 509头哺乳仔猪死亡，病死率很高。从1993年9月至1994年6月，在日本由于发生PED，造成14 000头仔猪死亡，哺乳仔猪病死率达30%～80%。整个发病期间，成年猪仅表现短暂性厌食和泌乳下降。

在韩国，PED引起各生长阶段的猪腹泻。自1992年1月到1993年12月，在兽医研究所诊治的71例肠道病毒病病例中，PED占56.3%。此病常年发生，寒冷季节尤为盛行，发病区域遍及全国。发病仔猪中，约90%为10日龄以下的仔猪。1994年，韩国在7个省的屠宰场采集469份猪血样PEDV抗体阳性猪占17.6%～79%，平均为45%。

荷兰对PEDV引起急性腹泻的繁殖和育肥猪群作了诊断学和病毒学的研究。育肥猪发病最早，并很快扩散到不同猪舍的母猪、哺乳仔猪、后备母猪和断奶仔猪。其中，育肥猪和怀孕母猪腹泻最严重，哺乳仔猪和断奶初期仔猪症状较轻，甚至有的无腹泻症状。本病发生后至少在一年半时间内呈地方流行性，造成6～10周龄猪和新引进的青年母猪持续性腹泻。

据王明等报道，近年来PED在我国的流行面逐渐扩大，对26个省、市、自治场的调查表明，PED的总死亡率占36种疾病总死亡率的1.74%，同时PED与TGE的混感率近年已上升至30.77%。

三、临床症状

临床表现与典型的猪传染性胃肠炎十分相似。口服人工感染潜伏期，新生仔猪为15～30h，肥育猪为2d。在自然流行中，可能更长。

PED常以暴发性腹泻的形式发生在非免疫断奶仔猪（Ⅰ型）或各种年龄的猪（Ⅱ型）。哺乳仔猪一旦感染，症状明显，表现呕吐、腹泻、脱水、运动僵硬等症状，呕吐多发生于哺乳和吃食之后，体温正常或稍偏高，少数病猪出现体温升高1～2℃，人工感染仔猪后12～20h出现腹泻，呕吐于接种病毒后12～80h出现。腹水和运动僵硬见于接毒后20～30h，最晚见于90h。腹泻开始时排黄色黏稠便，以后变成水样便并混杂有黄白色的凝乳块，腹泻最严重时（腹泻10h左右）排出的粪便几乎全部为水分。呕吐、腹泻的同时患猪伴有精神沉郁、厌食、消瘦等症状。症状的轻重与年龄大小有关，年龄越小，症状越重，一周以内的哺乳仔猪常于腹泻后2～4d内因脱水死亡，病死率约50%；仔猪出生后感染本病其死亡率更高。断奶猪、育成猪症状较轻，出现精神沉郁、食欲不佳，腹泻可持续4～7d，逐渐恢复正常。成年猪仅发生呕吐和厌食。如果没有继发其他疾病且护埋得当，猪很少发生死亡。

四、发病机理

病毒经口鼻感染，侵入小肠后，在小肠绒毛吸收上皮细胞内增殖，损伤细胞器，继而出现细胞功能障碍，因线粒体肿胀引起细胞数量减少，营养物质吸收不良，这是绒毛萎缩前发生腹泻的主要原因。随着病程的发展，吸收上皮损伤逐渐加重，直至上皮脱落，形成绒毛萎缩，吸收面积减少。引起营养物质吸收显著降低，蛋白质、糖、脂肪不能彻底被分解，使肠内物质腐败发酵，刺激肠末梢感受器，蠕动增强而引起腹泻，由于肠内碱性物质大量排出，而引起酸中毒、自体中毒、脱水和贫血，发生败血性休克衰竭死亡。

五、病理变化

尸体消瘦脱水，皮下干燥，胃内有多量黄白色的乳凝块，小肠病变具有特征性，通常肠管膨满扩张、充满黄色液体，肠壁变薄、肠系膜充血，个别小肠黏膜有出血点，肠系膜淋巴结水肿。镜下小肠绒毛缩短，上皮细胞核浓缩、破碎，胞浆呈强嗜酸性变性、坏死性变化，致使小肠绒毛显著萎缩，甚至消失。至腹泻12h，绒毛变得最短，绒毛长度与隐窝深度的比值由正常7∶1降为3∶1。胃经常是空的或充满胆汁样的黄色液体。其他实质性器官无明显病变。

六、诊断

本病的流行病学、临床症状、病理变化基本上与猪传染性胃肠炎相似，只是病死率比猪传染性胃肠炎稍低，在猪群中传播速度也比较缓慢一些，因此临床综合诊断方法确诊是比较困难的，主要依靠血清学诊断。常用诊断方法有免疫电镜、免疫荧光、间接血凝试验、ELISA、RT-PCR、中和试验等，其中免疫荧光和ELISA是较常用的。诊断方面，林志雄等建立了PED微量血清中和试验，采用适应于传代细胞生长的PEDVG1株，以PK15作指示细胞，48h判定，研究证实本方法检验正确可靠，具有较高的敏感性，可用于流行病学调查和进出境检疫。

（一）酶联免疫吸附试验（ELISA）

ELISA最大的优点是可从粪便中直接检查到PEDV抗原，目前应用也较为广泛。朱维正等应用双抗体ELISA法从腹泻病猪粪便中直接检测到PED病毒抗原，当病猪一出现腹泻，即可采粪便检查，即使痊愈不久的病猪，仍可用本法检出。其与电镜检查的阳性符合率为97.37%，阴性符合率为100%。于强等用PEDV猪胎肠单层细胞培养物，以冻融法制备抗原，建立了间接ELISA法检测PED抗体的方法。对30份直接免疫荧光证实的PED病猪血清测定，97%为阳性。

应用双抗体夹心ELISA法，检查病猪粪便的病毒抗原，病猪一出现腹泻时，即可采粪检查。病猪痊愈2周以上的，可用间接ELISA法检查血清中的抗体。猪感染后1～2周，即可测出抗体，3～5周后抗体滴度达到高峰，抗体持续时间最短为18周，最长可达22周以上。

（二）免疫荧光（immunofluorescence，IF）

直接免疫荧光法（FAT）检测PEDV是可靠的特异性诊断方法，目前应用最为广泛。崔现兰等应用FAT检查病猪小肠的冷冻切片或小肠抹片，对PEDV人工感染仔猪的检出率为91.4%，对自然腹泻猪的检出率为47.8%。应用间接免疫荧光法（UFAT）对PED阳性猪血清的检出阳性率为89%，PED血清于-20℃冻存10个月，未见效价下降。

本法具有特异性，范围广泛。方法是取病猪小肠作冰冻切片或小肠黏膜抹片，风干后丙酮固定，加荧光抗体染色，充分水洗，封盖镜检，1～2h即可做出诊断。

（三）人工感染试验

选用2～3日龄不喂初乳的仔猪，喂以消毒牛乳，将病猪小肠组织及肠内容物做成悬液，每毫升加青霉素2 000IU和链霉素2 000μg，在室温放置1h，再接种实验仔猪，如果实验猪发病，再取小肠组织做免疫荧光检查。

七、防制

疫苗的研制及应用取得了重要成果。王明等以PED沪毒株作种毒，用感染猪小肠黏膜及肠内容物制备PED氢氧化铝灭活疫苗，主动免疫后保护率为85%～97.6%。吴国栋等在宁波市经过几年的应用，证明哈尔滨兽医研究所研制的上述猪流行性腹泻氢氧化铝灭活疫苗有较高的保护率，是预防猪流行性腹泻的最好的疫苗。

（一）预防措施

平时（特别是冬季）要加强防疫工作，防止本病传入。禁止从疫区购入仔猪，防止狗、猫等进入猪场，应严格执行进出猪场的消毒制度。一旦发生本病，应立即封锁，限制人员参观，严格消毒猪舍用具、车轮及通道。

（二）免疫预防

1. 疫苗：

⑴中国农科院哈尔滨兽医研究所研制成了猪流行性腹泻氢氧化铝灭活苗。

⑵目前有TGE与PED二联灭活苗，妊娠母猪于产仔前20～30d接种，仔猪通在过母乳可获得保护。可选择应用。

2. 免疫程序：

（1）怀孕母猪：将未感染的预产期20d以内的怀孕母猪和哺乳母猪连同仔猪隔离到安全地区饲养。紧急接种疫苗，对妊娠母猪于产前30d接种3mL。

（2）仔猪10～25kg接种1mL，25～50kg接种3mL，接种后15天产生免疫力，免疫期母猪为一产，其他猪6个月。

（三）疾病暴发后的控制措施

1. 主要是通过隔离、消毒、加强饲养管理、减少人员流动、采用全进全出制等措施进行预防和控制。

2. 患病母猪常出现乳汁缺乏，应为初生仔猪提供代乳品。

3. 隔离所有14d内将分娩的母猪，用病猪的粪便或小肠内容物人工感染分娩前3周的怀孕母猪，使其产生母源抗体，以保护新生仔猪，缩短本病在猪场中的流行，但该方法存在扩散病原的危险。

4. 吴国栋等根据干扰素防治原理，在本病流行时可应用。

（四）治疗

1. 本病应用抗生素治疗无效。猪干扰素可以降低体重损失，与单克隆抗体配合使用可以保护仔猪。

2. 对症治疗，可以减少仔猪死亡率，促进康复。①病猪群每日口服补液盐溶液（常用处方氯化钠3.5g，氯化钾1.55g，碳酸氢钠2.5g，葡萄糖20g，常水1 000mL）。猪舍应保持清洁、干燥。对2～5周龄病猪可用抗生素治疗，以防止继发感染。②5%糖盐水50～150mL腹部皮下或腹腔内注射。③必要时皮下注治疗小猪可利用葡萄糖和甘氨酸等电解质溶液。④阿托品肌肉注射仔猪0.1～1mg/次，可缓解肠蠕动，改善微循环和中枢兴奋。

3. 可试用康复母猪抗凝血或高免血清每日口服10mL，连用3d，对新生仔猪有一定治疗和预防作用。

第九节　猪轮状病毒病（Swine rotavirus disease）

轮状病毒病是轮状病毒引起的仔猪、犊牛、羔羊、驹、幼兔、鹿、猴、犬、家禽及新生婴儿的急性胃肠炎，特征为急性腹泻。

本病最早（1943）在患腹泻的儿童中发现，以后在多种动物的腹泻便中分离到病毒。1974年由FLEWE等首次提出轮状病毒这个名称，并为1976年的国际病毒命名委员会所采用。本病分布很广，几乎五大洲均有报道，我国已从多种动物和人的粪便中分离到轮状病毒。本病能侵害人类和许多种畜禽，不仅感染率高，有时发病率也相当高，对人类健康和畜牧业的发展都有较大的危害，因此逐渐为人们所关注。

一．病原

轮状病毒（Rotavirus）属呼肠孤病毒科轮状病毒属。由11个双股RNA片段组成，有双层衣壳。病毒粒子直径为65～75nm的20面体，经氯化铯梯度离心法测定，密度为1.36mg/mL，有32个壳粒，沉降系数为525S，核酸有117个节段，有8～10种多肽，哺乳动物宿主，无媒介体，水平传播。

电子显微镜观察，可见到3种形态的病毒粒子：①双层衣壳的病毒粒子，有外层衣壳、内层衣壳和20面体髓核，直径约70nm；②单层衣壳的病毒粒子，直径约60nm，没有外层衣壳；③髓核，直径约52nm，含有病毒基因组和依赖于RNA的RNA聚合毒。只有双层衣壳的病毒粒子具有感染性。

毒粒结构：据报道（Bridger和Woode，1976，Bican等，1982），双壳病毒粒子、单壳病毒粒子和核心等3种形式的病毒粒子在氯化铯中的浮密度分别为1.36g/cm^3、1.38 g/cm^3和1.44 g/cm^3。

基因组：为含11个节段的双链RNA，约有18522个碱基对（Cohen，1989）。聚丙烯酰胺凝胶电泳时，基因组11个RNA节段群集在4个区域，产生特征性的电泳移行图，称之为电泳型，被用于轮状病毒的分群。电泳型和血清群之间存在着相互关系，但血清学比核酸鉴定的可靠性更强。基因组的每一节段编码一种蛋白，共包括6种结构蛋白（VP1-4，VP6.7）与5种非结构蛋白（NSP_1-5）。

病毒基因组实际上由三层衣壳蛋白同心包裹。最外层衣壳由非糖基化蛋白VP4（88kD）的二聚体与糖蛋白VP7的三聚体组成，构成60个纤突；VP4与VP7均为病毒的中和抗原，VP4由第4基因片段编码，与病毒入侵、宿主嗜性、感染性、毒力、血凝性及免疫保护力有关。病毒感染细胞时，VP4必须被蛋白酶水解成VP5和VP8才能完成病毒对细胞的吸附与穿透。VP7由第8或第9基因片段编码，与病毒的感染性及免疫保护力有关。

中间层（内衣壳）由VP6 （41kD）的三聚体组成，VP6蛋白含有多数的群抗原和亚群抗原；最内层为T=1对称，由60个VP2（94 kD）的三聚体组成，VP2上有少数亚群特定抗原表位。VP2包裹着基因组RNA及两个次要蛋白VP2与VP3，共同组成病毒的核心。VP2具有非特异性RNA结合活性，其氨基端是VP1（125 kD， RNA依赖的RNA聚合酶）与VP3（88 kD，guanylytransferase methylase）进入病毒粒子核心所必需的结构。VP2－VP1－VP3组成病毒增殖复合体，与NSP2， NSP5等非结构蛋白一起参与基因组复制、组装核心及衣壳等功能。

抗原和型：轮状病毒有两种抗原，一种为群特异性抗原，存在于内层衣壳，为各种动物轮状病毒所共有，属共同抗原；另一种为型特异性抗原，存在于外层衣壳，也与一定的RNA基因组片段有关。不同群间无任何血清学交叉反应，同群不同型间有部分交叉中和反应。从不同种动物分离的病毒，不出现明显的交叉中和反应，可用中和试验和ELISA阻断试验加以区别。

病毒抗原：轮状病毒粒子表面有3种抗原，群抗原、中和抗原与血凝素抗原。群抗原主要与基因组第6节段编码的内衣壳蛋白VP6有关。中和抗原主要有VP4与VP7两种结构蛋白。血凝素抗原为VP4。但只有某些毒株具有血凝素，可凝集人O型、豚鼠和大鼠红细胞。

依据VP4与VP7的差异将轮状病毒分为两型，VP4型称为P型（Protease-sensitive protein，蛋白酶-敏感蛋白），VP7型称为G型（Glycoprotein，糖蛋白）。因此可用群/株/亚群/G型/P型对某轮状病毒进行界定。

迄今为止，猪A群轮状病毒至少已检测出11个G型与4个P型。可利用单克隆抗体、核酸探针、反转录-聚合酶链反应（RT－PCR）法对猪轮状病毒进行G、P型的分型，但在P型的确定结果有分歧。用核酸法鉴定出4个P型猪轮状病毒，其中只有两型可用血清学方法进行准确界定。据报道C群猪轮状病毒有两个或更多的血清型。

细胞培养 ： 猪轮状病毒很难在细胞培养物上生长。A群的某些毒株、B群与E群迄今尚未能适应细胞。猪A群轮状病毒的许多毒株经胰蛋白酶（l0 μg/mL）预处理30min后可适应猪原代肾细胞与旋转培养的非洲猴肾细胞系MA-104。另外，也可在病毒吸附后用含胰蛋白酶（0.5～1.0μg/mL）的无血清维持液增殖病毒。

适应细胞培养的轮状病毒株能产生细胞病变，并形成空斑。细胞病变表现为细胞固缩，随后从细胞单层脱落。

猪C群轮状病毒也可在旋转培养的猪原代肾细胞及高浓度胰酶维持液中增殖，并可适应MA-104细胞系。

病毒侵入细胞是一个多步骤过程。A群轮状病毒的细胞受体是单唾液酰神经节苷酯（Mono sialo-ganglioside）或其家族成员。VP4与病毒对细胞的吸附、穿透及在细胞中的定位有关。胰酶的作用是将VP4特异性裂解为VP5与VP8两个亚单位。VP8首先与含唾液酸的细胞受体结合，然后VP5与细胞整合素a2β1结合，此后，VP5与整合素avβ3及热休克蛋白Hsp70结合以完成病毒人侵的后吸附过程。

国际病毒分类委员会（ICTV）第6次报告（1995）将轮状病毒分为6个群，即A，B，C，D，E，F。目前已报道了7个抗原性存在差异的轮状病毒血清群（A~G）。是根据群抗原及病毒RNA末端指纹图的差异将轮状病毒分为A~G7个群。A群为典型轮状病毒，同胃肠炎关系最密切；B群为非典型轮状病毒，或叫类轮状病毒，C群轮状病毒也称副轮状病毒。A，B，C，E四群均可感染猪，但E群只在英国猪群中有报道。A群为常见的典型病毒，宿主包括各种动物和人，而其他几个群则较为少见。各血清群轮状病毒均有独特的电泳型，A群轮状病毒电泳型呈4：2：3：2排列模式，B群为4：2：2：3，C群为4：3：2：2，D群为5：2：2：2，E群和B群相似。A群病毒在感染的细胞中既能合成结构蛋白（如VP1、VP2、VP3、VP4、VP6、VP7），也能合成非结构蛋白（NS1~4），病毒的外层衣壳由VP7及VP4双层组成，外层及中层衣壳由VP6组成，芯髓由VP1、VP2及VP3组成。B群宿主为猪、牛、大鼠和人，C群和E群为猪，D群为鸡和火鸡，F群为禽。据报道，轮状病毒在细胞上连续传代，基因图谱会发生演变。又根据dsRNA距离不同，分长型和短型两大类。在哺乳动物中，以A群，B群和C群检出较为普遍。A群又分两个亚群，电泳型短型为Ⅰ亚群，电泳型长型为Ⅱ群。动物轮状病毒到目前为止所见到的均为长型。然而其抗原却属于Ⅰ亚群，只有极为少数的毒株属于Ⅱ亚群。

培养特性：轮状病毒的分离和体外培养一般比较困难，仅有极少数毒株能在体外细胞中培养生长，多数病毒粒子（约90%）缺乏感染性，用胰酶对样品提前处理，以及在细胞培养的营养液中添加胰酶有利于病毒的分离培养，可使其感染性增强。粪样经胰蛋白酶（10~20μg/mL）处理后接种细胞，一般可在传3~5代后出现细胞病变，可提高猪、牛粪便中轮状病毒的分离率。

不同动物种别的轮状病毒，可采用相应种别的原代肾细胞或有关传代细胞系进行培养，新生犊牛腹泻轮状病毒可使罗猴胚肾细胞（MA~104）系产生明显的空斑，也可用牛肾细胞传代，但引起病变不易辨认，需借助荧光抗体技术确认病毒的存在。羊轮状病毒也可用牛肾细胞培养。猪轮状病毒细胞培养更加困难，某些毒株只有在培养液中加入0.5~2pg/mL胰蛋白酶，培养24h后通过荧光抗体技术检查才能确认获得成功。常用猪肾原代细胞。犊牛、马驹、仔猪、小鼠和婴儿的轮状病毒均具有共同抗原，可出现交叉反应，这种抗原性来自内衣壳。

抵抗力：轮状病毒对理化因素抵抗力较强，本病毒比较稳定，在4℃下能保持形态的完整，加热至56℃经1h不能灭活，对乙醚、氯仿、去氧乙酸钠有抵抗力，在1mol/L硫酸镁中加热56℃表现稳定，而在1mol/L氯化镁中同样加热不稳定。在pH3~10的环境中不能失去传染性。在粪便中，可耐受60℃30min，而18~20℃时至少可耐受7~9个月（Woode，1986）。在干燥的粪便、灰尘、产区污水和断奶舍都可检出轮状病毒，病毒在已清空的猪舍内可存活3个月。细胞培养适应病毒对热的耐受力有较大差异。在没有抗体的牛奶中，室温18~20℃放置7个月仍有感染性。本病毒需要胰蛋白酶来活化其感染性，这具有重要的生物学意义，能说明在动物体内感染的一些动态。在猪体内轮状病毒的感染主要限于小肠上皮细胞，仔猪小肠下2/3处胰蛋白酶浓度最高，说明轮状病毒在此感染最严重。1%福尔马林、0.01%碘酊、1%次氯酸钠和70%酒精可杀灭病毒。

二、流行病学

1. 易感性 7 41日龄仔猪易感，并出现严重临诊症状。1~3周龄仔猪的感染率高于4~6周龄仔猪。初产母猪的仔猪比经产母猪的仔猪更易感。7日龄以前仔猪可能受母源抗体保护而不常感染。成年猪多呈隐性感染。此外，悉生猪被用作研究人轮状病毒感染的实验动物。此外本病的易感宿主还有犊牛、羔羊、狗、幼兔、幼鹿、猴、小鼠、鸡、火鸡、鸭、珍珠鸡和鸽以及儿童。其中以犊牛、仔猪及儿童的轮状病毒病最为常见。轮状病毒有一定的交互感染作用，人的轮状病毒能感染猴、仔猪和羔羊，并引起发病；犊牛和鹿的轮状病毒能感染仔猪。由此可见，轮状病毒可以从人或一种动物传给另一种动物，只要病毒在人或一种动物中持续存在，就有可能造成本病在自然界中长期传播。特别是人轮状病毒，在人群中普遍存在，容易在牛、猪、羊等哺乳动物中传播。轮状病毒能感染不同年龄的人和动物，成人和成年动物一般为隐性感染，儿童和幼龄动物的发病率很高。

2. 传染源　患病的人、畜及隐性感染的带毒猪，都是重要的传染源。病毒经粪-口途径在猪群中传播。由于病毒稳定性强，不清洁的环境因素对病毒在畜舍中的存留起重要作用。

血清抗体检测表明，猪轮状病毒感染相当普遍，成年猪血清抗体检出率达40%～100%，主要为猪A群、B群、C群。E群轮状病毒的抗体检出率在英国猪群中很高。而且畜群一旦感染，以后将每年发生，难以净化。这可能与病毒具有较强的抗逆能力有关。猪轮状病毒的复发性感染常出现间歇性的排毒现象。不同血清群或血清型都有可能产生这种感染。成年动物一般不排毒，然而有时在临近分娩期排毒，成为易感小猪的传染源。

3. 传播途径　病毒存在于肠道，随粪便排出外界，经消化道途径传染易感的人、畜和禽。痊愈动物从粪便中排毒的持续时间尚不清楚。污染的环境对猪群中轮状病毒的持续存在有着重要的作用。猪轮状病毒在极端环境条件下是很稳定的，它对常用消毒药的抵抗力很强，在干粪、尘埃、分娩和断乳猪舍的污水中都能检出，在空关3个月的猪舍中仍能存活。

4. 流行特点　轮状病毒感染通常以突然发生和迅速传播的方式在动物群中广泛流行，常呈地方流行性。动物和人的轮状病毒感染在流行病学上的特征基本相似。具有明显的季节性，多发生于晚冬至早春的寒冷季节。少数地区季节性不明显而呈终年流行。只要本病在一种动物群中长期传播，各种年龄的动物对轮状病毒均有易感性，感染率可高达90%～100%，但病死率低。以新生和幼龄动物发病为主，成年动物常呈隐性经过。卫生条件不良，致病性大肠杆菌和冠状病毒、慢病毒等混合感染，可使病情加剧，病死率增高。

5. 本病的发现与现状　本病呈世界性流行，是引起猪胃肠炎的常见病因。据报道，1～4周龄仔猪群的发病率超过80%，死亡率为70%～20%。我国自1982年首次报道猪轮状病引起毒腹泻以来，我国学者对华东地区的猪进行了轮状病毒感染流行病学调查，结果证实，6周龄猪血清抗体阳性率高达72%～83.8%。

Z. F. Fu等从产仔猪舍、断乳猪舍和3个月内未饲养这类猪的猪舍采集的尘埃、粪便和污水样品中检出了轮状病毒，并证明了轮状病毒在猪与猪、窝与窝和猪舍之间的连续传播，对维持猪场的轮状病毒感染链发挥着作用。

自然感染轮状病毒性导致腹泻，常发生于7～14日龄的哺乳仔猪或断奶后7d内的仔猪。仔猪发病日龄在特定猪群中往往较为一致。症状与人工发病相似，腹泻是本病的主要症状。粪便呈黄白、黄绿或暗黑色，水样或糊样，严重者带有戮液和血液。腹泻3～4d后，部分病例出现严重脱水并死亡。

三、临床症状

非免疫的初生猪或未食初乳的新生仔猪喂以流体饲料并接种猪轮状病毒可复制本病。1～5日龄仔猪发病最严重，潜伏期12～24h，病初出现精神不振，食欲不良，偶尔发生呕吐。随后发生严重水泻并持续3～5d，粪便呈黄色到白色，带有数量不等的絮状物，之后经7～14d逐渐恢复正常。病猪发生严重脱水并可能在腹泻暴发2～5d后死亡，死亡率可达50%～100%。7～21日龄接种猪，腹泻和脱水不太严重，28日龄时接种猪仅发生1～1.5d的短暂腹泻。死亡率随接种年龄的增大而降低。

自然发病的仔猪和实验感染的初生仔猪或未吃初乳的仔猪出现的临床症状相似。在感染后12～24h内，一般表现精神沉郁、食欲不振和不愿活动，以后发生严重腹泻，一般在腹泻后3～7d发生死亡，一般说来，普通饲养的小猪，在出生几天之内受到感染，如果断奶或母猪奶中缺少特异性轮状病毒抗体，会出现高死亡率。当用病毒给0～5日龄的初生小猪或未吃初乳的仔猪接种时，这种情况也会发生，那时死亡率可达100%。通常10～21日龄吃乳的小猪接种时，临床症状是温和的，腹泻1～2d后迅速康复，残废率低，无论断奶时是在2日龄还是在3～8周龄，轮状病毒所致腹泻的严重性，总是随断奶而增强，此时，死亡率一般是3%～10%，也可以达到50%，腹泻物的颜色和稠度可从黄、白（图1.6-2）到黑色，可以是水泻、半固体状和发酵状，或是在类似乳清的液体上漂浮着絮状物。排泄物的外观程度取决于所吃的食物，吃奶产生黄色腹泻，而吃固体食物一般是黑色或灰色腹泻，虽然一般说来，越是水泻，脱水越严重，但也并非如此，特别是断奶后的仔猪发生腹泻。

哺乳仔猪自然感染轮状病毒往往只出现较轻微的临床症状，这可能与母源抗体保护有关。断奶仔猪腹泻综合征危害严重，所致死亡率可达10%～50%。虽然轮状病毒感染被认为是主要病因，传染性胃肠炎病毒（TGEV）或溶血性肠毒素型大肠杆菌也常常并发感染。人工接种试验发现，单独接种轮状病毒或溶血性大肠杆菌，只引起断奶仔猪短暂的轻度腹泻甚至呈亚临床表现，但如果先接种轮状病毒再接种溶血性大肠杆菌，则可发生类似自然病例的持续性严重腹泻。

四、发病机理

轮状病毒的致病机理尚不十分清楚，已有的大部分资料集中在A群轮状病毒，对B、C、E群轮状病毒的研究较少。绒毛萎缩及小肠上皮细胞的损伤导致消化吸收障碍、体液平衡紊乱，局部绒毛缺血导致血管损伤，及NSP4的肠毒素作用等都与病毒的致病作用有关。轮状病毒主要在小肠绒毛上皮细胞的细胞浆内增殖，较少在覆盖肠集合淋巴结的M细胞和盲肠或结肠上皮细胞的细胞浆内增殖。轮状病毒增殖的结果导致小肠绒毛上皮细胞的机能发生障碍，感染细胞溶解和脱落。绒毛萎缩的程度和萎缩绒毛的分布与猪的年龄很有关系，这是决定症状严重程度的主要因素。总的讲，幼小猪绒毛萎缩更为严重和广泛。

病毒主要侵害分化成熟的小肠绒毛上皮细胞，并在胞浆中进行复制，抑制上皮细胞的吸收功能。病毒主要感染动物的空肠及回肠绒毛顶端1/2～1/3的吸收细胞， 导致细胞变性，坏死脱落，绒毛萎缩，因吸收功能降低导致腹泻。年龄较小的仔猪绒毛萎缩严重，症状也最严重。此外， 在脱落上皮处的腺管上皮细胞代偿性增生并伴有分泌过多，可进一步造成腹泻。

根据研究推测，在形态学方面病毒颗粒由小肠吸收上皮细胞微绒毛间侵入胞浆，或由细胞吞饮作用将其卷入胞浆内，经溶酶体作用脱壳，进行核酸复制并合成病毒蛋白，病毒进入扩张的粗面内质网池之后获得其完全的衣壳。在实验感染后18～24h，上皮细胞广泛地感染病毒，胞浆电解质丢失，线粒体肿胀，微绒毛不规则，甚至感染上皮剥落，造成绒毛缩短。随后由肠腺隐窝增生的细胞加速向绒毛远端移行，取代肠绒毛脱落上皮，但这些细胞未能充分分化，呈低柱状，立方或扁平形被覆于绒毛上。绒毛的萎缩和被覆上皮分化差异导致电解质及营养物质吸收障碍，造成腹泻。严重的脱水及酸碱平衡失调可导致动物死亡。腹泻开始于感染早期，并持续数小时，一周或一周以上，幸存动物随着肠绒毛上皮的增生、分化，症状逐渐减缓。

在病理生理方面：在绒毛萎缩的同时或稍早，腹泻开始出现。致病机制是多方面的，多数与小肠消化和吸收功能下降有关。腹泻的发生是因病毒导致小肠的消化功能与吸收功能降低，小肠内双糖酶（主要是乳糖酶）活性下降，导致双糖（主要为乳糖）在小肠肠腔内滞留，小肠内容物渗透压增高，引起渗透性腹泻。小肠内Na^+/K^+-ATP酶活性降低，葡萄糖二钠吸收减少，导致绒毛顶端对Na^+的吸收减少，Na^+和水分贮留在小肠肠腔，导致腹泻。

腹泻还与病毒肠毒素NSP4有关，它能调节细胞Ca^{2+}的转运，引起细胞内Ca^{2+}浓度上升，Cl^-分泌增加而产生腹泻。NSP4致腹泻的方式与大肠杆菌不耐热肠毒素β相似，它刺激肠道分泌增加而不引起组织学上的改变。

轮状病毒感染导致病猪死亡可能涉及多种因素，如腹泻引起脱水和电解质平衡紊乱，吸收不良引起营养不良、机体能量不足、体温下降等。腹泻的持续时间取决于修复的小肠绒毛上皮细胞的数量及修复所需的时间。在3日龄乳猪中，绒毛完全恢复到正常形态需要6～10d；在21日龄猪中，仅需2～4d。在幼小猪中恢复慢是由于绒毛萎缩严重和肠腺上皮细胞替换缓慢。

另有些研究探讨轮状病毒和其他肠道病原混

合感染的致病机理，发现先后接种A群轮状病毒与K99鞭毛肠毒素性大肠杆菌、或溶血性肠毒素性大肠杆菌与轮状病毒或轮状病毒和TGEV等所引起的腹泻均比单独接种任何一种病原的腹泻程度严重。

实验感染猪的死亡原因涉及几个相互联系的因素。腹泻造成脱水和电解质不平衡，可能导致细胞外液体储备的耗竭。吸收障碍导致营养障碍，可能导致能量不足和低体温。新生仔猪的高病死率很可能与更为严重和广泛的绒毛萎缩，细胞外液体耗竭和能量贮备的下降有关。低温易引起感染猪病死率的增高。用人A株轮状病毒接种新生仔猪，饲养于35℃环境下不引起死亡，如饲养于26℃则病死率可达70%～90%。病死率的差别归因于在较低温度条件下增加了能量的需求和诱发的营养障碍。病死率亦受病毒剂量的影响，据报道有2株猪A群病毒的最小感染量可小至1个空斑形成单位。在另一次试验中，90颗病毒粒子可使4日龄猪发生腹泻。用1株猪A群病毒在不吃初乳的新生猪中作滴定试验，发现接种的稀释度越小（病毒剂量越大），试验猪的病死率越高。

五、病理变化

病变主要限于消化道。胃迟缓，内充满凝乳块和乳汁。小肠肠管菲薄，半透明，肠内容物为浆液性或水样，灰黄色或灰黑色，小肠绒毛短缩扁平，肉眼也可看出，如用放大镜或解剖显微镜检查更清楚。小肠黏膜的这些变化，主要出现在空肠、回肠，是绒毛上皮细胞破坏和小肠适应性和再生性应答的综合。在腹泻开始的同时或稍早可以稍微看到一些肉眼可观的损害，在1～14日龄猪最为严重。胃内常存在食料，小肠1/2到2/3的肠壁较薄，内含大量水样、絮结的黄色或灰色液体而使肠管膨大。腹泻24h后，小肠蠕动增强而使胀大的肠管逐渐平复，肠管壁的厚度也渐恢复，外表接近正常。小肠后2/3部位的乳糜管中不含乳糜，相关的肠系膜淋巴结小而呈棕黄色。盲肠和结肠也含类似内容物而胀大。在21日龄以上的猪中，肉眼观察损害较轻。肠系膜淋巴结水肿，胆囊肿大。

组织学变化：据文献资料报道实验接种乳猪引起的显微损害有很多。接种后16～18h绒毛尖端的上皮细胞和周围的绒毛发生变性。变性细胞肿胀，细胞浆稀少，核肿大，细胞边缘呈不规则的毛刷状。变性细胞常自邻近细胞或基质脱离。接种后16～24h坏死细胞导致明显的绒毛萎缩，接种后24～72h最为严重。萎缩绒毛的尖端可被减薄的近乎扁平的上皮细胞覆盖，在固有层中有不等量的细胞碎片。接种24～48h后可以看到邻近绒毛暴露的固有层接触而导致绒毛融合。接种48～72h后，肠腺上皮增生而导致肠腺明显加深。正常绒毛完全再生所需时间取决于猪的年龄。在许多实验接种中，用扫描电镜详细研究了感染的小肠黏膜的表面解剖特征。变性的绒毛上皮细胞溶解或脱落导致绒毛腐蚀性缩短。在几个小时内，腐蚀的绒毛尖端被连续的上皮细胞层覆盖，几乎没有留下肿大和变性的上皮细胞。

电镜观察：发现轮状病毒感染主要局限在小肠绒毛的上皮细胞，所以组织学检查病变主要局限在绒毛部，绒毛顶端柱状上皮由于病毒感染、增殖，导致上皮细胞脱落或坏死溶解。绒毛变短，隐窝上皮未分化成熟就移向发病感染的绒毛顶部上皮的位置，所以在绒毛顶部常见未分化成熟的立方上皮所覆盖，固有层可见有淋巴细胞、单核细胞和多形核粒细胞浸润。

另有报道对实验感染和自然感染猪进行超微结构的研究显示，病毒感染细胞的细胞浆中含有许多不同大小的电子致密的颗粒状包涵体，这种包涵体常有致密的亚病毒髓核或单衣壳颗粒，单衣壳颗粒通过粗糙型内质网的膜出芽获得外层衣壳。成熟的、直径78nm的双层衣壳病毒粒子积聚在内质网池内，当细胞溶解时释出胞外。病毒感染细胞的其他退行性病变，包括细胞肿大、线粒体肿大、核肿大、细胞腔网扩大、微绒毛断裂。在固有层巨噬细胞的吞噬泡中含有细胞膜轮廓、病毒粒子、病毒包涵体和其他细胞碎片。

六、诊断

（一）临床综合诊断

本病发生于寒冷季节，多侵害幼龄动物。突然发生水样腹泻，发病率高而病死率一般较低，主要病变一般在小肠，根据这些特点，可以作出初步诊断。但是，轮状病毒病要与猪传染性胃肠炎、猪流行性腹泻和仔猪黄痢、白痢区别，因此进行实验室检查是必要的。

（二）实验室诊断

临床及病理学诊断一般难以确诊。因此，实验室诊断至为重要。

1. 病原学检查

（1）电镜检查：是常用的诊断法。将粪便提取液经超速离心浓缩，沉淀物用磷钨酸负染直接观察。直接电镜法检查粪样中的病毒粒子时，要求粪样中含10^8 /mL病毒粒子才可获得阳性结果。因此，应收集发病初期的腹泻粪样，其含毒量较高，易于检出。

（2）病毒分离：可用MA-104、CV-1、ST等传代细胞或猪、牛肾原代细胞等分离病毒。若粪便标本先用胰蛋白酶处理（10～20tcg/mL），可提高病毒的分离率。若仍不能适应细胞培养，则可将粪样抽提浓缩后感染剥夺初乳的同源动物1～2代，以提高适应细胞培养的成功率。

（3）聚丙烯酰胺凝胶电泳法：是目前较常用的方法。利用轮状病毒基因组分为11个片段的特征，直接从待检粪样重提取病毒核酸，进行聚丙烯酰胺凝胶电泳（PAGE），硝酸银染色，观察其特征性图谱。此法尚可区分人和动物的轮状病毒。

此外，反向间接血凝法、乳胶凝集试验、免疫荧光法等亦常应用。

随着分子生物学新方法的不断涌现，核酸探针杂交技术、PCR技术也可用于轮状病毒的检测。1998年刘明军等人建立了用光敏生物素标记核酸探针检测A群轮状病毒，用生物素标记寡核苷酸探针检测B群轮状病毒的研究方法。

2. 血清学检查　目前较常用的是ELISA双抗体夹心法及反向间接血凝抑制（RIHI）试验，亦有报道用微量补体结合试验进行抗体检测的。ELISA双抗体夹心法，已被世界卫生组织（WHO）列为轮状病毒的标准检测方法。

为了鉴定粪样中轮状病毒亚群和血清型特异性，最近建立了一种快速、简便的应用特异性单克隆抗体（Mabs）的ELISA。Y. Pongsuwanne等（1989）以此法调查了泰国人、牛、猪轮状病毒株的亚群和血清型分布，还用RNA构型分析和电镜技术对某些检样不能确定亚群或血清型的原因作了探讨。所有被检的牛和猪轮状病毒均显示亚群I特异性和长链RNA构型。值得注意的是，血清3型猪轮状病毒的检出率很高。

3. 鉴别诊断　应特别注意与猪传染性胃肠炎（TGE）、猪流行性腹泻（PED）相区别。通过对粪便标本的电镜检查及ELISA试验即可区别。侯继波等（1995）报道，斑点免疫渗滤试验用于猪的3种病毒性腹泻的诊断及鉴别诊断，其特异性高于常规ELISA。

七、防制

本病无特效治疗药物。疫苗正在研制中，不久将用于生产。由于发病日龄多为1～10d的仔猪。主动免疫很难在短时间内产生坚强的免疫力。因此，采用被动免疫是一个方向，免疫母猪，仔猪吃到初乳，产生被动免疫，新生仔猪口服抗血清，也能得到保护。

发现病猪，立即隔离到清洁、干燥和温暖的猪舍，加强护理，尽量减少应激因素，避免猪群密度过大，清除粪便及污染的垫草，消毒被污染的环境和器物。

治疗本病尚无特异的治疗方法。采取补液，内服肠道收敛剂、免疫球蛋白制剂，饲喂葡萄糖-甘氨酸的电解质流液等措施，以最大限度地减轻由轮状病毒感染引起的脱水和体重下降。抗生素可防止继发感染。

葡萄糖盐溶液给发病猪口服，效果良好。配方为氯化钠3.5%、碳酸氢钠2.5g、氯化钾1.5g、葡萄糖20g、常水1000mL混和溶解，每千克体重口服此液30～40mL，每日2次，同时，进行对症治疗，内服收敛剂，使用抗生素和磺胺药物，以防止继发感染。静脉注射5%葡萄糖盐水和5%碳酸氢钠溶液，可防止脱水和酸中毒。

第十节 猪细小病毒感染（Porcineparvovirus infection）

猪细小病毒（Porcineparvovirus，PPV）是一类小DNA病毒，是引起猪繁殖障碍的主要病原之一，其危害主要表现为受感染的母猪，特别是初产母猪及血清学阴性经产母猪发生流产、不孕、产死胎、畸形胎、木乃伊胎及弱仔等。由于被感染妊娠母猪临床症状不明显，其他猪感染后无明显临床症状。因而该病是以引起胚胎和胎儿感染及死亡而母体本身不显症状为特征的一种母猪繁殖障碍性传染病。同时猪场一旦出现感染，很难根除，严重地影响了养猪业的发展，因此世界各地的研究机构围绕猪细小病毒病进行了广泛的研究，目前，在病原学、诊断、防治以及分子生物学方面已取得了很大进展。该病几乎存在于所有猪场，常危害初产母猪和血清学阴性母猪。近年的研究发现，该病毒还与新出现的仔猪多系统衰竭综合征有关。

一、病原

本病病原属细小病毒科（Parvoviridae）细小病毒属（Parvovirus）。外观呈圆形或六角形，直径约20～28nm，20面体等轴立体对称，衣壳由32个壳粒组成，在氯化铯中的浮密度为1.37～1.39g/mL。病毒基因组结构简单，为单股线状DNA，大小约5.0kb，成熟的病毒粒子仅含有负链DNA基因组，两端均含有发夹结构。基因组包括2个主要的开放阅读框（ORF），5′端的ORF编码3种非结构蛋白NS_1、NS_2、NS_3，主要起调节蛋白的作用，3′端的ORF编码3种结构蛋白VP_1，VP_2，VP_3，其中VP_3可能是VP_2的水解产物，VP_1蛋白是构成病毒粒子的主要结蛋白，在体外表达后，不仅具有良好的免疫原性，而且可自我装配成病毒样颗粒，将其接种动物后可诱导产生强烈的免疫应答反应。研究猪细小病毒的VP_2蛋白特性对预防控制猪细小病毒病具有重要意义。非结构蛋白NS也具有抗原性，在病毒复制时，它能持续刺激机体产生抗体。当猪自然感染猪细小病毒时，其体内将产生抗NS的抗体，而使用灭活疫苗的猪则没有这种抗体。Madsen等根据这一特点，利用杆状病毒体外重组表达的NS建立了区分细小病毒野毒感染猪和灭活疫苗免疫猪的鉴别方法。

本病毒在几乎所有猪的原代细胞（如猪肾、猪睾丸细胞等）和传代细胞系（如PK15、IBRS2、ST细胞等）上都能生长繁殖。受感染的细胞表现为变圆、固缩和裂解等病变，并可用免疫荧光技术查出胞浆中的病毒抗原，病毒可在细胞中产生核内包涵体，但包涵体通常散在分布。另外，不同毒株间存在培养温度依赖性差异，从而可以解释不同分离株在猪体内的复制能力和毒力差异的现象。

血清型：猪细小病毒只有一个血清型，但大致有四种毒株类型，不同毒株的毒力强弱不同。第一类以NADL-2为代表，是细胞适应后的弱毒株，感染妊娠母猪后不能经胎盘感染胎儿，被用作弱毒疫苗株。NAM-2毒株感染细胞后产生的缺损颗粒可干扰或减缓NADL-2的复制，这种干扰作用使宿主建立起抵抗病毒的免疫反应有了足够的时间，从而阻止病毒血症的产生和继发胎盘感染。第二类是以NADL-8为代表的强毒株，感染血清阴性母猪后，引起病毒血症，并通过胎盘垂直感染使胎儿死亡。第三类是以Kresse株为代表的皮炎型强毒株，有报道称其毒力比NADL-8株还强。第四类为肠炎型毒株，主要引起肠道病变。

本病毒能凝集豚鼠、大鼠、小鼠、鸡、鹅、猫、猴和人O型红细胞。其中以豚鼠的红细胞最好。鸡的红细胞对本病毒的敏感性有很大的个体差异。病毒感染的细胞培养物对红细胞有轻度的吸附作用或没有。

本病毒对外界理化因素有很强的抵抗力，对热具有强大抵抗力，56℃48h不影响其感染性和血凝活性，在70℃经2h处理后仍不失感染力，在80℃经5min加热才可使病毒失去血凝活性和感染性。本病毒的pH值适应范围很宽，在pH3～9间稳定。弱酸性至中性的介质适宜其血凝性的保持。对乙醚、氯仿等脂溶剂有抵抗力；酸、甲醛蒸汽和紫外线需要相当长时间才能杀灭本病毒，但是在0.5%漂白粉或2%NaOH溶液5min可杀灭病毒。

病毒在机体分布：猪细小病毒通常在猪的扁桃体、颌下淋巴结、肾脏、肝脏、脊髓和肠系膜淋巴结内增殖。猪感染后3～7d开始通过粪便排出病毒，以后呈不规则排毒。受感染猪的脏器、分泌物、排泄物及种公猪的精液中均含有病毒，猪感染后6～10d即可产生高滴度的抗体并能持续数年，用血凝抑制试验能检测出该抗体。

据报道用IF镜检法研究跨胎盘感染的机制，以确定母猪经口鼻接种病毒后母猪和胎猪组织中感染细胞的病变进展程序。检查邻近母体－胚胎连接的组织，显示病毒存在于绒毛膜的内皮和间质细胞，怀孕期越长，这些组织变化越大，病毒抗原从不在子宫上皮或滋养外胚层中被检出。病毒通过巨噬细胞间的传递已经肯定不论哪种途径，母猪的病毒血症是跨胎盘感染的先决条件。

二、流行病学

1. 易感宿主　目前所知，猪是唯一的已知宿主，不同年龄、性别和品系的家猪、野猪都可感染，感染后终生带毒。在急性感染期，可以通过多种途径（如粪、尿和精液等）排毒。据王川庆等（1995）报道，本病对长白、杜洛克、汉普夏、约克夏等几种品种猪的感染无明显差异，可见本病对品种的感染不受限制。另外，牛、绵羊、猫、豚鼠、小鼠、大鼠的血清中也可存在本病病原的特异性抗体。

2. 传染源　目前没有证据表明公猪的生育能力和性欲是否受猪细小病毒的感染而改变。感染本病的母猪是本病的主要传染源。本病感染的母猪所产的死胎、活胎、仔猪及子宫内分泌物均含有高滴度的病毒。垂直感染的仔猪至少可带毒9周以上。某些具有免疫耐受性的仔猪可能终身带毒和排毒。感染猪的排毒期虽然只有7～14d，但是被其污染的圈舍至少在4个月内仍具有感染性，急性感染期猪的分泌物和排泄物，其病毒的感染力可保持几个月，所以病猪污染过的猪舍，在空舍四个半月后仍可感染猪。这主要是因为病毒对外界理化因素具有很强的抵抗力而导致的。

公猪在PPV扩散中起着重要的作用。被感染公猪的精细胞、精索、附睾、副性腺中都可带毒，在交配时很容易传染易感母猪。在病毒急性感染期，经精液等各种途径排出病毒。病毒也可从外部污染精液，如含有病毒的粪便或生殖道。将病毒注入包皮5天后，或口鼻注射后5～8d即可自睾丸分离到病毒。公猪经口鼻接种后，在5、8、15、21d和康复后5d扑杀，可在阴囊淋巴结发现病毒，在接种后第8d，取淋巴结小块与胎猪肾细胞共同培养，可见有病毒生长。不论免疫状况如何，公猪都能散布病毒，感染易感母猪。

3. 传播途径　该病主要通过消化道和呼吸道传播，公猪、母猪和育肥猪的感染大多数是由于接触污染的饲料和饮水造成的，另外也可以通过生殖道传播，还可经胎盘传播给胎儿，构成垂直传播导致病害，同时发现，一侧子宫角内的胎儿感染后，可以水平传播给另一侧子宫角内的胎儿。本病可经胎盘垂直感染和交配感染。另外，鼠类也可机械性的传播本病，出生前后的猪最常见的感染途径分别是胎盘和口鼻。

4. 流行特点　本病常见于初产母猪。刘金华、陈艳红、史为民（1999）报告华北某猪场经产母猪暴发本病损失十分惨重。据报道本病的发生与季节关系密切，多发生在每年4～10月份或母猪产仔和交配后的一段时间。阴性猪场一旦引入带毒猪，通常全场猪在3个月内都会被感染，该病呈地方流行性或散发，并持续多年。病毒主要侵害新生仔猪、胚胎、胚猪。母猪早期怀孕感染时，其胚胎、胚猪死亡率可高达80%～100%。本病的感染率与动物年龄呈正相关，5～6月龄阳性率为8%～29%，11～16月龄阳性率可高达80%～100%，在阳性猪群中约有30%～50%的猪带毒，猪在感染细小病毒后3～7d开始经粪便排出病毒，1～6d左右产生病毒血症，以后不规则地进行排毒，污染环境。1周以后可测出血凝抑制抗体。2d内抗体滴定可达1：15 000，且能持续数年。由于感染病毒的时期不同而表现有所不同。怀孕初期（30d以内）感染时，则因胎儿的死亡而吸收，使母猪不孕和无规律的反复发情；怀孕中期感染时，则胎儿死亡后，逐渐木乃伊化，在分娩时产程延长而造成死产等；在怀孕后期（70d以后）感染则大多数胎儿能存活，且外观正常，但可长期带毒、排毒。

5. 本病的发现与现状　细小病毒，是于1966年由Mary等在培养猪瘟病毒时首次发现的。1967年Cartwright等在进行猪繁殖障碍病因学调查时，从临床病料中分离到了该病毒，并证实了其致病作用，其后欧、美、亚洲及大洋洲很多国家均有本病的报道。目前世界各地的猪群中，该病普遍存在，在大多数猪场呈地方性流行。国内潘雪珠（1982）首次从上海分离到本病毒以来，东北、华北、华中、华南、西南地区都相继有本病发生的报道。年王东等（1985）又报道从宁夏、西安、兰州、呼和浩特等地区亦发现了本病的存在，且阳性率很高（猪场阳性率100%，猪群阳性率82.21%）。由此可见，在我国，本病已广泛分布，所以一定要引起足够的重视，以免造成大的经济损失。

三、发病机理

母猪多在怀孕前感染，其病毒主要分布于猪体内一些增生迅速的组织，如淋巴结生发中心、结肠固有层、肾间质、鼻甲骨膜等。目前发病机理还不完全清楚，但至少可以知道母体感染细小病毒并形成病毒血症是经过胎盘感染胎儿的先决条件，胎儿的死亡可能是由于病毒使很多组织和器官包括胎盘都受到损伤而引起的。病毒分布的显著特点之一是广泛存在于内皮细胞，这将阻止胎儿脉管网络的进一步发育。细胞有丝分裂的准备期，可促使病毒复制并导致细胞死亡。胎儿的循环系统的损伤主要表现为：水肿、出血和体腔中大量的浆液性渗出液的聚集以及镜下所见的内皮细胞坏死。有人曾人工接种猪细小病毒，用免疫荧光显微镜法鉴定母体和胎儿组织中的感染细胞，发现越到妊娠的后期，绒毛膜的间质细胞和内皮细胞内的病毒越多，而在子宫内皮细胞及滋养外胚层没有查到病毒抗原，因此，不能证明病毒是通过这些组织进行母体－胎儿传染的，但这种途径也不能完全排除，因为仅检查了母体和胎儿接触区的很少一部分。还认为病毒是通过巨噬细胞传播的。

大量研究结果可以证实，如果在怀孕前70d任何时期被感染，都易导致母猪繁殖障碍。母猪在怀孕中期（70d）以后接触病毒时仍然可以发生跨胎盘感染，但胎猪在子宫内常常存活，没有明显的临床症状。可能的理由是跨胎盘感染需要10～14d或更久，怀孕期达70d时，多数胎猪对PPV能产生保护性免疫应答。

母猪：病毒在感染母猪的组织器官内大量繁殖，并引起病毒血症，同时随血液循环到达胎盘感染胚胎或胎儿，使胚胎或胎儿生长受阻或死亡。母猪的生殖生理特点使母猪在妊娠早期对细小病毒易感，母猪在此期感染后，胎儿被吸收或木乃伊化，胚胎或胎儿死亡，此期胚胎死后迅速被吸收，因此母猪往往产仔少；进入妊娠中期的母猪感染猪细小病毒时，病毒穿过胎盘，但此期胎儿大都能产生保护性免疫应答，胎儿在子宫内生存完好，无明显临床表现，因此，通常在70d内宫内接种猪细小病毒造成胎儿死亡，而妊娠后期（超过70d）感染细小病毒，胎儿不会死亡并且还能产生抗体。

目前还未见有关猪细小病毒对排卵前母猪的卵细胞的影响的报道，但有研究表明病毒感染受精卵时紧紧地吸附在透明带外面，在胚胎形成后即进入胚胎进行大量复制，用荧光显微镜可观察到死亡胎儿组织细胞内含大量病毒。由于病毒损伤胎儿的组织器官及胎盘，从而导致胎儿死亡，此时胎儿循环系统损伤主要表现水肿、出血、体腔积聚大量浆液性渗出液。同窝胎儿部分经胎盘感染外，病毒在子宫内散播也是造成同窝胎儿感染的主要原因。但妊娠早期由于胚胎死后很快被吸收，不易出现病毒在子宫内散播。

公猪：感染猪细小病毒的公猪精液可感染母猪，使妊娠母猪出现怀孕时的初始感染，成为感染其他猪的传染源。

四、临床症状

易感猪的急性感染通常都表现为亚临床症状，但是大多数组织器官中存在大量病毒。感染后仅有的临床症状是发生繁殖障碍，而且临床上的表现还取决于病毒感染母猪的妊娠阶段，在母猪妊娠30d内感染，主要导致胎儿死亡、重吸收；在母猪妊娠30～50d内感染，主要表现为胎儿木乃伊化；妊娠50～

60d内感染，主要发生流产、产死胎；母猪妊娠70d后感染，一般不引起病害，个别感染母猪产弱仔，这主要是由于怀孕中后期的胎儿的免疫系统逐步完善，感染后可以产生保护性免疫应答。病毒感染对种公猪的生产性能没有影响。

猪细小病毒感染的主要症状表现为母源性繁殖障碍。感染的早期母猪可能重新发情而不分娩，或只产出少数仔猪，或产生死胎、弱仔或木乃伊胎等。当胎儿死亡，死胎连同其内的胎液均被吸收时，唯一可见的外表症状是母猪的腹围减少。当胎猪在怀孕中期或后期死亡时，羊水等液体又被吸收，外观显示的唯一症状是母猪的腹围缩小。发生繁殖障碍的母猪除出现流产、死产、产弱仔、木乃伊胎及不孕等现象外，大部分无其他明显临床症状，个别母猪有体温升高、后躯运动不灵活或瘫痪，关节肿大或体表有圆形肿胀等。在一窝仔猪中有木乃伊存在时，可使怀孕期和分娩间隔时间延长，这就易造成同窝外表正常的仔猪的死产。

一般怀孕50～60d感染时多出现死产，怀孕70d感染的母猪则常出现流产症状，而怀孕70d以后感染的母猪则多能正常产仔，但这些仔猪常常有抗体并长期带毒。此外，本病还可引起仔瘦小、弱胎、母猪发情不正常、久配不孕等症状。实验感染的新生仔猪可出现呕吐、下痢等症状。

在青年猪以及较大的种猪中，病毒在分裂旺盛的各种组织（尤其在淋巴组织）内广泛增殖。许多猪不论什么年龄和性别在接触病毒后10d内都显示短暂的轻度白细胞减少。

母猪繁殖障碍的其他表现还有返情、屡配不孕以及妊娠期、产仔间隔延长等。近几年的研究还发现，猪细小病毒感染与仔猪多系统衰竭综合征的发生存在相关性，常与猪圆环病毒发生混合感染。

五、病理变化

怀孕母猪感染细小病毒后，一般无肉眼可见病变，仅在母猪流产时，肉眼可见母猪有轻度子宫内膜炎，胎盘部分钙化。特征性的病理变化在胎儿。

妊娠前期（1～70d）是猪细小病毒增殖的最佳时期，因为该病毒适于在增殖能力旺盛的，处于有丝分裂的细胞内繁殖，所以在此阶段一旦被猪细小病毒感染，则病毒集中在胎盘和胎儿中增殖，故胎儿出现弱仔、死亡、木乃伊化（图2.2.10–1、2）、骨质溶解、腐败、黑化（图2.2.10–3）等病理变化，母猪流产。大多数死胎、死仔或弱仔皮肤、皮下充血或水肿，胸、腹腔积有淡红或淡黄色渗出液（图2.2.10–9），肝、脾、肾有时肿大脆弱或萎缩发暗。个别死胎、死仔皮肤出血。弱仔初生重低于正常仔猪，活力弱（图2.2.10–10），生后半小时先在耳尖，后在颈、胸、腹部及四肢上端内侧出现淤血、出血斑，半天内皮肤全变紫而死亡。这种情况多见于产前2个月左右曾流行过猪瘟的猪场。除上述各种变化外，还见到畸形胎儿，干尸化胎儿（木乃伊）及骨质不全的腐败胎儿。

病理组织学变化表现为妊娠母猪黄体萎缩、子宫黏膜上皮和固有层有局灶性或弥漫性单核细胞浸润。死胎或死产的仔猪取脑作组织学检查，可见非化脓性脑炎变化，血管外膜细胞增生，浆细胞浸润，在血管周围形成细胞性“管套”，主要见于大脑灰质、白质、脑软膜、脊髓和脉络丛。肺、肝、肾等的血管周围也可见炎性细胞浸润。还可见间质性肝炎、肾炎和伴有钙化的胎盘炎。

死于急性猪细小病毒感染的新生动物，心肌弥漫性变性。由于病毒在长骨、肋骨及肋软骨的接合处生长，导致骨质退化。病毒对颅骨和下颌骨膜有明显的亲合性。病毒的复制干扰了这些骨的生长，导致头骨畸形。病毒在肠，特别是小肠腺窝上皮复制引起肠炎。病毒侵袭肝脏可引起肝炎。在上述组织中都可以找到特殊的细胞核内包涵体。

感染母猪不见明显的肉眼病变，受感染的胎儿则表现不同程度的发育障碍和生长不良，或出现木乃伊胎儿、畸形胎儿、骨质溶解腐败的黑化胎儿等。

六、诊断

猪细小病毒感染可以依据临床症状和流行病学做出初步诊断，如果发生流产、产死胎、异常胎儿而没有其他别的什么临诊症状。同时有其他证据可判定是一种传染病时，应考虑到细小病毒感染的可能性。但是进一步确诊必须进行实验室诊断。但大于70日龄的木乃伊胎儿、死产仔猪和初生仔猪则不宜送检，因为其中含有相应的抗体而干扰检验。常用的实验室检测方法有病毒分离鉴定、血凝及血凝抑制试验、酶联免疫吸附试验、荧光抗体试验、乳胶凝集试验等，到核酸探针、聚合酶链式反应（PCR）等，但是各种诊断方法各有利弊，其中血凝及血凝抑制试验已经得到了国内外学者的普遍认可，在临床检测中被广泛应用。

（一）病毒分离鉴定

病毒分离鉴定是直接检测病原，常需要配合免疫荧光技术，其用于诊断的最大优点是结果准确可靠，可以作为最后确诊，病毒分离应采集流产胎儿或死胎的肾、睾丸、肝、肺、肠系膜淋巴结或母猪胎盘、阴道分泌物（其中以肝及肠系膜淋巴结分离率最高），制成悬液，研磨制成1∶5～1∶10的乳剂，加双抗处理，接种到原代仔猪肾细胞或猪传代细胞单层上，培养16～36h后观察细胞核内包涵体，5～10d后观察特征性CPE（即细胞中出现弥散性颗粒，细胞变圆、丛集、固缩、崩解直至脱落），收毒后用血凝（HA）和血凝抑制（HI）试验或中和试验进行诊断鉴定。虽然此方法是最准确的诊断方法，但是费时费力，并且需要一定的技术条件和设备，另外，其检测结果常受到胎儿死亡时间的影响。

（二）血清学诊断

1. 血凝抑制（HI）试验 在猪细小病毒的血清学诊断方法中，血凝抑制（HI）试验是检测猪细小病毒抗体最常用的经典方法，一般采用试管法或微量法。利用HI试验检测人工感染PPV的猪，发现感染后5d即可检测到相应抗体，12~14d抗体滴度高达1 024~4 096，并能持续多年检出抗体。该方法简单、方便，灵敏度也较高。进行HI试验时待检血清需要首先进行热灭活处理，然后再用红细胞吸附，以除去血清中的非特异性血凝素，进一步用高岭土吸附以除去或减少血清中非特异性抑制因子。目前，该方法在国内外已得到广泛应用。

2. 血清中和试验 血清中和试验（SN）也是检测PPV抗体的方法之一，其原理是利用被检血清的抗体中和PPV，然后根据培养细胞的病变情况来计算血清抗体的滴度。SN的特异性比HI高，但是SN的操作较为复杂，首先要进行病毒感染力的测定，而PPV在低剂量时并不引起细胞病变，从而限制了该方法的使用。

3. 乳胶凝集试验 乳胶凝集试验（LAT）是将浓缩的猪细小病毒悬液制成乳胶凝集抗原，与待检血清在玻璃平板上作用，观察是否出现肉眼可见的特异性凝集颗粒从而进行判定的方法。此法简便、快速、准确，可用作临床上大量血清样本的初筛。

4. 酶联免疫吸附试验 酶联免疫吸附试验（ELISA）是将酶与抗体偶联并使之参与到抗原抗体反应中，依据酶催化底物所发生的变色反应程度，来指示和量化抗原抗体反应水平，从而进行抗原或抗体的检测。这种方法灵敏度高、特异性好、快速、操作简便，可用于对大规模样品的检测。ELISA是WestenbrinkF等（1989）建立的，并证明了ELISA方法与HI检测结果的一致。后来ShiraishiT又发明了用滤纸采取血样，用ELISA法进行猪细小病毒检测，即Dot-ELISA，使采样更方便易行。张晓根等（1994）建立了间接Dot-ELISA对猪细小病毒抗体的最低检出率提高到了2.5ng/点。付利芝等（2001）建立了间接斑点辣根过氧化物酶标记葡萄球菌A蛋白免疫实验（间接Dot-PPA-ELISA）检测猪细小病毒抗体的方法。结果表明间接Dot-PPA-ELISA的特异性强、方法稳定。姜永厚等（1997）建立了从胎猪脏器中检测猪细小病毒抗原的ELISA双抗体夹心法。

（三）免疫学诊断

1. 免疫荧光显微检测 免疫荧光显微检测法检查病毒抗原可靠、非特异性少、敏感，采集一些死产或木乃伊化胎儿的肺、肾、肝、肠、脑、睾丸、淋巴结及胎盘等（母猪子宫内残存的胎儿组织或木乃伊胎儿的肺是很好的免疫荧光显微镜检查材料），制备冰冻切片，进行荧光抗体染色，在荧光显微镜下观察细胞内着染荧光的病毒抗原集结从而进行确诊。

2. 免疫电泳 Sorensen K.J等建立了对流免疫电泳检测法。在一定的pH、离子浓度和电流强度下，在琼脂凝胶或琼脂糖凝胶中电泳，观察结果。王庆川等利用此法进行了PPV抗原、抗体的检测，证实该法有较强的特异性和可重复性。此法简便、快速、省力、不需对抗原和血清进行处理。

（四）聚合酶链式反应（PCR）

聚合酶链式反应（核酸探针技术）是20世纪80年代建立起来的一项体外酶促扩增新技术，可用于对疑似感染猪细小病毒的临床样品或哺乳动物细胞培养物的检测，这种方法敏感、特异、准确。目前，这一方法被广泛应用并建立了一系列检测方法。

1985年，美国PE-Cetus公司人类遗传研究室Mullis等人发明了具有划时代意义的聚合酶链式反应，使人们梦寐以求的体外大量扩增核酸片段的愿望成为现实，之后该技术渗透于生物学科的每一个分支。其用于猪细小病毒病的诊断大大提高了诊断的敏感性和特异性，尤其对实验室检测细胞系的污染更为实用和重要。该方法在今后将会得到更广泛的应用，不过，由于PCR技术需要PCR仪等设备，使得该方法在临床上的应用受到了一定的限制。华中农业大学赵俊龙等根据已报道的猪细小病毒基因组序列，设计并合成了1对寡核苷酸引物，成功地从猪细小病毒感染的组织和细胞中扩增出445bp片段，建立了用于猪细小病毒感染检测的PCR方法，该方法可以检测出10～4个TCID50的病毒含量。利用该方法对临床上24份流产病料进行检测，查出阳性16份，而同时利用血凝抑制试验检测只有10份阳性。结果表明该试验建立的PCR诊断方法灵敏度更高、特异性更强。

王汉中等根据猪细小病毒基因组的*vp2*基因，设计了两对引物进行套式聚合酶链式反应（Nested-PCR）体外扩增，产物经2%琼脂糖凝胶电泳和生物素标记的探针鉴定，证实具有特异性。敏感性实验证明，套式PCR能检测到1TCID50的病毒量，在临床上应用本方法能从不同的组织样品和粪便中检测出猪细小病毒，具有很高的敏感性。

用于PPV感染的诊断方法很多，各种方法具有不同的优缺点，相对而言，目前应用较多的是HA和HI试验，这两种方法基本能满足常规的病原检测和血清流行病学调查等需要。要得到病原学的确诊，则最好利用病毒分离鉴定方法，这时免疫荧光技术经常成为首选。其他血清学诊断方法则根据不同的实验室条件和情况选择应用。不言而喻，核酸探针和PCR诊断技术的应用将会越来越广，这两项技术尤其是PCR技术是所有诊断技术中灵敏度最高的诊断方法。

本病的诊断应与日本乙型脑炎、伪狂犬病、猪繁殖与呼吸障碍综合征、迟发性猪瘟、衣原体感染、猪布鲁菌病等疾病进行鉴别区分。

七、免疫学

免疫学最大特点是猪细小病毒血清型单一并具有高免疫原性，本病最多见于初产母猪，母猪首次感染后可获得坚强的免疫力，甚至可终生获得免疫。疫苗接种成为控制本病的一种行之有效的方法。在配种前进行疫苗接种，可在怀孕的整个敏感期产生免疫力。实验表明，在怀孕70d以前经子宫内接种PPV，胎猪通常死亡，但在怀孕后期接种时胎猪通常存活并产生抗体。猪细小病毒可在肺泡巨噬细胞和淋巴细胞内复制，并损害巨噬细胞的吞噬功能和淋巴细胞的母细胞化能力（Harding和Molitor，1988），引起免疫抑制。

八、防制

（一）预防原则

以本病病原生物学特性、临床流行病学特点以及免疫机制特性的理论为基础制定预防策略，实践证实是行之有效的。在引进种猪时无本病的各猪场应进行猪细小病毒的血凝抑制试验检测。当HI滴度在1：256以下或阴性时，方准许引进。在配种前一个月接种灭活疫苗，种公猪每半年接种疫苗一次。疫苗接种对象主要是初产母猪和第二胎经产母猪，第三胎以上的经产母猪通常有较高的抗体水平，所以不必再接种疫苗。

（二）免疫预防

目前，应用的疫苗有猪细小病毒灭活疫苗和弱毒疫苗，其中灭活疫苗已在国内外广泛应用。在早期的研究报告中，猪细小病毒疫苗的免疫均为间隔2～3周的二次注射接种，随着疫苗生产工艺的改进，许多学者发现一次免疫注射也能达到良好的效果。Paul（1987）等报道，母源抗体对疫苗接种后产生主动免疫应答有干扰作用，而猪细小病毒母源抗体可持续20～24周，因此疫苗的接种时间应选择在20周龄左右，即大约在母猪配种前1个月进行免疫接种。在疫苗免疫接种后要进行抗体监测，以便评价疫苗免疫的效果。预防该病还需要加强管理，对于阴性猪场要避免引入阳性猪只，在引种时进行血清学或病原学检查；对于阳性猪场要合理管理阳性猪，初产母猪在配种前可以进行人工主动免疫接种。猪场无该病感染，最好不免疫，必须免疫时，最好使用灭活苗。

疫苗种类：目前应用的疫苗有猪细小病毒灭活疫苗和弱毒疫苗。美国1980年已研制成一种灭活苗和一种弱毒疫苗。灭活苗的免疫期可达4个月以上。通过猪睾丸（ST）细胞120～165代致弱的猪细小病毒毒株，经胎猪肾（PFK）细胞培养制成弱毒苗，肌注后可预防初产母猪的细小病毒感染。但当直接接种子宫内时对胎儿有致病性，因此这种疫苗只适用于未怀孕的初产母猪。李火林等（1994）使用猪细小病毒油佐剂灭活苗对后备母猪免疫后的效果表明，免疫组比不免疫组头胎产活仔率提高6.5%，对隐性流产也有所控制。

目前，我国也已研制出灭活疫苗。在母猪配种前2个月左右注射可预防本病发生，仔猪母源抗体的持续期可达14～24周，在抗体效价大于1：80时可抵抗猪细小病毒的感染。因此在断奶时，将仔猪移到无病污染的地方饲养，可培育出血清阴性猪群。中牧股份成都厂生产的猪细小病毒活疫苗系选育国外猪细小病毒弱毒株，经细胞培养，收获细胞病毒感染液制成，于母猪、公猪配种前2周进行肌肉注射免疫。灭活疫苗则采用猪细小病毒经MRS细胞培养，收获感染病毒液，经灭活后加入佐剂乳化后制成，于母猪、公猪配种前3～4周颈部肌肉免疫注射。

免疫程序：疫苗接种对象主要是初产母猪、经产母猪和公猪。接种前应进行血清抗体检测，血清学检查为阴性时才进行免疫接种。在疫区，对初产母猪在配种前2个月用灭活苗和弱毒苗接种，配种前2～4周再次加强免疫，使初产母猪在怀孕前获得主动免疫，以保护胎儿免受感染。在配种前一个月接种灭活疫苗，种公猪每半年接种疫苗一次。初产母猪和第二胎经产母猪疫苗接种，第三胎以上的经产母猪通常有较高的抗体水平，所以不必再接种疫苗。

Edwards等认为PPV疫苗只能用于没有母源抗体的猪。因为在田间条件下母源抗体可能在不同程度上干扰疫苗的效果。吕建强等进行了PPV母源抗体对灭活疫苗免疫效果影响的研究，结果证实不论母源抗体水平高低均不会明显抑制疫苗的主动免疫反应，但是具有低效价母源抗体猪的主动免疫抗体反应规律，与具有高效价母源抗体猪的主动免疫抗体反应规律不同。在母源抗体滴度大于1 149.5时，灭活疫苗接种后抗体水平先降低然后上升，升幅只有1～3倍；而母源抗体滴度小于1：25.6时，主动免疫抗体水平持续上升，母源抗体阴性的猪抗体水平增幅最大。根据PPV的流行病学特点，仔猪吃奶后2～3d即可在血液中检测到母源抗体，并于8～14d达到高峰，母源抗体可持续20～24周，因此PPV疫苗的免疫接种时间应选择在20周左右。

展望：尽管猪细小病毒弱毒苗和灭活苗在本病的预防控制中起到十分重要的作用，但是各种疫苗均有不同程度的不足，寻找和研制更为有效的疫苗一直是猪细小病毒病免疫预防研究的主题，现代分子生物学的迅猛发展给新型猪细小病毒疫苗的研制开发提供了良好的平台，国内外已在基因工程亚单位疫苗及多价亚单位疫苗、基因疫苗方面进行了较多的研究和探索，并有望在转基因植物可饲（食）疫苗方面进行一些探索。

（三）净化与根除

在母猪配种前2个月左右注射可预防本病发生，仔猪母源抗体的持续期可达14～24周，在抗体效价大于1：80时可抵抗猪细小病毒的感染。因此在断奶时，将仔猪移到无病污染的地方饲养，可培育出血清阴性猪群，这有利于本病常发区猪场的净化。目前公认使用疫苗是控制本病的有效方法。根据猪场情况，选用合适的疫苗，减少本病带来的损失，提高经济效益。

目前，对该病还没有有效的治疗方法，同其他许多病毒病的防制一样，免疫预防是控制该病的关键，由于猪细小病毒血清型单一及其高免疫原性，使得疫苗接种成为控制猪细小病毒感染的有效措施。初产母猪在其配种前可通过人工免疫接种获得主动免疫。另外，要妥善处理感染猪的排泄物、分泌物及污染的器具、场所和环境等。由于该病毒对外界理化因素有很强的抵抗力，进行消毒时要采用其敏感的消毒剂，如0.5%漂白粉或2%氢氧化钠。

第十一节 猪乙型脑炎（Swine encephalitis B）

乙型脑炎又称流行性乙型脑炎（Epidemic ecephalitis B），是由日本脑炎病毒（JEV）引起的一种人畜共患传染病，母猪表现为流产、产死胎，公猪发生睾丸炎。猪是日本脑炎病毒（JEV）在自然界最重要的易感动物。怀孕母猪此病很重要，因为感染导致死产和其他繁殖障碍。马被感染后，在中枢神经系统（CNS）产生病损，类似病损也发现于驴和猴。在其他动物中常呈亚临床感染。

一、病原

乙脑病毒属于黄病毒科（Flaviviridae）黄病毒属（Flavivirus）。病毒粒子呈球形，直径约30～40nm。二十面体对称，是一种单股RNA病毒，在氯化铯中的浮密度为1.24～1.25g/cm^3。有囊膜，外层为含糖蛋白的纤突。是一种有囊膜的蚊媒黄病毒，基因组为单股正链RNA，长约llkb，含有单一的开放阅读框，编码一个聚合蛋白，经蛋白水解后产生10种蛋白，即衣壳蛋白（C）、膜蛋白（M，其前体为prM）和囊膜蛋白（E）等3种结构蛋白以及NS1、NS2A、NS2B、NS3、NS4A、NS4B和NS5等7种非结构蛋白。

（哈研童）本病毒最适宜在鸡胚卵黄囊内增殖，病毒效价在接种后48h达最高峰。也能在鸡胚成纤维细胞、仓鼠肾原代细胞、猪肾传代细胞上生长，但通常只在仓鼠肾原代细胞、猪肾细胞上恒定地引起细胞病变。可在琼脂覆盖下的鸡胚成纤维单层细胞上产生清晰的蚀斑。乙型脑炎病毒也可在蚊的组织培养细胞内增殖，并达到较高效价，但一般不引起细胞病变。

乙型脑炎病毒在抗原性上与墨累山谷脑炎病毒、西尼罗病毒和圣路易脑炎病毒比较接近，在血凝抑制试验中，这4种病毒似乎在黄病毒中构成一个亚群。病毒的各个毒株虽然在毒力和血凝特性上具有比较明显的差别，但并没有明显的抗原性差异。乙型脑炎病毒的抗原性较强，自然或人工感染的动物一般都能产生较高效价的中和抗体、血凝抑制抗体、沉淀抗体和补体结合抗体。

在实验动物中，各种年龄的鼠对病毒都很敏感，但以1～3日龄的乳鼠最敏感，小鼠脑内接种后经2～4d开始发病，表现离巢，被毛失去光泽，于1～2d内死亡。3～4周龄的小鼠经脑内接种后4～10d发病，大鼠亦可感染发病，豚鼠、兔、鸡、狗不发病。

病毒有血凝活性，能凝集鸡、鸽、鸭及绵羊红细胞。乙型脑炎病毒抗原性比较稳定，我国学者曾对66株乙型脑炎病毒进行抗原比较研究，并没有发现显著差异。

病毒在感染动物的血液内存留时间很短，病毒生存于患猪中枢神经系统及肿胀的睾丸等组织中，死亡胎儿的脑组织中有可能能分离到病毒。

病毒对外界抵抗力不强，在56℃30min灭活，在-70℃或冻干可存活数年，在-20℃下保存一年，毒价降低。在50%甘油生理盐水中于4℃保存可存活六个月以上。病毒在pH7以下或pH10以上活性迅速下降，保存病毒的最佳pH为7.5～8.5。对化学药品较敏感，常用的消毒药都有良好的抑制和杀灭作用，如2%苛性钠，3%来苏儿等。病毒对胰酶、乙醚、氯仿等亦敏感。

二、流行病学

1. 易感宿主　本病为人畜共患的自然疫源性传染病，多种动物和人感染后都可成为本病的传染源。本病主要通过带病毒的节肢动物（主要是蚊虫）的叮咬而传播。已知库蚊、伊蚊、按蚊属中的不少蚊种以及库蠓等均能传播本病。其中尤以三带喙库蚊为本病的重要传播媒介，病毒在三带喙库蚊体内可迅速增至5万～10万倍。感染后10～12d即能传播病毒，三带喙库蚊嗜吸猪血、牛血和人血，感染闭低（小剂即能感染），传染力强。感染流行性乙型脑炎病毒的蚊虫可终生带毒，病毒不仅能在其体内繁殖，而且能经卵传给后代，并能随越冬蚊越冬，成为次年的传染源。目前已知有人，哺乳类、禽鸟类、爬虫类和两栖类动物60余种，均可被感染。人和猪、牛、马、羊、狗、鸡、鸭、野鸟等动物感染乙脑病毒后出现病毒血症，可持续3～7d。人和家畜感染乙脑病毒后，通常病毒不能突破“血脑屏障”入脑。因此，不出现临床症状，多表现“隐性感染”，本病疫区人畜隐性感染的现象很普遍，从血清抗体流行病学调查结果看，猪的感染率为90%～100%，30岁以上的成年人为80%以上。以幼龄动物更易感。

冷血脊椎动物在整个冬季也能携带JEV，实验证明，在两种蜥蜴的体内经过冬眠JEV仍然存活。本病毒也能自蛇体中分离到，蝙蝠可能是天然宿主。已经证实JEV可在许多种蚊（库蚊、伊蚊和按蚊）体内增殖。在某些蚊如伊蚊中，病毒可经卵垂直感染。在越冬感染的动物中，蜱也有一定的作用。

2. 传染源　流行性乙型脑炎是人畜共患的自然疫源性传染病。这类疾病原本发生在无人迹的荒野地区，在野生温血动物间流行。

家畜中的马属动物、牛、羊、猪等均有易感性。猪不分品种和性别均易感。但发病年龄多在生后6个月以内，这一点与性成熟期吻合。本病在猪群中的流行特征是：感染率高，发病率低。绝大多数在病愈后不再复发，成为带毒猪。

3. 传播途径　乙脑病毒必须依靠吸血雌蚊叮咬进行传播，三带喙库蚊是本病的主要传播媒介。有人证实从猪舍捕捉的蚊虫90%以上属此蚊种，并特嗜猪血。带乙脑病毒者达9.4%～15.4%，蝙蝠一年四季都能分离到乙脑病毒，流行环节是猪－蚊－猪，蚊虫吸血即带有病毒，叮咬人和动物后传播。病毒侵入新的动物经血行到各脏器，然后突破“血脑屏障”，在中枢神经系统繁殖，但多数情况下病毒仅停留于内脏，因而不引起神经症状，而是无症状的隐性感染。在蚊虫中三带喙库蚊是主要传播媒介，带病毒的蚊虫终身保毒，是乙脑病毒的储存宿主。因此在本病的传播上起着重要作用。除蚊外，我国有些地区还从蠓蠓等中分离到乙脑病毒。但蚊不嗜吸禽血。

4. 流行特点　在热带地区，本病全年均可发生。在亚热带和温带地区有明显的季节性。马多发生于3岁以下幼马，特别是当年幼驹。一般为散发。猪感染是经蚊的叮咬吸血排毒这一专一性方式引起的，因此本病具有严格的季节性。蚊的活动与季节气温有关，气温16℃以下停止叮咬，20℃以上活动增加，25℃以上频繁地叮咬吸血。有人实验证明，在26～31℃的条件下，用带乙脑病毒的蚊虫叮咬小白鼠，在18次中有11次感染成功；在18～22℃的条件下，叮咬8次仅有1次感染成功，可见乙脑的流行具有严格季节性。人、畜发病高峰都在7、8月间，但由于妊娠母猪一般呈隐性感染，病毒经胎盘感染胎儿，对胎儿的致病作用，只能在母猪分娩时发现。初产的母猪出现死胎的情况，自7月份开始，一直延续至10月底，公猪睾丸炎病的高峰在7、8月间，炎症消退后，病猪睾丸萎缩是逐渐进行的，可延长数月或半年以上才终止。各种品种、年龄、性别猪均易感本病，但6个月龄以前的猪更易感。

5. 本病的发现与现状　乙型脑炎疫区分布在亚洲的日本、朝鲜、菲律宾、印尼、印度等国。最早发现于日本，故又称日本脑炎，在1895年就有本病记载。为了与当地冬季流行的甲型脑炎相区别，故称本病为日本乙型脑炎。由于本病的发生和流行给人畜健康和国民经济造成了严重的损失，被世界卫生组织认为是需要重点控制的传染病。

据流行病学调查，本病的发病率与种猪来源、猪群更新情况、猪场规模大小等有一定的关系。从疫区或流行区引入的祖代种猪，猪乙型脑炎的发病率之高，引人注目。我国五十年代引入苏联的猪，六十年代所引入的长白猪，近十多年来从欧、美等非疫区引入的种猪，在流行区域内均不同程度的感染了乙型脑炎，不少猪场损失十分惨重。种猪更新情况，我国北方地区习惯春季选留种猪；在长江流域和南方地区，春、秋两季都有留种习惯。因春季选留的种猪保有母源抗体过夏，能经受蚊毒的感染而不致发病，秋季选留的种猪到翌年春季已进入性成熟期，此时母源抗体已经消失，妊娠后，在乙脑流行季节十分容易受蚊毒感染而危害胎猪，公猪易发生睾丸炎，由此可见，猪乙型脑炎，南方比北方严重。

猪场规模与发病的关系，乙型脑炎的危害在更新迅速的种猪场、新建的养猪场以及规模较大的母猪繁殖场，由于易感的新种猪多，所以发病明显，应引起重视。

杨丽君（2004）报道，湘西某猪场2001年7月发生此病，该猪场于2000年冬引进湘自猪24头，其中母猪22头、公猪2头。2000年3月中旬，采用直交配种16头，配种前接种猪瘟兔化弱毒苗及猪细小病毒弱毒苗（哈尔滨兽研所生产），受孕后按妊娠母猪常规管理方式饲喂，从配种到6月中旬，孕母猪一切正常。直至6月下旬，8头母猪出现高热、食欲下降，曾按猪流感治疗，有7头在1周内体温和食欲恢复正常，1头因病情恶化死亡。7月上旬，大部分母猪分娩，然而产出的并不是健康活泼的仔猪，而是死胎、木乃伊胎等病变胎儿，病情十分严重，从16头母猪流产率来看高达100%，从所产137头仔猪来看，死胎112头占81.7%、弱胎12头占8.8%、正常胎13头占9.5%。

据福建种猪网2005年11月转贴，在福建乙型脑炎对种公猪的危害十分严重：①种公猪无性欲。正常饲养情况下，种公猪到8月龄，或体重100kg时仍无性欲。这种公猪往往是睾丸一大一小、或两个睾丸均发育不良，而且种公猪培养过程中有过发烧、睾丸一侧或两侧肿大的病历。②种公猪有性欲，但配种后母猪返情。种公猪配种正常，但配种后100%的母猪返情，经检查发现公猪精液中无精子或活精子数量很少。③种公猪性欲减退。种公猪爬跨母猪的兴趣愈来愈小，直到不爬跨。种公猪睾丸先肿大后缩小。

乙型脑炎对种公猪危害是不可逆转的，已感染乙型脑炎致病的种公猪没有治疗价值，只能淘汰。因此乙型脑炎对种公猪的危害大。

此病的地理分布局限于东亚、东南亚、南亚和太平洋岛屿等诸国。

三、发病机理

动物实验研究证实，猪通过蚊子叮咬而被感染，感染后产生病毒血症，并持续12h到几天。JEV在猪体内的增殖模式尚未清楚，但自人、猴和小鼠已获得一些资料。在病毒血症发生后，病毒散布到肝、脾和肌肉组织进一步增殖而强化了病毒血症。病毒进入中枢神经系统的方式是经由脑脊髓液，通过内皮细胞、巨噬细胞和淋巴细胞感染，或血源性途径。在人和小鼠中，JEV感染后选择性地破坏神经元，大多数在脑干、丘脑、基底神经节和皮质下层。

在蚊体内JEV不破坏细胞，侵入2d内在脂质体的吞噬细胞或血液细胞内增殖。病毒抗原广泛分布于许多器官中，但感染后4d出现选择性地感染中枢神经系统；再过1～2d，能自唾液腺中发现病毒。

致病机制中巨噬细胞起着重要的作用。小鼠腹腔接种JEV后，病毒首先在腹腔巨噬细胞中增殖，第三天在前滤泡区的脾巨噬细胞中增殖。在巨噬细胞和T细胞内可以看到子代病毒。一般认为巨噬细胞与隐性感染的形成有关。实验证明，动物感染后产生一种可溶性抑制因子而激活抑制性T细胞，从而抑制体液和细胞免疫应答，表现为蚀斑形成细胞的活力和延迟性超敏反应下降。这种抑制至少涉及第二代抑制性T细胞。JEV感染开始刺激第一代Lyl-2抑制性T细胞的产生，这些T细胞释放抑制因子，其相对分子质量为12×10^3。此因子不能透析，对氢化可的松敏感。它吸附于腹腔或脾巨噬细胞上，进而刺激抑制T细胞的另一类亚群的活化，随后此亚群细胞对蚀斑形成细胞和延迟性超敏反应发挥抑制作用。

在猪和小鼠中，JEV可经胎盘感染。在怀孕母猪中，胎猪在病毒血症期间被感染。怀孕母猪用JEV静脉接种作实验感染，7d后自胎盘发现病毒。在有些动物中，病毒不能跨越胎盘。有人认为病毒能否跨越胎盘取决于母猪感染时的怀孕期和毒株特征。母猪在妊娠早、中期感染时，跨胎盘感染和致病效应较为明显。现场观察表明，母猪在妊娠40～60d感染JEV，易引起胎儿死亡和木乃伊化。妊娠85d后感染，胎猪很少受影响。胎儿的死亡归因于病毒的大量增殖，随后破坏胎猪的至关重要的干细胞，那时胚胎尚未能产生免疫应答。究竟妊娠什么时期胚胎才对JEV产生免疫应答尚未确定。对其他病毒产生免疫应答的平均时间，如猪细小病毒为妊娠70d。在此时期以后JEV对胎猪不产生致病效应。这样JEV对胎猪的致病作用与细小病毒相仿，即病毒侵入胎儿时必须在免疫应答机能形成之前才会出现致病效应。小鼠中跨胎盘感染在妊娠第三天以后都可发生，在妊娠7～10d发病率最高。可以肯定JEV的跨胎盘感染取决于胎盘与胎儿之间的发育程度，而非病毒血症的强度。

乙型脑炎病毒在蚊叮咬时侵入动物体迅速进入血流，先在神经外组织（肝、脾、胰、心、肾等器官组织），特别是网状内皮细胞和血管内皮细胞内增殖，形成短期的病毒血症。大多数动物机体在感染后不出现临床症状，内脏和血液中的病毒被迅速消灭，动物机体获得一定的免疫力，此即所谓的隐性感染。病毒在感染动物的血液中存在时间很短，主要在中枢神经系统及肿胀的睾丸内。日本脑炎病毒，侵入机体后，可能在血管内皮细胞、淋巴结、肝、脾等的单核巨噬细胞系统细胞内增殖，然后进入血液，引起病毒血症。在某些情况下，例如机体防御机能降低，病毒的感染剂量大或具有极高的毒力时，病毒可突破血脑屏障，侵入中枢神经系统，并在脑组织内大量增殖，产生病变，引起临床发病而呈现神经症状。中枢神经系统的病变范围广泛，但以大脑皮质、中脑、脑桥和基底核最为显著。神经细胞变性、坏死，形成软化灶。血管充血，周围有致密的淋巴细胞浸润和胶质细胞增生，形成“血管套”。病程的发展也可停留在病毒血症阶段，而不损伤中枢神经系统，仅引起隐性感染。机体感染病毒后是否发病与病毒的致病力、感染量以及机体的抵抗力有关。老疫区的家畜因体内存在保护性中和抗体、补体结合抗体以及血凝抑制抗体，多半呈隐性感染或散在性发病。新疫区或进入老疫区的幼畜因体内缺乏特异性保护抗体，故发病率高，甚至呈流行性暴发。

由蚊虫叮咬而感染的猪可出现持续2～4d的病毒血症，1～4周后体内产生循环性抗体。怀孕母猪在病毒血症阶段可通过胎盘使胎儿感染，静脉内实验感染怀孕母猪，7d后可从胎儿体内发现病毒，怀孕中期胎盘感染的致病效应最为明显。

四、临床症状

乙型脑炎可感染各种日龄、性别和品种的猪，一般呈散发型，多呈隐性感染。人工感染潜伏期一般为3～4d。猪感染后大多数突然发病，病猪体温突然升高达40～41℃，呈稽留热，精神沉郁，食欲减少，饮欲增加。结膜潮红，肠音减弱，粪便干燥，有时表面附着灰黄色或灰白色的黏液，尿呈深黄色。有的病猪后肢呈轻度麻痹，步行踉跄，关节肿大。有的病猪视力障碍，摆头，乱冲乱撞。最后后躯麻痹，倒地不起而死亡。

母猪、妊娠新母猪感染乙脑病毒后，首先出现病毒血症，但无明显临床繁殖障碍症状。病毒随血流经胎盘侵入胎儿，致胎儿发病，而发生死胎、畸形胎或木乃伊胎，只有母猪流产或分娩时才发现症状。流产多在妊娠后期，流产胎儿，一窝乳猪中通常都有不同数目的死胎、木乃伊胎，有神经系统症状的弱猪和外表正常的乳猪。

有的呈木乃伊化，有的为死胎，全身水肿，有的仔猪生后几天内发生痉挛症状而死亡，有的仔猪生命力很强，生长发育很好。同一胎的仔猪，在大小及病变上都有很大差别，常混合存在。例如可有胎儿正常发育和产出弱仔，出生后存活的仔猪，高度衰弱，并有震颤、抽搐、癫痫等神经症状（图2.2.11-1），产后不久即死亡，发育正常或较普遍胎儿头膨大（图2.2.11-2），但因高度脑水肿死亡，胎儿发育一般正常，在分娩过程死亡或产后不久死亡，胎儿呈大小不一及出现各种木乃伊胎（图2.2.11-3、4）。此外，分娩时间多数超过预产期数日，也有按期分娩。母猪流产后其临床症状很快减轻，体温食欲恢复正常，一般不影响下一胎配种。但有一定例数母猪因整窝胎儿木乃伊化而不能排出体外，长期滞留在子宫内，也有发生胎衣停滞，最终引起母猪发生子宫内膜炎而致繁殖障碍。

用人工实验感染怀孕母猪，诱发繁殖障碍，导致分娩类似损伤的胎猪，另外还观察到在某些死产猪中存在皮下水肿和脑积水。实验感染易感怀孕母猪不显示症状，但胎猪在子宫内被感染而导致不正常分娩，不同数目的木乃伊胎、死胎、有皮下水肿和脑积水的弱猪。实验表明流产不是子宫内感染的特征。

公猪除有一般症状外，常发生一侧睾丸肿大，也有两侧睾丸同时肿胀的。患病公猪阴囊发热、有痛感，触压稍硬，数日后睾丸肿胀消退，逐渐萎缩变硬，性欲减退，并通过精液排出病毒，精液品质下降，失去配种能力而被淘汰。在大多数公猪中，损伤是暂时的，随后完全康复，但偶尔感染严重的公猪成为永久性不育。

仔猪感染后可发生神经症状，如磨牙、口流白沫、转圈、视力障碍、盲目冲撞，严重者倒地不起死亡。

杨丽君（2004）报道：感染初期，妊娠母猪（8头）表现体温升高（稽留5～7d），食欲降低，精神沉郁，呼吸频数，嗜睡。其中7头症状持续1周后逐渐消退，另1头因病情加重，于第2天死亡。特征性症状是16头怀孕母猪全部产出死胎、木乃伊胎。流产的死胎大小不等，小的只有5～6cm，外观肢体发育不全，大的接近正常，但体表皮肤紫黑或斑块状出血，胎体水肿，头部膨大。产出的弱仔站立不稳或完全不能站立，吮乳困难或完全不能吮乳，此种情形多在24～48h死亡。子宫内少数未感染的胎儿娩出后生长正常。流产母猪症状轻微或无明显症状，后备母猪及种公猪呈亚临床感染。

五、病理变化

感染死亡的仔猪，病理变化主要在中枢神经系统的脑、脊髓，但主要位于脑部，一般以间脑、中脑等处病变为主，大脑皮层受压变薄，脑内水肿，颅腔和脑室内脑脊液增量，呈透明黄色，有时浑浊。肉眼观察可见硬脑膜和软脑膜轻度充血，有的可见大小不等的出血点和出血斑。脑组织软化，脑回变浅。血管明显充血，有散在的小点状出血。血管周围环状出血，重者有小动脉血栓形成及纤维蛋白沉着。大脑皮质纹状体、丘脑和中脑组织有时可见粟粒大小的液化灶。脑室稍扩张，室壁有时可见出血点。脊髓膜混浊、水肿。个别病例在脊髓腰段可见黄白色小软化灶。

早产仔猪多为死胎，死胎大小不一，大的接近正常，黑褐色，小的干缩而硬固，中等大的茶褐色或暗褐色，皮下有出血性胶样浸润，发育到正常大小的死胎，常由于脑水肿而头部肿大，皮下弥散性水肿，腹水增量，肌肉呈熟肉样，各实质器官变性，肝脏、脾脏、肾脏等器官可见有多发性坏死灶及散在点状出血，血液稀薄不凝固，胎膜充血并散在点状出血，脑、脊髓膜散发点状出血。剖检多见有脑内水肿，颅腔和脑室内脑脊液增量（图2.2.11–5），大脑皮层受压变薄。体腔积液，肝脏、脾脏、肾脏等器官可见有多发性坏死灶（图2.2.11–6）、皮下水肿（图2.2.11–7）。

流产母猪子宫内膜显著充血、水肿、黏膜表面覆盖黏液性分泌物，刮去分泌物可见黏膜糜烂和小点状出血，黏膜下层和肌层水肿，胎盘呈炎性反应。

组织学变化：可见中枢神经系统呈典型的非化脓性炎性病理变化。脑水肿，神经细胞变性（图2.2.11–8、9）。产出的死胎和出生后出现神经症状的仔猪，在中枢神经系统中见有明显的非化脓性脑炎变化。神经细胞变性和坏死，并有充血、出血变化，胶质细胞增生，围管性细胞浸润（管套）。这些变化在大脑皮质纹状体、视丘等部位出现最明显。成年猪这些病变程度较轻。杨丽君（2004）报道：病理组织学检查，镜下见大脑皮层、灰质广泛性神经细胞变性、坏死。变性的神经细胞体积增大、肿胀变圆．胞核着色较淡、核空泡化。也有变性的神经细胞胞体变形，体积缩小，胞核固缩。皮层椎体细胞多见细胞坏死溶解，个别坏死椎体细胞周围有数量不等的胶质细胞围绕（卫星现象）或进入其胞体内（噬神经现象）。脑存有坏死病灶者，光镜下可见大量浆液渗出，并伴有少量中性粒细胞和淋巴细胞浸润。此外，脑组织在神经细胞变性坏死的同时大量胶质细胞增生，切片下显示胶质细胞的数量增加、密度增大，有时也聚集成堆形成胶质细胞结节。脑血管充血扩张，血管周围炎性水肿致间隙增大，其中有浆液、中性粒细胞、淋巴细胞和少量单核细胞渗出。突出病变则是众多淋巴细胞围绕脑组织血管形成的血管套。

流产母猪子宫黏膜层增厚、充血、水肿，上皮细胞排列紊乱。子宫腺体排列疏松，腺腔充满脱落的上皮细胞，腺体间单核细胞浸润。

公猪的睾丸肿大，多为一侧性，或两侧肿大程度不一（图2.2.11-10）。阴囊皱襞消失，发亮，鞘膜腔内潴留有黄褐色不透明液体，在睾丸的副睾缘，蔓状静脉丝，鞘膜上有纤维素沉着，蔓状静脉丝胶样化，睾丸实质全部或部分充血，切面可见大小不等的黄色坏死灶，周边有出血，特别常见的是楔状或斑点出血和坏死，坏死灶以小叶为单位，也有近十个小叶连片的，面积可达2cm×3cm，在一个睾丸中可见10～30处坏死灶。慢性病例，可见睾丸萎缩、硬化、睾丸与阴囊粘连，实质大部分结缔组织化。公猪睾丸鞘膜结缔组织水肿及单核细胞浸润，睾丸间质充血、出血、水肿及单核细胞浸润，睾丸实质初期曲细精管上皮变性。随病程发展，精细胞排列紊乱、坏死、脱落，精子少，曲细精管管腔狭窄，充满细胞、坏死碎屑。

六、诊断

根据本病发生有明显的季节性及母猪发生流产、产死胎、木乃伊胎，公猪睾丸一侧性肿大，可作出初步诊断。确诊必须进行实验室诊断，进行病毒分离，荧光抗体试验、补体结合试验、中和试验和血凝抑制试验等。

（一）临床综合诊断

本病有严格的季节性，呈散在性发生，多发生于初产母猪和10岁以下的儿童，有明显的脑炎症状，怀孕母猪发生流产，公猪发生睾丸炎，死后取大脑皮质、丘脑和海马角进行组织学检查，发现非化脓性脑炎变化等，可作为诊断的依据。

（二）病毒分离

在本病的流行初期，对怀疑因本病而流产或早产的胎儿，可采取存活仔猪吮乳前的血液，同时采取死产仔猪（病程不超过2～3d）的脑组织（大脑皮质、海马回、丘脑等），低温保存，一并送实验室进行确诊。将脑组织制成悬液后接种于鸡胚卵黄囊内或1～5日龄的乳鼠脑内，分离病毒。可分离到乙脑病毒，但分离率不高。

（三）血清学诊断

常采用血凝抑制试验、中和试验、补体结合试验等，但抗体在病初滴度较低，而且无法区分隐性感染或是免疫后产生的，故可采集急性期及恢复期双份血清进行抗体检测，抗体效价有4倍以上升高可作为诊断依据。此法只宜用于疾病回顾性诊断或流行病学调查，对早期诊断无太大价值。进行免疫抗体监测及流行病学调查时可采用乳胶凝聚试验、血凝抑制试验、酶联免疫吸附试验。

1. 乳胶凝集试验　此方法样品用量少、操作简便、可现地进行，适宜于大规模普查。

2. 血凝抑制试验　采集发病早期和病后3～4周的血液，分离血清，用鹅红细胞进行血球凝集抑制试验。如恢复期血清的血凝抑制抗体效价比急性期的血清抗体效价高4倍以上，或单份血清作免疫球蛋白M（IgM）处理后，血清抗体效价比处理前降低2个滴度以上，可初步诊断为流行性乙型脑炎感染。

3. 酶联免疫吸附试验　本法用乙型脑炎病毒弱毒疫苗毒株经纯化、浓缩制成抗原包被微孔板，检测猪血清中的抗体，具有快速、特异性强、敏感性高，可用于诊断和监测猪群抗体。

4. IgM杭体检测　机体感染病毒3d后可产生特异性IgM抗体，2周即达高峰，因此检测血清乙型脑炎IgM抗体，对早期诊断有意义。通常采用2-巯基乙醇（2-ME）法。在被检血清中加0.2mol/L 2-巯基乙醇液，置37℃作用1h，与不用2-巯基乙醇处理的备检血清同时作血凝抑制试验。如被检血清中含有IgM抗体，则大分子的IgM抗体球蛋白被2-巯基乙醇裂解为无免疫活性的小分子球蛋白，血凝滴度降低。比较同一被检血清在2-ME处理前后的血凝抑制效价，如效价相差达到4倍以上，即可证明血清中血凝抑制抗体即是IgM。此法的早期诊断率可达80%以上。

5. 反向间接血凝试验（R-IHA）　此法特异性好、检出率较高、快速。对感染鼠脑的检测敏感性可达1：10 000。

（四）免疫粘附血凝试验

当抗原-补体结合后，活化的C3b补体能与灵长类动物（人）红细胞表面的免疫粘附受体相结合，使红细胞发生凝集，基于此而建立了免疫粘附血凝试验。该试验可在试管或U型微量反应板上进行。在连续稀释的被检材料中加入乙脑免疫血清和补体，感作后加入红细胞，再经感作后，根据红细胞凝集像进行判定。感染鼠脑的检测敏感性达1：10 000以上。如抗原为乙脑病毒时，红细胞被吸附在细胞周围，形成花环状，即可判为阳性。用此法3～4h内可出结果。

（五）免疫酶组化染色

取脑脊液涂片或脑组织触片，经固定，除去内源酶，加乙脑抗体与辣根过氧化物酶结合物于涂（触）片上，使之与特异性抗原结合，经显色剂显色。在普通显微镜下观察有黄褐色着染即为阳性。此法可在3～4h内得出明确结果。可用于血清中特异性抗体检测，进行流行病学调查。

（六）斑点金免疫渗滤测定法（DIGFA）

王祥等建立了一种以固相滤膜为载体，以红色胶体金颗粒标记的兔抗猪IgG作为探针，特异性地检测猪流行性乙型脑炎病毒抗体的斑点金免疫渗滤测定法（DIGFA）。与血凝抑制试验（HI）对比检测了54份猪血清临床样本，两法的阳性符合率为71.4%、阴性符合率为65.5%、总符合率为81.4%。本法中抗原抗体通过渗滤在膜上进行反应，数分钟内即可用肉眼观察结果，具有快速、操作简单、敏感性高、特异性强、重复性好、易于判读等优点，特别适合于猪流行性乙型脑炎快速诊断和大规模血清流行病学调查。

（七）聚合酶链式反应（PCR）

随着近年来分子生物学的发展，运用分子水平的检测技术进行诊断越来越普遍。该方法准确、快速、特异性高。可以同时检测多种疾病。张焕容等根据Genbank上已发表的猪伪狂犬病毒（PRV）、猪细小病毒（PPV）和猪流行性乙型脑炎病毒（JEV）基因序列，用ArrayDe-signer2.0软件设计并合成了PRVgB，PPVVP2，JEVC基因片段的3对引物，以PRVFa株、PPVB2株、JEVSA14－14－2株细胞培养物提取核酸混合物作为模板，筛选PCR反应条件，扩增出长度分别为324bp、471bp和238bp的3条特异性片段，建立了检测3种病毒的多重PCR方法。河北省保定市畜牧兽医部门Huang.C等建立了多重PCR技术用于猪伪狂犬、猪细小病毒和猪圆环病毒的诊断，可以检测到10～4ng病毒核酸，该法能同时检测3种病毒的感染。

家畜感染乙脑后，在感染初期2～4d，血清中可出现补体结合抗体、中和抗体、血凝抑制抗体及IgM抗体，到3～5周或更长一点时间达最高峰。其中，中和抗体持续时间最长，可持续数月到十几年；补体结合抗体可持续数月至1年；血凝抑制抗体比补体结合抗体的持续时间稍长；IgM抗体持续时间最短。由于本病隐性感染很多，也都产生抗体（但较显性感染的持续时间短，补体结合抗体持续数月，中和抗体3～5年），因此血清学反应阳性，而无明显临床症状时，不能诊断为本病，只有采取双份血清检查抗体效价上升情况，并结合临床症状，才能确诊。

在诊断猪日本乙型脑炎时，应注意与引起母猪繁殖障碍的细小病毒病、伪狂犬病、猪繁殖与呼吸综合征、猪弓形体病、布鲁菌病、李氏杆菌病等引起的流产相区别；将猪流行性乙型脑炎引起的其他症状与猪脑脊髓炎、猪链球菌病（神经型）引起的病猪精神沉郁、运动失调、痉挛等神经症状相区别。本病易与布鲁菌病混淆，但布鲁菌病无明显季节性，体温不高，流产主要是死胎，很少木乃伊胎，而且没有非化脓性脑炎变化，公猪有睾丸肿，但多为两侧性，且是化脓性炎症，副睾也肿，还可有关节炎、淋巴结脓肿等与本病不同。

七、防制

（一）消灭本病的传播媒介蚊虫

乙型脑炎是一种由乙型脑炎病毒引起的人畜共患传染病，主要由蚊虫叮咬传播，消灭本病的传播媒介-蚊虫是预防本病的重要措施。按本病流行病学的特点，消灭蚊虫，是消灭乙型脑炎的根本办法。以灭蚊防蚊为主，尤其是三带喙库蚊。该蚊是造成乙型脑炎在我国和东南亚国家流行重要的传播媒介和病毒储存宿主。应根据蚊的生活规律和自然条件，采取有效措施，才能收到事半功倍的效果。但由于灭蚊技术措施尚不完善。若控制猪乙型脑炎，必须严格贯彻兽医卫生防疫制度，搞好猪场卫生环境，定期消毒、除积水，勤灭蚊虫等，可结合爱国卫生运动，消灭蚊虫孳生地，在蚊子多的季节可用药物灭蚊，冬季应注意消灭越冬蚊。因此作好养殖环境的灭蚊工作，能减少乙型脑炎疾病的传播。

（二）免疫预防

科学免疫是预防乙型脑炎之根本，免疫接种的时间是确保免疫效果的关键。应用乙脑疫苗给猪进行预防注射，不但可预防乙脑流行，还可降低猪的带毒率，既可控制本病的传染源，也为控制人群中乙脑的流行发挥作用。采用疫苗接种可控制猪乙型脑炎的危害。

1. 疫苗种类

猪用乙脑弱毒疫苗，在流行区，应在蚊虫开始活动前1个月，对4月龄至2岁的公母猪，应用乙型脑炎弱毒疫苗进行预防注射，第二年加强免疫1次，免疫期可达3年。常用的是仓鼠肾细胞培养的灭活疫苗，现在试用乙型脑炎弱毒疫苗。该苗系由1.4～2株乙脑弱毒，以BHK21细胞株为基础，经组织培养方法制作而成。据报道，上海市奉贤县畜牧兽医站与卫生部药品生物制品检定所等单位协作研究，历时六年多的实验证明，夏、秋分娩的新母猪，经注射疫苗后，产活率提高到90%以上，公猪睾丸炎基本上得到控制。目前已有17个省市正在逐步推广应用，免疫接种已达200万头次以上。该苗除使用安全外，还具有剂量小（每猪1mL），注射次数少、免疫期长及成本低等优点。

2. 免疫程序与疫苗使用的注意事项

⑴疫苗接种季节：必须在乙脑流行季节前使用才有效，一般要求四月进行疫苗接种，最迟不宜超过5月中旬。

⑵疫苗接种月龄：因有母源抗体干扰，5月龄以下仔猪注射乙脑疫苗无效。因此，接种对象必须是5月龄以上的种猪，5月龄以下的猪免疫效果不良，免疫孕猪无不良反应。一般注射1次即可。如间隔15d作第二强化免疫，可进一步增强免疫效果。对于后备种猪的第一次接种，正确作法是种猪出生后的五个半月到六月龄间进行第一次猪乙型脑炎疫苗接种，之后种猪每年春季（3～4月份）在蚊蝇出来前进行一次免疫，用灭活苗或弱毒苗免疫均有良好效果。

⑶注射部位用酒精或新洁尔灭消毒，忌用碘酊。

⑷湿苗置2～8℃保存，忌0℃以下冰冻保存，冻干疫苗可按湿苗保存，更适宜0℃以下低温保存。

⑸疫苗使用前要检查疫苗玻璃瓶有无破损、污染等异常现象，有则废弃，疫苗瓶使用后限在当天用完。

八、治疗

本病目前无特效治疗药，一般防治措施如下：用抗菌素防止继发感染，同时应用吗啉胍、板蓝根等抗病毒药可提高其治愈率。用降低颅内压药，减轻脑水肿。常用的药有20%甘露醇、10%葡萄糖混合静注。对兴奋不安的病猪可用氯丙嗪注射液。高热的配以解热药。

第十二节 猪水疱病（Swine vesicular disease，SVD）

猪水疱病（SVD）是由猪水疱病病毒（Swine vesicular diseasevirus，SVDV）引起的一种急性接触性传染病，该病的流行性强，发病率高。它的主要临床特征是以蹄冠、蹄叉出现水疱为特征，偶尔在唇、舌、口部、鼻端和腹部及乳头周围皮肤也发生水疱。此病在临床上很难与口蹄疫、水疱性口炎、水疱疹相区别，但牛、羊等家畜不发生本病。人工感染马也不发病，但可致乳鼠发病。

1973年世界动物卫生组织（OIE）和欧洲口蹄疫委员会先后召开会议，确认其为一种新病，正式定名为“猪水疱病”（Swine vesicular disease，SVD），要求各国加强控制，凡发现此病，必须通报OIE，并其将列为A类法定传染病之一。在我国《家畜家禽防疫条例实施细则》中SVD也被列为一类传染病。

一、病原

猪水疱病病毒(Swine vesicular disease virus，SVDV)属小RNA病毒科(Picornaviridae)肠道病毒

属(Enterovirus)的成员。与同属的人类柯萨奇病毒(Humancoxsackievirus)BS型生物学特性十分相似。

病毒粒子呈球形，直径22～32nm，无类脂质囊膜，沉降系数150S。病毒粒子在细胞质内呈晶格排列，在病变细胞质的空泡内凹陷处呈环形串珠状排列，衣壳二十面体对称，病毒基因组为正向单股RNA，有四种结构蛋白，即1A（VP4）、1B（VP2）、1C（VP3）和1D（VP1），1A为紧靠病毒核酸的内壳蛋白，1B、1C、1D为外壳蛋白。该病毒无囊膜，只有一种血清型。

通过细胞培养物中和试验、乳鼠脑内接种中和试验及琼脂扩散试验证明：SVDV均可被人的肠道柯萨奇BS型病毒抗血清所中和，应用人肠道柯萨奇BS型病毒与SVD病猪康复血清做中和试验时，也出现明显的交叉中和现象。感染人肠道柯萨奇BS型病毒的猪不产生临床症状，但可产生高效价的中和抗体，这说明该病毒在猪体内是有活性的。迄今尚未有人类感染SVDV的报道，但与SVD病畜有接触史或从事过此项工作的人的体内确能查到高效价的SVDV抗体。上述结果似乎可以说明SVDV在人与猪之间传播的可能性。据此，有人推论：SVDV很可能来源于人。

本病毒能在仔猪肾、仓鼠肾原代细胞和IBRS2系、PK15和人羊膜传代细胞上生长。连传数代后，在这些细胞上能产生明显的细胞病变，适应毒出现的病变早，接毒后6h即可见到细胞病变，24h细胞几乎全部崩解；一般病毒出现病变较晚，24h在细胞质内出现颗粒，细胞变圆，48h细胞单层全部脱落。本病毒对中仓鼠、豚鼠、兔肾细胞、BHK21传代细胞、牛甲状腺细胞、猪甲状腺细胞等均不感染。

将病毒接种1～2日龄乳小鼠或乳仓鼠，可引起痉挛、麻痹等神经症状，在接种3～10d后死亡。接种成年小鼠、仓鼠、兔均无反应，但能产生中和抗体。豚鼠足踵接种不表现症状，可制备诊断用的抗血清。病毒在淋巴结含量最高，其次是脑、脊髓、肝、肾等。这些器官一般可做为送检的病料。本病毒可凝集家兔、豚鼠、牛、绵羊、鸡、鸽等动物的红细胞，但不能凝集人的红细胞。

本病毒对乙醚和酸稳定，在污染的猪舍内可存活8周以上，在病猪粪便内12～17℃可贮存130d，病猪腌肉3个月后仍可分离出病毒，在低温下可保存2年以上。本病毒不耐热，60℃30min和80℃1min即可灭活。

本病毒对消毒药抵抗力较强，常用消毒药在常规浓度下短时间内不能杀死本病毒。pH值在2～12.5之间都不能使病毒灭活。3%来苏儿、0.1%新洁尔灭、10%生石灰乳消毒效果均不佳。消毒药中以福尔马林和氨水的效果最好。其次是火碱、漂白粉、生石灰和冰醋酸等。SVDV主要分布于舌、鼻盘、唇、蹄的上皮、心肌、扁桃体、淋巴结和脑干等组织。

二、流行病学

1. 易感性　各种年龄、品种的猪均可感染发病，其他偶蹄家畜均不感染，人工接种兔、豚鼠、禽、大鼠、小鼠以及马、驴等动物都不发病，但能产生中和抗体（禽类不明显）。人类有一定的感受性，偶尔也可被感染，但不产生水疱，其症状与人的B5型柯萨奇病毒感染相似。

2. 传染源　发病猪、潜伏期猪和病愈带毒猪及其产品是本病的主要传染源，病猪与健猪同舍接触1～2d，即可在鼻黏膜、咽、直肠检出病毒，经3天可在血清中出现病毒。在病毒血症阶段，各脏器均含有病毒，带毒的时间，鼻7～10d，口腔7～8d，咽8～12d，淋巴结和骨髓15d以上，水疱皮带毒持续20d。牛、羊接触本病毒虽然不发病，也无临床症状，但可以短期带毒，并能从其咽部、乳汁和粪便中分离到病毒，绵羊血清中也可检查出SVDV中和抗体。对于牛、羊能否成为传染源以及在传播中的作用尚无定论，但机械传播是可能的。

3. 传播途径　病毒主要经破损的皮肤、消化道、呼吸道侵入猪体，感染主要是通过接触、饲喂含病毒的泔水和屠宰下脚料、牲畜交易、运输工具（被污染的车辆）等。

4. 流行特点　本病一年四季均可发生，但多见于春、冬两季。在猪群高度密集、调运频繁的猪场，传播较快，发病率亦高，可达70%～80%，首次发生本病时，发病率可高达100%，但死亡率很低。在密度小、地面干燥、阳光充足、分散饲养的情况下，很少引起流行。

5. 发现历史与流行现状　本病1966年于意大利首次被发现，1971年曾发生于香港，1972年意大利再次发生。随后相继在英国、奥地利、法国、波兰、比利时、德国、日本、瑞士、匈牙利、罗马尼亚、马耳他、保加利亚和原苏联等国家流行过。本病传播迅速，流行广，曾给养猪业带来严重损失。自20世纪70年后期起，由于各国采取了有力的防制措施，使本病得到了有效控制。目前，该疾病在部分国家和地区虽仍有发生，但均未造成大的流行和损失。本病除可引起初生仔猪死亡外，通常在无继发感染的情况下死亡率很低。

三、临床症状

自然感染潜伏期为2～5d，有时为7～8d，而人工感染时，最早为30h。发病后首先出现原发性水疱，5～6d后出现继发性水疱。临床上SVDV株的毒力各不相同，因此，据症状和病程该病可分为以下三种病型。

典型水疱病：其特征性的水疱常见于主趾和附趾的蹄冠上（图2.2.12-1）。有一部分猪体温升高至40～42℃，上皮苍白肿胀，在蹄冠和蹄踵的角质与皮肤结合处首先见到。在36～48h，水疱明显凸出，大小如黄豆或蚕豆，大小不等，里面充满水疱液，继而水疱融合，很快发生破裂，形成溃疡（图2.2.12-2），真皮暴露形成鲜红颜色，病变常环绕蹄冠皮肤的蹄壳，导致蹄壳裂开，严重时蹄壳可脱落。病猪疼痛剧烈，跛行明显，严重的病例，由于继发细菌感染，局部化脓，导致病猪卧地不起或呈犬坐姿式。严重者用膝部爬行，食欲减退，精神沉郁。水疱有时也见于鼻盘、舌、唇（图2.2.12-3、4）和母猪的乳头上。仔猪多数病例在鼻盘上出现水疱。一般情况下，如无并发其他疾病不易引起死亡，病猪康复较快，病愈后两周，创面可完全痊愈，蹄壳脱落，则相当长的时间才能恢复。初生仔猪发生本病可引起死亡。有的病猪偶可出现中枢神经系统紊乱症状，表现为前冲、转圆、用鼻摩擦或用牙齿咬用具、眼球转动，个别出现强直性痉挛。

轻型：只有少数猪，只在蹄部发生一、二个水疱，全身症状轻微，传播缓慢，并且恢复很快，一般不引起察觉。

隐性型：不表现任何临床症状，但血清学检查，有滴度相当高的中和抗体，能产生坚强的免疫力，这种猪可能排出病毒，对易感猪有很大的危险性，所以应引起重视。

本病的眼观病变主要在蹄部，约有10%的病猪口腔、鼻端亦有病变，口部水疱通常比蹄部出现晚。病理剖检，通常内脏器官无明显病变，仅见局部淋巴结出血和偶见心内膜有条纹状出血。

四、发病机理

猪感染本病后，经过潜伏期，即可在蹄部等部位出现原发性水疱，水疱中的病毒造成局部细胞肿胀、坏死、崩解，并迅速通过细胞间传递而波及周围区域的众多细胞，继而造成更多的细胞水肿、坏死、崩解，产生继发性水疱。继发性水疱的破溃使上皮穿孔，形成破溃创面。病猪及破溃后的水疱液污染食物和环境，使易感猪感染，形成新的传染源，由此造成疾病的传播。蹄部皮肤是本病的主要靶器官，上皮病变的病理发生机理可分为两个过程：一是细胞死亡和由于皮肤棘细胞层松懈丧失了结合力；二是显著细胞内水肿导致上皮细胞的网状变性。具体过程：病毒侵入皮肤表皮细胞胞浆内，脱去衣壳，并以RNA为模板进行逆转录并大量复制和组装子代病毒粒子，病毒在细胞内增殖很快，使细胞物质代谢障碍并导致胞浆内细胞和微细胞结构破坏。细胞能量不足，氧化不全产物大量积聚，结果导致细胞内液积留和外液渗入，形成镜下可见的水疱。随着溶酶体的破坏和水解酶的释放，造成胞浆蛋白溶解，使整个细胞变成一个水疱，许多水疱变性的细胞融合在一起，从而形成肉眼可见的大小不一的水疱。

五、病理变化

组织学检查：不论病猪生前有无神经症状，组织学检查脑组织均可见到轻度或中度的弥散性的非化脓性脑脊髓炎变化，有以淋巴细胞浸润为主的血管套和神经胶质细胞增生灶，出血不明显。大脑中部病变较背部严重，小脑内的病变仅局限于第四脑室的顶部，脊髓受害一般不严重，脑膜含有大量的淋巴细胞，血管嵌边明显，多数为网状组织细胞，少数为淋巴细胞和嗜伊红细胞。血管壁一般不受侵害。脑灰质和白质发现软化病灶，脊髓实质有类似变化。神经细胞周围的套细胞有些肥大和增殖，在套细胞内核染色体周围可发现圆形或卵圆形呈酸碱两性染色的核内包涵体。这种包涵体也可见于视神经束细胞内。在电镜下可见包涵体有一层膜，但没有本病病毒。蹄部皮肤开始表现为表皮鳞状上皮（包括毛囊上皮）发生空泡变性、坏死和形成小水疱，棘细胞层的细胞排列松散，细胞间隙比正常清晰，以后细胞相互分离，并发生浓缩和坏死。真皮乳头层小血管充血、出血、水肿和血管周围有淋巴细胞、单核细胞、浆细胞及少数嗜酸性白细胞浸润，炎症逐渐向表皮层扩展。以后水疱破裂形成浅表溃疡，表面棘细胞及颗粒层细胞发生凝固性坏死，变成均质无结构物质，附在溃疡表面，溃疡底部有炎症反应。

除皮肤病变外，猪水疱病病毒也能侵袭黏膜组织，病猪的肾盂及膀胱黏膜上皮发生水疱变性，膀胱黏膜下水肿，小血管充血，有时胆囊黏膜亦可发生炎症变化。另外，心、肝、肾等实质器官发生程度不等的实质变性。心肌纤维有时有少数小出血灶，血管内皮细胞肿胀、增生。肾小管上皮细胞颗粒变性和空泡变性较明显。腹股沟淋巴结肿胀，被膜下浆膜浸润和散在出血区。

六、诊断

本病一般与猪口蹄疫、猪水疱性口炎、猪水疱性疹、猪痘等病在临床症状上极为相似，从水疱形态上很难鉴别，诊断上一定要紧密结合流行病学、临床症状和实验室检验，才能很好的把握本病，以免造成大的危害，主要区别见表（口蹄疫）。因此发生猪的水疱性疾病时应立即采集病变样品进行实验室诊断，以确诊疫病的种类。常用的SVD实验室诊断方法有以下几种。本病定性由国家动物疾病检测中心负责。

（一）动物接种

病毒分离鉴定，取病猪发病初期的舌、鼻盘、唇或蹄部的水疱皮及病死猪的心肌、扁桃体、脑干等病料，经研磨或直接取水疱液，用PBS缓冲液制成1∶5～1∶10悬液，经抗生素处理或滤膜滤过后，接种适当的动物或细胞。最合适的动物是乳鼠。SVDV接种1～2日龄的乳鼠，可引起乳鼠出现神经症状并致死；接种7～9日龄的乳鼠不死者为本病。两者均死亡时为口蹄疫。分离SVDV最合适的细胞仅有猪肾原代细胞和IBRS－2等猪肾传代细胞，若出现细胞病变则可用ELISA或补体结合试验进行病毒抗原的检测，或用其他鉴定方法。但口蹄疫病毒不仅能在猪肾细胞上繁殖，也可在BHK－21和牛肾细胞上复制，据此，可区别诊断二者。

（二）荧光抗体试验

用直接和间接免疫荧光抗体试验，可检出猪淋巴结冰冻切片和涂片中的感染细胞，也可以检出水疱皮和肌肉中的病毒。

（三）病毒中和试验

SVDV中和试验是OIE推荐且为各国所接受的标准的血清学试验方法，也是国际贸易指定检测方法。其方法是：将已灭活的被检血清作2倍比系列稀释后，加入已接种SVDV的IBRS－2细胞中，37℃培养48h后，用显微镜观察判定结果；或培养3天后用10%福尔马林/盐水固定30min后，加入10%福尔马林配制的0.05%乙烯蓝（etheneblue）染色30min，冲洗后镜检，当对照接毒细胞蓝染，标准阳性血清中和对照及阴性对照细胞不着色时为试验成立。计算被检血清中和滴度，当中和滴度蕊1∶11时为阴性；1∶16～1∶32时为可疑；）1∶45时为阳性。

（四）反向间接血凝试验

本方法是用口蹄疫A、O、C型的豚鼠高免血清与猪水疙病血清免疫球蛋白（I药）致敏绵羊红细胞，制备成反向间接血凝试剂，使用该方法可在2～7h内快速鉴别诊断猪水疱病和口蹄疫。

（五）补体结合试验

用豚鼠制备的诊断血清与待检病料进行补体结合试验，可用于猪水疱病与口蹄疫的鉴别诊断。

此外，双向免疫扩散试验、放射免疫扩散试验、对流免疫电泳试验、ELISA等也常用于猪水疱病的诊断。

七、防制

控制本病的重要措施是防止将病带到非疫区。不从疫区调入猪只和猪肉产品。运猪和饲料的交通工具应彻底消毒。屠宰的下脚料和泔水等要经煮沸后方可喂猪，猪舍内应保持清洁、干燥，平时加强饲养管理，减少应激，加强猪只的抗病力。

加强检疫、隔离、封锁制度：检疫时应做到两看（看食欲和跛行）、三查（查蹄、口、体温），隔离至少7天未发现本病，方可并入或调出，发现病猪就地处理，对其同群猪同时注射高免血清，并上报、封锁疫区。封锁一般于最后一头病猪恢复后20d才能解除，解除前应彻底消毒。

免疫预防：对疫区和受威胁区的猪可采取疫苗接种的方法进行预防。我国目前制成的猪水疱病BEI灭活疫苗，平均保护率达96.15%。免疫期5个月以上。对受威胁区和疫区定期预防能产生良好效果，对发病猪，可采用猪水疱病高免血清预防接种，剂量为每公斤体重0.1～0.3mL保护率达90%以上。免疫期一个月。在商品猪中应用，可控制疫情，减少发病，避免大的损失。

常用消毒药：0.5%农福、0.5%菌毒敌、5%氨水、0.5%次氯酸钠等均有良好消毒效果。国外有人认为氧化剂、酸、去垢剂混合应用，碘化物、酸、去垢剂适当混和消毒也有效。对于畜舍消毒还可用高锰酸钾、去垢剂的混合液。

公共卫生学猪水疱病病毒与人的柯萨奇B5病毒密切相关，实验人员和饲养人员可因感染SVDV而得病，症状与柯萨奇B5病毒感染相似。近年来的研究表明，SVDV感染小鼠、猪和人后，都有不同程度的神经损害，因此，实验人员和饲养人员均应小心处理病毒和病猪，加强自身防护。

第十三节　猪痘（Swine pox）

猪痘是由病毒引起的一种急性发热性接触性传染病，其特征是皮肤和黏膜上发生特殊的红斑、丘疹和结痂。

一、病原

本病病原体有两种：一种是猪痘病毒，另一种是痘苗病毒。它们均属痘病毒科，脊椎动物痘病毒亚科，猪痘病毒属（Suipoxvirus）成员。基因组为单一分子的双股DNA，病毒粒子为砖形或卵圆型，大小为（200～390）nm×（100～260）nm，有囊膜，是最大型病毒。

本病毒可在猪的皮肤或其他上皮和睾丸内进行培养继代，也可在鸡胚绒毛尿囊膜、鸡胚细胞、猪肾细胞、兔肾细胞等进行培养。病毒在受感染的细胞内受刺激时，可在细胞浆内形成嗜碱性或嗜酸性包涵体，大小约为5～30 μm，包涵体内有许多小颗粒，即原生小体，也就是病毒抗原。

本病毒抵抗力不强，35℃20min或37℃24h丧失感染力，对干燥有抵抗力，在生理盐水悬浮液中，于0℃至少可保存5周以上，冻干至少保存3年以上，在干燥的痂皮中病毒可存活几个月，在正常条件下的土壤中可生存几周。在pH3的环境中病毒可逐渐丧失感染力，直射阳光或紫外线可迅速灭活病毒。0.5%福尔马林、3%石炭酸，0.01%碘溶液、3%硫酸、3%盐酸可在数分钟内杀死病毒，1～3%火碱和70%酒精10min即可杀灭病毒。

二、流行病学

易感性：猪痘病毒只能使猪感染发病，其他动物不发病。以4～6周龄的哺乳仔猪多发，断乳仔猪亦敏感，成年猪有抵抗力。由痘苗病毒引起的猪痘，各种年龄的猪都感染发病，呈地方流行性。还可引起乳牛、兔、豚鼠、猴等动物感染。

传播途径：本病的传播方式一般认为不能由猪直接传染给猪，而主要由猪血虱、蚊、蝇等体外寄生虫传播。

流行特点：本病可发生于任何季节，尤以春、秋天气阴雨寒冷、猪舍潮湿污秽以及卫生差、营养不良等情况下，流行比较严重，发病率很高，但致死率不很高。

三、临床症状

潜伏期平均4～7d，病猪体温升高到41.3～41.8℃，食欲不振，喜卧、寒战，行动呆滞，鼻黏膜和眼结膜潮红、肿胀，并有分泌物，分泌物为黏液性。痘疹主要发生于躯干的下腹部和四肢内侧、鼻镜、眼皮、面部皱褶、耳部等无毛或少毛部位，也有发生于身体两侧和背部的。典型的猪痘病灶，开始为深红色的硬结节，突出于皮肤的表面，略于半球状表面平整，直径达8mm左右，临床观察见不到水疱阶段即转为脓疱，病灶变成中间凹陷，局部贫血呈黄色，病变中心高度下降，而周围组织膨胀，脓疱很快结痂，呈棕黄色痂块，痂块脱落后变成无色的小白斑并痊愈（图2.2.13-1、2、3、4、5、6、7、8）。

眼观还可见腹股沟淋巴结肿大。皮内接种的猪，皮肤病变出现1～2d，腹股沟淋巴结变大，并容易触摸到，病理发展到脓疱期结束时，淋巴结已接近正常。

猪痘一般无明显的水疱和脓疱过程，患猪病变部位常发生在擦痒时，可使痘疤部破裂，渗出血液或浆液，粘上泥土、垫草后形成痂壳，导致皮肤增厚，呈皮革状，在强行剥离后痂皮下呈现暗红色溃疡，表面附有微量黄白色脓汁，在病程后期，痂皮可裂开、脱落，露出新生肉芽组织，不久又生出新的黑色痂皮，经2～3次的褪皮之后才长出新皮，当有其他病继发感染时，可使病情加重，另外在口、咽、气管、支气管等处若发生痘疹时，常引起败血症而最终导致死亡。

本病多为良性经过，病死率不高，所以易被忽视，以致影响猪的生长发育，但在饲养管理不善或继发感染时，常使病死率增高，尤其是幼龄猪。

四、发病机理

前面已说过体表寄生虫与本病的传播有直接关系。它们不仅使猪局部的抵抗力降低，而且还是病毒的机械携带者，它们机械性的刺激引起皮肤损伤，为病毒的侵入打开了门户。病毒侵入后导致皮肤乳头层细胞水肿变性，表皮呈灶状增厚，形成丘疹。丘疹阶段呈渐进性。随着病变的发展，两个以上的细胞开始破裂融合，结果表皮形成一些水疱。在脓疱阶段，基底层伴随着淋巴细胞，白细胞、组织细胞的浸润而发生广泛性坏死，在乳头层仍有水疱，在结痂阶段，最显著的病变特点是细胞坏死和形成痂，并且上皮开始修复再生。在此细胞融合病变区，松散的细胞层与下面的再生表皮层出现大面积的分离。

五、病理变化

痘疹病变主要发生于鼻镜、鼻孔、唇、齿龈、颊部、乳头、齿板、腹下、腹侧、肠侧和四肢内侧的皮肤等处，也可发生在背部皮肤。死亡猪的咽、口腔、胃和气管常发生疱疹。

由于猪痘的病情比较轻微，组织学病变可见棘细胞肿胀、变性、溶解而出现微细胞化灶，胞核染色质溶解，出现特征性核空泡，当忽视饲养管理时，本病常可继发胃肠炎、肺炎，引起败血症导致死亡。

六、诊断

根据流行病学，临床症状一般不难诊断，本病可见皮肤痘疹，病情严重的或有并发病的可在气管、肺、肠管处发现痘疹。组织学上以上皮细胞核空泡具有特征性的诊断意义。如果要具体确定本病是由猪痘病毒还是由痘苗病毒引起的，则必须进行病毒的分离和鉴定，其中以中和试验、血凝抑制试验、动物接种试验比较简便易行。

鉴别诊断：临床上注意本病与圆环病毒感染、口蹄疫、水疱疹、水疱性口炎，水疱病等相鉴别诊断。

七、防制

目前本病尚无有效疫苗，而且发病后一般治疗并不能改变本病的病程，患本病时只要加强饲养管理，改善畜舍环境，增强猪本身抵抗力，一般不会引起损失。动物康复后可获得坚强的免疫力，猪痘病毒与痘苗病毒之间无交叉免疫。为了防止引入本病，在引进新猪时，必须对新进猪所来自的猪场的病史作详细了解，并在新进猪入场前检查皮肤上是否存在痘样病变。平时加强饲养管理，注意消灭白虱等体外寄生虫，对于本病的防制是可取的。由于本病的经济意义不大，而且使用活疫苗又会把病毒引入环境中，所以一般不提倡这样做。

第十四节 狂犬病（Rabies）

狂犬病是人和动物的一种急性接触性传染病。临床上主要特征是神经机能失常，表现为各种形式的兴奋和麻痹。狂犬病是一种古老的自然疫源性疾病。我国早在公元前556年在《左传》上已有记载。1881年巴斯德（Pasteur）在兽脑中发现了狂犬病毒包涵体，称为内基氏小体。狂犬病呈世界性分布，造成人畜死亡，近年来，多采取疫苗接种及综合防制措施。

一、病原

狂犬病病毒(Rabies virus)属RNA型的弹状病毒科(Rhabdoviridae)狂犬病病毒属(Lyssavirus)，病毒粒子直径75~80nm，长140~180nm，一端钝圆，另一端平凹，呈子弹形或试管状外观。病毒的核酸为单股RNA，病毒含有一种糖蛋白(GP)、一种核蛋白(NP)和两种膜蛋白(M1和M2)。GP是一种跨膜糖蛋白，构成病毒表面的纤突，是狂犬病病毒与细胞受体结合的结构，在病毒致病和免疫中起关键作用。NP是诱导狂犬病细胞免疫的主要成分，常用于狂犬病的诊断、分类和流行病学研究。

病毒能在脊椎动物及昆虫体内增殖。已从自然界的脊椎动物和无脊椎动物体内分离出以下几个毒型，即Duvenhage型（V）、Kotonkan型（I）、Lagos型（V）、Mokola型（V）和Obodhiang型（I）等。

病毒的囊膜可能在细胞质内或边缘上形成，但能从细胞质膜上出芽。病毒能凝集鹅的红细胞。种间有血清学交叉反应。从自然病例分离的病毒称为“街毒”（Street Virus）。将街毒连续几代通过家兔脑内接种后，对家兔的毒力增强，潜伏期可缩短5天，发病后1~2d死亡。但可使毒力趋于稳定，称为固定毒（Fired Virus）。固定毒可用于制狂犬病疫苗。狂犬病病毒能在脊椎动物、昆虫、禽胚以及多种实验动物体内增殖。适应仓鼠肾、小鼠和鸡胚的成纤维细胞BHK-21以及人WI-38二倍体细胞中培养生长，但CPE轻微。在脊椎动物中家兔最敏感，病毒可通过实验动物的继代，减弱对人畜的毒力，并可用来制备弱毒疫苗。

病毒对酸、碱、福尔马林、石炭酸、升汞等消毒药敏感，1%~2%肥皂水、43%~70%酒精、2%~3%碘酊、丙酮、乙醚，都能使之灭活。病毒不耐湿热，50℃加热15min，60℃数秒，100℃2min以及紫外线和X射线均能灭活，但在冷冻和冻干状态下可长期保存，在50%甘油缓冲液中或4℃下可存活数月到一年。

二、流行病学

易感性：所有的哺乳动物和鸟类对狂犬病病毒都易感。自然界中主要的易感动物是犬科和猫科动物，以及翼手类（蝙蝠）和某些啮齿动物。野生动物是主要自然储存宿主，如啮齿动物中的野鼠、松鼠、鼬鼠等对本病均很易感，据河南南阳地区调查（1990年）捕捉野鼠的抗体阳性率可达20.8%，并从阳性鼠中分离到狂犬病病毒，在一定条件下，可成为本病的疫源。

传染源：患病动物的唾液中带有病毒，也有隐性感染而携带病毒的动物可起传染源的作用。患病犬是使人感染的主要传染源，其次是患病猫。

传播途径：病毒主要通过咬伤感染，也有经消化道、呼吸道和胎盘感染的病例。

流行特点：由于本病多数由疯犬咬伤引起，所以流行呈连锁性，以一个接一个的顺序呈散发形式出现，一般春季较秋季多发，伤口越靠头部或伤口越深，其发病率越高。

三、发病机理

大多数病例的感染是经狂犬病病畜咬伤造成的，较少是病毒侵入受损伤皮肤或新鲜的创口造成的。实验证明狂犬病病毒也可经呼吸道传播，狂犬病病毒通过病畜唾液经伤口侵入被感染动物体中，病毒粒子附着于宿主细胞（肌细胞）膜上的狂犬病病毒受体部位，病毒囊膜与细胞质膜融合，而侵入宿主细胞，增殖、复制。子代病毒RNA和蛋白质在胞浆中合成并装配核衣壳，病毒囊膜的形成是由G蛋白和M2蛋白在细胞表面和胞浆内插入细胞膜，并置换原存于宿主细胞膜蛋白。病毒在中枢神经组织增殖后进入神经腱鞘而感染神经末梢。耶鲁大学研究者发现，在神经肌肉结合处与乙酰胆碱受体部位一致，Waton等（1981）证明骨骼肌运动神经终极的胆碱脂酶阳性部位为病毒进入部位，从而说明神经末稍的乙酰胆碱受体是狂犬病病毒的侵入门户，病毒侵入神经末梢后，沿神经鞘（许旺氏细胞）、神经内膜或伴随的组织间隙被动上行（固定株每小时移动约3mm）达脊神经节或背根神经节，并在此复制。

狂犬病病毒进入脊髓后，常常在几个小时内迅速进入脑内，主要侵犯神经原，一般在轴突或相邻树突膜发芽，少数在神经元细胞浆发芽，病毒在细胞间隙内积聚。发芽的病毒体由临近神经元的胞饮作用或通过充有脑脊液的细胞间隙由一个细胞进入另一个细胞。近来，对自然和实验感染狂犬病的脑炎病例研究证明，狂犬病病毒有嗜脑组织突触部位的倾向，中枢神经系统感染病毒后，经外周神经散布到全身，散播途径是病毒RNA从感染神经的核糖体沿着轴突向离心方向传到内脏器官和组织末梢神经纤维。电镜观察发现，病毒在唾液腺黏液细胞顶部包浆膜复制并积聚于腺管中，病毒浓度远远超过包括脑在内的其他任何组织。病毒还常感染角膜上皮，故有人用荧光抗体染色角膜压片，试图做狂犬病的生前诊断。

有关狂犬病的免疫机制，干扰素可以抑制病毒在体内细胞复制和散播并能促进免疫反应。巨噬细胞有抑制病毒扩散的作用。宿主的体液免疫反应和细胞免疫反应在免疫机制上起到重要作用。如T细胞对狂犬病病毒有依赖免疫反应，T辅助细胞（Th）能刺激细胞毒T细胞（TC）和B细胞激化或吸引巨噬细胞加强其吞噬抗原、限制病毒的扩散。但病毒的感染能导致免疫系统的紊乱，引起早期死亡。有人认为抗病毒抗体能破坏生命重要神经元引起宿主死亡。实验证明病毒抗原抗体复合物的存在可引起宿主细胞功能的损害。病毒在免疫系统中的感染和增殖，可以引起免疫损害。

四、临床症状

狂犬病潜伏期的变化很大，各种动物都不一样，猪一般为20～60d，猪狂犬病的典型过程是突然发作，兴奋不安，横冲直撞，声音嘶哑，攻击人畜，流涎，反复用鼻掘地面（图2.2.14-1），在发作间歇期间常隐藏在垫草中，一听到声响便一跃而起，无目的乱跑，最后麻痹，经2～4d死亡。

五、病理变化

眼观无特征性变化，一般表现尸体消瘦，血液浓稠、凝固不良，口腔黏膜和舌黏膜常见糜烂和溃疡。胃内常有石块、泥土、毛发等异物，胃黏膜充血、出血或溃疡，脑水肿，脑膜和脑实质的小血管充血，并常见点状出血。

病理组织学检查呈弥漫性非化脓性脑脊髓炎，表现为脑血管扩张充血、出血和轻度水肿，血管周围淋巴间隙有淋巴细胞和单核细胞浸润构成了明显的脑血管套，脑神经元细胞变性、坏死。在变性坏死的神经元周围主要见有小胶质细胞积聚，并取代神经原，称之为狂犬病结节，这些变化以脑干、海马角部位最明显。狂犬病最明显的特征病变是在神经细胞浆内出现包涵体（内基氏小体）内，直径2～10μm（图2.2.14-2），内含有小的嗜碱颗粒，这些内部的小颗粒以及整个包涵体用sellers染色容易看到，而非特异性的包涵体常缺乏内部颗粒。在中枢神经系统内以及海马部的大神经细胞出现最多，其次是大脑皮质、延髓、小脑、丘脑等。

据组织学研究证实，内基氏小体内有蛋白质，α-氨基酸，精氨酸，酪氨酸和DNA的存在。用狂犬病荧光抗体染色清楚地显示内基氏小体由狂犬病抗原构成。电子显微镜观察，内基氏小体是病毒复制部位，含有狂犬病病毒抗原和某些细胞成分。

唾液腺腺泡上皮细胞变性，细胞间质有单核细胞、淋巴细胞、浆细胞浸润，免疫荧光显微镜检查见腺泡和腺管内有尘埃状病毒粒子积聚。电子显微镜检查，管腔侧细胞膜表面和管腔内也有生芽的病毒粒子。

六、诊断

（一）临床诊断

根据临床症状做出诊断比较困难，如果患病动物出现典型的病程，即各个病期的临床症状非常明显，出现脑炎的症状，则结合病史可以做出早期诊断，但因狂犬病患犬早在出现症状前1～2周即已从唾液中排出病毒，同时本病的潜伏期长短不定，因此当动物或人被可疑患犬咬伤后，应立即注射狂犬疫苗，将可疑病犬隔离观察至少2周或捕杀送实验室检查。

（二）病理学诊断

脑组织学检查有非化脓性脑炎变化，在海马角、大、小脑、延脑的神经细胞浆内有嗜酸性包涵体（内基氏小体）。新鲜脑组织可用下列方法检查：切取海马角置吸水纸上，切面向上、载玻片轻压切面，制成压印标本，室温自然干燥后，用复红美蓝液（4%碱性复红饱和无水甲醇溶液3.5mL，2%美蓝饱和无水甲醇溶液15mL，加无水甲醇35mL即成。）染色8～10s，流水冲洗后，待干后镜检。包涵体呈椭圆形，直径3～20μm，呈鲜红色，间质呈粉红色，红细胞呈桔红色，检出内基氏小体，即可确诊。但并非所有发病动物脑内都可找到包涵体。在检查犬脑时还应注意与犬瘟热病毒引起的包涵体相区别。

（三）血清学检查

可用于病毒鉴定、狂犬病疫苗效价检测和患病动物及人的诊断。常用的方法有中和试验、补体结合试验、交叉保护试验和血凝抑制试验。近来应用免疫荧光试验、酶联免疫吸附试验、用辣根过氧化物酶标记葡萄球菌A蛋白（HRP-SPA）作为第二抗体的间接免疫酶法等检测狂犬病病毒抗原和抗体，可达到特异、敏感、快速、简便的要求，值得推荐使用。

七、防制

（一）控制和消灭

带毒犬是人类和其他家畜狂犬病的主要传染源，因此对家犬进行大规模免疫接种和消灭野犬，是预防狂犬病的最有效的措施，在流行地区给家犬和家猫普遍接种疫苗，对患猪和患狂犬病死亡的猪，一般不剖检，应将病尸焚毁或深埋。

（二）咬伤后防止发病的措施

猪被可疑动物咬伤后，首先要妥善处理伤口，用大量肥皂水或0.1%新洁尔灭溶液冲洗，再用75%酒精或2%～3%碘酒消毒。局部处理越早越好；其次被咬伤后要迅速注射狂犬病疫苗，使被咬动物在病的潜伏期内就产生免疫，可免于发病。

第十五节 非洲猪瘟（African swine fever，ASF）

非洲猪瘟是猪的一种病毒病，其特征是死亡率高，皮肤有变红的区域和内脏器官严重出血。其病型可分为最急性、急性、亚急性、慢性和隐性型。临床症状与古典型猪瘟十分相似，只有用实验室方法才能进行可靠的鉴别诊断。非洲猪瘟是世界动物卫生组织（OIE）规定的15种A类传染病之一。

非洲猪瘟1909年在东非肯尼亚首次在欧洲移民带来的家猪群中被发现后，1909-1912年共暴发了15次，死亡率高达98.9%。1933年在南非西开普省的1100头猪群中再度暴发。1957年该病在葡萄牙发生，这是首次在非洲大陆以外地方发生，对全球形成了威胁。1960年传到了西班牙，1964年又在法国暴发，1967年该病侵入意大利。此后，1978年又相继在马耳他和撒丁岛发现。该病在西半球首次出现是1971年在古巴暴发，1978年传到巴西，1979年又在多米尼加和海地发生。1985年比利时和1986年荷兰相继暴发此病。至今非洲猪瘟在西班牙、葡萄牙和意大利及非洲一些国家仍然时有发生。该病给一些国家的养猪业带来了巨大的经济损失，有些国家的养猪业甚至受到了毁灭性的打击。我国是世界上养猪最多的国家，虽然至今尚未发生该病，但在国际贸易和旅游活动日益频繁的今天，应对该病的传入保持高度警惕，必须严加防范。

一、病原学

非洲猪瘟病毒（ASFV）过去在分类上划为虹彩病毒科，原因是它们的形态相似，但其DNA结构及复制方式则与痘病毒相似。因此，1995年第六次国际病毒分类委员会（ICTV）报告将其归为痘病毒科的类非洲猪瘟病毒属。也有人建议将其单独列为非洲猪瘟病毒科。它是目前惟一的DNA虫媒病毒。至今还没有发现与ASFV血清学相关的病毒。成熟的ASFV直径约为175～220nm，完整的病毒颗粒氧化铯浮密度为$1.23g/cm^3$。病毒粒子呈20面体对称，外有囊膜，衣壳内部呈几个同心圆结构。基因组为双股的线状DNA，大小为170～190kb。DNA分子具有共价的闭合末端，并有倒置末端重复子及发夹结构。基因组的中央部分约有150kb为保守区，而末端为可变区。全基因序列由170 101个核苷酸组成，有151个开放阅读框，编码5个多基因群。ASFV是一个很复杂的病毒，已被鉴定的结构蛋白有28种，在被感染的巨噬细胞中，已被鉴定出100种以上的病毒诱导蛋白，其中至少50种能与感染猪或康复猪的血清反应，40种能与病毒粒子相结合。这些蛋白如P73、P54、P30和P12有很好的抗原性。虽然还不清楚这些蛋白在诱导保护性免疫反应中所起的作用，但它们是很好的抗原，可用于ASF的血清学诊断。

在猪体内ASFV可在几种类型的细胞胞浆中，尤其是在网状内皮细胞和单核巨噬细胞中复制。该病毒能在钝缘蜱体内增殖，并且钝缘蜱主要的传播媒介。

初次分离病毒时，可用猪的白细胞和骨髓细胞培养，当适应后，即可用一些传代细胞系，如PK-15、MVPK、Vero、BHK-21等细胞进行繁殖。在用外周血的巨噬细胞培养分离病毒时，这些培养物中的红细胞被感染细胞吸附形成玫瑰花状或桑套体状，这种现象是特异性的。

ASFV在自然环境中抵抗力很强，从放在室温下15周的腐败血清中及放在4℃18个月到6年的血液中能分离到此病毒，还从加工后贮存5个月的火腿和贮存了6个月的火腿的骨髓中发现了ASFV。暴发非洲猪瘟后全群扑杀的猪场圈舍中3个月后仍能发现病毒。某些毒株在pH1.9～13.4范围内2h或更长时间内可保持活性。在60℃20min及在多数脂溶剂中可灭活ASFV。

经交叉免疫试验、红细胞吸附抑制试验和病毒基因组的限制性酶切分析，表明各个病毒分离物之间存在着明显的差异，但有些抗原蛋白，如主要结构蛋白W73是所有病毒分离物都存在并且是相当稳定的。在感染ASFV的动物血清中，发现有沉淀抗体、补体结合抗体和红细胞吸附抗体，也能发现中和抗体。

二、流行病学

至今，只发现猪和钝缘蜱（*Ornithodoros*）可自然感染ASFV。在非洲已多次从统猪和丛林猪中分离到ASFV。除此之外，还发现其他地区野生猪科动物可感染ASFV，如欧洲野猪和美国东南部野猪。西班牙一个调查表明，因家猪接触野猪引起的ASF暴发占5.8%。现已证明，钝缘蜱可将ASFV实验性地传播给健康易感猪。在疵猪洞穴里采集的毛白钝缘蜱（*Ornithodoros moubata*）或叫猪钝缘蜱猪亚种（*Ornithodoros porcinusporcmus*）中分离到了ASFV，并明确了病毒在蜱体内的生长期以及在交配和卵中的传播方式。毛白钝缘蜱具有真正生物媒介的一切特性，在蜱中能水平传播和垂直传播。通过食入感染组织传播病毒已被证实。现已确认，经带毒的毛白钝缘蜱的叮咬可将病毒传给家猪。

一旦ASF发生于家猪就会通过家猪之间的直接接触而传播。因为病毒在血液、尿和粪中非常稳定，所以通过人、车辆、生产工具机械性传播病毒是完全可能的。最近研究表明，在短距离内可以发生空气传播。本病的远距离传播几乎总是因为感染猪的转移或饲喂含有感染猪组织的残羹而引起。由于这种病毒能保留在经加工的猪肉制品中，因此用国际航班、轮船上的泔水和剩余食物喂猪常可导致本病发生。近年来暴发的ASF大多是由于猪场饲喂了国际航班上的潜水而引起的。

三、临床症状

自然感染的潜伏期为5 ～15d。人工感染根据病毒剂量和感染途径，为2～5d。

临床症状上本病与其他几种猪病尤其是猪瘟和猪丹毒有相似之处。根据病毒毒力、感染剂量和感染途径，本病的临床表现差别很大，从最急性型到隐性型各种现象都有，分述如下。

1. 最急性型　常未见任何症状就突然死亡，有时可见体温升至41～42℃，呼吸急促，皮肤充血、出血，病猪死亡率可达100%。猪一旦被感染，体温突然升高至40.5℃，高热持续4d，饮食活动不见异常，随后体温下降，才开始出现全身衰弱，腹泻，便血（图2.2.15-1），耳、背部皮肤有紫绀区（图2.2.15-2），鼻孔出血（图2.2.15-3），白细胞常减少。

2. 急性型 在4～6d的潜伏期后病猪可见突然高热，持续3～4d后有些猪死亡，有些猪继续高热。在发热初期，病猪表现正常，能继续采食。后即表现厌食，显著委顿，站立困难，行动无力，呼吸急促，时有咳嗽，皮肤充血并发绀，尤其是耳部、肢端和腹部皮肤，呈范围广泛不规则形的淤斑、血肿和坏死斑。病后期常发生严重的出血性肠炎，可出现腹泻和血便。死亡常在出现高热的7d内发生，在死亡前24h内，常见体温显著下降，病猪昏迷不醒。

3. 亚急性型 症状与急性型很相似，差别在病的严重程度和病期的长短。6～12d潜伏期后，病猪体温升高，高热可能持续几天，或者体温呈不规则的波动。母猪常见有流产现象。病猪常在症状出现后6～10d内死亡，死亡率可达60%～90%。

4. 慢性型 病猪一般表现委顿，体温39.5～40.5℃，呈不规则波浪热，还可见肺炎、呼吸困难等。皮肤可见坏死、溃疡、斑块或小结，耳、关节、尾巴和鼻、唇等处可见坏死性溃疡脱落。腿关节呈无痛性软性肿胀，也见于颈部。病程可持续1月或数月，或除生长缓慢外，无其他任何症状。大部分病猪都能康复，并终身带毒。

5. 隐性型 在非洲野猪中很常见，在家猪中可能是由于感染了低毒力野毒所致，或是由于亚急性或慢性型康复后演变而成。常为散发性病例，病程缓慢，外观体征健康，并无异常，实际上带毒，临诊无法确诊。这类隐性带毒猪有引起本病流行的潜在危险，必须引起高度警惕。

四、病理变化

ASFV通常经由口鼻途径传递，蜱的叮咬，皮肤擦伤，肌肉、皮下、静脉和腹腔注射均可引起感染。病毒首先感染扁桃体和颌下淋巴结的单核细胞和巨噬细胞，随后通过该部的淋巴液和血液而到达靶器官（淋巴结、骨髓、脾、肺、肝和肾），进一步增殖。感染后6～8d形成病毒血症，并维持很长一段时间。

病毒能与红细胞和血小板结合，在感染猪体内导致吸附血细胞。病猪的出血现象主要是由于血管的通透性增强所致。急性病例中淋巴细胞减少的机理与淋巴器官的T区淋巴细胞凋亡有关，但还不能证明病毒能在T细胞和B细胞中复制。在急性和亚急性型后期，肺血管内巨噬细胞激活而引起肺泡水肿，是死亡的主要原因。

眼观病理变化：淋巴结严重出血，尤以胃（图2.2.15-4）、肝、肾、肠等所属淋巴结最为严重；脾严重充血、肿大，可达正常脾的5倍以上，呈黑紫色、质度柔软（图2.2.15-5）；肺水肿及充血，有实变（图2.2.15-6）；心包腔中积有大量液体。喉头黏膜发绀，会厌软骨见出血斑点，偶见水肿；气管前部的黏膜散在小出血点，气管、支气管腔中积有大小不等的泡沫。心肌柔软，心外膜及心内膜下散在小出血点，有时可见广泛出血，心肌常见出血（图2.2.15-7）。胃和肠黏膜有炎症和斑点状或弥漫性出血变化（图2.2.15-8），或有溃疡。肝脏淤血，实质变性，与胆囊接触部间质水肿。胆囊肿大、充满胆汁，胆囊壁因水肿而明显增厚，其浆膜和黏膜有出血斑点。肾脏出血一般比猪瘟轻（图2.2.15-9）。约30%病例的膀胱黏膜有出血点（图2.2.15-10）。脑膜充血、出血。

组织学变化：镜下单核细胞的核破碎是非洲猪瘟组织炎症变化的特征，淋巴结触片可见单核细胞严重核破碎。

淋巴组织变性是急性ASF最突出的显微病变，常可见皮质、髓质区和滤泡间区有固缩的细胞核。在亚急性和慢性病例中，淋巴结、脾和肝窦的网状内皮细胞的增生是特征性变化。

五、诊断

ASF的症状、病变与其他出血性猪病如猪瘟、猪丹毒、败血性沙门氏菌病等相似，它们的亚急性型和慢性型在生产现场实际上是无法区别的，因而必须用实验室方法才能确诊。现场如果发现尸体剖检的猪出现脾和淋巴结严重出血，形如血肿，结合流行病学资料，可以初步怀疑为ASF。

在实验室诊断中，ASFV抗原的检测常用红细胞吸附试验（HAD）、直接免疫荧光试验（DIF）和琼脂扩散沉淀试验（AGP）。一般认为，HAD是ASF确诊性的鉴别试验，并且是从野外样品分离病毒应用最广泛的方法。用DIF可在组织抹片和冷冻组织切片，在1h内检出病毒。

ASFV抗体检测常用的是间接免疫荧光试验（OIF）、酶联免疫吸附试验（ELISA）和免疫印迹测定（IB）等。

非洲猪瘟诊断的一般程序：疑似非洲猪瘟的样品送到实验室后，通常是用直接免疫荧光试验来检测病毒抗原和用间接免疫荧光试验检测血清中或组织浸出液中的抗体。做这两种试验只需数小时，且此两种方法联用的检出率可达95%～98%。样品量很大时，可用酶联免疫吸附试验来检测抗体。检测出阳性结果后，如样品来自非疫区，还必须做动物接种试验。在任何情况下必须以两种或两种以上不同方法的结果为依据才能确诊。为此，送实验室的样品必须有足够的量。初诊要送检肝、脾、淋巴结、全血和血清，并要妥善保存。无非洲猪瘟的国家，其检验结果，还应设法得到国际公认的非洲猪瘟咨询实验室的确诊。

PCR技术：DNA的检测是用病毒基因组的高度保守区基因片段作为引物的，利用PCR技术对分离到的ASFV毒株进行检测是可行的。人们已经用PCR技术从所有已知的ASFV分离株进行病毒基因型鉴定，其中包括那些低毒力毒株以及不能产生红细胞吸附现象的毒株。此法特别对那些不适用其他诊断试验的样品（例如存在于腐败组织中已灭活的或已降解的ASFV）中的DNA鉴定有应用价值。其阳性对照使用克隆的病毒DNA来代替活病毒，所以更为安全。在ASF诊断技术中，这是一种既快速又准确的新方法。

六、防制措施

目前尚无有效的疫苗可供应用。灭活苗对猪没有任何保护作用。弱毒疫苗虽然可以保护部分猪对同源毒株的攻击，但也有些猪可能成为带毒猪或出现慢性病变。西班牙和葡萄牙的成功经验证明，在扑灭本病的方案中，疫苗不是主要的，在流行地区疫苗的作用也很有限。特异性抗体似乎不能中和病毒。核苷酸全序列分析研究有可能找到与保护性免疫有关的某些基因。

由于上述原因，在无本病的地区或国家要极力阻止ASFV的侵入，在港口和国际机场等场所要严加防范。我国尚未发现本病，要严禁从疫区进口活猪及其产品。加强血清学检查，应认识到感染低毒株的猪不会显示病状或病变。确诊为感染本病猪群必须全部扑杀。凡无本病的国家怀疑发生本病，由于诊断需时较长，可不必等待实验室诊断结果，扑杀怀疑猪场的全部猪群，并采取适当的兽医卫生措施，防止疫情扩散。消毒可使用热氢氧化钠液（80～85℃）喷洒，或用1.5%甲醛溶液或含有5%活性氯的消毒剂喷洒，每平方米表面用药液1 000mL，并保持3h。

第十六节　猪脑心肌炎病（Porcine encephalo myocarditis，EMC）

脑心肌炎是一种人畜共患病，是由脑心肌炎病毒（EMCV）引起的猪、某些啮齿类动物和灵长类动物的一种以脑炎和心肌炎为特征的病毒性传染病。

一、病原

脑心肌炎病毒（encephalo myocarditis virus，EMCV）属于小核糖核酸（RNA）病毒科（Picornaviridae）心病毒属（Cardiovirus）成员。是一种微小的RNA病毒。病毒粒子大小约25nm，含有单股RNA，呈二十面体对称，无囊膜，在氯化铯中的浮密度为1.33～1.34g/cm。

本病毒可在鸡胚内繁殖生长，并引起鸡胚死亡，也能在鸡、小鼠、猴、仓鼠、猪和牛的细胞中培养生长，可产生细胞病变。各株病毒的蚀斑大小不一致，致病性也有差异。本病毒能凝集绵羊红细胞，这种血凝作用可被特异性免疫血清所抑制。

EMCV对热有一定抵抗力，60℃30min可灭活。-70℃很稳定。能抵抗乙醚，在pH3.0稳定。冻干或干燥后可失去感染性。

二、流行病学

易感性：EMC病毒最初是从黑猩猩体内分离出

来的。它分布广泛，能够感染多种动物和人。啮齿动物的肠道可能普遍带毒，大鼠可能是EMCV的主要储存宿主。1960年Murnane等人，在巴拿马从具有临床症状的病猪体内首次证实了EMCV对猪的感染性。以后的研究发现，这是一种分布于世界范围的危害性较大的人畜共患传染病。EMCV可感染小鼠、大鼠、松鼠、猪、大象、猴、牛、马等多种动物。人也可以被感染。仔猪易感性强，20日龄内的仔猪可发生致死性感染。成年猪大多数呈隐性感染。因不同EMCV毒株的致病性有差异，所以猪的发病率和死亡率也不定，一般发病率1%～50%，死亡率最高可达100%。

传染源：EMC的发生与鼠数量以及患病鼠只数有十分密切的关系。当用与感染鼠接触的饲料及饮水饲喂动物时，可能引起动物的感染和发病。病猪的粪便中病毒含量较低。实验感染死亡的猪，可从许多器官分离到病毒，以心肌内病毒含量最高，其次为肝、脾等器官。

传播途径：病畜的排泄物污染的饲料和饮水可能是仔猪感染的一个主要原因。研究表明，EMCV也可经胎盘感染 。

流行特点：EMCV对新生仔猪的感染性与致病性都很强，往往引起新生仔猪的死亡。一方面是由于新生仔猪心肌组织对此病毒敏感，另一方面是由于通过吮乳所获得的母源抗体消失。成年猪对EMCV不易感，即使感染，通常也不表现临床症状，可能是由于成年猪的免疫力 强所致。在一些国家，应用中和试验和免疫扩散试验等血清学诊断方法从正常猪血清中检测到抗EMCV的抗体，这说明，大多数情况下，EMCV在猪体内呈亚临床感染，并不表现临床症状。

三、临床症状

猪的EMC在临床上往往是亚临床感染。急性发作的猪可见短暂的精神沉郁、拒食、震颤、步态蹒跚、麻痹、发热（41～42℃）、呕吐，下痢、呼吸急促、虚脱，往往是在吃食或兴奋时突然倒地死亡。EMCV究竟主要引起脑炎还是心肌炎与猪的易感性和EMCV的毒株有关。临床上主要是仔猪发病。除造成仔猪死亡外，EMCV还可引起母猪以产木乃伊胎和死产为特征的繁殖机能障碍。在发病期间或过后，猪群中仔猪或生长猪的死亡率可能没有明显增加，但木乃伊胎和死产的发生率都可能将有明显的增多。

四、发病机理

经口腔感染的猪，在感染后第2天到第5天，可发生毒血症，并持续2～4d。在肠系膜淋巴结和脾脏可发现较多的EMCV病毒，据此可以认为淋巴组织是该病毒的一个复制场所。

从实验病例和自然病例的许多器官都能分离到EMCV，尤以心肌含量最高。其次为肝脏、脾脏、肾脏和胰腺，其病毒含量常是血液的10到100倍。这表明，一些病毒的复制就在这些器官中。相比之下，脑中的病毒含量是很低的。一小部分耐过急性期而几周后死亡的猪，已分离不到病毒。

五、病理变化

死于EMC的猪的病理变化都相似。尸体解剖时，仔猪胃内有正常的凝乳块，胸腔和腹腔内有深黄色液体，肺脏和胃大弯水肿，肾皱缩，被膜有出血点，肝脏也呈皱缩状态。脾脏缺血萎缩，比正常脾脏小一半。肾淋巴结、胃黏膜、膀胱充血，胸腺有小的出血点。心肌弥散性灰白色，心肌柔软，右心扩张，心室肌可见许多散在的白色病灶，2～15mm，线状或圆形，或为界线不清的大片灰白色区，偶尔可见白垩样斑。

组织学检查，心肌发生局灶性间质性心肌炎，病灶中心的心肌纤维溶解，肌膜和胞核尚且保留，心肌坏死灶中有淋巴细胞、单核细胞或少量嗜中性白细胞浸润。无化脓现象。病程较长者，心肌病灶可发生钙化或机化。少数病例可见到轻度的弥漫性亚急性脑膜脑炎的变化。肺泡上皮下间质细胞过度增生并伴有巨噬细胞聚集。肾脏和肝脏充血。

六、诊断

临床上此病主要发生于新生仔猪，发病突然，迅速死亡，无先期症状。死亡猪心肌有特征性病变，可见心肌变性、坏死。发病猪群饲料多有被鼠偷食、或被患猪或鼠分泌物和排泄物污染的历史。根据临床症状和特征性病变，结合流行情况，可做出初步诊断。

进行实验室诊断时，可采取急性死亡猪的心脏、脑、脾等组织分离病毒。用BHK_{21}单层细胞培养，用病猪的心、脑、脾、淋巴结等组织制成的10%悬液，接种小鼠（脑内、腹腔内、口内或肌肉内接种），经4～7d死亡，剖检可见心肌炎、脑炎和肾萎缩等变化；接种6周龄仔猪，每头猪肌肉注射40mL，可引起接种仔猪死亡。BHK_{21}细胞或胎鼠成纤维细胞分离培养的病毒可用中和试验进行鉴定。猪体内血清抗体的检测可用血凝抑制试验和中和试验。也可用鼠中和试验检测病猪是否感染了EMCV。方法是设对照和试验鼠各一组，对照组鼠腹腔接种病料悬液，而对试验组鼠接种病料和EMCV抗血清的混合液，此方法阳性结果为对照组鼠发病致死，而试验组健活。

临床诊断时，要注意与白肌病、猪水肿病及败血性心肌梗塞相区别。

七、防制

EMC是一种自然疫源性人畜共患传染病。目前尚无有效治疗药物和疫苗，主要靠综合性防疫。应当注意严防野生动物，特别是啮齿类动物偷食或污染饲料与水源。猪群发现可疑病猪时，应立即隔离消毒，进行诊断。病死动物要迅速作无害化处理，被污染的场地应以含氯消毒剂彻底消毒，以防止人的感染。耐过的猪要尽量避免骚扰，以防因心脏的后遗症而导致死亡。容易使猪的吻突或蹄的表皮造成擦伤和伤害的物品或地面应予排除，因为这些有助于病毒的侵入。

第十七节　猪水疱性疹（Vesicular exanthema of swine，VES）

猪水疱性疹（VES）是一种发生于猪的急性热性并具有高度传染性的病毒性传染病。本病的主要特征表现为猪的口、唇、齿、眼、舌、腮、鼻镜及四肢的蹄踵和趾间部皮肤勃膜出现水疱性炎症。因此在临床上很难与口蹄疫、水疱病、水疱性口炎相区别。

一、病原

猪水疱性疹病毒属于嵌杯病毒科（Caliciviridae）水疱疹病毒属（Vesivirus）的成员，其直径为35～40nm，电镜下可见病毒粒子呈立方形，无囊膜，由32个壳粒组成对称的20面体。病毒主要存在于感染细胞的胞浆中，且经常呈结晶状排列。

本病病原的各种型都很容易在猪、马、狗和猫的肾、皮肤或胚胎组织中培养生长，并能产生典型细胞病变（CPE）。在猪肾培养物的单层细胞上，可出现两种大小的蚀斑。一般大蚀斑型病毒对所以易感动物有毒力，且对猪的毒力更强。而其他形成小的，较小的或非常小的蚀斑病毒均无毒力。通常从临床上有可见病变的病料中分离出的病毒总是在细胞培养中形成大蚀斑。而从临床症状消失后的淋巴结中分离到的病毒主要形成小蚀斑，但并不全是小蚀斑。有趣的是，经蚀斑纯化后的小蚀斑病毒，接种动物可使其产生特异性免疫，因此，可用小蚀斑型病毒作疫苗，但应注意的是当少量大蚀斑型病毒占优势时，疫苗则就具备了致病力。

猪水疱性疹病毒目前至少有13个血清型，它们彼此之间无交叉免疫保护，对猪的致病力没有差别。病毒的多型性只在美国的加利福尼亚州有发现，自1952年以来有此病发生的其他地区，只鉴定出B型。

本病毒抵抗力较强。在冰箱中能存活2年，在室温下可存活6周，污染有本病毒的肉屑在7℃保存4周后仍有较强的感染力。若贮存在-70℃的条件下，则可保持感染力达18年之久，即使将这些污染的肉屑以84.4℃，10磅压力处理也不能破坏其感染性。病毒可经62℃60min或64℃30min灭活。用2%的氢氧化钠溶液可杀灭病毒。本病毒不被弱的去污剂所破坏，但有些成员可被胰蛋白酶灭活。高浓度的镁离子可加速热灭活。必须认识到在严重的污染猪场，除非采用非常的消毒措施，否则数月之内圈舍内SVEV仍具有高度的传染性。

二、流行病学

1. 易感性 目前仅发现猪是唯一感染本病的家畜，其他动物的发病仅仅是通过人工接种的实验手段获得的，如人工接种试验可以感染马、狗、海豹和灵长类动物，仓鼠腹部皮内注射，也可引起局限性水疱疹。牛、绵羊、小鼠、大鼠、豚鼠和鸡等其他动物无论是自然感染还是人工接种均不发生本病。

2. 传染源 该病传染源主要是病猪、带毒猪及其产品。隐性感染的猪均是本病病原的主要携带者。另外，某些海生和陆栖哺乳动物也可能是本病病原的携带者。具体是哪些动物还有待进一步研究。

3. 传播途径 已知猪水疱性疹是通过直接接触污染物传播。通常新猪群暴发的所有猪水疱性疹都是通过喂饲从猪场外面运来的未经煮熟的食物下脚料而引起的。病毒主要存在于病猪水疱皮、水疱液和多数组织中，血液、粪和尿中也可排出少量病毒。

4. 发现历史与现状 本病最早发现于1932年的美国加利福尼亚州，1953年后蔓延到美国其他各州，造成很大的经济损失，1959年美国宣布消灭本病，其他国家和地区除冰岛和夏威夷有两次暴发外，未见有其他的报道。现在越来越多的证据表明本病起源于海洋，因为从许多海洋生物，如红鼻海豚、海狮、海象、海豹、海狗等动物体内分离出了本病病原。在我国还未发现本病，但由于我国有着广阔的海岸线，所以有可能存在潜在的威胁，所以应引起注意。

三、临床症状

潜伏期一般为4d，有时长达12d。病初体温升高并稽留在40～42℃，食欲下降，初期水疱外观苍白、隆起，直径5～30mm，隆起高度约10 ～20mm。水疱首先表现充血，随后充满透明或橙黄色液体，有时小水疱相互融合形成较大的水疱，水疱经几天后自行破溃，暴露出有鲜红、苍白和黄色纤维性渗出或坏死的真皮糜烂面，随后体温下降，渐渐干涸形成褐色干痂，经7～10d，干痂脱落，遗留轻微的疤痕。通常5～7d内痊愈，同时体温恢复正常，疼痛、肿胀随之减轻，动物趋于恢复。病初在猪的唇、齿龈、舌、腭、鼻镜、乳腺以及四肢的蹄冠、蹄踵和趾间，病猪的乳头等部位，多数猪在典型症状出现前大约12h有一个发热期。

本病的病程较短，口部病变痊愈的比较快，但蹄部病变则可由于有继发性的细菌感染而引起持续几周的跛行。在一个受感染的猪群中，此病可持续几星期到几个月。成年的猪死亡率很低，但哺乳仔猪往往死亡率高。据报道乳猪的死亡是由于它们鼻孔中形成的水疱窒息所致，或者由于母猪不泌乳而饿死。

四、发病机理

该病毒主要在皮肤的上皮层增殖。在此过程中，单层扁平上皮细胞胞浆肿胀，最终产生空泡变性。同时伴以核浓缩和核破裂，局部细胞的坏死使病毒得以在细胞间传递，从而扩散周围组织的许多细胞。这个过程在整个上皮层的不同部位重复进行。感染细胞的坏死、崩解使得上皮穿孔，破溃口则被较为完整的上皮细胞包围，后者往往呈现细胞退化的早期变化，表现为细胞间桥拉长及明显的细胞间水肿，皮下组织表现为充血、水肿，有时出血。上皮的基层发生大量多核巨细胞的浸润。由于病毒增殖而导致上皮基底层的这种进行性变化，伴随着水肿液压力的增加，则使皮肤表面的较完整细胞层突出，产生特征性的水疱。迄今未有发现包涵体的报道。

五、病理变化

肉眼病理学变化主要表现在病变皮肤部位。主要表现为水疱、破溃面、糜烂面。组织病理学变化主要表现在病变皮肤的单层或复层扁平上皮细胞明显肿胀，发生水肿变性，随后细胞坏死、溶解，并出现细胞间水肿，以至于表皮与真皮脱离而形成特征性水肿。局部淋巴结充血、水肿，大量淋巴细胞变性、坏死。水疮液、水疱皮和淋巴结中含有大量的病毒，有时血液中也可见到少量病毒。

上面提到的皮肤上形成水疱是该病毒引起的主要病变，此时淋巴结往往有大量淋巴细胞受到破坏，并有淋巴结的充血和水肿。因为在组织培养时可获得高浓度的病毒，推测病毒可能在淋巴结复制或浓缩，水疱液和水疱皮富含病毒，有时血液中可见少量病毒，这意味着可能来自其他病灶，并确实可将病毒传到次级病灶，破溃水疱可向环境中释放大量具有感染性的病毒，这是疾病在动物间传播的主要方式。镜检，可见皮肤水疱部的上皮细胞首先呈明显肿胀，胞浆呈水疱变性，随后细胞发生坏死，溶解，并出现细胞间水肿。此时表皮和真皮脱落，形成特征性水疱。

六、诊断

根据病猪发热、形成水疱、跛行、厌食和高烧等临床症状和病理变化，可初步诊断本病。但由于本病临床表现与口蹄疫、水疱性口炎及猪水疱病极为相似，因此，确诊本病主要依靠实验室诊断。常用的诊断方法有：病毒分离鉴定、中和试验、琼脂扩散试验、补体结合试验、ELISA和乳鼠接种试验等。这些方法既可以诊断病毒、抗原，也可诊断抗体。发现可疑情况时，取水疱液、水疱皮进行上述试验即可确诊。此外，诊断本病时还应注意与猪痘、古典猪瘟、伪狂犬、猪细小病毒感染、欧洲防风或芹菜接触性皮炎、化学烧伤、钝伤及鹅口疮口炎等疾病相区别。

七、防制

由于目前尚无预防本病的疫苗，因此，采取加强管理、时刻防范、及时发现及就地扑灭等措施就显得格外重要。目前还无法治疗SVE。发病时只能采取对症治疗的办法，并加强消毒、隔离和饲养管理，防止继发感染。

由于本病仅在世界少数国家和地区发生，而且我国尚未发现本病， 控制本病的重要措施是禁止从疫区引进活猪及其产品，特别是要严格控制进口种猪，杜绝引进发病猪和带毒猪，加强交易时动物及其产品的检疫，加强口岸隔离检疫，防止将病原体带入无本病发生的地区，特别应对运输工具及屠宰下脚料等进行严格消毒，饮水必须煮沸消毒后，方可喂猪。一旦发现并确诊该病，应及时上报疫情，并以“早、快、严、小”的原则实行紧急隔离封锁，扑杀患病动物及其可能感染的动物群，对其污染的物品及扑杀后的动物尸体进行销毁或无害化处理。环境、猪舍及所有用具应用1%～5%过氧乙酸、5%氨水或2%氢氧化钠等溶液进行严格多次彻底消毒。充分消毒8周后，经试养无发病猪时，方可重新养猪。

我们可参考以下美国的防制方法：

1. 受感染猪群，在猪群活动性疾病的一切迹象都消失后至少两周以内不准送屠宰场。

2. 制定和实施有关煮熟食物下脚料的法律。这无疑是最有效且切合实际的方法。如果这些法律能够全面实施，就能很快的把此病从家猪中消灭掉，而且它也能部分地除掉FM感染的危险，大大减少旋毛虫对人的威胁，以及有助于猪瘟的控制。

第十八节　猪水疱性口炎（Swine vesicular stomatitis）

水疱性口炎是由水疱性口炎病毒引起的一类急性、热性的人畜共患传染病。其主要特征是在病畜的口腔黏膜发生水疱，并从口腔流出泡沫样口涎。有时在蹄冠和趾间皮肤上亦发生水疱。

本病最早于1821年发生于北美，之后又在南非发生。1916年第一次世界大战时经美国军马传至欧洲，以后在非洲、南北美洲广泛流行。亚洲也曾有本病的发生。

一、病原

水疱性口炎病毒（Vesicular stomatitis virus）属于弹状病毒科（Rhabdoviridae）水疱 病毒属（Vesiculovirus）。病毒粒子呈子弹状或棒状，有囊膜，单股RNA病毒。病毒粒子大小为176nm×69nm，好象头顶着一个球形颗粒的盘绕起来的有头的丝。纯化后的粒子呈明显的圆筒形。用补体结合试验和中和试验，至少可分为两个型：即新泽西型和印第安纳型，两型无交叉免疫反应，后者又可分为三个亚型。

本病毒可在鸡胚绒毛尿囊膜、尿囊内、卵黄囊内生长，并于1～2d时使鸡胚死亡。也可在鸡胚细胞、牛、猪、恒河猴、豚鼠以及其他动物的原代细胞上生长，并引起细胞病变。本病毒在组织培养中较口蹄疫繁殖快，对各种培养细胞有迅速的破坏作用，能在单层细胞上形成空斑。人工接种牛、马、绵羊、兔、豚鼠等动物的舌面，均可发生水疱。牛肌肉内接种不引起发病，小鼠或豚鼠脑内接种，可引起脑炎而死亡。接种于豚鼠脑内后可引起脑炎致死，肢趾部皮内可引起红肿和水疱。皮下接种4～8d龄乳鼠可使之死亡。

水疱性口炎病毒对外界抵抗力不强，在直射阳光或紫外线照射下迅速死亡。在37℃下不能存活4d。在58℃下30min灭活。在4～6℃的土壤中能长期存活。在pH4～10之间表现稳定，本病毒对化学药物的抵抗力较口蹄疫病毒略强，2%的氢氧化钠或1%的福尔马林溶液能在数分钟内迅速杀灭本病毒。0.1%的升汞或1%石炭酸则需6h以上才能杀死它。病毒在5%甘油磷酸盐缓冲液内（pH7.5）可存活四个月。由于本病毒囊膜含有大量的磷脂，所以它对乙醚非常敏感。

二、流行病学

易感性：在自然条件下，马、牛、猪、人均易感。幼龄猪比成年猪易感，随年龄的增长，其易感性逐渐降低。实验证明，易感宿主可因病毒型不同而有所差异。猪主要对新泽西型病毒比较易感，而印第安纳型病毒不引起猪发病。

传染源：病畜及患病的野生动物是本病的传染源。病毒从水疱液和唾液中排出，在水疱形成前96h，就可以从唾液排出病毒，散播传染。

传播途径：本病的病原主要经损伤的皮肤黏膜和消化道侵入机体。污染的饲料、饮水，双翅目的昆虫（厩蝇、虻、蚊等）都可间接的传播本病。

流行特点：此病在自然条件下发生于马、牛和猪。从前，它最多见于马，但近年来它却主要发生于牛。直到最近此病在猪仍属罕见，但现已获悉此病在有些地区的猪群中流行。本病在美国和加拿大的流行特点是，只在七、八、九和十月见有暴发，发生率以九月为最高。此病在秋天的严霜后马上消失。在靠近热带的地方全年发生过普遍流行（如墨西哥、阿根廷、巴西等）。因此有人认为本病的发生与温度季节有明显关系，其中以夏季温度高时最易暴发。

三、临床症状

本病的潜伏期，一般为3～4d。猪患本病时，体温先升高，可达40.5～41.6℃，同时在口腔、鼻端和蹄部出现水疱，由于水疱很容易破裂，所以此期非常短暂，随后表皮脱落，只留下糜烂和溃疡灶，体温也在几天内恢复正常。有些由于再次感染导致体温升高可持续一周或更长时间。病猪在口腔和蹄部病变严重时，可引起轻微的食欲减退和精神沉郁。当蹄部病变继发感染时，可导致蹄壳脱落，露出鲜红出血面，临床上出现明显的跛行。没有并发症的情况下，本病在1～2周内就可康复，一般转归良好，不留疤痕和其他永久性损伤。在继发感染情况下，会延长本病的康复时间，病猪康复后，具有一定程度的免疫力，在血液中较长期存在中和抗体和补体结合抗体。

四、发病机理

实验证明，病毒不能透过完整的上皮表面，只有在皮肤黏膜受到损伤时，才能侵入机体，病毒侵入细胞一般有两种方式，一种是细胞表面的膜凹陷，将整个病毒粒子包围吞入胞浆内形成吞饮泡，吞饮泡内的病毒粒子在细胞酶的作用下裂解释放核酸于胞浆内；另一种是子弹形病毒粒子的平端吸附于细胞表面，病毒囊膜与细胞膜融合，释放核衣壳于细胞浆内。病毒一旦透过上皮表层，即在皮肤内产生原发病变，同时在较深的皮肤层，尤其是棘细胞层，病毒进行大量的复制，并于细胞膜上出芽（也可能在胞浆内空泡膜上出芽）进入到扩张的细胞间隙，感染相毗连的细胞。病毒可引起细胞损害，使其渗透性改变，而导致表皮与真皮脱离，形成肉眼可见的水疱病变。病变可扩散到整个生发层，病毒常破坏柱状细胞层和基底膜，但并不明显的破坏这些细胞的再生能力。虽然在真皮和皮下组织中有充血、水肿和白细胞浸润，但病毒造成的原发性损伤通常并不侵入这些区域。如果出现继发性感染，其损伤可能扩散到深层组织而引起化脓和坏死。在无并发症情况下，上皮细胞迅速再生，通常1～2周康复而不留疤痕。

五、病理变化

由于本病不引起死亡，所以无明显的内脏病理变化。

组织学检查，病变始于棘细胞层上皮，细胞间桥伸长和细胞间隙扩张形成海绵样腔，使细胞变小并彼此分离，腔内充满液体，随着腔的融合而形成水疱。在水疱中有胞浆破碎的感染细胞、外渗的红细胞和以嗜中性粒白细胞为主的炎症细胞。病变可累及到基底层细胞和真皮层上部，呈水肿和炎性变化。在水疱破裂后，存留的基底层再生上皮向中心生长，最后修复。镜下细胞的主要表现为棘细胞间水肿，棘细胞中层细胞坏死。坏死细胞浆呈强嗜酸性，核浓缩。在黏膜上部的水肿区，特别是坏死区见炎性细胞浸润。

电镜超微结构观察，表现受害的角质细胞内含有很多桥粒，胞浆内出现空泡，胞浆中张力原纤维减少，胞膜变厚，胞浆皱缩，胞浆间桥变得明显，常见球形或三角形胞浆碎块以桥粒与包膜相连，在游离角化细胞周围有嗜中性白细胞、细胞碎屑和液体围绕。

六、诊断

根据发病季节（夏季温度高时），发病率和病死率低，在病畜的舌面、唇部黏膜上发生水疱及流涎的特征性症状，可作出初步诊断。本病与猪口蹄疫、猪水疱病、猪水疱性疹极相似，临床上几乎无法鉴别，所以要想确诊本病，并与其他疾病相区别，必须结合实验室诊断。

实验室诊断：可用病畜水疱或感染组织乳剂接种鸡胚或组织培养细胞来分离培养病毒。分离出的病毒可用中和试验、补体结合试验、琼脂凝胶扩散试验、免疫荧光试验进行鉴定。间接酶联免疫吸附法检测水疱性口炎病毒抗体，是快速、准确敏感度高的检测方法。

七、防制

对于本病没有特异性治疗方法。当没有并发症时，疾病危害程度轻而且持续期有限，故只需采取保守疗法，如饲喂软的食物、加强饲养管理等；对口腔黏膜有糜烂和溃疡时，可撒布硼酸粉或涂擦甘油。若继发感染出现严重病变时，则应该直接对原发病灶采取对症治疗。

对于本病的预防，应制定一个合理的防疫计划。对于猪来说，接触感染是已被证明了的传播方式。因此，将感染动物进行隔离是必要的。在那些感染呈地方流行性的地区，除进行必要的隔离和封锁、消毒外，还应定期检测， 使用疫苗预防接种。目前，国内试制出的鸡胚结晶紫甘油疫苗，黄牛皮下注射5～10mL，可产生短期的免疫保护。对猪是否有效还未有报道。国外有用紫外线照射灭活病毒制成的疫苗进行接种，有良好效果。

控制本病，应注意改善猪舍条件，还要特别注意容易使猪的吻突或蹄的表皮造成擦伤和伤害的物品或地面，因为这些有助于病毒的侵入。在流行地区若有牛或马发生感染，则应将猪与其隔开。由于寄生虫和吸血昆虫与本病的流行有很大关系，所以应建立一个防治吸血昆虫和消灭寄生虫的计划，对于预防本病有良好效果。

第十九节 猪传染性脑脊髓炎（Swine infectious encephalomyelitis）

猪传染性脑脊髓炎是由猪肠病毒侵害中枢神经系统的一种病毒性传染病，引起猪的一种由于中枢神经受损而导致一系列神经症状的传染性疾病。在临床上表现为感觉过敏、震颤、轻瘫和惊厥，四肢麻痹和脑神经症状，但无神志扰乱，常可导致哺乳仔猪死亡。只在猪发生。又名捷申病（Teschen disease）、塔番病、猪脑脊髓灰质炎、猪病毒性脑脊髓炎。

本病1929年Trefny氏最先发现于原捷克斯洛伐克的捷申地区。主要发生于欧洲，但非洲也有散发。毒力较弱的猪肠道病毒株可引起温和型脑脊髓炎，称为泰法病或地方性轻瘫。过去30年在西欧、北美和澳大利亚均有过报道。猪肠病毒对猪的繁殖障碍、腹泻及呼吸道病的重要性，虽然还不甚明确，但它们之间的关系却有许多报道。

一、病原

许多引起猪的脑脊髓炎的肠道病毒，均能在组织培养中生长，但其抗原性不同，猪传染性脑脊髓炎病毒属于细小核糖核酸病毒科肠病毒属的肠道细胞致病猪孤儿病毒。病毒呈圆形，直径约20～25nm，用磷钨酸负差染色时，其衣壳表现一种六边形轮廓。

最初在捷克斯洛伐克分离的捷申病毒是毒力最强的，此病毒对pH的抵抗力相当强。在4℃和pH2.5～9.5范围内能维持24h稳定。超声波作用15min病毒不受损害。病毒对热抵抗力不强，60℃20min即可灭活，但对干燥抵抗力很强，在干燥或腐败条件下，在3周内不能将病毒杀死。曾对从脑脊髓炎病猪分离的病毒和从健康猪和患腹泻的或繁殖效率低的猪分离的肠道病毒毒株进行分类。根据交叉中和试验可将它们概略的分为8个亚群。

病猪的脑脊髓、排泄物中均存在病毒，在血液中病毒可短期出现，其他部位病毒极少。在猪肾细胞培养中病毒能产生细胞致病作用。在异种动物组织培养中则未能培养成功。

二、流行病学

血清学的证据表明此病在全世界均有发生。本病从最严重型（捷申病）到较轻的病型（塔番病，猪脊髓灰质炎和猪病毒性脑脊髓炎）在世界广泛发生。捷申病的发病率约为50%，而致死率为70%～90%。较轻型的发病率接近6%。猪脑脊髓灰质炎是一种散发性疾病，仅见于猪和野猪。各种年龄和品种的猪都有易感性，但幼龄猪比成年猪更易感。

本病经由摄食、滴鼻以及肌肉和脑内注射可实验性传播，自然暴发的途径主要是前两个。病毒在肠道中繁殖，通过粪便排毒可达许多周，被污染的饲料和饮水经消化道而感染，因此，隐性感染的猪在传播上起着重要作用，呼吸道也是重要传播途径之一。当本病变为地方性流行和畜群产生免疫时，主要局限在断奶猪和生长期幼猪排毒。成年猪通常具有高的循环抗体水平，而吮乳仔猪则因母源抗体而不感染。此时，未免疫或抗体水平低的母猪哺乳的仔猪也可能有散发病例，值得注意。

本病的间接传播也有一定意义，通过人、动物运输、家鼠也可能把病毒从一个猪群带到另一个猪群。

三、发病机理

猪传染性脑脊髓炎病毒主要在肠道和呼吸道繁殖，这种病毒在繁殖过程中，可能侵入血液，而引起病毒血症。根据毒株的毒力强弱和易感猪的年龄而侵入中枢神经系统。由于毒株的差异，侵害中枢神经系统的部位也不同。这种差异是临床综合症不同的原因。不表现本病临床症状的猪有可能出现脑炎的组织病理学变化。

四、临床症状

急性病毒性脑脊髓炎（捷申病）实验性疾病与自然疾病非常相似。潜伏期很长。由于接种病毒量不同，其范围为4～28d。病初体温升高，发热数日达40～41℃或更高。精神委顿，厌食和后肢动作稍失调。接着发生脑炎的症状，四肢僵硬，不能站立，倒向一侧，继而肌肉震颤，眼球震颤和出现剧烈的阵挛性惊厥。食欲废绝，呕吐，受到刺激时引起强烈的角弓反张。声音敏感，激起病畜大声尖叫。惊厥期持续24～36h，体温急剧下降之后可能发生昏迷，于第3～4d死亡。

亚急性传染性脑脊髓炎（英国的塔番病），比急性型温和得多，发病率和死亡率均较低。14日龄内的仔猪常见并最严重，许多病猪痊愈。但极幼龄的一窝猪发病率常为100%，几乎所有病猪都死亡。3周龄以上的猪很少发病。此病发生迅速，但消失也迅速。临床表现为食欲不振，便秘，经常少量地呕吐，体温正常或略有升高。神经症状出现较晚，数日后才出现。14日龄以内的仔猪表现感觉过敏，肌肉震颤，关节着地，共济失调，向后退着走，呈犬坐姿势。最终发生脑炎症状。

五、病理变化

心肌和骨骼肌有些萎缩。脑膜水肿充血和脑血管充血。

组织学变化：弥散性的非化脓性脑脊髓炎，局限于中枢神经系统，以脊髓最为严重。神经细胞变性和坏死，神经原被吞噬和神经胶质细胞增生。血管和血管周围有细胞浸润，形成管套现象，血管周围渗出物中淋巴细胞是最多的细胞，但还能看到浆细胞和嗜中性白细胞。

六、诊断

根据流行病学和临床症状以及中枢神经系统的病理组织学变化，可以初步诊断。同时必须考虑区别相似的临床综合症如伪狂犬病和血细胞凝集性脑脊髓炎病毒性疾病。要想确诊，必须分离病毒和进行实验性发病，取病猪的脑和脊髓，制成10%悬浮液感染猪肾细胞培养，观察细胞病变，并回复猪有致病性，或者将病料脑内接种易感仔猪，接种猪出现特征性症状和中枢神经系统典型病变，方能作出确切诊断。

血清学试验，可以采用中和实验和免疫荧光试验。

七、防制

防制应依据此病的特征进行，病毒性脑脊髓炎在一个猪群中散发通常呈地方性流行的特征，如果呈暴发，则应考虑是否有新毒株的侵入，此病传播迅速，隔离病畜已无意义。采用封闭畜群方法能明显地降低将新毒株引进一个猪群的危险。

患此病的猪恢复后有坚强的免疫力，免疫期至少几个月。现在，在欧州广泛使用一种福尔马林灭活氢氧化铝吸附疫苗，该疫苗是用感染猪的脊髓制备的。注射2～3次，间隔10～14d，免疫持续期约为6个月。

本病尚无特效疗法，使用对症疗法，结合护理和营养疗法。此病在无病的国家发生，最好采取扑灭措施来消灭本病。

第二十节　蓝眼病（Blue eye disease，BED）

“蓝眼病”（Blue eye disease，BED）是蓝眼病副黏病毒（Blue eye paramyxovinus，BEPV）引起的一种猪的传染病，以中枢神经紊乱、角膜混浊和繁殖障碍为特征。

一、病原

蓝眼病副黏粘病毒属副黏病毒科腮腺炎病毒属，病毒有囊膜，病毒粒子呈多形性，但通常近似于球形，没见过丝状病毒，大小在135～148nm到257～360nm。囊膜上有长6～8nm的纤突，核衣壳呈螺旋对称，位于病毒粒子中央。病毒核酸属单股负链RNA，编码的病毒蛋白质经SDS-PAGE电泳，至少有6个条带。具有RNA聚合酶活性的L蛋白与有血凝素和神经氨酸酶活性的HN蛋白，形成病毒粒子表面两种较大的纤突；融合蛋白F，形成较小的纤突；基质蛋白M；核衣壳蛋白NP和磷酸化蛋白P。其中5种能产生明显的免疫沉淀，而病毒的毒力主要取决于HN蛋白。

1、2、3、4、6和7型副黏病毒和1、2、3、4a、4b和5型副流感病毒的抗血清，不能影响BEP的传染性。不同毒株在形态学、理化特性和血清学上无差异。

蓝眼病副黏病毒可以凝集哺乳类和禽类红细胞。鸡、豚鼠、小鼠、大鼠、兔、仓鼠、马、猪、鸭、猫、犬和人的红细胞均可用于BEP的血凝试验。这种血凝在37℃条件下，30～60min可自动洗脱。感染BEPV的PK－15对鸡红细胞吸附呈阳性。乙醚、氯仿、甲醛、p－丙内酯可消除蓝眼病副粘病毒的感染性，但蓝眼病副粘病毒对放线菌素D具有抵抗力，福尔马林可消除该病毒的复制特性和血凝特性。56℃4h可使该病毒灭活。

蓝眼病副黏病毒能在Vero细胞、PK细胞、BT细胞、牛和鸡胚原代细胞等多种哺乳动物的细胞内复制增殖，引起细胞病变、融合或形成胞浆内包涵体。病毒在扁桃体、嗅球和中脑中含量最高，尤其在30日龄以上病猪的嗅球和中脑组织内的病毒效价极高。

二、流行病学

1. 易感性 猪是唯一感染BEP后出现症状的动物。2～15日龄仔猪最易感。实验室通过自然途径接种3～17日龄仔猪，可引起严重的神经症状，并可导致死亡，3日龄仔猪接种后8d即死亡或濒于死亡，17日龄仔猪接种后有30%感染发病。

2. 传播途径 主要经接触传染，可以经鸟类和风传播，人和污染的用具也是本病传播途径之一。通过喷嚏和咳嗽经呼吸道散毒是主要的传播方式，带有病毒的飞沫和灰尘也可传播该病，部分病毒也可通过尿液排出体外，病猪的不合理运输可导致疫情扩散。蓝眼病副粘病毒是否可通过精液传播还未确定，但在睾丸、附睾、前列腺、储精囊和尿道球部发现有蓝眼病副粘病毒。

3. 流行特点 自然感染猪产生的BEP抗体常可持续终生。然而，本病可在易感的后代和新引进的易感猪群中重新暴发。在连续生产的猪场中，本病呈周期性流行。猪蓝眼病可发生于商品猪场的任何地方，但首先出现于“产仔室”，而且表现中枢神经症状和高死亡率。几乎同时，一些断奶仔猪或育肥猪发现有角膜混浊。死亡率急剧上升，然后很快降低。初次发病一旦过去，不会再有新的病例出现，除非引入新的易感染猪。

4. 发现历史与流行现状 1980年首先暴发于墨西哥中部密考克州（Michoacan）的拉帕丹镇（La Piedad）的一种传染病，引起仔猪脑炎和角膜混浊，经分离得到一株病毒，经血清学诊断，确定其属于副黏病毒科，命名为蓝眼病副黏病毒（BEPV）。此外，本病毒还可引起母猪繁殖障碍和公猪暂时不育。也有称本病为La Piedad Michoacanvirus（LPMV），因病猪在感染病毒后角膜浑浊或变蓝而得名，曾引起很大的经济损失。经血清学诊断证明，在墨西哥至少有16个州有猪蓝眼病，目前在墨西哥中部仍不时有该病的流行，表现为神经紊乱，角膜混浊，母猪繁殖障碍和公猪的附睾-睾丸炎等，然而经济损失已大幅度降低。其他国家鲜有报道。在猪蓝眼病暴发的前几年里，临床症状发生了明显变化。1980年受害的主要是仔猪，大于30日龄的猪很少死亡且不表现神经系统障碍。1983年，在管理不善的猪场，15～45kg的猪发生了严重的脑炎，其死亡率很高，同时伴有其他病毒性或细菌性疾病和公猪一过性不育症。1988年证实猪蓝眼病公猪患有严重的睾丸炎，附睾炎和睾丸萎缩等。

三、发病机理

据推测，蓝眼病副黏病毒自然感染是通过吸入所致，气管和鼻腔的滴注和气雾法是有效的感染方法，其临床症状和病理变化与自然感染病例非常相似。以前试验证明：1日龄乳猪接种后20～66h出现神经症状；一些断奶仔猪（21～50日龄）接种后11d出现神经症状；母猪怀孕期接种可发生繁殖障碍。这些实验感染猪偶尔也发生角膜混浊。易感猪与这些实验感染猪接触19d后也发生猪蓝眼病。

病毒最初复制部位可能是在鼻黏膜和上呼吸道，在蓝眼病副黏病毒感染的早期，病毒从最初复制部位扩散到脑和肺，而且其组织病变和中枢神经症状可在发病早期出现。脑组织是病毒分离和进行免疫荧光检测的最佳组织。蓝眼病副黏病毒可进入血液而引起病毒血症，从实验感染猪的脑、肺、扁桃体、肝、鼻甲骨、脾、肾、肠系膜淋巴结、心脏和血液均可分离到病毒。从脑、肺和扁桃体最易分离到病毒。中枢神经系统是病毒持续性感染的作用位点，病毒有可能在体内的中枢神经系统长期存在，病毒的这种持续性感染能够逃逸特异性免疫的攻击。

推测病毒通过血液到达子宫，怀孕母猪因此发生繁殖障碍。怀孕期前1/3感染蓝眼病副黏病毒，导致胎儿死亡母猪转入发情，怀孕后期感染，则母猪发生死产和产木乃伊胎。青年杂种公猪鼻腔滴注蓝眼病副黏病毒，接种15d后睾丸和附睾出现炎症和水肿。接种30d后输精管出现病变，附睾上皮破裂，精子漏出精囊引起脓肿。感染80d后，表现为附睾纤维化、颗粒化以及睾丸萎缩。成年墨西哥无毛公猪接种10～45d后，在其睾丸、附睾、前列腺、精囊和尿道球部腺体可检出病毒。

四、临床症状

潜伏期1～2d。本病的症状因猪的年龄而有差异。2～15日龄仔猪最易感，仔猪感染后，很快出现症状，病初发热、厌食、后背拱起，常有便秘和腹泻，仔猪突然虚脱，进而表现为共济失调，肌肉震颤，惊动时异常亢奋发出尖叫或划水样移动。病猪不愿活动、嗜睡、瞳孔放大、失明，有时眼球震颤。有的病猪眼睑肿胀和流泪，有1%～10%病例有单侧或双侧的角膜混浊，一般会自然康复。有的病猪出现症状后48h死亡，一般经4～6d死亡。暴发阶段有20%～65%仔猪被感染，病死率可高达87%～90%。新生仔猪主要出现脑炎、肺炎、结膜炎和由此引发的角膜水肿、浑浊，最后往往导致失明。

30日龄以上猪发病时症状轻，表现为厌食、发热、咳嗽和喷嚏，神经症状少见，也较轻。可见单侧和两侧的角膜混浊和结膜炎，但不伴有其他症状。感染率仅为1%～4%，很少死亡。

母猪大多数无症状，个别母猪在产前1～2d食欲有所下降，部分母猪角膜混浊。感染的母猪出现繁殖障碍，一般不发生流产，个别怀孕母猪则发生流产、死胎和胎儿干尸化，母猪返情增多，但在急性发病期，后备母猪和其他成年猪偶尔有角膜混浊。

公猪感染和其他成年猪一样，一般不表现临床症状，但可出现轻微的厌食和角膜混浊。精液评价表明：蓝眼病副黏病毒感染猪场有29%～73%的公猪表现为暂时性或永久性不育，并伴有精液浓度降低，畸形精子增加，精子运动能力和活力降低，有些公猪还见精子缺乏，射出的精液清如椰汁。有些公猪性欲丧失；有的公猪睾丸肿胀，睾丸和附睾明显水肿，以后发展为颗粒化和明显的萎缩。有报道称，公猪感染后，急性睾丸炎的发病率为28%，单侧睾丸萎缩占66%，附睾炎发生率为78%。

五、病理变化

病猪无特征性肉眼病变。仔猪在肺前叶的腹端有轻微的肺炎病灶。大脑充血、脑脊髓液增多、眼球结膜水肿和不同程度的角膜混浊，以角膜水肿和前眼色素层炎为主要特征。有的有轻度乳汁性胃扩张，膀胱积尿，腹腔积有少量混杂纤维素的液体。偶尔发现心包和肾脏有出血变化。公猪常发生单侧性的睾丸肿胀和附睾炎、睾丸炎，后期则发生睾丸萎缩。白膜、睾丸或附睾偶尔有出血变化。

组织学变化：多发性、散在性神经胶质细胞增生；淋巴细胞、浆细胞和组织细胞形成血管性神经套；神经元坏死，噬神经现象；脑膜炎和脉络膜炎。神经元内有胞浆包涵体。不同病例，其病变范围和程度差异较大。肺脏可见散在间质性肺炎变化。角膜水肿，眼前房色素层炎。在虹膜、角膜内皮角膜、巩膜角和角膜中有嗜中性白细胞、巨噬细胞和单核细胞浸润。角膜外侧上皮中常有胞浆小泡。

六、诊断

根据典型症状，如脑炎、角膜混浊，前眼色素层炎、母猪繁殖障碍以及公猪睾丸和副睾炎症可作初步诊断。HI试验、中和试验和ELISA等方法可用于检查抗体阳性猪。确诊须依赖于病毒的鉴定，通常采用病猪大脑或扁桃体经处理后接种于PK-15和原代猪肾细胞培养分离BEPV。

本病应注意与伪狂犬病和PRRS鉴别诊断。这些传染病中，只有BED引起角膜混浊（可占感染猪的30%）和公猪睾丸炎和副睾炎。

七、防制

目前BED尚无特效疗法。通常，角膜混浊能自然康复，出现神经症状的猪均会死亡。用母猪的康复血清给发病仔猪口服无治疗效果。比较有效的措施是防止BEPV侵入猪场，所以在引进种猪时须经血清学检测，禁止阳性猪引进；因此严格的兽医卫生管理制度是防止猪蓝眼病传入猪场最可靠的保障。

在发病猪场主要采取净化措施，如封闭猪群、销毁有临床症状的猪，并做好病死猪的处理。同时采取科学的饲养管理，保持良好的环境卫生条件，提供适宜的猪舍条件和营养水平，可有效地降低本病对猪群的影响。加强消毒和全进全出的饲养方法。经常进行猪群血清学检查，来判定BED净化的程度。

目前国外在实验室已试产出BEPV油佐剂和氢氧化铝细胞及鸡胚灭活苗，但还没有商品化。

第二十一节 猪巨细胞病毒感染（Porcine cytomegalovirus infection）

猪巨细胞病毒病是由猪细胞巨化病毒（Porcine eytomegalo virus PCMV，简称猪巨细胞病毒）引起的，主要发生在幼龄仔猪，以引起鼻炎为特征的一种仔猪常见传染病，又称猪包涵体鼻炎、猪巨细胞包涵体病、猪细胞巨化病毒感染症。在易感猪群中可引起胎儿和仔猪死亡、仔猪鼻炎、肺炎以及生长发育不良、增重缓慢等临床症状。

本病在1955年英国首次报道，从鼻炎病猪的鼻甲黏膜腺细胞中发现巨大、嗜碱性核内包涵体，因此称为包涵体鼻炎。1972年日本也有本病的报道，目前广泛分布于世界各地。

一、病原

猪巨细胞病毒（PCMV）又称猪疱疹病毒2型，最初由于本病常波及泪腺和唾液腺，把病原病毒称为唾液腺病毒，随后对其生物学特征作了详尽研究，将其归入疱疹病毒β亚科的巨细胞病毒属。近来有人认为将本病毒划在玫瑰疹病毒属中更为恰当。猪巨细胞病毒在形态上属于典型的疱疹病毒，猪巨细胞病毒中心为电子致密的类核体，直径45～70nm，衣壳呈二十面体，直径80～100nm，最外是囊膜，多数为一层，偶尔为双层，直径120～150nm。类核体常呈圆形，也有呈长方形或哑铃状。核衣壳与囊膜之间由半透明的晕圈隔开，囊膜外面有纤突。在体内和体外经常看到没有类核体或具有半透明类核体的病毒粒子，也看到没有囊膜的核衣壳。基因组为双链DNA。有关猪巨细胞病毒抗原特性的研究很少，迄今尚未发现有明显不同抗原性的毒株。猪巨细胞病毒不同地区分离株之间可能存在抗原结构的差异。本病毒的抗原特异性较强，与其他疱疹病毒尚未发现有交叉反应。

猪巨细胞病毒在体外增殖有一定难度，用猪的肾或睾丸原代细胞、末梢血液中的巨噬细胞以及猪肾细胞系培养，均不能增殖，但直接用已感染了病毒的猪肾或睾丸，作细胞带毒培养，病毒则可充分增殖，并出现细胞病变。在原代细胞中只有3～5周龄仔猪的肺泡巨噬细胞最适宜于病毒的首次分离和连续传代。猪巨细胞病毒在猪肺泡巨噬细胞培养物上增殖很慢，接种后3～14d才可看到巨细胞形成和核内包涵体，偶尔还可见细胞浆内包涵体，但其大小比核内包涵体要小。在接种11～14d后，猪巨细胞病毒的最高滴度可达5. 5$TCID_{50}$/mL。然而，肺泡巨噬细胞自身不能繁殖，因此，必须用原代细胞培养物进行病毒的传代。由于肺泡巨噬细胞经常受到包括猪巨细胞病毒和猪繁殖与呼吸道综合征病毒在内的病毒污染，故在细胞使用之前要对这些病毒进行监测，确保安全可靠、无污染。较可靠的办法是使用无菌猪或SPF猪肺泡巨噬细胞。据Kawamura H等报道，猪输卵管细胞可支持该病毒复制，Bouillant等也报道了输卵管类上皮和输卵管类成纤维细胞可以用于病毒培养，但其细胞病变不明显，必须用姬姆萨染色或标记抗体染色后才能观察。另有报道，十四烷酰佛波醇乙酸酯能增强病毒的复制。该病毒在56℃经30min灭活，22℃只能保持24h活性。但将患病仔猪鼻黏膜组织保存于-30℃，其感染力至少可维持5个月，病毒液在-60℃下可保存2年以上。猪巨细胞病毒对有机溶剂（如氯仿和乙醚）敏感，经过这些试剂处理，可使其丧失感染力。

PCMV可以适应原代猪肺细胞，也有人认为只能在3～5周龄猪的肺巨噬细胞培养中作病毒分离和传代。接毒后3～14d出现巨细胞，形成核内包涵体和偶而有小的胞浆内包涵体。感染细胞增大到正常细胞的6倍左右。线粒体、内质网和高尔基体肿胀，可看到大的嗜碱性核内包涵体。

在细胞培养中，感染的肺巨噬细胞用丙酮固定后以间接免疫荧光（IIF）检测，细胞核、核膜显示明亮的荧光。猪血清中PCMV的滴度常达1：64～1：128。此法比病毒中和试验至少敏感8倍。ELISA也比中和试验敏感，并能区分IgG和IgM的免疫应答。

据电镜观察，病毒的性质及其所致病变与人的细胞巨化病毒和豚鼠的唾液腺病毒类似，而本病毒感染动物的范围仅限于猪，故又将该病毒称为猪巨细胞病毒（PCMV）。

二、流行病学

1. 易感性 PCMV分布于全世界，英国和日本的血清学调查表明90%以上的猪群被感染，用ELISA和间接免疫荧光检查，98%以上的猪为血清学阳性猪。PCMV在体内和体外对宿主的选择有特异性，它不能感染兔、小鼠、仓鼠、鸡胚和牛。

2. 传染源 3~8周龄小猪从鼻排出的病毒最多，推测在初生时或先天性感染。在这一阶段抗体滴度下降，到8~11周龄时抗体水平再度升高，直到23周龄宰杀。这种现象推测仔猪出生后母源抗体逐渐被主动免疫所替代。实验性感染证实木乃伊胎、死产、新生乳猪死亡和鼻炎或肺炎所致发育不良猪的出现与此病有关。当猪使用皮质类固醇等药物后，排毒再度开始，可能此药激活了病毒的增殖，新繁殖猪群的进入或猪群受到扰乱时也会激活病毒的增殖。

3. 传播途径 最常见的传播途径是呼吸道。被尿污染的环境也不容忽视，病毒自口鼻分泌液、尿、怀孕母猪的子宫颈流出液中排出，也能自公猪睾丸和副睾分离病毒。本病也可通过胎盘造成垂直感染。

4. 发现历史与流行现状 本病于1955年在英国最早报道。Done（1955）在英格兰从猪鼻甲骨黏膜黏液腺中分离获得疱疹样病毒粒子。因患病猪临床上以鼻炎为特征，并在感染的鼻甲骨黏膜黏液腺巨细胞中可见到大量嗜碱性核内包涵体，因而将猪巨细胞病毒引起的这种疾病称为包涵体鼻炎。

目前本病毒广泛分布于世界各地。从近年的报道看，常规条件下饲养的大多数猪群均存在猪巨细胞病毒感染，猪巨细胞病毒抗体阳性率都很高，但大多数为亚临床型，临床发病很少见。欧洲很多国家都发现有本病存在。德国用PCR方法调查猪的流行率要高于50%，在英国血清学检查结果表明，90%以上的猪群曾受到过感染，通过ELISA或IFA检测，发现98%以上的猪血清呈阳性。在日本自1972年就有本病病理学方面的报道，1981年对441例肥育猪血清用ELISA和IFA所作的抗体检测的阳性率分别为99.4%和98.4%。北美和澳大利亚也有本病报道，其中美国发病率甚高，猪群的抗体保有率为90%。我国对本病尚未见详细报道。

三、发病机理

人工发病试验，怀孕母猪在接种病毒后14~21d表现为倦怠、厌食，这与病毒血症期一致。不久即可以从鼻液拭子中分离到病毒。在接种30~35d时可从子宫颈洗液中分离出猪巨细胞病毒，对生长阻滞的放射照相分析表明：绝大多数的死胎发生于这一时期，这说明病毒又经过14~20d在胎儿进一步复制，同时说明子宫排毒是胎源性的而非母源性的。在此阶段的子宫颈和子宫内膜中均未查到病毒和包涵体。在少数猪胎儿中，病毒在接种后60~80d方可检测到，但还不清楚这是子宫内接触感染，还是病毒在胎儿中迟发性复制，或是病毒偶然的穿过了胎盘。受检的少数先天性感染动物持续排毒，在出生后7d内伴发全身性感染的组织学病变而突然死亡。与有低水平循环抗体的母猪的二重感染与胎盘感染有关。胚胎植入后短时间内即被感染，引起胚胎死亡，这种病毒经常存在于早期胎儿的脑膜、枯否氏细胞和腹膜巨噬细胞内。

鼻内实验性感染青年猪在病毒血症前，从鼻腔及结膜拭子中有时可分离到病毒，这提示病毒复制的最初部位是在鼻黏膜腺、泪腺或副泪腺。经鼻腔接种病毒的3周龄猪在感染后14~16d可见到病毒血症，在新生猪中病毒血症的出现在感染后5~19d，血液的感染性与白细胞有关，以后可从鼻腔分泌物中分离到病毒的时间长达32d，咽和结膜的排毒时间较短，而病毒尿症的持续排毒时间难以确定。

大多数3周龄或3周龄以上的动物被感染时，病毒扩散到上皮，尤其是鼻黏膜腺、泪腺、副泪腺和肾小管，附睾和食管的黏膜则较少，病毒还扩散到肝细胞和十二指肠上皮。在胚胎或新生猪，病毒比较容易侵入嗜网状内皮细胞，尤其是毛细血管内皮和淋巴样组织的窦状腺，进而引起全身性损伤。当病毒在网状内皮和上皮细胞中复制时，在两组细胞中均可产生包涵体。虽然在附睾中偶尔可见到包涵体，但一直未从精液中分离到病毒。包皮接种也未能造成感染，然而公猪可在尿和鼻分泌物中排出病毒。

四、症状

潜伏期为14～21d。人工发病试验和自然感染猪巨细胞病毒均可引起相同症状。

妊娠母猪感染后在整个妊娠期未见有发热或其他临床异常，但在病毒血症阶段常常会嗜眠、食欲不振，如首次感染发生于妊娠后期的母猪，则引起产死胎、木乃伊胎、死产和不育等繁殖障碍。有些仔猪出生后可能未见有临床症状即死亡，有些弱仔表现为贫血、皮肤或勃膜苍白、不同程度的水肿、生长及发育不良。

本病常发生于1～3周龄的仔猪，发病程度与初乳中获得母源性抗体多少有关。5～10日龄仔猪感染后，呈现急性经过，其主要症状是呼吸道症状，如打喷嚏、咳嗽、流泪、鼻分泌物增多，继之出现鼻塞、吮乳困难，体重很快减轻。如果无母源抗体的仔猪感染，则可能发生鼻衄。严重时还可见仔猪颤抖和呼吸困难等症状，可在发病后5d死亡，一窝仔猪中死淘率可高达25%，其他耐过的仔猪表现生长、发育不良，增重变慢。少数病例发生鼻甲骨的萎缩和颜面变形，据称可能与混合感染有关。据野外长期观察发现，猪巨细胞病毒和支气管败血波氏杆菌之间有协同感染作用。

一些3周龄以内的猪只表现轻度的呼吸道感染的症状，病理检查时有上皮感染的广泛性损害，其发病率与死亡率都很低。若无并发或继发其他感染，3周龄以上的猪感染猪巨细胞病毒后通常不表现出临床症状。但有些初次感染猪巨细胞病毒的成年猪可能与妊娠母猪相似，体温并不升高，但在病毒血症阶段会出现嗜眠、食欲不振，并产生全身性感染的损害。3月龄以上的猪感染，无明显的症状。康复猪常成为隐性感染，长期排毒，是危险的传染源。

五、病理变化

病猪的主要病变在上呼吸道，鼻黏膜表面附有卡他性脓性分泌物，深部黏膜因细胞聚集而形成灰白色小病灶。3月龄内感染的仔猪表现广泛的小点出血和水肿。心包和胸膜积水，鼻黏膜大量小的坏死灶、水肿、出血。颌下、耳下淋巴结肿胀，有出血点。肺间质水肿，尖叶和心叶有炎性病灶，肺叶的腹侧端呈紫色实变。喉和跗关节的周围皮下明显水肿。仔猪和胎儿的全身感染可见广泛性出血和水肿。胎猪感染后无特定的肉眼病变，表现繁殖障碍的特征，即死产、木乃伊胎，胚胎死亡和不育。全身淋巴结肿大并有瘀点。偶尔在小肠也可见出血，病变从短于1cm的区域至全肠段不等。

组织学检查，在鼻黏膜腺、副泪腺和泪腺的腺泡和泪管上皮和肾小管上皮中可看到特征性的嗜碱性核内包涵体和巨大细胞。在感染的上皮组织周围，积聚着淋巴细胞、浆细胞和巨噬细胞。鼻黏膜上皮细胞纤毛缺损，变性、脱落，遗留的腺泡形成局灶性淋巴组织增生。间质性肾炎。中枢神经系统存在稀少的局灶性神经胶质细胞增生，在胶质细胞中有时看到包涵体。

病理组织学观察，较大猪上皮组织的广泛性感染与胎儿或新生仔猪的网状内皮组织全身性感染是不同的。在较大猪的鼻黏膜腺、副泪腺及泪腺的腺泡和导管上皮、肾小管上皮中，可见到特征性的嗜碱性核内包涵体及巨细胞。在食管的黏膜腺、附睾管、输精管、十二指肠和空肠黏膜的上皮细胞中也可见到少量的包涵体。在这些病变部位，淋巴细胞、浆细胞和巨噬细胞积聚于感染的上皮组织周围，并侵入腺泡。在腺泡损伤处，由导管增生的鳞状上皮取代，在鼻甲骨黏膜中有局灶性淋巴组织增生。肾表现为间质性肾炎的病变。在中枢神经系统可见到稀少的局灶性胶质细胞增生，有时在胶质细胞中可看到包涵体。在引起胎儿感染的急性致死性综合征中，包涵体多见于毛细血管内皮细胞和窦状隙细胞中，故在所有淋巴和实质组织中均可发现包涵体。上皮损伤造成局部水肿、出血，巨噬细胞和红细胞渗出到扩张的细胞外间隙中。在血管和脾脏可见到含有包涵体的单核细胞，肺泡组织中则以感染的巨噬细胞为主。在肝细胞内的病毒复制造成肝脏局灶性坏死。在肾脏，包涵体多见于分化的肾组织和肾小球毛细血管内皮。出血和胶质细胞增生遍及整个中枢神经系统，尤其是在脉络丛、小脑和嗅叶。野外暴发时，由于并发感染而使病变更为复杂化。据报道，这些并发感染有黏液性化脓性鼻炎、肺炎和肠炎等。

六、诊断

母猪显示SMEDI状繁殖障碍时，必须与猪细小病病毒和伪狂犬病相区分。可从新生乳猪或胎猪采集鼻黏膜、肺和肾样品作病毒分离，或直接取肺巨噬细胞作培养。如病猪尸体保存在4℃，可将组织做成冰冻切片后用免疫荧光检查，即使组织丧失感染力后24h仍能检出PCMV。此外特征性的核内包涵体和巨细胞是具有诊断意义的组织学变化。如怀疑猪群的传染性鼻炎中同时存在PCMV，可取鼻拭子作病毒分离，或刮取鼻黏膜作免疫荧光检查。

1. 病毒分离与鉴定

可采集胎儿或新生仔猪的鼻汁或鼻腔、喉头、结膜等拭子以及肺、肾、淋巴结等材料，接种肺泡巨噬细胞或输卵管类成纤维细胞，进行病毒分离，也可以用肺泡巨噬细胞直接培养分离病毒。接种病料后培养7～14d，观察细胞病变。用荧光抗体染色检查细胞核内包涵体出现情况，或检查细胞浆内的荧光抗原。如用已知标准毒株的免疫血清，以标准的病毒培养物为对照，对分离毒株进行中和试验，可对病毒分离物予以鉴定。病毒的形态观察和理化学特性检查，也有一定的参考价值。电镜检查在感染的细胞核和细胞浆内（主要为空泡内）能发现结晶状排列的病毒。

2. 组织病理学的包涵体检查

对于全身感染的病猪，可采取鼻黏膜或其刮削物作组织染色标本检查，根据在鼻黏膜管状腺见到特征性成丛的膨大细胞及嗜碱性核内“鹰眼形”包涵体，不难作出诊断。也可根据组织切片中的嗜碱性核内包涵休和巨细胞作出诊断，或作冰冻切片，用免疫染色法检测病毒抗原，继而作出诊断。在急性感染的幼龄仔猪肾和脑等组织，也可见到这种包涵体。

3. 血清学检测

血清抗体检测是确证猪群中存在猪巨细胞病毒最可信的方法，本法也可以用于对剖腹产猪进行监测。对育肥猪随机采集血清样品，用IIF或ELISA检测PCMV抗体，很易确诊。对育肥猪随机采取血清样品做间接免疫荧光试验（IFA）或者ELISA测定，将感染病毒的肺泡巨噬细胞或类成纤维细胞用丙酮固定，然后进行间接荧光抗体染色法检查，其试验敏感性比病毒中和试验至少高8倍，而且还可对不同类别的IgG和IgM抗体予以鉴别。人工感染后3周可检出抗体，6周后达最高值并一直持续到屠宰。现场猪的抗体效价多为64～128倍。也可应用感染的输卵管类上皮细胞作ELISA，它与间接免疫荧光抗体试验具有相同的敏感性。现场猪在2～3周龄感染病毒，血清抗体在5～6周龄转阳，并呈终生持续感染。Tajima等（1994）以血纸法建立了ELISA法，并将全血检查法与血清检查法的抗体效价进行了比较，样品的吸收值高度相关，对26份田间收集血纸的检查，发现这些仔猪出生后8周母源抗体水平下降，并从4头猪中检出IgM抗体。

4. 分子生物学检测

Hamel等（1999）首次报道了应用PCR诊断本病，采用直接从具有不同临床综合征的病猪肺和鼻黏膜的刮削物中提取DNA检查的方法，在126份样品中检出59份阳性样品，该方法有可能成为猪巨细胞病毒检查和监测的常规方法。之后，Fryer等（2001）用定量竞争PCR对不同的猪器官（包括用于异种移植供体）进行了病毒的检测，可以从每微克DNA中检出低于10至97个基因组拷贝。

5. 鉴别诊断

呈现传染性鼻炎症状的仔猪，特别是1～3周龄患鼻炎的病猪，要考虑到发生本病的可能性。猪巨细胞病毒感染症易与伪狂犬病、猪腺病毒感染、猪细小病毒感染、日本乙型脑炎等相混淆，其鉴别依据在于猪巨细胞病毒感染症在某些上皮细胞内形成巨大的嗜碱性核内包涵体，不引起母猪流产。

近年来猪呼吸繁殖综合征比较普遍，猪肺巨噬细胞常用以分离PRRSV，有时能发现PCMV。

七、防制

在PCMV流行的猪群中，若有良好的饲养管理条件，本病影响不会很大。但当引入新猪群时，因为在循环抗体存在的条件下的激发潜伏感染，或在易感猪群中引起的原发性感染，对猪场有很大威胁。

目前尚未有有效的疫苗可以预防本病发生。

康复猪血清中虽产生相当水平的中和抗体，但不能清除体内的病毒，表明本病的免疫力不强。患病母猪的初乳内含有中和抗体，可为哺乳仔猪提供一定的保护力。但是在猪巨细胞病毒呈地方性流行的猪场，似乎只有存在循环的母源抗体时才向外排毒。

目前对此病也无有效的治疗方法，但在发生鼻炎时，可使用抗菌类药物控制细菌的继发感染。加强兽医卫生管理和改善饲养条件等综合措施，常可起到良好的预防作用。在猪群饲养管理良好时，在有猪巨细胞病毒引起传染性鼻炎或肠道病毒引起的死产（S）－木乃伊胎（M）－胚胎死亡（ED）－不育（I）综合征（SMEDI）的地方，疾病的暴发通常具有自限性。在猪巨细胞病毒呈地方性流行的猪群中，引种前要进行隔离和免疫检测，防止将传染源引入易感猪群中，导致本病暴发或激发原有猪群的潜伏感染。要建立无PCMV猪群可采用剖腹产，然而病毒可通过胎盘感染，所以要加强仔猪的抗体监测，建立阴性猪群，一般至少70天时仍为阴性才算安全。

第二十二节 猪腺病毒感染（Porcine adenovirus infection）

1964年美国首次从腹泻仔猪直肠分离到猪的腺病毒，1996年又从患脑炎的猪脑中分离到腺病毒。随后，腺病毒从各种病料中分离出来。血清学检查表明腺病毒感染分布广泛，在猪中可能普遍存在。在欧洲和北美洲，血清4型分布最广泛。尽管绝大部分是无症状的，但这些病毒还是与脑炎、肺炎、肾病和腹泻有关。虽然猪能够被某些人腺病毒感染，且已证实猪和牛的腺病毒第一亚群的DNA存在一定的同源性，但猪的腺病毒能否感染其他动物还不清楚。

一、病原

猪腺病毒的基本特征与腺病毒科的其他成员类似。大致呈球形，直径约75nm，无囊膜，基因组为双股DNA，由一个呈二十面体对称，有252个壳粒组成的衣壳包裹着。

猪腺病毒比较容易培养，可在猪原代肾细胞和某些猪传代细胞系中生长并产生细胞病变。根据病毒中和试验，本病毒分为4个血清型，有证据表明可能还存在另外的血清型。猪腺病毒4型分布最广泛，且能凝集多种动物的红细胞。免疫扩散或补体结合试验检测表明，猪腺病毒含有哺乳动物腺病毒的群特异性抗原。病毒中和试验不能显示猪腺病毒和其他成员之间的关系。

猪腺病毒在pH4或者用氯仿或乙醚处理都很稳定。病毒比较耐热，在室温下，能存活10多天。次氯化钠、甲醛、酚制剂、乙醇和氢氧化钠对猪腺病毒有杀灭作用。

二、流行病学

澳大利亚、比利时、保加利亚、加拿大、丹麦、德国、匈牙利、日本、荷兰、英国和美国等国应用血清学方法或病毒分离鉴定方法表明猪腺病毒4型的毒株可引起广泛的感染。

腺病毒的传播可能经粪-口途径，也可由吸入有传染性的气溶胶感染。断奶后的猪在粪中排毒最常见。成年猪很少排毒，但它们常常有较高的血清抗体水平。哺乳仔猪可由母源抗体得到保护。

三、致病机制

猪腺病毒自然感染的途径是通过摄食或吸入。根据病毒的广泛传播蔓延和病损的产生，鼻内实验接种病毒是最有效的感染途径。多种腺病毒毒株的致病机制的研究表明，病毒最初在扁桃体和小肠下段增殖，随后传播到各个组织，引起中枢神经系统、肺、心、肝、肾和脾等的病变。有1头猪检出病毒血症。感染后，持续几周自粪便排出病毒。也有证据表明在肾和其他组织中持续存在病毒。从有限的发现推测，腺病毒也许在呼吸道细菌感染的致病机制中起到一定的作用。为此，当猪腺病毒4型和猪肺炎霉形体两者共同接种时产生比任一种单独接种更严重的实验性肺炎。然而在感染出血性败血症巴氏杆菌后，猪腺病毒4型产生的实验性肺炎并不增强。

四、临床症状

病猪表现厌食、肠炎、共济失调、肌肉抽搐、躺卧等症状，从病猪脑中、患呼吸或胃肠疾病的猪中分离到猪腺病毒4型的毒株。其他血清型从患腹泻的猪中分离到，但从临诊健康猪中也常能分离到腺病毒。用猪腺病毒4型作实验感染，表现一致的症状是腹泻。其他毒株作实验感染也产生腹泻。虽然实验感染猪可在脑、肺和肾中产生病损，但是与这些病损相联系的症状未见描述。腺病毒也从一些患流感的猪中分离到。

五、病理变化

从脑分离到猪腺病毒4型的病猪脑炎病例表现血管周围细胞浸润和小神经胶质细胞形成结节。肾损害病例表现为肾小管营养不良和毛细血管扩张，外表出现瘀血点。空肠末梢和回肠的肠细胞中发现核内包涵体。胎盘感染小猪血管损害，在内皮细胞内有核内包涵体。

实验感染仔猪表现间质性肺炎，特征为肺泡中隔增厚，有的有包涵体，淋巴细胞、浆细胞和组织细胞浸润。猪腺病毒4型引起肾小管周的严重浸润。腺病毒1型和3型引起脑膜脑炎和肝、心、胰腺和肾上腺的慢性炎性变化。

六、诊断

猪腺病毒感染的诊断依赖于免疫荧光法或免疫过氧化物酶染色法检测病毒抗原，或进行病毒分离鉴定。病毒学诊断可将含毒材料接种细胞培养，有些毒株需盲传几代才能产生细胞病变。感染细胞的盖玻片培养物染色后可以看到核内包涵体。

七、防制

目前无特异性抗病毒疗法。虽然腺病毒疫苗已被成功地用于其他动物，但是猪的腺病毒感染还没有足够的经济重要性来研制疫苗。以无特定病原体猪来重组种群不是可靠的排除猪腺病毒感染的方法。

第二十三节 猪先天性震颤（Congenital tremors of piglet，CT）

猪先天性震颤是由先天性震颤病毒引起的一种仔猪中枢神经系统在胎儿期遭受病毒感染，产生机能障碍，出生后立即出现全身或局部肌肉阵发性震颤或痉挛的一种疾病，又称仔猪先天性痉挛症，俗称“抖抖病”。

一、病原

现已明确本病的病原为先天性震颤病毒（Congenital tremors virus，CTV），其分类位置尚未确定。病毒粒子的直径约20nm，立体对称。用免疫母猪的抗体和被感染的细胞培养物进行免疫电镜观察，可见有同样大小和形态的病毒样颗粒。但对本病毒的理化特性的描述数据还没有固定下来。用患病仔猪的肾脏或其他器官组织进行细胞培养，对细胞无致病作用，不产生细胞病变，但可干扰猪伪狂犬病病毒和猪水疱性口炎病毒对细胞的感染。用感染的细胞培养物给妊娠母猪接种，可将本病毒垂直传给胎猪。

先天性震颤临床上早已观察到猪的先天性震颤，近年来证实，发生先天性震颤的初生仔猪的大脑和脊髓中含有PCV2核酸和抗原，所以有一些学者将其归属于PCV2章节，为尊重发现历史，加深对本病的深入了解，本书编入了先天性震颤章节。

二、流行病学

1. 易感性 各品种及其杂交品系的猪对本病均有易感性。

2. 传染源 成年猪在自然状态下多为隐性或无症状感染，似乎存在水平传播。本病的传播与购进种猪有关。表现临床症状需要胚胎感染。

3. 传染途径 在传播方式上仔猪与成年猪似乎有所不同。已经清楚，仔猪是由母猪垂直传染，未见到仔猪间的水平传播。有关公猪对本病的传播，有两种见解：①公猪可能是本病毒的储存宿主和（或）传播者，在交配时传给母猪。②公猪在交配时由患病母猪感染，成为病毒的储存者，再与其他母猪交配时传给母猪。公猪是病毒的储存宿主还是传播者，还有待澄清。

4. 流行特点 本病发病率低，各品种和杂交猪均可受害，初产母猪比经产母猪常发。发病率随猪群而异，有一两窝猪只发病几只或几窝所有的猪均受害。在一猪场通常在1周到2个月内生产的几窝猪发病，然后消失。相邻猪场通常不发病。暴发后下一窝很少复发，也很少在一猪场形成地方流行。各次流行间和同一次流行不同窝次间的病死率很不一致，流行期间的病死率范围可能为0%～25%，同次流行窝间的病死率为0%～100%。在产仔季节，往往是头几窝产的仔猪常表现出严重的症状，以后窝次所产的仔猪则表现症状轻微。

5. 发现历史与现状 1854年最初由德国作过疑似本病的报道。从那时起直至20世纪40年代只限于病例的报道和有关治疗资料的评述，50年代才开始有了病理学、流行病学的报道和病因方面的探讨。欧洲一些国家以及澳大利亚、新西兰和北美洲一些国家有过本病发生的报道。直至1979年才从患病仔猪的肾或其他器官的细胞培养液中分离到先天性震颤病毒。中国罗清生等于1962年首次报道了本病在我国的发生。本病现已广泛分布于世界各地。

最初对本病的病原说法不一，因为临床症状在某些遗传性疾病、化学药品中毒、猪瘟病毒胚胎感染、乙脑和伪狂犬病都可见到。经研究证明本病有传染性，因此遗传因素和其他病因不是本病主要原因。猪CT的特征为新生仔猪的头和四肢发生颤抖。根据中枢和外周神经系统中髓鞘质的缺乏情况，将CT分为2型，存在髓鞘质者称为A型，没有髓鞘质者称为B型。另外，A型CT进一步分为5种亚型（A1、A2、A3、A4、A5），病因、病变各不相同。A2型病猪主要表现为典型的病毒性脑炎和非化脓性脑膜炎。多年研究表明，A2型CT可能与感染PCV2病毒密切相关。1994年首次报道PCV与先天性震颤之间有潜在联系。Stevenson等（2001）的工作进一步证实PCV2可能是A2型CT的病原。他们对A2型CT病猪进行PCV检测表明，病猪组织广泛存在PCV2病毒感染，其中主要集中于中枢神经系统，包括脑和脊髓，这与先天性震颤的临床表现是一致的。但也有报道称A2型猪先天性震颤可能与是否感染PCV2病毒无关。因此，PCV2与CT的相关性目前还是一个存在争议的问题，需要进一步研究证实。

三、发病机制

仔猪一生下来就发生震颤，表明该仔猪在母体内就已经感染了先天性震颤病毒。然而，目前对仔猪在胎生期哪个阶段对病毒最易感和病毒易在什么部位增殖，尚不清楚。但有的学者（Christensen，1956）认为病毒主要侵害中枢神经系统，引起母猪髓鞘形成阻滞，在脊柱水平上产生肌阵挛。阻滞对髓鞘形成的影响是可逆的，大多数仔猪在出生后2～4周内可自然康复。

四、临床症状

本病的临床表现主要在仔猪，新生仔猪出生不久即出现症状，病的程度不一致，有的是全窝，有的是部分仔猪。但也有一些在几天后症状才明显。大多数病猪震颤随时间而变弱，至1月龄时消失。

仔猪出生后立即出现震颤，同窝仔猪发病数少的症状轻，震颤微弱，不易被发现。若全窝仔猪发病，则症状明显严重，全身肌肉表现有节奏的阵发性剧烈痉挛，躯体和头部剧烈抖动，站立不稳，呈不断跳跃姿态，站立时症状明显，躺卧时缓解，入睡时则消失。受外界刺激，如惊扰、驱赶、寒冷和噪音等，可加重病的表现。另一种表现为后躯肌肉强直性痉挛，尾部轻微震颤，后肢分开，呈犬坐姿势，多用前肢负重，强迫行走时，步态僵硬。被感染的妊娠母猪，在产仔前不表现任何症状，只是在分娩后产出病仔猪时方可被证实患有本病。

五、病理变化

本病剖检时没有明显的眼观病变，常见的组织学变化可见中枢神经系统明显的髓鞘形成不全。脑血管周围充血、出血。大血管的外膜和血管周围间隔出现圆细胞浸润，以脑干最为明显。小脑发育不全。硬脑膜窦区水肿、增厚和出血。其他器官血管仅呈现增生现象，以血管内膜的变化为最明显，小动脉管呈现广泛的脉管炎变化。

六、诊断

根据临床所见和流行病学资料可作出初步诊断。进一步确诊可通过对中枢神经系统作组织病理学、神经化学的检查。患病猪的脊髓在重量上和DNA含量上均属正常，但髓磷脂少。利用本病毒可在猪肾原代细胞上培养，不产生病变，但可干扰猪水疱性口炎病毒和伪狂犬病毒的感染，以证实本病毒的存在。用被感染的细胞培养物接种妊娠母猪，可在其所产仔猪中复制出本病。免疫电镜可证实康复猪血清中有中和抗体存在。

七、防制

本病无特异防制方法。妊娠母猪应避免暴露于病猪群。

目前尚无有效的化学药品和生物制剂用以治疗和预防本病。硫酸镁有助于减轻症状和降低病死率，可作为对症治疗药物。在预防上应加强兽医卫生和饲养管理措施，对仔猪应注意保暖，保持圈舍干燥，使其靠近母猪，增加其存活机会。作好公猪的管理，特别是对新引进的公猪，应作好检查。因公猪可能传播感染，所以引进种公猪应逐步进行。也可将空怀母猪在配种前放入患病猪群，使其获得感染免疫，防止经交配感染和垂直传染给仔猪。与患先天性震颤猪同一窝的公猪和母猪都不应留种。

第二十四节　猪盖他病毒病（Gatahvirus disease）

猪盖他病毒感染是由盖他病毒（Gatahvirus，GETV）引起的母猪妊娠初期胎儿死亡、初生仔猪发病的一种繁殖障碍性疾病。该病毒属于虫媒病毒，为披盖病毒科甲病毒属的成员。

一、病原

盖他病毒（GETV）是被膜病毒科甲病毒属的一个成员，其生物学特征与该属其他成员基本相同。病毒粒子呈球状，二十面体对称，有囊膜，直径60～70nm，相对分子质量约为5.2×10^6，在蔗糖中的浮密度为1.22g/mL。核衣壳被紧紧包在囊膜内，直径40nm。基因组为正向性单股RNA，不分节段，大小为11～12kb（不包括3'端的polA）。病毒RNA转录生成亚基因组的mRNA，后者翻译成巨蛋白。巨蛋白经酶切得到非结构蛋白和结构蛋白，结构蛋白再经酶切得到衣壳蛋白C〔相对分子质量（30～33）$\times10^3$〕和囊膜糖蛋白E1和E2〔相对分子质量（45～58）$\times10^3$〕。衣壳蛋白与RNA在感染细胞的胞液中装配，与内质网中的糖蛋白E1和E2结合，并转移到高尔基体，最后经细胞膜溢出细胞。

盖他病毒在pH6～9稳定，pH低于5.0和高于10.0都不稳定；在酸性环境中，如pH3迅速被灭活。对脂溶剂如乙醚、氯仿敏感。

盖他病毒不能抵抗0.25%以上浓度的胰蛋白酶处理，6小时可使其完全灭活。在pH6.4或pH6.6时，能凝集人（O型）和鹅、鸡、马、兔、鼠、绵羊、猪、仓鼠等动物的红细胞。

盖他病毒对热不稳定，在56℃15min、60℃10min被灭活。在低温环境中很稳定，在-20～-80℃经2年，病毒感染滴度无明显变化；在4℃经6个月仍有部分感染力。不同毒株在血凝特性、小鼠毒力、蚀斑表型乃至宿主选择上有所不同，核酸指纹图谱分析表明，不同地理位置的分离株的基因组约有68%的同源性。补体结合试验证明，该病毒与披盖病毒科的罗斯河病毒（Ross River Virus）和屈曲病毒（Chikungavirus）存在部分交叉反应。该病毒能在Vero细胞（猴肾细胞）、HmLu（幼仓鼠肺细胞）、BHK-21细胞（地鼠肾细胞）、RK-13、ESK、CPK细胞（猪肾细胞）、马胎皮细胞（EED-C-1）等多种传代细胞系上培养传代。也能在多种动物组织原代细胞上培养，包括马的肺、脑、脾、肝、肾、胰、小肠、鼻黏膜等原代细胞，以及人胚肺、牛胚肾、猪胚肾、仓鼠肾等原代细胞。在细胞培养24～48h出现明显的细胞病变，细胞变圆和折光力增强，能形成清晰的直径4mm和1mm两种不同大小的空斑，不经染色即能用肉眼观察到。但以Vero、HmLu和猪肾细胞较常用。

二、流行病学

1. 易感动物　猪对盖他病毒甚为易感，在日本已证实本病毒是导致初生仔猪死亡的原因之一。常用的啮齿类试验动物，包括兔、豚鼠、仓鼠、大鼠和小鼠，腹腔或皮下接种盖他病毒均能导致病毒血症和血凝抑制试验抗体应答，但无症状。除猪与马外，从人和牛的血清中都检出HI抗体，但未发现临床症状。禽类可能是GETV的天然宿主。然而乳鼠却非常易感，1～2日龄乳鼠脑内接种强毒0.025mL，经3～4d病死，主要表现为后腿麻痹。镜检显示有多发性肌炎，骨骼肌发生变性和坏死。成年小鼠则无症状。致病力强弱在毒株间有很大差异，空斑大小与致病力也有关联，大空斑的致病力明显强于小空斑，然而也有些毒株只形成小空斑，而致病力很强。GETV接种孕鼠可以引起跨胎盘感染，导致出生乳鼠全部死亡或者产仔数减少。

2. 传染源 病猪除了蚊子吸血传播之外，

3. 传播途径 本病的传播媒介主要是节肢动物中的蚊（包括伊蚊、三带库蚊和按蚊）。病毒28℃体外孵育21d以后，病毒在蚊子体内具有高滴度的毒价。病毒可经胎盘直接传染给胎儿，引起胎儿死亡。可从蚊子、健康猪、死亡仔猪、死产胎儿中分离到病毒。

4. 季节性 猪感染该病具有明显的季节性，主要发生在每年的2～10月，阳性样品在4月份开始升高，7～9月份达到高峰，即病毒蚊虫媒介活动时期。

5. 流行动态 盖他病毒首次由美国陆军医学研究部门于1955年从马来西亚的雪背库蚊（*C.gelidus*）中分离获得，其原型株为MM2021。此后在日本、苏联的东部、东南亚各国和澳大利亚等地，从三带库蚊和刺扰伊蚊及猪血液中也分离到盖他病毒。自发现盖他病毒以来，人们一直关注该病毒对动物的致病性。1978年日本首次证实该病毒引起赛马群的马匹患病，1985年在日本首次证明盖他病毒对猪具有致病性。1988年首次从日本的自然分娩的SPF母猪所产的5头死胎脏器中分离出GETV，进一步证明该病毒在母猪繁殖障碍疾病中的致病作用。目前，该病毒主要分布于日本、马来西亚、柬埔寨、菲律宾、斯里兰卡、苏联的亚洲地区、澳大利亚以及我国。在澳大利亚和东南亚各国都有猪被感染的报道。1987－1989年间，前苏联流行病学研究所与我国黑龙江省兽医站协作，应用血凝抑制试验检测了2 843份血清，证明黑龙江省猪的盖他病毒血清抗体阳性率明显高于日本脑炎。1998年上海市奉贤县兽医站，用日本盖他病毒血凝抑制试验诊断试剂盒，对1997年秋采集保存的2个猪场的血清样品进行了检测，阳性率高达80％以上，比黑龙江省高出2～3倍。有资料显示，马、牛、鸟是宿主，猪是扩大宿主。禽可能是盖他病毒的天然宿主。

三、临床症状

人工感染的成年猪和仔猪均表现出临床症状，GETV肌内接种5日龄初生猪，20h后表现厌食、精神沉郁、颤抖、皮肤潮红、舌抖动、后腿行动不稳，2～3d后垂死或死亡，个别乳猪能耐过而康复。口服接种时仅出现轻微病症，翌日即康复。剖检无眼观和显微损害。采集肌内接种的病死乳猪和垂死乳猪的组织，接种细胞培养作病毒分离，几乎所有组织都发现GETV，其中以脾、扁桃体、肾上腺、小肠和血清中滴度最高，粪中滴度很低，口腔基本没有。口服接种猪则分离不到GETV。

自然感染发病的仔猪也有临床症状。主要表现为体温升高（40.7℃）、厌食、腹泻、虚弱、震颤、步态异常，严重者呈犬坐姿势或出现神经症状，最后衰竭死亡。怀孕母猪感染盖他病毒后一般不出现临床症状，但会引起繁殖障碍，导致胚胎死亡并被吸收，从而母猪产仔数减少。妊娠前期感染导致胚胎死亡，母猪返情，产死胎。在有些病例中，母猪分娩的大多数乳猪呈现精神抑郁、颤抖和排棕黄色腹泻物等症状，在出生后3～5d死亡。少数耐过而康复的仔猪，短时间内发育不良。

病死乳猪经剖检无眼观和显微损害。采集脑、肺等组织作细菌分离，没有发现致病菌；接种猪肾细胞和Vero细胞，出现明显的CPE；脑内接种1日龄乳鼠导致死亡。将病料接种健康乳猪可复制出与自然病例相同的病症。

四、病理变化

病理变化表现为全身淋巴结肿大、淤血，脾脏实质软化，脾淋巴滤泡肿大。死胎表现为皮肤充血、颜色变红。其他部位和实质器官病理变化不明显。

五、诊断

引起母猪繁殖障碍和仔猪死亡的病毒有多种，因此必须应用实验室技术才能确诊。

1. 实验动物接种

乳鼠对盖他病毒甚为易感。一般采集病死乳猪的脑、肺、肾、扁桃体等组织，制成1∶10悬液，反复冻融后离心，取上清液接种于1～2日龄乳鼠脑内，观察死亡情况。同时用已知阳性和阴性血清做中和试验。

2. 病毒分离

采集病死乳猪的适宜组织，制备1∶10悬液，离心取上清液，接种BHK-21、猪胚肾、猪肾、仓鼠肺或非洲绿猴肾细胞做细胞培养，经1～2d即能看到明显的细胞病变，可判为阳性。如有怀疑，可以盲传2代，无致细胞病变作用即可判为阴性。

3. 血清学检验

⑴血凝抑制试验：日本已有市售诊断用试剂盒，可按常规方法做微量血凝抑制试验。试验前待检血清需除去非特异性因素，方法是将血清先用丙酮处理，再用鹅红细胞吸附，最后在56℃灭活30min。试验过程：抗原与血清混合后在4℃过夜，加0.33%鹅红细胞混合，于37℃作用1h观察结果，血清的血凝滴度（HI）在1∶10以上，即判为阳性。如欲自制抗原，则可将感染的细胞培养液经离心除去细胞碎片，再超速离心取沉淀物，病毒浓度达到$10^{8.5}$$TCID_{50}$/0.1mL，即可作抗原。

⑵酶联免疫吸附试验：抗原由盖他病毒感染的细胞培养液浓缩和纯化。检测方法按常规进行，检测的敏感性与血凝抑制试验基本一致。

应注意与猪瘟、乙型脑炎、猪细小病毒病等鉴别诊断。

六、防治

GETV在亚洲流行甚广。但只有日本有较为详细的报道，日本已经采用疫苗控制本病，早先使用灭活疫苗，现已研制成功弱毒疫苗。此外还有商品化的猪乙型脑炎病毒、细小病毒和盖他病毒三联弱毒疫苗。疫苗在蚊虫出现的季节前接种。据报道效果确切。

第二十五节　猪血凝性脑脊髓炎（Porcine hemagglutinating encephalomyelitis，PHE）

猪血凝性脑脊髓炎是血凝性脑脊髓炎病毒（Hemagglutinating encephalomyelitis virus，HEV）引起的猪的一种急性传染病。临床上分为两种病型，脑脊髓炎和呕吐消耗病（Vomiting and wasting disease，VWD）。主要感染幼猪。以呕吐、食欲废绝、便秘、进行性消瘦及中枢神经系统功能障碍为特征，因此，临床上也称该病为“仔猪呕吐－消瘦病”。病死率很高。欧美各国和日本等许多国家血清学普查表明，这种病毒在猪中感染很普遍，尤其是养猪业发达的地方。

一、病原

血凝性脑脊髓炎病毒（HEV）在分类上归于冠状病毒科（Coronaviridae）冠状病毒属（Coronavirus）。病毒一般呈圆球形，直径70～130nm，有囊膜，囊膜表面有20～30nm的梨状或花瓣状突起。在形态上，HEV是典型的冠状病毒。67N株病毒粒子（不包括突起）的直径为70～100nm（平均90nm），突起的长度为15～17nm，因此完整的67N株病毒粒子的直径约为120nm。67N株病毒在氯化铯中的浮密度为1.21g/mL。加拿大株的酒石酸锑钾浮密度为1.81g/mL。

HEV可凝集和吸附鸡、火鸡、仓鼠、小鼠、大鼠的红细胞。红细胞受体不被受体破坏酶破坏，经受体破坏酶处理的红细胞仍能被HEV凝集。虽然现有HEV各毒株的毒力有强弱的差异，但抗原性基本一致，经血凝抑制试验和病毒中和试验证明是同一血清型的。

HEV能在原代猪肾细胞和猪甲状腺细胞的胞浆内复制增殖，并向胞浆空泡内出芽成熟。接种于猪肾细胞12～16h内形成融合细胞，早期的融合细胞只

有几个核，后期可含有40个以上的核，都集中在细胞的中心区。许多融合细胞形成后数小时，胞浆内形成空泡、核浓缩，最后细胞卷缩脱落。在某些融合细胞的胞浆内能见到类似胞浆内包涵体的结构。

HEV虽能引起不同的临床症状，但只有一个血清型。

HEV对热敏感，56℃5min可灭活，37℃只能存活24h。在低温和冻干时很稳定。冻干状态下，HEV可存活1年以上。含病毒培养液的冻干制品长年不丧失感染力。HEV对猪β-干扰素高度敏感。对乙醚、氯仿、去氧胆酸钠等脂溶剂敏感。乙醚处理后，失去血凝性和感染性。

二、流行病学

1. 易感宿主　猪是病毒的天然宿主。HEV侵害1～3周龄的乳猪。HEV通常经鼻分泌物传播，经呼吸道或消化道传染。成年猪虽然一般为隐性感染，但可排毒。被感染的乳猪可出现两种病型。实验小鼠和大鼠也能被感染，但易感性随年龄和接种途径而异。将HEV67N株用不同途径接种不同周龄的大鼠，证明敏感性按下列次序递减：脑内（i.c）＞鼻内i.n）＞皮下（s.c）＞腹腔内（i.p）＞静脉内（i.v）。4周龄大鼠虽可引起脑炎和死亡，但不如1～2周龄易感；8周龄大鼠只有用i.c、i.n或s.c途径接种才可致死，其他途径接种不能致死。在小鼠中病毒呈现嗜神经性。在野外条件下大多数感染呈现亚临床形式。

2. 传染源　病猪和健康带毒猪是传染源，可以从这些猪的鼻腔、气管和肺分离到病毒，表明病毒存在于呼吸道，可以由此排出。

3. 传播途径　病猪和健康带毒猪通过鼻分泌液排毒于外界环境，通过气溶胶传播。

4. 流行特征　由于分离株的致病力和宿主易感性的不同，有母源抗体的新生仔猪和较大的猪，接种HEV后临床上没有表现。用HEV经口鼻实验接种几周龄的无免疫力仔猪，多数能够引起发病，但症状有所不同；在野外暴发中每次只能见到某一种临床表现。

血清学调查表明，在8～16周龄多发生亚临床感染。因为，在HEV流行的猪群中，大部分仔猪出生后因初乳中的母源抗体而获得保护，血液中母源抗体能持续4～18周（平均10.5周）。当这些抗体消失时，猪已生长到有足够抵抗力的年龄并被主动免疫所代替，以防止病毒可能造成的临床疾病。

5. 发现历史与流行现状　20世纪50年代末 Greig首次从加拿大的患病猪的脑组织分离到1株具有血凝性的未知毒，当时称为血凝性脑脊髓炎病毒（Haemagglutinating encephalomyelitis virus， HEV）。1969年英格兰自患有厌食、抑郁、呕吐等症状，而无脑脊髓炎症状的病猪分离到1株类似病毒。1976年证明同一分离株能实验性复制出两种主要病型。在亚洲，日本于1984年自呼吸道病猪的呼吸道分离出HEV。我国台湾于1993年自患中枢神经病的30～50日龄猪中分离出HEV。流行病学调查HEV感染很普遍，很可能是全球性的，但自然发病十分少见。日本1985－1988年期间对60个猪场的2 496份血清检测，阳性率高达 82.1%，但猪群中未见有任何相关症状。在育肥猪中的血清阳性率，加拿大为31%，北爱尔兰为46%，英格兰为49%，德国为75%，美国因调查地区而异，从0到89%。淘汰母猪的血清阳性率，北爱尔兰为43%，美国达98%，丹麦、法国、澳大利亚、比利时、奥地利等国的血清阳性率也很高。目前本病在英国、美国、比利时、瑞士、德国、澳大利亚都有报道。在我国台湾省一次暴发中，30～50日龄猪出现发热、便秘、感觉过敏、肌肉颤抖、进行性前躯麻痹、虚脱、卧地不起，四肢划动，病猪于症状出现后4～5d死亡。病程约为2～3周。发病率4%，病死率100%。

三、临床症状

人工感染不吮初乳的仔猪，可引起感染，潜伏期4～6d，病猪的症状与自然发病的症状相类似。

猪的HEV与人的冠状病毒（OC_{43}株）之间可能有抗原关系。血清学试验证明，对OC_{43}抗原发生血清转化的人，对于HEV抗原也能有在诊断上有意义的抗体效价升高。然而，这两种病毒能否在异种的人和猪中引起疾病还没有得到证明。

临床分两型：一种以脑脊髓炎症状为主；另一种以呕吐-消耗病症为主。两者可能出现很多共同症状。多数是在引进种猪之后发病，侵害一窝或几窝乳猪，以后，由于猪群产生了免疫反应而停止发病。被感染仔猪的发病率和死亡率都达100%。根据文献报道，许多国家和地区猪的血清阳性率都很高，而有临床症状的却不多。

1. 脑脊髓炎型多发于2周龄以下的仔猪病初与VWD相似，哺乳仔猪精神沉郁，常挤作一团，也见发生间歇性呕吐，但不如VWD严重。 病猪厌食，继而昏睡，呕吐、便秘，少数病猪体温升高。病猪常聚堆，被毛逆立，末梢发绀，打喷嚏，咳嗽或磨牙等症状。发病1～3d后，大多数病猪出现中枢神经系统障碍的症状。常表现全身性肌肉颤抖，对声响和触摸过敏，尖叫，共济失调，呈犬坐姿势，后肢麻痹，或四肢游泳状运动，呼吸困难，失明，眼球震颤，角弓反张。死前昏迷，病猪体重迅速下降。病程约10d，病死率高达100%，幸存的猪可完全恢复。

2. 呕吐-消耗型发病于后几天的仔猪最初的症状是呕吐，呕吐物有恶臭。某些病例呕吐不明显，但不食，便秘，口渴喜饮，以后咽喉肌麻痹，不能吞咽。发病初期，体温有时升高，以后体温正常。体重下降、消瘦。有些猪在1至2周内死亡，大部分转为慢性，能存活数周，最后由于饥饿或继发症而死亡。病程数周。有的病例可恢复。VWD型在暴发VWD时，病初仔猪体温过性升高，挤成一团，精神沉郁，皮肤苍白，常拱背、或打喷嚏和咳嗽。几天后出现其特征性症状：反复干呕和呕吐。有些病例呕吐不明显，主要表现不食，喜欢饮水，常发生便秘。较小的仔猪迅速消瘦、严重脱水，呼吸困难、豁膜发绀，昏迷而死亡。同窝仔猪的病死率可达100%。较大的猪也不食、呕吐、消瘦，但较轻微，耐过者则成为僵猪。

四、发病机理

血凝性脑脊髓炎病毒可通过口腔和鼻感染仔猪。HEV可在扁桃体、喉、气管、肺、食管、胃和十二指肠及鼻黏膜复制增殖。侵入门户局部感染增殖后，HEV病毒可经外周神经系统到达中枢神经系统（CNS），至少有三条途径。从鼻黏膜和扁桃体到脑干三叉神经节和三叉神经感觉核是第一条途径。第二条途径沿迷走神经，经迷走神经感觉结节到达脑干迷走感觉核。第三条途径是在局部感觉结节复制后，从肠神经丛到脊髓。病毒血症在发病机制中的意义很小或不具有意义。在中枢系统（CNS），感染始于延髓神经核，以后发展波及整个脑干，脊髓，有时波及大脑和小脑。病毒在迷走感觉神经节内的复制和来自不同感染部位神经的冲动对呕吐中枢的刺激可引起猪呕吐。病毒引起的胃内壁病变可能是对胃炎性瘀滞的反应。胃排空紊乱可能在衰弱的病理发生中起重要的作用。

许多病例可在上呼吸道分离到血凝性脑脊髓炎病毒，却不出现临床症状。HEV不发生子宫内感染。感染母猪对乳猪提供乳汁抗体。因为在上呼吸道能规律性地检测出HEV，所以，一般认为，上呼吸道是HEV的正常栖息部位。

五、病理变化

自然感染时，某些慢性感染猪有明显眼观病变，表现为恶病质、胃充满气体而腹部膨胀。

猪血凝性脑脊髓炎的病理变化可分为两类，即中枢神经系统的变化和呼吸道的变化。但眼观病变不明显。在某些脑脊髓炎病例，可以见到轻微的卡他性鼻炎。呕吐-消耗病病例中，只有少数出现胃肠炎的变化。

病理组织学：在急性病猪中，扁桃体、神经系统、呼吸系统和胃可见显微损伤。病变特征为扁桃体上皮变性和隐窝的淋巴细胞浸润。在20%的自然感染猪及大多数人工感染猪中，鼻甲、支气管和肺泡上皮细胞变性和间质性支气管周肺炎，有中性粒细胞和巨噬细胞浸润。

大多数脑脊髓炎型病例出现非化脓性脑炎变化。有神经症状的HEV感染猪中有70%～100%，在VWD综合征猪中有20%～60%病例出现非化脓性脑脊髓炎。其特征为血管套现象、神经胶质细胞增生和神经元变性。部分呕吐型病例也可出现类似的病变。人工实验感染的仔猪神经细胞的胞质中，可见到病毒粒子。其病理变化特征是脑血管周围有巨噬细胞、淋巴细胞、单核细胞浸润形成的细胞套，胶质细胞增生，神经细胞变性死亡和卫星状。大多数病变发生于间脑、脑桥、延脑、脊髓上部等处的灰质部，并伴有脑脊髓液增多。在脑桥、延脑和上部脊髓背根的灰质中最为显著。可能是HEV在CNS中增殖后引起特异性免疫应答表现有外周感觉神经节（尤其三叉神经节）的神经炎。在VWD综合征病猪中有15%～85%还表现有胃壁和肺的显微病变，胃壁神经节变性和血管周围套，在幽门腺区尤为明显。

在人工感染实验的病例，可以见到沿上呼吸道蔓延的黑红色区域。从急性病中康复过来的仔猪体重下降，或转为慢性型疾病，增重慢，病理变化不明显。目前还未见有脱髓鞘的报道。虽然HEV在免疫学上与Teschen病的病毒没有亲缘关系，但是组织学上却又不可能把猪血凝性脑脊髓炎与Teschen病区别开。

六、诊断

临床症状、病理学检查和流行病学调查有助于本病的诊断，但确诊有赖于实验室检查。

1. 病毒分离 当病猪开始出现症状时尽早宰杀，无菌采集扁桃体、脑和肺，并制成悬液，接种原代PK细胞或猪甲状腺细胞。如果细胞培养出现合胞体病变、血吸附和血凝特性，即可证明有HEV存在。否则应继续盲传2代才能做出结论。当发病超过2d，分离病毒就很困难。分离病毒需无菌采取刚出现症状的病猪的呼吸道分泌物，脑或脊髓等按常规方法处理后，接种于猪单层胎肾原代细胞或猪甲状腺单层细胞培养。接种后12h，观察有无融合细胞形成。如果有HEV存在，可在接种后24h至48h出现融合细胞。分离的病毒可用血凝试验、血细胞吸附试验、血凝抑制试验、血细胞吸附抑制试验、血清中和试验、荧光抗体染色、电镜和免疫电镜检查鉴定。

2. 血清学试验 猪感染HEV后第7天开始产生抗体，2～3周达到最高峰。从发病的母猪和存活同窝仔猪采取血清，做血凝抑制试验、血细胞吸附抑制试验、琼脂扩散试验、间接免疫荧光试验及血清中和试验也可确诊。HI和SN试验可用于猪血清中HEV抗体的检测，两者具有基本相同的敏感性。还可用空斑减数试验。由于病毒的亚临床感染非常普遍，一般要应用双份血清做出评价，为此首份血清需在症状刚出现后2d内采集，经过6～7d以后猪已显现症状，此时可能已经产生高滴度抗体，难以做出比较性评价。

3. 鉴别诊断 HEV感染须与捷申病（猪传染性脑脊髓炎）和伪狂犬病相区分。后两种病显示的脑脊髓炎通常比HEV感染更为严重，而且无论大、小猪都有发生。大猪出现呼吸道症状，母猪出现流产是伪狂犬病的典型表现。病毒培养时，这些病毒均能在PK和猪甲状腺细胞培养中生长，但在PK细胞中，CPE有所不同。此外，HEV有血凝性，其他两种病毒没有血凝性，据此也可区分它们。

猪血凝性脑脊髓炎没有临床特征，根据症状和流行情况只能做出推测性诊断。因此，临诊本病困难，特别是把Teschen病同本病区别开来。病毒分离鉴定、血清学试验可帮助确诊。

七、防制

目前本病，无特效疗法。对于HEV在自然界的稳定性，病毒在体内存在的时间，都不十分清楚。实际工作中主要靠加强综合防疫工作，防止引入病猪。对于发病猪和猪群要及时隔离。临产前2～3周使母猪感染HEV，经一定时间后可产生母源抗体，仔猪可通过初乳获得保护。疫苗使用前要检查疫苗玻璃瓶有否破损、污染等异常现象，有则废弃，疫苗打开后限在当天用完。

在大多数猪场，HEV感染主要呈现经呼吸道传播的亚临床感染。母猪往往在头胎分娩前已经接触到病毒，因而可以通过初乳传递抗体使其后代得到保护。这些仔猪即使发生感染，也多是呈现亚临床状态，很少引起暴发。在新建的猪场或养猪数过少的小型场，病毒难以持续存在，母猪在分娩时往往缺乏免疫力，仔猪在出生后几周内可能被感染并出现症状。

本病为散发，一般不进行免疫接种。临床上一旦出现明显症状，多以死亡告终。此前未产生免疫力的母猪所生的仔猪，可在出生时接种特异性高免血清。

第二十六节 猪肠道病毒感染（Swine encephalomyelitis）

是由猪肠道病毒引起的猪的各种临床综合征的总称。猪肠病毒可引起母猪繁殖障碍，如死产、木乃伊胎、死胎、不孕以及新生胎儿畸形和水肿。猪肠病毒株有八个血清型，分1～8个不同型，可引起肺炎、心包炎和心肌炎、腹泻和脑脊髓炎等多种征候群。大多数猪感染后不表现症状。猪是猪肠道病毒的唯一自然宿主。

捷申病是第一个被报道的猪肠道病毒感染。60年前首先在捷克发生，以后陆续在中欧和非洲散发。近年来，各国对猪肠道病毒与生殖道、消化道、呼吸道疾病的关系的报道逐渐增多。已证实本病毒在自然界广泛分布，遍及世界各个养猪国家。在美国、英国、比利时、匈牙利等国已成为猪繁殖障碍的病因之一，造成了很大的经济损失。

一、病原

猪肠道病毒与其他动物的肠道病毒的基本特性相似，本病毒属小核糖核酸病毒科肠病毒属成员。病毒粒子呈球形，直径25～31nm，无囊膜，基因组为单股RNA。

本病毒能在在猪源细胞培养中生长，以原代或次代猪肾细胞或肾细胞系最为常用。不同的毒株在猪肾细胞上产生的病变可分为Ⅰ、Ⅱ、Ⅲ3种。有些毒株可以在Hela、猴肾和乳仓鼠等细胞系繁殖。根据病毒中和试验，猪肠道病毒又可分11个血清型，它们之间存在有限的交叉反应。猪肠道病毒1型引起猪脊髓灰质炎，猪肠道病毒2～11型见于正常猪粪、腹泻猪粪、患心包炎的猪以及流产或死产的胎儿。后者称之为死木胎（SMEDI）综合症。猪肠道病毒2～11型的某些毒株人工感染可致猪脑脊髓炎。

病毒对脂溶剂、热和pH2～9相对稳定。在外界环境中的抵抗力很强，在15℃中能存活168d。在粪水中可存活长时间，若猪粪通气良好，则灭活较快，用电离辐射或厌氧发酵也能将其灭活。

本病毒无凝集和吸附红细胞的作用。对乙醚、氯仿等脂溶剂不敏感，能抵抗胰酶；对热的抵抗力较强，56℃可存活2h，60℃可存活15min，-70℃可长期存活；在pH2～9经24h仍然稳定；对很多消毒剂的抵抗力也较强，但能被次氯酸和70%乙醇完全灭活。

二、流行病学

1. 易感动物　除1血清型对猪、人和小鼠都有易感性外，其他血清型仅感染猪，并常为隐性感染。不同年龄的猪均有易感性，以幼猪易感性最强。

2. 传染源　病猪、康复猪、隐性感染猪是本病的主要传染源。

3. 传播途径　水平传播：本病毒主要在被侵害的肠道增殖，大量病毒可持续地经粪便排出体外，污染饲料、饮水等，再经消化道、呼吸道或眼结膜感染猪。垂直传播：怀孕母猪带毒期约3个月，可以经子宫感染胎儿；未怀孕母猪带毒期也可达2个月。在亚临床感染的猪群中，新引进的或未接触过本病的怀孕母猪，可表现出生殖紊乱。

4. 流行特点　有几个血清型在猪群中一般呈地方流行，任何年龄的猪感染某一血清型的毒株后，还可以感染其他血清型毒株。病毒可能存在于断奶仔猪中。感染常发生在断奶后不久，这时母源抗体开始消失，不同窝的仔猪混在一起，感染至少可持续几周。成年猪很少排毒，但对以前未感染过的血清型，任何年龄的猪都是完全易感的。本病多呈散发性，大型猪场可表现为地方流行性，病死率低，常呈隐性感染。

猪肠道病毒不同血清型毒株的致病性

临诊综合征	感染的猪肠道病毒血清型
脑脊髓灰质炎	1，2，3，5
繁殖障碍	1，3，6，8
下痢	1，2，3，5，8
肺炎	1，2，3，8
心包炎和心肌炎	2，3

三、临床症状

多数猪肠道病毒感染后无症状，但某些血清型可引起猪的多种症候群见下表。

按感染毒株血清型的不同，临床症状可表现为多种类型，但以繁殖障碍型为主。

1. 繁殖障碍型

由1、3、6，8血清型的毒株引起，潜伏期为5~30天。多发生于新引进的母猪群，引起死产（S）、木乃伊胎（M）、胚胎死亡（ED）和不育（I），即所谓SMEDI综合征。其表现随感染日龄而异，在妊娠前期（15日胎龄以前）感染时，胎儿多被吸收，导致产仔数少；在妊娠30日胎龄左右感染时，胎儿的死亡率依感染血清型不同而异，一般可达20%~50%；在妊娠45日胎龄以后感染，胎儿的死亡率为20%~40%，死亡的胎儿呈现腐败、木乃伊胎或新鲜尸体。部分新生仔猪表现畸形和水肿，虚弱的仔猪多在5d内死亡。经产母猪常不表现任何症状。而未怀孕母猪感染后，可获得免疫力，以后可正常怀孕生产。

2. 脑脊髓灰质炎型

由1、2、3、5血清型的毒株引起。发病率和死亡率都高。由1血清型强毒引起的又叫Teschen病（捷申病），早期症状为发热、拒食和倦怠，随后很快出现运动失调，严重病例出现眼球震颤、惊厥、角弓反张和昏迷。最后病猪瘫痪，呈犬坐姿势，或侧卧于一侧，一般在发病后3~4d内死亡。毒力较弱的1血清型病毒则引起称为Talfan病的良性地方流行性偏瘫。Talfan病和其他血清型病毒引起的脑脊髓灰质炎较温和，发病率和死亡率较低，受害者以幼龄仔猪为主，很少发展为完全瘫痪。

3. 下痢型

由1，2，3，5，8血清型的毒株引起。在猪机体功能下降时感染，促使肠道常在菌（如大肠杆菌）或其他病原微生物的病原性增强所致。作为肠道病原体，猪肠道病毒的作用没有得到肯定。它们常自腹泻病猪的粪便中分离到，也很容易从正常小猪粪便中（尤其是在断奶后）分离到。既然腹泻能由许多种其他病毒和细菌引起，肠道病毒的存在可能是巧合，然而用肠道病毒实验接种仔猪可以产生腹泻，但腹泻是温和而短暂的，与轮状病毒和冠状病毒相比，猪肠道病毒对肠道的致病作用显得并不重要。

4. 肺炎型

由1、2、3、8血清型的毒株引起。猪肠道病毒在肠管内增殖时，能促进其他病原微生物繁殖，诱发肺炎。表现为咳嗽，呼吸加快，喷嚏，食欲减退，精神沉郁等症状。

5. 心包炎和心肌炎型

由2、3血清型的毒株引起。多因心脏突然发病而死亡。

四、病理变化

猪肠道病毒感染不产生特异性的病理变化。繁殖障碍型表现为死胎的皮下和肠系膜，特别是大肠的肠系膜水肿，胸腔和心包积液，在脑膜和肾皮质有小出血点；偶尔在脑干可见轻度胶质细胞增生和血管周围袖套。脑脊髓灰质炎除慢性病例有肌肉萎缩外，其他无眼观变化。组织学变化在中枢神经系统有广泛分布，以脊髓腹侧、小脑皮质和脑干最为显著，表现为神经元进行性弥漫性染色质溶解，胶质细胞局灶性增生和血管周围袖套。肺炎病变主要在前叶腹侧，有灰红色实变，肺泡及气管内有渗出液。因心脏病突然死亡的病猪多无可见病变。慢性病例（血清Ⅲ型）则可引起浆液性纤维素性心包炎，或心肌局灶性坏死。SMEDI综合征在死胎或新生仔猪无特异病变，偶而在脑干可见轻微的局灶性神经胶质细胞增生和血管周套。

五、诊断

根据流行病学、临床症状只能做出初步诊断，确切诊断需进行血清学和病原学等检测后进行综合分析。有脊髓灰质炎的临床症状表明可能是肠道病毒感染引起，但需从CNS分离到病毒或用免疫荧光法检出病毒抗原，才能与其他嗜神经病毒感染区别。病毒分离需从有早期神经症状的仔猪取病料，已麻痹几天的猪在CNS中可能不再含有病毒。取脊髓、脑干或小脑的组织悬液接种猪肾细胞培养，然后通过免疫荧光或免疫酶染色法进行病毒鉴定。

从有神经症状的仔猪胃肠道中分离到肠道病毒是不能立即做出诊断的，因为可能是与其他感染同时发生的。血清抗体检测可用ELISA法。在SMEDI综合征，木乃伊胎很少含有活病毒，但含有可用免疫荧光法查出的病毒抗原，分离病毒可取流产或死产胎儿的肺组织。肺炎和腹泻时可从呼吸道或肠道分离病毒，但一般很难对结果做出正确解释，因为健康猪的肠道病毒感染亦很常见。

1. 病毒分离及鉴定

取病猪的主要病变部位，如脊髓、脑干、小脑、呼吸道、肠道、流产或死产胎儿的肺组织等，制成组织培养用悬液，接种猪胚胎、肾、肠或PK-15单层细胞，培养3~6d，观察细胞病变，并做进一步鉴定，或采用PCR方法进行鉴定。木乃伊胎很少含有活病毒，但含有可用于免疫荧光检测的病毒抗原。

2. 血清学检查

①采取急性发病期和恢复期的双份血清，检查抗体效价的急剧上升有诊断意义。②应用已知的抗血清与被检病料悬液做中和试验，也可做出诊断。③用中和试验检测母猪的抗体，可用含100$TCID_{50}$的病毒液0.5mL加被检的倍比稀释的血清0.5mL，置37℃作用1h后，接种细胞，进行组织培养观察，可检测母猪是否感染本病。

繁殖障碍型应注意与猪细小病毒、猪乙型脑炎、猪钩端螺旋体、猪繁殖与呼吸综合征、猪瘟（繁殖障碍型）等病相区别。下痢型应注意与轮状病毒、冠状病毒等相区别。

六、防制

防治猪肠道病毒感染，尢有效治疗药物。与大多数病毒感染一样，猪肠道病毒感染的防治措施取决于预防而非治疗。轻度脑脊髓灰质炎（Teschen病即捷申病）的小猪在短暂性轻瘫中如果护理良好可以康复。疫苗接种已用于捷申病的预防。最早的捷申病疫苗是用猪组织制备的灭活苗，随后代之以弱毒或灭活的细胞培养苗。细胞培养连续传代致弱的弱毒疫苗或福尔马林处理的灭活苗，对小猪的保护效果基本相同。在捷申病扑灭方案中采取屠宰和周围疫苗接种的方法获得成功。从捷申病流行地区进口活猪和猪肉要严加约束，这样可以有效地限制血清1型强毒株的扩散。对于温和型脑脊髓灰质炎或其他临诊表现的肠道病毒感染还没有有效的疫苗。

繁殖障碍型引起的经济损失较大，采取针对性防治措施是必要的，但由于其血清型太复杂，难以研制有效的疫苗。目前最好的方法是：非疫区和无此病的猪场，应禁止从发病地区进口猪及其产品，防止疾病的引入；疫区和发病猪场，有意识地使后备母猪在配种前至少1个月接触流行的肠道病毒。达到此目的，只要把不同窝的小猪混养在一起就可以了。如果猪群很早就分开饲养，则可取来自不同窝的新生断奶仔猪的粪便混入到后备母猪饲料中饲喂，让后备母猪自然感染地方流行的猪肠道病毒，产生免疫保护力，粪便最好多从几个新近断乳仔猪的圈中采集，以保证猪群中所有存在的肠道病毒都采集到。封闭式管理操作的猪群可以减少外来病毒的感染，但不可能消除这一危险，因为肠道病毒的抵抗力较强，各种各样的污染物都能传递。

第二十七节 曼那角病毒病（Menangle virus）

曼那角病毒病是由曼那角病毒引起的猪繁殖障碍综合征，并是一种伴有明显骨骼异常和中枢神经系统恶化的人兽共患病毒病。人以流感样症状为主，猪以繁殖障碍为主。是一种新发现的传染病。

一、病原

此病原为一种新病毒，称为曼那角病毒（Menangle virus），分属于副黏病毒科。是目前新发现未被分类的副黏病毒科的新成员之一。Philbey A.W. 等于1997年首次从澳大利亚新南威尔士商品化猪场的脑组织、脊髓和骨骼异常的新生仔猪体内分离得到曼那角病毒，它在形态学上与副黏病毒科的成员类似，Philbey等（1998）通过超微结构发现曼那角病毒为副黏病毒亚科成员。但曼那角病毒在免疫学上与副黏病毒亚科的3个属（即腮腺炎病毒属、麻疹病毒属和呼吸道病毒属）中已知的副黏病毒抗血清不发生交叉反应。

病毒颗粒呈圆形或多态形，大小为30～100nm，内含“人”字形或点状的核胞体，直径分别为4～19nm或0.4～5.8nm，周围有单一边缘的包裹，表面凸起长为4～17nm。曼那角病毒有广泛的宿主细胞感染类型，可于多种动物的细胞培养中生长，包括猪和人的细胞，曼那角病毒感染BHK21细胞可以致细胞病变（CPE），使细胞空泡化和细胞内形成包涵体。曼那角病毒对几种动物红细胞无血细胞吸附和血凝活性，这与猪蓝眼病副黏病毒（BEDV）不同。

曼那角病毒的来源尚不清楚，推测曼那角病毒传播方式与Hendra病毒、Nipah病毒和Tioman病毒相似，可能来源于Ptero-pus属的果蝙蝠。Adrian等（1998）采集了新南威尔士和昆士兰州125份果蝙蝠血清，病毒中和试验表明，抗体阳性率为36%，抗体滴度为41g2～81g2，其中，灰头果蝙蝠、黑果蝙蝠、有眼睛状斑纹果蝙蝠和小的红果蝙蝠阳性率分别为32.9%（26/79）、40%（4/10）、55%（11/20）和0%（0/15），受感染猪场附近的其他物种包括啮齿动物、绵羊、猫和狗的血清检测结果为阴性，未发现其他可疑的传播来源。所有证据表明，果蝙蝠可能是曼那角病毒感染的储藏宿主，成为猪场曼那角病毒感染的最初来源。

二、流行病学

1. 易感动物　曼那角病毒除了感染猪以外，还能感染果蝙蝠和人。

2. 传染源　病猪与病毒携带动物。

3. 传播途径　曼那角病毒可以通过妊娠母猪血胎屏障感染胎儿，导致死胎和木乃伊胎，曼那角病毒在同一猪场内传播，可能是通过直接接触病猪的分泌物和排泄物传播。人多数是直接接触受曼那角病毒感染的仔猪而感染。

4. 流行特征　Kirkland P.D. 等（2001）对暴发繁殖障碍性疾病的猪场和附近猪场的2 600头成年猪（包括母猪在内）、新生仔猪和果蝙蝠的血清及粪便进行了普查和实验室诊断技术检测（病毒中和试验），结果表明，成年猪和商品猪抗体阳性率分别为96%和88%，母猪产仔率从82%下降到60%，仔猪成活率下降到27%，新生仔猪畸形和胎儿木乃伊化增加，母猪偶尔发生流产，并影响经产、初产母猪的妊娠，在其他猪场未见曼那角病毒感染，成年猪一般不发病，在曼那角病毒感染的仔猪群中，未被曼那角病毒感染的仔猪可检测到曼那角病毒的中和抗体，可能是母猪妊娠后期的胎儿产生了抗体。

5. 发现历史　1997年，本病最早报道发生于澳大利亚的新南威尔士一大型商品化养猪场，表现为仔猪产下即死亡和畸形，母猪怀孕率下降，仔猪成活率下降等。1998年，在马来西亚也发现类似的疾病。迄今为止，此病仅发现于澳大利亚和马来西亚两个国家，其他国家未见有类似报道，我国仅见猪副黏病毒引起猪感染的报道，但未确定病原体。

三、临床症状

曼那角病毒可导致感染母猪群繁殖障碍持续21周，母猪受胎率下降、死胎、死产，胎儿木乃伊化。仔猪生下即死亡并有畸形。通过胎盘感染仔猪发生病毒血症。猪场产仔率从82%下降到40%～60%，每窝仔猪的成活率下降到27%，产窝数也减少。所产死胎、木乃伊胎儿、畸形胎儿的比例增加，有时母猪还发生流产。

四、病理变化

曼那角病毒的发病机理尚不清楚，它可侵害猪的生殖系统和中枢神经系统，使感染的新生仔猪发生脊髓和大脑严重退化，关节弯曲（肢体僵硬，常见弯曲状），短腭（下腭短小），颅骨变形，肺脏等腔体偶尔发生纤维蛋白渗出和发育不全。

病理组织学检查可见脑和脊髓严重变性，灰质和白质广泛性坏死和退化，并伴有巨噬细胞浸润，偶尔见其他炎性细胞。神经元核内和胞浆内出现包涵体。少数仔猪出现非化脓性心肌炎。

五、诊断

曼那角病毒的分离鉴定作为诊断方法不是十分有效，主要原因有：从曼那角病毒暴发猪场的57头患病猪体内仅有10头分离到曼那角病毒，几率仅为17.5%；曼那角病毒感染的新生仔猪的组织可发生自溶，并可产生抗曼那角病毒的中和抗体，干扰曼那角病毒的分离；曼那角病毒细胞培养通常要传3～5代，才能检测到细胞病变。目前，曼那角病毒通常依靠流行病学、病理变化、病毒中和试验（VNT）、琼脂扩散试验（GDPT）、乳胶凝集试验（LAT）、免疫组化、ELISA和分子生物学方法进行诊断。分子生物学诊断技术主要有cDNA差减文库、RT-PCR、5′ RACE等方法，通过核苷酸、氨基酸序列和系统进行树分析鉴定病原。

曼那角病毒鉴别诊断应与能导致猪繁殖障碍的病毒如日本乙型脑炎病毒（JEV），猪繁殖与呼吸道综合征病毒（PRRSV），猪瘟病毒（CSFV），伪狂犬病毒（PRV），脑脊髓炎病毒（EMCV）和猪流感病毒（SIV）相区别。另外，应与能导致猪神经系统疾病的病毒如La Piedad Michoacanvirus（LPMV），Nipah病毒（NiV）和Sendai病毒等区别之。

六、防治

由于曼那角病毒是近年来新认识的导致人畜共患病的副粘病毒，对于曼那角病毒的发病机制、流行病学、致病性和分子生物学特性等还不十分清楚，尚无有效的疫苗和治疗方法。但切断蝙蝠与猪接触的传播途径是防止曼那角病毒传播的有效方法，具体措施包括新建猪场时应远离果蝙蝠栖息区，在饲养区与断奶区之间禁止种植果树和对发病猪进行严格的隔离，最大可能避免果蝠在猪场及附近出现，还应加强饲养管理，降低饲养密度。同时，利用植物源性疫苗免疫野生动物（包括果蝙蝠）是一种长期的、具有潜力的防治策略。

七、公共卫生

曼那角病毒可通过密切接触感染人，表现为发烧、发冷、寒战、湿汗、不适和头痛等类似流行性感冒症状，并出现点状皮疹。尽管曼那角病毒仅在澳大利亚暴发，并已得到控制，但存在的问题是某种病毒特别是新出现的病毒，一旦适应了新的物种，将给人畜带来更大的危险，曼那角病毒亦是如此，因此，有关曼那角病毒的许多问题还有待于人们去探讨和解决。

第二十八节 尼帕病毒感染（Nipah）

1998年秋至1999年春季在马来西亚暴发了一种以脑炎为特征的病毒性传染病，在感染猪群和与猪有接触的人群中流行，导致许多人及猪死亡，举世瞩目。经病毒学和血清学试验证实，该病的病原并非最初认为的流行性乙型脑炎病毒，而是一种未曾报道过的新病毒，命名为尼帕（Nipah）病毒。尼帕是马来西亚森美兰州的一个村庄地名，从该地的患者首次分离到该病毒，故而得名。

该病给马来西亚养猪业带来了巨大的经济损失。从1999年2月至5月，国内为控制疫情，共扑杀116万头猪，占生猪存栏量240万头的48%。此外，还扑杀其他动物23 736头。2000年6月暴发两起该病，又扑杀3 456头猪。

一、病原学

尼帕病毒属于副黏病毒亚科，具有典型的单股不分节负链RNA基因组，并且被蛋白质完全包裹。电镜观察细胞外病毒粒子呈多形性，平均直径约120～500nm。病毒粒子由囊膜和核衣壳组成，核衣壳被囊膜包围。通过负染色可看到在感染细胞中的核衣壳结构呈现典型的“人”字形，平均直径为18～21nm。该病毒在Vero、BHK和PS（猪脾）等细胞系中生长良好，将脑炎病例的脑脊液接种Vero细胞后可形成合胞体。该病毒在体外相当不稳定，对热和消毒药物的抵抗力不强，56℃30min即被破坏，用肥皂等清洁剂和常用消毒剂很容易使之灭活。

通过免疫荧光试验证实，尼帕病毒感染的细胞与亨德拉（Hendra）病毒（1994年在澳大利亚发现的一种人畜共患传染病的病原，也属于副黏病毒亚科）的抗血清呈强阳性反应，但与其他副黏病毒包括麻疹病毒、呼吸道合胞体病毒、副流感病毒1型和3型、疱疹病毒、肠道病毒和乙型脑炎病毒等均不反应。交叉中和试验的结果发现尼帕病毒和亨德拉病毒的中和抗体价相差8～16倍，这一结果反映出尽管这两种病毒的关系密切，但并不完全相同。两者的核酸序列分析表明两者N基因核苷酸同源性为78%，说明两者虽有相关，但不是同一种病毒。这两种病毒与其他任何一种副黏病毒的N基因核苷酸同源性均不超过49%，因此认为这两种病毒在副黏病毒亚科中应属于一个新属。2000年公布的国际病毒分类委员会（ICTV）第7次报告中将这两种病毒归属于副黏病毒亚科新增的Henipavirus属。

二、流行病学

1. 易感动物　尼帕病毒的自然宿主十分广泛。在暴发流行中，猪、狗和人类均可受到感染，而其他动物如猫、鼠、马、山羊等，在接触到感染猪后也能被感染。在野生的果蝙蝠（Ptero-pus）体内可检测到尼帕病毒中和抗体。有研究认为，猪可能经与果蝙蝠、野猪、野狗和鼠类等野生动物接触而感染尼帕病毒。由于当地大片森林被砍伐以扩大养殖业规模，盲目改变了生态系统。随着林地为猪舍所取代，无家可归的果蝙蝠栖息猪舍，其所携带的病毒污染了猪的饮水、饲料而传播。也有学者认为，尼帕病毒在猪群间的传播可能与掠鸟类如掠鸟、八哥等有关，这些鸟通常会在猪场觅食，并可在不同的猪群或猪场间活动而传播病毒。

2. 传染源　发病猪和病毒携带动物如蝙蝠、野猪、野狗和鼠类等野生动物。

3. 传播途径　猪之间接触感染本病，该病毒在猪场间的传播主要是由于猪的移运引起的。受感染猪场之间病毒传播速度很快。吸血昆虫的叮咬而传播：猪感染后，病毒可在猪体内大量繁殖，且病毒血症时间较长，病毒容易通过蚊子等吸血昆虫的叮咬而传播。病毒还可直接经病畜呼吸道和尿、粪排出体外，使与之接触的易感猪受到感染。免疫组织学检测表明血管内皮细胞含有大量病毒抗原，特别是在肺血管内皮细胞和呼吸道内腔的细胞碎片中也存在病毒抗原，这就表明该病毒可经呼吸道排出体外，病猪的呼吸道分泌物是散播病毒的主要来源。此外，病毒也有可能通过狗、猫的机械传播，或通过使用同一个注射针头、人工授精和共用精液等方式传播。

病人主要通过伤口与猪的分泌物、排泄物和体液包括唾液、鼻液、血液、尿、粪以及呼出气体等直接接触而受到感染。人与人之间传播尼帕病毒的可能性不大，但仍有可能发生。

尼帕病毒感染导致人发病死亡，归因于猪的感染。回溯性调查表明，该病实际上在1997年即有某些猪场的工作人员患病。以后由于猪群的移运，将此病传播蔓延到马来西亚大部分地区和新加坡，至1999年5月，马来西亚发现265个脑炎病例，其中105人死亡，新加坡屠宰工人中亦见有11个病例。

三、临床症状

猪潜伏期约为7～14d。猪发病的主要症状为发热、呼吸困难、持续而剧烈的咳嗽，很远距离便可听到咳嗽声，这种咳嗽被称作“一英里咳”。最特殊的现象是猪腹部肌肉阵发性痉挛，直至死亡。哺乳仔猪张口呼吸，后肢软弱无力并伴有肌肉颤抖、惊厥，死亡率约40%。断奶仔猪和肉猪通常表现为急性高热（40℃以上），呼吸急促，呼吸音粗厉，严重者可见咯血。除呼吸症状外常伴有一种或多种神经症状：颤抖、惊厥、肌肉痉挛、抽搐，后肢软弱、麻痹或跛行，当驱赶行走时步伐不协调，全身疼痛，尤其是后肢。感染率可高达100%，但死亡率较低，通常不高于5%。减少环境的应激因素，即使是严重病例也有可能康复或减轻症状。

母猪和公猪感染后可能引起突然死亡，常伴有呼吸困难，高热在40℃以上，鼻腔可出现黏液性、脓性或血性分泌物。怀孕3个月内的母猪感染后可能引起早产。此外，还伴有以下一种或多种神经症状：精神亢奋，头部僵直，破伤风状痉挛，眼球震颤，口腔用力咀嚼，咽喉部肌肉严重麻痹而出现吞咽困难，口吐泡沫或舌头外伸。

四、发病机理及病理变化

本病的发病机理尚不清楚，但尼帕病毒可侵害中枢神经系统和呼吸系统，损害脑、心、肾和肺，但不损害生殖器官。病毒起初侵害脑组织的毛细血管，影响脑部的血液供应，引起脑膜脑炎。病理变化主要见于肺和脑。大多数病猪出现不同程度的肺部病变，可见肺充血、肺气肿和肺淤血。切开肺表面可见肺小叶间隔增宽。气管和支气管腔内出现不同程度的渗出，充满泡沫液，有的可带有血液。脑组织可出现广泛充血和水肿。肾脏大多数正常，也可见肾表面和皮质充血。其他脏器未见异常。

显微镜检查主要可见广泛出血性间质肺炎，肺血管内皮细胞内形成合胞体。在肺、肾和脑组织可见广泛的出血、单核细胞浸润，甚至形成血栓。此外，在脑组织中还有一显著病变即神经胶质过多，并伴有非化脓性脑膜脑炎。

五、诊断

当前应用ELISA进行尼帕病毒抗体的血清学试验。使用γ射线灭活尼帕病毒抗原，用十二烷基磺酸钠和三硝基甲苯X-100再在56℃加热1h灭活被检血清。检测结果为阳性的样品则进行尼帕病毒的血清中和试验。做病毒分离则采患者脑脊液或血清，病死猪的中枢神经、肺和肾组织。为确保安全，血清中和试验、PCR和病毒分离等实验室诊断工作应在生物安全4级实验室中进行。

由于尼帕病毒与亨德拉病毒有交叉反应，可用亨德拉病毒的间接ELISA法用于尼帕病毒感染猪的诊断。马来西亚研究成功间接ELISA检测法，初步表明可信度极高。

六、防制措施

不推荐对感染猪进行治疗，因为此病能传染给人。到目前为止，对人类和猪等动物的尼帕病毒感染，尚无特效的治疗方法和治疗药物，也没有用于治疗病人和动物的高免血清。若病人能在感染初期及早接受病毒噢（三氮噢核苷）等抗病毒药物及对症疗法治疗，可能有较高的生存机会，但即使存活下来，仍将面对不同程度的脑损伤后遗症问题。

至于感染猪则应将所在养猪场的所有猪全群扑杀，并对感染猪场进行彻底消毒，对其用品进行销毁。马来西亚在彻底淘汰扑杀疫区猪群后成功地控制了该病在人类中的流行。在马来西亚全国范围内用ELISA鉴定感染猪场，根据检测结果做出淘汰措施。

7、公共卫生

人受感染后，潜伏期约1～3周。病人具有发热、严重头痛、肌肉痛和脑炎或脑膜炎的症状和体征。临诊症状包括：发热3～4d，头痛，随后出现嗜睡、恶心、呕吐、精神错乱、眩晕、肌肉痛、意识水平减低或灶性神经系统体征。约有半数病人几天后发展到昏迷不醒，常在昏迷中死去，而耐过的昏迷患者苏醒后都会出现不同程度的脑损伤。少数病人表现为呼吸道疾患，咳嗽和非典型肺炎。（引自蔡宝祥）

第三章 细菌性传染病

细菌学概述

细菌（bacterium）是一类具有细胞壁的单细胞原核生物。在适宜条件下，细菌的形态和结构相对稳定。细菌的结构与其在宿主体内外生长繁殖、抵抗力、致病性、免疫性等特性有关。了解细菌的生物学特点，对于鉴别细菌、诊断和防治疾病，以及研究细菌的致病性与免疫性等都有重要的意义。

细菌的形态

一、细菌的大小

细菌的体积微小，通常以微米（μm，1μm＝1/1 000mm）为测量单位，一般在光学显微镜下用测微尺直接测量。球菌测其直径，杆菌测其长度和宽度。不同种类、同一种类不同菌龄的细菌，其大小各不相同，有所区别。大多数球菌的直径约1μm，杆菌长1～5μm，宽0.3～1μm。

二、细菌的基本形态及变化

细菌的基本形态有球形、杆形和螺旋形等三种基本类形及某些其他态形态。

（一）球菌

球菌（*coccus*）呈球形或近似球形（如呈肾形、豆形、矛头状等）。按其繁殖时分裂平面、分裂后菌体之间的粘连程度及排列方式不同可将球菌分为：①葡萄球菌（*staphylococcus*）②链球菌（*streptococcus*）等。

（二）杆菌

杆菌（*bacillus*）呈圆柱状或球杆状。其种类很多，各种杆菌的粗细、大小、长短、形状等有很大差异。因此，杆菌又有：①粗大杆菌，如产芽孢杆菌；②细小杆菌，如流感杆菌；③球杆菌，如布氏杆菌；④棒状杆菌；⑤分枝杆菌，如结核杆菌；⑥链杆菌，如炭疽杆菌等。

（三）螺形菌

螺形菌（*spirillarbacterium*）是菌体有弯曲的细菌，可分为两大类：①弧菌（*vibrio*）：菌体仅有一个弯曲呈弧形，如霍乱弧菌；②螺菌（*spirillum*）。

上述形态是细菌在适宜条件下，表现出的典型形态。当条件改变时如培养温度、培养时间、培养基的成分、声等都可影响细菌的形态。在机体的感染部位，由于细菌受药物、抗生素以及体液中溶菌酶、抗体、补体等因素的直接作用，其形态和性状可以发生改变。因此，在临床实验室诊断时应注意。

细菌的结构

细菌的结构包括所有的细菌都具有的细胞壁、细胞膜、细胞质、核质、核蛋白体等基本结构和某些细菌所特有的荚膜、鞭毛、菌毛、芽孢等特殊结构。

一、细菌的基本结构

（一）细胞壁

细菌的细胞壁（cellwall）是细菌细胞最外层、紧贴在细胞膜外的一层具有坚韧性和弹性的复杂结构。其厚度因菌种不同而有差异，平均15～30nm（1nm＝1/1000μm）。细胞壁不易着色，光镜下不易观察到；须经特殊处理使胞浆膜与细胞壁分离，再经特殊染色才能观察到。

1. 细胞壁的化学组成　细菌细胞壁的化学组成比较复杂。应用革兰染色（Gramstaintechniguegue，G）可将细菌分为革兰阳性（G+）菌和革兰阴性（G-）菌两大类，两类细菌的细胞壁构成有区别。

（1）G+菌细胞壁的化学组成：G+菌的细胞壁是由肽聚糖（peptidoglycan）和穿插于其内的磷壁酸（terchoicacid）组成。

①肽聚糖：又称粘肽（mucopeptide），胞壁质（murein），是原核型生物细胞的特有成分。在G+菌细胞壁内，其肽聚糖不仅含量高，层数多（可达15～50层），约占细胞壁干重的50%～80%，而且质地致密坚固，具有高机械强度的三维空间结构。其化学组成如下：由N-乙酰葡萄糖胺和N-乙酰胞壁酸交替排列，以β-1，4糖苷键连接而成的聚糖骨架或聚糖链；四肽侧链连接于聚糖链的胞壁酸分子上；相邻聚糖链上的四肽侧链又通过五肽桥交叉连接，即由五个甘氨酸组成的桥链，一端与四肽链第三位氨基酸相连，另一端与相邻聚糖链上四肽链第四位氨基酸相连，从而交织成三维网状结构。

凡能破坏粘肽分子结构或抑制其合成的物质，都有抑菌或杀菌作用。如溶菌酶能水解聚糖链中的糖苷健；磷霉素、环丝氨酸可抑制聚糖的合成；青霉素、头孢霉素可抑制五肽交联桥的连接；万古霉素、杆菌肽可抑制四肽侧链的连接。人体细胞无细胞壁，也无粘肽，故这些物质对人体无毒性作用。

②磷壁酸：是G+菌细胞壁的特有成分。G+菌含有大量的磷壁酸。依据其结合部位可分为壁磷壁酸和膜磷壁酸两种。壁磷壁酸结合在聚糖链的N-乙酰胞壁酸分子上，膜磷壁酸结合在细胞膜的磷脂上，二者均横贯粘肽层，并延伸至细胞壁外。磷壁酸的抗原性很强，是G+菌重要的表面抗原。某些细菌的磷壁酸具有粘附宿主细胞的功能，与其致病性有关。如口腔黏膜、皮肤细胞、淋巴细胞、血小板、红细胞等细胞表面具有膜磷壁酸的受体，A族溶血性链球菌的膜磷壁酸可与之结合而导致疾病。

（2）G-菌细胞壁的化学组成：G-菌的细胞壁化学组成复杂，由内向外依次是肽聚糖、脂蛋白、外膜、脂多糖等成分。

①肽聚糖：G-菌细胞壁内含有较少粘肽，仅1～2层，占细胞壁干重的10%左右。G-菌的粘肽与G+菌的粘肽，其构成除聚糖链相同外，其他成分均有较大的区别。如大肠杆菌的粘肽，四肽侧链中的第三位氨基酸是二氨基庚二酸（DAP），无五肽交联桥结构，由四肽侧链第兰位的DAP与相邻聚糖链的侧链上第四位D-丙氨酸直接连接，构成疏松薄弱的二维结构。

②脂蛋白：由脂质和蛋白质组成，位于粘肽与外膜之间，蛋白质部分结合于粘肽的四肽侧链的DAP上，脂质部分插入外膜，起着稳定外膜，固定外膜于粘肽层的作用。

③外膜：是G-菌细胞壁特有的成分，约占细胞壁干重的80%。外膜由平行排列的脂质双层构成，与细胞膜相似，其内镶嵌一些特殊蛋白，与物质交换有关。外膜表面具有一种特殊结构成分——脂多糖。外膜具有保护细菌细胞，阻止抗生素等分子透过的作用。此外，外膜上还有性菌毛、噬菌体的受体等。

④脂多糖（lipopolysaccharide，LPS）是G-菌细胞壁外膜伸出于细胞表面的一种特殊结构成分，

借疏水键与外膜上的脂质相连。LPS是G-菌的内毒素，牢固地结合在细菌壁表面，菌体溶解时方释放。LPS由类脂A、核心多糖和特异性多糖三种成分组成。其中类脂A耐热，是内毒素的毒性部分；特异性多糖位于最外层，是由多个低糖重复单位构成的多糖链，具有抗原性，是G-菌的菌体抗原（O抗原），故也称之为O特异性多糖。不同种的细菌其抗原不同，从而可鉴别细菌。

2. 细胞壁的功能　细菌细胞壁具有以下几种主要功能：①维持细菌的固有形态；②保护细菌，支持细胞膜承受细菌内部强大的渗透压，使细菌在低渗环境中不破裂、不变形；③与细胞膜共同完成细菌细胞内外物质的交换，因壁上有许多微孔，允许水和可溶性分子（小于1nm）自由通过；④带有多种抗原决定簇，具有免疫原的作用；同时也决定了抗原的特异性，用于细菌的鉴别；⑤某些细胞壁成分与细菌的致病性有关，如G－菌的LPS、结核杆菌细胞壁的脂类成分等。

（二）细胞膜

1. 构成　细菌的细胞膜（cellmembrane）是位于细胞壁内侧，紧包在细胞质外面的一层柔软、富有弹性和半渗透性的生物膜。由脂质双层构成，其内镶嵌多种蛋白质，这些蛋白质是具有特殊功能的酶类和载体蛋白。许多化学消毒剂可破坏这些蛋白质。

2. 细菌细胞膜的主要功能

①物质交换：细胞膜具有选择性的通透作用，摄取营养物质，排出代谢产物；

②生物合成：细菌为原核细胞，缺乏细胞器，在细胞膜上有多种合成酶。因此，细胞膜是细菌生物合成的重要场所，能合成菌体的许多成分，如黏肽、磷壁酸、磷脂、脂多糖、荚膜等；

③呼吸作用：细胞膜上有多种呼吸酶类，细菌的能量产生和利用均在膜上进行；

④形成中介体：中介体（mesosome）是细菌的细胞膜向内凹陷、折叠而成的管状或囊状结构，它与细菌细胞的分裂、呼吸及生物合成等功能有关。

（三）细胞质

细胞质（cytoplasm）是由细胞膜包裹着的无色透明胶状物。主要成分是水、蛋白质、脂类、核酸及少量的糖和无机盐。细胞质的成分随着菌种、菌龄和生长环境的不同而有所变化。细胞质内还含有一些有形成分，如质粒、核糖体、胞浆颗粒等超微结构。

1. 质粒（plasmid）　质粒是细菌染色体以外的遗传物质，为双股环状DNA。质粒基因是细菌生命活动非必需基因，但控制着细菌的某些特定性状。质粒具有自我复制，传给子代，可自然丢失，可从一个细菌转移至另一个细菌等特点。医学上重要的质粒有F质粒、R质粒和Col质粒，分别决定细菌的性菌毛、耐药性和产大肠菌素等。

2. 核糖体（ribosome）　核糖体亦称核蛋白体，是游离于胞浆中的微小颗粒。数量很多，可达数万个，其沉降系数为70S，分30S与50S两个亚基，化学成分为RNA（70%）和蛋白质（30%）。当mRNA将其连成多聚核糖体时，就成为蛋白质的合成场所。链霉素能与其30S小亚基结合，红霉素与50S大亚基结合，从而干扰细菌蛋白质的合成，导致细菌死亡。动物体细胞的核糖体与细菌核糖体不同，其沉降系数为80S，分40S和60S两个亚基，故上述抗生素仅作用于细菌核糖体，而对人体细胞的核糖体无影响。

3. 胞浆颗粒（cytoplasmicgranules）　多数为悬浮于胞浆中细菌储存的营养物质，包括多糖、脂类、多磷酸盐等。胞浆颗粒并非是细菌生命活动所必需的细胞结构，也不是恒定的。在营养充分时胞浆颗粒可能较多且大，营养缺乏时胞浆颗粒少而小或不存在。较为常见的是异染颗粒，其主要成分为RNA和多偏磷酸盐，嗜碱性强，用特殊染色法可染成与细菌其他部分不同的颜色，故称异染颗粒。多见于结核杆菌等。

（四）核质

核质（nuclearmaterial）即细菌的染色体，是细菌的生命活动所必需的遗传物质，因其无核膜和核仁，也无组蛋白包绕，故称核质或拟核。细菌的核质为双股DNA，单一环状染色体反复回旋盘绕而成的松散网状结构，具有细胞核的功能，决定了细菌的性状和遗传特征。紫外线可损伤细菌的DNA，起到杀菌作用。

二、细菌的特殊结构

（一）荚膜

某些细菌在生长繁殖时，可分泌一些黏液性物质包绕在细胞壁外围，当黏液层厚度大于0.2μm，光镜下可见时，称之为荚膜（capsule）。其厚度小于0.2μm，光镜下不可见时，称之为微荚膜（micro-capsule）。也有人将荚膜、微荚膜统称为糖被膜。荚膜不易着色，故经普通染色后，镜下仅可见到菌体周围有一层透明圈。用特殊染色法可将荚膜染成与菌体不同的颜色。

荚膜一般是在机体内或营养丰富的环境中形成，在普通培养基培养易消失。荚膜的成分随菌种不同而有所差异，大多数为多糖，如肺炎球菌荚膜、脑膜炎球菌荚膜；少数为多肽，如炭疽杆菌的荚膜；链球菌的荚膜则为透明质酸。荚膜具有抗原性，可用于鉴别细菌或细菌分型。细菌的荚膜与其致病性有关，荚膜多糖具有亲水特性，表面带负电荷，故可抵抗吞噬细胞的吞噬作用，是构成细菌毒力的因素之一。细菌荚膜还有抗溶菌酶、抗补体以及在体外抗干燥的作用。致病菌失去荚膜后，其致病力也随之减弱或消失。

（二）鞭毛

某些细菌由细胞质伸出的细长弯曲的蛋白丝状物，称为鞭毛（flagellum）。具有鞭毛的细菌大多是弧菌和杆菌。依据鞭毛的数目、位置等可将有鞭毛的细菌分为：单毛菌、双毛菌、丛毛菌、周毛菌等。鞭毛是细菌的运动器官，有鞭毛的细菌能活泼运动，其运动速度以单毛菌最快，周毛菌最慢。鞭毛为蛋白质，具有较强的抗原性，鞭毛抗原称为H抗原，可以用来鉴别细菌。有些细菌（如霍乱弧菌、空肠弯曲菌）的鞭毛与其致病性有关。鞭毛不易着色，经特殊染色后方可着色便于观察。

（三）菌毛

某些G－菌的菌体上有比鞭毛细、短而直、数量多的丝状物，称之为菌毛（pili）。菌毛在电镜下方可见到，其主要成分是蛋白质。菌毛有普通菌毛和性菌毛两种。

1. 普通菌毛（commonpili）：普通菌毛数量多，可达数百根，遍布于菌体表面，具有粘附能力，可粘附于呼吸道、消化道或泌尿生殖道黏膜表面。普通菌毛与细菌致病力有关，失去菌毛后，其致病力也可随之减弱或消失。

2. 性菌毛（sexpili）：性菌毛比普通菌毛稍长而粗，数量少，每个菌体仅有1～4根。

具有性菌毛的细菌称为雄性菌（F+菌），无性菌毛的细菌称为雌性菌（F-菌）。性菌毛为中空的管状物，其末端有球状突起，用以粘附F-菌，传递遗传物质，如耐药基因，使受体菌获得某些相应的性状。

（四）芽孢

某些细菌在一定的环境条件下，细胞浆发生脱水浓缩，在菌体内形成一个折光性强、通透性低的圆形或椭圆形小体，称为芽孢（spore）。因在菌体内亦称为内芽孢（endospore）。芽孢一般是在机体外营养物缺乏的环境条件下方可形成。能形成芽孢的细菌均为G+菌，如需氧与厌氧芽孢杆菌。芽孢带有完整的核质、酶系统和合成菌体成分的机构，能保持细菌的全部生命活性。芽孢成熟后菌体即成为空壳，菌体可崩解，芽孢脱落游离。在条件适宜时，芽孢可发芽形成新的菌体。一个细菌只形成一个芽孢，一个芽孢也只能形成一个菌体。因此，

芽孢的形成不是细菌的繁殖方式，而是细菌对营养缺乏的一种反应，是细菌的休眠状态。与芽孢相对而言，未形成芽孢而具有繁殖能力的细菌体，称为繁殖体（vegetativeform）。

芽孢壁厚不易着色，光镜下可见菌体内有一个无色透明的小体，若经特殊染色后芽孢可被染成与菌体不同的颜色。芽孢的大小、形态和位置随菌种不同而有差异，这有助于细菌的鉴别。如炭疽杆菌的芽孢小于菌体横径，位于菌体中央，呈圆形或椭圆形；破伤风杆菌的芽孢呈正圆形，大于菌体横径，位于菌体顶端。

芽孢的结构很复杂，电镜下可见其由内向外有七层结构，分别为核心、内膜、芽孢壁、皮质层、外膜、芽孢壳和芽孢外壁。芽孢对热、干燥、化学消毒剂和辐射等都有很强的抵抗力，这是因为芽孢：①含水量少（约40%）；②具有多层厚而致密的膜结构；③含有耐热性很强的酶类；④核心和皮

质层含有大量的吡啶二羧酸（DPA）。芽孢在自然界中可存活九年甚至几十年，能耐煮沸数小时，在5%石炭酸液中可存活数日。因此，临床上以杀灭细菌的芽孢作为灭菌的标准。

细菌形态学检查

细菌个体微小，无色透明，折光性与周围环境相差不多，因此，须经固定、染色用显微镜放大后方能观察到细菌的形态与结构。某些特殊结构还须用特殊染色法，使细菌各部分结构染成不同的颜色，以便显微镜下观察区别。

一、显微镜

观察细菌最常用的显微镜是普通光学显微镜（light microscope, LM），LM以日光或灯光为光源，其油浸镜可将物体放大1 000倍左右，使0.25μm微粒可放大成0.2～0.25mm，人肉眼便能看到（人肉眼能看到的最小形象为0.2mm）。一般细菌都大于0.25μm，故在LM下均可清楚看到细菌。电子显微镜（electron microscope, EM）可将物体放大数十万倍，甚至数百万倍，不仅能看到细菌的外表形态，而且也可观察其内部超微结构。EM主要用于观察细菌的微细结构。此外还有暗视野、相差、荧光显微镜等，也可用于细菌的形态和结构的观察。

二、检查法

（一）不染色标本检查法

细菌标本不经染色直接镜检，可观察活菌的外形轮廓和运动情况等。常用悬滴法或压滴法观察细菌的动力。

（二）染色标本检查法

细菌染色多选用碱性染料，如美蓝、碱性复红、结晶紫等。由于细菌的等电点较低，在pH2～5之间，故在近于中性的环境中，细菌多带负电荷，易与带正电荷的碱性染料结合，从而使菌体显示出颜色便于观察与鉴别。为了促进和增强染料与细菌结合，在染色时常加用媒染剂，如碘液和石炭酸等。

细菌的染色方法很多，大致可分为：①单染色法；②复染色法（包括革兰染色、抗酸染色、特殊染色等）；③负染色法等三类。其中最常用、最重要的是革兰染色法。此法将细菌分为G+菌和G-菌两类。革兰染色对鉴定细菌、指导临床选择药物、研究和了解细菌的致病性等具有极其重要的实际意义。

细菌的生长繁殖与代谢

细菌虽是单细胞生物，但具有独立完成生命活动的能力；而且细菌具有表面积大，摄取营养快、代谢旺盛、繁殖迅速等特点，可不断从周围环境中摄取营养物，获得能量，合成自身成分，同时又可产生在工农业生产和医学实践中具有重要意义的多种代谢产物。

一、细菌的营养物质

细菌从周围环境中吸收的作为代谢活动所必需的有机或无机物，称为细菌的营养物质。细菌在生长繁殖时需要的营养物质有水、碳源、氮源、无机盐和生长因子等。

1. 水　是所有活细菌不可缺少的成分，细菌营养的吸收、渗透、分泌、排泄等均以水为媒介；其新陈代谢过程中的生化反应都必须在有水的条件下才能进行。水约占细菌重量的80%，菌体内的水一部分是游离水，另一部分是与菌体其他成分结合的结合水。

2. 碳源　各种无机或有机的含碳化合物（如CO_2、碳酸盐、糖、脂肪等）都能被细菌吸收利用，作为合成菌体结构成分所必需的原料，同时也是细菌代谢的主要能量来源。致病菌所需的碳源主要是葡萄糖、麦芽糖、甘油等。

3. 氮源　致病菌主要是利用有机氮化物如氨

基酸、蛋白胨作为氮源，少数细菌（如固氮菌）能以空气中的游离氮或无机氮如硝酸盐、铵盐等为氮源。摄取氮源主要用于合成菌体的蛋白质、酶、核酸等。

4. 无机盐类　细菌生长繁殖需要钾、钠、钙、镁、硫、磷、铁等无机盐，其主要作用是构成菌体成分，调节菌体内外渗透压，激活或构成细菌的酶，某些元素与细菌致病因子的产生有关，如白喉毒素的产生受培养基中铁含量的影响。

5. 生长因子　生长因子是指某些细菌在其生长过程中还必需一些自身不能合成的物质。主要是硫胺素、核黄素、生物素、泛酸、某些氨基酸、胆碱、嘌呤、嘧啶等，这些物质主要是作为某些辅酶或辅基的组分。还有少数细菌如流感杆菌需要V、X因子，V因子是辅酶I或辅酶Ⅱ，是脱氢酶的辅酶；X因子是细胞色素和过氧化氢酶的辅基。

二、细菌的生长繁殖

（一）细菌生长繁殖的条件

1. 充足的营养物质　即首先必须保证有充足的营养物质，供细菌生长繁殖、代谢所需要。

2. 适宜的酸碱度　大多数致病菌生长繁殖时所需的最适pH为7.2～7.6，个别细菌如结核杆菌在pH6.5～6.8时生长最好。

3. 合适的温度　致病菌为嗜温菌，大多数致病菌生长繁殖时的最适温度为37℃，个别细菌如鼠疫杆菌在28～30℃的条件下培养较好。

4. 必要的气体环境　致病菌生长繁殖时需要的气体主要是氧和二氧化碳。根据细菌对氧的需要情况，可将细菌分为：①专性需氧菌，如结核杆菌、绿脓杆菌等必须在有氧的条件下才能生长。②专性厌氧菌，如破伤风杆菌、肉毒梭菌等必须在无氧的条件下方可生长。③兼性厌氧菌，如大多数致病菌在有氧、无氧的条件下均能生长。④微需氧菌，如空肠弯曲菌在低氧压下才能良好生长。

大多数细菌在代谢中自身产生的二氧化碳即可满足需要，而个别的细菌如脑膜炎球菌、淋球菌、布氏杆菌等，在初次人工培养时需要提供5%～10%的二氧化碳才能较好地生长。

（二）细菌繁殖的方式和速度

细菌的繁殖方式是二分裂的无性繁殖。细菌的繁殖速度很快，细菌繁殖一代所需要的时间随细菌种类不同而异，同时又受环境条件的影响。在上述各种条件满足时，一般细菌如大肠杆菌繁殖一代用时20～30min；个别细菌如结核杆菌分裂较慢，繁殖一代用时为18～20h。

（三）细菌群体生长繁殖的规律

细菌繁殖速度很快，数量增加快得惊人，在最佳条件下，大肠杆菌20min即繁殖一代，若以此计算，一个细菌10h后可增殖到10亿个细菌以上。在自然界中因受到多种因素的影响，细菌的繁殖速度远没有这么快。在培养基中其营养物质是有限的，细菌连续繁殖一定时间后，细菌群体将大量堆积，由于营养物的消耗、代谢废物的积聚以及声的改变等，使细菌的繁殖速度随着时间的延长而逐渐减慢直至停止。所以人工培养细菌时，其繁殖不可能始终保持很快的速度，而有其一定的繁殖规律。细菌群体生长繁殖的规律，大致分为四个时期：①迟缓期：为最初培养的1～4h。将细菌接种于培养基后，细菌对新环境的适应过程。此期菌体增大，代谢活跃，为细菌的分裂增殖准备（包括合成与储备）充足的酶和能量等。②对数期：此期细菌以恒定的几何级数极快增长，活菌数目呈对数直线上升。可持续几小时至数天不等，一般细菌为10h左右。此期细菌的形态、大小、染色性、生物活性等性状典型，而且此期细菌对抗生素最敏感。研究细菌的性状最好选用此期的细菌（约在培养8～18h的细菌）。③稳定期：此期由于培养基中营养物质消耗，毒性产物积聚及pH下降等，使细菌繁殖速度在对数期后渐趋下降，繁殖数与死亡数大致平衡，活菌数保持相对稳定处于平坦阶段。此期细菌的性状可发生改变，如G+菌的革兰染色反应有时可变为阴性。细菌的外毒素、内毒素、抗生素以及芽孢等多在此期形成。④衰亡期：是稳定期继续发展，细菌繁殖越来越慢，死亡越来越多，活菌数急剧减少，死菌数迅速超过活菌数。此期细菌形态显著改变，菌体变长、肿胀或扭曲，甚至菌体自溶，不易辨认。故此期或陈旧培养的细菌难以鉴定。

细菌的遗传与变异

细菌与其他生物一样，具有遗传（heredity）和变异（variation）的生命特征。细菌在一定环境条件下进行繁殖时，可将其生物学性状相对稳定地传给子代，这种现象称为遗传性。遗传性保证了细菌子代的基本特征与亲代相似，使细菌的种属得以保存。当外界环境条件改变或细菌的遗传物质结构发生改变时，细菌原有的性状就会相应改变，这种现象称为变异性，变异性保证了细菌在自然界不断地进化，以适应生存的需要。

细菌DNA的组成决定了其基因型（genotype）。某些特定的基因型在不同的环境条件下可有不同的表现型，称为表型（phenotype）。

一、形态与结构变异

1. 细胞壁缺陷型（L型）变异：在某些因素如溶菌酶、青霉素等的影响下，细菌细胞壁肽聚糖合成受抑制，可形成细肥壁缺陷型细菌，称为L型细菌。

2. 芽孢变异：例如将能形成芽孢，毒力强的炭疽杆菌置42℃培养10～20d后，则丧失形成芽孢的能力，毒力也随之减弱。

此外还有荚膜变异和鞭毛变异。

二、菌落变异

细菌的菌落可分为光滑型（smooth, S）和粗糙型（rough, R）两种。S型菌落表面光滑、湿润、边缘整齐，R型菌落表面粗糙、干燥有皱纹、边缘不整齐。S-R变异常见于肠道杆菌如猪丹毒菌丝。新从患者体内分离的菌株，其菌落呈S型，但经人工培养基多次传代后，菌落变为R型。当细菌发生S-R变异时，其毒力，生化反应能力与抗原性等也常发生改变。

三、毒力变异

细菌的毒力变异可表现为毒力减弱或增强，强毒株在不利的环境中培养，其毒力可减弱或消失。如用于预防结核病的卡介苗（BCG）即是将有毒力的牛型结核杆菌置于含甘油、胆汁、马铃薯的培养基中，经过230次移种，历时13年而获得的一株毒力减弱、抗原性完整的变异株。

四、耐药性变异

原来对某种抗菌药物敏感的细菌可以发生变异而成为耐药菌株，这种现象称为耐药性变异。如金黄色葡萄球菌对青霉素的耐药菌株目前已高达95%以上，常见的耐药菌还有结核杆菌、痢疾杆菌、绿脓杆菌等，这给临床治疗带来了一定困难。

细菌的致病性

细菌的致病性（pathogenicity）是指细菌侵入机体生长繁殖并引起疾病的性能。能使宿主致病的细菌称致病菌（pathogen）或病原菌（pathogeniclecter-ta）。有些细菌可以在机体皮肤表面和与外界相通的腔道内寄居、增殖，在通常情况下并不致病，但当某些条件改变时，特别是当机体抵抗力下降时就可能致病，这些细菌称为条件致病菌（conditioners pathogen）或机会致病菌（opportunistic pathogen）。

细菌的致病性包含细菌对宿主引起疾病的特性，以及细菌的毒力两方面含义。不同的致病菌对宿主机体引起不同的疾病，例如巴氏杆菌能引起猪肺疫，猪丹毒杆菌能引起猪丹毒，这是由细菌种的特性所决定的。细菌的毒力（virulence）是指病原菌致病力的强弱程度，即致病性的强弱程度。这在不同菌种之间以及同种不同菌株之间可有所差异。细菌的毒力常用半数致死量（medianlethaldose，LD_{50}）或半数感染量（medianinfectivedose，ID_{50}）表示。即在一定时间内，通过一定途径，能使一定体重的实验动物半数死亡或感染所需的最少细菌数或细菌毒素量。

致病菌能否使机体致病与其本身的毒力、侵入的数量、侵入的部位以及宿主的抵抗力等有密切的关系。

一、细菌的侵袭力

细菌的侵袭力(invasiveness)是指致病菌突破机体的防御屏障，在体内定居、繁殖和扩散的能力。构成侵袭力的物质是菌体表面结构和侵袭性酶。

（一）菌体表面结构

1. 菌毛和膜磷壁酸 细菌的菌毛和某些革兰阳性菌的膜磷壁酸为具有粘附作用的细菌结构。致病菌侵入机体导致疾病，一般需先牢固粘附在宿主黏膜上皮细胞表面，然后在局部繁殖、积聚毒素或继续侵入细胞引起疾病。多数革兰阴性致病菌如产毒性大肠杆菌等均有菌毛，它们可借助菌毛与宿主易感染细胞表面相应受体结合，而分别粘附定居于肠道黏膜和泌尿生殖道黏膜上皮细胞表面。这些细菌不易被肠液或尿液清除。革兰阳性菌如A族链球菌细胞壁上的膜磷壁酸可伸至菌体表面形成毛发样突出物，可与口腔黏膜和皮肤上皮细胞及各种血细胞膜上的相应受体结合，从而致病。

粘附作用具有组织特异性，这与易感细胞表面的相应受体有关。实验证明粘附作用与细菌的致病性密切相关，从临床分离的产毒性大肠杆菌菌株大多有菌毛。

2. 荚膜和微荚膜 细菌的荚膜和微荚膜有抗吞噬细胞吞噬和抗体液中杀菌物质（补体、溶菌酶等）的作用，从而使致病菌在体内大量繁殖引起疾病。例如将无荚膜的肺炎球菌注入小鼠腹腔，细菌易被吞噬细胞吞噬及消化，小鼠并不发病；若有荚膜的菌株注入后，则可抵抗吞噬细胞的吞噬作用，得以大量生长繁殖而引起动物发病死亡。

（二）侵袭性酶

某些致病菌在代谢过程中能产生一种或多种胞外酶，它们可协助细菌抗吞噬或利于细菌在宿主体内扩散等，这些胞外酶称为侵袭性酶。主要有以下几种：

1. 血浆凝固酶（coagulace） 致病性葡萄球菌能产生血浆凝固酶，它可使人或兔血浆凝固。此酶有两种类型：一种是游离的血浆凝固酶，其作用类似凝血酶原，被血浆中的激活因子激活后，使纤维蛋白原变为纤维蛋白，使血浆凝固；另一种是结合于菌体表面的血浆凝固酶，不需要激活，直接作用于纤维蛋白原，使之转化为纤维蛋白。在上述两种血浆凝固酶的作用下，可使葡萄球菌表面及病灶周围形成纤维蛋白屏障，保护细菌不易被吞噬细胞及体液抗菌物质消灭，有利于细菌在局部繁殖。

2. 透明质酸酶（hyaluronidase） 乙型溶血性链球菌，产气荚膜杆菌等能产生透明质酸酶。此酶能溶解机体结缔组织中的透明质酸，使结缔组织疏松，通透性增加，有利于细菌及其毒性产物向周围扩散。

3. 链激酶（streptokinase） 又称纤维蛋白溶酶。溶血性链球菌能产生此酶，其作用是使血浆中的纤维蛋白溶酶原转变为纤维蛋白溶酶，从而使纤维蛋白凝块溶解，有利于细菌在体内扩散。

4. 胶原酶（collagenase） 产气荚膜杆菌能产生胶原酶，可分解结缔组织中的胶原纤维，使细菌易于扩散。

侵袭性酶类还有链激酶、卵磷脂酶、DNA酶等。

二、细菌毒素

细菌毒素（toxin）是细菌在代谢过程中合成的有毒性作用的产物。按其来源、性质和作用等的不同，可分为外毒素（exotoxin）和内毒素（endotoxin）两类。

（一）外毒素

外毒素是细菌在生长繁殖过程中合成并分泌到菌体外的毒性物质。产生外毒素的细菌主要是革兰阳性菌如破伤风杆菌、肉毒梭菌、金黄色葡萄球菌、A族溶血性链球菌等。某些革兰阴性菌如产毒性大肠杆菌、鼠疫杆菌等也能产生。少数细菌合成的外毒素存在于菌体细胞内，只有当细菌溶解后才释放出来。

外毒素的化学成分是蛋白质，性质不稳定，易被热、酸及蛋白酶破坏。外毒素多数由两种蛋白质亚单位组成。一种亚单位为结合单位，无毒性，能与易感组织细胞膜上的相应受体结合；另一种亚单位为毒性单位，决定毒素的毒性效应。此种外毒素的毒性作用有赖于分子结构的完整性，各亚单位单独存在时无致病作用。

用0.4%甲醛处理外毒素，可使其失去毒性，保留抗原性，成为类毒素（toxoid）。类毒素可用于人工自动免疫，刺激机体产生具有中和外毒素作用的抗毒素。

外毒素的毒性作用强，尤以肉毒梭菌的外毒素最强，毒性比氰化钾高一万倍，是已知最剧烈的毒物，一毫克纯化的肉毒毒素可杀死两亿只小白鼠。

各种细菌产生的外毒素能选择性地作用于有相应受体的组织细胞，引起各自不同的特殊病变和临床症状。根据外毒素对宿主细胞的亲和性及作用机制不同，可将外毒素分为神经毒素、细胞毒素和肠毒素。

（二）内毒素

内毒素是革兰阴性菌细胞壁中的脂多糖（lipopolysaccharide, LPS）成分，只有当细菌死亡裂解或用人工方法裂解细菌后才可释放出来。各种细菌的内毒素均由特异性多糖、核心多糖和脂质A三种成分构成。脂质A是一种糖磷脂，是内毒素的主要毒性成分。

内毒素耐热，加热100℃1h不被破坏，必须经160℃2～4h或用强碱、强酸、强氧化剂煮沸30min才能灭活。内毒素不能用甲醛脱毒成为类毒素。

内毒素对组织细胞的选择性不强，各种细菌内毒素引起的病理变化和临床症状大致相同，其主要生物学活性如下。

1. 发热反应　人体对内毒素的致热作用很敏感，极微量（1～5ng）入血，即可引起发热反应。这是由于内毒素作用于中性粒细胞、巨噬细胞等，使其释放内源性热原质刺激下丘脑体温调节中枢所致。

2. 白细胞反应　机体注射内毒素后，血循环中白细胞数先骤减，1～2h后，显著增多。

前者可能系在内毒素的作用下，白细胞膜表面表达细胞粘附分子，致使大量白细胞粘附于毛细血管壁，从而使血循环中白细胞数降低；后者系内毒素诱生的中性粒细胞释放因子（neutrophile releasing factor）刺激骨髓释放大量中性粒细胞入血引起。

3. 内毒素性休克　内毒素性休克是以微循环障碍，低血压为特征。可见于急性猪丹毒、革兰阴性菌败血症等。发生机制主要是：①内毒素本身具有拟交感作用并能刺激肾上腺髓质分泌肾上腺素等，引起全身小血管持续痉挛，导致组织血液灌流量锐减。②内毒素可作用于血小板、白细胞及补体系统、激肽系统等，形成和释放如组胺、5-羟色胺、前列腺素、激肽等血管活性介质，使毛细血管扩张、血管通透性增加等，致使微循环血流减慢、血液淤滞，导致微循环障碍，进而使有效循环血量减少，血压下降，组织器官供血不足，缺氧，酸中毒等，严重时可发生内毒素性休克。

4. 弥漫性血管内凝血（disseminated intravascular coagulation，DIC）　弥漫性血管内凝血是以广泛血管内凝血和出血倾向为特征的中间发病环节或并发症。即DIC可发生于多种疾病的过程中，如血管内溶血、病毒感染、败血症、内毒素性休克等。

由细菌内毒素引起的DIC发生机制主要是：①内毒素可直接激活凝血因子XII，启动凝血系统，也可通过作用于血细胞使之释放促凝物质，间接激活凝血系统，最终使纤维蛋白原转化为纤维蛋白，引起血管内凝血。②内毒素可激活血小板和损伤血管内皮细胞，使聚积的血小板黏附于血管内皮细胞上，形成大量的血小板微血栓。在DIC的发展过程中由于各种凝血因子和血小板大量消耗，加之内毒素可直接激活纤溶系统，发挥抗凝血作用，进而产生出血倾向。表现为皮肤出现瘀斑、呕血、便血、咯血、血尿等。患者多因重要器官出血、坏死、功能衰竭而死亡。

三、致病作用

（一）细菌侵入机体数量和部位

感染的发生，除了病原菌具有一定的毒力外，还需要足够的数量和适当的侵入部位。引起感染的细菌数量取决于病原菌毒力的强弱和机体免疫力的高低。一般情况下，细菌毒力愈强，引起感染的菌数愈少，反之则需量大。例如毒力强的鼠疫杆菌，只需数个侵入机体即可发生感染；而毒力弱的肠炎沙门菌则需摄入数亿个菌才能引起急性胃肠炎。

有了一定毒力和足够数量的病原菌，若没有适当的侵入部位，仍不能引起感染。各种细菌均有特定的侵入部位。例如破伤风杆菌的芽孢若经口吞入并不能引起疾病，只有进入深部创伤的缺氧环境中，才有可能发生破伤风。也有些细菌侵入机体的适宜部位不止一个，例如结核杆菌可以经呼吸道、消化道、皮肤创伤部位等进入机体引起结核病。

（二）细菌的致病性

细菌引起致病首先必须侵入机体，然后在体内增殖，抵抗机体吞噬和清除作用，并通过某些方式引起机体损伤。

1. 细菌的侵入和定位　病原微生物必须经某特定部位侵入体内才能引起感染，这种侵入途径一般是较严格固定的。如破伤风梭菌必须深部创感染，而且局部必须厌氧如有坏死或化脓等炎症变化，如果经其他途径进入机体则不引起感染。猪气喘病必须经过呼吸道，猪传染性胃肠炎经消化道进入才能引起致病。有的病原微生物则可以经过几个途径进入机体引起感染。如结核杆菌可以经消化道和呼吸道引起感染；猪瘟和口蹄疫病毒可以经呼吸道、消化道、皮肤或黏膜感染。一般说来病原微生物进入机体的途径主要有呼吸道、消化道、泌尿生殖道、皮肤和黏膜等。

细菌进入机体后，首先要牢固地吸附于局部体表组织，否则会被体液的机械冲洗、正常微生物群系的干扰以及局部分泌物的抵抗作用清除而无法引起感染，它们往往是通过某些表面的特殊结构成分或所合成的某些物质附着于体表组织上。如大肠杆菌是借助于表面抗原K88吸附于上皮的。

定位是指细菌侵入机体后所寄居、生存繁殖的组织器官。许多细菌经侵入途径直接到达定位的组织器官引起致病，如气喘病支原体定位于呼吸系统。有很多细菌经侵入途径进入机体后，由短暂的菌血症散播到全身，但在具有良好生长繁殖条件的组织器官定位。如布氏杆菌经菌血症到达全身各个组织器官，但最终在胎盘定位。细菌的定位不同决定了它的不同排出途径和停留在不同的外界环境，进而也影响了再感染其他猪时的侵入途径和定位。侵入途径和定位是病原微生物在长期进化过程中，由于适应而形成的致病能力的一个部分。

2. 病原微生物在体内增殖、扩散和抗吞噬　细菌侵入机体后，必须在猪体内的组织中增殖，或在局部增殖或是扩散至全身。对致病性细菌而言，组织中含有足够的营养供它们增殖。细菌在组织中增殖得越快，对猪造成感染的机会越多，引起疾病越严重。有些细菌对组织感染的选择与组织中的营养环境有关，如布氏杆菌只能在孕猪胎盘、绒毛膜和羊水中大量繁殖，引起流产。这是因为胎盘组织中含有丰富的赤癣醇，它可刺激布氏杆菌的生长。

细菌的扩散能力也是其致病性的一个重要组成部分。细菌在原始侵入部位直接扩散时，受到结缔组织的限制，某些细菌可以产生透明质酸酶分解结缔组织基质中的透明质酸，造成迅速扩散；链球菌产生的链激酶也与扩散有关。血液是病原微生物最迅速的运载工具，进入血液的细菌一般在几分钟内随血液扩散到全身各处，不同的细菌可通过血液的不同成分来传播。如炭疽杆菌、钩端螺旋体可借助血浆来散播，它们有较强的抗吞噬作用；李氏杆菌、布氏杆菌和结核菌可借助单核细胞来扩散，它们具有细胞内生长的特性。

病原菌一旦进入组织，就会受到机体内具有非特异性免疫防御机能的吞噬细胞的作用。但病原菌能产生各种产物抑制或抵抗吞噬细胞作用而免于被清除。如链球菌的溶血素能抑制中性粒细胞的趋化作用；结核杆菌的某些成分和葡萄球菌细胞壁物质能抑制白细胞移动；炭疽杆菌和巴氏杆菌的细胞壁外的荚膜成分是抗吞噬物质；大肠杆菌表面的K抗原和沙门杆菌的Vi抗原能抑制吞噬作用；某些革兰阴性细菌的O抗原也有抗吞噬作用；有毒力的葡萄球菌产生凝固酶，可使血浆凝固从而防止了吞噬细胞的接近；结核杆菌表面的蜡质可抵抗溶酶体酶的消化。结核杆菌和布氏杆菌是典型的胞内寄生菌，可在吞噬细胞内生长。另外有毒力细菌还必须抵抗血液和组织中的杀菌因子的作用，如β溶血素、补体、溶菌酶等，否则会被这些因子杀灭。

3. 细菌致病性　病原菌侵入机体增殖后，造成机体损伤。引起机体损伤的形式主要有以下两种：一是毒素或有毒性产物的直接作用；二是细菌及其产物引起的免疫病理反应。细菌的毒素分为外毒素和内毒素。外毒素是由许多革兰阳性菌和部分革兰阴性菌产生的，成分为蛋白质，毒性很强，具有高度的特异性，如破伤风痉挛毒素，在局部产生，但可作用于全身的运动神经，引起肌肉痉挛；炭疽杆菌产生的外毒素，可引起局部水肿和出血性病灶，若进入血液可引起广泛的水肿、中毒和死亡；引起红痢的C型魏氏梭菌产生的α、β毒素，可引起仔猪肠毒血症、坏死性肠炎；大肠杆菌产生的LT（不耐热）肠毒素能作用于小肠上皮细胞，引起腹泻和脱水等。外毒素有良好的抗原性，一般不耐热，可经福尔马林处理脱毒而制成类毒素，用于主动免疫。内毒素是指与革兰阳性菌细胞壁相关的磷脂-多糖-蛋白质复合物而言。内毒素可引起全身反应，如发热、白细胞增多、血管收缩、血管内凝血，甚至休克等，内毒素有一定的抗原性，但产生的抗体不能中和内毒素的毒性作用。

细菌及其代谢产物还可以引起机体发生免疫病理反应，而引起机体损伤。一般说来免疫反应对机体起保护作用，但有时可对机体造成危害，甚至引起死亡。最典型的是结核杆菌的产物引起的变态反应，造成感染产生结核病灶。

感染的发生发展与结局

感染又称传染（infection），是指侵入机体的病原菌与宿主的防御功能相互作用而产生不同程度的病理过程。感染能否发生，取决于病原菌的致病性及宿主的免疫力。

一、感染的来源

（一）外源性感染

外源性感染（exogenous infection）是指来自宿主体外的病原菌所致的感染。感染来源有：

1. 病猪是传染病的主要传染源，从疾病的潜伏期到病后恢复期，都可能具有传染性。对病猪及早作出诊断、隔离和治疗是控制传染源的基本措施。

2. 带菌者　携带某病原菌，但不产生临床症状，又不断向体外排菌者称带菌者。一般可分为健康带菌者和恢复期带菌者。带菌者因其不出现临床症状，故在疾病的传播上，其危害性有时甚于患者。

3. 患病或带菌动物　有些细菌如鼠疫杆菌、炭疽杆菌、布氏杆菌等属于人畜共患性病原菌，因而患病或带菌动物的病原菌也可传染给人。

（二）内源性感染

内源性感染（endogenous infection）是指来自自身的病原菌所致的感染。引起内源性感染的病原菌，一般都是构成机体正常菌群的成员，少数是以隐伏状态留居的病原菌，正常情况下不致病，但当机体抵抗力降低或长期应用广谱抗生素等导致菌群失调时，正常菌群的某些成员变为条件致病菌，可引起内源性感染。如巴氏杆菌病、猪丹毒等。

二、感染的方式与途径

（一）呼吸道感染

经呼吸道吸入散布在空气中的病原菌或污染病原菌的尘埃而受感染。例如病猪咳嗽、喷嚏时排出的飞沫，含有病原菌。经呼吸道感染的有猪巴氏杆菌等。

（二）消化道感染

含有病原菌的排泄物污染食物、水源等，经口食入进入消化道而感染。苍蝇等昆虫是引起消化道感染的重要媒介。经消化道感染的疾病有猪大肠杆菌病、猪副伤寒等。

（三）接触感染

通过与病猪或带菌动物的密切接触而引起的感染。经接触感染的病原菌有布氏杆菌等。

（四）创伤感染

病原菌侵入皮肤、黏膜的创伤处所致的感染。例如葡萄球菌、链球菌引起的化脓性感染；破伤风杆菌芽孢进入污染的深部伤口，发芽成为繁殖体后增殖，产生毒素引起的破伤风等。

（五）节肢动物叮咬感染

以节肢动物为媒介传染的疾病，如人类鼠疫经鼠蚤叮咬而受染。

三、感染的类型

感染是机体与病原菌相互斗争的复杂过程，根据双方力量的对比，可以表现为以下不同的类型：

1. 按感染动物的临床症状

（1）显性感染：动物表现出该病特有临床症状的感染过程称为显性感染（symptomatic infection）。

（2）隐性感染：机体不出现任何临床症状，呈隐蔽经过的感染称为隐性感染（inapparent infection）或亚临床感染（subclinical infection）。隐性感染动物体内的病理变化，依病原体种类和机体状态而不同，有些被感染动物虽然外表看不到症状，但体内可呈现一定的病理变化，而另一些隐性感染动物既无临床症状又无病理变化，一般只能通过微生物学或免疫学方法检查出来。

2. 按感染发生的部位

（1）局部感染：侵入机体的病原微生物毒力较弱或数量较少，致使病原体被局限在机体内一定部位生长繁殖而引起一定程度的病变，称局部感染（local infection），如化脓性葡萄球菌、链球菌所引起的各种化脓创等。

（2）全身感染（generalized infection）：感染后，病原菌或/和毒性代谢产物向全身扩散，引起全身性症状的一种感染类型。临床上常见有下列几种情况：

①毒血症（toxenua）：病原菌在局部组织中生长繁殖后，病原菌本身不侵入血流，只有其产生的毒素进入血流，到达易感的组织细胞，引起特殊的中毒症状。引起毒血症的病原菌常见的有破伤风杆菌等。

②菌血症（bacteremia）：病原菌由局部侵入血流，但未在血流中繁殖，只是一时性或间断性地经过血流到达体内适宜的组织器官后再生长繁殖而致病。例如布鲁氏菌病早期的菌血症等。

③败血症（septicemia）：病原菌侵入血流并在其中大量生长繁殖，产生毒性产物，引起严重的全身中毒症状。例如高热、肝、脾肿大等，严重者可导致休克、死亡。巴氏杆菌病、猪丹毒、炭疽杆菌等可引起败血症。

④脓毒血症（pyemia）：化脓性细菌侵入血流后在其中大量繁殖，并通过血流扩散到其他组织器官（如肝、肺、肾等）产生新的化脓性病灶。例如链球菌、金黄色葡萄球菌引起的脓毒血症，可导致多发性肝脓肿、皮下脓肿和肾脓肿等。

此外，还可按病程、感染的病原微生物来源、感染病原微生物的次序及相互关系等分。

除上述不同的感染类型外，重复感染（recurrentinfection）是指动物体对某种或某些病原的多次重复感染，其原因主要是机体的免疫力不足，免疫机能下降或与免疫抑制等因素有关。在生产实践中也常常按病原体的种类分为病毒感染、细菌感染和真菌感染等。

带菌状态：在隐性感染或显性感染后，病原菌未被及时消灭，而是在机体内继续存在，并不断排出体外，称带菌状态（carrierstate）。处于带菌状态的个体，称为带菌者。猪痢疾病后常可出现带菌状态。

抗菌免疫

在大多数情况下，动物机体的内环境并不适合侵入的病原微生物生长繁殖，或动物体能迅速动员全身的防御力量将该病原微生物消灭，使其不出现明显的病理变化和临床症状，这种现象统称为抗感染免疫（anti-infectious immunity）。机体的抗细菌性免疫是指机体抵御细菌感染的能力，包括非特异性免疫和特异性免疫。病原菌侵入机体后，首先遇到的是非特异性免疫功能的抵御。一般经7～10d后，机体产生特异性免疫，然后两者相互配合，协力杀灭病原菌。

病原体侵入并引起机体病理损伤的过程中，也同时伴随着机体的非特异性免疫和特异性免疫反应，以清除体内出现的病原体及其毒性产物，维持机体的稳定和平衡。由于各种病原体的致病特点不同，机体免疫反应的性质也不同。了解抗感染免疫的特点，对传染性疾病的防制具有非常重要的意义。

一、非特异性免疫

非特异性免疫（nonspecificimmunity），又称先天性免疫（congenitalimmunity），是机体在长期的种系发育与进化过程中，逐渐建立起来的一系列天然防御机能，受遗传控制。非特异性免疫不是只针对某一种细菌的特有免疫，而是对各种菌均有不同程度的防御作用。构成非特异性免疫的物质基础，包括机体的生理屏障、吞噬细胞及正常组织和体液中的抗菌物质。

（一）屏障抵抗力

1. 皮肤与黏膜屏障

皮肤与黏膜被覆体表与外界相通的腔道，构成了机体的外部屏障，是机体抵御病原菌入侵的第一道防线。其作用主要包括三个方面：

（1）机械性阻挡与排除作用：健康完整的皮肤与黏膜能有效地阻挡细菌的侵入。皮肤由多层扁皮细胞组成，其表面有致密、通透性低的角化层，能有效地阻挡病原菌的侵入。黏膜为单层柱状细胞组成，其机械性阻挡作用虽不如皮肤，但黏膜有某些附属结构和分泌液，在相应生理功能的协助下仍能有效地排除细菌，如呼吸道黏膜上皮细胞纤毛的定向运动、频繁的肠蠕动等均可使细菌难以与黏膜上皮细胞粘附而被排出体外。分泌液如唾液、泪液等也可有效地排除细菌。

（2）分泌杀菌物质：皮肤和黏膜可分泌多种杀菌物质。例如皮肤的汗腺分泌乳酸，使汗液呈酸性，不利于细菌的生长，皮脂腺分泌的脂肪酸、胃液中的胃酸、肠液中的蛋白酶及泪液、乳汁和呼吸道分泌物中的溶菌酶等，都有一定的杀菌作用。

（3）正常菌群的颉颃作用：寄居在皮肤、黏膜上的正常菌群，可通过生存竞争和代谢过程中产生的某些抗菌物质，对某些病原菌有颉颃和抑制作用。例如口腔中唾液链球菌产生的过氧化氢可杀死脑膜炎球菌和白喉杆菌；肠道中大肠杆菌产生的大肠菌素和酸性产物可抑制痢疾杆菌、金黄色葡萄球菌、白色念珠菌等的生长。

2. 血脑屏障

主要由软脑膜、脉络丛的脑毛细血管壁和包绕在血管壁外的神经胶质细胞形成的胶质膜组成。血脑屏障能阻挡病原微生物及其毒性产物从血流进入脑组织或脑脊液，从而保护中枢神经系统。血脑屏障随年龄的增长而逐渐发育完善。哺乳仔猪因血脑屏障尚未发育完善，故较易发生脑膜炎等中枢神经系统感染。

3. 胎盘屏障

胎盘屏障是存在于母体与胎儿之间的一种屏障结构，由母体子宫内膜的基蜕膜和胎儿绒毛膜构成。此屏障不妨碍母胎之间正常的物质交换，但能阻止母体血流中的病原微生物及其毒性产物进入胎儿体内，保护胎儿免受感染。在妊娠三个月内，这种屏障尚未发育完善，若在此期内，母体发生病毒等感染或服用某些药物，则病原体或药物有可能通过胎盘进入胎儿体内，影响胎儿正常发育，造成胎儿畸形或死亡。因此在妊娠早期，应尽量避免感染并应慎用药物。

（二）吞噬细胞

吞噬细胞是机体防御功能的重要组成部分，能非特异性吞噬、杀伤、消化侵入体内的细菌等病原微生物。具有吞噬作用的细胞可分为两类：一类是小吞噬细胞，即血液中的中性粒细胞；另一类是大吞噬细胞，包括血液中的单核细胞和组织中的巨噬细胞，两者构成单核－吞噬细胞系统（mononuclear-phagocytp system）。

通过皮肤黏膜侵入机体的致病菌，首先要与从毛细血管逸出的中性粒细胞进行较量，多数情况下，致病菌被吞噬消灭，少数未被吞噬的致病菌经淋巴管到附近淋巴结，被淋巴结内的巨噬细胞吞噬消灭。只有当致病菌毒力强、数量多时，才有可能不被完全阻挡而侵入血液或其他器官，然后再被血液及其他器官的吞噬细胞吞噬杀灭。

1. 吞噬杀菌过程

吞噬细胞在体内的杀菌过程大致包括以下三个连续的阶段。

（1）吞噬细胞与病原菌接触：吞噬细胞与病原菌接触可以是随机接触，亦可以是经趋化因子和调理作用而实现。

趋化因子是指能够吸引吞噬细胞做定向运动的物质，主要有：①补体的活化产物如C3a、C5a等；

②炎性T细胞释放的淋巴因子；③细菌成分或产物如肺炎球菌、炭疽杆菌等的多糖物质；④炎症组织分解产物，如损伤的细胞释放的酶类等。在趋化因子的作用下，使吞噬细胞定向移至并聚集于病原菌所在部位，利于吞噬细胞与病原菌接触。

体液中某些物质如抗体和补体可与病原菌特异性结合或附着在病原菌表面，从而介导吞噬细胞与病原菌接触，利于吞噬细胞的吞噬，此种作用称为调理作用。例如抗体通过其Fab段与细菌表面相应抗原结合后，可通过其Fc段与吞噬细胞表面的1gGFc受体结合，从而使吞噬细胞接触病原菌，并将其吞噬。

（2）吞入病原菌：吞噬细胞与病原菌接触后，接触部位的细胞膜内陷并伸出伪足将病原菌包围，再摄入细胞质内，形成由细胞膜包绕的吞噬体（phagosome），此为吞噬（phagocytosis）。

吞噬细胞对于病毒等较小的微生物则以吞饮（pinocytosis）方式吞入，即吞噬细胞在与病毒接触部位的细胞膜向胞质内陷，将病毒包裹在内，形成吞饮体（pinosome）。

（3）杀死和消化病原菌当吞噬体形成后，胞浆内的溶酶体即向吞噬体靠拢，接触后，两者融合形成吞噬溶酶体（phagolysosome）。此时溶酶体颗粒在胞浆中消失，称为脱颗粒（degranulation）。在吞噬溶酶体内，被融合的溶酶体释放出多种具有杀菌作用的酶类，同时细胞发生一系列生化反应，产生多种杀菌物质，对病原菌进行杀伤和消化作用，最后将残渣排出细胞。

吞噬细胞的杀菌机制：可分为依氧和非依氧两大系统，前者又分为髓过氧化物酶（myeloperoxidase，MPO）介导系统和非MPO介导系统。

①依氧系统：是依赖呼吸暴发（respiratory-burst）的杀菌系统。呼吸暴发是指吞噬细胞在吞入病原菌后，胞内氧化酶被激活，耗氧量增加，代谢旺盛，并产生过氧化氢（H_2O_2）、超氧阴离子（O_2-）、单态氧（$^1O_2$）和游离羟基（OH-）等一组杀菌物质的代谢过程。产生的物质可直接杀伤病原菌，或在MPO协同下杀伤病原菌。

Ⅰ. MPO介导系统：由MPO、H_2O_2和氯化物等卤族元素组成。其杀菌机制与在该系统作用下形成具有高效杀灭病原微生物的醛类物质有关。中性粒细胞有MPO，可通过MPO介导系统杀菌。巨噬细胞无MPO，故不具有此作用。

Ⅱ. 非MPO介导系统：是指在缺乏MPO情况下，由H_2O_2、O_2^-、$^1O_2$和OH^-等直接杀伤病原菌的系统。

②非依氧系统是在杀菌过程中不需要氧参与的系统，即以乳铁蛋白、溶菌酶、吞噬细胞杀菌素、弹性蛋白、核组蛋白等和吞噬溶酶体内酸性产物为基础，在无氧条件下杀灭病原菌。

2. 吞噬作用的结果

病原菌被吞噬细胞吞噬后，其后果与病原菌的种类、毒力和机体的免疫状态等有密切关系，可有以下两种不同的结果；

（1）完全吞噬：病原菌被吞噬后，在吞噬溶酶体中被杀灭，然后消化后的残渣被排出胞外，此为完全吞噬。例如化脓性球菌被吞噬后，一般在5～10min内死亡，30～60min内被消化。

（2）不完全吞噬：有些病原菌，如结核杆菌、布氏杆菌等胞内寄生菌，在免疫力缺乏或低下的机体中，只被吞噬而不被杀灭，称为不完全吞噬。不完全吞噬可使病原菌在吞噬细胞内得到保护，免受体液中特异性抗体、非特异性抗菌物质和抗菌药物的杀伤作用；有的病原菌甚至可在吞噬细胞内生长繁殖，导致吞噬细胞死亡或随游走的吞噬细胞而扩散到其他部位引起广泛病变。脓毒败血症化脓灶转移。

（三）正常体液中的抗菌物质

正常机体的体液和组织中含有多种杀伤或抑制病原菌的物质，这些物质通常是配合其他抗菌物质协同发挥作用。

正常机体的体液和组织中的抗菌物质见表3-1。

表3-1　正常机体的体液和组织中的抗菌物质

抗菌物质	主要来源	化学性质	作用对象
补体	血清	球蛋白	G^-菌，螺旋体，病毒
溶菌酶	吞噬细胞溶酶体、唾液、泪液、乳汁	碱性多肽	G^+菌
吞噬细胞杀菌素	中性粒细胞	碱性多肽	G^-菌
白细胞素	中性粒细胞	碱性多肽	G^+菌
正铁血红素	红细胞	含铁多啉	G^+菌
血小板素	血小板	碱性多肽	G^+菌
组蛋白	淋巴系统	碱性多肽	G^-菌
精素、精胺碱	胰、肾、前列腺	碱性多肽	G^+菌
乳素	乳汁	蛋白质	G^+菌

1. 补体

补体是正常血清中的一组蛋白质，由巨噬细胞、肠上皮细胞、肝和脾细胞等产生。补体系统可经传统途径和替代途径激活，前者由抗原抗体复合物激发；后者由革兰阴性菌脂多糖、酵母多糖、聚合的IgA、IgG等激活。补体系统激活后，可产生多种具有生物活性的裂解产物，如C3a、C5a具有过敏毒素和趋化作用，Cab具有调理和免疫粘附作用，这些作用可增强吞噬细胞的吞噬功能等。G-菌进入机体后，其细胞壁上的脂多糖可直接激活补体替代途径，导致菌体溶解。由于补体替代途径在特异性抗体产生之前就能发挥抗菌作用，故补体是机体非特异性免疫的重要组成部分。

2. 乙型溶素

乙型溶素（β -lysin）是血清中的一种碱性多肽。在血液凝固时，由血小板释放故其含量在血清中远高于血浆中。乙型溶素能作用于G+菌细胞膜，可产生非酶性破坏效应，从而杀灭细菌。乙型溶素对G-菌无作用。

3. 溶菌酶

溶菌酶（lysozyme）是一种碱性蛋白，主要来源于吞噬细胞，广泛分布于血清、泪液、唾液、乳汁、胃肠和呼吸道分泌液中。溶菌酶能作用于G+菌细胞壁中的肽聚糖，使之裂解而溶菌。G-菌由于其细胞壁的肽聚糖层外还有由脂蛋白、脂质双层及脂多糖构成的外膜结构，故对溶菌酶不敏感。

（四）炎症和吞噬作用

动物体内存在着大量的吞噬细胞，如中性粒细胞、单核细胞、巨噬细胞等，均具有杀灭或降解异物的作用。病原菌一旦突破机体的防御屏障进入体内，就会遭到固定的或游走的吞噬细胞围攻和吞噬，在机体的局部形成炎症反应，并被溶酶体等降解；病毒感染后，机体的巨噬细胞可作为抗体依赖性细胞介导的细胞毒作用（ADCC）中的非特异性效应细胞，对病毒感染和复制起到抑制作用，同时可通过细胞因子网络启动一系列的免疫应答反应来对抗感染，而且巨噬细胞还可作为抗原提呈细胞对病毒抗原进行摄入、加工并呈递给局部淋巴结中的细胞以启动机体的特异性免疫反应。此外，在感染过程中，自然杀伤细胞对病毒和某些细菌的感染细胞也发挥直接的杀伤作用。

二、特异性免疫

特异性免疫（specificimmunity）是指个体在生命活动过程中与病原体及其产物等抗原物质接触后产生或接受免疫效应因子后获得的免疫，故又称获得性免疫（acquiredimmunity）。特异性免疫是在非特异性免疫基础上建立的，具有明显的特异性和记忆性，可因再次接受相同抗原刺激而使免疫效应增强。因此，在抗细菌感染中占有重要地位。特异性免疫包括体液免疫和细胞免疫两类。体液免疫由抗体介导，主要针对细胞外的病原菌及其毒素起作用。对胞内寄生菌如结核杆菌、布氏杆菌等的清除则以T细胞介导的细胞免疫为主。

1. 局部性免疫 除了主要通过吸血昆虫传播的疾病外，大部分病原体是经黏膜系统侵入机体的。为了抵抗病原微生物的感染，预防局部黏膜疾病以及进一步系统疾病的发生，机体黏膜组织形成了严密的防御体系-黏膜免疫系统，从而构成了动物体抵抗病原体入侵的第一道免疫屏障。黏膜免疫系统是由分布在呼吸道、消化道、泌尿生殖道以及外分泌腺黏膜组织内的淋巴组织和免疫活性细胞等构成。当黏膜组织受到抗原刺激后，该系统能够产生相应的分泌型IgA（SIgA），并分布于黏膜表面。这种抗体对再次入侵的相同病原体具有调理及中和作用，使其不能在黏膜表面吸附、定居和繁殖，从而达到阻止侵入的目的。SIgA的产量很高，如人体每日分泌量可达30～100mg/kg体重，超过所有其他类型免疫球蛋白的产量，当IgA缺乏时机体容易反复发生呼吸道、胃肠道及泌尿道的感染，因此IgA必是黏膜局部抗感染的重要因素。

黏膜免疫与机体的全身免疫能够互相调节，如经口摄入某种抗原后，可在乳汁中发现其特异性SIgA；经滴鼻或点眼接种流感病毒后不仅在鼻液、眼结膜发现该病毒的特异性SIgA，而且在呼吸道、消化道和泌尿生殖道黏膜以及血清中也可检出大量的特异性抗体；此外，注射抗原时也能诱发黏膜SIgA的产生。随着对分泌型IgA和淋巴细胞迁移模式的深入了解，局部黏膜免疫系统，尤其是呼吸道和消化道黏膜的免疫作用正日益受到重视。

2. 全身性免疫 全身性免疫是指由抗体或致敏淋巴细胞介导的、针对机体细胞内外病原微生物及有害物质的免疫反应。全身性免疫包括体液免疫和细胞免疫。

（一）体液免疫的作用

机体受病原菌刺激后，可产生多种类型的免疫球蛋白，其中与抗菌免疫关系密切的主要是IgG、IgM和SIgA抗体。抗体的抗感染作用主要表现在以下几个方面。

1. 中和细菌外毒素

细菌的外毒素或类毒素，可刺激机体产生针对外毒素的抗体，称为抗毒素。抗毒素与相应外毒素结合后使外毒素不能发挥毒性作用，此即抗毒素对外毒素的中和作用。但抗毒素不能中和已与易感细胞结合的外毒素的毒性作用。当抗毒素与游离的外毒素结合形成抗原抗体复合物后，可被吞噬细胞吞噬清除。

2. 抑制细菌的粘附

某些病原菌对黏膜上皮细胞的粘附，是引起感染的必要条件。分布在黏膜表面的分泌型IgA（SIgA）是机体黏膜防御感染的重要因素。例如特异性SIgA能分别阻止相应的链球菌、致病性大肠杆菌等对口腔、肠道和泌尿生殖道黏膜上皮细胞的粘附。

3. 调理促吞噬

抗体和补体单独都能对某些病原菌起调理作用，若二者联合，作用更强。

（1）IgG介导的调理作用：中性粒细胞、单核细胞、巨噬细胞表面具有Fc受体。当IgG通过其抗原结合部位（Fab段）与细菌表面相应抗原结合，其Fc段与吞噬细胞表面相应的Fc受体结合后，即可在细菌与吞噬细胞之间形成“抗体桥”，这样既能促进吞噬细胞对细菌的吞噬，又有助于强化细胞内的杀菌作用。

（2）补体（C3b）介导的调理作用IgG或IgM类抗体与细菌结合形成的抗原抗体复合物可激活补体，其活化产物C3b可通过其N端非稳定结合部位与菌体结合，其C端稳定结合部位与具有C3b受体的吞噬细胞结合，从而使细菌与吞噬细胞相连，起到促进吞噬细胞对细菌的吞噬和细胞内的杀菌作用。

4. 介导杀伤和溶解细菌

抗体本身不能直接杀伤和溶解细菌，只有在补体等协同作用下才可杀伤溶解细菌。当抗体（IgG/IgM）与细菌表面相应抗原结合后，可经传统途径激活补体系统，而导致细菌的溶解。

（二）细胞免疫的作用

抗体难以对细胞内寄生的病原菌发挥作用，故消灭胞内寄生菌主要靠细胞免疫。发挥细胞免疫的T细胞主要有细胞毒T细胞（Tc细胞）和炎性T细胞

（TH1细胞）。

1. Tc细胞的特异性杀伤作用 Tc细胞可特异性杀伤病原菌感染的靶细胞，当靶细胞被溶解，释出的胞内寄生菌可被体液因素清除。

2. 炎性T细胞释放淋巴因子产生的免疫效应

细胞内寄生菌进入机体后，一般先被吞噬细胞吞噬而不被杀灭，形成不完全吞噬。炎性T细胞可通过释放淋巴因子产生免疫效应。如γ－干扰素等，能激活巨噬细胞使其吞噬杀菌能力极大增强，可将不完全吞噬转变为完全吞噬，即可迅速将胞内寄生菌杀灭清除。

在抗菌感染的免疫过程中，机体的非特异性免疫与特异性免疫并非单独作战，而是密切配合，互相促进，共同完成机体抗菌感染的免疫任务。

消毒与灭菌

微生物广泛存在于自然界，其生命活动受外界各种因素影响。环境适宜时，细菌能进行正常的新陈代谢而生长繁殖；若环境条件变化过剧，细菌可发生代谢障碍，生长受到抑制，甚至死亡。因此，在医学实践中，可采取各种理化方法杀死病原微生物，以达到防止或消除细菌感染的目的。

现将有关消毒、灭菌的几个基本概念介绍如下。

1. 消毒（disinfection） 消毒指杀死物体上病原微生物但不一定杀死细菌芽孢的方法。

2. 灭菌（sterilization） 灭菌指杀灭物体上所有微生物（包括病原体、非病原体，繁殖体和芽孢）的方法。

3. 无菌（asepsis） 无菌指特定物体中或物体表面不含任何活微生物的状态。往往是灭菌处理的结果。

4. 无菌操作（asepsis technique） 无菌操作指防止微生物进入人体或其他物品的操作方法。

消毒与灭菌的方法一般可分为物理和化学方法两大类。

一、物理消毒灭菌法

（一）热力杀菌法

高温对细菌有明显的致死作用。热力灭菌是常用而可靠的灭菌方法。包括湿热灭菌法和干热灭菌法两大类。在医疗实践中应根据具体情况选择有效的消毒灭菌方法。在同一温度下，湿热灭菌的效果比干热灭菌法好。其原因是：①蛋白质凝固所需的温度与其含水量有关，含水量愈大，发生凝固时所需的温度愈低。湿热中细菌菌体吸收水分，因而蛋白质较同一温度的干热空气中容易凝固。②湿热的穿透力比干热强，因为水或蒸气传导热能的效率比空气高，使被灭菌物品的深部也能达到灭菌温度。③湿热的蒸气含有潜能。每克水在100℃时，由气态变为液态可释放出2255J（539cal）的热量，这种热量可迅速提高被灭菌物体的温度。

1. 干热灭菌法 一般细菌的繁殖体在干燥状态下80～100℃经1h可被杀死；芽孢则需100℃2h才能被杀死。干热的杀菌作用是通过脱水干燥和使大分子变性。干热灭菌法包括：

⑴焚烧法：直接点燃或在焚烧炉内焚烧。是一种彻底的灭菌方法，但仅适用于废弃的污染物品、有传染性的动物尸体等。

⑵烧灼法：直接用火焰灭菌。适用于微生物学实验室用的取菌环、试管口、瓶口等的灭菌。

⑶干烤法：在密闭的干烤箱中，通电后利用高热空气灭菌的一种方法。一般需加热160～170℃，维持2h，可杀灭包括芽孢在内的一切微生物。本法适用于耐高温的物品，如玻璃器皿、瓷器等。

2. 湿热消毒灭菌法 湿热的杀菌机制相对较为复杂，主要是使菌体蛋白质变性，细菌核酸降解及细胞膜损伤，最终导致细菌死亡。常用的湿热消毒灭菌法有：

⑴巴氏消毒法：由巴斯德（Louis Pasteur 1822-1895）创用而得名。此法是用较低温度杀死物品中的病原菌或特定微生物，而不破坏物品中所含的不耐热物质的消毒方法。常用于牛奶和啤酒的消

毒。方法有两种，一是61.1～62℃加热30min，另一种是71.7℃加热15～30s。

⑵煮沸法：煮沸100℃ 5min可杀死细菌的繁殖体，杀死芽孢则需1～3h。此法主要用于一般外科器械、注射器、胶管和食具等的消毒。若水中加入1%～2%碳酸氢钠，可提高沸点至105℃，既可提高杀菌力，又可防止金属器械生锈。

⑶流通蒸气消毒法：可采用普通蒸笼进行。通常100℃加热15～30min可杀死细菌的繁殖体，但不能保证杀死芽孢。

⑷间歇灭菌法：是反复多次的流通蒸气消毒法杀死细菌所有繁殖体和芽孢的一种灭菌法。本法适用于不耐高温的营养物质（如血清培养基等）的灭菌。方法是置待灭菌物品于Arnold流通蒸气灭菌器内，100℃加热15～30min，杀死其中的细菌繁殖体，然后将物品置37℃温箱中过夜，使芽孢发育成繁殖体，次日再通过流通蒸气加热，如此连续3次，可将所有的繁殖体和芽孢全部杀死。若某些物品不耐100℃，则可将温度降到75～80℃，每次加热时间延长至30～60min，次数增加至3次以上，也可达到灭菌的目的。

⑸高压蒸气灭菌法：是灭菌效果最好、目前应用最广泛的灭菌方法。灭菌是在密闭的高压蒸气灭菌器内进行的，加热时蒸气不能外溢，随着压力的增加，温度也随之增高，杀菌力也大为增强。通常在102.97～116.70kPa（1.05～1.20kg/cm^2）的压力下，温度可达121～123℃，维持15～30min，可杀死包括芽孢在内的所有微生物。此法适用于耐高温和不怕潮湿物品的灭菌，如普通培养基、生理盐水、手术器械、注射器、手术衣、敷料和橡皮手套等。

（二）日光及紫外线

日光有一定程度的杀菌力，主要在于其中的紫外线。紫外线的杀菌波长范围为240～280nm，其中265～266nm波长的紫外线杀菌力最强，原因是由于在此波长范围内的紫外线最多。紫外线的杀菌机制是破坏细菌DNA的构型，使同一股DNA上相邻的嘧啶通过共价键结合成二聚体，从而干扰DNA的正常碱基配对，导致细菌死亡或变异。一般用于消毒的人工紫外线是由紫外线灯产生的。由于紫外线穿透力较弱，玻璃、纸张、尘埃、水蒸气等均能阻挡紫外线穿过，故紫外线只适用于空气和物体表面的消毒。紫外线对眼睛与皮肤有刺激作用，使用时要注意保护。

（三）滤过除菌法

滤过除菌（filtration）是用机械方法除去液体或空气中细菌的方法。利用具有微细小孔的滤菌器（filter）的筛滤和吸附作用，使带菌液体或空气通过滤菌器后成无菌液体或空气。该法常用于不耐高温的血清、抗毒素、抗生素及药液等的除菌。此法一般不能除去病毒、支原体和L型细菌。滤菌器的种类很多，目前常用的有蔡氏滤菌器、玻璃滤菌器和薄膜滤菌器等。

二、化学消毒法

化学消毒法是利用化学药物杀死病原微生物的方法。化学药物能影响细菌的化学组成、物理结构和生理活动，从而发挥防腐、消毒，甚至灭菌的作用。将这些化学药物称为防腐剂或消毒剂。两者不易严格区分。消毒剂在低浓度时有抑菌作用，而防腐剂在高浓度时也能杀菌。消毒及防腐剂对人体组织细胞有害，所以只能外用，主要用于体表、器械、排泄物或周围环境的消毒。

（一）化学消毒剂的作用机制

消毒剂的种类繁多，作用机制不尽相同，归纳起来主要有以下三方面。一种化学消毒剂对细菌的影响常以其中一个方面为主，兼有其他方面的作用。

1. 使菌体蛋白质变性或凝固　菌体含大量蛋白质，凡能破坏蛋白质立体构型的因素均能使蛋白质变性或凝固。具有此作用的消毒剂有重金属盐类、氧化剂、醇类、酚类、醛类、酸、碱等。

2. 干扰细菌的酶系统　胞内酶的作用主要与其活性基团有关，凡能改变或破坏活性基团活性的物质均能抑制细菌酶的功能。如重金属离子能与细菌酶蛋白的-SH基结合；氧化剂能使-SH基氧化为-SS基，从而使酶活性丧失，导致细菌代谢障碍而死亡。

3. 改变细胞膜的通透性：细胞膜是细菌的重要屏障，能维持细胞内外物质交换；细胞膜上还含有多种酶，参与细菌的呼吸和代谢。有机溶剂或表面活性剂作用于细菌，可导致细胞膜结构破坏，干扰其正常功能，引起细菌死亡。如阳离子表面活性剂可与细菌细胞膜磷脂结合，提高膜的通透性，使胞浆内容物溢出；酚类化合物作用于细菌时，可损伤细胞膜，使胞浆内容物外渗，并能破坏细胞膜上的氧化酶和脱氢酶，最终导致细菌死亡。

（二）影响消毒剂发挥作用的因素

消毒剂的作用效果受多种因素的影响，处理得当可提高消毒效果，否则会削弱消毒效果，在使用过程中应加以注意。影响消毒效果的主要因素有以下几种。

1. 消毒剂的浓度和作用时间　一般消毒剂浓度越高，作用时间越长，杀菌效果越好。许多消毒剂在高浓度时具有杀菌作用，在低浓度时只起抑菌作用或完全失去对细菌的抑制作用。但乙醇例外，以70%～75%的浓度杀菌力最强，原因可能是由于乙醇浓度过高使菌体表面蛋白质迅速凝固，导致乙醇无法继续渗入菌体内部发挥作用。

2. 温度与酸碱度　过程基本上是一种化学过程，化学反应的速度随温度的升高而加快，故在一定范围内温度越高消毒效果越好，如金黄色葡萄球菌在石炭酸溶液中被杀死的时间在20℃时比10℃时大约快五倍。酸碱度也影响消毒剂的作用效果。细菌在适宜的声环境中抵抗力较强。酚类在酸性溶液中效果最好。

3. 细菌的性质　一般消毒剂的作用效果也与细菌的特性有关。其中最主要的因素有细菌的种类、数目、菌龄及芽孢的有无等。不同种类的细菌对消毒剂的敏感性不同，如5%石炭酸5min可杀死沙门氏菌，而杀死金黄色葡萄球菌则需10～15min，结核杆菌对酸碱、染料等的抵抗力比其他细菌强；同一细菌其芽孢比繁殖体抵抗力强；老龄菌比幼龄菌抵抗力强。因此，必须根据消毒对象选择合适的消毒剂。一般细菌数量越多，所需消毒剂浓度越高，作用时间越长。

4. 环境中有机物和其他颉颃物质的影响　感染情况下，细菌与血液、脓液和痰液等有机物质混在一起。环境中这些有机物中的蛋白质能吸附消毒剂或与消毒剂的活性基团结合，影响消毒剂对细菌的杀伤作用。受有机物影响较大的消毒剂有升汞、表面活性剂、次氯酸盐、乙醇等。此外，对于化学消毒剂还受到其他颉颃物质的影响。如表面活性剂的作用可被肥皂或阴离子洗涤剂所中和；次氯酸盐的作用可被硫代硫酸钠中和；过氧乙酸的作用可被还原剂中和。这些现象在消毒处理过程中都应避免发生。

细菌感染的实验室检查原则

细菌性疾病的确切诊断，除个别有特殊临床症状或体征者不需实验室诊断外，一般均需进行病原或特异性抗体的检测。一般情况下，感染早期查病原，晚期查抗体。检查的目的是：①通过分离、鉴定病原菌或检查特异性抗体，以达到对其感染作出病因学诊断的目的；②根据实验室检查结果，合理地选择抗菌治疗药物。

作为临床医生，应知道何时、从何部位、通过哪种方法采取何种标本，需何种实验室检查、如何解释结果及判定其临床意义。

一、病原菌检测

（一）标本的采集与送检

实验室的检查结果准确与否和标本的选择、采取的时间、收集的方法有直接关系。虽然各种细菌感染标本采取方法不尽一致，但以下原则是必须遵守的。

1. 标本应采自病原菌在猪体内的分布和排出部位，即必须在一定的病期中，从最可能得到病原菌的部位采取标本。

2. 严格无菌操作，避免杂菌污染。

3. 标本应尽可能在使用抗菌药物之前采取。如已使用抗菌药物应在送检单上注明其种类、剂量及用药时间。采取局部病变标本处，不可用消毒剂，必要时以无菌生理盐水冲洗、拭干后再取材。

4. 标本必须新鲜，采集后尽快送检。特别是厌氧菌感染的标本。在送检过程中，多数菌可以冷藏运送。

5. 所送标本必须注明其种类、检验要求及临床的初步诊断。

特别注意的是，没有任何一种方法同时能分离出所有病原菌并鉴定之。

二、检查的一般步骤与方法

（一）形态学检查

在形态染色方面具有特征的病原菌，从一定部位取材后可直接涂片染色置显微镜下观察，从而做出初步诊断。

（二）病原菌的分离与鉴定

1. 分离培养　大多数病原菌的形态，染色无典型特征，故一般均应做分离培养，以便获得纯培养物后进一步鉴定及做药敏试验或毒力试验等。在分离培养细菌时应根据标本采取的部位、欲检出细菌的营养要求等生长条件的特点选择适当的培养基和培养方法。如从血液等无菌部位采取的标本，在严格无菌操作条件下可直接接种于液体或固体培养基中培养；从肠道采取的粪便标本应用肠道选择培养基如SS琼脂培养基进行分离培养；若怀疑为厌氧菌感染的标本应分别做需氧与厌氧培养。

2. 细菌的鉴定　分离出纯种细菌后，通常应用以下方法做出最后鉴定。

⑴观察菌落特征：主要观察其大小、形状、颜色、透明度、表面性状及溶血情况等。

不同的细菌，以上特征可不同，据此对细菌做出初步鉴别。

⑵观察细菌形态与染色特征：取纯培养物进行涂片染色后镜检，观察其形态、排列及染色特性。

⑶生化反应试验：不同的细菌因其所含酶的不同，它们的代谢过程和代谢产物可有所不同，因此可用各种特殊培养基进行检测，以达到鉴别细菌的目的。如肠道杆菌，其菌落、形态及染色特性等均基本相同，仅靠形态学方法不易鉴别，但可以通过各种生化反应试验对它们进行鉴定。常用的生化反应试验有：各种糖发酵试验、甲基红试验、VP试验、靛基质试验、硫化氢产生试验、尿素酶试验、枸橼酸盐利用试验等。

⑷血清学鉴定：血清学鉴定的原理是抗体与相应的抗原在适宜条件下，能在体外发生特异性结合，而且每种细菌具有特异性的抗原，所以可以用已知的抗体来鉴定分离到的细菌。常用的方法是玻片凝集法。如对伤寒杆菌、痢疾杆菌的鉴定可采用此法。

一般在进行病原菌鉴定的同时做药物敏感试验，以便指导临床用药。

（三）细菌成分的检测

采用特定方法从体内检出病原菌的抗原或代谢产物，对其感染做出诊断，具有快速、敏感且不受细菌死亡的影响，故有较高的应用价值，但需要一定的仪器设备。目前，通过检测细菌抗原及细菌的代谢产物，可用于多种细菌感染的快速诊断。检测抗原的方法主要有对流免疫电泳法、放射免疫法及酶免疫法等。应用气相色谱技术检测厌氧菌的代谢产物—挥发性短链有机酸，可有助于厌氧菌感染的诊断。

（四）检测核酸

应用聚合酶链反应（polymerase chainre action，PCR）技术检测细菌特异性DNA，以诊断细菌感染。此法具有高敏感性、高特异性、简便快速等特点。目前已用于结核杆菌感染等的诊断。

三、细菌特异性抗体的检测

病原菌感染后，可刺激机体免疫系统产生相应的抗体，并且抗体的量常随感染过程而增多。故应用已知的细菌抗原检测患病动物体液（主要是血清）中有无相应的抗体及其含量的动态变化，可用于细菌感染性疾病的辅助诊断。因抗体的检测一般均采用患病动物的血清进行试验，故又称为血清学试验，一般适用于病程较长且抗原性较强的细菌引起的感染。常用的血清学试验方法如下：

1. 直接凝集反应　用已知的细菌抗原与病猪血清做定量凝集反应。布鲁氏病的布氏杆菌凝集试验等均属于直接凝集反应。

2. 间接凝集试验 间接血凝试验是将细菌可溶性抗原吸附于红细胞表面形成致敏红细胞，当与相应抗体作用后可出现红细胞凝集现象。

3. 中和试验 抗体使相应抗原（毒素或病毒）的毒性消失的反应称为中和反应。

抗菌药物的合理使用

规模化养殖生产中，病毒性疾病由于应用特异性的预防办法得到比较有效的控制后，细菌性疾病呈现上升趋势，并且，因长期使用和滥用抗生素，致使抗药菌株不断增加，甚至一些致病力不强的细菌也已开始对畜禽产生新的威胁。因此，细菌性疾病的危害在一定条件下，已成为生产中的一个主要问题。群体药物预防与治疗已是防疫工作中的主要环节，特别是在细菌性疾病发生过程中以及预防病毒性疾病流行中可能出现的混合或继发感染中被广泛采用。因此合理应用抗菌药物具有十分重要的意义。

所谓合理的应用抗菌药物系指在明确指征下选用适宜的抗菌药物，并采用适宜的剂量和疗程，以达到杀灭致病微生物和控制感染的目的，同时采取相应的措施以增强机体的免疫力和防止各种不良后果的发生，用药的原则和应用注意事项如下。

1. 药物应用原则 根据药敏试验结果，选用高敏药物，在高敏药物中应首选价廉、药源广、口服（拌料或饮水）易被吸收的抗菌药物。在选择高敏抗生素时，应考虑以下几个问题。

⑴窄谱抗生素可以解决问题的不选广谱抗生素。

⑵一种抗生素可达到治疗作用时，不要用两种药物联合应用。

⑶必须应用两种抗生素时，应选择联合应用具有协同作用的药物。

2. 剂量和疗程的 要注意治疗用药的剂量和疗程的长短。处理一般感染时，不要盲目增加药物剂量。如果是严重的全身感染，在最初的治疗阶段（1～2d内）可适当加大剂量，之后再给予常量，有利于控制感染，减少损失。疗程的确定与感染性质有关，对于急性感染，当给药后死亡明显减少，群体整体状态好转，则继续给药2～3个疗程。疗程间隔一般为3～10d。

3. 药物的选择 药物的选择也要根据传染病的性质并结合发病群的状况全面考虑。如传染病是全身感染的败血性疾病，口服给药时，药物必须是经消化道可以吸收的，相反则达不到治疗的目的；发病畜禽食欲下降或废绝时，口服给药不能使血中达到药物的有效浓度，影响治疗效果，此时宜选择注射药物。患肠道传染病时，要选择口服不易吸收的药物，以保证药物在肠道中的治疗浓度。

4. 预防性给药 抓住治疗时机是非常重要的。育仔阶段易发呼吸道疾病，在未发之前投药预防是明智的。有的传染病不是全群发生，而是在群体中不断出现新发和死亡病例，如支原体肺炎、大肠杆菌病等，这种情况下给药时机应突出一个“早”字，对控制新发病例、降低死亡、减少损失是有重要意义的；而有的传染病，如流感等传播极为迅速的传染病，在发病早期，猪群食欲还未见明显变化时，及时口服敏感药物，对提高疗效、缩短病程是十分有利的，但若贻误了时机，只能通过注射的办法给药时，则会增加资金消耗。

5. 对没有条件进行药敏试验的生产单位，发生细菌性疾病时，选择治疗药物，应尽量选用本场甚至本地区不常使用的药物，这不仅可达到治疗效果，而且为临床用药提供经验。药物选择是否合适，应以治疗效果为依据，发病群用药1～2d后，死亡应明显减少，或动物精神、食欲好转或新发病例不再出现，均反映了药物治疗效果良好。否则说明药物选择不当，应及时换药。

6. 临床用药是防治猪群细菌性疾病的重要手段，但决非唯一的办法。因为有些疾病如慢性呼吸道疾病、仔猪黄（白）痢等，其发病除感染因素外，尚有明显的诱因，或是继发于某些原发性感染的过程中。如果外界不良因素不消除或环境卫生条件得不到改善，甚至原发感染得不到及时控制，一味地靠药物治疗，是达不到预期目的的，因为治疗效果的好坏是由多方面综合因素决定的。所以在治疗中还应加强猪群的饲养管理，改善环境卫生条件，认真做好兽医卫生综合防制措施。

7. 必须强调综合性治疗的重要性　在应用抗菌药物治疗感染的过程中，必须充分认识到机体免疫力的重要性，过分依赖抗菌药物的功效而忽视机体内在因素是抗菌药物治疗失败的原因之一。因此，在应用抗菌药物的同时，应使动物的机体状况有所改善，各种综合措施如纠正水、电解质和酸碱平衡等不可忽视。

第一节　炭疽（Anthrax）

炭疽是由炭疽杆菌引起的家畜、野生动物和人的一种急性、热性、败血性人畜共患传染病。其病理变化特点是脾脏显著肿大，皮下以及浆膜下结缔组织有出血性胶样浸润，血液凝固不全，呈煤焦油样，并引起败血症症状。

本病在古代就有发生，在古埃及叫做“第六种瘟疫”；在阿拉伯叫做“波斯的火焰”；在我国古代把人炭疽叫做“痈”，家畜炭疽叫做“癀”。本病存在于全世界，FAO-WHO（世界粮农组织和世界卫生组织）的报告（1973）表明1972年各个大陆都有猪发生过这种病。猪对炭疽有相当强的抵抗力，所以其发病率很低，多为散发，但猪和其他家畜一样可遭受感染，并可以成为重要的传染源。近年来，我国各地时有本病发生。1992年李兴民、高荣元等，1994年黄鉴明等对猪发生炭疽都有报道。

一、病原

炭疽（Anthrax）由炭疽杆菌（*Bacillus anthracis*）引起。炭疽杆菌为芽孢杆菌属细菌，呈革兰氏阳性。大小为（1.0~1.2）μm×（3~5）μm。DNA的（G+C）mol%为32.2~33.9。濒死病畜的血液中常有大量菌体存在，成单个和成对，少数为3~5个菌体相连的短链。菌体矢直，相连的菌端平截而呈竹节状，周围形成良好的荚膜。培养物中的菌体则成长链，竹节状（图2.3.1–1），于一般条件下不形成荚膜。猪体内炭疽杆菌的形态较为特殊，菌体常弯曲或部分膨大，多单在或二、三个相连。炭疽杆菌荚膜（图2.3.1–2）的抗腐败能力较强，当菌体因腐败而消失之后，荚膜仍可残留，称为“菌影”。病畜体内的菌体不形成芽孢，在体外，暴露空气中，12~42℃条件下，可形成芽孢，芽孢呈卵圆或圆形，位于菌体中央或略偏于一端。

炭疽杆菌为需氧和兼性需氧菌。在12~44℃都能生长，最适生长温度为30~37℃，pH为7.2~7.6。厌氧条件下生长不良。营养要求不高，普通培养基上生长良好。在普通琼脂平板上生长成灰白色、不透明、扁平、表面粗糙的菌落，边缘不整齐，37℃ 24h后，菌落外观如“毛玻璃”，低倍镜下像波浪形的发束。在50%血清琼脂平板上，含10%~20% CO_2培养时可产生光滑而黏稠的菌落，并产生荚膜。血琼脂上一般不溶血，个别菌株产生狭窄的轻微溶血带。原代分离物在其上形成黏性、圆形、整齐、光滑的菌落，由于有荚膜形成，菌落生长物易粘于接种环上，移动时形成长线状。炭疽杆菌具有缓慢地发酵水杨苷，液化明胶，使石蕊牛乳凝固、褪色并胨化，以及缓慢地使美蓝还原等特性，这些对与其他类似细菌体的鉴别有参考作用。

炭疽杆菌菌体对外界理化因素的抵抗力不强，与其他非芽孢菌相似。60℃经30~60min或75℃5~15min即可死亡。一般浓度的常用消毒剂，均可在短时间内将其杀死。此菌芽孢的抵抗力特别强大，干燥状态下可存活32~50年。蒸汽或100℃煮沸5min，干热150℃60min，鬃毛上芽孢121℃高压需15min可杀灭。土壤被污染后，可保持传染性二、三十年。一般方法制片，加热固定染色后，芽孢仍可存活。常用的消毒剂有：新配的20%石灰乳或20%漂白粉，2%~4%甲醛，0.5%过氧乙酸，4%高锰酸钾，1%活性氯胺，0.1%升汞，0.04%碘液等。本菌繁殖体对青霉素、先锋霉素、四环素、卡那霉素、庆大霉素、金霉素、强力霉素及磺胺类药物敏感，其中青霉素为首选抗生素。

二、流行病学

1. 易感性 各种家畜、野生动物都有不同程度的易感性。一般认为猪对本病比牛、羊的抵抗力较强，但猪感染炭疽可能成为某地区的重要传染源。犬、猫等肉食动物很少见感染，家禽几乎不感染；人对炭疽普遍易感，主要发生于与动物及畜产品接触机会较多的人员。

2. 传染源 本病的主要传染源是病畜。当病畜尸体处理不当，形成芽孢污染土壤、水源、牧地等，可使其成为长久的疫源地。

3. 传播途径 感染动物在死亡前后将炭疽杆菌排泄到土壤中，有些则形成芽孢，这些抵抗力强的芽孢体即使在不利条件下也可存活多年。芽孢一旦由敏感动物摄入体内消化，即可能发生炭疽病。牛、羊、马多由这种土壤性感染发生炭疽。猪也可能以此方式受感染。但是，因为摄取的芽孢数量少，加之猪具有较强的抵抗力，因此发病的可能性较小。猪发生炭疽病通常是因为食入含大量炭疽杆菌或活芽孢的饲料或饮水等。但对猪来说，用含炭疽芽孢的骨粉或其他动物产品配制的饲料是猪最普遍的传染源。当猪被饲喂死于炭疽病的动物尸体时，吃进大量炭疽杆菌，也会受到感染。在猪偶见有通过呼吸道吸入带芽孢的灰尘，引起的感染在肺部形成炭疽痈病变。带有炭疽杆菌的吸血昆虫叮咬可引起皮肤感染，还有人怀疑食腐肉的鸟也能成为炭疽的传染来源。

4. 流行特点 炭疽多发生于炎热的夏季，在吸血昆虫多、雨水多、江河泛滥时容易发生传播。以往多呈地方流行性，现多为散发。多在人、牛、羊等感染炭疽时引起其发病。

三、发病机理

炭疽杆菌的毒力主要取决于荚膜多糖和炭疽毒素。

炭疽杆菌或芽孢侵入机体后，首先在侵入部位增殖或出芽繁殖，并引起炎症反应。同时获得荚膜，它可保护菌体不受白细胞的吞噬和溶菌酶的作用。该菌可以产生一种可以引起局部水肿的毒素，菌体可在水肿液中繁殖，并经淋巴管进入局部淋巴结繁殖，由此进入血流发生败血症。

病畜的致病与死亡是由于菌体释放的外毒素蛋白复合物作用所致。外毒素蛋白复合物由三种成分组成：水肿因子（EF）、保护性抗原（PA）及致死因子（LF）。三种成分单独均无毒性作用，至少要有两种相关成分协同，才能引起相应作用。它们的整体作用是损害和杀死吞噬细胞，激活凝血酶原，发生弥漫性血管内凝血，损伤毛细血管上皮使液体漏出，血压下降，病畜陷入休克状态。毒素蛋白复合物亦能抑制补体的活力，因而使吞噬作用低下。毒素蛋白复合物对动物的最终作用是水肿、休克及死亡。这种作用可用特异性抗血清中和。

四、临床症状

猪炭疽有下列类型：咽型、肠型、败血型和隐性型。

咽型局限于咽和颈部淋巴结。细菌在淋巴生长繁殖，也可能在淋巴结和邻近相连组织中大量繁殖，引起炎症变化，阻碍淋巴的流动，最终导致水肿，水肿严重时可影响呼吸和饮食。常见的临床症状为颈部水肿和呼吸困难。表现精神沉郁，厌食和呕吐。体温可升达41.7℃，但不稽留。多数猪在水肿出现后24h内死亡。也常有不治而自愈的，肿胀逐渐消失，甚至完全康复，但这种猪有带菌的可能。

肠型的临床症状不如咽型明显。严重的可见急性消化紊乱。表现呕吐、停食及血痢。随之可能死亡。症状较轻者常复愈。肠型炭疽报告较少，可能是由于不做全面剖检的结果。

败血型为最急性炭疽病型，受感染的猪死亡率高，常突然死亡。猪的败血型炭疽少见。黄鉴明1994报道急性败血型猪炭疽病例：尸僵不全，明显膨胀，尸体迅速腐败，鼻孔、肛门等处流出暗黑色血液，凝固不良，肛门外翻，在头、颈、臀和下腹部皮肤出现大片蓝紫色斑。

隐性型生前无症状，主要发现于宰后检查（屠宰场）。

五、病理变化

咽型炭疽：急性型剖检见患猪咽喉和颈部肿胀（图2.3.1–3），皮下呈出血性胶样浸润，头颈部淋巴结，特别是颌下淋巴结呈急剧肿大，切面因严重充血、出血而呈樱桃红色，中央有稍凹陷的黑色坏死灶。镜检见淋巴组织呈严重的出血、坏死和有纤维素性渗出，并可检出大量炭疽杆菌。另外，在口腔、软腭、会厌、舌根和咽部黏膜也呈肿胀和出血，黏膜下与肌间结缔组织呈出血性胶样浸润。扁桃体常充、出血或坏死，有时表面覆有纤维素性假膜。在黏膜下深部组织内，也常有边缘不整的砖红色或黑紫色的大小不等病灶，病灶部也可检出炭疽杆菌。

慢性型咽型炭疽通常在宰后检验中发现。病变见于咽喉部个别淋巴结，特别多见于颌下淋巴结。表现淋巴结肿大，被膜增厚，质地变硬，切面干燥，有砖红色或灰黄色坏死灶（图2.3.1–4）；病程较长者在坏死灶周围常有包囊形成，或继发化脓菌感染而形成脓肿，脓汁吸收后形成干酪样或变成碎屑状颗粒。有时在同一淋巴结切面可见有新旧不同的病灶。

肠型炭疽：主要发生于小肠，多以肿大、出血和坏死的淋巴小结为中心，形成局灶性出血性坏死性肠炎病变。病灶为纤维素样坏死的黑色痂膜，邻接的肠黏膜呈出血性胶样浸润。肠系膜淋巴结肿大。镜检见肠绒毛呈大片坏死，固有层和黏膜下层积有大量红细胞、纤维蛋白、嗜中性白细胞与浆液。除小肠病变外，还偶见于大肠和胃。腹腔积有红色浆液，脾质软而肿大。肝充血或浊肿，间有出血性坏死灶。肾充血，皮质呈小点出血，肾上腺间有出血性坏死灶。

败血型：为最急性炭疽病型。由于猪有一定程度的抵抗力，因此多数仅造成局部感染，牛和绵羊常出现败血型。猪则少见。Goldstein（1957）报道，1952年在俄亥俄州暴发的炭疽病中，从剖检的30头猪中仅有3头出现所特有的脾肿大、变黑。这可能是由于小猪比大猪易引起败血症。猪体内病变的部位极少。

隐性型：颌下淋巴结常见损害，少见于颈淋巴结、咽后淋巴结和肠系膜淋巴结。淋巴结有不同程度的增大，切面呈砖红色，散布有细小、灰黄色坏死病灶或暗红色凹陷小病灶。周围的结缔组织可能有水肿性浸润，呈鲜红色。扁桃体坏死和形成溃疡。有时扁桃体的黏膜脱落，呈灰白色。

六、诊断

猪炭疽的症状和病变只有参考意义，需要实验室检查才能确诊。由于动物组织中的炭疽杆菌暴露空气后形成芽孢，故疑似炭疽的家畜尸体严禁剖检。临床诊断时，对原因不明而死亡或临床上出现痈性肿胀、腹痛、高热、病情发展急剧，死后天然孔流血的病猪，应首先怀疑为炭疽。调查该地区几年来有无炭疽的发生，炭疽死畜的处理情况，发病动物的种类及季节性，炭疽预防注射情况等，为确诊提供依据。

（一）细菌学诊断

采取病料时，对可疑炭疽病畜，生前可采取静脉血、水肿液或血便，死后采取末稍血（可切下耳或由四肢末稍采取），也可于左侧季肋部第17～18肋骨间做一垂直切口，采取一小块脾脏，切口应用碘酊棉球塞住。动物在6h以内死亡的，可直接镜检组织和体液。败血型可以在血液中甚至所有组织的涂片中检出炭疽杆菌，局限型可检查局部水肿部位。如动物尸体腐败，炭疽杆菌就会崩解，一般检不出典型炭疽杆菌，而许多厌氧的腐败菌与炭疽杆菌相似，只是这类菌的菌链比炭疽杆菌在组织中形成的菌链更长。

若组织不太新鲜时，可在组织或血液的平板培养物上寻找特征性的“毛玻璃”样菌落，用中等放大倍数观察18～24h平板培养物，菌落边缘不应有能运动的细菌。

采取的病料，如血液、水肿液、组织块等，涂片自然干燥后，进行炭疽荚膜染色（甲醛龙胆紫或美蓝染色），也可用瑞氏染色或姬姆萨染液染色，若见有多量单个或3～5个菌体相连的短链，有荚膜，两端平直的粗大杆菌，并结合临诊表现，可诊断为炭疽。

对未污染的新鲜病料如血液、渗出液或器官可直接作分离培养或接种用。如为毛发、骨粉等污染的材料，需切碎或磨细（加生理盐水），再加热65℃ 10min，用纱布过滤、离心，沉淀物作接种用。准备好的材料可接种普通琼脂平板或血液琼脂平板，做分离培养。腐败病料做成1：10乳剂后接种易感动物小白鼠，然后采病料接种培养基。如是饲料或其他可疑材料，也可先在70℃加热10min以清除污染的非芽孢菌，然后再稀释接种平板或注射实验动物。

分离细菌时，为了抑制杂菌生长，可采用戊烷脒琼脂，溶菌酶-正铁血红素琼脂或Kinsely氏培养基（培养基中加入苯乙醇和水合氯醛）等炭疽选择性培养基。经37℃培养16～20h后，按炭疽菌落特征挑选菌落移植。应注意与类似的芽孢杆菌如枯草杆菌、巨大芽孢杆菌、蜡状芽孢杆菌等相鉴别。

（二）动物接种

一般常用小鼠、豚鼠和家兔。将病料或培养物，用生理盐水制成5～10倍乳剂，给小白鼠腹部皮下注射0.2mL，豚鼠皮下注射0.5mL，家兔皮下注射1.0mL，动物通常于12h后注射局部水肿，24～36h（小鼠）或2～4d（豚鼠、家兔）死于败血症，剖检可见注射部位胶样浸润及脾脏肿大等病理变化。取血液、脏器涂片镜检，当发现有荚膜的竹节状大杆菌时，即可确诊。若接种材料中含有恶性水肿群的细菌通常会使实验动物在炭疽杆菌产生明显作用之前死亡。

（三）鉴别诊断

炭疽杆菌与类似菌鉴别还可以用串珠试验，γ噬菌体裂解试验等。

串珠试验：将待检查的肉汤培养物或病料乳剂接种于每毫升含青霉素0.5IU的薄琼脂平板上（琼脂厚度为2mm），然后用灭菌曲玻璃棒均匀涂布后，放37℃恒温箱中3～4h后覆以盖玻片，镜检，若为炭疽杆菌则菌体膨大呈珠状，均匀排列，形成串珠状。

γ噬菌体裂解试验：γ噬菌体是特异性的，只能裂解炭疽杆菌，故可用于炭疽杆菌和类似菌的鉴别。方法是将待检的培养物或病料乳剂涂于普通琼脂平板上使之成圆形，待干燥后用白金耳取一滴γ噬菌体，滴加于琼脂面上，放37℃恒温箱中培养3～4h，然后对光观察。如滴加噬菌体部位无细菌生长，周围由于菌的发育而呈轻微的灰白色时，即可确定为炭疽杆菌；而照常生长时为类似菌。

（四）血清学诊断

炭疽沉淀反应（Ascoli氏反应）：当病料已经腐败用细菌学诊断得不到可靠结果，以及检查大量畜产品时，可用炭疽沉淀反应。炭疽沉淀原具有很高的耐热性和耐腐败性，死后甚至一年半以上的腐败炭疽尸体，仍可出现阳性反应。炭疽尸体以脾脏含沉淀原量为最高，其次为血液，再次为肝、肺、肾等。皮肤和肌肉的含量很低。因此，采取病料以肝、脾、肾以及血液为适宜。

将被检血液或脏器研磨后，用生理盐水稀释5～10倍，煮沸15～20min，取浸出液用中性石棉滤过，用毛细管吸取透明滤液，徐徐重积于小试管内的沉淀素血清上，于1～5min内如接触面出现清晰的白色沉淀环（白轮），为阳性。

荚膜肿胀试验：有荚膜的炭疽杆菌与抗炭疽荚膜血清结合产生抗原-抗体反应，在荚膜表面发生轻微的沉淀反应，使荚膜增厚，镜检时，在炭疽杆菌的周围可以看到折光性强的荚膜。涂有适当稀释（每个视野约10个菌的浓度）的纯培养物的载玻片或感染7～8h处死的小鼠腹腔液涂片，滴加一滴抗炭疽荚膜血清，混匀，制成湿片，镜下观察，如有大杆菌周围可见边缘清晰、肥厚不等的荚膜，即为阳性。也可用荧光抗体荚膜染色法，方法是将病料涂片，干燥，固定后用炭疽荚膜血清（即用异硫氰酸荧光素标记的提纯的抗炭疽荚膜血清抗体）染色后，用荧光显微镜观察，则炭疽菌的菌体高度膨大，荚膜呈明亮黄绿色荧光。但应注意类属反应问题。

对炭疽芽孢可用炭凝集试验，乳胶凝集试验进行诊断，数分钟之内即可得出结果。

炭凝集试验：玻璃板上滴加被检标本0.1mL（用0.2%氯化钠溶液稀释），然后加入炭疽炭粉血清0.05mL，混匀，静置1～5min，凡出现“++”以上凝集者，即使炭粉一半凝集，且液体较透明者为阳性，该反应可检出每毫升约含78 000个以上的炭疽杆菌芽孢标本。

乳胶凝集试验：同一玻板上，分别滴加被检材料2滴，每滴0.1mL，另一侧分别滴加标准炭疽抗原2滴，每滴也为0.1mL，然后再分别往被检材料滴及炭疽标准抗原滴中滴加炭疽乳胶血清及正常乳胶血清各0.05mL，分别混匀，室温下静置，5min内判定结果。当三个对照滴：炭疽乳胶血清加标准炭疽抗原呈“++++”，正常乳胶血清加标准炭疽抗原呈“-”，正常乳胶血清加被检标本呈“-”，出现上述结果，说明反应条件正常，这时炭疽乳胶血清与被检标本滴发生反应者为阳性，不发生反应者为阴性。

除以上所介绍的方法外，协同凝集反应，酶联植物凝集素吸附试验，琼脂扩散沉淀反应，酶标葡萄球菌A蛋白（HRP-SPA）间接染色法等也逐步被应用于炭疽的诊断。

临床注意咽型炭疽与急性猪肺疫、猪恶性水肿等疫病相鉴别，肠型炭疽与猪副伤寒等相鉴别。

七、防制

（一）未发生炭疽时的防治措施

经常发生炭疽及受威胁区的易感动物，每年春、秋两季各进行一次定期炭疽预防接种。我国目前应用的有无毒炭疽芽孢苗和第Ⅱ号炭疽芽孢苗两种。每年注射一次，可获得一年以上坚强而持久的免疫力。无毒炭疽芽孢用量：1岁以上大动物皮下注射1mL，1岁以下大动物皮下注射0.5mL（对山羊毒力较强，不宜使用）。第Ⅱ号炭疽芽孢苗，各种家畜均皮下注射1mL，这两种芽孢苗均在注射后14d产生免疫力。接种前应作临诊检查，必要时要检温。瘦弱、体温高、年龄不到1个月的幼畜，以及产前2月内的母畜均不应注射疫苗。接苗后要观察10天，若有并发症要及时治疗。

注射炭疽活芽孢苗，效果虽好，但常引起严重反应。为此Sterne等制备了无荚膜炭疽芽孢苗，Gladstone等证明无论用有毒或无毒菌株，有荚膜或无荚膜菌株的培养滤液制成的保护性抗原苗，均具有免疫原性，但培养基与培养方法的不同，对保护性抗原的产生有很大影响。

（二）发生炭疽时的扑灭措施

1. 当病畜确诊为炭疽后，立即查明疫情，及时上报，并通知邻近单位，划定疫区，尽快实施封锁、检疫、隔离、紧急预防接种、治疗及消毒等综合性防制措施。

2. 病畜隔离治疗，可疑者可用防治药物，假定健康畜群紧急免疫接种。疫区周围地区的家畜也要注射炭疽芽孢苗。

3. 病畜的畜舍、畜栏、用具及地区应彻底消毒，病畜躺过的地面，应把表土除去10～20cm，取下的土应与20%漂白粉溶液混合后再行深埋。污染的饲料、垫草、粪便及尸体应焚烧或深埋处理，深埋时不得浅于2m。尸体底部与表面应撒上厚层漂白粉，尸体接触的车及用具用完后要消毒。病畜尸体不能解剖，以免体内炭疽杆菌繁殖体接触游离氧后，形成抵抗力强大的芽孢，成为永久性传染源。

4. 禁止动物出入和输出畜产品及饲料等，禁止食用病畜乳、肉。在最后一头病畜死亡或痊愈后半个月，到疫苗接种反应结束时解除封锁，解除前再进行一次终末消毒。

（三）治疗

感染炭疽杆菌的动物一般不进行治疗，一些敏感动物如牛、羊往往来不及诊断就已濒死或死亡。由于猪可表现慢性病型，往往治疗有效。治疗时必须在严格隔离条件下进行。

1. 血清疗法　一般应用马、牛、绵羊来制备炭疽抗血清，血清效价较高。马在免疫接种期间很少死于炭疽，产生的抗血清量也大。先用弱毒菌苗作基础免疫，再用强毒炭疽杆菌多次注射制成高度免疫血清。此血清可用于治疗，也可作疫区紧急预防。

治疗时可同时应用抗炭疽血清。大猪50～100mL，小猪30～80mL，必要时可在12h后重复应用1次。用异种动物的血清时，为了防止发生过敏症，应先注射0.5～1.0mL脱敏，经半小时后再注射其余量。最好用同种动物血清，皮下或静脉注射。严重感染的剂量可以加大。血清治疗一般在数分钟内症状明显减轻，有时在治疗后的第二天或第三天，病畜可再发病，这种病畜应再次注射一次抗血清。严重感染的，甚至血液中可检出细菌的动物，利用抗血清治疗有时也可康复。

2. 药物治疗　磺胺类药物对炭疽有良好的疗效，其中磺胺嘧啶最好。炭疽杆菌对青霉素、土霉素、链霉素及氯霉素等敏感。其中青霉素最为常用。已被暴露的或同居的动物应投给长效青霉素制剂以防止疾病发生。

第二节 恶性水肿（Malignant edema）

恶性水肿（人医称气性坏疽），是由梭菌引起的多种家畜的一种创伤性急性传染病。病的特征为创伤局部发生炎性气性水肿，并急剧向周围蔓延，切开肿胀组织时，流出淡红褐色带气泡的液体，并伴有发热和全身性毒血症。

本病早已为人们所熟知。19世纪末期有人用绵羊进行试验，证明本病具有传染性。1877年Pasteur第一个从病料中分离出了病原体，并命名为腐败梭菌。1881年，Koch等把本病命名为恶性水肿。以后，由于厌氧菌培养技术的日趋完善，证明了厌氧菌属中的水肿梭菌、产气荚膜梭菌和溶组织梭菌对本病的发生也有作用，但是比较少见。

本病在世界各国均有发生，我国也常见有散发病例。

一、病原

本病的主要病原为梭菌属（*Clostridium*）中的腐败梭菌（*Cl.septicum*），其次产气荚膜梭菌（*Cl. perfringens*）、诺威氏梭菌（*Cl.novyi*）和溶组织梭菌（*Cl.histolyticum*）等也可致病或参与作用。

腐败梭菌为严格厌氧菌，它是两端钝圆的革兰氏阳性杆菌，(0.6~1.9) μm×(1.9~35.0) μm，DNA的(G+C)含量为24mol%，菌体形态呈多形性，单在或两菌相连，不形成荚膜，有鞭毛，在体内外均易形成芽孢，芽孢椭圆形，在菌体中央或近端，宽于菌体。培养物和病理材料中的菌体单在，偶成短链，但在动物体的腹膜或肝脏表面，常形成无关节微弯曲的长丝或有关节的链条。在诊断上有一定的参考价值。

根据菌体及鞭毛凝集试验结果，按O抗原可分为4个型，H抗原又可分为5个亚型。本菌无毒素型的区分。不同型O抗原之间缺乏共同的保护性抗原。

腐败梭菌产生四种毒素，即α、β、γ、δ。α毒素为卵磷脂酶，具有坏死、致死和溶血作用；β毒素为脱氧核糖核酸酶，有杀白细胞作用；γ和δ毒素分别具有透明质酸酶和溶血素活性。这些毒素使血管壁通透性增加，导致炎性渗出，引起肌肉坏死并使感染沿肌肉的筋膜面扩散。毒素吸收后2~3d内引起致死性毒血症。

本菌在厌氧条件下，适于所有普通培养基上生长，在普通培养基上形成半透明、边缘不整齐、菲薄的菌苔，一般不形成单个的菌落。高层琼脂上形成棉花状或丝状菌落。血琼脂平板上，菌落周围有微弱的溶血带环绕。可使普通肉浸汤略呈浑浊。在疱肉培养和脑-肝培养基中生长良好，但没有消化作用，色泽也不变黑。能液化明胶，形成少量气泡，使石蕊牛乳凝固，凝块中可能有气体产生。凝固的血清和凝血的卵白蛋白都消化，能发酵葡萄糖、果糖、半乳糖、麦芽糖、乳糖和水杨苷，产酸产气。不发酵蔗糖和甘露醇。

产气荚膜梭菌旧名为魏氏梭菌(*Cl.welchii*)或产气荚膜杆菌(*Bacillus perfringens*)，是两端钝圆的革兰阳性直杆菌，(0.6~2.4) μm×(1.3~19.0) μm，DNA单在或成双排列，无鞭毛，芽孢形态同腐败梭菌，多数菌株可形成荚膜。能产生12种毒素，其中α、β、ε和δ是主要致死毒素。

恶性水肿的病原体均能在体内外形成芽孢，芽孢的抵抗力很强，在腐败尸体中可存活3个月，在土壤中可保持活力20年，1：500升汞溶液，3%福尔马林溶液，20%漂白粉，3%~5%NaOH溶液，3%~5%硫酸或石炭酸溶液等进行消毒能将其杀死。

二、流行病学

1. 易感性　猪一般较少发生，实验动物中，家兔、豚鼠及小鼠均易感。

2. 传染源　腐败梭菌、芽孢杆菌在土壤中和大多数种类动物的肠道中很常见。在病畜的局部水肿破溃时，可随水肿液或坏死组织排出大量病原体，污染环境。

3. 传播途径 由于外伤如去势、断尾、分娩、外科手术、注射等，没有注意消毒，污染本菌芽孢而引起感染。猪经口食入多量芽孢也可引起感染。

4. 流行特点 本病主要以散发形式存在。在某些猪场，由于常年饲养密度高，在周围环境中存在大量芽孢，故恶性水肿的发病率特别高。年龄、性别、品种与发病无关。

三、发病机理

恶性水肿病原体的芽孢经创伤侵入机体时，如机体抵抗力弱、创伤深而缺氧等条件适宜，则芽孢变为繁殖型，并迅速繁殖产生外毒素，使组织发炎、坏死，血管壁的完整性被破坏，通透性增强，致使血浆及有形成分外渗，局部组织发生水肿；同时细菌在新陈代谢过程中，在其酶的作用下，使病变部肌肉的肌糖和蛋白质发生水解，产生具有酸败气味的有机酸及气体，此种气体聚集于组织内，使病变部呈气性炎性肿胀，并有捻发音。当细菌侵入循环系统时，在其他器官可能发生转移性炎性水肿。

细菌毒素和坏死组织的有毒产物被吸收入血后，可引起全身性毒血症。表现发热，呼吸困难，可视黏膜发绀，心脏衰弱等，如不及时治疗，可因缺氧、心力衰竭而死亡。

四、临床症状

有两种病型。一种为创伤感染，常因外伤（如去势）所致，表现为局部（伤口周围）发生弥漫性炎性水肿，肿胀从原发部位迅速扩展，触诊肿胀区，呈凹陷性水肿，病后期有明显的捻发音。死前，在用力吸气过程中发出呻吟声。另一种是快疫型（也称胃型），胃黏膜感染之后肿胀增厚，形成所谓的“橡皮胃”。病菌也可进入血液转移至某些肌肉，引起局部的炎性气性水肿和引起跛行，多在1～2天内死亡。

五、病理变化

创伤感染引起的特征性病变为局部呈弥漫性的急性炎性水肿，切开患部见皮下和肌间有多量呈红黄色或红褐色、含气泡并具酸臭味的液体流出，并布满出血点，肌肉呈暗红色或灰黄色，如同浸泡在水肿液之中；肌肉松软易碎，肌纤维间多半含有气泡。镜检见含少量蛋白质的水肿液将肌纤维与肌膜分开，肌纤维变性，伊红深染。病变深部的肌纤维往往断裂和液化，肌纤维间的水肿液中很少见有嗜中性白细胞，固有的组织细胞多无变化。病尸多半表现易腐败，血液凝固不良。全身淋巴结，特别是感染局部的淋巴结呈急性肿胀，切面呈充血和出血，并表现湿润多汁。肺呈严重淤血和水肿。心、肝、肾等实质器官呈严重变性，脾脏一般无明显变化。

如产后继发本病，可见盆腔浆膜及阴道周围组织出血和水肿，臀、股部肌肉变性、坏死和具气性水肿变化，子宫壁水肿、增厚，黏膜肿胀，附有污秽不洁带有恶臭的分泌物。

消化道感染时，表现胃壁增厚，触之如橡胶状，故俗称“橡皮胃”；黏膜潮红、肿胀；黏膜下及肌层间被淡红色混有气泡的酸臭液体浸润。肝组织也多半含有气泡。

六、诊断

本病根据病猪生前临床症状、病理剖检变化和结合细菌学检查即可做出初步诊断。

（一）细菌学检查

1. 病料采取 生前可于局部穿刺采取水肿液。死后除采取局部水肿液及坏死组织外，还要采取肝、脾、肾、肺及心血，尤以肺脏含菌较多。

2. 涂片、镜检 将水肿液、心血、脏器等制作涂片，肝脏表面作触片，自然干燥、火焰固定后，用革兰染色法染色镜检。

本菌是在肝表面及浆膜触片染色标本中，菌体形成微弯曲的长丝状，这一形态特征在诊断上具有很重要的含义。芽孢较菌体大，呈卵圆形，位于菌体中央或近端。能运动，无荚膜，革兰染色阳性。

3. 细菌分离培养 采取局部水肿液或尸体的肝脏组织，放于肝片肉汤中，置37℃恒温箱中培养，24h肝片肉汤呈现混浊，有沉淀。经3～4d后，取沉淀物0.1～0.5mL，接于肝片肉汤中，于80℃温水中30min后取出，冷却后置于37℃温箱中培养，待充分发育后利用普通琼脂斜面培养，经证明无需氧菌混杂时，利用血液葡萄糖琼脂平板进行厌氧分离培养，当见有呈卷曲长丝状、柔嫩花边样菌落，并有溶血环时，可以初步认为是腐败梭菌。

4. 动物感染试验　取局部水肿液或尸体肝脏组织制成5～10倍悬液，或用肝片肉汤培养物0.1～0.2mL，接种于豚鼠股部肌肉，18～24h豚鼠死亡，注射部位发生严重出血性水肿，肌肉湿润，呈鲜红色，局部水肿液涂片镜检，发现有两端钝圆的大杆菌。肝表面触片镜检，见有长丝状大杆菌时，即可确诊。

5. 荧光抗体染色法（直接法）　取肝脏表面触片数张，先用丙酮固定10min，再经磷酸盐缓冲液浸洗2～3min后，放入事先垫有浸湿滤纸，并在恒温箱内预热至37℃的大培养皿中，再滴加腐败梭菌的荧光抗体数滴于标本片上，盖上皿盖，作用30min，取出，将标本片先后在两个盛有磷酸盐缓冲液的小缸内各浸洗5～7min，干后滴缓冲甘油（无水甘油9份，缓冲液1份）1滴，盖上盖玻片，于荧光显微镜下检查，如见有鲜艳的黄绿色无关节长丝状菌体，即可确诊。

取病料，然后接种于肉肝汤，在37℃厌氧培养24～48h，纯化后进行牛乳发酵试验来鉴定产气荚膜梭菌，牛乳培养基的“暴烈发酵”是产气荚膜梭菌最突出的生化特性，肉肝汤中5～6h即呈均匀浑浊，并产生大量气体，接种培养于牛乳培养基中8～10h后，牛乳即被酸凝固，同时产生大量气体，使凝块变成多孔的海绵状，严重时被冲成数段，甚至喷出管外。腐败梭菌在牛乳中产酸、产气，缓慢凝固牛乳。

（二）鉴别诊断

猪的恶性水肿病注意和气肿疽、仔猪水肿病和由Fg型巴氏杆菌所致的流行性猪肺疫相鉴别。

七、防制

（一）预防措施

平时注意防止外伤，发生外伤后及时处理，注意消毒和早期治疗，各种外科手术，针炙及注射等均应无菌操作，并注意术后护理。我国已研制成梭菌病的多联苗，常年注射，可有效的预防本病。

（二）治疗

本病病程短促，全身中毒症状往往突然出现并较严重，应全身疗法和局部疗法同时进行。

1. 切开肿胀部位，扩创、清除创内异物（坏死组织及水肿液等），用大量的1%～2%高锰酸钾溶液或3%过氧化氢等药液反复冲洗，创口开放，每天冲洗1次，创口撒入磺胺碘仿合剂等外科防腐消毒药，可在病变组织周围注入氧气或3%过氧化氢等，有一定的疗效，也可用双氧水100～200mL，10%葡萄糖1 000mL混合静注。

2. 注意全身疗法要对症治疗，如强心、补液、解毒等，同时早期在病灶周围大剂量注射青霉素和链霉素，也可静脉注射四环素或土霉素。磺胺类药与抗牛素并用，也有一定疗效。

3. 静脉注射10%磺胺嘧啶钠200～400mL（加入复方盐水1 000mL内静脉滴注，或再加入40%乌洛托品100mL），每天2次。

4. 可用高锰酸钾2g，生理盐水4 000mL，静脉滴注。

5. 抗恶性水肿血清治疗。

（三）扑灭措施

隔离病畜，污染的畜舍和场地用10%漂白粉或3%氢氧化钠热水溶液消毒，烧毁或深埋病畜尸体、粪便或垫草等。

第三节　坏死杆菌病（Necrobacillosis）

坏死杆菌病是由坏死梭杆菌引起的多种哺乳动物和禽类的一种慢性传染病。其特征为组织坏死，多见于皮肤、皮下组织和消化道黏膜，甚至在内脏形成转移性坏死灶。

本病广泛存在于世界各国。我国以猪、牛、绵羊、马、鹿发生较多。在南方耕牛、奶牛较为严重，是其主要传染病。

一、病原

坏死梭杆菌（*Fusobacterium necrophorum*）属拟

杆菌科梭杆菌属，宽约1μm，长可超过100μm。多形性杆菌，小者呈球杆状，大者呈长丝状，多见于体内病灶及体外新分离的菌株。在熟肉培养基内新分离的菌株镜检可见平直的长丝状占优势，丝状体两边平行而有规则，或挺直，或弯成大弧。而在有些培养物中可见肿大的杆状菌体，是一般形态的2倍。长期人工培养的则短类型占优势。幼年培养物的染色均匀，而24h以上的培养物中的丝状体内常出现空泡。用石碳酸复红或碱性美蓝染色，其着色部分被几乎或完全不着色的空泡所分割开，形如佛珠样，在不染色的标本中很容易见到细胞质沿着长丝状菌呈不规则分布。本菌无鞭毛，无荚膜，无芽孢，无运动性，革兰染色阴性。DNA的（G+C）mol%为31～34。

本菌严格厌氧，对氧非常敏感。最适培养温度37℃，但在30～40℃之间也能生长。适宜pH为7.0，6.0～8.4之间也能生长，在培养基中加入血清、血液、酵母浸出液、葡萄糖、半胱氨酸、肝块等物质可使其生长旺盛；加入0.01%的亮绿或0.02%的结晶紫，或者加入新霉素200μg/mL和万古霉素7.5μg/mL能抑制杂菌生长，获得本菌纯培养物。在血清琼脂板上培养48～72h，形成表面有条纹，边缘呈波状的小菌落。血液琼脂板上β溶血，在CO_2中培养，菌落呈蓝色，被一圈不透明的明显的环围绕着。培养物短期生长后迅速死亡，不易保存。不加增菌剂的巯基乙酸盐培养基中仅可保存1～2周。在含碳酸钙的肝脑培养基中可存活1年或1年以上。根据本菌能产生靛基质，发酵乳糖、产生丙酸的生化特性，可以区分于同属中的其他细菌。

本菌能产生两种毒素，内毒素注射（皮下或皮内）可致组织坏死；外毒素具有溶血性，并产生杀白细胞毒素，使吞噬细胞死亡，释放分解酶，使组织溶解。皮下注射（兔）可引起组织水肿，静脉注射则使之数小时内死亡。

本菌含有热敏和热稳定两种抗原，在不同菌株间存在着很大的抗原差异。各菌株的致病力也不同。

本菌对理化因素抵抗力不强，常用的消毒药如3%～5%来苏儿、1%的高锰酸钾、5%氢氧化钠、1%福尔马林、2.5%克辽林等可在15min内杀死本菌。日光照射8～10h、60℃加热30min、煮沸1h可杀死本菌。土壤中存活10～30d，粪中存活50d。本菌对青霉素、四环素和磺胺类药敏感。

在本病的一些病例中除坏死梭杆菌外，还可分离到巴氏杆菌、产气荚膜梭菌、腐败梭菌、化脓棒状杆菌、黑色素及结状拟杆菌、化脓球菌、螺旋体或霉菌等。

二、流行病学

1. 易感性　本病可侵害多种动物。猪同绵羊、牛、马、鹿一样最易感，幼畜比成年畜易感。实验动物中以兔和小鼠较易感，豚鼠次之。

传染源：本病的主要传染源是病畜、病禽。本菌是多种动物消化道的一种共生菌，家畜的粪便，被粪便污染的饲料、饮水、牧场、草地等，都有本菌存在。低洼潮湿地带更适合本菌生存。据报道，52.3%～64.7%病畜粪便中能分离到坏死梭杆菌。

2. 传播途径　本菌很少或不能侵入正常的上皮，当皮肤和黏膜由于外伤、病毒感染、或长时间浸泡、或被其他细菌感染而受到损伤时，则很容易被感染。局部病灶中的坏死梭杆菌易随血流而散布至全身其他组织或器官中，形成继发性坏死病变。

3. 流行特点　散发性或地方流行性。多雨、潮湿及炎热的季节多发。本病常与猪瘟、猪副伤寒、猪口蹄疫、猪痘等并发或继发。

许多诱因能促进本病的发生，如猪圈长期不清粪、泥泞、吸血昆虫叮咬、过度拥挤、互相撕咬、践踏、缺乏钙、磷等矿物质及维生素、料中混有粗、硬的杂物等。低湿地带或多雨季节，闷热、潮湿污秽的环境等均可使猪易感性增强。

三、发病机理

坏死梭杆菌的致病作用往往与同时感染的细菌的协同作用有关。在其病灶常能分离到化脓棒状杆菌、化脓球菌、有结类杆菌等。化脓棒状杆菌能产生一种大分子物质同时消耗氧，有利于坏死梭杆菌的生长，而坏死梭杆菌通过其外毒素的杀白细胞作用和阻抑吞噬作用为化脓棒状杆菌的生长创造条件；有结类杆菌产生的一种蛋白酶，使细菌能够穿透表皮基质，它还可产生一种对热稳定的可溶性因子，能增强坏死梭杆菌的生长和毒性。坏死梭杆菌有破坏组织、产生杀白细胞毒素的作用。此外，生长在坏死组织碎屑中的各种细菌有助于形成使厌氧病原体生存的厌氧环境。

坏死梭杆菌一般不能侵害正常的上皮组织，当皮肤或黏膜受到损伤后，细菌感染，生长繁殖，产生外毒素，可导致溶血和杀白细胞，使吞噬细胞死亡，释放分解酶，使组织溶解；产生的内毒素可使组织发生凝固性坏死。如有其他细菌（化脓菌、腐败菌等），则使病变复杂化，往往出现湿性坏疽或气性坏疽。当病畜抵抗力强时，病变部位可形成肉芽组织，坏死组织被排出或被结缔组织包围，机化或钙化。病畜抵抗力弱或细菌毒力强时，病变蔓延或转移，坏死梭杆菌可随血流至体内各器官形成新的病灶。最后可因白喉（饥饿）、全身中毒、大面积内脏坏死和栓塞或在继发感染下，使病畜死亡。

四、临床症状

潜伏期从数小时至1～2周，一般1～3d。

根据受害组织部位不同，可分为坏死性皮炎、坏死性口炎、坏死性鼻炎和坏死性肠炎。

坏死性皮炎：仔猪和架子猪常见。多发生于耳、颈部、体侧部的皮肤（图2.3.3–1），也有在尾、乳房和四肢等处发生坏死。以体表皮肤及皮下发生坏死和溃疡为特征。病初，局部有痒感，并可见有少量盖有干痂的结节，质硬，微肿胀，无热、无痛，痂下组织逐渐坏死，并形成囊状坏死灶，大的直径可达10cm以上。这里，病变部位皮肤颜色苍白、脱毛，并有液体渗出。随着坏死加重，组织溶解，最终有灰黄色或灰棕色恶臭创液，随坏死灶的破溃流出。在体表形成少则四、五处，多则十余处的边缘不整齐、创口小、创底凸凹不平（深约2～3cm）的坏死灶。有些严重病例，病变深达肌肉、腱、韧带和骨骼，形成透创（腹和胸腔）或肢端腐脱，发生在耳和尾的形成干性坏死，甚至脱落。母畜有时在乳头和乳房发生皮肤坏死，严重的乳腺坏死。有些个别猪可在全身或局部大面积皮肤形成干性坏死，如盔甲般覆盖体表，最后从其边缘逐渐剥离脱落。一般病猪全身症状不明显，治疗及时多数康复，病变处可形成愈合的疤痕。少数由于恶病质而严重者表现体温升高、厌食、消瘦，最终死亡。

坏死性口炎：又称“白喉”，多发生于仔猪。病初食欲不振，口臭、气喘、流涎、鼻孔流出黄色脓性分泌物。体温升高，腹泻，逐渐消瘦。唇部、口腔黏膜红肿，在齿龈、舌、上腭、唇黏膜、颊及咽等处，可见有灰白色或灰褐色粗糙、污秽的伪膜，伪膜下为溃疡面。坏死进一步发展到咽喉者，表现进食及呼吸严重困难，呕吐、颌下水肿。更为严重者，波及肺部或转移他处，导致病畜死亡。病程约4～5d，长者可达2～3周。

坏死性鼻炎：主要发生于仔猪和架子猪。鼻黏膜出现溃疡，溃疡面逐渐增大，并形成黄白色的伪膜。坏死病变有时波及鼻甲软骨、鼻和面骨，严重的蔓延至副鼻窦、气管和肺组织。病猪表现呼吸困难、咳嗽、流脓性鼻涕和腹泻。应与萎缩性鼻炎相区别。

坏死性肠炎：常与猪瘟、副伤寒等病并发或继发。表现消瘦、严重腹泻、粪便中带有血液或脓汁、肠黏膜坏死碎片，恶臭。

五、病理变化

死于坏死杆菌病的动物，除具有原发性坏死性炎灶外，一般内脏器官也有蔓延性或转移性的坏死灶。最常见的是肺脏的转移灶，肺组织发生液化坏死，在肺胸膜与肋胸膜发生纤维素性炎，并形成黄白色的伪膜（图2.3.3–2、3、4）。肺脏的病灶眼观多为圆球形，质硬，周围有红色反应炎性带环绕，病程迁移者外周有结缔组织性包囊，切面见病灶中心为黄褐色坏死灶，切面干燥。镜检病灶中心部肺组织和渗出物均发生凝固性坏死，外围有大量白细胞浸润和充血、出血的炎性反应带；呈慢性经过的病灶，可见白细胞浸润，浸润带外围可见有肉芽组织增殖，形成包囊。严重时形成坏死性胸膜肺炎。肝脏及其他器官有时也可见转移性病灶，都与肺中病灶相仿。

坏死性肠炎：常与猪瘟、副伤寒等病并发或继发。表现消瘦、严重的腹泻、粪便中带有血液（图2.3.3–5）或脓汁、肠黏膜坏死碎片（图2.3.3–6），并伴恶臭。

六、诊断

根据流行特点、临床症状、坏死组织的病理变化，可作出初步诊断。本病的发生与诱因有密切关系，各种病型的病理变化和临床症状可作为诊断的依据，确诊需进行实验室诊断。

实验室检验：坏死梭杆菌一般在体表坏死灶中难于分离，在死亡组织中常迅速死亡。只有在病、健组织交界处（体表或内脏）可见有放射状排列的菌体。病料采集时，应在无菌和厌氧条件下采取，随即分离培养，或保存于厌氧容器内及时送检。

病料或培养物涂片，用石碳酸复红或碱性美蓝染色，可见着色部分被几乎或完全不着色的空泡分开，形成串珠状长丝形菌体或细小的杆菌。幼年培养物中的菌体着色均匀，24h以上的培养物中的丝状体中常有空泡。

由于病料多有污染，可作动物接种，采集的病料（病、健交界处采取）做成悬液注射兔的耳静脉内，或将小块材料埋入家兔皮下小袋内。感染的家兔逐渐消瘦，接种部位产生广泛性皮下坏死，多于1周内死亡。剖检可见内脏有坏死性溃疡。从肝脏病灶中分离培养和涂片镜检，最后作出诊断。也可用小鼠人工感染，病变和家兔相似。

机体各部位存在着许多共生厌氧菌。坏死梭杆菌的以下特征可作为快速鉴定的依据。此菌为革兰阴性杆菌，革兰染色菌体呈多形性。对卡那霉素等抗生素敏感，对万古霉素耐药。吲哚阳性，酯酶常为阳性。一般在20%胆汁中不生长。

七、防制

（一）预防措施

加强管理，改善饲养和卫生条件，经常保持猪舍、运动场及用具的清洁与干燥。避免咬伤和其他外伤，一旦发生外伤及时处理。发生本病后，及时隔离和治疗病畜，污染场地、用具等进行消毒。

（二）治疗

以局部治疗为主，配合全身疗法。

坏死性皮炎应先彻底清除坏死组织，用1%高锰酸钾液或3%过氧化氢液冲洗，然后用1：4的福尔马林松馏油合剂、抗生素软膏、高锰酸钾-木炭末（等量）粉、5%碘酊、磺胺、大黄-石灰粉（大黄1份煮沸10min，掺入2份陈石灰，搅匀炒干，除去大黄，研成细末）等进行涂布。

也可应用玻璃棒蘸取苛性钠腐蚀皮肤病灶周围组织，其中坏死组织在苛性钠的作用下很快出现溶解，用棉球清除坏死组织后，再次用苛性钠刺激周围组织，一般一次即可治愈。

坏死性口炎应先去除伪膜，用1%高锰酸钾液冲洗，再涂以碘甘油，每天2次至痊愈。或用硫酸铜轻擦患处至出血为止，隔天1次，连用3次。

全身治疗可防止继发感染和控制病情，可注射土霉素、四环素、磺胺类药物等。必要时，施以强心、解毒、补液等措施，以提高治愈率。

第四节 破伤风（Tetanus）

破伤风又名“强直症”，俗称“锁口风”，是由破伤风梭菌经伤口感染后，产生外毒素而引起的一种急性、中毒性传染病。特征：主要表现骨骼肌持续性痉挛和对刺激反射兴奋性增高。

最早认识破伤风是在两千多年以前，而发现它危害中枢神经系统是在18到19世纪，Nicolaier于1884年发现了破伤风病原体。本病现分布于世界各地，我国也有发生，破伤风类毒素的应用，使破伤风的发病率逐年减少。

一、病原

破伤风梭菌（*Clostridium tetani*），又称强直梭菌，大小为（0.5～1.7）μm×（2.1～18.1）μm的细长杆菌，两端钝圆、正直或微弯曲，多单个存在。DNA的（G+C）mol%为25～26。幼年培养物革兰阳性，48h后常呈阴性反应；能形成芽孢位于菌体一端，似鼓锤状；有周鞭毛，无荚膜。专性厌氧菌，普通培养基中即可生长，最适温度37℃，最适pH7.0～7.5，表面可形成直径4～6mm，扁平、灰色、半透明、表面昏暗，边缘有羽毛状细丝的不规则圆形菌落，如小蜘蛛状。培养基湿润时可融合成片。血琼脂上菌落周围可形成轻度的β溶血环。在疱肉培养基中肉渣部分消化，微变黑，有少量气体，发咸臭，肉汤略混浊，后经沉淀而澄清。深层葡萄糖琼脂摇合培养菌落为绒毛状、棉花团状。

明胶穿刺，先沿穿刺线象试管刷状生长，继而液化并使培养基变黑，产生气泡，紫乳缓慢凝固或无变化。通常不发酵糖类，有少数菌株可发酵葡萄糖。不还原硝酸盐，不分解尿素。

破伤风梭菌可产生破伤风痉挛毒素和破伤风溶血素非痉挛毒素两种。破伤风痉挛毒素为一种蛋白质，可被胃液破坏，很难由黏膜吸收，能引起该病特征性症状和刺激保护性抗体的产生。溶血毒素是仅次于肉毒梭菌毒素的第二种毒性最强的细菌毒素。溶血素不耐热，对氧敏感，能溶解马及家兔的红细胞，引起局部组织坏死。第三种为非痉挛毒素，对神经有麻痹作用。

本菌繁殖体抵抗力不强，芽孢抵抗力极强，在土壤中可存活几十年，有些菌株可抵御100℃蒸汽40～60min。5%石炭酸可在10～12h杀死芽孢，煮沸15min，0.5%盐酸2h，10%碘酊、10%漂白粉及30%双氧水等约10min可杀死芽孢。对青霉素、磺胺类敏感。

二、流行病学

1. 易感性　各种家畜均有易感性。单蹄兽最易发生，猪也常发生本病。实验动物以豚鼠最易感，次为小鼠，家兔有抵抗力。人的易感性也很高。

传染源及传播途径：破伤风梭菌广泛存在于周围环境中，有创伤才能引起感染。病畜不能直接传染健畜。猪多由阉割引起，其他各种创伤，断尾、断脐等也可发感染。有些病例，见不到伤口，可能是伤口已愈合或经子宫、消化道黏膜损伤而感染。

2. 流行特点　本病多为散发，无明显的季节性，易感动物中，不分品种、年龄、性别均可发生。

三、临床症状

常由于阉割、断脐而感染。一般从头部肌肉开始痉挛，病猪眼神凶恶、发直，瞬膜外露，牙关紧闭，流涎，叫声尖细如鼠。应激性增高，四肢僵硬后伸，赶行以蹄尖着地，呈奔跳姿势，出现强直痉挛症状（图2.3.4–1）。病情发展迅速，1～2天症状完全出现。随后，患猪行走困难，耳朵直立，尾向后伸直，头部微仰，最后不能行走，骨骼肌触感很硬。患猪呈角弓反张式侧卧，胸廓和后肢强直性伸张，直指后方。突然外来的感觉刺激如触摸、声音或可见物的移动，可明显增强破伤风性痉挛。最后，呼吸加快、困难，在口鼻有时有白色泡沫。

病程长短不一，通常1～2周，在病畜应激性不高的情况下，表现口松，涎少，体温趋于正常，白细胞增生少，病程发展较缓慢，可能度过两周，多数可治愈。反之，则病死率极高。

四、发病机理

破伤风梭菌芽孢经创伤感染后，在机体抵抗力强时，病原体被消灭，创伤愈合，但有可能愈创内残留病原体。另一方面，创伤感染之后，在机体抵抗力弱时，感染的和残留的病原体，芽孢型就会变为生长型，破伤风梭菌生长繁殖，同时产生外毒素。

机体抵抗力降低时，只有创伤周围组织内氧化还原电势降低，才能使该菌生长繁殖。引起降低的原因有血管受压、包扎过紧、水肿、贫血、组织坏死、缺氧、组织呈酸性反应、异物、钙离子增加或有多种菌混合感染，均可导致菌体大量增殖，产生毒素，引起发病。

实验证明，破伤风痉挛毒素对中枢神经系统，尤其是脑干神经和脊髓前角神经细胞，有高度的亲和力。细菌繁殖产生的毒素可经两个途径被吸收。一是被淋巴吸收，经血液循环到达运动神经中枢，和脑干神经结合，可引起头颈，依次前肢、躯干和后肢肌肉痉挛，谓之下行性痉挛。二是被运动神经末梢吸收，通过外周的运动或感觉神经纤维间的空隙，到达脊髓腹角运动神经细胞，其与腰、颈部脊髓和桥脑灰质部亲和力最大，常表现上行性痉挛。

破伤风痉挛毒素和神经组织中的神经节苷脂相结合。神经节苷脂是一种糖脂蛋白，含有神经氨酸和硬脂酸葡萄糖等，能溶于氯仿和水中。每一个毒素分子可以和两个神经节苷脂分子结合，这种反应是不可逆的，所以中和抗体对已结合毒素是无效的。

破伤风痉挛毒素对脊髓抑制突触起封闭作用，阻止了甘氨酸的释放。甘氨酸是脊髓抑制神经突触的介质，所以阻抑了上、下神经元之间的正常抑制性冲动的传递。结果导致神经兴奋性异常增高和骨骼肌痉挛等。此外，该毒素还可作用于外周神经末梢，阻止神经肌肉终末装置的传导作用，引起骨骼肌痉挛。毒素对脑中蛋白质合成也有抑制作用。

五、病理变化

病畜死亡后无特殊有诊断价值的病理变化。仅在黏膜、浆膜及脊髓等处有小出血点，四肢和躯干肌间结缔组织有浆液浸润。病畜由于窒息死亡时，血液凝固不良呈黑紫色，肺脏充血及水肿，有的可发生异物性坏疽性肺炎。

六、诊断

猪破伤风的诊断主要是根据比较典型的临床症状。多数病例，有明显的感染区，如阉割伤口和脐部脓肿。表现应激增高，肌肉强直，木马状。体温升高，神志不清醒等。如症状不明显，可采用细菌学检查法，将可疑病料（如创伤分泌物或坏死组织）培养于肝片肉汤中，经4～7d后滤过，用滤液接种小鼠，观察发病情况。也可直接将病料作成乳剂，注射于小鼠尾根部，一般经2～3d后可表现症状。或采取病畜全血0.5mL，肌肉注射于鼠臀部，一般经18h后，出现症状。将病灶部渗出液涂片，直接革兰染色后，可看到细菌丛中鼓锤状典型破伤风梭菌形态的革兰氏阳性杆菌。细菌也可用厌氧培养分离，或用免疫荧光进行鉴定。

类症鉴别：在症状较轻、病程发展缓慢或病初症状不明显的病例，应注意与急性肌肉风湿症、马前子中毒、脑炎、狂犬病等相区别。

急性肌肉风湿症：无创伤史，患部肌肉强硬，结节性肿胀，有疼痛，头颈伸直或四肢拘僵，体温升高1℃以上。缺乏兴奋性，无牙关紧闭、瞬膜外露、两耳竖立、尾高举等症状，水杨酸制剂治疗有效。

马前子中毒：有中毒病史，有牙关紧闭，角弓反张，肌肉强直等现象。一般无瞬膜突出，反射兴奋性不高，肌肉痉挛发生迅速，是间歇性发生，可导致迅速死亡或痊愈。水合氯醛治疗有明显颉颃作用。

脑炎、狂犬病等虽也有牙关紧闭，角弓反张，腰发硬，局部肌肉痉挛等症状，但瞬膜不突出，尾不高举，有意识扰乱或昏迷不醒，并有麻痹症状。

七、防制

（一）预防措施

多发区，种公猪每年定期皮下接种精制破伤风类毒素1mL，幼畜减半，一般3周后产生免疫力，维持1年，第二年再注射1次，免疫力可持续4年。受伤后应立即注射抗毒素，作被动免疫，皮下或肌肉注射1 200～3 000IU/头，免疫期为14～21d。

防止外伤感染。仔猪去势之前应进行舍内的消毒防止外伤感染。去势手术部位要严格消毒，必要时阴囊和伤口内要撒布碘仿硼酸合剂，根据实际情况决定术后是否应立即在皮下或肌肉注射破伤风抗血清5 000～10 000IU/头。对新生仔畜的脐带要用碘酒消毒，并防止尿污染。

（二）治疗

将病猪放在安静，光线柔和的室内以减少刺激，这对治疗尤为重要。

对病畜局部创伤进行处理，伤口用3％双氧水或1％高锰酸钾液冲洗干净。必要时可将创口扩大。用烙铁进行烧烙或撒入碘仿硼酸合剂。也可用40万IU的青霉素，每天1次。创伤周围用3％石炭酸30～50mL作分点注射。破伤风抗毒素10～30万IU，加入5％葡萄糖液500mL中静脉滴注。也可肌注20～80万IU，分3次或一次全剂量注入。对症治疗：镇痉可静注25％硫酸镁50～100mL，也可用水合氯醛25～50g灌肠或配成10％浓度静脉注射100mL。牙关紧闭时，可用2％盐酸普鲁卡因30mL进行咬肌周围封闭；加0.1％肾上腺素0.5～1.0mL混合应用也可。

还可试用“914”，0.4g/10kg体重，30kg以上用1g静注，每3天1次，用2～3次。

第五节　仔猪梭菌性肠炎（Clostridial enteritis of piglets）

猪梭菌性肠炎又称仔猪传染性坏死性肠炎，俗称仔猪红痢，是由C型魏氏梭菌所引起的1周龄仔猪高度致死性的肠毒血症。特征是出血性下痢、小肠后段的弥漫性出血或坏死性变化，病程短，病死率高。

本病自1955年英国Field和Gibson首先报道以来，在美国、匈牙利、丹麦、德国、荷兰和日本等国相继发生。目前世界上大多数养猪地区都有本病报道。我国也有本病存在。

一、病原

主要是C型产气荚膜梭菌（*Clostridium perfringens type C*），亦称C型魏氏梭菌（*Clostridium Welchiitypec*）。C型产气荚膜梭菌为革兰阳性、有荚膜、不运动的厌氧大杆菌，菌体两端稍钝圆，大小为（0.6～2.4）μm×（1.3～19.0）μm，可形成芽孢，呈卵圆形，位于菌体中央或近端，横径不大于菌体。根据产生毒素分为A、B、C、D、E5个血清型，C型菌株主要产生α和β毒素，其中β毒素引起仔猪肠毒血症、坏死性肠炎。

本菌厌氧。普通培养基上均易生长，葡萄糖血琼脂上，菌落多为圆形、光滑、隆起、淡灰色，直径2～4mm，也可形成“勋章”样大菌落。菌落周围有棕色溶血区，有时表现双环溶血，内环透明，外环淡绿。深层葡萄糖琼脂培养时，菌落一般成双凸透镜状或豆点状。在厌氧肉肝汤中，培养5～6h即呈均匀浑浊，并产生大量气体。

最突出的生化特性是牛乳培养基的“暴烈发酵”，即接种培养8～10h后，牛乳即被酸凝，同时产生大量气体使凝块变成多孔的海绵状，严重时被冲成数段，甚至喷出管外。

一般消毒药均易杀死本菌繁殖体，但芽孢抵抗力较强，在90℃30min或100℃5min死亡，食物中毒型菌株的芽孢可耐煮沸1～3h。

二、流行病学

1. 易感宿主　本病主要侵袭1～3日龄初生仔猪。7日龄左右也有发生。其他日龄以上的仔猪很少发病。在同一猪群内各窝仔猪的发病率往往相差很大，病死率一般为20%～70%，最高可达100%。有报道2～4周龄猪及断奶猪中发生本病。

2. 传染源　本菌在自然界中分布较广，土壤中的常在菌、人、畜肠道、猪舍地面、墙面天花板、保温箱和饲养用具及下水道、尘埃等都可能存在本病原，病猪群的母猪肠道更为多见，并可随粪便排出体外，污染周围环境，成为传染源。本菌的芽孢对外界抵抗力很强，猪场一旦有此病发生，常顽固地在猪场扎根。

3. 传染途径　主要是经消化道接触传染。仔猪出生后就接触污染的环境或乳头，随即将魏氏梭菌吸入，由于初生仔猪肠道是无菌的，加之幼猪消化道特别是胃肠道生理机能不完善和不稳定。魏氏梭菌在小肠内大量繁殖，并产生大量毒素。

4. 流行形式　多为散发。无明显的季节性，在同一猪场中，有些繁殖母猪圈发生，有些则不发生，可能与母猪肠道中带菌有关。该病的发病率和死亡率在各地差异较大，就是在同一猪场中，各窝仔猪间也有较大差异。发病率最高可达100%，死亡率为20%～100%。

本病呈世界性的分布，各国均有报道。

三、发病机理

在流行地区，当产房没执行清洗、消毒、空圈15d时，仔猪一出生就会接触污染的周围环境或母猪皮肤与乳头，随即将魏氏梭菌吸入，病菌侵入小肠后，魏氏梭菌在小肠内大量繁殖，首先到达绒毛上皮组织，沿基膜繁殖产生毒素，使绒毛上皮脱落，绒毛固有层完全坏死。毒素引起小肠黏膜微血管发生浆纤维素性坏死性血管炎，并进一步发展为出血性和坏死性肠炎；同时通过肠壁吸收入的毒素引起肠毒血症，因腹泻、脱水发生酸中度和微循环障碍，有效循环血量减少，发生中毒性休克，临床上出现病仔猪昏迷、无力、全身衰竭等一系列的症状群。进一步发展，形态学上坏死区扩展到黏膜肌层和黏膜下层，甚至侵入浆膜肌层。此时大部分细菌仍留在坏死的绒毛上，少数细菌穿入肠壁，在黏膜下层、浆膜下和附近的肠系膜淋巴结内繁殖形成气肿。在坏死形成过程中，肠壁的血管遭到破坏，造成严重出血，以致肠内容物中含有大量血液。至于死亡原因可因病型而异，有的是因毒素被吸收，形成毒血症而死亡；有的与小肠吸收障碍，造成低血糖有关；另有一些病例可能是由于继发性菌血症所致。

四、临床症状

潜伏期数小时或1～2d。同一猪场不同窝之间和同窝仔猪之间病程差异很大，按病程分为最急性型、急性型、亚急性型和慢性型。

最急性型：多为1日龄的仔猪发病，当天或第2天死亡。部分病例未见任何症状突然死亡，或只见到精神委顿，拒食，或尖叫等。初生仔猪突然排血便，后躯沾满血样稀粪，病猪衰弱无力，处于濒死状态。少数没有下血痢，便昏倒或死亡。

急性型：患猪体温升高不明显或略微升高，达40.0～40.5℃。病程2d左右，常维持2～3d后死亡。病猪开始出现急剧腹泻，排出含有灰色坏死组织碎片的红褐色液体粪便。患病仔猪皮肤干燥无弹性、重度脱水，表现不吃奶，两后肢与肛门周围沾污暗红色血样粪便，不愿运动，日益消瘦，衰弱无力，最后衰竭死亡。

亚急性型：病猪呈现持续的非出血性腹泻，初排黄色软粪，其后粪便呈清水样，内含灰色坏死组织碎片，呈类似"米粥"状粪便。表现食欲不振，极度消瘦和脱水，一般在出生后第5～7d死亡。

慢性型：病猪在一周以上时间呈现间歇性或持续性腹泻，粪便是黄灰色，带黏液，会阴部和尾部附有粪痂，病猪逐渐消瘦，生长停滞（图2.3.5–1 ），不死者多成为僵猪，几周后死亡。

五、病理变化

被毛干燥无光泽，皮下胶样浸润，胸腔、心包腔、腹腔内有许多樱桃红色积液。病变主要在空肠，有时可延至回肠前部，病变肠段肠壁深红色，与正常肠段界限分明。剖检肠段可见肠黏膜及黏膜下层有广泛性出血，肠内容物呈暗红色液状，肠系膜淋巴结深红色。病程稍长的病例，以坏死性肠炎变化为主要特征，肠管的出血性病变不严重。肠管弹性消失，僵硬，从浆膜面可见肠壁呈浅黄色或土黄色。剖开肠段可见黏膜表面附着灰黄色坏死性假膜，容易脱离，肠黏膜灰黄色坏死，肠内容物暗红色，坏死肠段浆膜下可见高粱米粒大或小米粒大数量不等的小气泡，肠系膜淋巴结充血，其中也有数量不等的小气泡形成，肠系膜里也常见以肠系膜根为中心的辐射状的长形气泡。心肌苍白、心外膜点状出血。肾灰白色，皮质部有小点状出血，膀胱黏膜也见有小点状出血。

病变肠段病理组织学检查可见肠黏膜完全坏死，黏膜下层及肌层有气肿病变，后变成液状，内含灰色坏死组织碎片。病猪极度消瘦和脱水，5～7d死亡。

病变主要在消化道，可见胃肠黏膜及黏膜下层有广泛性出血（图2.3.5–2 、3），肠内容物暗红色液状，肠系膜淋巴结肿大充血呈深红色（图2.3.5–4 ）。稍长病例，以坏死性肠炎变化为主要特征，可见黏膜表面附着灰黄色坏死性假膜 ，易剥离，肠内容物暗红色（图2.3.5–5、6），坏死肠段浆膜下可见小米粒大数量不等的小气泡 。心肌苍白、心外膜点状出血。肾灰白色，皮质部有小点状出血，膀胱黏膜也见有小点状出血。

六、诊断

根据本病主要发生于3日龄以内仔猪，病程短，死亡率高。依据病猪病变肠段为深红色或土黄色，界限分明，肠黏膜坏死，肠浆膜下（包括镜检肠黏膜下及肌层），肠系膜和肠系膜淋巴结有小气泡形成等特点，一般可以做出诊断，如有必要可做细菌学检查和毒素试验以进一步确诊。

（一）细菌学检查

无菌采取心血、胸水、腹水、十二脂肠和空肠内容物，肺、肝、脾、肾等脏器制作抹片，经革兰染色可见革兰染色阳性，两端钝圆的单个或双个杆菌。

十二指肠、空肠内容物在80℃水浴加热30min后，分别接种于肉肝汤和肉肝胃膜汤中，37℃培养

4h，开始出现小气泡，18h后大量的气体将试管中固体石蜡冲至试管顶部，培养基均匀混浊，由橙色变黄，肝片不变黑而呈肉红色。血平板接种，厌氧培养48h，形成钮扣状菌落β型溶血。

生化试验：C型产气荚膜梭菌对糖的分解能力极强，能分解葡萄糖、麦芽糖、蔗糖、乳糖、山梨醇、甘油等，能使其产酸产气，不分解菌糖，不形成靛基质。接种牛乳培养基37℃培养8～10h后，分解乳糖并产酸。

（二）毒力试验

由于此病是毒血症，从肠道中检出C型魏氏梭菌尚嫌不够，必须进行毒素检查。

1. 泡沫肝试验　取分离菌肉汤培养物3mL给家兔静脉注射1h后将兔处死，放37℃恒温8h，剖检，见肝脏充满气体，出现泡沫肝现象。镜检肝，可见大革兰阳性菌，其荚膜清晰浓染。

2. 肠毒素试验　采取刚死亡的急性病猪的空肠内容物或腹腔积液，加等量生理盐水搅拌均匀后，3 000r/min离心30～60min，上清液经细菌滤器过滤，取滤液静脉注射体重18～22g的小鼠5只，每只注射0.2～0.5mL，同时以上述滤液与C型产气荚膜梭菌抗毒素混合，作用40min后，注射于另一组小鼠，以作对照。如注射滤液的一组小鼠迅速死亡，而对照组不死，则可确诊为本病。

七、防制

（一）预防措施

1. 在发病猪群，做好产房及临产母猪的清洁卫生及清毒工作。搞好猪舍和周围环境的卫生工作，定期消毒，尤其是产房，接生前母猪奶头要清洗和消毒，可以减少本病的发生和传播。

2. 对仔猪红痢病污染严重的猪场，也可将临产母猪转移到新的产房或猪舍，产仔1周后，再转回原猪场，以避过易感日龄仔猪不再发生红痢。这种办法只可起到减少发病头数的作用，因为某些健康母猪粪中带菌，可排到外界污染环境，使小猪感染。

（二）免疫预防

1. 主动免疫　可用C型产气荚膜梭菌培养物制成的C型产气荚膜梭菌氢氧化铝菌苗和仔猪红痢干粉菌苗，对第一和第二胎的怀孕母猪，各肌肉注射本菌苗两次，第一次在分娩前一个月，第二次在分娩前半个月左右，剂量均为5～10mL。前两胎已注射过菌苗的母猪，第三胎可在分娩前半个月左右注射一次菌苗，剂量为3～5mL，即可产生足够的免疫力，使仔猪通过哺乳获得被动免疫保护。

2. 被动免疫　在常发猪群中，仔猪出生后早期注射抗猪红痢血清，肌注3mL/kg，可获得充分保护。仔猪一出生就可肌肉注射仔猪红痢抗毒素，剂量为每千克体重3mL，可有效地预防本病的发生。也可用C型魏氏梭菌抗毒素血清，口服剂量5～10mL，每日1次，连用3d。并与抗生素以及其他药物共同内服，早期治疗可获得一定效果。

（三）药物预防

可在经常发生本病的猪场，在仔猪未吃初乳前进行预防性口服，及其以后的3d内，投服青霉素或与链霉素并用，可起到一定的防治作用。用量：预防8万IU/kg，治疗10万IU/kg。

（四）治疗

本病发病急，病程短，又是毒血症经过，病死率高，往往用药疗效不佳。必要时可用大剂量抗生素，如青霉素、土霉素等抗菌药物口服有一定效果。结合对症的抗休克疗法，处方：1.5%葡萄糖盐水加5%碳酸氢钠注射液等量或3∶2混合加温至37℃腹腔或皮下注射，1日2次；同时可加注射用的抗生素药物，如2%～5%庆大霉素、恩诺沙星等。一旦发病首先采取早发现早治疗，母猪除进行全方位清洗消毒外，也应进行药物预防性治疗，其药物种类和剂量自定选择敏感药物。

丁壮等（1992）应用增效泻痢宁防治仔猪红痢效果较好。预防组：在仔猪出生后，禁止哺乳，立即以每头仔猪0.5g泻痢宁、8～10万IU青霉素和80～100mg链霉素调成糊状，抹入仔猪舌根部，然后自行哺乳，只给药一次；治疗组：用药方剂同预防组，每天两次，连服3d。

袁少华报道摘录：广东某猪场有多窝10日龄以内的哺乳仔猪突然发病，有的全窝发病，有的一窝内仅几头发病；发病急，病程短，有的哺乳仔猪来不及治疗就已经死亡。病程稍轻者，经大剂量的泰乐菌素、卡那霉素和青霉素等治疗，疗效不显著。

在该场114头10日龄以内的哺乳仔猪中，发病率和病死率分别为30%（35/114）和57%（20/35）。发病仔猪临床症状为排红褐色稀粪，其中含有少量灰白色坏死组织碎片，并有特殊的腥臭味，后肢粘满血样稀粪；有的病猪共济失调，呼吸困难，行走摇晃，大部分病猪在3d内死亡。剖检的5头病死猪均以肠道出血为主要特征，尤其是空肠充满血样液体和气体，并含有组织碎片；病变部肠壁为深红色，与正常段界限明显；腹股沟淋巴结和肠系膜淋巴结呈鲜红色；心内外膜有出血点；肾呈灰白色有针尖大小出血点；脾脏边缘有小点出血。实验室涂片镜检取肝、脾触片以及肠内容物和肠黏膜病变部位涂片，革兰染色，镜检，均可见革兰阳性粗大杆菌，有荚膜。部分菌体中央或边端有芽孢。分离培养将病猪肠内容物接种于厌氧肉肝汤中，80℃水浴20min，置37℃温箱中培养，待厌氧肉肝汤混浊产气后转种血平板，经37℃厌氧培养24h形成边缘整齐、表面光滑、圆形、半透明的菌落，周围有双溶血环，呈β溶血。挑取单菌落涂片染色镜检，可见革兰阳性、两端钝圆的粗大杆菌。生化试验：从血平板中挑取单菌落接种于血琼脂斜面，37℃厌氧培养24h后接种于微量发酵管中，37℃厌氧培养24～48h，该菌能发酵葡萄糖、乳糖、蔗糖和麦芽糖；不发酵山梨醇、甘露醇、水杨苷；MR、V-P试验阴性，能液化明胶，无运动力，不利用枸橼酸盐；不水解尿素酶。毒力试验：取病猪的空肠内容物，加等量的生理盐水搅拌后，3 000r/min离心30min，上清液经细菌滤器过滤，取滤液腹腔接种18～22g的小白鼠4只，0.5mL/只；小白鼠在接种5h后食欲废绝，腹部膨胀，精神状态很差，12h内全部死亡；剖检见肝有坏死点，空肠出血，取肝触片、染色、镜检，见有革兰阳性两端钝圆的大杆菌，有荚膜。定型试验：取上述病猪空肠内容物的离心过滤液，用魏氏梭菌A、B、C、D、E定型血清进行小白鼠中和试验。试验结果确定病猪肠内容物中含C型魏氏梭菌毒素，鉴定该分离菌株为C型魏氏梭菌。防治措施上对从病死猪分离的魏氏梭菌做药敏试验，用敏感药物恩诺沙星、泰乐菌素及卡那霉素等药物进行治疗；同时用葡萄糖生理盐水补液。免疫方法：应用C型魏氏梭菌氢氧化铝胶灭活苗对怀孕母猪进行免疫，第一次在产前30d注射，剂量为5mL/头；第二次在产前15d注射，剂量为10mL/头。待产母猪进入产房前对产房进行清洁和消毒。

第六节 猪丹毒（Erysipelas swis）

猪丹毒是由猪丹毒杆菌引起的一种急性、热性传染病。其临床症状与剖检特征为高热，急性败血症，亚急性皮肤疹块，慢性疣状心内膜炎及皮肤坏死与多发性非化脓性关节炎。

对本病有一百多年研究历史，但至今尚未完全控制，有时仍在一些养猪国家中暴发流行，给养猪业造成严重经济损失，呈世界性分布。1878年Koch从试验小白鼠体内分离到一种被称为“小白鼠败血性杆菌”的病原菌后，猪丹毒才被确认为一种传染性疾病。1882-1883年，Pastear和Thuillier简单描述了从患猪丹毒的病猪器官中分离到一种病原菌。在1886年，Loffer首次系统叙述了引起猪丹毒的病原，并介绍了猪感染情况。在我国最早发现于四川，1946年以后，其他各省相继有所报道，是威胁养猪业的一种主要传染病。

一、病原

形态与染色：猪丹毒杆菌是一种革兰阳性菌，具有明显的形成长丝的倾向，目前有些学者称它为丹毒菌丝。本菌为平直或微弯杆菌，大小为（0.2～0.4）μm×（0.8～2.5）μm（图2.3.6-1）。本菌无运动性，不形成荚膜和芽孢，超微结构（图2.3.6-2）。本菌在病猪体内和培养基内其形态有所变化，在病料内的细菌，单在、成对或成丛排列，在白血球内一般成丛存在（图2.3.6-3），在陈旧的肉汤培养物内和慢性病猪的心内膜疣状物中，多呈长丝状。

培养和生化特性：本菌为微需氧或兼性厌氧

菌，在普通培养基能生长，如加入少许血液或血清，并在10%二氧化碳中培养，则生长更佳，生长最适宜pH值为7.2～7.6，温度为30～37℃。液体培养基中，加1%葡萄糖及0.5%吐温-80，同时调正pH值，可促进生长。在麦康凯琼脂上不生长，过氧化氢酶阴性。猪丹毒杆菌在加5%马血清和1%蛋白胨水的糖培养基内可发酵葡萄糖、果糖和乳糖，产酸不产气，一般不发酵甘油、山梨醇、甘露醇、鼠李糖、蔗糖、覃糖、松甜糖、棉实糖、淀粉、菊糖和水杨苷等，进行糖发酵时加酵母水解物于培养基内较好。本菌能产生H_2S，不产生靛基质，不分解尿素，在石蕊牛乳中无变化，M.R及V-P试验阴性。丹毒杆菌在血液或血清琼脂平板上的菌落形态，由于来源不同，可出现三个型，即光滑（S）型、粗糙（R）型和中间（I）型，它们可发生互变。由急性病猪分离的菌落为S型，培养24h其菌落纤细、针尖大露珠样、透明、表面光滑、边缘整齐、直径小于1mm，在鲜血琼脂培养基上呈α溶血，菌体短细，毒力很强。在肉汤内培养轻度均匀浑浊无菌膜，有少量沉淀。由慢性病猪和带菌猪分离的菌株为R型，菌落大而厚，表面粗糙，边缘不整，菌体大，呈长丝状，毒力很低。在肉汤中培养时，明显浑浊，有多量沉淀。中间型的菌落性状介于上述两型之间。明胶穿刺时，细菌沿穿刺线向四周发育，呈试管刷状生长，明胶不液化，为丹毒杆菌的特征。

抵抗力：猪丹毒杆菌表面有一层蜡样物质，因此对各种外界因素抵抗力很强，本菌的液体培养物封闭在安瓿中，可保持活力17～35年之久。在干燥状态下可活3周，尸体内细菌可活288d，阳光下10d仍存活，腌肉中和熏制之后能存活3～4个月。

本菌对热较敏感，55℃经15min，70℃经5～10min死亡，但在大块肉中，必须煮沸2.5h，才能将其杀死。一般化学消毒药对丹毒杆菌有较强的杀伤力，3%来苏儿，1%～2%苛性钠，5%石灰乳，1%漂白粉，3%克辽林5～15min可把本菌杀死。本菌耐酸性较强，猪胃内的酸度不能将其杀死，因此可通过胃而进入肠道。

致病性：在自然条件下，丹毒杆菌主要使3～12个月龄猪发病。3～4周哺乳仔猪亦可发病。

猪丹毒杆菌在体外对磺胺类药无敏感性，抗生素中对青霉素极为敏感，但江汉湖（1978）曾分离出一株抗青霉素菌株。

猪丹毒杆菌具有不同血清型，这一特性首先被Watts（1940）发现，Dedie（1949）确认这一事实，并命名为A、B及N型三种猪丹毒杆菌血清型。Heuner（1958）、Murase（1960）、Kucsera（1962）、Ewald（1967）及Casero（1970）等相继从健康猪及其他许多种动物组织分离的猪丹毒杆菌中发现三种血清型。为澄清当时血清命名比较混乱的局面，1973年Kucsera提出以阿拉伯数字进行命名的方法，这一建议随后为国际所公认并采用，到1979年为止，已命名的猪丹毒杆菌血清型有1、2、3……22及N型25个血清型和1a、1b及2a、2b亚型。23、24型为我国徐克勤等（1984、1986）所分离。目前查明猪丹毒血清分型依据，主要与猪丹毒杆菌细胞壁的特殊可溶性肽葡聚糖（peptidglycans）有关，不同血清型猪丹毒杆菌的抗原结构、免疫原性和致病性均有不同程度的差异，猪丹毒血清型研究对猪丹毒流行病学或实际防治工作具有重要意义。

我国马闻天等（1963）曾用琼脂扩散试验研究猪丹毒杆菌抗原结构，证明A、B（即1、2型）两型菌株至少存在两种可溶性抗原。余永建（1982）采用对流免疫电泳以国际定型参考菌株为对照对四川败血型猪丹毒系的猪丹毒杆菌进行了血清型鉴定。杨伟云（1983）对采集的163种猪丹毒杆菌进行了血清型鉴定，其中1a型占81%，2型27株占18.2%，初步看出我国致病猪丹毒杆菌主要是1a型和2型。

二、流行病学

1. 易感动物　本病主要发生于猪，3～12个月龄最为敏感，哺乳猪亦可发生，牛、羊、狗、马和鸡、鸭、鹅、火鸡、鸽、麻雀、孔雀等也有病例报告。人感染本病时称类丹毒。猪随着年龄的增长对丹毒易感性降低，但一岁以上的猪甚至基础母猪和哺乳仔猪也有发病死亡的报告。

实验动物以小白鼠和鸽最为敏感，肌肉或皮下接种后，一般在72h内死亡。易感猪的接种试验以皮肤划痕接种或皮内注射较易成功，点眼和滴鼻感染更易引起发病，症状较严重，病死率也较高，口服或静脉、肌肉、皮下和腹腔内注射，反而较难引起发病。作者于1978和1987年2次人工接种架子猪，每头静脉注射24h肉汤培养液100～500亿/mL，发病率100%，病死率35%。

2. 传染源　病猪和病愈猪以及健康带菌猪是本病的主要传染源。据Word等（1981）和Shuman（1971）报道，除猪外至少可在50种野生哺乳动物（其中约半数是啮齿类）和30种野禽体内分离出丹毒杆菌，在一定条件下这些动物都可成为传染源，牛、马、狗和猫也可成为潜在的带菌者。徐克勤（1984）报道江苏的鸡带菌率为10.96%，鸭为81%，鹅为97%，傅启勇（1985）报道，湖南鸡的带菌率6.1%，水生动物为12.5%～61%，由此可见禽类和水生动物也是应重视的传染源。

3. 传播途径　丹毒杆菌主要存在于病猪的心、肾、脾和肝，以心、肾的含菌量最多，主要经粪、尿、唾液和鼻分泌物排出体外。健康带菌猪主要在扁桃体和回盲口的腺体处，也可存在胆囊和骨髓里，健康猪扁桃体的带菌率为24.3%～70.5%。由此可见，病猪场和没发生过猪丹毒的猪场，都可有一定比例的带菌猪（30%～50%）。病猪、带菌猪以及其他带菌动物经粪尿排出猪丹毒杆菌而污染饲料、饮水、土壤、用具和猪舍等，使易感猪通过饮食经消化道感染。此外，本病亦可通过损伤皮肤及蚊、蝇、虱等吸血昆虫传播。屠宰场、加工场的废料、废水、食堂的残羹和腌制、熏制的肉品等常常引起本病的发生，据有关报道，鱼粉、碎肉中曾多次检出过本菌。

4. 流行特点　猪丹毒的流行季节具有一定特点，虽然一年四季均发生，但在北方地区，以炎热、多雨季节流行最盛，秋季以后逐渐减少，而在南方地区，往往冬、春季节也可形成流行高潮，本病常为散发性或地方流行传染，有时也发生暴发流行。

带菌猪在应激因素的作用下，机体抵抗力降低，细菌在局部大量增殖侵入血行，引起内源传染而发病，在流行病学具有重要意义。作者2007年.4月在对华南某地暴发高热病调查研究时发现有猪丹毒的流行。

三、临床症状

猪丹毒的临床症状与细菌的毒力，猪的抵抗力，免疫状态和自然感染的方式以及应激因素有关，通常可分特急性（闪电型或最急性型）、急性败血性、亚急性（疹块）和慢性四型。

猪丹毒的潜伏期，人工感染实验，最短24h，长的可达9d，一般3～5d。

特急性型：据我们人工感染实验证实，静脉注射100～600亿菌/头，注射后24～48h，开始发病，体温高达42℃以上，发病12h后精神沉郁（图2.3.6–4），食欲减少至废绝，颈下、胸腹、背侧出现丹毒性红斑，体温升高时，心音增强，心律140～160次/min，濒死期高达240次/min以上，病初呼吸浅表，增数不明显，后期可达80次/min，一般持续1～2h，躺卧不起，抽搐呈游泳状，鼻孔流出白色泡沫状液体，不久倒毙。

自然感染多为流行初期第一批发病突然死亡的猪，病前无任何症状，前日晚吃食良好，而翌日晨发现猪只死亡，全身皮肤发绀，若群养猪，其他猪相继发病，并有数头死亡。

急性败血型：病程4～9d，暴发之日起第3～4d即可出现此型，病猪精神高度沉郁，不食不饮，病猪体温42～43℃，高热不退，可稽留3～5d。此时病猪虚弱，不愿走动，躺卧地上，有时恶心、呕吐。结膜充血，眼睛清亮，粪便干硬附有黏液，随病程的进展，病猪出现腹泻，有时稀粪带血液，尤以小猪更为明显。病猪表现严重的跛行，或后肢麻痹，眼结膜发绀和水肿。作者（1978）人工静脉注射证实，接种猪丹毒四系强毒株后24h后，体温升高至42℃以上，72h后在耳后颈下、胸前腹侧、四肢内侧等处皮肤发生疹块（图2.3.6–5），初期淡灰色，继而成淡红色（指压消失），后渐变成疹块周边为深红色，中央灰色，凸出皮肤表面，而后变成棕色痂块，一般疹块可持续2～3d，病猪好转时，疹块即可消失，病势恶化，小的疹块互相融合成大疹块，3～4d死亡，有时延至7～9d死亡，病死率80%，有的可转为慢性猪丹毒。哺乳仔猪和断乳仔猪发生猪丹毒时，多突然发病，出现神经症状，抽搐，倒地而死，病程多为1d左右。

亚急性型（疹块型）：是轻型的猪丹毒，病程1~2周，病初体温可达41℃以上，精神不振，食欲不佳，口渴、便秘，时有恶心、呕吐，发病后2~3d在身体许多部位的皮肤，特别是在颈部胸侧、背部、腹侧、四肢等处出现方块形、菱形或圆形疹块，稍凸起于皮肤表面（图2.3.6-6），大小不一，从几个到几十个不等，初期疹块局温升高，充血，指压褪色，后期淤血，颜色变为一致的紫黑色。黑皮肤猪生前疹块不易观察，只有用力触皮肤才可感觉到有疹块存在，一些病例疹块不隆起于皮肤表面，只有急宰后刮毛才被发现。疹块出现1~2d后体温下降，病情好转，经1~2周自行康复，如治疗护理不当，则有些病例症状恶化，转为败血型而死亡；严重的病例许多小疹块融合成较大的皮肤坏死块，久之变成革样痂皮，呈盔甲样。若妊娠母猪发病时可发生流产。

慢性型：通常由急性或亚急性型转变为本型，但也有原发性。一般有慢性浆液性纤维素性关节炎、慢性疣状内膜炎和皮肤坏死，前二者往往在同一病猪身上同时存在，皮肤坏死多单独发生。病猪食欲无明显改变，体温正常，但病猪逐日消瘦，机体衰弱，增重缓慢，发育不良。慢性关节炎型，初期表现四肢关节的炎性肿胀，患肢僵硬，疼痛，急性炎症消失后，则出现关节变形，表现为一肢或两肢的跛行或卧地不起，临床表现的差异与受害关节部位和损害的程度有关。病程数周至数月。

慢性疣状内膜炎，其症状为消瘦、贫血、身体虚弱，常卧伏，厌走动，呼吸困难，听诊时有心杂音、节律不齐、心动加速、亢进，如强行激烈走动时，可突然因心衰致死，有的生前未发现任何症状，死后剖检时发现菜花样心内膜炎。

皮肤坏死，常发现在肩、背、尾和蹄部，坏死部皮肤变黑、干硬如皮革样，随病程的进展，坏死皮肤逐渐与外围组织分离，最后脱落，残留一片无毛而色淡的疤痕而愈，若有继发感染，则病情恶化而病程延长。

人：屠宰工人等为易感者，患者表现发热、感染局部皮肤红肿热痛，有痒感，非化脓性局部坏死，炎灶可向周围扩散，甚至涉及全身，致手臂淋巴管肿胀发红、腋下淋巴结发炎。

四、发病机理

猪丹毒的发病机制尚不完全清楚，尤其是超急性型和败血型猪丹毒，猪丹毒的发病不论是带菌者自体感染还是外源性感染，一般认为，当在应激因素的作用下，机体抵抗力迅速降低，此时丹毒杆菌则突破机体的防御屏障侵入淋巴和血液循环而发展为菌血症，如果细菌毒力强、数量多，则易引起全身性败血症，使交感神经和肾上腺皮质活动增强，分泌大量儿茶酚胺，导致微循环障碍，血液淤滞，组织缺血缺氧，物质代谢紊乱，大量氧化不全产物蓄积，使机体发生酸中毒，发展为败血性休克。另一方面，丹毒杆菌产生大量的神经氨酸酶，裂解五糖甙与神经氨酸（体细胞表面的一种反应性黏多糖）的连接，引起器官的毛细血管和小静脉的内皮细胞膜通透性增高，直接损伤血管内皮，封闭单核-巨噬细胞系统，引起血小板变性凝集和血管发生痉挛性收缩，高热等一系列反应，上述每一病理过程都可以成为弥散性血管内凝血（DIC）的致病因子，它们互为因果，自行加重，引起恶性循环，通过不同途径引起凝血因子的激活和凝血系统连锁反应，从而发生弥散性血管内凝血。宣长和（1978、1994）报道了急性猪丹毒发病环节中有DIC病理过程，实验结果证实，发病猪体温升高后，血小板计数明显减少，凝血酶原时间、凝血酶时间、白陶土部分凝血活酶时间明显延长，发病死亡猪组织学检查，肺（图2.3.6-7）、心（图2.3.6-8、9）、肝（图2.3.6-10）、肾（图2.3.6-11）等器官有微血栓，同时还有细胞变性坏死和出血。

DIC的本质是诸器官微血管内出现微血栓。微循环内广泛血栓形成可导致多发性血栓性栓塞，导致局部血液瘀滞，相应器官出现功能障碍，并继发组织细胞变性坏死，病理组织学检查可见：肺、脑、心、肾、肝、脾等器官都出现不同程度的损害，临床上必然出现多器官功能障碍，初期表现为代偿性功能增强，然后发展为功能降低、衰竭至丧失。例如肝和肾功能不全，可加重酸中毒和毒血症；心功能不全，可突发心源性休克和死亡；肺功能不全，常继发于心衰而引起肺淤血、水肿致呼吸衰竭，发生休克，窒息死亡，所以病猪一旦出现

DIC，必将进一步加重生命重要器官功能障碍，使原发病进一步恶化，如不及时治疗，往往发展为急性败血性休克死亡。DIC的出现对猪丹毒病的发生、发展、预后具有重要意义。

若侵入机体的猪丹毒杆菌毒力弱或机体抵抗力强时，病猪可为亚急型经过，即侵入血液中的丹毒杆菌大部分被吞噬细胞和免疫性抗体物质所吞噬和中和，少部分可能限于某些器官和皮肤出现疹块状病变。本型多在半个月左右康复，如病情恶化，可转为败血症死亡。

有些急性败血型与疹块型的病猪，在机体抵抗力增强时，全身状态虽可好转，但丹毒杆菌可以长期在体内某些部位，如心内膜、关节和皮肤存在，由于抗原的反复作用使机体致敏而发生变态反应，即细菌毒素可能引起结缔组织的胶原纤维变性或者抗原的有效成分与胶原纤维的黏多糖结合形成自身抗原，使机体发生变态反应，机体对此产生相应抗体，在抗原抗体反应的基础上，继发自身变态反应性炎症，形成变态反应性关节炎和心内膜炎，一旦再次受到抗原侵袭则可促使炎症加重，甚至转为急性败血型猪丹毒。

五、病理变化

（一）特急性型（闪电型或超急性型）

多突然死亡，人工接种发病猪的皮肤见全身或鼻部、耳部、腹部或腿部呈紫红色（图2.3.6–13）。心外膜及心房肌有点状出血。胃和小肠常常见有轻微的或明显的黏液性或出血性肠炎，胃的出血一般较明显。肝脏发生混浊肿胀及淤血。肾脏除见有混浊肿胀外，并在皮质部见有针尖大的点状出血。肺脏淤血、水肿。脾脏肿大呈暗红色或樱桃红色，包膜紧张，边缘钝圆，质度柔软。宣长和（1978）发现脾切面出现白髓周围“红晕”（图2.3.6–14），即在暗红色的脾切面上，有颜色更深的小红点，红点的中心就是白髓。也就是在原有的脾切面颜色的基础上，在许多白髓周围有大小相差不多的，较脾切面的颜色为深的红色或紫红色边缘较整齐的小圆圈即白髓周围“红晕”现象。

其观察方法如下：因脾轻度肿大，多血，切面外翻，隆起而造成白髓、红髓不在一个平面上，而使脾切面的光反射不一致；其次脾脏颜色的主色通常均为红色，只有鲜红、暗红、紫红之别，即色泽差别不大；又因白髓周围浸润的红细胞呈聚集状，使得“红晕”与红髓颜色相接近，影响观察效果，故应速切快看。观察时术者需经常变化切面角度，利用明暗交替的瞬间，观察其色泽差异，切面凸凹的变化，只有在这种适宜的光线下，才能找到白髓，区别红髓与白髓周围“红晕”。“红晕”数量一般在一个切面上约有5～35个；“红晕”的部位固定，脾头、脾尾、纵切、横切均可发现；形态为特殊的圆形或椭圆形，易辨认；红晕的密度与分布，有的分布均匀，有的不均匀。

H. E染色，镜下突出的变化为白髓周围（即边缘区marginal zone）有密集的红细胞聚集，构成圆形或椭圆形的“红细胞带”，即“红晕”。由于白髓为一个圆形体，切片角度不同出现不同形状，但基本形是圆形，低倍镜下“红晕”的主要特点是白髓周围的红细胞数量多于红髓内的红细胞数量3～10倍（图2.3.6–15）。有规律地排列，并与周围的红髓有明显的界限，构成了典型的“红晕”。高倍镜下，由于白髓周围存在大量红细胞，致使白髓体积缩小，白髓的淋巴细胞核碎裂、溶解、消失，淋巴细胞分布不均匀，淋巴细胞间隙有伊红淡染的渗出物和数量不等的红细胞图2.3.6–16），还有浆细胞，有的病例有中性白细胞、嗜酸性白细胞浸润。连续切片观察时，在同一病例的不同切片上，白髓内红细胞数量不等，“红晕”形状不一，但基本形为圆形。“红晕”细胞成分：除大量红细胞外，尚有少量淋巴细胞、浆细胞、巨噬细胞、嗜中性白细胞和嗜酸性白细胞。还有淋巴细胞分裂增殖现象和不同发育阶段的淋巴细胞和浆细胞。有的病例有含铁血黄素颗粒。中央动脉内皮细胞肿胀，突出于血管腔内，中膜疏松，平滑肌变性、溶解似泡沫状，鞘动脉内皮细胞肿胀。脾索明显扩张，其网眼内有红细胞、发育阶段不同的浆细胞和网状细胞，红髓静脉窦内除有不同数量的红细胞外，尚有浆细胞和少量嗜中性白细胞、嗜酸性白细胞，并有数量不等的巨噬细胞，网状纤维染色，边缘区扩张，少量网状纤维断裂PTAH染色“红晕”出现少量纤维素（图2.3.6–17）呈发丝状网罗红细胞，此为特急性猪丹毒白髓边缘区及中央动脉许多分支形成微血的特殊表现形式。电子显微镜检查：典型“红晕”的部位，白髓边缘区制成超薄切片，镜检可见白髓的边缘区有出血和大量的纤维素条块，并有许多巨噬细胞。

“红晕”发生机理：当猪丹毒杆菌侵入机体后，机体首先出现脾炎，炎症的初期主要表现为充血，血流增速，血量增多，大量血液流入边缘区（正常时，脾脏中央动脉的许多分支开口于此，所以这里成为大部分血液进入红髓之前，首先被滤过的地方，随血流进入边缘区的细菌及其他异物或抗体物质，可以在这里被吞噬和处理，也可以通过边缘区疏松的结构进入红髓），造成边缘区的充血扩张，乃至出血纤维素血栓形成，因血凝而使红细胞不能通过脾索狭窄的网眼，因而大量红细胞聚集于边缘区。此时，脾索和红髓的静脉窦尚未出现或只出现轻微的炎症，红细胞聚在“边缘区”与红髓有明显的差异。在边缘区形成了白髓周围的“红晕”。单个红细胞为黄绿色，多个红细胞互相重叠则呈红色，红细胞数量越多，颜色越深。由于在白髓周围的红细胞数量成倍地多于红髓内的红细胞数，颜色上二者出现明显差异，因而眼观可见白髓周围的“红晕”现象。如有些病猪在此阶段死亡，即为特急性型猪丹毒，有些病猪则在此阶段病程拖长转为败血型猪丹毒。

综上所述，据炎症基本病理变化丹毒性脾炎的早期变化为急性出血性脾小体炎，从炎症和免疫功能的关系可以设想，“红晕”的形成是机体免疫系统的一种反应。边缘区是脾脏中T淋巴细胞与淋巴细胞最早相互作用的场所，脾脏的主要免疫功能的发挥就在此处，边缘区的扩张充血有利于免疫反应进行。随血流进入边缘区的抗原使T淋巴细胞受到刺激，则T淋巴细胞可以集结抗原，并把抗原传递给B淋巴细胞（或许是T淋巴细胞可以释放可溶性因子去刺激B细胞），则B淋巴细胞增生分化大量的浆细胞，浆细胞释放出大量的特异性抗体中和抗原。组织学检查，可见在“红晕”周围有淋巴细胞的分裂增殖现象和有发育不同阶段的淋巴细胞和浆细胞，由此可见急性出血性脾小体炎的出现为机体免疫反应，是一种生理功能。当抗原物质进入机体内，机体能识别它是异物，并能把它中和、消灭及清除。在消除异物（抗原）过程中引起吞噬细胞的集聚和炎症反应，使抗原物质限制于局部，并被排除，动物机体稳定得以恢复，在非特异免疫的基础上，机体获得了特异性免疫（如耐过猪）。

如果抗原物质刺激和机体反应彼此之间不相适应，就发生免疫稳定功能失调，造成生理功能紊乱，引起过高的异常反应—变态反应。病程多在1～2d内，所以“红晕”的出现是机体免疫功能紊乱而出现过高反应（超过敏性）的结果。

淋巴结：皮质淋巴小结生发中心增生明显，其周围有密集的淋巴细胞和浆细胞浸润、间质毛细血管扩张、充血，有些病例出现嗜酸性粒细胞，为急性浆液性淋巴结炎。

心肌：肌纤维呈局灶性变性溶解，肌间毛细血管内微血栓为少量纤维素网罗大量丹毒杆菌形成的，毛细血管内皮细胞肿胀、充血。心肌丹毒杆菌数量最多，但噬菌现象不明显，原发性损伤严重，是丹毒杆菌侵害的重要器官之一。

肺：肺弥散性淤血水肿，肺泡腔内蓄有蛋白性渗出物，有代偿性肺气肿和肺萎陷，肺透明膜形成及肺泡壁毛细血管有纤维素网罗红细胞和丹毒杆菌形成广泛微血栓，构成了休克肺的形态学变化。

肾：肾小球毛细血管丛内皮细胞肿大、充血，囊腔内有浆液性渗出物，肾小球毛细血管丛以及入出小动脉都可出现微血栓，肾小管不同程度的变性，急性浆液性出血性肾小球肾炎的早期变化。肾上腺皮质部出血明显。

肝：肝细胞轻微变性，丹毒杆菌在窦状隙内有多种细胞噬菌现象。

脑：只有病程3～4d死亡病例血管出现丹毒杆菌，神经细胞轻度变性。

胃肠道：黏膜和黏膜下层毛细血管内有丹毒杆菌，可见噬菌现象，但浆细胞数量多，

超微病理变化：

脾：白髓边缘区有出血和大量纤维素，并有许多巨噬细胞。

脑：神经细胞变性，线粒体肿胀，微血管内皮细胞轻度肿胀，病程3～4d死亡病例，微血管内出现丹毒杆菌和纤维素。

肺：肺泡壁毛细血管内皮细胞肿胀、核凸突、线粒体肿胀、胞浆水肿、内膜系统多泡状变，质膜有断裂，毛细血管出血，但基底膜大都完整，肺上皮细胞呈立方形，质膜有裂隙，线粒体肿胀，见有Ⅱ型肺泡上皮细胞，肺泡壁巨噬细胞的胞浆含有大量溶酶体。

肾：肾小球毛细血管内皮细胞肿胀，足突肿胀，含有许多膜性囊泡，溶酶体增多，肾小球毛细血管内有红细胞，其间有纤维素团块，并有巨噬细胞。

心肌：微血管内皮细胞肿胀，心肌纤维偶见肌膜下水肿，线粒体肿胀，肌纤维分离，毛细血管内有丹毒杆菌和纤维素条块。

由此可见，光镜下器官微血管的内皮细胞肿胀、变性、充血、出血、水肿、微血栓形成、实质细胞变性以及吞噬细胞的噬菌现象，电镜下则为细胞的内膜系统的改变，线粒体肿胀，细胞的溶酶体增多，血管内的纤维素和丹毒杆菌的出现，属急性可逆性病理过程，实质细胞变性是继发的，噬菌现象属非特异性免疫反应。

（二）急性败血型

病程4～7d，败血症变化明显，全身皮肤各处均可出现丹毒性红斑，指压时可消散红斑，可互相融合成片，微隆起于周围正常皮肤的表面（图2.3.6–18）。病程稍长者，则红斑上出现浆液性水疱，水疱破裂干涸后，形成黑褐色痂皮。

肾：外观肿大，被膜易剥离，有少量出血点，呈花斑样，即在暗红色的基面上有灰白色、黄白色、暗红色大小不一的斑点（图2.3.6–19），切面外翻，三界不清，皮质增宽，多数病例肾小球明显可见，亦有条纹状的灰黄色或红色的病灶（图2.3.6–20），此为肾小管的变性坏死。也有的为皮质小叶间静脉和髓质直小静脉的淤血，肾乳头基面淡粉红色，血管充盈更加显著。肾盂有数量不等的小出血点。直小静脉也怒张。镜下微血栓在肾小球毛细血管丛处出现率为高，其次为入球、出球小动脉。

肾小球充出血，囊腔内有数量不等的伊红淡染的浆液性渗出物，也有的为血液样渗出物（图2.3.6–21）。多数病例肾小管上皮细胞肿大，腔内有伊红着色不均、大小不等的滴状物填塞整个管腔。有部分病例，肾小管细胞界限消失，核崩解，溶解呈渐进性坏死，腔内的管型与小管模糊不清，肾小管坏死。间质显示不同程度的充血、出血，少数病例则有少量炎性细胞浸润。

肾小管的变性、坏死，是由于入球或出球小动脉内形成血栓，造成肾小管血流断绝、缺血、缺氧所致。眼观皮质部串珠样小红点，组织学上则是肾小球充血、出血，出血为肾小球微血栓形成继发纤溶所致。皮质、髓质部暗红色条纹病灶，为小叶间静脉和直小静脉的纤维素和红细胞血栓，其灰色、灰黄色条纹斑即是肾小管的变性坏死。上述改变是由微血栓的形成所致。出血性肾小球炎和肾小管的急性变性、坏死，临床表现为急性肾功能衰竭。

膀胱：多数病例蓄积小量淡黄色尿液，也有少数病例蓄积淡红色尿液，膀胱黏膜血管呈不明显的树枝状充血，个别病例黏膜有少量出血点。

肺脏：外观肿大，重量增加，小叶间增宽，肺表面斑点状出血，局灶性气肿，颜色为暗红、粉红、兰紫色，构成花斑样外观（图2.3.6–22）。肺切面支气管流出泡沫状液体，血管仅流出少量的凝固不全的血液。镜检突出的变化是几乎所有病例肺泡毛细血管、间隔毛细血管、小动脉、小静脉、支气管周围小动脉、小静脉均有纤维素性血栓。肺切片低倍观察似正常肺组织，高倍镜下有广泛的肺泡毛细血管内纤维素性微血栓出现（图2.3.6–23），一般为一束至几束纤维素网罗红细胞，丹毒杆菌阻塞血管。各较大的动、静脉血管内多数为纤维素网罗红细胞形成血栓，也有的是多量纤维素的血栓，血栓内仅有少量红细胞，仅少数病例有纤溶现象。多数病例肺泡毛细血管内充有数量不等的红细胞。肺泡壁上皮细胞由无明显的改变到变性肿大，部分病例肺泡腔蓄有伊红淡染的蛋白性渗出物。有的肺泡间隔增厚，透明膜形成。有的肺泡萎陷不张。肺泡气肿扩张到破裂，偶见局灶性炎症，肺内各血管内膜细胞轻度肿胀。

上述肺脏各毛细血管广泛性纤维素性血栓出现，属急性弥散性血管内凝血，因肺泡毛细血管广泛的血栓出现阻塞血管内血流乃至血流断绝，造成肺通气不良、缺血、缺氧、窒息而死。有人称此为休克肺、急性肺心病，临床称急性肺功能衰竭，是急性猪丹毒致死的主要因素之一。

肝：肿大，暗红色，小叶中央静脉充血，质度脆弱，切面流出多量的凝固不全血液。少数病例有出血坏死灶。肝窦有微血栓出现。肝窦扩张，有多量红细胞淤滞，其血栓为由一到几束纤维素绞绕或长圆形的微血栓。相应部位的肝索明显萎缩，也有的相应部位的肝细胞变性，溶解消失。此为眼观上的出血坏死灶。多数病例中央静脉扩张和肝窦扩张、淤血，肝细胞索相对萎缩，肝细胞颗粒变性乃至溶解坏死，炎性细胞反应不明显。

心脏：外观暗红色，冠状血管怒张，心冠脂肪有数量不等的小出血点（图2.3.6–24），有的心房肌有斑点状出血，少数病例心肌表面灰黄色条纹状病灶，心脏蓄有少量的凝固不全血液，心内膜有条纹状出血斑，心肌切面个别病例有小出血灶。有的心包腔内积有淡黄色液体，蓄有少量纤维素，多数在心室肌的肌间毛细血管及小静脉出现微血栓（图2.3.6–25），个别病例小动脉也有血栓。有血栓出现的病例均有心肌变性、出血和炎性细胞浸润，各血管内皮细胞肿大，小动脉肌层呈泡沫状，少数病例小动脉腔阻塞，内仅有一至几束纤维素。一些病例的心肌有局灶性的肌纤维横纹消失，肌纤维溶解、出血和炎性细胞浸润。

胃肠：所有病例胃内蓄有中等量食物，胃底黏膜上皮脱落，呈弥漫性潮红（图2.3.6–26），微血栓可在黏膜上皮毛细血管、黏膜、黏膜下层、肌层的毛细血管、小静脉内出现，胃黏膜上皮细胞脱落，黏膜上皮毛细血管高度充血，甚至出血，主细胞有程度不同的变性，腺管腔窄小。十二指肠前段多数为出血性、卡他性炎，黏膜固有层、黏膜下肌层毛细血管均有纤维素血栓出现。黏膜上皮脱落，黏膜毛细血管充血、肠腺细胞轻度变性，有的黏膜下有圆形细胞浸润。空、回肠多数为卡他性炎症，多在黏膜下毛细血管有血栓出现。大肠多数病例，轻度卡他性炎，黏膜、黏膜下部有程度不同微血栓出现，黏膜上皮细胞轻度变性，黏膜毛细血管轻微充血。胰脏外观，被膜血管充盈，见小叶间、胰岛、胰泡间隙腺细胞毛细血管有血栓出现，腺细胞程度不同的变性和空泡形成。

淋巴结：外观肿大，被膜血管充盈，切面灰白色多汁，滤泡不见增生，周边暗红色，为急性浆液性或出血性淋巴结炎，多数病例全身淋巴结、皮质部、髓质部、窦内毛细血管均有纤维素血栓，血管内充血、细胞渗出、淋巴窦扩张，有浆液或纤维素渗出，网状内皮细胞增生。

脾：高度肿大（图2.3.6–27），樱桃红色，被膜紧张，边缘钝圆，切面外翻，凹凸不平，质地柔软，白髓暗红而易刮下，小梁和滤泡的白髓萎缩，弥散性或局灶性出血，淋巴细胞变性坏死。中央动脉血管壁变性，内皮细胞肿胀、脱落。红髓淤血乃至出血，与白髓周围红细胞数量相等，并有不同程度的脾组织坏死，表现为网状细胞和中性白细胞的核碎裂、崩解。有的病例可出现增生现象。网状纤维染色，可见边缘区网状纤维有些断裂。败血型，随着病程的进展，组织损伤严重，红髓也相继出现出血性炎症，因而出现文献记载的败血型猪丹毒的脾脏病理变化。此类病例组织学检查为急性出血性脾炎变化。这与病程、细菌的毒力和机体状态有关，说明机体与病原相互斗争过程中，炎症反应加重，红髓静脉窦因组织破坏由淤血而转变为出血，因此剖检这类病例，脾切面模糊不清。在急性猪丹毒脾静脉窦内也有充血的现象，但是没有见到有纤维素大量出现，个别的有少数几根纤维素，但无规律排列，不是呈现圆形的。

脑与脊髓：外观脑膜血管怒张。各类血管都有不同程度的纤维素血栓，脑皮层灰质部大脑神经细胞轻度变性，毛细血管、小动脉、小静脉内有数量不等的红细胞，血管周围有透明环。毛细血管内皮细胞肿大，突出于管腔内，血管外膜细胞增生肿大，小动脉内膜细胞肿大。

（三）亚急性型

多为良性经过的猪丹毒，具有急性型的一般变化，但程度轻，其特征是皮肤上发生疹块，其形态特征为疹块形状呈方形、菱形或不规则形（图2.3.6–28），呈一致的鲜红或暗红色，手压时色变淡，有时中心部色淡，甚至苍白色，周边仍保留红色，或者红白相互交替呈同心轮状，触摸时比正常皮肤硬。疹块分布身体各部位，尤以胸侧、背部、后肢外侧、颈部为多。疹块形成的基本过程是：在皮肤乳头层血管丛中小动脉由于丹毒杆菌侵害导致局部微循环障碍的结果，首先动脉区微血管发生痉挛性收缩，故初期疹块苍白色；由于炎症的进展，血管由痉挛转为扩张充血，疹块则呈鲜红色；当微血管由扩张转为麻痹时，血管内血液流速减慢而淤滞出血凝集，发生弥散性血管内凝血，疹块为紫红色，因血栓形成而局部缺血发展为坏死。如果此时，机体抵抗力尚可发挥强大的代偿能力时，微血管内的血栓在纤溶酶的作用下发生纤溶而血液发生再通时，病变可恢复而痊愈。病情进一步发展时，疹块可扩大，皮肤病变进一步恶化，皮肤因血栓形成缺血而坏死。在坏死细胞周围发生分界性炎症，有大量中性粒细胞浸润使病变处化脓分解，最后坏死的皮肤与皮下组织脱落形成溃疡，损伤的皮肤可由肉芽组织再生瘢痕自愈。

（四）慢性型

本型多由急性或亚急性病例转移而来，病变主要特征为疣状心内膜炎、关节炎和皮肤坏死等病变。

猪丹毒心内膜炎，主要发生在二尖瓣，其次是主动脉瓣、三尖瓣和肺动脉瓣。在瓣膜见有数量不等的灰白色血栓性增生物，表面高低不一，呈菜花样（图2.3.6–29、30），其底部因肉芽组织机化牢固的附着于瓣膜上，不易脱落，由于大量的血栓增生物在瓣膜上进一步被机化，使瓣膜变形，导致瓣膜孔狭窄和闭锁不全，继而发生心肌肥大，心腔扩张等代偿性变化，患猪通常由心力衰竭而死亡。血栓软化脱落进入血流中，成为栓子，容易堵塞脾、肾（图2.3.6–31、32）、心肌的小动脉而形成梗死。

慢性猪丹毒的关节炎（图2.3.6–33），经常与心内膜炎同时出现，主要侵害四肢关节，以腕关节和跗关节为多见。初期为浆液纤维素性关节炎，关节囊肿大、变厚，充满大量浆液纤维素性渗出物，呈现黄色或红色，稍混浊。因肉芽组织增生，渗出的纤维素被机化，致滑液膜呈绒毛状。经过长久可发生关节愈着、变形与关节强直等变化。

皮肤坏死，常是疹块型的一种转归，有时背部皮肤整块的坏死（图2.3.6–34），或局限于耳、肩、尾部。坏死部逐渐干燥变为干性坏疽，色黑褐而坚硬，其后随分界性化脓而脱落，损伤部可由肉芽组织增生而瘢痕治愈。

猪丹毒是猪丹毒杆菌引起的一种急性热性传染病。其临床与剖检特征为高热、急性败血症，皮肤疹块（亚急性），慢性疣状心内膜炎、皮肤坏死与多发性非化脓性关节炎（慢性）。

六、诊断

（一）临床综合诊断

猪丹毒的诊断，根据流行病学资料、临床症状，病理解剖变化一般可作出诊断，特别是对大群猪在流行初期做出本病的诊断尤为重要。本病流行病学具有一定特征，多在高温夏季，主要侵害3～6个月的架子猪或育成猪。体温高达42℃以上，高温而尚有一定食欲，皮肤有丹毒性红斑，青霉素治疗有显著疗效；剖检流行第一批死亡猪，脾不肿或稍肿大，脾切面白髓周围有“红晕”；消化道呈急性胃肠炎，尤以胃底腺和十二指肠前段为严重；全身淋巴结肿胀，为急性浆液性或出血性淋巴结炎；肾肿大，外观花斑样，切面皮质部可由肾小球的炎症渗出，而呈串珠样，明显可见；此外肝、脾等贮血器官暴露空气后由暗红色变为鲜红色，据上特征可作出较为确实的诊断。亚急性型猪丹毒具有特征性皮肤疹块，通常是比较容易与其他传染病的皮肤变化区别的，慢性型疣状心内膜炎和关节炎，同时肾见有贫血性梗死灶，但急性型猪丹毒注意与最急性猪瘟、最急性猪肺疫、猪败血性链球菌、急性猪副伤寒相互区别。

（二）细菌学诊断

细菌学检查是诊断猪丹毒可靠的方法，可用于病猪生前和死后诊断。

显微镜检查：临床上怀疑猪丹毒病的，可从耳静脉采血或切开疹块挤出血液和渗出液做涂片，对急性死亡病例的尸体，可做血、脾、肝、肾及淋巴结等脏器的涂片，用姬姆萨或瑞氏染色，镜检，猪丹毒杆菌多数在血细胞之间，也有成丛的，常发现中性白细胞吞噬丹毒菌的现象。检查时要注意多观察一些视野，因丹毒杆菌在血液中数目极少，此外要与李氏杆菌相区别。

细菌培养：利用所取样品接种于鲜血琼脂斜面

或接于肉汤中，于37℃恒温箱培养24h，按丹毒杆菌特性进行鉴别定性。

（三）动物实验

将病料加少量灭菌生理盐水，制成乳剂直接注射，也可用培养24h的肉汤培养物注射，小白鼠皮下注射0.2mL，鸽子肌注1mL，同时再注射豚鼠，若被注料是猪丹毒杆菌，则小白鼠和鸽子均在接种后72h内死亡，并可从死亡动物的心血及脾、肝、肾等脏器中分离到猪丹毒杆菌，豚鼠则不死亡。

（四）血清学检查

近年来猪丹毒病的血清学诊断方法发展很快，归纳起来有如下四种。

1. 凝集反应诊断法　郑庆端（1979）应用反向间接血凝试验，对人工发病试验猪进行检测，其中耳血的检出率为85.7%，发病死亡猪脾脏的检查出率为100%。

2. 免疫荧光诊断法　宣华（1982）、刘一平（1987）等用该法，具有准、敏、快的特点，可代替常规法用于污染材料的检测。

3. 补体结合反应诊断法　Bercorich等（1981）改进了抗原的制法，建立了一种在V型微量滴定板上进行的补体结合试验。此法可以区分临床感染猪与预防接种猪，并在数小时内得出结果，此生长抑制试验具有更高的敏感性和特异性。

4. 沉淀反应诊断法　马闻天等（1963）在我国内最早用琼脂扩散沉淀法，对我国分离和保存的丹毒菌株作了菌型鉴定。此外崔治中（1979）、杨玮云（1983）、余永建（1984）、徐克勤（1984）和傅启勇（1986）等也先后用沉淀法对菌株进行了血清型鉴定。

七、防制

猪丹毒杆菌健康猪带菌率较高，而且能感染许多动物，根除传染源是很困难的，目前防疫措施主要预防接种疫苗。

（一）疫苗种类和使用方法

常发地区，每年春秋进行两次预防注射猪丹毒疫苗，仔猪断奶后应及时按窝注射，严防漏注，保证猪群体获得免疫力，这是当前防治猪丹毒最有效措施。现有以下几种菌苗：

1. 猪丹毒弱毒菌苗，大小猪均一律皮下注射1mL，免疫期6个月。

2. 猪丹毒氢氧化铝甲醛菌苗。10kg以上断奶仔猪一律皮下或肌肉注射5mL，21d后产生免疫力，免疫期6个月。

3. 猪丹毒GC42系弱毒菌苗，皮下注射7亿个苗，注射后7d产生免疫力，免疫期5个月以上；口服为14亿个菌，拌入饲料中口服，注意要用新鲜饲料，服后9d产生免疫力，免疫期可达9个月。本菌苗稳定，免疫原性好，安全可靠，为首选疫苗。

（二）免疫程序

1. 仔猪在45～60日龄第一次免疫，常发区3月龄进行第二次免疫。

2. 种猪每间隔6个月免疫1次，通常于春秋两季定期免疫注射。

3. 抗生素与菌苗同时应用时，对菌苗的免疫效力有一定的影响，在接种前7d和接种后10d内，应避免使用抗生素。

（三）预防

1. 定期消毒，没有发病的猪场或地区，平时应坚持做好防疫工作，定期消毒，杀灭病原体。

2. 坚持自繁自养的原则，必要引进和调配种猪时，进猪前做好疫苗预防接种工作，待产生免疫力后再引进，进场后，还应隔离观察一个月以上，待无疫情发生后，方可混群。

（四）治疗

1. 青霉素疗法　目前应以青霉素治疗有特效，其次是土霉素和四环素，卡那霉素和新霉素基本无效。磺胺类药亦无效。急性型每千克体重10 000IU青霉素静脉注射，同时肌注常规剂量的青霉素，以后每天二次肌注，以防复发或转慢性型，不宜过早停药，待食欲、体温恢复正常后，再持续2～3d。

2. 血清疗法　应用抗血清是特异性疗法，剂量为仔猪5～10mL，3～10个月龄猪30～50mL，成年猪50～70mL，皮下或静脉注射，经24h再注射一次，如青霉素与抗血清同时应用效果更佳。应用青霉素和抗血清疗法的同时，对病情较重的病例可用5%糖加维生素C或右旋糖酐以及增加氢化可的松和地塞米松等静脉注射，疗效更佳。

第七节 猪接触传染性胸膜肺炎（Porcine contagious pleuropneumonia）

猪接触传染性胸膜肺炎（PCP）又称猪胸膜肺炎，是由胸膜肺炎放线杆菌（Actinobacillus pleuropneumoniae，APP）引起的猪呼吸系统的一种严重的接触性传染病。急性者病死率高，慢性者常能耐过。PCP的典型病理变化为两侧性肺炎，胸膜粘连，肺炎区色暗质脆。猪感染胸膜肺炎易继发其他疾病，导致生长受阻，降低饲料报酬。

自从Pattison1957年报道猪胸膜肺炎以来，英国、德国、瑞士、丹麦、澳大利亚、加拿大、阿根廷、瑞典、波兰、日本及美国等国均有发生。至20世纪80年代本病已在世界各地广泛流行，且有逐年增长趋势。目前分布在全世界所有养猪国家。给工厂化养猪业造成了巨大经济损失，特别是近十几来流行呈增加趋势，国际公认该病是危害现代养猪业的重要传染病之一。

一、病原

本病病原为胸膜肺炎放线杆菌（Actinobacillus pleuropneumoniae，APP），早称为副溶血嗜血杆菌（H. Parahaemolyticus），其实它是感染人的一个病原微生物，所谓的猪株副溶血嗜血杆菌在形态及生化特性上与其完全不同，因此把猪株命名为胸膜肺炎嗜血杆菌（*H.Pleuropneumoniae*）。近年来进行DNA同源性研究发现它与林氏放线杆菌（*A.Lignieresii*）关系密切，因此，1983年起把它划归放线杆菌属中，命名为胸膜肺炎放线杆菌（*A.Pleuropneumoniae*）依赖NAD生长的生物I型。而把能引起慢性坏死性胸膜肺炎并具有胸膜肺炎嗜血杆菌形态特征的类溶血巴氏杆菌划归放线杆菌属，命名为胸膜肺炎放线杆菌不依赖NAD生长的生物Ⅱ型。研究发现生物Ⅰ型毒力强，危害性大。

胸膜肺炎放线杆菌为革兰染色阴性小球杆菌，并具有多形性，菌体表面被覆荚膜，在有的菌株培养物表面电镜观察到纤细的菌毛，无运动性，不形成芽孢。

APP为兼性厌氧菌，在含有V因子的巧克力琼脂平板上，10%CO_2条件下培养24h形成细小、圆形、透明的私稠菌落，直径约0.5mm，3～4d后可增至3～4mm。多数菌株在绵羊鲜血平板上呈β溶血，它在一种毒素源性金黄色葡萄球菌划线两侧，产生一种宽的加重溶血区。卵黄琼脂平板培养3d，也可形成较大的菌落。

本菌最适生长温度为37℃。在普通培养基上不生长，需添加V因子。在10%CO_2条件下，可生成黏液状菌落，巧克力琼脂上培养24～48h，形成不透明、淡灰色的菌落，直径1～2mm，菌落有两种类型，一种为圆形，坚硬的“蜡状型”，有黏性；另一种为扁平、柔软、闪光型菌落，有荚膜的菌株在琼脂平板上可形成带彩虹的菌落。在牛或羊血琼脂平板上通常产生β溶血环，本菌产生的溶血素与金黄色葡萄球菌的β毒素具有协同作用，金黄色葡萄球菌可增强其溶血圈（CAMP试验阳性）。

在马血清和牛心浸汁PPLO琼脂平板上接种本菌，然后将1%烟酰胺腺嘌呤二核苷酸（NAD）液交叉划线于平板上，经37℃18～24h，靠线近端菌落生长旺盛，远端生长弱，乃至不生长（为卫星生长现象），随着传代次数的增加，菌落逐渐增大，3～4代后可在普通琼脂平板生长，形成明显的中央凸起、边缘较薄的乳头状菌落。菌落下部深陷于琼脂内，不易用铂耳环取下，也不易在生理盐水中乳化。本菌需要的条件丰富，据杨旭夫报道，加NAD马血清的牛心浸汁（BH）的培养基是分离本病原菌的理想培养基。

该菌生化特性为可发酵乳糖、果糖、葡萄糖产酸，不发酵甘露醇、山梨醇、鼠李糖及甘露糖。靛青质、甲基红、V-P、柠檬酸盐实验均为阴性。硝酸盐还原实验阳性，马尿酸盐水解。卵磷脂酶阴性，过氧化氢酶、氧化酶、尿素酶、血浆凝固酶均为阳性。

根据荚膜多糖及LPS的抗原性差异分类，目前将本菌分为2种生物型和14个血清型。生物Ⅱ型中含有2个血清型（13、14），主要分布于欧洲，其致病性比生物Ⅰ型要弱。生物Ⅰ型中含有12个血清型（1-12），其中血清5型又可分为两个亚型5a和5b。血清型1、9和11；3、6和8；4和7含共同的脂多糖（LPS）抗原。各国（地区）所流行的血清型不尽相同，不同血清型之间的毒力有差异，1型最强。血清8型与血清3、6型，血清1型与9型有血清学交叉反应。我国主要以血清7型为主，血清2、3、5、8型也存在。在不同地区，其流行的血清型可有不同，如北美地区的流行血清型为1、5和7；而欧洲多为2、3和9型。我国台湾省主要是1和5血清型，血清5型随鼠体传代毒力逐渐增强。韩国分离的23株分别为血清2型为3株，血清3型为5株，血清4型为7株和血清5型为8株，另外7株未定型。日本主要为血清型2和5；中国主要是1、5和7。

APP引起猪致病有几个毒力因素，包括荚膜多糖、LPS、外膜蛋白、转铁结合蛋白、蛋白酶、渗透因子及溶血素等。

APP菌株具有荚膜，能产生APXⅠ（由apxⅠCA基因编码）、APXⅡ（由apxff基因编码）、APXⅢ（由apxHICA基因编码）和APXIV等毒素，其中APXⅠ分布在血清1、5、9、10及11型的菌体内；APXⅡ除10型外均可分泌；APXⅢ主要由血清2、4、6和8型菌分泌；所有血清型的APP在体内均可产生APXIV毒素。APXⅡ，APXⅢ和APXIV的部分操纵子和调控基因、结构基因已被克隆，并进行了序列分析。APP的毒力与其所产毒素的毒性有关。这些毒素能杀灭宿主肺内的巨嗜细胞和损害红细胞，是引起肺严重病理损害的主要原因。APXⅠ、APXⅡ和APXⅢ主要造成肺损伤，但APP毒素不是惟一的致病因素。APP对肺泡上皮细胞有很强的亲嗜性，这种亲和性有利于诱导毒素从APP进入宿主细胞，进而导致靶细胞受损。

Nicolet（1985）认为生物Ⅱ型菌的毒力比生物Ⅰ型低。有许多实验室的数据也证实了此点。比利时的Dom P.（1992）用气管内注射法比较了生物Ⅰ型（血清型3、2和9）菌和生物Ⅱ型菌的毒力。23只仔猪在注射生物Ⅰ型菌后12h出现急性临床症状，36h后死亡。9只注射Ⅱ型菌的猪，其中3只无临床症状，其余6只与Ⅰ型相似。1994年发现化学发光反应生物Ⅰ型菌强于生物Ⅱ型菌。生物Ⅰ型菌能迅速杀死肺泡巨嗜细胞。Jacobsen等（1996）用气雾感染模型证实生物Ⅱ型菌的毒力比生物Ⅰ型（血清型2，5和6）菌的低。产生相同病变的最低菌数，生物Ⅰ型是10^4CFU/mL，生物Ⅱ型是10^9CFU/mL。

比利时的Dom（1994）研究了由生物Ⅱ型血清2型菌所产生的RTX（APX）毒素。他用Westernblot法在该菌培养物上清液中发现103ku的蛋白质能与抗APXⅡ的单克隆抗体反应，也能被感染此菌的猪血清识别。KampE.（1994）报道生物Ⅱ型菌血清1、2型菌株也能产生APXⅡ毒素。Marianne Beck等（1994）用DNA探针和PCR法研究了生物Ⅱ型菌RTX（APX）毒素的基因型和表现型。由于缺少APXⅢ操作员基因，所以生物N型菌不能产生APXⅢ毒素，这也是其毒力比生物Ⅰ型低的原因。

本菌抵抗力不强，易被一般消毒药杀灭，但对结晶紫、杆菌肽、林可霉素、壮观霉素有一定抵抗力。

二、流行病学

1. 易感动物　各种年龄的猪均易感。通常以6周～6月龄的猪较为多发。其发病率为5%～80%，死亡率6%～20%。重症病例多发生于育肥晚期，死亡率约20%～100%，这可能与饲养管理和气候条件有关。

2. 传染源　病猪和带菌猪是本病的传染源。临床上无症状有病变猪，或无症状无病变隐性带菌猪较常见，病菌主要位于坏死的肺部病变和扁桃体中。据Nielsen（1974）报道，生前无症状猪127头，宰后有胸膜肺炎病变者81头，有73%从肺中分离到本菌。急性感染幸存者成为带菌者，病菌主要位于坏死的肺部病变和扁桃体中。猪场或猪群之间的传播，多数由于引进或混入带菌猪、慢性感染猪所致。

3. 传播途径　多在4～5月和9～11月发生，具有明显的季节性。主要传播途径是气源感染，病菌主要存在于患猪的支气管、肺脏和鼻汁中，病菌从鼻腔排出后形成飞沫，通过直接接触而经呼吸道传播，拥挤和通风不良可加速传播。急性暴发时感染可以从一个猪栏“跳跃”到另一个猪栏，说明较远距离的气溶胶传播或通过猪场工作人员造成的污染分泌物的间接传播也可能起重要作用。另外，种公猪在本病的传播中也起重要作用。还可通过配种传播。

4. 流行特点 本病在猪群之间的传播主要由引进带菌猪引起。饲养环境突然改变、密集饲养、拥挤、气温急剧改变、通风不良、气候的突变及长途运输等应激因素可促进本病的发生和传播，使发病率和死亡率升高。因此又称为“运输病”。一般说，大群比小群更易发生本病。老疫区的猪群发病率和病死率趋于稳定，如又突然暴发一般是由于饲养管理突变或新的血清型入侵所致。本病的危害程度随饲养条件改善而降低。

三、发病机理

并不完全清楚，APP是对猪有高度宿主特异性的呼吸道微生物，急性感染不仅可在肺部病变和血液中见到本病，而且在鼻漏中也大量存在本菌。气温急剧改变、通风不良、气候的突变及长途运输等应激因素可促进本病的发生，APP具有荚膜，能产生毒素，通过呼吸道进入肺脏，借助表面纤毛、荚膜在肺泡内定居，亦对肺泡巨噬细胞和血液中单核细胞产生细胞毒性作用，导致纤维素性出血性胸膜肺炎。从实验感染猪发现活菌能使肺巨噬细胞中毒，在病的急性期出现严重的肺血管损伤，导致内毒素性休克，内毒素可引起一种全身性出血性坏死反应，推测细菌通过呼吸道进入猪肺脏，借助细菌的表面附属物在肺泡内定居，产生毒素，导致纤维素性出血性胸膜肺炎。实验发现活菌能使猪肺巨噬细胞发生中毒，培养液上清中的热稳定巨噬细胞毒素具有溶血活性，是致死性的，通过气管感染仔猪可以引起肺出血。嗜中性粒细胞可能对本菌产生的毒素敏感，有趣的是在受感染的肺切片中很少见到嗜中性粒细胞，而最为多见的是纺锤形的嗜碱性细胞，很可能是变性的巨噬细胞。

四、临床症状

潜伏期自然感染1～2d，人工感染4～12h，死亡率一般较高。根据病程经过可分为最急性型、急性型、亚急性型和慢性型。

最急性型：同舍或不同舍的一个或几个猪突然发病，开始体温41.5℃以上，精神沉郁，不食，短暂的轻度腹泻和呕吐，无明显的呼吸系统症状。后期呼吸高度困难，常呈犬坐姿势，张口伸舌，从口、鼻流出泡沫样淡血色的分泌物，脉搏增速，心衰，耳、鼻、四肢皮肤呈蓝紫色，在24～36h死亡，个别幼猪死前见不到症状。病死率高达80%～100%。

急性型：同舍或不同舍的许多猪患病，体温40.5～41℃，拒食，呼吸困难（图2.3.7–1），咳嗽，心衰。由于饲养管理及气候条件的影响，病程长短不定，可能转为亚急性型或慢性型。

亚急性型和慢性型：多由前者转归而来，体温39.5～40℃，食欲废绝，不自觉的咳嗽或间歇性咳嗽，生长迟缓，出现一定程度的异常呼吸，这种状态经过几天乃至1周，或治愈或症状进一步恶化。在慢性猪群中常存在隐性感染的猪，一旦有其他病原体（肺炎霉形体、巴氏杆菌等）经呼吸道感染，可使症状加重。

最初暴发本病时，母猪可见到流产，个别猪可发生关节炎、心内膜炎和不同部位的脓肿。

五、病理变化

最急性型：主要变化是纤维素性肺炎和胸膜炎，可见患猪流血色鼻液，气管和支气管充满泡沫样血色黏液性分泌物。肺炎病变多发于肺的前下部，而在肺的后上部，特别是靠近肺门的主支气管周围，常出现周界清晰的出血性实变区或坏死区（图2.3.7–2）。其早期病变颇似内毒素休克病变，表现为肺泡与间质水肿，淋巴管扩张，肺充血、出血和血管内有纤维素性血栓形成（图2.3.7–3）。

急性型：肺炎多为两侧性，常发生于尖叶、心叶和膈叶的一部分，病灶区有出血坏死灶，呈紫红色，切面坚实，轮廓清晰，间质积留血色胶样液体，纤维素性胸膜炎明显（图2.3.7–4、5、6）。肺脏以外的病变，表现为肾小球毛细血管、入球动脉和小叶间动脉有透明血栓，血管壁纤维素样坏死，此为内毒素血症所致。

亚急性型：肺脏可能发现大的干酪性病灶或含有坏死碎屑的空洞。由于继发细菌感染，致使肺炎病灶转变为脓肿（图2.3.7–7），后者常与肋胸膜发生纤维性粘连（图2.3.7-8）。

慢性型：常于膈叶见到大小不等的结节（图2.3.7-9），其周围有较厚的结缔组织环绕，肺胸膜粘连。

组织学变化以肺组织坏死、出血、中性粒细胞浸润、巨噬细胞和血小板激活、血管栓塞、广泛水肿和纤维素性渗出为特征。在坏死区周围发生巨噬细胞浸润和显著纤维化，纤维素性胸膜炎是其特征。

六、诊断

（一）临床流行病学与病理学诊断

本病发生突然与传播迅速，伴发高热和严重呼吸困难，死亡率高。急性暴发期病猪根据典型症状与病变，能够作出初步诊断。死后剖检见肺脏和胸膜有特征性的纤维素性坏死性和出血性肺炎、纤维素性胸膜炎，以此可作出初步诊断。慢性病猪在外观上貌似健康猪，易与喘气病混淆，在二者混合感染时更难诊断，剖检时可发现在其胸膜及心包有一界限分明的硬的包裹物（纤维素性渗出物）。确诊需进行实验室诊断。

（二）细菌学检查

临床疑为胸膜肺炎急性暴发病例时，死后剖检见有特征性胸膜肺炎变化，可作出初步诊断。确诊需做细菌学检查，步骤为：

（1）将肺或气管病料接种于含5%犊牛血液的琼脂板上，用不溶血大肠杆菌或葡萄球菌作为保姆株与病料做交叉划线，在有CO_2的条件下培养24h后，可见在保姆株周围呈现有β溶血的小菌落；

（2）挑取可疑菌落接种于PPLO培养基，培养1天后，进行生化试验，须与嗜血杆菌进行区别；

（3）如以上试验与胸膜肺炎放线杆菌相符，再用血清1~12型兔高免血清做玻片凝集试验作初步定型；

（4）用血清1～12型兔阳性血清对分离的细菌做琼脂扩散和间接血凝试验，做最后定型。血清学检查能有效地发现慢性感染猪和感染群。

世界上大多数国家的实验室采用改良补体结合试验，而加拿大采用2－巯基乙醇试管凝集试验和用间接酶联免疫吸附试验，瑞士也采用间接酶联免疫吸附试验。我国口岸检疫采用美国公共卫生传染病中心实验室颁布的补体结合方法，简称LBCF，被检血清1：10稀释，溶血度30%判为阳性。阻断ELISA较LBCF方法有更高的特异性和敏感性，被检血清1：4稀释，其抗体相对平均吸收值低于10%±1%，判为阳性。采用2-巯基乙醇凝集试验，血清1：10稀释时出现凝集为阳性。

（三）血清学检查

有补体结合试验、2-巯基乙醇试管凝集试验、琼脂扩散试验、乳胶凝集试验和酶联免疫吸附试验等方法。目前认为酶联免疫吸附试验较为适用。补体结合试验也有较好的敏感性和特异性。感染后10d即可检出抗体，3~4周达到最高水平，可持续数月。补体结合试验可用于进行血清学调查，以清除隐性感染。血清分型需用琼扩或间接血凝试验。

1．葡萄球菌A蛋白（SPA）协同凝集试验 Cafmen（1997）此法对已知血清型分型，首先用已知血清型的参照菌株检验了待试方法，SPA协同凝集试验获得的结果与已知血清型菌株的荚膜血清型完全一致。用SPA协同凝集试验检测了已知血清型的100个菌株，结果与环状沉淀试验（RP）结果一致，全菌细胞悬液或其盐水浸液的SPA协同凝集试验结果一致。当用全菌细胞悬液或其盐水浸液做SPA协同凝集试验时，不同血清型之间无交叉反应。然而当全菌盐水悬液在4℃保存长时间或煮沸15min时，除血清6型与3、5型有轻微的交叉反应外，所有抗原在协同SPA凝集试验中表现型特异性。他又将属于不同血清型的全菌细胞抗原等量混合后作了检测，不同血清型之间没有交叉反应的迹象。定型菌株和一些现地混合血清型的分离株的终点效价比较表明，对检测血清型特异性抗原，协同凝集试验比环状沉淀试验（RP）敏感；对检测细菌悬液内型特异性抗原，协同凝集试验比RP敏感2~32倍，协同凝集比RP更方便，检测效果也更好。

2．琼脂扩散试验 朱士盛等（1999）用APP制备酚水抗原、超声波处理抗原和CTAB处理抗原，分别与自制的APP1-12型血清做琼脂扩散试验。其中以酚水抗原最佳，沉淀线最清晰。

3．间接血凝（IHA）实验 朱士盛等（1987）、忠新等（1999）MMA检测猪传染性胸膜肺炎，经戊二醛-鞣酸化处理的绵羊红细胞用APP抗原致敏，以IHA检测猪传染性胸膜肺炎病猪血清抗体，对人工感染4d的猪血清抗体的检出率达80%，与猪瘟、猪肺疫、气喘病、猪萎缩性鼻炎的阳性血清无交叉反应。为防漏检，将三种血清型的抗原混合致敏红细胞，具有特异性的综合反应。本检测方法适用于猪传染性胸膜肺炎流行病学的调查和定性。具有敏感、特异和可用于早期诊断的特点，适于推广运用。

4．酶联免疫吸附试验（ELISA） 徐瑞（1989）介绍了检测猪血清中APP抗体的ELISA方法，对458份猪样品，用ELISA和CF（补反试验）进行检测与比较，ELISA对CF所检阳性数的覆盖率达100%，其阳性率比CF高3.71%。

Ioftager等（1993）用ELISA检测APP血清2型抗体表明，血清和唾液中的IgA滴定符合度很好。在自然感染早期，血清抗体无法检测时，唾液中IgA抗体也能被检测出来；在感染晚期，血清抗体出现以后，唾液中的抗体却消失了。这提示在系统产生免疫反应前，黏膜IgA抗体就产生了反应，因此，检测唾液、鼻液、支气管泡液中的抗体黏膜IgA可用于诊断胸膜肺炎放线杆菌早期感染猪。

Nielsen（1993）用阻断ELISA检测APP血清8型抗体。试验表明，阻断ELISA试验能分辨出APP血清8型感染的患畜与其他各型感染的患畜，包括抗原性相关的血清3、6型感染猪。Klausen等（2001）用阻断ELISA检测APP血清6型抗体，该法用APP血清6型菌株的纯化脂多糖作抗原，检测APP1-12个血清型混合感染猪血清，结果显示与血清3、8型有交叉反应，但与其他血清型无交叉反应。

Bosse（1993）用包含有血清型1、5、7型特异性脂多糖的混合抗原建立ELISA用于实验感染猪血抗体检测，其敏感性和特异性分别为96%和99.5%。母猪和哺乳仔猪是检测猪胸膜肺炎的最好群体。此法可用于猪群胸膜肺炎的监测。

（四）分子生物学检测

聚合酶链式反应（PCR）技术已被运用于检测APP及对其进行分型。Chiers（2001）用PCR试验扩增dsbE类基因来检测鼻腔和扁桃腺拭子中的APP，对157个APP野外分离菌株进行PCR试验，扩增dsbE基因，为获得一个342bp的扩增产物。特异性试验表明，相关种属细菌和其他种属细菌都扩增不出该目的基因片段。对APP的最低检测值为10$_2$CFU/PCR管，即使在PCR管中加人10'CFU的大肠杆菌，也不会对扩增结果有任何影响，是诊断APP的一种有效的方法。

王牟平（2003）根据已发表的APP的APXIV毒素的基因序列，自行设计和合成了二对可扩增448bp和365bp目的片段的引物，成功地建立了检测APP的套式PCR方法。对猪肺疫巴氏杆菌、猪链球菌、大肠杆菌、猪嗜血杆菌、猪肺炎支原体和猪丹毒杆菌的DNA进行了PCR检测，结果均为阴性；对APP的1、2、5、6、9国际标准血清型均扩增出448bp和365bp的特异性条带。检测的敏感度一步PCR可达到500个细菌，最低检出DNA浓度可达到0.585ng/mL；套式PCR可达到50个细菌，最低检出DNA为58.5ng/mL。该法特异性和敏感性均很高，可作为猪传染性胸膜肺炎的快速诊断和流行病学调查的手段。

（五）鉴别诊断

做好与猪肺疫、猪链球菌病、猪嗜血杆菌病、猪支原体肺炎等疾病的区别诊断，如有混合感染时，必须做细菌分离培养与鉴定。

七、防制

搞好猪舍的日常环境卫生，加强饲养管理，减少各种应激因素，创造良好的环境。

防制本病有效的方法是对无本病猪场，严禁引进带菌猪，在引进猪前应用血清学试验进行检疫。坚持抗体检测，淘汰阳性猪，可建立净化猪群。

（一）预防原则

1. 实施科学饲养管理 本病为条件性致病菌，猪场应加强饲养管理，减少应激。采用全进全出的饲养方式。根据季节气候的变化，控制好舍内的温度和湿度。保证全价优质的饲料，清洁的饮水。合理的饲养密度，良好的通风，清洁干燥的圈舍，定期清理粪便、污水等污物，降低因污物发酵和腐败产生的有害气体对猪呼吸系统的损害，以净化空气，创造一个良好的空气环境。

2. 做好兽医卫生防疫工作 猪场应实施封闭管

理，严格控制人员进出，工作人员互不串舍。人员进入生产区，必须更换衣物、胶靴，并用消毒药水洗手后经消毒池方可进入。衣物、用具等应及时用紫外线消毒。用于环境消毒的药物应选择广谱消毒剂。对出现临床症状的病猪必须进行隔离观察，防治或淘汰。病死猪一律经严格消毒后，运到指定地点深埋或焚烧。

3. 加强检疫　健康猪场应坚持自繁自养的原则，防止引入带菌猪。确需引种的，至少隔离3个月或半年以上，经血清学检查为阴性，确认健康猪方可进入生产区混群饲养。发病猪场应严格按照消毒规程及时淘汰病猪（深埋或焚烧）。严格对圈舍进行清扫和消毒，空圈必须在1个月以上，方能进猪使用。

（二）免疫预防

接种菌苗可以抵抗活菌的实验性攻击，或能有效地阻止野毒的攻击。菌苗的保护作用取决于其质量和免疫方法。目前已研制出胸膜肺炎灭活苗和亚单位苗。但各血清型之间交叉保护性不强，同型菌株制备的疫苗只能对同型菌株感染有保护作用。全菌型疫苗只能对细菌细胞产生免疫力，而不能对有致病作用的细菌分泌物产生免疫力。

1. 疫苗的免疫接种　本病的血清型较多，互相之间的交叉免疫能力差，故疫苗所含血清型的选择一定要有针对性。可在每年的6月、12月各免疫1次。种公猪免疫2次/年，经产种母猪产后1个月免疫1次。幼猪1月龄首免，断奶后7天重免；作种用的后备公、母猪配种前1个月再免1次。免疫后要注意观察，对个别出现不良反应或发病的猪应及时给予治疗和处理。

2. 现地分离的本菌制灭活苗　用培养6h的新鲜培养物（浓度为每毫升含菌10^{10}个），经福尔马林或硫柳汞杀菌，再加上氢氧化铝佐剂制成菌苗，使用油佐剂也能得到较好的效果。2～3月龄猪皮下注射菌苗2次，每次间隔2周，每次剂量为2～4mL，能减少病死率和降低慢性胸膜肺炎的流行。但胸膜肺炎放线杆菌免疫有血清型特异性，而自然感染则没有这种特异性。当猪对胸膜肺炎放线杆菌某血清型的抗体一旦形成，再次接种其他血清型菌苗，则抗体滴度很低。

（三）阴性猪场

坚持自繁自养、全进全出的原则。如确需引进种猪时，则应对引进种猪进行检疫，防止带菌种猪进入猪场。

1. 加强工作人员出入猪舍管理　对于条件好的猪场应建立专门的消毒通道，工作人员进出，按照要求进行沐浴更衣；条件略差的猪场，工作人员出入也应更换专用衣、帽、鞋，方可出入猪场。严禁工作人员将饲养场外的食物及其他杂物带入猪场，严禁非工作人员进入猪场。

2. 制定消毒制度　按期用有效消毒药对猪场进行消毒，一般猪舍及周围环境每周消毒2～3次，所需消毒药物要定期更换，确保消毒效果。常用消毒药有远征金碘、远征圆环毒杀、远征快克消毒液，效果较好，也可用火碱，但对猪刺激较强。

3. 定期免疫　通过定期免疫，增强猪的免疫力，减少该病的发生。例如采用APP疫苗，每年免疫两次，可预防该病的发生。

4. 加强饲养管理　加强饲养管理，合理使用各种饲料，适当添加药物进行预防，例如在本病的流行期可按药量0.6g/kg体重在饲料中加入土霉素，连用3d，可起到预防本病的效果。注意猪舍环境，保持猪舍干燥，及时清除粪便，合理安排饲养密度。饲养密度不可过高，一般40kg以上的猪必须有1m^{2}躺卧面积。

（四）阳性猪场

要根除本病，应将抗体阳性率高的猪群全部扑杀，再从血清学阴性猪场引入新猪。对于阳性率比较低的种猪群，应在仔猪断奶时，不断清除血清阳性母猪，并在以后对猪群进行血清学检查，这种方法证明是成功的。在净化过程中，应给猪群喂药物饲料，以防发生新的感染。例如每千克饲料中加入250mg增效磺胺甲基异噁唑。主要是投给断奶2～3周龄的小猪，并隔离饲养。到12周龄时转移到抗体阴性猪群中，同时还应喂抗菌类药物饲料。引进的抗体阴性猪隔离饲养2周后，再检查抗体，如仍为阴性时，才可转入无胸膜肺炎的健康猪群。

加强猪群的净化，定期对猪群进行血清学监测，一旦发现阳性猪则应及时隔离并作无害化处理，防止该病在猪群中传播。

（五）药物预防

受威胁的未发病猪场平时可进行预防性投药，可选用阿莫西林200～500g/t饲料，或0.06%～0.08%的土霉素、0.06%的氟哌酸、0.05%的氨苄青霉素、0.05%～0.08%的林可霉素或利高霉素等，一般连用3～5d，建议一个季度或半年换药1次。

（六）治疗

据报道抗生素治疗能降低死亡率并提高平均日增重，但是经治疗的猪常常持续带菌，成为其他猪的传染源；另一个问题是经常出现耐药菌株，使抗生素疗法成为一个长期难以解决的问题。对发病的猪场，早期及时治疗是提高疗效的重要条件，需依据药敏试验结果和现场药物使用情况确定具体药物。不能进行药敏试验的猪场，可参考选用下列药物：阿莫西林和青霉素是首选药物，增效磺胺甲基异嘧唑及四环素也有效，壮观霉素可与林可霉素联合使用。先锋霉素类（先锋Ⅵ和先锋必）、氟甲砜霉素，连续用药5～10d，效果较好。对个别严重的猪要及时淘汰。在病的早期治疗效果较好，为维持血液中的有效浓度，应根据所用抗菌药物的特性反复注射。若猪吃食和饮水正常，也可采取注射与口服同时给药。

有的使用土霉素制剂混饲0.6g/kg，连用3d，可防止新病例出现。青霉素和增效磺胺甲基异嘧唑可作首选药物。治疗剂量宜大一些。首次治疗必须采用注射方法，其他药物如氨苄青霉素、红霉素、卡那霉素、四环素、新霉素、链霉素等也有一定疗效。应用特效米先治疗病猪，效果较好。每头0.1mL/kg，深部肌肉注射。

王天奇（2004）报道，2003年10月，河南省洛阳市A、B两个猪场分别自山东日照和河北石家庄引入保育猪105头和250头，体重在20～30kg之间。引入后1周内陆续发病。初期表现体温升高、咳嗽、减食、皮肤发红，后期表现呼吸困难，鼻孔流出淡黄色分泌物，耳、鼻、四肢内侧及末端发绀，食欲废绝，后躯麻痹，卧地不起，死亡猪多自鼻孔流出血样液体。经临床检查和实验室诊断，确诊为胸膜肺炎。两株分离菌均对丁胺卡那、氟甲砜霉素高敏；对青霉素G、氟哌酸中敏；对链霉素、卡那霉素、四环素和庆大霉素耐药。

第八节 猪传染性萎缩性鼻炎（Swine Infectiou Satrophic Rhinitis）

猪传染性萎缩性鼻炎（简称AR）是一种由支气管败血波氏杆菌（简称Bb）和产毒素多杀巴氏杆菌（简称Pm）引起的猪呼吸道慢性传染病。主要侵害上呼吸道，以浆液性卡他性和化脓性鼻炎、鼻甲骨萎缩、面部变形和生产性能下降为主要特征。本病的主要危害是造成病猪生长缓慢，可使猪的饲料转化率降低，给集约化养猪造成巨大的经济损失。Nielsen等统计，严重AR的猪场饲料的转化率可以降低15%。此病呈世界流行，我国许多地区有此病的报道。世界动物卫生组织（2002）将其归为B类动物疫病。

一、病原

产毒多杀巴氏杆菌是本病的主要病原，可诱发典型的猪萎缩性鼻炎，支气管败血波氏杆菌I相菌是本病的一种次要的、温和型病原。

根据特异性荚膜抗原，可将多杀巴氏杆菌分为A、B、D、E四个血清型，诱发AR的产毒多杀巴氏杆菌，绝大多数属于D型，而且毒力较强；少数属于A型，多为弱毒株，来自不同型毒株的毒素具有抗原交叉性，因而它们的抗毒素之间有交叉保护性。

毒素的分子量约为150KD，是具有单一多肽结构的蛋白质，不具备一般毒素的典型双亚基结构，但蛋白水解酶能将其分解为两部分，Dominick（1986）认为，毒素在作用过程中仍以双亚基的形式出现，并发挥各自的功能。在56℃加热30min，蛋白酶K可使其失活，能被胰蛋白酶水解灭活，经甲醛处理可制成类毒素，有免疫原性。毒素对多种实验动物有致病性，接种豚鼠皮肤可引起皮肤坏死，被称为皮肤坏死毒素（DNT），大剂量可致死小鼠、大鼠（Wistar系）和猪。毒素对培养的牛胚肺细胞（EBL）具有强毒性。Rutter等（1984）利用此特点建立了一种快速、简易检测毒素的方法。

支气管败血波氏杆菌为球杆菌或小杆菌，呈两极染色，革兰染色阴性，有的有荚膜，有鞭毛，有运动性，无芽孢，大小为（0.2～0.3）μm×（0.5～1.0）μm，散在或成对排列，偶呈短链。需氧菌，在肉汤中培养有腐霉味，常见有丝状形态。在普通培养基上生长良好。培养的第1天，在麦康凯培养基上几乎看不到生长，血琼脂板上菌落也很小。第2天，麦康凯培养基上形成淡白色的菌落，血琼脂上形成白色、圆形较大菌落，有溶血环。在血液-甘油-马铃薯培养基上37℃，24h可见黄色不透明的直径达1mm的圆形菌落。不分解糖类，不产生吲哚，不产生硫化氢，能利用枸橼酸盐，还原硝酸盐为亚硝酸盐。石蕊牛乳呈碱性反应，尿素分解与过氧化氢酶试验呈强阳性，血浆凝固酶阳性。

根据毒力、抗原性及生长特性，可将本菌分为三个菌相。Ⅰ相菌病原性强，感染或疫苗免疫猪产生的保护性抗体主要是K抗体，具有血凝性，极易变异。菌体表面可形成荚膜抗原，与O抗血清不发生凝集。Ⅲ相菌属低毒或无毒菌，典型的Ⅲ相菌表面不形成K抗原，不与K抗体发生凝集，可与O抗体发生凝集反应，Ⅲ相菌免疫猪可产生O抗体。Ⅱ相菌是Ⅰ相菌向Ⅲ相菌变异的过渡型。

本菌有三个菌相，Ⅰ相菌病原性较强，为有荚膜的球形或短杆状菌，具有表面K抗原和强坏死毒素（类内毒素）。Ⅱ、Ⅲ相菌毒力较弱。Ⅰ相菌在不适当条件下向Ⅱ、Ⅲ相菌变异。

本菌的抵抗力不强，常用消毒剂均可将其杀死。56℃30min可使其灭活。在体外，在玻片上可存活4～5d，在纸片上存活几个小时，在土壤中存活6～7周。

二、流行病学

1. 易感性　各种年龄的猪都有易感性，尤其是幼龄猪对本病最易感，通常以幼猪的病变最为明显。发病率随年龄的增长而下降。1月龄以内的仔猪感染后在几周内发生鼻炎和鼻甲骨萎缩。1月龄以上的猪只感染后通常无明显的临床表现。品种不同的猪，易感性也有差异，国内土种猪较少发病。

除猪外，本病对犬、猫、牛、马、羊、鸡、麻雀、猴、兔、鼠、狐及人也能引起慢性鼻炎和化脓性支气管肺炎。

2. 传染源　病猪和带菌猪是本病的传染源，母猪已被确认为其仔猪支气管败血波氏杆菌和多杀性巴氏杆菌的来源，成为其哺乳仔猪重要的鼻腔感染来源。支气管败血波氏杆菌是猪呼吸道黏膜的常在菌，鼻腔感染几乎存在于整个猪群，Ⅰ相菌在鼻腔中繁殖，能连续定居5个月以上。鼠、猫、兔、犬和人等均可带菌，其他带菌动物也能作为传染源使猪感染发病，鼠类可能是本病的自然宿主。

3. 传播途径　主要经飞沫传播，病猪、带菌母猪通过接触，经呼吸道将病传给仔猪。不同月龄猪再通过水平传播扩大到全群。

主要是通过感染猪的口、鼻飞沫或气溶胶传播。呼吸道分泌物和污染的媒介物可能也是传播的一个重要原因。本病也可在公、母猪之间传播。临床上可见的传播多见于购入感染猪引起。各种应激因素可使发病率增加。

4. 流行特点　AR在猪群内传播比较缓慢，多呈散发或地方流行性。不同年龄的猪都有易感性，但只有生后几天至几周的仔猪感染后才能发生鼻甲骨萎缩。较大的猪可能只发生卡他性鼻炎、咽炎和轻度的鼻甲骨萎缩。成年猪感染后看不到症状而成为带菌者。除致病菌外，猪传染性萎缩性鼻炎的发生也受到其他因素的影响，如空气中的氨气、通风情况、卫生条件、营养水平、遗传因子和品种等。

5. 发现历史与流行现状　本病最早于1830年在德国发现（鼻甲骨萎缩）。日本于1953年在九州鹿儿岛由美国引入猪只中发现本病，1956-1973年蔓延全国。现已广泛分布于世界各地。

关于本病的病因曾争论多年。Switzer（1956）首次从一例病猪萎缩的鼻甲骨分离到支气管败血波氏杆菌（Bb），之后，Bb作为AR病因的观点被普遍接受。之后，Dejong等人（1980）和前苏联学者ILina等人（1975）报道，应用豚鼠皮肤坏死试验和小鼠致死试验将猪的多杀巴氏杆菌（Pm）菌株分为AR致病性和非致病性两类，并发现只有产生皮肤坏死毒素（DNT）的Pm菌株才与AR有关。随之，对产毒素Pm菌株与AR病因的关系进行了研究，证实这类Pm菌株与持续性临床型AR有关。Perdesen（1981）、Ruffer（1982，1984）发现Pm在鼻腔内的定居繁殖力取决于它自身产生的毒素，并与感染前的预处理有关，如用波氏杆菌预感染或用低浓度乙酸对鼻腔预处理，可加强多杀巴氏杆菌的定殖及对鼻腔的病理损害作用。以后对其毒素作了进一步研究，Perdergou等（1984）、Domimck等（1986）用毒素经腹腔或鼻腔对猪攻毒，观察到毒素攻击鼻腔后导致鼻部病变的专一性。Lax等（1990）发现毒素对肝、肾、输尿管等也有损伤作用，并伴有上皮细胞的增生。Kamp等（1990）发现除多杀巴氏杆菌外的细菌也产生同一种毒素，同样能感染诱发AR，如鼠伤寒沙门氏菌，含有部分多杀巴氏杆菌的毒素基因，产生与后者类似的毒素。实验中还发现波氏杆菌也能产生一种毒素，这种毒素在波氏杆菌单独感染时能引起温和型AR，与多杀巴氏杆菌混合感染时能加强后者的毒性作用。Lax等（1990）对Pm毒素基因进行了研究，构建了重组毒素，并证实了重组质粒产生的毒素与天然菌株产生的毒素在结构和理化性质上完全一致。经动物实验进一步证实，TOX（重组质粒）毒素对培养细胞的损伤以及组织、器官的侵袭性，与天然毒素相同。经甲醛处理后，同样能有效刺激猪产生抗毒素及保护作用。确认了TOX毒素与天然毒素是同一种毒素。

在美国和加拿大约有20%～40%的猪感染了AR，丹麦和英国约40%的猪感染了AR，日本约25%的猪感染了AR。国内1995年，据齐铁英报道，在我国部分地区21个养猪场的1 081头猪中，败血波氏杆菌的感染率为61.1%，个别猪场最高检出率为93.3%，毒素源性多杀性巴氏杆菌的感染率为92%。

鲁承，金鑫（2005）报道了延边地区出栏猪AR的感染情况，从延边5个不同地区随机采取了160份病猪鼻腔棉拭子，进行了病原微生物的分离和鉴定。结果如下：①160份鼻腔棉拭子中Bb分离出“株（40.63%），PM分离出35株（21.88%），其中PmA型18株（51.43%），PmD型为15株（42.86%）；②毒素检测结果：65株Bb均产生毒素，15株PmD型菌中13株（86.67%）产生了毒素。

三、发病机理

多杀性巴氏杆菌多定居在猪的扁桃体，研究发现，猪所携带的多杀性巴氏杆菌中，有48%来自于扁桃体和鼻腔，而其中扁桃体占40%、鼻腔仅占8%。一般情况下巴氏杆菌很难在健康猪的鼻黏膜上增殖，只有在受到支气管败血性波氏杆菌或其他因子侵袭、黏膜受到损害时才有可能造成在猪场中传播。

支气管败血性波氏杆菌的毒力因子主要有三个，即坏死毒素、菌体纤毛和荚膜。其中，坏死毒素和菌体纤毛是评价本菌菌株毒力的主要依据。坏死毒素是最强的毒力因子，它可扩散到鼻甲骨，直接作用于成骨细胞或骨细胞，抑制鼻甲骨成骨细胞对钙的摄取，引起该类细胞的退行性变化，导致鼻甲骨软化、萎缩以至消失。有的学者认为坏死毒素可引起骨细胞的骨质溶解，引起骨质再吸收。用支气管败血波氏杆菌的无细胞超声裂解物滤液可人工复制本病。有的学者研究认为，本菌所产生的细菌毒素能为产毒性多杀性巴氏杆菌在猪鼻腔中的持续生长创造条件。荚膜的主要作用是保护细菌免受吞噬细胞的吞噬，有利于细菌的扩散，增强侵袭力。菌体纤毛是细菌的一种黏附因子，对宿主上皮细胞有特异性黏附作用，有助于菌体牢固的定居和增殖，同时产生大量的皮肤坏死毒素，引起鼻黏膜上皮发炎、增生或退变。I相菌有丰富的纤毛抗原，是I相菌毒力强的主要原因。

本病的发生机制长期未能得到充分阐明，近年的研究确定了多杀性巴氏杆菌在致AR中起主要作用。1953年Gwatkin等提出多杀性巴氏杆菌与该病有联系，随后产毒素菌株的发现证实了该菌在本病中的重要作用。但多杀性巴氏杆菌的毒素的确切致病因子尚不十分清楚。病理学的研究发现，毒素主要通过抑制鼻甲骨中心骨细胞的合成和增强骨的吸收作用而导致鼻甲骨的萎缩。用超声波抽取的巴氏杆菌可引起牛胎肺细胞变性，并可引起小鼠死亡。纯化的巴氏杆菌毒素能引起进行性AR，造成鼻甲骨的萎缩和消失。有学者认为为D型产毒巴氏杆菌的重复感染，可加剧病理变化并引起严重临床症状。

Chanler等（1990）对Pm毒素的致病机制解释如下：正常时，骨组织内成骨细胞沉积新骨，并抑制破骨细胞的活动；破骨细胞负责消除骨代谢的产物以及为骨成形做必要的吸收，两者共同调节，决定骨的生长及形状。当毒素侵入后，一方面破坏了骨组织内的成骨细胞和破骨细胞代谢的动态平衡，骨的吸收功能增强，于是成骨逐渐消失；另一方面，毒素刺激间质组织不断增生，逐渐取代骨组织，在猪的鼻部表现为扭曲、变形等。这些增生的间质细胞可能是成骨细胞的前体，受毒素的作用产生持续生长和分裂效应，阻止其自身向成熟的成骨细胞转变，导致了成骨细胞减少及老化，以至于功能下降。对于毒素侵害鼻甲骨的专一性推测为，不同骨骼细胞中的成骨细胞前体存在着有无毒素受体的差异性，来自鼻甲骨的成骨细胞前体有这种受体，而其他骨的成骨细胞前体则没有。毒素经过血循环，对肝、肾等器官产生损害效应，同时更多地表现出其促生长效应。

四、临床症状

AR发病日龄，最早1周龄，6～8周龄最显著。AR早期症状，发病猪打喷嚏、流鼻涕、喷鼻息，有不同程度的卡他性鼻炎，产生不同量的浆液性或黏液性鼻分泌物，猪表现不安，到处拱地、奔跑，以后病情逐渐加重，持续3周以上开始发生鼻甲骨萎缩。感染猪在整个生长期间将继续打喷嚏、流鼻涕（图2.3.8–1、2）、气喘；同时有不同量的浆液性、脓性分泌物流出。严重时，打喷嚏可损伤鼻黏膜的血管流出鼻血（图2.3.8–3），往往是单侧性的，可在猪舍墙壁或猪背上看到血迹。病猪剧烈喷嚏后，可从鼻喷出黏液性、脓性物质，甚至鼻甲碎片。

猪鼻甲骨在发病后3～4周开始萎缩，鼻腔阻塞，呼吸困难、急促，可能有明显的脸变形。上腭、上颌骨变短以致出现脸部“上撅”。鼻背上皮肤和皮下组织形成皱褶。有时可见嘴向一侧偏斜的症状（图2.3.8–4），主要是一侧骨生长受阻引起的。并不是所有出现严重鼻甲骨萎缩的病猪有明显的脸变形。暴发AR时，由于鼻泪管阻塞，流出的眼泪与灰尘黏在一起，在猪内眼角下皮肤上形成半月形放射状条纹，称为泪斑（图2.3.8–5）。没有萎缩性鼻炎时也可能出现泪斑。

一些临床参数已被应用于发病水平的检测和定量，如猪鼻部眼观扭转的范围、喷嚏的次数等，猪在感染2～4周后血清中可出现凝集抗体，并持续至少4个月。

鼻甲骨萎缩与感染周龄、是否发生重复感染以及其他应激因素存在与否的关系非常密切。如周龄愈小，感染后出现鼻甲骨萎缩的可能性就愈大，愈严重。一次感染后，若无发生新的重复或混合感染，萎缩的鼻甲骨可以再生。有的鼻炎延及筛骨板，则感染可经此而扩散至大脑，发生脑炎。此外，病猪常有肺炎发生，其原因可能是由于鼻甲骨损坏，异物和继发性细菌侵入肺部造成，也可能是主要病原直接引发的结果。因此，鼻甲骨的萎缩促进肺炎的发生，而肺炎又反过来加重鼻甲骨萎缩病演过程。

五、病理变化

Bb–I相菌易固着在鼻腔黏膜上皮细胞上，进行增殖后，其坏死毒素引起鼻腔上皮发炎、增生和退变。如果不是反复感染，这种病变是可以修复的。当黏膜受损后，给Pm毒素源株寄居和增殖创造了条件。Pm毒素使鼻甲骨上皮增生，黏液腺萎缩，软骨溶解和间质细胞增生。这些变化将最终取代骨小梁和成骨性与破骨性组织，最后导致软骨溶解，甚至纤维组织化。临床上则发生渐进性萎缩病变，使猪吻变短或歪鼻。

病变一般局限于鼻腔和邻近组织，最特征的病变是鼻腔的软骨和鼻甲骨的软化和萎缩，特别是下鼻甲骨的下卷曲最为常见。有的萎缩限于筛骨和上鼻甲骨的。有的萎缩严重，甚至鼻甲骨消失，而只留下小块黏膜皱褶附在鼻腔的外侧壁上。病变仅限于鼻腔的邻近组织，最有特征的变化是鼻腔的软骨和骨组织的软化和萎缩。主要是鼻甲骨萎缩，特别是鼻甲骨的下卷曲最为常见。进行病理解剖诊断时，可沿两侧第一、二臼齿间的连线踞成横断面，然后观察鼻甲骨的形状和变化。正常的鼻甲骨分成上、下两个卷曲，整个鼻腔被上下卷曲占据，上鼻道比下鼻道稍大，鼻中膈正直，当鼻甲骨萎缩时，卷曲变小而钝直，甚至消失，使鼻腔变成一个鼻道，鼻中膈弯曲（图2.3.8-6）。鼻黏膜常有黏脓性或干酪样分泌物。鼻腔变形鼻腔常有大量的黏脓性甚至干酪样渗出物，随病程长短和继发性感染的性质而异。急性时（早期）渗出物含有脱落的上皮碎屑。慢性时（后期），鼻黏膜一般苍白，轻度水肿。窦黏膜中度充血，有时窦内充满黏液性分泌物。病变转移到筛骨时，当除去筛骨前面的骨性障碍后，可见大量黏液或脓性渗出物的积聚。

六、诊断

由临床症状、病理变化和微生物检查，可作出正确的诊断。可用X射线做早期诊断，也可用鼻腔镜作辅助性诊断。

（一）细菌学检查

鼻外部消毒后，用无菌棉拭子插出鼻腔中较深的部位，轻轻转动几次，使其沾上黏液或分泌物，立即放入装有肉汤的小试管中，塞紧管塞，送检。也可直接无菌采取鼻腔后部、支气管的分泌物及肺组织等。

4h内进行细菌分离培养，可应用改良马丁琼脂（含牛裂解血球液0.1%、牛血清2%、盐酸洁霉素1μg/mL，硫酸新霉素1.9μg/mL）平板和血红素痢特灵改良麦康凯琼脂（彭发泉等1986）平板，37℃培养18h分离Pm，培养44h分离Bb。Bb分离株依据菌落特征和平板凝集反应加以鉴定，Bb37℃培养24h，菌落呈针尖大小；48h菌落为2mm大，呈灰褐色，半透明状、隆起、光滑，有特殊霉臭味。涂片、染色、镜检。革兰染色，可见到革兰阴性小杆菌，有两极着色的趋势。

Pm分离时，先根据菌落形态和45℃斜射光下荧光特点，挑取可疑菌液，然后按常规的细菌学技术鉴定。Pm分离株的荚膜型鉴定可采用透明质酸试验和吖黄素试验进行。透明质酸试验是在不加抗生素的改良马丁琼脂平板中间，竖划一条产生透明质酸酶的金黄色葡萄球菌ATCC25923株新鲜培养物生长线，再将Pm分离株于该线两侧成直角横划一条直线，37℃培养，定期观察至24h。A型株在邻接金黄色葡萄球菌接种线处生长明显受到抑制，菌苔变薄，荧光消失，而远端不受影响，非A型株无此变化。吖黄素试验是将0.5mLPm分离株菌液与1：1 000中性吖黄素水溶液在小试管内等量混合，室温静置观察。D型株在5min后自凝形成大块絮状沉淀，30min内上清透明，非D型株不形成或仅有微细沉淀，上清混浊。

生化鉴定，支气管败血波氏杆菌主要的生化特点是：有运动性，甲基红试验、VP试验均为阴性，不分解葡萄糖。分解尿素，能利用枸橼酸盐，过氧化氢酶和氧化酶试验均为阳性。

（二）Pm分离株的产毒素能力检查

采用豚鼠皮肤坏死试验（DeJong，M.F.1980）进行。用马丁肉汤37℃培养36h的菌液0.1mL注射于体重350g的健康豚鼠背部皮内，观察72h。皮肤出现直径大于0.5cm以上的坏死区为阳性反应（DNT^+），无反应或仅一过性红肿为阴性（DNT^-）。

（三）X射线摄片检查

摄片时胶片贴在病猪的硬腭。X射线从鼻背向鼻腔投照，片上即可显示黏膜和鼻甲骨的变化，这种方法已在一些国家广泛应用，但在解释射线照片时，遇到许多困难和问题。这种方法不能检出带菌猪，也不能可靠地检出轻微的病变。检查前必须对猪进行镇静、麻醉或做机械性保定，而且费时费钱。

（四）血清学试验

猪血清中可检出支气管败血波氏杆菌的凝集抗体，但其诊断价值很小，猪感染本病后2～4周，血清中即出现凝集抗体，至少维持4个月。但一般感染仔猪须在12周龄后才可以检出此种抗体。目前，还没有血清学实验能可靠的检出多杀性巴氏杆菌的感染。

凝集试验抗原可用每毫升含菌2 500亿的Ⅰ相菌，平板凝集试验使用抗原原液，被检血清不需灭活，两者等量混合后，在室温2min内出现“+++”以上的凝集者为阳性反应；试管凝集试验应将抗原稀释成150亿个/mL菌，被检血清56℃灭活30min，作系列稀释，两者等量混合后，于37℃放置18～20h，再于室温放置2h判定结果，1：10以上“++”判为阳性反应。

（五）病理解剖学诊断

是目前诊断AR最实用的方法。一般在鼻黏膜、鼻甲骨等处可以发现典型的病理变化。剖检有两种方法：一是沿两侧第一、二对前臼齿间的连线锯成横断面，观察鼻甲骨的形状和变化。在这个部位的横切面上，正常的鼻甲骨明显地分为上、下两个卷曲。上卷曲呈现两个完全的弯转，而下卷曲的弯转则较少，仅有一个或1/4弯转，有点像钝的鱼钩。上下卷曲几乎占据整个鼻腔。下鼻道比中鼻道稍大，鼻中膈正直。当鼻甲骨萎缩时，卷曲变小而钝直，甚至消失。但应注意，如果横切面锯得太前，因下鼻甲骨卷曲的形状不同，可能导致误诊。二是沿头部正中线纵锯，再用利剪刀把下鼻甲骨的侧连接剪断，取下鼻甲骨，从不同的水平作横断面，进行观察和比较。这种方法较为费时，但采集病料时不易污染。

（六）类症鉴别

应注意与传染性坏死性鼻炎、骨软病、猪传染性鼻炎、猪细胞巨化病毒感染等相鉴别。传染性坏死性鼻炎由坏死杆菌引起，主要发生于外伤后感染，引起软组织及骨组织坏死、腐臭，并形成溃疡或瘘管；骨软病表现头部肿大变形，但无喷嚏和流泪症状，有骨质疏松变化，鼻甲骨不萎缩。

七、防制

（一）预防原则

1. 严格卫生防疫制度 保持猪舍清洁、干燥、温暖，减少各种应激。新购入猪，必须隔离检疫。减少空气中病原体、尘埃与有害气体，改善通风条件。猪舍定期空舍和严格消毒，猪舍用2%火碱水每周消毒2次。

2. 饲养管理 生产过程应科学饲养管理，产仔、断奶和育肥各阶段均采用全进全出饲养体制。提高生育母猪群年龄，避免引进大量年青母猪。降低猪群饲养密度。

（二）免疫预防

疫苗接种是控制本病的有效手段。

1. 疫苗研制进展 目前预防本病的疫苗有支气管败血性杆菌I相油佐剂灭活疫苗（单苗），支气管败血性波氏杆菌I相菌株G10和产毒素D型多杀性巴氏杆菌株Q13–1制成的油佐剂二联灭活疫苗（中国农业科学院哈尔滨兽医研究所生产的二联苗）。国外也有多种单价或多价疫苗用于预防本病。如美国和日本生产的支气管败血性波氏杆菌单价苗；德国生产的支气管败血性波氏杆菌和多杀性巴氏杆菌二联苗等。一般讲，二联苗优于单价苗。

国外已开发一种去除非保护性免疫原性基因灭活重组毒素油乳剂疫苗。

2. 疫苗种类 ①Bb（I相菌）灭活油剂苗；②Bb–Pm灭活油剂二联苗。可用于母猪产仔前2及1个月分别接种，以提高母源抗体滴度，保护仔猪初生儿周内不受本病感染。也可对1~3周龄仔猪，以一周间隔注射两次。二联苗效果最好。

3. 免疫程序 ①可在妊娠母猪产前2个月和1个月分别接种单苗1次，可保证后代仔猪有高水平的母源抗体使仔猪获得被动免疫。应用二联苗时，妊娠母猪应在产前1个月接种1次。②对于有母源抗体的仔猪可在4周龄和8周龄各免疫1次；无母源抗体的仔猪可在1周龄、4周龄及8周龄各接种1次。

（三）药物预防

为了控制仔母链传染，应在母猪妊娠最后一个月内给予预防性药物。常用磺胺（100g/t饲料）和土霉素（400g/t饲料）。乳猪在出生3周内，最好注射敏感的抗生素3~4次，或鼻内喷雾，每周1~2次，每鼻孔0.5mL，直到断乳为止。育成猪也可用磺胺或其他抗生素防治，连用4~5周，育肥猪宰前二个月应停药。

（四）治疗

1. 每头每次肌注30%安乃近5mL，青霉素G160万IU和链霉素100万IU，10%百热定10mL，10%磺胺嘧啶钠10mL；静脉或腹腔注射10%葡萄糖生理盐水1 000mL，并加10%维生素C4mL。

2. 针灸承浆、人中、天门、百会穴，配以牙关、交巢穴。

3. 外擦驱风油于鼻盘处，并调喂盐水。

4. 对AR阳性母猪在前2周开始给含有0.02%泰灭净的饲料，至仔猪28日龄离乳为止。仔猪出生后连续两天肌注20%泰灭净注射液，剂量为0.5mL/kg，每日1次；18日龄起又连续肌注3d，剂量为0.4mL/kg。从28日龄离乳之日起，仔猪连续8周（56天）饲喂含0.02%泰灭净的饲料。

日本大浦一显（1987）对繁殖母猪，于分娩预定日的3天前、分娩日、分娩1周后、2周后、3周后共5次向鼻孔喷雾卡那霉素（960mg/头）；同时，以异氰尿酸钾对猪舍每周进行两次消毒。结果，对断乳时6头试验母猪的30头仔猪鼻腔内进行细菌检查，未查出Bb。同时，鼻甲骨的萎缩程度亦比试验前的对照组减轻。

（五）净化与根除

1. 严格卫生防疫制度，引进猪时做好检疫，必须隔离检疫，淘汰阳性猪，猪舍空舍和严格消毒。

2. 对阳性猪场，实行严格检疫。有明显症状和可疑症状的猪应淘汰，头和肺高温处理，其他部分加工利用。

3. 阳性猪场，应严格禁止出售种猪和苗猪，只能将其育肥供屠宰加工利用。良种母猪感染后，临产时消毒产房，分娩接产仔猪（或剖腹取胎），送健康母猪带乳，培养健康猪群。在执行检疫、隔离和处理病猪过程中，要严格卫生消毒制度。

第九节 猪巴氏杆菌病（猪肺疫）（Swine pasteurellosis）

猪巴氏杆菌病俗称猪肺疫，主要是由多杀性巴氏杆菌及溶血性巴氏杆菌引起畜禽共患的传染病，又称出血性败血症（Hemorrhagic septieaemia）。病的特征是最急性型呈败血症变化，咽喉部急性肿胀，高度呼吸困难。急性型呈纤维素性胸膜肺炎症状，均由Fg（相当于A型）引起；慢性型症状不明显，逐渐消瘦，有时伴发关节炎，多由Fo型（相当于D型）引起。急性病例以败血症和炎症出血过程为主要特征；慢性病例的病变只限于局部器官。

本病分布于世界各地，各种畜、禽乃至野生动物都可发病。通常被称为出血性败血症，简称“出败”。

一、病原

本病的主要病原是多杀性巴氏杆菌（*Pasteurella multocida*）、溶血巴氏杆菌（*Pasteurella hemolytica*）和鸡巴氏杆菌（*Pasteurella gallinaum*）。属于巴斯德氏菌科（*Pasteurellaceae*），巴斯德氏菌属（*Pasteurella*）的成员。多杀性巴氏杆菌（*Pasteurella multocida*）为巴氏杆菌属，两端钝圆，中央微凸的短杆菌，大小为（0.25～0.4）μm×（0.5～2.5）μm，单个存在，无鞭毛，无芽孢，无运动性，产毒株则有明显的荚膜。革兰阴性菌，用美蓝或瑞氏染色呈明显的两极着色性，但陈旧的培养物或多次继代的培养物两极着色不明显。

本菌为需氧及兼性厌氧，最适生长温度为37℃，最适pH为7.2～7.4。在普通培养基上能够生长，但生长不佳，必须加有血液、血清或葡萄糖等才能生长茂盛。在液体培养基呈轻度浑浊，时间稍长，则有黏性沉淀出现，轻轻振摇则形成小辫样的盘旋。在加有血清的固体培养基上，菌落为圆形、隆起、光滑、湿润、边缘整齐、灰白色的中等大小菌落，并有荧光性。在麦康凯培养基上不生长，血液培养基上不溶血。在生理盐水中，可出现自溶现象，稀释时需注意。

生化特性：本菌在48h内，可分解葡萄糖、单奶糖、甘露醇和蔗糖，产酸不产气。大多数菌株可发酵甘露醇、山梨醇和木糖。一般不分解乳糖、鼠李糖、水杨苷、山梨醇、肌醇、菊糖、侧金盏花醇等。来自于禽类的多杀性巴氏杆菌多能分解阿拉伯胶糖，而不分解木糖，而来自于畜类的菌株则相反，分解木糖，不分解阿拉伯胶糖。本菌可形成靛基质，接触酶和氧化酶均为阳性，硫化氢阳性，M.R试验、VP试验、石蕊牛乳试验均为阴性，不液化明胶等。

多杀性巴氏杆菌从菌落形态上可分为三个型。即黏液型（M）、光滑型（S）、粗糙型（R）。光滑型为中等大小菌落，对小鼠毒力强；粗糙型则菌落小，对鼠几乎无毒力；黏液型则介于二者之间。从菌落的荧光性可以分为Fo型、Fg型和NF型。Fo型多来源于禽，荧光桔红而带金色，边缘有乳白光带。Fg型多来源于牛及其他动物，荧光呈蓝绿色而带金光，边缘有狭窄的红黄光带，对猪、牛等家畜是强毒菌，对鸡等禽类毒力弱。NF型一般是无毒力型的菌株。

依据荚膜抗原和菌体抗原可区分多杀性巴氏杆菌的血清型。以荚膜抗原可分为A，B，C，D，E，F6个型，菌体抗原有16个型。1984年Carter提出了以阿拉伯数字表示菌体抗原型，大写英文字母表示荚膜抗原型的分型标准。不同血清型菌株的致病性和宿主特异性有差异。我国分离的禽多杀性巴氏杆以5：A为主，其次为8：A；猪的以5：A和6：B为主，其次是8：A和2：D；羊的以6：B为多；家兔的以7：A为主，其次是5：A。

各荚膜型之间不能交互保护。此外，溶血性巴氏杆菌（Pasteurella hemolytica）也可成为本病的病原。溶血性巴氏杆菌在形态、培养特性等方面与多杀性巴氏杆菌相似，但在鲜血培养基上呈明显的β-溶血。

Namioka等又根据菌体（O）抗原性，而将多杀性巴氏杆菌分为1-16型，并将菌体型和荚膜型结合起来而形成1：A、1：D、2：D、2：A、3：D、4：A、5：A、6：B、6：E、7：A、8：A、9：A、10：D、11：B、12：D等16个血清型。Heddleston（1972）则利用脂多糖的热浸抗原进行琼脂扩散试验，将多杀性巴氏杆菌分为16个血清型。各系统的各型之间不能交互保护。我国猪以血清型5：A和6：B为主，其次是8：A与2：D血清型。已有研究发现D型菌株可产生一种分子量为150KD，对Vero细胞有毒性的耐热外毒素，可致豚鼠皮肤坏死和小鼠死亡。

郎洪武（1994）报道，鉴定了猪源多杀性巴氏杆菌39株，其中A群有28株，B群有8株，D群有3株。鉴定结果，四川有15株，广东有3株，湖南有2株，上海有8株均为荚膜A群多杀性巴氏杆菌；浙江、甘肃、广东、河南各有1株；江苏、江西、安徽各有1株为D群多杀性巴氏杆菌。A群菌株占所有鉴定株的71.8%，比例是较高的。

本菌对理化因素的抵抗力很低，在自然界中生长的时间不长，浅层的土壤中可存活7～8d，粪便中可活14d。一般消毒药在数分钟内均可将其杀死。本菌对青霉素、链霉素、四环素、土霉素、磺胺类药物及许多新的抗菌药物敏感。

二、流行病学

1. 易感性　多杀性巴氏杆菌对多种动物和人均有致病性，以猪、牛、兔、鸡、鸭、火鸡最为易感，年龄、性别、品种对本病发生的影响无明显差异，但以小猪、中猪易感性大些；绵羊、山羊、鹿和鹅次之；马偶可发生。溶血性巴氏杆菌可引起牛和绵羊肺炎、羔羊败血症。

2. 传染源　病畜、禽和带菌畜、禽是主要传染源。在健康猪上呼吸道中常带有本菌，但多半为弱毒或无毒的类型。据国内学者调查结果显示，在30.6%的健康猪发现带有本菌，并皆为Fo型；屠宰猪扁桃体带菌率达63%。其他健康动物的上呼吸道也可带菌，在机体抵抗力降低时可发生内源性感染。

3. 传播途径　主要经过消化道和呼吸道传播，也可经损伤的皮肤、黏膜和吸血昆虫的叮咬感染。病畜（禽）通过其排泄物、分泌物不断排出有毒力的病菌，污染饲料、饮水、用具及外界环境，经消化道而感染健康畜（禽），或由咳嗽、喷嚏排出的病菌，通过飞沫经呼吸道传染。经吸血昆虫的媒介作用和损伤皮肤、黏膜也可发生传染。当畜禽饲养管理不良，气候恶劣，使动物抵抗力降低时，即可发生内源性传染。

4. 流行特征　本病多为散发，有时可呈地方流行性。一般无明显的季节性，但以冷热交替、气候剧变、潮湿、闷热、拥挤、通风不良、多雨时期发生较多；在南方大多发生在潮湿闷热及多雨季节。一些诱发因素如营养不良、寄生虫、长途运输、饲养管理条件不良等降低了猪体的抵抗力，或发生某种传染病时，病菌乘机侵入机体内繁殖，而毒力增强，引起发病。这种以内源性感染为主的猪肺疫，呈散发性发生。在自然条件下很少能传染另外的健康猪。但由于细菌通过发病猪体后毒力可增强，仍可传染同舍健康猪，因此，不能忽视健康猪在传染来源上的作用。诱因作用促进本病内源性传染发生，发病率可达40%，死亡率5%左右。

5. 发现历史与现状　于1878年Sollinger首先描述了牛巴氏杆菌病，在此之后，曾发现和描述过各种疾病和病原：有1880年Pasteur的家禽霍乱，1881年Gaffky的家兔败血症，1886年Loeffer的猪肺疫，1887年Oreste和Armanni二人的水牛疫。1886年Hueppe通过比较研究认为这些疾病可以统称之为出血性败血症。

郎洪武（1994）报道了，1992年6～8月间，上海市川沙县严桥乡猪肺疫的流行特点，发病猪突然增多，同时发病的猪场有4个，都是较大的集约化养猪场，共有生猪存栏1 800头左右，其中有600头左右发病，发病猪体重大约都是50kg。仅两个月时间，死亡400头左右，死亡率约达66.7%，病猪曾用过庆大霉素、卡那霉素治疗效果不佳。

通过实验室病原学鉴定确定了A群多杀性巴氏杆菌是引起这些猪的肺炎型巴氏杆菌病的原发性致病菌，在注射过猪肺疫疫苗的猪群，发生了猪肺疫的流行。笔者通过对上海疫区的调查发现，近年来，上海市一些郊县多次发生一种以呼吸系统各器官产生病理变化为主的猪的传染病。开始，许多人怀疑是胸膜肺炎，一些实验室也做了多次病原分离，结果分离得到的都是多杀性巴氏杆菌。然而，这些猪群都是注射过猪瘟、猪丹毒、猪肺疫三联苗或猪肺疫单苗的，所以他们才怀疑，可能是引起这些猪群发病的病原菌荚膜血清型与疫苗的血清型不一致。实验室通过对一些省、市送检的病理材料的鉴定情况和对上海疫区的调查情况进行分析，推测在我国的一些集约化养猪场，A群巴氏杆菌可能有致病力增强的现象，这一现象的出现，可能与近年来我国养猪业饲养方式的改变或某些应激因素的产生有关。这样就由过去的主要以B群巴氏杆菌流行为主，而发展成现在的A群、B群巴氏杆菌可以在一定范围内同时流行，并造成一定危害的现象。在我国，早就有人做过A群巴氏杆菌对猪的致病性这方面的研究，他们的结论基本是，虽然A群巴氏杆菌对猪有致病力，但它不是流行性致病菌，即使导致猪发病，一般也都是散发的，不构成大面积危害。过去，A群巴氏杆菌常可在屠宰场分离得到，这就间接说明，即使猪感染了A群巴氏杆菌，也能健康带菌。而B群巴氏杆菌则均由死猪分离，是流行性病原菌。实践证明，用不同的荚膜血清型的疫苗免疫动物，交叉保护力是极低的，笔者也曾在实验室做过这样的试验，结论也是相同的。目前我国有23家省级兽医生物药品厂生产不同剂型的猪肺疫疫苗，这些疫苗都是由B群巴氏杆菌做种子生产的。目前还没有一个在我国《兽医生物药品制造及检验规程》上正式颁布的A型猪肺疫疫苗，因此，就出现了免疫过猪肺疫疫苗的猪仍死于巴氏杆菌感染的现象。鉴于该病目前在一些地区的流行特点及流行趋势，只有生产出一种既能预防A群巴氏杆菌感染，又能预防B群巴氏杆菌感染的疫苗，才能有效地预防该病对猪的危害。中国兽药监察所与广西兽医生物药品厂合作研究的猪肺疫AB疫苗，就属于此类疫苗。目前，该苗已进入区域试验阶段。地方兽医工作者，在本地区猪肺疫的防治上，首先应做好血清型流行病学的调查工作，以便更有效地进行预防和治疗，这一点在目前看来，是值得引起重视的。

本病多继发于一些病毒病与支原体病，如常继发于猪瘟、蓝耳病、圆环病毒Ⅱ、支原体肺炎等。当前许多规模化猪场忽视了本病的疫苗接种，仅靠预防性投药，但往往效果不佳，特别是当前呼吸系统综合征造成当前猪场危害严重的情况下，猪巴氏杆菌在其中扮演重要角色。本菌在健康动物的上呼吸道寄生，在机体抵抗力降低时可发生内源性感染。由一些文献资料的误导，养殖户多不接种疫苗，一旦暴发流行而束手无策，给养猪业造成不应有的损失。免疫接种是预防传染病的重要手段，接种疫苗可以防止本病的发生和流行。作者曾于2005年亲临华北地区某规模化猪场于11月下旬因昼夜通风致暴发本病，一栋育肥舍400头猪发病近250头，治疗效果不佳，损失惨重。

三、发病机理

本病的发生分内源性感染和外源性感染两种途径。外源性感染是指由病畜、禽的排泄物和分泌物排出的病菌，污染饲料、饮水和周围环境后经消化道或由于病畜咳嗽排菌经呼吸道侵入健康畜、禽机体。病原主要为Fg型菌，病猪为主要传染源，细菌随病猪的分泌物、排泄物以及尸体的内脏和血液等污染周围环境，通过被污染的饲料、饮水和其他器物经消化道感染发病。接触和通过飞沫经呼吸道传染是次要的传染方式，间有经伤口感染的。

内源性感染是指健康畜禽的扁桃体和上呼吸道在正常情况下栖留有本菌，但毒力微弱而不致病。一旦畜禽的饲养管理条件或气候剧变而致机体抵抗力降低时，寄居于呼吸道的病菌毒力增强并乘虚而入，经淋巴进入血流而导致发病。病菌一旦侵入机体突破第一道防御屏障后，很快突破淋巴结的阻留进入血液形成菌血症，并且由于受害局部组织坏死及菌体崩解，产生内毒素，导致机体功能紊乱，最终因败血症、内毒素性休克或呼吸困难而死亡。败血症的发生机理尚不清楚，认为有的菌株与内毒素有关。并可在24h内发展为败血症而死亡。病菌可存在于病畜、禽的各组织器官、体液、分泌物和排泄物中，病畜濒死时，血液中仅有少量细菌，死亡后经几个小时在机体防御能力完全消失后才迅速大量繁殖，脾脏、胸、腹腔体液及颈和下颌肿胀处的渗出液中菌量最多，便于分离培养和直接涂片镜检。

如果感染机体的菌株毒力较弱，机体的抵抗力较强，病原菌可局限在局部组织器官，引起化脓性炎症，而不形成败血症，病程较长。

单一的炎症过程大约在25～30d，经治疗病因消失，渗出物被液化、吸收、排出，变性的细胞可完全再生而修复。若继发化脓或坏死形成脓肿或坏死灶，经机化导致肺肉变，病变范围较大且发展迅速，由于呼吸面积大量减少而出现呼吸困难，炎症产物和病原毒素吸收引起毒血症常转归死亡，这就是当前各种肺炎治疗效果不佳的理论依据。

四、临床症状

本病的发生有外源性感染和内源性感染两种途径，临床上有原发感染或继发感染。潜伏期1～3d，有时5～12d。临床上一般分为最急性、急性和慢性3型。

最急性型：呈败血症症状，常突然发病，迅速死亡。晚间食欲正常，次日清晨死于栏内，来不及或看不到症状。发展稍慢的，表现体温升高（41～42℃）。食欲废绝，全身衰弱，卧地不起，或烦躁不安，心跳加快，呼吸高度困难，颈下咽喉红肿、发热、坚硬，严重者向上延及耳根，向后可达胸前。临死前，呼吸极度困难，伸长头颈呼吸，有时发生喘鸣声，口鼻流出泡沫，可视黏膜发绀，腹侧、耳根和四肢内侧皮肤出现红斑，很快窒息死亡。病程1～2d，病死率100%。

急性型：是本病主要和常见的病型。主要表现纤维素性胸膜肺炎症状，败血症较最急性型轻微。病初表现体温升高（40～41℃），发生短而干的痉挛性咳嗽，呼吸困难，有黏稠性鼻汁，有时混有血液。后变为湿咳，咳时感痛，触诊胸部有剧烈的疼痛。听诊有啰音和摩擦音。病情严重后，表现呼吸极度困难，呈犬坐姿势（图2.3.9–1），可视黏膜发绀，皮肤有紫斑或小出血点。一般颈部不呈现红肿。心跳加快，心脏衰弱。肌体消瘦无力，卧地不起，多窒息而死。病程4～6d，有的病猪转为慢性。

慢性型：多见于流行后期，主要表现为慢性肺炎或慢性胃肠炎症状。病猪表现精神沉郁，食欲减退，持续性咳嗽与呼吸困难，鼻流少许黏脓性分泌物。进行性营养不良，极度消瘦，常有泻痢现象。有时出现痂样湿疹，关节肿胀，治疗不良者，多经2周以上衰竭而死，病死率60%～70%。

我国猪群以散发为主，易继发于猪气喘病、猪链球菌病、猪瘟、猪伪狂犬病、猪繁殖与呼吸综合征、猪圆环病毒2型感染等。

五、病理变化

流行性猪肺疫（最急性型）：本病特点是外观见咽喉部和颈部常呈急性肿胀，触摸肿胀部硬实，腹部、耳根及四肢内侧皮肤出现紫红色斑块，用手压之褪色。从口、鼻流出白色泡沫样液体。全身可视黏膜呈紫红色。

剖检呈急性咽喉炎。见咽喉黏膜下组织均呈急性出血性炎性水肿，有多量淡黄色略透明的液体流出；被水肿液浸润的组织呈黄色胶冻样。镜检见局部水肿液中存有大量病原菌和不同数量的嗜中性白细胞。咽喉部黏膜肿胀可引起声门部狭窄，因而可导致严重呼吸障碍，甚至窒息。水肿可蔓延到舌根部，严重时可波及胸前和前肢皮下。

颌下、咽后及颈部淋巴结因显著充血、出血、水肿而表现高度肿大，具急性淋巴结炎变化；有的病例可发生淋巴结坏死。全身各部的淋巴结也往往表现不同程度的淋巴结炎。

全身浆膜和黏膜往往见有点状出血。胸、腹腔和心包腔内液体量增多，有时见有纤维蛋白渗出。肺多数表现淤血、水肿，有时可见肺组织内散在局灶性红色肝变病灶。

散发性猪肺疫：肺部病变特别显著，肺门淋巴结肿大、出血，表现各不同发展阶段的纤维素性肺炎变化。病变可波及一侧或两侧肺叶的大部。但病变最多见的发生部位为尖叶、心叶和膈叶前部，严重时可波及整个肺叶。病变部肺组织肿大、坚实，表面呈暗红色或灰黄红色，被膜粗糙，有时见附有纤维素性薄膜。病变部与相邻组织界限明显。病灶部肺小叶间质增宽、水肿，故使整个肺往往形成大理石样外观（图2.3.9–2）。病灶部周围组织一般均表现淤血、水肿或气肿。切面由于病程长短不同，呈现不同色泽的肝变样病灶。有的病灶切面呈暗红色，有的呈灰黄红色（图2.3.9–3）。有的病灶以支气管为中心发生坏死或化脓，有的发展为坏疽性肺炎，胸腔内多量黄色浑浊的液体。

胸膜（图2.3.9–4）和心外膜也往往同时发生纤维素性炎，表现胸膜和心外膜粗糙，有的具有斑块状或点状出血，失去光泽，附有数量不等的纤维蛋白，在心外膜上或心包液内存有膜状或凝卵样的纤维素凝块。

慢性病例常发生肺、肋胸膜粘连（图2.3.9–5），胸腔内常积有多量黄色混浊的液体（图2.3.9–6）。伴有纤维素性心外膜炎的（图2.3.9–7）病例，表现心包扩张，心包液增多，心外膜充血或出血。

组织学变化：最急性病例的组织学变化主要表现为出血性变化，特别是咽喉部以及周围的结缔组织有出血性浆液性浸润，全身淋巴结有出血性变化。脾表现为急性脾炎的变化，红髓轻度充血，白细胞浸润，网状细胞肿胀和增生，髓索和鞘动脉的网状组织因浆液纤维素渗出而变得疏松，或者发生纤维素样变，白髓缩小，边缘不规则。各实质器官如心脏、肝脏、肾脏发生不同程度的变性，或颗粒变性，或脂肪变性。肺有充血性水肿变化。

急性型病例主要为大叶性肺炎：纤维素性肺炎初期，以充血和水肿为主，故眼观呈红色而有光泽，充血水肿期，镜下见肺泡毛细血管显著扩张充血，肺泡腔内有大量浆液性渗出液，其中有少量红细胞、中性粒细胞和脱落的肺泡上皮细胞。随之由于红细胞和纤维素渗出的增多，而呈现暗红色、致密而硬实，此时即红色肝变期。小叶间结缔组织水肿，淋巴管扩张，导致肺脏间质增宽多孔，呈大理石花纹样外观。在红色肝变期的病灶内，发生以小支气管为中心的呈黄色的针尖大至黄豆粒大的小坏死灶，这是由于继发菌感染而转变成的坏死性肺炎。红色肝变期，镜下为肺泡毛细血管充血仍然明显，肺泡腔内有大量交织成网状的纤维素和红细胞（图2.3.9–8），还有中性粒细胞和脱落的肺泡上皮细胞，支气管周围、小叶间和胸膜下组织发生炎性水肿时可明显增宽，其中充盈大量浆液纤维素性渗出物，还有一定数量的中性粒细胞，间质中淋巴管扩张，其中充满多量的炎性渗出物，有的淋巴管发生炎症，形成淋巴栓。灰色肝变期，肺泡壁充血消退，肺泡腔内有大量的纤维素和中性粒细胞，红细胞多已溶解，镜下见扩张的毛细血管缩小，肺泡腔内充满纤维素网和许多中性粒细胞，红细胞溶解几乎消失，间质和胸膜的病变与红色肝变期相同；消散和修复期，镜下中性粒细胞多已发生坏死，纤维素被中性粒细胞崩解释放出的蛋白溶解酶逐渐溶解，变为微细颗粒；巨噬细胞明显增多，并吞噬坏死组织和炎性产物。溶解的渗出物可经支气管排出，或被淋巴管吸收。随着渗出物的吸收消散，肺泡壁毛细血管内血流恢复，肺泡上皮细胞再生，肺泡腔重新充气，则肺组织完全恢复其结构和功能。但是，家畜的纤维素性肺炎很少见到完全消散的。这是因为在纤维素性肺炎过程中，淋巴管同时受害，从而阻碍炎性渗出物的消散；同时，肺组织往往有较严重的损伤。病灶通常由肺泡间隔和细支气管壁新生的肉芽组织长入，逐渐将渗出物机化，使病变部分成肉样，称为肺肉变。另外，发生纤维素性肺炎的病猪多在红色肝变期或灰色肝变期时即因窒息而死亡。

病程迁延的慢性病例，肺脏切面上肺炎坏死灶扩大，坏死灶周围多形成致密的结缔组织包囊，有些小病灶被肉芽组织机化，形成肉变。坏死灶往往继发脓性溶解和形成空洞，小叶间结缔组织增生，导致间质呈灰白色条索状。

原发性慢性型巴氏杆菌肺炎，其组织学变化不是特异的，而是大多数细菌感染所共有的变化，即小叶性渗出性支气管肺炎变化，严重的支气管肺炎，肺泡上皮细胞增生，在细支气管腔的黏液脓性渗出物中和肺泡间隙中，有大量的嗜中性粒细胞。

六、诊断

据本病的多发季节，发病以中、小猪较多，高热，咽喉部红肿，呼吸困难，剖检特征在败血症变化的基础上突出的病理变化在胸腔，其变化是肺的纤维素性肺炎和胸膜炎及肋膜炎与心包炎，可诊断为猪肺疫，必要时做细菌学检查。

（一）临床与病理学诊断

剖检时最急性型病例通常不见明显病变或仅在咽喉部出现出血性病变，急性的出现咽喉炎，慢性病例为肺部有较陈旧的肺病灶，表面有出血斑点，或有纤维素性胸膜炎，肺与肺常有粘连，肺切面呈大理石状，有红色和灰色肝变。同时必出现肺门淋巴结肿大、出血、坏死等炎症变化，其他各部淋巴结变化不显著。血液涂片镜检可见两端着色的巴氏杆菌，或可做细菌培养以确诊。

（二）病原学诊断

1. 病料的采取与镜检 生前采取耳静脉血，剖检尸体时无菌采取水肿液，胸（腹）腔液、心血、肝、脾、淋巴结等组织。病料涂片，自然干燥后，用甲醇固定2～3min，以碱性美蓝液染色1～2min，或以瑞氏染液染色5min，经水洗，干燥后镜检，发现两极浓染的杆菌；也可用革兰染色法。镜检如见有卵圆形短杆状、两极呈明显浓染、革兰阴性小球杆菌时，即可初步判定为巴氏杆菌。

2. 细菌分离与鉴定 将新鲜病料接种加血红素马丁琼脂平板、血液琼脂平板和麦康凯琼脂平板，37℃培养24h后观察。多杀性巴氏杆菌在麦康凯培养基上不生长。在血液琼脂培养基上形成浅灰色、圆整、湿润的露滴样小菌落，菌落周围不溶血。在马丁琼脂上形成直径2mm左右的菌落，在45° 折射光下观察菌落具有特征性的虹光结构，如果菌落结构比较细致，以蓝绿色虹光为主，红光不强，即所谓对猪毒力强的Fg型；如果以橘红色虹光结构为主，蓝绿色虹光所占的面积少，而且不强，即为对猪毒力不强而对禽毒力强的Fo型。将可疑菌落移植于三糖铁培养基，可生长并使三糖铁管底部变黄。此菌能分解葡萄糖、蔗糖、果糖、半乳糖和甘露糖，产酸不产气，对鼠李糖及乳糖等不能分解。尿素酶试验阴性，靛基质试验阳性，硫化氢试验用醋酸铅纸条法阳性，石蕊牛乳无变化，不能液化明胶。

（三）动物接种试验

将病料研磨成糊状，以灭菌生理盐水制成1：10的悬液（或用肉汤培养基的24h培养物），接种于小白鼠、家兔的皮下或腹腔，接种量小白鼠为0.1～0.3mL，家兔0.3～0.5mL。如用家兔接种时，应在接种前数日，每天以0.2%～0.5%煌绿2～3滴滴鼻，如为巴氏杆菌带菌兔，则在滴鼻后18～24h出现化脓性鼻炎，这种家兔则不宜再作接种用。

如病料中含有巴氏杆菌强毒菌，小白鼠及家兔最早在10h左右死亡，一般在24～72h死亡，剖检呼吸道及消化道黏膜有出血点，脾脏不肿大，肝脏常见充血、肿大及坏死。试验动物死亡后，应立即剖检，取其心血、肝、脾等脏器进行涂片镜检和分离培养。

（四）多杀性巴氏杆菌血清型鉴定

1. 荚膜分型鉴定 可用间接血凝试验鉴定荚膜物质，将待检菌株接种于血液琼脂或马丁琼脂上，用3～4mL生理盐水洗下培养物，经56℃水浴处理30min（促进荚膜物质脱离菌体），再经离心，取上清液（荚膜提取液）作为致敏红细胞的抗原；若为黏液状菌落，可先用透明质酸酶处理，即用0.1mol/LpH为6.0的磷酸盐液缓冲洗下菌落后，在悬液中加15个国际配制方的睾丸透明质酸酶1mL，悬液置37℃水浴3～4h，然后56℃水浴处理30min，离心，取上清液作为致敏红细胞的抗原。按常规方法进行抗原致敏红细胞。致敏红细胞用生理盐水配制成0.5%悬液。正式试验是用生理盐水将A、B、D、E抗血清在试管内分别按1:10，1:20，1:40，1:80，1:160和1:320进行稀释，然后取各稀释度的抗血清0.25mL与等量的0.5%致敏红细胞混合，则抗血清的最后稀释度为1:20、1:40、1:80、1:160，1:320和1:640，用力振摇试管架，使各成分充分混合，置室温约2h，观察结果。然后将试管再置室温过夜，第二次观察结果。阳性反应者出现明显的凝集。

试验需设两管对照：①0.25mL生理盐水+0.25mL0.5%致敏红细胞悬液；②0.25mL1∶10稀释抗血清+0.25mL未致敏的0.5%红细胞悬液。

试验也可在微量滴定板上进行。另外，还可用对流免疫电泳鉴定荚膜B型与E型菌株；用透明质酸酶鉴定荚膜A型菌株；用吖啶黄鉴定荚膜D型菌株。

2. 菌体血清群抗原的鉴定 用琼脂扩散试验鉴定菌体血清型。试验首先是将待检菌株接种于葡萄糖淀粉琼脂平板培养18h，将菌体浓厚的悬液悬浮于1mL的0.3%甲醛生理盐水中，在水浴中加热至100℃经1h，离心沉淀，上清液作为抗原。凝胶制备方法是用8.5%氯化钠溶液加入1%琼脂和0.01%硫柳汞，琼脂溶化、倒板、打孔按常规方法。试验时标准抗血清滴在外周孔，待检抗原滴在中间孔，加样完毕后，置37℃ 24～48h判定，有明显沉淀线者判为阳性。

（五）鉴别诊断

临床上，应注意与猪接触性传染性胸膜肺炎、猪副嗜血杆菌病、猪气喘病、猪瘟、猪丹毒、仔猪副伤寒、链球菌病等进行鉴别。

七、防制

加强饲养管理，定期消毒，消除应激因素。对新引进猪要隔离观察一个月后再合群并圈。早期治疗具有较好的疗效，坚持疗程是本病提高疗效的关键。在本病的发病学特定部位——呼吸系统，呈非典型大叶性肺炎的病理过程，其病程近30d左右，是不可逆转的。但可以在发病猪群针对已感染尚未发病的部分猪用大剂量敏感性高的抗生素药物，脉冲式给药，阻断病理发展过程使其病程缩短。用药上不是单一的药物，要选择两种以上药物联合用药，才能取得预期效果。同时采取隔离、消毒等措施。护理具有举足轻重效果，特别是冬季舍内温度的保持尤为重要。

（一）免疫预防

在当前猪呼吸系统疾病多发的时代，暴发本病多为应激诱发感冒而使原有猪气喘病的猪群继发本病。因此应采用生物安全系统措施预防本病的发生；坚持常年按计划接种疫苗。目前有用血清流行病学方法对几个规模化猪场调查报道均为阴性结果；导致许多规模化场未把猪肺疫病苗免疫接种列入程序，这种作法是危险的，科学免疫预防不能有侥幸心理。

1. 疫苗种类和使用方法 选择与当地常见血清型相同的菌株或当地分离菌株制成疫苗进行免疫。

⑴猪肺疫口服弱毒苗，按疫苗使用说明书，每瓶免疫头数，用冷开水稀释，依所喂头份添加于质量好的饲料中，充分拌匀后，令猪采食，7天后产生免疫力，免疫期10个月，本菌苗专用口服，绝不可用于注射，疫苗稀释后2h内用完。病弱者、临产猪不易服用。

⑵猪肺疫氢氧化铝菌苗，断奶后的大、小猪一律皮下肌肉注射5mL，14天后产生免疫力，免疫期9个月。

此外尚有猪肺疫EO63。弱毒苗，猪丹毒、猪肺疫氢氧化铝二联苗，猪瘟、猪丹毒、猪肺疫弱毒三联苗等均可选用。作者建议用单苗，绝对不用联苗！

2. 免疫程序

⑴种猪应每间隔6个月免疫接种1次（尽量安排在配种前15～20d），临产母猪、哺乳母猪暂不注射。一般春秋两季定期接种疫苗。

⑵45～60日龄首免，90日龄左右再免1次。

⑶接种疫苗前几天和后7天内，禁用抗菌药物。

（二）群体预防性投药

当前猪群呼吸系统疾病多为多种病原，一旦暴发猪肺疫，特别是原发病、有支原体肺炎在猪群中存在时，常致预防性投药效果降低。

1. 技巧是早期投药 应根据本病发病特点选择诱发的应激因素多发出现的时间，例如季节交替、寒潮来临之前、长途运输、转群转舍等应激发生时。

2. 关键是投药时机 仔猪断奶前后、育成转入育肥前后1周为最佳时机。

3. 药物种类选择 抗生素。

4. 剂量　正常时以预防量为主，幅度可小可大，必要时脉冲式投予。

5. 持续时间　1～3周。

6. 协同用药与防止配伍禁忌　使其发挥高效。

7. 处方

(1)仔猪断奶前后

①断奶前1周和后2周，料中添加80%支原净110mg/kg+金霉素400mg/kg。

②断奶前1周和后2周，料中添加80%支原净110mg/kg+阿莫西林175mg/kg。

③断奶前1周和后2周，料中添加2%氟甲砜霉素1000mg/kg+磺胺二甲基嘧啶110mg/kg+TMP50mg/kg。

④利高霉素预混剂（含洁霉素与放线菌素各100g/kg），按44mg/kg混饲）；若在分娩前1周与后2周，则按120mg/kg混饲。

⑤乳酸环丙沙星或乳酸诺氟沙星，每5g混水100kg，供自由饮用，连用3d。

⑥水溶性红霉素50g加入100kg水中，供自由饮用，连用3～5d，可防霉形体肺炎、立克次氏体病。

⑦酒石酸泰乐菌素250～500mg/kg溶液供猪饮用，混饲为10～500mg/kg。

(2)育成转入育肥前后1周

①料中添加2%氟甲砜霉素1000mg/kg，连用3～7d，预防减半，妊娠母猪禁用。

②料中添加0.2%土霉素原粉，连用7d。

③冬季育肥舍相对比保育舍温度低，转入猪第2天每头1片阿司匹林混饲喂服，连用2～3次。

④ 重60kg左右时，可用氟苯尼考150g，磺胺二甲嘧啶500g，小苏打1 000g，维生素C200g。

⑤ 每吨饲料中加入泰妙菌素100g＋强力霉素100g（或金霉素400g），连用1周，1月后再用1周。

(3)呼吸道疾病的药物预防

①泰妙菌素150mg/kg+克痢平250mg/kg或泰妙菌素100mg/kg+金霉素300mg/kg或泰妙菌素100mg/kg+强力霉素100mg/kg，40～60日龄猪喂1周；种母猪产前、产后各喂1周；种公猪每月喂一周，可预防猪气喘病及其他呼吸道细菌性疾病等。

②精制土霉素粉，每吨饲料中加50g；土霉素碱，每吨饲料中加50～150g；土霉素钙，每吨饲料中加400g，3月龄以内的仔猪，连服7d。可预防猪喘气病、猪肺疫等肠道及呼吸道细菌性疾病。

③林可霉素，每吨饲料中加40～200mg，连喂3周，可预防猪喘气病等呼吸道疾病。

④恩诺沙星粉，按每千克饲料中加药100mg，拌人料中连喂7d，或按每升水中加药50mg，溶解后连饮7d，可预防传染性胸膜肺炎等呼吸道疾病及泌尿系统疾病。

⑤磺胺增效剂，按每千克体重25～30mg，拌匀连喂7d，可预防呼吸道与肠道细菌性疾病。

（三）治疗

急性型、最急性型病猪，早期用抗血清治疗效果最好，抗生素也可，或二者合用。青霉素、链霉素、四环素族抗生素都有一定疗效。

1. 抗猪巴氏杆菌免疫血清疗法　有单价或多价抗血清。一般使用剂量为每千克体重0.4mL，皮下（或肌肉）和静脉各注射一半。24h后再注射一次效果更好。对病情严重的患猪，用量可增至每千克体重0.6mL。

2. 抗生素或抗菌药物疗法　青霉素、链霉素、四环素、土霉素、庆大霉素、磺胺二甲嘧啶钠、喹诺酮类药物（恩诺沙星、氧氟沙星等）、头孢类等均有一定疗效。青霉素G按每千克体重2 000～10 000IU注射，每日2～3次，连用3～7d；链霉素按每千克体重10 000IU注射，每日1～2次，连用3～7d。抗生素与磺胺类药联合应用（如四环素或泰乐菌素与磺胺二甲嘧啶钠联合）时，疗效更好。因多杀性巴氏杆菌容易产生耐药性，应依据分离菌的药敏试验来选择敏感药物进行治疗，同时应结合对症疗法。隔离病猪，及时治疗。同时做好消毒和护理工作。

第十节 猪大肠杆菌病（Swine colibacillosis）

猪大肠杆菌病由于猪的生长期和病原菌血清型的差异，引起的疾病可分为仔猪黄痢、仔猪白痢和猪水肿病三种。仔猪黄痢：以O_8、O_{45}、O_{60}、O_{101}、O_{115}、O_{138}、O_{139}、O_{141}、O_{149}、O等群较为常见，多数具有K88（L）表面抗原，能产生肠毒素；仔猪白痢：有一部分与仔猪黄痢和猪水肿病相同，以O_8K_{88}较多见；猪水肿病：一部分与仔猪黄痢相同，常见的有O_2、O_8、O_{138}、O_{139}、O_{141}等群，但表面抗原有所不同，大多数菌株能溶解绵羊红细胞。

一、病原

大肠杆菌（*Escherichia coli*）是革兰阴性、中等大小的杆菌，有鞭毛，无芽孢，能运动，但也有无鞭毛不运动的变异株。多数无菌毛，少数菌株有荚膜。菌体大小为（0.4～0.7）μm×（2～3）μm。

本菌为需氧或兼性厌氧，最适生长温度为37℃，最适生长pH值为7.2～7.4。营养琼脂上生长24h后，形成圆形、边缘整齐、隆起、光滑、湿润、半透明、近似灰白色的菌落，直径约2～3mm。在肉汤中培养18～24h，呈均匀浑浊（S型菌落），管底有黏性沉淀，液面管壁有菌环。麦康凯琼脂上18～24h后形成红色菌落。伊红美蓝琼脂上产生黑色带金属闪光的菌落，在远藤氏琼脂上形成带金属光泽的红色菌落，SS琼脂上一般不生长或生长较差，生长者呈红色，菌落较小。能致仔猪黄痢或水肿病的菌株，多数可溶解绵羊红细胞，血琼脂上呈β溶血。

生化特性：能发酵多种碳水化合物（包括葡萄糖）产酸又产气，大部分菌株迅速发酵乳糖，某些不典型菌株则迟缓或不发酵乳糖。

除乳糖发酵试验外，吲哚形成试验、甲基红反应、VP试验和枸橼酸盐利用等四项试验（IMVIC试验）是卫生细菌学中常用的检测指标。凡能发酵乳糖产酸产气，并IMVIC试验为“+、+、-、-”者为典型的大肠杆菌。

本菌的抗原结构比较复杂，主要由菌体（O）抗原、鞭毛（H）抗原和荚膜（K）抗原组成。按照菌体抗原组成成分分为若干血清型，再根据荚膜和鞭毛抗原组成成分分为若干亚型。迄今，已确定的大肠杆菌O抗原有171种，K抗原有80种，H抗原有56种。因此有人认为已知的大肠杆菌血清型有几千种之多。

本菌抵抗力中等，各菌株间可能有差异。常用消毒药在数分钟内即可杀死本菌。在潮湿、阴暗而温暖的外界环境中，本菌的存活不超过1个月，在寒冷而干燥的环境中存活较久。各地分离的大肠杆菌菌株对抗菌药物的敏感性差异较大，且易产生耐药性。亚硒酸盐、亮绿等对本菌生长有抑制作用。

二、仔猪黄痢（Yellow scour of new born piglets）

仔猪黄痢是出生后几小时到一周龄仔猪的一种急性高度致死性肠道传染病，以剧烈腹泻、排出黄色或黄白色水样粪便以及迅速脱水、死亡为特征。

（一）流行病学

1. 易感性：本病发生于初生后1周以内的仔猪，以1～3d最为常见，7d以上很少发病。同窝仔猪中发病率很高，常在90%以上，50%以下的少，病死率也很高，有的全窝死亡；不死的仔猪须经较长时间才恢复正常生长。

2. 传染源：主要是带菌母猪。无病猪场若由病猪场引进种猪或断奶仔猪，如不注意卫生防疫工作，则易使猪群受到感染，引起仔猪大批发病和死亡。

3. 传播途径：主要是经消化道感染。带菌母猪由粪便排出病原菌，散布于外界，污染母猪的乳头和皮肤。仔猪吮乳或舐母猪皮肤时，食入感染，下痢的仔猪由粪便排出大量细菌，污染外界环境，通过水、饲料和用具感染其他母猪，形成新的传染源。

4. 流行特点：没有季节性。在猪场内一次流行之后，一般经久不断，只是发病率和病死率有所下降，如不采取适当的防治措施，是不会自行停息的。

（二）发病机理

初生仔猪胃肠道内是无菌的，母猪由粪便排出的病原性大肠杆菌，散布于外界，污染其乳头和皮肤。仔猪吮乳或舐母猪皮肤时，食入感染，随病仔猪粪便排出，污染母猪乳头、皮肤及外界环境，仔猪在吃奶和舐母猪皮肤时病菌进入肠道，依次循环。如果母猪初乳中缺乏对该病原菌的特异性抗体，病原菌即可在仔猪小肠黏膜上皮定殖，产生毒素，后者刺激隐窝部位肠黏膜上皮细胞分泌大量液体，同时抑制绒毛上皮细胞的吸收作用而引起剧烈水泻，导致脱水和代谢性酸碱平衡紊乱，最后仔猪虚脱死亡。

（三）临床症状

潜伏期短的在生后8～12h内发病，一般为1～3d，7d以上的很少。

仔猪出生时体况正常，于12h后，一窝仔猪中突然有1~2头表现全身衰弱（图2.3.10–1），以后其他仔猪相继发生腹泻，粪便呈黄色浆状（图2.3.10–2），含有凝乳小片。根据5日龄以内的初生仔猪大批发病，泄泻黄色稀粪，就可作出初步诊断。

一窝内自第一例发病后1～2d内至少有80%～90%的同窝仔猪发病。最急性病例，看不到明显症状，于生后10多小时突然死亡。生后2～3d以上发病的仔猪，病程稍长，仔猪突然拉稀，排出黄色水样稀粪，数分钟即拉1次，肛门松弛，稀粪沾污后躯及尾巴，病猪精神沉郁，不吃奶，很快消瘦、脱水，双眼凹陷，肛门周围及腹股沟等处皮肤呈红色，最终昏迷、衰竭而亡。

（四）病理变化

病死猪消瘦，常因严重脱水而显得干瘦，皮肤皱缩，被黄色稀粪污染。肛门哆开，肛门周围沾有黄色稀粪（图2.3.10–3）。最显著的病变是胃肠道黏膜上皮的变性和坏死。胃膨胀，胃内充满酸臭的凝乳块（图2.3.10–4），胃底部黏膜潮红（图1.2–5），部分病例有出血斑块，表面有多量黏液覆盖。小肠急性、卡他性炎症，肠腔内有多量黄色液状内容物和气体，肠腔扩张、肠壁变薄，肠黏膜呈红色，尤其是十二指肠膨胀，肠壁变薄，黏膜和浆膜充血、水肿，肠腔内充满腥臭的黄色、黄白色稀薄内容物，有时混有血液、凝乳块和气泡；空肠、回肠病变较轻，但肠内臌气很显著。大肠壁变化轻微，肠腔内充满稀薄的内容物（图1.2–6）。病变以十二指肠最严重，空肠和回肠次之，结肠较轻。

肠系膜淋巴结充血、出血、肿大，切面多汁；心、肝、肾表现有不同程度的变性和常有小的凝固性坏死灶；脾淤血；脑充血或有小点状出血，少数病例脑实质有小液化灶。

镜检：胃黏膜上皮脱落，固有层水肿，有少许炎性细胞浸润；胃腺腺体和腺管的上皮细胞空泡变性、液化性坏死和脱落；严重者腺管仅存框架，整个腺管变成无结构的网状物。肠黏膜上皮完全脱落，绒毛坦露，固有层水肿，肠腺萎缩，腺上皮细胞空泡化，严重者呈液化性坏死，变成网状的纤维素样物质。在固定良好的切片中，可见绒毛的上皮表面有成丛或成层的大肠杆菌，于绒毛固有层见有嗜中性白细胞浸润。

（五）诊断

根据特征性病理变化和3～5日龄以内的初生仔猪大批发病，泄泻黄色水样稀粪，剖检肠黏膜有急性卡他性炎症，就可作出初步诊断；确诊可进行实验室检查，除采用涂片镜检、分离培养和生化试验等常规方法外，还应测定其有无肠毒素及吸着因子。若从病死猪肠内容物和粪便中分离出致病性大肠杆菌，而且证实大多数菌株具有黏着素K抗原和能产生肠毒素，则可确诊。

肠毒素的测定方法很多，有兔肠段结扎试验、小鼠肠袢试验、皮肤毛细血管通透性亢进试验、乳鼠灌胃试验、细胞培养、Y_1腺瘤细胞和中国仓鼠卵巢（CHO）细胞的形态变化测定、琼脂扩散（Elek）法、被动免疫溶血法、ELISA、基因探针法等。兔肠段结扎试验和小鼠肠袢试验使用广泛，是普遍使用的测定肠毒素活性的好方法，但操作较繁琐。乳鼠灌胃试验是目前测定ST的唯一方法。基因探针法很敏感，是目前最先进的方法，但因标记DNA的探针半衰期短，价格贵，不易推广。ELISA很敏感，易于推广。

鉴别诊断：本病应与猪传染性胃肠炎、猪流行性腹泻、猪轮状病毒感染、猪痢疾及仔猪红痢等相鉴别。

（六）病程与预后

经及时治疗与良好的护理，病仔猪一般在4～7d下痢可以终止，但完全痊愈约半个月左右；如治疗不及时，没按疗程用药，护理不当可增加死亡率，即使病愈，以后也会发育迟缓，增重慢，抗病力降低，易患呼吸系统疾病，成为发生其他疾病的隐患因素。

（七）防制

1. 原则 仔猪哺乳期及断奶期内，常因外界气候、温度变化、环境污染，以及母猪体质、营养等多种因素，导致肠道正常生理机能紊乱，致使病原微生物得以大量繁殖，从而发生下痢。针对具体病因，采取综合防治措施，大多数能得到良好效果。定期检测本场大肠杆菌的血清型和药敏性，可为有效预防提供科学依据。

⑴母猪的饲养管理：防止怀孕母猪过肥或过瘦。要获得健壮的仔猪，必须保证母猪喂全价的配合日粮，一般在怀孕初、中期喂日粮1.8～2.2kg，后期（产前一个月）喂3～3.5kg。产前一周进产房，每天减少0.5kg日粮，临产的当天不要喂精料，饮适当麸皮汤（加少量盐），产后第三天再逐渐增加配合日粮至5kg左右，精料宜喂生湿料。科学饲养管理怀孕母猪，怀孕初、中期可添加5%～8%苜蓿草粉、胡萝卜，可使初生仔猪平均体重达1.4kg，且活泼健壮，生活力强，可减少下痢等疾病感染。防止因母猪产后不食、便秘、缺奶而使仔猪腹泻。

⑵产房的管理：①待产母猪调进产房前，必须对每个产圈彻底消毒，可用火焰喷灯杀灭铁架上的微生物。②母猪进产房后最好应用温水淋浴，临产时用0.1%高锰酸钾液洗涤母猪的阴部、乳房、腹部，临产中擦洗乳房时并要按摩，要挤掉奶嘴头2把奶，辅助初生仔猪尽早吃上初乳，是防止母猪乳房炎和仔猪下痢的重要措施，尤其对头胎母猪更为重要。

⑶仔猪饲养管理：抓好仔猪“初生”、“补料”和“断奶”时期的饲养管理是防止仔猪大肠杆菌病的关键措施

①辅助初生仔猪吃足初乳。对于初产母猪或乳房发育不好、产乳少的母猪，可与产后第一天上、下午各给“促乳灵”或“催乳快”一包，第二天可见效。

②加强保温，防冻、防压。仔猪适宜的环境温度，1～3日龄为30～32℃，4～7日龄为28～30℃，8～30日龄为22～25℃，31～45日龄为20～22℃。

③对“初生”、“补料”时期的仔猪，宜选用“调痢生”（约50mg/kg体重）、促菌生、嗜酸乳酸杆菌、干酵母、乳酶生等微生态制剂。不仅有使仔猪肠道正常菌群占优势，抵抗病原微生物侵入和增殖的作用，而且还可防治下痢病，安全无副作用，避免了大量或长期用抗生素产生耐药菌株。此方法特别在保健、提高饲料利用率、促进增重等方面更胜一筹。

④给3日龄仔猪注射血多素或右旋糖酐铁、铁钴注射液（葡聚糖铁钴注射液）1～2mL（含铁100～150mg），同时注射0.1%亚硒酸钠液1mL，可防止营养性贫血和缺铁引起的腹泻。

⑤注意仔猪“补料”的调教、适应和旺食三个阶段。应尽量设法让仔猪多吃优质的全价颗粒料，减少吃奶次数，以不发生腹泻为最好。若腹泻，多为消化不良或过敏所致，防治以助消化促生长酶制剂为主；必要时，辅助性用药可选苯海拉明、非那根、甲氧苄嘧啶、维生素C、地塞米松磷酸盐、恩诺沙星等药物。

⑥做好断奶仔猪的饲养管理：对断奶仔猪，尽量做到维持原窝上网培育，环境条件、饲料和管理应逐步过渡。断奶后的最初7～8d，仍需保持哺乳料，逐渐的改换成育成料。断奶转群时期，尽量减少不良刺激，先减食，再逐渐恢复全量日粮，此时期日粮中添加断奶安或柠檬酸1%～1.5%，可防止下痢，利于增重。对食欲旺、体重大的仔猪，应限制料量，以防水肿病。

⑷有温和型猪瘟或伪狂犬野毒抗体阳性猪场的下痢的防制：

多价血清应用，在温和型猪瘟或伪狂犬野毒抗体阳性的猪群中，选用淘汰的无病伤残或不孕健康老母猪自制血清，给下痢仔猪按2～4mL/kg体重皮下或肌肉注射，注射一次约80%～90%下痢仔猪即可痊愈，少数的需要注射2次。尤其是疑为仔猪猪瘟初期

引起的下痢，疗效更为明显。

“多价高免血清”系用猪瘟苗、伪狂犬苗、二联病毒性腹泻苗、大肠杆菌苗或红痢苗分别先后两次（间隔15～20d）免疫本场健康的淘汰母猪，采其血液自制的血清。只允许给本场病猪使用。

2. 免疫预防与药物防治　妊娠母猪在临产前40d和15d，各肌肉注射一次仔猪大肠杆菌腹泻K88、K99、987P三价灭活疫苗，每次2mL。视情况而定，于产前30d、15d各免疫接种一次红痢菌苗。同时也可接种伪狂犬苗、二联病毒性腹泻苗。刚分娩母猪注射1～3次常规量青、链霉素，防止产后感染，确保乳汁质量。母猪产前4d至产后7d，可在日粮添加中草药如王不留行、板蓝根等，添加量为1%，或加预防剂量抗生素（土霉素、四环素、阿莫西林、甲砜霉素、泰乐菌素、诺氟沙星（氟哌酸）、环丙沙星（环丙氟哌酸）、乙基环丙沙星（恩诺沙星）、磺胺类及其他合成抗菌药）等以预防乳房炎及缺乳症。怀孕母猪产前10d注射0.1%亚硒酸钠维生素E注射液10mL。许多报道和作者经验证实免疫妊娠母猪，即使所产仔猪发生黄痢，经治疗后不但病程缩短，而且不影响仔猪的生长发育、增重。

3. 猪下痢防治处方锦集（仅供参考选用）

抗生素类药物：链霉素1支（100万单位），用注射用水稀释溶解，每头口服20～40万单位，日服2次，连用3d。选择对本病敏感的药物，如乳猪初生后未哺乳前，每头灌服硫酸庆大霉素注射液4万单位；对发病仔猪肌注丁胺卡那霉素2mL，每天2次，脱水严重者补液，方法是10%葡萄糖盐水10mL，地塞米松2mL，10%维生素C1～2mL配合抗生素如卡那霉素、庆大霉素等皮下、静脉或腹腔注射，每天2次，连用2d。

动物微生态制剂：如止痢宁（也称为促菌生）、调痢生（四川大邑兽药厂生产），每头每千克体重0.1～0.2g，日服1次，连用3d。调痢生（8501）、抗痢宝及非致病性大肠杆菌（如NY-10菌株、SY-30菌株等）制剂等，在仔猪吃奶前投服，都有较好的预防效果。

磺胺类药物：磺胺脒，按0.1～0.3g/kg体重，分2～3次间隔8～12h口服1次。复方磺胺-5-甲氧嘧啶注射液（SMK-TMP），首次每千克体重0.4mL，以后每次0.2mL，肌肉注射，每天1次，连用3d。

土霉素碱0.25～0.5g，次硝酸铋0.25～0.5g，1次内服，每天2～3次。

0.5%痢菌净注射液灌服或肌肉注射，每次3～5mL，每天2次，连用2～3d；痢菌净2～4g混与哺乳母猪饲料中分3～4d饲喂，通过母乳防病。

二甲硝咪唑片，按每千克体重32mg内服，每日止次：连用2～3d。

多粘菌素B硫酸盐8～10万国际单位（或1～2mg/kg体重），1日2次肌肉注射。

硫酸庆大霉素2～4mg，硫酸阿托品0.25mg，维生素B150mg，1次肌肉注射，体重3kg病猪药用量加倍，每日2～3次，连用2d。

醋蒜合剂：大蒜2kg捣成蒜泥，加入4kg醋浸泡2～3d，取汁装瓶备用。初生仔猪吃母乳前滴服1mL，每2d加倍量，每日2次，连喂3d。

矽炭银2～3g，与抗生素（土霉素、痢特灵、金霉素）适量内服。

补液类药物：许多猪场只注意口服和注射药物的应用；而忽视体液的即时补充，所以应提倡全身疗法，做好抗菌、解毒的同时应注意补液、强心等抗休克疗法，脱水时当即皮下或腹腔补液。同时设口服补液盐自动饮水装置。5%葡萄糖生理盐水注射液500mL（加温40℃），加入氟美松注射液20mg、10%维生素C注射液50mL、5%恩诺沙星注射液4mL、硫酸阿托品注射液5～25mg：混匀，给拉稀病猪腹腔注射20～40mL，1～2次/d，一个疗程3～5d。硫酸阿托品的量可依据拉稀的程度增减或停用，以防过量而导致便秘或中毒。

宝康素-M口服喷射乳液，其每毫升含有硫酸新霉素50mg，甲溴东莨菪碱0.25mg。可防治细菌性腹泻，体重5kg以下，每次服1mL，5～10kg重的则服2mL。也可三联保健，即用长效抗菌类药物1～3、7、21d分注3次。蒋长苗等（1995）研制了抗仔猪大肠杆菌-沙门氏杆菌的二联高免猪血清γ球蛋白注射液，临床应用，效果明显。陈章水等（1991）报道利用受体的理化特性而研制成“敌霸”，它的生物活性部分是一种蛋白酶（菠萝蛋白酶），这种酶只有专性分解受体蛋白的作用，切断大肠杆菌菌体纤毛赖以结合的受体，从而使其失去黏附条件，达到预防腹泻的作用。新生仔猪于出生后24h口服“敌霸”0.5g，间隔24h后用K_{88}、K_{99}、987P、F_{41}四个产肠毒素菌株联合攻毒，结果试验组发病率和死亡率比对照组分别减少39.6%和34.1%，发病持续期缩短1.2d。

治疗时，应全窝给药，由于细菌易产生抗药性，最好两种药物同时应用。有条件的，做细菌分离和药敏实验，选用敏感药物。常用药有土霉素、新霉素、磺胺甲基嘧啶等。口服补液盐的配制方法是：精制氯化钠3.5g，碳酸氢钠（小苏打）2.5g，氯化钾1.5g，葡萄糖20g，常水1 000mL，混合溶解即成，随用随配。

腹腔注射方法：助手采用提举后肢保定法；术者一手把握猪的腹侧壁，于倒数第二个乳头左侧（或右侧）约2cm处先碘酊后酒精消毒，另一手持连接细针头（1.5/12号）的注射器垂直刺入（1～1.5cm），注入药液（或连接输液瓶的胶管，进行输液）后，拔出针头，局部消毒处理预防因腹腔注射感染细菌性腹膜炎。

三、仔猪白痢（Whitescourofpiglets）

仔猪白痢是指10～30日龄仔猪多发的一种急性肠道传染病，以排泄腥臭的灰白色黏稠稀粪为特征。本病的发病率高（约50%），但死亡率较低。

（一）流行病学

本病发生于10～30日龄仔猪，以10～20日龄最多，也较严重，1月龄以上的仔猪很少发生。一窝仔猪中发病常有先后，此愈彼发，拖延十余天才停止。有的仔猪窝发病多，有的仔猪窝发病少或不发病，症状也轻重不一。

本病的发生常与各种应激因素有关，如没有及时给仔猪吃初乳，母猪奶量过多、过少与奶脂过高，母猪饲料突然更换、过于浓厚或配合不当，气候反常，阴雨潮湿，受寒，圈舍污秽，舍温冷热不定等，都可促进本病的发生或加重病情。

（二）发病机理

一方面有肠毒素所致分泌性腹泻，另一方面还有因炎症促进液体从肠壁向肠腔渗出，以及肠蠕动增强导致肠内容物通过肠管加快；在这些条件下，食糜中的大量脂肪被向后推移，与大肠腔内的碱性离子（钙、镁、钠、钾）结合，成为灰白色的脂肪酸皂化物而使粪便变成灰白色，因此在临床上即表现为白痢。

（三）临床症状

病猪突然发生腹泻，排出浆状、糊状的粪便，灰白（图2.3.10–7）或黄白色，具腥臭，体温和食欲无明显改变。病猪逐渐消瘦，发育迟缓，拱背，行动迟缓，皮毛粗糙无光、不洁，病程3～7d，多数能自行康复。

（四）病理变化

尸体消瘦，脱水，皮肤苍白，肛门及尾根附近黏着灰白色带腥臭味的粪便。主要病变位于胃和小肠前部，胃内有少量凝乳块。胃黏膜充血、出血、水肿性肿胀，表面附有数量不等黏液，一些病例胃内充满气体。肠壁菲薄，灰白半透明，肠黏膜易剥脱，有时可见充血、出血变化，肠内容物空虚，含大量气体和少量稀薄、黄白色带酸臭味粪便。肠系膜淋巴结肿大、水肿、滤泡肿胀。肝脏浑浊肿胀、胆囊膨满。心肌柔软，心冠脂肪胶样萎缩，肾苍白色，有时肺脏见有继发性肺炎变化。

组织学：肠绒毛高度水肿，上皮细胞水肿似杯状细胞样，固有层血管扩张、充血。

（五）诊断

根据主要侵袭10～30日龄仔猪，病猪体温不高，普遍排泄灰白色稀粪，致死率低，剖检有胃肠卡他性炎症变化，可作出初步诊断，必要时做细菌学检查。由小肠内容物分离出大肠杆菌，用血清学方法鉴定为常见病原血清型时，则可确诊。

临床上应注意与仔猪黄痢、仔猪红痢、猪痢疾血及猪传染性胃肠炎等鉴别。

（六）防制

1. 预防原则　加强对母猪的饲养管理，合理地调配饲料，饲料品种不要突然改变，保持母猪泌乳平衡。仔猪应实行提早喂料，饲料应营养全面，加强运动，补充饮水。在小猪圈内放些清洁泥土，任其自由舔食。尽量减少各种应激因素，注意猪舍环境卫生，排除污水，及时清扫粪便，注意干燥，冬季加强保暖，供给足够垫草。

罗泽银（1995）报道了“一消一补一治”防治仔猪白痢新技术。一消，就是用高效低毒，对细菌、病毒有广谱持久杀灭功能的新型消毒剂–菌毒敌消毒仔猪环境。在产前3天内用其0.5%稀释液对圈舍四周、地面、垫草和用具消毒。以喷雾器喷湿为度，每隔一周消毒1次，连续3次。一补，是给仔猪补铁，仔猪出生后12～30d内多处于严重的缺铁性贫血阶段，致生长发育受阻，抗病力下降。在仔猪2～6d内，一次性肌肉注射5%右旋糖酐铁2mL，含铁量约100mg，可促进仔猪生长发育，提高抗病力，减少白痢发生。一治，是用调痢生治疗仔猪白痢，发病后及时按100mg/kg体重剂量口服调痢生，每日1次，或投入饮水中1次饮完，连服3d，疗效显著。

2. 免疫预防与药物防治　参照仔猪黄痢。

3. 治疗　病猪治疗应取早期，还必须结合病因及发病情况选用和变换药物。目前较为常用的药物有磺胺类和抗生素等，以下处方可做参考。

①磺胺类0.5g，次硝酸铋0.5g，胃蛋白酶1.0g，龙胆末0.5g，混合成散剂，加水调成糊状。一日分1～2次口服。

②新霉素5mg/kg口服，每天2次，连服3d。

③孙辉业等（1993）以肌注痢菌净配合硫酸阿托品交巢穴注射治疗仔猪白痢。方法：肌肉注射痢菌净3mg/kg体重，首次加倍量，1日2次；交巢穴注射阿托品0.1mg/kg体重，1日1～2次，注射后1h左右，自由饮用0.9%盐水。

④喹乙醇50mg和腐植酸钠100mg内服。

⑤高仓印等认为用0.1%亚硒酸钠注射液对怀孕母猪产前2～3次肌注，缺硒地区母猪所产仔猪黄、白痢有预防作用。

⑥复方磺胺–5–甲氧嘧啶注射液（SMD–TMP）首次每千克体重0.4mL，以后每次0.2mL，连用3d，每天1次治疗黄、白痢。

⑦仔猪体重3kg以下一次肌肉注射硫酸庆大霉素20mg，硫酸阿托品0.25mg，维生素$B_1$50mg，体重3kg以上者3种药用量加倍，每日1次，连用2d。

⑧二甲硝咪唑片按每千克体重32mg内服，每日两次。

⑨左旋咪唑在母猪产前4d按每千克体重12mg内服或每千克体重10mg肌肉注射。7日龄仔猪按每千克体重10mg内服或每千克体重8mg肌肉注射，可用于预防仔猪白痢。发病仔猪按每千克体重12mg内服或每千克体重10mg肌肉注射。

四、猪水肿病（Edema disease of swine，ED）

猪水肿病是断奶前后仔猪多发的一种急性肠毒血症。以突然发病，头部水肿，共济失调，惊厥和麻痹，剖检胃壁和肠系膜显著水肿为特征。本病发病率不高，病死率很高（90%以上）。

（一）诱发水肿病的病因

1. 仔猪断乳分栏，突然改变生活环境；气候突变或天气突变时，导致舍内温度降低，仔猪因皮下脂肪层薄、体温调节能力差而无法适应引起胃肠受凉，导致消化不良，胃肠痉挛，肠道内环境改变，致病性大肠杆菌大量增殖产生肠毒素吸收入血行发生中毒性休克，与此同时食物未能很好消化吸收，刺激肠蠕动增强而引起腹泻、脱水，致病猪发生酸中毒，毒素一旦突破血脑屏障出现神经症状，病猪往往突然死亡。

2. 哺乳期间突然变更饲料，突然喂给浓度高的饲料。而仔猪的胃肠功能发育不健全，各种消化酶的分泌和激活需要底物诱导，在仔猪4周龄前突然喂给大量的营养浓度极高的饲料，很容易诱发水肿病。

3. 应激断奶、阉割、预防接种、换料、母仔分离等多重刺激，引起仔猪产生应激反应，对病原菌的抵抗力降低，诱发水肿病。

4. 饲料品质不良，饲料的抗原性强。仔猪补饲饲料中，豆粕等大豆蛋白超过粗蛋白总量的50%，或豆粕（或大豆）加工处理方法不当及仔猪补饲不充分，大豆蛋白的抗原激活了肠道的局部免疫系统，如仔猪未能产生免疫耐受性，则免疫系统经常处于准备状态，当断奶后再次接触此类抗原时，便产生了抗原抗体免疫反应，导致消化不良、腹泻，发生水肿病。

5. 配合饲料的pH过高。这样的饲料进入胃肠后中和大量胃酸，使胃蛋白酶的活性降低。大量营养物质未经充分消化而直接进入肠道，使大肠杆菌迅速增殖，导致肠道菌群区系平衡被打破，诱发水肿病。

6. 饲料中蛋白质含量过高。在8周龄之前，仔猪对植物性蛋白质的消化能力差，喂给大量蛋白质含量高的日粮，超过了仔猪胃肠的承受能力，引起胃肠机能紊乱，造成病原菌繁殖并产生毒素，从而诱发仔猪腹泻和水肿病。

（二）流行病学

易感性：断奶不久的仔猪常发。小至数日龄，大至4月龄也偶有发生。体格健壮、生长快的仔猪最为常发。发生过仔猪黄痢的仔猪一般不发生本病。

传染源：主要为带菌母猪和感染的仔猪。

传播途径：由粪便排出病菌，污染饲料、水和环境，通过消化道感染。

流行特点：本病呈地方流行性。一般只限于个别猪群，不广泛传播。有时散发。在猪群中发病率约10%～35%，但各猪群、各时期有差异。病死率很高，春秋季多发。

集约化饲养、气温变化、饲养条件改变、免疫状态和其他感染因素的存在等可诱发本病。

（三）发病机理

目前研究认为至少有类志贺毒素、F_{107}菌毛抗原（现统一命名为F_{18}）和宿主受体基因型等因素与水肿的发生紧密相关。

类志贺毒素（SLT）又称Vero毒素，现已报道的主要有3型：SLT-1（VT_1）、SLT-2（VT_2）及其变种SLT-2e（SLT-2v或Vte）。与水肿病有关的是SLT-2v。纯化的SLT-2v可复制出猪水肿病，且SLT-2v的编码基因在猪水肿病常见血清型菌株中出现率很高，证实了SLT-2v是水肿病发生的决定性因素之一。

Bertschinger等在两株水肿病大肠杆菌（O_{139}：K_{12}：H_1）中发现并证实了黏附因子。107/86菌株在血琼脂培养基上生长产生纤毛，能黏附猪离体肠段的刷状缘；而生长于血平板上的124/76株不产生菌毛，也不能黏附刷状缘，但在小肠环境中，却可产生与F_{107}形态和抗原性不同的菌毛，可通过间接荧光试验和免疫电镜检测到。

Imgberechts等对F_{107}进行了更为深入的研究，发现以其亚单位基因fedA转化大肠杆菌HB_{101}形成的转化菌（PIH_{120}），能吸附于离体猪小肠微绒毛，fedA在水肿病菌株中的高出现率，以及其与SLT-2v毒素编码基因的高度相关性，表明F_{107}菌毛是水肿病大肠杆菌株的又一重要毒力因素。

已经发现，仔猪小肠黏膜对K_{88}黏附素吸附的易感性是不同的，并依此将仔猪分为“黏附型”和“非黏附型”两种表型，它们受同一位点上一对等位基因的控制，其遗传服从孟德尔法则。

Bertschinger等曾假设，猪对导致其水肿病的大肠杆菌在小肠定居的抵抗力，是由同一位点的2个等位基因控制的。这两个等位基因，一个是易感（S），一个是抵抗（s），并通过杂交后代对水肿病的敏感或抵抗得到了证实。

病原性大肠杆菌进入肠道，耐过宿主抗菌作用，附着于肠黏膜上定殖，利用肠道内的适宜条件大量繁殖，产生水肿病毒素，当猪体经肠道吸收毒素进入血液，即引起肠毒血症，导致水肿病发生。猪水肿病的发生往往与某些应激因素有关。缺乏运动、受寒、断乳前后饲料变更突然、饲料单纯或吃了过量稠厚的高蛋白饲料导致消化不良和胃肠机能紊乱等，都是诱发猪水肿病的重要因素。由此可见本病的发生主要与管理与饲料营养有关。

（四）临床症状

急性病例常未见任何症状即突然猝死。亚急性病猪病初体温38.6～39.5℃，精神沉郁，食欲减少或废绝，心跳疾速，结膜充血，不喜活动，步态不稳；继而兴奋不安，呼吸初期快而浅，后来慢而深，发病前一、二天常有轻度腹泻，后便秘。病猪行走时四肢无力，共济失调，步态摇摆不稳，有时做圆圈运动。静卧时，表现肌肉震颤，不时抽搐，四肢划动作游泳状，触动时表现敏感，发呻吟声或嘶哑的鸣叫，继而前肢或后躯麻痹，不能站立（图2.3.10-8），体温无明显变化。若强行驱赶，则耸毛拱背，后躯左右摇摆，步态蹒跚，拖地而行，并伴有心跳疾速，呼吸促迫，反应迟钝，皮肤敏感，触之惊叫，少尿或无尿，多腹泻少便秘；最后呼吸极度困难，体温降至36℃以下，昏迷而死。本病的特殊症状是脸部、眼睑水肿（图2.3.10-9），有时波及颈部和腹部皮下。有些病猪没有水肿的变化。病程一般为1～2d，个别的可达7d以上。

（五）病理变化

急性病例常未见任何症状即突然猝死，尸体营养良好（图2.3.10–10）。头顶部（图2.3.10–11下颌间隙（图2.3.10–12）颈部、前肢下部（图2.3.10–13）内侧皮下炎性水肿，其病变为皮下积留水肿液或透明胶冻样浸润物，水肿部皮肤青紫。

全身淋巴结水肿、充血、出血，急性浆液性出血性淋巴结炎，淋巴结肿胀，色如红枣，切面多汁，有时有出血，以肠系膜淋巴结（图2.3.10–14）、颌下淋巴结（图2.3.10–15）出血严重，而肺门淋巴结（图2.3.10–16）、纵膈前淋巴结（图2.3.10–17）、腹股沟淋巴结（图2.3.10–18）等出现轻微病变。

特征的病变是胃壁浆液性水肿，尤以胃大弯、贲门部水肿严重，水肿切面流出无色渗出液，胃内常充盈食物（图2.3.10–19），黏膜潮红，有时胃底部弥漫性出血（图2.3.10–20）；胃底区黏膜下有厚层的透明有时带血的胶冻样水肿物浸润，使黏膜层和肌层分离，水肿层有时可达2～3cm厚（图2.3.10–21），严重的可波及到贲门区和幽门区，但轻症病例则呈局部性水肿，需在多处切开胃壁才能发现。小肠黏膜水肿，十二指肠黏膜弥漫性出血，大肠系膜水肿，结肠系膜、直肠壁明显水肿；结肠袢的肠系膜呈透明胶冻样水肿，充满于肠袢间隙（图2.3.10–22）。腹腔（图2.3.10–23）常见有几束纤维蛋白，结肠散在多量红色斑点，小肠血管充血。

心包、胸腹腔有较多的淡黄积液，心冠脂肪针尖状出，心肌变性与出血（2.3.10–24），左心室心肌壁小米状出血；会厌软骨、气管小点状出血；肺水肿，粟粒状出血，呈休克肺病变（图2.3.10–25）；肝（图2.3.10–26）与肾（图2.3.10–27）淤血和营养不良，肝有散在出血斑点，肾包膜增厚、水肿，纵切面皮质贫血，髓质充血，膀胱黏膜针尖状出血。小脑膜水肿。临床有神经症状的猪，脑常出现非化脓性脑炎的变化，神经细胞出现不同程度的变性和水肿。组织学肾有DIC（图2.3.10–28），出现神经症状的有非化脓性脑炎变化（图2.3.10–29、30、31）。

（六）诊断

根据发病猪的日龄，特征的临床症状及病理变化，一般可作出诊断。确诊须实验室诊断，由小肠内容物分离病原性大肠杆菌，鉴定其血清型。

1. 触片镜检　无菌取病死猪肝、肺、淋巴结、小肠前段内容物分别触片，自然干燥，火焰固定，革兰染色镜检，在小肠内容物触片上查见革兰阴性小杆菌。

2. 细菌培养　无菌取肝、肺、淋巴结、小肠前段内容物分别接种营养肉汤和营养琼脂培养基，于37℃恒温培养24h观察，见小肠内容物接种的营养肉汤均匀混浊，有菌膜，管底有灰白黏性沉淀，振荡呈云雾状，小肠内容物接种的营养琼脂板上可见灰色、半透明、圆形隆起、湿润、边缘不整齐、直径2～3mm的菌落。将两种培养物分别涂片，革兰染色镜检，均查见单个或成对排列、两端钝圆的革兰阴性小杆菌，运动力检查阳性。

3. 鉴别培养　无菌取营养肉汤、营养琼脂培养物分别接种麦康凯琼脂培养基，于37℃恒温培养18h观察，见有均匀红色、圆形隆起、光滑湿润的小菌落生长。菌落涂片革兰染色镜检，查见单个、成对、两端钝圆的革兰阴性小杆菌。经鉴定为大肠杆菌。

4. 鉴别诊断　临床上应注意与贫血性水肿、缺硒性水肿鉴别，二者均无明显的神经症状，注射抗贫血药或硒，很快见效。

（七）防制

1. 预防原则

⑴防止突然更换饲料：科学的办法是逐渐减少原来的饲料，逐渐增加另一种饲料，使换料在5～7d完成，便可在很大程度上预防仔猪水肿病。

⑵ 饲喂质量好的日粮：即蛋白质、维生素、矿物质含量丰富、平衡，易消化，含有机酸化剂和消化酶制剂等辅助因子。蛋白多元化、蛋白抗原性低的饲料不一定是高蛋白的，但它确是高效的和低成本的。有资料证明，降低饲料蛋白质水平可有效缓解断奶仔猪腹泻和降低水肿病的发生率。

(3)保持猪舍卫生干燥，仔猪适当运动。不要突然改变饲料和饲养方法，防止饲料单一，应增加一些含维生素丰富的饲料。

(4)仔猪1日龄开始补水，在断奶之前吃600g饲料，7～14日龄用易消化、含乳清粉5%～20%的乳猪诱食料进行诱食，使仔猪对饲料抗原获得免疫耐受性。

(5)在饲料内添加适宜的抗菌药物，如土霉素、新霉素，按每千克体重用5～20mg，可预防本病的发生。

2. 免疫预防：现有死苗和活苗，通过DNA重组技术生产的K88菌体抗原苗和用主要的O抗原与K88抗原制成的疫苗，已在生产中应用。

3. 发病后的防治技术：本病缺乏特异性的治疗方法。应及时诊断，早治疗，抑制致病菌繁殖，消除诱因，改善饲养管理。采用综合治疗方案，先在群体饲料内添加适宜的抗菌药物，如土霉素、新霉素等药物；同时对同栏猪进行预防性治疗，即可收到较好的效果。治疗以抗菌消炎、保肝解毒、利尿消肿、抗中毒性休克为原则。

(1)隔离消毒与饲养管理：病猪隔离，猪栏、地面等用水冲洗后再用菌毒净等消毒药喷雾消毒；立即停喂自配高蛋白饲料，改喂仔猪饲料，增喂新鲜白菜叶等青绿饲料，饮水中加入适量食醋，让猪自由饮用。

(2)同栏仔猪一头发病，整栏治疗。病猪每头肌注长效治菌磺5mL，静注10%氯化钙5mL，50%葡萄糖100mL，25%甘露醇30mL，维生素C注射液4mL，1次1d，连用3d。

(3)尚有食欲的猪，每头用硫酸钠15克、大黄末5g拌料内服，1次1d，2d后，每头用土霉素按40mg/kg体重拌料内服，1次1d，连用5d。同时在每50kg310饲料中补加电解多维5g、维生素B_1、维生素B_2各25g等配合内服治疗。罗晓松（2003）报告，采取上述措施后，预防性治疗的68头仔猪，无一发病；治疗病猪8头，除一头重症病猪死亡外，其余病猪精神、食欲逐渐恢复正常。半月后回访，仔猪群再未发病，生长发育良好。

备注：用敏感的抗菌类药物可抑制致病大肠杆菌生长繁殖；氯化钙强心利尿；高糖、甘露醇降低颅内压，利尿消肿，扩充血容量，防止肾功能不全；维生素C解毒，改善血液循环；硫酸钠可与水肿病毒素形成沉淀物，消除毒素致病作用；多维、维生素B_1、维生素B_2既能起治疗作用，又能促进仔猪愈后生长发育。

第十一节　猪副伤寒（猪沙门氏菌病）（Swine paratyphoid Swine salmonellosis）

猪副伤寒即猪沙门氏菌病（Swinesal salmonellosis），沙门氏菌病是由沙门氏菌属中的几个成员引起的一种人畜共患传染病。在临床上，也可以引起母畜流产。沙门氏菌属细菌引起2～4个月龄断奶仔猪易感一种传染病。猪急性型表现为败血症，亚急性型和慢性型以顽固性腹泻和回肠及大肠发生固膜性肠炎为特征。

本病分布于世界各地。Salmon和Smith于1885年首次从猪体内分离到猪霍乱沙门氏菌。

一、病原

沙门氏菌（*Salmonella*）为两端钝圆、中等大小的直杆菌，革兰染色阴性，无芽孢，一般无荚膜，都有周鞭毛（鸡白痢沙门氏菌等除外），菌体大小（0.7～1.5）μm×（2.0～5.0）μm，DNA中（G+C）mol%为50～53。能运动，多数有菌毛。

本菌需氧或兼性厌氧，最适生长温度为35～37℃，最适pH值的6.8～7.8。本菌对营养要求不高，能在普通平板培养基上生长。经37℃24h培养，在普通平板上形成圆形，直径2～3mm，光滑、湿润、无色、半透明、边缘整齐的菌落。伤寒沙门氏菌有时可出现侏儒型菌落。乙型副伤寒沙门氏菌和猪霍乱沙门氏菌可呈黏液状生长，如将接种上述细菌的平板，经37℃培养24h后，再置室温1～2d，在菌落周围可见有一圈黏液堤。有的沙门氏菌在S.S或D.C琼脂上形成中心带黑色的菌落，在液体培养基中呈均匀混浊。

生化特性：沙门氏菌属（除亚利桑那沙门氏菌分解乳糖外）不分解乳糖、蔗糖，侧金盏花醇和水杨苷，分解葡萄糖产酸产气（伤寒沙门氏菌产酸不产气）。多数能利用枸橼酸盐，能还原硝酸盐为亚硝酸盐，在氰化钾培养基上不生长，无苯丙氨酸脱氨酶。

沙门氏菌抗原分为菌体抗原（O抗原），鞭毛抗原（H抗原），表面抗原（K抗原，即荚膜或包膜抗原，又称为Vi抗原）和菌毛抗原四种。

许多类型的沙门氏菌具有产生毒素的能力，尤其是肠炎沙门氏菌、鼠伤寒沙门氏菌和猪霍乱沙门氏菌。毒素有耐热能力，75℃经1h仍有毒力，可使人发生食物中毒。

引起猪沙门氏菌病的沙门氏菌血清型相当复杂。猪霍乱沙门氏菌（*S.choleraesuis*）及其孔道夫变种（*S.choleraesuisvar.kunzendorf*）是主要的病原菌，可引起败血性传染和肠炎；鼠伤寒沙门氏菌（*S.typhinurium*）和德尔俾沙门氏菌（*S.derby*）可引起急性或慢性肠炎，并可能伴发高热；都伯林沙门氏菌（*S.dublin*）引起猪散发性败血型传染和脑膜炎；而猪伤寒沙门氏菌（*S.typhisuis*）则以引起溃疡性小肠结肠炎以及坏死性扁桃体炎和淋巴结炎为特征。

本属细菌对干燥、腐败、日光等因素具有一定的抵抗力，在外界环境中可生存数周或数月。在60℃经1h，70℃经20min，75℃经5min死亡。对化学消毒剂的抵抗力不强，常用的消毒药均能将其杀死。

二、流行病学

1. 易感性　人、各种畜禽及其他动物对沙门氏菌属中的许多血清型都有易感性，不分年龄大小均可感染，幼龄的畜禽更为易感。猪多发生于2～4个月龄的断奶仔猪。

2. 传染源　主要是病猪和某些健康带菌猪，病原菌存在于肠道中，可由粪便、尿、乳汁以及流产的胎儿、胎衣和羊水排出病菌。

3. 传播途径　病菌污染饲料和饮水，经消化道感染健畜。病猪与健猪交配或用病公猪的精液人工授精可造成传染。此外，子宫内感染也有可能。鼠类也可传播本病。健康畜禽的带菌现象非常普遍，病菌可潜藏于消化道、淋巴组织和胆囊内，当外界的不良因素，使动物抵抗力降低时，病菌可变为活动化而发生内源感染。

4. 流行特点　一年四季均可发生。猪在多雨潮湿季节发病较多。一般呈散发性或地方流行性。环境污染、潮湿、棚舍拥紧、饲料和饮水供应不良、长途运输中气候恶劣、疲劳和饥饿、寄生虫病、分娩、手术、断奶过早等，均可促进本病的发生。

5. 发现历史与现状　沙门氏菌至今已有百多年的历史，早在1884年Solmon和Smith二人分离出细菌，后来称作猪霍乱沙门氏菌（*S.choleraesuis*）。1888年Gartner发现T肠炎沙门氏菌（*S.enteritidis*）。在Kauffmann-White二人（1940）规范的基础上，通过采用精细的血清学分析对各种沙门氏菌进行较简化的鉴定，至今发现的沙门氏菌已增至千余种。我国各地的猪场及养猪户都有发生，特别是在饲养环境卫生条件不好的猪场，经常有本病发生，给养猪业造成了很大的损失。集约化养猪场的养猪环境及饲养条件较好，本病发生较少。猪副伤寒带菌猪较普遍，病原菌广泛分布于外界环境中，因此，有些地区本病长期存在，时而暴发，时而暂停，几乎每年所生小猪都有一部分发病，构成本病的常在性。有些传染病发生，常有副伤寒的继发或合并发生，如亚急性型猪瘟常继发猪副伤寒。也是当前养猪业预防日程中的疾病之一。

三、发病机理

有人认为沙门氏菌性肠炎可能由于病菌刺激前列腺素分泌，激活腺苷酸环化酶（adenylcyclase），使液体外渗所致；而沙门氏菌性败血症则与菌体释放的脂多糖内毒素有关。

沙门氏菌性败血症：沙门氏菌细胞壁里的脂多糖含有类脂体A。类脂体A是内毒素的主要成分，它可使动物发热，黏膜出血，白细胞先减少后增多，造成微循环障碍，以致休克死亡。

沙门氏菌性肠炎：正常情况下，大肠黏膜层

固有的梭形细胞可产生挥发性有机酸，以抑制沙门氏菌的生长。同时，肠道内的正常菌群可刺激肠蠕动，不利于沙门氏菌的附着。当存在不良因素（如抗生素治疗、饮食不足等），使动物处于应激状态，以致肠道正常菌群失调，肠蠕动缓慢时，可促使沙门氏菌移居于小肠下端和结肠生长繁殖。有人曾经观察到，经过长途运输的猪，其肠道沙门氏菌的移居率大为增加。病菌移居于小肠下端和结肠后，从回肠和结肠的绒毛顶端，经刷状缘进入上皮细胞，在其中繁殖，并感染邻近细胞或进入固有层继续繁殖。有的病菌被吞噬细胞吞噬而进入局部淋巴结。机体受病菌侵害后，刺激前列腺素分泌，从而激活腺苷酸环化酶，使血管内的水分、HCO_3^-和Cl^-向肠道渗出，引起急性回肠炎和结肠炎。受害的绒毛有多量中性粒细胞浸润，部分白细胞随粪便排出。此外，鼠伤寒沙门氏菌某些菌株还可产生肠毒素样物质而导致肠炎。组织学检查胃、肠、肾、心、脑等器官有DIC。

沙门氏菌细胞壁中的脂多糖是一种毒力因子，脂多糖是由一种为所有沙门氏菌共有的低聚糖芯和一种脂质A成分组成。脂质A具有内毒素活性，可引发沙门氏菌感染动物发热，黏膜出血，白细胞减少继之增多，血小板减少，肝糖消耗，低血糖症，最后休克而死亡。

有些沙门氏菌，如鼠伤寒沙门氏菌、都柏林沙门氏菌等，能产生肠毒素，使动物发生沙门氏菌性肠炎，肠毒素还有助于增强细菌的侵袭力。

通过消化道途径进入猪体的病原菌，破坏肠壁黏膜的屏障，经淋巴道而侵入血流，引起菌血症和毒血症，损害一些器官的血管内皮细胞，发生弥漫性血管内凝血，导致病猪休克，发生急性败血症死亡。对于抵抗力较强的猪只，侵入血流的病菌，一部分被机体消灭，一部分在大肠黏膜淋巴组织中繁殖，以及肠壁血管广泛的血栓形成，引起黏膜和淋巴组织的坏死，出现特征性副伤寒性淋巴滤泡溃疡及黏膜的固膜性炎症。

四、临床症状

潜伏期长短，决定于仔猪抵抗力的强弱、传染方式以及细菌的数量和毒力，短的2d，长的1个月，通常为4～6d。按症状分急性和慢性两型，以慢性型为常见。

急性型（败血型）：发病初期多为急性经过，多见于断奶前后的仔猪，体温升高（41～42℃），精神萎靡，食欲不振或废绝，寒战，鼻盘发干，眼结膜发红，有黏性分泌物。初期便秘，后期有下痢，排出淡黄色恶臭的稀粪，有时不见腹泻。在发病的2～3d，在鼻端、耳、颈、腹及四肢内侧皮肤上出现紫色斑。此时病猪迅速衰竭，行走不稳，弓背弯腰，毛焦欲吊，呼吸困难，有时出现症状后24h内死亡，但多数病程2～4d，病死率为20%～60%。

慢性型（结肠炎型）：临床上较多见，与肠型猪瘟的临床表现很相似。由急性转来或一开始即呈慢性经过。其病状与急性相似，只不过症状不明显或缓和些，特征症状最主要的是下痢，而且形式多样。粪便呈粥状或水样，为灰白、淡黄、黄绿、灰绿或污黑色，恶臭，常混有黏液，甚至黏膜或血液。严重时，肛门失禁，在吃食、躺卧或起立和行走时都可出现下痢，粪便自然下流，使尾部及整个后躯沾污，有的咳嗽时，呈喷射状排出稀粪水。有时排几天干粪后又下痢，可以反复多次，即下痢与便秘交替进行。由于下痢、失水，很快消瘦（图2.3.11–1）通常慢性病猪体温稍高或正常，饲喂时，到槽前吃几口就离去，精神不振，食欲减退，寒战，常堆叠一起。眼有黏性或脓性分泌物，上下眼睑常被粘着，少数发生角膜混浊，严重者发展为溃疡，甚至眼球被腐蚀。有些病猪在病的中、后期皮肤出现弥漫性湿疹，特别是腹部皮肤，有时可见绿豆大、干涸的浆性覆盖物，揭开见浅表溃疡。有些病猪发生咳嗽和呼吸加快症状。后期食欲废绝，也有的病猪死前还吃，喜喝脏水。由于持续下痢，病猪日渐消瘦、衰弱，被毛粗乱无光，行走摇晃，眼眶下陷，在后期时，极度瘦削，弓背，腹部收缩，紧贴背脊上，筋骨毕露，体瘦如柴，真所谓“皮包骨”。病程往往拖延2～3周或更长，最后衰竭死亡。有时病猪症状逐渐减轻，状似恢复，但以后生长发育不良或经短期又行复发。病死率25%～50%。有些猪群发生所谓潜伏性“副伤寒”，使小猪生长发育不良，被毛粗乱，污秽，体质较弱，偶有下痢。体温和食欲变化不大。一部分患猪发展到一定时期突然症状恶化而引起死亡。

慢性病猪，死亡多在病后半个月左右，亦见病后有长达2个月才死亡的。不死的病猪生长发育停滞，成为僵猪。

五、病理变化

急性型（败血型）：病死猪的头部、耳朵和腹部等处皮肤出现大面积蓝紫斑，各内脏器官具有一般败血症的共同变化。全身浆膜与黏膜以及各内脏有不同程度的点状出血，全身淋巴结尤其是肠系膜淋巴结及内脏淋巴结肿大，呈浆液状炎症和出血。心包和心内、外膜有小点状出血，有时有浆液性纤维素性心包炎。脾肿大，被膜偶见散在的小点状出血。肾脏皮质部苍白，偶见有细小出血点或斑点状出血，肾盂、尿道和膀胱黏膜也常有出血点。肝脏肿大、淤血，在被膜有时见有出血点。许多病例可见肝内有许多针尖大至粟粒大的黄灰色坏死灶和灰白色副伤寒结节。肺脏多半表现淤血和水肿，气管内有白色泡沫，小叶间质增宽并积有水肿液，肺的尖叶、心叶和膈叶的前下部常有小叶性肺炎灶。极重病例，伴发有纤维素性肺炎。脑膜脑脊髓炎可见于部分病例，病变主要是血管炎。脑膜和脑实质有出血斑点。脑实质的病变为弥漫性肉芽肿性脑炎，偶发脑软化，少数病例还见微小脓肿，病灶内可见细菌栓子。胃黏膜严重淤血和梗死而呈黑红色，病期超过一周时，黏膜内浅表性糜烂。肠道通常有卡他性肠炎，严重者为出血性肠炎（图2.3.12、3、4、5、6）。肠壁淋巴小结普遍增大，并常发生坏死和小溃疡。

慢性型（结肠炎型）：尸体极度消瘦，腹部和末梢部位皮肤出现紫斑，胸腹下和腿内侧皮肤上常有豌豆大或黄豆大的暗红色或黑褐色痘样皮疹，特征性病变主要在大肠、肠系膜淋巴结和肝脏。

后段回肠和各段大肠发生固膜性炎症。局灶性病变是在肠壁淋巴组织坏死基础上发展起来的。集合淋巴小结和孤立淋巴小结明显增大，突出于黏膜表面，随后其中央发生坏死，并逐渐向深部和周围扩展，同时有纤维素渗出，并与坏死肠黏膜凝结为糠麸样的假膜（图2.3.12–7、8、9），这种固膜性痂块因混杂肠内容物和胆汁而显污秽的黄绿色。坏死向深层发展并波及到肌层和浆膜层时，可引起纤维素性腹膜炎。少数病灶其坏死性痂块在坏死区周围发生分界性炎症和脓性溶解，随后腐离而脱落，遗留圆形或椭圆形溃疡，继之溃疡愈合而成疤痕。

淋巴结变化病程长短有关，肠系膜淋巴结，有时增大几倍，切面呈灰白色脑髓样（脑髓样增生），并常散在灰黄色坏死灶，有时形成有大块的干酪样坏死物，如急性型（图2.3.12–10）与慢性型（图2.3.12–11）。咽后淋巴结和肝门淋巴结等均明显增大。多数病例伴有扁桃体病变，表现肿胀、潮红，隐窝内充满黄灰色坏死物（图2.3.12–12），间或有溃疡。胆囊肿大，壁增厚，其黏膜溃疡、坏死（图2.3.12–13）。肝脏呈不同程度淤血和变性，突出的病变是肝实质内有许多针尖大至粟粒大的灰红色和灰白色病灶（图2.3.12–14），从表面和切面观察时，可见一个肝小叶内有时有几个小病灶，组织学检查肝有细胞节（图2.3.12–15）。

六、诊断

慢性型病例依据流行病学，临床症状，病理变化，可作出初步诊断。本病为原发性疾病，仅发生于6月龄以下猪，1～4月龄的仔猪多发，一般呈散发性，若存在饲养管理不良，气候恶劣，长途运输等不良条件，可诱发本病呈地方流行性。病猪表现慢性下痢，生长发育不良；剖检可见大肠发生弥漫性纤维素性坏死性肠炎变化，肝、脾及淋巴结有小坏死灶或灰白色结节。

急性病例需进行实验室检查才能确诊。

（一）细菌学诊断

采取病猪的粪、尿或肝、脾、肾、肠系膜淋巴结，流产胎儿的胃内容物，流产病畜的子宫分泌物少许等作涂片镜检或分离培养。将被检材料制成涂片，自然干燥，用革兰染色镜检，沙门氏菌呈两端椭圆或卵圆形，不运动，不形成芽孢和荚膜的革兰阴性小杆菌。

将病料直接划线接种选择培养基（S.S琼脂、D.C琼脂）和鉴别培养基（麦康凯琼脂、伊红美蓝琼脂）各一平板，置37℃培养24h。沙门氏菌一般形成无色透明或半透明、中等大小，边缘整齐、光滑、较扁平的菌落。有的沙门氏菌因产生硫化氢，在S.S或D.C琼脂上形成中心带黑色的菌落。挑取沙门氏菌可疑菌落接种于双糖铁（或三糖铁）斜面，置37℃培养18～24h，观察底层葡萄糖产酸或产酸产气，产生硫化氢变棕黑色，上层斜面乳糖不分解、不变色，则可初步判定为沙门氏菌。必要时进行生化试验及动物接种实验等。

（二）血清学诊断

挑取双糖铁（三糖铁）斜面培养物做玻片凝集试验，将沙门氏菌A～F群多价血清滴1滴置玻片上，然后用铂耳挑取培养物少许，在血清滴中混和均匀后观察，如凝集反应呈阳性，再分别用O单价血清作定组鉴定，以确定所属群别。

对流免疫电泳（CIE）、协同凝集试验（COA）、酶联免疫吸附试验（ELISA）、免疫荧光法、基因探针检测、重氮乳反向乳凝与乳凝试验等都可用于沙门氏菌的快速诊断。

（三）鉴别诊断

慢性猪瘟时大肠的钮扣状溃疡有时与副伤寒肠溃疡非常相似，但其数量较少，呈典型轮层状隆起，中央凹陷，而且肠系膜淋巴结不呈脑髓样增生。肝脏内也无小灶状坏死和副伤寒结节。

七、防制

（一）预防原则

加强饲养管理，消除发病诱因。常发生本病的猪群可考虑注射猪副伤寒菌苗，生后一个月以上的哺乳健康仔猪均可使用。

饲料中可添加抗生素，如土霉素添加剂，有防病和促进仔猪生长发育的作用。但要注意抗药菌株的出现。

当发现本病时，应立即进行隔离、消毒；死病畜应严格执行无害化处理，以防止病菌散播和人的食物中毒。

（二）免疫预防

在本病常发猪场或地区，对断奶前仔猪用仔猪副伤寒冻干弱毒菌苗预防，用20%氢氧化铝稀释，肌肉注射1mL，免疫期9个月；口服时，按瓶签说明，服前用冷开水稀释成每头份5～10mL，掺入料中喂服，半个月内禁用抗菌类药物。

（三）发病后的技术措施

（1）隔离病猪，及时治疗。常用抗生素药物有土霉素、卡那霉素、新霉素等。剂量为土霉素每日50～100mg/kg体重，新霉素每日5～15mg/kg体重，分2～3次口服，连用3～5d后，剂量减半，继续用药4～7d。

磺胺类疗法：磺胺甲基异恶唑（SMZ）或磺胺嘧啶（SD）20～40mg/kg体重，加甲氧苄氨嘧啶（TMP）2～4mg/kg体重，混合后分2次口服，连用1周。或用复方新诺明（SMZ-TMP）70mg/kg体重，首次加倍，连用3～7d。治疗应与改善饲养管理同时进行，用药时剂量要足，维持时间宜长。

（2）圈舍要定期清扫、消毒，特别是饲槽要经常刷洗干净。粪便堆积发酵后利用。

（3）根据发病当时疫情的具体情况，必要时，对假定健康猪可在饲料中加入抗生素饲料进行预防。

（4）死猪应深埋，切不可食用，防止人发生中毒事故。

第十二节 猪渗出性皮炎（Exudative epidermitis）

猪渗出性皮炎主要是由金黄色葡萄球菌（*Staphylococcu saureus*）和猪葡萄球菌（*Staphylococcushyicus*）引起猪的一种接触性传染病。金黄色葡萄球菌感染可造成猪的急性、亚急性或慢性乳腺炎，坏死性葡萄球菌可造成皮炎及乳房的脓疱病；猪葡萄球菌主要引起猪的渗出性皮炎（Exudative epidermitis，EE），又称仔猪油皮病（Greasypig disease），是最常见的葡萄球菌病。此外，感染猪还可能出现败血性多发性关节炎。常见1～4周龄和断奶后至6周龄的仔猪多发，呈急性全身性渗出性皮炎，死亡率较高。而较大龄或成年猪感染后多呈慢性型。

一、病原

葡萄球菌呈球形，直径为0.5 ~ 1.5 μm，以常呈葡萄状排列而得名。但在脓汁或液体培养物中有些呈短链或双球状排列。为兼性厌氧菌。革兰染色阳性，无鞭毛，不运动。一般不形成荚膜和芽孢。

分离培养：在普通培养基上生长良好。血液琼脂上24h形成圆形、光滑、闪光的菌落，直径1 ~ 4mm，多数致病菌株能产生俘溶血，并具DNA酶、血浆凝固酶和分解甘露醇的能力，非致病菌则无。大多数菌株能在10%氯化钠或结晶紫培养基上生长，菌苔呈土黄色。在固体培养基上形成橙黄色、柠檬色或白色、圆形、隆起菌落。严重污染的病料，可用甘露醇盐琼脂等选择培养基分离。

抵抗力：本菌对外界环境的抵抗力较强。在尘埃、干燥的脓汁和血液中能存活几个月；但对消毒药如酚类、升汞、次氯酸溶液敏感，能很快被杀死，在70%酒精，3%石炭酸中几分钟即可死亡。

毒素与致病力：葡萄球菌的致病力取决于其产生毒素和酶的能力。已知致病性菌株能产生血浆凝固酶、肠毒素、皮肤坏死毒素、透明质酸酶、溶血素、杀白细胞素等多种毒素和酶。多数致病性菌株能产生血浆凝固酶，进入机体后，使感染局限化，易于形成血栓、疖、痈和脓肿。或经血液循环引起菌血症，散布至各脏器及骨髓中，引起多发性脓肿。金黄色葡萄球菌还能产生多种蛋白质性肠毒素，引起急性胃肠炎。

近年来，国内外不断发现凝固酶阴性的葡萄球菌也能引起多种感染性疾病，如菌血症、尿路感染、创伤感染和食物中毒。

二、流行病学

葡萄球菌在自然环境中分布极为广泛，空气、尘埃、污水以及土壤中都存在。也是人和动物体表及呼吸道常在菌。多种动物及人均有易感性。传染源十分广泛，也很难找到特有的传播方式。通过各种途径均可感染，破裂和损伤的皮肤及黏膜是主要的入侵门户，甚至可经汗腺、毛囊进入机体组织，引起毛囊炎、疖、痈、蜂窝织炎、脓肿、伤口化脓以及坏死性皮炎等；经消化道感染可引起食物中毒和胃肠炎；经呼吸道感染可引起气管炎、肺炎以及脓胸。也常成为其他传染病的混合或继发感染的病原。

此外，环境也是发病和流行的一个重要因素，不但可直接影响葡萄球菌的增殖，也可间接影响动物的体质。宿主动物，除了种属间对葡萄球菌的易感性存在差异外，即使同一种属，其本身抵抗力的强弱及所处的环境，也都是引起葡萄球菌病流行的重要因素。

三、发病机制

金黄色葡萄球菌侵入机体后，在繁殖过程中可产生多种毒素和酶，其中杀白细胞素可使白细胞运动能力丧失，细胞内颗粒丢失，导致细胞破坏。因此，杀白细胞素不仅可以杀死中性粒细胞和巨噬细胞，还能破坏机体的免疫反应。由于此两种细胞吞噬细菌功能的丧失和巨噬细胞处理和传递抗原信息的能力受到限制，所以在金黄色葡萄球菌感染过程中，往往不能建立有效的特异性免疫。以致造成机体反复感染，形成化脓性病灶。肠毒素引起的腹泻是由于肠道中水分的失衡所致，即肠壁水分吸收能力降低，水分排出量增加，而非肠道运动机能亢进所致。

四、临床症状及病理变化

潜伏期的长短取决于菌株产生肠毒素的能力、感染菌数和环境温度。强毒株感染猪几小时即在感染局部出现水疱。病猪皮肤发红，出现红褐色斑点，3 ~ 4mm大小的微黄色水疱，皮肤表面排出油状渗出物，多呈褐红色、湿润、油腻。有的病变部皮肤渗出物与舍内的尘埃结成结痂，外观呈斑驳状。随着病程的发展，红斑扩展到全身各处，斑点变大，可发展为水疱或脓疱。常见于额头、耳后、眼周围、鼻（图2.3.12–1）、唇和颈（图2.3.12–2）、脊背部（图2.3.12–3、4）、腹部的皮肤乃至全身皮肤出现病变（图2.3.12–5、6）。皮肤表面渗出的脂溢性物量多而浓稠，使病变皮肤较干燥，严重的病猪常有明显的酸败臭味。当痂皮脱落后，露出红肿的缺损。

慢性型病例多见于成年猪和10周龄至5个月龄的猪。红斑通常于24 ~ 48h蔓延至全身表皮。患病仔猪食欲减退，饮欲增加，并迅速消瘦。一般经30～40天可康复，但影响发育。严重病例于发病后4～6天死亡。本病也可发生在较大仔猪、育成猪或者是母猪上，但病变轻微，无全身症状。

五、诊断

根据临床症状，剖检变化与实验室检查，确诊为本病。本病的诊断一般可根据病猪的发病年龄及初期的特征性病变（渗出性皮炎）进行确诊，但在诊断中应与营养不良所致的皮疹、接触性湿疹和病毒性皮炎区别。为此，可采取渗出液或痂皮下组织进行微生物学检查，即可区别。

1. 涂片镜检 于病初仔猪丘疹处取病料，做成触片，瑞氏染色，发现大量散在、成对或短链状排列的圆形或卵圆形细菌；血液琼脂平板上单个菌落制成的细菌涂片，革兰染色，发现大量葡萄球状革兰阳性球菌。

2. 分离培养 将无菌采取的病料，接种于血液琼脂平面培养基上，37℃培养24h，细菌生长旺盛，菌落周围有明显的溶血环，菌落呈灰白色，40℃保存数天后，菌落呈淡黄色。

3. 血清学检查 由于抗菌药物的广泛应用，培养常出现阴性结果。因此，可通过检查葡萄球菌抗体或抗原，作出早期诊断。

4. 动物接种试验 将分离的葡萄球菌培养物肌肉接种于40～50日龄健康鸡胸肌，经20h可见注射部位出现炎性肿胀，破溃后流出大量渗出液。24h开始死亡。据症状与病理变化大体与自然病例相似（陈德威，1984），可作出诊断。

六、防治

（一）治疗

金黄色葡萄球菌对多种抗生素的耐药性很强，培养阴性时很可能是由于已经用过某种抗生素治疗。最好在治疗前对分离到的致病菌株做药敏试验，找出敏感药物。据报道，金黄色葡萄球菌对新型青霉素耐药性低，特别是对异唔哇类青霉素，极少产生耐药性，应将其列为首选治疗药物。其他如红霉素、庆大霉素和卡那霉素等也可考虑合用或单用。经注射或口服，对治疗全身性感染有疗效。对皮肤或皮下组织的脓创、脓肿、皮肤坏死等可施以外科治疗。治疗还可采用内外结合用药的办法。主要是采用敏感药物——庆大霉素及氧氟沙星，对初生的仔猪和所有发病的仔猪进行肌肉注射，2～3次/d，同时外用凡士林加恩诺沙星的自制软膏涂擦患部的皮肤。对已发病的仔猪，亦可给予肌肉注射1%菌杀星注射液，用量为0.25mL/kg体重，每天2次。

（二）防制措施

1. 免疫防治：可用分离到的金黄色葡萄球菌，经灭活后制成灭活苗进行免疫接种，有一定的预防效果。

2. 预防投药：可选用抗生素，混合在饲料或饮水中给予，作预防给药。

3. 加强生物安全保健措施：在注意保温的同时，适当通风；改善环境卫生和加强消毒的同时，保持舍内的干燥，同时保持设备完好无损。

防止皮肤、黏膜损伤是预防本病的关键。葡萄球菌是猪皮肤、呼吸道和消化道黏膜上的常在菌群，当猪的抵抗力降低时，可通过损伤的皮肤和黏膜，或消化道、呼吸道而发生感染。

第十三节 链球菌病（Streptococcosis）

链球菌病是由链球菌属中的致病性链球菌所致的人类和动物共患的一种多型性传染病。目前，临床上已报道的重要的链球菌病大多是β溶血型。动物链球菌病以猪、羊、鸡、马较常见，近来水貂和耗牛也有发生链球菌病的报道。人链球菌病以猩红热较多见。链球菌存在于人和动物的皮肤、呼吸道、消化道及尿生殖道的黏膜上，能够引起皮肤、呼吸道及软组织感染，导致肺炎、菌血症、心内膜炎、脑膜炎、泌尿生殖道炎症及关节炎等疾病。

链球菌病的临床表现多种多样，可以引起各种化脓创和败血症，也可表现为各种局限性感染。链球菌病分布很广，是最重要的细菌性传染病之一，时而在某地区暴发流行形成动物发病传染人甚致死亡的流行的生物链，可严重威胁人类和畜禽健康。

一、病原体

链球菌（*Streptococcus*）的种类繁多，在自然界分布很广。一部分对人畜有致病性，一部分无致病性。本菌呈圆形或卵圆形。常排列成链，链的长短不一，短者成对，或由4～8个菌组成（图2.3.13-1），长者数十个甚至上百个。在固体培养基上常呈短链，在液体培养基中易呈长链。大多数链球菌在幼龄培养物中可见到荚膜，不形成芽孢，多数无鞭毛，革兰染色阳性。

链球菌属分类复杂，目前分类学关于链球菌属的定义是：不产芽孢的革兰阳性细菌，细胞形态为球形或球杆状，直径为0.5～1 μm，细胞成对或成链状排列，有些种具有荚膜。生长要求复杂。发酵葡萄糖产酸不产气。兼性厌氧，接触酶阴性，通常溶血。生长温度在25～45℃，最适温度37℃。DNA的（G+C）mol%为36～46。1986年出版的《伯杰氏系统细菌学手册》中，链球菌属分为6大群共29个种。当前已达6大群共35个种。

多数致病性链球菌生长要求较高，在普通培养基中生长不良，在加有血液或血清的培养基中生长良好。在血液琼脂平板上培养24h，可见微小圆形，直径0.1～1.0mm，透明而略带灰白色小水滴状菌落。有荚膜的链球菌形成黏液型菌落，无光泽或光滑型菌落。多数致病性链球菌具有溶血能力，因菌株不同其溶血环的大小和特征各异。在血清肉汤中生长成长链时易形成沉淀，轻摇易散，上清透明。有的种在血清肉汤中产生橙色或黄色色素。

链球菌分类方法目前常用的有以下两种：

1. 根据抗原结构分类　根据链球菌细胞壁多糖成分（C抗原）的不同，根据兰氏（Lance field）血清学分类，可将其分为A、B、C、D、E、F、G、H、K、L、M、N、O、P、Q、R、S、T、U、V20个血清群。每个群结合生化和培养特性又分为若干型或亚型。其中较重要的血清群的致病性概况如下：

A群——主要对人类致病，导致猩红热、扁桃体炎及各种炎症和败血症。对动物的致病性不强，但在公共卫生方面有重要性。

B群——引起牛乳房炎，如无乳链球菌等，对人无致病性。

C群——主要对各种动物致病，共有20多型，重要的是兽疫链球菌，能引起猪、牛、羊、马等各种动物的急性或亚急性败血症、脑膜炎、关节炎、心内膜炎、心包炎、肺炎及其他化脓性炎症。马腺疫链球菌可引起马腺疫。一部分C群菌对人有致病性，但比A群较轻。

D群——寄生于人畜及禽类肠道中，属肠球菌，一般不致病，但进入组织、血流后，可引起小猪的心内膜炎、脑膜炎、关节炎、肺炎和羔羊心内膜炎及肺炎等。

E群——引起猪颈部淋巴结脓肿、化脓性支气管炎、脑膜炎、关节炎及一部分牛乳房炎。

其他G、L、M、P、R、S及T群对猪有不同程度的致病作用，引起败血症、脑膜炎、心内膜炎、肺炎、关节炎及脓肿等。其中某些群对其他动物也有致病作用。

2. 按溶血现象分类　根据本菌在鲜血琼脂上生长，按其对红细胞的作用，可分为三群。

(1)甲型（α）草绿色链球菌：不溶解红细胞，但使其中的血红蛋白变为绿色或暗绿色。在菌落周围形成草绿色圈，又称为α群。本群的致病力一般较弱，引起局部化脓性炎症。

(2)乙型（β）溶血性链球菌：能产生可溶性溶血素，溶解红细胞，析出血红蛋白，使菌落周围成为完全透明的溶血圈，又称为β群。对人畜有致病性的链球菌大部分属于溶血性链球菌。

(3)丙型（γ）不溶血链球菌：菌落周围的红细胞完全没有变化，又称为γ群。寄生于动物黏膜，一般认为无致病力或致病力不强。

链球菌的致病力：与荚膜、毒素和酶有关。荚膜可抵御吞噬细胞吞噬，保护菌体增殖和扩散。溶血素有溶解红细胞，杀伤白细胞、血小板及毒害心肌的作用。溶血素可分为“O”及“S”两种，其中“O"是一种蛋白质，有抗原性，动物感染后产生抗“O”抗体，测定其滴度可以辅助诊断本病。另外还有红斑毒素、溶纤维蛋白酶、透明质酸酶、链激酶及DNA酶等。

链球菌致病特性之一是某些致病株能产生多种毒素和酶，迅速破坏组织而引起严重病理变化，如链球菌溶血素（streptolysin，SL），包括对氧敏感的溶血素O（SLO）和对氧稳定的溶血素S（SLS），能溶解红细胞，破坏白细胞、巨噬细胞、神经细胞和血小板等，还对心肌有较强的毒性作用；链激酶（streptoxinase）即溶纤维蛋白酶（librinolysin），能溶解纤维蛋白；透明质酸酶可使结缔组织的基质成分——透明质酸发生溶解，故能增加血管壁的通透性，降低组织间质的黏性或凝胶状态，因此可促使病菌扩散、蔓延。链球菌细胞壁上的磷脂壁酸（LTA）等，和皮肤、黏膜的表面细胞有高度亲和力，使细菌易吸附于口咽部黏膜上皮。细菌的荚膜成分、M蛋白等具有抗吞噬作用，均有利于其发挥致病作用。

本菌对外界环境抵抗力不高，在29～33℃可存活5～7d。对热比较敏感，除少数肠链球菌、粪链球菌外，60℃ 30min均可杀死，煮沸立即致死。一般消毒药能迅速将其杀死。对青霉素、金霉素、红霉素、四环素和磺胺类药物均很敏感。对干燥有一定的抵抗力，在脓汁中和渗出物中可存活数周。能够有效抑杀链球菌的药物较多，但是近年来发现链球菌的耐药问题非常严重，尤其是耐广谱头孢菌素肺炎链球菌的出现，给临床抗感染治疗对抗生素的选择增加了难度，引起了广泛的关注。

二、流行病学

当前许多疫病的发生与流行都出现新的特点，都以突发事件出现，应引起我们的关注。

1. 易感宿主　猪、羊、牛、马、鸡、水貂、家兔、小鼠等均具有不同程度的易感性。人类也很易感，特别是儿童。实验动物以家兔最为敏感，仓鼠、小鼠次之，家鸽偶尔可发病致死。有的菌株接种1～5日龄小鸭很敏感，而大鸭只有部分致死，有的菌株接种山羊出现体温升高和类似感冒的临诊反应后恢复。

2. 传染源　病畜（禽）和病愈带菌动物是本病自然流行的主要传染源。患病动物的鼻液、唾液、尿、血液、肌肉、内脏、肿胀的关节内均可检出病原体。

3. 传播途径　用病料悬液或培养物给健猪皮下、肌肉、静脉或腹腔注射、滴鼻、喷雾或皮肤划痕等接种，一般都能发病，但胃管投服多不发病；伤口是重要入侵门户，阉割、断脐、打耳号、断尾、注射等消毒不严易造成传染；呼吸道是本病的主要传染径路。动物集散市场的接触，包装运输工具的污染等常造成本病的接触传染和散播。未经无害处理的患病动物和死亡动物的肉、内脏及废弃物也可散播本病菌。

4. 流行特点　不分品种、年龄、性别均可感染发病。没有明显的季节性，一年四季都有发生。畜（禽）群饲养密度过大、畜舍卫生条件差、通风不良、气候突变、转群、长途运输及其他各种应激因素等都可诱发链球菌病。世界上美国、英国、法国、前苏联、日本、印度、丹麦、荷兰、澳大利亚、加拿大等国家均报道有猪链球菌病。本病呈世界性分布，往往致局部地区暴发流行。

链球菌分布广泛，常存在于健康的哺乳动物体内。在动物机体抵抗力降低和外部环境变化诱导下，会引起动物和人发病。猪链球菌病可以通过伤口、消化道等途径传染给人，猪链球菌早已长期存在猪群体内，因为外界环境发生的变化使得病原体发生变异，从而突破种群屏障，开始从猪传播给人。2005年6月以来我国四川资阳地区发生人感染猪Ⅱ型链球菌病，截至8月1日四川省累计报告人感染猪链球菌病病例198例，其中死亡38例。发现患者都有一个共同特点，就是在发病前均有与病、死猪直接接触的经历，而且患者的手上都有伤痕，具备了动物传人的流行病学特征。引起了国家有关部门的高度重视。

疾病多种多样，动物链球菌病的病原流行病学临床症状病理变化防治随动物而异，以下分别介绍兽医临床较为重要多发的链球菌病。

三、发病机理

链球菌致动物机体发病的共同规律是，当病菌侵入机体时首先在感染门户引起病变，如经呼吸道感染，病菌先在鼻咽部、扁桃体、咽、背淋巴结等局部组织引起炎症，进一步突破局部的防御屏障，随血流和淋巴流播散于全身，大量繁殖，引起菌血症。病菌产生多种毒素和酶，导致血管壁受损，血液凝血系统发生变化，微循环发生障碍，使网状内皮细胞系统的吞噬机能降低，以致发生败血病，最终导致心、肾、肝、肺等器官功能不全，严重时导致器官功能衰竭发生DIC致败血性休克死亡。

据研究，绵羊感染后12h、36h和72h可分别从咽、背淋巴结、颈中淋巴结和一些脏器分离到病原菌。可以看出败血过程是在72h后形成的。不过感染后24h，体温开始升高，白细胞总数和中性粒细胞比例迅速增加，变性形态的中性粒细胞和淋巴细胞也有所增多，但嗜酸性粒细胞明显减少。病菌在组织器官内引起的反应最主要的是中性粒细胞浸润，开始在局部淋巴结，以后在其他淋巴结和脾脏散在分布，然后在淋巴结滤泡中形成微脓肿，引起局部细胞的崩解和溶解，形成空隙或空洞；在疏松结缔组织则引起蜂窝织炎；在脑、肝等器官可导致血管炎、血栓形成和微脓肿等。

有一部分病例，由于机体的抵抗力较强，网状内皮系统细胞的吞噬机能活跃，在经过暂时的菌血症之后，大部分细菌在血液中消失，少部分细菌局限在一定区域内，或定居在关节囊中，在变态反应的基础上，引起关节发炎，严重者形成化脓灶。

四、临床症状

猪链球菌病（Swine streptococcosis）是由多种链球菌感染所引起的疾病。猪链球菌病属国家规定的二类动物疫病，是人类和动物共患的一种多型性传染病。是由C群的兽疫链球菌（*S.zooepidemicus*）和似马链球菌（*S.equisimilis*），D群的猪链球菌（*S.suis*），以及E、L、S、R等群的链球菌引起的猪的多型疾病的总称。自然感染的部位是上呼吸道、消化道和伤口。猪链球菌是猪上呼吸道（扁桃体和呼吸道内）最常见的定居菌，它有37个群，每个群又分5个种，以溶血性链球菌引起的败血性链球菌病危害最大，脑炎型次之，关节炎型和淋巴结。临床多表现为急性出血性败血症、心内膜炎、脑膜炎、关节炎、哺乳仔猪下痢和孕猪流产等。有时甚至可呈地方性暴发，发病率和死亡率都很高。此外C、D、E、L群β型溶血性链球菌也可经呼吸道感染，引起肺炎或胸膜肺炎；经生殖道感染引起不育和流产。给规模化养猪造成严重的损失。

多数链球菌为革兰阳性，是一种圆形球菌，呈链状排列单个大多成短链，（图2.3.13–1）。

1. 流行特点　2～6周仔猪最易感染，病猪和病愈带菌猪是本病自然流行的主要传染源。病猪的鼻液、尿、粪、唾液、血液、肌肉、内脏、肿胀的关节内均可检出病原体。本病多经呼吸道和消化道以及外伤感染。健康猪与病猪接触，或病猪排泄物（尿、粪、唾液等）污染的饲料、饮水、物体接触可引起猪只大批发病而造成流行。一年四季均可发生，春、秋季多发，呈地方流行性。

1945年Bryante报道了在母猪或仔猪发生的一种由链球菌引起的败血性传染病的流行。

1952年荷兰的Jansen和VanDorssen，1954年英格兰的Field分别报道了1～6周龄和2～6周龄仔猪暴发与链球菌有关的疾病。我国最早由吴硕显（1949年）于上海郊区发现了猪败血型链球菌病的散发病例。本病在我国较大面积的流行始于1963年广西部分地区，随后广东、福建、四川、安徽等省的部分地区都有本病发生的报道。

据江苏省农科院兽医研究所调查，病菌广泛存在于猪的呼吸道中，发现正常猪群中链球菌Ⅱ型的带菌率很高，非疫区猪群平均带菌率为42.6%，疫区平均39%。

既往资料报道人感染猪链球菌并引起发病的情况比较少见，1968年丹麦学者首次报道了人体感染猪链球菌导致脑膜炎的病例，1975年荷兰也曾有个别病例报道。此后，在中国香港、英国、加拿大、德国、法国和瑞典也陆续报道了人感染猪链球菌的病例。目前全球已有200余例猪链球菌感染病例报告，地理分布主要在北欧和南亚一些养殖猪和食用猪肉的国家和地区。近年来，美国、日本、泰国、中国等国家都先后有过报道。猪扁桃体是β型溶血性链球菌的常在部位，特别是康复猪，其扁桃体带菌可达6个月以上，在本病传播上起着重要作用。

2.临床症状　猪链球菌病可分为以下四种类型。

潜伏期多为1～5d或稍长。往往混合存在或先后发生，病程一般2～8d，以3～5d死亡较多。

（一）败血症型

在流行初期常有最急性病例，病程很短，往往头晚未见任何症状，次日晨已死亡；或者停食一、二顿，多不见任何症状而突然死亡。

急性败血型病猪体温升高至41.5～42.5℃以上，有的高达43℃，大多数病例呈稽留热，少数病例呈间歇热。病猪精神萎顿，极度衰竭，结膜发绀，卧地不起，呼吸急促，震颤，食欲减退或废绝，呆立，爱喝冷水，小便赤褐色。口鼻黏膜潮红（图2.3.13–2），颈下、腹下及四肢下端皮肤呈现弥散性发绀（图2.3.13–3）。头面部发红时有水肿，眼结膜充血、潮红，流泪或有脓性分泌物流出（图2.3.13–4），鼻镜干燥，流灰白色的浆液性、脓性鼻汁。有的病例出现神经症状，颈部强直，偏头或转圈。病猪迅速消瘦，被毛粗乱，皮肤苍白或有紫红色出血斑。濒死期可从鼻孔流出暗红色血液（图2.3.13–5）。个别猪出现跛行或站立不稳。有的病猪腹泻或便秘，甚至便中带血。

（二）脑膜炎型

病程1～2d，长的可达5～6d。多见于哺乳仔猪和断奶小猪。病初体温升高，不食，便秘，有浆液性或黏液性鼻液。病猪很快出现神经症状，四肢共济失调，转圈，空嚼，磨牙，仰卧，直至后躯麻痹，侧卧于地（图2.3.13–6），四肢作游泳状划动，甚至昏迷不醒。部分猪出现多发性关节炎。

（三）关节炎型

病猪关节肿胀，消瘦，食欲不佳，呈明显的一肢或四肢关节炎（图2.3.13–7、8、9），可发生于全身各处关节，病猪疼痛、悬蹄、高度跛行，严重时后躯瘫痪，部分猪只因体质极度衰竭而死亡，或耐过成为僵猪。

上述三型很少单独发生，常常混合存在，或者先后发生。

（四）淋巴结脓肿型

多见于颌下淋巴结（图2.3.13–10），其次为咽部和颈部受侵害的淋巴结肿胀，坚硬，局部温度升高，触摸有痛感，采食、咀嚼、吞咽和呼吸困难，部分有咳嗽、流鼻液症状，后期淋巴结化脓成熟，肿胀变软，皮肤坏死。病程3～5周，多数可痊愈。

五、病理变化

1．败血症型　最急性死亡的猪，剖检常无明显的病理变化。急性病例主要是以败血症为主要的特征变化。可见颈下、腹下及四肢末端等处皮肤有紫红色病灶（图2.3.13–11）。并可从天然孔流出暗红色血液，凝固不良。全身淋巴结肿大出血，尤以肺（图2.3.13–12）、肠（图2.3.13–13）、肝、脾、胃、等内脏淋巴结的病变最为明显。脾肿大1～3倍（图2.3.13–14），呈暗红色或蓝紫色。胸主动脉浆膜弥散性出血（图2.3.13–15）。心外膜有点状或条纹状出血（图2.3.13–16），心肌常与心包粘连（图2.3.13–17），心肌扩张，心室内积有呈煤焦油样的血块（图2.3.13–18），常发生心内膜炎（图2.3.13–19），心肌切面混浊出血。

肺脏暗红色，体积膨大、淤血、水肿，表面有较多的大小不一的出血斑点，（图2.3.13–20、21），肺切面小叶间增宽，有出血灶（图2.3.13–22）。支气管内充盈泡沫样液体。

肝脏肿大、暗红色（图2.3.13–23），胆囊被膜血管充血，其周围水肿（图2.3.13–24），胆囊壁增厚（图2.3.13–25）。

肾脏暗红色、肿胀，被膜下有时可见小点状出血，肾切面皮质和髓质界限不明显，并有斑点状出血（图2.3.13–26）。膀胱积尿，黏膜有出血点或充血带（图2.3.13–27）。

胃底部黏膜脱落呈弥漫性出血附有多量黏液（图2.3.13–28），肠呈轻重不一的卡他性出血性炎症（图2.3.13–29）。

出血性败血症病例伴发纤维素浆膜炎，除一般败血症的变化之外，胸、腹腔内有多量淡黄色微浑浊液体（图2.3.13–30），内有纤维素絮条，脾（图2.3.13–31）、肝（图2.3.13–32）、肠（图2.3.13–33）浆膜常被覆一层纤维素性炎性渗出物。

发生纤维素性胸膜炎的病例，肺胸膜附着有纤维素或与肋胸膜发生粘连（图2.3.13–34）。心包腔内积有黄色液体（图2.3.13–35），心外膜附有纤维素（图2.3.13–36），发生心内膜炎时其内膜可见有赘生物（图2.3.13–37）。

2. 膜脑炎型 多呈脑膜炎病变，脑膜增厚，脑实质有化脓性脑炎变化。

3. 关节炎型 关节炎型则表现为关节周围肿胀（图2.3.13–38）、充血，滑液浑浊（图2.3.13–39），重者可见关节软骨坏死（图2.3.13–40），关节周围组织有多发性化脓灶（图2.3.13–41）。

4. 化脓性淋巴结炎（淋巴结脓肿）型 多见于颌下淋巴结，其次是咽部、耳下和颈部淋巴结（图2.3.13–42）。当机体抵抗力降低时，可出现脓毒败血症，肺可见转移性脓肿（图2.3.13–43）。

任永军（2004）报道繁殖障碍型猪链球菌病，剖检死胎及死亡的哺乳仔猪病理变化基本相同。全身淋巴结肿大、充血、出血；心包积液，心外膜有弥漫性出血点，心内膜有出血斑点，发生心内膜炎并有赘生物形成；肾轻度肿大，并有针尖大小出血点；部分肺脏有不同程度的淤血；脾脏肿大、质地脆弱，有出血；喉头黏膜有出血。但突然死亡的部分仔猪无明显病理变化。

组织学检查见脾脏白髓萎缩，中央动脉变性（图2.3.13–44），其周围淋巴细胞减少，红髓鞘动脉壁网状细胞增生（图2.3.13–45），静脉窦充血、出血，窦内皮细胞肿胀、脱落。在窦内与脾索内可见较多的巨噬细胞、嗜中性白细胞和淋巴细胞浸润。用革兰染色，在被膜的炎性渗出物中、组织的坏死灶、静脉窦以及巨噬细胞的胞浆中均可见多量的病原菌。

淋巴结的淋巴窦扩张（图2.3.13–46），充满浆液、白细胞和红细胞。皮质淋巴小结多萎缩或见网状细胞增生而形成明显的生发中心，但常发生变性、坏死（图2.3.13–47）。

肺泡壁因充血、水肿和炎症细胞浸润而增厚（图2.3.13–48），毛细血管及小静脉内常见血栓形成（图2.3.13–49）及嗜中性白细胞和单核细胞噬菌（图2.3.13–51、52）。肺泡腔中可见脱落肺泡上皮、嗜中性白细胞以及浆液和透明形成（图2.3.13–50）。

心肌呈颗粒变性，肌纤维溶解断裂，小血管中见有嗜中性白细胞噬菌（图2.3.13–53）。

肝细胞呈颗粒变性（图2.3.13–54）或脂肪变性（图2.3.13–55）。肝小叶内还可见小的坏死灶（图2.3.13–56）。

肾组织广泛性出血（图2.3.13–57，肾小管上皮细胞肿胀（图2.3.13–58），管腔闭塞（图2.3.13–59），严重时肾小管上皮细胞坏死、脱落、崩解（图2.3.13–60）。肾小囊肿胀（图2.3.13–61）、出血（图2.3.13–62），部分肾小球坏死、崩解呈急性增生性肾小球肾炎（图2.3.13–63）和嗜中性白细胞浸润，形成小的化脓灶（图2.3.13–64）。小叶间及弓状动、静脉的管壁变性与炎症细胞浸润，外膜及其周围结缔组织炎性水肿（图2.3.13–65），甚至形成小的化脓灶。

脑灰质中血管周围淋巴间隙扩张，神经细胞呈急性肿胀、空泡变性、虎斑消失、固缩（图2.3.13–66）等变化。胶质细胞呈弥漫性增生或灶性增生而形成胶质结节（图2.3.13–67）。可见白质中的小血管和毛细血管亦发生充血、出血，并可见由嗜中性白细胞和单核细胞等围绕而呈现的“管套”现象（图2.3.13–68）。脑炎型可见小脓肿（图2.3.13–69）。

骨骼肌纤维间呈片状出血，肌纤维坏死、溶解并消失（图2.3.13–70），出血灶周围有少量的肉芽组织。有些肉芽组织中心有化脓灶，有多核巨细胞。

鉴别诊断：在临床上常见猪瘟、猪伪狂犬病、猪肺疫、蓝耳病与猪链球菌病混合感染或继发感染，这不仅使病情复杂化，使病死率增高，而且增大了防治的难度。

五、诊断

根据临床症状和病理变化，再结合流行病学特点不难作出初步诊断。确诊需进行实验室检查。

细菌学检查：取发病或病死动物的脓汁、关节液、鼻咽内容物、乳汁（乳房炎）、肝、脾、肾组织或心血等，任选2～3种，制成涂片或触片，干燥、固定、染色、镜检。应有革兰染色阳性，球形或椭圆形，并呈短链状排列的链球菌。

培养检查：选取上述病料，接种于含血液琼

脂培养基，置37℃培养24h，应长出灰白色、透明、湿润黏稠、露珠状菌落。菌落周围出现α型或β型溶血环（猪、羊、兔链球菌为β型，牛、鱼为α型）。

动物接种：选取上述病料，接种于马丁肉汤培养基，经24h培养，取培养物注射实验动物或本动物，小鼠皮下注射0.1～0.2mL或家兔皮下或腹腔注射0.1～1mL，应于2～3d内死于败血症，并应从实质脏器中分离出链球菌。但牛乳房炎以2mL经腹腔注射小鼠，观察半个月不死。羊病料培养物也可以1mL经皮下或静脉注射绵羊，于24～48h内死亡，并可从心血和脏器组织中分离出有荚膜的链球菌。鸡病料培养物以0.3～0.5mL，经皮下注射雏鸡应于第2天死亡。

应用PCR：由国家卫生部与农业部疾病控制中心共同研制的PCR方法两小时可出结果。现在有多种分子生物学方法可用于猪链球菌感染的诊断、猪链球菌的分型和致病因子的鉴定。聚合酶链式反应（PCR）可直接鉴定扁桃体组织或拭子中的菌株，区分致病和非致病菌株。这样，可鉴定致病菌株的携带者。随机扩增多形态DNA反应（RAPD）可用于菌株分类。核酸分型和溶血活性测定可用于一些致病因子的鉴定。

六、防治措施

（一）治疗

应用抗菌类药物治疗有效。当分离出致病链球菌后，应立即进行药敏试验。根据试验结果，选出具有特效作用的药物进行全身治疗。可以选用青霉素、新霉素、氨苄青霉素、盐酸林可霉素、卡那霉素以及磺胺类药物进行治疗。与此同时，饲料和饮水中添加维生素A、维生素K等，适当降低养殖密度，改善饲养环境，加强饲养管理可促进本病的治疗效果。

据仲受索（2005）报道中监所检测技术研究室、化药室通力合作，细菌室、基础保障室等部门采用纸片扩散法和最小抑菌浓度侧定法，对2005年7月四川省资阳、内江等几十个乡镇暴发的猪链球病的病原猪链球菌2型进行了药敏试验，结果为：本菌对青霉素、氨苄西林、阿莫西林、奥格门丁（阿莫西林-克拉维酸）、头孢氨苄、头孢拉定、头孢他定、头孢呋辛、头孢曲松、头孢噻呋、红霉素、卡那霉素、大观霉素、氟苯尼考、环丙沙星、氧氟沙星、二氟沙星、沙拉沙星、达氟沙星、恩诺沙星、复方新诺明、磺胺六甲氧嘧啶、万古霉素、亚胺培南等24种药物均高度敏感；对阿米卡星、新霉素、庆大霉素等3药物中度敏感；对四环素、土霉素、多西环素、链霉素等4种药物有一定耐药性。

1. 败血型全身疗法　对败血症型及脑膜炎型，采用抗败血性休克疗法，应早期大剂量使用抗生素或磺胺类药物，还应采用对症疗法，补充营养，如投予葡萄糖、电解质、维地塞米松等。

①初发病猪每头每次用青霉素或氨苄青霉素80～180万国际单位，链霉素1g混合肌注，连用3～5d。也可用先锋霉素Ⅵ。

②对高热的重症猪可用较大剂量阿莫西林的氨基比林稀释后一侧注射，另一侧注射复方磺胺五甲氧嘧啶。按使用说明中规定的剂量首次加倍，每天两次，直至症状消失。

③加倍量青霉素肌注，每4～6h1次，连用3d。对危重病猪，首先肌肉注射医用青霉素G钠盐160万国际单位，30min后再静脉滴入5%葡萄糖盐水注射液200～500mL＋医用青霉素G钠盐160万国际单位×（4～8）支，1日1次；同时按每4～6h1次肌注医用青霉素G钠盐160万国际单位×（4～8）支，连用3日后每日肌注两次直至痊愈，可取得显著疗效。因败血型常发生肺炎、心内膜炎、脑膜炎等使病程拖长，治疗时间延长，故应作好对症疗法和加强护理工作，适时防止继发感染，选用支原净、氟苯尼考、强力霉素、乙基环丙沙星等敏感药物。

④复方磺胺嘧啶钠肌肉注射，首次用药加倍，1日2次，连用4～5d。复方敌菌净拌料对出现神经症状的病猪有一定的疗效。

2. 脑膜炎型全身疗法　除可用磺胺嘧啶等药外，还可用林可霉素肌注，连用3～5d；或红霉素缓慢静注，1日2次，连用3～5d，同时可注山梨醇防止脑水肿。

3. 淋巴结脓肿型局部治疗　先将皮肤、关节及脐部等处的局部溃烂组织剥离，脓肿应予切开，清除脓汁，用3%H_2O_2或1%高锰酸钾溶液清洗和消毒。然后用抗生素或磺胺类药物（悬液、软膏或粉剂）置入患处。必要时可施以包扎。

（二）免疫防制

接种疫苗是预防本病的好方法。目前已有国产的猪、羊、鸡的链球菌灭活苗和弱毒苗。

①链球菌多价灭活苗：（包括Ⅱ型猪链球菌和C群链球菌）妊娠母猪于产仔前20～30d每头肌注5mL；仔猪于30日龄和40日龄各肌注3mL；后备母猪于配种前每头肌注5mL。保护率均能达到75%～100%，免疫期均在6个月以上。接种菌苗后，可同时使用有效抗生素共同控制本病的发生，不会影响菌苗的免疫应答。

②猪败血性链球菌活菌苗：弱毒冻干苗每猪皮下注射2亿或口服3亿个菌，保护率可达80%～100%。在流行季节前进行免疫注射是预防本病暴发的有力措施。适用于健康猪群的免疫接种，弱猪及初生仔猪不应使用。使用时按瓶签说明的头份，每头份加入1mL20%铝胶盐水稀释液充分摇匀后，每头猪皮下注射1mL。注射前后1周内均不可使用各种抗生素，否则影响免疫效果造成免疫失败。

任永军（2004）报道繁殖障碍型猪链球菌病是近年来链球菌病的一种新的临床表现形式，可参考以下免疫程序：仔猪5日龄首免，1月龄二免；母猪产前20d免疫；后备母猪配种前1个月免疫1次；公猪每半年免疫1次；空怀期较长的母猪，每半年免疫1次，在空怀期补免。

病原分离后，用福尔马林灭活后加明矾（$Al(OH)_3$）振荡，制成油乳剂灭活菌苗，肌注。另外链球菌明矾结晶紫菌苗和猪链球菌ST_{171}弱毒冻干菌也可试用。

（三）预防性投药

仔畜断奶后，可在日粮中添加药物进行预防。如四环素125～250g/t、强力霉素150～250g/t、阿莫西林200～300g/t、复方敌菌净200～250g/t，连续饲喂10～20d可有效预防本病的发生。

猪场发生本病后，如果暂时无菌苗，可用药物预防，以控制本病的发生，没做药敏试验的情况下，每吨饲料中加入四环素125～200g，连喂4～6周。如能购到疫苗应及时按上述免疫的方法进行免疫接种。流行季节，在没做药敏试验的情况下对全群可选用四环素、土霉素、金霉素，按每吨饲料中600～800g添加，连服7d。有的病例发生时可用阿莫西林每吨饲料200g加磺胺五甲氧嘧啶300～400g添加，连用7d。或每吨饲料加“速大素”（11%林可霉素预混剂）500～700g、磺胺嘧啶200～400g，抗菌增效剂（TMP）40～80g拌匀，连用7～10d。也可选用麦迪霉素、氯洁霉素。对暴发疫点首次应用脉冲式给药，既高效又安全。

（四）平时兽医卫生措施

建立和健全消毒隔离制度。对圈舍、放牧地应保持清洁，清除诱发因素，定期进行消毒，每季度至少1～2次，在圈舍入口处设立消毒池，凡进入圈舍的人员、用具均须消毒，以防止带人致病菌。保持圈舍干燥及通风，经常清除粪便，定期更换褥草，保持地面清洁。引进动物时须经检疫和隔离观察，确证健康时方能混群饲养。加强管理，做好防风防冻，防暴风雪的侵袭，增强动物自身抗病力，也是预防本病的主要措施。圈舍、牧地应设在远离交通要道之处。健康舍与隔离舍应有一定距离，以防止病原的传播。为预防新生畜脐感染，还应做好断脐的卫生消毒工作。

（五）发生疫情时的紧急措施

1. 紧急防制措施　首先应尽快作出确诊，制定紧急防制办法，划定疫点、疫区，隔离病畜，封锁疫区。禁止畜群调动，关闭市场。将疫情上报主管部门和邻接地区的县、乡。其次是对被污染的圈舍、用具进行消毒后，再进行彻底清洗、干燥。粪便和褥草堆积发酵。第三，对全群动物进行检疫，发现有体温升高等临床表现的动物，应进行隔离治疗或淘汰。第四，对假定健康群动物可应用抗菌类药物做预防性治疗或用疫苗做紧急接种。第五，患病或死亡动物是本病的主要传染源，因此，应严格禁止擅自宰杀和自行处理，须在兽医监督下，一律送到指定屠宰场，按屠宰条例有关规定处理。

2. 防制措施　应用疫苗进行免疫接种，对预防和控制本病传播效果显著。我国已研制出用于预防猪链球菌病的灭活苗和弱毒活苗。不论弗氏佐剂甲醛灭活苗或氢氧化铝甲醛灭活苗，每猪均皮下注射3～5mL，保护率均能达到75%～100%，免疫期均在6个月以上。应用化学药品致弱的G10-S115弱毒株和经高温致弱的ST-171弱毒株制备的弱毒冻干苗，每猪皮下注射2亿或口服2亿或3亿（后者）个菌，保护率可达60%～80%和80%～100%。在流行季节前进行预防注射，是预防本病暴发流行的有力措施。

用新分离的败血链球菌制造的甲醛灭活疫苗和氢氧化铝甲醛灭活苗以及缓冲肉汤氢氧化铝灭活苗，预防败血链球菌病，均能取得较好效果。用通过鸡及高温交替传代致弱的弱毒株制成的弱毒活疫苗，室外每只5亿个菌，室内每只0.25亿个菌，用气雾法进行大群免疫，免疫期可达7个月。也可经皮下注射进行免疫。

第十四节 李氏杆菌病（Listeriosis）

李氏杆菌病是由产单核细胞李氏杆菌（*Listeria monocytogenes*）引起的一种人畜共患散发性传染病。家畜和人患病后主要表现为脑膜炎、败血症和孕畜流产；家禽和啮齿动物则表现为坏死性肝炎和心肌炎。此外，还能引起单核细胞的增多。

本病在1910年以前，于冰岛就有羊受到很大危害的报道，但当时对其病原还不清楚。Murray等于1926年首先从兔体内分离到产单核细胞李氏杆菌。由于本菌可引起家兔及豚鼠发生以单核细胞增多为特征的全身感染，故将其称为单核细胞增多性杆菌（*Bacterium monocytogenes*）。后来，Pirie（1927）为了纪念Lister在微生物学方面做出的贡献，提议将本菌命名为产单核细胞李氏杆菌。1933年Cill等查明羊转圈病的病原是李氏杆菌后，开始对本病重视。

似乎是Slabospits'kii（1938）首先报道了猪的李氏杆菌病。他从原俄国一个农场的青年感染猪中分离到了这种菌，并将它称为猪李氏杆菌。迄今为止，世界各国有关人畜感染病例的报道不断出现。我国也有本病发生的报道。

一、病原

产单核细胞李氏杆菌（*L. monocytogenes*）是本病的病原。为革兰阳性，不抗酸，无芽孢的球杆菌。菌体两端钝圆，稍有弯曲。有时成弧形，多单在，有时排成“V”形或栅状。大小为（0.4～0.5）μm×（0.5～2.0）μm。老龄培养物或粗糙型菌落的菌体可形成长丝状，长达50～100μm。本菌无荚膜，菌体周围有1～4根鞭毛，能运动。在20～35℃培养时，形成少数周生鞭毛而运动，但在37 ℃培养时则几乎无鞭毛形成。细菌呈革兰染色阳性，有些老龄培养物的菌体为革兰染色阴性。

在各种培养基上，发育初期的菌落于暗的斜射光线下观察时，见有特征的乳青白色荧光，可利用此点进行鉴别。本菌具有在4℃下能缓慢发育的特性，可利用低温增菌法从病料中分离病菌。

本菌没有严格的营养要求，它们在简单的培养基中都可以生长，但在临床标本中分离该菌却需长期的培养和冷增菌法。最佳生长温度是30～37℃，范围为4～40℃。采用“冷增菌法”可提高检出率，即将病料置于冰箱（4℃）中保存，每隔2～3d做一次接种培养，一般在1～2周，最迟在3个月可分离出本菌。当病料污染严重时，可接种血液亚碲酸钾选择性培养基进行培养，获得可疑菌落，再做进一步纯培养。大多数革兰阴性菌在亚碲酸钾培养基上不易生长，而葡萄球菌、链球菌、产单核细胞李氏杆菌的生长却不受影响，所以可以用于本菌的分离和培养。

产单核细胞李氏杆菌在普通琼脂培养基上，通常于72h内开始生长，一般在斜面的基部或培养基的边缘生长，但以在凝集水附近生长较好。将本菌移植于琼脂平板上培养24～48h后，形成中等大小的扁平菌落，表面光滑、边缘整齐、半透明状，在透光检查时呈淡蓝色或浅灰色，作反射光线检查时呈乳白色。

普通肉汤：经24h后，肉汤呈均匀的轻微混浊，有少量黄色颗粒状沉淀，振摇试管时呈发辫状浮起，不形成菌环及菌膜。肝汤葡萄糖琼脂：形成圆形、光滑、平坦、黏稠、透明的菌落，在用反射光线观察时，菌落呈乳白色。肝片肉汤：培养24～48h后，生长情况较普通肉汤混浊。血液亚碲酸钾培养基：形成黑色菌落，有明显的β型溶血现象。半固体培养基内，于20～25℃条件下，培养24h可出现倒伞形生长。

生化特性：本菌在24h内，可发酵葡萄糖、果糖、蕈糖和麦芽糖，产酸不产气。在3～10d内，可发酵阿拉伯糖、乳糖、蔗糖等，产酸不产气。不发酵侧金盏花醇、甘露醇和菊糖。触酶反应阳性，MR和VP反应阳性，可使紫乳在24h微产酸，但不凝固，不产生硫化氢和靛基质。

本菌具有菌体抗原（O）及鞭毛抗原（H），O抗原用阿拉伯数字表示，H抗原用小写英文字母表示，不同O抗原及H抗原可组合成16个血清型。产单核细胞李氏杆菌具有13个血清型，分别为1/2a、1/2b、1/2c、3a、3b、3c、4a、4ab、4b、4c、4d、4e、7。

本菌与葡萄球菌、肠球菌、化脓棒状杆菌及大肠杆菌等有共同抗原。用凝集素吸收试验已将本菌分出巧种O抗原（Ⅰ–XV）和4种H抗原（A–D）。现已查明本菌有7个血清型和11个亚型。牛羊以I型和4b型较为常见，猪、禽、啮齿类则多为Ⅰ型。

本菌的生存力较强， 在青贮饲料、干草、干燥土壤和粪便中能长期存活。对碱和盐的耐受性较大，在pH 9.6的10%食盐溶液中能生长，在20%食盐溶液中可经久不死，能抵抗25%的NaCl。菌液在60～70℃经5～10min可被杀死。在潮湿的泥土中能存活11个月以上，在湿粪中16个月，在干燥的泥土和干粪中2个月以上，在垫草和厩肥中4～6个月以上，在淤泥中达300天，在饲料中6～26周。

对热和一般消毒药抵抗力不强，一般消毒药可使之灭活，2%石炭酸，70%的酒精5min，2%氢氧化钠、2%福尔马林25min可杀死此菌。对青霉素有抵抗力；对链霉素、四环素和磺胺类药物敏感。对链霉素敏感，但易于形成抗药性 。

二、流行病学

1. 易感性　本病的易感动物极其广泛，已查明有42种哺乳动物和22种鸟类有易感性。本菌可使多种畜、禽致病，引起神经症状，患畜血中单核白细胞增多。自然发病的家畜以绵羊、家兔、猪较多。牛、山羊次之，马、犬、猫很少；在家禽中以鸡、火鸡、鹅较多，鸭较少。啮齿动物特别是鼠类及一些野兽、野禽也易感，其中鼠类的易感性最高， 且常成为本病病原菌在自然界中的贮存宿主。人也可以感染发病。实验动物中的家兔、豚鼠和小鼠均对本菌敏感，注射和点眼都可引起感染。

2. 传染源　患病动物和带菌动物是本病的传染源。可从患病动物粪、尿、乳汁、子宫分泌物、精液、眼、鼻分泌物及流产胎儿中分离到该菌。也可从污水、土壤、垃圾内分离到。家畜因采食带菌鼠类所污染的青贮饲料，常可引起本病的感染。

3. 传播途径　主要经消化道感染，也可能通过呼吸道、眼结膜及受损伤的皮肤感染。易感畜接触污染的饲料和饮水可能是主要的传播途径， 饲料和饮水是主要的传染媒介，吸血昆虫也起着媒介作用。冬季缺乏青饲料、天气骤变、内寄生虫寄生和沙门氏菌感染等均可成为发病的诱因。

4. 流行特点　散发性，偶尔可见地方性流行，发病率一般只有百分之几，而病死率却较高。各种年龄动物都可感染发病，以幼龄较易感染，发病较急，妊娠母畜也较易感染，感染后常发生流产。 主要发生于冬季或早春。冬季缺乏青饲料，天气骤变，有内寄生虫或沙门氏菌感染均可为本病发生的诱因。

三、发病机理

当本菌侵入机体后，常先在入侵部的上皮细胞（如结膜、肠道和膀胱等）内增殖，并破坏细胞，继之突破机体的防御屏障进入血液而引起菌血症。并能寄居于吞噬细胞内，还能被带到机体各部。由于李氏杆菌能产生类似溶血素的外毒素，它一方面可导致血液中单核细胞增多（反刍动物和马则为嗜中性白细胞增多），另一方面可使内脏发生细小坏死灶。从而引起隐性的、败血性的和子宫的李氏杆菌病。若病原菌随血液突破血脑屏障侵入脑组织，则可引起脑膜脑炎。据报道脑膜脑炎还可由下述途径引起，即病原菌随同污染的饲料经口腔黏膜的损伤侵入，继而进入三叉神经的分支，沿神经鞘或在轴突内向心性运动，上达三叉神经根，最后侵入延髓，引起脑膜炎。据Smith等（1970）的试验证明，李氏杆菌能通过胎盘而达胎儿肝脏，在此增生、繁殖，导致胎儿死亡。

Asahi等（1957）的实验研究证明，绵羊患李氏杆菌脑膜炎时，病菌自口腔豁膜和头部伤口进入，直接或经由淋巴管到达神经外周部分，继而进入相应部位感觉神经及运动神经（多为三叉神经炎）的神经鞘，在神经鞘内繁殖，以后上达三叉神经根，进入延髓，再大量繁殖，并在此中心部形成化脓灶而导致脑膜脑炎。

四、临床症状

病猪一般不见体温升高，至后期常降至常温以下。病初常出现运动失常，做转圈运动，无目的地行走或后退，或以头抵地而不动。有的头颈强直后仰，前肢或四肢张开，类似破伤风症状。有的呈阵发性痉挛，口吐白沫，侧卧于地上，四肢作游泳状运动。有的在病初即呈现两前肢或四肢发生麻痹，不能起立。一般经1～4d死亡，病程较长的为7～9d，个别可达1个月以上。仔猪感染以败血症为主，体温显著上升，精神高度沉郁，食欲减少或废绝，口渴。有的表现咳嗽、腹泻、皮疹、呼吸困难、耳部及腹部皮肤发绀，有的发生神经症状。病程约1～3d，病死率高。一般分为败血型、脑膜脑炎型、流产型和混合型。

败血型：多发生于仔猪，表现体温升高，精神沉郁，食欲减少或废绝，口渴；有的表现全身衰弱、僵硬、咳嗽、腹泻、皮疹、呼吸困难、耳部和腹部皮肤发绀，病程约1～3d，病死率高.妊娠母猪常发生流产。

脑膜脑炎型：多发生于断奶后的猪，也见于哺乳仔猪。初期表现兴奋，共济失调，步态不稳，肌肉震颤，无目的的乱跑，在圈舍内转圈跳动，或不自主的后退，或以头抵地不动；有的头颈后仰，两前肢或四肢张开呈典型的观星姿势（图2.3.14–1），或后肢麻痹拖地不能站立。严重的侧卧、抽搐，口吐白沫，四肢乱划，病猪反应性增强，给予轻微刺激就发生惊叫。病程1～3d，长的可达4～9d。

混合型：多发生于哺乳仔猪，常突然发病，病初体温高达41～42℃，吮乳减少或不吃，粪干尿少，中、后期体温降到常温或常温以下。多数病猪表现脑膜脑炎症状。

流产型：妊娠母猪常无明显症状而发生流产。

五、病理变化

败血型：除见一般的败血症病变外，主要的特征性病变是局灶性肝坏死。其次，在脾脏、淋巴结、肺脏、肾上腺、心肌、胃肠道和脑组织中也可发现较小的坏死灶。镜检，坏死灶中细胞被破坏，并有单核细胞和一些嗜中性白细胞浸润。

脑膜脑炎型：可见脑膜和脑实质充血、发炎和水肿，脑髓液增量，稍显浑浊，内含较多的细胞成分。脑干，特别是脑桥、延髓和脊髓变软，有小的化脓灶。镜检见脑软膜、脑干后部，特别是脑桥、延髓和脊髓的血管充血，血管周围有以单核细胞为主的细胞浸润（图2.3.14–2），还可能见到弥漫性细胞浸润和细微的化脓灶，而组织坏死则较少，浸润区的神经细胞被破坏，但病变并非局限于灰质。有些病例，病变可累及三叉神经节。

流产母畜可见子宫内膜充血以至广泛坏死，胎盘子叶常见有出血和坏死。

六、诊断

1. 临床流行病学、病理学诊断　由于本病症状的多样性，临床诊断比较困难。当病猪表现有脑膜脑炎的神经症状，血液中单核细胞增多，孕畜流产；剖检见脑及脑膜充血、水肿，肝有小坏死灶；脑组织切片见有以单核细胞浸润为主的血管套和微细的化脓灶等病变时，可作出初步诊断。确诊需做菌体分离培养和动物接种试验。

2. 细菌学诊断　采取病畜的血液、肝脏、脾脏、肾脏、脑脊液、脑组织及流产胎儿的肝组织等做触片和涂片镜检，如发现有呈“V”字形或“Y”字形排列的或并列的革兰阳性小杆菌即可初步确诊，但仍须采取病料进行细菌分离培养和鉴定，特别应作出本菌与红斑丹毒丝菌的鉴别，方能确诊。

3. 动物接种试验　取幼兔或豚鼠1只，用本菌的24h肉汤培养物1滴，滴入动物一侧结膜囊内，另一侧为对照，观察5d。一般在接种24～36h内，出现化脓性结膜炎。也可取0.5mL菌悬液（3×10^{8}/mL），于幼兔耳静脉注射，在3～5d内，幼兔血液内的单核细胞可上升40%以上。小鼠接种时，可选择10～20g小鼠1只，取0.2mL肉汤培养物于腹腔注射，在5天内将其杀死，可发现其肝、脾有坏死灶，如进行分离培养可找到本菌。

4. 免疫学诊断

⑴血清学诊断：用李氏杆菌Ⅰ Ⅱ、Ⅴ三种O抗原做凝集反应，并与细菌学检查相结合进行，可以检出畜群中隐性和潜伏感染的动物，但不能检出全部受感染的动物。而且这种试验只有高于1∶320的滴度时才能认为是特异性反应。但球蛋白的非特异性集结，能影响诊断。补体结合试验和间接血凝试验或因敏感性低，或因有非特异性而均不能使用。

⑵免疫荧光抗体技术：病料用福尔马林固定后，经二嗯烷包埋后作切片或用病料涂片，应用荧光抗体作直接法染色，李氏杆菌在组织切片内呈现具有荧光的球菌状与双球菌状形态特征。

5. 鉴别诊断时　猪李氏杆菌病应与猪的伪狂犬病、传染性脑脊髓炎、猪血凝性脑脊髓炎等区别。

李氏杆菌病能侵害各种家畜和野生动物，通常为散发。仔猪多呈败血症症状，呼吸困难，皮肤蓝紫，腹泻。有神经症状的病猪，其脑脊髓液增量，稍浑浊，含有较多的细胞，脑干变软，有小化脓灶，脑血管周围有中性粒细胞浸润。肝有小坏死灶。与猪传染性脑脊髓炎有显著区别。

猪血凝性脑脊髓炎病脑炎型与猪传染性脑脊髓炎症状相似，但猪血凝性脑脊髓炎多数是由于引入新猪所引起，多发生于2周龄以下的哺乳仔猪，一般侵害猪群中一窝或几窝乳猪之后，即自然停止流行。病猪先有呕吐、便秘、嗜眠症状，以后才出现神经症状，大多数病猪体温不升高。猪血凝性脑脊髓炎病毒对鸡、大鼠、小鼠、仓鼠及火鸡的红细胞有凝集和吸附作用。猪传染性脑脊髓炎无上述特点。

伪狂犬病能侵害各种家畜和野生动物。怀孕母猪感染后，常发生流产，或产出木乃伊胎、死胎和无生活能力的胎儿。哺乳仔猪得病后，常表现呼吸困难，呕吐，下痢，特征性的神经症状（初期呈兴奋状态，后期麻痹）。而猪传染性脑脊髓炎的神经症状，以运动性共济失调为主，对轻微刺激产生强烈的反应。

七、防制

（一）预防原则

平时做好兽医卫生防疫和饲养管理工作。加强饲养管理，搞好环境卫生。减少各种潜在性应激因素，加强营养，控制寄生虫，使动物保持高水平的抗感染能力。病畜隔离治疗，消毒畜舍、环境、处理好粪便。

驱除鼠类和其他啮齿类动物，消火体外寄生虫，不要由疫区引入畜禽。发现可疑病畜应立即隔离治疗，消毒被污染的畜舍、用具。屠宰病畜时应注意消毒并防止病原菌扩散。要及时查出传染源并采取有效措施，如怀疑青贮饲料存在问题时，则改用其他饲料。将未受传染的动物及早隔离至清净场舍，可迅速终止疫情的发展。对常发地区的牲畜，应采用疫苗定期预防接种。1972年Sadov用致弱的李氏杆菌“AUF”菌株疫苗接种绵羊，在10个月内有100%的保护力。1976年在养兔场和养貂场进行试验，效果良好。猪的疫苗预防接种尚未见报道。

（二）治疗

各种抗生素对李氏杆菌病均有治疗作用，但必须早期大剂量应用才能奏效。

青霉素、土霉素、四环素、链霉素、氨卞青霉素和庆大霉素等对脑膜脑炎型李氏杆菌病均有效。治疗猪李氏杆菌病以链霉素较好，但易引起抗药性。大剂量的抗生素或磺胺类药物，可取得一定疗效，有人认为氨苄青霉素加庆大霉素效果较好。

处方：①20%磺胺嘧啶钠液5～10mL，肌肉注射；②盐酸金霉素粉20～50mg/kg体重，分2次灌服；③庆大霉素1～2mg/kg体重，每日2次肌肉注射；④氨苄青霉素4～15mg/kg体重，肌肉注射；⑤硫酸链霉素或硫酸双气氢链霉素10mg/kg体重，肌肉注射。

以上药物2次/d，连用3～5d。病猪高度兴奋不安时，可内服水合氯醛，1g/kg体重，溶于水后用胃管投药。

第十五节　结核病（Tuberculosis）

结核病是由分支杆菌引起的一种人畜共患的慢性传染病。病理特征是在多种组织器官形成肉芽肿（结核结节），病程较长的结节中心有干酪样坏死或豆腐渣样钙化。

本病分布很广，各国对动物结核病及人结核病都非常重视。猪结核病是由人型结核分支杆菌、牛型结核分支杆菌和禽型结核分支杆菌引起的。呈慢性经过。由于猪的生命周期短，而猪患结核病常呈无症状经过，所以在多数清况下，猪的结核病防制为部分养猪场所忽视，但该病给猪肉卫生质量和人的食品卫生安全造成的危害却不容忽视。

人感染动物结核病多由牛型结核分支杆菌所致。禽型结核分支杆菌主要使禽类发病，偶见于猪和人等。新中国成立后，我国已开展了结核病的防制工作。近年来，本病的发病率又有增长的趋势，动物结核病对人的食品卫生具有重大意义。

一、病原

本病的病原为分支杆菌属的三个种，即牛分支杆菌（M.bovis）、结核分支杆菌。不产生芽孢和荚膜，无运动性。牛分支杆菌比结核分支杆菌短而粗，染色均一。禽分支杆菌具有多形性，一般多呈念珠状，细胞也常比牛型分支杆菌长，有时呈极短、染色均匀的形式。

病灶组织涂片上的菌体多单个或成双，有时成丛，菌形较一致。陈旧培养基上或在干酪变性的病变组织内可见有分支现象，淋巴结涂片有时也可见分支特点。

本菌具有耐酸和耐乙醇性。抗酸染色法着色后，结核菌染成红色（图2.3.15-1），其他细菌、组织细胞和组织碎屑着色不同，可在病变组织和渗出液中发现本菌。

分支杆菌为专性需氧菌，致病菌株的最适pH为6.5～6.8，最适的生长温度为37～37.5℃。此菌对营养物质要求严格，在含鸡蛋、血清、牛乳、马铃薯和甘油（对牛型菌无益处）的培养基中易于生长。在这种培养基中加入染料可抑制杂菌生长，如Lowenstein-Jensen氏培养基中含有孔雀绿。也可在不含蛋白质而仅含无机盐、铵盐、氨基酸、维生素和葡萄糖等物质的综合培养基中生长发育。

结核分支杆菌与牛型分支杆菌在固体培养基上不易区别，且生长缓慢，初代培养，37℃，3～4周可见到乳酪色或白色不透明的干燥不规则叠起的菌落。暴露光线下，可从深黄色渐变到砖红色。多次传代培养之后，培养基上可形成粗糙、蜡样的菌苔。培养数周后，菌苔增厚起皱，疏松附着于培养基面上。禽型比哺乳动物型生长迅速，营养要求不太严格，初期菌落平滑闪光，培养一周内出现菌落，二周内菌落生长良好，质地柔软，淡奶油色，形成的菌苔潮湿松软，皱褶不大。光线照射下培养，可变成带黄色、带桃红色或带暗红色。

液体培养基中，菌的生长限于表面。哺乳动物型培养液体清朗无沉淀，菌膜极干燥、粗糙。禽型菌膜较柔软、潮湿和少皱褶，培养液体中有多量黏性沉淀，培养物变老时，有黏性钟乳石样物的菌膜下垂。暴露光线下，三种分支杆菌均从奶油色渐变到黄褐色，最后变成红棕色。

1945年Dubos发现吐温-80可作为湿润剂，刺激结核菌的生长，使细菌在液体中均匀生长，不致于互相黏着成蜡样块浮在表面上。

结核分支杆菌和牛分支杆菌具有相同的抗原性，进行变态反应时有严重的交叉反应，从数字分类学上看，它们属于同一群；从DNA同源性杂交试验看，它们的同源性为100%。因此许多学者认为它们属于同一种。禽分支杆菌和其他分支杆菌具有单独的抗原结构。

分支杆菌的生化特性较弱，一般的鉴定不予采用。

分支杆菌细胞壁内含有极高的脂质成分，使其对外界的抵抗力增强。在潮湿的土壤、粪堆和草秆中可存活极长时间。对干燥和湿冷抵抗力甚强。对湿热抵抗力弱，60℃30min可杀灭。直射阳光可迅速致死，4h全部被杀死。对极大多数消毒剂的抵抗力比其他非芽孢菌稍强，在70%酒精或10%漂白粉中很快死亡。本菌对常用的磺胺药、青霉素及其他广谱抗生素均不敏感。对链霉素、环丝氨酸、异烟肼及其衍生物、对氨基水杨酸、利福平等敏感。

二、流行病学

1. 易感宿主　本病可侵害人和多种动物，目前约有50多种哺乳动物，25多种禽类可患本病。三型菌均可感染猪。

2. 传染源　结核病患畜禽和人，特别是通过各种途径向外排菌的开放性结核患畜禽和人。肺结核乳牛的痰、乳腺结核乳中分泌的乳汁、肠结核病畜排泄的粪便等污染空气、厩舍、饲料和饮水而成为重要的传染源。

3. 传播途径　猪主要通过消化道感染，也可通过呼吸道感染。猪对人型、牛型和禽型结核杆菌均易感，猪又处于各种人为造成的食物链的的末端，这就人为增加了猪感染结核杆菌的机会。饲喂结核病病畜的内脏或未煮熟的下脚料、来自结核病人的泔水、结核病牛未经消毒的牛奶和它的副产品等均可使猪发病。患结核病的牛、鸡粪便中含有活的结核杆菌，用此类粪便及鸡、牛剩料喂猪同样是危险的。在饲养过结核病鸡的场地上养猪，也可以使猪感染发病。

4. 流行特点　本病多为散发，发病率和病死率不高。无明显的季节性和地区性。其发生和患结核病的牛、人和禽的直接或间接接触的机会及人、牛、禽中结核病的流行程度有关。

据报道，在农村鸡场、猪场同时存在的情况下，猪患禽型结核最为常见，而对于以酒店、饭馆、公共食堂的食物残渣为主要饲料的个体猪场的猪，患人型或牛型结核的可能性增加。

从某种程度上讲，猪的结核杆菌感染状况是一个地区动物结核病流行情况的汇总表，也是不同地区、不同的环境对动物结核病流行影响的生动反映。

5. 发现历史与流行现状　关于结核病最早的记载是在两千年前，很多早期学者认为它是一种恶性肿瘤，无传染性。后来1882年Koch用碱性美蓝染色和俾斯麦棕复染，在病组织中检出了本菌，他还发现本菌能在用凝固牛血清制成的培养基内纯粹繁殖，并用培养物在试验动物中复制了本病，澄清了关于本病病原的所有疑问。

1995年度，美国在联邦政府监督下屠宰了94 490 329头猪中，其中有196 944头（0.21%）有结核病变。有结核病变猪的数量是同期牛的1 400多倍，这些情况引起了州政府的重视。国内对猪结核病尚未引起应有的重视，而近几年来，在进出境种猪的检疫中，屡屡检出结核病变态反应阳性猪。据颜思通等报道，1999年起在进口种猪中开始检出阳性猪，在部分条件差的猪场也有阳性猪检出。

和发达国家相比，国内关于猪结核病的相关研究资料非常缺乏，只是近年来才开始逐渐涉及猪结核病的研究。郭明星等2004年利用PPD对湖北一家供港猪场进行结核病检疫，结果是，种猪阳性率37%（7/19），育肥猪阳性率130/（118/941），中猪阳性率3%（18/634），保育舍阳性率1%（1/98），还有一个猪舍高达79%（19/24）。另有关于大连地区屠宰场猪结核病的调查报道显示，屠宰猪结核病变检出率由2000年的1%左右上升到2004年4%左右。这充分说明绝对不能忽视猪结核病在我国的流行。

大型猪场结核病病例：

湖南某大型万头猪场，送往一屠宰厂120头活大猪进行屠宰，检验时有5头有疑似结核病病样。有的是全身性病变：可见肝、肺、肾、脾器官表面和组织内形成大小不一、多少不等的白色结节性病变，颈部淋巴结（LPN）和肠系膜淋巴结、股前淋巴结等形成粟粒大至高梁米粒大，切面呈灰黄色干酪样坏死或钙化的病灶。

随即对可疑病菌料抽样进行了组织病理学检查和细菌学检查。对有病变的肺门淋巴结进行石蜡切片，采用H.E.染色，可见以下病理学变化。淋巴结散落分布，部分淋巴细胞溶解，有嗜中性粒细胞浸润，有时有陈旧性化脓灶存在（已钙化，包囊形成）。

取可疑病例的肺组织渗出物、肝组织渗出物、病变肺门淋巴结分别接种于普通营养琼脂，鲜血营养琼脂培养基，经37℃培养箱中培养24h、48h后，普通营养琼脂培养基中无细菌生长，鲜血营养琼脂中无细菌生长和溶血现象。接种选择分离培养基如不含甘油的Stomebrink's培养基的培养，分离物通过测定其培养特性和生化特性进行鉴定，菌落形态粗糙，中心隆起，周围大而边缘不规则。37℃下生长缓慢，22℃或45℃不生长，菌落颜色微白，分型鉴定为牛型分枝杆菌。

怀疑患有结核病后，在进行分离培养的同时对该场进行了全面的流行病学调查。该场为自繁自养的大型猪场，近3年未引进种猪，周围一公里范围内无其他养殖场。9名饲养人员经过体检无结核病史。使用的饲料为自制混合料（外购预混料和玉米豆粕等大宗原料），使用了猪瘟等多种疫苗，在现场临床检查未发现群猪咳嗽发病情况。经询问场主，在10~11月期间场内保育猪发病，当时主要症状为体温升高、拉稀、厌食、精神沉郁、呼吸急促、长时间后消瘦死亡，死亡率10%左右，其他病猪经抗生素治疗渐渐康复。同时该场送病料到华中某大学进行检测，经分离纯化、生化鉴定，确定病料中优势菌种为副猪嗜血杆菌。11月份后该场病情得到稳定。提纯结核菌素（PPD）皮试：在实验室诊断出牛型结核分枝杆菌后，2004年2~5月间分3次对该场存栏的所有母猪、部分中猪（50~60 kg）、肥育猪（80~90 kg），参照GB/T18645-2002《动物结核病诊断技术》牛结核菌素PPD皮试方法按2 000 IU/头份进行猪耳根后的皮试。皮试试剂第1次为黑龙江省生物制品一厂生产的牛型结核菌素干冻剂，批号200301，第2次和第3次为中国兽医药品监察所提供，批号2004、1，稀释用生理盐水，进行24 h、28 h、72 h观察。观察结果见下表。

结核菌素皮试结果

	第1次	第2次	第3次
	（2.18~2.21）	（4.27~4.30）	（5.18~5.21）
	母猪 中猪 大猪	母猪 中猪 大猪	母猪 中猪 大猪
试验头数	20 10 20	233~16	300~405
阳性头数	9 3 9	76~18	4~0
可疑头数	0 0 0	0~0	0~2
阳性率（%）	45 30 45	33~6.2	28- -

第1次皮试的母猪全部为待产母猪，第2次和第3次的母猪有一部分后备母猪。阳性反应的表现为局部发红肿胀，反应剧烈，触摸热痛、稍硬，大小一般在直径2~3 cm左右，最大的达5 cm，多数在接种的部位可见一块发黑的坏死灶。发生阳性反应的猪只一般在12 h内就有反应发生，随后反应仍无多大变化。净化处理：对全场所有种畜进行PPD试验，筛送出阳性者全部淘汰处理，并对全场进行每周2次的20%生石灰消毒，健康的肥育猪出栏前进行PPD试验，无反应者正常上市，轻度反应者无害化处理。目前该场结核病得到了完全的净化，出栏猪屠宰检验未发现病例。在对该场进行PPD实验的同时我们在另6个大型猪场各选择20头种畜进行相同的PPD皮试，结果均为阴性。

原因分析：该场发生牛型结核病感染，主要是因为种畜部分带菌，加上湖南2003年高温干旱，气候变化异常，导致商品猪感染发病，愈后屠宰检验发现病例。通过调查发现该场自建场至今均未有发生类似病例。分析感染牛型结核杆菌的原因主要可能是：①引进的种畜部分感染了结核菌，处于长期带菌状态，一般情况下商品猪未感染发病。②使用了感染结核杆菌的牛源成分的饲料，种畜被结核杆菌感染。真正的原因有待于进一步的调查研究。

在大型猪场发生牛型结核杆菌感染发病的报道不多，通过本病例可以促使我们加强对目前全国结核病高发的原因进行多方面的研究，提高全民对食品安全的进一步高度重视。

三、临床症状

猪对三个型的结核菌都易受感染，牛型菌比其他两型的结核菌在猪中引起更严重的病。通常是进行性感染，并可引起死亡。结核病猪很少传染其他猪，猪结核病主要经消化道感染，多表现为淋巴结核，在扁桃体和颌下淋巴结发生病灶，很少出现临诊症状。当肠道有病灶时常发生下痢。

四、发病机理

机体初次感染时，病菌吸入肺泡，被肺泡内巨噬细胞吞噬，其在胞内增殖的速度很慢，感染后几周才形成病变或显示症状。当结核杆菌繁殖到一定数量时，感染局部则出现炎性细胞渗出和细胞增殖反应，形成原发病灶。此时由于机体抵抗力弱，菌体大量繁殖并向肺外扩散。病菌从原发病灶沿淋巴管蔓延至局部肺门淋巴结，引起淋巴管炎和邻近淋巴结的结核病变。也可从淋巴进入血液，将病菌播散至全身，造成全身性结核感染。但多数病畜在形成原发病灶后，细菌繁殖速度下降，原发病灶及其他结核病变逐渐消散或钙化而自愈。

猪在初次感染时逐步获得一定的特异性免疫力。一般感染后经2～3周，即出现结核菌过敏反应。若有继发感染，结核病以内源复发为主，外源性感染较少，巨噬细胞可将入侵的细菌限制在局部，消灭或形成慢性肉芽肿，逐渐干酪化或纤维化。皮内注射结核菌素，可在局部皮肤出现红斑和硬结，甚至坏死，发生迟发性过敏反应。同时，感染器官内的炎症反应转变为肉芽肿性，中心常呈干酪样坏死，外周形成特异性肉芽组织而构成典型的结核结节，上述细胞免疫反应中致敏的T淋巴细胞起主要作用，T淋巴细胞释放的产物对巨噬细胞具有趋化作用，能诱导巨噬细胞聚集在细胞感染部位，又能抑制其移动，这样就能使结核杆菌限制在局部，不向四周扩散。巨噬细胞被激活后，其吞噬功能和杀菌能力均表现增强。由此可见，过敏反应是与增强巨噬细胞吞噬能力和抑制结核菌繁殖相联系的，有助于机体对疾病的抵抗。

五、病理变化

尸体外观消瘦，结膜苍白。病变多在屠宰后发现，常局限在咽、颈部淋巴结和肠系膜淋巴结。局部淋巴结结核病变可表现为结节性和弥漫性增生两种形式。前者表现为形成粟粒大至高梁米粒大，切面呈灰黄色干酪样坏死（图2.3.15–2）或钙化的病灶；后者表现为淋巴结呈急性肿胀而坚实，切面呈灰白色而无明显的干酪样坏死变化。

从眼观上很难确定猪淋巴结核是由哪一型结核菌引起的。但一般来说，由禽型结核杆菌引起的病灶，主要是以上皮样细胞和郎罕氏细胞增生为主（图2.15–3），病灶中心干酪化、钙化与病灶周围包膜形成均不明显，在陈旧性病灶才见有轻度的干酪样坏死和钙化。而由牛型结核杆菌引起的淋巴结病变多半形成大小不等的结节，与周围组织界限清楚，结节中心干酪样坏死和钙化比较明显，并形成良好的包膜。

猪全身性结核病有时也可见到，主要由牛型结核菌引起。病菌经消化道侵入后，通过淋巴或血液扩散到全身。猪的全身性结核病除在咽、颈和肠系膜淋巴结形成结核病变外，还可在肝脏、肺脏、脾脏、肾脏等器官及其相应淋巴结形成多少不等、大小不一的结节性病变，尤其在肺和脾较为多见。猪肺结核病多见肺实质内散在或密集分布粟粒大、豌豆大至榛子大的结节，有时见许多结节隆突于肺胸膜表面而使胸膜显示粗糙、增厚或与肋胸膜粘连。新形成的结节周边有红晕。陈旧结节周围有厚层包膜，中心呈干酪样坏死或钙化。有的病例还形成小叶性干酪性肺炎病灶。脾脏结核病表现脾脏肿大，在脾脏表面或脾髓内形成大小不一的灰白色结节，结节切面呈灰白色干酪样坏死，外周有包膜形成。镜检病灶由大量上皮样细胞和郎罕氏细胞组成的特异性肉芽组织构成，病灶中心呈均质红染的干酪样坏死。

此外，在心脏的心耳和心室外膜、肠系膜、膈、肋胸膜也出现大小不等的淡黄色结节或呈扁平隆起的肉芽肿病灶，其切面均可见有干酪样坏死变化。在胸椎、腰椎的椎体和椎弓部以及脑膜也可形成结核病变。

六、诊断

结核病猪生前无明显症状，根据死后剖检变化才能确诊，必要时可做结核菌素试验和显微镜检查等。

（一）细菌学诊断

疑似结核病畜生前采取痰、乳汁或粪便，死后应采取病变部组织。对猪多在屠宰或死亡后，病灶涂片（直接法或集菌法），抗酸染色镜检。分离培养和动物实验，需时较长，很少应用。

方法：采取结核病灶内的干酪样物涂片，干燥，微火固定，滴加石炭酸复红液，并微加温染色2～5min，水洗，再以3%盐酸酒精脱色30s～1min，水洗后再用碱性美蓝液复染1～2min，再水洗、干燥、镜检，可见到被染成红色的结核杆菌（常几个菌聚集成堆），其他细菌或细胞被染成蓝色。

猪结核病的临床症状和病理变化不能作为诊断的依据。一般地说，其病变都只限于消化道中的数个小病灶，这种非进行性小病灶所激发的症状很不明显。有全身性感染时，其症状也只可能表明是一种传染性疾病。病理剖检和组织学变化都不是特异性的，只能作出结核病的暂时性诊断，因为局部的结核病灶和由马红色球菌与其他细菌引起的病灶有着很大的相似性，由马红色球菌引起的局部性病变不论从眼观还是从组织学上，均难与结核病变相区别；另外，从外观上也很难将慢性肉芽肿性病变与寄生虫结节和赘生物区分开。只有在病原分离、鉴定和结核杆菌分型等细菌学方法检查的基础上才有可能确诊。

（二）变态反应学诊断

变态反应的变应原有老结核菌素（Old tuberculin，OT）、提纯蛋白衍生物结核菌素（Purified protein derivative of tuberculin，PPD）和无蛋白合成培养基结核菌素（也称结核菌素活性多肽，Tuberculin active peptide，TAP）。目前我国均使用PPD与OT。PPD经提纯，性质稳定，特异性高，使用方便，检出率也高。

诊断猪结核病多同时做禽型和哺乳动物型结核菌素试验。两种结核菌素同时分别在两侧耳根皮内注射0.1mL，48～72h在注射部出现发红肿胀者为阳性。但许多研究者已发现，有些结核病猪可能对皮内结核菌素试验无反应。所以，应在已将阳性猪淘汰掉的猪群内反复进行试验。

人为了防止不必要的全身反应和刺激疾病本身的发展，使用高度稀释的结核菌素用于诊断。而家畜使用的结核菌素浓度是相当高的，猪应用浓的禽型和哺乳动物型结核菌素有时可引起交叉反应。根据Meyn等（1959）的经验，用稀释的结核菌素（1∶100）可避免。

目前，猪结核菌素试验尚缺乏有关最适的注射部位、结核菌素剂量与型别以及观察结果、最佳时机等方面的详尽资料。各国对猪结核菌素试验及其判定标准是有差异的。

（三）血清学检查

酶联免疫吸附试验（ELISA）被认为是目前检测血清中特异性抗体的最好方法。也可采用凝集反应、琼脂扩散反应、沉淀反应、补体结合反应、皂土絮状试验和吞噬指数测定等方法。

七、防制

结核病是人和动物共患的常见多发病，人、牛和家禽是结核菌的三大宿主。而结核分支杆菌、牛分支杆菌和禽分支杆菌又都可引起猪发病，搞好人结核病的早期治疗和畜禽结核病的检疫、隔离等综合防制措施，是消灭和减少猪结核病发生的关键。用未经煮过的下脚料喂猪在我国是普遍现象，然而却是猪感染结核杆菌的一种潜在的威胁。患结核病的人禁止饲养、接触家畜。猪场一旦发生猪结核病，病群应做淘汰处理。被污染的厩舍、场地等可用20%石灰乳，5%来苏儿或5%漂白粉进行2～3次彻底消毒，3～6个月后猪舍再利用。

报道关于我国动物结核病防制措施的建议，借鉴国外动物结核病防治经验。据报道，美国自1917年开始以立法的形式规定结核菌素试验阳性的牛一律屠宰，到1957年牛结核病基本得到控制；英国30年代，400/u的奶牛结核菌素阳性，1950年开始控制牛结核病的工作，依法坚决淘汰检出的结核病阳性牛，1960年英国基本控制牛结核病了。可见国家政府行为在动物结核病防制中起关键作用。我国尚未立法，故许多奶牛场，从经济角度考虑不肯宰杀检出的结核病阳性牛，而采取把结核病牛进行隔离甚至私自卖掉的办法，这样的行为肯定不利于动物结核病的防制。建议国家尽快建立动物合组织动物结核病的防制工作。国家通过立法的方式规范防治措施，依法执行检疫、淘汰、隔离、消毒以及防疫等综合防治措施。

加强流行病学研究：国外已经对动物特别是牛结核病进行了许多分子流行病学研究。而我国对牛结核病的流行病学研究还处于初级阶段，仅限于病例的流行病学调查，而对牛结核病分子流行病学方面的研究十分贫乏。对决定牛分枝杆菌菌群类型、感染强度、流行范围等的一系列分子结构基础缺乏完整系统研究，资料匮乏，以至于无法掌握其分子流行病学规律，难以预测其发生发展趋势，严重制约和妨碍了有效防治措施的制定和实施。至于对其他动物结核病普通流行病学的研究也是寥寥无几，缺乏流行病学数据，政府制定动物结核病防治措施就缺乏依据。SARS和禽流感的突然暴发，更进一步凸现了研究动物结核病流行病学，掌握其流行规律，预测其流行发生趋势的重要性和紧迫性。

综合考虑各种动物结核病的因素，才能获得理想效果。诱发感染宿主广泛，各种动物与人之间可交叉感染，互为传染源，这决定了动物结核病防制工作面临的巨大困难。研究发现，在牛发生结核病的地区，由于喂了未经消毒的牛奶及其副产品而使猪感染。患结核病的牛的粪便可能含有活的结核杆菌，这对牛、猪同圈饲养的地方非常危险。

第十六节 布鲁氏菌病（Brucellosis）

布鲁氏菌病简称布病，是由布鲁氏菌属细菌引起的急性或慢性的人兽共患传染病。病的特征：生殖器官和胎膜发炎，引起流产、不孕、关节炎、睾丸炎和患病动物长期带菌等和各种组织的局部病灶。

一、病原

布鲁氏菌（Brucella），初次分离培养时，多呈球杆状，次代培养时，牛、猪布鲁氏菌逐渐转变成小杆状，羊布鲁氏菌则不变。大、小为（0.5～0.7）μm×（0.6～1.5）μm，散在，无芽孢及鞭毛，个别菌株可产生荚膜。能被常用的碱性染料着色，但对某些染料具有迟染的特点，以此原理设计的沙黄-孔雀绿（或碱性美蓝）染色法，可将本菌染成红色，其他细菌及组织细胞染成绿色（蓝色）。革兰阴性。DNA的（G+C）mol%为55～58。

本菌为需氧菌或微需氧菌。对营养要求严格，生长液中一般需要大量维生素B_1，在含有少量血液、血清（牛血清除外）、肝浸液、马铃薯浸液、甘油、胰蛋白酶时生长良好，常用肝汤、肝琼脂、胰蛋白酶和马铃薯琼脂等培养基培养。本菌所需pH范围为6.1～8.4，以pH6.6～7.4最适宜；在20～40℃范围内均生长，最适培养温度是37℃。初代分离培养时，须在含有血液、血清、肝汤、马铃薯浸液和葡萄糖的培养基中才能较好的发育，而且生长缓慢，一般需要7～14d或更长的时间才能长出肉眼可见的菌落。多次传代后，不但生长变快，2～3d即长出菌落，而且对营养要求降低，在普通琼脂上也能生长。在血清肝汤琼脂上，形成湿润、无色、圆形、闪光、表面隆起的边缘整齐的小菌落。在高层血清琼脂做振荡培养3～6d后，牛及绵羊附睾布鲁氏菌，于培养基表面0.5cm处呈带状生长。在马铃薯斜面上，生长良好，于2～3d后长出水溶性微棕黄色菌苔。本菌分解糖类的能力因种类而不同，一般能分解葡萄糖产生少量酸，不分解甘露糖。不能产生靛基质，不液化明胶，不凝固紫乳，VP试验及MR试验均为阴性。有些菌型能分解尿素和产生H_2S。

菌落有光滑型（S）和粗糙型（R）。在不利的生长环境中，本菌易由光滑型（S）变为粗糙型（R）。在平板琼脂上培养48～72h后，出现细小、圆形、隆起的菌落，表面光滑湿润，边缘整齐。本菌在理化、生物和自然因素作用下易发生变异，长期培养常发生S-R变异，引起毒力和抗原性的改变。

本菌抗原结构复杂，目前可分为属内抗原和属外抗原。属内抗原包括A、M及R抗原等表面抗原。光滑型布—鲁氏杆菌含有A和M两种表面抗原，R抗原为大多数非光滑型菌株的共同抗原决定簇，为可溶性胞浆抗原。光滑型菌株发生S-R变异后，丧失A和M抗原，暴露出R抗原。属外抗原可与巴氏杆菌、变形杆菌、弧菌、弯曲菌、钩端螺旋体、假单胞菌、沙门氏菌、耶尔森菌和大肠杆菌等属的细菌发生交叉凝集反应。

国际上将布鲁氏菌属分为6个生物种，20个生物型。6个生物种是马耳他布鲁氏菌（*Br.melitensis*）、猪布鲁氏菌（*Br.suis*）、流产布鲁氏菌（*Br.abortus*）、犬布鲁氏菌(*Br.canis*)、沙林鼠布鲁氏菌(*Br.neotomae*)和绵羊布鲁氏菌(*Br.ovis*)。除绵羊附睾布鲁氏菌、犬布鲁氏菌和猪布鲁氏菌4、5生物型外,所有的S型菌株几乎都含有A抗原和M抗原。羊布鲁氏菌的M抗原含量较多,A抗原较少,两者之比为20∶1;牛布鲁氏菌则相反,M抗原和A抗原之比为1∶20;猪布鲁氏菌介于二者之间,M抗原与A抗原之比为1∶2。R型菌株,不含A抗原和M抗原。不同型别的布鲁氏菌在一般血清学特性上不能区别,而是利用单相特异性血清凝集试验、免疫电泳、琼脂扩散、DNA同源性、抗原色谱分析和单克隆抗体技术等,进行本菌的抗原结构研究和菌属间以及种型间的鉴别。

布鲁氏菌属中各生物种及生物型菌株的毒力有所差异,其致病力也不相同,沙林鼠布鲁氏菌主要感染啮齿动物,对人、畜基本无致病作用;绵羊布鲁氏菌只感染绵羊;羊布鲁氏菌主要感染绵羊、山羊,也能感染牛、猪、鹿、骆驼等;犬布鲁氏菌主要感染犬,对人、畜的侵袭力很低;牛布鲁氏菌主要感染牛、马、犬,也能感染水牛、羊和鹿;猪布鲁氏菌主要感染猪,也能感染鹿、牛和羊。人的感染菌型以羊型最常见,其次猪型,牛型最少。

本菌为细胞内寄生菌,本菌对外界因素的抵抗力较强,热和消毒药的抵抗力不强,一般在直射阳光作用下0.5～4h,室温干燥5d、50～55℃60min、60℃30min或70℃10min死亡;在污染的土壤、水、粪尿及饲料等中可生存1至数月,如在粪便中可存活8～25d;在土壤中可存活2～25d;在奶中可存活3～15d;在胎儿体内可存活6个月;在腐败的尸体中很快死亡;冰冻状态下能存活数月。对消毒药比较敏感,常用消毒药能迅速将其杀死。如用2%～3%克辽林、含3%有效氯的漂白粉溶液、1%来苏儿、2%福尔马林或5%生石灰乳等进行消毒有效。本菌对四环素最敏感,其次是链霉素和土霉素,但对杆菌肽、多黏菌素B和M及林可霉素有很强的抵抗力。

二、流行病学

1. 易感性　本菌可感染多种动物,家畜中以牛、猪、山羊、绵羊易感性较高,其他动物如水牛、牦牛、羚羊、鹿、骆驼、猫、狼、犬、马、野兔、鸡、鸭及一些啮齿类等都可以自然感染。实验动物中,以小鼠、豚鼠、鸽和幼猫最易感,家兔次之。

2. 传染源　主要是病畜和带菌动物。尤其是受感染的妊娠母畜。病原菌可随感染动物的精液、乳汁、脓液,特别是流产胎儿、胎衣、羊水以及子宫渗出物等排出体外,通过污染饮水、饲料、用具和草场的媒介而造成健畜感染。患病公猪的睾丸炎精囊中带菌,随交配或人工授精感染母猪。病母猪流产时,病菌随流产胎儿、胎水和胎衣及阴道分泌物等排出,成为最危险的传染源。

3. 传播途径　主要是通过消化道感染,即通过污染的饲料和水源等而感染。也可通过结膜、阴道、损伤或未损伤的皮肤、自然配种和呼吸道等而侵入机体感染,吸血昆虫也可传播本病。

4. 流行特点　一般为散发,接近性成熟年龄的动物较易感。母畜感染后一般只发生一次流产,提示感染即多为初产母猪,流产两次的少见。

人的传染源主要是患病动物,不同种布鲁氏菌对人的易感性不同。羊种布鲁氏菌对人的侵袭力和致病性最强;其次为猪种布鲁氏菌,尤其猪布鲁氏菌亚种1和亚种3。牛布鲁氏菌病疫区,感染率高,但发病率低,呈散在发病。患者有明显职业特征,凡与病畜、污染畜产品接触多的人,如牧区牧民、毛皮加工工人、挤奶工人、吃生乳者和科研人员等,其感染发病率明显高于其他职业。

5. 发现历史与流行动态　我国在公元708年即有本病流行的记载。在国外,本病1860年开始发生于地中海,1887年英国DavidBruce医生首先在地中海马尔他岛分离到布鲁氏菌,故而得名。1897年丹麦从流产奶牛的子宫分泌物和胎膜中分离到牛流产杆菌。1914年美国在猪的流产材料中分离到相似的猪流产杆菌。它们有抗原交叉反应性,于1920年归为同一菌属,并定名为布鲁氏菌,以纪念首次分离病原菌者。此后,1954年新西兰从病绵羊分离到绵羊附睾种布鲁氏菌,1957年美国从沙漠森林鼠中分离到沙林鼠布鲁氏菌,1966年美国从犬体内分离到犬布鲁氏菌。新中国成立初期,我国内蒙古、西北、东北及其他地区普遍流行羊的布鲁氏菌病,并且人患布鲁氏菌病也较多。目前本病已广泛分布于世界各地,各地有不同程度的流行。我国的人、畜中仍有牛、羊、猪、犬种布鲁氏菌病存在，给畜牧业造成严重危害，同时给人类健康带来较大的危害，同时本病具有重要公共卫生学意义。

三、发病机理

发病的最大特点是布氏杆菌侵入动物机体后，首先经淋巴循环系统到达入侵生殖器官所属局部的淋巴结，布氏杆菌在淋巴结内的淋巴细胞和网状内皮细胞、巨噬细胞内大量繁殖，引起以增生过程为主的淋巴结炎。当机体免疫功能降低时，增殖的病原菌可由此进入血液循环导致菌血症，体温升高和抗体产生，细菌隐藏在中性粒细胞和巨噬细胞内逃避了宿主的免疫作用而长期生存。同时，病菌通过血流散播于生殖系统和其他器官，如脾、肝、骨髓、乳腺组织、关节、健鞘、滑液囊、睾丸、附睾和精囊等，并定居于侵入的器官形成新的炎性病灶，这些炎灶在多数器官通常表现为淋巴细胞和巨噬细胞增生以及肉芽肿形式，但在睾丸和妊娠子宫则表现为不同程度的坏死性或化脓坏死性炎症。部分细菌从粪、尿中排出，或在引起病理变化过程中死亡。赤藓醇在生殖系统器官内含量比较高，可促进本菌生长。因此，本菌首先感染胎盘，并位于慢性滋养层中，引起胎盘化脓和坏死性病变，使胎儿发育不良，引起流产。或因坏死组织机化形成肉芽组织，使胎儿胎盘与母体胎盘之间紧密地结合起来，引起流产后胎盘滞留不下。由于布氏杆菌所致的胎盘炎，可逐渐使胎儿胎盘与母体胎盘松离，导致胎儿营养障碍和发生病变，导致母畜流产。病程缓慢的病例，由于胎盘炎症过程中结缔组织增生，使胎儿胎盘与母体胎盘粘连，导致胎衣滞留。子宫炎症长期持续或当卵巢被侵害时，则造成流产后的不孕。愈后的子宫有的能再妊娠，此时乳腺组织或淋巴结中的病原菌可再经血管侵入子宫，可能引起再流产。

猪的各个胎儿的胎衣互不相连，驻留于妊娠母猪胎儿和胎衣中的布鲁氏菌不一定侵染所有的胎衣，受感染的胎衣或胎儿病理损害发展速度也不一，因而妊娠的结局也不一致，同窝仔猪中有的可能正常，有的可能为弱仔或死胎。本菌侵害公猪睾丸和附睾比牛更常见。

四、临床症状

本病突出表现为繁殖障碍，患病母猪正常分娩或早产时，可产下弱仔、死胎或木乃伊胎儿。临床表现与感染时期有关，母猪在配种前感染时多为屡配不孕；若初产母猪妊娠时期感染，则表现为流产，有一过性体温升高，食欲减退，但无稽留热或波浪热。母猪流产无规律性，可发生于妊娠的任何时期，但多发生在妊娠后第4～12周，配种时感染，有的受精后17d即可流产；母猪妊娠后35～40d感染，则在妊娠中后期发生流产。有的在妊娠第二、三周即流产，也有的在接近妊娠期满，即早产。早期流产常不易发现，因母猪常将胎儿连同胎衣吃掉。母猪流产前常表现精神沉郁，体温升高，食欲减退，阴唇和乳房肿胀，有时阴道流出黏性红色或黏脓性分泌物。分泌物在流产后8d内消失，一般产后8～10d可以自愈。流产后很少发生胎衣滞留，但少数情况发生胎衣滞留，而引起子宫炎和不育。还见有皮下脓肿（图2.3.16-1）、关节炎（图2.3.16-2）或腱鞘炎等，如椎骨中有病变时，还可能发生后肢麻痹（图2.3.16-3、4）。乳猪和断奶猪也可出现脊椎炎、关节炎和滑液囊炎，导致后躯麻痹和瘫痪。公猪出现一侧或两侧睾丸炎、附睾炎、睾丸萎缩和失去配种能力。

人潜伏期2～3周，最短为3d，长的可达数月。临诊表现多样，有急性、亚急性和慢性之分。急性和亚急性患者有菌血症，特征性表现为体温呈波型热或长期低热、寒战、盗汗、肌肉或关节酸痛和神经痛等，还可表现全身不适、乏力倦怠、食欲减退、头痛和失眠，很似感冒。患者出现肝、脾肿大及睾丸炎、附睾炎等，孕妇可能流产。有些病例经过短期急性发作后可恢复健康，有的则反复发作。慢性者通常无菌血症，但感染可持续多年。

五、病理变化

患病母猪子宫不管妊娠与否常有明显的病变。可见黏膜上散在分布着很多呈淡黄色的小结节，其直径多半在2～3mm左右，大的可达5mm。结节质地硬实，切开有少量干酪样物质可从中压挤出来。小结节多时可相互融合形成不规则的斑块，从而使子宫壁增厚和内腔狭窄，通常称其为粟粒性子宫布鲁氏菌病。输卵管也有类似子宫的结节性病变，有的可引起输卵管阻塞。在子宫阔韧带上有时见散在一些扁平、红色、不规则形的小肉芽肿。

流产或正产时胎儿的状态多不相同，即有的已干尸化，有的死亡不久，有的是弱仔猪，可能还有正常的仔猪，这是由于猪的各个胎衣互不相连、胎儿受感染的程度和死亡时间不同所致。妊娠子宫在粟粒性子宫内膜炎的基础上发展为弥漫性卡他性子宫内膜炎，内膜充血、出血和水肿，表面有少量奶油状卡他性渗出物。胎儿胎盘也呈现充血、出血和水肿（图2.3.16-5），表面有一薄层淡黄色或淡褐色黏液脓性渗出物。胎儿皮下水肿（图2.3.16-6），在脐周围充血、出血明显（图2.3.16-7），并由此渗入体腔，水肿液常被血液染成红色。胃内容物可能呈正常或者呈黏稠、浑浊、淡黄色，并含有凝乳状的小絮片。

公猪布氏杆菌性的睾丸炎结节中心为坏死灶，外围有一上皮样细胞区和浸润有白细胞的结缔组织包囊。附睾通常也有同样的病变，有些病例鞘膜发生纤维素性化脓性炎。

由猪布氏杆菌引起的关节病变是常见的，主要侵害四肢大的复合关节。病变开始表现为滑膜炎，进而发展为化脓性或纤维素性化脓性关节炎。

猪布氏杆菌还可引起椎骨（多见于腰椎）的骨髓炎和骨的病变，后者表现为具有中央坏死灶的增生性结节，有的坏死灶可发生脓性液化，化脓性炎症的蔓延可能引起化脓性脊髓炎或椎旁脓肿。

淋巴结、肝、脾、乳腺、肾（图2.3.16-8）、皮下等也可发生布氏杆菌性结节性脓肿病变。

镜检骨髓软骨处有一个由巨噬细胞和白细胞带围绕的干酪样坏死中心，其外围包有纤维结缔组织；子宫腺体和内膜基质有淋巴细胞浸润，腺体周围有结缔组织增生；化脓性胎盘有大量上皮细胞坏死和结缔组织增生。

六、诊断

对本病诊断需坚持对种猪定期免疫学监测。本病的流行情况，临床症状和病理解剖变化均无明显特征，多呈隐性感染。因此，从流行病学、临床症状、病理变化，对本病只能作出初步诊断，确诊必须通过细菌学、血清学检查，进行综合判定。

（一）细菌学检查

用流产胎儿胃内容物或阴道分泌物等材料制成菲薄的涂片，干燥、火焰固定后，用沙黄-孔雀绿染色法染色，布鲁氏菌被染成淡红色、小球状杆菌，其他细菌或细胞为绿色或蓝色。也可观察其培养特性。

小动物感染试验：应用豚鼠接种分离的布鲁氏菌，比用培养基分离可靠，因病料内细菌不多时，用培养基分离培养常不能生长。正式试验时，取子宫分泌物、乳汁流产胎儿胃内容物、羊水、精液或病变组织，制成混悬液等，给2只体重350～400g的豚鼠皮下或腹腔接种，一般为0.5～1.0～2.0mL，接种后第2周开始采血，以后，每隔7～10d采血1次，检查血清抗体，如凝集价达1：5以上时，即认为是阳性反应，证明已感染了布鲁氏菌，此时，可从豚鼠心血中分离培养细菌，即使分离不到细菌，也可判为已感染布鲁氏菌。通常一只在接种后第三周剖杀，另一只在第6周剖杀，如见到鼠蹊淋巴结与腰下淋巴结肿大，脾肿大、表面粗糙，有结节状病灶，肝脏有灰白色细小平坦的坏死小结节，更可进一步证实试验的阳性结果；若注射的豚鼠不发病，剖检无病变，脏器分离培养阴性，可报告阴性。如为公豚鼠，腹腔接种时，可引起睾丸炎。如在接种后第3个月末，豚鼠不发病，未死亡，血清反应仍阴性，可报告为阴性。

（二）血清学试验

目前广泛应用的有试管凝集试验（SAT）、虎红平板凝集试验（RBPT）、全乳环状反应（MRT）、补体结合试验（CFT）和皮肤变态反应试验等。其中，凝集试验简便快速；补体结合试验虽然繁琐，但其非特异性小；变态反应出现较晚，但其持续时间较长。不同方法结合应用，有利于正确诊断。

1. 凝集反应 动物感染布鲁氏菌的4～5d后，血液中即出现凝集素，随后凝集滴度逐渐增高，能持续1～2年或更久，以试管凝集反应检查时，猪在1∶50达“++”或“++”以上者，判为阳性反应，在1∶25达“++”时为疑似反应。大群检疫时，为提高效率，可用玻板凝集反应，猪血清在0.04mL处凝集，判为阳性反应；在0.08mL处凝集时，判为疑似反应。

判为可疑的猪，3～4周后应采血重检，如仍为可疑反应。可按以下情况来确定，即该群中既无本病的流行病情况发生，也无临床病例出现，血检也无阳性时，则可判为阴性反应。

2. 虎红平板凝集反应 虎红布鲁氏菌有色抗原呈酸性，且具有缓冲作用，并能抑制引起非特异性反应的IgM的活性和增强特异性IgG的活性，使反应的敏感性提高，特异性优于常规试管凝集反应。检验时，取被检血清与虎红抗原各0.03mL，滴加于平板上混匀，放置4～10min观察结果。只要有凝集现象出现，即可判为阳性反应。

3. 其他方法 荧光抗体染色法、间接炭凝集反应、间接红细胞凝集反应、协同凝集试验、特异性花结吸附染色、酶标SPA染色、二巯基乙醇（2-ME）凝集反应、补体结合反应、细胞免疫检查法、乳汁环状反应、热凝集反应、凝胶电泳法等均可用于布鲁氏菌病的诊断。阎守敦等（1990）应用凝胶电泳法来鉴别布氏杆菌的人工感染和疫苗接种。近年来，间接血凝试验、抗球蛋白（Coombs）试验、酶联免疫吸附试验（ELISA）、荧光抗体法、DNA探针以及聚合酶链式反应（PCR）等新的方法逐渐被用于本病诊断或检疫。

（三）鉴别诊断

布鲁氏菌病的主要症状是流产，而伴发流产的疾病很多，应注意与钩端螺旋体病、弯曲菌病、胎毛滴虫病、衣原体病、沙门氏菌病、弓形虫病、伪狂犬病、猪细小病毒病、化脓放线菌感染、乙型脑炎、伪狂犬病和猪繁殖与呼吸综合征等鉴别诊断，主要方法是病原体的分离鉴定和特异性抗体的检测。

布氏菌与耶氏菌09、土拉伦氏菌、沙门氏菌、大肠杆菌、霍乱弧菌、巴氏杆菌等可产生血清学交叉反应。另外，猪血清具有低凝集布氏菌的能力。这些情况将影响血清学方法的诊断。

七、防制

本病治疗效果不佳，因此对病畜一般不做治疗，应淘汰屠宰。预防和消灭本病的有效措施是检疫、隔离、控制传染源、切断传播途径、培养健康畜群及免疫接种。

（一）预防原则

1. 加强生物安全控制，定期检疫 猪在5月龄以上检疫为宜，疫区内接种过菌苗的应在免疫后12～36个月时检疫。疫区检疫每年至少进行两次。检出的病猪，应一律焚烧处理。

2. 培育健康畜群 仔猪在断乳后即隔离饲养，2月龄及4月龄各检验一次，如全为阴性即为健康仔猪。

3. 动物布鲁氏菌病尚无特效疗法。一般采用淘汰病畜来防止本病的流行和扩散。

4. 流产胎儿、胎衣及病畜粪便等应深埋或生物热发酵处理 病畜的肉应按肉品卫生检验法处理，应彻底消毒污染场地、畜舍、用具等。防止本病传播。

5. 对疫区进行隔离，尽量减少病畜数量，限制流动。如检出病畜过多，可以隔离饲养。专人管理，并有兽医监督。防止人和其他动物感染。

（二）免疫预防

有计划的进行疫苗接种，菌苗接种只能保护健畜不受感染，并不能制止病畜排菌。最好的办法是采用淘汰病畜和菌苗接种相结合。不受布鲁氏菌病威胁和已控制疫情的地区，主张不接种菌苗或不继续接种菌苗。猪主要应用猪二号弱毒菌苗（S_2菌苗），断乳后任何年龄的动物，怀孕与非怀孕动物均可应用（怀孕动物不能用注射法）。可用口服、皮下注射、肌肉注射及气雾等多种方法接种。有效期一般为1年。

第十七节　副猪嗜血杆菌病（Haemophi lusparasuis，Hps）

副猪嗜血杆菌病是由副猪嗜血杆菌引起猪的多发性浆膜炎和关节炎的细菌性传染病，主要引起以肺的浆膜和心包以及腹腔浆膜和四肢关节浆膜的纤维素性炎为特征的呼吸道综合征。本病日趋流行，危害日渐严重，应引起各方重视。

一、病原学

副猪嗜血杆菌目前暂归到巴氏德菌属，形态：在显微镜下本菌有多种不同形态，从单个的球杆菌到长的、细长的以及丝状菌体。生长特性：本菌生长时需要烟酰胺腺嘌二核苷酸，（NAD或V因子。血液培养基上该菌落不出现溶血现象。常用消毒药可将其杀死。

本菌存在大量的异源基因，天然存在各种血清型，现经免疫扩散试验鉴定，有15种血清型，其中血清4、5和13最常见。但各型毒力差别很大，可从健康猪鼻腔分泌物中分离到副猪嗜血杆菌，还可从患肺炎猪的肺脏中分离出来，但从正常猪肺中分离不到该菌。本菌已在猪群中存在时或侵入猪群中，可能导致猪群高发病率和高死亡率的全身性疾病。

二、流行病学

1. 易感猪只　仔猪敏感，尤其断乳后10d左右的仔猪多易发病。

2. 传染源　患猪或带菌猪。该细菌寄生在鼻腔等上呼吸道内。

3. 传播途径　主要通过空气直接接触感染，其他传染途径如消化道等感染途经。

4. 流行特征　在一个猪群中，副猪嗜血杆菌的致病作用是影响其他许多全身性疾病严重程度和发生发展的因素，这与支原体肺炎日趋流行有关，也与病毒型呼吸道病原体有关，其中有猪繁殖与呼吸综合征（PRRS）病毒、猪流感病毒和呼吸道冠状病毒。副猪嗜血杆菌与支原体结合，在一患PRRS猪的检出率为51.2%（Kobayashi等，1996）。应引起注意。

5. 流行现状　马增军（2005）报道，河北昌黎县2004年1月份某猪场40日龄仔猪发生副猪嗜血杆菌病。

三、发病机理

Vahle等人（1995）对初乳缺乏症（CDCD）猪进行鼻内接种副猪嗜血杆菌的有毒力菌株，接种后12h从鼻窦和气管内分离出副猪嗜血杆菌，30h后在血液培养物中分离到该菌，36～108h，全身各组织器官都分离出猪副嗜血杆菌。他们用免疫组化和电镜技术，发现接种早期在鼻窦和气管中部和尾部有细菌移生。在感染猪的早期阶段，菌血症十分明显（Vachle，1995），肝、肾和脑膜淤点可构成败血症损伤，血浆中可检出高水平内毒素，许多器官有DIC出现。

四、临床症状

本病多见于被PRRSV等病毒和支原体感染后的猪场的仔猪发生和流行，多呈继发和混合感染，其临床症状缺乏特征性。人工接种试验潜伏期为2～5d，一般几天内发病，出现体温升高至40℃以上，食欲不佳，精神沉郁，有的四肢关节出现炎症，可见关节肿胀、疼痛，起立困难（图2.3.17–1），一侧性跛行。驱赶时患猪发出尖叫声。侧卧或颤抖、共济失调，患猪逐渐消瘦，被毛粗糙，起立采食或饮水时频频咳嗽、咳出气管内的分泌物吞入胃内，鼻孔周围附有脓性分泌物，同时并有呼吸困难症状，出现腹式呼吸，而且呼吸频率加快，心律加快，节律不齐，可视黏膜发绀，最后因窒息和心衰死亡。如出现急性败血病时，不出现典型浆膜炎时而发生急性休克肺死亡，剖检为急性肺水肿。

五、病理变化

全身淋巴结肿大，如下颌淋巴结、股前淋巴结（图2.3.17–2）、胸前淋巴结（图2.3.17–3）、肺门淋巴结、胃门淋巴结、肝门淋巴结，切面颜色一致为灰白色。胸膜、腹膜、心包膜以及关节的浆膜出现纤维素性炎，表现为单个或多个浆膜的浆液性或化脓性的纤维蛋白渗出物，外观淡黄色蛋皮样的薄膜状的伪膜附着在肺胸膜（图2.3.17-4）、肋胸膜（图2.3.17-5）、心包膜（图2.3.17-6）、脾（图2.3.17-7）、肝与腹膜（图2.3.17-8）、肠（图2.3.17-9）以及关节等器官表面，亦有条索状纤维素性膜。一般情况下肺和心包的纤维素性炎同时存在。组织学显微镜下观察渗出物为纤维蛋白中性粒细胞和少量巨噬细胞（图2.3.17-10、11）。

六、诊断

对本病以流行病学和临床症状以及尸体剖检为基础，以细菌培养做诊断是必要的。但细菌培养往往不易成功。因在采集的病料中可能出现其他杂菌，培养基难以满足副猪嗜血杆菌生长的营养需要。培养分离本菌，采集病料必须在没有应用抗生素之前，其次必须要采浆膜表面的物质或渗出的脑脊液及心血。同时做血清型鉴别。

鉴别诊断首先要与链球菌、放线杆菌、猪霍乱沙门氏菌、大肠埃希菌等引起的败血性疾病相区别。同时还应与支原体多性浆膜炎和关节炎相区别，因为与副猪嗜血杆菌有相似病变。所以只有确认了其他病毒和细菌病原之后，才能认清副猪嗜血杆菌在支气管肺炎中的作用。这些病原体可能做为多因子在疾病的发病全过程中起作用。

七、防治

治疗治疗原则：本病多为群发，在治疗时应全群投药，如应用针剂时，应个个按疗程用药。推荐以下药物，均为北京养元兽药有限公司产品。

⑴泰安：由泰乐菌素+磺胺+增效剂组成，产生8～20倍强力协同杀菌作用，吸收迅速，药效持久，水溶性好，可饮水和拌料。

⑵抗喘灵：由多种中药配制而成，清肺平喘，化痰止咳，减少应激，有效杀灭呼吸道病原体，使用方法：250g加入50kg饲料中，连用3～5d。预防：250g加入饲料100kg中，连用3～5d。

⑶病菌消：是最新喹喏酮类抗生素复合剂。其特点为安全性高，不产生抗药性，无毒，用法与用量：按1∶1000溶于水，1日2次，连用3～5d或1∶1000拌料，连用3～5d。

⑷利康宁：强力抗菌，消除肾肿解毒，水溶性好，安全范围大，可长期使用。100g溶于100kg水中，自由饮用，连用3～5d。

预防与免疫由于对副猪嗜血杆菌生物学特性的研究尚不充分，而各种菌株致病力和血清型也不同，以及对保护性抗原和毒性因子还缺乏了解，因此还不可能有一种灭活疫苗同时对猪所有的致病菌株产生交叉免疫力。

在制定副猪嗜血杆菌病的预防和免疫技术措施时，应掌握以下因素，母猪接种疫苗后，可对4周龄以内仔猪产生保护性免疫力，这时可再用相同血清型灭活菌苗激发小猪的免疫力（Solano等，1998）。由于该菌导致败血症特性，抗体很可能是保护性免疫的主要因素。此外应用本病制成特异性疫苗都能得到保护。这可能是因为猪群中存在不止一种菌株或血清型而缺乏功效，也可能猪群中引入了新的菌株而失去功效。现已证明，有毒力的菌株可能不受相同血清型的无毒菌株的免疫保护而致病。甚至同源菌株的免疫保护也无济于事，这表明保护性抗原与毒性因子或型特异性抗原并不一致（Kielstein和RaBbach，1991；Rapp Gabrielson，1997）。鉴于一周龄仔鼻黏膜就可能有副猪嗜血杆菌寄生，所以仅通过仔猪早期断奶来消灭本病是不可能成功的。Glark等人（1994）对仔猪几种断奶疗法进行了评估，其结果是只有同时对仔猪通过各种用药途径大剂量投给抗生素，副猪嗜血杆菌才能得到消除。如将副猪嗜血杆菌从一个猪群彻底消除也许并不可能，因为在这之后混养于潜伏有副猪嗜血杆菌的猪群中猪，可能引起发病，而可能造成毁灭性的经济损失。因此在新引进猪群时，应首先在猪场隔离饲养，并维持足够的适应期，大约2～3个月，以使那些没有免疫接种但有感染条件饲养的猪群建立起保护性免疫力。

疫苗：美国、加拿大、西班牙等国有副猪嗜血杆菌灭活疫苗，可以保护血清4、5型和血清1、6型。氢氧化铝佐剂2mL。注射部位：颈部肌肉注射。剂量：各种体重、年龄的猪均为2mL，10～15d再用同样剂量进行二免。

第十八节 附红细胞体病（Eperythrozoonosis）

附红细胞体病是由附红细胞体（*Epery throzoon*，简称附红体）寄生于猪等多种动物和人的红细胞表面或游离于血浆、组织液及脑脊液中引起的一种人兽共患病，又称为“猪红皮病”。临床上以发热、皮肤发红、贫血、黄疸，妊娠母猪流产、产死胎为特征。

本病最早发现于1928年，Schilling等首次报道鼠的附红细胞体病。1932年Doyle在印度首次报道了本病。但过去因其对非摘脾动物很少有致病性而长期被人们所忽视，直到1950年确定猪的黄疸性贫血是由附红体所引起，才逐渐被重视起来。目前本病已广泛分布于世界许多国家和地区。我国于1981年首先在家兔中发现附红体，以后相继在牛、羊、猪等家畜中查到附红体。1982年在人群中也证实了附红体感染的存在。近年来本病在我国有蔓延的趋势，不仅对国家造成了重大的经济损失，而且严重威胁着公共卫生的安全，应引起高度重视。

一、病原

附红体过去被认为是一种原虫，其所引起的疾病曾称为“类边虫病”。后来根据其生物学特点更接近于立克次体而将其列入立克次体目（Rickettsiales）无浆体科（Anaplasmataceae）附红细胞体属（*Eperythrozoon*）。在不同动物中寄生的附红体各有其名，实际上可认为是种名，如牛的温氏附红体（*E.wenyoni*），绵羊的绵羊附红体（*E.ovis*），猪的猪附红体（*E.suis*）和小附红体（*E.parvum*），鼠的球状附红体（*E.coccoides*），猫的猫附红体（*E.felis*），狗的彼来克洛波夫附红体（*E.perekropovi*）等。我国报道的有家兔的兔附红体（*E.1epus*）和山羊的山羊附红体（*E.hirci*）。其中，猪附红体和绵羊附红体致病力较强，温氏附红体致病力较弱，小附红体基本上无致病性。但近年研究发现猪附红体和小附红体并不是两种致病力不同的病原，而是猪附红细胞体在成熟过程中形状和大小发生了改变，所谓没有致病力的小附红体实际是猪附红细胞的未成熟阶段和前体。附红细胞体的宿主范围广泛，已有鼠、犬、牛、羊、猪、猫、兔、马、骡、驴、鸡、骆驼、南美洲驼羊、北极驯鹿、银狐等动物以及人感染附红细胞体的报道。其中猪感染最严重。

一般认为附红细胞体有种的特异性，但是也有不同动物之间交互感染的报道。如猪附红细胞体可感染羊，而不感染鸡，但鸡可作为储存宿主。

附红细胞体的形态结构、生物学特征、生活史、传播方式和途径等随宿主不同而各异。

1. 形态结构 附红细胞体是一种多形态微生物，多数为环形、球形和卵圆形，少数呈顿号形和杆状（图2.3.18–1）。附红体多在红细胞表面单个或成团寄生，呈链状或鳞片状，也有在血浆中呈游离状态。猪附红体细胞一般呈环形，直径为0.8～2.5μm，也有球状、杆状等形态；小附红体细胞较小，多呈环形，直径平均0.5μm；温氏附红体细胞多呈圆盘形，直径多为0.3～0.5μm。在油镜下能见到附红细胞体是一种典型的原核生物，无细胞壁和细胞膜，无明显的细胞器和细胞核，整个结构呈单层膜包被的圆盘状（图2.3.18–2）。

Gulland等用扫描及透射电镜观察了猪附红细胞体感染的猪红细胞，发现附红细胞体寄生的红细胞区呈凹陷，球状（图2.3.18–3）或短杆状，小球体与大球体相连成链状。Pospischil等在电镜下观察到猪的附红细胞体有一层膜包被，在胞浆膜下有lottm的微管，有类似核糖体的颗粒，无明显的细胞器及细胞核结构（图2.3.18–4）。猪附红细胞体会改变红细胞表面结构，致使其变形。由这些研究可见附红细胞体形态多变，随宿主不同，宿主的发病阶段不同而呈现各式各样的形态。

2. 生物学特征 附红细胞体在红细胞上以直接分裂或出芽方式进行裂殖，不能用非细胞培养基培养，也不能在血液外组织培养。

3. 对理化因子抵抗力 较弱，加入0.1%的碘液，可立刻停止运动，在1%的盐酸液中或5%醋酸液中仅可刺激其运动。可耐低温，在柠檬酸钠抗凝的血液中置4℃条件下可保存15d，也有报道称保存30d仍有感染力；在脱纤血中-30℃保存83d仍有感染力；在冻干后可存活2d，0.5%碳酸于37℃，3h即可杀死。对干燥敏感、抵抗力较弱，附红细胞体对于苯胺色素易于着色。革兰染色阴性，姬姆萨染色呈红色，瑞氏染色为淡蓝色。

4. 生活史　至2002年报道，附红细胞体的生活史尚不十分清楚，国内外学者根据附红细胞体发生的季节性，认为吸血节肢动物是该病原体的主要传播媒介。1987年我国的王思训等人从寄生于猪的猪虱体液中查到典型的附红细胞体，至于附红细胞体在人畜体内及节肢动物体内的生长繁殖仍不太清楚，而更多的报道是在患畜身上发现吸血节肢动物，如牛蛇、蝉、蚊子等。许耀成等在显微镜下看到从裂殖子到裂殖体再到裂殖子单核个体是裂殖子，多核个体是裂殖体的反复过程，即是裂殖生殖，也就是无性繁殖的过程。因为这个过程是在猪体内进行的，故认为猪是中间宿主，而终末宿主可能是节肢动物。也有实验表明附红细胞体在血液中主要利用葡萄糖。邵秀珍（1998）报道认为骨髓是绵羊和人的附红细胞体的主要增殖部位。骨髓的附红细胞体浓度最高，其次是末梢血管，故认为骨髓是附红细胞体的主要增殖部位。任锋等研究附红细胞体在动物体内分布时发现，猪球形附红细胞体在血液内只存在于血浆中，而其他种附红细胞体存在于患者（人或动物）的血浆、骨髓及附着于红细胞。吉增福（1988）在绵羊血体中观察到双卵圆形体，认为附红细胞体是二等分裂的出芽法增殖。但附红细胞体在人畜体内的繁殖生长仍不太清楚。

二、流行病学

1. 易感动物　附红体寄生的宿主有鼠类、绵羊、山羊、牛、猪、狗、猫、鸟类、骆马（美洲驼）和人等。在我国也查到了马、驴、骡、猪、牛、羊、奶山羊、兔、鸡、鼠和骆驼等可感染附红体。据有关资料表明：猪的隐性感染率为95%、牛为80%、绵羊为88%、山羊为82%、马为95.8%、驴为98%、骡为85.7%、犬为49.5%、兔为66%、鸡为75.8%、人为86.33%。在目前发现的14种附红细胞体中，猪与绵羊的附红细胞体致病力最强。但是，在猪的血液中发现有附红细胞体存在，猪只不一定就会发生附红细胞体病。对野猪进行的间接凝集试验（IHA）表明野猪的附红细胞体全为阴性。任何年龄的猪被附红细胞体感染后均会受到影响。据报道，附红体有相对宿主特异性，感染牛的附红细胞体不能感染山羊、鹿和去脾的绵羊；绵羊附红细胞体只要感染一个红细胞就能使绵羊得病，而山羊却很不敏感；有人试图用感染骆马的附红体感染猪、绵羊和猫，但没有成功，因而认为感染骆马的附红体可能是一个新种。

2. 传染源　病猪及隐性感染猪是主要传染源。免疫防御功能健全的猪，附红细胞体和猪之间能保持一种平衡，附红细胞体在血液中的数量保持相当低的水平，猪受到强烈应激时才表现出明显的临床症状。但血清学阴性的猪仍可能携带猪附红细胞体并传给其他动物。

3. 传播途径　本病的传播途径尚不完全清楚。报道较多的有接触性传播、血源性传播、垂直传播及媒介昆虫传播等四种方式。

动物之间、人与动物之间长期或短期接触可发生直接传播。用被附红体污染的注射器、外科手术器械、针头等器具对人、畜注射，或打耳标、阉割、剪毛、人工授精等可经血液传播。垂直传播主要指母猪通过子宫感染仔猪。

4. 流行特点　在我国发病有季节性，主要见于温暖炎热多雨的夏秋季节，每年的6～9月份多发，冬季发病少见。因为高温多雨的季节吸血昆虫易孳生，活动频繁，有利于该病的传播与流行。如虱子、蚊、螯蝇等可能是传播本病的重要媒介。本病发病率高，死亡率低。但是与其他疾病混合感染（猪瘟、弓形虫病等）时死亡率升高。

5. 发病的诱因　经流行病学调查与对发病规律的研究，多数学者一致认为，促使发病的诱因广泛存在。许多应激条件，都能促进和导致本病的暴发流行，特别是猪免疫机能受到抑制时，在应激的条件下更容易发生本病，如过冷过热、拥挤、捕捉、混群、断奶、限饲、运输、噪音和保定，导致血浆皮质醇浓度显著升高，抑制猪群免疫功能（Kelley，1985），慢性疾病的存在等均可诱发本经病。

附红细胞体病只会发生于那些抵抗力下降的猪，许多应激因素可引起猪抵抗力下降，尤其是分娩后易发病。如发生其他慢性传染病时，猪群可能爆发本病。隐性感染率极高，可达90%以上。机体抵抗力下降等因素可引起暴发，可与多种疾病并发感染，而发生附红细胞体病又容易继发其他疾病。

营养不良，维生素和微量元素中某些成分的缺乏或过多均可导致免疫功能受损。例如，维生素A缺乏会导致淋巴器官的萎缩，影响淋巴细胞的分化、增殖、受体表达与活化，导致体内的T淋巴细胞、NK细胞数量减少，吞噬细胞的吞噬能力下降，B淋巴细胞的抗体产生能力下降。日粮中添加适量维生素E或硒可提高猪只的体液免疫和细胞免疫水平。

霉菌毒素、重金属、工业化学物质和杀虫剂等可损害免疫系统，引起免疫抑制，即使在不使猪群发生中毒症状的剂量下，也能使猪群易发感染性疾病（Koller，1979）饲料中的黄曲霉毒素可降低猪对猪瘟的免疫力，并由于继发沙门氏菌感染而加重临床症状，增加口腔感染猪痢疾密螺旋体的易感性（Joens等，1981）。

免疫接种期间使用了免疫抑制药物，如地塞米松（糖皮质激素五氯霉素（抗菌药），石制。要限制使用可抑制机体免疫反应的药物，特别是在机体免疫接种期间。在免疫时可适当选用免疫增强剂，如0.1亚硒酸钠维生素E1.0mL肌注，及一些具有免疫增强作用的中药制剂。

当前在临床上常见猪瘟、猪链球菌病、传染性胸膜肺炎、蓝耳病、呼吸道病综合征、圆环病毒Ⅱ型感染及猪副嗜血杆菌病等与附红细胞病混合发生或继发感染，使病情复杂化，增大死亡率，造成更大的经济损失。当前规模化猪场疫情较为稳定，多数呈隐性感染，流行性发生较少见，通常表现为该病与其他疫病混合感染或继发感染。在广大农村养猪户中由于缺乏兽医技术，免疫不科学，出现该病与其他疫病混合感染或继发感染的病例更为多见。

如果宿主有功能健全的防御系统，宿主和附红细胞体间可以保持一种平衡，附红细胞体在血液中的数量保持相当低的水平。由此可见科学的饲养管理，严格兽医卫生消毒制度是预防本病的关键技术。

6. 发现历史　附红细胞体病在全球范围内发现的历史较早。在1928年Schilling和Dinger查到啮齿类动物的球状血虫体之后，有许多学者在不同的地方发现了许多动物的附红细胞体病。Barton在啮齿动物的红细胞里和红细胞表面上发现二分裂菌体。1934年N血z等在绵羊的红细胞上或在其周围发现有多形态的微生物，并命名为绵羊附红细胞体，同年Adler等在牛体内发现了形态与球状血虫体相似的微生物，命名为温氏血虫体，与此同时Kinsely等揭示了猪的类边虫科微生物所引起的疾病就是附红细胞体病。1938年Tyzzer等首次发现啮齿动物间传递血虫体的实例，并在1942年对此研究过Granamnella、Haeruobartonella和Eperythrogw在小型啮齿动物体内的感染状况。1950年Splittec证实附红细胞体是引起猪黄疸性贫血病的病原，并命名为猪附红细胞体；至1986年Puntarie等正式描叙了人类的附红细胞体病。

7. 流行动态　附红细胞体病的流行范围广，目前世界上许多个国家和地区都有该病的发生，北美洲、欧洲、亚洲、非洲及大洋洲的不同国家均有报道。如匈牙利1986年首次发现猪的附红细胞体病；前南斯拉夫在1986年报道发现猪的附红细胞体病；尼日利亚于1987年报道猪的附红细胞体病；南非于1952年有过猪的附红细胞体病的报道；古巴、英国也有附红细胞体病的报告。据不完全统计，曾发生过附红细胞体病的国家或地区有德国、奥地利、意大利、法国、英国、爱尔兰、西班牙、丹麦、荷兰、捷克、前南斯拉夫、保加利亚、以色列、前苏联、澳大利亚、阿尔及利亚、肯尼亚、伊朗、挪威、芬兰、马达加斯加、印度、葡萄牙、比利时、新西兰、埃及、日本、朝鲜半岛、南非、莫桑比克、尼日利亚、巴西、阿根廷、美国、古巴及我国等。

我国江苏省于1972年发现该病，后来浙江、上海、广东、河南等省、市也相继报道了该病。在我国，晋希民首先在病兔中分离出兔的附红细胞体；

以后许耀成等发现猪的附红细胞体病；华修国发现犬的附红细胞体病；冯立明和崔君兆于1982年，张枷勇于1983年先后报道了人附红细胞体病。特别是2000年我国北方数省、市养猪场，先后发生该病流行，2001年夏季南方许多省、市、自治区的养猪场又暴发流行，造成重大的经济损失。各种年龄的猪只都可感染该病，一般发病率为70%左右，死亡率为20%～25%。在猪群中以50日龄左右的断奶仔猪发病多见，死亡率为10%～15%。妊娠母猪发病时约有50%的母猪发生流产、早产、产死胎等。

裘孝良在河北省猪附红体病的调查报告中指出，在河北省最初发病是在2001年6月，先从邯郸、邢台开始，随之在沧州、石家庄、保定、唐山等广大地区蔓延流行。据调查大小猪场及户养猪几乎都有发生。有的猪场介绍前年已有类似病的出现，但没有得到认识。2001年又发生了，有的则是因从河南购进的育肥猪先发病，后本场猪亦发。该病在7～10月发病率高（大概是与该季节蚊子多有关），但从11月至2002年春仍不断有发生。据调查病的发生似与应激或因其他病造成机体抵抗力降低有关，如某猪场从外地购入猪，长途运输到达后即发病；某种猪场在流感治疗过程中发生了附红细胞体病；某猪场在转群后发病等。

从猪的年龄来看，发病猪有怀孕猪、产后4～5d的仔猪、断奶后的育肥猪，据调查35～40kg左右的育肥猪发病多，发病率、病死率不等。如一育肥猪场发病率100%，死亡60%；一猪场发病率4%，病死率3%。如果早期确诊，应用抗附红细胞体的药物如砷制剂、贝尼尔等，则病死率低，损失小；不能很快确诊的，尽管应用青链霉素、磺胺药、退烧药等也不能有效控制该病，造成严重损失。病程长短不一，短的几天可死亡，长的1个月以上或更长。

三、发病机理

猪附红细胞体主要寄生于骨髓及外周血液中，在骨髓中浓度最大，其次是末梢血管，动静脉中的虫体数量相对很少。虫体多的血液里，红细胞被破坏较多，呈樱红色。

由于大量的虫体附着于红细胞膜上，使膜的变形性和可塑性消失，膜凹陷，通透性改变，形成空洞，红细胞体积增大，脆性增高。当这些红细胞通过网状巨噬内皮系统时，破裂产生血管内溶血。大量虫体抗原释放在血液中，刺激了免疫应答反应和网状内皮系统增生。附红细胞体和红细胞受到破坏，导致机体贫血、黄疸、发热等一系列临床症状；同时贫血刺激了造血器官，尤其后期，补偿性红细胞迅速增生，网状红细胞增多，并发巨红细胞症，红细胞大小不均，多染细胞增多，有核红细胞出现。这可能是临床上出现贫血的原因。溶血性贫血还可能是因红细胞膜结构的改变，或隐蔽抗原暴露等诱导自家抗体IgM出现所致。

病猪红细胞减少，网状红细胞增多，血红蛋白浓度和红细胞压积降低，红细胞脆性增加，白细胞数量呈不同变化。红细胞脆性随红细胞感染率的增减而呈平行变化，两者呈正相关。Hb随附红细胞体数及红细胞感染率升高和降低而下降和增高，两者呈负相关。Dipesln等给猪接种附红体后第4天出现虫血症，4d时红细胞感染率达80%，28d时即消失。

附红细胞体进入机体后引发的另一个重要问题是引起机体代谢紊乱，酸碱平衡失调，猪附红细胞体通过糖酵解消耗血糖，同时产生大量乳酸。猪附红细胞体急性感染可导致严重的低血糖症和酸中毒，致微血管内皮细胞间隙增大，血液中大量红细胞渗出而形成较大的出血斑，此出血病变在与病毒性和细菌性疾病引起的出血鉴别时有重要价值。

实验性感染表明：猪附红细胞体潜伏感染导致红细胞数和白细胞数、葡萄糖及酸碱平衡出现较大偏差，并引起一些能用于血清学检测的免疫反应。E.suis的潜在感染是多数感染性疾病发生的先驱因子，也是引起其他疾病潜在感染暴发的一个因素。被感染红细胞的携氧能力降低，可导致贫血和呼吸困难。红细胞感染附红细胞体后，红细胞被破坏，使机体免疫机能下降，易于继发感染其他病原。

在虫血症期间，机体糖代谢加强，寄生部位糖原消耗超过了糖原异生而出现低血糖。这可能是造成动物死亡的一个原因。这暗示附红细胞体致病作用不仅是附红体机械寄生的结果，而且还是附红细胞体某些侵袭、分解、溶解等致病因子参与的结果。

1. 猪附红细胞体感染改变了红细胞表面结构，致使其变形，红细胞分子结构被破坏，正常时脾脏是处理衰老红细胞的场所，当疾病时大量被感染了的红细胞经过脾脏时均会被处理，血液中血红蛋白增多经肝脏处理时产生大量血红蛋白此时全身出现黄染。并发生溶血。

2. 猪附红细胞体使红细胞膜抗原发生改变，被自身免疫系统视为异物，导致自身免疫溶血性贫血。猪附红细胞体急性感染可导致严重血液凝固障碍引起出血。

3. 猪附红细胞体感染致使猪红细胞被大量破坏，导致免疫抑制。

四、临床症状

动物感染附红细胞体后，多数呈隐性经过，在少数情况下受应激因素刺激可出现临床症状。在闷热，多吸血昆虫的季节发生的急性感染才会出现临床症状。由于动物种类不同，潜伏期也不同，介于2～45d之间。猪附红细胞体病通常发生在哺乳猪、怀孕的母猪以及受到高度应激的肥育猪。急性感染时，其临床特征为急性黄疸性贫血和发热。

动物感染，多数呈隐性经过，受应激因素刺激可出现临诊症状。猪常以“红皮”为特征，仔细观察可见毛孔处有点状的微细红色点状斑（图2.3.18-5）尤以耳部（图2.3.18-6）、肩背部（图2.3.18-7）、臀部等处皮肤明显。以后出现贫血和黄染。

感染附红细胞体的母猪在进入产房或分娩后3～4d出现临床症状。急性期母猪表现厌食，发热，体温高达42℃，乳房或外阴的水肿可持续1～3d。母猪产奶量下降，缺乏母性或不正常。临床症状持续整个产期，很难与产科病相区分。继发细菌或病毒感染时，以及有诸如疥螨、不良的猪宿舍环境、缺食等应激因素时都会加重本病。母猪也可能出现繁殖障碍，表现受胎率低，不发情，流产、产弱仔。贫血母猪所产仔猪，即使未被感染，也表现贫血，生长缓慢，易于发病。化验检查表明，红细胞数减少，血红素下降，血红蛋白尿，血浆白蛋白、β-球蛋白、γ-球蛋白均下降，淋巴细胞及单核细胞上升等。急性病例出现严重的酸中毒和低血糖。贫血严重的猪厌食、反应迟钝、消化不良。急性感染后存活猪生长缓慢。

断奶仔猪，特别是被阉割后几周的仔猪易被感染，急性期表现发热，体温达42℃，食欲不振，精神萎顿，贫血，黏膜苍白，有时有黄疸，背腰及四肢末梢淤血，特别是耳廓边缘发绀，耳廓边缘的浅至暗红色是其特征性症状。持续感染病例耳廓边缘甚至大部分耳廓可能会发生坏死。急性感染后存活的猪生长缓慢，并可能在任何时候发生再次感染。

慢性附红细胞体病猪表现消瘦、苍白、有时出现荨麻疹型或病斑型皮肤变态反应。

育肥猪感染时皮肤潮红，仔细观察可见毛孔处有针尖大小的微细红斑，尤以耳部皮肤明显，体温高达40℃以上，精神萎靡，食欲不振。成年猪发病率高，死亡率低。而哺乳仔猪和断奶仔猪发病后症状重剧，死亡率高。一旦有继发病和混合感染，损失更加严重。

该病具有特征性症状：①一般拒食3d后体温才上升，而其他病一般是体温先升高后才废食；②该病首先是耳部整个变为紫红色，至病后期紫红色或红色而成为"红皮猪"；③同栏中个体大的猪先发病，而个体小的则后发病，且多能耐过。

五、病理变化

主要的病理变化为溶血性贫血与黄染，血液凝固不良，有的病例血液淡薄如水样而不凝固。将收集的试管中含抗凝剂的血液冷却至室温倒出，可见试管壁有粒状微凝血。当血液加热到37℃时，这种现象消失（Heinritzi，1999）。剖检时全身肌肉、皮下组织水肿和弥漫性黄染（图2.3.18-8），黏膜、浆膜苍白、黄染。全身淋巴结肿大（图2.3.18-9）、潮红、黄染。脾脏肿大，表面有一层假膜，呈暗红色或黄色，边缘不齐，有的有梗死灶或针尖大出血点。喉头黏膜、气管外浆膜（图2.3.18-10）、心包浆膜（图2.3.18-11）、肺浆膜（图2.3.18-12）、胸腔浆膜（图2.3.18-13）、胃浆膜（图2.3.18-14）、肠浆膜（图2.3.18-15）黄染。胸腔、腹腔和心包积液，液体发黄。肺水肿、淤血、出血，实质肉变、无弹性。心内外膜有出血点，心肌变性。胃黏膜黄染，有散在的出血斑（图2.3.18-16）。消化道内有程度不同的卡他性出血性炎症。肝有脂肪变性，实质性炎性变化和坏死，肿大、质脆、多汁、出血、黄染，表面有黄色条纹或灰白色坏死灶（图2.3.18-17）。胆囊膨胀，大小不一，充盈胆汁，有的病例胆汁浓稠，有时可见结石样物质。肾脏肿大，外观发白，有出血点，肾盂水肿，质地脆弱，外观黄染（图2.3.18-18）。膀胱黏膜有少数出血点。脾肿大黄染（图2.3.18-19）被膜有结节，结构模糊。胸腹下及四肢内侧有紫红色斑点。脑组织充血、出血、水肿，脑脊髓液增多。

组织学变化为弥漫性血管炎症，有浆细胞、淋巴细胞和单核细胞等聚集于血管周围，肺、心、肾等都有不同程度的炎性变化。据观察，死亡动物的病变广泛，往往具有全身性。

肝脏含铁黄色素沉积，肝小叶有些坏死，肝细胞浊肿，空泡变性有点状出血和坏死灶，中央静脉扩张，肝窦扩张，叶间胆管扩张。间质性肺炎脾充血、出血，滤泡纤维素增生滤泡消失。脑血管内上皮细胞肿胀，有浆液性纤维素渗出，脑软膜充血、出血，大量白红胞积聚。神经细胞核肿胀、坏死、破碎。骨髓增殖。

六、诊断

根据临床症状、剖检病变等可作出初步诊断。确诊必须结合实验室检查，查找病原，分析血液学指标的变化。必要时人工接种脾脏切除猪。目前的诊断方法较多，但各有优劣。

诊断时应根据发病机制，注意采血样时机，对血涂片染色检查时，染色液选择、配制、染色时间、温度控制是鉴别虫体的关键技术。

猪感染猪附红细胞体后7～8d主要表现为高热和溶血性贫血，这时血液内有大量猪附红细胞体，血液检查很容易发现（虫血症）。而在疾病后期血液内猪附红细胞体数量减少，血液检查很难发现甚至根本检查不到猪附红细胞体。

（一）直接镜检

1. 血样制备　采集该病原血样时，宜用柠檬酸盐作抗凝剂。若用EDTA作抗凝剂，易使其失去感染性。若用肝素作抗凝剂，易干扰其PCR检测。感染的细胞加入聚乙烯吡咯烷酮（最终浓度为6.7%），可保存于液氮中。该病原为支原体，可用100l0甘油/10%马血清于-70℃下保存（Nonaka等，1996）。Wright-Giemsa染色后，该病原为蓝紫色。吖啶橙染色可显示其单体。虫血症期间，作血涂片，用吖吮黄染色镜检，观察病原。

采用直接镜检诊断人畜附红细胞体病仍是当前的主要手段，包括鲜血压片和涂片染色。细致的采样和高质量的涂片是必须的。制备血涂片前必须将血液加温到38℃，否则由于冷凝素的作用红细胞将发生凝集，会使红细胞的辨认变得困难。用吖啶黄染色可提高检出率。在血浆中及红细胞上观察到不同形态的附红细胞体为阳性。

2. 采血　将血样在水浴锅加热至38℃，制成血液抹片，经Giemsa染色，于油镜下观察。若有感染，可于红细胞周围中发现猪附红细胞体。由于该染色方法的色素会沉着在红细胞上，常被误认为是附红细胞体，还有一些红细胞的本身结构，如帕彭海姆体、Heinz氏小体、Howell-Jolly氏体常被误认为是附红细胞体，导致假阳性和误诊。有人认为目前误诊较严重。

3. 新鲜血液检查　取病猪耳静脉鲜血1滴置于载玻片上，加等量生理盐水混匀后盖上盖玻片，在400～600倍暗视野显微镜下观察，可见球形、豆点状、杆状或颗粒状虫体或迅速置油镜下观察，可见红细胞内及血浆中有不规则斑点状虫体，虫体在红细胞内较多，有的区域比较密集甚至成堆。由于虫体附着在红细胞表面有张力作用，使红细胞在视野内上下震动或左右运动犹如一个摆动的齿轮，或如一个周围嵌满蓝色发光珍珠的球体。红细胞边缘不整齐呈现菠萝状、锯齿状或不规则状。血浆呈半透明的波折状，虫体游离在血浆中，较活跃，能做伸展、旋转、翻腾等多方向运动。

4. 血涂片染色检查　取病猪耳静脉血液进行涂片，烘干，滴上甲醇固定，晾干滴上姬姆萨染色液染色12h后冲洗晾干镜检。可见红细胞表面有许多圆钮形、椭圆形、杆状紫红色或粉红色的虫体，当调节微螺旋钮时，虫体折光性较强中央发亮，形似气泡。或滴上瑞氏染色液染色后，于600～1 000倍油镜下观察，发现红细胞表面附有多形态的虫体，呈蓝紫色红细胞边缘凸凹不平。如不能现场检查则采取经肝素或柠檬酸钠处理的抗凝血1mL，加10%

福尔马林溶液1mL混匀，送实验室用丫啶橙染色观察，猪附红细胞体呈现由浅至深的枯黄色。

直接镜检是当前诊断人畜附红体的主要手段。采集病猪高热期耳静脉血（注意不要用酒精棉球擦拭，以防细胞变形），涂片，姬姆萨染色，在1 000倍油镜下观察到红细胞表面附着的和游离在血浆中的球菌样小体，外周有一白环。病程发展到最后阶段（15～20d）在红细胞表面上也难以观察到，在血象检查中，观察到几乎所有的红细胞严重变形，呈现溶血性星芒状畸形，白细胞总数明显增多，其中嗜中性白细胞、大单核细胞数量增多，而淋巴细胞的数量减少；或耳静脉采血2mL，生理盐水等量稀释，滴于载玻片上一滴，加盖玻片，显微镜下观察，在血浆和红细胞上见到圆盘状、球状病原体。血浆中病原体有较强的运动性，可上下翻滚，前后移动，运动速度慢，运动中形态会发生变化；附着在红细胞上的病原体无运动性，虫体大多位于红细胞边缘，被寄生的红细胞变形为齿轮状、星芒状或不规则形。如在涂片上加入一滴0.1稀盐酸，将红细胞溶解掉，则虫体的运动加强，呈前后爬行、上下翻滚、左右摇摆等。如在涂片上加入一滴1%碘液，则虫体运动停止。

（二）动物试验

用可疑患附红体病的动物的血液接种健康实验动物（小鼠、兔、鸡等）或鸡胚，接种后观察其表现并采血查附红细胞体。应用切除脾的健康猪进行人工感染试验，被认为是诊断本病的最确实方法，感染后3～20d，被感染猪表现急性发病，并可检到附红细胞体。此法费时较长，但有一定辅助诊断意义。

（三）血清学试验

用血清学方法不仅可诊断本病，还可进行流行病学调查和疾病监测，尤其是1986年Lang等建立了将附红细胞体与红细胞分开，用以制备抗原的方法以后，更加推动了血清学方法的发展。

⑴补体结合试验：本法首先被用于诊断猪的附红细胞体病。病猪于出现症状后1～7d呈阳性反应，于2～3周后即转为阴性。本试验诊断急性病猪效果好，但不能检出耐过猪。

⑵间接血凝试验：用此法诊断猪的附红细胞体病的报道较多。滴度＞1：40为阳性，此法灵敏性较高，能检出补反阴转后的耐过猪。

⑶荧光抗体试验：本法被最早用于诊断牛的附红细胞体病，抗体于接种后第4天出现，随着寄生率上升，在第28天达到高峰。也曾被用于诊断猪、羊的附红细胞体病，取得较好的效果。

⑷酶联免疫吸附试验：1986年Lang等用去掉红细胞的绵羊附红细胞体抗原进行酶联免疫吸附试验对羊进行诊断，认为此法比间接血凝试验的敏感性高8倍。有人用此法检查猪，认为比补体结合试验敏感，而且猪附红细胞体抗原与猪因其他疾病感染的血清无交叉反应，但不适用于小猪和公猪的诊断，也不适用于急性期诊断。

（四）分子生物学技术诊断

20世纪90年代开始有利用DNA探针技术和聚合酶链式反应（PCR）技术的报道。例如Oberst等在猪附红细胞体感染高峰期放血，分离猪附红细胞体，提取DNA，以^{32}P标记制成探针，证明能区别猪附红体感染的猪和非感染猪，并且不与其他疾病感染猪的血清中的DNA发生杂交反应。后来他们又用PCR技术检查猪附红细胞体感染，证明其敏感性可查出）1pg的DNA，并证明猪被猪附红细胞体感染后24h即可出现PCR阳性。

（五）鉴别诊断

在临床上与猪瘟、弓形虫病、链球菌病和猪肺疫等疫病很相似，应注意鉴别诊断。

当前在发病猪群中附红细胞体病常与猪瘟、猪链球菌病、猪呼吸道病综合征、传染性胸膜肺炎、猪副嗜血杆菌病、圆环病毒Ⅱ型感染、蓝耳病等混合感染或继发感染，在临床上症状表现为多样性与复杂性，诊断时需注意鉴别。

七、防制

（一）预防

1. 加强饲养管理 保持猪舍、饲养用具卫生，给予全价饲料，饲喂制度科学合理，增强机体抵抗力，减少不良应激（如闷热、拥挤等），定期驱除体内外寄生虫等是预防本病的关键。

2. 严格执行消毒制度 猪舍及用具定期消毒，

尤其做好针头、注射器的消毒。注射时保证一猪一针头！小猪去势时应用刀片一头一片！科学的饲养管理和消除应激因素是最重要的；将四环素族等抗生素混于饲料中，可预防猪发生本病。

3. 切断传播途经 严格检疫，不到发生本病的地区引进猪。引进猪时要在场外隔离饲养观察半个月，经血液检查确认无本病时方可进场，防止引入病猪或隐性感染猪。病猪隔离，及时处理彻底清洗污染猪舍。做好粪便池净化处理，严防蛹虫孳生。防止媒介昆虫传播，夏秋季节要注意喷洒杀虫药物，以驱杀吸血昆虫如血虱、疥螨、蚊、蝇等传播媒介，防止吸血昆虫叮咬猪群。全群肌注阿力佳（阿维菌素）一次。各猪舍尤其是温暖的保育舍用灭害灵喷洒，每天1次，连用3d。或用1%敌百虫水溶液对猪舍及猪体喷雾，每隔5～7d1次，杀虫效果较好。

防止直接接触性传播和血源性传播，防止猪通过摄食血液或带血的物质如舔食断尾的伤口、互相殴斗等直接传播。在进行预防注射、剪齿、断尾、打耳号、阉割等管理时均应更换器械或严格消毒，防止通过器械传播本病。

4. 免疫防治 律祥君等采取体外培养增殖法制备了猪附红细胞体疫苗，按一定剂量免疫猪。临床保护期可达8个月，抗血感染期最低可达6个月，每天进行两次免疫可减少本病造成的经济损失。用猪附红细胞体病康复猪的血清免疫，有很好的保护力，用量按每千克体重1mL，1次/d，连用2次。

5. 药物预防

①对氨基苯胂酸混饲，哺乳期母猪：每吨饲料添加90g，连续饲喂4～5周；怀孕母猪（妊娠3～15周）：每吨饲料添加90g，产后连续用药（哺乳期）；每吨饲料添加45g；种母猪：每吨饲料添加180g，连续饲喂1周，随后剂量减半饲喂30d；后备母猪：每吨饲料添加90g，连续饲喂30d。与四环素配合应用。

②可在饲料中添加土霉素或金霉素，每千克饲料添加400～600mg，连用1周，以后改为半量，连用1个月。四环素原粉每千克饲料添加400mg连喂1年，以后改为半量，连喂1个月。怀孕母猪每月喂5～7d土霉素，每千克饲料添加300～400mg，可预防仔猪胎盘感染。③阿散酸每千克饲料添加180mg连用一周以后改为半量，连用1个月。对妊娠21～105d的母猪，每千克饲料添加90mg阿散酸；乳猪每千克饲料添加200mg阿散酸。④复合添加物：按每千克饲料加入阿散酸（或洛克沙砷）200mg，四环素原粉300mg（或土霉素400～600mg）、磺胺增效剂（TMP）100mg，连喂10d，以后改为半量，连喂1个月。

添加有利于机体恢复的药物如电解、多维、浓缩鱼甘油粉、维生素B_{12}、维生素K等。

（二）治疗

治疗各种患病动物，曾用过各种药物，如四环素、卡那霉素、强力霉素、土霉素、黄色素、血虫净（贝尼尔）、氯苯胍、914等，一般认为四环素、914是首选药物。治疗时母猪投喂20～30mg/kg体重的土霉素，不能采食治疗的仔猪可通过肠胃外途径给药治疗。

本病的治疗关键是三早，即“早发现、早诊断、早治疗”。根据临床经验，该病在早期治疗效果显著疗程短；而一旦延误治疗效果不佳，而且浪费大量药物。目前用于治疗猪附红细胞体病的药物虽有多种，但真正有特效的并不多，各种药物对病程较长和症状严重的病猪效果都不理想。由于本病常伴有其他继发感染，因此，对其治疗必须辅以其他对症治疗才有较好的效果。无效药物为青霉素、先锋霉素及磺胺类药物，故用这些药物防治猪附红细胞体病无效。目前常用药物有：氧氟沙星、恩诺沙星、二氟沙星、环丙沙星盐酸盐或乳酸盐、泰妙菌素（泰妙灵、枝原净）、强力霉素、金霉素、酒石酸泰乐菌素或北里霉素、氟甲砜霉素等，这些防治支原体的药物一般均可用于猪附红细胞体病的防治。

⑴贝尼尔（血虫净、三氮脒）针剂肌注：每1kg体重3～5mg，用生理盐水制成5%注射液，分点深部肌注。每隔24h注射1次，连续用药3d。早期应用疗效显著，但治愈后易复发，且副作用大，可引起母猪流产，对发病7d以上的病猪效果不佳。

⑵四环素肌注：每1kg体重6.6mg，每日2次，连用2～3d；混饲：每吨饲料添加200～400g，连用7～10d。休药期：内服7d，肌注10d。

(3)长效土霉素：既抑制病原体，又抗继发感染，但成本较高。用量为7～15mg/kg体重，用5%出血。用葡萄糖溶液配成0.5%以下的注射液静脉注射，每天2次，连用3～5d。

(4)九一四（新砷凡钠明）：用量为10～15mg/kg体重，用生理盐水稀释后立即静脉注射，每天1次，一般3d后见效。注意切不可随意加大剂量以防猪中毒，并且在治疗期间给予充足饮水。

(5)阿散酸（对氨基苯砷酸钠）：对于生长育肥猪，每千克饲料中添加200mg混饲一周，然后剂量减半再饲喂一个月即可杀灭病原体，有较好效果。但对孕猪有副作用可引起流产。

(6)黄色素：用量为4mg/kg体重，用生理盐水稀释后耳静脉注射，症状轻者1次即可见效，病重者可于24h后再注射1次，一般给药后8～10d病原体从血液中消失。

(7)二甲硝咪哇：用量为30mg/kg体重，用生理盐水稀释后肌肉注射，每天2次，连用3～4d，有较好疗效。

(8)中药治疗：凉营泄热、解毒透邪。生地20g，玄参20g，丹皮20g，赤芍20g，黄答15g，杏仁15g，石膏40g，荆芥15g，薄荷15g，柴胡20g，银花15g，连翘15g，板兰根20g，甘草5g，上方为40kg体重的用量，根据体重变化可酌情增减。煎汤灌服每日1次连服1～2次。

(9)对症治疗：

①大便秘结灌服石蜡油200～500mL；灌服果导片（0.5g）3～10片；用温肥皂水3 000mL灌肠，用人用的开塞露5管挤于病猪肛门内。

②高烧不退选用复方氨比西林10～20mL肌注或30%安乃近10～20mL肌注。

③顽固性不食投入青草、青菜、瓜果类诱食；或将病猪赶到空旷土地上让其拱土寻食进行诱食；或灌服中草药三消饮（神曲、山楂、麦芽）150g，并注射复合BfA维生素10～20mL。

④继发链球菌病表现出神经症状等。可加用大量抗生素如青霉素进行配合治疗。

⑤继发弓形虫病高烧不退、呼吸困难、镜检有弓形虫。可配合增效磺胺－5－甲氧嘧嘘（或磺胺－6－甲氧嗒吃）注射液，按0.2mL/kg体重（首次量加倍）肌注，每日2次，连用3～5d。

⑥继发温和性猪瘟时皮肤、咽喉、膀胱、肾有出血点、脾肿大、有梗死灶等。治疗上较为困难。可配合使用砷或蟾酥，麦粒大小，再用三棱针或小宽针在猪耳背侧中部刺破皮肤，并扩成囊状创口，将上述药卡入创口中，50kg体重卡入2粒，此谓以毒攻毒之法。

⑦查红波、刘尚育等报道：临床上，常给猪注射强力霉素10mg/kg/d，连用4d，或使用长效土霉素制剂。对于猪群，可在每吨饲料中添加800g土霉素（可加130mg/kg阿散酸，以使猪皮肤发红），饲喂4周，4周后再喂1个疗程。效果不佳时，应更换其他敏感药物。同时采取支持疗法，口服补液盐饮水，必要时进行葡萄糖输液，加碳酸氢钠，必要时给仔猪、慢性感染猪注射铁剂（200g葡萄糖酸铁/头）。若存在继发感染，应调整治疗方案。

第十九节 猪增生性肠炎（Porcine proliferative enteritis，PPE）

猪增生性肠炎又称猪增生性肠病（Porcine p roliferative enteropathy，PPE）、猪肠腺瘤（Porcine intestinaladenomatosis），是由细胞内罗松菌（*Lawsonia intracellulais*）引起猪的一种慢性肠道传染病。猪肠腺瘤复合征（Intestinala denomato siscomplex），该病剖检特征为小肠及结肠出现慢性增生性肠炎，肠上皮细胞增生。

英国Biester和Schwarce于1931年首次报道，1939年美国报道有此病发生。至今已报道发生猪增生性肠病的国家还有丹麦、新西兰、澳大利亚、比利时、巴西、阿根廷、加拿大、芬兰、法国、瑞士、波兰、匈牙利、瑞典、希腊、荷兰、南非、韩国、日本、泰国、印度和我国等。近年来研究表明，本病在美国猪群中有蔓延趋势，已经成为美国养猪业中重要的8种传染病之一，同时也是世界各养猪国家或地区逐渐重视的猪病之一。目前，在世界各地呈地方流行性，在现代集约化生产条件下，本病的发生有上升趋势。

一、病原学

引起本病的病原为胞内劳森菌（*Lawsonia intracellularis*），为解硫弧菌科（Desulfovibrionaceae），菌体长度为1.25～75μm，宽0.25～0.43μm，革兰染色阴性，主要寄生于感染上皮细胞的胞浆边缘，形态学特征与弯曲菌类似。菌体杆状，两端尖或圆钝，抗酸染色呈阳性。未发现有鞭毛，无运动力，亦无菌毛。

这是一种主要生长于肠黏膜细胞中的专性胞内寄生菌。严格细胞内寄生，迄今为止用常规的细菌培养技术培养本菌均未能成功。接种鸡胚亦不能生长，但可在特定的细胞培养中生长。应用鼠肠细胞可进行该病原的分离培养。曾称之为弯曲菌样微生物，但其外膜蛋白（OMP）及DNA酶切图谱与弯曲菌不同。其分类位置未定，1995年有人建议将此菌归属于脱硫弧菌科（Desulfovibrionacceae）。其形态和进入宿主黏膜细胞的过程与其他专性胞内菌特别是立克次氏体相似，但两者在分类上没有相关性。

从增生病变部位也能发现各种弯曲菌，特别是唾液弯曲菌翻膜亚种（Campylobacter sputorumsubspmucosalis）和猪肠弯曲菌（Campylobacter hyointestinalis）。但是这些细菌接种猪时，既不产生特异性增生性病变，也不能在细胞内定居。这说明是由于原发细菌感染后改变了肠道的条件，才引起这些细菌的继发感染。

本菌在外界环境中的存活能力一般，5℃可存活1～2周；对碘类和季铵盐消毒剂敏感。

二、流行病学

1. 易感动物　该病的宿主范围很广，除猪外，啮齿类动物、马、骆驼、狐狸、雪貂、短尾猴、兔和鸵鸟等也可感染，并可出现与猪相类似的病症。在猪群中，各种年龄猪都可感染，但多发生于断乳后的仔猪，特别是体重在18～45kg的猪只，肥育猪中也可见有少数病例。

感染动物均表现为肠炎及感染部位肠道的肠壁增厚。

2. 传染源　感染猪可持续带菌，并通过粪便长期持续排菌；用该菌口服接种断乳仔猪时，粪便排菌长达10周。其他感染动物如鼠等也可将其体内的病原菌传染给猪，加速本病在猪群中的传播和扩散。病猪和带菌猪是本病的传染源，其粪便污染饲料、饮水经口腔传染为本病的主要传播途径。育成猪最易感染，2月龄以内和1周岁以上的猪不易发病。在疫场的猪群中，母源抗体的效价在3周龄时仍然较高，6周龄以后则无特异抵抗力。

3. 传播途径　该病主要通过消化道传播。带菌或发病动物粪便中的病原菌可造成外界环境、饲料、饮水等的污染，从而引起易感猪感染和发病。无该病的猪场通常是由于从疫区引进带菌种猪时将该病病原体带入的。

4. 应激因素　本病常年发生，各种应激因素如并群、运输、拥挤、气温骤变以及抗生素类添加剂使用不当等，对本病的暴发和流行起着重要的作用，所以本病的发生是由多种因素（包括病原菌）所致的。通常猪群的感染率为10%～50%，有时高达80%或更高，死亡率变化很大。

5. 流行特点　世界各地关于猪增生性肠病的发生情况及流行病学的报道近年来逐渐增多，但对于世界范围内猪群中本病的流行病学特性尚未完全掌握，主要因为很多病例没有明显的临床症状，通过对屠宰场或农场的死亡猪进行检测可以评估本病的流行情况。据澳大利亚和美国的调查研究发现，在屠宰时约有30%～40%的猪有病变。据报道，在受感染的农场，易感猪的感染率可达12%～50%。本病能对养猪业造成较大损失，主要表现在饲料利用率下降、仔猪生长迟缓、母猪发情延后和部分猪发病死亡。

三、发病机理

对易感猪接种胞内劳森菌或含有这种细菌的病变黏膜可以复制本病。口服接种后8～10d即出现胞内菌和病理变化。病变达到高峰的时间是在攻毒21d左右。这说明潜伏期可长达2～3周。对断奶后仔猪进行实验感染，感染后2～3周通常50%的感染仔猪发生中度腹泻。

病原菌主要侵害回肠黏膜，使回肠内层增厚。首先感染的部位是肠隐窝细胞，感染了病菌的上皮细胞进行增生，但难于成熟并持续进行有丝分裂，细胞不脱落，使肠腺体异常增大，常呈分支状，即形成肠腺瘤。由于肠腺极度增生并形成分支，未能消化的蛋白质流失到粪便中，而增厚的肠黏膜又阻碍营养吸收，进而引起体重减轻，饲料转化率下降。在细胞增生的基础上，由于机体的代偿和修复作用，使病变重叠发生，随着表面纤维蛋白性反应的延伸及向纵深发展，炎性变化范围凝结成坏死，形成坏死性肠炎病变。有些猪随后可能发生肉芽性组织增生，导致纤维性组织渗出，形成局部性回肠炎病变。在肠腺瘤形成的过程中，由于细胞内病原菌的大范围破坏作用，大量上皮细胞的变性脱落和毛细血管渗漏的同时发生，因而形成增生性出血性肠病。

四、临床症状

人工发病时潜伏期2～3周。在不同年龄以及不同饲养条件下，猪的潜伏期和临床症状有一定的差异。患猪可出现或不出现临床症状。严重病例主要见于断奶猪和生长肥育猪，具有增生性出血性肠炎的表现，呈急性出血性贫血经过；病程稍长者可排出黑色油样稀粪，后期转为黄色。有时突然死亡的猪只仅见外表苍白，粪便无异常。多数猪只感染后症状轻微或仅有轻度腹泻。在断乳后至育肥阶段，常见食欲不振，生长发育不良。当病猪肠黏膜发炎或坏死而发展为广泛性回肠炎或坏死性结肠炎时，可呈现持续性腹泻，生长迟缓，皮肤苍白。病猪一般在发病后4～6周康复，仍可长到屠宰时应有的标准体重，但饲料报酬率下降，饲养成本大大增加，平均日增重减少了6%～20%。

猪肠腺瘤、坏死性肠炎和局部性回肠炎的临诊病例，通常见于6～20周龄断奶后的育成猪中。患猪临床症状轻微，可见生长停滞、体重下降（图2.3.19-1）。有的猪食欲渐减退，有的表现轻度腹泻，排出颜色正常的稀粪，这是大多数慢性病例临床症状的可能特点。有些病例表现明显呆滞和麻木。单纯的肠腺瘤病菌一般在症状出现后4～6周可突然恢复食欲，生长速度达到正常水平。即使有严重炎症的病例也往往康复，只在屠宰时才能见到病变的痕迹。

当猪肠腺瘤病呈地方性流行时，大多数病例表现温和，不易被检查发现。然而，在育成猪群中也可见到一些较严重的病例因肠黏膜发生不同程度的炎症和坏死性变化而导致厌食、持续性腹泻和严重消瘦。形成局部性回肠炎的病例，可在肥大的回肠壁形成穿孔，导致泛发性腹膜炎，常引起死亡。增生性出血性肠病多发生于4～12月龄的育肥猪，主要表现为急性出血性贫血，常排出黑色柏油状稀粪，而有的病猪没有出现粪便异常即死亡，仅表现为皮肤苍白，发病率大约12%～20%；病死率为6%左右。

五、病理变化

剖检病变主要见于小肠后部、结肠前部和盲肠，最常见于邻近回盲瓣的末端回肠。肠壁呈现不同程度的增生变化，病变部肠壁增厚明显，肠管直径增加，肠黏膜呈现特征性分支状皱褶，黏膜表面湿润而无黏液，有时附有颗粒状炎性渗出物，黏膜肥厚。有时肠黏膜有凝固性坏死和炎性渗出物。尸体剖检发现病猪回肠、盲肠及结肠壁变厚（图2.3.19-2），有坏死性结肠炎以及肠系膜淋巴结、腹股沟淋巴结肿大等症状。

本病是以回肠至盲肠的黏膜呈现腺瘤样增生为主要特征的肠道疾病，本病的特点是在肠道出现单纯的增生性变化的基础上，可引发坏死性肠炎、局部性回肠炎或增生性出血性肠病等一群极为相似的病理变化过程，但外观表现又是差别很大的疾病。猪肠腺瘤最常见的病变部位位于小肠末端50cm处以及邻近结肠上1/3处，并可形成不同程度的增生变化，但都可见到病变部位肠壁增厚，肠管外径变粗。常见浆膜下和肠系膜水肿。黏膜表面湿润但无黏液，黏膜呈脑回样。大肠也有相似变化，常见到界线分明的斑块和形成的息肉。

坏死性肠炎是在肠腺瘤病变的基础上发生凝固性坏死和一些炎性渗出物形成灰黄色干酪样物，紧密地与下层组织相连，牢固地附着在肠壁上（图2.3.19-3、4）。组织学检查发现界线清晰的凝固性坏死和纤维蛋白沉积，在深层可见残留的增生上皮细胞。病程较长的病例，可出现肉芽肿组织。

局部性肠炎时可见肠壁肌肉显著肥大。局部性回肠炎病变的识别特征是肠腔缩小，下部小肠变得如同硬管。打开肠腔，可见到溃疡面，常呈条形，相邻的正常黏膜呈岛状，可见有明显的肉芽肿组织，但是主要的特征是外肌层肥大。

增生性出血性肠炎的病变同增生性肠炎，但很少波及大肠。小肠内有凝血块，结肠内含带血液的粪便。浆膜下和肠系膜水肿。增生性出血性肠炎常发生在回肠末端和结肠，表现为肠壁增厚和外周水肿，肠腔中可含有血凝块，结肠和直肠中可见黑色柏油状粪便。感染部位肠黏膜除增厚外，无明显损伤，也不常见出血点、溃疡或糜烂。组织学检查可以证实有腺瘤样上皮的广泛变性，腺窝腔内积有细胞碎片和大量胞内菌。

病理组织学检查可见肠腺上皮细胞显著增生，导致未成熟的肠腺上皮细胞（非杯状细胞）呈畸形排列，分支状肠腺代替正常的黏膜结构，有时还充满坏死的细胞碎片和嗜中性粒细胞。

杯状细胞缺乏，如杯状细胞重新出现在肠腺窝深处，则预示炎症开始消退。轻症病变，黏膜固有层显示正常。

在电镜下可见到大量胞内菌位于感染上皮细胞顶端胞浆中。在康复的病例中，随着腺窝底部杯状细胞的出现和表面腺瘤细胞的迅速消失，出现一层成熟的上皮细胞。

J. Segales报道两头伊比利亚猪，其中一个病例为颗粒性肠炎，另一个为颗粒性淋巴结炎。显微检查发现，第一号猪回肠和盲肠的肠腺细胞明显增生，肠上皮细胞增生，杯状细胞消失。集合淋巴结内的淋巴细胞呈轻度至中度耗竭，体表黏膜出血并坏死，纤维蛋白渗出以及回肠和盲肠内变性炎性细胞浸润；肠系膜淋巴结表现中度淋巴细胞耗竭，并伴随淋巴结轻至中度组织细胞浸润，在髓窦附近检测到了少量合胞体，另外还偶尔在肠系膜淋巴结髓窦处观察到增生的上皮肠腺病灶。第2号猪大部分肠绒毛变钝，肠腺上皮增生，肠腺明显变长。回肠肠腺内有变性的炎性细胞，杯状细胞几乎消失。集合淋巴结内的淋巴细胞几乎耗竭，呈现出明显的内含上皮样细胞和合胞体的颗粒性炎症病变。在颗粒性炎症部位有少量至中等数量的嗜中性细胞。在回肠黏膜上也可检测到与之类似的病变，但程度相对要轻。这头猪的空肠黏膜固有层具有轻度的淋巴浆细胞炎性浸润。

根据组织病理学病变，利用单克隆抗体的免疫组化技术检测LI，用原位杂交技术检测2型圆环病毒（PCV-2），对送检的组织切片做抗酸染色。检测结果表明：在1号猪的回肠禾I盲肠以及2号猪回肠黏膜固有层的炎症部位的巨噬细胞胞浆和增生的肠腺细胞胞浆顶端检测到大量的LI抗原。另人吃惊的是，在1号猪肠系膜淋巴结中的巨噬细胞和合胞体的胞浆也观察到了免疫标记点，同时在2号猪的集合淋巴结中大多数合胞体和巨噬细胞的胞浆内检测到了非常多的免疫标记点。从1号猪回肠至盲肠黏膜固有层的巨噬细胞胞浆内检测到了PCV-2核酸，主要集中在靠近黏膜下层区域以及集合淋巴结中央区。但在1号猪的肠系膜淋巴结及2号猪的样品（甚至在合胞体细胞）中没有检测到PCV-2核酸。所有样品的抗酸染色结果均为阴性。

PCR检测表明：取自两头待检猪的样品均表达了大小在319bp左右的LI特异性条带。

从两头猪的组织病理学特点以及其免疫组化、PCR和原位杂交检测结果得出，1号猪有PHE和PCV-2感染，2号猪有PIA的诊断。在集合淋巴结的合胞体细胞和巨噬细胞内存在的大量以及肠系膜内相对少量的LI抗原提示这种细菌在引发颗粒性炎过程中具有潜在作用。令人惊奇的是，表现颗粒性淋巴结炎的猪也感染PCV-2，该病毒仅在肠道集合淋巴结和黏膜固有层中存在，而在肠系膜淋巴结中没有。根据上述实验，LI是引发猪颗粒性结肠炎和肠系膜淋巴结炎的病因之一。

在另一方面，本报告首次诊断出并报道了伊比利亚猪的PIA复合症和圆环病毒感染。传统的伊比利亚猪饲养都采用开放式饲养系统，但近5年来，这种系统逐渐被半集约化和集约化饲养系统所取代，这有可能导致伊比利亚猪表现出与传统猪相似的临床发病症状，这提示在接下来的几年内，一些传染病如PCV-2感染可能是影响伊比利亚猪的重要疾病。

六、诊断

由于胞内劳森菌难于人工培养，须采用其他方法诊断。可通过证实粪便中含有胞内劳森菌而对本病做出确诊。亦可采用由胞内劳森菌特异性引物进行的PCR或采用间接免疫荧光抗体试验做出病原性诊断。

慢性病例表现生长缓慢，体重减轻或有腹泻；急性者则腹泻，有时便血。病理变化为肠壁特别是回肠壁增厚，肠黏膜出现脑回样皱褶，或有不同程度水肿，可作出疑有本病的判断。

组织学切片检查，见回肠壁增厚，肠细胞包括肠腺细胞增生，细胞原生质内有大量胞内菌，革兰氏染色阴性，抗酸染色阳性，镀银染色（多用Warthin-Starry法）可着色，据此可做出诊断。

血清学诊断可采用全菌抗原进行间接免疫荧光试验或者ELISA试验。血清学试验结果证实猪对胞内劳森菌反应产生的血清抗体是特异性的，主要有IgM和IgG。在出现病变时，检查抗体反应效果良好，但并不是所有已感染的动物都会发生血清阳转。

PCR法是诊断胞内劳森菌及其所致疾病的先进方法。被检材料可以是病变组织（如回肠）或肠内容物、粪便，即使是已被福尔马林固定的或石蜡包埋的组织或冰冻切片用的组织，或已制备好的切片均可作为被检材料，但检样数量应较多（40～50片以上），因每一切片中所含细菌的DNA量太少。PCR法不仅可用于死后病理材料的检验，还可用于生前诊断（取粪便）。通过对上述各种诊断方法检出率的比较，认为PCR法最敏感，检出率较高，其次是间接免疫荧光抗体法，再其次是Warthin-Starry镀银染色法。以上3种方法，包括有经验的眼观判断，均有相当的可靠性。

总之，根据临床症状及剖检病变可作初步诊断。对病变肠段进行组织学检查，见到肠黏膜不成熟的细胞明显增生有助于诊断。切片应用镀银染色法，可显示在增生性肠腺瘤细胞的胞浆顶端有大量的弧状菌体。病原分离可在出现症状时进行，通常用棉拭子从肛门采样或采集新鲜粪便，接种适宜的细胞培养物，但细菌分离困难，很少用于常规诊断。

目前不少实验室应用PCR、免疫荧光试验及ELISA等技术进行诊断。PCR是一种敏感的诊断方法，一般设计引物扩增本菌16srRNA中的特异性片段可进行本病的检疫和诊断。在进行粪便PCR检验时，可同时用免疫荧光试验进行血清学检验，通常感染后14～21d血清中出现抗体阳性反应。值得注意的是该病的潜伏期较长，病猪感染2周后才能排菌了而有细菌排出时才能检出。所以，早期感染采样检查时可能出现假阴性。对此，可通过间歇性采样检查等方法提高检出率。

七、防治

（一）预防原则

该病是集约化猪场中的一种常见病，往往在引进新猪群后1～4周发生。因此，该病的防制措施应以加强检疫和对易感猪群进行药物预防为主。

由于本病被认为是由多种因素引起的，在制定治疗及预防措施时，要采取综合性防制措施，既要考虑到个体和群体的药物防治，也要考虑饲养管理的改善和兽医卫生工作的加强。预防本病发生的基本原则是杜绝本病的传入，切断传播途径，坚持对猪群隔离饲养，实行全进全出和早期断奶隔离方式饲养。搞好猪舍清洁卫生消毒工作。对疫区的猪可采取间断式给药法以预防和减少发病，即对一定时期的生长猪，每隔2～3周给一次添加有效剂量抗菌类药物的饮水或饲料。

加强检疫，避免从猪增生性肠炎阳性猪场引进种猪；加强饲养管理，减少外界环境不良因素的应激，提高猪体的抵抗力；加强种猪良种繁育体系建设和全进全出饲养制度；坚持严格的消毒制度，对猪场环境和猪舍定期使用碘类和季铵盐类消毒剂彻底消毒；流行期间和调运前或新购入猪只时应在饲料中添加药物进行预防。

（二）治疗

用实验感染猪对治疗和预防方法进行了研究，结果是大环内酯类、林可霉素、金霉素和硫黏菌素等在体内试验中证明是有效的药物。在治疗过程中需对感染动物和其他接触动物同时进行治疗。在疫区，发病猪只应及时进行隔离和治疗，常用的抗生素有四环素、红霉素、青霉素、硫粘菌素、威里霉素（Virginiamycin）和泰妙菌素等。各猪场应根据本场的发病情况，采用间断性的给药方法，可有效控制本病。

处方为：硫黏霉素120mg/kg，泰乐菌素100mg/kg，林可霉素110mg/kg或金霉素（或土霉素）400mg/kg，连续用药2～3周。可将药物溶于水中或预混到饲料中口服，也可对感染猪和接触猪肌肉注射相同剂量的药物。在更新猪群时，新种猪在运输经过污染区域及进入感染群前，应采用治疗水平的抗生素对新种猪治疗一段时间，以防止临诊病例的发生。

第二十节　弯杆菌病（Compylobacteriosis）

弯杆菌病是由弯杆菌属的几个员菌种所致的人畜共患传染病。与人和畜有关的主要有两种病原菌和病型。一是由胎儿弯杆菌引起的牛、羊不育和流产，二是由空肠弯杆菌所致的人、马、牛等的急性肠炎。此外还有由痰液弯杆菌黏膜亚种引起猪的出血性综合征或腺瘤病和空肠弯杆菌引起的仔猪腹泻、马驹的慢性下痢。

本病最早于1909年由英国的MacFadyean和Stockman做过描述，并于1913年从绵羊和牛的流产胎儿分离到细菌。1919年美国的Smith和Taylor将从牛流产胎儿分离的小杆菌，命名为胎儿弧菌（*Vivriofetus*）。1931年Jone等从腹泻病牛粪便中分离到空肠弯杆菌。1973年Veron等发现胎儿弧菌与弧菌不同，因而建议成立一个新属——弯杆菌属。

本病在世界各地分布较广，有一些国家有较高的发病率。我国也有散发，影响着养牛业、养羊业的发展。

一、病原

本病的病原菌是胎儿弯杆菌（*Campylobacter fetus*）和空肠弯杆菌（*Campy-lobacterjejuni*），原为胎儿弧菌（*Vibriofetus*），现为弯杆菌属（*Campylobacter*）的成员。

胎儿弯杆菌在感染组织中呈弧形、撇形或S形，偶为长螺旋状。在培养基中，幼龄时较短，大小为（0.2～0.5）μm×（1.5～2.0）μm，老龄的较长为8μm或更长。有时可见球形。无芽孢和荚膜，具有一端或两端鞭毛，有运动性。

本菌为革兰阴性菌，一般染色剂均可着色，可显示菌体中有颗粒存在。结晶紫染色效果较好。

本菌微需氧，在含10%～20%CO_2的环境中生长良好。生长最适温度为37℃，最适pH值为7.0。在琼脂培养基上，初代培养可生成光滑型、绸花玻璃型、粗糙型及黏液型菌落。在血液琼脂上菌落呈灰白色，不溶血。在肉汤中有轻微混浊。此菌生长不为0.001mg/mL碘乙酸盐或弧菌抑菌剂所抑制，这是与弧菌属的区别之一。在含1%牛胆汁的半固体培养基中，此菌能生长，可用以进行纯菌分离。此菌在10～12日龄鸡胚尿囊液中生长，在接种后5d可引起鸡胚死亡。可致妊娠豚鼠发病、流产。

本菌有耐热的菌体抗原（O抗原）和不耐热的鞭毛抗原（H抗原），有的菌株有荚膜抗原（K抗原）。在抗原结构上，本菌和胎儿滴虫及布鲁氏菌有类属关系。

本菌的抵抗力不强，对干燥、直射日光和一般消毒药剂敏感。56℃5min可被杀死。在干草、厩肥和土壤中，20～27℃可存活10d，6℃可存活20d，冷冻精液（-79℃）中可存活较长时间。对抗生素类药物如红霉素高度敏感。但对1%牛胆汁、多黏菌素有抵抗力，这个特性可用于纯菌分离。

空肠弯杆菌菌体纤细，呈螺旋形、S形、海燕状或逗号状等多形态，并具有多个弯曲。本菌细胞壁外侧可能存在着微膜结构。菌体两端有单鞭毛，呈特征性的螺旋状运动。革兰染色阴性，但不易着色，用复红等染色剂及姬姆萨染色更好。

本菌微需氧，对营养要求较高。最适培养温度37℃，最适pH7.0～9.0。本菌在双相培养基中生长较好，常用固体培养基为Skirrow培养基、Butzler培养基和改良Camp-BAP培养基。我国多用改良Camp-BAP培养基。菌落有两种类型，一种为不溶血、淡灰色、半透明、扁平、凸起、光滑、湿润、有光泽、边缘不整；另一种为不溶血、圆形、凸起、光滑、半透明、有光泽、边缘整齐，呈单个菌落生长。

液体培养基有改良布氏肉汤培养基、硫乙醇酸钠肉汤培养基。培养时呈混浊生长并有沉淀。

本菌不发酵糖类，不分解尿素，不液化明胶。MR试验、吲哚试验均为阴性。

本菌对热敏感，50℃ 5min可灭活。对多种消毒药均敏感，如3%来苏儿、1%新洁尔灭等。经紫外线照射5min不耐受。

弯杆菌病中，主要是由胎儿弯杆菌引起的牛、羊不育和流产。目前世界各国将其列为进出境动物和精液的检疫对象。

二、流行病学

牛弯杆菌性不育和流产，本病病原为胎儿弯杆菌，传染源是患病母牛和带菌的公牛以及康复后的母牛。病菌主要存在于母牛生殖道、胎盘或流产胎儿组织中。母牛在感染后1周即可在阴道、子宫颈黏膜或黏液中分离到病菌，3周到3个月菌数最多。多数母牛在感染2～6个月后有自愈的趋势，病菌检出率降低。有些母牛在妊娠期带菌，并可在产犊后配种时传染给公牛。因此带菌母牛是重要的传染源。

公牛的感染部位主要是阴茎上皮隐窝和包皮穹窿部，虽然没有肉眼可见的病变和明显症状，精液正常，但本菌的检出率较高，可达25%～40%。公牛感染后可带菌数月，有的可达6年或终身。公牛的带菌期限常与年龄有关，5岁以上的公牛一般带菌时间长。所以公牛感染后，其在流行病学的意义比母牛要大。

本病的宿主是牛。各种年龄的公、母牛对本菌均易感，成年母牛易感性较高，未成年牛稍有抵抗力。本病多呈地方性流行，也能发生大流行。本病的传播途径主要是自然交配或人工授精，也可通过消化道。

三、症状

公牛一般无明显临床症状，但包皮黏膜发生暂时性潮红，精液和包皮均带菌。精液无任何异常。

当病菌侵入母牛生殖道较深部位时，一般经10～14d，在子宫和输卵管中繁殖，引起发炎。病初呈卡他性炎，黏膜潮红，子宫颈黏液分泌增加，有时可持续3～4个月，分泌液清澈或稍有混浊。母牛生殖道发生病变后，常引起胚胎死亡，并被吸收而导致母牛虚情。一些病牛发情周期不规则或延长。如每次发情使之交配，有的牛于感染后第二个发情期还可受孕，有的牛经8～12个月仍不受孕。母牛发生流产多在受孕的第5～6个月，流产率约为5%～20%。早期流产，胎膜可随之排出，如发生在第5个月以后，常常导致胎衣滞留。母牛在初次感染痊愈后，对再次感染有抵抗力，如与带菌公牛交配，还可怀孕。

四、病理变化

成年母牛和小母牛子宫发生内膜炎、轻度子宫颈炎和输卵管炎。肉眼可见子宫颈潮红，子宫有轻度黏液性渗出物，可扩展到阴道。这些变化经病理组织学检查并不显著，多呈轻度弥散性细胞浸润，伴有轻度的表皮脱落，无明显的血管变化。子宫内膜颗粒轻微增生，也可见到少数囊腺，在腺周围有轻度纤维变性。轻度子宫内膜炎则其基质内有浆细胞浸润并形成淋巴细胞病灶。公牛生殖器官无异常变化。

流产胎儿可见皮下组织的胶样浸润，胸水、腹水增量，腹腔内脏器官表面及心包呈膜纤维素粘连，肝脏浊肿，肺水肿等。有的病例可见到肝脏有坏死灶。流产后的胎盘有严重淤血、水肿、出血等变化。

五、诊断

从临床症状的暂时性怀孕，发情期延长和流产等特征，可以考虑是本病，但确诊有赖于实验室检查。

病原菌检查采取流产胎膜制成涂片染色镜检，从菌体形态上认定弯杆菌，可作为初诊的依据。然后进行细菌分离培养，取胎儿的新鲜材料或公牛精液、包皮黏液、母牛子宫颈黏液和阴道黏液等，接种于血液琼脂，10%CO_2环境中37℃培养10天，如有细菌生长做染色镜检。最近国家动植物检疫总局和天津动植物检疫局合作，研究用聚合酶链式（PCR）反应检测牛胎儿弯杆菌，特异性强，敏感性好。

第二十一节　猪放线菌病（Swine actinobacillosis）

猪放线菌病主要由猪放线杆菌、驹放线杆菌等致病性放线杆菌引起的疾病。本病的主要临诊特征为败血症、肺炎、肾炎、关节炎、尿道炎、膀胱炎、输尿管炎等尿道疾病，流产和心内膜炎，患病动物的皮肤、黏膜或其他组织形成明显的肉芽肿或脓肿。世界上很多养猪国家，如加拿大、荷兰、丹麦、美国等都有报道。我国也有本病的报道，通常为散发。

一、病原

猪放线杆菌为小杆菌，革兰阳性杆菌，长2～3cm，宽0.3～0.5cm。在组织和培养基上呈丛状或栅栏样，不运动，不形成芽孢，无荚膜。在动物组织中能形成带有辐射状菌丝的颗粒状聚集物，外观似硫磺颗粒，呈灰色、灰黄色或微棕色，大小如别针头状，质地柔软或坚硬。组织压片经革兰染色，其中心菌体为紫色，周围辐射状的菌丝呈红色。

猪放线杆菌可在麦康凯培养基上生长，在血琼脂上厌氧培养时，该菌生长良好，48h可见到直径2～3mm的菌落，继而长成扁平干燥、灰色、表面不透明、边缘呈锯齿状的大菌落，不太黏稠，呈β溶血。在血清肉汤培养基生长可形成黏稠的沉淀物。

猪放线杆菌相当不活泼，大多数菌株可分解麦芽糖和木糖，水解淀粉，不利用其他常见糖类，所有菌株可产生尿素酶。甲基红、过氧化氢酶、吲哚、硝酸钾还原试验阴性，不液化凝固的血清和鸡蛋，在石蕊牛奶中轻度碱化。

猪放线杆菌对外界的抵抗力不强，一般消毒药均可迅速将其杀灭。对青霉素、链霉素、四环素、林可霉素和磺胺类等药物敏感。

二、流行病学

患病猪和带菌猪是该病的主要传染源。猪放线杆菌常存在于各种年龄健康猪的扁桃体、口腔和健康母猪的阴道。另外，猪的上呼吸道、消化道和皮肤，污染的土壤、饲料和饮水中也存在该菌。猪放线杆菌属于条件性致病菌，主要通过损伤的黏膜或皮肤感染。大部分6月龄或更大的公猪在包皮的憩室部位存在有猪放线杆菌，可能是在几周龄时猪放线杆菌就定植在这个部位。未感染的公猪与感染公猪同舍时也会受到感染。饲养公猪的猪圈地板、饲养人员的鞋常受到本病菌的污染。猪放线杆菌可在交配时从公猪传给母猪。

新生仔猪、哺乳仔猪和断奶猪常出现临床发病，而母猪和成年公猪发病少见。

三、发病机理

猪放线杆菌感染的致病机理还不明确。通过上呼吸道可能发生感染，鼻腔内接种可以复制出本病。经皮肤和黏膜入侵也可能发生感染。在易感猪，放线杆菌可迅速扩散到多种器官和组织，形成被出血和坏死包围的微小集落。猪放线杆菌的毒力因子还不确定，但细胞壁的脂多糖、多糖、外膜蛋白，一些菌株的分子量为104 000的溶血素（ApxI）被认为是潜在的毒力因子，有可能参与致病。从试验感染康复猪的血清中可检测到ApxI的抗体。猪感染后15h内可发生死亡。

四、临诊症状

放线菌病暴发，可见在一窝或多窝哺乳仔猪，2～4周龄仔猪突然死亡。发病猪体温升高（40℃），皮肤发给、有出血性淤斑。发病猪气喘，有时伴有震颤或呈划水样。肢体远端充血（导致蹄、尾和耳坏死）和关节肿胀。断奶猪可见厌食、发热、持续性咳嗽、呼吸困难、肺炎。成年猪暴发此病，死亡率低，可见体温升高，在皮肤上出现圆形或菱形红斑，不食，突然死亡。母猪可发生乳房炎、脑膜炎和流产。

五、病理变化

最明显的病理变化是肺脏、心脏、肝脏、脾脏、皮肤和小肠的出血，最严重的是肺脏，可见肺小叶坏死和血纤维素蛋白渗出，有化脓性病灶。胸腔和心包膜中血浆和血纤维素性渗出物增多。日龄较大的哺乳仔猪和断奶仔猪可见胸膜炎、心包炎，在肺脏、肝脏、皮肤、肠系膜淋巴结和肾脏可见到粟粒状的脓肿。有的猪可见关节炎和心瓣膜炎。在成年猪，皮肤上可见大量圆形、菱形或不规则的病变。

若驹放线杆菌感染猪时，病变主要是在受害的器官出现扁豆粒至豌豆粒大小的结节样物，小结节可聚集成大结节，最后变成脓肿（彩图3-58）；结节或脓肿内常含有乳白色或乳黄色的脓液，也可在病变部位出现瘘管或溃烂。

六、诊断

依据临诊症状和肺脏的病理变化，可做出初步诊断，确诊需做细菌学检查与病原分离。

可取肺脏病变组织做成涂片，或取淋巴结做成触片，经革兰染色或美蓝染色、镜检。可用血琼脂平板进行细菌分离培养，观察菌落的溶血现象。

七、防治

1. 预防措施　猪放线杆菌是一种条件性致病菌，常存在于健康猪的扁桃体和上呼吸道，因此，对本病的预防应加强猪群的饲养管理，饲喂高营养的全价料，搞好猪舍的卫生消毒，防止皮肤、黏膜受损，局部损伤后及时处理与治疗，在饲料中定期适当添加抗生素药物，对预防本病的发生有较好的效果。

2. 治疗　猪群发病后，对病猪进行隔离治疗，可用青霉素（300万IU）、链霉素、庆大霉素（40万~100万IU/头猪，每天肌肉注射2次进行治疗）。也可用氨苄青霉素（20mg/kg体重）进行治疗20d，或恩诺沙星（10mg/kg体重）治疗10d。在饲料中添加盐酸土霉素（1g/kg体重），饮水中添加多维、葡萄糖，连用7d，有利于发病猪群病情的控制。（引自杨汉春）

第二十二节　猪耶尔森氏菌病（Swine yersiniosis）

猪耶尔森氏菌病是由耶尔森氏菌引起猪的一种慢性消耗性疾病。在兽医临床上重要的有两种病型，即伪结核耶尔森菌病和小肠结肠耶尔森菌感染，病原分别为伪结核耶尔森氏菌和小肠结肠耶尔森氏菌。伪结核耶尔森菌病是一种慢性消耗性疾病，主要特征为肠道、内脏器官和淋巴结出现干酪样坏死性结节，有时表现败血症变化。小肠结肠耶尔森菌感染可引起猪的明显消瘦，除肠道病变外，其他脏器的病变不明显。一般情况下，猪的耶尔森氏菌感染多呈隐性经过，不会引发明显的临床疾病，但也有引起明显症状和引起断奶仔猪发生腹泻和死亡的报道。

一、病原

耶尔森菌属于1980年被正式归入肠杆菌科，在此之前，鼠疫和假结核这两种菌曾属于巴氏杆菌属。本菌属现有11个种：鼠疫耶尔森菌（*Y. pestis*）、假结核耶尔森菌、小肠结肠炎耶尔森菌（*Y.enterocolitica*）、鲁氏耶尔森菌（*Y.ruckeri*）、弗氏耶尔森菌（*Y.frederiksenii*）、克氏耶尔森菌（*Y.kristensenii*）、中间耶尔森菌（*Y.intermedia*）、罗氏耶尔森菌（*Y.rohdei*）、莫氏耶尔森菌（*Y.mollaretii*）、贝氏耶尔森菌（*Y.bercovieri*）和阿氏耶尔森菌（*Y.aldovae*）。对猪有致病性的主要是假结核耶尔森菌、小肠结肠炎耶尔森菌（*Y.enterocolitica*）两种。鼠疫耶尔森菌（*Y. pestis*）是人类鼠疫的病原体。

本菌属由革兰阴性、运动或不运动的多形性短小杆菌组成。除鼠疫耶尔森菌无鞭毛外，其余成员在18~28℃培养时都有运动力，但37℃培养则无。氧化酶阴性，过氧化氢酶阳性。发酵葡萄糖和一些其他糖醇时产酸，但不产气或只产微量气。一些生理生化表型特征有温度依赖性。本菌属广泛存在于从有生命到无生命的环境中，一些种具有宿主特异性。DNA中（G+C）mol%为46～50。

伪结核耶尔森氏菌（*Y.pseudotuberculosis*）形态多样，呈球杆状或杆状，单在，偶尔有链状排列，常呈两极着色。在普通培养基和麦康凯培养基上均能生长。本菌具有低温腐败菌的特点，在4℃时可以生长，18～22℃培养时能运动，37℃培养时运动力消失，但最适生长温度为22～28℃。22℃培养时菌落为S型，表面光滑、湿润、细小、半透明，菌体能运动。37℃培养时菌落为R型，表面干燥粗糙、边缘不整齐、呈灰黄色，菌体不运动。在鲜血琼脂上不发生溶血。根据菌体抗原不同，可分为6个血清群。本菌的抵抗力不强，一般的消毒药均能将其杀死，但在粪便中可以存活1～0周。

小肠结肠耶尔森氏菌（*Y.enterocolitica*）形态及培养特性与伪结核耶尔森氏菌相似，具有O和H两种抗原，据报道，有60个菌体（O）抗原组成至少48个血清型。该菌在各种动物之间可以相互传播。

致病性：假结核耶尔森菌对许多家畜或野生动物包括冷血脊椎动物等都具有不同程度的致病力，对鼠类、豚鼠、家兔和野兔等啮齿动物的致病力尤强，带菌者相当普遍。自然感染途径主要是消化道，注射可引起人工感染，而皮肤划痕接种不显致病力。对人类司敏急性肠系膜淋巴结炎、肠炎、结节性红斑和败血症等四种临床表现。在豚鼠群常可引起自然流行性疾病，对家兔群的威胁也较大。在啮齿动物主要引起三类疾病：①急性败血症，24～48h死亡；②假结核病，主要表现为慢性腹泻、消瘦，数周后死亡；③局部淋巴结感染，解剖病变主要特征为在肠壁、肠系膜淋巴结及各实质器官形成粟粒状干酪样坏死。已发现本菌可能与牛的肺炎和牛、绵羊的流产有关。本菌具有v和W抗原及侵袭素两种毒力因子。此外，还具有质粒编码的分子量为33 000的外膜蛋白（Yops）以及染色体基因编码的高分子量铁诱导蛋白（HWMP2）和pH6抗原，均与本菌的毒性作用相关。

小肠结肠炎耶尔森菌几乎遍布世界各地，具有广泛的宿主，是灰鼠、野兔、猴和人的致病菌，并已从马、牛、羊、猪、犬、猫、骆驼、家兔、豚鼠、鸽、鹅、鱼等动物中分离到此菌。现认为，扁桃体带菌猪是人类感染本菌的主要传染来源和贮菌者，在人类，本菌可引起婴幼儿腹泻，对青少年和成人主要引起回肠炎和结节性红斑病，甚至败血症，偶尔引起人的集体性食物中毒。本菌对啮齿动物致病性与假结核耶尔森氏菌相似。对家畜一般无致病性，但可引起猪的腹泻，还可致绵羊流产。已明确的毒力因子包括v和W抗原、二种侵袭素（inv和ail）、肠毒素和LPS内毒素等。另外具有质粒编码的Yops和染色体基因编码的HWMP2。

本菌的*inv*基因性质和功能与假结核耶尔森菌一致，*ail*基因的编码产物是从本菌中所发现的第二种能介导粘附作用的蛋白质性侵袭素，它是一种暴露于菌细胞表面的分子量为17 000的外膜蛋白。丢失*ail*基因的突变株对组织的侵袭力和对小鼠的毒力均下降。已证明某些菌株可产生一种耐热肠毒素（YST），与ETEC的STa相关，但它在体外25℃时产生而37℃下不产生。YST与ETEC的STa具有抗原相关性，且作用机制也相似。虽然YST有30个氨基酸，而STa有18或19个氨基酸，但二者的活化区域具有高度相关性。对该肠毒素在疾病中的作用尚不清楚，主要原因是YST在体温条件下不能产生，在许多实验性感染的研究中也未发现其作用。但有报道证明，致病性菌株均与YST的DNA探针呈阳性反应，而非致病性菌株均呈阴性。

现已查明，与上述二种致病性耶尔森菌毒力相关的一类毒力质粒（PV'），其相对分子质量为40～48M，与毒力质粒相关的表型包括吸附上皮细胞、抵抗吞噬作用、产生v和w抗原、自体凝集性（由yadA控制）、温度诱导性外膜蛋白（Yops）、3 790钙依赖性和阳性豚鼠角膜试验（Serenytest）。后者是将菌液接种结膜囊内，阳性者红肿，5d内分泌物排菌。

目前，对这些表型相关的各个基因的调控机制及其编码产物的性质与功能均已研究清楚。在二种致病性耶尔森菌染色体上发现了一些可赋予它们侵袭性表型的基因位点，如编码侵袭素的*inv*或*ail*位点、编码一种高分子量铁诱导蛋白的基因、小肠结肠炎耶尔森菌染色体上的*yomA*基因（可调节质粒编码的毒力因子的表达）以及鼠疫耶尔森菌染色体上的表达pH6抗原的*PsaA*基因等。本菌对理化因素的抵抗力不强，常用的消毒药均可将之杀灭。

二、流行病学

1. 易感动物　本菌在自然界分布很广，具有广泛的宿主，是灰鼠、野兔、猴和人的致病菌，并已从马、牛、羊、猪、犬、猫、骆驼、家兔、豚鼠、鸽、鹅、鱼等动物中分离到此菌。现认为，扁桃体带菌猪是人类感染本菌的主要传染来源和贮菌者，鼠类和其他一些啮齿动物是主要的自然贮存宿主和传染源。

2. 传染源　多种动物可以携带小肠结肠炎耶尔森氏菌。患病动物和带菌动物是传染源。小肠结肠炎耶尔森氏菌可长期定居于猪的扁桃体和肠系膜淋巴结内，带菌率一般为5%～10%，有时可高达30%～70%，猪和鼠是人的主要传染源。

3. 传播途径　伪结核耶尔森氏菌可随粪尿排出体外，污染饲料、饮水和周围环境，主要经消化道传播，其次可通过损伤的皮肤、呼吸道以及交配传播。多发于冬、春寒冷季节，夏季少见。

4. 流行特征　耶尔森氏菌病多为散发，一年四季均可发生，但常见于寒冷季节。各种应激因素使猪只抵抗力和免疫力降低时，常可诱发本病。

三、发病机理

耶尔森菌的最显著的特性是它们具有抵抗巨噬细胞杀伤作用的能力，可在巨噬细胞内存活和繁殖，但不在多形核白细胞内生长。病原体可在宿主体外的较低温度环境下生长，并大量表达侵袭素，这在疾病过程的早期十分重要。一旦侵入哺乳类宿主体内，黏附和侵袭功能使得细菌进入回肠和大肠的非吞噬性上皮细胞内。在黏膜和黏膜下层可遇到吞噬细胞并被吞噬，此时诱导表达表面蛋白质，从而使其不被吞噬细胞杀伤而得以存活和繁殖。部分细菌可到达局部淋巴结。在小肠组织和淋巴结中，细菌和死亡的吞噬细胞引起脓肿，在感染的器官中则可出现点状坏死。

伪结核耶尔森氏菌具有V和W抗原及侵袭素两种毒力因子。此外，还具有质粒编码的分子量为33 000的外膜蛋白（Yops）以及染色体基因编码的高分子量铁诱导蛋白（HWMPZ）和pH6抗原，均与本菌的致病作用有关。小肠结肠炎耶尔森氏菌除具有上述毒力因子外，还具有肠毒素和LPS内毒素、另外一种能介导黏附作用暴露于细菌表面的分子量为17 000的外膜蛋白，称为蛋白质侵袭素Ail。

伪结核耶尔森氏菌感染还可进一步使动物发展为菌血症和败血症，并在肝、脾和其他器官诱发脓肿。小肠结肠炎耶尔森氏菌诱发腹泻的机制目前还不十分清楚，推测该菌对肠上皮细胞的侵袭所造成的细胞吸收功能的丧失，可能与腹泻有关。而肠毒素能否在体内产生尚无证据。

四、临床症状

伪结核耶尔森氏菌：可引起断奶猪与生长猪发病，表现为轻度发热，眼睑、面部及腹部肿胀，腹泻，粪便中带有黏液和血液。

小肠结肠炎耶尔森氏菌：可导致断奶猪肠道膨胀、腹泻，间歇性排出糊状稀粪，粪便中混有黏液和肠黏膜脱落物，粪便表面常有红色或暗褐色血液，有时在较成形的粪便表面附着一层灰白色、油光发亮的薄膜。猪体温一般正常，少数升高到40℃以上。病程长的病猪，食欲差，消瘦，被毛粗糙，步态不稳。死亡率不高，但生长发育受阻。仔猪可因脱水中毒性休克死亡。成年猪常可耐过。病菌可在小猪群中引起腹泻，也可使成年猪出现中度腹泻的大肠炎症状。

五、病理变化

伪结核耶尔森氏菌病发病或死亡猪剖检后可见大肠和小肠出现卡他性炎症，肝、脾、淋巴结出现粟粒大小的灰白色结节，肠系膜淋巴结呈灰白色，结肠和直肠有卡他性炎症或坏死伪膜病变，有时有水肿。

小肠结肠炎耶尔森氏菌感染猪剖检，可见十二指肠、空肠和盲肠有不同程度的卡他性炎症。结肠和直肠淋巴滤泡肿大，向浆膜或黏膜层凸出，有小米粒或绿豆粒大小。小肠和结肠黏膜有散在的溃疡灶，上附干酪样物，周围有充血带。肠系膜淋巴结肿大，切面外翻、多汁。其他脏器病变不明显。

六、诊断

病料采集：败血症病例可无菌采集血、肝、脾和淋巴结；有腹泻症状的患畜可取其新鲜粪便；局部感染者可取其感染部位的病灶及其分泌物。

分离培养与鉴定：对非污染材料可用血琼脂平板或以牛肉消化液或脑心浸液为基础的琼脂平板直接划线分离。对污染材料可用去氧胆酸盐琼脂、麦康凯琼脂、SS琼脂以及NYM琼脂等划线分离；也可先将病料接种实验动物（豚鼠、小鼠或大鼠），待其死后取肝、脾和淋巴结于血平板上分离。含菌量少的样品可在平板分离前或同时做增菌培养以提高分离率。分离的疑似菌落可按常规方法进行生化鉴定，有条件的可做血清学鉴定和毒力鉴定。确诊可采取病变组织进行病原的分离培养和生化鉴定，并鉴定其血清型；也可用免疫基因的分离技术和PCR技术检测出每克粪便含200个细菌的样品。血清学诊断方法包括凝集试验、被动血凝试验、反向被动血凝试验、间接ELISA等方法。动物患病后1～2周出现凝集素，3～4周增高，血清凝集价达1∶200者判为阳性。间接血凝试验时，效价达1∶512以上为阳性。在进行血清学检查时，注意耶尔森氏菌与大肠杆菌、沙门氏菌或布鲁氏菌可能出现交叉反应，以免误诊。

七、防治

对小肠结肠炎和假结核耶尔森菌，目前还缺少令人满意的预防方法，曾用过灭活苗或减毒苗来预防假结核耶尔森氏菌病，取得一定效果。防止畜群与野鸟、野鼠接触也是一项重要措施。目前对耶尔森菌病治疗的有效抗菌药物有多种抗生素和磺胺类药物。

采用全进全出的饲养方式，做好猪舍内的卫生消毒工作，可降低本病的感染率。同时应加强饲养管理，定期灭鼠，避免饲料、饮水和用具的污染。

第二十三节　猪棒状杆菌感染（Eubacteriumsuis infection）

猪棒状杆菌病是由猪真杆菌（*Eubacteriumsuis*）引起的疾病，主要引起猪的膀胱炎和肾盂肾炎。猪真杆菌最早分离时，由于其在形态上类似于白喉棒状杆菌，故归入棒状杆菌属（*GenusCorynebacterium*），并命名为猪棒状杆菌（*Corynebacteriumsuis*）。本病又称猪细菌性肾盂肾炎（*Bacterialpyelonephritisinswine*）。

本病遍布于世界各国，加拿大、挪威、荷兰、马来西亚、美国等国多为散发性，我国也有发生的报道。猪尿道疾病与猪棒状杆菌感染有关。猪棒状杆菌只引起小规模和个别的猪发病，但却在猪体各部位广泛存在。

一、病原

本属菌为多形性的非抗酸性杆菌，菌体细长，直或微弯，一端常膨大呈棒状，革兰染色阳性。细胞着色不匀，可见节段染色或异染颗粒。多呈丛状或栅栏样不规则排列。无鞭毛、不运动，也不形成荚膜和芽孢、少数菌需氧而多数兼性厌氧，有的菌株需5%～10%CO_2才能生长。培养基中加入血液或血清可促进生长。适温37℃，适宜pH7.0。多数菌可分解一些糖类，产酸产气。除个别种外，触酶均为阳性。广泛分布于自然界，多数为非病原菌或植物病原菌，少数能致人和动物疾病。DNA中（G+C）mol%为51～63。代表种为白喉棒状杆菌（*C.diphtheriae*），系人白喉的病原体。

本菌属现有16个正式菌种。曾归为本属的几种与兽医有关的棒状杆菌现已划入其他菌属，如化脓棒状杆菌现称化脓放线菌（*Actinamxespwgenes*）归入放线菌属，马棒状杆菌现已归入红球菌属而命名为马红球菌（*Rhodococcusequi*），猪棒状杆菌现划入真杆菌属改称猪真杆菌（*Eubacteriumsuis*）。肾棒状杆菌的3个血清型现已变成3个独立种：肾棒状杆菌Ⅰ型现称肾棒状杆菌（*C.renale*），肾棒状杆菌n型改称纤毛棒状杆菌（*C.pilosum*），肾棒状杆菌iff型现名为膀胱炎棒状杆菌。本属菌的细胞壁组成与分支杆菌和奴卡氏菌有不少共同之处，它们除具有共同的胞壁抗原外，还均含有阿拉伯糖、半乳糖、消旋二氨基庚二酸（~DAP）和分支菌酸。故这3个菌属关系密切。不过，棒状杆菌的分支菌酸的碳原子数为32~36，比其他两属菌少的多。目前，与兽医有关的棒状杆菌主要有5种，其重要特性和致病性简述如下。

肾棒状杆菌菌体较大且具有菌毛，37℃24h培养形成露滴样黄色小菌落，不溶血，能在pH5.4肉汤中生长。分解尿素，甲基红试验阴性，不分解木糖、淀粉和吐温80，不液化明胶，不还原硝酸盐。可消化酪蛋白。致牛肾盂肾炎、膀胱炎和猪肾脓肿，偶致母犬的肾盂肾炎和膀胱炎。

膀胱炎棒状杆菌形态特点同本属菌，但有很多菌毛。24h培养的菌落很小且呈白色，不溶血。不能在pH5.4肉汤中生长。分解木糖、淀粉和吐温80，但不消化酪蛋白，也不还原硝酸盐。存在于公牛包皮内，可致母牛严重的出血性膀胱炎以及肾盂肾炎。

纤毛棒状杆菌有大量菌毛，24h培养菌落呈淡黄色，无溶血性。肉汤生长物有颗粒状沉淀并形成菌膜，但pH5.4肉汤中不生长。不分解木糖和吐温80，水解淀粉，还原硝酸盐，不消化酪蛋白。常存在于健康牛的泌尿生殖道，偶致母牛膀胱炎和肾盂肾炎。

伪结核棒状杆菌（*C.pmudotuberculosis*）又称绵羊棒状杆菌，血平板上1~2d培养可形成扁平不透明、干燥松脆、瓷白色至粉红色易推动的菌落，初分离时狭窄溶血，传代后不溶血。尿素酶和甲基红试验阳性，不液化明胶。可致绵羊、山羊干酪样淋巴结炎、流产，羔羊关节炎和黏液囊炎；马、牛、羊的溃疡性淋巴管炎以及小鼠、豚鼠等的感染症。

当进行常规生化试验时，本菌相当不活泼。大部分菌株分解麦芽糖和木糖，水解淀粉，但不利用其他常规糖。所有菌株都产生尿素酶。甲基红、过氧化氢酶、木精、VP，吲哚和硝酸钾还原试验阴性，不液化凝固的血清和鸡蛋，在石蕊牛奶中轻度碱化。实验室诊断主要根据分离菌的形态特征及生化特性鉴定之。

二、流行病学

1. 易感动物 成年猪易感，母猪比公猪的易感性高，乳猪、仔猪和架子猪的患病率极低。本病对各日龄的干奶母猪威胁都比较大，常导致其死亡。经产母猪比例大的猪群更易发病。患病母猪很快就会死亡，或转为慢性病。

2. 传染源 病猪和带菌猪是本病的主要传染源。猪棒状杆菌在任何猪群中都存在。大多数6个月或更大的公猪在包皮的憩室部位隐藏有本菌，未感染的公猪在与感染公猪同舍时，会慢慢受到感染。除泌尿生殖道外，还没有从猪的其他部位分离到猪棒状杆菌的报道。

3. 传播途径 直接接触是本病的重要传播途径，例如，肾棒状杆菌常存在于健康公猪的包皮及包皮憩室内（约80%带菌），而这些带菌猪多无任何临床表现，当用其给母猪配种时如果母猪尿道口发生擦伤，则将病原体传染给母猪。病原菌经生殖道感染后，由于该菌在尿液中具有特殊的生长能力，从而首先引起尿道炎，并波及膀胱、输尿管进而上行感染至肾脏，导致肾盂肾炎。因肾组织的损坏与排尿阻塞，终可导致尿毒症而死亡。

4. 流行特征 本病一年四季均可发生，多呈散发性。母猪的死亡率可达12%。有时也见于青年母猪和后备母猪，分娩时的应激常会诱发本病。

三、发病机理

猪棒状杆菌常定植于公猪的生殖道内，交配时传染给母猪从而引起发病，通常在配种后21d内发病，由于此时母猪尿液为碱性，而且猪棒状杆菌和大肠杆菌可在碱性尿液中存活并增殖。由猪棒状杆菌引起的膀胱炎和肾盂肾炎主要见于成年母猪，成熟膀胱上皮细胞是猪棒状杆菌侵袭所需的，水贮留和尿结晶的存在也可促使感染。膀胱感染后，进而感染尿道和肾。

四、临床症状

一般按经过可分急、慢两型，在急性期，血尿症是主要的临诊症状， 些母猪可能因急性肾脏衰竭而突然死亡。发病母猪发热，食欲减退或不食，口渴，并出现以泌尿系统病变为特征的症状。病初，可见病猪的外阴部轻度肿胀，有脓性分泌物，排少量的血尿；随着本病的发展，猪表现为停止采食，消瘦，眼圈变红，病变可波及尿道、膀胱、输尿管、肾盂及肾脏，病猪频频排尿，尿量少而浑浊带血色，或排尿困难；排尿时有疼痛反应，腰背拱起，不愿走动；尿中含有脓球、血块、纤维素及黏膜碎片等。阴道周围潮湿、肮脏，尿中含有血和脓，最终死亡。如治疗不及时，病猪常因尿毒症而死亡。慢性型：只发生膀胱炎时，病程长，但不引起死亡，患猪的食欲、体况正常，尿中含脓，或阴道有黏性排出物。

五、病理变化

本病的特征性的病变发生于肾脏和膀胱。表现为膀胱和肾盂的炎症。尿道、膀胱和输尿管炎症反应可表现为卡他性、纤维素性及出血性或坏死性。

肾脏病变：肾脏眼观肿大，呈暗红色，被膜下见细小的黄白色化脓灶；严重的肾脏肿大可达正常的2倍以上。被膜易剥离，病程较久者则部分粘连于肾表面。病肾由于化脓而形成灰黄色小坏死灶，致肾表面呈斑点状。切面可见肾盂由于渗出物和组织碎屑的积聚而扩大，肾乳头坏死。肾盂扩张，皮质变薄，或因肾盂的扩张而发生压迫性萎缩。肾盂内积有灰色无臭的脓性渗出物，并混有纤维素凝块、小凝血块、坏死组织和钙盐颗粒。肾盂黏膜充血或出血，被覆纤维素或纤维素性脓性渗出物。在髓、皮质中可见到由溃烂缺损的乳头顶端向髓质和皮质伸展的呈灰黄色放射状条纹或楔状病灶，此即为病原体沿肾小管上侵而形成的化脓灶。

膀胱病变：膀胱壁增厚，内含恶臭尿液，其中混有纤维素、脱落坏死组织或脓汁，黏膜肿胀、出血、坏死或形成溃疡，表面常覆有脓性假膜。一侧或两侧输尿管肿大变粗，内含脓汁，黏膜肿胀或坏死。

镜下：肾组织乳头部顶端，有的完全坏死，坏死区向皮质伸展，周围环绕充血带。肾小球和肾小囊周围有多量嗜中性白细胞浸润，混有多量细菌。病变严重的部位整个肾单位均坏死，在肾实质内形成大小不一的化脓灶。肾小管上皮细胞变性、坏死，伴发化脓性管型形成，内含大量崩解的嗜中性白细胞。肾小管的间质明显充血、出血、水肿及嗜中性白细胞浸润和聚集。在身体其他部位，无相关病变出现。

六、诊断

诊断要点：本病的临床症状和病理变化都比较特殊，不难做出诊断，但确诊还有赖于微生物学检查。实验检查的方法是：无菌采取尿液，离心沉淀做涂片，革兰染色后显微镜检查，可见到紫色（阳性）的多形态杆状菌，由球状至杆状不等，遇一端较粗大的棍棒状菌，即可确诊。有条件时可进行细菌分离培养鉴定。剖检时，可采取肾盂的细胞脱屑或尿道、膀胱黏膜做涂片或切片，经革兰染色后进行检查，如为本菌即可确诊。此外，可采用间接免疫荧光技术检测公猪生殖道内的病原菌。

六、防治

（一）治疗

1. 治疗方法　青霉素、四环素等对本病均有良好疗效，但停药后容易复发，因此常需适当延长用药时间。临床上常用青霉素治疗本病，病初即进行治疗常可取得很好的疗效。其使用方法是：首次用倍量进行肌注，以后每隔一天注射一次，连续用药3～4周，多可治愈。按每千克体重10mg的剂量投用林可霉素。可采用氨苄青霉素，按每天每千克体重10～15mg剂量投用，连续4～5d。

2. 预防性投药　视有群发性危险期时，可采用金霉素或土霉素按每吨500～700g的比例在饲料中添加，连续14d。根据情况，可能需要每隔4～6周进行一次治疗。也可以在猪断奶或交配时注射一次长效青霉素或氨苄青霉素。也可在断奶至配种后21d这段时间里在母猪饲料表面撒药，撒药的量可按母猪每天采食2.5kg饲料，每吨饲料用药600g来计算，这样每天每头母猪用药量为1.5g，混药最好先用预混剂稀释。可给公猪的包皮内注入抗生素制剂，每天一次，连续5d，这样可降低公猪传给母猪的细菌量。对于该病目前还无确实的预防方法，可尝试在配种后立即使用抗生素或采用人工授精的方法。

（二）预防措施

母猪患本病主要是由于配种而感染，带菌的种公猪是最危险的传染源。因此，预防本病的主要措施是定期对种公猪进行检查，如发现病猪或带菌猪，应立即隔离，及时治疗，停止用其配种。由于本病治愈后易复发，所以被检出的种公猪不宜再留做种用，而应去势，肥育后屠宰。对于一些从国外引进的珍贵的种公猪，在进行全身性治疗的同时，可用消毒药液局部冲洗，待其治愈一个月后，尿道仍检不出该病原时，可继续作为种猪使用。

第四章
支原体性传染病

支原体概述

支原体（Mycoplasma）是一类缺乏细胞壁，多形态性，可通过细菌滤器，目前所知能在无生命培养基中生长繁殖的最小的原核细胞型微生物。因其能形成有分支的长丝，故称之为支原体。

支原体种类较多，在自然界分布很广，也存在于人类及家禽、家畜等动物体内。与猪感染有关的有支原体属（Mycoplasma）和脲原体属（Ureaplasma）。

一、生物学性状

（一）形态与结构

支原体大小为0.2～0.3 μm，无细胞壁，加压下能过一般除菌滤器。形态多样化，有球、杆、丝状等。革兰染色不易着色，常用Giemsa法染色，可染成淡紫色。细胞最外层为细胞膜，包括三层结构，内、外两层主要为蛋白质，中层为脂质，其中胆固醇含量较高（约36%），故凡能作用于胆固醇的物质如两性霉素B、皂素、毛地黄苷等均可破坏支原体细胞膜使其死亡。与其他原核生物一样，其基因组是一环状DNA，但分子量比细菌小。

（二）培养特性

营养要求比一般细菌高，生长较慢，在含胆固醇、10%～20%动物血清及酵母浸液的低琼脂培养基中培养2～3天后形成“油煎蛋”样小菌落，0.1～0.3mm。菌落中心较厚，深埋于培养基中，边缘为一层较薄的透明颗粒区。因菌落小，一般在低倍镜下观察。支原体也可以在鸡胚绒毛尿囊膜上或细胞培养中生长。其在细胞培养中不一定都引起细胞病变，但可妨碍这些细胞对病毒的培养，是细胞培养时污染的一个重要因素。

支原体增值以二分裂法为主，也可以通过出芽、分支等方式繁殖。

（三）生化反应

支原体可根据是否能利用葡萄糖、水解精氨酸和尿素等来初步鉴别。

（四）抗原构造

支原体细胞膜上的抗原结构由蛋白质和糖脂组成。各种支原体均具有型特异性表面抗原，很少有交叉反应，可据此用生长抑制试验、代谢抑制试验等对支原体进行鉴定。

（五）抵抗力

对热及干燥敏感，低温或冷冻干燥可长期保存。作用于细胞壁的抗生素对支原体无效。对石炭酸、来苏儿等化学消毒剂敏感。

二、致病性与免疫性

支原体致病性较弱，一般不侵入血流，因而机体被感染后仅引起局部损伤，通常不发生败血症。但可通过黏附作用与宿主细胞结合，从细胞膜获取脂质和胆固醇，使细胞膜损伤。肺炎支原体是靠其顶端结构（tenninal stuicture）与宿主呼吸道黏膜细胞表面黏附的。有的支原体可产生外毒素样物质或H_2O_2，损伤细胞膜。解脲脲原体可分解尿素，产氨而对细胞有毒害作用。病原性支原体常常定居于多种动物呼吸道、泌尿生殖道、消化道黏膜表面、乳腺及眼等，并对胸腺、腹膜、关节滑液囊膜的间质细胞以及中枢神经系统的亲和力较强。

主要营寄生生活，部分营腐生生活，单独感染时常常是症状轻微或无临床表现，当细菌或病毒等继发感染或受外界不利因素的作用，引起疾病。特点是潜伏期长，呈慢性经过，地方性流行，多具有种的特性。除实验动物的支原体外，其他支原体一般不引起实验动物发病。致猪疾病的支原体主要有猪肺炎支原体等3种。

动物自然发生支原体病后产生免疫力，很少发生再次感染，例如猪发生支原体肺炎后保护期至少60周。支原体感染后，机体主要引起体液免疫应答，可产生IgM、IgG和IgA。支原体的疫苗研究比较困难。SIgA有保护作用。细胞免疫在抗感染中也发挥一定作用。虽然如此，但宿主病灶不易被吸收痊愈。

三、主要病原性支原体

肺炎支原体（M. Pneumoniae）是引起支原体肺炎（亦称原发性非典型性肺炎）的病原体，也可引起上呼吸道感染和慢性支气管炎等。

一般认为肺炎支原体为外源性感染，主要经飞沫通过呼吸道传播，常发生于夏秋季，幼猪多见。支原体侵入人体后，借特殊的顶端结构吸附于呼吸道黏膜细胞表面，并通过微管插入细胞内，释放核酸酶、H_2O_2等使上皮细胞肿胀、坏死、脱落。支原体肺炎的病理变化以间质性肺炎为主。感染后一般症状较轻，可表现微热、咳嗽等一般症状。

四、防制

（一）免疫预防

国内有猪肺炎支原体弱毒苗，可选用。

（二）治疗

氟苯尼考、红霉素、四环素、卡那霉素等抑制或影响蛋白质合成的抗生素对其有杀伤作用，可用于治疗。

第一节 猪支原体肺炎（猪气喘病）（Mycoplasmal pneumonia of swine，MPS）

本病是由猪肺炎支原体（Mycoplasma hyopneumoniae）引起，又称猪地方性肺炎（Swine enzooticpneumonia）、猪地方流行性肺炎或猪支原体性肺炎，是由猪肺炎支原体引起猪的一种慢性呼吸道接触性传染病，临床特征为咳嗽和气喘。病变特征一般只限于肺的尖叶、心叶、中间叶和膈叶前缘，呈“肉样”或“虾肉”样实变，俗称猪支原体肺炎。本菌是猪地方流行性肺炎（猪喘气病）的病原。曾认为是病毒，直至1965年在无细胞的人工培养基上培养成功，才命名为猪肺炎支原体。1973年我国也分离到猪肺炎支原体。所有养猪国家均有此病流行，乳猪的感染大都由接触患有本病的母猪所致。被感染的乳猪在断乳时再转播给其他猪只。密集饲养可促进本病传播。本病的潜伏期较长，因此有更多的猪群在不被发觉之下受感染，致使本病常存在于猪群中。本病的感染率高，死亡率低，但能造成生长障碍及降低换肉率。换句话说，将延长猪只上市的饲养期。本病发病率高，遍布全球，已成为养猪生产中的主要问题之一；在呼吸系统疾病中具有重要的流行病学意义，是当前呼吸综合征的主要的原发基础疾病，可以认为没有本病的猪场一般不会发生呼吸综合征。对养猪发展带来严重危害，造成养猪业巨大的经济损失。

一、病原

病原体为猪肺炎支原体（Mycoplasma hyopneumoniae或M. suipneumonisae）。支原体又译作霉形体，形态特征是一类无细胞壁的多形态微生物，呈球状、环状、点状、杆状和两极形等，但常见的为环状或短链状。大小为110～225nm。可通过300nm的滤器。革兰染色阴性，着色不佳，姬姆萨或瑞氏染色良好。以狄奈氏（Dierces and Weiborger）染色法染色，可见清晰的蓝色菌落、不褪色。而其他细菌的菌落在30min后褪色，可作为鉴别方法之一。

本菌兼性厌氧，对营养要求较一般支原体更高，在A26的液体培养基，37℃培养2～10d可长成直径25～100μm的菌落，但不呈“煎荷包蛋状”。6～

7日龄鸡胚卵黄囊或猪非单层细胞中生长反之，也能适应家兔或在细胞培养基上生长。猪肺炎支原体能在猪肺单层细胞上生长、繁殖，并对细胞有致病作用。也能在鸡胚卵黄囊中生长。

用液体培养基分离时，培养基是在细胞培养平衡盐类缓冲液中加入乳清蛋白水解物、酵母浸液和猪血清，在37℃、含5%～10%CO_2条件下培养。首先可观察到pH值的改变，培养2～5d，pH值从7.6降至6.8，培养时间越长，pH值下降越多，是观察有无支原体生长的一种重要而又简便的方法。细心观察也可见到培养液有轻微的混浊，稍加振荡还可见到有少量沉淀。也可用牛心消化汤加乳清蛋白水解物培养基培养。近年来使用Friis兔肉汤培养基。

猪肺炎支原体对自然环境的抵抗力不强。由病猪排出外界环境后，圈舍、饲槽、管理用具上的支原体，其生存时间一般不超过26h。无细胞液体培养物中25～30℃（室温）条件下保存3d失活。病料悬液中的支原体置室温（15～25℃）中36h内即失去致病力。病料保存于1～4℃可存活4～7d，-15℃达45d，-30℃可达20个月。冻干保存于-15℃可达半年至一年，-25℃可达2～3年。再接种支原体培养基，仍生长良好。致病性猪肺炎支原体的天然宿主仅限于猪。人工接种可适应于乳兔、仓鼠和鸡胚。通过乳兔传至600代后，毒力减弱，并仍保持较好的免疫原性。

常用消毒药，1%苛性钠、0.5%福尔马林、1%石炭酸、0.1%升汞和20%草木灰等均可在数分钟内将其灭活。猪肺炎支原体对青霉素及磺胺类药物不敏感。但放线菌素、丝裂菌素、土霉素、卡那霉素、林可霉素、泰乐菌素、泰妙灵、北里霉素等在临床上应用有明显的效果。

自然感染仅见于猪，引起猪地方流行性肺炎。不同年龄、性别、品种的猪均可感染，但以哺乳仔猪和幼猪最为易感。本菌存在于病猪肺的细支气管和支气管上皮细胞表面和纤毛，经呼吸道传播。将培养物滴鼻接种2～3月龄健康仔猪，能引起典型病变。环境因素的影响或猪鼻支原体以及巴氏杆菌等继发感染时，常使猪的病情加剧乃至死亡。

本菌的致病机理仍不清楚。体外试验表明，感染本菌的气管环纤毛受到损害。本菌某种膜结构对猪淋巴细胞具有促有丝分裂作用，影响了枯否氏细胞的吞噬功能，造成免疫抑制。

二、流行病学

1. 易感宿主　自然病例只有猪和野猪，其他动物不发病。不同品种、年龄、性别的猪均能感染，其中以哺乳猪和幼猪易感性高，发病率和死亡率较高。其次是妊娠后期的母猪和哺乳母猪，育肥猪发病较少。母猪和成年公猪多呈慢性和隐性感染。品种敏感性不同，以杜洛克、长白猪、大约克夏猪及以大长、长大为主的杂交猪对猪支原体肺炎敏感性较低，仅表现轻度咳嗽；而我国地方品种猪，尤以繁殖率高著称的太湖猪系列，如二花脸、梅山猪、姜曲海等极易感，仔猪最早9日龄即可表现明显症状。

2. 传染源　病猪和隐性病猪是本病的传染源。很多地区或猪场由于从外引种引起本病暴发。病猪症状消失后，可长期带有病原体。猪群中病猪缠绵不断，很难消除。本病一旦传入后，如不采取严密措施，很难彻底扑灭。

3. 传播途径　呼吸道是感染的唯一途径，病猪和隐性带菌猪咳嗽、喷嚏时，随飞沫及分泌物排出大量病原，与其接触的健康猪吸入呼吸道而受到感染。人工感染试验证实只有经呼吸道吸入病原实验猪发病。

4. 流行特点　该病初次流行多为暴发性流行，多取急性经过，症状重，病死率高。在老疫区猪场多为慢性或隐性经过，症状不明显，病死率低。多数因引种、诊断不严，又没隔离观察，而直接与健康猪混群而发病。妊娠后期母猪常是急性发作，多为重症，急性期后转为慢性。本病是目前养猪场的隐性杀手，大多表现为慢性感染和隐性感染，很少有急性发病猪群。但由于猪肺炎支原体感染可造成猪肺组织的病变和损害，导致感染猪采食量下降，长期生长发育不良，生长速度和日增重下降，出栏时间延长，饲料转化率降低，导致养猪场的生产成本增加，从而严重影响养猪生产的经济效益。

本病一年四季均可发生，冬春寒冷季节多见，许多不良的应激因素对病的发生和流行有重要影响，如猪群密度过大、猪舍通风不良、气候突变、阴湿寒冷、饲养管理和卫生条件不良等可促进本病发生，加重病情，如有继发感染，则病情更重。在自然感染的情况下，继发性感染是引起本病病情加重和病猪死亡的原因之一。最常见的继发性病原体有巴氏杆菌、肺炎球菌、嗜血杆菌、沙门氏菌、各种化脓性细菌、猪鼻支原体等。条件好时，病势缓和，有利于病猪康复。

本病只发生于猪，其他畜禽未见感染的报告，在新疫区与新疫群可能出现急性症状。

5. 发现历史与现状　Maxe和Goodwin等于1965年首次证实本病病原为肺炎支原体。目前，本病广泛分布于世界各地。我国自1973年上海畜牧兽医研究所首次从病猪的肺组织通过猪肺埋块细胞培养法分离到一株致病性支原体；1975年江苏省农业科学院畜牧兽医研究所直接从病猪以无细胞培养基培养获得一株致病性支原体，使我国对本病的研究取得了突破性进展。以后广东、广西等8个省、自治区相继分离到肺炎支原体。患病猪生长缓慢，造成大量的饲料和人力的浪费，饲养成本上升。一般情况下死亡率不高，如果饲养管理条件不好，或在流行暴发的早期，也可造成大批死亡。当前几乎所有猪场育肥猪屠宰检验和在日常剖检均可见肺炎支原体病变，可见本病在我国存在的普遍性和严重性。

三、发病机理

呼吸系统的防御功能：有三道天然屏障用以保障呼吸通畅，防御疾病。第一道天然屏障是鼻腔，其黏膜中含有丰富的血管和黏液腺，能增加吸入气体的温度和湿度，黏液还有黏着吸入气体中的尘埃和微生物的作用。若猪感染引发萎缩性鼻炎的支气管败血波氏杆菌（BB）及产毒素巴氏杆菌（PM）就会使鼻甲骨变形、鼻腔中黏液分泌减少，导致呼吸系统第一道防线崩溃；此外氨气及其他有害气体、灰尘、饲料粉尘和病毒（如猪流感病毒、伪狂犬病毒、猪瘟病毒等）等均可使鼻腔的防御能力降低，引发其他微生物感染。

呼吸系统的第二道防线是气管和支气管，气管黏膜上皮细胞的纤毛可做定向摆动，借助于咳嗽将侵入异物排出；气管、支气管黏液含有溶菌酶、铁蛋白和溶解素等多种具有杀菌性质的生化物质，能使进入呼吸道的微生物生化特性失调而失去感染力；上呼吸道分泌的IgA主要起着抗病毒的作用。

呼吸系统的第三道防线是肺泡防御机制，肺内含有巨噬细胞、溶菌酶、干扰素、铁蛋白等，这些都有利于清除肺内病原，如猪繁殖和呼吸综合征病毒（PRRSV）、猪伪狂犬病毒（PRV）、猪流感病毒（SIV）、PCV2、多杀性巴氏杆菌（PM）、胸膜肺炎放线杆菌（APP）、副嗜血杆菌（HPS）、猪肺炎支原体（MH）等。此外肺分泌的IgG容易固定补体，具调理活性，因而它是十分有效的抗菌抗体。当第三道防线受到这些病原，尤其是PRRSV、PCV2感染时，其防御机能严重受损就会造成继发感染或混合感染，形成PRDC。因此，在呼吸系统三道防线中最重要的是减少或防止AR、MH、PRRSV和PCV的发生，另外三道防线密不可分、相互促进，有利于整个呼吸系统的组织细胞功能与结构的完整性，以利于行使其防御机能。

肺炎支原体的靶器官恰好是呼吸系统的第二道防线，支原体的致病作用是破坏了呼吸道的第二道屏障即支气管纤毛，在结构上支气管纤毛是支气管的重要屏障。支原体黏附在支气管和细支气管的纤毛顶端，引起纤毛发生萎缩或脱落，不能清除各种呼吸道异物。疾病的发生取决于猪肺炎支原体在气管及支气管黏膜上的感染程度。感染是沿支气管分布进行的，在初期用免疫荧光试验技术，可以观察到大量的支原体，主要存在于气管、支气管和细支气管的黏膜表面；肺炎支原体吸附于气管黏膜上皮细胞的纤毛，使气管黏膜上皮细胞的纤毛组织结构破坏、功能降低，从而致气管黏膜上皮细胞的纤毛排出异物功能障碍；随后局部组织分泌功能和免疫功能降低，支原体通过黏膜组织间隙侵入到支气管周围，引起支气管周围炎症，进而扩展到血管周围，引起血管周围炎，最后形成融合性支气管肺炎。进而使猪的气管、支气管、细支气管以及肺脏出现严重损害，导致猪的呼吸道对病原微生物的抵抗力大大下降，导致气源性病菌长驱直入。与此同时，支原体感染会引起呼吸道免疫力下降，其他病原容易侵入，为一些继发性感染病原大开方便之门。因此，人们将呼吸道病元凶——支原体称之为钥匙菌。Scatozza（1963）发现感染后17周的病猪肺组织中仍含有大量有活力的支原体，足以引起易感猪发生肺炎。由此可见猪肺炎支原体侵入呼吸系统有一个病理过程，此时与猪只的营养、舍内环境、机体的状态有关，条件良好则发展缓慢呈现临床上仅有咳嗽的慢性经过，呈隐性感染。

当呼吸道黏膜组织结构遭到损伤和坏破时，其排出异物作用、分泌功能及局部免疫功能均降低，如气管和支气管纤毛上皮细胞受到肺炎支原体的感染，气管发炎、纤毛蠕动减弱或脱落，消除灰尘、病原菌及分泌杀菌（病毒）黏液的功能降低，增强对其他呼吸道疾病的易感性。据依阿华大学Ross最近研究发现，肺炎支原体感染猪的白细胞和巨噬细胞的抗病力受到损害，从而诱发PRDC，因此预防控制支原体肺炎，增强呼吸道的局部免疫，建立坚强而持久的第二道防线对于预防其他微生物感染尤其重要。

此外支原体可以改变表面抗原而造成免疫逃逸，导致机体免疫力较弱。如果继发感染其他细菌、病毒等（实际上所有自然发生的猪地方流行性肺炎病例都是混合感染），则可引起或加重支气管肺炎，由局部肺小叶的融合性支气管肺炎继发大叶性肺炎；常发生纤维素性坏死性化脓性胸膜肺炎，促使病理过程复杂化，出现俗称猪呼吸道综合征（PRDC）。在支原体侵害支气管的过程中，反射地引起支气管痉挛，导致发生泛发性肺气肿和严重的呼吸困难。病猪发生支气管肺炎时，导致支气管黏膜粗糙或管腔狭窄，阻碍气流畅通，又促进肺气肿的发展，引发肺心病，最后病猪由于严重缺氧、心力衰竭或窒息发生心原性休克而死。

支原体感染初期，支原体聚集并黏连在支气管、细支气管以及气管上皮细胞上，有人把这种现象称为表面寄生。在深处的细小微支气管和肺泡处，几乎找不到支原体。肺炎支原体首先附着在上皮细胞纤毛上，然后逐渐引起感染细胞发生病变、死亡，导致部分纤毛功能受损或脱落；由于肺炎支原体感染引起纤毛变短、变少，纤毛正常的摆动功能显著的下降，以致无法排除肺泡分泌液、气源性的微细粉尘和各种致病原，为继发性感染大开方便之门。

组织学观察发生过程是，猪感染肺炎支原体后，初期在支气管气管周围以及肺泡中通常会有大量中性粒细胞聚集；随着病情的进一步发展，淋巴细胞的数量也在增加，它们分布在血管周围、支气管周边以及微支气管周边的组织上，并侵占气管的黏膜固有层。大约经过20天后，在气管附近会出现套袖现象，白细胞聚集；同时也出现支气管附近淋巴组织增生，从而使肺泡之间的间隙增厚；这种增生的淋巴组织常常会压迫支气管，引起支气管扩张困难，每次呼吸时，有效的气体交换就减少，从而迫使猪增加呼吸频率，病情严重的猪就会出现气喘现象。即使当肺部病变缓解后，仍能看到失去功能的肺泡和大量增生的淋巴组织。典型的肺部病变的组织学研究表明，气喘病的主要病变是肺部出现实质性病变，主要集中在肺尖叶和心叶，且病灶与非病变区有明显的界限，颜色通常为紫红至黄褐色。感染后10～12周，若无继发感染，肺部病变组织会逐渐自我康复，但会留下永久性的组织瘢痕，也可看到明显的肺泡萎缩，病原体在病变部长期潜伏存在而成为传染源。继发其他细菌感染时，常引起肺和胸膜的纤维素性、化脓性病变，甚至出现明显的坏死灶。

当前本病常与多种细菌、病毒及环境因素协同作用，引起PRDC，在我国常见的有猪支原体肺炎，猪伪狂犬病、猪细小病毒病、猪副嗜血杆菌病、猪接触传染性胸膜肺炎、猪肺疫、猪流感、链球菌病，猪传染性萎缩性鼻炎等。近来，猪肺炎支原体与猪繁殖与呼吸综合征常混合感染，使致病性进一步提高，并破坏猪群的免疫功能，易导致猪瘟免疫失败。猪圆环病毒感染引起的仔猪断奶综合征和间质性坏死性肺炎是另一个重要的协同因素。支原体和PRRSV是引起猪呼吸道疾病综合征的主要病原，尤其是当这两种病原同时感染，将会导致严重的呼吸道症状。PRRSV主要伤害和破坏肺部巨噬细胞和单核淋巴细胞，造成肺部抵抗力降低，呼吸道和肺部容易遭受多种细菌的感染。PRRSV和支原体在临床感染上存在协同效应，可相互增强彼此的致病力。当这两种病原体同时和先后感染猪时，猪的呼吸道病会很严重，病程会很长，病死率也较高。规模化猪场PRDC，特别是其中的PRRS、PCV感染、链球菌感染，为呼吸道病防制提出新课题。

四、临床症状

本病的潜伏期为数日至1个月以上不等。据病程可分为急性、慢性和隐性感染。但所有这些类型可随条件的变动而互相转变，不能截然区分。本病的主要症状为咳嗽与气喘。

1. 急性型 见于新发猪群，猪群首次传入本病时，发病率可达100%。各种年龄的猪均易感，以妊娠母猪和哺乳仔猪多发。病猪常见无前兆症状，突然精神不振，头下垂、站立一隅或趴伏在地，食欲大减或废绝，日渐消瘦。10日龄的哺乳仔猪也可感染。伴有特征性发热或不发热的急性呼吸困难。体温一般正常，有继发感染时则体温升高。病猪剧喘，腹式呼吸或犬坐姿势，时发痉挛性阵咳。病猪呼吸困难，严重者张口伸舌，口鼻流沫，发出哮鸣声，似拉风箱，数米之外可闻。呼吸时腹肋部呈起伏运动（腹式呼吸）。呼吸频率高达60～120次/min。此时病猪前肢撑开，站立或犬坐式，不愿卧地。一般咳嗽次数少而低沉。有时也会发生痉挛性阵咳。病程7～15d，病猪常因呼吸衰竭、缺氧窒息而死，首次暴发点，致死率高达20%～45%。一个猪群内急性型的持续时间常约为3个月，然后转为较常见的慢性型。

2. 慢性型 急性型可转变成慢性型，亦有部分病猪开始时就取慢性经过。本型多见于老疫区的架子猪、育肥猪和后备母猪。病初精神、食欲正常，病猪体温不高，病猪常于清晨、晚间、运动后及进食后发生咳嗽，由轻而重，严重时呈连续的痉挛性咳嗽。咳嗽时站立不动，颈伸直、头下垂，直至将呼吸道分泌物咳出咽下为止，甚或咳至呕吐。随着病情的发展而出现明显的腹式呼吸，急促而用力，严重的病猪张口喘气。随着病程的发展症状进一步恶化，而出现不同程度的呼吸困难，表现呼吸次数增加和腹式呼吸（气喘）（图2.4.1–1）。这些症状时而明显，时而缓和，时而加重。病猪的眼、鼻常有分泌物，结膜发绀，怕冷，行走无力；食欲初时变化不大，病势严重时大减或完全不食。病期较长的小猪，身体消瘦而衰弱，被毛粗乱无光，逐渐消瘦，增重缓慢，生长发育停滞。如无继发病，体温一般不高。慢性型病程很长，可拖延2～3个月，甚至长达半年以上，病死率不高。此时如未及时治疗，常出现并发感染，致死率增高。阳性猪场在此阶段应及时采取生物安全措施。此类病型最易发生继发性感染，是夏季造成猪群急性死亡的主要诱因。如继发感染巴氏杆菌，病猪则体温升高，衰竭而死亡。病猪表现咳嗽，次数逐渐增多，特别是早晨活动后和喂食时，发生连续咳嗽，此时精神沉郁，食欲减退，结膜发绀。

3. 隐性型 本型在老疫区的猪群中占有相当大的比例。因肺炎灶微小而不表现任何症状，或偶见个别猪咳嗽，若此时饲料中投入一定比例的药物，饲养条件良好，猪群生长发育一般正常，肥猪出栏屠宰检验时肺有猪支原体肺炎灶。此类病猪作为平行散毒和垂直传播的隐性传染源，是影响疫苗免疫效果的主要因素。

五、病理变化

急性病例，病原毒力强，侵入易感猪而导致全肺的融合性支气管肺炎，最后发展为急性肺泡性肺气肿。剖检时两侧肺体积高度膨大，被膜紧张，几乎充满整个胸腔，有肋压痕，肺呈灰白、灰红、橘红色。肺切面湿润，膨胀，肺泡轮廓清晰可见，挤压可由小支气管断续流出灰白色泡沫样液体。常伴有间质水肿、气肿。

慢性病例病变由肺的心叶开始，病灶粟粒大至绿豆大，逐渐扩展到间叶、中间叶和膈叶下部，形成融合性支气管肺炎。病变呈对称性与健康组织界限明显，外观似胰样（图2.4.1–3）、肉样（图2.4.1–2），两侧病变大致对称，病变部肿大，淡红色或灰红色半透明状，界限明显，象鲜嫩的肌肉样肉变。切面组织致密，从小支气管挤压出灰白色，混浊黏稠的液体，支气管淋巴结和纵隔淋巴结肿大数10倍（图2.4.1–4），切面灰白色，如继发细菌感染，可引起肺和胸膜的纤维素性、化脓性和坏死性病变。如果没有其他合并症发生，除呼吸器官外，其他器官通常是没有变化的。

本病的主要病理组织学的变化，早期以间质性肺炎为主，以后则演变为支气管性肺炎，但其表现形态则随着病性的不同而有差异。

早期扑杀或病变较轻的病例，其肺组织的最早变化是支气管周围炎，显微镜检查可见支气管周围及小血管周围有多量淋巴样细胞浸润及滤泡样增生，形成所谓“袖套”（图2.4.1-6），此变化往往比眼观病变出现得早。这时气管黏膜上皮一般尚完整，腔内渗出物也少见。

随着病情的发展，病变呈现典型的支气管肺炎。镜检小支气管周围的肺泡扩大，泡腔内充满多量炎性渗出物，并见多数小病灶融合成大片实变区，在比较早期和较急性的病例中充满于扩张的泡腔内的渗出物是浆液性的，其中混杂着淋巴细胞和脱落的肺泡上皮细胞。肺泡壁毛细血管呈轻度充血，病灶周围的肺泡常呈气肿，小支气管周围淋巴样细胞大量积聚，甚至迫使支气管腔变狭窄或使其内壁突起；气管黏膜上皮增殖而变厚，并有轻度剥落现象，管腔内充满数量不等的渗出物，小叶间的间质稍为增宽，有水肿及炎性细胞浸润。

在比较慢性的病例，其肺泡腔内的炎性渗出物中的液体成分减少，大部分为细胞成分，主要是淋巴细胞，在增厚的肺泡壁中也有同样的细胞浸润。在病末期肺炎病变区可见吸收现象，即炎性渗出物大部分自肺泡及支气管排出，可在肺泡腔及肺泡壁中见有纤维结缔组织增生，肺泡壁显著增宽，肺泡腔因而被闭塞及压缩。

关于本病的病理变化，无论自然病例还是人工感染病例，也无论我国所报道的或国外的，其基本病变是一致的。至于有差异之处，主要是病情和病期的不同，特别是有混合感染时则区别就更大，因此做病理诊断时应将临床的观察和病原的检查结合起来，才能获得正确的结论。

六、诊断

对临床症状明显的猪支原体肺炎病猪，根据流行病学、临床症状和病变特征可做出诊断。对慢性和隐性感染的病猪，X线检查有重要的诊断价值。

1. 临床综合诊断　本病仅发生于猪，不同年龄、性别、品种的猪均可发病。新疫区呈急性暴发形式，以怀孕母猪和哺乳母猪症状最严重，病死率较高，增长率较高。老疫区多为慢性和隐性感染，以架子猪、育肥猪和后备母猪多见。临床症状以咳嗽、气喘为特征，体温一般正常，食欲变化不大。特征性病变是肺的心叶、尖叶呈对称性的胰变和肉变，病健区界限清楚，支气管淋巴结、纵膈淋巴结和肺门淋巴结肿大等征病性变化在现场可作出诊断；但当前单一的本病很少见，多为混合感染，表现为猪呼吸道综合征的病变，诊断时应仔细观察与鉴别。

2. X线检查　对隐性和可疑病猪通过X线透视可作出诊断。病猪肺叶内侧区域的两心膈角部或心脏外围呈现不规则的云絮状渗出性阴影。

3. 血清学诊断　微量间接血凝试验、酶联免疫吸附试验（ELISA）、微量补体结合试验、免疫荧光试验、试管乳胶凝集试验、微粒凝集试验、琼脂扩散试验、生长沉淀试验等，这些方法有助于本病诊断，国内将间接血凝方法纳人规程，但诊断试剂保存期不长，有限制性。国外用ELISA试剂盒进行血清学诊断。国内未形成标准试剂盒，还没有一种血清学诊断方法纳人常规诊断。病原分离较难。江苏省农业科学院兽医所发明了微粒凝集反应，采用微量猪肺炎支原体纯化培养物为抗原，加入待检猪血清于培养基中培养，培养物涂片、染色，1 600倍镜检观察有无凝集反应，特异性较好，但较繁琐。

4. 鉴别诊断　本病应注意与猪肺疫、猪流行性感冒、猪肺丝虫病和蛔虫病相区别。

猪肺疫呈散发性或地方流行性，体温升高，食欲废绝，病程1~2d，主要病变是败血性和纤维素性肺炎，病料涂片染色，镜检可见两极深染的巴氏杆菌。

猪流行性感冒一般突然暴发，并迅速传播，体温升高，病程较短，约1周左右，猪群经过短期发病后，流行迅速停止。

猪肺丝虫病和蛔虫病，其幼虫可引起咳嗽，有支气管炎病变，但炎症多位于膈叶后端，剖检可发现虫体，粪便检查可发现虫卵或孵化出的肺丝虫幼虫。由蛔虫引起的咳嗽，一般在几日之内可以消失。

一般根据剖检时病变限于肺和胸腔淋巴结的变化和临床症状来确诊，对慢性和急性病猪可做肺部的X线透视检查或做血清学试验。

常用血清学方法有微量补体结合试验、免疫荧光、微量间接血凝试验、微量凝集试验、ELISA等。核酸探针和PCR技术的研究有助于本病的快速诊断。

本病应注意与猪肺疫、猪肺丝虫病鉴别诊断，猪肺疫为散发性或地方流行性，临床症状表现体温升高，食欲废绝。病程为1～2d。主要病变为败血症变化或纤维素肺炎，取病猪和病死猪心血或肝抹片，经染色镜检可见两极浓染的多杀性巴氏杆菌。

猪肺丝虫能引起猪咳嗽，主要病变是支气管炎，炎症多位于隔叶后端，切开病变部可发现肺丝虫，粪便检查可见到肺丝虫幼虫。

七、防制

（一）免疫预防

据报道，美国、欧洲和日本所分离的猪肺炎支原体各菌株的抗原性是相同的，国内有一些地区所分离的菌株均有交互免疫性。

猪支原体肺炎的免疫特点是猪肺炎支原体自然和人工感染猪都可产生一定的免疫力，猪支原体肺炎的康复猪对强毒感染有抵抗力，说明免疫患过本病而痊愈后的猪只，能获得可靠的免疫力。通过疫苗免疫接种对控制猪支原体肺炎上是有效的和可行的。肺脏是猪支原体肺炎的靶器官，肺内免疫途径对猪支原体肺炎免疫力的建立是一个突破性进展。猪支原体肺炎的免疫主要以局部细胞免疫为主。

猪支原体肺炎的免疫力与血清中抗体（IgG）水平没有多大的相关性，可以说体液免疫在抵抗猪肺炎支原体感染方面意义不大。自然感染或接种过疫苗的母猪，可产生母源抗体，仔猪通过初乳可获得母源抗体，但这种母源抗体的保护作用很弱，也可能是短暂的，并具有某种程度的不稳定性，不能保证哺乳仔猪免受猪肺炎支原体的感染，因此不能单一依靠母源抗体来保护仔猪。只有通过对仔猪进行疫苗免疫接种方能产生有效的免疫力。机体对猪肺炎支原体的免疫主要是局部的细胞免疫和黏膜免疫，特别是气管和肺脏局部的黏膜免疫，起保护作用的主要是存在于上呼吸道和支气管分泌物中的分泌型IgA。

MPS免疫机理决定了MPS产生免疫的能力相对较弱，以产生体液免疫为主的灭活疫苗的免疫能力更弱。

1. 目前疫苗研究情况　早在20世纪50年代末广东兽医研究所（1959）进行了人工感染病例和自然感染病例的长时间观察和试验，在经过不同的时间后，以X线检查，结果发现分别在感染或症状出现后的48～200d或61～311d，其肺炎病灶便可完全消散，随后对这些猪只再作1～3次的强毒攻击，扑杀时并未发现典型的肺炎病变，而对照猪的肺炎病灶则很明显，从而证明病愈猪不但能获得良好的免疫力，而且这种免疫力至少能维持7个月。浙江兽医研究所等单位（1957）报告，对72例自然康复的病猪进行观察，经与发病猪接触4个月，未发现有重新感染本病的现象。其他研究单位〔南京农学院、贵州农学院（1959）〕也曾获得类似的结果。哈尔滨兽医研究所（1959）对强毒人工感染后康复的猪只再攻以强毒，亦证明有坚强的免疫力。这种免疫现象也为后来许多阳性猪场利用康复种猪重新建立健康猪群的大量事实所证明。此外，兽医药品监察所（1999）进一步证明了济南、北京、广州和琢县等几个不同地区的菌株，具有交互免疫性。华南农学院（1972）报道用广东菌株免疫的猪只，能耐过济南系、南京系及广西系三株强毒的攻击。直至20世纪80年代，用全国各地分离的致病性地方菌株感染的猪只，康复后再以兽医药品监察所提供的济南系标准强毒攻击，结果都能获得保护，同时这些地方菌株经过血清学方法鉴定也是互相一致的，进而证明了迄今在我国还未发现有不同的菌型。

2. 被动免疫　在20世纪50年代据广东及浙江兽医研究所和南京农学院等单位的报告，他们利用康复猪的血清和肺等进行中和试验、补体结合试验和接种健猪，观察都获得阴性结果。在国外Lam和Switzer（1971）报道，以三种灭活疫苗免疫猪只所生产的抗体，接种20头猪，有14头获得保护，这也说明了被动免疫是有效的。但是企图利用免疫血清来防制本病，迄今在国内外都仍未获得成功。

早在20世纪60年代以前，我国不少研究单位曾进行过用灭能病猪脏器对猪免疫的试验，例如用福尔马林、石炭酸、结晶紫、按叶油、氯仿、氢氧化铝或经紫外线照射等处理后的病料接种猪只，都未获得成功，甚至应用活的强毒做皮下或静脉注射〔浙江兽医研究所等（1958），苏北农学院（1959），广东兽医研究所（1959）〕时，虽然对猪安全，但做呼吸道感染证明没有免疫力。江苏兽医研究所（1963）的试验证明，非呼吸道多次接种适量强毒，随着接种方法、次数、剂量、注射间隔和抗原的不同，可产生不同程度的免疫力。1959年开始，兽医药品监察所通过乳兔减弱毒力的试验证明，利用乳兔继代毒以胸腔注射、气管接种或气雾免疫的方法对猪免疫是确实有效的。据该所（1985）报道，用660～720代乳兔继代毒免疫猪，攻强毒，保护约80%。此外，还利用通过绵羊、山羊或鸡胚培养的含菌材料，组织培养物和无细胞培养物进行人工免疫试验，都获得一定的进展，但尚欠安全，免疫力差，或者遗传性不够稳定，故目前仍在探索中。

一些国外动物保健品公司生产灭活疫苗，免疫后可刺激机体产生细胞免疫和局部的黏膜免疫力，而且采用肌肉注射接种，使用方便。国内生产的弱毒疫苗可产生较强的局部黏膜免疫力和细胞免疫力，免疫期较长，但需采用胸腔内注射，使用不太方便，有一定的副反应，并且要求疫苗免疫后一周内避免使用抗生素。不管是弱毒疫苗，还是灭活疫苗，都不可能提供完全的免疫保护，也不能完全阻止猪肺炎支原体的感染，但在减轻猪肺炎支原体感染造成的肺部病变、提高日增重和饲料转化率方面效果明显，意义很大。同时疫苗免疫接种对控制同圈猪感染、降低母猪带菌率也有很重要的作用。

仔猪，特别是哺乳仔猪对猪肺炎支原体最易感。对仔猪应及早进行疫苗免疫接种，以保护猪群不受猪肺炎支原体感染。疫苗免疫接种在仔猪受到感染之前进行，其诱发的免疫效果会更好，而且免疫保护时间长。由于母猪带菌，在哺乳时可使仔猪受到感染，因此应在仔猪一出生时就进行疫苗免疫接种。

3. 疫苗种类 一类为弱毒苗，有中国兽医药品监察所研制的乳兔继代弱毒株和江苏省农业科学院研制的168无细胞培养弱毒株；另一类为灭活苗，由勃林格殷格翰、辉瑞、仙灵葆雅、英特威、富道、梅里亚公司生产。

①弱毒苗。免疫保护率在78%～85%，采用“苏气”穴肺内免疫，即在肩脚骨后缘（中上部）1cm处肋间隙快速注射一头份1mL，操作与肌注一样简便。首免在40日龄，一般一次免疫即可，1个月后产生免疫力，免疫期6个月以上。弱毒苗免疫后1周内避免使用大剂量广谱抗生素，但可用阿莫西林和青、链霉素。为预防早期感染，有5～7日龄首免成功的报道。

②灭活苗。仔猪7～12日龄首免1～2mL，14d后再二免2mL。据本场感染时间灵活确定首免时间，可增加免疫力。

总体上，弱毒苗、灭活苗免疫力有限，免疫时控制同圈感染至关重要。多胎母猪或种公猪可以通过药物使其成为具有抗感染能力的康复猪，或用灭活苗提高其免疫力，以降低带菌率，但通过免疫多胎母猪，希望以母源抗体保护仔猪尚待证实。

（二）药物防制

目前，用于猪支原体肺炎预防和治疗的药物有泰妙菌素、土霉素、泰乐菌素、利高霉素、四环素、氟苯尼考、替米考星等。在预防和治疗时，应考虑使用一些复方，两种或多种药物同时使用，效果会更好。多种药物对控制猪肺炎支原体的感染是有效的，实践证明，采用药物预防和控制猪支原体肺炎是可行的，也是十分有效的。猪场在控制猪支原体肺炎的同时，应考虑猪呼吸道疾病综合征的控制效果，因此首先应选择高效、低毒的药物，其次才考虑价格。药物的使用上，应坚持“预防在先，治疗在后”，也就是首先应采取药物预防，以控制猪群的感染和降低母猪的带菌率。对于发病猪群，可使用药物进行治疗，但如果发病猪群有继发感染或混合感染，药物治疗效果往往不佳。对于初产母猪，由于肺炎支原体的潜伏性感染导致产生的排毒机会更大，因此使用药物清除初产母猪带毒和控制排毒是十分必要的。

药物治疗关键是早期用药。

（三）治疗

1. 盐酸土霉素 用量按每千克体重日量30mg

计算（第一次用量加倍），用0.25%普鲁卡因或5%的葡萄糖生理盐水稀释后肌肉注射，每日1次，连续注射5天为一个疗程。重症者可适当延长一个疗程。盐酸土霉素按每千克体重6mg作气管内注射效果较好。

土霉素碱油剂、土霉素碱粉70g，花生油100mL，混合均匀，每千克体重0.2mL。肩背间或颈部等两侧深部肌肉分点轮流注射，每5d注射1次，连用2～3次。

2. 治喘灵 江苏省农业科学院畜牧兽医研究所研制成多种抗生素油混悬液——治喘灵，5d一针为1疗程，治疗人工感染猪72头，平均治愈率为79.7%（指X线透视阴性），无一头死亡。疗后54d再次X线透视，治愈率为70.27%，可见疗效相当稳定。治喘灵具有治愈率较高，疗效稳定，注射局部无炎性肿胀无减食反应，使用方便，药价低廉等优点，深受农村基层兽医站的欢迎。按病猪体重每5kg，颈部两侧肌肉注射1mL治喘灵；一般用量小猪3～4mL，中猪6～8mL，大猪最多只需12mL/头，大剂量可颈部两侧行深部肌肉分点轮流注射，每5天治疗一次，一般治疗1～2次。此外，重病猪配合卡那霉素4～6mL/头肌注；20%～50%葡萄糖生理盐水50～100mL，腹腔注射；病猪应加强饲养管理，冬季注意保暖，单栏饲养，加喂青绿饲料，温水拌料，多加垫草等可提高治愈率，减少死亡。对一般病猪（见有连续干性咳嗽和有轻度腹式呼吸）可同时一次性进行治喘灵、卡那霉素颈部肌注，1～2次即可治愈。轻病猪（排除寄生虫外，仍有连续干性咳嗽的猪只）仅使用治喘灵治疗1～2次（间隔5d一次），即可收到良好效果。

3. 恩诺沙星 据报道有的技术人员以50kg体重病猪为例，2%盐酸环丙沙星注射液20mL，1%亚甲兰注射液8mL，1%硫酸阿托品注射液2.5mL，分别1次颈侧耳后肌肉注射，每日1次，或用量2.5mg/kg体重，每日2次，肌注，一般4～5次即愈。

4. 泰妙菌素（Tiamulin） 泰妙菌素的商品名为“支原净”，系瑞士山道公司制造。它是一种白色结晶粉末，以拌入饲料内给药。作者对其进行治疗和预防猪支原体性肺炎的有效剂量、疗程及疗效进行试验获得初步结果，对猪支原体肺炎预防剂量，每天50mg/kg体重拌料，口服连续2周，能在73～96d内不发病，即肺部透视检查不显现病变阴影。治疗期间一度有明显的疗效，但部分治疗猪仍会复发。治疗猪在治疗后6d，剖杀做病原分离，部分猪仍会带菌。如将剂量加大至每天200mg/kg体重，拌料后口服连续2d，能使部分健猪中毒致死。从上结果可知：泰妙菌素仅能用于食欲的健猪拌料预防猪支原体肺炎或有食欲的轻病猪拌料喂服治病，对于有气喘症状伴有减食和不食的病猪，无法使用。泰妙灵和磺胺嘧啶按每千克体重分别加20mg拌入饲料，连喂10d，有较好的预防猪支原体肺炎的效果。泰妙霉素（支原净）饮水中加0.004%的颗粒剂，45g溶于50kg水中，连用10d，有较好的预防效果。

5. 卡那霉素

①硫酸卡那霉素注射液，50单位/2mL，为无色液体。

②猪喘平，系硫酸卡那霉素母液提取的棕色注射液。

硫酸卡那霉素注射液药效较高，一般病猪20kg50万单位/支肌肉注射，可作为延缓疾病急性症状发作的有效药物。此药治疗见效快，但复发率较高，一般治愈率50%左右。猪喘平按每千克体重4万单位，肌肉注射，每日1次，5日为一疗程。轻症者1个疗程，重症者3个疗程。卡那霉素如与土霉素交替使用，可以提高疗效。

③硫酸卡那霉素，每天每千克体重5万～7万单位肌肉注射，每天2次，连用5～6d。

6. 林可霉素（Lincomycin） 林可霉素又称洁霉素。我们使用美国普强公司制造的林可霉素注射液治疗自然发病猪，对杂交猪疗效显著，但需50mL/kg体重，5d一疗程，2周治愈率为88.67%；4周治愈率为96.30%；而对二花脸猪疗效较差，5 000mL，连续2个疗程，治疗康复率仅为32.72%。疗效与品种之间有明显的差异。对于腹式呼吸明显、已减食的重病猪，除延长林可霉素疗程外，同时须对症治疗和加强护理。轻病群可每吨饲料加入200g，连续喂3周。

盐酸洁霉素注射液：肌肉注射按每千克体重50mg，5d为一个疗程。

7. 泰乐霉素　按每千克体重10mg，肌肉注射，3天为一疗程。泰乐菌素按每千克体重50mg为预防量，100mg为治疗量，2周一个疗程，拌饲料中喂猪。

总之，多种药物对治疗猪支原体肺炎均有疗效，特别是一些新药，如高力米先（梅里亚公司产）乳酸环丙沙星等。治疗时须根据发病的严重程度及有无呼吸道病复合体的发生，感染初期用治喘灵一次即可治愈，重病猪一般都有继发感染，须配合轮换使用多种广谱抗菌素，一疗程5～7d。

（四）预防净化和根除

生物安全与饲养管理措施：建场初引入单一来源的无MPS的后备猪群，并采取严格措施，防止与其他猪群直接或间接接触；采取自繁、自养、自育和全进全出；保持室内空气新鲜，加强通风，减少尘埃，人工清除干粪可降低猪舍氨浓度；断奶后10～15d内仔猪环境温度应为28～30℃，保育舍温度应在20℃以上，最少不低于16℃，保育舍、产房还要减少温差；相对湿度保持在45%～75%；饲养密度降低利于有效地控制呼吸道病；尽量减少迁移，降低混群应激；避免饲料突然更换，饲料要求营养全面、新鲜；建立每天定期消毒制度及猪舍腾空消毒净化制度，冬天产房和保育舍以双氧水、过氧乙酸消毒有特别益处。

免疫程序：猪支原体肺炎乳兔弱毒菌苗，适用疫点（区）断奶后仔猪、后备架子猪、种猪及怀孕2个月以内的母猪，免疫期8个月。猪支原体肺炎安宁168株弱毒苗，对杂种猪较安全，免疫期9个月。

1. 猪支原体肺炎阴性种猪场净化与根除措施　一般引进国外健康种猪的新建场和长期进行自繁自养、严格管理的净化场无猪支原体肺炎发生，此类猪场预防猪支原体肺炎最经济的方法是通过弱毒苗的免疫，配合严格的隔离和消毒卫生措施。免疫程序为：种母猪、种公猪进行右侧肺内注射免疫，仔猪45～60日龄左侧肺内注射免疫。

通过长期监测、免疫、隔离、消毒和及时治疗、淘汰保持健康场的净化。

坚决贯彻“自繁自育”的方针，严禁从外地输入猪只。如必须从外地引进种猪时，应认真了解猪源所在地有无本病流行。认为健康的猪，购入后应严格隔离检查3个月，在隔离期间，选择本场刚断奶的健康仔猪3头进行混群饲养，注意观察有无咳嗽和气喘症状，确认无猪支原体肺炎后方可混群饲养。平时应加强猪的饲养管理，给予优质全价饲料，做好经常性的卫生防疫及消毒工作，保持栏舍的清洁、干燥、通风。从外地引进病猪或带菌猪是引起大部分猪场发生本病的主要原因。坚决执行“自繁、自养、自育”的原则，是阻止病猪或带菌猪进入猪场（群）的首要环节，由此可切断传播途径，也是保护猪场免受感染的重要手段。

2. 猪支原体肺炎阳性猪场净化与根除措施

⑴免疫接种与药物预防：给种猪和新生仔猪右侧肺内注射接种猪支原体肺炎弱毒冻干疫苗。免疫程序：每年8～10月份给种猪和后备猪注射猪支原体肺炎弱毒菌苗1次，阳性场病愈母猪（可能隐性带菌者）临产前一个月以0.1%土霉素碱饲喂2周，或连续口服泰乐霉素和三甲氧苄二胺嘧啶，密集药物治疗也可获得无猪支原体肺炎母猪，以防垂直传播。

仔猪免疫程序：仔猪可进行二次免疫以提高猪群免疫力。7～15日龄首免，60～80日龄二免。仔猪群中如有已感染病猪须及时隔离，并在二免前15d以0.1%土霉素碱连续饲喂1周。

猪肺炎支原体感染严重的猪场，如哺乳仔猪发病率提高，猪场又必须使用抗生素，则可对吮乳仔猪应用1～5日龄首免、10～20日龄加强免疫的早期免疫程序，同时对猪舍严格监视、隔离发病猪，并定期进行圈舍带猪消毒和转群消毒。并连续注射疫苗3年，可以控制猪支原体肺炎。

⑵健康猪群的创建：药物预防与治疗培育健康猪群，利用康复母猪不带菌也不排菌的原理，用敏感抗生素治疗本病，使得病猪治愈康复。选择康复母猪单个隔离饲养，采用人工授精，产仔连续2窝以上；仔猪从哺乳期到架子猪都未出现气喘症状，通过疫苗注射，仔猪亦未发现猪支原体肺炎的病变，可以定为健康猪群。饲料中添加抗支原体和抗腹泻的抗生素，目的是控制断奶后腹泻并加强保健作用，清除仔猪体内的肺炎支原体，仅留下PRRS，由

于支原体对PRRSV感染的促进作用被抑制，PRRS的发病时间可被推迟。

早期诊断、早期隔离，及时消除传染源。加强日常的隔离工作。怀孕母猪实行单圈饲养，使小猪感染本病只能来自母猪，反复检查母猪是否为带菌母猪或病母猪、或是健康母猪，逐步确定无本病的健康母猪群，以建立无本病的健康猪场。

兽医和饲养员平时应加强对猪群观察，从猪群中检出早期病猪，一听咳嗽，特别注意在夜间、清晨喂食和运动时，猪只有无咳嗽、喷嚏现象；二查呼吸，在猪群休息时注意呼吸次数和呼吸深度。确定病猪及早挑出集中隔离饲养，进行有效的药物治疗并消毒处理，这是防止扩散、迅速控制本病发展的重要环节。隔离饲养还包括对种母猪实行单圈饲养，做到母猪互不见面，小猪不窜圈。断奶仔猪按窝集中育肥。

(3)严格执行兽医卫生措施与科学饲养管理：饲养管理的好坏与本病的发生和病猪恢复健康有密切关系。猪舍要做到冬暖夏凉，空气流通。猪舍要干燥，做到科学饲养管理是预防本病的重要环节。要注意清洁卫生，定期消毒，驱除蚊蝇，饲喂全价饲料。

目前国外使用的先进防制技术简介

1. 全进全出（All in/All out） 全进全出，批量生产。越来越多的猪场采用此饲养方法，尽可能做到同日龄范围内的猪只全进全出。只要不重新引进猪只，在一定时间内出完，也算全出。全进全出并不强调一场一地的大规模全进全出，强调的是一栏（Pen）或一舍（Room）的全进全出。

2. 无特定病原（Specified pathogen free，SPF）猪 SPF猪是指没特定病原体如病毒、细菌、寄生虫等的特定健康猪。特定疫病如猪喘气病，猪传染性胃肠炎，弓形体病等。美国在20世纪50年代开始推广，但仅在部分场坚持下来。加药早期断奶（Medicated early weaning，MEW），MEW将母猪和肉猪的免疫和给药结合起来，进行早期断奶，并按日龄进行隔离饲养。应根据猪群健康情况制订免疫和加药计划。一般母猪进行本地病毒性疫病的免疫接种，仔猪加药。这些方法适用于不同来源混养的猪只，以建立最少疾病猪群。

3. 早期隔离断奶（Segregated early weaning，SEW） SEW是在仔猪母源抗体水平尚高，病原菌群增殖较弱时，将仔猪饲养在尽可能少病原菌的环境中（隔离），在各类猪群间建立防病屏障，防止猪群内部疾病之间的传播。美国1992年开始推广本技术，现已普遍使用。仔猪一般15日龄断奶，最早为12日龄。SEW的优点为：①仔猪尽早地与母猪所带的病原隔离，有利于控制疾病；②保育-肥育期生长更快，上市时间缩短；③缩短母猪的非生产期，增加胎数；④猪健康水平高，提高了胴体的价值。缺点：①健康猪更易感，容易暴发新的疫病；②有的老疫病可能更加严重，如猪链球菌病、心包炎、胸膜肺炎等；③影响母猪的繁殖性能（如窝仔猪数可能下降，延长断奶-发情间隔等）。

4. 多点生产（Multisite） 有的两地生产：配种、怀孕、分娩和哺乳在一地，保育、生长和育成在另一地；有的二地生产，配种、怀孕、分娩和哺乳，然后集中在一起保育，生长及育成又在另一地。现最流行的是三地生产模式。各地相隔几英里至几十里，须交通发达，运猪车辆配有饮水及哺料设备，则猪的移动对猪只影响不大，不会产生大的应激反应。

5. 隔离及风土纯化（Isolation and accilimation，LA） 从外地引进的种猪，一般在隔离舍饲养2个月，检疫合格后，每栏猪再混入一头本场的猪，进行风土纯化，使外来猪适应本场的微生物群体，并做好猪支原体肺炎免疫接种等工作。

总之，猪支原体肺炎的综合防制技术关键是：①后备母猪一年一次的防疫和仔猪普遍进行两次早期免疫；②及时检疫、立即隔离发病猪；③对隐性感染猪和有临床症状猪进行药物治疗，一疗程需15d以上；④有计划地进行场舍的卫生消毒。采用全进全出的饲养方法和早期隔离断奶（SEW）技术，从系统观念上结合严格的生物防护措施，有助于建立和保持无猪支原体肺炎净化场。

猪支原体肺炎弱毒冻干苗应用简介

江苏省农业科学院畜牧兽医研究所从事猪支原体肺炎研究30多年，在猪肺炎支原体的分离、鉴定等方面已取得多项成果，其中猪支原体肺炎弱毒株培育达到国际先进水平，为“八五”国家攻关科技项目，“九五”以来，在全国20多个省市大型猪场推广应用达500万头以上，免疫效果显著。本疫苗采用168弱毒株，与稳定剂一起冻干而制成。本苗接种后反应小，最适于杂交猪的免疫。

1. 免疫途径　他们先后试验过肌肉、静脉、皮下、皮内、腹腔、乳腺内、足下、滴鼻、喷雾、气管等途径均未见有好的免疫保护率；“苏气”穴位免疫接种，即肺内免疫途径取得实效，肺脏是猪支原体肺炎的靶器官，肺内免疫途径对猪支原体肺炎免疫力的建立是一个突破性进展。猪支原体肺炎的免疫主要以局部细胞免疫为主，应用弱毒株免疫接种途径必须是肺内注射，其他部位免疫效果不确实或无效。用灭菌生理盐水、注射用水或5%葡萄糖生理盐水将疫苗溶解，用12号短针头与金属注射器或连续注射枪，注射部位为肩胛骨后缘（中上部）1cm处肋间隙。吸取疫苗的针头用后每窝更换一次，防止针头带菌或沾污。免疫猪右侧肋间隙肺内注射1头份（1.0mL），溶解疫苗在2h内用完。

2. 免疫程序　每年8～10月份给种猪和后备猪注射猪支原体肺炎弱毒菌苗1次，仔猪7～15日龄首免，60～80日龄二免。从集市购买的苗猪或架子猪，临诊无症状可以立即注射疫苗。在暴发此病的猪场，未发病的棚舍，可以进行紧急预防，以降低发病率。

3. 免疫期　菌苗免疫注射后1～2周血清中能检出抗体；2周后能抵抗病猪同栏感染；一个月后产生保护力；60天后产生高水平抗体，抗强毒攻击。免疫期可达9个月以上。

4. 免疫效果　①此菌苗对杂交猪免疫效果较好，有80%的保护率，对纯繁土种地方品种猪安全，两次免疫有一定的保护力；②大型猪场须据感染情况及养殖特点制订不同的净化方案。

5. 猪支原体肺炎健康猪场鉴定标准　据农林部颁发的《猪支原体肺炎防制办法（修正草案）》（1978），凡符合以下三个条件之一者，可定为无猪支原体肺炎猪场：①观察3个月以上，未发现猪支原体肺炎症状并同时放入易感健康小猪两头，同群饲养，也不被感染者。②一年之内整个猪群未发现猪支原体肺炎症状，检查所宰杀的肥猪、淘汰猪、死亡猪的肺部均无猪支原体肺炎病变者。③一年之内采用X光机透视检查全部断奶前后的小猪，间隔一个月左右透视两次以上，均无猪支原体肺炎病变者。

第二节　猪鼻支原体引起的多发性浆膜炎和关节炎（Swine mycoplasmal hydrymenitis arthrithis）

Switzer（1953，1954，1955）曾记述和命名了猪鼻腔支原体，从患鼻炎的猪鼻腔内及多发性浆膜炎病灶内已经分离出来了这种支原体。实验证明猪鼻支原体能致多发性浆膜炎，而不致鼻炎或鼻甲骨萎缩。

一、病原

鼻腔支原体是在鸡胚中繁殖来自猪鼻腔的滤过性病原过程中发现的。Ross和Whittlestone（1983）已概括了分离、培养猪鼻支原体的各种方法及培养基。分离需时3～5d，而已适应的培养物在1～2d内就能长好。6～7日龄鸡胚的卵黄囊接种法可获得最好的分离效果。鸡胚有时在接种后4～12d死亡，或在出壳前两天剖检时可看到多发性浆膜炎，尤其是心包炎。受感染鸡胚的心包渗出物，是用来制备用姬姆萨染色法染色的涂片以查出此病原菌的优良病料。在液体培养基内，特别是培养基的上半部，通常产生轻微的混浊，有细微的沉淀。猪鼻支原体生长需要胆固醇，发酵葡萄糖，但不利用精氨酸或水解尿素。猪鼻支原体的菌落生长需要2～3d，直径为0.5～1mm。

二、流行病学

多发性浆膜炎一般多发生在3～10周龄小猪，有时幼猪也偶尔发生。猪鼻支原体经感染的母猪在哺乳室或圈内由大猪传染给小猪。10%左右的母猪的鼻腔和鼻窦分泌物中有该种支原体，大约能从40%的断奶猪的鼻腔分泌物中分离到。猪鼻支原体也经常存在于屠宰的病猪肺中。一旦猪群中有一头感染猪鼻支原体，其鼻腔和支气管感染就会迅速传播。传染是经由飞沫小滴和直接接触发生的。猪的遗传易感性有所不同，曾观察到"松林"猪发生的疾病，比约克夏猪要轻得多。

三、发病机理

猪鼻支原体普遍存在于小猪的鼻腔、气管和支气管分泌物中。其他疾病如肺炎，或应激等似乎能促使已被猪鼻支原体定居的猪发生败血性感染。当发生败血症时，猪鼻支原体可能附着在关节及体腔浆膜上，引起急性浆液纤维蛋白性炎症。随着病程发展，病猪的血清蛋白特别是γ-球蛋白明显增加，也可能产低水平的抗球蛋白。

急性期的病灶内可分离到猪鼻支原体，在疾病的亚急性期（即发病后2周到3个月）仍可能从少数部位中分离到，在某些受感染的关节中支原体可以持续存在6个月之久。Ennis等（1972）在没有分离到支原体的猪体中，从慢性炎症的关节及其局部淋巴结内检测到猪鼻支原体抗原，引起浆膜病变的严重程度和定位差别有四个不同因素，其中，第一个是感染时猪的年龄。曾经发现，通过腹腔接种时，6周龄或更小的猪，比8周龄或更大的猪，倾向于发生严重得多的病变。在现场条件下，发生严重病变的突破点似乎是在10周龄左右。影响病变严重程度的第二个因素似乎是各菌株在对特定浆膜表面亲嗜性方面的差别。因而有些菌株在所有浆膜面上将引起病变。而另一些菌株则可能选择心包浆膜面或关节表面。第三个因素是感染时动物受到的应激作用。如果在严重应激情况下受到感染，即使成年猪也将发生严重多发性浆膜炎。把易感公猪引入到感染猪群则是发生此情况的较常见时机。公猪可能发生发热反应，标志严重多发性浆膜炎的运动疼痛和阴囊很明显肿胀及敏感。第四个因素是猪的遗传易感性。

四、临床症状

一般临床综合症是，感染后第3天或第4天时被毛粗乱，第4天左右出现体温升高，但很少超过40.6℃，其病程有些不规律，5天或6天后可能平息下来，但几天内又复发。病猪食欲明显减少。许多病猪出现的一个特殊动作是，首次骚扰时出现过度伸展动作，这是试图减轻多发性浆膜炎造成的刺激。经常有关节炎，可能波及任何关节，但跗关节、膝关节、腕关节和肩关节最常受侵害。偶而寰枕关节也受侵害；若发生则病猪将头转向一侧，另一些病猪则头向后仰，这个动作可能和一侧性中耳感染的姿态改变相仿。

急性期症状为被毛粗糙，中度发热，精神沉郁，食欲不振，行走困难，腹部触痛，跛行及关节肿胀等。腹痛及喉部发病的临床症状表现为身体蜷曲，呼吸困难，运动极度紧张及胸部斜卧等。急性症状的持续期和严重程度因病变严重性不同而异。发病后10～14天，急性症状开始减轻，此后的主要临床症状为跛行及关节肿胀。疾病的亚急性期间，关节病变最为严重。发病后2～3个月跛行和肿胀可能减轻，但有些猪6个月后仍然跛行。

五、病理变化

急性期的病变为急性浆液纤维蛋白性及脓性纤维蛋白性心包炎，胸膜炎和程度较轻的腹膜炎。表现为滑膜充血、肿胀，滑液中有血液和血清，数量明显增加。显微镜下表现为：浆膜增厚，浆膜下组织出现淋巴细胞、浆细胞及一些嗜中性白细胞浸润，浆膜面产生脓性纤维蛋白性渗出物等。

亚急性病变为：浆膜云雾状化，纤维素性粘连并增厚。显微镜下有纤维素性结缔组织及散在的淋巴细胞增生灶。滑膜高度增厚，绒毛明显肥大。滑液中含有血液和血清，数量明显增加。还可观察到滑膜内出现淋巴细胞弥漫性及血管周围性积聚，有时形成淋巴结节。还可看到绒毛肥大及上皮细胞层增厚。

在后期，即感染后3～6个月，虽然可见到软骨腐蚀现象及关节翳形成，但病变趋向于缓和，滑膜内经常出现淋巴细胞结节，浆膜内经常出现淋巴细胞结节，浆膜有陈旧的、机化的纤维素性粘连病灶。

六、诊断

根据临床症状及病理变化可做出初步诊断。3～

10周龄的猪出现浆液纤维蛋白性到脓性纤维蛋白性多发性浆膜炎和关节炎和肉眼病变预示着猪鼻支原体感染，分离病原微生物并证实没有能引起这些病变的其他微生物。但要注意鉴别诊断，猪鼻支原体是猪多发性浆膜炎的最常见病原。最可能引起相似病变的微生物是嗜血杆菌。此菌也引起猪的急性多发性浆膜炎。区分它们的唯一充分可靠方法是依靠分离病原。但是，这两种疾病的临床症状也有一定区别有助于在现场进行诊断。嗜血杆菌性多发性浆膜炎的体温升高较明显，经常达41.1～41.7℃。分别患此两病时浆膜渗出物的眼观表现也略有不同。嗜血杆菌引起的渗出物在颜色上比猪鼻支原体引起的要白些，稍干燥并分层。渗出物的这些差别是难于分辨的，除非很熟悉这两种疾病。另外，嗜血杆菌性多发性关节炎暴发时的发病率通常较高，如果没有采取迅速处理，可达50%～70%；嗜血杆菌性多发性浆膜炎的死亡率也颇高，常达10%以上。诊断检查用的动物必须在急性期剖杀。死亡动物的自溶性变化能使分离到猪鼻支原体的可能性减少。

猪鼻支原体多发性浆膜炎和关节炎的病猪产生较强的补体结合抗体应答，然而在该病的诊断中很少应用血清学方法。许多外表正常的猪也因猪鼻支原体的亚临床或呼吸道感染而产生抗体。

七、防制

对猪鼻支原体性多发性浆膜炎的治疗是很不理想的。已知的治疗方法不能指望对改变疾病临床经过会有很多成效。还没有能够消灭猪群中鼻腔带菌者的方法。因此，治疗和预防猪的猪鼻腔支原体多发性浆膜炎的知识是很贫乏的。但应指出，对于嗜血杆菌性多发性浆膜炎的暴发，磺胺噻唑治疗通常有很满意的效果。猪鼻支原体一般对泰乐菌素及林可霉素相当敏感，但抗生素治疗猪鼻支原体病猪的效果并不非常理想。炎症反应似乎阻止了抗生素的渗透，而炎症本身却又长期存在。在群体的基础上应用泰乐菌素或林可霉素治疗可能是有益的。

预防应重点控制那些促成猪鼻支原体感染的其他诱因条件，如呼吸道、肠道疾病或应激等。目前尚未报道用泰乐菌素、林可霉素或其他抗生素加入饲料中预防该病。

第三节 猪滑液支原体关节炎（Swine mycoplasmal hyosynoviae arthrithis）

支原体引起的猪的第二个临床综合症是一种单纯的非化脓性关节炎。这种关节炎常发生于体重3.4～113.5kg的猪，并且最常侵害膝关节。肩关节、肘关节和跗关节以及其他关节也可能受侵害。

一、病原

引起该病的病原是滑液支原体。这种支原体在许多方面和猪鼻支原体相似；但在另一些方面则明显不同，这些差别见表2.4-1。猪滑液支原体在富含猪胃黏液素的牛心浸液—禽血清培养基中生长旺盛。生长呈模糊的颗粒状结构，液体培养基出现微弱到中等度蜡样薄膜。生长需要甾醇，利用精氨酸，但不发酵葡萄糖或水解尿素。猪滑液支原体的菌落在琼脂培养基上的发育需时2～4d，直径0.5～1mm。姬姆萨法染色的生长物沉淀的涂片中，含有由不同数量不定形沉淀物包围的菌丛，此沉淀物可十分丰富而致菌丛可能是一团结构不清的物质。

二、流行病学

在10个猪群的27头母猪中以剖检和分离培养证明了18头的鼻咽分泌物有猪滑液支原体（Ross和Speavr，1973）。随后揭示出母猪鼻咽感染率很高，且猪滑液支原体长期存于这些带菌猪的喉部。小猪直到4～8周龄时，才会从成年带菌猪得到感染。在疾病的急性期，病猪从黏膜分泌物中排出大量的猪滑液支原体。

猪滑液支原体的鼻咽感染首先在少数几头4～8周龄的猪发生，同圈猪之间是否发生传染尚未进行彻底研究。然而，某些畜群的大部分猪到12周龄时都已经历了鼻部和咽部感染。扩散速度与群体密度及环境因素有关。

表2.4-1 猪鼻支原体和猪滑膜支原体的形态学、血清学、生长、代谢和致病特性比较

特 性	猪鼻支原体	猪滑液支原体
液体培养物中沉淀物呈光滑沉淀	+	–
液体培养物中沉淀物呈颗粒状沉淀	–	+
猪胃黏蛋白刺激生长2～4倍	–	+
酵母自溶物刺激生长	–	+
在固体培养基上2～3d内发育为直径约0.1mm的细致隆起的半透明菌落	+	+
用摇振培养使生长增加达8倍	+	–
穿刺培养的整个深度均出现生长	–	+
穿刺培养仅上半部出现生长	+	–
在48h内还原四氮唑	+	–
在48h内还原美兰	+	–
腹腔内接种对小猪有致病力	+	–
姬姆萨染色法染色的标本中，除有直径0.3～0.6μm典型蓝紫色球杆状菌体外，还有直径5～10μm的蓝染的球形菌体	–	+
利用精氨酸	–	+
利用葡萄糖	+	–

三、发病机理

与产生关节病变有关的因素尚未明确。肌肉丰富的肥猪，腿部活动能力及构型不良（即因四肢异常直伸出现高跷式步态），关节炎就特别严重。这种类型的猪普遍出现软骨症，即骺端及软骨下类骨质组织的退行性变化。由软骨症导致的关节病变可能使猪滑液支原体感染的关节发生更为严重的炎症。

鼻腔接种后2～4d，能从猪血液中分离出猪滑液支原体。这种败血症持续8～10d，在此期间可能会出现关节感染。关节感染的持续期和严重性各不相同。许多感染的关节不出现炎性病变，少数几天内即可恢复。而其他的关节产生急性关节炎，在这些关节内猪滑液支原体生长滴度可能很高，持续期长。曾在感染后24d的病猪关节内分离到猪滑液支原体。

四、临床症状

病猪突然出现跛行，有轻度或没有体温升高。急性跛行持续3～10d之后逐渐好转。有时病猪更加跛行，可能不能站立。感染猪群内，关节炎的发病率从1%～5%不等，死亡率很低，只是当感染的动物不能饮食或被同伴践踏时才出现死亡。

五、病理变化

急性猪滑液支原体感染的关节，滑膜肿胀、水肿和充血。滑液量明显增加，呈黄褐色，可能含有纤维素片。亚急性感染的病猪，滑膜黄色到褐色，充血，增厚。绒毛可能轻度肥大。慢性期间，滑膜增厚更为明显，可能见到血管翳形成。有时能见到关节软骨出现病变。但是，Roberts等（1972）记载了两头病猪膝关节关节软骨溃烂。关节炎是唯一一致的病变。

在急性期的显微病变与猪鼻支原体关节炎时见到的非常类似。绒毛轻度肥大，滑膜细胞层加厚，滑膜下组织被淋巴细胞、浆细胞及巨噬细胞浸润。

六、诊断

从10～20周龄的猪暴发急性跛行，用青霉素和猪丹毒抗血清治疗无效，可以初步诊断。如果确诊必须从典型病变中分离支原体，检验的动物必须具有代表性，选择在疾病的急性期，同时检验的液体来自活猪，从关节内吸出，有数个有代表性的渗出液。Eimmermann和Ross于1982年指出猪滑液支原体感染时，猪血清中有补体结合反应抗体及代谢抑制试验可测得的抗体。在跛行急性期期间和以后共两次采得双份血清检样中查出呈上升趋势的抗体效价，将有助于诊断。

七、防制

Ross（1978）指出疫苗是有效的，但至今无商品化的疫苗。必须采取综合性防预措施，选择具有良好腿部构型和运动能力的猪作为种猪，防止在易感年龄内各种应激的发生。治疗猪滑液支原体感染可注射泰乐菌素、林可霉素或泰乐霉素，与皮质甾醇联合应用效果最佳。因软骨症而导致骨骼和关节损伤的病猪对任何治疗都无良好反应。

第五章
真菌性传染病

病原性真菌与放线菌概述

病原性真菌

真菌(Fungus)是一大类有细胞壁、不分根、茎、叶和不含叶绿素的真核细胞型微生物。其在自然界中分布广泛，绝大多数不仅不致病，而且对人类有益。对人和动物致病的真菌约100多种。真菌是一类真核微生物，有复杂的分类系统。一般从形态上分为酵母菌、霉菌及担子菌三大类，均可能对动物致病。

一、致病性真菌的一般性状

真菌与细菌在大小、结构和化学组成等方面均存在许多差异。真菌比细菌大几倍至几十倍。其菌体外有一层坚硬的细胞壁，但其细胞壁中无肽聚糖结构，其坚韧性主要依赖于多聚N-乙酰氨基葡萄糖构成的大分子甲壳质（Chitin）。

（一）形态与结构

1. 单细胞真菌　细胞呈圆形或椭圆形，包括酵母菌（Yeast）和类酵母菌（Yeast-likefun-gus）。

2. 多细胞真菌　又称丝状菌或霉菌（Mold）。包括菌丝和孢子两类结构。

⑴菌丝（Hypha）由孢子长出芽管，芽管延长呈丝状，继续生长分支，形成菌丝体（Myccli um）。按功能可将菌丝分为：①向下生长深入被寄生物体或培养基内吸收营养的菌丝称为营养菌丝；②向空间生长的称为气中菌丝；产生孢子的气中菌丝称为生殖菌丝。

菌丝分有隔菌丝和无隔菌丝。

菌丝可有多种形态，如螺旋状、球拍状、鹿角状、梳状和结节状等。因不同真菌菌丝的形态不同，故可据此鉴别真菌。

⑵孢子（Spore）是真菌的繁殖结构。一条菌丝上可产生多个孢子。在一定条件下，孢子可发芽长成芽管，最后发育为菌丝。真菌的孢子分有性孢子和无性孢子。病原性真菌的孢子均为无性孢子，直接由菌丝生成。无性孢子根据其形态分为分生孢子、叶状孢子、孢子囊孢子3种。

①分生孢子由生殖菌丝末端细胞分裂或收缩而成，也可在菌丝侧面出芽形成。体积较大，由多个细胞组成，呈梭状、棍棒状或梨状的称为大分生孢子；体积较小，一个孢子只由一个细胞构成的称为小分生孢子。

②叶状孢子由菌丝内细胞直接形成。包括芽生孢子、厚膜孢子和关节孢子3种。

③孢子囊孢子菌丝末端膨大成孢子囊，内含许多孢子。孢子成熟则破囊而出。

不同种类真菌所形成的孢子种类不同、形态各异，所以孢子也是鉴别真菌的重要标志。

（二）培养特性

真菌的营养要求不高，一般在沙氏培养基（sab-ouraud）上生长良好。培养温度一般为22～28℃，深部真菌为37℃。真菌一般生长缓慢，1～2周长出酵母型菌落或丝状菌落。前者外观似细菌菌落，后者为绒毛状、棉絮状、粉末状或颗粒状等，并能显出各种不同的颜色。丝状菌落由多细胞真菌形成。

（三）抵抗力

真菌对热抵抗力不强，任何能杀死细菌的温度一般都能杀死真菌，但真菌对干燥、日光、紫外线及多数化学消毒剂耐受性较强。对作用于细菌的抗生素不敏感。灰黄霉素、两性霉素B、酮康唑等能抑制或杀灭真菌，可用于真菌病的治疗。

二、真菌的分类

真菌学发展迅速，分类较复杂，根据第8版《真菌字典》（Ainsworth等，1995），目前将真菌界分为5个门。

1. 壶菌门（Chytridiomycota） 无中隔丝状或单细胞，大多数生于水中，少数两栖（土壤）和陆生。无性繁殖产生有鞭毛的游动孢子；有性繁殖产生卵孢子。能寄生于植物。

2. 接合菌门（Zygomycota） 多数腐生，少数为寄生，多为无隔菌丝。无性繁殖产生孢子囊孢子；有性繁殖产生接合孢子。极少数偶致动物疾病。

3. 子囊菌门（Ascomycota） 腐生或寄生。寄生于植物上可引起多种植物病害，少数寄生于人、动物体上。类群较大，多数为有隔菌丝，少数为单细胞。无性繁殖为出芽或形成分生孢子，有性繁殖形成孢子囊孢子。

4. 担子菌门（Basidiomycota） 为大型腐生真菌，由有隔菌丝组成各种子实体，多数不存在无性繁殖，有性繁殖产生担孢子。有植物病原菌，草食动物食后可中毒。

5. 半知菌门（Deuteromycota） 菌丝有中隔，只知其无性繁殖产生分生孢子，不知其有性繁殖，故称“半知”。有的能引起人和动物发病。

酵母菌、霉菌、担子菌不是分类学名称，而是形态群的俗称，它们分属于真菌的各门，如霉菌分属于壶菌门、接合菌门或子囊菌门中。

三、真菌的致病性

根据致病作用可将真菌分为感染性与中毒性两大类，少数真菌在感染动物组织的同时也能产生毒素。感染性真菌中的组织胞浆菌为两相型，荚膜组织胞浆菌与假皮疽组织胞浆菌分别致犬、猫肉芽肿及马的淋巴管炎。白色念珠菌是常见的机会致病菌，雏鸡易感。中毒性真菌因产生毒素对动物致病。青霉菌属中的黄绿青霉产生的黄绿青霉素是强的神经毒；桔青霉产生的桔青霉素属肾脏毒；岛青霉产生的毒素对肝脏有毒性作用。镰刀菌属许多种类污染饲料产生多种毒素，包括玉米赤霉烯酮、T2毒素、DON等，对猪等动物有致病作用。曲霉菌属中的烟曲霉菌感染家禽致曲霉性肺炎，并能产生毒素。黄曲霉、寄生曲霉均可产生黄曲霉毒素，致肝脏急、慢性中毒及肝癌；棕曲霉产生的棕曲霉毒素及杂色曲霉产生的杂色曲霉素对肝、肾有毒性并可致肿瘤。

根据真菌致病性的差异，主要可分为两大类，以感染为主的以及以中毒为主的真菌。这种分类是人为的，有的真菌既能感染动物组织，同时也产生具有致病作用的毒素，如烟曲霉菌。

条件性致病作用，有些则产生毒素使动物中毒。

1. 致病性真菌感染 主要是一些外源性真菌感染，可造成皮肤、皮下和全身性感染。目前对其致病机制尚不完全明了。皮肤癣菌感染具有嗜角质性，在皮肤局部大量繁殖后，通过机械刺激和代谢产物的作用，引起局部的炎症和病变。深部感染的真菌遭吞噬细胞吞噬后，不被杀死而能在细胞内繁殖，引起组织慢性肉芽肿性炎症和组织坏死溃疡形成。

2. 条件致病性真菌感染 一些内源性真菌如念珠菌、曲霉菌、毛霉菌等，致病性不强，只在机体免疫力降低或长期应用广谱抗生素、激素或放射治疗后，发生机会感染。

3. 真菌变态反应性疾病 一部分真菌能引起变态反应阳性，但并不致病。但交链孢霉菌、曲霉菌、青霉菌、镰刀菌等污染空气时，引起接触性皮炎等疾病。

4. 真菌性中毒 在饲料中生长的真菌，动物食后可导致急性或慢性中毒。引起中毒的主要是真菌产生的毒素，如镰刀菌毒素引起的中毒可使肾、肝、心肌、脑组织发生病变；黄曲霉的黄曲霉毒素、杂色霉的杂色霉素、岛青霉的岛青霉素等可引起肝损害；桔青霉的桔青霉素可引起肾小球损害，导致急性或慢性肾病；拟丝孢镰刀菌的毒素可引起动物消化道中毒白细胞缺乏症，死亡率很高。

5. 组织胞浆菌属（Histoplasma）致病性 本属

为典型的双相型真菌，在组织中呈酵母样细胞，室温培养时形成菌丝体。重要的致病菌有荚膜组织胞浆菌及假皮疽组织胞浆菌。

荚膜组织胞浆菌（*H. capsulatum*）可引致猪及啮齿类动物自然感染，小鼠尤易感染，常导致高度接触性传染性组织胞浆菌病。该菌寄生在网状内皮细胞的胞浆内，使感染组织形成肉芽肿。通常呈地方性、良性无症状的原发性感染，有时也呈急性、亚急性经过，愈后肺脏往往留有钙化灶。

四、免疫性

机体对真菌的免疫包括非特异性免疫和特异性免疫。皮脂腺分泌的不饱和脂肪酸具有抗真菌作用，正常菌群的颉颃作用和吞噬细胞的吞噬作用均在抗真菌的非特异性免疫中发挥着重要作用。

真菌感染后可刺激机体产生细胞免疫和体液免疫。抗体的抗真菌作用尚不能肯定。细胞免疫在抗真菌感染中的作用较重要。细胞免疫功能低下或缺陷者易患真菌感染特别是深部真菌感染。

大部分动物对真菌感染有一定的抵抗力。一般认为真菌感染的康复主要靠细胞免疫，血清中抗真菌抗体滴度虽然很高，可用于血清学诊断，但不能抑制真菌的生长。在真菌的细胞免疫中，T细胞起主导作用，如T细胞受损，机体易发生念珠菌病、曲霉菌病。

五、中毒性病原真菌

凡能产生毒素、导致人和动物发生急性或慢性中毒症的真菌，称为中毒性病原真菌。但是即使是同一种真菌，例如黄曲霉，也不是所有菌株均能产生毒素，只有产毒的菌株才有病原性。

（一）毒素的种类

中毒性病原真菌产生的真菌毒素是一类次生代谢产物，种类很多，根据其主要中毒作用可分为肝脏毒、肾脏毒、神经毒等几类。

⑴肝脏毒主要致发肝细胞变性、坏死或引起肝硬化、肝癌，如黄曲霉毒素等。

⑵肾脏毒主要引致急性或慢性肾脏病变，可使肾功能完全丧失，如桔青霉素等。

⑶神经毒主要造成大脑和中枢神经系统的损害，引起严重的出血和神经组织变性，如黄绿霉素。

⑷造血组织毒主要损害造血系统，发生造血组织坏死或造血机能障碍，白血球减少症等，如某些镰刀菌毒素。

（二）真菌毒素致病作用

许多真菌毒素往往作用两种以上的器官或系统，表现出致畸、致癌和致突变作用。还包括抑制细胞的分裂或蛋白质的合成，影响核酸的复制，降低免疫应答作用等。

（三）毒素的产生条件

真菌毒素的产生，首先取决于菌株，其次依赖于外界环境，如基质、温度和湿度。基质对霉菌的生长和产毒有一定的影响。一般而言，真菌产毒菌株主要在粮食、饲草等植物上生长产毒，在乳、蛋等动物源基质上产毒能力较低。

霉菌的生长繁殖与温度有密切关系，大多数最适温度为25～30℃，低于10℃或高于40℃生长减弱，产毒素能力也会受到影响。

基质的水分、空气的湿度与真菌的生长繁殖和产毒素能力密切相关，基质含水量在17%～18%时为真菌产毒素的最适条件。

（四）分类

1. 青霉菌属（*Penicillium*） 黄绿青霉、桔青霉、岛青霉、圆弧青霉、扩展青霉是本属中主要常见的产毒素真菌，对人和动物机体的毒性作用各有不同。

⑴黄绿青霉（*P. citreoviride*）：又称毒青霉，分布广泛，可从霉变米或土壤中分离。

黄绿青霉的代谢产物是黄绿青霉素（*Citreoviridin*），是很强的神经毒素，紫外线照射2h毒素被破坏，耐热，27℃才能失去毒性。

从霉变米中提取的黄绿青霉素可使动物发生急性中毒，特征为中枢神经麻痹，24h内即可致死。精制品静脉注射的LD_{50}为2.0mg/kg，皮下注射为8.3mg/kg。该毒素可使猫、犬、猴、兔、大鼠发生中毒。对猫可引起呕吐、痉挛、上行性脊髓麻痹，伴有血压下降和心力及呼吸衰竭，还能引起肝肿瘤和贫血症。毒素主要分布在脑、肝、肾、脾脏中。

⑵桔青霉（*Citrinum*）：是粮食常见的霉菌之一，侵害大米后，使之成为有毒的黄变米。有明显

的蘑菇气味。

桔青霉素（*Citrinin*）属肾脏毒，对小鼠皮下注射的LD_{50}为35mg/kg，特点是引起肾功能及形态损害。除桔青霉外，黄绿青霉、扩展青霉、白曲霉等也产生桔青霉素。

(3)岛青霉（*P. islandicum*）：亦称冰岛青霉，本菌分布广泛，主要在大米、玉米、大麦中生长，产生岛青霉毒素。

岛青霉毒素（*Islandicin*）按结构可分为黄天精及环氯素两种，均为肝脏毒。

黄天精（*Luteoskyrin*）呈黄色六面体针状结晶，脂溶性。急性中毒引起动物肝萎缩，慢性中毒引起肝纤维化、肝硬化或肝肿瘤。用人工污染岛青霉的大米感染小鼠，喂100%霉大米组3～8d大部分小鼠死于急性肝萎缩，喂30%和10%霉大米组，在300d后出现肝硬化和弥漫性肝萎缩。

环氯素（*Cyclochlorotine*）又称含氯肽，毒性作用与黄天精相似，但急骤，对小鼠的LD_{50}，静脉注射为0.338mg/kg，皮下注射为0.475mg/kg，口服为6.55mg/kg。急性中毒时体温降低、竖毛、昏睡而死。肝充血、肥大，有时小肠出血。

2. 镰刀菌属（*Fusarium*） 又称镰孢霉。种类多，分布广泛，是危害各种作物的病原菌，有些也是人、动物、昆虫的病原菌，是医学和兽医学广为重视的产毒素性病原真菌之一。

(1)镰刀菌属的生物学特性：本属有近50种，以大分生孢子、小分生孢子形态、隔数、着生方式和厚垣孢子的有无以及分生孢子座、黏孢团、菌核的有无等特性作为分类的依据。

本属菌大多数种都可产生毒素，其中重要的有禾谷镰刀菌（*F. graminearu*）、早熟禾镰刀菌（*F.poae*）、拟支孢镰刀菌（*F. sporotrichioides*）、三线镰刀菌（*F. tricinctum*）、串珠镰刀菌（*F. moniliform*）、木贼和镰刀菌（*F. equiseti*）和雪腐镰刀菌（*F.nivale*）。

(2)镰刀菌的毒素：镰刀菌因种类而异，产生的毒素十分复杂，大致可分为3大类。一类是玉米赤霉烯酮，第二类为单端孢霉烯族化合物，包括T2毒素、DON、呋莫毒素等，第三类为丁烯酸内酯。

① 单端孢霉烯族化合物（Trichothecene）。是一组毒素的统称，其中重要的有单端孢霉烯（又名T2毒素）、脱氧雪腐镰刀菌烯醇（Deoxyni-valenol，DON）以及双醋酸基库草镰刀菌醇（Diacetoxy scripenol，DAS），DON又名呕吐毒素（Vomitoxin）。多种镰刀菌均可产生，导致各种临床症状，如呕吐、拒食及消化道黏膜溃疡及发炎、出血性病变以及神经症状，发生拒食与呕吐综合征（Food refusal and emetic syndrome）。猪食用污染上述毒素尤其是含DON的玉米、小麦或其混合饲料后，易发此病。

② T2毒素与DAS毒素还是上皮坏死因子，致皮肤口腔及上消化道上皮坏死及溃疡。T2毒素对生长猪有免疫抑制作用，可致B淋巴细胞减少，血清总蛋白水平降低，消化道出血，肝、肾退行性变化。此外，T2毒素还有致突变及致畸变作用。

③玉米赤霉烯酮（Zearalenone）。又名F2毒素，是一种白色结晶，分子量为318，不溶于水，溶于碱性水溶液、乙醚、苯、二氯甲烷中。产生这种毒素的有禾谷镰刀菌、串珠镰刀菌、三线镰刀菌、茄病镰刀菌、木贼镰刀菌等。玉米及小麦最易感染。

日粮中含此毒素5～6mg/kg时即可引起仔猪子宫、外阴肿大，母猪阴门及乳腺肿大、子宫外翻、流产，胎儿畸形，所以称雌性发情毒素。牛稍有抵抗力，但食入毒素的奶牛的奶中可含毒素，对人有危害。

毒素腹腔接种小鼠，可致精神萎顿、腹泻、胃肠出血，口部有坏死灶，最终死亡。

3. 曲霉菌属（Aspergillus） 曲霉菌是丝孢目（Hyphomycetales）丛梗孢科（Moniliaceae）的真菌，在自然界，也是实验室经常污染的真菌之一。可感染动物，也可在寄生的饲料、粮食中产生毒素，动物食入引发中毒。常见的有烟曲霉、黄曲霉、寄生曲霉、棕曲霉、杂色曲霉、构巢曲霉（*A. nidulans*）、白曲霉（*A. candius*）以及黑曲霉（*A. niger*）等，其中烟曲霉以感染致病为主，同时也产生毒素。黄曲霉、寄生曲霉、棕曲霉、杂色曲霉等均主要以所产毒素致病。

菌丝分支分隔，分生孢子梗生长在足细胞上，不分支。顶端膨大呈圆形称顶囊，顶囊上长着许多小梗，小梗单层或双层，小梗上着生分生孢子，分生孢子呈链状，并分为黄、绿、黑、灰等颜色。

⑴烟曲霉菌（*A. fumigatus*）。烟曲霉菌是曲霉菌属致病性最强的霉菌，主要引起家禽的曲霉性肺炎及呼吸器官组织炎症，并形成肉芽肿结节。也可感染哺乳动物和人。在混合感染病例中，除烟曲霉外，亦可见黄曲霉、黑曲霉、构巢曲霉、青霉菌及毛霉菌（Mucorales）。本菌引起的霉菌病，世界各国均有报道。

本菌在感染组织的过程中，还产生一种蛋白质毒素，可导致动物组织发生痉挛、麻痹，直至死亡。毒素的提取物对家兔、豚鼠、小鼠和鸡有毒性，兔和犬尤为敏感，但鸽却有抵抗力，尽管鸽对本菌感染十分敏感。

烟曲霉广泛分布于自然界，在禽舍的地面、垫草、用具及空气中经常可分离到其孢子。孢子对外界理化因素的作用有较强的抵抗力，煮沸5min可被杀死，一般消毒液要经1～3h才能杀死之。对一般的抗生素均不敏感，制霉菌素、两性霉素B、灰黄霉素及碘化钾对本菌有抑制作用。

微生物学检查结合临床症状和病理变化进行综合诊断十分必要，微生物检查时要采取病料（如气囊肺部结节、鼻分泌物、痰液或病损处刮取物），进行切片或压片，镜检。在高倍镜观察，可见分隔菌丝、分生孢子梗及孢子等结构。

必要时进行分离培养，有鉴别意义的主要特征是：顶囊由分生孢子梗逐渐膨大而形成，状如烧瓶，小梗着生于顶囊的上半部，小梗单层，小梗和分生孢子链按与分生孢子梗平行的方面升起，菌落呈暗绿色至黑褐色。

主要防制措施是加强饲养管理，保持禽舍通风干燥，不让垫草发霉。环境及用具保持清洁，发病时可试用制霉菌素。

⑵黄曲霉（*A. lavus*）。生物学特性：菌丝分支分隔，分生孢子梗壁厚、无色，长度小于1mm，直径10～20mm；顶囊大、呈球状或近似球状，小梗为一层或两层，直径300～400mm；分生孢子呈圆形或椭圆形，呈链状排列。在培养基上菌落初为灰白色、扁平，以后出现放射状皱纹，菌落颜色转为黄至暗绿色，菌落背面无色至淡红色。

黄曲霉毒素（Aflatoxin）：黄曲霉菌和寄生曲霉菌均产生黄曲霉毒素。该毒素常见于霉变的花生、玉米等谷物及棉子饼等，在鱼粉、肉制品、咸干鱼、奶和肝脏中也可发现。黄曲霉菌中约有30%～60%的菌株产生毒素，而寄生曲霉菌几乎都能产生黄曲霉毒素。

黄曲霉毒素是一类结构相似的化合物，基本结构都是二氢呋喃氧杂萘邻酮的衍生物。包括一个双呋喃环和一个氧杂萘邻酮，前者为毒性结构，后者与致癌有关。

从化学上可分为B_1，B_2，G_1，G_2，B_{2a}，G_{2a}，M_1，M_2，P_1、GM_2、毒醇等多种。其毒素能被强碱（pH值9～10）和氧化剂分解。在水中溶解度低，溶于油及一些有机溶剂（如氯仿、甲醇），不溶于乙醚、石油醚，对热稳定，裂解温度为280℃以上。

黄曲霉毒素对多种动物呈现强烈毒性作用，比KCN大100倍，仅次于肉毒梭菌毒素。但不同动物的敏感性不同，鸭、兔、猫、猪、犬较敏感，LD_{50}为0.1～0.65mg/kg。猴、豚鼠、小鼠、羊敏感性较低。英国曾发生“火鸡X病”，死亡10万只火鸡，即因喂饲污染此毒素的霉花生中毒所致。

根据黄曲霉毒素的毒性作用，可将中毒分为3类，即急性或亚急性、慢性、致癌性。

急性或亚急性中毒：雏鸭对B_1的毒性试验证明LD_{50}为0.33mg/kg。雏鸭急性中毒时，主要病变在肝脏，表现为肝细胞变性、坏死、出血等。其毒性比氰化钾大100倍，仅次于肉毒毒素，是霉菌毒素中最强的一种。

慢性中毒：人或动物持续地摄入一定量的黄曲霉毒素，引起中毒，主要呈现肝脏的慢性损伤。

致癌性：人和动物长期摄人较低水平的黄曲霉毒素，或在短期摄入一定数量的黄曲霉毒素，经过较长时间后可发生肝癌。实验证明，黄曲霉毒素是目前已知最强烈的致癌物质之一，其致癌强度，比二甲基偶氮苯大约强900倍以上。除致发肝癌外，还能诱变胃腺癌、肾癌、直肠癌等其他肿瘤。

在各种黄曲霉毒素中，B_1的毒性和致癌性最强，其次是G_1。黄曲霉污染物中，最常见的是黄曲霉毒素B_1，其含量最高。M_1是B_1的代谢产物，奶牛可分泌入牛奶，危害人类健康。美国食品药品管理局（FDA）对牛奶中的M_1检测含量控制在0.5mg/kg以下，而欧盟则为0.05mg/kg以下。

毒素检测：从可疑饲料提取毒素，饲喂一日龄鸭，可见肝坏死、出血及胆管上皮增生等，或以薄层层析法检测毒素。

六、真菌病的诊断

真菌病的诊断与细菌病的诊断有相似之处，但真菌的形态往往具有特征性，检查其菌丝或孢子即可做出诊断。

（一）显微镜检查可做抹片或湿标本片检查

1. 抹片检查　组织、体液、脓汁以及离心沉淀材料等，均可做成抹片，以姬姆萨染色法或其他适宜方法染色，检查真菌细胞、菌丝、孢子等结构。

2. 湿标本片检查

⑴氢氧化钾片：用于脓汁、痰液、毛发、角质等需要处理以使其透明清晰的材料。于材料上滴加10%～20%氢氧化钾溶液，加盖玻片，微热处理后检查。

⑵乳酸石炭酸棉蓝（Lactophenol cottonblue）液压片：为真菌实验室最常用的方法之一，具有着染、杀真菌及防腐的作用。可于材料上滴加染液，或将培养物置于染色液滴中，必要时以细针梳理，再加盖玻片后检查。

⑶印度墨汁片：常用以检查某些真菌（例如新型隐球菌）的荚膜。

（二）分离培养

将病料接种于沙堡（Sabouraud）葡萄糖琼脂，某些深部感染的病料，还需接种以下培养基。

1. 血液琼脂　分别培养于室温及37℃，培养后逐日观察。真菌一般生长较慢，往往需培养数日甚至数周。为了防止或减少细菌污染，可于培养基中加入适量抗生素，一般每毫升培养基加20～100IU青霉素和40～200IU链霉素。

2. 玉米粉琼脂培养基　为了能观察真菌的某些特殊结构，还可将分离物接种培养于特殊培养基，用来检查白色念珠菌的厚垣孢子等。培养生长后，可做抹片染色或乳酸石炭酸棉蓝液压片，进行真菌形态结构的观察。为了便于观察真菌的形态结构特征，可做玻片培养。开始生长后，可逐日在显微镜下进行观察，可清晰了解其发育情况。

（三）变态反应诊断

有些真菌病，例如假皮疽组织胞浆菌引致的马流行性淋巴管炎，可用变态反应进行诊断。

（四）真菌毒素检测

对真菌毒素中毒性疾病，一般应对可疑的饲草、饲料进行真菌毒素检查和产毒真菌的检查。真菌毒素的检测可用免疫学方法或提取后用薄层层析、气相–液相色谱分析手段，或接种动物做生物试验。

镜检如发现特征性的棘厚壁大孢子，可做出诊断。活体病变组织、末梢血及骨髓触片或涂片用瑞氏染色，在单核细胞或多形核细胞中如有小的、呈洋葱切面样卵圆形孢子，亦可做出诊断。病料接种小鼠可引起发病死亡，并可检出本菌。补体结合反应一般在发病后2～3周呈阳性反应。皮内变态反应试验可用于犬感染的流行病学调查。

七、真菌病的防制

在真菌感染中，环境及其他因素起着重要作用。真菌的繁殖要有一定的湿度，所以保持环境、用具、饲料、垫料的干燥，并进行有效的消毒是防止真菌感染的先决条件。动物体表要保持清洁，防止皮肤外伤是预防皮肤真菌感染的重要措施。

霉菌是饲料中的常在菌，在自然条件下，某一类饲料只有一种优势霉菌，其生长繁殖与环境因素有关，如贮藏不当就很容易污染有害真菌，引起变质，不仅丧失营养价值，而且可能引起动物中毒。

霉变的饲料应尽可能废弃，如要利用，应检查毒素并采取解毒措施。含黄曲霉毒素的霉玉米可用生石灰处理破坏毒素；小麦污染DON（又名呕吐毒素），可用某种厌氧菌解毒，是一种无公害的可取方法。

引起机体深部感染的真菌大多数是一些致病菌，自然环境中广泛存在，只有当动物机体抵抗力降低时才能引起疾病。所以预防的有效措施是提高畜禽机体的抵抗力和免疫功能，避免长期使用抗生素及射线照射。

第六节　猪念珠菌病（Swine candidiasis）

猪念珠菌病是由念珠菌引起猪的一种真菌性疾病，又称为假丝酵母菌病。本病是多种动物的两种内源性真菌病，由各种念珠菌引起的主要发生于黏膜的疾病。猪念珠菌病可分为由白色念珠菌所致的上消化道念珠菌病和由克柔氏念珠菌所致的下消化道念珠菌病两个类型。

一、病原

念珠菌（*Candida*）又叫假丝酵母菌，是半知菌亚门、芽生菌纲、隐珠酵母目（Cryptococcales）、隐球酵母科（Cryptpcoccaceae）中的一个属。念珠菌在培养基上生成白色或乳白色酵母型菌落。菌体为圆形或椭圆形，营芽生方式繁殖，椭圆形芽生孢子的芽管延长形成假菌丝；不产生子囊孢子；在菌丝上生成芽生孢子，其排列方式为某些念珠菌的生长特性。从病灶和明显健康的猪的粪便中已经分离出白色念珠菌（*C. albicans*）、热带念珠菌（*C. tropicalis*）、类热带念珠菌（*C. pseudotropicalis*）、布鲁氏念珠菌（*C. brumptii*）、斯卢氏念珠菌、（*C. sloofii*）、卢氏念珠菌（*C. rugosa*）、溶脂念珠菌（*C. lipolytica*）、克柔氏念珠菌（*C. krusei*）和斯考氏念珠菌（*C. scottii*），其中白色念珠菌与特殊病灶的形成关系最为密切。

二、流行病学

念珠菌广泛存在于空气、水、土壤、饲料中，以及人和动物的皮肤和黏膜上，正常时一般不引起疾病。但在饲养管理不良、缺乏维生素、大剂量长期应用抗生素或有免疫抑制剂的情况下，导致机体抵抗力下降时，便可能引起内源性感染。

从猪舍、饲料和饮水中可检出白色念珠菌，在正常猪的皮肤、口腔、胃肠道中也有少量存在。口腔已感染的猪，可经粪便和口腔唾液排菌。还从鸟类、啮齿类和其他动物的粪便中分离到白色念珠菌，它们可能引起宿主发病，使其成为猪的传染源。环境中的白色念珠菌在潮湿的条件下，可在适当的基质（如溢出的食物和垃圾）上增殖。

三、发病机理

白色念珠菌可出现在衰弱的仔猪皮肤表面和其他黏膜的病灶上。易感因素包括人工喂养小猪，以及与使用广谱抗菌药物有关的慢性肠炎。白色念珠菌不引起胃溃疡，但可在其上面繁殖，皮肤念珠菌病往往是长期暴露在湿热条件下，再加上剩料多、卫生条件差的结果。黏膜感染是在受损部位的表面聚集了大量的酵母菌，长出的假菌丝深入到内皮组织层的结果。

四、临诊症状与病理变化

猪上消化道念珠菌病主要发生于仔培猪和哺乳仔猪（SPF仔猪）。在临诊上表现为采食障碍、食欲不振和消瘦。可见整个口腔黏膜覆盖一层不易擦掉的微白色伪膜（类似人的鹅口疮）。感染猪多因继发细菌感染而死亡。

猪下消化道念珠菌病主要发生于仔培后期的小猪。临诊上主要表现为腹泻和体重减轻。这种病例多由于继发细菌性感染而迅速死亡。

患病的仔猪营养不良，并有慢性腹泻（图2.5.6–1）。在舌、背、咽部（较少），有时在软腭或硬腭出现直径为2～5mm的圆形白斑。这些白斑可相互融合，形成大片假膜，可阻塞食管。病灶进一步向食道扩展，并在胃黏膜上出现。在胃贲门区出现小出血灶（图2.5.6–2），而在食道区、胃底部形成白色伪膜病灶（图2.5.6–3、4），但严重感染猪很像慢性肠炎，肠绒毛膜萎缩和黏膜增厚。伪膜去掉后，见黏膜表面充血，很少有溃疡。在较大一些的猪中，可以从胃溃疡病灶中分离到白色念珠菌，但这些猪在眼观上与未感染猪没有什么不同。皮肤感染后，可出现肉眼可见病变，包括表面有灰色的沉积物，表皮增厚，以及被毛脱落。

显微病变包括上皮表面存在大量酵母菌，上皮中有深染的1.5～2μm长的假菌丝。

在舌部病灶中，可见乳头下腔有酵母菌和假菌丝。在感染性胃溃疡的周围，也有大量菌和假菌丝。感染的上皮常呈退行性变化，包括上皮细胞脱落、毛细血管扩张、黏膜下层或真皮水肿（取决于上皮表面的吸附力），以及存在炎性细胞。早期病变中，存在嗜碱性粒细胞、巨噬细胞、浆细胞和淋巴细胞。

五、诊断

仔猪口腔内出现2～5mm白色病灶时，提示存在念珠菌病，有诊断价值。确诊应采取病变组织做抹片检查，观察到酵母样菌及假菌丝后，再做分离培养，或从活体粪便中分离出大量病原菌。免疫扩散试验、乳胶凝集试验、间接荧光抗体试验对本病也有一定的诊断价值。

六、防制

1. 预防　应加强饲养管理，改善卫生条件，保持舍内干燥通风，防止潮湿拥挤。在仔猪更换饲料时，要逐渐改变，饲料中应含丰富的维生素。当仔猪早期断奶或较长时间口服抗生素时，也应注意补给足够的维生素。避免长期使用广谱抗菌药物。

2. 治疗　两性霉素B对仔猪有效，每天2次，每次每千克体重0.5mg。患有皮肤念珠菌病的猪可使用适宜的皮肤消毒剂进行擦洗。

第七节　猪的蔷薇糠疹（Pityriasis of swine）

仔猪的蔷薇糠疹最初于1903年描述并根据人的一种类似疾病命名的，它见于所有集约化养猪的国家。

一、病原

病原还不明了，但是组织学检查时常可见到“不规则弯曲，棒形增厚的丝状成分”。新近对大量近亲育种材料所进行的研究已经从统计学方面肯定了遗传特性的影响，并曾证明白色的丝菌和白色假丝酵母为皮肤病损的继发性侵入者。

二、临床症状与病理变化

此病通常于仔猪生后头几星期内发生，较少发生于几个月大的猪只。可能一窝中的所有猪只都患病，也可能只有个别猪只患病，此病不使全身情况受到扰乱，不导致消瘦，只有例外情况下引起瘙痒。开始于腹侧或者后腿内侧，表现为豆大至五分镍币大的微红色隆起病灶（图2.5.7–1、2、3、），迅速向所有方向扩大，病变在形成堤状边缘和痂垢之下，向周围扩展，而中央则痊愈，从而形成一种地图状病象（图2.5.7–4、5、6），在头部和背部边缘可能见到类似的病变。

三、防制

预防是育种领域中的大事，在注意到其遗传影响之下，建议将后代表现蔷薇糠疹的种猪淘汰。治疗无特效方法，通常可自行自愈。如发生细菌性继发感染，则应加以治疗。

第六章
猪衣原体与螺旋体传染病

衣原体概述

衣原体（Chlamydia）是一类具有滤过性、严格细胞内寄生，具有独特发育周期，以二等分裂繁殖和形成包涵体的革兰阴性原核细胞型微生物。能引起人和家畜的衣原体病。曾被认为是一种“大型病毒”，后确定这类微生物与立克次体很相似，在许多特性上与病毒截然不同。因此，衣原体是一类介于立克次体与病毒之间的微生物。

衣原体的共同特征有：①含有DNA和RNA两种核酸；②有细胞壁；③严格细胞内寄生，有独特的发育周期，以二等分裂法增殖；④有核糖体；⑤含有一定的酶类，可进行一定的合成与分解代谢，但不能进行完整的能量代谢，需宿主细胞提供；⑥对某些抗生素敏感。

衣原体广泛寄生于人类、哺乳动物及禽类体内。与人类有关的衣原体有沙眼衣原体、肺炎衣原体和鹦鹉热衣原体。

一、生物学性状

（一）形态染色与发育周期

1 形态染色 在光学显微镜下可见两种大小、形态不同的衣原体颗粒，即：原体（elementary body）和始体（initial body）。原体较小，呈球形，直径0.2～0.4 μm，外有细胞壁，内含致密的类核结构，是发育成熟的衣原体，用Giemsa染色呈紫色，用Macchiavello法染色为红色。原体具有高度传染性，在宿主细胞外较为稳定，无繁殖能力。始体较大，球形0.6～1 μm。胞内无致密类核结构，而有纤维网状结构，故又称为网状体，是衣原体在宿主细胞内发育周期中的繁殖型，无感染性。Macchiavello染色呈蓝色。

2. 发育周期 原体吸附于宿主细胞表面后，通过宿主细胞的吞饮作用进入胞内，然后由宿主细胞膜包围原体形成空泡，在空泡内，原体体积逐渐增大，发育成始体，始体以二等分裂法繁殖，形成众多的子代原体，聚集成各种形态的包涵体（inclusionbody）。成熟的子代原体从宿主细胞释出，再感染新的易感细胞，开始新的发育周期。一般每个生活周期约需48～72h。

（二）培养特性

营专性细胞内寄生。可用鸡胚卵黄囊接种、动物接种及传代细胞（如Hela细胞）培养。

（三）抗原构造和分类

衣原体有三种抗原，即属特异性抗原、种特异性抗原和型特异性抗原。根据抗原构造、包涵体性质、对磺胺敏感性不同及DNA同源性，衣原体可分为沙眼衣原体（*C. trachomatis*）、鹦鹉热衣原体（*C. pasittaci*）和肺炎衣原体（*C. pneumonuc*）3个种。

分类：衣原体现列为一个目——衣原体目（以lamydiales），下设3科。其中衣原体科（Chlamy diaceae）有2个属。

衣原体属（Chlamyelia）：本属有3个种，即沙眼衣原体（*C. trachematis*）、鼠衣原体（*C. muri*）及猪衣原体（*C. suis*）。

亲衣原体属（Chlamydophilia）：本属有7个种（包括变种），即牛羊亲衣原体（*Cp. pecorum*，原为肺炎衣原体）、肺炎亲衣原体无尾熊变种（*Cp. pneumenicevar.*

koala)、肺炎亲衣原体马变种(*Cp. pneumoniaevar: equi*)、鹦鹉热亲衣原体(*Cp. psittaci*,原为鹦鹉热衣原体)、流产亲衣原体(*Cp. abertus*)、猫亲衣原体(*Cp. felis*)、豚鼠亲衣原体(*Cp. caviae*)。

副衣原体科(Parachlamydiaceae)只有1个属1个种。副衣原体属(Parachlamyrlia)刺变形虫副衣原体(acanthamoebae),与动物无关。

西氏衣原体科(Sirnkaniaceae)只1个属1个种,即西氏衣原体属(Simkania)乃地西氏衣原体(S.negemmis),这个种与人呼吸道病有关。

较重要的衣原体有以下4种:

沙眼衣原体(*C. trachomatis*):又可分为3个生物变种,即沙眼生物变种(Biovartra-choma)、性病淋巴肉芽肿生物变种(Biovarl ymphogranulomave he-reum,LGV)和鼠生物变种(Biovarmouse)。前2个变种主要寄生于人类,无动物储存宿主。后一变种以小鼠为天然宿主,并以潜伏感染形式存在于鼠类,对人无致病性。在前两个变种中,现已查出18个血清型。世界上第一个沙眼衣原体分离株是由我国科学家汤飞凡等于1956年用鸡胚培养法获得的。

鹦鹉热亲衣原体(*Cp. psittaci*):旧称鹦鹉热衣原体,以鸟类和哺乳动物为其天然宿主,可致畜禽肺炎、流产、关节炎等多种疾病,偶致人的肺炎。在兽医上较有重要意义。

牛羊亲衣原体(*Cp. pecorum*):旧称牛羊衣原体,系Fanushi和Hirai在1992年发现的一个新种,原属鹦鹉热亲衣原体,能引起牛和绵羊的多发性关节炎、脑脊髓炎和腹泻。

肺炎亲衣原体(*Cp. pneumoniae*):旧称肺炎衣原体,是Grayston等于1989年确立的一个新种,由分离于人呼吸感染的TWAR组衣原体所组成(以TW-138和AR-39两个代表株字头缩合而成),在此之前,暂列于鹦鹉热亲衣原体中。目前只有一个血清型。对动物无病原性,致人急性呼吸道疾病。

(四)抵抗力

对热敏感,56℃仅存活5~10min,耐低温,在-70℃可保存数年。对酒精敏感。对四环素、红霉素等抗生素敏感。链霉素、庆大霉素、卡那霉素及新霉素等不能抑制衣原体生长繁殖。除沙眼衣原体对磺胺药敏感外,其余均能抵抗。

二、致病性与免疫性

不同衣原体所致疾病不同,有些只引起动物疾病如沙眼衣原体中的鼠生物变种和鹦鹉热衣原体中的大多数菌株。有些只引起人类疾病,如沙眼生物变种、肺炎衣原体等。

(一)致病物质

衣原体能产生毒素样物质,其毒性作用与革兰阴性菌内毒素相似。

(二)致病机制

衣原体侵入机体后,首先在上皮细胞内增殖,继而侵入单核细胞内增殖。其致病机制与抑制宿主细胞代谢、溶解破坏细胞、引起超敏反应有关。

(三)致疾病

衣原体的原体具有感染性,其胞壁脂多糖能吸附于宿主细胞表面的相应受体。当原体进入细胞后,在吞噬体的空泡中逐步完成发育周期。由于胞浆中的溶酶体不能与吞噬体融合成溶酶吞噬体,从而使进入细胞内的衣原体不被溶解消化而得以在细胞中寄生繁殖。繁殖过程中所形成的包涵体,不断成熟增大并充塞细胞,最终导致宿主细胞破裂。衣原体的LPS具有较强的内毒素作用,用此种毒素静脉注射小鼠,可使小鼠迅速中毒死亡。如前所述,衣原体的HSP60可导致机体产生迟发型变态反应,造成免疫病理损害。

在4种衣原体中,沙眼衣原体和肺炎亲衣原体主要感染人,对动物无致病性。与畜禽疾病有关的是鹦鹉热亲衣原体和牛羊亲衣原体。前者主要感染动物,有时也致人类疾病。从鹦鹉、鸽、鸡、火鸡、鸭等130多种禽鸟类和绵羊、山羊、牛、猪、骆驼、猫、豚鼠及多种野生动物体内均已分离到鹦鹉热亲衣原体,但该种衣原体主要危害禽类、绵羊、山羊和牛。在羊、牛中主要引起流产、早产、死产以及肺炎。在鹦鹉类禽鸟中引起鹦鹉热,在非鹦鹉类禽类则引起鸟疫(与鹦鹉热基本上属同一种病)。患病鸽表现结膜炎、鼻炎和腹泻等症状,病雏鸡主要症状为白痢样腹泻、厌食。人类的感染大多来自患病鹦鹉类禽鸟,主要经吸入病禽鸟的含菌分泌物而感染,人与人之间的传播尚无报道。人感染后可引起肺炎和毒血症，称为鹦鹉热或鸟疫（又称饲鸟病）。牛羊亲衣原体可引起羊、牛的多发性关节炎、脑脊髓炎和腹泻。

衣原体感染后，机体可以产生特异性细胞免疫和体液免疫。但免疫力一般不强，因而常造成持续感染、反复感染。

三、微生物学检查

多数衣原体病根据临床表现即可做出诊断，一般不需做微生物学检查。但对疾病早期或临床症状不典型者应进行微生物学检查辅助诊断。

（一）直接涂片镜检

病灶刮片，用碘液或Giemsa染色法染色，观察上皮细胞胞浆内有无包涵体或衣原体。

（二）分离培养

标本接种鸡胚卵黄囊或传代细胞或动物，分离衣原体，然后用免疫学方法进行鉴定。

（三）血清学诊断

主要用于鹦鹉热和性病淋巴肉芽肿的辅助诊断。如双份血清抗体效价升高四倍及以上者有诊断意义。方法有补体结合试验、凝集试验等，也可用ELLSA法。此外，可用PCR法直接检测其核酸进行实验室诊断。

螺旋体概述

螺旋体（Spirochaeta）是一类菌体细长、柔软、弯曲呈螺旋状、能活泼运动的原核单细胞微生物。它的基本结构与细菌类似，细胞壁中有脂多糖和壁酸，胞浆内含核质，以二分裂方式繁殖。依靠位于胞壁和胞膜间的轴丝的屈曲和旋转而运动，这与原虫类似。在生物学位置上介于细菌和原虫之间。螺旋体种类很多，广泛存在于自然界。

螺旋体广泛存在于水生环境，也有许多分布在人和动物体内。大部分营自由的腐生生活或共生，无致病性，只有一小部分可引起人和动物的疾病。

一、形态与结构

螺旋体细胞呈螺旋状或波浪状圆柱形，具有多个完整的螺旋。其大小（尤指长度）极为悬殊，长可为5～250μm，宽可为0.1～3μm。某些螺旋体可细到足以通过一般的细菌滤器或滤膜。细胞的螺旋数目、两螺旋间的距离（即螺距）及回旋角度（弧幅）各不相同，在分类上可作为一项重要指标。

螺旋体的细胞中心为原生质柱（protoplas mic-cylinder），外有2～100根以上的轴丝（axialfibrils）［又称轴鞭毛（axialflagella）或内鞭毛（endoflagella），现亦简称为鞭毛］，沿原生质柱的长轴缠绕。原生质柱具有细胞膜，膜外还有由细胞壁和黏液层构成的外鞘（outersheath），轴丝则夹在外鞘和细胞膜之间。

螺旋体的轴丝的超微结构和某些化学特性与细菌鞭毛相似，不同之处在于：轴丝始终缠绕于细胞体，而且全都位于细胞内，并被外鞘所包围。螺旋体通过轴丝而运动，主要有3种方式：①沿长轴旋转，快速前进；②细胞屈曲伸缩前进；③螺旋状或蛇状前进。

螺旋体具有不定形的核，无芽孢，核酸兼有RNA和DNA，以二等分横分裂法繁殖。

染色特性：革兰阴性，但大多数不易着色，故很少应用。姬姆萨染色效果较好，可使其染成红色或蓝色，染成蓝色者一般多属腐生性螺旋体。常用镀银染色法染色，染液中金属盐黏附于螺旋体上，使之变粗而显出黑褐色。也可用印度墨汁或刚果红与螺旋体混合负染，螺旋体透明无色，背景衬有颜色，反差明显。以相差和暗视野显微镜观察螺旋体效果良好，既能检查形体又可分辨运动方式，甚为常用。

二、培养特性

螺旋体的培养与细菌相似。有的较为困难，多数需厌氧培养。但有些属种，特别是细螺旋体（又称钩端螺旋体）的培养并不难，可需氧生长。非致病性螺旋体、蛇形螺旋体、钩端螺旋体以及个别致病性密螺旋体与疏螺旋体可采用含血液、腹水或其他特殊成分的培养基培养，其余螺旋体迄今尚不能用人工培养基培养，但可用易感动物来增殖培养和保种。

三、分类

在《伯吉氏系统细菌学手册》（1984，第一卷）中，将螺旋体列入螺旋体目（Spirochaetales），目下分为两个科，即螺旋体科（Spirochaetaceae）和细螺旋体科（tospiraceae）。细螺旋体科只有一个属，即细螺旋体属（Leptospira），又称钩端螺旋体属。螺旋体科又分螺旋体属（Spirochaeta）、脊螺旋体属（Cristispira）、密螺旋体属等。

四、抗原构造与分型

致病性钩端螺旋体有两种抗原，一种是表面抗原，存在于菌体表面，由多糖蛋白质复合物构成，具有型特异性。一种是内部抗原，为脂多糖复合物，具有属特异性。目前全世界已发现25个血清群，200多个血清型，新的型别仍被不断发现。我国至少存在其中的18个血清群，70多个血清型。

抵抗力：对干燥、日光、热、酸的抵抗力弱。但在水或湿土中可存活数月。对常用化学消毒剂及青霉素敏感。

五、致病因素

1. 溶血素　对氧稳定，不耐热，对胰蛋白酶敏感。作用与磷脂酶相似，可使红细胞溶解。注射入小羊体内可致贫血，肝肿大、坏死、出血，黄疸与血尿等。

2. 细胞毒因子（cytoxicity factor，CIF）　将CIF注入小鼠脑内，可引起肌肉痉挛，呼吸困难，最后死亡。

3. 内毒素样物质　其化学成分为脂多糖，但与细菌脂多糖不尽一致，如含量少，脂质A中不含3-羟基豆蔻酸（其是细菌脂质A中的主要成分），还缺乏2-酮基-3脱氧辛酸。

所致疾病：例如钩端螺旋体所致的钩端螺旋体病为人畜共患传染病，已从50多种动物中检出了钩端螺旋体，其中猪和鼠类是主要传染源和储存宿主。钩端螺旋体在野生动物中长期存在，一旦传入家畜则在家畜间循环。钩端螺旋体在动物肾脏繁殖，随尿液排出污染环境。人与污染的水或土壤接触，钩端螺旋体可通过破损的皮肤或黏膜侵入人体。孕妇感染钩端螺旋体后可通过胎盘感染胎儿导致流产。

钩端螺旋体自皮肤破损处或口腔、肠黏膜、眼结膜等侵入后，即在局部迅速繁殖，并经淋巴系统进入血循环或直接进入血循环引起钩端螺旋体血症，出现临床症状如乏力、发热、头痛、肌痛、眼结膜充血、淋巴结肿大等，此外还出现相应实质性器官如肝、肾、中枢神经系统等的损害症状。根据感染钩端螺旋体的型别、毒力强弱及机体免殊功能状概不同，钩端螺旋体病的病程发展与临床表现差异很大，临床上可见：黄疼出率卑补口味搏伤寒型、肺出血型、脑膜脑炎型和肾功能衰竭型等。

免疫性：钩端螺旋体隐性感染或显性感染后，机体可获得对同一血清型钩端螺旋体的牢固免疫力。主要为体液免疫。发病第二周，血清中开始出现特异性抗体，通过凝集、调理、激活补体等作用溶解或杀伤相应钩端螺旋体，使血液与大多数组织器官内的钩端螺旋体逐渐被清除，但对肾内钩端螺旋体影响较小，故尿中钩端螺旋体排出可延续到恢复期。

六、诊断

病原体检测：发病一周内取血，二周后取尿，有脑膜刺激症者取脑脊液。检查方法如下。

1. 显微镜检查

（1）暗视野显微镜检查。标本离心沉淀集菌后检查。

（2）染色检查。镀银染色法染色后镜检。也可用免疫荧光或免疫酶染色后镜检。

2. 分离培养与鉴定　将标本接种于柯氏培养基，28～30℃培养2～4周，如有生长则培养液可变混浊，用暗视野显微镜检查有无钩端螺旋体存在，若有则用血清学方法鉴定其群、型。

3. 动物接种　是分离钩端螺旋体的敏感方法。实验动物常用幼龄豚鼠或地鼠。将标本注入动物腹腔，一般3～7天发病，从一周末取心脏血及腹腔液镜检和培养，死后剖检。

4. 血清学诊断　间接凝集试验、补体结合试验等。

防制原则：钩端螺旋体病的预防主要是防鼠、灭鼠，加强对带菌家畜的管理，注意保护水源、避免与疫水接触；对疫区易感人群进行疫苗接种。治疗首选青霉素，也可选用庆大霉素、强力霉素、四环素等。

第一节　衣原体病（Chlamydiosis）

猪衣原体病是由衣原体引起的猪的一种接触性传染病。鹦鹉热亲衣原体感染猪可引起母猪流产、死胎、产弱仔，公猪睾丸炎、阴茎炎、尿道炎，仔猪肺肠炎、脑炎、心包炎、多发性关节炎，成年猪结膜炎、多发性关节炎；沙眼衣原体感染猪可表现仔猪肠炎和角膜炎；牛羊亲衣原体和沙眼衣原体混合感染猪可发生母猪流产等多种病型。常因菌株毒力、猪性别、年龄、生理状况和环境因素的变化而出现不同的症候群。本病流行比较广泛，如诊断失误，又未能及时用四环素类药物进行预防和治疗，往往会造成母猪流产、产死胎、弱仔以及围产期仔猪大批死亡。因为本病在流行病学、临床症状、病理变化等缺乏特征性，有时一旦发生都采用常规用抗生素类控制，损失不大，控制了病的流行，但忽视了对本病的确认。

一、病原

衣原体是一种介于细菌和病毒之间，类似立克次氏体的一类微生物，呈球状，大小为0.2～1.5 μm。革兰染色阴性。

目前，较重要的衣原体有4种：沙眼衣原体（*C. trachomatis*），在人可引起沙眼、弥漫性结膜炎、新生儿眼炎、非淋性尿道炎、淋性淋巴肉芽肿等，在脊椎动物引起鼠肺炎，近来发现还可引起猪的肠炎和角膜炎。鹦鹉热亲衣原体（*Cp. psittaci*），旧称鹦鹉热衣原体，在人可引起鹦鹉热或鸟疫、Reiter综合征，在脊椎动物可引起鹦鹉热和鸟疫，胎盘病（猪、牛、羊、兔的流产），猪、牛的睾丸炎、副睾炎，牛、猪的脑炎和脑脊髓炎，牛、羊、猪等的关节炎和肺炎，牛、猪等的肺炎，猪、绵羊、犬等的结膜炎。肺炎亲衣原体（*Cp. pneumoniae*），旧称肺炎衣原体，是Grayston等于1989年确立的一个新种，只有一个血清型，对动物无病原性，致人急性呼吸道疾病。许多学者对1953年在美国从犊牛的脑组织中分离到的Cp. pecorum，以及以后又在美国和日本的牛和羊及健康动物的粪便中分离到的该衣原体，进行了广泛的研究，认为是一个独立的种，原被分类到鹦鹉热亲衣原体内。1992年Fukushi提议将该种衣原体作为衣原体属中的一个新种，并命名为牛羊亲衣原体（*Cp. pecorum*），旧称牛羊衣原体。目前，此种只有牛、绵羊和猪的分离株，可引起牛脑炎、脑脊髓炎、肺炎、多发性关节炎及肠炎；绵羊结膜炎、多发性关节炎及肠炎；猪肺炎、多发性关节炎等。

衣原体种内可分为若干亚型，对沙眼衣原体抗原分型已有国际上公认的方法，即微量免疫荧光试验（MIF）。引起猪衣原体病的主要是鹦鹉热亲衣原体。

衣原体具有3种抗原，一是属特异性抗原，二是种特异性抗原，三是亚种或型的特异性抗原。鹦鹉衣原体据其致病力可分为强毒力株和弱毒力株两大类。

抵抗力：鹦鹉热亲衣原体在100℃15s、70℃5min、56℃25min、37℃7d、室温下10d失活，紫外线、γ射线对衣原体有很强的杀灭作用。2%的来苏儿、2%的苛性钠或苛性钾、1%盐酸及75%酒精溶液可用于衣原体消毒。猪衣原体对四环素族抗生素、红霉素、夹竹桃霉素及螺旋霉素敏感。对庆大霉素、卡那霉素、新霉素、链霉素（均为1 000μg/胚）和磺胺嘧啶钠（1mg/胚）均不敏感，这些药物都不能阻止其在鸡胚中的生长和对鸡胚的致死作用。

二、流行病学

1．易感性 不同品种及年龄结构的猪群都可感染，但以妊娠母猪和幼龄仔猪最易感。

2．传染源 主要是病猪及隐性带菌猪，几乎所有的鸟类都可能携带该菌。有些哺乳动物，如绵羊、牛和啮齿类动物都可受到感染，这些动物都可能成为猪感染衣原体的疫源。

3.传播途径 病原体可由粪便、尿、乳汁、流产胎儿、胎衣和羊水排出，污染水源和饲料等，经消化道感染猪；亦可由飞沫或污染的尘埃经呼吸道感染。交配也能传播感染，母猪感染后引起流产、死胎或产下弱仔猪。厩蝇、蜱可起传播媒介作用。

4．流行特点 常呈地方流行性，不安全场引入健康敏感猪或安全场输入病猪后常暴发本病，康复猪长期带菌。在饲养密度高的集约化猪场感染率更高，本病多表现持续的潜伏性感染。Wilson和Plummer（1966）报道英国约23%屠宰猪血清中有1：8～1：128以上补体结合性抗体和微量凝集抗体。一些研究者认为，衣原体可诱导发生继发感染（如支原体感染）。本病的发生和流行常与一些诱发因素有关，如猪场卫生条件差、饲养管理不良（如潮湿、拥挤、通风不良、贼风等）、营养不良、长途运输、运动不足、其他疾病侵袭等。管理科学的猪群多呈亚急性经过。

Guenov于20世纪60年代初首先发现了猪衣原体病，以后许多国家相继报道了该病。我国最早是在20世纪80年代初，从羊流产和猪繁殖障碍病料中分离出了鹦鹉热亲衣原体，从病原学上证实了我国动物衣原体的存在。目前，许多国家和地区仍有本病发生，衣原体抗体阳性率可达18%以上。我国李英才等（1990）、易奇珍等（1994）对一些常发生流产和死产的养猪场进行了血清学调查，发现其衣原体抗体阳性率高达30%以上。

李慕良（2005）采用间接血凝试验方法，对湖南部分规模猪场进行了3次抽样检测，共采集血清472份，调查显示：样本整体抗体阳性率为（105/472）22.25%，其中种猪群抗体阳性率为（92/282）32.6%，生长育肥猪群抗体阳性率为（2/82）2.44%，仔猪群抗体阳性率为（11/108）10.19%。结果表明：不同猪群的感染情况也有所不同，种猪群的感染率明显比仔猪和生长育肥猪群高，而仔猪的感染率与生长育肥猪的感染率也有一定差异，母源抗体可能对仔猪有一定的影响。

朱燕秋等（2007）报道了广东地区连续3年对猪衣原体病进行的血清学调查。采用间接血凝试验（IHA），对来自本地养殖场的4 563份样品和来自屠宰场的4 809份外来猪样品进行了猪血清抗衣原体抗体检测，总阳性率为14.97%。其中本地养殖场2004–2006年的阳性率分别为：25.53%、19.62%和1.89%；屠宰场外来猪的阳性率分别为：42.42%、15.1%和2.36%。

三、临床症状

自然感染的潜伏期为3～15d，有的长达1年。实验感染为6d至6个月。怀孕母猪常在妊娠后期，不见任何症状，体温也无明显变化而发生流产、早产、胎衣不下，产下弱仔（图2.6.1–1）、死胎（图2.6.2–2）或木乃伊胎儿（图2.6.2–3），胎儿皮肤有出血斑点（图2.6.2–4）。初产母猪发病率可高达40%～90%，流产多在临产前几星期发生。流产前无任何表现，体温正常，很少拒食或产后有不良病症，受感染的猪多呈隐性经过。

初生重量小（450～700g），拱奶无力，在围产期新生仔猪有部分或全部死亡，活仔体弱，多数在生后数小时至1～2d死亡，死亡率有时高达70%。

有些猪群产出的活仔虽然较多，但多由于胎内感染而出现脓毒败血症，表现皮肤淤血性充血、发绀，寒颤，尖叫，吸吮无力，精神沉郁，步态不稳，行为反常，应激性增高，弛张热，体温周期性升高1～1.5℃，病情严重时，沉郁，黏膜苍白、干燥，恶性腹泻，体温逐渐降至37℃以下，多于3～5d内死亡。病程稍长者，常继发细菌性肺炎而死。对仔猪还可引起肠炎、多发性关节炎、结膜炎，断奶前后，常患支气管肺炎、胸膜炎和心包炎。表现发热、食欲废绝、精神沉郁、咳嗽、喘气、腹泻、跛行、关节肿大等，有的还可出现中枢神经系统病状。

公猪生殖系统感染后，出现睾丸炎、附睾炎、尿道炎、龟头包皮炎及附属腺体的炎症，有的表现慢性肺炎。种公猪的感染常可导致成年基础母猪的大批发病。生殖系统受感染的猪多呈隐性经过，只在血液中发现高滴度的补体结合抗体。

四、病理变化

衣原体引起猪的疾病种类比较多，有时呈单一感染，有时呈并发感染。

1. 关节炎型 关节肿大，关节周围充血和水肿，关节腔内充满纤维素性渗出液，用针穿刺时流出灰黄色浑浊液体，混杂有灰黄色絮片。患病关节的内皮细胞、成纤维细胞和单核细胞中可以看到衣原体原生小体和包涵体。临床剖检时往往被忽视。

2. 流产型

⑴母猪子宫内膜出血、水肿，并伴有1～1.5cm的坏死灶。因多数发病母猪仅表现为流产等繁殖障碍，其子宫内部变化不易见到，故只能依据胎衣变化判定，多数胎衣呈现充血（图2.6.1–5）、出血（图2.6.1–6）及炎症和坏死，如死胎在子宫内滞留时间过长，则有一股恶臭味，产下胎儿体表呈暗灰色（图2.6.1–7），胎衣呈暗红色（图2.6.1–8），在表面覆盖有一层水样物质，在胎衣的黏膜表面有坏死区（图2.6.1–9），坏死区周围组织呈水肿状态，多形核白细胞和浆细胞弥散性分布于水肿组织中。组织学检查可见到生殖道黏膜有大量淋巴样组织细胞、浆细胞和嗜中性白细胞浸润。

⑵流产胎儿可见其皮肤上有淤血斑（图2.6.1–10），皮下水肿（图2.6.1–11）。肝肿大呈红黄色（图2.6.1–12），心内外膜有出血点，脾脏肿大（图2.6.1–13）。

⑶死亡的新生仔猪的头、胸及肩胛等部皮下结缔组织水肿（图2.6.1–14），有的有凝胶样浸润。头顶和四肢呈弥漫性出血，下颌淋巴结肿大，心脏和肺脏常有浆膜下点状出血（图2.6.1–15），肺常有卡他性炎症，肺泡间隙有淋巴组织细胞浸润，毛细血管呈扩张状态。肾充血及点状出血（图2.6.1–16）。肝质地脆弱、淤血（图2.6.1–17）。

临床分型一般分肺炎型和肠炎型，但实际上往往为混合型，俗称肺肠炎型。仔猪常表现肺肠炎症状，体温高达41.0～41.5℃，精神沉郁，衰竭无力，食欲减退或废绝，流浆液性、黏液性或脓性鼻汁，呼吸加速，流泪，咳嗽，腹泻，粪便稀薄，后期粪便带黏液或血液，呈褐色。

断奶仔猪易发生脑炎症状，表现精神萎顿，体温高热稽留，皮肤震颤，有的病猪高度兴奋，尖叫，突然倒地，四肢呈游泳状，后肢轻度麻痹，呼吸困难，病死率20%～60%。

2～8周龄仔猪易发生角膜结膜炎，充血、流泪、眼睑水肿，经3～5天痊愈。

⑷患病公猪睾丸色泽和硬度发生变化。腹股沟淋巴结肿大1.5～2倍。输精管有出血性炎症，尿道上皮脱落、坏死。

⑸肺炎与肠炎多见于2~6周龄仔猪(图2.6.1–18)，各淋巴结肿胀，外观灰白黄色乃至暗红色，如下颌（图2.6.1–19）、股前、肠（图2.6.1–20）胃、肾等淋巴结都可出现卡他性炎症。肺多为支气管肺炎的变化，剖检时可见肺水肿（图2.6.1–21），表面有大量的小出血点和出血斑，气管内充满黏液，肺门周围有分散的小黑红色斑，尖叶和心叶或部份隔叶有紫红色或呈灰红色炎症灶（图2.6.1–22），外观坚实，病变不规则，但各病变之间界线清楚。肺泡膨胀不全，并含有大量渗出液，嗜中性白细胞弥散性浸润，纵隔淋巴结水肿和膨胀，细支气管有大量出血点，有时出现坏死区，坏死区有化脓样物质。腹腔和胸膜腔以纤维素性炎症为主要病变，在胸腔内积有多量淡红色渗出液（图2.6.1–23），胸腔腹腔内脏器发生纤维素性粘连（图2.6.1–24、25），心包膜（图2.6.1–26）与心外膜、胸壁发生纤维素性粘连（图2.6.1–27）。

肠炎，胃肠道有急性局灶性卡他及回肠的出血性变化和小溃疡。胃和小肠黏膜充血水肿，肠黏膜发炎而潮红（图2.6.1–28），肠内容物稀薄，混有黏液及血液（图2.6.1–29）。小肠和结肠浆膜面有灰白色浆液性纤维素性覆盖物（图2.6.1–30），肠系膜淋巴结充血肿胀（图2.6.1–31），脾脏有出血点，轻度肿大(图2.6.1–32)，肝色淡肿大质脆(图2.6.1–33)，表面有灰白色斑点（图2.6.1–34）。

五、诊断

可根据该病的流行病学、临床特点和病理变化等可做出初步诊断，确诊需做实验室检查。

（一）细菌学诊断

无菌采取死猪的肝、脾、肺、排泄物、病损

关节液、流产胎猪及胎盘等病料，磨碎加缓冲生理盐水稀释成20%悬液，在每毫升悬液中加1mL链霉素或1mg卡那霉素杀死杂菌，经1 000r/min离心沉淀10min，取上清液重复离心两次，最后取上清液0.5mL接种在5～7日龄鸡胚的卵黄囊内，鸡胚常在接种后3～10d死亡。也可用0.2mL接种于3～4周龄的小白鼠腹腔内，如果病料中含有衣原体，往往引起小鼠发生腹膜炎，腹腔中积聚大量纤维素性渗出物，以致接种鼠出现腹腔显著膨大，脾脏肿大等特征性病变。也可经鼻内、脑内接种，接种后1～3周死亡，部分活仔鼠也常在2～3d内发病，出现呼吸器官、中枢神经系统病损及卡他性化脓性角膜结膜炎。感染动物的腹腔渗出液涂片中，可发现衣原体包涵体。

采集病料后，也可涂片以Gimenez, Stamp和Giemsa方法染色，能见到肝、脾、肺上有稀疏的衣原体。膀胱和胎盘涂片有时可见到大量衣原体及包涵体。

（二）血清学诊断

血清学试验有补体结合反应（CF）、血凝抑制（HI）试验、团集补体吸收（CCA）试验、毛细血管凝集（CTA）试验、琼脂凝胶沉淀试验（AGP）、间接血凝试验（INA）、免疫荧光及免疫酶试验等。CF是国内使用的经典方法，一般用处理过的衣原体属特异性抗原测定被检血清。该法特异性较好，但灵敏度不够高，猪衣原体病诊断不太适宜用本法。虽发展了间接补体结合试验，但因操作繁琐影响了使用。HI、CCA、CTA方法较简单、敏感，但可靠性和有效性需进一步验证。血清浓度高时，易发生非特异性凝集。AGP灵敏度有时不及CF试验。IHA诊断抗原效价下降较快，有时出现非特异性反应。免疫荧光和免疫酶试验属现代标记抗体技术，如标记抗体的质量很高，可大大提高检测衣原体抗原或抗体的灵敏度和特异性。

近年来，免疫酶联染色法、Dot-ELISA、衣原体单克隆抗体、核酸杂交与核酸探针技术等在衣原体方面的应用开始起步。

鉴别诊断时，应注意其母猪流产型与猪伪狂犬病、猪细小病毒感染、流行性乙型脑炎、猪繁殖与呼吸障碍综合征、猪瘟等繁殖障碍性疾病相区别。

六、防制

（一）预防原则

本病很难根除，为了控制本病的暴发和流产，可采取以下措施。引进种猪时须严格检疫（包括临床及血清学检查）。不安全猪场应限制及禁止输出种猪。猪群进行定期观察，随时淘汰疑似病猪及血清学阳性猪，培育健康猪群。

将病猪隔离治疗，对猪舍、产房严格消毒。及时清除流产胎猪、死胎、胎膜及其他病料，深埋或火化。禁止使用未加工或未经无害化处理的畜产品及副料喂猪。保证饲料营养平衡，减少各种不良应激因素的影响。

实行人工授精，或公猪在配种、产精前一个月，母猪在配种前及怀孕后期投股四环素。

大剂量土霉素拌料喂服可取得良好的预防和治疗作用，定期按400～600g/t饲料添加。

发病时，及时采取诊断、隔离病猪、严格消毒等常规措施，对确诊的种公猪和母猪要及时进行隔离、淘汰处理，其后代一般不宜作种用。

（二）免疫防制

应用疫苗进行预防。中国农业科学院兰州兽医研究所成功研制了猪衣原体流产灭活疫苗，但其在预防衣原体性其他疾病中的作用正在研究探索之中。俄罗斯已在猪群中使用多价灭活疫苗，据称对预防种猪和仔猪衣原体病效果显著。

（三）治疗

四环素为治疗的首选药物，也可用金霉素、土霉素、红霉素、夹竹桃霉素、螺旋霉素等。公、母猪配种前1～2周及母猪产前2～3周随饲料给予四环素类制剂，按0.02%～0.04%的比例混于饲料中，连用1～2周。也可注射缓延型制剂，可提高受胎率，增加活仔数及降低新生仔猪的病死率。

给新生仔猪肌肉注射1%土霉素，1mL/kg，连用5d，每日1次。从10日龄开始随饲料投服四环素类药物，按1g/10kg体重，直到体重达到25kg为止。仔猪断奶或患病时，注射含5%葡萄糖的5%土霉素溶液，1mL/5kg，连续5d。

第二节　钩端螺旋体病（Leptospirosis）

钩端螺旋体病也称细螺旋体病。是由致病性钩端螺旋体引起的一种人兽共患的自然疫源性传染病。临诊表现形式多样，大多数呈隐性感染，少数急性病例表现发热、血红蛋白尿、神经系统病变、贫血、水肿、流产、黄疸、出血性素质、皮肤和黏膜坏死等特征。

一、病原

钩端螺旋体(简称钩体)是形态学与生理特征一致、血清学与流行病学各异的一类螺旋体,大小(6~20)μm×(0.1~0.2)μm。革兰染色阴性,在暗视野或相差显微镜下,钩端螺旋体呈细长的丝状、圆柱形,螺纹细密而规则,菌体两端弯曲成钩状,通常呈“C”或“S”形弯曲,运动活泼并沿其长轴旋转。在干燥的涂片或固定液中呈多形结构,难以辨认。

钩端螺旋体通常能在含有兔血清或牛血清白蛋白、长链脂肪酸、维生素B_1与B_{12}的液体培养基中生长，最适pH值为7.2～7.4，最宜生长温度为28～30℃。长链脂肪酸可提供钩端螺旋体能量，以合成新的钩端螺旋体。钩端螺旋体专性厌氧，氧化酶阳性，在暗环境中，有些血清型钩端螺旋体能在固体培养中生长，平均繁殖周期为12h。

细螺旋体属下分两个种，即臂钩端螺旋体（*L. interrogans*）与双曲螺旋体（*L. biflexa*），前者包括寄生性和致病性血清型，后者包括腐生和非致病性血清型。目前全世界已发现25个血清群和至少190种不同的血清型，它们的宿主、地理分布、致病力各有差异。

钩端螺旋体对干燥、冰冻、加热(50℃10min)、胆盐、消毒剂、腐败或酸性环境敏感,能在潮湿、温暖的中性或稍偏碱性的环境中生存。

二、流行病学

1. 易感宿主　几乎所有温血动物都可感染，啮齿动物是最常见的钩端螺旋体宿主，其次是食肉动物。家畜中猪、牛、水牛、犬、羊、马、骆驼、兔、猫、家禽和其他野兽、野禽、野鸟均可感染和带菌。其中，以猪、水牛、牛和鸭的感染率较高。

2. 传染源　病畜和带菌动物是本病的传染源。猪感染钩端螺旋体非常普遍，所带菌群有13种之多。鼠类繁殖快，带菌率高，排菌时间长，可能终身带菌。其他动物如犬、牛、马、羊也可作为传染源。冷血动物蛙不但能带菌，而且还能排菌，可作为一种储存宿主和传染源。

3. 传播途径　各种带菌动物主要通过尿液排菌，污染水、土壤、植物、食物及用具等，接触这些污染物就可感染，特别是水的污染更为重要。主要通过皮肤、黏膜感染，特别是破损皮肤的感染率高，也可经消化道食入或交配（鼠类）而感染。

4. 流行特点　呈散发性或地方流行性。一年四季均可发生，其中以夏秋为流行高峰季节。

5. 发现历史与流行动态　Weil（1886）首先确定本病是一种独立疾病。我国何时发现本病，尚无肯定的资料。本病分布于世界各地。猪钩端螺旋体病在美国、英国、加拿大、澳大利亚、意大利较为盛行。猪是波摩那型钩端螺旋体的常在宿主，至少有12种不同的血清型钩端螺旋体可感染猪，最为流行的是犬型、黄疸出血型、澳洲型、波摩那型以及tarassovi型。我国从猪体内获得了18个血清群，70个血清型，以波摩那型为主，分布于全国各地，其次是犬型。猪钩端螺旋体病可传染人，通常被称为养猪者病。

三、发病机理

钩端螺旋体具有较强的侵袭力，能通过皮肤的微小损伤、眼结膜、鼻或口腔黏膜、消化道侵入机体，然后迅速地到达血液，在血液中繁殖，几天后出现钩端螺旋体血症，波及脾脏、肝脏、肾脏、脑等全身器官与组织，损伤血管和肝、肾的实质细胞，引起一系列临床症状或尚未表现出症状而猝死。钩端螺旋体血症出现几天后，机体便产生抗体，在补体与溶酶的参与下，杀死血液和组织内的钩端螺旋体。抗体不能到达或抗体效价较低的机体部位为残留钩端螺旋体的存活与定居提供了理想的环境。

四、临床症状

亚临床型　这是大多数猪所表现的形式，主要见于集约化饲养的育肥猪，不表现临床症状，成为钩端螺旋体携带者，血清中经常可检出钩端螺旋体抗体。猪群感染率介于30%～70%，发病率、死亡率低。

急性型　主要见于仔猪的犬型、黄疸出血型、波摩那型以及tarassovi型钩端螺旋体感染，呈小型暴发或散在性发生，潜伏期1～2周。临床表现为突然发病，体温升高至40℃，稽留3～5d，病猪沉郁，厌食，腹泻，黄疸以及神经性后肢无力，震颤与脑膜炎，有的病猪出现血红蛋白尿。死亡率达50%以上。

亚急性与慢性型　以损害生殖系统为特征。发病母猪表现为发热，无乳，可视黏膜黄染，个别病例有乳腺炎发生，怀孕不足4～5周的母猪在感染4～7d后发生流产和产死胎、木乃伊胎 。母猪流产率可达70%以上。怀孕后期母猪感染则产出弱仔猪，这些仔猪不能站立，移动时呈游泳状，不会吸乳，经1～2d即死亡。在波摩那型与黄疸出血型钩端螺旋体感染所致的流产病例中，胎儿出现木乃伊化或各器官均匀苍白，出现黄疸，死胎常出现自溶现象。成年猪的慢性钩端螺旋体病通常有轻微或不易察觉的临床症状。

仔猪发病后，主要表现体温升高，食欲废绝，精神萎靡，全身震颤，喜卧。呼吸困难，常呈腹式呼吸，听诊有明显啰音，伴有咳嗽。结膜充血、黄疸，有脓性眼眦。耳朵、腹下、四肢内侧皮肤有大面积淤血斑。下颌淋巴结肿胀，触诊有痛感。个别猪呕吐，鼻出血，血尿和痉挛。多在发病后第4～5d死亡。

五、病理变化

急性型　以败血症、全身性黄疸（图2.6.2-1）与各器官、组织广泛性出血以及肝细胞、肾小管弥漫性坏死为突出的特征。眼观见尸体鼻部、乳房部皮肤发生溃疡、坏死。可视黏膜、皮肤、皮下脂肪、浆膜（图2.6.2-2）、肝脏、肾脏以及膀胱等组织黄染（图2.6.2-3）和有不同程度的出血。胸腔、心包腔积有少量黄色、透明或稍浑浊的液体。脾肿大，淤血，偶有出血性梗死。肝肿大，呈土黄色或棕黄色，被膜下可见粟粒大到黄豆大的出血灶（图2.6.2-4），切面可见黄绿色散在性或弥漫性点状或粟粒大的胆栓。肾肿大、淤血，肾周围脂肪、肾盂、肾实质出血、黄染。膀胱黏膜上有散在的点状出血。结肠前段的黏膜表面糜烂，有时可见出血性浸润。肝、肾淋巴结肿大、充血、出血。

亚急性与慢性型　身体各部位组织水肿，以头颈部、腹壁、胸壁、四肢最明显。肾脏、肺脏、肝脏、心外膜出血，肾皮质与肾盂周围出血明显（图2.6.2-5）。浆膜腔内经常有过量的草黄色液体与纤维蛋白。肝脏、脾脏、肾脏肿大，有时在肝脏边缘出现2～5mm的棕褐色坏死灶。

成年猪的慢性钩端螺旋体病，以肾脏的眼观病变最为显著，肾皮质出现大小为1～3mm的散在性灰白色病灶（图2.6.2-6），病灶周围可见到明显的红晕。有的病灶稍突出于肾表面，有的则稍凹陷，切面上的病灶多集中于肾皮质，有时蔓延至肾髓质区。病程稍长时，肾脏呈固缩硬化，表面凹凸不平或呈结节状，被膜粘连，不易剥离。组织学检查为典型的间质性肾炎。肾小管上皮细胞颗粒变性，部分上皮细胞破裂，胞核和胞浆溢入管腔内。脾与淋巴结滤泡坏死、消失，网状内皮细胞增生。

六、诊断

母猪怀孕后期流产，产下弱仔、死胎，仔猪黄疸、发热以及有较大仔猪与断奶仔猪死亡可提示为猪钩端螺旋体病。尸体剖检与组织学检查，尤其是肾脏的病变具有诊断意义。

（一）病原学检查

检查材料：可采取动物血液、尿液及肾脏、肾上腺、肝脏等组织。血液可由静脉采取3～5mL，加入1/10量的10%枸橼酸钠或1%草酸钠溶液作抗凝剂；尿液取5～10mL，肾、肝组织用灭菌生理盐水制成1：5或1：10悬液。

血或尿液经1 500r/min离心5min，取上清液再以3 000～4 000r/min离心1～2h进行集菌，然后取沉淀物涂片，染色镜检；脏器悬液以1 500r/min离心5min，取上清液，再用3 000r/min离心0.5～1h，取沉淀物涂片，染色镜检。

暗视野显微镜检查　钩取上述制备的样品，置于载玻片上并覆以盖玻片，在暗视野显微镜下，先低倍（120倍），后用高倍（400倍）检菌。钩端螺旋体细长弯曲，可活泼地进行旋转及伸缩屈曲的自由运动，其螺旋弯曲极为紧密，暗视野中模糊不清，常似小珠链样，菌体的一端或两端弯转如钩，且由于旋转式摆动而可弯绕呈8字形、丁字形或网球拍状，菌体常呈“C”、“S”、“O”等形状，这种弯曲，可在运动中随时迅速消失。

钩端螺旋体染色可用姬姆萨染色液染成淡红色，最好用染液浸泡过夜。也可用方吞那（Fontana）氏镀银法，钩端螺旋体呈黑色，背景为棕色。

细菌培养　常用柯托夫氏培养基，为了提高检出率，接种材料（血、尿及组织乳剂）量需较大，且每种材料至少应接种培养基3管。血液可静脉采血直接接种，每管接种3滴；尿液最好先调pH至中性，并经蔡氏灭菌滤板过滤后接种，每管接种10滴。

接种后置25～30℃温箱中培养，每5d对培养物进行一次暗视野显微镜检查，看有无钩端螺旋体生长。培养检查应持续3个月，如仍无生长，方可判为阴性。

（二）动物试验

将被检动物血液、尿液或肝、肾组织悬液，接种体重150～200g的幼龄豚鼠，腹腔或皮下注射1～3mL，实验动物在接种前观察2～3d，证明健康方可接种。接种后，每日观察2次。若材料中的病原毒力小，动物常仅表现一过性症状而很快恢复。若毒力强大，常于接种后3～5d出现高温、黄疸、不吃、消瘦等典型症状，并经数日体温下降后迅速死亡。当体温升高至40℃时，可采取心血做培养检查。若体温继续升高，可再采血培养，动物死亡后，立即剖检，取肾、肝组织镜检并做培养检查。实验动物若不发病，可于半月后判为阴性。

（三）血清学诊断

高度敏感的检测方法是钩端螺旋体病早期诊断的关键。检测抗原可应用免疫过氧化物酶染色法、DNA探针技术、基因扩增试验、免疫金染色法、化学发光免疫分析法、辐射法等。检测抗体可应用玻片凝集试验、凝集溶解试验、微量凝集试验、溶血测试、仓鼠被动保护试验、生长抑制试验、对流免疫电泳、酶联免疫吸附试验等。

（四）鉴别诊断

应注意与黄脂病、猪蛔虫病相区别。黄脂病除脂肪黄染外，其他器官与组织不黄染，易与猪钩端螺旋体病相区别。猪蛔虫病的肝脏病变严重，胆道被蛔虫阻塞而引起全身性黄疸，但尸体剖检与组织学检查具有特征性，也易与猪钩端螺旋体病相鉴别。

七、防制

（一）预防原则

采取综合性防制措施，及时隔离病畜和可疑病畜。开展群众性的捕鼠、灭鼠工作，并防止草、饲料、水源被鼠类粪尿污染。

消毒和清理被污染的水源、污水、淤泥、饲料、场舍、用具等，防止传染和散播。

（二）免疫防制

应用普通灭活菌苗和浓缩菌苗进行预防接种，获得了良好效果，但灭活菌苗存在接种量大，接种次数多，感染后不能阻止肾脏排菌等缺点。1978年以来研制了外膜菌苗。应用波摩那型弱毒L18株制成的活菌苗，对猪能产生很强的保护力，尿中不排菌。

（三）发病后的防制技术措施

⑴对病猪立即隔离，圈舍、工具等进行全面清扫和消毒，对粪尿污物及时清理并作无害化处理，保持饮水和饲料的清洁。

⑵个体病猪治疗，一般认为链霉素和土霉素等四环素族抗生素有一定疗效。使用链霉素，可肌肉注射，剂量25 mg/kg体重，每天2～4次，连用5d。对急性病症猪配合对症治疗，其中葡萄糖维生素C静脉注射及强心利尿剂的应用对提高治愈率有重要作用。

⑶对猪群按0.7～1.5 g/kg饲料加入土霉素，连喂7d，妊娠母猪于产前30d开始连喂含土霉素饲料以控制流产。并可以减轻症状和解除带菌状态。治疗时应全群治疗。在应用病因疗法的同时结合对症疗法是非常必要的。

第三节　猪痢疾（Swine dysentery，SD）

猪痢疾（SD）是由致病性猪痢疾蛇形螺旋体引起的猪特有的一种肠道传染病，又称血痢、黑痢、黏液出血性下痢等。主要特征为大肠黏膜的卡他性、出血性、纤维素性坏死性肠炎，临床症状以消瘦、腹泻、黏液性或黏液性出血性下痢为特征。各种年龄的猪只均可感染，但主要侵害3月龄左右的猪只。病猪除发生死亡外，病愈猪生长也很缓慢，耗费饲料和人力，可造成较大的经济损失。

猪痢疾早在1918年美国就有发生，1921年Whiting等进行了首次报道，1971年由Taylor等人证实了本病的原发性病原。1976年以后被世界大多数国家所公认。

目前本病遍及世界五大洲，有50多个国家和地区报告有本病的发生。我国不少地区有发生本病的报道。本病被列入《中华人民共和国进境动物一、二类传染病、寄生虫病名录》。

一、病原

本病的病原体为猪痢疾蛇形螺旋体（*Serpulina hyodysenteriae*），是蛇形螺旋体属（*Serpulina*）成员。（0.3~0.4）μm×（7~9）μm。本菌呈较缓的螺旋形状，多为2~4个弯曲，形如双雁翅状，用相差或暗视野显微镜检查，可见活泼地屈曲和旋转的蛇状运动（图2.6.3-1）。电子显微镜下可见外膜（细胞膜），在细胞壁和外膜之间有7~9条轴丝，从每端伸入，靠近细胞中部重叠。能够通过0.45~0.65μm孔径的滤膜。革兰染色呈阴性，着色力差，也可用结晶紫或稀释石碳酸复红等染色，维多利亚蓝或镀银法的效果也很好。

本菌为厌氧菌，培养时比一般细菌的要求严格。常用胰酶消化酪蛋白豆胨血液琼脂（TSA）或胰酶酪蛋白胨汤（TSB）培养基，在一个大气压、80%H_2、20%CO_2、以钯为催化剂（即105催化剂）的厌氧条件下进行培养。TSA基础培养基中加壮观霉素、黏菌素、力福霉素和螺旋霉素，可促进对螺旋体的分离和减少肠道细菌生长。TSA培养基上37~42℃培养6d，在鲜血琼脂上可见明显的β型溶血，在溶血区内不见菌落，有时可见云雾状表面生长或针尖大透明菌落。可根据DNA同源性或16SrRNA序列的相似性将蛇形螺旋体属与其他螺旋体属区别开来。

国外有4个血清型，不同血清型间能否交叉免疫，还不清楚。蛇形螺旋体的生化特性，目前只知可以分解葡萄糖、果糖、麦芽糖、乳糖，产生醋酸和丁酸，不分解蔗糖、纤维二糖、半乳糖，不产生硫化氢，可以产生靛基质和乳酸，不液化明胶，缺乏细胞色素氧化酶和过氧化氢酶。

猪痢疾蛇形螺旋体对外界环境抵抗力较强，在密闭猪舍粪尿沟中可存活30d，在粪中5℃时存活61d，25℃时7d，37℃时很快死亡。在土壤中4℃时存活102d，粪堆中3d，在潮湿污秽环境和堆肥中可生存7个月或更长。在沼泽或污水池中，可以生长繁殖而长期存在。–80℃可存活10年以上。

对一般的消毒药敏感，如过氧乙酸、克辽林、来苏儿，1%苛性钠溶液在2~30min内均死亡。对热、氧、干燥也敏感。

二、流行病学

1. 易感性　猪痢疾在自然流行中仅引起猪发病。不同年龄、品种的猪均有易感性，但以1.5~4个月龄最为易感，哺乳仔猪发病较少。生长小猪的发病率和病死率比大猪高。但一般认为发病率约75%，病死率5%~25%。仅猪感染，其他动物未见发生。

2. 传染源　主要是病猪和带菌猪。康复猪的带菌率很高，带菌时间可达数月。病猪和康复猪经常随粪便排出大量病菌，污染饲料、饮水、猪圈、饲槽、用具、周围环境及母猪躯体（包括母猪奶头）。据报告，狗、鸟经口感染后13d在粪便中仍有菌体排出。苍蝇至少带菌4h，小鼠为100多天。

3. 传播途径　主要经消化道传播，健康猪吃下污染的饲料、饮水而感染。或经饲养员、用具、运输工具的携带而传播。其他传染途径尚未证实。

4. 流行特点　不少国家报道，猪痢疾流行原因是引进带菌猪所致。但本病的暴发也见于没有购入新猪历史的猪群，可通过传播媒介引起间接传播。发病季节不明显，一年四季均有发生，但4、5、9、10月份发病较多。流行比较缓慢，持续期长，且可反复发病，具有长在性，不易根除。

5. 流行经过　最初在一个猪舍，开始几头猪发病，以后逐渐蔓延开来进而同群猪陆续发病。断奶仔猪的发病率常为90%，死亡率在50%左右。在较大的猪群流行时，常常拖延达几个月，直到出售时仍有发病。变换饲料、阉割、运输、拥挤及寒冷等应激因素，均可促使本病发生。但根本的因素是带菌猪在猪群中存在。实验结果证明，猪痢疾蛇形螺旋体的致病作用，与大肠内多种微生物（如特异性的厌氧菌）的寄居和参与有关。

6. 流行动态　SD主要由病猪或无症状带猪痢疾密螺旋体（Th）猪传播。据Windsor等报道，东英格兰25个SD猪群，有23个由于引进猪只而传入本病，其余2个由饲养人员传播。作者曾调查了16个SD猪群，由于引进猪只而传入本病的有11个（69%），其余5个均位于病猪群附近，可能由于人员或工具所传播。国内也有很多SD疫点是由于引进猪只所造成的。

我国的SD是否由国外传入？由于从国外引进种猪的历史已较长，一时无法查考。但根据以下一些事实，说明由国外传入的可能性是很大的。1978年10月的451头美国种猪，如得不到及时确诊，将分散运往国内9个省市；有不少地区指控某省的大约克和长白种猪为SD的传染源。有一个大型农场购入上述26头种猪，造成全场2 826头猪发病，死亡了1 554头；经我国诊断的北方某单位1984年初购进的杜洛克猪39头和汉普夏猪25头，分别来自南方的两个猪场，运到后不久就发生SD，杜洛克猪只有一部分发病而汉普夏猪却全部发病，显然杜洛克猪原来带有Th。另外还有很多例子说明SD主要随着种猪的流动而扩散，其中外国品种猪起着重要作用。

SD的扩散与能否得到及时确诊也有密切关系。如前述一个大型农场由于得不到及时确诊而又将疾病扩散到其他5个地区的54个猪群，发病3 567头，死亡1 952头。又如1979年初经我国协助诊断的一个猪场，在1978年初就已发病，由于得不到及时确诊而使疾病在场内反复流行达一年之久，同时还扩散到周围几个县。SD的及时确诊，不但可防止疾病向外扩散，且由于得到及时治疗而使病猪死亡率大幅度降低。我们曾统计了8个SD猪群，诊治及时和不及时各4个，病猪分别为499头和543头，死亡分别为191头（38.3%）和22头（4.1%）。

三、发病机理

病原进入敏感猪或健康猪的消化道，它在痢疾性粪便的黏液保护下，避开胃酸，经2h即可到达大肠，侵入大肠的黏液、黏膜以及肠腺管。病原在肠腺管内繁殖，侵入杯状细胞和上皮细胞，但并不直接损伤或破坏它们。病原的脂多糖、溶血素以及细胞毒性物质参与了大肠表面细胞的损伤过程，激发炎性反应与肥大细胞脱颗粒，损伤结肠黏膜上皮细胞对氯和钠离子的吸收功能，导致黏膜表面损伤、黏液分泌亢进以及肠液在结肠内滞留，从而发生血液、黏液性腹泻。

四、临床症状

本病潜伏期自然感染多为1～2周，一般为3～8d，长的可达2～3个月。猪群起初暴发本病时，常呈急性，后逐渐缓和变为亚急性和慢性。人工感染潜伏期一般5～10d。

最急性型：见于流行初期，死亡率很高，个别表现无症状，突然死亡。多数病例表现废食，剧烈下痢，粪便开始时呈黄灰色软便，随即变成水泻，内有黏液和带有血液或血块，随病程发展，粪便混有脱落的黏膜或纤维素渗出物的碎片，其味腥臭。此时病猪精神沉郁，肛门松弛，排便失禁，腹围紧缩，弓腰和腹痛，眼球下陷，呈高度脱水状态，全身寒颤，往往在抽搐状态下死亡，病程12～24h。

急性型　多见于流行初期、中期，病猪消瘦、下痢便血（图2.6.3-1）。病初排软便或稀便，继而粪便中含有大量半透明的黏液而使粪便呈胶冻状，多数病例粪便中含有血液和血凝块（图2.6.3-2）

（红色）、咖啡色或黑红色的脱落黏膜组织碎片。同时，病猪表现食欲减退，口渴增加，腹痛并迅速消瘦。有的死亡，有的转为慢性。病程7～10天。

亚急性和慢性型　多见于流行的中后期。亚急性病程为2～3周，慢性为4周以上。下痢时轻时重，反复发生。下痢时粪便含有黑红血液和黏液（如油脂状）。病猪食欲正常或稍减退。猪体进行性消瘦，贫血，生长迟滞。呈恶病质状态。少数康复猪经一定时间复发，甚至多次复发。

五、病理变化

剖检主要病变在大肠。急性病例营养状况良好，可见卡他性或出血性肠炎，肠系膜淋巴结肿胀（图2.6.3–3、4），结肠及盲肠黏膜肿胀，皱褶明显，上附黏液，黏膜有出血，肠内容物稀薄，其中混有黏液及血液而呈酱色或巧克力色（图2.6.3–5、6）。直肠黏膜增厚，重者可见出血。病程稍长的猪明显消瘦，大肠黏膜表层点状坏死，或有黄色和灰色伪膜，呈麸皮样，剥去伪膜可露出浅的糜烂面。肠内容物混有大量黏膜和坏死组织碎片，肠系膜淋巴结肿胀，切面多汁。胃底幽门处红肿或出血。肝、脾、心、肺无明显变化。

组织学变化　在早期病例，黏膜上皮与固有层分离，微血管外露而发生灶性坏死。当病变进一步发展时，肠黏膜表层细胞坏死，黏膜完整性受到不同程度的破坏，并形成假膜。在固有层内有多量炎性细胞浸润，肠腺上皮细胞不同程度变性、萎缩和坏死（图2.6.3–7）。黏膜表层及腺窝内可见数量不一的猪痢疾蛇形螺旋体（图2.6.3–8），但以急性期数量较多，有时密集呈网状。病理反应局限于黏膜层，一般不超过黏膜下层，其他各层保持相对完整性。

六、诊断

（一）临床流行病学与病理诊断

根据发病情况、临床症状及病理变化，可做初步诊断。本病发生无季节性，流行比较缓慢，初以急性病例为主，3周后以慢性为主；各种年龄的猪都可发病，但以2～3月龄仔猪发病多，死亡率高。临诊上体温基本正常，以血性下痢为主要症状；剖检时，急性病例为大肠黏膜性和出血性炎症，慢性病例为坏死性大肠炎。其他脏器常无明显变化。确诊尚需进行细菌学检查等。

（二）细菌学诊断

采取病猪新排出的粪便或直肠刮取物，应尽量多收集含有黏液的粪便。或将有病变的大肠（10～15cm长）结扎后完整取出。尽快送检做细菌分离培养。保存时，可将病料放在充有CO_2和H_2的容器内，密封保存。也可将病结肠的肠段（15～30cm长）两端结扎，在4℃保存4～7d；放在密闭的容器内–70℃冷冻，可保存3～6个月，在–20℃可保存20d。

取病猪新鲜粪便，最好是带血丝的黏液少许或大肠黏膜直接涂片，以草酸胺结晶紫、姬姆萨染色或复红染色液染色镜检，或将病料涂于载玻片，加水1滴，用相差显微镜或暗视野显微镜检查。如每个高倍视野下有2～3个缓慢转呈蛇形运动的较大螺旋体，即可初步确诊。

分离培养　取新鲜病料，用生理盐水10倍连续稀释，每一稀释度取0.05mL（一般为10^{-3}及10^{-4}稀释度），划线接种于添加药物的5%血琼脂平板上，培养基中加入壮观霉素400μg/mL或多黏菌素B200μg/mL，42℃厌氧条件下培养6天，见有明显的β溶血斑时，即可取出镜检。如认定是猪痢疾蛇形螺旋体时，取小块溶血斑进行纯分离，并做生化试验。

（三）动物试验

将可疑猪痢疾蛇形螺旋体的结肠病料匀浆液腹腔注射健康家兔，5～10d后做睾丸穿刺，检查有无螺旋体存在。也可用10～12周龄猪或用健康家兔做结扎结肠试验，根据结扎肠段有无特征性变化而予以诊断。

（四）血清学诊断

1. 荧光抗体染色法　将病猪粪便或培养物直接涂片2张，一张用草酸按结晶紫染色镜检，发现蛇形螺旋体时再将另一张片子做荧光抗体染色镜检，发现黄绿色螺旋样菌体，即为猪痢疾蛇样螺旋体。

荧光抗体试验（FAT）：病料涂片干燥后，火焰固定，滴加猪痢疾荧光抗体，37℃染色30min，再用PBS液冲洗3次，每次3min，最后用蒸馏水冲洗，晾干，用甘油缓冲盐水封片，荧光显微镜检查，如见有黄绿色螺旋体样菌体，即可确诊。本法可能出现假阳性和假阴性结果。

2. 凝集试验

⑴显微凝集试验：将被检血清灭活做8～256倍系列稀释，再分别加入等量抗原（含灭活菌500万个/mL），在22～37℃中感作2h。用接种环取各梯度混合液，分别滴在玻片上，在显微镜下观察。效价（抗体效价为50%凝集的血清最高稀释度）32为阳性。

⑵微量凝集试验（MAr）：以含1%胎牛（兔）血清的PBS（pH7.2）0.05mL，分别滴入微量滴定板（V形孔）1～6孔。将10倍系列稀释的灭活被检血清0.05mL加入第1孔，并行倍比稀释至第5孔（160倍），第6孔为抗原对照。每孔各加抗原（含灭活菌12亿个/mL）0.05mL，轻微振荡后置38℃16～18h，再室温静置1～2h。血清效价以50%凝集最高效价表示，感染猪群参考凝集效价（＞10%抽样检测，几何平均效价）XG-1：40。

本法对感染猪群的检出率与分离培养相同，具有一定的诊断价值。

Burrows等（1981）证实玻片凝集试验（SAT）在英国是有效和特异的鉴别蛇形螺旋体的方法，但要求在琼脂表面生长的螺旋体达到一定的数量。通常获得足量的纯培养物很难，需2～3周，且本方法不能区别无毒的蛇形螺旋体的VS1株，SAT的盐水对照中有时出现一些特异性凝集。R.J.Lysons（1991）描述了显微镜下检查凝集（MAT）的方法，螺旋体与多克隆血清混悬在400倍相差或暗视野显微镜下能容易地看到凝集（以盐水代替血清为对照）。以10%～50%凝集判为阳性。50%～100%凝集为强阳性。凝集不足10%为阴性。MAT只需少量螺旋体。应用SAT血清进行MAT，能准确无误地鉴别所有分离物。然而，某些蛇形螺旋体菌株的反应比SAT的反应弱。

3. 琼脂免疫扩散试验　Tric缓冲液（pH8.5）100mL加入琼脂糖0.9g，充分煮沸融化后，向直径为85mm平皿注入20mL，自然凝固后用外径3mm打孔器，按六角形图案打孔，中心孔与周围孔距为3mm。中心孔滴入抗原，周围孔分别滴入待检血清、阳性和阴性对照血清。置37℃湿盒，24h观察结果，抗原与持检血清孔之间出现特异性沉淀线者判为阳性。

4. 酶联免疫吸附试验（ELISA）　以热酚一水（68℃）提取I7xII型菌体脂多糖（各溶于0.05mL几碳酸盐缓冲液中，含量分别为1tcg/mL及10ug/mL），包被于固相载体（4℃，24h），以含1%吐温-80和0.5%牛血清白蛋白的PBS洗涤。加2倍系列梯度稀释的被检血清，置37℃保温2h，洗涤。再加辣根过氧化酶标记的兔抗猪免疫球蛋白溶液（1：400），37℃1.5h，洗涤，最后加底物溶液并终止反应，在室温中轻摇4min，然后在波长405nm下记录光吸收值。猪感染后的1～2周，可用本法测出ELISA滴度，感染后3周达到高峰，19周以后仍保持高于本底光吸收值2～3倍水平。表明ELISA比MAT敏感，可用于个体感染猪的诊断。

（五）鉴别诊断

1. 沙门氏菌病　为败血症变化，在实质器官和淋巴结有出血或坏死，小肠内可发现黏膜病变，肠道深在性溃疡，都是沙门氏菌病的重要特性。确诊应根据大肠内有无猪痢疾蛇形螺旋体和从实质器官中能否分离出沙门氏菌来确定病性。

2. 猪肠腺瘤（增生性肠炎）　本病病变主要见于小肠，确诊在于增生性肠炎病变特点和肠上皮内有唾液弯杆菌黏液亚种菌体的存在。

另外，还应注意与仔猪副伤寒、仔猪白痢、黄痢、红痢、猪瘟、猪流行性腹泻及猪传染性胃肠炎等区鉴别。此外，还应注意和肠炭疽、鞭虫病、肠道溃疡、霉菌性中毒等疾病区别。

七、防制

（一）预防原则

⑴猪场实行全进全出饲养制。至今尚无有效菌苗用于预防，因此控制本菌主要应采取综合防制措施。

⑵禁止从疫区引进种猪，外地引进的带菌猪必须隔离观察1个月以上。引进新猪具有较大的危险性，因此所引进的猪只应保证来自无SD的猪场，并至少隔离检疫3周以上确证无异常，在隔离期间选用一种消除肠道内Sh的药物预防。

⑶在无本病的地区或猪场，一旦发现本病，最

好全群淘汰，对猪场彻底清扫和消毒，并空圈2～3个月，粪便用1%的NaOH消毒，堆集处理，猪舍用1%来苏儿消毒。再引进健康猪。有报告介绍，对病猪群采用药物防制，实行全进全出的单一饲养制，结合清除粪便、消毒、干燥及隔离等措施，可以控制甚至净化猪群。

(4)从国外引进种猪经隔离检疫时，一旦发现SD阳性猪只，可根据《中华人民共和国进出境动植物检疫法》及其《实施条例》规定，做退回或扑杀、销毁处理，同群猪进一步隔离观察。

（二）免疫预防

本病预防，尚无有效菌苗。

近几年来，英国Lysons R. J. 等人对猪痢疾蛇形螺旋体疫苗做了大量的研究后发现，用灭活致病性蛇形螺旋体株P18A加Marco（52/ArlacelA）佐剂肌注（IM）接种和用无毒蛇形螺旋体株VSI活苗口服（oral）联合组成的接种方案比单用注射疫苗组对仔猪的保护效果显著提高（$P<0.001$）。疫苗接种猪在断奶1～2周之后用P18A株口服攻毒，结果IM组的发病保护率为41%，而IM+oral组为81%；两组死亡率均为零。而未接种疫苗的对照组在攻毒后发病率为97.73%，死亡率为36.36%。这是由于服活疫苗持续产生保护性抗原于肠道内直接刺激局部免疫系统之故。

澳大利亚Hampson D J等（1993）报道，通过对两批试验猪检测，猪痢疾（SD）原型疫苗可产生抗猪痢疾蛇形螺旋体的高效价循环抗体。

（三）治疗

治疗猪痢疾的药物有多种，以下可供参考。

痢菌净、林可霉素，肌肉注射或内服，每天一次，连用3～5d为一疗程。药物应交替使用，以防抗药性的产生。应用0.5%痢菌净肌肉注射，每千克体重2～5mg。一般仔猪注射5mL，克郎猪注射10mL，育肥猪注射20mL，每天注2次，连注2～3d。治疗率接近100%，为首选药物。吴硕显等（1988）报道1∶800稀释臭药水可有效地消除环境中的蛇形螺旋体。应用很少剂量的"血痢净"（内主要含痢菌净），每千克干饲料内含药物1g，混合连服30d，奶猪可灌服0.5%痢菌净溶液，每千克体重0.25mL，每天1次，可有效消除猪体内的蛇形螺旋体。王朝琦等（1988）报道对发病猪治疗，可用庆大霉素按2 000IU/（kg·d），肌注，一日2次，连用5d后应用预防药物。对发病群同栏无症状可疑病猪可用预防药物：①硫酸新霉素按0.1g/（kg·d）口服；②三甲氧苄氨嘧啶（TMP）按0.02g/（kg·d）口服。将上述两种药物压碎混于饲料内喂给，5d为一个疗程，共用两个疗程。对假定健康群可用：②痢菌净按5mg/（kg·d）混于饲料内喂服。上述两者可单独喂服，其疗程为5d；用2个疗程可交替使用。

邱达仕（1987）报道应用白石汤防制猪痢疾。处方：白矾1g，白头翁15g，石榴皮10g，此为1头25～35kg体重病猪的日用量。用法：先把白头翁、石榴皮加水适量煎到完全出味，将药液滤于盆中，加入白矾使之溶解。然后分2次拌入少量饲料中喂给或直接灌服。每日1剂，连服3～5d，预防量减半，每天1次，连服3d。

L. V. Borge等利用泰妙林治疗和清洁/消毒相结合的净化程序，对繁育到育肥阶段猪群中本病的消除，证明是有效的。

（四）根除与净化

在农牧渔业部的重视和支持下，作者对SD的药物净化开展了研究。首先得解决病原学诊断的可靠性，在简化了从病猪分离Th的方法之后，设法从康复猪中分离Th。应用添加有1%的胰脉、0.5%的胰脉和400P9/mL壮观霉素的普通血平板，将病料直接划线接种，Th的检出率比涂片法高得多。对病猪粪样的Th检出率，培养法79%，涂片法47%，涂片法阴性的粪样，培养法可检出63%。对康复猪粪样的Th检出率，培养法65%，涂片法仅17%。以上结果已胜过国外同类报道。此外，还发现上海地区约有36%的正常猪中带有无害密螺旋体（Ti）。血平板如果制得薄一些，很难区别尽溶血和弱月溶血。我国应用与Th（B78）和Ti（B256）模式菌株在同一血平板上做对比培养，可以得到明确区分。以上工作为从病原学正确评价SD净化效果打下了良好基础。

为了消除环境中的Th，经试验发现臭药水不但价廉和使用安全，且在有机物存在的情况下，1∶800稀释就有效果。为了消除猪体内的Th，应用很小剂量的

“血痢净”（内主要含痢菌净）连服30d十分有效。在完成以上一些预备性试验之后，接着对5个SD猪群进行了药物净化，其中3个猪群的猪数分别为697，884和1 039头，结果均获得成功。从停药至今已有16～30个月未发现一头SD病猪。净化效果的判断，采用了国外介绍的比较严格的标准。即停止服药后观察3～6个月，在此期间不得应用任何抗菌药物预防，不应出现一头SD病猪；观察期后，75%～100%的断奶猪经粪样Th培养应全部阴性。作者对黑龙江省一个净化猪群的所有15头小猪，还增加了逆境诱病试验。在严寒的12月份，将小猪装在麻袋内后置拖车上，在室外兜5h，再饥饿1d，观察1个月未见发病。在粪样的Th培养中，只要一个条件稍有疏忽，即可造成假阴性。为了严防出现这种情况和可与国外同类报道相比较，除了应用与国外相同的主要材料之外，还用已知Th菌株来监察培养环境的可靠性。对于分离的Ti样菌株，在同一血平板上同Th（B78）和Ti（B256）模式菌株对比其溶血型，以避免主观判断。所得的结果的可信性，已达国际同类研究的水平，为我国找到了一种简便、有效和经济的SD净化方法。一个1 000头猪只的猪群，在不淘汰一头猪只的情况下，经1个月的服药、消毒和3个月的观察，即可达到完全净化。

基于SD在我国的传播情况和药物净化的取得成功，只要领导部门继续加以重视和实行下列几点措施，我国的SD可以得到控制或消灭。

⑴对国外进口种猪做好SD检疫，继续严防传入。

⑵对全国主要种猪群进行监督和定期检查，有SD或发生过SD的猪群应进行药物净化，未达到净化标准的一律不得向外出售猪只。

⑶在有经验和条件的地方建立SD检验中心，统一检验标准。只有经检验中心许可的单位，才可接受对主要种猪群定性的标准。

许英民报道：猪痢疾是由猪密螺旋体引起的一种猪特有的肠道传染病，又叫血痢、黑痢或黏液出血性下痢。临床上以消瘦、腹泻、黏液性或黏液出血性下痢为特征。剖检特征为大肠黏膜发生卡他性、出血性、纤维素性、坏死性结肠和盲肠炎。虽然死亡率不高，但发病率很高。

因此，本病一旦传入，大面积流行，会造成很大的经济损失。

发病情况2003年9月，某养猪场饲养的900头育肥猪开始零星发病，发病日龄多在70~120d左右。以腹泻、血便、减食、体温升高，开始1天死亡2～4头，有的突然死亡。时值秋雨连绵，连续降雨10多天。这批猪是10d前从1km外的舍迁到这个大舍的，900头猪养在没有小区的大舍内，通风不良，一年前养过育肥猪。舍的前后均堆积粪便和垃圾。后经调查，以前此舍养的猪，发生过类似疾病。

临床症状本病的主要症状是轻重不同程度的腹泻。最急性病例，个别的无症状而突然死亡。多数表现食欲减少或不食，剧烈下痢，粪便开始常呈黄灰色软便，随即变为水泻，内有黏液和带有血液或血块，随病情的发展，粪便混有脱落的黏膜或纤维素渗出物碎片，其味腥臭。此时病猪精神沉郁，肛门松弛，排便失禁，腹围紧缩，弓腰腹痛，眼球下陷，呈高度脱水状态，全身战栗，往往在抽搐状态下死亡。

急性病例多见于流行的初、中期。初期排出黄色至灰色的软便，病猪精神不振，食欲减退，渴欲增加，体温升高到40.0～40.5℃，当持续下痢时，可见粪便中混有黏液、血液及纤维素碎片，使粪便呈油脂样或胶冻状，呈棕色、红色或黑色。病猪弓背吊腹、脱水、消瘦、虚弱而死亡。幸存者转为慢性。病猪表现时轻时重的黏液性出血性下痢，粪便呈黑色（黑痢），食欲正常或减少，进行性消瘦，贫血，生长发育受阻，有的呈恶病质状态。部分康复猪经一定时间还可复发。

剖检变化急性病死亡的猪营养状态较好，可见卡他性或出血性肠炎，结肠及盲肠黏膜肿胀、出血，肠内容物稀薄，其中混有黏液、血液，呈酱色或咖啡色，直肠黏膜增厚，严重的见有出血点。病程稍长的显著消瘦，被毛被粪便污染。病变主要在大肠（结肠、盲肠），大肠壁和大肠系膜充血、水肿。有的出现黏液性出血性炎症或出血性纤维素性炎症，表层黏膜坏死，形成灰色或黄色黏液纤维蛋白伪膜，呈麸皮样，剥去伪膜可见有浅的糜乱面。有的分布整个大肠或侵害部分肠段。肠内容物混有黏液和脱落的组织碎片。膜系膜淋巴结肿胀，切面多汁，胃底幽门部红肿或出血。心、肺、肝、脾无明显眼观变化。

诊断根据流行特点、临床症状、剖检变化和实验室检查（从略），综合诊断为猪痢疾。

防制措施治疗挑选病猪，凡出现症状、腹泻不食者，肌肉注射痢菌净，按5mg/kg体重1次，每日2次，连用3～5d。在饲料中加入氟苯尼考，按200g/t饲料，连用7d，如有条件，在饮水中加入电解多维、维生素C、K3，有利于病猪的康复。对假定健康群，全部用药物预防，每吨饲料加痢菌净50g，连用5d，再用氟苯尼考，每吨饲料加100g，连用7d。

预防目前本病尚无菌苗。在饲料中添加药物，虽可控制本病发生，减少死亡，起到短期的预防作用，但不能彻底消灭。彻底消灭本病主要是采取综合防疫措施。严禁从疫区引进种猪，必须引进种猪时，要严格隔离检疫一个月；在无本病的地区或猪场引进。一旦发生本病，最好全群淘汰，对猪场彻底清扫和消毒，并空圈2～3个月，经严格检疫后，确认无此病方能再养猪。

猪群一旦感染此病，必须早诊断，早用药物治疗和预防，对用具、猪舍、环境要彻底消毒，处理好污染的垫草及粪便；发病时正值9月初，连续降雨，舍内潮湿，气温下降，舍内通风不良，又赶上迁舍，诸多应激因素，促使猪群发病；该病虽然不同年龄、品种的猪均易感，但此次发病只限于2～4月龄的猪，其他猪场未见有感染。

第三篇

寄生虫病

第一章 总论

一、寄生生活与寄生虫学的概念

寄生生活是自然界中许多种生物所采取的一种生活方式，是生物之间相互关系的一种类型。有些生物在其一部或全部生活过程中，必须和另外一种生物生活在一起，互相依赖，才能很好地生长、发育，这种生活方式称为共同生活。有些共同生活的双方，在其种族进化过程中，相互间原有的关系发生了变化，其中一方暂时或永久寄居在另一方的体内或体表，夺取对方营养，或以对方的体液或组织为食物，来维持其本身的生存，同时给予对方不同程度的危害，甚至危及其生命，这种带有损害对方的生活现象称为寄生生活。

在寄生生活中，营寄生的一方称为寄生物，被寄生的一方称为宿主。寄生物中包括植物性寄生物，如细菌、真菌、病毒等，也包括动物性寄生物，如线虫、绦虫、吸虫、蜘蛛昆虫和原虫等，也就是我们通常所说的各种寄生虫。寄生虫的生长、发育和繁殖的全过程称为寄生虫的生活史。在寄生虫的生活史中又分若干阶段。如线虫、吸虫、绦虫的发育过程分虫卵、幼虫和成虫3个阶段。幼虫即指还没有达到性成熟的虫体，也就是还不能产出虫卵的虫体。成虫是指达到性成熟能产出虫卵（有些直接产出幼虫）的虫体。而原虫的发育则是分有性繁殖阶段和无性繁殖阶段。寄生虫的每个阶段其形态特征不同，发育过程需要的条件不同。有些寄生虫的不同阶段，又分别寄生于不同的宿主。凡是由于寄生虫（包括成虫和幼虫，有性繁殖阶段和无性繁殖阶段）的寄生而引起宿主发病的称之为寄生虫病。研究各种寄生虫以及由寄生虫所引起的疾病的科学，称为寄生虫学。研究内容包括寄生虫的形态特征、分类、生活史、流行病学、病理和症状、诊断、治疗和预防等。

二、寄生虫与宿主

（一）寄生虫与宿主的类型

1. 寄生虫的类型　根据寄生虫寄生宿主的部位、时间长短，以及对宿主的适应范围和适应程度的不同将寄生虫分为以下类型。

⑴根据寄生部位不同分为：

①内寄生虫是指寄生于宿主内部组织器官的寄生虫。如猪蛔虫。

②外寄生虫是指暂时或永久寄生于宿主体表的寄生虫。如猪血虱、蚊、虻等。

⑵根据寄生虫寄生的时间长短不同分为：

①暂时性寄生虫只有在需求食物时，才与宿主接触，其余时间营自由生活。如蚊、虻等。

②永久性寄生虫终生寄生于宿主的体内或体表，以完成其整个发育过程的各个阶段。如旋毛虫、猪血虱等。

⑶根据寄生虫对宿主的适应范围不同，将寄生虫分为：

①专性寄生虫，只能寄生于一种动物，别的动物不寄生。如猪蛔虫只寄生于猪，不能寄生于其他动物。

②多宿主寄生虫，可寄生于多种动物。如旋毛虫、弓形虫等。

⑷根据寄生虫对宿主的适应程度不同，将寄生虫分为：

①固需寄生虫，完全依赖于寄生生活，离开宿主就不能生存。例如：吸虫、绦虫和大多数线虫等。

②兼性寄生虫，可以不完全依赖于寄生生活，即可营寄生生活，又可营自由生活。如仔猪类圆线虫。

2. 宿主的类型 根据寄生虫的发育特性及对寄生生活的适应性不同，把宿主分为以下类型。

⑴终末宿主：寄生虫的成虫阶段或有性繁殖阶段所寄生的宿主。

⑵中间宿主：寄生虫的幼虫阶段或无性繁殖阶段所寄生的宿主。

例如有钩绦虫（成虫）寄生在人的小肠内，人是终末宿主，虫卵排出外界，被猪食入，在猪体内发育为猪囊虫（幼虫），猪是中间宿主。

⑶补充宿主：有些寄生虫的幼虫阶段先后要在两个中间宿主体内完成，根据先后称第一中间宿主和第二中间宿主，第二中间宿主又称为补充宿主。

例如华枝睾吸虫的虫卵被淡水螺（第一中间宿主）吞食，在淡水螺体内孵出毛蚴，经胞蚴、雷蚴发育为尾蚴，尾蚴钻出螺体，再进入淡水鱼虾（第二中间宿主）体内发育为囊蚴。终末宿主食入带囊蚴的第二中间宿主鱼虾而感染。

⑷贮藏宿主：有些寄生虫的感染性幼虫，可转移到另一个并不是它生理上需要的宿主体内，不发育也不繁殖，但可长期保持感染性，此宿主称为贮藏宿主。

例如寄生在猪胃的圆形似蛔线虫，含有感染性幼虫的食粪甲虫（中间宿主）被除猪以外的其他哺乳动物、鸟类、爬虫类吞食后，感染性幼虫在这些动物体内形成包囊，当猪吞食后也可引起感染。其他哺乳动物、鸟类、爬虫类是贮藏宿主。

⑸带虫宿主（带虫者）：一种寄生虫病在自行康复或治愈之后，或处于隐性感染之时，宿主对寄生虫保持着一定的免疫力，但也保留着一定量的虫体，称为带虫宿主。由带虫所产生免疫称为带虫免疫。

⑹媒介：通常是指在脊椎动物宿主间传播寄生虫的低等动物，更常指的是传播血液原虫的吸血的节肢动物。

（二）寄生虫感染宿主的途径及对宿主机体的影响

1. 寄生虫的感染途径 患寄生虫病的动物和带虫动物通过粪、尿、血液及其他分泌物、排泄物等方式，将寄生虫的某一阶段（虫卵、幼虫、成虫或原虫某阶段的虫体）散布到外界环境中，有的排到外界就具感染能力，有的要在外界适宜环境中发育到感染阶段或在中间宿主体内发育到感染阶段，才具感染能力。具感染能力的病原体需通过一定的途径感染宿主。感染途径如下。

⑴经口感染：寄生虫的感染阶段污染了饲料、饮水、土壤，健康动物随采食、饮水，经口侵入体内（病从口入）。或是吞食含有感染性幼虫的中间宿主及贮藏宿主而引起感染。

⑵经皮肤感染：寄生虫的感染阶段主动钻入皮肤或通过节肢动物媒介吸血、刺螯时传给健康动物。

⑶接触感染：患病动物与健康动物直接接触或患病动物接触过的物体，将病原遗留在物体上，健康动物再去接触这些物体而引起感染。

⑷经胎盘感染：有些寄生虫在母体移行时，可以通过胎盘感染胎儿。

⑸自身感染：就是动物自身的寄生虫感染自身。如人和动物肌肉旋毛虫就是由寄生于自身体内的成虫产出的幼虫感染的。

2. 寄生虫对宿主机体的影响 寄生虫的感染阶段（病原体）、感染途径和易感动物是寄生虫病发生的主要环节。动物感染寄生虫病又与动物营养状况、抵抗力的强弱、动物年龄、免疫程度及寄生虫侵入机体的数量有很大关系。如果营养状况好，抵抗力强，机体产生了免疫力，寄生虫侵入的数量少，宿主则发病轻徽或不发病，相反则对宿主机体危害严重，许多寄生虫对幼龄动物危害严重。

寄生虫对宿主机体的影响可表现以下几个方面。

⑴夺取宿主的营养：寄生虫在宿主的体内或体表寄生时经口吞食或由体表吸收宿主营养或直接吸取宿主的血液、组织液、淋巴液作为自身的营养，从而造成宿主的营养不良，贫血消瘦甚至发育停滞等。

⑵机械性障碍及损伤：寄生虫侵入宿主机体后，移行和寄生过程中或在体表寄生时，机械性刺激组织和脏器，致使组织和脏器发炎、出血，肠管、胆管、支气管、血管和淋巴管有大量虫体寄生时，可引起管道阻塞及其他后果。如猪蛔虫在小肠

大量寄生时，扭结成团，引起肠阻塞，肠扭转或肠套叠，严重者可引起肠破裂，如有蛔虫误入胆道，阻塞胆管。

⑶毒素作用：寄生虫在宿主体内寄生发育过程中，其分泌物、代谢产物以及虫体死亡腐败分解产物被机体吸收后，对宿主都能产生不同程度的局部和全身性的危害作用，特别对神经系统和血液循环系统的毒害作用更为严重。

⑷带入病原体寄生虫侵害宿主的同时，还可将某些细菌、病毒和原虫带入宿主体内，使宿主继发某些传染病和原虫病。

三、寄生虫病的流行病学和地理分布

（一）寄生虫病的流行病学

1. 流行病学定义　寄生虫病的流行病学是研究动物群体发生寄生虫病的发病原因和条件，传播途径，发生发展规律，流行过程及其转归等方面之特征的。研究流行病学当然也包括某些个体寄生虫病的以上各方面，因为个体的疾病，有可能在条件具备时，发展为群体的疾病，但流行病学的研究更着重于动物群体。

从以上定义来看，流行病学涉及到许多方面，概括起来说，就是研究寄生虫与宿主的关系，研究寄生虫和宿主与影响它们的外界环境的关系。

2. 流行病学的主要内容

⑴从感染阶段的虫体（虫卵或幼虫）感染宿主到成熟排卵所需要的时间。了解这个时间可以推断出最初感染时间，对制定防治措施极为重要。

⑵虫卵和幼虫在外界发育所要求的条件。掌握这些条件后就可以人为改变这些条件，抑制和切断它们的发育。

⑶寄生虫在宿主体内的寿命。寿命不同，向外界散布病原的时间长短不同。例如：有钩绦虫在人体内可存活长达25年之久，它可长期向外散布病原，因此在制定猪囊虫病防治措施上是特别值得注意的一点。

⑷中间宿主的情况，包括分布、密度、生活习性、每年出没时间及越冬情况。了解这些可以推断出感染终末宿主的大体时间，有利于制定防治措施。

⑸贮藏宿主的情况，包括种类、分布，它们和病原体接触及家畜与它们接触的可能性。研究这些就可采取措施，防止它们接触传播病原。

⑹寄生虫的感染来源，通过什么传播和感染途径。如猪可通过拱土吞食入土壤中的金龟子幼虫和蛹而感染大棘头虫病。研究这些对控制病原传播和预防寄生虫病的感染和流行具有重要作用。

⑺终末宿主的情况特别是宿主的营养状况。当营养缺乏或缺少微量元素时，对寄生虫的感染抵抗力弱。反之营养充足，体质健壮，抵抗力就强，发病率低。不同品种的家畜对寄生虫感染的耐受力是不相同的，一般外来品种或从外地刚引进的家畜进入某种寄生虫病疫区，则易发病，而当地品种即使发病，症状也较轻微。不同年龄对寄生虫感染的耐受力也不相同。如猪蛔虫病，主要危害仔猪。

⑻人的因素。人的不科学的活动和不良的卫生习惯，也会促使某些寄生虫病的感染和流行。例如人的粪便管理和厕所构造不合理，无厕所和随地大便而造成猪囊虫病的传播。肉品检验制度不健全和肉品管理制度不严格，就容易造成人有钩绦虫病的感染。还有饲养管理和卫生条件差，粪便管理，配种制度不当都可能引起某种寄生虫病的发生。家畜运输、进出口，由于检疫制度不严格，人类的旅游，出国考察、访问、学习等活动都能传播寄生虫病。

⑼自然条件。所谓自然条件主要是指物理的和化学的因素，包括温度、湿度、光照、土壤结构及土壤和水的酸碱度等。不同的纬度和海拔地区，其温度、湿度、光照和土壤等也各不相同，对寄生虫的存在、分布、疾病的发生和发展有着很大的影响。例如温度、湿度和光照适宜，外界环境中的虫卵和幼虫发育就快，反之则发育缓慢或不发育甚至死亡。气候的改变也会促进某些寄生虫病的发生和流行。某些寄生虫病随着每年雨量的不同，流行情况就有很大区别。此外地理和气候的不同也必将影响到植被和动物区系的不同。后者的不同又将更为直接或间接影响到寄生虫的分布。这些都是流行病学所研究的内容。

（二）寄生虫的地理分布

动物的分布和地理气候条件有关。由于地球上不同区域的温度和湿度出现显著的差异，直接地决定了植被的类型，间接地决定动物的区系。根据动物基本类型的不同，在世界上划分为6个主要动物区，即古北区（包括整个欧洲和北部亚洲）、远东区（包括我国长江以南，印度、巴基斯坦和中南半岛诸国）、新北区（主要是北美）、澳大利亚区（南半球的热带和亚热带）、埃塞俄比亚区（整个非洲和阿拉伯半岛一部）、新热带区（主要是中南美洲）。从动物区系的划分看，我国处在两个动物区系内，即以长江为界，南为远东区，北为古北区。

由于动物区系的不同，又直接或间接地影响到寄生虫的分布。也就是说，一方面由于动物区系的不同，就意味着宿主、中间宿主和媒介分布的不同。对于那些土源寄生虫（发育过程不需要中间宿主），它们的分布总是随着宿主的分布而存在。例如猪蛔虫的分布总是随着猪的分布而存在，又如只寄生于象的寄生虫就只分布在有象的地区。而那些生物源性寄生虫（发育过程需要中间宿主），它们的分布同时要受到终末宿主、中间宿主（有的还需要第二中间宿主）分布的影响，缺少其中一者，就不能有这种寄生虫的存在。例如日本分体吸虫（日本血吸虫）发育过程需要中间宿主钉螺，钉螺不适应在北方地区气候条件下生存发育，所以北方地区就没有日本血吸虫。对于那些需要特异媒介传播的寄生虫，此地区如果没有这种特异媒介，同样此地区也不存在这些寄生虫。例如寄生于牛、羊、马等多种哺乳动物的刚果锥虫（Trypanosome congolense）和布氏锥虫（*T. brucei*），都是分布在非洲的热带地区，这是和它们的媒介——舌蝇（采采蝇）的分布相一致的。

另一方面由于动物区系的不同，气候条件亦不同，也必将直接影响到寄生虫的分布。

如前所讲的日本分体吸虫的分布，一方面它的发育需要中间宿主，必须有中间宿主生存的适宜条件。另一方面虫卵在外界的发育也需要较高的温度和湿度，北方地区缺乏此种条件，所以这也是北方地区不存在日本分体吸虫的原因之一。特别对于那些暂时寄生吸血的节肢动物，动物区系不同，对它们分布的影响则完全是直接的。如某些种类的蚊和虻等，只存在于南方而不存在于北方。

但是这种情况并不是一成不变的，随着动物的移动，也会影响寄生虫的分布。例如猪肾虫原来存在于我国长江以南地区，近年来随着商品经济的发展，北方地区从南方各省大量采购生猪，也把猪肾虫带到北方，吉林、黑龙江两省已有发现猪肾虫的报道。此外人类的旅游等活动，家畜及野生动物的运输过程也可以把许多寄生虫带往新的地区。

了解寄生虫的地理分布，就更利于研究探讨寄生虫与宿主的相互关系，及寄生虫、宿主与影响它们的外界环境的相互关系。有利于制定整体的切实可行的防治措施。

四、寄生虫的命名和分类

（一）寄生虫的命名

人们为了认识和区别各种动物和植物，必须给它们定立一个专门的名称，现在全世界公认的命名规则是双名制命名法。寄生虫名称就是用双名制命名法规定的，叫做寄生虫的科学名（或学名）。科学名由两个词组成，第一个词是属名，第二个词是种名。例如：Ascariscuum Goeze1782，Ascaris是属名，中译名为蛔虫属，suum是种名，即猪种，第三个词是命名人的名字，最后是命名年代。中译全名为猪蛔虫。命名人的名字和命名年代，在有些情况下可以略去不写。

（二）寄生虫的分类

寄生虫的分类同自然界各种动物的分类相同。为了便于区别和研究，人们又依各种寄生虫间相互关系密切程度，分别组成不同的分类阶元。把相互关系密切的种（species）同属于一个属（genus），相互关系密切的属同属于一个科（family），依次类推，继而建立目（order）、纲（class）、门（pylum）、均属动物界（animal kingdom）。有时为了更准确地表现寄生虫间的相近程度，又在上述分类阶元之间加了“中间”阶元。如亚门（subphylum），界于门与纲之间；亚纲（subclass），界于纲与目之间；亚目（suborder）与超科（superfamily），界于目与科之间；亚科（subfamily），界于科与属之间，属下又分亚属（subgenus），一般分到种，有的又分亚种（subspecies）或变种（variety）。

五、寄生虫病的免疫

（一）寄生虫病免疫的特点

1. 寄生虫的免疫通常表现为不完全免疫　寄生虫作为一类特殊的病原体，在侵入机体后同样受机体免疫机构的识别与排斥，同样涉及到免疫问题。然而尽管能够识别虫体并产生反应，但不能将它们完全杀灭或驱除出去，它们还能够在宿主体内进行发育并一直发育为成虫，并能以后在宿主体内长期生存下去。一方面除原生动物外，其他各种寄生虫，尽管虫体大，生存期长，但在宿主体内一般不增殖，所以产生的抗体有限。而且随着虫体的发育，寄生部位不断变换，作为虫体抗原对机体的刺激也分散，因而免疫程度弱。另一方面可表现为寄生虫不断改变自身的抗原结构，使宿主产生的抗体失去活性；模拟宿主抗原逃避免疫监视；寄生在细胞内的寄生虫可避开宿主抗体和致敏淋巴细胞的杀伤作用；作为寄生虫的排泄物或分泌物的抗原物质（循环抗原）在血液中竞争性地与相应抗体结合形成免疫复合物，阻断特异抗体对虫体的攻击，同时循环抗原预先可与致敏淋巴细胞作用，从而阻断淋巴细胞对虫体的杀伤作用，使虫体在循环抗原的掩护下逃避宿主免疫机构的攻击，得以生存，因此宿主不能获得完全免疫。

2. 带虫免疫　一种寄生虫病在自行康复或治愈之后，体内仍保留一定量的虫体，或是宿主处于隐性感染时，对同种寄生虫的再感染能产生一定的免疫力，为带虫免疫。带虫免疫没有彻底防止再感染的能力，但对再感染的寄生虫有抵制作用：有时能抑制虫体的生长，或降低其繁殖力，或缩短其生活期限，甚至可以杀死寄生虫；或者能阻止虫体对组织的附着，使之排出体外；或能沉淀或中和寄生虫的产物。但这种免疫能力随虫体的减少而降低，虫体完全消失，防止再感染的能力也就完全消失。

3. 交叉反应　由于寄生虫的个体大，除原虫外又都是多细胞动物，抗原成分复杂，而且起作用的是抗原上的决定簇，有些寄生虫的抗原上有相同的决定簇，所以血清学诊断某些寄生虫病可出现交叉反应。

（二）寄生虫病免疫研究现状

近年来，随着科学技术的不断发展，寄生虫病的免疫研究方面发展很快。在对免疫血清学诊断技术和寄生虫病的免疫预防等方面进行了广泛的研究。例如，在免疫学诊断技术方面：开展了ELISA和ABC-ELISA诊断猪囊虫病，组化ELISA检测猪囊虫抗原决定簇，滤纸片固相载体放射免疫分析法诊断人畜共患寄生虫病，免疫酶染色试验（TEST）诊断旋毛虫病，SDS－PAGE及酶联免疫电转移印迹技术（ELTB）对肌旋毛虫可溶性抗原分析，免疫组织化学染色法诊断猪旋毛虫病，斑点酶联免疫试验（Dot-ELISA）诊断旋毛虫病，日本血吸虫病和猪囊虫病，羧化聚苯乙烯胶乳凝集试验快速诊断猪（人）旋毛虫病，间接血凝试验（IHA）诊断猪旋毛虫病、猪囊虫病、棘球蚴等的研究。在弓形虫病诊断技术方面：进行了分泌抗弓形虫（OHO株）McAb杂交瘤细胞株的建立，分泌抗弓形虫GTC株，NT株McAb杂交瘤细胞株的建立，抗弓形虫单克隆理化特性的研究，碘对流免疫电泳（RECP）诊断猪弓形虫病，直接凝集试验（DAT）诊断弓形虫病等的研究。其他寄生虫病，如伊氏锥虫病，肝片吸虫病、鸡球虫病、梨形虫病等都进行了免疫诊断技术的研究。

寄生虫病免疫预防的研究工作也有较大的进展，主要的有旋毛虫虫体组织佐剂苗，猪全囊虫匀浆083虫苗，猪囊尾蚴分泌苗，弓形虫M-888佐剂苗，还有日本血吸虫、家畜伊氏锥虫、鸡球虫等虫苗。这些虫苗尚在实验室阶段或正在进行扩大试验，还未进入药厂生产应市供应。此外还完成了伊氏锥虫抗原变异现象的研究，伊氏锥虫动基体DNA的研究，伊氏锥虫核酸探针的研究，伊氏锥虫DNAB－聚合酶样因子纯化和部分特征的研究，核蛋白对可变性抗原基因的转录调控与编码核蛋白的基因克隆及其表达的研究。这些成果均达到国际先进水平。

六、寄生虫病的诊断和综合防治措施

（一）寄生虫病的诊断

只有正确诊断寄生虫病才能对寄生虫病进行有效地治疗和预防。诊断方法包括：

1. 临床症状　观察绝大部分寄生虫病的临床可表现消瘦、贫血、水肿、营养不良、发育受阻和消化障碍等慢性、消耗性疾病的症状，虽没有特异症状，但可作为早期发现疾病的参考。

2. 流行病学调查 根据发病情况，调查分析流行因素，为做出准确诊断提供依据。

3. 实验室诊断 对确诊某些寄生虫病可以起到决定性的作用。主要诊断方法有下列各种。

⑴粪便检查法：许多寄生虫多寄生于宿主的消化系统或呼吸系统，某一阶段的虫体常随宿主的粪便排出，通过粪便检查，可发现某些寄生虫病的病原体，即可确诊。常用的方法有以下几种：

①直接涂片法。简便易行，但由于所检粪便量少、检出率低。方法：先滴数滴常水或50%甘油与水等量液于载玻片上，再用牙签或火柴杆挑取少量被检粪便加入其中，充分搅匀并除去较大粪渣，盖上盖片进行镜检。

②漂浮法。采用比虫卵比重大的溶液，使虫卵浮集于液面。常用的液体为饱和盐水（比重约1.18）。方法：取粪便3～5g，放于一小烧杯中，再加入10～20倍的饱和盐水溶液（1 000mL沸水中加入380g食盐），充分搅匀，然后用两层纱布或40～60目铜丝筛，过滤到另一玻璃杯内，静置半小时，用一直径5～10mm的铁丝圈与液面平行沾取液膜并抖落于载玻片上，加盖片后镜检。

③沉淀法。用于较大的虫卵。方法：取粪便3～5g，置玻璃杯内，加100～200mL清水，搅匀，用纱布或40～60目铜丝筛过滤到另一玻璃杯中，静置20～40min，倾去上液，保留沉渣，再加水混匀沉淀，如此反复数次，直至上层液透明为止，倾去水后，用胶吸管吸取沉渣镜检。

④幼虫检查法。适用于随粪便排出的幼虫（如猪肺线虫）或各器官组织及土壤、饲料中的幼虫检查。方法：将装有被检物的网筛放在漏斗内，漏斗下接胶皮吸管和小试管，然后将漏斗置漏斗架上，往漏斗内加入40℃的温水，浸没被检物为止。静置1h后，用夹子夹住胶皮管，取下小试管，倾去上液，吸取沉渣进行镜检。

⑵尿液检查法：见猪肾虫病的诊断。

⑶血液检查法：由患病动物的耳尖采血，用第一滴血液制作涂片，并注明动物编号，用随后流出的血制成压滴标本，并立即检查；涂片则用甲醇固定，姬氏液染色后镜检。

⑷免疫学诊断法：近年来免疫学诊断方法，已广泛应用于寄生虫病学方面，如第四节寄生虫免疫所述各种免疫学诊断技术。

⑸动物接种：见弓形虫病的诊断。

4. 尸体剖检 对病畜进行死后剖检，观察病理变化，查找病原体，分析致病和死亡原因，有助于正确诊断。

（二）寄生虫病的综合防治措施

寄生虫病的防治是一项极其复杂的工作，必须以流行病学的研究为基础，贯彻“预防为主，防重于治”的原则，采取综合性防治措施，才能收到预期效果。具体措施概括如下。

1. 驱虫 驱虫是杀灭宿主体内或体表寄生虫的一项预防性措施，其主要目的是预防寄生虫病的暴发和流行，减少疾病给畜牧业带来的损失。要使驱虫工作完成得更好，在驱虫前后和在驱虫过程中还要做好以下几方面的工作。

⑴驱虫时间的确定：应根据流行特点、生活史规律来确定驱虫时间。“成熟前驱虫”是对某些蠕虫（吸虫、绦虫、线虫和棘头虫）驱虫的最佳时间，是乘虫体在宿主体内还没有发育成熟时进行驱虫，其优点即能将虫体消灭于产卵（或产幼虫）之前，又能防止虫卵或幼虫对外界环境的污染。“成熟前驱虫”需在掌握寄生虫的感染阶段，感染宿主到成熟排卵的时间方可进行。许多地方已把秋冬季节驱虫作为一种固定实施的防治制度。秋冬由于大多数家畜体质由强转弱，此时进行驱虫有助于家畜安全越冬，秋冬季节不适于虫卵和幼虫的发育，在寒冷地区大多数寄生虫的虫卵和幼虫是不能发育或不能越冬的，从而可以大大减少对环境的污染。

⑵驱虫场所的选择：为了防止粪便中的虫卵、幼虫及成虫裂解后散出的虫卵污染环境，应在专门的（有隔离条件的）场所进行。

⑶驱虫药量要准确：驱虫药有驱虫作用，但如过量（特别是毒性大的药物）对家畜机体也能产生毒害作用，外用杀虫药浓度大小也是如此，因此无论是预防驱虫或治疗性驱虫一定要掌握好用量或浓度。大批用药前必须先进行小群试验，以免发生大批中毒。同时还要根据家畜年龄大小，体质强弱不

同，进行分群区别用药。

⑷用药后要注意观察：驱虫后要注意观察，如发现有中毒者，应立即解毒。对于治疗用药后的病畜要加强护理，以防继发其他疾病。

⑸驱虫后应有一定的隔离时间，直至病原排完为止。

2. 平时和驱虫后的粪便要堆积生物热处理　其目的是消灭外界环境中的虫卵或幼虫。随粪便排出的虫卵，有的具有较厚的卵壳，对外界各种因素的刺激具有较强的抵抗力，一般的化学药物均不能将其杀死，但对高温敏感，所以要将平时和驱虫后的粪便清扫干净，堆积起来进行发酵（生物热处理），既能杀死虫卵和幼虫，又能保证环境卫生。

3. 消灭中间宿主　在有条件的情况下，消灭可能消灭的中间宿主，只有消灭了中间宿主，即可消灭其体内的感染性幼虫，又可使还没有进入中间宿主的幼虫无法获得中间宿主完成其发育。

4. 消灭贮藏宿主和节肢动物媒介　贮藏宿主和节肢动物媒介起到携带和传播病原的作用，消灭贮藏宿主和节肢动物媒介即能控制和减少某些寄生虫的感染。

5. 加强对家畜的饲养管理　做到全价营养，保持健壮体质，以增强机体抵抗寄生虫病的能力。对猪寄生虫病的预防工作还要着重做到以下3个方面：①要有专门的产仔间，严格消毒；②怀孕母猪要驱虫，临产前要把全身彻底洗净；③小猪要有专用猪舍。总之，着眼点主要放在小猪身上。

6. 建立健全各项规章制度　包括肉品检验制度，肉品管理制度和建立轮牧制度，做好牧地预防。规章制度的健全对控制某些寄生虫的传播和流行起着决定性的作用。

防治寄生虫病应当有按照行政组织“阶梯”设置相应的防治机构，由它们实施管理、监督、宣传教育和组织协作，建立防治制度，采取有效的措施，寄生虫病必能得到控制。

165个规模猪场普查结果，300万头次调查使用结果：寄生虫病危害严重，主要寄生虫有猪疥螨、猪蛔虫、猪毛首线虫和食道口线虫等。其中线虫感染率达50%以上，疥螨感染率近100%。目前国内一些规模化猪场常用的应用程序简介如下：首先，对全场猪应用1次药物。其次，对初产母猪首次发情即应用药物，以后在每次配种前用药。第三，对怀孕母猪在产前2周应用1次药物。第四，对公猪每年至少用药2次；注射次数取决于猪场的污染情况。第五，对仔猪在转群时用药一次。第六，对新进的种猪用药物后7～14天再和其他猪并群。第七，对有血虱的猪场应用药2次，间隔时间为半个月。第八，要注意圈舍的清洁卫生。

虫克净注射液：用于断奶转群仔猪和育成猪，每33kg体重注射1mL。

虫克净粉：用于育成育肥猪（30～90kg），每吨料加200～300g，连用7d；后备母猪每吨料加400g，连用7d；母猪配种前1周、怀孕母猪产前14天和公猪每吨料加1 000g，连用7d。

第二章 绦虫病和吸虫病

第一节 猪囊尾蚴病（猪囊虫病）（Cysticercosis）

猪囊尾蚴病又名猪囊虫病，是由寄生在人小肠内的带科（Taenldae）带属（*Taenia*）的有钩绦虫（*T. solium*、猪带绦虫、链状带绦虫）的幼虫猪囊尾蚴（*Cysticereuscellulosae*）寄生于猪体内而引起一种绦虫蚴病。

猪囊虫大多寄生于猪的横纹肌内，脑、眼及其他脏器也常有寄生。此外，猪囊虫也可寄生于人体内，引起的人的囊虫病。

猪囊虫病是一种危害极大的寄生虫病。严重危害猪体，造成国民经济巨大损失，同时也严重威胁人的身体健康，所以是肉品卫生检验的必检项目之一，也是我国农业发展纲要中限期消灭的疾病之一。

本病分布极广，呈全球性分布，在我国分布也非常广泛。

一、病原体

有钩绦虫（成虫）呈背腹扁平带状，长2～5m，偶有长达8m的。虫体由头节、颈节和数百个至上千个体节组成（图3.2.1–1）。头节位于体前端，呈圆球形，大头针帽大小，似小米粒样，直径约1mm，头节上有4个圆形吸盘和1个顶突，顶突上有2排角质小钩（25～50个）。颈节又名生长节，纤细，长约5～10mm。颈节往后为体节，由于体节的发育程度不同又分未成熟节片、成熟节片和孕卵节片。未成熟节片（幼节）宽度大于长度，此节片中的生殖器官未发育成熟。成熟节片（成节）距头节约1m左右，成节的长度与宽度几乎相等而近似正方形，内含发育成熟的雌雄生殖器官各一套。睾丸呈泡状，数目约150～200个，遍布于节片的背侧。卵巢除分二叶外，还有一个小的副叶。子宫为一直管。孕卵节片（孕节）长度大于宽度，子宫向两侧形成分枝（7～12个），内充满虫卵可达3万～5万个。

虫卵为圆形或略为椭圆形，直径为35～42μm，随粪便排出的虫卵卵壳多已脱落，其外是一层比较厚、具幅射状条纹的胚膜，内有一个圆形的六钩蚴。

幼虫（猪囊尾蚴）发育成熟后呈椭圆形，黄豆大，长6～10mm，宽3～5mm，为半透明的囊泡，囊内充满液体，囊壁是一层薄膜，壁上有一个圆形，小高粱米粒大乳白色小结，其内有一个内翻的头节，其构造与成虫头节相似（图3.2.1–2）。

二、生活史

成虫（有钩绦虫）寄生在人小肠的前半段，孕卵节片陆续从虫体上脱落下来，随粪便排出体外，有的节片在排出过程中或是到外界后由于机械作用的因素而破裂，虫卵散出。

猪食入含有节片或虫卵的人粪便或是被虫卵或节片污染了的饲料和饮水而感染。在胃肠液的作用下（有人认为主要是六钩蚴本身小钩的作用），经1～3天六钩蚴破壳而出，然后借助小钩和六钩蚴分泌物的作用，钻入肠壁小血管或淋巴管，随血流到达猪体各部停留下来，经2～3个月发育为具有感染能力的囊尾蚴。

猪囊尾蚴多寄生于猪的肌肉中，以咬肌、膈肌、肋间肌以及颈部、肩部和腹部的肌肉最多见（图3.2.1–3），内脏以心肌最多（图3.2.1–4），在寄生严重时各部都有，脂肪中也有寄生。猪囊尾蚴在猪体内生存数年后钙化而死亡。

人如果食入生的或半生不熟的含有活的囊尾蚴的猪肉后，经胃到小肠，在胃肠液作用下，囊壁被消化，头节用吸盘和小钩附着在肠壁上，经50天左右发育为成虫。

在人体内通常只寄生1条，偶有寄生2～4条者，成虫在人体内可活25年之久。

三、流行病学

由于猪囊虫病的感染来源是有钩绦虫病人，有钩绦虫病的感染来源是猪囊虫病猪，所以两种病有着紧密的联系，它们即相互促进，又相互制约。

猪感染猪囊虫病的原因，是由于猪只的散放，对茅圈和人的粪便管理不严、无厕所或随地大便，这样就容易造成猪吃到有钩绦虫病人粪便中的孕节或虫卵的机会而感染猪囊虫病。

人感染有钩绦虫病的原因，是由于肉品卫生检验制度不健全，不严格，屠宰的猪不检验，或是发现有猪囊虫的猪肉仍要自食或出售；吃了生的或是半生不熟的带有活的囊虫的猪肉而感染有钩绦虫病。

人除感染有钩绦虫病外，还能感染囊虫病。人感染囊虫病的原因，是吃了被绦虫卵污染的食物和水，如用人粪水浇菜，人吃了未洗净的沾有虫卵的蔬菜；患有绦虫病的病人，便后不洗手或是没有洗干净，就拿食物吃而食入污染在自己手上的虫卵；或是由于某种原因而引起的呕吐，从而把节片返到胃里，外膜及卵膜被消化放出六钩蚴感染囊虫病。

猪囊虫病和人有钩绦虫病呈全球性分布，而现在则多见于温带和热带地区，如南亚和中南美洲诸国。过去欧洲各国亦甚流行，现在已大为减少。本病在我国分布于绝大多数省份，据各地有关部门统计资料，多见于东北、华北、西北、内蒙、安徽、广西和云南。长江流域很少发生，东北各省感染率较高，感染率呈由南向此逐渐升高的趋势。但除了有吃生肉习惯的地区及东北省的部分地区外，均系散发。

四、致病作用

随病原体侵入数量及寄生部位不同，致病作用有所不同，初期六钩蚴在体内移行时，可引起组织创伤。寄生在肌肉时，可引起周围肌肉变性萎缩，如寄生在眼内时，可引起视力障碍，严重者失明。如寄生在大脑时，破坏大脑的完整性，发生炎性反应，引起脑水肿和化脓性脑膜炎，从而降低机体的防御能力，严重者可引起死亡。

五、症状

一般感染症状不明显，只有在极严重感染或某个器官受到损害时，才表现明显症状。大多表现营养不良，生长受阻、贫血和水肿。如囊虫寄生在膈肌、肋间肌、心肺及咽喉、口腔部肌肉时，可出现呼吸困难，声音嘶哑和吞咽困难；寄生在眼部时，视力减退，甚至失明；如寄生在大脑时，可表现有癫痫症状，有时会发生急性脑炎而突然死亡。

六、病理变化

严重感染肌肉苍白水肿，切面外翻，凸凹不平，囊虫寄生在脑、眼、心、肝、脾、肺等部，甚至淋巴结、脂肪内也可找到虫体。初期在囊尾蚴外部有细胞浸润，继之发生纤维性病变，长大的囊尾蚴压迫周围肌肉，出现萎缩。虫体死亡时，囊液变混浊，虫体崩解后同囊液一起钙化，镜检可见巨噬细胞侵入包囊，吞噬死亡崩解的虫体，然后该部由结缔组织所填充。

七、诊断

猪囊尾蚴病的生前诊断比较困难，至今仍无一个理想特异性的诊断方法，当前多采用“一看、二摸、三检”的办法进行综合诊断。

一看：轻度感染时，病猪生前无任何表现，只有在重度感染的情况下，由于肩部和臀部肌肉水肿而增宽，身体前后比例失调，外观似哑铃形。走路时前肢僵硬，步态不稳，行动迟缓，多喜趴卧，声音嘶哑，采食、咀嚼和吞咽缓慢，睡觉时喜打呼噜，生长发育迟缓，个别出现停滞。视力减退或失明的情况下，翻开眼睑，可见到豆粒大小半透明的包囊突起。

二摸：即采用“撸”舌头验“豆”的办法进行检验，看是否有猪囊虫寄生。首先将猪保定好，用开口器或其他工具将口扩开，手持一块布料防滑，将舌头拉出仔细观察，用手指反复触膜舌面、舌下、舌根部有无囊虫结节寄生，当摸到感觉有弹性、软骨状感、无痛感、似黄豆大小的结节存在时，即可确认是囊尾蚴病猪，在舌检的同时可用手触摸股内侧肌或其他部位，如有弹性结节存在，可进一步提高诊断的准确性。

三检：应用血清免疫学方法诊断猪囊尾蚴病。近年来我国有许多单位对猪囊尾蚴病的血清学免疫诊断方法进行广泛地试验研究。采用的方法有：间接血球凝集法（IHA）、炭凝抗原诊断法、皮肤变态反应、环状沉淀反应、SPA酶标免疫吸附试验等，均取得一定的成果。例如吉林省一些单位应用炭凝抗原诊断法检出率为60%～70%以上，沈阳市食品公司应用间接血凝法检出率为87.9%。但到目前为止应用血清免疫学诊断方法还不能排除与其他囊尾蚴（如棘球蚴和细颈囊尾蚴）感染的交叉反应，仍存在着敏感性低，特异性弱等问题，检出率还不十分理想，因此还有待于试验研究提高检出率。

八、治疗

以往没有好的药物和方法治疗猪囊尾蚴病，但对驱除人体绦虫有良好的药物和方法。治疗人体绦虫对防止猪囊尾蚴病的传播有着重要的意义，人如果没有绦虫，猪就不会感染囊尾蚴病。近年来由于科学技术的不断发展，新的药物不断出现，为治疗人绦虫病，猪囊尾蚴病闯出一条新路，并获得可喜成果。现将驱除绦虫和治疗猪囊尾蚴病的药物和用法介绍如下。

1. 驱除人体有钩绦虫的药物和用法

(1)槟榔、南瓜子仁合剂：（成人剂量）南瓜子仁粉200g，槟榔50～100g，硫酸镁30g。将槟榔（用新鲜者最佳）切片，用400～500mL水浸泡数小时，再煎至200～250mL。早晨空腹时，先将南瓜子仁粉吃下，0.5h后再服槟榔煎剂，再隔2h吃泻剂（30g硫酸镁溶于200mL水内）。

(2)仙鹤草根芽及其制剂：仙鹤草又称龙芽草、根芽草（agrimoniapiloso），为蔷薇科龙芽草属植物，是一种多年生的草本植物，药用部分是带有短小根基的芽，称为仙鹤草根芽（gemonaagrimoniae），有效成分为鹤草酚（agrimophle）。根芽应在深秋至早春采集，晾干粉碎成细粉即可用于驱虫。成人用量20～25g，儿童酌减，早晨空腹一次服下，因根芽有导泻作用，故勿另服泻剂，用药后要大量饮用温开水，以加速导泻排除虫体。其制剂有以下几种。

①鹤草芽浸膏。含鹤草酚不低于30%，成人1.5g（含鹤草酚450mg），酚酞2片，温开水一次口服。儿童口服40mg/kg体重，酚酞酌减。服药1～1.5h后温开水1.5～2.5kg待泻。也可服用浸膏后，不用酚酞片，1～1.5h后服用硫酸镁20～25g，之后大量饮温开水待泻。

②鹤草酚粗晶片。本品有片剂、胶囊两种。成人早晨空腹1次口服0.8g（含鹤草酚480～560mg），儿童25mg/kg体重，服药1～1.5h后再服硫酸镁25～30g，之后大量饮温开水。片剂每片含0.25g。

③鹤草酚片。本品为浅黄色片剂，每片0.1g。成人早晨空腹一次口服0.5g（含鹤草酚450～550mg）。服药后1～1.5h服硫酸镁25～30g，之后大量饮温水待泻。

④驱绦胶丸（仙鹤草根芽石灰乳浸出物）。本品系黑龙江省驱绦灭囊药品试验室产品，是用省内产仙鹤草根芽，经石灰乳浸泡后提纯而制成的细粉，为土黄色或褚黄色，味微苦，装入胶囊，每囊0.4g。成人早晨空腹一次口服3.2～4.0g（含鹤草酚825.86～1 032.20mg），即8～10囊，儿童酌减。本药有自然导泻作用，勿另服泻药，为加速导泻排出虫体和有毒性的鹤草酚，可在服药1h后大量饮温开水（1.5～2.5kg），以防鹤草酚被吸收后出现中毒反应。该药近些年应用面广，原料来源丰富，药效确实，成本低，无副作用。

(3)阿地平。成人0.8～1.0g，儿童酌减。此药服后因能被虫体吸收，所以不易中毒。早晨空腹口服，2h后服泻剂，如服一次虫体还没打下，24h后再服一次。

(4)灭绦灵（氯硝柳胺）。用量3g，早晨空腹一次口服（药片应嚼碎咽下，否则无效）。2h后服硫酸镁导泻。本药口服不易吸收，副作用小，故对孕妇和有心、肾、肝病患者，均可考虑应用。

(5)硫双二氯酚（别丁）：早晨空腹4～4.5g分二次口服（第1次2.5g，间隔30min再服2.0g），服药1h后再服硫酸镁25～30g，然后大量饮温开水。本药有一定副作用，部分患者可出现恶心、呕吐、轻度腹泻以及荨麻疹等，但停药后即消失。

2. 治疗人囊尾蚴药物及用法

吡喹酮：20mg/kg体重，分2次口服，连服6d。

3. 治疗猪囊尾蚴药物及用法

(1)吡喹酮：60～120mg/kg体重，以1∶5（即1份吡喹酮5份植物油）的植物油加工灭菌制成的混悬液，或以1∶9（1份吡喹酮9份有机溶剂）的聚乙二醇-400、二甲基乙酰胺等制成针剂，经灭菌后颈部或臀部一次深部一点或多点注射，注射后舍饲4～5个月即可获得满意疗效。本药也可用于口服，但药量需加倍，效果不如注射疗效好。

用药治疗病猪时，如血检强阳性或舌检寄生囊尾蚴8～10个以上者，体形呈囊尾蚴病明显改变者和发育严重受阻的僵猪不宜治疗，否则易引起神经症状，导致癫痫甚至引起死亡。

在用药3～4d后可出现体温升高、沉郁、食欲减退、呕吐；重者卧地不起，肌肉震颤，呼吸困难等。主要是由于囊虫的囊液被机体吸收所致。为减轻不良反应，可静脉注射高渗葡萄糖等。

(2)丙硫咪唑（丙硫苯咪唑）：注射用量和使用方法与吡喹酮相同，优点是成本低，用药后不表现神经症状，安全可靠。该药也可混入饲料喂饲（饲料温度需维持常温），用药量应高于注射用量的1.5倍以上方可收效。用药后应舍饲4～5个月方可痊愈。

九、预防

本病的防治原则是"预防为主"，把住病从口入关，实行以驱为主，驱、检、管、治、免综合防治。

(1)建立健全各级驱绦灭囊组织机构，加强组织领导，积极开展驱绦灭囊工作。

(2)大力宣传两种病的关系，使广大人民群众真正认识两种病的巨大危害。

(3)切实开展以驱为主，驱、检、管、治、免的综合防治措施。

驱：搞好普查工作，应用有效驱绦虫药驱除人体有钩绦虫。

检：认真贯彻国家食品卫生检疫法，确实做到杀猪必检，按规定处理病猪肉，人不吃生的或半生不熟的猪肉，严格把住病从口入关。

管：修好厕所，管好人粪便，建好猪舍，实行圈养猪。确实做到人有厕所猪有圈，人便入厕猪圈养。对人粪便要实行科学的高温发酵无害化处理，杀死虫卵，使猪没有机会吃到人粪便，从根本上防止猪囊虫病的发生。

治：应用有效药物，治疗猪的囊虫病。

免：应用猪囊尾蚴虫苗，进行免疫接种，从根本上预防猪囊尾蚴病。目前我国已经研究出猪囊虫的虫苗，应用于实践已为期不远。

肉品卫生检疫规定：猪肌肉的40cm面积上，检出3个（含3个）以下囊尾蚴或钙化虫体时，经冷冻或盐腌等无害化处理后出厂；4～5个虫体经高温处理后出厂；6个以上者，炼工业油或销毁；胃、肠、皮张不受限制出厂；其他内脏和体内脂肪经检验无囊尾蚴方准出厂。

无害化处理方法：①冷冻。-13℃ 4昼夜以上。②盐腌。2kg以下肉块，用不低于肉重15%的浓盐水腌渍3个星期以上。③高温。虽然从肌肉中摘出的虫体，加热至48～49℃可被杀死，但肉中的虫体要在煮沸到深部肌肉完全变白时，才能杀死全部虫体。

囊虫活力实验：可用任何动物的胆汁8份，加水2份，盛于培养皿中，加热并保持39～40℃，将囊虫自肉中择出撕掉结缔组织，但不挤破包囊，然后放入胆汁液中，经5～30min，有生命力的囊尾蚴，其头节即能翻出，并见其活动。

第二节　棘球蚴病（Echinococosis）

棘球蚴病是由寄生于狗、猫、狼、狐狸等肉食动物小肠内的带科（Taeniidae）棘球属（Echinococcus）的细粒棘球绦虫（*E. granulosus*）的幼虫——棘球蚴（*Echinococcus*）寄生于猪，也寄生于牛羊和人等肝、肺及其他脏器而引起的一种绦虫蚴病。

本病对人畜危害极大，可严重影响患畜的生长发育，甚至造成死亡。而且寄生有棘球蚴的肝、肺及其他脏器按卫生检疫规定，均被废弃，加以销毁，从而造成很大的经济损失。

一、病原体

细粒棘球绦虫是一种很小的绦虫（图3.2.2-1），体长只有2～6mm，由一个头节和3～4个节片组成。头节直径约0.3mm，头节上具4个圆形吸盘和1个顶突，顶突上有两圈排列的小钩，数目为28～50个。吸盘之后，虫体变窄为颈节，长0.17～0.33mm。其后为1个短的未成熟节片。再后是一个成熟节片，此节片内含一套雌雄生殖器官，其中睾丸35～55个，输精管呈螺旋状捻转，雄茎囊呈梨形，卵巢呈蹄铁形。最后一节是孕卵节片，子宫向两侧形成侧枝，12～15个，子宫内充满虫卵，500～800个。虫卵近圆形，直径为30～60μm，外被幅射状胚膜，内含六钩蚴。

棘球蚴为一包囊状构造，其形状因其寄生部位不同而有所变化。例如在肝脏发育时，由于受到若干胆管的阻碍，受阻的囊壁无法延伸，包囊只能向软组织或肝表面发育扩展，结果形成分枝状的囊体。再如寄生于肠系膜的棘球蚴，一般近似圆形，大小不一，小至豆粒，大至人头。囊内含无色或微黄色的透明液体，比重在1.005～1.015之间，内含少量蛋白质、脂肪、盐及糖类养分。棘球蚴的囊壁分两层，外为角质层，内为生发层（胚层）。生发层可向囊内直接长出许多原头蚴（即头节），呈白色圆形小颗粒，眼观似砂粒，它和成虫头节的区别是体积小而无顶突腺。有的原头蚴生成空泡，长大后形成生发囊，生发囊壁也长出原头蚴。棘球蚴的生发层或生发囊有时还能转化为子囊，子囊可在母囊内生长，也可到母囊外进入母囊角质膜与宿主结缔组织之间而生长为独立的囊。子囊同母囊结构一样，囊壁也是由角质层和生发层构成，同样产生原头蚴和生发囊，同时还可以生成孙囊。所以一个生育好的棘球蚴所产生的原头蚴可多达200万个。有的棘球蚴在某种动物体内不相适应时，其生发层不能长出原头蚴，此囊称为不育囊，不育囊多见于牛，可达90%，羊8%，猪则是20%。

二、生活史

细粒棘球绦虫（成虫）寄生于狗、猫、狼、狐狸等肉食动物的小肠内，孕节脱落随粪便排到外界，破裂后虫卵散出，污染食物、饲料、饮水和牧场。中间宿主（猪、牛、羊、人等）食入后，六钩蚴在消化道内孵出，即钻入肠壁血管，随血液循环到肝、肺等器官和组织中发育为棘球蚴。棘球蚴在动物和人体内生存可延续数年至十几年之久。终末宿主（狗、猫、狼、狐狸等）吞食寄生有棘球蚴（不育囊除外）的肝、肺等器官和组织后，经胃到小肠，在胃肠液作用下，囊壁被消化，原头蚴经7周即可发育为成虫。

三、流行病学

本病流行广泛，呈全球性分布，世界上许多国家，国内很多省、市和地区都有本病的流行，其中绵羊的感染率最高，猪也常有发生。

细粒棘球绦虫卵在外界环境中可以长期生存，在0℃时能生存116d之久，高温50℃时1h死亡，对化学物质也有相当的抵抗力，直射阳光易使之致死。

猪感染棘球蚴病主要是吞食狗和猫粪便中的细粒棘球绦虫卵而感染棘球蚴病。人们有时用寄生有棘球蚴的牛、羊、猪的肝、肺等组织器官的肉喂狗、喂猫或处理不当被狗、猫食入，而感染细粒棘球绦虫病。反过来寄生有细粒棘球绦虫的狗、猫，到处活动而把虫卵散布到各处，特别是在猪的圈舍内养狗和猫，或是饲养人员把狗、猫带到猪舍，从而大大增加了虫卵污染环境、饲料、饮水及牧场的机会，加之有的猪放牧或散放，自然也就增加了猪与虫卵接触和食入虫卵的机会而感染棘球蚴病。

四、致病作用

致病作用主要为两个方面。

其一是对器官的挤压。如果寄生的棘球蚴体积大，数量多，对机体的危害就大，挤压脏器可引起脏器萎缩，机能障碍，甚至引起死亡。如果肝脏寄生严重时，可破坏胆汁的产生和影响输入肠道，而引起消化不良，由于肝脏肿大，可防碍膈肌运动，并压迫食道和门脉，可引起进食困难和肝脏供血不足等。如寄生在肺脏，肺脏组织和大小气管受到压迫，从而影响呼吸。

其二是毒素作用。棘球蚴的囊液含有毒素（异体蛋白），破裂后对宿主可引起剧烈的过敏反应，使宿主发生呼吸困难，体温升高，腹泻，严重者可造成死亡。而且囊中的原头蚴以及破碎的生发层都可在身体任何部位生成新的棘球蚴，其危害就更加严重。

五、临床症状

轻微感染和感染初期不出现临床症状。严重感染，如寄生于肺，可表现慢性呼吸困难和咳嗽。如肝脏感染严重，叩诊时浊音区扩大，触诊病畜浊音区表现疼痛，当肝脏容积增大时，腹右侧膨大，由于肝脏受害，患畜营养失调，表现消瘦，营养不良等。

猪感染棘球蚴病时，不如绵羊和牛敏感，表现体温升高，下痢，明显咳嗽，呼吸困难，甚至死亡。猪在临床上常无明显的症状，有时在肝区及腹部有疼痛表现，患猪有不安痛苦的鸣叫声。

六、病理变化

猪的棘球蚴主要见于肝，其次见于肺，少见于其他脏器。肝表面凸凹不平（图3.2.2–2），有时可明显看到棘球蚴显露表面，切开液体流出，将液体沉淀后在显微镜下可见到许多生发囊和原头蚴（不育囊例外），有时肉眼也能见到液体中的子囊，甚至孙囊。另外也可见到已钙化的棘球蚴或化脓灶。

七、诊断

⑴可根据临床表现，结合流行病学分析，做出初步诊断。

⑵免疫学诊断。可采用变态反应进行诊断。取新鲜棘球蚴囊液无菌过滤后，颈部皮内注射0.1～0.2mL，5～10min观察如有直径0.5～2cm的肿胀红斑为阳性。此法一般有70%的准确性，也有可能和其他绦虫蚴病发生交叉反应。

⑶尸体剖检或屠宰时，检查有无棘球蚴寄生。

八、治疗

目前尚无有效药物，人患棘球蚴病时可进行手术摘除。

九、预防

⑴禁止狗、猫进入猪圈舍和到处活动，管好狗、猫粪便，防止污染牧草、饲料和饮水。

⑵对狗、猫要定期驱虫，每年至少4次，驱虫药物有以下2种。

①氢溴槟榔碱：狗1.5～2mg/kg体重，猫2.5～4mg/kg体重，口服。

②氯硝柳胺（灭绦灵）：狗400～600mg/kg体重，口服。

⑶屠宰牛、羊、猪，发现肝、肺及其他组织器官有棘球蚴寄生时，要进行销毁处理，严禁喂狗、喂猫。

⑷猪要圈养，不放牧不散放。

第三节 细颈囊尾蚴病（Cysticercuis tenuicollis）

细颈囊尾蚴病是由寄生于狗、狼、狐狸等肉食动物小肠的带科（Taeniidae）带属（*Taenia*）的泡状带绦虫（*T. hydatigena*）的幼虫细颈囊尾蚴（*Cysticercustenuillis*）寄生于猪、牛、羊等的肝脏、浆膜、网膜及肠系膜等，严重感染时可寄生于肺脏，而引起的一种绦虫蚴病。

本病流行广泛，大小猪都可感染，特别对仔猪有较大的致病力。主要引起生长发育受阻，体重减轻，严重感染时，在肝脏内发育，引起肝脏炎症变化，后期发生肝硬化，肝组织坏死，甚至引起死亡。由于虫体的寄生，内脏废弃，从而造成很大的经济损失。

一、病原体

泡状带绦虫（成虫）是一种大型虫体，由250～500个节片组成，体长1.5～2m，有的可长达5m，宽8～10mm。颜色为黄白色。头节稍宽于颈节，上有4个圆形吸盘和1个顶突，顶突上有2圈排列的角质小钩30～44个。靠前部的节片宽而短，后部的节片逐渐变长。成熟节片有睾丸359～566个。卵巢分左右两叶，位于生殖孔的叶较小。生殖孔不规则的交互开口于节片两侧中部稍后处。孕节的长度大于宽度，子宫每侧分枝7～11个，有的侧枝又有分枝，子宫内充满虫卵。

虫卵近似圆形，大小31～39μm，内含六钩蚴。

细颈囊尾蚴（幼虫）呈囊泡状，俗称“水铃铛”，内含无色透明液体，大小由黄豆到鸡蛋大。囊壁分两层，外层厚而坚韧，是宿主结缔组织形成的，内层薄而透明，是虫体的外膜，肉眼观察可看到内层壁上有一个向内生长而具有细长颈部的乳白色头节，故称细颈囊尾蚴。

二、生活史

成虫（泡状带绦虫）寄虫于终末宿主犬、狼、狐狸等肉食动物的小肠内，孕节随粪便排出体外，破裂后散出虫卵污染牧草、饲料和饮水。中间宿主猪、牛、羊等随采食、饮水而食入，六钩蚴在消化道内逸出，并钻入肠壁血管，随血流到肝实质，以后逐渐移行到肝表面，有些进入腹腔寄生于大网膜、肠系膜或腹腔的其他部位，也有进入胸腔到肺脏。开始发育，逐渐长大，一般要经过3个多月时间，其头节充分发育成熟而具有感染能力。当犬等动物吞食了含有细颈囊尾蚴的脏器后，在小肠内经52～78天发育为成虫。

三、流行病学

细颈囊尾蚴病呈世界性分布。本病的发生和流行主要原因与饲养有关，凡是有狗的地方，家畜就会有可能感染细颈囊尾蚴病。目前我国农村和乡镇养狗很多。人们在屠宰猪、牛、羊时狗多立于旁，屠宰人员随手把寄生有细颈囊蚴的脏器喂狗，或随便丢弃在地，任狗吞食，这就使狗很容易感染泡状带绦虫。又由于对狗不进行定期驱虫，同时对狗又管理不严，任其到处活动，加之也有猪场养狗的，或是饲养人员将住户狗带到猪场或领狗放牧，促使孕节及虫卵污染牧场，饲料和饮水，从而造成本病的感染和流行。

另外，疫源区内狼和狐狸等肉食动物通过吞食寄生有细颈囊尾蚴的动物及其脏器，而感染泡状带绦虫，这些肉食动物通过流窜将虫卵散布在牧地，家畜圈舍周围及周围山林中，家畜放牧和散放也都可引起感染。

四、致病作用

细颈囊尾蚴对仔猪、羔羊和犊牛等幼龄家畜有很强的致病力。六钩蚴在肝脏移行时，穿成孔道引起急性出血性肝炎，有些虫体在肝实质内发育，可引起结缔组织增生而发生肝硬化。虫体移行至肝被膜，或到腹腔网膜，肠系膜或其他部位寄生时，可引起局部性或弥漫性腹膜炎。虫体侵入胸腔及肺脏时，能引起胸膜炎和肺炎。

五、临床症状

成年家畜除个别感染特别严重时出现临床症状外，一般不明显。仔猪和羔羊则常有明显的症状，由于肝脏和腹膜发生炎症，病畜表现体温升高，精神沉郁，并有腹水，按压腹壁有痛感，不少病例由于腹腔出血，腹部膨大，也有的仔猪突然大叫后死亡。多数病畜表现为虚弱、消瘦和出现黄疸。如胸腔和肺脏也有寄生，可表现呼吸困难和咳嗽等症状。

六、病理变化

急性发病时，可见肝肿大，表面有出血点，在肝实质中能找到六钩蚴移行时遗留的虫道，初期虫道充满血液，继后逐渐变为黄灰色。有时能见到急性腹膜炎，腹腔内有腹水并混有渗出的血液，其中含有幼小的虫体。慢性病例，在肠系膜（图3.2.3-1）、大网膜、肝被膜和肝实质中可找到虫体。严重病例，还可在肺组织和胸腔内等处找到虫体。寄生于实质器官的虫体常被结缔组织包裹，有时甚至形成较厚的包膜。有的包膜内的虫体死亡钙化，此时常形成皮球样硬壳，破开后则见到许多黄褐色钙化碎片，以及淡黄或灰白色头颈残骸。

七、诊断

细颈囊尾蚴病的临床症状和流行病学无特异之处，所以生前不易诊断，只有死后剖检或屠宰时发现虫体方可确诊。

八、治疗

目前尚无有效疗法。

九、预防

对猪的细颈囊蚴病的预防主要掌握两方面关健性环节：

其一，禁止用寄生有细颈囊尾蚴的家畜内脏喂狗，防止狗感染泡状带绦虫，同时可应用吡喹酮对狗定期驱虫，并要严格管理，防止狗到处活动和进入猪圈舍，其粪便污染牧草，饲料和饮水，并消灭野狗。

其二，猪要圈养，这样猪就吃不到野外狗、狼、狐狸等肉食动物粪便中的虫卵。就可避免猪感染细颈囊尾蚴病。

第四节 姜片吸虫病（Fasciolopsiasis）

姜片吸虫病是由片形科（Fasciolidae）片形属（Fasciolopsis）的布氏姜片吸虫（*F. buski*）寄生于猪和人，偶尔寄生于狗和野兔的小肠内，以十二指肠为最多，而引起的一种人畜共患的吸虫病。

本病主要流行于亚洲的温带和亚热带地区，如东南亚各国。在我国主要分布于长江流域以南各省市，长江以北的山东、河南和陕西也有本病的流行。危害较大，影响幼猪的生长发育，严重的可引起死亡。

一、病原体

新鲜虫体呈肉红色，宽大而肥厚，形似斜切的生姜片（图3.2.4-1），故称姜片吸虫。大小为（20～75）μm×（8～20）μm。体表有小刺。口吸盘位于虫体前端，腹吸盘发达与口吸盘相距很近。咽小，食道短，两条盲肠为左右两支，弯曲，直达虫体后端。睾丸2个呈树枝状，前后排列于虫体后半部。卵巢 1 个，分枝，位于睾丸前方。卵膜位于虫体中部，周围为梅氏腺。卵黄腺位于虫体两侧，呈颗粒状。子宫位于虫体前半部，卵巢与腹吸盘之间，弯曲，内充满虫卵。生殖孔开口于腹吸盘前方。

虫卵呈长椭圆形或卵圆形，淡黄色，大小为（130～145）μm×（85～97）μm，平均为143μm×87μm。有卵盖，卵细胞一个常靠近卵盖一端。卵黄细胞分布均匀。

二、生活史

姜片吸虫的发育过程需要一个中间宿主（扁卷螺），并以水生植物为媒介物才能完成生活史。成虫寄生在猪的小肠，虫卵随粪便排出体外，落入有中间宿主的水中，在26～30℃的温度下，经2～4周孵出毛蚴，毛蚴在水中游动，如遇中间宿主扁卷螺，即侵入其体内移行到淋巴间隙开始进行无性繁殖，8天后形成胞蚴。8～18天后发育为母雷蚴，之后母雷蚴体内的胚团再发育成若干子雷蚴，每个子雷蚴再发育为3～8个尾蚴。尾蚴从螺体逸出，如遇水生植物水浮莲、浮萍、假水仙等时借助吸盘吸附在上面，脱去尾部形成囊蚴。猪吞食附有囊蚴的水生植物而引起感染。囊蚴经胃到达小肠，囊壁溶解童虫逸出，并附在小肠黏膜上发育为成虫。毛蚴自进入螺体至在水生植物上形成囊蚴平均需49～60天。囊蚴自感染猪至发育为成虫一般需3个月。成虫的寿命为12～13个月。

三、流行病学

本病的流行必须具备以下3个环节：

1. 带虫和患病的猪和人　猪和人的粪便管理不当，进入水中，或是用猪和人粪便直接给水生植物施肥，从而使虫卵也进入水中。

2. 水中有中间宿主扁卷螺，给毛蚴发育为尾蚴提供了条件　我国能作为姜片吸虫中间宿主的扁卷螺有4种，即半球多脉扁螺*Polypylish emisphaerula*，尖口圆扁螺*Hippeuliscantori*，大脐圆扁螺*H. umbilicalis*和凸旋螺*Gyrauiusconvexiusculus*。在我国南方以半球多脉扁螺和尖口圆扁螺的感染率最高。扁卷螺多孳生在树叶茂盛，阳光荫蔽和肥料充足的塘内，水生植物生长茂密的池塘为扁卷螺生长最好的环境。姜片吸虫的毛蚴每年除2月份、3月份外，其他各月份均有感染，其中以6月份、7月份、8月份3个月感染扁卷螺为最高峰。尾蚴逸出与季节有很大关系，春季大量逸出，夏季数目减少，秋季更少，初冬停止逸出。因此在南方姜片吸虫的感染多在春夏两季，动物开始发病，冬季青料缺少，饲养条件差，天气寒冷，病情更为严重，死亡率也高。

3. 水中有供给猪食用的水生植物　我国南方以水浮莲和假水仙等水草为养猪的主要饲料，猪喜欢生吃新鲜水草，因此有的农村、农场常在猪场附近筑塘种植水生植物，让猪自由采食或捞取水草生喂猪只，这样就给猪吃到囊蚴创造了机会，促使猪姜片虫病的感染和流行。

四、致病作用

1. 机械作用　姜片吸虫以强大有力的口吸盘和腹吸盘，紧紧吸在肠黏膜上，并以前端埋入肠壁，可引起小肠黏膜弥漫性出血、溃疡和坏死。由于虫体大，大量感染时，可阻塞肠道，影响消化和吸收机能，严重的可引起肠破裂或肠套叠。

2. 夺取猪体营养　其结果致使病猪营养不良，发育迟缓。

3. 毒素作用　虫体的代谢产物被机体吸收后，可使病猪发生贫血、水肿、嗜伊红白细胞增多，嗜中性白细胞减少，抵抗力大大降低，常常引起虚脱或并发其他疾病。

五、症状

姜片吸虫病对幼猪危害严重，5～8月龄猪感染率最高。主要表现贫血、消瘦、营养不良、生长缓慢、精神不振、食欲减退，当多量寄生时，由于肠黏膜出血，溃疡和坏死，病猪可表现腹痛、下痢和浮肿等。病后期体温稍升高，最后可由于虚脱、肠阻塞、肠套叠或肠破裂而死亡。

六、诊断

除临床表现和流行病学分析外，取粪便用直接涂片法和沉淀法检查虫卵，或结合尸体剖检做出确诊。

七、治疗

1. 敌百虫　0.1g/kg体重，内服或拌料喂给，大猪不超过8g，隔日1次，2次为一疗程，如出现中毒有呕吐或卧地不起时，皮下注射硫酸阿托品解毒。

2. 硫双二氯酚（别丁）　50～100kg以下猪100mg/kg体重；100～150kg以上猪50～60mg/kg体重，混饲喂给。

3. 辛硫磷　1.2mg/kg体重，混饲喂给。

八、预防

1. 管理好猪和人的粪便　猪要圈养，避免猪、人粪便进入有中间宿主的池塘中，禁用猪、人粪便给水生植物施肥。

2. 消灭中间宿主扁卷螺　具体作法，在秋末冬初比较干燥的季节挖塘泥晒干积肥，以杀死螺蛳，或化学药物灭螺，如可用10～50mg/kg浓度的硫酸酮，0.1%生石灰等。

3. 禁止猪自由采食水中植物　应加热杀死囊蚴和螺，或青贮发酵后喂猪。

4. 对病猪及时治疗　流行地区每年春秋两季进行预防性驱虫。

5. 隔离检查　从外地进入猪应隔离检查，检验无虫或经治疗后再合群饲养。

第五节 华枝睾吸虫病（Clonorchiasis）

华枝睾吸虫病（俗称肝吸虫病）是由后睾科（Opisthorchiidae）枝睾属（*Clonorchis*）的中华枝睾吸虫（*Clonorchissinensis*）寄生于人或猪、狗、猫等动物的肝脏胆管和胆囊中而引起的一种重要的人畜共患的吸虫病。

本病在我国流行很广，根据各地学者近十多年的调查，我国已有23个省市自治区存在本病。

一、病原体

成虫（图3.2.5-1）背腹扁平呈柳叶形，薄而透明，前端稍尖，后端稍钝圆，体表光滑。体长10～25mm，宽3～5mm。口吸盘大于腹吸盘，相距较近。2条盲肠从虫体前端分开后，直达虫体的后端。2个大而呈树枝状的睾丸前后排列于虫体后1/3部。卵巢呈分叶状，位于睾丸之前。卵膜与卵巢相距很近，周围为梅氏腺。受精囊较大，椭圆形，位于睾丸和卵巢之间。劳氏管细长，开口在虫体的背面。生殖孔开口于腹吸盘前缘。虫体后部具明显的排泄囊，呈“弓”形弯曲。

虫卵黄褐色，平均大小29μm×17μm，形似灯泡，顶端有盖，后端有一小突起，内含毛蚴。

二、生活史

华枝睾吸虫的发育过程需要两个中间宿主，第一中间宿主为淡水螺（我国有3种，即纹沼螺*Parafossalurusstriatulus*，长角涵螺*Alocinmalongicornis*和赤豆螺*Bithniafuchsianus*）。第二中间宿主为淡水鱼和虾（如草鱼*Ctenopharynodonidellus*，青鱼*Mylopharyngodonpiceus*，土鲮鱼*Labeocollaris*，麦穗鱼*Pseudorasboraparve*，鲤鱼*Cyprinuscorpio*等，细足米虾*Caridinaniloticagracilipes*，巨掌沼虾*Macrobrachiumsuperbum*等）。

成虫寄生在终末宿主人或猪、狗、猫等肝胆管及胆囊中，所产虫卵随胆汁进入消化道，再随粪便排出体外，进入有中间宿主的水中，被第一中间宿主淡水螺吞食，在螺的体内孵出毛蚴。毛蚴进入螺的淋巴系统，发育为胞蚴、雷蚴和尾蚴。尾蚴离开螺体，在水中游动，如遇到第二中间宿主淡水鱼和虾，即钻入其肌肉内，形成囊蚴。终末宿主吞食含有囊蚴的生的或未煮熟的鱼或虾后，经胃到十二指肠，在胃肠液作用下，幼虫破囊而出，从胆管开口进入肝胆管，也有人认为可钻进肠壁，经血循环到肝胆管，在肝胆管内约经一个月时间发育为成虫。

三、流行病学

猪华枝睾吸虫病的发生和流行取决于以下几个因素：

(1)有适宜中间宿主淡水螺和淡水鱼、虾生存的水环境和中间宿主的广泛存在是华枝睾吸虫病发生和流行的重要因素。此外，囊蚴对淡水鱼、虾的选择并不严格，除上述鱼、虾外，水沟或稻田的各种小鱼虾均可作为第二中间宿主。

(2)由于人或猪、狗、猫等都是华枝睾吸虫的终末宿主，人和猪的粪便管理不严而随便倒入河沟和池塘内；有的地区在河沟、鱼塘、小池边上建筑厕所或猪舍，含有大量虫卵的人、猪粪便直接进入河沟、池塘内；特别是狗、猫及其他野生动物的粪便更难控制，从而促进本病的发生和流行。

(3)猪的感染也有因用小鱼虾作为猪饲料，或是用死鱼鳞、肚肠、带鱼肉的骨头、鱼头、碎肉渣、洗鱼水喂饮猪，以及放牧或散放的猪在河沟、池塘边吃了死鱼虾等都可引起感染。

四、致病作用

成虫寄生在肝胆管和胆囊内，由于机械作用的刺激，引起胆管和胆囊发炎，胆囊肿大，管壁增厚，消化机制受到影响。虫体代谢产物，分泌物及虫体寄生夺取营养的结果，引起贫血、消瘦和水肿。大量的虫体寄生时，虫体阻塞胆管，胆汁分泌障碍，可引起阻塞性黄疸。寄生时间长者，肝脏结缔组织增生，肝细胞变性萎缩，引起肝硬化和脂肪变性。

五、临床症状

猪感染后临床症状多呈慢性经过，主要表现消化不良、下痢、食欲减少、乏力、贫血、消瘦及轻度黄疸等。严重感染病程较长可并发其他疾病而死亡。

六、诊断

⑴临床症状：是否消化不良、下痢、贫血、消瘦等。

⑵流行病学分析：本地区是否为疫区，病猪是否吃过生的或未煮熟的鱼虾，是否用死鱼废料喂饮过猪，放牧和散放猪是否到过河沟、池塘边等。

⑶粪便检查：首先用直接涂片法检查虫卵，如查不到虫卵，再用漂浮法或离心浮卵法检查虫卵。

七、治疗

1．六氯酚　20mg/kg体重，口服，每日1次，连用2～3d。

2．海涛林（海托林、三氯苯丙酰嗪）　50～60mg/kg体重，混入饲料喂服，每天1次，5d为一疗程。

3．硫双二氯酚（别丁）　80～100mg/kg体重，灌服或混料喂服。

4．六氯对二甲苯（血防846、海涛尔）200mg/kg体重，口服，每天1次，连用7d。

八、预防

⑴在疫区禁止用生鱼虾、死鱼鳞、鱼头、内脏、鱼骨头、碎肉渣及洗鱼水喂饮猪，猪不散放，即使放牧也不到鱼塘、水池河沟边，避免猪吃到死鱼死虾。

⑵禁止在鱼塘、水池、河边建筑厕所和猪舍，不准用人、猪、狗、猫粪便喂养鱼类，认真管理好人、猪粪便，严格管好狗和猫，防止到处流窜，尽力防止水源被污染。

⑶消灭中间宿主。由于淡水螺均有壳，化学药物较难消灭，可采用捕捉、掩埋方法消灭之。

第三章
线虫病

第一节　猪蛔虫病（Ascariasis）

猪蛔虫病是由蛔虫目（Ascarida）蛔科（Ascaridiae）蛔属（*Ascaris*）的猪蛔虫（*Ascarissuum*）寄生在猪的小肠中而引起的一种线虫病。

本病分布广泛，感染普遍，特别在不卫生的猪场和营养不良的猪群中，感染率可高达50%以上，尤其是3～6个月龄的猪最易感染。一般表现生长发育不良，增重降低，严重感染发育停滞，乃至造成死亡。猪蛔虫病是仔猪常见多发、危害极为严重，造成养猪业损失最大的寄生虫病之一。

一、病原体

猪蛔虫是一种大型线虫，新鲜虫体呈粉红稍带黄白色，死后呈苍白色。中间稍粗，两端较细，近似圆柱形。口孔位于头端，由3个唇片围绕，1个位于背侧较大为背唇，2个位于腹侧较小为腹唇，呈"品"字形排列。背唇外缘两侧各有1个大乳突，两腹唇外缘内侧各有1个大乳突，外侧各有1个小乳突，3个唇片的内缘各有1排小齿。口孔后为食道，食道为肌肉构造，呈圆柱形。雄虫长15～25cm，直径约3mm，尾端向腹面呈钩状弯曲。泄殖腔开口距尾端较近，有两根等长的交合刺，长约2～2.5mm，肛前和肛后有许多小乳突。雌虫长20～40cm，直径约5mm，尾端较直。生殖孔位于体前1/3与中1/3交界处附近的腹面中线上。虫卵中的受精卵和未受精卵有所不同。受精卵为短椭圆形，黄褐色，大小为（50～75）μm×（40～60）μm，卵壳厚，外层为凸凹不平的蛋白质膜，中为真膜，内为卵黄膜。随粪便刚排出的虫卵内含一个圆形卵细胞，卵细胞与卵壳之间的两端形成新月形空隙。未受精卵呈长椭圆形，灰色、大小为90μm×40μm，多数没有蛋白质膜或蛋白质膜很薄，且不规则，整个卵壳较薄，卵内充满很多大小不等的卵黄颗粒和空泡。

二、生活史

寄生于猪小肠内的雌虫和雄虫受精后，雌虫产出虫卵，虫卵随粪便排到外界，在适宜的温度、湿度和氧气充足的条件下开始发育，在28～30℃时经10d左右卵细胞发育为第一期幼虫。然后再经13～18d的生长和一次蜕化，变为第二期幼虫（仍在卵壳内）。这时的虫卵还没有感染能力，还须在外界再经过3～5周的成熟过程，才达到感染性虫卵阶段。

感染性虫卵被猪吞食后，经胃到小肠，并在小肠内孵化。经1～2h，卵内幼虫即可破壳而出，然后钻入肠黏膜，便开始在体内移行。多数钻入肠壁血管，随血循环经门静脉到肝脏。少数随肠道淋巴液进入乳糜管，到达肠系膜淋巴结，此后钻出淋巴结进入腹腔，由肝被膜钻入肝脏。也有一部分进入腹腔的虫体钻入胸导管，经前腔静脉入右心，之后经肺动脉进入肺脏。约在感染后4～5d，进入肝脏内的幼虫进行第二次蜕皮，变为第三期幼虫，之后又随血液经肝静脉，后腔静脉进入右心房、右心室和肺动脉到肺毛细血管，再钻过血管壁和肺泡壁进入肺泡。凡不能到达肺脏而误入其他组织器官的幼虫，都不能继续发育。约在感染后12～14d进入肺泡内的幼虫进行第三次蜕化，变为第四期幼虫，之后离开肺泡，经细支气管、支气管、气管，随黏液一起到达咽，进入口腔，并随黏液再被吞咽，经食道，胃，返回小肠，进行最后一次蜕化，逐渐长大发育为成虫。从感染性虫卵被猪吞食到发育为成虫需经2~2.5个月。

猪蛔虫只能生活在猪的小肠中，以两端抵在肠壁上，与肠蠕动波呈逆方向的弓形弯曲运动。它们以黏膜表层和肠内容物为食物。在猪体内寄生7~12个月后，即自动离开小肠随粪便排出体外。如猪患传染性疾病，发高热，体内不适宜猪蛔虫寄生时，猪蛔虫也可被排出体外。

三、流行病学

猪蛔虫病流行极为广泛，主要原因是生活史简单，繁殖能力强和虫卵的抵抗力强所致。

猪蛔虫的发育只需一个宿主，猪又分布广泛，随之足迹，猪蛔虫病也往往广泛流行。

猪蛔虫的繁殖力极强，每条雌虫平均每天可产卵10万~20万个，产卵盛期每天产卵可达100万~200万个，一生可产卵达8 000万个。从而造成对外界环境的严重污染。

虫卵对外界环境各种因素的抵抗力很强，这与卵壳厚，各层都具一定作用有直接关系。外层有防止紫外线照射的作用；中层有隔水作用，能防止干燥环境的影响；内层保护幼胎，使之不受外界各种化学物质的侵蚀。加之虫卵的全部发育过程都在卵壳内进行，使胚胎和幼虫得到庇护，大大增加了感染性虫卵在自然界的累积。

温度、湿度和氧气是猪蛔虫卵发育和存活的必要条件。其中温度对虫卵的发育最为重要。当温度在28~30℃时，需10天左右即可发育为第一期幼虫；18~24℃时需要20d左右；12~18℃时约需40d左右；高过40℃或低于-2℃时，虫卵停止发育；45~50℃时，虫卵在30min内死亡；55℃时15min死亡；60~65℃时虫卵尚能生存5min；如在低温-20~-27℃的环境中，感性虫卵需经3周才会全部死亡。湿度适宜有利于虫卵的生存。虫卵在疏松湿润的耕地或园土中，可以生存2~5年；如湿度降低到50%时，虫卵也能生存数日；在热带沙土表层3cm范围内，在夏季阳光直射下，由于高温和干燥的作用，虫卵数日内死亡；在干燥的情况下，虫卵能生存3~5h。氧气也是虫卵发育不可缺少的因素。在无氧气的情况下，虫卵不能发育，但可以存活。如在10cm深的水中，虫卵经过一个月以上的培养，仍不能发育到感染期，一般情况下虫卵只有在粪便表面才能发育，粪块内的虫卵因缺氧不能发育，但能长期生存。

猪蛔虫卵对化学药物的抵抗力很强，在2%福尔马林溶液中不仅可以存活，而且还可以正常发育。10%漂白粉溶液，3%克辽林溶液，饱和硫酸酮溶液，15%硫酸与硝酸溶液和2%苛性钠溶液均不能杀死虫卵。5%石碳酸溶液中30h后和1%碘溶液26h后，才能使其致死。在5%~10%钾溶液和3%来苏儿溶液中经10h到7d，仅有一部分虫卵死亡。一般必须用60℃上的热碱水，20%~30%热草木灰水或新鲜石灰水能杀死蛔虫卵。

总之，由于猪蛔虫产卵多，虫卵对外界各种因素具有很强的抵抗力，所以凡是有蛔虫病猪的猪舍、运动场和放牧地，自然就有大量的虫卵存在，这就必然造成猪蛔虫病的感染和广泛流行。

此外，猪蛔虫病的流行与饲养管理、环境卫生、营养缺乏和猪的年龄有着密切关系。在饲养管理不良，卫生条件恶劣、猪场过于拥挤、营养缺乏、特别是饲料中缺乏维生素和矿物质的情况下，3~6月龄的仔猪最容易大批感染猪蛔虫，患病也较严重，且常常发生死亡。

猪感染蛔虫主要是由于采食了被感染性虫卵污染了的饲料（包括生的青绿饲料）和饮水；放牧时也可以在野外感染。母猪的乳房沾染虫卵后，使仔猪吸奶时受到感染。

四、致病作用

猪蛔虫的幼虫阶段和成虫阶段对猪都有致病作用，其危害程度由感染强度（感染蛔虫数量）所决定。幼虫在体内移行时，损害路经脏器和组织，破坏血管，引起血管出血和组织变性坏死。其中尤以肝脏和肺脏损害较大。成虫寄生小肠机械制激也可损伤肠黏膜，致使肠黏膜发生炎症，导致消化机能障碍，多量聚集时，扭结成团阻塞肠道，严重时引起肠破裂。蛔虫还具游走习性，特别是猪只发热、妊娠、饲料改变和饥饿的情况下，活动加剧，凡与小肠有管道相通的脏器、部位，如胆管、胰管和胃等，均可被蛔虫钻入，引起胆管和胰管阻塞，引起胆道蛔虫病，发生胆绞痛，胆管炎、阻塞性黄疸和消化障碍等。

猪蛔虫幼虫移行和成虫寄生过程中，分泌的有毒物质，生命活动的代谢产物及有些虫体死亡后，腐败分解产物，被机体吸收而引起中枢神经障碍，血管中毒及过敏等症状。

蛔虫大量寄生时，夺取猪体大量营养。肠黏膜被损伤，引起黏膜出血或表层溃疡的同时，也为其他病原微生物的侵入打开门户，造成继发感染。

五、症状

猪蛔虫病的临床表现，视猪只年龄、营养状况、感染强度、幼虫移行和成虫寄生致病不同而有所不同，一般以3～6个月大的猪比较严重。幼虫移行期间肺炎症状明显，仔猪表现咳嗽，体温升高，呼吸加快，食欲减退。严重感染可出现呼吸困难，心跳加快，呕吐流涎，精神沉郁，多喜躺卧，不愿走动，可能经1～2周好转或逐渐虚弱，导致死亡。

成虫大量寄生时，病猪主要表现为营养不良，消瘦、贫血、被毛粗乱、食欲异常、减退或时好时坏，同时表现异嗜。生长极为缓慢，增重明显降低，甚至停滞成为僵猪。更为严重时，由于虫体机械性刺激损伤肠黏膜，可出现肠炎症状，病猪表现拉稀，体温升高。如肠道被阻塞后，可出现阵发性痉挛性疝痛症状，甚至由于造成肠破裂而死亡。如虫体钻进胆管，病猪开始表现下痢，体温升高，食欲废绝，表现剧烈腹痛，烦燥不安，之后体温下降，卧地不起，四肢乱蹬，滚动不安，再后趴地不动而死亡。如持续时间较长者，可视黏膜呈现黄疸。

有些病猪可呈现过敏现象，皮肤出现皮疹。也有些病猪表现痉挛性神经症状。此类现象时间较短，数分钟至1h后消失。

6月龄以上的猪如寄生数量不多，营养良好，不出现明显症状，就多数而言，由于虫体寄生使胃肠机能受到破坏，而出现食欲不振，磨牙和生长缓慢等现象。成年猪因有较强的抵抗力，能耐过一定数量虫体侵害，虽不呈现症状，可成为带虫猪，成为本病的传染源。

六、病理变化

成虫寄生时在小肠内有大量蛔虫（图3.3.1-1），而发生肠梗阻，可见小肠黏膜有卡他性炎症，出血或溃疡。如肠破裂可见腹膜炎和腹腔积血。胆道蛔虫症死亡的猪，可见蛔虫钻入胆道（图3.3.1-2），胆管阻塞。病程较长者，可出现化脓性胆管炎或胆管破裂，胆汁外流，胆囊内胆汁减少，肝脏黄染和变硬等病变。初期呈肝炎、肺炎病变。肝脏小点状出血和肝细胞混浊肿胀，脂肪变性坏死，肝组织变得比较致密，表面有大量出血点或暗红色及灰白色斑点（图3.3.1-3、4）。肝、肺和支气管等处可发现大量幼虫（采用幼虫分离法处理后）。

七、诊断

诊断猪蛔虫病，主要诊断方法是生前粪便虫卵检查和死后尸体剖检。粪便虫卵检查是诊断蛔虫病的主要手段，1g粪便中，虫卵数达1 000个时可以诊断为蛔虫病。因蛔虫有强大的产卵能力，一般采用直接涂片法即可检出虫卵。如寄生的虫体少时，可采用漂浮集卵法进行检查。病猪死后剖检在肝脏和肺脏发现病变并分离出大量幼虫，在小肠内发现大量虫体和相应病变，蛔虫是否为直接致死原因，还须根据虫体数量、病变程度、生前症状和流行病学资料以及是否有原发或继发的疾病做综合性判断。

近年来有采用皮内变态反应法进行生前诊断的，即用蛔虫制成抗原，以抗原稀释液注射于猪的耳部皮内，若为阳性时，经过5min皮肤上出现红至深红色丘疹或晕环做出诊断。

八、治疗

1. 左噻咪唑（左咪唑） 8mg/kg体重，溶水灌服，混料喂服或饮水服药；也可配成5%溶液进行皮下或肌肉注射。对成虫和幼虫均有效。

2. 噻苯唑（噻苯咪唑） 50～100mg/kg体重，用水灌服；也可按0.1%～0.4%的比例混拌饲料中喂服。不仅对成虫有效，而且对移行期幼虫也有治疗效果。

3. 四咪唑（噻咪唑、驱虫净） 15～20mg/kg体重，配成5%水溶液灌服或混于饲料喂服；皮下注射10mg/kg体重。对幼虫和成虫都有效。

4. 丙硫咪唑（丙硫苯咪唑） 5mg/kg体重。配成悬浮液灌服或混料喂服。对成虫和幼虫均有效。

5. 甲苯唑 10～20mg/kg体重，用水灌服或混料喂服。对成虫有效。

6. 噻嘧啶（噻酚嘧啶，抗虫灵） 20～30mg/kg体重，混入饲料一次喂给。注意饲料避免日光久晒。对成虫和幼虫都有效。

7. 甲噻嘧啶（甲噻酚嘧啶，保康宁） 15～20mg/kg体重，用水灌服，也可拌入料中喂服。拌料时避免日光久晒，对成虫幼虫都有效。

8. 哌嗪（哌哔嗪、二氮六环） 常用的有枸橼酸哌嗪（驱蛔灵）和磷酸哌嗪。枸缘酸哌嗪0.3g/kg体重，磷酸哌嗪0.25g/kg体重。用水化开，混入料内让猪自食。本药对成虫效果好，无毒安全。

9. 二硫化碳哌嗪 0.125g/kg体重，拌料喂服或灌服。对成虫有效。本药在胃肠道内分解为二硫化碳和哌嗪，都具驱虫作用，效果更佳。

10. 敌百虫 0.1g/kg体重，总量不超过7g，配成水溶液一次灌服或混入饲料喂服。对成虫有效。注意本品在水溶液中不稳定，应现配现用。如有猪服药后出现流涎、呕吐、肌肉震颤等副反应，不久即可消失，必要时可皮下注射硫酸阿托品2～5mL。更为严重时可用硫酸阿托品与解磷定（15～30mg/kg体重，静脉注射。如是粉剂，临用时用生理盐水稀释成5%溶液）两药结合治疗。

11. 哈乐松（海乐松） 50mg/kg体重，用水灌服或混入饲料喂服，对成虫有较高的驱除作用，对幼虫也有一定作用。中毒症状与解毒方法同敌百虫。

九、预防

对猪蛔虫病的预防必须采取综合性防治措施，主要是消灭带虫猪体内的虫体，加强仔猪饲养管理，搞好环境卫生，及时清除粪便，防止仔猪感染。

1. 预防性驱虫 在蛔虫病流行的猪场，每年春秋两季各进行1次全面驱虫；对2～6个月龄的仔猪，在断奶后驱虫1次，以后每隔1.5～2个月再驱虫1～2次。从外地引进的猪，应先隔离饲养，进行粪便检查，如查有蛔虫寄生，须进行1～2次驱虫后再并群饲养，以防止病原的传入和扩散。

2. 保持猪舍和运动场的清洁 猪舍内要通风良好，阳光充足，避免潮湿和拥挤。猪舍内要勤打扫，勤冲洗，勤换垫草。运动场和圈舍周围，应于每年春末和秋初翻土2次，或铲除一层表土，换上新土，并用生石灰消毒。对圈舍，饲槽及工用具要定期（每月1次）用3%～5%热碱水或20%～30%热草木灰水进行消毒。

3. 保持饲料和饮水的卫生 饲料、饮水要新鲜清洁，避免粪便污染。

4. 加强饲养管理 饲料中要富含蛋白质、维生素和矿物质。保证仔猪全营养，体质健壮，增强机体抗病能力。

5. 粪便无害化处理 猪的粪便和垫草清除出圈后，要运到离猪舍较远的场所堆积发酵或挖坑沤肥，进行生物热处理，以杀死虫卵。

第二节 仔猪类圆线虫病（杆虫病）（Strongyloidiasis）

仔猪类圆线虫病是由杆形目（Rhabditida）杆形科（Rhadbitidae）类圆属（*Strongyloides*）的兰氏类圆线虫（*S. ransomi*）和粪类圆线虫（*S. stercoralis*）寄生于仔猪的小肠和大肠内而引起的一种线虫病。

本病在北京、福建、浙江、江西、广西、广东、湖南、云南、黑龙江等地都有报道。对仔猪危害很大，能使仔猪消瘦，发育不良，甚至引起死亡。近年来并有传染给人的病例报道。

一、病原体

寄生于仔猪消化道的类圆线虫只有孤雌生殖的雌虫。虫体细小，乳白色，口腔小，有2片唇，食道简单，阴门位于后1/3和中1/3的交界处，有2片突出的小唇。

(1)兰氏类圆线虫寄生于猪的小肠，主要是十二指肠黏膜内，体长3.1～4.6mm，宽0.055～0.080mm。虫卵大小为（42～55）μm×（24～35）μm，卵壳薄而透明，内含有幼虫。

⑵粪类圆线虫寄生于猪（人、犬）的大小肠黏膜内，虫体大小为2.2mm×0.05mm，虫卵为（56～58）μm×（30～34）μm，在新鲜粪便中检出的常为逸出卵壳的杆虫型幼虫。

二、生活史

类圆线虫的发育是以自由生活和寄生生活世代交替的方式进行的，在猪体内寄生的是孤雌生殖的雌虫。雌虫产出的虫卵随猪粪便排出体外，孵化出食道短、具两个膨大部的杆虫型幼虫。杆虫型幼虫发育，有直接和间接两种类型。当外界条件不适宜和不合适的营养环境中，杆虫型幼虫直接发育为具有感染性的丝虫型幼虫（食道长，后端稍膨大）。如果外界条件适宜（25～30℃），食物丰富的情况下，杆虫型幼虫发育为自由生活的雌虫和雄虫（食道同杆虫型幼虫），交配后，雌虫产卵，虫卵孵出杆虫型幼虫，杆虫型幼虫再发育为具感染性的丝虫型幼虫。

丝虫型幼虫可经口或皮肤感染仔猪，经口感染时，幼虫从胃黏膜钻入血管，通过血循到心、肺，然后通过肺泡到支气管、气管到咽，被吞咽后，到肠道内发育为成虫。经皮肤感染时进入血管，之后移行经口感染。成虫在猪体内生存期约5～9个月。

三、流行病学

⑴发病年龄主要是仔猪，生后即可引起感染，1月龄左右的仔猪感染最严重，感染率可达50%，体弱的成年猪和老年猪也可感染。

⑵虫卵和感染性幼虫的抵抗力。未孵化的虫卵在适宜的环境中保持其发育能力达6个月以上，在低温中虫卵停止发育，温度达到50℃时和低温到-9℃时虫卵即可致死。感染性幼虫在潮湿的环境下可生存2个月，对干燥和各种消毒药抵抗力弱，在短时间内便可死亡。

⑶流行季节多在温暖的季节，夏季和阴雨天气，特别是猪舍潮湿、卫生不良的情况下流行普遍。

⑷感染途径经口或经皮肤感染，母猪乳头被感染性幼虫污染时，仔猪吃奶而被感染，人工哺乳可通过未经处理的初乳而感染。在猪圈的土壤中的幼虫可通过仔猪的皮肤感染。

四、致病作用和临床症状

当幼虫经皮肤感染时，可引起仔猪皮肤湿疹，同时可带入副伤寒杆菌，而造成死亡。当虫体移行到肺时，可引起支气管炎、肺炎和胸膜炎，仔猪表现咳嗽，体温升高，呼吸困难。如果寄生于肠道的成虫数量多时，可引起仔猪营养障碍，肠黏膜充血，出血和溃疡，仔猪表现消瘦、贫血、呕吐和腹痛，最后可因极度衰弱而死亡，3～4周的仔猪死亡率可达50%。少量寄生时，临床症状不明显，但也要影响生长发育。

五、诊断

本病除结合发病年龄、发病季节、卫生情况等流行病学因素和临床症状进行综合诊断外，还须检查刚排出的新鲜粪便，采用饱和盐水浮集法检查发现虫卵，即可确诊。此外，还可进行幼虫检查，如粪便中有类圆线虫卵，放置5～15h后，可采用粪便水洗沉淀法检查幼虫，还可用粪便培养法检查幼虫，在玻璃杯内装半杯粪便，用纸覆盖，注意保持湿度，放置温暖的室内，经1～3d，即可在杯壁上形成浅灰白色，直径约1～2cm的成片的云雾状的幼虫群落，其群落随幼虫的运动而改变其形状。

对仔猪类圆线病诊断除虫卵和幼虫检查外，同时还要结合尸体剖检。尸体剖检时，可用外科刀刮取肠黏膜放置栽玻片上镜检，可找到雌虫。还可见皮肤组织，特别是下腹部及乳腺部组织和肌肉有点状出血，肺脏有溢血点或大片溢血，支气管炎，肠黏膜卡他性炎，有时还有点状或带状出血和糜烂性溃疡。

六、治疗

1. 龙胆紫（甲紫） 25kg体重以下仔猪每天0.6g，分早、中、晚3次，与牛奶混服，连用2天。

2. 四咪唑（噻咪唑，驱虫净） 7.5mg/kg体重，转阴率73.3%；10mg/kg体重，转阴率82.5%。

3. 噻苯唑（噻苯咪唑） 50mg/kg体重，拌于料中喂给，有很高疗效。按饲料量的0.01%，连用14d对严重感染的仔猪有良效。也可按100mg/kg体重配成水剂肌肉注射，对移行的幼虫有效。

4. 左噻咪唑（左咪唑） 10mg/kg体重。溶水灌服，混料喂服或温水饮服。

七、预防

⑴保持猪圈舍及运动场清洁卫生，经常用草木灰水，生石灰水消毒地面，用热碱水消毒饲槽。猪床宜用木板或水泥地面，便于清洗消毒，并保持干燥，要勤换垫草。

⑵对猪只特别是怀孕和哺乳母猪及仔猪要经常检查，发现病猪及时治疗，病猪与健康猪分开饲养，防止扩大感染。

第三节 猪食道口线虫病（猪结节虫病）（Oesophagostomosis）

猪食道口线虫病是由圆形目（Strongyloidea）毛线科（Trichonematidae）食道口属（*Oesophagostomum*）的多种食道口线虫寄生于猪的结肠和盲肠而引起的一种线虫病。常见种类有有齿食道口线虫（*O. dentatus*）和长尾食道口线虫（*O. longicaudum*）。

本病在我国广泛流行，食道口线虫的致病力轻微，但严重感染时可引起结肠炎，由于幼虫寄生在大肠壁内形成结节，故又有结节虫之名。带有结节的肠管不能制作肠衣，亦能造成很大的经济损失。

一、病原体

齿食道口线虫。乳白色，口孔具外叶冠9叶，内叶冠18叶，口囊浅，头囊膨大，食道漏斗小，后部稍膨大，颈乳突位于食道膨大部两侧。雄虫长8~9mm，交合刺长1~1.3mm。雌虫长8~11.3mm，尾长350μm。

长尾食道口线虫：暗灰色，口孔也具外叶冠9叶，内叶冠18叶，口囊较前种宽深，囊壁后部向外斜，头囊膨大，较有齿食道口线虫短，食道漏斗大，后部膨大明显，全形似花瓶。颈乳突位于食道膨大部两侧。雄虫长6.5~8.5mm，交合刺长0.87~0.95mm。雌虫长8.2~9.4mm，尾长400~460μm。

二、生活史

雌虫在猪大肠内产卵，虫卵随猪粪便排出体外。在外界适宜的温度（25~27℃）和湿度条件下经4~8天，幼虫孵出并经两次蜕皮发育为带鞘的感染性幼虫。猪经口吞食后，幼虫在肠内蜕鞘，钻入大肠黏膜下形成大小为1~6mm的结节；感染后6~10天，幼虫在结节内蜕第三次皮，成为第四期幼虫；之后返回肠腔（图3.3.3-1、2），蜕第四次皮，成为第五期幼虫。感染后38天（幼猪）或50天（成年猪）发育为成虫。成虫在大肠内寄生期限为8~10个月。

三、流行病学

感染性幼虫在室温22~24℃的湿润状态下，可生存达10个月，在-22~-19℃可生存一个月。故此在北方有些感染性幼虫，如在圈舍内，向阳处的墙根下，被厚雪覆盖的土壤、粪便及杂草中可以越冬。虫卵在60℃高温下迅速死亡；在40~45℃时，47h后失去孵化力。干燥容易使虫卵和幼虫致死。

成年猪被寄生的数量多。据某些地区检查，1月龄的猪虫卵检出率为10%，每克粪便中虫卵数为10个左右；7月龄猪的虫卵检出率为30%左右，每克粪便中虫卵数约700个左右；13月龄猪的虫卵检出率为50%左右，每克粪便中的虫卵数达2 500个以上。

感染率的高低受季节的影响，幼虫感染率最高为夏季，其次是晚春和秋季，越冬的感染性幼虫到第二年早春冰雪融化后即可感染，圈舍内的感染性幼虫冬天亦能感染。放牧猪在清晨雨后和多雾时易遭感染，潮湿和不勤换垫草的猪舍中，感染也较多。

四、致病作用

幼虫在大肠黏膜下形成结节（图3.3.3-3）所造成的危害性最大。初次感染时，很少发生结节，连续感染3~4次后，许多幼虫寄生在大肠壁，在对局部的机械刺激和毒素作用下，结节即大量发生。形成结节的机制是幼虫周围发生局部性炎症，继之由纤维细胞在病变部位形成包囊。结节因虫种不同而不同，有齿结节虫的结节较小，消失较快。长尾结节虫的结节高出黏膜表面，并且有坏死性炎症性质，在感染35d后开始消失。大量感染时，大肠壁普遍增厚，并有卡他性炎症。

除大肠外，小肠（特别是回肠）也有结节发生。结节感染细菌时，能继发弥漫性大肠炎，经过1～2周左右，结节向肠腔内破裂，其中幼虫进入肠腔，在结节处留下溃疡。结节在肠浆膜面破裂，可引起腹膜炎，但这种病例较少见。

成虫的致病力较轻微，只有在高度感染时，可造成肠壁机械损伤，虫体的代谢产物被机体吸收可出现全身性中毒，严重者导致死亡。

五、症状

只有在严重感染时，大肠才出现大量结节，发生结节性肠炎。粪便中带有脱落的黏膜，腹泻或下痢，高度消瘦，发育障碍。继发细菌感染时，则发生化脓性结节性大肠炎。严重者可造成死亡。

成为第四期幼虫（图3.3.3-1、2），之后返回肠腔，蜕第四次皮，成为第五期幼虫。感染后38日（幼猪）或50日（成年猪）发育为成虫。成虫在大肠内寄生期限为8～10个月。

只有在严重感染时，大肠才出现大量结节，发生结节性肠炎（图3.3.3-3），便中带有脱落的黏膜，腹泻或下痢，高度消瘦，发育障碍。继发细菌感染时，则发生化脓性结节性大肠炎。严重者可造成死亡。

六、诊断

由于许多疾病临床表现都有类似症状，所以单从临床表现不能诊断本病，需采用以下方法：

⑴采用漂浮法检查粪便中有无虫卵。

⑵注意观察病猪粪便中是否有自然排出的虫体。

⑶虫卵不易鉴别时，可从直肠采取新鲜粪便在温室内培养幼虫，幼虫长500～532μm，宽26μm，尾部呈圆锥形，尾顶端呈圆形。

幼虫培养法：取被检新鲜粪便若干，加水少量（粪便较干时）做成半球状，置于平皿内（可在平皿底部加草纸或滤纸一张），顶部略高出平皿边沿，使加盖时与皿盖相接触。在25～27℃温箱中，或夏季室温下（注意保持皿内湿度，应使底部的垫纸保持潮湿状态）经7天后多数虫卵即可发育为第三期幼虫，如无温箱其他季节的室温10～20天也可发育为第三期幼虫，幼虫并集中于皿盖上的水滴中，可置于镜下观察。

⑷尸体剖检，检出成虫及大肠病灶结节而得以确诊。

七、治疗

1. 硫化二苯胺（吩噻嗪）　0.2～0.3g/kg体重，混于饲料中喂服，共用2次，间隔2～3天。猪对此药较敏感，应用时要特别注意安全。

2. 敌百虫　0.1g/kg体重，作成水剂混于饲料中喂服。

3. 0.5%福尔马林溶液灌肠　将患猪后躯抬高，使头下垂，身体对地面垂直，将配好的福尔马林液2L，注入直肠，然后把后躯放下，注后患猪很快排便。注入越深，效果越好。

4. 左噻咪唑　10mg/kg体重，混于饲料一次喂服。

5. 四咪唑　20mg/kg体重，拌料喂服，或10～15mg/kg体重，作成10%溶液肌肉注射。

6. 丙硫苯咪唑　15～20mg/kg体重，拌料喂服。

7. 噻嘧啶（噻吩嘧啶，抗虫灵）　30～40mg/kg体重，混饲喂服。本药对光线敏感，混入饲料喂服时，尽可能避免日光久晒。

八、预防

⑴预防性驱虫，每年春秋对猪各进行一次预防性驱虫。

⑵搞好猪圈舍和运动场清洁卫生，保持干燥，勤换垫草，及时清理粪便堆积发酵，以杀死虫卵和幼虫。

⑶保持饲料和饮水的清洁，避免被幼虫污染。

⑷改善饲养管理。要给予全价营养，放牧时选择干燥牧场，不在低洼潮湿地上放牧，提倡圈养猪，凡是圈养猪感染机会较少。

第四节 猪后圆线虫病（猪肺线虫病）（Metastrongylosis）

猪后圆线虫病是由圆形目（Strongyloidea）后圆科（Metastrongylidae）后圆属（*Metastrongylus*）的线虫寄生于猪的支气管和细支气管而引起的一种线虫病。由于后圆线虫寄生于猪的肺脏，虫体呈丝状，故又称猪肺线虫病或猪肺丝虫病。

我国常见的为长刺后圆线虫*M. elongatus*（又称野猪后圆线虫*M. apri*）和复阴后圆线虫*M. pudendotectus*（又名短阴后圆线虫）。萨氏后圆线虫*M. salmi*很少见。

本病遍及全国各地，呈地方性流行。本病多发生于仔猪，主要引起猪慢性支气管炎和支气管肺炎，导致病猪消瘦，发育受阻，甚至引起死亡。

一、病原体

虫体呈丝状，乳白色或灰白色，口囊很小，口缘有一对三叶侧唇。食道呈棒状。雄虫尾端具不发达的交合伞，侧叶大，背叶小，肋有某种程度的融合。交合刺2根，细长，末端有单钩或双钩。雌虫阴门靠近肛门，阴门前有一角质的膨大部（阴门盖、阳门球）。为卵胎生。

长刺后圆线虫雄虫长11～26mm，宽0.16～0.225mm。交合刺细长为3.8～5.5mm，末端呈单钩形，无引器。交合伞较小，中侧助和后侧助融合在一起。雌虫长20～51mm，宽0.4～0.45mm。阴道长2mm以上。尾长90 μm，并向腹面弯曲。阴门盖膨大，呈半球形。后圆线虫的卵都为椭圆形，外膜略显粗糙不平，大小为（40～64）μm×（32～44）μm，产出的虫卵内含一卷曲的幼虫。

二、生活史

雌虫在猪的支气管中产卵，卵随黏液到咽喉部，被猪咽入消化道，并随粪便排出体外。虫卵在潮湿的土壤中或被中间宿主蚯蚓吞食后在蚯蚓体内孵出第一期幼虫。第一期幼虫钻入蚯蚓食道壁、胃壁、后肠前段或血管腔和心脏内，经10～20d发育为感染性幼虫，此感染性幼虫到消化道随蚯蚓粪便排到外界土壤中，或是蚯蚓受伤死亡其内幼虫也可逸出进入土壤。猪吞食带有感染性幼虫的蚯蚓或是吞食游离在土壤中的感染性幼虫而感染。感染性幼虫进入猪的消化道，钻入肠壁进入肠系膜淋巴结，经淋巴循环到心脏，再由小循环到肺脏，从毛细血管钻入肺泡和小支气管，之后移行到大支气管，在感染后的25～35d，发育为成虫。大部分成虫可在感染后数周内被排除，只有少量虫体，主要是寄生在肺深部的虫体可得以存留，其寿命约为1年。

三、流行病学

猪感染后圆线虫是由以下因素所决定：

1. 感染来源　患病猪和带虫猪。

2. 虫卵和幼虫对外界环境具有很强的抵抗力　虫卵在适宜的温度和湿度环境中能长期保持其活力，如在经常潮湿的土壤中可存活达2年之久，在被土壤覆盖的粪中可存活381d，在-15～20℃时仍能存活100d，温度40℃时2h死亡，60℃时30s才能死亡。第一期幼虫的存活力也很强，在水中存活6个月以上，在潮湿的土壤中存活达4个月以上。从蚯蚓体内排出的感染性幼虫在潮湿的条件下大部分存活3个月，存活6个月的虫体尚有多数量的仍具有感染性。

3. 蚯蚓的分布和密度对本病的流行有直接影响　低洼、潮湿、疏松和富有腐殖质的土壤中蚯蚓最多，病猪和带虫猪到这样的地方放牧，其虫卵和第一期幼虫被蚯蚓吞食发育为感染性幼虫，健康猪再到这样的地方放牧，就极容易受到感染。国外报道，一条蚯蚓体内含感染性幼虫最多可达4 000条。而且感染性幼虫在蚯蚓体内保持感染时间可和蚯蚓的寿命一样长，蚯蚓的寿命随种类不同而不同，约为1.5年、3年、4年，甚至有的种类可活8～10年。

四、致病作用

幼虫在猪体内移行时能破坏肠壁、肠系膜淋巴结和肺组织。尤其对肺脏损害严重，幼虫移行时可造成肺泡损伤；成虫在细支气管和支气管寄生时的机械作用；大量虫卵进入肺泡以及虫体代谢产物被机体吸收等综合性刺激下，呈现支气管肺炎的病理变化。虫体在支气管多量寄生时，阻塞细支气管，可使该部发生小叶性肺泡气肿。如继发细菌感染，则发生化脓性肺炎。

肺线虫还可以给肺部其他细菌性疾病或病毒性疾病的感染创造方便条件，如并发猪肺疫；肺线虫卵能传播猪流感病毒，此卵在蚯蚓体内发育为感染性幼虫时，流感病毒仍保留在感染性幼虫的体内，可保持活力达32个月之久，猪感染这种幼虫时，同时感染猪流感病毒；肺线虫还可以传播猪瘟病毒和加剧猪的喘气病（猪支原体性肺炎）。

五、临床症状与病理变化

轻微感染症状不明显，严重感染时，病猪主要表现消瘦、发育不良和强烈地阵发性咳嗽，特别是早晚、运动、采食后或遇冷空气时更为剧烈。病初还有食欲，之后食欲减退甚至废绝，精神沉郁，极度消瘦，呼吸困难急促，最后极度衰弱而死亡。即使病愈，生长仍缓慢。因本病突然死亡病猪尸体无明显所见（图3.3.4–1），体表淋巴结肿胀（图3.3.4–2）。

剖检应仔细检查才能在支气管内发现虫体（图3.3.4–3、4、5、6、7）。主要变化见于肺脏，可见膈叶腹面边缘有楔状肺气肿区。虫体在支气管多量寄生时，阻塞细支气管，可使该部发生小叶性肺泡气肿。如继发细菌感染，则发生化脓性肺炎（图3.3.4–8），胃肠（图3.3.4–9）、心（图3.3.4–10）、肝、肾、脾等器官无明显与本病有关的变化。

六、诊断

1. 根据发病季节和临床表现　在猪肺线虫病流行地区，于夏末秋初发现有很多的仔猪和幼猪有阵发性咳嗽，并日渐消瘦，又无明显的体温升高，可怀疑为肺线虫病。

2. 采集粪便检查虫卵　由于肺线虫虫卵比重较大，可用饱和硫酸镁溶液（硫酸镁920g，加水1L）或次亚硫酸钠饱和溶液（次亚硫酸钠1 750g，溶于1L水中）或饱和盐水加等量甘油混合液进行浮集法检查虫卵。

3. 变态反应诊断法　抗原是用患猪气管黏液，加入30倍的0.9%氯化钠溶液，搅匀；再滴加3%醋酸溶液，直至稀释的黏液发生沉淀时为止；过滤，于溶液中徐徐滴加3%的碳酸氢钠溶液中和，将酸碱度调整到中性或微碱性，间歇消毒后备用。以抗原0.2mL注射于患病猪耳背的皮内，在5～15min内，注射部位肿胀超过1cm者为阳性。

4. 尸体剖检　病变多位于膈叶下垂部，切开后发现大量虫体。

七、治疗

1. 左噻咪唑（左咪唑）　15mg/kg体重，1次肌注，间隔4h重用1次或10mg/kg体重，混于饲料1次喂服，对15日龄幼虫和成虫均有100%的疗效。

2. 四咪唑（噻咪唑，驱虫净）　20～25mg/kg体重，口服或10～15mg/kg体重，肌注。

3. 氰乙酰肼　17.5mg/kg体重，口服或15mg/kg体重，皮注，但总量不超过1g，连用3d。

4. 海群生（乙胺嗪）　100mg/kg体重，溶于10mL蒸馏水中，皮下注射，每天1次，连用3d。

八、预防

1. 定期驱虫　在猪肺线虫病流行地区，每年春秋两季应在粪检的基础上对仔猪和带虫成年猪进行定期驱虫。

2. 粪便处理　经常清扫粪便，运到离猪舍较远地方堆积进行生物热发酵，猪圈舍和运动场经常用1%热碱水或30%草木灰水消毒，以便杀死虫卵。

3. 防止猪吃到蚯蚓　猪场应建于高地干燥处，应铺水泥地面或木板猪床，注意排水，保持干燥，创造无蚯蚓孳生的条件，避免猪只到低洼潮湿有蚯蚓分布的地带放牧。

4. 加强饲养管理　注意全价营养，增强猪体抗病能力。

九、防治

左噻咪唑（左咪唑）：15mg/kg体重，1次肌注，间隔4 h重用1次或10mg/kg体重，混于饲料1次喂服，对15日龄幼虫和成虫均有100%的疗效。

第五节 猪冠尾线虫病（猪肾虫病）（Stephanurosis）

猪冠尾线虫病是由圆形目（Strongyloidea）冠尾科（Stelhanuridae）冠尾属（*Stephanurus*）的有齿冠尾线虫（*S. dentatus*）寄生于肾盂、肾周围脂肪和输尿管等处所引起的一种线虫病。本病主要分布于热带和亚热带地区。我国南方各省分布较广，而且流行严重，近年来辽宁省、吉林省、黑龙江省的五常县、依兰县也曾发现本病。危害较大，患病幼猪生长迟缓，公猪性欲减退，甚至失去配种能力，母猪不孕或流产，严重者造成死亡。

一、病原体

虫体粗壮，形似火柴杆（图3.3.5–1）。新鲜时呈灰褐色，体壁较透明，隐约可见内部器官。口囊杯状，囊壁肥厚，口缘有1圈细小的叶冠和6个角质隆起，口囊底有6～10个小齿。雄虫长20～30mm，交合伞小，腹肋并行，基部为一总干；侧肋基部亦为一总干，前侧肋细小，中侧肋和后侧肋较大；外背肋细小，自背肋基部分出，背肋粗壮，其末端分为4小支。交合刺2根等长或不等长。有引器和副引器。雌虫长30～45mm，阴门靠近肛门。虫卵呈长椭圆形，灰白色，两端钝圆，卵壳薄，大小为（90～125）μm×（50～70）μm，卵内含32～64个深灰色的胚细胞。

二、生活史

成虫寄生于肾盂、肾周围脂肪囊和在输尿管壁组织形成的包囊中，包囊有小管与尿道相通，雌虫产出的虫卵，随尿液排出体外。在适宜的外界环境中（26～28℃，适宜湿度和充足的氧气）经24～48h即能孵出第一期幼虫；经24h后进行第一次蜕皮变为第二期幼虫；再经34～36h进行第二次蜕皮，变为第三期幼虫，即感染性幼虫。感染性幼虫可经猪皮肤或经口感染猪。经皮肤感染的幼虫钻入肌肉，经72h进行第三次蜕皮，变为第四期幼虫，钻入血管，随血流到肺，再经体循环到肝脏。经口感染的幼虫钻入胃壁，经3d后进行第三次蜕皮，变为第四期幼虫，离开胃壁进入肠内，钻入肠壁进入血管，随血流经门脉到肝脏。经两条途径进入肝脏的幼虫，在肝脏寄生约3个月，最后一次蜕皮后，穿过肝包膜进入腹腔，再移行到肾脏，在肾盂，肾周围脂肪及输尿管壁组织中形成包囊，在包囊内发育为成虫。自感染性幼虫侵入猪体内到发育为成虫需6～12个月。少数幼虫移行中进入其他器官，如脾脏、腰肌和脊髓等，均不能发育为成虫而死亡。

三、流行病学

本病的感染和流行由以下几个因素所决定。

1. 感染来源　患病猪和带虫猪，它们粪便中的虫卵污染猪场或是无肾虫病感染的猪场引进病猪和带虫猪而引起感染和流行。

2. 繁殖能力强　一个中等程度感染的猪，每天可排出100万个以上的虫卵，因此即使在短期饲养过的病猪场地，都可以受到严重污染。

3. 虫卵和幼虫对外界各因素的抵抗力

①适宜的温度和湿度有利于虫卵的发育、孵化和幼虫的存活。虫卵在8℃时经4天，绝大多数死亡；12℃以下不能发育；12～16℃经6天孵出幼虫，但孵出率低；19℃时经43h开始孵化；22℃经36h孵化；26～28℃经24h孵化；35℃时孵化时间更短，孵出率达80%。气候温暖（27～30℃）的多雨季节适于幼虫的发育。幼虫在温暖和潮湿的环境中可以生存达5个月以上。

②虫卵和幼虫对干燥和阳光直射抵抗力很弱。卵和幼虫在21℃以下温度中干燥56h全部死亡；虫卵在30℃以上，干燥6h，即不能孵化；虫卵在32～40℃的干燥或潮湿，处于阳光照射下，经1～3h均告死亡。幼虫在完全干燥的环境中仅能存活35min；在潮湿土壤中的第一期幼虫和感染性幼虫，在30～40℃的温度中，于阳光照射下，3～5min全部死亡。

③虫卵和幼虫对化学药物的抵抗力很强。1%敌百虫、硫酸铜、煤酚皂液等溶液都不能杀死虫卵和幼虫。含有效氯浓度1%～4%的漂白粉，5%烧碱溶

液经15min后方能杀死虫卵和幼虫。由于幼虫一般生活在土壤表层2cm深处，不易受化学药物的影响，可长期生活在土壤中。

4. 感染途径　由于感染性幼虫既可经口感染，又可经皮肤感染，从而感染的机会多，又容易造成感染。感染性幼虫多分布于猪舍的墙根和猪排尿的地方，其次是运动场潮湿处，猪只往往在墙根、运动场掘土时而食入感染性幼虫，或在墙根下及其他潮湿处躺卧时，感染性幼虫钻入皮肤而感染。

四、致病作用

无论幼虫和成虫都有很强的致病力。

幼虫钻入皮肤时，使皮肤发生红肿，小结节和化脓性皮炎，常见于腹部皮肤。同时附近体表的淋巴结肿大。幼虫在体内移行时，可损害各组织器官，尤其对肝脏的损害更严重。由于虫体的机械作用和毒素作用，引起肝小叶间结缔组织增生，肝硬化，产生结节或坏死，从而导致贫血、黄疸和水肿及肝机能障碍，若带入细菌，可引起肝脓肿。进入肺脏时可引起卡他性肺炎。幼虫若误入腰肌或脊髓中，并形成包囊，压迫神经，引起后躯麻痹。

成虫寄生于输尿管壁时，形成包囊，有小孔与输尿管相通，多量寄生时致使管壁上形成许多贯穿性小孔，一旦管壁或包囊损伤时，尿液即流入腹腔，引起尿性腹膜炎而死亡。寄生于肾盂时，使肾盂肿大，结缔组织增生，如带入细菌，可引起肾盂炎或肾盂脓肿。寄生于肾周围脂肪时，则形成白色胶状脓性糜烂。

五、临床症状

猪无论大小，病初均出现皮肤炎症，有丘疹和红色小结节，体表淋巴结肿大。以后表现精神沉郁，食欲不振，贫血消瘦，被毛粗乱，行动迟缓。随着病情的发展，则出现后肢无力，走路时后驱左右摇摆或跛行，喜躺卧。尿液中带有白色粘稠的絮状物或脓液。有时继发后躯麻痹或后肢僵硬，不能站立，拖地爬行，食欲废绝。仔猪发育停滞，公猪性欲减退或失去交配能力，母猪不孕或流产，严重的病猪，多因极度衰弱而死亡。

六、病理变化

尸体消瘦，皮肤上有丘疹和结节，淋巴结肿大。肝表面可见白色的弯曲虫道，切开有时发现幼虫；肝内有包囊和脓肿，内有幼虫；肝脏变硬，结缔组织增生，切面有幼虫钙化结节；肝门静脉中有血栓，内含幼虫。胸膜壁面和肺脏中均可见有结节或脓肿，脓液中可找到幼虫。肾盂肿胀，肾盂或肾周围脂肪有包囊或脓肿，内含成虫。输尿管壁增厚，有多量包囊，内含成虫。有时膀胱黏膜充血，外围也有包囊，内含成虫。腹腔腹水增多，并可见到成虫。

七、诊断

临床表现怀疑猪肾虫病时，进行尿液检查虫卵和尸体剖检做出确诊。

尿液检查。采取病猪清晨排出的尿液，装于烧杯中，静止沉淀30min，倒去上清液，在杯底衬以黑纸，肉眼即可看到杯底粘有的白色虫卵，或取沉渣镜下检查虫卵。

尸体剖检发现虫体即确诊。

患病早期可采用皮内变态反应进行诊断。用有齿冠尾线虫制作抗原，配成1∶100浓度，皮内注射0.1mL，经5～15min检查结果。若注射部位出现丘疹，其直径大于1.5cm者为阳性反应；直径在1.2～1.49cm范围内为可疑反应，直径小于1.2cm为阴性反应。

八、治疗

1. 噻苯唑　按0.1%～0.4%的比例混于饲料喂饲。对移行中的幼虫有较好效果。

2. 左噻咪唑　10mg/kg体重，配成5%的水溶液，肌肉1次注射。驱虫效果可达55.8%～87.1%，并能抑制成虫排卵77～105d。

3. 四咪唑　20～30mg/kg体重，拌入少量饲料中喂饲。或给药3次，每次间隔3d，第一次25mg/kg体重，第二次15mg/kg体重，第三次10mg/kg体重。或给药2次，间隔7d，每次25mg/kg体重。或按10～15mg/kg体重肌肉注射。对肝脏内的幼虫有一定的驱虫效果，并能抑制成虫排卵达70～98d。

4. 敌百虫　0.1g/kg体重，配成10%～20%溶液肌肉注射，每天1次，连注3次。

5. 海群生（乙胺嗪） 30mg/kg体重，内服。

九、预防

对本病的预防，应根据流行情况，采取行之有效的具体措施。

⑴无肾虫病感染的猪场，为杜绝病原的传入，应坚持自繁自养。如需从外地引进猪时，必须进行隔离检疫6个月，在此期间要经常观察猪只体况与排尿，同时坚持每周尿检1次。在隔离检疫期间尿检全为阴性，并无可疑症状者，方准与本场猪合群饲养。

⑵疑有肾虫病感染的猪场，必须经常观察猪群健康状况，每月坚持尿检1次，若发现病猪或带虫猪，立即隔离，及时治疗。

⑶有肾虫病感染的猪场，应做好以下几个方面的工作。

①病猪与带虫猪的驱虫。在全面普查的基础上，对患病猪和带虫猪进行隔离，彻底治疗。

②预防性驱虫。对全场猪每年要进行2次驱虫，仔猪断奶后进行驱虫。

③种公母猪要有单独的圈舍和运动场，避免互相感染，仔猪断奶后，与母猪隔离饲养。

④保持猪圈舍和运动场的清洁干燥，调教猪只在固定地点大小便，经常注意清除猪圈舍，运动场地面粪便和积水，定期用1%～4%漂白粉、5%烧碱或10%～20%新鲜石灰水进行消毒，以便杀死虫卵和幼虫。

⑤加强饲养管理，喂给富有营养的饲料，尤其注意补给维生素和矿物质，以增强猪只对疾病的抵抗力。

第六节 猪毛首线虫病（猪鞭虫病）（Trichuriasis）

猪毛首线虫病是由毛首目（Trichocephalida）毛首科（Trichuridae）毛首线虫属（*Trichuris*）的猪毛首线虫（*T. suis*）寄生于猪的大肠（盲肠）所引起的一种线虫病。虫体前部呈毛发状，故称毛首线虫；整个外形又象鞭子，前部细，象鞭梢，后部粗，像鞭杆，故又称鞭虫。

本病分布广泛，遍及全国。主要危害幼猪，严重感染时，可引起死亡。

一、病原体

虫体呈乳白色（图3.3.6–1），前部细长占虫体长度的2/3，内为食道，由一串单细胞围绕构成。后为体部，短粗，内有肠和生殖器官。

雄虫长20～52mm，后部弯曲，泄殖腔在虫体尾端，有一根交合刺，包藏在有刺的交合刺鞘内。

雌虫长39～53mm，后端钝圆，肛门开口于末端，阴门开口于虫体粗细部的交界处。

虫卵大小为（52~61）μm×（27~30）μm，壳厚光滑，两端有卵塞，形似腰鼓状，内含未发育的卵胚。

二、生活史

雌虫在盲肠中产卵，卵随猪粪便排出体外。虫卵在加有木炭末的猪粪中，发育到感染阶段所需时间：37℃需18d；33℃需22天；22～24℃需54d。在室外，温度为6～24℃时需210d。感染性虫卵内为第一期幼虫。猪吞食后，第一期幼虫在小肠后部孵出，钻入肠绒毛间发育，到第8天后，移行到盲肠内，固着在肠黏膜上（图3.3.6–2），感染后30～40d发育为成虫。成虫寿命为4～5个月。

三、流行病学

主要为幼猪感染。一个半月龄的猪即可在粪便中检出虫卵；4个月龄的猪，虫卵数和感染率急剧增高，以后逐渐减少；14月龄的猪极少感染。由于卵壳厚，抵抗力强，可经受寒冷和冰冻，在自然状态下可生存达5年之久。在清洁卫生的猪场多为夏季放牧时感染，秋冬出现临床症状。在不卫生的猪舍内，一年四季均可感染，但夏季感染率最高。近年来研究者多认为人鞭虫与猪鞭虫为同种异名，因此在公共卫生方面有一定的重要性。

四、致病作用

虫体头部钻入肠黏膜时，可引起盲肠慢性卡他性炎症，有时引起瘀斑性出血性炎症，严重感染时引起出血性坏死、水肿、溃疡，并形成结节。结节有两种：一种质软有脓，虫体前部埋入其中；另一种在黏膜下呈圆形包囊状物，组织学检查，内有虫体和虫卵，并伴有淋巴细胞，浆细胞和嗜酸性白细胞浸润。其他部分黏膜有虫体引起的特征性反应，即血管扩张，淋巴细胞浸润、水肿和多量的黏液。

五、临床症状

轻度感染有间歇性腹泻，轻度贫血，可影响猪的生长发育。严重感染时表现食欲减退、贫血、消瘦和腹泻，便中带有黏液和血液。幼猪发育障碍，甚至死亡。

六、诊断

根据临床表现主要危害幼猪，食欲减退，贫血、消瘦和血样腹泻，此外采用漂浮法进行粪便检出虫卵，即可做出确诊。死后剖检可在盲肠中检出多量虫体和相应病变。

七、治疗

羟嘧啶为驱除毛首线虫特效药。2～4mg/kg体重，口服或拌于饲料中喂服。

还可应用敌百虫、左咪唑、四咪唑和丙硫苯咪唑治疗猪毛首线虫病，可参照治疗猪蛔虫病的用量和用法。

八、预防

可参照猪蛔虫病的预防措施，特别要加强对猪的饲养管理，搞好猪圈舍和运动场的清洁卫生，粪便经常清扫，堆积生物热处理，以杀死粪便中的虫卵。可以用治疗药物进行预防性驱虫，或用潮霉素B12 000单位与1kg饲料混合，投予40d后虫卵数减少到零，虫体减少86%。每吨饲料添加8 000万单位，投予1次，可完全驱除猪毛首线虫。

第七节 旋毛虫病（Trichinellosis）

旋毛虫病是由毛首目（Trichocephalida）毛形科（Trichinellidae）毛形属（*Trichinella*）的旋毛形线虫（*Trichinellaspiralis*）成虫寄生于肠管，幼虫寄生于横纹肌（图3.3.7–1）而引起的一种线虫病。

本病是猪、犬、猫、鼠等许多动物和人都可感染的一种重要的人畜共患的寄生虫病。除严重危害猪体，造成国民经济损失外，对人的危害更大，严重感染可致人死亡。

旋毛虫病分布于世界各地。有很多国家，特别是欧美一些国家，我国也有不少地区如云南、西藏和东北都有过居民由于食入生的或未煮熟的猪肉和狗肉引起本病的发生、流行和死亡的报告，因此本病在肉品卫生检验上特别重要。

一、病原体

成虫（肠旋毛虫）虫体细小，肉眼几乎难以辨认。前端较细，后端较粗。口孔位于虫体前端，其后为食道。食道的前1/3为一直管，无食腺围绕，后2/3由一列相连的食道腺细胞所包裹。两性成虫的生殖器官均为单管型，肠管和生殖器官均在虫体较粗的后端。

雄虫长1.4～1.6mm，直径0.04～0.05mm，泄殖腔开口于虫体的尾端腹面，其外侧为一对呈耳状悬垂的交配叶。无交合刺。雌虫长3～4mm，直径0.06mm，阴门位于虫体的前部食道部中央，胎生。幼虫（肌旋毛虫）长达1.15mm，在肌纤维膜内形成包囊，虫体在包囊内呈螺旋状卷缩。人、猪旋毛虫的包囊呈椭圆形，狗和猫的旋毛虫包囊呈圆形，最初包囊很小，最后可达0.25～0.5mm。

二、生活史

成虫的雌、雄虫在肠黏膜内进行交配，交配后不久，雄虫死去。雌虫钻入肠腺或黏膜下的淋巴间隙中发育，并在感染后7～10天，开始产生幼虫，每条雌虫可产幼虫1 500条以上，产完幼虫后，雌虫也即死亡。

幼虫经肠系膜淋巴结入胸导管，再到右心，经肺转入体循环，随血流到全身，但只有进入横纹肌纤维内才能进一步发育。首先虫体增长，然后盘卷，成囊是从感染后第21天开始，到第7至8周完全形成（包囊是由于幼虫的机械性及毒素刺激周围的肌纤维，引起肿胀和肌纤维膜增生而形成的）。开始包囊很小，以后逐渐长大，最后可长达0.25～0.5mm。囊内一般含有1条虫体，也有多达6～7条的。约6个月后，包囊开始钙化，只有钙化波及到虫体才能死亡，否则幼虫可长期生存达数年甚至25年之久。

另一动物吞食含有活的幼虫的肌肉后，包囊在胃内溶解，幼虫逸出，到十二指肠和空肠，并钻入肠黏膜，经2昼夜发育成虫。

三、流行病学

旋毛虫病是人和多种动物都能感染的一种寄生虫病。在自然条件下感染旋毛虫病的野生动物已超过100种，包括狗、猫、鼠、狼、狐狸、野猪、熊、貂等，在家畜中主要是猪，另外也有羊和牛感染的报道，甚至不食肉的鲸也可以感染旋毛虫，实验证明，许多昆虫，如蝇蛆和步行虫也可吞食动物尸体中的旋毛虫包囊，并能使包囊的感染力保持6～8天。有时动物吞食了大量含幼虫包囊的肉后，从粪便中排出来未被彻底消化的肌纤维，其中含有幼虫的包囊，这些都能成为易感动物的感染来源。

肌肉旋毛虫的抵抗力很强，在-12℃时可保持生命力57天，-18℃时10天，-30℃时24h，-33℃时10h，-34℃时还能存活14min，经急冻后又在-15℃的冷库中冷藏20天才能完全杀死肌肉中的旋毛虫。在腐败的肉内还能活100天。盐腌和烟熏只能杀死肉类表层的旋毛虫，而深层的旋毛虫可存活1年以上。高温到70℃左右才能杀死包囊里的幼虫。

疫源区内的野生动物及鼠类到处流窜，患有旋毛虫病的动物及肉食通过运输工具都能造成病原的传播。

猪感染旋毛虫的原因，一方面是由于吞食了厨房里生的或没煮熟的带有旋毛虫碎肉垃圾残肉汤水而感染，另外食入带有旋毛虫动物尸体的肉，如死鼠等，或是吞食了带有旋毛虫包囊的蝇蛆和步行虫而感染。

人感染旋毛虫的原因是由于食入带有旋毛虫包囊的生的或未煮熟的猪肉、狗肉及其他动物的肉而感染，东北地区猪旋毛虫的感染率为0.1%～0.3%，而狗的感染率最高可达50%，所以说猪和狗是人体旋毛虫的主要感染来源。

四、致病作用

旋毛虫的成虫和幼虫都有致病的作用。致病力最强，危害性最大是成虫钻进肠黏膜和产幼虫时期，此期往往引起死亡。雌虫在肠壁内产幼虫时，虫体分泌大量的毒素，同时虫体机械刺激可引起急性肠炎过程。毒素被机体吸收后，主要危害血液，感染后不久，血液中的嗜酸性白血球显著增多。

幼虫移行期间破坏组织，引起大量出血和点状溢血。幼虫到达肌肉在肌肉发育和寄生时，可破坏肌肉纤维，引起肌纤维变性，肿胀和肌肉麻痹。如大量幼虫进入膈肌或肋间肌时，可因此部肌肉麻痹而呼吸困难，甚至导致死亡。

五、症状

轻微感染症状不明显，严重感染3～7天后出现体温升高，腹泻，便中带有血液，有时呕吐，病猪迅速消瘦，常在12～15日死亡。

感染2～3周后，当大量幼虫侵入横纹肌时，病猪表现体痒，时常靠在墙壁、饲槽和栏杆上蹭痒。肌肉疼痛，咀嚼、吞咽和行走困难，喜躺卧。精神不振，食欲减退，声音嘶哑，眼睑和四肢呈现水肿。但极少死亡，多于4～6周后症状消失。

试验证明人对旋毛虫感染的耐受力小于猪，猪每千克体重吞食10条旋毛虫才能致死，而人每千克体重吞食5条即可致死。而且人感染旋毛虫病后症状更加明显，其危害更严重。

六、病理变化

肠旋毛虫寄生阶段，表现急性肠炎变化，肠黏膜增厚，水肿，黏液增多和瘀斑性出血；幼虫移行时，由于幼虫机械作用和毒素所致，破坏血管壁，引起出血和实质器官混浊肿胀，脂肪变性，纤维蛋白性肺炎与心包炎；肌肉旋毛虫寄生阶段，寄生部位肌浆溶解，附近的肌细胞坏死，崩解，肌细胞膜横纹消失，萎缩，肌纤维膜增厚。

肌旋毛虫在肌肉中寄生的数量以膈肌、舌肌、喉肌、咬肌、颈肌、肋间肌及腰肌和胸肌为多，尤其以膈肌寄生数量最多。

形成包囊的虫体，其包囊与周围肌纤维有明显界限，包囊内一般只含1个清晰盘卷的虫体，严重感染的病例，也有包囊含 2 条至数条虫体的。钙化的虫体镜检可见轮廓模糊的虫体和包囊，连同包囊都钙化后，在镜下为一黑色团块。

七、诊断

生前诊断。因肠旋毛虫寄生于肠壁组织深部，所产幼虫也不随粪便排出，虽偶有排出，也极难查出。如怀疑肌肉有旋毛虫寄生时，可剪一小块舌肌进行压片检查，还可采用皮内反应或玻片沉淀反应、对流免疫电泳法及ELISA等方法进行诊断。

死后诊断。目前采用肌肉压片法进行诊断，首先从动物的左右膈肌脚割取小块肉样，撕去肌膜和脂肪，然后再从肉样的不同部位剪取24个麦粒大小的小肉块，用旋毛虫检查玻板压片镜检或用旋毛虫投影器检查，如有包囊即可做出诊断。

八、治疗

目前对旋毛虫病的治疗只限于人，对猪旋毛虫病尚没有开展药物疗法。

对人体旋毛虫病的治疗可用噻苯咪唑（噻苯唑、噻咪唑），每日25～40mg/kg体重，分2～3次口服，5～7d为一疗程，可杀死成虫和幼虫。

九、预防

⑴加强宣传教育，普及卫生知识，使人们充分认识旋毛虫病对人畜的危害性。

⑵禁止用未经处理的厨房的碎肉垃圾、残肉汤水喂猪。做好猪舍的防鼠灭鼠工作。猪只一律不要放牧和散放，以免猪吃到患旋毛虫病的老鼠和其他动物尸体、粪便，以及可携带旋毛虫包囊的昆虫（蝇蛆、步行虫等）而感染旋毛虫病。

⑶加强肉品卫生检验工作，禁止有旋毛虫猪肉、狗肉及其他动物的肉食上市，不吃生的或半生不熟的肉食，以免人体感染旋毛虫病。

肉品卫生检验规定，在24h肉块中发现包囊或钙化的包囊不超过5个可高温处理后食用，5个以上者的肌肉和心脏供工业用或销毁。但目前人们对本病还认识不够，检验制度又不完善，因此普遍做法是：一旦检出有旋毛虫，不论5个以下或5个以上，都应供工业用或销毁，一律不得出售食用。但皮下及肌肉间脂肪可炼取食用油，体腔内的脂肪及除心脏外的内脏可供食用。

第八节 猪胃线虫病

猪胃线虫病是由旋尾目（Spirurida）吸吮科（Thelaziidae）似蛔属（*Ascarops*）的圆形似蛔线虫（螺咽胃虫*A. strongylina*）和有齿似蛔线虫（*A. dentata*），泡首属（*Physocephalus*），六翼泡首线虫（环咽胃虫*P. sexalatus*），西蒙属（*Simondsia*）的奇异西蒙线虫（*S. pardoxa*）和颚口科（Gnathostomidoe）颚口属（*Gnathostoma*）的刚刺颚口线虫（*G. hispidum*）和陶氏颚口线虫（致病颚口线虫、*G. doloresi*）寄生于猪的胃内而引起的一种线虫病。

本病分布于世界各地，呈地方性流行，我国各省均有发生。黑龙江省根据15个市县的调查圆形似蛔线虫的感染率为89.47%，六翼泡首线虫的感染率为31.58%，宾县圆形似蛔线虫感染率高达100%，六翼泡首线虫为40%，感染强度在一头猪的胃内发现1 063条圆形似蛔线虫。由于虫体在胃内寄生，可引起猪只急性或慢性胃炎，小猪因此发育受阻，严重感染可导致死亡。

一、病原体

1. 圆形似蛔线虫　虫体淡红色，咽壁为螺旋形嵴状角质增厚，故称螺咽胃虫。虫体左侧有颈翼膜。雄虫长10～15mm，右侧尾翼膜大于左侧约2倍，泄殖孔前有4对乳突，后有1对乳突，位置均不对称。交合刺左长2.24～2.95mm，右长0.46～0.62mm。雌虫长16～22mm，阴门位于虫体中部稍前方。虫卵为（34～39）μm×20μm，深黄色，卵壳厚，外有一层不平整的薄膜，内含幼虫。

2. 有齿似蛔线虫　分布在我国广东，广西等地。虫体较大，雄虫长25mm。雌虫长约55mm，口腔前侧有齿一对，其他构造与圆形似蛔线虫相似。

3. 六翼泡首线虫　虫体前部（咽区）角皮略膨大，其后每侧各有3个颈翼膜，颈乳突排列不对称，咽壁中部呈圆环状增厚，前后部为单线的螺旋形增厚。雄虫长6～13mm，尾翼膜窄对称，泄殖孔前后各4对孔突。雌虫长13～22.5mm，阴门位于虫体中部的后方。虫卵大小为（34～39）μm×（15～17）μm，壳厚，内含幼虫。

4. 奇异西蒙线虫　咽有螺旋形增厚的环纹，有一对颈翼，口腔内有1个背齿和1个腹齿。雄虫长12～15mm，线状，后部螺旋状卷曲。雌虫长为15mm，前部纤细，后部膨大呈球形。虫卵呈圆形或椭圆形长20～29μm。

5. 刚刺颚口线虫　新鲜虫体淡红色，表皮菲薄，可透见体内白色生殖器官，头端膨大呈球状，其上有9～12环小钩，头球顶端有2片大侧唇，每唇背面各有1对双乳突，虫体全身长有小棘。雄虫长15～25mm，有交合刺1对不等长。雌虫长22～45mm。虫卵呈椭圆形，黄褐色，一端有帽状构造，大小为（72～74）μm×（39～42）μm。

6. 陶氏颚口线虫　分布在我国四川等地，虫体较小，雄虫长10～12mm，雌虫长16～22mm，头球上有8～10列小钩，全身生有小棘，虫卵59μm×33μm。

二、生活史

圆形似蛔虫线虫的虫卵随粪便排出体外，被中间宿主食粪甲虫（蜉佥龟属*Aphodius*，食粪属*Onthophagus*，裸肋属*Gymnopieurus*等属）吞食后，幼虫在其体内约经20d的发育，达到感染期。猪吞食含有感染性幼虫的食粪甲虫而被感染，虫体在猪体内的寿命约10.5个月。

六翼泡首线虫的生活史与似蛔线虫相似，中间宿主也是食粪甲虫（金龟子属*Scarabeus*，显亮属*Phanaeus*，裸肋属，地孔属*Geotrupes*和食粪属），幼虫在其体内经36d以上的时间发育到感染期。如果含有感染性幼虫的食粪甲虫被其他动物（贮藏宿主），如其他哺乳类、鸟类、爬虫类吞食了带有感染性幼虫的甲虫后，其幼虫便在这些动物体内形成包囊。当猪吞食了带有感染性幼虫的中间宿主食粪甲虫或是带有包囊的贮藏宿主而感染。在猪体内幼虫钻入胃黏膜，约经6周发育为成虫。

颚口线虫的中间宿主为剑水蚤，猪在采食水生植物或饮水食入带有感染性幼虫的剑水蚤而被感染。此外带有感染性幼虫的剑水蚤也可被贮藏宿主鱼类、两栖类和爬行类食入后在其体内形成包囊，猪亦可吞食贮藏宿主而感染。感染性幼虫进入猪胃后，头部钻入胃壁逐渐发育为成虫。其幼虫也有移行至肝脏或其他器官的，但均不能继续发育而死亡。

三、致病作用和临床症状

一般感染的情况下，各种猪胃虫的致病作用并不强，往往不显症状。只有严重感染时，由于虫体的机械作用（幼虫钻入胃黏膜或成虫的某部分进入胃黏膜）和毒素作用致使胃黏膜发炎，并形成溃疡，从而影响胃的正常机能。在这种情况下病猪可表现急性或慢性胃炎症状，食欲减退或消失，腹痛呕吐，渴欲增加，消瘦贫血，发育受阻，甚至死亡。

四、病理变化

剖检时，胃内容物减少，胃黏液增多，寄生部位（多在胃底部）的黏膜红肿或上覆伪膜，伪膜下的组织呈红色，并有溃疡，虫体游离于黏膜表面或部分埋入胃黏膜中。

五、诊断

诊断用沉淀法检查粪便中的虫卵，并结合临床症状和剖检时发现多量虫体作出确诊。

六、治疗

可用敌百虫，0.1g/kg体重，拌于饲料中喂服，有100%的疗效。

七、预防

⑴定期驱虫。

⑵粪便经常清扫，堆积发酵杀灭虫卵。

⑶防止猪吃到食粪甲虫。对颚口线虫的预防，应禁止放牧猪群到池塘边采食、饮水，以防猪吞食剑水蚤。

⑷加强猪只营养，增强机体抵抗力。

第九节　棘头虫病（The thorny-headed worm disease）

猪棘头虫病是由大棘吻目（Gigantorhynchidea）少棘科（Oligacanthorhynchidae）巨吻属（Macracanthorhynchus）的蛭形巨吻棘头虫（*M. hirudinaceus*）寄生于猪的小肠内而引起的一种寄生虫病。

本病分布于全国各地，呈散发或地方性流行。

一、病原体

虫体较大呈长圆柱形，前部较粗，后部较细（图3.3.9-1），乳白色或淡红色。吻突较小呈球形，吻突上长有5～6排，每排6个向后弯曲的小钩。体表有明显的环形皱纹。雌虫较大，体长30～68cm，雄虫较小，体长7～15cm。

虫卵椭圆形，深褐色，长80～115μm，宽42～56μm。卵壳由四层膜构成，卵壳上布满不规则的沟纹，并有许多点窝，卵内含有4列小棘的棘头蚴。

二、生活史

成虫寄生在猪的小肠，雌雄交配后，雌虫开始产卵，虫体的繁殖能力很强，每天可产卵达25万个以上，排卵持续时间约10个月。虫卵随粪便排出体外，被中间宿主某些甲虫（金龟子）的幼虫（蛴螬）吞食后，棘头蚴在肠内孵化，然后穿过肠壁进入体腔，发育为棘头体（如6月前感染需经3.5～4个月发育为棘头体，若7月后感染则发育迟缓，要经过12～13个月才能发育为棘头体），并形成棘头囊。当中间宿主甲虫发育为蛹和成虫时，棘头囊仍留在体内。终宿主猪吞食带有棘头囊的甲虫幼虫、蛹和成虫即可以引起感染。棘头囊进入猪体内，棘头体从囊中逸出，以吻突叮在小肠壁上，经70～110d发育为成虫。棘头虫在猪体内可存活10～24个月。

三、流行病学

1. 猪棘头虫病呈地方性流行　8～10个月龄的猪感染率最高，在流行严重的地区感染率可达60%～80%。

2. 猪棘头虫具有强大的繁殖力　1条雌虫每天排卵可达25万～68万个，排卵持续时间可达10个月，从而可长期严重污染环境。

3. 虫卵的抵抗力很强　45℃的温度长时间不受影响，在干湿交替的土壤中，温度37～39℃时虫卵在368d内才能死亡，在5～9℃时可以生存551d，在-10～-16℃时可存活140d。

4. 猪棘头虫病的感染与中间宿主甲虫的存在和活动有直接关系　甲虫的幼虫每年出现于早春至6月份、7月份，所以猪棘头虫病的感染季节主要为春夏季节。棘头蚴对中间宿主的感染率也很高，以大量虫卵人工感染蛴螬，结果从一个蛴螬体内得出2 852个棘头蚴，自然感染可达400个棘头蚴，当中间宿主发育为蛹和成虫时棘头蚴仍留在体内，因此猪感染棘头虫病的机会多，感染率高。

5. 猪棘头虫病的感染与猪的饲养管理也有很大关系　甲虫幼虫多存在于12～15cm深的泥土中，猪的活动场地如果是泥土地面，猪的散放和放牧，猪又有拱土的习性，从而就可以吃到甲虫幼虫和蛹，而造成感染。猪圈舍内夜间有灯光的情况下，大量甲虫飞来，落在地面，清晨又没有清扫，把猪放出来，猪也可吃到遗留在运动场上的甲虫成虫而感染。总的感染情况，仔猪拱土能力差，感染率低，后备猪则感染率高，放牧猪比舍饲猪感染率高。

四、致病作用与病理变化

棘头虫以吻突和角质小钩牢牢地叮在肠黏膜上，可严重损伤肠黏膜，发生坏死和溃疡，如损伤达到浆膜层，可引起灰色或淡黄色的化脓病灶（结节），透过浆膜可看到。在炎症部位组织学切片可观察到吻突周围有嗜酸性细胞带。有的在发炎区可发现大量细菌。如果吻突钻得过深，可发生肠穿孔，诱发腹膜炎而死亡。

五、临床症状

少量感染症状不明显。严重感染时，在感染后的第三天即可表现食欲减退、下痢、粪便带血和腹痛。当虫体固着部位化脓和穿孔时，症状加剧，体温升高到41℃，病猪表现不食，卧地，剧烈腹痛，多以死亡而告终。一般感染时，由于虫体夺取营养和毒素作用，病猪表现贫血、消瘦和发育不良。

六、诊断

以直接涂片法或沉淀法检查粪便中的棘头虫卵确诊本病。

七、治疗

目前尚无特效药物，可试用下列药物进行治疗：

1. 四咪唑 30mg/kg体重，口服。
2. 敌百虫 0.1～0.15g/kg体重，口服。
3. 左咪唑 8mg/kg体重，口服。

八、预防

1. 消灭感染源 猪棘头虫病的感染来源是病猪和带虫猪，消灭感染来源即是对病猪和带虫猪进行驱虫。

2. 切断传播途径

其一做到经常清扫粪便，堆积生物热处理，防止污染环境，杀死虫卵，使甲虫吃不到虫卵。

其二流行地区的猪群，特别在5～7月份，甲虫出现最多的月份猪要圈养。建造水泥地面的运动场，对猪场灯光照明应加以改进或是清晨将猪圈清扫干净，严格避免猪吃到中间宿主甲虫幼虫、蛹和成虫而感染。

第四章
原虫病

第一节 弓形虫病（Toxoplasmosis）

弓形虫病（又名弓形体病或弓浆虫病）是刚地（龚地）弓形虫（*Toxoplasmagondi*）有性繁殖过程在猫的肠上皮细胞内，无性繁殖过程在猪、马、牛、羊、狗、猫等多种动物和人的有核细胞内而引起的一种人畜共患的原虫病。

刚地弓形虫属于孢子虫纲（Sporogoea），球虫亚纲（Coccidia），真球虫目（Eucoccidiida），肉孢子科（Sarcocystidae），弓形虫亚科（Toxoplasmatinae），弓形虫属（Toxoplasma）。自1970年科学家们发现弓形虫在猫的肠上皮细胞内有和艾美耳科球虫相同的一段发育过程，因而被列入孢子虫纲，分类地位才得以确定。

1908年法国人Nicolle和Manceaux在北非的一种龚地（刚地）梳趾鼠（Ctenodactylusgondii）的肝、脾单核细胞中发现弓形虫。在此之后，许多国家，如美国、日本等国都有人及各种动物感染的调查报告。我国1955年在野兔体内首次发现，以后又在猫体内发现，到1977年上海发现以往所谓猪无名高热病是由弓形虫病引起后，相继在江苏、北京、辽宁、黑龙江、广州、安徽、湖北、宁夏和吉林等地的猪都先后发生弓形虫病。

一、病原体

寄生于各种动物和人体的弓形虫，在形态学和生物学特性上（包括血清一免疫学特性）均无任何差异，说明至今发现的弓形虫全为一个种。

弓形虫在整个发育过程中分 5 种类型，即滋养体、包囊、裂殖体、配子体和卵囊。其中滋养体和包囊是在中间宿主（人、猪、狗、猫等）体内形成的，裂殖体、配子体和卵囊是在终末宿主（猫）体内形成的。

各型虫体形态：滋养体（图3.4.1–1、2）呈新月形、香蕉形或弓形，大小为（4~7）μm×（2~4）μm，一端稍尖，一端钝圆。姬氏或瑞氏染色后镜下观察，胞浆浅兰色，有颗粒，核呈深蓝紫色，偏于钝圆一端。电镜观察超微结构，有顶环、类锥体、弓丝（微丝、toxoneme或micronemes）、膜下纤维、核、高尔基体、线粒体和内质网状结构等。滋养体主要发现于急性病例，在腹水中常可见到游离的单个虫体；在有核细胞内（单核细胞、内皮细胞、淋巴细胞等）还可以见到繁殖中的虫体，形状多样，有圆形、卵圆形、柠檬形和正在出芽不规则形状等。有时在宿主细胞的胞浆内，许多滋养体簇集，外观似包囊，其囊壁是宿主的细胞膜，称为假囊（Pseudocyst）。

包囊卵圆形，直径可达50～60μm，囊膜较厚，由虫体分泌形成，囊内虫体数日可由数十个至数千个，包囊（图3.4.1–3、4、5）、裂殖体、配子体和卵囊。其中滋养体和包囊是在中间宿主（人、猪、狗、猫等）体内形成的，裂殖体、配子体和卵囊是在终末宿主（猫）体内形成的。其中滋养体、包囊、和感染性卵囊这3种类型都具感染能力。

裂殖体圆形，寄生在猫的肠上皮细胞内，经裂殖生殖可发育形成许多裂殖子。

配子体也是寄生在猫的肠上皮细胞内，是经

裂殖生殖后产生的有性世代，又分大配子体（雌配子）和小配子体（雄配子），大配子体核小而致密，并含有颗粒，小配了体色淡，核疏松。

卵囊是随猫粪便排至体外阶段，呈卵圆形，表面光滑，囊壁分两层，大小为(11~14)μm×(9~11)μm。感染性卵囊内有2个卵圆形的孢子囊，每个孢子囊内含4个长形弯曲的子孢子。其中滋养体、包囊、和感染性卵。

二、生活史

在终末宿主体内的发育：滋养体、包囊和感染性卵囊被猫食入后，经胃到消化道，在胃液和胆汁作用下，包囊和卵囊壁溶解后，放出滋养体和子孢子，侵入肠上皮细胞，首先形成裂殖体，经过裂殖生殖产生大量裂殖子。如此反复若干次后，裂殖子转化为雌雄配子体，进行配子生殖，雌雄配子交合产生合子，外被囊膜，形成卵囊，随猫的粪便排到外界，在适宜的环境中，经2～4d发育为感染性卵囊。

在中间宿主（人、猪、狗、猫等）体内的发育：当人和动物摄食含有包囊或滋养体的肉食和被感染性卵囊污染的食物、饲草，饮水侵入体内，此外，滋养体也可通过口腔、鼻腔、呼吸道黏膜、眼结膜和皮肤侵入体内，通过淋巴血液循环进入各脏器有核细胞，在胞浆内以内出芽的方式进行无性繁殖。如果虫株毒力强，宿主还没有产生足够的免疫力，即可引起急性发病过程。相反，如果虫株毒力弱，宿主又很快产生了免疫力，弓形虫的繁殖受阻，则慢性发病或无症状感染，此时虫体在中间宿主体内一些脏器组织中形成包囊型虫体。母体还可通过胎盘感染胎儿（图3.4.1-6～28），各种年龄的猪均易感。

三、流行病学

弓形虫病流行广泛取决于以下因素。

1. 易感动物　多弓形虫是一种多宿主的寄生虫，人、畜、禽及许多野生动物对弓形虫都易感。据报道45种哺乳动物，70种鸟类，5种冷血动物都能感染本病，实验动物中小白鼠、天竺鼠和家兔等也能人工感染。

2. 感染来源广　弓形虫病的感染来源主要为患病和带虫动物，因为它们体内带有弓形虫的滋养体和包囊，已经证明患病和带虫动物的唾液、痰、粪便、尿、乳汁、蛋、腹腔液、眼分泌物、肉、内脏淋巴结、流产胎儿体内、胎盘和流产物中，以及急性病例的血液中都可能含有滋养体。此外被病猫和带虫猫排出的卵囊污染的土壤、饲料、饲草、饮水等，据报道6个月或6个月龄大点的猫排卵囊最多，1次持续5～14d，最高峰每天可排10万～100万个卵囊。许多昆虫（食粪甲虫、蟑螂、污蝇等）和蚯蚓可以机械地传播卵囊。吸血昆虫和蜱类通过吸血传播病原，这些都可能成为感染来源。

3. 抵抗力　卵囊、包囊抵抗力强，滋养体的抵抗力弱，生理盐水内几小时感染力消失，对各种消毒药都有致死作用，1%来苏儿1min就能杀死。包囊在冰冻或干燥的条件下不易生存，但在4℃时尚能存活68天。卵囊的抵抗力很强，在常温下可以保持感染力1～1.5年；一般常用的消毒药对卵囊没有影响；混在土壤和尘埃中的卵囊能长期存活。

4. 感染途径多　除经口吞食含有包囊或滋养体的肉类和被感染性卵囊污染的食物、饲料、饲草、饮水以及吞食携带卵囊的昆虫和蚯蚓感染外，滋养体还可经口腔、鼻腔、呼吸道黏膜、眼结膜和皮肤感染，母体胎儿还可通过胎盘感染。

四、致病作用

由于弓形虫侵入机体后，随淋巴、血液循环散布于全身多种器官和组织，并在细胞中寄生和繁殖，致使脏器和组织细胞遭到破坏，同时毒素作用，引起各脏器和组织水肿、出血灶、坏死灶及其他变化。

五、临床症状

弓形虫侵入机体后，随淋巴、血液循环散布于全身多种器官和组织，并在细胞中寄生和繁殖，致使脏器和组织细胞遭到破坏，同时毒素作用，引起各脏器的炎症（图3.4.1-29～34）和组织水肿、出血、坏死等变化。发病初期体温升高到40.5～42℃，呈稽留热，精神萎顿，食欲减退，常呈腹式呼吸困难。耳翼、鼻端、下肢、股内侧、下腹部出现紫红斑，间或有小点出血。病程10～15d，孕猪往往发生流产。

六、病理变化

尸体剖检，皮肤可见弥漫性紫红色并有较大的出血结痂斑点（图3.4.1-35），肝脏肿大，有大小不等的坏死灶，胆囊黏膜表面有轻度出血和小的坏死灶。肺脏肿大呈暗红色，间质增宽（图3.4.1-37），肝表面有粟粒大或针尖大的出血点和灰白色病灶（图3.4.1-36），全身淋巴结肿大，尤其是肺门、肝门、颌下、胃等淋巴结肿大达2～3倍，多数有粟粒大灰白色和灰黄色坏死灶及大小不等的出血点（图3.4.1-38）。心肌肿胀，脂肪变性，有粟粒大灰白色坏死灶。脾脏不肿大或稍肿大，被膜下有丘状出血点及灰白色小坏死灶，切面呈暗红色，白髓不清，小梁较明显，见有粟粒大灰白色坏死灶。肾脏黄褐色，除去被膜后表面有针尖大出血点和粟粒大灰白色坏死灶（图3.4.1-39）。胃黏膜稍肿胀，潮红充血，尤以胃底部较明显，并有出血斑点（图3.4.1-40），肠黏膜充血、潮红、肿胀，并有出血点出血斑。哺乳仔猪一旦感染包囊型后缺乏典型症状，临床工作注意本病诊断（图3.4.1-41～44）。

七、诊断

由于猪的弓形虫病没有典型和特征性的临床症状，病理变化和流行病学。其症状和剖检与很多疾病相似，故不能作为确诊的依据，必须经实验室诊断查出病原体和特异性抗体方能确诊。

1. 直接检查虫体　取可疑病猪或死后病猪的脏器，组织和体液制成涂片、压片或切片，镜检虫体。

2. 集虫法检查虫体　取病料研碎后加10倍生理盐水滤过，500转离心3min，取上清液再1 500转离心10min，取沉渣涂片、干燥、固定、染色后镜下观察。

3. 动物接种检查虫体　取可疑病料肺、肝、淋巴结等研碎加10倍生理盐水（每毫升加青、链霉素各500～1 000单位）接种小白鼠腹腔，每只接种0.5～1.0mL，接种后观察20d，若小白鼠出现被毛粗乱，呼吸促迫症状或死亡，取其脏器、组织和体液制成涂片，压片或切片镜检虫体。如一代接种不发病，可用被接种小白鼠的肺、肝、淋巴结等按上法再接种3代，如小白鼠发病可在腹腔液中发现虫体。

4. 血清学诊断　可以应用染料试验（dye-test）、皮内变态反应、间接血球凝集反应、补体结合试验和荧光抗体试验等方法诊断弓形虫病。

八、治疗

早期诊断，早期治疗均能收到较好效果，如用药较晚，虽可使临床和症状消失，但不能抑制虫体进入组织形成包囊，从而使病猪成为带虫猪。

1. 磺胺嘧啶　片剂，口服初次量0.14～0.2g/kg体重，维持量0.07～0.1g/kg体重，每日2次。针剂，静脉或肌肉注射0.07～0.1g/kg体重，每日 2 次，连用3～4d。

2. 磺胺嘧啶（SD）+ 甲氧苄氨嘧啶（TMP）　前者0.07g/kg体重，后者0.014g/kg体重，每天2次，连用3～5d。

3. 磺胺嘧啶 + 二甲氧苄氨嘧啶（敌菌净）　前者0.07g/kg体重，后者6mg/kg体重，每日 2 次，连用3～5d。

4. 磺胺间甲氧嘧啶（磺胺-6-甲氧嘧啶）　内服首次量0.05～0.1g/kg体重，维持量0.025～0.05g/kg体重，每日 2 次，连用3～5d。

5. 增效磺胺- 5 -甲氧嘧啶注射液内含10%磺胺 5 甲氧嘧啶和2%甲氧苄氨嘧啶　用量每10kg体重不超过2mL，每日1次，连续3～5d。

九、预防

由于弓形虫病是人和许多种动物都能感染的一种寄生虫病，感染来源广泛，而且滋养体、包囊和卵囊都具有感染性，可以通过多种途径感染，因此应采取多方面严格措施，才能有效预防本病的发生和流行。

⑴禁止猫进入猪圈舍，防止猫粪便污染猪的饲料和饮水。为消灭土壤和各种物体上的卵囊可用55℃以上的热水或0.5%氨水冲洗，并在日光下曝晒。由于许多昆虫（食粪甲虫和污蝇等）和蚯蚓能机械传播卵囊，所以尽可能消灭圈舍内的甲虫和污蝇，避免猪吃到蚯蚓。

⑵做好猪舍的防鼠灭鼠工作，禁止猪吃到鼠及其他动物尸体，禁止用屠宰废物和厨房垃圾，生肉汤水喂猪（必要时可煮熟后喂猪），以防猪吃到患病和带虫动物体内的滋养体和包囊而感染。

(3)流产胎儿及排泄物也含有滋养体，所以要严格处理好流产胎儿及排泄物，流产场地要严格消毒。

(4)由于患病和带虫动物及人的唾液、痰、粪便、尿中也含有滋养体，所以除了禁止猫进入猪舍，防鼠灭鼠外，也不要与其他动物接触，人大小便和吐痰均不要在猪的圈舍内进行。

第二节 球虫病（Bovine Coccidiosis）

猪球虫病是由猪的球虫寄生于猪的肠道上皮细胞内而引起的一种原虫病，主要发生于仔猪，多呈良性经过，临床上以小肠卡他性炎为特征。成年猪为带虫者，是本病的传播源。

一、病原体

寄生于猪体的球虫文献记载有10余种，比较可靠的有6种，其中以平滑艾美耳球虫（*E. polita*）和豚艾美耳球虫（*E. scrofae*）的致病力最强，最为常见。平滑艾美耳球虫卵囊呈圆形或近圆形，淡黄色，无卵膜孔，大小约为18.6μm×14.6μm。豚艾美耳球虫可能是蒂氏艾美耳球虫（*E. debliecki*）的同物异名，卵囊呈卵圆形，褐色，有卵膜孔，大小约为27.7μm×20.3μm。

Vetterling（1965）描述了另外几种猪球虫：猪艾美耳球虫（*E. suis*），卵囊大小为13μm×15μm，孢子囊大小为8μm×6μm；新蒂氏艾美耳球虫（*E. neodebliecki*），卵囊大小为17μm×20μm，孢子囊大小为12μm×7μm；豚艾美耳球虫（*E. porci*）的卵囊大小为18μm×18μm，孢子囊大小为8μm×8μm；*E. credonis* 的卵囊大小为26μm×23μm，孢子囊大小为15μm×9μm。

二、生活史

感染性卵囊（孢子化卵囊）被猪吞食后，孢子在消化道释出，侵入肠上皮细胞，经裂殖生殖和配子生殖后，形成新的卵囊，脱离肠上皮细胞，随猪粪便排出体外，在外界经孢子生殖阶段，发育为感染性卵囊。

各品种的猪都有易感性，哺乳仔猪发病率高，容易继发其他疾病，死亡率高，成年猪多为带虫感染。潮湿有利于球虫的发育和生存，故多发生于潮湿多雨的季节，特别是在潮湿、多沼泽的牧场最易发病。冬季舍饲期也可能发生。饲料、垫草和母猪乳房被粪便污染时常引起仔猪感染。饲料的突然变换、营养缺乏、饲料单一及患某种传染病时，机体抵抗力降低，容易诱发本病。

三、症状

潜伏期2~3周，有时达1个月，发病多为急性型。

急性型的病程通常为10~15d，病初食欲不佳、精神沉郁、被毛松乱、身体消瘦、体温略高或正常，下痢与便秘交替发作（粪中不带血），一般能自行耐过，逐渐恢复；但下痢严重时可引起死亡。

四、病理变化

仔猪小肠黏膜肿胀变性坏死（图3.4.2–1）。仔猪回肠内的球虫病（图3.4.2–2）而变厚图示不透明浆膜表面和较厚的肠壁，内容物内含坏死物质。组织学可见小肠黏膜上有黏化的寄生虫（常呈双核）（图3.4.2–3），它占据宿主每个细胞（箭头）。小肠黏膜上不同成熟期的球虫和小配子体、大配子体及卵囊污染（寄生）肠细胞（图3.4.2–4）形成孢子的卵囊。

五、诊断

剖检主要病变，小肠有出血性炎症，淋巴滤泡肿大突出，有白色和灰色的小病灶，同时这些部位常常出现直径4~15mm的溃疡，其表面覆有凝乳样薄膜。肠内容物呈现褐色，带恶臭，有纤维性薄膜和黏膜碎片。肠系膜淋巴结肿大。

从流行病学、临床症状和病理变化进行综合分析，并以饱和盐水漂浮法进行粪便检查，或直肠刮取物涂片镜检发现卵囊即可做出正确诊断。

六、防治

磺胺二甲嘧啶（SM2）：0.1g/kg，内服，每天1次，连用3～7d。如配合使用酞酰磺胺噻唑（PST）0.1g/kg内服，效果更好。

氨丙啉：15～40mg/kg，每天1次，连用5～6d。

林可霉素：每天每头猪1g，混入饮水中饮用，连用21d。并结合应用止泻，强心和补液等对症疗法。

应采取隔离、治疗、消毒的综合性防治措施。成年猪多为带虫者，应与仔猪分开饲养，放牧场也应分开。仔猪哺乳前，母猪乳房要洗拭干净，哺乳后母猪、仔猪要及时分开。猪圈舍要天天清扫，粪便和垫草等污物集中无害化处理。每周用沸水，3%～5%热碱水对地面、猪栏、饲槽、饮水槽等进行消毒1次。最好用火焰喷灯进行消毒。

对于工厂化猪场应采取全进全出的生产模式，定期对猪舍消毒。饲料和饮水要严禁猪粪污染。变换饲料种类时，注意逐步过渡，不可突然。加强营养，饲料多样化，增强机体抵抗力。同时还可进行药物预防。

第三节　住肉孢子虫病（Sarcosporidiosis）

住肉孢子虫亦属于孢子虫纲，真球虫目，肉孢子虫科，肉孢子虫亚科，肉孢子虫属（*Sarcocystis*）。关于种的确定是依照住肉孢子虫所寄生的动物种类而区分，现已见报道的住肉孢子虫已有100种以上，其中比较常见的有猪住肉孢子虫（*S. miescheriana*）、牛住肉孢子虫（*S. fusiformis*）、羊住肉孢子虫（*S. tenella*）、马住肉孢子虫（*S. bertrmi*）、鼠住肉孢子虫（*S. muris*）及人住肉孢子虫（*S. hominis*），此外也寄生于鱼类、鸟类和爬虫类等多种动物。科学家研究发现住肉孢子虫对宿主并无严格的特异性，可互相感染，如羊住肉孢子虫也可寄生于猪的食道、膈肌和心肌。家畜感染住肉孢子虫后，通常不表现临床症状，如肌肉内有大量虫体寄生可引起肌肉变性不能食用，而造成一定的经济损失。

一、病原体

寄生于各种动物和人体的肌肉组织间与肌纤维平行的住肉孢子虫又称之为孢子囊、米氏囊或米体尔管。其形状呈纺锤形、卵圆形、圆柱形或线形等。颜色呈灰色、灰白色、白色和乳白色等。小的肉眼难以看到，大的可长达1cm至几厘米。

寄生于猪体内的猪住肉孢子虫体形较小，长为0.5～5mm，多见于猪的舌肌、膈肌、肋间肌、咽喉肌、腹斜肌和大腿肌等处，虫体多呈纺锤形。羊住肉孢子虫体形较大，呈卵圆形或椭圆形，长1cm。主要寄生于猪的食道、膈肌和心肌。住肉孢子虫的囊壁由两层颗粒化的基质构成，外层较薄2.5～3.0μm，为海绵状结构，其上有许多为8～10μm长的莱花样突起，伸入周围肌肉组织中。内层厚4～5μm，含有小核，内层向囊内延伸，构成许多中隔将囊腔隔成许多小室，外侧小室内含未发育成熟的滋养体，内侧小室内含发育成熟的香蕉状、肾形或镰刀形的滋养体（又称南雷小体），长约10～12μm，宽4～9μm，一端稍尖，一端钝圆，核偏位于钝圆一端，胞浆内有许多异色颗粒。近年来对滋养体进行过电镜观察，其超微结构与弓形虫滋养体的构造极为相似，有顶环、类锥体、膜下纤维、核、高尔基体和线粒体等。

二、生活史

20世纪70年代以前认为住肉孢子虫只有无性繁殖，是以二分裂法或裂殖生殖法进行繁殖，后经许多学者研究发现住肉孢子虫的发育和弓形虫一样，也有有性繁殖过程。

住肉孢子虫的中间宿主是猪、马、牛、羊、鼠、人、鸟类、鱼类和爬虫类。终末宿主为猫、狗、狼和狐狸等食肉动物。有人进行细胞培养，在牛、犬和火鸡胚化的肾细胞和鸡胚化的肌细胞内有卵囊阶段，又有人用住肉孢子虫作饲喂实验，结果在猫、犬和人的小肠中发生了球虫样的感染，由此说明牛、火鸡、鸡和人也是住肉孢子虫终末宿主。

中间宿主肌肉内的“米氏囊”被终末宿主吞食后，在小肠内直接发育为雌配子和雄配子，配子生殖后产生卵囊。卵囊在肠壁或外界进行孢子生殖发育为孢子化卵囊（内含2个孢子囊，每个孢子囊内含4个子孢子）。中间宿主吞食孢子化卵囊后，子孢子经血液循环到达各脏器，开始在网状内皮细胞特别是血管内皮细胞中进行裂殖生殖。裂殖体最常见于肾小球，其次为肾上腺，脑、肝、胰腺、脾、淋巴结、小肠、骨骼肌（图3.4.3–1）及精囊（图3.4.3–2）。裂殖体崩解后释放裂殖子侵入肌纤维形成“米氏囊”。

此外，动物肌肉中的"米氏囊"被另一动物（同种动物或相互感染的不同种动物）吞食后，其囊内层发育成熟的滋养体经血循环到各脏器，裂殖生殖后产生的裂殖子侵入肌纤维形成“米氏囊”。

根据住肉孢子虫的发育，就可以把住肉孢子虫在自然界的传播方式理解为：肉食类和杂食类动物主要是吃了含有住肉孢子的肉而感染，也可吞食卵囊而感染。草食动物则是吞食了卵囊而感染。

三、致病作用及临床症状

对住肉孢子虫的致病作用目前意见不一，一般认为致病性非常低，不引起肌肉及脏器严重病变和临床症状。但近年来研究发现家畜感染后出现一定的临床症状，如食欲不佳，体温升高，贫血及体重减轻等，虫体裂殖生殖时也可引起死亡。住肉孢子虫可分泌肉孢子虫毒素（Sarcocystin），该毒素能引起肌细胞变性及肌束膜的反应性炎症。当猪严重感染时（每克猪膈肌有40个以上虫体）则表现不安，腰无力，出现肌肉僵硬和后肢短期瘫痪，并有呼吸困难等现象。

四、诊断

由于一般感染不表现临床症状，严重感染也无特异症状，活组织检查又不能对大面积的肌肉组织进行检查，所以生前诊断较为困难。兽医学上对动物的诊断主要依据死亡剖检，在肌肉内发现虫体而确诊。

五、防治

目前尚无特效药物进行治疗。预防措施主要是在屠宰时将寄生有住肉孢子虫的脏器及肌肉剔除、烧毁，同时要保护饲料饮水不被含有住肉孢子虫卵囊的粪便污染，以防猪吃到肌肉中的“米氏囊”和终宿主粪便中的卵囊而感染。

第五章
外寄生虫病

第一节　猪疥螨病（Sarcoptiasis）

猪疥螨病是由疥螨科（Sarcoptidae）疥螨属（*Sarcoptes*）的猪疥螨（*S. scabieivar.suis*）寄生于猪的表皮内而引起的一种接触性感染的慢性皮肤寄生虫病。是以皮肤剧痒和皮肤炎症为特征，各种年龄和品种的猪都能感染。本病分布广泛，各地都有发生，饲养管理和环境条件差，特别是阴暗、潮湿和拥挤的猪舍最易感染和流行，一般感染影响生长和发育，严重感染成为僵猪甚至造成死亡。

一、病原体

成虫圆形，浅黄白色或灰白色，背面隆起，腹面扁平。虫体前端有一呈蹄铁形的咀嚼式口器（假头），由1对有齿的螯肢和1对圆锥形须肢组成。假头往后为躯体（胸部和腹部，但无明显界限），躯体的腹面有4对短粗似圆锥形的足，前2对朝前，较长大伸出体缘，后2对向后，较短小，不伸出体缘，第二对和第三对足之间相距较远。每对足上均有角质化支条，第一对足上的支条在虫体中央形成1条长杆，每对足上具2个爪和1个具短柄的钟形吸盘或长刚毛。虫体背面有细横纹、锥突、圆锥形鳞片和刚毛。肛门位于虫体后端的边缘上（图3.5.1–1）。

雌虫大小为（0.33～0.45）mm×（0.25～0.35）mm，前2对足上具柄和吸盘，后2对足末端是长刚毛，生殖孔位于第一对足后支条合并的长杆后面。

雄虫大小为（0.2～0.23）mm×（0.14～0.19）mm，第一、二四对足上具柄和吸盘，第三对足末端为长刚毛，第三和第四对足的后支条互相连接，生殖孔位于第四对足之间，围在一个角质化"V"形称为生殖帷的构造中。

虫卵呈椭圆形，平均大小为100μm×150μm。幼虫有3对足，体长0.11～0.14mm。

若虫4对足，外形与成虫相似，体形较小，生殖器官未发育成熟。

二、生活史

疥螨的发育过程包括虫卵、幼虫、若虫和成虫4个阶段。成虫在宿主的皮肤内挖掘遂道，以宿主皮肤组织和渗出淋巴液为营养。雌雄交配后，雄虫不久死亡，雌虫可在隧道中存活4～5周，并在隧道中产卵，1条雌虫一生可产40～50个虫卵。虫卵孵化出幼虫，其幼虫爬到皮肤表面，在毛间的皮肤上开凿小穴，在里面蜕化为若虫。若虫也钻入皮肤挖掘狭而浅的穴道，并在里面蜕化为成虫。整个发育周期为8～22d，平均15d。

三、流行病学

猪疥螨的感染途径为直接或间接接触感染。直接接触感染是由于患病猪和健康猪合群饲养，一起放牧，拥挤及交配时，疥螨可从病猪身上爬到健康猪的身上而引起感染。间接接触感染是通过被虫体污染的工用具，病猪蹭过痒的饲槽、墙壁、栏杆、放牧时经过的树木，健康猪再到这些地方蹭痒而引起感染。此外，也可通过散放的畜禽、狗、猫和猪圈内的老鼠，以及工作人员和其他人员进出猪圈舍时都可传播病原。

发病季节为秋冬和早春，这个时期的特点是光照不足，猪体的毛长而厚，冬季室外天气寒冷，门窗关严，通风较差，猪又多挤在一起爬在窝内垫草上，皮肤温度增高，再加上有的猪小便在舍内，或是秋天和早春下雨天气，圈内湿度增大，皮肤的湿度也相对增大，这些环境都有利于猪疥螨的发育、繁殖和蔓延，从而引起猪疥螨的发生和流行。春末夏初，猪体换毛，猪舍窗户打开，通风改善，猪又常在室外活动，皮肤接受阳光充足，尤其是夏季阳光照射和室内外干燥的情况下，不利于疥螨的发育和存活而大量死亡，症状减轻或完全康复。但也有少数疥螨潜藏在不见阳光的皱褶处，成为带虫猪，入秋后，即可引起螨病的复发。

营养不良而瘦弱的猪，患其他疾病机体抵抗力降低及幼龄猪都易感染本病，病情严重，症状明显。随着年龄的增长，抗螨免疫性增强（年龄免疫）的结果以及营养状况良好的猪，疥螨的繁殖也慢，从而症状轻微或不发病。

四、致病和临床症状

猪疥螨的成虫、幼虫和若虫在猪的皮肤内寄生时，挖掘小穴和隧道及体表的刚毛，锥突和鳞片的机械作用，病原体的代谢产物及分泌物的毒素作用，都可刺激皮肤和皮肤神经末梢，从而引起猪体皮肤发痒。患猪靠在各种物体上（饲槽、墙壁、栏杆、树木、石头等）不断蹭痒，用力磨擦，最初皮屑和被毛脱落，之后皮肤潮红，浆液性浸润，甚至出血，渗出液和血液干固后形成痂皮。通常病变开始发生于面部（图3.5.1–2）、头部、眼窝、颊及耳部（图3.5.1–3），之后蔓延到颈部、肩部、背部、躯干两侧和四肢（图3.5.1–4）以及全身。随着猪的继续不断蹭痒，痂皮脱落，再形成，再脱落，久而久之，皮肤增厚，粗糙变硬，失去弹性或形成皱褶和龟裂。

由于疥螨的寄生和不断蹭痒的结果，皮肤构造和机能遭受严重破坏，同时也严重影响猪的采食和休息，致使猪体营养不良，逐渐消瘦，发育受阻和停滞，成为僵猪，甚至引起死亡。

五、诊断

根据流行病学特点，发病季节秋冬春初，阴暗潮湿环境和临床表现剧痒与皮肤炎症，即可做出初步诊断。本病的确诊要靠实验室诊断，其方法和步骤是：

1. 刮取病料　选择患病部位皮肤与健康皮肤交界处，先把被毛剪去，再刮下表层痂皮，然后用蘸有水、甘油、煤油（煤油有透明皮屑的作用，使其中虫体易被发现，但虫体在煤油中容易死亡，故需观察活体时不用煤油）、液体石蜡或5%的氢氧化钠溶液的凸刃小刀，刀刃与皮肤表面垂直，刮取皮屑，刮至皮肤稍微出血为止，将刮下的皮屑收集于培养皿或试管内。

2. 检查方法

⑴直接涂片法：将刮取粘在刀刃上的皮屑病料，涂在载玻片上，滴加一些液体石蜡、50%甘油水溶液或10%氢氧化钠溶液，镜检观察活螨。

⑵沉淀法：将刮取的皮屑病料，放入试管中，加入10%氢氧化钠溶液煮沸数分钟或浸泡2h，自然沉淀或离心数分钟后，取沉渣少许涂于载玻片上，盖上盖片用低倍镜检查虫体。

⑶漂浮法：用沉淀法处理后，在沉渣中加入60%硫代硫酸钠溶液，离心沉淀或静置10余分钟后，取表层液镜检。

六、治疗

治疗猪疥螨病可采取涂药和药浴2种方法。涂药疗法适用于病猪少、患部面积小和寒冷的季节。药浴疗法适用于病猪多、患病面积大和温暖季节。

治疗猪疥螨病时还须做到以下几方面工作，才能收到较好的治疗效果。

1. 彻底检查、隔离治疗　治疗前应详细检查，找出所有病猪和患病部位，并做好记录，同时应与健康猪隔离开，便于全面治疗，以免遗漏。

2. 剪毛去痂、清洗患部　为使药物能和虫体充分接触将患部及周围3～4cm处的被毛剪去，用温肥皂水彻底洗刷除掉硬痂和污物（将被毛、硬痂、污物收集烧掉或深埋），然后再用2%来苏儿洗刷1次，擦干后涂药。

3. 重复用药、加强饲养　因大多数药物对虫卵没有杀灭作用，必须治疗2～3次（每次间隔5d），以便杀死新孵出的幼虫，不让一个虫卵漏网，达到彻底治愈的目的。治疗期间对病猪加强饲养，增强抵抗力，使之尽快恢复健康。

4. 环境消毒、防止病原散布　在治疗病猪的同时，要注意场地、工用具及工作人员衣服和鞋的消毒，防止病原散布。经过治疗，确认治愈，方可解除隔离，混群饲养。

治疗猪疥螨病常用药物及用法：

⑴敌百虫制剂及用法：

①0.5%~1.0%敌百虫水溶液，涂擦或喷洒患部。

②来苏儿5份，溶于温水100份中，再加入敌百虫5份，涂擦患部。

③敌百虫1份加液体石蜡4份加温溶解后，涂擦患部。

⑵0.05%辛硫磷（Phoxim）涂擦，喷雾或药浴2次，间隔5天。

⑶0.025%~0.05%蝇毒磷（Coumaphos）药液喷雾或药浴。

⑷烟叶或烟梗1份，加水20份浸泡1天，再煮沸1h后捞出烟叶、梗，用水溶液擦洗患部。

治疗猪疥螨病的药物还有螨净、杀虫脒、双甲脒、皮蝇磷、马拉硫磷、二氯醚菊酯、戎酸氰菊酯和升华硫等。均有杀灭作用。

七、预防

预防猪疥螨病的发生，应采取以下措施：

⑴保持猪舍干燥，通风良好，光线充足，定时排便，勤换垫草。

⑵加强饲养，增强猪体抵抗力。

⑶搞好猪舍内外卫生，禁止散放的畜禽、狗、猫进入猪舍，做好防鼠工作，工作人员及其他人员进出猪舍要进行消毒，猪舍内工用具经常消毒。

⑷从外地购入的猪，应先隔离饲养，观察，确认无病者方可合群饲养。

⑸经常检查猪群，发现患病猪，及时隔离治疗。

⑹规模化猪场应用伊维菌素制剂常年定期使用，可控制线虫疥螨等寄生虫的发生。

第二节　猪虱病（Lice）

猪虱病是由虱目（Phthiraptera）虱亚目（Anoplura）血虱科（兽虱科，Haematopinidae）血虱属（*Haematopinus*）的猪血虱（猪兽虱，*H. suis*）寄生于猪的体表而引起的一种昆虫病，猪血虱是猪最常见，永久性寄生的、对猪危害较大的一种寄生虫。

一、病原体

猪血虱背腹扁平，椭圆形，表皮呈革状，呈灰白色或灰黑色，体长可达5mm（图3.5.2-1）。头部较胸部为窄，呈圆锥形；触角短，通常有5节组成；复眼1对，高度退化；口器为刺吸式。胸部3节融合具3对足，每足末端有爪。腹部比胸部宽。雄虱末端钝圆，雌虱末端分叉。

卵呈长椭圆形，黄白色，大小为（0.8~1.0）mm×0.3mm，有卵盖，上有颗粒状小突起。

若虫酷似成虫，只是个体较小，腹部较短，生殖器官未发育成熟。

二、生活史

猪血虱的发育过程包括卵、若虫和成虫三个阶段。雌、雄虱交配以后，雄虱死亡。雌虱经2~3d开始产卵，一昼夜能产1~4个卵，产卵时能分泌一种胶状液，使卵粘着于毛（图3.5.2-2、3）或鬃上，产卵期能持续2~3周，一生能产50~80个卵，产完卵后，雌虱也即死亡。卵经9~12d孵出若虫，若虫分三期，经3次蜕化后变为成虫。自卵发育到成虫为3~4周。

三、习性

猪血虱是终生寄生于猪体表面，若虫和成虫都以吸食血液为生。在猪体表寄生也有一定的部位，多寄生于耳基部周围、颈部、腹下和四肢内侧。

猪血虱对低温的抵抗力很强，对高温与湿热空气抵抗力弱。如离开宿主通常在1~10d内死亡；在35~38℃时经一昼夜死亡；在0~6℃时可存活10d。虱卵的抵抗力也很强低温-40℃，高温达45℃时仍能存活2～4h，高温达60℃时致死时间需45min。虱卵孵化最适宜温度为36～37℃，22℃以下和40℃以上均不能孵化。

猪血虱的传播方式主要为直接接触感染，即患病猪与健康猪相互接触时，虫卵、若虫和成虫落到或爬到健康猪体上而引起健康猪感染。此外也可以通过带有虱卵或爬有若虫和成虫的饲养工具、树桩、栏杆、墙壁、饲槽及垫草等间接接触而感染。由于某种原因落于地面的猪血虱也能以每小时1m左右的速度爬行到另一猪体上而感染。

四、致病作用

猪血虱除吸血外，还分泌毒液，刺激神经末梢发生痒感，引起猪只不安，影响采食和休息。有时在皮肤内出现小结节（图3.5.2-4），小溢血点，甚至坏死。痒觉剧烈时，患猪便寻找各种物体进行磨擦，造成皮肤损伤，可继发细菌感染或伤口蛆症等。甚至引起化脓性皮肤炎，病猪皮肤脱毛、消瘦、发育不良，除此之外，猪血虱还可以成为许多传染病的传播者。

五、诊断

猪患虱病时，临床症状表现体痒，磨擦，皮肤发生各种炎症。很容易在寄生部位发现血虱和虱卵，故易于确诊。

六、预防

预防猪血虱主要是改善饲养管理。猪圈舍和运动场要经常打扫，保持清洁卫生，干燥，经常消毒。猪舍内要保持通风良好，避免拥挤。垫草要勤换，常晒。用具要定期消毒。对猪群要定期检查，发现有虱病猪，应及时隔离治疗。对新引进猪应先隔离，检疫和治疗。

七、治疗

杀灭猪血虱常用0.5%～1%敌百虫水溶液，进行喷洒或药浴，有良效。杀灭猪血虱的药物还有皮蝇磷、辛硫磷、马拉硫磷、氧硫磷、双甲脒、二氯苯醚菊酯和戎酸氰菊酯等。

第四篇

内科病

第一章
消化器官疾病

概述

一、胃肠疾病

消化器官生理功能：动物机体生命的全部活动中，生长、发育、繁殖、运动、泌乳等，所需要的能量和营养物质来自饲料。饲料中的蛋白质、脂肪、糖类、水、维生素、矿物质和微量元素等，必须通过消化道进行物理的、化学的和生物学的消化过程，使之转变为结构简单的可溶性物质，如氨基酸、脂肪酸、有萄糖等，才能被吸收和利用、以保证机体的生命活动全部。因此正常的饲养管理是猪场的基础。

家畜消化器官，包括消化道和消化腺两部分。一般地说，消化道起始于口腔，通过咽、食道、胃、小肠和大肠，终止于肛门。消化腺，主要包括唾液腺、胃腺、肠腺、肝和胰腺等。消化腺分泌的消化液中有多种消化酶在消化过程中起着催化作用。胃肠道的消化吸收过程中胃肠道各部分的运动和分泌活动相互协调。目前已很清楚，胃肠道激素与神经机制对胃肠道生理功能的调节起着主导作用。

消化器官不仅进行消化和吸收，而且具有重要的防卫功能。唾液及其溶菌酶，有杀菌、净化口腔作用。胃肠道黏膜及其腺体分泌的黏液，可润滑内容物，保护黏膜；黏液中的溶菌酶，胃液中的盐酸、胆汁，都具有抗菌、抑菌、灭活和去毒的作用；肠绒毛上皮还具有选择吸收的功能，在一定程度上可减少或防止肠道内有毒物质的侵害和吸收，同时通过排泄，最终将胃肠道内有毒物质、腐解产物和毒素以及代谢产物排出体外。更为引人注目的是胃肠道是一个具有重要免疫活性的淋巴网状组织。胃肠道局部免疫系统具有独特的重要作用，胃肠道淋巴细胞，大多数能发育成为合成免疫球蛋白（Ig）的浆细胞，可防止微生物及其他有害物质的侵害和感染。

有机体是一个完整的统一体。在中枢神经系统支配下，消化器官同其他各个器官联系在一起，互相配合，协同一致地进行其生理括动。当消化道的消化功能发生障碍，影响整个机体的营养和新陈代谢，同时，全部消化道的防卫结构也被破坏，为病原微生物及有毒物质侵人机体创造了有利条件，引起中毒和感染。此外，消化道黏膜感受器受到致病因素的刺激传入中枢神经后，不但反射性地作用于消化器官、而且也作用于血液循环器官、呼吸器官和泌尿器官以及其他的实质脏器，引起一系列的病理变化和反应。

仔猪消化器官防卫机能尚不十分巩固和完善，需要有一个逐步适应外界环境的过程，任何不良因素的刺激都可能导致仔猪的消化器官疾病的发生和发展，仔猪消化器官疾病的诊断和治疗，显得更为复杂和困难。

消化器官疾病多种多样，所表现的病症更是形形色色、错综复杂。但是论其病因，也不外乎饲料质量差，饲养方法不当，环境卫生不良，管理不善以及气候变化等方面的影响所致。至于牙齿疾病，胃肠道寄生虫以及脑、肝、脾、肺、肾等器官的病理变化，乃至某些传染性因素和中毒性因素等，都能导致消化器官的机能障碍。此外，真菌及其菌毒，也值得注意，如曲霉菌、黑祢病菌以及穗状葡菊菌等所引起的真菌毒素中毒，都呈现严重的消化器官的病理变化。其他如植物性、矿物性强烈刺激物质中毒，或直接刺激胃肠黏膜，也能引起消化器官的病理反应。其中更值得引起注意的一个实际问题是，随着医药学的进展，相继生产出许多的高效和特效药物，治疗作用越强，产生副作用的可能性越大，因而常常成为医源性疾病的主要发生原因。

按照临床观察，消化器官疾病既与许多急性或慢性疾病有着共同的临床病征，又常与其他器官的疾病互相交错。因此，研究消化器官疾病，首先必须掌握一般临床基础，着眼于整体，重视系统性临床检查和观察，进行必要的分析、论证和鉴别，才能做出正确的诊断。目前，对于消化器官疾病的特殊检查的方法很多，也很重要，但是都只能作为辅助诊断，而不能代替全面的临床观察。所以，对于实验室检查，既不能忽视，也不能片面过于强调。要使之配合临床诊断起到应有的作用。

兽医临床科学工作者，研究家畜消化器官疾病的发生发展规律及其防治问题，必须根据家畜消化器官，特别是胃肠道的形态结构及其生理功能，神经系统和胃肠激素对全部消化过程的主导作用以及消化系统与其他器官相互联系、相互依存的关系。当然，其中对神经系统的兴奋与抑制的双方互为存在的条件，更应全面理解。因为兴奋与抑制过程是对立统一规律的自然生理现象，这种现象对全部消化系统各个部分的运动和分泌以及胃肠激素调节控制等方面，都有着极为重要的作用，保证了机体的生命活动和发展。通过基础理论结合临床实践，发现新问题、新疾病，对许多消化器官疾病的病理机制和防治措施，提出了新的概念，并发现了许多新的临床综合征。

消化器官疾病是常见病、多发病，发病率高，危害性大，急性胃肠炎、仔猪消化不良和下痢等，经常不断地导致病猪死亡，给养猪业生产的影响与所造成的经济损失都很大。猪当前消化器官疾病的防治热点并非是既往由于环境、气候、水土性质、饲料与饲养管理方法等的不当因素引起，而是由病原物引起的传染性疾病，如猪传染性胃肠炎、猪传染性腹泻、猪轮状病毒病、猪大肠杆菌病、猪副伤寒、猪痢疾、猪增生性肠病等。同时一些危害性重大的猪瘟等都出现消化器官疾病的症状，往往是多种病混合发生流行。本节仅从消化器官疾病的发生原因、症状、功能、形态、诊断、治疗、预防等方面发展的基本规律性的理论基础进行介绍。

二、肝脏疾病

肝脏是动物体内最大的腺器官，也是动物体的物质代谢心。肝脏的内脏面，靠近中央部有肝门，出入肝门的有门静脉、肝动脉、肝管、淋巴管和神经。

肝脏的基本单位是肝小叶和肝腺泡。在肝小叶间有3种并行的管道，即小叶间动脉、小叶间静脉和小叶间胆管，形成汇管区。而肝腺泡是以汇管区为中心。肝小叶与肝腺泡二者并行不悖，既是肝组织结构单位，也是肝功能单位。

肝细胞的超微结构包括：膜性结构有细胞膜、内质网、线粒体、高尔基器、核膜等；质性结构有胞浆基质、核蛋白体、微丝等，核性结构有染色质与核仁。

肝循环较为特殊，受双重血液供应，由肝动脉和门静脉，经肝门入肝。肝动脉血液中含有丰富的营养物质和氧，门静脉血液来自胃、肠道，亦含有多种营养物质。肝动脉和门静脉进入肝脏后，相继分支，形成小叶间动脉和小叶间静脉，伸入肝小叶，共同汇入窦状隙。这两种血液中所含有的营养物质，为肝细胞营养的储备、合成和代谢创造了物质条件。窦状隙的血液，汇入中央静脉后，流入小叶间下静脉，最后汇成肝静脉，从肝脏背侧面出肝进入后腔静脉。胆汁则与此相反，它是由肝细胞间隙向离心方向推进，蓄积在肝小叶边缘，渗入肝小叶间的毛细胆管，通过胆道系统，即毛细胆管、胆管、肝管、总肝管、胆囊，总胆管与胰管共同开口于十二指肠。消化时，胆囊收缩，胆汁排出及流入肠道。

肝脏的功能很复杂，除胆汁参与肠道内容物的消化吸收外，还参加糖、脂肪和蛋白质的代谢过程，因为肝脏既能将从小肠吸收的葡萄糖和其他单糖合成肝糖元，又能将甘油和某些氨基酸等非糖物质转化为肝糖元，供作机体组织细胞能量代谢的能源。除胆汁促进脂肪的消化和吸收外，肝脏能影响脂肪的储备，又能制造、转化胆固醇、磷脂和酮体。在蛋白质合成和氨基酸分解中，肝脏起着特别重要的作用，因为它能将从肠道吸收来的氨基酸和多肽类，改造转化为蛋白质、激素和酶以及合成包括白蛋白、纤维蛋白原、球蛋白在内的血浆蛋白。其中血清谷-丙转氨酶、血清谷-草转氨酶等酶类的催化作用，更是促进肝脏内的氨基酸代谢过程的重要物质。同时，分泌的胆汁不仅有利于脂溶性维生素A、维生素D、维生素E、维生素K与水溶性维生素B_{12}的吸收和储存，而且还将胡萝卜素转变为维生素A，这对调节血液的凝固性、造血机能、维持生长发育和健康，都有着重要的作用。

此外，肝脏的网状内皮细胞在病原微生物及异性蛋白的免疫学反应上，也有着重要的意义。当然，肝脏又是重要的解毒器官，能将体内的毒物、药物和自体有毒的分解代谢产物，通过氧化和结合的解毒过程，维护机体的生命活动。所以说，肝脏是机体生物化学反应的中心，全身任何器官的机能变化，对肝脏功能都有着直接的或间接的影响。

但须指出，肝脏的各种机能，都是受神经体液调节的。迷走神经与交感神经，不但能影响胆囊的收缩和肝脏的分泌，并且对肝脏的复杂代谢过程也起着很大的作用。毫无疑问，大脑皮层对肝脏机能的调节更是有着重要的作用。因此，在病理条件下，若受到传染与中毒的各种因素的侵害，致使肝脏机能受到破坏，引起代谢和营养障碍，导致肝脏疾病的发生和发展。必然严重地影响到全身各个器官的机能活动。

一般地说，原发性肝脏疾病，主要是由于内源性或外源性的毒物、毒素或病毒而引起。继发性的，则主要见于某些传染病和侵袭病以及全身败血症、胃肠道疾病、心血管疾病、造血器官疾病、代谢等疾病的经过中。可引起肝炎、肝营养不良、肝脂肪变性、肝淀粉样变性、肝硬变、肝肿大、肝变位、肝破裂、肝脓肿等种种严重的病理学变化，导致黄疸、下痢和便秘、腹痛、水肿和消瘦、出血性素质、神经病征以及感光过敏等形形色色的临床综合征。

但在肝脏疾病与肝脏代谢机能不全的过程中，呈现以黄疸为主的综合征。然而黄疸只是肝脏代谢机能紊乱的一种临床病征，并不是一种独立的疾病。因为黄疸的发生，主要是胆红素形成过多，或排泄障碍，大量蓄积在体内，致使皮肤、黏膜、浆膜及实质器官黄染。

生理情况下胆色素代谢过程：衰老的红细胞主要被脾脏内的网状内皮细胞吞噬、破坏后，释放出血红蛋白。而血红蛋白进一步分解，脱去铁和珠蛋白，形成胆绿素，胆绿素再还原转变为胆红素。胆红素进人血液，即与血浆中的白蛋白，或a1球蛋白结合，既不能通过肾脏滤出，又不能溶于水，只能溶于酒精。因此，临床化验作血清学试验，一不能和重氮试剂直接起作用，必须加入酒精后，才能出现紫红色反应，所以称为间接胆红素。间接胆红素随血液进入肝脏后，经过葡萄糖醛酸转换酶的作用，大部分与葡萄糖醛酸结合，形成胆红素葡萄糖醛酸酯；其余小部分与硫酸结合，形成胆红素硫酸酯。这种结合型的胆红素，易溶于水，可通过肾脏滤出，作血清学试验时，也就无须加酒精，即能与重氮试剂直接起紫红色反应，所以称为直接胆红素。而直接胆红素通过胆道进入肠内，在肠道内的微生物作用下，还原成粪胆素原，被氧化为粪胆素，随粪便排出；小部分再被血液吸收，经门静脉进入肝脏。这部分胆素原，其中大部分重新转变为直接胆红素，又随胆汁进人肠道；小部分进入血液，经肾脏随尿排出。

显而易见，在健康机体内，胆红素不断地在形成，又不断地在转化和排泄，保持着相对的动态平衡。在病理条件下，胆色素代谢过程紊乱，失去了这种相对的平衡状态，导致各种不同类型的黄疸发生和发展。

家畜病理学根据肝脏实质有无损害与胆色素代谢障碍的性质，把黄疸分为溶血性、实质性和阻塞性等3种类型。新生仔猪的溶血性疾病属于第一种类型，有人认为因其血液中含有亲脂性胆红素，对脑有严重影响，基底神经节被黄染产生持久性组织损害，故又称为核黄疸。这主要是先天性缺乏UDP葡萄糖醛酸基转移酶而引起，黄疸严重，早早死亡，很值得研究。

当然，上述3种类型黄疸，并非固定不变，而是常常互相转化。例如，实质性黄疸，由于肝脏实质的炎性变化，压迫毛细胆管或胆管，从而引起阻塞性黄疸。而阻塞性黄疸，可能引起肝细胞变性、坏死，继发实质性黄疸。溶血性黄疸也是如此，由于红细胞大量被破坏，引起贫血与缺氧，以及间接胆红素的毒性作用，导致肝实质变性和坏死，并发实质性黄疸；或因胆汁黏稠，阻塞胆道，又可能继发阻塞性黄疸。所以，在临床实践中，对于黄疸的类型和性质，应当根据病情和病性去分析和论证。

但是，肝脏疾病的综合征，其所以呈现浮肿和腹水，这主要是水和电解质的平衡失调而引起的。因为在肝脏疾病过程中，肝功能不全，水盐代谢障碍体内醛固酮增多，促进肾小管对钠的回收；钠盐在体内潴留；并因抗利尿素增加，影响肾小管对水的重吸收，从而引起浮肿。又由于门静脉血压升高，腹腔内毛细血管的流体静力压上丌，血管内的液体渗漏增多；血浆蛋白，特别是白蛋白减少，血浆胶体渗透压降低；肝静脉回流受阻，则肝静称压升高，大量液体自窦状隙渗入淋巴间隙，淋巴回流增加，淋巴管极度扩张，甚至破裂，大量淋巴液渗出。所以，在肝脏疾病，尤其是肝硬变过程中，常常发生腹水。

其次，肝脾肿大。肝与脾两个器官，在其结构和机能方面，有其共同性。也就是说，在中间代谢和免疫过程中有着重要作用的网状内皮系统；与消化、营养、代谢有着密切联系的共同血液循环，即门脉系统。因此，在肝脏疾病过程中，由于受到传染与中毒性因素刺激，网状内皮细胞增生；门静脉血压升高，肝脏和脾脏淤血，渗透性增强。所以肝与脾，往往或先、或后，或者同时发生肿大。

再次，肝脏疾病，经常呈现神经病症。这固然与血液中胆酸增多有关，但是由于肝脏受到过度的损害，肝脏机能不全，中间代谢障碍，血糖降低，血氨升高，蛋白质腐解产物增多，发生自体中毒。因而大脑皮层受到严重刺激，中枢神经系统调节机能紊乱，引起病畜精神抑郁，或兴奋狂躁不安，共济失调，惊厥和痉挛，最终陷于昏迷状态，亦即通常所谓的肝昏迷（hepaticcoma）。

肝脏疾病及其机能障碍，除了上述的临床综合征外，血清学生化反应也是肝脏疾病的重要标志之一。其中特别是血清酶活性的变动，更是有着临床诊断意义。因为肝脏实质受到严重损害，肝组织发生变性、坏死和自溶，肝细胞蛋白质分解所产生的酪氨酸、亮氨酸，以及肝细胞内的谷-丙转氨酶、谷-草转氨酶、精氨酸酶、碱性磷酸酶、醛缩酶、乳酸脱氢酶、鸟氨酸氨基甲酰转移酶（OCT）等，都可以大量的进入血液。根据血清中含有这些物质的多少及酶活性的高低，即可推论肝脏机能变化的性质，以及肝组织坏死和自溶的程度。医学临床上，一般认为谷-丙转氨酶大于谷-草转氨酶；谷-草转氨酶大于乳酸脱氢酶，是肝炎、肝硬变等的特征。在兽医临床学科中，过去对于肝脏疾病临床实验室诊断研究，注意得不够，现在已经开始从事研究血清酶活性的变动问题。不仅如此，而且对于肝脏疾病的临床特殊诊断，如肝活体组织检查、X射线检查、胆囊造影、超声波诊断、肝脏扫描、放射性同位素测定等引用到兽医临床学科诊断上的研究，正在普遍地受到注意和重视。

第一节 口炎（Stomatitis）

口炎是口腔黏膜炎症的总称，包括齿眼炎和舌炎。按其炎症性质，可分为卡他性口炎、水疱性口炎、溃疡性口炎、脓疱性口炎、蜂窝织炎性口炎、中毒性口炎等。其中以卡他性、水疱性和溃疡性口炎较为常见。病的初期都具采食、咀嚼障碍、流涎等症状。

一、病因

机械性的、物理化学性或有毒物质以及传染性因素的刺激、侵害和影响均可引起各种性质的口炎。胃卡他、肝炎、贫血、维生素A、维生素B_2缺乏、佝偻病以及汞、铜、铅和氟中毒以及口蹄疫、放线菌病、猪水疱病等。

二、症状

共同症状是初期口腔黏膜潮红、肿胀、疼痛，口温增高，采食咀嚼缓慢、流涎，口附着白色泡沫。

1. 卡他性口炎　口腔黏膜弥漫性或斑点状潮红，肿胀。唇黏膜的黏液腺阻塞时，散在小结节和烂斑。是其他口炎早期症状。

2. 水疱性口炎　仔猪口炎时唇内面、硬腭，口角、颊、舌缘和舌尖以及齿眼有粟粒大乃至蚕豆大透明水疱，3～4天后，破溃后形成鲜红色烂斑。体温间或轻微升高。口腔疼痛，食欲减退，5～6d后痊愈。口蹄疫多发于猪。

3. 溃疡性口炎　一般多在门齿和犬齿的齿眼部分发生肿胀，呈暗红色或紫红色，容易出血。1～2d后，病变部变为苍黄色，或黄绿色糊状脂样的坏死、糜烂、溃疡。口腔散发腐败性腥臭味，流涎混血丝带恶臭。往往伴发败血症，食欲废绝、下痢、消瘦、体质衰竭。猪瘟可见坏死杆菌病继发感染引起坏死性溃疡性口炎。

鉴别诊断：原发性单纯性口炎，根据病性及口腔黏膜炎症变化，诊断不难，但唾液腺炎、咽炎、食管炎、农药中毒、亚硝酸盐中毒等，也有流涎和采食障碍现象，故应注意临床检查和鉴别诊断。还应注意与下列一些传染性疾病进行鉴别。

1. 猪水疱性口炎　是病毒性疾病，呈地方性流行，蹄肢之间也有水疱形成。

2. 猪水疱疹　也是病毒性疾病，只有猪易感。表现体温升高、精神沉郁，舌、颊、唇、硬腭以及口角和蹄肢之间发生水疱，呈地方性流行。

3. 口蹄疫　猪口蹄疫是由病毒引起的。常见口腔黏膜、舌背和蹄爪间发生水疱，大量流涎、咂嘴、高热、食欲不良，迅速传播和蔓延。

由此看来，上述疾病都具有口炎症状，但各有其不同的病因和临床特征，如注意流行病学调查与鉴别诊断，则不致于与口炎误诊。

三、治疗

口炎病情轻，为一般性质疾病，但影响消化和营养，甚至继发感染，可引起全身败血症。一般治疗原则，着重排除病因，针对口炎症状采取消炎、收敛、净化口腔等治疗措施，促进康复过程。排除病因，改善饲养管理，增加营养丰富含有维生素的青绿饲料和块根饲料，以维持其营养。注意畜舍卫生，防止受寒感冒和继发感染，增进治疗效果。

净化口腔、消炎、收敛，可用1%食盐水或2%～3%硼酸溶液洗涤口腔，每天洗涤多次，口腔有恶臭，宜用0.1%高锰酸钾溶液冲洗。不断流涎时，则用1%明矾溶液或鞣酸溶液洗涤口腔。溃疡性口炎或真菌性口炎，病变部可用硝酸银棒或5%硝酸银溶液腐蚀，然后用生理食盐水充分洗涤，再用碘配甘油（碘配与甘油1∶9），龙胆紫亦可，涂布或者用2%硼酸钠甘油混悬液、1%磺胺甘油混悬液，涂于患部，溃疡面好转后，再继续用消毒溶液或收敛溶液洗涤口腔，并用维生素A和维生素B_2肌肉注射。若病畜继发全身感染，发生全身败血症时，应及时应用磺胺类药物或抗生素，以提高治疗效果。

按照中兽医辩证施治原则，着重清火消炎，清凉止痛。宜用青黛散：青黛15g、黄连10g、黄柏10g、薄荷5g、桔梗10g、儿茶10g，研细末装入布袋，湿水后给病畜衔口中，给食时取下，每天换1次，两三次可痊愈。

第二节　咽炎（Pharyngiti）

咽炎是咽黏膜及其邻近部位炎症的总称。因软腭、扁桃体、咽淋巴滤泡及其深层组织也发生炎性变化，故亦称咽峡炎或扁桃体炎（Tonsillitis）。发病时因咽背淋巴结与咽后黏膜亦受到侵害，病情急剧发展，可能发生呼吸困难引起窒息。

一、病因

1. 原发性咽炎　霉败的饲料，刺激性强的药物，如氨水、甲醛以及强酸和强碱等应用不当，致使咽黏膜受到刺激和损害；或因受到强烈的烟熏，乃至吸入了芥子气、光气、双光气等毒剂，都是诱发急性咽炎的原因。受寒、感冒是咽炎的主要原因。因为突然受到寒风侵袭，发生感冒，机体的抵抗力降低，防卫机能减弱，极易受到条件致病菌（如链球菌、葡萄球菌、坏死杆菌、巴氏杆菌、沙门氏菌、大肠杆菌等）的侵害，导致咽炎的发生。特别是早春晚秋，气候剧变，长途输送，过度疲劳，更容易引起咽黏膜的炎症。

2. 继发性咽炎　一般常继发于流感、炭疽、猪瘟、结核、出血性败血症以及口蹄疫、狂犬病等，都伴发咽炎症状。口炎、鼻炎、唾液腺炎、食管炎等也常常继发本病。也见于脓毒败血症的转移等。

二、发病机制

由于咽是消化道和呼吸道的枢纽，其上为鼻咽，中为口咽，下为喉咽；其黏膜下有黏液腺和混合腺。咽的两侧和鼻咽部有扁桃体，并且咽的黏膜组织中有丰富的血管和神经纤维分布。因此，当机体抵抗力降低、防卫机能减弱时，在各种不良因素的影响下，极易受到条件致病菌（链球菌、坏死杆菌等）侵害，导致咽黏膜的炎性反应。特别是扁桃体又是各种微生物居留及其侵入机体的孔道，所以也称为咽峡炎或扁桃体炎。猪的咽黏膜特别敏感，容易受到传染性因素的侵害和影响，导致咽炎的发生发展及其病理演变过程。依据咽黏膜炎性变化，由于咽部血液循环障碍，咽黏膜及其黏膜下组织呈现炎性浸润，扁桃体肿胀，咽部组织水肿，引起卡他性、纤维坏死性或蜂窝织炎性甚至化脓性咽炎的病理现象。

由于炎症的影响，咽黏膜的敏感性增高，咽部红肿热痛，吞咽机能障碍，因而病畜头颈伸张，不断流涎，咽下困难，食糜及炎性渗出物从鼻孔逆出。有时因会厌不能完全闭合，食糜被吸人呼吸道内，引起肺炎和肺坏疽。

在重剧性咽炎，咽喉部的炎性浸润，由于炎性产物被吸收，引起恶寒、体温升高，并因扁桃体高度肿胀，深部组织胶样浸润，喉口狭窄，呼吸困难，甚至发生窒息现象。

三、症状

1. 原发性卡他性咽炎　病情发展缓慢，最初不引人注意，经3～4天以后，临床症状逐渐明显。

2. 传染性的，特别是蜂窝织炎性的咽炎　通常多为突然发生，具有高热，精神沉郁，心脏机能衰弱，呼吸困难。一般病例，常见下列临床症状：

猪咽炎症状有采食缓慢、头颈伸展、吞咽困难，往往呕吐和流涎。猪因呼吸困难，常张口呼吸，呈犬坐姿势，有时可听到喉狭窄音。肉食动物，打开口腔检查，咽黏膜和扁桃体呈暗红色，并且扁桃体上附着白色假膜。

四、病理变化

主要病理变化有以下3种：

1. 卡他性咽炎　急性的咽黏膜充血、肿胀，有点状或条纹状充血斑或红斑。慢性的黏膜苍白、肥厚，形成皱褽，被覆黏液。有的病例，咽黏膜糜烂，形成糜烂性咽炎的病理现象。

2. 纤维性坏死性咽炎　渗出纤维蛋白同白细胞浸透黏膜表层，形成一种灰白色的膜样物病理变化。

3. 蜂窝织炎性咽炎　咽部黏膜下疏松结缔组织，有一种弥漫性化脓性炎症的病理特征。

此外，尚有口腔和鼻的卡他性炎症，咽部周围淋巴结肿胀、化脓，喉炎，声门水肿，支气管卡他性以及异物性肺炎等病理变化。

五、病程及预后

原发性急性咽炎，由风寒感冒引起，3～4天内发展到极期，如无并发症，1～2周内可治愈，预后良好。格鲁布性或蜂窝织炎性咽炎，病程长，往往继发卡他性肺炎、肺坏疽、声门浮肿及全身败血症。猪易发生窒息，预后不良。

如病情稳定、白细胞数恢复、抵抗力增强，是为预后良好的现象。

六、诊断

咽炎时，头颈伸展、流涎、吞咽障碍、食糜和饮水可从鼻孔逆出，特征明显，诊断并不困难，但须与下列疾病进行鉴别：

⑴喉卡他。病畜咳嗽、流鼻液，咽下无异常。马喉囊卡他，多发于一侧，局部肿胀，触诊时于同

侧流出鼻液，无流涎和疼痛表现。

(2)应注意与流感、猪瘟、出血性败血症以及炭疽等传染病所引起的咽炎进行鉴别，以免误诊。

七、治疗

咽炎的治疗，在于加强护理，消炎，清热，解毒，利咽喉，促进康复过程。

1. 及时补糖输液　维持其营养同时注意改进畜舍环境卫生，保持清洁、通风、干燥。对疑似传染病的病畜，应进行隔离观察。治疗时，禁止经口投药，防止误咽石。

2. 消炎　青霉素200万～300万单位，肌肉注射，每天2次。

3. 封闭疗法　根据实践证明，重剧性咽炎，呼吸困难、发生窒息现象时，用0.25%普鲁卡因溶液，猪20mL；青霉素100万单位，进行咽喉封闭，具有一定急救功效。必要时，再采用气管切开术进行急救。

4. 重剧性咽炎　咽部红肿，吞咽困难，药液内服，容易误咽，故应慎重。

第三节　胃肠卡他（Gastroenteric catarrhalis）

胃肠卡他即卡他性胃肠炎，又称消化不良，是胃肠黏膜表层的炎症。以胃肠消化机能紊乱、吸收功能减退、食欲减退或废绝为主要特征，按疾病经过分急性胃肠卡他和慢性胃肠卡他，按病变部位分为胃卡他和肠卡他。

一、病因

1. 饲养管理不当　淋漓受寒，褥草潮湿，喂饮失时，过饱过饥，久渴暴饮，饮水污染，日粮构成、饲料的稠度和温度以及饲喂的顺序和方法突然改变，长途运输后立即饲喂。

2. 饲料品质不良　饲料过热或冰冻、霉变、混杂泥土或有毒物质，营养不全，难以消化。

3. 误用刺激性药物　如水合氯醛不加粘浆剂，稀盐酸、乳酸不冲淡，吐酒石粉未溶解，健胃酊剂过浓过量，都可刺激胃肠道黏膜引起卡他性炎症。

4. 伴发继发于其他疾病　如猪瘟、猪丹毒、猪传染性胃肠炎、各种中毒性疾病、胃肠道寄生虫、热性病。

二、发病机理

以上各种致病因素直接刺激胃肠道黏膜上的感受器或通过神经体液机制反射性破坏胃肠的分泌、运动和消化机能，造成功能性消化不良，或进而引起胃肠黏膜炎症反应和消化功能障碍造成器质性消化不良。

胃肠因为消化不良，消化不全产物、细菌毒素及炎性产物大量积滞或刺激肠管运动增强而引起腹泻或被吸收，引起自体中毒。因为腹泻一方面将大量异常内容物排出体外，从而减轻胃肠道所受刺激，缓解自体中毒，另一方面由于大量水、盐类和碱类的丢失，引起水盐代谢紊乱和酸碱平衡失调，而导致脱水或酸中毒，临床上表现患畜迅速消瘦。慢性消化不良，则因造血物质（铁质和蛋白质）的缺乏而发生贫血。

三、症状

病猪精神沉郁、食欲减退或废绝，有呕吐或逆呕现象。呕吐初为食物，后为泡沫黏液，混有少量胆汁，饮欲增进或烦渴贪饮，口腔干燥或湿润，口臭，有舌苔、口腔黏膜红黄或黄白，肠音增强，活泼、不整或减弱、粪便干小或稀软，含消化不全的粗纤维或谷粒，发出异常发酵的臭味，尿少色淡黄，全身症状不明显，体温有时升高，脉搏呼吸变化不大，重症病例排便次数增多，多为水样液，肛门尾根处被稀粪沾污，有的表现里急后重、腹痛、腹胀。

慢性胃肠卡他，病猪精神不振，食欲不定，有时出现异嗜，舔食平时不愿吃的东西如煤渣、沙土和粪尿浸染的垫草，患畜逐渐瘦弱，被毛逆乱无光泽，可视黏膜苍白或略显黄色，便秘、下痢交替发生，粪便内含消化不全的粗大纤维和谷物。病程长短不等，最终陷入恶病质状态，或转成胃肠炎而死亡。

四、诊断

主要根据饲养管理情况和临床症状进行综合诊断。临床症状是病猪不爱吃食、精神不振、咀嚼缓慢、饮水增加、口臭、有舌苔，重病例有时出现腹痛、肚胀和呕吐，呕吐物酸臭，粪便干硬，有时拉稀，粪内混有黏液和未消化的饲料，体温一般无变化。病死猪剖检结果胃肠黏膜不均，充血，出血及肿胀，尤以胃底部严重，黏膜被覆一层黏稠、半透明黏液或者黏液——脓性覆盖物，胃内容物稀软酸臭，肠管松弛扩张，黏膜失去正常光泽，充血，严重时潮红，肠壁淋巴组织肿胀，肠内容物较稀，渗出物呈稀糊状附于肠黏膜表面。病史调查往往是饲养管理欠佳，饲料品质不良，生活环境较差。必要时借助胃镜和胃液检查来确诊。

五、治疗

治疗原则是除去病因，改善饮食，清肠止酵，调整胃肠机能。

1. 除去病因、加强护理　如是饲料品质不良所致，应改换营养全价易消化的饲料，如是饲养管理制度有问题，要相应改善饲养管理，如是其他疾病继发，要积极治疗原发病。

2. 改善饮食　对病猪少喂或停喂1～2天，改喂容易消化的饲料，如喂给稀粥或米汤，给予充足饮水，待彻底康复后再逐渐转为常饲。

3. 清洗胃肠，制止腐败发酵　常用硫酸钠（镁）或人工盐30～80g或植物油100mL，鱼石脂2～5g，加水适量，1次内服，可清理胃肠，制止发酵。

4. 调整胃肠功能　一般在清肠后进行，如胃肠内容物腐败发酵不重，粪便不恶臭时，也可直接进行。应用各种健胃剂，如酵母片或大黄苏打片2～10片混于少量饲料内喂给，每天2次；或大黄末8g，龙胆末8g，碳酸氢钠16g分为 4 包，每天2次，每次 1包或用紫皮蒜10～20g捣碎后加水适量，混于少量饲料中喂给，仔猪可用乳酶生、胃蛋白酶各2～5g，稀盐酸2mL，常水200mL，混合后分2次内服，病猪较多时可取人工盐3.5kg，焦三仙1kg混合成散剂，按每头每次1～15g拌在饲料中给予，便秘时加倍，小猪酌减。

5. 消炎止泻　如病猪久泻不止或剧烈腹泻时，必须消炎止泻，磺胺脒每千克体重0.1～0.2g（首次倍量）分3次内服，也可用黄连素0.2～0.5g一次内服，每天2次，硅酸铝5g，颠茄浸膏0.1g，淀粉酶1g，分3次1天内服，或饲料中给予，对于脱水的患猪，应及时静脉补给5%葡萄糖液，复方氯化钠液或生理盐水等，以维持体液平衡。

6. 中药治疗　中药平胃散：苍术15g、厚朴15g、陈皮15g、三仙45g、干姜5g、甘草10g，煎汤胃管投服。炒山楂、神曲、莱服子（炒）、芒硝各30g、麦芽60g、大黄18g，煎水分2次喂服。

六、预防

针对发病原因采取相应的预防措施，可有效地减少或避免该病的发生，如改善饲养管理合理调配饲料。

第四节　胃肠炎（Gastroenteritis）

胃肠炎是胃肠黏膜及黏膜下深层组织的重剧性炎症过程，临床上以体温升高、剧烈腹泻及全身症状重剧为特征。按其病因可分为原发性和继发性两种，病程常呈急性经过。是猪的一种常见多发病。许多传染病都伴发或继发胃肠炎，胃肠炎症状与病理变化具有特别重要的意义，在临床工作中注意应用。

一、病因

如猪瘟、仔猪梭菌性肠炎、猪传染性胃肠炎、猪传染性腹泻、猪轮状病毒病、大肠杆菌病、猪副伤寒、猪痢疾、球虫病、猪蛔虫病；农药、鼠药、消毒药等所有的化学物质；饲料营养配比不科学，饲料粗糙、霉败、搭配不合理，饮水过冷、不洁，误食有毒植物都可引起。乱用抗生素导致肠道正常菌群失调，也可引发胃肠炎。

无论是原发性的还是继发性的胃肠炎，其病因都与胃肠卡他的病因类同，所不同的是，造成胃肠炎的病原刺激作用更为强烈，持续时间更长或是动物对刺激的耐受或抵抗力减弱，或两者同时存在。

二、发病机制

各种致病因素的刺激，使胃肠道发生程度不同的变化；从表层黏膜发展到深层组织，从卡他性发展为出血性、坏死性胃肠炎。当炎症局限于胃和小肠时，可能由于副交感神经受到抑制，肠蠕动减弱且大肠吸收水分的功能相对完好，以致排粪迟缓而不显腹泻，但是胃肠道内的有毒物质被吸收，则多引起中毒；当炎症波及大肠或以肠炎为主时，肠黏膜的损伤不仅影响肠道内食物的消化和吸收，同时使肠屏障机能降低，细菌和毒素大量入血，导致败血症。由于肠黏膜的组织坏死，使粪便内附有大量血液、黏液、脱落的上皮和坏死组织等，由于消化道内的内容物异常分解，如蛋白质腐败、糖类发酵，使粪便恶臭。加重了体液的丧失，伴随脱水、失盐而发生酸中毒和自体中毒。此时如未及时治疗，可发生中毒性休克。

三、症状

疾病初期，多呈现急性胃肠卡他的症状。如患猪精神不振，食欲减退或废绝，渴欲或增加或废绝，眼结膜先潮红后黄染，舌苔重，口干臭，体温升高，四肢鼻端等末梢发凉，病初呕吐，呕吐物带有血液和胆汁，腹部能触诊敏感，吊肷腹泻，稀粪中可有血液、黏液和黏膜组织，有时混有脓液和恶臭味。随着病程的发展，以后逐渐或迅速地出现胃肠炎的典型临床表现，包括重剧的胃肠机能障碍和全身症状，患猪明显的脱水和自体中毒体征。

胃肠机能障碍，持续而重剧的腹泻是胃肠炎的主要症状，病畜频频排粪，每天10～20次不等。粪便稀软、粥状、糊状以至水样，放恶臭或腥臭味，混杂数量不等的黏液、血液、黏膜坏死组织碎片。肠音在初期增强，后期减弱乃至消失。肛门松弛，排粪失禁，有的不断努责而无粪便排出，呈里急后重状态。

全身症状重剧，眼球下陷，皮肤弹性减退，脉搏快而弱，往往弱不感手，体温升高，尿少色浓，血液黏稠暗黑，被毛粗糙，精神高度沉郁，闭目呆立，不注意周围事物。

自体中毒体征明显，病猪全身无力，极度虚弱，耳尖鼻端和四肢末梢发凉，局部或全身肌肉震颤，结膜口色蓝紫，微血管再充盈时间延长，甚至出现兴奋、痉挛或昏睡等神经症状。血液学变化，初期白细胞总数增多，中性粒细胞比例增大，核左移，出现多量杯状核和幼稚型（增生性左移）；后期或末期白细胞总数减少，而中性粒细胞比例不大，且核左移（退化型左移），由于脱水和循环衰竭而出现相对红细胞增多指征，包括血液黏稠、血沉减慢，红细胞压积升高，尿少色浓比重高，呈酸性反应，含多量蛋白质，肾上皮细胞和各种管型。急性胃肠炎病程短急，经2～3天，多数预后不良，营养良好的患猪经及时治疗，认真护理，多数可望康复。

四、病理变化

眼观，胃黏膜肿胀潮红充血或弥散性出血，尤以胃底腺部、胃黏膜附着厚层黏稠、浑浊的黏液，肠内容物常混有血液，恶臭，黏膜呈出血或溢血斑。由于肠黏膜的坏死，在肠黏膜表面形成霜样或麸皮状覆盖物，黏膜下水肿，白细胞性浸润。坏死细胞剥脱后，遗留下烂斑或溃疡，病程长的肠壁可能增厚并发硬，Peyer氏集合淋巴块和孤立淋巴滤泡以及肠系膜淋巴结肿胀，常并发腹膜炎。

五、诊断

根据重剧的胃肠机能障碍和全身症状，明显的机体脱水和自体中毒特征，多数不难做出正确的诊断。如食欲紊乱、舌苔变化、腹泻严重，以及粪便中含有病理产物，体温升高，脉搏加快，呼吸频数，呕吐、腹痛、鼻盘干燥，可视黏膜初红黄后青紫，里急后重等。

通过流行病学调查，血粪尿的化验，可对单纯性胃肠炎、传染病、寄生虫病的继发性胃肠炎进行鉴别诊断。另外，应与传染性胃肠炎相区别，这类疾病的特点是具有传染性，病猪数量多，有的能引起较高的死亡率，并且猪只体温升高，症状重剧，剖检均有败血症变化。怀疑中毒时，应检查饲料和其他可疑物质及周围环境情况。若口臭显著，食欲废绝，主要病变可能在胃；若黄染及腹痛明显，初期便秘，后期腹泻主要病变可能在小肠。若脱水迅速，腹泻出现早并有里急后重的症状，主要病变可能在大肠。

六、病程和预后

急性胃肠炎时若消除病因、及时治疗，则患病动物很快会恢复健康。若病因长期持续存在，治疗不当，则可转变为慢性而治愈困难，往往以结缔组织增生、胃肠壁变薄（萎缩）为结局，严重者导致死亡。胃肠炎对机体的影响包括以下几个方面：

1. 呕吐、腹泻和消化不良　急性胃肠炎时，由于病因强烈刺激，胃肠道蠕动加强、分泌增多，引起剧烈的呕吐和腹泻；慢性胃肠炎时由于胃肠道腺体受压萎缩，肌层被结缔组织取代，导致分泌机能、运动机能减弱，可引起消化不良、便秘及肠鼓气。

2. 脱水和酸碱平衡紊乱　急性胃肠炎，由于剧烈呕吐和腹泻，导致大量的酸性胃液或碱性肠液、胰液丢失，K^+、Na^+丢失增多、重吸收减少，引起脱水、电解质和酸碱平衡紊乱，导致代谢性酸中毒或碱中毒，以及低K^+、低Na^+血症等。

3. 肠管的屏障机能障碍和自体中毒　急性肠炎（特别是十二指肠炎），黏膜肿胀，胆管口被阻塞，胆汁不能顺利排入肠道，细菌得以大量繁殖，产生毒素，加之黏膜受损，毒素可吸收入血，引起自体中毒，严重时可致中毒性休克。慢性肠炎，肠运动、分泌减弱，内容物停滞，可发酵、腐败、分解，产生有毒物质（酚、胺、吲哚等），有毒物质吸收入血，引起中毒。

七、治疗

首先查出病因，消除病因；其次对症治疗，缓解症状；再次是加强护理，增强机体的抗病能力。治疗原则是抑菌消炎，缓泻止泻，清理胃肠，强心、补液、解毒。

1. 抑菌消炎　是治疗急性胃肠炎的根本措施，适于各种病型。应贯穿于整个病程，可依据病情的轻重和药物敏感试验，选用下列抗菌消炎药物，痢特灵，每天0.05～0.01g/kg，2～3次分服，黄连素，每天0.05～0.01g/kg，2～3次分服，单纯性胃肠炎用磺胺脒5～10g，小苏打2～3g，混合1次内服，1天2次，酞酰磺胺噻唑1～3g，每天2次；用抗菌增效剂三甲氧苄氨嘧啶（TMP）抗菌效果良好。对于胃肠炎，以12.5%氯霉素液5mL或氨苄青霉素0.5～1g，加于5%葡萄糖液250～500mL中，静脉注射，每天1～2次，同时应用0.1%高锰酸钾液300～500mL内服或灌肠，据报道效果颇好。

2. 缓泻止泻　是相反相成的两种措施，必须切实掌握用药时机。缓泻适用于病猪排粪迟滞尚未脱水时，或者排恶臭粥样稀粪而胃肠内仍有大量异常内容物积滞时。初期可用硫酸钠、人工盐、鱼石脂适量混和内服，后期则以灌服液体石蜡或植物油为好。常用50~100mL液体石蜡加水内服。止泻适用于肠内积粪已基本排尽，粪的臭味不大而仍下痢不止时。用鞣酸蛋白、次硝酸铋各5～6 g，每天服2次，或矽碳银片，柔酸蛋白，碳酸氢钠适量加水灌服。

3. 强心、补液、解毒　心力衰竭、脱水、自体中毒是急性胃肠炎的直接致死因素，因此，进行强心、补液、解毒治疗就成为抢救重症胃肠炎的关键。5%葡萄糖生理盐水300～500mL，静脉注射，兼有补液、解毒和营养心肌的作用；生理盐水、低分子右旋糖酐和5%碳酸氢钠溶液按2∶1∶1比例进行混合性输液，可同时纠正酸中毒。补液的数量和速度，视脱水的程度和心、肾的机能状态而定。临床上，一般以开始大量排尿作为液体基本补足的监护指标。为维护心脏机能，在补液的基础上，可适当选用西地兰、洋地黄毒甙、毒毛旋花子甙K等速效强心剂。

4. 中草药治疗　白头翁根35g、黄柏70g加适量水煎服。或紫皮大蒜1头捣碎后加白酒500mL内服。槐花6g、地榆6g、黄芩5g、霍香9g、青蒿10g、赤芩6g、车前9g煎服，适宜体重25kg猪的出血性胃肠炎。

肌注或后海穴注鱼腥草注射液5～10mL。

据报道，选健康屠宰猪的新鲜苦胆，在灭菌条件下取胆汁放入消毒后的玻璃瓶内，然后按1∶1的比例加入橙皮酊，每千克体重肌肉注射1mL，每天1次，连用3次，治猪胃肠炎有较好的效果。

胃肠炎缓解后，可适当应用健胃剂。幼畜可用多酶片酵母片等内服，也可用胃蛋白酶，乳酶生各10g，安钠加粉2g，混合后分3次内服。大猪则用健胃散20g，人工盐20g，每天分3次内服，可增加疗效，防止复发。

八、预防

针对该病的发病原因，采取相应的措施，可有效地预防其发生。平时主要从改善饲养管理入手，经常检查存放的饲料。搞好环境卫生，积极治疗其他传染病、寄生虫病，一旦发现消化不良，应尽早治疗，以防加重，转为胃肠炎。

第五节 胃溃疡（Stomachulcer）

胃溃疡是胃黏膜局部组织糜烂和坏死，或自体消化形成圆形溃疡面，可因胃穿孔伴发大出血或急性弥漫性腹膜炎而迅速死亡。

一、病因

原发性胃溃疡，主要由于饲料质量不良，过于精细或粗糙、霉败，难于消化，缺乏营养。Obel和Grant认为饲料是猪发生胃溃疡的主要因素，尤其是饲料中不饱和和氧化性不稳定的脂肪酸以及维生素V和维生素E和硒（Se）的缺乏，另外，饲养方法失宜，饲喂不定时，时饱时饥，突然变换饲料以及饲料过冷过热都可引起消化机能紊乱，诱发胃溃疡。还有环境卫生不良，长途运输、惊恐、拥挤、妊娠、分娩、饥饿等应激条件也能引起神经体液调节机能紊乱，影响消化，发生溃疡。

继发性胃溃疡，通常见于猪瘟、慢性丹毒、红色猪圆线虫、猪蛔虫感染、铜中毒、中毒性肝营养不良、桑椹样心脏病等疾病的经过中，致使胃黏膜充血、出血、糜烂、坏死和溃疡。

二、发病机制

胃溃疡的发病机制至今还未完全搞清。正常情况下，胃黏膜保持组织的完整性，表面有黏液层被覆，是以防止胃酸和胃蛋白酶的自体消化，但是由于不良的消化因素的影响，造成胃黏膜充血、受损等组织学变化，黏膜表面缺损是形成糜烂以至溃疡的基础。但黏膜缺损不一定要导致黏膜糜烂的出现，黏膜糜烂也不一定导致溃疡的形成。溃疡形成的基本条件是胃酸分泌增多和黏膜组织抵抗力降低。从消化生理角度讲，胃黏膜缺损、糜烂、溃疡的演变，主要是由于神经体液的变化和化学因素影响的结果。受损的胃黏膜可以释放出组胺，使胃壁毛细血管扩张，胃泌素的形成与乙酰胆碱的产生，这些都是促进胃液大量分泌的因素，在酸度相对升高时，保护性黏液却极度地减少或缺乏，胃蛋白酶在酸性胃液中起到消化自体组织的作用，从而导致局部性溃疡的形成和产生。而各种原因造成的应激状态，可刺激下丘脑——肾上腺皮质系统，使血浆中的皮质类固醇水平增高，成为促进胃液大量分泌的因素，结果胃内酸度升高，保护性黏液分泌减少或缺乏，同样导致糜烂和溃疡的形成。关于在变态反应的基础上发生胃溃疡的机制的问题，可认为是抗原与抗体在体内的一种反应，在于保护机体不受病原微生物的侵害和影响，但在一定的条件下，往往引起异常反应，形成过敏性炎症，导致胃溃疡的发生。

在人类，细菌感染已被证实为消化道溃疡的一个可能病因，这使研究人员试图去检查猪胃溃疡是否有类似的致病机理。以前，人们认为微生物与食管区病灶有关，但认为这些微生物是继发感染（Tannock和Smith，1970）。螺旋形微生物，例如Hedicobacter Heilmannii螺旋菌（以前被叫做猪胃螺菌）和幽门螺旋杆菌均被研究，幽门螺旋杆菌定殖于猪胃长达6个月之久并没有导致胃溃疡的发生（Engstrand等，1992；Eaton等，1992）。Davies（1993）发现在猪胃溃疡中，糜烂和溃疡的出现早于炎症变化，而在人类，由幽门螺杆菌引起的胃溃疡是由初期的胃炎所致。

然而，近年来的研究证明胃脂部*H. heilmannii*

螺旋菌的存在与食管区溃疡的发生有强的相关性（Barbosa等，1995；Queiroz等，1996）。Queiroz等（1996）研究了70头屠宰猪，发现*H. heilmannii*螺旋菌存在于所有患有胃溃疡猪的胃里，食管区正常的猪胃只有35%，患角皮病的猪胃中占90%。因为细菌并不存在于溃疡病灶，因此局部释放螺旋菌毒素不可能是它的致病机制，*H. heilmannii*螺旋菌感染可以刺激胃细胞过度分泌胃酸。

此外，全身营养状态，即体质衰弱，蛋白质缺乏也是胃溃疡形成的一个重要因素。总之，胃溃疡的发病机制还有待于进一步研究。

三、临床症状

本病的临床表现依疾病持续的时间不同而表现出不同的类型，临床上可见的类型有最急性型、急性型、亚急性型和慢性型。

最急性型：此型最不常见，任何年龄的猪均可发生。因患溃疡穿孔及弥漫性腹膜炎，外表健康的猪在运动或兴奋之后都有可能发生突然死亡或者虚脱。由于胃出血而致死亡的动物尸体极度苍白，通常在显症后24h内死亡。

急性型：溃疡穿孔及局限性腹膜炎，临床表现体表苍白、贫血、虚弱及呼吸加快。病初腹痛、磨牙、不安，有时表现阶段性厌食，或出现呕吐，便血、便干是其常见的特征性症状，体温一般正常或低于正常。

亚急性型：此型在临床上最常见，症状的出现和持续的时间较长，一般胃内的溃疡范围广，至少深及黏膜下，损伤了胃壁血管，但未贯通浆膜层，临床表现突然厌食，轻度腹痛，渐近性贫血，排泄少量黑色粪便，偶而下痢，体重减轻，经2～8d后开始好转或转为慢性病理过程。

慢性型：胃壁出现一处或多处糜烂或浅表的溃疡，出血轻微或不伴有出血，无明显的临床症状。临床表现食欲不佳，消化不良，体型消瘦，有的发生贫血，粪便检验潜血阳性，生前诊断比较难，易与消化不良等肠道疾病相混淆，病程约8～50d，预后良好。

四、病理变化

最急性型剖检可见广泛性胃内出血（图4.1.5–1），胃常膨大，胃内充满血块，未凝固的血液以及纤维性渗出物夹杂不等量的食物混合物。在急性型，亚急性型及慢性型时，胃内容物的量、坚实度及颜色取决于出血的程度、出血持续的时间及出血到死亡的时间。几乎所有慢性溃疡的胃中均含有不等量的黄褐色液状内容物，其中多数为水样，这些胃内容物有时具有发酵的气味。用清水冲洗，往往在幽门区及胃底部黏膜皱壁上可见有散在的大小、数量不等，形态位置不一的糜烂斑点，并可发现界限分明、边缘整齐的圆形溃疡（图4.1.5–2、3、4、5、6），伴发胃穿孔的胃壁与邻近器官形成广泛粘连，具有穿孔性腹膜炎的病理变化。慢性胃溃疡出血的猪，因髓外造血，脾脏常肿大。溃疡自愈的猪，在胃壁遗留不明显的瘢痕或呈芒状瘢痕。除胃部的病变外，有的病猪往往伴发肠卡他，肝实质变性，全身性贫血以及皮肤呈苍白色。有时可伴发食道溃疡（图4.1.5–7）。

五、诊断

胃溃疡的诊断主要依据临床症状、病理变化和特殊仪器进行。通常圈养单个猪患病，体温一般正常或略低。最急性型和急性型病例中，外观健康的猪突然发病而死，且尸体上无色素部位呈白垩色，病理剖检可见胃内广泛性出血。亚急性型病猪排出黑色干燥或黑弹丸状的粪球，并出现出血性贫血特征和症状。慢性型病猪往往不出现任何临床症状，病变只有在剖检时才能见到，故诊断比较困难。有条件的可做内窥镜检查和血液学检查以及粪便检查。在鉴别诊断时，注意与消化不良、猪痢疾、沙门氏杆菌病、传染性胃肠炎、肠出血性综合征、肠腺瘤、肠扭转、新双香豆素中毒及铜中毒等相区别。细菌和病毒感染通常表现体温升高，且发病率高。铜中毒也具有同样的特点，如果饲料是在农场人工混合的，且有一些猪出现食欲减退及体表发白时可以考虑铜中毒的可能性。

六、治疗

治疗的原则是镇静止痛，抗酸止酵，消炎止血，同时改善饲养，加强护理，促进康复。

(1)病情较轻的病例应保持安静，改善饲养，给予富含营养易消化的饲料，减少刺激和兴奋，避免应激反应，一般情况下都会逐渐恢复健康。

(2)为了减轻疼痛和反射性刺激，防止溃疡的发展，应镇静止痛，用安溴注射液10mL、静脉注射，或用2.5%盐酸氯丙嗪溶液4～5mL，肌肉注射。

(3)为中和胃酸，防止黏膜受侵害，宜用氢氧化铝硅酸镁或氧化镁等抗酸剂，使胃内容物的pH值升高，胃蛋白酶的活性丧失，口服鞣酸保护胃黏膜。国外兽医临床从20世纪80年代开始试用各种Ⅱ型组胺受体阻断剂，如甲腈咪胍、呋喃硝胺等（Whitlock等1983）可明显地减少胃酸分泌，但此类药物用量大，价格贵，除非良种种猪，一般不宜采用（Whitlock1980）。

(4)为保护溃疡面，防止出血，促进愈合，亦可于饲喂前投服次硝酸铋2～6g，每天3次，持续3～5天或聚丙烯酸钠10～15g溶于水拌饲喂服，每天1次，连喂5～7天。

(5)对于出血严重的病例，应注重止血，可给予维生素K制剂，亦可用氯化钙溶液或葡萄糖酸钙溶液加维生素C，静脉注射，但最好实施输血疗法，既可补充容量，又可有效地制止出血，治疗效果良好。适当应用抗生素或磺胺类药物，防止感染。

(6)对于穿孔并发弥漫性腹膜炎的病例，一般不予治疗即淘汰。

七、预防

针对胃溃疡的发生原因，采取相应的预防措施，可减少或避免该病的发生。首先要注意饲料的管理和调制，保证营养全面合理，避免饲料粉碎得太细（患有溃疡的猪其饲料颗粒最好不小于3.5mm）或粉碎不全，过粗，明确饲料中维生素E及硒（Se）的含量。在用铜作为猪的生长促进剂时，应考虑用110mg/kg的碳酸锌作为抗铜致溃疡作用的添加剂。在以乳酪乳清为主要饲料的猪场，应考虑增加粗粉或蛋白质含量高的饲料，以中和胃内容物的酸度。其次要改善饲养管理，避免发生应激，增强其体质，防止其继发胃溃疡。最后，因生长较快的品种及背部脂肪少的品种，胃溃疡发病率较高，故应尽量避免引入这些品系，当然这种选择应以经济效益为基础。

第六节　肠便秘（Intestinal constipation）

肠便秘是因肠运动分泌机能紊乱，内容物停滞，而使某段或某几段肠管发生完全或不全阻塞的一组腹痛病。又称肠秘结、肠阻塞，旧名便秘疝，中兽医称结症。其临床特征是：食欲减退或废绝，口腔稍干或干燥，肠音沉弱或消失，排粪减少或停止，并伴有不同程度的腹痛。本病发生于各种年龄的猪，而以小猪较多发，便秘部位通常在结肠。

一、病因

原发性肠便秘。主要由于饲养管理不善、饲料品质不良所致。第一，饲喂干硬不易消化的饲料和含粗纤维过多的饲料，如砻糠、坚韧稿杆或干红薯藤、花生藤、豆秸等劣质饲料。第二，饲喂精料过多或饲料中混有杂物，同时饮水不足，缺乏运动，饲养方法不规范，突然变换饲料，气候骤变，致使肠管机能降低，肠内容物干燥、变硬、秘结。第三，以纯糠饲喂刚断乳的仔猪，妊娠后期或分娩不久伴有肠驰缓的母猪也常发生。

继发性肠便秘。某些传染病、寄生虫病或其他热性病、慢性胃肠疾病经过中，常继发本病。如猪瘟的早期阶段，慢性肠结核、猪丹毒、肠道蠕虫病，伴有消化不良的异嗜癖，去势引起的肠粘连以及小母猪去势时误将肠壁缝合在腹膜上或小公猪阉割后引起嵌闭性阴囊疝，都可继发肠便秘。

二、发病机理

上述各种致病因素，使肠运动分泌机能紊乱即肠蠕动减弱，消化液分泌减少，饲料消化不全，粪便逐渐停滞，阻塞肠腔而发生的，或者是胃肠植物神经调节系统的功能失调，即交感神经紧张性升高和副交感神经兴奋性降低，还有内环境的改变，如大肠内的酸碱度和含水量的改变，可使肠内容物干燥、变硬、秘结。

三、症状

病猪食欲减少或废绝，饮欲增加或不饮，腹围逐渐增大，喜躺卧，有时表现呻吟，呼吸增数，回顾腹部等腹痛症状。病初只排出少量干硬、颗粒状的粪球，并在上面覆盖或镶嵌着稠厚的灰白色黏液；当直肠黏膜破损时，黏液中混有红的血液；随后经常作排粪姿势，不断用力努责，但每次仅排出少量的黏液，时间稍长，则直肠黏膜水肿，肛门突出。体小皮薄的病猪通过腹壁触诊，往往能摸到腹腔内存在一条屈曲的圆柱状肠管或串球状坚硬的粪球，腹部听诊，肠音减弱或消失，腹部触诊有时敏感。严重的肠便秘，直肠可充满大量的粪球。若便秘肠管压迫膀胱颈可导致膀胱麻痹或尿闭。还可发生呕吐及碱中毒以及有时伴有阻塞性黄疸病征。如无并发症，体温变化不大。另外，依据便秘发生的程度不同，可分肠管的完全阻塞和不完全阻塞，临床表现各异，完全阻塞性便秘发病急短症状重，不完全阻塞性便秘症状相对较轻。

四、诊断

主要依据临床症状进行确诊，如腹痛症状，肠音减弱或消失，排粪初干小，后停止，全身症状等等。另外，参照起病情况、疾病经过、饲养管理情况，对帮助确诊也有重要意义。凡起病较急，腹痛较剧烈，排粪很快停止，肠音迅速消失，且主症状在发病后不久即明显表现的通常是完全阻塞性便秘。凡是起病较缓，腹痛较轻微，全身症状不明显的通常是不完全阻塞性便秘。

五、治疗

对病猪应停止饲喂或仅给少量青绿多汁的饲料，同时饮用大量温水。治疗的原则是疏通导泻，镇痛减压，补液强心。

疏通导泻：硫酸钠（镁）30～50g或石蜡油50～100mL或大黄末50～100g加入适量的水内服，并用温水、2%小苏打水或肥皂水，反复深部灌肠，同时配合腹部按摩，一般均能奏效。如在投服泻药后数小时皮下注射新斯的明2～5mg或2%毛果芸香碱0.5～1mL可提高疗效。

镇痛减压：病猪疼痛不安时，可肌肉注射20%安乃近注射液3～5mL或2.5%盐酸氯丙嗪液2～4mL。

补液强心：旨在纠正脱水失盐，调整酸碱平衡，缓解自体中毒，维护心脏功能。当心脏衰弱时，给强心剂10%安钠咖2～10mL或强尔心注射液5～10mL皮下或肌肉注射。病猪极瘦、衰弱时，应用10%葡萄糖液250～500mL，静脉或腹腔注射，每天2～3次。另据报道，麻仁60g、滑仁、大黄、芒硝各15g、枳实9g，煎水去渣，加植物油60mL，混合灌服，治疗效果较好。

在保守疗法无效的情况下，对全身状况尚好的病猪可试用外科剖腹术。

六、预防

对于原性肠便秘的预防，应从改善饲养管理入手。刚断乳的仔猪，禁用纯米糠饲养，合理搭配饲料，粗料细喂，喂给青绿多汁饲料，每天保证足够的饮水和适当的运动。据有人试验，饲料中添加食盐和矿物质、多种维生素可防止便秘的发生。对于继发性肠便秘，应从积极治愈原发病入手，经常查视猪群，早期发现，早期治疗，也可以减少继发性肠便秘的发病率。

第七节 急性实质性肝炎（Hepatitis parenchymatous acuta）

急性实质性肝炎是由于传染性和中毒性因素侵害肝实质所引起，导致肝细胞炎症、变性和坏死，发生黄疸、消化机能障碍和一定神经症状。危害性很大，应当引起重视。

一、病因

急性实质性肝炎，不论是原发性或继发性的，其原因主要是传染性与中毒性因素而引起的。

(1)含有黄曲霉菌毒素的霉败饲料；有毒植物；砷、磷、锑、六氯乙烷、四氯化碳、有机氯农药、硫酸铜、氯酸钾、甲酚等化学药品和毒物的中毒均可发生。

(2)某些传染性因素，如附红细胞体、钩端螺旋体病、传染性胸膜肺炎、出血性败血病、流行性感冒、猪丹毒、肝片吸虫病、血吸虫病以及其他一些细菌感染等，常常伴发实质性肝炎。

(3)因胃肠炎及其病因因素，乃至肠道内消化过程产生的腐解物质被吸收，通过门脉循环侵害到肝实质，引起肝脏炎性病理变化。

(4)大叶性肺炎、坏疽性肺炎、心脏衰弱等病程中，由于循环障碍，肝脏长期淤血，二氧化碳和有毒的代谢产物的滞积，肝窦状隙内压增高，肝脏实质受压迫，引起肝细胞营养不良，导致门静脉性肝炎的病理现象。

二、发病机制

本病的发生，主要是因受到传染性与中毒性因素的侵害，肝细胞发生变性、坏死和溶解，即引起肝脏的代谢和解毒机能的严重障碍，导致肝炎的临床病理现象。在肝脏实质性炎性变化过程中，由于肝细胞变性、坏死，以及炎性肿胀，影响胆汁的形成和排泄。大量的胆红素滞积，毛细胆管扩张、破裂，从而流入血液和窦状隙，则血液中的胆红素增多，引起黄疸。由于胆汁排泄障碍，血液中胆酸盐过多，刺激血管感受器，反射性地引起迷走神经中枢兴奋，心跳减慢。并因排泄到肠道内的胆汁减少或缺乏，既影响脂肪的消化和吸收，又使肠道弛缓，蠕动缓慢，故在病的初期发生便秘。继而肠内容物腐解和分解过程加剧，脂肪吸收障碍，发生下痢，粪色灰淡，有强烈臭味。并因肠道中维生素K的合成与吸收减少，凝血酶原降低，故形成出血性素质。

但须指出，肝脏是一个很重要的物质代谢器官，当发生急性实质性肝炎时，首先糖的代谢发生障碍，糖元异生作用不能正常进行，即影响到从乳酸、蛋白质和脂类合成糖元的过程。血液中的脂类和乳酸含量增高，肝糖元减少，血糖降低，肝脏解毒机能障碍，往往引起酸中毒。又因焦磷酸硫胺素和辅酶A缺乏，影响丙酮酸氧化脱梭，所以血液中丙酮酸含量升高。其次，脂肪代谢障碍，血液中脂类增多，肝细胞脂肪变性，则对脂肪的氧化相应地加强，形成多量酮体，从而导致酸中毒现象。再次，蛋白质代谢障碍，影响氨基酸脱氨基、氨基转换和尿素的合成。结果，血氨过高时，氨可扩散入脑，并与三梭酸循环中的a-酮戊二酸结合产生谷氨酸，继而生成谷氨酰胺；由于a-酮戊二酸减少，三羧循环障碍，影响脑细胞的能量供应，因而昏迷。肝细胞蛋白质分解所形成的酪氨酸、亮氨酸以及肝细胞内的谷-丙转氨酶、谷-草转氨酶、精氨酸酶，乃至乳酸脱氢酶与鸟氨酸氨基甲酸转移酶等，大量进入血液，所以血清学试验，转氨酶等显著升高。并因肝脏合成蛋白质功能显著降低，血浆内的白蛋白、纤维蛋白原减少，胶体渗透压下降，引起浮肿。

三、症状

急性实质性肝炎的临床病征有黄疸、消化不良、便秘或下痢、腹痛、神经症状、浮肿、出血性素质以及血清学反应变化等。

仔猪急性实质性肝炎，主要特征是全身衰弱，无神无力，往往呕吐，下痢，有时便秘。血糖降低，常常伴发阵发性痉挛。可视黏膜黄染，皮疹，皮肤出血，有时耳与胸腹下浮肿。

尿液变化。尿色发暗，有时似油状。病初尿胆素含量增加，其后胆红素含量增多。尿中含有蛋白质、肾上皮细胞及管型。血清学检查病畜血清中胆红素量多，用重氮试剂定性试验，呈两相反应。麝香草酚浊度与硫酸锌浊度试验均升高。转氨酶测定，血清中的谷-丙转氨酶、谷草转氨酶等都增多。红细胞脆性增高，凝血酶原降低，血液凝固时间延长，故有出血倾向。

此外，急性肝炎转为慢性时长期消化机能紊乱，异嗜，消瘦，营养障碍，腹下与四肢下端往往浮肿。如果继发肝硬变，则呈现肝脾综合征，发生腹水。

四、病理变化

本病的病理学变化，在病初期死亡的病畜，肝脏肿大、脂肪变性、边缘钝圆、质地脆弱。病程发展中死亡的病畜，由于变性部分肝细胞坏死、溶解，肝脏容积缩小、被膜皱缩、边缘菲薄、肝组织柔软、表面和切面灰黄色。组织学检查，肝小叶中央静脉区或小叶门静脉区肝细胞呈变性、坏死或溶解状态，并充满红细胞与多量组织细胞。晚期病例，肝脏容积显著缩小、质地柔软、触摸有波动感、色黄或紫红，或红黄相间。窦状隙显著扩张，淤血、出血，组织细胞浸润，其中有的含有被吞噬的红细胞或含铁血黄素，残存的肝细胞呈脂变状态。

五、病程及预后

本病的病程经过，通常较为急剧，若能及时地排除致病因素，加强饲养和护理，采取病因疗法，可以恢复健康，预后佳良。但病情严重的病例，全身症状重剧，发生自体中毒，如果防治不及时或饲养护理不改善，则预后不良。有的病例，往往转为性黄色肝萎缩（肝营养不良）或慢性肝炎。

六、诊断

关于本病的诊断，首先应根据病畜消化不良、黄疸、肝区叩诊与触诊变化，容易兴奋，或昏迷；结合尿中胆红素和尿胆素检查，血清中的胆红素呈两相反应；麝香草酚与硫酸锌试验，混浊度升高；谷-丙转氨酶与谷-草转氨酶，特别是乳酸脱氢酶与鸟氨酸氨基甲酰转移酶的单位增多等综合征，进行分析，确诊不难。但在临床实践中，必须注意与下列疾病鉴别诊断。

急性胃肠卡他。黄疸轻微，无热症，肝区检查与肝功能试验，无变化；病情轻，经过治疗，容易康复，故与本病鉴别不难。

维生素E与硒缺乏症。用维生素E与硒治疗有特效，剖检肝为出血坏死。

肝硬变。通常都具有慢性胃肠炎、黄疸、肝脾综合征，逐渐消瘦，发生腹水，病情发展缓慢，故与本病有显著区别。

七、治疗

急性实质性肝炎的治疗原则，首先排除病因，着重采取饮饲疗法，保肝利胆清肠止酵，促进消化机能，减少腐酵产物吸收，加强护理，有利于康复过程。

保肝利胆。按常规疗法，通常用25%葡萄糖注射液，猪50～100mL，静脉注射，每天2次。或用5%葡萄糖生理盐水猪100～200mL；5%维生素C溶液，猪5mL；5%维生素B_1溶液，猪2mL，混合静脉注射，每天2次。必要时，可用2%肝泰乐溶液，猪10～20mL，静脉注射，每天2次。良种家畜，亦可用胰岛素，皮下注射，

保护肝脏功能。为了利胆，可以应用适量人工盐内服，促进胆汁分泌与排泄。另外，还应给予复合维生素B和酵母片（粉）内服。

抑制炎性促进因子的形成，减轻炎性反应，可以用氢化考的松等类皮质激素进行治疗。当出现肝昏迷时，可用甘露醇，静脉注射，降低颅内压，改善脑循环。

第八节 肝营养不良（Dystrophic hepatica）

肝营养不良，是由于各种不同致病因素的侵害引起肝脏实质的坏死、崩解、自溶、液化和被吸收，发生急性黄（红）色肝萎缩，甚至全身愧瞬理变化，导致肝脏代谢机能、解毒机能，乃至全身各个器官的机能障碍，以及中枢神经系统机能紊乱现象。

本病1～6个月仔猪和架子猪最为常见，有时呈地方性流行。往往造成严重的危害。

一、病因

1. 霉败饲料　在农村养殖户多因喂腐败变质的酒糟、糖糟、醋糟、粉渣、霉玉米、霉花生与花生饼，以及个别饲养场饲喂变质的鱼粉等喂猪。

2. 化学药物中毒　主要常见于磷、砷、新胂凡纳明、纳嘎宁、锑制剂、四氯化碳、四氯乙烯，以及有机氯中毒的病理过程，

3. 硒缺乏症　因含硫氨基酸（蛋氨酸、胱氨酸）缺乏的饲料。

4. 继发性因素　一些传染性疾病、胃肠炎、子宫内膜炎。

二、发病机制

肝脏是酶类最集中的器官，在物质代谢过程中具有特别重要的作用。任何一种不良因素，对肝脏机能都有很大的影响。因此，一旦受到上述的内源性或外源性，以及各种传染性的因素侵害，首先发生糖元的合成障碍，蛋白质和脂肪的糖元异生作用旺盛，肝脏解毒机能遭到破坏。因而，肝细胞酶系统不能保持正常的活性，其中蛋白酶又起着破坏作用，引起肝实质的进行性变性和坏死，以及崩解、溶化和液化，形成炎性变化，发生黄疸。但在色素代谢机能无显著变化时，也可能不发生黄疸。

在此情况下，由于肝糖元空虚，代谢机能紊乱，形成有毒产物，以及从肠道吸收的异常分解的有毒物质，通过肝脏，不能进行氧化和结合解毒，引起自体中毒。从而影响到中枢神经系统调节机能，出现肝源性中毒神经症状，发生精神抑郁和嗜眠状态。并由于糖元合成障碍，中间代谢紊乱，血氨增高，引起昏迷。又因血糖降低，以及酸性蛋白分解产物氨基酸和肌酸（亮氨酸、酪氨酸和色氨酸）的大量聚积，促进脂肪异常分解，导致酸中毒和酮血症。

此外，已被吸收到血液中的各种有毒物质和肝脏内正常形成的中间代谢有毒产物，不仅引起自体中毒，而且侵害肾脏、心脏、血管内皮细胞以及其他器官，引起脂肪变性、坏死，甚至侵害中枢神经系统，引起神经细胞变性和神经细胞吞噬现象，因而伴发神经症状。

三、症状

一般病例，有的呈现黄疸，有的黄疸不明显，肝功能试验均为阳性，肝区触诊敏感，排粪有时表现疼痛。

由饲料中毒引起的，重剧病例，精神沉郁，体质虚弱，有时兴奋。有的病例，顽固下痢，里急后重，间或腹痛；瞬膜有小出血点；脉搏疾速；尿呈棕红色，间或尿含血红蛋白；步态不稳。有的继发严重贫血现象。

有毒植物引起的，病畜食欲减退，体质虚弱，精神兴奋或沉郁，空口虚嚼、磨齿，甚至牙关紧闭。体温上升至40℃以上，脉搏与呼吸疾速；多数病例呈现黄疸、便秘，或下痢，粪便带血。尿含有胆色素、多量蛋白质、肾上皮细胞和肾管型。间或颈部皮肤炎性水肿。

仔猪的主要临床症状有食欲减退、呕吐、下痢、体质虚弱、全身无力、皮肤湿疹，间或出血，有时阵发性痉挛，多数有昏迷。重剧性病例，往往迅速死亡。

四、病理变化

本病的病理学变化，初期肝脏肿大，边缘钝圆，切面无光泽，小叶间界限模糊，质地柔软、脆弱，有的间杂微红色斑点和暗红色出血区。继发于各

种传染病的病例，则认有大小不等的坏死病灶。

由于外源性毒物或有毒植物中毒而死亡的病例，肝脏显著肿大，质地坚韧，小叶间界限明显；未腐败的肝脏，放置两三天后，其表面覆盖一层如白霜的酪氨酸结晶。严重的病例，由于肝脏实质的自溶和分解物质被吸收而缩小，质地柔软，呈淡黄色和褐黄色，认有红斑，或出血斑点，显示斑驳陆离色泽。

此外，其他实质器官，认有变性、出血和黄染现象以及胃肠炎、肺炎、心肌营养不良、心包炎和胸膜炎的病理变化。

五、诊断及预后

猪多在死后剖检时可做出初步诊断。由于肝脏实质变性、坏死、崩解和液化，其他实质器官亦发生变性和出血。治疗不及时，自体中毒而死亡。

六、防治

(1)消毁与处理霉致有毒的饲料。

(2)治疗原则：着重改善饲养，清理胃肠，排除毒素保护肝脏，增强肝脏解毒机能，促进康复过程（参考肝炎治疗）。

(3)预防：肝营养不良，是由于各种不同致病因素引起的。注意饲料质量，加强防疫卫生，防止中毒与感染。

第九节 肝硬变（Cirrhosis hepatis）

肝硬变，是一种进行性慢性肝脏疾病。主要是受到理化学因素、生物学因素以及传染与中毒性因素的作用和影响，致使肝实质发生变性、坏死、结缔组织增生和纤维化的病理过程，引起肝脏结构异常和肝内血液循环障碍及全身机能紊乱的现象。多散发性，但有时亦呈地方性流行。

一、病因

1. 原发性肝硬变　引起肝营养不良，逐渐导致肝硬变。腐败发酵的或霉烂的饲料，其中含有毒素侵害肝脏，长期饲喂含有酒精的酒糟，使肝脏受到刺激，都会引起本病的发生。此外，饲料中缺乏蛋白质与维生素，肝脏营养不良，亦能促进肝硬变的发生和发展。

2. 继发性肝硬变　猪钩端螺旋体病、猪副伤寒、猪肝结核；猪华支睾吸虫病、猪囊虫病、肝片吸虫病；肝脓肿等引起肝营养不良、肝实质变性，门脉循环障碍、肝间质增生，都能引起本病的发生。

二、发病机制

肝硬变的发生和发展，主要由于各种有毒物质，特别是饲草中的有毒植物所含的生物碱等化学物质被消化道吸收后，经门静脉、肝动脉或胆管进入肝脏，因而引起肝细胞变性、坏死和叶间结缔组织增生及其肝硬变的病理演变过程。

侵入肝脏的物质，具有选择性作用。肝脏实质受到侵害时，即引起实质性肝炎，作用于叶间结缔组织时，即引起肝萎缩。当然，导致肝硬变的病理变化过程，主要决定于肝细胞受到侵害的程度、结缔组织增生的性质以及肝脏实质代偿性再生的能力等。至于各种有害因素对肝脏作用的强度，也非常重要。

肝硬变，随着叶间结缔组织增生的结果，引起血液循环障碍。门静脉淤血则有大量渗出液，渗透于血管周围的间隙、淋巴间隙乃至腹腔中。并由于结缔组织增生，胆管狭窄或闭塞，造成胆汁于肝内淤滞。

由于肝功能遭到破坏，影响全身营养代谢机能，肝脏的解毒作用也随之降低，水盐代谢障碍，胆汁的分泌和排泄作用发生紊乱，导致严重的自体中毒现象。

由于胃肠和胰腺的消化液以及胆汁分泌量减少，致使胃肠的消化机能发生严重障碍，引起消化不良、胃肠炎和溃疡。并由于胆汁的滞积和被血液吸收，发生机械性的黄疸症状。又因消化道及脑屏障作用消失，则消化道和新陈代谢的有毒物质可侵入脑组织，从而引起脑组织的病理变化。

三、症状

病的初期多呈现消化不良，逐渐呈现黄疸，下痢与便秘交互发生。猪发生呕吐现象。

病畜逐渐消瘦，体质衰弱，精神迟钝，犊牛陷于昏睡状态。当肝脏血管受到压迫，血液循环障碍时，病情显著恶化。萎缩性肝硬变，肚腹膨大，发生腹水。尿中含有尿胆素、胆酸、胆红质。马因血液中胆汁成分滞积，精神萎靡，步样踉跄，常有疼痛症状。

腹部叩诊，猪的肝脏浊音区向后扩大。

腹部触诊，体质瘦弱的猪，于腹部两侧的肋骨弓的下面，可触诊到肝脏，其硬度增加，并随呼吸而前后移动，犊牛和羊在右腹部肋骨弓下，也能触诊到肿大的肝脏。但在萎缩性肝硬变时，肝脏浊音区缩小，硬度增加。脾脏则显著肿大，腹部触诊比较明显。

四、病理变化

多为萎缩性肝硬变，肝脏体积缩小、坚硬、表面不平，切开困难，切断面呈小颗粒状或结节状。由于淤血、脂化、胆色素沉着的程度不同，肝脏的色泽也不一致，有的呈灰红色、淡黄色、深黄色、有的呈绿色。镜检可见肝小叶周围结缔组织增生，并互相交织，形成网眼状，故称为“环状硬变”。

肥大性肝硬变，多为病的初期，较为少见。肝脏体积增大，坚硬、表面平滑，多呈黄色或黄绿色。镜检可见小叶间与小叶内的结缔组织弥漫性增生，不见有肝小叶及其网眼状病变，而肝实质细胞或细胞群，被增生的结缔组织所分开。肝细胞含有胆色素。

萎缩性肝硬变，多数病例伴发脾脏肿大。此系由于结缔组织与网状组织增生的结果，其中不见有淋巴细胞，而胆色素增多，外观呈铁锈色，硬度亦增加。

病程及预后本病经过持续时间长，病情逐渐增剧，病畜消瘦、贫血、黄疸和腹水。病的末期，常常发生痉挛、嗜眠现象，眼及口黏膜往往出血。病程中，有时发生微热或中热，本病治疗，不易痊愈，预后不良。

诊断根据病史调查，结合病情发展，病畜呈现顽固性消化不良、黄疸肝脾肿大、腹水以及神经机能紊乱等病征，便可确诊。但在临床实践中，应与中毒性肝营养性不良和慢性胃肠卡他等疾病进行鉴别。

五、防治

本病的治疗，首先着重除去致病的原因，改善饲养，加强护理。给与富有蛋白质、容易消化，含有足量的维生素饲料，增强肝细胞功能。

药物疗法，通常宜用硫酸钠或人工盐内服，清理胃肠，促进胆汁分泌。为了增强心脏机能，防止肝实质性变性，可以应用25%葡萄糖溶液，猪50～100mL，静脉注射。或用葡萄糖钙注射液，进行静脉注射亦可。此外，尚可应用酵母片、维生素A、维生素B_1、复合维生素B、维生素B_{12}以及维生素C和维生素K进行治疗。肝硬变的早期，应用胆碱、甲硫氨基酸、胱氨酸等抗脂性药物，有一定效果。发生腹水时，可以应用强心利尿剂，促进腹腔渗出液的吸收。同时还可施行腹腔穿刺，排除腹水，但疗效并不理想。

防止有毒植物中毒，避免饲喂霉烂酸败饲料与鱼粉，防止慢性中毒与消化不良，在受到传染性因素或侵袭性因素侵害时，必须注意及时治疗，以防止本病的发生。

第十节 胆管炎和胆囊炎（Cholangitis et cholecystitis）

一、病因

胆管炎和胆囊炎发生的原因，主要由于细菌感染所致。其中以大肠杆菌及沙门氏菌具有重要作用，其他如产气荚膜杆菌、葡萄球菌、链球菌等。这些细菌通过十二指肠侵入肝脏，引起胆管和胆囊炎性变化。当前由蓝耳病与圆环病毒侵入，在呼吸系统综合征中常发现胆囊炎。

其次，胆管阻塞，也是导致本病的主要因素。其中如胆汁淤滞、胆结石、肝片吸虫、猪胆道蛔虫等直接刺激和阻塞，致使胆管和胆囊发生炎症。

病的初期，胆管和胆囊黏膜充血，水肿，炎性浸润，胆汁痕滞，呈现黄疸症状，有时发生腹痛现象。其后由于肝脏实质受到侵害，因而具有实质性肝炎的病征，有肝脏部位触诊，病猪感疼痛。心律不齐，神情不安。

有的病例，胆管与胆囊发生化脓性浸润、肿胀、肥厚，乃至形成溃疡，甚至胆囊穿孔，引起穿孔性腹膜炎症状。化脓性胆管炎，可能发生恶寒战栗、间歇性高热，白细胞增多，核左移。

二、病程及预后

本病的病程经过不定，有时持续数周。在病程中，若伴发化脓性肝炎、胆结石、腹膜炎、败血症以及胆囊穿孔，则预后不良。

三、治疗

急性炎性过程，病畜疼痛不安时，可用水合氯醛内服，或阿托品等肌肉注射，解痉止痛。同时，应用青霉素、四环素或土霉素。

病程中，应及时应用利胆剂，如人工盐等。

第十一节 腹膜炎（Peritonitis）

腹膜是指动物体内腹腔和骨盆腔中的浆膜，可分壁层与脏层。壁层被覆。壁层被覆体壁内面，脏层被覆腹腔与骨盆腔内各个器官的外面，包括肠系、韧带、网膜等。

腹膜内有丰富的血管、淋巴管及神经纤维。血管外围蓄积大量脂肪，是由网状结缔组织所组成。在网膜内血管分支部分，有各种母细胞群（乳斑），具有吞噬异物与微生物的作用。

腹膜光滑湿润，有利于腹腔器官的运动。腹膜、韧带、皱襞及肠系膜尚有固定器官的作用。同时其中的血管、淋巴管和神经与腹腔器官相互联系和沟通。因而，腹腔内各器官如有炎性变化，或者受到病原微生物的侵害，往往引起引腹膜炎的发生。

腹膜炎，是由于受到病原微生物的侵害或者由腹腔内器官炎症蔓延以及外伤、穿孔、瘤肿、脓毒败血症等的结果，引起腹膜局限性或弥漫性的浆液性以及纤维蛋白性的炎症。

一、病因

本病的病因有原发性的和继发性的，依经过可有急性与慢性两种。

原发性，通常由于受寒、感冒，机体防卫机能降低，抵抗力减弱，受到大肠杆菌、沙门氏菌、巴氏杆菌、化脓杆菌、结核杆菌、猪丹毒杆菌以及链球菌和葡萄球菌等致病菌的侵害而发生。

1. 创伤性腹膜炎　主要见于腹壁创伤、外科手术创伤。如腹壁切开术、腹壁疝手术、穿腹术、穿肠、去势术、肠管吻合术等，此时病原菌，特别是大肠杆菌乘机通过腹壁创伤或手术创伤而侵入腹腔引起创伤性腹膜炎。

2. 穿孔性腹膜炎　通常见于腹腔及骨盆腔中的脏器的破裂或穿孔。例如胃、肠、肝、脾、膀胱、子宫等器官的破裂，特别是急性胃扩张，肠气胀，直肠灌肠以及配种或难产和助产时所引起的胃肠道、子宫和直肠的破裂与穿孔，肠道与生殖道的菌群通过裂孔，侵入腹腔，从而引起穿孔性腹膜炎。

3. 继发性腹膜炎　主要见于胃肠、肝脏、脾脏、子宫及膀胱等感染性炎症。肠变位等疾病经过中，病原菌从病变部或通过淋巴系统侵入到腹膜，以引起继发性腹膜炎。此外，尚有其他器官或胸膜炎症的连续蔓延；也有由内脏淋巴结化脓性炎症，直接侵害腹膜，或因病原菌随血液运行至腹腔，引起转移性腹腹炎。

4. 慢性腹膜炎　一般继发于邻近器官的慢性炎症。其中常见于慢性脏疾病、内脏结核、腹腔瘤肿以及内脏寄生虫病，或肝、脾、睾丸、精索、肠系膜淋巴结慢性化脓性炎症过程，往往伴发慢性腹膜炎。

二、发病机制

腹膜的脏层和壁层中有大量的血管和淋巴管；淋巴管较多的部位发生渗出，血管较多的部位主要是吸收。据观察，腹膜在1h内所吸收的液体量等于动物体重的3%～5%。可溶性物质经门静脉系统和肝脏直接进入血液，而较浓厚的物质微粒的吸收，则沿着腹膜淋巴道进行，一部分进入腹膜和纵膈淋巴结，另一部分直接进入胸导管，最后进入血液。各种温热治疗能增强吸收过程，而寒冷、血管收缩剂和麻醉剂可使吸收减慢。

腹膜有强大的吸收和渗出机能，故侵入腹腔的有毒物质，很容易被腹膜吸收，从而对机体产生毒害。腹膜也具有溶解和防御细菌的能力，即使在发炎的情况下，渗出液也具有杀菌作用。同时发炎时由于静脉淤血，可以显著地降低腹膜的吸收机能，因而也减少对细菌和其毒素以及其他有害物质的吸收；这在一定程度上，对机体也起了防卫作用。

由于病原微生物和毒素对腹膜的侵害，致使血管扩张、充血，上皮细胞脱落，渗出物渗出，并表现腹膜疼痛。若炎症局限于部分腹膜，即为局限性腹膜炎，炎症波及大部分和全部腹膜，即为弥漫性腹膜炎。因充血使渗出加剧，吸收减慢，则在腹腔中蓄积的浆性渗出液中含有蛋白质、血液有形成分和毒性物质。腹膜炎渗出期，根据炎症的性质，渗出物可呈浆性、浆性纤维蛋白性、脓性腐败性和出血性。在局限性腹膜炎时，浆性渗出物被腹膜的健康部分吸收而纤维蛋白渗出物则沉积下来，覆盖于炎症的局部。弥漫性腹膜炎时，因有大量渗出液蓄积在腹腔中，故在临床上出现腹水症状。

当化脓菌侵入时，即发生化脓性腹膜炎，有脓性渗出物；腐败菌侵入时，即发生腐败性腹膜炎，有恶臭的渗出物。血管严重损伤时，渗出物中有大量红细胞；胃肠破裂时，则有饲料颗粒和粪便。膀胱破裂，则有尿液。

在腹膜炎的病程中，由于病原菌及其毒素被吸收，病畜体温升高，热型不定，或弛张热。并因病原菌、毒素以及其他炎性产物的刺激，腹膜的敏感性增高，往往引起剧烈腹痛症状。穿孔性腹膜炎，能迅速地引起自体中毒。

慢性腹膜炎，由于结缔组织增生，腹膜肥厚，各脏器之间相互愈着或粘连，如果这种病理变化局限于一定部位，则不见任何病征。

三、症状与病理变化

母猪的腹膜炎，精神较差，喜伏卧，食欲不振或仅吃少量稀食，严重时，食欲废绝，体温升高，呕吐或呃逆，气喘，排粪很少。

病理变化：腹膜充血、潮红；浑浊和粗糙，不透明，毛细血管新生，腹腔中具有一种浆液性混浊渗出液，其中混有纤维蛋白絮片，腹膜和腹腔各器官互相粘连或愈着。胃肠破裂或穿孔所引起的腹膜炎，腹腔内有食糜和粪便污染。

慢性腹膜炎，结缔组织增生，纤维蛋白机化，形成透带状或绒毛状的附着物，或者有结缔组织粘连。猪卵巢摘除手术后，常常形成健索状骨样化，并与内脏器相愈着。

四、诊断与预后

根据病史和症状可做出诊断，例如去势后不久创口发炎，病猪精神不振，食欲不佳等症状，局部触诊出现疼痛。急性弥漫性腹膜炎，病程持续2～4d，特别穿孔性腹膜炎病程延长至7d以上。局限性腹膜炎，病程达数周至数月之久。

本病治疗原则：消炎、减少疼痛刺激，增强中枢神经系统保护性抑制作用，以利炎症消退，可应用大剂量抗生素做腹腔注射。青霉素200万IU，链霉素200万0.25%普鲁卡因溶液。减轻疼痛可用安乃近或冬眠灵，肌肉注射。

五、预防

本病的预防，在于平时避免各种不良因素的刺激和影响，特别是应注意防止腹腔及骨盆腔脏器的破裂和穿孔。导尿、直肠检查、灌肠都须谨慎；去势、腹腔穿刺以及腹壁手术均应依照操作规程进行，防止腹腔感染。母畜分娩、胎盘剥离、子宫整复、难产手术以及子宫内膜炎的治疗等都须谨慎。

第二章
呼吸器官疾病

概述

当前猪呼吸系统疾病发病率居高不下，多为因环境卫生不良的应激因素引起上呼吸道炎症，继发支气管肺炎；炎症继续发展为呼吸综合征；特别是猪蓝耳病和圆环病毒侵入我国，导致呼吸系统疾病进一步复杂多样，既难治又难防，是当前猪病热点之一。为了进一步从理论上理解呼吸系统疾病难治又难防机制，本节由生理解剖到病理临床治疗等方面全面阐述。为广大基层一线科技工作者、技术人员提供防治理论基础。

呼吸系统疾病是当前高热病的主要症候群，出现该症候群，是高热病持续高热不退的主要因素；是高热病预后的关键所在。由此可见预防呼吸系统疾病是预防高热病核心技术。呼吸系统疾病造成的经济损失是巨大的，据国外报道，萎缩性鼻炎可使生长速度降低5%，如果与肺炎并发，可导致生长速度降低17%；由于地方性肺炎导致肺的不同程度损坏，每损坏10%的肺组织可降低5%的生长速度；猪群由于胸膜肺炎的影响，可使销售额降低20%，并导致达100kg延长12天；据国内有关数据显示，病毒、细菌等混合感染引起的呼吸道疾病，除了造成直接死亡之外，可使猪日增重降低15%、饲料利用率降低18%、出栏时间推迟23天，甚至更多，增重下降或生长停滞的猪可达70%甚至更多。

一、解剖生理特点

呼吸器官主要包括鼻腔、喉、气管、支气管、肺和胸膜，与外界直接相通。空气中的各种微生物、变应原、化学毒素、矿物粉尘以及其他有害的颗粒和分子不间断地与肺脏相接触，因此呼吸器官具备完整的防御功能、得以抵抗有害因素的侵袭。

鼻腔：猪的鼻腔比较狭长，腹侧壁稍宽。鼻的尖端活动部分为猪特有的吻突，由鼻孔与外界相通，底壁以上颌骨的腭突与口腔分隔，后部以筛骨与颅腔隔开，后下经鼻后孔与咽相通，正中有鼻中膈，分鼻腔为左右两半，形成两个鼻孔。鼻腔的最前端为猪特有的吻突，呈圆筒状突出，与上唇相连，前面有许多小孔及短小的毛。鼻腔有很多皱壁和隅角以及丰富的静脉丛，对吸入的气体有湿润和保温作用，这有利于黏膜上皮的纤毛运动。

鼻腔被上下鼻甲骨分为上、中、下 3 个鼻道。上鼻道介于上鼻甲骨与鼻腔顶壁之间，细而直，向后端呈盲端，止于筛骨板的背侧与嗅区相通。中鼻道介于上下鼻甲骨之间，较大而短，其后有裂缝，为鼻额口，与上颌窦相通。下鼻道较其他两鼻道均大，是鼻孔与咽间的直接通路，位于上鼻甲骨与鼻腔底壁之间，与各鼻道均相通，呈宽深沟状，在沟的前部有一个鼻腭管鼻腔口，口径约4mm。猪的鼻副窦包括额窦、上颌窦和蝶窦，随着年龄的增长这些窦逐渐扩大。

喉：位于咽与气管之间，由喉软骨、韧带和肌肉连结而成的一短管状结构。猪的喉头比较长，富有活动性，喉头的软骨包括环状软骨、甲状软骨、会厌软骨和成对的杓状软骨。

在喉腔中部的侧壁上，有一对黏膜褶，称为声带，是发音器官。两声带之间，有很窄的裂隙，称为声门裂。

气管和支气管：气管从喉向后伸入胸腔、呈圆筒状，由32～36个软骨环连接而成。猪的气管平均长度为15～20cm。气管在心脏后上方分出支气管，猪的支气管有3个，除左肺主支气管和右肺主支气管外，另有1个由气管直接分出的支气管，进入右肺的尖叶。

肺：肺是体内外进行气体交换的器官，位于胸腔之中，呈斜底圆锥形，锥尖向上，锥底向后，两肺之间由纵膈分开。肺很柔软，似海绵状，呈粉红色。

肺可以分为二面、二缘、一底、一尖。二面是与肋骨接触的肋面和胸纵膈及心脏接触的纵膈面。二缘是位于胸椎体侧较钝的上缘和具有心切迹与胸壁接触的下缘。一底是后端为肺底，一尖是前端呈三棱形的肺尖。猪肺呈典型分叶，左肺三叶，右肺四叶。左右肺都有尖叶、心叶和膈叶，而右肺多一个中间叶。猪肺与心邻接处形成的左右心切迹位置都在第二至第五、六肋间，底缘上端位置和第十二（十至十三）肋的椎端相对，下端和第五至第六肋软骨胸骨端相对。左右两肺纵膈面的前部是支气管、血管和神经出入的地方，叫做肺门。覆在肺和胸壁表面的浆膜，总称胸膜。其中覆在肺表面的叫肺胸膜；在肺根处转为纵膈胸膜。覆在胸壁和膈上的叫壁胸膜。在肺胸膜和壁胸膜之间形成的空隙，叫做胸膜腔。

肺胸膜下的结缔组织伸入肺中，形成肺小叶的支架。肺小叶是肺的结构单位，是由细支气管及其所属的分支和周围的血管、淋巴和神经组织合成的。小叶间的分界线很清楚。

支气管由肺门进入肺后，反复分支形成支气管树，其管径在1mm时称为细支气管。细支气管再反复分支，形成终末细支气管。终末细支气管继续分支后，管壁出现肺泡，开始有呼吸功能，称为呼吸性细支气管。呼吸性细支气管再分支，称为肺泡管，其管壁更薄，同时出现较多的肺泡。肺泡管分出肺泡囊。肺泡囊是肺泡围成的囊状结构。肺泡是真正执行呼吸功能的地方。肺泡上皮是单层扁平上皮。周围有毛细血管网，毛细血管网是由右心室来的肺动脉的分枝，肺动脉把静脉血输送到肺，在肺泡上的毛细血管网中交换气体，最后汇集到肺静脉，把动脉血输送回心。

呼吸道天然屏障：有3道天然屏障用以保障呼吸通畅，防御疾病。

⑴鼻腔：第一道天然屏障是鼻腔，其黏膜中含有丰富的血管和黏液腺，能增加吸入气体的温度和湿度，黏液还有粘着吸入气体中的尘埃和微生物的作用。若猪感染引发萎缩性鼻炎的支气管败血波氏杆菌（BB）及产毒素巴氏杆菌（PM）就会使鼻甲骨变形、鼻腔中黏液分泌减少，导致呼吸系统第一道防线崩溃；此外氨气及其他有害气体、灰尘、饲料粉尘和病毒（如猪流感病毒、伪狂犬病毒、猪瘟病毒等）等均可使鼻腔的防御能力降低，引发其他微生物感染尤其重要。

⑵气管和支气管：是呼吸系统的第二道防线，气管和支气管黏膜上皮细胞的纤毛可作定向摆动，借助于咳嗽将其排出；气管、支气管黏液含有溶菌酶、铁蛋白和溶解素等多种具有杀菌性质的生化物质，能使进入呼吸道的微生物导致生化特性失调而失去感染力。上呼吸道分泌的IgA主要起着抗病毒抗体的作用。

⑶肺泡防御机制：呼吸系统的第三道防线是肺泡防御机制。肺内含有巨噬细胞、溶菌酶杀菌、干扰素抗病毒、铁蛋白，这些都有利于清除肺内病原，如猪繁殖和呼吸综合征病毒（PRRSV）、猪伪狂犬病毒（PRV）、猪流感病毒（SIV）、PCV2、多杀性巴氏杆菌（PM）、胸膜肺炎放线杆菌（APP）、副嗜血杆菌（HPS）、猪肺炎支原体（MH）等。此外肺分泌的IgG容易固定补体，具调理活性，因而它是十分有效的抗菌抗体。当第三道防线受到这些病原，尤其是PRRSV、PCV感染时，其防御机能严重受损就会继发感染或混合感染，形成PRDC。因此，在呼吸系统三道防线中最重要的是减少或防止AR、MH、PRRSV和PCV的发生。

由此可见，3道防线密不可分、相互促进，有利于整个呼吸系统的组织细胞功能与结构的完整性行使其防御机能。当呼吸道黏膜组织结构遭到损伤和坏破时，其排出异物作用，分泌功能局部免疫功能均降低；如果气管和支气管纤毛上皮细胞受到肺炎支原体的感染，气管发炎、纤毛蠕动减弱或脱落，消除灰尘、病原菌及分泌杀菌（病毒）黏液的功能降低，增强了对其他呼吸道疾病的易感性。

二、呼吸器官的防御机制

呼吸器官的防御机制，可分为非特异性免疫和特异性免疫两部分。不论是非特异性免疫还是特异性免疫，它们既有各自的特有作用，又互相紧密配合；它们既相辅相成，在一定条件下又相互制约。此外，呼吸器官的局部免疫不是孤立的，而是与全身免疫有着不可分割的联系。

1. 非特异性免疫　非特异性免疫机理包括：滤过空气，黏液纤毛上皮的廓清作用或其他动力所引起的呼吸道液体的排出；肺泡巨噬细胞对吸人颗粒的解毒与吞噬作用；非特异性体液固有的抗感染作用。

⑴黏液纤毛上皮廓清作用：小于5μm的各种异物可随呼吸进入下呼吸道，其中90%的颗粒沉着在覆盖纤毛上皮的黏液上，借纤毛波浪式运动将这些颗粒由终末小支气管输送到气管。实验证明，每个柱状上皮细胞上约有200根纤毛，以每分钟500～1000次的速度进行摆动，所以运送速度很快，90%的吸入颗粒可在吸入后1h被排除。

为保持鼻腔、气管、支气管黏膜上皮纤毛的正常活动，吸入的空气必须含具适当的湿度和温度。

缺氧时纤毛运动受抑制，二氧化硫等有毒气体可使纤毛运动减慢。呼吸道病毒感染（如流感病毒）可破坏纤毛细胞而造成继发性感染。猪支原体附着在纤毛上皮上，不但破坏其纤毛运动机能，患慢性支气管炎和支气管扩张时，纤毛细胞数量减少，杯状细胞数量增加，黏液腺肥人，黏液分泌增多，黏稠度增加，纤毛的清除作用降低，尤其在黏液呈脓性时，量增多时，引起反射性咳嗽。

⑵支气管肺泡廓清：更小的颗粒沉着在无纤毛的上皮细胞表面，其最后归宿与颗粒的数量和理化性质有关。如量不多、无毒，则大部分颗粒仍停留在气液界面而逐步由下列方式清除。

①肺泡液将其运送到终末小支气管的纤毛上皮，通过黏液纤毛廓清作用而被清除。

②进入组织间隙则为组织细胞（固定巨噬细胞）所吞噬。

③有些长期停留在胸膜下、血管周围和间质淋巴贮存处。

④大部分为肺泡巨噬细胞吞噬后再通过黏液纤毛廓清作用而清除。如接触大量抗原或致病微生物，则产生急性炎症，使正常的清除机制受到压抑和破坏。

⑶肺泡巨噬细胞的吞噬作用：肺泡巨噬细胞大部分来自骨髓内的单核细胞，在肺间质中成熟为大的多形性细胞。此种细胞在形态上最突出的特点是胞浆内充满大小、形态和密度各异的溶酶体和吞噬体。有高度的吞噬活性，平均寿命为1～5周。呼吸道的病毒感染，则肺泡巨噬细胞系统被抑制。

⑷非特异性体液因子：非特异性体液因子可增强机体抗感染能力，包括：

①抗胰蛋白酶可抑制多种酶的活性，包括细菌的酶，中性白细胞中溶酶体所分泌的蛋白酶和弹性硬蛋白酶以及胶原酶、纤维蛋白溶酶和凝血酶等。抗胰蛋白酶缺乏，炎症或感染产生的多种蛋白酶可造成肺组织的破坏。

②乳铁蛋白系由黏液细胞和多形核白细胞所分泌，有较强的抑菌作用。

③溶菌酶是一种低分子量的蛋白质，由吞噬细胞、黏膜上皮细胞和腺体细胞所产生。它存在于呼吸道分泌液、唾液、肠分泌液和其他液体中。它对多种细菌主要是革兰氏阳性菌有溶解作用。

④补体是存在正常血清中具有酶活性的复杂的球蛋白成分，在相应的抗体存在下，能杀死某些种类的细菌。

2. 特异性免疫　特异性免疫机制是后天获得的，是针对某一种抗原物质的免疫机制。这种特异性免疫又可分为体液免疫和细胞免疫。

⑴淋巴组织和淋巴细胞：呼吸器官内有丰富的淋巴组织，对吸入的尘粒起着滤器作用。淋巴组织内的淋巴细胞尚可对抗原物质产生免疫反应。

机体内的淋巴细胞是一群免疫性活细胞。这类细胞受抗原刺激后能分化增殖，引起特异性免疫反应。

⑵体液免疫：根据近来的研究，多数学者认为呼吸道局部存在一种局部分泌免疫系统。主要有：

①分泌性免疫球蛋白A（Secretor Immuno globulin A，SIgA）主要存在于咽喉以上的分泌液中。分泌性IgA是呼吸道黏膜表面重要的抗菌和抗病毒的免疫因素。它具有凝集颗粒抗原、中和病毒、抑制细菌生长、中和外毒素、保护黏膜、防御生物和其他抗原物质侵入机体内的作用。局部分泌性IgA下降或缺少时，易反复发生各种呼吸道感染。

②免疫球蛋白G（Immunoglobulin G，IgG）是下呼吸道免疫球蛋白，具有非常活跃的生物学功能，可凝集颗粒、调理细菌、激活补体、中和毒素和病毒，当有补体存在时还能溶解细胞。所以在抵抗下呼吸道感染时，有其重要作用。

(3)细胞免疫：细胞免疫是机体对抗细胞内寄生的微生物和癌变细胞的主要防御机制，是通过致敏T淋巴细胞所产生的淋巴因子而表现出来的。

三、呼吸机能不全

呼吸系统的功能取决于其在肺循环中充氧和从血液中移除二氧化碳的能力。这些功能紊乱主要表现为缺氧症、二氧化碳潴留和呼吸衰竭。

1. 缺氧症 组织不能得到氧的充分供应，其原因很多。

(1)缺氧性缺氧症：缺氧性缺氧症发生在肺循环中血液充氧不足之时，而且通常是由于呼吸器官原发病所引起。

(2)贫血性缺氧症：当单位体积血液的血红蛋白缺乏时，即发生贫血性缺氧症。这时有效血红蛋白饱和度和氧分压正常，但血液携氧能力下降。这是各种贫血的共同特征。血红蛋白转变为无携氧能力的色素也会产生同样的结果。例如亚硝酸盐中毒时，使血红蛋白转变为正铁血红蛋白，一氧化碳中毒时，血红蛋白转变为碳氧血红蛋白，都会发生贫血性缺氧症。

(3)循环障碍性缺氧：循环障碍性缺氧症是流过毛细血管血液的速度降低，动脉血液的氧饱和状态，总载氧量和氧分压正常；但由于在组织中停留时间延长，使组织中氧分压下降到很低水平，降低了氧的交换速率，引起组织相对缺氧。循环障碍性缺氧是充血性心脏衰竭、外周循环衰竭和局部静脉阻塞的基本缺陷。

(4)组织中毒性缺氧：组织中毒性缺氧症发生于血液氧饱和充分，但组织氧化系统衰竭而不能吸收氧的情况下，氰化物中毒是这种缺氧症唯一的常见病因。

(5)缺氧代偿机制：缺氧症发展很慢，一些代偿机制就能进行补偿。如呼吸深度增加，是由于缺氧结果所引起颈动脉和主动脉体的化学感受器所调节，缺氧能促进脾脏收缩和骨髓的红细胞生成而导致红细胞增多症。心率和心搏出现增加而导致心脏每分钟的排血量增加。如果这些代偿机制不足以维持给组织提供足够的氧，各种器官就会出现机能障碍的征候。中枢神经系统对缺氧非常敏感，与大脑有关的征候（兴奋、无力、严重时烦躁不安、惊厥、昏迷甚至死亡）通常首先出现。心肌衰弱，肾脏和肝脏机能不全以及消化道的蠕动和分泌活性也就降低。

2. 二氧化碳潴留 呼吸机能不全可引起二氧化碳消除不全，并在血液和组织中累积。

这种情况可使脑血管扩张，脑血流量增加（在人脑血流量可增加50%）；因脑体积增大，颅内压升高，可引起视乳头水肿。在脑缺氧的基础上，一旦二氧化碳急速排出体外，脑血流量突然减少，脑缺氧增重就有促进发生脑水肿的可能。

二氧化碳是强有力的呼吸中枢兴奋剂。正常动物随着大气中二氧化碳浓度的增加，通气量也相应增加；当吸入气中含量为2%时，通气量明显增加，4%时可增加1倍，9%时可增加10倍或更多（在人）。但超过此浓度，二氧化碳浓度越增加，通气量反而下降，呈现呼吸中枢抑制状态。

3. 呼吸衰竭 呼吸衰竭是呼吸机能不全的最后阶段，这时呼吸中枢的活动减弱到呼吸肌肉运动停止的程度。呼吸衰竭可以是麻痹性的、窒息性的或者呼吸急促性的，取决于原发病。窒息性的呼吸衰竭发生于肺炎、肺水肿、上呼吸道阻塞时，有高碳酸血和缺氧症。高碳酸血刺激呼吸中枢，缺氧刺激颈动脉体，因此，呼吸运动发生困难，临死前继之以喘息和呼吸暂停的交替期。麻痹性呼吸衰竭是由呼吸中枢抑制剂、中毒或神经休克引起的。急性心脏衰竭或出血虽然也可发生麻痹性呼吸衰竭，但经常有不同程度的呼吸困难和喘息，通常也不像典型的窒息性呼吸衰竭那么严重。典型的麻痹性呼吸衰竭，呼吸中枢麻痹，因此呼吸很快变浅和慢，随后停止，不出现呼吸困难或喘息。急促性呼吸衰竭是不常见的类型，发生于高温等引起肺换气量增加时，因此有氧气但不是无二氧化碳气潴留（低碳酸血）。由于缺乏能促进呼吸运动的二氧化碳，所以呼吸由浅快到急促。

这些呼吸衰竭类型的区别，对确定治疗措施是必要的。麻痹性呼吸衰竭要求用呼吸兴奋剂，窒息性呼吸衰竭以输氧为宜，而呼吸急促性衰竭则应同时提供氧和二氧化碳。

四、呼吸器官疾病的主要表现

1. 呼吸过度和呼吸困难　呼吸过度是指肺换气量增加。呼吸困难有一定主观范围，如临床上看到的指呼吸短促、“上气不接下气”、“气体不够用”等，给动物造成呼吸运动窘迫性的增加，统称为呼吸困难。呼吸过度转变为呼吸困难没有客观的标准，因此将二者一起讨论。

呼吸困难是紧张运动后的一种生理现象，只有在静息或运动很少时出现才是反常现象。它通常是由呼吸道疾病过程中经常发生的缺氧或高碳酸血症所引起。在肺性呼吸困难中，另外一个可能有重要辅助作用的因素是异常的神经过敏（Hering-Breuer二氏反射）。

当肺脏或胸膜有炎症或充血时，很可能发生迷走神经反射，导致呼吸浅快。肺气肿呼吸困难的特征是呼气困难，由于缺氧性缺氧病，需要加强呼气以有效地排出潮气所致。

心性呼吸困难是由于伴有肺充血和肺水肿的左心室迟缓性衰竭引起的。循环障碍性缺氧对这种形式呼吸困难的发生有一定作用。但是肺扩张能力减少，赫-布二氏反射的敏感性增加和静脉压增加等，对呼吸中枢的作用可能更为重要。

当患畜由于缺乏高碳酸血而处于安静状态时，贫血性缺氧症呼吸困难不明显。酸中毒时释放的二氧化碳使呼吸中枢兴奋，可能出现呼吸困难。此外在一些脑炎病例或颅腔间隙的损伤，中枢兴奋可引起神经原性呼吸困难。

其他一些有关呼吸系统疾病的不经常出现和不很重要的征候有呼吸周期反常如呼气延长、胸廓两侧运动失调、呼吸喘鸣和伴随运动疼痛表现等。

2. 发绀　发绀是指由于血液中还原血红蛋白的绝对数量增加而引起的皮肤、结膜和可视黏膜变为蓝色。它只发生在血液中血红蛋白浓度正常或接近正常而且血红蛋白氧合不全时。所有类型的缺氧性缺氧症和循环障碍性缺氧症都可出现发绀，但在贫血患者则例外，因为贫血时血液中血红蛋白缺乏。此外红细胞过多症也容易出现发绀。达到发绀的标准是当压迫皮肤或黏膜血流暂停时，蓝色即应消失。正铁血红蛋白血症也伴有皮肤和黏膜变色，但颜色多为褐色而不是蓝色，而且不能像对发绀样做以准确的描述。先天性心脏缺陷时发绀最为明显；而后天性心脏病从来没有出现明显的发绀。肺病时发绀往往不明显，除非肺萎陷严重而无循环障碍，以致血液不经氧合作用即流过肺脏的大部分。

3. 咳嗽　咳嗽是一种复杂的高度协调的反射动作，引起肺泡气体以极高的速度冲出上呼吸道，其作用是清除气道内的刺激性气体、尘埃、烟雾、过多的黏液性或脓性分泌物。咳嗽通常表明呼吸系统的原发病或继发病的存在。

当咳嗽时，肺泡内形成高压会使肺泡壁弹力丧失或破裂，而造成慢性肺气肿或间质性肺气肿。另外，非常高的胸内压能压迫胸内腔静脉，使回心的静脉血明显减少和体循环静脉压突然增加。与此同时胸内和腹内压力的突然增加，通过椎间孔而传到脑脊髓液。这就能转过来引起暂时性的大脑局部缺血，特别是如果心输出量也同时减少时。所以剧烈的阵发性咳嗽有时会造成晕厥的危险。

4. 喷嚏　喷嚏是深吸气后随之以几乎不能控制的暴发性呼气。其发生是由于外物刺激了鼻黏膜的感受器反射而引起，用以将外物排除。

5. 鼻分泌物　过多的或不正常的鼻分泌物，常常是一种呼吸道疾病的表现。当分泌物是黏液样或脓性时，常说明鼻腔或鼻副窦有炎症存在，但血样或泡沫状的分泌物可能使你联想到有肺充血或肺水肿。此外，在小叶性肺炎有浆性、黏性鼻分泌物；而在大叶性肺炎则有铁锈色纤维素性鼻分泌物。鼻出血或衄血多数说明是上呼吸道黏膜疾病的结果。肺出血的表现可能像是鼻出血。

五、呼吸器官疾病的防治原则

（一）预防

1. 采取针对特定传染病的免疫措施 由于一些常见病似乎都是由多种感染引起的，所以越来越难于做出确切的病原学诊断。呼吸道疾病的多数病原在环境中无处不有，并且以正常寄居物的形式存在于健康动物的上呼吸道内。这就给解释暴发呼吸道疾病的微生物学造成了困难，因为，无论是从病畜还是从健畜中一般都能分离出传染病原。因此，这里似乎没有确定的因果关系，诱因就开始成为任何预防方案中非常重要的因素。认为必要时采取针对特定传染病的免疫措施。

2. 加强厩舍的清洁与通风，保护呼吸器官自然防御机能 厩舍拥挤、冬季潮湿寒冷、夏天闷热不通风时，容易提高家畜肺炎的发病率。空气中氨气浓度大或灰尘多，肺炎的发病率和死亡率则更高。空气不流通，灰尘多的厩舍，肺气肿和支气管炎发病率高。加强厩舍的清洁与通风外，还要强调对应用广谱抗生素、祛痰剂和其他药物治疗时的临床护理。地方性肺炎在猪广泛传播，但有清洁厩舍、通风设备和良好的营养条件，可使肺炎的影响保持在无意义的低水平。

3. 建立预防性检查制度，及时治疗原发病 兽医工作者除应深入畜舍，及时发现病畜外，还应定期建立预防性检查制度，以便尽快地发现轻微的呼吸器官疾病和其慢性病。

对上呼吸道炎症要及时治疗，防止炎症蔓延转成支气管炎和肺炎。发现疑似呼吸道的传染病，应及时隔离和应用该病疫苗进行预防接种，以防止扩大传播。此外，还可对预防某些疾病的发生，喂给药物添加剂。

（二）治疗

1. 抗微生物疗法 各种细菌性呼吸道感染可用抗微生物药治疗。疗程的长短取决于病原菌和开始治疗时的严重程度。暴发传染性呼吸系统疾病时，在饲料或饮水中加入大量药物是对亚急性病和恢复期治疗的有效方法。初步对群体用药的反应，将取决于能反映动物食欲和饮欲的被摄入药物的总量，药物的适口性和其在饲料或饮水中的浓度。

所用药物应根据药物价值，以往处理类似病例的经验和药物敏感试验结果（如果可能的话）进行选择。为了发挥抗生素的最大作用，可采用病因疗法和气雾疗法。

抗微生物药物主要有（临床常用者）抗生素和磺胺类药物，其中尤以抗生素为最多用。抗生素的应用剂量，用药次数与疗效关系极为密切，我们必须给予重视。根据临床经验，肺炎用青霉素G钾盐，每千克体重用20 000～40 000IU，加入500mL生理盐水中，早晚各1次静脉滴注（平均25～30min），疗效显著。

2. 呼吸兴奋剂 呼吸中枢抑制时，可用呼吸兴奋剂。但这些药物对呼吸已经很深的动物没有多大疗效，最有效的呼吸兴奋剂是二氧化碳与氧气混合（二氧化碳为5%～10%）应用，效果良好。呼吸深度增加能促进氧的吸收，改善肺循环。相应减少躺卧动物发生肺充血的机会。常用的兴奋剂有印防己毒素、戊四氮、尼可刹米、咖啡因和硫酸苯丙胺。对急性病例人工呼吸也是不可忽视的，应一直进行到呼吸重新开始为止。

3. 祛痰剂 选用药物前必须知道病变的性质、支气管分泌物的特征和咳嗽的类型。当干咳而耗尽气力和分泌物勃稠时用稀释性祛痰药，如钱盐或钾盐，能促进保护性勃液分泌，缓解咳嗽。慢性支气管炎时咳声柔和（湿咳），有大量支气管分泌物时，用兴奋性祛痰药。这些药物可引起呼吸道黏膜轻微兴奋、充血而趋向于促进治愈和减少支气管分泌，效果较好。

（三）护理

当前许多地方只重视治疗而勿视舍内温度恒定等护理工作，治疗效果不佳。

第一节　鼻出血（Epistaxis，Rhinohaemorrhagia）

鼻出血或鼻衄是指鼻腔或副鼻窦血管破裂而发生的出血现象。它可以是一种原发性疾病、也可以是许多疾病的一种临床症状。

一、病因

1. 原发性鼻出血　主要是由于鼻黏膜和头部的损伤所致。头部遭受打击，异物、寄生虫及蝇类的刺激和咬螫，都会使鼻黏膜出血。日射病、热射病时血压升高和头部过度充血，使过度紧张的鼻毛细血管破裂致鼻出血。

2. 继发性　猪传染性萎缩性鼻炎等传染病，维生素C、维生素K缺乏症，白血病、汞及慢性铜中毒等也常伴有鼻出血的症状。此外，胃、食道、肺和咽喉出血时，血液也可从鼻孔流出来。

二、症状

1. 血流状态　一般大量毛细血管破裂，出血可呈滴状、线状或涌泉状流出，较大的血管和较小的动脉管破裂，则出血呈喷射状。贫血性出血则流出的血液稀薄。

2. 血液颜色　动脉性出血，则流出的血液呈鲜红色；静脉性出血，则流出的血液呈暗红色；炎症性出血，则流出的血液混有气泡、脓液或黏液。

3. 小出血与大出血　一般小出血持续时间短暂，呈滴状流出，可在短时间内自然止血，并无明显的全身症状。大出血时，出血时间（如维生素C缺乏症）或凝血时间（如维生素K缺乏症）延长，呈线状或泉涌状流血不止，不易自然止血，或止血与出血交替发生。当发生大出血并持续不止时，动物不安和惊慌，可视黏膜苍白，心动加速，脉搏快而弱，部分肌肉群震颤，站立不稳，体躯摇晃，严重休克和脱水，可在8～12h死亡。

4. 单侧性出血　机械损伤，包括肿瘤在内，一般多呈单侧性出血。

5. 双侧性出血　由其他因素所引起者，多呈双侧性出血。出血的严重程度，则视鼻积鼻窦黏膜损害范围和血管破裂程度以及原发病的性质而定。

6. 出血部位　肺出血时血色鲜红，血从两侧鼻孔流出并含有多量的泡沫状小气泡。常伴有咳嗽和气喘。呼吸困难，气管及肺部听诊有湿　音。胃出血时血液色暗呈污褐色，随病畜的呕吐从两侧鼻孔流出；血里常混有饲料碎粒，有酸臭味。

三、诊断

原发性出血，通常为单侧性，血液中不含气泡，多为鼻黏膜的局部损伤。凡出血而有全身性疾病可疑时，除检查两鼻道和副鼻窦外，还应详细了解病史和全身情况，才能做出病原学诊断，而确诊原发病。注意与肺出血及胃出血鉴别。

四、治疗

首先应除去致病因素，让患畜安静休息。夏天应将其置于阴凉处，使头部高举，并用冷水毛巾在额部与鼻梁冷敷，一般数分钟到半小时即可止血。如出血不止，在此基础上向鼻腔灌注1%～2%明矾溶液、1%揉酸溶液或10%明胶水溶液等收敛剂；亦可用冰片、血余炭或生龙骨、生白矾各等份共为细末，吹入鼻内进行止血。如系一侧鼻孔出血，可用1:1 000的肾上腺素浸泡纱布或脱脂棉填塞鼻孔，但需在填塞物上系　结实的长线，使其游离端暴露在鼻孔之外，便于取出填塞物。

为了提高血液的黏稠度而达到止血的目的，可选用止血剂（见出血性贫血）。10%氯化钙溶液200mL，缓慢静脉注射对止血效果很好。对维生素C和维生素K缺乏症，则应及时补给维生素C和维生素K。

第二节 鼻炎（Rhinitis）

鼻炎是鼻黏膜的炎症。它是以为鼻黏膜充血、肿胀，甚或有顽固性的器质性变化，并分泌有浆液性、浆液黏液性、黏液脓性鼻液为主要病变特征的疾病。根据病因，可分为原发性和继发性；按炎症的性质，可分为卡他性、滤泡性和纤维蛋白性；根据病程，可分为急性和慢性。临床上的原发性鼻炎以卡他性为多见。

一、病因

1. 原发性鼻炎 可由受寒感冒引起。感冒病畜都有程度不同的鼻炎病变，但鼻炎不一定都是由感冒引起，因而可以说鼻炎是感冒的症状或继发病。由饲料或外界环境中吸入的尘埃、霉菌的孢子、麦芒、昆虫，猪舍通风不良时的氨气、用漂白粉消毒时的氯气、生火的烟以及农药、化肥、毒气等各种有害气体的直接刺激，都可使鼻黏膜的防卫功能和完整性受到破坏。与此同时，由外界进入鼻道及其原有的细菌得以繁殖，在这些综合因素的作用下，使鼻黏膜发生各种炎症变化。

2. 继发性鼻炎 可继发于流感、猪传染性萎缩性鼻炎、猪巴氏杆菌病、出血性败血症。此外副鼻窦炎、咽喉炎、支气管炎、齿槽骨膜炎等病炎症的蔓延或转移。

二、症状

急性原发性鼻炎，病初由于鼻黏膜受刺激感痒而经常喷鼻。摇头，于周围物体上摩擦鼻部；有的患猪体温升高，精神沉郁，鼻黏膜充血、肿胀，敏感性增高，下颌淋巴结肿胀。鼻液初为浆液性，随着炎症的发展可为黏液性、黏液脓性，当为纤维蛋白性炎症时，鼻液为纤维蛋白—脓性，且常混有血液。这时咽喉及下颌淋巴结肿胀明显，鼻腔可发生糜烂。当鼻液浓稠和鼻黏膜肿胀明显时，常发生吸气性呼吸困难，并发生鼻塞音。浓稠鼻液可在鼻孔周围形成痂。当炎症继续蔓延时，可发生邻近器官的炎症，如副鼻窦炎、上颌窦和额窦蓄脓，叩诊时呈浊音；咽喉炎，吞咽障碍和咳嗽；结膜炎，眼睑肿胀和流泪等。

慢性或继发性鼻炎，病程长，临床表现时轻时重，且常以原发病的病情为转移。

三、病程

急性原发性鼻炎，平均经1～2周，其鼻液逐渐减少，最后完全治愈。慢性或继发性鼻炎，可经过数周或数月，有时因超过一年以上仍未治愈而发生鼻黏膜肥厚，病猪因此而呈鼻塞性呼吸音。

四、症状

鼻炎，可根据鼻黏膜充血、肿胀、流鼻液和喷嚏，而体温、脉搏、食欲等一般无变化确定诊断。但应与下列疾病鉴别：流行性感冒，流行猛烈，结膜炎和高热等全身症状明显；副鼻窦炎，多为一侧性鼻液，特别在低头时大量流出。

五、治疗与预防

首先除去致病因素，对轻度的卡他性鼻炎可不治而自愈。对重症有大量鼻液的患猪，可用温生理盐水、1%小苏打溶液、2%～3%硼酸溶液1%磺胺溶液、1%明矾溶液、0.1%辑酸溶液或0.1%高锰酸钾溶液，根据病情每天冲洗鼻腔1～2次。既可清除鼻液，也有消炎收敛作用。冲洗后涂以青霉素或磺胺软膏，特别是鼻孔周围去掉痂的皮肤更应如此。也可向鼻腔内撒人青霉素或磺胺类粉剂。

当鼻黏膜充血肿胀严重时，为促进局部血管收缩并减轻鼻黏膜的敏感性，可用可卡因0.1g；1∶1 000的肾上腺素溶液1mL，蒸馏水20mL的混合液滴鼻，每日2～3次。

对体温高的，全身症状明显的，要及时应用磺胺类或抗生素进行治疗。

鼻炎的预防主要为预防受寒感冒和其他致病因素的刺激。对于继发性鼻炎应及时根治原发病。

第三节　副鼻窦炎（Catarrhus sinus paranasales）

副鼻窦炎是副窦慢性炎症，并积有黏液化脓性渗出物，而有时为化脓腐败性渗出物。病变几乎都局限于单侧。猪传染性萎缩性鼻炎多发生于上颌窦和额窦。

一、病因

通常多并发于鼻卡他，由于鼻骨骨折或弯曲等机械性原因以及感冒所引起。而继发慢性鼻卡他的。还常常并发于猪传染性萎缩性鼻炎。

二、发病机制及病理变化

由于某种病原因素的作用，使黏膜受到刺激，血管充血，出现黏膜局限性或弥漫性充血，并且黏膜肿胀和变厚。以后有渗出物流出，开始为黏液性，以后为黏液脓性，有时则为化脓腐败性的。窦腔扩大，在骨和黏膜之间出现黄色胶样浸润的渗出物，有时可见溃疡、肿瘤。由于排泄口闭塞，致使分泌物发生蓄积并浓缩，骨质受破坏而变薄。

三、症状

在病之初期，通常为单侧性鼻液。鼻液为黏液或脓汁，其中往往混有血液，并带有臭味。鼻液之排出极为顽固，时多时少，但在运动之后，特别在低头时可大量排出。上颌窦或额窦肿大，由于蓄积脓汁和黏膜肥厚，叩诊时呈现浊音。

在大多数情况下，也伴有一侧颌下淋巴结肿胀的现象。由于结缔组织发展和硬化，淋巴结逐渐变硬和成结节状。

四、诊断

根据临床症状，多数可以确立诊断。

五、治疗

首先要查清病因，多以消炎为主。

第四节　扁桃体炎（Tonsilltis）

猪的咽部扁桃体，是相对集中的弥散性淋巴组织，是免疫器官、组织的重要组成部分，在疾病过程中发挥着重要作用。许多急性传染病过程中都出现扁桃体炎症，作为许多病原微生物侵入门户，在全身性组织损伤的急性传染病（如猪瘟）或所属器官、组织的局部病理过程中，淋巴组织均会表现不同程度的炎症反应，成为许多疾病的特征病变。

一、病因

1．原发性　可由受寒感冒引起。感冒病畜都有程度不同的扁桃体炎症病变，由饲料或外界环境中吸入的尘埃、霉菌的孢子，猪舍通风不良时的氨气、用漂白粉消毒时的氯气、生火的烟以及农药、化肥、毒气等各种有害气体的直接刺激，都可使扁桃体黏膜的防卫功能和完整性受到破坏。与此同时，由外界进入鼻道及其原有的细菌得以繁殖，在这些综合因素的作用下，使扁桃体黏膜发生各种炎症变化。

2．继发性鼻炎　主要是各种病毒和细菌等，可继发于流感、猪瘟、猪巴氏杆菌病、出血性败血症。外咽喉炎、支气管炎、齿槽骨膜炎等病炎症的蔓延或转移。

二、症状

剧烈的疼痛性的咳嗽为本病的特征。初为干、短、剧痛性地咳嗽，数天后则变为湿、长而痛感稍有缓和地咳嗽，时间延长，则声音变为嘶哑。当喉头疼痛剧烈时，患畜头向前伸，避免向两侧转动。饮冷水，以及冷天早晨吸入冷空气时，咳嗽加剧，并常有轻度的吞咽障碍。

触诊喉部及紧接喉部的气管环，喉部敏感、肿胀、发热，可引起强烈的咳嗽。压迫时，可引起呼吸困难。过多的分泌物可随咳嗽从口鼻咳出。

流感、猪瘟、猪巴氏杆菌病引发扁桃体发炎时，体温升高，当发展为纤维蛋白性扁桃体炎症时，体温可达40℃以上。并有原发病的症状。

三、病理变化

扁桃体及黏膜淋巴组织病变主要表现为急性出血性坏死性炎症或慢性增生性炎症。眼观淋巴组织所在部位的黏膜肿胀、充血、出血或者发生溃疡，有时会形成局部化脓性炎灶，甚至发生穿孔。猪瘟扁桃体弥漫性灰白色坏死灶。镜检局部淋巴组织坏死、崩解，坏死灶内见充血、出血，浆液、纤维素渗出，炎性细胞浸润。泡间为弥漫性增生的淋巴细胞、巨噬细胞。

扁桃体的病理变化可作为某些传染病诊断依据之一，如猪瘟扁桃体的坏死性炎。

四、诊断

主要依据剧烈地咳嗽和咽喉头敏感等主要临床特征，可作出诊断。但需与咽炎相区别。咽炎虽也有咳嗽，但主要以吞咽障碍为主，吞咽时食物和饮水常从两侧鼻孔流出。如二者同时发生，则具有咽、喉炎的综合征状。

五、治疗

治疗原发病。

第五节 急性支气管炎（Acute bronchitis）

急性支气管炎是支气管黏膜表层或深层的炎症。在临床上以咳嗽、流鼻液与不定热型为特征，在猪常可呈现呼吸困难。本病多见于哺乳仔猪和断奶仔猪气温剧烈变化的影响而发病。

一、病因

急性支气管炎是支气管黏膜表层和深层的急性炎症过程。发病后由于黏膜充血、肿胀及敏感性增高。在临床上以咳嗽、流鼻液为特征。

1. 原发性 吸入任何刺激性物质，如空气中的尘埃与霉菌孢子、氨和含毒剂空气、军用毒气、二氧化硫。此外，畜舍卫生条件不好，如通风不良，闷热潮湿以及营养价值不全的饲养和维生素A缺乏等，均为支气管炎发生的诱因。

2. 继发性 传染因素如流行性感冒病毒、巴氏杆菌、链球菌、葡萄球菌、化脓杆菌、霉菌孢子、猪嗜血杆菌、副伤寒杆菌等；寄生虫的侵袭，如猪的肺丝虫和猪蛔虫，也可以产生支气管炎。

3. 应激因素 受寒感冒是引起支气管炎的主要原因。当动物机体受寒时，其抵抗力降低，特别是支气管黏膜防卫机能减弱，内外源非特异性细菌得以发育繁殖或乘虚而入呈现致病作用。

二、发病机制

在上述的病因作用下，当动物机体抵抗力降低，尤其在黏膜损伤以后，支气管自然防御机能都不足以清除这些致病因子，而发生血管充血水肿，黏膜肿胀，黏液分泌增加，浆液分泌增多，上皮细胞脱落，使管腔狭窄，甚至堵塞了支气管。临诊上即发生啰音和呼吸困难。

黏膜和黏膜下层的炎性肿胀，能有力地压迫支气管黏膜中的感觉神经末梢，因此黏膜的敏感性增高，从而发生反射性咳嗽。

在个别病例中，由于化脓性细菌的毒素以及一部分细菌被吸收之后，侵入血液，影响延脑体温中枢调节机能，导致体温升高。

三、症状

急性支气管炎主要症状是咳嗽。病初，当炎症充血和肿胀的支气管黏膜还没有被炎性渗出物覆盖时，咳嗽为短、干并带有疼痛的表现、。在3～4天后由于炎性渗出物的渗出，则咳嗽变为湿润而延长，疼痛亦减轻，并经常发作，有时咳出痰液。痰液为黏液或黏液脓性呈灰白色，有时带有黄色，由两侧鼻孔流出。当咳嗽时则流出量增多。触诊喉头或气管，其敏感性增高，常诱发持续性咳嗽，咳嗽声音高朗。胸部听诊，病初肺泡呼吸音增强。2～3天后可听到啰音。病的前几天，由于支气管的分泌物通常是黏稠的，因而发生干啰音。以后分泌物增多并变为稀薄，则可听到湿性啰音。一般为大、中水泡音。在气管和较大的支气管，常可听到呼噜音。但这种啰音是不固定的，可与咳嗽一同出现和消失。啰音减弱一般表明病变发生在肺的深部，而啰音高朗则表明病变发生在肺的浅表部位。

全身症状轻微，体温正常或稍升高0.5～1℃，呼吸增数。在重剧性的支气管炎，因炎症侵入黏膜的深层，病畜表现精神萎靡，嗜眠，食欲大减且有重剧性全身症状。毛细支气管炎：当主要病变发生在毛细支气管时，全身症状重剧。一般体温升高1～2℃，病猪呼吸疾速，呈呼气性困难。胸部听诊，可听到支气管小水泡音或干性啰音。其后炎症很快侵人肺泡，即将引起支气管肺炎。

四、病理变化

支气管黏膜血管舒张，并充满血液。黏膜发红呈斑点状，条纹状，局部性或弥漫性的布满支气管的部分或大部分。并在各个部位也见有淤血。病初黏膜肿胀并稍微干燥，后来随着渗出物的渗出，开始是浆液性渗出物，疏松地覆盖于黏膜上，而后则出现黏性的或黏液脓性渗出物。黏膜下层水肿，有淋巴细胞和分叶核细胞浸润。

五、诊断

依据病史材料的分析，如受寒感冒、临床特征、咳嗽、哆音等。急性细支气管炎病猪病情严重，如体温增高，呼吸困难和中、小水泡音。应与支气管肺炎、肺出血和肺水肿区别开。

在支气管肺炎全身症状明显，弛张热，肺部叩诊出现浊音区，肺部听诊肺泡音微弱，有时可听到捻发音可认定有肺炎病灶。在肺出血和肺水肿系突然发生，病程急速，并有泡沫状血样或淡黄色鼻液。

六、治疗

本病的治疗原则为消除致病因素，祛痰、镇咳、消炎，于必要时结合抗过敏药剂应用，疗效显著。

首先消除致病因素，给病畜建立良好的饲养管理条件，如安置于温暖而无贼风与温差变化不大的、通风良好的厩舍内；饲槽与饮水清洁，避免利用有尘埃的垫草与饲草；饲喂营养价值完全的饲料。为了减少对支气管黏膜的刺激，在厩舍内喷水使空气湿润。

若呼吸困难，严重地影响了气体交换，则可采用氧气吸入。

一般在炎性渗出物黏稠不易咳出时，可内服祛痰剂，如氯化铵，猪0.2～2g，其他如吐根配以及人工盐等均可选用。

为了解除病猪咳嗽的痛苦，可用止咳剂，如复方樟脑酊，猪1～3mL，复方甘草合剂，猪10～20mL，或杏仁水，猪2～5mL等，每日1～2次。

为了消除炎症可用磺胺类药或抗生素。青霉素，猪10 000～1 000 000IU/kg，肌肉注射，每天2次，连用2～3d。

抗过敏药物：在使用祛痰止咳剂的同时，加服澳樟脑，猪0.5～1g，或盐酸异丙嗪，猪25～50mg。

中药疗法：外感风寒引起者，宜疏风散寒，宣肺化痰，方用紫苏散：紫苏、荆芥、防风、陈皮、茯苫、桔梗各25g，姜半夏20g，麻黄、甘草各15g，共为细末，引用生姜30g，大枣10枚，猪用量可酌减，1次开水冲服。

外感风热引起者，宜疏风清热，宣肺化痰，方用桑菊银翘散：桑叶、杏仁、桔梗、薄荷各25g，菊花、银花、连翘各30g，生姜5g，甘草15g，共为细末，猪用量可酌减，1次开水冲服。

中西药综合疗法：在咳嗽流鼻浓稠，采用下方同时结合磺胺制剂并配合考的松，常可收到良好效果。

(1)冬花、桔梗、知母、贝母、杏仁、郁金各10g，元参、双花各15g，水煎1次灌服。

(2)10％磺胺噻唑钠20～50mL，1次静脉注射。

(3)醋酸考的松2～5mL，1次肌肉注射。

七、预防

本病的预防首先为加强耐寒锻炼防止感冒，在平时应注意饲养管理，喂给营养丰富易于消化的饲料。圈舍要通风透光，保持空气新鲜清洁，以增强机体的抵抗力。

本病常继发于某些传染病或寄生虫病，在大群中，如发现有咳嗽应进行特异性地治疗。

第六节 慢性支气管炎（Bronchitis chronic）

慢性支气管炎为支气管黏膜长期的、持续数月、甚至数年的炎症过程。以支气管壁结构的变化和持续的咳嗽为特征。

一、病因

原发性慢性支气管炎常常由于急性支气管炎的致病因素未能及时除去，长期反复作用的结果。此外，对于急性支气管炎未能及时给予正确地治疗，饲养管理和护理不周，都有使急性变为慢性的可能。

继发性的慢性支气管炎，常见于心脏缺陷和肺的慢性病如肺气肿和心脏瓣膜病等经过中，都能影响肺内气体交换和使血液循环障碍，而引起支气管的慢性炎症过程。

二、发病机制和病理变化

本病之发生是由于病原因素长期反复地刺激，引起炎症性充血和浆液的渗出，上皮细胞增生和变性以及炎性细胞浸润。因此黏膜或多或少变为斑纹状，而有时呈现弥漫性充血，肿胀，并被少量的黏性渗出物或嚣液脓性渗出物所覆盖。

当病程延续时，炎症病变就侵入到支气管黏膜下层和支气管周围组织，即发生支气管周围炎。这种炎性细胞浸润与随之而发生的结缔组织增生，能降低其壁的收缩性并容易变形，其结果则发生支气管狭窄或扩张。经常而持续地咳嗽就给慢性肺泡气肿的发生和发展创造了条件。

三、症状

本病的特殊症状为持久地拖延数月甚至数年地咳嗽。特别在早晚进出畜舍，饮水采食，稍一运动或紧张工作以及气候剧变时，常常引起剧烈的咳嗽。人工触压气管亦易诱发。痰量不多，有时混有少量血液。

病畜一般无体温变化，但因支气管狭窄和肺泡气肿，则出现呼吸困难。此外，由于长期的食欲不良和疾病的消耗，身体逐渐消瘦，间有贫血现象。

肺部叩诊，一般不呈现异常，但在并发肺气肿时，则出现过清音和肺界后移。

肺部听诊，病初黏膜有稀薄的渗出物时，可听到各种湿啰音。以后由于支气管黏膜炎症过程时间延长，渗出物变为浓稠，则可听到各种干啰音。肺泡音强盛，当并发肺泡气肿时，则肺泡音减弱或消失。

四、诊断

主要应依据病史材料加以分析，如引起急性支气管炎的因素持续地存在。临床特征，如病期长和顽固性地咳嗽。

五、治疗

治疗原则基本上同急性支气管炎。治疗急性支气管炎的药物均可选用。但首先必须冲淡黏性渗出物，以及加强纤毛上皮的活动和支气管的肌肉收缩，以排除支气管黏膜上的黏性渗物。可用祛痰剂（见急性支气管炎）。

根据临床实践经验，可用盐酸异丙嗪片5～10片（每片25mg），盐酸氯丙嗪10～20片（每片25mg），复方甘草合剂50～100mL或复方樟脑酊5～20mL，人工盐10～30g，加赋形剂适量，做成丸剂，1次投服，每日1次，连服3天。效果良好。

第七节　肺充血和肺水肿（Hyperaemia et Oedema Pulmonum）

肺毛细血管被血液过度充满，叫做肺充血。肺充血可分为主动性充血和被动性充血。主动性充血系血液流入量增多，同时流出量亦增多，致使肺毛细血管过度充满。被动性充血系肺的血液流出量减少，而流入量正常或增加，因而引起肺的郁血性充血。

肺水肿系因肺充血持续时间过长，使血管内的液体由肺的毛细血管渗入肺间质，肺泡和细支气管内所形成。

肺充血和肺水肿见于所有家畜，但多见于马。在临床上以在炎热季节突然发生极度呼吸困难，黏膜发绀和泡沫状鼻液为特征。

一、病因及发病机

由于长时间用火车或汽车运输时，因过于拥挤和闷热，使动物体过分受热和兴奋以及过度疲劳，导致主动性肺充血的发生，并将大量的血液压入肺动脉。在高压的影响下，大量血液进入肺脏，能引起肺脏微血管过分充满而发生肺充血。

吸入大火处的热空气和烟，混有尘埃与刺激性物质的空气以及过敏反应，都可使血管弛缓，血液流入量增多而引起肺的主动性充血和炎症性充血。在肺炎的初期或日射病与热射病的病程中也能引起肺充血。

被动性肺充血主要发生于代偿机能减退期的心脏疾病，如心肌炎、心扩张以及传染病和各种中毒时所引起的心脏衰弱。有时也发生于左房室孔狭窄和二尖瓣闭锁不全时。此外，当心包炎时，心包中的大量渗出液影响了心脏的舒张；在心脏衰弱和患病时长期一侧躺卧以及胸廓呼吸运动困难的动物，肺脏最下部的血液未能流出而形成局部血液停滞，称为肺的沉积性充血。

肺水肿最常发生于急性过敏反应，充血性心力衰竭的充血之后。如猪的桑葚心和有机磷中毒。此外，安妥中毒，也能使家畜发生肺水肿。这是由于毒素或缺氧症损伤了毛细血管壁或由于在毛细血管内流体静力压的增高，使浆液性液体渗出的结果。

二、症状

肺充血及肺水肿的外表症状类似。病畜呈现进行性呼吸困难。眼球突出，静脉怒张，结膜发绀。惊恐不安，有时出现骚扰。呼吸于病初期即快而迫促，不久即呈现显著的呼吸困难。头伸展，鼻孔张开和张口呼吸，腹部和胸部的运动显著增加，并呈现前肢叉开，肘部外展和头下垂的典型姿势。呼吸频率能超过正常4～5倍。病畜可因窒息而有即刻死亡的危险。鼻常流出含有粉红色泡沫状鼻液。体温升高，脉搏频数，在主动性充血时，脉搏强而有力，心跳和心音亦增强；并可能听到一种沙沙的血管性杂音。在被动性充血或肺水肿时，脉搏初期即现微弱，心跳和心音亦减弱。

肺部叩诊。当肺充血时，叩诊音一般正常或是过清音；仅于肺之下部，因沉积性充血而稍呈浊音。在肺水肿时，因水肿液进入肺泡，则呈半浊音。其后由于肺泡内的气体完全被逐出，即显浊音。

肺部听诊。当肺充血时，肺泡音微弱或粗厉；在肺水肿时，肺泡音先微弱而后消失。

若水肿液侵入支气管内，则可听到小水泡音和捻发音；若进入上呼吸道则引起深沉而微弱的咳嗽。

三、病理变化

在肺主动性充血时，肺脏稍肿大，呈暗红色，较正常稍坚硬。肺微血管充满血液，故在切开肺时，能流出较健康肺为多的血液。肺的被动性充血，因长期静脉淤血的结果，肺容积亦增大，更由于结缔组织的增生而变硬，并布满无数出血点。沉积性充血则因血液渗入于肺泡而引起肺脏的脾样变。

肺脏肿大，弹性降低，压之呈现凹陷；颜色较正常为苍白，空气含量减少；切开时流出含有大量泡沫的液体。

（一）病程及预后

主动性肺充血和肺水肿，在心脏、肺脏状况良好的健康动物，若能及时地采取治疗措施，经数分钟或数小时即可治愈；但在极个别病例，可以拖延数天。重剧病例，可能由于窒息或心脏衰竭而死亡。

被动性肺充血发展较慢，预后良否，则视原发病为转移。至于肺水肿，轻度者发展缓慢，在临床上无显著肺水肿特征者，预后良好；重剧的，经过迅速，常因窒息而死亡。

（二）诊断

本病根据病史材料的分析，猪多在日射病与热射病，本病除呼吸困难外，尚呈现中枢神经机能障碍，全身衰弱和体温极度升高。育肥猪出栏运输过程中出现主动性肺充血。

临床特征，如突然发生呼吸困难和由两鼻孔流出粉红色泡沫状鼻液可做出诊断。在临床上应与下列疾病进行鉴别：弥漫性支气管炎，本病缺乏泡沫状鼻液。肺出血，肺出血时两鼻孔流出含有泡沫的鲜红色血液，同时黏膜呈现进行性贫血。

（三）治疗

本病发展迅速，必须立即进行抢救。其治疗原则为保持病畜安静，减轻心脏负担，增进血液循环，制止渗出以缓解呼吸困难。首先将病畜安置在一个清洁、干燥和凉爽的环境中并避免运动。

呈现极度呼吸困难的重剧病例，应急速由静脉放血，猪250～500mL，能奏急救功效。因其能减轻心脏负担与降低肺中血压，使肺毛细血管充血程度减轻和改善空气向肺脏的进入。

为了预防肺水肿并使肺水肿局限化，猪可静脉注射10%氯化钙溶液10mL或20%葡萄糖酸钙溶液100mL。过敏反应引起的肺水肿可使用肾上腺素。肾上腺素具有及时的药理作用，然后用皮质类固醇以保持血管的完整和降低肺血管的通透性。治疗由过敏反应而引起的急性肺水肿时，通常将抗组胺药与肾上腺素结合使用。

加强心脏机能，应及时选用强心剂，如肌肉或静脉注射氧化樟脑注射液（Vitacamphorae Injection），猪5～10mL。

病畜不安时，适当选用镇静剂，如安溴注射液，猪10～30mL，静脉注射，或肌肉注射氯丙嗪5～20mg。

预防长途运输，在炎热季节应于气候凉爽的早晚，而中午炎热时，必须给以适当休息。在长途车船运输的育肥猪，应避免拥挤，并给以良好的通风和足量的饮水。

第八节 急性肺泡气肿（Emphysema pulmonum alveolare acutum）

肺由于肺泡过度扩张，肺泡壁弹力丧失，充满大量气体，肺泡充气发展至肺泡壁破裂，致气体窜入叶间组织，并导致间质充气，统称为肺气肿。根据其发生的过程和性质，而分急性肺泡气肿、慢性肺泡气肿和肺间质气肿。肺气肿在各动物许多肺的疾病中是一种普遍的病理现象。其临床特征为呼吸困难、呼吸深快、呼吸用力和役用能力降低。

急性肺泡气肿是单纯的一时性的肺组织弹力减退，肺泡内充满空气，致肺泡极度扩张，肺容积增大，而不伴有肺组织构造上的变化。通常有弥漫性肺泡气肿和局限性或代偿性肺泡气肿之分。临床上以发生呼吸困难为特征。

一、病因

猪多因感染性疾病时伴发支气管肺炎继发急性局限性或代偿性肺泡气肿，有时继发于支气管狭窄或肺萎缩时。

二、发病机制

急性肺泡气肿的发生，因各种病原因素的不同而异。患上呼吸道内腔狭窄的疾病和弥漫性支气管炎时，空气由肺泡向外呼出会发生困难。因此，可导致每一次呼气结束，而由于氧气不足，又激起一次新的吸气，致使吸入的空气愈来愈多地存留于肺泡中，从而引起肺泡壁的扩张，可较正常扩大5~15倍。此时，肺泡壁的弹力暂时丧失。由于肺泡弹力的丧失，空气从肺泡内经狭窄的呼吸道向外呼出，如无呼气肌肉的参与是难以完成的。因此，呼吸肌于呼气时行自动的收缩，给整个肺以压迫，更压迫肺泡及小支气管，致小支气管内腔更为狭窄，从而肺泡内的空气向外排出更加困难，肺泡更加扩张，则病状的发展愈趋于急剧和严重。连续的痉挛性咳嗽，也可使肺泡经常过度膨胀，而发生肺泡气肿。

在肺炎，病部呼吸机能丧失，其他部分的肺组织呼吸机能则相应增强，从而引起局限性或代偿性肺泡气肿。

三、症状与病理变化

在急性弥漫性肺饱气肿时，其症状突然发生呼吸困难；代偿性肺泡气肿时，则呼吸困难逐渐增剧，特别在运动和卧下时更为明显。此外，往往可出现心浊音区缩小，心冲动减弱。还常伴有咳嗽；人工诱咳时，咳嗽延长而无力。

肺部检查，弥漫性肺气肿时，肺部叩诊呈广泛的过清音，叩诊界向后扩大；代偿性肺气肿，过清音多局限在浊音区的周围。肺部听诊，肺泡音减弱。当某部支气管狭窄时，在该区可出现啰音。当某部支气管阻塞时，在该区则肺泡音消失。

病理变化：病变的肺叶体积增大、膨胀，边缘钝圆。有各种大小不同的发白的膨胀物而突起在表面，触之感软。剖开肺脏，减缩缓慢，肺体积显著膨大，肺充满胸腔。肺重量减轻，边缘钝圆，由于缺血呈灰白色。肺组织柔软而缺乏弹性，指压后遗留指痕，有时表面有肋骨压痕。在肺胸膜下可见大量较大的囊泡。切面干燥，切面上可见大量较大的囊腔，使切面呈海绵状或蜂窝状，从切面可压出泡沫状气体。右心室常扩大。

镜下可见肺泡扩张，肺泡间隔变窄并断裂，相邻肺泡互相融合形成较大的囊腔。肺泡壁内的毛细血管因受压而贫血，数量显著减少或消失。支气管和细支气管常见有炎症病变。由肺线虫引起的肺气肿，在支气管或细支气管管腔内可见虫体断面，支气管周围组织有嗜酸性粒细胞浸润。

四、病程及预后

在急性肺泡气肿，如能及时消除病因，则临床症状迅速消失而恢复健康。如果病原顽固而长期存在，则病程延长，转为慢性。

诊断本病根据病史资料，气喘以及肺部叩诊和听诊的结果，可以确诊。治疗原则为除去病因并使动物充分休息和加强饲养以及根治原发病。

首先让病畜绝对休息，给以良好的饲料、饮水、看护和管理并注意厩舍的通风，采用抗组胺药物治疗，效果良好。治疗原发病。

第九节　慢性肺泡气肿（Emphysema pulmonum alveolare chromcum）

慢性肺泡气肿，是由于肺泡持续性扩张，肺泡壁弹性丧失，以致肺泡壁、间质组织及弹力纤维的萎缩直至崩解的肺脏疾病。临床上以出现极度呼吸困难，喘线、肛门运动和肺部叩诊界后移为特征。本病以猪慢性支原体肺炎多发。

一、病因

猪原发性慢性肺泡气肿少见。多见继发伴有呼吸困难的各种呼吸器官疾病之后，特别是多继发于慢性支气管卡他之后。一方面是由于黏膜的肿胀和小支气管渗出液的积聚，引起加深吸气和挤压性呼气伴以呼出气流的障碍。另一方面是由于同时存在的慢性咳嗽，也能引起一种挤压性呼出气流。

引起急性肺泡气肿的各种局部变化，如胸膜粘连、慢性肺炎、支气管狭窄等长期持续，便可能引起代偿性慢性肺泡气肿。

二、发病机制

肺泡过分扩张，其壁持续紧张，如此反复数周、数月，甚至更长时间，就会减低肺组织的弹性。当肺组织弹性降低，细支气管内腔狭窄或剧烈咳嗽时，为了使空气从肺泡中挤出，就必须有呼吸肌肉的参与。这些肌肉的极度收缩，会给肺组织很大的压力。同时也给肺泡间中隔和通入其中的毛细血管很大的压力，这就能引起毛细血管内腔的狭窄。毛细血管这种经常反复的收缩，能减少血液循环，破坏肺泡壁的营养，引起毛细血管的闭塞，肺泡壁的萎缩，弹力纤维的分离及肺泡上皮细胞的脂肪分解。以后，按萎缩现象发展的程度，首先是肺泡间中隔，以后为漏斗间中隔发生进行性变薄，最后完全消失。因此形成充满空气的腔。

在这些腔的壁中，也发生同肺泡中同样的病变，从而形成更大的腔，甚至可用肉眼看到呈苍白色如泡囊状突出在肺组织的表面上。

由于弹力纤维数量减少和充满空气，肺的弹性更被破坏。这就使肺的体积不断地增大。相反，肺的呼吸面积则不断减少，气体代谢障碍日趋严重，因而病畜发生气喘。由于肺组织的血液运行困难，造成小循环中的血压升高。这就影响了右心室的工作，初为右心室肥大和第二心音加强，继则引起右心室扩张和静脉淤血。这两种病理过程，常造成发生支气管卡他的倾向。

三、症状与病理变化

呼气困难，气喘，同时呼气困难较吸气困难为显著。呼气时，呈现二重式呼气。更因腹肌的强度收缩；沿肋骨弓的皮肤陷落，出现一条弧形的沟，即所谓的喘线。

胸部听诊，肺泡音微弱甚至消失。若并发支气管炎，则可听到各种杂音，同时还可发生弱而短的钝咳。心脏由于被肺叶所遮盖，其向胸壁的传导力减低，致心音减弱。另一方面，由于肺内血压增高，右心室肥大，肺动脉第二音高朗。

剖检多数死亡猪都出现不同程度的支气管肺炎伴发慢性肺泡气肿，其病变由于肺的气肿血液含量减少，空气含量增多，肺呈苍白色，体积增大，膨胀，有肋骨压痕，边缘钝圆，其重量一般较正常减轻一半。触压柔软和气垫相似。可看特征的爆裂声且不萎缩。从切断的支气管中，流出一种卡他性黏液。右心室通常肥大或者扩张。

四、诊断

病畜的一般症状，为黏膜发绀，脉搏无显著变化。本病发展缓慢，常可拖延数月、数年，甚至终生。

五、治疗

治疗原则，主要为加强护理，预防病情向严重发展，恢复肺组织的弹力以及对症疗法。

首先应改善饲养管理，安放在清洁、无灰尘、通风良好的处所。必须注意心脏血管系统和呼吸器官的机能状态，当心脏衰弱时，可用洋地黄或樟脑制剂等强心剂。当有剧烈的气喘时，可用阿托品、肾上腺素或麻黄素。

附间质性肺气肿。间质性肺气肿是由于肺泡间隔或细支气管壁破裂，使空气进入肺间质所致。强烈、持久的深呼吸和胸壁穿透受伤时肺泡、细支气管可发生破裂；在小叶间隔、肺胸膜下形成多量大小不等的一连串的气泡，小气泡可融合成大气泡。肺胸膜下的气泡破裂则形成气胸。气体也可沿支气管和血管周围组织间隙扩展至肺门、纵隔，并可到达肩部和颈部皮下，形成皮下气肿。

第十节　支气管肺炎（pneumonia bronchifis）

支气管肺炎是个别肺小叶或几个肺小叶及其相连接的细支气管的炎症，又称为小叶性肺炎（Lobular pneumonia），通常于肺泡内充满由上皮细胞、血浆与白细胞组成的卡他性炎症渗出物，故也称为卡他性肺炎（Catarrhal pneumonia）。一般多由支气管炎的蔓延所引起，临床上以出现驰张热型，呼吸次数增多，叩诊有散在的局灶性浊音区和听诊有捻发音为特征。本病秋冬两季发病较多。病程可分急性和慢性支气管肺炎。如猪支原体肺炎常呈慢性支气管肺炎。

一、病因

1. 原发性病因　受寒感冒，理化因素刺激，在某种程度上都能降低整个机体，特别是肺组织的抵抗力，为各种非特异性的内源性和外源性病原菌侵害机体，创造了条件，以致引起发病。另外饲养不良，维生素A也可诱发。

2. 继发性病因　本病常继发或并发于许多传染病和寄生虫病，如仔猪的流行性感冒、猪支原体肺炎、猪肺疫、猪传染性胸膜肺炎、仔猪副伤寒、猪肺虫病（猪后圆线虫病），仔猪蛔虫、霉菌病等。另外支气管炎常继发支气管肺炎，这是因为支气管炎的炎性渗出物可通过细支管黏膜侵袭所属肺小叶，引起肺泡炎症和渗出，所以，凡是足以引起支气管炎的病因也都是支气管肺炎发生的原因。

二、发病机理

寒冷刺激可加速组织蛋白的分解，血液中大分子胶体蛋白增多，通过血液循环淤滞在肺部毛细血管，刺激毛细血管发生充血，同时寒冷和大分子胶体蛋白均能降低单核巨噬细胞系统的机能，使其活性减弱，降低血液内白细胞对有害因子的反应性，使机体抵抗力降低，呼吸道常在菌和外源性非特异性病原菌乘虚而入，大量繁殖呈现致病作用。

机械性和化学性刺激，如吸入粉碎饲料尘埃、霉菌孢子、氯、氨、二氧化硫等刺激性气体及火灾时的闷热空气，投药以及吞咽障碍时异物进入气管均可首先引起吸入性支气管炎，随后蔓延至肺泡引起肺小叶或小叶群的炎症。

某些继发于传染病和寄生虫病，由特异性微生物感染的病例，则可能是属于血液性或淋巴源性感染，故肺泡内是细胞性渗出物和脱落的上皮而非纤维素。因为炎症过程只限于肺小叶，并且各小叶所诱发的炎症并非同时进行，故本病的代表性特征就是小叶性炎症过程，临床上出现弛张热型，肺部X透视呈现局灶性阴影。

三、病理变化

眼观、支气管肺炎的特发部位是心叶、尖叶和膈叶的前下缘，病变为一侧性或两侧性，发炎部的肺组织质地变实，呈灰红色，病灶的形状不规则，散布在肺的各处，呈岛屿状，病灶的中心常可见到一个小支气管、肺的切面上可见散在的病灶区，呈灰红色或灰蓝色，粗糙，突出于切面，质地较硬，用手挤压见从小支气管中流出一些脓性渗出物。支气管黏膜充血、水肿、管腔中含有带黏液的渗出物，有些支气管肺炎由于发生的原因和条件不同，因而具有不同的特性，例如吸入性肺炎、霉菌性肺炎等。镜检，支气管腔中有浆液性渗出物，并混有嗜中性白细胞和脱落的上皮细胞，支气管壁因充血水肿和白细胞浸润而增厚，周围的肺泡腔充满浆液，其中混有少量纤维素，嗜中性白细胞、红细胞和脱落的肺泡上皮细胞，肺泡壁毛细血管充血，病灶周围的肺组织出现代偿性肺气肿。

四、症状

病初患猪呈现急性支气管炎的症状，如初为干短带痛的咳嗽，继之变为湿长而疼痛减轻或消失，胸部听诊出现干性或湿性啰音，但全身症状重剧。表现精神沉郁，食欲减退或废绝，结膜潮红或蓝紫，体温升高1.5～2℃。呈弛张热，有时为间歇热，脉搏随体温而变化，初期稍强以后变弱，脉搏频率每分钟可达100多次，呼吸困难，并且随病程的发展逐渐加剧，呼吸增数，每分钟可达100多次，咳嗽为固定症状，由干性痛咳转为湿性痛咳，咳嗽的增剧表示病变区域的扩大，其减轻是病情好转的象征，流少量鼻液，初期呈浆液性以后逐渐变成黏液性或脓性，并发肺坏疽的时候鼻液则脓性而恶臭。胸部叩诊，病灶浅在的，可发现一个或数个局灶性的小浊音区，其部位一般在胸前下三角区内，融合性肺炎时则出现大片浊音区；深在病灶则临床上叩诊浊音不明显。胸部听诊，病灶部位肺泡呼吸音减弱，出现捻发音，融合性肺炎病灶区可听到干、湿性啰音和支气管肺泡呼吸音，其他部位可听到肺泡呼吸性代偿性增强。

血液学变化，白细胞总数和嗜中性白细胞增多，并伴有核左移，单核细胞增多，嗜酸性细胞缺乏。X光检查，肺纹理增强，呈现大小不等的灶状阴影，似云雾状，有的融为一片。

五、诊断

本病的诊断不难，主要根据对病史材料的分析，如继发于支气管炎，临床症状表现弛张热，短干痛咳到湿咳的转化，流鼻液，胸部叩诊呈局灶性浊音区，听诊出现捻发音，肺泡呼吸音减弱或消失，X光检查肺纹理增强，呈现大小不等的局灶性阴影。类症鉴别应注意细支管炎和大叶性肺炎。细支气管炎：热型不定，呼吸极度困难，呼气呈冲击状，因继发肺气肿，叩诊呈过清音甚至鼓音，肺界扩大，听诊肺泡呼吸音亢进并出现各种啰音。大叶性肺炎：呈稽留热，典型病例常呈定型经过，有时可见铁锈色鼻液，叩诊的大片浊音区内肺泡音消失，出现支气管呼吸音，X光检查显现均匀一致的大片阴影。

六、治疗

本病病程一般持续2周，大多数康复痊愈，极少数转化为化脓性肺炎或坏疽性肺炎而预后不良，临床上只要治疗及时、正确，一般预后良好。治疗原则包括：抑菌消炎、祛痰止咳，制止渗出，改善营养，加强护理。

1. 抑菌消炎　临床上主要应用抗生素和磺胺类制剂，治疗前最好采取鼻液做细菌对抗生素敏感试验，以便对症用药。例如肺炎双球菌、链球菌感染的，青霉素、链霉素联合应用效果最好，160万～200万单位（按每千克体重为1万单位）肌肉注射，每天2次，连用3～4天金黄色葡萄球菌感染的，可使用青霉素或红霉素。对肺炎杆菌感染的可用链霉素、卡那霉素、青霉素、土霉素。对绿脓杆菌感染的可使用庆大霉素和多黏菌素B、多黏菌素F对多杀性巴氏杆菌感染的使用氯霉素，按每千克体重10mg肌肉注射疗效很高。大肠杆菌引起的应用新霉素，按每天每千克体重4mg肌肉注射，每天1次。病情顽固的病例，可应用四环素0.1～0.25g，溶于葡萄糖生理盐水或5%葡萄糖注射液中，静脉注射，每天2次。

2. 祛痰止咳　当病猪频发咳嗽而鼻液黏稠时，可内服溶解性祛痰剂，常用氯化铵1～2g，碳酸氢钠1～2g，两液混合后，1次灌服，1天3次，连用2～3天，频发痛咳分泌物不多时，可用镇痛止咳剂，常用的有复方樟脑酊5～10mL服，每天2～3次，或磷酸可待因0.05～0.1g内服，每天1～2次。

3. 制止渗出　用10%氯化钙液10～20mL或10%葡萄糖酸钙10～20mL静脉注射，每天1次，具有较好的效果。溴苄环乙铵（必消痰）能使痰液粘度下降，易于咳出，从而减轻咳嗽，缓解症状。与四环素类抗生素合并应用可提高疗效。

4. 对症治疗　体质变弱时，可静脉注射25%葡萄糖注射液200～300mL，心脏变弱，可皮下注射10%安钠加2～10mL。

第十一节 大叶性肺炎（Pneumonia lobaris）

大叶性肺炎又称纤维素性肺炎（Tibrinous pneumonia）或格鲁布性肺炎（Croupous pneumonia），是以支气管、肺泡内充满大量纤维蛋白渗出物为特征的急性肺炎，常侵害肺的一个或几个大叶。临床上以高热稽留，铁锈色鼻液，大片肺浊音区和病理的定型经过为特征。

一、病因

本病的病因至今尚未完全阐明，通常认为有传染性和非传染性两种。

1. 传染性病因 巴氏杆菌引起的猪肺疫和炭疽具有大叶性肺炎的特征，近年来已经证明双球菌也可引起猪的大叶性肺炎。此外，存在于动物体内的和外界病原菌，如绿脓杆菌、大肠杆菌、坏死杆菌、沙门氏杆菌、霉形体、三型副流感病毒、链球菌、葡萄球菌以及肺炎球菌等，在本病的发生上都有着重要意义。

2. 非传染性病因 非传染性大叶性肺炎是一种变态反应性疾病。可诱发的因素极多，如受寒感冒、长途运输、吸入刺激性气体、厩舍卫生条件不良、饲养管理不良等。另外继发性大叶性肺炎在临床上也可见到，只是常呈非定型经过。

二、发病机制

根据上述病因，条件性致病菌通过气源、血源或淋巴途径侵害到肺组织。开始一般在肺脏下部尖叶和心叶的深部组织。侵入该部的微生物在适宜条件下迅速大量繁殖，并沿着淋巴径路支气管周围和肺泡间隙的结缔组织扩散，首先引起间质性肺炎，进一步扩散进入肺泡和胸膜，部分被溶解了的细菌放出内毒素，在其作用下，使肺组织开始发生炎症过程。细菌毒素和炎症组织的分解产物被吸收后，又引起动物机体的全身性反应。如高热心血管系统功能紊乱以及特异性免疫抗体的产生等。

三、症状

突然发病，体温迅速升高到40～41℃或以上，并稽留6～9d，以后渐退或骤退至常温，患猪精神沉郁，食欲减退或废绝，脉搏于病初稍快，当体温升高1℃时，脉搏即增加10～15次，体温继续升高2～3℃，脉搏则不增加。这种高热而脉搏不太快的现象是本病的早期特征。呼吸急促，每分钟可达60多次，呈混合性呼吸困难，黏膜初充血潮红，后黄染发绀，传温不整，肌肉震颤，病猪频发短痛咳嗽、溶解期变为强咳，肝变初期，流铁锈色或红色鼻汁，重症病例，倒地躺卧，张口呼吸。非典型病例，常止于充血期，临床可见到体温反复升高或仅见红黄色鼻液，全身症状多不太重。

胸部叩诊，随病程不同而异，充血渗出期呈鼓音或浊鼓音，肺健区或健侧叩诊音高朗。胸部听诊也随病程不同而异，在充血水肿期相继出现肺泡呼吸音增强，干啰音、捻发音、肺泡呼吸音减弱和湿啰音；肝变期，肺泡呼吸音消失出现支气管呼吸音；溶解期，支气管呼吸音消失，再出现啰音、捻发音。

血液学变化，通常白细胞增多，可达200万/L或更多，嗜中性细胞增多，核左移，嗜酸性白细胞、单核细胞、淋巴细胞减少，而血沉加快，严重病例白细胞数减少。尿液检查：尿量在肝变期减少，尿比重增加，尿中氯化物减少，在溶解期，尿量增多比重下降，氯化物和尿素含量也增加。X光检查，病变部位呈现明显而广泛的阴影。

四、病理变化

典型性大叶性肺炎，其病变的发展过程具有明显的阶段性，一般分为四期，但各期的变化，实际上是一个连续发展过程的不同发展阶段，并不能机械地将其分开。

1. 充血水肿期 特征是肺泡壁毛细血管充血与浆液性水肿。眼观，可见肺叶增大，肺组织充血、水肿呈暗红色，质地稍实变，切面平滑，呈红色，按压流出大量血样泡沫。切取一小块投入水中，呈半沉于水状态。镜检，肺泡上皮肿胀脱落，肺泡和支气管内流出有大量的浆液性渗出物、红细胞、白细胞及巨噬细胞。此期持续12～36h。

2. 红色肝变期 特征是肺泡壁毛细血管仍显著充血扩张，肺泡腔内和细支气管内含有大量纤维素、白细胞和红细胞。眼观，肺脏特别肿大，整个肺叶组织致密，质地变实，呈暗红色。因为肺的硬度与色泽类似肝脏，所以称为肝变。肝变部切面粗糙和干燥，呈细小的颗粒状，小叶间间质增宽，充满了半透明胶冻样的渗出物。外观如索状，间质内淋巴管扩张，内含纤维素凝块，切面呈圆形或椭圆形的管腔状。切下病肺组织一小块投入水中完全下沉。此时，炎症常扩展到肺胸膜，所以在胸膜表面可见一薄层纤维素性渗出物被覆，胸膜腔内常含有多量混有淡黄色纤维素凝块的渗出液。镜检，肺泡壁毛细血管扩张充血，肺泡腔内含有大量网状的纤维素，网眼内含有多量红细胞，少量嗜中性白细胞及脱落的肺泡上皮细胞，此时还见到纤维素穿过肺泡孔而与相临肺泡内的纤维素网彼此相接，支气管周围、血管周围、小叶间质和肺胸膜下因被渗出的浆液浸润而显疏松、增宽，其中淋巴管扩张，含有多量网状纤维素，甚至伴发淋巴管炎和淋巴栓形成，此期持续约48h。

3. 灰色肝变期 特征是肺泡壁毛细血管充血现象减轻或消失，支气管和肺泡内的红细胞逐渐溶解，肺泡内除渗出物、纤维素增多外，还出现大量嗜中性白细胞，进而压迫肺泡壁毛细血管，因而充血减退。眼观，发炎肺组织由紫红色转变为灰白色或灰黄色，质地坚实如肝，所以称为灰色肝变。切面干燥，呈灰白色有细颗粒状物突出，将病肺组织投入水中完全下沉。镜检，肺泡中红细胞大部分溶解消失，含有大量网状纤维素和多量嗜中性白细胞，相邻肺泡内的纤维素穿过肺泡孔而相互连接的情况比红色肝变期更为明显，由于肺胞腔中渗出物压迫肺泡壁毛细血管，使毛细血管的管腔闭锁，因而充血消失，此期持续约48h。

4. 溶解期 特征为渗出的嗜中性白细胞崩解和纤维素的溶解，而肺泡上皮细胞表现再生。眼观，病肺组织较前期体积缩小，色泽逐渐恢复正常，但仍略显灰红色。切面逐渐变湿润，肺组织质地较柔软。镜检，肺泡中嗜中性白细胞多数已死亡崩解，纤维素被白细胞释放出的蛋白溶解酶溶解液化，坏死的细胞碎片由巨噬细胞消除，液化的渗出物由淋巴管吸收带走，随着渗出物的吸收，肺泡壁上的毛细血管又重新扩张，肺泡腔又能进入空气，肺泡上皮很快再生。

最后应当指出：大叶性肺炎的上述四期变化不是在每个病例中都可看到的，大叶性肺炎通常表现为四种结局，即机化、形成脓肿、胸膜炎及脓胸、肺坏疽。

五、诊断

根据本病的定型经过，高热稽留，铁锈色鼻液。每一时期特征的叩诊和听诊音的变化，X光显现较大面积的阴影，不难确诊。血液学变化，尿液变化可有助于诊断，但须注意与胸膜炎、小叶性肺炎鉴别。

胸膜炎发热无定型，病的初期可听到胸膜摩擦音，当有渗出液积聚时，叩诊呈水平浊音，触诊或叩诊肺部时，患畜疼痛。

小叶性肺炎临床表现弛张热，叩诊有散在的局灶性浊音区，X线检查肺纹理增强，显大小不等的灶状阴影。

六、治疗

典型的大叶性肺炎，全病程为2周左右，非典型的大叶性肺炎，病程长短不一。轻症病例，预后良好。重症病例，常并发肺脓肿、肺坏疽、胸膜炎等症而预后不良。临床治疗原则是消除炎症，控制继发感染，制止渗出和促进炎性产物的吸收。

1. 消除炎症，控制继发感染 九一四（新胂凡纳明）对该病有较好的疗效，病初按每千克体重0.015g，静脉注射，3～5天1次，连用3次，临用时溶于葡萄糖盐水或生理盐水100～500mL内，但在注射前半小时，最好先皮下注射强心剂，如樟脑磺酸钠或咖啡因，待心脏机能改善后，再注射九一四。或将1次剂量分多次注射，较为安全。

在注射九一四的间隔期间，静脉注射四环素或土霉素，按每千克体重10～30mg，溶于5%葡萄糖盐水500mL中，分2次静脉注射，疗效显著。抗生素和磺胺类药物如青霉素、链霉素、SM2、SMP等对本病亦有较好的抑菌消炎作用，可酌情选用，青霉素2万～4万IU/kg，2～4次/天，肌肉注射，体温恢复正常后再用3～4天。也可配合应用普鲁卡因星状。神经节封闭，静脉滴注氢化可的松或地塞米松等，以降低机体对各种刺激的反应性，控制炎症发展。

2. 制止渗出和促进炎性产物吸收　可用10%氯化钙液10～20mL静脉注射，每天1次，或葡萄糖酸钙5～15g/次，静脉注射，为促进炎性渗出物吸收和排除，可选用利尿素或醋酸钡等利尿剂内服。分泌物黏稠不易咳出时，祛痰可内服氯化铵及碳酸氢钠各1～2g，1天2次，混入饲料中喂给。频发痛咳，但分泌物不多时，可应用止咳剂，如复方樟脑酊5～10mL口服，每天2～3次，或用磷酸可待因0.1～0.5g内服，每天1～2次，也可用盐酸吗啡，咳必清等止咳剂。

3. 对症治疗　心力衰竭时，可选用安钠咖液、强尔心液及樟脑磺酸钠等强心剂，为防止自体中毒，可静注樟酒糖液（含0.4%樟脑、6%葡萄糖、30%酒精、0.7%氯化钠的灭菌水溶液），或撒乌安液。当呼吸高度困难时，可肌肉注射氨茶碱，并发肺脓肿时，可用10%磺胺嘧啶钠溶液，40%乌洛托品溶液30mL、5%葡萄糖溶液250mL合1次静脉注射，1天1次，食欲不佳时，应加健胃剂。

4. 中药治疗　常用清瘟败毒散：石膏40g、犀角2g（可用水牛角10g代替）、黄连10g、桔梗10g、淡竹叶20g、生地10g、栀子10g、丹皮10g、黄芩10g、赤芍10g、元参10g、知母10g、连翘10g、甘草5g，煎汤、胃管投服。

七、预防

加强饲养管理，减少或杜绝本病的各种诱因，增强动物的抗病能力，经常视察猪群，一旦发现各种传染性原发病，就要积极治疗、隔离，以防并发大叶性肺炎和相互传染，对其他致病原因，也应采取相应的措施加以预防。

第十二节　间质性肺炎（Interstitiale pneumonia）

间质性肺炎是指肺泡壁、支气管周围、血管周围及小叶间质等间质部位发生的炎症，特别是肺泡壁因增生、炎性浸润而增宽的炎性反应。发生在肺间质的炎症，病变见于小叶间质、支气管血管周围的结缔组织，特别是肺间隔中，主要是增生性和浸润性炎症。

一、病因

常见由病毒、支原体、寄生虫引起的：流感病毒、猪繁殖与呼吸综合征病毒、猪圆环病毒、猪伪狂犬病、猪肺炎支原体、衣原体病等均可引起间质性肺炎。猪的肺线虫、弓形虫、蛔虫幼虫从血液中移行到肺亦可引起间质性肺炎。

二、症状与病理变化

本病感染初期病毒在肺泡巨噬细胞内复制，仅局部肺泡壁毛细血管充血，其病灶大小不一，病猪仅有轻微的咳嗽和气喘。随着病程进展和继发呼吸道潜伏的细菌大量繁殖病毒即乘虚而入，肺炎灶遂渐扩大，此时患猪呈现急性支气管炎的症状，如初为干短带痛的咳嗽，继之变为湿长而疼痛减轻或消失，胸部听诊出现干性或湿性啰音，但全身症状重剧。表现精神沉郁，食欲减退或废绝，结膜潮红或蓝紫，体温升高1.5～2℃。呈弛张热，有时为间歇热，脉搏随体温而变化，初期稍强以后变弱，脉搏频率每分钟可达100多次，呼吸困难，并且随病程的发展逐渐加剧，呼吸增数，每分钟可达100多次。咳嗽为固定症状，由干性痛咳转为湿性痛咳，咳嗽的增剧表示病变区域的扩大，流少量鼻液，初期呈浆液性，以后逐渐变成黏液性或脓性，并发肺坏疽的时候鼻液则脓性而恶臭。胸部叩诊，病灶浅在的，可发现一个或数个局灶性的小浊音区，其部位一般在胸前下三角区内，融合性肺炎时则出现大片浊音区；深在病灶则临床上叩诊浊音不明显。胸部听诊，病灶部位肺泡呼吸音减弱，出现捻发音，融合性肺炎病灶区可听到干、湿性啰音和支气管肺泡呼吸音，其他部位可听到肺泡呼吸性代偿性增强。

病理变化为病灶呈弥漫性或局灶性分布，肺组织灰红色或灰白色，质度硬实，缺乏弹性，多形成形状不一大小不等的局限限病灶。病灶周围肺组织气肿、肺间质增宽水肿（图10.2-45、46）、慢性间质性肺炎，病变部纤维化，体积缩小、变硬，形成肉变样硬结（图10.2-47）。间质性肺炎应依靠病理组织学检查才能做出诊断。

镜下肺泡间隔、支气管周围、小叶间质等间质增宽，增宽的间质中淋巴细胞、巨噬细胞浸润（图10.2-48）。肺泡间隔、小叶间隔内血管充血、水肿（图10.2-49）。后期，结缔组织明显增生，肺组织纤维化，严重时肺组织发生弥漫性纤维化。

三、病程和预后

单纯性感染急性过程的间质性肺炎能完全消散，预后良好。慢性过程的间质性肺炎引起肺组织弥漫性纤维化。慢性经过，常纤维化可造成持久的呼吸机能障碍和肺动脉高压，肺动脉高压导致右心室肥大，进一步引起右心衰竭，小病灶可代偿性呼吸功能加强，而不出现呼吸功能障碍。大病灶可出现呼吸功能障碍。

四、诊断

主要根据尸体剖检对病史材料的分析，对本病的诊断。

五、治疗

既往无蓝耳病、猪圆环病毒、猪伪狂犬病、猪肺炎支原体病时代，本病病程一般持续2周，大多数康复痊愈，极少数转化为化脓性肺炎或坏疽性肺炎而预后不良，临床上只要治疗及时、正确，一般预后良好。但目前因蓝耳病、猪圆环病毒、猪伪狂犬病、猪肺炎支原体病的普遍存在，治疗效果极不理想。可试用应用抗病药物、抑菌消炎、祛痰止咳、制止渗出、改善营养、加强护理等（见有关章节）。

第十三节　化脓性肺炎（Suppurative pneumonia）

化脓性肺炎是指肺脏因感染化脓性细菌而出现大小不等的化脓性病灶。

一、病因与发病机制

猪化脓棒状杆菌，猪的沙门氏菌，链球菌等均可引起化脓性肺炎。

二、发病机制

化脓性细菌侵入肺脏的途径，一是由呼吸道侵入，常与支气管肺炎或纤维素性肺炎并发；另一个途径是脓毒败血症时病原菌经血液侵入，由其他部位的化脓性病灶转移而来，称为转移性化脓性肺炎。化脓性支气管肺炎及化脓性纤维素性肺炎一般是在支气管肺炎或纤维素性肺炎的基础上发生。

三、症状与病理变化

除了有原发病的症状外，病畜初期呼气，带有恶臭是为本病的早期特征。两侧鼻孔流出有污秽的白绿色乳状脓性黏液，在咳嗽或低头时，常常大量流出。体温一般可增高到40℃，体温常为中等程度的升高。脉搏快弱，可达80次/min。呼吸急速而困难，腹式呼吸，有长声的带痛性的湿性咳嗽。病情严重时，白细胞比正常增多到2.5倍。血沉增快。小脓肿灶形成脓肿膜愈厚，表示脓肿经过的时期愈久。一般为弛张热。

病理变化：肺胸膜下有大小不等的脓肿，脓肿多突出于肺胸膜表面，该部胸膜肥厚、粗糙。肺切面上可见大小不等的脓肿，脓肿周围常围绕一层脓肿膜，脓肿膜愈厚，表示脓肿经过的时期愈久。病变部支气管内含有多量黄白色、混浊的脓性渗出物。发生转移性化脓性肺炎时，肺组织内可散布大小不等的多发性脓肿，脓肿边缘充血、出血、水肿。时间经久者，脓肿外面也有包膜形成。支气管病变一般不明显。镜下肺泡腔内、肺间质中有大量中性粒细胞渗出。中性粒细胞崩解，则肺组织逐渐被溶解破坏，形成脓肿。脓肿周围可见由结缔组织形成的脓肿膜。

四、病程和预后

病程因化脓病灶大小部位不一，治疗选择的药物是否特异有关，用抗菌药物可缓解病情，病程可维持较久。由血源性感染引起的化脓性肺炎，发病迅速，机体可因脓毒败血症而死亡。由支气管肺炎、纤维素性肺炎继发产生的化脓性肺炎，病情趋向缓和。脓肿开始形成时，机体持续发热。脓肿被结缔组织包裹时，发热即行消退。若脓肿破溃，则化脓菌向周围扩散或进入血液，通过血液循环转移至其他组织器官，引起脓毒败血症，病畜病情加重甚至死亡。

五、诊断

两侧鼻孔有多量脓性的鼻液，并有呼吸极度困难时可做出初步诊断。

六、治疗

治疗原则为应用大量的抗生素，如青霉素100万～200万IU，链霉素200万～400万IU，肌肉注射或气管注射，每日2～3次。对原发病要及时治疗。

第十四节 坏疽性肺炎（Gangrenous pneumonia）

坏死的肺组织继发腐败菌感染，以肺组织腐败分解为特征的炎症称为坏疽性肺炎。临床以呼吸极度困难，两鼻孔流出脓性、腐败性和极为恶臭的鼻液为特征。

一、病因

猪多因感染细菌而引起肺组织液化性坏死，细菌经呼吸道侵入，也可由血行侵入。当药物、食物等异物因误投、误咽进入肺内时，引起支气管肺炎，之后继发腐败菌感染，使肺组织腐败分解，引起坏疽性肺炎。猪常继发于大叶性肺炎和化脓性肺炎的经过中。也有个别病例由于腐败性流栓循血管侵入肺组织而发生。这种情况可见于家畜的骨坏疽、褥疮、坏死性蹄炎、创伤性心包炎、溃疡性心内膜炎、化脓性蜂窝织炎，以及其他因病原微生物的侵害而发生坏疽性炎症等。

二、发病机制及病理变化

肺坏疽是由腐败性细菌引起的。这种进入肺组织的细菌可能是气源性的或血源性的。

由于腐败细菌的分解作用使肺组织分解，并形成蛋白质和脂肪分解产物。其中含有腐败性细菌、脓球、腐败组织与磷酸铵镁的结晶等，并具有恶臭。如果肺的坏疽病灶与呼吸道沟通，则腐败性气体与肺内空气混合，随同呼气向外排出，病畜的呼气带有一种腐败性恶臭。当这些物质排出之后，在肺内形成空洞，其内壁附着一些腐烂的和恶臭的粥状物质，同时流出具有特异臭味和污秽不洁的渗出物。

病理变化：坏疽性肺炎多是在支气管肺炎或纤维素性肺炎的基础上发生。坏疽性病灶，多数发生于肺的下部和前部，而且多见于一侧。呈污灰红色或污黄褐色，一般为腐败性粥状物。在病灶周围的肺组织发生充血和水肿，并呈现不同程度的卡他性和纤维蛋白性炎症病变。此种发炎组织，通常也发生坏疽，从而病灶就逐渐扩大，病情加剧。发炎肺组织肿大、质硬，表面和切面可见灰绿色、粟粒大或互相融合的病灶，病灶边缘不整齐，病灶内含有绿色腐败内容物，呈液状、豆腐渣样，发出恶臭味。由药物、食物等异物引起的坏疽性肺炎，在坏死的支气管内常可找到异物。

镜下，病初呈明显的化脓性支气管炎，支气管内含有黏液性、脓性渗出物。以后，黏膜坏死，形成溃疡。炎症向周围肺组织蔓延，产生很多相似的炎性病灶，进而病灶互相融合、坏死、液化，肺组织结构遭到破坏。

三、症状

病畜初期呼气，带有腐败性恶臭是为本病的早期的特征。这种气味起初只有在病畜的附近或者当一次咳嗽之后才出现，后来在远处也能闻见。但坏疽性病灶尚未与支气管相通时，则无这种症状。

本病的第二个特征，为两侧鼻孔流出有奇臭的污秽的鼻液，其色呈褐灰带红或淡绿色，在咳嗽或低头时，常常大量流出。把这些鼻液收集在玻璃杯内，可分为3层，上层为黏性的，有泡沫；中层是浆性液体，并含有絮状物；下层是脓液，混有很多小的或大的肺组织块。显微镜检查时，在其中可以看到有肺组织碎片、脂肪滴、脂肪晶体、棕色至黑色的色素颗粒、红白细胞及大量微生物。如采取渗出物在10%氢氧化钾溶液中煮沸，离心获得的沉淀物，在显微镜下检查，可见到由肺组织分解出来的弹力纤维，这也是本病的重要特征。体温一般可增高到40℃，常为中等程度的升高。脉搏快弱，可达80次/min。呼吸急速而困难，腹式呼吸，有长声的带痛性的湿性咳嗽。病情严重时，白细胞比正常增多到2.5倍。重剧病例有贫血现象。血沉增快。

四、病程及预后

本病在原发性者经过急速，继发病的经过则视原发病而定。有时病变进行迟缓，时间延长可达1年之久。个别病例，由于病灶被结缔组织所包围而痊愈。

五、诊断

根据呼出气体的气味，两侧鼻孔有污秽而恶臭的鼻液，其中含有小块肺组织和弹力纤维，叩诊和听诊音的性质以及仔细可靠的病史等，可作为确诊本病的依据。但须注意与腐败性支气管炎做鉴别。腐败性支气管炎缺乏高热和肺脏浸润的征候，在鼻液中也找不到弹力纤维。

六、治疗

治疗原则为迅速排出异物，制止肺组织的腐败性分解，以及对症治疗。

反复注射兴奋呼吸的药物，如樟脑制剂，每4～6h一次。并及时皮下注射2%盐酸毛果芸香碱1～5mL，使气管分泌增加，可促使异物的迅速排出。

做气管低位切开，对排出肺内异物，也有良好作用。

制止肺组织的腐败分解，可及时应用大量的抗生素，如青霉素100万～200万IU，链霉素200万～400万IU，肌肉注射或气管注射，每日2～3次。对原发病要及时治疗。

第十五节 霉菌性肺炎（Pneumonia mycotica）

霉菌性肺炎是由于环境卫生不良与霉败饲料中的霉菌和霉的孢子，通过呼吸道吸入而发生。

一、病因

主要由于烟色曲霉菌（*Aspergillus Tumigatus*）所引起。该霉菌分泌曲菌酸菌素（*Aspergillicacid*）、曲菌丝和熏曲菌素（*Fumigatin*）。

霉菌在自然界中广泛分布。霉菌的孢子在潮湿的环境下很容易发育，其适宜温度为37～40℃。由于饲料堆放时间过长，遭受阴雨连绵而使霉菌大量繁殖。健康猪能抵抗在自然情况下存在的浓度相当大的曲霉孢子的感染，当机体抵抗力减弱，或者具有呼吸道卡他性炎症时，尤其是环境及饲料中尘埃太多时容易发生感染。

二、发病机制与症状

当动物采食带有霉菌孢子饲料时，通过呼吸侵入呼吸道，并在呼吸道黏膜上发育的同时引起局部炎症反应。任何因素使呼吸系统保护性机能降低，以及不合理的饲养管理，都可引起霉菌性肺炎。

具有小叶性肺炎的症状，从鼻孔流出污秽不洁绿色黏液，显微镜检查可见霉菌的菌丝。黏膜苍白或发绀，肺部可听到啰音。病程延长，则见呼吸困难，呈张口呼吸。

病理变化，肺脏上有大小不等的结节，小的如芝麻粒大，大的有豌豆大。小结节呈散在性和融合性。在小结节中间有化脓。

三、诊断

根据流行病学、症状及病理学变化可做出初步诊断；确诊则需进行微生物学检查。取病灶组织切少许，置载玻片上，加生理盐水1～2滴，用细针将组织搞碎，在显微镜下检查，如见菌丝和孢子，即可做出诊断。或以结节内坏死物接种于马铃薯培养基即可做出肯定诊断。

四、治疗与预防

根据病情可选用下列方法：制霉菌素（nystatinum），50万～100万IU；娣脒（stilbamidine isethionate），每千克体重用0.4～0.8mg，用水稀释成0.1%～0.5%溶液，缓慢静脉注射（现用现配）。预防：防止饲料发霉，不喂发霉饲料。

第十六节 胸膜炎（Pleuritis）

覆在肺和胸壁表面的浆膜，总称胸膜。其中覆在肺表面的叫肺胸膜；在肺根处转为纵膈胸膜。覆在胸壁和膈上的叫壁胸膜。在肺胸膜和壁胸膜之间形成的空隙，叫做胸膜腔。

肺胸膜下的结缔组织伸入肺中，形成肺小叶的支架。肺小叶是肺的结构单位，是由细支气管及其所属的分支和周围的血管、淋巴和神经组织合成的。小叶间的分界线很清楚。

胸膜炎是伴有渗出液与纤维蛋白沉积的胸膜炎症。主要特征是胸腔内含有纤维蛋白性渗出物。按其病程可分为急性与慢性；按其病变的蔓延程度可分为局限性与弥漫性；按其渗出物的数量可分为干性和湿性；按其渗出物的性质可分为浆液性、浆液-纤维蛋白性、出血性、非脓性和化脓-腐败性等。

一、病因

急性原发性胸膜炎比较少见，可发生于胸壁挫伤、穿透创、胸膜腔肿瘤，或机体抵抗力衰弱时微生物侵入胸腔所致。大多数胸膜炎乃是一种继发性的疾病。一般继发胸膜炎的主要病原是巴氏杆菌、结核杆菌、化脓杆菌、霉形体及纤毛菌等。

二、发病机制

前述各种因素都能使胸膜的内皮组织和毛细血管受到伤害，引起毛细血管的扩张和内皮组织的疏松，产生大量渗出液；其液体部分立即又被胸膜的未受损害的部分（主要是纵隔的胸膜）所吸收，而渗出的纤维蛋白则沉积于胸膜上。如果渗出液的份量过大，则不能完全被胸膜的健康部分所吸收，即有液体聚积于胸腔中。如果微生物和渗出液中的固体成分不能及时被正常的和新形成的特异抗体所完全溶解，则将产生新生的结缔组织。

由于被吸收的细菌内毒素和蛋白质分解产物的作用，将引起发热；由于炎性产物刺激神经末梢，将引起一种刺痛，从而使呼吸加快脉浅表。在有大量的渗出液或者纤维蛋白聚积时，肺膜将与肋膜分离，又使刺痛减轻，但呼吸则变得困难。细菌内毒素的作用，胸膜刺痛的反射作用，以及由于大量渗出液和纤维蛋白的聚积，都可使心脏的功能发生障碍。

三、症状与病理变化

原发性病例在初期，常有精神不振，被毛蓬乱、食欲减少、震颤、体温初升高，可达40.9℃，以后则降至39～40.5℃，呈弛张热。如为化脓性胸膜炎，体温可能更高。

有时由于病原与发炎性质而不同，故热型不定，触压胸壁表现疼痛，常向对侧躲避，甚至发生战栗或呻吟。病畜多采取站立姿势，肘部外展，不愿走动亦不愿躺卧。若因过度衰弱而躺卧时，多卧于健侧。安静时，间或有低沉微弱的咳嗽。

胸部叩诊：在病的初期以及在纤维蛋白性胸膜炎时，有时患畜表现疼痛及咳嗽加剧。

在渗出性胸膜炎，因渗出液积聚，胸廓下部叩诊呈现浊音区。胸部听诊：病的初期，胸膜有纤维蛋白性渗出物附着而变得粗糙，可听到胸膜摩擦音；随着渗出液的蓄积，摩擦音消失，有时可听到拍水音；而这个部位的肺泡呼吸音减弱或消失，健康部位肺泡呼吸音则增强。血液学变化：白细胞总数和嗜中性白细胞数增多，核左移，淋巴细胞减少。

其他症状还有食欲变化无常，身体消瘦，心音减弱。常有蛋白尿，尿中氯含量减少，渗出物开始吸收后，尿液又显著增加，呈现多尿。急性胸膜炎的特征是胸膜潮红、粗糙而干操（水肿、变厚、充血）。可在其上面见到一层疏松附着、容易撕碎的蛛网状或者较厚的纤维蛋白膜（纤维蛋白性或干性胸膜炎）。在渗出期胸腔中有大量含着纤维蛋白块团和混浊的液体（猪2～10L）。胸膜增厚，胸膜的脏层和壁层发生粘连。肺的腹侧面衰萎，色彩暗红。

慢性胸膜炎时，有的肉穿组织大量增生，有的在发炎的胸壁上形成纤维蛋白性结缔组织，有的更由于结缔组织的增生，使胸膜壁层与脏层发生粘连。

四、病程及预后

当风湿性胸膜炎尚未恶化者，由于迅速地被吸收，多取良性经过。广泛蔓延的病例则往往导致死亡。胸膜炎一般多易复发而取间歇性经过，一并转为慢性，因而预后必须慎重。

五、诊断

典型的胸膜炎，确诊并不困难。

六、治疗

治疗原则是消除炎症，制止渗出，促进渗出物的吸收和排除以及防止自体中毒。给予软、富含营养的饲料；如为渗出性胸膜炎，则应适当限制饮水。

加速炎性渗出物的吸收与排除，可用利尿剂、强心剂及轻泻剂。

对有高热的病例，可用青霉素、链霉素、土霉素或磺胺药，必须采用适当剂量和持续一定日期，连续用到症状消失。

第十七节 感冒（Common cold）

感冒是由于寒冷侵袭所引起的，以上呼吸道黏膜炎症为主症的急性全身性疾病，临床上以体温突然升高、咳嗽、羞明流泪和流鼻涕、呼吸加快为特征，本病无传染性，多发生于气候多变的早春和晚秋，仔猪更易发生。

一、病因

管理不当，寒冷突然袭击，风吹雨淋，贼风侵袭，猪舍防寒不良、阴暗潮湿、过于拥挤、饲养不佳、营养不良、长途运输，使猪体质下降，抵抗力减弱；天气突然变化，忽冷忽热，使机体对环境的适应性降低，特别是上呼吸道黏膜防御机能减退，致使呼吸道内的常在菌得以大量繁殖而引起发病。

二、症状

病猪精神沉郁，耳垂头低，眼半闭，喜睡，食欲减退，皮温不整，鼻盘干燥，耳尖、四肢末梢发凉，羞明流泪、结膜潮红，舌苔淡白，口色微红，体温升高达40℃以上，畏寒怕冷，拱腰战栗，喜钻草堆，呼吸加快，微有咳嗽，偶打喷嚏，脉搏增数，鼻流清涕，常便秘，少数拉稀，重症病例，躺卧不起，食欲废绝。

三、诊断

主要根据体温突然升高到40℃以上，咳嗽打喷嚏，羞明流泪，呼吸加快，脉搏增多，舌苔淡白等临床症状，结合受寒受风侵袭的病史一般容易做出确诊，鉴别诊断注意猪流感，二者临床症状相似，但发病率不同，猪流感发病率高达100%，一猪发病，全群发病，具有传染性，是由A型流感病毒引起的急性传染性呼吸道疾病，而感冒发病率低，往往散发，病程短，发病不如流感急，没有传染性，没有特异性病原，多在动物抵抗力降低时引起发病。

四、治疗

本病及时治疗，可很快治愈，若治疗不及时，出现并发症，往往拖延时间较久，体质良好的患猪通过加强饲养管理，常经过3～7天自愈。治疗要点：解热镇痛，祛风散寒，防止继发感染。

1. 解热镇痛　内服阿司匹林或氨基比林2～5g/次，或扑热息痛1～2g/次，或30%安乃近液，或安痛定或百尔定5～10mL，每天1～2次。

2. 防止继发感染　应用解热镇痛剂后，体温仍未下降，症状未见减轻时，可适当配合应用抗生素或磺胺类药物，以防继发感染。如用氨苄青霉素0.5g肌肉注射，每天2次，连用2～3d，排粪迟滞时，可应用缓泻剂等。另外，为促进机体网状内皮细胞的吞噬功能，增强机体的抵抗力，可用鸡蛋清10～30mL肌肉注射。

3. 祛风散寒　应用中药效果较好。柴胡注射液3～5mL，肌肉注射，穿心莲注射液3～5mL肌肉注射，或金银花40g，连翘、荆芥、薄荷各25g，牛蒡子、淡豆豉各20g，竹叶、桔梗各15g，芦根30g，煎汤、灌服。

第十八节　仔猪肺炎（Pneumonia of young pigs）

仔猪肺炎可发生于各种幼畜，特别是纯种的猪群，主要发生于早春晚秋气候多变的季节，常引起大量发病；恢复后的仔猪的发育受到阻碍。

一、病因

饲养和管理不善，常是造成本病的主要诱因。如利用营养价值不全的饲料饲喂妊娠后期的母畜，则生出的幼畜体质常虚弱，对外界环境因素抵抗力降低。在母猪妊娠后期维生素A和胡萝卜素不足时，所产仔猪抵抗力降低，容易罹患肺炎。

厩舍寒冷和潮湿，或畜舍日光照射不足，通风不良，经常蓄积有害的气体（如氨、硫化氢等），密集管理，畜舍过热，运动不足以及受贼风侵袭等，均易使幼猪发生肺炎。某些微生物的传染，也起着主要作用，在仔猪常为大肠杆菌、放线杆菌和巴氏杆菌，其他感染的细菌有件链球菌，粪链球菌和双球菌。幼猪肺炎的细菌感染，一方面是在前述内外条件改变的影响下而发生；另一方面感染的细菌往往是非特异性的和多种多样的。当前猪肺炎支原体成为仔猪肺炎的主要原发病，若猪群中蓝耳病潜伏感染，则雪上加霜，使仔猪肺炎发病率及死亡率大增，是当前仔猪培育一大难关。

经研究证明，于健康仔猪上部呼吸道黏膜上，发现有上述某一种或几种微生物的存在，故认为细菌性因素是在幼猪饲养管理不良的条件下，细菌乘机繁殖，增强其毒素，呈现致病作用，并加重病理过程。

二、发病机制

首先是仔猪的呼吸道在形态上和机能上均发育不充分，如呼吸道黏膜较幼嫩，血管丰富而通透性较大，咽的周围淋巴结发育不良，支气管腺分泌黏液较少，纤毛上皮运动较差，其清除异物和屏障防御机能较弱。肺的组织很柔软，在肺上分布的血管是浅表的。同时，神经反射装置尚未成熟。因此，对于肺炎与其他感染性疾病最易发生。由于上述的有害因素作用于发育中的幼猪机体（免疫机能发育不完善），或者饲料的营养成分不全，缺乏维生素A、维生素C和维生素D，使机体抵抗力显著降低，给呼吸道的内外源性微生物创造了繁殖增生的良好条件，从而引起肺炎的病理过程。

当幼猪机体过热时，水分排泻加强，并随汗液排出大量氯化物，蛋白质分解加强，使机体酸碱平衡紊乱，造成酸毒症。引起酸毒症的一些异常产物积聚在组织和器官中，造成肺部血液循环机能紊乱，肺呈淤血状态，因此呼吸加速，随着肺组织营养不良的发展，支气管伴发卡他性炎症变化。结果使肺组织的营养和机能障碍加剧。病理变化扩展到支气管壁、毛细支气管和肺泡，肺的炎症会引起不同程度的氧缺乏现象。

氧不足与淤血的结果，中枢神经系统，特别是大脑皮层抑制过程加强，皮层下中枢活动的调节机能减弱。所有这些变化，又促使肺炎的病理过程加剧。

病理变化。幼猪的肺炎病变多发生于肺尖叶和肺中部，少见于隔叶。切面呈红色，黄褐色和灰色，压之有泡沫流出，不含空气。肺表面或深部有时形成脓灶或坏死区。间或发生肝变。

纵隔及支气管淋巴结肿大，切面充血多汁。如并发胸膜炎时，肺表面，胸膜面上有绒毛样纤维蛋白沉着。有时肺与胸膜粘连。

三、症状

（一）急性型

多见于哺乳和断奶幼猪，尤以感冒时继发。病猪精神萎靡，食欲减退或废绝。结膜充血，以后发绀。热度中等，心动次数增加，可达100～120次/min。重症时随心脏血管机能变化出现水肿；心音微弱，心律不齐。呼吸困难，浅表频数，多呈腹式呼吸，甚至头颈伸张。病初引人注意的症状是咳嗽，开始干而痛，后变为湿性。每次咳嗽之后，常伴有吞咽动作，时而发生喷鼻声。同时出现鼻液，初为浆液性，后变为黏稠脓性。

若病灶较小或在深部时，则叩诊音变化不大。听诊时在病初期，因有支气管炎和支气管周围炎，故有呼吸音加强，干性或湿性啰音，以后形成肺炎时，在病灶部呼吸音减弱或消失，可能出现捻发音。

（二）慢性型

多发生于1.5～3月龄的幼猪。最早的也是最显著的症状为一种间断性的咳嗽。起初比较稀疏，特别见于起立、卧下和身体运动之时，后来日益频繁。从病初起或者逐渐继以呼吸加速而困难（特别是在运动时），以及湿性和干性啰音，间或有支气管呼吸音。多数病例于胸壁叩诊时能诱发咳嗽。除多数病例仅有中度发热外，全身情况和食欲可能不受扰乱。

幼猪肺炎常并发喉头炎、气管炎、胸膜炎、胃肠卡他，若有并发症存在时，则症状复杂而严重。

四、病程及预后

本病的病程及预后，多取决于营养状况，年龄，饲养管理条件以及肺组织催病的程度。急性型在病的初期，肺内发生炎性浸润的病理变化，及时采取正确治疗，消除肺的炎症过程，一般可以治愈。否则病期延长，肺内发生脓性病灶，流出脓性鼻液，则治疗效果降低；往往因并发病，而使病程恶化，故预后不良。

慢性型多系较大的仔猪，其经过可达月余，发育迟滞。

五、诊断

本病可根据病史如环境条件、临床症状如咳嗽、肺部变化确诊。病原诊断须排除特异性微生物感染，出败，仔猪蛔虫性肺炎、肺丝虫性支气管肺炎（猪后圆线虫）。

六、治疗

治疗原则主要是加强护理，抑菌消炎和祛痰止咳，以及对症治疗。

1. 护理　厩舍内要保持清洁，通风良好。并给予营养丰富的饲料。若饲料中维生素含量不足，给予维生素A、维生素C和维生素D的制剂。当病畜消化不良时，可将上述维生素制剂做皮下或肌肉注射。

2. 抑菌消炎　为了抑制微生物的发育，消除炎症和避免并发病的发生，广泛地采用抗生素疗法。青霉素及链霉素肌肉注射每日2次，痊愈为止。也可用磺胺制剂，如10%磺胺嘧啶钠溶液。为了促使炎症消散，也可用上述剂量的青霉素或链霉素，溶于5mL注射用水内，向气管内缓缓注入，每日1次，连用5～9次为一疗程。

3. 祛痰止咳　咳嗽频繁而重剧的，可用止咳祛痰药，如氯化铵、复方甘草合剂等内服。

4. 对症治疗　为了防止渗出，可早期用钙制剂。心脏衰弱的可用强心剂。

第十九节　肺萎陷（Collapse of lungs）

肺萎陷又称肺的膨胀不全、肺不张（atelectasis），指肺泡内空气含量减少，或没有空气而使肺泡膨胀不全或完全不膨胀的病理变化。

一、病因发生机理

（一）先天性的

主要是发生在早产胎儿，因呼吸运动过于微弱引起。当呼吸中枢受到抑制以及肺泡表面的活性物质缺乏或不足，此外呼吸道被异物阻塞而防碍气体进入肺泡都可以引起肺不张，例如呼吸道被羊水和黏液等异物误咽而引起。

（二）后天性的

1. 阻塞性的肺萎陷　在支气管炎症过程中由于黏膜肿胀和分泌物增多，或异物进入气道时可引起，发生过程因为气道阻塞，肺泡内残留气体被吸收，导致肺泡瘪陷。

2. 压迫性的肺萎陷　多呈局部性过程，如气胸、胸腔积液、肿瘤的压迫都可引起。

二、病理变化

1. 先天性肺萎陷　死胎肺脏最明显。眼观，呈完全无气体状态，紫红色，质度如肉样，投入水中下沉。镜下：肺实质保持胚胎时期的肺组织状态。

2. 阻塞性肺萎陷　眼观凹陷，小叶状，体积缩小与周围组织境界清楚。质度变实肉样，切面较湿润，组织块，放水中半浮半沉。组织学变化：低倍镜下，肺呈现平行状态，表现肺泡腔、肺泡管、细支气管等均呈萎缩瘪陷，排列方向一致。此外，肺泡壁毛细血管扩张淤血。

三、结局对机体影响

病程不长者，消除病因后可恢复正常功能。

第三章 泌尿器官疾病

概述

泌尿器官是由肾脏和尿路（输尿管、膀胱、尿道）组成。其中肾脏是最主要的泌尿器官，也是机体的重要排泄器官。

一、肾

1.肾的解剖　猪肾呈红褐色，似长而扁的蚕豆形，长度大致是宽度的2倍、厚度的3倍。肾的表面光滑，里边多乳头。

猪肾位于前四个腰椎横突的下面，以疏松结缔组织附着于腰肌之下，左右肾几乎对称，一般左肾稍偏前，右肾偏后。两肾的内侧缘前部与肾上腺为邻，两肾之间左侧有腹主动脉，右侧有后腔静脉，肾的内侧缘上有深的凹陷部，是血管、神经、淋巴管、输尿管出入的地方，叫做肾门。肾的表面覆有一层纤维膜，在正常情况下容易剥离，纤维膜外由脂肪囊包围着。

在肾的纵切面上可明显地分出表层的肾皮质和深层的肾髓质，两者之间有明显的弓形动脉和静脉。由髓质向皮质突入形成较明显的肾锥体。髓质部的肾乳头分离，有11～13个，肾乳头和相应的肾小盏相连。肾小盏集合成两条管状的肾大盏，肾大盏汇合成漏斗状的肾盂，肾盂是输尿管起始部膨大的地方。

2.肾的组织结构　肾的实质是由数百万个肾单位和肾小管的排尿部构成。肾单位是一个结构和机能单位。它主要由膨大的肾小体和曲直相间、粗细不等的肾小管组成。

肾小体由肾小囊和肾小球（血管球）组成。肾小体上，血管进出的一端称为血管极，其对侧为尿极。肾动脉入肾后，数次分支进入小叶间，称为小叶间动脉。小叶间动脉分出进入肾小体的输入小动脉。一条输入小动脉经血管极进入肾小囊，数次分支并扭成球状血管袢，再汇集成一支输出小动脉出肾小囊。肾小囊为包在肾小球外面的双层漏斗状囊。内层称脏层，贴在肾小球毛细血管的外面，上皮细胞具有许多足形突起。外层又称壁层，是单层扁平的上皮细胞构成。二层之间是囊腔。肾小球内的毛细血管内皮、基膜和肾小囊脏层细胞（足细胞）三层结构是肾小体的滤过屏障。

肾小管可分为近端小管、细段、远端小管。

近端小管分为曲部和直部。曲部是肾小管中最长、最粗的一段，以细的颈部与肾小囊壁层相连。近端小管的管腔不规则，管壁细胞是单层高立方细胞，细胞间界限不清楚。在普通染色切片上胞质着深粉红色。胞核呈圆形，位于细胞的基部，有明显的核仁。细胞的游离面有刷状缘，基底部有纵纹状排列的基纹。

细段近端小管进入髓质，管径突然变细形成细段，细段的上皮为单层扁平上皮，胞核横位，突入管腔中。

远端小管分为直部和曲部。远端小管管壁细胞为低柱状，细胞较小，因而管壁上胞核较多，核圆而着色稍深。细胞表面无刷状缘，胞质染色较浅。

肾小管的排尿部包括集合小管与乳头管。排尿部重吸收作用很弱，主要是尿液排出的通路。

二、输尿管

输尿管从肾盂开始，于肾门的背侧离肾，先沿着肾内侧的后半部后行，在腰肌下外侧方倾斜，至骨盆前口下部相对处，开口于膀胱颈。输尿管全部由功能性脂肪组织包着。在腰下部，呈上下压扁的厚带状。管径于前部较粗，于后部较细。输尿管黏膜层有变移上皮，肌肉层内外两层纵行平滑肌，中间层是环行平滑肌。外膜为弹性纤维层，仅在输尿管后部近膀胱处脂肪的外面有腹膜的脏层覆盖。输尿管的长度约为体长的1/3。

三、膀胱

猪的膀胱呈梨形，膀胱的大小和形状，随着尿液贮存的多少，有显著改变。当充满尿液时，膀胱大，壁非薄而紧张。排空尿液时，膀胱极度收缩，背腹两侧被压扁，壁形成许多皱褶，背侧面凸。膀胱位于腹腔的耻骨区，分为体、颈、顶三部分。顶圆形，朝向前方；颈狭长，向后通尿道；顶和颈之间叫体。

膀胱表面覆盖有腹膜，中间为肌肉层，膀胱颈处的环行肌形成括约肌。黏膜颜色较淡，被覆变异上皮，当空虚时形成许多皱褶。输尿管开口于膀胱颈的中部。输尿管末端进入膀胱壁后，在壁中斜向后内侧穿行1mm，开口处黏膜形成一条浅沟。两输尿管内口间距为1cm，外口间距约为2.7cm。

四、尿道（见生殖系统）

由肾脏生成的尿液，不断地通过输尿管流入膀胱，并暂时贮存于其中，待尿液达到一定量时，引起排尿反射，经尿道排出体外。

泌尿器官，特别是肾脏的主要机能乃是通过泌尿，以排出体内的代谢终末产物（尿素、尿酸、肌酐等）和进人体内的有害物质（细菌、毒物等），并参与水盐代谢平衡、酸碱平衡的调节，借以保持机体内在环境的相对恒定。此外，肾脏尚分泌一些激素，还具有活化维生素D，促进红细胞生成等作用。

泌尿器官的机能活动，主要是在大脑皮质的控制下，通过神经系统的调节而实现。此外，体液因素如垂体后叶、肾上腺皮质分泌的激素（抗利尿素、醛固酮）对泌尿器官的机能活动也有一定的作用。由此可见，泌尿器官机能活动的调节是极其复杂的。

在正常状态下，泌尿器官，特别是肾脏具有强大的代偿机能，但当发生超越泌尿器官或肾脏自身代偿能力的严重障碍或损伤时，则可引起泌尿器官或肾脏的病理变化而发病。

泌尿器官疾病的病因是多种多样的，但主要是由于病原微生物的感染，某些毒物的中毒，机体的变态反应，以及机械性刺激所引起。此外，寒冷、潮湿等因素在肾脏疾病的发生上，也具有重要的作用。

由于泌尿系统各器官在解剖生理上是密切联系的，因此，泌尿器官的疾病，多半是互相联系、互相继发、互相转化、互为因果的。

此外，泌尿器官和机体其他内脏器官（心脏、肝脏、肺脏、胃肠等）之间也具有极其密切的机能联系。因此，当机体任何一个器官发生机能障碍，或是肾脏和其他泌尿器官发生病变时，均能产生不同程度的相互影响。例如，在肾脏的疾病过程中，可以引起心脏、肝脏、肺脏和胃肠道的机能紊乱，是由于肾脏机能不全，致其分泌机能障碍，有害代谢产物大量蓄积，对上述器官产生一系列的严重影响所致。同样，当上述任一器官罹病时，则病原菌及其毒素或各种病理产物，均能通过不同途径侵入肾脏，刺激肾脏和其他泌尿器官而引起发病。

由此可见，泌尿器官疾病并非某一器官单独的病变，而是整个机体疾病的一种局部反应。因此，泌尿器官疾病的临床症状是错综复杂的，主要表现下述综合征。

1. 排尿障碍　表现为排尿困难、排尿疼痛、频尿及排尿失禁。

2. 尿液变化　表现为尿液数量和性质的改变。

（1）尿量的变化：尿是肾脏机能活动的产物，健畜的尿量和排尿次数是有其规律性的。当泌尿器官罹病时，则此等规律受到破坏。临床表现为少尿、无尿、多尿或尿闭。

（2）尿液成分的变化：泌尿器官疾病时，由于肾及尿路的机能障碍，特别是肾疾患时，肾小球滤过膜通透性增强，肾小管重吸收机能障碍，导致尿液成分改变并出现蛋白、血液、管型（尿圆柱）等异常成分。在临床上将此等含有异常成分的尿液，分别称为蛋白尿、血尿、管型尿。

尿中出现有机沉渣，乃是肾及尿路疾患的一种病理产物。尿沉渣中有机成分的检验，远较尿液的理化性状的检验更具有诊断意义。尿的有机沉渣主要有：红细胞、白细胞、上皮细胞（肾上皮、肾盂上皮、膀胱上皮、尿道上皮）以及病原菌等。

3. 心血管症候　主要表现为血压升高（肾性高血压）、心浊音区扩大、主动脉第二心音增强、脉搏强硬（硬脉）。

此外，血液化学成分也发生相应的改变：低钠血症、高钾血症、低蛋白血症、氮血症、酸中毒以及肾性贫血。

4. 肾性水肿　水肿通常是肾脏疾病的重要症状之一，但家畜并非必然经常出现。水肿多发生于富有疏松结缔组织的部位，如眼睑、胸下、腹下、四肢末端及阴囊等处。严重时，可出现体腔积液。

5. 尿毒症　是肾机能不全（肾衰竭）的最严重表现。主要是由于肾机能不全，致代谢产物和毒性物质在体内的蓄积以及内环境的紊乱，而引起的自体中毒综合征（参看尿毒症）。

泌尿器官疾病的诊断，除以临床症状为主要根据外，可施行尿液化验和肾功能测定，以助诊断。

因为尿液是由肾脏形成，经尿路排出的。所以泌尿器官罹病，特别是肾疾患时，其机能活动障碍必然通过尿液的变化而反映出来。因而，通过尿液化验在一定程度上可推知泌尿器官的机能状态和病演性质。特别是，当肾脏病变比较轻微且缺乏明显的临床症状时，除可发现尿液的变化外，病畜一般并不见有任何临床症状。可见，尿液的实验室检验，乃是临床诊断泌尿器官疾病的一种最基本和有效的方法。

据临床统计，泌尿器官疾病，特别是原发性泌尿器官疾病的发病率，远比其他器官疾病的发病率为低。但是猪瘟、猪丹毒、圆环病毒Ⅱ等许多传染病过程中泌尿器官疾病很严重。由于泌尿器官系机体最重要的排泄器官，当肾脏机能障碍时，不仅使尿液和体内的有害代谢产物不能排出，同时，还能引起水盐代谢紊乱和酸碱平衡失调，因而严重地影响家畜机体的生命活动，甚至招致死亡。因此，对泌尿器官疾病的病因、发病机制、症状、诊断、治疗预防，不应有所忽视。

在兽医临床较为常见的泌尿器官疾病，主要有肾功能衰竭、肾炎、肾病、肾盂炎、膀胱炎、膀胱麻痹、尿道炎、尿石症及尿毒症等。

第一节　急性肾功能衰竭（Acute renal failure）

急性肾功能衰竭，简称急性肾衰，是肾缺血、肾中毒引起肾小管变性坏死所表现的一种综合征，临床上以少尿、无尿、酸碱平衡紊乱和尿毒症为特征。

一、病因

1. 肾前性因素　严重脱水、大失血、创伤、烧伤、休克以及胆红素、血红蛋白、肌红蛋白释放过多，电解质平衡失调等。开始仅为肾功能降低，以后则发展为实质损伤，造成急性肾衰。兽医临床上，便秘、胃肠炎经常出现的急性肾衰，则为感染、毒素以及低血容量等多种因素综合作用的结果。

2. 肾内性因素　主要有病毒、细菌引起的急性肾小球肾炎、重症肾盂肾炎等免疫性肾损伤。毒物性肾损伤，如汞、砷、铅等毒物，细菌毒素及有毒代谢产物和组织分解产物等中毒。药原性肾损伤，如磺胺类药物经肾排泄时，易在肾小管析出结晶而损伤肾组织，青霉素类药物可致发变态反应性肾损伤，先锋霉素、链霉素、卡那霉素、庆大霉素、新霉素、紫霉素及巴龙霉素等肾损害性抗生素损害近曲小管，继而影响肾小球。

3. 肾后性因素尿路急性阻塞　如两侧输尿管结石、血凝块阻塞、尿酸盐或磺胺结晶等阻塞，前列腺肥大等。

二、发病机理

在各种致病因子作用下反射性的引起肾缺血、

严重脱水或失血性休克等，使肾血流量突然下降，近曲小管由于肾血流灌注不足而变性或坏死，对钠的再吸收减少，远曲小管尿钠浓度增高，刺激致密斑，通过球旁细胞释放肾素，经肾素-血管紧张素系统使入球动脉收缩，肾小球滤过率下降，导致少尿或无尿。

肾中毒各种外源性毒物、药物及内源性有毒物质，直接作用于近曲小管，使肾小管上皮细胞变性、坏死，坏死组织及管型可使肾小管阻塞，肾小球滤液被动反流。

弥漫性血管内凝血。血液高凝状态及弥漫性血管内凝血（DIC）在急性缺血性肾功能衰竭中起一定作用。如创伤、感染、中毒等组织或内皮细胞损伤，凝血活酶增加。血小板、红细胞破坏后释放出磷酸酯，可加速血管内凝血，产生肾小球血管内凝血。在各种肾脏疾病时，肾微血管和肾小动脉有血栓和纤维蛋白的沉积。

三、症状

少尿或无尿。每千克体重每小时排尿量少于0.5mL，甚至无尿排出。皮下水肿，血压升高，肺水肿，充血性心力衰竭，甚而脑水肿。血液电解质紊乱，出现高钾低钠血症、高磷低钙血症和高镁低氯血症。患畜表现烦躁不安，呼吸促迫，心律失常，心动徐缓，深反射减退或消失。血中尿素、肌醉、肌酸及其他非蛋白氮增多而发生氮质血症、尿毒症和代谢性酸中毒。患畜表现衰弱无力，精神高度沉郁或呈嗜眠状态，呼吸困难，全身肌肉痉挛，顽固腹泻，严重的呼出气和皮肤有尿臭味。

四、治疗

1. 抑菌消炎，制止过敏反应因 感染所致的急性肾功能衰竭，应迅速应用抗生素，最好是大剂量、多种抗生素协同应用，如青霉素、链霉素协同应用，效果较好。应用消炎剂的同时，使用肾上腺糖皮质激素，如考的松等。

2. 利尿

（1）作用于近曲小管的利尿剂：如噻嗪类：氯噻嗪、氢氯噻嗪嗓、环噻嗪、苯噻嗪等。噻嗪类利尿药，易吸收，显效快，利尿作用强烈而持久，毒性低。

（2）作用于亨利氏拌升支的利尿剂：如速尿、利尿酸等。用药后5～15min发挥作用，是肾功能衰竭时唯一的排盐性利尿剂，但易引起电解质紊乱（低血钾、低血钠、低血氯）。速尿，肌肉或静脉注射，猪0.1～1mg/kg。

（3）作用于远曲小管的潴钾性利尿剂：如螺旋内酯、三氨喋呤、孕烯丙酯等，仅对醛固酮增高所致的水、钠储留有效。

3. 纠正高血钾症 应用高渗葡萄糖溶液与胰岛素，一般按葡萄糖3g，胰岛素1IU配合，静脉滴注。禁用含钾的药物。应用钾离子对抗剂，如10%氯化钙液50mL，静脉慢注；或10%葡萄糖酸钙液50～100mL，缓慢静脉注射；或11.2%乳酸钠液50～100mL，静脉注射。

4. 纠正酸中毒 需补5%碳酸氢钠溶液。

5. 解除水中毒 应用脱水剂，如甘露醇或山梨醇1～2g/kg，配成20%～25%溶液，快速静脉注射。

第二节 肾炎（Nephritis）

肾炎通常是指肾小球、肾小管或肾间质组织发生炎症性病理变化的统称。病的主要特征是肾区敏感和疼痛，尿量减少，尿液含有病理产物。猪在临床中以急性肾炎、慢性肾炎及间质性肾炎为多发。

一、病因

肾炎的病因尚未完全阐明，目前认为病的发生与感染、中毒及变态反应等因素有关。

（一）急性肾炎

急性肾炎是指肾实质的急性炎症病变，由于炎症主要侵害肾小球，故又称为肾小球性肾炎（glomerulonephritis）。原发性急性肾炎极少见，引起继发性急性肾炎最常见的病因是感染与中毒。

1. 感染性因素　某些传染病经过中，如流感、炭疽、传染性胸膜肺炎、出血性败血症、结核、猪瘟、猪丹毒、口蹄疫、犬瘟热以及链球菌感染等常致发或并发急性肾炎。

2. 中毒性因素　内源性毒物，如重剧胃肠炎、肝炎、肺炎、腹膜炎及大面积烧伤等疾病经过中所产生的毒素和组织分解产物乡外源性毒物如采食有毒植物、霉败饲料，误食有毒物质汞、砷、铅、磷、斑蝥、松节油、石炭酸、氯仿等，经肾脏排出时，可引起本病。

3. 邻近器官的炎症　因肾盂炎、膀胱炎、子宫内膜炎、阴道炎的转移蔓延而引起。

4. 诱因　机体遭受风、受寒、受湿的作用，营养不良以及过劳等。特别是当感冒时，由于机体遭受寒冷的刺激，引起全身血管发生反射性收缩，尤其是肾小球毛细血管的痉挛性收缩，导致肾血液循环及其营养发生障碍，结果肾脏防御机能降低，病原微生物侵入，促使肾脏易于发病。

（二）慢性肾炎

慢性肾炎是指肾小球发生弥漫性炎症，肾小管发生变性以及肾间质组织发生细胞浸润的一种慢性肾脏疾病（慢性非硬化性肾炎），或是伴发间质结缔组织增生，致实质受压而萎缩，肾脏体积缩小变硬（慢性间质性肾炎，或称肾硬化）。

病因与急性肾炎基本相同，唯其刺激作用轻微，但持续时间较长，因而引起肾的慢性炎症过程。此外，当家畜罹患急性肾炎后，由于治疗不当或不及时，或未彻底治愈，亦可转化为慢性肾炎。

（三）慢性间质性肾炎

慢性间质性肾炎主要与某些慢性传染病（钩端螺旋体等）和慢性中毒（化学毒物、慢性胃肠疾病、慢性皮肤病或长期喂饲发霉饲料）有关。此外，亦有认为本病是慢性肾炎的持续发展所致，故将本病视为慢性肾炎的转归和结局。

二、发病机制

肾炎的发病机理极其复杂，近年通过大量动物实验模型和人类肾活检材料研究，已普遍认为肾炎是一种免疫性疾病。发生机理有3种形式：各种致病因素作为抗原（或半抗原），使机体产生抗体，二者结合为免疫复合体，循环于血流中，激活补体系统，并与补体形成大分子的免疫复合物，呈颗粒状沉积于肾小球的基底膜上，引起一系列炎症反应，称特免疫复合物肾炎。致病因素使机体产生抗肾小球基底膜抗体，与肾小球基底膜结合，发生免疫反应，激活补体系统而引起肾炎，特称抗肾小球基底膜抗体肾炎。致病因素使机体产生某些物质，在血液中其他因子（如备解素，B因子，D因子等）的协同下，直接激活补体C_3，随后激活整个补体系统，并在肾小球中引起炎症，称为C_3途径肾炎。

此外，还有非免疫机理所致肾炎，如病原微生物或其毒素以及有毒物质或有害的代谢产物，也可经血流进入肾脏，阻塞或损伤肾小球或肾小管的毛细血管而发肾炎。

由于肾小球的通透性增大，血浆蛋白被滤出，血浆胶体渗透压降低，而肾小管对水、钠的重吸收机能基本正常，水、钠在体内潴留，出现不同程度的水肿。当肾血流量不足时，肾脏近球旁器产生的肾素增多，致使肾素–血管紧张素–醛固酮系统机能增强，促进肾小管对钠的重吸收，水、钠潴留加重，水肿加剧。由于基底膜变性、坏死、结构疏松或出现裂孔，使血浆蛋白和红细胞漏出，形成蛋白尿和血尿。肾小球缺血时，肾小管也缺血，结果肾小管上皮细胞发生变性、坏死，甚至脱落。上述渗出物与脱落的上皮细胞在肾小管腔内，与蛋白凝集形成各种管型。（透明管型、颗粒管型、细胞管型）。

肾小球滤过机能减低，水、钠潴留，血容量增加；肾素分泌增多，血浆内血管紧张素增加，小动脉平滑机收缩，致使血压升高，主动脉第二心音增强。有毒物质在血中蓄积，久之可抑制红细胞生成，并引起贫血。

肾脏的滤过机能障碍，使机体代谢产物（非蛋白氮）不能及时从尿中排除而在体内蓄积，引起尿毒症或氮血症。

三、症状

1. 急性肾炎　前驱感染后1～3周突然起病。患畜精神沉郁，食欲减退，体温升高，背腰拱起，站立时四肢张开或集于腹下，不愿行动，强使行走，则背腰凝硬或后肢举步困难。压迫肾区时，疼痛明显。严重病例，于眼睑、胸腹下、四肢下端及阴囊等处出现浮肿，轻症仅见面部、后肢以及眼睑部浮肿。

病猪频频排尿，但每次尿量较少（少尿），个别病猪见有无尿现象。尿色浓暗，比重增高。当尿中含有大量红细胞时，则尿呈粉红色，甚至深红色或褐红色（血尿）。

尿中蛋白质含量增高（3%或更多）。尿沉渣中见有透明、颗粒、红细胞管型，此外，尚见有上皮管型及散在的红细胞、肾上皮细胞、白细胞、病原细菌等。

动脉血压升高，主动脉第二心音增强，脉搏强硬。病程延长时，可出现血液循环障碍和全身静脉瘀血现象。

水肿并不一定经常出现，有时在病的后期见有眼睑、胸腹下、阴囊部位发生水肿。严重病例可伴发喉水肿、肺水肿或体腔积水。

重症病猪血中非蛋白氮含量增高，呈现尿毒症症状。此际病猪体力急剧下降，衰弱无力，意识障碍或昏迷，全身肌肉呈发作性痉挛，严重腹泻，呼吸困难。

2. 慢性肾炎　多由急性肾炎发展而来，故其症状与急性肾炎基本相似。但慢性肾炎发展缓慢，且症状多不明显，在临床上不易辨认。

病初患畜全身衰弱，疲乏无力，食欲不定。继则出现食欲减退，消化不良或严重的胃肠炎，病猪逐渐消瘦。病至后期，于眼睑、胸腹下或四肢末端出现水肿，严重时可发生体腔积水或肺水肿。

尿量不定（正常或减少），比重增高，蛋白质含量增加，尿沉渣中见有多量肾上皮细胞，管型（颗粒、上皮），少量红细胞和白细胞。

重症病猪血中非蛋白氮（可增至116mmol/L）和尿液中尿蓝母（可增至40mg/L）大量蓄积，而引起慢性氮血症性尿毒症。

3. 间质性肾炎　临床症状视肾受损害的程度不同而异。但主要表现为尿量增多（初期）或减少（后期），尿沉渣中见有少量蛋白、红细胞、白细胞及肾上皮。有时尚可发现透明、颗粒管型。

血压升高，心脏肥大，心搏动增强，主动脉第二心音增强，脉搏充实、紧张。随病程的持续出现心脏衰弱，尿量减少，比重增高，皮下水肿（心性水肿）。最后由于肾机能障碍，导致尿毒症而死亡。

四、病理变化

1. 急性肾炎　眼观变化多不明显，仅见有肾脏轻度肿胀，被膜紧张易剥离。表面及切面呈淡红色，皮质略显增宽，因肾小球肿大，故在切面上呈灰白色半透明的小颗粒状隆起。

2. 慢性肾炎　可见肾脏明显皱缩，表面凸凹不平或呈颗粒状，质度硬实。被膜剥离困难，切面皮质变薄，结构致密，有时在皮质或髓质内见有或大或小的囊腔。

3. 间质性肾炎　肾脏由于结缔组织增生，并形成瘢痕组织而变硬，体积缩小，其表面呈颗粒状，色泽变淡呈灰白色，被膜增厚剥离困难。切面皮质变薄，增生的结缔组织呈灰白色条纹状。

五、病程及预后

(1)急性肾炎的病程，视肾脏的损害程度而不同，一般可持续1～2周或更多的时间，经适当地治疗和良好地护理而痊愈；或因病程拖长，转为慢性肾炎。重症者，多因肾机能不全或伴发尿毒症而死亡。

(2)慢性肾炎病程较长，可持续数月乃至数年，且在病期中，见有周期性好转与恶化相交替的现象，多半不易治愈。也有转为慢性间质性肾炎者，故预后多不良。

(3)间质性肾炎，经过缓慢，预后多不良。

六、诊断

肾炎主要根据病史（有罹患某些传染病或中毒，或有受寒、感冒的病史），典型的临床症状（少尿或无尿，肾区敏感、疼痛，血压升高，主动脉第二音增强，水肿，尿毒症），特别是尿液的变化（蛋白尿、血尿、管型尿，尿沉渣中尚认有肾上皮细胞）进行诊断。必要时，亦可进行肾功能测定（酚红排泄试验、尿液浓缩、稀释试验以及肌酐清除率测定），以资确诊。

在鉴别诊断方面，应注意与肾病的区别。肾病是由于细菌或毒物的直接刺激肾脏，而引起肾小管上皮变性的一种非炎性疾病，通常肾小球损害轻微。临床上见有明显的水肿、大量蛋白尿及低蛋白血症。但不见有血尿及肾性高血压现象。

七、治疗

肾炎的治疗原则是，消除病因，消炎利尿及对症疗法，加强护理。

1. 改善饲养管理　将病猪置于温暖、干燥、阳光充足且通风良好的畜舍内，并给予充分休息，防止继续受寒、感冒。在饲养方面，病初可施行1~2d的饥饿或半饥饿疗法。以后应酌情给予富营养、易消化且无刺激性的糖类饲料。为缓解水肿和肾脏的负担，对饮水和食盐的给予量适当地加以限制。

2. 药物治疗　应侧重于消除感染、抑制免疫反应和利尿、消肿等措施。

⑴消除感染：用青霉素、链霉素、卡那霉素等。

⑵抑制免疫反应（免疫抑制疗法）：近年来鉴于免疫反应在肾炎发病方面的重要作用，在临床上开始应用某些免疫抑制药治疗肾炎，收到一定的效果。为此目的可应用激素类或抗恶性肿瘤类药物。

⑶利尿消肿：当有明显水肿时，以消除水肿为目的，可酌情选用利尿剂。双氢克尿噻，猪0.05 ~ 0.2g，内服，每日1 ~ 2次，连用3 ~ 5天后停药。氯噻酮，猪0.2 ~ 0.4g，每日或隔日1次，内服。利尿素，猪0.5 ~ 2g，内服。醋酸钾，猪2 ~ 5g，内服。氨茶碱25%注射液，猪5 ~ 10mL，静脉注射。

⑷尿路消毒：可根据病情选用尿路消毒药。乌洛托品，猪5 ~ 10g，内服。或应用其40%注射液10mL，静脉注射。萨罗，猪1 ~ 2g，内服。

⑸免疫抑制疗法：使用某些免疫抑制药，如醋酸强地松龙、氢化强地松龙等，亦可应用醋酸考的松或氢化考的松。用量，可按0.5 ~ 1.5mg/kg，静脉注射，每周1次。也可内服片剂。

⑹对症疗法：当心脏衰弱时，可应用强心剂，如安钠咖、樟脑或洋地黄制剂（参看心力衰竭的治疗）。当出现尿毒症时，可应用5%碳酸氢钠注射液，200 ~ 500mL，或应用2%乳酸钠溶液，溶于5%葡萄糖溶液500 ~ 1 000mL中，静脉注射。必要时，亦可应用水合氯醛，静脉注射。当有大量蛋白尿时，为补充机体蛋白，可应用蛋白合成药物，如苯丙酸诺龙或丙酸睾丸素（见肾病的治疗）。当有大量血尿时，可应用止血剂。

第三节　肾病（Nephrosis）

肾病主要是指肾小管上皮发生弥漫性变性的一种非炎性肾脏疾患。其病理变化的特点是肾小管上皮发生混浊肿胀、变性（脂肪和淀粉变性），甚至坏死，通常肾小球的损害轻微。肾病的临床特征有：大量蛋白尿、明显的水肿、低蛋白血症，但不见有血尿及血压升高现象。

一、病因

肾病主要发生于某些传染病（传染性胸膜肺炎、流行性感冒、口蹄疫、结核病、猪丹毒等）的经过中。其次有毒物质侵害：化学毒物如汞、磷、砷、氯仿等；药品的中毒；真菌毒素如采食腐败、发霉饲料引起的真菌中毒；体内的有毒物质如消化道疾病、肝脏疾病、蠕虫病、化脓性炎症等疾病时，所产生的内毒素中毒。

二、发病机制

关于肾病的发病机制，迄今尚无统一的论点。目前较普遍地认为，肾病的病理变化实质，乃是组织胶体物理化学性状的高度变化。它主要表现为蛋白质（白蛋白、球蛋白）及脂肪的类脂质代谢紊乱以及电解质（水与氯化钠）的代谢障碍。

由体外侵入的有害物质（病毒、细菌或毒素）或机体生命活动过程中产生的各种代谢产物，经肾脏排出时，由于肾小管对尿液的浓缩作用，致上述毒害物质含量增高，对肾小管上皮呈现强烈的刺激作用，久之则发生变性，严重时可发生坏死。

肾病时，因肾小球损害不严重，故尿量一般不见明显变化。但当肾小管上皮受损时，由于上皮高度肿胀致管腔变为狭窄，且其中某部又被脱落的坏死细胞阻塞时，可见尿量减少或无尿现象。肾病后期，肾小管上皮变性、坏死，尿的重吸收障碍则尿量增多。

肾小管上皮变性致重吸收机能障碍，尿中出现大量蛋白质（蛋白尿）。当尿呈酸性反应时，进入尿中的部分蛋白质发生凝结而形成管型，随尿排出时则发生管型尿。蛋白质大量随尿排出，致血浆蛋白含量减少而出现低蛋白血症。当血浆白蛋白含量过低时，引起血浆胶体渗透压下降，则液体成分进入并蓄积于组织间隙而发生水肿。

三、症状

肾病通常缺乏特征性的临床症状，其一般症状与肾炎相似。但不同的是不出现血尿（尿沉渣中无红细胞及红细胞管型）。

轻症病猪见有引起肾病的原发病的固有症状。尿中见有少量蛋白质和肾上皮细胞。当尿呈酸性反应时，可见有少量管型，但尿量不见明显变化。

重症病猪，见有不同程度的消化机能紊乱（食欲减退、周期性腹泻），逐渐消瘦、衰弱或贫血，并出现水肿，严重时发生胸、腹腔积水。尿量减少，比重增高，蛋白增量，尿沉渣中见有大量肾上皮及透明、颗粒管型，但缺乏红细胞。

血液变化，轻症无明显异常；重症可发现血浆中总蛋白含量降低（可降至3～4g/L），血浆胆固醇含量增高。

四、病程及预后

因肾小管上皮具有强大的再生能力，故轻症于消除病因后，能迅速恢复健康。如病因未消除，则易转为慢性，使病程延长，故预后应慎重。重症一旦出现全身水肿或血浆总蛋白含量明显降低，或由于尿闭而引起尿毒症时，预后不良。

五、诊断

肾病主要根据尿液常规检验（尿中有大量蛋白质、肾上皮细胞、透明及颗粒管型，但缺乏红细胞及红细胞管型）、血液变化（蛋白含量降低，胆固醇含量增高），并结合病史（有传染或中毒的病史）及临床症状（仅见有水肿，但无血尿，血压也不升高）进行诊断。

在鉴别诊断方面主要应与肾炎进行区别。肾炎既可由于细菌感染，也可由于变态反应所引起，炎症主要侵害肾小球，并伴有渗出、增生等病理变化。患畜肾区敏感、疼痛，尿量减少，出现血尿。在尿沉渣中能发现大量红细胞、红细胞管型及肾上皮细胞。心脏血管系统变化明显，但水肿比较轻微。

六、治疗

肾病患畜的治疗原则是消除病因、改善饲养、抗菌、利尿、防止水肿。

在饲养中应适当给予富蛋白性饲料以补充机体丧失的蛋白质。为防止水肿，应适当地限制饮水和饲喂食盐。

在药物治疗上应消除病因，由于感染因素引起者，可选用抗生素或磺胺类药物（参看肾炎的治疗），由于中毒因素引起者，可采取相适应的治疗措施（参看中毒性疾病的治疗）。

为消除水肿，可选用利尿剂（详见肾炎的治疗）。

为补充机体蛋白质的不足，可应用丙酮睾丸酮（testosteroni propionas），剂量，猪0.05～0.1g肌肉注射，间隔2～3天1次。或苯丙酸诺龙，剂量，猪0.05～0.1g肌肉注射。

第四节　肾盂炎（Pyelitis）

肾盂黏膜的炎症称为肾盂炎。临床上单纯的肾盂炎极为少见，多半是肾盂和肾合并发生炎症，即肾盂发炎后肾实质很快或同时发生不同程度的炎症，即肾盂肾炎（pyelonephritis），但通常以肾盂的病变占优势，故一般将本病统称为肾盂炎。

一、病因

肾盂炎多发生于某些传染性和中毒性疾病的经过中，主要是由细菌（葡萄球菌、链球菌、大肠杆菌、化脓杆菌、变形杆菌、绿脓杆菌等）及其毒素的作用而引起。邻近器官炎症的蔓延，多半是由肾脏或膀胱的炎症蔓延至肾盂黏膜而引起。

也偶有由于肾结石或肾寄生虫的机械性刺激以及误用具有强烈刺激性的药物，或是尿液在肾盂内积留过久，分解而产生氨时刺激肾盂而引起发病。

二、发病机制

病原微生物一般可经血源、尿源、淋巴源3种感染途径侵人肾脏。

1. 血源性感染　当家畜催患全身性传染病或局部化脓性疾患时，病原微生物及其毒素可经血液循环途径侵入肾脏，先在肾小球毛细血管网内形成细菌性栓塞，然后病原菌移行至肾小管和集合管，并在其周围的间质形成小脓肿。最后通过肾乳头到达肾盂，引起肾盂炎症。

2. 尿源性感染　病原微生物从尿道经膀胱和输尿管而逆行进入肾盂。开始时肾盂黏膜发生化脓性炎症，随后炎症不断发展，并沿集合管上行，在肾小管及其周围组织也引起化脓性炎症。严重者可形成多量小脓肿，肾小管发生变性，甚至坏死。脓肿向肾小管腔破溃，致使腔内充满脓细胞和细菌，形成脓尿和菌尿。

3. 淋巴性感染　当与肾相邻近的肠管发生病变时，病原微生物或其毒素可沿淋巴途径侵入肾盂。据记载，病原微生物有可能经输尿管周围淋巴管而侵人肾盂。

在一般情况下，经上述途径侵入的病原微生物并不一定都能引起炎症。只有在一定条件下，当动物抵抗力降低时，特别是在肾盂发生淤血、黏膜损伤、尿液蓄积或具有其他病理变化时，始有可能导致肾盂炎的发生。

开始时，肾盂黏膜呈进行性肿胀而增厚。继之，黏膜下层发生化脓性浸润，致肾盂上皮细胞脱落，于是尿中出现大量黏液、脓液、上皮细胞、病原细菌等，使尿液变为混浊、黏稠。肾盂的肌肉组织，因尿液排出困难而发生肌层肥大，进而变为弛缓，结果肾盂蠕动机能减弱，尿的排出更加困难，并引起肾盂腔的继续扩展，肾盂内压不断增高。由于扩大的肾盂压迫感觉神经末梢，引起肾脏疼痛。

尿液长时间不能排出时，则混有炎性产物的尿液大量积聚于肾盂。久之，肾盂可形成一个充满液体的大囊腔。

若病原微生物及其毒素和炎性产物不断被吸收而进入血液，则可引起机体全身性反应，出现体温升高、精神沉郁、食欲减退和消化扰乱等症状。

三、症状

肾盂肾炎乃系重剧的化脓性炎症，且炎症经常波及输尿管和膀胱引起该等器官的化脓性炎症，故呈明显的全身症状：病猪精神沉郁、食欲减退、消化不良且有腹泻及腹痛症状。体温升高，一般变动于39～40℃之间，也有高达41℃以上者，多呈弛张热或间歇热。

肾区疼痛，患畜多拱背站立。行走时背腰僵硬。病猪频频排尿，病初尿量减少，而后虽有增加，但出现排尿困难现象。尿液混浊，其中混有黏液、脓液和大量蛋白质，尿沉渣中主要见有大量脓细胞、红细胞、白细胞、肾盂上皮和肾上皮细胞，少量管型（透明、颗粒管型），以及磷酸铵镁和尿酸铵结晶。尿液直接涂片或细菌培养可发现病原菌。随病程的发展，出现心脏衰弱，脉搏快速。严重时，见有贫血现象。

四、病理变化

肾盂炎可发生于一侧或双侧肾脏。肾脏肿大、柔软、被膜不易剥离，表面见有灰黄色斑纹状化脓灶，切面可发现髓质或皮质呈楔状或线条状的小脓肿，且其周围有出血。肾盂明显扩张，其中充满黏液和脓液。肾盂猫膜肿胀肥厚、充血、出血、坏死和溃疡。肾乳头明显变性、坏死。输尿管（特别是与肾邻接的部分）呈现肥厚，内腔狭窄，其中充满脓样液。

五、病程及预后

重症患畜多于短期内死亡，一般病猪可延续数月乃至数年，不易痊愈；少数病猪经适当治疗后，亦有恢复健康者。肾盂肾炎的预后，一般不良，多因排尿障碍或并发其他疾病而死亡。

六、诊断

肾盂炎可根据临床症状及直肠触诊材料，并结合对尿液化验的结果进行诊断。通常认为：尿中含有蛋白质，尿沉渣中见有肾盂上皮细胞时，乃是单纯性肾盂炎的变化。如尿中蛋白质增量，尿沉渣中除见有肾盂上皮细胞外，尚有肾上皮和管型时，则是肾盂肾炎的指征。对症状不明显的病例，除根据尿液的一般检查外，尚需借助于对尿液的特殊检验（尿液白细胞排出率的测定，尿液的细菌培养和菌落计数，或肾脏的X射线造影检查），以资确诊。

七、治疗

肾盂肾炎的治疗原则，首先主要是采取抑制病原微生物繁殖并减弱其毒力的措施。其次是增强肾盂的活动机能，促进尿液和炎性产物的及时排除，以加速治愈过程。

为了控制感染和消灭病原菌，可应用磺胺类或抗生素药物进行治疗。通常应根据尿液涂片或尿液培养结果，进行选择应用。磺胺类药物应选择在尿中浓度高，乙酰化率低，且主要以原形从尿中排出的磺胺类药物为宜。临床常用的有：磺胺异噁唑（SiZ）、磺胺甲基异噁唑（SMZ）、磺胺二甲基嘧啶、磺胺苯吡唑（SPP）等。特别是应用增效磺胺片（复方新诺明——SMZ＋TTPP），可提高治疗效果。但应注意，对肾机能不全的患畜，应慎重使用或禁忌应用。

抗生素是在应用上述药物治疗无效或效果不显著时用之。由于肾盂肾炎病原菌多属于革兰氏阴性细菌，故宜选用青霉素、撇素或四环素，或与链霉素合用。对重症病例，应用卡那霉素、庆大霉素、先锋霉素（cephalosporinum）、红霉素及新型青霉素——竣节青霉素、氨节青霉素等。

促进炎性产物的排除及尿路消毒，可应用利尿剂和尿路消毒剂（参看肾炎的治疗）。此外，对病猪应饲喂以富含营养的和容易消化的无刺激性的优质饲料。

八、预防

⑴加强饲养管理，注意家畜卫生，防止病原微生物的感染。

⑵治疗泌尿器官疾病时，应避免使用对尿路薪膜具有强烈刺激作用的药物。

⑶对母畜产后的各种生殖器官疾病，应及时采取有效的防治措施。

⑷对患有肾盂肾炎，特别是细菌性肾盂肾炎的动物，应隔离饲养，并对畜舍进行消毒，以防止传播、蔓延。

第五节 膀胱炎（Cystitis）

膀胱黏膜或黏膜下层的炎症称为膀胱炎。按膀胱炎症的性质，可分为卡他性、纤维蛋白性、化脓性、出血性4种。但一般在临床中以卡他性膀胱炎较为多见。

临床特征为疼痛性的频尿和尿液中出现较多的膀胱上皮、脓细胞、血液以及磷酸镁结晶。

一、病因

(1)膀胱炎主要由于病原微生物的感染，邻近器官炎症的蔓延和膀胱黏膜的机械性刺激或损伤所引起。

(2)病原微生物感染。除某些传染病的特异性细菌继发感染外，多半是由于非特异性细菌感染，如化脓杆菌、葡萄球菌、绿脓杆菌、大肠杆菌、变形杆菌通过血液循环或尿道侵入膀胱所致，或是由于导尿时导尿管或手指消毒不彻底所引起；特别是人工授精使用的输精器污染。邻近器官炎症的蔓延：罹患肾炎、输尿管炎、尿道炎，特别是母畜患阴道炎、子宫内膜炎时，可蔓延至膀胱而发病。

(3)机械性损伤。主要是导尿管损伤膀胱黏膜而发生。

(4)此外，当各种有毒物质或具有强烈刺激性的药物（如松节油、斑蝥、甲醛等）刺激膀胱黏膜时，亦可发生。

二、发病机制

膀胱炎时，病原菌侵入膀胱的途径有：尿源性（经尿道逆行进入膀胱）、肾源性（经肾后行进入膀胱）、血源性（经血液循环进入膀胱）。其中最主要的途径是尿源性及肾源性感染。

经上述途径进入膀胱的病原微生物，或直接作用于膀胱黏膜或随尿液作用于膀胱黏膜，而当尿潴留时，还可由于尿液的异常分解，形成大量氨及其他有害产物，对黏膜产生强烈的刺激，从而引起膀胱组织发炎，严重者可引起膀胱组织坏死。

炎性产物及脱落的上皮细胞与坏死组织混入尿中，引起尿液成分改变，尿中出现脓液、血液、膀胱上皮及坏死组织的尿液又可为某些病原菌繁殖创造良好的条件，从而促进炎症的发展。由于膀胱黏膜遭受炎性产物的刺激，致使膀胱兴奋性和紧张性增高，收缩频繁，故病猪排尿次数增多，呈现疼痛性的排尿。若对勃膜的刺激过强，则极易引起膀胱括约肌的反射性痉挛，导致排尿困难或尿闭。当炎性产物被黏膜吸收后，又可呈现明显的全身症状。慢性膀胱炎见黏膜肥厚，呈皱褶状或膀胱肌层增厚。

三、症状

急性膀胱炎：特征性症状是排尿频繁和疼痛。由于膀胱黏膜敏感性增高，病猪频频排尿或呈排尿姿势，但每次排出尿量较少或呈点滴状断续流出。排尿时病猪表现疼痛不安。

严重者由于膀胱（颈部）黏膜肿胀或膀胱括约肌痉挛收缩，引起尿闭。此时，表现极度疼痛不安（肾性腹痛），呻吟。公畜阴茎频频勃起，母猪摇摆后躯，阴门频频开张。

尿液成分变化：卡他性膀胱炎时，尿液浑浊，尿中含有大量勃液和少量蛋白；化脓性膀胱炎时，尿中混有脓液；出血性膀胱炎时，尿中含有大量血液或血凝块；纤维蛋白性膀胱炎时，尿中混有纤维蛋白膜或坏死组织碎片，并具氨臭味。

尿沉渣中见有大量白细胞、脓细胞、红细胞、膀胱上皮、组织碎片及病原菌。在碱性尿中，可发现有磷酸铵镁及尿酸铵结晶。全身症状通常不明显，若炎症波及深部组织，可有体温升高，精神沉郁，食欲减退。

慢性膀胱炎：症状与急性膀胱炎基本相似，唯程度较轻，亦无排尿困难现象，但病程较长。

四、病理变化

急性膀胱炎见黏膜充血、肿胀，轻症有小出血点，重症出血性浸润，黏膜表面覆有大量黏液或脓液。严重者，黏膜出血或溃疡、脓肿，表面覆有浅黄色纤维蛋白性黏膜或灰黄色固膜性附着物。

五、病程及预后

卡他性膀胱炎，经及时合理地治疗，可迅速痊愈，预后一般良好。猪瘟等感染性及其他性质的膀胱炎，可继发肾盂肾炎或膀胱麻痹，使病情复杂化，预后多不良。

六、诊断

根据典型的临床症状如尿频，尿液混浊有血液，排尿疼痛。尿液实验室检查，不难诊断，必要时可采用膀胱镜检查。

七、治疗

(1)膀胱炎的治疗原则是改善饲养管理、抑菌消炎、防腐消毒以及对症治疗。

⑵改善饲养管理。给予清洁的饮水。对高蛋白质饲料及酸性饲料，应适当地加以限制。为了缓解尿液对勃膜的刺激作用，可增加饮水或输液。

⑶药物治疗。全身疗法。应用卡那霉素或新霉素。

八、预防

⑴建立严格的卫生管理制度，防止病原微生物的侵袭和感染。

⑵导尿时，应严格遵守操作规程和无菌原则。

⑶患其他泌尿器官疾病时，应及时进行治疗，以防转移蔓延。

⑷对母畜生殖器官疾病，应采取有效的防治措施。

第六节 膀胱麻痹（Paralysis of bladde）

膀胱麻痹是膀胱肌丧失收缩力，致使尿液不能随意排出而积留。临床上以不随意地排尿、膀胱膨满且无疼痛等为主要特征。

一、病因及发病机制

膀胱麻痹多属继发性的，主要由于中枢神经系统（脑、脊髓）的损伤以及支配膀胱肌肉的神经机能障碍所引起。较常见的是由于脊髓（主要是腰荐部脊髓）的疾患，如炎症（脊神经炎）、损伤（腰椎脊索压伤、挫伤、创伤）、出血及肿瘤等所引起的脊髓性麻痹。此时，因支配膀胱的神经机能障碍，致膀胱缺乏自主的感觉和运动能力，妨碍其正常收缩，导致尿液积留。

其次由于严重的膀胱炎或与膀胱相邻器官的炎症而波及深部肌层时，引起肌肉收缩乏力，此时因膀胱充满尿液而无力排出。或是由于尿道阻塞及膀胱括约肌痉挛而使膀胱长时间的膨满，致膀胱肌肉过度伸展而变为弛缓，终则导致麻痹（末梢性或肌源性麻痹）。较少见的中枢性麻痹发生在某些脑疾病时（脑膜脑炎、脑挫伤与震荡、中暑、电击、生产瘫痪等），由于大脑皮层丧失对脊髓排尿中枢的控制，致使膀胱肌的感受性，特别是排尿的自主性丧失，因而引起膀胱麻痹。

二、症状

临床症状视病因不同而有差异。当脊髓性麻痹时，病猪排尿反射减弱或消失，排尿间隔时间延长，直至膀胱高度膨满时，才被动地排出少量尿液。体外腹下部触诊，发现膀胱膨满，以手触压时，排尿量增多。当膀胱括约肌发生麻痹时，则尿液不断地或间歇地呈细流状或点滴状排出（排尿失禁），触诊膀胱空虚。

脑性麻痹：是由于脑的抑制而丧失调节排尿作用，只有在内压超过括约肌紧张度时，才能排出少量尿液。体外腹下部按压时尿呈细流状喷射而出，但停止按压时，排尿亦停止。

末梢性麻痹：病猪有排尿企图，虽频作排尿姿势，但排出的尿量始终不多，并无疼痛的表现。按压膀胱时可被动地排出尿液。

三、诊断及预后

膀胱麻痹主要根据临床症状、导尿管探诊的结果，并结合病史，不难做出诊断。膀胱不全麻痹，通常预后良好。膀胱全麻痹，预后不良。末梢性麻痹比脑、脊髓性麻痹者预后较好。但膀胱麻痹大多数是一种继发症，预后还与原发病的病因和病性有关。

四、治疗

膀胱麻痹的治疗原则是，消除病因、治疗原发病，并采取相应的对症疗法。

⑴为消除原发病，可针对病因采取相应的治疗措施。

⑵为排除膀胱积尿，可根据病情选用下列治疗措施：

①膀胱按摩。是使膀胱排空的最简易措施，每日2～4次，每次5～10min。

②导尿。为了防止膀胱破裂，可施行导尿。

⑶为提高膀胱肌肉的收缩力，可应用0.2%硝酸士的宁注射液，剂量，猪0.5 ~ 1mL，每日或隔日1次，皮下注射。通常其剂量可由0.1mL或0.5mL开始，逐日递增至1mL为止。

⑷为了防止尿液发酵及尿路感染，可选用尿路消毒剂或磺胺类药物。

第七节 尿道炎（Urethritis）

尿道黏膜的炎症称为尿道炎。在临床中属于少见的一种泌尿器官疾病。

一、病因

尿道的细菌感染，如导尿时，由于导尿管消毒不彻底，无菌操作不严密或尿道损伤后的细菌感染。或是导尿的操作粗暴，尿结石的机械刺激及药物的化学刺激损伤尿道猫膜后，均可继发细菌感染。此外，邻近器官炎症的蔓延，如膀胱炎、包皮炎、阴道炎及子宫内膜炎时，炎症可蔓延至尿道而发病。

二、症状

病猪频频排尿，排尿时，由于炎性疼痛致尿液呈断续状流出。此时公畜阴茎频频勃起，母畜阴唇不断开张，严重时可见到黏液、脓性分泌物不时自尿道口流出。尿液混浊，其中含有黏液、血液或脓液，甚至混有坏死、脱落的尿道黏膜。触诊或导尿检查时，病猪表现疼痛不安，并抗拒或躲避检查。

三、病程及预后

尿道炎通常预后良好。但损伤和感染者，当发生尿路阻塞或膀胱破裂或形成瘢痕组织引起尿道狭窄时，可造成尿闭或继发膀胱破裂，则预后不良。

诊断根据频尿、排尿疼痛、尿道肿胀、敏感。导尿管插入受阻及疼痛不安，尿液中存在炎性产物但无管型和肾、膀胱上皮细胞，可以诊断为尿道炎。

四、治疗

尿道炎的治疗原则是消除病因、抑菌消炎、防腐消毒（参看膀胱炎的治疗）。

第八节 尿毒症（Uremia）

尿毒症是由于肾机能不全或肾衰竭，导致代谢产物和毒性物质不能随尿排出，而在体内蓄积所引起的一种自体中毒综合征。

一、病因及发病机制

尿毒症主要由各种慢性肾脏疾患（慢性肾炎、肾盂炎等）所引起。尿毒症不是一种独立疾病，而是泌尿器官疾病晚期发生的临床综合征。

尿毒症的病理变化，主要表现为代谢产物的积留，其中包括非蛋白氮（尿素、肌酐、尿酸、胍类）、酚类、吲哚类以及分子量在500 ~ 5 000之间的中分子物质的积留；代谢性酸中毒；水、电解质平衡失调；内分泌功能障碍；肾素、血管紧张素分泌增多，促红细胞生成因子减少，活性维生素D合成障碍等。由于上述各种变化，严重影响动物体各系统、器官的正常机能活动，故尿毒症的临床症状是比较复杂的。

二、症状

兽医临床上将尿毒症分为真性尿毒症和假性尿毒症两种类型。

真性尿毒症：乃系含氮物质（主要是非蛋白

氮）大量蓄积于组织和血液内所引起，故又称为氮血症性尿毒症。

氮血症性尿毒症是肾功能高度衰竭的一种标志，多呈死亡转归。

本型尿毒症的症状发展缓慢，患畜表现为精神沉郁、衰弱无力、意识障碍、嗜睡、昏迷，亦有出现兴奋和痉挛现象者；消化机能明显障碍，食欲减退或废绝，渴欲增加，呕吐，腹泻；有时发生口炎或胃肠炎；呼吸困难，严重时呈现陈、施二氏呼吸，呼出气体混有尿味；此外，尚能见有出血性素质和贫血以及皮肤发痒现象。血液非蛋白氮含量明显增量。

假性尿毒症：亦称抽搐性尿毒症或肾性惊厥，主要是由于有毒物质在血液内大量蓄积，致使脑血管痉挛和由此而引起的脑贫血所致。

临床表现为突发性癫痫痉挛及昏迷等症状。病猪精神委顿（偶有兴奋者）、流涎、瞳孔散大、反射增强、呼吸困难呈阵发性喘息，严重时出现陈、施二氏呼吸，衰弱无力，卧地不起，直至死亡。

三、诊断

除临床症状外，可根据血液、尿液的实验室生化检验结果进行诊断。如有条件亦可进行肾功能检查，有助于诊断。

四、治疗

及时治疗原发病，加强护理，改善饲养，减少日粮蛋白含量并补充以足量的维生素。为缓解酸中毒，可应用5%碳酸氢钠注射液，或11.2%乳酸钠注射液，静脉注射。为纠正电解质平衡失调应及时输液。为促进蛋白质合成，减轻氮质血症可采用苯丙酸诺龙或丙酸睾丸素。此外，尚可采取与临床症状相应的对症疗法。

第四章
心血管系统疾病

概述

心血管系统（血液循环系统）是由心脏和血管两个部分所共同组成的密闭管道系统。心脏是推动血液循环的动力器官，血管是血液运动的管道。

心脏被纵隔分为左右两半部，即左心和右心。每一半部又被房室瓣（左边房室瓣为二尖瓣，右边房室瓣为三尖瓣）分为上下两部，称为心房和心室。血液循环以心脏为中心，按其血液所走的路径不同，可分为体循环（大循环）和肺循环（小循环）两部分。前者起于左心室，终于右心房；后者起于右心室，终于左心房。右心房接受前、后腔静脉返回心脏的血液，右心室则将右心房来的血液经肺动脉（其出口处的三片囊状膜为半月瓣）送入肺脏。左心房接受经肺静脉来自肺脏的新鲜血液，又经左心室送入主动脉（其出口处的三片囊状膜为半月瓣）以达全身。

血管是指动脉管、静脉管和毛细血管网（包括位于小、微动脉与微、小静脉之间的微血管网状结构），属于循环系统基本职能最基层结构。

心脏血管系统的主要机能在于保持机体与外界环境之间，以及各器官与组织之间的密切联系。即通过心脏的节律性活动，血液不断地在循环系统内流动着，使其中的氧、水、氨基酸、脂肪、糖类等营养物质和生物活性物质等运送到机体各组织细胞；又将组织细胞新陈代谢产物、分解产物及其他废物，主要是二氧化碳和蛋白分解产物运至排泄器官排出体外。因此，血液循环是维持机体新陈代谢正常进行，以及维持生命活动不可缺少的重要条件。

机体的血液循环受神经和体液性机能所调节，使心脏和血管的机能活动始终维护在正常水平，从而保证全身各个器官系统的血液供应和物质代谢的正常进行。当然在完整机体内，血液循环系统与其他系统的活动，特别是与呼吸、血液、泌尿等诸多系统的活动紧密地联系着。

血液循环过程中，心脏起着主导作用。心脏有如一个“血泵”（泵的功能），将血液沿着动、静脉管压出又吸进。心脏有着强大的储备力量和代偿能力。在劳动或处于轻度运动期间，心脏的血液排出量可以比安静状态下增加许多倍，以适应机体的需要。这时加强其工作量的表现有：一方面在心脏舒张期高度扩展，收缩期加强收缩，借以增加血液输入量和排出量。另一方面是增加心搏动的速度，以提高单位时间内的血液排出量。以此来相对地适应工作，不致出现明显的循环障碍。但心脏血管系统的代偿能力有限，在超出一定范围、一定时间限度时，心脏血管系统的部分症状，首先表现为工作时间适应能力降低或丧失，临床上往往呈现所谓血液循环障碍。它不仅可由心脏和血管系统的机能性改变（心脏主要为心力衰竭，血管主要为血管衰竭；其他如心肌、心内膜、心脏瓣膜等病理变化，心脏传导系统障碍，血液动力学改变，以及血液理化性质改变或异常成分等）所引起，而且也可由其他神经系统、内分泌调节障碍和肺脏、肝脏以及肾脏等器官的机能紊乱，及其器质性病变所引起。反之，全身性循环障碍也往往影响到其他系统的机能，以至整个机体的生命活动。

血液循环障碍及其所造成的不利后果常常是这样进行代偿，在心肌营养良好情况下，可以发生心脏肥大；如果其工作量继续加强而又处于营养不良情况下，则发生心脏扩张。心脏肥大则使心壁变厚，心肌纤维变粗，毛细血管循环血液中的氧和营养物质到达心肌纤维中心的距离逐渐增加，但心肌内毛细血管数量并不可能相应增加，这样就易使肥大的心肌发生相对地缺血、缺氧和代谢失常等影响，导致收缩力减弱。心脏扩张也使心肌纤维过度伸长，心肌纤维中的肌凝蛋白和肌纤蛋白（系心肌细胞原纤维中的两种收缩蛋白）分子之间的距离过度加大，使心肌收缩力反而降低。

看来，心脏肥大和扩张，随着病程发展，势必使心脏收缩力减弱或降低，心脏所排出的血液量不能适应机体的需要，出现一系列病征，如心搏动过速，节律不齐，脉搏微弱，呼吸困难，黏膜发绀和水肿等现象，临床上称为心力衰竭。

血管衰竭（又称外周血管机能不全）不同于心力衰竭，但也与心力衰竭有着互为因果的关系。外周血管机能不全是心脏外的血管、（血液、组织代谢）机能失调或平衡失调引起的血液循环障碍的一种临床表现。尤其当感染、中毒、血管运动神经麻痹引起的血管收缩不全和失血、脱水引起的血管充盈不足的微循环机能发生障碍，临床上通称之为“休克”。休克类型很多，如由于微循环机能障碍的感染性休克，血容量丧失的出血性休克和心脏机能障碍的心原性休克等，统称为循环虚脱。由于循环虚脱是与心力衰竭的病性全然不相同的一种疾病。为了阐明循环虚脱，首先必须明确微循环的概念。

微循环的概念：所谓微循环是指整个系统口径小于100μm的毛细血管循环，这是20世纪60年代的重大发现。微循环的作用，在于调节器官的血流量，维持循环血量，稳定血压和进行物质交换。因此，微循环区的中间小动脉和毛细血管，在神经体液调节下，经常地产生节律性收缩。在安静状态，约有30%或20%微循环处子交替开放状态，以保证血液流畅和组织营养代谢上的需要；而大部分微循环则处于关闭状态。但在某些致病因的作用下，全身大量毛细血管开放，不仅降低外周血管的阻力，而且大量的血液停滞在毛细血管内，影响静脉回流，引起全身循环血量减少，血压急剧下降，而发生严重的虚脱现象。微循环的发现，为防治休克（即循环虚脱）提供了极为重要的理论依据。

根据为休克的发病机制提示重要依据的微循环机能障碍学说，在临床处理上从改善微循环这个关键性问题着手，在扩容、抗酸的基础上使用扩张血管药物治愈率比过去大为提高。

心脏血管系统的疾病，特别是心脏的疾病，大多数是继发或并发于许多传染性疾病（如炭疽、口蹄疫、腺疫、出血性败血病等），普通病（如肺炎、胸膜炎、肝炎、胃肠炎、肾脏疾病、子宫疾病、新陈代谢疾病、外伤性心脏疾病和化脓性外科病等）或中毒性疾病（如化学性、矿物性毒物与有毒植物等）过程中，在饲养管理不当也可发生血液循环障碍，即心脏机能不全（心力衰竭）和血管衰竭（休克）等比较常见的疾病。

基于上述情况，在进行对任何系统疾病检查时，必须重视血液循环的状态检查。这样可以及早发现本系统的异常，采取适当的预防和治疗措施，以减少或消除由于心脏血管系统的疾病而引起机体其他系统或器官机能的紊乱，同时也对判断预后有着重要意义。

第一节 心功能不全（Cardiac failure）

心功能不全又称心力衰竭，心力衰竭以往又称心脏衰弱，是一个临床综合征。指心肌收缩力减弱或衰竭，使心脏排血量减少，动脉压降低，静脉回流受阻等而呈现全身血液循环障碍的疾病。心力衰竭是各种心脏疾病中常有的一种综合征或并发病。根据病程分为急性和慢性；按其起因分为原发性和继发性两种。

一、病因

1. 急性原发性心力衰竭　猪多发生在长途驱赶过程中。在治疗过程中，往静脉输液量超过心脏的最大负荷量，尤其是向静脉过快地注射对心肌有较强刺激性药液，如钙制剂和砷制剂等。

2. 急性继发性心力衰竭　多继发于急性传染病，如猪瘟、传染性胸膜肺炎、口蹄疫以及某些内科疾病，如各种急性心脏疾病、胃肠炎、肠便秘、日射病等；寄生虫病，如弓形体病和各种中毒性疾病的经过中，这多由于病原菌或毒素直接侵害心肌所致。

3. 慢性心力衰竭（充血性心力衰竭）　原发如猪心肌型白肌病，常继发或并发于心脏本身各种疾病，如心包炎、心肌炎（包括心肌变性）、慢性心内膜炎（心脏瓣膜病）以及导致血液循环障碍的某些慢性疾病，如慢性肺泡气肿和慢性肾炎等。

二、发病机制

健康动物心脏血管系统具有强大的代偿能力，如家畜在安静状态下，只需心脏的最大工作量的1/6；全身血液量的1/3停留在血库（脾、肝、骨髓和皮肤乳头层下血管丛等）；各个器官的毛细血管也只有1/3左右参与血液循环活动。而当动物剧烈运动时，情况就完全另一样，心脏排血量可增至几倍，以适应机体各个器官需要血液量，实现心脏血管系统代偿能力。

心脏排血量，主要由心脏收缩频率和力量，静脉血液回流量和外周循环阻力3个因素所决定。静脉血液回流量越多，外周循环阻力越大，心室内血液量越多，心脏收缩力越强。

在平时缺乏锻炼的猪，特别是肥猪因育肥增重运动量少，代偿能力极低。

猪机体一旦激烈运动，各个器官的需要血液量大为增加，此时心脏势必通过加强其收缩力和加快心搏动次数等途径进行代偿，以求增加心脏排出量，维持血液供应的动态平衡。但是，依靠加强心肌收缩力和加快心搏动次数，虽然可以在短暂时间内，在一定程度上起到改善血液循环的作用，但是二者同时又都可导致心肌储备能量过多地消耗，加重了心肌机能障碍，进而使心肌收缩力降低，尤其是心搏动次数的加快。因而不仅增加心肌本身耗氧量，并且由于心室舒张期大为缩短，心脏充盈不足，这就使心脏排血量不但不增多，反而减少，严重影响全身血液循环，加重心脏本身的血液循环障碍（包括冠状循环），导致代偿机能不全，发生急性心力衰竭。当病程的延续发展又可能转为慢性心力衰竭。

心力衰竭出现后，由于心肌收缩力丧失了代偿能力，心脏排血量更为减少，其结果：一方面可引起机体组织缺氧和代谢产物排泄受阻，肌肉无力而易于疲劳。另一方面，大量血液滞留在静脉系统而发生全身静脉淤血，静脉内压增高，以及由于组织缺氧，毛细血管通透性增大，使水分从毛细血管漏出到组织间隙内，发生水肿，严重时发生胸、腹腔和心包积液。

慢性心力衰竭（充血性心力衰竭），多半是在心脏血管系统病变不断加重的基础上逐渐发展而来的。它可分为左心衰竭（小循环痕血）、右心衰竭（大循环痕血）和全身衰竭（大小循环均瓣血）。左心衰竭时，一首先呈现肺循环寮血，由于肺脏毛细血管内压急剧升高，可迅速发生肺水肿。右心衰竭时，呈现体循环瓣血和心脏性水肿（全身性水肿），这是由于肾脏血液量不足，肾小球的滤过率减低，使尿的生成减少。同时，由于有效循环血液量不足，使肾上腺皮质分泌的醛固酮和抗利尿激素增多，加强肾小管对钠离了和水的重吸收，引起钠离子和水在组织内潴留，而加重心脏性水肿。

此外，心力衰竭导致肺脏淤血，影响气体交换，血液中二氧化碳含量增多，呼吸中枢兴奋，引起呼吸加快，这是左心衰竭时，最早出现的症状之一。

感染后体温升高，物质代谢增强产生大量酸性产物，促使全身血液循环紊乱，机体组织缺氧的同时，心脏本身血液循环障碍，心肌需要的载和营养不足。这样，一方面使心肌作功（活动）的化学能——高能磷酸化合物，即三磷酸腺苷（ATP）不能充分供应；另一方面由于氧的不足或缺乏，糖的酵解过程占优势，产生过量的酸性物质——乳酸、丙酮酸等中间代谢产物，大量蓄积于血液和组织中，因而引起酸中毒。

三、症状

急性心力衰竭的初期，患畜呈现精神沉郁，食欲不振，运动中易于疲劳；呼吸加快，肺泡呼吸音增强，可视黏膜轻度发绀，体表静脉怒张；心搏动亢进，第一心音增强，脉搏细数，可增至100次/min以上，有时出现心内性杂音和节律不齐。

病情发展急剧时，精神极度沉郁，食欲废绝，黏膜高度发绀，体表静脉怒张，呼吸高度困难，发生肺水肿。胸部听诊有广泛的湿性啰音；两侧鼻孔流出多量无色细小泡沫状鼻液。心搏动增强，甚至震动胸壁或全身。第一心音极为高朗，常常带有金属音，而第二心音微弱。脉搏加快可达110次/min以上，伴发阵发性心动过速；脉波细弱，不感于手，即呈现不感脉。有的患畜发生眩晕，倒地痉挛；体温降低后，则多陷于死亡。

种猪常见慢性心力衰竭（充血性心力衰竭），其病情发展缓慢，病程长达数周、数月或数年（由于心脏机能从正常发展到心力衰竭要经过一段代偿过程）。除精神沉郁和食欲减退外，多不愿走动。黏膜发绀，体表静脉怒张。垂皮、腹下和四肢下端水肿；触诊有捏粉样感觉，无热无痛。心音减弱，脉数增多，脉性微弱，经常出现机能性杂音（瓣膜相对性闭锁不全）和节律不齐；心脏叩诊浊音界扩大。

心力衰竭，特别是右心衰竭，静脉系统淤血，除发生胸、腹腔和心包腔积液外，还常常引起脑、胃肠、肝、肺和肾脏等实质器官的淤血。

脑淤血可引起脑组织缺氧，呈现脑贫血症状，如意识障碍，反应迟钝，眩晕或知觉丧失以及跌倒，痉挛症状。

胃肠淤血，由于胃肠道黏膜水肿，发生便秘和下痢等慢性消化不良，患畜逐渐消瘦。

肝脏淤血多发生于右心衰竭，肝肿大，肝功能也发生异常（主要为功能减低），呈现黄疸。重症时门脉循环障碍，引起心原性肝硬化，发生腹水。肺脏淤血，主要发生于左心衰竭，呈现呼吸困难、慢性支气管炎，听诊有各种性质的啰音，并发咳嗽等。

肾脏淤血，主要发生于慢性右心衰竭，肾脏血流量不足，尿量减少，尿液浓稠，色暗肾曲细尿管上皮缺氧而发生颗粒变性，出现蛋白尿，尿沉渣中有肾上皮细胞和管型等。

四、诊断

心力衰竭，主要根据发病原因，静脉怒张，脉搏增数，呼吸困难，垂皮和腹下水肿以及心、肺听诊与叩诊的病理变化等临床特征，进行综合分析，建立诊断。同时，也要注意急性或慢性，原发性或继发性的鉴别诊断。

五、治疗

治疗原则是加强护理，减轻心脏负担，增强心脏收缩力和排血量以及对症疗法等。首先应放置患畜于安静厩舍休息，不少轻型急性心力衰竭患畜，只要适当休息，即使不用药物治疗也可康复。减轻心脏负担，可根据患畜体质，静脉淤血程度以及心音、脉搏强弱，静脉缓慢注射20%～25%葡萄糖溶液50～200mL，增强心脏机能，改善心肌营养。

为了增强心脏收缩力和排血量，消除水肿，可应用各种强心药。当心动过速（每分钟超过100次以上）伴发静脉淤血、水肿的慢性心力衰竭患畜，宜用洋地黄类强心药，增强心脏收缩力和排血量，使腹腔脏器血管收缩，外围动脉和肾脏动脉扩张，并抑制心脏传导系统的机能，以改善血液循环，降低静脉压，减慢心率等，都可收到较好的效果。但应注意洋地黄类强心药物的蓄积作用。

(1)洋地黄末0.5～1g，内服；洋地黄毒苷注射液（0.02%）0.5～1mL静脉注射。

(2)安钠咖，既能兴奋中枢神经系统和心肌，扩张冠状动脉血管和肾脏动脉，又有改善心肌营养和利尿作用，故在急性、慢性心力衰竭时，均可应用。猪剂量：20%安钠咖注射液1～10mL，肌肉或静脉注射。

(3)樟脑，能兴奋心肌和呼吸中枢，在发生某些急性传染病及中毒经过中的心力衰竭时，常用10%樟脑磺酸钠注射液1～10mL，皮下或肌肉注射。

严重急性心力衰竭患畜，应用速效强心剂进行抢救，首选0.02%洋地黄毒苷注射液0.1～2mL，静脉注射；如果心脏机能仍不见好转，可立即应用1%肾上腺素溶0.5～1mL，加在5%葡萄糖溶液，静脉点滴注射，效果较好。

对症疗法，急性心力衰竭患畜，心搏动强盛，胸壁震动，可应用镇静剂，如安澳注射5～10mL；静脉点滴注射。在输液或静脉注射刺激性较强的药液时，应按患畜心脏状态，适当地掌握注射速度和剂量。对于继发于其他疾病，应及时根治其原发病。

第二节 血管功能不全（Circulation collapse）

血管功能不全又称血管衰竭或循环虚脱。主要是在各种重剧性疾病、外源性毒物中毒、化学药物和生物学药品过敏反应等不同的情况下发生的。全身循环障碍，组织和器官缺氧和血液灌注不足而引起一系列全身反应的一种病理综合征。病畜黏膜发绀或苍白，四肢厥冷，血压下降，尿量减少，心动过速，烦躁不安，反应迟钝，神识昏迷，病势垂危，极为引人注目。该病理过程在兽医临床极为常见，目前尚未被我们认识，往往失去治疗机会。

一、病因

循环虚脱的病因极其复杂。因为凡是导致心脏输血量急剧减少，循环血量不足，或血管容量增大等的病因因素，都能引起循环虚脱的发生和发作的严重现象。

一般地说，在各类型心脏疾病、重剧性胃肠道疾病、某些代谢疾病或中毒性疾病等经过中，引起脱水，发生心力衰竭，心脏输血量减少，血压急剧下降，因而导致循环虚脱。又如各种急性大出血、大面积烧伤、肝脾破裂、子宫破裂以及重剧性外伤，或因某些大手术失血过多，以致毛细血管渗透性增强，血浆大量耗损，循环血量迅速减少，引起循环虚脱现象。

必须指出，在中毒与感染过程中，出血性败血症、脓毒症、穿孔性急性腹膜炎、大叶性肺炎、流行性脑炎以及感染创等的影响很大。其中各种细菌毒素，特别是革兰氏阴性细菌、肠道细菌内毒素的侵害，以及支原体、病毒、血液原虫、溶血性大肠杆菌、金色葡萄球菌、或继发感染等过程中，先是因交感素分泌增多，内脏与皮肤等部分的毛细血管和小动脉收缩，血液灌注量不足，引起缺血、缺氧，产生组胺与5-羟色胺，继而毛细血管扩张或麻痹，形成淤血，渗透性增强，血浆外渗，导致微循环障碍，发生虚脱。

其他如各种剧烈疼痛性的刺激，交感神经兴奋性增高，循环血量减少；或因注射血清、异性蛋白以及应用青霉素、磺胺类药物等过程中，产生组胺，血容量增大，引起过敏性反应，发生虚脱现象。又如，外源性毒物，包括砷、汞、铋、锑、四氯化碳、滴滴涕、氯仿、酒精、巴比妥、氨基水杨酸、氯丙嗪或某些解热剂，以及蛇毒或霉败饲料与有毒植物中毒等，也可导致肾脏机能不全，乃至肝昏迷，以引起虚脱。本病的病因，虽然多种多样，但是所引起的微循环障碍，基本上相一致。

二、发病机制

循环虚脱的发病机制，极为复杂，是由各种不同的因素互为因果在起作用。所以，不论中毒与感染、创伤与手术、出血与贫血、疼痛与过敏、兴奋与抑制，都能导致心脏机能不全，引起循环虚脱，其基本的病理演变过程是大致相同的。

病的初期或代偿期：通常首先是循环血量减少，导致心脏输血量不足，引起动脉压下降。交感神经——肾上腺系统的反射性活动增强，大量分泌儿茶酚胺（肾上腺素、去甲肾上腺素、儿茶酚乙胺），心脏活动加快，内脏与皮肤的毛细血管痉挛收缩，血压回升，保证脑、心等重要器官的血液供应，维持生命活动。但因毛细血管内的血量显著减少，因而造成组织细胞缺血和缺氧状态，出现短暂的兴奋现象。

中期或失代偿期：由于组织细胞的缺血缺氧，局部组织发生酸中毒，微循环障碍更严重，血管对儿茶酚胺的敏感性降低。交感神经和肾上腺髓质释放儿茶酚胺的量更多，以维持血管收缩；但是由于缺血缺氧，缺氧的肥大细胞大量地释放组胺和5经色胺，促使大部分或全部毛细血管扩张，微循环血容量大增，静脉回心血量和心脏输血量显著减少，因而组织细胞更陷于缺血缺氧状态。并因毛细血管淤血和缺氧，血管渗透性增高，血压下降，循环血量更加减少，促进循环虚脱的急剧发展，即陷于高度抑制状态。

后期：由于病情的急剧发展和恶化，酸性代谢产物的积聚，导致组织严重的酸中毒。并因外周局部血液声值降低，这种酸性血液在细菌、毒素、内毒素、创伤以及溶血等因索作用下，发生弥漫性血管内凝血（DIC），形成血栓，造成微循环和心脏机能的严重障碍，微循环衰竭。因而病畜脉微欲绝，有出血倾向，发生水肿，陷于昏迷状态。

三、症状

循环虚脱，病情发展急剧，临床症状明显。但因病情发展阶段不同，而临床症状也不一样。

初期：外周毛细血管处于痉挛状态，保证脑、心脏等重要器官的血液供应。病畜神情兴奋，烦躁不安，汗出如油，耳尖、鼻端和四肢下端发凉，皮温不整，黏膜苍白，口干舌红，心动过速，脉搏疾速，气促喘粗，四肢与下腹部轻度发绀，呈玫瑰紫色，显示花斑纹状，少尿或无尿。如果病畜全身机能状态不好转，病情即迅速发展和恶化。

中期：外周毛细血管扩张，血容量大增，脑、心等重要器官形成缺血缺氧状态。病畜精神沉郁，神识障碍，血压下降，脉搏微弱，心音混浊，呼吸疾速，节律不齐，站立不稳，步态踉跄，可视黏膜及皮肤呈紫红色，耳、鼻及四肢温暖，全身机能状态显著恶化。继而体温下降，肌肉震颤，黏膜发绀，眼球下陷，耳、鼻及四肢下端冰凉，心律不齐，脉微欲绝，静脉塌陷，血液乌紫，全身冷汗粘手，反射机能减退或消失，呈现昏迷，病势垂危。

后期：外周毛细血管陷于麻痹状态，血液停滞，血浆外渗，血液浓缩，发生DIC，血流缓慢，血压急剧下降，循环衰竭。酸性代谢产物和毒性物质大增，心脏机能不全，脉律不齐以至缺脉。中枢神经系统机能障碍，兴奋性降低，反应迟钝，精神高度沉郁，昏迷不醒。呼吸无力，浅表疾速而困难，若断若续，形成间断性呼吸或潮式呼吸现象，呈现窒息状态。

此外，若因失血和脱水引起的循环虚脱，下痢。若因过敏而引起的，呈现应激反应，中枢神经系统处于极度兴奋状态，突然发生强直性或阵发性痉挛，大小便失禁，呼吸缓慢，甚至停止，心音消失，陷于死亡。若因内毒素强烈刺激而引起的，尚见有广泛性的出血和水肿。

四、病理变化

循环虚脱，从病畜剖检变化上看，全身各个器官都有明显的病理学变化，心脏扩张、心脏内充盈血液、全身静脉淤血，特别是肝脏、脾脏、肾脏的静脉淤血，毛细血管充血，肠壁淤血、出血，胃肠黏膜坏死。肺脏水肿和淤血。

五、治疗

首先应根据病情发展过程，确定治疗原则，采取必要的措施，进行急救。一般而言，着重镇静安神，调节循环血量，改善微循环，强心利尿，防止酸中毒。保护肝肾，促进新陈代谢，这对本病的治疗具有重要意义。

镇静安神。为了减轻或抑制疼痛反射性刺激，增强大脑皮层保护性抑制作用，宜用安乃近，肌肉注射；或用盐酸氯丙嗪，按每千克体重0.5～1mg，肌肉或静脉注射；或用水合氯醛灌肠，镇静解痉，止痛安神。必要时，可用维生素B_1肌肉注射，增强神经系统传导机能，改善新陈代谢。

但须指出，本病的初期，外周毛细血管处于痉挛状态，组织缺血、缺氧，可用硫酸阿托品，猪0.003g，皮下注射，缓解血管痉挛，增强心血管血容量，升高血压，兴奋呼吸中枢。这对传染性与中毒性引起的循环虚脱，往往可奏急救的功效。

心脏功能不全时，在脉微欲绝的情况下，宜用去甲肾上腺素，肌肉注射；如系过敏而引起的，则宜用肾上腺素或肾上腺皮质激素，以增强抗循环虚脱的耐受性。但同时应用0.2%硝酸士的宁溶液2～10mL，肌肉注射，兴奋和促进心脏活动。其他强心剂应根据病情选择应用。同时须注意及时输液或输血，通常应用5%葡萄糖生理盐水，猪100～150mL，静脉注射。如果呼吸衰竭，伴发肺水肿时，应先泻血，再行输液，宜用小剂量多次静脉注射，防止窒息。当心脏活动刚停止时，可用0.1%肾上腺素溶液，1～6mL，心室内注入，进行抢救。

在病的后期，微循环陷于衰竭，应根据病情，采取相应的治疗措施，进行抢救。当病畜神识不清、昏迷不醒、伴发急性脑水肿时，为了降低颅内压，改善脑循环，可用25%葡萄糖溶液，猪40～200mL，静脉注射，每隔6～8h，注射1次。或用甘露醇，按每千克体重12g，配成20%浓度溶液，静脉注射，每隔6h1次。当发生潮式呼吸时，可以用25%尼可杀米溶液，猪1～4mL；皮下注射，兴奋呼吸中枢，缓解呼吸困难。当少尿或无尿、肾功能衰竭时，可以用双氢克尿塞0.1～1g内服；或用25%氨茶碱1～4mL；20%安钠咖溶液1～5mL；维生素C0.3～2g；10%葡萄糖溶液100～500mL，静脉注射，改善微循环，促进利尿作用。

重危病例，具有出血倾向，昏迷不醒，即应防止DIC，促进血栓溶解，疏通微循环，改善全身机能状态，宜用肝素，按每千克体重1mg剂量，溶于5%葡萄糖生理盐水内，静脉注射。或用抗纤维蛋白溶酶药物，如6-氨基己酸（EACA），0.5～2g静脉注射，每天两次，但须同时应用抗生素配合治疗。

当病畜血液pH下降至7.2以下时，血液开始凝集，细胞酶失其活性，频于死亡。必须及时应用5%碳酸氢钠溶液，猪100～200mL，静脉注射，平衡电解质，纠正酸中毒。

此外，种用家畜可以考虑应用细胞色素C、三磷酸腺苷（ATP）或辅酶A，配合胰岛素、葡萄糖进行治疗，提高细胞组织活性，改善新陈代谢，恢复各个重要器官功能，增进治疗效果。

由于感染因素，或继发感染而引起的，都应及时配合抗生素进行治疗，防止病情恶化。加强护理，应使病畜保持安静，避免刺激，不使其受寒、感冒。注意饲养，给饮温水，病情好转时，增强营养，促进康复。

第三节　心包炎（Pericarditis）

心包的炎症称为心包炎。心包炎是以心区疼痛、心包摩擦音或拍水音、心浊音区扩大为特征。按其病情分为原发性和继发性；按其病程分为急性和慢性；按其病因又可分为传染性和非传染性；根据炎性渗出物的特性分为浆液性、纤维蛋白性、浆液性纤维性、出血性、化脓性、化脓腐败性和混合性等多种类型。临床上多为继发性或并发性，当家畜患有某些传染性疾病，如猪巴氏杆菌、传染性胸膜肺炎等。

一、病因

1. 非传染性心包炎　见于某些内科疾病，如感冒、上部呼吸道炎症、肺炎、化脓性胸膜炎、心肌炎，以及维生素缺乏症、矿物质代谢病的经过中、都可诱发心包炎。

2. 传染性心包炎　见于猪副嗜血杆菌病、猪肺疫、猪传染性胸膜肺炎、猪大肠杆菌病、猪链球菌病、仔猪副伤寒、猪结核病、霉菌病等。

二、发病机制

在饲养、管理条件不当，受寒感冒情况下，由于机体抵抗力减弱更易于导致本病的发生。在某些传染性病原菌和炎性刺激，使其心包局部发生充血、出血、肿胀等炎性反应。炎性渗出物，初期为浆液性、纤维蛋白性，继而形成化脓性、腐败性。由于大量化脓腐败性渗出物积聚于心包内，引起心包被动性扩大和体积增大，使心包内压力增高时，限制心脏舒张（所谓心脏填塞），致使流入心脏的血量减少，心房充盈度不足，全身性血液循环障碍，静脉血液，特别是前腔静脉和颈静脉血液还流受阻，结果颈静脉怒张，动脉压下降，脉搏微弱，有时脉搏节律不齐。静脉淤血的继续发展，淋巴还流也会发生障碍，引起下颌间隙和垂皮等处水肿和勃膜充血，发绀等症状。

急性炎性病变刺激心包感受器，可引起心率反射性增数，有时还出现期外收缩（实属异位节律的期前收缩），伴有疼痛反应。

全身性血液循环障碍的结果，使各个脏器势必相应地发生被动性充血（淤血），尤其肺脏受增大的心包挤压，隔肌的活动受限制以及肺循环淤血，初期由于二氧化碳对血管感受器和中枢的作用，引起呼吸中枢兴奋，呼吸增数，呈现腹式呼吸为主的呼吸困难。随后又由于血液的含氧量降低，还原血红蛋白的数量大为增多，相应地出现黏膜发绀现象。继而因病理产物和细菌毒素被吸收，引起体温升高。

三、症状

急性心包炎的初期，临床症状多轻微，病初眼结膜充血、潮红，当静脉发生淤血现象时，眼结膜出现发绀，有时呈现黄染。心搏动开始亢进，以后由于心包内渗出液的积聚或纤维蛋白的沉积，则心搏动减弱，触诊心区有痛性反应。听诊，病初心音增强，随着心包内渗出液的增加而逐渐减弱，并被杂音所掩盖，并伴随心音而听到心包摩擦音，其音性或柔和或粗励，类似刮削音、哗啪音或软胶皮手套相互摩擦音。随病势的发展，心包内有浆液性渗出液的潴留和腐败性气体的产生，则摩擦音消失，呈现心包拍水音或金属音。

叩诊心区浊音界扩大，上方有时与肩脚关节水平线同高；后方可达7～8肋间。若有腐败性气体（多限于创伤性的）混在时，在其浊音界的上方可出现鼓音或浊鼓音。

脉搏从病初起就疾速，增至100次/min以上，多者还可达120次/min左右。脉性先充实，后微弱细小，不感脉；也可发生节律不齐。

当病程超过1～2周后，由于心包内渗出液和纤维蛋白的积聚，致使心脏内腔变小，回心脏血液受阻，使体、肺循环系统均可发生淤血，同时，静脉怒张，颈静脉搏动明显。

呼吸浅表、疾速，腹式呼吸较为明显，即使轻微的运动，易于出现呼吸迫促，甚至发生呼吸困难。在病的后期，因血液循环障碍，或并发胸水、胸膜炎和肺炎时，呼吸困难更为严重。有时伴发痛性咳嗽，并且听到各种啰音。

消化系统的机能紊乱，先便秘，继而下痢；排粪过程中现出痛感并避免用力。患畜消瘦，发生严重脱水现象。皮肤弹性大为减退，眼窝下陷。

体温的变化，病初可上升达39～40℃，个别患畜有时升高达41℃、42℃以上。热型有时呈稽留热，有时呈弛张热。当病程延续过久，体温可下降到常温。脉搏增减与体温升降不相适应（分离现象），即体温降至常温时，脉搏次数仍然增多，这也是本病的重要症状之一。

本病多死于心力衰竭或脓毒致血症。极个别的突然死于心脏破裂。

心电图变化，多属低电压的波型扩QRS波群的振幅减弱。

四、 病理变化

初期变化是心包、心肌和心内膜充血、出血以及心包内积聚大量炎性渗出液。感冒引起的为浆液性、纤维蛋白性；因败血病引起的为出血性、化脓性。有的心包与胸膜粘连，形成粘连性心包炎。还可出现化脓性胸膜炎病变。后期，心外膜粗糙，有大量卵黄色纤维蛋白分层沉着，其表面因心脏搏动而呈卷曲的绒毛状，通称绒毛心。

五、 病程及预后

除少数急性心包炎病程急剧或治愈或突然死亡外，多数取慢性经过；少则数周、数月，多则数年。当然病程长短，多取决于损伤程度，如浆液性又无并发症，系原发性心包炎，治疗及时的，可痊愈。

六、诊断及鉴别诊断

根据病史，还可依据一些特点，如心区有压痛反应、心包摩擦音或拍水音，心区浊音界扩大、颈静脉怒张呈索状，颌下间隙和垂皮等处水肿，以及血液学变化等，一般可以做出诊断。必要时还可结合心包穿刺液检验、X光透视等方法更能得到正确诊断。至于鉴别诊断，则应注意与下列几种疾病加以区别。

心包炎与纤维蛋白性胸膜炎的区别，后者多出现胸膜摩擦音，它与呼吸动作同时出现，不局限于心区，若抑制呼吸动作时，摩擦音即消失。胞膜炎的摩擦音出现也与心脏搏动出现时间不相一致，同时也无心脏病的主要症状。渗出性胸膜炎在叩诊时往往呈现水平浊音。

心包炎与心内膜炎的区别，心包炎时有心包性摩擦音出现，尤其在慢性心包炎时，则全身性淤血症状明显。当心内膜炎时，必定出现各种心内器质性杂音。

心包炎与肺炎（包括肺结核）的差别。心包炎时，肺病的主要症状，如呼吸困难，听诊（肺泡呼吸音变化）、叩诊（浊音变化）和体温等临床症状多属轻微；而心脏病的症状，在心包炎时尤为明显。所以认真地检查，相互鉴别不难。

七、治疗

急性心包炎的初期，使患畜尽量避免兴奋和运动。除可试用洋地黄、咖啡因、毒毛旋花子苷K、硝酸钾（钠）、盐类泻剂等药物治疗外，还可给予磺胺类药物和抗生素治疗，同时尚须治疗原发病。继发性心包炎的预防，主要是对原发病给予及时合理的治疗。

第四节 心肌炎（Myocarditis）

心肌炎是伴发心肌兴奋性增强和心肌收缩机能减弱为特征的心肌纤维的炎症。本病单独发生较少，多继发或并发于其他各种传染性疾病、脓毒败血症或中毒性疾病过程中。按其炎症的性质，可分为化脓性和非化脓性两种；按其侵害的组织，可分为实质性和间质性（渗出性，增生性）两种；按其炎症的病程，又可分为急性和慢性两种。临床上以急性非化脓性心肌炎为常见，慢性心肌炎过程，实质上是心肌的营养不良过程。

一、病因

猪急性心肌炎可见于猪瘟、口蹄疫、猪丹毒、猪肺疫、炭疽、猪传染性胸膜肺炎等，急性心肌炎又往往发生于败血症、子宫内膜炎、脐带炎和肺炎等。此外，各种毒物中毒，如植物性的夹竹桃中毒和汞、砷、磷、锑、铜中毒等。

此外，风湿病（由于链球菌感染而引起的全身变态反应性疾病）经过中，往往并发心肌炎；某些药物，如磺胺类药物及青霉素的变态反应，也可诱发本病。

二、发病机制

心肌炎的病理变化程度和性质，取决于传染原的毒力和性质，机体抵抗力强弱以及病理过程的不同阶段等。心肌的炎性变化，首先影响到心脏传导系统，导致兴奋性增高等一系列临床症状的出现。随着病程的发展，心肌发生变性与坏死，使心肌收缩机能减低；不能维持正常的收缩机能，心脏输出量减少，动脉压降低，因而出现血流缓慢；末梢循环发生障碍，随之发生静脉淤血、水肿和呼吸困难等现象。

此时，借助心脏具有强大的代偿能力，对上述血液循环障碍可通过反射作用以增加心脏收缩次数来补救。心脏收缩次数的增加，使之平衡心脏固有的血容量和动脉压。但是心脏收缩次数频繁，不仅使心肌本身耗氧量增加使之更加缺氧，而且由于心跳加快以后，使心脏的驱血量反而减少，全身性血液循环障碍更加严重，必然很快地影响心脏本身的血液循环。心脏代偿能力丧失，迅速地发生代偿性心力衰竭。

心力衰竭出现后，进而引起各组织器官缺氧，肌肉无力；心脏不能完全驱出回流的血液，阻碍血液还流，迅速影响到门脉循环，并于肺、肝、胃肠、肾以及全身发生淤血现象。

由于心脏传导系统障碍的结果，使心脏传导性破坏，此时，心房、心室或两个心室的收缩不相一致，临床上出现节律不齐。

三、症状

急性非化脓性心肌炎多以心肌兴奋的症状开始。

1. 脉搏变化　表现为脉搏疾速而充实，脉搏于病的初期呈紧张、充实，随病势的发展，脉性变化显著，心跳与脉搏非常不相称，心跳强盛而脉搏甚微。

2. 心音与心律变化 心搏动亢进，心音高朗，当患畜稍作运动后，心搏动加快，即使运动停止，仍可持续较长时间。这种心肌机能的反应现象，往往是确诊本病的依据之一。不过在临床上常被某些原发病或并发病的主要症状所掩盖。当心肌细胞变性为特征的心肌炎，又多以心力衰竭为主，表现为脉搏增速和交替脉。有时第一心音强盛伴有混浊或分裂；第二心音显著减弱，多伴发缩期性杂音，其原因是心脏扩张、房室孔相对闭锁不全所致。

3. 可视黏膜与体表静脉变化 在心脏代偿能力丧失时，呈现可视黏膜发绀，呼吸高度困难，体表静脉怒张和颌下、垂皮和四肢下端水肿等症状。

4. 心律不齐 当心肌病变严重时，出现明显的期前收缩的心律不齐。

5. 体温升高 由于感染或中毒引起的，还有体温升高和相应地血液学变化，以及一系列传染病和中毒所固有的其他症状。

6. 全身衰竭 重症心肌炎的患猪，精神高度沉郁，食欲废绝，全身虚弱无力，战栗，运步踉跄，甚至出现神志昏迷、眩晕，终于心力衰竭而突然死亡。

四、病理变化

急性非化脓性心肌炎的病理变化，炎症初期为局限性充血、浆液和白细胞性浸润。心肌脆弱、松弛、无光泽，心腔扩大。随着病程的延续，呈现心肌纤维细胞变性——混浊肿胀、颗粒和脂肪变性。心肌组织发生坏死，坏死处结缔组织增生，留有疤痕，形成心肌硬化。心肌多呈苍白色、灰红色或灰白色不等。

局灶性心肌炎的特征，是心肌患病部分与健康部分相互交织，当沿着心冠横切心脏时，其切面为灰黄色斑纹，形成特异的虎斑心。

五、病程及预后

急性非化脓性心肌炎的病程，取决于原发病及机体抵抗力。急性型有可能转为慢性型。病程长达数月，甚至数年。

判定预后应谨慎，首先要根据引起心肌炎的原因，心肌炎性质和程度，如传染性疾病继发或并发的心肌炎，多属于轻症，只要合理地治疗原发病，病情会好转，逐渐痊愈。

六、诊断

首先应根据病史材料着重了解其继发或并发某些疾病的具体情况；临床症状中主要是心肌收缩次数的变化和过速出现血液循环障碍等。

由于心肌兴奋性增高，往往导致心脏收缩次数的变化，这是临床诊断急性心肌炎的一项指标。做法是先在安静状态下测定患畜脉搏次数，随后令其步行运动5min再数其脉搏次数，在心肌炎时虽停止运动后，甚至经过2～3min以后，脉搏仍可继续加快，必须经历较长时间才能恢复原来的脉搏次数。当心肌炎的后期，必然发生心脏扩张而出现缩期性杂音，节律不齐，血压降低和过速发生血液循环障碍的症状。这些均可作为诊断上的依据。至于鉴别诊断，应与以下几种疾病加以区别。

急性心肌炎与心包炎的区别，后者多伴发有摩擦音或心包拍水音。

七、治疗

本病的治疗原则，主要在于减少心脏负担，增加心脏营养，提高心脏收缩机能和防治其原发病等。

首先使患畜安静，给予良好的护理，以及避免过度的兴奋和运动。多次少量地饲喂易于消化而且富有营养和维生素的饲料，并限制过多饮水。

治疗应针对其原发病，为此，可应用磺胺类药物、抗生素、血清和疫苗等特异性疗法。几药物治疗宜在正确诊断本病发展不同阶段的基础上进行。对急性心肌炎的初期，不宜用强心剂，以免心脏神经感受器的过度兴奋，使心肌过度兴奋招致心脏迅速地陷于衰弱。

故早期可在心区施行冷敷。当心肌炎发展到心力衰竭阶段，为了维持心脏的活动，改善血液循环，可以用10%安钠咖溶液2～10mL皮下注射，每6h重复1次。

洋地黄强心药列为禁忌药。因为本药有延缓传导性和增强心肌的兴奋性，使心脏舒张期延长，导致心力过早衰竭，致使病畜死亡。

第五节 心内膜炎（Endocarditis）

心内膜炎变化特征分疣状心内膜炎（良性）和溃疡性心内膜炎（恶性）两种；按其起因分为原发性和继发性；按其病程分为急性和慢性两种。临床上以血液循环障碍和心内性器质性杂音为特征。

一、病因与机制

急性心内膜炎主要是传染性因素，常由于侵入血液中的各种致病性细菌及其毒素所引起。其致病性细菌有：猪丹毒杆菌、链球菌、化脓杆菌、葡萄球菌、巴氏杆菌、大肠杆菌和结核杆菌等。

急性心内膜炎较少单独发生。通常多继发或并发于各种致病性细菌，病菌沿着血液转移到心内膜的毛细血管，发生炎性变化，心内膜炎症过程及其增殖性病变的程度，应视致病性细菌的种类和性质而定。

流感、链球菌、传染性胸膜肺炎、猪丹毒、咽炎、脓毒败血症、化脓性子宫内膜炎和脐带炎等。

急性心内膜炎，在机体抵抗力降低的情况下，由于邻近器官炎症的蔓延而发病，见于心包炎、心肌炎、胸膜炎和风湿症。新陈代谢异常、维生素缺乏、感冒、过劳等，也成为易发本病的诱因。

慢性心内膜炎常由急性转变而来常继发心瓣膜性心内膜炎，例如急性猪丹毒有时转变而来常继发心瓣膜性心内膜炎。

二、症状

急性心内膜炎由于致病性细菌种类及其毒性强弱，炎症的性质（疣状或溃疡性），原发病的表现以及有无全身性感染情况的不同，其临床症状也不一样。通常患畜表现精神沉郁或嗜眠，眼半闭，头下垂，虚弱无力，易于疲劳，运步蹒跚，食欲大减。重型心内膜炎则体温升高（40.5～41℃）。但其主要的还是心脏病的固有症状，即心搏动亢盛，震动胸壁甚至全身；心搏动数增加，可达80～110次/min，节律不齐；轻度兴奋或运动，心搏动次数突然增加。

听诊，病初多不认异常。后期第一心音微弱、混浊，第二心音几乎消失；有时第一心音和第二心音融合为一个心音。

疣状心内膜炎的患畜，听诊时，均可听到伴随一、二心音发出的心内性器质性杂音（其杂音强度和发生部位一般较固定）。但溃疡性心内膜炎，心内膜杂音不固定，脉数增多，脉性微弱呈不感脉，脉律不齐，发生缺脉现象。主动脉瓣被侵害，往往呈现跳脉。

病的后期，心脏机能障碍越发严重，血液循环紊乱，可视黏膜发绀，静脉高度淤血，颈静脉搏动，呼吸困难（与肺充血或肺水肿有关）以及垂皮、腹下发生水肿。由于溃疡性心内膜炎，往往因栓子转移性感染，除可视黏膜出血现象外，肝、肺及其他器官发生转移病灶，引起化脓性肺炎、化脓性关节炎、脑膜脑炎以及血尿等现象。

三、病理变化

1. 疣状心内膜炎　瓣膜游离缘、腔索及乳头肌上形成粟粒大的结节，呈灰白色或灰黄色，被覆血色或无色纤维蛋白的凝固物，随着结节融合而呈菜花状或疣状。由于结缔组织的增生，使心内膜增厚，瓣膜短缩，因而瓣孔狭窄或闭锁不全，成为器质性病变。

2. 溃疡性心内膜炎　是深部坏死性炎症（重型）。瓣膜上有大小不等的溃疡面，被覆暗色的坏死性絮状片，猪常在主动脉瓣和二尖瓣，其游离缘变形、腱索断离或瓣膜穿孔（有窗瓣膜）。当坏死组织和纤维蛋白组织软化、分解、脱落成为栓子、随血流带到其他脏器，从右心则进入肺脏；从左心则进入脑、肝、脾、肾脏等，具有栓塞和脓毒败血症的病理变化。

四、病程及预后

急性心内膜炎患畜，一般经过4～7天，结局死亡，如能持续数周，往往转为慢性心内膜炎。疣状心内膜炎，多数可继发心脏瓣膜病（系房室孔狭窄的慢性心脏瓣膜病），预后不良。溃疡性心内膜炎，多因血液循环严重障碍或继发败血症而死亡。

五、诊断

疣状心内膜炎的心脏性杂音较稳定，多与风湿症、猪丹毒有关。溃疡性心内膜炎的杂音出现快，变化多，故不相同。由于本病与急性心肌炎、心包炎、败血症、脑膜脑炎等容易误诊，临床上必须注意鉴别。

六、治疗

尽量使患畜避免兴奋或运动，保持安静。给予富有营养、易于消化的优质饲料，每天饮水量不宜过多。

积极治疗原发病的同时，初期用抗生素和磺胺类药物，疗效尚好。体温过高时，可用解热药。为了维持心脏机能，可应用强心剂，如洋地黄、毒毛旋花子苷K等。

必要时可用25%葡萄糖溶液100～500mL或10%高渗氯化钠溶液50～100mL静脉注射，每日1～2次，可增进治疗效果。

第六节 心瓣膜病（Valvular disease）

心脏瓣膜病又称慢性心内膜炎，是心脏瓣膜、瓣孔（包括内膜壁层）发生各种形态或结构上器质性变化，导致瓣膜闭锁不全和瓣孔狭窄为特征；呈现血液循环障碍的一种慢性心内膜疾病。心脏瓣膜病多数由于急性心内膜炎的演变，致使心脏瓣膜及瓣孔发生形态学变化的结果。如见于急性多发性关节炎、猪丹毒、猪链球菌病、传染性胸膜肺炎、流行性感冒等。

慢性心肌炎、心脏衰弱、心脏扩张的经过中，瓣膜自身虽无形态学的变化，但由于瓣孔相对地扩大，或乳头肌紧张性瓣膜短缩，或腱索紧张度减退（腔索松弛）等，也可能使其发生闭锁不全现象（相对性闭锁不全现象）。

一、发病机制

在各种致病因素对心内膜不良刺激作用下，心脏瓣膜装置出现各种形态或结构的病理变化，使其瓣膜发生闭锁不全或瓣孔狭窄。也有在瓣膜和瓣孔同时发生闭锁不全和狭窄现象；往往有几个瓣膜、瓣孔发生变化，同时呈现多种性质不同的杂音。在瓣膜发生闭锁不全时，可以引起血液逆流；在瓣孔发生狭窄时，则可使血液通过瓣孔受到阻碍。因此，无论是瓣膜闭锁不全或瓣孔狭窄，势必要导致催病部位的后方（按血液循环的方向而言）的心脏收缩力加强，因之发生代偿性心脏肥大；又因血液的积滞，也可引起代偿性心脏扩张。代偿性心脏肥大的出现，使瓣膜闭锁不全或瓣孔狭窄所致的心房、心室和血管中的血液正常分配发生紊乱现象，得以适当地调节，使之接近正常，患畜亦维持近于健康状态。

代偿作用毕竟不能持续整个病理过程，最终还是由于心肌中结缔组织的变性和增生，使其代偿机能逐渐减退，动脉血液量减少，静脉淤血，随之发生脑、肝、脾、肾等脏器淤血，体腔积液和各个器官水肿；心脏瓣膜病的代偿作用丧失，病情趋于急剧恶化。

二、病理变化

慢性心内膜炎往往使心脏瓣膜装置出现各种形态或结构病理变化，主要是瓣膜及其邻近部分的结缔组织增生，瓣膜游离缘肥厚、萎缩、硬化、部分愈着；瓣孔呈现息肉状或菜花样新生物；膛索短缩以及心脏扩张等，皆可造成瓣膜闭锁不全或瓣孔狭窄。这些病理变化，临床上单纯的瓣膜闭锁不全或单纯的瓣孔狭窄都比较少见；而较多见的还是发生同一瓣膜和瓣孔，即合并发生瓣膜闭锁不全和瓣孔狭窄。

三、症状

本病常由于侵害瓣膜、瓣孔的部位不同，再加上患畜种类的不同，则易于发生瓣膜或瓣孔的异常情况也各有差异：如猪为二尖瓣闭锁不全和右房室孔狭窄。故其临床症状也相应地变为复杂，现举例说明病性和症状等：

1. 二尖瓣闭锁不全　本病为猪常发的心脏瓣膜病。在左心室收缩期，左心室血液一部分还流于左心房，与由肺静脉流入的血液相冲击产生旋涡运动，引起瓣膜游离缘震颤，发生缩期性杂音。

心房中血液量增加，血压升高，致使左心房扩张；心房经常驱出较正常为多的血液量，因而发生代偿性左心房肥大。

2. 三尖瓣闭锁不全　在右心室收缩期，由于三尖瓣闭锁不全，则右心室的血液还流右心房，与由前后腔静脉流入血液相冲击，引起旋涡运动，发生缩期性杂音。

其逆流的血液波及静脉，招致颈静脉的搏动及静脉系统的淤血。由于右心房被血液所充满，发生右心房扩张，终至右心室扩张，有时也发生肥大。由于门脉循环障碍，内脏各器官，如肝、脾、胃肠、肾脏等发生淤血和水肿。

四、症状

当出现胸壁感到震颤，听诊胸壁右侧可听到缩期性杂音，由于右心房在舒张期，同时由两方面受容血液，先使心房扩张，后使心室也扩张，右侧心脏浊音界扩大。颈静脉怒张显著呈索状，当心室收缩时，逆入右心房的部分血液又可进入右心房的静脉冲动中，因此发阳性颈静脉搏动。这是二尖瓣闭锁不全的示病症状。

此外尚有主动脉瓣闭锁不全、主动脉孔狭窄、肺动脉瓣闭锁不全、肺动脉孔狭窄。

五、诊断

心瓣膜病的临床症状，要根据各个瓣膜、瓣孔的病理变化加以区分。但实际上单纯某一种类型很少存在，绝大多数是联合发生（联合性心瓣膜病）。尤其是某一瓣膜闭锁不全和瓣孔狭窄并发的还居多数。如主动脉瓣闭锁不全和其狭窄并发时，杂音发生于收缩期，又可发生于舒张期，收缩期和舒张期均能听到杂音。而脉搏也不呈现所谓跳脉或稍现出跳脉，这是由子动脉压变化不如单纯闭锁不全时明显的关系。再如主动脉孔狭窄心内性杂音。主要症状发生时期听诊最佳点，猪二尖瓣闭锁不全缩期左侧第五肋间、肘头上方约1～2指处，左侧第四肋间、肘头上方约1～2指处，左侧心搏动强盛，肺动脉第二心音强盛，脉搏正常。

阳性颈静脉搏动，淤血性水肿，胸、腹腔积液，消化机能紊乱，猪多发生右房室孔狭窄张期或缩期前右侧第三、四肋间、肘头前上方约1～2指处右侧第三肋间、肘头前上方约1～2指处。

在已进入代偿作用丧失阶段的患畜，除使其安静，免除剧烈活动；还必须应用适当的药物维持心脏活动机能，其治疗方法，在心脏衰弱所引起血液循环障碍和血压降低情况下，可酌情使用各种强心药，如洋地黄、毒毛旋花子苷K。咖啡因、硝酸士的宁、硫酸阿托品以及水杨酸钠等。但也要认识到心脏瓣膜病终究还是一种心脏的形态学病理变化，药物治疗根本不可能痊愈。

第五章
神经系统疾病

概述

脑的形态结构：脑的前端，分为脑干和前脑。而脑干包括后脑（脑桥和延脑）、间脑和中脑（四叠体和红核）；小脑则与后脑相邻接。前脑形成大脑半球，分为大脑皮层和皮层下中枢。12对脑神经，除嗅神经和视神经2对外，都是从脑干的不同部位发出的，并且与延脑、脑桥或中脑相连接。

机能：脑神经是最广泛和最精细的控制系统。哺乳动物的脑功能，其奥妙没有任何计算机能够比得上。生物的神经系统，包含着若十亿个细胞，相互联系，相互作用，最后产生复杂的机体过程。很显然，神经系统是机体的主要协调机构，几乎对全部机能都能发挥调节作用。即使通过激素来调节代谢和生长发育的内分泌系统，不仅受到神经系统的控制，而且在较大的程度上是神经系统的一部分。因为具有反馈作用的控制系统，既来自传导冲动的神经途径，也来自激素。脑的结构及其机能，既然如此复杂和重要，脑及脑膜受到外界或内在的各种物理化学或生物学的因素侵害和影响，发生病理学变化时，即引起多种多样、形形色色的复杂的临床症状，则病畜的生命活动也就受到严重的危害和干扰。

神经系统在机体的生命活动中起着主导作用，它既调节机体内的各个器官的活动，又使机体适应外界环境的变化，以保持与外界环境间相对统一与平衡。

神经活动是复杂的，但是无论其如何复杂，都是反射性活动。而反射性活动的最复杂的表现，无非是兴奋与抑制两种过程。这两种过程都起源于神经原，并且在时间与空间上相互联系和相互作用。如果这两种过程发生紊乱，疾病就发生了。

动物机体一旦受到外界或内在的各种不良因素侵害，神经系统的正常反射性活动就会受到影响或破坏，从而引起病理学的变化。当一些不良因素直接作用于外部或内部感受器时，不仅引起中枢神经系统的反射机能障碍，而且导致病理学变化过程的发生和发展。

神经系统疾病主要是中枢神经系统与外周神经系统的组织结构发生病理学的变化，特别是大脑皮层组织中的神经原极微细的结构变化，超出了显微镜研究的范围，而是用生物化学的方法研究其分子变化，正确地理解中枢神经系统机能性障碍及其所引起机体的运动器官和内脏器官病理演变过程及其临床病征。

一、病因

1. 理化因素　例如日射、电击、过劳、受寒、脑和脊髓的外伤、击伤、挫伤和震荡等物理因素；苯、苯胺、铅、砷、锑、士的宁、醚、酒精、一氧化碳以及植物性饲料毒物等化学因素，都能引起神经系统疾病的发生和发展。

2. 生物性因素　病毒和细菌性传染病、真菌性疾病以及寄生虫病的过程中，如果神经系统组织结构的完整性遭到破坏，则导致其严重的病理现象。

二、发病机制

主要是体内各种毒素和异常代谢产物对于中

枢神经系统的影响。例如肺炎、肝脏疾病、肾脏疾病、自体中毒、内分泌机能紊乱以及新陈代谢障碍等经过中，所形成的有害产物，破坏神经系统的正常生理活动机能。由于饲养管理不良所引起的营养障碍，也能引起大脑皮层过度地紧张和抑制现象，从而导致神经系统的机能紊乱。

三、临床症状

为了在临床实践中有利于对脑的疾病进行观察、检查、诊断和识别，有必要首先将其临床主要的综合征予以阐明。脑的疾病临床综合征分为一般脑症状与灶性症状两个方面。脑及脑膜的实质发生病理学变化时，所表现出来的某些具有脑病特征性的临床症状，称为一般脑症状。尽管家畜发生脑病时，不可能表达出来自觉症状，但也有其头痛、惊慌、恐俱、眩晕等一些异常病征的表现。当然，引人注目的，则是以下种种特征：意识障碍、神情异常、精神沉郁、嗜眠、昏睡、昏迷、狂躁不安、姿态异常、反射机能亢进或消失、痉挛、麻痹、共济失调、神识异常。

四、一般脑症状

1. 意识障碍　是某些外源性或内源性中毒和实质性脑病的常见症状，表现出精神委顿、嗜眠、神志不清、沉睡、昏迷、晕厥、眩晕等病理状态。

2. 兴奋狂躁　主要是脑的炎性变化，颅内压突然升高，引起中枢神经系统障碍，极度运动冲动的发作，神识扰乱，精神兴奋，狂躁不安，癫狂冲撞，甚至攻击人和动物。

3. 异常运动　在脑炎、破伤风、饲料中毒、自体中毒、士的宁中毒及重剧性传染病过程中，发生痉挛、震颤、强制运动，呈现强迫姿势，即病畜发生强迫横卧、站立，以及各种反常的不协调运动。

4. 视觉障碍　在脑病、脑寄生虫病等过程中，视神经乳头充血淤血，或视网膜发炎，视神经萎缩，因而瞳孔或缩小，或散大，甚至眼球不转动，感光消失。

5. 呼吸节律变化　重剧性脑病，特别是由某些毒物中毒引起的神识障碍，呼吸深长、缓慢、次数减少，常常呈现潮式呼吸、毕欧氏呼吸以及晕厥式呼吸（起初吃力，逐渐减轻，继而间歇），都是病情危急的征象。

6. 脉搏变化　在脑及脑膜炎过程中，颅内压升高时，由于迷走神经兴奋，心搏动缓慢，脉搏减少。但重剧性脑病，则脉搏疾速，脉性微弱。

7. 反射机能变化　慢性脑病、破伤风以及某些中毒性疾病等，由于中枢神经系统的过度兴奋或抑制，引起反射机能或亢进、或减退、或消失。

8. 其他　有的有时呕吐，采食饮水异常，或采食在口中却忘记咀嚼等。

五、灶性症状

脑的一定部位、中枢、神经束、神经核、神经根等，受到直接损害时，即引起各种特异病征，称为灶性症状。

1. 麻痹　运动神经传导径任何部分发生损伤，或冲动传导中断，都可能引起运动和感觉消失，即发生麻痹或不完全麻痹。若发于一个肢体，称为单瘫；发于两前肢或两后肢，称为截瘫；发于躯体一侧，称为偏瘫；发于躯体两侧肌肉，称为四肢瘫痪。由于神经系统受损伤部位不同，有所谓外周性麻痹和中枢性麻痹。

(1)外周性麻痹：如脊髓、脑干的运动神经细胞或其轴突组成的脊髓神经和脑神经，受到损伤时，使中枢的运动神经冲动中断，肌肉的随意运动和反射性运动都消失，肌肉弛缓，萎缩，电兴奋性降低，呈现外周麻痹。脑脊髓炎、维生素B_1缺乏症以及外伤等，都能引起这种麻痹现象。

(2)中枢性麻痹：是由于大脑皮层运动区或锥体径受损伤而引起的。其特征是肌肉随意运动消失，紧张性增高，健反射亢进，肌肉不萎缩，电兴奋性正常。这种麻痹现象，主要见于脑炎、脑出血、脑肿瘤以及脑中毒性坏死等疾病。

2. 运动失调　通常称为共济失调。主要由于大脑皮层及皮层下中枢神经核和脑干的运动区某些部位受到损伤，如脑炎等，原有的自动性运动减弱，随意运动困难，病畜的姿势、运动的方向、次序、速度与强度等，都发生变化，站立不稳，步态蹒跚。其中有所谓小脑性的、迷路性的和大脑性的运动失调，可参照家畜病理学的运动机能障碍有关部分。

3. 强迫运动　当大脑皮层运动区某些部位受到侵害时，病畜往往无目的地徘徊、转圈运动；不顾障碍，向前猛进或暴退。一侧的前庭神经、迷路、小脑受到损害时，亦会出现这种强制运动。

4. 痉挛　主要是大脑皮层运动调节机能障碍而引起的。病畜全身、半身或一肢，以及某一肌群发生强直性的或阵发性的痉挛收缩，呈现癫痫样动作。特别是在脑及脑膜炎过程中，常常出现眼球震颤、斜视、眨眼、缩瞳，乃至角弓反张等症状。

5. 感觉障碍　当大脑皮层感觉区受到损伤时，常常引起外部、深部以及内部的感觉机能减退或消失。同时，神识异常，有时视觉、听觉和嗅觉等亦发生障碍。

六、诊断

根据神经系统疾病的临床症状特征及其相应的器官临床症状，通过综合和分析，可以作为神经系统疾病的初步诊断依据。

第一节　脑充血（Hyperaemia cerebri et memingum）

脑充血包括脑及脑膜的血管发生充血或淤血情况，引起兴奋不安和神识障碍现象，通常称为脑及脑膜充血。本病可发生于各种家畜，幼畜较为常见。

一、病因

本病按其病性有主动性（动脉性）与被动性（静脉性）两种。

1. 主动性充血　猪由于在车船运输中过于拥挤、受热；或因畜舍通风不良，过于闷热；或烈日照射头部；或心脏肥大，均可引起脑动脉发生充血现象。

2. 被动性充血　常见于心脏瓣膜病、心包炎、心肌炎、心脏肥大以及心脏衰弱等，静脉回流障碍，可导致脑静脉淤血现象。慢性肺气肿、间质性肺气肿和胸膜肺炎等经过中，由于血液循环障碍，也会引起脑静脉淤血。

二、症状

主动性脑充血，病猪狂躁兴奋或精神沉郁、神识不清。一般而言，兴奋发作前，精神抑郁，不注意周围事物。兴奋发作时，狂躁不安、摇头、磨牙、嘶鸣、咬物、冲撞，无目的地前冲或后退，头抵墙壁或饲槽，冲撞障碍物，头盖灼热，黏膜剧烈充血，瞳孔散大或缩小，有时眼神炯炯发光；呼吸急促，脉搏疾速，体温有时升高，食欲减退，便秘。

动物发病时，啃饲槽、行为粗暴、狂奔、皮肤过敏、战栗、眼球转动、姿态不自然、惊恐胆怯。有时转圈运动，或倒地抽搐。

被动性脑充血，病畜抑郁失神，垂头站立，有时抵靠墙壁或饲槽。感觉迟钝，不愿采食。黏膜发绀，脉搏细弱，呼吸困难，体温无异常。有时癫痫样发作，抽搐和痉挛。

三、病理变化

1. 主动性脑充血　硬脑膜含有多量血液，软脑膜变为红色，沿血管周围有出血点。皮层灰质呈淡灰色或红灰色，白质呈淡红色或褐红色。切面流出多量血滴，脑实质具有充血性斑点。

2. 被动性脑充血　脑回及其间沟中小血管与迂曲的静脉管剧烈充血。脑膜及脑实质变为鲜红色或暗红色。窦内充满血液，甚至有凝血块。沿血管径路有小出血点，脑脊髓液量增多，切面流出大量血液。如伴发淤血性水肿时，脑的体积与重量增加，脑沟展平。

四、诊断及预后

根据病史调查结合临床症状分析，对本病的诊断并不困难。但在脑充血的病程中，呈现兴奋狂躁与神识障碍，故除与脑贫血鉴别外，还应与脑脊髓膜炎、流行性脑炎、结核性脑炎、中毒性脑炎和狂犬病等予以鉴别。

主动性脑充血，通常经过1~2h乃至数日，迅速地或逐渐地恢复正常。被动性脑充血，如能除去病因，则病程经过较短暂；如果病因迟迟不能除去，病情逐渐加剧，并可继发慢性脑水肿，预后不良。

五、治疗

本病的治疗，首先除去致病原因，并将病畜放置在通风良好的宽广畜舍中，避免异常影响刺激，保持安静。在病畜兴奋发作期间，防止冲撞物体，以免造成损伤。头部可施行冷敷或装置冰袋，或灌注冷水。严重的主动性脑充血，为了防止急性脑水肿或脑出血，在病的初期可引颈静脉大泻血，必要时宜用小剂量毛果芸香碱或槟榔碱皮下注射，并用甘露醇或高渗葡萄糖溶液静脉注射。在兴奋发作期中，可用安溴注射液，小家畜10～50mL，静脉注射。也可以用氯丙嗪或水合氯醛进行治疗，有利于镇静安神。

被动性脑充血，应先治疗原发病，增强心脏功能，改善脑循环。在沉郁期中，可以用安钠咖、酒精或氨茶碱，静脉注射，也可用番木鳖酊，小家畜1～3mL，内服，但不宜泻血。

预防注意畜群管理，防止拥挤、受热，避免惊恐。暑热炎天，严防中暑。

第二节 脑膜脑炎（Meningo-encephalitis）

脑膜及脑炎主要是受到传染性或中毒性因素的侵害，首先软脑膜及整个蛛网膜下腔发生炎性变化，继而通过血液和淋巴途径侵害到脑，引起脑实质的炎性反应；或者脑膜与脑实质同时发炎。一般通称脑膜及脑炎，呈现一般脑症状或灶性症状，是一种伴发严重的脑机能障碍的疾病。

一、病因

链球菌、葡萄球菌、肺炎球菌、双球菌、巴氏杆菌、化脓杆菌、坏死杆菌、李氏杆菌、猪流感嗜血杆菌以及沙门氏杆菌等，当机体防卫机能降低，微生物毒力增强时，即能引起本病的发生。又如中耳炎、化脓性鼻炎、额窦炎、眼球炎、腮腺炎以及踢伤、骨质坏疽等蔓延至颅腔；或因感染创、褥疮等过程中转移至脑而发生本病。猪囊虫以及血液原虫病等的侵袭，导致脑膜及脑炎的发生和发展。铅中毒、食盐中毒、霉玉米中毒等过程中也可出现该病。

二、发病机制

关于本病的发病机制，不论是病毒与病原微生物，或是有毒物质，可以通过各种不同的途径，侵入到脑膜及脑组织，引起炎性病理变化。其所以如此，主要是病毒或病原微生物侵入血液，运行到脑，或沿着神经干，或通过淋巴途径，侵入到脑的蛛网膜下腔和硬脑膜下腔。即使由其他器官而来的病原微生物，或从消化道而来的有毒物质，都可以通过血液，透过血脑屏障，侵入到脑膜和脑实质。但是，由邻近器官炎症的病原微生物侵入颅腔后，从蛛网膜下腔直接蔓延到脑组织，不仅如此，而且还可以通过脑脊液或沿着血管的外膜鞘侵入脑组织和脑室。因而导致本病的发生和发展过程。

在本病的发生发展过程中，由于脑组织血液与脑脊液的循环受到影响，引起脑组织炎性浸润，发生急性脑水肿，脑脊液增多，颅内压升高，脑神经和脑组织受到严重侵害，因而呈现一般脑症状。病畜神识障碍，精神沉郁，或极度兴奋，狂躁不安；发生痉挛、震颤，以及运动异常；视觉障碍，呼吸与脉搏节律变化。并因病原微生物及其毒素的影响，同时伴发毒血症，体温升高。由于炎性病理变化及其病变部位的不同，导致各种不同的灶性症状。其所以如此，都是由脑膜及脑炎的病性及其病理演变过程所决定了的。

三、病理变化

本病的主要病理学变化，即软脑膜小血管充血、淤血，轻度水肿，有的具有小出血点。切面、蛛网膜下腔和脑室内的脑脊液增多、混浊，含有蛋白质絮状物；脉络丛充血，灰质与白质充血，并散在小出血点。有的病例，大脑皮层、基底核、丘脑、中脑、脑桥等部位，见有针尖大至小米粒大的灰白色坏死灶，脑实质疏松软化。

病毒性与中毒性的病例，脑组织与脑膜的血管周围淋巴细胞浸润。结核性脑膜及脑炎，于脑底和脑膜，具有胶样或化脓性浸润。猪食盐中毒所致的病例，脑组织血管周围有大量嗜酸白细胞浸润。

慢性病例，软脑膜肥厚，呈乳白色，并与大脑皮层密接；镜检，脑实质软化灶周围，并有星状胶质细胞增生。

四、症状

急性脑膜及脑炎，通常突然发病，多呈现一般脑症状，病情发展急剧。病畜神识障碍，精神沉郁，闭目垂头，站立不动；目光无神，不听呼唤，直到呈现昏睡状态，其中有时突然兴奋发作。

病猪，尖声喊叫，磨牙空嚼，口流泡沫。

但须指出，由传染因素引起的，病的初期，体温升高，颅顶骨灼热；颅内压升高，视神经乳头充血，显示头痛现象。继发感染，往往伴发菌血症或毒血症现象。病程中，体温变动范围很大，有时上升，有时下降；至病的末期，有时体温又升高。具有兴奋期与抑制期交替发作现象。兴奋期，病畜知觉过敏，皮肤感觉异常，甚至轻轻触摸，即引起剧烈疼痛，个别有举尾现象；瞳孔缩小，视觉扰乱；反射机能亢进，容易惊恐。抑制期，呈现嗜眠、昏睡状态，以及各种强迫姿势；瞳孔散大，视觉障碍，反射机能减弱乃至消失。

呼吸与脉搏变化：兴奋期，呼吸疾速，脉搏增数。抑制期，呼吸缓慢而深长；脉搏有时减少。但在末期，濒于死亡前，多呈现潮式呼吸，或毕欧氏呼吸式（间断呼吸），脉微欲绝。

饮食状态：食欲减退或废绝，采食、饮水异常，咀嚼缓慢，常常中止；猪有呕吐现象。腹壁紧张，肠蠕动音微弱，排粪迟滞；尿量减少，尿中含有蛋白质、葡萄糖。

此外，由于脑组织的病变部位不同，特别是脑干受到侵害时，所表现的灶性症状也不一样。主要是痉挛和麻痹两个方面。

1. 眼肌痉挛　眼球震颤，斜视，瞳孔左右不同（散大不均匀），瞳孔反射机能消失。

2. 咬肌痉挛　牙关紧急（咬牙切齿），轧齿（磨牙）。

3. 唇、鼻、耳肌痉挛　唇、鼻和耳肌收缩。

4. 项肌和颈肌痉挛或麻痹　项和颈部的肌肉强直，头向后上方或一侧反张；倒地时，四肢做有节奏的游泳样运动。

5. 咽和舌肌麻痹　吞咽障碍，舌脱垂。

6. 面神经和三叉神经麻痹　唇向一侧或弛缓下垂。

7. 眼肌和耳肌麻痹　斜视、上眼睑下垂；耳弛缓下垂。

8. 单瘫与偏瘫　一组肌肉或某一器官麻痹，或半侧机体麻痹。

上述病症，不一定同时出现，有时某一器官或某一组肌肉痉挛，或麻痹比较明显，有时则痉挛现象较为多见，或有时只有麻痹现象。其他，视觉、听觉、味觉与嗅觉有时发生障碍。因此，在实践中应注意观察。

五、病程及预后

本病的病情发展急剧，病程长短不一。猪在12～48h，但有的病例，突然兴奋发作，继而极度昏迷，往往在24h内死亡。病程缓慢的，病程数天乃至一周后，方出现一般脑症状和一定的灶性症状。病的末期，多陷于昏迷状态，卧地不起，常发生褥疮，往往伴发肺坏疽、沉积性肺炎、败血症，或因体质虚弱而死亡。死亡率可达75%以上，居多预后不良。虽然有些病例经过治疗，病情好转，但不能痊愈，常常遗留慢性脑水肿、耳聋以及一定部位的肌肉麻痹等后遗症。

六、诊断

关于本病的诊断问题，如果临床症状明显，结合病史调查、现症观察及病情发展过程进行分析和论证。若病情的病程发展、临床特征不十分明显时，可进行穿刺，采取脑脊液检查，其中蛋白质与细胞的含量显著增多；脑膊及脑化脓性炎症，脑脊髓液中的沉淀物除嗜中性白细胞外，尚有病原微生物；若因病毒或中毒性因素引起的，则有淋巴细胞，所以确诊也不难。

但在临床实践中，有些病例，往往由于脑功能紊乱，特别是某些传染病或中毒性疾病所引起的脑功能障碍，则容易误诊，必须注意鉴别。

急性热性传染病，通常由于受到病原微生物及其毒素的侵害，往往引起中枢神经系统机能紊乱，有时与本病容易混同。但一般脑症状不明显，亦无强迫运动和麻痹现象，故与本病容易区别。

李氏杆菌病，神经型，其临床症状与本病很相类似。猪多发于春秋两季，有时呈地方性流行，伴发下痢、咳嗽以及败血症现象，故与本病容易鉴别。

七、治疗

本病的治疗，应按照加强护理，降低颅内压，保护大脑，消炎解毒的原则，采取综合性的治疗措施，扭转病情，促进康复过程。若系传染因素引起的，更须隔离观察，严密消毒，加强防疫卫生，防止传播。

由于本病多因伴发急性脑水肿，颅内压升高，脑循环障碍，用10%～25%葡萄糖溶液100～500mL，静脉注射；如果血液浓稠，同时尚可用10%氯化钠溶液200～300mL，静脉注射。但最好用脱水剂，通常用20%甘露醇溶液，或25%山梨醇溶液，按1～2mL/kg体重，静脉注射，应在30min内注射完毕，降低颅内压，改善脑循环。若于注射后2～4h内大量排尿，中枢神经系统紊乱现象即可好转。种猪急救也可以考虑应用ATP和辅酶A等药物，促进新陈代谢，改善脑循环。

镇静安神。当病畜狂躁不安时，可用2.5%盐酸氯丙嗪溶液，猪2～4mL，肌肉注射。

消炎解毒。用青霉素、链霉素，肌肉注射。

根据病情发展，当病畜精神沉郁，心脏机能衰弱时，应强心利尿，可以用高渗葡萄糖溶液，小剂量，多次静脉注射；同时用安钠咖、氨茶碱，皮下注射；也可以用40%乌洛托品溶液，10～20mL，加适量维生素C和维生素B_{12}配合葡萄糖生理盐水，静脉注射，均为有益。

第三节 脊髓挫伤及震荡（Contusio et commotio medullae spinalis）

解剖构造与生理机能：脊髓位于脊椎管内，上下稍扁，呈长柱状。前端在枕骨大孔部与脑相连接；后端在荐骨中部变成细丝，叫做终丝。脊髓分为颈部、胸部和腰部。由颈部转入胸部，以及由腰部转入荐部的部分脊髓较为膨大，分布到前肢和后肢去的神经，就是从这两个膨大部发出的。从横切面看，脊髓外部是白质，内部是灰质。灰质位于中央，形似蝴蝶。正中有脊髓中心管，分为成对的背角与腹角。而胸部与腰前部脊髓的背角和腹角之间，还有侧角。背角内的神经原是联络神经原，以其突起与脊髓神经背根（感觉神经）和腹角的神经原相连。腹角内的神经原是运动神经原，以其突起通过白质，形成脊髓神经腹根（运动神经），支配骨胳肌的运动。侧角内的神经原，以其突起随同腹根出脊髓后分开，即形成交感神经干，或连接于植物神经节。

全部脊髓，从椎间孔发出的背根（感觉）和腹根（运动）神经纤维，彼此相连，形成脊髓神经。而背根在未与腹根汇合之前，先通过神经节，其中含有传入神经原的细胞。

从其生理机能讲，脊髓中枢的反射过程通常是将来自外感受器和内感受器的兴奋，沿着传入纤维通过背根传递到脊髓中枢。同时并将脊髓中枢发出的兴奋，通过腹根沿着传出纤维传递到骨胳肌、平滑肌和腺体。因此，传入、感受和传出三个部分的相互联系和作用，即形成反射弧。

脊髓内有许多神经中枢。其中与躯干和四肢肌肉运动有关的反射中枢：在第三至第四颈椎水平上有脆神经核（脆的中枢）；第五颈椎与第一胸椎的水平上有肩脚和前肢肌的中枢；胸椎水平上有胸廓、背腹肌的中枢；腰部脊髓有后肢肌的中枢。因此，在这些中枢所在部位的脊髓受到损害时，即引起其支配的器官知觉消失和肌肉麻痹。

在最后颈椎及第一和第二胸椎的水平上有支配眼肌的中枢；在胸部和腰部脊髓中，有血管运动中枢和泌汗中枢。当这些中枢兴奋时，即引起瞳孔、眼球和眼睑的变化及血管收缩和一定部位出汗。

荐部脊髓中，有排尿、排粪、阴茎勃起和射精中枢。当这些中枢受到损害时，即引起直肠、膀胱括约肌紊乱和性反射障碍。

当然，其中尚有植物神经系统中枢，接受由脑传出的兴奋，通过植物神经系统，间接地支配内脏器官的活动。所有这些中枢，都是在高级中枢支配下进行各种活动的。

脊髓具有各种不同的反射机能传导径，可分外上行径和下行径两种。上行径即在脊髓白质内，具有各种感觉神经原。这些神经原能分别将来自外周的冲动，从脊髓传递至脑。下行径则是将脑发生的兴奋，通过一定的径路传递到脊髓。从而保证机体内各个器官的感觉和运动等各种反射性活动。

当上行径受到损害时，即引起各种感觉机能障碍；下行径受到损害时，即引起运动机能障碍。从而不难理解，脊髓及脊髓膜发生病理变化时，即引起临床综合征。一般较为常见的，病畜的躯干、四肢，特别是后肢运动障碍、知觉麻痹；肢体痉挛，步态强拘，腰痪，或卧地不起，以及排尿、排粪失禁等现象。

发生脊髓挫伤及震荡多因打击、压迫或骨折而引起。脊髓组织受到损害，病变明显的，称为挫伤；病变不明显的，是为震荡。由于脊髓受到损害，传导径被阻断，引起感觉障碍，发生截瘫，以及病理反射等病症。本病一旦发生病情重剧，不易治疗，故应注意。

一、病因

1. 机械性外伤　母猪在护铁栏内起卧时，由于跌倒常发生本病，此外受到打击，被车冲撞，或冲碰到障碍，或挣扎，肌肉强烈收缩运动，椎骨脱臼、碎裂和骨折而发生。

2. 继发性因素　当患佝偻病、软骨症、骨质疏松症、骨营养不良、布氏杆菌性脊椎炎、椎间内软骨瘤以及氟骨病时，因骨质韧性降低，极易受到外界不良因素的影响，发生椎骨骨折，引起脊髓挫伤。但是有的在暴力作用的一瞬间，椎骨先发裂隙，经过一定时间后，才引起骨折，则该部脊髓即受到损害，脊髓与脊髓膜之间，也发生出血。有的椎骨并未受到损害，而脊髓亦可能发生挫伤和出血现象。

二、发病机制

猪的脊髓挫伤常发生于颈椎和腰椎的骨折部分。实际上是胸腰椎接合部和腰荐椎连接部较为多见。由于脊髓发生挫伤，或因受到出血性压迫，因而脊髓的一侧或其他个别的神经束，乃至脊髓整个的横断面通向中枢与通向外周神经纤维束的传导作用中断。具体地说，受到损害的脊髓部分，其神经细胞的机能完全消失，其后部的感觉机能和运动机能都陷于麻痹，泌尿生殖器官以及直肠机能也发生障碍；受腹角支配的效应区反射机能消失，肌肉发生变性和萎缩现象。

当脊髓与脊髓膜出血，或椎骨变形时，脊髓组织及其神经根都受到直接的压迫和刺激，引起相应的部位产生分离性感觉障碍。特别是灰质的血管破裂发生出血，这种分离性感觉障碍，占主要地位。即表层组织的感觉和温觉障碍，而深层组织感觉机能保持正常。脊髓颈膨大部出血时，前肢肌肉萎缩性麻痹，伴发分离感觉障碍，而后肢发生痉挛或松瘫。脊髓膜出血，神经根受刺激，即引起相应的痉挛和疼痛。

四、症状

本病的临床症状，由于脊髓受损害的部位和程度不同，所表现的症状也不一样。

1. 脊髓椎体束病害　脊髓椎体束受到损害时，由中枢神经系统（大脑皮层运动区）发出的运动性和抑制性冲动被中断，所以，受损害部位以下的脊髓所支配的效应区，运动麻痹，健反射亢进，肌肉紧张性增强，发生痉挛性收缩。

2. 脊髓腹角受到损害　其中有运动神经细胞核，发生运动障碍、弛缓性麻痹及其所支配的肌肉萎缩。若传导径受到破坏，感觉机能消失，肌肉反射性收缩障碍，协调作用丧失。

3. 脊髓背角受到损害　则相应的肌群感觉机能完全消失。如果仅背角受损害，初期感觉过敏，相应的效应区发生反射性痉挛收缩；其后因传导机能被中断，则感觉和运动完全麻痹，反射机能消失。

4. 脊髓背根传导障碍、感觉性冲动脱失　其损害部位以下的部分运动机能扰乱，发生脊髓性失调现象。即使一侧背根受损害，亦能引起失调，但感觉仍然存在。脊髓小脑径受损害时，后肢呈开张姿势，躯干呈矢状摆动。

5. 脊髓节全半侧受到损害　对侧的知觉麻痹，同侧的运动性及血管运动神经麻痹，皮肤感觉过敏。

6. 颈部脊髓全横径受到损害　四肢麻痹，呈现瘫痪；隔神经与呼吸中枢联系中断，呼吸停止，立即死亡。如果部分受损害，前肢反射机能消失，全身肌肉抽搐或痉挛，大小便失禁，或便秘和尿闭。有时可能引起延脑麻痹，咽下障碍，脉搏徐缓，呼吸困难，以及体温升高现象。

7. 胸部脊髓全横径受到损害　引起损害部位的后方麻痹和感觉消失，健反射亢进，有时后肢发生痉挛性收缩。

8. 腰部脊髓全横径受到损害　如在前部，则臀、后肢、尾的感觉和运动麻痹。在中部，股神经运动核受到损害，膝与腔反射消失；股四头肌麻痹，后肢关节不能保持站立。若在后部，则坐骨神经所支配的区域（尾和后肢）感觉和运动麻痹，大小便失禁。

五、病程及预后

本病的病程和预后，应视其受损害的部位程度而定。如果颈部脊髓受到损害，往往一瞬间呼吸停止，立即死亡。一般病例，大家畜1～2天，或数天死亡。小家畜病程可延续数天，往往由于继发感染，引起败血症、肺炎或膀胱炎而死亡。

一般而言，病程持续到数周或数月的情况，较为少见。但有的病例，临床症状数小时后消失，经过2～3周而痊愈。还有的病例，临床症状消失，往往遗留轻瘫和麻痹后遗症，不能完全痊愈。

六、诊断

本病的诊断，应根据病史、病因、脊柱损伤情况及相应的临床症状，进行分析和论证，不致误诊。个别病例，有的初期特征不明显，是否脊髓损害或脊髓膜出血，必须进行认真观察，方能获得诊断印象。同时还须注意与下列疾病进行鉴别。

骨盆骨折，病畜的皮肤感觉机能无变化，直肠与膀胱机能也无异常，通过X射线透视检查，即能了解损伤部位，故容易与本病鉴别。

七、治疗

本病的治疗，首先使病畜保持安静，防止椎骨及其碎片脱位或移位。当病畜兴奋或疼痛不安时，可以应用溴剂、水合氯醛等解痉、镇静、止痛药。

初期，在脊柱损伤部位，施行冷敷，其后热敷，或樟脑酒精涂布，促进消炎。麻痹部位，可以施行按摩、直流电或感应电疗法，或碘离子透入疗法。并可采用石蜡疗法，或用士的宁，猪0.003～0.005g皮下注射。为了消炎与预防感染，应及时应用抗生素或磺胺类药治疗。

当心脏衰弱时，可以用樟脑油或安钠咖，皮下注射。脊髓受到损伤时，肌肉痉挛，四肢疼痛，运动失调，头颈僵硬，神经症状明显，可以用维生素B_1，猪0.025～0.05g，肌肉或皮下注射。

护理，应多铺褥草，经常翻转。若已发生褥疮，应防止感染。

第四节　中暑（Heat Stroke）

中暑是日射病和热射病的总称。猪只在炎热季节中，头部受到强烈日光直射时，引起脑和脑膜充血和脑实质的急性病变，导致中枢神经系统机能严重障碍的现象，称为日射病（sunstroke）。猪只在炎热季节，潮湿闷热的环境中，新陈代谢旺盛，产热多，散热少，体内积热，引起严重的中枢神经系统功能紊乱的现象，称为热射病（heatstroke）。又因大量出汗，水盐损失过多，可引起肌肉痉挛性收缩，故又称为热痉挛（heat-cramps）。由此可见，日射病、热射病及热痉挛都是由于外界环境中的光、热、湿度等物理因素对动物体的侵害，导致体温调节功能障碍的一系列病理现象，故可统称为中暑（heatstroke）或热卒中（hyperthermia）。临床上以超高体温、循环衰竭为特征。我国长江以南地区多在6~9月发生，长江以北地区多在7~8月发生，发病时间主要在中午至下午3~4时，各种动物都可发生。但猪因为皮下脂肪较厚，散热困难，故发病率较高。

一、病因

盛夏酷暑，猪圈无防暑设备、肥猪陆路驱逐、车船运输未采取防暑措施，日光直射头部发生日射病。气候炎热，猪舍内过度拥挤，湿度大、风速小或用封闭货车运输，机体积热增多，散热减少，发生热射病。另外被毛丰厚，体躯肥胖，体质虚弱及幼龄和老龄动物对热耐受力低，心肺功能不良，代谢机能紊乱，皮肤卫生不良，出汗过多，饮水不足，缺喂食盐；由北方引进南方的品种，适应性差，耐热力低都可成为日射病和热射病的诱发因素。

二、发病机制

机体代谢产生的热量，主要通过皮肤表面的辐射、传导、对流和蒸发等方式散热，但当外界温度超过31℃时，辐射、传导、对流散热困难，只能通过蒸发途径散热，而蒸发散热常常受到大气中的温度和机体健康情况等有关因素的影响。如空气湿度大于55%时，汗液蒸发散热减少，在饮水、喂盐不足，体躯肥胖等情况下，散热更加困难。拥挤、兴奋等应激因素可促使体内代谢旺盛，产热增加，以致体内大量积热发生中暑现象。研究表明，在各种家畜中，猪对高温的耐受能力最差。气温为30~32℃，成年猪直肠温度就开始升高，在相对湿度超过65%的35℃环境中，猪就不能长时间耐受，直肠温度升高到41℃是猪的致死临界点，此时则易发生循环虚脱。

但是，由于中暑的因素及其性质不同，发病机制也有所区别，如日射病，主要是因猪头部受到强烈日光辐射的直接作用。引起头部血管扩张，脑及脑膜充血，体温升高，神识异常，并因阳光中紫外线的光化作用，脑神经细胞发生炎性反应和组织蛋白的分解，脑脊髓液增多，颅内压增高，引起中枢神经系统调节功能障碍，新陈代谢异常，呼吸浅表，心力衰竭以致卧地不起，痉挛抽搐，精神昏迷。重病病例，状如电击，突然晕倒，迅速死亡。

热射病则主要由于外界环境闷热，影响体温调节，体内积热。一方面，体温升高，新陈代谢旺盛，氧化不全的中间代谢产物大量蓄积，引起腹水和酸中毒。另一方面，热的刺激，反向性地引起大量出汗，呼吸加快，以通过呼出气排出水分进行散热，但持续的呼吸运动加强加快，可导致肺循环血量增加，引起肺充血、肺水肿，进而加重心脏负担，加上脱水，血液浓缩，外周循环衰竭。最终导致心力衰竭。

热痉挛是因大量出汗，氯化钠损失过多，引起严重的肌肉痉挛性收缩，剧烈疼痛，但病畜体温正常，意识清醒，仍有渴感。

三、症状

1. 日射病　突然发病，精神沉郁，运步缓慢，步态不稳，共济失调，呼吸加快，全身大汗，张口喘气，流涎呕吐，口吐白沫，兴奋不安，瞪眼凝视，眼球突出。随着病程的发展，体温进一步升高，皮肤干燥，汗液分泌减少或无汗，瞳孔初散大后缩小，呼吸急促，节律失调，鼻孔开张，两肋煽动，心悸如捣，脉搏急速，每分钟可达百次以上。突然倒地，四肢做游泳状运动，常在几小时内或1～2d内死亡。

2. 热射病 体温急剧上升，甚至达到42～44℃以上，皮温升高，全身大汗。食欲废绝、饮欲增加，口吐白沫，呕吐流涎，结膜充血。随着体温的升高，继而卧地不起，意识丧失，呼吸浅表急速，节律紊乱且高度困难，脉搏弱不感手，第一心音微弱，第二心音消失，结膜发绀，血液黏稠，口鼻喷出白色或粉红色泡沫，在痉挛颤栗中死亡。

在临床上，有时日射病和热射病的表现并不能严格区分开来。由于病猪中枢神经系统机能紊乱，所以都具有明显的神经症状或精神沉郁，或兴奋不安，随着病情的急剧发展，使心血管运动中枢、呼吸中枢、体温调节中枢的机能紊乱，最后陷入呼吸麻痹和心力衰竭而死亡。日射病和热射病病情发展迅速，病程短促，最短的2～3h死亡，也有的2～3d死亡，轻症病例，在发病初期，如治疗得当，可以痊愈。因并发脑水肿、出血而显现脑症状的则预后不良。

四、病理变化

脑及脑膜充血、水肿、广泛性出血，脑脊液增多，脑组织水肿，鼻腔内流出血样泡沫，肺充血、水肿，胸膜、心包膜以及肠黏膜都有淤血斑和浆液性炎症，及至肝脏、肾脏、心脏和骨骼肌发生变性的病理变化。

五、诊断

根据病史、临床症状、病理变化容易做出诊断。

1. 病史 在炎热的夏季，头部受到日光的直射或动物处在通风不良、潮湿闷热的环境中，并且体质虚弱或过度肥胖。

2. 临床症状 发病突然，病情急剧，病初精神沉郁，全身出汗，行走摇摆，共济失调，病猪张口喘气、流涎呕吐，口吐白沫，呼吸加快，体温升高，结膜潮红，后期病猪倒地不起，四肢呈游泳状划动，体温继续升高，心跳急快，第一心音微弱，第二心音消失，呼吸高度困难，有时呈间歇式呼吸，结膜发绀，脉微欲绝，常在痉挛发作中死去。

3. 病理变化 脑及脑膜充血、水肿和广泛性出血，脑组织水肿，肺充血、肺水肿，心、肝、肾、骨骼肌和胃肠道都有发生变性的病理变化，胸膜、心包膜具有淤血斑和浆液性炎症。

六、治疗

因本病发病急、病情重、病程短。故只有及时抢救，方能避免死亡。治疗原则：防暑降温，减轻心肺负荷；强心利尿，纠正水盐代谢和酸碱平衡紊乱；另外，对症治疗，以防恶化。

1. 防暑降温，减轻心肺负荷 立即将病猪移到阴凉通风处，保持安静，用冷水（冰水、井水）喷洒全身，特别是头颈部，或用冷水反复灌肠，亦可用酒精擦试体表，促进散热。在耳尖或尾端（尾尖劈成十字）放血100～300mL。药物降温：可用2.5%盐酸氯丙嗪注射液4～5mL（体重50kg以上），肌肉注射，以保护体温调节中枢，防止产热，当体温降至39℃时即可停止降温，以防机体温度过低发生虚脱。

2. 强心利尿，纠正水盐代谢和酸碱平衡失调 放血之后，立即用复方氯化钠溶液（氯化钠9g、氯化钾0.3g、氯化钙0.33g、蒸馏水1 000mL）100～300mL静脉注射，每隔3～4h，重复注射1次，亦可用5%葡萄糖生理盐水300～500mL静脉注射或25%～30%葡萄糖液50～200mL静脉注射，对心功能不全的可用20%安钠咖注射液5～10mL，肌肉注射或皮下注射，同时内服薄荷水10～20mL，樟脑酊30mL。

3. 对症治疗 对于兴奋不安的患猪用巴比妥0.1～0.2g内服，或10%水合氯醛100～200mL灌肠或安乃近注射液5～10mL肌肉注射，若出现酸中毒，可用5%碳酸氢钠溶液50～100mL，静脉注射，或用洛克氏液（氯化钠8.5g、氯化钙0.2g、氯化钾0.2g、碳酸氢钠0.2g、葡萄糖1g、蒸馏水100mL）300～500mL静脉注射。

病情好转时，可用10%氯化钠溶液30～50mL静脉注射，并内服硫酸钠30～50g，清理胃肠，同时在整个治疗过程中都应注意加强饲养和管理，以利康复。

七、预防

加强饲养管理，做好炎热季节的防暑降温工作。首先猪舍要通风良好，猪只不互相拥挤，最好能让猪自由洗澡或常用冷水淋洒猪体。另外要添置乘凉设施，并注意补喂食盐，给与充足饮水。长途车船运输时，不要过分拥挤，注意通风，途中定时休息，并用冷水喷洒猪体。有条件时供给瓜菜或清凉饮水，以解暑降温。

第六章
营养代谢性疾病

概述

各种生物体不论它是单细胞还是多细胞生物，是低等动物还是高等动物，它们的生命活动都具有新陈代谢、兴奋性、适应性和生殖等几种基本活动，也就是它们所共有的基本生物学特性。重要的是在于掌握动物有机体生命活动规律后，首先是在了解生物体正常机能活动及其活动规律的基础上主动地控制这些活动，以便更有效地预防和治疗疾病，保障养猪业的发展。生物体是由物质组成的。构成机体的化学元素主要有碳、氢、氧、氮，还有钠、钾、钙、镁、氯、硫、磷、铁、碘等，由这些元素组成核酸、蛋白质、脂类和糖类等有机物，以及水和其他无机物。近代生物科学的研究表明，生物体并不是各种元素或物质的简单堆积或组合。在构成机体的各组织和细胞中，各种物质在空间上都有一定的排列和位置，组成了可以实现各种生理功能的生物学结构。

当代猪的品种对营养需要极为敏感，只有各种营养成分达标时，才能达到生产性能指标，例如母猪窝产仔数、初生重、断奶重，育肥猪150日龄体重在90kg以上等生产性能指标。一旦各种营养成分缺乏或不足时将发生代谢性疾病，同时机体免疫功能降低，抗病力下降。

只有科学的营养物质提供给猪有机体，才能保证猪群健康，营养标准一旦失衡，造成的损失相当巨大，例如母猪在怀孕和哺乳阶段钙磷比例失调或量不足以及维生素D不足引发母猪瘫痪，若是群发其后果是严重的。因此营养代谢性疾病的预防是猪病防治的基础。

第一节　蛋白质、碳水化合物、脂肪的营养作用与缺乏

饲料是猪有机体生命活动的物质基础。为了满足猪的生理和生产上的需要，充分发挥其生产性能，猪的日粮中必须保证含有一定数量和质量的各种营养成分。如能量、蛋白质、碳水化合物、脂肪、矿物质、维生素和水分等，并要求各种营养物质之间有适宜的比例，以保证有较高的饲料转化效率。

饲料的营养成分组成如下：

- 饲料
  - 水分
  - 干物质
    - 有机物（粗蛋白质）
      - 含氮物
        - 蛋白质
        - 非蛋白质(氨化物)
      - 无氮物
        - 碳水化合物
          - 无氮浸出物
          - 粗纤维
        - 脂肪
      - 维生素(A、B……K)
    - 无机物(矿物质)

一、能量的营养作用

能量是饲料组成中最重要的成分，猪的生活、生长、繁殖和生产过程中都需要能量。能量来源于饲料中的碳水化合物、脂肪和蛋白质三大营养物质。而最主要来源是从含有植物性饲料中的淀粉和纤维素的分解产物葡萄糖中获得。但猪是属于单胃动物的非反刍家畜，虽然盲肠和结肠内的细菌也可能酵解少量纤维素，但饲料通过这部分的速度很快，细菌所起的作用很小。因此，作为能量来源的碳水化合物主要是淀粉。

脂肪是营养成分中的高价热能。据测定1g脂肪的产热量为39.20kJ，1g碳水化合物为17.36kJ，1g蛋白质为23.64kJ。碳水化合物和脂肪在体内氧化产生的热量与体外燃烧相等，而蛋白质因其在体内不能充分氧化，部分形成尿素、肌酐、尿酸等随尿排出体外，故每克蛋白质在体内氧化比体外燃烧时产生的热约少5.44kJ。因此，脂肪比碳水化合物或蛋白质的热量高2倍。饲料中脂肪是畜禽生长和修补机体组织的原料，又是机体制造维生素和激素的原料。由于一般常用饲料中含有丰富的必需脂肪酸，所以在饲养实践中不会产生缺乏脂肪的病症。

纤维素、半纤维素和木质素等称粗纤维，它们是不易被消化的物质。猪日粮中含量高时可降低干物质、蛋白质和脂肪的消化率，从而影响日粮的消化率和猪的生长速度。据报道，猪饲粮中粗纤维增加1%，其有机物质的消化率就会降低1.29%～1.35%；当猪日粮中粗纤维含量占日粮干物质的5.1%～10.0%时，饲料有机物质的消化率可达92.3%；当日粮中粗纤维含量占饲料干物质的10.1%～15.0%时，其日粮的消化率只有68.9%。在国外，猪饲粮粗纤维含量是严加控制的，仅作为填充物，一般猪饲粮粗纤维含量以公、母猪9%～12%，生长肥育猪不超过8%，幼猪不超过4%为宜。

各种营养物质以饲料形式进入猪体后，大部分经消化吸收转化为机体能量，另一部分未被消化的饲料以粪能形式排出体外。前一部分称为消化能，其公式关系为：

消化能（DE）=饲料总能（GE）–粪能（FE）

可消化能吸收后，其中蛋白质部分的能量在体内不能充分氧化利用，这种未氧化的能量经尿排出，称为尿能。饲料总能减去粪、可燃气体及尿中的能量后称为代谢能（ME），代谢能中部分能量以营养物质代谢引起的体增热以及消化道微生物发酵产生的热经体表散失，余下的称为净能（NE）。净能用于基础代谢和维持体温恒定并以化学能的形式或贮存于畜产品中或以机械能的形式作功。

饲料能量在猪体内的转化过程，如下图所示：

饲料总能（GE）
↓→粪能（HE）
↓1. 未消化饲料
↓2. 肠道微生物及产物
↓3. 进入消化道分泌物
↓4. 消化道脱落细胞
消化能（DE）
↓ ›尿能（UE）
↓消化过程产生气体
代谢能（ME）
↓→体增热（营养物质代谢产热）
↓→发酵热（产生于盲肠、大肠）
净能（NE）
↓
↓--------------------↓
维持净能（NEm） 生产净能（NEp）
1. 基础代谢 1. 生长
4. 产乳
2. 自由活动 2. 肥育
5. 长毛
3. 维持体温恒定 3. 工作 6. 繁殖

饲料中的能量是猪营养中的重要因素。它与增重之间有密切关系，如肥育猪能量摄取过多，则造成脂肪的过量蓄积而降低肉质量，繁殖母猪则可引起不孕或胚胎发育不良。

二、水的营养作用

水是一切生物体最重要的组成成分，它对体内细胞的生命活动起着决定性的作用。通常水分是很容易获得的养分之一，很容易被忽视，但在营养上却很重要。

猪体内的含水量随年龄和体重增长而减少。据分析，初生猪为79.7%，35日龄为69.7%，体重22～30kg为63.5%，80kg为52.1%，135kg为41.1%。在猪体内，水是物质代谢的一种良好的溶剂，各种电解质和非电解质均溶于水中，也是机体体液的组成成分。水可以将各种生命活动所必需的营养物质如葡萄糖、脂肪、氨基酸、维生素、矿物质、激素、酶等运送到全身各处组织细胞里，同时将生命活动的代谢终末产物如尿素、肌酐、酸基、CO_2等运至肺、肾而排出体外。

水的物理特性是比热高，蒸发1g水要带走2.43kJ的热量。猪体可以通过分泌液和生理的水分蒸发作用来散热，从而调节体温恒定。

水分还可以调节蛋白质及电解质的浓度，维持正常的渗透压，而且还可以起维持细胞的正常状态，滑润机体关节的作用。

猪的需水量因饲料性质、气候条件不同而有所不同。在高温环境下饮水可达4～4.5kg，泌乳母猪的乳中含有70%～80%的水分，因此需有充足的饮水。据试验，猪的正常饮水量相当于饲料风干重量的3.6～3.9倍，如以体重表示，相当于每千克体重的摄水量为0.17～0.19kg。据英国试验，应用湿饲料喂猪，一般1kg混合料掺入2.0～2.5kg水，可以提高饲料利用率。

猪体内得不到水比得不到饲料更难维持生命。如果使其绝食，可以消耗体内绝大部分体脂肪或一半以上的蛋白质，以及失去40%体重仍可维持生命。但若是猪体内损失10%的水分就能导致严重的代谢紊乱。若体内脱水20%以上即可引起虚脱而死亡。但喂水过多可以使猪在采食时的咀嚼机能削弱，并能冲淡胃液，若在冬季还能消耗体热、降低体重。

三、蛋白质的营养作用

在饲料的养分中，蛋白质占有特殊重要的地位，蛋白质的生物学价值是一种饲料根据猪体的需要供给氨基酸的程度。猪体能把植物蛋白质转化而浓缩成一种易于消化利用的动物蛋白。猪体采食的大部分蛋白质来自谷实类。虽然它仅含有8%～12%的蛋白质，却是猪日粮的最主要组成部分。

蛋白质对猪的营养作用主要体现在如下几个方面：

⑴蛋白质是构成猪体组织体细胞的基本原料。猪的肌肉、神经、结缔组织、皮肤、血液等，均以蛋白质为基本成分。如球蛋白是构成机体组织的原料，白蛋白是构成体液的原料等。猪体表的毛、蹄由角质蛋白与成胶质蛋白构成。同时蛋白质也是猪体内的酶、激素、抗体及肉、乳等的组成成分。

⑵猪体组织有20%由蛋白质组成，猪长大是由于新细胞的增加，老细胞损耗也要由新细胞来修补，而新细胞的增加和老细胞的修补均靠蛋白质实现。

⑶蛋白质可以加强消化、循环和肌肉的生理活动，必需氨基酸中缺少任何一种，都会使生理机能失常，造成生长停滞或发生疾病。

⑷蛋白质可以替代碳水化合物及脂肪的产热作用。当猪体内碳水化合物及脂肪不足时，蛋白质在体内分解，氧化释放热能，以补充碳水化合物及脂肪的不足。多余的蛋白质可以在肝、血液及肌肉中贮存一定数量，或经脱氨作用，将不含氮的部分转化为脂肪，贮积起来，以备营养不足时重新分解，供应机体的热能需要。

蛋白质代谢：各种饲料蛋白质的营养价值取决于饲料中氨基酸的种类和比例。蛋白质在猪体内消化后，主要以氨基酸的形态被肠壁吸收，一部分在肝脏直接合成血液蛋白质，另一部分被运到组织中合成机体蛋白。在生命活动过程中，猪体组织不断进行着新陈代谢，旧的组织蛋白质不断分解，形成代谢最终产物尿素等含氮物质随尿排出体外。猪必须从饲料中获得足够的蛋白质，才能满足机体组织新陈代谢的需要。

缺乏时的疾病：供给不足，不利于猪的生长、繁殖和生产。母猪怀孕时期蛋白质饲料比例失衡，只给玉米等碳水化合物饲料而不供给豆粕等蛋白质饲料，常引起胎儿发育不良，产出弱仔、死胎、木乃伊胎（图4.6.1–1、2、3、4、5、6）。这些实例是作者剖检仔猪，无传染病病变，经与饲养者谈话中得之母猪怀孕时只给玉米和稻糠，未给豆饼类蛋白质饲料；改后同群母猪下一产期仔猪健壮。反之，如供应过多，增加肝脏负担，甚至造成肝、肾组织损伤，导致猪的生长率和饲料利用率下降，甚至引起下痢，严重者造成机体中毒或死亡。

在必需氨基酸中，赖氨酸、蛋氨酸、色氨酸在常用植物性饲料中的含量通常不能满足猪的需要，当上述一种氨基酸缺乏或不足时，就会严重影响其他氨基酸的利用。饲粮中适当添加赖氨酸和蛋氨酸能有效地提高饲料蛋白质的利用效率，故赖氨酸与蛋氨酸又称为蛋白质饲料的强化剂。在蛋白质利用上，蛋白质的质量决定于其中所含的必需氨基酸量及平衡状况，在饲料中氨基酸的含量应取长补短，以提高其营养价值，这亦即是氨基酸的互补作用。据研究报道，早期断乳仔猪，当饲料中赖氨酸水平从0.45%增至0.65%和0.85%时，可使日增重从82g增至145g和209g；每增重1kg的饲料消耗从3.3kg降至2.5kg和2.2kg；氮的吸收率则从47.4%增至52.6%和57.0%。另据报道，日粮中色氨酸不足和甘氨酸过多，能使生长停滞，食欲降低；蛋氨酸过多时也发生生长停滞和采食量下降的现象。

四、碳水化合物的营养作用

碳水化合物是养猪饲料的主要成分，是热能的主要来源。饲料碳水化合物中的淀粉，在猪的口腔中可以分解一部分，猪的唾液淀粉酶活性虽不很强，但比马和牛强14倍。淀粉在猪口腔中受唾液淀粉酶的作用，分解为麦芽糖，进入体内后，包括其他糖类，则由酶分解为葡萄糖，由肠壁吸收，随血液转运到组织中分解消耗。葡萄糖是最容易分解而供给体温和热能的化合物，在血液中常有一定的量，普通健康的猪体内，葡萄糖能够完全分解，不会随尿排出。血液中葡萄糖一部分以糖元形态储蓄在肝脏和肌肉里。因此，营养良好的猪，其肝和肌肉中含有较多糖元，反之，营养不良，则糖元含量显著减少。糖元可以作为机体的能量储备。在猪肝里储存的肝糖元为整个肝重的1%～4%，多时亦可超过肝重的10%。多余的葡萄糖还可以形成体脂，使猪体内脂肪积累，从而达到肥育，因此在肥育期间，保持猪只安静，避免消耗能量，有助于形成更多的体脂。

碳水化合物对猪的营养作用包括如下几个方面：

⑴碳水化合物在猪体内形成体组织，为组织器官不可缺少的成分。如许多糖类与蛋白质化合而成糖蛋白，五碳糖是细胞核酸的组成成分。

⑵供给热能。猪体在正常生理状态下为了维持体温，把采食的碳水化合物在体内进行生理氧化，产生热能保证生命及生命活动的能量供应。

⑶促进发育。碳水化合物可以促进猪体发育以保存体内蛋白质，并借助于体内的氨和乳酸或丙酮酸合成新的氨基酸，用以保证猪体发育。碳水化合物在保证正常活动所需热能之外，有多余时，肥育猪可以把它转变为体脂，提高增重，并改善肉的品质。

⑷母猪在泌乳期内，除需要用含淀粉较多的饲料以合成乳中乳糖外，还需要有一部分碳水化合物合成乳脂肪。

⑸碳水化合物氧化所释放的热量可以促进脂肪酸的氧化，如碳水化合物缺乏，体脂的氧化不会完全。由于乳糖吸收较慢，因而可以促进钙磷吸收。肝糖元可提高肝脏的保护力和解毒力。

⑹在日粮中含有适量的粗纤维，能促进肠管蠕动，利于通便。但如果粗纤维含量过多，营养价值降低，对猪生长不利。

缺乏时的疾病：碳水化合物缺乏时，可引起猪发生昏迷性低血糖。过量碳水化合物则造成体脂过多，尤其使种猪过肥、性欲减低，不能配种、不发情，难产及产仔数低，必须按照饲养标准合理供给碳水化合物。

五、脂肪的营养作用

脂肪在猪体和饲料中分布很广，猪体的皮下肌肉中及内脏周围都有积存。脂肪能供给猪体多量的热能。饲料脂肪在小肠内受到胆汁、胰脂肪酶和肠脂肪酶的作用，分解为甘油和脂肪酸，被肠壁直接吸收，沉积于猪体脂肪组织中，变为体脂肪。因而饲料脂肪在猪体内转化为体脂肪比碳水化合物及蛋白质要容易得多，而且转化的效率也较高。脂肪酸中的不饱和脂肪酸在猪体内被吸收后，不经氢化即直接转变为体脂肪，所以猪体内不饱和脂肪酸较多于饱和脂肪酸。

饲料中脂肪含量不一，植物性饲料的籽实如大豆、花生的含脂量约17%和45%，但一般豆实中仅含

2%～3%，谷粒中含2%～5%，蒿秆中不足2%，根茎类中仅0.1%～0.2%。

猪体内的含脂量随年龄和体重增长而显著增加。初生猪为2.0%，35日龄为13.0%，体重22～30kg为20.3%，75kg为33.6%，100kg为34.9%，125kg为40.9%，135kg为41.5%。

脂肪的营养作用大致有以下几方面：

⑴组成猪体细胞：脂肪是猪体细胞的重要组成成分，脂肪转变成体脂在生理上十分重要。首先脂肪具有热的绝缘性，可以防止体热过分散发；其次脂肪包在重要器官的周围，起保护作用；第三有润滑皮肤的作用，可防止皮肤干裂。

⑵供给热能：脂肪被消化吸收后，一部分由血液运至肝脏及其他细胞里进行氧化，产生比同量蛋白质和碳水化合物多2倍以上的热量，供生活所需的能量和维持体温，另一部分多余的脂肪则积存于体内，以备应急之需。

⑶溶解脂溶性维生素：饲料中脂溶性维生素A、维生素D、维生素E、维生素K被猪采食后必须溶于脂肪中，才能被机体消化、吸收和利用。若缺乏脂肪，可发生脂溶性维生素的代谢障碍，出现维生素A、维生素D、维生素E、维生素的营养缺乏症。

⑷供给仔猪必需脂肪酸：脂肪酸中的18碳二烯酸（亚麻油酸）、18碳三烯酸（次亚麻油酸）及20碳四烯酸（花生油酸）对仔猪具有重要作用。据试验，用不含脂肪的饲料喂仔猪，可发生皮肤粗糙、尾部坏死、生长停滞、水肿及皮下出血等症状，补加18碳二烯酸可防治此病症，18碳三烯酸及20碳四烯酸也部分有效。

（5）调节生理机能：脂肪为猪体正常生长发育所必需，脂肪中某些脂肪酸直接影响着皮肤、生育及乳汁分泌。脂肪与乳糖的利用有关，磷脂化合物是组成脑、心、肾等重要器官所必需，在生理上都有重要作用。

猪对脂肪的需要量，一般认为日粮中含1.0%～1.5%即可满足猪的要求。脂肪缺乏可致疾病。有试验用含脂量只有0.06%的日粮喂断乳仔猪，出现下列一些症状：猪毛脱落、皮屑脱落性皮肤炎、颈及肩部周围皮肤有坏死区、虚弱、性成熟延迟、消化器官发育不良、胆囊变小、生长缓慢、甲状腺肿大，而在日粮中补充1.5%玉米油，不久症状即可消失，增重也加快。饲料中脂肪过多则会产生呕吐和食欲减退现象，而过多脂肪可影响猪体脂的质量，饲养成本也增加。

六、营养性缺乏症

（一）僵猪

僵猪（ossified swine）是由于先天发育不足，后天营养不良所致的一种疾病，又称“小老猪”、“小赖猪”。临床上以饮食正常，但生长发育缓慢或停滞为特征。不同地区、不同品种的猪都有发生，给养猪业造成很大损失。

1. 病因

⑴胎僵：近亲繁殖，造成后代品种退化，生长发育停滞，种猪年龄过大或过早交配，致使后代生长发育缓慢。

⑵奶僵：孕期因猪营养水平低，日粮中缺乏蛋白质、矿物质、微量元素及维生素，致使胎儿先天发育不足，影响后天的生长；或者产后在哺乳期对仔猪护理不当，如小猪出生后没有固定的乳头，弱仔猪吃不到好乳头等等，加之母猪泌乳能力又差，乳汁少，质量次，致使仔猪不能满足需要，生长停滞。

⑶食僵：仔猪断奶后，日粮品质不良、营养缺乏，或育成仔猪大群饲养，强者抢着吃，弱者吃不到料，处于饥饿状态，久而久之，形成僵猪。

⑷病僵：仔猪PC2、蓝耳病、副伤寒、白痢、慢性胃肠炎、气喘病、蛔虫、肺丝虫、鞭虫、姜片虫、螨虫、肾虫、痘病及其他慢性疾病，阻碍了仔猪的生长发育，变成了僵猪。据有关资料报道，在各种疾病中寄生虫病引起的病僵比例最大，占70%～80%。

2. 症状　多发生于10～20kg体重的猪。临床表现：被毛粗乱，体格瘦小，圆肚子，尖屁股，大脑袋，弓背缩腹，精神不振，只吃不长，平均每天长不到50g，有的6月龄时才20kg，有的养1～2年尚未达到出售标准。对于病僵，随疾病不同临床表现各异，如患气喘病，有咳嗽和气喘症状；患副伤寒仔猪，长期腹泻且时好时坏；患寄生虫病时表现贫血，可视黏膜苍白，并且有异嗜现象。

3．治疗 首先对僵猪分圈单养，然后针对病因采取相应治疗措施。

(1)驱虫、洗胃、健胃。驱虫用左旋咪唑片，按每25kg体重1片研细混入饲料中饲喂；健胃用苏打片，按每10kg体重2片，分3次拌入饲料中喂服。

(2)调整日粮结构，保证营养全价。供给含蛋白质矿物质、维生素丰富的饲料，参考饲料配方如下：玉米30%、黄豆8%、碗豆5%、蚕蛹8%、菜饼10%、鱼粉5%、小麦10%、稻谷8%、食盐0.5%、微量元素添加剂0.5%、维生素添加剂1%。

(3)药物治疗：以下方剂任选一方均有效。

①枳实、厚朴、大黄、甘草、苍术各50g，硫酸锌、硫酸亚锌、硫酸铜各5g，共研细末混合均匀，按每千克体重0.3～0.5g喂服，每天2次，连喂3～5d。

②每头猪肌肉注射维丁胶性钙1～3mL，维生素B_{12}10～15mL，氢化可的松5～10mL，每天1次，连用数天。

③健康猪血，现采现用，每头僵猪5～10mL，肌肉注射，每天1次，连用3～5次。

④蛋壳粉50g、骨粉100g、苍术、松针粉各20～30g、磷酸氢钠10～20g，食盐5～20g，研细混匀，分3次拌料喂服。

有慢性疾病的僵猪要在首先治愈原发病以后再选用上述药方进行调治，一般情况下都可治愈。

4. 预防 针对僵猪产生原因，采取相应措施，首先，必须做到留作种用的小猪公母、强弱分开饲养，防止近亲繁殖、杂交乱配，科学换代，适时配种。其次，母猪妊娠期和哺乳期要合理调配日粮，保证全价营养，使胎儿正常发育，产后母乳充足。第三，做好仔猪的饲养护理工作，如固定乳头，弱猪吃好乳头，断乳后仔猪的日粮要保证质量和品种多样化。最后，做好传染病、寄生虫和其他疾病的预防工作，发现疾病及时诊断治疗，经常检查，定期驱虫。

（二）新生仔猪低血糖症

新生仔猪低血糖症（Hypoglycemia of neonatal Piglet）又称乳猪病（baby pig disease）或憔悴猪病。是由多种原因引起仔猪血糖降低的一种代谢病，临床上以明显的神经症状为特征。多发生于出生后1周龄以内的仔猪，同窝仔猪常30%～70%发病或全窝发生。死亡率占仔猪总数的25%，有时整窝仔猪全部死亡。

1. 病因 主要原因是仔猪吮乳不足所致。

(1)饲养管理水平低。母猪在怀孕期营养不良，产后母猪少乳或无乳，或者母猪产后感染发生子宫炎、乳房炎，以及患有任何一种影响产奶量的疾病，同样造成母猪少乳或无乳。这样，仔猪因为吮乳不足而发病。

(2)仔猪患大肠杆菌病、链球菌病、传染性胃肠炎、先天性震颤时，哺乳减少，同时消化吸收障碍，进而发生本病。另据报道：仔猪肠道内缺少消化所必需的乳酸杆菌可发生本病。

(3)个别初产母猪不让仔猪吮乳，或仔多乳头少而吃不到母乳；受寒、应激使仔猪食欲不佳，消化不良，也可引起本病。

2. 发病机制 在仔猪出生后1周以内，体内缺少糖异生作用所需的酶类，糖异生能力差，糖代谢调节机能不全。在此期间，血糖主要来源于母乳和胚胎期贮存肝糖元的分解，如各种原因引起仔猪吮乳不足或缺乏，则有限的能量贮备迅速耗尽，血糖降低至28mmol/L，即可发病，血糖降低首先影响的是大脑皮层，随后波及间脑、中脑、桥脑和延髓，所以，临床上表现出一系列神经症状。

3. 症状 一般在仔猪出生后第二天发病，同窝猪中的大多数小猪都可发病。最初发现精神沉郁，吮乳停止，四肢无力，肌肉震颤，步态不稳，体斜摇摆，运动失调，皮肤黏膜发冷及苍白，心跳慢而弱，后期卧地不起，呈角弓反张状或做游泳状运动，尖叫、磨牙、虚嚼、口吐白沫、瞳孔散大，对光反应消失，感觉机能减退或消失，严重的昏迷不醒，意识丧失，很快死亡。血糖水平由正常的90～130mg%，下降到5～15mg%，当下降到50mg%以下时，通常临床上就表现明显的症状。血液尿素氮值升高。

4. 病理变化 消化道空虚，机体脱水。肝脏变化最为特殊，呈橘黄色，边缘锐利，质地像豆腐，稍碰即破，胆囊肿大，充满半透明淡黄色胆汁，肾呈淡土黄色，有散在的针尖大小出血点。肾盂和输尿管有白色沉淀物。

5. 诊断 根据妊娠母猪饲养管理不良，产后少乳或无乳，发病仔猪的临床表现，病理变化，以及对葡萄糖治疗的反应情况，容易做出诊断，必要的情况下可做一下血糖含量的测定。鉴别诊断应注意与新生仔猪细菌性败血症、仔猪先天性震颤、新生仔猪溶血病、细菌性脑膜脑炎、病毒性脑炎相区别。

6. 治疗 在对症治疗仔猪低血糖的同时，要及时解除母猪少乳或无乳的原因。

⑴5%或10%葡萄糖液20～40mL，腹腔或皮下分点注射，每隔3～4h 1次，连用2～3次，或配制20%的白糖水溶液，内服，每天2～4次，连用3～5d。

⑵及时解除产后母猪无乳或少乳的原因。如是营养不良引起的要及时改善饲料，加强护理，如是母猪感染其他疾病所致，要积极加以治疗。对母猪无乳的病例可给仔猪进行人工哺乳。

⑶如仔猪患有影响哺乳和消化吸收的疾病，应在补糖的同时积极治疗这些原发病，还要改善饲养环境，注意保温，减少应激等。

7. 预防 对怀孕母猪加强饲养管理，保证胎儿的正常发育，保证产后充足的乳汁供应，是预防本病的关键，所以在母猪的妊娠期要求给予全价的优质饲料，有条件的地方，可喂给青绿多汁饲料。在母猪生产的时候，注意卫生，防止感染继发子宫炎和乳房炎等疾病。在产后，加强对仔猪的护理，对不让仔猪哺乳或仔多乳头少而吃不到母乳的病例，可适当进行人工哺乳。

（三）猪黄脂病

猪黄脂病（Yellow fat disease of swine）俗称黄膘猪，是指屠宰后胴体脂肪组织呈黄色，并伴有程度不同的，特殊鱼臭或肾臭味的一种代谢病理学现象。

1. 病因 该病的发生主要与猪的品种和饲料有关，与遗传因素有关。饲料中不饱合脂肪酸甘油脂含量过高或者生育酚含量不足，例如：鱼粉、鱼脂、鱼碎块、鱼下水、鱼罐头、油渣、蚕蛹等含有丰富的不饱和脂肪酸，饲喂量超过日粮的20%，连喂1月即可引起本病。另外，玉米、胡萝卜、紫云英、芜菁等饲料中含黄色色素，若长期大量饲喂或饲料比例相对过高，可沉积而使脂肪黄染。

2. 发病机理 脂肪组织中的不饱和脂肪酸易被氧化，生成蜡样质。蜡样质为2～40μm的棕色或黄色小滴或无定形小体，不溶于脂肪溶剂，但抗酸性染色呈很深的复红色，这种抗酸色素即是脂肪组织变黄的根本原因，而维生素E是一种抗氧化剂，只能阻止或延缓不饱和脂肪酸的自身氧化作用，促使脂肪细胞把不饱和脂肪酸转变为贮存脂肪，当喂饲过量的不饱和脂肪酸甘油和维生素E缺乏，两种情况存在时，不饱和脂肪酸氧化增强，蜡样质在脂肪组织中沉积，而使脂肪变黄，形成“黄膘肉”。另外，因为蜡样质具有刺激性，它同时可引起脂肪组织发生炎症反应。

3. 病理变化 体脂呈黄色或淡黄褐色。变黄较为明显的部位是肾周、下腹、骨盆腔、肛周、大网膜、口角、耳根、眼周、舌根及股内侧的脂肪。黄脂具有鱼腥臭或肾臭味。加湿时更加明显。骨骼肌、心肌呈灰白色发脆，淋巴结肿胀、水肿，可有散在性的小出血点，肝脏呈黄褐色。脂肪变性明显，肾脏呈灰红色，横断面髓质呈浅绿色，胃肠道黏膜充血，组织学检查，可见在脂肪细胞之间的间质内出现类脂质。大小可达一个脂肪细胞大，数量可能很多，为一种黄色或棕色的小滴或无定形的小体，均位于脂肪细胞的外面和脂肪组织炎性反应区的巨噬细胞的胞浆内，这种巨噬细胞可形成异物巨噬细胞。此外，这种类脂质也可出现在肝脏枯否氏细胞内、肝细胞浆内、毛细血管和小动脉周围，含有该色素的巨噬细胞偶见移行到局部淋巴结，甚至转移到脾脏。仅脂肪黄染而不伴有脂肪组织炎的，宰后胴体冷却后无鱼腥味，也不以蜡样质沉。

4. 症状 黄膘猪在临床上一般没有什么特殊症状，所以生前诊断较难。通常见到的症状包括被毛粗糙、倦怠无力、衰弱和黏膜苍白。大多数病猪食欲不振，生长缓慢，有时发生跛行，眼有分泌物，黄脂病严重的猪血红蛋白水平降低，有低色素性贫血的倾向。个别病猪突然死亡。

5. 诊断 生前诊断较难，主要根据宰后尸体剖检做出诊断。鉴别诊断注意与黄疸的区别，黄膘猪的肥膘及体腔内脂肪呈不同程度的黄色，其他组织无黄色现象，黄疸病则不同，黄疸病猪皮肤黏膜、皮下脂肪、腱膜韧带、软骨表面、组织液、关节囊液及内脏等均呈现黄色。

6. 防治 本病的预防主要是做好品种的选育工作，即淘汰黄脂病的易发品种，选育抗该病的品种，以及合理调整日粮、富食不饱和脂肪酸甘油酯的饲料应限制在10%之内，并至少在宰前一个月停喂。另外，日粮中添加维生素E，每头每天500～750mg或加上6%的干燥小麦芽，30%米糠也有预防效果。对已形成的黄脂要使组织中的抗酸色素都被除去，需要较长的时间才能见效。

第二节 钙和磷营养与缺乏

矿物质是猪体维持健康、生长发育、繁殖和肥育所不可缺少的。在日粮中，尽管其余营养物质丰富，如果缺乏部分矿物质，即可引起严重的生理障碍，生长力下降。如果矿物质完全缺乏，猪就要死亡。

一、钙和磷营养作用

钙、磷是骨骼和牙齿的主要成分，钙、磷在体组织中占矿物质总量的3/4，其中钙占1.5%，磷占1.0%。猪在饥饿和矿物质不足时，钙、磷的消耗量很大，故母猪和仔猪常发生钙磷缺乏症。因此，必须特别注意钙、磷的补充。

一头猪每天需钙3～10g、磷2～7g。母猪的钙、磷需要量应视泌乳量而增减，每千克猪乳含氧化钙2.49g、五氧化二磷3.08g。如果一头母猪每天泌乳6kg，大致需要钙36g，磷25～30g，相当于氧化钙50g，五氧化二磷60～70g（包括维持饲料在内）。

钙、磷比例对一般猪来说，1∶2.1为钙、磷的最好比值。在生产实践中，往往因日粮中钙和磷比例不当，或者是影响钙、磷吸收利用的其他因素含量不足或过多，而发生钙、磷的代谢紊乱的疾病。所以应根据生长，泌乳、妊娠等情况来供给钙、磷量。

许多学者的研究报告指出，维生素D有助于钙和磷的吸收，所以为了防治钙、磷缺乏症，仔猪除应给予富含钙、磷饲料外，还应补充维生素D。患佝偻病的仔猪每天皮注维生素D40万IU，连续3～4天，即可缓解病症。患缺钙引起的软骨病的母猪，通常静脉注射葡萄糖酸钙即有显著功效，每次40～60mL，连续3～4次。如同时补喂骨粉、碳酸钙、贝壳粉、蛋壳粉等，则奏效更快。所以，平时多让猪，特别是仔猪在运动场活动，使阳光照射，以增加体内维生素D的合成，从而有利于钙、磷吸收。

钙磷在猪体内的营养作用如下：

第一，构成骨骼和牙齿的主要成分。据对成年猪干燥脱脂骨中的灰分含量测定，钙为27.1%，磷为12.5%，利用骨储备钙可完成许多生理功能，如产乳、胎儿骨架形成、体内平衡的维持等。

第二，参与机体生理生化功能的调节。肌浆网中的Ca^{2+}离子进入纤维间隙，增强肌动蛋白和肌球蛋白的相互作用，引起骨骼肌收缩。在神经肌肉突触中，Ca^{2+}离子促进乙酰胆碱分泌与胆碱受体结合。在血凝的最初两个阶段期间，Ca^{2+}促进促凝血酶原激酶的形成和凝血酶原的形成，如果血浆中的Ca^{2+}离子被草酸或柠檬酸结合，则血液不凝固。最近有报道，Ca^{2+}离子参与由原体亚单位构成蛋白质大分子（多聚体）的形成，尤其是Ca^{2+}的存在稳定α-淀粉酶的三级结构和四级结构，此酶能对抗胃肠道中的肽水解酶。磷的主要作用体现在，所有与生长和生长相关的合成过程都涉及磷酸化合物。所以磷是影响肉质的唯一的矿物元素。磷是形成核酸的结构部分，核酸是遗传信息的载体，可调节蛋白质生物合成和免疫力。机体内许多物质代谢过程均直接或间接涉及磷酸化过程，其中ATP是普通的能量累积器和供体，在高能磷酸键（P～P）中贮存的能量可供机体生命活动所需。磷和RNA、DNA及许多酶（磷酸吡哆醛、黄素蛋白、辅酶I和辅酶II等）的合成有关。磷脂和蛋白质结合成为细胞膜的组成成分。此外，磷还参与糖代谢，并作为血液中重要缓冲物质磷酸氢钙和磷酸二氢钙的成分。

应该注意，发育中的幼猪和种猪需要大量的钙和磷。如果钙、磷不足，幼猪则停止发育（可形成僵猪）；种母猪发情不规则，哺乳母猪动用骨骼中的钙进入乳汁中，泌乳量减少，哺乳仔猪生长迟缓，引起仔猪佝偻病。缺磷还可使猪食欲不振、废食、异嗜癖比缺钙更为严重，可见病猪啃食毛、骨及破布等异物，因营养不良而迅速消瘦。过多采食含钙、磷丰富饲料或补饲过多钙、磷亦有害。据报道，在日粮中补喂过多的碳酸钙，对钙、磷代谢产生不良影响，反而使钙、磷沉积急剧下降，因此补加碳酸钙应限制在2%。补磷过多可造成甲状腺机能亢进，引起骨组织营养不良，易产生跛行和长骨骨折。幼猪磷的总需要量中应使无机磷的比例占30%为宜。

二、钙和磷缺乏

饲料中钙和磷缺乏，或二者比例失调，或维生素D缺乏又日光照射不足时，则幼龄猪发生佝偻病，成年猪发生骨软病。临床上以消化紊乱、异嗜癖、跛行、骨骼弯曲变形为特征。

1. 病因

⑴日粮钙、磷缺乏或比例失调。饲料中钙、磷含量充足，比例适当（1～（2：1）），才能被机体吸收利用。若单一饲喂缺钙、磷饲料或长期饲喂高磷低钙饲料（磷过多可与钙结合影响钙的吸收，造成机体缺钙）或高钙低磷饲料（钙过多可与磷结合，形成不溶性磷酸盐，影响磷的吸收，造成机体缺磷）都可引起发病。

⑵饲料或动物体内维生素D缺乏。维生素D主要来源于母乳和饲料（麦角骨化醇），其次是通过阳光照射使皮肤中固有的7-脱氢胆固醇（维生素D_3元）转化为胆骨化醇（维生素D_3）。维生素D能保持钙、磷在机体中比例的平衡，使钙、磷在骨骼中沉积，保持骨骼健康正常。饲料中虽然钙、磷比例搭配适当，但当维生素D缺乏时，钙、磷在肠道中不能充分吸收，直接影响骨骼中磷酸钙的合成。

⑶断奶过早或胃肠病、寄生虫病、先天性发育不良等因素也可影响钙、磷和维生素D的吸收利用。例如患肝、肾疾病时，维生素D的转化和重吸收障碍，导致体内维生素D不足。

⑷对于先天性佝偻病，则起因于母猪怀孕期间缺乏日光照射，体内钙、磷、维生素D含量不足，影响胎儿骨组织的正常发育。对于成年猪的软骨病有人认为也与遗传因素有关系，因为在临床上该病的发病率及病变程度与猪的品种有关，生长速度快，瘦肉率高的商品猪，其发病率高，营养和管理因素对本病有促发作用，如Ca、P、Mg、Mn、Cu、Se等矿物质元素和维生素A、维生素B、维生素C等维生素与本病的发生有关。

⑸有资料报道，日粮组成中蛋白（或脂肪）性饲料过多在体内代谢过程中形成大量醇类，与钙形成不溶性钙盐，大量排出体外导致机体缺钙。高能量的饲料，缺少运动则可促使软骨病的发生。

⑹甲状旁腺机能代偿性亢进，甲状旁腺激素大量分泌，磷经肾排出，增加引起低磷血症继发佝偻病和骨软症。

2. 发病机理　钙、磷缺乏或比例失调或维生素D缺乏，使动物体矿物质代谢紊乱。对于仔猪，正处在骨骼的生长发育阶段，上述原因可使成骨细胞钙化过程延迟，同时甲状旁腺促进小肠中的钙的吸收也降低，骨样的骨基质不能完全钙化，乃呈现骨样组织增多为特征的佝偻病，表现为骺软骨持久性肥大和不断地增生，骺板增宽，钙化不足的骨干突骺软骨承受不了正常的压力而使长骨弯曲、骺变宽及关节增大等。对于成年猪，为满足妊娠泌乳及内源性代谢对钙、磷的需要，则骨骼发生进行性脱钙，呈现骨质疏松，同时这种疏松结构又被过度形成的未曾钙化的骨样基质所代替，于是导致骨柔软、弯曲、变形、骨折、骨痂形成，以及局灶性增大和腱剥脱，在临床上表现易发病理性骨折。

实验研究表明，当饲料中钙、磷比例平衡时，则机体对维生素D的需要量是很小的，而当钙、磷不平衡时，仔猪及成年猪对维生素D的缺乏变得极为敏感。维生素D的主要作用是保持钙、磷在机体中比例的平衡，促使钙、磷在骨骼中沉着，保持骨骼系统的健康发育。动物体维生素D主要来源于饲料和体内合成，当维生素D被小肠吸收后首先进入肝脏，在肝脏内经肝细胞线粒体中25–羟化酶的作用，形成25–羟钙化醇，转运到肾脏后再经肾小管上皮细胞线粒体中1–羟化酶的作用，生成1，25–二羟钙化醇，1，25–二羟钙化醇是具有生物活性的维生素D的衍生物，能促进小肠上皮细胞刷状缘中钙结合蛋白的合成，并能提高依赖于钙的ATP酶的活性，推动“钠泵”，从而促进钙、磷在小肠的吸收，促进骨盐溶解，加速骨骼钙化，促进肾小管对钙、磷的回收。

维生素D在体内转变为1，25–二羟钙化醇的过程，一方面受肝脏转变25–羟钙化醇过程的负反馈调节，另一方面受血钙和血磷水平、甲状旁腺素及降钙素的调节。

若动物饲料中维生素D_2含量不足，或冬季舍饲期间光照不足，不能将分布于皮下等组织中的7–脱氢胆固醇转变为维生素D_2，从而引起体内维生素D缺乏，致使肠吸收钙磷减少，血钙血磷含量降低，骨中钙盐沉积不足乃致骨盐溶解，最后导致成骨作用障碍，仔猪表现为佝偻病，成年猪则发生骨软症。

3. 症状　先天性仔猪佝偻病，出生即见颜面骨肿大，硬腭突出，四肢关节肿大而不能屈曲。临床表现衰弱无力，经过数天仍不能站立，躺卧呈现不自然姿势。后天性佝偻病发病缓慢，早期呈现食欲减退，消化不良，精神不振，不愿站立和运动，出现异嗜癖，随着病情的发展，关节部位肿胀肥厚，触诊疼痛敏感，发生跛行，骨骼变形，仔猪多弯腕站立（图4.6.2–1），或以腕关节爬行，后肢则以跗关节着地，由于血钙水平低下，神经肌肉兴奋性增强，出现低血钙性搐搦，病症后期，骨骼变形加重，出现凹背、“X”形腿（图4.6.2–2）、面骨膨隆、硬腭突出、采食咀嚼困难、肋骨与肋软骨结合处肿大（图4.6.2–3），压之有痛感，同时伴有咳嗽、腹泻、呼吸困难、消瘦、贫血等症状。

病理学检查，血钙、无机磷含量降低（血磷水平每100mL低于3mg），血清碱性磷酸酶活性增高，骨骼中无机物（灰分）与有机物比率由正常的3∶2降至1∶2或1∶3，X光检查，骨密度降低，骨皮质变薄，长骨端凹陷，骨骼界限增宽，形状不规则，边缘模糊不清。组织学检查，从尾椎骨或肋骨软骨联合部取样能发现不含钙的、与软骨的柔软程度相似的大量骨样组织。

成年猪的骨软病，多见于母猪，病初表现为以异嗜为主的消化机能紊乱。随后出现运动障碍，表现为腰腿僵硬、拱背站立、运步强拘、跛行、经常卧地不动或作葡匐姿势（图4.6.2–4）。后期则出现膝关节、腕关节、跗关节肿大变粗，尾椎骨移位变软，肋骨与肋软骨结合部呈串球状，头部肿大、骨端变粗、头骨穿刺阳性，易发生骨折和肌腱附着部撕脱。母猪发生产后胎衣不下、流产难产、不孕等。

临床血液学检查，血清磷含量降低，血清钙多无明显变化，有时稍见增高，血清碱性磷酸酶活性显著升高。尾椎骨X光检查显示骨密度降低，皮质变薄，髓腔增宽，骨小梁结构紊乱，骨关节变形，椎体移位、萎缩、尾端椎体消失。

4. 诊断　佝偻病和骨软症根据猪的年龄（佝偻病发生于幼龄，骨软症发生于成龄）、饲养管理条件（特别是饲料的配合，维生素D的量，钙、磷的量及比例，有无胃肠病等继发病，光照和户外活动性情况）、病程经过（慢性经过）、临床症状（消化障碍、生长缓慢、骨骼变化、运动失调）及治疗效果等特征，不难做出诊断，必要时结合血液学检查，组织学变化和X光检查，饲料成分分析，可以帮助确诊。其中血清游离羟脯氨酸升高具有早期的诊断价值。血清碱性磷酸酶活性增高对该病有重要的诊断意义。

鉴别诊断：佝偻病应注意与仔猪霉形体、滑膜炎、关节炎相区别，骨软症注意与慢性氟中毒生产瘫痪、冠尾线虫病、外伤性截瘫相区别。

5. 治疗　本病的治疗，主要是改善妊娠母猪、哺乳母猪和仔猪的饲养管理，给予无机盐和维生素D源允足的饲料，如给予青绿打浆饲料，饲料中可给骨粉、蛋壳粉、蚌壳粉等，合理调整日粮中钙、磷的含量以及比例，同时适当运动和照射日光，对于发病仔猪，可用维丁胶性钙注射液，按0.2mg/kg体重，隔日 1 次肌肉注射，维生素A，维生素D注射液2～3mL肌肉注射，隔日1次。

对于成年猪，可用10%葡萄糖酸钙50～100mL静脉注射，每天1次连用3天，或3%次磷酸钙溶液60～70mL，以上用法有人建议配合应用亚硒酸钠可提高疗效。亦可用20%磷酸二氢钠注射液30～50mL，1次耳静脉注射。还可补给酵母麸皮（1.5～2kg麸皮加50～70g酵母粉，煮后过夜，每天分次喂给）或用磷酸钙2～5g或10%氯化钙液每次1汤匙，每天2次拌饲料中喂给。

另外，在平时饲料中添加适量的骨粉、乳酸钙、碳酸钙、南京石粉等，对本病兼有治疗和预防的效果。

6. 预防　本病的预防首先在于经常检查饲料，保证日粮中钙、磷和维生素D的含量，合理调配日粮中钙、磷的比例，平时多喂些豆科青绿饲料，对于妊娠后期的母猪更应注意钙、磷、维生素D的补给，特别是长期舍饲的猪，在冬季较长的雨雪期，不易受到阳光照射，维生素D的来源不足，因此预防本病的发生就具有重要的意义。

第三节　镁营养与缺乏

一、镁（Magnesium）营养作用

猪体内70%的镁存在于骨骼中，含镁丰富的饲料是麸皮、油饼、油粕、向日葵、饲用和糖用甜菜叶（4～8mg/kg干物质）。仔猪体内的含镁量低于成年猪。因镁在饲料中分布较广，而且猪对镁的需要量又较少，每千克体重约需15mg，一般靠饲料即可满足。

镁的作用为构成骨骼和牙齿的成分，是骨骼正常发育所必需。镁是存在于细胞内环境中的主要阳离子，在细胞中，Mg^{2+}离子与蛋白质和核酸形成复合物。镁作为许多酶系统的激活剂和辅助因子参与中间代谢，特别是作为焦磷酸酶、胆碱脂酶、ATP酶和肽酶等多种酶的激活剂，在糖及蛋白质代谢中起重要作用。镁可保证神经肌肉器官的正常机能，因镁可抑制肌球蛋白腺嘌呤三磷酸酶，通过胆碱脂酶来激活乙酰胆碱的水解，结果阻断对神经末梢的刺激，肌肉疲软。镁参与促使ATP高能磷酸链断裂，释放出为肌肉收缩所需的能量，而且还参与调节体内氧化磷酸化作用。

二、缺乏症

镁缺乏可引起脂肪沉积加强，毛细血管扩张，极度神经过敏和抽搐；仔猪出现软弱，平衡感觉迟钝。饲粮中含镁量过多时，可降低采食量，并引起仔猪白痢，易患佝偻病；妊娠母猪过度肥胖，母猪易患乳房炎，乳质不良，泌乳量减少。

镁对钙有拮抗作用，过量镁可与磷结合而循环于体内，以致钙过度丧失而产生有害作用。

第四节　钠、钾、氯营养与缺乏

一、营养作用

钠、钾、氯（Sodium、Potassium、Chlorine）在自然界分布很广，猪体所需的钠、钾、氯可由饲料和食盐中获得。食盐能刺激食欲，增进适口性。猪体组织内，钠和氯主要分布于体细胞外液中，而钾主要分布于细胞内液。它们在血浆和体细胞的生理上有重要作用，如调节水代谢、维持酸碱平衡、保持正常渗透压和血液的有效反应，同时也是组成猪乳的成分。

钠与蛋白质代谢密切有关，是细胞外液的重要阳离子。钠占血浆中所有阳离子的90%以上，对维持细胞间液和渗透压具有重要意义，并且是缓冲体系的重要成分。钠和其他离子一起参与维持正常神经肌肉的兴奋性。钠和钾在相互作用中参与神经组

织冲动的传递过程。

二、缺乏症

钾离子主要存在于细胞内，和钠、氯及重碳酸盐离子共同维持细胞内的渗透压并保持细胞容积；作为主要碱性离子，还参与组成细胞内液的缓冲系统，维持酸碱平衡，糖和蛋白质的代谢也需钾离子的参与。例如糖的氧化和糖元的合成，可以活化丙酮酸磷酸激酶和激活ATP酶等。据试验，如果把钾添加到蛋白质缺乏的饲粮中，仔猪增重和饲料利用率得到改善。此外，钾离子影响神经肌肉的兴奋性，适度提高钾离子浓度时神经肌肉的兴奋性增强，反之，兴奋性受到抑制。

氯和钠协同维持细胞外液的渗透压和酸碱平衡。氯参与胃酸的形成，保证胃蛋白酶作用所必需的pH。在唾液腺内，氯和α-淀粉酶形成活性的复合物，有利于α-淀粉酶活性的提高。

仔猪供钠不足表现为生长迟缓，饲料利用率降低。成年猪体重减轻，泌乳母猪奶量下降，如生长和妊娠期长期供钠不足，对随后泌乳期乳量影响更大。钠过量，对饲料的适口性和猪对养分的利用有不利影响。大量的猪饲养试验得出了如下结论，即猪饲料中食盐的适宜浓度是0.5%（按饲料风干重计算）。当饲喂给猪的饲粮含125～250g食盐（或占干重的6%～8%）时，猪即表现食盐中毒症状，以至死亡。

饲粮钾不足可导致猪出现生长停滞、肌肉衰弱、异嗜等症状。钾过量则影响镁的吸收和代谢，成为镁痉挛的原因。猪日粮钾的浓度以30g/kg干饲料为宜。

正常情况下，因钾盐和钠盐在猪体内有一定比例，如钾盐含量过多则会加强钠盐的排出，而引起钠缺乏，致使脂肪和蛋白质的合成降低，并增强热的生成。因此，给猪补充食盐，氯化钠比氯化钾为好。食盐中的钠氯比例以1∶1.54对生长猪为宜。一般猪每日需补饲食盐4～10g，怀孕母猪12～15g，泌乳母猪15～20g。仔猪供给标准按每千克饲料内（包含水分）加3g为宜。

第五节 硫营养与缺乏

一、营养作用

硫（Sulphur）在猪体内主要以胱氨酸、蛋氨酸、半胱氨酸的形态存在，是构成蛋白质的重要成分。猪对硫的需要量主要通过含硫氨基酸来满足，部分通过杂环化合物——生物素和硫胺素来满足。

硫的作用主要通过体内的含硫有机物实现。如含硫氨基酸合成体蛋白质、被毛以及多种激素。硫胺素参与碳水化合物代谢。硫作为黏多糖的成分参与胶原和结缔组织的代谢。半胱氨酸是辅酶A的前体，并参与谷胱甘肽酶的合成。猪所需的硫主要从采食饲料的粗蛋白质中供给。

二、缺乏症

缺硫症状为食欲丧失、掉毛、流涎，体质虚弱，在长期蛋白质饥饿时也可出现上述症状；以硫酸盐形式的过量的矿物硫使仔猪生长受阻、患胃肠炎及佝偻病。

第六节 铁营养与缺乏

一、营养作用

铁（Iron）在一般动植物体内含量均少，豆科、谷类、青饲料中相对较多，乳中缺乏，在肝脾中含量很高，1kg猪肝含铁145mg，1kg脾含铁44.5mg。成年猪铁的需要量很低，一般饲料即可满足，但仔猪在哺乳期因乳中缺铁而常引起仔猪缺铁性贫血。

铁为形成血红蛋白和肌球蛋白的主要成分。含铁化合物在体内具有氧化功能。血红蛋白的功能是运送氧气，肌球蛋白固定并储备氧气。铁还作为细胞色素酶类和多种氧化酶的成分，参与细胞内生物氧化过程。如细胞色素酶类的辅基铁卟啉中的铁不断氧化还原，传递从还原型黄酶中接受的电子，并经细胞色素酶将电子传给氧，使氧分子激活成为氧离子（O^{2-}），和体液中的$2H^{+}$结合成水，在这一过程中不断释放出机体生命活动所需的能量。

铁是仔猪生长需要量高的微量元素之一。在胚胎期间，仔猪体内沉积的铁量很小，而且仔猪生后的强烈生长伴随着血液总量的增加，而铁随乳的摄入量亦不能满足仔猪的需要量，结果是净缺乏大量的铁，如不加以补偿，便会导致贫血。所以仔猪生后2～3日龄即行补铁，以预防营养性贫血病。后备猪和育肥猪饲料中铁浓度（mg/kg）按体重分别如下添加：体重为10kg、20kg、40kg、60kg、100kg分别添加170mg/kg、150mg/kg、80mg/kg、60mg/kg、50mg/kg。妊娠和泌乳母猪饲粮中铁浓度应当分别为70mg/kg和100mg/kg干饲料。

试验资料表明，当给初始体重20.7～22.8kg的猪饲喂含5.102～7.102g Fe/kg干饲料，饲料消耗降低20%，平均日增重下降30%，骨骼矿物质化和磷代谢受到不利影响，血清中无机磷浓度从8.6mg%（对照）显著地下降到5.5mg%。这一研究表明，仔猪只要以0.6g/kg体重这一剂量的铁（以硫酸亚铁）喂服，最终就会中毒死亡。

二、仔猪缺铁性贫血

仔猪贫血（Piglet anemia）是指15～30日龄哺乳仔猪缺铁所发生的一种营养性贫血。多发生于寒冷的冬末、春初季节的舍饲仔猪，特别是舍猪以木板或水泥为地面而不采取补铁措施的集约化养猪扬，本病在一定地区有群发，给养猪业造成严重的损失。本病同仔猪下痢、仔猪肺炎合称为仔猪的三大疾病。

1. 病因及发病机制　特发于15～30日龄哺乳仔猪的贫血，主要病因在于仔猪体内铁贮存量低而需要量大，但外源供应量又少，所以仔猪体内严重缺铁，而体内的铁绝大部分（约80%）用于合成血红蛋白，仔猪出生后，血液中血红蛋白逐渐下降，至8～10天时仅有4～5g/100mL血液（正常血红蛋白的含量为8～12g/100mL血液中），这是由于仔猪出生后由胚胎期的肝脾造血转为骨髓造血，这种过渡将引起一种贫血性状态，称为生理性贫血。同时由于哺乳仔猪生长发育迅速，每天需铁7～15mg，而仔猪出生时，体内铁的贮备量极低（约5mg），稍加动用，即告耗竭。而此期仔猪若生长在以水泥木板为地面的猪舍内不能与土壤接触，失去了对铁的摄取外源，同时又不采取人工补铁措施，仅靠哺乳获取铁远远不能满足仔猪的生长需要，因为乳汁中含铁微少。有资料报道，哺乳仔猪在出生后3周时间从母乳中仅可获铁23mg，即平均每天获铁不过1mg。加上仔猪出生后1周胃液内缺乏盐酸，1个月之后才可趋于常态，获得的铁就更少了。这样一来，就出现“铁债”。因为缺铁进而影响血红蛋白的生成，结果发生贫血，因此本病又称为缺铁性贫血。

当仔猪发生贫血时，破坏了机体的氧化还原过程，同时仔猪的消化吸收机能也减弱，这就更加重了贫血的发生，这种猪抵抗力很弱，容易发生继发性感染。

此外，铜与铁质的运输和利用关系密切，有资料报道仔猪贫血不仅缺铁而且缺铜。东欧及前苏联不少学者认为还缺钴、锰、维生素B_{12}及叶酸等造血物质，缺铁时，血红蛋白含量下降；而缺铜时则导致红细胞数减少。

2. 症状　发生于封闭式饲养的15～30日龄的哺乳仔猪，病猪表现精神沉郁，食欲减退，离群伏卧，营养不良，被毛粗乱，体温不高，突出症状是可视黏膜呈淡蔷薇色，轻度黄染。重症病例黏膜苍白如白瓷，光照耳壳灰白色，几乎见不到明显的血管，针刺也很少出血，呼吸脉搏均增数，心区听诊可听到贫血性杂音，稍加活动则心悸亢进，喘息不止。有的仔猪外观很肥胖，生长发育也较快，可在奔跑中突然死亡，剖检见典型贫血变化。有的仔猪外观消瘦，食欲不振，便秘下痢交替出现，异嗜、衰竭。

血清学变化：血液色淡而稀薄，不易凝固，8～9日龄仔猪红细胞数变化不大，20日龄的仔猪检查血红蛋白下降至3～4g%，红细胞亦减少，可降至3×10^{12}/L，2×10^{12}/L乃至1×10^{12}/L以下。MCV、MCH等红细胞指数低于正常，表现小细胞低色素贫血类型。血片观察，红细胞着色浅淡。中央淡染区明显扩大，红细胞大小高度不均，小的居多，出现一定数量的梨形、半月形、镰刀形等异形红细胞。平均直径缩小至5μm（正常为6μm），卜-乔氏曲线左移，且又低又宽，骨髓涂片铁染色，细胞外铁粒消失，幼红细胞内几乎看不到铁粒。

3. 病理变化　皮肤及可视黏膜苍白，有时轻度黄染，肝脏有脂肪变性且肿大，呈淡灰色，有时有出血点。血液稀薄，肌肉色淡，特别是臂肌和心肌，脾脏肿大，色浅，质地稍坚实，心脏扩张，肾实质变性，肺发生水肿，胃肠有灶性病变。组织学检查，骨髓中的红细胞生成加强，在肝、脾及淋巴结有髓外灶造血。病程长的病例，多消瘦，胸腹腔积有浆液性及纤维蛋白性液体。

现在各猪场新生仔猪出生后2～3天一律注射铁制剂，因制剂含有褐色色素，注射后局部淋巴结肿大，特别是股前淋巴结，可肿大几倍，外观暗红色（图4.6.6-1），应注意和猪瘟等的淋巴结肿大相区别。组织学检查在淋巴结周边见大量铁颗粒沉积（图4.6.6-2），同时肺泡壁毛细血管巨噬细胞吞铁（图4.6.6-3）、肝库氏细胞吞铁（图4.6.6-4）、肾小球血管内皮细胞吞噬了大量铁颗粒（图4.6.6-5）。胃肠道黏膜上皮细胞没见到有吞噬铁颗粒现象。

4. 诊断　根据仔猪生长环境、饲养条件及发病日龄，结合临床表现、病理变化和血液学变化（如皮肤黏膜苍白，有时轻度黄染，血红蛋白量显著减少，随后红细胞数量也下降，显示小细胞低色素贫血类型），一般容易做出诊断。

5. 治疗　治疗原则是补充外源铁质，充实铁质贮备，通常采用铁剂口服，既经济又有效，在大型集约化生产条件下，多采用铁注射剂。

口服常用的制剂有硫酸亚铁、焦磷酸铁、乳酸铁及还原铁等，其中以硫酸亚铁为首选药物。为促进铁的利用，常配伍硫酸铜，常用的处方是：硫酸亚铁2.5g，硫酸铜1g，常水1 000mL，每千克体重用此混合液0.25mL，用汤匙灌，每天1次，连服7～14d。也可以用硫酸亚铁100g，硫酸铜20g，磨碎成细末后混于5kg细沙中，撒在猪舍内，任仔猪自由舔食。焦磷酸铁每天内服30mg，连服1～2周，还原铁对胃肠几乎无刺激性，可1次内服0.5～1g，1周1次，比较省事。如能结合补给氯化钴50mg/次或维生素B_{12}0.3～0.4mg/次，配合应用叶酸5～10mg，则效果更好。

注射铁制剂：疗效迅速而确实，常用的铁制剂有右旋糖酐铁、葡萄糖铁钴注射液、山梨醇铁，实践证明，葡萄糖铁钴注射液或右旋糖酐铁2mL，肌肉深部注射，通常1次即愈，必要时隔7天再半量注射1次。亦可选择20%富来血2mL，颈部或后肢深部肌肉注射。

本病病程约1个月，即2周龄起病，3～4周龄为重，5周龄开始好转，6～7周龄康复，若临床诊断正确，治疗及时，大多数预后良好，极少数病例长期迁延不愈，易继发于其他疾病，最终因腹泻、肺炎、贫血性心肌病等预后不良（死亡转归）。

6. 预防　预防本病的主要措施是加强妊娠母猪和哺乳母猪的饲养管理，增加哺乳仔猪外源性铁剂的供给。

(1)妊娠母猪、哺乳母猪的日粮必须富含蛋白质、无机盐（铁、铜、钴）和维生素，以提高母乳抗贫血的质量。有关资料报道，妊娠母猪分娩前2天至产后28天的1个月期间，每天补饲硫酸亚铁（含$7H_2O$）20g，初乳和乳汁铁含量以及初生仔猪体内贮存铁并不增加，但仔猪可通过采食母猪的富铁粪便而获取铁质。其效果无异于生后第三天肌注150mg葡聚糖铁（Kolb等，1990）。另据报道，苏氨酸铁（泽山崎等，1983）等氨基酸螯合铁每天6～12g早晚各1次分服，产前28天饲喂，连续喂到产后28天止，可防止仔猪缺铁性贫血发生，原理是水解大豆蛋白螯合铁即肽铁可以由子宫肝褐质和乳腺肝褐质转运，通过母体的胎盘和乳房屏障，增加胎儿体内的铁贮备和乳汁中铁含量，从而发挥预防作用。

小规模个体散养猪，特别是北方寒冷地区，要尽量避免隆冬季节产仔。在气候许可条件下，尽量提早进行放牧，对仔猪亦应跟随母猪放牧，多给仔猪接触土壤的机会。还可提前开饲，增加铁、铜等矿物质的摄取。对于以水泥、木板为地面的猪舍内长期饲养的仔猪和大型养猪场的仔猪，必须从仔猪生后3～5天即开始补加铁剂，方法是将前述的铁铜合剂（如治疗）撒在饲料或土盘内，或涂于母猪乳头上，或逐头按量灌服，生后3天1次肌注葡萄糖铁100g，预防效果更加确实可靠（Brownlie）等，1995；薛金良等，1987，张婉如等，1988；刘超，1990）。

第七节　铜营养与缺乏

一、营养作用

铜（Copper）是许多酶的组成成分或激活剂，在血液形成和骨质生成中起重要作用。因此缺铜可引起贫血，与缺铁性贫血相似。缺铜还可以使血清中的钙、磷不易在软骨基质上沉积，同时，骨胶原的可溶性提高，从而猪易患骨质疏松症。缺铜还引起动脉外膜弹性纤维损伤，而使血管容易破裂。铜还参与被毛色素沉积和角质化过程，并参与有关的含铜蛋白的形成，若缺铜，则引起被毛褪色、毛质脆弱、心脏肥大，还使正常的妊娠过程受损和流产。

关于猪对铜的需要量，试验资料表明，如果饲粮含有Cu6mg/kg干饲料，就完全满足哺乳仔猪对铜的需要量。在仔猪育成和育肥期间，含有Cu3mg/kg的饲料证明是不充足的，要含Cu15mg/kg干饲料才能获得正常生长。用含Cu35mg/kg干饲料饲喂的母猪每窝所产仔猪比接受Cu7mg/kg干饲料的一组母猪多2～3头。因此，铜还可以作为添加剂来促进肉猪生长。

长期饲喂含高浓度铜（250mg/kg以上）的饲料可使猪中毒，肝和肾受损，严重者死亡。如果饲粮缺乏锌和铁，铜的毒性作用增强，锌和铁对铜有拮抗作用。据认为，锌和铁含量不大的猪饲粮中铜的毒性水平是300～500mg/kg饲料。

二、铜缺乏症

日粮中含铜量不足或缺乏，引起仔猪贫血、生长发育缓慢等一系列临床症状，称为铜缺乏（Copper deficiency）。

1. 病因

⑴原发性铜缺乏：主要是由于饲料中含铜量不足或缺乏所引起。这种情况在缺铜地区较为常见，如长期饲喂在低铜土壤上生长的植物性饲料，久而久之，猪体发生铜缺乏。一般认为，饲料含铜量低于3mg/kg便可引起发病。8～11mg/kg为正常值，3～5mg/kg为临界值，在我国已知有两类土壤含铜量低下，一类是缺乏有机质和高度分化的沙土，一类则是沼泽地带的泥炭土和腐植土。在这些地区应引起重视。

⑵继发性铜缺乏：土壤和日粮中含有足够的铜，但因为存在影响动物体对铜吸收利用的不利因素而诱发铜缺乏症。已经证明饲料中钼含量过多时可防碍铜的吸收利用，其他金属元素如锌、铅、镉、银、镍、锰及维生素C和硫酸盐、植酸盐，也能影响铜的吸收利用而引起发病。实验研究报道，当日粮中硫的含量达1g/kg时，约50%的铜不能被机体利用，另外当动物罹患各种胃肠疾病时，必然影响到铜的吸收利用，继发铜缺乏症。

2. 发病机理　铜在动物体内各种组织中均有分

布，一般以肝、脑、肾、心和被毛中含量最高。铜在机体内作用极大，铜是酪氨酸酶、单胺氧化酶、超氧化物歧化酶、细胞色素氧化酶等多种含铜酶的组成成分，同时参与细胞色素C、抗坏血酸氧化酶、半乳糖酶的合成，因而具有较广泛的生物学效应。缺铜可引起贫血、运动障碍、骨及关节变化、被毛变化、神经机能紊乱等一系列临床症状。铜参与造血过程，机制是铜为红细胞形成必要的辅助因子，血浆铜蓝蛋白可将二价亚铁氧化成三价的高铁，并形成三价铁传递蛋白以促进铁由贮库进入骨髓，加速血红蛋白和卟啉的合成以供给红细胞的需要，长期营养性缺铜使上述造血机能减弱而引起贫血。运动障碍是因为缺乏铜导致含铜的细胞色素氧化酶合成减少，活性降低，从而抑制需氧代谢的合成，缺乏时，引起大脑发生对称性脱髓鞘，脊髓运动神经纤维和脑干神经细胞变性，结果引起运动障碍。骨及关节变形，铜参与骨基质胶原结构的形成，缺铜使含铜的赖氨酰氧化酶和单胺氧化酶合成减少，结果致使骨胶原的稳定性与强度降低而出现骨骼变形和关节畸形。被毛褪色，毛质下降，缺铜使含铜的多酚氧化酶合成降低，因而催化酪氨酸转化成黑色素的催化酶减少，致使黑色毛褪色变为灰白色。此外由于双硫基（键）缺乏，使毛的弯曲度减少，伸展力和弹性下降。

3. 症状　猪缺乏铜时，生长发育缓慢，消化不良，食欲不振，腹泻。由于血红蛋白合成受阻，红细胞数减少，临床表现贫血症状，被毛粗糙，无光泽，弹性差，且大量脱落，毛色由深变淡，黑毛变为棕色、灰白色，仔猪四肢发育不良，关节不能固定，跗关节过度屈曲，呈犬坐姿势，有的出现共济失调，即行走时左右摇摆，急转弯时，常向一侧摔倒。骨骼弯曲，关节肿大，表现僵硬，触之敏感，跛行，站立困难，不愿行走，重症病例，后躯瘫痪，出现异嗜，吃泥土，啃木桩，舔墙壁，嚼异物。此外，个别母猪出现发情异常，不孕、流产。尸体解剖特征性病变是消瘦和贫血，肝、脾、肾呈广泛性血铁黄素沉着。实验室检查血铜、肝铜含量低于正常（成年猪肝铜正常值为19μg/mL，新仔猪肝铜正常值为233μg/mL，血铜正常值为0.1μg/mL），但应注意临床症状可能早在肝铜和血铜有明显变化之前即表现出来。

4. 诊断　主要根据病史和临床症状进行诊断，必要的时候可参照实验室血铜和肝铜的测定结果，分析饲料中的含铜量有助于诊断。鉴于血浆铜含量与血浆铜蓝蛋白活性之间具有较高的相关性，其活性下降在出现明显症状之前且血浆铜蓝蛋白的测定方法简单快速，故测定血浆铜蓝蛋白活性，可为铜缺乏症的早期诊断提供重要依据。近年来已成为该病的一个重要诊断指标。

另外如怀疑为继发性铜缺乏时，还应测定钼和硫等拮抗铜的元素含量。

5. 治疗　补铜是治疗疾病的主要方法，除了神经系统和心肌已发生严重损害的病例，一般都能完全康复。

口服硫酸铜1.5g，视病情轻重每周或隔周一次，亦可静注0.1～0.3g硫酸铜溶液。或每千克饲料加硫酸铜250mg饲喂或每升饮水加0.2g硫酸铜，如铜、钴合并使用效果更好。

6. 预防　每千克饲料里，铜的需要量，母猪12～15mg，哺乳仔猪11～20mg，育成猪3～4mg，按此量添加可预防铜缺乏症的发生，饲养上常用的补铜方法有：

每吨饲料加硫酸铜1kg。

食盐中加入1%～5%硫酸铜制成铜盐，混入配合饲料中喂猪。

硫酸铁2.5g、硫酸铜1g、开水1 000mL，溶解过滤，涂母猪乳头上让仔猪吃奶时吸入。

氯化铜1g，硫酸铁1g，硫酸铜0.5g，开水100mL，溶解后供1窝10头仔猪内服。

畜用复方微量元素，按每千克体重每天0.2g，分3次内服，也可混入饲料中喂给，连用25天，间隔5天，再连服25天。

补铜的时候，不宜超量过量，不宜饲喂时间过长，否则，可发生铜中毒（即食欲减退，全身黄疸、贫血、便血）。

另外，还应积极治愈各种影响铜吸收利用的胃肠疾病，合理调配日粮，保持微量元素之间的适当比例，消除妨碍铜吸收的不良因素。

第八节　硒营养与缺乏

一、营养作用

硒（Selenium）的需要量不多，但却是猪日粮中不可代替和缺少的。我国东北及西北等大部分地区发现土壤和饲料缺硒及畜禽缺硒症。猪体内随年龄增长，含硒量增加，除脂肪组织外，硒作为一种生物元素，几乎所有组织细胞中均含有微量的硒，肝、肾及肌肉中的含硒量较多。硒和维生素E具有相似的抗氧化作用，但硒和维生素E并非完全可以互换，它们各有其特有的生物功能。脂类及维生素E在肠中正常吸收所需的胰脂肪酶的形成受硒影响。在机体内部的生化过程中，硒的可能生物功能包括氨基酸和蛋白质中的巯基的固定，维持蛋白质分子的构象，参与辅酶Q（泛醌）的合成、氧化磷酸化作用以及细胞膜和细胞内膜的通透性变化。已知硒是谷胱甘肽过氧化酶的主要成分，能防止细胞线粒体的脂类过氧化，保护细胞膜不受脂类代谢副产物的破坏。此外，硒还可预防和治疗许多疾病（营养性肝坏死、白肌病）。硒存在于眼睛视网膜内，参与光感觉的光化学反应。硒与生物活性化合物α-生育酚有关。

二、硒与动物免疫的关系

硒可以从多方面影响机体的免疫功能。机体缺硒时，T、B淋巴细胞增殖分化以及对丝裂原的反应受到抑制；淋巴细胞分泌的淋巴因子（lymphokine）减少，T细胞和NK细胞（自然杀伤细胞）在体外杀伤癌细胞的能力下降；吞噬细胞吞噬和杀火病原体的能力受到严重影响；机体抗病能力和生产力明显降低。补给足量的硒则可以提高机体免疫功能。但过量的硒则可以引起免疫抑制，主要表现为细胞免疫和体液免疫水平下降。

1. 硒对动物体液免疫功能的影响　Berenshtein首次报道了硒对动物体液免疫反应具有增强作用。在接种疫苗时加入硒，可明显地增加血清抗体效价。Larsen等建议在生产条件下，给仔猪注射疫苗时应同时补硒。Desowits证明，饮水中加入硒对接种致死量的疟原虫疫苗的Swiss-Webster鼠具有保护效应。Spallholz发现无论日粮添加或注射硒都可提高小鼠SRBC凝集素抗体水平。其主要表现为IgM含量特别高，另外B细胞空斑形成数量增加。硒对动物特异性体液免疫功能影响的报道不尽相同。随着仔猪年龄的增大，IgG水平逐渐高于对照组。体外试验表明，硒主要是促进IgM的分泌。

2. 硒对动物细胞免疫功能的影响

(1)硒对淋巴细胞转化的影响：1981年，Larsen应用全血淋巴细胞转化试验研究了日粮添加硒和（或）维生素E后猪PBL（外周血淋巴细胞）对PHA（植物血凝素）的反应。6组猪给不同剂量的硒（每千克日粮0～100μg）和（或）维生素E（每天日粮添加0～40mg），饲喂12周。试验末，所有加硒和（或）维生素E组仔猪PBL都显示比对PHA反应增强。补加维生素E又可加强所有补硒组仔猪PBL对PHA的反应。可见二者在增加仔猪细胞免疫方面有协同作用。

(2)硒对淋巴因子分泌的影响：硒还可促进淋巴因子的分泌，这已为大多数学者所证实。人的PBL在含硒为10^{-19}～10^{-6}mol/L条件下培养后，其产生IFN（干扰素）的能力提高。在小鼠淋巴细胞体外培养体系中加硒，则可使分泌IL-2（白介素-2）的能力增加。体外培养时，添加生理浓度的硒，可促进淋巴细胞产生IL-2。究其机理，硒可能是IL-2R表达所需要的元素，可以通过调节IL-2R的表达来发挥作用。

(3)硒对淋巴细胞杀伤功能的影响：硒还可增强淋巴细胞的杀伤功能。缺硒小鼠的T细胞和NK细胞在体外杀伤癌细胞的能力下降，补硒可以促使其功能恢复，硒对这种细胞毒功能的影响与其对淋巴毒素的影响相平衡。硒对CTL（细胞毒性T细胞）的作用发生于CTL的产生过程，而不是发生于CTL对靶细胞的作用过程。给硒大鼠的NK细胞的活性提高，抗癌能力增强。缺硒能使大鼠CTL活性下降，在饲料中补充适量的硒可使其CTL活性达到正常。

3. 硒对动物非特异性免疫功能的影响 硒不仅能增强动物特异性免疫功能，还能增强非特异性免疫功能，主要表现为吞噬细胞的吞噬功能和杀菌能力增强。Beren-shtein报道，每天以0.05mg/kg剂量的硒饲喂家兔，其血清IL（白介素）、补体和溶菌酶的含量增加，白细胞和MΦ（巨噬细胞）活性及嗜菌指数增加。对病原体的吞噬和杀灭作用，首先是MΦ接近病原体，然后才能将其杀灭。硒对趋化、吞噬和杀灭三大过程均有影响。缺硒的山羊和奶牛的多核细胞的趋化能力下降。亚硒酸钠可刺激牛乳腺MΦ产生趋化因子。补硒可使缺硒小鼠多型核白细胞的吞噬能力改善，使MΦ的吞噬能力和杀菌能力增强。在MAF（巨噬细胞活化因子）激活MΦ时，硒能起到增强MAF的作用，硒还可增强MΦ对MAF反应性。

4. 过量（中毒）硒对动物免疫功能的影响 适量的硒可以增强机体的免疫功能，但过量（中毒量）的硒则可引起免疫抑制。Spallholz报道，分别按0.75mg/kg、1.25mg/kg、1.75mg/kg、2.25mg/kg、2.75mg/kg、3.75mg/kg、5.0mg/kg、7.5mg/kg和10mg/kg饲料含量给不同性别乳鼠补硒，5天后注入0.2mL20%SRBC（5×10^8个细胞），测定凝集素抗体滴度。结果补给0.75mg/kg和1.25mg/kg饲料组乳鼠的PFC（空斑形成细胞）值明显增加，抗体滴度也增加。而补给更高硒组乳鼠的PFC值却降低。试验鼠血清用2-巯基乙醇灭活IgM后，几乎不产生凝集SRBC的反应，所以认为适量硒可以促进IgM的合成。另一试验组给日粮中补加17～42mg/kg，则PFC明显降低，说明高浓度硒可以抑制IgM的合成。刘明克在研究绵羊硒过多症时指出，绵羊补硒20～30天时，血清总蛋白20dm，T淋巴细胞增多，B淋巴细胞减少，γ-球蛋白于补硒后50天下降，在用含硒10mg/kg的基础日粮饲喂大鼠时，慢性中毒大鼠淋巴细胞百分率下降，T淋巴细胞数目及百分率下降，补体活性降低。

三、猪硒缺乏症（Selenium deficiency of pig）

缺硒常引起猪出现下列几种病症：营养性肝坏死、白肌病、渗出性素质症、生长受阻、睾丸萎缩、贫血、心肌炎、繁殖机能紊乱等。而且缺硒症在生长猪上特别多见。硒缺乏在繁殖方面的疾病主要表现为，母猪不发情或屡配不孕，受胎率降低，胎儿不能正常发育或在孕期就死亡；也可使母猪产仔数减少，仔猪体弱，母猪临产或产后体质虚弱等。种公猪缺硒则产生睾丸萎缩退化，精子活力降低，影响种用。

猪缺硒病（Selenium deficiency of swine）是微量元素硒缺乏而引起猪的一种营养代谢障碍性疾病，俗称白肌病。临床上以发病死亡猪的骨骼肌、心肌、肝脏的变性和坏死以及渗出性素质为特征。硒（Se）元素自从瑞典化学家Berzelius在1817年发现以来，多年来一致认为是有毒的元素。1957年，Eggert等人报道，缺硒的猪突然死亡，呈现肝坏死，肌肉变性，心肌微血管病变，胃和食道溃疡，黄脂症等。同年，Schwarze等人证明，硒可治疗大白鼠的肝坏死，从而确立了硒为动物营养中必需微量元素的地位，硒在动物疾病的应用研究上进展很快，以后维生素E和硒二者之间的关系也引起人们的注意。

猪日粮中含硒低于0.02mg/kg或0.06mg/kg，而日粮中同时缺乏维生素E时，即可发生硒缺乏病。

硒—维生素E缺乏病，已是世界范围的一种动物病。瑞典、芬兰、挪威、丹麦、英联邦、美国、加拿大、墨西哥、新西兰、澳大利亚、前苏联和日本等都有报道。我国黑龙江、吉林、辽宁、华北、内蒙古、西北、西南等都有本病发生。除猪外，牛、绵羊、山羊、骡、驴、鸡、鸭、火鸡、鹿、兔、水貂、犬、猫、鼠类等动物均可发生。人类缺硒可发生克山病、大骨节等病。但硒过多则引起人畜的慢性中毒。

1. 病因学 硒的某些生物、地理、化学和生态学特点。硒在地壳中的含量约为0.09mg/kg，地表土壤中硒的含量则依其母质的含硒水平而异，如页岩含硒量最多，约为0.6mg/kg，火成岩和砂岩含量约为0.05mg/kg，因此火山烟尘降落的土壤中硒含量较多，沙状黄土母质的土壤中往往缺硒。自然环境的生物气候条件亦影响土壤硒含量，低温多雨地区和人工灌溉易使土壤中的硒流失，气候干燥地区含硒量一般较高。

硒在土壤中存在的形式有元素硒、金属硒化合物、亚硒酸盐、硒酸盐等，其中可溶性的亚硒酸盐最易被植物吸收。在酸性土壤中，即使硒含量丰富，但由于硒和铁形成不易被植物吸收的高度不溶性硒化合物，硒被土壤吸附固定。因而该地区生长的植物就缺硒。在碱性土壤中，硒呈水溶性的硒酸盐或亚硒酸盐形态，这种形态的硒易被植物吸收，故在这种土壤中生长的植物硒含量高，甚至可能含有毒性浓度的硒。

在同一土壤条件下，不同植物从土壤中吸收硒的能力有明显不同，有些植物，如大多数的禾本科牧草，吸收硒的能力低，甚至大量施用硒肥，生长的植物中硒积聚量也不超过5mg/L，这类植物称为贫硒植物。豆科、十字花科、菊科等野生植物吸收硒的能力很强，甚至能够吸收较多的不能利用形态的硒，这类植物的含硒量可达1 000mg/L，被称为富硒植物，这类植被植物的存在则表示土壤中含有硒，故被视为土壤含硒的指示植物。

此外，硫是硒的拮抗物，能干扰植物吸收硒，当施用硫肥过多，以及煤炭类燃料大量燃烧，造成环境中硫过多时，引起硫与硒比例失调，也能导致植物缺硒。

综合这些资料，表明虽然缺硒病是世界范围的一种动物病，但受地理条件和自然环境的影响，往往表现为明显的地区性发生。由此可见，硒是动物营养所必需的限制性元素，它的不足通常引起幼畜动物发病死亡。硒缺乏病包括骨骼肌和心肌营养不良（白肌病）以及渗出性素质，肌纤维变性坏死和猪的营养性肝坏死。成年动物很少发病，但严重缺硒时，成年动物亦可发病，是一种地方性的营养缺乏病。

实践证明，低硒地区，幼畜并不是每年都发病，这与年度的气候、青饲料供应、青干草准备有关外，应激因素在硒缺乏病的发生上是一种重要因素，气候突变，疫苗接种，饲料改变，运输，新品种的引进，饲料管理不佳，特别是怀孕后期与哺乳期的母畜等，都可促使硒处于临界水平的畜禽加剧暴发硒缺乏症。

硒在动物体内的吸收和代谢。硒在植物体中大多是以含硒氨基酸的形态存在，随动物采食经口摄入的硒，主要在小肠特别是十二指肠部被吸收，胃和大肠一般不吸收硒，但在反刍动物的瘤胃内经微生物的活动，将饲料中的硒合成含硒胱氨酸和含硒蛋氨酸，由肠管吸收。被吸收的硒主要由血液运转，被结合到红细胞、白细胞、肌红蛋白、肌球蛋白、核蛋白及许多酶的内部，然后进入机体所有组织内，组织中的硒是以含硒胱氨酸和含硒蛋氨酸的形态存在。

用放射同位素证实，动物体内硒的排泄，绝大部分随尿排出，粪便次之，仅有少量由呼气、汗液和胆汁排出，10～20天可完全排出体外，而反刍动物则主要是随粪便排出。由此可见，补硒最佳程序为每间隔15天补1次。

硒的生物学作用。在动物体内硒及其化合物起一种强抗氧化剂的作用，主要是通过谷胱甘肽过氧化物酶（Se-GSHPX）来实现的，硒是谷胱甘肽过氧化物酶的组成部分。1分子谷胱甘肽过氧化物酶由4个亚单位组成，每个亚单位含1个硒原子，即每克分子的谷胱甘肽过氧化物酶含有4个原子硒。这种酶遍布动物的各组织中，但在不同动物和不同组织之间，谷胱甘肽过氧化物酶的活性有差别。

有机体组织内，不饱和脂肪酸易被氧化，在其氧化过程中产生的过氧化物，对生物膜结构有毒性，而且过氧化物的ROOH游离基具有重新发动过氧化的作用。生物膜系统是由类脂质构成，其不饱和脂肪酸氧化所产生的过氧化物损害生物膜结构，还能破坏溶酶体，释放出水解酶损害细胞。谷胱甘肽过氧化物酶将产生的过氧化物还原为无毒性的羟基化合物，从而保护生物膜免受过氧化物酶的损害，又防止ROOH游离基重新发动过氧化作用，其反应式为：

$$ROOH+2GSH^{-}\xrightarrow{Se-GSHPX}ROH+GS\cdot SG+H_2O$$

硒与生物膜的关系。硒是生物膜的组成部分，与存在于线粒体和微粒体内的还原的三磷酸吡啶核苷酸电子传递系统中的饱和溶血性铁相结合，而维护细胞膜的结构和功能。缺硒时细胞内质网变性，线粒体膨胀，导致细胞的损害。硒能抑制膜脂质过氧化反应，从而起到消除有害的自由基，分解过氧化反应和修复分子损伤的作用。

硒与维生素E的关系。维生素E与硒在生化方面彼此有补偿和协同作用，但不能相互代替。硒的抗氧化作用比维生素E强，据报道，每一个硒原子的抗氧化作用能代替700～1 000个维生素E分子，但在营养上硒不能代替维生素E，仅能降低动物对维生素E的需求量和减轻因缺乏维生素E造成的病理变化。

维生素E和硒都具抗氧化作用，保护细胞免受过氧化物的损害，但两者的作用机理不同。维生素E作用在于抑制或降低生物膜类脂质产生过氧化物，但不能制止其产生。而含硒的谷胱甘肽过氧化物酶则是对已产生的过氧化物及ROOH游离基在其攻击细胞以前及时地将这种有毒产物破坏。由于两者的作用机理不同，有些疾病（如鸡脑软化症）只能用维生素E防治，用硒无效，有些疾病（如雏鸡胰腺变性，缺硒生长受阻，犊牛和羔羊的地方流行肌营养不良）用硒防治有效，单纯补给维生素E则基本无效。白肌病、鸡胚胎死亡、雏鸡渗出性素质、大白鼠和猪的肝坏死等用维生素E和硒都有效。

另外，还有相当数量所谓临床健康的猪，长期处于硒缺乏状态之中，使其生长发育、公母猪的配种繁殖受阻，生产能力下降，呈现出亚临床症状。

关于硒的生物学作用机理尚有些不同的报道，甚至对硒的抗氧化作用理论提出过异议。但目前一般仍是用上述机理来解释硒-维生素E缺乏症及其某些病理变化的产生。

2. 发病机制　硒与维生素E在维持细胞完整性的生物学作用方面已有许多研究，硒是谷胱甘肽过氧化物酶的重要组成部分。该酶能消除在生物氧化过程中所产生的脂质过氧化物，而维生素E作为抗氧化剂，它的作用是抑制或降低生物膜类脂产生过氧化物。保护暴露于高浓度脂质过氧化物的细胞膜的作用。当硒、维生素E缺乏时，谷胱甘肽过氧化酶活性降低。以及脂质过氧化物增多，从而损害生物膜结构，尤其是线粒体、内质网等，富含不饱和脂肪酸的生物膜易受损害。过氧化物的ROOH游离基还能破坏溶酶体，释放水解酶来损害细胞。结果，细胞膜系统不稳定性可能增强，细胞控制过氧化作用的能力降低，致使细胞膜结构和功能可遭破坏。因此，当动物营养中缺硒时，特别是幼畜生长发育快，代谢旺盛、细胞增殖快，则其氧化过程必然强烈，产生的过氧化物相对增多，尤其幼年动物细胞的代谢功能强，而其细胞结构尚不够完善，膜结构对过氧化物的抵抗力和耐受力均低，产生过多的过氧化物，必然损害细胞的膜结构，特别是亚细胞膜首先发生损害，当应激因素发生时，即可促使处于低硒临界水平的幼年动物发病。

根据骨骼肌的肌纤维分型。猪低硒时，选择性的侵害Ⅰ型，使Ⅰ型纤维首先发生变性和坏死。由此可以认为早期的硒缺乏症肌纤维的变性坏死，肉眼出现可见的灰白色条纹状的变性坏死灶，即是Ⅰ型肌纤维首先被选择性的损害的结果。随着病程的进展，Ⅰ型肌纤维大量破坏，尤其是溶酶体破坏时，释放大量水解酶而破坏相邻的肌纤维（Ⅰ或Ⅱ型），所以可以认为Ⅰ型的病变是原发的，Ⅱ型是继发的，随着病变的扩大，Ⅰ与Ⅱ型肌纤维都发生变性和坏死，此时用ATP酶法，分不清Ⅰ与Ⅱ型，而是一片弥散性变性坏死病变。

3. 流行病学　本病是地方性流行，具有以下特点：

⑴明显的地区性。在地表土壤中硒的含量不同，所以在贫硒地区，根据土壤含量可分重病区、轻病区、非病区，我国黑龙江、甘肃、云南等省重病区面积较大。

⑵季节性。每年发病均可出现明显的季节性，特别是北方寒冷地区，由于漫长的冬季饲养，又缺乏青绿饲料，易于造成某些营养的缺乏或失调。此外与年度的波动、各年的气候雨量等自然大环境有关，丰收年少发，灾年多发。所以在流行病学上表现出缺硒病的生物地理化学性流行病，缺硒地区常发生本病。

⑶群体选择性。具有明显的年龄特点，尽管成年与幼龄阶段的猪均有发病，但主要是仔猪发病

多，据徐照极（1980）在曙光农场猪群1963-1978年间猪白肌病龄别统计结果，出生后2月龄哺乳仔猪发病率为21.37%，2～4月龄断奶仔猪为10.7%，而育肥、克郎、成年猪仅为8.4%。

改良和杂种猪比本地种对缺硒敏感，易于患病。同窝仔猪发育良好的个体多发，而且发病急，病情重（常突发，急死于心源性休克）。

应激因素可促进本病的暴发流行，本病多发区因含硒量不足，猪处于亚临床症状阶段，一旦因气候、饲料等突变，疫苗注射等因素的作用，可造成本病的群发性流行，养猪生产中应注意。

4. 临床症状与病理变化

病猪体温一般在正常范围之内，骨骼肌型的病猪，初期行走时后躯摇晃或跛行（图4.6.8-1），严重时则后肢瘫痪，前肢跪地行走，强行起立时则见肌肉战栗，常发出嘶哑的尖叫声。心肌型的病猪听诊时有心率加快、心率不齐等变化。渗出性素质的病猪，可见皮下浮肿，育肥猪因缺硒引起广泛肌肉变性坏死时，可出现肌红蛋白尿。

⑴骨骼肌型　皮肌、前肢、后肢、躯干部位的肌肉变性坏死，病变为对称性损害。

①初生仔猪：皮下和皮肌的肌间组织水肿，呈现渗出性素质的变化，全身骨骼肌均为淡粉红色，无光泽，轻度水肿，鱼肉样（图4.6.8-2）。

②哺乳仔猪：肌肉混浊，暗淡无光泽似煮熟样，其中亦有肌肉群当中的某一块肌肉或某几块肌肉局部出现灰白色与周边分界明显的病变（图4.6.8-3、4、5、6、7），病灶为顺沿肌纤维方向，出现灰白色条纹状，其条纹宽而粗大。

③青年猪（6月龄）：营养良好，部分骨骼肌的肌群出现了不同程度灰白色条纹状变性坏死灶（图4.6.8-8、9、10、11、12）。细胞病理学与超微病理为肌纤维的变性坏死（图4.6.8-13、14、15、16、17、18、19、20）。

⑵心肌型　心肌型白肌病，主要特征为心肌横径增宽（图4.6.8-21、22），右心室扩张，为桑葚型，有灰白色条纹状病灶。心外膜、心内膜、室中隔、乳头肌等处均有灰白色病灶。组织学肌纤维变性坏死（图4.6.8-23）

⑶肝坏死型　病猪皮下多黄染，腹水量较多，淡黄色，突出的变化为肝不同程度肿大，质脆，有的呈淀粉样。坏死灶分布，在左、中、右叶表面和切面均可发生。

①早期病变：肝出现局灶性或弥散性色彩不一、小米粒样的出血变性坏死灶（图4.6.8-24）。

②典型病变：肝高度肿胀，质极脆，似豆渣样，肝表面出现大面积的变性、出血、坏死灶，由于病程和病变轻重不一，表面颜色不一，肝表面粗糙不平，红、黄、褐、灰、白等颜色不一，变性出血坏死灶大小形态不一，形成了花肝，俗称花大姐（瓢虫）肝、“癞蛤蟆肝”。肝组织因大量结缔组织增生肝表面凹凸不平，出现肝硬化（图4.6.8-25）。组织学以肝小叶为单位的肝细胞变性坏死与出血和修复反应导致肝硬化（图4.6.8-26、27、28）。

5. 诊断

本病在生产中诊断，多以临床中基本症候群为基础结合病史及病理解剖学变化做出，在常发地区病猪出现姿势异常与运动功能障碍，剖检时骨骼肌出现对称性变性坏死灶，应用亚硒酸钠治疗有特效。

为了确诊，可做病理组织学检查，采血液做硒定量和谷胱甘肽过氧化物酶活性测定。

仔猪血硒临界值为0.031～0.147mg/L；0.03mg/L以下认为硒缺乏。

6. 防治

自从20世纪60年代应用硒制剂（亚硒酸钠为主）进行防治以来，取得了明显的效果，基本上控制本病的发生，在防治方法、剂型、给药途径、用量及病程等方面进行了大量的研究。目前在发病地区治疗主要以肌肉或皮下注射为主，预防多用饲料添加剂。

注射液为含0.1%亚硒酸钠的灭菌溶液，肌肉注射用量，仔猪0.5～2mL/次，在首次肌注之后，经3～7d还应重注射1次，效果更佳。

育成猪、肥猪、大母猪一般注射0.1%亚硒酸钠注射液10～20mL。

亚硒酸钠维生素E注射液，每支5mL，10mL，每毫升含维生素E50IU，含硒1mg，肌肉注射量：仔猪1～2mL/次。据本地区土壤、饲料、动物血液含硒量制定本地区硒的预防量。病区：仔猪1～10日龄0.5mg，11～20日龄0.75mg，20～30日龄1mg，30日龄以上哺乳仔猪和断奶仔猪，每间隔15天定期补硒1次，用常水配制0.1%的亚硒酸钠溶液，每次每头1～2mL。

育成猪、大母猪、种公猪，亦应按上述方法补硒。此外也可对断奶仔猪、育成猪、大母猪、种公猪，在饲料投给添加含硒的微量元素。

凡经补硒的猪，在屠宰前至少必须停补硒60天，使猪排出相当数量的硒，以达到可供人类食用的安全限度。

亚硒酸钠的治疗量和中毒量很接近，确定用量时必须谨慎。皮下肌肉注射亚硒酸钠对局部有刺激性，可引起局部炎症，自配注射液时，剂量要绝对准确，浓度应当是千分之一，大批应用时，注射前应用一定数量仔猪做预备实验，待注射2h以后无异常反应时可大批应用。硒具有一定的毒性，应用剂量过大可发生急性中毒，注射后2min症状：初期呕吐，精神沉郁，呆立不动或喜卧，步行蹒跚，疼痛，结膜发绀，转圈运动，后期瘫痪，呼吸困难，视力严重减退，最后由于呼吸衰竭而突然死亡。猪肌肉注射致死量为1.2mg/kg。陈兆春试验证明猪对硒的中毒量，猪的体重越大，每千克中毒量越小，因此猪对硒中毒量不能大小猪一律按千克计算，否则就会发生大猪中毒事故。

饲料中硒含量大于5～8mg/kg，长期饲喂可引起慢性中毒。主要症状为精神沉郁、消瘦、贫血、失明、关节僵硬等，此外可出现脱毛，外旧蹄匣脱换连成靴状，尸体剖检主要为心肝的病变。

解毒方法：小量的砷能同肝中的硒结合成无毒的化合物，常用小量三氧化二砷加大量饮水，能解除硒中毒，肌肉注射二巯基丙醇2.5～5mg/kg，也能减轻硒的毒性，其副作用为增加了硒对肾脏的毒性，此外饲喂含蛋白质丰富的饲料能减轻硒的毒性。

血液生化指标：据韩永达（1985）和王志兰（1986）报告，仔猪缺硒病血浆谷胱甘肽过氧化物酶流行活性明显降低，显示血硒含量呈正相关（r=0.563），而血清乳酸脱氢酶同功酶的LDH5活性却显著升高。血清谷草及谷丙转氨酶活性和硫酸锌浊度均明显升高，差异非常显著，$P<0.01$。

第九节 锌营养与缺乏

一、营养作用

在植物性饲料中含有的锌（Zinc）可满足猪的需要，锌分布于猪体的组织和乳汁里，胰腺和性腺也含有锌。初生仔猪体内含有24～25mg锌，随年龄增长含锌量增加，至一定阶段变得相对稳定。

锌在机体内具有许多不同的生理功能。锌影响猪的生长、发育和繁殖功能，影响骨骼和血液的形成及核酸、蛋白质和碳水化合物代谢。在这些过程中，锌主要与酶结合，作为酶必不可少的组成成分或激活剂。如锌是红细胞中的碳酸酐酶、胰腺的羧基肽酶、谷氨酸和乳酸脱氢酶等分子的组成成分。锌还作为胰岛素的组成成分，参与碳水化合物代谢。

二、锌缺乏

锌缺乏症（Zinc deficiency）是饲料中锌含量绝对和相对不足所引起的一种营养缺乏症，又称皮肤不全角化症，是一种慢性、非炎性疾病。临床上主要以生长缓慢、皮肤角化不全、繁殖机能障碍及骨骼发育异常为特征。本病发病率高，但一般无死亡。

可引起猪的不全角化症，病猪从大腿内侧延展到全身，皮肤皱缩粗糙，有痂皮状硬结，易引起病原微生物感染。从而使猪肢端缩短，骨变厚，生长受阻。饲粮摄入锌不足或消化吸收不完全，还可导致食欲丧失、生长停滞，每千克体重的饲料消耗增加，碳水化合物、脂肪和蛋白质代谢受阻碍，公母猪的繁殖能力降低。

过量锌对铁、铜元素吸收不利，造成猪贫血和生长迟缓。但猪对过量锌的耐受性较强。给猪喂以不同浓度锌饲粮的科学试验证实，如果饲粮含有锌50mg/kg干饲料，完全可以满足猪对锌的需要量。如果饲粮中含有较高浓度钙，这个浓度应当提高。妊娠和泌乳母猪锌的需要量可提高到80～100mg/kg干饲料。据此，含有锌2 000mg/kg干饲料的饲粮对猪是有毒的。

1. 病因　本病病因尚未完全清楚，一般认为与下列因素有关：

⑴原发性锌缺乏（绝对性锌缺乏）。主要是由于饲料中锌含量不足所引起，一般土壤生长的饲料含锌量多在30～100mg/kg以上，基本能满足动物的营养需要（动物一般正常需要量为20～30mg/kg），但缺锌地区含锌量低下，仅10mg/kg左右，极易引起动物发病。我国北京、河北、湖北、湖南、陕西等省市缺锌面积达30%以上，华北平原大片土地缺锌。但市售饲料的锌含量大部高于正常需要量。

⑵继发性缺锌（相对性缺锌）。主要是因为存在干扰锌吸收利用的因素所致。首先，当机体患有慢性消耗性疾病，特别是慢性胃肠疾患时，可妨碍锌的吸收，而引起锌缺乏。其次，已经证明，饲料中钙、镉、铜、铁、铬、锰、钼、磷、碘、维生素D含量过多以及不饱和脂肪酸的缺乏，都能影响锌的代谢，降低锌的吸收和利用。例如饲料中钙盐和植酸盐含量过高时，可与锌结合形成不易吸收的钙－锌－植酸复合物，而降低锌的吸收率，导致锌缺乏。有资料报道，猪日粮含锌32mg/kg和含钙0.48%，有50%的仔猪发生皮肤角化不全，将钙提高至0.67%～1.03%时，则100%发病。另外，饲料中植酸、维生素含量过多也可干扰锌的吸收。有人研究，无论猪饲料中锌的含量多少，只要植酸与锌的摩尔浓度比超过20：1即可导致临界性锌缺乏，如果浓度比再增大，则可引起严重的锌缺乏。还有，动物性饲料锌利用率较高，植物性饲料较低。

2. 发病机理　锌在体内是多种酶的组成成分，已知有200多种酶含有锌，如碳酸酐酶、羟肽酶、DNA聚合酶、胸腺嘧啶核苷酶、乳酸脱氢酶、碱性磷酸酶等等。锌在含锌酶中起催化、构架、调节和非催化作用，参与多种酶、核酸及蛋白质的合成。当体内缺锌时，含锌酶的活性降低，胱氨酸、赖氨酸、蛋氨酸等氨基酸代谢紊乱，谷胱甘肽、DNA、RNA合成减少，细胞分裂，生长和再生障碍，导致动物生长停滞，增重缓慢。锌是味觉素的结构成分，起支持、营养和分化味蕾的作用，同时锌为有味物质同味蕾特异膜受体结合所必需。缺锌时味觉机能异常，引起食欲减退。锌还参与激素的合成，缺锌大鼠脑垂体和血液中生长激素含量减少。

锌对生殖器官的生长发育和生殖机能的维持有重要作用，缺锌时，DNA、RNA合成障碍，公畜睾丸萎缩，精子生成停止，母畜性周期紊乱以至不孕。锌在骨质形成中的作用还不清楚，但已知锌可作为碱性磷酸酶的组分而参与成骨过程，生长期动物缺锌，骨质中碱性磷酸酶活性降低，长骨的成骨活性亦降低，软骨形成减少，软骨骨质增多，长骨缩短增厚，发生骨短粗病。有关缺锌性角化不全的机理，目前认识尚不统一，一般认为，与皮肤胶原合成减少、胶原交联异常、表皮角化障碍有关。锌还参与维生素A的代谢及免疫功能的维持，缺锌可引起内源性维生素A缺乏及免疫功能缺陷。

3. 症状　基本症状是生长发育缓慢乃至停滞，生产性能减退，繁殖机能异常，骨骼发育障碍，皮肤角化不全，被毛异常，创伤愈合缓慢，免疫功能缺陷以及胚胎畸形。

病初便秘，以后呕吐腹泻，排出黄色水样液，但无异常臭味，猪腹下、背部、股内侧和四肢关节等部位的皮肤发生对称性红斑，继而发展为直径3～5mm的丘疹，很快表皮变厚至5～7mm，有数厘米深的裂隙，增厚的表皮上覆盖以容易剥离的鳞屑，临床上动物没有痒感，但常继发皮下脓肿，食欲减退，营养不良，生长缓慢，被毛粗糙无光泽，全身脱毛，个别成了无毛猪，脱毛区皮肤上，覆盖一层灰白色似石棉状物，皮肤干燥变厚，失去正常弹性，出现角化不全。严重缺锌病例，母猪出现假发情，屡配不孕，产仔数减少，新生仔猪初生率降低，出现弱胎和死胎，仔猪股骨变小，韧性减低，强度下降，缺乳或尿闭，公猪影响睾丸发育及第二性征的形成，精子缺乏。遭受外伤的猪只，伤口愈合缓慢，而补锌后则可加速愈合。

实验室检查，仔猪血清锌从正常的0.98μg/mL降至0.22μg/mL，同时血浆白蛋白含量减少，碱性磷酸酶和淀粉酶活性降低，球蛋白增加，尤其是组织锌肝锌下降。

4. 诊断 依据日粮低锌和（或）高钙的病史，生长缓慢，皮肤角化不全，繁殖机能障碍及骨骼发育异常等临床表现，补锌迅速确实的疗效，可初步诊断，测定血清和组织锌含量有助于确定诊断。土壤、饮水、饲料中锌及相关元素的分析，可提供病原学诊断的依据。鉴别诊断应注意与疥螨性皮肤病、渗出性皮炎、烟酸缺乏、维生素A缺乏及必需脂肪酸缺乏等疾病相区别。

5. 治疗 对于发病猪只，补锌是临床治疗的关键。

肌注碳酸锌2～4mg/kg体重，每天1次，10天为一疗程，一疗程即可见效。内服硫酸锌0.2～0.5g/头，对皮肤角化不全和因锌缺乏引起的皮肤损伤，数天后即可见效，经过数周治疗，损伤可完全恢复。

日粮中加入0.02％的硫酸锌、碳酸锌、氧化锌对本病兼有治疗和预防的作用。但一定注意含量不超过0.1％，否则会引起锌中毒。

6. 预防 保证日粮中含有足够的锌，消除影响锌吸收利用的各种因素是预防本病发生的根本所在。例如适当限制钙的水平，使钙∶锌比维持在100∶1，日粮中含钙0.5％～0.6％时，50～60mg/kg的锌即可满足猪的营养需要，同时100mg/kg的锌对中等度高钙有保护作用。饲养上标准的补锌量是每吨饲料内加硫酸锌或碳酸锌180g，也可饲喂葡萄糖酸锌。

第十节 碘营养与缺乏

一、营养作用

碘（Iodine）在猪体内含量很少，大部分贮存于甲状腺中，甲状腺中的碘浓度占体内碘总量的70％以上，碘是构成甲状腺素的重要成分，与猪的生长发育密切相关。

碘在体内的主要功能是通过甲状腺素完成。甲状腺素可调节基础代谢，碳水化合物、蛋白质和脂肪的消耗；调节热的形成过程；影响猪的生长、发育和繁殖机能。甲状腺素对代谢的作用包括呼吸酶和其他酶系的合成，这些酶影响细胞内氧化和氧化磷酸化过程及蛋白质的合成。

碘摄入过量，可导致血液中血红蛋白水平下降，甲状腺膨大，肝中铁浓度降低。有人报道，在饲喂仅含碘4mg/kg饲料的仔猪，观察到了生长停滞现象。

饲喂含碘0.2～0.3mg/kg干饲料饲粮，可以满足仔猪对碘的需要量。对于母猪，则碘达0.4～0.5mg/kg为宜。

二、碘缺乏症

碘缺乏症（Iodine deficiency）是碘不足所引起的一种以甲状腺机能减退和甲状腺肿大为病理特征的慢性营养缺乏症，又称为甲状腺肿。在缺碘地区，猪甲状腺肿的发病率达39％。缺碘猪甲状腺增生肥大，基础代谢率下降。初生仔猪生长迟缓、皮肤粗糙、掉毛及颈部水肿。成年猪呈典型的黏液性水肿，体质弱、脱毛、皮肤增厚。妊娠母猪饲粮中缺碘，其后代易发生甲状腺肿，出现弱胎或死胎。

1. 病因

⑴原发性碘缺乏。主要是由于动物体碘摄入不足引起，而动物体内的碘来自饲料和饮水，饲料和饮水中碘的含量又与土壤密切相关。这种情况多发生于远离海洋的沙漠土、灰化土、沼泽地区以及高山、盆地、水质过软或过硬的地带以及土壤富含钙质而腐殖质缺少的地带。在黑土、栗色土和红土地带很少发病。

⑵继发性碘缺乏。某些化学物质或致甲状腺

肿的物质可影响碘的吸收，干扰碘与酪蛋白结合，例如十字花科植物及籽实副产品，如芜菁、甘蓝、油菜、油菜籽饼、亚麻籽饼，以及黄豆、扁豆、豌豆、花生，含有阻止或降低甲状腺聚碘作用的硫氰酸盐、过氯酸盐、硝酸盐等。此外植物中致甲状腺肿素、硫脲及硫脲嘧啶也可干扰酪氨酸碘化过程，引起动物发病。还有报道说动物可由于钙摄入过多而干扰肠道对碘的吸收，抑制甲状腺内碘的有机化过程，加速肾脏的排碘作用，而致发生甲状腺肿。

2. 发病机理 甲状腺中含有高浓度的碘，占全身总量的70%~80%，碘是合成甲状腺素所必需的元素。浓聚在甲状腺上皮内的碘，在过氧化酶的催化下，以过氧化氢为氧化剂，转化成活性碘，活性碘在由酪氨酸碘化酶的作用下与甲状腺球蛋白分子的酪氨酸结合，生成1-碘酪氨酸（MIT）和2-碘酪氨酸（DIT），碘化酪氨酸又在偶联酶的作用下生成甲状腺激素，即T3和T4，并与甲状腺球蛋白结合，贮存于甲状腺滤泡内，当甲状腺受到促甲状腺激素（TSH）的刺激后，与甲状腺球蛋白结合的T3、T4在溶酶体蛋白水解酶的作用下，产生游离的T3和T4而进入血液。

甲状腺激素具有调节物质代谢和维持正常生长发育与生殖的作用。缺碘时，由于甲状腺素合成和释放减少，幼畜生长发育停滞，青年动物性成熟延长，成畜生产性能减退，繁殖能力下降，胎儿发育不全。甲状腺素还可抑制肾小管对水、钠的重吸收，甲状腺机能减退时，水、钠在皮下间质内贮留，并与黏多糖、硫酸软骨素和透明质酸的结合蛋白质形成胶冻样黏液性水肿。

另外，当动物缺碘或甲状腺聚碘障碍时，机体因碘缺乏，而致甲状腺素合成和释放减少，血中甲状腺浓度降低，对腺垂体的负反馈作用减弱，促甲状腺释放激素和促甲状腺激素分泌增多，引起甲状腺增生肥大，形成甲状腺肿。

3. 症状 病猪临床表现甲状腺增生肿大明显，生长发育缓慢，被毛生长不良，消瘦、贫血。不孕症发病率增多，妊娠母猪则发生胎儿吸收、流产、死胎或所产仔猪衰弱、无毛，存活的小猪随着时间的推移，常陆续死亡，有的新生仔猪在颈部伴有黏液性水肿，全身肿胀，皮肤增厚，颈部粗大，一窝仔猪中有的全部发病，有的部分发病，勉强存活的仔猪，嗜睡，生长发育不良，由于关节、韧带软弱致使四肢无力，走路时身体摇摆。尸体剖检，甲状腺异常肿大，一般可比正常增大10~20倍。实验室检查，血清蛋白结合碘、尿碘及甲状腺碘含量普遍降低。

4. 诊断 根据病史（流行病学调查）、临床症状（甲状腺肿大、生长发育迟缓、繁殖性能减退、被毛生长不良）、病理变化（甲状腺异常肿大）建立诊断。必要时进行实验室检查（测定饲料、饮水或食盐的含碘量，测定血清T3和T4的含量，测定血清蛋白结合碘含量，测定尿碘量）可帮助确诊。

5. 治疗与预防 补碘是最根本和最有效的防治措施。

对于病猪，可使用碘化钠或碘化钾0.5~2.0g，每天1次内服，连用数天。或内服复碘液（含碘5%、碘化钾10%）每天10~12滴，20天为一疗程，间隔2~3个月重复用药，或饲料中加喂碘盐（10kg食盐中加碘化钾1g）。

预防本病可肌肉注射碘油，妊娠母猪60天时，每月在饲料或饮水中加入碘化钾0.5~1g，或每周在颈部皮肤上涂上3%碘酊10mL，另外饲喂十字花科植物及籽实副产品时，饲料中碘的含量应比正常需要量增加4倍。据营养学规定，猪碘的需要量为0.22mg/kg，但是一定要注意大剂量碘可使猪发生中毒。肥育猪饲料碘达400~800mg/kg时，即可表现出食欲减退或废绝，体重减轻，皮疹及痉挛等中毒症状。

第十一节 锰营养与缺乏

一、营养作用

锰（Manganese）在植物性饲料特别是种子外层里分布较多，在猪血和组织中（尤其在肝中）均有存在。与猪的生长、繁殖和泌乳都有密切关系。初生仔猪体内锰含量为650～700mg，随年龄增长，锰含量增加，之后又逐渐降低。

锰为骨骼正常发育所必需，锰参与形成骨骼基质中的硫酸软骨素；锰参与氧化还原反应过程，组织呼吸及碳水化合物及脂肪代谢过程；锰对于抗脂肪肝有特殊功能，并且有刺激胰岛素、促甲状腺激素释放和造血作用；而且锰对氮代谢和钙磷代谢具有好的影响。

缺锰母猪发情周期不正常、胚胎吸收或早产，初生仔猪骨骼受损、骨质松脆，母猪泌乳量低。

猪采食每千克含锰500mg的饲粮时影响生长，主要和降低食欲有关，过量锰影响钙磷利用。

据众多资料分析，锰含量对于20kg体重以上仔猪为20mg/kg饲料，对于体重不到20kg的幼猪和母猪以30mg/kg为适宜。锰对猪的中毒水平是干饲料锰1 000mg/kg。

二、锰缺乏

锰缺乏症（Manganese deficiency）是饲料中锰含量绝对或相对不足所引起的一种营养缺乏病，临床上以骨骼畸形、繁殖机能障碍及新生仔猪运动失调为特征。因为该病常表现为四肢骨短粗，故又称“骨短粗症”。多呈地区性流行，发病率比其他微量元素缺乏症较低。

1. 病因　目前对锰缺乏的病因尚未完全阐明，一般认为与以下两因素有关：

⑴原发性锰缺乏：主要是由于饲料中锰含量不足所引起，而植物性饲料中锰含量又与土壤锰尤其是活性锰水平密切相关，常见在缺锰地区该病的发病率相对较高。我国缺锰土壤多分布于北方地区，尤其是质地较松的石灰性土壤，酸性土壤过施石灰也可诱发植物性缺锰。另外，玉米、大麦和大豆中含锰很低，分别为5mg/kg、25mg/kg和29.8mg/kg，若以其作为基础日粮，可引起锰不足或缺乏。

⑵继发性锰缺乏：主要是由于存在影响动物机体对锰吸收利用的不良因素。已经证明，饲料中钙、磷、铁、钴及植酸盐含量过高，可影响机体对锰的吸收利用，这是因为锰与铁、钴在肠道内有共同的吸收部位，饲料中铁和钴含量过高可竞争性抑制锰的吸收。另外，动物机体罹患慢性胃肠疾病时，也可防碍对锰的吸收利用。

2. 发病机理　锰存在于血液和一切组织中，尤其在骨、肝、肾及胰腺中含量最高。锰是脯氨酸肽酶、精氨酸酶、丙酮酸羧化酶、RNA多聚酶、超氧化物歧化酶（SOD）等多种酶的组成成分，并且参与三羧循环中许多酶的活化过程。锰还激活DNA聚合酶和RNA聚合酶，因此对动物的生长、发育、繁殖及某些内分泌机能必不可缺。锰还具有促进骨骼生长的作用。作用机制是激活骨基质与软骨组织中的碱性磷酸酶和促进黏多糖的合成。黏多糖是软骨和骨的组成成分，锰与黏多糖合成过程中所必需的多糖聚合酶和半乳糖转移酶的活性有关。当锰缺乏时，黏多糖合成障碍，软骨生长受阻，骨骼变形，运动失调。另外胆固醇是合成性激素的原料，而锰又是胆固醇合成过程中二羟甲戊酸激酶的激活剂。缺锰时，该酶活性降低，胆固醇合成受阻，以至影响性激素的合成而引起生殖机能异常。

3. 症状　缺锰主要表现为生长发育受阻，骨骼畸形，繁殖机能障碍，新生仔猪运动失调以及类脂和糖代谢紊乱等症状。具体表现为母猪乳腺发育不良，发情期延迟，不易受胎，出现流产、死胎、弱胎。新生仔猪弱小，呻吟震颤，站立困难，行走蹒跚，断乳仔猪生长缓慢，饲料利用率降低，体脂沉积减少，管状骨变短骨骺端增厚。临床可见步态强拘或跛行。有的表现出类似佝偻病的症状。病理剖解腿骨较正常，为短粗。实验室检查，血锰含量低于正常。

4. 诊断 锰缺乏症主要是根据病史调查、临床症状进行诊断，必要的情况下可对饲料中锰含量、动物血锰含量进行测定，则有助于进一步确诊。

5. 防治 正常情况下，动物对锰的需要量，每天每千克体重平均为0.3mg。对于缺锰地区猪只或患病猪只，通过改善饲养合理调配日粮，给与富锰饲料，可有效地达到治疗和预防本病的目的，一般认为青绿饲料和块根饲料对锰缺乏症有良好的预防作用。此外，精饲料如小麦、糠麸等均含有较丰富的锰，可作为猪的基础日粮或在饲料中适量配合使用。

预防用量为每100kg饲料中加12～24g硫酸锰或用1∶3 000高锰酸钾液作饮水，在猪的日粮中含20～25mg/kg锰便可预防本病。另外在补锰的同时还应积极消除防碍动物机体对锰吸收利用的一切不利因素。如合理调配日粮，保证饲料中各种微量元素的适当比例，及早治愈各种胃肠疾患等。

第十二节 钴营养与缺乏

一、营养作用

钴（Cobalt）在果实、青料中有微量存在，是维生素B_{12}的组成成分。分布于所有组织器官中，以肾、肝、脾及胰腺中含量多。初生仔猪体内含150mg钴。钴的生物学功能主要是以Co^{2+}的形式参与维生素B_{12}的合成，是维生素B_{12}的组成成分。维生素B_{12}参与造血过程（促进原卟啉的合成），影响氮、核酸、碳水化合物和矿物质的代谢。维生素B_{12}作为辅酶参与转甲基作用和氧气转运过程。

钴还用来刺激猪生长。据前苏联报道，按每千克体重加喂氯化钴0.4mg和0.5mg，经60天后增重分别提高8.9%和17.4%。在每千克日粮中加喂490mg碳酸钴，对刺激肉猪生长和提高饲料利用率有良好作用。

猪对钴需要量，饲粮应当含有钴1mg/kg干饲料为宜。正常生命活动所需的钴与中毒剂量之间范围很大，在实际生产过程中不易出现钴过量。

二、钴缺乏

猪精神委顿，被毛粗硬，食欲下降，体内维生素B_{12}水平下降，骨髓外造血脏器（肝、脾）机能下降，往往引起恶性贫血，甚至死亡。每头每日补加氯化钴5～20mg或注射肝制剂（含维生素B_{12}），可有效防治缺钴症。

第十三节 其他微量元素营养与缺乏

一、钼（Molybdenum）

钼是黄嘌呤氧化酶的组成成分。黄嘌呤氧化酶也含有金属铁，它催化还原型二磷酸吡啶核苷酸、次黄嘌呤和乙醛的氧化作用，在嘌呤代谢过程中起着重要作用。钼主要贮积于骨骼、肝脏和肌肉中。

常用饲料中钼的含量足够猪的需要，而且猪对钼的耐受力较强。但钼对怀孕母猪是有害的。给猪吃含钼过多的饲料并不患病，但钼能够造成母猪与胎儿之间物质运输的障碍，因此怀孕母猪不能喂含钼的饲料。

钼和铜拮抗，高剂量钼降低铜的吸收。

二、氟（Fluorine）

猪体中95%以上的氟集中于骨骼和牙齿。氟具有累积效应，少量氟对正常生长和骨骼矿物质化是必需的，而且对猪的繁殖也有益。

由于氟具有累积作用，长期使用对猪是有害的。毒害结果表现为食欲不振，身体消瘦，骨牙变形，关节僵硬，骨骼变脆，牙齿脱落，生长停止。据认为，可允许的最高氟摄入量是8mg/kg体重，1kg干饲料可以含70～100mg可溶形式的氟为宜。

三、铅、汞、砷、镉（Lead、Mercury、Arsenic、Cadmium）

铅、汞、砷、镉及其他金属盐类，对猪体常是有毒的，中毒时可引起突发性疾病。

铅：具有慢性累积效应，尤其是饲粮低钙时，铅吸收量增加，铅中毒时神经系统、造血系统和血管病变明显，具有抑制血红蛋白合成代谢及一定程度的溶血作用。

汞：以甲基汞毒性最强。常因环境污染造成。甲基汞同细胞色素氧化酶、琥珀酸氧化酶、脱氢酶以及过氧化物酶等结合并使上述酶失去活性，从而破坏细胞的功能和代谢。

砷：砷化合物对猪有毒性，砷和硒、碘拮抗。砷和细胞中酶系统的硫基相结合，影响细胞代谢正常进行。砷中毒表现为食欲不振、麻痹和腹泻。

镉：镉可降低细胞色素氧化酶活性。镉过剩时，影响锌、铜、铁的正常代谢，而且骨骼中的钙、磷代谢也发生障碍。可引起骨骼变形、贫血、仔猪活力低下，生长缓慢。

第十四节 维生素营养与缺乏

维生素（Vitamin）是猪体维持正常生命活动所必需的、微量的低分子有机化合物。它不是猪体热能的来源，但猪体的正常生活、新陈代谢、感觉器官的活动、神经系统的机能、生长、繁殖及生产等，都与其密切相关。维生素缺乏则可引起各种疾病，严重缺乏者甚至死亡。

现在已知20多种维生素之中，大多数不能在猪体内直接合成，必需由饲料中供给，少数几种（如烟酸、泛酸、核黄素、维生素B_{12}、维生素K）在猪体的大肠内可以由微生物合成。

近年来，国内外研究利用维生素促进猪生长、提高增重速度和饲料利用率、缩短肥育期限、改善肉质等方面取得显著成效。

一、维生素A

（一）营养作用

维生素A在保护结膜上皮组织和神经系统的健康、维持机体的正常繁殖、生长和抗病力等方面有着重要作用，即具有促进生长和抗眼炎两个作用。

维生素A以几种形式存在。鱼肝油是维生素A特别有效的来源，青饲料中含有维生素A的前体物——类胡萝卜素。猪在小肠及肝脏内可用胡萝卜素合成维生素A。1mg β-胡萝卜素可合成560IU的维生素A。铜、维生素E和硝酸盐的存在都影响维生素A的吸收利用率。青贮牧草、胡萝卜、鱼肝油、黄玉米等含维生素A很多，大麦和麸类等农副产品中几乎不含有维生素A。一般生长猪每天需要胡萝卜素4～9mg，繁殖种猪为16～36mg或按每10kg体重2mg计算供给量。

猪如果不喂给维生素A，则长期消耗体内贮存的维生素A，于是引起缺乏，造成蛋白质、脂肪的代谢异常，使猪患眼疾（干眼病），正在发育的猪就会停止发育。成年猪则被毛光泽减退，严重时脱毛，全身衰弱，对病菌和寄生虫的抵抗力下降，易患呼吸器官和消化器官疾病。母猪则发情不正常，即使妊娠，也易产畸形仔猪，而且母猪泌乳量少，仔猪生长发育不良。公猪如果缺乏维生素A，则睾丸组织退化，精液品质差，失去利用价值，而且脑下垂体前叶、肾上腺也停止发育。一般认为维生素A不足引起的生殖器官发育不全比蛋白质不足所造成的影响还要大。

（二）维生素A缺乏症

维生素A缺乏症（Vitamin A deficiency）是维生素A或胡萝卜素长期摄入不足或吸收障碍所引起的一种慢性营养代谢缺乏病。临床上以生长发育不良、视觉障碍和器官黏膜损伤和免疫力低下为特征。以仔猪多发，常于冬末、春初青绿饲料缺乏时发生。

1. 病因

⑴原发性维生素A缺乏：

①饲料中维生素A原（胡萝卜素）或维生素A含量不足，即胡萝卜、南瓜、黄玉米等富含维生素A原的青绿饲料供应不足，相反长期饲喂含维生素A原极少的饲料，如棉子饼、亚麻子饼、甜菜渣、萝卜等。以此饲料饲喂，成猪经4～5个月逐渐出现临床症状，而仔猪经2～3个月即可发病。正常情况下，妊娠母猪每天需要胡萝卜素20～30mg，泌乳母猪为30～35mg，种公猪为30～35mg，育成猪为25～30mg。

②饲料加工、调制、贮存不当，使维生素A原胡萝卜素遭到破坏和损失，饲料中的维生素A原多不稳定，如长期曝晒、雨淋、腐败、煮过后不及时饲喂或调制不当，均可使其氧化破坏，长期饲喂这种饲料可引起维生素A缺乏症。

③饲料中存在干扰维生素A代谢的因素。如饲料中中性脂肪和蛋白质含量不足，则脂溶性维生素A、维生素D、维生素E和胡萝卜素吸收不完全，参与维生素A转运的血浆蛋白合成减少。饲料中硝酸盐和亚硝酸盐过多，则可促进维生素A和维生素A原分解，并影响维生素A原的转化和吸收，磷酸盐含量过多可影响维生素A在体内的贮存，这样，亦可造成动物体内维生素A缺乏而发病。

④机体对维生素A的需要增加，见于泌乳、妊娠、生长高峰期以及热性病和传染病的经过中。

⑵继发性维生素A缺乏：当动物患有慢性胃肠疾病和肝胆疾病时，影响维生素A的吸收利用，继发维生素A缺乏症。这是因为肝胆汁疾患，使胆汁生成减少和排泄障碍，而胆汁中的胆酸盐可乳化脂类形成微粒，有利于脂溶性维生素的溶解和吸收。胆酸盐还可增强维生素A原加氧酶的活性，促进维生素A原转化为维生素A，肝功能紊乱，也不利于胡萝卜素的转化和维生素A的贮存。另外猪舍日光不足，通风不良，缺乏运动，常可促发本病，20日龄的仔猪发病，多因母乳中缺乏维生素A所引起。

2. 发病机理 动物体内的维生素A和胡萝卜素有90%贮存于肝脏，并不断释放入血，以维持血浆中维生素A的相对恒定（0.88μmol/L）。血浆维生素A降至0.35μmol/L以下可造成组织病理性损伤，降至0.18μmol/L则表现临床症状。维生素A缺乏主要影响动物视色素的正常代谢，骨骼的生长和上皮组织的维持，以及繁殖机能。暗视觉障碍：视网膜杆状细胞内存在的视紫红质素由维生素A衍生物视黄醛和视蛋白构成，它可感受弱光，产生暗视觉，当维生素A缺乏时，视黄醛不足，视紫红质减少，暗视觉障碍，而发生夜盲症。骨骼发育不良：动物在发育阶段，骨骼不断进行改建。维生素A参与骨骼改建，并有促进骨骼生长的作用，当维生素A缺乏时，靠外侧面的颅骨成骨作用并不停止，而靠内侧面的颅骨由于破骨细胞活性下降，颅骨生长成形失调，骨质过于肥厚，头骨变形，以致压迫脑和脊髓，在临床上表现出共济失调等一系列神经症状。上皮角化：维生素A参与黏多糖合成，从而促进粘蛋白合成，粘蛋白细胞间质的主要成分，有粘合和保护细胞的作用，维持上皮结构的完整性，当维生素A缺乏时，黏多糖合成受阻，上皮角化过度，尤以眼、呼吸道、消化道、泌尿生殖道的上皮组织为甚。由于上皮机能减退，在临床上导致感染、胎盘干性、干眼病和角膜的变化。繁殖机能障碍：因为维生素A参与类固醇的合成，所以当维生素A缺乏时，3β-羟类固醇转变为3-酮类固醇的酶（3β-羟脱氢酶）活性降低，肾上腺、性腺及胎盘类固醇合成减少，因而临床上母畜表现为不孕、流产，胎儿畸形、死产或产后胎盘停滞。

3. 症状 仔猪发病后比较典型的症状是皮肤粗糙，皮屑增多，呼吸器官和消化器官黏膜常有不同程度的炎症，出现咳嗽、下痢等，生长发育缓慢，重症病例面部麻痹，头颈向一侧歪斜，步样蹒跚，共济失调，不久即倒地并发出尖叫声。目光凝视瞬膜外露，继之发生抽搐，角弓反张，四肢间歇性做游泳状动作，有的表现皮脂溢出，周身表皮分泌褐色渗出物，还可见有夜盲症，视神经萎缩及继发性肺炎。成年猪后躯麻痹，步样不稳，后期不能站立，针刺反应减退或丧失，神经机能紊乱，听觉迟钝，视力减弱，干眼，甚至角膜软化，有的穿孔，有的毛囊角化，被毛脱落。妊娠母猪常出现流产和死胎，或产出弱胎、畸形胎，如瞎眼、独眼、小眼、一眼大一眼小、兔唇、副耳、隐睾等。公猪则表现睾丸退化缩小，精液品质差。

实验室检查，血浆、肝脏中维生素A含量降低，血浆中维生素A的正常值为0.88μmol/L，低于0.18μmol/L即可表现临床症状，肝脏中维生素A和萝卜素正常值为60μg/g和4μg/g以上，临界值分别为2μg/g和0.5μg/g，低于临界值即可呈现临床症状，临床上测定肝脏维生素A含量比血浆更能准确地评价体内维生素A的状态。

脑脊液压力升高，猪脑脊液压力正常值为0.78～1.48kPa（80～145mmH_2O），当维生素A缺乏时，可升高至1.96kPa（200mmH_2O）以上。

4. 病理变化　皮肤角化增厚，呈现皮脂溢出或皮炎，被毛脱落，骨骼发育不良，造形异常，特别是颅面骨最明显。生殖系统和泌尿系统的变化表现为黏膜上皮细胞变为复层鳞状上皮。眼结膜干燥，角膜软化甚至穿孔，神经变性、坏死，如视乳头水肿，视网膜变性。怀孕母猪胎盘变性。公猪睾丸退化缩小，精液品质不良。

5. 诊断　根据饲养管理病史（如长期饲喂含胡萝卜素和维生素A不足的饲料，饲料的加工调制贮存方法不当）、临床症状（如视觉障碍、生长发育不良、上皮角化、繁殖障碍等）、维生素A治疗效果方可初步诊断。确诊须参考病理损害特征、实验室检查、脑脊液压力变化。鉴别诊断注意与伪狂犬病，病毒性脑脊髓炎，食盐中毒，有机砷、有机汞中毒相区别。

6. 预防　主要是保证饲料中含有充足的维生素A或胡萝卜素，消除影响维生素A吸收利用的不利因素。各种动物每天正常需要维生素A最低量是每千克体重30IU，每天正常需要胡萝卜素最低量是每千克体重75IU。欲使肝脏中有所贮存，则上述饲喂量必须加倍。所以在饲养上应做到：多喂青绿饲料、胡萝卜等富含维生素A原的饲料，或在饲料中添喂复合维生素及多维钙片。做好饲料的收割、加工、调制、保管工作，如谷物饲料贮藏时间不宜过长，配合饲料要及时饲喂。

或者肌肉注射维生素A，每千克体重3 000～6 000IU，每隔50～60天重复1次。妊娠母猪须在分娩前40～50d注射，据报道，这种方法预防维生素A缺乏确实有效。

7. 治疗　应用维生素A制剂。对病猪应用精制鱼肝油5～10mL，分点皮下注射，或维生素A注射液2.5～5IU，肌肉注射，每天1次，连用5～10d，或维生素A、D注射液，母猪2～5mL，仔猪0.5～1mL，肌肉注射。亦可用普通鱼肝油，母猪10～20mL 1次内服，仔猪2～3mL滴入口腔内，每天1次，连用数天，还可在饲料中添加苍术末5～20g，连用10d。

另外，对眼部、呼吸道和消化道的炎症可进行对症治疗。

二、维生素D

又称抗佝偻病维生素，主要功能是降低小肠液的pH，钙、磷易于溶解吸收和利用。若缺乏维生素D时，常会表现食欲不振，被毛粗糙，幼猪患佝偻病，成年猪骨质疏松，严重时关节肿大，跛行。

一般维生素A大多和维生素D同时存在。猪的皮肤中含有7-脱氢胆固醇，经紫外线照射，可以转化为维生素D_3；植物性饲料中含有麦角固醇，经照射能形成维生素D_2。鱼肝油中含有丰富的维生素D，一般每克中含维生素D80～400IU，含维生素A500～2 500IU。但鱼肝油中的维生素D比维生素A稳定。由于摄入饲料中钙、磷的量不同，日光照射的程度和体内维生素D的贮藏量不同，维生素D的每日需要量也不同。大致讲，体重45kg的猪最少需要维生素D230～450IU，繁殖种猪为500～1 000IU或每千克日粮含230IU。含维生素D多的饲料是鱼肝油、酵母、青草等，发芽谷物及其他饲料中基本不含有维生素D。

三、维生素K

（一）营养作用

维生素K和凝血机制密切有关，主要作用为催化肝脏中对凝血酶原以及凝血活素的合成。维生素K缺乏时可导致贫血，幼猪脐出血和身体虚弱。青饲料中富含维生素K，以甘蓝叶和苜蓿草粉中含量较高。猪一般不会出现缺乏症，不过，若猪采食发霉的谷粒或者肠道微生物区系的正常发育受到抑制，就会产生缺乏症状。

（二）维生素K缺乏症

维生素K缺乏症（Vitamin K deficiency）是以维

生素K依赖性凝血因子合成障碍为病理生理学基础，以出血性素质为主要临床表现的一种营养代谢病和血液病。

1. 病因及发病机制　维生素K是脂溶性维生素，存在于绿色植物或植物油中（K_1），也可由胃肠道微生物所合成（K_2），所谓的K_3则是一种合成式的维生素K（甲萘醌）。维生素K需要胆盐将脂肪乳化后才能被小肠吸收，动物体内维生素K的贮备量有限，只够应用数天，必须经常补充。维生素K缺乏常发生于下列情况：饲料中维生素K含量不足；长期大量投服抗菌药物；肝、胆疾病时，胰液和胆汁分泌缺乏；弥漫性小肠疾病所致的慢性腹泻，脂类吸收障碍，维生素K吸收受到影响。

维生素K为第Ⅱ、第Ⅶ、第Ⅸ、第Ⅹ凝血因子（统称维生素K依赖性凝血因子）在肝内合成时所必需。缺维生素K时，肝细胞合成这些凝血蛋白的谷氨酸残基的羧化过程即发生障碍，不能生成有活性的第Ⅱ、第Ⅶ、第Ⅸ、第Ⅹ凝血因子，而使内源性和外源性凝血过程都受到影响，表现出血倾向。

2. 症状　临床表现感觉过敏、贫血、厌食、衰弱、轻度或中度出血倾向，鼻出血或创伤出血不止，凝血时间显著延长，在施行外科手术时，患猪常发生出血不止，新生仔猪脐带出血和母猪分娩性损伤出血不止等。

凝血相检验的突出改变是凝血时间延长，凝血酶原时间延长，激活的部分凝血活酶时间延长，表明第Ⅱ、第Ⅶ、第Ⅸ、第Ⅹ因子的复合性缺乏，显示内外在途径凝血过程都发生障碍。

3. 治疗　可应用维生素K_3注射液10～30mg肌肉注射，每天1次，连续3～5天，对猪出血不止有良好的止血作用。同时给予钙剂治疗效果更佳。

4. 预防　首要的是给予充足的青绿饲料，保证饲料中维生素K的足够含量，另外积极治愈肝、胆、胰疾病，保证胰液和胆汁的通畅分泌，还有合理使用抗生素类药物，消除肠道微生物群体活动（微生态）的干扰因素。

四、水溶性维生素

水溶性维生素包括维生素B族和维生素C。维生素B族对猪是极为重要的一类维生素，包括维生素B_1、维生素B_2、维生素B_6、烟酸、泛酸、维生素H、胆碱、肌醇、叶酸等，它们的共同特点是作为酶类的辅酶和辅基存在，它们参与碳水化合物和蛋白质的代谢。当猪缺乏维生素B族时，消化功能减退，生长发育显著受阻。

（一）维生素B_1（硫氨素）

维生素B_1的主要功能只作为一种酶（即羧化酶）参与碳水化合物代谢。猪饲粮中一般谷类饲料含丰富的维生素B_1，一般不会缺乏，当饲粮中的主要能源为可溶性碳水化合物时，对维生素B_1的需要量增加。谷实类的外皮及胚等、米糠、麸皮、豆类、青绿饲料中都富含维生素B_1。在碱性饲料中容易被破坏。

1. 维生素B_1缺乏症　维生素B_1，又叫硫胺素，维生素B_1缺乏症（Vitamin B_1 deficiency）是由于饲料中硫胺素不足或含有干扰硫胺素作用的物质所引起的一种营养缺乏病，临床表现以神经症状为特征。

2. 病因

⑴原发性硫胺素缺乏：主要是由于饲料中硫胺素含量不足所引起。硫胺素广泛存在于酵母类、谷类、米糠、麦麸等饲料中，动物体不能贮存硫胺素，只有经常从饲料中供给，长期缺乏青绿饲料而谷类饲料又不足，即可引起维生素B_1缺乏。另外机体对维生素B_1的需要量增加时，如母猪泌乳、妊娠，仔猪生长发育，慢性消耗性疾病及发热等生理或病理过程，而发生相对性供应不足或缺乏。

⑵继发性维生素B_1缺乏：饲料中存在干扰硫胺素作用的物质，如硫胺酶，可分解硫胺素而使其丧失生物活性。吡啶硫胺素和维生素B_1的结构相似，而相互发生拮抗作用，咖啡酸和棉籽也能竞争性拮抗硫胺素的吸收，据报道，每千克胡瓜鱼能使26mg硫胺素失活。另外，动物在患急慢性腹泻的时候，肠吸收功能不良，从而影响硫胺素的吸收，继发维生素B_1缺乏。

3. 发病机理　硫胺素在体内主要参与糖代谢，硫胺素在肝脏被磷酸化为硫胺素焦磷酸脂（TPP），后者是α-酮酸氧化脱羧酶系的辅酶，参与糖代谢过程中α-酮酸的氧化脱羧反应，如丙酮酸、α-酮戊二酸的脱羧反应，当硫胺素缺乏时，糖代谢的中间产物，如酮丙酸和乳酸不能进一步氧化而堆积，能量供应发生障碍，损害全身组织，尤其是影响神经组织，出现多发性神经炎，还影响心肌的代谢和机能，发生心肌炎，心肌肥大，而在临床上表现出一系列神经症状。另外，有人认为维生素B_1能抑制胆碱脂酶，减少乙酰胆碱的水解，而乙酰胆碱有增加胃肠蠕动和腺体分泌的作用，有助于消化，当维生素B_1缺乏时，则胆碱脂酶活性增强，乙酰胆碱迅速被水解，使其量比正常低，临床上出现食欲不振、消化不良等症状。

4. 症状 病猪病初表现精神不振，食欲不佳，生长缓慢或停滞，被毛粗乱、无光泽、皮肤干燥，呕吐、腹泻、消化不良，有的运动麻痹、瘫痪、行走摇晃，共济失调，后肢跛行，抽风、水肿（眼睑、颌下、胸腹下、后肢内侧最明显），虚弱无力，心动过缓，心肌肥大，后期皮肤黏膜发绀，体温下降，心搏亢进，呼吸促迫，最终衰竭而死。发病缓慢，病程长，多数超过7～10d以上，临床上仔猪较成猪多发。病理解剖神经组织病变明显，呈节段性髓鞘变性或脱失，雪旺氏细胞水泡变性，间质水肿和循环障碍，有的神经发生炎症，局部可见有巨噬细胞和白细胞浸润，实验室检查，血中丙酮酸和硫胺素含量低于正常值。

5. 诊断 根据饲养上饲料中缺乏维生素B_1的病史和临床上消化不良、食欲不振，麻痹、痉挛运动障碍等神经症状，病理神经病变和硫胺素治疗效果卓著，建立诊断，测定血中丙酮酸和硫胺素含量，有助于确定诊断。

6. 治疗与预防 治疗采用皮下、肌肉或静脉注射硫胺素（维生素B_1）0.25～0.5mg/kg体重，每天1次，连用3天，亦可内服或注射丙硫硫胺或呋喃硫胺，丙硫硫胺的用量与维生素B_1相同，呋喃硫胺0.1～0.3mg/kg体重，还可使用当归注射液3mL，肌肉注射作为维生素B_1的辅助治疗。内服酵母片5～10g亦有效。

预防本病的关键是加强饲养管理，增喂富含硫胺素的饲料，如青饲料、谷物饲料、米糠、麸皮酵母等，一般情况下动物每千克体重每天需要硫胺素30～60μg。另外要注意干扰硫胺素作用的其他因素，如饲喂生鱼时，应在饲料中添加或补充硫胺素，一般每千克生鱼补加硫胺素20～30mg。对于患急慢性腹泻的病例要早期积极给予治疗。

（二）维生素B_2（核黄素）

维生素B_2是构成呼吸酶的辅基，参与碳水化合物及蛋白质的氧化和代谢，有提高饲料利用率的作用。用缺乏核黄素的饲料饲养的猪生长缓慢、下痢、跛行、衰弱、被毛粗糙、母猪怀孕期缩短，或胚胎早期死亡或产后2～3d内死亡。核黄素需要量为0.025～0.08mg/kg体重。核黄素富含于青饲料和糠麸类饲料中。需强调的是在寒冷环境下，猪对核黄素的需要量增加。

1. 维生素B_2缺乏症 维生素B_2又叫核黄素，维生素B_2缺乏症（Vitamin B_2 deficiency）是由于饲料中核黄素含量不足所致的一种营养缺乏病。临床上以生长发育不良，角膜炎、皮炎和皮肤溃疡为特征。

2. 病因 主要是由于饲料中维生素B_2含量不足所引起，如长期单纯饲喂谷物及其副产品，而缺乏青草、苜蓿、西红柿、甘蓝、酵母、动物的肝脑肾等富含核黄素的饲料。另外，饲料的加工、调制、贮存方法不当亦可造成维生素B_2的破坏。使动物因维生素B_2摄入不足而发病，还有在动物患胃肠疾病时，影响了机体肠道对维生素B_2的吸收，继发本病。动物在寒冷环境中对维生素B_2的需要增加，机体供应相对不足，亦可发生维生素B_2缺乏症。

3. 发病机制及临床症状 已知许多氧化还原酶类的辅基中含有核黄素，这种酶统称为黄酶类，黄酶在动物体内生物氧化过程中起着传递氢的作用，所以当维生素B_2缺乏时就会影响这些辅基的合成，使体内生物氧化以至新陈代谢发生障碍。在临床上表现出一系列症状，如食欲不振或废绝，生长缓慢，被毛粗糙无光泽，全身或局部脱毛，皮肤变薄、干燥，出现红斑疹、鳞屑、皮炎、溃疡，常见于鼻端、耳后、下腹部、大腿内侧，初期有黄豆大至指头大的红色丘疹，丘疹破溃后，联结成黑褐色痂皮。呕吐、腹泻、溃疡性结肠炎，肛门黏膜炎，步态僵硬，行走困难，晶状体浑浊。后备母猪在繁殖或泌乳期，食欲废绝或不定，体重减轻，早产、死产、新生仔猪衰弱死亡，有的仔猪无毛，有的仔猪畸形，一般在出生后48h内死亡。

4. 诊断 根据饲料中维生素B_2量不足的病史和患猪生长发育不良，角膜炎、皮炎、皮肤溃疡等为特征的临床症状，结合核黄素治疗效果卓著，不难做出诊断。

5. 治疗 治疗。可采用口服或肌注维生素B_2，0.02～0.03g/头猪，每天1次，连用3～5天，在治疗的同时饲喂青绿多汁饲料，可促进病猪的康复。

6. 预防 正常情况下猪每千克体重每天需要6～8mg核黄素，所以每吨饲料中补充核黄素2～3g，就可有效地防止本病的发生，另外配制饲料的时候一定要合理搭配，对于妊娠母猪或带仔母猪保证全价营养，要经常喂青绿饲料，增加户外活动。

（三）泛酸（维生素B_3）

泛酸作为辅酶A的组成部分存在于活细胞中，它参与碳水化合物、脂肪和蛋白质的代谢。对泛酸不足的反应，生长猪表现为增重缓慢，被毛粗糙、体质衰弱、吐血，突出症状还有步伐异常、走法如家鹅，站立时，后肢常常有节奏地相踢。泛酸在米糠、油渣、鲜草中较多。一般认为每千克日粮含泛酸10mg即够用。

（四）烟酸（维生素PP、维生素B_5、尼克酸）

烟酰胺包含于脱氢酶的辅酶分子中，在机体生物氧化还原过程中起着传递氢的作用，并为皮肤和消化器官正常机能所必需。烟酸不足时，猪食欲减退，引起贫血，发生腹泻、脱毛、皮炎等现象。色氨酸可在体内生成烟酸，因此饲粮中色氨酸的含量是决定烟酸需要量的重要因素。烟酸富含于酵母、麸皮、米糠、花生饼、鱼粉中，而玉米、块根块茎、乳中则缺乏。烟酸具有促生长作用，生长猪日粮中需要10～22mg/kg，种猪为17～22mg/kg。

（五）维生素B_{12}

维生素B_{12}是一种抗恶性贫血维生素，B_{12}含有钴（约4.5%）。维生素B_{12}在蛋白质代谢中有重要作用，它能促使血红蛋白的形成和促进胆碱的生成，可以提高植物性蛋白饲料的利用效率。维生素B_{12}缺乏可引起贫血，症状为食欲减退、生长迟缓、身体消瘦、高度过敏、运动共济失调，母猪表现产仔少，仔猪生活力低下。

植物性饲料中不含维生素B_{12}，主要存在于动物性蛋白饲料，如肝脏、鱼粉、牛羊粪便、污泥及酵母中。哺乳仔猪或断乳仔猪，按饲料含维生素B_{12}10～20mg/kg供应即可，而饲粮中若含有10%鱼粉，即能满足需要。

（六）胆碱

胆碱是对生长和生命有很大作用的营养素，它具有两种作用，一是制造活细胞所必需的卵磷脂，一是制造生物学上不稳定的甲醛。作为卵磷脂的成分参与脂肪代谢，作为乙酰胆碱的成分和神经冲动的传导有关。胆碱摄入不足，仔猪表现为生长停滞，关节柔韧性差，运动共济失调。母猪妊娠率下降，泌乳量减少。体重45kg的猪需胆碱1 000～2 500mg，或按每千克体重每天喂给20mg胆碱为宜。

（七）维生素C（抗坏血酸）

维生素C参与细胞的呼吸过程、氨基酸和碳水化合物的代谢，促进体内氧化，增强身体抵抗力，有利于骨齿发育正常，促进伤口愈合，防止坏血病和某些传染病感染。维生素C缺乏可导致口腔黏膜、齿龈、皮肤出血，牙齿动摇或脱落，全身营养不良、贫血、浮肿等症。猪在一般自然情况下不会发生维生素C缺乏症。维生素C在青绿饲料和块根中含量很多，但维生素C不稳定，易受氧化及热所破坏，故饲养时应注意饲料的贮存和调制，减少饲料内维生素C的损失。

（八）维生素B_6（吡哆醇）

维生素B_6是氨基酸转移酶辅酶的主要成分，与脂肪代谢、氨基酸代谢和血红蛋白的形成都有关。缺乏时食欲不振、生长缓慢、后肢运动障碍、下痢、惊厥、贫血等。在酵母、稻米、麦类、豆类、肝脏中含量较多。常用饲料一般能满足猪对吡哆醇的需要，20kg体重仔猪每日需2.5mg，90kg体重的猪需8.5mg。

（九）维生素B_{11}（叶酸）

叶酸参与嘌呤的合成，对正常血细胞的形成有促进作用。在绿色植物的叶子和酵母里富含维生素B_{11}。

饲料中含有0.5~2mg/kg，一般可满足猪的需要。

（十）维生素H（生物素）

生物素系中间代谢过程中催化羧化作用反应的许多种酶的辅酶，缺乏时症状为脱毛、后肢痉挛、蹄裂和皮炎。生物素广泛存在于所有含蛋白质的饲料中，在猪的肠内也能合成。每千克饲粮中含55~220μg即可满足需要。

（十一）维生素H_1（对氨基苯甲酸）

维生素H_1与被毛及皮肤正常色素有关。在日粮中少量添加能刺激血色素的形成，缺乏时，往往出现肝脂肪沉着。对泌乳母猪和怀孕母猪，如果在日粮中补加维生素H_1，可起良好的作用。维生素H_1广泛分布于饲料中，如酶母、苜蓿草粉、麦胚等富含。一般认为每千克饲料中对生长猪含10μg，对母猪含20μg即可满足需要。

第十五节 异嗜癖（Allotriphagia）

异嗜癖是由于代谢机能紊乱，味觉异常的一种非常复杂的多种疾病的综合征。临床上到处舔食、啃咬，通常认为无营养价值而不应该采食的东西为特征，它不只是一种疾病，而且是许多疾病（如骨软症、慢性消化不良等）的一种临床症状。多发生在冬季和早春舍饲的猪群。

一、病因

通常认为与下列四种因素有关：

(1)饲料中缺乏某些矿物质和微量元素。

(2)饲料中维生素的缺乏特别是B族维生素的缺乏。

(3)饲料中某些蛋白质和氨基酸的缺乏。临床上母猪吞食胎衣、胎儿可能就是这个原因。

(4)一些疾病的经过中出现异嗜现象，如佝偻病、骨软症、慢性消化不良、寄生虫疾病以及饲喂精料或酸性饲料过多等。

二、临床症状

异嗜癖症状一般多以消化不良开始，接着出现味觉异常和异嗜症状，表现患猪舔食墙壁、啃食槽、砖头瓦块、玻璃小瓶、破布、尿碱、砂石、毛发（图4.6.15-1）、鸡屎或有咸味的异物，啃咬或吞咽被粪便污染的垫草、杂物。食欲下降，生长不良，病猪渐渐消瘦，对外界刺激的敏感性增高，以后则迟钝，皮肤干燥，弹力减退，被毛松乱无光泽，口腔干燥，开始多便秘，其后下痢或便秘下痢交替出现。母猪常引起流产、吞食胎衣。仔猪则互相啃咬尾巴、耳朵等，当断奶仔猪、架子猪相互啃咬对方耳朵、尾巴和鬃毛时，常可引起互相攻击和外伤。个别患猪贫血、衰弱，食欲进一步恶化甚至发生衰竭而死亡。异嗜癖在临床上多呈慢性经过，对早期或轻症患猪，若能及时改善饲养管理，采取适当的治疗措施，很快就会好转，否则病程拖长，数月甚至1年随饲养条件的变化而变化，常呈周期性好转与发病的交替变化。严重病例最后衰竭死亡，也有的因吞食异物造成胃肠道阻塞、穿孔而引起死亡。

三、防治

在病原学诊断的基础上，视病因而定，缺什么补什么。根据饲料成分分析和当地土壤情况，补充所缺物质，保证全价日粮，根据猪的不同年龄、不同用途和不同品种进行相应的饲料配制。

第七章
中毒性疾病

概述

动物中毒性疾病普遍发生于世界各地，是危害畜牧业生产的重要问题之一。它可因死亡、生产性能下降或形成地方病而带来巨大经济损失。我国对家畜中毒病的研究始于20世纪50年代初期，随着工农业生产蓬勃发展，在防治家畜传染病和寄生虫病的同时，发现了危害生产的许多群发性中毒病。40年来我国报道的家畜中毒病有200多种，其中猪中毒病40多种。有10多种在临床上比较常发而且研究得也比较清楚，如亚硝酸中毒、食盐中毒、氟乙酰胺中毒、霉玉米中毒、菜籽饼中毒、棉籽饼中毒、酒糟中毒、蓖麻中毒、黑斑病甘薯中毒、有机磷农药中毒、痢特灵中毒等。

一、毒物与中毒

某些物质与动物体表接触或通过呼吸道、消化道进入机体后，在一定条件下，与体液组织相互作用，损害组织、破坏神经及体液的调节机能，使正常生理功能发生严重障碍，引起一系列代谢紊乱，甚至危害生命，这一过程，称为中毒（Toxicosis）。一般地说，凡是能引起中毒的物质，统称为毒物（Poisons）。

由于毒物进入机体的量和速度不同，中毒的发生有急慢之分，毒物短时间大量进入机体后而突然发病者，为急性中毒，毒物长期小量地进入机体，则有可能引起慢性中毒。

二、中毒的常见病因

引起动物中毒的原因有自然因素和人为因素两方面。

1. 有毒植物　有毒植物杂生于饲料田间，收获的时候，一并混入，加工后给猪饲喂引起中毒。或误食、采食有毒植物。

2. 无机元素　由于化学元素的地理迁移和存在矿藏，因而地表化学元素的分布是不均匀的，致使局部地区的土壤或饮水中某些可溶性元素或盐类含量过高，被植物吸收富集而引起群发性中毒，成为地方病，如氟、硒、硝酸盐等。

3. 动物毒液　动物被毒蛇、毒蜂、毒蜘蛛咬蜇或采食过多带蚜虫的牧草，以及用含有毒素的鱼类（如河豚、青海湟鱼）的内脏喂猪，引起中毒。

4. 工业污染　指工厂与矿区的含毒废气、废水与废渣污染局部地区的牧草与水源，如氟、钼等。

5. 农药污染　20世纪50～70年代所使用农药中多数是剧毒的，如有机氟、有机磷杀虫剂、杀菌剂、除莠剂、灭鼠剂、灭螺剂等，在毒杀害虫、灭鼠、灭螺的同时也污染饲草，通过食物链导致人畜中毒。

6. 药物过量　药物使用不当，剂量或浓度过大都会引起中毒，如驱虫药（敌百虫、硫酸铜等）外用药（汞剂）、抗生素（四环素）、痢特灵、麻醉剂以及士的宁、阿托品等，某些中药使用过量也可使动物中毒或死亡。

7. 饲料问题　有些饲料和饲草含有氰甙、硝酸盐、光能剂、棉酚、硫代葡萄糖甙等有毒物质，饲料在贮存过程中发霉腐败则含有毒素（如黑斑病、甘薯、霉玉米、霉花生等）。

8. 人为投毒　虽属偶然事件，也在注意之列。

三、中毒的机理

毒物的毒理作用和药物的作用是一致的。毒物进入动物机体后，通过吸收、分布、代谢和排泄，从而损害机体的组织及其生理机能，发生中毒现象。

1. 局部的刺激作用和腐蚀作用　这主要是毒物化学作用的直接损害，如酸、碱和矿物质，可直接腐蚀和刺激皮肤或黏膜。

2. 阻止氧的吸收、转化和利用，造成机体缺氧　例如一氧化碳与血红蛋白结合，阻止携氧的功能，引起窒息；光气、双光气比空气的比重大，吸入后迅速地与许多酶结合，干扰细胞的代谢，造成肺水肿，阻止肺泡内气体交换，引起窒息等等。

3. 抑制酶系统的活性　多数毒物对酶系统的各个环节能起破坏作用，例如破坏了酶蛋白部分的金属离子或活性中心；毒物与基质竞争同一种酶，抑制了酶的活性；毒物与酶激活剂发生作用，抑制酶的激活作用；抑制辅酶作用；毒物同基质直接作用或与基质竞争同一种酶而产生抑制作用。

4. 对亚细胞结构的作用　例如四氯化碳能直接破坏线粒体的结构，使其所含的谷丙转氨酶（GPT）释放到血液中。

5. 放射性物质的毒理作用　主要是由于放射性物质的电离作用所产生的自由基团-OH、$-NO_2$等所形成的毒性。氧、臭氧和二氧化碳在机体内也都能产生这种自由基团，从而引起致毒作用。

四、中毒病的诊断

准确诊断中毒性疾病至关重要，特别是群发性中毒病，只有查明原因，才能采取有效的治疗和预防措施，否则盲无目标，只能采取支持与对症治疗，不能解决实际问题。诊断中毒病与诊断其他疾病一样，需要多方面的证据，尤其需要多种证据的一致性，才能确诊，不能单凭一种证据草率作出结论。中毒病的诊断要求做到迅速、准确。在临床实践中包括以下五个方面的证据。

1. 病史和发病现场调查　应详细听取畜主或管理人员介绍的发病情况，包括发病时间、地点、数量、发病与死亡头数、病程经过、症状变化、发病后是否经过急救、效果如何；饲料的来源种类、调制方法及饲料的更替，变换情况；最近是否用过驱虫、消毒、预防药物，同时应查清疾病的发生与周围环境和事物的有关联系；亲自深入到畜舍、运动场、饲料加工调制现场进行观察，若发现可疑情况，应深入进行分析研究。病史和现场调查是检查中毒的第一步，不但应仔细周密以期发现可疑之处，而且应当迅速做出判断，但结论只能是可疑某种原因中毒，或者排除某种中毒的可能性。

2. 临床症状　中毒病的临床症状是复杂多样的，同一种毒物可因摄入的数量、动物年龄、品种和体质差别而表现轻重不一。不同的毒物会出现相似的症状，甚至可能与传染病或其他内科疾病相混淆，所以仅靠症状确诊是危险的。不过特征症状、出现顺序和症状的严重性可能是诊断的关键，故症状对中毒的诊断也是不容忽视的。临床常见的症状是：腹痛、腹泻、贫血、运动失调、厌食、失明、昏迷、呕吐、沉郁衰弱、瞳孔散大、呼吸困难、血尿及血红蛋白尿、黄疸、跛行、流涎、痉挛、惊厥等。

3. 病理学检查　病理学检查对于中毒病的诊断具有重要价值。尸体剖检应在动物死亡或急需之后立即按常规程序进行，必须完整并详细地记录，即使看不到形态学变化，也应记录在案，这在法医学和诊断学上都是重要的。同时应注明送检样品的种类、数量和采样时间。首先观察外部变化，注意皮肤和可视黏膜的颜色，然后切开皮肤，检查脂肪、肌肉、体腔内脏和骨骼，注意血液的颜色、血凝情况和是否溶血，应仔细检查消化道尤其是胃，注意其充满程度、内容物的成分和黏膜的变化，有无可疑物质。为了进一步诊断，在尸检的同时，应采取可疑物质和病料送实验室检查，猪采集的病料包括胃内容物和有病变的脏器。一般情况包括下列内容：血清或全血10mL，尿液20～50mL，肝脏100g，肾脏100g，体脂100g，脑的全部（1/2冷藏但不冰冻；1/2福尔马林固定），胃内容物500～1 000g。

4. 毒物分析　毒物分析在诊断中毒病方面有很重要的价值，但只有把毒物分析和临床表现、尸体剖检等结合起来综合分析才能做出准确的诊断。毒物分析必须指明项目，即注明初步诊断和可疑为某种毒物，否则漫无目标将延误诊断时间和造成不必要的浪费，除胃肠内容物外，有时还应分析血液、尿液、排泄物、分泌物、组织（包括骨骼和被毛）、土壤、饲料、饮水和可疑物质。

毒物分析可以提供客观的证据，阳性结果是极其重要的证据，但单凭定性的阳性结果并不一定就是中毒的肯定证据，如氟、硒、铜、硝酸盐等在正常饲料或动物体内就有，必须达到一定数量才能认为有毒。有时阴性结果也不能完全排除中毒的可能性，因为在动物活着的时候毒物可能已经排除或者已经转化为无毒的或其他物质，或者送检料已经腐败变质，毒物也随之分解。另外目前有许多植物毒素和化学毒素还缺乏可行的测定方法。

5. 动物试验　即将可疑物质用于实验动物以证明其是否能够产生与中毒病例相同的症状和病理变化。原则上以利用本种动物最为理想，因为有时同一种毒物对不同种动物的效应并不相同，小动物可用小鼠、大鼠、豚鼠、家兔等，且实验动物要保证一定的数量，而且取单不取双。

五、中毒病的治疗

治疗中毒病特别是群发急性中毒，应遵循以下原则，抢救重症病例的同时，特别注意对轻症病例和尚未出现症状的可疑病例采取早期治疗和预防性治疗。治疗应根据毒物性质、进入机体的时间、途径，采取综合性措施。

1. 阻止毒物对机体的继续损害　包括防止继续接触毒物和阻止毒物继续被吸收两方面。

⑴防止继续接触毒物：除去毒源或远离有毒环境，如转移环境，更换饲料、饮水，清除皮肤上的毒物，清除溅入眼内的毒物。但必须注意不能用热水清洗皮肤，禁用煤油，不清楚何种毒物时不用肥皂水。

⑵阻止毒物的继续被吸收：动物中毒主要经消化道吸收引起，故清除胃肠道的毒物十分重要。

①催吐。以中枢性催吐药最有效（阿朴吗啡、吐根糖浆），如毒物吃入已超过4h则无催吐必要，下列情况禁止催吐：吃入腐蚀性毒物（酚、酸、氨水等）；吃入石油蒸馏物（如汽油、煤油等）；病畜呈昏迷状态或缺乏咳嗽时（中枢抑制）；抽搐或惊厥症状尚未控制时。

②洗胃。早期洗胃有效，一般在吃入毒物4h以内可采用洗胃，应选用内径较大的胃管，常用生理盐水或清洁温水，用1：2 000高锰酸钾溶液对破坏生物碱、糖苷和氰化物等毒物更有效，用大量溶液反复吸注洗涤，将胃内容物导出，洗毕后最好注入0.2%～0.5%活性炭悬液以吸附残留毒物。

③缓泻。有盐类泻剂（$MgSO_4$、Na_2SO_4）和油类泻剂（石蜡油、植物油），但必须注意，汞、氯化钠中毒时，不用盐类泻剂，有机磷农药中毒时不用油类泻剂，已经出现腹泻的病例不必要再使用泻剂。

2. 减轻毒物在机体内的毒性作用

⑴利尿：为最常使用的排毒方法之一，可使用渗透性利尿剂如甘露醇，或化学性利尿剂如速尿、双氢克尿塞，加强利尿时应注意水和电解质失衡，最好同时采取补液措施。

⑵放血和输血：适应于高铁血红蛋白血症、巴比妥类、水杨酸盐和一氧化碳中毒。

⑶体外透析：包括腹膜透析和结肠透析。腹膜透析是将透析液注入腹腔，停留1h后将液体引出，再次注入，反复操作以12h为一疗程。结肠透析是将透析液灌注入结肠内，保留10～30min后导出。

⑷使用解毒剂：使毒物失去活性。

①特效解毒药。例如重金属被EDTA络合，砷与二巯基丙醇络合，亚硝酸盐和硫代硫酸盐与氰化物络合形成氰化高铁血红蛋白和硫氰酸盐，使毒性降低。有机磷农药中毒用阿托品、氯磷定、解磷定等解毒，如此等等。

②一般解毒剂。一般解毒剂通过与胃内存留的毒物起中和、氧化、沉淀等化学作用，来改变毒物的理化性质，使其失去毒性或通过物理的吸附作用，阻止毒物继续被吸收。例如强酸中毒可采用弱碱或镁乳、肥皂水、氢氧化铝、凝胶等，但不要用碳酸氢钠，因其遇酸后可生成二氧化碳，使胃肠膨胀，为保护黏膜，可用牛奶、蛋清面糊、植物油（但脂溶性毒物中毒禁用油剂）等，对重金属盐、苯酚、醇等中毒可用活性炭作吸附剂，而铅、汞中毒尚可用碘酊3～10mL加水100～200mL内服，其中活性碳2份＋氧化镁1份＋鞣酸1份，每次20～30g为万能减毒药，可以通过胃管投服。

中药解毒。香附15g、田七20g、青木香15g、大活血20g、小活血15g、党参15g、冰片5g、鲜小鸡尾草20g，研末冲服。

甘草或绿豆0.25～0.5kg，煎服。

(5)支持疗法和对症疗法：支持和对症治疗的目的在于维持机体生命机能的活动，具体依临床表现而定。

①预防惊厥与痉挛。可静脉注射巴比妥类，但呼吸困难病例禁用，结合应用氯丙嗪更为有效而安全。

②维持呼吸机能。主要针对某些使呼吸中枢麻痹的毒物和中毒性肺水肿引起的呼吸困难，首先应注意呼吸道畅通，清除分泌物，必要时应用气管切开术，插入气管导管。呼吸困难时吸入氧气效果甚佳，但应在纯氧中加入5%二氧化碳。也可使用呼吸兴奋剂如尼可杀米（可拉明）或山梗菜碱。

③缓减兴奋与疼痛。可给予镇静剂。

④抢救休克。休克见于多种中毒病，可采取补充血容量，纠正酸中毒和给予血管扩张药，如苯节胺、异丙肾上腺素等。

⑤维持电解质平衡和防止脱水。常用于腹泻、呕吐或饮食废绝之后，应做静脉补液，常用药为5%葡萄糖溶液、生理盐水，纠正脱水时应注意补钾（氯化钾）。

⑥防止心功能紊乱。一般输注5%～10%葡萄糖溶液加入适量维生素C。

3. 加强护理，促进康复　在中毒病的治疗期间，要注意对发病动物的护理，保证适宜的周围环境，对兴奋型动物要防止其发生意外情况，对长期瘫痪动物要防止发生褥疮。禁止接触任何有毒物质，对于尚有食欲的轻症病例应给予少量青绿多汁饲料和清洁饮水。

六、中毒病的预防

中毒性疾病是一种危害面较广、病种复杂、症状严重而又不易治疗、能直接降低畜禽的生产性能与危害生命的疾病，给养殖业带来极大的损失，因此，预防是关键，只要坚持贯彻“预防为主”的方针，充分发挥人的积极因素，掌握各种中毒发生的规律，切实做好以下几项工作，中毒是完全可以避免的。

(1)健全防病防毒制度。采取领导、群众、技术人员三结合的方针，充分发动群众普及有关中毒性疾病及防治知识，制订出切实可行的防病防毒制度，并有专人负责督促检查。

(2)严格遵守有关毒物的保管和使用规定。农用药物的危险性极大，应选用高效低毒或在体内不蓄积的药剂。

(3)遵守饲料加工配制的操作规定。严禁用发霉、变质、腐烂的块根、菜叶、谷类及各种农副产品饲喂动物。对一些含毒的农副产品，如菜籽饼、棉籽饼、山药蛋、木薯用作饲料时必须先做去毒处理。

(4)坚持工业三废的排放规则。保护环境，减少公害，即要求社会各部门的大力协作，全方面统筹兼顾。

(5)坚持养殖场所有卫生标准。畜舍的清洁与消毒，杀虫和灭鼠要严格按操作规程进行。

(6)注意自然环境中的毒物。应进行有毒植物调查和土壤、饮水中有毒化学元素含量的调查，确切掌握中毒性疾病的发生、发展动态及其规律，以便制订切实有效的防治方案，予以贯彻执行。

(7)提高警惕，加强安全措施。严格防止任何破坏事故的发生。

第一节 亚硝酸盐中毒（Nitrite poisoning）

亚硝酸盐中毒是由于过量食入或饮入含有硝酸盐或亚硝酸盐的饲料和饮水造成高铁血红蛋白血症，导致动物机体组织缺氧而引起的中毒。临床上突出表现为：起病突然，黏膜发绀，血液褐变，呼吸困难，神经紊乱和病程短促，窒息死亡。本病常于猪吃饱后不久发生，故俗称“饱食瘟”。

一、病因

亚硝酸盐是饲料中的硝酸盐，在硝酸盐还原菌的作用下，经还原作用而生成的，因此亚硝酸盐的产生主要取决于饲料中硝酸盐的含量和硝酸盐还原菌的活力。

用作饲料的蔬菜和作物，如甜菜、萝卜、马铃薯、白菜、芥菜、甘薯藤均含有数量不等的硝酸盐和亚硝酸盐，特别是施氮肥充足时，含量更高。当这些饲料大量饲喂，或由于加工调制不当，如慢火闷煮，或因霜冻、霉烂变质、枯萎及其他一些条件，硝酸盐均可因混杂于饲料中反硝化细菌的作用而还原为亚硝酸盐，亚硝酸盐的毒性比硝酸盐高15倍，因此当亚硝酸盐进入体内超过一定浓度后就能发生中毒。

此外，亚硝酸盐亦可在猪体内形成，在一般情况下，硝酸盐在胃肠道中转化为亚硝酸盐的能力很弱，但当猪的胃肠道机能紊乱，如患肠道寄生虫病或胃酸浓度降低时，可使胃肠道内的硝酸盐还原菌大量繁殖，此时若动物大量采食含硝酸盐饲料，即可使亚硝酸盐在肠道内大量产生并被吸收而引起中毒。饮用硝酸盐含量高的水，也是造成亚硝酸盐中毒的原因，在施过氮肥地区的田水、深井水以及厩舍、厕所、垃圾堆附近的地面水或水泡水，含硝酸盐浓度常达1 700～3 000mg/L，有的甚至高达8 000～10 000mg/L，极易造成中毒。

猪亚硝酸钠中毒量为48～77mg/kg体重，最小致死量为88mg/kg体重；亚硝酸钾最小致死量为20mg/kg体重左右，硝酸钾最小致死量则为4～7g/kg，各种饲料的硝酸钾安全极限是其干物质的1.5%，饮水的硝酸钾安全极限为200mg/L。

二、发病机理

亚硝酸盐是一种氧化剂，毒性大，吸收入血后可使血红蛋白中的二价铁（Fe^{2+}）失去电子而被氧化为三价铁（Fe^{3+}），从而使正常的低铁血红蛋白变为高铁血红蛋白（Hb＝Fe-OH），其三价铁同羟基结合牢固，流经肺泡时不能氧合，流经组织时不能氧离，丧失了血红蛋白的正常携氧功能。健康动物高铁血红蛋白只占血红蛋白总量的0.7%～10%，少量的亚硝酸盐进入血液，生成较多的高铁血红蛋白，通过机体的多种还原机制而自行解毒，外观不认为毒性反应；但若进入的亚硝酸盐过多，高铁血红蛋白达到30%～50%时导致贫血性缺氧，造成全身各组织特别是脑组织的急性损害，加上亚硝酸的扩血管作用，伴以外周循环衰竭，使组织缺氧越发深重，而出现呼吸困难，神经机能紊乱，当高铁血红蛋白达到80%～90%时病象危重，常于短时间内致死。

三、症状

突然发病一般在采食后十几分钟到半小时，最迟2h出现症状，同群同饲的猪只多同时或相继发生，病猪突然不安，呼吸困难，继而精神萎靡，呆立不动，四肢无力，行走打晃，起卧不安，犬坐姿势，流涎，口吐白沫或呕吐，皮肤、耳尖、嘴唇及鼻盘等部开始苍白，以后呈青紫色，穿刺耳静脉或剪断尾尖流出酱油状血液，凝固不良。体温一般低于正常（35～37℃），四肢和耳尖冰凉，脉搏细数，很快四肢麻痹，全身抽搐嘶叫，伸舌而后窒息死亡。发病前猪的精神良好，食欲正常，凡吃这种食物越多，发病越重，死亡越快。

四、病理变化

中毒病猪的尸体腹部多较膨满，口鼻呈乌紫色，并流出淡红色泡沫状液。眼结膜可能带棕褐色，血液暗褐如酱油状，凝固不良，暴露空气中经久仍不转成鲜红。各脏器血管淤血，胃肠道各部呈不同程度的充血、出血、黏膜易脱落，肠系膜淋巴结轻度出血。肝肾呈暗红色。肺充血，气管和支气管黏膜充血、出血，管腔内充满带红色的泡沫状液，心外膜、心肌有出血斑点。

五、诊断

根据起病突然，黏膜发绀，血液褐变，呼吸困难，神经紊乱和病程短促的临床表现和病史调查，如青饲料的来源、存放，加工调制方法，即可做出初步诊断。并紧急组织抢救，通过特效解毒药美蓝的显效治疗效果，验证诊断。必要的情况下，可在现场做亚硝酸盐简易检验和变性血红蛋白检查。

亚硝酸盐简易检验：取胃肠内容物或残余饲料的液汁1滴，滴在滤纸上，加10%联苯胺液1~2滴，再加10%醋酸液1~2滴，滤纸变为棕色即为阳性反应。

也可将待检饲料存放在试管内，加10%高锰酸钾溶液1～2滴，搅匀后，再加10%硫酸1～2滴，充分摇动，如有亚硝酸盐，则高锰酸钾变为无色，否则不褪色。

变性血红蛋白检查：取血液少许于小试管内振荡，棕褐色血液不转变的，大体就是变性血红蛋白，为进一步检验可滴加1%氢化钾（钠）液1～3滴，血液即转为鲜红。

六、治疗

美蓝和甲苯胺蓝是亚硝酸盐中毒的特效解毒药，具有药到病除起死回生的效果。同时配合应用维生素C和高渗葡萄糖液，效果更好。

症状严重者，尽快剪耳、断尾放血，静脉或肌肉注射1%美蓝溶液，每千克体重注射0.1～0.2mL，或注射甲苯胺蓝，每千克体重5mg，内服或注射大剂量维生素C（按每千克体重10～20mg给予），以及静脉注射10%～25%葡萄糖液300～500mL。

症状较轻者，仅需要静休息，投服适量的糖水或牛奶蛋清水即可。

对症治疗：对呼吸困难、喘息不止的病猪可注射山梗菜碱、尼可杀米等呼吸兴奋剂；对心脏衰弱者可注射安钠咖、强尔心等；对严重溶血者，放血后输液并口服或静脉滴注肾上腺皮质激素，同时内服碳酸氢钠等药物，使尿液碱化，以防血红蛋白在肾小管内凝集。

七、预防

针对病因，通过改善饲养管理的方法，可有效地预防本病的发生。

⑴确实改善青绿饲料的存放和蒸煮过程。使用青绿饲料喂猪时，最好新鲜生喂，这样既保留了营养成分又不易使猪发生中毒。如需煮热喂时，应加足火力，敞开锅盖，迅速煮熟并不断搅拌，不要闷在锅内过夜，对青饲料的贮存，应摊开存放，不要堆积，以免腐烂发酵而产生亚硝酸盐。实践证明，在煮饲料时，加入少量食醋，既可以杀菌，又能分解亚硝酸盐。

⑵接近收割的青绿饲料不应再施用硝酸盐等化肥，以免增高其中硝酸盐或亚硝酸盐的含量。

⑶对可疑饲料、饮水，实行临用前的简易化验，特别在某些集约化猪场应列为常规的兽医保健措施之一。

芳香胺试纸法是可供选择的简易测定法。芳香胺试纸的制备要预先配制成试剂Ⅰ、Ⅱ液。Ⅰ液用氨基苯磺酸1g、酒石酸40g、水100mL配成。Ⅱ液用甲萘胺0.3g、酒石酸20g、水100mL配成。将滤纸用Ⅱ液浸透后阴干，再用Ⅰ液浸透，然后在20℃条件下避光烘干，切成小试纸条，密封贮存在干燥有色瓶中备用。测定操作时将可疑饲料的汁液滴在小试纸条上，如呈现红色，即指示该饲料中含有过量的亚硝酸盐。

第二节 食盐中毒（Salt poisoning）

一、病因

食盐中毒可发生于下列各种情况：如采食了含食盐过多的泔水、饭店残羹，饲喂过多的酱渣、咸菜或口粮内添加食盐过多混合不均等，误饮碱泡水、自流井水、油井附近的污染水，某些地区不得已用咸水作为动物饮水，投服过量的乳酸钠、碳酸钠、硫酸钠等钠盐。另外饲料中的矿物质组成、饮水数量以及机体总的水盐代谢状态对食盐中毒亦有重要影响。

全价饲养，特别是日粮中钙、镁等矿物质充足时，对过量食盐的敏感性大大降低，反之则敏感性显著增高。饮水充足与否对食盐中毒的发生具有决定性作用，食盐中毒的关键在于限制饮水，食盐中毒的原因，与其说是食盐过量，莫如说是饮水不足。机体水盐代谢的具体情况，对食盐耐受量亦受影响，体液减少时，对食盐的耐受量降低，例如仔猪体内水的相对储备量只有成年猪的1/5，对食盐的敏感性特强，最容易发生中毒，夏季炎热多汗，往往耐受不了本来在冬季能够耐受的食盐量等。

二、发病机理

食盐中毒的实质是钠离子中毒，其在体内的毒性作用包括两个方面：一是高渗氯化钠对胃肠道的局部刺激作用；二是钠离子贮留所造成的离子平衡失调和组织细胞损害，特别是阳离子之间的比例失调和脑组织的损害。

在摄入大量食盐且饮水不足而发生急性中毒的情况下，首先呈现的是高浓度食盐对胃肠黏膜的直接刺激作用，引起胃肠道炎症，同时由于胃肠内容物渗透压显著增高，大量体液向胃肠腔渗漏，使机体陷入脱水状态，被吸收的食盐，则因机体脱水，丘脑下部抗利尿激素分泌增加，排尿量减少，体内的钠离子不能经肾及时排除，而游离血液循环之中，积滞于组织细胞之内，造成高钠血症和机体的钠贮留，高钠血症破坏了机体一价阳离子和二价阳离子的平衡，使一价阳离子占优势，而血液内一价阳离子（如钠离子）可使神经应激性增高，神经反射活动加强。

在食盐摄入量不大，但由于持续限制饮水而发生慢性中毒的情况下，胃肠内容物的渗透压只是略微偏高，构不成对胃肠黏膜的强烈刺激，通常不会造成胃肠炎症，也不会使胃肠、口腔大量积液。毒性作用主要是在食盐的吸收之后，由于机体长期处于水的负平衡状态，吸收的食盐排泄得非常缓慢，钠离子逐渐地贮留于全身各组织器官，特别是脑组织，继之发生脑水肿，以致颅内压升高，脑组织氧供应不足，只好通过葡萄糖无氧酵解以获取能量，而钠贮留兼有抑制葡萄糖无氧酵解的作用，结果导致脑组织变性和坏死，临床上表现出一系列神经症状。

三、症状

病初，病猪呈现食欲减退或废绝，精神沉郁，黏膜潮红，便秘或下痢，口渴和皮肤瘙痒等前期症状，继之出现呕吐和明显的神经症状，病猪表现兴奋不安（图4.7.2–1），频频点头，张口咬牙，口吐白沫，四肢痉挛，肌肉震颤，来回转圈或前冲后退，听觉和视觉障碍，刺激无反应，不避障碍，猛顶墙壁，体温在正常范围之内，重症病例出现癫痫样痉挛，每隔一定时间发作1次，发作时，依次出现鼻盘抽搐或扭曲，头颈高抬或向一侧歪斜，脊柱上弯或侧弯，呈角弓反张或侧弓反张姿势以致整个身体后退而成犬坐姿势，甚至仰翻倒地，四肢做游泳状划动，心跳加快，达140～200次/min，呼吸困难，最后四肢麻痹，卧地不起，瞳孔散大，昏迷死亡，病程一般为1～4h。体温在36℃以下者，预后不良。

四、病理变化

胃肠黏膜充血、出血，以胃底部最严重，有的胃黏膜可见溃疡，实质器官充血或出血，肝肿大、质脆，肠系膜淋巴结充血、出血，心内膜有小出血点。脑脊髓各部可能有程度不同的充血、水肿，尤其在急性病例的软脑膜和大脑实质最为明显，以致脑回展平和发水样光泽。切片镜检可见在脑膜及脑实质内有嗜酸性粒细胞浸润，血管周围间隙有大量嗜酸性粒细胞聚集，形成嗜酸细胞血管套（图4.7.2–2），病程较长的病猪，嗜酸性细胞血管套往往消退而被淋巴细胞、组织球和血管内皮细胞所取代。

五、诊断

根据过饲食盐和饮水不足的病史，结合突出的神经症状和一定的消化紊乱，以及病理剖检时，脑组织中呈现嗜酸性粒细胞浸润现象等即可做出诊断。必要的情况下可作实验室检查，有助于进一步确诊。

在慢性食盐中毒的严重期，血清钠显著增高达180～190mmol/L（正常为135～145mmol/L），且血液中嗜酸性粒细胞显著减少。另外，还可采取死亡猪的肝、脑等组织做氯化钠含量测定。如果肝和脑中的钠含量超过150mg%，脑、肝、肌肉中的氯化物含量分别超过180mg%，250mg%、70mg%，即可确诊为食盐中毒。

六、治疗

食盐中毒无特效解毒药。治疗要点是促进食盐排除，恢复阳离子平衡和对症处置。发生中毒后应立即停喂含食盐的饲料及饮水，改喂稀糊状饲料，口渴时应多次少量给予饮水，切忌猛然大量给水或任意自由饮水，以免病情突然恶化，同群的猪亦不应突然随意供水，否则会促使处于前驱期钠贮留的猪大批暴发水中毒。

急性中毒的猪，用1%硫酸铜50～100mL内服催吐后，内服粘黏剂及油类泻剂50～100mL，使胃肠内未吸收的食盐泻下和保护胃肠黏膜，也可在催吐后内服白糖150～200g。

如恢复体内离子平衡，可静脉注射10%葡萄糖酸钙50～100mL，为缓解脑水肿，降低颅内压，可静脉注射25%山梨醇液或50%高渗葡萄糖液50～100mL。为缓解兴奋和痉挛发作，可静脉注射25%硫酸镁注射液20～40mL，或2.5%盐酸氯丙嗪2～5mL，静脉或肌肉注射。心脏衰弱时，可皮下注射安钠咖、强尔心等。

对于20kg体重的患猪，先用下列处方治疗，然后大量灌服淡水或糖水。

D：20%甘露醇100.0mL

S：25%硫酸镁10.0mL

D、S混合后1次耳静脉注射，一般1次，严重者2次即可见效，或20%甘露醇5mL/kg体重，25%硫酸镁每千克体重0.5mL，1次静脉注射。

七、预防

在利用含盐的残渣废水时，必须适当限制用量，并同其他饲料搭配饲喂。日粮内含盐量不应超过0.5%，并均匀混合，以免过量。平时应供给足够的饮水，有利于体内多余的氯和钠离子及时随尿液排出，维持体液离子的动态平衡。

第三节 酒糟中毒（Brewery grain poisoning）

酒糟中毒，酒糟是酿酒后的残渣，除含有蛋白质、脂肪等营养物质外，还具有促进食欲、帮助消化等作用。酒糟是良好的猪饲料，但是如果一次大量饲喂，或食入大量腐败变质的酒糟，即可发生中毒。

一、病因及发病机理

突然给猪饲喂大量的酒糟，或对酒糟保管不当，被猪大量偷吃，长期单一饲喂酒糟，而缺乏其他饲料的适当搭配，饲喂严重霉败变质的酒糟，都可使猪发生中毒。酒糟中毒的有毒成分非常复杂，取决于酿酒原料、工艺过程、堆放贮存条件和污染变质情况等，应具体分析并加以测定。新鲜酒糟中可能存在的有毒成分包括：残存的酒精、龙葵素（马铃薯酒糟）、翁家酮（甘薯酒糟）、麦角毒素、麦角胺（谷类酒糟）以及多种真菌毒素（霉败原料酒糟）。贮存酒糟中可能存在的有毒成分包括：新鲜酒糟原来存在的残存酒糟等有毒成分；酒糟酸败形成的醋酸、乳酸、酪酸等游离的有机酸；酒糟变质形成的正丙醇、异丁醇、异戊醇等杂醇油；酒糟发霉产生的各种毒素等。以上毒素直接刺激胃肠并被吸收入血，在临床上表现出消化系统症状和神经症状及相应的病理变化。

二、症状

病初精神沉郁，食欲减退，粪便干燥，以后发生下痢，体温升高并有不同程度的腹痛，呼吸促迫，心跳疾速。随后患猪兴奋不安，狂暴，行走不稳，易跌倒，食欲废绝，逐渐失去知觉，卧地不起，四肢麻痹，出现皮疹，最后由于呼吸中枢麻痹而死亡。

病理变化有胃肠黏膜充血、出血、小结肠纤维素性炎症，直肠出血、水肿、肠系膜淋巴结充血，心内膜出血，肺充血、水肿，肝肾肿胀、质地变脆。

三、诊断

主要根据饲喂酒糟的病史结合临床症状、病理变化进行诊断，病史调查要着重酒糟的使用习惯和贮存方式。

四、治疗

对于中毒的猪，应立即停喂酒糟，以1%碳酸氢钠液1 000～2 000mL内服或灌肠，同时内服缓泻剂，如硫酸钠30g，植物油150mL，加适量水混合后内服，并静脉注射5%葡萄糖生理盐水500mL，加10%氯化钙液20～40mL，有良好疗效。重症病例应注意维护心肺功能，可肌肉注射10%～20%安钠咖5～10mL，兴奋不安的病例可静脉注射5%水合氯醛注射液10～20mL，或25%硫酸镁注射液10～20mL。发生皮疹或皮炎的猪，用2%明矾水或1%高锰酸钾液冲洗，剧痒时可用5%石灰水冲洗或3%石炭酸酒精涂擦。

五、预防

提倡以新鲜酒糟喂猪，且酒糟的喂量不宜过多，一般应与其他饲料搭配饲喂，同时加入少量石灰或小苏打类碱性饲料，酒糟的比例不超过日粮的1/3为宜。不要连续饲喂，应采取间隔饲喂的方法。用不完的酒糟要妥善贮存，将其紧压在饲料缸内，以隔绝空气，如堆放保存，则不易过厚，并避免日晒，以防霉败变质。严重发霉酸败的酒糟禁止作为饲料喂猪。轻微霉败的酒糟，应先以1%石灰水浸泡20～30min，然后再少量搭配饲喂。另外，怀孕哺乳母猪和公猪不宜喂酒糟，以免引起流产、死胎、弱胎及精子畸形等。

第四节　马铃薯中毒（Solanum tuberosum poisoning）

马铃薯中毒是大量饲喂马铃薯发芽、腐烂块根或开花、结果期茎叶所致的一种中毒病。临床上以出血性胃肠炎和神经损害为特征。

一、病因

引起马铃薯中毒的有毒物质包括：全植株的生物碱马铃薯素即龙葵素、茎叶的硝酸盐（可达4.7%）及腐烂变质块根的腐败素。马铃薯素的中毒量为10～20mg/kg，完好成熟的马铃薯虽含有马铃薯素，但其量甚微，一般不引起中毒。但如贮存时间过长则马铃薯素含量明显增多，特别是保存不当引起发芽、变质或腐烂时，致使马铃薯素显著增量，此时若用来大量饲喂动物便能引起中毒。此外马铃薯茎叶内尚含有硝酸盐，当转化为亚硝酸盐时，亦可对机体产生毒害作用。据报道，在腐烂、发霉的马铃薯内尚含有一种腐败素，也具有毒害机体的作用。由此可见，马铃薯素、亚硝酸盐以及腐败素，乃是引起马铃薯中毒的综合因素。据记载，马铃薯的中毒量为10～20mg/kg。

二、发病机理

目前尚未完全搞清，一般认为马铃薯素在健康完整的胃肠道内吸收速度很慢，但当胃肠发炎或黏膜损伤时，则迅速吸收，从而对胃肠黏膜呈现强烈的刺激作用，引起重剧的胃肠炎（出血性胃肠炎），马铃薯素被吸收后，主要作用于中枢神经系统（延髓和脊髓），致使感觉神经和运动神经末梢发生麻痹，此外马铃薯素被吸收入血后能破坏红细胞而呈溶血现象。

三、症状

马铃薯中毒的临床症状主要表现为出血性胃肠炎、中枢神经（延脑和脊髓）损害、肾炎和溶血。严重中毒病例，多以神经系统功能障碍为主，初期兴奋不安、狂燥，伴有呕吐、流涎、腹痛、腹泻等胃肠炎症状。经短时间后，很快转为沉郁、昏迷或抽搐，后肢无力或四肢麻痹，呼吸微弱困难，可视黏膜发绀，心脏衰弱，共济失调，瞳孔散大，病程常为2～3h，最后因呼吸麻痹而死。轻症或慢性中毒，神经症状比较轻微，多以胃肠炎症状为主，病猪呈现食欲减退、流涎、呕吐或腹胀、腹痛或呈便秘、下痢、便血、低头嗜睡、衰竭、排尿困难、体表发凉，体温常稍偏低或不变，腹部皮下发生湿疹，头颈和眼睑部出现捏粉样肿胀。母猪往往发生流产。

四、病理变化

尸僵不全，可视黏膜苍白或微黄色，血呈暗红色且凝固不良，皮肤常有红紫斑。消化道尤其是胃与小肠，可以看到胃肠炎所具有的病变、胃肠黏膜出血、糜烂。慢性病例大部分胃肠黏膜呈黑色皮革状，肠系膜淋巴结肿大、出血，心、肝、脾、肾等实质器官都有程度不同的出血肿大、变性或有小灶性梗死。

五、诊断

根据病史调查（有摄食发芽或腐烂马铃薯的病史）、临床症状（明显的神经机能紊乱、胃肠炎和皮肤湿疹）和病理解剖材料（出血性胃肠炎），进行综合分析，可做出诊断，若大批发病时，应注意与猪瘟相鉴别。

六、治疗

无特效解毒药，针对具体情况，采取相应措施。首先应立即改换饲料，停止饲喂马铃薯并采取饥饿疗法。如果是由于一次大量饲喂马铃薯后而发生的中毒，可内服1%硫酸铜溶液50～100mL催吐，或0.1%～0.5%高锰酸钾溶液洗胃，亦可用盐类或油类泻剂导泻。

对于狂暴不安的病例，可应用镇静剂，溴化钠5～15g灌服或2.5%盐酸氯丙嗪注射液1～2mL，肌肉注射。

对于胃肠炎病例，可应用1%鞣酸液100～400mL，或应用粘浆剂、吸附剂灌服以保护胃肠黏膜。

脱水症状轻者可让多喝盐水或糖水，严重的应予补液，直至尿量增多为止。

对皮肤湿疹，可采取对患部应用消毒药液洗涤或涂擦软膏。据报道，用25%次亚硫酸钠溶液静脉注射，每次10～20mL，每小时2～3次，有良好效果。

七、预防

⑴应用马铃薯作饲料时，饲喂量宜逐渐增加。

⑵不宜饲喂发芽或腐烂发霉的马铃薯，如必需饲喂时，应进行无害处理，充分煮熟后并与其他饲料搭配饲喂，发芽的马铃薯应去除幼芽，煮熟后应将水弃掉。

⑶用马铃薯茎叶饲喂时，用量不宜过多，腐烂发霉的茎叶不宜作饲料，应先晒干、煮沸、弃水且只能作搭配饲喂。

第五节 霉饲料中毒（Mildew feed intoxication）

霉饲料中毒就是动物采食了发霉的饲料而引起的中毒性疾病。临床上以神经症状为特征，各种猪都可能发生，仔猪及妊娠母猪较敏感。

一、病因

自然环境中，霉菌种类甚多，常寄生于玉米、大麦、小麦、稻米、棉子、糠麸及豆类制品中，如果温度（28℃左右）和湿度（80%～100%）适宜，就会大量生长繁殖，有些霉菌在生长繁殖过程中，能产生有毒物质。目前已知的霉菌毒素有百种以上，最常见的有黄曲霉毒素、镰刀菌毒素和赤霉菌毒素，含有这些毒素的饲料被猪采食后可引起中毒，造成大批发病和死亡。

二、发病机理

不同的霉菌毒素作用机理不同，临床症状也因动物的年龄、营养状况、个体耐受性、接受毒物的数量和时间的不同而不同。如黄曲霉毒素是一种强烈的致癌物质，属于肝脏毒，动物中毒后以肝脏疾患为主要特征，同时也破坏血管的通透性和毒害中枢神经系统，故中毒的动物常呈现出血性素质、水肿和神经症状。而赤霉菌毒素，也包括赤菌霉素、赤霉病麦毒素和T2毒素。赤霉菌素又称雌性激素因子或F1－2毒素，此种毒素能引起动物明显的性机能扰乱，且由于毒素从尿中排出，可刺激动物的阴道和阴户，而引起霉菌性阴道炎或阴户阴道炎。赤霉病麦毒素具有亲和神经性特征，主要对中枢神经系统有兴奋作用，中毒后动物常呈现神经机能紊乱和呕吐等症状，T2毒素是真菌毒素中最强烈的一种，它可使受害的动物引起皮肤、口、肠和肝脏的坏死，影响血液的凝固机制，增高小血管的通透性，引起广泛性出血。

三、临床症状与病理变化

临床上霉饲料中毒的一般性症状是，仔猪和妊娠母猪较为敏感，中毒仔猪常呈急性发作，出现中枢神经症状，数天内死亡。大猪病程较长，一般体温正常，初期食欲减退，精神沉郁（图4.7.5-1），消瘦，嘴、耳、四肢内侧和腹侧皮肤出现红斑，后期停食、腹痛、下痢、被毛粗乱，迅速消瘦，生长迟缓等。妊娠母猪常引起流产及死胎。公猪可有包皮炎、阴茎肿胀等。

病理变化主要是肝脏严重变性、坏死、肿大、色黄、质脆，小叶中心出血和间质明显增生（图4.7.5-2、3），全身黏膜、皮下、肌肉可见有出血点和出血斑，淋巴结水肿，胃弥漫性出血，肾质变脆弱，色淡呈土黄色（图4.7.5-4）。肺淤血水肿，间质增宽，有霉菌结节（图4.7.5-5、6）。胸腹腔积液，胃肠道可见不同程度的卡他性出血性炎症的变化（图4.7.5-7、8、9、10、11）。大脑实质出血、水肿，神经细胞变性，脑实质和脑膜血管明显扩张。组织学可见霉菌孢子（图4.7.5-12）。

四、诊断

确诊本病由于技术和设备条件要求较高，所以目前对发霉饲料中毒的诊断，主要靠饲喂霉败饲料的病史，临床症状及病理组织学变化，进行综合分析。有条件的单位可做生物学接种，分离培养，纯培养，动物回归试验，以进一步鉴别。

五、治疗

无特效解毒药物和疗法，应立即停止饲喂致病性可疑饲料，改换新鲜全价日粮，加强饲养护理。同时根据临床症状及组织病理变化，采用相应的支持疗法和对症处理。

对于急性中毒，主要是排除毒物、解毒、缓解呼吸困难。用0.1%高锰酸钾液或1%双氧水洗胃。内服泻剂和防腐剂，促进毒物的排除和制止异常发酵，也可灌服豆浆、豆清水或牛奶等。为缓解呼吸困难，保护大脑皮层，恢复中枢神经的调节功能，可用安溴合剂静脉注射（即10%溴化钠液10～20mL，10%安钠咖2～5mL），也可用3%双氧水10～30mL，加入3倍以上的5%葡萄糖生理盐水溶液，混合后缓慢静脉注射。酸中毒时，可注射5%碳酸氢钠100mL，也可用5%～20%硫代硫酸钠注射液20～50mL静脉注射，或静脉注射40%乌洛托品10～20mL。此外，应用生绿豆粉250g、甘草末30g，蜂蜜250g，1次内服，也有一定的解毒治疗作用。骚动不安，有神经症状者可给予镇静止痉剂，或按“中毒性脑病”做相应处理。此外在整个病程中应注意水、电解质失衡，保肝、护肾、镇静、解痉、控制继发感染，以维护中枢、循环、呼吸及泌尿等系统的功能。

六、预防

严格执行我国饲料卫生标准规定，黄曲霉毒素B_1在玉米和花生饼粕中的含量不得大于0.05mg/kg。在配合饲料时要严格控制饲料原料的质量，坚决不用发霉的饲料原料，对可疑霉变原料应进行黄曲霉毒素B_1含量测定。我国饲料卫生标准规定，生长育肥猪配合饲料中黄曲霉毒素B_1的含量不得大于0.02mg/kg。在生产配合饲料时要加防霉剂，防止饲料霉变。

预防霉菌中毒的根本措施是防止饲料发霉变质，对轻微发霉的饲料必须经过去霉处理后限量饲喂，对发霉严重的饲料，绝对禁止喂猪。

1. 防霉方法 防止饲料发霉变质的关键是控制水分和温度，使谷物尽快进行干燥处理，并置于干燥、低温及通风良好处贮存。

2. 去霉方法 目前尚无满意的方法，可用碱液（1.5%氢氧化钠或草木灰水等）处理或用清水多次浸泡，直到浸泡液清澈无色为止。但经这种方法处理的饲料，其饲喂量仍应加以限制。

此外尚有人研究用微生物降解法，应用一种黄杆菌经过12h培养后，即可迅速全部除去玉米、花生等作物中的黄曲霉毒素等。目前，正研究应用氨、甲胺、乙胺、臭氧、氯、甲醛、氢氧化钠、氢氧化铵、次氯酸钠、碳酸铵、磷酸三钠等化学药剂与高温结合处理霉败饲料的方法，解毒效果很好。如Brekke等利用氢氧化铵溶液处理污染黄曲霉毒素的玉米，使毒素含量由180mg/kg下降到检测不出的程度，而且不降低玉米的营养价值。

第六节 菜籽饼中毒（Rapeseed cake poisoning）

菜籽饼中毒，菜籽饼是一种蛋白质饲料，如果饲喂过量或不经适当处理喂猪，可引起中毒或死亡。

一、病因及机理

菜籽为我国广为栽培的越年生油料作物，其种子榨油后的菜籽饼可用作猪饲料，菜籽饼营养丰富，蛋白质含量很高。另外其中尚有芥子甙或黑芥子酸钾、芥子酶、芥子酸、芥子碱等成分，特别是其中的芥子甙在芥子酶的作用下，可水解形成异硫氰酸丙烯酯或丙烯基芥子油以及硫酸氢钾等毒性物质，如果不经处理长期或大量饲喂即可引起中毒。通常在采食后，有毒物质直接对消化道黏膜产生刺激作用，经吸收后可引起微血管壁扩张。量多时可使血容量下降和心率减少，同时伴有肝、肾及生殖器官损害。

二、症状

育肥猪易发本病，多呈急性经过，且死亡较快，病猪精神萎靡，站立不稳，频繁排尿，尿中带血，呼吸困难，腹痛、腹胀、腹泻，有时大便带血，口鼻等可视黏膜发绀，四肢末梢发凉，两鼻孔流出粉红色泡沫状液体，心率加快，体温变化不大或稍偏低，怀孕母猪可发生流产，最后终因心力衰竭而死。尸体剖检可见肠黏膜充血和点状出血，胃内常有少量凝血块。肾出血、肝混浊肿胀，心内外膜均有点状出血，肺水肿和气肿，血液如漆样，凝固不良。

三、诊断

主要根据饲喂菜籽饼的病史，结合胃肠炎、血尿等临床症状以及病理变化，不难做出诊断。

四、治疗

无特效解毒药物，主要做对症处理。

(1)发现中毒后，立即停喂菜籽饼，用0.05%高锰酸钾液让猪自由饮喝，必要时可灌服0.1%高锰酸钾液或蛋清、牛奶等，一般不宜用泻药，可考虑使用樟脑作解毒剂。

(2)对症治疗应着重于保肝、护心肾和预防肺水肿，并可适当应用维生素C、维生素K及肾上腺皮质激素等。

五、预防

对本病的预防，首先是在饲用菜籽饼的地区，测定当地所产菜籽饼的毒性，而后以此控制用量，并经过对少数猪饲喂认为安全后，方可供大群饲用。但对怀孕母猪和仔猪，应严格限用或不用。

目前，为了安全地饲用菜籽饼，通常先对菜籽饼肘必要的去毒处理。

1. 坑埋脱毒法 选择向阳干燥、地温较高的地方挖一宽0.8m，深0.7～1m，长度由菜籽饼数量决定的长方形坑，将菜籽饼用一定比例的水（1∶1加水量的效果最好）浸透泡软后埋入坑内，顶部和底部盖一薄层麦草，覆土20cm，2个月后的平均脱毒率为84%。

2. 发酵中和法 在发酵池或大缸中投入清洁的40℃温水，然后将碎（但不霉）菜籽饼投入发酵。饼与水的比例1∶（3.7～4），温水以38～40℃为宜，每隔2h搅拌1次，经16h左右，pH达3.8后，继续发酵6～8h，充分滤去发酵水，再加清水至原有量，搅拌均匀，后加碱进行中和，中和时，碱液浓度要适宜（一般不得超过10%），在不断搅拌下，分次喷入，中和到pH保持7～8不再下降为止，待沉淀2h，滤去废液，湿饼即可作饲料，如长期保存，还须进行干燥处理。据称本法去霉效果可达95%以上，苦涩味也基本消除。

3. 盐水浸泡法 一般小规模少量饲喂者，可以将粉碎的菜籽饼用盐水浸12～24h，把水倒掉，再加水煮沸1～2h，边煮边搅，使毒素蒸发掉，方可喂猪。

第七节 黑斑病甘薯中毒（Mouldy sweet potato poisoning）

黑斑病甘薯中毒是猪采食大量患有黑斑病或软腐病、象皮虫病的病甘薯所致发的一种以急性肺水肿与间质性肺气肿以及严重呼吸困难为病理和临床特征的中毒病。

一、病因

动物采食黑斑病甘薯或其病薯加工（切片、晒干、磨粉、酿酒等）后的残渣，均可发生中毒，发病季节多在春末夏初留种的甘薯出窖时期，也可在冬季地窖潮湿或温度增高时，大量坏薯倾出，被动物误食发病。病薯的病原是真菌中甘薯黑斑病菌，它可寄生于甘薯、薯藤或出窖的甘薯幼苗上，当薯块表皮轻度受损就可被感染。发病薯块的表面呈暗褐色或黑色斑点，病变部位干硬、味苦。这种菌和它所产生的毒素甘薯酮、甘薯醇耐高温，一般水煮、蒸、烤都不能破坏其毒性。

另外，甘薯贮藏期由于损伤部位感染软腐病菌形成甘薯软腐病，受害部软化流出有酒味的黄色液体，后期长出白色绒毛状菌丝，顶端有黑色颗粒。动物采食这种病薯也能致病。

象皮虫病是由于甘薯贮藏不好，被象皮虫咬伤，在薯的表皮呈黑色点状，味苦，动物采食这种病薯也发病，其症状与黑斑病甘薯中毒相同。

二、发病机制及临床症状

本病的发病机制尚不完全清楚，就目前所知，致病毒素为甘薯酮及其羟基衍生物——甘薯醇等，均属肝毒素。后来，有人发现其毒性作用主要是由4-甘薯醇和1-甘薯醇所引起，毒素进入体内经微粒体中的加氧酶致活后，与肺组织色素P-450以双价的形式结合，其结合的程度同肺水肿的发生和致死率呈平行关系，其与肺脏微粒体蛋白结合的程度，往往超过同肝脏或其他器官微粒体蛋白的结合，因此中毒的主要症状是呼吸困难，发生间质性肺水肿，尚有肝脏肿大和胰脏坏死。

临床上，猪中毒时，精神不振，食欲大减，口流白沫，张口呼吸，咳嗽，鼻孔流出泡沫粉红色液体，可视黏膜发绀、流泪。心音增强，心律不齐，肠音减弱，粪便干硬发黑，后期转为腹泻、排混黏液和血液的稀软恶臭粪便。有的阵发痉挛，运动失调，步态不稳，轻症病例除去病因后经过1周，症状即逐渐缓解，可望康复。重症病例，体温升高（41～41.8℃），头抵墙壁，前冲乱撞，在抽搐发作中死亡。病理解剖，除肺脏特征性病变外，胃黏膜呈现广泛性充血、出血、黏膜易剥脱，胃底部发生溃疡，肝肿大、胆囊肿大几倍，充满黑绿色胆汁。

三、诊断

根据饲喂黑斑病甘薯的病史、突发和流行特点，严重的呼气性呼吸困难，以及肺脏特征性病变，可初步做出诊断。必要时可应用黑斑病甘薯或其酒精、乙醚浸出液进行人工复制发病试验。

四、治疗

尚无特效解毒药，治疗的基本原则为迅速排出毒物、解毒、缓解呼吸困难及对症疗法。在毒物尚未完全被吸收前，通常采用催吐、洗胃或内服泻剂的方法，但在症状出现后，并无多大实用意义。

缓解呼吸困难。可用5%~20%硫代硫酸钠注射液20~50mL，静脉注射，亦可同时加入维生素C 0.2~0.5g。

为了提高肝、肾的解毒和排毒功能，可静脉输入葡萄糖液维生素C等，同时给予利尿或脱水剂，并配合肾上腺皮质激素，以提高毛细血管的收缩强度，预防和治疗肺水肿及因此而发生的缺氧。

据报道，采用静脉注射双氧水效果良好，方法是以新鲜未污染的双氧水用高渗葡萄糖液将之稀释成0.5%~1.0%浓度，并适当加维生素C，猪每次耳静脉注射60~80mL。

五、预防

消灭甘薯黑斑病病菌，防止甘薯感染发病是消灭本病的根本性措施。可在育苗前进行温汤浸种，就是用50℃的10%硼酸水浸甘薯种薯，浸泡10min，或者用50%~70%甲基托布津1 000倍溶液浸泡种薯10min，均可获得较好效果。

收运甘薯时，勿擦伤薯皮，轻装轻卸，保存甘薯可贮藏在地窖内，要注意入窖散热关、越冬保温关及立春回暖关，过好这三关可防止甘薯霉烂。此外，适时地做成无黑斑病甘薯的青贮，也是保存甘薯的好办法。

对患黑斑病的甘薯及其加工后的副产品禁止作猪饲料使用。病甘薯也要严禁乱丢，应集中深埋、沤肥或火烧。

第八节 棉籽饼中毒（Cottonseed cake poisoning）

棉籽饼是棉纤维和棉油加工业的副产品，含粗蛋白36%~45%，可消化养料73.6%和10多种氨基酸，是具有高营养价值的精饲料，可以作为全价的动物日粮蛋白质来源，但是由于棉籽饼中含有多种有毒的棉酚色素，长时间过量饲喂便可引起猪发生棉籽饼中毒。

一、病因和发病机制

棉籽饼中的有毒成分已知有游离棉酚、棉酚紫和棉绿素等3种色素，其毒性以棉绿素最强，游离棉酚次之，但游离棉酚的含量远比另两种色素为高，因此棉籽的毒性决定于游离棉酚的含量。另外，棉籽饼中的游离棉酚含量可因品种、生长环境和不同榨油加工方法而异，一般含0.02%~0.20%，分子式$C_{30}H_{30}O_8$，相对分子质量518.54。

棉籽毒在体内排泄缓慢，有蓄积作用，因此用未经去毒处理的棉叶或棉籽饼作饲料时，一次大量喂给或长期饲喂时均可能引起中毒，妊娠母猪及仔猪对棉籽毒更为敏感，仔猪可因吃了以棉叶或棉籽饼作为饲料的母猪乳汁而中毒。另外，日粮中维生素和矿物质（尤其是维生素A及铁和钙）缺乏以及其他过度刺激均可促使中毒发生或使病情加重。

棉酚引起中毒的机制还不清楚，一般认为，游离棉酚是一种含酚毒甙，为血液毒和细胞原浆毒，对神经、血管实质脏器、细胞等均有毒性，对组织有刺激作用，能引起组织发炎，能增强血管壁的通透性，促进血浆和血细胞渗到外周组织，使血管周围组织发生浆液性浸润和出血性炎症。

棉酚易与机体内的铁结合，干扰血红蛋白合成，引起缺铁性贫血，并可导致溶血，同时在棉酚的作用下，血中不能容纳适量的维生素A，可引起维生素A缺乏，导致消化、呼吸、泌尿等器官黏膜的炎症和变性，甚至出现眼炎或失明。

棉酚易溶于磷脂，故能在神经细胞中积累而使病猪神经系统的机能发生紊乱。

棉酚还可使子宫剧烈收缩，可引起妊娠母猪发生流产和早产。

二、症状和病变

病猪精神不振、头低、咳嗽、耳根紫红色、腹下红色，有的体温升高，达41～42℃，弓腰、四肢软弱、行走摇晃，结膜暗红、有黏性分泌物，呼吸、心跳增快而弱，鼻腔有分泌物流出，肺水肿发炎，有啰音。食欲减退，粪便干黑、带血。红血球减少，嗜中性白细胞增加。发生维生素A缺乏症，眼睛发炎，或双目失明。妊娠母猪发生流产。仔猪常腹泻、脱水和惊厥，死亡率高。心律不齐，心电图T波低平或倒置，显示心肌损伤。

尸体剖检常呈出血性胃肠炎、肾炎、肝充血肿大、变色，其中有许多空泡和泡沫状间隙，胆囊、胰脏增大、肺水肿、间质增宽，切面可见大小不等的空腔，有多量泡沫样液体溢出，心内外膜有出血点，胸膜腔有红色渗出液，结缔组织浸润，全身淋巴结肿大，视神经萎缩，睾丸多数曲精小管上皮排列稀疏，胞核模糊或自溶，精子数减少，结构被破坏，线粒体肿胀。

三、诊断

根据饲喂棉籽饼的病史，胃肠炎、视力障碍等临床症状及相应的病理变化，可做出诊断。

四、治疗

无特效解毒剂，主要采用消除致病因素，加速毒物的排除及对症疗法。

对于急性中毒病例，可选用0.05%高锰酸钾溶液，2%～3%碳酸氢钠溶液或3%过氧化氢（加10～15倍水）溶液反复洗胃，洗后内服硫酸镁或硫酸钠导泻，同时可用3%～5%碳酸氢钠液灌肠，同时对疑有肺水肿、中毒性肝炎、急性肾功能衰竭等现象者，可采取对症疗法。

对于慢性病例，应立即停喂棉叶或棉籽饼，内服稀盐酸1～5mL，每小时3次，加少量水投服，或鞣酸1～2g，硫酸亚铁2g，加水200mL一次内服。为了阻止渗出，增强心脏功能补充营养和解毒，可用25%葡萄糖注射液200～250mL，20%安钠加5～10mL，10%氯化钙溶液50mL，一次静脉注射，注射维生素C、维生素A、维生素D等都有一定的疗效。

当病猪尚有食欲时，尽可能多喂些青绿饲料或青菜、胡萝卜等，对病的恢复效果很好。当大群猪发生中毒，而症状不甚严重时在饲料中加喂少许食盐、大蒜等，并给予大量饮水，对症状有缓解作用，对食欲较差病例，可给予健胃剂。

据报道，大蒜1头、香油70mL、鸡粪少许1次内服，效果不错，临床上可试用。

五、预防

为了预防棉籽饼中毒，可采取以下措施：

1. 限量饲喂　猪的喂量每小时不得超过0.5kg，怀孕母猪和仔猪最好不要饲喂。即使这样，也必须喂半月停半月，以免引起蓄积性中毒。

2. 加热减毒处理　榨油时最好能经过炒、蒸，使游离的棉酚转变为结合的棉酚，生棉籽皮炒了再喂，棉渣必须加热蒸煮1h后再喂，据说用10%大麦粉煮后去毒效果好。棉叶必须晒干去土压碎、发酵，发酵过的棉叶用清水洗净，再用5%的石灰水浸泡10h，软化解毒后再喂猪。

3. 加铁去毒　铁与棉酚能结合成不被动物吸收的复合物，使棉酚的吸收量大大减少。据报道用0.1%～0.2%硫酸亚铁液浸泡棉籽饼，棉酚的破坏率达81%～100%，或者喂棉籽饼的同时加喂硫酸亚铁，其剂量与棉酚（游离）之比为1∶1；但需注意应使铁与棉籽饼充分混合接触，猪饲料中的铁含量不得超过500mg/kg。

4. 增加日粮中蛋白质、维生素、矿物质和青绿饲料　有报道，饲料中蛋白质含量越低，中毒率越高，当猪日粮中粗蛋白质含量分别为14%、17%、20%时，中毒率分别为55.6%、22.2%、11.1%，用棉籽饼作猪饲料时与大豆饼等量混合，或大豆饼5%加鱼粉2%加棉籽饼，或鱼粉4%加棉籽饼。饲料里增加维生素（主要是胡萝卜素）、矿物质（主要是钙和食盐）、青绿饲料对预防棉籽饼中毒都有很好的作用。

5. 培育不含棉酚的棉花品种　最近美国、埃及、叙利亚、伊朗等国都培育出几乎不含棉酚的新棉花品种。

第九节 氟及氟化物中毒（Fluoride poisoning）

氟中毒分无机氟化物中毒和有机氟化物中毒两类，因中毒机理不同，现分别叙述。

一、无机氟化物中毒（Inorganic Fluoride Poisoning）

无机氟化物中毒又称氟病，是长期连续摄入超过安全限量的无机氟化物引起的一种以胃、牙齿病变为特征的中毒病，常呈地方性群发。

1. 病因

⑴自然条件致病：岩石、土壤、饮水中含氟量高，形成地方性高氟区，致发动物慢性氟中毒，称地方性氟病。

⑵工业污染致病：利用含氟矿石作为原料或催化剂的工厂（磷肥厂、钢铁厂、炼铝厂、陶瓷厂、玻璃厂、氟化物厂等），未采取除氟措施，随“三废”排出的氟化物污染环境，如空气、土壤、水源、牧草，使生长在污染区的动物长期接触而发生中毒。

⑶长期用未经脱氟处理的过磷酸钙作猪的矿物质补饲，亦可引起氟病。

⑷另外，猪的急性无机氟中毒偶见于使用氟化钠驱虫时用量过大的情况。

2. 发病机制　氟是动物机体不可缺少的微量元素之一，氟参与机体的正常代谢，可以促进牙齿和骨骼的钙化，对于神经兴奋性的传导和参与代谢的酶系统都有一定作用。

但是，当大量氟进入机体后，可以从血液中夺取钙、镁离子，使血钙、血镁降低。因此急性氟中毒在临床上常表现为低血镁症和低血钙症的症状，氟在少量长期进入机体的情况下，同血液中的钙结合，形成不溶性的氟化钙，致使钙代谢障碍，为补偿血液中的钙，骨骼即不断地释放钙，从而引起成年动物脱钙，终致骨质松脆，易于骨折，生长中的动物则因钙盐吸收减少而使牙齿、骨骼钙化不足，形成对称性斑釉齿和牙质疏松，易于磨损，与此同时，骨骼疏松膨大、变形。由于成骨细胞和破骨细胞的活动，骨膜和骨内膜增生，使骨表面产生各种形状的、白色的、粗糙的、坚硬的外生骨赘。血钙减少，能引起甲状旁腺分泌增多，一方面，使破骨细胞增加，活动增强，促进溶骨现象，加强骨的吸收。另一方面，还能抑制肾小管对磷的再吸收使尿磷增高，这也是影响钙磷代谢的重要环节。也有人认为进入机体的氟可作用于酶系统，凡是需要钙、镁、锰、铁、铜、锌等金属的酶，因其可形成氟－金属复合物，氟都可以对它们发生影响。另外，氟本身也是一种腐蚀剂，接触局部可使之发炎、溃烂；氟化物还可延缓凝血时间。

3. 症状　常呈地方性群发，病猪异嗜、生长发育不良，骨、牙齿的病变及其引起的一系列症状最为突出，且随年龄的增长而加重。临床上分急性和慢性氟中毒两类。

⑴急性氟中毒：多在食入过量氟化物0.5h后出现临床症状，表现为呕吐、腹痛、腹泻等急性胃肠炎症状。严重病例可发生抽搐、昏迷、呼吸困难、紫绀，最后呼吸、循环衰竭而死。

⑵慢性氟中毒：最为常见。随着食入的氟化物逐渐增多，病猪被毛粗乱、干燥，行动迟缓，异嗜、跛行。卧地、不愿站立，强迫站立则步履艰难，尖叫不已。牙齿的损害十分明显，起初多为白垩型，以后逐渐发展成为着色型和缺损型。另外骨骼的变化异常显著，首先在跖骨、掌骨、下颌骨和肋骨呈对称性肥厚，以后可见下颌骨肿大，肋骨变粗隆起。

4. 病理变化　急性氟中毒可见脑软化，胶质细胞增生，血管周围细胞浸润，心肌显著浊肿，间质水肿及出血，肝、肾充血、出血或呈脂肪变性，出血性胃肠炎。慢性氟中毒剖检变化除牙齿的特殊变化外，以头骨、肋骨、桡骨、腕骨和掌骨变化较大。

5. 诊断　主要根据周围环境及接触史，临床症状、病理变化做出诊断。必要时进行毒物分析和氟测定、血液生化检查。

急性氟中毒常突然发生，可结合病史和症状、病理变化进行分析。

慢性氟中毒病猪有长期的、日益严重的跛行，以及对称性斑柚齿和臼齿过度磨损。

氟测定的评价：骨氟超过1 000～1 200mg/kg作为氟病的诊断指标，尿氟超过15mg/L作为氟病的诊断指标，饲料、饮水含氟超过7mg/kg作为氟病的诊断指标。另外氟中毒时，血糖减少，胆碱脂酶活力降低，酸性磷酸酶增高。

6. 治疗 应根据具体情况采取相应措施。

⑴对于急性中毒病例，可投予催吐剂硫酸铜或用0.5%氯化钙溶液、稀石灰水澄清液洗胃，后给予硫酸钠导泻。补给维生素D以及灌服牛乳、蛋清、浓茶水等，均有一定作用。

⑵对于慢性中毒病例，首先要停止毒物的继续摄入，移至安全区，并给予富含维生素的饲料及矿物质添加剂，同时相应做其他对症处理。

⑶有血钙、血镁降低时，应及时静脉注射氯化钙或葡萄糖酸钙溶液及硫酸镁溶液，中毒性肝、肾损害，在用镁后可促进恢复。

7. 预防

⑴自然高氟区，关键措施是改饮低氟水。从安全区引入低氟水，在我国北方可打深井，要注意防止浅层高氟水流入深层水中。在缺乏改水条件的地区，可用活性氧化铝、明矾或熟石灰除氟，降低饮水含氟量。

⑵工业氟污染区，根本措施是将排氟量控制在安全限量以下，在 时难以消除污染的地区，为了减轻污染造成的损失，应采取综合治理。

⑶在使用氟化物作饲料添加剂或临床用药时，要掌握好用量，以免因剂量过大而引起中毒。

二、有机氟化物中毒（Organic Fluoride Poisoning）

有机氟化物主要有氟乙酰胺、氟乙酸钠和N-甲基-N-萘基氟乙酸盐等，是一类药效高、残效期长、使用方便的杀虫、杀鼠类剧毒农药，这种化合物只有在动植物组织中活化为氟乙酸时才具有活性。猪发生有机氟化物中毒往往是因误食（饮）被有机氟化物处理或污染了的植物种子、饲料或饮水所致。临床上以心脏及神经系统受损害为特征。

1. 病因 有机氟农药可经消化道、呼吸道及皮肤进入体内，当猪误食喷洒过有机氟农药的青饲料、农作物；采食了用氟乙酰胺处理过的灭鼠毒饵；农药保管及使用不当，污染了饲料、水源被猪食入，都可发生中毒。氟乙酰胺在机体内的代谢、分解和排泄较慢，可引起蓄积中毒。

2. 中毒机理 氟乙酰胺进入机体后，脱胺而形成氟乙酸，呈其毒性作用，氟乙酸经乙酰辅酶A活化并在缩合酶的作用下，与草酰乙酸缩合生成氟柠檬酸。氟柠檬酸的结构同柠檬酸相似，是柠檬酸的对抗物，可阻碍柠檬酸代谢、抑制乌头酸酶、中断三羧循环，糖代谢受阻。以致组织和血液内的柠檬酸蓄积（数倍），而ATP生成不足，破坏组织细胞的正常功能，这一毒性作用普遍发生于全身所有的组织细胞内，但在能量代谢需求迫切而强烈的心、脑组织出现得最快，病变的程度也最重剧，氟柠檬酸对中枢神经可能还有一定的刺激作用。

3.症状与病理变化 氟乙酰胺中毒的临床表现主要有中枢神经系统和循环系统。

临床中有两种类型。急性中毒表现为突然发病，神经症状明显、惊恐、尖叫、向前直冲、不避障碍，呕吐，全身颤抖，四肢抽搐，突然跌倒，角弓反张，心跳、呼吸加快，瞳孔散大。持续几分钟后，出现缓和，以后又重新发作，抑制期嗜睡、沉郁、肌肉松弛，常在1～2d内死亡。慢性中毒表现潜伏发病，慢慢蓄积，常于中毒5～7d后，表现为食欲减退，心动过速，共济失调，狂奔乱跳，遇障碍物或水坑不躲避等一系列神经症状。独处依墙而立或卧地，有的可逐渐康复，有的可能在静卧中死去。还有些病猪在中毒之次日，即表现沉郁，食欲废绝，呕吐，脉搏快而弱，心跳节律不齐。经3～5d，每因外界刺激或无明显外因而突然发作惊恐，尖叫，狂奔，全身颤抖，呼吸迫促，持续3～6min，症状缓解，但又可重复发作。病猪终于在抽搐中因呼吸抑制和心力衰竭而死亡。

主要病理变化有血液凝固不良，胃黏膜充血，心肌变性，心内外膜有出血斑点，脑软膜充血、出血；肝、肾淤血、肿大，卡他性和出血性肠炎。组织学检查脑水肿和血管周围淋巴浸润。

4. 诊断 依据接触有机氟化物和采食毒饵的病史，神经兴奋和心律失常为主体的临床症状，即可做出初步诊断。为确定和验证诊断，应测定血液内的柠檬酸含量，并采取可疑的饲料、饮水、呕吐物、胃内容物、肝脏或血液，做羟肟酸反应或薄层层析，证实氟乙酰胺的存在，鉴别诊断注意与有机磷农药中毒相区别。

5. 治疗 一经确诊，应立即使用特效解毒药——解氟灵（乙酰胺），剂量可按每日每千克体重0.1g计算，肌肉注射，首次用量要达到每日用药量的一半，一般注射3～4次，至颤搐现象消失为止，再出现颤搐可重复用药。在没有解氟灵的情况下，亦可用市售白酒解毒，5～15kg体重的猪用50mL，15～25kg体重的用100mL，25kg以上的用150mL；还可用乙二醇乙酸酯（醋精）100mL溶于500mL水中饮服或灌服，或5%酒精和5%醋酸（剂量为各2mL/kg）内服。

同时施行催吐、洗胃、导泻等中毒的一般急救措施，并用镇静剂、强心剂、山梗菜碱等做对症治疗。

有条件时，可使用辅助解毒剂，如辅酶A、三磷酸腺苷、细胞色素C以及维生素B类制剂，效果更好。

6. 预防

(1)禁喂用氟乙酰胺喷洒过的植物茎叶、瓜果以及被污染的饲草、饲料。喷施过氟乙酰胺的农作物，从施药到收割期必须经60天以上的残毒排出时间，才能作饲料用，否则容易发生中毒。

(2)用于防治农林蚜螨和草原鼠害时，严禁污染水源。

(3)严格执行农药的保管制度，防止猪误食。对毒死的鼠类尸体要深埋，以防被吞食发生中毒。

第十节 感光过敏（Photosensitivity）

有些植物富含特异性感光物质，长期或大量用以饲喂白皮肤猪时，就会提高猪对日光的敏感性，而使暴露于日光下的皮肤发生红斑、疹块、溃疡乃至坏死、脱落的疾病，称为感光过敏，又称为光能效应植物中毒（Photodynamic plants poisoning）。严重病例可伴有头部黏膜的炎症、胃肠功能障碍，甚至出现神经症状。

一、病因

1. 原发性感光过敏 是由于动物吃了外源性光能剂而直接引起的，富含感光物质的植物有金丝桃、荞麦、野胡萝卜、多年生黑麦草等野生植物。

2. 继发性感光过敏 引起这类感光过敏的物质，几乎全部是叶绿胆紫素，它是叶绿素正常代谢的产物，当肝功能障碍或胆管闭塞时，叶绿胆紫素便同胆色素一起进入体循环，被血流带到皮肤，在阳光作用下发病。引起继发性感光过敏的物质主要有蒺藜，某些霉菌，某些有毒植物。此外，还有许多尚未确定是原发性或继发性的感光过敏的物质如红三叶草、杂三叶草、黄花苜蓿、紫花苜蓿和野豌豆，被动物采食后亦可引起发病。

3. 先天性感光过敏 临床上比较少见。

4. 其他 还有人认为，引起感光过敏的原因可能是，在促进蛋白质吸收的维生素缺乏的情况下，单一的、大量的大蛋白质（如荞麦、豆科等蛋白质）进入机体，而发生毒性作用的结果。

二、发病机制

通常认为，光能效应物质的毒性作用在于其所含有的光能效应物质，如苜蓿、三叶草、黍等饲料作物所含有或生成的叶红素，金丝桃科植物所含有的金丝桃红或金丝桃素，黑麦草所含有的普尔罗林等。也有人认为，叶红素等光能效应物质是植物中的叶绿素等在胃肠道内经微生物的作用而生成的。在正常的情况下，生成的叶红素经小肠吸收，进入肝脏，又随胆汁进入肠管，由粪便排出。在光能效应植物中毒时，这一闭锁的肠肝循环发生障碍，于是叶红素等光能效应物质进入体循环，并积聚于皮肤等部位，叶红素等光能效应物质能够吸收光能，在日光照射下处于激活状态。当恢复到原来的非激活状态时，被吸收的光能就发生荧光，并形成游离的化学基团及过氧化物，损坏周围细胞的胞膜和溶酶体酶，皮肤内毛细血管壁内皮细胞的损伤尤为严重，造成表皮和真皮中血浆红细胞连同叶红素等光能效应物质的渗出；经日光的进一步激活，周围组织的膜结构损伤更加严重，嗜碱细胞也同时受到损害，释放出致炎介质，连同上述光化学反应损害，就造成皮肤感光过敏的一系列病理变化。

三、症状

感光过敏主要表现为皮炎，并且只局限于日光能够照射到的无色素的皮肤。病初患猪头部、背部和颈部等皮肤出现红斑、水肿，触之敏感，皮肤奇痒（图4.7.10-1、2）。由于磨蹭擦痒，可使表皮磨破，而渗出黏稠液体，干后与毛粘连，耳壳变厚，眼结膜充血，眼睑被脓性分泌物粘连。数日后皮肤变硬、龟裂，1周后皮肤表面的坏死逐渐分离，露出鲜红色的肉芽面。严重的病例除此之外，还表现黄疸、腹痛、腹泻等消化道症状和肝病症状，或呼吸高度困难，泡沫样鼻液等肺水肿症状。有的则出现兴奋不安、无目的地奔走，共济失调，痉挛，昏睡以至麻痹等神经症状。尸检时，除皮肤不同程度的炎性病变和皮下组织水肿外，常可见全身黄染，胃肠炎症，肝脏变性乃至坏死，有的伴发肺水肿。

四、诊断

主要根据病史调查（本病只见于饲喂过含有感光物质的植物的白猪，且需经日光照射后才能发生，同群的黑色或暗色的猪虽喂同样植物，同时被日光照射，却不发病）和临床表现（皮炎症状），很容易做出诊断，但应同猪的缺锌病相区别。

五、治疗

对于轻症病例通过改变饲料、避免日光和对症治疗，经3～5天即可痊愈，而对于出现肺水肿症状和神经症状的重症病例，往往予后不良。本病尚无特效解毒药。治疗主要是对症处置。

将病猪移至避光的暗处，灌服植物油50～100mL和人工盐30～50g，以清理胃肠道内的光能效应物质。皮肤患部可以冷敷，或用5%石灰水洗涤后，涂以1∶10鱼石脂软膏。为了止痒，可涂布1∶10石碳酸软膏或撒布氧化锌薄荷脑粉（薄荷脑0.2～0.4g，氧化锌20g，淀粉20g）。

严重病例，可内服或肌肉注射盐酸苯海拉明、扑尔敏等抗过敏药物。

六、预防

⑴合理调配猪饲料，富含感光物质的植物用作饲料时要控制好用量，尽量避免连续大量使用。

⑵积极治疗肝胆疾病，防止继发性感光过敏。

⑶荞麦及其副产品饲喂怀孕后期的母猪和哺乳母猪时，须特别慎重，因其可致仔猪发病。

第十一节 蓖麻中毒（Castor seed poisoning）

蓖麻中毒是猪误食蓖麻籽实、茎叶或饲喂大量未经处理的蓖麻籽饼所引起的一种中毒。临床上以出血性胃肠炎和一定的神经症状为特征。

一、病因及发病机理

蓖麻籽饼、蓖麻籽实、蓖麻茎叶都含有蓖麻毒素和毒性蓖麻碱等有毒成分，如果被动物误食或用未经处理的蓖麻籽饼作饲料长期大量饲喂即可引起中毒。据报道，猪的蓖麻籽致死量为1.4g/kg体重。

蓖麻素是一种血液毒，大部分经肠管吸收，能使红细胞凝集，纤维蛋白原变为纤维蛋白，在肠黏膜的血管内形成血栓导致肠壁出血、溃疡以及出血性胃肠炎。进入体循环后，则造成各器官组织，特别是心、肝、肾以及脑脊髓的血栓性血管病变，使之发生出血、变性乃至坏死，从而表现相应的器官机能障碍和重剧的全身症状。

二、症状

猪采食后15min至2～3h发病，临床表现决定于食入量的多少。轻度中毒表现精神沉郁，食欲减退，体温升高，呕吐、口吐白沫，腹痛腹泻，黄疸明显，肠音亢进，血尿、血便、膀胱麻痹。重度中毒常突然发生，倒地、四肢痉挛、嘶叫不已，肌肉震颤，身体末梢和下垂部位严重发绀、尿闭、便血、昏睡、体温降至37℃以下，最终死亡。尸体解剖突出变化是出血性胃肠炎和各实质器官的出血、变性和坏死。

血液学检验可见红细胞显著增加，并伴有异型红细胞症和大小不匀症。白细胞也可能增至正常的2倍，重症病例血液黏稠、血沉变慢。

三、诊断

根据误食或饲喂蓖麻籽饼的发病史，高热、胃肠炎和强直性痉挛的临床症状，以及病理剖解胃内物的蓖麻籽皮壳即可建立诊断。为了确诊，可做毒物检验，或借助生物学方法，查明动物体内和饲料中的蓖麻毒素。

毒检方法如下：取胃内容物10～20g，加倍量蒸馏水，浸泡后过滤，取滤液5mL，加磷钼酸液5mL，水浴上煮沸，溶液呈绿色，冷却后加氯化铵液，液体由绿色转为蓝色，再水浴加热，变为无色，即证明有蓖麻素存在。

四、治疗

蓖麻籽中毒的特效解毒法是应用抗蓖麻素免疫血清。治疗原则为迅速排出毒物，维护心血管机能，采用必要的对症疗法。

为排除胃肠内的毒物，可用0.05%高锰酸钾水反复洗胃，同时用4%碳酸氢钠灌肠，或内服泻剂，硫酸钠25～50g一次内服，或硫酸镁25～50g一次内服，亦可用酒30～50mL一次内服。

为维护心血管机能，可用10%安钠咖注射液10mL，皮下或肌肉注射。同时配合5%葡萄糖盐水注射液300～500mL，静脉或腹腔注射。

对于有神经症状的病猪，可静脉注射安溴注射液或25%氯丙嗪注射液皮下注射。

中草药疗法，防风100g、甘草75g、水煎一次内服。

五、预防

(1)做好蓖麻籽饼和籽实茎叶的保管工作，以免被动物误食发生中毒。

(2)饲喂蓖麻籽饼时必须由少到多，逐渐增量，并按规定预先加以去毒或减毒处理，即使经过去毒处理，日粮中饲喂量也不应超过10%～20%。去毒方法一是浸出法，即用6倍的10%食盐水浸泡6～10h，然后用清水洗涮。二是蒸煮法，即高热破坏法，在120～125℃下蒸1.5～2.5h，或在150℃下蒸1～2h。

(3)及时更换饲料，凡发现蓖麻中毒，必须立即停喂，改换其他饲料。

(4)中毒母猪的乳汁中含有蓖麻毒素，不可继续哺育仔猪，以防引起仔猪中毒。

第十二节 有机磷农药中毒（Organophosphatic insecticides poisoning）

有机磷中毒是由于接触吸入或误食某种有机磷农药所致，以体内胆碱酯酶活性被抑制和乙酰胆碱蓄积为毒理学基础，以胆碱能神经兴奋效应为临床特征。

一、病因

有机磷农药具有强大的杀虫效力，有数十种，对人畜毒性很大，常见引起猪中毒的有机磷农药有对硫磷（1605）、内吸磷（1059）、甲拌磷（3911）、乐果、敌百虫、敌敌畏等，本病的发生情况极其复杂，从造成毒物进入体内的情况来看，引起中毒的常见原因主要有：

(1)违反保管和使用农药的安全操作规程，如保管、购销或运输中污染饲料、环境或用盛装过农药的容器装饲料和饮水导致动物中毒等等。

(2)不按用药规定使用农药驱除猪体内外寄生虫而发生中毒。

(3)采食了喷洒农药不久的蔬菜、瓜果等青绿饲料而引起中毒。

⑷人为的投毒破坏活动。

二、发病机制

有机磷农药可经消化道、呼吸道或皮肤进入机体而发生中毒。有机磷农药被吸收后，主要与胆碱酯酶结合，形成比较稳定的磷酰化胆碱酯酶而失去分解乙酰胆碱的能力，结果体内胆碱酯酶的活性显著下降，乙酰胆碱在胆碱能神经末梢和突触部大量蓄积，持续不断地作用于胆碱能受体，出现一系列胆碱反应系统机能亢进的临床表现。包括毒蕈碱样、烟碱样以及中枢神经症状，如虹膜括约肌收缩使瞳孔缩小；支气管平滑肌收缩和支气管腺体分泌增多，导致呼吸困难，甚至发生肺水肿；胃肠平滑肌兴奋，表现腹痛不安，肠音强盛，不断腹泻；膀胱平滑肌收缩，造成尿失禁；汗腺和唾液腺分泌增加，引起大出汗和流涎；骨骼肌兴奋，发生肌肉痉挛，最后陷入麻痹；中枢神经则是先兴奋后抑制，甚至发生昏迷。

有机磷化合物与胆碱酯酶的结合，刚开始是可逆的，随着时间的延续，结合愈益牢固，最后则变成不可逆反应。再者，有机磷化合物进入机体到发病，需要经历一个过程。体内一般都有充足的胆碱酯酶贮备，当毒物进入量较少，血浆胆碱酯酶活性降低到70%～80%时，往往不显露临床症状，当进入量较多，酶活性降到50%左右时，临床症状多较明显，待降到30%以下时，中毒才十分重剧和危险。

此外，还有人认为，有机磷化合物尚具有对三磷酸腺苷酶、胰蛋白酶、胰凝乳蛋白酶等的抑制作用。不同有机磷农药还各有一定的独特毒性作用，导致中毒症状复杂化。有关有机磷农药中毒的毒理研究，有待于进一步的探索。

三、临床症状

由于有机磷农药的毒性、摄入量、进入途径以及机体的状态不同，中毒的临床症状和发展经过亦多种多样，但除少数呈闪电型最急性经过，部分呈隐袭型慢性经过外，大多取急性经过。于吸入、吃进或皮肤沾染后数小时内突然起病，表现为胆碱能神经兴奋、口吐白沫、大量流涎、骚闹不安，也有的流鼻液、泪液、眼结膜高度充血、瞳孔缩小、磨牙、肠蠕动音亢进、呕吐、肌肉震颤、全身出汗、不断腹泻。病情加重时，呼吸快速、心跳疾速、脉搏细弱，眼斜视，四肢软弱，卧地不起，大小便失禁，若不及时抢救，常会发生肺水肿而窒息死亡。慢性经过的病猪，无瞳孔缩小及腹泻等剧烈症状，只是四肢软弱，两前肢腕部屈曲跪地，欲起不能，尚有食欲，病程长达5～7d。

血液中胆碱酯酶酶活性，一般均降到50%以下，严重的中毒则多降到30%以下。

四、病理变化

以肝、肾、脑的变化较明显，肝脏可有充血、细胞肿胀、小灶性肝细胞坏死；胆汁淤积，肾脏可有淤血，肾小球肿大，近曲小管上皮浊肿等；脑可出现水肿、充血、脑神经细胞肿胀、细胞核溶解，甚至脑及脊髓软化。此外，肺水肿、气管及支气管内有大量泡沫样液体，肺胸膜有散在点状出血，心外膜下出血，心肌断裂，间质充血，水肿。胃肠黏膜呈弥漫性出血，胃黏膜易脱落，胃内容物似大蒜味（经口中毒者）。

五、诊断

主要根据接触有机磷农药的病史，胆碱能神经兴奋效应为基础的一系列临床表现（流涎、出汗、肌肉痉挛、瞳孔缩小、肠音强盛、排粪稀软、呼吸困难等）以及病理变化做出初步诊断，进行全血胆碱酯酶活力测定，则更有助于早期确诊。必要时采取可疑饲料、饮水或胃内容物进行有机磷农药的毒物检验，或取尿液检测其分解产物。紧急时可做阿托品治疗性诊断，方法是皮肤或肌肉注射常用剂量的阿托品，如系有机磷中毒，则在注射后30min内心率不加快，原心率快者反而减慢，毒蕈碱样症状也有所减轻。否则，很快出现口干、瞳孔散大、心率加快等现象。

六、治疗

首先立即实施特效解毒，然后尽快除去尚未吸收的毒物，同时配合必要的对症疗法。

实施特效解毒，应用胆碱酯酶复活剂和乙酰胆碱对抗剂，双管齐下，疗效确实。胆碱酯酶复活剂常用的有解磷啶、氯磷啶、双解磷、双复磷。乙酰胆碱对抗剂常用的有硫酸阿托品。轻度中毒病例可以任选其一。中度和重度中毒可硫酸阿托品与解磷定或双复磷联合应用。

1. 解磷定 0.02～0.05g/kg体重，溶于5%葡萄糖生理盐水100mL中作静脉注射或腹腔注射。注意该药使用时忌与碱性溶液配用。

2. 双复磷 0.04～0.06g/kg体重，用盐水溶解后，可供皮下、肌肉或静脉注射。

3. 硫酸阿托品注射液 1mL（5mg）1次皮下注射。

以上3种药物用量应根据猪体大小与中毒程度酌情增减，注射后要观察瞳孔变化，在第一次注射后20min左右，如无明显好转应重复注射，直至瞳孔扩大，其他症状消失为止。

在实施特效解毒的同时或稍后，采用除去未吸收毒物的措施。若是经口进入体内引起的中毒可用硫酸铜1g内服，催吐，或用2%～3%碳酸氢钠液或食盐水洗胃，并灌服活性炭。若是因皮肤涂药引起的中毒则应用清水或碱水冲洗皮肤，但须注意，敌百虫中毒不能用碱水洗胃和洗皮肤，否则会转变成毒性更强的敌敌畏。

对于危重病例，应对症采用辅助疗法，以消除肺水肿，兴奋呼吸中枢，输入高渗葡萄糖溶液等，有助于提高疗效。常用20%甘露醇200mL加入20%安钠咖3～5mL，静脉注射。而在治愈后的一定时期内，应避免再度接触有机磷农药，以利安全。

七、预防

⑴首先要健全对农药的购销、保管和使用制度，防止污染饲料、饮水及周围环境。

⑵不许用刚喷洒过农药的蔬菜、水果等青绿饲料喂猪。

⑶不能用喂猪的器具配制农药，也不能用配制农药的器具喂猪。

⑷对于使用农药驱除猪体内外的寄生虫时，严格控制用药剂量，最好由兽医人员负责，定期组织进行，以防意外的中毒事故。

第十三节 痢特灵中毒（Furazolidone poisoning）

痢特灵即呋喃唑酮，是治疗肠炎、腹泻的常用药物之一。大剂量或长期连续使用，即可引起动物机体中毒，甚至死亡。临床上以神经症状和全身出血性变化为特征。痢特灵中毒仔猪多发。

一、病因及发病机制

临床用药时，痢特灵的日服量为每千克体重10mg，片剂为100mg/片。如果用药量超过数倍、十几倍乃至几十倍以上，甚至连续用药数小时，则使猪体发生中毒。药物经胃肠道被机体吸收后，主要对机体氧化酶活性产生较强的抑制作用。同时，抑制骨髓造血机能，影响红细胞的生成，减少肝脏蛋白质和糖元的形成，破坏肾脏的正常排泄功能。另外还能抑制胃肠的蠕动，使消化液分泌减少，胃酸分泌减少则影响钙的吸收，使神经、肌肉兴奋紊乱，出现肌肉震颤。

二、症状

病初，精神沉郁，全身发红，结膜充血，口吐白沫，肌肉震颤，鼻镜干燥，运动失调，很快出现神经症状如兴奋、嚎叫、行走时步态蹒跚，后肢无力，四肢不能站立行走，呈犬坐姿势，有的靠跗腕关节撑地爬行或卧地不起。口渴欲饮，食欲尚存。视觉反射极弱，不停鸣叫，倒地角弓反张，有的四肢作游泳状，口色灰紫，口腔干燥，死前身体强直，中毒初期体温无变化，后期下降至36～37℃，最后角膜混浊，瞳孔散大，抽搐死亡。尸体剖检呈现全身性出血变化。

有的使用痢特灵略超量，尚未出现中毒症状，但是生长发育严重受阻。痢特灵中毒经治疗康复的猪只，有的发育不良，成为僵猪。

三、诊断

主要根据痢特灵的用药史（长期使用或用量过大）和以神经症状为主的临床表现结合病理剖检变化即可确诊。

四、治疗

立即停喂痢特灵，去除体内药物，缓减临床症状。

对于急性中毒，可使用硫酸铜催吐，0.25～0.5g加水适量，1次内服。或用硫酸钠导泻，1g/kg体重。对于慢性中毒，使用催吐和导泻意义不大。

为缓减临床症状可选择使用如下药物：

(1)10%磺胺嘧啶钠注射液5mL，配合维生素B_1、B_{12}注射液各2mL，肌肉注射，每日2次连用2d。

(2)5%葡萄糖盐水注射液，40mL静脉或腹腔注射，每天2次，连用2d。

(3)5%葡萄糖盐水注射液40mL，维生素B_1、维生素C注射液各2mL，静脉或腹腔注射，每天2次，连用2天。

(4)复合维生素B 4mL，维丁胶性钙3mL，分别肌肉注射。

(5)盐酸苯海拉明片，25mg/片，每头1片，1次内服。

(6)5%溴化钙10mL灌服，可减轻兴奋和肌肉震颤症状。

五、预防

尽管猪对痢特灵不太敏感，且有一定的耐受性，但临床用药时，也必须严格掌握好剂量，正常日用量5～10mg/kg体重。用药时间一般不应超过2周。一旦发现中毒征象，除立即停药外可试用葡萄糖、维生素B_1及抗坏血酸等进行辅助治疗。

第十四节 灭鼠药中毒

灭鼠药一般对人、畜都有较大的毒性。灭鼠药中毒主要是因灭鼠时，动物误食灭鼠毒饵或被毒鼠药污染的饲料和饮水，以及因吞食被灭鼠药毒死的老鼠或家禽尸体而发生的中毒性疾病。鼠类的危害很大，不仅损害饲料，而且还传播传染病，因此灭鼠也是规模化猪场的重要技术措施。灭鼠药种类大致分为抗凝血类（如敌鼠、华法令）、无机磷类（如磷化锌、黄磷等）、有机磷类（如毒鼠磷等）、有机氟类（如氟乙酰胺、甘氟等）、氰熔体类及其他（如安妥、溴甲烷等）等6类。常见的毒鼠药中毒有安妥、磷化锌、氟乙酰胺及华法令等抗凝血灭鼠药的中毒。

一、病因

主要是因误食灭鼠毒饵或被毒鼠药污染的饲料和饮水所致。另外，有时用有机磷制剂驱虫或用华法令抗凝血治疗时用量过大，疗程过长亦可引起中毒。个别还见于人为投毒破坏造成。

二、发病机理

不同类型的灭鼠药，其致病机理亦不同，将常见的灭鼠药中毒机制简述如下。

1. 抗凝血类灭杀鼠药中毒　常用的抗凝血类杀鼠药有华法令（又名灭鼠灵）、叔戊酰茚二酮（又名杀鼠酮）、二苯乙酰基茚酮（又名灭鼠灵）和氯苯醋茚酮（又名氯敌毒）等。其中最常用的是华法令。这类灭鼠药所共有的香豆素或茚满二酮基核是维生素K的颉颃剂，导致动物体凝血障碍，从而造成出血倾向，临床上以全身各部的自发性大块出血和创伤后流血不止以及组织缺氧等为主要特征。

2. 磷化锌中毒　磷化锌分子式为Zn_3P_2，是久经使用的灭鼠药和熏蒸杀虫剂，一般按2.5%～5%的比例制成毒饵灭鼠，它的残效期较长，鼠食后常死于洞外。磷化锌在胃内酸性环境中立即释放出剧毒的磷化氢气体和氯化锌，一方面，直接刺激和腐蚀消化道黏膜，使胃和小肠发生炎症，引起溃疡和出血。另一方面，磷化氢和剩余未分解磷化锌很快被吸收入血，分布于全身，主要损害实质脏器和血管壁，造成心、肝、肾等脏器组织细胞变性、坏死。血液出现血栓和溶血，各组织充血、水肿和出血，最后因导致全身广泛性出血，组织缺氧而昏迷死亡。

3. 安妥中毒 安妥的化学名称为甲萘硫脲，为灰色粉剂，通常按2%的比例配成毒饵杀灭鼠类。其毒性作用有3个方面，一是其成分中的硫脲可分解为氨和硫化氢，可刺激胃黏膜和中枢，出现呕吐、流涎等症状，是一种强催吐剂。二是被肠道吸收后，作用于交感神经系统，阻断血管收缩神经，使肺部血管通透性增加，导致肺水肿和胸腔积液。三是安妥具有抗维生素K作用，抑制凝血酶原的生成，导致出血倾向。

三、临床症状与病理变化

1. 华法令中毒 急性中毒常无前驱症状即告死亡。亚急性中毒常见症状有：结膜苍白，吐血，便血，鼻出血，广泛的皮下血肿，肌间出血。关节肿胀，步态蹒跚，共济失调，虚弱，心律失常，呼吸困难，昏迷而急性死亡。剖检可见全身各部大量出血。常见出血部位为胸腔纵隔腔，关节和血管周围组织皮下组织，脑膜下和脊髓管，胃肠及腹腔等，心肌松软，心内、外膜下出血。肝小叶中心坏死，病程长的病例，组织黄染。

2. 磷化锌中毒 没有特征性症状，病猪早期表现不吃和昏睡，不久发生呕吐，腹泻，呕吐物和粪便有蒜臭味，在暗处可发磷光。较重的呼吸急迫，气喘，黏膜发绀，心律不齐。剖检可见全身各组织充血、水肿和出血。肺、肝、肾明显充血，肺小叶有的水肿，胸膜有渗出，胸膜下出血，消化道黏膜充血、出血和脱落。剖开胃时，常散发蒜臭味，在暗处可见磷光。

3. 安妥中毒 病猪最初特征性症状是呕吐和流涎，以后表现兴奋不安，呼吸困难，咳嗽，两鼻孔流出带血色的泡沫。发病后期运动失调，犬坐姿势，常发生强直痉挛，短时间内窒息死亡。体温低下，尸体发绀。剖检可见全身组织器官淤血和出血，特征性病变为肺水肿，整个肺呈暗红色，极度肿大，散在或密布出血斑。气管内有带血的液体及泡沫。胸腔积有多量、透明液体。

四、诊断

灭鼠药中毒的诊断有一定的困难，主要依据是否接触灭鼠药如安妥、磷化锌、氟乙酰胺或华法令等病史，结合各类灭鼠药中毒后的临床特征和病理特征，参考特效解毒药的治疗效果进行综合分析，做出初诊。确诊要测定饲料、胃肠内容物、血液及脏器内灭鼠药的有毒成分。

五、治疗

根据不同的火鼠药中毒，采用不同的治疗措施。安妥、磷化锌中毒因无特效解毒剂，只能采取一般的中毒急救措施。如尽快进行催吐、洗胃、缓泻，并配合补液、强心、利尿等疗法。安妥中毒还要采取消除肺水肿、排除胸腔积液和注射维生素K制剂等方法。

同时配合中毒的一般急救施，适当镇静和强心。杀鼠药中毒者，首先选用维生素K_1解除凝血。严重者，应输血和输液，以补充血容量；还要安静，缓解呼吸困难等。

第五篇

外科手术及外科病

第一章
外科手术

第一节　猪的保定

保定是以人力、器械或化学药物控制动物，以便进行诊断的方法。保定时，要做到安全、迅速、简便、确实。

一、提起保定法

1. 正提法　系以两手分别握住猪的两耳，将猪背部向上提起保持之。此法适于对小猪的耳根部、颈部作肌肉注射等。

2. 倒提法　系以两手分别握住猪的两后肢跖部，将其腹侧向前提保持之，同时用两腿将猪的头颈部夹住，防止其骚动。

用小绳栓于两后肢胫或跖部，将猪倒挂起来，最好将拴在后肢的小绳系于斜板上方的钉子上（斜板法）保持之。

倒提法适于对小猪的阉割及其他诊疗的措施。

二、倒卧保定法

放倒大猪时，最好用带绳套的套猪杆，将绳套套于猪的颈部，然后抓住后肢将其放倒。放倒后，迅速用木杠将猪颈部压定，用小绳将猪嘴缚住，并依手术需要将四肢固定。

也可将猪放倒后，一人首先抓住一后肢，另一人抓住耳朵，固定头部，使猪失去平衡即可倒下，根据需要固定四肢。不将两后肢固定。也可将猪放在一槽内作仰卧保定。

三、木棒保定法

选用约2m长的木棒一根，末端系一根0.5m长的麻绳，距此末端约15cm处，再将麻绳的另一端系上，做成一个固定大小的圆套，从猪的口套在上颌犬齿后方，随后将木棒向猪头背后方滚动，收紧套绳，即可将猪保定。

对于大猪的保定，也可用鼻绳（鼻套）保定法，即用一条2m长的绳子，在一端做成直径15～18cm的活结绳套，或用直径4～5cm、长约2m木棒一根，一端钻孔，用皮条或小手指粗的麻绳通过孔，再结扎两头使成一绳套，其大小以能套过猪的上颌再稍大些为宜。保定时，将绳套从口腔套在猪的上颌骨犬齿的后方，将另一端栓在柱子上，把猪头提成水平即可诊疗，或套进后立即旋转绳套，使猪有疼痛感而达到保定目的。须倒卧保定时，将猪放倒后，捆好四肢，用木杠子压住颈部。

第二节　注射法

注射的方法很多，如皮下注射、肌肉注射、静脉注射、皮内注射、胸腔注射、腹腔注射、气管注射等。选用什么方法进行注射，主要应根据药物的剂型、剂量及有无刺激性和病情的不同选择适宜的给药方法。

一、皮下注射（Subcutaneous，so）

将药液注入于皮下疏松结缔组织内，经毛细血管、淋巴管吸收进入血液循环。因为皮下有脂肪层，其中的毛细血管稀疏，故吸收较缓慢，一般5~10min才开始呈现药效。凡刺激性不大的注射液及疫（菌）苗、血清等，均可皮下注射。每个注射点不能注入过多的药液，若药液过多，可行分点注射。皮下注射一般多采用5~50mL的注射器和较细的针头。

1. 注射部位　于皮肤较薄而皮下疏松的部位。常选择耳后、颈侧或股内侧。

2. 注射方法　可根据具体情况选用适宜的保定方法。保定后，用70%酒精进行局部消毒，针头刺入皮下2~3cm，并可向前左右再推进2~3cm，以防药液自然流出，注药后拔针。

二、肌肉注射（Intramuscular,im）

肌肉组织内血管较丰富，药液吸收较快；一般刺激性较强、吸收较难的药液，如水剂、乳剂、混悬剂和油剂等多采用肌肉注射。各种疫苗的接种，常做肌肉注射。因肌肉组织致密，仅能注入较小剂量的药液。

注射部位应选择肌肉丰厚、避开大血管和神经干的部位，如颈侧、耳后、臀部等。据猪年龄体质决定针刺入深度，哺乳仔猪1~2cm，中猪2~3cm，大猪2~4cm，注药后拔出针头，局部消毒。为防止针头折断，刺入时的用力方向应与针头的方向平行一致；针头刺入后，应留1/3在外面，以防折断时无法拔出。

三、静脉注射（Intravenous，iv）

静脉注射法是将药液注射到静脉内，药液随血液循环而迅速分布全身。能立即迅速发挥药物治疗作用，但在体内的作用时间较短，药液的排出快。采用此法能容纳大量的药液，亦可耐受刺激性较强的药液，如氯化钙、九一四等。

药液不太多时可应用50~100mL的注射器；大量输液可用输液器滴入。静脉注射常用耳静脉或前腔静脉注入。

1. 耳静脉注射法　站立或网架保定，常规消毒。助手用手指压迫耳静脉耳根部，使静脉充盈、怒张。术者用左手持耳，托平使注射部位稍高。将针头轻轻刺入血管内，见回血后，再将针平行于血管向前伸，固定。助手松开压迫血管的手，给药。直至注射完毕。

2. 前腔静脉注射法　此法用于大量补液或采血。前腔静脉注射法的注射部位，选在第一肋骨与胸骨柄结合处的直前，多在右侧进行注射（因左侧靠近膈神经，易损伤）。针头刺入方向呈近似垂直并稍向中央及胸腔方向，刺入深度依猪体大小而定，一般在2~6cm，选用16~20号针头。注射时，猪采用站立或仰卧保定。站立保定时，针头刺入部位在右侧由耳根至胸骨柄连线，距胸骨端1~3cm处，稍斜向中央并刺向第一肋骨间胸腔入口处，边刺入边回血，有回流血则标志已刺入静脉内，即可给药。

仰卧保定时，可见其胸骨柄向前突出并于两侧第一肋骨与胸骨拔合处的直前、侧方呈两个明显的凹陷窝，用手指沿胸骨柄两侧触诊时更为明显，多在右侧凹陷处进行穿刺或注射。在给药之前，进行剪毛、消毒等常规处置。

四、腹腔注射

腹腔注射法主要用于注入治疗药液，由于腹膜有很强的吸收能力，腹腔又能容纳大量药液，因而操作简便。

注射前，将猪两后肢提起，做倒立保定。局部剪毛消毒。术者将带针头的注射器或针头，于耻骨前缘3~5cm处的中线旁，垂直刺入2~3cm，将针管活塞回抽，若有空气进入则表明针头已进入腹腔，即可注入药液或接上输液管给药。注意，腹腔给药宜用无刺激性、大量输液，宜用等渗液，最好先将药液加温至接近体温的程度。

五、气管注射

气管注射主要用于气管和肺部疾病的治疗。

1. 注射部位　在颈上部腹正中线上，两个气管环之间。

2. 注射方法　猪可采用仰卧保定或侧卧保定，使前躯稍高于后躯，术部剪毛消毒。

术者以左手固定气管，右手持注射器对准注射部位垂直刺入。刺入后缓缓注入药液，注完后拔出注射器，局部进行消毒处理。

注射前应将药液加温至接近体温，以减轻刺激。为避免咳嗽，可先注入2%普鲁卡因液2～5mL，再注入所需药液。

六、胸腔注射

胸腔注射常用于治疗胸膜炎、肺炎的局部给药，以提高疗效；也用于胸腔穿刺采取胸腔积液，进行实验室诊断。

1. 注射部位 注射部位多选择第7肋间，胸外静脉上方2cm处。

2. 注射方法 猪可采用站立保定或侧卧保定，局部剪毛，消毒。术者以左手压于注射部位，并轻轻将皮肤向前拉动1～2cm，右手持注射器，沿肋骨前沿垂直刺入，深度3～5cm，左手固定注射器，右手推动（或拉动）注射器手柄将药液缓缓注入胸腔（或抽出胸腔积）。结束后，拔出注射器，使局部皮肤复位，进行消毒处理。注射（或抽液）过程中应注意防止空气进入胸腔造成气胸。

七、直肠注入

由于口腔、食道或胃的疾病不能应用口腔给药时，可将药液或营养剂（口服补液盐等）制成液体进行深部直肠灌注。注入直肠的药液可由肠壁吸收，不经肝脏而直接进入体循环。

直肠注入的具体操作方法是：将带漏斗的粗细适宜的胶管或导管，插入肛门进行温水洗肠，清除直肠内宿粪，再将灌入直肠内的水放出。将药液或营养液灌入直肠深部。根据猪大小适量给药，过多会刺激排粪中枢，易引起排便。灌肠液的温度要接近体温。

第三节 猪的麻醉

一、猪的全身麻醉

猪由于肥育心脏疾病较多，肺活量也较小，再加上猪的鼻咽通道容易阻塞，因此容易缺氧。此外由于饲养不良所致的代谢障碍病也较多见，例如，蛋白质缺乏症、维生素缺乏症及矿物质代谢障碍等。因此，猪对全身麻醉的耐受性较差。

猪在实施麻醉前要禁食24～36h，若禁食不够就造成呕吐或严重的气体性胃肠膨胀，从而干扰通气和静脉回流，动物易发生急性心血管衰竭。麻醉前2h再禁水，以防止发生氯化钠中毒。建议在麻醉前0.5h肌肉注射0.07～0.09mg/kg硫酸阿托品，以抑制流涎和细支气管分泌。

全身麻醉的诱导和维持可通过静脉注射或腹腔注射麻醉剂溶液来进行。静脉注射最常用的是前腔静脉和耳静脉。

猪全身麻醉常用的巴比妥类药物如下：

1. 戊巴比妥钠 静脉注射一次量为10～25mg/kg体重，麻醉30～60min，苏醒时间4～6h。本品也可采用腹腔内注射，大猪（50kg以上）采用小剂量（10mg/kg体重）；小猪采用大剂量（25mg/kg体重）。

2. 异戊巴比妥钠 静脉注射或肌肉注射作为镇静或基础麻醉，剂量为5～10mg/kg体重。

3. 硫赍妥钠 静脉内注射一次量为10～35mg/kg体重（小猪用大剂量即25mg/kg体重）。麻醉时间为10～15min，苏醒时间为0.5～2h。腹腔内注射一次量为20mg/kg体重，麻醉时间为15min，苏醒时间约3h。

二、猪的局部麻醉

应用局部麻醉药，作用于机体的一定部位，使该局部痛觉的传入冲动暂时阻断，从而使手术局部痛觉消失的麻醉方法称局部麻醉。根据给药的途径和操作方法不同，局部麻醉可分为如下几种：

1. 表面麻醉 是利用喷雾、涂布、滴入或填塞等方法，使穿透性较强的局部麻醉药与手术区组织表层相接触，使局部痛觉暂时消失或减轻的方法。

临床常用0.5%～1%丁卡因或2%～5%可卡因、2%～5%利多卡因溶液点入结膜囊内5～6滴，经2～5min开始麻醉，持续10～15min。用1%～2%丁卡因或5%～10%可卡因溶液涂布或浸润口腔、鼻腔、直肠或阴道黏膜进行麻醉。麻醉膀胱黏膜，可用0.5%～1%普鲁卡因溶液注入膀胱内,关节、腱鞘及黏液囊中的滑膜麻醉，可用4%～6%普鲁卡因溶液注入。在实施体腔手术时，常用1%～5%的普鲁卡因溶液喷洒以麻醉浆膜。

2. 浸润麻醉　是将局麻药注射到局部的各层组织中，来麻醉该部位的神经末梢。这是最常用的局部麻醉法之一。常用0.25%～1%盐酸普鲁卡因溶液作浸润麻醉,为增强麻醉效果，可向麻醉液中加入微量的0.1%肾上腺素溶液。

根据操作方法不同,浸润麻醉可分为直线浸润、分层浸润和菱形与扇形浸润等多种。在操作中，均应注意使麻醉药液能浸润到手术区的各层组织内。

3. 传导麻醉　是将局麻药液注射于支配手术区的神经干或神经丛周围，暂时阻断来自手术区的痛觉传导而产生麻醉的一种方法。其优点是使用少量麻醉药而产生较大区域的麻醉。麻醉剂的溶液浓度较高，临床上一般常用3%～5%盐酸普鲁卡因溶液和2%盐酸利多卡因。

如实施额部及上眼睑手术时，可作眶上神经传导麻醉，舌手术可麻醉舌神经和舌下神经，髂区剖腹手术可作腰旁神经干传导麻醉。

4. 椎管内麻醉　将局部麻醉药注射入椎管内，从而使某些脊髓神经被阻滞的方法。根据局麻药注入部位的不同，椎管内麻醉可分为蛛网膜下腔麻醉和硬膜外腔麻醉。在临床上，目前多用硬膜外腔麻醉。麻醉时椎管内穿刺的部位可选择在腰椎与荐椎间隙或第一、第二尾椎间隙或荐骨与第一尾椎间隙。

注射剂量：3%盐酸普鲁卡因溶液2～5mL或1%～2%盐酸利多卡因溶液1～5mL。

三、复合麻醉

应用多种麻醉药或麻醉方法彼此配合，借以达到所需的麻醉程度叫复合麻醉，这种麻醉可防止造成中枢神经系统过度抑制，减少麻醉并发症，保证动物术后生理机能迅速恢复，所以临床上得到广泛应用。

1. 局部麻醉的复合　例如在传导麻醉时，为了增强麻醉效果，可复合局部浸润麻醉。

2. 局部麻醉和全身麻醉的复合　一般进行全身浅麻醉，配合进行局部麻醉。

3. 全身麻醉的复合　如肌肉注射硫喷妥钠后，再吸入氟烷等。也可将几种全身麻醉剂、镇痛镇静、催眠剂混合应用，如保定宁、速眠灵、“846”均属这种复合麻醉剂。

第四节　猪的手术基本技术

组织的切开、止血、缝合，是外科手术最基本的操作方法，也是暴露、切除发病器官或病灶、排除异物，闭合切口，以利康复的主要方法。

一、组织切开

切开的一般原则：

(1)切开大小长度要适当，要最接近病变部，并使病变部充分暴露。

(2)切口应避免损伤大血管、神经及腺体的输出管，以免影响机体机能。

(3)切口边缘要整齐，便于缝合使创缘接着密切，缝合后确保创液排出通畅，以利愈合。

(4)二次手术时，应避免在疤痕上切开，因为疤痕组织缺乏弹性，再生力弱，并且容易发生弥漫性出血。

(5)一般按组织层次分层切开，以便容易识别组织，止血和避免损伤血管、神经。根据操作方便，选用不同的持刀方法。

二、各种软组织切开法

1. 皮肤切开法

(1)紧张切开法：在预定切口两侧，用拇指和食指紧张固定皮肤后，先在刀口上角垂直刺透皮肤，然后将刀放斜呈45°角，一刀切至下角即可。

(2)皱襞切开法：用于皮肤移动性较大而又能捏起的部位或离内脏器官和大血管较近的部位。术者和助手将预定切口两侧的皮肤捏起，作成横的皱襞，在皱襞中央自上而下地切开，至所需要的长度为止。

⑶深层组织切开法：由于手术部位和要求不同，手术中遇到的组织及其切开的方法也有所差异。一般对深层组织多采取分层切开的方法。切开下面存有大血管和神经的筋膜时，先用镊子将筋膜提起切一小口，再将有沟探针插入筋膜下，然后用刀或剪扩大切口。切开厚大的肌肉时，切口应尽量与肌纤维的方向一致，以免切口过度裂开，影响缝合。但对影响手术经路的肌肉也可斜切或横切，对扁平肌肉可用刀柄、止血钳或手指顺肌纤维的方向进行钝性分离，对索状组织（如精索）可用撕断、捻断或挫断的方法，以减少出血。

三、止血法

手术时，常用的止血法有以下几种：

1. 压迫止血法　在手术过程中，为了辨清组织和血管经路，经常使用纱布和泡沫塑料压迫出血部位进行止血。压迫止血时，必须是按压，绝不能擦拭，以免损伤组织。

2. 填塞止血法　深部大血管出血，而又找不到出血的血管时采用本法，即用纱布或其他布块紧紧地填塞，达到止血的目的。填塞纱布或布块时，必须将创腔填满，松紧适度，填塞时间按需要而定，一般不宜过长。但要注意，创腔内有感染或破碎组织时，不宜用填塞法。

3. 钳压止血法　用止血钳夹住出血血管断端，加以压迫或捻转，使血管断端密闭而止血。

4. 结扎止血法　是较确实的止血法。先用止血钳夹住血管断端，再用线进行结扎。当较粗的血管横贯切口而必须切断时，先将血管做二道结扎，再在其中间剪断，就可防止出血。

5. 集束结扎止血法　在出血血管缩入组织深部而又难以分离时，将血管及其周围的组织一起结扎。对于较粗大的组织可采用分束结扎。马骡阉割结扎精索时，多用本法。

6. 临时性止血法

⑴压迫绷带止血法：当静脉及毛细血管出血时，在出血部位放上几层灭菌纱布和棉花，然后用绷带紧紧扎起来。在紧急情况下，也可就地取材，如用三角巾、干净的毛巾、手帕、布条等进行压迫包扎。

⑵止血带止血法：多用于四肢及阴茎等处。止血带是富有弹性的橡皮管或橡皮带，装着前应垫上棉花或纱布以使结扎部受到均匀压迫，装着时，徐徐收紧，直至伤口不流血为止，然后再缠一周固定。缠止血带必须有适当的紧度，如缠得不紧，则因引起静脉淤血（静脉血回不去，动脉血照样来），使出血反而加剧；如缠得过紧，易损伤局部组织。装着止血带时间不宜过长，以免组织因缺血而发生坏死，无止血带时，可用三角巾和各种绳带代替。

此外，手术过程中还可外用止血粉、静注氯化钙等药品进行止血。

四、缝合法

缝合的目的是减少创伤感染，防止创口裂开，加速创伤愈合。

临床上常用的缝合材料是丝线、肠线等，最常用的是4～18号的丝线。黏膜、滑膜、肠管缝合可选用4～6号线；中、小血管结扎可选用6～9号线；较薄的皮肤、筋膜、肌肉缝合的大血管结扎等，可用10～16号线；较厚的皮肤、肌肉缝合，阉割结扎精索等，可用18号线。

常用的缝合针有直圆针、全弯针、半弯针等。直圆针用于缝合肠管、滑膜；全弯针缝合肌肉；半弯针缝合皮肤等。

1. 缝合的一般原则

⑴除特殊情况外，必须在无菌条件下进行。

⑵无菌手术创或新鲜创，须经彻底止血，除去凝血块及异物后实施缝合。

⑶缝合时要使创缘平整接着，缝合针刺入点和刺出点与创缘的距离应相等。皮肤缝合时使其稍外翻，内脏组织缝合时（如肠管缝合），使其稍内翻。缝合线的结节应结在创口的一侧。

⑷在创缘紧张时，须做减张缝合。创伤内分泌物多时，应在其下角留有引流孔，以便创液排出。一般在缝合后须做结系绷带，以保护创口并减少缝线的张力。

⑸当创伤有化脓、厌氧菌感染或创内有难以消除的坏死组织和大创囊时，不宜进行缝合。

2. 打结法 结的种类有平结、外科结和三叠结。常用的打结法有3种。

⑴单手打结法：此法简便、迅速，需要的线较短，应用最多。

⑵双手打结法：此法较繁,但较牢固,适用于深部组织的结扎。

⑶器械打结法：用于线头过短时。

3. 缝合法的种类 可分为间断缝合法和连续缝合法两类。

⑴间断缝合法：

①结节缝合。是用短线丁创缘一侧刺入，在对侧相应的部位穿出，进行打结的方法。常用来缝合皮肤、肌肉、腱、筋膜等组织，本法操作简单，能均匀地使创面、创缘密接，当某一针缝合线断裂或松脱时，不会使创面裂开，但此种缝合需要时间较长，用线较多。

②减张缝合。是在结节缝合完毕时,用粗线在距创缘两侧较远的部位,较深地刺入组织,于对侧的相应部位穿出,然后打结，或采用圆枕以防缝合线勒断组织。当缝合部位的张力很大时,应用减张缝合,能减少创围组织张力，防止伤口裂开。

③纽孔状缝合。也是一种减张缝合，不仅适用于外部皮肤的缝合，而且也适用于深部组织的缝合。常用于紧张性强的肌肉、腱、筋膜等的缝合。

⑵连续缝合法：是用一根长缝线连续缝合创口的方法。常用于缝合黏膜、浆膜、薄的肌肉及紧张性不强的皮肤等。它的优点是节约缝线和时间，缺点是一处断裂全部松脱。

对于直肠、肛门、阴道、子宫脱出整复后，以及肠壁小创口，常用袋口缝合法（又称荷包缝合法）。缝合时，在肛门、阴门周围或距创缘一定距离处，将缝线依次做平行地刺入与穿出，收紧缝线后打结。

4. 缝线的拆除 拆线时，一般仅拆除皮肤的缝线，而埋没在深部组织的缝线，则不拆除，如术部愈合良好，一般术后7～8天即可拆线。腹壁、四肢或紧张力较大的部位，拆线时间不宜少于10～14天。过早则有创口再度裂开的危险。如创伤化脓、裂开或缝线撕裂组织时，应及时拆除。有减张缝合时，须预先拆除，然后将结节缝合线隔一个拆一个，过一两天后将其全部拆完。

拆线时，先将露在外面的缝线涂以碘酊，然后用镊子将缝线一侧稍向外拉，当露出埋在组织内的部分时，于此处剪断，即可拆除。

第五节 母猪阉割术

母猪阉割术是中兽医学中的宝贵遗产之一，尤其是其中的小挑法有独到之处，其施术时间短（最快者为10s左右），切口小，操作简便，器械简单，节省人力，阉割效果良好。

母猪的阉割方法可归纳为以下三种：大挑法，适于15kg以上的母猪，特别是成年母猪；小挑法及白线法，均适于15kg以下的小母猪。

一、大挑法（髂部法）

术前，要检查母猪是否发情，发情期卵巢及子宫充血，易引起出血，不宜手术。术前应禁饲一顿。

保定：侧卧保定。对中等大小的母猪，术者在猪背侧，以左脚踩住其颈的环椎翼；助手将两后肢向后牵引伸直。如母猪较大，则由助手用木杠压住颈部，注意避开气管并用绳捆住四肢。

术部：在髋结节前下方5～10cm处（依猪大小而定）。

手术方法：术部剪毛、消毒，最好进行局部浸润麻醉。

以髋结节为中心，在术部作3～5cm长的弧形皮肤切口（月牙口），而后用右手食指垂直戳破腹肌及腹膜。止血后，拭去手指血液。将食指插入腹腔，沿脊柱及侧腹壁，由前向后至盆腔入口探摸上侧卵巢。摸到后，用指腹将其压住并钩向切口引至腹外。屈曲腹外各指，以手背侧按压腹壁，加大腹压，使卵巢不至滑脱。当卵巢钩至切口，引出困难时，可用桃形刀的钩端将其钩出。

然后,手指再入腹腔,通过直肠下方到对侧，探摸对侧卵巢，以同法将其引出切口。分别结扎卵巢系膜并切断，除去卵巢。如母猪肥大，钩引下侧卵巢困难时，可先将引出的上侧卵巢除去。而后一边还纳上侧子宫角，一边导出下侧子宫角、输卵管及卵巢。结扎后除去卵巢，还纳子宫角于腹腔。

最后，以连续缝合法缝合腹膜，以结节缝合法缝合肌肉及皮肤。也可对腹膜、肌肉及皮肤一起行连贯或结节缝合。缝合时，不要伤及肠管。腹膜必须缝合紧密，以防肠管脱出于腹膜外，而造成肠嵌闭、粘连及坏死等。

二、小挑法（下腹部法）

注意术前应禁饲一顿。

保定：术者以左手提起猪的左后肢，右手捏住左侧膝褶，向前摆动猪的头部，将猪右侧卧地，立即用右脚踩住猪左侧颈部,将左后肢向后伸展,使猪的后躯转为仰卧姿势，并以左脚踩住其左后肢跖部或球节，蹬紧固定之。

术部：在左侧腹下部，荐结节向腹正中线的垂直线上，左列乳头外侧方2～3cm处。多数小猪，此术部相当于左列倒数第2～3对乳头之间的外侧2～3cm处。

手术方法：术部消毒后，左手中指抵于左侧荐结节，指端触地。拇指于左列倒数第2～3对乳头之间外侧2～3cm处，稍将皮肤向外侧牵移，随之用力向下按压腹壁，使之抵于荐结节内侧的陷凹内，此时拇、中指正好相对。右手拇指与中、食指控制桃形刀刃的深度，用刀尖垂直刺开皮肤0.5～1.0cm长的纵切口。掉转刀头，以钩端呈45°角插入切口，左手随之用力按压，趁小猪嚎叫之时，右手适当用力，“点”破腹壁肌层及腹膜，此时有少量腹水流出，常常是子宫角也随着涌出。

如果子宫角或卵巢尚未出来，左手拇指要压紧腹壁，拇指压得越紧，腹压越大，卵巢越接近术部，手术越易成功。为了集中拇指的按压力量，此时也可收拢其余四指，仅用拇指向下垂直按压。右手将刀柄作弧形摆，稍扩大切口。由于按压，小猪嚎叫，腹压增高，以及刀柄摆动，切口扩张，卵巢及子宫角自然会脱出切口之外。如果卵巢嵌于切口时，可用刀柄轻轻将其引出，卵巢及子宫角的一部脱出后，即用右手捏住。随后以两手的拇、食指轻轻地轮番往外引导，而两手的其余各指收拢并轮番交替压迫腹壁切口，当两侧卵巢、子宫角及子宫体的前部导出后，以指腹挫断子宫体，将两侧卵巢及子宫角一起除去。切口用碘酊消毒。提起小猪后肢，稍稍摆动一下，即可放开。切忌留下（牵断）一侧卵巢，如留下一侧卵巢，猪则仍可发情，俗称“在高”。

术者如果技术熟练，亦可采用“透花法”阉割。同上法保定并确定术部后，术者右手执刀并以拇指和末指控制刀刃的深度，垂直皮肤一次切透腹壁各层。为避免下刀用力过猛而损伤内脏器官，术者在切开皮肤后，可将压迫术部的左手拇指向上轻轻一提，借助腹壁的张力，刀尖向下轻按即可切开腹肌和腹膜。腹膜切开时，可感知刀下的阻力突然消失，此时稍微扩大切口，随着向外抽刀，腹水和子宫角即涌出。按上法将两侧子宫角和卵巢一并摘除。

近年来，在实践中使用管状刀代替桃形刀做小挑法阉割，使引出子宫角和卵巢的难度大为缩小。阉割时，按常规保定，确定术部后，用管状刀与皮肤呈45°角，直接插透腹膜，稍加转动，即可见子宫角涌出。按前述方法摘除子宫角和卵巢。

三、白线法（正中切口法）

保定：可采用提法或斜板倒挂法，使腹壁向着术者保持之。

手术方法：在耻骨前缘2～3cm处，沿腹正中线向前作2～4cm长的纵切口（以能伸入食指或食指和中指为度）。切开皮肤后，沿白线切至腹膜外脂，待猪安静时切开腹膜，切勿伤及肠管。

将食指或食指和中指伸入腹腔，在骨盆口前侧方探摸子宫角或卵巢，摸到后轻柔地将其拉出。摘除子宫角及卵巢。以连续缝合法缝合腹膜。结节缝合法缝合皮肤及深层组织。切口涂布碘酊。

第六节 公猪阉割术

小公猪的阉割，以1～2月龄或体重5～10kg为最合适；大公猪则不受年龄限制。

阉割前，对猪应行全身检查，当传染病流行或阴囊及睾丸肿胀时，应暂缓手术。患阴囊疝的猪，阉割的同时应行手术治疗。

一、小公猪阉割术

保定：术者右手握住猪的右后肢跖部，将猪提起。左手握住猪的右膝褶。向前摆动猪头部，使其左侧卧于地上。左脚踩住猪颈的环椎翼部，右脚踩住尾根。

手术方法：术者用左手腕部向猪腹侧推压其右后肢，并以微屈的拇食及中指捏住阴囊颈部,把睾丸推挤至阴囊底部,使阴囊皮肤紧张，便于切开。右手持刀沿阴囊缝际切开皮肤及总鞘膜,挤出睾丸。右手随之抓住睾丸,以左手拇指或食指捏住阴囊韧带与总鞘膜连接部,并将其撕开,此时睾丸即向外脱垂。右手松开睾丸,以拇、食指在睾丸上方1～2cm处，反复撸挫精索，必要时可捻转数周后再行撸挫，直至精索被挫断为止。随后经原阴囊切口，切开阴囊中隔，以同法除去另侧睾丸。

二、大公猪阉割术

左侧卧保定，由助手在猪颈部用木杠或者扁担压住，但注意不要压迫气管。术者以膝部压于猪后躯，右脚踩住尾根。

手术方法与小公猪阉割法基本相同。如固定睾丸困难时，可用纱布条将阴囊颈部捆住。皮肤切口在阴囊缝际两侧方1～1.5cm处平行阴式缝际切开阴囊皮肤。在睾丸上方2～3cm处结扎精索后，再切除睾丸。

三、阴囊疝患猪的阉割术

小公猪常发阴囊疝。阉割时，由助手用倒提法将猪提起保定。也可先倒提，待肠管归回腹腔后，再做侧卧保定。

按正常小公猪阉割法，除去睾丸，但应注意压迫腹股沟管，防止肠管突然脱出。然后缝合鞘膜管。也可行被睾结扎阉割法。此法安全、简便、效果好。

第七节 公猪隐睾切除术

保定：一侧隐睾时，取隐睾侧在上的侧卧保定。两侧隐睾时，可取倒提式或斜板倒挂法保定，使公猪的腹底部向着术者保持之。

麻醉：局部切口浸润麻醉。

手术方法：猪的隐睾主要为腹腔型隐睾。一侧隐睾时，在隐睾侧髂区剪毛消毒、麻醉后，在髋结节前下方8～10cm处，作一弧形皮肤切口，切口长度为4～6cm。切开皮肤后，钝性分离腹壁肌层，并以术者的食指戳透腹膜。术者食指伸入腹腔内，按照肾脏后方腰区、髋区、耻骨区和腹股沟区仔细探查隐睾。探查时动作要轻柔，以防食指戳破肠系膜和肠管。当猪体过大，食指难以达到要探查的部位时，可将猪体对侧腹壁垫高，以增加食指的探查范围。

找到睾丸后。以食指钩住睾丸精索，紧贴腹壁缓缓移向切口，取出隐睾。用丝线结扎精索后，切除睾丸和附睾，还纳精索断端于腹腔内，按剖腹术方法闭合腹壁各层。

两侧隐睾时，可在倒数第二、第三对乳头间的腹白线切开腹底壁，按上述的方法分别探查取出两侧隐睾。结扎精索后，分别切除之。最后用缝合法闭合腹底壁切口。

第八节　猪阉割后的继发症

一、腹疝及肠嵌顿

母猪阉割后，常因切口过大或创口缝合不确定，或因腹压过大,而内脏脱出于皮下，形成腹疝。

肠嵌顿，多因腹膜未缝合，或因术后吃得过饱，或因吼叫时腹压突然增大而造成。有时因缝合创口时，不慎将肠管部分缝于创缘而造成肠狭窄和粘连。

腹疝：患部膨隆突出，触诊内容物柔软，听诊可闻肠蠕动音，压迫肿胀部时，疝囊内容物可以缩回腹腔。

肠嵌顿：肠管被疝环拮住，使之不能还纳，经久因血液循环障碍而致肠管坏死。病猪不安，厌食、呕吐、排粪较少，有时继发肠臌气，不及时处理，最后导致死亡。

肠管与疝囊壁粘连时，疝内容物不能还纳回腹腔。此时局部肿胀，时有轻度腹痛，全身症状多不重剧。

防治：

⑴在用小挑法阉割母猪时，力求部位准确，创口不宜过大，以免肠管脱出。如切口过大时，可将腹膜及皮肤创口进行适当缝合。

⑵在采用大挑法阉割时，其腹膜创口应做到确切缝合，并在缝合时将腹膜提起，以防止缝住肠管，避免腹疝及肠粘连的发生。

⑶发现猪只有呕吐、厌食、患部膨隆等症状时,应及时行第二次手术。其术式为：患猪行横卧或仰卧保定，局部剪毛消毒,然后用0.25%普鲁卡因15～20mL做局部浸润麻醉，拆除原有缝线或重做切口（可行皱襞切开，以免损伤肠管）。发现脱出的肠管时，首先应鉴别肠管是否粘连、坏死等。如有粘连，先行钝性分离后送入腹腔。如发现肠管坏死时，应切除坏死部分，进行肠管断端吻合（参照马的肠管吻合术）术，然后纳入腹腔，疝环可做纽孔状缝合，撒布磺胺粉，皮肤结节缝合。

二、后出血

在阉割公猪时，常因精索捻转不充分或结扎不确实而造成后出血。

1．症状　手术后，由于阴囊皮肤毛细血管出血，而血液从创口内呈点滴状向外流出，这是正常现象，一般不需处理。但是，手术后血液从创内呈线状向外迸出，并且较长时间的出血不止，其血液颜色呈鲜红色，此为精索动脉出血。此种出血一般不易自然止血，需及时进行处理。

2．处理　如发现出血不止时，可做如下处置：

⑴肌肉注射仙鹤草素5～10mL或安络血5～10mL。

⑵用灭菌纱布浸以0.1%肾上腺素,塞入阴囊内，过一天后（次日）取出，即可止血。

⑶也可用长镊子或止血钳子找出精索断端之血管，然后进行结扎或烧烙止血。

三、创口感染

猪阉割后的创口，一般均取第一期愈合，但在阉割时由于消毒不严密或不按操作规程进行操作，或由于术后护理不当，猪圈卫生不良等，往往容易造成创口感染。

1．症状　猪阉割后，其创口只表现有轻微的炎性反应，对精神、食欲等均无影响，一般经5～7天，创口取第一期愈合。

当创口被感染时（一般常被各种化脓菌感染），局部出现肿胀，甚至组织坏死、化脓，创液或脓汁增多，并有明显疼痛，甚至患猪精神沉郁、食欲减退、体温升高等全身症状。当被厌气性细菌感染时，如恶性水肿等，其全身症状更为重剧。

2．治疗　当发现创口感染时，应及时进行外科处理，一般效果良好。处理感染创的着眼点在于迅速控制创口及其周围组织急性炎症，促使创内肉芽组织健康生长。为达此目的，应考虑抗生素类药物的应用和通畅的引流，以促使坏死组织尽早地液化和脱落。同时应注意保护肉芽组织，促进生长。在冲洗创伤时，不宜用刺激性强的消毒药液（如碘酊、来苏儿等）冲洗，如创面有脓汁，可用高渗中性盐类溶液（20%硫酸镁呋喃西林液或10%氯化钠液）、生理盐水或1：1 000雷夫奴尔溶液冲洗后，撒布磺胺粉、1：9碘仿硼酸粉、1：9碘仿磺胺粉或涂布松碘流膏等。

在全身治疗上，可考虑用青霉素、链霉素或磺胺等抗生素。

四、精索炎及精索瘘

本病为公猪去势后常见的继发病，主要是由于阉割时消毒不严、切口部位过高；精索残留过长或因精索断端有结扎线感染，或因棚舍不洁、泥泞感染创口而发生。

1. 症状　创口周围组织红肿，甚或长期不愈而形成瘘管，精索粗硬，呈索状肿胀，阴囊肿胀久不消失，不断流出脓性或恶臭分泌物。

2. 防治　清除创内坏死组织或结扎线头，用3%双氧水注入于阴囊腔内冲洗，数天后即可愈合。对重症者，必须切开阴囊，清理内部坏死的鞘膜、精索及其他组织后，撒入磺胺粉。必要时可内服磺胺噻唑（首次量0.2g/kg体重，维持量0.07g/kg，6h一次）或肌肉注射0.05～0.1g/kg，每日3～4次，连用3d。

第九节　母猪剖腹产术

母猪剖腹产术是指切开腹壁及子宫并经切口取出胎儿的手术。通常在难产时，从产道助产和截胎无效或后果不佳者，即可以施行此种手术。成功的剖腹取胎术,可以同时挽救母猪与仔猪或二者之一得救。

一、适应症

⑴原发性和继发性宫缩，努责微弱。

⑵骨盆发育不良或损伤。

⑶胎儿过大，胎儿畸形。

⑷产道损伤或水肿。

⑸胎儿气肿。

⑹阴道、子宫、宫颈、直肠或膀胱的脱垂。

⑺青年母猪过肥和子宫捻转。

⑻怀孕期满母猪因患其他疾病生命垂危，需剖腹抢救仔猪。

采用剖腹产与否决定于母猪的体况，子宫内可能存活的仔猪数、难产的类型和母猪的价值。据资料报道，分娩开始后几小时内进行的手术，母猪康复率比较高；如果分娩已经超过24h，做剖腹产术通常是不适宜的。当母猪尚未发生衰竭、毒血症和休克，并预期大多数仔猪活着产出时，采用剖腹产是最有利的。

大多数现代化猪场的产仔设施只要稍加调整即可进行剖腹术。如果猪场的设施不宜适，母猪可以运到手术室，但这通常会增加母猪的应激和耽误时间。

左侧或右侧横卧保定，将前后肢分别绑缚，并将头部压住。

麻醉多用腰旁神经后干传导麻醉，也可用局部浸润麻醉、复合麻醉，或者用巴比妥类药物进行全身麻醉。

二、手术部位

⑴垂直切口：从腰椎横突下开始，在最后肋骨与髂骨外角的正中，向腹侧延伸8～10cm即可，但缺点是切口下有大量脂肪，并且还要通过很厚的肌肉组织。

⑵腹白线切口：在白线和腹皮下静脉之间切开。其缺点是大量乳腺组织影响手术操作，并可能损伤乳腺组织造成创口感染，以及术后哺乳仔猪引起疼痛。

⑶腹侧壁切口：可选择切口有2处，即肋骨旁开切口，起于髂窝下角，肋骨后一掌处垂直向腹白线切开长10～20cm。腹壁斜切口，起于膝皱襞或膝皱襞上，以不同的角度向胸骨剑状软骨部切开即可。

手术方法按常规切开腹壁后，充分暴露子宫，注意不要损伤扩张的子宫颈口,切口大小必须刚好使稍稍牵引就能将子宫拉出。注意要防止子宫横向撕裂，尤其在由于胎儿较多使子宫易破或子宫扩张时。

紧贴切口下垫一块灭菌的塑料布或橡胶布。然后进行腹腔内检查，确定胎儿是在一个子宫角还是在两个子宫角内。将有胎儿的子宫角最靠近切口的部位拉出，放在灭菌的塑料布上。如果子宫角内有多个胎儿，很明显，对侧子宫角内也同样有多个胎儿，子宫的切口最好选在卵巢端与子宫角分叉处中心点的一个胎儿处，这样只要用手稍稍牵引就可从两个方向从子宫中取出胎儿。子宫切口要足够长，以便容易取出胎儿，所以要在子宫阔韧带附着部的对侧切开，并尽可能地避开血管。通常有些胎儿必须手伸入宫腔内才能取出。偶而，由于子宫内液体很少和子宫收缩，胎儿不能移动到一个切口，就需要做多个切口。

在从子宫角内取出全部仔猪后，用温生理盐水冲洗子宫表面，除切口部外，其他还纳入腹腔。切口用7号或10号丝线作库兴氏缝合。在子宫切口最后关闭以前，于子宫腔内放入抗生素类药物或选择好的溶液，特别在胎儿已出现腐败时。然后，将缝好的子宫角还纳腹腔，取出对侧子宫角做同样处理。

腹壁切口的缝合按通常的腹部手术的缝合方法进行即可。

术后护理及治疗：按一般腹腔手术常规进行。如切口愈合良好，10d后拆线。

手术后注射催产素以促进子宫收缩。对手术环境可能污染或仔猪已腐败的病例，要使用抗菌素3～5d。

第二章
外科病

第一节　脓肿

脓肿是组织或器官内由于化脓性感染局限化，病变组织坏死、溶解，并形成完整的腔壁，充满脓液的蓄脓腔。因脓肿所在部位的深浅不同，可分为浅部脓肿和深部脓肿。任何解剖腔内，如关节腔、胸腔、窦腔等，发生化脓性感染而有脓液蓄积时，称为这个腔蓄脓，如关节蓄脓、额窦蓄脓等。蓄脓与脓肿不同，不能混淆。内脏器官如肝、肺、脾、脑等，以及腹腔内也可发生脓肿，这些在兽医临床上已成为独立的疾病。

一、病因

脓肿常继发于各种急性化脓性感染，如皮肤或黏膜损伤后感染、疖、蜂窝织炎、淋巴结炎、血肿等。也可以从远处的原发感染灶经血流、淋巴管转移而来。致病菌常为葡萄菌、链球菌、化脓棒状杆菌等，有时为混合感染。已有大量研究报告证明，9～14周龄的仔猪，头颈部的淋巴脓肿，主要由E群链球菌引起，有时呈地方流行性。金黄色葡萄球菌常是兔发生转移性脓肿或哺乳母猪发生乳房脓肿的病原菌。脓肿可以发生于身体的任何部位。某些有刺激性的化学药物，如水合氯醛、氯化钙、新胂凡纳明、酒石酸锑钾等，误注或较多量漏入皮下或肌肉组织内时，可引起组织坏死，发生无菌性脓肿；某些特异性致病菌如结核杆菌、林氏放线杆菌、布氏杆菌等，也可以缓慢地发生冷性脓肿，这部分包括在家畜传染病范围内。

二、症状

浅部脓肿初起呈急性炎症，患部热、肿、痛明显，无色素的皮肤可见发红、肿胀、边界不清，触诊硬实疼痛。数日后，肿胀逐渐局限化，与正常组织界限清楚（图5.2.1–1、2）。成脓后随着急性炎症症状的减退，疼痛也随之减轻，周缘形成硬实的分界线，中心较软，用两手指交替压触，有明显的液体波动感。波动的程度与脓肿的大小、深浅以及皮肤的厚薄、脓汁的黏稠度等有关。

浅部脓肿由于脓腔内压力不断增高，使中心部的皮肤变薄，被毛脱落，脓肿向体表破溃，排脓后脓腔内压迅速减小，炎症症状很快减退，一般没有全身症状。临床上大多数自溃的脓肿，因破口过小，排脓不畅，如不扩创治疗，破溃口常会自行闭合，以后再形成脓肿，或遗留为化脓性窦道。

如在四肢，可见病变逐渐变粗，运步不自如或强拘（图5.2.1–3）。肺（图5.2.1–4）、肝、肾等器官和深部脓肿常发生于深筋膜下或深部肌肉组织中（图5.2.1–5），有厚层组织覆盖，故初期从外表看急性炎症现象常不明显或被忽略。仔细检查时，可发现患部皮肤与皮下组织有轻微的肿胀，触压可出现指压痕和疼痛，但无明显的波动。脓肿成熟后，触诊患部，如位于深筋膜下，常呈饱满而有弹性的感觉；如位于更深的部位，则指压时患部抵抗力比周围健康组织的抵抗力明显减小。猪发生颌下或咽背淋巴脓肿时，常可压迫气管或大血管，出现呼吸困难等症状，要认真触诊才能摸清，有时为一侧，有时两侧同时发生。当深在脓肿局部症状一旦明显后，说明脓肿大部已达体表，有时也可自溃排脓。深在脓肿一般都伴有程度不同的全身症状。机体抵抗力降低时可引起脓肿转移发展为脓毒败血症。

三、病理

脓肿由脓腔（内积脓液）与腔壁构成（图5.2.1-4），其形成和发展同样是一个炎症的过程。发炎的组织由于受细菌产生的毒素或酶的作用，发生坏死、溶解，在发炎病灶的中央形成脓腔。腔内的炎性渗出液，死亡的细菌及白细胞，连同上述坏死、溶解的组织，混合形成脓液。在脓腔周围没有坏死的组织中，大量毛细血管和结缔组织增生，形成脓腔壁。其内层的肉芽组织称为脓肿膜，脓肿膜将脓液与周围健康组织隔开，造成一道重要的保护性屏障，使病灶局限化。

脓肿成熟的早期，由于炎性渗出物不断渗入脓腔，脓液较为稀薄。后期随水分的吸收，逐渐变稠。若时间更长，则可变成干酪样，甚至钙化硬结。

在机体抵抗力较强的情况下，小脓肿可吸收消散，或钙化硬结。多数脓肿，由于炎性渗出物不断通过脓肿膜上的新生的毛细血管渗入脓腔，使脓腔内压力逐渐增高，从而脓肿成熟。脓肿成熟后若不及时切开，最后将穿破脓肿膜的薄弱点而自溃，有的穿破皮肤向外流脓，有的向深部组织扩散，特别位于疏松结缔组织附近、肌间、筋膜下的脓肿，破溃后可沿阻力最小的地方上行或下沉，形成新的脓肿或蜂窝织炎。这些情况常发生在颈部、肩胛下间隙、背部、骨盆部、股部、颈部等处。当致病菌具有高度毒力时，小血管内的栓塞可被破坏，脓栓或带菌血栓可以经血流或淋巴管转移到其他组织，形成转移性脓肿。成熟的脓肿，如能及时切开、引流、排脓后，脓腔可由肉芽组织填补而愈合。

四、诊断

可在肿胀和压痛最明显处用粗针头进行穿刺，抽出脓液，即可确诊。但应注意，若脓汁过分黏稠，就不能从针孔流出，甚或用针管也抽吸不出，但拔出针头后，在针孔前段，一般都附有脓汁。但应与血肿、淋巴外渗、挫伤、肿瘤等相区别。

五、治疗

可用外敷药物，如用醋或酒调制的金黄散、5%碘软膏、20%鱼石脂软膏等外敷。盐酸普鲁卡因青霉素（5 000～10 000IU/mL）局部封闭，温热疗法等，以促使自行消散，或加速脓肿成熟。一旦脓肿成熟，即应手术切开引流。但脓肿没有成熟，肉芽屏障尚未长好时，做过早的切开是禁忌的，不然，可使感染蔓延。

手术前术部剪毛消毒。大的脓肿，脓腔内压力大，为防止切开时脓液向外喷出，可先用针头穿刺，排除一部分脓液后，选择波动最明显的部位，在脓腔的最低位置，与肌纤维方向平行切开。一般先以刀尖刺入脓腔，排除部分脓汁后，根据脓腔大小再行扩创。切口应有足够的长度。一般先以刀尖刺入脓腔，排除部分脓汁后，根据脓腔大小再行扩创。切口应有足够的长度，以利排脓引流。下刀不宜过深过下，也不能粗暴挤压，以防误伤脓肿膜及脓腔壁。待脓液排空后，即可进行脓腔内检查。发现有异物或坏死组织应小心除去。笔者多次在胸、腹壁的脓腔内找到穿麻袋针、缝衣针和铁丝等异物，常有胸壁表现存有窦道。当遇有索状细长物穿过时，可能是较大的血管和神经，应注意保护。如果脓腔过大或腔内呈多房性而排脓不畅时，需考虑切开隔膜或开反对孔。

深部脓肿的切开，要防止伤及大血管和神经，可以在穿刺的基础上作为切开的定位标志。根据局部解剖，在与血管、神经相平行的方向上，逐层切开皮肤、皮下组织及筋膜，用止血钳钝性分开肌层，到达脓腔后，用大止血钳将腔壁充分开张，用戴橡皮手套的手指探查脓腔大小，根据需要再扩创到一定的长度。猪头颈部的脓肿，切开时易于滑动，必须用左手确实固定后才能下刀，切开不能过深，以防损伤大的血管和神经。

浅在性脓肿，用消毒液冲洗后，残留脓腔内的消毒液需用纱布吸出，不能强力揩擦。深在性脓肿，最好用挥发性防腐液，如碘仿醚灌注。脓液排除后，一般以碘酊棉球涂布脓肿腔，再用维氏油剂、青霉素鱼肝油（10 000IU/mL）、凡士林纱布条等，疏松地填塞脓肿腔作引流。为了保护切口下皮肤不受脓液的刺激，可涂凡士林。根据脓液的多少，每天或隔天冲洗并更换引流条一次，直到肉芽组织填满脓腔，渗出物很少时，即不再冲洗和引流，待其自行愈合。

位于关节部的小脓肿，由于运动的关系，切开后创口不易愈合，常用注射器抽出脓液，再用消毒液冲洗，而后注入抗生素治疗，一般需进行多次；具有明显包囊的冷性脓肿，可采用脓肿全摘除术。手术时连同结缔组织包囊一起摘出，但应注意包囊壁往往厚薄不一，有些地方非常薄，手术时宜十分小心，切勿切破包囊，以免扩大感染。对冷性脓肿，在手术的同时，尚需配合特异性药物治疗。

脓肿一般不需全身治疗，只有在出现全身症状，或发生转移性脓肿时，需应用抗菌药物，内服五味消毒饮等作全身治疗。

有的脓肿在切开排脓后，可能创口久治不愈，其原因不外是：①脓腔内存有异物或坏死组织。②切口过小，位置过高，引流不畅。③全身抵抗力降低，再生能力低下。④特异性致病菌引起的冷性脓肿。临床上只要按照不同的情况，消除上述原因后，即可加速脓腔的愈合。

第二节　血肿和淋巴外渗

一、病因

在规模化猪场常见血肿和淋巴外渗，多数同密集饲养猪与猪互相玩耍斗殴咬架而发生。在钝性外力作用下，由于皮肤具有较大的弹性和抵抗力不被破坏，但皮下组织、肌肉、小血管、淋巴管容易发生损伤。较大的血管断裂时，血液流出分离其周围组织，形成充满血液的腔洞（即血肿）。若淋巴管断裂，引起淋巴液在局部积聚时即是淋巴外渗。

二、症状

血肿的特点是伤后立即出现肿胀（图5.2.2-1、2），迅速增大，触诊波动明显，无炎症反应，也不增温。几天后因纤维素析出使肿胀变硬，触诊有哗叭音，此时局部增温。通过穿刺即可确诊。

淋巴外渗的肿胀通常在伤后3～4天甚至1周才出现，以后逐渐增大，触诊波动明显与周围组织界限清楚，炎症反应和痛感很轻微，无明显机能障碍。

猪耳的血肿或淋巴外渗，时有发生，表现猪的耳发病后，像一个小水袋一样沉重下垂，穿刺即可确诊。

三、治疗

⑴血种的治疗：发生血肿时，初期可用碘配涂擦皮肤，冷敷压迫绷带，限制血肿发展。3～4天后在无菌条件下进行手术切开，取出凝血块，然后密闭缝合。

⑵淋巴外渗的治疗：禁用冷、热疗法，更不能按摩（防止划坏淋巴栓子），穿刺排液也无济于事，而且易引起感染。最好的方法是早期切开，排除淋巴液和析出的纤维素，用浸有酒精或福尔马林的纱布填塞1～2天才闭合淋巴管破口取出纱布后按创伤治疗。

⑶猪耳血肿或淋巴外渗治疗：在发生耳血肿的最下部，消毒后用手术刀切开2～3cm一小口排出血液或淋巴液即可。

第三节　蜂窝织炎

蜂窝织炎是皮下、筋膜下、肌间隙等处或深部疏松结缔组织的急性弥漫性化脓性炎症。其特点为在疏松结缔组织中形成浆液性、化脓性或腐败性渗出物，病变不易局限，扩散迅速，与正常组织无明显界限，能向深部组织蔓延，并伴有明显的全身性反应。

一、病因

织炎可原发于皮肤或软组织损伤后的感染，也可继发于局部脓性感染，如引流不畅的创口、疖、痈、脓肿、急性淋巴结炎、骨髓炎等的扩散，或经淋巴、血流的传播而来。有时因局部注射有强烈刺激作用的药剂，如水合氯醛、氯化钙、新胂凡纳明等引起。发生食道、胃肠道、膀胱、直肠等器官的穿孔或不全破裂时，也常可引起这些器官附近组织的蜂窝织炎。同样，蜂窝织炎的发展，也可引起急性淋巴管炎、淋巴结炎、血栓性静脉炎、败血症。致病菌多为溶血性链球菌、葡萄球菌，有时也混有某些厌气性或腐败性细菌。

在蜂窝织炎发展的过程中，最初由于局部发生急性炎症，疏松结缔组织内为浆液性渗出物所浸润，范围广泛，与周围组织无明显的界限。其发展趋势和致病菌的特点有关，如某些链球菌能产生透明质酸酶、链激酶等，前者使结缔组织基质的主要成分透明质酸分解，后者使纤维蛋白溶解，因之脓液稀薄、血性、病变易于沿疏松结缔组织内扩散蔓延。由葡萄球菌引起的则脓液稠厚，容易局限为脓肿。蔓延的范围和组织破坏的程度，主要决定于机体的抵抗力，同时也与局部解剖的特点、致病菌的种类和毒力的强弱等有关。如果机体健康，治疗及时，则炎症消散吸收或形成局限性脓肿，预后较好；反之，则病情可迅速恶化，向深部继续蔓延扩大，甚至发生败血症。

二、症状

1. 皮或黏膜下蜂窝织炎　当蜂窝织炎初起时，患部出现热痛明显的肿胀，以后肿胀迅速扩大，病畜出现体温升高，食欲减少等全身症状。肿胀初呈捏粉样，数日后变为坚实感，皮肤紧张，失去可动性，肿胀范围大小不等。四肢下部发生皮下弥漫性蜂窝织炎时，常能形成达于全肢性的肿胀，但与上部健康组织界限分明，局部淋巴结肿大，触诊疼痛，重度跛行。如果治疗及时，浆液性蜂窝织炎多数能自行消散。当炎症发展成为化脓性时，热、肿、痛更加剧烈，体温升高到40℃左右，呼吸及心率频数，随着组织的坏死、溶解，肿胀变为柔软而有波动，如果手术切开，有脓液流出。经过良好的病例，肿胀局限化而患部的皮肤随着脓肿的形成逐渐变得菲薄，被毛脱落，最后自溃而向外流脓，脓液排出后，临床症状减轻。但在严重病例，可见到血栓性静脉炎，以及化脓性渗出物经由筋膜、肌间隙的血管通路，向深部蔓延。当弥漫性蜂窝织炎变为腐败性时，则症状骤然恶化，浸润部组织陷于坏疽，皮肤处处破溃，排出腐败恶臭的脓液。

2. 筋膜下蜂窝织炎　常发生在背部、前臂部、小腿部筋膜下的疏松结缔组织。局部症状不如皮下蜂窝织炎明显。最初患部有不显著的肿胀，软组织呈现坚实性进行性浸润，病变沿筋膜解剖结构蔓延，有压痛。全身症状明显，持续高热、寒战、疼痛剧烈，机能障碍显著。因筋膜及腱膜极度紧张，故虽有脓汁蓄积，但波动不明显，只感到饱满而有弹性，常造成诊断上的困难。如不及时切开排脓，容易向深部扩散，导致广泛的组织坏死、化脓。有时可并发淋巴管、淋巴结及血管的化脓性炎症，严重的继发败血症。

3. 肌间蜂窝织炎　常发生于前臂部和小腿部以上，特别是臀、股部的肌间疏松结缔组织，在背腰部可使肌肉分层，并沿着肌层向前或向后蔓延。多继发于皮下或筋膜下蜂窝织炎，也可由开放性骨折、火器伤、化脓性腱鞘炎、关节炎、骨骼炎以及粗暴的检查或处理创道等引起。其特征是感染顺着有血管或神经干行走的肌间群间的疏松结缔组织蔓延。肌间蜂窝织炎的临床症状基本上与筋膜下蜂窝织炎相似。患部肿大、肥厚、坚实、界限不清，热痛剧烈，机能障碍显著，自动活动陷于不可能。当发生化脓时，常涉及肌肉组织，发生坏死、溶解，并继发血栓性血管炎和神经炎。患部由于组织内压显著增大而皮肤紧张，失去可动性。皮下、肌肉下常常发生脓肿。病畜的全身病状严重，精神极度沉郁，体温升高，食欲减少或废绝，出现寒战，严重的可引起败血症。脓肿切开或自溃后，有灰色及常常带有血液的稀薄脓液大量流出，此时全身症状减轻。

弥漫性蜂窝织炎转为慢性时，患部皮下结缔组织增生，肿胀逐渐消退，皮肤硬化，失去弹性，被毛粗焦，最后遗留橡皮样肥厚。肌间蜂窝织炎在恢复后，肌纤维为很厚的结缔组织纤维所代替，常可引起肌肉的挛缩。胃肠道、膀胱等器官周围的蜂窝织炎恢复后，常可引起广泛的腹膜粘连或腔性器官的瘢痕性狭窄，严重的可造成胃、肠道弛缓，排粪、排尿不畅等机能障碍。

三、治疗

必须局部和全身并重。局部的早期治疗是为了减少炎性渗出，抑制感染蔓延，减轻组织内压。病猪应绝对休息,在病初1～2天内,组织尚未出现化脓性溶解时,肿胀部可应用以醋调制的复方醋酸铅散（醋酸铅100、明矾50、樟脑20、薄荷脑10、白陶土820）、10%鱼石脂软膏、金黄散等涂敷。在患部上方用盐酸普鲁卡因青霉素溶液作局部封闭。以后改用热敷、红外线照射或按摩，多数病例可自行消散。对继发于局部化脓性感染的蜂窝织炎，应及时处理引流不畅的原发病灶。与此同时，全身应用大量抗生素或磺胺类药物，内服清热、解毒、消肿、止痛的中草药，如五味消毒饮等以控制感染。静脉注射碳酸氢钠溶液纠正酸中毒。疼痛剧烈或不安的，应用镇静、止痛药等。

经上述处理后，患部肿胀仍不消退，体温也不见下降时，应立即在患部进行手术切开。在综合麻醉或局部神经阻滞麻醉下，表在性的，切开皮肤或黏膜即行。筋膜下或肌间深在性的，可经过触诊或穿刺而确定脓灶所在，选择波动最明显的地方，切开直达脓灶。对急剧发生的进行性蜂窝织炎，则于疼痛最明显处切开，以利减压和引流，不能拖延，不然病变有可能继续蔓延到邻近的关节和腱鞘，甚或发生败血症。

病变范围大的，为了能充分引流，可做几个平行切口或棋盘式切口，或做相应的反对切口。切口应有足够的长度和深度，同时必须考虑到能够构成蔓延的筋膜囊的局部解剖，不能损伤大的血管、神经、关节和腱鞘等组织。

切开后彻底止血，待渗出液排尽后，用消毒溶液冲洗切开部，然后用95%酒精处理创内，并导入高渗溶液引流条，每天或隔日更换一次。在未形成肉芽防卫面之前，此种高渗溶液引流条需用4～5天。

在局部处理的同时,配合全身治疗。一般经上述处理后,体温即可下降，肿胀消退，全身情况好转。但如发现体温再度升高，肿胀又增大及全身状况恶化时，大多由于有新的组织坏死、溶解、化脓、创内存有脓腔或异物，或引流物填塞不合理，致使引流不畅而引起。此时，应及时检查，借助于穿刺等方法确诊后，做补充切口或反对孔，消除上述原因，并做合理的治疗。

第四节　结膜炎

结膜炎是眼睑结膜、眼球结膜的炎症，主要是病毒和细菌感染所致，呈现结膜潮红，故俗称火眼。

一、病因

发病原因是多方面的：泥沙、灰尘、吞皮、石灰等对结膜的刺激；烟、氨等对结膜的刺激；邻近器官和组织的炎症，如眼睑及眼球内炎症等的蔓延；还可继发于流感、寄生虫、传染病等的经过中，以及外伤如鞭梢抽打、物体撞击、异物落入等。

结膜炎发生后，如不及时治疗,不仅能使病情加重,而且炎症可波及到角膜、巩膜、甚至蔓延到眼球内，使病情恶化。

二、症状

结膜炎的一般症状表现为怕光、流泪、结膜潮红（图5.2.4–1）、肿胀（图5.2.4–2）、疼痛以及眼睑闭合等，临床上常根据分泌物的性质，分为黏液性结膜炎和化脓性结膜炎。

黏液性结膜炎：一般为结膜表层的炎症。病初，结膜轻度充血，呈红色，眼睑结膜稍肿胀，分泌物较少，呈浆液性。随病程的发展，其症状逐渐增重，怕光，眼睑肿胀、增温，眼睑结膜及眼球结膜充血，肿胀更为明显，甚至结膜表面有出血斑，分泌物常为黏液性，量显著增多，蓄积于结膜囊内或附着于眼内角部。当炎症波及到角膜上皮而呈现表层性角膜炎时，角膜周围有新生血管，发生散漫性角膜混浊。

化脓性结膜炎：在结膜炎经过中，当细菌感染时，则发生化脓性炎症。症状重剧，肿胀明显，疼痛剧烈，睑隙变小，眼内流出多量黄色纯脓性分泌物，经过较久脓汁更浓稠，上、下眼睑常常粘着在一起，多涉及到角膜，引起角膜炎。本病经过中，常因炎症侵害，而发生继发性角膜炎。

三、治疗

本病治疗原则是排除病因、消散炎症。

1. 除去病因、清洗患眼　针对发病原因，采取有效措施，防止继续对结膜的损害。除去结膜囊内异物时，选用无刺激性的微温药液，如2%～3%硼酸液，0.01%呋喃西林液,生理盐水或0.1%新洁尔灭液等洗眼。洗眼时不可强力冲洗，也不可用棉球来回摩擦，以免损伤结膜。

2. 消炎、镇痛　用数层纱布浸以加温至40℃左右的上述眼液，敷于患眼，装着眼绷带，每日交换3～4次（化脓性结膜炎时不可温敷或装眼绷带）。点眼时，可选用醋酸可的松眼药水、2%红汞液或青霉素、链霉素、四环素、金霉素和可的松眼膏等。镇痛时，可用1%～3%普鲁卡因溶液点眼。必要时，应用抗生素和磺胺进行全身治疗。

第五节　疝

疝（赫尔尼亚，hernia）是指腹部的内脏从自然孔道或病理性破裂孔脱至皮下或其他解剖腔的常发病。常见有脐疝（图5.2.5–1）、腹股沟阴囊疝（图5.2.5–2）、外伤性腹壁疝。

脐疝: 腔脏器经脐孔脱出于皮下。本病常见于仔猪,一般为先天性的,脱出脏器多为小肠或网膜。

仔猪的脐疝多为可复性疝，主要临床表现是脐部出现局限性、半球形、柔软无痛性肿胀。肿胀的大小可由鸡卵大至排球大。将仔猪仰卧或以手按压疝囊时，肿胀缩小或消失，并可摸到疝轮（脐孔）。经久的病例常常发生粘连，当腹内压增大时，脱出的肠管增多，也可发生嵌闭疝。另外，有的病例随着病畜的增长，疝囊则增大，尤其食后腹压增大时，疝囊更加膨大,疝囊底部与地面相接触,由于摩擦或挫撞而发生外伤，易感染化脓，严重时可造成肠粘连，甚至破溃而形成粪瘘。

治疗：脐疝的治疗主要采取手术疗法，对于可复性脐疝、粘连性或嵌闭性脐疝的治疗方法如下；

1. 皮外缝合法　本法适用于幼畜疝轮较小的可复性疝。

⑴纽孔状缝合法：将患畜仰卧保定，局部消毒后,还纳疝内容物，左手食指隔皮肤插入疝轮内，并压住肠管，用12～18号缝线于疝轮的一侧由外向内入针（孔1），针经皮肤穿过疝轮一侧于左手食指上方穿出皮肤（孔2），然后针由孔2刺入穿过另侧疝轮，于相应处穿出皮肤（孔3），再以相反方向，针由孔3刺入经皮下于孔2穿出，针再于孔2刺入经皮下于孔1穿出，缝线的两端于孔1处打结。此种缝合的缝线不暴露在皮肤外面，可减少感染。也可用上述方法做纽孔状缝合。如有长针操作更为方便，即于疝一侧刺入皮肤穿过一侧疝轮再穿过另一侧疝轮于相应处穿出皮肤，然后针由原穿出孔刺入经皮下于原刺入孔穿出打结。根据疝轮的大小，做一个或数个皮外结节缝合。

⑵袋口状缝合法：还纳疝内容物，左手食指和中指隔皮肤插入疝轮内，并压住肠管，将疝轮用手向上提起，用针刺入皮下穿过疝轮，再穿出皮肤，反复进行一周，最后一针缝线由原刺入孔穿出打结。打结前用力拉紧缝线，使疝轮尽量靠紧。

以上两种方法，必须确诊无粘连和嵌闭时方能应用。

2. 切开疝囊，还纳肠管，闭销疝轮　这种方法效果确实可靠，可达到根治的目的，临床上广泛应用。但是，由于发病后经过时间不同，有无粘连等，在实施手术前必须做好术前检查，对不同的病例采用不同的方法。

⑴术前准备：病猪手术前绝食，降低腹压便于手术。

⑵保定：患猪行仰卧保定。若病猪较大时，可放在马槽内或两根木棒之间进行保定。

⑶麻醉：用0.25%盐酸普鲁卡因注射液，局部浸润麻醉。

⑷切开疝囊：患部剃毛消毒后，切开疝囊前，先将疝内容物按压回腹腔内，然后在相应处，将疝囊捏起，于疝囊底或囊体一侧行皱襞切开，先做一小切口，探查有无粘连。然后再扩到所需要的长度，这样可以避免损伤肠管。如果发生粘连的脐疝，疝内容物不能完全还纳于腹腔内,而且在囊底出现较厚的结缔组织壁时,为了避免损伤肠管，可在未粘连处先切开一个小口，然后再根据粘连的情况扩大创口。

⑸还纳疝内容物：疝囊切开后，术者用手指伸入疝囊内，检查是否有粘连，剥离粘连的肠管时，操作要细心，防止撕破肠管，此时使用外科刀或外科剪小心地将肠管与疝囊分离开，一旦肠管切破，应立即清洗消毒后进行缝合。若肠管有坏死时，应切除坏死部分，再进行断端吻合。肠管剥离完毕，剪除多余的腹膜和增生的组织。

⑹闭锁疝轮：闭锁疝轮时，腹膜用6～8号缝线行结节缝合，用12～18号缝线缝合疝轮，再将肌层用结节缝合，疝囊皮肤有多余时应切除，再行结合缝合。必要时再做一至两个减张缝合。最后做一结系绷带。

⑺术后护理：术后1～2天内不要喂得太饱。为了防止破伤风可以注射破伤风血清1万～3万单位。术后要放于干燥的圈内，以防感染化脓。一周后再拆除结系绷带及减张缝合线。

第六节　肠变位

肠变位又称机械性肠阻塞，旧名变位疝，是由于肠管自然位置发生改变，致使肠系膜或肠间膜受到挤压绞绕。肠管血行发生障碍，肠腔陷入部分或完全闭塞的一种重剧性腹痛病。临床上以腹痛由剧烈狂暴转为沉重稳静，全身症状渐进加重，腹腔穿刺液混浊混血，病程短急，直肠变位，肠段有特征性改变为特征。主要包括肠套叠、肠扭转、肠嵌闭三种类型。

一、肠套叠

猪的肠套叠即一段肠管套入其邻近的肠管内。临床上表现动物突然开始腹痛且剧烈，以后逐渐趋于缓和，直至死亡，大多数发生于哺乳或断乳不久的仔猪。猪肠套叠主要见于十二指肠和空肠，偶可见于回肠套入盲肠，由于病猪个体较小且常呈急性经过，故往往来不及确诊而死亡。

（一）病因

在哺乳仔猪由于母猪营养不良导致乳的分泌不足及乳的质量降低，造成仔猪饥饿和胃肠道运动失调，在突然受冷、乳温不足和乳头不洁等影响下，引起肠管的异常刺激和个别肠段的痉挛性收缩，从而发生肠套叠。断乳仔猪从哺乳过渡到给饲的过程中，由于新的饲养条件的改变，特别是给饲品质低劣或变质的饲料时，往往引起胃肠道运动失调，从而发生肠套叠。在某些个体的仔猪，由于肠道存在炎症，肿瘤及蛔虫等刺激物时，或有时由于去势引起某段肠管与腹膜相连时，也可发生肠套叠。

（二）症状

病猪突然发生剧烈腹痛，翻倒滚转，鸣叫，四肢划动，尾巴扭曲状摇摆，跪地爬行或侧卧，腹部收缩，背拱起，后肢前肢伏地，头抵地面呻吟不止，呼吸心跳加快，结膜潮红，在10～15kg中等膘度猪，触诊时可触到套叠肠管如香肠状（图5.2.6–1），压迫时痛感明显，但15kg以上的肥胖猪，不容易发现肠套叠的硬块，确诊主要依靠剖腹探查。

（三）治疗

根据病史和临床症状分析，只要是怀疑肠变位就可断然采用剖腹探查术，以利进一步确诊和手术疗法，严禁投服泻剂，早期轻度肠套叠手术治疗，预后良好，晚期重度肠套叠，预后不良。

（四）预防

针对发病原因采取相应的预防措施，如加强妊娠母猪的营养，避免哺乳仔猪长时间的饥饿，在母乳不足的情况下可施行人工哺乳，断乳过程要逐渐减少哺乳量，相应增加给饲量，并且要保证饲料的营养品质，积极治疗仔猪的肠道疾患，调正胃肠道功能紊乱，减少刺激。

二、肠扭转

肠扭转由于猪体位置突然改变，致使肠管沿自身的纵轴或以肠系膜基部为轴而发生不同程度的扭转，肠扭转常发生在空肠和盲肠（图5.2.6–2、3）。临床症状同于肠套叠。

（一）病因

现在认为与肠弛缓和肠痉挛等肠运动失调有密切关系。酸败、冷冻饲料刺激部分肠管，使其蠕动加强，而其他部分肠管仍松弛并充满内容物，该充实的肠段由于肠系膜的牵引而紧张，当前段肠管内容物迅速后移时，因为猪体突然跳跃或翻转等动力作用，而发生肠扭转。

（二）症状

基本上同于肠套叠，临床上不易诊断，病程数小时至1～2天，腹痛缓和，除不全扭转外常以死亡而告终。

（三）诊断

单纯从临床症状上容易与肠便秘区别，但不容易与其他肠变位区别，因为其他肠变位表现的一系列症状与肠扭转极其相似，只有通过剖腹探查术才能区别诊断。

（四）治疗

尽早施行手术整复、严禁投服泻剂是治疗肠扭转的基本原则，术前应按一般腹痛常规进行治疗，积极采取减压、补液、强心、镇痛、解毒措施。

三、肠嵌闭

肠嵌闭又名肠嵌顿，旧名疝气，是一段肠管坠入与腹腔相通的天然孔或后天性病理破裂口内，使肠壁血行发生闭塞，临床上以突然发生腹痛或周期性慢性发病为特征。常见的是小肠嵌闭。

（一）病因

仔猪脐孔愈合不全，阴囊孔先天性过大，病理性腹壁孔形成，是该病发生的先决条件。当充满食物的肠管落入以上孔中突起于皮肤内即形成疝，也称赫尔尼亚，这时食物便不能通过孔囊（疝囊）而回到正常的肠腔，产生疼痛、肿胀、淤血和闭塞，临床上依据发生部位不同分别称作脐疝、阴囊疝。但是必须明确，脐疝、阴囊疝、腹壁疝未必都发生肠嵌闭。就是说，只有在疝孔（环）的口径较小，肠管坠入得较深，致使嵌闭或肠嵌顿；如果部孔（环）的口径宽大或肠管坠入得很浅，即不挤压肠系膜，不障碍肠管血行，又不闭塞肠腔，则只能叫做疝或赫尔尼亚，此时临床症状亦很轻，病猪呈周期性慢性发作。

（二）症状

有的嵌顿不腹痛，有的发生剧烈腹痛，有的表现周期性慢性腹痛，不腹痛的患猪局部肿胀触诊呈波动感，听诊有肠蠕动音，进行深部触诊可摸索到疝孔且有时可将脱垂的肠段还纳。如疝囊的皮肤因炎症与肠管粘连，但肠依然保持畅通时，患猪表现长期隐痛，慢性消化不良，消瘦，贫血等症状，严重病例，则剧烈腹痛，起卧不安，体温初期正常，后期短时间内明显升高。如治疗不及时，往往伴发肠坏死而预后不良。

（三）诊断

生前诊断除赫尔尼亚外，与猪的其他病痛性疾病比较，确诊不困难。主要根据临床表现，另外结合基本检查，病史调查。

（四）治疗

轻度肠嵌闭，可以自然恢复，但最好手术彻底根除，否则易复发。只能手术治疗。治愈率决定于有无伴发肠炎、肠坏死、肠粘连和腹膜炎。早期手术治疗，效果较好。治疗的根本是整复肠管，必要时应做肠管切除术，但同时必须缩小天然孔或闭合病理孔。

（五）预防

该病的发生，除病理性裂口与后天性因素有关外，有人认为主要决定于先天性遗传因素，故应注意选种、育种工作，淘汰本病的易发品种。

第七节 风湿病

风湿病又称痹症。是常有反复发作的急性或慢性非化脓性炎症。于寒湿地区常有发生，特别是春季、秋季和冬季多发。

一、病因

风湿病的病因尚不十分清楚。一般认为风湿病是一种变态反应性疾病，并与溶血性链球菌感染有关。气候剧变、圈舍潮湿和防寒不佳、运动和光照不足等是引起本病发生的重要因素。机体受风、寒、湿侵袭，抵抗力降低，溶血性链球菌乘机侵入机体内，引起隐在的灶性感染，并发育繁殖，产生毒素和酶类，如溶血毒素、杀白血细胞素、透明质酸酶等，从而刺激机体产生相应的抗体。以后机体再受到溶血性链球菌侵入，产生毒素和酶（抗原）与体内已形成的相应的抗体相互作用，引起传染性变态反应而发生风湿病。

二、症状

风湿病,在临床上主要表现为肌肉、筋腱、腱鞘及关节、蹄的疼痛,疼痛常具有游走性。病况常随天气的变化而变化。全身症状多无大的变化，体温升高0.1～1.0℃，脉搏及呼吸稍增数，食欲正常或稍减。

头颈部肌肉被侵害时，动物头颈活动不自如，两耳发硬和活动范围小，咀嚼困难。

背、腰、臀部肌肉被侵害时，病猪喜卧地，不愿行走。走路时，全身拘紧，腰硬和弓腰，拐弯时，脊柱亦不敢弯曲，故沿直线前进。触诊患病部肌肉时较硬固、增温、敏感。

四肢被侵害时，病猪多卧地不起，四肢屈曲，运动时步幅短而小，跛行明显。触诊关节及腱鞘时，动物疼痛不安，温度增高，关节囊及腱鞘常肿胀，压迫时有波动感。

本病的诊断中，要注意与佝偻病和破伤风鉴别，以免误诊。必要时应做水杨酸钠皮内反应试验。

三、治疗

1. 水杨酸制剂　水杨酸对风湿病的治疗是较有效的药物，本药的制剂很多，临床上常用的有：撒乌安、撒溴碘（安其卡鲁林）等注射液外，也可用5%～10%水杨酸钠注射液20～30mL静注，安乃近注射液10～20mL肌注，安痛定10～20mL肌注。

2. 皮质激素　本类药物虽无抗菌作用，但可以抑制组织胺类活性物质和溶酶体酶等的释放，从而可减轻和防止因抗原抗体结合物而引起的组织损伤。故对风湿病的治疗有一定作用。如2.5%醋酸可的松混悬液5～10mL（125～250mg）肌注，0.5%氢化可的松注射液（20～30mg）肌注，氢化泼尼松（强的松）注射液10～20mg肌注。

3. 针灸　根据发病部位适当选穴，一般后肢以百会穴为主,配大胯、小胯、寸子、尾本等穴。前肢以抢风穴为主，配膊尖、冲天、寸子等穴。背腰以针肾盂、肾棚、肾角六穴等穴。

4. 根据各地的具体情况选用中草药　成药如通经活络散、舒筋活络散等都可用之。

5. 温热疗法　也是一种简单有效的方法，就是将酒糟炒热装入袋内，敷于患部，但要注意保温。或用10%樟脑酒精于患部反复涂擦。也可用氨搽剂。

6. 护理　做好护理工作，是治疗工作的重要环节。厩舍要保温、干燥，必要时可垫褥草。防止拥挤，避免压伤和踩伤，最后将病猪分开单独饲养管理。加强饲养，晒日光和适当运动。避免风、寒、温继续侵袭。

第八节 直肠脱及脱肛

直肠部分或全部脱出于肛门外称为直肠脱。直肠后段部分黏膜于肛门外称为脱肛。

一、病因

此病多发生于小猪和体弱的大猪。由于饲养管理不善，伤及脾胃，致使气血亏损，中气不足，元阳虚弱。初期，大便时肠头脱出，便后收回，进而气虚下陷，提举无力，肛门括约肌松弛，直肠脱出肛门而不能收回。此外，便秘时过度努责或长期下泻，伤及脾胃、过耗中气，导致中气下陷，而发生脱肛。又因脾主肌肉、脾气虚则体弱。小猪发育不全或维生素缺乏的也常见发生本病。

二、症状

初期，直肠脱于肛门外，多呈红色，经久则发生充血，水肿，逐步变为暗红色和紫黑色。脱出部常常附有泥土，甚至发生龟裂坏死。病猪精神不振，少食或不食，排粪困难，频频努责。重者可因直肠脱出并发结肠套叠或肠管破裂而发生败血症而死亡。

三、治疗

一般以手术整复即可。重者可配合内服补中益气之剂，有时不具备整复条件，可施行手术摘除。

手术整复：新鲜直肠脱，用3%明矾水或艾叶，花椒煎汤，取上清冲洗。0.1%呋喃西林液，0.1%高锰酸钾液，0.5%新洁尔灭等清洁脱出部分周围。当脱出直肠黏膜水肿时，可边洗边用手掐破水肿的黏膜（剪取莲花穴），再涂上枯矾与食油，或五倍子粉，即可顺利将脱出部分送回，送时，应选在努责停止时送回。

整复后仍然努责时，可施行肛门周围缝合固定和装上固定环，防止再次脱出。

全身疗法：以补中益气为主，镇痛为治则，可选用下述方法方⑴、方⑵内服，方⑶涂擦。

方⑴补中益气汤

党参、黄芪各15～30g，当归、白术各12～24g，升麻、柴胡各9～18g，陈皮9～24g，炙甘草6～12g。

煎汤，候温灌服，小猪用量酌减。

方⑵

当归、白芍、羌活、独活、黄芪、党参、柴胡各9g，炒白术6g，升麻3g，甘草3g。

煎汤，候温分二次灌服，小猪用量酌减。

方⑶

蝉蜕9g，为末，用香油适量涂擦患部。

四、护理及预防

发现脱肛，及时整复治疗。多喂易消化的饲料，防止便秘、下泻，保持猪舍的清洁卫生，改善饲养管理。

第九节 腰部损伤

腰损伤是由于外力作用所引起腰部椎骨或软组织的损伤。重度腰损伤经常伴发脊髓损伤。

引起本病的原因主要是打击，跌倒等。

1. 症状 由于外力作用的强弱，受伤组织器官的种类及程度不同，临床表现也不一样。

⑴轻度腰损伤：是椎间关节韧带或肌肉受到剧伸,局部变化通常不明显，但后躯无力，运动时，两后肢运步不灵活，有时打晃，后退及转弯困难。触压或叩打背腰时，有疼痛反应。

胸、腰椎棘突或腰椎横突骨裂时，局部肿胀，触诊时，增温，疼痛，若发生全骨折时，则症状较明显，局部变形，出现热、痛、肿，卧地不起。

⑵重度腰损伤：包括椎间关节脱位，椎体骨折、骨裂等，经常伴发脊髓损伤。

2. 治疗

⑴新针及中药疗法：可针刺百会，腰部各穴位。白针及水针（5%～25%葡萄糖液，士的宁，可的松）。

⑵外敷：复方醋酸铅散、热酒糟、樟脑酒精等热敷。

第十节　猪传染性关节炎

猪传染性关节炎的一般临床表现是关节肿胀和患肢出现跛行。引起关节肿胀的主要病原菌有马链球菌、猪链球菌、猪丹毒杆菌、猪鼻支原体、猪滑液囊支原体、棒状杆菌属、猪嗜血杆菌及副嗜血杆菌等。上述病原体虽属传染病范围之内，但当引起关节炎症而出现跛行时，则需进行外科处理，故对本病加以简单叙述。

一、链球菌性关节炎

本病多发生于3周龄之内的仔猪。病原体可通过脐带或皮肤破口（皮肤外伤、断尾、打号或拔除尖齿等）感染而致发本病。链球菌为厩舍内常在菌，感染后由皮肤破口或脐带，经血液循环而进入关节腔，引起关节滑膜囊炎。皮肤外伤多在仔猪吃奶时发生。丹麦学者认为，新生仔猪剪齿是禁忌的。因剪断牙齿后，使齿髓开放，链球菌可由此趁机侵入体内，从而引起本病发生。

1. 症状　本病主要临床表现是病猪被毛粗乱，食欲减退或废绝，体温升高达41℃以上，运动时出现不同程度的跛行。局部检查，可见患病关节肿胀、增温而有压痛。一般常感染四肢末端关节。剖检可看关节滑膜腔内有多量脓性分泌物蓄留。分泌物呈白色而浓稠，以后随病程经过转为慢性时，其分泌物则变为干酪样。

2. 治疗　对本病的主要治疗方法是大量应用抗生素，例如，肌肉注射青霉素20 000～30 000IU/kg或林古霉素11mg/kg，可取得满意效果。有学者提出，对生后一日龄仔猪，注射1次长效青霉素，具有预防作用。母猪在分娩前5周和2周时各注射1次疫苗，可增加初乳的抗体，对预防本病具有一定作用。

3. 预防　母猪分娩后应多铺褥草，以防仔猪哺乳时发生皮肤损伤。饲料内加入青霉素作为母猪的添加饲料。外科处理时，应严密消毒。

二、丹毒性关节炎

本病是丹毒杆菌所引起，8周龄仔猪与成年猪易发本病。

1. 症状　本病多取慢性经过，其主要临床表现，患病关节肿大，关节内有大量纤维素析出而使关节变为坚硬。猪丹毒杆菌易侵害跗关节和膝关节。一般无全身变化。剖检时可见患关节已变为纤维化，关节软骨常被侵蚀。

2. 治疗　病初可应用抗丹毒血清，并配合应用青霉素疗法，能取得较好的治疗效果。后期已转为慢性经过时，往往治疗效果不良。

3. 预防　母猪在分娩前3周时，应进行丹毒的预防注射，仔猪在断乳时或离开育成舍之前，应再给仔猪进行1次预防注射。

三、支原体性关节炎

本病是由猪鼻支原体或猪滑液囊支原体感染所致。前者易感染3～10周龄的仔猪和成年猪，后者多易感染10～20周龄的育肥猪和成年猪。

1. 症状　鼻支原体性关节炎，其主要临床表现是，病猪开始出现腹痛，阵缩性呼吸，体温升高达41～41.2℃,接着出现睾丸炎、关节炎和跛行等症状。重症时病猪因疼痛剧烈而不能站立。

滑液囊支原体性关节炎，其临床特征是，病猪突然发生跛行，关节轻度肿胀，多侵害跗关节。站立时患肢提举不敢落地负重，重症者不能站立。

两种支原体，无论哪一种感染，病猪都可能出现咳嗽和打喷嚏现象。

2. 病理剖检　猪鼻支原体性关节炎，关节腔内渗出物以浆液纤维素性为特征，即关节腔内液体增多，呈澄清稀薄或稍变混浊，或浆液中含有较大块的纤维薄片。当滑液囊支原体感染时，关节滑膜囊呈浆液纤维素性或浆液出血性炎症，关节滑膜囊肿胀而有充血症状。

3. 诊断　支原体性关节炎，可通过尸体剖检和细菌分离培养做出诊断。但猪滑液囊支原体，只有在发病后一周内，于滑液中才能检出，在其他时间和其他器官则不能分离。该支原体可在扁桃体内存在整个病程的各阶段。疾病的急性期，从血液中也能分离出病原体。

4. 治疗　对取急性经过的病猪,于发病后第1天开始注射泰乐氏菌苗（Tylosin）或林古霉素，每日1次连用3天。为减轻疼痛，可注射可的松类，但只须注射1次，不能反复应用。有学者指出，将泰乐菌苗加入饲料中喂给，也具有治疗和预防作用。

四、棒状杆菌性关节炎

本病由化脓性棒状杆菌所致。棒状杆菌可通过皮肤破口进入体内，沿血液循环到达关节腔而发病。发病后关节肿大，因疼痛而出现跛行。穿刺时可由关节腔内流出大量绿色脓汁。

五、嗜血杆菌性关节炎

本病是由猪嗜血杆菌或副嗜血杆菌引起的多发性浆膜炎。炎症可发生在胸膜、腹膜或关节滑膜腔内。纤维性沉积物常贴附于浆膜表面。病猪体温升高达41.1～41.2℃。以多发性关节滑膜炎发生较多，其发生率可达50%～70%,死亡率为10%左右。

治疗：发病后应用大量抗生素，可收到一定效果，如肌肉注射青霉素，每天用量44 000IU／kg，连用3～4d。

第十一节　猪的其他类跛行

一、猪的营养性跛行

猪营养性跛行主要是由饲料中钙、磷比例失调或钙、磷不足所致。并且多半是因钙、磷比例失调而引起。所谓钙、磷比例失调，主要是钙多、磷少或磷虽不缺，但因钙量过多使磷相对不足，也可造成比例失调。本症多发生于刚断乳的仔猪，妊娠后期母猪或生长迅速之育肥猪。

二、遗传性跛行

猪的遗传性跛行是由于姿势缺陷而引起的跛行。例如后肢直立（直飞）肢势或蹄尖直立肢势，均可出现跛行，尤其重型猪种更易发生跛行。

三、骨发育不良性跛行

本病多发生于5.5～8月龄的育肥猪和生长发育迅速的幼龄猪。

1. 症状　病猪表现前肢早期发育不良，呈现直立姿势，以后随着病程发展，腕关节逐渐变为弯曲。后肢跗关节向侧方弯曲，出现X状或O形肢势。因此在运动时出现不同程度的机能障碍。

2. 病理变状　四肢各关节之关节软骨都被侵蚀而呈现缺损状态。这种变状多发生在膝关节和腰椎的椎间关节软骨。其病变常呈对称性发生。

3. 治疗　Danish氏指出，试验证明，在饲料中，每头猪每天加入抗坏血酸250mg，对本病有一定的治疗价值。

四、外伤性跛行

（一）关节扭伤

1. 原因　本病多在捕捉、追赶或车船运输时，由于粗暴的外力作用，而使关节钝挫、剧伸或扭转所致。

2. 症状　关节发生扭伤后，因剧烈疼痛，病猪不愿运动，喜卧，不愿起立，如强令其运动时，病猪三肢跳跃或拖曳患肢前进。触诊时，受伤关节部肿胀、增温而有压痛，被动运动患关节，使其屈曲、伸展均感困难，并有明显的疼痛反应。如发现患肢延长、缩短、异常活动或异常固定等症状时，则有骨折或关节脱位之可疑，这时应以X射线检查，即可确定诊断。

3. 治疗　如跛行由骨折或关节脱位所致，

立即进行整复固定。无上述条件可采取下列措施治疗。

⑴患部涂擦5%～10%碘酊、速效扭伤膏或四三一合剂等。

⑵病初可采用冷却疗法，例如用布老氏液冷温敷或冰袋冷敷法，以防炎性渗出。

⑶扭伤后期可改为温热疗法，如用炒热的麦麸加乙醇或食醋调和后，敷于患部，并以绷带包扎之。

⑷如出现血肿或淋巴外渗时，可按血肿、淋巴外渗的治疗方法进行治疗。

⑸如病猪疼痛剧烈时，可肌注安乃近或用盐酸普鲁卡因做患肢的环状封闭或病灶周围封闭等。

⑹可内服中药土虫25g、甜瓜籽50g，研碎分2次内服（混入饲料内投予）。

⑺针灸治疗。主穴：涌泉、滴水、枪风、三黑、前后寸子。配穴：三台、百会、七星。

（二）腐蹄病（Foot－rot）

猪腐蹄病是一种蹄间皮肤和软组织具有腐败、恶臭特征的疾病，总称为腐蹄病，亦叫蹄间腐烂或指（趾）间腐烂。多发生于3～6月龄的仔猪。

1. 原因　由于厩舍卫生条件不良，厩床构造质量较差（水泥结构或有损坏等），使猪蹄长期浸泡在粪、尿、泥泞之中，可促使蹄部发生外伤，病原体借破口进入组织深部而造成感染，引起腐烂。

2. 症状　猪一般以外侧蹄支多发、发病后局部多呈现坏死性变化，化脓者较少见。病变开始局限于蹄间，但很快即涉及到蹄冠、系部乃至球节部，这时由于剧烈疼痛而出现跛行。病猪喜卧，不愿起立，强令站立时则患肢不敢着地，如不及时治疗可造成蹄壳脱落。

3. 治疗　采用一般治疗方法即可。

第十二节　风湿性跛行

一、原因

本病是一种原因尚未明确的慢性全身性疾病。其主要病变为关节及其周围的肌肉组织发炎、萎缩。促使本病发生的因素为潮湿、寒冷、运动不足及饲料的急剧改变等。

二、症状

猪的肌肉及关节风湿症，往往是突然发生，一般先从后肢起，逐渐扩大到腰部乃至全身。患部肌肉疼痛，走路时发生跛行或出现弓腰和步幅拘紧（迈小步）等症状。病猪多喜卧，驱赶时可勉强走动，但跛行可随运动时间延长而逐渐减轻或消失，局部疼痛也逐渐缓解。

触诊时局部有明显压痛，体温一般在38～39℃，呼吸、脉搏稍有增数，食欲减退。

三、治疗

治疗风湿的药物在临床上最常应用的是水杨酸制剂和激素类，它可使病变部位迅速消除肿胀，减轻疼痛，使体温下降等。临床最常应用的制剂有：

⑴复方水杨酸钠注射液或撒乌安注射液10～20mL，耳静脉注射。

⑵复方安乃近注射液5～10mL，肌肉注射。

⑶2.5%醋酸考的松注射液5～10mL（一般加等量的0.25%～1%普鲁卡因），肌肉注射。

⑷氢化可的松注射液2～4mL做关节腔内注射（在无菌条件下进行）也可取得一定疗效。

另外中兽医采用针灸（先针百会后灸归尾和尾归）疗法也可取得满意的疗效。

操作方法：百会穴，位于最后腰脊骨与第一荐椎之间凹陷处，即腰荐十字部。用圆粒针或小宽针垂直刺入1.7～2.3cm深。

艾灸归尾、尾归二穴，即在百会穴左右两侧,相距百会3.3～5cm。先将艾绒用草纸卷成筒状，长1指，直径1.2cm，松紧适中，以便引流，放在煤灯上点燃后，在穴位上捻转3～5次即可。

一般病例经上述处理后，即可行走。重症者可再行第二次治疗。

第六篇

繁殖类疾病

第一章
生殖器官解剖及生理

第一节　母猪生殖器官

一、卵巢

猪卵巢的形状、大小、位置和结构依年龄和性发育的情况而异。

性成熟之前，即大约在4月龄之前，卵巢呈卵圆形，表面平滑，红色。40～60天小母猪，左卵巢稍大，约为5mm×4mm；右卵巢稍小，为4mm×3mm，位于第一荐椎岬部两旁稍后方或骨盆腔入口两侧的上部，卵巢背侧恰和髂外动脉及髂内动脉相近。

接近性成熟期，即在5～6月龄时，卵巢表面出现小卵泡，致卵巢如桑葚状，大小约为2cm×1.5cm，稍前移，位于第六腰椎前缘或髋结节前端的横断面上。卵巢系膜长度由性成熟前的3～5cm，加长到性成熟时的6～10cm。

性成熟后和经产的母猪卵巢长5cm，表面有突出的大卵泡，红体和黄体呈一堆小葡萄状。一个成熟的卵泡，直径3～8mm，黄体的直径为12～15mm。卵巢囊包着卵巢的大部分，由于卵巢系膜加长，卵巢的位置稍向前下移动，位于膀胱之前。左卵巢较大，因受盲肠影响而常变位，比右卵巢前移1～2cm。卵巢系膜长度为10～20cm，左侧系膜比右侧的也长1～2cm。卵巢固有韧带由卵巢的系膜缘延伸到子宫角，并在子宫角分枝到子宫系膜的一些肌束上。

卵巢外面被有一层生殖上皮，下面是一层白膜，膜下实质可分为皮质和髓质。髓质在中间，含有大量的血管、淋巴管、神经和平滑肌。皮质在周围，含有大量发育程度不同的卵泡。

卵泡是由卵细胞和卵泡细胞所构成。最初的卵泡在卵细胞周围只有一层卵泡细胞包裹，叫初级卵泡。以后初级卵泡逐渐增大，经过次级卵泡，并扩展到卵巢表面，成为成熟的卵泡。最后卵泡突破被膜，排出成熟的卵子。卵泡由于被膜的血管破裂，血液流入腔内，凝成血块，呈红色，叫红体。后来卵泡中的血块逐渐被吸收后，为黄体细胞所代替，叫黄体。如果母猪怀孕，黄体存在的时间要拉长到几个月，叫妊娠黄体。在未怀孕的情况下，黄体逐渐缩小，最后由结缔组织代替而成为白体。

二、输卵管

输卵管介于卵巢和子宫角之间，呈弯曲的小管。2月龄小母猪的输卵管很细，直径仅0.5～1mm。大母猪的输卵管直径加大，弯曲度较小，拉直长度为15～30cm。它的始部呈漏斗状的扩大部，叫漏斗。漏斗的黏膜有许多纵行小褶，叫伞部。漏斗和伞部贴在卵巢囊的内侧。输卵管前段变宽，叫输卵管壶腹，后段逐渐变细，没有特别明显界线地过渡到了宫角的起始部。输卵管子宫口为一小孔，输卵管腹腔口则相当宽大。输卵管固着在输卵管系膜上，输卵管系膜在卵巢的上方及外方特别宽大，在输卵管子宫端变小。输卵管系膜在输卵管小弯侧粘连大部分输卵管漏斗和伞。在输卵管大弯侧有一卵巢囊部，而形成很大的卵巢囊。

输卵管的黏膜层有许多纵行皱襞，表面被有单层柱状上皮，肌肉层是平滑肌，分内环行和外纵行，外膜为浆膜。

三、子宫

猪的子宫为双长角子宫，可分为二角、一体和一颈。子宫角极长，大母猪可达到1～2m。小母猪子宫角细，弯曲多，鲜红色，子宫系膜不宽，大致由卵巢处向后内方弯曲延伸。大母猪子宫角的弯曲较规则，壁厚而硬，呈白色，由宽阔的子宫系膜悬吊，始部向前方下垂，然后向后内上方弯举，最后向后内方延伸连于子宫体。4月龄前的小母猪，子宫角位于骨盆腔入口处，膀胱的侧上方。大母猪子宫角向前下方移位，接近脐区后部和耻骨区前部之间的腹下壁、膀胱的前方。

子宫体是位于子宫角和子宫颈之间的短管，长约5cm，不甚显著，形状宽大。

子宫颈大约比子宫体长3倍，为10～18cm，外形呈长颈大腹花瓶状，前细后粗。子宫颈壁的环行肌极强大，向着颈管形成许多隆起的褶，在中部以后的一长段内特别发达，一部分隆起褶互相嵌合，闭锁颈管。黏膜层有纵褶，后端延接阴道，没有突入阴道中的子宫阴道部，颈管直接过渡到阴道腔。

子宫阔韧带为左右对称的、宽大的腹膜褶，内含多量的平滑肌纤维。其上部的肌肉组织形成一圆带状隆起，称为子宫圆韧带。

在怀孕期间子宫发生很大的变化，子宫肌膜稍变厚，肌纤维长度增加，子宫角胎儿存在之处直径变粗。怀孕后期子宫移向前下，可达到剑状软骨区，造成腹壁下垂，怀孕末期子宫重量可增加20倍，即大致由250g增加到5kg。

子宫内膜的上皮为复层柱状细胞。上皮下面的固有层由纤维性的结缔组织构成，其中有成纤维细胞、巨噬细胞和肥大细胞。固有层可分为浅层和深层，子宫腺自黏膜表面呈垂直状态陷入固有层中，腺体在浅层较直而稀少，主要是腺开口部分；而在深层则出现分支弯曲。子宫腺能分泌胚胎发育的营养物质。肌层是平滑肌，分内环行层和外纵行层，中间夹有一个血管层。浆膜是腹膜的一部分。

四、阴道

阴道较窄，大母猪长10～12cm，有较厚的肌肉壁，此处黏膜有褶状隆起，与肌层紧密连接。子宫颈没有子宫阴道部突入阴道，因此，阴道没有阴道穹窿。

五、雌性尿道

雌性尿道长7～8cm，是位于阴道腹侧正中的一个圆筒形管，自膀胱颈起后行，在阴道前开口。

阴道前庭又称为尿生殖窦或雌性外生殖器，是雌性泌尿生殖器官的末部，长5～8cm，阴道与阴道前庭以尿道外口为界。

阴道前庭的黏膜层自尿道外口向后的下壁两则各有两条纵行褶，凹陷的壁中有丰富的静脉丛，呈海绵组织。侧壁有前庭大腺，呈块状，下壁有前庭小腺，由许多小腺、小导管和小口组成。在下连合前方约2cm处，有一阴蒂窝，窝后部容纳阴蒂头。

六、阴门与阴蒂

阴道前庭的后部形成向后突出的阴门，阴门是一个通入前庭的入口，由左右两片阴唇构成的，上连合圆，下连合尖，下连合后下方会合成一尖状突出。阴唇的皮肤上有稀疏的细毛，皮肤的深面有阴门缩肌，上方连肛门外括约肌。

猪的阴蒂特别发达，阴蒂体长，靠近前庭，稍弯曲，并消失在包皮套中。阴蒂头常呈钝的圆椎体，突出于阴蒂窝的表面。

第二节 公猪生殖器官

一、睾丸与附睾

猪的睾丸很大，位于肛门下面的阴囊中，呈椭圆形，长轴呈前下后上方向，几乎垂直。后下缘较凸称为游离缘；前上缘较平称为附睾缘；两端钝圆，分别覆盖着附睾头、附睾尾。睾丸表面除附睾缘外均被覆着浆膜，称为固有鞘膜，它的深面有一纤维层称白膜。白膜附于附睾头端伸入到睾丸实质中，沿睾丸纵轴方向，在睾丸的中央形成带状的睾丸纵隔。它呈放射状分出许多小叶间隔，将睾丸实质分成许多轮廓十分清楚的睾丸小叶，每个睾丸小叶内有曲精细管和间质。曲精细管呈弯曲状，由复层的生殖上皮与周围的基膜和纤维组织构成。在支持细胞之间，各个发育阶段的生殖细胞分层排列。自外向内的顺序为精原细胞、初级精母细胞、次级精母细胞、精子细胞和精子。间质是疏松结缔组织，内有血管、神经和间质细胞，能产生雄性激素（睾酮）。睾酮主要有下列作用：增进公猪正常的性行为；促进生长、维持副性腺的机能和第二性特征；与促卵泡激素（FSH）、促间质细胞激素（ICSH）一起推动精子的生成。曲精细管至纵膈附近变成直线形，叫做直细精管。直细精管在纵膈内形成睾丸网，并发出七、八条输出管到附睾，在附睾头部盘曲并合成一条附睾管。附睾管盘绕于附睾体和附睾尾，在附睾尾的附睾管口径较大，最后伸入精索而成为输精管。

二、阴囊

阴囊是一个袋状的皮肤囊，很大，位于肛门下面，猪越大越靠近肛门下方。小猪阴囊则离肛门较远，而位于两大腿之间的后部。

阴囊包围着睾丸和部分精索，由皮肤、肉膜和总鞘膜组成，阴囊的皮肤在小猪较柔软而有毛，大猪则表皮变的粗糙而少毛，在中线上有阴囊缝。肉膜是一层含有弹性纤维及平滑肌纤维的海绵状厚垫，紧贴于皮肤的内面，形成阴囊中膈，把阴囊分成左、右两个空腔。总鞘膜为经腹股沟管延伸到阴囊内的腹膜壁层，它覆盖在睾丸和附睾的表面。总鞘膜与固有鞘膜之间的腔称鞘膜腔。该腔通过腹股沟管以鞘膜口与腹腔相通。总鞘膜与固有鞘膜之间的转折部分，形成狭窄的系膜部，称为睾丸系膜。睾丸系膜在附睾尾处的开始部分，总鞘膜夹层中夹着一条纤维索，把附睾尾和肉膜连接起来，这个部分称为阴囊韧带。猪的提睾外肌很发达，自腹内斜肌后缘最上部附着于髂筋膜，经腹股沟管腹环，向后下延伸。在小公猪，到附睾体背侧中段相对处的总鞘膜外面。在大公猪，由于睾丸及附睾向后上移位，提睾外肌也向上发育，吊在阴囊最上部的肉膜下筋膜上。

三、精索与输精管

精索是固有鞘膜及其包着的血管、淋巴管、神经及输精管的总称。公猪的精索很长，约20cm（15～30cm）。

输精管起自阴囊韧带连结附睾尾的地方，先盘曲堆积成一块，经睾丸前缘，至附睾头处弯曲渐趋平缓，在精索内侧的固有鞘膜褶中，随精索向前上方到腹股沟管腹环处脱离精索中的血管、神经，而单独向后上方，进入骨盆腔，在精囊腺的前方内侧，伸入泌尿生殖管骨盆部的精阜。输精管长为35～50cm。

输精管的黏膜有纵行的皱壁，上皮是单层柱状上皮，肌层很厚，由内环行平滑肌、中斜行平滑肌和外纵行平滑肌构成。

四、副性腺

位于尿生殖管骨盆部的背侧，大结肠末部和直肠的腹侧，包括精囊腺、前列腺、尿道球腺。副性腺的分泌物主要形成精清，可增加射精量，并具有改善阴道环境等作用。

（一）精囊腺

猪的精囊腺特别大，松软，呈三角的锥形，淡粉红色，左右对称。发育成熟的公猪，每侧精囊腺，长为12～15cm，宽为5～8cm，厚为4～5cm。早期去势的公猪，精囊腺发育得很小。精囊腺前部突入腹腔耻骨区，向后遮盖着膀胱颈、输尿管、输精管末段、前列腺体、泌尿生殖管骨盆部前半部及尿道球腺的前部。

（二）前列腺

猪的前列腺也很发达，分前列腺体和前列腺扩散部。前列腺体不大，长为3～6cm，宽为2～4cm，厚1～2cm。其底呈圆形，向上左右压扁呈山嵴状，均被精囊腺所遮盖。前列腺体部位于膀胱颈与泌尿生殖管骨盆部的黏膜上，呈淡黄色，背侧正中包着致密结缔组织膜，其他各处覆盖着尿道肌。前列腺扩散部位于尿生殖管骨盆部黏膜层之外，于精阜之后出现，前不大，向后逐渐发达，延续到尿生殖管骨盆部的后1/3和中1/3的交界处为止。

（三）尿道球腺

尿道球腺左右对称，极大，致密而硬，呈深红色，大致呈三面柱状体，成年公猪球腺长10～17cm，宽2～4cm，厚2～3cm。而早期去势的猪，尿道球腺为25cm。位于泌尿生殖管骨盆部后2/3的两侧和背侧，精囊腺遮盖其前背侧部，球腺肌遮盖其背侧和外侧面的上半部。

五、尿生殖管

尿生殖管是公猪尿液和精液输出的管道，可分为骨盆部和阴茎部。

（一）骨盆部

猪尿生殖管的骨盆部相当长，成年猪为15～20cm，呈上下稍扁的厚壁筒状，周围由前列腺的扩散部和尿道肌覆盖着，输精管和精囊腺的开口都在精阜。精阜是位于膀胱颈稍后处管口背侧的一个圆形隆状凸起。在坐骨弓处骨盆部转向阴茎部的地方，海绵体加厚形成尿道球，这里的勃起组织很发达，内含平滑肌纤维和动脉管。

（二）阴茎部

阴茎部直径较小，有勃起组织环绕，在阴茎的海绵体腹侧沟的黏膜上有海绵体，但达不到阴茎的游离端。尿道外口呈长裂缝状，开口于阴茎最前端的下外侧方。

六、阴茎与包皮

阴茎是公猪的交配器官，呈长而细的圆柱状，成年公猪的阴茎长度为50～60cm，游离部长为17～20cm。阴茎的后部为乙状曲，乙状曲位于阴茎的前面。阴茎的前面扭转成为螺旋状，无龟头，最前端的下外侧有尿道外口。

阴茎由海绵体和肌肉组成。阴茎海绵体向前达到阴茎前端，在腹侧正中有一长沟，容纳尿生殖管的阴茎部。阴茎的肌肉主要有球海绵体肌、坐骨海绵体肌和阴茎缩肌。

猪的包皮呈圆管状，包皮腔很大，前宽后窄。包皮可分为外层、壁层和脏层。外层是腹壁的皮肤形成的，至包皮口向后折成壁层，至包皮穹窿处向前折成脏层，包住阴茎前端，当阴茎松弛时即藏于包皮之中。猪的包皮口狭窄，呈花瓣状小圆形口，周围有硬毛，位于脐后附近。包皮前部的上壁有一个圆形口，通入一个盲囊状的包皮憩室。囊中有腐败的尿和脱落的上皮，有令人难嗅的奇臭，有时还有结石状物。成年公猪包皮腔通入憩室的孔可以伸进两个手指，但是由于黏膜遮盖，通常看不到。去势的猪憩室很小，往往是空的。

第三节 猪的生殖生理（Reproduction in Swine）

一、生殖细胞的生成

（一）猪的性成熟和体成熟

家畜生长发育到一定时期，生殖器官和副性特征基本发育完全，开始具有生殖能力，这一时期称为性成熟。性成熟的两性个体开始生成成熟的生殖细胞（精子和卵子），表现出各种性反射，有配种的欲望，能进行交配、受精、妊娠等生殖活动。性成熟是一个发展过程，它的开始阶段叫初情期。母畜达到初情期的主要表现是第一次发情，母猪在出生后4～5月龄时，外阴部出现潮红、肿胀、可视为发情的前兆，即滤泡在卵巢中开始发育，分泌发情激素。此期卵泡可发育到相当大，但还不到排卵的时候，试情时也不等待公猪爬跨。

母猪外阴部的发情征候在不规则的周期反复出现之后，外阴部特别肿大，潮红增强，从阴门流出薄液，开始允许公猪爬跨。与此同时也开始排卵，这时可视为已经达到性成熟期。从出生到第一次发情的平均日龄为256天（194～328天），初次发情的日龄大致相同。平均体重为76千克左右，种间差异不大，个体发育较好的猪，可能稍早。

公猪的性成熟期可根据睾丸内精子的生成，在附睾内精子的成熟，有无射精能力，精液和精子的量和质的发育等进行综合判断。发育正常的公猪约在出生后4月龄时睾丸内开始生成精子，在4月龄以后，在附睾中开始出现精子，5月龄时精子的密度明显增大，到6月龄时造精功能极为旺盛，即在85%以上的精细管中可见到精子，7～8月龄以后基本定型。一般公猪性成熟期的判定以7个月龄前后，体重70kg左右较为合适。

猪性成熟时，虽然已具备繁殖能力，但由于身体仍在继续生长、发育，如果立即用于配种，必将对自身的继续发育和后代的体质产生不良的影响，需推后一定时间，待身体发育成熟，即达到体成熟以后再用于繁殖。母猪在8～12月龄时（我国品种为8～10月龄，体重50千克以上，引进品种为10～12月龄，体重80千克以上）达到体成熟，可进行配种。

性成熟和体成熟的年龄可因品种、饲养管理和外界环境等而有差异。早熟品种，营养水平高和环境条件好可使性成熟和体成熟的年龄提早，晚成熟品种，饲养管理和环境条件差则可推迟。群体因素也常影响性成熟和初情期，有异性个体存在时，可使初情期提前，同性的群体则初情期延迟。

（二）精子的生成

1. 精子的生成过程　精子是由睾丸曲细精管生殖上皮的生殖细胞发育而成的。从生精细胞发育成精子要经历繁殖期、生长期、成熟期和成形期。

(1)繁殖期：是指由原始的生精细胞分化成精原细胞，再经多次分裂，增加数目而成为初级精母细胞。在此分裂过程中，精原细胞总有一半留作种用，另一半分裂形成精子。

(2)生长期：此期细胞不再分裂，由于蓄积营养物质，细胞体积增大，同时合成和储存各种类型的核糖核酸、核糖体、蛋白质和准备胚胎发育的信息。此期是相当复杂的过程，对卵的发育起着十分重要的作用。

(3)成熟期：初级精母细胞经二次成熟分裂成为精细胞。第一次成熟分裂生成2个次级精母细胞，其中的染色体数减半，一个次级精母细胞经第二次成熟分裂生成2个精细胞，这时细胞核中的DNA含量减半，大多数为单倍体，极少数仍为二倍体。

(4)成形期：精母细胞演变成为精子。核浓缩，高尔基复合体形成精子顶体，中心粒形成精子尾部。

2. 影响精子生成的因素以及精子生成的调节

睾丸的局部温度对精子的生成起决定性因素，睾丸的温度一般较体温低3～4℃。维持较低的温度是生成正常精子所必需的。公猪饲养管理条件尤其是营养水平和运动对精子生成也有重要影响。公猪过肥，缺乏运动以及使用不当等均使精子数量和质量降低。

精子生成直接受下丘脑-垂体-睾酮的调节。下丘脑分泌促性腺激素释放激素（GnRH），经垂体门静脉系统到达腺垂体，促进其分泌促卵泡素（FSH）和促黄体素（LH）。FSH作用于睾丸曲细精管上皮，促进精子形成；LH作用于下丘脑和腺垂体，抑制FSH分泌，对精子生成起抑制作用。睾丸支持细胞分泌抑制素作用于下丘脑和腺垂体，抑制FSH分泌，对精子生成起抑制作用。血液中睾酮浓度过高，通过负反馈作用抑制GnRH，使FSH和LH分泌减少，从而对生精过程表现抑制性影响。

（三）精液性状

1. 精液量及精子数　精液量和精子数因品种、个体和采精时间的不同有很大差异。精液总量平均在225.7mL（65～680mL），其液体部分是178.8mL（38～580mL）。胶状物有46.9g（10～205g），胶状物占总精液量的21%（4%～48%）。1mL精液中精子数平均为2.45亿（0.43亿～7.30亿），一次射出精子总数平均是437.88亿（51.30亿～1 425.24亿）。

2. 精子形态　精子全长平均54.58μm（49.2～62.4μm），精子畸形率平均为5.6%。此外，猪的新鲜精液比重为1.018，黏稠度为2.658，折光率为1.341。

（四）卵子的生成

1. 卵泡的发育　卵泡在胚胎期由卵巢表面的生殖上皮演化而来。原始卵泡仅由一个卵圆细胞和包围在其外面的少量卵泡细胞组成，在出生前后，原始卵泡发育成为初级卵泡，至接近性成熟时初级卵泡开始进一步发育并经次级卵泡、生长卵泡和囊状卵泡阶段，最后发育为成熟卵泡。

从初级卵泡到次级卵泡主要是周围的卵泡细胞逐渐增多。其分泌物积聚在卵子周围形成透明带。

在次级卵泡继续发育至生长卵泡时，主要的特点是多层的卵泡细胞内部逐渐出现腔隙，并扩大成为卵泡腔，腔内充满卵泡液，随着卵泡腔扩大和卵泡液增多，逐渐将其中卵子挤至一侧，形成卵丘。这时卵泡细胞开始分化：位于卵泡腔周围的形成颗粒层，其细胞成为颗粒细胞；存在于卵泡外层的间质细胞形成卵泡膜，膜的外层为纤维状的基质细胞，内层为内皮细胞。随着生长卵泡不断发育和成熟，体积逐渐增大，卵泡可突出于卵巢表面。

2. 卵子的发育　卵子发育和成熟并不随卵泡的成熟而完成。在成熟卵泡中卵子仍处在次级卵母细胞阶段。从卵圆细胞发育至成熟卵子需经历以下三个时期。

⑴繁殖期：随着卵圆细胞经多次分裂，增加数目，成为初级卵母细胞，与此相应卵泡则从原始卵泡变成初级卵泡。

⑵生长期：初级卵母细胞经第一次成熟分裂，核内DNA加倍，胞质和内含物增多，形成次级卵母细胞和第一极体；与此相应，卵泡也从初级卵泡发育成为次级卵泡。

⑶成熟期：次级卵母细胞进行第二次成熟分裂，至分裂中期即停止下来，尽管这时卵泡已发育到完全成熟，而卵子则仍处在次级卵母细胞阶段，须等排卵后进入输卵管并受精后，中止的第二次成熟分裂才继续进行达到最后成熟。

3. 排卵　卵从卵巢的成熟卵泡中排出的过程称为排卵。卵泡在排卵前要经历一系列变化，这些变化是：卵泡液增多，压力增大，其中的蛋白分解酶使卵泡膜不断溶化和松解，形成排卵点，向卵巢表面突出，直至最后破裂，卵泡液流出。卵子随卵泡液排出卵巢后经输卵管伞部进入输卵管中。母猪的排卵为自发性排卵，即卵泡发育成熟后可自然发生破裂而排卵。

卵子排出后在一定时间内保持受精能力，猪一般为8～10h，超过此时期卵将逐渐失去受精能力，直至最后完全不能受精。

4. 卵泡发育和排卵的调节　卵泡发育和排卵主要受下丘脑-垂体-卵巢轴的调节。下丘脑分泌促性腺激素释放激素，促进腺垂体分泌促卵泡素（FSH）和促黄体素（LH）。在FSH的作用下卵泡开始生长发育，但卵泡成熟则需要FSH和LH的共同作用。当卵泡成熟雌激素分泌达峰值时，通过正反馈作用于下丘脑能使GnRH大量分泌，进而激发LH快速大量分泌，形成LH高峰，即可引起排卵。

抑制素抑制FSH分泌，阻止卵泡发育。动物妊娠后黄体和胎盘分泌大量孕酮，通过负反馈抑制GnRH和FSH分泌，对卵泡发育和排卵起抑制作用。

二、发情（Oestrus）

（一）初情期（Puberty）

初情期是指青年母猪出现第一次发情的时期。其特征是：首次发情，格拉夫氏卵泡排卵，释放出具有受精能力的卵子。母猪达到初情期的年龄一般为120～160d，最早可在116d，晚至250d以上。母猪初情期时的体重平均为75kg（52～120kg）。按品种顺序，长白猪最大，其次是大白猪、巴克夏猪。出生时体重较小的，第一次发情开始日龄有推迟趋势。尽管同窝仔猪间体重大小有差异，但初次发情的日龄大致相同。在未到达初情期的前20d，外周血浆孕酮浓度低（平均为2.4ng/mL）。在首次发情的前情期、发情期和发情后期早期的整个过程中，孕酮均保持低水平。因为初情期前的青年母猪没有黄体，孕酮的起源不明，至少可能部分起源于肾上腺。

第一个发情周期的黄体期的孕酮含量曲线图形遵循正常发情周期小母猪的典型模式。17日龄小母猪垂体前叶中FSH和LH浓度明显高于发情周期中的母猪。此外110～119日龄青年母猪的垂体FSH浓度超过发情周期中任何阶段的青年母猪。77日龄青年母猪的外周血清LH的基础水平低（1.3ng/mL），与160日龄的初情期前的青年母猪的水平相似，虽然初情期前的青年母猪能合成并释放促性腺激素，但下丘脑－垂体系统的进一步成熟对自主调节性周期的反复出现是必要的。到达初情的年龄可能受营养水平、社会环境、体重、季节、品种、疾病及管理等因素的影响。限制能量采食量为充分饲养的一半，初情期推迟40天以上。数天至数周内限制能量采食量为自由采食量的60%至70%，有的母猪初情期加速出现，而有的则延迟出现。补充蛋白质似乎对达到初情期的时间没有影响。增加日粮中的蛋白质和能量往往提高增重，结果使青年母猪体重增加，但到达初情期的年龄并不提早。公猪在场，可提早到达初情期的年龄和体重。单个圈养的青年母猪比30头群养的到达初情期时间晚，秋季出生的青年母猪比春季出生的初情期早而体重较低，8个品系猪的平均初情期年龄为209天。近交延长初情期到达年龄，而杂交则提早初情期到达的年龄。

（二）发情和发情周期（Oestrous cycle）

1. 发情　猪是全年多次发情动物，其发情时首先外阴部发红，逐渐肿胀。肿胀达到最高峰时，从阴门流出水样乳白色黏液。发情初期举动，无特殊变化，以后逐渐变得不稳而粗暴，爬跨其他母猪，脊柱前凸，当容许公猪接近时，就变得平稳而安定，即开始进入交配期。容许公猪接近时，一般食欲减退，人易接近，用力按压其腰部，静止不动，两耳耸立，尾向上举。当公猪接近时，以尻部相诱，发出特殊的叫声。或焦躁不安地在猪舍内来回行走，频频排尿。母猪外阴部肿胀时间最短4～5天，最长达10天，平均7天左右。外阴部在发情期直到允许公猪接近为止，日渐胀大，颜色由深桃红色变为红色。发情后期颜色逐渐减退，直至迅速退色而恢复原状。阴道黏液流出比发情早一天，前半期有许多水样乳白色黏液。发情中期以后增加了絮状物，变为黏稠状。发情末期呈粘着乳白色或糊状黏液。

2. 发情周期　平均为21天，经产母猪发情周期稍长，平均为22.2天，未经产猪稍短，为20.4天。

3. 发情持续期　平均为58h，经产猪平均为70h，未经产猪为54.7h。

4. 排卵时间　发情开始后38～42h排卵，排卵过程的持续时间为3.8h。交配后的母猪比未交配的早排卵4h。

5. 断奶后的再发情　此时间因哺乳仔猪数、哺乳时间及断奶后母猪营养状况等而有差异。最早在断奶后2天，最迟在17天左右，多数平均在6天左右再发情。

6. 排卵数　猪的排卵数量最少8个，最多21个，平均14个。未经产的平均为12.7个，经产的平均为16.8个，近交系中，第二次发情周期比第一次平均多0.8个卵子；第三次发情期，排卵继续增加（多1.1个卵子），但第四次发情期后，即使有一些增加也是很少的。排卵数还可随胎次增加，一直增加到第七胎或七胎以上。近交降低排卵数，而杂交可增加排卵数。为了诱发排卵，可以注射PMSG和HCG。例如，注射750～1000IU的PMSG可排卵12～15个，HCG可诱发进入发情周期的青年母猪排卵，但排卵数增加不多。除激素外，用高能日粮喂猪，也可诱发较高的排卵率，在喂给高能日粮（8 000～10 000千卡）前，往往先喂低能日粮（3 000～5 000千卡）。高能日粮最适宜的饲喂期为预期发情或配种前11～14天。许多研究证实，喂高能量的猪比喂限量日粮的多排2.2个卵子。

三、受精（Fertilization）

受精就是精子和卵子在母猪输卵管内结合成为合子的过程。只有在最适时内交配，新鲜精子和卵子结合，才能使受胎率达到理想程度。

1. 精子在母猪生殖器官内的受精能力　在自然交配的情况下，大量精液注入母猪生殖道，交配后30min内，有部分精子到达输卵管内。交配数小时后，大部分精子存在于子宫体和子宫角内，经15.6h，大部分精子可在输卵管及子宫角的前端出现。精子在母猪生殖道内最长存活时间是42h。

2. 卵子的受精能力　卵子保持受精能力的时间较短，一般只有数小时，最长时间可达15h左右。

3. 公猪射精时间　平均为6～7min，最短2min，最长达23min之多。

4. 射精过程　一般精液射出的顺序是：最初排出的几乎是无色，带有少量尿液的液体，接着排出的是浓厚精液，即真正的精液。精液由液体和胶状物两部分组成，射精的前半期射出大部分精液。后期仅有少量排出。精子数在开始射精后2min以内精液中量最多，平均占全部精子数的82%。精液中特有的胶状物，是由尿道球腺分泌的，在射精时被排出。

5. 交配适宜期　一般在适时配种期内，约克夏、巴克夏母猪，当人用手按压其腰部时，静止不动，两耳耸立，外阴肿胀高潮过后，从深红色到稍微退色，外阴部产生小皱褶时，为交配适宜期。此期往往在发情后的3～5天，持续时间为

10～25.5h。而长白猪从发情征状开始后第4～6天交配是适宜期，一般比约克夏猪迟1～1.5天。有时交配持续时间相差10～82h之久。因此，掌握适时配种时间是相当困难的。此外，为了提高母猪受胎率，不管是人工授精还是自然交配都应进行两次，间隔12～24h，因为发情期内一次授精受胎率仅为32.8%，两次授精达61.2%。受胎率明显提高。繁殖母猪一年分娩两次，这是畜牧经营管理上的根本大计。健康猪，一般在断奶后4天就出现发情征兆，这时必须适时配种，不要漏配。而且发情时间长短也有个体差异，约持续36h，发情开始12h内受胎率不佳，配种适时期在容许公猪爬跨后12～24h，同时要两次配种，这样受胎率高，产仔多。午前第一次配种的话，午后、傍晚或夜间再配，如晚间第一次配种，在第二天早晨再配第二次。

6. 营养与每窝产仔数　在大约115天的一个相当短的妊娠期内，尽管胚胎损失通常达40%，但母体营养和卵巢激素对胚胎存活率和发育的作用还不明确。很多试验指出，在整个妊娠期内限制代谢能的采食量，对胚胎存活率没有影响，仅使仔猪初生重稍有下降。由第一胎到第三胎，每窝产仔数增加2头，但这与母猪营养状态无关。限制能量水平的母猪比充分饲养的在第2～3胎时能产较多仔猪。所以在妊娠期高能采食量对胚胎存活率没有好处。连续三个妊娠期的低能采食量（12552kJ）和高能采食量（31380kJ）对繁殖性能长期影响作比较，结果随母体代谢能水平的增加，其产仔总数降低了（10.6∶8.7），但活仔猪的初生重提高了（1.2∶1.5）。在妊娠期和泌乳期严格限制蛋白质，将使断奶到发情之间的天数增加，排卵数减少，从而降低了下一个繁殖周期的效率。

四、妊娠（Gestation）

（一）妊娠期

猪的妊娠期因品种、饲养方法等不同而有所差异，平均114天，就是3个月3周零3天，黑色品种猪比白色品种猪妊娠期约长1天，初产母猪有比经产母猪缩短的倾向。猪的预产期是配种日期加114天，或配种月加3，配种日加20。

（二）妊娠征状

母猪的发情周期平均为21天，所以配种后21天，若不再发情，可初步认为受胎了。但有时也有假发情的母猪，配种后21天阴部发红，出现像发情一样的征状，此时嫌避公猪，发情时间也短。极个别的不受胎母猪，配种后21天不表现发情，而到第二个发情期出现发情。有的母猪已确定妊娠，而于非预定日期发情，这往往是流产后造成的结果。母猪妊娠初期流产有时根本发现不了。如果注意观察，流产母猪外阴部稍带红色，似受污染，但几乎见不到任何其他异常。母猪妊娠中、后期流产，则食欲剧减，精神不振，外阴部发红并流出黏液，有胎膜排出，在群养母猪的情况下，有的胎膜被母猪自己吃掉。

妊娠母猪行动逐渐安稳，食欲增加，妊娠期过半时腹部增大，乳房发育。妊娠后期显示胎动，手触可感觉到胎儿的蠕动。到妊娠末期，阴部松弛，应为分娩做好必要准备。妊娠母猪于分娩前1～2天，乳房更加膨胀，手挤可流出浓稠的初乳。临产时母猪叨草做窝，粪尿排泄频繁。

（三）孕体生长

胚胎进入子宫时为4细胞期。第5天卵裂达到桑葚胚期。第6～8天形成囊胚。囊胚不规则地分布在两个子宫角。孕体的快速发育表现为子宫内胚胎的迁移、胚胎的间距、囊胚由球形变成细长形和后来的胚胎生成。到第11天，半数囊胚快速伸长，呈丝状，常超过60cm。到第13天，多数胚胎完成这个过程。这些孕体在子宫角内分布均匀，不与其他胚胎的管状膜相重叠。从怀孕期的第20天至100天，胚胎迅速生长发育，胎儿湿重与胎盘长度（r=0.64）、胎盘的表面面积（r=0.72）和每个胎盘的整个绒毛晕表面面积（r=0.65）呈高度强相关。

（四）早期妊娠诊断法

1. 根据发情周期判断　若猪配种后21天不再发情，可以初步推断已经妊娠，当到第二个发情期还没有发情征状时，就可确认已经妊娠。

2. 根据乳头的变化判断　约克夏母猪配种后，经30天乳头变黑。轻轻拉长乳头，如果乳头基部呈现黑紫色的晕轮时，则可判断为已经妊娠。一般母猪妊娠后乳头前端向外张开，乳头基部全部膨胀隆起。然而，有些空怀长白猪的乳头及其基部周围经常有晕状着色，乳头又向外张开，好象已经妊娠。所以若不熟练掌握，是难以用这种方法准确判断的。

3. 激素注射妊娠诊断法　在配种后第16～17天注射激素制剂，该制剂是人工合成的雌性发情激素。一般是在耳根部皮下注射3～5mL，注射后出现发情征状的母猪是空怀母猪，在5天内不发情的母猪为妊娠母猪。因为妊娠母猪卵巢上有黄体分泌孕酮，注射雌激素也不出现发情症状。如果母猪没有妊娠，黄体大约在18天消失，配种后16天注射雌激素就会表现出发情征状。

4. 多普勒超声诊断法　将探触器贴在猪腹部体表发射超声波，根据胎儿心跳动的感应信号音，或者脐带多普勒信号音而判断母猪妊娠与否，此法不用保定和麻醉。在配种后20～29天判断是否妊娠的准确率为80%，40天以后的准确率为100%。

5. 阴道活组织检查法　用活体组织取材工具采取一小块阴道上皮。取样部位一定要在阴道的前部。然后对样品进行切片、染色和镜检。怀孕猪的上皮细胞不到3层，细胞核染色深。这些细胞与基底膜平行排列，细胞边缘规律而发亮。未孕母猪上皮细胞达到10层以上，细胞边缘不规律，常有反转折叠现象。本法对于怀孕21天以上的母猪，其准确率可90%～95%。

五、妊娠期激素变化

猪的黄体对维持妊娠到足月是很重要的。第8天黄体发育到最大重量，并保持到妊娠晚期。外周血液中的孕酮至妊娠第12天上升到高峰值，然后逐渐减至20～25ng/mL（第104天）。松弛素在黄体组织内逐渐积贮，到妊娠晚期（第105～110天）达高峰值。第80天时血浆中未结合状态的雌酮和外周血液中的17-雌二醇是可以测得出来的，再分娩前迅速升至高峰期。硫酸雌酮的两个高峰值分别发生在第30天和112天，然后在分娩时下降。垂体前叶的FSH浓度及其含量在整个妊娠期保持稳定，而LH从第13天开始增加，到第18天达最高峰，然后在余下的妊娠期内下降。垂体催乳素和生长素在整个妊娠期间保持稳定水平。青年母猪在妊娠第4天切除垂体，妊娠和黄体功能可维持到第12天，但在第70天、第80天、第90天切除垂体后，妊娠马上中断。在大部分妊娠期内猪需要垂体前叶的促黄体分泌素的支持。在妊娠早期（第12～21天），青年母猪子宫卵巢血浆中的内源性PGF的浓度比没有妊娠的低（0.52：1.37ng/mL）。此时没有妊娠的青年母猪的PGF高峰频率也比妊娠猪多。在早期妊娠的临界期，囊胚能克服子宫的溶黄体作用而维护黄体功能，其产生的雌激素可能起到促黄体作用。经过雌激素处理的青年母猪，子宫液中PGF的浓度增加，可抑制进入子宫静脉系统中的PGF的分泌，从而阻止子宫的溶黄体作用。PGF2可诱发青年母猪的溶黄体作用，这些母猪虽然具有雌激素维持的黄体，但是外源性PGF2可溶解黄体，并诱发妊娠23天的母猪发生流产。

六、分娩（Parturition）

（一）分娩时的内分泌变化

妊娠晚期，分娩前后的24h内，皮质类固醇激素浓度增加，到泌乳早期则减少。在妊娠最后几天内，孕酮水平下降，而到分娩后的第1天，急剧下降到0.5ng/mL。雌酮在产前2天增加到高峰，然后在胎儿产出后下降到基础水平。雌酮的出现和雌二醇一样，与胎儿成熟有关，主要来源于胎盘，外周血浆中松弛素的浓度在妊娠最初100天一直保持低水平（<2ng/mL），然后在分娩前2天上升到高峰值，标志着黄体内积聚的松弛素的释放。

（二）分娩征兆

配种后2个月左右，外观上妊娠的特殊征状不十分明显，而一到分娩前3周，妊娠母猪腹部变大并下垂。用手触摸腹部，可微感到胎动，腰角部凹陷，尾根部两侧也凹陷下去。临近分娩时，外阴部膨软，颜色也由红变紫。乳堤隆起，乳房肿胀而带有光泽。分娩前3天，母猪行动、起卧等动作稳重谨慎。乳头可分泌乳汁，乳堤有点发热。分娩前数小时，母猪叨草做窝，精神不安，通常食欲减退。有个别母猪食欲不减，掠食褥草，不叨草做窝，在不知不觉中分娩。还有的猪在分娩前2～3天能挤出乳汁，然后泌乳突然中断，在不知道的时间里开始产仔，对这样的猪要特别注意接产。

（三）分娩阶段

分娩可分为三个阶段：①准备期；②胎儿排出期；③胎盘排出期。

准备期的特征是血浆中孕酮含量在分娩前约2天开始下降。同时伴以血浆中雌激素的迅速升高，雌激素可能是来源胎盘。垂体后叶释放的催产素同帮助扩大子宫颈的松弛素一起，使胎儿容易通过。

当分娩发动时，子宫从不规则而短促地收缩，逐渐转变为协调而有节律地收缩。收缩是从最靠近子宫颈的胎儿前方开始，子宫的其余部分则仍保持安静。收缩是由于子宫壁的平滑肌自主神经反射活动引起的，这种反射作用由催产素所调节。到妊娠末期，子宫颈扩张而使子宫和阴道成为一个相连续的管道。尿膜绒毛膜破裂后，尿水由阴门流出。

分娩的第二阶段是由被迫进入骨盆入口、最靠近子宫颈的胎儿的膨胀羊膜发动的。这就引起隔肌和腹肌的反射性和随意性收缩。然后由于羊膜囊破裂，胎儿经由子宫颈相当迅速地被推出，再经阴道而排出于体外。这种弥散型胎盘刚好在分娩第一阶段的末期与子宫完全分离，因此，第二阶段必须相当快，否则，很多胎儿将死于缺氧。在分娩过程中，有60%～70%胎儿是正生，其余为倒生。

分娩的第三阶段仍然在子宫收缩的影响下经阴道排出胎盘。此过程的延迟或阻碍可引起不同程度的子宫炎，母猪和青年母猪可发生产褥热，表现体温上升和食欲减退。有些情况可发生乳房炎，子宫炎和无乳综合征等。

（四）分娩前的准备工作

临近预产期时，要求先做好以下准备，以保证分娩顺利进行。

⑴清扫消毒分娩猪舍和分娩栏。

⑵准备预产箱或笼子，并放入柔软的垫草，如有仔猪保温箱更好。

⑶产房周围离墙壁大约60cm处，高于猪床地面30cm或60cm，横架圆木或者用梯子等分出分娩栅。因为初生仔猪行走不稳，往往会被母猪压死。哺乳母猪卧倒时，由于周围有隔木，可防止压死仔猪，所以隔木非设不可。

⑷产房内所垫褥草，要切为10～15cm，使新生仔猪容易行走。

⑸准备好分娩后擦拭仔猪的布片或柔软干草。自然分娩时，在母猪外阴部放好红外线灯。

⑹更新运动场的表土，预防感染寄生虫。注意产房保温、通风、湿度状况。

⑺准备好碘酒、切齿钳子、编号用墨水和母猪记录本、卡片等。要擦拭母猪身体，特别是乳房，畜主或饲养人员搔触母猪腹部时，能使其驯从，养成老实躺卧的习惯。

（五）助产

母猪正常产仔所需时间平均为4.5h，最短的是1.5h，最长的要6.5h，分娩的间隔时间平均为18min，往往是产仔数多的间隔时间短。长白猪分娩时，阵缩多半比约克夏猪弱或无明显阵缩，所以，要特别注意假死仔猪的抢救。当见到产仔母猪有轻微的痉挛，出现摇尾并向上翘起时，说明胎儿连同脐带已进产道，要伺机助产。

仔猪产出后，要迅速地用布片或者柔软的稻草麦秸细心擦干仔猪全身。增加新生仔猪的活力。如果脐带切断过早，出血过多，可在生后10～15min趁仔猪能站力时，将脐带不拖地面地切断。通常情况下仔猪脐带不用护理，任其自然干燥脱落无妨。

母猪分娩时，只需饲养员一人安静助产即可。长白猪初生仔猪个体比约克夏猪大，分娩时有的仔猪往往被脐带缠住停滞在产道内，这种仔猪多以假死状态产生。假死仔猪的救活方法很多，主要有以下几种：

⑴用布片迅速擦掉仔猪鼻口周围的黏液，并用嘴对准仔猪鼻孔吹气吸气，使仔猪恢复正常呼吸。

⑵用酒精，白酒等擦拭假死仔猪的口鼻周围，刺激其复苏。

⑶摇振仔猪全身，使其复活。

对于垂露舌头的假死仔猪，应先将其舌头塞回口中，再按上述方法进行抢救。有的母猪开始分娩后，经15min才产出下一头仔猪，可哺乳先生出的仔猪，并等待下一头仔猪的产出。

胎衣一般是在仔猪产完后排出，通常是产后30min至2个多小时，经过轻微的阵缩后排出，有些猪在分娩过程中一部分胎衣被排出。母猪产仔过程中产出的胎衣和死产仔猪，应立刻拿走处理，不让母猪吞吃。如果母猪吃了胎衣，就可能产生咬吃仔猪的恶癖。

母猪分娩结束后，子宫立即开始收缩，第一天外阴部皱褶复原，约在一周内恢复正常状态。对分娩后的母猪应喂给清洁饮水或麸皮等温热流质，使其恢复体力，保持安静。

由于长白猪分娩时阵缩弱，分娩间隔时间长，所以，根据母猪状态注射子宫收缩药（如催产素和前列腺素F2）。若注射收缩药仍不起作用，则需要人工助产，其方法是：把手洗净消毒，抹擦润滑油等，从外阴部轻轻把手伸进去。插入的手是把手指伸开并向内慢慢插入，进到20cm左右即可在产道内触到停滞的胎儿，通过感觉能够确认胎儿的大小、位置及姿势。正位时，前肢间挟着头，用手握住前肢，配合阵缩轻轻拉出胎儿。倒生时，只要把仔猪送回到正常的姿势，多数可随母猪阵缩产出。

一般情况下，母猪分娩时间在4h以内为顺产，超过4h又进行过助产处理的母猪，一定要肌肉注射青霉素60万IU。

第二章 繁殖类疾病

第一节 猪的非传染性不孕（Noninfectious Infertility in Swine）

与其他家畜相比，猪虽然是一种有较高繁殖力的动物，但其不孕率仍可达10%～20%。因此降低母猪空怀率和增强其繁殖性能已成为经营养猪业的关键性问题。

非传染性不孕包括初情期延迟、乏情、发情微弱、连续发情、卵巢囊肿、持久黄体及输卵管障碍等。

一、初情期延迟

青年母猪达到初情期的年龄通常为6～8个月。在同一个猪群中以及在不同的猪群之间，初情期开始时的年龄变化很大。这与母猪的品种、公猪的刺激、季节、营养及管理等因素有关。

1. 品种　长白（兰德瑞斯）青年母猪和大约克白猪达到初情期的年龄至少比杜洛克、汉普夏青年母猪早4～6周。通常杂交母猪要比纯种母猪初情期来得早。在一个猪群或一个品种中进行筛选可以使初情期开始的平均年龄提前。

2. 公猪　一旦健全起青年母猪的遗传成分，那么决定初情期开始年龄的唯一重要因素就是初情期前青年母猪与性成熟公猪的接触。有些学者证明当青年母猪达160～180日龄时，用公猪直接与其接触或隔栅栏接触，这样可以使初情期年龄提前约30天。利用不到8月龄的公猪进行接触，其刺激性要比用12月龄以上的公猪刺激性弱。公猪与母猪接触1～2h产生的刺激效果与公猪和母猪持续接触产生的效果一样。利用不同的公猪进行接触产生的刺激性要比用一头公猪接触的刺激性强。由于品种原因，有些青年母猪在140～150日龄以内时对公猪的刺激性不产生反应。

3. 季节　青年母猪在夏季达到初情期的年龄要比冬季晚2～3周。

4. 管理　在舍内圈养的青年母猪达到初情期的年龄要比舍外圈养的母猪晚些。独自圈养的青年母猪达到初情期的年龄要比4～8头一个圈的猪晚些。尽管研究表明空间因素不影响母猪初情期开始的年龄，但饲养员或公猪准确鉴别发情母猪的能力却随每圈母猪数量的增多而明显下降。

5. 营养　给营养水平受到限制的母猪或营养差的青年母猪增加能量吸收可使初情期早期到来。

6. 应激　把临近初情期的青年母猪运输或转移到其他的圈舍或地方可以加快初情期的开始。此效果通常与公猪的接触、生存空间的增大及每圈母猪数量的减少等因素有关。过份拥挤及格斗可导致初情期延迟。

7. 安静发情　偶遇青年母猪卵巢开始正常活动，但却不表现出发情症状或在公猪存在时不表现出站立反射，这种现象被称为安静发情。给安静发情的母猪配种可以受孕，但大多数此种病例因无发情症状而被淘汰，所以在诊断安静发情以前，应彻底调查发情鉴定情况和管理方法，还可通过妊娠诊断（直肠触诊法、超声波法或血清硫酸雌酮法）来证实安静发情母猪是否妊娠。

用血清孕酮分析法发现安静发情（其有周期卵巢）的卵巢与初情期延迟或初情期前的卵巢状况

（无黄体）有所不同。若每间隔7～14天采集2份或更多份血样，并且每个血样中孕酮浓度高于2ng/mL时，这就表明卵巢中存在黄体。

8. 初情期延迟的治疗　一旦证实对初情期延迟的母猪用运输法、能量增补法及公猪接触法等诱导发情无效时，患猪在10～14月龄时还未开始达到初情期，就应把患猪淘汰掉。

初情期前的青年母猪对肌注孕马血清（PMSG）400～600IU诱导发情和排卵产生反应。此外，注射绒毛膜促性腺激素（HCG）200～300IU可在3～5天内导致发情和排卵。

二、不发情（乏情）

经产母猪断奶后的再发情，由于季节、天气、哺乳时间、哺乳头数、断奶时母猪的膘情、生殖器官恢复状态等不同，发情早晚也不同。特别是对哺乳母猪的饲养管理尤其重要。一般规律是在断奶后由于黄体的迅速退化，卵泡开始发育，到第3～5天可见外阴部发红肿大，到第7天便可配种。夏季梅雨期再发情的时间稍有推迟的倾向，但断奶后不超过10天大部分猪都可配种。如果到第10天仍不发情配种时，则须考虑改善饲养管理。到第15天还仍不发情时，则作为不发情猪处理。总之，提高繁殖率的关键是必须将断奶后的空怀时间尽量缩短。

（一）原因

1. 胎次　平均来说，85%～97%的经产母猪在断奶7天内表现发情。然而，仅有65%～70%青年母猪在首次产崽断奶后头一周表现发情。这种胎次差异性可能是由于年龄、体况及营养需要量不同而致。

2. 季节　6月、7月、8月、9月断奶的成年母猪其乏情率比其他月份断奶的母猪高，此现象在初产的青年母猪中最为明显。这些乏情母猪可乏情120多天。关于乏情的原因尚不清楚。乏情母猪的卵巢缺乏黄体。因为血样激素分析可以发现患病猪血清孕酮浓度低于1.5ng/mL。季节对产后发情活动的影响在舍外饲养或整体关闭饲养的成年母猪中比较明显。

3. 气温与光照　环境温度较低并不影响母猪断奶后的发情活动。当环境温度升高到30℃以上时，卵巢和发情活动受到抑制。在夏季月份中，使用蒸发冷却法可以使断奶后乏情和不孕率降低到最低点。然而，在牧场现有条件下，使用蒸发冷却法克服季节性不孕，价值极低。关于光照对猪繁殖功能的影响目前了解得较少。某些研究发现若把母猪整日关在黑暗环境中或一直被光照射则产生不利影响。现已证实每日光照超过12h就可能对发情活动和生殖产生抑制作用。

4. 猪群大小　在多数圈养状况下，猪乏情率与猪群大小有关。断奶后单独圈养的成年母猪发情率要比断奶后成群圈养的母猪高。随着猪群的增大，彼此间威胁增加，肢蹄病及乳腺疾病的发生率也随之增加，猪群中每头母猪的营养吸收控制减弱。此外，随着猪群的增大，用公猪法和人工法鉴定母猪的发情效果减弱。

5. 营养　引起乏情最常见的营养因素就是能量吸收不充足。泌乳期的成年母猪体重损失要严格控制在最低限度，对初产的青年母猪来说更应如此。泌乳期能量吸收不足通常与使用高纤维饲料及饲料消耗下降有关。在泌乳一周后，生产力高的母猪应自由食喂。在环境温度较高期间，猪的食欲可能抑制。因此，必须使用低纤维、高能食物（如添加5%～8%脂肪）来维护充足的能量吸收。对于成群圈养的母猪很难保持一致的饲料吸收。利用猪舍加料法来帮助维持个别母猪的充足饲料吸收，以避免“母猪瘦弱综合征”的发生。

缩短断奶后正常发情间隔时间的另一管理技术是在泌乳期间全部仔猪断奶前2～3天，先让瘦弱母猪的2头或3头最大仔猪断奶。此方法可以加快初产青年母猪断奶后发情的开始。

6. 激素　给发情周期母猪和非妊娠母猪使用雌激素复合物或玉米赤霉烯酮（zearalenone）污染的饲料可导致持久黄体形体，因此，母猪表现乏情。雌激素复合物偶尔可导致配种母猪出现假妊娠综合征，有些病猪子宫增大水肿，并出现显著子宫内膜折叠。有时，子宫内还可能含有透明黏液。

母猪口服孕酮复合物和烯丙去甲雄三烯醇酮或全身使用孕酮也可抑制发情活动。在去除孕激素后，发情和卵巢活动恢复。

7. 跛行　成年和青年母猪以及公猪的跛行常常可以导致乏情率上升。引起跛行的疾病通常为白肌病、软骨病、肢蹄皮炎和足底挫伤及脓肿等。禁闭饲养、地面潮湿粗糙、产房狭窄以及混泥土条边缘锋锐都可加重跛行。软骨病可能具有遗传因素。许多跛行可造成应激和疼痛增加。慢性疼痛和应激状态对卵巢功能产生抑制作用。此外，跛行母猪在发情配种期间不愿起立和不愿在圈舍内运动。这样的发情很容易被漏掉。

8. 管理因素　饲养管理人员应全面了解母猪的发情症状（如不安，阴门肿胀和潮红，爬跨其他母猪，在邻近公猪栏旁站立，当其他母猪躺下时或不受干扰时表现站立），并掌握发情鉴定技术。牧场应设计出一套母猪配种设备，使母猪隔栅栏或直接与公猪接触。设计的妊娠箱和饲养圈可使饲养人员在圈中不费力地赶公母猪，在驱赶公母猪期间应使它们的恐惧降低到最低限度。

（二）治疗

对乏情母猪进行激素治疗时必须根据正确的诊断结果，合理使用各种药物方能获得良好的效果。如对病性判断错误，反而给病猪带来害处。

一般常在断奶后第一天对每头猪都采用PMSG注射方法。但最好还是在断奶后3～5天对仍不发情的猪才使用这种方法。根据膘情状态、体形大小，可肌注PMSG制剂1 000～1 500IU（1～2次）。与此同时还要肌注HCG制剂500IU单位。当断奶后经15天判断不发情猪时，不必立即注射PMSG制剂，仍要观察到断奶后30天再处置为宜，因为断奶后发情表现往往不明显，以致有可能放过，也是不掌握性周期特点的缘故。

（三）经产母猪的管理要点

⑴要求按断奶那样进行饲养管理，以使断奶前的母猪体重仅比分娩前减少20%左右。

⑵断奶母猪可自由接近种公猪。

⑶在断奶后3～5天能判定发情表现。

⑷断奶后3～5天不见发情症状的母猪，可肌注PMSG1 000～1 500IU 1～2次。

⑸注射PMSG以诱导发情。发情后还应肌注HCG 500IU。

⑹断奶后15天判定不发情猪时，可观察到30天，并肌注PMSG，如果再不发情时就作淘汰处理。

三、连续发情

由于垂体分泌促黄体素不足，或由于FSH过剩，以致LH与FSH之间的平衡紊乱而不能排卵。虽然长时间允许公猪爬跨，但不能控制交配的适宜时间而造成不孕。

母猪允许公猪爬跨交配的时间，幼龄母猪为2天，成年母猪为2.5天。当母猪允许公猪爬跨持续4天以上时，可视为连续发情。因此，当母猪发情到第4天时，若仍允许公猪爬跨，应再让公猪与之交配，为了促进排卵，可同时肌注HCG 500IU。

四、卵巢囊肿

此病是猪卵巢疾病中最常见的疾病，在一侧或两侧卵巢上发生，有的囊泡直径可达5cm以上，这样大的囊泡有的达十几个以上，有的重量达500g以上。有些妊娠母猪也有1～2个囊肿。

卵泡的生长、发育、成熟及排卵取决于垂体的FSH和LH平衡作用。特别是在排卵上FSH和LH两者间的平衡尤其重要。如果未达到平衡、LH量减少，则发生不排卵，卵泡里逐渐积留许多泡液，使卵泡增大。许多囊肿卵泡直径达14mm以上。卵巢囊肿的原因之一是促甲状腺素分泌过多。

卵巢囊肿分卵泡囊肿和黄体囊肿。猪和牛不一样，主要是形成黄体囊肿，其临床症状就是不发情。屠宰时可以发现囊肿黄体中有几层黄体细胞构成。在用直肠检查法诊断此病时能在子宫颈稍前方发现有葡萄状的囊状物，要做好完整诊断还应配合临床观察法，看其发情与否。

治疗方法：若为黄体素分泌不足，肌注HCG 2 000～5 000IU。

五、持久黄体

病因：因多种因素（如细小病毒感染）造成胎儿干尸化，使胎儿长时间残留在子宫内，甚至拖延到分娩预定期以后，此时黄体仍未被溶解并不断分泌孕酮，导致母猪不发情。此外子宫蓄脓时也有类似变化。

治疗：注射前列腺素10mL，黄体很快消失，约

24h后即可把异物排出。若患子宫炎或子宫积脓，先肌注雌二醇15mg，再注射催产素或麦角新碱。或往子宫内注入温生理盐水500mL，促进异物排出。若病猪有全身症状，禁止冲洗。

第二节 死胎（Stillbirth）

由于猪的子宫体短，两个子宫角相当长，妊娠后的子宫角里收容着一个个胎儿，其中一头胎儿死亡后而多不以流产形式产出，要等到妊娠期满与其他健康胎儿一起排出。死亡胎儿经过3周以上时间，它的软组织被分解，仅有骨骼被皮肤包着，即称为“木乃伊”。

一、病因

主要是由于饲养管理不当所致，饲喂过于单纯，蛋白质、矿物质特别是钙、铁、碘的缺乏，青草、维生素A和维生素E不足，镁过多都可引起营养障碍；饲喂腐败的肉、鱼类；猪体过肥时，子宫体周围、皮下、腹膜等处脂肪沉积过多，影响并导致子宫壁血液循环障碍，以致胎儿死亡。此外，妊娠母猪感染细小病毒、日本脑炎病毒、布氏及沙门氏杆菌病等可引起死胎。妊娠母猪腹部受到打击、冲撞等也可损伤胎儿。

二、症状及诊断

母猪起初精神不振，不食或少食，时有腹痛；随后起卧不安，弓背努责，外阴肿胀，阴门中流出污浊黄褐色带有恶臭味分泌物。在妊娠后期，用手按腹部检查久无胎动。如果时间过长，病猪呆滞，不吃，逐渐消瘦。若死胎腐败，常出现体温升高，呼吸急促，心跳加快等全身症状。若不及时治疗，常因急性子宫内膜炎而引起败血症死亡。

三、防治

因饲养不当造成死胎的，应消除病因，努力做好预防卫生。因死胎而发生难产的必须慎重地拉出死胎。先用润滑剂润滑产道和胎儿，将消毒过的手缓缓插入阴道，握住死胎儿慢慢牵引出来。切勿粗暴牵拉，否则死胎关节骨骼断端损伤产道，可引起产褥热。

若子宫颈开张不大，母猪阵缩无力，可一次皮下注射催产素10～50IU。死胎全部排出后用1%高锰酸钾溶液、1%双氧水、生理盐水冲洗子宫，再注入碘制剂或投放金霉素或土霉素200万～300万IU胶囊。若病猪体温升高，可肌肉注射青霉素、链霉素，连续数天。

由于日本脑炎病毒造成死胎时，则推迟了分娩期，以尽早施行人工取胎术为宜。

第三节 流产（Abortion）

流产是指母猪未到预产时间产出胎儿，并且胎儿无生活能力。若胎儿有生活能力则称为早产。

一、病因

本病病因较为复杂，大体分为传染性流产和散发性流产。

1. 散发性流产 已孕母猪受到撞击、滑倒、咬架等外部机械性作用时易发生流产。在精神上突然受到惊恐、冲动、对膘情不好的猪给予寒冷刺激都能引起流产。由于饲喂冰冻饲料、腐败变质饲料、酒糟类的酸酵性饲料、黑斑病的甘薯和含有龙葵素的马铃薯可造成流产。饲喂麦角、芥子、芜菁、毒扁豆碱、胆碱药、麻醉药及利尿药时，发生便秘，内服大量泻药时，长距离运输时，都可引起流产。

2. 传染性流产 妊娠母猪感染布氏杆菌、钩端螺旋体、李氏杆菌、猪瘟、非洲猪瘟、乙型脑炎、猪丹毒、弓形体及衣原体等均可发生流产。

二、症状

多数病例常常是突然发生，特别是在妊娠初期时很不易察觉。基本上食欲和举动不见异常。有的在流产前几天有精神倦怠、阵痛起卧、外阴微红、肿胀、阴门流出羊水等症状。一般流产后，母猪常将胎儿吃掉，不易被人发觉。母猪流产前后乳房不膨大，无乳汁分泌。

三、防治

找出流产原因，针对病因进行预防，产前一周以单圈饲养，加强管理。初产母猪要注射细小病毒疫苗。经常给怀孕母猪喂一些青绿饲料，并给以适当运动。若有流产先兆，可肌注黄体酮15~25mg一次。

第四节 难产（Dystocia）

由于母猪骨盆腔入口直径比胎儿最宽处的横断面长2倍，很容易产出胎儿，因此猪难产的发生率比其他家畜低，一般仅为0.25%~2%。在纯种繁殖中，Welsh母猪特别容易发生难产，而其他品种猪则很少发生。

一、病因

1. 母畜因素 子宫收缩微弱是引起母猪难产的最常见原因之一。原发性子宫收缩微弱是由于内分泌因素，营养不足、运动不足及过度肥胖等引起。运动不足、过度肥胖的猪分娩时荐坐韧带、耻骨关节的结合弛缓、产道周围脂肪沉着以致狭窄，腹内压微弱，胎儿产出困难。生后未满7个月的母猪配种后，因繁殖过早，骨盆发育不全，也有难产的可能性。

继发性子宫收缩微弱是由于胎位不正和产道堵塞使分娩延长导致子宫和母体衰竭而引起。

母猪子宫畸形也有发生，如子宫部分扭转或打折，刚好在骨盆边缘子宫起始部或在子宫角和子宫体交接处。当母猪用力收缩时，子宫的后部仍凸出在骨盆边缘下，使胎儿不可能逐渐进入产道。

产道在很多情况下可发生不同程度的堵塞，如膀胱膨胀、粪便秘结、阴道瓣坚韧、阴门血肿、反复助产引起的生殖道水肿以及先前的骨盆挫伤和骨盆处脂肪过多等。这些因素都可阻碍胎儿排出而引起难产。

2. 胎儿因素 当母猪怀胎儿较少，胎儿过大时，或分娩胎位不正时，或胎儿发生畸形时，母猪都可能会发生难产。

二、症状

阴部充血肿胀，流有黏液和少量血液及胎粪，食欲减退，乳房膨大发红，漏出乳汁。母猪超过预产期限仍没有努责反应，或频频阵缩和努责，腹肌收缩而频频举尾，但不见胎儿产出。先前有努责并产出一头或几头仔猪后分娩中止。母猪反复起卧，或在猪舍内徘徊。极度不安、陷于疲倦，而横卧于地并呈现疼痛苦闷。

三、治疗

对于子宫收缩微弱引起的难产，可每15~30min肌注或皮注催产素20万~50万IU，5~10min即可见子宫收缩，引起阵痛，胎儿自行产出。在用催产素处理之前，先肌注雌二醇15mg，效果更加明显。此外还可用人工助产法拉出胎儿。

当母猪分娩时或长时间躺卧引起膀胱积尿而膨胀时，可强制性把母猪赶出产房运动5~10min，通常能取得效果，有时也可把导尿管（如猪用塑料输精管）沿阴道壁插入尿道和膀胱进行导尿，也起一定效果。

坚韧的阴道瓣可以用手捅破或用剪刀剪开，使产仔正常进行。若发生便秘时，可先用矿物油使粪便软化，然后用手掏空直肠，或用刺激性小的肥皂水灌肠。阴门血肿或出血时，要将阴道壁血管结扎或压迫进行止血。胎儿绝对过大牵拉不出来时，可实行截胎术或剖腹产。

四、助产

当产仔困难时，要先做阴道检查。检查时要注意清洁卫生，母猪后部、产道及术者手都要进行清洗。术者指甲要剪短，手臂涂上润滑剂。先让母猪躺卧，然后用手指分开阴唇，圆锥型手式轻轻伸入产道。先探查产道有无损伤，然后检查胎儿的胎位、胎势及胎向是否正常；轻度异常者，只要抓到头和两前肢或两后肢，通常不要用多大力，即可拉出。有条件可用产科钳、猪索套、锐或钝型钩子进行助产，但注意使用这些器械时要防止滑脱。对于死胎，可用钩子钩住胎儿眼眶和硬腭进行牵拉。若发生臀部前置，先把手伸进产道，用食指从腹侧钩住每条后肢的飞节，拉它向后伸展，就能正常产出。助产后，要再次检查产道，有否胎儿存在，产道是否损伤。拉出的胎儿应立即清除其呼吸道黏液以刺激其呼吸。

第五节 产褥热（Puerperal Fever）

母猪产后局部炎症感染扩散，而发生的一种全身性疾病称为产褥热（又称产后败血症）。

一、病因

母猪产后，软产道受到损伤，局部发生炎症。病原菌主要是溶血性链球菌、金黄色葡萄球菌、化性捧状杆菌、大肠杆菌等，这些病原菌进入血液，大量繁殖，产生毒素，引起一系列全身性的严重变化。

二、症状

产后两三天体温升高到41℃左右，呈稽留热，四肢末端及两耳发凉。脉搏增数，呼吸短促，食欲不振或废绝，精神沉郁，躺卧不愿起立，泌乳减少到停止，下痢。患猪从阴门中排出恶臭味、褐色炎性分泌物，内含组织碎片。病程一般为亚急性经过。如果治疗及时，患猪预后良好。若治疗不及时，可引起死亡。

三、治疗

首先肌肉注射青霉素、链霉素各150万~200万IU，每日2次，连用2~3d，同时注强心药10%安钠咖5~10mL，再静注10%~20%葡萄糖注射液300~500mL加5%碳酸氢钠溶液100mL。若子宫有炎症，用垂体后叶素注射液2~4mL，皮下或肌肉注射，促使炎性分泌物排出。不允许冲洗子宫，以防感染恶化。

第六节 子宫内膜炎（Endometritis）

子宫内膜炎通常是子宫黏膜的黏液性或化脓性炎症，为母猪常见的一种生殖器官疾病。子宫内膜炎发生后，往往发情不正常，或者发情虽正常，但不易受孕，即使妊娠，也易发生流产。

一、病因

猪患子宫内膜炎的主要原因是细菌性感染引起的，其中以大肠杆菌、棒状杆菌、链球菌、葡萄球菌、绿脓杆菌、变性杆菌等条件性病原菌为多。关于本病发生的机制，以自然性感染方式最受重视。上述条件性病原性细菌是在分娩、难产、产褥期中母猪机体抵抗力衰弱时开始增殖以致发生本病的。分娩时由于垫草很脏，猪舍污染，细菌侵入损伤产道，胎衣不下长期残留；人工授精时消毒不严；子宫弛缓时恶露滞留，难产时手术不清洁，公猪生殖器官或精液有炎性分泌物都可引起子宫内膜炎。此外，母猪运动不足，缺乏喂青绿色饲草，母猪过度瘦弱，抵抗力下降时，其生殖道内条件性致病菌也能致病。细菌性感染和性激素之间有着密切关系。即卵泡激素强烈作用于子宫内膜时，则较难发生感染，反之黄体激素作用于子宫内膜时则易引起感染。

二、流行病学

尽管细菌性子宫内膜炎在所有猪群中呈散发，但此病也可能成为流行性或地方流行性疾病。产后期子宫内膜炎的发生率最高，这时的子宫最可能发生损伤和细菌感染。母猪的子宫复旧和修复主要发生在产仔后头一周，在泌乳期间很少发生其他新的疾病。猪在断奶后，初情期前及乏情期很少发生子宫内膜炎。然而处在发情周期的青年母猪和成年母猪却明显易感，这可能反映了与交配和人工授精有关的易感因素。发情周期内易感性之所以升高是因为发情时子宫和阴道口开张，黄体期时子宫非特异性抵抗机制下降（白细胞的趋向性和能动性下降）的缘故。

在一些流产病和许多胎儿浸溶的病例中，会发生细菌性子宫炎，尽管在这些病例中，有的可能是继发于原发性胎儿病。猪布病并不像其他引起子宫内膜炎的细菌这么普遍，此细菌是世界性分布的，但许多国家已消灭了此病。即使在有此病的国家，在管理良好和预防全面的猪场也很少发生此病。此病通常是通过载体猪感染猪群的，但来自野生动物（如野猪或欧洲野兔）、精子、卵子或污染饲料的感染也可能发生。性交传播和口腔传播是大群猪此病传播的主要方式。

三、发病机理

关于子宫内的正常细菌群还有很大争议。有许多文章报道即使在怀孕期间，许多猪在子宫中也存在正常细菌。通过实验发现，在分娩后头几天或在交配后头24h，很少从正常子宫中分离出细菌。在产后或发情期间实验性向子宫内植入细菌可导致细菌迅速被消灭。然而，在妊娠期或黄体期向猪子宫中接种自然细菌可诱发子宫内膜炎。这些现象表明子宫中不含有明显的栖居细菌，子宫内膜炎是细菌在正常产后或发情周期间进入子宫并在其内异常增殖和保留所致。细菌的保留可能是由于子宫损伤或复旧延迟（难产）、子宫碎片异物、子宫内出血，细菌大量感染或有某种特殊病原菌（如猪布氏杆菌）感染等所造成。

当细菌在黄体期或妊娠期进入子宫时，就可导致另一种发病机理。因为在此时期，子宫对细菌感染抵抗力极低。生殖道以外的致病菌经血液传播，或人工授精导致子宫内膜炎。

四、临床症状

急性子宫内膜炎多发生于产后几天或流产后，全身症状明显，母猪食欲减退或废绝，体温升高，鼻盘干燥，时常努责，阴道流出红色污秽有腥臭气味的分泌物，并夹有胎衣碎片。如不及时治疗可形成败血症和脓毒血症或转为慢性子宫内膜炎。当转为慢性时，全身症状不明显，在病猪尾根阴门周围附近有结痂或黏稠分泌物，其颜色为淡灰白色、黄色、暗灰色等，站立时不见黏液流出，卧地时流出量多，吃料不长膘，逐渐消瘦，病猪发情不正常，或延迟，或受精屡配不孕，即使复孕，没过多久又发生胚胎死亡或流产。

五、诊断

猪的细菌性子宫内膜炎的诊断并不是一件容易的事。仅通过阴道分泌物诊断，很容易错诊（表6.2–1）。对于怀疑患子宫内膜炎的病例，应从尾根下部采集一些分泌物或利用阴道开膣器采集分泌物更好。了解出现分泌物的生殖周期，全身症状、气味并进行显微镜观察都有助于诊断。尿石病在成年母猪中很常见，往往被误诊为阴道炎或子宫炎。这些化学性沉淀物有时极像化脓性分泌物。当猪排完尿后，可看见其阴门处有线状分泌物。用显微镜检查是否有结晶物或白细胞存在就可很快区分尿石病和炎性分泌物。

直检生殖道对于确定子宫复旧延迟、子宫角变粗、子宫积脓，胎儿滞留或正常妊娠来说是一个非常重要的诊断。阴道开膣器对确定分泌物的来源部位有辅助作用。

六、治疗

在炎症急性期首先应清除积留在子宫内的炎性分泌物，选择10%生理盐水，0.02%新洁尔灭溶液，0.1%高锰酸钾，1%～2%碳酸氢钠，1%明矾，0.1%雷

表6.2-1 阴道分泌物的鉴别诊断

分泌物类型	数量	质地	颜色	恶臭味
正常				
1.发情前期/发情期	少量	水样略黏	透明云雾	无
2.精液（交配、人工授精）	不定	精液成分	透明或白色云雾	无
3.配种后（8～48h）	少量	黏稠或黄	白（灰白）	无
4.妊娠（主要来自子宫颈）	少量	浓、黏稠	同上	无
5.产后恶露（产后5日）	15mL/次	浓	不定	略腥臭
异常				
1.阴道炎/子宫颈炎	少量	浓、黏稠	白至黄	通常无
2.子宫内膜炎（青年母猪/干奶母猪）	不定	不定	不定	有时有
3.子宫内膜炎（产后）	15mL/次	稀	不定	通常有
4.尿结石（草酸盐、磷酸盐）	不定	两指摩擦有砂砾感	云雾，白或黄	无
5.膀胱炎/肾盂肾炎	不定	不定	不定	有时有

佛努尔等冲洗子宫。冲洗后必须将残存的溶液排出。最后，可向子宫内注入20万～40万IU青霉素或1g金霉素，若病猪有全身症状禁止使用冲洗法。

对于慢性子宫内膜炎的病猪，可用20万～40万IU青霉素加100万IU链霉素，混于高压灭菌的植物油20mL中向子宫内注入。为了促使子宫蠕动加强，有利于子宫腔内炎性分泌物的排出，亦可使用子宫收缩剂（催产素）。向子宫内投药或注冲洗药应在产后若干天内或在发情时进行，因为只有这些时期，子宫颈才开张，便于投药，在其他时期投药，易造成子宫损伤。雌激素和前列腺素有时也被用于治疗猪子宫内膜炎。雌激素除用于子宫内膜炎治疗外，其他时候禁止使用，因为雌激素对猪具有催乳作用。在治疗产后子宫内膜炎时，雌激素的效果还令人怀疑，因为内源性雌激素含量在产后已经是很高的了。前列腺素虽具有预防效果，但它的功能还尚不明确。在发情周期的母猪中，它的溶黄体效果并不明显。

子宫内膜炎的全身疗法，可用抗生素或磺胺类药物。青霉素每次肌肉注射160～200万IU，链霉素每次肌肉注射100万IU，每日2次。用金霉素或土霉素盐酸盐时，按母猪每千克体重40mg，每日肌肉注射2次，磺胺嘧啶钠的剂量按0.05～0.1g，每日肌肉注射或静脉注射2次。对体温升高的病猪，肌肉注射安乃近注射液10mL，或安痛定注射液10～20mL。

七、预防

细菌性子宫内膜炎预防的一般原则如下：

(1)把微生物和异物对生殖道感染控制在最低限度。

圈舍卫生。洁清、排水良好，把大猪舍分成许多小猪舍。在清洗、消毒和干燥后让猪来回进出。避免母猪趴下或躺着排粪尿，对会阴脏的母猪应进行冲洗。避免母猪休息过长，应注意地板铺设、母猪运动及疾病，监督并协助自然交配，使阴茎感染率降低到最低限度。在人工授精时注意卫生。分娩前在产仔房呆的时间越短越好，助产时，注意卫生。

(2)避免生殖道损伤，监督协助交配。迅速发现难产，用前列腺素控制产仔时间，避免使用过多剂量的麦角新碱制剂，尤其是在胎儿阻塞，造成子宫痉挛损伤及缺氧时。

(3)避免降低对疾病的先天性抵抗力，控制生殖道病毒感染（如细小病毒、伪狂犬病）。注意通风和潮湿，尤其是对运动受到严重限制的母猪不要限制饮水。

附：子宫蓄脓（Pyometra）

化脓性子宫内膜炎病猪的子宫内贮满脓汁，当子宫颈口不开张时，则不能排出，以致胎儿死亡，也不流产，于是胎儿浸溶并多引起化脓。这类病由于子宫内膜吸收了异物，引起自身中毒，而不能站立，食欲不振，皮肤无光泽，因子宫腔内贮留脓汁，腹部下垂膨大。直肠检查能触知有永久黄体及子宫附近的淋巴结肿大等。可作为诊断本病病性的根据。本病预后不良，以淘汰为好。

第七节　猪的病毒性繁殖障碍（Viral Reproductive Failure in Swine）

尽管已报道有许多病毒可能是猪繁殖障碍的病因，但目前已确认的能引起猪繁殖疾病临床症状并导致严重经济损失的病毒仅有几种。它们是猪细小病毒（PPV）、猪肠道病毒（PEV）、伪狂犬病毒（PRV）、猪霍乱病毒（HCV）及日本脑膜炎B病毒（JEV）。猪细小病毒和肠道病毒分布全球，而PRV、HCV及JEV由于疾病控制或消灭计划的实行以及所需生物媒介的地理性分布而受到限制。在美国的猪场中，HCV及JEV已不再存在。

上述所有的病毒都可穿过母体胎盘感染和杀死胚胎。然而，感染的最终结果主要取决于妊娠期和所参与的特殊病毒。胚胎死亡后没有留下任何痕迹而被母体吸收，而胎儿（妊娠30天以后的胚胎，其骨骼开始发育）或者发生脱水被木乃伊化或者被流产掉。有些病毒（如PRV）可在妊娠期的任何时候杀死胎儿，而有些病毒（如PPV）在妊娠后期时却没有毒性。当病毒在子宫内传播感染同窝仔猪时，会给同窝仔猪留下各种不同的病理性后遗症。

与每个病毒有关的母体临床症状和其他特点（表6.2-2）有助于进行实验性鉴别诊断，但不管是什么时候进行实验室诊断，都应检验其样本，做出最后确诊。虽然这对于改变生殖疾病的流行过程微不足道，但正确的诊断，可以使我们用疫苗预防此病下次在易感猪场的发生有很大价值。总之，公猪生殖性能至多受同种病毒的暂时性影响，因此，主要集中于母猪感染上。

一、猪细小病毒

此病毒分布世界各地，在集约化生产猪的地方，尤其是在老饲养场此病发生率约100%。猪是此病毒的已知宿主。临床上正常的猪可能是此病毒的载体媒介，尽管这种可能性还未被明确证实。在急性感染期间，PPV随分泌物和排泄物排出体外，被污染的圈舍若不被彻底清洗消毒，可保持传染力达数月之久，多数猪是经口、鼻感染；然而公猪精液中PPV的存在表明在某些情况下，母猪的不孕是在交配时受到感染所引起的。另一方面，还无证据表明此病影响公猪的生殖力。PPV所导致的多数繁殖失败发生于母猪妊娠头1/2期，母体感染和胎盘感染的间隔时间各不相同，但平均来说为10～14天。在猪感染若干天后，就可从其许多组织中分离出病毒及抗原，病毒血症也通常发生。尽管病毒广泛增殖，母猪通常临床上不表现症状，有时仅出现微烧和白细胞减少。在妊娠初期，由于胎儿或胚胎免疫能力差而死于感染，但妊娠70天或以上的胎儿通常就可以存活，这至少可以说是胎儿抗体合成及病毒增殖受到抑制的结果。然而，病毒仍可继续生存，以低水平形式复制，到分娩时，其又可被进一步传播。据报道患此病毒感染的胎儿并未出现发育异常。流产并不常见，如果死产发生率增高，这可能是妊娠期间死亡的同窝胎儿作用的结果，也可能是妊娠或产仔间隔延长所致。在这些情况下，除存在死产胎儿外，还可发现许多木乃伊胎儿。

即使胎儿木乃伊化也可从患病胎儿体中分离病毒。用免疫荧光显微镜直接检查胎儿组织是此病的首选诊断方法，因为病毒被灭活后，病毒抗原仍持续存在。实际上，木乃伊胎儿组织中的病毒抗原非常稳定，这样可以帮助那些鉴定不出此抗原的胎儿消灭PPV。此病毒在细胞培养时可以导致细胞发生病理变化，但在容易发现这种变化以前，病毒必须在有丝分裂活性细胞中发生一系列传递。

目前实验室已研制出活病毒疫苗和灭活病毒疫苗。

二、猪肠道病毒

此病毒分布世界各地，发生率较高，然而由于至少有8种血清型的存在，很难进行广泛的血清学调查。猪是此病毒的唯一已知宿主，患有亚临床症状的猪是此病毒的载体。从公猪精液中已分离出此病毒，这说明此病毒可在公猪交配时进入母猪生殖道而引起母猪不孕。此外，公猪患此病时影响其自身精液质量。此病毒引起母猪生殖失败的病理机制类似于PPV。尽管患此病的仔猪出现发育异常，但这仍不是此病的主要特点。偶而，可从患病仔猪的各组织中分离PEV。由于PEV的8个血清型中有4个可以导致繁殖失败，因此，制疫苗时必须制备有效的多价疫苗。目前，市场上还未出售任何一种疫苗。

三、日本Z型脑炎病毒

此病毒在亚洲国家已被分离鉴定出。此病毒可以导致猪和其他多种动物发生亚临床型流行性疫病，有时与人和马患的临床型脑膜炎有类似之处。目前，已鉴定出一个血清型，此病毒传播媒介是蚊子，此病毒在蚊子体内越冬。目前，还未有报道此病毒影响公猪或直接由公猪传播。此病毒引起生殖失败的病理机制类似于PPV和PEV，但此病的主要特点是胎儿发育畸形，如脑积水。此外，此病毒在临床上还影响妊娠后期的胎儿，这一点不同于PPV和PEV。此病的后遗症是死胎和孱弱胎儿，它们在出生后不久很快死亡，它们往往具有非化脓性脑炎病灶。要检测病样时，应该把胎儿各组织保持冷冻以防分解。通过小鼠病毒分离试验和细胞培养可以证实临床诊断。此病预防方法是在母猪妊娠以前用限制性活病毒疫苗接种猪群，保持种猪群远离蚊子，在无蚊子季节配种妊娠。

四、伪狂犬病毒

猪的伪狂犬病毒分布世界各地，但有少数国家（如加拿大、澳大利亚）的猪群中不存在此病毒。此病最常见的是亚临床症状；然而，此病毒不像PPV、JEV及多数PEV株，它常常引起新生仔猪发生严重的，有时是致命性的疾病。其他家畜及野生动物对此病毒也易感，在这些动物中，此病几乎一直呈致死性的。此病毒的传染媒介为猪，猪一旦被感染，就可成为其终身媒介。此病毒的其他寄居媒介虽尚未被鉴定出，但野生动物及狗和猫也被怀疑能够彼此传播此病毒。尽管已识别出此病毒仅有一个血清型，但通过病毒的脱氧核糖核酸的限制性核酸内切酶分析技术（常称为指印技术）证实其有毒株变异。

还没有证据表明患PRV感染的妊娠母猪其亚临床疾病可以导致繁殖失败。事实上，在受控制的实验条件下，严重的母体疾病并没有对母体生殖情况产生可察觉的变化。不过，假如其他所有因素都是稳定不变的话，流产的可能性和疾病穿过胎盘的可能性就与母体症状的严重程度有直接关系。流产与其他临床症状的出现或许是一种巧合。如果胎儿是妊娠后期被感染，则会发生死胎及新生仔猪死亡。关于此病毒能否导致胎儿畸形尚未有报道。木乃伊胎儿对于实验室诊断测定来说并不是合适的样本，因为此病毒在这种组织中相对不稳定，可以迅速被灭活。如果样本在检测前保持冷冻，防止分解，则可从流产胎儿及死胎中分离出此病毒。内脏器官（如脾和肝）具有坏死病灶，在放大镜和显微镜下比较明显，在病灶周围通过免疫荧光显微镜可以发现病毒抗原。在不同细胞中培养时，可以发现伪狂犬病毒可使细胞发生病理变化。

预防方法是接种疫苗或隔离易感的妊娠病猪。此病毒疫苗已在一些地区被广泛使用，但这些疫苗似乎还不能消灭PRV。

五、猪霍乱病毒

此病毒虽分布世界各地，但在某些国家如美国、英国、加拿大都明显减少，因为这些国家正在执行消灭此病毒计划。此病毒仅有一个血清型，但据报道，此病毒抗原可发生变异。此病毒存在于慢性感染的猪中，通过使用限制性活病毒疫苗可以传播此病毒。

病毒血症是临床型和亚临床型猪霍乱的特点，因此，这为此病毒穿过母体胎盘提供了充足机会。

发病严重的母猪，常见的症状就是流产，在母猪发病较轻或出现亚临床症状时，此病毒穿过胎盘感染导致胚胎吸收、胎儿木乃伊化、发育畸形、死胎及孱弱胎儿。在死胎和孱弱仔猪的各组织中可发现病毒和病毒抗原，有时在临近分娩死亡的胎儿组织中也可发现。由于此病毒并不导致细胞发生病理变化，所以通常用免疫荧光显微镜进行鉴定。

灭活的疫苗和限制性活病毒疫苗可有效地进行免疫。

表6.2-2 与病毒感染有关的猪生殖障碍特点

特点	细小病毒	猪肠道病毒	日本脑炎B病毒	伪狂犬病毒	猪霍乱病毒
交配传播	是，但相对不常见	是，但相对不常见	否	不一定	不一定
母猪疾病	通常为亚临床型	通常为亚临床型	亚临床型到轻型	轻型到重型	亚临床型到重型
母体病毒血症及胎盘传递感染是生殖障碍的必要条件	是	是	是	不是，但胎盘传递感染常见	不是，但病毒血症和胎盘传递感染是其特征
妊娠时的最易感期	主要是头1/2期	主要是头1/2期	全部妊娠期，但头1/2期最易感	全部妊娠期	全部妊娠期，但头1/2最易感
流产发生率	低或无	低或无	低或无	高	各不相同，取决于母体病情严重度
胚胎和胎儿死亡	是	是	是	是	是
胎儿发育畸形	未报道	有，但不常见	有，常见	未报道	有，常见
在哺乳前证明新生仔猪血清中有抗体	有，常见	有	未报道	无	无
在分娩出的死胎和活仔猪中证明有病毒或病毒抗原存在	死胎中很多、活仔猪中多	死胎中较少、活仔猪中有	死胎中较少、活仔猪中有	死胎中有、活仔猪中有	死胎中较少、活仔猪中很少

第八节 母猪产后瘫痪（Parturient Paresis in Swine）

母猪分娩后，突然发生的一种急性，严重的神经性疾病，其特征是知觉丧失，四肢瘫痪，称产后瘫痪。

一、病因

母猪产后瘫痪受成年母猪的骨骼和生理要求及骨盐贮备衰竭的影响。影响母猪骨骼的因素如下：

1. 妊娠日粮钙、磷和维生素D的水平 产后瘫痪的直接原因是骨盐降解，主要是骨组织的纤维或海绵结构内钙和磷溶解，这部分骨区的可交换矿物质较多。椎骨和长骨末端含大量的可交换矿物质盐，是临床症状的发生点，因此，受影响的主要骨骼有尾椎、脊椎和髋关节。随着缺乏期延长，骨内质的矿物质也被动用，导致后腿骨折。

在妊娠或泌乳期内日粮钙、磷和维生素D的含量和比例一般都维持在相对恒定的水平，但是繁殖周期内的生理需要并非不变，妊娠和泌乳时期的矿物质需要量最高，此时如果日粮内这些养分不足和体贮耗尽，就可能出现腿骨折或后躯瘫痪。

过量的维生素D能提高破骨细胞的活力，促使骨盐降解。日粮维生素D的水平应高于NRC推荐量（钙0.75%，磷0.60%，维生素D 200IU/kg饲料），有些因素会降低维生素D的效能。过热和霉菌污染使饲料维生素D的稳定性下降，功效降低。日粮维生素D不足时，钙和磷的吸收同时减少。

2. 产仔数和泌乳时间 与哺乳仔猪少的母猪相比，哺乳10头以上仔猪的母猪骨盐降解速度较快。哺乳期长的母猪卧地病发生率也较高。其中这些矿物质的浓度不受母猪日粮含量的影响，同时泌乳对这些养分的需要较多，如果实施早期断奶，将能减少母猪产后瘫痪的发生率。

3. 经产数和年龄 虽然老年母猪比年轻母猪的产后瘫痪严重，但BEST的调查表明，老年母猪和初产母猪的跛行在淘汰母猪上同等重要。老年母猪（生产瘫痪）的发生不仅有多重因素，还有累积因素。如果重视母猪的繁殖寿命，那么就必须于每个繁殖周期安排好其矿物质需要，使母猪的矿贮不致于耗尽。

虽然产仔数和经产数都使繁殖母猪的矿物质需要量增加，但是非繁殖母猪比经产三次母猪的骨密度大，且矿物质含量高。可能是激素，而不是繁殖本身对维持繁殖母猪骨骼的矿物质状况起较大作用。

4. 关节肿大 配种、妊娠晚期、断奶后应激和地板光滑等许多管理因素都能使动物关节受到损伤，发生细菌感染。轻者跛行，重者卧地不起。

二、症状

本病不分年龄、品种、胎次和膘情，母猪分娩后多发生。患病猪出现行走谨慎，肌肉疼痛敏感，跛行，后躯摇摆。体温正常或略偏低，呼吸浅表。拒食，大便干燥，小便赤黄，泌乳停止。卧地不起，强行走时，步态踉跄，后躯麻痹，精神委靡，呈昏睡状态，病期较长，逐渐消瘦，最后死亡。

三、治疗

静注10%葡萄酸钙注射液50～150mL，或10%氯化钙20～50mL。肌注维丁胶性钙注射液2～4mL，每日或隔日1次，连用10～15天。为了缓解便秘，可一次内服缓泻剂（硫酸镁或硫酸钠40g），如果患严重的低磷酸盐血症，必须用磷剂治疗，20%磷酸二氢钠注射液100～150mL，缓慢静脉注射，每日1次，连用3天。同时用5%葡萄糖盐水注射液250mL混合，静脉注射，效果更好。体质弱血糖低时，用10%萄糖注射液400mL，10%氯化钙20mL混合1次静脉注射。

为防止长期卧地发生褥疮，用草把或粗布摩擦病猪皮肤，以促进血液循环和神经机能的恢复。增垫柔软的褥草，经常翻动病猪。

第九节 胎衣不下（Retention of the Afterbirth）

母猪分娩后1h即可排出胎衣，若3h之后，胎衣没有排出则称为胎衣不下。临床上以产后不见胎衣排出而长时间排出恶露，或部分胎衣悬垂于阴门之外为特征。

一、病因

饲料单纯，体质瘦弱，产后子宫弛缓，子宫收缩无力，胎衣迟迟不下。妊娠期间，母猪缺乏运动，母猪过肥，胎儿过大，过多，难产，子宫过度扩张，产后阵缩微弱，都可引起胎衣不下。

二、症状

母猪分娩后3h胎衣部分或全部滞留在子宫内，也有部分胎衣悬垂于阴门之外，初期没有明显的症状。随着病程延长，胎衣在子宫内滞留时间过久，发生腐败分解，引起全身症状，母猪不断努责，神情不安，精神不振，食欲减退或废绝，阴门流出暗红色或红白色带有恶臭气味的分泌物。时间过长可引起败血症。

三、防治

妊娠母猪必须供应全价饲料，注意矿物质、维生素的添加，给予适当运动和青绿色饲料。当母猪分娩后发生此病时，可皮下注射催产素5～10IU，2h后可重复注射1次或皮下注射麦角新碱0.2～0.4mg。还可耳静脉注射20mL10%氯化钙和50～100mL10%葡萄糖。若子宫有残余胎衣碎片，可向子宫内灌注0.1%雷佛诺尔溶液100～200mL，每天1次，连用3～5天。若胎儿胎盘比较完整，可在子宫内注入5%～10%盐水1mL，可促使胎儿胎盘缩小，与母体胎盘分离。为防止胎衣腐败及子宫感染，可向子宫内投放粉剂土霉素或四环素0.5～1g。

第十节　阴道脱及子宫脱（Prolapse of the Vagina and Uterus）

就猪的子宫解剖和生理特点来说引起子宫脱是极少见的。但阴道脱则比较多见。所谓阴道脱就是指阴道一部分或全部突出阴门之外。此病在产前和产后均可发生，尤以产后发生较多。所为子宫脱就是指一侧或二侧子宫角全部脱出于阴门之外。此病常发生于产后数小时以内，因为此时子宫尚未收缩，子宫颈仍开放着，子宫角及子宫体容易翻转和脱出。

一、病因

母猪饲养管理不当，如饲料中缺乏蛋白质及无机盐，或饲料不足，造成母猪瘦弱，多次经产的老母猪全身肌肉弛缓无力，阴道固定组织松弛。猪舍狭小，运动不足，怀孕末期经常卧地，或发生产前截瘫，可使腹内压增高。此时子宫和内脏共同压迫阴道，而易发生此病。此外，母猪剧烈腹泻而引起的不断努责，产仔时及产后发生的努责过程，以及难产时助产抽拉胎儿过猛，均易造成阴道脱和子宫脱。

二、症状及诊断

1. 阴道不全脱　母猪卧地后阴门外突出鸡蛋大或更大些的红色球状物，而在站立后脱出物又可缩回，随着脱出的时间拖长，脱出部逐渐增大，可发展成阴道全脱。

2. 阴道全脱　不论站立还是卧地都不能自复。有时此病也伴发直肠脱出。若不及时治疗，常因脱出部暴露于外界过久，而发淤血、水肿、损伤、发炎及坏死。

3. 子宫内翻　病猪站立时常拱背，举尾，频频努责，做排尿姿势，有时排出少量粪尿。用手伸入产道，可摸到内翻的子宫角突入子宫颈或阴道内。病猪卧下时，有时可以发现阴道内突出红色的球状物。

4. 子宫全脱　常常是两个角翻转脱出，脱出的子宫角像两条粗的肠管，上有横的皱褶，黏膜呈紫红色，血管易破裂，流出鲜红色血液。子宫脱出时间稍久，黏膜发淤血、水肿、暗红色，黏膜极易破裂出血。若患猪侧卧，黏膜上沾有草末、粪便、泥土，母猪极易感染，而表现出严重的全身症状，发现过晚，治疗不及时，或治疗不当，可引起死亡。

三、防治

当发现母猪阴道脱或子宫脱时，首先用生理盐水冲洗脱出的阴道或子宫，万勿擦伤或踏伤，再用清洁消毒的湿毛巾或纱布将其包好，采取前低后高姿势，用手推还。为防止再脱可缝合阴门。

为了有利于整复，须将母猪仰卧缚在梯子上，然后使梯子斜立成45°～60° 角，使头朝下，或者索好两后肢后，将绳子通过高处的横木，用力拉绳吊起后躯，直至后肢离地为止，整复前用0.1%高锰酸钾，或0.1%新洁尔灭溶液冲洗子宫，除去污物和胎衣。水肿严重者可用3%明矾冲洗，子宫黏膜的小损伤应涂以2%碘酊，较大和较深的创口应缝合。若患猪频频努责，可肌肉注射10mL安乃近。或施行硬膜外腔麻醉，以克服努责。

整复方法是先从靠近阴门的部分开始，将阴道送入阴门内，再依次送子宫颈、子宫体及子宫角，最后把脱出的子宫全部推进骨盆腔。如未完全使之恢复原位，应注入灭菌溶液2 000～4 000mL，另加入青霉素，以使子宫角恢复为原位。为了防止再脱，可用粗线在阴唇两侧结扎，一般3天后即可拆线。为了防止感染，整复后肌肉注射青霉素，连注3～5天。如脱出的子宫已发生穿孔，创口感染严重，以致出现产褥热或败血症，则应果断淘汰。

四、预防

怀孕后期的母猪要加强饲养管理，饲料中要含足够蛋白质、无机盐及维生素。不要喂食过饱，以减轻腹压。每天要让母猪适当地运动，以增强母猪的体质。

第十一节 乳房炎（Mastitis）

猪的乳房炎是猪常见的疾病，常发生于产后5～30天内，以一、二个乳区或全乳区肿胀疼痛，不让仔猪吃奶为特征。

一、病因

主要是由仔猪尖锐的牙齿咬伤乳头皮肤而引起感染。发育不良的乳头，乳头管口呈漏斗形，且弹性小，不利排乳，故易感染。猪舍和环境不良，尤其是在6月的梅雨期和8～9月的酷暑末期卫生条件更差，更易发生此病。饲养管理不当也可诱发此病。自乳头管或由血液循环感染的不多。引起猪乳房炎的病原菌有链球菌、葡萄球菌、大肠杆菌、坏死杆菌、棒状杆菌及结核菌等。

二、症状

1. 猪的局限性乳房炎 是一种常见病，局限于1～3个乳区发病。局限性乳房炎是乳头管口直接接触凹凸不平的猪舍，被仔猪咬伤或乳房附近的创伤导致病原菌侵入淋巴结而发病。发生本病时，病猪精神尚好，特别在食欲上并无异常。只是发病乳区肿大，潮红，发热并伴发疼痛，不让仔猪吃奶。乳汁中含有絮状物，或有灰褐色或粉红色乳汁排出，也有时混有血液。多数病例经过几天后炎症缓和或痊愈，但有的症状更趋向恶化，形成脓肿，蔓延到邻近区。重症乳房内有1个乃至数个结节，逐渐增大隆起，形成有波动的化脓灶，破溃后流出奶油样恶臭脓汁。有的并不化脓而硬结，肿大乳头下垂，影响起卧和步行。

2. 扩散性乳房炎 多于分娩后发病，一、二天中全乳区急剧肿胀，几乎无乳汁分泌。这是由于猪体其他部位被感染，即子宫内膜炎、结核病、放线菌病发作及病毒转移等。难产及产仔过多、分娩时间过长和母猪过度疲劳时，全群仔猪虚弱，哺乳力气不足时，以及被化脓菌侵入感染时也可发生本病。

全乳区发炎以后，体温常升高达40℃以上，食欲废绝，惧寒战栗。乳房肿胀硬结，发红，胀平发亮，严重的全部乳腺和腹下部分红热胀硬，触摸患部有疼痛感。患病乳房分泌黄色黏稠水样脓汁乳，发热达40～41℃，该乳汁常引起仔猪拉稀。

三、治疗及预防

局限性乳房炎的发生由于管理不当为最多。分娩中尽可能使其两则伏卧，助产时间要短，使其尽快产完。还应饮以清水，以使母猪体温下降。其次，注意防止哺乳仔猪咬伤母猪乳头，在仔猪初生时用锐利的铁剪把犬齿从牙根剪掉，因为初生的奶牙并无大用。再者改善猪舍环境和饲养管理。

当乳房可触到硬块，有热感时，尽可能揉开并排出乳汁，用鱼石脂加樟脑软膏每天涂1～2次。发病乳房出现化脓症状时，应切开排脓，摘除深部坏死组织，用消毒剂洗净后，填充青霉素软膏。每日1次，反复治疗数天可愈。当病情恶化形成几个蜂窝织性脓肿时，也应按程序进行手术切开，再重时可摘去患病乳区。

扩散性乳房炎可肌注青霉素150万IU，或乳房注射红花注射液5～10mL，轻症1次，重症隔日1次，2～3次即愈。若转成慢性时，可用抗葡萄球菌药物，即金霉素肌肉注射，也可直接从乳管注射青霉素软膏、链霉素软膏或金霉素软膏等。抗生素与磺胺药并用则效果更明显。

第十二节　种公猪繁殖障碍（Reproductive Failure of the Boar）

一、性欲减退或缺乏

1. 病因　公猪使用过度，老龄公猪性欲衰退，运动不足或饲料中长期缺乏维生素E或维生素A，可引起性腺退化。睾丸炎、肾炎、膀胱炎等也能引起性机能衰退。种公猪在酷暑季节性欲减弱，不愿爬跨配种，尤其是过肥的种猪更明显。不同品种也有差异性，大白猪和约克夏猪爬跨欲旺盛，而汉普夏猪、杜洛克猪性欲偏低。从内分泌角度上讲，种公猪性欲低下往往是由于睾丸间质细胞分泌的雄激素量减少所致。甲状腺机能不全也可能是本病发生的因素。

2. 症状　见发情母猪，性欲迟纯，厌配或拒配。公猪爬跨母猪阳萎不举，有些公猪交配时间不长，射精不足。

3. 防治　要有专为种公猪用的配合饲料，建立配种制度。也可建立人工授精。对性欲不强、射精不足的种公猪，精液严禁使用。对于缺乏性欲的种公猪可1次皮下或肌肉注射甲基睾丸酮30～50g。

二、不能交配

有的种公猪虽然有性欲，但却不能交配；有的种猪因外伤、蹄炎及交配后跳落地面时脱臼而产生疼痛时不能交配，有的精液性状虽正常，但阴茎先天性不能勃起。对于性欲、精液正常的种公猪，可采集其精液进行人工授精而停止其交配。因阴茎损伤而不能交配的猪可用2%硼酸水洗净治疗，对于先天性不能交配的猪应予淘汰。

三、不能繁殖

一般种公猪夏季精子生成机能减退，精液性状不良（精液量少，精子数少，活力降低），因此从夏季到秋季母猪的产仔数大有下降的趋势。这是因为气温升高，睾丸中的精子生成机能降低、甲状腺机能减退等。

对于患有精子减少症的公猪可肌注PMSG 200IU。此外在人工授精和自然交配前应检查精子质量好坏，母猪受胎要求有活力的精子在20亿以上，精液量必须在50mL以上。

四、阴囊炎及睾丸炎

1. 病因　阴囊炎的发生常因打撞引起血肿、水肿，多数病例为一侧性的。睾丸炎是睾丸被打撞、咬伤、夏季的高温以及其他热性疾患（如布病、棒状杆菌病）所引起。

2. 症状　以局部伴发痛性肿胀为主要特征。剧痛、潮红、肿胀及硬固，呈全身性热候。食欲降低，不愿行动。如为外伤性的，阴囊液增加，并发生血肿。急性时疼痛严重，转为慢性时疼痛减轻。若转成睾丸实质炎则变硬。多进一步恶化，发展为坏疽，或引起腹膜炎而死于败血症、脓毒症。

3. 治疗　若种公猪阴囊发生红肿热痛并且全身体温持续性超过40℃以上时，首选对阴囊用冷水敷。涂以鱼石脂软膏。其次再将抗生素、蛋白质分解酶注入阴囊，早期处理可经几个月自然恢复。若转为慢性时，因丧失生殖力而予淘汰。

第十三节　围产期的仔猪死亡发生原因和防治措施（Reducing Perinatal Mortality in Pigs）

一、断奶前死亡率和分类

猪生产和新型技术的应用使生产结构发生变化，从而使猪生产利润得到增长，但总的说来，由于哺乳期仔猪死亡的发生，这并没有使生产损失得以下降。许多国家通过统计学发现断奶前新生仔猪的死亡占总出生数的20%～25%，在过去的这20多年中，这一较高的死亡率并没有发生显著变化。

出生时仔猪数量及分娩母猪的年龄也影响着一窝猪中断奶前仔猪的总死亡率。据统计，在一窝8头仔猪的猪群中平均有2.5头仔猪，或14.3%的仔猪在断奶前死亡，而在一窝14头仔猪的猪群中，将有4.8头或32%的仔猪断奶前死亡。猪群和猪群间断奶前仔猪死亡率存在较大差异，一窝猪断奶前的损失若很长时间都保持在较低水平，那么其每窝产仔平均数量也都相应较高，这在很大程度上反映了畜牧业管理的优越性。

断奶前的多数死亡损失发生在分娩时或新生仔猪初期。据统计，约有80%的断奶前死亡发生在分娩时和分娩后头3～4天。因此，要特别注意围产期管理，以最大努力降低断奶前死亡率。由于仔猪发育和适应环境的需要，而带来了许多非传染性致病因素，这些因素引起的断奶前总死亡率比例相当高。非传染性病不但是仔猪死亡的原发性和继发性病因，而且其发生率也尤为重要。

二、对子宫外界环境的适宜性

从神经学角度来讲，新生仔猪神经系统发育相当良好，但从生理角度来说，其发育尚不成熟。出生后，新生仔猪失去了子宫的安全屏障，进入了一个极为不同的环境。在外界中，它不仅需要抵抗环境的骚扰，而且还要继续成熟和生长发育。其出生时是无菌的，并且不含有抗传染病原的抗体。带有稀疏被毛的新生仔猪仅含有1%～2%脂肪，并且多数脂肪用于组织结构。其还缺乏棕色脂肪，此脂肪可经非震颤产热来提供能量。因此，脂类贮备不能用作主要的代谢原料，尽管新生仔猪在饥饿和遇到寒冷时可以动用游离脂肪酸。此外，不到1～2日龄的仔猪从脂肪酸合成中仅能获得较低的能量。

仔猪出生时糖原贮存于肝脏和肌肉中，并且含量相对较高，但在1日龄时，便开始略微下降。然而，新生仔猪仅能从糖原异生中获得有限能量。未哺乳或饥饿的仔猪在15～20h内可得低血糖症。肝糖原是仔猪的重要能源；而肌肉糖原必须发生分解代谢才能为肌体代谢提供必要的葡萄糖，这要通过震颤来完成。

在大批产仔情况下，新生仔猪的营养来源除了肝和骨骼肌的糖原以外，就是母猪的初乳和常乳，它们不仅是仔猪正常生长发育所必需的，而且是仔猪抗传染病被动免疫所必需的。因此导致母猪常乳合成下降的任何因素都可导致乳汁成分发生改变，并且限制仔猪获得和利用母猪初乳及常乳的任何因素都将阻碍干扰仔猪健康。

新生仔猪调节自身体温的能力是有限的，尤其是在更小的仔猪中，它们出生时体表面积比大点的猪还大，能量贮备却比它们少。出生后，仔猪体温从39℃迅速下降到37℃。在产仔数正常的一窝猪中，仔猪出生后开始哺乳，体温经1～2h后开始升高，但在体型小的仔猪中，这种体温的恢复速度发生延迟。新生仔猪最初是通过震颤来维持和调节体温。新生仔猪的“临界”温度接近35℃，新生仔猪的体热至少有75%经辐射或对流散发到外界。在头一周时，仔猪体温调节机制开始增强，临界温度下降到约25℃。因此，1周龄的仔猪相对来说能够较好适应环境变化。

三、与分娩相关的死亡

1. 产前死胎　在所有猪群中，这种死亡相对较低，在组群间差异也较大。不管是产仔数多还是产仔数少的各窝中，这种死亡的频率几乎相同。约有90%的胎儿在胎膜内或脐带断裂时还是活的。妊娠期间受到严格限制的母猪其胎儿产前死亡率与圈养在疏松圈栏内的母猪胎儿产前死亡率相同。这可能涉及到许多因素，据估测有70%～75%的产前死亡是由于非传染性因素引起。

2. 产期死亡　产期死亡率在整个断奶前死亡率中占相当大的比率（表6.2-3）。多数产期死胎的母猪产仔数正常，出生的仔猪发育也明显正常。有些仔猪在分娩期间死亡，但其中约有70%的仔猪是活着产出，因为其心脏仍在跳动，这些仔猪出生后不久即死亡。然而，若采用某些复苏方法，可以救活许多这种仔猪。

有人用700多头仔猪进行了研究，发现产期死亡的仔猪占总仔猪的25%，在这种仔猪中有54%是伴随2头或更多头死猪活着产出。产期死仔猪的平均重

表6.2-3　断奶前仔猪死亡的主要原因

原因	占出生仔猪总数的%	群体差异
分娩前死亡	1.6	（0.5~5.6）
分娩后死亡	4.5	（0.3~6.4）
饥饿/体格过小	3.5	（0.6~5.6）
损伤	4.0	（1.7~7.1）
胃肠道疾病	2.0	（0.5~3.9）
肺炎	0.6	（1.0~1.3）
急性传染病	0.9	（0.4~1.7）
畸形	1.1	（0.4~2.1）
关节炎/多关节炎	1.1	（0.6~3.6）
混杂型	2.4	（0.6~1.2）
未发现病因	0.5	（6.0~1.2）
断奶前总死亡率	22.3	（15.2~26.9）

量低于同窝产出的活仔猪重量，并且公仔猪死亡率（57%）高于母仔猪。

产仔研究发现每个仔猪出生时的平均时间为26min，而产死仔要比产活仔花费更长的时间，产期死亡的仔猪到产出后的时间比产前死亡仔猪到产出后的时间长。此外，猪倒生要比正生花费时间长。有70%多产期死亡仔猪产出时脐带已断裂，或胎盘已提前松弛破裂，而有2%~13%胎儿在胎膜破裂后活着产出。

这些观察结果表明，仔猪可能以某种方式影响分娩过程，发育正常和良好的仔猪在分娩时死亡，其中一个原因就是仔猪出生时在子宫内发生某种“战斗”，这或许与胎位异常有关，或许与运动能力下降有关，缺乏活力或缺乏促进分娩的某种可能因子的仔猪产速就会减慢。分娩时间延长，脐带过早破裂，血流受到压迫，胎盘与子宫间的联系脆弱等都可导致胎儿窒息，因为从母体流向胎儿的血液供应下降或受阻。然而，就仔猪来说，其在出生时神经系统已相对成熟，可以在暂短时间内抵抗窒息和因此而导致的高碳酸血症。由此缘故，产期窒息不仅与围产期间死亡率有关，而且也与产后仔猪发病率和死亡率有关，在分娩期间，受过窒息的新生仔猪在产后数小时中常常表现活力低下，这就危胁着这种仔猪整个新生儿期的生存能力。的确，产期死胎与孱弱仔猪或八字腿仔猪的发生之间存在相互关系，因为在带有产期死胎的一窝仔猪中出生的孱弱仔猪数量比无产期死胎的一窝仔猪中的多，而在有一个或多个产期死胎的一窝猪中，八字腿仔猪数量则较少。

产仔时间超过4~5h或已产出2/3仔猪后，产期死胎数量增多。据报道，在相同的分娩时间内，产仔多的猪群与产仔少的猪群，产期死胎比率相同。分娩时间的延长会导致窒息延长的危险性增加。产期死亡（超过4%）主要是由于分娩时间延长所致。与圈养的妊娠母猪进行比较，发现妊娠期间局限于猪箱内的母猪其分娩时间延长，因此其产期死仔数比疏松圈养的母猪死仔数高。

四、分娩后的死亡率

1. 饥饿和孱弱、体格过小的仔猪　饥饿仔猪被看作为正常大小的仔猪，在哺乳上没有明显的机械障碍，只是由于母猪患无乳症，而使其得不到充足的食物，因为每窝仔猪的数量都要多于其功能性乳头数或由于圈栏安排较差，所以在母猪患乳房炎、子宫内膜炎、无乳症（MMA）较高时，这些仔猪就成为特殊问题。

孱弱仔猪是指出生时或出生后头12h生活力低下，或由于体格较小及发生运动障碍，在标准畜牧状态下的普通仔猪群中不能生存的活仔猪。此病的诊断方法是测定出生体重低于900mg，从出生到第一次接触乳头时间间隔超过20min或在帮助的情况下也明显不能获得或维持哺乳。这种仔猪很难定位，当母猪位置发生改变，并伴随乳头位置改变时，其很难察觉环境变化。随着它们逐渐孱弱，运动困难也逐渐呈现出来。

通过详细研究，发现孱弱仔猪的发病率为5.3%，死亡率为2.8%，这种猪出生体重低，新生儿期死亡率高，在胎盘期间及脐带断裂时成活率还较高。这种仔猪有91%需要花20多分钟才能首次接触到奶头，大约有8%此猪不能接触到奶头。孱弱仔猪在出生后不久体温迅速下降，其恢复上升速度比正常同窝仔猪慢。孱弱仔猪的数量随产仔数增多而增多，在年龄较大的母猪中，其产的弱仔猪数较高。

总之，孱弱仔猪既表现出孱弱又表现出体格较小，而正常体重的仔猪出生时也可能孱弱。一窝仔猪中有许多具有活力，约有50%可以在普通畜牧管理条件下度过断奶前这段时间。然而，与同窝其他仔猪相比，由于他们在头24～48h关键时期（这是建立社会秩序和哺乳行为的时期）不能成功地竞争到乳头，因此这些仔猪被看为“社会地位低下的”（贫困的）仔猪。较小的仔猪还够不着太高的乳头及被母猪体压住的乳头。当这种仔猪够着一个乳头时，又不能在有奶的时间内快速而有力地吃奶。因此，它们面临着饥饿的危险。

由于这种猪发生饥饿，加上其表面积比较重的仔猪相对较大，它们可能迅速瘦弱并且发冷。为了对付这种状况，小仔猪所需要的糖原贮备要比自身有的高得多，此外，孱弱仔猪还不能动用糖原或在葡萄糖代射中产生差错。由于不能得到充足的初乳，其自身能量贮备被迅速耗尽。由于患低血糖症，创伤或感染，这种仔猪会发生死亡。饲养员对这种仔猪偶尔进行“辅助”，饲喂并不理想。如果这种仔猪生存下来，他们仅能间隔一定时间得到少量食物。间断性饲喂可以增强这种受过应激刺激的仔猪代谢活动，这将导致机体不充足的能量供给迅速下降。再加上内源性胰岛素合成的增强，这将进一步促使低血糖症的发生。

2. 八字腿仔猪和八字腿孱弱仔猪　八字腿是新生仔猪的一种“临床”性疾病，其特点是四肢内收功能下降，其实是一种暂时性功能疾病。此病在一些国家有报道，在某些改良品种中（如长白猪、大白猪及Pietrain猪）尤为重要。

⑴八字腿仔猪：这种仔猪在出生后头12h具有临床症状。通常仅后腿发病，此仔猪其他方面正常。当试图站立时，其两后肢向两边伸开。其两后肢有的是两侧都发病，有的是单侧发病，但在少数病例中，两后肢延伸到一侧或一个后肢向后伸。此病在出生后头24～36h内最为严重。尽管这种仔猪很难运动，但它们仍有足够力量竞争到一个乳头而进行吮乳。据统计因八字腿而导致的死亡率为1.9%，发病率为6.3%，这种仔猪体重仅比健康同窝仔猪略轻。公仔猪八字腿的发生率远远高于母仔猪。这种仔猪首次接触乳头所需要的时间（平均为8.7min）与健康仔猪相同，但21%的这种仔猪在出生时脐带已断裂。

八字腿是一种先天性、遗传性疾病（来自不同公猪的后代，发生率为0.8%～11.7%），在113天妊娠或少于113天妊娠的母猪中此病发生率明显高。产仔数量、分娩时间长短、母猪胎次及妊娠、产仔母猪圈养制度等，对此病发生没有明显影响。此外，猪圈地板类型对其发生率也无明显影响。

⑵八字腿孱弱仔猪：这种仔猪在出生后不久很快表现出八字腿症状，同时又表现出相对孱弱。通常两前腿和两后腿向两侧侧开，有的是双侧腿患病，有的单侧腿患病。这种仔猪体况迅速恶化。这种仔猪后肢常常沿躯体纵轴伸直躺着而前肢伸向每一侧。

有资料表明，患此病临床症状的多数仔猪在出生后死亡，其死亡率占总仔数的1.4%。妊娠时间长短、公猪或仔猪性别对此病无明显影响。然而，此病是一种先天性综合征，在具有八字腿的仔猪群中常常可以诊断出此病。孱弱仔猪的发生率随母猪年龄增加及产仔数增加而增高。胎次对八字腿孱弱仔猪的发生无影响，八字腿仔猪数量在产仔数增多时只略微增加。约有90%多的八字腿孱弱仔猪死亡，并且多数在出生后头48h死亡，主要是因为饥饿所造成。公母仔猪在此病发生率上相同。在尸体剖检时，在附指（趾）、跗关节、胸骨、腋部及下颌部见到典型的损伤和磨伤。

3. 受损伤的仔猪　母猪压伤而导致的仔猪死亡损失和其他致命性的损伤是新生仔猪死亡率最高的原因。有许多详细研究表明，来自损伤的多数损失发生在产后头36～48h，并且受伤仔猪体重要比在新生儿期死亡的其他仔猪重。公仔猪死亡率高于母仔猪，老母猪窝产仔的损伤率高于青年母猪，在超过11头仔猪的窝产仔中损伤率更高些。妊娠时间长短对此无影响。尽管母猪产后期疾病（如乳房炎、子宫炎、无乳症）与仔猪损伤率有牵连，但看不出其产生影响。

当母猪站立、卧下或行走时往往容易造成仔猪损伤。多数仔猪损伤是由母猪后躯和后肢所造成。关于疏松圈栏中母猪爬行区域的安排及产仔箱的固定可以不考虑。大约有30%的仔猪创伤是在母猪采食期间发生，若在母猪产后头一天注意母猪采食时间可以避免许多损伤发生。约有25%仔猪出生后脐带断裂。损伤仔猪首次接触奶头所需要时间与健康仔猪相同。有9.7%的体重正常、外表明显正常的仔猪被严重踢伤或压伤。重复性和严重性创伤虽不立即导致仔猪死亡，但却可导致仔猪成为“孱弱”性仔猪或对传染病易感的仔猪。这些被看成为仔猪死亡的原发性病因。

在致命性创伤发生率上，猪群间存在很大差异。尤其是产仔设备和管理方法的差异性，对仔猪创伤发生率有明显影响。若改善产仔箱中新生仔猪的微环境可降低仔猪损伤的发生率，在靠近母猪“危险区”处设置一个自由通风的活动场所，并用可移动的热灯泡将仔猪和母猪隔开，使“局部”温度接近于仔猪的临界温度约为22℃，将母猪置于打孔的地板上，上面不铺稻草等，这样可使创伤损失降到最低限度。所以产仔箱应具有绝缘性能好、卫生干净、与母猪乳房平行的自由通风行走区，还应有可移动的灯泡，这样可以使饲养员很容易按触到仔猪。

4. 脐带出血　在某些猪群中，一段时间的脐带出血是围产期仔猪死亡的重要原因。此因素导致的死亡率一般低于0.1%，在有些猪场中此病死亡率可达2%以上。此病因目前还尚不清楚。这可能与铺产仔箱的地板木屑和木板防腐剂有关，尚需进一步研究。

五、哺乳与仔猪护理

猪的乳腺位于腹中线两侧，从胸部到腹股沟部平行排列。每头猪的乳腺数量各不相同，为8～18个，平均为12个。通常胸部有3对，腹部有2对，腹股沟部有1对。少于6对乳腺的母猪，其往往缺少第二或第六对（从前开始数）。每个乳腺彼此分开，互相独立，乳腺通常呈半球状，悬于腹下。

每个乳腺仅有一个乳头，每个乳头通常呈纯圆锥状或半球形，上有轻微皱褶，但无汗毛和皮脂腺，猪乳头数量是由遗传决定的。

（一）乳房结构及泌乳特点

母猪乳房结构的特点是没有乳池，每个乳头有2～3个乳腺，每个乳腺有一小乳管通向乳头外端，各乳头间相互没有联系。由于乳房内没有乳池，不能积贮乳汁，所以不能随时挤出奶来。只有分娩的头一、二天由于催产素的作用，使乳腺中围绕腺泡的肌纤维收缩，随时有乳汁排出，产后则逐渐改为有控制的排乳，即当仔猪拱揉乳房向母猪要奶吃时，才会刺激乳腺活动而排乳。一次哺乳过程主要由以下几个阶段形成：首先是仔猪发出尖叫声，拱揉母猪乳房，向母猪发出要求吃奶的信号，或母猪主动发出喂奶信号——轻轻的呼唤声，并侧卧身体，让奶头暴露出来。经过仔猪1～2min的前按摩，母猪开始放奶，此时仔猪停止骚扰，安静地用力吸吮并发生啧啧响声，母猪亦发出哼哼声。母猪放奶的时间很短，约20s左右，短的只有十几秒，长的可达40～50s。放奶结束后，仔猪仍不肯离去，对乳房进行2～3min的后按摩，到此一个哺乳全过程结束。

由于母猪没有乳池，每次放奶时间又很短，所以一昼夜哺乳次数较多，平均20次以上。一般母猪夜间哺乳次数多于白天，占总哺乳次数的52%～55%。

在自然状态下，母猪泌乳期为57～77天。在人工饲养下，随仔猪断奶的早、晚决定其泌乳期的长短，一般为28～60天。泌乳期长短不同，其泌乳量多少也不相同，按60天的泌乳量计，平均约泌乳300kg。不同部位乳头的泌乳量有差异。一般前部多于中部，中部多于后部。这主要是由于不同部位乳头的乳管数不同所致。由于不同部位乳头的泌乳量不同，吸吮不同部位乳头的仔猪增重率也不同。

（二）哺乳头数的确定

母猪的产仔数因其体质、年龄等条件而有所不同，平均头数是：白色品种10～14头，有色品种8～12头，个别母猪可达15～24头。每胎产仔数多的母猪，往往不能把全部仔猪育成。母猪哺育能力的大小，要根据其营养状态、胎次、泌乳力、乳头数和饲料条件等决定。产仔数多的，把弱小仔猪淘汰掉，多余的仔猪可用人工哺育或者寄养给同期分娩的产仔数少的其他母猪代养的方法。

一般适宜的哺乳头数是按母猪的体重确定的，每20kg体重哺育一头仔猪较为合适，母性好、泌乳多的母猪，也可每15kg体重哺育一头仔猪。适宜的哺乳头数是：经产母猪泌乳能力旺盛的10～12头，初产或者营养状态不良的母猪可限制在8头左右。

（三）哺乳要领

刚出生的仔猪，由于四肢站立不稳，易被母猪压死。因此，在仔猪生后的2～3天内，最好将其放进箱子或笼子里，每隔2～3h取出哺乳1次。母性好、产仔数又少的经产母猪，从开始就可以让其自行护理。但是，当产仔数多，猪舍又狭小时，产2～3天内必须要辅助哺乳。

仔猪出生后2～3天内就自行固定乳头。强状仔猪吃中、前部乳头，弱小仔猪吃后部泌乳少的乳头。因此同窝仔猪不整齐。产仔数少时，也有只用后部乳头的，但是近胸部乳头的泌乳量多。所以在产后2～3天内要人工辅助哺乳，把弱小仔猪固定在较好的位置吃奶，这是使同窝仔猪发育整齐的一个要领。

仔猪吸食的乳头一旦固定，一般就不吸吮其他乳头。母猪给仔猪授乳的时间间隔，因泌乳期不同而异，分娩当天是不定时授乳，到第二周平均是60min，以后逐渐变长，到断奶时为86min左右。

有的母猪不愿授乳，特别是那些初产或有瘾病的母猪常有不愿授乳现象，对这种猪要加强管理，经常接近它，轻擦其腹部，使之变温顺，养成躺卧习惯。

个别母猪，即使仔猪闹食要奶也不躺卧，甚至以伏卧的姿势不叫仔猪哺乳。对这种母猪，可用分别捆绑前肢和后肢的强制方法，一边轻轻抓母猪的腹部，一边帮助仔猪吃奶。这种强制方法，可以使母猪让仔猪正常哺乳，不过对有些性情暴躁的母猪没有结果。遇到这种情况，可给母猪喝一瓶白酒，即可达到目的。

（四）提高仔猪成活的培育措施

1. 增加产仔头数　有利于提高成活仔猪数。

2. 保暖防冻　初生仔猪的临界温度为35℃，如遇低温环境，体热迅速丧失。仔猪体温调节机能在6日龄内尚不完善，20日龄后渐趋完善，开始有选择适宜环境的能力，所以对于6日龄以内的仔猪必须安装保暖设施如保温灯、暖床、保育箱等。

3. 防压防踩　初生仔猪反应迟钝，行动不灵活，稍有不慎，就有可能被母猪踩死或压死。为防踩压，仔猪出生后即放保育箱内，哺乳时再将仔猪放在母猪身边。饲养人加强照管，发现母猪有踩压仔猪行为，要立即将母猪赶开。一般3天后仔猪行动逐渐灵活，可自由进出保育栏，被踩压死亡的危险性减少。

4. 增加抗体，抵御病菌侵袭　仔猪自身抗体要在出生10天后才会产生，在这之前很易受到病菌的侵袭而致病死亡。母猪初乳中，含有较多的免疫球蛋白，可为仔猪提供抗体，从而增强仔猪抗病能力。

5. 减少弱小仔猪　采用固定奶头方法，使弱小仔猪能吸吮到泌乳较多的前、中部奶头，以获得充足的奶汁和足够的营养。此外给弱小的仔猪每日补服母奶代用品，可提高存活率。

6. 多产仔猪的寄养法　有的母猪分娩后，因产褥热等病症不能泌乳，或因产仔数超过母猪的有效乳头数，多出的无法哺育的仔猪可送给大致同期分娩的其他母猪去哺育。寄养仔猪要在生后尽早进行，且生母和养母的分娩日期越相近越好，通常分娩日期不要超过2～3天，超过一周，寄养就困难。由于分娩日期不同，母猪泌乳量和乳质有差异，仔猪的吸乳能力也不同，个体小的仔猪就不能充分吮乳，因此不能很好地生长发育。

猪对颜色感觉迟钝，但嗅觉特别敏锐。寄养仔猪时，要用养母的尿、乳汁、垫草等擦抹养子全身，使养子具有和养母相同的气味，并在夜间放进养母的仔猪群中。寄养仔猪第一次哺乳时，要细心观察，以防养母伤害仔猪。寄养仔猪如果没有吃到初乳，会影响以后的生长发育。寄养仔猪往往受到亲生仔猪的排挤，吃奶较少，发育较慢。

六、降低围产期仔猪死亡率的实用方法和管理措施

1. 妊娠母猪　妊娠母猪舍安排和管理对其后代的生存和生命力产生直接影响。妊娠母猪除获得充分营养外，其圈舍还应宽松，以便母猪有地方运动，能够自由选择逗留和躺卧的地方，这可保持他们自身清洁，还为监督、护理、饲喂母猪提供了方便。这样就可降低产前和产期死亡所造成的损失，并降低了新生仔猪的死亡率和传染病导致的仔猪损失。

2. 产仔母猪　为了把创伤损失和仔猪出生时活力低下降低到最低限度，母猪应在有保护板的产箱内产仔，这种设备可指导母猪的躺卧。产仔设备应位于较小的、绝缘效果好的、具有较高室温的产仔单元中。当母猪出现分娩延期症状时，就迅速适

时地加以处置，使产期死亡率和新生缺氧仔猪数降低到最低限度。此外还应注意母猪疾病的预防和治疗，防止发生无乳症，并把饥饿和寒冷引起的死亡损失控制住。

设计的产仔箱多数应至少能容纳3周龄的仔猪，使仔猪和母猪之间有充分的空间环境，产房要经常保持卫生清洁。当仔猪一周龄后，其体重增加一倍，并含有母源抗体，可把母猪和仔猪移到设备条件和气候稍差的圈舍，但这时更加需要关照母猪。

3. 新生仔猪 新生仔猪出生时应保持其体温。仔猪活动场所应清洁、通风良好、保温，并防母猪挤压。使用可移动的热灯泡可确保仔猪体温维持在临界温度上下，并可把母猪和仔猪分离开。仔猪应该容易接触到饲养人员。给仔猪服用清洁、新鲜水或其他适宜的液剂，这样可以降低贫困仔猪的死亡率。

建立起一套抢救措施，使窒息引起的死亡限制在最低限度，在仔猪出生后立即用结扎线或夹子扎住脐带，防止脐带流血。在新生缺氧仔猪出生后不久，由于其孱弱，应严格护理，确保每个仔猪吮到初乳，使每个仔猪能够获得一个功能性（好的）乳头，帮助孱弱仔猪吮乳，在产仔后头2～3次饲喂期间，在饲喂前和饲喂时把仔猪和母猪分离开，以减少创伤损失，尽力使一窝仔猪群的各仔猪体格类似，以降低饥饿造成的损失，对孱弱和体格小的仔猪要给予特殊护理，可以用胃导管喂给他们母猪初乳和常初。

第十四节 猪的人工授精（Artificial Insemination of Swine）

近几十年来，猪的人工授精在许多国家已被成功地实施，尤其是在近十年来随着增容剂和仪器设备的发展，在猪人工授精上已取得显著成就。不幸的是，猪的人工授精还没有像牛的人工授精那样被广泛承认接收，原因有以下三点：首先是猪精液的冷冻技术和效果还没有达到牛精液的水平。其次是优良种公猪的鉴定方法还没有被明确规定，又由于品种的多样化，这些种公猪有被其子代迅速取代的可能。第三是人工授精的受胎率和产仔数常常低于自然交配的。

但对猪使用人工授精法也有若干个好处。最重要的就是人工授精具有控制疫病及提高遗传性的潜能。人工授精可以最低的风险性（引进疫病原）引进新的遗传品种。它还可用一头公猪的一次采精液在2天内使15～20头母猪受孕。因此，仅用3头公猪就可配种300头母猪。在某些情况下，利用人工授精进行第二次配种更加方便，因为它不需要再把母猪从圈舍中赶出来。猪人工授精的缺点是需要较高的管理水平，工作要求高。然而，当猪群繁殖性能稳步提高时，却可抵偿此不足。

一、采精方法

首先调教公猪爬跨假猪。开始时，在假台猪上涂上母猪尿，或者母猪分泌物，还有的涂擦公猪精液等。这样诱导公猪，可使公猪全部处于兴奋状态。公猪一边在假台猪周围嗅闻一边来回转圈，暂时爬跨台猪进行交配动作。公猪开始有交配动作时，采精者应站在假台猪的左侧，右手握住假阴道，左手握住勃起阴茎之头部，将其插入假阴道内。阴茎插入假阴道中，阴茎之前部由假阴道狭窄部嵌住，右拇指、食指及中指握住阴茎螺旋部强制加压，阴茎即伸长，开始射精，左手从假阴道离开而握住集精瓶，右手仍按原状继续压迫阴茎之前端。压迫之强度以公猪阴茎不从假阴道中滑脱为原则，不让阴茎来回抽动。另外。阴茎螺旋部颜色被拇指越压近失色越好。

对于没有经过人工授精训练的青年公猪，可用初发情的母猪或非发情母猪，将其鼻保定，让公猪爬跨。用假阴道采精2～3次，然后用假台猪再加训练。公猪射完精后，把精液很好地收集在300～500mL广口瓶内，注意保持广口瓶内清洁灭菌。当温度激烈变动时，精子活力显著下降。因此，在气温下降到15℃以下的寒冷冬季，精液瓶放入盛38℃左右温水的容器中，可防止精液温度继续下降。

二、射精状态

1. 射精时间 平均为6～7min，最短2min，最长达23min之多。

2. 射精过程 最初排出的几乎是无色、带有少量尿液的液体，接着排出的是浓厚精液，即真正精液。精液量由液体和胶状物两部分组成，射精的前半期射出大部分精液，后期仅有少量排出。在射精初期射出较浓厚的精液，其后有逐渐减少之趋势。精子数在开始射精后2min以内精液中最多，平均占全部精子数的82%。猪精液中特有的胶状物，是由尿道球腺分泌的，在射精时被排出。在一次射精中排出胶状物总数是382～1 833个，平均为909个。

三、精液保存

采精后，马上用清洁的纱布过滤胶状物，将原精液保存起来。保存的精液放入预先灭菌带塞的细口瓶中，盖严后吊入水温15～20℃的保温瓶内。在温暖季节采精时，如当日输精，可不必作特殊保温处理。夏季不易找到冰时，可吊入适当的井中，放置在冷凉处保存也可。保存精液时，温度要力求做到缓慢下降，切忌温度突然变化。15～20℃为保存精液适宜温度，在此温度下，精子通常可生存5～7d，两天之内具有受精活力。精液还要避免阳光直射，取放时应注意不要混入水，运输中防止振荡。

在精液采集后当日输精的情况下，通常是用原液输精，如果需要稀释，一般用5%～6%葡萄糖液，10%蔗糖液或是0.9%生理盐水。精液应在使用前稀释，不可在稀释后保存。

精液采集后，静止一段时间，就会使精子层与精液层分离，数小时左右精子出现假死状态。一般若在温度38℃振荡后2h就能恢复原活力状态。但是，此种精子的活力必须经过镜检。恢复活力后再输精不会影响受胎。

四、输精方法

先将注入器（输精管）洗净干燥后吸入精液，顶端向上，将空气排出，注入器中充满精液，没有空隙。如果母猪适时发情，但未能很好保定，因母猪活动而影响操作时，必须将其鼻端保定后输精，同时在输精前将母猪外阴部擦洗干净。

注入时，首先用左手将阴唇张开，右手握注入器直接插入阴道内。当插入15～20cm时，注入器顶端稍稍向上仰插，要防止玻璃管前端刺伤尿道外口。随后，将注入器恢复水平方向，边轻轻地转动边插入。插入25～30cm时，就感到注入器顶端有阻力。此时，注入且进一步左右活动并推压，前端小玻璃管入子宫颈皱褶处，即获得敏感。这时可以认为已达到两个硬皱褶的部位。于是便可连接装有精液的注射筒，然后慢慢输入精液，注入器前端被黏膜阻塞时，精液可出现倒流，这时注入器左右转动，试着稍微变动位置，就可将精液全部输入，另外，注入器在猪子宫颈感觉不明显时，注入的精液只要不流出来，大体上输精即可成功。

五、输入精液和受胎率

为了达到受胎，必须要有足够的精液量，一般大约为50mL，在保存时间短（24h以内）精子数目多的情况下，使用30mL，也可获得良好的效果。在24h内保存精液精子数大约50亿，24h以上大约70亿就有良好的受胎率。精子活力要求在70min以上，精液稀释倍数为2～3倍。猪的授精适宜期，是在允许公猪爬跨开始后10～26h进行。人工授精和自然交配相比，精液保存在24h以内，其受胎率差异不大，不过在一般情况下，未必都比自然交配效果好，所以要提高技术水平，如果技术熟练，其受胎率可达90%以上。

六、冷冻精液的保存和利用

实行人工授精，理想的精液应当是精子浓度高、活力旺盛、存活率和受胎率高的精液。过去由于猪的精液长期保存有困难，所以，人工授精的普及一直受到阻碍。现已证明把猪精液放在-196℃液氮中冷冻，经500～600天长期保存的精子存活率及活力几乎没有变化，保存154天的精液可受胎。冷冻技术具有以下优点：

(1)提高优良品种公猪的利用效率。

(2)能够比较容易地长期保存精液，远距离输送和国际间精液交流。

⑶可能实现建立精子库。

⑷调整母猪发情期，有效地应用于仔猪生产调整等。

七、精液增容剂

精液增容剂具有防止温度、pH变化，增加精液容积、为精子提供营养及抑制细菌生长等作用。多数增容剂是由葡萄糖、电解质、缓冲液和抗生素组成。碳酸氢钠和柠檬酸钠是猪精液增容剂中常用的缓冲剂。青霉素G、链霉素、林肯霉素及庆大霉素是其常用的抗生素。最简单的增容剂是脱脂乳，它可用于精液短期贮存（24h或更短）。把脱脂乳加热到90℃、10min，就会灭活其内对精子有害的酶类。当脱脂乳冷却后，向其内加入抗生素，有时每升乳中还加一个大蛋黄（不含蛋清）。卵黄或乳中的脂蛋白可以保护精子耐受到5℃。

用不含有脂蛋白的葡萄糖－柠檬酸增容剂稀释精液，然后把其冷却到15℃以下，质量良好的精液可用CO_2使空气饱和、盖紧，温度保持在18～22℃，贮存3～5天。

第十五节 实现新生仔猪全活全壮的综合措施

一、新生仔猪的生理特点

养育大量优良的幼猪，是发展养猪生产的基础，不仅关系到仔猪成活率的高低和仔猪品质的好坏，而且对增强抗病力，后备猪生产性能的发挥，以及种猪的利用价值和肥猪的肥育品质等都有的重大的影响。因此，培育好仔猪是一项艰巨而复杂的工作，而这阶段必须根据仔猪的生理特点进行合理培育。新生仔猪的主要生理特点有以下几个方面。

（一）初生仔猪对环境变化的适应

妊娠母猪经过114天左右的妊娠期后，经过分娩过程，胎儿由母体内的子宫内生活进入体外环境，仔猪的生存环境发生了根本性变化。仔猪出生时发生的变化主要有：

⑴胎儿在胎盘期摄取的氧气和营养物质是通过脐静脉进入胎儿自身的独立的循环系统，胎儿的代谢产物则通过脐动脉到达胎盘。而胎儿出生后，仔猪由胎盘进行的气体交换转变为自行呼吸。出生后若不能及时呼吸，便有可能窒息而死。

⑵胎儿在母体子宫内时，环境的温度相当稳定，不受到外界有害条件的影响，而出生后即由恒温环境转变到外界的变温环境中，遇冷则需要调节热能代谢，但由于仔猪皮下脂肪层薄，脂类仅为体重的1%～2%，且属细胞膜组织，不易分解也不易隔温。据杨天树等测定哺乳仔猪的身体化学组成，14日龄的仔猪，脂肪只占全重的1%，所以2周龄前的仔猪若遇寒冷，只能分解肝糖原，而仔猪体内的肝糖原贮备不多，这样由于糖代谢加快而产热增加，若不及时保温或哺乳，仔猪有冻死危险。

⑶胎儿在母猪子宫内处于无菌环境，而且由于猪的胚胎构造复杂，很难从母体获得母源抗体，出生时机体抵抗力弱，只有吮吸到初乳后才能建立被动免疫。若不及时得到初乳的补充，很容易受细菌侵袭而染病死亡。

（二）神经系统发育不全，体温调节能力差

对寒冷的刺激，动物体有在神经系统调节下，发生一系列应激反应的能力。仔猪出生时，控制适应外界环境作用的下丘脑、垂体前叶和肾上腺皮质等系统的机能虽已相当完善，但大脑皮层发育不全，垂体和下丘脑的反应能力以及为下丘脑所必须的传导结构的机能较低，因此，调节体温适应环境的应激能力差，特别是生后第一天，在冷的环境中，不易维持正常体温，易被冻僵、冻死，故有“小猪怕冷”之说。据研究，初生仔猪的临界温度是35℃，如它们处在13～24℃间，体温在生后第一小时可降低1.7～7.0℃，尤其在生后20min内，由于羊水的蒸发，降低更快，1h后才开始回升。吃上初

乳的健壮仔猪，在18～24℃的环境下，约两日后可恢复到常温，在0℃（-4～2℃）左右环境条件下，经10天尚难达到常温。初生仔猪如裸露在1℃环境中2h可冻昏、冻僵，甚至冻死，而羔羊生后24h，体温下降还不到1℃。由此可见，仔猪调节体温的能力远不如羔羊，这是仔猪养育上的特殊性之一。

初生仔猪对体温的调节主要是靠皮毛、肌肉颤抖、竖毛运动和挤堆共暖等物理作用。但仔猪的被毛稀疏，皮下脂肪又很少，还不到体重的1%，主要是细胞膜组织保温、隔热能力很差。野猪比家猪耐寒的主要原因是毛密能保温，如果把初生的野仔猪的毛剪去，其体温比家仔猪下降还明显。当环境温度低于临界温度下限时，体温靠物理调节已不能维持正常，体内就要靠化学调节增进脂肪的氧化、甲状腺及肾上腺分泌T3、T4及糖皮质激素等提高物质代谢，增加产热量的生理应激过程。如化学调节也不能维持正常体温时，才出现体温下降乃至冻僵。仔猪由于大脑皮层调节体温的机制发育不全，不能协调进行化学调节，因此，是在寒冷的直接刺激下降温的。同时，初生仔猪体内的能源贮备也是很有限的，每100mL血液中，血糖的含量是100mg，如吃不到初乳，两天可降到10mg或更少，即可因发生低血糖症而出现昏迷。即使吃到初乳，得到脂肪和糖的补充，血糖含量可以上升，这时脂肪还不能作为能源被直接利用，要到24h后氧化脂肪的能力才开始加强，到6日龄时化学的调节能力仍然很差，从第9天起才得到改善，20日龄接近完善。因此，仔猪化学调节体温机能的发育可以分为3个时期：贫乏调节期——出生后至第6天；渐近发育期——出生后第7～20天；充分发育期——20日龄以后。所以，对初生仔猪保温是养好仔猪的特殊护理要求。

（三）缺乏先天免疫力，容易得病

免疫抗体是一种大分子的γ-球蛋白，猪的胚胎构造复杂，在母猪血管与胎儿脐血管之间被6～7层组织隔开（人三层，牛、羊五层）限制了母猪抗体通过血液向胎儿转移。未吃初乳的初生仔猪其血清γ-球蛋白含量甚微，因而仔猪出生时没有先天免疫力。只有吃到初乳后，靠初乳把母体的抗体传递给仔猪，并过渡到自体产生抗体而获得免疫力。

母猪初乳中蛋白质含量很高，每100mL中含总蛋白15 000μg以上，其中60%～70%是运载抗体（免疫球蛋白）的γ-球蛋白，但维持的时间较短，3天后即降至500μg以下。

仔猪出生后24h内，由于肠道上皮处于原始状态，对蛋白质有可渗透性。同时乳清蛋白和血清蛋白的成分近似。因此，仔猪吸食初乳后，可不经转化即能直接吸收到血液中，使仔猪血清γ-球蛋白的水平很快提高，免疫力迅速增加，肠壁的吸收能力随肠道的发育而渗透性改变，36～72h后肠道的吸收能力显著降低。

猪免疫球蛋白分为IgG、IgA及IgM三型，其分布、来源及作用各异。初乳中以IgG为主，约占80%，IgA占15%，IgM占5%；常乳中IgA为主，约占60%，IgG占30%；在自体产生的免疫球蛋白中，以IgM为主，IgA次之。它们主要来自母猪血清，并在乳腺中只合成一部分IgA，IgG主要是在血清中起杀菌作用，可防败血病。IgA的特点是能耐酶的消化，可附着在小肠内壁达12h以上，抑制大肠杆菌活动，抗胃肠道疾病。IgM对控制革兰氏阴性细菌的效力最强，如将剖腹取出的仔猪先给1g免疫球蛋白，然后静脉注射109大肠杆菌，10min后几乎全被消灭。如口服免疫球蛋白，则可抑制大肠杆菌活动，据试验，10日龄仔猪先接种大肠杆菌，然后一连3天每天喂初乳10mL，仔猪可活147h，如不喂则仅活37h。

初乳中免疫球蛋白的含量虽高，但降低很快，而且，IgG的半衰期为14天，IgM为5天，IgA是2.5天。仔猪10日龄以后才开始自产免疫抗体，到30～35日龄前数量还很少，直到5～6月龄才达成年猪水平（每100mL含γ-球蛋白约65mg）。因此，10～30日龄是免疫球蛋白的青黄不接阶段，最易患下痢，是最关键的免疫期（临界期）。同时，仔猪这时已开始吃食，胃液又缺乏游离盐酸，对随饲料、饮水进入胃内病源微生物没有抑制作用，从而成为仔猪多病的原因。

（四）消化器官不发达，消化机能不完善

仔猪消化器官虽已在胚胎期内形成，但它的结构和机能都不完善，重量和容积都较小。初生仔猪胃的重量5～8g，为体重的0.44%，容积为30～

40mL，2月龄时胃重达150g左右，约为体重的1.1%，容积增大近20倍。大、小肠比初生时也有较大增长，长度增加5倍左右，容积增加50倍左右。由于仔猪胃容积小，排空速度快，所以要求哺乳次数较多，仔猪胃完全排空的时间随日龄增加而变慢，3～15日龄时，排空时间约为1.5h，1月龄时为3～5h，2月龄时为16～19h。初生仔猪由于胃和神经系统的机能联系尚未完全建立，因此缺乏反射性胃液分泌，胃液分泌的调节主要是通过促胃液素刺激胃腺分泌。要在3～4日龄猪的胃腺机能才完善，才有反射性胃液分泌。

仔猪的消化酶大多随日龄的增长而逐渐增强活性。初生仔猪唾液淀粉酶活性很低，随年龄增长活性逐渐增加，自断奶到6～10月龄逐渐升高。哺乳仔猪由于胃内酸性较弱，唾液淀粉酶在胃内仍能进行作用。

仔猪胃液中的消化酶主要是凝乳酶和胃蛋白酶。凝乳酶在初生时已有作用，哺乳期内随年龄增长，凝乳能力逐渐增强。胃蛋白酶虽在初生仔猪胃液内已含有胃蛋白酶原，但由于缺乏盐酸，不能将其激活，因此在20日龄前不具有消化能力，随着盐酸浓度的不断增加，大约40日龄，才具有消化能力，在这之前胃内几乎没有胃蛋白酶参与蛋白质的分解作用。早期给仔猪补料，可刺激盐酸的分泌，促进胃腺发育，缩短胃机能不全期。

由于仔猪胃内其他酸类如乳酸等有机酸，代替盐酸来激活胃蛋白酶原，所以4日龄的仔猪胃液已能水解动物性蛋白，9日龄能水解植物性蛋白。猪乳结合盐酸的能力很强，每千克乳可结合6～8g盐酸，胃内缺乏游离盐酸时，可与由于饲料和奶的发酵所产生的其他一些有机酸类如乙酸、乳酸、甲酸等相结合，因此，给仔猪饲喂有机酸类，有利于消化。

仔猪胃内的消化作用很小，主要在小肠内靠胰液和肠液消化。初生仔猪胰蛋白酶就有较高的消化能力，靠它消化蛋白质。3周龄后仔猪胰淀粉酶的活性提高，对淀粉及其他糖类的消化利用才有提高。初生仔猪已能旺盛地分泌肠液，肠液中乳糖酶在仔猪出生时活性就很高，而蔗糖酶与麦芽糖酶的活性很低，因此初生仔猪可以充分利用乳糖，而对果糖、蔗糖、木糖等其他糖类消化率很低，仔猪在10日龄内很难利用蔗糖等。初生仔猪已含有较高的胰脂肪酶，由于胆汁分泌少，不能激活胰脂肪酶（胆汁中胆酸盐是胰脂肪酶激活剂，并可乳化脂肪），所以对脂肪消化吸收有一定限制，3周龄后胆汁的分泌量逐渐增加，促进了对脂肪的消化吸收。由于乳中脂肪是以乳化状态存在，初生仔猪对乳脂利用率较高。

（五）生长发育快，物质代谢旺盛

仔猪出生后的前几周是能量和矿物质代谢最强烈的时期。猪出生时体重相对最小，还占不到成年时体重的1%，但出生后生长发育特别快。一般仔猪出生重在1kg左右，10日龄时体重达出生重的2倍以上，30日龄达5～6倍，60日龄增长10～13倍或更多，体重达15kg以上，如按日龄的生长强度计算，第一个月比出生重增长5～6倍，第二个月比第一个月增长2～3倍，以第一个月生长最快。

仔猪出生后的强烈生长，是以旺盛的物质代谢为基础的。10日龄时每千克体重能量代谢为成年的7.7倍。20日龄的仔猪，每千克体重要沉积蛋白质9～14g，相当于成年猪每千克体重沉积0.3～0.4g的30～35倍。矿物质代谢也比成年猪高，每千克体重中含钙7～9g，磷4～5g。哺乳仔猪体内铁储备只有40～45mg，由于生长快，母乳含铁量根本满足不了仔猪生长，在2～3周龄时，母乳铁只能满足仔猪正常铁需要量的1/7～1/6，极易发生缺铁症。因此，仔猪对营养物质的需要，不论在数量上还是在质量上相对都高，对营养不全反映敏感。供给仔猪以全价的平衡日粮具有重要意义。

二、实现新生仔猪全活全壮的综合措施

仔猪出生后，生活条件发生了巨大变化。由原来通过胎盘进行气体交换、摄取养料和排除废物，而转变为自行呼吸、采食和排泄。并且在母体子宫内生活条件相当稳定，不易受外界的有害影响，出生后，直接与外界环境接触，如果饲养管理不当，就可能引起死亡。

仔猪出生后死亡多发生在1周内，约占死亡总数的80%。其后随日龄的增大，死亡数减少。仔猪

死亡原因除胎死外，主要是压死、伤亡和饿死以及发育不良和白痢。因为1周龄内的仔猪体弱，行动不灵活，抗病力和耐寒力差。另外，从生后10～25天，由于母猪泌乳一般在21天左右达高峰后就逐渐下降，而仔猪的生长发育却在迅速上升，需乳量增加，如不及时喂料，以补充母乳的不足，容易造成仔猪瘦弱，患病而死亡。仔猪1月龄后，死亡数减少。根据仔猪死亡原因分析，以及仔猪出生后所面临的各种环境改变，可采取如下一些措施以减少仔猪死亡数。

（一）做好产后新生仔猪的护理工作

1. 防止窒息，正确断脐　仔猪出生后应尽量清除口腔及呼吸道的黏液、羊水。如黏液较多，可将后肢提起，使头向下，轻拍胸壁，然后用纱布擦净口中或鼻腔的黏液。若已发生窒息，可通过插入气管的胶管，每隔数秒徐徐吹气1次，以使其呼吸。紧急情况时，可注射尼可刹米。或用0.1%肾上腺素1mL直接向心脏内注射。仔猪擦干后，接着便是断脐。断脐不当会使初生仔猪流血较多，影响仔猪的活力和以后的生长。为此，应在距脐根5～6cm处，用手指将其中的血液向上挤抹，并按捏断脐处，然后用剪刀剪断，涂以碘酒。断脐后应防止仔猪互相舐吮，防止感染发炎。

2. 保暖防冻，减少应激　初生仔猪的临界温度为35℃，如遇低温环境，体热迅速丧失，有时体温可下降4～6℃。在暖舍中，2～4h可恢复正常体温，外界气温与体温恢复呈强负相关（$\gamma=-0.79$）。因此应在接产时尽量使产房保暖。可在产房设250kW的红外保温灯、设置保育栏或保育箱、暖床、暖气及电热板等，从而达到保暖效果，以减少寒冷所造成的应激反应。

3. 防压防踩，减少弱小仔猪　初生仔猪反应迟钝、行动不灵活，稍有不慎，就有可能被母猪踩死或压死。因此饲养人员应加强照管，或加设保育栏。另外，出生时弱小的仔猪较个体大的仔猪易死亡，而体重相对大的存活率高。母猪于分娩前，每头给予0.9～1.1kg的脂肪添加剂（猪油、牛油、黄豆油、玉米油等），有利于提高仔猪存活率。这种效果不是由于热能摄取量的增加，而是由于所添加的脂肪会提高母猪初乳及乳汁中的脂肪含量，仔猪对母乳的利用能力较强而提高了仔猪的存活率。

4. 增加抗体，抵御病菌侵袭　母猪初乳在产后3天内分泌，以后即转为常乳。仔猪自身的抗体要在出生后10天才会产生，在这之前，很易受到病菌的侵袭而致病死亡。而母猪初乳中含有较多的免疫球蛋白。而且初乳中镁盐亦较多，可以软化和促进胎便排出。研究认为，仔猪开始吮食初乳的时间越早越好。母猪如果分娩过程较长，如在2h以上，可在分娩结束以前让先出生的仔猪吃奶，不致受饿，另一方面母猪继续分娩时，避免因仔猪叫声而不安。仔猪开始吮乳后，便发生乳头定位，有时定位的乳头被其他仔猪占有，则可能卧在一旁停止吃奶，最后变得衰弱而死亡，因此应格外注意观察护理。据研究，仔猪出生时其糖和脂肪的贮量只能维持72h。

（二）做好仔猪的开食及补饲工作

训练仔猪吃料，叫开食。随着仔猪的生长，其体重及营养需要与日俱增，母猪的泌乳量虽在第3～4周达高峰以后逐渐下降，但自第2周以后，仍不能满足仔猪日益增长的要求。据英国Rowett研究所的材料，母猪泌乳量与仔猪增重的回归系数是4.1，或以乳的干物质计算，在前4周龄每千克增重需0.8kg乳的干物质，如不能及时补料，弥补营养之不足，就会影响仔猪的正常生长。及早补料，还可以煅炼仔猪的消化器官及其机能，促进胃肠发育，防止下痢，缩短过渡到成年猪饲料的适应期，为安全断乳奠定基础。因此，引导仔猪开食补料的时间应早在母猪乳汁变化和乳量下降之前3～5天开始，以便仔猪学会认料。补饲的顺序及方法如下：

1. 铁质的补充　生后2～3天补铁。铁是形成血红素和肌红蛋白所必需的微量无素，它又是细胞色素酶类和多种氧化酶的成分。仔猪缺铁时，血红蛋白便不能正常生成，影响血液输送氧和二氧化碳，会发生营养性贫血症。仔猪缺铁情况可按每100mL血液中的血红蛋白的含量判断，见表6.2-4。

仔猪出生时体内铁的总贮存量约为50mg，每日生长约需7mg，到3周龄开始吃料前，共需200mg，而母乳中含铁量很少（每100g乳中含铁0.2mg），仔猪从母乳中每日仅能获得约1mg的铁，因此母乳远

表6.2-4　仔猪血液中血红蛋白含量与生长的关系

每100mL血液中血红蛋白	仔猪表现
10g以上	够用，生长良好
9g	符合最低需要量
8g	贫血临界限，需补充
7g以下	贫血，生长受阻
6g以下	严重贫血，生长显著减慢
4g以下	严重贫血，死亡率上升

远不能满足仔猪对铁的需要量。仔猪体内铁的贮量早的在生后3～4日龄即被消耗完，若得不到补充，就会出现缺铁性贫血。贫血的仔猪，皮肤和黏膜苍白、食欲减退、被毛粗乱、轻度腹泻、精神委靡、生长停滞，严重者死亡。故缺铁仔猪，抗病力减弱，容易感染疾病。应于仔猪出生后2～3日龄即给其补铁。下面介绍几种常用的补铁的方法。

⑴铁铜合剂补饲法：铁铜合剂常采用口服，把2.5g硫酸亚铁和1.0g硫酸铜溶于1 000mL沸水中，每头每天10mL，可涂于母猪乳头上也可用乳瓶灌服。当仔猪开始吃料后，可将合剂拌在饲料中给予。

⑵铁钴合剂注射法：仔猪生后3天，肌肉或皮下注射右旋糖酐铁钴合剂1～2mL（视浓度而定，每毫升含铁50～150mg不等），7天后再注射2mL即可。

⑶矿物质舔剂法：为了满足仔猪对多种矿物质和微量元素的需要，在仔猪生后第5天起可在补饲间放置盛有骨粉、食盐、木炭末、清洁红土或新鲜草根土，拌上铁铜合剂的小槽，任仔猪自由啃食以达到给仔猪补铁效果。

2. 铜的补充　铜的缺乏会减少仔猪对铁的吸收和血红素的形成，同样会发生贫血。仔猪对铜的需要量不大，在通常情况下不易缺乏。用高铜作为抗菌剂喂猪，有促进增重的作用。据试验，添加高铜（50～250mg/kg）可提高仔猪日增重22%。高铜补饲过量会引起铜中毒，一般以添加不超过250mg/kg为宜，为了防止中毒应同时补高水平的铁、锌。可利用硫酸铜、氧化铜、氯化铜、碳酸铜等作为高铜补饲剂。高铜除有促生长作用外，还具有抗菌作用。高铜与抗菌素同时添加饲喂仔猪，将能获得更好的效果。据Stahly等研究，单独使用250mg/kg铜、50mg/kg金霉素或25mg/kg土霉素，都可提高仔猪增重21%，合并添加，可提高仔猪日增重36%。

3. 硒的补充　硒是谷胱甘肽过氧化物酶的主要组成成分，能防止细胞线粒体的脂类过氧化，保护细胞内膜不受脂类代谢副产物的破坏。硒和维生素E具有相似的抗氧化作用，它与维生素E的吸收、利用有关，所以硒的缺乏症状与维生素E缺乏症相似。仔猪突然发病，病猪多为营养状况中上等的或生长快的，体温正常或偏低，叫声嘶哑、行走摇摆，进而后肢瘫痪，有的病猪排出灰绿色或灰黄色的稀粪，皮肤和可视黏膜苍白，眼睑水肿，剖检可发现肝坏死，肠系膜淋巴结水肿、充血或出血，肌肉萎缩等病变。病猪食欲减退、增重缓慢，严重者死亡。仔猪对硒的日需要量根据体重不同为0.08～0.23mg，只有在缺硒地区易发生硒的缺乏症，对缺硒仔猪应及早补硒，一般于出生后3～4天肌肉注射0.1%亚硒酸钠生理盐水（1 000mL生理盐水中加入1g亚硒酸钠），每头每天注射量，3日龄时为0.5mL，断奶时再注射1次，用量为1mL。

4. 水的补充　水是猪所需要的最主要成分，是消化、吸收、运输养分和排出代谢物的溶剂，它们必须先溶于水后才能进行。水在调节体温上起重要作用，还可调节体液电介质的平衡。水还是一种润滑剂，如关节腔内的润滑液能使转动时减少摩擦。机体内的化学反应必须在水介质中进行，水不仅参加体内的水解反应，还参与氧化－还原反应、有机物质合成及细胞呼吸过程。由于仔猪生长迅速，代谢旺盛，母猪乳的含脂率高，因此，需水量较多。5～8周龄仔猪需水量为其体重的1/5。若不及时补水，仔猪即感口渴，便会喝脏水或尿液，容易引起下痢。因此，在仔猪生后3～5日龄起就在补饲间设饮水槽，补给清洁饮水，水要经常更换以保持新鲜，并稍加甜味剂，但不可用油腻的水。

据试验，用含盐酸0.8%的水饲饮3～20日龄的仔猪（20日龄以后饮用清水），60日龄断乳重可提高13%，补饮盐酸有补胃液分泌不全、活化胃蛋白酶之效。

近几年研究证明，仔猪口服补液盐（ORS），在抗仔猪断奶应激、防止纠正机体组织脱水、调节酸碱平衡、防治仔猪下痢等方面具有明显效果。而且ORS还使仔猪采食量增大，饲料利用率提高，对仔猪生长发育具有显著的促进作用。

5. 饲料的补充　母猪产后3～4周为泌乳高峰期，而后则泌乳量日趋下降，而此时正是仔猪生长旺盛时期，对营养物质需求量大，为满足仔猪生长发育之需要，必须提供饲料以弥补母乳供应之不足。同时为了适应早期断奶，仔猪必须在早于母猪泌乳高峰前和断乳前学会采食，这样可以磨练牙床、促进胃肠发育，防止下痢。一般于5～7日龄即可补料，训练仔猪开食。

仔猪出生时已有上下第三门齿及犬齿8枚，6～7日龄后前臼齿开始发生，牙床发痒，这时仔猪可离开母猪单独活动，对地面上的东西用闻、拱、咬等进行探究，同时仔猪还有模仿争食的习性。因此可利用仔猪的探究行为和模仿习性尽早引导其吃食。常用方法有：在仔猪生后5～7日龄开始自由活动时，在补饲间的墙边地上撒放一些炒焦的高粱、大麦、玉米、原麦谷粒等让仔猪自由啃食，或随母猪一道啃食，逐渐学会采食；用甜味多汁料如南瓜等或稠粥状料，其中加甜味剂及香料或香味剂等放于仔猪食槽中，诱其采食并随食量的增加调整给量。一般到20日龄后仔猪已能采食，30日龄后食量大增，全期每头仔猪约需精料15kg以上。

（三）做好旺食阶段的补饲工作

仔猪30日龄后，随着消化机能渐趋完善和体重的迅速增长，食量大增，进入旺食阶段。为了提高仔猪的断乳重和断乳后对成年猪饲料类型的适应能力，应按仔猪的营养需要配制饲料，饲料的选择应按如下几个原则进行。

首先，根据仔猪的采食习性，选择营养丰富、易于消化、适口性强的饲料配制仔猪饲料。

由于仔猪生长迅速，需要补饲接近母乳营养水平的全价饲料，每千克饲料含消化能不宜少于13 807kJ，而且要有足够的蛋白质和必须氨基酸尤其是添加赖氨酸。一般补饲日粮中粗蛋白的含量不宜少于18%，赖氨酸的含量占粗蛋白的4.5%或日粮的0.9%。黄豆饼及幼嫩的豆科青草中富含蛋白质及赖氨酸、色氨酸，但哺乳仔猪对粗纤维的消化率低，饲料中粗纤维含量不宜过高，以不超过4%为宜。因此补饲植物性蛋白质饲料时，应同时给予一定数量的鱼粉、骨肉粉、脱脂乳粉、血粉等动物性蛋白质饲料。

第二，注意饲料调制，加强饲养卫生，增加进食量，改善生活环境，争取最大增重。饲料的调制由饲料的组成和猪的品种决定，因此适宜调制法各异，如以薯类为主则以熟饲为宜，白天湿料限量饲养和夜间干料尽量饲养相结合的方式亦可行。无论如何调制，饲粮均应新鲜、食槽清洁、切忌用霉坏变质饲料。抗生素有增强抗病能力和促进生长发育的作用，其效应随年龄增长而下降，仔猪出生后的最初几周是抗生素效应最大时期。给仔猪添加抗生素，可以提高成活率、增重和饲料利用率，对哺乳仔猪的建议使用量一般为每吨饲粮内加40g，高水平可达100～250g/1 000kg。猪常用的抗生素有金霉素、青霉素、土霉素、杆菌肽、竹桃霉素、泰乐霉素等。

仔猪补饲有机酸，可以提高消化道的酸度、激活某些消化酶，提高饲料消化率，并有抑制有害微生物繁衍及降低仔猪消化道疾病发生率的作用，同时有助于抵消那些与酸结合力高的日粮组分的不利影响，减少仔猪腹泻的发生。但对仔猪添加有机酸通常不超过40日龄，否则将产生负作用。可饲喂仔猪的有机酸有：柠檬酸、甲酸、乳酸、延胡索酸等。据美国试验，仔猪添加延胡索酸和柠檬酸，其日增重分别提高5.3%和5.1%，饲料利用率提高4.9%和6.5%。据荷兰VanWeeden等试验，在基础日粮含粗蛋白18.5%，净能905 186MJ/kg的情况下，添加1.5%的甲酸钙，使其增重提高12%，饲料转化率提高4%。据薛恒平等报道，仔猪于20～35日龄时喂乳酸菌制剂1mL/头（每毫升含菌100亿以上），45～56日龄日喂0.5mL/头，平均日增重比不添加乳酸菌组提高17%～18%，仔猪下痢比对照组减少72%～78%。

生长发育好的仔猪开食早且贪食，对营养的需要量大，但胃的容积尚小排空快，所以，最好采取自由采食的饲养方式。对限制饲养仔猪的补饲次数要多，一般每天5～6次，其中一次放在夜间。每次采食量不宜过多，以不超过胃容积的2/3为度。

危害仔猪的疾病很多，较为严重和多发的是下痢与内、外寄生虫。发生在出生后1周内的下痢大多为肠道病原大肠杆菌所引起。这种病原菌大量存在于周围环境中，尤其是在潮湿、污秽、通风不良的地方。感染这种病原菌，仔猪排泄出大量的灰黄水样稀便，仔猪体内水分和电解质易排出，造成仔猪脱水，感到口渴，仔猪会不停地吸奶直至身体衰弱无力而倒下。此病可用抗生素治疗，然后给仔猪补饲电解质，可以使体液得到补偿，缓解下痢造成的危害。鉴于上述，应做好如下工作：

⑴保持适宜的环境温度，特别是出生时应避免寒冷的刺激。仔猪出生时的临界温度为35℃，长到4.1kg体重时为29℃，10kg体重时为24℃。

⑵保持舍内清洁的环境条件，调教仔猪和母猪定点排粪、尿。保持睡眠、活动、采食地区的清洁卫生、舒适，猪舍通风良好，减少圈、舍内的污浊气体。

⑶保持安静的生活环境，持续的噪声对仔猪有害。据试验，1～10日龄仔猪的噪声超过65dB时持续作用14天，仔猪生理指标发生变化，白血球上升25%～30%，血液中胆固醇含量提高30%；当连续2周遭受70dB或更高强度的噪声刺激时，仔猪血中白蛋白下降30%，γ－球蛋白含量则提高20%。因此，猪舍内应保持安静。

⑷保持和谐的群居关系，过于拥挤或食槽槽位少，易发生争斗，影响生长。

（四）做好仔猪的断乳工作

仔猪断乳工作的好坏，不但影响仔猪的成活和生长发育，而且对母猪的健康亦有很大影响。仔猪由原来依赖母猪转变为独立生活，且此时仔猪仍处在强烈生长发育时期，是骨骼和肌肉的加速生长阶段，消化机能和抵抗力还没有发育完全，若饲养管理不当则会掉膘减重，体质变弱、生长发育停滞，形成僵猪，严重的造成死亡。而适宜的断乳可以保证仔猪的正常生长，减少和消除疾病的侵袭，获得最大的日增重，育成健壮结实的幼猪。

1．仔猪断乳的适宜日龄　仔猪断乳的时间，应根据猪场的性质、仔猪用途及体质、母猪的利用强度及饲养条件而定。近几年来，由于加强对哺乳仔猪的早期补料工作，其断乳时间由原来的60天提前到45天左右，早期断乳一般指3～5周龄断乳。超早期断乳一般于出生或2周龄前即行断乳，超早期断乳多出于特殊需要，如培育SPF猪等，需创造特殊条件，否则难于成功，因为它超越了母、仔双方的“断乳生理限度”。

早期断乳何时为宜？许多学者都认为在仔猪体重达4～5kg以上或以3～5周龄时为适宜。因为此时仔猪在消化、免疫、体温调节以及耐受断乳应激等能力方面，都已具备了断乳条件。此时仔猪已利用了母猪泌乳量的60%左右，可从母乳中获得一定的营养物质和对疾病的抵抗能力，自身的免疫能力亦逐步增强；仔猪已能独立采食饲料，从饲粮中获得的营养可以满足断乳和生长发育所需；仔猪所需的饲养管理条件、设备等都和8周龄断乳仔猪相近。据中国农业科学研究院畜牧研究所陈隆（1980）等资料，21日龄断乳仔猪与42日龄断乳仔猪相比，每千克增重可节省消化能21%和可消化粗蛋白12%；据前苏联资料，与60日龄断乳相比，30日龄断乳仔猪每千克增重节省31%～39%饲料单位和20%–30%可消化蛋白质，45日龄断乳仔猪分别节省11.9%和11.2%。

近年来，世界各地的科学工作者探索超早期断乳及对仔猪和母猪的影响研究表明，早于12日龄断乳并没有突出的优势性。因为仔猪生后不吃初乳，就不能获得母源抗体，成活率低。而且仔猪3周龄前消化机能发育不完善，不能利用植物性饲料；另外，过早断乳往往会给母猪生殖系统的恢复过程带来不良影响，反而延长了母猪的空怀期，而且早期断乳母猪的受胎率低，胚胎死亡率高，年产窝数虽可增加，但总产仔数减少。有试验证实，将哺乳期从生后第2天延长到13天、24天和35天，可使母猪断乳后再次发情期由10.1天缩短到8.2天、7.1天和6.8天，受胎母猪数（配种后第3天剖检）和受精卵数都增加；子宫的重量、子宫壁和肌肉层的厚度减少。配种后28天剖检证实，随哺乳期延长，母猪的受胎率由68%增加到92%、100%，子宫角内的胚胎数从10.0个增加到11.6个、11.7个及12.0个。活胚胎率从83.2%增加到95.1%和94.3%。鉴于上述，研究者认为，既能提高母猪的利用强度，又对母猪的繁殖力无不良影响的最适宜断乳时间可以提早到13～24日龄之间。所以，仔猪应根据实际情况决定断乳时间。在农场或农村专业户养猪生产中，实行仔猪35日龄或42日龄断奶时间为适宜，集约化大型养猪场可以采用人工乳哺育，断乳时间可以提前到21～28日龄。

2. 实行早期断乳的优点 仔猪实行早期断乳，可以提高猪的生产力，这已被众多科学试验所证实，归纳起来有如下几个优点：

⑴降低仔猪培育成本，提高母猪经济效益。如提高母猪分娩舍的利用率，降低使用费用；减少母猪的饲料投入，节省饲料，降低了饲养成本；减少母猪的饲养量，淘劣留优，可以节省对母猪的各项开支，而且还可以减少母猪的管理人员，劳动生产力得到提高。

⑵母猪泌乳期缩短，体重损耗少，从而缩短母猪的产仔间隔，增加年产仔窝数，有利于提高母猪的繁殖力和利用强度。

⑶提高饲料利用率，节约饲料。自然哺乳情况下，通过母猪吃料而仔猪吃母乳的转化过程，饲料的利用率只有20%，而仔猪自己吃料则饲料的利用率为50%～60%。年产2窝及2个60天的泌乳期，母猪机体合成仔猪及乳中的蛋白质、脂肪、碳水化合物等物质，能量的转换超过2 092kJ，而年产2.8窝约3个10天的泌乳期所耗的能量仅约1 150.6kJ，节省近一半。由于早期断乳的实施，增加了产仔和育成头数，因而可以减少母猪饲养量和淘汰低产母猪，这便节省许多饲料。

⑷早期断乳可使母猪泌乳期失重减少，有利于断乳后再发情；还便于控制来自母猪传播的疾病，减少死亡。

⑸压死和下痢是仔猪早期死亡的主要原因（占仔猪死亡原因的20%～30%），而母仔早期分离，可以防止母猪压死仔猪和减少仔猪传染疾病和寄生虫病的机会，有利于提高成活率。

⑹有利于集约化饲养，使肥猪出栏稳定。由于早期断乳，打破了季节分娩制度，仔猪生长均匀，出栏整齐，适于猪群“同进同出”的饲养制度。

⑺仔猪早期断乳采用人工乳哺育。可以根据仔猪生长发育需要，配制生长发育所需的碳水化合物、脂肪、蛋白质、矿物质、维生素与抗生素等全价平衡的日粮，从而适口性好、易消化吸收，可以促进仔猪生长潜力的发挥，减少弱猪、僵猪比例，获得体重大而生长均匀的仔猪。另外，早期断乳的仔猪比晚断乳仔猪能多吃到补给的料，不易受因母猪泌乳下降而营养不足的影响。

3. 人工乳的配制 早期断乳能否成功，仔猪人工乳的配制是关键。人工乳的配制应根据猪乳的成分、仔猪的营养需要及仔猪的消化生理特点进行配制。各国设计和应用的仔猪人工乳种类很多，按其所用原料可有以下3类。

⑴合成人工乳：是用酪蛋白或a－蛋白（由大豆制成）、葡萄糖、猪油、矿物质、维生素及抗生素等营养物质制成的人工乳。

⑵半合成人工乳：是用天然饲料如牛羊乳及乳粉、酵母与合成饲料等营养物质制成的人工乳。

⑶非合成人工乳：是用天然饲料如大麦、燕麦、鱼粉、大豆粉等制成的粉状或颗粒状的风干日粮。

无论配制哪种人工乳都应考虑人工乳的营养性、消化性、适口性及抗病效能等问题。

⑴人工乳应营养全面丰富。人工乳的成分要和母乳相似，猪乳是一种高能低蛋白的营养品，因此配制时，即使以牛、羊乳为基础，也需要补加脂肪和糖，以提高其含热量，但粗蛋白的含量不宜过多，一般为16%～22%。因初生仔猪的肾机能还不完善，人工乳中生理上多余的蛋白质要转化为尿素，从尿中排出，有加重肾脏负担导致肾机能紊乱的危险。同时也会引起肠内微生物区系的改变，增加大肠菌群，减少对机体有益的菌群。此外，人工乳配制时还应添加矿物质、微量元素、维生素及少量的粗纤维等营养成分，力争接近天然乳的水平。

⑵人工乳要具有容易消化的特性。初生仔猪的消化吸收能力差，配制人工乳必须选用合适的原料和添加适宜的胃蛋白酶。前期应制成粉状，细度在0.3mm以下，后期可用微粒状，细度在0.8mm以下，并可加工成颗粒状饲料。

⑶人工乳要有较好的适口性。人工乳的营养无论多全面，如适口性和消化性不好，仔猪便不爱吃，或不能消化利用，因此应选择适口性好的原料配合使用。如小麦、玉米、脱脂奶粉、炒大豆粉是适口性好的原料，添加香味剂（奶香味、白芙香味等）、糖精等也能提高适口性。

⑷人工乳应具有预防疾病和促进发育的作用。初生仔猪最易受大肠杆菌感染，因此人工乳中需加抗生素以抑制肠内微生物区系中有害细菌的繁殖，也可添加抗氧化剂以利于保存。给仔猪补饲牛乳的初乳或母猪血清可以增加免疫抗体，此方法多用于SPF猪的人工乳的配制。

表6.2–5 仔猪日粮配方

	吉林		北京	
料别	代乳料	仔猪料	代乳料	仔猪料
	仔猪体重5～10kg	仔猪体重10～20kg	仔猪体重5～10kg	仔猪体重10～20kg
玉米	52.43	68.89	35.42	47.8
麦麸	–	5.0	–	–
碎米	–	–	25.0	25.0
豆粉	37.0	26.28	30.95	21.93
鱼粉	–	–	–	2.14
菜油	2.0	–	2.89	–
钙盐	2.12	0.45	2.05	1.42
石灰石	1.64	0.40	–	0.02
骨粉	–	1.64	–	–
盐	0.5	0.3	0.25	0.35
预混料	2.0	1.6	1.0	1.0
赖氨酸	0.21	0.29	0.29	0.24
蛋氨酸	–	–	0.05	–
硫酸铜	0.1	0.1	0.1	0.1
柠檬酸	2.0	–	2.0	–

总之，人工乳的配制应因地制宜，不要千篇一律。兹列举美国大豆协会在我国吉林、北京，依仔猪体重配制不同的人工乳配方，以供参考，见表6.2–5。

4．仔猪断乳方法　断乳应激对仔猪的影响很大，所以在断乳方法上需缓慢进行。对断乳仔猪的饲养管理应尽量精细，在饲料、饲料配制、饲喂方法等方面都应保持哺乳期补饲不变，一般应给予15天左右的过渡期后再改喂断乳仔猪料，饲喂次数也可逐渐减少，改变饲料时，新、老饲粮应交叉过渡逐渐更换。断乳的方法有 3 种。

⑴一次断乳法：当仔猪达到预定断乳日期时，断然将母猪和仔猪立即分开。由于断乳突然，易因食物及环境突然改变而引起消化不良、不安、生长受阻，又易使母猪乳房胀痛、不安，或发生乳房炎，对生产不利，但方法简单，适于工厂化养猪使用。使用时应于断乳前3天减少母猪精料和青料量以降低乳量，并注意对母猪及仔猪的护理。

⑵分批断乳法：即按仔猪的发育、食量及用途分别先后陆续断乳，区别对待的方法。一般将发育好、食欲强及拟作肥育用的仔猪先断，而体质弱小或拟留种用的后断，适当延长其哺乳期，以促进发育。此法断乳期长，且先断乳仔猪所留的空乳头，应让所留仔猪吸食，否则易得乳房炎。

⑶逐渐断乳法：即逐步减少哺乳次数的方法，在仔猪预定断乳日期前4～6天减少母、仔接触与哺乳次数，并减少母猪饲粮的日喂量，使仔猪逐渐适应少哺乳到不哺乳。此法可避免母猪和仔猪遭受突然断乳的刺激，所以比较安全，为一般猪场所喜用。

第七篇

猪病综合征

第一章
概论

一、概念产生的历史背景

综合征为具有一组症状出现的一类疾病，常指一些病因未明，症状复杂的疾病（兽医大辞典，1999），如猪应激综合征等。或以人名称之，如阿狄森氏综合征（Addison' s yndrome）。随着养猪数量的增多，猪传染病的种类多了，新病不断出现，危害甚大。养猪经营主体多元化，规模化猪场和个人扩大生产，外出引种，忽视防检疫工作，使猪的疫病更易发生和传播。由于各种疾病的发生和流行，可直接导致动物死亡、产品低劣、产量下降，防治费用增加，经济损失巨大。据估计，在发达国家，由疾病造成的损失占总成本的17%，如美国每年由于猪病付出的费用超过15亿美元，而在发展中国家，则高达35%～50%（Bishop S C，2002）。20世纪90年代中叶蓝耳病、圆环病毒Ⅱ等先后传入我国，给养猪事业带来巨大灾难。由此多病原的多重感染或混合感染大量出现，使病情复杂化。此外现代猪品种形成过程中，是在高标准的营养，优良环境卫生条件下最大限度满足猪生物学特性，而育成优良种。当前优良品种几乎全部是由国外引进的品种后代。集约化生产方式使猪的活动范围极大受限，世代递延的结果必然是心肺功能减退；加之集约化生产中许多人为应激因素，无疑影响免疫功能。在许多环节没有达到标准，因此出现了当前局面。K1ip等人研究证明应激可使淋巴细胞对环境破坏的敏感性升高。慢性应激会使猪长期维持副肾皮质激素的高水平，进而抑制免疫力。因而导致多种综合征的发生流行，使猪的疾病诊断和防治更加困难。从分析当前我国猪场所存在的影响较大危害严重的传染病的众多因子中，综合征可认为是多种疾病共存，猪群症状相同，特别是传染病病种日益增多，病情日趋复，症状相互重叠、相互掩盖、临床症状不典型，病因复杂的疾病，因而可以称之为多种疾病共同出现的症候群的综合征。这种提法把病因和症状相同的现象归为某一综合征，便于疾病诊断、治疗、控制。

二、病因学

（一）病原微生物感染

1. 病毒　猪瘟、猪蓝耳病、猪圆环病毒、猪伪狂犬病、猪口蹄疫、传染性胃肠炎、猪传染性腹泻、猪轮状病毒、病细小病毒病、猪乙型脑炎、猪巨细胞病毒。

2. 细菌　支原体、巴氏杆菌、猪接触传染性胸膜肺炎、猪丹毒、大肠杆菌病、链球菌病、猪传染性萎缩性鼻炎、猪副伤寒、猪副嗜血杆菌病、猪附红细胞体病菌、猪增生性肠病、仔猪梭菌性肠炎、坏死杆菌病真菌毒素。

（二）寄生虫感染

猪蛔虫、猪肺线虫病、猪食道口线虫病、弓形虫病、球虫病、猪疥螨病。

（三）机体内在因素

1. 品种生长发育快，抗应激能力及抗病能力均低：对气温的变化最敏感，温差5～10℃即发生感冒。

2. 呼吸系统黏膜屏障功能低下，几乎所有猪都患有支原体肺炎。

3. 持续感染与免疫抑制性疾病普遍存在，如猪瘟、猪蓝耳病、猪圆环病毒在全国各地区的各种类型猪场均高比例地存在。新生仔猪体内存有上述病毒，病毒要生存，它们持续不断危害机体，而且是多种病原相互促进致机体免疫抑制。猪场随时都有暴发传染病潜在因素。

（四）畜牧与兽医管理

1. 营养标准 农村养殖户有许多均未执行标准，饲养期长，特别是断奶期营养低下影响抗病能力。

2. 管理粗放 猪舍设计不合理；保温性能低，冬不抗寒，夏不抗暑，南方养殖户猪舍都是开放式的，通风好，保温差。

3. 兽医防疫卫生知识的普及 农村养殖户对兽医防疫卫生都是一知半解，免疫程序不合理，根本不知道接种什么疫苗，先后顺序更了解甚微。一有疫情先大剂量注射猪瘟和蓝耳病疫苗，其结果适得其反，不但疫情没有控制，反而增加了死亡。

三、流行病学

1. 持久缠绵不断 主要是持续感染猪的存在。

2. 非典型化 疾病的发生呈现出一种非典型化的趋势，该趋势给兽医诊断带来很大的困难。如非典型猪瘟的出现，猪繁殖与呼吸综合征（PRRS）病毒、猪瘟病毒的持续性感染以及传染性胸膜肺炎的持续性感染等。疾病流行谱也发生了巨大的变化，如猪流行性感冒和PRRS以及猪断奶后多系统衰弱综合征（PMWS）的从无到有，猪胸膜肺炎放线杆菌和猪副嗜血杆菌（主要引起Glasser病）以及猪伪狂犬病的危害逐渐加大。

3. 病原变异 某些猪病的病原出现一些变异，导致原有疫苗的保护效力下降或根本没有作用。

4. 混合感染 混合感染与继发感染的病例逐渐增多。如猪瘟病毒与伪狂犬病病毒的混合感染，猪瘟病毒与PRRSV的混合感染，猪环状病毒与PRRSV的混合感染，猪支原体与放线杆菌胸膜肺炎、猪巴氏杆菌的混合感染等，以猪呼吸道疾病复合征（PRDC）最为严重。

5. 免疫抑制性疾病 病毒性及细菌性疾病明显增多。主要表现在由于抗生素的滥用所导致耐药菌株出现的频率不断增加，且实践上变得日益难于控制，如猪大肠杆菌病、猪链球菌病、猪副嗜血杆菌病等。免疫抑制性疾病的危害逐渐加大，如PRRSV、猪瘟病毒、猪环状病毒的感染（临床以PMWS/PDNS为主要症候群），尚有支原体肺炎、猪鼻支原体、猪巨细胞病毒等感染。

6. 繁殖障碍疾病 近年来由于突出的呼吸道疾病问题，而掩盖了繁殖障碍疾病的危害。实际上，因猪繁殖障碍疫病造成的经济损失一点也没有减轻，仍然是规模化养猪生产中的一大问题，特别是由猪繁殖与呼吸综合征病毒、猪圆环病毒Ⅱ型双重感染引起的流产、死胎、产弱仔等问题。近期已在一些规模化猪场显露出来，对初产母猪的危害最大，可造成70%以上的母猪发生流产和产死胎，另外由附红细胞体病引起的繁殖障碍值得关注，该病可引起不同妊娠阶段的初产母猪和经产母猪发生流产和产死胎

四、临床症状

（一）症状重叠

1. 呼吸道疾病 猪蓝耳病、猪圆环病毒、猪伪狂犬病、支原体肺炎（猪气喘病）、巴氏杆菌、猪接触传染性胸膜肺炎、猪副嗜血杆菌病、猪蛔虫、猪肺线虫病、弓形虫病等病均可出现呼吸系统疾病症状，咳嗽、气喘、呼吸加快、呼吸困难、听诊有锣音等。

2. 繁殖障碍 流产、死胎、木乃伊、产弱仔、不孕等。

（二）症状严重

1. 呼吸道疾病 一旦症状出现即表现比单一病原的症状重。

2. 繁殖障碍 流产、死胎、木乃伊、产弱仔比例高达50%以上。

五、治疗

1. 病程延长，与感染病原种类特性有关，各种支气管肺炎整个炎症过程在15～25天，尤其是混合感染。

2. 呼吸道疾病治疗难度大，如前所述已显现治疗难度之大的原因。

3. 繁殖障碍出现的流产、死胎、木乃伊、产弱仔无法治疗，只能预防。

六、应激因素在发生综合征中的意义

始发作用。当前各种综合征在猪群中呈持续性

状态存在即可为慢性过程。如呼吸道综合征，没暴发前猪群仅有咳嗽气喘症，体温低烧39.5℃左右，精神食欲尚佳，一旦冷、热应激引起的“感冒”发生，猪群突然发生以高热为主的高热病，此时做病原学检查时，只能检出原发持续感染的病原体，所以2006年高热病时有人分离出大肠杆菌也是无可非议。因为综合征一旦发生机体体液和细胞免疫功能降低，体内常在的大肠杆菌、巴氏杆菌等毒力增强侵入血液引起败血症死亡。由于病情复杂，所以不同地区、不同季节时间，即使同地区、不同季节时间分离出不同病原是可以理解的。

七、控制策略

（一）建立合理繁育体系

改革开放以来，我国养猪业发展迅速，从国外引进种猪数量显著增加，从20世纪80年代末期开始，我国开始大批量从境外引进种猪，先后从美国、丹麦、英国、法国、荷兰、比利时等几乎世界上的养猪业发达的国家和地区引进了大批种猪，对我国瘦肉型猪的品种改良起了很大的作用。由于缺乏有效的监测手段，而且配套措施不力，加之制度上的缺陷（如通隔离检疫，检测的阳性猪被扑杀，其他猪被放行，实际上，被放行的猪是假定健康猪），一些危害严重的疫病（如猪繁殖与呼吸综合征、伪狂犬病、传染性胸膜肺炎、环状病毒、猪萎缩性鼻炎等）带进了国门，给养猪生产者造成了很大的经济损失。

为达到优质、高产、高效的目的，提高猪群总体质量和保持较高的生产水平，猪场和养猪户都经常到质量较好的种猪场引进种猪。健康的种猪能给使用者带来巨大的经济效益，相反，如果引进的种猪携带疾病，则将遭受经济损失，甚至是毁灭性的打击。

长期以来，我国猪优良品种（品系）的选育工作的开展一直致力于生产、繁殖性能和胴体品质，取得了可观成效。但是在育种方案中所考虑的诸多目标性状中，几乎从未涉及个体抗病性能，因此群体抗病性能并未提高。而与此同时，由于病原体不断变异、集约化饲养方式导致圈舍空间环境恶化、病原体浓度加大等各种诱因，使得群体对各种疾病的易感性增加。

（二）建立生物安全体系

综合征的特点是多因素或多病原的多重感染或混合感染。科技工作者提出猪的综合征的概念及其诊断与防制策略，是为了更好更快地诊断与防治疾病。如目前大家一致认同的猪下痢综合征、猪呼吸道综合征、猪繁殖障碍综合征、猪免疫抑制综合征等。其流行特征出现了几种综合征在同一地区、同一猪场同时发生流行，它们之间存在错综复杂的互相促进、互相干扰的生物学的关系，均使机体抵抗力下降而出现非特异性与特异性的免疫功能减弱，致使疫苗接种工作达不到预期效果，而造成免疫失败。其次是对综合征的命名从不同角度可以有不同名称，如猪繁殖障碍综合征、猪免疫抑制综合征，在繁殖母猪往往同时存在，二者的病原相同，称前者或后者都不算错。从临床学可以称猪繁殖障碍综合征，从免疫学可以称猪免疫抑制综合征。同祥是二者的病原在断奶仔猪发生咳嗽气喘等呼吸系统疾病症状，即称猪呼吸道综合征。新药与新疫苗不断涌现，但效果却不尽人意，养猪业所受威胁日益加大。因此在实践中应辨证地从全局出发，抓主要矛盾，正确判断，去解决诊断与防治问题。本篇简述了各种综合征的病因、流行病学、临床症状、诊断与防治。为了便于理解综合征的复杂多变，难于治疗，在一些章节中从理论上进行较深入地探讨，显得累赘，其目的在于提高对猪病的诊治水平，同时亦反映人类对猪病的不断发展有了新的认识和感悟。

第二章
猪病综合征各论

第一节　猪腹泻（下痢）综合征

猪腹泻（下痢）综合征，猪腹泻病原种类繁多，致病性复杂，有细菌、病毒及寄生虫等。但其中病毒是猪腹泻的常见病原。同时还存在多种病原混合感染，是一种常见多发，病因复杂，群发仔猪疾病，因此成为一个引人注目的世界性的新问题，是困扰养猪业的一大难题。是指1～90日龄以内的仔猪以下痢为主要症状的群发病，尤其是以出生后10天前及断奶后不久的仔猪多发，是一种典型的多因素疾病。发病仔猪常表现厌食或拒食、消化机能紊乱、腹泻、生长迟缓、饲料利用率低等症状。发病率为30%～50%，死亡率15%，冬季发病率高，死亡率20%～40%。仔猪腹泻常年存在，治愈后的仔猪常表现生长迟缓、耗料增多、疾病不断、出栏体重小，甚至成为僵猪。引起仔猪腹泻的病因较复杂，因为由一种病原所引起的临床症状会因个体差异有所不同，并且仔猪腹泻常常存在一种以上的并发症。措施不当，老病未愈而新病接连不断。据原场污染情况而有所不同，防治猪腹泻（下痢）综合征关键在于哺乳阶段，防治猪腹泻综合征基础是怀孕母猪的免疫预防和饲养管理，全程是加强饲养卫生防疫安全体系的建设。

一、病因

（一）生物性因素

1. 细菌性　仔猪黄痢、仔猪红痢、仔猪白痢、副伤寒菌、猪痢疾。

2. 病毒性　传染性胃肠炎、轮状病毒感染、流行性腹泻、猪呼吸道冠状病毒病（Porcine Respiratory Corona Virus，PRCV）。

3. 寄生虫　猪球虫病、猪隐孢子虫感染、猪小袋纤毛虫病、类圆线虫病。

（二）仔猪的内在因素

猪腹泻（下痢）综合征多发于仔猪年龄段，为什么仔猪阶段多发？一旦初期阶段发生下痢将对以后仔猪生长发育影响极大！只有针对仔猪生理特点采取有效措施才能控制其发生和流行。特别是当前由国外引进的品种，是人工育种选择出来的！而不是自然选择出来的品种。有的饲养者仍按传统自然选择出来的品种进行饲养管理，如初生仔猪不设保温箱，补料时未增加乳猪添加剂等等。

（三）饲料与营养因素

1. 饲料因素　饲料中含有引起仔猪发生超敏反应的抗原物质（如大豆蛋白中的球蛋白和β-聚球蛋白）。这种抗原物质可引起仔猪小肠绒毛萎缩，隐窝增生，肠道损伤，使双糖酶的数量和活性降低，肠道的消化吸收功能减弱。另外，因早期断奶仔猪消化道及酶系尚未发育完全，尤其是蛋白酶的活性较低，而且胃内pH较高不利于胃蛋白酶原转化为胃蛋白酶，这就进一步降低了饲料蛋白质在小肠的消化吸收。未被消化吸收的蛋白质涌入大肠，在细菌作用下产生大量腐败物质，对结肠产生刺激导致结肠损伤，使结肠吸收粪便中水分的能力降低，发生腹泻。二是仔猪饲料配比不合理或者受到污染。饲料中的电解质不平衡或缺乏某些微量元素（如硒）也易导致仔猪腹泻。饲料受病原微生物和毒素污染或添加药物过量也易使仔猪感染或中毒而腹泻。

2. 营养因素 因对母猪怀孕后期分娩前饲喂量供应失误，使哺乳母猪泌乳充分、乳脂率较高，这时由于仔猪吃乳过量，不能完全消化吸收而导致消化不良性腹泻。另一种是产后无乳的母猪，由于仔猪不能及时吃到初乳获得被动性免疫，因机能下降引起腹泻。

（四）管理因素

1. 管理不善 猪舍环境卫生不良，消毒制度不严格，免疫失败或其他因素造成的病原微生物感染，引起仔猪腹泻。

2. 饲料突然变换 母猪和仔猪饲喂霉变腐败的饲料，饮用污水，通风和保温不当等都可引起腹泻。

3. 应激反应 应激对仔猪的影响很大，主要表现为采食量减少，饲料利用率降低，并因消化不良引起腹泻。仔猪断奶后，由摄取母体乳汁改成固体饲料时，在饲料干物质的磨损作用下，小肠绒毛很快磨损变短，甚至脱落，同时绒毛表面由高密度手指状变为宽叶状或平舌状，隐窝加深，肠道的消化吸收面积变小。这种变化将持续7～14天，严重影响仔猪的消化机能，食糜中的营养物质不能得到充分地消化吸收而以腹泻的形式排出。另外，仔猪断奶后胃肠道pH上升，导致乳酸杆菌等优势菌群的数量减少，大肠杆菌数量激增，微生物区系遭到严重破坏，也易发生腹泻。

4. 猪舍的温度和卫生 仔猪对环境温度很敏感，尤其是初生仔猪，其体脂很薄且自身体温调节系统尚未完善，当舍内温度低于其生理临界温度时，常导致腹泻。如果猪舍内粪尿堆积，通风不良，相对湿度较大，有毒有害气体刺激，病原微生物大量繁殖，仔猪的体质和防御疾病能力降低，易引起仔猪腹泻。特别是断奶前后温度保障是关键。

二、综合征常见疾病临床流行学病理学及诊断概要

近来，大肠杆菌引起的仔猪腹泻在世界范围更加频繁地暴发，发病率升高。该病多发生在仔猪断奶后1~3周内，但也可见于生长猪舍的猪只。动物可表现为突然死亡或严重腹泻，通常与大肠杆菌有关。大多数腹泻暴发于早期断奶猪群，尽管传统猪群受到的影响也日益增加。这些大肠杆菌分离株一般会对包括阿普拉霉素（Apramycin）和新霉素在内的多种抗菌药物具有耐药性。

导致这种大肠杆菌性腹泻暴发的原因尚未完全阐明，但某些抗生素使用后导致致病性更高、对抗生素耐药性更强的大肠杆菌菌株的出现可能是原因之一，另外，断奶后仔猪饲料的改变促使大肠杆菌更易在肠内定居也会提高发病率。还有一个可能因素是，早期病毒感染会降低动物自身免疫力从而提高（对大肠杆菌的）易感性。

用大肠杆菌商用疫苗免疫母猪一般对新生动物大肠杆菌腹泻能起到良好治疗效果，但对断奶后仔猪肠内大肠杆菌感染的疗效却不明显，因为断奶后初乳或乳汁中的某种抗体对仔猪不再起到保护作用。用相同疫苗肠胃外途径免疫仔猪也不能获得理想效果，因为这种方法不能在肠内诱导产生高水平的抗体，况且致病性大肠杆菌所携带的粘附素类型与疫苗中粘附素抗原不一定总是相同。

（一）临床症状

1. 仔猪红痢 病原为C型产气荚膜梭菌。

流行特点：主要侵害1～3日龄的初生仔猪，病程短，死亡率高，1周龄以上的很少发病。

典型症状：发病开始突然排血样红褐色稀便，偶有呕吐，迅速脱水，体质虚弱，呈中毒性败血性休克，很快死亡。病变主要特征在空肠，外表呈暗红色，肠腔内充满含血的液体，肠系膜淋巴结呈鲜红色，有时病变可扩展到回肠，但胃与十二指肠一般没有明显病变。

实验室检验：仅分离出病原意义不大，因外界环境普遍存在本菌，关键是做血清中和实验，确定病猪肠道内存在C型魏氏梭菌的毒素。

防治：本病发生急，死亡快，往往来不及治疗或治疗效果不佳，主要依靠平时选用敏感药物进行预防。

2. 仔猪黄痢 病原为致病性大肠杆菌。

流行特点：主要发生于1周内特别是3日龄左右的仔猪，发病率和病死率均很高，7日龄以上的仔猪发病较少，母猪携带致病性大肠杆菌是本病发生的重要因素。

特征症状及病变：突然发病，排出黄色黏液状的稀粪或水样粪，混有凝乳状小片和气泡。肠内有多量黄色液状内容物和气体，肠黏膜呈急性卡他性炎症，以十二脂肠最严重，空肠和回肠次之，结肠较轻。

实验室检验：采取小肠前段的内容物，进行细菌分离培养和鉴定，有条件的猪场可作肠毒素的测定。

防治：采用以改善饲养管理，加强卫生防疫为主的综合性措施。通过药敏试验选用敏感药物进行防治，或使用微生态制剂。也可用大肠杆菌基因工程苗于产前分两次免疫母猪进行预防。

3. 仔猪白痢　病原为致病性大肠杆菌。

流行特点：通常发生于10～30日龄的仔猪，以10～20日龄最多见，一年四季均可发生，发病率较高，但病死率较低。饲养管理不良，卫生条件差是该病发生的外因。

特征症状及病变：排出灰白色、浆糊样稀粪，有腥臭味。肠内有不等量的食糜和气体，肠黏膜充血、出血，肠壁变薄。

实验室检验：由小肠分离出大肠杆菌，用血清学方法鉴定。

防治：基本同仔猪黄痢，但影响本病发生的因素更多，应进行临诊调查分析，找出诱因，并克服之，在此基础上开展治疗，方能奏效。

4. 猪痢疾　由猪痢疾密螺旋体引起的，最常见于2～3月龄的猪，病死率低，传播缓慢。不同程度地腹泻，粪便中充满血液和黏液，呈棕色、红色或黑色。大肠黏膜发生卡他性出血性炎症，进而发展为纤维素性坏死性肠炎。

实验室检验：采取病料做暗视野直接镜检或染色镜检或分离培养，从形态、运动特性和培养特性上鉴定出猪痢疾密螺旋体。

防治：治疗效果不佳，早期治疗有效，主要依靠平时的预防。可选用敏感抗菌药物，如痢菌净、四环素类或喹诺酮类。

5. 猪副伤寒　病原是沙门氏菌，2～4月龄仔猪发病较多，急性型，初便秘，后下痢，恶臭血便，耳、腹及四肢皮肤呈深红色，后期呈青紫色。慢性者反复下痢，粪便呈灰白、淡黄或暗绿色。急性主要为败血症的病理变化；慢性为坏死性肠炎，盲肠、结肠凹陷不规则的溃疡和伪膜，脾稍肿大，肺中有针尖大至粟粒大的灰白色坏死灶。

实验室检验：采肝、脾等病料做细菌分离鉴定，也可做免疫荧光试验。

防治：应重视综合兽医卫生措施的贯彻执行。预防可接种仔猪副伤寒菌苗或在多发年龄阶段添加敏感药物，治疗时除选用敏感药物外，对于病程较长、体质较弱的慢性病例还应辅以对症治疗，如补液（口服补液盐）解毒（0.5%碳酸氢钠注射液）、强心（安钠咖、氯化钙注射液）、收敛（木炭末、鞣酸蛋白）、壮补（葡萄糖注射液、维生素C）等。

6. 轮状病毒感染　成年猪隐性经过，8周龄以内的仔猪易发病，发病率和病死率低。病初呕吐，迅速发生腹泻，色黄白或暗黑。胃壁弛缓，小肠壁菲薄，半透明，内容物呈液状、灰黄或灰黑色。

实验室检验：应用轮状病毒的荧光抗体或免疫电镜，可检出轮状病毒。

防治：无特效疗法，可对症治疗。预防主要依靠加强饲养管理，认真执行一般的兽医防疫措施，增强母猪和仔猪的抵抗力，在疫区要使新生仔猪尽早吃足初乳，接受母源抗体的保护，减少和减轻病症。

7. 猪流行性腹泻　病原为流行性腹泻病毒，多发于寒冷季节，大小猪几乎同时发生腹泻，大猪在数日内可康复，仔猪有部分死亡。呕吐、水样腹泻和脱水，与猪传染性胃肠炎极为相似。病变限于小肠，肠管扩张，内充满黄色液体，肠系膜充血。

实验室检验：用猪流行性腹泻病毒的荧光抗体或免疫电镜可检测出猪流行性腹泻病毒抗原或病毒。

防治：目前尚无特效疗法，可用猪流行性腹泻弱毒苗或灭活苗进行预防注射，其一般治疗方法，同猪传染性胃肠炎。

8. 传染性胃肠炎

流行特点：多流行于冬春寒冷季节，各种年龄的猪均有易感性，10日龄以内仔猪的发病率和病死率均很高，5周龄以上的病猪则很少死亡，较大的或成年猪几乎没有死亡。

特征症状及病变：仔猪突然呕吐、水样腹泻、脱水，成年猪症状轻微，只表现厌食和短时间腹泻。仔猪胃内充满凝乳块，胃底黏膜轻度充血，小肠充血，有泡沫状液体和未消化的凝乳块，肠壁变薄，呈半透明状。

实验室检验：免疫荧光抗体试验、仔猪接种试验、血清抗体监测等方法都可用于本病。

防治：无特效疗法，可采用抗菌药物以防继发或并发感染，并使用收敛、止泻、强心、补液、壮补等对症疗法。预防可使用其弱毒苗在本病流行季节前对全场猪普遍接种，或用其灭活苗免疫母猪，使仔猪从乳汁中获得被动免疫。

9. 猪球虫病　是由艾美尔球虫和两种等孢子球虫引起的疾病，6～14日龄仔猪发生腹泻，拉黄色水样的稀粪，恶臭。肠黏膜涂片显微镜下可见球虫卵囊。有的粪便胶胨样，暗红色，混有血液。病仔猪厌食，精神极差，脱水，消瘦，生长发育迟缓。

实验室检验：用饱和盐水浮集法检查粪便中的卵囊。

（二）鉴别诊断

1. 临床症状　导致仔猪腹泻的最常见因素是大肠杆菌病、低血糖症、传染性胃肠炎、梭菌性肠炎、球虫病和轮状病毒性肠炎，这6种疾病是断奶前仔猪腹泻病的主要病因。此外，不常发生的某些病症，其主要症状为腹泻的还有类圆线虫侵袭、猪痢疾、猪丹毒和沙门氏菌病；伪狂犬病和弓形虫病也能引起仔猪腹泻，但腹泻不是其主要临床表现。

2. 流行速度　暴发性腹泻并迅速传播的病症常与病毒感染有关。隐性发生、缓慢传播，随时间延长而逐渐加重腹泻症的，多见于细菌性疾病或寄生虫病。

3. 发病日龄　根据猪首次发生腹泻的日龄可大致判断出病因。出生后第一天或第二天发生的腹泻可能是由大肠杆菌、低血糖或梭菌性肠炎引起的；球虫性腹泻最早发生于5～7日龄；地方流行性传染性胃肠炎、轮状病毒性肠炎、猪痢疾、沙门氏菌病和猪丹毒引起的腹泻常发生在1周龄以后。大肠杆菌和无乳症引起的腹泻除见于生后头几天，也常见于3周龄的仔猪。各种日龄的仔猪发生急性严重腹泻是地方流行性传染性胃肠伪狂犬病的典型特征。无明显发病时间，并可感染各种日龄仔猪的不太严重的腹泻可能是由大肠杆菌病和轮状病毒性肠炎引起的。

4. 病理变化　剖检发生腹泻的猪主要在消化道，表现为急性浆液性卡他性出血性坏死性纤维素性肠炎。据王笃跃、严松奎（2007）报道应重点检查3个部位：一是检查肠系膜内的乳糜管，其内有无脂肪可反映出疾病能否引起绒毛萎缩和降低小肠的吸收能力。传染性胃肠炎的突出变化是乳糜管内没有脂肪，这种现象在轮状病毒性肠炎则不一定见到，而大肠杆菌病则不影响肠道吸收脂肪的能力。二是检查肠的浆膜面是否变红（梭菌感染）或透明（传染性胃肠炎）。三是检查肠黏膜表面是否有出血点或明显的出血（梭菌性肠炎、沙门氏菌病）和纤维性坏死性伪膜，伪膜可能为固膜性的（球虫病、慢性梭菌性肠炎）或出血性的（急性梭菌性肠炎、猪痢疾）。

三、预防措施

仔猪腹泻病是多病因相互作用的结果，若只着眼于病原的控制，而忽视了其他非病原性因素的控制，往往对该病的控制达不到理想的效果。养猪场生产者应对本场的生产条件、饲养管理以及疾病控制措施等进行分析，找出主要原因，采取针对性措施，才能有效地控制该病。加强饲养安全体系的建设，一方面要防止外来疫病的传入，另一方面要加强卫生消毒以减少生产区内病原微生物。应实行全进全出制度，对固定的圈舍进行全面消毒，猪舍定期消毒，并保持清洁、干燥、适宜的温度、良好的通风、合理的饲养密度，以减少感染的机会。加强猪群饲养管理以及饲料营养均衡且充足，满足猪只的营养需要，哺乳母猪和仔猪应该饲喂优质全价配合饲料，避免饲料原料发霉、变质；避免高植物性蛋白饲料大量应用；保持动物、植物性蛋白的合适比例。同时做好仔猪补饲工作。

首先是制定好妊娠母猪的免疫程序，做好与仔猪哺乳阶段易发生腹泻有关疾病的疫苗接种工作，选择疫苗种类，及时免疫，保证母猪产后奶汁中有高质量的母源抗体。其次是保证妊娠母猪的全价营养标准和舍内温度空气质量及适量活动。产房的卫生保健应是猪场最好的，每一生产周期应严格清洗消毒。最后是药物控制。

预防仔猪下痢综合征，要从基础开始，实现仔猪全活全壮的综合措施。

第二节 猪呼吸道疾病综合征（Porcine Respiratory Disease Complex，PRDC）

猪呼吸道病综合征是呼吸系统疾病的总称，简称为PRDC。通常是由病毒、细菌、支原体、饲养管理及环境应激等多种因素相互作用所引起的猪的群发性疫病。本综合征是由多因子引起的传染性疾病。原发病原为蓝耳病病毒、肺炎支原体、流感病毒、伪狂犬病毒、圆环病毒2型、猪呼吸道冠状病毒等。继发病原多见链球菌、多杀性巴氏杆菌、副猪嗜血杆菌、放线杆菌、波氏杆菌、大肠杆菌等。

一般多发生于秋末，冬季及早春季节，呈地方性流行。PRDC主要危害保育和生长育肥猪。发病猪主要为6～10周龄保育猪和13～20周龄的育肥猪。发病率约为25%～60%，病死率为20%～90%。日龄越小，死亡率越高。病的发生与饲养管理不良，饲养环境卫生恶劣，气候突变，寒冷，猪舍不保温，空气污染严重等多种因素密切相关。若有猪圆环病毒Ⅱ型（PCV2）感染可造成猪群生长缓慢、日增重降低、饲料报酬升高、推迟上市等重大经济损失。近年来，我国由于工厂化养猪业的大力发展、引种多而杂、疫病免疫控制和生物安全措施不力，加之大多数猪场母猪、仔猪、肉猪同场饲养而加速了猪病的循环，因此PRDC在国内发病极为广泛。由于PRDC极少由单一因素引起，故必须采取改善饲养管理、免疫预防、药物防治和减少应激等综合防制措施。

一、病因

（一）病原微生物

1. 病毒　SIV、猪瘟病毒（HCV）、PRV、PRRSV、呼吸道冠状病毒（PRCV）、PCV2、猪腺病毒（PAV）、副粘病毒、猪巨细胞病毒（PCMV）、脑心肌炎病毒（PECV）、血球凝集性脑脊炎病毒（PHGMV）等。

2. 细菌　猪传染性胸膜肺炎放线杆菌、多杀性巴氏杆菌、猪链球菌、支气管败血波氏杆菌、副猪嗜血杆菌、猪霍乱沙门氏菌、化脓棒状杆菌、克雷伯氏杆菌、附红细胞体等。

3. 支原体　猪肺炎支原体、猪鼻支原体等。

4. 寄生虫　弓形虫、蛔虫、后圆线虫、猪球虫等。呼吸道病原发病因：呼吸道病的原发病原因子（主要是病毒和支原体）往往能够引发明显的临床症状。继发性或机会性病原：当猪群免疫力低下或有混合感染时，诱发亚临床症状，它们多为细菌。

（二）饲养管理因素

环境污染严重、抵抗力减弱等也能诱发或加剧呼吸道病。这些因素包括：环境温度不适，湿度大，地面潮温，密度大，空气不新鲜，氨气超标，灰尘和疲劳。不适的管理因素：拥挤，栏舍设计不当，缺水断料，混群，不同龄猪混饲，生物安全措施及蚊蝇驱杀不力。猪呼吸道疾病综合征是由病毒、细菌、支原体等微生物为主要病原体的一种多因素的呼吸道疾病，由病毒、细菌、支原体、寄生虫以及环境应激和猪体免疫力低下等多种因互为因果，相互作用而发生的。

二、流行病学

1. 易感猪群　18～28日龄哺乳仔猪（图7.2.2–1）、6～10周龄断奶仔猪（图7.2.2–2）、13～15周龄育成猪（图7.2.2–3）。

2. 传染来源　病猪是猪场PRDC的传染来源，多呈持续性感染、隐性感染、带毒猪，呈亚临床状态。

3. 传染途径　通过被污染的空气经呼吸道传染；带毒母猪呈繁殖障碍，垂直感染胎儿。

4. 流行特点　多病源、多病因，PRDC不是由单一病原微生物引起的，所以从不同生产体系和猪场分离的病原体有很大的差异。支原体在本综合征的发生与流行具有特殊作用。成年猪为亚临床症状，持续性感染、隐性感染、带毒母猪呈繁殖障碍。猪场的感染率很高。断奶后几周可出现暴发或散发。发病率20%～90%；发病猪死亡率15%～

85%，猪龄越小死亡率越高。

与PRDC相关的几种疾病：猪繁殖与呼吸综合征、圆环病毒Ⅱ、猪气喘病、猪传染性胸膜肺炎、猪流感、猪副嗜血杆菌病、猪萎缩性鼻炎、猪链球菌等。密度过大，猪的混群，不同来源的猪饲养在一起，猪舍温度变化过大，舍内通气不良，灰尘、有害气体以及异物等。其中猪流感可促进PRDC暴发。

饲养、管理、保健、福利因素在暴发本病具有特别重要的意义（参考有关章节），是本病发生流行的始动因素。

三、临床症状

以呼吸系统综合征状为主要特征。病猪精神沉郁，发热、呼吸困难、喘气（图7.2.2-4）、腹式呼吸、咳嗽、鼻孔流出黏液性或脓性分泌物（图7.2.2-5），结膜炎，眼睛肿胀（图7.2.2-6）、食欲下降或无食欲、生长缓慢（图7.2.2-7）、消瘦（图7.2.2-8），死亡率升高。

四、病理变化

病变特征是五彩缤纷与五花八门，因多病原的致病作用及环境应激和猪体免疫力低下等多种因子互为因果，相互作用而发生的，致使缺乏特征性病变。主要病变为弥漫性间质性肺炎（图7.2.2-9、10、11、12），表现为肺出血（图7.2.2-13、14）、淤血与水肿、肺间质增宽（图7.2.2-15）、气肿（图7.2.2-16）、肉变（图7.2.2-17）、肺有化脓灶（图7.2.2-18、19），有些病例出现广泛性多发性纤维素性浆膜炎（图7.2.2-20、21、22、23），有些肺部病变与猪支原体肺炎相类似（图7.2.2-24）。此外尚可出现肺心病的病变，如右心扩张（图7.2.2-25），引起肝（图7.2.2-26）、肾淤血与营养不良（图7.2.2-27）；胃肠程度不同的卡他性与出血性炎症（图7.2.2-28、29），免疫器官出现程度不同的病变，扁桃体肿胀化脓（图7.2.2-30），脾程度不同出血坏死（图7.2.2-31），淋巴结肿胀（图7.2.2-32、33、34、35、36、37）。肝胆囊肿胀，内有胆石样栓塞（图7.2.2-38）；组织学为间质性肺炎（图7.2.2-39、40）。

五、诊断

除了临床和病理学诊断外，确诊需应用病原学与免疫学方法，做好鉴别诊断，最后根据本场实际情况确定病性，明确引起的主要病原。

六、防治措施

科学的营养标准与饲养密度，全进全出的饲养方式；减少转栏与混群次数；控制猪舍温度与舍内空气质量；做好防蚊、蝇，灭鼠；搞好舍内外与猪体清洁卫生和消毒工作。关键是制定适合本地区情况的科学免疫程序，在做好猪瘟免疫接种的基础上，控制和降低猪群猪繁殖与呼吸综合征病毒、猪圆环病毒Ⅱ型的感染率，同时用疫苗和药物预防和治疗猪气喘病等疫病的发生和流行。

尽管呼吸系统综合征病因多而复杂，也主要危害保育和生长育肥猪，但母猪是猪场PRDC的传染来源，因此加强母猪的免疫预防和药物控制是成功的最主要的手段。此外，仔猪的免疫预防和药物控制有利于整个猪群的安全。总之，PRDC综合防治，免疫预防是关键，尽早实施符合本场的科学免疫程序。以下介绍仅供参考的技术措施。

（一）母猪

母猪是猪场PRDC的传染来源，预防PRDC的关键是在做好母猪猪瘟、蓝耳病、口蹄疫免疫接种工作的基础上，必须做好保质保量适时地完成下述几项技术措施。

⑴在产前免疫接种伪狂犬、萎鼻、大肠杆菌等疫苗，以提高母猪健康水平、减少母猪在产房排出病原体的机会，同时提高母源抗体对仔猪的被动免疫保护，降低或减少PRDC的感染机会。

⑵猪产前7～14天驱除体内外寄生虫。

⑶母猪产前产后各一周饲料添加利高霉素+阿莫西林可以阻止或减少其在产房排放胸膜肺炎放线杆菌、猪肺疫巴氏杆菌、副嗜血杆菌、链球菌、支气管败血波氏杆菌等呼吸道病菌。产后立即注射得米先预防子宫炎、乳房炎和无乳综合征，尤其是在夏季，此外也预防仔猪母猪的附红细胞体病等。

⑷加强母猪营养，提高自身的抵抗力，如添加维生素E等；加强母猪产前产后的清洁卫生与护理，严格消毒，减少接触传播。

（二）后备猪

在6月龄时免疫1次（2mL）猪肺炎支原体疫

苗，以减少其对后代及母猪群的威胁。

（三）公猪

最好每年免疫2次（隔6个月）肺炎支原体疫苗；母猪不免疫以防母源抗体（移行抗体）的干扰，此外母源抗体对呼吸道保护较差。

（四）仔猪

⑴哺乳仔猪免疫接种猪肺炎支原体疫苗，7～14日龄首免，两周后二免，每次2mL（颈部肌肉注射）。许多资料表明，猪支原体肺炎（喘气病）的发生主要来自产房内仔猪的早期感染，因此仔猪尽早免疫接种是预防喘气病引发PRDC发生的最有效地措施。另外对6～8周仔猪免疫接种猪伪狂犬疫苗。

⑵仔猪用得米先三针保健（3天，7天和21天）能有效防治复杂的猪呼吸道疾病。如萎缩性鼻炎AR-支气管败血性波氏杆菌、传染性胸膜肺炎放线杆菌APP、巴氏杆菌Pm-猪肺疫，减少因蓝耳病PRRS和圆环病毒PCV2所引起的细菌继发感染，如副嗜血杆菌所导致的浆膜炎和关节炎。

⑶来自于腹泻群（窝）的仔猪断奶后更易发生肺炎，同样，断奶体重较小者也易引发肺炎。腹泻的恶性循环极易致使地板潮湿、圈舍阴冷和激发肺炎，进而循环往复导致更严重的腹泻，并最终必然产生消化道和呼吸道病的错综与交织。严格控制疥癣、沙门氏菌病、腹泻等将能使呼吸道病降到最低水平。

⑷25日龄以上及保育猪的治疗性免疫是减少和维持猪群安全的重要保障。具体做法：先用广谱长效高浓度的抗生素得米先对此年龄段（此时，可能有部分猪已感染，但未发病或还未造成继发感染）的仔猪进行预防性治疗，以提高全群仔猪的健康水平和免疫状态，再用瑞倍适免疫两次（间隔两周）。由于PRDC是慢性消耗性呼吸系统疫病，因此加强免疫有助于减少其他非免疫猪群感染的机会和时间，从而使猪群越来越健康，PRDC的威胁越来越小。

⑸留种仔猪按照本场免疫程序操作。生长育肥猪没有免疫价值，可依靠间歇性饲料加药来控制病情和继发感染。

⑹断奶前后各一周和保育结束转群前后添加利高霉素+阿莫西林预防与PRDC所相关的猪萎鼻、胸膜肺炎及其他细菌病。

⑺加强产房和保育舍消毒，有效地杀灭PRRSV和圆环病毒PCV2、降低密度、减少混群、改善通风、隔离或淘汰残次及病猪等。分批断奶，这项新技术已在加拿大和美国成功应用，其操作是在全进全出的基础上，以种猪为生产单位共同哺育、断奶和育肥。

第三节 猪繁殖障碍综合征

猪繁殖障碍综合征属猪繁殖障碍性疾病，是由多种因素等引起种母猪流产、早产、死胎、木乃伊、畸形胎、少仔或产弱仔、不育、不孕、空怀、滞后产等症状相同为特征的一类疾病。其中病毒、细菌和寄生虫等传染性因素是最主要的病因，非传染性因素如维生素与微量元素缺乏性繁殖障碍、普通病性繁殖障碍等时有发生，不可忽视。近年来，大中小型规模化养猪场、种猪场逐年大幅度增加，猪的繁殖障碍性疾病由于猪繁殖与呼吸综合征（PRRS）、猪圆环病毒病的被发现增加了繁殖障碍性疾病的促发因素，繁殖障碍性疾病的发病率达20%～60%，平均30%以上，已成为我国规模化猪场最重要的疾病之一，造成巨大的经济损失，严重制约着养猪业的发展。该类疾病遍布全球，尤其是养猪业发达国家已将其列为最重要的疾病进行研究。

一、病因

猪繁殖障碍性疾病是一类疾病的总称，繁殖障碍是一个综合征状，病因复杂，归纳起来有以下几方面的病因及其特点。

1. 病毒　有猪繁殖与呼吸综合征（PRRS）、猪伪狂犬病毒（PRV）、猪乙型脑炎病毒（JEV）、猪细小病毒（PPV）、猪瘟病毒（SF或HC）、猪圆环病病毒（PCV2）、猪脑心肌炎病毒（EMCV）、猪蓝耳病病毒（BEPV）、猪盖他病毒（GETV）、猪肠道病毒感染、猪流行性感冒病毒（SIV）、猪巨细胞病毒（PCMV）、曼那角病毒（有译为梅那哥病毒MenangleVirus）等病毒，但目前危害最大的是猪繁殖与呼吸综合征、猪伪狂犬病、猪细小病毒病、猪乙型脑炎、猪瘟和猪圆环病毒病等6种。

2. 细菌 布鲁氏杆菌病、李氏杆菌病、链球菌病、衣原体病、钩端螺旋体病、猪红细胞体病等。其中单独一种病因引导繁殖障碍性疾病的较少发生，最为常见的是猪附红细胞体和链球菌混合感染或继发感染。

3. 寄生虫 猪弓形体病和猪冠尾线虫病。猪弓形体病主要发生在分散放养猪较多的地区，因为弓形虫的发育必须在终末宿主——猫科动物体内进行有性生殖。规模化猪场禁止养猫等动物。引起猪繁殖障碍的寄生虫病有性繁殖障碍性疾病很少。

4. 中毒 霉饲料中毒、酒糟中毒、马铃薯中毒、菜子饼中毒、棉籽饼中毒、硒中毒等。其中霉饲料中毒主要由赤霉菌素中毒、青霉菌素中毒和黄曲霉素中毒引起。这些病时有发生，尤其引起重视的是南方潮湿地区玉米和谷物易长霉，但有时霉变不严重，不易引起足够重视，长期饲喂，轻则引起减食，生长缓慢，重则引起繁殖障碍，发病死亡。

5. 其他因素 维生素A缺乏、维生素B缺乏（维生素B_1缺乏，泛酸缺乏）、维生素D缺乏、维生素E缺乏、钙磷缺乏症、锌缺乏症、锰缺乏症、碘缺乏症、铁缺乏症等均可引起繁殖障碍。卵巢炎、持久黄体、子宫颈炎、卵巢机能不全、减退和萎缩、输卵管炎、卵巢囊肿、子宫内膜炎、子宫颈肿瘤、阴道炎、前庭炎及阴门炎、阴道前庭囊肿及阴道囊肿引起繁殖障碍。公猪睾丸炎及附睾炎、精液品质不良、包皮炎、精囊腺炎等引起繁殖障碍。免疫性繁殖障碍包括抗精子繁殖障碍和抗透明带繁殖障碍。

二、流行病学

1. 易感性 不同年龄段临床易感性不同，成年猪感染后呈一过性高热出现繁殖障碍，所产后代仔猪易发生呼吸道疾病，育成猪和肥育猪对猪呼吸道疾病有一定抵抗力。初产母猪发病率极高，未采取有效预防技术措施的猪群可达30%～90%。

2. 传染来源 患猪繁殖与呼吸综合征、猪伪狂犬病、猪细小病毒病、猪乙型脑炎、猪瘟和猪圆环病毒病等的病猪。因此母猪是猪场猪繁殖障碍性疾病的传染来源，多呈持续性感染、隐性感染，带毒猪，呈亚临床状态，缠绵流行。

3. 传染途径 通过被污染的空气经呼吸道传染；带毒母猪呈繁殖障碍，垂直感染胎儿；消化道损伤的皮肤黏膜亦可传染。

4. 流行特点 多病源、多病因。1995年蓝耳病传入我国时，首先出现的妊娠末期母猪流产，持续性感染、隐性感染。初次感染后猪群相对稳定，时而散发或小暴发。密度过大，猪的混群不同来源的猪饲养在一起，猪舍温度变化过大，舍内通气不良，灰尘、有害气体以及异物等。其中猪流感可促进暴发。

5. 流行现状 姚龙涛（2002）对近4年全国20多个省市的500多个规模猪场（场次）的猪病流行情况进行调查发现，猪繁殖与呼吸综合征，以繁殖障碍为主的暴发型，表现以孕母猪流产、分娩前后母猪稽留热和仔猪大批死亡为特征。以呼吸障碍为主的消耗型则以40～60日龄仔猪发生呼吸道疾病为特征。该病在阳性猪场仔猪母源抗体的保护率21日龄为72%（36/50），28日龄为36%（18/50），35日龄为4%（2/50）。因此，仔猪28日龄以后，大多数仔猪都有可能感染本病毒，同时极易与其他病毒和细菌混合感染，导致呼吸道疾病增多。其后果是：生长迟缓、料耗增加、死亡率升高，染疫猪的死亡率5%～30%不等。还发现暴发猪伪狂犬病的猪场仔猪死亡率高达猪场总存栏数的20%～30%，30～85日龄仔猪的平均增重降低17%。

苏双等（2002）认为吉林母猪繁殖障碍的主要病因是猪伪狂犬病、猪细小病毒病、猪瘟和猪繁殖与呼吸综合征感染引起。韩先杰等（2002）于1997–1999年对山东规模化猪场繁殖障碍性疾病进行血清学调查，认为这些规模化场的繁殖障碍性疾病主要与猪瘟、猪细小病毒、猪伪狂犬病、猪乙脑、猪繁殖与呼吸综合征等有关。卫秀余等对2001年、2002年全国20多个省市300多个猪场的血清和组织器官检测结果表明，衣原体病，2001年送检场阳性检出率76%（73/96），样品阳性率44.3%（992/2 239）；2002年，送检场阳性检出率85.2%（144/169），样品阳性率50.1%（1 183/2 360）。该病主要引起母猪产木乃伊胎，公猪睾丸炎，仔猪肺炎、关节炎等。猪附红细胞体病，2001年送检场阳性检出率91.4%（32/35），样品检出率89.1%（361/405）。2002年阳性检出场90%（36/40），样品阳性率75.9%（249/349）。常见的危害最大的是与猪繁殖与呼吸综合征、猪伪狂犬病、猪圆环病毒病混合感染或继发感染，往往在疫病的后期出现，导致种母猪死亡率增加，经济损失巨大，因此必须引起高度重视。猪链球菌病，2002年在600多头病例中有282头分离出纯度较高的链球菌。2004年对730份样品中633份分离出细菌，其中链球菌405份，占64%。大部分链球菌感染发生在猪繁殖与呼吸综合征之后，因此单纯预防链球菌，其效果会是时好时坏。其实很多疫病要有效地得到控制，必须首先控制猪繁殖与呼吸综合征。猪伪狂犬病，2002年在134个送检猪场中检出野毒抗体62个场（46.3%），样品阳性率26.6%（344/1 294）。2004年对猪伪狂犬病抗原检测阳性率为15.3%（13/85），野毒抗体检测阳性率占63.1%（65/103），伪狂犬病阳性率占27.9%。猪繁殖与呼吸综合征，阳性率86%。2004年，用PCR方法对123个猪场的送检样品检测猪繁殖与呼吸综合征抗原，结果阳性110个，阳性率89.4%。圆环病毒（PCV）感染，用PCR检测PCV1，送检猪场阳性检出率为85.7%（18/21），PCV2为28.6%（6/21）。由此表明猪繁殖与呼吸综合征、猪伪狂犬病、猪瘟和猪圆环病毒病仍是最重要的繁殖障碍性疾病。

杨亮宇、夏春香、吴海兴、白文顺（2007）报道了《昆明集约化猪场几种繁殖障碍性疾病的血清学调查》应用抗体酶标快速检测试纸条对昆明地区12个集约化猪场的236份血清进行了猪瘟、猪伪狂犬病、猪繁殖与呼吸综合征以及猪圆环病毒感染的抗体检测。结果表明，大部分猪场存在猪瘟、伪狂犬病的威胁。在所检测血清中猪瘟抗体水平在保护范围的（1：（16～128））占28.8%（68/236）；猪伪狂犬病、猪繁殖与呼吸综合征和猪圆环病毒感染的抗体水平在保护范围（1：（40～320）），分别占31.73%（66/208）、40.57%（86/212）和52.38%（44/84）。通过这次调查，我们发现大部分猪场不重视免疫，缺乏科学的免疫程序，其中猪瘟、猪伪狂犬病仍然是昆明地区的主要繁殖障碍性疾病。

6. 多病原混合感染和继发感染　猪群发病往往由两种或两种以上病原体相互协同作用造成，即多病原混合感染和继发感染已普遍存在。

⑴病毒与病毒的混合感染：如猪繁殖与呼吸综合征与猪圆环病毒Ⅱ型，猪繁殖与呼吸综合征和猪伪狂犬病，猪伪狂犬病和猪圆环病毒Ⅱ型，猪瘟与猪伪狂犬病，猪瘟与猪繁殖与呼吸综合征，猪瘟与猪圆环病毒Ⅱ型以及猪瘟、猪繁殖与呼吸综合征和猪伪狂犬病，猪繁殖与呼吸综合征、猪伪狂犬病和猪圆环病毒Ⅱ型等三重感染。

⑵病毒与细菌混合感染：如猪繁殖与呼吸综合征和猪细红细胞体病，猪圆环病毒Ⅱ型与猪附红细胞体病，猪圆环病毒Ⅱ型与巴氏杆菌病，猪圆环病毒Ⅱ型与副猪嗜血杆菌等。

⑶细菌与细菌混合感染：如附红细胞体与链球菌，附红细胞体与大肠杆菌等。

⑷细菌或病毒与寄生虫或与非传染性疾病混合感染：如弓形虫病与猪瘟、链球菌等混合感染。多病原混合感染和继发感染，造成猪群发病后临床症状复杂，病情严重，发病率和死亡率增高，加大了诊断和防治的难度，造成巨大的经济损失。赵国平等在165起病例中，检出各种疾病300例次，其中135例为混合或多种感染。

饲养、管理、保健、福利因素对暴发本病具有特别重要的意义（参考有关章节），是本病发生流行的始动因素。

三、临床症状

1. 流产　流产是由于胎儿或母体的生理过程发生扰乱，或它们之间的正常关系受到破坏，而使怀孕中断。其实流产只是一种症状表现，流产的时间受诸多因素的影响。每种病都有其各自时间的特点，与怀孕阶段感染时间有关。早期流产（怀孕40日龄以前发生的流产），如猪盖他病毒感染、猪细小病毒病、猪瘟早期感染等都可引起早期流产。中期流产（怀孕后40～90日龄），如猪细小病毒在怀孕70天感染常引起流产。晚期流产（怀孕90天后），如蓝耳病，在妊娠107～112天普遍出现流产，猪脑心肌炎主要引起怀孕后期流产。

2. 早产　指还未到产期即产出胎儿，一般早产的胎儿表现体弱、状况欠佳。如蓝耳病等，出生后出现先天性障碍等。

3. 产死胎、木乃伊　怀孕母猪产出死胎，或者胚胎早期吸收，或胎儿死后在体内吸收水分形成木乃伊等，如猪细小病毒在怀孕30～50天感染时，主要产木乃伊胎，亦可见于PCV2等多种病毒病。

4. 胎儿畸形　如猪瘟病毒在怀孕65天感染，可见畸形胎儿，胎儿出现水肿、腹水、胸水、肺发育不全、斑点肝、不对称小头、小脑不全、象鼻猪、小耳、小眼、无毛、前肢关节弯曲、身体末梢坏死。

5. 产仔不足、产弱仔　即每窝所产仔猪少，或产下的仔猪体弱、不健全、不活泼。如猪瘟在怀孕中期感染则可引起产弱仔。

6. 滞后产或不产仔　正常怀孕期满该产仔而不产仔，或延长数天或十多天才产仔，有的怀孕母猪在预产期20天后肚子越变越小，甚至被吸收不产仔，常见于头胎母猪乙型脑炎等病。

7. 不育、不孕、空怀　是指母猪性成熟和体成熟后没有生育能力，不能正常发情和怀孕，或者发情配种但不能正常受精。常见于遗传性疾病和慢性中毒疾病。多种病毒性繁殖障碍性疾病和维生素E缺乏，输卵管炎等都可导致不育不孕等。

8. 母猪发情异常　如猪细小病毒病、持久黄体、卵巢囊肿等。

9. 公猪　猪蓝耳病等可引起公猪暂时性或永久性不育，并伴有精液浓度降低，畸形精子增加，精子的动力和活力降低等。亦见于维生素E缺乏等病。猪乙型脑炎、蓝耳病等可引起公猪睾丸一侧或双侧肿大。如猪蓝耳病等引起公猪单侧萎缩，亦可见于维生素A缺乏，锌缺乏等病。

四、防治

防治繁殖障碍性疾病，首先是业主或场长要高度重视兽医工作，把猪病防治工作与猪场经济效益紧密结合起来，而不是对立起来。坚持预防为主，群体保健，定期监测，及时诊断，严格消毒，主动配合检疫，改善饲养管理等综合防治措施，建立健全生物安全体系。

（一）免疫预防

免疫预防是防病的基础；建立健全生物安全体系是关键。

有组织、有计划地进行免疫，是预防和控制猪繁殖障碍性传染病发生的关键枝术。用疫苗接种猪，使猪产生特异性抗体，使猪在一定时间内不被某些传染病感染，是目前预防和控制猪传染病最有效的手段。首先要明确免疫哪些病种，选用哪些疫苗，对种猪场和规模化猪场，强制免疫的口蹄疫、蓝耳病和猪瘟及引起繁殖障碍的猪繁殖与呼吸综合征、猪伪狂犬病、细小病毒病、乙型脑炎、猪链球菌病等属于必须免疫且免疫密度常年保持在100%。在种猪场中，大肠杆菌病（红、黄、白痢）和仔猪副伤寒一般都要免疫。选择性免疫的疫病有猪喘气病、猪丹毒、猪肺疫、传染性萎缩性鼻炎、传染性胸膜肺炎、传染性胃肠炎、流行性腹泻等，可根据本场生产实际、环境条件及当地疫病流行情况等，有选择地进行。其次要制定科学合理的免疫程序，根据当地疫病流行种类和流行特征，猪场的生产特点，猪的日龄，各种疫苗的特性，母源和苗源抗体的消长规律，合理制定预防接种次数，剂量、时间间隔等，并根据监测结果随时调整免疫程序。

（二）建立健全各项规章制度

包括引种制度、安全卫生制度、消毒制度、防疫制度等。制定了制度关键在执行，操作讲科学按程序，做事凭依据有记载。因此做好记录记载非常重要。记录记载可以反应整个场的管理水平和全面情况。兽医资金的保障情况。从表相上看，兽医是只花钱的部门，买疫苗、药品和器械、免疫效果监测等，都需要钱，卖出猪的收人都是生产上产生的钱，因此许多地方和许多业主不愿或舍不得在兽医工作上投入，兽医工作资金得不到保障。实质上兽医工作是整个养殖场的保障。比如一个针头值不了多少钱，如果为了节约，用一个针头注射整幢猪舍或一个猪场的猪，就有可能疫病从一头猪传遍整幢或整个场，其损失可以想象。再比如，如果对重大疫病没免疫好，一旦发生，全群扑杀，将会导致巨大经济损失。侥幸心理只会一时绝不是一世，尊重科学放眼未来才是长远利益。

（三）搞好疫病监测是做好免疫和防病工作的保障

规模化场和种猪场，要定期进行抗体监测，制订改进防疫的具体措施和优化疫病防制系统计划。最好做到每半年对全场种公、母猪定期采血，进行全面的疫病普查和病毒性繁殖障碍性疫病免疫抗体水平检测，尽可能淘汰和消除亚临床感染或隐性感染猪。只有通过抗体监测，随时掌握猪群的免疫状态，母猪母源抗体水平等，才能确定最佳免疫时间，制订适合该猪场合理的免疫程序。如果监测发现抗体水平极低，应及时补充接种免疫或调整免疫程序，并根据周围疫情发生情况，适当加大剂量和增加免疫密度，以确保免疫效果。如果监测发现虽经确切免疫或多次免疫，仍不产生抗体或抗体水平低下者，或确诊为猪瘟等引起的种猪繁殖障碍性母猪，应坚决淘汰。

（四）早期诊断，明确病因，减少损失

在疫病众多而复杂情况下，正确地诊断是预防和控制疫病的首要任务。一旦猪场出现病情，必须依据疾病流行特点、临床症状、病理剖解变化综合分析做出初步诊断，结合实验室检测结果最后确诊。越早诊断，尽快明确病因，及时有针对性地进行紧急预防和治疗，效果越明显。因此，有丰富实践经验是非常重要的。预防和治疗的目的是为了经济效益，如果没有治疗价值或生下来就是病残猪，应及时淘汰。养猪业主应树立对病弱猪勇于淘汰的观念。

（五）做好卫生消毒工作

消毒工作是切断疫病传播途径、杀灭或消除存活在猪体或猪场周围环境中病原体的有效方法。规模化猪场集约化、工厂化、高密度饲养，给疫病传播创造了有利条件，为了预防传染病的发生，必须对猪体、猪舍内空气和物体表面和猪舍周围环境定期进行消毒。消毒前必须先进行清扫清洗，消毒效果才会较好，尤其要注意卫生死角和食槽、堆放物等易忽略器具或地方的消毒。选用消毒药物时，应选用高效低毒、广谱、作用时间长、正规厂家生产的合格产品，因此选用消毒药要注意检查消毒剂有无批准文号、生产厂家、生产日期、有效期限、使用说明等，严格按消毒程序和要求进行。正常情况下每周消毒1次，特殊情况下每周2～3次或每天1次。在全部猪转出猪舍即清圈后，应先清扫清洗干净，再用高效的消毒剂进行严格消毒。

（六）严格检疫，实施封闭隔离饲养

检疫工作是养猪业生产中一项重要的保障措施。养殖场（户）应主动积极配合进行国内引种检疫、产地检疫和流通领域的检疫工作。近些年从国外传入的几种病毒性传染病，由于全国各地每年从国内外大量引进种猪，国内商品猪贩运和交易频繁，加之部门和渠道众多，考查不细，检疫手段落后，检疫不严，或偷逃漏检等，致使其传遍全中国，将在很长时间内危害我国养殖业，而且使全国各地基本控制了的传染病重新复发，造成疫病的严重发生。国内已有多起由于养殖场（户）或贩运户从疫区购入猪只，既没有产地检疫，运回后又未隔离观察，分散到农户后发生重大动物疫病，造成巨大经济损失的事例。

规模化猪场或种猪场可实行封闭隔离饲养，在猪场大门必须设立消毒池，配备更衣消毒间、高压冲洗消毒设备，生活管理区和生产区之间的人员入口和饲料入口应以消毒池隔开，人员必须在更衣室沐浴、更衣、换鞋，经严格消毒后方可进入生产区；加强对装猪台、人员出入口、污水排出口、饲料出入口等管理和消毒。严格限制人员流动和外来猪肉及肉制品进入。

（七）定期开展驱虫、灭鼠、灭蝇蚊

是疫病综合防制措施之一。规模化猪场由于饲养密度大、猪群周转频繁、引种等因素，寄生虫的危害增大，如蛔虫、球虫、绦虫、鞭虫等寄生虫使得猪群饲料利用率降低，生产性能下降，猪场每年必须按计划定期进行驱虫。

鼠类与吸血昆虫是许多人畜共患病和猪传染病的传播媒介与传染源，鼠类可传播20多种传染病，蝇蚊能传播17种疾病，如乙型脑炎等由蚊传播，必须在蚊虫滋生之前进行免疫。因此，灭鼠和灭蝇蚊对保护人类健康和养猪业生产与发展具有重要意义。

（八）提高饲养管理水平

饲养管理水平的高低与动物疫病的发生有着密切的关系。加强饲养管理，给猪群创造一个良好的生长环境。做好猪舍通风、换气，保证猪舍的空气质量，注意冬季保暖、夏季降温；做好猪舍、用具及环境的清洁卫生和消毒工作；保持猪舍的干燥、清洁、卫生；减少饲养密度。按不同日龄猪只要求，供给猪只充足的蛋白质、氨基酸、维生素、矿物质和微量元素等营养齐全、均衡的饲料，保证猪生长发育的需要，特别避免饲喂发霉变质或含霉菌毒素的饲料。对哺乳母猪给予易消化、营养丰富的饲料，防止突然更换饲料，保证泌乳质量。

分娩舍、保育舍遵守“全进全出”和“空栏消毒、间歇一周”的原则，妊娠母猪分娩前7天用温水清洗干净全身，并带猪消毒后，再进入产栏；断脐、剪牙、断尾剪耳等进行消毒；仔猪注射足量铁剂；初生仔猪及时吃足初乳。断奶仔猪要注意减少或消除应激，应激包括心理性（断乳、去势等）、营养性（饲料）、物理性（气候变化）、化学性（药品）、病原微生物（疫苗免疫）等诸多因素，在日常饲养管理操作中无处不在，应尽量避免发生。有条件的种猪场可实施仔猪早期断奶（17～21日龄）；单元式保育，即同批断奶仔猪置同一保育单元内饲养；二阶段保育（3～7周龄和8～10周龄）。

第四节 猪免疫障碍综合征

免疫障碍综合征包括猪免疫缺陷综合征，原称免疫缺陷性疾病（immunodeficiency disease，IDD），是由免疫系统先天发育障碍或后天损伤而致的一组综合征，简称免疫缺陷病。亦可称之免疫抑制性疾病（猪免疫抑制综合征，immunodepressionimmuno deficiency syndrome）。

出现免疫细胞发育、分化、增生、调节和代谢异常，并导致机体免疫功能降低或缺陷，临床表现易发生致病微生物的感染、自身免疫现象和某些肿瘤的发生率增高。

免疫缺陷病按其病因可分为两大类。由遗传因素或先天性免疫系统发育不良造成免疫功能障引起的疾病，称为原发性免疫缺陷病（primary immuno deficiency disease，PIDD）或先天性（con-genital）免疫缺陷病。由后天因素（如营养不良、感染、药物、放射线、肿瘤等）造成免疫功能障碍而引起的疾病，称为继发性（secondary）免疫缺陷病（SIDD）或获得性（acquired）免疫缺陷病。本节重点介绍免疫抑制综合征。

机体的免疫抑制：在实际生产中，人们发现动物的免疫抑制现象除了与某些化学药物、微生物的代谢产物、动物群的营养状况和饲养管理等因素有关外，与多种病原体感染的关系也极为密切。病毒感染后，可通过以下途径导致动物机体的免疫抑制，即直接感染T细胞和B细胞并损伤其功能，从而抑制正常的免疫应答反应；感染胸腺后可能导致正在成熟的淋巴细胞克隆损伤而形成特异性免疫耐受现象；某些病毒能够感染特殊的抗原呈递细胞，通过直接杀伤作用或诱导免疫病理反应影响细胞的功能，造成对多种抗原的普遍免疫耐受而抑制细胞免疫和体液免疫。此外，部分病毒感染机体后可诱导抑制抗病毒免疫应答分子的产生等。

临床上有些病毒感染以诱发机体免疫细胞损伤为主，仅在特定条件下才出现明显的临床表现，而另一些病毒在感染早期、临床症状出现前以诱发免疫损伤为主，随着疾病发展可能出现该病的典型临床表现。虽然有些病毒感染后不出现明显可见的临床表现和病理变化，但它们诱发机体的免疫抑制状态足以给动物群带来非常严重的影响，导致感染动物出现不同程度的继发感染、二重感染或多重感染，从而使疫病发生连绵不断，治疗极为困难。目前发现可引起机体免疫损伤的动物病毒包括猪繁殖呼吸综合征病毒、传染性法氏囊病病毒、鸡传染性贫血病毒、禽网状内皮增殖症病毒、禽呼肠孤病毒、马立克氏病病毒等。除了病毒感染以外，某些细菌感染、真菌及其代谢产物和某些抗生素及化学药物也可损伤免疫器官或免疫细胞，从而引起机体免疫应答反应能力降低。

免疫抑制是机体在某种物理（如X射线辐射）化学（如硫唑嘌呤、皮质固醇等）和生物因素（抗淋巴细胞血清）的作用下，免疫应答能力降低，这些因素可用作免疫抑制剂，可防止移植物被排斥和自疗自身免疫病。免疫抑制性疾病，为引起疾病的病原体侵入机体，降低其特异免疫应答和非特异免疫反应或产生一些生物活性物质，降低机体免疫应答能力所引发的疾病。引起猪免疫抑制综合征的因素有生物致病因子、霉菌毒素或某些农药污染的饲料、应激因素等。

一、免疫缺陷的类型

根据发生的原因，免疫缺陷可分为原发性免疫缺陷和继发性免疫缺陷。

（一）原发性免疫缺陷

由遗传因素（如基因突变、染色体畸形）或先天性因素（如胚胎感染）作用，使免疫系统受损而引起的免疫缺陷。原发性免疫缺陷的种类很多，包括5个方面：原发性B细胞系统缺陷、原发性T细胞系统缺陷、原发性T和B细胞联合免疫缺陷、吞噬细胞缺陷、补体系统缺陷。

（二）继发性免疫缺陷

继发性免疫缺陷病，由于是动物出生后免疫系统由致病因素的损害而引起的免疫机能低下或缺乏而发生。

动物大多数免疫缺陷病发病原因复杂，感染是免疫缺陷最主要、最常见和最严重的病因和后果。感染的性质主要取决于免疫缺陷的类型，如体液免疫、吞噬细胞和补体缺陷时的感染主要由化脓性细菌如葡萄球菌、链球菌和肺炎链球菌等引起，而细胞免疫缺陷时的感染主要由病毒、真菌、胞内寄生菌和原虫等引起。感染使动物的蛋白质、脂肪、维生素和矿物质摄入不足，影响免疫细胞的成熟，降低机体对微生物的免疫应答。

二、免疫缺陷的病因学

因机体对各种抗原刺激的免疫应答不足或免疫缺陷引起的一系列疾病称为免疫缺陷病（immuno-ficiency disease）。由于免疫缺陷病发病机制复杂，不同免疫缺陷由免疫系统不同组分缺陷引起，因此免疫缺陷病的临诊表现因其性质不同而异，而且同样疾病不同患病动物表现也各不相同。原发性免疫缺陷在猪的发生不多，因此本节只介绍继发性免疫缺陷病，又称获得性免疫缺陷病，或称为免疫抑制病。可发生于任何年龄的猪只，但无特征性的病理变化。

（一）生物性免疫抑制因素

1. 病毒感染　具有免疫抑制作用的病毒很多，但其引起免疫抑制机理并不完全清楚。

⑴流感病毒（SIV）：在肺泡巨噬细胞内复制，并可杀死巨噬细胞。猪流感病毒对淋巴器官组织有损害作用，血液淋巴细胞对PHA反应降低，中性粒细胞的杀菌能力减弱。

⑵伪狂犬病（PRV）：可在单核细胞与巨噬细胞内复制，并损害其杀菌功能，同其他疱疹病毒一样，PRV的潜伏感染率很高，病毒久存于扁桃体与神经节中；疫苗接种后可防止母猪发生繁殖障碍，但不能防止接种猪被隐性感染。

⑶圆环病毒（PCV）：该病毒在巨噬细胞介导下，分裂素诱导下，明显抑制淋巴细胞的增生，从而干扰正常免疫功能。PCV还可诱导B淋巴细胞凋亡，造成体液免疫无应答。

⑷蓝耳病毒（PRRSV）：PRRSV主要侵害猪体的巨噬细胞系统，特别是肺泡巨噬细胞，使感染猪的免疫力降低，引发免疫抑制，造成多系统多器官疾病，如病毒血症、间质性肺炎、血管炎、淋巴结病、心肌炎和脑炎等。肺泡巨噬细胞的比例明显降低，肺泡巨噬细胞中的炎性细胞因子（IL-1和肿瘤

坏死因子）的活性增强，细胞的非特异性杀菌活性受到抑制，并伴有循环淋巴结细胞的破坏及黏膜纤毛系统清除系统的破坏，对其他疾病的易感性也增强，也可恶化慢性传染性疾病。感染的肺泡巨噬细胞或外周血单核细胞表面的抗原表达调节能力下降或丧失，使在循环抗体存在的情况下，通过细胞免疫监视系统不易将病毒从感染猪中清除而导致长期的病毒血症和持续感染。Galina等证实，PRRSV可加剧猪链球菌（Streptococcussuis，SS）感染。ReethV发现PRRSV会加重呼吸道冠状病毒（Porciner espiratory coronavirus，PRCV）和猪流感病毒（Swine influen gavirus，SIV）引发的病情，但对后者的复制无明显影响。Rovira等通过感染试验发现，PRRSV可促进猪圆环病毒Ⅱ型（Porcineci rcovirustype2，PCV-2）在猪体内的增殖，使猪病理变化明显加重。在PRRSV感染猪中，经常分离出猪胸膜肺炎放线杆菌（Actinobacillu spleurop neumoniae，APP）、猪肺炎支原体（Myco plasmahyo pneumoniae，Mhp）、化脓性放线菌（CA）、副猪嗜血杆菌（Haemo philuparasuis，HPS）等。但也有许多研究证明，PRRSV引起的免疫抑制是暂时性的，仅在肺中并局限于一定的水平。大量试验表明，事先接种PRRSV对随后的HPS、多杀性巴氏杆菌（Pmc）、APP、Mhp等病原没有激化作用，并不加剧它们的致病变程度。这些证据显示，PRRSV对免疫系统的影响也许不是严重而持久的。由PRRSV引发的猪的呼吸道病常伴发细菌感染是PRRSV感染的一大特征，由PRRSV引起的免疫损伤和在合并症中各种病原微生物的关系在试验中没有得到复制，不同PRRSV毒株在诱发机体产生免疫抑制方面的差别也没有得到比较。所以在没有实验室证据前，应慎重看待PRRSV在诱发猪体产生免疫抑制方面的作用。PRRSV可在单核细胞系与巨噬细胞系细胞内复制，抗PRRSV抗体能促进巨噬细胞对PRRSV的吞噬作用，从而导致该病毒的复制增强。PRRSV还可引发无症状持续感染，且无抗体产生，引起免疫力降低，致使呼吸道黏膜局部免疫力低下，常存的巴氏杆菌肺炎支原体毒力增强而引起间质性支气管肺炎。

⑸猪瘟病毒（CFSV）：同其他瘟病毒如BVDV（牛病毒性腹泻病毒）和BDV（边界病病毒）一样可使胸腺萎缩，影响细胞免疫效应。弱毒株可引发持续感染，因特异免疫耐受性不产生中和抗体。

⑹牛病毒性腹泻病毒（BVDV）和边界病病毒（BDV）：可使胸腺萎缩，影响细胞免疫效应。猪群中抗体阳性率可高达43.5%。

⑺包涵体鼻炎病毒（PCMV）和猪巨细胞病毒（旧名为涵体鼻炎病毒）：能改变宿主的防御机制，尤其是抑制T淋巴细胞的功能。同其他疱疹病毒（PRV、人类疱疹病毒、人类带状疱疹病毒）一样，能诱发潜伏感染，能在循环抗体存在下排毒。在猪群中抗体阳性率可高达90%，该病毒遍布全世界。BVDV、BDV、PCMV感染猪后，多无临床症状，因此，不为人们重视。但是，众多研究证明，它们对猪体的免疫抑制作用是无可置疑的。人们应该重新审视它们诱发流行性疾病中的地位与作用。

⑻猪细小病毒（PPV）：具有肺泡巨噬细胞毒性。在肺泡巨噬细胞和淋巴细胞内复制，并损害巨噬细胞的吞噬功能和淋巴细胞的母细胞化能力。

2. 细菌感染　细菌感染动物后，细菌除其本身及其毒素可直接损害免疫系统的淋巴细胞、巨噬细胞和中性粒细胞外，还能产生分泌一些免疫抑制物质，干扰和抑制免疫反应。如大肠杆菌、结核分枝杆菌、绿脓杆菌等分泌的黏液性物质具有抑制吞噬细胞的吞噬作用。溶血性巴氏杆菌可分泌对猪肺泡吞噬细胞具有破坏作用的因子，引起急性脾炎、淋巴细胞坏死和淋巴组织萎缩，从而导致免疫抑制。鼠伤寒沙门氏菌、猪霍乱沙门氏菌，可改变中性粒细胞的功能，使杀菌力减弱。

3. 支原体感染　猪支原体性肺炎（MHP）：改变肺泡巨噬细胞的吞噬功能，并出现免疫抑制。

4. 衣原体感染（chlamydiapsittaci）　普遍存在，多呈持续隐性感染。业已证实，隐性感染的猪因免疫抑制可以诱发EP。

5. 寄生虫感染　许多原虫和蠕虫可引起动物免疫抑制。如弓形虫、曼氏血吸虫、肝片吸虫、旋毛虫等均可通过不同途径抑制宿主的免疫应答，以保护自身在宿主内生存与繁殖。

寄生虫引起宿主免疫抑制的主要途径有：

(1)寄生虫作为异种抗原诱发B细胞多克隆激活，大量产生与虫体抗原无关的抗体，用以消耗致敏的淋巴细胞，使其对入侵的寄生虫不能产生有效的免疫应答，见于锥虫、疟原虫感染。

(2)寄生虫产生淋巴细胞毒性因子，使淋巴细胞失活或使抗体破坏，如锥虫产生蛋白酶样物质，可与抗体结合，使其失去Fc片段而丧失免疫作用；非特异性激活补体，使其含量减少，见于巨颈绦虫、血吸虫感染。

(3)寄生虫产生、分泌或脱落大量抗原并与免疫细胞如巨噬细胞、T细胞和B细胞结合，阻碍免疫细胞对虫体原的识别，从而抑制宿主的免疫应答。

(4)诱导抑制性T细胞、抑制性B细胞和巨噬细胞增多，使免疫调节失衡和呈现免疫抑制。

6. 霉菌毒素　Pier与Pichard等人早在20世纪80年代就报道证实黄曲霉毒素、单端孢霉素类的烯T-2毒素和DAS、赭曲霉毒素A都可使猪产生免疫抑制。这种作用只要在可引起典型显微病变或者慢性病变浓度时便可发生。最危险的是，此时猪并没有明显的临床症状，如黄曲霉毒素在饲料中达到400～800μg/kg时就可出现上述现象。

7. 农药污染的饲料　某些农药污染的饲料可使猪产生免疫抑制。

（二）营养性因素

1. 蛋白质不足　动物的饲料中缺乏蛋白质，可引起家兔对丝裂原的反应降低，Ts细胞增多；缬氨酸、赖氨酸、蛋氨酸缺乏时，对大肠杆菌、沙门氏菌的敏感性增高。

2. 维生素、微量元素质的缺乏　维生素和矿物质的缺乏对免疫功能有不同程度的影响。维生素B_1、维生素B_2、H（生物素）、P（泛酸）的缺乏对B细胞功能有明显影响；维生素A、维生素B_6、叶酸、维生素B_{12}缺乏时，T细胞和B细胞功能皆明显低下；锌、铁的缺乏，对T细胞却能影响较大，维生素B_{12}、维生素B_6、铁、铜的缺乏对中性粒细胞和巨噬细胞的功能有抑制作用。铁是许多氧化酶的辅基，铁缺乏时，吞噬细胞过氧化酶的活性降低，因而吞噬病原体后不能杀死它们。在补无铁剂时不要操之过急，要防止血清游离铁上升过高，反而有利细菌生长，加重感染。缺硒时，T、B淋巴细胞增殖分化以及对丝裂原的反应受到抑制；淋巴细胞分泌的淋巴因子（lymphokine）减少，T细胞和NK细胞（自然杀伤细胞）在体外杀伤癌细胞的能力下降；吞噬细胞吞噬和杀灭病原体的能力受到严重影响；机体抗病能力和生产力明显降低。补给足量的硒则可以提高机体免疫功能。但过量的硒则可以引起免疫抑制，主要表现为细胞免疫和体液免疫水平下降。

3. 免疫抑制剂　若长期或大量使用免疫抑制剂（皮质类固醇、环磷酰胺等）和抗生素，均可直接或通过不同途径引起动物免疫抑制，导致严重感染，尤其是条件致病菌的感染发生率显著增高。

4. 抗生素　滥用抗生素，养猪户为了保证猪群的健康，常依靠长期大量的使用广谱抗生素进行预防性治疗，而过份依赖于抗生素的预防作用不但导致猪体内病源对抗生素产生耐药性，而且对某些活菌苗的主动免疫过程有干扰作用，因此，在使用疫苗前、后数天内，以不用抗菌药为宜，或等药效消失后，再另行免疫，以确保抗体产生。

所有这些问题直接造成猪群长期处于一种亚健康状态，抗病能力弱，生长受阻，稍有感冒发热就引起整体的症状表现，治疗起来难度大，体内药残又直接影响到治疗时用药的效果，导致频频反复，大大增加了伤亡率及治疗费用。

5. 饲料填加剂　当前，饲料填加剂已成为猪的必需品，不应用它必发生营养代谢病。饲料产业迅速发展，为保证养猪业发展起到了至关重要的作用，但在配方上由于应用高铜高锌铁等，不用天然原料而用工业废弃物做原料，因此影响猪的正常生长发育秩序，干扰了免疫应答。

（三）应激因素

动物因环境因素改变或受强烈刺激而发生应激时，通过自主神经系统、下丘脑－垂体－肾上腺轴、神经肽和神经介质以及神经免疫介质等途径，可影响免疫系统机能发生改变，对免疫的影响主要呈抑制性。

由于动物的种类及应激的持续时间与强度不同，可出现不同的免疫机能变化。例如，运输应激时，容易发生病毒性感染；热应激时，仔猪、母猪的抗体生成减少；冷应激时，猪的抗体生成和迟发型变态反应降低；断奶应激时，仔猪体内抗体生成细胞和淋巴细胞减少，迟发型变态反应低下，白细胞吞噬活性降低；绵羊妊娠应激时，对特异抗原的迟发型变态反应减弱；慢性热应激时，绵羊淋巴细胞对丝裂原反应减弱，血清中出现抑制丝裂原反应的物质等。特别是集约化生产方式使猪的活动范围极大受限，世代递延的结果必然是心肺功能减退，加之集约化生产中许多人为应激因素，无疑影响免疫功能。急性应激与PSS基因有关，且叠加的慢性应激在猪场比比皆是。K1ip等人研究证明，应激可使淋巴细胞对环境破坏的敏感性升高。慢性应激会使猪长期维持副肾皮质激素的高水平，进而抑制免疫力。

（四）弱毒疫苗的广泛应用

已知PR、EP、PPA等弱毒疫苗会对猪体造成几周的免疫抑制。美国T. Opriessnig证实，若在每丁PCV2感染4～2周接种PPA苗与EP苗，会增强PCV2的复制、长期严重的PCV2病毒血症、加重淋巴组织的缺损。

（五）疫苗佐剂可引发免疫抑制

美国M.Hoogland等人证实在PCV2感染的早期（21天），所有佐剂（油包水、氢氧化铝）都会加重PCV2感染引起的淋巴组织缺损的严重程度，而在感染后35天，油包水佐剂仍可加重病损的程度。

（六）磺胺类与副肾皮质激素类药物的泛用

这些药物可引发短时的免疫抑制，停药后可恢复。若长期应用会造成严重后果。

（七）苯酚类与甲醛消毒剂广泛频繁的应用

人医已证实这些化学物质对人类有明显的免疫抑制与致癌作用。

综上所述，对猪体有免疫抑制作用的因子众多，特别是生物因子。它们都广泛地存在于猪群中。可以说，每时每刻都在多方面地、叠加地影响着猪体的免疫功能。不少猪场在短短几个月损失数以千计的猪，不少猪场发病接连不断。无可争辩的猪群不良的健康状况与发病事实向人们警示猪群免疫状态危机。

三、免疫缺陷病临床的特点

原发性免疫缺陷病和继发性免疫缺陷病有某些共同的特点。

（一）对病原体的易感性明显增加

猪呼吸系统综合征发病率迅速增长是典型案例。患猪易发反复感染多种病原，且难以治愈。这是免疫缺陷病的最大特点，也往往是造成当前高热病发病率、死亡率高的主要原因。

此外亦是猪易感的外源性病原体种类增多的主要因素。表现为免疫系统缺陷：体液免疫、吞噬细胞或补体缺陷，患猪易患细菌性感染，如细胞免疫缺陷患猪易发生病毒、真菌及原虫等胞内寄生性感染，主要表现为肺炎或黏膜及其他器官的慢性感染。另外，病原体感染也可影响特异性和非特异性免疫功能。

（二）临床表现及病理损伤复杂多样

临床表现及病理损伤复杂多样是当前猪病诊断难题。其原因是免疫缺陷病猪，因其免疫系统受损的组分不同，临床表现各异，并可同时累及多系统、多器官，从而出现复杂的功能障碍和症状。另外，患同一种免疫缺陷病的不同患猪，亦可有不同的临床表现。

四、免疫缺陷诊断

免疫抑制综合征不是独立的一种疾病，因免疫抑制而诱发的不同的疾病有不同的临床表现。作为个案病例，它的诊断必须依靠特异抗体的测定、总免疫球蛋白测定、淋巴细胞活力测定、T淋巴细胞转化试验等辅助检查。作为群体发病的诊断，由于积累了许多个案病例的信息，使之运用归纳推理方法做出临床诊断成为可能。这对于难于做出辅助检查的猪场来说至关重要。

（一）从临床经验中识别

⑴ 猪群中长期发病不断，死亡率明显上升，且多集中在断奶至中猪阶段。

⑵ 在急性流行期过后，仍有散发病例持续相当时间。

⑶群体免疫无明显差错。

⑷病程较长，抗感染收效甚微，不少病猪呈恶

病质状态（高度消瘦、贫血、扁平胸、鲤鱼背、反应差、运步不稳、体温反应差）。

⑸猪群中同期发生多种疾病，如PPA、PRRS、PR、PCV、CSF、巴氏杆菌病、多发性关节炎等。

⑹剖析常见典型或非典型的CSF、PR、PRRS、MH、PCV。

⑺某些弱毒疫苗接种，如接种PR苗、MH苗、FMD苗、红黄痢苗可诱发呼吸病综合征。

⑻病料中常分离出巴氏杆菌、胸膜肺炎放线杆菌、副猪嗜血杆菌、致病性链球菌等。

（二）血清学识别

免疫接种后，部分个体的抗体水平始终低下，无法在现况中找到可以解释这一现象的依据。

铁名报道，在武汉一外贸猪场对新生猪做CFS的1头份超免，25日龄4头份组织苗二免，50日龄2头份三免。据CFS抗体检测：20日龄前全合格；30～70日龄1：64的占10%，1：（4～8）的为90%。该场疫情主要表现在断奶到100日龄左右发生呼吸病综合征，每月死亡50～100余头，剖检见有肺部混合感染，多分离出MH、PPA、巴氏杆菌，亦见CSF与典型PCV。

（三）辅助诊断

⑴总免疫球蛋白测定。要选择初发病或外表健康的猪，已成恶病质的猪无检测意义。

⑵淋巴细胞活力测定，T淋巴细胞转化试验。

（四）活体试验

选择外观健康的10日龄奶猪与断奶仔猪，皮下注射卡介苗1头份，40天后，左眼点入结合菌素1～2滴，并在左颈部皮下注射结核菌素1头份。其后3天观察有中度以上眼结膜炎，注射部位明显肿大者为细胞免疫阳性。否则，认为有细胞免疫抑制。

五、预防与治疗

（一）综合征的预防

能影响猪体免疫状态的因素都是应激因子，全方位最大限度地减少应激，提高猪体免疫力是预防免疫抑制综合征的基本原则。

1. 做好免疫预防　各场除按自身特点做好免疫工作外，要特别注意疫苗本身对猪体有免疫抑制作用。因此，在实施免疫前后，最好在饲料中添加低聚果糖、酵母细胞壁等免疫刺激剂，并在饲料中配合添加25mg/kg替米考星。

在已确定认有PCV2污染的猪场，应在20日龄前做完EP与PPA免疫。否则，存在断奶仔猪诱发PCV2的危险性。

2. 实行单元饲养技术与分点饲养技术　只有实施小单元饲养，才可真正做到彻底的全进全出。分点饲养的距离应在1～5km。

3. 减少奶猪与断奶仔猪应激　奶猪与断奶仔猪的最大应激是低温应激。提倡实感温度的概念，建议应用水暖地坪保温专利技术。

4. 注重仔猪营养　让新生仔猪及时吃足初乳；应用仿生猪奶以减轻断奶应激，使仔猪断奶后第一周日均增重至少达到100g以上。

5. 坚持科学消毒　建立四维空间消毒的新理念，使用超低容量喷雾器，选用无免疫抑制作用的复合有机碘或复合醛类消毒剂，有效减少猪舍内的病原积累。

6. 定期应用免疫刺激剂与免疫调节剂　建议在断奶时，饲料中添加左旋咪唑，按5mg/kg体重计，连用3天，1周后，再饲服替米考星，按10mg/kg体重计，连用3～5天。亦可应用免疫多糖、保尔福等。

7. 消除饲料中的霉菌毒素　饲料中霉菌毒素多以人们肉眼难见的形式存在，因此，向饲料中添加霉菌毒素吸附剂应列入常规。

8. 净化猪舍空气　在饲料中添加丝兰属植物提取物，适时交换空气。

9. 灭鼠　将灭鼠灭蝇工作纳入常规日程。

（二）治疗方法

1. 治疗原则　除一般对症治疗外，对免疫缺陷病尚可采用以下治疗措施。

⑴应用抗生素和抗病毒药物：应用抗生素治疗反复发生的细菌性感染，若疗效不佳，应考虑抗真菌、抗原虫、抗支原体及抗病毒治疗，以控制感染，缓解病情。

⑵补充和替代性治疗：通过补充各种免疫分子（如胸腺素、转移因子、各类淋巴因子及免疫球蛋白等），可提高机体免疫功能。

2．特异性血清疗法 采用发病本场外观健康的老母猪或肥猪血清。宰前应测其该病抗体水平，合格者方可采用。以发生PCV2为例，宰前用IPNA（免疫过氧化物酶单层试验）测其PCV2抗体水平，1:（640~2 860）为合格，收集血液，48h后除去血凝块，离心、过滤、56℃灭活30min，每毫升血清中加入0.25mg恩诺沙星混匀，4℃保存。断奶仔猪腹腔注射5mL/头，3周后再注10mL。

3．免疫调节法 按10mg/kg体重计，替米考星加于饲料或饮水中，连用10天，可明显改善巨噬细胞的功能，能减轻症状甚至消除。

（三）综合防控措施案例

蓝耳病（PRRS）是引起免疫缺陷病综合征的主要疾病之一，如在猪群中不存在蓝耳病，免疫缺陷病综合征即可被控制。因此蓝耳病的免疫是当前对控制免疫缺陷病综合征的重大措施。据齐鲁牧业报报道。蓝耳病（PRRS）的危害形式由母猪繁殖障碍为主转变至以保育猪的呼吸综合征为主。亚临床感染日渐普遍，仔猪感染死亡率呈上升趋势，最高可达100%。临床表现趋于复杂，发病程度日渐加重。该病目前出现新的临床症状，如口鼻奇痒、腹泻、肌肉震颤、共济失调、后躯麻痹、眼睑水肿、皮下水肿及耳部皮肤增厚等。

后备母猪是猪场的未来，应该依照后备母猪的引进、隔离等程序及时接种疫苗，并做好药物驱虫和催情工作，最终使后备母猪的健康状况达到标准。早期断奶并不能保证100%切断疾病向仔猪的传播，因为有垂直传播和早期感染，所以仔猪一出生就有可能被感染，21日龄断奶不能保证断奶前仔猪不被感染。仔猪断奶时应该按大小分栏饲养，在保育舍内应不断监测断奶猪的情况，生长不良的猪或弱小的猪应及时隔离。因为病猪体内的病毒含量高，向体外排毒的可能性最大。及时隔离有利于治疗病猪和保护健康猪。尽量缩小断奶日龄的差异，同一周内断奶的仔猪在同一栏内饲养。饲料中添加抗支原体和抗腹泻的抗生素，目的是控制断奶后腹泻并加强保健作用。清除仔猪体内的肺炎支原体，仅留下PRRS，由于支原体对PRRS感染的促进作用被抑制，PRRS的发病时间可被推迟。阳性母猪使用PRRS灭活疫苗，有利于提高免疫力，哺乳仔猪可以通过初乳获得被动免疫力。

通过联合用药方案、全进全出、早期断奶和控制猪群流动的方法，以及灭活苗的接种，可以将PRRS的发病时间推迟到中猪以后，对猪场的影响就会降低。如通过免疫提高仔猪的被动免疫力，将猪的发病时间推迟到中猪期以后，以便有足够时间通过饲料添加药物切断其他呼吸道病原（肺炎支原体、放线杆菌、多杀性巴氏杆菌、链球菌、副猪嗜血杆菌等）的传播。

如果猪场没有出现母猪流产，而呼吸道病也不很严重，则可不免疫，否则，应该接种。建议45kg的后备母猪使用弱毒疫苗；生产母猪于产后6天、配种后60天接种灭活苗；人工授精的猪场在公猪入群后接种1次PRRS灭活苗，以后每季度加强免疫1次。

1．PRRS疫苗和支原体疫苗的相互影响 PRRS疫苗和支原体疫苗有没有相互影响，支原净能否对免疫效果产生影响？

实际上PRRS暴发的种猪场或血清学阳性的猪场，断奶到上市期间有四个可能发病的阶段，即断奶前后各1周、保育的最后阶段（7~9周龄）、转群后3~4周或在小猪的最后阶段、18~22周龄或中猪到大猪阶段。PRRS病毒结合高密度饲养方式，使得肺炎支原体作为重要的病原在猪群内越来越严重。

肺炎支原体疫苗的免疫时间在4周龄和7周龄，肺炎支原体免疫后需2周才能产生免疫力，所以PRRS的免疫应该在肺炎支原体疫苗首次接种之前进行，因为PRRS活苗或PRRS野毒均可干扰支原体的免疫，造成免疫失败。可在4周龄接种PRRS疫苗，5周龄接种第一次肺炎支原体疫苗，8周龄接种第二次肺炎支原体疫苗。如果在3周龄和6周龄接种肺炎支原体疫苗，而在4周龄接种PRRS疫苗，则可能影响肺炎支原体的免疫。因此，PRRS使仔猪更加虚弱，并能干扰猪的免疫应答。支原体免疫失败的原因有肺炎支原体母源抗体的干扰、PRRS疫苗的干扰、断奶后PRRS早期暴发的干扰以及发生其他免疫抑制性疾病。

因此，在饲料中添加支原净和金霉素可以清除不同程度的肺炎支原体感染。每头猪母源抗体降低的水平不同，免疫时不同猪的免疫水平不同，保护力可能不同。在肺炎支原体早期感染或后备母猪呼吸道排放支原体，断奶仔猪混群并转移到新的保育舍时，第一次支原体疫苗接种后主动免疫水平低，第二次免疫的主动免疫上升很慢。因而在免疫空白期，支原净可以清除肺炎支原体在这一阶段不同水平的感染，或在PRRS的早期感染阶段，清除支原体的感染。

肺炎疫苗（如肺炎支原体、放线杆菌、PRRS疫苗）的免疫程序，以前肉猪的免疫程序可能主要是接种猪瘟疫苗、伪狂犬疫苗等，每种疫苗要接种2次。如果再加上肺炎支原体、PRRS、APP等，免疫程序就会很密集，不得不在某周内接种2次疫苗。

仔猪接种太多的疫苗，要消耗很多的营养物质以产生抗体，导致仔猪采食量下降，仔猪整体免疫力的降低。

在保育阶段，特别是6～9周龄的阶段，是仔猪抵抗力最低的时期。因为在此阶段，仔猪经常发生PRRS、支原体肺炎、Ⅱ型链球菌病、副猪嗜血杆菌病、放线杆菌胸膜肺炎、断奶后多系统衰弱综合征等疾病，并且在此阶段还容易受霉菌毒素的影响，导致采食量减少，饲料转化率降低，死淘率升高。

2. 饲料中添加支原净、金霉素等　可清除胃肠道中的2种螺旋体和细胞内劳索尼亚菌，控制支原体诱发的肺脏感染和降低其他疾病的发病率，因为支原体可以促进PRRS的感染，延长感染的持续时间，同时容易引起多杀性巴氏杆菌、链球菌、副猪嗜血杆菌、胸膜肺炎放线杆菌等继发感染。

猪场主要在以下几个阶段使用支原净、金霉素，以切断支原体等细菌性病原体的传播。

(1)通过使用“后备母猪管理程序”，净化后备母猪体内的所有病原菌和支原体。

(2)通过泌乳料中添加支原净，切断细菌性病原从母猪向仔猪的传播和通过寄养造成的产房内的水平传播。

(3)在断奶仔猪母源抗体降低时，切断不同来源（胎次、单元和猪场）的断奶仔猪混群饲养发生的水平传播。

(4)在13～15周龄和18～22周龄切断育肥猪舍中呼吸道疾病综合征的感染环节。

(5)6～8周龄若出现痉挛或消瘦、被毛粗乱、呼吸困难等症状，仔猪饲料中可以添加以下药物组合，如支原净100mg/kg＋金霉素300mg/kg＋阿莫西林150mg/kg，断奶后连续使用15天，可以解决保育猪的大部分问题，并能预防育肥期猪的发病。

在饲料中添加药物可以避免过多的疫苗接种对猪造成的不良影响，提高猪群的生产性能。因此可以继续采用原来的免疫程序，只是在发生支原体严重感染或到60～80kg体重时发生严重的呼吸道疾病综合征，才可以加上肺炎支原体的免疫。在饲料中添加霉菌毒素吸附剂，特别是在梅雨季节，有利于降低霉菌毒素对猪群造成的损害，提高猪场的生产性能。

3. 当前的控制对策　目前对本病尚无特效疗法。要建立一整套有效的管理策略，尽力切断或减少传染源，提高敏感动物的抗病能力，防止并发或继发感染。除了上面提到的疫苗免疫、防止混合感染等措施外，还要注意以下几点：

(1)建立和完善以卫生消毒工作为核心的猪场生物安全体系。做好清洁卫生和消毒工作，将卫生消毒工作落实到猪场管理的各个环节，通过生物安全体系的建立，最大限度地控制病原体的传入和猪场内病原体的传播，把疫病控制在最小范围内，将疫病的损失降到最低限度。

由于PRRS具有高度的传染性，可通过粪、尿、鼻液等传播病毒，因此，每周至少对猪消毒1～2次，消毒前应用清水将猪舍冲洗干净，场区一般每月消毒1次。

(2)购猪、引种前必须检疫，确认无该病后方可操作。

(3)新引进的种猪要隔离，隔离新引进的种猪，时间为21～28天（使猪能从运输应激中恢复，确保新种猪是健康的）。60天适应期后，再把引进种猪和原场猪群混群（PRRS感染猪只需60天）。

(4)坚持定期监测淘汰制度。

(5)规模化猪场应彻底实行全进全出，至少要做到产房和保育两个阶段的全进全出。

(6)推广“早期隔离断奶”（SEW）饲养模式。

仔猪多在断乳前后感染本病，新生仔猪一般不感染，因而采用SEW饲养模式可避免或减轻仔猪感染。实践证明，仔猪提前断奶（14～21日龄），小单元全进全出，采用二期保育，可有效地控制本病以及其他病原体引起的混合感染。

第一阶段保育为断奶至7周龄，每平方米5头仔猪；第二阶段为第8～11周，每平方米饲养3头仔猪。第一阶段保育应注意保温，第一周要求温度30℃，以后每周降2℃。为了保温，漏缝地板可缩为原缝的1/4～1/3。仔猪断奶体重要求在4.5kg左右，夏季也要求4.0kg以上，不足2.5kg的仔猪应予以淘汰。

(7)注意疫病鉴别。与其他繁殖性障碍疫病的鉴别：除PRRS外，引起繁殖障碍的传染性因子还有伪狂犬病毒、猪细小病毒、日本脑炎病毒、乙脑病毒、猪瘟病毒以及布氏杆菌、弓形体病等。所以，在临床上必须注意与上述病原引发的繁殖障碍相区别。

与腹泻性疫病的鉴别：由于该病的临床症状日渐复杂，已经出现了腹泻性病例，所以在临诊时应注意与其他导致腹泻的传染性疫病（如仔猪黄白痢、传染性胃肠炎、流行性腹泻、轮状病毒感染与仔猪红痢等）的鉴别。

与伪狂犬病、水肿病的鉴别：该病所产生的瘙痒性和水肿性病理表现及神经症状，在临床上要注意与伪狂犬病和水肿病鉴别。

附 猪体免疫机理简述

免疫分为体液免疫与细胞免疫。体液免疫的作用在于对抗原发生沉淀、凝集，形成复合物以便作细胞免疫处理。体液免疫的发生同样需要经巨噬细胞处理的有效抗原，激活T淋巴细胞，由T细胞再激活B淋巴细胞，才能产生抗体。

无疑，巨噬细胞与淋巴细胞是这两种免疫的关键细胞，它们无论是数量上减少还是功能上受损，都直接影响免疫功能。所以我们在了解猪体免疫状态时不仅要了解体液免疫，而且应了解细胞免疫。细胞免疫的作用在于它能进一步处理被抗体作用过的抗原，终而清除。另一方面，它能产生一系列的组织细胞的效应，溶解细胞，清除病原。细胞免疫发生的首要条件是抗原被巨噬细胞吞噬，经该细胞处理过的抗原可激活T淋巴细胞，方可发生后面的一系列的组织细胞效应。在实际工作中我们往往关注体液免疫，较少重视细胞免疫，例如，在发生疫病传染时，习惯只用各种方法测抗体，如凝集试验、补反、ELISA、IFA、IDMA、SVN等等。认为抗体上来了就不会发生该病，殊不知在抗体水平合格的情况下还可以发生潜伏感染，如PRV、CFSV的疫苗毒株感染。PCMV可在高水平循环抗体存在下排毒。还有不少场合，免疫后部分群体抗体水平始终上不来，人们多归咎于疫苗质量和免疫程序等，很少考虑机体免疫抑制，尤其是巨噬细胞的功能状态。

第五节 猪高热综合征

猪高热综合征特点是多种病原微生物混合感染而引起的，病毒与病毒或细菌与细菌或病毒与细菌等组合在机体各自发生特异性致病作用；它们之间有时互相促进使攻击力增强对机体造成损伤；或有时相互干扰产生大量毒素引起高热（时而微热、时而中热、时而高热）持久不退，结果致机体出现各系统的功能障碍；有时互为因果形成恶性循环至直机体衰弱乃至衰竭直到死亡。自2001年猪高热综合征流行以来，国内许多人士做了大量工作病原学分离鉴定，据几年来文献资料和网络报道，主要有病毒、细菌、支原体、衣原体等。由此可见猪高热综合征是高热病，是由多种病原所引发的，即是多种疾病的病毒及细菌混合感染，而引起持续高热症候群的综合征，只是混合感染的症状，蓝耳病病毒不是唯一病原；病毒变异株是本病的主要病因，是高致病性蓝耳病病毒。主要临床症状表现为高热，各种猪都可发生。高烧达40～42℃，持续2～3周，传播速度极快，2～4个月猪群几天内全群发病高达99%。死亡率80%～99%，经济损失重大，引起了广泛注示。

农业部（2007）认为，2006年夏秋季节，我国南方部分地区猪群出现了以高热，厌食或不食，眼结膜炎，咳嗽、喘等呼吸道症状，后躯无力，不能站立或摇摆等神经症状，以及高死亡率为主要临床特征的一种新的传染病，即猪的高热病。该病的发生，给我国养猪业造成了很大经济损失，经对猪高热病病因进行调查，病原的实验室分离鉴定，最终证实猪繁殖与呼吸综合征，随后将由猪繁殖与呼吸综合征病毒变异株引起的猪高热病命名为高致病性猪蓝耳病。

一、病因学

（一）生物性因子

有流感病毒（SIV）、蓝耳病（PRRSV）、猪瘟病毒（CFSV)、伪狂犬病（PRV）、圆环病毒PCV、猪巴氏杆菌、猪链球菌猪丹毒、猪接触传染性胸膜肺炎、猪副伤寒、猪副嗜血杆菌、猪大肠杆菌病、坏死杆菌病、猪附红细胞体、化脓棒状杆菌、克雷伯氏杆菌、支原体性肺炎、衣原体、黄曲霉毒素、单端孢霉素类的烯T-2毒素和DAS、赭曲霉毒素A等。

1. 关于高热病病原体国内分离情况　蓝耳病变异毒株：中国动物疫病防控中心从全国19个省（市、自治区）的148个猪场送检的170批次病料中的701份样品中，检出蓝耳病阳性样品250份，阳性率为35.7%，其中有172份样品为蓝耳病病毒变异毒株（占69%）。变异毒株与美洲型毒株（VR-2332株）的同源性为93.2%～94.2%；而与欧洲型毒株的同源性只有63.4%～64.5%。用变异毒株接种77日龄的健康猪只，第二天开始发病，体温升高，发热，第4～5天开始死亡，病情持续7～8天，死亡率为57%左右，临床上具有典型的高热综合征症状。病猪表现出明显的前肢跪卧，后肢麻痹不能站立或共济失调等神经症状以及眼睑高度水肿等。病理组织学检查发现脊髓中央管、中脑导水管及单核细胞胞质呈蓝耳病病毒强阳性反映，说明分离的变异毒株对脑组织有较强的亲嗜性。

哈尔滨兽医研究所从江西和湖南等6个省送检的不同病料中分离到了3株蓝耳病变异毒株，并发现来自不同省份发病猪场的病料检出的变异毒株基因其有高度的同源性，但与1996年的分离株ORF5基因核苷酸同源性仅为87.9%～98.3%，氨基酸同源性为85.6%～96.5%。证实分离的3株变异毒株与以往流行的蓝耳病病毒株有较大的差异。接种健康猪只时发现新分离的毒株对猪有明显的致病作用，特别是对仔猪的致病力很强。研究还发现新分离的3株变异毒株的主要中和抗原即囊膜糖蛋白GPS在不同的毒株间存在高度的变异性。在进化树中，中国的分离株集中为两簇，分别位于北美洲型（VR-2332株）进化树的两级，分别称为亚群1和亚群2，二者氨基酸同源性为85%～89.5%。亚群1所有的毒株在病毒的主要中和抗原表位的抗体结合位点都发生变异，而亚群2则在此处高度保守。在两个潜在的毒力相关氨基酸（R13和R15）处，亚群1所有毒株均与标准的美洲强毒株（VR-2332株）一致。而亚群2所有毒株则与疫苗毒株（Respp PRRS/REPVO）一致。从地理分布位置来看，亚群1主要集中在我国的东南沿海地区。

2. 不同地区的病原学检查情况

⑴江西省动物疫病防控中心检查26个发病猪场送检的病料，检出蓝耳病与猪瘟混合感染占54%、蓝耳病与猪瘟和传染性胸膜肺炎混合感染占23%、蓝耳病与圆环病毒2型感染和伪狂犬病混合感染占15%。

⑵湖北省动物疫病防控中心检查31批发病猪场送检的病料，检出蓝耳病占80%、猪瘟占42%、圆环病毒2型感染占19%、多病毒与多细菌混合感染占87%。

⑶河南省动物疫病防控中心从发病猪场送检的病料中，检出蓝耳病占40%、猪瘟占7.9%、伪狂犬病占25%、圆环病毒2型感染占11%、弓形虫病占59%、附红细胞体病占18%，少数病料中检出有细小病毒和链球菌等。

⑷华中农业大学从送检的121份病料中检出大肠杆菌占30.6%、链球菌占14.9%、副猪嗜血杆菌占7.4%、巴氏杆菌占1.7%、沙门氏菌占2%、大肠杆菌与巴氏杆菌混合感染占1.7%。

⑸另据报道，从256份病料中检出大肠杆菌占59.5%、链球菌占29.1%、副猪嗜血杆菌占6%、巴氏

杆菌占2.7%、沙门氏菌占2%。

从上述检验报告来看，由全国各地送检的高热病病料中蓝耳病阳性率检出最高，如湖北占80%，河南占40%。由此可见，引发猪高热病的主要病原为蓝耳病病毒，但不是唯一元凶。因为不同地区的病料检验结果显示出多病原的混合感染与继发感染，如湖北省检出多病毒与多细菌混合感染占87%，江西省的病料检出结果也证明了这一事实。在临床上也常见蓝耳病与猪瘟或圆环病毒2型感染或猪伪狂犬病或猪流感等混合感染，并继发链球菌2型、多杀性巴氏杆菌、副猪嗜血杆菌、支原体、胸膜肺炎放线杆菌、沙门氏菌、大肠杆菌以及附红细胞体病或弓形体病等。除外，有的地区在发生典型高热病的病猪群中没有检测到蓝耳病病毒的存在，而检出了其他病毒与细菌或寄生虫等，这就有力的表明猪高热病是由多种病原混合感染与继发感染而引起的一种急性热性传染性疾病。故病名定为猪高热综合征较为科学。既然高热病是由多种病原所引发，蓝耳病病毒不是唯一病原，并且在已检出的蓝耳病病毒中有相当多的不是变异毒株。

（二）应激因素

1. 低温环境　管理不当，寒冷突然袭击，风吹雨淋、贼风侵袭，猪舍防寒不良，阴暗潮湿，过于拥挤，饲养不佳、营养不良、长途运输，使猪体质下降，抵抗力减弱，天气突然变化，忽冷忽热，使机体对环境的适应性降低，特别是上呼吸道黏膜防御机能减退，致使呼吸道内的常在菌得以大量繁殖而引起发病。特别是感冒由于寒冷侵袭所引起的，以上呼吸道黏膜炎症为主症的急性全身性疾病，临床上以体温突然升高、咳嗽、羞明流泪和流鼻涕，呼吸加快为特征，本病无传染性，多发生于气候多变的早春和晚秋，仔猪更易发生。是当前猪高热病的起始因子，北方地区秋末冬初舍内温度长期持续性低下猪体尚能维持的临界温度下群体已患气管炎的情况下一旦气侯突然急剧急剧下降，猪舍保温性能不佳，舍内温度亦相应下降时。

2. 高温环境　南方的6～10高湿条件下，引起体温过高，初期升高后的体温仍在猪体温临界点可调解范围之内，但舍内温度长期持续性维持高温环境下，对于肥胖动物的猪便是一种不良的强应激因素，初期临床上出现体温39～40.5℃，此时呼吸、心律增加，饮欲增加，食欲不振，增重降低。进一步发展机体免疫功能亦降低，尤其是呼吸系统更为显著，致使呼吸道内的常在菌得以大量繁殖而引起发病，出现以呼吸道为主的高热综合征。

二、流行病学

1. 易感猪群　多发生于13~25周龄的生长育肥猪，本病主要发生于通风降温条件较差的小型猪场，而且以外采苗猪为主，自繁自养的猪场较少见。各种年龄、各种品种、不分大小和性别都可感染发病。所不同的是，去年夏天，种公猪和繁殖母猪发病死亡较多，而去冬今春则主要表现为保育猪的严重感染死亡，成年种猪和育肥猪虽有发病，但死亡明显减少。

2. 流行季节　本病以2006年夏季在我国中南部的发生最为严重在以后的秋冬季节迅速向西、北方各地延伸，2007年春天该病除了在2006年发生过该病的一些老疫区重新抬头外，在一些新疫区也出现流行。从流行季节上看，该病一年四季均可发生，但危害程度和传播速度较去年夏季有所减缓。

3. 流行范围　流行范围广，发病地区多。到目前为止，该病已在我国的10多个省市出现流行，流行范围已涉及我国的东、西、南、北、中各地。

4. 猪场规模　大、中、小猪场以及农户散养猪均有感染发病。

5. 流行特征　具有突然性，几天内全群猪先后发病。发病率较高，有的几乎100%发病，病死率较高，一般为50%，有的可以达80%以上。本病复发率较高，约占10%，土猪比良种猪容易康复，治疗效果更好一些。

本病与近几年全球气候异常有关是肯定的，但要进一步调查核实。

三、临床症状

（一）临床症状共同特征

临床症状共同特征是持续高热，表现出各自病原所致临床症状的一部分症状，由多种病毒细菌混合感染引起机体功能代谢变化的错综复杂，其临床特征应是猪传染病临床症状的综合征。流行初期因持续病毒血症则病猪体温40℃以上的高烧持续7～21天，种猪病程长达20天以上，严重呼吸系统障碍症状、心血管系统、肝、脾、肾脑重要器官功能衰竭，初期出现病毒血症，或菌血症；最后发展为败血症或败血性休克而死亡。

很多猪只眼睑水肿，鼻炎严重，常有多量鼻液流出，有的猪只皮肤发红，粪便是有的拉干有的拉稀。临床上有一个很奇特的现象就是后肢站不起来，经检查又没有发现关节肿大等腿病。咳嗽现象多见，但喘气并不是特多。猪只死亡前全身或局部会突然发紫或发绀。

流行初期，少数猪只出现精神不振，离群，头低下，眼无神，行动迟缓，全身无力，喂饲时前去饲槽只吃几口即退出回原地躺卧，此时有腹式呼吸。测温时体温均在40℃以上，此时才认定猪发烧了，随后2～3天迅速传播至大部分猪，体温升高至40～41.5℃，病猪精神沉郁，采食量下降，病重患猪，食欲废绝，嗜睡、呕吐、拉稀、流鼻涕、呼吸困难。

持续几天高烧不退的病猪，时而有喝感站立行走到饮水器笼头处饮水，只饮水几次又回原地躺卧。

皮肤变化：初期发病猪全身呈现深浅不一彩红样，似潮红颜色，身体各部都可出现上述变化，耳尖、耳部、耳后、颈前、中、后部、胸腹部、腹下部、背部、臀部、前后肢由上向下部、肢端等部皮肤均可出现先是充血然后变淤血；有时可见各部程度不同范围大小不一的出血点斑及出血坏死灶。有的见臀部、腹部、后肢皮肤出血严重，有的耳朵、四肢远心端出现黄豆大小纽扣状坏死；后期上述各部呈现蓝色；有的出现紫斑。

病猪呼吸系统症状尤为明显严重，病猪呼吸困难，喜伏卧，部分猪出现严重的腹式呼吸，气喘急促，有的表现喘气成呈不规则呼吸；部分患猪流鼻涕，打喷嚏，咳嗽，眼分泌物增多，出现结膜炎症状；部分猪伴有腹泻。病猪耳后耳缘发绀，腹下和四肢末稍等身体多处皮肤有斑块状、呈紫红色，多数发病猪在腿部有小型扣状的溃疡或结痂。发病猪群死亡率很高，有的猪场高达50%以上，其中以保育肥猪最为严重。如母猪发病，在怀孕后期（100～110天）出现流产、死胎。

病程稍长的病猪全身苍白，出现贫血现象，被毛粗乱，部分病猪后肢无力，个别病猪濒死前不能站立，最后全身抽搐而死。

流行过程中出现个别猪只突然死亡，多为原发的肺、心、肾、肝等有严重慢性疾患，作者在2007年5月在华南某猪场曾剖检空怀母猪，肺是坏死性肺炎。

该场主要是断奶仔猪发病，高烧不退、稽留、体温41.5～～42℃，病程5～7天，经积极对症治疗，死亡率约40%，发病猪中有一定比例表现血性眼屎，痊愈后成为“熊猫眼”，病程长不能好转的病猪多以全身发绀，不能站立，衰竭而死亡。因其发生在夏季，又以高烧不退为主，在不明病因的情况下，当时，被称为夏季猪“高热病”。

（二）当前主要疾病临床症状

开始有个别猪发热，随后迅速传播至整个猪群，病猪体温升高至40～41.5℃，部分病猪皮肤变红或出现小红点。患病猪气喘急促，咳嗽，眼结膜潮红。部分母猪出现流产，死胎现象。如用退热药连续治疗后，部分猪全身苍白，黄色腹泻，致死率可高达50%以上。

1. 猪流行性感冒　是一种急性、高度接触性传染病，发热，有支气管炎症状，寒战，皮温不均，畏寒怕冷；流泪，鼻流清涕，精神沉郁；呼吸增数，肺泡呼吸音增强。肌肉关节疼痛。冬季前后暴发流行，传播迅速，突然发病，病程短促，发病率高，死亡率低。

2. 猪瘟　该病在目前规模化猪场经常发生，各种年龄的猪都易感，发病率和死亡率都高；高热稽留，脓性结膜炎，先便秘后腹泻，粪便有纤维素性黏液、恶臭，有黏液或带血；皮肤有不规则红斑，按压不褪色；咳嗽、喷嚏、呼吸困难，厌食、呕吐，震颤、运动失调，淋巴结肿大，公猪包皮积尿。心内外膜点状出血，肺点状出血，回盲瓣处有扣状溃疡，淋巴结肿胀，切面大理石状，脾脏不肿大，边缘出血性梗死，胆囊和膀胱黏膜有出血斑点。多数是由于免疫接种不合理造成。作者在2007

年5月在华南某猪场曾剖检慢性猪瘟胃的扣状溃疡。

3. 蓝耳病 1995年从加拿大引进的种猪分离到PRRS病毒，1995年底华北地区猪场暴发，1996～1998年我国出现流产风暴。1998年后，总体比较平稳缓和，呈零星暴发，猪群的生产性能下降。猪瘟、伪狂犬、附红细胞体、链球菌、断奶多系统衰竭综合征、呼吸道疾病发病率上升，母猪发情障碍、滞后产现象增多。

国际上分美洲型和欧洲型毒株，我国分离到的毒株都是美洲型，还没发现欧洲型毒株。感染该病毒后，出现毒血症，7天达到高峰。急性期1～6周，持续感染6～12周。急性期后，中和抗体水平上升，T细胞分泌干扰素上升，中和抗体抵抗急性感染，干扰素解决持续感染。病毒在血液中存活28～90天，肺组织小于28天，精液4～12周。目前，蓝耳病免疫机制不十分清楚，感染初期先天性免疫应答微弱，细胞免疫不明显，中和抗体免疫滞后，死苗免疫作用微弱，活疫苗可较快减轻病毒血症。在疫病状态下，活苗用于紧急接种反应快，可明显缩短排毒时间，缩短病毒血症和持续感染时间，减轻肺组织病变，缩短病毒在脏器的存留时间，提高全群的免疫力，抵抗野毒感染，杜绝流产风暴，减轻呼吸系统综合征的病情，减少继发感染。

冬春季节多发，可通过多种途经传播，呼吸道是该病的主要感染途经，无临床症状而带毒猪可以传播本病，并可垂直传播。感染猪场在没有继发感染的情况下，猪群一般不会出现临床症状。哺乳仔猪感染率最低，保育猪次之，育肥猪、母猪和后备猪高。感染来源主要是：公猪精液、引种带毒、猪射针头、进入猪场的人和物、蚊蝇传播、运输车辆。

少有急性表现，以慢性、亚临床性为主（繁殖与生产性能下降，猪难养，易闹病）；散发性晚期流产（冬春季节易出现初产母猪繁殖障碍和晚期流产，经产母猪不时出现流产）；猪群持续性、隐性感染、带毒，很难清除；是导致呼吸道疾病突出的根本原因，是原发性感染的病原体；使免疫系统损害，免疫功能下降，易继发附红细胞体病、链球菌病、沙门氏菌病等，与其他病原（支原体、PCV2、猪瘟、伪狂犬、流感等）形成多重感染，影响猪瘟疫苗的免疫效果；感染公猪精液带毒，可通过受精传播该病。我国蓝耳病流行毒株已出现一些基因缺失的变易毒株，靠现有的疫苗来控制猪蓝耳病是不现实的。

4. 圆环病毒Ⅱ 猪圆环病毒自发现以来一直困扰着养猪业，造成了全球巨大的经济损失。该病毒可引发多种表症的疾病，如PMWS，PDNS，PRDC等。

猪圆环病毒（PCV）是德国专家早在1974年首先发现的。但是对猪血清猪圆环病毒Ⅱ型（PCV2）抗体所作的回顾性检测以及对猪组织样本所作的回顾性检测结果表明，PCV2抗体至少从1969年起就已经存在于猪群中了。在西班牙和英格兰自1986年就已经有定性散发病例。这些年PCV2与其他许多相关猪病综合征的报道时有发表。自1996年以后，PMWS和其他PCV2相关的猪病在全球都被确认，诚然PCV2与PMWS的联系是结论性的，而PCV2在其他综合征中的作用需要进一步澄清。现公认的PCV2可引起仔猪断奶后多系统消耗综合征（PMWS）。PCV2感染与猪的繁殖障碍及早期（断奶）和晚期呼吸道综合征有关；猪皮炎及肾病综合征、肠炎等也与猪圆环病毒感染有密不可分的关联；并且，已经证明PCV2还大量存在于增生性和坏死性肺炎患猪体中。感染猪圆环病毒可致免疫缺陷。

5. 猪伪狂犬病 怀孕猪感染常发生流产或死胎；3～4月龄以上猪感染表现为类似流感的症状，高热，呼吸困难，流涕，咳嗽，有上呼吸道炎症和肺炎症状，有时腹泻、呕吐、食欲不振，几天内可恢复，一般呈良性经过。20日龄以内的仔猪常常表现为神经败血型，高热，呕吐，腹泻，具有明显的神经症状，发病猪常常出现麻痹，大多以死亡转归。仔猪发病率、死亡率均高。

6. 猪乙型脑炎 中热持续不退，通过带毒媒介昆虫传播，有明显的季节性，8～9月为发病高峰；大多发生于初产母猪，常常突然发病。粪干，附有灰白色黏液；尿黄，后肢麻痹，关节肿疼；母猪流产，死胎或木乃伊胎，胎儿大小相差很大；公猪一侧或双侧睾丸肿大，以后萎缩、变硬。流产胎儿脑水肿，脏器有出血点。

7. 猪丹毒 主要侵害架子猪，常呈地方性流行，体温高达42～43℃，皮肤上出现方形、菱形或圆形凸起的紫红色疹块，指压后褪色，病程急短。急性型表现寒颤、减食或有呕吐，肺充血、水肿，肾肿大、出血，关节肿大、发炎，心内外膜有出血点。慢性病例心内膜有菜花样赘生物，或出现多发性、慢性关节炎症状。作者在2007年5月在华南某猪场曾剖检肾典型贫血性梗死的慢性病例。

8. 猪肺疫　发病急剧，食欲废绝，黏膜发绀，口鼻流出泡沫液体，有脓性眼屎，先便秘后腹泻。最急性病例表现为急性咽喉炎，颈部高度红肿，湿热而坚硬，极度呼吸困难，咳嗽，有时呈犬坐姿势，皮肤有小点出血。心内外膜有出血点，肺出血、水肿、气肿，表面和切面有红灰色的肝变区，切面呈大理石状（2008年初作者曾在华北某地诊断）。

9. 急性败血性链球菌病　多发生于仔猪或架子猪，呈散发性或地方流行性，发病急，传播快，经过短，体温42～43℃，腹下、四肢下端、耳尖等末梢部位紫红色、有出血点，具有神经症状和跛行表现。剖检血凝不全，脑、脑膜和脊髓膜均有出血点或斑，全身淋巴结肿大呈红黑色，腹腔及心包腔积液。

10. 急性败血性副伤寒　多发生于仔猪或架子猪，散发或地方性流行，与降低抵抗力的诱因有关。体温升高到41～42℃，耳根、前胸、腹下有紫斑；先便秘后下痢，呈灰黄色，粪便恶臭，有时粪中带血。呼吸困难，迅速衰竭死亡，慢性病例见下痢消瘦。剖检可见大肠有典型的溃疡或弥漫性坏死，肠壁增厚，肝、淋巴结有干酪样坏死。

11. 钩端螺旋体病　一年四季均可发生，但夏秋季节多发，地方流行性；幼龄猪多发。微热、厌食、便秘、血尿或呈茶色，有浆液性鼻漏，头颈部乃至全身浮肿，可视黏膜黄染，妊娠后期母猪流产和死胎。皮肤常有坏死灶，皮肤黏膜黄染，肝肿大呈黄褐色，肾表面有灰白色小病灶，肠系膜淋巴结肿胀，肺脏有出血斑，心肌切面横纹消失。

12. 猪弓形体病　任何年龄均可发生，中热，结膜发绀，耳下、下腹部、下肢等处皮肤上有紫色斑，鼻漏，呼吸困难，呈腹式呼吸或犬坐姿势，初便秘，后期下痢恶臭；湿咳，有神经症状，后期衰竭、死亡，母猪流产。全身淋巴结肿胀，切面外翻多汁，胸、腹腔积液，肺萎缩不全、水肿，肾皮质小点出血。

13. 猪蛔虫病　2月龄猪易感乳猪感染后常引起蛔虫性肺炎，5天后开始咳嗽、体温升高、卧地不起、呼吸急促、呕吐、消瘦、贫血。剖检肠道可见多量蛔虫。

14. 猪肺丝虫病　仔猪易感，呈地方性流行。感染后，常诱发急性支气管肺炎，咳嗽剧烈，呼吸急迫，行走摇摆，体温上升，日见消瘦。剖检可见肺内有大量的丝虫。

四、病理变化

不同地区发病猪只的病理变化有一定的差异，与混合感染病原种类有关，应根据现地剖检猪只病理变化的客观事实定出病理解剖学诊断。据万逐如报道（2007），病变表现在肺部，呈现弥漫性间质性肺炎的变化，肺脏肿大，间质增宽，有淤血和小出血点；有的肺呈橡皮状，有的肺的尖叶和心叶有肉样实变，有的肺呈大理石样变化，严重的有化脓灶；气管内有较多的泡沫状分泌物。胸腹腔有多量淡黄色积液，有的还有少量纤维素性渗出，个别的猪肺浆膜与胸膜或心包纤维素性粘连，呈现胸膜肺炎的变化。肝脏肿大，颜色变淡，有的呈土黄色，有的有灰白色坏死灶，胆囊肿大，充满胆汁。脾脏肿大，部分病例边缘有梗死灶，有的边缘有针状的出血柱。肾脏有的肿大、苍白，有的有针尖大出血点。部分病例心外膜、心耳、喉头黏膜和膀胱黏膜有出血点。个别猪胃底黏膜出血、溃疡。全身多数淋巴结水肿、出血，部分猪呈周边出血。病理组织学检查发现脊髓中央管、中脑导水管及单核细胞胞质呈蓝耳病病毒强阳性反应，说明分离的变异毒株对脑组织有较强的亲嗜性。初步将变异毒株定为高致病性病毒株。

另据郑洁（2007）报道：剖检病死猪全身出血，身体部分地方尤其皮表、肢体远端出血，有的四肢、耳尖出血最为严重。有的见臀部、腹部、后肢皮肤出血严重，有的耳朵、四肢远心端出现黄豆大小纽扣状坏死；耳朵出血，有的呈现蓝色；有的出现紫斑。解剖时发现全身淋巴结肿大，肺部感染严重，有的肾脏有坏死斑。有时还会发现心包积液或胸部腹部有渗出液或粘连。

⑴淋巴结变化：淋巴结出血。所有的猪只的淋巴结都有出血的症状，有的腹股沟淋巴结、肠系膜琳巴结出血严重；有的腹般沟琳巴结只是肿大，无出血现象；但是所有猪的肺门淋巴结出血，大理石外观为本病的特征之一。

⑵有的病死猪只心壁上有出血点，有的出血甚至形成片状；有的在心脏的冠状沟处有胶冻样坏死：实验室感染发病时间较长的病例，心脏质硬。

⑶肝脏变化不明显，少数猪肝表面有纤维素性渗出物，在肝脏表面布满白色、圆形的荚膜；有的有针尖大的出血点；有的胆囊充盈。

⑷有的病猪脾脏肿大、质脆；有的脾脏边缘出血；肾脏肿大、出血，急性型死亡的病例，可见到肾脏上布满大小不一的、弥散形的出血点，呈现雀斑肾。

⑸胃肠道出血，大肠壁有出血点、出血块。多数发病猪的胃黏膜层发生不同程度的溃疡，有的胃的黏膜几乎全部脱落，在胃黏膜脱落处充血、出血严重，大部分猪在幽门部有大小不一的干酪样痂状物质。部分猪只的大肠浆膜出血严重，肠系膜出血，肠系膜琳巴结充血、肿大出血。

⑹弥散性间质肺炎，肺肿状、硬变；肺边缘发生弥散性出血，有的有类似于支原体肺炎的症状，在心叶和尖叶上出现肉变、胰变和出血现象；有的肋面和膈面上有较多的棕红色出血灶，出血灶大小不一，有的大如核桃，有的只有针尖大小；有的发生萎缩，苍白色，缺乏弹性，部分肺有硬块。

最急性型：肺肿胀，切面外翻，肉眼可以观察到间质增宽；无论在肺脏的肋面和腹面，均可以见到从针尖大小到核桃大小不一的综色或暗红色的出血点或出血块，心叶和尖叶可以见到肉变、胰变，不过肺脏的弹性较好。

急性型；从发病到死亡时间较长的病例，肺脏的变化较为明显，肺的弹性减弱，出血点或出血块呈现暗红，略显陈旧，发生肉变和胰变的区域明显增多。

亚急性型：从发病到死亡时间长的病例，肺的变化更明显，肺脏颜色变白，肺脏几乎没有弹性，大部分地区肺泡塌陷、萎缩，有的地方出现块状突起，触之较硬。

在一些病例的内脏器官中发现有线虫等寄生虫存在。

据高娃，祝永华，郭龙宗，曲立新报道（2007）：

⑴剖检变化

死亡猪：肾脏颜色稍变黄，表面弥漫散布着针尖大小的出血点，外观类似麻雀蛋。

肺脏呈暗红色，表面有不规则的深红色出血斑。淋巴结表现为被膜及被膜下暗红色与深层灰白色淋巴组织相间的大理石样外观。心肌内膜条索状出血，其他脏器没有见到肉眼可见明显的病理变化。

濒死猪：淋巴结肿大，被膜紧张，切面隆起、湿润，被膜下和沿小梁出血的黑红色条斑与灰白色淋巴组织相间，使淋巴结切面呈大理石样外观。

肺脏有3种表现：

①肺脏表面可见针尖大小的出血点，深层组织未见明显变化。

②表面可看到形状不规则的大小不等的暗红色的出血点或斑，在切面可观察到同样变化，边缘部呈土黄色并富含水分。

③表面可见形状不规则的黄豆粒至花生大斑点状暗红色出血点，肺脏质度变硬，横切面可见肺脏间质增宽、颜色变浅、小叶轮廓清晰。

肝脏表面呈土黄色与暗红色相间，可看到不规则的出血、淤血灶。

脾脏整个呈暗红色，自横切面可见含血量较高，有的脾脏边缘部位可见暗红色梗死灶。

肾脏表面土黄色，肾盂出血。心耳表面密集针尖大小的出血点，深层组织未见明显异常。

脑沟徊间可看到明显的充、出血。个别猪扁桃体呈苍白色，

在皮肤表面可见黄豆粒大小、圆形出血灶，切面见出血灶波及真皮。

⑵病理组织学变化

死亡猪：淋巴结固有组织轮廓尚存，低倍镜即可见淋巴小结的生发中心淋巴细胞严重缺失甚至产生空洞，髓质内的淋巴细胞数目也较少，高倍镜下

可见生发中心和髓质内的淋巴细胞变性坏死消失，小梁内毛细血管及毛细血管后静脉内皮细胞破坏、血液漏出、周围发生炎症反应。肺脏失去正常结构，肺泡壁毛细血管充血、肺泡上皮细胞变性坏死脱落至肺泡腔内，肺泡腔内有大量浆液蓄积并有少量红细胞和炎性细胞共存，间质中血管内弥漫性凝血。肾小管肿胀管腔狭窄、上皮细胞变性坏死、崩解脱落，甚至有的肾小管坏死消失，肾小球上皮细胞增生。脑内神经元不同程度萎缩、变性、坏死，表现为退行性变化，肝脏和心肌未见明显的病理组织学变化。

濒死猪：淋巴结皮质内淋巴小结生发中心内淋巴细胞轻度变性坏死，固有结构遭受破坏、细胞崩解破碎形成大小不等、形状不一的坏死灶，坏死灶内有较多的红细胞，坏死灶周围血管扩张、充血、淤血并可见巨噬细胞浸润，淋巴窦扩张，髓质内毛细血管淤血充血，其中可见大量巨噬细胞浸润。肺脏出现典型的间质性支气管肺炎病变，细支气管黏膜上皮增生并形成皱褶，支气管周围间质内大量淋巴细胞和成纤维细胞增生，叶间静脉和肺泡壁毛细血管淤血、充血，肺泡壁增厚，肺泡腔内有脱落的上皮细胞和炎性细胞，有时可见少量的红细胞。肝细胞脂肪变性、空泡变性，胞浆内含有大量脂肪滴，肝索变细，中央静脉和肝窦状隙扩张可见大量红细胞、少量淋巴细胞、单核巨噬细胞蓄积。大脑表现为典型的非化脓性脑炎的病变，血管内大量红细胞蓄积，血管周围2～3层淋巴细胞环绕呈现袖套现象，胶质细胞增生，神经元变性坏死，小脑分子层内也可见到管套现象，同时可见较多的出血灶。脾脏实质细胞坏死明显，在白髓和红髓均可见大面积坏死灶，其中多数淋巴细胞和网状细胞已坏死，鞘动脉上皮细胞变性坏死，脾索细胞肿胀、变性、坏死、崩解。肾脏皮质和髓质充血、出血，肾小球毛细血管充血，肾球囊扩张，肾小球周围间质血管充血，肾小管上皮细胞发生颗粒变性和脂肪变性，不同程度坏死脱落，肾小管的管腔内可见蛋白性物质和少量红细胞，局部可见坏死灶。心肌无明显病变。

死亡猪和濒死猪的共同特点是：坏死性淋巴结炎，间质性肺炎，非化脓性脑炎，出血性肾炎。

农业部组织有关单位对猪“高热病”进行科技攻关，证实猪“高热病”是由高致病性猪蓝耳病（猪繁殖与呼吸综合征变异毒株）引起的。

我们观察到的大体病变与国内一些专家学者对“高热”病的描述基本一致，传统的猪繁殖与呼吸综合征的大体病变仅局限于呼吸系统和淋巴器官，其他组织器官的病变较轻微。

通过病理组织学观察我们发现在发生本病后，全身淋巴结、脾脏的淋巴组织严重坏死，淋巴滤泡、生发中心、胸腺依赖区的淋巴细胞严重减少，单核-巨噬细胞增多，细胞免疫机能降低，这必将引起病猪的抵抗力下降，易导致其他疾病的继发感染，遗憾的是没有对扁桃体这个重要的淋巴器官进行取样分析。

切片中可见肝、肺、淋巴结、肝、脑、肾普遍存在充血，淤血，血管通透性增高，实质细胞不同程度变性，从该病的病理组织学观察可见该病可使组织损伤极为严重，病猪可能因脏器功能衰竭而亡，由此可见猪“高热病”可严重危害猪群健康，应加强对该病的防控。

白挨泉等对猪繁殖障碍与呼吸道综合征的组织病理学研究发现在肝细胞和淋巴结巨噬细胞内出现核内包涵体，在本病例中各器官组织及巨噬细胞内未发现有核内包涵体出现。

在淋巴结、脾等淋巴器官内单核-巨噬细胞增多，内生性致热源白细胞介素-1主要由单核-巨噬细胞产生，发病热机理是否由于单核-巨噬细胞增生而产生内生性致热原白细胞介素-1尚有待进一步研究。

五、发病机制

临床症状以持续高热提示有一个共同的感染因子在起作用。这个感染因子可导致猪发生高烧，且会发生免疫抑制。而且感染性传播性非常强。

（一）发热概述

1．正常猪基础体温 哺乳类动物都具有相对稳定的体温，以适应正常生命活动的需要。正常猪基础体温（直肠温度）相当稳定，维持在38.7～39.8℃，均值39.2℃；体温的日波动范围有明显的个体差异，可介于0.19～1.39℃之间。早上为最低点，其最大值为37.2℃，下午4～6点为最高点，最大值为39.8C。

2. 体温调节 在体温调节中枢的调控下实现的。体温调节的高级中枢位于视前区下丘脑前部（preopticanteriorhypothalamus，POAH），而延髓、脊髓等部位也对体温信息有一定程度的整合功能，被认为是体温调节的次级中枢所在。另外，大脑皮层也参与体温的行为性调节。至于体温中枢的调节方式，目前大多仍以“调定点”（setpoint，SP）学说来解释。

3. 体温升高 俗称发热（fever），是指恒温动物在致热原的作用下，体温调节中枢的调定点上移而引起的调节性体温升高，并伴有机体各系统器官功能和代谢的改变。体温上升超过正常值的0.5℃，通称为发热，发热是临床常见的疾病症状之一，也是许多疾病所共有的病理过程，特别是感染、炎症及伴有组织损伤的疾病常见的临床症状。发热是在致热原的作用下使体温调节中枢的调定点上移而引起的调节性体温升高。

4. 体温升高分类 体温升高不超过40℃为低热；39.9～40.5℃为中等热；40.5～41℃为高热；超过42℃为过高热。许多疾病常是由于早期出现发热而被察觉的，因而它是疾病的重要信号。

5. 发热的意义 发热是由发热激活物作用于机体，激活产内生致热原细胞产生和释放内生致热原（endogenous pyrogen，EP），再经一些后继环节引起体温升高。

发热不是独立的疾病，而是大多数疾病的共同症状；有些疾病发热时有其特殊的变化规律（热型），可为疾病的诊断提供一定依据。体温或热型的变化往往反映病情的变化，对判断体内病变动向，药物疗效和疾病预后均有重要参考价值。由此可见，发热不但是一种基本病理过程，在临床诊疗和病例分析中是一项不可忽视的重要指症。当前国内东、西、南、北、中各地猪场流行的感染性疾病，以病毒为主因多种病毒细菌混合感染的综合征，共同特点是临床症状表现为持续高热。各家看法不一，本文在此对发热基本理论简述如下，对疾病诊断、治疗、预防具有一定意义。

（二）发热的病因及机理

发热激活物的概念：传统上把能够引起恒温动物发热的所有物质统称为致热原（pyrogen）。致热原是指具有致热性或含致热成分且能直接作用于体温调节中枢的物质。可是，有些物质并不含有或未经验证含有致热成分，但能引起动物机体发热。因此，致热原的概念有待进一步完善。根据来源不同，致热原可分为外致热原和内致热原两种。目前已知，并非所有致热原都能直接作用于体温调节中枢引起发热。大多数外致热原（感染原）和体内某些产物，主要是激活产内生性致热原细胞，使其产生和释放内生性致热原，后者再通过某种方式引起发热。因而认为，凡作用于动物机体直接或间接激活产内生性致热原细胞，使其产生和释放内生性致热原（endogenous pyrogen，EP）的各种物质，为激活物（activator）或发热激活物（fever activator）。

1. 病毒感染 是猪常见的传染病，病毒常见的有流感病毒、猪瘟病等病。无论是局限性病毒感染或全身性病毒感染，以及各种病毒疫苗的免疫接种。最主要的症状就是发热。给动物静脉注射病毒在引起发热的同时循环血中出现EP；将白细胞与病毒在体外一起培育也可产生EP。病毒是以其全病毒体和其所含的血细胞凝集素致热。流感病毒尚含有一种毒素样物质，也可引起发热。反复注射病毒也可导致动物产生耐受性。

2. 细菌感染

⑴革兰氏阳性菌：此类细菌感染是谓见的发热原因。主要有猪丹毒杆菌、疸杆菌、葡萄球菌、链球菌、李氏杆菌等。这类细菌除了全菌体致热外，其代谢产物也是重要的致热物质，如葡萄球菌释放的可溶性外毒素，A族链球菌产生的致热外毒素等。

⑵革兰氏阴性菌：典型菌群有大肠杆菌、沙门氏杆菌、巴氏杆菌等。

这类菌群的致热性除全菌体和胞壁中所含的肽聚糖外，最突出的是其胞壁中所含的脂多糖（LPS），也称内毒素（enootoxin，ET）。ET是最常见的外致热原，耐热性高（干热160%，幼才能灭活），一般方法难以清除，是血液制品和输液过程中的主要致热性污染物。

3. 其他微生物　有分枝杆菌、真菌、螺旋体等。动物和人的原虫病一般都伴有发热。疟原虫感染人体后，其潜隐子进人红细胞并发育成裂殖子，当红细胞破裂时，大量裂殖子和代谢产物（疟色素等）释放入血，引起高热。猪等动物的附红细胞体病（病原为立克次氏体）、弓形虫病均表现为高热。衣原体病也是常见的热性病。

4. 内生致热原　所有能够产生和释放EP的细胞都称之为产EP细胞，包括单核细胞、巨噬细胞、内皮细胞、淋巴细胞、星状细胞以及肿瘤细胞等产EP细胞在发热激活物的作用下，产生和释放的能引起体温升高的物质，称之为内生致热原。

内生致热原的种类：

(1)白细胞介素-1（interleukin-1，IL-1）：是由单核细胞、巨噬细胞、内皮细胞、星状细胞及肿瘤细胞等多种细胞在发热激活物的作用下所产生的多肽类物质。

(2)肿瘤坏死因子（timornecrosisfactor，TNF）：是重要的EP之一。据报道，多种外致热原，如葡萄球菌、链球菌、内毒素等都可诱导巨噬细胞、淋巴细胞等产生和释放TNF。TNF也具有许多与IL-1相类似的生物学活性。TNF也有两种亚型：TNFα和TNFβ。

(3)干扰素（interferon，IFN）：是一种具有抗病毒、抗肿瘤作用的蛋白质，主要由白细胞所产生，有多种亚型，与发热有关的是IFNa和IFNγ。提纯的和人工重组的IFN在人和动物都具有一定的致热效应。

(4)白细胞介素-6（interleukin -6，IL-6）：是由单核细胞、成纤维细抱和内皮细胞等分泌的细胞因子，FT、病毒、IL-1、TNF、血小板生长因了等都可诱导其产生和释放。由于IL-6能引起各种动物的发热反应，也被认为是EP之一，但作用弱于IL1和TNF。此外巨噬细胞炎症蛋白-1（macrop hageinflammatoryprotein-1，MIP-1）、白细胞介素-8（interleukin-8；IL-8）、以及内皮素（en-dothelin）等也被认为与发热有一定的关系。

5. 内生性致热原的产生和释放　EP的产生和释放是十分复杂的细胞信息转导和基因表达的调控过程，包括产EP细胞的激活和EP的产生及释放。动物机体内能够产生和释放EP的细胞统称为产EP细胞，主要有单核细胞、巨噬细胞、淋巴细胞、星状细胞、内皮细胞及肿瘤细胞等。上述细胞在发热激活物的作用下，即被激活，从而启动EP的生物合成。目前认为，LPS以两种方式激活产EP细胞。在上皮细胞和内皮细胞，LPS首先与血清中的LPS结合蛋白（lipopolysaccharide binding protein，LBP）结合形成复合体，LBP将LPS转移给可溶性CD14（sCD14），使其形成LPS-sCD14复合物，然后再作用于细胞受体，使产EP细胞活化，在单核巨噬细胞，LPS与LBP形成复合体后，再和细胞膜表面的CD14（mCD14）结合，形成三重复合体，从而启动细胞内激活。较大剂量LPS可直接激活单核巨噬细胞，使其合成和释放EP。另外，LPS的信号传入细胞内可能需要跨膜蛋白Toll-like receptor（TLR）参与。TLR将信号经类似IL-1受体活化的信号转导途径，使核转录因子（NF-kB）活化，IL-1、TNF、IL-6等细胞因子的基因表达增强，合成EP，随即释放入血。

（三）发热的体温调节机制

1. 内生性致热原的作用部位　视前区下丘脑前部（preopticanteriorhypothalamus，POAH）是体温调节中枢的高级部位，次级部位于脑干和脊髓。关于EP如何从脑毛细血管进入神经组织内，特别是POAH，目前认为可能有以下两种途径。

(1)下丘脑终板血管区神经元的作用下丘脑终板血管区（organum vasculosum Laminae terminalis，OVLT）位于第三脑室壁视上隐窝处。EP通过有孔毛细血管，作用于血管外周间隙中的巨噬细胞，使其激活，然后释放介质如PGE，介质再作用于OVLT神经元（与POAH相联系），或弥散通过室管膜血脑屏障的紧密连接，直接作用于POAH神经元。

(2)EP的直接作用EP也可能通过血脑屏障直接作用于POAH神经元而引起发热。

2. 内生性致热原的作用方式（发热的中枢调节介质）　由静脉注入EP后，总要经过一段时间才使体温升高，表明EP需通过某种方式启动体温调节机理才能引起发热反应。

研究认为，EP不但通过中枢性正调节介质启动升温机理，使POAH的热敏神经元发放升温信息，并到达效应器官，使产热过程大于散热过程，引起中心体温上升；而且也通过中枢性负调节介质作用于脑腹中隔区（ventral septal area，VSA）和中杏仁核（medical amygdaloid neucleus，MAN）等，启动限温机理，产生某种信息或效应，限制体温升高。因此，发热是体温上升的正调节和限制体温上升的负调节共同作用的结果。

发热时体温的正调节。EP到达下丘脑后，首先通过释放某些中枢发热介质启动正调节机理，使体温调节中枢的“调定点”上移，引起发热。前列腺素（prostaglandin，PG）。PGE可能是重要的中枢发热介质之一，介导EP引内生致热原的产生和释放：内生致热原的产生和释放是一个复杂的细胞信息传递和基因表达的调控过程。这一过程包括产EP细胞的激活、EP的产生和释放。

3. 发热时体温调节的方式及发热的时相 调定点学说认为体温调节类似于恒温器的调节，在体温调节中枢内有一个调定点，体温调节机构围绕着这个调定点来调控体温。

调定点的正常设定值在37℃左右。发热时，来自体内外的发热激活物作用于产EP细胞，引起EP的产生和释放，EP再经血液循环到达颅内，在POAH或OUT附近，引起中枢发热介质的释放，后者相继作用于相应的神经元，使调定点上移。由于调定点高于中心温度，体温调节中枢对产热和散热进行调整，从而把体温升高到与调定点相适应的水平。

在体温上升的同时，负调节中枢也被激活，产生负调节介质，进而限制调定点的上移和体温的上升。这是机体的自我保护功能和自稳调节机制，具有极其重要的生物学意义。发热持续一定时间后，随着激活物被控制或消失，EP及增多的介质被消除或降解，调定点恢复到正常水平，体温也相应被调控下降至正常。这个过程大致分为三个时相。

（四）发热的经过及机体的功能代谢变化

1. 发热经过 多数发热尤其是急性传染病和急性炎症性发热，其临床经过大致可分为三期。

(1)体温上升期（fevescence period）：又称升热期，为发热的第一阶段。其特点是体内产热超过散热，体温开始迅速或逐渐升高。这是由于正调节占优势，体温调节中枢的“调定点”上移，血液温度低于“调定点”的温度感受阈值，变成了“冷刺激”，中枢对“冷”信息产生应答，经交感神经至散热中枢，引起皮肤血管收缩、血流降低，散热减少；同时，产热器官功能及物质分解代谢均增强，出现寒颇，产热增强。此期体温上升的程度，取决于体温调节中枢新“调定点”的水平。体温上升的速度与疾病性质、致热原数量及机体的功能状态等有关。如炭疽、猪瘟、猪丹毒等体温升高较快，而非典型腺疫体温上升较慢。患病动物呈现兴奋不安，食欲减退，脉搏加快，皮温降低，畏寒颤栗，被毛竖立等临床症状。

(2)高温持续期（persistent febrile period）：又称高热期，为发热的第二阶段。其特点是体内产热与散热在较高水平上保持相对平衡，体温持续在较高水平上。这是因为体温已上升达到新“调定点”阈值，不仅产热较正常增高，散热也相应加强。此时患病动物呼吸、脉搏加快，可视黏膜充血、潮红，皮肤温度增高，尿量减少，有时开始排汗。病情不同，高温持续时间长短不一，如猪传染性胸膜肺炎时，高热期可长达2～3周，而流行性感冒的高热期仅为数小时或几天。

(3)体温下降期（defevescence period）：又称退热期，为发热的第三阶段。其特点是散热超过产热，体温不断下降。这是由于引起发热的原因被消除，体温调节中枢的“调定点”逐渐回到正常水平，血液温度高于“调定点”的感受阈值，产热减少和散热增强的结果。此时患病动物体表血管舒张，排汗显著增多，尿量亦增加。体温下降的速度，可因病情不同而不同。体温迅速下降为骤退（crisis）；体温缓慢下降为渐退（lysis）。高温骤退伴有心功能不全，往往是预后不良的先兆。

2. 热型 将疾病过程中不同时间测得的体温值标在体温单上，所连接起来的具特征性的体温动态变化曲线，称为热型。根据体温升高的程度可分为：低热、中热和高热型；根据体温升降的速度可分为：骤发和骤退型以及缓发和渐退型。根据体温的升降程度、速度和持续时间可分为以下各型。

(1)稽留热（continued fever）：此型的特点是，高热持续数日不退，一昼夜间体温变动范围不超过1℃，见于急性猪瘟、急性猪丹毒、流感、大叶性肺炎等。

⑵弛张热（remittent fever）：此型的特点是，体温升高后，一昼夜间体温变动范围超过10℃以上，但体温不降至正常，见于支气管炎、败血症等。

⑶间歇热（intermittent fever）：此型的特点是，发热期与无热期有规律的交替，即高热持续一定时间后，体温降至常温，间歇较短时间而后再升高。

⑷回归热（recurrent fever）：此型的特点与间歇热相似，但无热的间歇期较长，其持续时间与发热时间大致相等。

⑸消耗热（depletive fever）：又称衰竭热。此型的特点是，长期发热，昼夜温差变动较大可达3～5℃，见于慢性或严重的消耗性疾病，如脓毒症等。

⑹短时热（temporary fever）：此型的特点是，短时间发热，可持续1～2h至1～2天。

⑺不定型热：发热持续时间不定，体温变动无规律，体温曲线呈不规则变化，属于不定型热。常见于许多非典型经过的疾病，如慢性猪瘟、慢性副伤寒、慢性猪肺疫。

3. 发热时机体的功能和代谢变化

⑴发热时机体的功能变化：

①中枢神经系统功能变化。发热初期，中枢神经系统兴奋性增高，动物出现兴奋不安等临床症状。高热期，由于高温血液及有毒产物的作用，中枢神经系统呈现抑制。在小猪，高热比较容易引起抽搐（热惊厥），这可能与小猪中枢神经系统尚未发育成熟有关。升热期和高热期，交感神经系统兴奋性增强；退热期，副交感神经兴奋性相对增高。

②心血管功能变化。在发热的第一、第二期，由于交感神经—肾上腺髓质系统活动增强及高温血液作用于心血管中枢和心脏的窦房结，引起心率加快（体温每上升1℃，心率约增加18次，幼年动物可增加得更快），心肌收缩力加强，心输出量增多，血液循环加速。但在严重中毒，心肌及其传导系统受损，迷走神经中枢受到刺激或脑干发生损伤时，体温升高不仅不伴有心率加快，反而呈现心率变慢。在升热期，由于外周血管收缩，血压略升高。退热期，因副交感神经兴奋性相对增高，随着体温下降，心率逐渐减慢、减弱。另外，外周血管舒张大量排汗和排尿，可引起循环血量减少和血压略降。若血管过度舒张和血压明显下降，可导致休克，多预后不良。发热时呈现心律不齐，可能与中枢神经系统紧张性改变以及心肌传导系统损伤或不同部位中毒有关。

③呼吸功能变化发热时，由于高温血液和酸性代谢产物蓄积，刺激呼吸中枢，引起呼吸加深加快。后者不但有利于散热，而且可增加氧的吸入，但随着时间的延长，可能导致呼吸性碱中毒。长期高热，由于呼吸中枢兴奋性降低，出现呼吸浅表甚至周期性呼吸。

④消化功能变化发热时，交感神经兴奋性增高，消化液分泌减少，消化吸收功能降低，引起食欲减退或废绝，口腔黏膜干燥。胰液及胆汁合成和分泌不足，可致蛋白质、脂类消化不良。由于胃肠蠕动减弱，肠内容物发酵和腐败，可诱发臌气、秘结，甚至自体中毒。

⑵物质代谢变化：体温每升高1℃，基础代谢率提高13%。发热时物质代谢加快，物质消耗明显增多。由于发热时消化吸收功能障碍，机体营养物质摄入不足。如果持久发热，营养物质没有得到相应的补充，病猪就会消耗自身的物质，导致消瘦和体重下降。此外，发热时，由于物质代谢和各系统功能的改变和障碍，各实质器官在形态上也常出现营养不良性变化，如细胞肿胀、脂肪变性等。

①糖代谢发热时由于产热的需要，能量消耗大大增加，因而对糖的需求增多，糖的分解代谢加强，糖原贮备减少。尤其在寒颤期糖的消耗更大。发热时交感神经兴奋，甲状腺素和肾上腺素分泌增多，使肝糖原和肌糖原分解加强，血糖升高（体温急剧上升时明显），有时出现糖尿。但在机体衰竭、饥饿或患慢性消耗性疾病时，由于糖原贮备减少或耗尽，血糖升高不明显或不升高。发热时由于耗氧量和基础代谢率增高，相对氧供给不足，引起有氧氧化障碍，而糖无氧酵解过程加强，结果血液和组织内乳酸增多。

②脂肪代谢发热时由于糖原储存减少或耗尽，脂肪分解明显加强，脂库中的脂肪大量消耗，机体消瘦，血液中脂肪及脂肪酸含量增加（脂血症），

如果脂肪分解加强伴有氧化不全时，则出现酮血症及酮尿。

③蛋白质代谢发热时，随着糖和脂肪的分解加强，蛋白质分解也增强，在感染性发热时尤为显著。发热时，首先肝脏和其他实质器官的组织蛋白分解加强，其次肌蛋白分解，血浆蛋白也减少。由于蛋白质分解加强，血中非蛋白氮增多，并随尿排出。持续发热时，由于蛋白质消耗过多和摄入不足，可致蛋白质性营养不良，实质器官及肌肉出现萎缩、变性，以至机体衰竭。

④盐及维生素代谢高热期，水和钠在体内潴留，尿量及尿钠减少。退热期，由于排汗及排尿增加，体内储留的水和钠大量排出，有时可引起脱水。此外，发热时，因组织分解加强，血液和尿内钾含量增多，磷酸盐的生成和排出增多，长期发热可导致缺钾。长期发热时，由于参与酶系统组成的维生素消耗过多，加之摄入不足，故常发生维生素缺乏，特别是B族维生素及维生素C缺乏。发热时由于氧化不全产物如乳酸、脂肪酸和酮体等增多，可引起代谢性酸中毒。

⑶酸中毒：在许多疾病或病理过程中，由于缺氧、发热、血液循环障碍、病原微生物作用或饥饿引起物质代谢紊乱，导致糖、脂肪、蛋白质分解代谢加强，使体内乳酸、丙酮酸、酮体、氨基酸等酸性代谢产物增多，可引起代谢性酸中毒。在兽医临床上常见的是乳酸性酸中毒和酮血症性酸中毒。当动物发生剧烈腹泻、猪传染性胃肠炎、猪流行性腹泻、轮状病毒感染、沙门氏菌性肠炎、霉菌性胃肠炎、大肠杆菌性肠炎、球虫病等疾病过程中，大量碱性肠液排出体外或蓄积在肠腔内，造成血浆内碱性物质大量丧失，酸性物质相对增多。

猪发生流行性乙型脑炎、李氏杆菌病时，均可损伤或抑制呼吸中枢。高热病时发生呼吸系统综合征时；出现各种类型肺炎时，导致肺脏呼吸面积减少，肺水肿、肺泡内透明膜形成、肺纤维化，造成呼吸膜增厚，换气过程发生障碍。这些因素均可导致CO_2在体内蓄积，而发生酸中毒。当发生心功能不全时，造成全身性淤血，CO_2的运输和排出障碍，引起血浆中H_2CO_3原发性升高。血液循环障碍。酸中毒可引起脑、心机能的改变。

①中枢神经系统机能的改变。酸中毒尤其发生代偿性酸中毒时，血浆pH降低，神经细胞内氧化酶活性降低，引起氧化磷酸化过程受阻，ATP生成不足，脑组织能量供应减少。血浆pH降低时，脑组织中谷氨酸脱羧酶活性增高，使γ-氨基丁酸（γ-aminobutyricacid，GABA）生成增多，后者对中枢神经系统具有抑制作用。由于脑内能量供应不足，加之抑制性氨基酸GABA增多，患畜表现精神沉郁，感觉迟钝，嗜睡，甚至发生昏迷。

②呼吸性酸中毒产生的高浓度CO_2能直接引起脑血管扩张，颅内压升高。此外，CO_2分子为脂溶性的，能自由透过血脑屏障，而$NaHCO_3$是水溶性的，不容易透过血脑屏障，故脑脊髓液pH值降低较血浆更加明显。因此，呼吸性酸中毒引起的脑功能紊乱比代谢性酸中毒时更为严重。有时可因呼吸中枢、心血管运动中枢麻痹而使动物发生死亡。

③酸中毒产生的大量H^+可竞争性地抑制Ca^{2+}与肌钙蛋白结合，同时也影响Ca^{2+}内流和心肌细胞内肌浆网释放Ca^{2+}，从而抑制心肌兴奋——收缩偶联，使心肌收缩力降低，心输出量减少，容易引起急性心功能不全。

④酸中毒常伴发高血钾。血清钾浓度升高可使心脏传导阻滞，引起心室颤动、心律失常，导致急性心功能不全。

（五）发热时的防御功能改变

抗感染能力的改变：一些研究表明，有些致病微生物对热比较敏感，一定高温可将其灭活。一定高温也可抑制肺炎球菌。许多微生物生长繁殖需要铁，EP可使循环内铁的水平降低，因而使微生物的生长繁殖受到抑制。已有试验证明EP能降低大鼠血清铁并增加其抗感染能力。高热能提高动物的抗感染能力。发热时，某些免疫细胞功能加强。豚鼠的白细胞最大吞噬活性分别在38～40℃和39～41℃。发热还可促进白细胞向感染局部游走和包裹病灶。也有报道提示，中性粒细胞功能在40℃时加强，巨噬细胞的氧化代谢在40℃时明显增加。有资料表明，发热可降低免疫细胞功能，降低机体抗感染能力。前者如发热可抑制自然杀伤细胞（NK细胞）的活性；后者如人工发热可降低感染了沙门氏菌大鼠的生存率，提高内毒素中毒动物的死亡率等。

应以一分为二的观点分析发热的生物学意义。发热具有双重性，有利也有弊。在某些病理情况下，一定限度（如中等程度）内的发热，能够增强机体单核巨噬细胞的吞噬功能，促进淋巴细胞转化，加速抗体的生成，增强肝脏的解毒功能等，有助于机体对致病因素（特别是病原微生物）的消除，因此，发热可被视为机体对致病因素的一种防御适应性反应，这是发热对机体有利的一面。但是，当体温过高或持续发热时，由于体内物质分解代谢增强，营养物质消耗过多，加之摄入不足及酸性代谢产物蓄积或酸中毒，各器官系统功能障碍，特别是各实质器官呈现的营养不良性变化，可使机体消瘦和抗病能力降低，这是发热对机体不利的一面。因此，在疾病过程中，既要看到发热对机体有利的一面，又要看到其不利的一面，必须根据具体情况，采取适当措施，既不能盲目地不加分析地乱用解热药，也不应对高热或长期发热置之不理。

六、治疗

治疗关键是发病第一时间的疾病属于哪一种，不能乱用疫苗紧急预防接种来干扰体液免疫及细胞免疫应答状态，而破坏了原猪群中抵抗已接种疫苗的免疫力，而雪上加霜。从改善饲养管理环境入手加强护理，坚持疗程。当前病毒性疾病（猪瘟、口蹄疫、蓝耳病、圆环病毒病、伪狂犬病、传染性胃肠炎、流行性腹泻等病毒性传染病）也越来越复杂，往往伴有细菌病并发或继发感染，给养猪业带来巨大经济损失。

临床用过很多药物都治疗无效。

许多报道治疗效果不佳，发病猪使用了替米考星、泰乐菌素、青霉素、链霉素、阿莫西林、磺胺类药物等抗生素以及复方安基比林、安乃近等退热药，治疗效果不理想，体温暂时下降，但往往在第4～5天体温又上升到原来的水平（因是混后感染），抗生素药物基本上不能降低发病猪的病死率，有时反而加速了发病猪的死亡速度。

基本的常规的预防措施及加强饲养管理仍是控制猪病的根本保证；另一方面，虽然病毒性疫病难以对因治疗，但对已发病的猪只的对症治疗、辅助治疗还是有必要做的；但不能乱用滥用抗生素。无论在预防上还是在治疗上，治疗的原则，中西结合，配合使用一些新技术产品等，临床实践证明还是有很大效果的。

1. 介绍有关报告资料供参考

⑴增强机体免疫力：可用黄芪多糖、鱼腥草、板兰根等增强机体抵抗力。

⑵抗病毒类药物：也可以试用r干扰素、转移因子来提高治疗效果。

⑶抗生素：由于本病一般多为混合感染，故要联合使用抗生素，如头孢类、替米考星类、环丙沙星、氧氛沙星、氛苯尼考等。

⑷补充液体：猪只的高热，导致采食及饮水减少或废绝，可以考虑在饮水是加入电解多维和口服补液盐（葡萄糖20g或蔗糖40g，氯化钠3.5g，碳酸氢钠2.5g，氯化钾1.5g。以上为1 000g饮水中的含量），以维持机体内环境的衡定。

⑸补充微量元素及多种维生素。

⑹血清学治疗：对病猪注射相应高免血清或耐过猪血清可能有一定的疗效。

⑺预防投药：发病前的预防投药对防治细菌病的协同感染有一定的作用，但多数猪场的经验表明，对病猪单纯以安乃近退热基本无效或疗效甚微。

⑻加强饲养管理改善环境。

关于给药途径：从理论上讲首先应是用快速起效的方法静脉注射，但因是群体发病，实施静脉注射不太现实，因此多用肌肉注射给药。首次药量要足，坚持疗程，剂量不足不但导致治疗失败，还可诱导病原微生物产生耐药性。应注意药物配伍以防药物不良反应，不良反应与用药物品种正相关。

据万遂如教授（2007）报道，防控猪高热病一年多来的临床实践证明，使用抗病毒、抗细菌、增强免疫力，清热解毒、保肝利胆、开胃润肠和泻火通便的中草药，并配合某些广谱抗生素，通过饲料或饮水添药，定期进行药物保健，可以有效地预防猪高热病与呼吸道病综合征的发生。

2. 介绍药物预防方案供参考选用

方案1：

1t饲料中加喘速治（含泰乐菌素、强力霉素、微囊包被的细胞因子。大连三仪动物药品有限公司研发）500g（发病时可增至700g），黄芪多糖粉600g，溶菌酶（水解酶）60～100g，连续饲喂12天。

方案2：

1t饲料中加氟康王（含氟苯尼考、微囊包被的细胞因子）400g（发病时可增至600g），黄芪多糖粉600g，板兰根粉600g，连续饲喂12天。

方案3：

1t饲料中加腾骏加康（含免疫增强剂）500g，强力霉素300g，连续饲喂12天。

方案4：

1t饲料中加5%爱乐新800g，强力霉素300g，黄芪多糖粉600g与板兰根粉600g，连续饲喂12天。

药物保健正常情况下可每月进行1次，病的高发季节或有疫情时，每月应进行2次，每次12天。

3. 关于猪高热病的治疗 临床上治疗本病难度很大，但决不是不治之症。如果早发现、早诊断、早治疗，用药对路、方案可行，药量足，疗程够，是可以治愈的。由于本病是由多种病原混合感染与继发感染而引起的，在临床上多见因发生病毒血症和细菌性败血症而引起急性死亡，故发病率与死亡率很高。因此，临床上治疗首先用药要侧重提高机体的整体免疫力，采用细胞因子疗法（应用重组细胞因子作为药物用于疾病的治疗的一种方法）与抗病毒疗法、抗细菌疗法和对症治疗相结合的综合方法进行治疗，方可收到满意的疗效。治疗方案推荐如下。

方案1：

上午：肌注排疫肽（高浓度免疫球蛋白，可中和病毒与细菌产生的毒素），每50kg体重1mL，重症加倍量，每日1次，连用2天；猪用转移因子（多核苷酸低分子多肽，属细胞因子的一种），每40kg体重1mL，重症加量，每日1次，连用2天；排疫肽与转移因子用生理盐水稀释后可混合一起肌注。或者用排疫肽与倍康肽（猪白细胞介素－4，每60kg体重1mL，每日1次，连用2天）配合使用。第三天改用肌注干扰素，每40kg体重1mL，用生理盐水稀释，每日1次，连用2天；同时配合肌注复方柴胡注射液或穿心莲注射液或板蓝根注射液等，每千克体重0.2mL，每日1次，连用4天。

下午：如果继发感染主要为链球菌病与弓形虫病，可肌注红弓链康注射液，每千克体重0.1mL，重症加量，每日1次，连用4天。如有附红细胞体感染，可改注复方三氮脒注射液，每千克体重0.1mL，每日1次，连用3天。或肌注二次血虫净，每千克体重5～7mg，用生理盐水稀释成5%溶液，分点肌注，每日1次，连用2次即可。同时配合肌注银黄注射液（黄芩、连翘、柴胡、金银花等提取物），每千克体重0.1mL，每日1次，连用3天，或者肌注复方强力霉素注射液，每日1次，连用3天。

方案2：

上午：肌注排疫肽与转移因子，或倍康肽，用法同上；第三天肌注干扰素，同时配合肌注清开灵（环球动物药厂）注射液，小猪15mL，中猪20mL，大猪25mL，每日1次，连用4天。

下午：肌注头孢噻呋（或头孢拉啶或10%氟苯尼考注射等），每千克体重5mg，每日1次，连用4天。对继发感染巴氏杆菌、放线杆菌和副猪嗜血杆菌及链球菌的病例疗效尚佳。

方案3：

上午：肌注干扰素，每40kg体重1mL，重病加量，每日1次，连用3天；同时配合肌注转移因子或倍康肽，用法用量同上；肌注灵芝多糖注射液，每千克体重0.2mL，每日1次，连用4天；或者肌注射干注射液（射干、佩兰、茵陈、蒲公英、金银花、板兰根、灵芝多糖、黄芪、党参等），每千克体重0.2mL，每日1次，连用3～4天。

下午：肌注双胆黄注射液（牛黄酸、金银花、胆汁、增食因子等），亦可用于溶解头孢类药物混合1次注射，每千克体重0.2mL，每日1次，连用3天。用于治疗多病毒与多细菌混合感染，高热不食病例，效果尚佳。

治疗中注意：

①所有的发病猪只不吃料时，应改饮电解质多

维加葡萄糖粉加黄芪多糖粉和溶菌酶，饮用7天。

②发病初期发高烧时不要盲目的大量注射退热药物，如安基匹林、安那近及安痛定等。退热药物使病猪体温下降过快可引起应激而造成突然死亡；同时退热药物能降低猪体自身的非特异性抵抗力，也可影响抗菌药物的敏感性，使疾病出现反复，因为病原体未消除。

③发病猪只先用药物进行治疗，临床治愈7天后，根据情况可补注1次缺注的疫苗，防止疾病反复；没有发病的猪群（假定健康群）用高倍量疫苗紧急接种后7天，还应有针对性地使用预防药物进行1周的药物保健。

4. 关于发病猪只病愈后的管理　农村养猪户发生高热病时，幸存下来的或者治愈后的生产母猪都给予处理，认为没有种用价值，害怕再次发病，造成更大的损失。实践证明这种做法是不可取的，2007年有不少猪场发生高热病，病愈后留下做种用的母猪，今年不但没有再次发病，而且生产性能尚佳。说明病愈后的母猪可以留种用，但要做好以下几项工作：

⑴首先要加强对病愈后的生产母猪的科学管理，特别要保证饲料优质与全价，使其尽快恢复体况，恢复生产性能。

⑵病愈后的猪只一般都可获得较长时间的免疫保护力，只要每隔5个月加强1次蓝耳病变异毒株灭活疫苗的免疫接种，即可使生产母猪常年保持高水平的免疫抗体，并获得坚强的抗病能力。

⑶每个月选用本文上述药物预防方案进行保健1次，并能坚持下去，就可使生产母猪常年保持稳定的健康状态。

⑷当妊娠母猪发病发生流产时，应肌注干扰素3天，每日1次；同时配合使用双黄连注射液溶解头孢噻呋钠肌注，每日1次，连用3天。可有效地消除病原，减少子宫内膜炎，阴道炎及乳房炎的发生，保持产道机能正常，有利于后期发情，配种与妊娠。

⑸病愈后的母猪发情时推迟一个发情期配种，有利于提高配种受孕率，保持母猪良好的生产性能。

七、高热病发病机制过程中休克的临床特征与意义

所谓的“高热病”就是主要由病毒性病为原发病而引起的多种病毒细菌混合感染性猪病。当前发生的猪高热病属传染病型败血症。

败血症（septicemia）是由于病原微生物引起的一种常见的急性全身性的病理过程。主要表现为血凝系统出现障碍，机体的各器官系统的功能明显降低以及全身衰竭，处于败血性休克状态，出现全身出血性素质变化，生命重要器官的组织细胞的变性坏死。

败血症过程中机体抵抗力出现瓦解状态，病原体的毒力和攻击力处于明显优势。是许多传染病过程中出现的共同的病理过程，或说是感染后出现的共同结局。

败血症常伴有菌血症、病毒血症、虫血症、毒血症的发生，但又与菌血症、病毒血症、虫血症、毒血症有所不同。

引起败血症的主要病原微生物是细菌和病毒，少数原虫如弓形虫、焦虫也可引起败血症。

高热病发病机制过程中出现休克而使发病猪大批死亡。科技工作者必须掌握对因多种病原微生物所致的休克发生发展规律。对认识休克的本质及临床上休克的防治均具有重要意义。高热病暴发初期体温持续升高不退，是病猪由于病毒感染时大量病毒粒子侵入血行首先发生病毒血症，此时为败血性休克初期，若继续发展为败血症时就成为不可逆性休克。因此高热病暴发初期应正确认识休克发病的基本规律，对休克的防治具有重要意义。

休克（shock）是指由于微循环有效灌流量不足而引起的各组织器官缺血、缺氧、代谢紊乱、细胞损伤，以致严重危及生命活动的病理过程。

微循环是指血液从小动脉流入小静脉之间的微细小血管部分，是血液与组织进行物质交换的部位。典型的微循环单位包括微动脉、后微动脉（中间微动脉）、毛细血管前括约肌、真毛细血管、微静脉和小静脉。有的微循环单位在微动脉和小静脉之间存在动静脉吻合支，后者的平滑肌受交感神经

支配，以β受体占优势，通常不开放，无血液通过。微动脉、微静脉和小静脉的平滑肌也受交感神经支配，但以受体占优势（骨骼肌和心脏的微血管平滑肌以α受体占优势）。故交感神经兴奋，肾上腺素、去甲肾上腺素、血管紧张素等使其收缩；组织胺、激肽等使其舒张。后微动脉和毛细血管前括约肌只受体液因素调节，肾上腺素、去甲肾上腺素、血管紧张素使其收缩，组织胺、激肽和局部代谢产物（如乳酸、腺苷等）使其舒张。真毛细血管的开放则由局部血管活性物质调节。

当代休克的概念是休克时有明显的微循环障碍（缺血、淤血、微血栓形成），组织器官的机能、代谢障碍与微循环动脉血液灌流量有关，而且微循环障碍往往发生在血压降低之前。休克初期因小动脉收缩，血压降低一般不明显或不降低，但微循环已经出现明显缺血。因此，认为无论何种原因引起的休克，微循环有效灌流量急剧减少，致使重要器官组织因缺氧而发生机能和代谢障碍，是各种休克共同的发病环节。因此休克治疗的主要措施是改善微循环，不应单纯追求提高血压。

微循环灌流量主要取决于微循环灌流压和微循环阻力。微循环灌流压降低或微循环阻力增大，均可导致微循环灌流量减少。此外，动静脉吻合支开放，血液从微动脉经动静脉吻合支直接流入小静脉时，也可使微循环有效灌流量减少。

弥散性血管内凝血（disseminate dintravascul ar-coagulation，DIC）是指在某些致病因子作用下引起的以血液凝固性增高，微循环内有广泛的微血栓形成为特征的病理过程。在此过程中，首先激活机体的凝血系统，使血液凝固性增高，在微循环内广泛形成微血栓；同时由于血浆凝血因子和血小板的大量消耗和纤溶系统的激活，使血液由高凝状态转变为低凝状态，导致出血。

1. 微血栓形态　网状的纤维素阻塞微循环内的血管，HE染色纤维素染成粉红色；PTAH染色纤维素染成天蓝色。

2. 微血栓形成　由于凝血系统被激活，血中凝血酶含量增多，导致微血管内微血栓形成。微血栓可在脑、心、肺、肾、肝、脾、淋巴结、胃、肠、皮肤以及各种腺体等组织器官的微血管内形成。

3. 继发症　出血与组织器官的细胞变性坏死，虽然DIC患畜典型的病理变化是微血栓形成，但出血是DIC时的一个重要而突出的表现，在临床上表现为许多组织器官严重的出血倾向，在皮肤、黏膜、消化道、呼吸道、泌尿道、肺、肝、肾等实质器官有点状或斑状出血。

高热病发生的休克是属感染性休克（infectious shock），感染性休克包括内毒素性休克（endotoxin shock）或败血性休克（septic shock）。

休克发生、发展的共同环节是微循环障碍，表现为微循环血液灌流量不足。

DIC不是一种独立性疾病，而是一个病理过程，它是很多疾病发生的一个中间机制。它很少以原发病的方式独立存在，常继发于其他疾患。一旦DIC形成，患猪可有出血、休克、器官功能障碍等败血症的临床表现；在治疗上难以奏效，往往以死亡告终。

（一）临床主要表现

病畜体温突然降低，血压下降，心跳加快，脉搏细弱，皮肤湿冷，可视黏膜苍白或发绀，静脉萎陷，尿量减少或无尿，反应迟钝，精神高度沉郁甚至昏迷；往往全身皮肤出血形式多样（点、斑），尤以耳、鼻及四肢末端部位皮肤变化多，且发凉。休克DIC，特别是急性DIC，常伴有休克。重度及晚期休克又可促进DIC的形成，二者互为因果，形成恶性循环。

休克时体内各器官的功能和结构都可能发生改变。

1. 脑　休克早期由于血液重新分布和脑血流量保持在正常范围，故脑的功能没有明显变化。随着休克的发展，有效循环血量不断减少，血压持续降低，脑组织因血液灌注量减少而缺氧，呈现抑制。此时患畜反应迟钝，反射活动减弱或消失，甚至昏迷。脑严重缺血、缺氧，尤其是脑循环内DIC形成，更加重了脑功能障碍。当大脑皮层的抑制逐渐扩散到下丘脑、中脑、脑桥和延髓的心血管中枢和呼吸中枢时，将不断加重休克，直至引起心跳和呼吸停止导致死亡。镜检海马神经元、小脑浦金野氏细胞和大脑皮质小、大锥体细胞层的神经元时，缺氧早期的变化是神经元胞浆内出现空泡，接着胞浆和胞核皱缩，随后胞浆暗淡、均质，胞核固缩。这些变化通常在缺氧后2～18h可以见到。最后，坏死的神经元消失，而神经胶质细胞反应在缺氧后24h即可出现，并在几天内变得更加明显。当缺血严重时，不仅引起神经元坏死，而且可导致脑梗死形成。这种贫血性梗死的眼观变化通常要在18～休克的防治均具有重要意义24h后才能看得出来，皮质的梗死区一般波及几个脑回，但也可能深及白质。镜检梗死区，除神经元和神经胶质细胞坏死外，还可见出血和小血管内微血栓。休克时脑缺血、缺氧和毛细血管壁通透性增高，还可发生脑水肿。

2. 心脏　一般休克早期可出现代偿性心功能加强，以后心脏功能逐渐出现障碍，至晚期则发生心功能不全，表现为心收缩力减弱、心输出量减少、心律加快或失常等。休克引起心功能不全的主要原因是：冠状动脉血流减少和心肌耗氧量增加导致的心肌缺血和缺氧；心肌代谢障碍、酸性代谢产物增多引起的酸中毒对心肌的损伤；胰腺缺血、缺氧产生的心肌抑制因子和感染性休克时内毒素对心肌的直接抑制作用等。剖检死于休克的动物，心脏常见的病理变化是心外膜出血、心内膜出血（尤其是左心室）和心肌纤维坏死。只有当坏死范围较大且时间较长时，眼观检查才能见到；多数只是在显微镜检查时才可发现心肌坏死，其形式包括心肌细胞溶解、凝固性坏死和收缩带状坏死（contraction band necrosis）。

3. 肺脏　休克早期由于呼吸中枢兴奋，呼吸加快加深。休克中、晚期，肺功能不全的发生首先是由于肺微循环障碍。随着肺微循环血液灌流不足的加剧，肺组织缺血、缺氧加重，酸性产物大量蓄积，导致肺毛细血管扩张、淤血和血管壁通透性增高，大量血浆成分渗入肺泡和肺间质，引起肺水肿和肺泡内透明膜形成，致使肺泡的通气和换气发生障碍，动脉血氧分压降低，二氧化碳分压升高。一旦DIC发生，不仅有肺内微血栓形成，而且其他部位的栓子还可随血流进入肺脏引起微血管栓塞。这将使有通气功能的肺泡毛细血管血流减少，形成死腔样通气。同时，肺的动静脉短路开放，大量肺动脉血未经气体交换直接进入肺静脉，更促使动脉血氧分压降低。肺功能不全的发生还与肺泡表面活性物质减少有关。休克时肺组织缺氧，肺泡壁B型细胞分泌表面活性物质减少，结果使肺泡表面张力增加，顺应性下降，引起肺萎陷。大面积肺萎陷可导致通气量与血流量比例失调，动脉血氧分压降低。休克时肺脏出现的上述功能和结构变化称为休克肺。

眼观，休克肺体积增大，重量增加，呈暗红色，富有光泽，质度稍变实，肺胸膜下常见出血点，肺脏充气不足，有时见局灶性肺萎陷，切面流出多量血样液体。镜检，肺淤血，肺泡内和间质水肿、出血，肺泡壁上皮细胞脱落，透明膜和微血栓形成。肺泡内透明膜被伊红深染，均质，附着于上皮已脱落的肺泡壁；电镜下见透明膜是由坏死的I型细胞的碎屑与纤维素以及其他蛋白质性物质混合组成的。

4. 肾脏　肾脏休克早期就可发生急性肾功能不全，主要临床表现为少尿或无尿。其发生机理如下：首先，休克动因引起交感肾上腺髓质系统兴奋，肾小球入球动脉收缩，肾小球血流量减少，滤过率降低。由于肾小球入球动脉压力下降、血流量减少可引起肾素释放增加，使肾素血管紧张素增多，致使肾血管进一步收缩，肾血流量更加减少，肾小球滤过率更低。其次，休克时血容量降低和血管紧张素增多，还可促进抗利尿激素和醛固酮分泌增多，使肾小管对钠、水的重吸收加强，结果尿液形成更少。休克中、晚期，由于血压不断下降，肾小球滤过压也进一步降低。随着缺血、缺氧逐渐加剧和内毒素等因素的作用，肾小管上皮细胞发生变性、坏死，血管内膜损伤，常可招致DIC。肾脏的这些变化将使急性肾功能不全进一步恶化，出现氮质血症、高钾血症和酸中毒等。剖检死于休克的动物，眼观检查见肾脏肿大，质度变软，切面上皮质增宽、色淡，髓质淤血呈暗红色。镜检，肾小球无明显改变，仅见肾小囊囊腔扩张；肾小管上皮细胞坏死、脱落是突出的病变，主要发生在远曲小管；肾小管内见透明管型或颗粒管型。少数病例可见皮质坏死，通常是两侧性，坏死可累及部分皮质或全层，范围小的仅包括几个肾小球及相关的肾小管，大的则眼观可见几乎皮质全层都坏死；可见坏死累及肾小球、肾小管和血管，在肾小球毛细血管内可见由血小板和纤维蛋白组成的微血栓。

5. 肝脏　肝脏功能障碍在休克早期就能出现，这是由于肝动脉血液灌流量减少和腹腔脏器血管收缩导致门脉血流量急剧减少，从而引起肝细胞缺血、缺氧性损伤。至休克中、晚期，肝内微循环淤血和DIC形成，加剧了肝细胞的缺血和缺氧。此时，肠道内有毒物质经门脉进入肝脏可直接损害肝细胞。肝功能障碍主要表现为解毒功能减弱、乳酸转化能力下降、对糖的利用障碍、蛋白质和凝血因子合成障碍等，这将加重酸中毒和自体中毒，使休克恶化。肝脏的病变在光镜检查时可见窦状隙扩张、淤血和肝细胞坏死。通常肝细胞坏死发生于小叶的中央区，有时也可扩大至中间区。

6. 脾

(1)眼观不肿大或肿大、出血等，多为各种急性脾炎变化。

(2)镜检在边缘区或红髓内出现微血栓。

7. 淋巴结

(1)眼观不肿大或肿大、出血等，多为各种急性淋巴结炎变化。

(2)镜检在皮质区、副皮质内毛细血管内出血或出现微血栓。

8. 胃肠

(1)眼观急性卡他性出血性纤维素性胃、肠炎症。

(2)镜检胃、肠在黏膜或微血管中出现微血栓出血，上皮细胞变性坏死。

第六节　母猪无乳综合征（Agalactia Syndrome of Sows）

母猪无乳综合征，又称泌乳失败（Lactation failure）、产褥热（Farrowing fever）、毒血症性无乳症（Toxaemicagalactia）和乳房炎－子宫炎－无乳综合征（mastitis–metritis–agalactia syndrome，MMA）等，其是一个遍及全球性的疾病，是产后母猪常发的疾病之一，其给养猪业造成了严重的经济损失，近十年来，尤其是在集约化养猪场，此病更加流行蔓延。其临床特征包括发病时间常为产后12～48h，母猪少乳或无乳、母猪厌食，精神沉郁、昏睡、发烧、无力、便秘、排恶露、乳腺肿胀、对仔猪感情淡漠等，但许多患非传染性无乳症的母猪产后乳房美观、肥厚，就是没有乳汁，病理解剖发现有些母猪乳腺有炎症，而有些母猪乳腺却很正常。当暴发此病时，由于仔猪饥饿，得不到初乳，易患传染病，因此，仔猪死亡率较高，此病对整个养猪业都产生重要影响。

MMA是以往用于此病的最常见称呼，其是根据母猪产后最明显的临床症状来命名的。但目前，许多学者认为MMA用做此病名称有些不妥，因为临床上发现许多泌乳失败的母猪并不发生子宫炎，大量阴道分泌物在产后1～3天的正常母猪中也可以观察到。此外，乳房炎也并不一直是导致泌乳失败的诱发因素，有许多无乳症母猪，其乳腺腺泡中并未发生白细胞浸润。乳房炎和无乳症可能同时发生，也可能分开发生。在同一个猪场的母猪中，甚至在同一个母猪的不同乳腺中都存在差异性，因此，MMA综合征应称为泌乳失败或无乳综合征最好。

一、流行病学

此病常发生于母猪产后1～3天内，以夏季为最多，室内产仔母猪高于室外产仔母猪，经产母猪高于初产母猪（分别为11.3%和4.3%），后部乳房有多发倾向。有人对美国Illinois州的88个猪场做了实地调查发现，在1%的猪群中所有产仔母猪都存在此病，在6%的猪群中，有50%产仔母猪患有此病，在54%的猪群中，此病呈散发，在38%的猪群中，此病一点也未发生。在Illinois的另一项调查中（26个猪场有21 536头母猪）发现，断奶前的新生仔猪有30.9%死于挤压，有17.6%死于饥饿，14.7%死于出生孱弱，3.9%死于传染性胃肠炎（TGE），14.5%死于其他病因，12.9%死于TGE以外因素引起的腹泻。实际上，饥饿导致的所有损失以及创伤，腹泻和孱弱所导致的许多死亡都与产后不久乳汁供应不足有密切关系。Missouri等对27 656头产仔母猪进行了调查，发现有13%母猪患有无乳症。患病猪虽然若干天后可以康复，但由于乳汁合成迅速下降，仔猪发生饥饿，甚至死亡。

二、病因及发病机理

关于母猪无乳综合征的病因，在文献中已经记载30多种，如应激、激素不平衡、乳腺发育不全、细菌感染、管理不当、低钙症、自身中毒、运动不足、遗传妊娠期和分娩时间延长、难产、过肥、麦角中毒、适应差等等，而其中以应激、激素失调、传染因素和管理营养四大因素为主因。

1. 应激 应激因素有由怀孕猪舍改换到产仔猪舍、湿度和温度的改变、妊娠末期母猪受到驱赶、日粮的改变、运输、噪音。母猪分娩（尤其是难产）、哺乳（仔猪牙齿叮咬）以及注射药物等，其中以分娩应激最为重要。有人认为无乳症的发生是由于应激使乳腺腔内贮留的乳汁被排出而导致垂体后叶分泌催产素（OT）受阻，或阻碍OT对乳腺上皮细胞的作用。另外，应激可降低甲状腺机能，使病猪的自然抵抗力减退。据观察，无乳症母猪与正常分娩母猪相比，肾上腺增大，而甲状腺则变小，甲状腺滤泡的高度下降。妊娠期内的胎盘类固醇增加或分娩时的胎盘类固醇消失，皆会造成肾上腺机能的不平衡。无乳症病猪的甲状腺因三碘甲腺氨酸的增加使甲状腺素浓度或游离甲状腺系数显著减少，妊娠期甲状腺机能下降与无乳症发生有关。可根据这个指标变化预测产后发生无乳症的可能性。产后发病的猪均有甲状腺重量和甲状腺滤泡细胞数减少的倾向。据测定，无乳症母猪血浆中皮质醇浓度增高，平均为21.5ng/100mL，而正常产后母猪为15.20ng/100mL；病猪甲状腺素浓度较低，为1.20～2.76ng/100mL，而正常猪为1.70～3.24ng/100mL。由此可见，病猪对应激敏感，导致肾上腺皮质机能增强，肾上腺皮质分泌的皮质醇又可抑制多形核白细胞的机能，从而成为乳房炎发病的一个原因。另外，大肠杆菌产生的内毒素，也能促进皮质醇的分泌，结果越发影响多形核白细胞的功能。

2. 内分泌因素 许多不是因乳房炎而引起泌乳失败的母猪，在产前头几天，其体循环中激素浓度、血液中各成分含量，以及总体和显微镜下解剖学特点都类似于同时期的正常母猪特点。即无乳症母猪产前激素和组织学特点类似于正常母猪产前的特点。但产后病猪和正常猪的这些特点却各不相同。

正常母猪血浆中17β-雌二醇（17β-E2）浓度在产仔前8天为40pg/mL，在产仔时升高到80pg/mL，产仔后24h迅速下降到20pg/mL左右，产后48h低于20pg/mL。而无乳症母猪的17β-E2在产后48h约为59.7pg/mL。从生殖激素功能上讲，雌激素结合生长素和肾上腺皮质激素可以促进乳腺腺管系统发育，孕酮和促乳素可促使腺泡发育，雌激素可以直接刺激垂体前叶的促乳素合成，也可间接刺激丘脑下部释放因子的分泌。自然性雌激素（如17β-E2）可以刺激ACTH合成，而睾酮和人工合成的雌激素（如乙烯雌酚）却可抑制ACTH合成。那么，无乳症母猪在产后17β-E2浓度比正常母猪的高，反而又发生无乳或少乳，这尚需要进一步证明。

无乳症母猪和正常母猪的血清和脑垂体促乳素（Pr）浓度也存在显著差异。患病母猪产后血清Pr浓度为71.8ng/mL，脑垂体Pr浓度为28.3ng/mL，而正常母猪产后两项Pr浓度分别为300.7ng/mL和70.8ng/mL，由此可见，Pr的释放和合成可能与泌乳失败存在密切相关性。

催产素（OT）是在哺乳刺激神经-激素反射后，由垂体后叶释放的。其功能在于引起乳腺腺泡外的肌上皮细胞收缩，而发生放乳。而肾上腺素可作用于腺泡的肌上皮细胞，阻碍OT的作用，此外，肾上腺素还可作用于高级中枢，阻碍神经-激素反射弧。未感染的乳腺经常无乳的原因尚不明，最近病理研究结果显示，大肠杆菌内毒素在注射后的几小时内能严重抑制动物体的催乳素，也许此结果可解释无乳现象。

腺泡内乳汁释放的失败会导致腺泡充盈，结果会导致乳糖从细胞间隙返回血液和淋巴。乳糖的渗透吸引作用会导致乳汁从腺泡吸收回血液和淋巴中，这将导致乳汁下降。

3. 营养及管理因素 消化系统紊乱以及某些饲养方法也与母猪无乳症有关。在妊娠期间过多饲喂的母猪易患此病，尤其是在分娩前不久变更饲料更易患此病。任何导致分娩时或临近分娩时食物吸收发生显著变化的管理方法都会促使此病发生。饲料突然改变，可严重导致胃肠道停滞。饲料纤维和颗粒的大小也可影响此病发生。有人经实验发现，在母猪产仔前7天，每日喂 2 次0.9kg精心磨碎的饲料，母猪在喂后第三天感染细菌，6个试验组中有5个发生无乳症。而对照组母猪饲喂粗略磨碎的饲料（内含骨粉），则未发生无乳症。还有人发现，若从日粮中急剧减少紫花干苜蓿食物时或完全停喂此食物时，可暴发此病。日粮中恢复紫花干苜蓿可预防此病。

Ellis等（1973年）报道维生素E和硒缺乏症可导致无乳症发生率出现一定程度的增加，因此，推荐向饲料中添加2万IU维生素E/t饲料。据报道，低血钙症也可引起无乳症，但通常这些缺乏症并不是无乳症的主因。产前给母猪饲喂过量甜菜也可引起此病。

目前，已证实被麦角污染的及镰刀菌污染的谷物可以引起母猪无乳症。母猪分娩时的便秘也可能是此病的病因，但尚未被证实。通过临床观察和实验发现，自发性无乳症和埃希氏大肠杆菌毒素诱导的无乳症母猪未发生便秘。病猪和正常猪从产仔前一天到产仔后二天排粪次数减少。病猪和正常猪的结肠和直肠粪便重量没有差异性。

母猪无乳症还受管理、环境及卫生状态好坏的影响。如果产房拥挤、噪音过高、地面潮湿、通风不佳、温度过高都可导致此病发生。

4. 传染因素　因乳房炎引起泌乳失败的病理生理学最为明显，最常导致无乳症的细菌是埃希氏大肠杆菌。Ringarp于1960年在55%的无乳症母猪中分离出此细菌。此细菌血清型较多，大约有60多种，均可引起此病。Lake等（1970）报道克雷伯氏杆菌也常与泌乳失败有关，此菌常产生于产房地板块和木板栏中，母猪通过接触感染。此外，β-溶血链球菌、葡萄球菌、肺炎杆菌、放线菌、产气杆菌、梭状芽孢杆菌、棒状杆菌、假单胞菌、支原体、霉形体等都可引起母猪泌乳失败。

在用套管把肺炎杆菌接种到母猪乳头管的发病试验中，接种4h体温升高，第二天出现所有症状。接种的病菌虽然不能从血液中分离出来，却能从乳房分泌液中分离出来。使用大肠杆菌进行无乳症的人工发病试验，也出现和自然发病相同的乳房炎症状。用支原体经鼻感染或静脉内接种，也出现与自然发病相同的子宫炎和乳房炎症状。上述细菌之所以能使母猪产生临床症状和无乳症，主要是通过其释放的内毒素而起作用的，目前，关于内毒素是否仅通过一般方式发挥作用，还是通过影响激素合成或功能发挥特异作用尚不知。

三、临床症状

患无乳综合征的母猪常常在分娩期间或分娩后不久有奶，其后乳汁合成和乳流完全或部分停止。母猪临床症状包括：母猪食欲不振，饮水极少，呼吸加快，心率加快，中枢神经系统受到抑制，常出现昏睡状况，体温升高，达39.5～41℃，若最初体温就高于40.5℃，往往随后出现严重疫病和毒血症。有的母猪不愿站立或哺乳。病猪粪便比正常母猪的稀少、干燥，但在多数病例中是否都存在便秘尚不清楚。其便秘的发生往往是由于厌食及不正常饮水所致，即使作为异常状况发生，对母猪食欲和泌乳量也影响不大。

泌乳失败的母猪最重要的临床症状之一，就是对仔猪感情淡漠，对仔猪的尖叫和哺乳要求没有反应。其仔猪因饥饿显得焦燥不安，总围绕母猪乱跑，或不断发出尖叫声，在乳房下寻找乳汁。有的仔猪围绕圈舍寻找食物，可能会饮地面的水或尿液，发生传染性腹泻。即使母猪允许哺乳，从剧烈的鼻音期到安静的放乳期都没有乳汁可以吸吮到。当泌乳失败转为慢性过程时，许多仔猪因饥饿和低血糖而表现孱弱、消瘦，甚至死亡。当仔猪变得消瘦伏卧在母猪旁边时，很容易在母猪起卧时被压死或踩死。许多患病母猪对仔猪表现出易怒症状，宁愿趴卧来抗拒仔猪哺乳。所以通过观察母猪与仔猪之间的相互关系，可以很容易判定母猪是否发生泌乳失败。

触诊患有乳房炎的母猪乳腺可发现一个或多个乳腺变硬，当疾病较严重时，整个乳腺复合组织（包括乳腺周围组织）变硬，肿大，触诊留有压痕。在有些母猪中，尤其是白皮肤的母猪中，皮肤发生变色，皮温升高，指压患病乳腺出现疼痛。患病乳腺乳汁分泌量下降，变黄、浓稠（含有碎片，有的呈水样），患病乳腺逐渐退化、萎缩。与乳腺疾病无关的无乳症母猪，除泌乳失败外，其他临床症状都不明显，关于这种无乳症的特征目前尚未被很好地介绍。

在产后母猪中，常见阴道分泌物即恶露。恶露通常与无乳症无关。有人推测此分泌物可能意味着生殖道疾病的发生。虽然有些产后母猪患有子宫疾病，但极少患有子宫炎。

四、血液学和生化学变化

在患有严重传染性乳房炎的病猪中，常发生白细胞显著减少，并带有变性左移。在中度病例中，出现白细胞增多和再生性左移。由于分娩应激和传染性乳腺炎的影响，血浆皮质醇浓度增加。肾上腺的抗坏血酸量以及血中嗜伊红白细胞数减少。血清白蛋白、血清白蛋白/球蛋白比减少，血糖值、钙和镁含量下降。红细胞数也减少。

患乳房炎的病猪乳中pH为7.0～7.8而正常猪在6.4～6.5之间，病猪乳中体细胞数为200万~2 000万/mL，而正常猪的低于200万/mL。

五、病理剖检变化

病理变化主要表现在乳腺和子宫上。

乳房肿硬，浮肿从乳房周围皮下扩展到腹壁。各乳房病理变化情况有多种，包括肉眼观察认为正常，到形成炎症病灶，明显坏死或初期脓肿。形成脓肿的乳房皮肤呈暗红色、切面有脓汁流出。乳腺小叶间可以看到浮肿。乳房的淋巴结因水肿充血——出血而肿大。从组织学观察看腺泡上皮出现大面积空泡变性、坏死或脱落。腺腔内有淋巴球、多形核白细胞、脱落的上皮细胞和细菌块。间质内的毛细血管充血水肿甚至在血管内含有血栓。淋巴腔内有很多的多形核白细胞、纤维素性渗出物和细菌块。

子宫松弛、子宫壁水肿、子宫腔内贮留有液体。组织病理学观察，可见到急性子宫内膜炎。卵巢小、卵泡数少、闭锁性卵泡多、生殖器官重量减少。

肾上腺因皮质机能亢进而肥大，重量增加，组织学上有退行性变化。甲状腺重量减少。脑下垂体重量不变，但组织学上有退行性变化。

值得注意的是，上述所介绍的病理剖检症状往往是针对乳房炎引起的泌乳失败母猪，而不患有乳房炎的泌乳失败却尚不能被解释。在大约30多种易感因子之间显然都存在着相互影响，如内毒素的吸收和内分泌功能的改变等。总之，所有易感因素都可被看成为应激。内分泌功能的改变能否刺激乳腺、子宫和肠道中内毒素的吸收，或内毒素的吸收能否引起内分泌量及功能发生改变尚需要进一步阐明。有些文章认为外源性内毒素并不改变循环血液中激素浓度。

六、诊断

根据患病母猪临床特点，结合血清生化学检测或病理剖检，诊断乳房炎引起的母猪无乳症并不困难。临床诊断的主要问题是如何区分传染性乳腺炎引起的乳腺急性肿胀或无乳与非传染性因素引起的急性肿胀或无乳。在第一产青年母猪中，最常发生的是非传染性因素所引起的无乳症，其特征是青年母猪乳腺充盈，并时常对仔猪发出哼哼声，但就是不能哺乳仔猪，这样的母猪全身症状正常，反应机敏，对催产素疗效敏感。有些母猪乳腺正常，并有乳汁充盈，但由于患分娩后精神病，表现侵略仔猪和紧张不安行为。

当仔猪接近母猪头部时，母猪后退，猛咬并发出嘈杂断续的鼻呼吸音。有些母猪咬伤仔猪，乳房虽有乳汁但不放乳。使用安定药或短暂全身麻醉，效果良好。有些母猪在头几天需要重复使用镇定剂，直到母仔关系建立为止。伴有乳腺增大的无乳症其他原因，包括遗传性乳头内翻，青年母猪在仔猪期间发生乳头坏死，造成瞎乳头。仔猪锋利尖锐牙齿可引起母猪拒绝哺乳仔猪。仔猪为争一个乳头而打架，因此引起乳头损伤，在临床检查时，症状比较明显。

伴发全身疾病的无乳症病因包括仔猪滞留、传染病如传染性胃肠炎和猪丹毒病等。乳腺缺乏发育的无乳症病因有麦角中毒，青年母猪发育不成熟以及遗传性乳腺发育不全等。

七、治疗

1. 新生仔猪 由于泌乳失败会导致新生仔猪出现营养不良，容易造成经济损失，因此，有必要选择其他方法来饲喂仔猪，直到患病母猪恢复泌乳为止。有时，让其他近来产仔的母猪接受泌乳失败母猪的仔猪是可能的。通常在产仔后头2～3天中，将仔猪转移到其他窝中没有多大困难。有时需要使被抚养仔猪具有寄养母猪的仔猪气味，可通过向寄养仔猪身上涂抹寄养猪胎盘分泌物或生殖道黏液，也可用较强气味的物质如气型消臭剂涂抹在寄养母猪身上。

如果寄养母猪不能接受孤儿仔猪，可饲喂商品配方或家用混合配方，如牛全乳与白果汁或蜂蜜混合，再加些奶油或植物油给仔猪。在第一周，每1～3h喂仔猪 1 次，以后每8～12h喂 1 次。每日饲喂的乳量应为仔猪体重的10%左右。注意不要把仔猪喂得过饱。如果仔猪发生腹泻，乳量应明显减少1～2天，口吸取或非肠道注射抗菌素。

在治疗期间，应把仔猪留在母猪身边，让他们吸吮母猪乳头以刺激母猪，有助于恢复母猪放乳，许多母猪在产后3～4天往往可以恢复放乳，因而，就可以中断其他方法重新改换母猪哺乳仔猪。

2. 成年或青年母猪 治疗母猪泌乳失败的目的就是尽早恢复泌（放）乳。目前，常用的治疗方法是催产素（OT）疗法，一日可肌注或皮下注射OT 30～40V，或静注OT20～30V可以促进放乳。必须注意在治疗期间，兴奋的母猪释放的肾上腺素可以阻碍OT效应。另外，OT的疗效半衰期极短，因而，若有必要可间隔3～4h重复使用OT。

据报道，皮质类固醇激素对治疗泌乳失败有一定效果，Ringarp（1960年）报道使用强的松龙可以使仔猪生存率提高7.6%，Noble（1972年）报道倍他米松结合其他适宜抗生素治疗有效，实际报告表明单独使用皮质类固醇似乎并不抑制此病或不提高恢复率，但把皮质醇与抗生素和OT联合使用，效果得以增强。

人工合成的雌激素，尤其是乙烯雌酚治疗此病效果尚佳，是通过促使母猪垂体促乳素含量升高而发挥作用的。

吩噻嗪衍生物安定药具有一些优点，一是它可使兴奋母猪镇静下来，二是它可作用于丘脑下部释放激素而产生生乳作用。Lewis等（1971年）报道氯丙嗪结合OT和抗菌素可以增加治愈率，减少治疗失败。

除激素疗法外，还可用温肥皂水毛巾按摩病猪乳腺，并用手每隔几小时挤奶10～15min，这样有助于降低肿胀和炎症，促进放乳。此方法还可以缓解乳腺疼痛，鼓励母猪哺乳仔猪。再用温水按摩乳腺的时候，可每小时重复肌肉注射OT。

对于因传染性乳腺炎引起的无乳症，可选用广谱抗生素治疗。如果一个猪群发生问题，可采集患病母猪乳样进行培养或做致敏试验，选择有针对性的抗生素治疗。已发现从乳腺中分离出的许多细菌对常用的抗生素产生耐药性。

八、预防

由于泌乳失败的许多致病因素都与应激有关，因此，要采取如何降低围产期应激症的综合管理措施。首先要把猪舍内噪音控制在最低限度。其次，控制母猪的兴奋性和产仔房内的湿度。第三，在围产期间应尽量避免产仔母猪日常生活发生突变。在产仔之前应尽早将母猪转移到产房，使他们能够适应新环境。

在产仔前一周应开始喂平衡的限制性饲料，一直持续到产后一周，在这期间，推荐每日饲喂2次质地粗糙的0.9～1.4kg饲料。以后逐渐增加饲料量，直到产后一周后，喂充足饲料。母猪应保持在较瘦程度，而不应过度肥胖。在产房期间，应用麦麸类代替一半日粮，以起到轻泻作用，防止发生便秘。在饲养过程中，应避免喂含有霉菌毒素且具有雌激素活性的饲料。在饲料中混合一些药物以预防乳腺水肿，促进排粪。使用的一些药物有：

⑴12份硝酸钾，4份乌洛托品，1份磷酸氢钙，混合，在产仔前后一周期间，每日喂2次（共28g），可抑制乳房充血，增加母猪食欲。

⑵在欧洲，使用4-4-甲氧苯-1.4羟丁酸可有利于排粪并抑制无乳症的发生，效果良好。

⑶在日粮中混入硫酸钠1.8kg/t乳日粮，可起到轻泻作用。

⑷在分娩前3～5天饲喂磺胺二甲嘧啶-甲氧苄氨嘧啶和磺胺塞唑可以降低产后乳房炎的发生率。

⑸有人推荐在母猪产后立即使用OT和广谱抗生素来预防乳房炎，但此方法还令人怀疑，有待进一步证实。

在妊娠母猪从干燥猪棚转移到产仔房头几天，应对产仔房进行全面清扫、消毒，在产仔前后1～2个月中应一直保持这样。利用高压喷雾法可以帮助清扫，消毒产房和其他设备。在把母猪转移到产箱以前，应给母猪全身刷洗一遍。在产仔前5天，给母猪使用多价细菌抗血清。

如果可能的话，在围产期间应每日让母猪运动。在实际生活中，由于母猪圈舍限制，要使母猪达到充分运动，似乎不切合实际。缺乏运动易导致肠蠕动下降，所以要使用轻剂量泻药加以预防。

在分娩前1～2天和分娩后2～3天，每早晚测母猪直肠体温，当母猪分娩后第一天下午或分娩后12～18h的体温高于39.4℃时，应进行预防性治疗，这样可做到早期发现，早期预防。用PGF2α诱导母猪分娩可以降低无乳症的发生率，关于其确切机制尚不清楚。一种可能的解释是：PGF2α可以增加血浆中促乳素（Pr）含量，而Pr是母猪正常泌乳所必需的。在许多地方大力推荐使用患猪淘汰法来预防此病。

第三章 猪应激综合征各论

猪应激综合征（porcine stress syndrome，PSS）是现代养猪生产条件下，猪受到许多种不良因素的刺激而引起的非特异性应激反应。最常发生于封闭式饲养或者肉联厂里饲养待宰的猪，肌肉发达的长白猪发病率最高。当前，世界各国都尽力改良猪品种，应用高能饲料，封闭式集约化饲养，使得猪的某些生物学特性受到破坏，易于发生各种应激综合征。猪应激综合征在国内外都广泛出现，对养猪业和屠宰业造成的经济损失极为严重，应引起广大兽医工作者的关注。

第一节 应激学说简介

“应激”（stress）是指机体受到内外非特异性有害因素的刺激所发生的机能障碍和防御反应。通过该过程，可调节机体内环境的相对稳定，提高对外环境适应能力。许多不同的致病因素如感染、中毒、创伤、高温、低温、电离辐射、噪声、运输、饥饿、缺氧、精神紧张、肌肉疲劳等都可引起应激反应，称为应激原或激原。1936年，加拿大学者塞里（Hans Selye）提出了应激学说，许多年以来，广大科学工作者对应激的临床表现、发生机理、预防和治疗都做了深入系统的研究。目前，在畜牧兽医研究与生产中，“应激”一词应用日益广泛，它的含义有时不是很精确地符合塞里的定义，比较笼统，泛指对家畜健康造成威胁的因素。因此有必要专门来叙述。

塞里认为，应激在本质上是一种生理反应，目的在于维持正常的生命活动和保证机体在遭受损伤或功能障碍之后恢复正常。所以，应激反应对机体有保护性作用的一方面。应激不一定是环境因素作用的结果，有时可由机体的功能增强所致。可以认为应激反应是动物机体在长期进化过程中所获得的适应性反应，如反应过强而引起动物机体代谢障碍，可发展为不可逆过程。一些正常功能可能是一种应激原，如运动时肌肉活动加强。

如果完全没有应激是不可能生活的。他认为应激与创伤或损伤是不同的。应激反应对机能是否带来不良的后果，与它的性质、作用的强度和时间有关，同时也与接受刺激的个体感受性和敏感程度相联系。机体对于不同性质、强度的应激原作出的反应是不一样的，而同一应激原作用于不同种属、品种、性别和年龄动物，由于个体的生理机能、物质代谢特点不一样，其反应也是有差异的。不同的动物对不同的应激原的作用所发生的反应的形式是不同的。但是，应激反应的病理生理基础是相同的。主要是交感－肾上腺反应和垂体－肾上腺皮质反应。前者表现为交感神经兴奋和肾上腺素分泌增多，后者则为腺垂体的促肾上腺皮质激素和肾上腺皮质激素分泌增多，以及神经垂体一些激素分泌功能的改变。其中表现最明显和具有主要意义的是糖皮激素的大量分泌及其产生的种种后果。

一般将应激反应分为三个阶段。

1．动员期　动物在应激原的作用下，出现各种损伤和抗损伤反应现象，但主要表现为损伤现象。表现为神经系统抑制，血压、体温下降，肌肉松弛，毛细血管通透性增高，胃肠黏膜溃疡损伤，组织分解代谢加强以及嗜酸性粒细胞和淋巴细胞减少等。抗损伤反应是肾上腺活动增强，循环血量增加，血压上升、血糖浓度升高以及嗜中性粒细胞增多等。此期内抵抗力下降，则可发生休克而死亡。

2. 抵抗期 是上述各种损伤与抗损伤反应的继续发展。通过各种应答反应，特别是限制各种过程反应后，克服应激原所造成的损害，机体可恢复内环境的稳定。否则，抵抗力继续降低，损伤反应逐步加强，则进入衰竭期。

3. 衰竭期 当应激原过强或作用时间过于持久时，机体抗损伤能力耗竭，肾上腺皮质变性、出血和坏死，糖皮质激素分泌显著减少，机体失去代偿能力，内环境的稳定受到致命的破环，动物将因衰竭而死亡。

适当的自然应激可以使机体逐步适应环境，提高生产性能。如果缺乏正常的应激，也会给动物带来不利的影响。如果应激过强或过久时，就会产生不利的影响。根据最近的研究结果，应激的本质在于限制各种防御活动的过强而对机体造成危害，是一种适应性调节。

应激时动物的各个系统、组织和器官在形态和机能方面都会发生异常。血液、尿液、酶、电解质、代谢产物、激素等都会发生变化。因此，可以用临床生化分析、病理组织学检查等方法测知动物的应激状况。

首先是交感神经－肾上腺髓质反应和下丘脑－垂体－肾上腺皮质反应。前者表现为交感神经兴奋和肾上腺素分泌增多，后者则为促肾上腺皮质激素（ACTH）和肾上腺皮质激素分泌增多，以及神经垂体激素分泌的改变。

交感神经－肾上腺髓质兴奋、儿茶酚胺分泌增加，大量进入循环血液中，动物心跳加速、呼吸加深加快、血糖和血压升高，氧化供能增加。通过这些变化可以动员机体潜在功能，应付环境的急剧变化，以保持内环境的相对恒定。

ACTH和糖皮质激素分泌增多是应激反应的主要特征之一。ACTH和糖皮质激素的长期分泌增多，对机体有很大破坏作用。可使血压和血糖升高，减慢和降低抗体的产生，免疫系统损伤，从而导致机体的防御能力降低。

儿茶酚胺作用于循环系统，可使心跳加快，心脏收缩力增强；外周小血管痉挛性收缩，血压上升，脑和冠状血管扩张、血流量增加。但是，微循环缺血，时间持久则将造成体循环衰竭而死亡。

外周血液在应激时，嗜中性粒细胞增多，嗜酸性与淋巴细胞减少，血小板的凝集性和纤维蛋白溶酸的活性增强。急性应激时，肾上腺变小，浅黄，出血。慢性应激时，肾上腺增生、肿大。肾上腺的病变也可以作为应激的指征。胃肠黏膜急性出血、糜烂或溃疡也是应激反应中的一种特征性变化。

应激时，醛固酮和抗利尿激素分泌增加，促进水和钠的重吸收，体内钠水潴留，少尿或无尿。血清钾、镁浓度降低，机体水肿。由于糖异生和蛋白质与脂肪分解作用的加强，血糖升高甚至糖尿。血液的pH也因乳酸的产生过多而极度下降。血液中的某些酶的含量也发生变化，如磷酸肌酸激酶（CPK）增高。

应激反应时的神经系统和内分泌系统的改变及其引起的形态结构和机能代谢变化，是研究各种疾病的非特异性反应的重要内容；应激反应是理解各种疾病的非特异性反应的理论基础。

许多畜禽疾病找不到特异性的病原，或者致病因素的特异性不强，其发病往往与应激的直接作用有关。

当前，畜禽生产条件下，应激原有几十种之多，但畜牧兽医生产实践中常见的有惊吓、捕捉或保定、运输、驱赶、过冷过热、拥挤、混群、过劳、斗架、噪音、电刺激、禁闭、地震感应、空气污染、强化培养、环境突变等等，创伤、感染、外科手术、麻醉、疫苗注射等也含有应激成分。

应激既有外因也有内因。内因主要通过各种动物对应激的敏感性而表现出来，即所谓的“应激敏感动物”，这种敏感性具有遗传性，可从外貌、神经型等表现出来。

总之，应激反应无论与家畜的保健、繁殖及生产性能，还是与家畜疾病的发生发展及预防治疗均有密切关系。

第二节　应激时猪的临床表现

由于应激原的不同，作用时间的不同及猪品种和遗传特性的不同，猪的应激现象各式各样，有的猪对一些应激因素敏感，有的猪则否。有人利用氟烷检测猪对应激的敏感度。氟烷（halothane, CF3.CHBrCL）是一种麻醉剂。对氟烷高度敏感的猪表现为用氟烷试验时体温快速升至43～45℃，呼吸困难，肌肉震颤或僵硬，出现严重酸中毒症状，屠宰可发现"白肌肉"的变化。凡是氟烷阳性者称为应激易感猪；阴性者称为应激抵抗猪或应激不易感猪。

临床上猪的应激表现主要有以下形式：

1. 急性死亡　这是应激表现最严重的形式。个别应激敏感猪在受到抓捕、惊吓或注射时突然死亡；有的公猪在配种时，由于过度兴奋而急性死亡，有些猪在车船运输中突然死亡。

2. 猪应激综合征（PSS）　应激综合征的病理反应过程稍长，可见到一系列的症状。因应激原和作用时间的差异而有不同的表现形式。

⑴猪心性急死（herztod disease）：有很多病名，如心性急死，致死性昏厥（cardiacsyncope）、心肌变性及地方性猝中、急性心衰竭（acute cardiac failure）等。主要特点是急性死亡和心肌及全身横纹肌变性。仔猪和育成猪都可发生，死亡多突然发生于酷热的季节，事先无任何症状。

⑵桑葚心病（mulberryheart disease）：主要发生于3～4月龄的小猪，常突然暴发死亡。病因不明。最典型的病变是心肌广泛出血而使心脏外观状如桑葚。由于在心肌和其他组织都发现有PAS阳性物质沉着于毛细血管和毛细血管前动脉的内膜下和管内，因而也称为营养性微血管病。

⑶猪应激性肌病（stress myopathy）：发生于肥猪，主要特征是宰后肌肉水肿、变性、坏死及炎症。眼观色淡，有渗出液、质地松软。

猪应激性肌病有二种。国外报道有两种：一种是PSE猪肉（pale, soft, exudative pork），又叫水猪肉（Waterypork）；另一种是以背肌坏死为主的肌肉坏死，称做背肌坏死（back muscle necrosis, BMN）。我国有一种以腿部肌肉炎症坏死为主的肌病，称为腿肌坏死（leg muscle necrosis, LMN），病变性质与背肌坏死相似，但发生的部位不同。

PSE肉宰后45min的pH低于6.0，肌纤维分离，肌肉保水性差，纹理粗糙不宜作鲜肉，煮熟后耗损大，口味也不好，加工出次品，在国外全部废弃。

⑷暗猪肉（dark pork）：又名DFD猪肉（dry, firm, dark），即猪肉色泽深暗，质地粗硬，切面干燥。DFD猪肉的发生主要是由于所受应激原作用的强度小而时间长，肌糖消耗较多，糖原贮备水平低，体内乳酸生成少并被呼吸性碱中毒所产生的碱中和，故出现DFD肉变化。这种肉保水能力差，切割时没有液体渗出。

⑸猪恶性高热综合征（malignanthy perthermia syndrome，MHS）：多见于待宰的肥猪。使用某些全身麻醉药物，如氟烷、琥珀酸胆碱和氯仿等可引起某敏感猪产生应激综合征。然而与药物本身的药理作用无关。前期表现肌颤抖和尾发抖，继之表现呼吸困难，体表有充血紫斑，体温迅速上升，可达42～44℃，心跳亢进，后肢痉挛收缩。重者，进一步发展导致全身无力，肌肉僵硬、体温过高，最后死亡。

⑹猪胃溃疡：猪的胃溃疡在欧美和日本发生很普遍，特别是集约化管理，机械化饲养以来，由于完全舍饲，更为常见。我国曾经在北京、长春、武汉等地进行过调查，其发生率达84%。病猪平时无明显症状，常常在运动、斗架、运输途中突然死亡，因此归类于应激综合征。但究其死因是由于溃疡灶大出血而致。

⑺大肠杆菌病：猪的消化道内存在着条件性病原微生物菌群，应激时，动物的抵抗力降低，可成为致病性微生物。环境中的致病微生物此时也易继发侵入，酿成疾病。无论是新生猪的下痢、猪水肿病都被认为与应激有关。

⑻母猪乳房炎-子宫内膜炎-无乳综合征（mastitis-metritis-agalactia syndrome，MMA）：也称为乳热综合征（milkfever syndrome），或产褥期无乳综合征（postparturient agalactia syndrome），主要表现是产后无乳或少乳、食欲不振、发热、强直、乳房肿胀和阴门排出污秽物。母猪死亡率在1%~2%，仔猪20%~80%因饥饿、低血糖、下痢和母猪挤压而死亡。

⑼猪咬尾症：当饲养密度高，天气骤变，饲料改变时，猪易发生咬尾，可一个咬一个连成一大串。有咬尾癖的猪往往对外界的刺激因素敏感，表现凶恶、食欲不振。发生咬尾的时间大都在下午。

⑽生理异常肝：即肝脏变性，多发生于待宰猪。运输、拥挤、宰前绝食、驱赶、过冷过热等应激因素都可使猪的代谢发生紊乱而产生“生理异常肝”。主要表现为肝细胞颗粒变性、脂肪变性、肝糖原减少。猪体内皮下脂肪或其他内脏脂肪被动用，使血清中游离脂肪酸急骤升高。

3. 慢性应激 慢性应激死亡的猪，心脏肥大，以右心及中隔最为明显，肾上腺肥大；胃肠溃疡等。无其他特殊病理变化。这可能是由于应激原作用的强度不大，时断时续，作用的方式和症状比较隐蔽，容易被人们忽视。但不加以控制，这类应激也可能产生有害影响。例如噪音，冷应激、热应激、饥饿及恐惧等都可能产生不良的累积效应，致使猪的生产性能下降，抗病力降低。

PPS猪的物质代谢，神经内分泌等都发生一系列的变化。首先，应激时，肌糖原被利用作为能源，无氧氧化增强，乳酸的生成增多，PSS后期，血中乳酸含量可达425mg/100mL，血液的pH下降，可达6.95以下。这种猪清除血中酸性产物的能力也降低。

据研究，PSS猪的电解质在运动前后也会有所变化。血磷可从运动前的2.6mg/100mL增加到运动后的3.2mg/100mL。抵抗猪运动前后几乎无变化（2.7~2.8mg/100mL）。PPS严重的猪，当血液pH低于7.0时，血钾将会升高到9.3mEq/L，血钙也明显增加。血清中的HPO_4^{2-}和K^+都来源于肌肉。

血液中的许多酶含量在PSS时都有所变化，如血中谷草转氨酶（GOT）、苹果酸脱氢酶（MDH）、磷酸肌酸激酶（CPK）、醛缩酶（ALP）、乳酸脱氢酶（LDH）、谷丙转氨酶（GPT）、碱性磷酸酶（Alase）都增高。其中研究认为，最多是CPK。CPK的增高可作为PSS的一项指标。另据Zamora（1975）研究认为，血浆中胃蛋白酶原含量升高也可作为应激猪的大概指标。CPK值与临床表现、氟烷试验、血型测定等其他诊断结果相同，已经被用于生产实践。CPK测定主要有Antonik法（Miller，1975）和Sigma法。但血浆中CPK活性与应激敏感猪的一致性受到很多诸如保定方法、样品采集方法、药物的使用、有关组织酸的释放等因素的影响，所以，CPK不能作为唯一的诊断方法，应与氟烷试验结合进行。

Topel等（1974）报告，应激敏感的丹麦长白猪的尿中肾上腺素含量比抗应激长白猪高出3倍。Marple和Cassens（1973）报告，应激敏感猪的皮质醇（17-羟皮质醇）转化率比正常猪快3倍，其清除血浆中皮质醇的速度也快约5倍。

PSS猪血液中ACTH含量比较高。有人研究证明，大多数能引起ACTH分泌增加的应激原，同时也可激活肾上腺髓质系统。但这个系统与肾上腺皮质的功能和代谢之间关系还需要进一步研究。

PSS猪甲状腺多肥大。氟烷试验阳性猪血液中T3（三碘甲状腺氨酸）和T4（甲状腺素）在受到应激后都上升，T4上升幅度特别大。甲状腺机能与猪的生长发育和PSS有密切关系。应激敏感的甲亢猪，血液pH下降，乳酸和乳酸盐水平上升。甲状腺机能不全的猪相反。甲亢猪宰后6-磷酸-葡萄糖、ATP、CPK值下降，而甲状腺机能低下猪都上升。

第三节　猪应激综合征发生机理

当猪受到应激原的作用，如捕捉、驱赶、运输、高温、寒冷、拥挤、咬斗、饥饿、麻醉、手术、防疫注射等的刺激后，下丘脑兴奋，分泌促肾上腺皮质激素释放激素（CRH），通过垂体门脉系统进入垂体前叶，使垂体前叶分泌促肾上腺皮质激素（ACTH）增多。ACTH经血液循环到达肾上腺，促进糖皮质激素的释放。应激初期分泌的肾上腺素也可刺激垂体前叶释放ACTH。ACTH分泌的增多阻碍某些营养物质的吸收，加强分解代谢，抑制炎症反应和免疫反应，使机体抵抗力下降。应激原的强度大，作用持久时，肾上腺皮质分泌功能衰竭，可造成猪发病甚至死亡。

应激原作用后，猪的ATP、肌酸迅速耗尽。肌糖原迅速酵解生成大量乳酸。血液的pH值下降。应激时，耗氧量是正常的10倍，产热量是正常的5倍，体温上升到到42～45℃以上。由于高温和低pH的协同作用，多种酶类发生变性。磷酸肌酸的水平下降，ATP减少，进一步促进糖酵解。乳酸的大量蓄积，不仅可造成PSE肉，而且可引起背肌坏死以及乳酸中毒死亡等问题。

第四节　应激敏感猪的检测

PSS是在一定条件下表现出的遗传性特征。因此根治措施是选育抗应激品种和减少饲养管理中的应激刺激。根据以往的研究，肌肉异常发达的肥育猪发生PSS的情况较多。目前对应激敏感猪的检测大致有三种办法。首先是根据体型与神经型的观察来判断。应激敏感猪肌肉发达，瘦肉率高，屠宰率高，皮下脂肪层薄，几乎都体矮，具有明显的肌肉体质，腿部肥胖呈卵圆形，臀部圆，表面有粗大的血管。腿部肌肉间界限明显，眼球突出有恐怖感，精神不安，胆小，易受惊。这种方法准确性有70%。虽然简单易行，但是，必须有经验才行。第二种检测应激敏感猪的方法是血型检测。Rasmusen（1972）发现Hax/ax，Hax/–、Ha/c、Hc/–、H–/–是猪的主要血型基因型。其中a和c是正常基因，表现显性；ax和–表现隐性，是应激基因。Hax/ax和H–/–是应激敏感型，Ha/a、Ha/c和Hc/–是应激抵抗型，Ha/–是杂合型。应激测验（氟烷、CPK）杂合型猪为阴性，其后代呈隐性遗传，是应激基因携带者。

血型测定结果不仅与氟烷测验结果有一定的相关性，而且与CPK值也有一定的相关性。血型测验为PSS阳性的猪的CPK值远远高于PSS阴性猪。Sigma法CPK值PSS阳性猪在396.6～490.7之间。PSS阴性猪在69.1～132.6之间，Antonik法CPK值在368.3～445.5之间，PSS阴性在22.6～70.3之间。半数PSS血型猪的Sigma法CPK值为256.2，Antonik法CPK值为223.0。血型检查检测应激敏感猪仅有少数研究者从事这项工作，还不能普及。

国外学者研究证实，在猪的常染色体上有一隐性的氟烷敏感基因（Haln），它与PSS的发生密切相关。氟烷测验就是使幼猪吸入氟烷，根据反应症状判断猪对氟烷的敏感性，是否诱发猪应激综合征。以此作为早期活体预测猪应激敏感性的手段。氟烷测验是目前世界上许多国家活体鉴别应激敏感猪的方法。

各国家对猪氟烷测验的具体操作规程判断标准是不尽相同的。

氟烷是一种麻醉剂，也是应激原，用于应激敏感的猪，有的呈现应激反应，有的缺乏应激反应。对氟烷敏感的个体，体温急剧上升，四肢肌肉持续性僵直，皮肤发绀、呼吸困难，血中CPK升高，往往导致死亡。对7～11周龄幼猪如迅速解除麻醉，则肌肉开始恢复，不致死亡。人们就是利用这个原理来检查幼猪的应激敏感性，改善应激敏感猪的饲养管理和运输。

荷兰的Eikelenboom把出现持续肌肉僵直反应判断为阳性。英国的Webb以后腿出现僵直判断为阳性反应。我国的研究人员通过实验认为猪1至4肢出现40s以上的持续性、进行性僵直症状即为阳性反应。阴性反应的症状是全身肌肉松弛，四肢肌肉自然弯曲，吸入氟烷3min时仍保持这种姿势，称为“3min姿势”。值得注意的是有些猪吸入氟烷后出现四肢僵直，但很快消失，测验结束时，全身肌肉仍松驰，应属于阴性反应。在这些基础上他们还制定了《猪的氟烷测验规程》。

生产实践中，可根据猪的临床表现，氟烷测验结果结合CPK值的检测进行综合判定，选择应激抵抗型猪进行育种。

第五节　猪应激综合征的防治

优良品种的选育和科学的饲养管理是预防PSS的最好办法。通过临床观察、血型鉴定，氟烷测验和CPK值测定检出应激敏感猪种并淘汰，使应激基因频率下降。从而选育出抗应激品种。这就要求对那些体表观察肌肉丰满、皮紧、腿短粗、臀部圆、背腰有肌沟的猪结合氟烷测验和CPK值测定进行淘汰。那些胆小神经质、性急而难于管教的猪也可认为是应激敏感猪。这些猪往往具有应激的表现，尾颤抖、肌颤抖、皮肤易起红斑、体温易于升高。3～5周龄的应激敏感猪采食少，生长慢，兴奋好斗。母猪则发生无乳症，繁殖障碍。公猪性欲减退等。在猪种选育时应将这样的猪逐步淘汰。

饲养管理方面猪场位置与建设要合理，应能避免外界因素过多的干扰。要避免猪群拥挤和注意混群，否则，破坏原有群体关系，容易发生咬架等的应激反应。屠宰前在肉联加工厂，将来自不同地区和猪场的猪并群常会使得并群后的猪发生剧烈的争斗，至少要持续0.5h。猪胴体重量下降，公猪所受影响更大。据英国主要屠宰场调查，由于猪群中攻击争斗而导致猪胴体损失可达40%。运输时，尤其要避免拥挤。

尽可能减少诸如抓捕、保定、驱赶、手术、麻醉等的骚扰，即使抓猪也要避免过度的惊恐刺激。

猪舍的温度不宜突变，以防猪受到过冷或过热刺激而产生应激反应。气温转高时不应调运猪群，调运猪群易发应激综合征。

要防止噪声对猪群的刺激。凡属于不同频率和强度、无规律的杂乱组合的声音称之为噪音。中等强度的噪音为70～80dB，大强度噪音为100dB。120dB以上的噪音对动物来说不是声音而是一种引起疼痛的感觉。

屠宰前绝食时间长短可严重影响可食内脏的产量和胴体的品质，并能造成一定数量的经济损失。根据试验研究结果和实践经验确认，生猪宰前最佳绝食时间为20～30h。这对节料、操作、肉质、肝脏质量等带来益处。

装运或驱赶猪时，不要鞭打，不用电棒刺激。对难以避免的应激原，尽量让其分散，作用延缓，不使其强度过大。饲料中维生素、微量元素要充分。

在猪应激综合征的预防中，应当注意除了对应激原的被动预防之外，还要让猪接受适当的应激刺激。某些应激刺激是生命活动所必须的。要掌握猪的适应规律，然后根据人们的需要适当地刺激猪，使之逐渐适应，提高其耐受性和抗病力。这种过程既是训练，也是极积的主动预防。

PSS的治疗原则是镇静和补充皮质激素。

镇静剂中的首选药物是氯丙嗪，按每千克体重1～2mg肌肉注射。氯丙嗪也可用于应激的预防，例如运输前。对于PSS猪因肾上腺和甲状腺机能低下引起应激素失调可注射肾上腺皮质激素和促甲状腺素释放激素进行纠正。用5%的碳酸氢钠补充电解质，纠正体液酸碱平衡障碍。

Вуздама等人研究认为延胡索酸是提高猪抵抗力和预防猪应激反应后不良后果的最佳药物之一。延胡索酸的特点是毒性低，可提高有氧氧化，增加应激反应时的能量供给，加快生长速度，提高机体免疫力。

与饲料混合饲喂是延胡索酸的最佳投给途径，药量为每千克体重100mg。母猪在分娩前后连续投药10～15天；新生仔猪于生后连续给药4～5天；哺乳仔猪在断奶前后连续投药10～15天；小猪在被送到肥育群前后或疫苗接种前后持续投药7～15天。肌肉注射“催眠灵”一次可使猪安睡48h以上，降低猪体重损耗3.74%，并可大幅度降低PSE肉的发生率。

在猪转群前9天和前2天按每千克体重0.13mL投给亚硒酸钠维生素E合剂，或转群前1天按1.5mg/kg体重口服阿司匹林能有效地预防应激对仔猪抗自由基系统的不良影响和抑制猪体内脂质过氧化反应的加剧。

第六节　猪桑葚心病

小猪的桑葚心病（swine mulberry heart disease）也称为营养性微血管病（dietetic microangiopathy）。本病的发生与病原微生物无关。确切病因并不十分清楚。根据目前的研究，认为与遗传因素、维生素E及硒的缺乏、饲料中不饱合脂肪酸含量过多、蛋白质缺乏、日粮中碳水化合物的含量过高、微量元素蓄积过多、内分泌失调（甲状腺）及环境应激因素有关。

虽然，8周龄至7月龄猪都可以发生此病，但主要发生于3～4月龄的体膘良好的小猪。常呈暴发性发生和突然死亡。大多无任何前兆或临床症状。例如在采食、运输中途、运动后以及配种时发生急性死亡。

病程稍久的猪治疗无效，多在3周内死亡。死前出现精神沉郁、食欲废绝、运动失调、呼吸窘迫、皮肤紫绀、肌肉战抖、眼眶和眼睑部水肿。耳、会阴部皮肤有时发生丹毒样疹块。淋巴结肿大。尸体剖检，肺脏、肝脏、肾脏、胃、肠等淤血水肿，淋巴肿大，胸腔、心包、腹腔积液。胸腔积液为草黄色，暴露于空气中即凝结成块。腹腔的漏出液量较少，澄清。心包常因积液而扩张。心包积液浑浊、悬浮有条状或带状的纤维素。除心力衰竭的一般变化外，最显著的变化是心外膜和心肌内有广泛出血、呈斑点状或条纹状、外观形状和色彩如同紫红色的桑葚。胃底部黏膜弥漫性充血。小肠黏膜充血。一些存活24h以上的病猪，大脑白质出现两侧对称的灰白色透明软化灶。肌间结缔组织水肿，腋部、腹股沟部及邻近剑状软骨最明显。

光镜下观察，急性死亡病例仅见浆膜下水肿、淋巴管被纤维素栓塞和间质出血。在严重病例，心肌内有变性和缺血性坏死灶。心肌的毛细血管和毛细血管前动脉的内膜下和管腔内有PAS阳性物质沉积，堵塞毛细血管，这称为微血管病。这种微血管病变化在其他部位也可见到。血管内皮肿胀、增生、肌层肿胀空泡化，透明血栓形成及血管壁纤维素坏死。肺、肝、肾、肠水肿。有些病例发生肝小叶中心性坏死。肾小球毛细血管间质水肿。视网膜分离。急性死亡的病猪变化一般不明显，只是白质轻度淤血和水肿。存活数小时的病猪，大脑额叶白质的纤维束因水肿而分离，少突胶质细胞急性肿胀和崩解，灰质水肿。病程在24h以上的稍久的病猪，大脑白质发生广泛性的软化，额叶病变最常见而严重。病变部的血管内皮和外膜细胞肿胀，增生、坏死。许多血管内有透明血栓形成。脑灰质水肿、血管壁增厚，外膜细胞和少量嗜酸性粒细胞围管性增生浸润。少数病例小脑也有这种变性病灶，分子层内可见软化灶或出血带。有时，骨骼肌变性、坏死和增生。

第七节　心性猝死

心性猝死（Herztod）的发生原因不清楚。其发病机理与微量元素硒的缺乏和环境应激因素及遗传等因素有关。过劳可能是促进因素。本病的主要特点是急性死亡和心肌变性。

本病在欧洲发生较普遍，加拿大和我国也有许多发病报告，仅发生于长白猪。急性死亡和心肌变性是主要特征。初生仔猪直至成年母猪和公猪的各年龄猪都可发病，并有一定的季节性。夏季热天多发。死亡往往发生在配种时期。死亡突然。有的病例可见病猪疲备无力、运动僵直、皮肤发绀、突然发生死亡。

眼观病理变化往往非常明显。主要是出现心力衰竭的变化，心肌中有白色条纹状或斑块状的病灶。脊椎棘突上下的纵行肌肉和肩部连接处肌肉的病变是骨骼肌的典型病变。此外臂部和腰部的肌肉也常发生病变。病变肌肉与正常肌肉有明显的不同，呈灰白或白色。肌肉可能一端发生病变，而另一端正常。间质轻度水肿。心包积液，肺水肿，有的病例胸腔和腹腔积液。

镜下观察，心肌纤维发生颗粒变性和空泡变性，伴有轻度的蜡样坏死。病变骨骼肌纤维颗粒变性，肌红蛋白和横纹消失，肌间组织水肿，蜡样坏死不明显。

第八节 猪的应激性肌病

猪的应激性肌病是肥猪于宰前受到外界环境中的各种应激刺激，如驱赶、捕捉、捆扎、运输等，在宰后出现以骨骼肌的水肿、变性及炎症为主要特征的病变。由于病变的肌肉眼观上色泽苍白，所以也称“白肌肉”。猪应激性肌病的病因不十分清楚。一般认为与遗传性易感因素、饲养管理、运输、气温、驱赶、电麻、互相撕咬等因素有关。其中，高温和pH降低是重要原因。

国外报告，猪应激性肌病主要有PSE肉和背肌坏死。我国屠宰场除PSE猪肉外，还发现一种与国外报道的背肌坏死病性相似，但发生部位不同的肌病，称为腿肌坏死（leg muscle mecrosis，LMN）。

PSE肉是在1953年由Ludvigen等首次报道。1964年美国的Briskey第一次称之为PSE肉，并为世界各国广泛采用。PSE猪肉在世界许多国家都有发生，给肉加工业造成很大的经济损失。

根据目前的研究，PSE肉的发生主要与遗传因素有关。美国研究人员发现应激敏感猪宰后15～30min有60%～70%的猪发生PSE。激素对PSE的发生有一定的作用。应激条件下，肾上腺素分泌亢进，促进糖酵解，发生PSE。宰后加工不当也是造成PSE的重要原因。63～65℃热水浸泡5～8min，PSE的发生率为10%～13%，如在12～15℃室温剥皮，则不发生PSE。屠体在常温下悬挂的时间愈长，PSE的发生率就越高。夏秋温度高也可能提高PSE的发生率。

各种应激因素作用下，猪处于高度兴奋状态。体温升高、肌肉收缩，大量消耗ATP，宰后出现早期酮体僵直现象。此时，肾上腺分泌亢进，环磷酸腺苷磷酸化酶系统活跃，肌肉对糖分解机能亢进。糖原酵解过程增强，产生大量乳酸，使肌肉的pH下降。pH5.5是肌动球蛋白和肌球蛋白的等电点，此pH下肌动球蛋白和肌球蛋白凝结收缩呈颗粒状，游离水增多，肌肉吸水性下降。同时，高温又促使肌肉膜变性，崩裂，易渗出水。高温还使肌外膜的胶原纤维膨胀、疏松、脆弱。由于水分的大量渗出和蛋白变性造成肌红蛋白大量流失，所以，PSE肉呈粉红、灰白，以致苍白色并有渗出。

PSE的屠猪生前无临诊症状。虽然各种猪都可发生PSE，但一般认为皮特兰、长白、约克夏猪易发，巴克夏则发生较少。根据日本的调查，夏秋发生多，冬春少。

宰后发生PSE的猪屠体外观无变化。剖开后，主要表现为后肢半腱肌、半膜肌、腰大肌、背最长肌等处的肌肉色泽苍白、质地松软和有液体渗出。主要脏器和其他器官均无明显病变。PSE肉病变较轻的，外观略呈白色，多数呈粉红色。重者呈水煮样，色白，质地松软，弹性差，切面突出，纹理粗糙。病变严重的PSE肉如烂肉一样，手指易插入，缺乏粘滞性。切开后有液体渗出，甚至从下端滴流渗出液。形态学研究发现PSE肌肉内毛细血管少。因此，PSE肉烹调时损失大，口感粗硬，品质显著下降。

显微镜下观察，直的肌纤维平行排列，有横纹，但许多纤维内部破裂，肌纤维轻度变性。肌间组织明显水肿，但无炎症变化。主要表现为有的肌纤维呈波状扭曲，其横纹密度比直立纤维稀疏，肌原纤维间有断裂和空隙。由于肌肉收缩，常见PSE肉中含有粗大纤维。

PSE肌肉在宰后45min pH低于6.0，病变愈严重，其pH也愈低。肌肉发生PSE一般在宰后30min左右。

组织化学研究发现PSE肉的白纤维比正常猪肉多，红纤维含量少，中间含量没有差异。PSE肉的肌纤维比正常猪肌纤维粗。白纤维增多则糖酵解能力增强，加之纤维粗大，促进PSE的发生。通过生化检测，PSE肉与正常肌肉的氧合肌红蛋白和血红蛋白的含量无差异，但是，PSE的氧合肌红蛋白的氧化率大约是正常猪肉的两倍。PSE肉与正常肌肉的肌外膜结缔组织化学特性不同，PSE肌外膜可溶性亲胶原蛋白含量明显增高，证明PSE猪的结缔组织是比较幼稚的。

PSE肉主要发生在宰后，因此，宰后诊断十分重要。主要的方法为眼观检查和pH测定。PSE肉的质地粗糙、组织间隙增大、柔软、弹性差、易变形，切面因时间延长而突出。切面有液体渗出，严重的病例，全身肌肉发白，肉块下方有渗出液滴状滞留。宰后45min，肌肉的pH在6.3以下。根据以上结果，参考各品种猪的肉质特性、个体特征和宰后放置的时间，可综合判断PSE发生与否。

目前，尚未发现有效的防制PSE的措施。根据各方面的研究和探索，可通过品种选育选择应激抵抗猪种，淘汰应激敏感猪种，是防制PSE的根本措施。对于应激敏感猪的检出，目前世界上普遍采用氟烷测验。从肉猪出售到宰杀要保持相对稳定的饲养管理方式，尽量避免各种应激刺激。运输前对猪进行一定量的运动训练可增加其对PSE的抵抗力。运输时要防止密度过大、追赶和鞭打。高温下应禁止运输。电麻屠杀时电压应控制在150～180V。宰后要防止肉温上升。屠宰过程要快，内脏摘除应迅速，整个屠宰过程应在30～45min内完成。为了降低胴体温度，首先将胴体在15℃以下预冷，然后再进行5℃冷却。宰后10h，臀部中心温度要降到10℃以下，最终降至5℃以下。宰前的淋浴可在很大程度上减少猪的应激反应。淋浴在迅速降低猪体温的同时分散其注意力。夏季气温高，用冷水淋浴较好，冬季则不宜。淋浴一般在生猪到达屠宰场后立即进行，约1h。屠宰前可再淋浴15min，水温与舍温差为3.5℃左右时最佳。在商品猪的长途运输前，可应用抗应激药物，如苯巴比妥钠、氯丙嗪、催眠灵可降低PSE肉的发生率，大大提高猪肉的质量，减少体重损耗，减少病残死亡。用药时，苯巴比妥钠用量为50～60mg/kg体重，肌肉注射。氯丙嗪按1～2mg/kg体重肌肉注射。“催眠灵”使用剂量为50mg/kg体重，肌肉注射。为防止运输过程中猪只相互撕咬引起宰后PSE，在装运过程中把猪分为100～200头一大组，混群时每栏放进公猪可大大减少撕咬。公猪的气味和行为有抑制撕咬的作用。温顺成熟同窝的青年公猪气味，效果更好。

背肌坏死（backmuscle necrosis，BMN）与腿肌坏死（legmuscle necrosis，LMN）：LMN与BMN病变性质相似，发病部位不同。LMN在我国的屠宰场里常有发生。国内未见BMN的报道，主要发生于国外。

1960年，比利时的Thoonen最先报道了BMN，之后在法国、英国、捷克等国均有发现。本病主要发生于长白猪、皮特兰等瘦肉型猪。体重在75～100kg。轻症病例生前症状不明显，只能在宰后检验中发现。严重病例，体温升高，直肠温度可达40℃左右，呼吸100次/min，背部单侧或双侧肿胀，有时背部呈香蕉状弯曲，所以也称为“香蕉病”（banana disease）。肿胀部无疼痛反应。病猪卧地，犬坐或跛行。BMN的主要病变为背肌坏死性炎症，有时也见于臀中肌、半膜肌、半腱肌、肋间肌以及三头肌等。病变肌肉宰后45min，1h，24h的pH都在7.0以上。BMN是应激综合征的一种特殊表现，是由与PSE同样的遗传病理机制引起的，也可在受到应激刺激后发生急性背肌坏死。有的可以死于酸中毒，有的生前仅表现血液生化方面的变化，而宰后发生PSE肉。这可能是由于线粒体能量代谢条件永久缺陷，肌肉代谢中的无氧酵解代偿性增强，乳酸生成过多造成。

我国发现的LMN主要发生在猪前、后肢的负重肌肉。后肢肌肉的病变往往呈对称性。病变肌肉的pH在7.0～7.5之间。轻型的LMN的肌肉外观粉红色、湿润多汁、切面粗糙，稍加挤压，有大量淡红色液体渗出。肌肉pH在7.0左右。镜下观察，肌纤维颗粒变性，水泡变性，坏死崩解，肌肉膜和肌囊间质扩张，有浆液和炎性细胞，主要是淋巴细胞。间质充血，淋巴管扩张。严重的LMN肌肉呈灰白色，肌膜上有小出血点，肌束疏松，水肿，切面有液体渗出，结缔组织胶样浸润。淋巴结常出血肿胀。肌肉pH在7.5左右。最严重的LMN肌肉明显灰白色，晦暗无光泽，质地硬，切面上有大量散在的灰白色坏死点，偶有钙化。镜下可见大量肌纤维变性坏死，肌间水肿，有大量炎性细胞浸润。肌束结构消失。肌浆呈淡红色纤维素样。水泡变性的肌纤维，肌浆中出现大的空泡和裂隙。变性严重的肌纤维，肌浆完全消失。肌间水肿，炎性细胞浸润，淋巴管扩张。最严重的LMN镜下观察，主要病变是肌肉组织广泛坏死和慢性炎症。肌纤维大量消失，成纤维细胞增生。也可见到再生的肌纤维形成的肌芽。其他器官无病变。

第九节 恶性高温综合征

猪的恶性高温综合征（malignant hyperthermia syndrome，MHS）是猪在受到应激原刺激或吸入氟烷，琥珀酰胆碱或氯仿时所出现的应激症候群。初期，肌肉颤抖，尾发抖。而后出现体表充血紫斑、发绀、体温上升到41～42℃，呼吸急促困难，心跳亢进，后肢痉挛收缩。当病情加重时，全身肌肉僵硬，体温过高，最后死亡。

MHS的猪胴体酸度升高，呈PSE肉变化。运输、酷热、拥挤、电击等宰前刺激都易导致宰后出现MHS。1966年，通过大量研究和比较，人们发现猪和人的这种综合征都具有遗传的特性，但过度运动、交配（公猪）、分娩和运输等都能诱发MHS。尽管人与猪的MHS之间有某些差异，但这些差异是数量上的而非质量上的。与人相比，猪的病症更加明显。猪的MHS给养猪业带来了一定损失，可却为人的该病研究提供了良好的动物模型，并为生化实验提供了大量肌肉。这将有助于从分子水上来了解本病的发病机制。

MHS可能是由于动物受到某些应激原刺激后，肌细胞中钙浓度突然而持续升高所导致。因为，引起肌肉钙浓度升高的药物可加重MHS症状，而硝苯呋海因钠等降低肌细胞钙浓度的药物可防止MHS的发生或使已进入危险期的动物转危为安。

最近的研究发现，MHS肌肉内质网钙释放管道蛋白的结构发生了改变。这种内质网钙管道蛋白是已知最大的膜蛋白，相对分子质量500 000，参与兴奋收缩偶联。这种蛋白可能是MHS主要损伤部位。猪的MHS基因与血型和酶的作用位点之间有关联。猪MHS基因与糖原磷酸化酶基因的联系在第6条染色体上。人的这两个基因在19条染色体上。人的肌肉内质网钙释放管道蛋白基因也在第19条染色体上。这进一步说明，管道蛋白基因与MHS基因是同一基因。MHS基因的鉴定技术的产生，可为MHS的研究开辟新的视野，并可鉴定出MHS基因携带者，从而选育出良好的猪品种。

第十节 猪的胃溃疡

猪的胃溃疡病因复杂，应激在疾病过程中起着重要的作用。猪的胃溃疡可能代表着一种应激反应类型，所以，各国兽医界对本病很重视。

生产中，猪的胃溃疡很常见，散发于断乳期的仔猪，往往由于胃大出血而死亡。尸体贫血，胃内蓄积全血或已消化的血液，肠有黑粪。猪的胃溃疡在欧美及日本很普遍，特别是集约化管理、完全舍饲的猪更常见。我国也有很高的发生率。这些猪平时症状不明显，经常在运动、运输中突然死亡。现在认为，猪胃溃汤的发生是由于拥挤、惊恐等慢性刺激，引起肾上腺皮质机能亢进，从而导致胃酸过多而引起的。所以，很多人认为猪胃溃疡是一种慢性应激性疾病。

第八篇

病理学

第一章 病理学基础知识与术语

第一节　局部血液循环障碍

血液环由动脉、静脉、毛细血管和微循环的微动脉和微静脉构成，因各种病因的作用，引起血液循环的障碍，是最常见的病理变化，是学习病理解剖学基础知识之一，包括充血、淤血、出血、贫血、缺血。

一、动脉充血

动脉充血（arterialhy peremia）是局部器官或组织小动脉和毛细血管扩张，输入血量增多的现象，分生理性和病理性。生理性为运动后的充血，如采食后胃肠充血。

二、静脉性充血

静脉性充血(venoushy peremia)是由于静脉血回流受阻，血液淤积在小静脉和毛细血管内，使局部组织或器官的静脉血含量增多的现象，又称被动性充血(passivehy peremia)，简称淤血(congestion)。

三、出血

出血（hemorrhage）是血液流出到心或血管外就称出血，流出体外叫外出血，血液流出到组织间称内出血。标志：红细胞流出或渗出到血管外，单纯有白细胞血浆等成分渗出，不称出血。

（一）破裂性出血

破裂性出血常因血管壁发生损伤，破裂而引起的出血，常见外伤、子弹创伤，压迫、切割、如炎症性疾病（结核）、消化性溃疡（胃溃疡）、肿瘤的侵蚀、血管壁的原发性病变、动脉肿瘤。

1. 血肿　小血管破裂时若流出的血液蓄积在组织间隙和器官被膜下、皮肤下而形成一处局部囊状出血灶。

2. 腔出血和腔积血　一般在脑及胸腔、腹腔内。

（二）渗出性出血

1. 点状出血、斑状出血、条纹状出血　特点是边缘不整，大小如针尖状、豆粒状（又称淤点、淤斑）。最小像针尖大，依次似高粱米粒等。分布一般呈散在或弥漫性。常见皮肤、皮下、浆膜、各种器官黏膜，如胃、肠以及脑、心、肾、肝、脾等器官实质与被膜等处。

2. 出血性浸润　血液弥漫性浸透于组织间隙，使出血部位局部呈现暗红色。出血性浸润多发生于淤血性水肿时，如胃肠道等器官的转位。

3. 出血性素质（hemorrhagicdiathesis）　当全身有渗出性出血倾向，表现为全身皮肤、黏膜、浆膜、各内脏器官都可见出血点。出血性素质多见于急性传染病（如急性猪瘟、急性猪肺疫等）、中毒病（如有机磷中毒苍耳饼中毒）及原虫病（弓形虫病），并且是这些疾病的特征性病理变化，有诊断价值。

（三）外出血

外出血时血液常经自然管道排出体外。①鼻黏膜出血经鼻腔排出体外称鼻衄(epistasis)。②肺和支气管出血经口排出体外称咯血(hemoptysis)；③上消化道出血(食管、胃出血)经口排出体外称呕血(hematemesis)，④经肛门排出体外称为黑粪，⑤下消化道出血经肛门排出称便血(hematochezia);⑥泌尿道出血经尿道排出称血尿(hematuria);⑦子宫的大量出血称血崩(menorrhagia)。⑧溢血:溢出的血液进入组织内称为溢血(suffusion),如脑溢血。

四、血栓形成

血栓形成（thrombosis）是指在活体的心血管内血液成分发生凝固的过程，其形成的固体物称血栓（thrombus）。

五、栓塞

栓塞（embolism）是异常物质或正常血液中不存在的物质随血流运行阻塞血管的过程引起栓塞的物质称栓子（embolus）常见的有空气、脂肪瘤细胞、细菌团块、寄生虫等。

1. 静脉性栓子　又小循环性栓子,起源于大循环静脉系统的栓子。随血流回入经右心室进入肺动脉,在其分支部分形成栓塞。

2. 动脉性栓子　属大循环性,起源于肺静脉左心室,大循环中动脉系统中的栓子,一般由大动脉到小静脉。最后在肾、脾、脑、肠等部位形成栓塞。

3. 血栓性栓塞　由于血栓的脱落而引起的栓塞常见。

4. 脂肪性栓塞　通常骨折时骨髓中脂肪被吸收入血,常在胰内。

5. 空气性栓塞　常见气胸和注射空气情况下。

6. 组织栓塞　常见肿瘤细胞的转移,其他如组织碎块也可形成。

7. 细菌性栓塞　常引起败血症。

六、局部贫血

局部贫血（locaanemia）是指局部组织器官血液供应不足。如完全断绝，就称为局部缺血（ischemia），分部分缺血和完全缺血。

七、梗死

梗死（infarct）是指局部组织或器官因动脉血流断绝而引起的坏死。这种坏死的发生过程称为梗死形成（infarction）。

（一）贫血性梗死

主要发生在心、脑、肾，侧支循环缺血和较少的情况下易出现，形态与健康组织有明显界限。

（二）出血性梗死

多发生在肺侧支循环丰富的器官，如肿高度淤血而出现动脉闭塞时，由于闭塞下部的血管内血压低于周围血管。所以一旦动脉血管闭塞而反射性引起的吻合支静脉血管痉挛，则血液逆流到梗死区，梗死区显著积血，大量红细胞渗入到梗死区的组织内，因此形成出血性梗死，常见肺脾。

第二节　组织与细胞损伤

细胞是动物生命活动的基本单位。细胞损伤时，开始发生代谢和机能的变化；一般是在致病因素继续作用或损伤较严重时，才出现细胞形态学的变化，从而又可进一步加剧细胞代谢和机能障碍。所以，细胞和组织的损伤一般都有代谢、机能和形态学变化。根据损伤程度的不同，细胞和组织的损伤可以分为萎缩、变性和细胞死亡。

一、萎缩

萎缩（atrophy）是指发育成熟的器官、组织或细胞，由于物质代谢障碍发生体积缩小和功能减退的过程。

（一）生理性萎缩

在生理情况下，动物体的某些组织器官随着机体生长发育到一定阶段时发生的萎缩现象，称为生理性萎缩（physiological atrophy）。

（二）病理性萎缩

由于某些致病因素的作用而引起的相应组织和器官的萎缩，称为病理性萎缩（pathological atrophy）。可分全身性萎缩及局部性萎缩。

二、变性

变性（degeneration）是指由于物质代谢障碍而在细胞内或细胞间质出现某些异常物质或正常物

质蓄积过多的现象。变性是组织、细胞的机能和物质代谢障碍在形态学上的反映。一般是可逆的，当病因消除后，变性细胞的结构和功能仍可恢复。严重的变性则往往不能恢复而发展成为坏死。其特点是细胞核不出现病变，主要在细胞浆和间质出现病变，变性器官功能的降低。变性的物质：可是过多的水分、糖蛋白、脂肪、异物、其物质来源于细胞物质代谢障碍重新形成的异常物质。

（一）颗粒变性

颗粒变性是组织细胞最轻微的极易发生的一种细胞变性。特征是变性细胞的体积增大，胞浆内出现微细的蛋白质颗粒，苏木素-伊红染色呈淡红色，胞核一般无明显变化，或稍显淡染。变性的器官肿胀混浊，失去原有光泽，呈土黄色，似沸水烫过一样，所以又有混浊肿胀（cloudys welling）或"浊肿"之称。又因为这种变性主要发生在器官的功能性实质细胞，因此也称做实质变性（parenchymatous degeneration）。

1. 肝脏颗粒变性　肝肿大，边缘钝圆，被膜紧张，肝小叶景像模糊不清，颜色暗淡严重时土黄色熟肉样外观，质地脆弱，切面外翻。肝小叶结构模糊不清。

2. 肾脏颗粒变性　肾肿大，被膜紧张，颜色暗淡、严重时土黄色熟肉样外观，质地脆弱，切面外翻。

3. 心肌颗粒变性　心肌外观色淡右心扩张。

（二）水泡变性

水泡变性是细胞变性的另一种形式，主要由于细胞受到强烈刺激后而发生肿大，在细胞浆内出现大小不一的以水分为主的空泡，其中还含有少量蛋白质，不含脂肪糖和黏液。皮肤与黏膜水泡变性：皮肤发生水泡变性时，可见到明显的水泡，一般透明，内有多量液体突出皮肤黏膜表面呈球状。用针刺中可流出液体，通常称为痘疹常见猪水泡病、猪传染性水泡病。

（三）脂肪变性

脂肪变性（fatty degeneration）是指器官实质细胞的胞浆里有大小不等的游离脂肪小滴蓄积，简称脂变。特点是在光镜下可见细胞浆内出现正常情况下看不见的脂肪滴，或胞浆内脂肪滴增多。

（四）黏液样变性

黏液样变性（mucoid degeneration）是指结缔组织中出现类黏液的积聚。类黏液（mucoid）是体内的一种黏液物质，由结缔组织细胞产生，为蛋白质与黏多糖的复合物，呈弱酸性。黏膜上皮的黏液样变性：常发生于黏膜上皮及结缔组织。黏膜上皮的黏液样变性常见于胃、肠黏膜、子宫黏膜的急性或慢性卡他性炎症过程中，眼观可见黏膜表现覆盖大量混浊、黏稠的灰白色黏液。

三、坏死

坏死（necrosis）是活体局部组织或细胞的死亡叫坏死。坏死组织的物质代谢完全停止，是不可复的病理过程。

（一）失活组织眼观特征

与健康组织有明显界线，如仔猪白肌病、猪伪狂犬病肾上腺坏死灶、肝坏死灶。颜色呈灰白暗红或其他灰暗颜色，组织无光泽。肺炎灰色肝变期、猪瘟扣状肿、副伤寒大肠。

（二）凝固性坏死（coagulation necrosis）

以坏死组织发生凝固为特征。在蛋白凝固酶的作用下，坏死组织变成一种灰白或灰黄色，比较干燥而无光泽的凝固物质。坏死组织早期由于周围组织液的进入而显肿胀，质地干燥坚实，坏死区界限清楚，呈灰白或黄白色，无光泽，周围常有暗红色的充血和出血。

1. 贫血性梗死（anemic infarction）是一种典型的凝固性坏死，坏死区灰白色、干燥，早期肿胀，稍突出于脏器的表面，切面坏死区呈楔形，周界清楚。

2. 干酪样坏死（caseous necrosis）也是一种凝固性坏死，其特征是坏死组织崩解彻底，常见于结核分枝杆菌引起的感染。除凝固的蛋白质外，坏死组织还含有多量脂类物质（来自结核分枝杆菌），故外观呈黄色或灰黄色，质地柔软致密，很像食用的干酪（奶酪），故称为干酪样坏死。

3. 蜡样坏死（waxy necrosis）是肌肉组织发生的凝固性坏死。眼观肌肉肿胀、混浊，无光泽，干燥坚实，呈灰红或灰白色，外观像石蜡一样，故称蜡样坏死，此种坏死常见于动物的白肌病。

4. 液化性坏死 坏死组织因受蛋白分解酶作用，迅速溶解成液体状，称为液化性坏死（liquefaction necrosis）。此种坏死主要发生于富含水分的组织（如神经组织），其他器官仅在因某种原因水分从周围组织进入坏死组织后方出现。

（三）坏疽

组织发生坏死后，受外界环境影响和不同程度的腐败菌感染而形成的特殊的病理学变化称为坏疽（gangrene）。病变部位眼观呈黑褐色或黑色，这是由于腐败菌分解坏死组织产生的硫化氢与血红蛋白中分解出来的铁结合，形成黑色的硫化铁的结果。坏疽常发生在容易受腐败菌感染的部位，如四肢、尾根及与外界相通的内脏器官（肺、肠、子宫）等。

1. 干性坏疽（dry gangrene） 多发生于体表皮肤，尤其是四肢末端、耳壳边缘和尾尖、。其特点是坏死的皮肤干燥、变硬，呈褐色或黑色，与相邻健康组织之间有明显的炎症分界线。其发生是由于坏死组织暴露在空气中，水分逐渐蒸发而变得干燥，故腐败菌不易大量繁殖而腐败过程轻微，坏死组织的自溶分解也被阻抑。干性坏痕常发某些传染病等和冻伤，如冻伤导致牛的耳壳和尾尖皮肤坏疽。衰竭动物长期躺卧时发生的褥疮即是皮肤的干性坏疽。

2. 湿性坏疽（腐败性坏疽）（moist gangrene）是指坏死物在腐败菌作用下发生液化。常见于与外界相通的内脏（如肺、肠、子宫）或皮肤（坏死同时伴有淤血、水肿），坏死组织含水多，适合腐败菌生长，从而使组织进一步液化而形成湿性坏疽。湿性坏疽的组织柔软、崩解，呈污灰色、绿色或黑色糊粥样。由于蛋白质分解产生吲哚、粪臭素等，使局部有恶臭气味。湿性坏疽发展较快并向周围组织蔓延，故坏疽区与健康组织之间的分界不明显。同时，一些腐败分解的毒性产物和细菌毒素被吸收，可引起严重的全身中毒，因此湿性坏疽对机体的影响远比干性坏疽严重。湿性坏疽常见于动物的肠扭转、肠套叠以及异物性肺炎、坏疽性肺炎、腐败性子宫内膜炎等，为炎症过程继发感染的结果。

3. 气性坏疽（gas gangrene） 为湿性坏疽的一种特殊类型，即在不同部位皮肤和肌肉中形成黑褐色肿胀，周围组织中见到气泡。主要见于严重的深部刺创（如阉割、枪伤等）和厌气性细菌（如恶性水肿梭菌、产气荚膜梭菌等）感染。组织分解同时产生大量气体，使坏死组织变成蜂窝样，呈污秽的暗棕黑色，用手按压有捻发音；切开流出多量具酸臭气味并混有气泡的混浊液体。气性坏疽发展迅速，其毒性产物吸收后可引起全身中毒，往往导致动物死亡。

第三节 病理性钙化与结石形成

钙是动物机体必需的重要矿物质之一。在血液和组织内钙以两种形式存在，一部分为钙离子，另一部分是和蛋白质结合的结合钙。在正常细胞、组织内，只有在骨和牙齿内的钙盐呈固体状态存在，称为钙化（calcification），而在其他细胞、组织中，钙质一般均以离子状态出现。在病理情况下，钙盐析出呈固体状态，沉积于除骨和牙齿外的其他组织内，称为钙盐沉着或病理性钙化（pathological calcification）。

一、营养不良性钙化（Dystrophic Calcification）

营养不良性钙化是指钙盐沉着在变性。营养不良性钙化时，机体的血钙并不升高，即没有全身性的钙代谢障碍，而仅是钙盐在局部组织的析出和沉积。

眼观：钙化病变组织为白色、石灰样、坚硬的颗粒或团块，刀切时发出磨砂声，甚至不易切开。

各种类型的坏死组织均可发生钙化，如干酪样坏死、脂肪坏死、猪细小病毒胎盘钙化、梗死、干涸的脓液等；玻璃样变或黏液样变的组织，如玻璃样变或黏液样变的结缔组织、白肌病时的肌纤维、血栓、死亡的寄生虫（虫体、虫卵）、死亡的细菌团块以及其他异物等。

二、结石形成

在腔状器官或排泄管、分泌管内，体液中的有机成分或无机盐类由溶解状态变成固体物质的过程，称为结石形成（calculosis），形成的固体物质称为结石（concretion,calculus）。

常见的有胃肠结石、尿石、胆石、唾石和胰腺结石等。

第四节　细胞的生长适应性反应（修复）

一、再生

再生是体内细胞组织死亡或损伤后由临近的健康细胞分裂增殖而修补的过程。分完全再生和不完全再生两种。再生组织在结构和机能上与原来的组织完全相同称为完全再生；组织缺损后不能完全由结构和功能相同的组织来修补而是由肉芽组织来代替，最后形成瘢痕，称为不完全再生或瘢痕修复。

（一）生理性再生

常见的皮肤黏膜器官经常不断地再生来补充已经衰老或消耗的细胞。

（二）病理性再生

受损的组织器官经过再生过程得到修复。

1. 完全再生　再生的组织结构功能与原来的组织完全相同。

条件：再生能力较强的皮肤黏膜、结缔组织。

损伤程度轻，无感染，创口小，分化能力低的组织。

2. 不完全再生　损伤的组织部分恢复原组织的状态，而其他部分由增生的结缔组织修复机能比原组织低。

条件：多见再生能力弱的组织，如软骨、神经组织、肌肉组织损伤程度较大。

再生的基础是各种组织都有未分化带，往往存在表皮基底的柱状上皮细胞、血管周围的间质细胞、各种组织内的网状细胞。其方式为细胞的直接分裂和间接分裂。

二、各种组织的再生与修复

（一）被覆上皮肤再生

皮肤、黏膜的被覆上皮组织再生能力强，其过程是当皮肤和黏膜的复层鳞状上皮发生损伤时，首先创缘生发层细胞分裂增殖，而进行修复，最初长成单层扁平上皮细胞，随后逐渐成熟，而分化成复层上皮细胞特点：上皮细胞常常进入黏膜固有层，损伤严重时，一般不能恢复，主要由结缔组织增生填补而形成疤痕。

（二）结缔组织再生

新生结缔组织来源：主要是残留的结缔组织和临近组织的血管内膜细胞。

过程：首先纤维母细胞由长梭形变为圆形、椭圆形、星芒状而进行分裂增殖，此时细胞核大而色淡，以后细胞逐渐成熟化，逐渐变成棱形，以及细胞核由大变小，色由淡变深。细胞质转变为原纤维最初原纤维呈嗜银性，其后变成胶原纤维而形成结缔组织疤痕。

（三）血管再生

特点：再生能力强，往往伴随其他组织同时进行。

过程：是以生芽的方式进行，损伤后首先由残留的血管内皮细胞进行核内分裂增生，细胞肿大，形成向外突出的实心肾形幼芽，称为成血管细胞，芽状成纤维细胞继续分裂，增殖呈条索状向外伸展，以后梭状物在血流冲击下，形成了具有管腔样的新生毛细血管，根据机能需要变为动脉、静脉、毛细血管。

（四）神经组织再生

神经组织的再生能力极弱，一般缺损后由神经胶质细胞增生而修复，周围神经纤维断裂后，只要原来的神经细胞没受到损伤，可完全再生。

（五）骨组织再生

有很强的再生能力，其基础为骨外膜内膜细胞的增殖修补。过程如下：

1. 断端结合和纤维性骨痂的形成

⑴断端黏合　骨折时骨组织损伤外，常伴有软组织的损伤和出血骨折不久出血部位发生血液凝

固，然后血凝和创伤的渗出物相互凝集而发生断端粘合。

⑵纤维性骨痂的形成 黏合后骨内外膜细胞开始增殖而形成富有血管的纤维组织成为成骨性幼芽组织，以后幼芽组织细胞分裂增殖而长入血凝块，最后完全取代血凝块而形成纤维骨痂包围断端，使其结合起来，局部呈棱形肿大，一般需2~3d。

2. 骨样组织的转化 纤维性骨痂组织内的结缔组织纤维逐渐变为透明软骨基质，同时梭形的幼芽结缔组织细胞转化为软骨细胞。以后随组织的修复，转化为成骨性骨痂，一般为9周。

3. 钙化 骨样组织是临时骨痂具有软骨的性状，当基质内钙盐逐渐沉时，才能变成致密的骨组织。

4. 新生骨组织的改建 新生骨组织特点是细胞排列不规则，以后由于骨的静力负重机能的锻炼，细胞排逐渐变成不规则的海棉状小梁及致密的骨质层。同时骨断端部分过多，增多的骨痂逐渐被吸收而消失。

（六）肉芽组织

组织损伤后都是出现以毛细血管内皮细胞和成纤维细胞分裂增殖而形成富有新生毛细血管的幼稚结缔组织为特征的形态学变化，称为肉芽组织（granulationtissue）。纤维性修复首先通过肉芽组织增生，溶解、吸收损伤局部的坏死组织以及其他异物，并填补组织缺损，以后肉芽组织转化成以胶原纤维为主要成分，通常称瘢痕组织，这种修复便告完成。

三、创伤愈合

创伤愈合（woundhealing）是指创伤造成的组织缺损的修复过程。任何组织损伤的修复都是以病理性产物（坏死组织和炎性渗出物等）的清除和组织的再生为主要过程。最轻度的创伤仅限于皮肤表皮层，稍重者皮肤和皮下组织断裂，并出现伤口，严重的创伤可有肌肉、肌键、神经的断裂及骨折。

四、增生

组织或器官由于其实质细胞数量增多体积增大的过程，是细胞对增高的机能需要的应答，是细胞在应激因素或刺激作用下分裂增殖的结果。

（一）生理性增生

在生理条件下，组织器官因生理机能增强而发生的增生，如妊娠后期与泌乳乳腺的增生。

（二）病理性增生

在有害因素刺激下引起组织器官细胞的增生。

五、肥大

组织或器官由于实质细胞体积增大，而使整个组织或器官的体积增大，称为肥大（hypertrophy）。机制：细胞内合成了许多细胞器，同时肥大的组织器官功能增强，肥大增生常同时发生。但心肌和骨骼肌不伴有增生的肥大。

（一）生理性肥大

妊娠的子宫肥大、肥大是激素刺激平滑肌受体造成的使平滑肌的合成肌蛋白增多，由于代谢活动增强，膜增厚，酶、ATP、肌丝增多，因而体积增大。

（二）病理性肥大

疾病过程中，为适应某种功能代偿，而引起相应组织或器官的肥大。

1. 心肌肥大 如二尖瓣闭索不全，心室不能完全排空，心肌纤维伸长。

3. 肾器官肥大 如一侧肾摘除，另一侧发生肥大。

六、化生

化生（metaplasia） 是指分化成熟的组织细胞为了适应生活环境的改变或理化刺激，在形态和机能上完全变为另一种成熟的组织细胞的过程。慢性支气管炎或支气管扩张症时，支气管的假复层柱状纤毛上皮化生为复层鳞状上皮。

第五节　炎症

炎症（inflammation）是机体在进化过程中所获得的防御性反应，是一种复杂的病理过程，是全身防御反应的局部表现，是各种致炎因子引起的机体组织、细胞的损伤和机体以血管反应为中心的抗损伤防御性反应。其包括损伤和抗损伤应答。进一步说炎症过程包括致炎因素作用引起机体局部损伤以及由此而引起的修复性反应，炎症包括致炎因子引起的损伤、机体的防御性反应和组织损伤的修复3个方面，构成了炎症的基本概念。

此外，机体在炎症的过程中，机体防御性反应发生过强的某些反应和产生的某些物质，亦会造成机体不同程度的组织和细胞的损伤。而给机体带来严重的后果甚至危及生命。

炎症主要发生在损伤的局部，但有时也会伴有全身的反应，特别是在生物致炎因子引起的炎症中，发热、全身淋巴组织肿大、血液中白细胞数量增加等改变是常见的全身表现。

一、炎症的外部表现

炎症的外部表现为红、肿、热、痛、机能障碍和全身性反应。红由炎症的局部血液循环障碍引起，特别炎症充血期尤为突出，淤血期暗红色；肿是局部发炎组织渗出物渗出，白细胞游出，以及组织成分增生；热是发炎组织物质代谢增强，产热散热增多引起的；痛是发炎组织神经末梢受到致痛作用和炎症代谢产物的刺激引起的，可作为炎症预告的危险信号。因强烈持续的疼痛作用可引起明显不良作用。甚至可引起休克的发生。此外，它能防止器官继续受到损害，对机体来说是一种保护适应性反应。机能障碍：发炎器官机能降低消失，但也有时出现加强和反常。发炎器官机能降低，可使器官出现相对静止状态。有利于机体恢复健康。

二、全身性反应

有些炎症由于病因作用和炎症产物吸收，往往可引起发热和血液学变化。如发热和白细胞升高，以及出现各器官、系统机能的一系列变化。意义：炎症的外部症状只有在炎症发生体表和黏膜时才能发现。内脏器官发炎时，症状往往不明显，甚至完全缺乏，所以从外部现象并不能充分反应炎症的基本规律和本质。只有从炎症灶内物质代谢特点、理化学改变、形态学变化以及炎症对机体影响进行综合分析才能揭露其炎症本质。

三、炎症的分类

（一）变质性炎

变质性炎（alterative inflammation）的特征是发炎器官的实质细胞呈明显变性坏死，而渗出增生表现出一种轻微的炎症，变质性炎常由各种中毒或一些病原微生物的感染引起，常多发于心脏、肝脏、脑、脊髓等实质器官，所以又称实质性炎。

（二）渗出性炎

渗出性炎（exudative inflammation）是以渗出性变化为主，变质和增生轻微的一类炎症，多为急性炎症并在炎症灶内形成大量渗出液为特征。同时也有不同程度的细胞与组织的变性坏死，而增生变化较轻微，此外致炎因素和机体组织反映状态不同，血管壁损伤程度不同。因而渗出液的成分、性状亦各异。因此，根据渗出液和病变特点，将渗出性炎依渗出物的性质分为浆液性炎、纤维素性炎、化脓性炎、出血性炎、卡他性炎。

1. 浆液性炎　浆液性炎是许多炎症的早期变化，如纤维素炎和化脓性炎初期。发炎部位的浆膜血管充血、粗糙，失去固有光泽。常发生于浆膜腔，浆液积聚于体腔内，有多量淡黄色的透明或稍混浊液体。如胸腔、腹腔、心包腔、关节腔等处；皮肤与黏膜中的疏松结缔组织中也可发生浆液性炎，如猪水肿病时胃壁和结肠肠系膜的水肿，如发生于表皮和真皮间结缔组织时可形成水疱，如口蹄疫时鼻端处等处形成的水疱。肺可见浆液性炎。黏膜发生浆液性炎时多为卡他性炎的初期，表现黏膜充血肿胀；渗出的浆液常混有黏液从黏膜表面流出。剖检时注意观察和分析判断。

2. 卡他性炎（catarrhal inflammation） 是指黏膜发生的一种渗出性炎症。“卡他”一词来自拉丁语，意为“流溢”。黏膜组织发生渗出性炎症时，渗出物溢出于黏膜表面，故称卡他性炎。依渗出物性质不同，卡他性炎又可分为多种类型。以浆液渗出为主的称为浆液性卡他；黏液分泌亢进，使得渗出物变得黏稠者称为黏液性卡他；黏膜的化脓性炎症称为脓性卡他。根据发生部位不同，有口腔、胃卡他、肠卡他以及子宫卡他等。

3. 纤维素性炎（fibrinous inflammation） 以渗出液中含有大量纤维素为特征。纤维素来源于血浆中的纤维蛋白原，渗出后，单体的纤维蛋白原聚合成纤维素。常见一些由微生物如大肠杆菌、牛恶性卡他热病毒、鸡传染性支气管炎病毒、鸡传染性喉气管炎病毒、禽痘病毒、支原体感染等引起的疾病中。按炎灶组织坏死的程度，纤维素性炎可分为浮膜性炎（croupous inflammation）和固膜性炎（diphtheritic inflammation）两种类型。

(1)浮膜性纤维素性炎：浮膜性炎常发生在浆膜（胸膜、腹膜、心包膜）和肺脏等处。

浆膜的纤维素性炎：初期纤维呈网状交织在一起，进一步发展大量纤维素渗出，浆膜上被有一层灰白色的膜样物，伪膜剥离后，浆膜肿胀粗糙充血、出血、浆膜腔内往往有多量混浊的黄色网状纤维蛋白渗出液。

浮膜性炎：因组织损伤轻微，发生在肠黏膜表面的这种炎症，可以在黏膜上形成一个管状物，后者可随粪便排出。而浆膜的机化则可使浆膜肥厚或与相邻器官发生粘连，如传染性胸膜肺炎时肺脏、胸膜和心包膜之间常常发生粘连。

气管纤维素性炎：脱落的气管黏膜与炎性渗出物形成膜状物脱落至管腔，堵塞气管。

(2)固膜性纤维素性炎：固膜性炎又称纤维素性坏死性炎（fibrinonecrotic inflammation）。常见于黏膜，它的特征是渗出的纤维素与坏死的黏膜组织牢固地结合在一起，不易剥离，剥离后黏膜组织便形成溃疡。这种炎症常发生在仔猪副伤寒、猪瘟等病的肠黏膜上。固膜性炎损伤严重常需通过肉芽组织来修复，如猪瘟扣状肿纤维素性渗出物可以被白细胞释放的蛋白酶分解液化，从而被吸收。

4. 化脓性炎（suppurative inflammation） 以中性粒细胞大量渗出为特征，常伴有不同程度的组织坏死和脓液形成，常见于葡萄球菌、链球菌、绿脓杆菌棒状杆菌等化脓性细菌感染，某些化学物质和坏死组织亦可引起。由于发生原因和部位的不同，化脓性炎形成一些不同的病变类型，其中有3种主要的类型：

(1)脓肿（abscess） 是组织内发生的局限性化脓性炎症。主要表现为组织溶解液化，形成充满脓液的囊腔。脓液是由变性坏死的中性粒细胞和坏死溶解的组织残屑组成的液体。炎灶中中性粒细胞大量渗出，并引起组织液化坏死，生成脓液的过程，称为化脓（suppuration）。

(2)蜂窝织炎（phlegmonous inflammation） 是一种弥漫性化脓性炎症大量中性粒细胞在较疏松的组织间隙中弥漫浸润，使得病灶与周围正常组织分界不清。

蜂窝织炎的早期也可称为脓性浸润，主要由溶血性链球菌等引起。链球菌能分泌透明质酸酶，降解结缔组织基质中的透明质酸，还能分泌链激酶，溶解纤维素。因此，细菌易于通过组织间隙扩散，造成弥漫性化脓性炎症。

(3)表面化脓和积脓 表面化脓（suppuration）是指浆膜或黏膜组织的化脓性炎症。黏膜表面化脓性炎又称脓性卡他。此时，中性粒细胞主要向黏膜表面渗出，深部组织没有明显的炎性细胞浸润，如化脓性脑膜脑炎或化脓性支气管炎。当这种病变发生在浆膜或胆囊、输卵管的黏膜时，脓液在浆膜腔或胆囊、输卵管内蓄积，称为积脓（empyema）。

5. 出血性炎（hemorrhagicin flammation） 当炎症灶内的血管壁损伤较重，以炎灶渗出物中有大量红细胞为特征的炎症，称为出血性炎。出血性炎不是一种独立的炎症类型，常与其他渗出性炎症混合存在，如纤维素出血性炎、浆液性出血炎，常见于毒性较强的病原微生物感染，如猪瘟、猪副伤寒、猪丹毒、猪血痢、巴氏杆菌病等。

6. 坏疽性炎　又称腐败性炎是以发炎组织感染了腐败菌所引起的炎症。发炎组织坏死溶解成灰绿色有恶臭。常见于胸腹腔，如肺脏、腹腔等。

（三）增生性炎

增生性炎（proliferative inflammation）是以组织、细胞的增生为主要特征的炎症。增生的细胞成分包括巨噬细胞、成纤维细胞等。与此同时，炎症灶内也有一定程度的变质和渗出。一般为慢性炎症，但亦可呈急性经过。根据病变特点，一般可将增生性炎分为一般增生性炎症和特异性增生性炎两类。

1. 一般增生性炎症　是指由非特异性病原体引起的相同组织增生的一种炎症，增生的组织不形成特殊的结构，通常也称作非特异性增生性炎，可分为急性和慢性两类。

⑴急性增生性炎　呈急性经过，增生的几乎都是同一种细胞。例如：仔猪副伤寒时肝小叶内枯否氏细胞增生所形成的“副伤寒结节”；病毒性脑炎时小胶质细胞增生所形成的胶质细胞结节；急性肾小球性肾炎时肾小球毛细血管内皮细胞和球囊上皮细胞显著增生。

⑵慢性增生性炎　呈慢性经过，以结缔组织的成纤维细胞、血管内皮细胞和巨噬细胞增生形成的非特异性肉芽组织为特征的炎症。慢性增生性炎多从间质开始增生，因此又称间质性炎。慢性间质性肾炎、慢性间质性肝炎多为损伤组织的修复过程，常导致器官组织硬化和体积缩小。

2. 特异性增生性炎　特异性增生性炎是由某些特异性病原微生物引起的特异性肉芽组织增生性炎症，在炎症局部形成以巨噬细胞增生为主的具有特异性结构的肉芽肿，通常又称作肉芽肿性炎症（granulomatous inflammation）。具有特异性结构的肉芽肿常作为病理组织诊断中病原学判断的重要参考依据。

第六节　免疫病理

免疫病理学主要研究各种异常免疫反应发生的原因、机理和免疫损伤方式，某些病理过程和疾病发生的免疫学机理，疾病过程中免疫功能异常的特征和表现以及应用免疫学基本原理探索疾病的诊断方法和预防措施等。

一、变态反应

机体再次接触同种抗原刺激时，会引起异常强烈的免疫反应，招致严重组织损伤和机能紊乱，表现出各种特征性的免疫病理反应。

这种改变常态的免疫病理反应称为变态反应。由于变态反应主要表现为对特定抗原的反应增高，又称超敏性反应（hypersensitive reaction）。变态反应的本质也是免疫应答。机体参与变态反应的物质包括致敏淋巴细胞、肥大细胞、嗜碱性粒细胞、各种抗体和淋巴因子。参与变态反应的抗原称为变应原，变应原有完全抗原及半抗原。完全抗原，如异种动物血清、微生物、寄生虫、动物组织蛋白、动物皮屑、昆虫毒液等。半抗原为低分子化合物，如青霉素、磺胺类、奎宁等，这些物质本身及裂解后的产物进入机体后，与蛋白质结合成为完全抗原。

二、变态反应的类型

（一）I型变态反应

某类免疫球蛋白（尤其是IgE）与肥大细胞和嗜碱性粒细胞结合，再次受到抗原刺激，导致脱颗粒，释放生物活性因子，造成速发型变态反应，称为I型变态反应，又称过敏反应。

某些个体对进入抗原特别敏感，微量变应原就可使扁桃体、呼吸道（鼻、气管、支气管）和消化道黏膜淋巴组织中的浆细胞产生大量抗体，主要为IgE。IgE是一种亲细胞性的抗体，吸附在血液中嗜碱性粒细胞、组织中肥大细胞和血小板等细胞的表面。当IgE与细胞结合时，即Fc段结合于细胞膜上，Fab段则向外，机体形成敏感状态。

当敏感机体再次接触同种抗原时，与吸附在细胞上的IgEFab段结合。1个抗原分子至少与2个IgE分子结合，形成抗原桥，从而使靶细胞表面密集相邻的IgE分子相互靠近而产生“桥联”，才能促进细胞脱颗粒，释放出各种生物活性物质，如组胺、五经色胺、前列腺素、白细胞三烯等。脱颗粒机制尚未完全被阐明，已涉及到细胞内一系列的酶和代谢活动。

这些活性介质作用于皮肤、呼吸道和消化道等相应器官，引起毛细血管扩张和通透性增加，血压下降，腺体分泌增多以及非血管平滑肌痉挛等。反应发生在皮肤可出现红肿、尊麻疹等，在呼吸道可出现流涕、喷嚏、气喘、呼吸困难；在消化道则可因功能紊乱而出现呕吐、腹泻和腹痛。如反应发生在全身，可引起血压下降，过敏性休克，甚至死亡。

由疫苗和药物引起的过敏反应使用任何疫苗都有可能引起IgE反应。事实上灭活口蹄疫疫苗、狂犬病疫苗和传染性胸膜肺炎疫苗已有致牛严重过敏反应的报告。在使用药物以后出现IgE反应的也不少见。大多数药物的分子太小，没有抗原性，但其中很多能与宿主蛋白结合而以半抗原的方式作用于免疫系统。用青霉素治疗或摄入含有青霉素的乳汁可使动物发生青霉素过敏反应。前者可导致过敏性休克或轻度的全身性反应，后者可引起下痢。此外，还有很多其他药物和激素也能引起家畜的过敏反应。

（二）Ⅱ型变态反应

Ⅱ型变态反应又称细胞溶解型或细胞毒型变态反应。动物感染了某些微生物或服用某些药物，在与血细胞结合后，使红细胞变性，可刺激机体产生细胞溶解性抗体（主要是IgG，少数是IgM）。这些抗体与吸附在血细胞的药物、微生物抗原或红细胞抗原成分结合，形成抗原一抗体一红细胞复合物，然后通过3种途径杀伤靶细胞：①激活补体，使红细胞溶解；印通过免疫调理作用使靶细胞被吞噬溶解；②通过免疫调理作用使靶细胞被吞噬溶解；③K细胞在抗体参与下，通过ADCC作用杀伤靶细胞。如鸡伤寒引起红细胞溶解，即属B型变态反应。

另外，同种异体红细胞或抗红细胞抗体进入机体，由于血型不同，红细胞膜上抗原与体内抗体相结合，在补体参与下，使红细胞溶解。动物和人都有多种血型，如人至少有24个血型，牛至少有12个血型，鸡有10个血型。动物和人由于配血不当，常会引起溶血反应。

（三）Ⅲ型变态反应

Ⅲ型变态反应又称免疫复合物型或血管炎型变态反应。在血液循环中，当抗原与抗体（主要是IgM和IgG,极少量为IgA）形成抗原－抗体免疫复合物时，由于抗原与抗体的分子比例不同，形成的复合物大小不同。抗原与抗体比例合适（大约2：3）时，通常形成大分子（大于19S）的不溶性复合物，易被吞噬细胞吞噬裂解。抗原抗体比例相差悬殊时，形成细小的可溶性复合物，易通过肾小球滤孔随尿排出体外。抗原量略高于抗体（约3：2）时，形成中等大小的免疫复合物（约19S），既不易被吞噬细胞吞噬，又不易通过肾小球排出体外。这些复合物长时间循环于血流中，刺激嗜碱性粒细胞产生活性因子，使血管壁通透性增加，复合物渗出嵌留在血管壁膜上，激活补体，吸引嗜中性粒细胞，使之聚集于免疫复合物周围并进行春噬。在吞噬过程中释放溶酶体酶等，除破坏免疫复合物外，也损伤基底膜及邻近组织，引起血管炎。肾小球性肾炎、类风湿性关节炎等均属此型。

（四）Ⅳ型变态反应

Ⅳ型变态反应又称迟发型变态反应。此型反应是细胞免疫引起的，无抗体与补体参与，主要是T细胞参与的，通过直接损伤或释放淋巴因子进一步扩大组织损伤引起的一种变态反应。此反应发生较慢，一般在接触抗原后6h左右开始出现，24～48h达到高峰，然后消退，故称迟发型变态反应。动物切除胸腺后不发生本型变态反应。引起Ⅳ型变态反应的抗原是异种蛋白质或半抗原与载体蛋白相结合形成的复合物，包括许多细菌及其成分、病毒、真菌以及原虫。Ⅳ型变态反应的发生机理与细胞免疫应答的发生过程类似，实质是以T淋巴细胞、巨噬细胞等单核细胞为主的炎症反应。临床上常见的有传染性变态反应，接触性皮炎等。变态反应往往不是单一型的，而是几个型的组织损伤同时出现，但可能某一型占优势。例如：马传染性贫血也同时表现Ⅱ型引起的溶血性贫血和Ⅲ型引起的肾小球性肾炎。

第二章
尸体剖检

第一节　尸体剖检的概念与目的

尸体剖检是运用病理学的理论和知识以及其他有关学科的理论、知识、技术、用解剖学的方法检查死亡动物尸体的病理形态学变化，来诊断疾病的一种技术方法。

在临床实践中，通过尸体剖检以提高临床诊疗工作的质量，并及时验证生前诊断的正确与否，从而可以避免医疗工作的失误。

在传染病、寄生虫病、营养代谢病、中毒性疾病等群发病的诊断，尸体剖检常常可迅速做出初步诊断、甚至可以确诊或为进一步的诊断提供重要线索，特别是为疾病的病原学诊断方向提供病理学依据。在肉类加工厂或屠宰场中，通过病理解剖学检查，可以确立肉品食用价值，确保人类健康。有助于提高与疫病的控制，促进生产，制定重大疫病防治预案以及建立快速反应机制。按照“早、快、严、小”的原则，快速扑灭疫病。特别是当前猪病出现多病原的多重感染或混合感染大量出现使病情复杂化的今天；尸体剖检在疫病发生时将是诊断疫病第一快速反应机制中一项重要客观依据。从病理学理论角度出发病理学方法在猪病诊断的实用价值是不可否定的。

此外，通过尸体剖检资料的积累，可为各种疾病的研究，提供重要的数据，由此可见，尸体剖检在兽医临床实践中有重要价值。虽然如此，但是作为病理工作者，应当明确，尸体剖检只是诊断疾病方法之一，不是唯一的，所以必须与临床流行病学，微生物学诊断，免疫学诊断，毒物学诊断、病理组织学检查等密切配合，最后综合分析才能做出正确诊断。

根据剖检的目的不同，可分以下3种：

⑴诊断学的剖检　多是生产实践中，尚未确诊而死亡的动物，必要时对正患病动物（捕杀）进行剖检，以达到确认的目的。

⑵科学研究的剖检　对疾病的发生发展规律的研究，需要一定数量的动物进行系统剖检。

⑶法医学的剖检　多是为法律纠纷提供客观依据而进行，一般要特别慎重地进行全面系统剖检，应具有较高水平的专业技术人员进行，纠纷双方具有法人资格的代表到场参加，同时要有公安司法人员参加，剖检的结论方能有效。

第二节　尸体变化

动物死亡之后，血液循环停止，机体的组织器官的功能和代谢过程先后停止，由于体内细胞酶和肠道内的细菌作用和外界环境的影响，逐渐发生一系列的死后变化，即尸体变化，其中包括尸冷、尸僵、尸斑、血液凝固、尸体自溶和腐败，在进行尸体剖检时要注意辨认是否属于死后变化，可以避免把某些死后变化误认为生前的病理变化，才能做出正确的诊断。

一、尸冷

尸冷指动物死亡后，尸体温度逐渐降低并与外界环境的温度相等的现象，尸冷的发生是因为动物死亡后机体代谢停止产热过程终止，而散热过程仍继续进行。因此，尸体的温度逐渐下降，其下降的速度通常在死后最初几小时较快，以后逐渐变慢，室温条件下，平均每小时下降1℃，尸冷的速度受季节的影响较大，冬季可加速尸冷的过程，而夏季可延缓尸冷过程，尸温的检查对判定死亡的时间有一定意义。

二、尸僵

动物死亡后，最初由于神经系统的麻痹，肌肉失去紧张力而首先出现暂时性的弛缓，肌肉变松弛柔软，但短时间后，肢体的肌肉即引起收缩，变为僵硬，四肢各关节不能伸屈，使尸体固定于一定的姿势，这种现象称为尸僵。

尸僵开始出现的时间，大中动物在死后1～6h开始出现。

尸僵发生的次序，先从头部开始，依次发展到颈部，前肢、躯干至后肢。

尸僵的缓解，一般经24～48h后，按发生顺序开始缓解，尸僵的特点是如果人为地破坏后，不能再出现。心肌、平滑肌也可发生尸僵，心肌在死后数小时左右发生僵硬，尸僵时心肌的收缩，可将心脏内的血液驱出，左心室最为明显，心肌僵硬大约可持续24h，以后就逐渐缓解。心肌变性时，通常心肌僵硬不明显，表现心脏质度柔软，充满血液，心腔扩张。

其他富有平滑肌的器官，如血管、胃肠、子宫和脾等由于平滑肌僵硬收缩，可使管状器官缩小，组织质度变硬，当这些平滑肌变性时，尸僵亦不明显，例如败血症的脾脏，因平滑肌变性而变软。

通过尸僵的检查可以推断动物死亡时的姿势，另外对判断死亡时间以及死亡原因也有一定参考价值。

三、尸斑

动物死亡后，心脏活动停止，心血管内的血液，由于心脏和大动脉血管的临终收缩与尸僵的发生，而将血液排挤到静脉系统内，在血液凝固之前，血液因重力作用，流到尸体低下部位的血管中，使血管内充盈血液，这种现象称为尸斑坠积，这是尸斑的早期变化。外观上坠积部位组织呈暗红色，指压该部位可以消散，随着时间的推移，下沉的淋巴结在血浆内，经血管壁向组织浸润。出现时间为死亡后24h左右。尸斑浸润的变化在改变尸体位置时也不会消失。

尸斑出现的部位颜色比对侧部位深，但因有些动物的体表往往因有被毛的遮盖而难以观察，只有在剖检时，在皮下组织中才可明显看出，内脏器官尤其是成对器官（肺、肾）对比度明显，卧侧器官比对侧的颜色要深，呈暗紫红色，在剖检时应与淤血、炎性充血、出血相鉴别。

四、血液凝固

动物死亡后血液循环停止，不久心脏和大血管内的血液发生凝固。由于死后血液发生凝固速度的不同，血凝块的颜色亦有所不同，血液凝固快时，血凝块呈一致暗红色。血液凝固慢时，血凝块分两层，其上层是主要含血浆成分的淡黄色鸡脂样凝块，下层是主要含红细胞的暗红色血凝块，这是由于动物死亡后最初一段血液没有发生凝固，而红细胞先发生沉降，然后出现血液凝固之故。死后血凝块，形态为表面光滑，湿润，有光泽，质柔软，富有弹性，并与血管内膜分离，应与生前形成的血栓相区别。

血液凝固的程度和速度并不完全一致，有时可以完全不凝固和不完全凝固。例如：死于窒息的尸体，因血液中含有大量的二氧化碳，死后血液不凝固；死于败血症的动物血液凝固也不完全。

五、尸体自溶

尸体自溶是指动物死后组织细胞失去生活机能后，组织细胞受到细胞自身的酶和消化液中酶的作用而引起的自体消化过程。生前体内有抗酶物质存在，死后抗酶物质消失而引起自溶作用。自溶出现最明显的是胃和胰脏，初期胃黏膜因自溶而极易剥离或自行脱落，严重时胃壁变薄，甚至可以出现死后穿孔。其他表现还有：角膜混浊、皱缩角膜弥漫性混浊、皱缩，干燥无光泽。血溶及心血管内膜红染动物死亡后，部分红细胞崩解，血红蛋白溶于血浆中，称为血溶。血溶后，血红蛋白浸染心血管内膜和血管周围组织，使其红染，呈弥漫性，按压不褪色。这是尸体浸润的一种表现。实质器官自溶斑动物死亡后，由于局部组织发生自溶，在实质器官（肝、肾、心、脾等）表面常出现大小不等的颜色变淡的斑块或片状区。

六、尸体腐败

尸体腐败，在尸体自溶或稍后，体内组织蛋白因受细菌的作用而分解的现象。腐败过程中由体内厌氧菌的大量繁殖，将复杂的化合物分解为简单的化合物，同时产生大量气体，如氨、二氧化碳、甲烷、氮、氧、硫化氢等。因此，腐败的尸体内含有多量的气体，并有恶臭。

尸体腐败表现有以下几个方面：

1. 死后鼓气　这是因胃肠道内细菌大量繁殖，腐败发酵产生大量气体的作用引起的，胃肠道最为明显，尸体的腹部高度膨胀，腹围加大，肛门突出并哆开，严重时腹壁肌层或膈肌都可以因受气体的高压而发生破裂，此外肝脏也可产生气体，结果体积增大，色污灰，肝包膜下出现小气泡，切面呈海绵状，从切面可挤压出大量混有泡沫的血样液体，其他各器官发生腐败时质度均变得柔软，此时血液中也可出现大气泡。例如肾、脾腐败时也有类似的变化。

2. 尸绿　也是腐败的明显标志，尸绿的出现是由于组织分解产生的硫化氢与血液中的血红蛋白和其中游离出来铁相结合，成为绿色的硫化铁所致，所以腐败脏器呈污绿色，外部视诊时，腹部尸绿出现最明显。

3. 尸臭　是指尸体腐败过程中产生大量的恶臭气体，如硫化氢、氨等。因而腐败的尸体具有特殊难闻的恶臭味。

影响尸体腐败的因素，主要是尸体所处外界环境的温度，适当的温度（30～36℃）和湿度大时，可以加速腐败的过程，温度降至0℃以下时腐败过程可以停止。

机体状态对尸体腐败有影响，例如营养极度不良瘦弱的动物，因体内蛋白质较少，则腐败现象发生较肥胖动物缓慢。此外，尸体腐败与死亡动物的疾病性质也有关，死于细菌性败血症的尸体，因体内存有大量细菌，因而腐败过程发生较快。

尸体腐败现象的出现，对识别原有疾病的病变景象将有很大的影响，对尸体剖检工作的进行带来一定困难。由此可见，动物死亡以后应尽早进行剖检，才能提高尸剖检工作质量。通过腐败现象的观察，对判定死亡过程的长短、死亡原因以及疾病的性质有一定的参考价值。

4. 尸体组织气肿　尸体腐败时，皮下、肌间、实质器官（被膜和皮下器官内）、心脏与大血管的血液中出现气泡，同时散发出特殊的腐败臭味。如肝脏产生气体，结果体积增大，色污灰，肝包膜下出现小气泡，切面呈海绵状，从切面可挤压出大量混有泡沫的血样液体，临床上称为海绵肝或泡沫肝。其他各器官发生腐败时质度均变得柔软，肾脏、脾脏腐败时也有类似的变化。

七、排酸

动物死亡后，机体内发生一系列的生物化学变化，结果在细胞组织内产生大量酸性物质，使得动物尸体从尸僵发生及以后的时间里，组织中均出现酸性介质，pH在6.0以下。

第三节　尸体剖检前的准备

尸体剖检是一项严肃细致，专业性很强的技术工作，是诊断和防治疾病的重要依据，剖检人员的业务水平、工作态度决定剖检工作的质量，特别是疾病流行初期死亡第一批动物，如判断正确，即可把疾病控制在流行初期，可避免重大的经济损失，因此在具有一定规模的畜禽饲养场，都应当重视尸体剖检工作，我国各省市自治区的防疫机构，都应设有专门从事病理解剖学诊断和研究的病理专业工作者。在国外，例如加拿大，按地区设有兽医诊断室，其中有专门从事病理检验的专业人员，设施也较为完善，设有剖检室、焚尸炉，组织切片室等。

一、人员组成

剖检工作时，应有主检1人，助检2人，记录员1人，在场人可包括单位负责人以及有关人员，属法医学剖检应有司法公安人员以及纠纷双方法人资格代表参加。

主检人是剖检工作质量的重要保证，一般应具有较高的专业水平，通晓兽医专业理论、知识和技术。如本单位缺乏这方面的技术人员，应聘请，只有这样才能迅速做出较为正确的诊断，及时采取有效措施，可防止重大经济损失的出现。

二、尸体剖检时间

应尽早进行剖检为宜。应在白天进行，因为白天自然光线才能正确的反映器官组织固有色泽，如夜间的人工光源可改变其颜色，有些病理变化不易辩认，如脂肪变性和黄疸。如紧急情况下必须在夜间剖检时，光线要充足，对不能识别的病变，暂在低温下保存留待次日观察。动物死后体内将发生自溶和腐败，夏季尤为明显迅速，因死后自溶，腐败影响病变的辩认和剖检的效果，以致丧失剖检价值。冬季死亡的动物亦应尽快剖检，因为尸体冻结后再暖化时也可发生自溶腐败，又可因红细胞溶解而组织被血红素污染，亦影响检查效果。因此动物死亡后争取时间尽快施行剖检。

三、剖检室设施和场地

高等院校、科研机构、兽医院等应设有室内剖检室，其场地应符合我国1989年颁布的环境保护法及兽医法的规定，应与畜舍、公共场所、住宅、水源地和交通要道有一定的距离。室内地面、墙壁适于刷洗消毒，并应设有剖检台或吊车等，阳光充足通风良好，必要时可设空调器。

野外进行剖检时，应符合上述法规要求，保证人畜安全，防止疾病扩散，选择距离畜群，居民区较远的地方。

四、尸体剖检器械和药品

剖检常用的器材有：

1. 刀类　剥皮刀、解剖刀、检查刀、软骨刀、脑刀、外科刀。

2. 剪类　肠剪、骨剪、弯刃剪、尖头剪、圆头剪、外科剪。

3. 锯类　弓锯、双刃锯、骨锯、电动多用锯。

4. 其他　录像机、照相机、放大镜、斧、凿子、金属尺、探针、镊子、量筒、量杯、磨刀棒、工作服、线手套、胶手套、口罩、防护眼镜、工作帽、胶靴、围裙、棉花、纱布、2%碘酒、70%酒精等。

五、剖检人员的防护

剖检人员在剖检过程中时刻警惕感染人畜共患传染病以及尚未被证实，而可能对人类健康有害的微生物，因此剖检人员要尽可能的采取各种防护手段，保证剖检人员的健康，关键是防止感染微生物，寄生虫。因此，剖检者要穿工作服，戴胶手套和线手套以及工作帽、口罩、防护眼镜，穿胶靴。剖检过程中要经常用低浓度的消毒液冲洗手套上和器械上的血液及其他分泌物渗出物等。剖检不慎而工作人员发生外伤时应立即停止剖检，妥善消毒包扎，如液体溅入眼内，应迅速用2%硼酸水冲洗，滴入抗生素，消炎杀菌的眼药水，剖检结束后，手套用消毒液浸泡洗后，剖检者用肥皂清洗手数次，再用0.1%新洁而灭洗3min以上，为除手上的臭味，可用5%高锰酸钾清洗，再用3%草酸液脱色，口腔亦可用2%硼酸水嗽口，面部亦可用香皂清洗，然后用70%酒精擦洗口腔附近面部。

六、尸体消毒和处理

剖检时，对有可疑传染病的尸体，用高浓度消毒液喷撒或浸泡，如运输时，应将天然孔用消毒液浸泡后的棉球堵塞，放入不漏水的运输工具中，可备有专用尸体车，亦可用塑料薄膜多层包扎进行运输。

剖检完毕后，据疾病的种类应妥善处理，基本原则是防止疾病扩散、蔓延和尸体成为疾病的传染源，最理想的是焚化。但结合我国实际，目前有以下几种处理方法，可根据实际情况选择：

1. 焚化法　一般用焚尸炉，无此设备时可用木材和煤油柴油焚烧尸体。

2. 掩埋法　剖检前备一深1.5～2m深土坑，剖检完毕后将尸体和污染的土层一并投入坑内，并撒入消毒液，然后填满坑，其周围彻底消毒。

3. 生物热法　在剖检室附近或畜墓地可建生物热窖，用水泥、砖建成深9～12m，宽3～4m的窖，上有双层盖。剖检后将尸体投入窖内，盖的周围被污染时，应进行消毒，然后锁好。尸体在窖内腐败后产生生物热，使尸体内病原微生物死亡，变为无害。

七、尸体剖检文件

尸体剖检文件是一种宝贵的档案材料，应包括剖检记录，剖检报告和剖检诊断书。是疾病综合诊断的组成部分之一，是诊断疾病、病理学科研究的文献资料，以及作为业务行政上的重要材料和法律依据资料，从学术上通称文献资料，而文件可具有法律效应。为规范尸体剖检文件，并引起重视，把剖检记录、剖检报告及诊断书称为尸体剖检文件较适宜。

（一）尸体剖检记录

可分文字记录和图像记录。前者为尸体剖检记录，是人们用视觉、听、触觉器官所获得的各种异常现象全面如实的反映出来，可以用言语形象叙述，采用文字记录下来，后者是用录像机或照相机摄制病变的动或静的图像。比文字的记录更加逼真、客观、精确、可靠、可信、一目了然。二者均属是剖检文件的原始记录，是剖检报告的重要依据。

剖检记录的原则与要求：记录的内容要如实的反映尸体病理变化，要真实可靠、不得弄虚作假，要求内容力求完整详细，重点详写，次点简写，文字记录简练并应在剖检当时进行，不可在事后凭记忆追记，记录的顺序与剖检术势的顺序相同。

（二）剖检记录的内容

1. 剖检记录的叙述部分　指将在剖检过程中主检者所观察到的一切异常现象真实的以口述的方式叙述，记录员用文字记录下来的部分，一般可含有下列内容：

（1）前言部分　包括畜主、动物种类、品种、编号、年龄、性别、毛色、特征、用途、营养、发病时期、死亡日期、剖检日期、剖检人员（含主检人、助检人、记录者）、现场人等。临床摘要：包括主诉、病史摘要、发病经过、主要症状、临床诊断、治疗经过、流行病学情况、实验室各项检查结果。

病理变化记录：包括外部视检和内部剖检以及各器官的检查。

实验室检查结果：细菌学、免疫学、寄生虫学、病理组织学和毒物学检查结果。

（2）总结部分　总结是在对动物进行系统尸体剖检的基础上，据所获得的各种资料观察的病理变化进行分析判断，由感性认识上升到理性认识的阶段，包括以下部分：

病理解剖学诊断：通常是剖检工作结束后，在现场主检者根据剖检所见的各器官病理变化进行综合分析，用学术术语对病变做出病理解剖学诊断，应按病变的主次及互相关系排列其顺序，即找出剖检所见病变中什么是主要的，什么是次要的，什么是原发的，什么是继发的，然后按照主次、原发、继发将病变的性质做出初步结论，即确定什么是本病例的主要疾病，再将由此主要病变所引起的一系列病变按先后排列，其次将与主要疾病无关的其他病变排列在后面，这样就得出了眼观病理解剖学诊断。

讨论和总结通常包括以下3个方面：首先初步确定本病例的主要疾病，其次分析各种病变的相互关系，最后初步确定本病例的死亡原因。

上述工作完成后，如对剖检的病例以诊断为目的剖检，可确定疾病的诊断时，可作为正式的尸体剖检报告。但有许多情况，通过剖检不能做出诊断时，主检者应根据剖检结果，结合临床流行病学、微生物学、免疫学、病理组织学以及理化学的检验结果，做出诊断并提出防制措施的建议。

2. 尸体剖检报告　是向上级业务行政主管部门上报材料，应为正式呈报文件，主检验人和单位主管领导都要签名，并盖单位公章，其主要内容与剖检记录相同，常用格式见表8.2–1。

表 8.2–1　猪尸体剖检报告

单位：	畜主姓名：	畜种性别：	剖检号No.：
品种营养特征：			
临床摘要及临床诊断：			
发病时间：	死亡时间：	剖检时间：	
剖检地点：			
主 检 人：	助 检 人：	记 录 人：	
剖检摘要：			
病理学检验：			
微生物、免疫学、理化学检查：			
病理解剖学诊断：			
结论：			
		主检人签字：	
		呈报单位公章：	
		年　月　日	

（三）尸体剖检记录的写法

尸体剖检工作是一项专业性很强的技术工作，要求从事剖检工作者除应具有较高的兽医专业理论基础外，还要有一定的临床工作经验，特别是通晓病理学科基本理论和基本技能，对基本病理过程，常见病理变化应熟练的掌握和运用。此外还应具有一定的文学素养。

病变的描述，尽量以客观的方式，切忌用病理学术语或学术名词来代替病变的描述，例肝淤血引起的肝脂肪变性的描述为：肝体积肿大，被膜紧张，边缘钝圆，肝中央静脉呈暗红色，其周围为灰黄红色，切面流出较多量暗红血液，肝质度脆弱，刀刃上有油腻感。侧射光见有油脂样光泽，小叶中心呈暗红色并明显凹陷，不应简单地以“槟榔肝或肝淤血和脂肪变性”等病理术语代替。对每例剖检的尸体病变的描述关键是揭露其每一器官病变的特殊性，因此剖检者不应简单从事，急于求成。对主要病变或用文字难以描述时，可用绘图方法，录像机或照相机进行摄影的记录方式。

此外对所有的病变的发生，蔓延的途径及结局，都应在记录上反映出来。

对成对的器官可做一般描述然后对其中的特殊变化加以描述。对皮肤、消化道、肌肉等器官的病变描述，要指明其病变的位置所在，例如颈部、头部的皮肤或皮下部位，再如贲门部，幽门部，有腺部，无腺部，十二指肠的初段、中段、末段，淋巴结，说明那个部位的淋巴结，颈下颌淋巴，颈前淋巴结等。总之病变的描述要具体，详细的说明所在的位置。

为了节省时间和不必要的繁琐，同样病变在一个器官的不同部位时，可用“同前记”的字样。

对无肉眼可见变化的器官一般用“无肉眼可见变化”或“未发现异常”等来描述，一般不用“正常”“无变化”等名词，因无肉眼变化，不一定就说明该器官无病变。一般剖检记录与剖检同时进行，即随剖检者检查中的口述进行记录，所以正确系统的剖检程序和方法是写好剖检记录的条件之一，这样可以避免发生漏检，确保尸体剖检记录的全面性和真实可靠性。

（四）病理变化的描述

病理变化的描述是尸体剖检工作的关键之一，是一项专业性很强的工作，一般即使专业人员，若缺乏病理学理论知识，也很难做好这项工作。

病变描述的基础，首先是观察病变，发现病变，识别病变，然后是描述病变，同一病变不同人描述的不可能完全相同，但客观存在的病变只有一个标准，同一病变用词可有程度的不同，但在病理解剖诊断上结论应相同，病变的描述具有一定规范、技巧，需剖检者在剖检过程中积累，应善于综合分析、总结，才能不断提高。

器官病变的描述：对器官位置、体积、重量、色泽、外观形态、纹理、湿度、光洁度、切面状态质度，内容物的数量、性状、颜色、臭味等进行观察描述。

病灶的描述：病灶可认为是病变的基本单位。

病灶在一些器官组织内和表面都可出现，虽然不同疾病中可出现各种各样的病灶，其形状大小，颜色等都有所不同，但应有一定规律可循。

病变有两层内含：一是指某一种基本病理过程，可以有各种不同的病变，例如变性有颗粒变性，脂肪变性，黏液变性等，所以病变往往是病理变化的泛指，含意广泛，也都是指正常器官组织的异常变化，所以可认为是广义。一是指某一具体病变的特征，病灶可认为是病变的狭义，例如某一器官出血灶、坏死灶、炎症灶等。又如同一个器官同时可存在大小不等形状不一，几个相同性质或不同性质的病灶。

现就病变的描述规范以及方法介绍如下：

1. 计量标准　用国家公布的计量标准计算度量。重量：克、千克；长度：厘米、米；容积：毫升、升。

2. 重量大小　凡容积可称量的器官，采取后首先称量，然后用尺量其大小，对病变一是可用尺测量大小，二是可用常见的实物比喻，如鹅卵大、鸡卵大、鸽卵大、麻雀卵大、小米大、高粱米大、粟粒大、黄豆大、绿豆大、蚕豆大。

3. 颜色　器官不同颜色不一，肝、肾、脾、心等以红为主色，只是色调不一，消化器官为灰白色，淋巴结为灰白色，各种动物稍有差异。单色用鲜红，淡红、粉红、白、苍白描述，复杂色用暗红、棕红、黑红、灰黄、土黄、黄绿等词表示，通常前者表示次色，后者表示主色。

4. 表面和切面　指器官的表面被膜，浆膜的异常变化，可用光滑、粗糙、突出、凹陷、棉絮状，绒毛样、网状、条纹状、斑状、点状、花斑样、虎斑样、麻雀卵样等词描述。切面常平坦、稍实、颗粒状、砂粒状、粉尘样、肉样、脑髓样、固有结构不清、纹理不清，景象模糊，凝固不全血样物流出。

5. 形状　器官都有固定的形状，病变或病灶多为椭圆形、球形、菜花状、结节状。

6. 干湿度　用湿润、干燥。

7. 透明度　透明、半透明、浑浊、清亮。

8. 质度和结构　弹性、脆弱、坚硬、柔软、纹理不清。固有结构不清。

9. 气味　恶臭、腥味、腐败味。

10. 黏膜器官　黏膜易剥离, 不易剥离, 肿胀。

11. 管状器官　常用扩张、狭窄、闭塞、弯曲。

12. 位置　指各器官的正常位置是否有异常变化。肠变位等，以肠扭转180°、360°来表示。

13. 病变和颜色分布情况，常用局部性、弥散性、点状、条纹状等描述。

八、实验室检查材料选取的方法和要求

尸体剖检的目的是对疾病做出正确的诊断，但有许多疾病往往剖检后，据剖检所见在诊断上有困难和疑问时，这需要实验室做进一步的检查，如进行病理组织学、细菌学、病毒学、血清学、毒物学等方面的检查，因此正确的掌握送检材料的选取，保存具有重要意义，现就有关要求介绍如下：

（一）病理组织学检验材料

1. 采取病料的工具　刀剪要锋锐，切割时应采取拉切法，避免组织受压造成人为的损伤，组织块固定前勿沾水。

2. 病料采取的脏器种类和部位　无论任何疾病，采取病料时，对动物的机体构成的各种器官应具有代表性，因此，要采取生命重要器官，例如：心、肝、肾、脑、脾、淋巴结、胃肠、胰、肺，但病变器官要重点采集，一个器官不同部位采取多块，取病变典型部位，可疑部位，取样具有代表性，最好能反映出疾病发展过程的不同时期形成的病变。每个组织块应含有病变组织与正常组织，同时应该含有该器官的主要部分，例如，肾要有皮质部、髓质部、肾盂、脾和淋巴结要有淋巴小结部分，黏膜器官应含有从浆膜到黏膜各部，肠应有淋巴滤泡，心脏应有房室，瓣膜各部，大的病变组织不同部位可分段采取多块。

3. 组织块大小　长宽1～1.5cm，厚度0.4cm左右，有时可采取稍大的病料块，待固定几小时后，再切小切薄。

4. 胃肠、胆囊等在固定时易发生弯曲，扭转的可将组织块浆膜面向下平放在硬质泡沫板上或硬纸片上，两端结扎放入固定液中，肺组织块常漂浮于固定液面上，可盖上薄片，脱脂棉或纱布包好内放

入标签，再放入固定液的容器中。

5. 固定液 10%福尔马林水溶液（市售甲醛，用常水稀释1∶9），其他固定液亦应备齐。

6. 编号 组织块固定时，应将尸检病例号用铅笔写在小纸片上，沾70%酒精固定后投入瓶内，也可将所用固定液，病料种类器官名称、块数编号、采取时间写在瓶签上。

7. 送检 目前多派专人送检，其送检病料固定好后，将组织块用脱脂纱布包裹好，放入塑料袋，再结扎备用，送检应将整理过的尸体剖检记录及临床流行病学材料，送检日的要求、组织块名称、数量等一并送检，此外，送检的病料、本单位应保存一套，以备必要时复查用。

（二）细菌学检验材料

细菌检查材料的基本要求，防止被检材料的细菌污染和病原的扩散，因此采集时要无菌操作。

1. 无菌操作法 即采取病料时 首先用点燃酒精棉球烧焦器官表面以消灭被采器官表面的杂菌，然后立即用无菌器材采取深层组织做细菌培养，采好后应将组织块在酒精火焰下烧数十秒，再迅速放入无菌瓶皿中。

2. 涂片 对心血、心包液、脑脊液、脓汁、尿采集同时应涂片2～3张，标明编号。

3. 培养物的采取 如心血，病灶的内含物等，以无菌注射器经无菌的心房处刺入心脏内吸取血液，然后取出立即注入灭菌试管内，紧塞管并用腊封闭。

4. 器官 一般心肌，胃、肝、肺、淋巴结、脑，根据需要可采取有关器官，但脾和淋巴结必采。

（三）病毒学检验材料

需做组织学检查的材料，最好用包音氏液和岑克氏液固定。

包音氏液：冰醋酸5mL，甲醛（原液）25mL，苦味酸饱和液75mL。

岑克氏液：重铬酸钾25g，氯化高汞5g，硫酸钠1g，蒸馏水100mL，冰醋酸5mL。

中枢神经系统的病毒性疾病，海马角、大脑皮层、中脑、丘脑、脑桥、延脑、小脑、颈段脊髓各数块分别用纱布包好，并标记各部名称，固定在包音氏液和岑克氏液。同时灭菌，采取有关部分放入灭菌的盛有50%甘油盐水试管中密封瓶口。

（四）血清学检验材料

无菌采血10～15mL，放室温待血清释出移入灭菌试管内，并加入0.5%碳酸防腐密封瓶口放冰箱保存，做中和试验的血清不加防腐剂。

（五）毒物学检验材料

剖检有毒物中毒可疑的尸体时，因毒物的种类，投入途径不同，材料的采取亦各有不同，经消化道到引起的中毒，可提前检查，事先剖检用的器材、手套，先用清水洗净凉干，不得被酚、酒精、甲醛等常用的化学物质污染，以免影响毒物定性，定量分析。通常做毒物检验的应采取下列材料：

1. 胃肠内容物 服毒后病程短，急性死亡的取胃内容物500～1 000mL，肠内容物200g。

2. 血液 200g

3. 尿液 全部采取。

4. 肝 500～1 000g（应有胆囊）。

5. 肾 取两侧。

经皮肤、肌肉注射的毒物，取注射部位皮肤肌肉以及血液、肝、肾、脾等送检。

采取的每一种材料，应分别放入清洗的瓶皿内，外贴标签，记好材料名称和编号。

第四节 尸体剖检技术

尸体剖检的基本技术包括动物尸体的解剖顺序和方法，尸体剖检技术为检查尸体病变提供方便，是尸体病理检查顺利进行以及提高尸体剖检工作质量的基础。病理解剖的基本原则应是：

⑴根据猪生理解剖学特点，确定剖检术式的方法和步骤。

(2)剖检方法要方便操作，适于检查，遵循一定程序，但也应注意不墨守成规，术式服从检查，灵活运用。

(3)剖检者应按常规步骤系统全面进行操作，不应草率从事，切忌主观臆断随意改变操作规程。

(4)剖检前应对剖检对象的生前临床流行病学，饲养管理情况等进行了解。

(5)可疑炭疽的动物不准剖检。

目前许多资料，关于尸体剖检的术式和检查，各家不一，有的将解剖术式和尸体检查合并叙述，有的分开叙述。尽管如此，目的是一致的，都是为了提高剖检工作质量和效果。但在尸体解剖实施过程中，都是在解剖的同时进行检查，往往同时完成。不同种动物，主要是消化道的解剖不同，例如马、反刍动物、猪、禽类等，为了方便操作，在器官的采取上有所不同。

一般剖检都是先体表后体内，通常的剖检顺序是：

(1)尸体的外部检查

(2)尸体的内部检查　剥皮和皮下检查；腹腔的剖开及其视检；胸腔的剖开及其视检；腹腔器官摘出和检查；胸腔器官的摘出和检查；骨盆腔器官的摘出和检查；口腔颈部器官的摘出和检查；颅腔剖开和脑的取出和检查；鼻腔剖开和检查；脊椎管的剖开，脊髓的取出和检查；肌肉和关节的检查；骨和骨髓的检查。

一、尸体剖检的方法和顺序

剖检前主检人首先对猪品种、性别、毛色、特征、营养、用途、体重、体长，体高及尸体变化等做一般视检。在主检人指导下，助检者进行剥皮，对有利用价值的皮肤，一般将皮剥下，以备加工利用，若无利用价值时也需作部分剥皮以便检查皮肤和皮下的变化，患传染病的皮肤，根据诊断的需要做部分剥皮即可。

（一）剥皮

1. 切线　1条纵切线，4条横切线。

2. 剥皮顺序　首先使尸体仰卧，第一条纵切线是猪腹侧正中线，从下颌间隙开始沿气管、胸骨，再沿腹壁白线侧方直至尾根部作一切线切开皮肤。切线在脐部、生殖器、乳房、肛门等时，应使切线在其前方左右分为两切线绕其周围切开，然后又会合为一线，尾部一般不剥皮，仅在尾根部切开腹侧皮肤，于3～4尾椎部切断椎间软骨，使尾部连于皮肤上。4条横线即四肢各一条横切线，在四肢内侧与正中线成直角切开皮肤，止于球节作环状切线。头部剥皮，从口角后方和眼睑周围作环状切开，然后沿下颌间隙正中线向两侧剥开皮肤，切断耳壳，外耳部连在皮肤上一并剥离，以后沿上述各切线逐渐把全身皮肤剥下。

3. 剥皮方法　剥皮时要拉紧皮肤，刀刃切向皮肤与皮下组织结合处，只切离皮下组织，切忌使过多的皮肌、皮肤脂肪残留在皮肤上，也不应割破皮肤，而降低利用价值。

有剖检室设备的场地，可设有活动吊车电动剥皮机，省力省时。

（二）卧位

卧位的确定主要根据猪的腹腔中消化道的特殊结构而定，目的是方便操作，便于腹腔器官的摘出，一般有3种卧位，主要采用第三种，分述如下：

1. 侧卧位　尸体的左侧或右侧卧位。

2. 半卧位　尸体背部向某一侧倾斜45°角，向左或向右倾斜。

3. 背侧卧位（仰卧位）　尸体的背脊部与地面呈平行状态。

猪主要因肠管即长又复杂，通常采取下列方法：多取背卧位，即使尸体仰卧，通常把四肢与躯体分离，但又要保持一定的联系，这样可以借四肢固定尸体。

（三）切离前后肢

只有确定好尸体卧位才能切离肢体。

1. 前肢的切离　术式为首先沿肩胛骨前缘切断臂头肌和颈斜方肌，然后再在肩胛软骨后缘切断胸背阔肌以及腋下血管、神经、下锯肌、菱形肌等，即可取下前肢。

2. 后肢的切离　在股骨大转子处圆切臀部肌肉群的臀肌及股后肌群，助手将后肢向背侧牵引，由内侧切断股内收缩肌和髋关节的臀圆韧带及副韧带，即可取下后肢。

（四）腹腔的剖开

根据尸体卧位可采用下列两种剖开方法。

1. 侧卧位（左右侧）或半侧卧位　切开腹壁的方法是第一条切线，先从肷窝沿肋骨弓切开腹壁至胸骨的剑状软骨处，第二切线从肷窝沿髂骨体前缘至耻骨前缘切开腹壁，然后将切开的三角形腹壁放于尸体下方。

2. 仰卧位　第一切线从胸骨的剑状软骨处距白线2cm处做一长约10～15cm的切口，切开腹壁肌层，然后用刀尖将腹膜切一小口，左手的食指和中指伸入腹壁的切口中，用手指的背面抵住肠管，同时两手指张开，刀尖夹于两手指之间，刀刃向上，由剑状软骨切口的末端，沿腹壁的线切至耻骨连合处。第二切线由耻骨联合切口处分别向左右两侧沿髂骨体前缘切开腹壁。第三切线由剑状软骨处的切口分别向左右两侧沿肋骨弓切开腹壁，根据腹腔内脏器官和内容物情况逐步切至腰椎横突处。

（五）胸腔的剖开

胸腔剖开之前，首先应检查胸腔是否真空，在胸壁5～6肋间处，用刀尖刺一小口，此时若听到空气冲入胸腔时发生的磨擦音，同时膈后退，即证明正常，用刀刺膈肌的方法亦可。通常剖开胸腔是锯除半侧胸壁，首先切除胸骨及肋骨上附着的肌肉等软组织，再切断与胸壁相连的膈肌，然后用骨锯锯断与胸骨相连的肋软骨，最后在距脊椎7～9cm处自后前依次将肋骨锯断。然后将锯断的胸壁取下，从而暴露出胸腔。另外用分离肋骨的方法亦可。

（六）口腔、颈部和胸腔器官的摘出

首先将头部仰卧固定使下颌向上，用锐刀在下颌间隙紧靠下颌骨内侧切入口腔，切断所有附着于下颌骨的肌肉，至下颌骨角，然后再切离另一侧，同时切断舌骨枝间的联接部，将手自下颌骨角切口伸入口腔，抓住舌尖向外牵引，用刀切开软腭，再切断一切与喉连接的组织，连同气管，食道一直切离到胸腔入口处，用手向左右分切纵膈，切断锁骨下动脉和静脉及臂神经丛，此时用手握住颈部器官，边拉边分离附着于脊椎部的软组织，在膈部切断食道，后腔静脉和动脉，即可将颈部和胸腔器官全部摘出。

此外尚有口腔、颈部器官与胸腔器官分别摘出的方法，即上述口腔颈部器官摘出时分离到胸腔入口处，切断气管、食道、血管和神经，即可先摘出口腔和颈部器官。

心脏的摘出：用剪刀或刀纵切心包中央线，同时测量心包液的数量观察其性状，然后将心脏提至心包外，再横断心包和心脏附着的心基部的大血管，可取出心脏。

肺脏的摘出：在后主动脉的下部切断上纵膈膜，观察右侧的胸腔液，从横膈膜上切断后纵膈膜及食道末端，最后切断靠近胸腔入口处的食道及气管，将手指插进在气管断端已切好的小孔和气管腔，即可将肺取出胸腔。

大血管的摘出：首先在主动脉分支处将横膈膜与大血管分离，然后从主动脉弓往后分离与胸主动脉和腹主动脉周围的联系，再在腹主动脉分支切断血管，最后从胸主动脉向前分离至颈动脉的分支处切断，则可采出大血管。

也可用下述方法：首先切除胸壁的肌肉，用锯在两侧胸壁胸骨的侧三分之一处自后向前锯断肋骨，然后将断端部分胸骨和锯断的肋骨一并取下，则胸腔器官完全暴露出来。

（七）腹腔的剖开和腹腔器官的摘出

剥皮完毕后，第一切线从剑状软骨后方开始直切到耻骨联合。第二和第三切线于剑状软骨左右两侧沿肋骨后缘开始切到腰椎横突，然后向两侧翻开切离的腹壁后即可露出腹腔器官。

脾和网膜的摘出：脾在左季旁，用手提起脾脏在接近脾脏附近切断网膜和血管等联系，可摘出脾脏，继之再将网膜从其附着部分离取出。

空肠与回肠的摘出：先找到回盲韧带与回肠，在距盲肠约15cm处，将回肠作双重结扎切断。左手抓住回肠断端，右手执刀依次分离回肠，空肠的肠系膜，直至十二指肠曲部再结扎，切断、取出空肠回肠。

大肠的摘出：在盆腔口处分离出直肠，将其中的粪便挤向前方作一次结扎（或不结扎），切断直肠，握住断端向前分离肠系膜至前肠系膜动脉根部，再将结肠与十二指肠、胰脏分离，切断前肠系

膜动脉根部的血管，神经和结缔组织及结肠与背部之间的一切联系，即可取出大肠。

胃和十二指肠、肾脏、肾上腺和肝脏可相继摘出。

（八）骨盆腔器官的摘出

骨盆腔器官的摘出通常有两种方法：第一种方法是锯断左侧髂骨体、耻骨和坐骨的髋臼枝，取出锯断的骨体，即可露出骨盆腔，然后用刀切断直肠与骨盆腔上壁的联系。母猪还需切离子宫与卵巢，再由骨盆腔下壁切断与膀胱、阴道及生殖器官的联系，最后骨盆腔器官一起取出。公猪应将外生殖器与骨盆腔器官一同取出时，应先切开阴囊和鼠蹊孔，把睾丸、副睾、输精管由阴囊取出并纳入骨盆腔内，其次切开阴茎皮肤，将阴茎引向后方，于坐骨部切断阴茎脚、坐骨海棉体肌，再切开肛门周围皮肤，将外生殖器与骨盆腔器官一并取出。第二种方法是从骨盆入口处，切离周围软组织，可将骨盆腔器官采出。

（九）颅腔的剖开和脑的摘出

先把头从第一颈椎分离下来、去掉头顶部所有肌肉，在眶上突后缘2~3cm的额骨上锯一横线，再在锯线的两端沿颞骨到枕骨大孔中线各锯一线，用斧头和骨凿除去颅顶骨，露出大脑。用外科刀切断硬脑膜，将脑轻轻向上提起，同时切断脑底部的神经和各脑的神经根，即可将大脑、小脑一同摘出，最后从蝶鞍部取出脑下垂体。

（十）鼻腔的剖开

先用锯在两眼前缘横断鼻骨，然后在第一臼齿前缘锯断上颌骨，最后沿鼻骨缝的左侧或右侧0.5cm处，纵向锯开鼻骨和硬腭，打开鼻腔取出鼻中膈，检查膈黏膜、鼻腔黏膜的变化。

（十一）脊椎管的剖开和脊髓的摘出

先锯下一段胸椎10cm左右，而后用磨刀棒或肋软骨插入椎管可顶出脊髓。

也可沿椎弓的两侧与椎管平行锯开椎管即可观察脊髓膜，用手术刀剥离周围的组织即可摘出脊髓。

上述各体腔的打开和内脏的采出是进行系统检查的程序，但程序的规定和选择首先应服从于检查的目的，应该按照实际情况适当地改变某些剖检程序。

第五节 尸体检查

尸体检查是剖检技术的核心，是尸体剖检工作的重要组成部分，只有专业技术人员才能胜任，为了做好这项工作，应遵循一定的程序，特别是初学者，应当掌握检查的基本方法和重要原则，这是因为尸体检查是病理学诊断具有重要意义。

一、尸体外部检查

尸体剖检检查是收集病变、认识病变，在此基础上分析判断，通过鉴别病变，综合分析，做出病理解剖学诊断，这是一种创造性劳动，在检查过程中只有认真细致观察，才能发现异常变化，在收集大量的感性材料的基础上去粗取精、去伪存真，进行分析判断，做出病理学诊断。尸体剖检工作必须遵循一定系统程序进行，否则将漏检，造成技术工作失误。

（一）疾病临床流行学调查

在剖检之前，剖检人员，特别是主检者，应对死亡动物的发病经过、临床症状、流行病学、防治经过等进行调查了解，必要时可亲自对病群进行一般临床检查，同时可观察畜舍的周围环境、防疫卫生、饲养管理、饲料质量等情况，但病理工作者的主要任务还是依尸体剖检所获得的资料作为分析判断的依据，不应以病史调查，畜主和管理人员主诉的情况作为分析判断的依据，这是因为主诉介绍的情况可能是问题的表面现象，不确切，不准确，只能提供一些线索，在法医学剖检时，更应注意故意隐瞒的某些重要情节。

（二）尸体外部检查

检查基本顺序是从头部开始，依次检查颈、

胸、腹、四肢、背、尾和外生殖器，尸体外部亦是病理解剖学诊断的重要组成部分。因此不可忽视，特别是对某些具有特征性疾病的病理变化，往往据外部检查所获得的资料，可做出诊断，例如痘、疥癣、放线菌病等，通常外部检查应包括以下几部分:

1. 性别、年龄、毛色、特征、品种、用途

2. 尸体变化和卧位　尸体变化又称尸征，尸体变化检查对判定死亡时间以及病理变化有重要的参考价值。卧位的判定与成对器官（肾、肺）的病变认定有关。以便区别生前的淤血与死后血液沉积。

3. 营养确定　依猪的营养状态，分优良、不良、中等、肥胖和瘦弱等。营养等级的分类依据是以猪的肌肉发育，皮肤，被毛等状态来分，瘦弱猪皮下脂肪极少，坐骨结节，额骨外角、肋骨、脊柱等明显突出，而且被毛无光泽，眼窝凹陷，严重瘦弱猪其脂肪组织呈胶样萎缩状态。肥胖猪其皮下脂肪及肌肉丰满发达。

4. 皮肤的检查　首先观查皮肤有无脱毛、创伤、湿疹、疱疹、充血、淤血、出血以及外寄生虫等，然后检查皮肤的厚度、硬度、弹性以及被毛有无光泽，皮下有无气肿、水肿。气肿时用力触压时则有碎裂音或捻发音，但应弄清是生前变化还是死后变化；皮下水肿时触摸皮肤时可有捏粉硬感以及波动感，患部皮肤表面往往隆起。

5. 可视黏膜和天然孔的检查　可视黏膜包括眼、鼻、口、肛门、阴唇、阴茎及包皮的黏膜。黏膜的颜色变化通常可反映机体某些器官系统的变化，黏膜黄染，可能是黄疸，应提示在内部检查时，要注意肝、胆囊、胆管、十二指肠以及血液寄生虫的检查，也有是免疫反应上引起的黄疸。黏膜苍白是内脏出血以及贫血的标志之一。黏膜蓝紫色或发绀，为缺氧、血管系统和呼吸系统功能不全引起的。

此外应注意黏膜有无出血、溃疡、溃烂、水泡、瘢痕。对天然孔的检查，注意有无分泌物，排泄物的性状和颜色可确定其性质，与此同时应注意天然孔的开闭情况，特别是口腔的开闭情况、舌位置、牙齿情况、齿龈及各部黏膜情况等。

猪死亡后，瞳孔散大，不久可见角膜混浊，眼球失去紧张力。要检查颈、胸、腹、脊椎、四肢、尾等情况，四肢有无骨折、骨瘤等病变，此外注意检查蹄底及蹄角壁有无针伤，刺伤等病变，死亡于破伤风的猪应特别注意检查创伤的存在部位。

二、尸体内部检查

（一）皮下组织体表淋巴结检查

剥皮同时应注意检查皮下组织的含水程度，皮下血管的充盈量，血管断端流出血液的颜色、性状、黏稠度，有无水肿、气肿和出血性浸润、胶样浸润等。此外要检查皮下有无肠管溃疡、肿瘤、炎症、出血等病变，同时要检查皮下脂肪沉积量，色泽和性状。

体表淋巴结：检查其体积大小，被膜血管状态，外观颜色，然后纵切或横切，观察切面的变化等可初步确定淋巴结变化的性质，检查以下几种淋巴结：腮腺淋巴结、咽后外侧淋巴结、肩前淋巴结、颈浅腹侧淋巴结、下颌副淋巴结、下颌淋巴结、股前淋巴结、腘淋巴结、荐外侧淋巴结。

切离四肢检查四肢骨、各关节、肌肉有无异常变化。

在死后不久的仔猪，应注意检查脐带有无异常变化。

（二）腹腔检查

腹腔内常蓄有气体，做腹壁切线时第一个切口即有气体冲出，注意其气味，剖开腹腔内有无异物，如饲料、粪便、脓汁，并应确定异物的数量、种类、性状，必要时做涂片或细菌培养，同时注意腹腔内各器官外观以及它们之间的关系有何变化，如出血、寄生虫结节、胃肠破裂、肝脾破裂出血。对腹腔液体首先观察色泽、性状、透明度、有无纤维素、血液、脓汁、寄生虫等，最后确定其数量。

检查腹腔器官的位置之后，用手移动肠管观察肠管的各部状态，肠管内容物数量，肠系膜的光泽度，有无出血，纤维素附着，肠系膜的厚度，肠系膜脂肪蓄积量，血管淋巴管充盈程度，血管淋巴管充盈程度，肠系膜淋巴结及其他器官所属淋巴结的变化。

待腹腔器官全部摘出后，检查腹膜的光泽度、颜色、有无出血，纤维素粘连等。

（三）胸腔检查

①检查胸腔是否真空。②骨的质度和脆性用手弯曲肋骨或用刀刺胸骨来确定。③注意正常的胸腔内含有少量琥珀色透明液体，打开胸腔检查胸液体的数量、色泽、性状，同时还应检查有无异常内容物，如血液、脓汁、肿瘤、腐败坏死物、寄生虫等。④胸膜的性状，注意检查胸膜有无充血、出血、炎症、肥厚、机化、粘连等。

（四）器官检查

检查时应把器官放在备好的检查台上。器官的检查顺序除特殊情况外，一般先检查颈部和胸腔器官，依次检查腹腔、骨盆腔器官，胃肠通常最后进行，以防弄脏器械、手和剖检台等设备，影响检查效果。

器官的检查应遵循一定的规范，对器官的位置、体积、容积、外观、色泽、形态、质度、光泽度以及被膜状态进行检查，才能发现其病变。

舌：检查黏膜的外观状态，特别舌下黏膜是否有出血、疱疹、溃疡等变化，然后沿舌体正中线作一纵切和数个横切口，检查肌层黏膜色泽，质度等，是看是否有变性坏死等变化。白肌病时，舌肌层常有变化。

咽和喉头及扁桃体：对黏膜、色泽进行一般检查，重点检查扁桃体黏膜有否肿胀、化脓、坏死等变化。

食道：用剪刀剪开食道，并观察食道黏膜状态，有无损伤，扩张及憩室或狭窄等变化。

甲状腺、副甲状腺、唾液腺、胸腺：观察它们的体积大小，形状，颜色和质度，然后切开，从切面上可观察实质与间质有无异常变化。

心包：心包是一个浆膜囊，由内外两层构成，包在心脏外和大血管的基部，内层密着在心脏分出血管的基部，称心外膜，在心脏及在血管的基部向外侧翻转的另外一层包在心脏外面的膜称外层，即通常所谓的心包，内外两层之间称为心包腔内有少量淋巴液，用手或镊子提起心尖部心包，用剪刀剪开一切口，观察其心包液的数量、性状、色泽、透明度以及有无纤绒毛机化灶、粘连、肿瘤等。纤维素心包炎时，应仔细观察记录。再检查心脏的外形，确定心冠纵沟脂肪量和性状，数量不一的出血点，亦有条纹状的出血斑，检查心肌表面有无白色条纹状的变性死灶，此外常见有纤维素呈膜状，绒毛状附着在心外膜上，严重的纤维素心包炎，心外膜与心包外层相互粘连，有时难以剥离。测量心脏的方法是：长度由大动脉起始部到心尖，宽度按心冠状沟部测量，必要时要确定心脏左室和右室的长度和宽度，称心脏的重量。

心脏内部检查，心脏的切开一般顺血流方向先从后腔静脉将右心房剪开，然后用肠剪沿右心室缘剪至心尖部，再从心尖部，距心室中膈约1cm将右心室前壁及肺动脉剪开，检查右心各部分；左心从左右心肺静脉之间剪开左心房，检查二尖瓣口有无狭窄，再沿左心室左缘剪至心尖部，从心尖部沿心室中隔左缘向上剪开左心室，直至靠近肺动脉根部时，尽量避免剪断左冠状动脉回旋支，在左冠状动脉主干左缘，即在肺动脉干与左心房间剪开动脉。

另一种方法：从右心室→右心房→左心房→左心室。首先沿前纵沟左侧2cm处与前纵沟平行作切口，切至肺动脉半月瓣、左心房及右心室的内膜和乳头肌，其次再沿前纵沟右侧平行切开直到主动脉的起始部，检查主动脉半月瓣、心内膜及乳头肌，然后再沿另一侧纵沟的左侧与右侧切开，与前两切口相连，再检查左心与右心的房室瓣与内心膜。

心腔切开过程应检查心脏内血液数量性状以及心内膜，光泽度，有无出血，同时要注意观察心瓣膜有无肥厚或缺损，瓣孔有无狭窄或扩张，血栓形成等，检查健索的粗细，有无断裂情况，对心肌的检查，根据要求可测定心室壁的厚度，正常左室为右室壁厚的3倍（3：1），同时观察心肌质、色泽、肌僵程度，有无变性、坏死、出血、瘢痕，检查心肌变化时，可沿室中隔横切开心脏，然后进行观察。

心血管检查：首先视检冠状血管，冠状动脉在主动脉出口处开始，用眼科剪刀，剪开冠状动脉及其分枝，观察有无血栓形成等。对大动脉要检查其动脉内膜有无异常斑点、粗糙、肥厚、钙化灶等，此外还应检查胸主动脉，腹主动脉的外膜有无出血等变化，内膜主要观察色泽，性状有无变化。

喉、气管及支气管：首先对喉、气管外部进行一般检查，然后用剪刀剖开喉部后角。继续沿气管背侧剪开主气管及两侧基础支气管干，然后观察喉、气管及支气管干黏膜，有无充血、出血、肿胀、伪膜、溃疡、瘢痕、寄生虫等变化，与此同时要检查黏膜色泽，管腔内容物的数量，性状色泽以及有无泡沫，同时要注意检查支气管纵隔、淋巴结的变化。

肺：检查之前先切断基础支气管干，将肺脏的背面向上放置，然后检查肺的体积形态，以及肺胸膜颜色、光泽度，肺表面是否平坦，有无气肿、萎陷、出血、纤维素、结节、炎症灶等，同时检查肺小叶硬度和含气量，以及确定是否有结节、坏死、钙化、炎症等病灶。外部检查之后对已发现的异常部分，要确定其体积、形态、色泽、质度，然后对其病灶作切面检查，判定其病变的性质。

外部检查之后，检查肺内部变化。切割肺时要用锐利的刀，避免压缩组织，支气管和血管用剪刀剪开，检查肺时，最好用纵切口，因横切口往往损伤血栓、栓塞所在部位，而使观察发生困难。检查肺时，将左右两肺叶分别各做纵切和横切观察肺组织的血液含量、色泽、温度、质量；间质的宽度，色泽以及血管充盈程度和有无血栓等，再检查支气管内的状态，腔内有无内容物，如食物、药物、寄生虫、脓性分泌物、干酪样物，同时观察支气管黏膜的颜色，有无充血、出血、结节。还要对肺各部用手触摸各切面肺组织，遇有异常病灶，切开病灶，详细观察发生的部位、形态、性状，对病灶可切方形小块，投入清水中，如含气体则浮于水面上，若深入水底，则为肺炎或无气肺，肺常见为肺淤血、水肿、气肿、其次为肺炎、肺膨胀不全、肺纤维化、肺脓肿、肺坏疽。

脾脏：首先将网膜剥离，检查脾门血管和所属淋巴结，称重，然后将脾脏面向上放置好，测量脾的长、宽、厚，再观察其形态，被膜的色彩，是否有出血、瘢痕及结节等变化，此外还应检查脾头、脾尾、边缘有无坏死或梗死、出血等。再用手触摸以判断其质度（坚硬、柔软或脆弱）及有无病灶。

脾实质的检查，于最凸处向脾门部位做一纵切口，再于脾头、脾尾做数个横切口，观察脾切面的色泽、血量、质度，检查脾髓滤泡和小梁的状态和比例关系，观察白髓的大小、数量和辨认的难易程度，必要时可用放大镜进行观察，同时注意脾切面变化，可出现切面外翻，呈暗红色颗粒状突起、平坦、干燥、结节和模糊不清等。再用刀背轻轻刮切面，检查刮取物的数量（所谓擦过量），以验证脾髓的质和量。正常时脾组织可刮下少量脾组织和血液，脾萎缩时擦过量极少，当脾髓增生和充血时擦过量多而浓稠。

脾白髓如针尖大小不易辨清，应仔细观察。特急性型猪丹毒，脾白髓可见在白髓周边有红晕，此外，细胞增生性脾炎，白髓明显可见呈颗粒状。脾萎缩时，小梁的纹里粗大明显，被膜肥厚而皱缩，还应注意切面颜色变化，有无结核、脓肿、梗死灶等。败血症脾脏，常见显著肿大，脾髓软化，呈泥状，切面流出凝固不良的血液。脾脏淤血时，也可显著肿大变软。增生性炎，充血和渗出不显著时，质度坚实。此时外形虽肿大，但切面平坦滑泽，滤泡显著增生，滤泡轮廓明显可见。

肝脏：正常的肝脏是酱紫色，色调均匀而有光泽，肝小叶的纹理鲜明，触摸时有弹性，不易破碎。

肝脏的检查，首先称重，然后放置于解剖台检查肝脏的形态、大小、颜色、包膜紧张情况。再用尺测量肝脏的长、宽、厚以及肝脏的叶数，然后再在肝门处检查肝动、静脉、胆管和肝门淋巴结，用刀横切或纵切肝左叶、右叶，观察自血管断端流出的血液数量、颜色、性状以及血管内膜，胆管的内膜状态，有无血栓、结石和寄生虫及其他异物。

根据肝的颜色和质度可以判定肝出血、淤血、颗粒变性、脂肪变性、淀粉样、坏死、肝硬化等。

急性营养不良时，肝表面、切面肝小叶混浊不清，质度柔软脆弱，颜色变黄色，肝肿胀。肝组织发生坏死时，上述病变更为严重，坏死灶与周边界限明显，黄白色，干燥，肝质度如泥状，指压即碎裂，可出现菊花样、点状、斑状等形态不一的坏死灶，也有出血。肝淤血可分急性与慢性淤血，前者静脉怒张，肝组织含血量多，呈暗紧红色，肝小叶中央静脉明显可见呈现暗红色；后者是槟榔肝景象，肝还可出现脂肪浸润，胆汁色素沉着；含铁血黄素沉着，肝脏在结缔组织增多时，质度坚硬呈橡皮样，肝表面凸凹不平，呈大小不等的颗粒状、岛屿状，严重时肝整个形态发生改变。

寄生虫结节和结核以及其他损伤，常转变为机化。钙化灶，切割肝脏时有沙沙声。

肝脓肿、肝破裂、肝肿瘤时应注意检查形态大小分布。

胆囊与胆管：检查胆囊和胆管大小颜色，充盈程度可测量胆汁数量，用剪刀剪开胆囊，再观察胆汁颜色，黏稠度以及胆囊有无出血、溃疡、结石等，对胆管检查应注意胆管内有无结石、寄生虫等。

胰脏：检查形态、颜色、质量、重量，然后做切面检查，必要时用探针插入胰管，并沿之切开，检查管腔内膜状态和管壁的性状及管腔内容物有无异常变化。胰脏最早出现死后变化，此时胰呈红褐色，绿色或墨色，质度极度柔软，甚至呈泥状。

肾上腺：首先确定外形、大小、重量，然后纵切，检查皮质与髓质的厚度比例关系，再检查有无出血变化，正常时仔猪皮质呈灰蔷薇色，成年猪混浊黄色，赫黄色。

肾：一般先检查左肾，检查肾脂肪囊的脂肪沉积量，有无出血和脂肪坏死（呈白色的白垩状物），然后将脂肪囊剥离，称重量测量体积，再将肾门向检查者平放于桌上或盘上，用左手固定，以长锐刀沿肾的外缘将肾切割成两等分，位于肾门外应保留部分柔组织相连。用摄子挟住切口部的纤维膜进行剥离，此时要注意剥离的难易程度，肾组织是否有在剥离被膜时易被撕裂现象，并注意肾表面的微细病变。正常时肾被膜易剥离，表面光滑湿润，纹理清晰，淡暗红色。肾皮质因损伤有结缔组织增生机化时，则剥离不易。同时要检查肾表面的光泽、质度，是否平坦滑润、表状不等或颗粒状、有无出血、坏死（梗死）、脓肿、瘢痕等病变。

检查切面时，首先观察皮质，髓质和中间带之界是否清楚，各层的色泽和比例，特别要注意皮质部的厚度，是增宽还是变薄，血管断端情况和组织结构的纹理，正常时皮质部呈红色，肾小球在日光下呈灰色球形小体，病变情况下，淤血呈紫红色，小球充血，出血呈现较大的红点，发炎时肿大小球，应视炎症充血程度，可呈现灰色或红色颗粒状。有脂肪变性时呈黄色有光泽，颗粒变性呈污灰色，组织似煮熟肉样，髓质要检查其色泽、质度，组织景象和肾椎体的形状，乳头大小以及有无盐类（白垩质、尿酸盐）沉着。最后用剪刀剪开肾盂，检查其内容物的性状、数量和黏膜的状态。

膀胱：首先检查膀胱的体积大小，内容物的数量，以及膀胱浆膜有无出血等变化。然后自膀胱基部剪开至尿道口上端，检查膀胱内尿液数量、色泽、性状、有无结石，再翻开膀胱内腔，检查黏膜的状态，有无出血、溃疡等变化，最后剪开输尿管检查黏膜状态和内容物性状。

阴道和子宫：用肠剪刀沿阴道上部正中线剪开阴道，依次再沿正中线剪开子宫颈和子宫体的大部分，然后斜向两侧剪开子宫角部。依次检查各部的内腔的容积，内容物的性状、黏膜色泽、硬度、湿润、干燥，有无出血、溃疡、破裂、瘢痕等。

妊娠期流产，应注意检查胎儿状态是否发育正常、死胎、木乃伊，同时检查羊水数量、胎膜、包衣、脐带等，必要时剖检胎儿进行检查。

输卵管和卵巢：输卵管的检查，先触摸，然后切开，检查有无阻塞、管壁厚度、黏膜状态。再检查卵巢形状、大小等，然后纵切，检查黄体和卵泡的状态。

公猪生殖器：对外部形态做一次检查，再检查包皮，有无肿胀、溃疡、瘢痕，用剪刀由尿道口沿阴茎腹侧中线剪至尿道骨盆部，剪开后观察尿道黏膜性状，有无出血等异常变化，可做整个横切口检查阴茎海棉体，最后检查前列腺、精囊和尿道球腺，确定其外形、大小和质度，切开后检查切面状态和内容物性状。

脑：打开颅腔后，检查硬脑膜和软脑膜的状态，脑膜的血管充盈状态，有无充血、出血等变化。取出脑后先称重，然后将脑底向上放在方盘内，视检脑底，注意观查视神经交叉、嗅神经、脑底血管状态以及各部分的形态，正常时脑膜透明湿润、平滑而有光泽。除此之外还应检查脑回和脑沟的状态。病理情况下常见脑膜充血、出血，脑膜浑浊等病理变化。若有脑水肿、积水、脑肿瘤等病变时，脑沟内有渗出物蓄积，脑沟变浅，脑回变平。

脑的内部检查：剖开脑时所用的脑刀，每切一次都要选用酒清或水冲洗刀面，以免脑质粘着刀面致切面不平滑。脑切开方法有多种，现介绍如下方法：用脑刀纵切脑成为相等的两半的中线作矢状切口，切口必须经过穹窿松果体、四叠体、小脑蚓突、延脑，将脑切成两半，即可检查第三脑室、导水管、第四脑室的状态以及脉络丛的性状和侧脑室有无积水。再横切脑组织，每隔2～3cm切一刀，注意检查脑质的湿度、灰质和白质的色泽和质度，有无出血、血肿、坏死、包囊、脓肿、肿瘤等病变。最后检查垂体，先称重，然后观察大小，再做中线纵切检查切面的色泽、质度、光泽度和湿润度。

脊髓：取出脊髓后，沿脊髓前后正中线剪开硬脊膜，在脊髓上做多处横切，观察有无出血、寄生虫等病变。

鼻腔和副鼻窦：首先检查鼻中隔，注意血液充满程度、黏膜状态，再检查鼻道，筛骨、迷路、蝶窦、齿龈、牙齿及鼻甲骨等各部的形态、内容物的量和性状等。

肌肉、关节、腱鞘和腱：纵切或横切各部肌肉，注意外观颜色、光泽度，有无出血、血肿、脓肿、肿瘤等病变，应注意检查旋毛虫和住肉胞子虫。

关节：着重检查关节液量和性状，关节囊、关节有无病变，有无脓性渗出物，关节面有无增生和机化物等。

腱鞘和腱应注意观察其色泽、质度，有无断裂或机化灶等变化。

骨和骨髓：在外部检查和剖检过程中，对骨骼的局部损伤和全身性变化有所了解，对损伤局部，除去肌肉进一步观察骨质病变的程度，必要时可锯开观察切面情况，对全身性骨质变化，并对骨的外形和骨质做一般检查外，必要时取一小块做组织学检查。

骨髓检查：通常取四肢的长管状骨髓，除去附着在骨上的肌肉，切断关节后，沿骨正中线轴剪开，检查色泽、性状，特别是红色骨髓与黄色骨髓的分布比例、性状、色泽，必要时采一小块骨髓做组织学检查。

乳腺：先做外形检查，然后检查所属淋巴结有无病变，用手触摸乳房硬度，注意有无硬节、脓肿等。

胃和十二指肠：首先观察胃的容积、形态、胃壁的硬度和浆膜有无出血变化。然后用肠剪从贲门到幽门沿大弯剪开，并断续沿肠系膜附着处对侧剪开十二指肠，则可观察胃内容物的数量，鉴别食物种类、性状（液状、半流动状、干固状），注意其中有无血液、胆汁、药物及其他异物，必要时可称量内容物和测定胃内容物酸度。同时检查胃黏膜色泽、充血程度、性状，并查有无出血、溃疡等，特别是应检查黏膜上所附黏液的质和量，鉴别是浆液性、黏液性、脓性、纤维素性、出血性等。十二指肠应检查内容物的数量、性状、黏膜是否肿胀、充血、出血程度，以识别变化性质。

空肠和回肠：首先检查肠管浆膜及肠系膜有无出血、水肿以及肠系膜淋巴结的状态，然后拉直肠管，自空肠开始沿肠系膜附着部剪开，至回肠末端，在剪开肠管过程中，注意肠各段内容物的数量、性状、黏膜状态，遇有病理变化，即暂停剪开进行检查。

然后自小结肠结扎端插入肠剪，并沿肠管系膜附着部剪开大结肠，继续剪开盲肠直至结肠。检查肠内容物数量、性状、干湿度、硬度、黏膜有无肿胀、出血、肥厚或变薄、有无纤维素渗出、溃疡。同时注意检查集合淋巴滤泡和孤立淋巴滤泡的状态。

猪的大结肠剪开之前，首先切开肠襟与肠系膜的联系，并检查肠系膜和淋巴结的状态，然后拉直肠管进行剖开检查，用同样的方法剖检结肠和直肠。

第六节　利用病理学的基本理论和技术提高剖检工作的质量

一、病理学诊断疾病的理论依据

各种传染病都有其相应的特异性病原体，由于不同病原体都具有其特有的生物学特性——DNA（RNA）复制和转录，因此当它们侵入机体后，就发挥其相应的生物学作用，在体内繁殖，释放其毒素，对机体发挥其损害作用。有的病原体对机体器官具有特异的选择性，如狂犬病等。当病原体侵入机体后，机体就要发挥其特异性和非特异性免疫反应，试图抑制和消灭病原体；与此同时，机体出现一系列代偿适应性的防御反应，如体温升高，心率加快，呼吸增强，白细胞增多，分泌增强等。上述反应过程是在中枢神经系统控制下进行的神经——体液反应。例如血凝系统、激素系统、免疫系统等。由此可见，机体对各种病原体具有准确的识别能力和反应特性。如免疫淋巴细胞具有识别抗原的特性。机体通过上述一系列反应，首先出现了机体的增强，如果病原体未被消灭，则机体和病原体相互斗争过程中出现一系列的组织形态学变化，即为机体和病原体相互斗争的结局，在形态学的表现称之为病理变化。应注意免疫反应对病变形成的重要意义，每种疾病的病理变化都具有普遍性和特殊性，我们应当在普遍性的基础上，注意总结每种疾病的特殊性才有诊断意义。

二、病理诊断方法

（一）临床流行病学调查

包括畜禽的类别、品种、年龄、性别、营养状况、畜禽的用途、发病时间、发病地点、病程、症状、临床诊断治疗状况、病变准确部位及形态结构等，对于考虑疾病的性质，可指引方向，是病理诊断所必需的材料。大体标本检查，对于判断疾病的性质常有重要帮助，也在一定程度能帮助判断病变的原发组织。当然，一些疾病需要镜下检查后方可做出病理诊断。但在许多模糊不清的情况下，很需要病史及大体标本检查的帮助，否则容易做出错误的病理诊断。

（二）系统观察

观察病变要系统、全面、细致、准确。观察病变的方法不拘，但必须有系统，以便能对各病变观察全面。一般先用低倍镜（100倍，甚至40倍）观察，对于所看过的部分，都要达到掌握其详细变化；不能掌握详细变化时，改用高倍镜（400倍）或油镜观察。所看到的变化必须准确、无误。

一般在剖检中看到的变化很多，对于每一变化的特殊性大小和各个变化的相互关系，要作恰如其分的估价。通过全面的分析，找出特殊的变化。根据一些特殊性大的变化和其彼此的相互关系，考虑一切可能病变，选择最合理的可能病变，作为初步诊断。

如果初步诊断反映了病变本质，就可以用它解释全病变过程和表现（包括临床、大体标本和组织形态）。以胃溃疡癌变（如分化不良癌）为例，在切片中见正常及慢性发炎的胃壁、溃疡和一些小而肯定间变的细胞散布于溃疡边缘的胃壁中。在这里，癌细胞虽然少，但它是特殊的和基本的变化，反映病变的本质。溃疡呈慢性，底为疤痕。根据癌瘤溃烂不能形成慢性胃溃疡，而慢性胃溃疡却可引起癌变的概念，判断癌瘤在慢性胃溃疡的基础上发生。因此，用胃溃疡癌变可以解释本病的全过程和全变化。这就是本例病变的本质。非本质的变化不能解释全过程和全变化。

（三）客观分析

分析、诊断时，切忌主观随意性、片面性和表面性，即①不恰当地估价变化特点，对于各变化的特殊性大小估价不当；②过早地形成概念，以后根据既定概念，牵强附会地在切片中寻找支持它的变化；③对病变特点不详尽观察、不加分析，抓住几点，联想已往在实践中或阅读中看过的病变，“对号入座”；就下诊断；④考虑病变的可能性范围太窄，漏掉正确诊断。

我们在观察和分析病变时，多采用以下方法，供参考。首先要看（或听取）详细病史，了解畜禽等的群体状态，观察（或听取）尸体剖检的眼观病理变化，用以指导观察和诊断大致方向，以免“大海捞针”，但并不受它们的限制。以后，尽量系统地、全面地、细致地、准确地观察切片一遍，记取各种变化，排除自然的和人为的假象，估价各变化的特殊性大小和各变化的相互关系。这只是初步观察。再后，用切片中的组织形态，对比病史、眼观标本的变化、切片组织学变化初步判断取材有无差错，排除变性、坏死、炎症等和取材制片中的人为变化。

（四）用科学发展观指导诊断

用尸体剖检中眼观病变和组织学病变中主要的和特殊性较大的变化及它们的相互关系，判断动物是否患病及其性质。如果尸体剖检的组织器官病理形态变化没有特征性或特点不够，难以作进一步诊断，就停止在这样的简单诊断，能勉强地帮助临床解决治疗问题。若组织器官病理形态变化特点较明显、较肯定，就根据眼观与组织学病变的形态、性质，参考其他有用材料（病史、部位、群体状态、临床诊治情况、微生物学与免疫学检测等），做出较完整的初步诊断。

用这一诊断，反过来考虑，看它能否解释临床表现、眼观标本和组织切片的各种病理变化。如果能够完全解释，而毫不勉强，这一诊断一般是正确的，就写出报告。但有时所下的诊断并不完全、不准确，甚至完全错误，还要随时准备修改。若所提出的诊断不能完全解释临床、眼观标本和组织形态变化，还存在着矛盾，这说明以前的观察或分析有错误，未抓住特殊性变化和它们之间的内在联系来掌握基本病理变化，没有抓住病变的本质，还需要认真地从头看病史、眼观标本和切片，进行系统全面分析。有时需要反复几次，有时也需要参考他人意见或书籍，或作特殊染色，才达到合理的诊断。即便通过上述步骤，或由于病变特殊性不够强或不掌握一定疾病的特殊规律，而难下诊断。

我们即按判断疾病的一般条件，结合该具体组织（或器官）所发生之疾病的一般规律，做出初步诊断，留待将来证实或修改。对于常见疾病，也不宜轻率地下诊断，例如猪的胃溃疡，也要根据观察、分析，判断是否肯定为溃疡、是否肯定有应激、有无其他病变（如胃癌、胃肠炎等）或其他组织器官的相关病变（如白肌病、肝坏死等）。

对于特点不足的病变，不强行诊断，而是按形态特点的多少写诊断。对于所下的诊断有充分根据者，直接写出诊断；根据不太充分时，写“考虑为××××”；有一些根据，也有矛盾时，写“怀疑为××××”；若临床诊断和组织形态都缺特殊性时（如痴囊），则写“可符合×××”。目的是为了使诊断能够接近或准确地反映客观事实。

对于缺乏经验、不掌握特殊规律的病变，其形态特点虽然明显，由于我们对此不够理解，以致对其特殊性观而不见，是常有的。这就需要参考他人经验（包括文献）和反复观察、思考，提高观察、分析能力。同时要严格地从具体材料出发，进行观察、分析。

对于同一器官和同一类型的肿瘤，进行综合性观察、分析，可以增长对于哪类疾病的认识能力。

各种传染病都有其相应的特异性病原体，由于不同的病原体都具有其特有的生物学诊断，最后在全面观察和综合分析的基础上分析病因，探索死因，做出疾病的诊断。

三、影响病理变化的因素

1. 病原体的特性　细菌、病毒、霉形体、真菌等，不同种类的病原体，可引起不同的疾病，毒株（菌株）不同，对病变的形成具有重要意义。

2. 机体的状态　①营养。②免疫与否。接种疫苗后抗体效价的高低等，对病变的形成都有影响。③年龄。仔猪和成年猪患同一疾病，往往其病理变化也不尽相同，一般壮年病变较典型。④品种。同一病原体侵入不同品种的猪，其病变也不尽相同。

3. 饲养管理条件　饲养管理的好坏与病变形成有一定的相关性。

4. 地理环境条件　同一疾病不同地区，可有不同程度的表现，尽管如此，疾病的性质不能变。

5. 用药与否　预防性投药，治疗用药，两者剂量有别，应注意分析判定，经过治疗后往往病变不典型。

6. 病程（急性、亚急性和慢性）　病变形成需要时间，因此不同疾病，病程也不尽相同。

7. 混合感染和继发感染　往往影响典型病变的形成和出现，剖检时应注意识别，总结时要辩证的分析。

四、诊断程序

①病原学诊断；②临床诊断；③流行病学诊断；④免疫学诊断；⑤病理学诊断；⑥血液学、生物化学、毒物学诊断；⑦动物接种等。

据上述诊断结果进行综合分析，要掌握各种疾病的特殊性，才能做出正确诊断。

五、病变的认识和分析

（一）原则

从生物学观点，客观地实事求是地全面地辩证地发展的观点去分析病变。

要善于从大量现象中去粗取精、去伪存真、由表及里，从现象到本质，从感性认识到理性认识去分析病变，最后做出正确诊断。

（二）正确认识病变发生发展过程

任何一种病变形成，都是正常的代谢功能形态的基础上发展而来的。一般情况下往往都是先出现代谢和机能变化，然后是形态学变化。对某一病变要认识发生发展的全过程，这样才能发现一般人未能发现的病变，如猪瘟早期的大肠扣状肿，同时尚可为确认树立信心。

（三）辩明疾病的病理过程的假象

生前病变具有诊断意义。

濒死期病变与死后变化无诊断价值。急性死亡的濒死期病变不应作为疾病的诊断依据，但可作为追索死亡原因时的参考。例如，濒死期往往出现左心内膜出血、肺尖部淤血出血、肺急性出血等。

（四）病理变化和病程的关系

病理变化是机体与致病因素相互作用的结局在形态学上的表现。病变的形成需要一定的时间，一般来讲，每种疾病都可出现典型的病变，亚急性病例较多见，特急性和急性型因病程短，主要是败血症病变。如全身出血性素质以及实质器官的变质性变化等。病程长的慢性型除了具有典型的病变（结核结节）外，还有修复反应过程，如肥大、增生、机化。突然死亡的急性病例也可能是慢性病变引起的并发症或继发症所引起。如猪丹毒的疣状心内膜炎，由心衰引起肺淤血，窒息而死亡；肺结核形成空洞，突然肺出血引起死亡。

（五）局部病变和全身病变的关系

反刍家畜局部外伤往往是由创伤性网胃炎引起的。尿路感染可引起肾炎；胃肠炎可引起肝变性；器官的炎症往往引起该器官所属淋巴结的变化。

腹泻和脱水可引起循环系统障碍；肺气肿可引起心扩张导致肺心病；也可引起肝质变。

（七）生前病变和死后病变的鉴别

生前病变具有炎症、出血肿胀、水肿、纤维素渗出等变化，死后缺乏这种变化。生前臌气器官贫血，其他器官淤血；胃肠破裂，生前破口有炎症、肿胀、纤维素渗出。

六、死因的探索和判定

在系统地详细地剖检基础上，对收集大量的感性材料进行分析，才能做出最后判断，即诊断疾病、分析病因、探索直接致死原因。

（一）分清病理过程的主次

任何一种疾病的某一病例都要出现许多临床症状及病理过程，特别是一些非传染性疾病，往往都可以找出最主要的死亡原因及直接致死原因，如便秘、肠破裂等。同一疾病不同病例在形态学上的表现，虽然主要的病理形态学变化基本一致，但由于病因的强度、机体的状态、病程等不同，同一疾病的同一器官的形态学变化还是有差异的，因此我们在判断时应分清病理过程的主次，找出疾病的主要形态学变化，特别是一些传染病，通常情况下都可以找出最主要的形态学变化，由此去分析判断最后做出科学的诊断。

（二）分析病变的先后

同一疾病在流行的不同阶段可以出现不同型，初期往往是特急性型和败血型，中期亚急性型，后期慢性型。例如，猪瘟初期为急性型，中期胸型或继发肺疫，后期肠型有典型的扣状肿或继发副伤寒。

2. 病变出现的先后，要根据病变的特征新旧程度；如猪瘟淋巴结出血急性较鲜艳；慢性被吸收，较陈旧、色暗。

3. 要根据某一病变的形成过程判断其先后，如猪瘟扣状肿的形成，结核结节、肿瘤的原发灶和转移灶等。

（三）全面观察，综合分析

对疾病的诊断，特别是群发病，要寻找病变群，一个病例往往代表该疾病的某一个侧面。所以应多剖检几个病例，才能够全面地、客观地、真实地反应出该疾病的病理特征，即所谓病变群。进一步说就是同一疾病的典型病变不一定在一个动物身上全部表现出来，只能表现典型病理变化中的某一个阶段，所以很难从这个阶段去判定。又因为病变形成需要时间，所以某一个病理变化只能反应出时间上的某一阶段的变化；因此应多剖检一些病例才具有代表性，为诊断疾病提供依据。根据剖检时所获得的资料，做出病理解剖学诊断。最后在全面观察和综合分析的基础上分析病因，探索死因做出疾病的诊断。

第九篇

药物学

第一章
概述

近年来，我国猪的饲养量逐年增高，养猪业正在向着集约化、工厂化方向发展，因此人们越来越重视对猪病的防治。全国各地在猪病的研究和防治上，积累了许多宝贵的经验和资料。

猪病的种类很多，并且有些是传染性的，甚至会导致猪的大量死亡。为了保护猪群正常生长，提高猪场的经济效益，促进养猪业的发展，保证人民的健康，我们必须重视对各种猪病的预防与治疗。本章内容就是针对于各种猪病，给出了多种有效的药物进行治疗和预防。

本篇共分为17章，在药物治疗范围内，列数了养猪生产中常用的抗微生物药物、抗寄生虫药物、中毒解救药物、生物制品以及药物的配伍禁忌等。对各类药物的特点，分别从药物的来源、性状、体内过程、作用用途、应用注意以及制剂与用法等方面逐一进行介绍。而且在编写过程中参考了近几年国内外有关猪病防治的最新资料，将一些新型药物加入其中。力求有较高的针对性、科学性和实用性，减少药物中毒、不良反应和肉食中的药物残留等问题。

第一节　药物对机体的作用——药效学

一、药物的作用

药物作用是指药物对于生活机体的影响或生活机体对于药物的反应而言，亦即药物的效应。在药物对机体发生作用的过程中，药物是外因，机体是内因，外因通过内因而发挥作用，即通过影响机体细胞所固有的生理功能而发挥作用。因此，药物的效应实际上是机体器官原有功能水平的改变，而不是产生新的机能。

药物对机体作用的表现（即药物的效应）多种多样。机能活动的加强，例如肌肉开始收缩或收缩加强，称为兴奋（stimulation）。机能活动的减弱，例如肌肉收缩变弱或停止收缩，称为抑制（depression）。

二、药物作用的基本规律

（一）药物作用的方式

1. 局部作用与吸收作用　药物未吸收入血流之前在用药部位出现的作用称为局部作用（localac tion）。例如灌服硫酸钠在肠道不易吸收，有导泻作用。局部麻醉药注射于神经末梢或神经干可阻断神经冲动传导。吸收作用（absorptive action）是指药物吸收入血流后所出现的作用，也称全身作用（general action）或系统作用（systemic action）。例如肌肉注射青霉素后出现的抗感染作用，就是青霉素的吸收作用。

2. 直接作用与间接作用　药物对所接触的组织器官直接产生的作用称为直接作用（direct action），又称原发作用（primary action）。由直接作用所引起其他器官的效应称为间接作用（indirect action），又称继发作用（secondary action）。例如，强心甙洋地黄被机体吸收后，直接作用于心脏，加强心肌收缩力，使充血性心力衰竭病畜心输出量增加，全身循环改善，纠正缺血、缺氧现象是间接作用的结果。

3. 选择作用与一般原生质毒作用　药物吸收后

对某组织器官产生明显的作用，而对其他组织器官作用很弱或几乎无作用，这种作用称为选择性作用（selective action）。例如，强心甙具有选择性强心作用，而对骨骼肌却不产生作用；青霉素G选择地抑制革兰氏阳性细菌的细胞壁粘肽合成，而对革兰氏阴性杆菌和人几乎无毒性。药物的选择性越高，不良反应相对减少。药物作用的选择性是相对而言的，不是完全专一性的或特异性的。有些作用选择性低的药物对各种组织细胞都有类似作用，能沉淀原生质，或影响任何原生质中最基本的生化过程，称为一般原生质毒（general protoplasmicpoison）或原浆毒。

（二）药物作用的两重性（防治作用与不良反应）

药物用于防治疾病，可以产生有利于机体的防治作用，也可能产生一些不利于机体的不良反应（untoward reaction）。防治作用与不良反应是药物作用的正反两个方面，是相对的而不是固定不变的，有时二者相互转化。如用阿托品解除平滑肌痉挛性疼痛时，抑制腺体分泌致口干是不良反应。当用它作为麻醉前给药时，则制止腺体分泌是治疗作用，而抑制肠平滑肌张力导致腹气胀却成了不需要的副作用。

治疗作用（therapeutic action），一般又分为对因和对症两种。对因治疗（etiological treatment）是消除致病的原因，或称治本。例如抗生素杀灭体内致病微生物。对证治疗（symptomatic treatment）是消除疾病的症状，也可以防止疾病的进一步发展。例如疼痛是疾病的一种症状，但强烈疼痛可以成为病因导致休克，镇痛药因能制止剧痛而防止休克的发生发展。这样，对症治疗也就可以发挥一定的对因治疗作用。

不良反应包括副作用、毒性反应、过敏反应、继发反应等。

1. 副作用（side effect） 指药物在治疗量时，引起的与防治疾病目的无关甚至有害，但对组织器官无损害的作用。产生副作用的药理基础是药物作用选择性低，作用范围广。当某一效应被用为治疗目的时，其他效应就成了副作用。因此副作用是随治疗目的而改变的。

2. 毒性反应（toxic effect） 指药物过量或久用产生严重的功能紊乱、组织损伤的作用。毒性反应可能立即发生，也可能在长期蓄积后逐渐产生。前者称为急性毒性（acutetoxicity），后者称为慢性毒性（chronictoxicity）。例如强心甙引起的心律失常、抗癌药对骨髓的抑制等都称为毒性反应。

如何预防毒性作用和副作用是一个重要的实际问题。为了减少副作用，可以同时给与某种作用相反的药物，以抵消不需要的作用；或在不影响疗效情况下尽量选用副作用较小的药物。为了避免毒性作用的发生，最重要的是按治疗量给药，而不要任意超过剂量；并随时根据病畜的体况，对所用剂量作必要的调整。

此外，某些药物可能有致畸胎（teratogenesis）、致癌（carcinogenesis）、致突变（mutagenesis）等作用，必须警惕。

3. 过敏反应（hypersensitive reaction） 过敏反应是高敏性与变态反应的统称。同种动物的不同个体，对于药物的敏感性并不相同，有的特别敏感，应用小于常用量的药物，就能引起与中毒时相同的反应，称为高敏性（hyperreactivity）。反之，有的特别不敏感则叫做耐受性（tolerance），这是量的差异问题。

变态反应（allergy）药物引起的变态反应也叫过敏反应，是指少数动物在应用某些药物（如青霉素等）时，出现一些与众不同的病理反应。

药物过敏反应的发生有由于遗传因素而引起的，称为特异质反应（idiosyncrasy）特异质反应有遗传性，有特异质的个体在接受单一剂量的某一药物时，可出现意外和不利的反应。

4. 继发反应（secondary effect） 继发于治疗作用所出现的不良反应称继发反应。例如，长期应用广谱抗菌素时，由于肠道正常菌群的变化，敏感的细菌被消灭，引起不敏感的细菌或真菌大量繁殖，导致真菌感染，如葡萄球菌性肠炎等，也称为二重感染（菌群交替症）。还有，由于抑制肠道正常合成维生素B和维生素K的菌群，所以长期应用广谱抗菌素也可引起维生素B和维生素K的缺乏证，这都是继发反应。

（三）药物作用的构效关系

大多数药物是通过化学反应而引起药理效应的。因此，药物的化学结构与药理作用具有密切联系，这就是构效关系（structure activity relationship，SAR），它是药理作用特异性的物质基础。

药物结构非常近似的常能与同一受体或酶结合，引起相似的药理效应（拟似药），例如麻黄碱与肾上腺素的化学结构相似，药理作用也相似。

某些情况下，结构相似的药物产生相反的作用（拮抗药），例如对氨苯甲酸是某些细菌的营养物质，而磺胺类由于化学结构上的相似，可与之争夺酶系统，排挤了对氨苯甲酸，结果是细菌得不到对氨苯甲酸而被抑制。

光学异构体的作用差异是由重要基团的空间排列位置——即“构型”(configuration)所决定的。例如，左旋肾上腺素与右旋肾上腺素构型不同，因而效应就不相同，一般情况下是左旋的比右旋的作用强。

（四）药物的量效关系

量效关系是从量的角度来阐明药物作用的规律性。在一定范围内，药物的药理效应随着剂量或浓度的增加而增加，这种剂量和效应之间的规律性变化叫做量效关系（dose effect relationship）。量效曲线：量效关系常用曲线表示，纵坐标表示效应强度，横坐标表示剂量。通常呈长尾S型曲线。

药物的最大效应又称为药物的效能(efficacy)。药物的效能取决于药物本身固有的性质，它是药物的一个重要特点。

对50%个体的有效量称为半数有效量，用ED_{50}表示。当出现疗效的最大剂量称为极量。出现中毒的最小剂量称为最小中毒量(minimuntoxicdose)。能引起50%个体死亡的剂量称为半数致死量，用LD_{50}表示。为了说明药物的安全性，常用药物治疗指数(therapeuti cindex)表示。治疗指数是指药物有效剂量(治疗剂量)和致死量或中毒量的比例(LD/ED)而言。从指数大小可以估计一个药物的安全程度，比例越大，安全程度也越大。也可以说最小有效量与最小中毒量之间的差距就是治疗安全范围。

第二节 机体对药物的作用——药动学

药动学（pharmacokinetics）是研究机体对药物处置（disposition）的动态变化，即药物在体内的吸收、分布、代谢、排泄过程，简称为药物的体内过程。其药物浓度随时间变化的规律，常可用数学方程或参数来描述。药物在体内的吸收、分布及排泄统称为生物转运（biotransport）；而代谢过程称为生物转化（biotransformation）；消除（elimination）则是药物转化、贮藏和排泄的总称。药动学是药理学新发展的一门边缘学科，它在指导新药设计、优选给药方案、改进药物剂型、提供高效、速效、长效、低毒副作用的药剂等方面发挥重要作用。

一、药物的跨膜转运

药物的跨膜转运按药物的理化性质及细胞膜的不同主要分为两种方式，即被动转运与特殊转运。

（一）被动转运（passive transport）或被动扩散（passive diffusion）

大多数药物由被动转运透过生物膜，即药物从浓度高的一侧向浓度低的对侧扩散渗透。其转运速度是与膜两侧药物的浓度差的大小成正比。浓度梯度愈大，扩散愈容易。当细胞膜两侧药物浓度达到平衡状态时就停止转运。由于此种转运不需消耗能量，只能顺浓度差而转运，故称为被动转运。可包括简单扩散、滤过和易化扩散。

1. 简单扩散（simplediffusion） 简单扩散又称脂溶扩散（lipiddiffusion），脂溶性药物可溶于脂质而通过细胞膜，药物的油/水分配系数愈大，在脂质层浓度愈高，就愈容易扩散。大多数药物的转运方式是简单扩散。简单扩散受药物解离度的影响很大，多数药物是弱有机酸或弱生物碱，在体液中可部分解离。解离型极性大，脂溶性小，难以扩散；

而非解离型药物的极性小，脂溶性大，容易扩散。

解离与非解离型的多少，取决于该物质的解离特性（以PKa表示），而改变溶液的pH，就能改变弱酸或弱碱类物质的解离度。如经胃肠吸收的药物常常受到胃肠内pH值的影响，因此解离与非解离部分的多少，取决于PKa和溶媒的pH大小。

总之，酸性药物在酸性环境中解离少，脂溶度大，易被吸收；碱性药物在酸性环境中，解离多，脂溶度低，不易吸收。反之亦然。

2. 滤过(filtration)或膜孔扩散(aqueous diffusion) 凡分子量小于100，直径小于4的水溶性或非极性药物，可通过细胞膜的亲水膜孔扩散，如水、乙醇、尿素等。借助膜两侧的渗透压差、浓度差或电位差而扩散，后两者结合起来称为电化学差。

3. 易化扩散（facilitateddiffusion） 扩散是通过细胞膜中某些特殊蛋白质进行的。易化扩散是顺着浓度转运，运转速度快，不消耗能量。与简单扩散不同的是需要特异性载体，当药物浓度过高时载体可被饱和。转运系统可被其他物质占领，表现竞争性抑制作用。

另一种易化扩散是离子通道，细胞膜上有些蛋白质与一些离子有特异亲合力，称为离子导体（ionophore）。离子导体转运某种离子的能力决定于它所在膜两侧的电位差，当膜受到某种特定的神经递质作用时，离子导体构型改变，使其离子迅速顺浓度差移动。如K^+、Na^+、Ca^{2+}等通道。

（二）特殊转运

包括主动转运、胞饮、胞吐等。

1. 主动转运 主动转运需要消耗能量，可由低浓度或低电压差的一侧转运到较高侧，故又称逆流转运。需要膜上的特异性载体蛋白参与，如Na^+、K^+、ATP酶，儿茶酚胺再摄取的胺泵等。转运能力有一定的限度，即转运过程有饱和现象；由同一载体转运的两种药物相互间可出现竞争性抑制作用。

2. 胞饮 又名吞饮或入胞。某些液态蛋白质或大分子物质可被生物膜的内陷形成的小泡吞噬而进入细胞内，如垂体后叶粉剂可从鼻黏膜给药吸收。

3. 胞吐 又名胞裂外排或出胞。某些液态大分子物质可从细胞内转到细胞外，如腺体分泌及递质的释放。

二、吸收、分布与影响吸收、分布的因素

（一）吸收

吸收（absorption）是指药物从用药部位进入血液循环的过程。

1. 吸收途径 药物在消化道吸收的途径主要是通过毛细血管，首先进入门静脉。某些药物在经过肝脏时，因被肝脏代谢灭活后进入体循环的药量减少，这叫做第一关卡效应或首过效应（firstpasseffect）。虽然酸性药物在酸性胃内大半不解离，因而可在胃内吸收，但主要部分仍在肠中吸收，这是由于肠内有绒毛，吸收表面积大；肠的蠕动快，肠腔内的黏膜表面pH较低，血流量大和溶解较好等原因所促成。直肠给药（灌肠及栓剂）也按被动方式吸收，而且由于此吸收途径不经门静脉，因而药物破坏较少。

皮下或肌肉注射后，药物只通过毛细血管壁而被吸收。一般药物均可顺利通过，吸收快速而完全。

肺泡上皮表面积很大，对挥发性药物或气体（如氟烷、甲氧氟烷）等的吸收非常迅速。完好的皮肤除对极少数脂溶性极大的有机溶媒、有机酸酯等外，对多数药物不易穿透。

2. 影响吸收的因素 很多因素可影响药物的吸收，特别是内服时。如果药物不是现成的溶液，它的吸收速度将取决于药物溶解过程和吸收过程本身。药物剂型、处方组成和制备工艺可影响溶解过程，因而能影响吸收的速率。此外，胃排空的快慢、肠蠕动情况都能对药物吸收产生影响。注射给药时，药物的吸收量与用药部位的血流情况及心脏功能等均有很大关系。例如，休克时必需采用静脉给药，因为此时全身微循环很差，其他给药方式的吸收均缓慢而不完全，而且一旦休克状况改善，就有可能突然将累积于用药部位的药物大量吸收，招致中毒的危险。

（二）分布

药物吸收进入血液循环后，继续通过毛细血管壁、各种细胞屏障，进入细胞间液和细胞内液，并达到作用部位，这叫分布（distribution）。大多数药

物分布是不均匀的，且处于动态平衡状态中。

影响药物分布的因素主要有：

1. 与血浆蛋白结合 药物与血浆蛋白结合是决定药物在体内分布的重要因素之一。部分药物可与血浆蛋白可逆性结合，结合的药物暂无生物效应，又不能代谢排泄，在血液中暂时贮存。游离型药物转运到作用部位产生效应，游离型浓度与作用强度成正比。当游离型药物被分布、代谢或排泄，血药浓度降低时，结合的药物可释放游离药物，结合型和游离型药物是处于动态平衡之中。蛋白结合率高的药物在体内消除较慢，作用维持时间较长。

同时应用两种蛋白结合率很高的药物，如磺胺类与降血糖药甲苯磺丁脲，则磺胺类在血浆蛋白结合部位可竞争置换出甲苯磺丁脲，使其游离药物骤增，可诱发低血糖。

2. 局部器官的血流量与脂肪组织 肾、心、脑、肝等器官，血流量大，给药后在这些器官内迅速达到较高浓度。静注硫喷妥钠后，首先分布到含类脂质高的脑组织中，迅速产生全身麻醉作用。随后药物逐渐自脑向脂肪中转移，动物迅速清醒，这称为药物在体内的再分布（redistribution）。脂肪组织是脂溶性药物的巨大储库。

3. 组织的亲和力 有些药物对某些组织有特殊的亲和力，因此表现出特殊的组织分布。例如碘在甲状腺中的浓度可比其他组织约高达1万倍。汞、砷、锑等也多沉积在肝、肾等内脏组织细胞中，因此，在汞、砷、锑等药物中毒时，这些器官往往首先受到损害。

4. 体内屏障 体内某些屏障对药物的分布具有显著的影响。血脑屏障在组织学上是指中枢神经系统的毛细血管被神经胶质细胞所包围，能阻止水溶性化合物如青霉素的通透，而对脂溶性物质如硫喷妥则可通透。但炎症可以改变这处屏障的通透性，如脑膜炎时，通透性就发生改变，青霉素等也可进入。胎盘屏障是将母畜与胎儿血液隔开的屏障。某些药物能到达胎儿体内，有引起胎儿中毒及畸形的危险，故孕畜用药要慎重。

5. 体液pH和药物的理化性质 在生理情况下细胞内液pH约7.0，细胞外液pH约7.4。弱酸性药物在较碱的细胞外液中解离增多，易自细胞内向细胞外转运；弱碱性药物则相反，容易进入细胞；且在细胞内解离多，不易透出，故细胞内浓度略高。

三、转化（代谢）

（一）药物转化的意义及场所

药物转化是指药物在体内发生的化学变化，称为药物代谢（drugmetabolism），也称为生物转化（biotransformation）。大多数药物主要在肝脏经药物代谢酶（简称药酶）的催化，进行化学变化。药物转化的最终目的是促使药物排出体外，所以可将药物的转化和排泄两过程总称为药物的消除（elimination）。

（二）药物代谢的方式

药物在体内的代谢方式有：氧化、还原、水解及结合4种方式。

（三）药物代谢酶系

1. 肝微粒体药物代谢酶系 肝微粒体药物代谢酶系（hepatic microsomal drugme tabollizing systems）也称混合功能氧化酶系或加单氧酶系（monoxy genase），它能催化药物等外源性物质的代谢，故也称药酶。此酶系存在于肝细胞的内质网上。微粒体是肝细胞匀浆超速离心后的沉淀物，实际上是内质网碎片形成的微粒。

由于细胞色素P-450存在于肝细胞内质网的脂质结构中，因而只能催化脂溶性高的药物。药酶的催化作用需要分子氧、辅酶Ⅰ及辅酶Ⅱ。特异性不高，能催化许多结构不同的药物，是药物代谢的主要酶系。

2. 非微粒体药酶系统 只有少数药物由非微粒体酶系代谢。一般说来，凡属结构类似体内正常物质、脂溶性小、水溶性大的药物，均由这组酶系代谢。包括：①细胞浆中酶系，如醇脱氢酶、等。一些药物经微粒体药酶氧化生成醇或醛后，由这组酶继续代谢。有些药物如抗癌药6-巯基嘌呤和硫唑嘌呤主要由该酶系代谢。②线粒体中酶系，如单胺氧化酶等。它能使儿茶酚胺类、5-羟色胺等体内活性物质和外源性胺类（酪胺）等氧化成醛。③血浆中酶系，如胆碱脂酶等。血浆中的假性胆碱酯酶能水解琥珀酰胆碱和普鲁卡因。

3. 肠道菌群的药酶系统　这组酶系的临床意义在于：有些药物的代谢物经胆汁排入肠中，经肠道菌群转变为原形后又被吸收形成肝肠循环，能使药物作用时间延长，也增加了肝内药酶的负担。肠道菌群能将某些营养物质如氨基酸变为胺类、羧酸或烃类等有毒物质，吸收后可增加药酶负担，或抑制其他药物代谢。因此，对于肝病动物、久病、或对药物反应剧烈的患畜，抑制肠道菌群以减少毒性物质产生，或者切断肠——肝循环加速药物排出，可能有所帮助。

四、排泄

排泄（excretion）是机体消除药物作用的另一种方式，肾脏是药物排泄的主要途径。挥发性药物主要由呼吸道排泄；有的药物也可少量经胆汁、汗腺、乳汁排泄；有的还可经胎盘进入胎儿血液。尿液的pH决定药物的解离度。影响药物在远曲肾小管的重吸收，从而可影响其排泄。如酸性药物在碱性尿液中解离多，重吸收少，排泄快；在酸性尿液中解离少，重吸收多，排泄慢。

多数药物是部分以原形，部分以代谢物形式排出体外。有肾脏病的患畜，药物的排泄受到影响，容易蓄积在体内，应注意防止中毒。

某些药物可从胆汁排入肠腔，然后随粪便排出。自胆汁排出的药物，又可部分从肠壁再吸收进入肝脏（如四环素等），如此反复，形成肝肠循环，药物作用明显延长。

五、时效关系与时量关系

药物在体内的吸收、分布、代谢及排泄是一个连续变化的动态过程。它不但影响药物的治疗效果、作用开始的快慢、作用持续时间的长短，而且也与药物的毒性有密切关系。临床上常用曲线来表示时间与药效的关系，即时效关系。实验研究中还必须了解血药浓度随时间变化的过程，即时量关系。

第三节　影响药物作用的因素

一、动物方面的因素

（一）动物的种类、年龄、性别和个体差异

1. 动物的种类　不同种类的动物由于它们的解剖结构、生理机能、生化特点等的不同，对同一药物的敏感性就存在一定的差异。如草食兽和肉食兽的消化系统存在一定的差异，因此对同一药物的反应就不同。例如，水合氯醛对马是良好的麻醉剂，牛、羊比较敏感，猪却能耐受；给反刍兽内服洋地黄等药物时往往无效；催吐药对犬、猪等可引起呕吐，而对牛、羊则呈现促进反刍或祛痰作用；有些动物对某些药物特别敏感，如牛对汞剂，猫对石炭酸，家禽对有机磷酸酯及呋喃类药物极为敏感。

2. 年龄、性别　不同年龄、性别的动物对药物的反应差别很大。一般说来，幼龄、老龄动物及母畜对药物比较敏感。这是由于药物代谢酶活性较低、幼龄、老龄动物机能不全或机能衰退等，因此对药物的敏感性比成年动物和公畜高。母畜在怀孕期对某些药物亦比较敏感，怀孕后期应用拟胆碱药等，可能引起流产。

3. 个体差异　在年龄、性别、体重、营养、生活条件等相同的情况下，同种动物中不同个体仍可出现对药物反应的量与质的差异，这种差异称为个体差异。

(1)量的差异　个别的个体对药物的感受性特别高，应用小剂量就可出现剧烈的反应，甚至引起中毒，这种现象称为高敏性（hypersensitivity）。另一方面，还有个别个体恰好相反，用至超过中毒量，反应亦不甚明显，这种现象则称为耐受性（tolerance）。

(2)质的差异　特异质包括过敏体质（可产生过敏反应）和遗传性生化缺陷病，如先天性葡萄糖-6-磷酸脱氢酶缺乏的体质者，在服用磺胺类等，可引起急性溶血性贫血；肝缺乏乙酰化酶的个体，对异烟肼特别敏感；血浆中缺乏胆碱酯酶的个体，对琥珀酰胆碱的反应特别强烈。这些都称为特异质反应。

产生个体差异的主要原因是药物的吸收、分

布、生物转化和排泄的差异。有的因素还可能影响受体对药物的敏感性，使体内同样的药物产生不同程度的效应。

（二）动物的病理状态和机能状况

动物机体的病理状态和机能状况不同，对药物的反应也有差异，一般是在病理情况下对药物较为敏感。如解热药可使发热动物的体温恢复正常，而不会使正常的体温下降，呼吸中枢处于抑制状态时，尼克刹米的兴奋呼吸作用就特别明显。

肝脏是药物的转化器官，肾脏是药物的排泄器官，当肝、肾功能障碍时，药物的转化和排泄减慢，则可加强或延长药物的作用，有时可能引起中毒。

当动物处在营养不良、体质衰弱或劳役过度状态时，对药物的敏感性增高，容易出现不良反应。例如对缺钙的牛、羊应用四氯化碳驱除肝片吸虫时，容易引起中毒。

二、药物方面的因素

（一）药物的剂量和剂型

剂型对药效的影响主要是不同剂型吸收速度不同，因而影响药物作用的快慢与强弱。同一药的不同剂型，由于制造工艺和用药方法的不同，往往影响药物的吸收及其血浆浓度。此外，同一药物，即使剂量相等，剂型也相同，但由于各个制剂的处方或工艺不同，甚至同一药厂不同批号的产品也会影响药物的疗效。为了保证不同批号、不同药厂的同名产品有相同疗效，应该采用生物可用度来表示其效价。

（二）给药途径及其对药物作用的影响

给药途径不同，不仅能影响药物吸收的量和速度，而且与药物疗效强弱也有密切关系，甚至可引起药物作用性质的改变。如硫酸镁内服产生泻下作用，肌肉或静脉注射则产生中枢抑制、抗惊厥作用。

1. 内服　药物在胃肠吸收比其他给药途径慢，药效出现也慢，而且易受胃肠内容物，酸碱度及胃肠疾患等因素的影响，吸收不规则、不完全，吸收又受第一关卡效应影响，故应用剂量较其他给药途径量大。内服一般适用于大多数在胃肠道具有吸收作用的药物，也常用于在胃肠道难吸收而发挥局部作用的药物。如肠道抗菌药、驱虫药、止泻药、泻药等。

2. 注射　这是兽医临床上常用的一种给药方法，优点是药物的吸收快而完全，药效的出现较快；对肠内不易吸收的药物，或不能内服的病畜，都可采用注射给药。缺点是方法不够简便，对注射液的要求较严格。

静脉注射或静脉滴注把药液直接输入或滴入静脉内。药效出现快，适用于急性病用药、刺激性强的药物和大量补充体液等。但是油溶液、混浊液等不能作静脉注射。对作用剧烈的药物，需要较长时间给药，或为维持血中一定浓度时，可采用静脉滴注，并根据需要调节滴入速度。

肌肉注射：药物的吸收较快，油溶液、混悬液、乳浊液和有刺激性的药物，都可采用肌注。但刺激性较强的药物，应作深层肌肉注射，药液量大时，宜分点注射。

皮下注射：药物的吸收较肌注慢，有刺激性的药物不宜采用，以免引起局部组织的发炎或坏死。

腹腔内注射：可用于需要大量补充体液时，因腹腔面积大，故药物的吸收也较快，但有刺激性的药物不能应用。

3. 直肠、子宫、阴道及乳管内注入　主要是利用药物在用药局部发挥作用，如排出积粪、防治子宫炎、乳腺炎等。此外，灌肠还可用于不能内服或静注的患畜、补充营养或给予水合氯醛等。

4. 吸入　某些挥发性药物、药物的气雾剂等，可应用吸入给药法，如吸入麻醉药、输氧、呼吸道疾病的治疗、气雾免疫等。这种方法给药方便，在现代化大规模饲养条件下，是值得重视的一种给药途径。

5. 局部用药　目的在于引起局部作用，例如涂擦、撒布、喷淋、洗涤、滴入（眼、鼻）等，都属于皮肤、黏膜局部用药。刺激性强的药物不宜用于黏膜。

6. 群体给药法　为了预防或治疗动物传染病和寄生虫病以及促进畜禽发育、生长等，常常对动物群体施用药物。常用方法有以下几种：

⑴混饲给药　将药物均匀混入饲料中，让动物

吃饲料时能同时吃进药物。此法简便易行，适用于长期投药。

⑵混水给药 将药物溶解于水中，让动物自由饮用。此法尤其适用于因病不能吃食，但还能饮水的动物。应用此法须注意动物可能饮水的量，来计算药量与药液浓度。

⑶气雾给药 将药物以气雾剂的形式喷出，使之分散成微粒，让动物经呼吸道吸入而在呼吸道发挥局部作用，或使药物经肺泡吸收进入血液而发挥全身治疗作用。若喷雾于皮肤或黏膜表面，则可发挥保护创面、消毒、局麻、止血等局部作用。本法也可供室内空气消毒和杀虫之用。气雾吸入要求药物对动物呼吸道无刺激性，且药物应能溶解于呼吸道的分泌液中，否则会引起呼吸道炎症。

⑷药浴 猪可采用药浴方法杀灭体表寄生虫，但须有药浴的设施。药浴用的药物最好是水溶性的。药浴应注意掌握好药液浓度、温度和浸洗的时间。此外，还可采用沙浴的方法来杀死家禽体表寄生虫。

⑸环境消毒 为了杀灭环境中的寄生虫与病原微生物，除采用上述气雾给药法外，最简便的方法是往动物厩舍、窝巢及饲养场地喷洒药液，或用药浸泡、洗刷饲喂器具及动物接触的用具。消毒环境及用具要注意掌握药液浓度，对刺激性及毒性强的药物应在消毒后及时除去，以防动物中毒。

（三）用药次数、疗程及用药时间

用药次数和疗程完全根据病情的需要。为了维持药物在一定时间内持续地发挥作用，常需要重复给药，给药的间隔，主要取决于药物在体内消除（代谢和排泄）快慢，即参考药物在体内的半衰期而定。

（四）联合用药与药物的相互作用

在临床上为了增强治疗效果，减少或消除药物的不良反应，或分别治疗不同的症状及合并症，常常是同时或在短期内先后应用两种或多种药物。

1. 在药效方面的相互作用 联合应用两种或多种药物时，药物的作用相似者，用药后药效增加，称为协同作用；药物的作用相反者，用药后药效减弱，称为颉颃作用。协同作用又有相加与增强的区别，相加作用是指联合用药的总药效，等于各药单用时药效的总和，例如磺胺合剂。增强作用是指总药效超过各药单用时药效的总和，例如增效磺胺。在临床上利用协同作用，特别是增强作用，可提高疗效。利用颉颃作用可减轻、消除不良反应，或用以解除某一药物的毒性反应。

2. 在吸收方面的相互作用 含有钙、镁、铝的药物与四环素类合用时，因相互作用后形成难溶性复合物可降低四环素类的吸收。又如含鞣酸或磷酸的药物与铁制剂合用时，亦可因同一理由使铁制剂不易吸收。

3. 在分布方面的相互作用 几种药物合用后，也可在体内分布上相互影响。主要表现下述两方面：一是在药物与血浆蛋白结合上的相互作用吸收入血的药物，多数都能和血浆蛋白（通常是白蛋白）相结合，这种结合是可逆的。因为只有游离的药物才有活性，被结合后药效暂时消失。二是在药物与受体结合上的相互作用。

4. 在转化方面的相互作用 一些药物能影响药物代谢酶的活性，在联合用药时，可发生在药物转化方面的相互影响，主要表现为转化增强和转化降低两方面。

⑴转化增强 苯巴比妥是某些药物代谢酶（药酶）的诱导剂（inducer），能加强它们的活性，因此可使药酶对氢化可的松、灰黄霉素等的转化加快，从而可降低这些药物的作用。

⑵转化减弱 某些药物能抑制药酶，可使一些药物转化减弱或延缓，从而能增强或延长这些药物的作用。如四氯化碳对药酶的活性有很大的影响，药酶活性可降低到约为正常的10%左右。

5. 在排泄方面的相互作用 许多药物常常在肾小管的再吸收和分泌功能上发生竞争，而相互影响排泄量，如羧苯磺胺能竞争性抑制青霉素经肾小管分泌排出，所以合用两药时，可延长青霉素的作用时间。此外，某些药物能改变尿液的酸、碱性，从而可影响一些药物的排泄，作用和毒性等。碳酸氢钠可增强草食兽尿液的碱性，故可加快磺胺类的排泄，就是属于这方面的实例。

三、环境因素对药效的影响

环境的不同也会对药物作用发生影响，这里因为环境条件能使动物机体的机能状况发生改变，从而影响药物的敏感性。环境的因素很多，包括饲养管理条件的不同，外界环境的改变、季节气温的变化等等。例如实验发现，小鼠对环己巴比妥等药物的反应不但可随年龄、性别而有不同，也可因环境的温度、集居只数、给药时间、垫草式样等而有不同。

第二章
抗微生物药

抗微生物药是一类能抑制或杀灭病原微生物，用于防治动物感染性疾病的药物。此类药物属于“化学治疗药”。

一、抗微生物药的作用

可分为抑制作用与杀灭作用。前者指抑制病原体生长繁殖及机能活动的作用，例如磺胺药具抑菌而无杀菌作用；后者指杀死病原体的作用，例如消毒药具杀菌作用。但是，往往同一种药物在不同浓度下，对病原体可以表现为抑制或杀灭作用。

某一抗微生物药能抑制或杀灭病原微生物的种类称该药的抗菌谱。由于病原体的结构与代谢方式纷繁复杂，各类抗微生物药的抗菌谱也有很大差异，可相对地分为广谱及一般抗微生物药。

二、化学治疗及其产生的后果

采用化学药物对异体细胞（病原微生物、癌细胞或寄生虫）所致疾病的治疗，称为化学治疗，简称化疗，相应的药物称为化疗药物（化疗药）。这类药物使用过程中，药物、病原体、机体之间有复杂的关系。

第一节　磺胺药

磺胺药是一类人工合成的抗微生物药。具有抗菌谱广、性质稳定、便于长期保存、价格低廉等优点，并且由于抗菌增效剂甲氧苄氨嘧啶的出现，使得磺胺类药物在新抗微生物药不断涌现的今天，仍然在临床上广泛应用。

一、化学性质

氨苯磺胺（对氨基苯磺酰胺）及其衍生物统称为磺胺药。

磺胺药为白色结晶粉末，略溶于水；表现为酸碱两性，在强酸或碱中都可成盐，钠盐易溶于水，制剂多用。

二、抗菌谱

磺胺药的抗菌谱较广，能抑制大多数革兰氏阳性菌及一些阴性菌。对细菌的作用，主要是抑制其繁殖，一般无杀菌作用。根据病原菌对磺胺药的敏感性不同可分为：高度敏感的有链球菌、肺炎球菌、沙门氏菌、化脓棒状杆菌等。中度敏感的有葡萄球菌、鼻疽杆菌、大肠杆菌、李氏杆菌等。某些放线菌和猪血痢疾密螺旋体对磺胺药也敏感。此外，一些磺胺药如SMM、SMD、SDM、SM_2等，还能抑制某些原虫如球虫、弓形虫等。由这些病原菌引起的全身性或限局性感染，都可以应用本类药物治疗。

三、抗菌机理

由于磺胺药的基本化学结构和对氨苯甲酸很相似，因而可与它竞争二氢叶酸合成酶，妨碍二氢叶酸的形成，最终影响核蛋白的合成，所以可抑制细菌的生长与繁殖。

必须指出，磺胺类在体内只有抑菌作用，机体的防御机能对于彻底消除细菌起着决定性的作用。

四、耐药性

对磺胺药敏感的细菌，无论在体外或体内，当长期与不足量的磺胺药接触时，都能产生耐药性。细菌对某种磺胺药产生了耐药性后，如换用其他磺胺药也同样无效，这种现象称为交叉耐药性。耐磺胺药的细菌对其他抗菌药则依然敏感。为了防止耐药性的产生，在应用磺胺药时，必须避免滥用，应有针对性地选药，并给予足够的剂量。如发现细菌有耐药现象时，应立即改用抗生素或其他抗菌药物。

五、不良反应

在合理使用本类药物时，通常不会出现副作用。但体弱、幼龄的家畜，或大量及长期给药时，往往可出现副作用。磺胺药引起的副作用，常表现为精神沉郁，食欲减退或废绝，贫血，白细胞减少，尿少或无尿，血尿和体温升高等。以上症状一般在停药后消失。

少数家畜对磺胺药敏感。当静脉注射较大治疗量，尤其是静脉注射速度过快时，可发生药物休克，即过敏性休克，主要表现为神经症状，如共济失调、肌无力、惊厥等，严重者死亡。

如果配合等量碳酸氢钠，并增加饮水量，就可以减少或预防副作用的发生。副作用严重时，除停药外，还应立即内服碳酸氢钠或静脉注射大量碳酸氢钠注射液、生理盐水或葡萄糖注射液等，以促进磺胺药的排出，同时进行对症治疗。

六、应用原则和注意事项

（一）选药原则

必须对具体问题作具体分析，要针对不同疾病选用不同的药物。

1. 全身性感染　选用肠道易吸收，作用较强而副作用较少的磺胺药。以SMM、SMZ、SD、SM_2等较好。也可选用磺胺嘧啶钠等磺胺药的钠盐作静脉注射。

2. 肠道感染　选用PST，SG等。因内服后极少被吸收，故可在肠道内形成较高的浓度。

3. 治疗创伤　可外用SN的散剂、软膏剂等。对烧伤创面感染，尤其是绿脓杆菌感染时，选用磺胺嘧啶银盐效果较好。

4. 尿道感染　以选用对泌尿道损害小的SIZ、SM_2等较好。

（二）剂量原则

首次应采用大剂量，以后每隔一定时间给予维持剂量，待症状消失后，还应以维持量的1/3～1/2继续投2～3d，以达彻底治愈。

（三）注意事项

⑴磺胺嘧啶钠的注射液，碱性甚强，遇维生素B_1、复方奎宁、碳酸氢钠等药物的注射液时，能发生沉淀，因此，不可混合应用。另外，静脉注射时不可漏入皮下。

⑵外用本类药物时，应彻底清除创面的坏死组织和脓汁。

⑶全身性酸中毒、肝脏病、肾脏病和重症溶血性贫血等，应慎用或禁用磺胺药。

⑷磺胺药不宜与普鲁卡因同时应用，影响磺胺的疗效。

⑸一般情况下，选用2d该类药疗效不显著时，应及时改用其他类药物。以避免耐药菌产生及消化道菌群失调。

⑹内服时多制成水剂、散剂、丸剂等。

⑺静脉注射时可用5%～20%磺胺嘧啶呐等的注射液，配合葡萄糖注射液等进行注射。外用时可制成散剂或软膏剂等。

七、常用药物

（一）磺胺嘧啶（SD）

1. 作用与用途　本品口服易吸收，排泄较慢，血药浓度较易达到有效水平。由于与血浆蛋白结合率低，能进入脑脊液中达到较高的血药浓度。对溶血性链球菌、肺炎双球菌、脑膜炎双球菌、沙门氏菌、大肠杆菌等作用较强，是脑部细菌感染的首选药品，也可应用于病毒性脑炎并发细菌感染。

2. 配伍禁忌　青霉素、苯唑西林、氯唑西林、头孢噻吩、头孢唑林、庆大霉素、链霉素、卡那霉素、阿米卡星、四环素、红霉素、克林霉素、林可霉素、多黏菌素E、异烟肼、对氨基水杨酸钠、尼可刹米、苯巴比妥钠、异戊巴比妥钠、利多卡因、普鲁卡因、丁卡因、去甲肾上腺素、肾上腺素、异丙肾上腺素、麻黄碱、可待因、麦角新碱、双氢麦角胺、维生素K_1、维生素K_3、酚磺乙胺、氨基己酸、地塞米松、右旋糖酐、促皮质素、能量合剂、三磷酸腺苷、肌醇、氢化可的松、维生素B_1、维生素B_6、维生素C、辅酶A、葡萄糖氯化钠、氯化钾、氯化钙、葡萄糖酸钙、碳酸氢钠、依地酸钙钠。

3. 制剂、用法与用量　片剂（或粉）：每片0.5g。内服量：猪初次量0.14～0.2g/kg，维持量0.07～0.1g/kg，每日2次。注射液（钠盐）：10mL：1g；50mL：5g；100mL：10g。静脉或深部肌肉注射量：猪0.07～0.1g/kg，每日2次。

（二）磺胺二甲嘧啶（SM_2）

1. 作用与用途　抗菌效力比SD弱，但吸收迅速而完全，排泄慢。本品及其乙酰化物都易溶于水，故不易引起结晶尿或血尿。由于此药具有不良反应较少、生产成本低、在家畜体内有效浓度维持时间较长，还可防治球虫病等优点，在兽医临床上应提倡推广应用。

2. 制剂、用法与用量　片剂（或粉）：每片0.5g。内服量：猪初次量0.14～0.2g/kg，维持量0.07～0.1g/kg，每日1～2次。注射液（钠盐）：2mL：0.4g；5mL：1g；10mL：2g；50mL：5g。

（三）磺胺二甲异唑（SFZ、SIZ）（菌得清、净尿磺）

1. 作用与用途　抗菌效力比SD强，乙酰化率低，并且在尿中溶解度高，所以不易产生结晶尿等，为治疗泌尿道感染的首选药，亦可用于其他感染的治疗。缺点是血药浓度半衰期短，需频繁给药以维持血药浓度。

2. 制剂、用法与用量　片剂（或粉）：每片0.5g。内服量：猪初次量0.2g/kg，维持量0.1g/kg，每日3次。注射液：为本品二乙醇胺的灭菌水溶液。5mL：2g。肌肉注射量：猪70mg/kg，每日3次。

（四）磺胺甲基异噁唑（SMZ）（新明磺、新诺明）

1. 作用与用途　抗菌谱与SFZ基本相似，但抗菌作用较各种磺胺药为强，和SMM同，均可名列首位。如与抗菌增效剂TMP合用，抗菌作用可拉强数倍至数十倍，疗效近似氯霉素、四环素和氨苄青霉素，临床应用范围亦相应扩大。其特点是：内服后肠内吸收慢，排泄亦慢（肾小管重吸收率为50%）；血浆蛋白结合率较SFZ低；细菌对本品产生耐药性较慢；但乙酰化率高（山羊为50%～70%），并且尿中溶解度较低，因此，结晶尿或血尿等不良反应较SFZ多。常用于治疗呼吸道、泌尿道等感染。

2. 制剂、用法与用量　片剂（或粉）：每片0.5g。内服量：猪首次量0.1g/kg，维持量0.07g/kg，每日2次。注射液（钠盐）：5mL：2g。静脉或深部肌肉注射量：猪0.07g/kg，每日2次。增效新诺明片，每片含SMZ0.4g，TMP0.08g。内服量：各种家畜20～25mg/kg。每日2次，连用3d。

（五）磺胺间甲氧嘧啶（SMM、DS-36）（制菌磺、大灭痛）

1. 作用与用途　此药是一个较新的、有前途的磺胺药。其特点是：抗菌作用较强，与SMZ同，均可名列磺胺药中的首位；体内乙酰化率低，因而在体内效力较强，并且较少引起泌尿道损害；内服后吸收良好，血中浓度较高，但有效浓度维持时间较短（猪5.8h）；对猪弓形虫病、猪水肿病和家畜球虫病等都有较好的疗效。对猪萎缩性鼻炎亦有一定防治效果，对乳腺炎和子宫内膜炎可用其钠盐溶液局部灌注。

2. 制剂、用法与用量　片剂（或粉）：每片0.5g。内服量：猪初次量0.2g/kg，维持量0.1g/kg，每日2次，连用3～5d。仔猪自断乳日起，以含本品0.02%的饲料，连续饲喂60d，可预防弓形体病。药浴时用0.5%～5%的水溶液。

（六）磺胺对甲氧嘧啶（SMD）（消炎磺）

1. 作用与用途　本品的主要特点是：游离型及乙酰型的溶解度较高；体内乙酰化率低；抗菌效力较SM_2差，但与抗菌增效剂TMP合用时增效幅度大于其他磺胺药；且工艺简单，价格低廉。是一较有前途的抗泌尿道感染的新磺胺药，亦可用于呼吸道、皮肤、软组织感染等。

2. 制剂、用法与用量　片剂（或粉）每片0.5g。内服量：猪初次量0.2g/kg，维持量0.1g/kg，每日2次。增效磺胺对甲氧嘧啶钠注射液，每支10mL，内含本品1g、TMP0.2g；每支5mL，内含本品0.5g、TMP0.1g。肌肉注射量：各种家畜0.1～0.2mL/kg，每日1～2次。

（七）磺胺间二甲氧嘧啶（SDM）

1. 作用与用途　抗菌作用及疗效比SD弱。内服后吸收较快而排泄慢，如山羊一次内服0.2g/kg，8h后血中浓度可达峰值，血中有效浓度可持续72h。本品在血中大部分（80%）为游离型，乙酰化率低，因此，有较高的抗菌活性。而在尿中则大部分为溶解度高的葡萄糖醛酸结合物，故不易引起结晶尿或血尿。对某些原虫如球虫、猪弓形虫等亦有明显作用，故可用于犊、鸡等的球虫病和猪弓形体病（与乙胺嘧啶合用）。

2. 制剂、用法与用量　内服量：猪0.1g/kg，每日1次。对猪的弓形体病，可用本品与SMM的合剂，日用量0.05～0.1g/kg，每日再加入乙胺嘧啶50mg/头内服，连用5～7d。

（八）磺胺邻二甲氧嘧啶（SDM'）（周效磺胺）

1. 作用与用途　抗菌谱与SD基本相同，但效力较弱。人内服本品后血中有效浓度能维持1周，但在家畜体内维持时间较短，例如在牛，其半衰期为11h。马内服0.1g/kg，血中有效浓度仅维持22h，内服0.2g/kg，仅维持43.5h，静注时维持时间更短（18h），因此，此药对家畜无周效特点。

2. 制剂、用法与用量　内服量：猪0.1g/kg，每日1次。增效周效磺胺钠注射液：每支10mL，内含SDM钠1g、TMP0.2g，静脉或肌肉注射量各种家畜家禽0.1～0.2mL/kg，每日1次。

（九）磺胺脒（SM、SG）（磺胺胍）

1. 作用与用途　内服后吸收量小，在肠道内保持较高浓度，适用于肠炎、下痢等肠道细菌性感染。但应注意新生仔畜（1～2日龄仔猪、犊牛等）的肠内吸收率高于幼畜，给予大量后可出现不良反应。本品吸收后在各器官（尤为肝、肾等）中的浓度，均高于血浆中的药物浓度，而且在血浆和组织中的乙酰化率又高于其他各种磺胺药，所以，对成年家畜用量过大，或为肠阻塞、严重脱水等患畜时，也可因吸收较多而发生肾脏损害。

2. 制剂、用法与用量　内服日量：各种家畜0.1～0.3g/kg，分2～3次。

（十）磺胺嘧啶银（SD-Ag）（烧伤宁）

1. 性状　微黄色或白色针状结晶，难溶于水。

2. 作用与用途　为应用于烧烫伤创面的新磺胺药。其抗菌谱同磺胺嘧啶，但对绿脓杆菌具有强大的抗菌作用，其抗绿脓杆菌和大肠杆菌效能较甲磺灭脓强。治疗烧伤时有控制感染、促进创面干燥和加速愈合等功效。使用后不发生电解质紊乱或代谢物酸中毒等作用，对组织无污染现象，使用本品处理的创面，可以安全地进行植皮。通常用其粉剂、1%～2%软膏或溶液。

3. 制剂、用法与用量　粉剂、乳膏、1%～2%软膏或混悬液。作局部外用。治疗绿浓杆菌感染时，可与洗必泰等合用。

（十一）磺胺醋酰（SA）

1. 作用与用途　抗菌作用较弱，一般不供内服，其钠盐易溶于水，溶液近中性，刺激性小，主要用于眼科感染。常用10%溶液滴眼，治疗结膜炎和角膜炎。

2. 制剂、用法与用量　磺胺醋酰钠，10%～30%滴眼液或软膏。作局部外用。此药不能与强的松龙合用。

第二节 苄氨嘧啶类

这是一类合成广谱抗菌药，能加强磺胺药和多种抗生素的疗效，故又称抗菌增效剂。

一、三甲氧苄氨嘧啶（TMP）（甲氧苄氨嘧啶）

1. 性状 本类药物均为淡黄色或白色结晶粉末；无臭，味微苦；几乎不溶于水，易溶于酸及有机溶剂。

2. 作用及用途 抗菌机理为抑制二氢叶酸还原酶，使二氢叶酸不能还原为四氢叶酸，妨碍细菌核酸的合成。当与磺胺药并用时起细菌叶酸代谢的双重阻断作用，因而起协同甚至杀菌作用。

抗菌作用同磺胺药，且较强；二者合用，抗菌作用增加数倍至数十倍，并可呈杀菌作用，对磺胺药有耐药性的菌株，如大肠杆菌、变形杆菌、化脓球菌等，亦能增效。此外还能增强各种抗生素如四环素、青霉素及红霉素的抗菌效力。

特点是口服或注射后吸收迅速，维持时间短。常以1：5与磺胺药合用，复方制剂主要用于治疗链球菌、葡萄球菌及革兰氏阳性杆菌引起的呼吸道、泌尿道感染，以及败血症、蜂窝织炎、囊膜炎等。亦用于幼畜肠道感染及猪萎缩性鼻炎，但对绿脓杆菌、猪丹毒杆菌、结核杆菌和钩端螺旋体引起的感染无效。

3. 耐药性及不良反应 单用时可能在某些菌株迅速出现耐药性。本类药毒性很低，治疗量不会出现明显的毒性反应，但孕畜、幼畜及体弱畜易引起叶酸摄取障碍，应用时宜慎重。

4. 制剂及用法 片剂：每片0.1g。与其他抗菌药（如磺胺药）合用时的内服量：各种家畜5～10mg/kg体重，每日2次。本品极少单独使用，因细菌极易产生耐药性。

本品与各种磺胺药的复方（增效）制剂，如片剂、注射液见各磺胺药项下。各种复方制剂的配合比例相同，即磺胺药与甲氧苄氨嘧啶的比例都是5∶1。

二、二甲氧苄氨嘧啶（DVD）（敌菌净）

1. 性状 本品为白色结晶性粉末，微溶于水。

2. 作用及用途 本品的抗菌作用等同于三甲氧苄氨嘧啶。内服吸收差，血中最高浓度仅为三甲氧苄氨嘧啶的1/5，在胃肠内保持较高浓度。因此，用作肠道抗菌增效剂比三甲氧苄氨嘧啶优越。与磺胺对甲氧嘧啶或磺胺恶啉合用，对球虫抑制作用明显。国内用于防治仔猪白痢有良好的疗效。

本品为畜禽专用药，对磺胺药及一些抗生素有显著增效作用。内服吸收较少，但在消化道内道内浓度很高。一般以1：5与磺胺药（SD、SN_2、SMD）等并用，对猪弓形体病有效。

3. 制剂及用法 复方二甲氧苄氨嘧啶片，由本品1份、SMD（或SMM、SG、SM_2等）5份组成。内服量：仔猪20～25mg/kg，每日2次。

复方二甲氧苄氨嘧啶预混剂由本品4g、SMD（或其他磺胺药）200g与基质（淀粉）760g（共为1 000g）组成。用于畜、禽肠道感染、球虫病等。混饲浓度：猪1 000mg/kg。注意：屠宰前10d停止给药。

第三节　喹诺酮类

一、概述

喹诺酮类属化学合成抗菌药，因其具有喹诺酮的基本结构而命名。自1962年合成萘啶酸以来，此类药物发展迅速，可分为3代。第一代的萘啶酸，抗菌谱较窄；第二代的代表为吡哌酸，抗菌活性较萘啶酸增高；自1979年合成氟哌酸以来，相继合成了众多含氟的喹诺酮类，即第三代药物。氟喹诺酮类具有如下特点：

⑴抗菌谱广，抗菌活性高，对革兰氏阴性菌，包括绿脓杆菌均有良好的抗菌作用，对革兰氏阳性菌也有一定抗菌活性；

⑵对细胞、组织穿透力强，易吸收，且在体内分布广泛，对各组织系统的感染均有良好疗效；

⑶细菌对其产生突变耐药的发生率低，无质粒介导的耐药性发生，与其他抗菌药无交叉耐药性；

⑷大多数品种半衰期相对较长，故服药次数较少，使用方便。

（一）抗菌谱

第一代喹诺酮药物萘啶酸抗菌谱窄，仅对大肠杆菌、变形杆菌、沙门氏菌具有抗菌作用，且作用弱，对敏感菌株的MIC多在4μg/mL以上；对绿脓杆菌、葡萄球菌等无抗菌作用。第二代的吡哌酸与萘啶酸相比，对大肠杆菌、沙门氏菌等肠杆菌科细菌的抗菌体作用增强，对敏感菌株的MIC为1.56～4μg/mL，对绿脓杆菌也有一定作用，但活性仍低，MIC为12.5～25μg/mL。第三代的氟喹诺酮类对革兰氏阴性菌（如大肠杆菌、沙门氏菌、变形杆菌、肺炎杆菌、绿脓杆菌、巴氏杆菌、丹毒杆菌）和阳性菌（如链球菌、金葡菌）均有效，对支原体也有效。对大肠杆菌、变形杆菌、沙门氏菌等肠道杆菌作用强大，MIC为0.02～1μg/mL；对绿脓杆菌等假单胞菌的MIC为0.5～8μg/mL；对革兰氏阳性球菌作用以环丙沙星为强，对金葡菌的MIC为0.2～0.5μg/mL。对鸡败血支原体的MIC，诺氟沙星为0.25μg/mL，环丙沙星为0.031μg/mL。

（二）抗菌机理

喹诺酮类药物作用机制为抑制细菌的DNA旋转酶。DNA旋转酶的作用是使DNA形成螺旋，以高度螺旋卷紧的形式存在于菌体内，此酶被抑制，则DNA不能卷紧，无法容纳在菌体内，也就无法进行正常的DNA复制，使细菌不能进行分裂，产生快速杀菌作用。细菌细胞（原核细胞）的DNA呈裸露状态，而动物细胞（真核细胞）的DNA呈包被状态，因此药物易与细菌的DNA接触，呈现选择作用。

由于喹诺酮类作用机制不同于其他抗生素，与其他抗生素无交叉耐药现象。细菌对氟喹诺酮类和吡哌酸、萘啶酸之间亦无明显交叉耐药性。

细菌对该类药物亦可产生耐药性，其机制主要是由于DNA旋转酶A亚单位突变或细菌对药物渗透性的改变而引起，并不存在质粒介导的耐药性。

值得注意的是，利福平（RNA合成抑制剂）或氯霉素（蛋白质合成抑制剂）可导致氟喹诺酮类药物的作用降低，例如可使诺氟沙星作用完全消失，可使环丙沙星作用部分消失，故氟喹诺酮类不应与利福平、氯霉素等核酸及蛋白质合成抑制剂合用。

（三）不良反应

萘啶酸不良反应较多，有报道称可引起妊娠母畜粒细胞减少而致死亡，或引起肝细胞坏死及组织出血。吡哌酸不良反应主要是消化道反应如呕吐、便秘、便稀等。氟喹诺酮不良反应较轻，但对幼畜可致软骨损害，故孕畜与幼畜禁用。

（四）临床应用

主要用于敏感菌引起的肠道、尿路感染与呼吸道感染，也可用于皮肤、软组织、腹腔、骨关节等的感染，还用于治疗支原体病。

二、常用药物

（一）诺氟沙星（氟哌酸）

1. 性状　类白色至淡黄色结晶性粉末，有吸湿性，在水与乙醇中极微溶解。

2. 作用特点与临床应用　为广谱抗菌药，对革兰氏阴性菌如大肠杆菌、沙门氏菌、巴氏杆菌及绿脓杆菌作用较强，对革兰氏阳性菌、支原体也有一定作用。本品内服吸收迅速，但不完全。在体内分布较广，半衰期较长。吸收的药物大多以原形由尿排泄。多用于敏感菌引起的消化道感染、呼吸道感染及尿路感染，也可用于支原体病的治疗。

3. 制剂及用法　胶囊：每粒0.1g；预混剂：5%；溶液：5%；可溶性粉：34%。内服：家畜10mg/kg，每日2次。

（二）环丙沙星（环丙氟哌酸）

1. 作用特点与临床应用　抗菌谱较广，对革兰氏阴性菌的抗菌活性为目前上市的氟喹诺酮类中最强者。对革兰氏阳性菌抗菌活性亦较强。对绿脓杆菌与支原体与有较强的作用。本品内服吸收较快，猪、犊内服生物利用度分别为37.3%和53.0%。体内分布广泛。半衰期较长。主要以原形经尿排出。临床上主要用于治疗全身各系统的感染如尿路感染，肠道感染，呼吸道感染，皮肤软组织感染等。对严重感染及败血症可用其注射剂静脉给药。

2. 配伍禁忌　氨苄西林（稀释后则可配伍）氨苄西林–舒巴坦、阿米卡星、红霉素（稀释后则可配伍）磺胺嘧啶钠、克林霉素、磷霉素、氟康唑（稀释后则可配伍）苯妥英钠、硫喷妥钠、氨茶碱、呋塞米、依他尼酸、肌酐、肝素钠、维生素K_3（稀释后则可配伍）氢化可的松、地塞米松、甲泼尼龙、硫酸镁、碳酸氢钠。

3. 制剂及用法　乳酸环丙沙星注射液，肌肉注射：猪2.5～5mg/kg；静脉注射量：家畜2mg/kg，每日2次。

（三）乙基环丙沙星（恩诺沙星）

1. 作用特点与临床应用　本品为动物专用药物。抗菌谱广，对支原体亦有效。抗霉形体效力较泰乐菌素和泰莫林强。内服与皮下、肌肉注射吸收较迅速和完全。在动物体内分布广泛，除中枢神经系统外，几乎所有组织的药物浓度高于血浆，故有利于全身及深部组织的感染。约15%～50%的药物以原形经肾小管分泌和肾小球滤过而由尿排泄。

临床上可用于消化道、呼吸道、泌尿生殖道及皮肤等由细菌和支原体引起的感染。对全身感染及严重感染可注射给药。

2. 制剂及用法　内服：猪2.5～5mg/kg，每日2次。注射液，皮下、肌肉注射：猪2.5mg/kg，每日1～2次。

（四）单诺沙星

1. 作用特点与临床应用　本品为动物专用药物。抗菌谱广，对猪胸膜肺炎放线杆菌、猪肺炎支原体等均有较强的抗菌活性。本品内服与皮下、肌肉注射吸收较迅速和完全，猪内服和肌注生物利用度分别为89%和76%。半衰期较长，猪静注、肌注和内服的半衰期分别为8.0h、6.8h及9.8h。主要经肾排泄，猪肌注后尿中排泄原药为剂量的43%～51%。临床上主要用于治疗猪放线杆菌性胸膜炎、支原体性肺炎等。

2. 制剂及用法　甲磺酸盐，肌肉、皮下注射：家畜1.25mg/kg，每日2次。

（五）氧氟沙星（氟嗪酸）

1. 性状　本品为白色或微黄色结晶性粉末，无臭，味苦，难溶于水与乙醇。

2. 作用与用途　本品抗菌谱广，对革兰氏阳性菌、阴性菌和部分厌氧菌、霉形体均有效，抗菌活性略优于氟哌酸。具有口服吸收较完全，血药浓度高，半衰期长等特点。可用于畜禽细菌和霉形体感染。

3. 配伍禁忌　氯霉素、培氟沙星、磺胺嘧啶钠、细胞色素C、地西泮、硫喷妥钠、维生素B_{12}、维生素K_1、右旋糖酐、氢化可的松。

4. 制剂及用法　注射液：肌肉或静脉注射，家畜3～5mg/kg，每日2次，连用3～5d。

第四节 喹噁啉类

此类药物为喹噁啉1，4–二氧化物的衍生物。主要药物有卡巴氧、乙酰甲喹和喹乙醇。

一、卡巴氧（痢立清）

1. 性状　黄色结晶性粉末，不溶于水。

2. 作用与临床应用　具广谱抗菌作用。对革兰氏阴性菌的抗菌作用比对阳性菌强。对猪痢疾密螺旋体也有抑制作用。其作用机理是抑制DNA合成。尚未发现本品与其他抗生素如四环素类、链霉素或氯霉素有交叉耐药性。临床上可用于猪霍乱沙门氏菌引起的猪肠炎和猪痢疾的防治。

3. 制剂及用法　预混剂。混饲浓度为50mg/L。

二、乙酰甲喹（痢菌净）

1. 性状　为国内合成的卡巴氧类似物。鲜黄色结晶或淡黄色粉末，微溶于水。

2. 作用与临床应用　为广谱抗菌药，作用与卡巴氧相似，对密螺旋体有特效。内服或肌肉注射均易吸收。半衰期短，猪肌注半衰期约为2h。体内破坏少，约3/4以原形由尿排出，故尿中浓度高。

3. 不良反应　本品毒性较小，治疗量对猪无不良影响。猪以20mg/kg连用3周，可见食欲下降，停药半个月后个别猪死亡。

4. 制剂及用法　片剂：每片0.1g、0.5g；内服：猪5～10mg/kg，每日2次，连用3d为一疗程。注射剂（0.5%）：肌肉注射：猪2.5～5mg/kg，每日2次，3d为一疗程。

三、喹乙醇（喹酰胺醇、倍育诺）

1. 性状　浅黄色结晶性粉末。无臭，味苦。溶于热水，微溶于冷水，不溶于乙醇。

2. 作用　本品为抗菌、促长剂。它对革兰氏阴性菌与阳性菌均有作用，对大肠杆菌、沙门氏菌、巴氏杆菌、变形杆菌等特别敏感，对金黄色葡萄球菌、链球菌、肺炎双球菌、绿脓杆菌、痢疾密螺旋体等也有抑制作用。喹乙醇与四环素、氯霉素、氨苄青霉素没有交叉耐药性。

本品内服吸收迅速。猪内服的生物利用度分别为100%。主要经肾排泄，其余随粪以原形排出。排泄迅速、完全，猪停药后24h组织残留量小于0.2μg/g。

3. 临床应用　主要用作畜禽促进生长及催肥的饲料添加剂，也可用于治疗肠道感染及预防仔猪腹泻。

4. 制剂及用法　预混剂：100g：喹乙醇5g；500g：喹乙醇25g。混饲：猪50～100mg/L（即每吨饲料中加预混剂1 000～2 000g）。

第五节 抗生素

抗生素是生物（主要是真菌、放线菌或细菌等微生物）在其代谢过程中产生的化学物质；这种物质在低微的浓度下即有作用，不但能杀灭细菌、真菌、放线菌、螺旋体、立克次体、支原体或衣原体等微生物，有的还能杀灭原虫、癌细胞或正常细胞。

原来临床常用的抗生素大多由放线菌、链丝菌属等微生物的培养液中提取，随着化学合成的进展，现在已能人工合成或半合成。这不仅增加了抗生素的来源，改善了抗菌性能，而且也扩大了临床应用范围。

一、抗生素的抗菌作用机理

临床应用的抗生素必须对致病微生物具有抑制或杀灭作用，而对宿主细胞应当没有或很少有毒性。这种“选择性毒性作用”在临床治疗学上有重大意义。一些重要的抗生素的作用机理已基本上得到阐明。根据作用特点，抗生素作用机理一般可分为以下类型：影响细菌细胞壁的形成、损伤细菌的胞浆膜、影响细菌细胞的蛋白质合成、影响菌体核酸的形成。

在应用抗生素治疗多种感染的整个过程中，必须充分认识到机体抗病能力的重要性。过分依赖抗生素的效力，而忽视机体的内在因素，常常是抗生素治疗失败的重要原因。多数抗生素在体内对病原体的直接作用只是起到抑制作用，即使某些抗生素具有杀灭病原体的功能，但在发挥治疗作用和最终消除体内病原体的过程中，都必须有机体的免疫功能（防御机制）的参与。此外，机体的代偿反应和对损伤组织的修复机能也是重要的抗病能力。由此可见，应用抗生素只是促使疾病向痊愈方向转化的一种外因，而机体良好状态的保持，才是使疾病获得痊愈的根本保证。因此，在应用抗生素的同时，必须尽最大努力使机体的全身状况有所改善，充分调动机体的各种抗病能力。

二、β-内酰胺类

β-内酰胺类抗生素包括青霉素类与头孢菌素类，是临床最常用的抗生素。它们抗菌效果好，毒性低，近年来又涌现出不少新药，日益受到人们的重视。一般分天然青霉素与半合成青霉素。天然青霉素产生于数种青霉菌的培养液中，在培养液中主要含有5种青霉素，即F、G、K、X和双氢F。其中以青霉素G（苄青霉素）较为稳定，作用最强，产量较高，符合临床及生产上的要求。半合成青霉素，如青霉素G具有杀菌力强和毒性极低等优点，但由于其抗菌谱窄，不耐酸不能内服，不耐酶易被水解，某些细菌（金葡菌）有耐药性，过敏反应比较多等缺点，严重地影响了它的临床应用。1959年6-氨基青霉烷酸（6-APA）的分离成功，为半合成新型青霉素创立了有利条件。迄今为止，已应用于临床的半合成新青霉素，在全世界约有20余种，我国已试制成功并投产的有12种。半合成青霉素主要可分为3类：耐酸、可供内服的青霉素，耐酶青霉素，广谱青霉素。半合成青霉素与青霉素G有交叉过敏性。

（一）天然青霉素

青霉素G（苄青霉素）

1. 性状　青霉素G本身为一种有机酸，略溶于水，水溶液极不稳定。可和碱金属结合成盐，临床常用其钾盐和钠盐。结晶青霉素G钾或钠盐为白色结晶性粉末，极易溶于水，有引湿性。性质较稳定，耐热性也强，在100℃下经4d其活性亦无明显减损，在室温中可保存数年而不失去其抗菌效能。但酸性水溶液不稳定，耐热力亦降低，在室温中其抗菌活性易于消失，且易形成青霉烯酸，因此，其水溶液应现用现配。一般认为青霉素G的抗菌活性与其分子中的β-内酰胺环有关，此环一破坏，抗菌活性即消失。酸、碱、氧化剂、重金属、酒精、甘油及青霉素酶都能破坏此环。

2. 单位　青霉素G的抗菌活性常用国际单位（IU）表示。1个国际单位分别相当于青霉素G钾盐和钠盐0.625和0.6μg。由于分子量不同，1mg的纯青霉素G钾盐、钠盐和普鲁卡因青霉素G，分别等于1 595、1 667和1 000IU。

3. 体内过程　青霉素G易被胃酸和消化酶所破坏，仅能少量吸收，因此不作内服，而常作肌肉注射。注射后吸收很快，但因各种制剂不同而异。

吸收后可分布到体内各组织及各种体液中，但在脑脊液、胸腔、乳腺等的浓度很低。当中枢神经系统或其他组织有炎症变化时，青霉素即较易透入，因而可能达到有效浓度。排泄途径主要是肾脏，一部分在体内（主要有肝内）被破坏，约60%以原形排出，其余为分解产物。由于青霉素在尿中浓度很高，治疗泌尿道感染很有效。丙磺舒（羧苯磺胺）能抑制肾小管分泌青霉素，因此，这两种药合用，可因减慢青霉素的排出而增高其血中浓度。

普鲁卡因青霉素是由1分子普鲁卡因与1分子青霉素G结合而成，由于溶解度低，制成水混悬液，肌肉注射后，吸收缓慢而血中有效浓度维持时间较持久。另有一种溶解度更低，作用时间更长的长效青霉素叫苄星青霉素，为青霉素G的二苄乙烯二胺盐。

4. 抗菌谱与临床应用　青霉素对大多数革兰氏阳性细菌（包括球菌和杆菌）部分革兰氏阴性球菌、各种螺旋体和放线菌有强大的抗菌作用。在较低浓度时仅有抑菌作用，而在较高浓度时则有强大的杀菌作用。对青霉素敏感的病原菌有：链球菌、葡萄球菌、猪丹毒杆菌、化脓棒状杆菌、破伤风梭菌、炭疽杆菌、产气荚膜杆菌、肺炎双球菌、梭状芽胞杆菌、李氏杆菌、牛放线菌、钩端螺旋体等。但对革兰氏阴性杆菌如大肠杆菌、沙门氏杆菌、布氏杆菌等作用很弱，而对结核杆菌、立克次氏体、病毒等无效。

主要用于对青霉素敏感的病原菌所引起的各种感染，如坏死杆菌病、炭疽、破伤风、恶性水肿、气肿疽、猪丹毒、各种呼吸道感染、乳腺炎、子宫炎、放线菌病、钩端螺旋体病等。

5. 耐药性 一般细菌对青霉素不易产生耐药性，但金黄色葡萄球菌例外，随着青霉素的广泛应用，耐药菌株比例逐渐增高。耐药的金葡菌能产生青霉素酶，使青霉素水解失效，因而可耐药。关于产生耐药菌的原因，现在一般认为是由于广泛应用青霉素，消除了菌群中的敏感菌株，使原来为数极少的天然的耐药菌株，获得了有利于它们生长和散布的机会所致。近年来的研究又证实了：通过噬菌体能把耐药菌株产生青霉素酶的能力转移到敏感菌株上，使敏感菌株变成了耐药菌株。

6. 不良反应 青霉素的毒性极微，但因有刺激性，故应避免直接注入脑脊液内，否则，可能引起兴奋、搐搦和惊厥等。还应避免大剂量静脉快速推注，以免引起高血钾症等不良反应。

过敏反应是青霉素的最主要的不良反应，能产生各型过敏反应，如荨麻疹、发热、关节肿痛、蜂窝织炎、嗜酸性白细胞增多、血管神经性水肿等。严重的可出现过敏性休克。家畜中马、骡、猪、犬等多见。猪于注射后呈现挣扎、奔跑，迅即死亡。因此，在用药中或用药后应注意观察，如出现过敏症状，应停止用药，进行对症治疗，严重者应立即注射肾上腺素、皮质激素等进行抢救。

7. 配伍禁忌 头孢噻吩、阿米卡星、红霉素、磺胺嘧啶钠、米诺环素、土霉素、四环素、多西环素、多黏菌素B、多黏菌素E、林可霉素、两性霉素B、细胞色素C、苯妥英钠、苯巴比妥钠、戊巴比妥钠、异戊巴比妥钠、硫喷妥钠、阿托品、麻黄碱、氨茶碱、垂体后叶素、缩宫素、麦角新碱、维生素K_1、鱼精蛋白、促皮质素、维生素B_1、维生素B_6、维生素C、辅酶A。

8. 制剂及用法 注射用苄青霉素钾（或钠），为白色结晶性无菌粉末，有吸湿性。在水、生理盐水、葡萄糖液中极易溶解，在酒精中略溶，不溶于脂肪油或液状石蜡中，每瓶0.25g（40万IU）、0.5g（80万IU）或0.625g（100万IU）等，应置于干燥凉暗处保存。有效期：小瓶装2年，安瓿装4年。临用前以注射用水或灭菌生理盐水溶解，配成每毫升含10万～20万IU的溶液供肌肉注射。用量：猪6.3～9.4mg（1万～1.5万IU）/kg，每隔8～12h注射一次。对危急病例可用生理盐水或5%葡萄糖注射液稀释至每毫升5 000IU以下浓度，静脉滴注。

注射用普鲁卡因苄青霉素，白色粉末，应密封置于干燥冷暗处保存。每瓶含普鲁卡因苄青霉素30万IU，苄青霉素钾10万IU；或普鲁卡因苄青霉素60万IU，苄青霉素钾20万IU。有效期3年。本品为普鲁卡因苄青霉素与苄青霉素钾（钠）适宜的混悬剂、缓冲剂制成的无菌粉末，加水振摇即成均匀的混悬液。本品既有长效又有速效，临用前加注射用水适量混悬后应用。肌肉注射量：猪1万～1.5万IU/kg，每日注射一次。

注射用苄星青霉素（长效青霉素、长效西林）白色结晶性粉末，极难溶于水。临用前加注射用水适量使成混悬液供肌肉注射。每瓶60万IU、120万IU。应密封置于干燥凉暗处保存。有效期3年。因吸收极慢而血中有效浓度低，但维持时间较长。主要用于预防或需要长期用药的病例，如长途运输时用以预防各种呼吸道感染、复杂性骨折、肺炎、子宫炎。肌注量：猪1万～1.5万IU/kg。每隔2～3d一次。急性感染时应与青霉素G钾（钠）并用。

注射用复方苄星青霉素（三效青霉素）白色结晶性粉末，无臭、无味，应密封保存在干燥冷暗处，每瓶含120万IU，其中苄星青霉素60万IU，普鲁卡因青霉素30万IU，苄青霉素钾盐30万IU，并加有适量缓冲剂。临用前加适量注射用水，剧烈振摇制成混悬液后，作深部肌肉注射。本品具有速效、高效、长效的特点，在兽医临床上应推广使用。肌注量：各种家畜1万～2万IU/kg，每1～2d注射一次。对重症急性感染，首次给药时，应同时注射苄青霉素钾。

（二）半合成青霉素

耐酸青霉素：以口服青霉素V（苯氧甲基青霉素）为模型合成制得，包括苯氧乙基青霉素和苯氧丙基青霉素等。它们仅耐酸而不耐酶，国内很少应用，此处不作详细介绍。

耐酶青霉素：甲氧苯青霉素（新青霉素I）是第一个发现的耐酶半合成青霉素。以后又合成了异噁唑类青霉素（包括苯唑青霉素、邻氯青霉素、双氯青霉素）和乙氧萘青霉素等。

这类青霉素不但耐酶，而且耐酸。它们的抗菌谱虽与青霉素G相似，但对革兰氏阳性菌的抗菌效能不及青霉素G，主要是对耐青霉素G的金葡球菌有效。

1. 甲氧苯青霉素钠（新青霉素I）

⑴性状　本品为白色结晶性粉末。有吸湿性，易溶于水，干燥状态稳定，水溶液不稳定，对酸不稳定。

⑵作用与临床应用　抗菌谱与苄青霉素相似，而抗菌效力较弱。但是，此药对耐药性金黄色葡萄球菌产生的酶，有较高的稳定性，几乎对所有的金黄色葡萄球菌均有杀菌作用。临床上主要用于耐药性金黄色葡萄球菌引起的感染。

⑶制剂及用法粉针　每支0.5g或1.0g。肌肉注射：各种家畜4～5mg/kg，每6h一次。

2. 苯唑青霉素钠（苯甲异噁唑青霉素钠、新青霉素Ⅱ）

⑴性状　本品为白色粉末或结晶性粉末。易溶于水。应密封在干燥处保存。

⑵作用与临应用　本品不但耐酶，而且耐酸，因此内服有效。抗菌作用比甲氧苯青霉素强，对耐药性金黄色葡萄球菌具有杀菌作用。临床上主要用于耐药性金黄色葡萄球菌引起的感染，或与链球菌共同引起的混合感染。

⑶配伍禁忌　庆大霉素、红霉素、吉他霉素、妥布霉素、磺胺嘧啶钠、四环素、多黏菌素B、新生霉素、苯巴比妥钠、戊巴比妥钠、丁卡因、琥珀胆碱、去甲肾上腺素、鱼精蛋白、异丙嗪、维生素B_1、维生素B_6、维生素C、碳酸氢钠。

⑷制剂及用法　胶囊：每粒0.25g。内服：猪10～15mg/kg，每日2～4次。粉针：每瓶0.5g，有效期2年、肌肉注射：猪10～15mg/kg，每日2～4次。

3. 邻氯苯唑青霉素钠（邻氯苯甲异噁唑青霉素钠）

⑴性状　本品为白色粉末或结晶性粉末。有吸湿性，易溶于水。应密封在干燥处保存。

⑵作用与临床应　用本品对金黄色葡萄球菌、链球菌、肺炎球菌（特别是耐药菌株）等，具有杀菌作用。其优点是不论内服或肌注，均比苯唑青霉素吸收好，因而血中浓度较高。

⑶配伍禁忌　庆大霉素、红霉素、四环素、土霉素、多黏菌素、维生素C、卡那霉素等。

⑷制剂及用法胶囊　每粒0.25g，有效期3年。内服：猪4～10mg/kg。每日2～4次。粉针：每瓶0.25g，有效期2年。肌肉注射量同内服量。

4. 双氯青霉素钠（双氯苯甲异噁唑青霉素钠）

⑴性状　本品为白色或近白色结晶性粉末。有吸湿性，易溶于水。应密封保存于干燥处。

⑵作用与临床应用　抗菌谱等与邻氯青霉素同。对耐药菌的作用比苄青霉素强100倍，对苯唑青霉素或邻氯青霉素能耐药的金黄色葡萄球菌也有效。内服后吸收更好，其血药浓度在三者中最高，因此作用维持时间长。临床应用范围同邻氯青霉素。

⑶制剂及用法　胶囊：每粒0.5g，有效期3年。内服量同邻氯青霉素钠。粉针：每瓶0.25g。肌肉注射量同邻氯青霉素钠。

5. 乙氧萘青霉素钠（新青霉素Ⅲ）

⑴性状　本品为白色或微黄色结晶性粉末。有吸湿性，易溶于水。应遮光密封保存于冷暗处。

⑵作用与临床　应用对耐药性金黄色葡萄球菌的作用与苯唑青霉素接近，对溶血性链球菌及肺炎球菌有高效，比苯唑青霉素疗效强。临床上多用于耐药性金黄色葡萄球菌引起的呼吸道、泌尿道感染等。

⑶制剂及用法胶囊　每粒0.25g。内服：猪10～15mg/kg。每日2～4次。粉针：每瓶0.5g。肌肉注射：猪

同内服量。每日4~6次。

6. 氨苄青霉素（氨苄西林）

(1)性状 为白色或近白色结晶粉末，无臭、味苦，微溶于水，有吸湿性，应密封保存于冷暗处。其钠盐易溶于水，供注射用。其三水化合物供口服用。

(2)作用与临床应用 本品是最早发现并应用于临床的广谱青霉素。这类半合成青霉素的出现，扩大了青霉素的应用范围，它们对革兰氏阳性菌和阴性菌都有杀菌作用，能耐酸可内服，但不耐酶，故对耐药金葡球菌无效。

对大多数革兰氏阳性菌的抗菌效力与青霉素G相同或稍弱，对多数革兰氏阴性菌也有较强的抗菌作用，如大肠杆菌、沙门氏菌、副溶血性嗜血杆菌、布氏杆菌、巴氏杆菌均对本品敏感。但对绿脓杆菌、肺炎杆菌等无效。氨苄青霉素对革兰氏阴性杆菌的抗菌效力较氯霉素、四环素略强或相仿。内服或注射后均易吸收，吸收后可分布到各组织中，以胆汁、肾、子宫等浓度较高，主要由尿和胆汁排出。氨苄青霉素的毒性低微。

本品主要用于对其敏感的细菌引起的肺部、肠道和尿道感染等，如仔猪白痢、猪胸膜肺炎等。

(3)配伍禁忌 庆大霉素、阿米卡星、卡那霉素、红霉素、链霉素、吉他霉素、磺胺嘧啶钠、米诺环素、土霉素、四环素、多黏菌素B、林可霉素、克林霉素、氟康唑、甲硝唑、苯巴比妥钠、戊巴比妥钠、硫喷妥钠、丁卡因、阿托品、利多卡因、去甲肾上腺素、肾上腺素、多巴胺、氨茶碱、鱼精蛋白、右旋糖酐、异丙嗪、甲泼尼龙、氢化可的松、维生素B_1、维生素B_6、维生素C、复合维生素B与维生素C、氯化钙、葡萄糖酸钙、乳酸钠、5%葡萄糖、葡萄糖氯化钠、碳酸氢钠。

(4)制剂及用法 氨苄青霉素胶囊剂：每片0.25g。内服：猪4~15mg/kg，每日1~2次。粉针：每支0.25g、0.5g，有效期3年。肌肉注射：猪2~7mg/kg，每日1~2次。

水合氨苄青霉素为氨苄青霉素的三水化合物，作用与应用同氨苄青霉素。内服：猪4~20mg/kg，每日2次。

病必灵混悬液为含15%氨苄青霉素三水化合物的乳白色混悬液。有广谱杀菌作用，对大肠杆菌、巴氏杆菌、沙门氏菌、链球菌与葡萄球菌感染等均有效。主要用于呼吸道、消化道感染。用前应摇匀。皮下或肌肉注射用量：猪（50kg体重）2mL。每日2次。

7. 羟氨苄青霉素（阿莫西林）

(1)性状 本品为近白色结晶粉末，微溶于水。对酸稳定，在碱性溶液中很快被破坏。

(2)作用与临床应用 与氨苄青霉素抗菌谱相似，但杀菌作用快而强，内服后吸收较好。因此，血药浓度较高，体内分布广，尿中浓度也较高。临床上对呼吸道、泌尿道、皮肤、软组织及肝胆系统等感染疗效较好。如与强的松等合用，治疗猪的乳腺炎－子宫内膜炎－无乳综合征疗效极佳。

(3)配伍禁忌 参见氨苄西林。

(4)制剂及用法 肌肉注射用量：猪5~15mg/kg，每日2次。

8. 缩酮氨苄青霉素（海他西林）

(1)性状 本品为白色结晶性粉末。微溶于水。应密封保存于冷暗处。

(2)作用与临床应用 由氨苄青霉素与丙酮缩合而成，在体内可水解出游离的氨苄青霉素。作用比氨苄青霉素持久，尿中浓度较高，分布较广。临床用途与氨苄青霉素相似。

(3)制剂及用法内服 猪4~15mg/kg，每日2~4次。其钾盐可供注射用，肌肉，静脉注射量同内服量。

9. 羧苄青霉素钠（卡比西林）

(1)性状 本品为白色结晶性粉末。有吸湿性，溶于水及乙醇。对热、酸不稳定。应密封避光保存于冷暗处。

(2)作用与临床应用 本品的抗菌谱与氨苄青霉素相似，但抗菌效力较弱，其特点是对绿脓杆菌和耐药性金葡球菌有效。内服不吸收，必须肌注或静注给药。用于绿脓杆菌感染，因毒性小，不损害肾脏，故比庆大霉素和多黏菌素优越；与庆大霉素和多黏菌素合用，有协同作用。此外，还可用于败血症。骨髓炎、腹膜炎、呼吸道与泌尿道感染。因用量大，价格较贵，一般只作抢救绿脓杆菌严重感染的备用药。

⑶配伍禁忌 庆大霉素、阿米卡星、卡那霉素、链霉素、红霉素、妥布霉素、林可霉素、两性霉素B、四环素、土霉素、氯霉素、苯妥英钠、异丙嗪、氢化可的松、维生素B_1、维生素B_6、维生素C。

⑷制剂及用法 粉针：每支0.5g，有效期1.5年。肌肉注射：猪2~7mg/kg，每日1~2次。静脉注射用于绿脓杆菌感染，剂量比肌肉注射大2.5~5倍。

（三）头孢菌素类（先锋霉素类）

上述介绍的半合成青霉素是由改变青霉素的侧链而得到的，头孢菌素类是将青霉素的主核6–氨基青霉烷酸改变为7–氨基头孢烷酸（7–ACA），而得到的另一类半合成抗生素。目前头孢菌素已发展到第四代，但由于价昂，应用于兽医临床者，主要有头孢菌素Ⅰ、Ⅱ、Ⅳ、Ⅴ等，均属第一代头孢菌素。

体内过程：头孢菌素Ⅰ、Ⅱ、Ⅴ内服后不吸收，必须用注射法投药。如用等量肌注，Ⅱ、Ⅴ血药浓度较Ⅰ高，在体内较稳定，故下降亦较缓慢。头孢菌素Ⅳ能从胃肠道吸收，可供内服。头孢菌素类吸收后分布较广，可通过胸膜及心包膜，也能进入关节腔和胎盘。主要经肾排泄。

抗菌谱：头孢菌素类为广谱的强杀菌剂，其杀菌作用机理类似青霉素。头孢菌素Ⅰ对革兰氏阳性菌如金葡球菌（包括耐青霉素菌株）链球菌、棱状芽胞杆菌、炭疽杆菌等，在1μg/mL浓度时即有抗菌作用；而在2.5～20μg/mL浓度时，对大肠杆菌，肺炎杆菌、巴氏杆菌、伤寒杆菌、沙门氏杆菌、副溶血性嗜血杆菌、奇异变形杆菌等革兰氏阴性菌也有较好抗菌作用。李氏杆菌、钩端螺旋体等对本品也敏感。但对绿脓杆菌、产气杆菌、结核杆菌、真菌、支原体及原虫无效。头孢菌素Ⅱ的抗菌作用与Ⅰ大体相同，头孢菌素Ⅳ、Ⅴ的抗菌谱与Ⅰ基本相似。Ⅴ的特点是对革兰氏阴性菌作用较强。四种头孢菌素均耐青霉素酶，但Ⅰ、Ⅱ易被某些革兰氏阴性菌如绿脓杆菌、产气杆菌、吲哚阳性变形杆菌等所产生的β–内酰胺酶所破坏。

临床应用：头孢菌素主要用于耐青霉素G金葡球菌和一些革兰氏阴性杆菌引起的严重感染，如肺部感染、尿路感染、败血症、皮肤、软组织感染及骨、关节疾病等。Ⅱ与半合成青霉素、红霉素、庆大霉素等合用，可能有协同作用。在国外兽医临床上曾用于防治呼吸道感染、尿路感染、牛乳腺炎、预防术后败血症和巴贝斯焦虫病等。

配伍禁忌：青霉素、卡那霉素、阿米卡星、庆大霉素、妥布霉素、氯霉素、四环素、红霉素、林可霉素、克林霉素、磺胺嘧啶钠、多黏菌素E、多黏菌素B、苯妥英钠、苯巴比妥钠、异戊巴比妥钠、戊巴比妥钠、硫喷妥钠、利多卡因、琥珀胆碱、去甲肾上腺素、氨茶碱、肝素、氢化可的松、甲泼尼龙琥珀酸钠、维生素B_1、维生素B_6、生理盐水、复方氯化钠、氯化钙、葡萄糖酸钙、硫酸镁、碳酸氢钠。

不良反应：头孢菌素Ⅰ、Ⅱ、Ⅴ有局部刺激性，肌肉注射时可引起疼痛，Ⅰ较Ⅱ、Ⅴ为重。头孢菌素类有一定程度的损害肾脏的不良反应，应予注意。

1. 头孢噻吩钠（噻孢霉素钠、头孢菌素Ⅰ、先锋霉素Ⅰ）

⑴性状 本品为白色结晶性粉末，有吸湿性，易溶于水。粉末久置后颜色变黄，但不影响效力，也不增加毒性，然而溶液变黄色后即不可使用。应遮光、密封，放置于阴凉干燥处。

⑵作用与用途 本品主要抗革兰氏阳性菌，对革半氏阴性菌也有较好疗效，钩端螺旋体对此药也有敏感，但对绿脓杆菌、产气杆菌、结核杆菌、真菌、霉形体、病毒及原虫无效。临床上主要用于耐药性金黄色葡萄球菌和一些革兰氏阴性菌引起的严重感染，如呼吸道、泌尿道感染，预防术后败血症等。

内服不被吸收，肌注后吸收良好。此药有局部刺激性，肌注后疼痛显著。毒性小。但是近年来，医学上报道最多的是对肾脏有毒性，可引起急性肾衰竭。

⑶制剂及用法 粉针：每瓶0.5g，有效期1.5年。临用时加适量注射用水溶解。肌肉注射：猪20~35mg/kg，每日3次。

2. 头孢噻啶（头孢菌素Ⅱ，先锋霉素Ⅱ）

⑴性状 本品为白色或无色粉末，能溶于水。应遮光、密封放置于阴凉干燥处。

⑵作用与用途 本品抗菌谱与噻孢霉素钠同，对革兰氏阳性菌效力比较强。已用于变形杆菌、葡萄球菌、沙门氏菌等引起的伴侣动物呼吸道、泌尿道等严重感染。

⑶制剂及用法粉针 每瓶0.5g，有效期1.5年。临用前加适量注射用水使其溶解。肌肉、皮下注射。

3. 头孢氨苄（苯甘孢霉素，头孢菌素Ⅳ，先锋霉素Ⅳ）

⑴性状 本品为白色或乳黄色结晶性粉末，微臭，味苦，能溶于水。

⑵作用与用途 本品对金黄色葡萄球菌、溶血性链球菌、大肠杆菌、奇异变形杆菌等有抗菌作用，对绿脓杆菌无效。用于敏感菌所致的泌尿道、皮肤及软组织等部位的感染。

⑶制剂及用法 内服量：猪10～30mg/kg，每日3次。同时内服丙磺舒，可提高疗效。

4. 头孢羟氨苄

⑴性状 本品为白色或黄色结晶性粉末，微溶于水。

⑵作用与用途 本品的作用类似头孢氨苄。用于由敏感菌引起的伴侣动物呼吸道、泌尿道、皮肤等部位感染。

5. 头孢唑啉钠（头孢菌素Ⅴ）

⑴性状 本品为白色或类白色结晶性粉末，无臭，味苦，极易溶于水，水溶液较稳定，室温下可保存24h。

⑵作用与用途 本品的抗菌谱类似头孢噻吩，其特点是对革兰氏阳性菌作用较强。临床上用于敏感菌所致的呼吸道、泌尿道、皮肤及软组织等部位的感染。

⑶配伍禁忌 阿米卡星、卡那霉素、妥布霉素、多西环素、四环素、红霉素、吉他霉素、米诺环素、多黏霉素B、多黏霉素E、戊巴比妥钠、异戊巴比妥钠、硫喷妥钠、利多卡因、普鲁卡因、多巴胺、氨茶碱、垂体后叶素、鱼精蛋白、维生素B_6、维生素C、氯化钙、碳酸氢钠。

⑷制剂及用法 粉针：每瓶0.5g，肌肉或静脉注射：猪20～25mg/kg，每日3～4次。

6. 头孢噻肟钠（头孢氨噻肟）

⑴性状 本品为白色结晶粉末，易溶于水。稀溶液无色或微黄色，浓度高时灰黄色，若变黄色或棕色，则表示药物已变质。

⑵作用与用途 抗菌谱广，对革兰阳性菌作用较强，对革兰阴性菌作用较弱，对钩瑞螺旋体较为敏感。用于耐药金黄色葡萄球菌和部分革兰阴性菌如大肠杆菌等引起的呼吸道、泌尿道、消化道、皮肤及软组织等的感染。

⑶制剂及用法 粉针：0.5g或1g。静脉注射用量：猪15～25mg/kg，每日2次。

（四）β－内酰胺酶抑制剂

棒酸（克拉维酸）

棒酸具有抑制β－内酰胺酶的作用，故称β－内酰胺酶抑制剂，它是由棒状链霉菌产生的抗生素。本品仅有微弱的抗菌活性，但可与大多数的β－内酰胺酶牢固结合，生成不可逆的结合物。不单独用于抗菌，而是与其他β－内酰胺抗生素合用以克服细菌耐药性。如将棒酸与氨苄青霉素合用，能使后者对产生β－内酰胺酶的金葡菌的最小抑菌浓度，由大于1 000μg/mL减小至0.1μg/mL。现已有棒酸和氨苄青霉素的复方制剂用于兽医临床。

三、氨基糖苷类

本类抗生素的化学结构中，都含有氨基糖分子和非糖分子的甙元相结合而成的甙，故称为氨基糖甙类抗菌素，包括有链霉素、双氢链霉素、新霉素、卡那霉素和庆大霉素等，现分述如下。

（一）链霉素

1. 来源与性状 为灰链霉菌的代谢产物。链霉素的分子由链霉胍及链霉双糖胺所构成。

临床上常用的是链霉素的硫酸盐。除酸和碱可使链霉素水解失效外，其他物质如葡萄糖、半胱氨酸、维生素C、羟胺等，也可破坏链霉糖中的醛基，而使链霉素失去抗菌作用。双氢链霉素没有醛基，因而不受这些药物的作用，所以比较稳定。各种氧化剂都可使链霉素的抗菌效能减低或消失。链霉素碱和链霉素盐类都易溶于水。

2. 单位 链霉素的效价单位以重量计算，按规定，1μg纯链霉素碱=1IU；因此1g纯链霉素碱=100万IU。硫酸链霉素每毫克的效价不得少于720IU。

3. 体内过程 内服或气雾吸入链霉素时极少吸收，一般采用肌肉注射。

体内分布与青霉素相似。在肾脏中浓度最高，肺及肌肉中含量较少，脑组织内几乎不可测出。

主要经肾小球滤过而排出体外，尿中浓度很高，因此对尿路感染有效，碱化尿液能增强抗菌作用。肾功能不全时易在体内蓄积，因此应适当减少链霉素用量。也可通过乳腺排出，此外，胆汁中亦能排出一小部分。

4. 抗菌谱 链霉素的抗菌谱较青霉素广泛，主要是对结核杆菌和多种革兰氏阴性杆菌（如布氏杆菌、巴氏杆菌、志贺氏痢疾杆菌、沙门氏杆菌、产气杆菌、鼻疽杆菌、鸡嗜血杆菌等）有效。对链球菌等革兰氏阳性菌的作用不如青霉素，对钩端螺旋体、放线菌等也有效，对产气芽胞杆菌、真菌、立克次氏体、病毒等无效。

链霉素有抑菌（较低浓度时）或杀菌（较高浓度时）作用，对于繁殖的细菌比静息的细菌有更强的杀菌作用，但与青霉素不同的是，链霉素的杀菌速度可随着药物浓度的增加而升高。

5. 临床应用 主要用于各种对此药敏感病原菌引起的急性感染，如大肠杆菌引起的肠炎、白痢、乳腺炎、子宫炎、败血症和膀胱炎、鹅卵黄性腹膜炎等；巴氏杆菌引起的猪肺疫等。此外，与磺胺药、四环素、氯霉素等合用，可治疗革兰氏阴性菌引起的败血症、肺炎、尿路感染等。

6. 耐药性 细菌与链霉素经常接触后，极易产生耐药菌株，产生速度远比青霉素快，为跃进式的。细菌对链霉素与双氢链霉素之间有完全的交叉耐药性，而与新霉素、卡那霉素、庆大霉素之间有部分的交叉耐药性。部分交叉耐药性往往是单向的，即细菌对新霉素、卡那霉素、庆大霉素耐药后，对链霉素也耐药。反之，细菌对链霉素耐药后，对新霉素等却仍然敏感。

7. 不良反应 链霉素可引起4个方面的不良反应：

⑴过敏反应有皮疹、发热、血管神经性水肿、嗜酸性粒细胞增多等。过敏性休克的发生率较青霉素低。

⑵神经系统反应主要损害第八对脑神经，造成前庭功能和听觉的损害，出现行走不稳、姿势异常、平衡失调和耳聋等症状，多半发生在长期用药的病例，家畜中极少见。

⑶阻滞神经肌肉接点氨基糖甙类及多黏菌素类抗生素对骨骼肌肉接点的阻滞作用，为一种类箭毒样作用，可使运动终板膜对乙酰胆碱的敏感性降低。不过链霉素的这种阻滞作用并不强，但如用量过大或在用过肌肉松弛剂、麻醉药以后再用链霉素，就可能发生此种不良反应，出现呼吸抑制、肢体瘫痪和肌肉无力等情况。如给6日龄仔猪肌注100mg/kg后，出现后躯瘫痪和抑制，肌注175mg/kg时则全部致死。

⑷对肾脏的损害链霉素对肾脏可产生轻度的损害，多见为管型尿和蛋白尿，一般无碍于治疗。

8. 配伍禁忌 青霉素、氯唑西林、氨苄西林、头孢唑林、头孢噻肟、红霉素、多黏菌素、磺胺嘧啶钠、两性霉素B、地西泮、苯妥英钠、苯巴比妥钠、戊巴比妥钠、硫喷妥钠、普鲁卡因、去甲肾上腺素、氨茶碱、肝素、维生素K_1、促皮质素、氢化可的松、维生素B_1、氯化钙、葡萄糖酸钙、碳酸氢钠。

9. 制剂及用法 注射用硫酸链霉素。每瓶含0.75g（75万IU）1g（100万IU）或2g。有效期4年。一般采用肌肉注射，临用前用注射用水溶解。肌肉注射：各种家畜10mg/kg，每12h一次。

（二）双氢链霉素

1. 作用 本品系将链霉素中链霉糖的醛基加氢还原成醇而得，其理化性质、抗菌谱等均与链霉素相似，两者之间有完全的交叉耐药性，但因所产生的抗体不同，而无交叉过敏反应，因此对链霉素过敏者可改用双氢链霉素。此外，双氢链霉素对听神经的毒性比链霉素大，刺激性亦较强，但对前庭神经的毒性比链霉素小。

2. 制剂及用法 注射液，2mL：50万IU。应在干燥冷暗处保存，有效期4年。本品的规格、用法、剂量等与硫酸链霉素相同。

（三）新霉素

1. 性状 系一种碱性物质，性极稳定，易溶于水，并具耐热性，其效力不因酸碱度或温度的改变而受到影响。常用其硫酸盐，为白色或类白色粉末，无臭，有引湿性，极易溶于水，水溶液呈右旋光性，应密封保存于干燥处。每毫克效价不得少于620个新霉素单位。

2. 体内过程 内服很少吸收，在肠道内呈现抗菌活性。肌注易吸收，并迅速分布全身。气管内或膀胱内注入可有少量吸收。主要由肾脏排出。此药与一定浓度的普鲁卡因溶液混合肌注，可延缓吸收并增加其在血液中的持续时间。

3. 抗菌谱与临床应用 新霉素为广谱抗生素，抗菌谱与卡那霉素相仿，其中包括多数革兰氏阳性菌和阴性菌、结核杆菌等。阳性菌中较不敏感的为链球菌和梭状芽胞杆菌。本品对真菌、病毒、立克次体等均无抑制作用。对放线菌、钩端螺旋体、阿米巴原虫则有一定作用。细菌对此药可产生耐药性，但一般相当迟缓，且与卡那霉素、庆大霉素之间有交叉耐药性。

临床上可内服治疗各种幼畜的大肠杆菌性肠炎（幼畜白痢）；子宫或乳腺内注入治疗子宫内膜炎和乳腺炎；或外用0.5%水溶液或软膏，治疗皮肤、创伤、眼、耳等感染。此外，也可以气雾吸入用于防治呼吸道感染。

4. 不良反应 本品肌肉注射后对肾脏和听神经均有较大的毒性，对神经肌肉接点也有阻滞作用。如每天持续内服，也可能部分被吸收，对肾脏产生一定程度的损害作用。由于此药毒性较大，故一般不主张注射给药。

5. 制剂及用法片剂 每片0.1g或0.25g，有效期3年。内服：仔猪0.75～1g，分2～4次内服。粉针：每支1g。肌肉注射日量：各种家畜4～8mg/kg，分2次注射。软膏：每g含新霉素不少于5mg。眼药水：每mL含新霉素5mg。外用滴眼。

（四）卡那霉素

1. 来源与性状 霉菌产生，也是一个氨基糖甙类抗菌素。能溶于水，不溶于酒精，性质稳定。常用其硫酸盐，为白色或类白色粉末，无臭，有引湿性，易溶于水。卡那霉素有A、B、C3种成分，国产药品主要成分为A，B含量在5%以下，C含量极微。兽用卡那霉素系从提取过卡那霉素A的母液中再经提取而得，主要含卡那霉素B（约含40%左右）。单硫酸卡那霉素每毫克效价不得少于760卡那霉素单位。硫酸卡那霉素系由单硫酸卡那霉素加一定量的硫酸制得，卡那霉素和硫酸成盐的分子比约为1∶1.7，每毫克效价不得少于760卡那霉素单位。

2. 体内过程 内服吸收不良，肌肉注射易吸收。增加剂量可提高血浓，并能延长有效血浓的维持时间。体内分布较广，但正常脑脊液、胆汁和粪便中浓度低，当脑膜有炎症时，脑脊液中药物浓度可提高一倍左右。主要通过肾脏排泄，注射量的40%～80%从尿排出。

3. 抗菌谱与临床应用 为广谱抗生素。与新霉素很相似，对大多数革兰氏阴性菌如大肠杆菌、沙门氏菌、巴氏杆菌等都有强大的抗菌作用。此外，对耐青霉素金黄色葡萄球菌和结核杆菌也有效。细菌对此药能产生耐药性，但速度较链霉素慢。

卡那霉素主要用于治疗多数革兰氏阴性杆菌和部分耐青霉素金葡球菌所引起的感染，如呼吸道、肠道、泌尿道感染和败血症、乳腺炎等。对猪喘气病和猪萎缩性鼻炎也有一定的疗效。

4. 不良反应 此药对肾脏和听神经有毒性作用，也有阻滞神经肌肉接点的作用，但家畜中按常规用药，一般很少发生上述不良反应。

5. 配伍禁忌 氯唑西林、氨苄西林、头孢唑林、羧苄西林、头孢噻吩、四环素、红霉素、林可霉素、多黏菌素B、多黏菌素E、磺胺嘧啶钠、两性霉素B、苯妥英钠、苯巴比妥钠、异戊巴比妥钠、硫喷妥钠、氨茶碱、麻黄碱、双氢麦角胺、垂体后叶素、枸橼酸钠、氨基乙酸、肝素、异丙嗪、氢化可的松、辅酶A、能量合剂、葡萄糖酸钙、碳酸氢钠、维生素C、肌醇、氯化钙。

6. 制剂及用法片剂 每片0.25g。内服日量：猪6～12mg/kg，分作2次内服。注射液：每支2mL∶0.5g。有效期3年。肌肉注射：猪10～15mg/kg。每日2次。粉针：每瓶0.5g、1g或2g。有效期4年。肌肉注射量同上。

兽用卡那霉素注射液（猪喘平注射液）：每支10mL：1g。肌肉注射：猪10～20mg/kg，每日2次。连用5d为1疗程。

（五）庆大霉素（正泰霉素）

1. 来源与性状　常用其硫酸盐，为白色或黄白色粉末，无臭，有引湿性，易溶于水，水溶液对温度及酸碱度的变化都较稳定。应密封保存于干燥处。每毫克效价不得少于590庆大霉素单位。

2. 体内过程　内服后很少被吸收，故肠道中药物浓度高。肌注后吸收快而完全。增大剂量可提高血药浓度，并适当延长其持续时间。吸收后在体内分布广泛，但正常脑脊液中含量很低。治疗量的绝大部分通过肾小球滤过，仅小量由胆汁排泄。

3. 抗菌谱与临床应用　为广谱抗生素，对大多数革兰氏阴性菌如大肠杆菌、绿脓杆菌、沙门氏菌、布氏杆菌等都有抗菌作用。在阳性菌中葡萄球菌对此药高度敏感，其他如溶血性链球菌、肺炎球菌等，此药亦具轻度至中度抗菌作用。此外，结核杆菌、支原体对本品也敏感，但真菌、原虫等则多耐药。庆大霉素在偏碱性环境中作用最强，故治疗泌尿道感染时以碱化尿液为宜。细菌对庆大霉素易产生耐药性，但在治疗中如果剂量充足，或与其他抗生素合用，并避免局部用药，则可减少或防止耐药性的发生。一旦发生后立即停药，细菌可恢复敏感性。

庆大霉素主要用于耐药性金葡球菌、绿脓杆菌、变形杆菌、大肠杆菌等所引起的各种严重感染，如呼吸道、肠道、泌尿道等部位感染和败血症等。

4. 不良反应　毒性较卡那霉素大而较新霉素小。主要是对肾脏和听神经有毒性。但由于本品用量小（约为卡那霉素的1/10），毒性反应较轻微。

5. 配伍禁忌　青霉素、氯唑西林、苯唑西林、氨苄西林、所编西林钠、头孢噻肟、磺胺嘧啶钠、两性霉素B、戊巴比妥钠、异戊巴比妥钠、苯妥英钠、呋塞米、肝素、氢化可的松、地塞米松、叶酸、碳酸氢钠、能量合剂。

6. 制剂及用法　硫酸庆大霉素片剂：每片20毫克。内服日量：仔猪10～15mg/kg，分3～4次内服。注射液：每支5mL：20mg；10mL：40mg；20mL：80mg。肌肉注射：猪1～1.5mg/kg。每日2次。

（六）庆大－小诺霉素

1. 性状　由生产小诺霉素的副产物研制而成，含小诺霉素及庆大霉素等成分。易溶于水，几乎不溶于甲醇等有机溶剂，稳定性良好。

2. 作用与用途　对多种革兰氏阳性菌和革兰氏阴性菌（大肠杆菌、沙门氏菌、绿脓杆菌等）均有抗菌作用，尤其对革兰氏阴性菌作用较强，抗菌活性略高于庆大霉素，而毒、副反应较同剂量的庆大霉素低。主要用于敏感菌所致的畜禽疾病。

3. 制剂及用法　注射液：2mL：80mg（8万IU）；50mL：200mg（20万IU）；10mL：400mg（40万IU）。肌肉注射量：家畜1～2mg/kg。每日2次。

（七）阿米卡星

1. 性状　白色或类白色粉末，几乎无臭，无味。在水中极易溶解，在甲醇、丙酮、氯仿或乙醚中几乎不溶。

2. 用途　用于大肠杆菌、变形杆菌引起的泌尿生殖道感染及绿脓杆菌、大肠杆菌引起的皮肤和软组织感染。尤其适用于革兰氏阴性杆菌中对卡那霉素、庆大霉素或其他氨基糖苷类耐药的菌株所引起的感染。

3. 配伍禁忌　青霉素、氨苄西林、羧苄西林、头孢唑林、磺胺嘧啶钠、两性霉素B、环丙沙星、苯妥英钠、戊巴比妥钠、硫喷妥钠、氨茶碱、氯噻嗪钠、叶酸、肝素、枸橼酸钠、地塞米松、氯化钙。

4. 用法与用量　硫酸阿米卡星注射液，皮下、肌内注射：猪一次量5～10mg/kg。

（八）阿布拉霉素

1. 性状　本品为白色粉末，溶于水。

2. 作用与用途　本品对防治大肠杆菌感染有效。自病猪粪便中分离出的所有大肠杆菌菌株，均对此药敏感。临床效果同氯霉素。

3. 制剂及用法　肌肉注射用量：哺乳仔猪20mg/kg。内服、混饮浓度：已断乳仔猪每升饮水加入0.2g（200mg/kg），连用5d。

（九）妥布霉素

1. 性状　本品为无色结晶，有吸湿性，易溶于水。

2. 作用与用途　本品抗菌谱广，主要对革兰氏阴性菌有效。特别是对绿脓杆菌有高效，其作用不仅比庆大霉素强2～8倍，也比多黏菌素强。对庆大霉素耐药的绿脓杆菌对本品敏感；对其他氨基糖苷类抗生素耐药的细菌对此药也敏感。对金葡球菌的活性与庆大霉素相同，但是感染，也用于治疗革兰氏阳性菌与阴性菌引起的混合感染。不宜用于单纯的金葡球菌感染，因为其他抗生素比本品疗效佳。与羧苄青霉素合用于绿脓杆菌感染，有协同作用。

3. 配伍禁忌　苯唑西林、氯唑西林、羧苄西林、替卡西林、头孢噻吩、头孢唑林、头孢拉定、克林霉素、两性霉素B、地西泮、戊巴比妥钠、硫喷妥钠、缩宫素、叶酸、肝素、氢化可的松、地塞米松、能量合剂、氯化钙。

4. 制剂及用法　注射液2mL：80mg。肌注射量：各种家畜1～1.5mg/kg，均为每日2次。

（十）奇放线菌素（壮观霉素）

1. 性状　盐酸或硫酸奇放线菌素为白色结晶，溶于水。

2. 作用与用途　本品对革兰氏阴性菌、阳性菌都有效，对霉形体也有效。临床上用于治疗猪、犊的大肠杆菌感染和猪的多杀性巴氏杆菌、沙门氏菌引起的感染。

本品内服不吸收，肌肉或皮下注射吸收良好，全部从尿排泄。尚未发现对肾脏及听神经有损害。

3. 制剂及用法　内服量：仔猪11～44mg/kg，每日2次。

（十一）安普霉素

1. 性状　硫酸安普霉素为微黄色或黄褐色粉末，有引湿性。在水中易溶，在甲醇、丙酮、氯仿或乙醚中几乎不溶。1%的水溶液的pH值应为5.0～8.0。

2. 作用与用途　对多数革兰氏阴性菌及葡萄球菌和支原体均有杀灭作用。盐酸吡哆醛能加强本品抗菌活性。主要用于猪大肠杆菌病和其他敏感菌所致的疾病。

3. 注意　参见其他氨基糖苷类抗生素。

4. 用法与用量　硫酸安普霉素注射液，肌内注射：哺乳仔猪20mg，每日2次，连用3d。

四、四环素类

四环素类抗生素是一类菲烷结构的广谱抗生素，其中较早使用的是金霉素（1948年）、土霉素（1950年）和四环素（1950年）3种。由于临床上广泛使用，细菌对其产生耐药性，于是经过结构改造又出现了脱氧土霉素（强力霉素）等半合成制品，并开始用于兽医临床。

（一）土霉素、金霉素和四环素

1. 来源与性状　土霉素（又名氧四环素）、金霉素（又名氯四环素）和四环素，分别由龟裂链霉菌、金链霉菌和生绿链霉菌产生。四环素也可由金霉素脱氯而制成。本类抗生素是酸碱两性的晶形物质，能和酸或碱结合而成可溶性盐类，易溶于稀酸、稀碱等；略溶于水和低级醇类，但不溶于醚及石油醚。碱性水溶液的活性易被破坏，酸性水溶液则稳定，故一般制成盐酸盐。本类抗生素及其盐类在干燥状态下极为稳定。除金霉素的水溶液外，其他各种抗生素的水溶液也相当稳定。但一般均以新鲜配制为宜。

2. 体内过程　内服四环素类抗生素后易被吸收，但不完全，一般在2～4h血药浓度可达峰值。如与含钙、镁、铁、铋、铝等离子的药物、饲料或乳制品同服时，因起络合作用而可抑制本类抗生素的吸收。兽医临床上多采用注射法给药。吸收后分布于全身组织，易渗入胸水、腹水、胎畜循环和乳汁中，但不易透过血脑屏障。对组织的透过率以四环素最高，金霉素最低。主要经肾排泄，一部分由胆汁排泄，其中部分在肠道内被再吸收入血，形成肝肠循环。由于排泄缓慢，血中浓度维持时间较长。

3. 抗菌谱　为广谱抗生素，除对大多数革兰氏阳性和阴性细菌有抑菌作用外，对衣原体、支原体，各种立克次体、螺旋体、放线菌和某些原虫（如牛边缘无定形体）都有抑制作用。对革兰氏阴性菌，四环素类的作用与氯霉素相似。对革兰氏阳性菌的作用接近青霉素，而较链霉素、氯霉素为强。土霉素、金霉素和四环素的作用基本相同。细菌对它们可产生交叉耐药性，即细菌如果对土霉素产生了耐药性，对金霉素、四环素也有耐药性。但三者相比较，金霉素对葡萄球菌等阳性球菌的作用较强，对肠道感染多应用土霉素，四环素对变形杆菌等阴性杆菌作用较强。四环素类对病毒、真菌无效。

四环素类主要是抑制细菌的生长繁殖，但较高浓度时也有杀菌作用。细菌耐药性的产生是由于菌体细胞对本类抗生素的渗透性下降，使抗生素不能到达菌体作用部位所致。

4. 临床应用　四环素类抗生素适用于治疗幼畜副伤寒、猪气喘病、猪肺疫、仔猪白痢、炭疽、青霉素治疗无效的急性呼吸道感染和牛布氏杆菌病等。此外，对无定形体病、泰勒焦虫病、放线菌病、气肿疽、钩端螺旋体病等也有一定的疗效。

5. 不良反应

⑴局部刺激作用对注射部位刺激作用与本类抗生素盐酸盐的强酸性有关，其中以盐酸金霉素刺激性最强，肌注可引起剧痛、发炎及坏死，静注时可产生静脉炎和血栓形成。土霉素的刺激性次于金霉素，四环素最轻。

⑵胃肠道毒性反应此反应除由于药物直接对消化道黏膜的化学性刺激外，还与肠道菌群失调、二重感染、维生素缺乏等有关。

⑶对肝脏的损害本类抗生素均可使肝脏脂肪含量增高，其中尤以金霉素为著。

6. 配伍禁忌

⑴土霉素　青霉素、氯霉素、头孢菌素、丁胺卡那霉素、两性霉素、磺胺类药物、红霉素、北里霉素、新生霉素、含钙制剂、喹乙醇、喹诺酮类药物、异丙嗪、糖皮质激素、乳酸钠、碳酸氢钠、巴比妥类药物、琥珀胆碱、右旋糖酐铁、B族维生素以及铝制剂等。

⑵四环素　青霉素、氯唑西林、苯唑西林、氨苄西林、羧苄西林、头孢噻吩、卡那霉素、丁胺卡那霉素、红霉素、多黏菌素E、多黏菌素B、两性霉素、磺胺嘧啶钠、对氨基水杨酸钠、两性霉素B、安钠咖、细胞色素C、苯妥英钠、苯巴比妥钠、戊巴比妥钠、异戊巴比妥钠、枸橼酸钠、地塞米松、氢化可的松、维生素C、辅酶A、能量合剂、右旋糖酐、氯化钙、葡萄糖酸钙、碳酸氢钠。

7. 制剂及用法　盐酸土霉素片剂：每片0.05g、0.1g、0.125g或0.25g。有效期3年。内服日量：中、小家畜30～50mg/kg，分2或3次内服。混饮浓度：猪110～280mg/L。混饲浓度：猪200～600mg/L。粉针：每支0.125g、0.25g或0.5g。有效期3年。肌肉、静脉注射日量：猪7～15mg/kg，分1或2次注射。静脉注射时，可用注射用水、生理盐水或5%葡萄糖注射液等为溶媒，制成0.5%以下的注射液。肌肉注射时，可用注射用盐酸土霉素溶媒（由5%氯化镁、2%盐酸普鲁卡因组成），制成5%注射液。注射液：为含土霉素25%的灭菌油制混悬液，专用以防治猪喘气病。于肩背部两侧肌肉注射，0.15mL/kg：每隔3d注射1次。在仔猪3日龄、6日龄、12日龄时，各肌肉注射土霉素40mg/kg，可在8周内，使萎缩性鼻炎感染率由30%降至零。给患纤毛虫的猪肌肉注射土霉素15mg/kg，每日2次，连用4d，可完全消灭猪体内的纤毛虫。

米先10、特效米先注射液。两者均为复方长效盐酸土霉素注射液，含盐酸土霉素分别为10%、20%。都为琥珀色透明澄清液体，具有“硫磺”臭味，作用也相似。对猪丹毒、乳腺炎、肺炎等疾病有效。肌肉注射：猪20mg/kg，1次即可，较严重疾病，在第一次注射后3～5d再注射一次。

盐酸金霉素片剂（或胶囊）：每片（或粒）0.125g或0.25g。有效期3年。内服剂量同土霉素。也可将金霉素塞入子宫内，用量：猪0.5g。粉针：每支0.1g或0.2g。有效期4年。临用时加入5%葡萄糖注射液，溶解后应用。静脉注射日量：猪5～10mg/kg。软膏：含金霉素1%，每支10g。外用。眼膏：含金霉素0.5%，每支4g。外用。

盐酸四环素片剂（或胶囊）：每片0.125g或0.25g。内服剂量同土霉素。粉针：每支0.125g、0.25g或0.5g，肌肉、静脉注射量同盐酸土霉素。

（二）脱氧土霉素（多西环素、强力霉素）

1. 性状　盐酸多西环素为黄色结晶性粉末。有吸湿性，易溶于水。应遮光、密封保存于凉暗干燥处。

2. 作用与临床应用　本品是一种长效、高效、广谱的半合成四环素类抗生素，抗菌谱与四环素相似，但抗菌作用较之强10倍，对耐四环素的细菌有效。因脂溶性较高，故用药后吸收更好，并可增进体内分布，能较多地扩散进入细菌细胞内。因肾小管重吸收率较高，故排泄较慢。与四环素等一样，含铝、镁、钙、铁、铋等离子的物质及抗酸剂等，也可影响此药的吸收。临床上可用于治疗禽类慢性呼吸道疾病、大肠杆菌病、沙门氏菌病、巴氏杆菌病和鹦鹉热等。一般认为本品毒性较小。

3. 配伍禁忌 青霉素、苯唑西林、氯唑西林、氨苄西林、头孢唑林、红霉素、竹桃霉素、利福霉素、两性霉素B、酒石酸锑钾、苯妥英钠、戊巴比妥钠、苯巴比妥钠、叶酸、呋塞米、依地尼酸、肝素、地塞米松、氢化可的松、泼尼松龙、碳酸氢钠。

4. 制剂及用法 片剂：每片0.05g或0.1g。有效期2年。内服量：猪2～5mg/kg。每日1次。粉针：每瓶0.1g或0.2g。有效期3年。静脉应该射用量：猪1～3mg/kg。每日1次。注射时以5%葡萄糖注射液制成0.1%以下浓度，缓缓注入，不可漏入皮下。

五、氯霉素类

氯霉素是第一个用化学合成法制得的抗生素，它虽然是一种广谱、高效的抗生素，但由于不良反应较多，影响了它的应用和发展。

（一）氯霉素（氯胺苯醇）

1. 来源与性状 氯霉素是从委内瑞拉链霉菌的培养液中提取而得。后来已用化学方法合成，经过多方面检验和治疗效果的比较，化学合成品与生产发酵产品的性能完全一致。

氯霉素为白色或微带黄绿色长片状结晶或结晶性粉末，味极苦，性极稳定，在干燥状态下可保持抗菌活性达2年以上。略溶于水，易溶于甲醇、乙醇、丁醇、丙二醇等有机溶媒中。pH10以上可使其失去活性。饱和水溶溶（0.25%）冷藏可保存数月，煮沸5h也不失效。应密闭保存。

2. 体内过程 内服后易吸收，血药浓度可于2h左右达峰值。如给猪一次内服50mg/kg，有效血药浓度可保持近10h。

肌肉注射后，氯霉素易贮留于局部，其吸收比内服差。但氯霉素琥珀酸酯钠盐的水溶性强，注射后吸收迅速。静脉注射氯霉素，能立即到达最高血药浓度，但因畜种不同而有较大的代谢动力学差异，但与肌肉注射相比较，可在短时间内到达并维持其有效血药浓度。

吸收后氯霉素在体内分布广泛，在脑脊液中达到的浓度高于任何抗生素，并可渗入眼部各组织。在体内此药大部分与葡萄糖醛酸结合而失效，约有10%不被破坏，经肾小球滤过随尿排出，对泌尿道感染有效。少量由胆汁排泄，在肠道内部分可被重吸收。新生仔畜内服或肌注氯霉素，血药浓度常较一般幼畜高，维持时间亦较长。因此对新生仔畜，氯霉素用量应适当减少。成年家畜肝、肾功能不全时亦应注意酌减用量，以免蓄积中毒。

3. 抗菌谱 氯霉素属广谱抗生素，对多数革兰氏阳性和阴性细菌都有抑制作用。一般说来，氯霉素对阴性菌的作用较对阳性菌的作用强。阴性菌中如大肠杆菌、伤寒杆菌、副伤寒杆菌、产气杆菌、沙门氏菌、布氏杆菌、巴氏杆菌等；阳性菌中如炭疽杆菌、棒状杆菌、肺炎球菌、链球菌、葡萄球菌等都对氯霉素敏感。变形杆菌对氯霉素的敏感性有很大的差异，绿脓杆菌则大多数耐药。氯霉素对部分衣原体、立克次体和某些原虫也有一定的抑制作用，但对真菌、病毒无效。

细菌对氯霉素可产生耐药性，但发生缓慢，其中以大肠杆菌较为多见。

4. 临床应用 一般认为氯霉素对畜、禽的沙门氏菌病最为有效。临床上常用于防治肠道感染（幼畜白痢等）幼畜副伤寒、幼畜肺炎、幼畜肺炎双球菌性败血症及防治巴氏杆菌病。本品也适用于治疗中枢神经系统感染和眼内感染的药物。

5.不良反应

⑴骨髓造血机能紊乱：家畜常见的是骨髓抑制。这种抑制是可逆的，并取决于剂量大小，与应用药物同时出现。其次为骨髓发育不全或不发育，引起不可逆的再生障碍性贫血，死亡率高。

⑵氯霉素对肝细胞内微粒体的药物代谢酶有抑制作用，可显著延长巴比妥类药物催眠或麻醉时间，因此临床应用时应予注意。

6. 配伍禁忌 氨苄西林、羧苄西林、氯唑西林、头孢唑林、卡那霉素、庆大霉素、妥布霉素、四环素、红霉素、吉他霉素、磷霉素、多黏菌素B、多黏菌素E、磺胺嘧啶钠、尼可刹米、苯妥英钠、苯巴比妥钠、氯丙嗪、氨茶碱、麦角新碱、双氢麦角胺、肝素、氨基己酸、地塞米松、氢化可的松、复合维生素B和C、能量合剂、碳酸氢钠、人工盐。

7. 制剂及用法 片剂：每片0.05g、0.1g、0.25g或0.5g。内服：猪10～20mg/kg，每日2次。注射液：1mL：0.125g；2mL：0.25g。皮下、肌肉、静脉注射：猪10～30mg/kg。每日2次。肌注时，局部呈现凝固性坏死，影响食肉卫生，改为皮下注射时可缓解之。栓剂（氯霉素栓）：每粒0.5g（栓重3g）。产后投入子宫内可防治子宫感染。用量：猪0.5g。滴眼液：每支8mL：20mg，滴眼，每日3～5次。

琥珀酸钠氯霉素，粉针：每支0.69g或1.38g，分别等于氯霉素0.5g或1g。剂量按氯霉素计算。肌肉、静脉注射用量：猪10～20mg/kg。每日2次。

（二）甲砜霉素（甲砜氯霉素）

1. 性状 本品为白色结晶性粉末，无臭。易溶于二甲基甲酰胺，略溶于无水乙醇，微溶于水。

2. 作用与用途 抗菌谱、作用机制及作用强度与氯霉素类似，但对多数肠杆菌科细菌、金葡菌、肠球菌及肺炎球菌等作用较氯霉素差。本品与氯霉素有完全交叉耐药性，与四环素类有部分交叉耐药反应。

主要用于敏感病原体引起的呼吸道感染、尿路感染、肝胆系统感染等。本品一般不用于细菌性脑膜炎。

（三）氟苯尼考（氟甲砜霉素）

1. 性状 白色或类白色的结晶性粉末；无臭。在二甲基甲酰胺中极易溶解，在甲醇中溶解，在冰醋酸中略溶，在水或氯仿中极微溶解。5%水溶液的pH应为4.5～6.5。

2. 作用与用途 由于许多国家已经禁止氯霉素在动物尤其食品动物中的应用，氟苯尼考无论在抗菌活性、抗菌谱及不良反应，还是耐药性方面，均优于氯霉素，成为取代氯霉素的一种新药。安全范围大，为推荐剂量的10～20倍，能保证畜禽安全。

3. 用法与用量 氟苯尼考粉，内服：猪一次量20～30mg/kg，每日2次，连用3～5d；猪的休药期为20d。

氟苯尼考注射液，肌内注射：猪一次量20～30mg/kg，每2日1次，连用3～5d；休药期为14d。

六、大环内酯类

本类抗生素在化学结构上都是具有12～16元碳骨架的大环内酯，故名。本类抗生素的通性是：①都是无色有机碱性化合物；②主要对革兰氏阳性菌和某些革兰氏阴性菌有效，属“窄谱抗生素”；③与临床常用的抗生素之间无交叉耐药性，因此对常用抗生素的耐药菌有效。但是细菌对本类抗生素之间有不完全的交叉耐药性。④毒性较低，无严重的不良反应。

（一）红霉素

1. 来源与性状 从链霉菌的培养液中提出的大环内酯类抗生素。为白色或类白色的结晶或粉末，无臭，味苦，微有引湿性，难溶于水，与酸结合成盐后则溶于水。本品在碱性溶液中抗菌效能强，在酸性溶液中易破坏，pH低于4时几乎完全失效。红霉素每1mg的效价不得少于920个红霉素单位，乳糖酸红霉素每毫克的效价不得少于610个红霉素单位。

2. 体内过程 内服后易被胃酸破坏，吸收不完全，故常用肠溶片（红霉素片）和无味红霉素，它们内服吸收好。吸收后体内分布广，组织浓度高于血清浓度。大部分经肝脏代谢而消除，排泄途径主要是尿和粪便。少量可经乳汁、胰腺、前列腺等排泄。

3. 抗菌谱与临床应用 抗菌谱与青霉素相仿。对各种革兰氏阳性菌如金葡球菌、链球菌、肺炎球菌、炭疽杆菌、猪丹毒杆菌、梭状芽胞杆菌等有较强的抗菌作用；阴性菌中敏感的有流感杆菌、布氏杆菌、巴氏杆菌等；肠道阴性杆菌如大肠杆菌、沙门氏菌等则大部分不敏感；对肺炎支原体、立克次体、钩端螺旋体等也有效。大多数敏感菌对此药都易于产生耐药性。

临床上主要用于耐青霉素金葡球菌、溶血性链球菌的严重感染、如肺炎、败血症、子宫内膜炎等。如与氯霉素、链霉素等合用，可获得协同作用，并可避免耐药菌的产生。

4. 不良反应 本品毒性较低，但其直接刺激作用可引起组织的明显炎症，因此应作深部肌肉注射，静脉注射时应避免药液外漏。由于新生仔畜肝脏代谢率太低，对新生仔畜毒性大。内服的不良反应为胃肠功能紊乱。

5. 配伍禁忌 青霉素、苯唑西林、氨苄西林、头孢唑林、头孢噻吩、链霉素、卡那霉素、林可霉素、克林霉素、多黏菌素E、多西环素、米诺环素、两性霉素B、利巴韦林、细胞色素C、苯妥英钠、地西泮、苯巴比妥钠、戊巴比妥钠、异戊巴比妥钠、硫喷妥钠、氨茶碱、呋塞米、肝素、地塞米松、促皮质素、维生素C、维生素B_1、维生素B_6、辅酶A、能量合剂、谷氨酸钠、葡萄糖氯化钠、复方氯化钠、氯化钾、氯化钙。

6. 制剂及用法　红霉素片剂：每片0.1g、0.2g、0.125g或0.25g。内服：仔猪日量：6.6～8.8mg/kg，分3～4次内服。

注射用乳糖酸红霉素：每瓶0.25g或0.3g。有效期3年。注意此粉针严禁用生理盐水等含无机盐类溶液配制，以免沉淀。临用前用注射用水配成5%注射液，然后用5%葡萄糖注射液稀释成0.5%注射液，缓缓静脉注射或分点肌肉注射。静脉、肌肉注射：猪2～6mg/kg。每日2次。栓剂：每粒0.5g（栓重3g）。此剂型较适用于中、小家畜。

无味红霉类（红霉素硫酸月桂酸酯）片：每片0.125g（按红霉素计），供内服用，内服量同红霉素片。

高力米先：含硫代氰酸盐基的红霉素，能完全溶于水。其饲料预混剂每千克含红霉素110.4g。注射液每毫升含红霉素50mg，肌肉注射：猪1～2mg/kg。每日2次。

（二）泰乐菌素（泰乐霉素）

1. 来源与性状　本品为白色板状结晶，微溶于水，溶于酒精、丙酮等。与酸可制成盐，盐类易溶于水。酒石酸泰乐菌素为白色－微黄色粉末，其水溶液稳定，但水溶液中如有铁、铜、铝、锡等离子时，可与本品形成络合物而失效。

2. 体内过程　内服后主要在肠内吸收，泰乐菌素酒石酸盐吸收良好，磷酸盐吸收有限。给猪内服50mg/kg，1h后能达到最高血药浓度。皮下注射时，各脏器中药物浓度，一般比内服者大2～3倍。故以采用注射法为宜。排泄途径为尿和胆汁。

3. 抗菌谱与临床应用　泰乐菌素主要对革兰氏阳性菌和一些阴性菌、螺旋体和支原体有抑制作用，对支原体特别有效是本品的特点。对阳性菌的作用较红霉素稍弱，与其他大环内酯类抗菌素之间有交叉耐药现象。泰乐菌素属于畜、禽专用抗生素，预防和治疗支原体病（如猪的支原体肺炎）非常有效。对其他敏感微生物所致的各种感染如肠炎、肺炎、乳腺炎、子宫炎和螺旋体病等，也都有治疗作用。此外，还可用作仔猪的饲料添加剂，能促进增重和提高饲料报酬。

4. 不良反应　本品毒性小，但给家畜注射时有局部刺激等副作用，停药后均可恢复。

5. 制剂及用法

肌肉注射：各种家畜2～10mg/kg，每日2次。内服量：猪100～110mg/kg，每日2次，可治疗猪血痢密螺旋体病。0.025%～0.5%溶液供猪饮用，可治弧菌性痢疾。用作饲料添加剂，家畜混饲浓度范围为10～500mg/kg。

特爱农注射液：为酒石酸泰乐菌素的注射剂。黄色澄明液体。治疗猪由支原体、巴氏杆菌等感染而引起的肺炎、关节炎、痢疾等。肌肉注射：5～13mg/kg，每日2次，连用7d。屠宰前14d应停药。

（三）柱晶白霉素（北里霉素、吉他霉素）

1. 来源与性状　系由链霉菌产生的大环内酯抗生素混合物。柱晶白霉素游离碱为微黄白色结晶性粉末，味苦，难溶于水，具弱碱性，可与矿酸及有机酸形成稳定的盐。本品的酒石酸盐为白色至淡黄色结晶性粉末，微有吸湿性，易溶于水。

2. 作用与临床应用　对革兰氏阳性菌、部分阴性菌、立克次体、螺旋体、支原体和衣原体都有效，特别是对耐药性金葡球菌的效力强于氯霉素、四环素、红霉素等。细菌对本品的耐药性出现较慢。内服、注射均可吸收，体内分布广泛，以肝、胆中浓度最高，主要由胆汁排泄。与其他抗生素比较，本品毒性小。临床应用同本类抗生素。治疗时常与氯霉素、链霉素等合用。此外，也常用作饲料添加剂，以促进畜禽生长和提高饲料转化率。

3. 配伍禁忌　青霉素、氯唑西林、苯唑西林、氨苄西林、羧苄西林、头孢唑林、头孢拉定、新霉素、苯巴比妥钠、肌苷、鱼精蛋白、地塞米松、氢化可的松。

4. 制剂及用法　内服量：各种家畜1.5～12mg/kg，

每日2次。粉针：每支0.2g。肌肉或皮下注射：各种家畜5~25mg/kg，每日1次。

（四）螺旋霉素

1. 性状　螺旋霉素游离碱为白色至淡黄色粉末，微溶于水，其盐类溶于水。

2. 作用与用途　本品抗菌谱与本类其他抗生素相同。因为排泄慢，组织亲和力强，所以在体内的抗菌效力优于同类抗生素，特别是对肺炎球菌、链球菌效力更佳。另一方面由于排泄慢，对供人食用的畜禽，用药后需要较长的停药时间，才能屠宰。临床用途同本类抗生素。

3. 制剂及用法　肌内或皮下注射用量：猪10~50mg/kg，每日1次。用作促进生长的饲料添加剂，添加量：哺乳仔猪为5~100mg/kg。

（五）替米考星

1. 作用与用途　主要用于猪的支原体病。

2. 用法与用量　磷酸替米考星预混剂，混饲：每吨饲料猪200~400g（以替米考星计），连用15d；猪的休药期为14d。

七、多肽类

多肽类抗生素都具有较复杂的结构，是通过肽键将各种氨基酸结合成环状或链状的高分子多肽化合物。其特性为：①分子结构中带有游离的氨基和羧基，一般为碱性，遇碱或酶可发生降解。②这类抗生素大多具有抗革兰氏阴性菌和阴性菌、绿脓杆菌、分枝杆菌、真菌、螺旋体和某些原虫的作用。小剂量抑菌，大剂量杀菌。③毒性较大，主要是引起神经症状和对肾脏有毒性。

（一）多黏菌素类

1. 来源与性状　本类是从多黏杆菌的培养液中提出的，属于碱性多肽类抗生素。有A、B、C、D、E、K、M、P等多种。临床上应用的是多黏菌素B和多黏菌素E（也称抗敌素、黏菌素、黏杆菌素），因为它们的毒性较低。多黏菌素B硫酸盐为白色或乳白色无定形物质，易溶于水和生理盐水中。硫酸多黏菌素E为白色结晶性粉末，易溶于水。还有多黏菌素E甲烷磺酸钠，水中溶解度大，适于肌肉注射。

此类抗生素的剂量常以单位计算，纯多黏菌素B碱1mg相当于1万单位，抗敌素碱1mg接近3万单位。

2. 体内过程　内服后很少吸收，主要在肠道内发挥抗菌作用，在烧伤等创面上应用也不易吸收。肌注后可吸收，主要经肾排泄。

3. 抗菌谱与临床应用　多黏菌素类的抗菌谱基本相同，几乎对全部革兰氏阴性杆菌都有强大的抗菌作用，对绿脓杆菌尤为有效，但变形杆菌例外，不敏感。其他如阴性球菌、阳性菌、真菌、立克次体及病毒等都不敏感。细菌对本类药物一般不易产生耐药性，如一旦发生，则本类药物之间有完全的交叉耐药性。此类抗生素主要用于革兰氏阴性杆菌，特别是绿脓杆菌、大肠杆菌等引起的各种感染，内服可治疗仔猪等的肠炎、下痢。

4. 不良反应　吸收后的毒性主要表现在肾脏和神经系统两方面。对肾脏的毒性是损伤肾小管，引起蛋白尿、血尿、管型尿等；对神经系统毒性表现为皮肤感觉异常、步态不稳、共济失调等。这两方面的症状在停药后均可消失。用药时，对肾功能不全的患畜应减少用量；不宜与肌松剂和氨基甙类抗生素合用，否则可导致肌肉无力和呼吸暂停。

5. 配伍禁忌

⑴多黏菌素B：青霉素、氯唑西林、苯唑西林、氨苄西林、羧苄西林、头孢唑林、头孢噻吩、卡那霉素、四环素、两性霉素B、细胞色素C、苯妥英钠、异戊巴比妥钠、呋塞米、肝素、鱼精蛋白、地塞米松、氢化可的松、促皮质素、氢化泼尼松、能量合剂、硫酸镁。

⑵多黏菌素E：青霉素、氨苄西林、头孢菌素、四环素、卡那霉素、红霉素、磺胺嘧啶钠、氨茶碱、乙酰半胱氨酸、碳酸氢钠、巴比妥盐、维生素B_{12}、能量合剂、皮质激素、细胞色素C。

6. 制剂及用法　多黏菌素B片剂：每片12.5mg或25mg。内服日量：仔猪2mg/kg，分3次内服。如与新霉素、杆菌肽等合用，剂量减半。粉针：每瓶50mg。肌肉注射日量：猪1~2mg/kg，分作2次注射。

多黏菌素E片剂：每片12.5mg或25mg。有效期3年。内服：仔猪1.5~5mg/kg。每日1或2次。预防仔猪菌痢，可按5~40mg/kg混饲给药。粉针：每瓶

（支）50mg。有效期3年。注射液：2mL：25mg。肌肉注射量同多黏菌素B。

多黏菌素E甲烷磺酸钠：肌肉注射：猪0.25～0.5mg/kg。每日1次，连用3～5d。临床上本品多与青霉素合用。

（二）杆菌肽

1. 来源与性状 为含噻唑环的多肽化合物。共有3种成分，杆菌肽A是主要成分，为白色或淡黄色粉末，有特异臭，吸湿性强，易溶于水，水溶液呈中性，需低温保存。杆菌肽锌盐在室温及高温中不仅比杆菌肽稳定，并能减少其苦味，锌离子还可增加抗菌活性。

2. 作用与临床应用 主要对各种革兰氏阳性菌有杀菌作用，对耐药性金葡球菌、肠球菌、非溶血性链球菌也有较强的抗菌作用，对少数革兰氏阴性菌、螺旋体、放线菌也有效。临床上很少出现耐药菌。此药的抗菌作用不受脓、血、坏死组织或组织渗出液等影响。主要用作饲料添加剂，对促进畜禽的生长发育效果良好。内服几乎不被吸收，因此一般认为畜产品内没有药物残留问题。临床上常与链霉素、新霉素、多黏菌素B等合用，治疗各种家畜及幼畜的菌痢等肠道疾病。

3. 配伍禁忌 土霉素、北里霉素、弗吉尼亚霉素、恩拉霉素、喹乙醇等。

4. 制剂及用法 杆菌肽片剂：每片2.5万IU。有效期2年。用作饲料添加剂，促进仔猪等生长发育。每吨饲料中添加量：仔猪16.8万～84万IU（约3～16g）。内服量（与链霉素等合用）：仔猪800IU，每日2或3次。

杆菌肽锌：每毫克含50IU。常用作饲料添加剂，用量同上。

万能肥素饲料预混剂（杆菌肽锌–黏菌素复合剂）：黄褐色粉末，具特异臭。含5%杆菌肽锌和1%黏菌素。饲料中添加量：仔猪为2～20mg/kg，育肥猪为2～40mg/kg。屠宰前7d应停药。禁与土霉素、金霉素、北里霉素、恩拉霉素、喹乙醇等配合使用。

（三）恩拉霉素

1. 来源与性状 为白色或微黄白色结晶性粉末，可溶于水，水溶液在室温下可保持长期稳定。

2. 作用与临床应用 对革兰氏阳性菌，如金葡球菌、溶血性链球菌、炭疽杆菌、破伤风杆菌等有高效，主要为杀菌作用。对各耐药菌也有效，与其他抗生素之间无交叉耐药性。内服后吸收不良，主要用于畜禽的饲料添加剂。专供内服以杀灭肠道内有害细菌，减少发病率，促进畜禽的生长发育。

3. 制剂及用法 预混剂：为恩拉霉素与米糠、玉米粉等辅料制成的粉末状或颗粒状预混剂，灰色至灰褐色粉末，具特异臭。混饲给药，饲料中添加量：猪10～20mg/kg（效价）。禁与土霉素、北里霉素、杆菌肽锌、威里霉素等配合使用。

（四）威里霉素（维吉尼霉素）

1. 来源与性状 为淡黄色结晶，微溶于水，水溶液稳定。

2. 作用与临床应用 主要对革兰氏阳性菌有抗菌作用，对金葡球菌、支原体、肠球菌及其他耐药菌株均有效，低浓度时抑菌，高浓度时则具杀菌作用。此药内服不易吸收，主要用作饲料添加剂，对猪有促进生长和抗痢疾作用。实验表明，本品可缩短肥育期，对感染痢疾的猪群有良好的防治作用。

3. 制剂及用法 对未感染猪痢疾的猪群，本品促生长作用的合理饲喂用量如下（混饲，连续饲喂）：体重8～15kg的猪，40mg/kg；体重15～40kg的猪，20mg/kg；体重40～60kg的猪，10mg/kg；体重60～105kg的猪，5mg/kg。对已感染猪痢疾的猪群，此药防治的最佳剂量如下（混饲，连续饲喂）：90日龄以下的猪，内服量80mg/kg；90～130日龄的猪，内服量40mg/kg；130～200日龄的猪，内服量20mg/kg。

威里霉素预混剂（速大肥素）为威里霉素与甲基纤维素、硅酸钙等制成。浅褐色细粉末，有特异气味。含威里霉素50%。饲料中添加量：猪为10～20mg/kg。

八、洁霉素类

洁霉素（林可霉素）是由链丝菌产生的，氯洁霉素（氯林可霉素、克林霉素）是半合成的洁霉素衍生物。本类抗生素对革兰氏阳性菌有较好的抗菌作用，对革兰氏阴性菌作用较差。

（一）洁霉素（林可霉素）

1. 性状　常用其盐酸盐，为白色结晶性粉末，易溶于水，溶于乙醇。遇酸、光和空气稳定。

2. 体内过程　内服吸收差，血药浓度低。肌肉注射后吸收良好，体内分布广，特别是集中于骨组织中和乳汁内。一般不进入脑脊液，当脑脊膜有炎症时，脑脊液内浓度可达血中浓度的40%。主要从胆汁和粪便排出，少量由尿排泄。

3. 抗菌谱　与临床应用主要对革兰氏阳性菌有效，特别对厌氧菌、金黄色葡萄球菌、肺炎球菌及多数链球菌有高效。对支原体也有效，但不及红霉素。对革兰氏阴性菌作用小于其他抗生素。

临床上应用于革兰氏阳性菌引起的各种感染，特别适用于耐青霉素、红霉素菌株的感染或对青霉素过敏的患畜。本品对猪痢疾有显著疗效，也常用于支原体或副溶血性嗜血杆菌引起的猪肺炎、关节炎等。猪于孕期100d至分娩后3周，按55mg/kg混饲给药，在产仔数、窝重、断乳窝重、仔猪大小和仔猪体重等方面，都可获最佳效果，并可减少腹泻的出现。

4. 不良反应　肌肉注射时可致局部疼痛。对有肾功能障碍患畜应减少用量。

5. 配伍禁忌　青霉素、氯唑西林、氨苄西林、羧苄西林、头孢噻吩、头孢噻肟、链霉素、卡那霉素、红霉素、磷霉素、多黏菌素、磺胺嘧啶钠、硫喷妥钠、苯妥英钠、氢化可的松、复合维生素B。

6. 制剂及用法　盐酸洁霉素片或胶囊：每片（粒）0.25g。内服日量：各种家畜30mg/kg。注射液：每支2mL：0.6g。肌肉注射：猪11mg/kg，每日1次，连用5～6d。

洁霉素磷酸酯：为无苦味的洁霉素制剂。混饲浓度：猪45～110mg/kg。

利高霉素100可溶粉：每千克中应含洁霉素222g、奇放线菌素444g（1：2的合剂）。白色至近白色结晶性粉末，易溶于水。适用于对这两种药敏感的败血性霉支原体和大肠杆菌引起的慢性呼吸道感染。制成每升饮水中含本品0.5g（500mg/kg）的药液供内服用。内服量：猪10mg/kg，于病症出现时开始治疗，连用3d为一个疗程。药液应现配现用，屠宰前5d应停药。

利高霉素预混剂：淡褐色至褐色粉末，每千克中含洁霉素与奇放线菌素各10g（1：1合剂）。本品仅供治疗性饲喂，不宜混饲长期使用。用量：育肥猪，按44mg/kg混饲，连续饲喂1个月，屠宰前5d应停药。母猪于分娩前10d至分娩后10～14d连续饲喂，浓度为120mg/kg，可减少母猪乳腺炎-子宫内膜炎-无乳综合征的发生率和仔猪死亡率。

（二）氯洁霉素（氯林可霉素、克林霉素）

1. 性状　其盐酸盐（或磷酸盐）为白色结晶性粉末，味苦，易溶于水。

2. 作用与临床应用　抗菌谱与洁霉素很相似，而抗菌作用较强，对青霉素、洁霉素、四环素或红霉素有耐药性的细菌，本品也有效。对革兰氏阴性菌的作用也比洁霉素强。细菌对此药的耐药性发展缓慢。适应症等与洁霉素相同。本品可完全代替洁霉素。

3. 配伍禁忌　青霉素、氨苄西林、氯唑西林、头孢噻吩、链霉素、妥布霉素、红霉素、米诺环素、两性霉素B、环丙沙星、磺胺嘧啶钠、苯妥英钠、苯巴比妥钠、异戊巴比妥钠、硫喷妥钠、氨茶碱、氢化可的松、硫酸镁、葡萄糖酸钙、葡萄糖氯化钠。

4. 制剂及用法　盐酸氯洁霉素片剂（或胶囊）：每片（粒）0.075g或0.15g。内服量同洁霉素。注射液：每支2mL：150mg。肌肉注射量同洁霉素。

第六节 其他抗菌药

一、新生霉素

1. 来源与性状 为一种甙，难溶于水，溶于碱性溶液及有机溶媒中。其钠盐为白色或黄白色结晶性粉末，易溶于水。应密封在凉暗处保存。

2. 作用与临床应用 抗菌谱与青霉素G相似，主要对革兰氏阳性菌作用强，其中以对金葡球菌作用最好。对阴性球菌也有抑制作用，但对阴性杆菌效力很差。对真菌、病毒、立克次体等无效。用药后细菌极易产生耐药性，但与其他抗生素之间并无明显的交叉耐药性。内服吸收良好。局部注射本品有刺激作用。大剂量对肝、肾有一定损害。主要用于葡萄球菌、链球菌等感染，适用于其他抗生素无效的病例。不能作为首选药物，需与其他抗生素如青霉素、四环素合并应用。

3. 制剂及用法 胶囊（或片剂）：每粒（片）0.15g或0.25g。有效期2年。内服：猪10～25mg/kg，1日2次。粉针（钠盐）：每瓶0.25g、0.5g。有效期2年。临用前以注射用水溶解后供肌肉注射，或以生理盐水溶解后供静脉注射，切不可用葡萄糖注射液溶解，以免发生浑浊。肌肉、静脉注射日量：猪5～15mg/kg。分作2次注射。

二、泰莫林（泰妙菌素、支原净）

1. 性状 系半合成抗生素。泰莫林氢富马酸酯为白色结晶，溶于水。

2. 作用与临床应用 对大多数革兰氏阴性菌和某些革兰氏阳性菌、猪痢疾密螺旋体有较强的抑制作用。常用于猪痢疾、猪地方性肺炎的防治。

3. 制剂及用法 内服量：猪20～30mg/kg。混饲浓度为200mg/kg（治猪地方性炎）或40mg/kg（预防猪痢疾）。本品禁与莫能菌素、盐霉素配合混饲。

三、利福平（甲哌力复霉素）

1. 来源与性状 系人工半合成的力复霉素类衍生物。为砖红色结晶性粉末，无臭，无味，难溶于水。

2. 作用与临床应用 本品是一种高效、超广谱抗生素，其特点是抗菌作用强，对革兰氏阴性菌和衣原体、病毒都有一定作用；即可供内服又可注射；毒性低且耐受性好。临床上用于结核菌、耐药金葡球菌、肠球菌等引起的各种感染。如与链毒素、异烟肼等配合，疗效更佳。也可用于治疗家畜布氏杆菌病。

3. 配伍禁忌 庆大霉素、阿米卡星、四环素、多西环素、红霉素、多黏菌素E、甲氧苄啶、对氨基水杨酸钠、依他尼酸。

本品与下列药物在低浓度时可配伍：青霉素、氨苄西林、羧苄西林、头孢噻吩、卡那霉素、磺胺嘧啶钠、碳酸氢钠、氯化钾、异丙肾上腺素、去甲肾上腺素、右旋糖酐、地塞米松、维生素C。

4. 制剂及用法 配合异烟肼等内服。

四、异烟肼（雷米封）

1. 性状 本品为白色针状结晶或结晶性粉末，易溶于水。

2. 作用与临床应用 对结核杆菌有抑制和杀灭作用，疗效较好，而且用量小。多与链霉素、利福平等合用，以减少结核菌耐药性的产生，并由于协同作用而提高疗效，可用于治疗家畜结核病等。

3. 配伍禁忌 氨苄西林–舒巴坦、磺胺嘧啶钠、硫喷妥钠、苯巴比妥钠、异戊巴比妥钠、阿托品、氨茶碱、垂体后叶素、促皮质素、维生素C、维生素B_1、维生素B_2、对氨基水杨酸钠、溴化钙、碳酸氢钠。

4. 制剂及用法 配合链霉素等内服。

五、黄连素（小檗碱）

1. 来源与性状 其盐酸盐为黄色结晶性粉末，微溶于水，在热水中溶解。其硫酸盐为桔黄色结晶性粉末，在水中溶解。

2. 体内过程 内服可吸收，吸收后迅速进入心、肺、肝、肾等组织中，故血中浓度较低。在体内大部分经肝脏代谢后由肾排出，仅有少部分以原形由尿排出。

3. 作用　黄连素具有广谱抗菌作用，对大肠杆菌、痢疾杆菌、结核杆菌、葡萄球菌、溶血性链球菌、肺炎双球菌等多数革兰氏阴性菌及阳性菌具有抑制作用。对某些皮癣真菌、钩端螺旋体及变形虫等也有抑制作用。其抗菌作用原理比较复杂：能抑制细菌糖代谢中丙酮酸的氧化过程，影响细菌对维生素B_6、烟酰胺等的利用，抑制细菌DNA、RNA、蛋白质及类脂的合成，还可与DNA形成复合物，影响DNA的复制，干扰细菌繁殖。此外，黄连素还能增强白细胞吞噬金黄色葡萄球菌的能力，增强网状内皮系统的吞噬功能，对细菌毒素还有明显的解毒效应。

4. 临床应用　用于治疗急性胃肠炎、细菌性肠炎、仔猪白痢、副伤寒及肠结核等。外用可治疗化脓性感染创，眼结膜炎等。

5. 制剂及用法　盐酸黄连素片剂：每片0.1g或0.5g。内服：猪0.5 ~ 1g。

硫酸黄连素注射液：1%5mL、10mL；2%5mL、10mL。静脉或肌肉注射量：猪0.05 ~ 0.1g。

第七节　抗真菌药

真菌种类很多，由真菌引起的感染，按感染部位可分为以下两类：

一是体表真菌感染，这种感染最常见，主要侵犯皮肤、羽毛、趾甲、鸡冠、肉髯等处，引起各种癣病。多发生于牛、马、羊、猪、犬，兔、家禽等亦有发生，有些在人、畜之间还可相互传染。

二是深部真菌感染，真菌侵犯深部组织及内脏器官引起的感染，如念珠菌病、犊牛霉菌性胃炎、牛真菌性子宫炎、雏鸡曲霉菌性肺炎等。

目前治疗真菌感染的药物有非烯类抗生素灰黄霉素，多烯类抗生素两性霉素B、制霉菌素及咪唑类抗真菌药克霉唑、益康唑等。灰黄霉素主要治疗体表真菌感染；两性霉素B主要治疗深部真菌感染；制霉菌素、克霉唑、益康唑则具有广谱抗真菌作用，对浅部与深部真菌感染均有效。

一、灰黄霉素

1. 来源与性状　本品为白色或类白色微细粉末，无臭，味微苦，难溶于水，略溶于无水乙醇。应密封保存。

2. 体内过程　内服后主要在小肠，尤其是十二指肠段吸收，空肠、回肠及胃也有少量吸收。吸收量与此药颗粒的粗细有关，如将灰黄霉素的颗粒直径由10μm减致2.7μm，则可使血中浓度提高一倍，而剂量则可相应减少。吸收后广泛分布于全身各组织，以皮肤、肝脏、脂肪和肌肉的含量较高。在皮肤中，本品与病变组织有一定亲和力，可贮存于角质层并与毛囊、趾甲、爪的角蛋白相结合而发挥抗真菌作用，能阻止真菌的继续侵入。由于不能立即杀菌，对已感染的病灶无控制作用，必须持续用药直到受感染的角质层完全为健康组织所代替为止。已吸收的灰黄霉素主要在肝内被破坏，少量经尿和乳汁排泄，未吸收的药物则随粪排出。

3. 作用与临床应用　灰黄霉素能有效地抑制毛癣菌属、小孢子菌属和表皮癣菌属等皮肤真菌的生长。对它们引起的真菌性皮肤病如家畜钱癣（脱毛癣）有防治功效。但对白色念珠菌等深部真菌感染、放线菌属及细菌均无作用，对曲霉菌属作用也很小。灰黄霉素作用于敏感真菌后，可导致菌丝肿胀和气球样变，细胞壁丧失其完整性，胞浆膜则近乎消失，生长停止。但不能杀菌，所以需较长时间（1周以上）治疗，直至受感染的角质层完全脱落或趾甲新生，将感染菌丝体完全脱落为止。敏感菌株对本品能产生耐药性。

灰黄霉素主要用于浅部真菌病的治疗，对家畜的毛癣（金钱癣）有肯定的疗效。此药以内服为主，外用其溶液，由于不易透入皮肤，难以奏效。在用药期间必须加强饲养管理，改善卫生条件，用能杀真菌的消毒药液（有人推荐用含2%甲醛溶液、1%硫酸铜和0.25%氢氧化钠的溶液）定期消毒环境、用具等，杜绝其传播扩散。

4. 不良反应 动物实验证实，本品毒性很低。在家畜应用治疗量后未见严重的不良反应，但对有肝脏疾患和妊娠家畜均不宜应用。

5. 制剂及用法 片剂：每片0.1g。内服日量（均分2或3次服）：猪20mg/kg，连用15d，皮肤毛癣需连用3～4周。我国目前生产的灰黄霉素为微粒型，如果用非微粒型，则应增加剂量。

二、二性霉素B（两性霉素B）

1. 来源与性状 本品是多烯类抗生素，含A、B两种成分，由于B的作用较强，故只选此种应用临床，称为二性霉素B。

两性霉素B为黄色至橙黄色粉末，不溶于水及乙醇。其注射剂添加有一定量的脱氧胆酸钠（起增溶作用），可溶于水成胶体溶液，但遇无机盐溶液则析出沉淀。

2. 体内过程 口服、肌肉注射不易吸收。内服只能治疗胃肠道真菌感染。一般以静脉注射法治疗全身性真菌感染，大部分经肾缓慢排出。

3. 作用与临床应用 此药对荚膜组织胞浆菌、新隐球菌、白色念珠菌、球孢子菌和皮炎芽生菌、黑曲霉菌等真菌都有抑制作用。真菌对两性霉素B虽也可产生耐药性，但不显著。临床上主要用于上述真菌所致的全身性深部真菌感染，如荚膜组织胞浆菌病、白色念珠菌病等。

4. 不良反应 本品毒性较大，主要是对肾脏的毒性，故静脉注射时应定期（每周）检查患畜血液脲氮量、红、白细胞数等，如反应严重，则应停止用药。注射前应用抗组胺药或将二性霉素B与氟美松合用，可减轻不良反应。

5. 配伍禁忌 青霉素、氨苄西林-舒巴坦、羧苄西林、庆大霉素、链霉素、卡那霉素、阿米卡星、妥布霉素、红霉素、四环素、多西环素、克林霉素、多黏菌素B、氟康唑、氯丙嗪、异戊巴比妥钠、利多卡因、普鲁卡因、琥珀胆碱、阿托品、去甲肾上腺素、肾上腺素、异丙肾上腺素、麻黄碱、维生素B_{12}、维生素K_1、维生素K_3、鱼精蛋白、地塞米松、甲泼尼龙、氢化泼尼松、氢化可的松、维生素C、生理盐水、葡萄糖氯化钠、氯化钾、氯化钙、葡萄糖酸钙、硫酸镁、碳酸氢钠、依地酸钙钠。

6. 制剂及用法 粉针：每瓶50mg。临用前以注射用水溶解，再用5%葡萄糖注射液稀释成0.1%注射液后注入（切忌用生理盐水稀释）。静脉注射用量：0.125～0.5mg/kg，隔日1次或每周注射2次，每次总量不超过11mg/kg。

三、制霉菌素

1. 性状 为酸碱两性化合物，淡黄色粉末，具吸湿性，干燥状态下稳定。不溶于水，微溶或略溶于酒精、甲醇、正丙醇、正丁醇。本品水混悬液在-25℃下可贮存18个月，37℃时7d后效价减损50%。

2. 作用与临床应用 对白色念珠菌、新隐球菌、荚膜组织胞浆菌、球孢子菌、小孢子菌等，具有抑菌或杀菌作用。口服难吸收，静注和肌注的毒性又较大，局部用药也不被皮肤、黏膜吸收。因此，对全身性真菌感染无效。主要用于预防或治疗长期服用四环素类抗生素所引起的肠道真菌性感染。气雾吸入对肺部霉菌感染疗效佳。

3. 制剂及用法 片剂：每片10万IU、25万IU或50万IU。内服：猪50万～100万IU。每日3～4次。软膏、粉剂、水混悬剂：每克（毫升）含10万IU。外用。

四、克霉唑（抗真菌1号、三苯甲咪唑）

1. 性状 本品为白色结晶性粉末。难溶于水。

2. 作用与临床应用 此药为广谱抗真菌药，对皮肤癣菌类的作用与灰黄霉素相似，对深部（内脏）真菌的作用类似两性霉素B。真菌对本品不易产生耐药性。内服适用于治疗各种深部真菌感染。控制严重感染宜与两性霉素B合用。外用治疗各种浅表真菌病也有显著疗效。克霉唑目前在兽医临床上应用较少，但是它具有抗真菌谱广、毒性小、内服易吸收、对皮肤及深部真菌感染均有效等优点，值得推广应用。

3. 制剂及用法 片剂：每片0.25g或0.5g。内服日量：猪0.75～1.5g，分2次内服。软膏：含克霉唑3%或5%。外用。

五、益康唑（硝酸咪康唑、硝酸氯苯咪唑）

1. 性状 本品为白色结晶性粉末。几乎不溶于水。

2. 作用与临床应用　为合成的广谱、安全、速效抗真菌药。对临床上致病性真菌，几乎都有抗菌作用。对革兰氏阳性菌，特别是球菌，也有一定的抑菌作用。临床上适用于治疗皮肤或黏膜的真菌感染，如皮肤癣病、念珠菌性阴道炎等。

3. 制剂及用法　软膏：含益康唑2%，每支10g。外用。酊剂：浓度为1%，每瓶15mL或30mL。外用。栓剂：每粒含50mg或150mg。外用。

第八节　抗菌药的合理应用

抗菌药是临床上应用最为广泛的药物，但滥用现象十分严重，这不仅造成经济上的浪费，而且使不良反应与耐药菌不断增加，造成治疗失败。滥用抗菌药还会产生药物残留等兽医公共卫生学方面的危害，因此必须强调合理使用抗菌药。下面简述有关临床应用的几个原则问题。

一、药物的选择

⑴治疗：一般感染尽量不用抗生素。生产抗菌素需用粮食培养菌种发酵，制造磺胺类等不需要粮食，并且价格便宜。实践证明，应用中草药治疗多种感染具有较好的疗效，而且药源普遍，副作用少。因此，从全局考虑，为节约粮食和结合战备需要，一般抗感染尽量不用抗生素。

⑵应严格掌握各类抗菌药物的适应症，不能滥用：即选择用药时，应全面考虑病畜的全身情况、临床诊断、致病微生物的种类及其对药物的敏感性等，从而选择对病原微生物高度敏感、抗菌作用最强或临床疗效较好、不良反应较少的抗菌药物。

⑶抗菌药物的剂量、用法应适当，疗程应充足，并应注意观察治疗过程中病畜的反应，以便及时修正治疗方案。

⑷对发热原因不明的病畜，除病情严重者外，不宜轻易采用抗菌药物，以免影响正确诊断和延误正当治疗等。

⑸除主要供局部用的磺胺类和抗生素外，其他抗菌药物特别是青霉素的局部应用，应尽量避免，以减少过敏反应和耐药菌株的产生。

⑹肝、肾功能有损害时，应用抗菌药物宜特别注意。

二、不良反应及其防治

临床上应用抗菌药物时往往重视其治疗作用，而对其所引起的不良反应注意不够，加之对其预防感染效果往往估计过高，因此也就偏于滥用。应用抗菌药物后的不良反应有毒性反应、过敏反应、二重感染和影响机体免疫反应等。

（一）毒性反应

抗菌药物引起的毒性反应比较多见，主要表现在神经系统、消化系统、肝脏、肾脏、血液循环系统和局部等方面。毒性反应的产生是药物对各种组织器官的直接损害或化学性刺激所致，在某些情况下则可由于蛋白质合成或酶系受到抑制而引起。

1. 神经系统　中枢神经系统比较敏感，任何抗菌药物注入鞘内或脑室内，均可引起一定反应，严重者甚至发生抽搐、昏迷、呼吸、循环衰竭等。

磺胺类和呋喃类急性中毒时所表现的兴奋、惊厥、麻痹等神经症状，是由于包括神经受损伤等多种因素所引起的，因此，必须严格掌握药物的剂量。氨基甙类抗生素对第八对脑神经有明显的毒性作用，当长期或大剂量应用时，应警惕此毒性反应的发生。

氨基甙类、四环素类及多黏菌素等大剂量静脉注射，或腹腔内放置大量氨基甙类抗生素，能引起呼吸抑制等。因此，对呼吸机能障碍以及已给予骨骼肌松弛药、麻醉药的家畜，必须警惕此不良反应的发生。如发生呼吸衰竭征象时，可连续应用新斯的明，直至呼吸恢复正常，或配合人工呼吸，给氧和静注钙剂等。

2. 消化系统　单胃动物内服大剂量广谱抗生素等，能降低胃肠蠕动和消化腺的分泌，猪等还可引起呕吐、便秘或腹泻等。上述反应与药物对胃肠黏膜的直接化学性刺激作用和抑制了胃肠道内对机体有益菌群的生长有关，因此，在用药过程中必须注意。

3. 肝脏 大剂量的四环素类抗生素（尤其是金霉素），能引起肝细胞的变性和坏死，使黄疸指数和转氨酶升高，但一般为可逆性的，停药后可逐渐恢复。此外，新生霉素、红霉素、新霉素、灰黄霉素和磺胺类等，有时也可引起肝脏损害。因此，对肝功异常的家畜，应尽量避免使用上述药物。

氯霉素还能抑制肝微粒体中代谢巴比妥类药物的药酶，从而可延长巴比妥类药物对动物的麻醉的时间，合并用药时应予注意。

4. 肾脏 氨基甙类、多黏菌素类、四环素类、杆菌肽以及两性霉素B、头孢菌素Ⅱ等，对肾脏均有一定毒性，主要影响肾小管。尿中溶解低的磺胺类易引起结晶尿、血尿和尿闭。肾功能减退或衰竭时，抗菌药在体内的半衰期显著延长，甚至可在体内大量蓄积而引起中毒，因此应适当减少剂量或延长投药间隔时间。肾功能高度减退时，氨基甙类、多黏菌素B及E、四环素、土霉素和氯霉素等最好不予选用。抗菌药物对肾脏的损害大多是可逆性的。

5. 血液循环系统 氯霉素、灰黄霉素、新生霉素、磺胺类和呋喃类等都有引起血液系统损害的可能，其中尤以氯霉素为最甚。氯霉素和磺胺类偶可引起粒细胞缺乏症，前者尚能抑制骨髓，引起贫血。因此当连续长期用药时，应定期检查血像，发现有造血机能抑制现象时，应立即停药，并给予复合维生素B、叶酸和维生素B_{12}等，必要时可反复输给新鲜血液。

对麻醉动物静注氨基甙类、四环素类、氯霉素、红霉素和林可霉素等，均能抑制心血管系统机能，使心输出量减少、心动徐缓、血管扩张、血压下降，其中以氨基甙类最明显。静注氯化钙可迅速取消上述抑制作用。

6. 局部 内服抗菌药物对胃肠道黏膜有一定的化学性刺激作用。肌注时也往往可引起局部发炎、疼痛，或形成硬结及坏死。静脉内注入抗菌药物溶液易导致血栓性静脉炎，故宜适当稀释注射液，并以缓慢速度滴入。对已发生的严重局部反应或血栓性静脉炎，可采用冷敷、热敷或药物外敷等。

（二）过敏反应

药物的过敏反应是变态反应的一种，主要是由于抗原—抗体的相互作用而引起。抗菌药物如青霉素G、链霉素、四环素等均非蛋白质，这些药物大多具有半抗原的性质，进入机体后可与体内的蛋白质结合而成为完全抗原，后者可促使机体产生特异性抗体。这种特异性抗体一般为免疫球蛋白E（IgE），对半抗原或药物有特异的结合力，并可为半抗原所固定。

青霉烯酸乃青霉素G分子重排后所形成，在青霉素G的中性溶液中容易产生。青霉烯酸和青霉噻唑蛋白等，可能是引起青霉素过敏反应的主要原因。

抗原或半抗原由不同途径进入机体后，导致一系列临床反应，表现为皮疹、声门、喉头水肿，支气和平滑肌收缩而引起的窒息、哮喘、过敏性休克等。

临床上家畜的过敏反应一般可分为过敏性休克型、疹块型和局部反应型等。过敏性休克大多于注射青霉素G和链霉素后30～60min左右发生，尤以注射青霉素G时常见。家畜中以马、猪、犬多见，表现为肌肉震颤、全身出汗、呼吸困难、虚脱等症状。疹块型除有轻微上述症状外，还出现各种皮疹如荨麻疹等，眼睑、阴门、直肠肿胀和乳头水肿等。局部反应型表现注射局部疼痛、肿胀，或无菌性蜂窝织炎等。一般的过敏反应可选用抗组织胺药、氯化钙等，如出现过敏性休克症状，应立即注射肾上腺素、可的松类进行抢救。

（三）二重感染（菌群交替症）

二重感染是指发生于抗菌药应用过程中的新感染。原发疾病严重机体消耗显著和应用抗生素、特别是广谱抗生素后发生菌群失调现象，是诱发二重感染的重要因素。正常家畜的呼吸道、消化道等处均有微生物寄生，菌群之间在相互拮抗制约下维持平衡的共生状态。在大量或长期应用抗菌药，尤其是广谱抗生素后，有可能使这种平衡发生变化，使潜在的条件致病菌等有机会大量繁殖，从而引起二重感染。例如在应用广谱抗生素治疗中，肠道中普通大肠杆菌、乳酸杆菌等敏感菌，因受到抑制而大大减少，未被抑制的一些原属少数的变形杆菌、绿脓杆菌、真菌以及对该抗生素有耐药性的细菌却乘机大量繁殖，造成严重的菌群失调，进而引起二重感染。

（四）影响机体免疫反应

应用抗菌药物时必须注意它们对机体免疫反应的影响。现已有确实证据表明，磺胺嘧啶及四环素等常用的抗菌药，在常用治疗浓度下能影响机体的补体系统，并可抑制调理作用与趋化作用；有些抗生素如四环素，可改变网状内皮系统保留微粒的能力；利福平可抑制活化的巨噬细胞的细胞毒性；氯霉素在相当高的剂量条件下可抑制某些抗体的合成等。这些事实提示抗菌药物可影响机体的免疫反应，引起机体防御机能不全。临床上对猪丹毒、布氏杆菌病、钩端螺旋体病、沙门氏菌病等，过早地应用抗菌药物，都能使血液中抗体推迟或完全不出现。有些活菌菌苗如猪丹毒菌苗、炭疽芽胞苗等，在预防接种时如果同时应用治疗量的青霉素或四环素类，能明显影响菌苗的主动免疫过程。应用抗菌药物治疗传染性疾病时，用药迟早对免疫的产生和治疗效果，是存在着矛盾的。用药愈早，疗效愈高但不利于抗体形成，容易引起第二次感染；用药时间适当推迟，疗效虽较差，但有利于抗体的形成。对此应进行具体分析，当控制传染病暴发时，当然应该分秒必争，及早治疗病畜，并采取综合防治措施，杜绝传染扩散。在已扑灭或控制发病后，要进行必要的预防接种。在接种活菌菌苗前后，应尽量避免使用有效的抗菌药物，以免影响免疫效果。其间隔时间应视抗菌药物在体内维持时间，和注射菌苗后产生足够抗体的必要时间而定，一般是在接种前3d到接种后1周内，以不用抗菌药为宜。

三、细菌耐药性的预防措施

细菌在试管中和机体内都可以对抗菌药物产生耐药性，在临床上投予药物的剂量不足、用法不当，以及无明确适应症地滥用抗菌药，特别是长期应用时，往往引起耐药菌的出现。

预防细菌产生耐药性的措施

为防止细菌产生耐药性并控制耐药菌的传播，必须注意：

(1)严格掌握抗菌药物的适应症，防止滥用：治疗时剂量要充足，疗程、用法应适当，以保证得到有效血药浓度，控制耐药性的发展；病因不明者，勿轻易应用抗菌药；避免滥作预防用药；尽量减少长期用药。

(2)在兽医院或各医疗单位内严格执行消毒、隔离制度，以防止耐药菌的传播和引起交叉感染。

(3)一种抗菌药可以控制的感染，即不采用各种联合，可用窄谱的就不用广谱抗生素。另方面亦应注意合理的联合用药可以防止或延迟细菌耐药性的产生。

(4)根据细菌耐药的动态和发展趋势，有计划地分期分批交替使用抗菌药，可能是一项有价值的重要措施。

四、抗菌药物的联合应用

联合应用抗菌药物是一个重要而又实际的课题，但目前对联合应用时所产生的一系列现象和问题，尚未能摸清其规律和找到完整的答案。联合应用的主要目的在于扩大抗菌谱、增强疗效、减弱毒性反应和延缓或减少耐药菌株的产生。

联合应用抗菌药物时可出现相加、协同、拮抗和无关等4种现象或作用。相加作用代表两种药物作用的总和；协同作用是指合用后取得的抗菌效果，较相加所得的效果更好；无关作用是指总作用不超过联合中较强者的作用；颉颃作用则表示两药合用时，其作用互有抵消而减弱。

抗菌药物联合应用在兽医临床方面取得成功的实例，有青霉素和链霉素的合用，磺胺药与抗菌增效剂的合用等。联合应用中的颉颃现象虽然在兽医临床上未见报道，但已经医学临床实践和大量实验室资料所证实。此外，滥用联合疗法尚能使耐药菌株增多，不良反应增加，混淆诊断，延误治疗和造成浪费药物等不良后果。因此，联合用药必须有明确的指征。

（一）联合用药的指征

(1)病因不明、病情危急的严重感染或败血症。

(2)单一抗菌药不能有效控制的严重感染或混合感染，如严重烧伤、创伤性心包炎等。

(3)容易出现耐药性的细菌感染，或需长期用药的疾病，为防止耐药菌的出现，应考虑采用联合用药。

(4)对某些抗菌药不易渗入的感染病灶，如中枢神经系统感染，也多采用联合法。

（二）联合用药的效应

目前可将抗菌药物分为四大类：第一类为繁殖期杀菌剂如青霉素类、头孢菌素类等；第二类为静止期杀菌剂如氨基糖甙类、多黏菌素B和E等；第三类为快效抑菌如四环素类、氯霉素类、大环内酯类抗生素等；第四类为慢效抑菌剂如磺胺类等。

第一类与第二类合用常可获得协同作用，第三类与第二类的合用常可获得协同作用或相加作用，第三类和第四类一般可获得相加作用，第四类对第一类的作用一般无重大影响响，第三类对第一类的作用有明显的减弱作用。此外，同一类的抗菌药物也可考虑合用，如四环素和氯霉素的合用，链霉素和多黏菌素合用等。但作用机理或方式相同的抗生素（特别是氨基糖甙类之间）不宜合用，以免增加毒性。

还需指出，无根据的盲目的联合用药是不可取的。有配伍禁忌的配伍应当严格禁止。各种抗菌药可能有效的组合见表9.2–1。

表9.2–1 抗菌药物可能有效的组合

病原菌	抗菌药物的联合应用
一般革兰氏阳性菌和阴性菌	青霉素G+链霉素；红霉素+氯霉素；SMZ+TMP或DVD；SMD+TMP或DVD；SM2+TMP或DVD；SD+TMP或DVD；卡那霉素或庆大霉素+四环素或氨苄青霉素
金黄色葡萄球菌	红霉素+氯霉素，苯唑青霉素+卡那霉素或庆大霉素；红霉素或氯霉素+庆大霉素或卡那霉素；红霉素+利福平或杆菌肽；头孢菌素+庆大霉素或卡那霉素；万古霉素或杆菌肽+头孢菌素或苯唑青霉素
大肠杆菌	链霉素、卡那霉素或庆大霉素+四环素类、氯霉素、氨苄青霉素、头孢菌素或羧苄青霉素；多黏菌素+四环素类、氯霉素、庆大霉素、卡那霉素、氨苄青霉素或头孢菌素；SM2+TMP或DVD
变形杆菌	链霉素、卡那霉素或庆大霉素+四环素类、氯霉素、氨苄青霉素或羧苄青霉素；SMZ+TMP
绿脓杆菌	多黏菌素B或E+四环素类、庆大霉素或氨苄青霉素；庆大霉素+四环素类、羧苄青霉素

五、掌握药物动力学特征，制定合适的给药方案

抗菌药在体内要发挥抑制或杀灭病原菌的作用，必须在靶组织或器官内达到有效的浓度，并能维持一定的时间。因此，必须有合适的剂量、间隔时间及疗程。应在考虑各药的药物动力学、药效学特征的基础上，结合畜禽的病情、体况，制定合适的给药方案，包括药物品种、给药途径、剂量、间隔时间及疗程等。例如，对动物的细菌性或支原体性肺炎的治疗，除选择致病菌敏感的药物外，还应考虑选择能在肺组织中达到有效浓度的药物，如四环素类、环丙沙星、乙基环丙沙星、单诺沙星等。

六、抗菌药物在饲料添加剂中的合理应用

抗菌药物作为饲料添加剂，在很低浓度时即能发挥促进动物生长、减少发病及提高饲料报酬等作用。为解决对公共卫生带来的不利影响，一些国家设立专门机构，筛选和生产了一些饲用抗菌药物，这些饲用抗菌药物的特点是对动物的生长刺激作用要比治疗作用明显，由于不属医用，对人体健康的危害性极少。对于一些医用抗菌药物或容易产生耐药菌株的抗生素应加以限制或禁用。为了保证肉类食品安全，不危害人体健康，动物在屠宰上市前应规定休药期。休药期一般为3～7d，如饲料中药物浓度过高，则可适当延长。

第九节 防腐消毒药

防腐药是能抑制病原微生物生长繁殖的药物，主要用于黏膜、组织的防腐。消毒药是能杀死病原微生物的药物，通常用于皮肤、器械和环境的消毒。

防腐和消毒没有严格的界限，大部分防腐消毒药在低浓度时是防腐药，在高浓度时是消毒药，只有少部分的药物例如硼酸只有防腐作用，而无消毒作用。

与抗菌素类药物不同，防腐消毒药都是原浆毒，和蛋白质的结合力较强，不但能破坏细菌的蛋白质，而且也能不同程度地损伤机体组织的蛋白质，所以本类药物只能用于局部性抗感染，而不能用于全身性抗感染。家畜体表被污染的机会较多，所以防腐消毒药为兽医临床经常使用的药物。

一、作用机理

防腐消毒药的种类很多，其抗菌作用的机理也不相同，目前认为主要有下列3种：

1. 使菌体蛋白质凝固或变性　大部分的防腐消毒药是通过这一机理而起抗菌作用，作用没有选择性，可损害一切生活物质。但在低于凝固蛋白的浓度时，也可分别通过抑制酶和损害细胞膜而呈现抗菌作用。

2. 改变菌体胞浆膜的通透性　有些防腐消毒药通过表面活性作用，使细菌胞浆膜的通透性增加，引起重要的酶和营养物质的漏失，水向内渗入，菌体溶解或破裂。

3. 毒害或干扰细菌生命必需的酶系统　其杀菌的途径包括：通过氧化还原反应损害酶蛋白的活性基团，抑制酶的活性；通过化学性的结合使酶灭活或使酶的底物改变；由于化学结构与代谢物相似，与之竞争或非竞争性地同酶结合而抑制酶的活性等。

二、影响防腐消毒药作用的因素

防腐消毒药的抗菌作用不仅决定于其理化性质，而且还受许多因素的影响。为了正确使用和充分发挥消毒作用，必须全面了解各种能增强或减弱其作用的因素。

1. 浓度　任何一种防腐消毒药的抗菌活性都取决于其与微生物接触的浓度。在应用时必须用其有效浓度。一般来说，药物浓度越高，抗菌作用越强，但由于剂量——效应曲线常呈抛物线的型式，达到一定浓度后效应不再增高。因此，为获得良好的消毒效果，应选取合适的浓度。

2. 作用时间　防腐消毒药与微生物接触时间越长，消毒效果越好，接触时间太短，往往达不到消毒效果。

3. 温度　温度与消毒药的抗菌效果成正比，温度越高，杀菌力越强。

4. 有机物的存在　在部分的防腐消毒药与任何蛋白质都有同样的亲和力，因此，有机物的存在能减弱防腐消毒药的作用，有机物越多，对防腐消毒药的杀菌力影响越大。因此，用药前必须清除有机物质。

5. 微生物的敏感性　不同种的微生物和微生物发育的不同阶段对药物的敏感性是不同的。

6. 药物间的影响　两种药物合用时，会出现两种情况即作用增强或抵消。

三、常用药物

（一）酚类

酚类是以羟基取代苯环上氢而成的一类化合物，包括苯酚、煤酚、间苯二酚、六氯酚等。酚类中的苯酚是最早使用的一个防腐消毒药。

1. 苯酚（石炭酸）

⑴性状　苯酚为无色或淡红色针状结晶，有芳香臭，易潮解，溶于水及有机溶剂。见光后颜色渐变深。

⑵作用　苯酚能使蛋白质变性，因而具有杀菌作用。苯酚在0.5%～1%以下的浓度时，即能抑制细菌的生长与繁殖。1%的苯酚水液溶能杀死大多数的

病原菌。但细菌的芽胞对苯酚不敏感。

对机体的作用苯酚对皮肤、黏膜有刺激、麻醉和腐蚀作用。在皮肤上能麻醉感觉神经末梢而有止痒作用。苯酚易由皮下组织、黏膜、创面吸收，大量苯酚被吸收后，能引起中毒，表现为中枢神经系统的兴奋性升高，随即转为抑制，最后因呼吸中枢麻痹而死亡。

⑶临床应用　因苯酚杀菌力弱和毒性较强，临床早已不用于创伤、皮肤的消毒。苯酚溶液中加10%食盐可降低水溶度，增加其对类脂质的分配系数，增加抗菌作用。生物制品的疫苗，常加0.5%苯酚作防腐剂。

2. 甲酚（煤酚）

⑴性状　煤酚为无色或浅棕黄色的澄明液体、有类似苯酚的气味，略溶于水中，能与酒精任意混合。

⑵作用　煤酚的毒性较苯酚稍弱，抗菌效力则比苯酚约大1倍，对大多数病原菌均有强烈的杀菌作用。此外，对病毒和寄生虫也有杀灭作用。但对芽胞无效。

因为煤酚难溶于水，仅能制成1.75%的水溶液，故一般用其50%肥皂溶液，即煤酚皂溶液（甲酚皂溶液），亦称来苏儿。

煤酚皂溶液有杀细菌和疥癣虫的作用，但对芽胞无效。能杀灭亲脂性病毒，但不能杀灭亲水性病毒。

⑶临床应用　煤酚皂溶液通常用于体外或体表的消毒，其1%～2%溶液用于体表、手和器械消毒，5%溶液用于厩舍、污物消毒等。

本品内服有止酵作用，可用于治疗肠臌胀、腹泻、便秘等疾病，但内服和灌肠时，应稀释成1%以下的浓度。浓度再高时，则影响腺体分泌和消化机能。浓溶液和纯品对机体组织有腐蚀作用。

⑷制剂及用法内服量　猪2～5mL，稀释成1%以下的浓度内服。

3. 煤焦油皂溶液（臭药水、克辽林）

⑴性状　本品为粗制甲酚或煤焦油内加入肥皂等制成的。含总酚量按苯酚计算为10%。为深棕色浓厚乳状液，用水稀释呈乳白色或带咖啡乳白色乳剂，呈弱碱性反应。

⑵作用　煤焦油皂溶液的作用特点和应用均与甲酚皂溶液相似，但内服作为止酵时，可用较小剂量。

⑶制剂及用法　内服量：猪1～2mL；稀释成1%以下溶液后服用。消毒用3%～5%溶液。

4. 鱼石脂（依克度）

⑴来源与性状　鱼石脂为页岩干馏而得，再经加工为含磺酸铵盐的矿油，为赤褐色的黏稠液体，具有焦性沥青样的臭味，加热体积膨胀。能溶于水，呈弱酸性反应。也能溶于醇、醚及甘油。

⑵作用　本品具有防腐和缓和刺激作用，能消炎、消肿、促进肉芽生长。

⑶临床应用　内服有防腐、止酵和促进胃肠蠕动的作用，常用于消化不良、腹泻、急性胃扩张等。

外用可治疗慢性皮肤炎、蜂窝织炎、腱炎、腱鞘炎、冻伤、湿疹等，可用其纯品或30%～50%软膏。

⑷制剂及用法　内服量：猪1～5g；先加倍量乙醇溶解，再加水稀释成3%～5%溶液。

5. 硫桐脂

为鱼石脂代用品。为人工合成品，由酮油与升华硫加热后，加硫酸磺化，再用氨溶液中和制成。为棕黑色黏稠液，有特异焦臭，能溶于水，可用为鱼石脂代用品。其应用、用法和剂量同鱼石脂。

6. 松馏油

⑴性状　本品主要成分为松节油，木馏油、酚、二甲苯，愈创木酚，树脂等。有似松节油的特异臭气。

⑵作用　油具有防腐、杀虫和刺激感觉神经末梢的作用。低浓度（2%～5%）时，能促进肉芽组织和角质的新生。

⑶临床应用　松馏油可用于治疗慢性皮肤病如湿疹、皮癣、变应性皮炎和生长迟缓的肉芽等。常用制剂有50%松馏油软膏及松碘流膏。

7. 复合酚（菌毒敌、农乐）

⑴来源与性状　本品含酚41%～49%，醋酸22%～26%。为深红褐色黏稠液体，有特臭。

⑵作用与用途　复合酚为国内生产的新型、广谱、高效消毒剂。可杀死细菌、霉菌和病毒，对多种寄生虫卵也有杀灭作用，主要用于畜禽舍、笼

具、饲养场地、排泄物的消毒。通常施药一次，药效可维持7d。

⑶应用 注意稀释用水，温度最好不低于8℃；禁止与碱性药物或其他消毒药液混用；严禁使用喷洒过农药的喷雾器喷洒本药。

⑷剂量与用法 喷洒：0.35%～1%溶液，对严重污染的环境，可适当增加浓度和喷洒次数。

（二）醇类

醇类广泛用作消毒剂，其中70%乙醇最为常用。醇类的杀菌作用，随分子量的增加而增加，如乙醇的杀菌作用比甲醇强2倍，丙醇比乙醇强2.5倍。但醇分子量再增加，其水溶性减低，难以使用。因此，高级醇类一般不作消毒药用，最常用的是乙醇，其次是异丙醇。

1. 乙醇（酒精）

⑴来源与性状 无色透明的液体，易挥发，易燃烧，应密闭在冷暗处避火保存。含乙醇量不得少于95%；无水酒精含乙醇量为99%以上；稀酒精含乙醇量则为50%。处方上写酒精凡未指浓度时，一律指95%酒精。酒精为许多药物的良好溶剂。

⑵作用 乙醇为常用的消毒药，它的杀菌作用是能使菌体蛋白迅速地凝固与脱水，以70%（g/g）或75%（mL/mL）的乙醇杀菌力最强，70%乙醇相当3%苯酚的作用，可杀死一般繁殖型的病原菌，对芽胞无效。浓度若超过75%时，则消毒作用反而减弱，这是由于菌体表层蛋白质被凝固，阻碍了乙醇向细菌深部蛋白质渗透的缘故。乙醇对组织有刺激作用，浓度愈大刺激性愈强。这种刺激性是由于部分沉淀细胞蛋白和脱水作用所致。若将乙醇涂擦于皮肤时，首先有凉感，继而有灼热感，并呈现温和的刺激作用，能引起局部充血，以70%～90%乙醇涂擦或热敷时，可促进炎性渗出物的吸收，减轻疼痛。将30%以下浓度的乙醇注入皮下时，变化不显著，若皮下注入40%浓度的乙醇时，则呈现强烈的刺激甚至发生炎症，能持续数日。皮下注入50%～60%浓度的乙醇时，能引起局部组织坏死，故乙醇一般不作皮下注射。

⑶临床应用 70%乙醇常用于手指、体表皮肤、体温计、注射针头及小件医疗器械的消毒。不仅杀菌作用迅速，而且具有溶解皮脂，清洁皮肤的特点。在急性关节炎、腱鞘炎、肌炎等可用浓乙醇涂擦或热敷。

2. 苯氧乙醇

⑴性状 本品为无色微黏稠液体，微香，能溶于水、醇、甘油和植物油中。

⑵作用 对革兰氏阳性及阴性菌均有抑制作用，特别是对绿脓杆菌的作用较为显著。通常用其2%水溶液冲洗或湿敷绿脓杆菌感染的表面创伤、烧伤或脓疡等。也用其2%软膏或油膏纱布涂于大面积感染创面。对于混合感染，可与磺胺、青霉素等药物同时应用。

（三）醛类

醛类具有较强的化学作用，能使蛋白质变性而发挥杀菌作用，以脂肪族的甲醛杀菌作用最强。

1. 甲醛溶液（福尔马林）

⑴来源与性状 本品为无色或几乎无色的澄明液体，含甲醛40%，有刺激性臭味，能与水或乙醇任意混合，放在冷处（9℃以下）易聚合成多聚甲醛而沉淀、通常加入10%～12%甲醇或乙醇可防止甲醛的聚合变性。

⑵作用 甲醛在气态或溶液状态下，均呈现强大的杀菌作用，甲醛能凝固蛋白和溶解类脂，能与蛋白质的氨基结合而使蛋白变性，因此具有强大的广谱杀菌作用，对繁殖型的细菌、芽胞和病毒均有效。

甲醛溶液的优点是：具有较强的杀霉菌作用；有机物质的存在对其杀菌作用无明显的影响；虽然有较强的局部腐蚀作用，但对全身毒性低；对金属器械、鞍挽具毛皮和纤维制品等无腐蚀性。

⑶临床应用 5%甲醛酒精溶液，可用于术部消毒。10%～20%甲醛溶液可用于治疗蹄叉腐烂。

甲醛气体可作为小型无菌室内气体消毒剂，气体消毒同时需要水蒸气。气体消毒方法是：每立方米容积需取甲醛溶液20mL加水20mL，在火上加热；或加入40%高锰酸钾，高锰酸钾与甲醛溶液相互作用发生高温，使大部分甲醛变为气体而挥散，达到消毒的目的，消毒时间为8～10h，温度不应低于15～25℃，温度过低会降低甲醛的消毒作用。亦有用火加热蒸熏进行房屋消毒，每立方米空间用甲醛溶液1～2mL。气体消毒时，常易在表面凝成薄层，聚合物没有杀菌力，消毒后不易扩散。

甲醛溶液内服可作为防腐止酵药，治疗肠臌胀，有良好的效果。

⑷剂量与用法　内服量：马5～20mL；牛8～25mL；羊1～3mL；猪1～3mL（内服时加水稀释20～30倍）。

2. 乌洛托品

⑴来源与性状　乌洛托品是甲醛与氨缩合而成的化合物。为无色有光泽的结晶或结晶性粉末。几乎无臭，味初甜而后苦，易溶于水（1∶1.5），水溶液呈碱性反应，亦能溶于酒精中（1∶12.5）。有20%或40%注射液。

⑵作用　抗菌作用乌洛托品本身不具有抗菌作用，吸收后在酸性环境中，能分解出甲醛而呈现尿道防腐作用。持续应用时，对肾和膀胱有刺激作用。由于抗菌素磺胺类和呋喃类药物的出现，现今乌洛托品已较少用于尿道防腐目的。

增大血脑屏障的通透性单纯应用抗菌素治疗某些传染病时，由于血脑屏障的阻碍，药物进入脑脊液数量少，起不到良好效果。此时，并用乌洛托品，可使血脑屏障的通透性增大，便于抗菌药大量进入脑脊液而发挥其抗菌作用。

⑶临床应用　乌洛托品可配合抗生素或其他药物治疗各种传染性疾病，如破伤风、脑炎等。配合水杨酸类药物治疗风湿病。

⑷剂量与用法　静注量：猪5～10g。

3. 戊二醛

⑴性状　本品为油状液体，可溶于水和醇，呈酸性反应。pH调整为7.5～8.5杀菌作用显著增强，但稳定性较差。

⑵作用与用途　本品作为消毒剂，其弱碱性溶液对革兰氏阳性菌、阴性菌、芽胞、某些霉菌和病毒均有效，常用其2%碱性溶液（加0.3%碳酸氢钠），用于不能加热灭菌的医疗器械、橡皮制品等的消毒，一般常浸泡3h左右。本品的消毒作用不受有机物的影响，刺激性较弱。缺点是稳定性差，在碱性溶液中尤易分解。

（四）酸类

酸类解离出来的氢离子超过一定范围能妨碍细菌的正常代谢，而发生抗菌作用，但主要与其整个分子或阴离子部分有关。

1. 硼酸

⑴性状　本品为无色微带珍珠状光泽的鳞片或疏松的白色粉末，无臭，水溶液显弱酸性反应。

⑵作用与用途　硼酸只有抑菌作用，没有杀菌作用。但硼酸的特点是既无刺激性，也不损伤组织，故临床经常用于比较敏感部位例如黏膜的防腐。可用其2%～4%水溶液冲洗黏膜或洗眼；也可用硼酸磺胺粉（1∶1）治创伤；硼酸甘油（31∶100）治口、鼻黏膜炎症；硼酸软膏（5%）治溃疡、褥疮等。

2. 苯甲酸

⑴性状　苯甲酸为白色或微带黄色的轻质鳞片或针状结晶，微有香气，易挥发。难溶于水，易溶于沸水及乙醇。

⑵作用与用途　本品在pH5以下的酸性环境中有抑菌和抗霉菌作用，但在碱性环境中则变成盐而作用大减。常与水杨酸等配制成外用制剂，用于皮癣。亦可用于药剂的防腐剂。

3. 水杨酸

⑴性状　本品为白色细微的针状结晶或毛状结晶性粉末，无臭，味微甜。在水中微溶，在酒精中易溶，水溶液显酸性反应。

⑵作用与用途　水杨酸具有弱的杀菌作用，但有良好的杀霉菌作用，并有溶解角质作用。其5%～10%酒精溶液，用于治疗霉菌性皮肤病。高浓度（5%～20%）的水杨酸能溶解角质，促进坏死组织脱落，但对健康组织作用较小。50%的水杨酸酒精溶液或纯品用于治疗蹄叉腐烂、"蹄叉癌"。

1%～2%的水杨酸有刺激作用，能促进表皮生长和角质增生。常制成1%软膏，用于肉芽创的治疗。

水杨酸对胃黏膜刺激性强，不能内服。

4. 十一烯酸

本品为黄色油状液，几乎不溶于水，溶于醇，可与油相混合。具有抗霉菌作用，1%～10%软膏外用于霉菌病。十一烯酸锌为白色粉末，几乎不溶于水和醇，可配成10%～25%软膏或撒粉应用。

（五）碱类

碱类杀菌作用的强度决定于其OH^-浓度，OH^-浓度越高，作用越强。如苛性碱的解离度最大，杀菌作用最强。碱类杀死多数细菌所需OH^-浓度要在pH9以上，溶液的温度对碱的杀菌力没有明显影响，而有机物可稍微降低碱的杀菌力。

碱对病毒有效，最适合用于病毒病的消毒；对革兰氏阴性菌比阳性菌有效，高浓度溶液亦可杀灭芽胞。

1. 氢氧化钠（苛性钠）

⑴性状 氢氧化钠的粗制品称为烧碱或火碱，纯品是白色干燥块、棒状或片状，易溶于水及酒精中，极易潮解，在空气中易吸收二氧化碳，形成碳酸盐，应密封保存。

⑵作用 氢氧化钠是很有效的消毒药，2%～4%溶液可杀死病毒和繁殖型细菌；高浓度溶液亦可杀死芽胞，加入10%食盐能增强杀死芽胞能力。结核杆菌对氢氧化钠有较大抵抗力。

⑶临床应用 氢氧化钠2%溶液用于口蹄疫、猪瘟、猪流感、水泡病和传染性胃肠炎等病毒病的环境消毒；也可用于猪丹毒等细菌性传染病的消毒；5%溶液用于炭疽病消毒。消毒一般都用含NaOH约94%的工业用碱。主要适合于消毒厩舍、肉联厂、食品厂车间等的地面，饲槽，木器，运输牲畜的车船等。

用烧碱溶液消毒厩舍地面后6～12h，应再用清水冲洗干净，以免家畜的蹄壳和皮肤受伤害。

可用其高浓度（50%以上）腐蚀皮肤赘生物，新生物等。

2. 氧化钙（生石灰）

⑴性状 本品为白色或灰白色的硬块，无臭，易吸收水分。在空气中，则吸收二氧化碳，渐渐变成碳酸钙而失效。

⑵作用与用途 氧化钙为价廉易得的消毒药。它与水混合时，则生成氢氧化钙（又称消石灰），其消毒作用亦与解离出的氢氧离子有关，对大多数繁殖型病原菌有很强的消毒力，但对炭疽芽胞无效。

将氧化钙加入10～20倍水制成石灰乳，对厩舍、墙壁、畜栏、地面进行消毒。石灰乳应现用现配。

氧化钙每千克加水350mL，生成消石灰的粉末，可撒布在阴湿地面、粪池周围及污水沟等处进行消毒。直接将生石灰粉撒布在干燥地面上不发生消毒作用。反而会使蹄部干燥开裂。

（六）卤素类

卤素及易放出卤素的化合物，均有强大的杀菌力。在卤素中能用作消毒药的主要是氯、碘及能释放出氯、碘的化合物。

1. 碘

⑴来源与性状 碘为灰黑色有金属光泽的片状结晶颗粒，有挥发性，难溶于水，溶于酒精及甘油，在碘化钾的水溶液中易溶解。应置玻璃塞瓶中密封，在冷暗处保存。

⑵作用 碘有强大的消毒作用碘能与菌体蛋白质的氨基结合，而使其变性（形成碘化蛋白质）。碘能杀死细菌、芽胞、霉菌和病毒。

碘对黏膜和皮肤有强烈的刺激作用碘溶液的刺激性决定于碘的浓度和溶媒的种类，例如碘甘油和复方碘溶液的刺激性较小，碘酊的刺激性较强。

⑶临床应用 碘和酒精配制的碘酊是常用药物，酒精不仅有助于碘的扩散，而且易于渗透菌体。一般2%碘酊用于皮肤消毒；5%碘酊用于手术前及大家畜皮肤消毒；10%浓碘酊刺激性较强，用为皮肤刺激药，治疗慢性腱炎，腱鞘炎、关节炎、骨膜炎等，碘甘油和复方碘溶液的刺激性小，常用于治疗黏膜的各种炎症。

⑷制剂 碘酊由碘50g、碘化钾35g、蒸馏水适量、酒精加至1 000mL组成。为棕红色的橙明液体，有碘与酒精的特臭，应置玻璃塞瓶中，遮光密封保存。主要用于手术部位、注射部位、手指的消毒，亦可用于新鲜创的处理。

浓碘酊由碘100g、碘化钾75g、蒸馏水80mL加酒精至1 000mL组成。为暗红褐色液体，有碘与酒精的特臭，易挥发。应置玻璃塞瓶中，遮光密封保存。主要用作皮肤刺激药，用于慢性腱炎、腱鞘炎、关节炎、骨膜炎等有消炎作用。

复方碘溶液（鲁格氏液）由碘50g，碘化钾100g加蒸馏水至1 000mL组成。为暗褐色液体，有碘臭。

应置玻璃塞瓶中，遮光密封保存。复方碘溶液的刺激性较小，常用于治疗黏膜的各种炎症或注入关节腔、瘘管等。

碘甘油溶液由碘50g、碘化钾100g、甘油200mL加馏水至1 000mL组成。为深棕色的澄明液体，有碘臭。应置玻璃塞瓶中，遮光密封保存。碘甘油溶液的刺激性较小，作用时间较长，常用于治疗黏膜的各种炎症如口炎、鼻炎、阴道黏膜等炎症和溃疡。

2. 碘仿

⑴性状 本品为黄色有光泽的针状结晶性粉末。难溶于水，能溶于酒精、醚及甘油。应置遮光容器内，密闭在暗处保存。

⑵作用与用途 碘仿本身没有防腐作用，只有当它和组织液等接触时，能分解游离的碘，呈现防腐作用。碘仿的作用特点是防腐作用持久，对组织的刺激性小，并能促进肉芽的形成。此外，碘仿具有特殊气味，还可以防蝇。本品常制成碘仿甘油（由碘仿15g，甘油70mL加馏水120mL制成）用于化脓创的治疗。

此外，碘仿硼酸粉（1∶9）碘仿磺胺粉（1∶9），碘仿磺胺活性炭粉（各等分配合）可用于治疗创伤、溃疡等。10%碘仿醚溶液可治疗深部瘘管、蜂窝织炎和关节炎等。与凡士林配成5%～15%软膏可涂敷于患处。

3. 聚乙烯吡咯烷酮碘

⑴性状 本品为黄棕色无定形粉末或片状固体，微有特臭，可溶于水。

⑵作用与用途 本品遇组织中还原物时，慢慢放出游离碘。对皮肤刺激性小，毒性低，作用持久。用于皮肤和黏膜的消毒。

⑶用法与用量 0.5%溶液作为喷雾剂外用。1%洗剂、软膏剂、0.75%溶液用于手术部位消毒。

4. 漂白粉（含氯石灰）

⑴来源与性状 漂白粉是向纯消石灰中通入氯气而制得的。它的组成不定，主要成分是次氯酸钙、氯化钙、氢氧化钙和水结合而成的复合物。

漂白粉为白色颗粒性粉末，有氯臭，仅有一部分能溶解在水或酒精中，在空气中可吸收水与二氧化碳而缓慢分解，故须密闭保存。

漂白粉的主要有效成分是氯，我国药典规定漂白粉中有效氯的含量不得少于25%。漂白粉中的有效氯，部分以游离状态，部分以次氯酸钙形式存在。

⑵作用 漂白粉遇水产生次氯酸，次氯酸可放出活性氯和初生氧，而呈现杀菌作用，并能破坏各种有机物质。

⑶临床应用 漂白粉主要用于厩舍、畜栏、饲槽、车辆的消毒。一般用其5%～20%混悬液喷洒，有时也可撒布其干燥粉末。

漂白粉还可用于饮水的消毒，每1 000mL水加0.3～1.5g漂白粉，不但能杀菌且能除臭。

5. 氯胺（氯亚明）

⑴性状 本品为白色结晶性粉末，微有氯的特殊臭味，含有效氯12%，置空气中易分解，变为黄色并放出氯气。在水中易溶，在酒精中能溶。其水溶液须临用现配，不可久贮。氯胺应置遮光容器内，密闭在阴凉处保存。

⑵作用与用途 氯胺为含氯的有机化合物，它与有机物接触后，缓慢地释放出氯，而呈现杀菌作用。对组织刺激性弱。0.2%～0.3%氯胺溶液可用于黏膜的消毒，0.5%～2%溶液可用于皮肤和创伤的消毒。

6. 二氯异氰尿酸钠（优氯净）

⑴性状 本品为白色结晶性粉末，有氯臭，含有效氯60%～64%，性质较稳定，易溶于水，水溶液呈酸性，且稳定性差。

⑵作用与用途 优氯净的杀菌力较氯胺强，对细菌、芽胞、病毒、真菌孢子均有较强的杀灭作用。可用于水、食品工厂的加工器具及餐具的消毒。一般0.5%～1%溶液用作杀灭细菌与病毒，5%～10%溶液用作杀灭芽胞；饮水消毒，每升水4mL，作用30min。

7. 三氯异氰尿酸钠

⑴性状 本品为白色结晶性粉末或粒状固体，具有强烈的氯气刺激味，含有效氯在85%以上，遇酸或碱易分解。

⑵作用与用途 本品是一种极强的氧化剂和氯化剂，具有高效、广谱、较为安全的消毒作用，对细菌、病毒、真菌、芽孢等都有杀灭作用，对球虫卵囊也有一定作用。可用于环境、饮水、畜禽饲槽

等的消毒。

⑶作用与用量　粉剂：用4～6mg/kg饮水消毒，用200～400溶液进行环境、用具消毒。

（七）氧化剂

氧化剂是一些含不稳定的结合态氧的化合物，一遇有机物或酶即放出初生态氧，破坏菌体蛋白或酶蛋白而呈现杀菌作用，同时对细胞或组织也有不同程度的损伤和腐蚀作用。

1. 过氧化氢溶液（双氧水）

⑴性状　本品为含3%过氧化氢的无色澄明液体，味微酸，性质不稳定，遇有机物质迅速分解。久贮易失效，故常保存浓过氧化氢溶液，临用时稀释成含过氧化氢3%的溶液。

⑵作用与用途　过氧化氢与组织中触酶相遇，立即分解，放出大量的氧，以发挥杀菌和除臭作用，但由于其作用时间短，且易受有机物质的影响，故其杀菌作用很弱。临床上主要用于清洁化脓创，利用它在创腔中产生的大量泡沫，使创腔中用其他方法接触不到的部位排出脓块和坏死组织等。

清洗带恶臭的创伤用1%～3%溶液，冲洗口腔用0.3%～1%溶液。

2. 高锰酸钾（过锰酸钾）

⑴性状　黑紫色结晶，能溶于水，宜密闭保存。高锰酸钾粉遇甘油，即剧烈燃烧。高锰酸钾粉与活性炭研磨时，发生爆炸。高锰酸钾溶液遇有机物，分解失效。

⑵作用与用途　高锰酸钾为强有力的氧化剂，与有机物相遇时，放出原子状态氧而将有机物氧化。高锰酸钾的抗菌、除臭作用比双氧水强而持久，但其作用亦极易因有机物的存在而减弱。高锰酸钾还原后所形成的二氧化锰，能与蛋白质结合成蛋白盐类复合物，故有收敛、止泻、止血等作用。高浓度高锰酸钾溶液呈现刺激作用和腐蚀作用。

0.05%～0.1%高锰酸钾溶液，常用于治疗急性胃肠炎、腹泻等。

外用0.1%高锰酸钾溶液可防腐、除臭，常用于冲洗各种黏膜及创伤、溃疡等。在生物碱、氰化物等毒物中毒时，可用0.1%～0.2%溶液洗胃以氧化毒物而解毒。

⑶用法与用量内服或洗胃量　猪0.3～0.5g，配成0.1%～0.5%溶液。

3. 过氧乙酸（过醋酸）

⑴性状　本品为无色透明液体，易溶于水和有机溶剂，具弱酸性，易挥发，有刺激性气味，并带醋酸味。市售品为20%溶液，有效期为半年，应现用现配。

⑵作用与用途　过氧乙酸为强氧化剂，具有高效、速效和广谱杀菌作用，对细菌、病毒、霉菌和芽胞均有效。0.04%～0.2%溶液用于耐酸的塑料、玻璃、搪瓷和橡胶制品的短时浸泡消毒。0.05%～0.5%溶液可喷雾消毒厩舍、食槽等。无菌室的消毒还可用加热熏蒸法，每立方米空间用过氧乙酸1～3g，密闭1～2h，加热熏蒸最好用3%～5%的过氧乙酸溶液放于面积稍大的搪瓷盘内加热，使其蒸发。

（八）表面活性剂

表面活性剂又称除污剂或清洁剂。这类药物能降低表面张力，改变两种液体之间的表面张力，通常是油类和水之间的表面张力，有利于乳化除油污，起清洁作用。

表面活性剂可分为阳离子表面活性剂、阴离子表面活性剂和非离子表面活性剂3种。表面活性剂用为消毒剂的主要是阳离子型表面活性剂，其抗菌作用是这类药物能吸附于细菌表面，改变菌体细胞膜的通透性，使菌体内的酶、辅酶和代谢中间产物逸出，妨碍细菌的呼吸及糖酵解过程，并使菌体蛋白变性。在1∶3 000浓度下能杀死多种革兰氏阳性菌、阴性菌和霉菌，对病毒效果较差，不能杀死芽胞、结核杆菌和绿脓杆菌。

1. 新洁尔灭（苯扎溴铵）

⑴性状　新洁尔灭为季铵盐，呈无色或淡黄色胶状液体，芳香，味极苦，猛烈振摇则产生多量泡沫。易溶于水，水溶液为碱性。耐加热加压，性质稳定，可长期保存。

⑵作用与用途　新洁尔灭有较强的消毒作用，对多数革兰氏阳性菌和阴性菌有杀菌作用，接触数分钟即能杀死。对病毒效果差，不能杀死结核杆菌、霉菌和炭疽芽胞。

本品对术野消毒用1%溶液，术前的消毒用

0.1%溶液。冲洗眼、阴道及其他敏感组织用其0.01%～0.05%稀溶液，冲洗膀胱、尿道用0.005%的稀溶液。治疗皮肤化脓、霉菌感染，可在患部湿敷1%溶液。浸泡消毒时，药液可重复使用。

本品忌与碘、碘化钾、过氧化物等配伍应用。不可与肥皂配伍。不适用于消毒粪便、污水等。

2. 洗必泰（双氯苯双胍乙烷、氯己定）

(1)性状　洗必泰为双胍化合物。有醋酸洗必泰与盐酸洗必泰两种，均为白色结晶性粉末，稍溶于水及乙醇，呈强碱性。

(2)作用与用途　本品对革兰氏阳性及阴性菌均有较强的杀菌作用，其作用受血清、血液等存在的影响较小。

无局部刺激性。手术前泡手，可用其0.02%水溶液浸泡3min，冲洗创伤用其0.05%水溶液，浸泡器械用其0.1%水溶液，浸泡10min以上，药液应隔两周换一次。喷雾或擦试手术室用具用其0.5%水溶液。术野消毒用其0.5%水溶液或醇（70%）溶液、效力约与碘酊相等。

(3)制剂　盐酸洗必泰外用片每片5mg。

3. 消毒净

(1)性状　本品为类白色结晶性粉末，无臭、味苦，微有刺激性，易溶于水和酒精，本品易受潮，但受潮后杀菌效力不变。

(2)作用与用途　可用于黏膜、皮肤、器械及环境的消毒，作用较新洁尔灭强。黏膜消毒可用其0.05%水溶液冲洗，手和皮肤消毒可用其0.1%水溶液，金属器械消毒可用其0.05%水溶液浸泡，并加入0.5%亚硝酸钠以防生锈。

4. 度米芬（消毒宁）

(1)性状　度米芬为季铵盐，为白色或微黄色片状结晶，味极苦，能溶于水和乙醇。

(2)作用与用途　本品的抗菌作用、应用范围似新洁尔灭。其0.05%～0.1%溶液，用于皮肤、器械消毒，0.02%～0.05%溶液用于创面、黏膜消毒。

5. 百毒杀（癸甲溴氨溶液）

(1)性状　本品为无色、无臭液体，能溶于水，振摇时有泡沫产生。

(2)作用与用途　本品为双链季铵盐消毒剂。能迅速渗入胞浆膜，改变细胞膜通透性，因此，具有较强的杀菌作用。对细菌、病毒及真菌等都有杀灭作用，可用于饮水、环境消毒。

(3)用法与用量　液体：有50%及10%两种浓度。50%浓度饮水消毒用50～100mg/L，10%浓度饮水消毒用250～500mg/L；可用50%浓度的液体配成100～200mg/L，或用10%浓度的液体配成500～1 000mg/L用于传染性疾病时的消毒。

(4)应用　注意不可超量应用，避免中毒。

（九）重金属盐类

金属的比重在5.0以上者称为重金属，自古代就已知具有杀菌作用。其机理是重金属离子能与带阴电荷的菌体蛋白结合，使蛋白变性而产生抗菌作用。高浓度重金属盐有杀菌作用，低浓度呈现抑菌作用。当有机物（特别是蛋白质）存在及温度的高低均影响抗菌效力。

1. 升汞（二氯化汞）

(1)性状　为无色或白色斜方形的块状结晶，或白色结晶性粉末，在酒精中易溶。水溶液呈酸性反应。升汞为毒药，应注意保管。

(2)作用与用途　所用的升汞的杀菌浓度实际上只起到抑菌（静菌）的作用，除去药液后，细菌能重新发育。

升汞对局部组织有较强的刺激性和腐蚀性，被吸收后对机体也有较大的毒性。所以只供外部消毒用，不适于对粪便和分泌物的消毒。

(3)制剂　升汞片本品为蓝色片，每片含升汞和氯化钠各0.1g。加入等量氯化钠的目的，在于降低升汞的解离度，增加升汞的透入力。

2. 红汞（汞溴红）

(1)性状　本品为带绿红褐色小叶片状，易溶于水及酒精。

(2)作用与用途　常用其2%溶液，用于皮肤、黏膜和创伤。碱性及有机物能减弱其作用，消毒作用不甚可靠，现已很少应用。

3. 硫柳汞（硫汞柳酸钠）

(1)性状　为有机汞化合物，含汞约49%，白色结晶性粉末，易溶于水及醇。

(2)作用与用途　抑菌作用比红汞强，对非芽胞菌有抗菌作用，对霉菌也有效。不沉淀蛋白质，对组织刺激性小，渗透性较大。其0.1%溶液用做皮肤的消毒，0.02%溶液可用于黏膜（眼、尿道等部位）的消毒，0.1%酊剂（醇溶液）可用于外科手术前的皮肤消毒。

4. 黄氧化汞（黄降汞）

⑴性状　为黄色细微而质重的粉末，无臭，溶于稀盐酸或稀硝酸中，遇光易变色，故须避光密闭保存。

⑵作用与用途　黄降汞具有微弱的刺激作用，用其高浓度的软膏，才起腐蚀作用。

黄降汞常用于抗菌和促进慢性炎症的消散，用其1%眼膏治疗结膜炎、角膜炎、角膜翳等。应用时，不可同时内服碘化物或溴化物，以免可能在眼内形成具有腐蚀性的碘化汞或溴化汞。

5. 氯化氨基汞（白降汞）

⑴性状　为白色无定形的粉末，无臭，不溶于水或酒精中，遇光易分解，故须遮光密闭保存。

⑵作用与用途　本品外用具有抗菌、消炎和抗寄生虫作用，常用其1%眼膏治疗慢性结膜炎，用其5%～10%软膏治疗脓疱疮、匐行疹和毛囊虫病等。

（十）染料类

染料可分为两类，即碱性染料和酸性染类。一般碱性染料比酸性染料抗菌作用强，所以酸性染料很少应用于消毒防腐。

1. 龙胆紫（甲紫和晶紫）

⑴性状　胆紫、甲紫和晶紫是一类性质相同的碱性染料，三者可以通用，其中以龙胆紫应用较为广泛。本品为绿紫色有金属光泽的碎片或深绿紫色粉末。能溶于水或酒精中。

⑵作用与用途　这类染料对革兰氏阳性菌有选择性抑菌作用，亦有抗霉菌作用，毒性很小，对组织无刺激性，有收敛作用。其1%～3%的水溶液和酒精溶液，还有2%～10%软膏，可用于皮肤，黏膜创伤感染及溃疡。1%水溶液亦可用于烧伤。

2. 利凡诺（雷佛奴尔）

⑴性状　为黄色结晶性粉末，无臭，在水中溶解，在热水中易溶，在酒精中微溶。应避光保存。

⑵作用与用途　对革兰氏阳性菌及少数阴性菌有强大的抑菌作用，但作用呈现较慢，对组织无刺激性，毒性低，穿透力也较强，常用其0.1%～0.2%溶液冲洗或湿敷创伤感染，小面积化脓创可用其1%软膏。

3. 孔雀绿

⑴性状　本品为翠绿色晶体，溶于水及乙醇。

⑵作用与用途　孔雀绿对革兰氏阳性菌有选择性作用。使细菌体的酶失去活性。

（十一）其他

环氧乙烷

⑴来源与性状　环氧乙烷是一种化学杀菌气体。在室温下为无色具醚味气体，低温时为无色透明液体，能溶于水和大部分有机溶媒。其蒸气在空气中达3%以上时能引起燃烧。

⑵作用　本品为广谱高效的气态消毒药。本品可使蛋白质变性或核酸功能改变而杀菌。杀菌作用强大，对各种病原体如口蹄疫病毒、大肠杆菌、金葡球菌、结核杆菌、炭疽芽胞、霉菌等都有杀灭作用。

⑶临床应用　环氧乙烷主要用于忌热、忌湿物品的消毒。消毒时间越长，效果越好，一般为6～24h。

本品的优点是易于扩散而消除，对物品不损坏和腐蚀。缺点是易燃烧、消毒时间长，有毒性，接触皮肤会发生水泡，吸入可刺激呼吸道黏膜，引起肺水肿。

第十节 抗病毒类

病毒不同于细菌等病原微生物，是寄生于细胞内、直径约为20～300nm、以核酸为中心、以蛋白质为外壳的、没有细胞结构的微生物。具有致病性的病毒达150多种以上：从病毒核酸基因上可分为含DNA或含RNA的病毒；从引起疾病的流行病学和临床特点可分为呼吸道病毒、肠道病毒、肝炎病毒、痘类病毒和疱疹病毒等。各类病毒的治病病毒不同，皮肤感染主要是疱疹病毒、水痘带状疱疹病毒等。

病毒的复制主要是病毒与宿主细胞膜上的受体结合，进入细胞内，在胞内脱去细胞质外壳，释放出具有感染能力的核酸，并进行生物合成（包括核酸的复制、转录与蛋白质合成），最后合成的核酸与蛋白质装配成子代病毒，并被细胞释放，再感染新的细胞。病毒不同于细菌，由于缺乏自身繁殖的酶系统，必须几声在宿主细胞内，借助于宿主细胞的酶系统合成自身的核酸和蛋白质才能生长繁殖。这就是药物产生抗病毒作用的同时也可杀伤宿主的正常细胞，使抗病毒药的应用受到了一定的限制。由于病毒的结果和繁殖方式不同于细菌，临床病状经常在病毒生长的高峰之后才出现，使药物难以发挥作用。抗病毒药远不如抗生素对细菌的作用强，现有的抗病毒药，作用范围窄，只限于对一种或几种病毒，因此寻找新的有效的抗病毒药，特别是对病毒有选择性而对细宿主胞无害的药物是当前抗病毒药研究重点。

一、猪常见病毒性疾病

猪常见病毒性疾病有圆环病毒病、冠状病毒病、轮状病毒病等。

（一）猪圆环病毒病

猪圆环病毒Ⅱ型感染猪所引起的疾病表现多种多样，如猪断奶后多系统衰竭综合征、猪皮炎和肾病综合征、繁殖障碍、传染性仔猪先天性震颤、肠炎等，被世界各国的兽医公认为最重要的猪传染病之一。其防治方案如下：

⑴采用抗菌药物，减少并发感染。如氟苯尼考、丁胺卡那霉素、庆大-小诺霉素、克林霉素、磺胺类药物等进行治疗，同时应用促进肾脏排泄和缓解类药物进行肾脏的回复治疗。

⑵采用黄芪多糖注射液并配合维生素B_1+维生素B_{12}+维生素C肌肉注射，也可以使用佳维素或氨基金维他饮水或拌料。

⑶选用新型的抗病毒剂如干扰素、白细胞介导素、免疫球蛋白、转移因子等进行治疗，同时配合中草药抗病毒制剂，会取得明显治疗效果。

（二）猪冠状病毒病

猪传染性腹泻病是由冠状病毒引起的一种急性传染病，不论猪的品种、性别和年龄大小都可被传染发病，往往由1头在一夜间传染全场。每年的11月至下一年的早春是初发的流行季节，死亡率根据猪的体况不同而有差异。仔猪死亡率高，成年猪没有死亡。

1. 症状　多为急性突发型。病猪日龄越小，发病越多，病情越重。如果一窝猪1头有病，1～2d则全窝皆病。病初体温稍高，在40～41℃左右，精神不振，离群懒动，没有食欲，表现口渴，被毛竖立无光，粪便由稠到稀，粪色灰黄或灰黑、恶臭。后期粪便如水，肛门失禁，臀部、后肢和尾部被稀粪污染。小便量少而黄。食欲废绝，不愿行动，步行蹒跚，卧地颤抖，眼球下陷，体温下降，一般2～3d衰竭死亡。断奶后的仔猪、育肥猪和种猪的临床症状较轻，食欲减少，愿喝清水。粪便稀薄，粪色粪状如黄酱，粪中常混有未消化完的饲料。精神委靡，迅速消瘦，眼窝下陷，卧地不愿走动。后期四肢下部、耳端、尾尖发凉。如能及时治疗，大部分可痊愈。成年猪、种猪和强壮的猪，发病后也可不治而耐过自愈。

2. 治疗　治疗轻者用新城疫Ⅰ系苗，每支0.5g

加生理盐水10mL，每头猪不论大小注射2mL。注射三氮唑核苷每千克体重0.2mL，每日1次。病重者用恩诺沙星注射液，防止继发感染。按猪体重每千克用药0.1mL（含恩诺沙星25mg），肌肉注射，每日2次，连用3d。或用肠炎灵注射液，按猪体重每千克用药0.3～0.5mL，肌肉注射，每日2次，连注2～3d为一个疗程。在注射的同时，尽早大量供给“口服补液盐”饮水，口服补液盐的配制方法是：精制氯化钠35g、碳酸氢钠25g、氯化钾15g、葡萄糖200g、水10kg，混合溶解即成。无饮欲的小猪，用金属注射器每次灌服40～80mL，每日5～6次。可静脉注射5%～10%的葡萄糖生理盐水和5%碳酸氢钠注射液，各500～1 000mL，每日2次，连用2～3d。限食喂给营养丰富、好消化的饲料。

3. 预防　加强饲养管理，喂给营养丰富的全价饲料，促使膘肥体壮，提高抗病能力。采取防寒保暖措施，勿使猪受凉，保持干燥卫生的环境。圈里圈外用2%的火碱水或10%的漂白粉水或20%的生石灰水上清液严密喷洒消毒。搭配好饲料，适当增加能量饲料，让仔猪吃饱吃暖，提高对寒流的抵抗力。

（三）猪轮状病毒病

猪轮状病毒病是由猪轮状病毒引起的猪急性肠道传染病，仔猪的主要症状为厌食、呕吐、下痢，中猪和大猪为隐性感染，没有症状。

1. 流行特点　轮状病毒主要存在于病猪及带毒猪的消化道，随粪便排到外界环境后，污染饲料、饮水、垫草及土壤等，经消化道途径便易感猪感染。排毒时间可持续数天，可严重污染环境，加之病毒对外界环境有顽强的抵抗力，使轮状病毒在成猪、中猪、仔猪之间反复循环感染，长期扎根猪场。另外，人和其他动物也可散播传染。本病多发生于晚秋、冬季和早春。各种年龄的猪都可感染，感染率最高可达90%～100%，在流行地区由于大多数成年猪都已感染而获得免疫。因此，发病猪多是8周龄以下的仔猪，日龄越小的仔猪，发病率越高，发病率一般为50%～80%，病死率一般为10%以内。

2. 临床症状　潜伏期一般为12～24h。常方性流行。病初精神沉郁，食欲不振，不愿走动，有些仔猪吃奶后发生呕吐，继而腹泻，粪便呈黄色、灰色或黑色，为水样或糊状。环境温度下降或继发大肠杆菌病时，常使症状加重，病死率增高。通常10～21日龄仔猪的症状较轻，腹泻数日即可康复，3～8周龄仔猪症状更轻，成年猪为隐性感染。

3. 病理变化　病理变化病变主要在消化道，致使胃弛缓，充满凝乳块和乳汁，肠管变薄，内容物为液状，呈灰黄色或灰黑色，小肠绒毛缩短。

4. 防治措施

⑴治疗　目前无特效的治疗药物。发现病猪立即停止喂乳，以葡萄盐水或复方葡萄糖溶液（葡萄糖43.20g，氯化钠9.20g，甘氨酸6.60g，柠檬酸0.52g，柠檬酸钾0.13g，无水磷酸钾4.35g，溶于2L水中即成）给病猪自由饮用。同时，进行对症治疗，如投用收敛止泻剂，使用抗菌药物，以防止继发细菌性感染。一般都可获得良好效果。

⑵预防　主要依靠加强饲养管理，认真执行一般的兽医防疫措施，增强母猪和仔猪的抵抗力。在流行地区，可用猪轮状病毒油佐剂灭活苗或猪轮状病毒弱毒双价苗对母猪或仔猪进行预防注射。油佐剂苗于怀孕母猪临产前30d，肌肉注射2mL；仔猪于7日龄和21日龄各注射一次，注射部位在后海穴（尾根和肛门之间凹窝处）皮下，每次每头注射0.5mL。弱毒苗于临产前5周和2周分别肌肉注射一次，每次每头1mL。同时要使新生仔猪早吃初乳，接受母源抗体的保护，以减少发病和减弱病症。

二、常用的抗病毒药物

（一）利巴韦林（三氮唑核苷）

1. 作用与用途　作为广谱抗病毒药，对多种病毒有抑制生长的作用。通常认为病毒唑是一种疗效确切、毒性较低、副作用较小、比较安全的药物。用于治疗猪流行性感冒、猪传染性胃肠炎、猪流行性腹泻等病毒性传染病。

2. 注意事项　猪对病毒唑特别敏感，尤其是口服病毒唑特别容易出现中毒。在饲喂到4～5d时，基本上都出现食欲降低、粪便发黄的症状，严重的出现血尿。成年母猪比肥育猪对病毒唑敏感，肥育猪比仔猪对病毒唑敏感。

3. 用法与用量 注射液：猪肌肉注射：10mg/kg。利巴韦林可溶性粉：本品可损害病毒RNA和蛋白质合成，使病毒的复制受抑制，对呼吸道合胞体病毒也具有免疫作用。用法用量：混饲，家畜每百克拌料1 000kg，连用5～7d。

（二）复方三氮唑核苷注射液

1. 主要成分 甲磺酸培氟沙星、三氮唑核苷、抗菌增效剂及安乃近。

2. 适应症 本品对病毒、细菌混合感染引起的高热不退，猪唇、舌、口腔黏膜、鼻盘、乳房、蹄冠、趾间发生水泡、溃烂、高烧、肚皮有疹点状、食欲下降或不食，仔猪病毒感染引起的急性胃肠炎的突然死亡等症。

3. 用法用量 肌内注射，一次量，家畜0.15～0.3mL/kg。每日2次，3～5d为一个疗程，可根据病情适当加量。

（三）金刚烷胺

1. 性质 成品为金刚烷胺的盐酸盐。

2. 作用 本品能干扰病毒进入细胞，阻止病毒脱壳及其核酸释出等作用，应用于多种病毒性感染如流感病毒、副流感病毒、呼吸道病毒。本品易溶于水，可投水饮饲。

3. 药理与应用 本品能增加脑内多巴胺的释放，并延迟神经细胞对多巴胺的再摄取，从而发挥抗震颤麻痹作用。其缓解震颤和僵直效果好。用药后48h作用明显，2周后达高峰。此外，本品具有抗亚洲A－Ⅱ流感病毒作用，能阻止该病毒穿入呼吸道上皮细胞以及释放病毒的核酸进入机体细胞。但对其他呼吸道病毒感染包括乙型流感及副流感病毒感染则无效。

4. 适应症 亚洲A－Ⅱ型流感病毒引起的呼吸道感染。畜禽流行性病毒感冒及猪传染性胃肠炎病毒有较好的疗效。

5. 用法用量 畜禽拌料内服，0.025g/kg体重，饮水。连用3～5d。

（四）金刚乙胺

1. 性状 盐酸金刚乙胺，为白色结晶或结晶性粉末。pH在4.5～7.5。

2. 功能主治 本品主要用于预防和治疗由亚洲A型、B型流感病毒引起的感染，并且有很好的退热作用，主治由流感病毒引起的畜禽流行性感冒，对四肢无力、嗜睡、精神迟钝、食欲不振、鼻流涕、发热等有独特疗效。

3. 用法用量 猪，内服每千克体重每次5～10mg，每日1次，连用3～5d。

4. 注意事项 孕畜慎用。

（五）猪白细胞干扰素（克毒Ⅰ号）

1. 主要成分与含量 每瓶内含有干扰素不低于1万单位。

2. 性状 为红色透明液体，无沉淀。

3. 作用与用途 本品具有抗病毒作用，用于防治猪流行性腹泻。

4. 用法与用量 肌肉注射。每日每头注射一次，乳猪1万单位、仔猪2万单位；病重者每日可注射2次，连续3～5d为一个疗程。

5. 不良反应 一般无可见的不良反应。

6. 注意事项

(1)在同群治疗已发病猪的同时，隔离未发病猪进行预防注射，剂量同发病猪的治疗量。

(2)在使用本品的同时，应配合进行消毒等综合性措施，以防再感染或复发。

(3)每瓶药液应一次用完。

(4)本品可与抗菌素类药物同时使用。

仅在兽医指导下使用。

7. 规格 2mL/瓶。

8. 贮藏与有效期 在2～8℃保存，有效期为1年半。

（六）阿昔洛韦（无环鸟苷）

1. 性质 阿昔洛韦是去氧鸟苷类化合物。

2. 药理作用 其能干扰病毒DNA多聚酶，抑制病毒DNA的合成，抑制病毒的复制，也可在DNA多聚酶作用下，与增长的DNA链结合，引起DNA链的延伸终止。

3. 作用与用途 在兽医临床上主用于疱疹病毒感染。

（七）更昔洛韦

1. 药理作用 通过抑制三磷酸脱氧鸟苷与DNA聚合酶结合，抑制病毒的复制。该药毒性较大，常见骨髓抑制，发生在治疗前期，可对呼吸、循环、消化、泌尿、生殖系统有影响。

2. 作用与用途　主要对巨细胞病毒有抑制作用。

（八）泛昔洛韦

1. 药理作用　主要对带状疱疹病毒、单纯疱疹病毒、水痘带状疱疹病毒、EB病毒等有抑制作用。通过在体内转化为三磷酸喷昔洛韦，抑制DNA聚合酶，从而抑制病毒的复制。

2. 作用与用途　临床上主要用于原发性生殖器疱疹、带状疱疹、乙型肝炎。

（九）伐昔洛韦

1. 药理　作用为广谱的抗病毒药物，对多种病毒均有抑制作用。通过在体内转化为阿昔洛韦，复合抗病毒作用。

2. 作用与用途　临床上主要用于带状疱疹、单纯疱疹病毒感染。

（十）磷甲酸钠

1. 药理作用　磷甲酸钠是焦磷酸类似物，它与病毒在焦磷酸结合部位非竞争抑制疱疹病毒DNA多聚酶，抑制多种脱氧核苷三磷酸，作用有PFA中心磷分子的3-OH末端，阻断3-5-磷酸二脂键，使核酸不能延伸。非竞争地抑制逆转录病毒的逆转录酶，作用于依赖RNA的DNA及基质和模板。

2. 作用与用途　磷甲酸钠主要抑制疱疹病毒、嗜肝DNA病毒及逆转录病毒，兽医临床上用于防治猪伪狂犬病等。

（十一）靛红-β-缩氨硫脲

1. 药理作用　靛红-β-缩氨硫脲是痘病毒的一种强的抑制剂，也对某些腺病毒有效，主要干扰病毒密码子mRNA转译。

2. 作用与用途　在兽医临床上，可试用于防治猪痘等疾病。

（十二）阿糖腺苷

1. 性质　阿糖腺苷为嘌呤核苷同系物。

2. 药理作用　其能抑制病毒DNA多聚酶，而阻断病毒合成。

3. 作用与用途　兽医临床上，主用于防治仔猪伪狂犬病、单纯疱疹病毒引起的角膜炎等。

（十三）聚肌胞

1. 性质　聚肌胞为干扰素诱生剂。

2. 作用与用途　有广谱抗病毒作用，兽医了临床上，用于防治传染性犬肝炎病毒、疱疹性角膜炎、病毒性肝炎等。

（十四）吗啉胍

1. 药理作用　吗啉胍对流感病毒的增殖的各个阶段，有抑制作用，但对游离的病毒颗粒无抑制作用。

2. 不良反应　主要有胃肠道反应、低血糖等。

3. 作用与用途　主要用于防治动物病毒性流感病毒、疱疹病毒性角膜炎等。

（十五）黄芪多糖注射液

1. 性状　本品为无色或微黄色澄明液体。

2. 功能与主治　黄芪具有补中益气，固表，利尿解毒排脓，消炎敛疮生肌功能。现代研究证明，黄芪多糖具有机体免疫调节、增强机体非特异性细胞免疫和体液免疫能力，增加免疫细胞数量和抗体生成量，抵抗细菌、病毒感染；提高疫苗效力；促进病后康复的综合作用。

主治：

⑴避开疫苗使用前后24h应用，可明显提高疫苗免疫效果，并减少疫苗对畜禽造成的应激；

⑵对猪瘟、传染性口炎、传支等有直接的治疗作用。对体虚自汗、脱肛、阴道脱、子宫脱、衰竭症有效。

⑶配合敏感药物治疗疮肿疔毒、过敏性皮炎、渗出性素质、创口及溃疡面久不愈合等。

3. 用法与用量　肌肉、皮下注射，一次量：猪0.2mL/kg，每日1次，连用2d。亦可兑入饮水中服用，用量加倍。

4. 不良反应　标准暂无规定。

5. 注意事项　标准暂无规定。

（十六）双歧多糖（复方低聚寡糖可溶性粉）

1. 主要成分　低聚寡糖、紫锥菊多糖、黄芪多糖、香菇多糖等。

2. 性状　本品为棕褐色粉末。

3. 药理作用 低聚寡糖可选择性促进双歧杆菌的生长，对畜禽有免疫增强作用，可诱导机体产生干扰素和白细胞介导素，增强抵抗力；促进免疫系统发育和修复受损的免疫组织，提升免疫能力，促进抗体生成。

4. 适应症 主要用于抗病毒增强机体免疫力，主治猪多种病毒性疾病：蓝耳病、圆环病毒、流行性腹泻、无名高热等。

5. 用法用量 猪用：本品每百克拌料200kg，连用7d，重症遵医嘱。

6. 注意事项 轻微结块，不影响质量。

7. 不良反应 按标示量使用，未见不良反应。

8. 停药期 暂无规定。

9. 规格 100g：低聚寡糖30g、黄芪多糖30g、紫锥菊多糖10g、香菇多糖5g。

第三章 作用于血液循环系统的药物

第一节　强心药

强心药是能提高心肌兴奋性、增强心肌收缩力，从而改善心脏功能的药物。临床上主要用于治疗急性和慢性心功能不全。

对心功能不全的药物治疗，目的在于加强心肌收缩力，增加输出量，从而克服静脉系统的淤血状态。同时还应改善饲养管理，让患畜适当休息，减轻心脏负担。为消除水肿，积水，还应限制喂食盐，并使用利尿剂。

强心药可分为两类：

1. 强心甙类　如洋地黄、毒毛旋花子甙、铃兰毒甙、黄夹甙、福寿草总甙等。这类药物对心脏有较高的选择作用。在治疗量时对机体其他组织器官无明显影响。

2. 非甙类强心药　包括β受体兴奋剂如异丙肾上腺素、肾上腺素；中枢神经兴奋药，如咖啡因、樟脑等。

一、强心甙

（一）来源与化学

强心甙是一类选择作用于心脏，加强心肌收缩力，主要用于治疗慢性心功能不全（充血性心力衰竭）的药物。

强心甙有一级甙（甲甙）和二级甙（次甙）之分，天然存在于植物中的是一级甙，提取过程中经水解而得二级甙。常用的一级甙有毛花一级丙甙（西地兰）、二级甙有地高辛、洋地黄毒甙等。

各种强心甙制剂对心脏的作用在性质上是一样的，但在量上则有强弱，快慢，久暂的不同。临床上分两类：慢效类（如洋地黄叶、洋地黄毒甙）和速效类（如毛花丙甙、毒毛K、铃蓝毒甙、黄夹甙、福寿草总甙等）。

（二）强心甙的药理作用

强心甙的药理作用包括加强心肌收缩力，减慢心率，对心脏电生理特性的影响等3个方面，其中最主要的作用是加强心肌收缩力。

1. 加强心肌收缩力　强心甙能选择性地加强心肌的收缩性。在治疗浓度下对心肌细胞直接作用，这一作用在衰竭的心脏表现特别明显。

强心甙通过加强心肌收缩力，使心输出量增加，心脏排空完全，从而纠正心衰所引起的一系列症状。在加强心肌收缩力的同时，还可使心肌收缩敏捷，收缩期缩短，这也有助于心脏输出量的增加。强心甙对正常心脏在加强心肌收缩力时，是增加心肌耗氧量的，但对心功能不全和已经扩大了的心脏，则不增加甚至还能降低其耗氧量。

强心甙在加强心肌收缩力的同时，并相对地延长舒张期，还能减少功能不全的心肌耗氧量，这些特点在治疗充血性心力衰竭时是十分可贵的。

2. 减慢心率　强心甙减慢窦性频率的作用主要表现在心功能不全而频率加快的患畜中。心功能不全时由于心肌收缩无力，心输出量减少，使心率加快。强心甙减慢心率的作用主要是加强心肌收缩力继发的结果，终止窦性心动过速和室上性心动过速。

3. 对心脏电生理特性的影响　是通过对影响传导性、不应期以及心脏自律性实现的。

中毒量的强心甙可引起各种心律失常，心电图可出现相应的变化。

二、洋地黄

1. 性状 洋地黄为绿色或灰绿色粉末，有特殊臭，味极苦。宜置遮光容器内，密闭在干燥阴凉处保存。

2. 体内过程 单胃动物内服后，在肠内吸收良好。各种动物静脉注射洋地黄毒甙后经25min至2h呈现作用。有一部分可经胆汁排至肠腔，而后又由肠道吸收，形成肝肠循环，所以作用时间持久。大部分分布在肝及肌肉，肾脏分布也较多。

洋地黄主要在肝代谢成无活性的产物，由肾排出，少部分以原形由尿、粪排出。

洋地黄与洋地黄毒甙有局部刺激作用，内服有时引起胃肠反应，如食欲降低，呕吐等。洋地黄毒甙只作静脉注射，若皮下或肌肉注射可导致注射部位发炎、化脓。

3. 作用特点 洋地黄主要有效成分是强心甙，具有选择性的作用于心脏，加强心肌收缩力，同时还相对地延长舒张期，减少功能不全的心脏耗氧量，这些特点在治疗充血性心力衰竭时是十分可贵的。

对肾脏的作用，有利尿作用，主要是心肌收缩力加强而使肾血流量和肾小球滤过率增加的结果，是继发的。

4. 临床应用

(1)慢性心功能不全（充血性心力衰竭） 各种病因引起的慢性心功能不全，不论是左心衰还是右心衰，是瓣膜闭锁不全还是狭窄，也不论是否伴有心律失常，一般都可用洋地黄治疗。

对于急性心功能不全或慢性心功能不全的急性发作，则应选用速效类强心甙如西地兰等；也可选用非甙类强心药如安钠咖等。

(2)某些心律失常 ①心房纤颤和房扑动。房颤、房扑动可造成心室频率过快、导致心功能不全。用洋地黄后，可减慢传导，使来自心房的过多冲动不能完全传入心室，心室搏动得以减慢，因此可改善心室功能，减轻临床症状。②室上性阵发性心动过速。但室性心动过速不宜应用。

5. 不良反应 洋地黄等强心甙的安全范围狭窄，治疗量与中毒量之间距离小，易于中毒。由于它在体内停留时间较长，消除缓慢，中毒多由蓄积作用所引起。常见毒性反应有：

(1)胃肠道反应如食欲减退，腹泻等。猪、犬等能呕吐的动物可出现恶心、呕吐。这些往往是中毒早期出现的征兆。

(2)心脏反应这是洋地黄中毒的危险症状，严重时可引起死亡。主要表现为各种心律失常。

6. 中毒的防治

(1)发现中毒症状，宜停用洋地黄。

(2)对异位自律点兴奋引起的心率失常，应及时补充钾盐，可口服或静脉滴注氯化钾。

(3)对异位自律点兴奋的心律失常，又伴有严重房室传导阻滞时，则不宜用钾盐，因钾盐也能抑制房室传导。此时可用利多卡因。

(4)对中毒时的传导阻滞或窦性心动过缓，可用阿托品。

7. 洋地黄的给药的方法 一般分为两个步骤给药。第一步，于较短时期内应用足够剂量，使其发挥充分的效应。此剂量称为全效量，或称洋地黄化剂量。达到全效量的指征是心脏情况改善，心率减慢接近正常，尿量增多等。第二步，在获得全效后，尚需每天服用一定剂量，补充每天的消除量以维持疗效。

全效量的给药方法有两种：

(1)缓给法适用于慢性、轻型病例。将洋地黄全效量分为8剂，每隔8h内服一剂。首次投与全效量的1/3，第二次投与全效量的1/6，第三次以后每次投与全效量的1/12。如果想要更快地呈现效果时，还可将全效量分为4剂，首次服全效量的1/2，6h后服全效量的1/4，以后每隔6h服全效量的1/8。

(2)速给法适用于病情较重、较急的病例。可应用洋地黄甙注射液行静脉注射。首次注全效量的1/2，以后每隔2h注全效量的1/10。

达到洋地黄化后，每日投一次维持量，维持量为全效量的1/10。维持量应用时间长短常随病情而定，往往需维持用药1～2周或更长时间。维持量也可按病情作适当调整。

整个用药过程中均应密切观察症状的变化，以防中毒。2周内用过洋地黄等强心甙者，忌用速给法，更忌用静注其他快速强心甙类药物。

8. 应用注意

⑴洋地黄排泄慢，易蓄积中毒，对2周内未曾用过洋地黄者，才能按常规给药。

⑵用药期间，不宜合用肾上腺素、麻黄碱及钙剂，以免增强毒性。

⑶禁用于急性心肌炎、心内膜炎以及主动脉瓣闭锁不全等。

9. 制剂 洋地黄片：为暗灰绿色片，每片0.1g（1单位）。

洋地黄酊：为暗棕色或深绿色液体，有特臭，味极苦。1mL效价相当于1个洋地黄单位。

洋地黄毒甙（地吉妥辛）注射液：为洋地黄毒甙的灭菌稀乙醇溶液，遇光易变质。每支5mL∶1mg；10mL∶2mg。

三、毛花丙甙（西地兰）

1. 性状 为无色或白色结晶性粉末，有吸湿性，无臭，不溶于水，略溶于酒精。应密闭避光保存。

2. 作用特点 内服吸收率比洋地黄低，经胆汁排出少，经肾排出较多，较快，蓄积性较小。本品作用快，静脉注射约8min即可显效。3h出现最大疗效，疗效可持续2～3d。适用于急性和慢性心力衰竭、心房颤动及阵发性室上性心动过速。

用药后，待心率正常或心律稳定后，可用洋地黄或洋地黄毒甙维持治疗。

过量有食欲不振、腹泻、心动过缓、早搏等不良反应。

3. 制剂及用法 毛花丙甙注射液含醇注射液。2mL：0.4mg。静脉注射：混于10～20倍5%糖中缓慢注入。必要时可在4～6h后再注射0.8～1.6mg。亦可肌肉注射。

四、毒毛旋花子甙K（毒毛甙）

1. 性状 为白色或微黄色结晶性粉末，能溶于水与酒精。应置遮光溶器内，密封保存。

2. 作用特点 本品为高效、速效、短效强心甙药物。对心脏作用与洋地黄相似，对心肌的收缩作用特别显著，而对心率和房室束传导的影响相当小。口服不易吸收，只宜静脉注射，静脉注射困难时亦可肌注。静注后3～10min可显效，1～2h达最大效应，维持10～12h，排泄快，蓄积作用很小。适用于急性心力衰竭和慢性心力衰竭症状危急的病例。

本品虽然蓄积性很小，但在曾用过洋地黄治疗的患畜，须经1～2周后才能使用，否则会增加洋地黄在体内的蓄积，引起中毒。本品过量可引起早搏等不良反应。心血管有严重病变、急性心肌炎、细菌性心内膜炎忌用。

3. 制剂及用法 毒毛旋花子甙K注射液：为无色或微黄色澄明液体，遇光能变质。每支1mL：0.25mg；2mL：0.5mg。用葡萄糖溶液或生理盐水稀释10～20倍，缓慢注射，必要时2～4h后以小剂量重复一次。本品不能行皮下注射，因可引起局部炎症反应。也可首次静注半量，余下以1/8剂量每隔30min给药，维持量按全量的1/4每3h给药一次。

五、铃兰毒甙

1. 性状 为白色结晶性粉末，无臭，味苦。难溶于水，可溶于酒精。应密闭、避光保存。

2. 作用特点 本品为高效、速效、短效强心甙。作用比洋地黄毒甙强5倍，可视为毒毛旋花子甙的代用品。

本品内服不易吸收，且活性明显下降，皮下注射作用缓慢，效果较差，因此只宜供静脉注射。静注后5～10min显效。1～2h达最大效应，维持约1～2d。蓄积作用比洋地黄小。

3. 临床应用及注意 本品适用于急性和慢性充血性心力衰竭、阵发性心动过速。禁忌症、不良反应同洋地黄毒甙。

4. 制剂及用法 铃兰毒甙注射液：每支1mL：0.1mg。用葡萄糖溶液或生理盐水稀释10～20倍，在24h内分2～3次缓慢注入。

六、黄夹甙（强心灵）

1. 性状 为白色结晶，味极苦。微溶于水，易溶于酒精。应置遮光容器内，密封保存。

2. 作用及应用 本品作用迅速，静注疗效与毒毛旋花子甙K相似，而显效略慢，经10～30min可生效，1～2h达高峰，维持时间不长，约3h后作用渐消失。蓄积作用和副作用较小。

适用于急性、慢性心力衰竭的病例。

3. 制剂及用法 黄夹甙注射液：每支1mL：0.25mg。用葡萄糖溶液稀释10～20倍后缓慢注入。必要时可于4～12h后再注射1次。在24h内，不宜超过2次。

七、冰凉花（福寿草、侧金盏花）

1. 性状 为淡黄色非结晶性粉末，味苦，易溶于水及酒精。应置遮光容器内，保存于干燥阴凉处。

2. 作用及应用 本品强心作用与洋地黄相似。静脉注射作用迅速，10min内即可显效，且较温和而稳定，蓄积作用小。不良反应较少。此外，本品还有轻度的镇静作用。

适用于急性、慢性心力衰竭，心房颤动、心房扑动及室上性心动过速。禁忌症、不良反应、应用注意参见洋地黄。

3. 制剂及用法 冰凉花总甙注射液：每支1mL：0.25mg；2mL：0.5mg。用5%葡萄糖注射液稀释10～20倍，分3～4次，间隔6～12h缓慢注入。

第二节 止血药

能促进血液凝固或增进小血管壁正常结构与收缩功能，从而制止出血的药物，称止血药。

正常机体具有相当有效的止血机能。这包括血管壁结构正常；出血时局部小血管发生收缩；出血时血小板在血管破损处凝集并发生黏滞变性，释放血管收缩物质及凝血因子，配合组织液及血液中的其他因子，激活血液凝固过程，形成凝血块制止出血。

一、全身止血药

全身止血药按作用机理不同，可分为3类：①促进凝血因子活性：如钙剂、止血敏、仙鹤草素、凝血质、维生素K等；②抗纤维蛋白溶解：如6-氨基己酸、止血环酸、对羧基苄胺；③作用于血管的结构与机能：如安络血等。

（一）止血敏（酚磺乙胺）

1. 性状 为白色粉末，能溶于水，怕热和光，应密闭在晾暗处保存。

2. 作用 能增加血小板生成，促进血液中血小板增多，增强血小板的聚集和粘附，并释放凝血活性物质，缩短凝血时间，达到止血效果。尚能减少毛细血管通透性，减少血溶渗出。作用迅速，毒性低，无副作用。

3. 临床应用 用于预防及治疗各种出血性疾病，如脑、鼻、胃、肾、膀胱、子宫出血以及外科手术的出血等。

4. 制剂及用法 止血敏注射液：为无色澄明的灭菌水溶液。每支2mL：0.25g；10mL：1.25g。内加少量亚硫酸氢钠作为抗氧化剂。肌肉或静脉注射用量：猪2～4mL。如用于一般出血性疾病，每日给药2～3次；如为减少手术出血，可于手术前15～30min注射。必要时可每隔2h注射1次，也可与维生素K_3或6-氨基己酸等配合应用。

（二）凝血质（凝血活素、组织凝血致活酶）

1. 性状 为黄色或淡黄色软脂状或粉末，易溶于醚，与水能形成胶状混悬液。须避光避热保存。

2. 作用 能促进凝血酶原转变为凝血酶，加速纤维蛋白原转变为纤维蛋白，因而加速血液凝固过程。

3. 临床应用 外用治疗创伤或外科手术的出血，可用灭菌纱布或脱脂棉浸润凝血质注射液，敷于局部出血处。内用可治疗鼻出血，肺出血、便血、尿血及血斑病等。

4. 制剂及用法 凝血质注射液：为乳白色或淡黄色灭菌混悬液，应避光，避热在25℃以下保存，有效期1年。每支2mL：15mg；20mL：150mg。皮下或肌肉注射用量：猪5～10mL。注射前必须摇匀，如有沉淀，可放入60℃水中温热5min，摇匀后使用。本品禁止静脉注射，必免引起血管栓塞。

（三）维生素K

1. 来源与性状 维生素K为萘醌化合物，广泛存在于自然界。维生素K_1是黄色油状物，K_2是黄色结晶，都是脂溶性的，不溶于水。维生素K_3较为常用，是白色结晶性粉末，无臭或微有特臭，有吸湿性，遇光分解，在水中易溶，在酒精中微溶。K_4亦为白色结晶性粉末，可溶于水。均应置遮光容器内，密封保存。

天然维生素K（K_1、K_2）为脂溶性，需要胆汁协助吸收，作用较强而持久。合成维生素K（K_3、K_4）为水溶性，不需要胆汁协助即可吸收，作用较弱。

2．作用　维生素K的主要作用是促进肝脏合成凝血酶原。

3．临床应用　主要用于治疗因维生素K缺乏所引起的出血性疾病。

⑴由于胆汁缺乏引起的出血。因饲料中所含维生素K和肠道内大肠杆菌合成的维生素K是脂溶性的，它在肠内吸收需要胆汁或胆盐的帮助。如动物因肝脏病而引起胆汁缺乏症，则维生素K难于吸收，可引起维生素K缺乏。

⑵长期使用水杨酸钠及其制剂，因能防碍肝脏合成凝血酶原，使血中凝血酶原浓度降低而引起出血，故可应用维生素K来治疗。

⑶长期使用抗菌药物，由于抑制肠内的细菌，因而引起维生素K缺乏，也可应用维生素K来治疗。

⑷牛、猪的"甜苜蓿"病。由于霉烂的苜蓿干草或青贮料中含有双香豆素，能与维生素K竞争，抑制凝血酶原等的合成，导致低凝血酶原血症而出血。此时可用维生素K来作对抗治疗。

4．不良反应　天然的维生素K_1、维生素K_2无毒性。人工合成的维生素K_3和维生素K_4则因具有刺激性，长期应用可刺激肾而引起蛋白尿。此外，还能引起溶血性贫血和损害肝细胞。

5．制剂及用法　维生素K_3（亚硫酸氢钠甲萘醌）注射液：为无色澄明液体，遇光能变质，遇碱性药物即发生甲萘醌的鲜黄色沉淀。每支1mL：4mg；10mL：40mg。肌肉注射用量：猪30～50mg。每日2～3次。

维生素K_1注射液：每支1mL：10mg。本品与维生素K_3同，为脂溶性，胆汁缺乏时口服吸收不良。注射后作用较K_3、K_4迅速。

维生素K_4片：每片2mg或4mg。本品与维生素K_3同，为水溶性，不论有无胆汁分泌，口服吸收均良好，故可供内服。

（四）6-氨基己酸（氨基己酸）

1．性状　为白色或黄白色结晶性粉末，无臭，味苦，能溶于水，其3.52%水溶液为等渗溶液。应密闭保存。

2．作用　本品能抑制纤维蛋白溶酶原的激活因子，从而减少纤维蛋白的溶解，达到止血的目的；高浓度时对纤维蛋白溶酶有直接抑制作用。

3．临床应用　适用于纤维蛋白溶解症所致的出血，如外科大型手术出血、子宫出血、肺出血及消化道出血等。子宫、肺等脏器存在大量纤维蛋白溶酶原的激活因子，这些脏器损伤或手术时激活因子大量释放出来，使血液不易凝固，此时，使用氨基已酸是适当的，对一般出血不要滥用。

4．不良反应　对泌尿系统手术后的血尿，因易发生血凝块阻塞尿道，故忌用之。本品作用弱而短。排泄较快，需给维持量。

5．制剂及用法　注射液：为6-氨基己酸的灭菌水溶液。每支10mL：1g；10mL：2g。静脉滴注，首次用量：猪4～6g，加于100～200mL生理盐水或葡萄糖溶液中。维持量：猪1～1.5g。每小时1次。

（五）止血环酸（凝血酸、抗血纤溶环酸）

1．性状　白色结晶性粉末，能溶于水，不溶于酒精。

2．作用　本品为氨基酸类化合物。其止血机理与氨基己酸和对羧基苄胺相同，而止血效果似比对羧基苄胺高。

3．临床应用　同氨基己酸。对创伤性出血效果较显著。

4．制剂及用法　注射液：每支10mL：0.25g。静脉注射用量：猪0.25～0.75g。加入葡萄糖溶液或生理盐水中，缓慢注入或滴注。

（六）对羧基苄胺（对氨甲基苯甲酸、止血芳酸）

1．性状　为白色结晶性粉末，无臭，味微苦，有引湿性，可溶于水。应密闭避光保存。

2．作用　为抗纤维蛋白溶解药，止血机理与6-

氨基己酸相同，但没有氨基己酸易于排泄的缺点，故对病理性局部和全身纤维蛋白溶解酶活性增高，有明显抑制作用。止血效力较6-氨基己酸强4～5倍。毒性低，副作用小。

3. 临床应用　同6-氨基己酸。对一般渗血效果较好，对严重出血则无止血作用。不适，用于非纤维蛋白溶解引起的出血症。

4. 制剂及用法　注射液：每支10mL：0.1g。静脉注射用量：猪0.1～0.3g。与葡萄糖溶液或生理盐水混合后缓慢注入。

（七）安络血（安特诺新、肾上腺素腙）

1. 性状　安络血是肾上腺色素缩氨脲与水杨酸钠的复合物。为橙红色粉末，易溶于水及酒精，遇光易变质。应避光密闭保存。

2. 作用　安络血并没有拟肾上腺素作用，故不影响血压和心率。它可以增加毛细血管壁的抵抗力，并降低毛细血管的通透性，减少血液渗出。还能增进断裂的毛细血管断端的回缩作用。

3. 临床应用　用于毛细血管通透性增加而产生的出血，如衄血、肺出血、胃肠出血、血尿、子宫出血等。

4. 制剂及用法　安络血注射液（兽用止血针）：为橙红色透明液体，每支2mL∶10mg；5mL∶25mg。肌肉注射用量；猪2～4mL。每日2或3次。

安络血片：每片2.5mg或5mg。内服量：猪5～10mg。每日2或3次。

二、局部止血药

（一）明胶海绵（吸收性明胶海绵）

1. 性状　为白色或微黄色质轻软而多孔的海绵状物。吸水性强，在水中不溶。在胃蛋白酶溶液中能完全消化。

2. 作用　本品具有多孔性和表面粗糙的特点，敷于出血部位，可造成良好的凝血环境，血液流入其中，血小板被破坏，可促进血浆凝血因子的激活，加速血液凝固。

3. 临床应用　适用于外伤出血及手术时的止血。它在出血部位经4～6h即可完全被吸收。用时，可按出血创的大小将本品切成所需大小，轻揉后敷于创口渗血区，再用纱布按压即可止血。本品系灭菌制剂，拆开包装后，在使用过程中要求无菌操作。打开纸包后不宜再行消毒，以免延长明胶海绵被组织吸收的时间。

（二）淀粉海绵

1. 作用　作用原理与明胶海绵相同。

2. 临床应用　用于局部止血。由于质较硬脆，在软的脑组织上使用时不能施压，以影响止血效果，故不适用于脑部止血。

临用时，用灭菌生理盐水浸软后，取出，挤去水分。

（三）氧化纤维素（止血纤维素）

1. 性状　为白色或乳白色纤维状物或其纺织物。味酸，略有焦臭。不溶于水及酸，可溶于稀碱。

2. 作用　本品具有不规则空隙，血液进入后，血小板迅速破裂，释放凝血因子促进凝血。加之本品有支架作用，使血凝块不易脱落，故可达到止血目的。

3. 临床应用　用于创伤及手术止血。用时，无菌操作敷于出血处。本品可被组织吸收，不必取出。

（四）三氯化铁（氯化高铁）

1. 性状　本品为橙黄色或棕黄色结晶块，无臭或稍带盐酸臭，味带铁涩，极易溶于水，露置空气中极易潮解，在日光下一部分还原为氯化亚铁。宜遮光密闭保存。

2. 作用与用途　本品为可沉淀蛋白质，对局部有收敛和止血作用，也有防腐消毒作用。主要外用其1%～5%溶液于皮肤和黏膜的出血。

3. 用法　水溶液应临用现配，可涂于局部，或制成止备棉应用。

第三节　抗凝血药

能防止或延缓血液凝固的药物称抗凝血药，常简称抗凝剂。

在输血或化验室血样抗凝时，为了防止血液在体外凝固，须加用抗凝剂，是为体外抗凝。当手术后或患有形成血栓倾向的疾病时，为防止血栓形成和扩大时，也要向体内注射抗凝剂，是为体内抗凝。

一、枸橼酸钠（柠檬酸钠）

1．性状　为无色结晶或白色结晶性粉末，无臭，味咸凉。易溶于水，不溶于酒精。在湿空气中微有潮解性，在热空气中有风化性。应密封保存。

2．作用　枸橼酸钠是体外抗凝血药。它能与血钙形成一种可溶性而难解离的络合物，使血钙浓度降低而产生抗凝血作用。在体内不能产生抗凝作用，如用静滴输血时，其中所含枸橼酸钠并不产生血钙过低反应。因为枸橼酸钠在体内易氧化，机体氧化速率已接近于其输入速率。若输入过快或量太大，机体来不及氧化，可能招致中毒，出现血钙过低，此时可静注氯化钙解毒。

3．临床应用　本品可用于输血或化验室血样抗凝。一般配制成2.5%～40%灭菌溶液，在每100mL全血中加10mL，即可使血液不再凝固。

兽医临床有时也静注高渗（10%）枸橼酸钠作止血药治疗内出血。其作用原理可能是促进血小板的破坏，从而缩短凝血时间。若注射剂量过大，可使血钙急剧下降，患畜颤抖，严重时可抑制心肌而死亡，应予注意。

4．制剂及用法　注射液：为含枸橼酸钠2.5%与氯化钠0.85%的灭菌水溶液。每支10mL：0.25g。体外抗凝用量：每百毫升血液中加此注射液10mL。

二、肝素

1．性状　肝素是得自肝脏，故名。药用肝素由猪、牛肺中提得。本品为白色或淡黄色粉末，易溶于水。应遮光密封，在凉处保存。

2．作用　肝素在体内、体外均有抗凝作用，静脉注射时还可使脂蛋白脂酶释放和稳定，因而降低血浆甘油三酯。肝素的抗凝作用非常迅速、强大。不同制剂的肝素分子量不一，3 000～50 000单位，据认为低分子量者比高分子量者抗凝作用为强。

3．临床应用

(1)作为体外抗凝剂用于输血和血样保存。

(2)作为体内抗凝剂，防治血栓栓塞性疾病。也可用为体外循环、动物交叉循环时的抗凝剂。

4．应用注意

(1)肝素口服给药无效，须以注射法给药（多用静脉滴注）。

(2)本品禁用于出血性素质和伴有血液凝固延缓的各种疾病、肝肾功能不全、脑出血、妊娠及产后等。

(3)鱼精蛋白硫酸盐为肝素对抗剂，在体内能与肝素结合，使其迅速失效。

5. 制剂及用法　注射液：每支1mL：1.25万U。静脉滴注用量：猪100～130IU/kg。以5%葡萄糖或生理盐水稀释后滴注。在体外每500mL血液加1mL肝素，可在4h内制止血凝。血样保存，每毫升血液含10IU肝素即可。

三、双香豆素

1．来源与性状　双香豆素、华法林和新抗凝都具有4－羟基香豆素的基本结构，总称香豆素。本品为白色或乳黄色结晶性粉末，微有香气。味稍苦，在水中几乎不溶，在强碱溶液内易溶，开环成可溶性盐。

2．作用　为口服抗凝药，在体外无效。与肝素相比，其作用特点是缓慢、持久。双香豆素主要在肝脏内抑制凝血酶原（Ⅱ）及凝血因子Ⅶ、Ⅸ和Ⅹ的合成，对已合成的因子无效，故用药后必须待血浆中存在的凝血酶原和其他因子耗竭后才能显效。同样停药后各凝血因子的形成尚需要一定时间，因而作用时间持久。

3. 临床应用　主要用于预防与治疗血管内栓塞、

术后血栓性静脉炎等。法华令还是抗凝血杀鼠药。

4. 应用注意 应用本品时，应定期测定凝血酶原活性，凝血酶原活性降至25%时应停药。口服过量可引起自发性出血（尿血、脑或体腔出血），此时须停药，并注射维生素K或输血解救；禁忌症同肝素。

四、双链霉

1. 性状 为白色或类白色结晶性或无定形粉末，能溶于水。

2. 作用 在血栓形成过程中，纤维蛋白从血浆中吸附大量纤溶酶原，纤溶酶原粘附在纤维蛋白的表面上，也位于血栓的液体部分。溶栓酶能渗透到血栓内部激活纤溶酶原使其转变为纤溶酶，这样就能加速栓塞溶解。去氧核糖核蛋白能水解脓内或痰内的去氧核糖核酸，因而可液化脓液，使其易于排除。两者合用于局部，以去除创伤或发炎时所出现的血凝块以及纤维性或化脓性物质。

3. 临床应用

⑴外用 用于各种伤口及术后感染、一般化脓性疾患（如蜂窝织炎、乳腺炎等）、慢性溃疡、各种烫伤感染等，创口清洗后在湿润状态下撒一薄层药粉。

⑵局部注射 如眼球后注射、眼球结膜下注射，用于眼前房出血、玻璃体积血等。

⑶滴用 用于化脓性中耳炎、结膜炎等。

4. 应用注意

⑴使用时如大量出血，即应暂停使用，必要时给予止血药。

⑵一些杀菌剂或重金属剂如呋喃西林、红汞等对酶有破坏作用，不宜在一起应用。

⑶不能作静脉注射。

五、菠萝蛋白酶（菠萝酶）

1. 性状 为浅黄色无定形粉末。微有异臭。略溶于水，不溶于乙醇等有机溶剂。

2. 作用 本品是一种具有消炎、抗水肿作用的巯基酶。酶活力能被半胱氨酸激活，而受重金属抑制。本品能分解肌纤维，用于外伤或手术后浮肿和炎症。可单独或与胰蛋白酶制成合剂使用，消除各种单纯性炎症、水肿、血肿，能促进抗生素、化疗药物对病灶的渗透和扩散。

3. 临床应用 用于支气管炎、急性肺炎、产后乳房充血、乳腺炎、产后血栓、静脉炎和视网膜炎等。与抗菌药物合用治疗关节炎、关节周围炎、蜂窝组织炎等均有效。

4. 制剂及用法 片剂：每片5万IU、10万IU。外用：0.1%～0.2%溶液（以生理盐水为溶媒）外敷，每日1～2次。对趾间糜烂、腐蹄病等坏死性感染，可外用（以聚乙烯二醇为基质）菠萝蛋白软膏（每克含5万IU）贴敷创面，外包防水布，以绷带固定、每周换药一次。

六、透明质酸酶（玻璃酸酶）

1. 性状 为白色无定形粉末或颗粒。无臭、无味。易溶于水，遇热易变质。

2. 作用 透明质酸是组织基质中的主要成分，能限制水分和其他细胞外物质的扩散。此酶可水解透明质酸，而减低体液的黏稠度，增加组织的渗透性，促进药液、局部渗出液或血液的吸收和扩散，减轻疼痛等。用药局部的透明质酸，24h后可部分恢复，48h后可完全恢复。

本品与浸润麻醉的局麻药合用，可促进药液的渗透而扩大局麻面积，但是可降低局麻的持续时间。对此，可用肾上腺素对抗之，向局麻药液中同时加入透明质酸酶和肾上腺素，可使局麻区域扩大1倍，维持时间延长5倍。

3. 临床应用 治疗关节炎的疗效较糖皮质激素类为好。此外，用于促进皮下给药的吸收、手术及创伤后血肿的消散等。

透明质酸酶与普鲁卡因、肾上腺素合用，作眼球后注射，可使青光眼降压，还可减少虹膜炎与角膜溃疡的前房积脓。作眼球结膜下注射，可改善角膜营养，增加角膜缘的通透性，对角膜血管翳有一定疗效。

4. 制剂及用法 注射用透明质酸酶：浸润麻醉时，于每10mL局麻药液中加入透明质酸酶0.15～0.2mg。治疗关节炎时，根据关节大小及病情等，可抽出关节液2～10mL后，注入本品5～20mg。

透明质酸酶滴眼液：用0.05%的溶液，每2h

一次。结膜下注射用量：0.04%～0.1%注射液，0.5mL；眼球后注射用量：0.03%～0.1%注射液，1mL，每日或隔日一次。

七、依地酸二钠（依地酸钠）

1. 性状　为白色结晶性粉末。无臭，具微酸味。可溶于水，微溶于乙醇。

2. 作用　依地酸二钠是一种螯合剂。静脉注射后，可与血液中的钙离子结合成可溶性络合物，并经肾排出，故可降低血钙浓度。静注时宜溶于5%葡萄糖液中缓慢滴入。若用量过大，可致血钙剧降，甚至致死，故需注意勿使过量。

3. 临床应用　用于治疗高血钙症及洋地黄等强心甙中毒所致的心律紊乱。

依地酸二钠广泛用于实验室检查血样的抗凝剂，0.5～2mg能使5mL血液不凝固，效果较其他抗凝剂优越。

第四节　抗贫血药

能补充造血物质，增进造血机能，用于治疗贫血症的药物称抗贫血药。

贫血是指循环血液单位容积中红细胞数和血红蛋白量低于正常值的病理状态。兽医临床上常按其病因和发病原理把贫血分为4种：出血性贫血、溶血性贫血、营养性贫血（包括缺铁所致的低色素性小红细胞性贫血、缺乏维生素B_{12}或叶酸所致的巨幼红细胞性贫血，或称大红细胞性贫血）和再生障碍性贫血。在治疗上，前两者主要是消除病因。营养性贫血主要是补充铁及铜、钴、维生素B_{12}、叶酸等造血物质。再生障碍性贫血治疗较为困难，在去除病因的同时可输血，并采用中西结合的综合治疗手段，也可试用氯化钴、皮质激素、同化激素（如苯丙酸诺龙）等治疗。

一、铁制剂

1. 铁的生理作用　铁是机体不可缺少的成分。它是血红蛋白、肌红蛋白、细胞染色质及组织酶（细胞色素酶、细胞色素氧化酶、过氧化酶、触酶等）的组成部分，并从而使它们具有携氧和运氧的机能。血红蛋白铁占全身含铁量的60%，对全身总铁量的影响最大。

天然饲料中含有丰富的铁，故动物在一般情况下不会缺铁。初生仔猪贮铁量较低，而且在3周内体重增长很迅速，如不补充铁，易发生缺铁性贫血，每天须口服铁大约15mg。

2. 临床应用　主要用于治疗或预防缺铁性贫血。缺铁多见于以下情况：

⑴哺乳或生长期幼畜，妊娠或泌乳期母畜，需铁量增加而摄入铁量不足。

⑵胃酸缺乏、慢性腹泻等消化不良，肠道吸收铁的功能减损。

⑶慢性失血，使体内贮铁耗竭。

⑷急性大量失血后恢复期，铁作为造血原料需要量增加。

临床上通常使用铁剂内服。对口服吸收不好或不能口服的病例，可使用注射用铁剂，但需严格控制剂量。

3. 不良反应　铁剂口服对胃肠有刺激性，可致食欲减退、腹痛、腹泻等。可饲后投药。有时也可引起便秘。副作用严重时应停药。肌肉注射铁剂常引起疼痛，静脉注射可引起静脉炎。急性中毒可见发热、呼吸困难、大汗，甚至休克等反应。解毒时可肌肉注射去铁敏，剂量20mg/kg，每4h一次。严重肝、肾损害者忌用铁剂。

4. 制剂及用法

（1）硫酸亚铁　为透明淡兰绿色柱状结晶或颗粒，无臭，味咸、涩，易溶于水。在干燥空气中即风化，在湿空气中易氧化，表面生成黄棕色的碱式硫酸铁。须密封保存。本品价廉，刺激性较小，较为常用。多配成0.2%～1%溶液内服。还有片剂或配成饲料添加剂内服。用量：猪0.5～4g。

（2）枸橼酸铁铵（柠檬酸铁铵）　为透明棕红

色的菲薄鳞片或颗粒，或为棕黄色粉末，无臭，味咸。在水中极易溶解，有引湿性，遇光易变质。应置遮光容器内，密封保存。本品为三价铁制剂，较硫酸亚铁难吸收，但无刺激性，作用缓和。常配成10%溶液内服。内服量：猪1～2g。每日2～3次。

（3）右旋糖酐铁注射液 为右旋糖酐铁的灭菌水溶液，深褐色胶状液体。2mL：元素铁50mg；1mL：元素铁25mg。本品适用于不宜内服铁剂的患畜，或缺铁严重急需补铁的患畜。深部肌肉注射用量（元素铁）：仔猪100～200mg。

（4）葡聚糖铁钴注射液（铁钴针） 为右旋糖酐与三氯化铁及微量氯化钴制成的胶体注射液，带暗褐色黏性胶状液。2mL：元素铁50mg；10mL：元素铁250mg。适用于仔猪贫血及其他缺铁性贫血。深部肌肉注射量：生后4～10d的仔猪2mL。重症贫血隔2d同等剂量重复一次。

二、叶酸（维生素Bc、维生素M）

1. 性状 叶酸由蝶啶核、对氨苯甲酸及谷氨酸三部分组成。属水溶性B族维生素。为黄色或橙黄色结晶性粉末。极难溶于水，微溶于沸水，在中性或碱性溶液中对热稳定，遇光则失效。应遮光贮存。

2. 作用 叶酸主要的生理作用是促进核酸（DNA和RNA）合成，从而促进蛋白质的合成和细胞分裂。家畜由于肠道微生物能合成叶酸，因此，一般不易发生缺乏症。只有雏鸡、猪、狐、水貂等必须从饲料中摄取补充。长期使用磺胺类等肠道抑菌药时，家畜也可能发生叶酸缺乏症。

3. 临床应用 用于巨幼红细胞性贫血。叶酸对动物的生长发育、提高生产效能有很大意义，特别是大群养猪，作为饲料添加剂以预防疾病，促进生长。

4. 制剂及用法 片剂：每片5mg。内服日量：猪0.2～0.4mg/kg。

叶酸注射液：1mL：15mg。

三、维生素B_{12}

1. 来源与性状 本品为深红色结晶或结晶性粉末。无臭无味。引湿性强在水中或乙醇中略溶。

在中性或弱酸性溶液中稳定，在碱性或强酸性溶液中，会逐渐失效。受光照射易分解，应遮光密封保存。

2. 体内过程 维生素B_{12}肌肉或皮下注射可迅速吸收。口服时可与胃黏膜壁细胞分泌的一种糖蛋白（或称内因子）相连结，形成复合物，保护维生素B_{12}不被肠液消化，该复合物至回肠处，与绒毛的特殊受体结合，才与内因子离解而进入血液。

维生素B_{12}吸收后，与血浆中蛋白质结合，再转运至肝和全身其他组织。肝脏中贮量最多，当机体维生素B_{12}缺乏时，其可释放入血，供机体利用。

注射的维生素B_{12}主要经尿排出。肠中未吸收的维生素B_{12}由粪排出。

3. 作用 维生素B_{12}有广泛的生理作用，它是机体生长发育、造血功能、上皮细胞生长及维持神经髓鞘完整所必须的物质。在动物缺乏维生素B_{12}时，常可导致猪的大红细胞性贫血，犊发育停滞，猪、犬、鸡等生长发育障碍，鸡蛋孵化率降低，猪运动失调等。

4. 临床应用 主要用于治疗维生素B_{12}缺乏所致的病症，如巨幼红细胞性贫血。也可用于神经炎、神经萎缩、再生障碍性贫血、放射病、肝炎等的辅助治疗。在畜牧业中，常用维生素B_{12}或含维生素B_{12}的抗菌素残渣喂猪，以促进其生长。

5. 制剂及用法 注射液：每支1mL：1mg；1mL：0.1mg；1mL：0.5mg；1mL：0.05mg。肌肉注射量：猪0.3～0.4mg。每日或隔日一次。

片剂（粉剂）：每片25mg。混饲给药，仔猪0.05mg。

第五节　体液补充剂

一、血容量补充剂

大量失血或失血浆（如烧伤）可引起血容量降低，导致休克。迅速补足以至扩充血容量是抗休克的基本疗法。

人造代血浆为抢救失血性休克的重要药剂，在外伤、手术及各种内科、外科出血性疾病的治疗上，均具有极重要的意义。

（一）右旋糖酐（葡聚糖）

1. 来源与性状　右旋糖酐是葡萄糖的聚合物，由于聚合的葡萄糖分子数目的不同，可获得分子量大小不等的产品。临床上常用的有3种产品：中分子右旋糖酐、低分子右旋糖酐和小分子量右旋糖酐。本品为白色粉末，无臭，无味，易溶于水。水溶液为稍带黏性的澄明液体。常温下稳定，加高热则变色或分解。

2. 作用

⑴扩充血容量右旋糖酐为胶体溶液，其扩充血溶量作用主要是由于提高胶体渗透压的结果。当高渗压的右旋糖酐静注后，一方面可直接补充血溶量，另一方面由于提高血浆胶体渗透压，将组织中的细胞外液引入血管内，使血容量扩张。由于血容量扩张，使血压升高。

⑵改善微循环、防止弥散性血管内凝血微循环处于小动脉末端和小静脉起始部分之间，是进行体液和物质交换的重要场所，是完成循环机能的一个重要部分。目前认为微循环灌注不足，组织缺氧是休克发展过程中的中心环节。改善微循环，增加组织血液灌注量是抗休克的主要措施之一。由于低分子量右旋糖酐能降低血液粘滞度，阻止红细胞和血小板凝集，具有轻度的抗凝作用，可加速血液流动，疏通微循环，增加微循环血灌注量，可防止弥漫性血管内凝血，对纠正休克有较好的效果。

⑶抗血栓形成右旋糖酐是有效的抗血栓形成剂，低分子量右旋糖酐有“通脉液”之称。

⑷利尿作用右旋糖酐能扩充血容量，增加毛细血管床的血流量，增加肾血流量，使肾小球滤过率增加，尿量增多；低分子量右旋糖酐，因分子量较小，可快速由肾小球滤过，在肾小管不被重吸收，提高原尿渗透压，产生渗透性利尿作用。可用于预防急性肾功能衰竭。

3. 临床应用　临床上主要用于抗休克，右旋糖酐扩充血容量作用较持久，低分子右旋糖酐改善微循环作用较好。小分子量右旋糖酐主要用于改善微循环，对抗血栓形成。

4. 不良反应　偶见有过敏反应，如发热、荨麻疹等，极个别病例有血压下降、呼吸困难等严重反应，应予注意。

由于制剂中常含有少量大分子右旋糖酐，在连续用药后，大分子右旋糖酐在体内蓄积，可能由于影响了血小板的正常功能，使血凝障碍而出血。故本品禁用于血小板减少症和出血性疾病。对心功能不全患畜慎用，以防止因血容量过度扩张而增加心脏负担。

5. 应用　注意本品迂金属盐溶液发生沉淀，与碘呈无色反应，迂碱亦发生降解反应。配制右旋糖酐溶液时，必须用生理盐水为溶媒，以防止因缺钠而加重内毒素休克经过中的低钠血症。

6. 制剂及用 法　右旋糖酐氯化钠注射液：每瓶500mL含中分子右旋糖酐30g。氯化钠4.5g。静脉注射量：猪250～500mL。用至生效。

右旋糖酐注射液：每瓶500mL，含中分子右旋糖酐30g，葡萄糖25g。静脉注射用量同右旋糖酐氯化钠注射液。

低分子右旋糖酐注射液：为10%低分子右旋糖酐的等渗氯化钠溶液，每瓶500mL。静脉注射剂量视病情而定。

小分子右旋糖酐注射液（409代血浆）：为12%小分子右旋糖酐的等渗氯化钠溶液，每瓶

500mL。静脉注射剂量同低分子右旋糖杆注射液。

（二）葡萄糖（右旋糖）

1. 性状 无色结晶或白色结晶性或颗粒性粉末，无臭，味甜，易溶于水，应密封保存，多制成注射剂应用。

2. 作用

(1)补充水分、消除水肿 5%葡萄糖液为等渗压溶液。5%～10%葡萄糖液多用于不需补钠的脱水症，以补充水分。50%葡萄糖液为高渗压溶液，大量输入后能提高血浆渗透压，使组织水分被吸收入血液，并经肾排出，从而可消除水肿。缺点为增高血浆渗透压作用不大，脱水作用较弱，维持时间较短和可引起颅内压回升等。

(2)供给能量 本品是机体的重要营养物质，能量的主要来源。其在组织内分解、氧化放出的能量，主要贮存于高能磷酸化合物中，以供应机体各种活动的需要。对仔猪的低血糖症，还有补充血糖的作用。

(3)强心与利尿 葡萄糖是衰竭的心肌，特别是伴有缺血、缺氧心肌的主要能源物质。因此，当心肌缺血、缺氧时，如能及时供应充足的葡萄糖，可使糖酵解速度提高，从而改善缺血、缺氧心肌的工作能力。当心肌缺血缺氧时，应争取尽早给予葡萄糖和胰岛素。

大量输入葡萄糖液，由于体液容量增加和部分葡萄糖自尿中排出，带出水分，从而产生利尿作用。

(4)解毒 肝脏是机体的主要解毒器官，其解毒能力的大小与肝内糖原含量有关；肝脏的部分解毒机能，又是通过葡萄糖的氧化产物葡萄糖醛酸与毒物的结合，或依靠糖代谢的中间产物乙酰基的乙酰化作用而使毒物失效，故葡萄糖具有解毒作用。可用于各种中毒如化学药品、细菌性毒物等中毒的解毒。

3. 临床应用

(1)用于机体脱水、大失血等，以补充体液。

(2)用于重病、久病、过劳等患畜，可补充营养、供给能量。也可用于仔猪低血糖症。

(3)对各种中毒可用为辅助治疗。50%葡萄糖液还可用为脑水肿、肺水肿的辅助治疗。

(4)心脏衰弱时可静注葡萄糖液，以增强心肌营养，改善心脏功能。

4. 制剂及用法 葡萄糖注射液：5%500mL、10%500mL、25%50mL。静脉注射量：猪10～50g。

葡萄糖氯化钠注射液：含5%葡萄糖和0.9%氯化钠的灭菌水溶液。静脉注射：猪250～500mL。

二、电解质平衡调节药

电解质除构成组织细胞和体液的成分外，在维持正常生理机能上也具有重要作用。家畜每天从消化道摄入电解质，同时主要由肾脏排泄。电解质不断地在细胞内、外液之间进行交换，参加交换的电解质主要有Na^+、K^+、H^+、Cl^-和HCO_3^-等。

在正常情况下，电解质的排出主要是靠肾脏，仅有少量是从汗液和粪便中排泄。当体内缺乏电解质时，肾脏对钠、氯即起保留作用，而对钾只有在严重缺乏时，才有保钾作用。

（一）钠盐

1. 体内过程 动物从饲料中摄入氯化钠，同时亦排出相等的量。钠在消化道中几乎全部被吸收，主要是通过肠黏膜细胞的主动转运。钠的排泄主要是经肾随尿排出，仅小部分随汉排出，但大量出汉时则例外。猪的氯化钠每日需要量为6～10g。

2. 作用

(1)钠是保持细胞外液的渗透压和容量的重要成分，恒定的渗透压为维持生命所必需。0.9%氯化钠溶液（生理盐水）相当于哺乳动物体液的等渗压。

(2)血液缓冲系统中的主要缓冲碱—碳酸氢根离子，常因钠离子增减的影响而升降，故体内钠离子的总量对酸碱平衡也具有重要作用。

(3)体液中各种离子必须保持一定的浓度和适当的比例，才能维持机体的正常功能，这也就是神经、肌肉应激性得以维持正常的必要保证。钠离子的正常浓度是保证这一功能的重要条件。

3. 临床应用 钠盐主要用于预防和治疗低钠综合征。对于各种缺钠性脱水症，输入生理盐水是极重要的治疗措施。

氯化钠不足或缺乏时，可使胃液分泌减少，引起胃肠消化机能障碍，患畜呈现食欲减退、生长停滞、营养不良。

血钠过高常见于高渗性脱水，此外，家畜误食过多的食盐，或长期用食堂残羹、酱渣、淹鱼渣等含盐多的饲料喂猪时，均可引起血钠过高而发生食盐中毒。

4. 不良反应与注意事项

⑴补给生理盐水，一般无不良反应，但禁用于肺水肿，对有心脏衰弱、肾炎、腹水、颅内疾患的患畜也应慎用。

⑵生理盐水（pH=7.0）较体液（pH=7.4）相对为酸性。因此，对已有酸中毒倾向的患畜，大量输入生理盐水，可使血浆氯化物增高，形成高氯性酸中毒。防止的方法是采用碳酸氢钠－生理盐水，或乳酸钠－生理盐水，输入此种制剂同时还可纠正酸中毒。

5. 制剂及用法

（1）氯化钠注射液　含0.9%氯化钠的灭菌水溶液。每支10mL；每瓶250mL或500mL。静脉注射用量：猪200～500mL。

（2）复方氯化钠注射液（林格氏液）　含0.85%氯化钠，0.03%氯化钾，0.033%氯化钙的灭菌水溶液，常用于补盐。每瓶500mL。静脉注射用量：猪250～1000mL，需要时可增加剂量。

（3）含乳酸钠任氏液　含0.57%～0.63%氯化钠，0.027%～0.033%氯化钾、0.018～0.022%氯化钙、0.029%～0.033%乳酸钠的灭菌水溶液。可扩大细胞外液容量，纠正酸中毒，用于防治食欲废绝，严重腹泻，肠便秘患畜的补液和出血性及创伤性休克等。静脉注射量同复方氯化钠注射液。本制剂或为含0.62%氯化钠、0.03%氯化钾、0.016%氯化钙、0.033%乳酸钠、0.03%碳酸氢钠的灭菌水溶液。应用及剂量同复方氯化钠注射液。在临床上用本品与右旋糖酐按4∶1或7∶3比例配合应用，疗效更佳。

（二）钾盐

1. 体内过程　动物从饲料中摄入的钾盐主要在肠内被吸收，吸收后的K^+很快进入细胞内。正常时仅有1.2%钾存在于细胞外液，其余的钾几乎全部集中在细胞内。细胞外液中的钾主要以离子状态存在，细胞内液的钾除离子状态外，一部分与蛋白质相结合，另一部分与糖，磷酸盐相结合。细胞外液中过量的K^+，很快通过肾脏由尿排出。粪中排出的钾，不超过摄入量的10%。一般说来，饲料中含有的钾盐是足够机体需要的。但在病理情况下如腹泻时则粪中排出的钾可能达到正常时的10～20倍之多。当肾功能不全，排尿减少时，则病畜容易发生血钾过高。

2. 作用

⑴钾为细胞内主要阳离子，从而能维持细胞内渗透压，机体钾代谢的异常会影响体液的酸碱平衡。

⑵钾参与糖、蛋白质和能量等的代谢过程。

⑶细胞内，外液中一定的钾浓度，为神经冲动及其传导、肌肉收缩及心肌收缩的协调所必需。

⑷心肌细胞内、外的钾浓度对心肌的自律性、传导性和兴奋性都有影响，临床上血钾过低的患畜在心脏方面的变化以心律失常为主。

⑸钾能对抗洋地黄对心脏的毒性作用，故可用于洋地黄等强心甙中毒所致的阵发性心动过速、或频发室性早搏等，但如有心搏传导阻滞时忌用钾盐。

3. 临床应用　钾盐主要用于各种原因引起的钾缺乏症或低钾血症，以氯化钾最为常用。

钾的摄入量不足、排出量增加，可产生钾缺乏症或低钾血症，其症状为肠麻痹、心肌收缩力减弱，心律失常、肌肉无力或麻痹、腱反射减退或消失，急性严重的低血钾可致患畜昏迷、抽搐。血钾过高时神经冲动的传导和肌肉收缩都受到抑制。

当低钾血症同时伴有低氯时，应用氯化钾更为合适。

4. 不良反应与注意事项

⑴晚期慢性肾功能不全时，由于钾排出较慢，故应慎用钾盐。在补钾之前，必须了解肾脏的排尿功能，在尿量很少和尿闭未得到改善之前，严格禁用钾盐。

⑵钾盐的胃肠道外给药法并无优点，最便利的补钾方法是内服。但氯化钾内服对胃肠道刺激性较强，因此最好采用稀溶液在饲后灌服，以减少刺激性。

⑶低钾血症病情严重而不能内服时，必须静滴氯化钾注射液。静滴时必须先行稀释，静滴速度宜缓慢，否则不但对静脉的刺激性大，更严重的是钾盐浓度过高，速度过快，而使血浆内钾离子浓度短

时内显著上升，可抑制心肌，甚至心脏突然停搏。

5. 制剂及用法

（1）氯化钾注射液 含10%氯化钾的灭菌水溶液。每支10mL。用于防治低血钾症和洋地黄中毒所致心律不齐。静脉滴注时必须以生理盐水或5%～10%葡萄糖注射液稀释成0.1%～0.3%的浓度，以小剂量连续使用。静脉注射用量：猪5～10mL。

（2）复方氯化钾注射液 含0.28%氯化钾、0.42%氯化钠、0.63%乳酸钠的灭菌水溶液。除能补钾之外，还可纠正一般的酸中毒。静脉注射用量：猪250～500mL。

（三）钙盐与镁盐

钙为细胞外液的阳离子，镁为细胞内液的阳离子，体液中含量很少，在组织内含量较多。如所有组织均含镁，而体内总镁量的70%左右在骨中，其余在细胞内液中，细胞外液中含量很少。各种家畜血浆中镁的正常含量有所不同。体液中各种离子必须保持一定的浓度和适当的比例，才能维持机体正常的生理功能。

氯化钙常与钠盐、钾盐配合，用于配制平衡溶液和各种体液补充剂。

三、酸碱平衡调节药

体液的酸碱度具有重要的意义，因为细胞只能在酸碱度适宜的环境中生活，体液的酸碱度如超过一定界限，就会影响酶的活性，引起物质代谢的异常，同时细胞内各种物质的理化性状常因之而改变，所有这些变化都会显著地影响机体的正常机能。

机体每天不断地摄入各种酸性或碱性物质，而且在代谢过程中又不断产生酸性物质，若没有良好的调节系统，势必产生酸碱平衡紊乱，影响细胞的正常代谢。血液的酸碱度所以能在一定范围内维持恒定，有赖于体内3种主要酸碱平衡系统的作用，即血液的缓冲系统、呼吸和肾脏的调节作用。

（一）碳酸氢钠

1. 性状 白色结晶性粉末，无臭，味咸，可溶于水，不溶于酒精。在潮湿空气中可缓慢分解，应密闭保存。

用碳酸氢钠配制注射剂时，为了避免二氧化碳散失，防止药液变性，应密闭瓶口，在水浴锅内煮沸灭菌。

2. 作用 碳酸氢钠内服或静注后，在体内可直接解离成Na^+和HCO^-_3，HCO^-_3可与体液中过剩的H^+结合生成H_2CO_3，H_2CO_3再分解为CO_2和H_2O，CO_2由肺呼出，而Na^+在体内存留，于是体液中H^+浓度下降，酸中毒得以纠正。碳酸氢钠直接增加机体的碱储，对正常的机体由于增加碳酸氢盐的排泄而碱化尿液，若与磺胺类合用，可防治磺胺类在泌尿道析出结晶。

3. 临床应用

⑴纠正酸中毒 碳酸氢钠用于防治代谢性酸中毒，作用迅速，疗效确切，可作为首选药，其疗效优于乳酸钠。中度和重度酸中毒患畜，必须静滴给药。

⑵纠正休克 酸中毒加重休克时周围血管麻痹，影响升压药的疗效。碳酸氢钠纠正酸中毒，促进升压药的疗效，并增加心脏输出量，有助于休克的纠正。

⑶高血钾症 碳酸氢钠可纠正酸中毒，使细胞外液碱化，促使血钾离子转入细胞内，降低血钾。此外，Na^+可对抗K^+对心肌的抑制。

⑷心跳复苏 心跳停止过久，并发严重酸中毒时，则可降低心室发生纤颤的阈值。此时如心室内注射碳酸氢钠，有助于除颤及心跳复苏。

⑸防止尿闭 磺胺药中毒，血红蛋白尿，可引起急性肾功能衰竭，发生尿闭。碳酸氢钠可碱化尿液，可改善或防止肾功能衰竭。

4. 不良反应

⑴心律失常 碳酸氢钠纠正酸中毒后，可促进血钾离子转入细胞内，使血钾下降，严重时致低血钾性心律失常。

⑵高血钠症 本品可使血钠升高，如肾功能减退，不能及时将多余钠排出，逐渐形成高血钠症，形成高渗状态，而致细胞内脱水，使血容量扩大，对心肺功能减退的患畜，即可诱发心力衰竭和肺水肿。

⑶高碳酸血症 本品中和酸后生成的碳酸需以CO_2的形式经肺呼出。如肺功能明显减退的患畜，CO_2不能及时由肺排出，可发生短时高碳酸血症。

⑷低钙抽搐症 酸中毒时，游离钙增加，可不出现抽搐，一旦输入碳酸氢钠，蛋白结合钙增加，游离钙相对减少，产生低钙抽搐症。

⑸细胞外脱水，细胞内水肿 如酸中毒继续加重，输入的碳酸氢钠向细胞内转移，可带入相当的水分，导致细胞外脱水及细胞内水肿。

5. 应用注意

⑴本品对组织有刺激性，注射时勿漏出血管外。

⑵呼吸性酸中毒不宜使用，因其中和酸生成的碳酸以CO_2的形式由肺排出，对呼吸功能障碍患畜的疗效受限，易产生高碳酸血症。

⑶碳酸氢钠可加重水钠潴留，低血钾，对有充血性心力衰竭，急慢性肾功能衰竭，低血钾患畜不宜用。

6. 制剂及用法 注射液：含5%碳酸氢钠的灭菌水溶液。10mL：0.5g；50mL：2.5g；500mL：25g。静脉注射用量：猪40～120mL。

（二）乳酸钠

1. 性状 本品为无色或几乎无色澄明的黏稠液体，系乳酸钠的水溶液，含量不得少于40%。能与水、酒精或甘油任意混合，应遮光密闭保存。

2. 作用 乳酸钠纠正酸中毒的作用机理基本上与碳酸氢钠相似。

3. 临床应用 乳酸钠可用于治疗轻度的代谢性酸中毒、高血钾症、普鲁卡因酰胺中毒伴呼吸性酸中毒，心脏骤停等。并可与生理盐水调配成适当的比例用于低钠血症。

4. 应用注意

⑴在一般情况下，不宜用生理盐水或其他含氯化钠的溶液稀释本品，以免增加水钠潴留作用，形成高钠血症。

⑵肝功能不良、幼畜、休克缺氧，尤其是乳酸性酸中毒时（心跳和呼吸均停止的混合型酸中毒）不宜用乳酸钠，可选用碳酸氢钠。

⑶应用过量可引起代谢性碱中毒。水肿患畜慎用，因可加重水钠潴留。

5. 制剂及用法 注射液：为含11.2%乳酸钠的灭菌水溶液。每支20mL：2.24g；40mL：4.48g。注射前视病情需要可用5倍量的注射用水或5%葡萄糖注射液，稀释成1.9%的等渗溶液。静脉注射用量：猪40～60mL。

（三）氨基丁三醇（缓血酸胺）

1. 性状 本品为白色结晶性固体或粉末，易溶于水。水溶液呈碱性。应避光密闭保存。

2. 临床应用 可用于代谢性酸中毒，如严重脱水酸中毒等；呼吸性酸中毒，如急性呼吸衰竭、支气管哮喘状态，心跳停止等，对混合型酸中毒的效果更理想；用于心脏复苏，效果较好，因此心跳呼吸停止时，往往伴有代谢性和呼吸性酸中毒，以纠正酸中毒。

3. 不良反应 氨基丁三醇的不良反应较多，尤其是有强烈的抑制呼吸中枢作用，因而限制了它的临床应用。氨基丁三醇的溶液呈强碱性，在静滴时易引起静脉炎，漏出血管外易引起组织坏死。大量快速滴入可引起严重的低血糖症。

4. 应用注意

⑴用于急性呼吸性酸中毒时，同时给氧。

⑵静滴速度宜慢，以避免CO_2分压下降过快引起呼吸抑制。

⑶慢性呼吸性酸中毒及慢性肾性酸中毒患畜忌用。

注：换算：5%碳酸氢钠溶液5mL等于11.2%乳酸钠溶液3mL等于7.28%氨基丁三醇5mL。

5. 制剂及用法 注射液：为含7.28%的三羟基氨基甲烷注射液。每支100mL、20mL或10mL。静脉注射时，用等量5%葡萄糖注射液稀释后输入。静脉注射（试用量）：2～3mL/kg。

（四）氯化铵

1. 作用 氯化铵进入体内，解离成NH_4^+和Cl^-，部分NH_4^+迅速经肝脏代谢形成尿素，并逐渐由尿排出，Cl^-留在体内与H^+结合成高度离解的盐酸，以中和体内过量的碱储备而纠正代谢性碱血症。

2. 临床应用 大多数代谢性碱血症的患畜只需用生理盐水治疗就能纠正，重度的代谢性碱血症，可静滴适量的氯化铵。

3. 应用注意

⑴氯化铵应用过量可致高氯性酸血症，并引起呼吸增强和血液CO_2张力下降。

⑵偶需静滴时，滴前须先行稀释成等渗液，速度宜缓慢。否则易致中枢神经系统的毒性作用。

⑶对右心衰竭或肝功能不全的代谢性碱血症的患畜禁用。

⑷肾功能不全的患畜也忌用氯化铵制剂。

4. 制剂及用法 氯化铵片剂，每片0.3g。内服量：猪1～5g。

第四章
作用于呼吸系统的药物

在家畜呼吸系统疾病中，支气管炎、支气管肺炎、胸膜肺炎等是比较多发的疾病。这些疾病具有呼吸困难、流鼻液、咳嗽等共同症状。治疗时在消除炎症的同时，多配合止咳平喘化痰药。

咳嗽是由于呼吸道黏膜发炎或受到刺激时的一种防御性反射活动，可以把呼吸道中的分泌物或异物排出体外，所以咳嗽对机体具有保护作用。但是长期、剧烈的咳嗽，无痰的干咳，往往能加剧炎症过程，甚至引起肺气肿或心脏机能障碍等。

痰、咳、喘往往同时存在，并互为因果，祛痰有利于缓解咳和喘，平喘药扩张支气管，也有利于止咳和祛痰。由于痰、咳、喘具有内在联系，因此在临床上常将祛痰、镇咳、平喘药合并应用。

第一节　祛痰药

凡能促进积痰排出的药物称为祛痰药。痰主要来源于气管与支气管内腺体及杯状细胞的分泌，在正常情况下呼吸道内不断有小量分泌，对黏膜起保护作用，并参与呼吸道的清除与防御功能。在呼吸道炎症等病理情况下，由于炎症对黏膜的刺激使分泌增多，或黏膜上皮病变使纤毛活动减弱，以致黏液不能及时排出。而且水分被重吸收和受呼吸气流的影响，使黏液变为黏稠，黏附于呼吸道内壁不能排出，因而产生咳嗽、喘息等症状。痰又是良好的培养基，有利于病原菌的繁殖，引起继发感染，不但可加重咳痰、喘息，还可引起全身症状，因此，促使积痰排出是重要的对症治疗措施之一。当然，此时除应用祛痰药外，重要的还是应该用抗菌药控制感染。

一、氯化铵（氯化錏）

1. 来源与性状　为白色结晶性粉末，味苛辣，易溶于水，易潮解，应密封保存于干燥处。

2. 作用

⑴祛痰作用内服氯化铵后，由于刺激胃黏膜引起轻度恶心，可反射地促进气管、支气管腺分泌增加，可稀释稠痰使易于咳出，并覆盖在发炎的支气管黏膜表面，使黏膜少受刺激，减轻咳嗽。

⑵利尿作用氯化铵被吸收至体内后，分解为铵离子和氯离子两部分，铵离子到肝脏内被合成尿素，由肾脏排出时要带走一部分水分；同时，氯离子由肾脏排泄时，由于在肾小管的浓度增高，超过重吸收阈，也要带走多量的阳离子和排出水分，从而呈现利尿作用。

3. 临床应用

⑴为祛痰药：适用于支气管炎初期，特别是对黏膜干燥、痰稠不易咳出的咳嗽，可单用或配合茴香末制成舔剂或丸剂应用。

⑵为利尿药：可用于心脏性水肿或肝脏性水肿。

4. 应用注意

⑴对于肝、肾功能异常的患畜，内服氯化铵容易引起血氯过高性酸中毒和血氨增高，应慎用或禁用。

⑵本品忌与碱性药物如碳酸氢钠配合应用；也忌与磺胺类药物并用。

5．制剂及用法　片剂：0.3g。内服量：猪1 ~ 2g。每日2 ~ 3次。

二、碘化钾

1. 性状　本品为白色透明结晶，或白色颗粒性粉末，味辛或咸，有潮解性。易溶于水，水溶液呈中性反应。

2. 作用与用途　碘化钾内服后部分从呼吸道腺体排出，刺激呼吸道黏膜，使腺体分泌增加，痰液稀释，易于咳出，呈现祛痰作用。但本品刺激性较强，故不适于治疗急性支气管炎的初期。主要适用于治疗痰液黏稠而不易咳出的亚急性支气管炎的后期和慢性支气管炎。

3. 用法　内服量：猪1～3g。每日2～3次。

三、乙酰半胱氨酸（痰易净、易咳净）

1. 性状　本品为白色结晶性粉末，有吸湿性，可溶于水及乙醇。

2. 作用与用途　本品为黏液溶解性祛痰剂，有溶解痰液的作用。适用于急性和慢性支气管扩张、喘息、肺炎、肺气肿等。由于对呼吸道黏膜有一定的刺激作用，偶尔可引起支气管痉挛。如与有扩张支气管作用的异丙肾上腺素配合应用，不仅能防止痉挛，而且还能提高疗效。

3. 制剂及用法　喷雾：10%～20%溶液喷雾至咽喉部、上呼吸道。猪一般用量：25mL/次，每日2～3次。气管滴入：5%溶液，自气管插管或直接滴入气管内。

四、桔梗流浸膏

1. 性状　本品为棕色液体，每毫升相当于1g桔梗。

2. 作用与用途　桔梗流浸膏内服后，通过对胃黏膜的刺激作用，反射性地引起支气管腺体分泌增加，故能稀释痰液，使之易咳出，还可保护黏膜，从而减轻咳嗽。常与其他药物配合治疗急、慢性支气管炎。

3. 制剂及用法　内服量：猪8～20mL/次。每日2～3次。

五、远志酊

1. 性状　远志酊为棕色液体，含远志流浸膏20%。应放于遮光处，在30℃以下保存，并密封瓶口。

2. 作用与用途　本品内服后对胃黏膜有刺激作用，反射性引起支气管腺体分泌增加，使稠痰变稀易于咳出，并能使支气管黏膜上皮的纤毛运动加强，故呈现祛痰、止咳作用。常与其他药物配合治疗急、慢性支气管炎。

3. 制剂及用法内服量　猪10～20mL。每日2～3次。

六、愈创木酚甘油醚（愈甘醚）

1. 性状　本品为愈创木酚醚类衍生物，白色结晶性粉末，具有芳香味及苦味，易溶于水及乙醇，水溶液稳定，可高压灭菌。

2. 作用与用途　本品有较强的祛痰作用，内服后能刺激胃黏膜，反射性引起支气管腺分泌增加，从而起到祛痰、止咳作用。此外，本品具有防腐作用。优点为排泄快，无蓄积作用。适用于慢性支气管炎、气管炎引起的咳、喘等症状。

3. 制剂及用法　片剂：0.2g。内服量：猪0.4g。每日2～3次。

第二节　镇咳药

镇咳药是能抑制咳嗽中枢，或抑制咳嗽反射弧中其他环节，从而能减轻或制止咳嗽的一类药物。咳嗽是一种保护性反射活动，当呼吸道内存在炎症、痰或异物时，可反射地兴奋延髓的咳嗽中枢，引起咳嗽，将痰或异物排出。轻度的咳嗽有助于祛痰，对机体有利，不应使用止咳药，尤其是有痰液存在时更应如此。但剧烈频繁的咳嗽，或由于呼吸道外疾病引起频咳、无痰干咳时，易加重呼吸道损伤，或造成肺气肿、心脏功能障碍等不良后果，此时除积极进行病因疗法外，还应配合应用镇咳药。

一、维静宁（咳必清、托可拉斯、喷托维林）

1. 性状 枸橼酸维静宁为白色结晶性或颗粒性粉末，无臭、味苦，易溶于水，水溶液呈弱酸性，应密封在干燥处保存。

2. 作用 本品为中枢性镇咳药；镇咳作用比可待因弱。内服吸收后部分从呼吸道排出时，可轻度抑制支气管内感受器，对呼吸道黏膜产生轻微的局部麻醉作用。在大剂量时有阿托品样作用，可松弛支气管平滑肌。因此认为兼具有末梢性镇咳作用。

3. 临床应用 临床上适用于急性呼吸道炎症引起的干咳，也常与祛痰药合用于伴有剧咳的呼吸道炎症。

4. 应用 注意由于本品有阿托品样作用，应用大剂量时易产生腹胀、便秘。对多痰性咳嗽、心功能不全和伴有肺淤血者忌用咳必清。

5. 制剂及用法

片剂：每片25mg。内服量：猪0.05～0.1g。每日内服3次。

复方维静宁糖浆：每百毫升内含咳必清0.2g，氯化铵3g，薄荷油0.008mL。内服量：猪20～30mL。每日内服3次。

二、可待因（甲基吗啡）

1. 性状 磷酸可待因为无色细微针状结晶性粉末，无臭，易溶于水，难溶于酒精。有风化性，应置遮光容器内密封保存。

2. 临床应用 可待因属强效中枢性镇咳药，久用有耐受性及成瘾性。能直接抑制咳嗽中枢而发挥较强的镇咳作用。多用于剧痛性干咳，对胸膜炎等干咳、痛咳较为适用。但应注意对痰多病畜不宜单独应用。

3. 制剂及用法 磷酸可待因片：每片15mg或30mg。内服：猪15～60mg。每日2～3次。

三、复方樟脑酊

1. 性状 为黄棕色液体，有樟脑与八角茴香油的香气，味甜而辛。应置遮光容器内在冷暗处保存。

2. 临床应用 主要是通过所含的吗啡而具有镇咳、镇痛及止泻等作用。常用于咳嗽、腹痛和腹泻等。

3. 用法 内服量：猪5～10mL。每日2～3次。

四、杏仁水

1. 性状 本品为无色澄明液体，含杏仁腈，以所含氢氰酸计算约为0.1%。应遮光密封保存。

2. 临床应用 该制剂内服后对呼吸中枢、咳嗽中枢都有抑制作用，可使呼吸运动趋于平稳而达到镇咳、平喘作用。但用量过大可产生中毒。主要用于支气管炎引起的咳嗽、气喘等症，对无痰或少痰而咳嗽的患畜尤为适用。

3. 制剂及用法 内服量：猪5～10mL。每日2～3次。

五、甘草流浸膏

1. 性状 本品由甘草的干燥根和根茎浸制浓缩而成，为深棕色黏稠液体。含甘草酸7%。甘草有镇咳、祛痰、解毒等作用，甘草次酸有类似肾上腺皮质激素样作用，近来发现甘草次酸的衍生物，还有中枢性镇咳作用。内用后能覆盖于发炎的咽部黏膜表面，使黏膜少受刺激，从而可减轻咽炎引起的咳嗽。故常与其他镇咳祛痰药配制成止咳合剂等应用。

应置遮光容器内，密封放于30℃以下保存。

2. 制剂及用法 内服量：猪5～15mL。每日2～3次。

六、复方甘草片

1. 性状 本品由甘草流浸膏、阿片粉（或氯化铵）酒石酸锑钾、樟脑、苯甲酸、八角茴香油等组成。为深棕色片剂。

2. 作用与用途 本品为祛痰镇咳药。

3. 制剂及用法 每片0.3g。内服量：猪2～4片/次，每日3次。

第三节 平喘药

平喘药是能解除支气管平滑肌痉挛，扩张支气管的一类药物。拟肾上腺素药、茶碱类和某些中草药是最常用的平喘药；有些祛痰镇咳药因能排出阻塞于支气管内的黏痰或炎症产物等，也有缓解喘息的作用；拟肾上腺素药、茶碱类、肾上腺皮质激素和有些抗组织胺药，能缓解或消除因变态反应而产生的支气管喘息。

一、氨茶碱

1. 性状 氨茶碱为茶碱与乙二胺的复盐。白色或淡黄色的颗粒或粉末，微有氨臭，味苦，易结块，在空气中能吸收二氧化碳，并析出茶碱。易溶于水，水溶液显碱性反应。应置遮光容器内密封保存。

2. 体内过程 本品可从胃肠道及注射部位吸收。吸收后主要在肝脏内脱去一部分甲基并被氧化，大部分以甲基尿酸的形式排出，约10%以原形排出，主要经肾随尿排出。

3. 作用 茶碱是黄嘌呤类中松弛支气管平滑肌作用最强的一种，可直接作用支气管平滑肌，解除痉挛。平喘疗效较稳定。除支气管平滑肌外，对血管、胆道等其他平滑肌也有松弛作用。

4. 临床应用 氨茶碱主要用于痉挛性支气管炎、支气管哮喘，亦可用于预防或缓解麻醉过程中意外发生支气管痉挛。

5. 应用注意 本品碱性较强，局部刺激性大，不可皮下注射，应深部肌肉注射或静脉注射。静注时宜用葡萄糖注射液将本品稀释至2.5%以下的浓度，缓缓静脉注入。此外，静注时不可与维生素C、去甲肾上腺素、四环素族抗菌素，促皮质激素等配伍。

6. 制剂及用法 片剂：每片0.1g或0.2g。内服：猪0.2～0.4g。水针：每支5mL：1.25g；2mL：0.5g。静脉或肌肉注射量：猪0.25～0.5g。

二、色甘酸二钠（咽泰）

1. 性状 本品为白色结晶性粉末，无味，稍溶于水，不溶于醇。

2. 作用与用途 本品能阻止速发型变态反应过敏活性物质的释放，故有预防哮喘发作的作用。用于预防外因性哮喘发作，其效果最好。对其他类型喘息也有一定疗效。本品内服吸收很少，又难溶于一般有机溶剂，且水溶液不稳定，故只能制成极细粉末吸入。

3. 制剂 胶囊：每粒20mg。

三、麻黄碱（麻黄素）

1. 性状 本品为白色棱柱形结晶，无臭，味苦，易溶于水及醇，水溶液稳定。应遮光密封保存。

2. 作用与用途 本品有松弛支气管平滑肌的作用，此肾上腺素弱，但作用较持久，而且对心血管系统的副作用较缓和。缺点是反复应用可产生耐受性，使其作用减弱。可用于缓和气喘症状；也常与祛痰药配合，用于急性或慢性支气炎，以减弱支痉挛和咳嗽。

3. 制剂及用法 片剂：每片25mg。内服量：猪0.02～0.05g/次。注射液：每支1mL：30mg；1mL：50mg。皮下注射用量：猪0.02～0.05g/次。

第五章
作用于消化系统的药物

第一节　健胃药

健胃药是指能提高食欲、加强消化的一类药物，在临床上应用比较广泛。

各种动物的胃在形态结构上虽然各不相同，但其机能活动分泌和运动基本相似。胃的运动主要是由迷走神经和交感神经互相配合来调节的。当迷走神经兴奋，将冲动传送到胃时，能引起胃的平滑肌收缩而呈现胃的运动；当交感神经兴奋时引起胃肌松弛而抑制胃的运动。如果两者的作用相互协调，就能保证胃的正常活动。另外，胃内容物的容积与性质（如pH等）十二指肠内食糜的存在和性质等，也能直接或间接地影响胃的运动。

健胃药的作用是能刺激味觉感受器和胃黏膜，从而提高食欲，促进胃肠蠕动，增加消化液的分泌，加强对营养物质的消化与吸收。根据药理作用特点，健胃药可分为苦味健胃药、芳香性健胃药和盐类健胃药3类。

一、苦味健胃药

1. 作用　苦味健胃药的主要作用在于苦味，其健胃机理是经口内服苦味药时，刺激舌的味觉感受器，通过神经反射，引起味觉分析器兴奋，继而提高食物中枢的兴奋性，因此加强唾液和胃液的分泌，增加食欲。此类药物包括龙胆末、龙胆酊和复方龙胆酊等。

2. 临床应用　常用于疾病康复期、食欲不振及消化不良的患畜。

3. 应用注意

⑴为了使健胃药充分发挥作用，一般做成酊剂。并应在饲前给药。

⑵如果服用过量的苦味药反而抑制胃液的分泌。

⑶苦味健胃药必须与舌部接触才能生效，不能用胃管灌服，否则就得不到苦味健胃的功效。

4. 制剂及用法　龙胆末：呈淡黄棕色，味极苦。内服量：猪2～4g。

⑴龙胆酊：由龙胆末100g、40%酒精1 000mL制成。为澄明黄棕色液体，味极苦，能与水任意混合。内服量：猪3～8mL。

⑵复方龙胆酊（苦味酊）：由龙胆末100g，橙皮末40g，草豆寇末10g，加60%酒精1 000mL制成。为红综色液体，味苦。应遮光密封，在30℃以下保存。内服量：猪4～16mL。

二、芳香性健胃药

1. 作用　芳香性健胃药，大都含有挥发油。其作用一方面由于香味刺激反射地促进唾液和胃液分泌，增加食欲；另一方面具有温和的刺激作用，可直接促进胃肠的运动，有助于胃肠道中气体的排除，减轻饱胀。同时还有防腐作用，抑制肠内异常发酵，减少气体的产生，这就是驱风作用。因而有健胃、止酵、驱风等作用。挥发油吸收后一部分经呼吸道排出时，还可增加支气管腺的分泌，稀释痰液，有轻度的祛痰作用。临床上常将本类药物配成复方，如氨茴香精、芳香氨醑、复方豆寇酊等。

2. 临床应用　常用作健胃驱风药、治疗慢性消化不良、积食和气胀等。

3. 制剂及用法　氨茴香精：本品由茴香油100mL、10%氨水50mL、90%酒精240mL配成。为有挥发性及刺激性的液体。应密封于凉处保存。内服量：猪4～12mL。（临用时加4～5倍水稀释）。

(1)芳香氨醑　由碳酸铵30g、浓氨溶液60mL、枸橼油5mL、八角茴香油3mL、90%酒精750mL加蒸馏水至总量1 000mL。为几乎无色的澄明液体，存放日久，渐转变为黄色，有芳香及氨臭，并有刺激性。应遮光密封，放阴凉处保存。内服量：猪4～12mL。（应用时加4～5倍水稀释）。

(2)橙皮酊　由橙皮100g和60%酒精1 000mL制成。为橙黄色液体，有香气、味苦。应密闭置凉处保存。内服量：猪10～20mL。

(3)复方豆蔻酊　由肉豆蔻20g、茴香10g、桂皮25g、甘油50g和60%酒精适量制成1 000mL。为黄棕色或红棕色澄明液体，应密闭遮光置凉处保存。内服量、猪10～20mL。

(4)桂皮酊　由桂皮200g和70%酒精1 000mL制成。为红棕色液体，有香气。应密闭置凉处保存。内服量：猪10～20mL。

(5)姜酊　由姜流浸膏200g和90%酒精1 000mL制成。为淡黄色液体，有姜的香气，味辣。常用于胃肠道弛缓性消化不良。应遮光密封，放30℃以下保存。内服量：猪15～30mg。

(6)辣椒酊　由辣椒20g和酒精1 000mL制成。为淡黄色澄明液体，应密闭置凉处保存。内服量，猪2～5mL。临用前应加水稀释成1%左右灌服。

三、盐类健胃药

（一）碳酸氢钠（重曹、小苏打）

1. 作用

(1)中和胃酸碳酸氢钠内服后，能迅速中和胃酸，作用的时间很短（15～20min）。由于中和胃酸时所产生的二氧化碳气体能刺激胃壁，促进胃液的分泌；同时因为盐酸被中和，胃内容物pH升高后能刺激胃幽门部分泌促胃泌素，而促进胃液分泌，因而可致继发性胃酸过多，所以碳酸氢钠不是一个良好的制酸药。另外，碳酸氢钠内服后能溶解黏液，调节胃肠机能活动而改善消化。

(2)吸收作用碳酸氢钠内服后，可以原形由小肠吸收，增加血中的碱储，降低血液中的氢离子浓度，临床上常用以治疗酸中毒。

2. 临床应用

(1)健胃。

(2)缓解酸中毒可静脉注射5%～8%碳酸氢钠注射液，以缓解酸中毒的症状。

(3)碱化尿液为了预防磺胺类、水杨酸类药物的副作用，或加强链霉素治疗泌尿道疾病的疗效，可配合适量的碳酸氢钠，使尿液的碱性增高。

(4)祛痰内服祛痰药时，可配合少量的碳酸氢钠，使痰液易于排出。

(5)外用对于黏膜的各种炎症，可用2%～3%碳酸氢钠溶液进行冲洗，以除去被覆的黏液，达到减轻炎症的目的。

3. 应用注意　本品忌与酸类或酸性药物配伍应用。

4. 制剂及用法　片剂：每片0.3g或0.5g。内服量：猪2～5g。

（二）氯化钠

1. 性状　本品为无色透明的立方形结晶或白色结晶性粉末，无臭，味咸，有吸湿性。易溶于水，微溶于乙醇。水溶液呈中性。应密封保存。

2. 作用

(1)内服小量时，首先以其咸味刺激味觉感受器，同时轻微地刺激口腔黏膜，反射地增加唾液和胃液分泌，促进食欲，并能激活唾液淀粉酶的活性，促进消化。当到达胃肠时，能继续刺激胃肠黏膜，增加消化液分泌，加强胃肠蠕动，促进消化，以利养分的吸收。

(2)内服大量的浓氯化钠溶液，由于容积性和渗压性刺激作用，可以促进肠内容物移动加速而引起下泻。

(3)10%高渗氯化钠溶液静脉注射，有促进胃肠分泌与运动，加强消化机能及改善心血管等作用。

(4)1%～3%氯化钠溶液外用洗涤创伤，有轻度刺激和防腐作用，可促进肉芽生长，并有引流作用。

3. 临床应用　用于动物食欲不振，消化不良，可将氯化钠混入饲料内，供家畜采食；外用洗涤创伤；等渗生理盐水约相当于哺乳动物的体液可以洗眼，冲洗子宫等。也可用于稀释其他注射液。

4. 应用注意

⑴大剂量高浓度的氯化钠对胃肠黏膜有较强的刺激性，因此只能用于便秘症早期，对严重的后期便秘症或伴有胃肠炎患畜，一般禁用。

⑵氯化钠的毒性很小，但在动物中猪比较敏感，如果误食过多，或长期喂用酱渣、腌鱼汁等，都可引起氯化钠中毒。

5. 制剂及用法　健胃散：本品的组成各药厂不完全一致，其主要成分为龙胆末，大黄末、碳酸氢钠、氯化钠、硫酸钠等。内服量：猪2～5g。

（三）人工盐（人工矿泉盐）

1. 性状　为白色粉末，易溶于水，水溶液pH8～8.5。本品是由干燥硫酸钠44%、碳酸氢钠3.6%、氯化钠18%和硫酸钾20%混合制成的。

2. 作用　具有多种盐类的综合作用。内服小剂量能增强胃肠蠕动，增加消化液分泌，促进消化吸收。内服大剂量，其作用同盐类泻药。此外，还有利胆作用。

3. 临床应用　常用于消化不良，胃肠弛缓、早期大肠便秘，胆管炎等。本品禁与酸类健胃药配合应用。

4. 制剂及用法　人工盐：用于健胃内服量：猪10～30g。缓泻用量：猪50～100g。

第二节　助消化药

助消化药能增强消化机能，促进食欲的药物。

胃肠内食糜的消化主要由胃肠及其附属器官分泌的各种消化液（如胃液、胰液、胆汁等）来完成，当消化机能减弱，消化液分泌不足时，必然会引起消化过程的紊乱，此时应选用助消化药。

助消化药一般是消化液中的主要成分，它们能补充消化液中不足的成分，充分发挥代替疗法的作用，从而促进正常消化机能的恢复。

在临床上助消化药常与健胃药配合应用，助消化药的作用迅速，奏效快，但是要求诊断准确。

一、酸类

（一）稀盐酸

1. 性状　为无色澄明液体，无臭，含盐酸约10%（重量/容量），呈强酸性反应。应置玻璃塞瓶内密封保存。

2. 作用　盐酸是胃液中主要成分之一，由胃底腺的壁细胞分泌。猪的胃液为0.3%～0.4%。盐酸在消化过程中起着重要作用。如适当浓度的盐酸能激活胃蛋白酶原，使其转变为胃蛋白酶，并保持胃蛋白酶发挥作用时所需要的酸性环境；能使蛋白质膨胀变性，以利蛋白的消化；酸性食糜刺激十二指肠黏膜，可反射地引起幽门括约肌收缩；使十二指肠黏膜产生胰泌素，反射地引起胰液、胆汁和胃液的分泌，有利于蛋白质和脂肪等进一步消化，使小肠上部食糜呈酸性，有利于钙、铁等盐类的溶解和吸收；抑制细菌繁殖，制止胃内发酵等。

3. 临床应用　主要用于因胃酸不足或缺乏所引起的消化不良、胃内发酵、食欲不振、前胃弛缓、急性胃扩张、碱中毒等。内服时要用水作50倍左右的稀释，用量不宜过大。

4. 应用注意　忌与碱类、盐类健胃药、有机酸盐、洋地黄及其制剂配合应用。

5. 用法　内服量：猪1～2mL。临用前加水稀释50倍。

（二）乳酸

1. 性状　本品为澄明无色或微黄色糖浆状液体，无臭，味微酸，含乳酸量85%～90%，有吸湿性。应置玻璃瓶内密封保存。

2. 作用　内服有防腐，制酵和刺激作用，能增加消化液的分泌，帮助消化。

3. 临床应用　用于胃酸偏低性消化不良、胃内发酵、胃扩张，幼畜消化不良等。

4. 用法　内服量：猪0.5～3mL。临用时稀释90倍灌服。

（三）稀醋酸

1. 性状 本品为无色的澄明液体。有强烈的特臭，味酸。含醋酸量为5.5%～6.5%。应置玻璃塞瓶内，密封保存。

2. 作用 稀醋酸用水稀释成0.5%左右内服，有防腐，制酵和助消化等作用，可治疗消化不良。由于醋酸的局部防腐及刺激作用较强，故对扭伤和挫伤等可制成醋酸罨敷剂外敷。

3. 临床应用 用于治疗消化不良。2%～3%稀释液可冲洗口蹄疫患畜的口腔。

4. 制剂及用法 内服量：猪2～5mL。临用时加水稀释15倍。

二、消化酶类

（一）胃蛋白酶（胃液素）

1. 来源与性状 本品由猪、羊、牛等动物的胃黏膜制得，是一种蛋白分解酶。为淡黄色粉末。有潮解性，能溶于水。剧烈搅拌可使其效力减低。

2. 作用 本品为一种蛋白分解酶，能使凝固的蛋白质分解成为月示及胨，但不能更进一步将其消化分解成为氨基酸。临用时先将稀盐酸加水稀释50倍，然后加入胃蛋白酶，于喂前灌服。

3. 临床应用 常用于胃液分泌不足所引起的消化不良和幼畜消化不良等。

4. 应用注意

⑴剧烈搅拌后即破坏减效。

⑵其水溶液容易变质，热至70℃以上即失效，故忌与碱性物质配伍。

⑶遇鞣酸，没食子酸，重金属盐等产生沉淀。

5. 制剂及用法 内服量：猪1～2g。

（二）胰酶（胰液素）

1. 来源与性状 本品由猪、牛、羊的胰脏提取。为淡黄色粉末，有肉臭，能溶于水，不溶于乙醇。酸，热可破坏其活力。

2. 作用 胰酶是胰腺的分泌物，含有淀粉酶、胰脂肪酶、胰蛋白等。本品能促进蛋白质、脂肪和糖类的消化吸收。其效力以在中性或弱碱性最好。为减少胃液对它的破坏作用常与碳酸氢钠配合应用。

3. 临床应用 用于消化不良，食欲不振及胰机能障碍。还用于动物促生长添加剂。

4. 制剂及用法 治疗用，内服量：猪0.5～1g。

（三）干酵母（酵母）

1. 性状 为淡黄白色或淡黄棕色的颗粒或粉末，有发酵物的特臭，味微苦。应密封保存。

作用由于本品所含成分是体内酶系统的重要组成物质，故能参与体内糖，蛋白质、脂肪等的代谢过程和生物氧化过程，因而能促进机体各系统、器官的机能活动。

2. 临床应用 常用于消化不良和维生素B族缺乏所引起的疾病的治疗。

3. 应用注意 干酵母含有大量的对氨基苯甲酸，可颉颃磺胺类药的抗菌作用，不宜并用。

4. 制剂及用法 片剂：每片0.5g或0.3g。内服量：猪30～60g。

食母生片：每片含酵母粉0.2g。内服量同酵母片。

（四）乳酶生（表飞鸣）

1. 性状 为白色或淡黄色干燥粉末，有微臭、难溶于水。应遮光密封在凉暗处保存。

2. 作用 内服后在肠内分解糖类产生乳酸，使肠内酸性增高，并可抑制腐败菌的繁殖及防止蛋白质发酵，减少肠内产气，从而减轻饱闷、腹胀等症状。

3. 临床应用 用于治疗消化不良、肠臌气和幼畜腹泻等。一般宜于饲前给药。

4. 应用注意

⑴由于本品为活菌制剂，可抑制或杀灭乳酸杆菌，使乳酶生失效，故二者不可并用。收敛吸附剂（如活性炭、鞣酸蛋白、次碳酸铋等）、碱性药、酊剂等也会降低药效，都不宜同用。

⑵超过有效期，其中活菌数目已很少，不宜再用。

5. 制剂及用法 粉剂：内服量：猪2～4g。片剂：每片0.3g。用法、用量同粉剂。

第三节　抗酸药及胃肠解痉药

抗酸药是一类弱碱性无机化合物,能缓冲或中和胃内容物的酸度。主要用于胃酸分泌过多和胃,十二指肠溃疡症。抗酸药分易吸收性抗酸剂和难吸收性抗酸剂。易吸收性抗酸剂已被淘汰,现应用的是难吸收的抗酸剂。此类药物含有难吸收的阳离子,内服后不被胃肠道吸收,除能直接中和胃酸外,有些胶体制剂(如氢氧化铝凝胶)尚能在溃疡面上形成一层保护性薄膜,减少胃酸和胃蛋白酶对溃疡的腐蚀作用。

胃肠解痉药主要是一些抗胆碱药。抗胆碱药如普鲁本辛、胃长宁、阿托品等，通过M受体阻断作用，抑制迷走神经功能，从而抑制胃酸和胃蛋白酶的分泌，解除平滑肌痉挛及疼痛症状。

一、碳酸钙

1. 性状　本品为白色极微细结晶性粉末。无臭，无味。几乎不溶于水，微溶于含有铵盐或二氧化碳的水中，不溶于乙醇，可溶于稀酸。

2. 作用　本品为难吸收性抗酸药。中和胃酸作用快而强,可使胃内容物酸度达到pH4以上,作用持续时间3h左右。其粉剂比片剂效果好。中和胃酸时产生二氧化碳和氯化钙,前者可引起暖气,后者在碱性肠液中又形成碳酸钙、磷酸钙而引起便秘。

3. 临床应用　适用于胃酸过多症。

4. 用法　内服量：猪3～20g。

二、氧化镁(煅制镁)

1. 性状　本品为白色无晶形粉末，无臭，无味。几乎不溶于水，不溶于乙醇，在稀酸中溶解。应密封保存。

2. 作用　中和胃酸作用较强而持久，不产生二氧化碳，但发挥作用较慢。此药与胃酸发生作用后，产生氯化镁。氯化镁在肠道中部分变为碳酸镁，能吸收水分而致轻泻。氧化镁还具有吸附作用，能吸收大量二氧化碳气体。

3. 临床应用　可用于治疗胃酸过多，胃肠臌气等。

4. 制剂及用法　片剂：每片0.2g。内服量：猪2～10g。

三、氢氧化镁

1. 性状　本品为白色无定形粉末，无臭，无味。不溶于水、乙醇，溶于稀酸。

2. 作用　本品为难吸收性抗酸药。抗酸作用与氧化镁相似，但较弱。与碳酸盐类相比，其优点是不产生二氧化碳。

3. 临床应用　适用于胃酸过多症、胃炎等疾病。本品也可致轻泻。

4. 制剂及用法　镁乳：为含氢氧化镁8%的水混悬液。

四、氢氧化铝(干燥氢氧化铝凝胶)

1. 性状　本品为白色无定形粉末,无臭,无味。不溶于水及乙醇,在稀酸或氢氧化钠溶液中溶解。

2. 作用　中和胃酸作用缓慢而持久,但作用较弱,在中和胃酸时所产生的氯化铝尚有收敛止血和引起便秘的作用。铝离子在胃肠道内吸收甚少,不引起碱中毒;在胃肠道内与食物中磷酸盐结合成不溶解的磷酸铝,不被吸收,故长期应用氢氧化铝可造成磷酸盐吸收不足。此外,铝离子能与四环素类起络合作用,影响后者的吸收,二者不宜同时服用。

3. 临床应用　主要用于治疗胃酸过多和胃溃疡。

4. 用法　内服量：猪1.5～4g。

五、甲氰咪胍(西咪替丁，泰胃美)

1. 性状　本品为结晶粉末，可溶于水。

2. 作用　甲氰咪胍为非硫脲类的强效组胺H_2受体拮抗剂，能抑制组胺或五肽胃泌素刺激引起的胃酸分泌，而且能明显降低其他刺激对胃酸分泌的兴奋作用。

3. 临床应用　用于治疗胃溃疡及上消化道出血等。

六、溴化丙胺太林（普鲁本辛）

1. 性状　本品为白色或微带黄色粉末。无臭，味极苦。易溶于水、醇，不溶于醚及苯。

2. 作用　为节后抗胆碱药。具有胃肠道解痉作用和抑制胃液分泌作用，还有神经节阻断作用。

3. 临床应用　用于治疗胃酸过多及胃、肠痉挛。

七、胃长宁（溴甲吡环戊痉平）

1. 性状　本品为白色结晶性粉末，无臭，味苦。易溶于水及乙醇。

2. 作用　为节后抗胆碱药。作用似阿托品。抑制胃酸分泌作用较强，而胃肠道解痉作用较弱。

3. 临床应用　主要用于治疗胃酸分泌过多。

第四节　催吐药与止吐药

一、硫酸铜

1. 性状　本品主要为蓝色结晶性颗粒或粉末，有风化性，易溶于水，微溶于乙醇，应密封保存。

2. 作用与用途　内服10%硫酸铜溶液能引起呕吐，故可作为猪、犬的催吐药，也可用于无机磷中毒的解毒剂。

为了提高疗效，增加铜离子的离解度，可在1%硫酸铜溶液1 000mL中加入盐酸1～4mL。灌药前禁饮12～24h，灌药后禁饮2～3h。如发现中毒，可灌服牛奶、鸡蛋清等，或内服氧化镁解毒。

3. 制剂及用法　1%硫酸铜溶液：催吐内服量：猪0.5～0.8g/次。

二、硫酸锌

1. 性状　为白色或灰白色结晶性颗粒或粉末，易溶于水。

2. 作用与用途　本品的局部作用因浓度不同而作用各异。0.1%～0.5%溶液对黏膜有收敛作用；20%～50%溶液有腐蚀作用；1%溶液内服可刺激胃黏膜反射性地引起呕吐，为中小动物的催吐药（催吐作用较硫酸铜弱）；0.1%～0.5%溶液外用作为黏膜的收敛和消炎药。

3. 制剂及用法　内服量：猪0.5～0.8g/次。配成1%溶液。

三、阿朴吗啡

1. 性状　本品为吗啡脱水后形成的产物，不稳定，通常制成盐酸盐。其盐酸盐为白色或灰色的有光泽结晶或结晶性粉末，能溶于水和乙醇，水溶液呈中性。无臭，置空气中遇光会变成绿色。

2. 作用与用途　本品系合成吗啡生物碱的衍生物，其抑制中枢作用较吗啡弱，而催吐作用较强。主要通过刺激催吐化学感受区而引起的呕吐，作用快而强。但剂量过大可引起中枢神经抑制，甚至动物死亡，故不可以与中枢神经抑制药合用。

3. 制剂及用法　皮下注射量：猪10～20mg/次。

四、氯苯甲嗪（敏可静）

1. 性状　本品为白色或微黄色结晶粉末，几乎无味，无臭，溶于水。

2. 作用与用途　本品主要是抑制前庭神经而止吐，还有中枢抑制作用和抗胆碱作用。是晕动病及变态反应性呕吐的主要治疗药物。一次用药，止吐作用可维持12～24h。

3. 制剂及用法　片剂：25mg。

五、氯苯丁嗪（安其敏）

1. 性状　本品为白色粉末，无臭，味微涩，溶于水。

2. 作用与用途　本品具有抗组胺、镇静及止吐作用。其止吐作用较强，可用于晕动性呕吐。

3. 制剂及用法　片剂：25mg或50mg。

第五节 泻药

泻药是刺激肠壁感受器使肠管蠕动和腺体分泌增加，促进排便反射及排便顺利的一类药物。临床上主要用于治疗肠便秘，或排除消化道内发酵、腐败产物和有毒物质等。

应用泻药时要注意：

⑴应防止因泻下作用太猛、水分排出过多等，而引起患畜衰竭或继发肠炎。所以对泻下作用显著的泻药，一般只投药一次，不宜多用。对幼畜、孕畜及体弱患畜更要慎重选用或不用。

⑵当脂溶性毒物、药物引起家畜中毒时，不能应用油类泻药，以防止促进毒物吸收而加重病情。

⑶在治疗各种肠便秘时，泻药多与止酵药、镇静药、强心药、补液药等配合应用，以制止肠内发酵、使患畜安静和提高疗效。

根据作用特点可将泻药分为4类：容积性泻药、刺激性泻药、润滑性泻药和神经性泻药。

一、容积性泻药（盐类泻药）

盐类泻药硫酸钠、硫酸镁是容积性泻药的代表。它们在水中虽极易溶解，但离解后产生形成高渗离子溶液，能将组织中的水分吸引到肠腔中来，使肠腔容积增大，从而机械刺激肠壁压力感受器，反射地增加肠蠕动，使粪便迅速排出。

盐类泻药的致泻作用与其溶液的浓度也有一定关系。一般说来，稍高于等渗浓度效果较好。在用盐类泻药前、后，多饮水或进行补液，可提高致泻效果。

导泻时，常配成4%～6%溶液灌服。主要用于大肠便秘。如果与大黄、枳壳等植物药配合应用，可产生协同作用，显著提高致泻效果。

应用注意，盐类溶液浓度过高（10%以上）不仅会延长致泻时间，影响致泻效果，而且能反射地引起幽门括约肌痉挛，从而妨碍胃的排空，有时甚至能引起肠炎。

（一）硫酸钠（芒硝）

1. 性状　硫酸钠为无色透明的柱形结晶，无臭、味清凉而苦咸。易溶于水，有风化性，微加温能溶于自体的结晶水中，而呈无色透明液。干燥硫酸钠或无水硫酸钠（又名元明粉）为白色粉末，有吸湿性、应密闭保存。芒硝的主要成分为硫酸钠，味苦咸，性寒。

2. 作用

⑴对消化道的作用　内服小剂量时，有健胃作用。大剂量时，有利于泻下或排粪。故常用于大肠便秘，并常与大黄等药物配合应用。小肠阻塞一般不用。在排出肠内毒物或辅助驱虫药排除虫体时，应用本药较为安全。

⑵外用硫酸钠的高渗溶液（10%～20%）冲洗创伤、瘘管等，或作引流，因能夺取组织中水分，引起组织液外流，故有抗菌、排除毒素和坏死组织、清洁创面和消退炎症等作用。

⑶芒硝味咸性寒，有泻热导滞、润肠软坚的作用。常用于胃肠实热、粪便干结之症，与大黄、枳实、厚朴等药同用（大承气汤），可更好的发挥泻下作用。

3. 用途

⑴硫酸钠主要用于治疗大肠便秘。

⑵当需要排除肠内毒物、驱虫药或虫体等时，可选用硫酸钠。

⑶10%～20%硫酸钠溶液，常外用冲洗化脓创和瘘管等，有引流、排毒等效果。

4. 应用注意

⑴高浓度的硫酸钠溶液，可引起肠黏膜充血，甚至继发肠炎。

⑵硫酸钠禁与钙盐配合应用。

5. 制剂及用法　用于健胃内服量：猪3～10g。用于泻下：猪25～50g（干燥硫酸钠10～25g）。用时加水配成5%～10%溶液。

（二）硫酸镁（泻盐、硫苦）

1. 性状　硫酸镁为无色细小的针状结晶或斜方形的粒状结晶，味苦、咸，易溶于水，有风化性，应密封保存。

2. 作用

⑴对消化道的作用大剂量硫酸镁有泻下作用，小剂量则有健胃作用，其作用原理同硫酸钠。

⑵对中枢神经系统的作用硫酸镁内服不被吸收，但肌肉注射或静脉注射时，则可呈现镁离子的吸收作用，镁离子能抑制中枢神经系统，降低中枢神经系统的正常兴奋性。

⑶对骨骼肌和平滑肌的作用镁离子能直接阻断运动神经兴奋冲动向骨骼肌的传导，使骨骼肌松弛，故常用于治疗破伤风等。镁离子对平滑肌也有舒张、解痉作用。

⑷外用硫酸镁的高渗溶液时，因能夺取组织水分，具有抗菌、排出毒素、清洁创面和消退炎性肿胀等作用。

3. 临床应用

⑴用作泻下药，适应症与用法等同硫酸钠。

⑵作为利胆药，可治疗输胆管痉挛和黄疸等。又内服小量可用为健胃药，多与其他盐类并用。

⑶作为解痉药，常用于治疗破伤风等，可缓解肌肉的强直性痉挛。如与水合氯醛配合，可用为全身麻醉药。

⑷外用硫酸镁的高渗溶液（10%～20%），可治疗化脓创、瘘管等；直肠黏膜水肿时，可用5%～10%硫酸镁溶液灌肠。

4. 应用注意

⑴静脉注射宜缓慢，也可用5%葡萄糖注射液稀释成1%浓度静脉滴注。

⑵过量或静脉注射过快，可致血压剧降、呼吸中枢麻痹、肌肉麻痹等症状，此时可立即静脉注射5%氯化钙或10%葡萄糖酸钙注射液解救。

⑶硫酸镁遇氯化钙发生沉淀；硫酸镁遇碳酸氢钠，微温后发生浑浊。

5. 制剂及用法 用于健胃内服量：猪5～10g。用于泻下：猪25～50g。配成6%～8%溶液内服。

注射液：20mL∶5g；50mL∶12.5g；100mL∶25g。肌肉或静脉注射量：猪2.5～7.5g。

二、刺激性泻药

此类泻药现称接触性泻药。

本类药物包括蒽醌类、二苯甲烷类和蓖麻油。主要作用为刺激小肠，特别是大肠肠管，增加蠕动，达到排便目的。

（一）大黄（川军）

1. 性状 大黄末呈黄色，不溶于水。

2. 体内过程 大黄含有蒽醌甙类、鞣酸、树脂等成分。蒽醌甙类特别是番泻甙甲（A）和乙（B）是导泻的主要成分。大黄蒽醌甙可部分在小肠吸收，在体内被还原成蒽酚，再经大肠（结肠）排入肠腔。未被吸收的蒽醌甙经肠内细菌作用，亦被还原成蒽酚。蒽酚可刺激结肠黏膜使蠕动增强而排粪。一部分大黄素可随乳汁排出，哺乳仔畜可因此而致泻。

3. 作用 大黄含有苦味质、鞣酸和蒽醌甙类等，内服小量时，由于苦味质的作用明显而呈现健胃作用；中等剂量时，则以鞣酸的收敛作用为主，使肠蠕动减慢，分泌减少，出现止泻作用；大量时由于产生足够量的蒽酚等，它能刺激大肠壁的感受器，使推进性蠕动增加而引起泻下，其作用部位为大肠，一般需要经过12～24h，才能出现泻下作用。

大黄对金葡球菌、链球菌等多种病原菌有较强的体外抗菌作用。此外，大黄还有利胆、利尿、增加血小板数等作用。

4. 临床应用 内服：治疗大肠便秘，多与硫酸钠配合应用，下泻效果较好，外用：大黄、石灰粉（2∶1）用为创伤撒布药，有抗菌、消炎、促进创口愈合等功效；大黄、地榆粉各等量调油外敷，治疗烧伤，烫伤等。

5. 制剂及用法 粉剂：用于健胃内服量：猪5～10g。与硫酸钠配合的泻下剂量：仔猪2～5g。

⑴大黄酊：1mL相当于原药0.2g。用作健胃药，内服量与大黄同。

⑵大黄流浸膏：1mL相当于原药1g。用作健胃药，内服量与大黄同。

⑶大黄苏打片：每片含大黄和碳酸氢钠各0.15g。具有制酸、健胃作用，用于治疗食欲不振、消化不良。用于健胃内服量：猪5～10g。

（二）芦荟

1. 性状 含芦荟素等多种蒽醌类及树脂、挥发油。

2. 作用与临床应用　有强烈的大肠性泻下效果，用药后约18h开始排粪，可持续3～4h或更长时间。

3. 制剂及用法　内服。用药后若在48h内不见泻下，也不能重复使用，以免发生意外。

（三）番泻叶

1. 性状　含番泻甙甲（A）番泻甙乙（B）蒽酚芦荟素的甙及大黄酸等。

2. 作用　番泻叶内服后，其中的甙类被结肠中细菌水解而使其易吸收，转而作用于结肠壁神经从促进肠蠕动。服后6h可引起腹泻。刺激过强时，尚可引起腹痛，盆腔脏器充血。故妊娠期动物禁用此药。

3. 临床应用　用于中、小动物泻下。

4. 制剂及用法　内服量：猪30～80g。制成10%水浸剂灌服。

（四）酚酞（酚酉夫、非诺夫他林）

1. 性状　为白色或黄白色结晶粉末，不溶于水。能溶于乙醇。其乙醇溶液遇碱成红色，以酸中和则变为无色。

2. 作用　内服后在肠道遇胆汁或碱性肠液能徐徐分解，能形成可溶性钠盐，刺激结肠黏膜，促进其蠕动，并阻止肠液被肠壁吸收，而起缓泻作用。内服后约15%从小肠吸收，部分经肝肠循环由胆汁排入肠腔，呈结合型的酚酞葡萄糖醛酸，再对结肠发生刺激作用，故作用慢而持久。有的可持续3～4d。一般内服后6～8h即可排出软便。较适用于慢性便秘。

3. 制剂及用法　酚酞片剂：每片0.1g。内服。

（五）蓖麻油

1. 来源与性状　本品是由蓖麻种子提取的油，为淡黄色稠液，有微臭、味淡带辛。能溶于醇，不溶于水。

2. 作用　蓖麻油本身并无刺激性，内服到达十二指肠后，一部分经胰脂肪酶作用，皂化分解为蓖麻油酸钠和甘油。蓖麻油酸钠可刺激小肠黏膜，促进小肠蠕动而引起泻下。另一部分未被分解的蓖麻油对肠道和粪块起润滑作用。蓖麻油酸钠能被小肠吸收，吸收后一部分经乳汁排出，故母畜服药后，有可能引起哺乳仔畜泻下。此药不宜用于一般慢性便秘，仅作清洁肠道用。

3. 临床应用　主要用于小肠便秘，小家畜比较多用。中、小家畜内服后，经3～8h发生泻下。

4. 制剂及用法　内服量：猪20～60mL。

三、润滑性泻药

这类药物包括来源于矿物、植物和动物的一些中性油，如液状石蜡、豆油、菜油、猪油、酥油等，故又称为油类泻药。其主要作用是润滑肠道、软化粪块和阻止肠内水分的吸收，以利粪便后移而引起缓泻。常用于孕畜或有肠炎的病畜的便秘，但不能用于排除毒物，因为许多毒物易溶于油而使吸收增多。

（一）液状石蜡（石蜡油）

1. 性状　为无色透明的稠性油液，无臭，无味，中性。不溶于水和乙醇，能与许多油随意混和。

2. 作用　液状石蜡是一种矿物油，在肠道内不被吸收，也不被消化。对肠壁及粪便具有滑润作用，并能阻碍肠内水分的吸收，因此还有软化粪便的作用。其作用缓和，对肠黏膜无刺激性，比较安全。缺点是不宜多次服用，因其不仅可影响消化，阻碍脂溶性维生素及钙、磷的吸收，而且由于被覆于肠黏膜，可减弱肠黏膜对肠内容物刺激的感受性，从而使肠蠕动减弱。

3. 临床应用　适用于小肠便秘，孕畜也可应用。

4. 制剂及用法　内服量：猪50～100mL。可加温水灌服。

（二）植物油与动物油

1. 来源　各种食用的动、植物油。

2. 作用　大量油类灌服后，只有小量在肠内被消化分解，大部分以原形通过肠道，润滑肠道、软化粪便、促进排粪。其作用缓和。

3. 临床应用　适用于小肠便秘。孕畜和肠炎病畜也可应用。

4. 制剂及用法　植物油内服量：猪50～100mL。

（三）辛丁脂磺酸钙（多库脂钙）

1. 性状　本品为白色无定形固体，有辛醇的特臭，极微溶于水，易溶于乙醇、氯仿与乙醚。

2. 作用与用途 本品为阴离子表面活性剂，内服后可降低胃肠道内水和脂肪类似物质的表面张力，较易渗入粪块，使粪块软化。内服12～24h后产生缓泻作用。常用作动物的缓泻剂。

3. 应用注意 忌与矿物油类合用。因本品能促进矿物油类吸收产生异物反应，引起肠壁和淋巴管肉芽肿。

第六节 止泻药

止泻药是能制止腹泻的药物。

腹泻能迅速地将毒害物质排出体外，从这个意义来讲，它是机体的一种防御机能，具有保护性意义。因此，在腹泻的初期不宜应用本类药物。但是，过久或剧烈的腹泻，往往能引起脱水和酸中毒等严重后果，所以，在腹泻的后期，为了消除炎症和恢复消化道机能，就应选用止泻药。

止泻药的药理作用或由于具有收敛作用，形成蛋白膜能保护肠黏膜；或由于具有吸附作用，能吸附毒素、毒物等，减少对肠黏膜的刺激；或由于具有抗菌、消炎作用，能抑制病原菌，消退肠道炎症。临床上一般多把止泻药与消炎药、止酵药等配合应用。

鞣酸蛋白、次硝酸铋属于收敛、保护性止泻药，在肠炎或腹泻的后期可适当选用。药用炭为吸附保护性止泻药，当消化不良、肠内异常发酵等引起的腹泻，可考虑选用之。肠炎或腹泻的初期，多选用高锰酸钾、呋喃类药物、磺胺类药物、黄连素和抗菌素等抗菌消炎止泻药。当腹泻不止或有剧烈腹痛时，为了制止脱水、失盐、消除腹痛，可考虑选用阿片酊、颠茄酊、阿托品等药物，以松弛肠管平滑肌、制止腹泻、减少分泌和消除腹痛。但应注意这些药物的副作用较大，常会继发胃肠弛缓、消化不良等。

一、鞣酸

1. 性状 本品为淡黄色粉末，或为疏松有光泽的鳞片，或为海绵状块。微有特臭，味极涩。易溶于水，水溶液呈酸性反应，久置则缓缓分解。应遮光密封保存。

2. 作用 本品为一种蛋白沉淀剂，能与蛋白质结合生成鞣酸蛋白，故具有收敛作用。内服后部分鞣酸在胃内与胃蛋白结合，形成鞣酸蛋白，到达小肠后，再被分解放出鞣酸而呈收敛性消炎、止泻作用。但在肠内碱性环境中，大部分鞣酸可迅速被分解而失效，故其收敛作用不能到达肠道后部。此外，鞣酸还能与生物碱、甙及重金属盐等产生沉淀。当士的宁、奎宁、洋地黄、铅、银、铜、锌等中毒时，可用鞣酸溶液（1%～20%）洗胃或灌服，以沉淀尚停留在胃肠道内而未被吸收的毒物，并立即投服盐类泻药。

3. 临床应用 内服收敛止泻。外用5%～10%鞣酸溶液或20%软膏，治疗创伤、湿疹、急性皮炎等。

4. 制剂及用法 用于止泻内服量：猪1～2g。解毒洗胃用1%～2%溶液。外用以5%～10%的溶液或20%软膏。

二、鞣酸蛋白

1. 性状 本品为淡棕色或淡黄色粉末。无臭、几乎无味。不溶于水及醇。

2. 作用 鞣酸蛋白本身无活性，内服后在胃内不发生变化，也不呈现作用，到达小肠遇碱性肠液，则渐渐分解成为鞣酸及蛋白，而产生很强的收敛作用。它与肠黏膜炎症表面的蛋白质结合，形成一层保护膜，产生收敛、消炎、止泻作用。这种作用较持久，能达到肠管后部。

3. 临床应用 用于急性胃肠炎及各种非细菌性腹泻等。

4. 应用注意 治疗细菌性肠炎时，须先控制感染，然后使用。鞣酸蛋白在小肠内释放出鞣酸，能使铁剂沉淀、各种消化酶失去活性，也可使生物碱、洋地黄类发生沉淀而影响吸收。故铁剂、各种消化酶、生物碱及洋地黄类不宜与鞣酸蛋白并用。

5. 制剂及用法 片剂；每片0.25g或0.5g。也有粉剂。内服量：猪2～5g。

三、次硝酸铋（碱式硝酸铋）

1. 性状 本品为白色粉末，无臭或几乎无臭。微有引湿性，能使湿润的兰色石蕊试纸变红色。在盐酸或硝酸中易溶，在水或乙醇中不溶。

2. 作用 内服后，次硝酸铋不溶于水，故大部被覆在肠黏膜表面，呈现机械性保护作用。同时，在肠道中还可以与硫化氢结合，形成不溶性的硫化铋，覆盖于肠黏膜表面，也呈现机械性保护作用，并减少了硫化氢对肠道的刺激作用，因而肠蠕动减慢，出现止泻作用。

外用时，次硝酸铋有抑菌和消炎作用。

3. 临床应用 可用于胃肠炎及腹泻（但肠中细菌如大肠杆菌，可还原硝酸离子使成亚硝酸，而引起中毒，故现已少用）。外用对烧伤、湿疹可用次硝酸铋粉撒布，或涂布5%～10%次硝酸铋软膏；对瘘管可灌注次硝酸铋糊剂（由25%次硝酸铋、50%碘仿和25%液状石蜡组成）。

4. 制剂及用法 片剂：每片含0.3g。内服量：猪2～6g。

四、次碳酸铋（碱式碳酸铋）

1. 性状 为白色或类黄白色非结晶形粉末，在空气中不发生变化，遇光缓缓变质。不溶于水及醇，遇硝酸及盐酸即发生泡沫而溶解。其溶液加多量水能发生白色沉淀。

2. 作用 同次硝酸铋，但副作用较少，有保护黏膜、收敛及吸附作用。它能与黏液蛋白结合成保护膜，覆盖在肠壁黏膜或溃疡面上而起保护作用。

3. 临床应用 用于胃肠溃疡及腹泻等。

4. 用法 内服剂量同次硝酸铋。

五、矽炭银

1. 性状 由白陶土480份、药用炭120份和氯化银3份混合组成。

2. 作用 具有吸附、心敛作用，因而止泻。

3. 临床应用 常用于急性胃肠炎、腹泻、肠内异常发酵等（宜空腹时灌服）。

4. 制剂及用法 粉剂：内服量：猪5～10g。片剂：每片含0.3g。内服量同粉剂。

六、药用炭（活性炭）

1. 性状 本品为黑褐色，轻松粉末，无臭，无味，加热能在空气中不发火焰而燃烧。有吸附多种物质的特性。

2. 作用与用途 本品内服到达肠内后，能减轻肠内容物对肠的刺激，使肠蠕动减弱，呈现止泻作用。本品还能吸附胃肠内多种有害物质，如细菌、发酵产物、色素、气体以及生物碱等。用于救治腹泻、肠炎、毒物中毒等。

3. 制剂及用法 粉剂：内服量：猪10～25g/次。片剂：每片含0.3g、0.5g。内服剂量同粉剂。

七、止泻宁（苯乙哌啶）

1. 性状 本品为白色粉末或白色结晶性粉末，溶于水。

2. 作用与用途 本品为非特异性的抗腹泻药，能增加肠张力，抑制肠蠕动，从而迅速控制腹泻。长期服用可产生依赖性。本品常与阿托品合用，也可减少依赖倾向。适用于急性或慢性功能性腹泻的对症治疗，也可与抗菌药物合并用于菌痢，以帮助控制腹泻症状，尚可用于呋喃丙胺等药物所致的腹泻。

3. 制剂 复方苯乙哌啶片：每片含苯乙哌啶盐酸2.5mg、硫酸阿托品0.025mg。

八、促菌生

1. 性状 本品呈干燥粉状，不溶于水，高温可使其灭活。

2. 作用与用途 本品内服后可在消化道内迅速生长繁殖，消耗大量氧气，造成厌氧环境，有利于正常厌氧菌群的生长。厌氧菌生长过程中分解糖及脂肪，增加肠道中挥发性脂肪酸的数量，从而抑制病原菌的生长繁殖。本品安全、无毒、无蓄积作用，主要用于幼畜肠炎、腹泻等。

3. 制剂 片剂：每片含5亿活菌。

第六章
影响组织代谢的药物

第一节　影响组织代谢的激素

一、肾上腺皮质激素类药物

肾上腺皮质激素是肾上腺皮质所分泌的全部激素的总称，它们的化学基本结构为甾核，属于类固醇化合物，故又称皮质类固醇。按其主要生理作用不同可分为两类：

盐皮质激素主要影响水、盐代谢，在兽医临床上实用价值不大。

糖皮质激素主要有地塞米松、氢化可的松和可的松。主要影响糖与蛋白质代谢，对水盐代谢影响较小。该类药物具有很强的抗炎、抗过敏、抗毒素、抗休克（常称“四抗”）的作用。在兽医临床上具有广泛的用途。通常所称的皮质激素即指这类激素。

1. 体内过程　糖皮质激素类药物口服易吸收，出现作用较快，单剂量一次给药作用可维持8～12h，因此常将其日用量分为3或4次投与，以维持疗效。该类药物静脉注射可迅速产生作用，但作用时间短暂。

2. 作用

⑴抗炎作用对各种炎症反应均具有明显的抑制作用。该作用为非特异性抗炎，而不抗菌。一般在治疗细菌感染性疾病时，应与有效抗菌药物配合应用。

⑵免疫抑制作用糖皮质激素的免疫抑制作用，使其能解除许多过敏性疾病的症状，抑制由于过敏反应的病理过程，能抑制组织器官的移植反应；对自身免疫性疾病也有一定疗效。

⑶抗毒素与退热作用糖皮质激素能提高机体对有害刺激的应激能力，减轻细菌内毒素对机体的损害，缓解毒血症症状。但不能中和内毒素，也不能防御外毒素对机体的损害。

⑷抗休克作用糖皮质激素可用于治疗各种休克。

⑸对代谢及血细胞的影响糖皮质激素主要影响糖、蛋白质及脂肪的代谢，对水盐代谢影响较小。此外，对血细胞及造血系统也有影响。

3. 临床应用　糖皮质激素类药物在兽医临床上用途广泛，一般可用于治疗下列疾病：

⑴自体免疫性疾病与过敏反应：①自体免疫性疾病对肌肉、关节风湿病，特别是风湿病的急性期效果较好。②过敏性疾病对血清病、支气管哮喘、荨麻疹、过敏性皮炎、蹄叶炎、药物过敏和过敏性休克等症，可缓解症状，达到治疗效果。

⑵各种急性炎症如关节炎、腱鞘炎、各种眼炎等，可减少渗出，防止组织过度破坏，抑制粘连和疤痕形成。

⑶严重感染性疾病各种败血症、中毒性菌痢、腹膜炎、产后子宫炎等，可迅速缓解症状，但必须配合有效而适量的抗菌药物。

⑷各种原因引起的休克抗休克是一综合性治疗过程，皮质激素只能起一定辅助作用，以早期大剂量短时间应用为宜。

⑸代谢性疾病可使血糖很快升高恢复至正常，使酮体逐渐降低。

⑹引产皮质激素已开始用于家畜引产。对怀孕后期的母畜给予地塞米松，猪一般可在48h内分娩，达到同期分娩。缺点是胎衣滞留率高（40%～100%）。

4. 不良反应和应用注意

⑴诱发或加重感染使用糖皮质激素制剂后，可使机体防御能力降低，或造成继发感染，故应当合并使用有效抗菌药。

⑵影响伤口愈合糖皮质激素可促进蛋白质分解，延缓肉芽组织的形成，故妨碍外伤或手术创口及其他溃疡的愈合。角膜溃疡初期不宜用，手术后慎用。

⑶类肾上腺皮质功能亢进症长期使用糖皮质激素，出现水肿、低血钾、肌肉萎缩、骨质疏松、糖尿、幼畜生长停滞等。可根据情况适时停药，或予以必要的治疗。

⑷肾上腺皮质机能不全长期大量应用皮质激素，由于负反馈作用，导致肾上腺皮质萎缩和机能不全。若突然停药，可发生停药症状。故须逐渐减量，缓慢停药。

⑸因糖皮质激素能抑制变态反应，对代谢和血细胞有较大影响，应予注意。

⑹动物的妊娠期、疫苗接种期以及病毒性疾病一般应慎用或禁用。

⑺该类药物与噻嗪类利尿药、两性霉素B合用时，应注意补钾。与水杨酸盐类药物合用易致消化道溃疡。可使降血糖药或胰岛素的作用降低。

（一）醋酸可的松（皮质素）

1. 性状 醋酸可的松为白色或几乎白色的结晶性粉末，无臭，初无味，随后有持久的苦味。不溶于水，微溶于乙醇或乙醚，易溶于氯仿。应置遮光容器内，密封保存。

2. 作用特点 本品为糖皮质激素中作用较弱的一种，唯水钠潴留作用较强。其混悬液肌注吸收缓慢，作用可维持24h。其片剂可供口服，小动物口服易吸收，呈效迅速，但大动物口服吸收不规则。本品除供全身治疗使用外，可供眼科等局部应用。

3. 制剂及用法 注射液：乳白色液体，用药前应摇匀。规格：2mL：500mg；5mL：125mg；10mL：250mg。肌肉注射日用量：猪0.1～0.2g/头。分2次注射。腱鞘、滑膜囊、关节腔内注射0.05～0.25g。片剂：规格：每片含5mg、25mg。眼膏剂：为0.25%～0.5%的眼用软膏，供外用。滴眼剂：0.5%眼药水，供外用。

（二）氢化可的松（氢可的松，可的素，皮质醇）

1. 性状 氢可的松为白色或几乎白色结晶性粉末，无臭，初无味，后渐生持续的苦味，不溶于水，微溶于酒精；其醋酸酯（醋酸氢可的松）亦为白色或几乎白色结晶性粉末，无臭，不溶于水，微溶于乙醇；其琥珀酸酯钠盐（氢化可的松琥珀酸钠）为白色或近白色结晶性粉末或无定形粉末，无臭，有吸湿性，易溶于水及乙醇，水溶液不稳定。均应置遮光容器内，密封保存。

2. 作用特点与应用 本品水钠潴留作用与可的松的相似，而抗炎作用、糖代谢作用是其1.25倍。其静注制剂显效迅速，可用于危急病例如中毒性感染、休克等；醋酸氢可的松混悬液微溶于水与体液，肌注时吸收不良，作用较弱，仅供关节腔、腱鞘内及乳房局部注射治疗关节炎、腱鞘炎和奶牛乳房炎。局部外用疗效较好，可用于皮肤炎症和各种眼炎；琥珀酸酯性钠盐可以生理盐水配成5%的溶液静滴或肌注，用于全身治疗。

3. 制剂及用法

⑴氢化可的松注射液 为氢化可的松的灭菌稀醇溶液。规格：20mL：100mg；10mL：50mg；5mL：25mg；2mL：10mg。静脉注射或静脉滴注：猪20～80mg。每日1次，以生理盐水或葡萄糖注射液稀释后应用。

⑵氢化可的松琥珀钠粉针 规格：每瓶含0.135g（相当于氢化可的松0.1g），临用前加注射用水制成5%（按氢化可的松计算）的注射液应用。静脉注射量同氢化可的松注射液。本品水溶液不稳定，配制后立即使用。加注射用水后，溶液不透明则不能用。

⑶醋酸氢化可的松注射液 规格：5mL：125mg。供关节或腱鞘内注射用，剂量视病变部位而定。滴眼剂：0.5%醋酸氢化可的松眼药水，供外用。眼膏：1%醋酸氢化可的松软膏，供外用。

（三）醋酸泼尼松（强的松，去氢可的松）

1. 性状　为白色或几乎白色结晶性粉末，无臭，味初淡，随后有持久的苦味，不溶于水，微溶于乙醇。应避光密闭保存。

2. 作用特点与应用　本品进入体内经转化为氢化泼尼松而起作用，其抗炎作用较天然皮质激素氢可的松、可的松强4～5倍。由于用量较小，其水钠潴留的副作用显著减轻。主要供内服。

3. 制剂及用法　片剂：规格：每片5mg。内服量：猪首次0.02～0.04g，维持量0.005～0.001g。每日1次。软膏：1%外用于皮肤炎症。眼膏：0.5%，每支2g，供眼科外用。

（四）醋酸氢化泼尼松（强的松龙，去氢氢化可的松）

1. 性状　为白色或几乎白色结晶性粉末，无臭，味苦，在水中溶解极微，微溶于乙醇。醋酸氢化泼尼松为白色结晶，几乎不溶于水，微溶于乙醇。氢化泼尼松琥珀酸钠为白色或近白色结晶粉末，无臭，味初淡后苦，有吸湿性，易溶于水，可溶于乙醇。均应置遮光容器内，密封保存。

2. 作用特点与应用　本品作用与泼尼松作用相似而略强。有供静注、肌注和关节腔内注射。用途同氢化可的松。

3. 制剂及用法

⑴氢化泼尼松注射液本品为无菌稀醇溶液。规格：2mL：10mg。静脉注射或肌肉注射量（生理盐水或5%葡萄糖注射液稀释）：猪10～30mg。静注速度宜慢。

⑵醋酸氢化泼尼松注射液：规格：5mL：125mg。供局部应用。片剂：规格：每片5mg。软膏：0.5%外用于各种皮肤炎症。

⑶氢化泼尼松琥珀酸钠粉针：规格：每瓶合33mg、45mg（相当于氢化泼尼松25mg）或66.9mg（相当于氢化泼尼松50mg），附有缓冲液2mL，临用现配，供静脉注射或肌肉注射量：猪13～26mg。每日1次。

（五）地塞米松（氟美松、氟甲强的松龙、甲氟烯索）

1. 性状　为白色或几乎白色的结晶性粉末，无臭，味苦，几乎不溶于水，易溶于乙醇。地塞米松磷酸钠为白色或微黄色结晶性粉末，无臭，易吸湿，易溶于水，微溶于乙醇。均应避光保存。

2. 作用特点与应用　本品抗炎作用与糖原异生作用较泼尼松更强，是氢化可的松的25倍，而水钠潴留的副作用很弱。用途除同其他糖皮质激素相同外，近年来该药已用于母畜的同期分娩，在预产期前2周内，一次肌注地塞米松，可使猪等母畜在48h内分娩。

3. 制剂及用法　片剂：规格：每片含0.75mg。

地塞米松磷酸钠注射液：为灭菌水溶液。规格：1mL：5mg（本品2.6mg相当于地塞米松2mg）静脉或肌肉注射用量：猪4～12mg。每日1次。

（六）倍他米松

1. 性状　为地塞米松的同分异构体。为白色或几乎白色的结晶性粉末，无臭，味苦，几乎不溶于水，微溶于乙醇。均应避光保存。

2. 作用特点与应用　本品抗炎作用与糖原异生作用较地塞米松略强，而水钠潴留的副作用更弱。用途同地塞米松。

3. 制剂及用法　片剂：规格：每片0.5mg或0.25mg。

倍他米松磷酸钠注射液：规格：1mL：2mg。静脉或肌肉注射量：猪0.02～0.2mg/kg。

（七）醋酸肤轻松（仙乃乐，丙酮化氟新龙）

1. 性状　为白色结晶粉末、无臭，不溶于水和石油醚，微溶于乙醇，在丙酮中略溶。应避光密闭保存。

2. 作用特点与应用　本品抗炎作用为氢化可的松的100倍，疗效显著而副作用较小，且奏效迅速，使用很低浓度即有明显疗效。止痒作用也较好。主要外用于各种皮肤病，如湿疹、过敏性皮炎、皮肤瘙痒等的治疗。

3. 制剂及用法　乳膏、软膏、洗剂：浓度为0.01%～0.025%，外用，每日1～2次。对局部化脓者，需配合新霉素等抗菌素。

附：促肾上腺皮质激素（促皮质素）（ACTH）

1. 性状　促皮质素是一种多肽类化合物。为白色或淡黄色粉末，易溶于水，其水溶液遇碱易失效，对热、潮湿均不稳定，应避热置阴凉处密闭保存。

2. 作用特点与应用 ACTH由垂体前叶分泌，它受丘脑所分泌的释放激素调节。ACTH进入血液达肾上腺，主要促进糖皮质激素的分泌。糖皮质激素对释放激素及ACTH又起负反馈作用，抑制它们的分泌。ACTH只有在肾上腺皮质功能尚存在时，才能间接地发挥作用。其作用、用途及不良反应与糖皮质激素相似。本品口服可被消化酶破坏，故只能注射。偶可引起过敏反应，现已少用。

3. 制剂及用法 粉针：规格：每瓶10IU、25IU、100IU。肌注量：猪20～40IU。每日2～3次。静注量：猪10～20IU。每日2～3次。

长效促皮质素，为促皮质素与氢氧化锌的灭菌混悬液。规格：每瓶20IU、40IU、60IU。肌肉注射每次用量为粉针的2倍量，每日1次。

二、其他影响组织代谢的激素

（一）胰岛素

1. 来源与性状 胰岛素是由胰岛β-细胞生成和分泌的一种激素。它是一种蛋白质，为白色或类白色的结晶性粉末。其注射液系用滤过法灭菌，应在冷处保存，但应避免冰冻。在0～15℃贮存有效期2年。

胰岛素在胃肠道中易被胃酸破坏，故口服无效，必须注射给药。皮下注射易吸收，约1h即呈现作用。在体内破坏快，故作用维持时间仅约为6h。若静脉注射，作用出现更快，但消失也较早。肝和肾是胰岛素灭活的主要器官。从尿中排泄甚少。为了克服胰岛素作用时间短、需反复注射引起的不便，将一些碱性蛋白如精蛋白等与它结合，改变制剂的等电点，使之接近于体液pH，并加入微量锌使之稳定。

2. 作用

(1)对糖代谢的影响 使血糖来源减少，代谢增加而使血糖降低。促进葡萄糖通过细胞膜进入细胞，加速组织对葡萄糖的利用，促进葡萄糖氧化和磷酸化，促进糖原合成，抑制糖原异生。

(2)对脂肪代谢的影响 胰岛素能增加脂肪的合成，抑制脂肪的分解。

(3)对蛋白代谢的影响 胰岛素可促进氨基酸通过细胞膜进入细胞，并促进核酸和蛋白质合成，所以可促进生长。

3. 临床应用

(1)胰岛素在临床上主要用于治疗糖尿病。本病是因胰岛素缺乏而引起的代谢性疾病。症状为高血糖、糖尿、烦渴、贪食、尿多、瘦弱等，严重的可出现酮症酸中毒和高渗性昏迷。使用胰岛素治疗时，剂量依病情不同而异，最适剂量需按血糖、尿糖水平确定和调整。常用正规胰岛素饲前皮下注射。对糖尿病性昏迷的患畜亦可静脉滴注。

(2)对营养不良、胃液缺乏的家畜，使用小剂量，可使胃蠕动与分泌增加，食欲增强，促进恢复健康。

4. 不良反应与应用 注意胰岛素过量可引起低血糖反应。表现为饥饿、烦躁不安、脉搏增数、呼吸促迫、肌肉震颤以致惊厥，严重时患畜昏睡，甚致因呼吸麻痹而死亡。出现上述反应时，应立即静脉注射高渗葡萄糖进行抢救。

5. 制剂及用法

(1)注射液（正规胰岛素） 为胰岛素的灭菌水溶液，其中加有少量甘油（稳定剂及等渗作用）与苯酚（防腐剂）。为无色或几乎透明的液体。pH2.5～3.5。规格：10mL：400U；10mL：800U。皮下注射，必要时可静注或肌注。

(2)精蛋白锌胰岛素注射液 为含有鱼精蛋白与氯化锌的胰岛素天菌混悬液，其中加有甘油，苯酚铯磷酸氨二钠等附加剂。为白色或类白色的混悬液，振摇后能均匀分散。pH为6.9～7.3。规格：10mL：400U；10mL：800U。皮下注射。

（二）甲状腺粉（干甲状腺）

1. 性状本品为黄色粉末，有特异的臭味，部分溶于水。其主要的有效成分是甲状腺素。

2. 作用与临床应用 本品的主要作用及应用为：

(1)维持机体的代谢和促进生长发育过程。

(2)过量或甲状腺机能亢进时，则促进蛋白质的分解。促进钠、钾和水的排出。

(3)成年动物甲状腺机能减退时，水、钠潴留，加上大量的结合蛋白在皮下积聚形成黏液性水肿。主要用甲状腺素治疗。该药也可用于加速骨质修复等。

3. 制剂及用法 片剂：规格：每片30mg或60mg。内服日量：猪1～2mg/kg。

（三）降钙素

1. 来源与性状 本品是由甲状腺滤泡旁细胞分泌的激素，它是由32个氨基酸组成的多肽。本品为白色粉末，易溶于水及碱性溶液，不溶于丙酮、乙醇、氯仿和乙醚。

2. 药理与应用 降钙素的主要作用是通过对骨骼、肾脏、和胃肠道的调节使血钙降低。并促进骨钙的沉积。

⑴对骨骼的作用降钙素抑制骨的吸收，抑制骨骼释放钙，同时骨骼不断摄取血浆中的钙，促进骨钙的沉积。该作用可以用以治疗母畜常见的骨质疏松症。

⑵对血钙的影响由于降钙素可不断从血浆中转移钙到骨骼中，促进了血钙的降低，防止了因高血钙对肾功能的不良影响，有利于补钙治疗骨质疏松症时的不良反应。

3. 制剂及用法 注射液：规格：1mL：50IU；1mL：100IU。每周皮下或肌肉注射2～3次。

第二节 维生素

维生素是维持机体正常代谢和机能所必需的一类特殊的小分子有机化合物。大多数维生素是某些辅酶或辅基的组成部分。机体对维生素的需要量虽然很小，每日仅以mg或μg计算，但它们参与机体的代谢，发挥着强大的生理功能。若机体所需维生素供给不足或因胃肠道疾病导致对维生素的吸收不足，就可出现维生素的缺乏症影响机体的生理功能，甚者危及生命。

动物所需的维生素主要由饲料供给，少数维生素如维生素C、烟酸和胆碱在某些情况下可在动物体内合成。猪等单胃动物大肠内的微生物能合成多种维生素，但多数不易被宿主吸收和利用，其需要的维生素仍然主要为外源供给。因此幼畜和家禽较容易发生维生素的缺乏症。

除此以外，饲料加工贮存不当引起的维生素损失或破坏，慢性腹泻、肝病、重度贫血等症引起的机体吸收和利用维生素不足，幼畜禽、妊娠或泌乳动物等生理上对维生素的需求增加，某些疾病或病理过程如中毒、感染、发烧或应激时，机体对维生素的消耗增加，药物如氨丙啉或饲料添加剂如硫酸锰对维生素的吸收干扰或破坏等也可引起机体的维生素缺乏症。

现代畜牧业生产中，已将某些维生素作为营养性添加剂大量应用于配合饲料中，以使饲料的营养水平平衡。因此，现在的维生素不仅仅作为药物以防治其缺乏症，而且它们也是机体必需的六大营养要素之一。

目前已发现的维生素有60余种，多已能人工合成。但迄今被世界公认的基本维生素有14种，它们是：维生素A、维生素D、维生素E、维生素K、维生素B_1、维生素B_2、维生素B_{12}、维生素B_6、维生素C、泛酸、烟酸、叶酸、生物素、胆碱等。按其溶解性可分其脂溶性和水溶性维生素两大类。

一、水溶性维生素

水溶性维生素主要包括B族维生素和维生素C。维生素B_1、维生素B_2、维生素B_6、烟酰胺、烟酸、叶酸、泛酸、肌醇、胆碱、生物素等属于B族维生素。大多数饲料中都含有足量的该类维生素，尤其是复合全价饲料，所以大多数畜禽无需另加这些维生素，但在下列情形中可考虑作为预防之用：

⑴饲料中供应的维生素不足（含量太少，因贮存不当或过久而受损失）。

⑵机体吸收或利用维生素发生障碍。

⑶机体对维生素需要量增加（如妊娠、泌乳、高热和疾病恢复期等）。畜禽中特别是幼畜和家禽，较易发生维生素缺乏症。此时有必要应用相应的维生素制剂进行防治。

（一）维生素B_1（盐酸硫铵）

1. 来源与性状　维生素B_1广泛存在于种子外皮和胚芽中，在米糠、麦麸、酵母及大豆中含量较多。临床上最常用的B_1是人工合成的盐酸硫胺，近年来又制成了两种新制剂：丙硫硫胺和呋喃硫胺。维生素B_1为白色结晶或结晶性粉末，有微弱的特异臭，味苦，易溶于水，略溶于乙醇，水溶液呈酸性反应。应置遮光容器内密封保存。丙硫硫胺为白色细微结晶或结晶性粉末，能溶于水，易溶于乙醇。呋喃硫胺为白色或微黄色结晶性粉末，在甲醇、乙醇或氯仿中易溶，在水中微溶。

2. 体内过程　肌肉或皮下注射后，吸收快而完全。内服后，因维生素B_1是季铵类化合物，所以肠内吸收不完全，加大内服剂量，并不能相应增加吸收量。丙硫硫胺内服后吸收较佳。吸收后维生素B_1能分布于各组织，其中以肝、脑、肾和心脏中分布较多。呋喃硫胺在体内不易被硫胺酶代谢而失效，在体内存留时间较长，是一种长效制剂。

3. 作用　在机体内维生素B_1与焦磷酸缩合成硫胺焦磷酸酯，它能促进正常的糖代谢，并且是维持神经传导、心脏和胃肠正常功能所必需的物质。通常情况下，家畜不会发生维生素B_1的缺乏症。

4. 临床应用

⑴在临床上主要用于防治维生素B_1缺乏症。

⑵可用作家畜的多发性神经炎、心肌炎等的辅助治疗。

⑶补充需要。当高热、甲状腺机能亢进、大量输入葡萄糖时，因糖代谢率增高，对维生素B_1的需要量也增加，故应适当补充。

⑷临床治疗中使用了广谱抗生素如四环素、土霉素时，可添加维生素B_1可防止其缺乏症。

⑸用于食欲不振，消化机能紊乱的胃肠疾病。

5. 应用注意

⑴本品对氨苄青霉素、邻氯青霉素、头孢菌素、氯霉素、多黏菌素和制霉菌素等，有不同程度的灭活作用，故不宜混合注射。

⑵临床中维生素B_1多与其他B族维生素或维生素C合用，以对代谢产生综合疗效。

6. 制剂及用法

⑴维生素B_1注射液　规格：2mL：50mg；2mL：100mg；10mL：0.25g；10mL：0.5g。皮下、肌肉或静脉注射用量：猪25～50mg。片剂：规格：每片5mg或10mg。内服量：猪25～50mg。混饲：家畜每吨饲料1～3g。

⑵丙硫硫胺注射液　规格：2mL：10mg。皮下或肌肉注用量：猪25～50mg。片剂：规格：每片5mg、25mg或50mg。内服量：猪25～50mg。

⑶呋喃硫胺注射液　规格：2mL：20mg。肌肉注射用量：猪10～30mg。片剂：规格：每片25mg。内服量：猪10～30mg。

（二）维生素B_2（核黄素）

1. 来源与性状　维生素B_2分布广泛，在酵母、麦类和大豆中含量较多。目前应用者多为人工合成品，本品为橙黄色结晶性粉末，微臭、味微苦，在水中极微溶解，几乎不溶于乙醇。置遮光容器内密封保存。

2. 体内过程　内服或注射后均易吸收，能分布于各种组织中，但浓度较低，体内很少贮存，过量的维生素B_2随尿排出。维生素B_2的月桂酸酯为长效核黄素，肌肉注射后在体内缓慢分解游离出核黄素，因此，一次注射后，其作用可维持2～3个月。

饲料中维生素B_2含量充分，家畜消化道中的微生物又能合成一部分，所以家畜很少发生维生素B_2缺乏症。

3. 用途与应用　注意本品主要用于维生素B_2缺乏症。维生素B_2对氨苄青霉素、邻氯青霉素、头孢菌素、四环素、金霉素、去甲金霉素、土霉素、红霉素、新霉素、卡那霉素、链霉素、氯霉素、林可霉素、多黏菌素等，具有不同程度的灭活作用。对制霉菌素B，可使其抗真菌活力完全丧失，所以这些抗菌素不能与维生素B_2混合注射。

4. 制剂及用法　注射液：规格：2mL：1mg；2mL：5mg；2mL：10mg；5mL：25mg；10mL：50mg。皮下或肌肉注射用量：猪20～30mg。片剂：规格：每片5mg或100mg。内服量：猪0.1～0.2mg/kg。

（三）烟酸与烟酰胺（维生素PP）

1. 来源与性状　烟酰胺是烟酸在体内的活性形式，两者统称为维生素PP。在酵母、米糖、麦麸、肉类和鱼粉等饲料中含量丰富。该二药均为白色结晶或结晶性粉末，无臭或有微臭，味略酸，易溶于水及乙醇，有轻微吸湿性。其化学性质较稳定，可耐高温及酸碱，贮存时应密封保存。

2. 作用　烟酸在体内必须转化为烟酰胺，才能发挥作用。玉米中缺乏色氨酸和烟酸，当长期给猪单喂玉米时，可发生维生素PP缺乏症，呈现口舌炎、皮肤皲裂、腹泻、轻度贫血、糙皮病等症状。

3. 用途与应用　注意本品主要应用于预防和治疗维生素PP的缺乏症（糙皮病）。妊娠初期过量使用有致畸的可能。

4. 制剂及用法

⑴烟酰胺注射液　规格：每支1mL：50mL；1mL：100mg。静脉或肌肉注射用量：仔猪3mg/kg。片剂：规格：每片50mg或100mg。内服量：猪3～5mg/kg。

⑵烟酸注射液　规格：每支1mL：50mg；1mL：100mg。皮下或肌肉注射用量：仔猪不超过3mg/kg。片剂：规格：每片50mg或100mg。内服量：猪3～5mg/kg。

（四）泛酸（遍多酸、维生素B_5）

1. 来源与性状　本品广泛存在于动植物的生活组织中，如酵母菌、小麦、麸糠、胡萝卜等。本品为黄色油状液体，遇酸碱及热不稳定，其钙盐为白色粉末，性质较稳定，易溶于水，微溶于乙醇。应密封保存。

2. 作用与作途　本品是辅酶A的组成成分之一。辅酶A参与蛋白质、脂肪、糖的代谢，起乙酰化作用。泛酸缺乏症表现为生长迟缓、皮炎、被毛粗乱、脱毛、肠道溃疡、运动障碍、神经变性及肾上腺皮质变性等。猪易发生泛酸缺乏症。

本品主要应用于猪的泛酸缺乏症，在防治其他维生素缺乏症时，加入该品可提高疗效。本品也可局部用于褥疮和溃疡的治疗。

3. 制剂及用法　片剂：规格：每片20mg。内服用量：猪0.7mg/kg。

（五）维生素B_0

1. 来源与性状　本品在自然界中以3种可互相转化的形式存在：吡哆醇、吡哆醛和吡哆胺。在酵母、谷物的种皮中均含有丰富。本品为类白色结晶或结晶性粉末，无臭，味酸苦，易溶于水，略溶于乙醇。遇光、遇碱和高热均易破坏。应遮光密封保存。

2. 作用与用途　当缺乏维生素B_6时，家畜可出现皮炎、贫血、衰弱和癫痫性痉挛等中枢神经兴奋症状。饲料中维生素B_6含量丰富，且家畜消化道的微生物又能合成维生素B_6，因此家畜很少发生维生素B_6缺乏症。

临床中治疗畜禽的维生素B_1、维生素B_2和烟酰胺等缺乏症时，常常合用维生素B_6可以提高疗效。维生素B_6还可治疗氰乙酰肼、异烟肼等药物中毒时所引起的胃肠道反应和痉挛等。

3. 制剂及用法　注射液：规格：1mL：25mg；2mL：50mg。皮下、肌肉注射和静脉注射用量：猪0.5～1g。片剂：规格：每片10mg。内服用量：猪0.5～1g。

（六）叶酸（维生素Bc、维生素M）

1. 来源与性状　叶酸广泛存在于酵母、绿叶蔬菜、豆饼、苜蓿粉、麸皮、籽实中，动物的内脏、肌肉、蛋类含量丰富。本品为黄色或橙黄色结晶性粉末。极难溶于水、乙醇、乙醚、丙酮等，易溶于氢氧化钠和碳酸氢钠溶液，在中性或碱性溶液中对热稳定，遇光易失效。应遮光贮存。

2. 作用与用途　当叶酸缺乏时，血细胞的分裂增殖和成熟过程停滞，造成巨幼红细胞性贫血和白细胞减少症。猪必须从饲料中摄取补充。长期使用磺胺类等肠道抑菌药时，动物也可能发生叶酸缺乏症。本品主要用于防治叶酸缺乏症。也可作为恶性贫血的辅助治疗药物。

3. 制剂及用法　片剂：规格：每片5mg。内服用量：各种畜禽0.2～0.4mg/kg。混饲：各种畜禽10～20mg/kg。注射液：规格：1mL：15mg。肌肉注射。

（七）生物素（维生素H）

1. 来源与性状　绿色饲料、米糠、花生麸、豆饼、鱼粉、乙醇、酵母和蛋黄中含有丰富的生物素。本品为白色针状结晶。能溶于水，对热稳定，但在氧化剂、强酸、强碱环境下很易被破坏。

2. 作用与用途　本品为参与动物体内糖、蛋白质和脂肪等物质羧化代谢的重要辅酶。毛皮动物缺乏生物素时，会引起皮肤角质化，被毛卷曲，换毛障碍等病状。猪维生素H缺乏可表现为皮炎、皮肤干裂、后肢痉挛或麻痹、蹄底和蹄冠纵横开裂等症状。本品主要用于防治维生素H的缺乏症。

3. 制剂及用法 粉剂：规格：2%生物素（罗维素H-2）为生物素与山梨酸、糊精等辅料制成的粉末。猪的生物素缺乏症饲料添加，按制剂含量计算：猪每吨饲料中含2%生物素40～100g。预防量：混饲按每吨饲料中含2%生物素计量仔猪1～2g。

（八）复合维生素B注射液

1. 性状 本品为黄色带绿色荧光的澄明或几乎澄明的溶液，每支2mL。每1 000mL内含维生素$B_1$10g、维生素B_2-5'磷酸酯钠1.37g、维生素$B_6$1g，烟酰胺15g、右旋泛酸钠0.5g、依地酸二钠0.05g、吐温-80 2g。

2. 作用与用途 主要用于营养不良，食欲不振、多发性神经炎、糙皮病，以及因缺乏B族维生素所致的各种疾病的辅助治疗。

3. 制剂及用法 规格：每支2mL。皮下、肌肉注射用量：猪2～4mL。

（九）氯化胆碱

1. 来源与性状 胆碱主要来源于动物的肝脏、肌肉、骨粉、鱼粉、蛋黄以及植物的小麦胚、酵母、棉籽饼、花生饼等。为白色结晶，极易溶于水和乙醇，有咸苦味，易吸潮，遇碱极不稳定。应在阴凉干燥出保存。

2. 作用与用途 胆碱是一种强有机碱，它是乙酰胆碱的盐基部分，可与甘油三脂在肝脏中结合为卵磷脂，有抗脂肪肝的作用；作为乙酰胆碱的成分则和神经冲动的传导有关，因而是畜禽生长不可或缺的重要物质。

胆碱缺乏可致磷脂代谢障碍，致使大量的脂肪蓄积于肝脏，诱发脂肪肝。胆碱缺乏时仔猪表现为生长停滞、关节韧性差、共济失调及贫血。母猪则表现为繁殖、泌乳及产仔成活率降低。本品主要用于防治胆碱缺乏症及脂肪肝，还可用于治疗畜禽的急、慢性肝炎。

3. 制剂及用法 混饲（按每吨饲料计）家畜1g。

（十）肌醇

1. 来源 肌醇是环己六醇，该B族维生素广泛存在于动植物中。

2. 作用与用途 肌醇可与脂肪酸、磷酸等结合为肌醇磷脂，发挥类似胆碱的作用，促进脂质的代谢，预防动物发生脂肪肝。本品主要用于防治各种畜禽的急、慢性肝炎，脂肪肝等疾病。

3. 制剂及用法 注射液：规格：2mL∶250mg。肌肉或静脉注射。

（十一）维生素C（抗坏血酸）

1. 来源与性状 青绿饲料、新鲜蔬菜和水果中含量丰富。药用维生素C为白色结晶或结晶性粉末，无臭，味酸，易溶于水，略溶于乙醇的人工合成品。在空气中易氧化失效。应置遮光容器内密封保存。

2. 体内过程 内服后易吸收，分布于各组织中，在代谢旺盛的组织中含量较高，经体内代谢而失效，最后部分以原形，部分以代谢产物形式从尿排出。

3. 作用 维生素C在体内具有较广泛的生理功能。具体表现为：

(1)参与体内众多的氧化还原反应维生素C极易氧化脱去两个氢原子，形成脱氢维生素C。

(2)参与细胞间质的生成本品与硫酸软骨素、胶原纤维和细胞间黏合质等细胞间质的形成有关，可促进细胞间质的合成，增加毛细血管致密度，降低其通透性及脆性。

(3)抗炎、抗过敏作用维生素C有颉颃缓激肽和组胺的作用；可直接作用于支气管的β受体，扩张支气管平滑肌；可消除烟酰胺腺嘌呤二核苷酸对皮质激素生成的抑制作用；可抑制皮质激素在肝中的分解破坏，这些作用与本品的抗炎、抗过敏作用密切相关。

(4)参与解毒功能维生素C有保护酶系统的活性巯基，避免被毒物破坏的作用。利用本品的强还原性作用，可用于铅、汞、砷、苯等的慢性中毒和放射线所致的疾病。也可单用或与美蓝合用，治疗药物性高铁血红蛋白症。

(5)增强机体抗病能力大量维生素C有中和细菌

内毒素，促进抗体生成，增强白细胞吞噬功能，增强肝细胞抵抗力和肝解毒能力，改善心肌与血管代谢，以及上述抗炎、抗过敏等综合作用。因此，可用于急、慢性感染性疾病和感染性休克的辅助治疗药物。

4. 用途

(1)主要用于防治维生素C缺乏症。

(2)急、慢性感染性疾病时维生素C的消耗量增加，因此需要适当补充；病后的恢复期，溃疡，创伤愈合不良者也可适当补充。

(3)用于铅、汞、砷、苯等的慢性中毒；风湿性疾病、药疹、荨麻疹和高铁血红蛋白血症等治疗。

(4)对各种贫血，肝、胆系统疾病，心源性、感染性休克等，可用作辅助治疗药。

5. 应用注意

(1)维生素C对氨苄青霉素、邻氯青霉素、头孢菌素、四环素、金霉素、土霉素、强力霉素、红霉素、竹桃霉素、新霉素、卡那霉素、链霉素、氯霉素、林可霉素和多黏菌素等都有不同程度的灭活作用，因此不可混合注射。

(2)本品在碱性溶液中易氧化失效，故不可与氨茶碱注射液、碳酸氢钠注射液、核黄素等碱性较强的药物配合应用。维生素C注射液易与Ca^{2+}生成沉淀，因此也不宜与钙制剂混合注射。

(3)与维生素K_3配伍可发生氧化还原反应，使两者均失效。

(4)变黄后的制剂不能应用。

6. 制剂及用法　注射液：规格：20mL：2.5g；20mL：2g；10mL：1g；2mL：0.1g。静脉、肌肉、皮下注射量：猪0.2～0.5g。片剂：规格：每片50mg或100mg。内服量：猪0.2～0.5g。

二、脂溶性维生素

脂溶性维生素有维生素A、维生素D、维生素E、维生素K等，它们都溶于油而不溶于水。在肠道内的吸收与脂肪的吸收有密切关系。吸收后的该类维牛素可在体内（主要是在肝脏）贮存，当长期应用超大剂量则蓄积毒性。该类维生素较水溶性维生素稳定得多，但在腐败油脂中、饲料本身的霉变或饲料中含有大量鱼油时均可使维生素E、维生素A被破坏。

（一）维生素A

1. 来源与性状　维生素A是一种不饱和有机醇，可分为维生素A_1和维生素A_2，在动物的肝脏、蛋、乳、鱼肝油中维生素A含量丰富；在新鲜绿色植物、优质干草、胡萝卜、蕃茄等植物中含有类胡萝卜素，它们是维生素A的前体，在动物体内可转变为维生素A。

维生素A纯品为黄色片状结晶，不纯品一般是无色或淡黄色油状物，不溶于水，易溶于油及其他非极性有机溶剂中。遇光、空气或氧化剂则易分解失效。应置遮光容器内，密封保存于阴凉处。

2. 体内过程　胃肠、肝脏功能正常时，维生素A和胡萝卜素均易被吸收，乳剂比油剂的吸收更好。在体内维生素A几乎是全部被代谢破坏。本品从乳汁中排出，当维生素A供应充分时，乳汁中可达到一定的高浓度，过剩的维生素A则贮存于肝脏。

3. 作用　维生素A的主要生理功能和药理作用包括：

(1)维持视网膜感光功能动物视网膜对弱光的感觉，有赖于其杆细胞中的感光色素——视紫红质的光化学反应。维生素A为视紫红质的组成成分，因此，当缺乏维生素A时，可出现视觉障碍，初期在暗光中视物不清（夜盲症），严重时可完全丧失视力。

(2)维持上皮组织的正常形态和机能维生素A参与组织间质中黏多糖的合成，是维持上皮组织正常形态和机能所必需的物质。

(3)参与维持正常的生殖机能维生素A缺乏时，雌性动物膣黏膜上皮角质化，黏液分泌减少，易于发炎。严重时孕畜可发生流产或死胎。

(4)促进生长发育维生素A可促进幼年畜禽的生长发育，缺乏时则表现生长停顿，发育不良，齿、骨等硬组织成长不良。长期维生素A不足还可使畜禽易于发生骨软症。

(5)促进类固醇的合成维生素A缺乏时，胆固醇和糖皮质激素的合成将减少。

4. 用途

(1)主要用于防治维生素A缺乏症，如夜盲症、干眼病、角膜软化症和皮肤粗糙等；亦可用于增强机体对感染的抵抗力，预防和治疗呼吸道感染、小动物膀胱炎、肾结石和神经变性等。

(2)外用于创伤、烧伤局部，有促进愈合的作用。

(3)用于机体补充需要，如补充妊娠、泌乳动物和幼小动物的生理需要。

5．不良反应与注意事项　维生素A一般不具毒性，如长期或大量摄入，动物则可表现为食欲不振、体重减轻、皮屑增加、皮肤发痒、关节肿痛、骨质增生等毒性反应。使用维生素A时，应注意剂量。妊娠母畜早期过量使用可引起胚胎死亡，后期过量使用可致胎儿畸形。

6．制剂及用法　胶囊：规格：每粒含2.5万IU。内服量：猪2.5万～5万IU。

（二）维生素D

1．来源与性状　在自然界中维生素D常与维生素A共存。维生素D是一种类固醇物质，常见的有两种：维生素D_2（骨化醇）和维生素D_3（胆骨化醇）。干草、酵母中含有其前体物质——麦角固醇，经日光或紫外线照射后，可转变为维生素D_2。家畜皮肤中含有7–脱氢胆固醇，经日光或紫外线照射后，可转变为维生素D_3，因此多晒太阳可预防维生素D缺乏症。维生素D_2与维生素D_3均为无色针状结晶，或白色结晶性粉末，无臭，无味，不溶于水，易溶于乙醇，极易溶于氯仿，略溶于油。在空气或日光下易发生变质，故应遮光、充氮密封并凉处保存。

2．体内过程　内服或注射均可吸收，肠内吸收必需要有胆汁，特别是去氧胆酸的存在。吸收后大部分贮存于肝脏，约25%经胆汁从粪便排出，相当数量也可从乳汁排出。

3．作用　本品的生理功能主要是影响钙磷代谢，它能促进肠内钙磷的吸收，维持体液中钙磷的正常浓度，促进骨骼的钙化。现在认为维生素D必须先变成活性代谢物后才能发挥作用。缺乏维生素D时，肠道对钙、磷的吸收减少，不但不能在骨组织上沉积，甚至骨盐再溶解，使幼畜禽发生佝偻病，成年畜禽则引起骨软症。

4．用途

(1)主要用于防治维生素D缺乏病。

(2)孕畜、幼畜和泌乳家畜对钙、磷的需要量增加，需补充维生素D以促进饲料中钙磷的吸收和转化。也可用于骨折患畜，促进愈合。

(3)肌肉注射大剂量维生素D，对血钙、血磷过低而不能起立症具有良好效果。

5．不良反应与应用注意　本品一般没有毒性，但若长期应用大剂量，可引起高血钙，肾损害严重，并常形成肾结石。由于这些钙主要来自骨质，故骨脱钙而变脆，易于变形并发生骨折。中毒动物通常表现为食欲不振和腹泻，猪还可出现骨震颤和运动失调，或由于肾小管的严重钙化产生尿毒症而死亡。

6．制剂及用法

(1)维生素D_2胶性钙注射液（内化醇胶性钙注射液）：为维生素D_2与有机钙剂的灭菌白色乳状混悬液。含钙500mg/kg与维生素$D_2$125mg/kg，用注射用油或其他适宜的溶媒制成，并加酚0.5%或其他适宜的抑菌剂。规格：1mL：5 000IU；20mL：10万IU（维生素D_2）。皮下或肌肉注射用量：猪0.5～2万IU。

(2)维生素A、维生素D注射液：为无色或淡黄色的澄明油状液体。规格：0.5mL：维生素A2.5万IU、维生素D2 500IU；5mL：维生素A25万IU、维生素D2.5万IU。肌肉注射用量：猪2～4mL；仔猪0.5～1mL。

(3)维生素D_3注射液：规格：1mL：30万IU；1mL：60万IUu。专供急需大量维生素D的患畜应用，注射前后需补充钙剂。肌肉注射量，各种家畜1 500～3 000IU/kg体重。

(4)鱼肝油：本品为黄色或橙红色的油状液体，微有特异的鱼腥味，规格：每克含维生素A1 500IU、维生素D150IU以上，在乙醇中微溶。应遮光密封保存。内服量：猪10～30mL。

(5)浓鱼肝油：规格：每克含维生素A5万～6.5万IU、维生素D1万～1.3万IU。内服量：各种畜禽每百千克体重0.4～0.6mL。

（三）维生素E（生育酚）

1．来源与性状　维生素E有α、β、γ、δ4种，在植物种子胚芽、植物油及麦麸中含量丰富。在4种维生素E中，以α生育酚活性最强。

维生素E为微黄色或黄色澄明的黏稠液体，不溶于水，易溶于乙醇、丙酮等。不易被酸、碱或热所破坏，但对氧很敏感，可迅速被氧化。维生素E的醋酸酯较维生素E稳定，被氧化破坏的程度较小，但仍然对光敏感，故应密封遮光保存。1mg醋酸生育酚相当于1IU维生素E。

2. 体内过程 正常情况下，维生素E迅速自小肠吸收，影响脂肪吸收的各种因素同样能影响维生素E的吸收，吸收后过剩的维生素E或贮存于体内脂肪组织中或被排出体外。大部分从胆汁排泄，部分经尿排出。

3. 作用 本品的主要作用是调节机体的氧化过程，此作用与维生素E在体内对维生素A和不饱和脂肪酸等的保护性抗氧化作用有关。因此，维生素E的作用主要表现为抗氧化剂所具有的生物膜脂质保护作用以维持细胞膜的完整功能。

缺乏维生素E可导致动物生育缺陷影响繁殖率。所有畜禽包括其幼畜，缺乏维生素E时均可发生骨骼肌、心肌等营养性肌肉萎缩、变性、坏死的所谓"白肌病"（或称羔肌僵直病）。此病在仔猪中最易发生，其症状表现明显。猪缺乏维生素E时，还可发生肝坏死、黄脂病和食饵性的微血管病 桑椹样心脏病等。现已明确，白肌病的发生不仅是由于缺乏维生素E，与缺乏微量元素硒也有关系。

4. 用途与应用 注意主要用于防治畜禽的各种维生素E缺乏症。由于白肌病的发生还与硒缺乏有关，最好配合亚硒酸钠等一起治疗。对于畜禽的生长不良、营养不足等综合性缺乏病，可与其他维生素A、维生素D、维生素B等配合应用。另外维生素E还可提高动物的免疫功能，促进动物的生长发育。用60日龄的小母猪试验表明，每千克饲料中补加维生素E20mg或10mg，对母猪的生长、性器官的发育、仔猪出生头数、1～2月龄仔猪体重等都有良好影响。补充20mg维生素E，连喂6个月，较补饲10mg2个月者效果更好。

必须注意，饲料中的不饱和脂肪酸含量越高，维生素E的需要量就越大。此外，饲料中矿物质、糖的含量变化，其他维生素如胆碱的缺乏等，均可加重维生素E的不足或缺乏症的发生。

5. 制剂及用法 片剂：规格：每片5mg。内服量：猪60～300mg。注射液：规格：10mL：50mg；10mL：500mg。皮下或肌肉注射用量：猪5～20mg/kg体重；仔猪100～500mg。

第三节 钙、磷及微量元素

各种元素在畜禽体内的含量差异很大，钙、磷、镁、钾、氯等在畜禽体内含量较多，称为常量元素；而元素硒、钴、铜、锌、锰、钼、锶、硅、氟等为畜禽所必需，但它们在组织细胞中的含量极微，称为微量元素。

一、钙盐

钙是机体必需的常量元素之一。体内的钙有两种形式：结合钙和游离钙。两者处于动态平衡并不断地进行代谢和与血清钙交换，以维持稳定的血钙浓度。血钙的过多或过少都能引起疾病。

临床上常用的钙盐制剂可分为两类：一类供注射用，如氯化钙、葡萄糖酸钙等；另一类专供内服用，如碳酸钙、乳酸钙等。

1. 体内过程 钙的吸收主要是在小肠前部分，影响其吸收的因素主要有：

⑴酸性环境中钙的溶解度较大，有利于吸收，所以钙在小肠前半部吸收最好。

⑵钙盐必须转变为磷酸盐的形式方能吸收，因此饲料中磷盐与钙盐比例是影响吸收极重要的因素，它们最适比例大致为Ca：P为1.5～2.1。

⑶维生素D调节钙磷代谢。

⑷降钙素、甲状旁腺素也是影响钙吸收的主要激素。

钙的排泄途径是粪、尿和乳汁。

2. 作用

⑴促进骨骼和牙齿的钙化形成。体内99%钙以骨盐形式存在于骨中以保持骨的硬度。当钙、磷供应不足时，成年畜禽或妊娠家畜出现骨软病，幼畜

出现佝偻病。严重的母猪可因骨质疏松而易发生骨折、脊柱压缩性骨折或瘫痪症。

⑵维持神经肌肉组织的正常兴奋性。

⑶可降低毛细血管通透性。减少炎性、过敏性渗出具有抗炎、抗过敏作用。

⑷促进血凝。

⑸拮抗镁离子对神经的抑制性毒性作用。钙离子浓度增加，能抑制镁离子与受体的结合。因此，当畜禽发生硫酸镁中毒时，用钙盐解救可获良效。

⑹加速神经递质和激素的释放，植物神经末梢释放递质和内分泌腺分泌激素，都需要钙离子的参与。

3. 用途

⑴主要用于畜禽急、慢性缺钙。

⑵用于荨麻疹、血清病、肺水肿、胸膜炎以及其他各种局部或全身毛细血管壁渗透性增加的过敏性、渗出性炎症疾病的辅助治疗。

⑶应用硫酸镁、氨基甙类抗生素发生中毒时，可用钙盐解毒。

4. 应用注意

⑴可溶性钙制剂静脉给药时，速度必须缓慢，过快则易引起血钙骤升，心律失常，甚者心博停于收缩期。

⑵本类制剂静注时，严防漏于血管外，以免引起局部肿胀和组织坏死。如若不慎漏出，可迅速用注射器吸出，并于漏出部注入25%硫酸镁溶液10～25mL。

⑶可溶性钙制剂静脉给药时，禁忌与肾上腺素、强心甙类药物等同用，以免增强对心脏的毒性作用。

⑷痛风、肾功能障碍等病应注意使用该类制剂。

5. 制剂及用法

⑴氯化钙注射液　规格：20mL∶1g；50mL∶2.5g；100mL∶5g。静脉注射用量：猪1～5g。

⑵氯化钙葡萄糖注射液　含氯化钙5%、葡萄糖10%～25%。规格：每支20mL、50mL或100mL。用于消炎、抗过敏，治疗急性、慢性缺钙症与解救硫酸镁、氨基甙类抗生素中毒。刺激性比氯化钙小。静脉注射用量：猪20～100mL。

⑶钙镁葡萄糖注射液　含氯化钙10%、氯化镁3%、葡萄糖4%。规格：每瓶200mL或500mL。用于治疗低镁血症、运输热和产后强直痉挛，效果良好，可明显减少并发症。静脉注射。临用前可加热至与体温相当后，缓缓静脉注入。

⑷钙镁注射液　含氯化钙10%、氯化镁3%。规格：每瓶200mL或500mL。用途与钙镁葡萄注射液相同。

⑸葡萄糖酸钙　白色粉末，易溶于水。注射液：规格：200mL∶20g；50mL∶5g；100mL∶10g。静脉注射用量：猪5～15g。

⑹碳酸钙　白色结晶性极细粉末，无味，无臭，几不溶于水，应密闭保存。内服量：猪3～10g。

⑺南京石粉　内服量：猪25～50g。

⑻乳酸钙　白色颗料或粉末，微有风化性，能溶于水，应密封保存。内服量：猪0.3～1g。

二、磷制剂

磷钙的吸收相互之间有着密切的关系，因为钙盐必须转变成可溶性磷酸盐才能吸收，同时阳离子钙的主动转运可导致阴离子的磷酸根被动扩散和吸收，所以钙的吸收增加时，磷的吸收也随着增加。机体内总磷量的80%以上分布于骨骼和牙齿中，以羟磷灰石的形式存在。此外，体液、乳汁中也少量分布，并与骨骼中的磷、钙处于动态平衡。甲状旁腺素对肾脏排磷的调节作用，比排钙的调节作用更明显。

1. 作用

⑴磷是骨、齿的组成成分，单纯缺磷也能引起佝偻病和骨软症。

⑵磷是磷脂的组成成分，参与维持细胞膜的结构和功能；是磷酸腺苷、RNA和DNA的组成成分；在体液中构成磷酸盐缓冲对，调节体液的酸碱平衡。

2. 临床应用

磷制剂除可用于上述钙磷代谢障碍性疾病的防治外，也可用于急性低血磷或慢性缺磷症，常用的磷制剂为磷酸二氢钠和骨粉。

3. 制剂及用法　磷酸二氢钠：为无色结晶或白色粉末，易溶于水。

骨粉：灰白色粉末，无恶臭气味。约含30%的钙和20%的磷。

三、微量元素

微量元素如硒、钴等，它们在机体内起着极其重要的作用。它们是酶、激素和某些维生素的组成成分，也是生化反应反应速率的调节物。

畜禽必须的微量元素主要由植物性饲料中获得。畜禽对微量元素的需要与许多因素有关，如畜禽的生理状态，生产力水平，对周围环境的适应程度，饲料中的营养物质、常量元素、微量元素和维生素的有无及其比例等等。微量元素的缺乏或摄入过多都能引起病变。

（一）硒

硒是畜禽必需的微量元素之一。有机硒化合物不够稳定，因此目前广泛应用的是无机硒化合物，特别是亚硒酸钠。当以缺硒饲料饲喂时，猪可发生白肌病，肌肉中缺硒蛋白，还可发生营养性肝坏死。

1．体内过程　内服后主要由十二指肠吸收。机体内含硒量达到一定饱和度后，即不再增加体内贮存量而增加肾排出量。吸收后由血液转运至全身，红、白细胞、核蛋白和某些酶都含有硒。绝大部分硒由尿排出，少量由呼吸道、胆汁、胰液和肠黏膜排出。

2．作用

⑴通过抗氧化作用维持细胞膜的完整机能。该作用与维生素E相似。

⑵促进辅酶Q类泛醌的合成辅酶Q可预防猪因缺乏硒而引起的营养性肝坏死。

⑶有硒构成的硒蛋白是肌肉的一种正常成分，缺乏硒蛋白时则发生如白肌病样的严重肌肉损害。此外，硒与银、铅、镉、汞等重金属可生成不溶性的硒化物，因此可明显地减少这些重金属对机体的毒害作用。硒对某些致癌物质还有抵抗作用。

3．用途　临床上主要用硒制剂防治其缺乏病。在发病地区给生后数日的幼畜或给产前的母畜注射亚硒酸钠可预防白肌病。对仔猪补饲维生素E或硒制剂均可预防白肌病，但补饲硒的预防效果较补饲维生素E为优，双补则效果更好。

4．不良反应与应用　注意硒具有一定的毒性，内服或注射亚硒酸钠剂量过大，可发生急性中毒。急性中毒主要表现为：盲目蹒跚、食欲丧失、疝痛、黏膜发绀等。中毒初期呈现转圈运动、食欲减退，有时视觉障碍。随后即出现四肢和其他部位肌肉瘫软，呼吸困难，视力严重减退，最后因呼吸衰竭而突然死亡。猪肌肉注射致死量为1.2mg/kg。

畜禽长期饲喂硒含量高的饲料可引起慢性中毒。慢性中毒的症状为沉郁、消瘦、贫血、失明、关节僵硬等，其临床特点为被毛脱落、新旧蹄匣脱落连接成靴状。猪的受胎率降低，死胎增多，幼畜成活率降低。尸检主要为心、肝损害。

猪用0.01%的阿散酸加大量水内服，能缓解硒中毒。饲喂含蛋白质丰富的饲料或内服胱氨酸，也能减轻硒的毒性。

5．制剂及用法　亚硒酸钠：剧毒，白色结晶，在空气中稳定，溶于水，应专项运输并密封专人保存。主要用于防治家畜白肌病。注射液：含0.1%亚硒酸钠的灭菌溶液。规格：1mL：1mg；1mL：2mg；5mL：5mg；5mL：10mg。肌肉注射用量：仔猪1～2mg。供预防应用时，适当减量。粉剂饲料添加：在缺硒地区或使用缺硒地区的饲料时，猪的饲料中必须以硒预混合料的形式添加，这种预混料中的硒含量不得高于200mg/kg。每吨饲料中添加硒预混料不得超过450g，其中含硒90mg（即不超过0.09mg/kg）。仔猪开食前期料与开食料每吨添加这种预混料不超过1 360g。注意：必须混匀。

亚硒酸钠维生素E注射液：规格：每支5mL或10mL。每毫升含维生素E50IU、硒1mg。肌肉注射量：仔猪1～2mL。预防用肌肉注射量：仔猪0.5mL。

（二）钴

钴易于从肠道吸收，吸收后的钴约65%由尿缓慢排出，其余由粪便排出。组织中肝含量最高，其他仅含有微量钴。临床上常用氯化钴。

钴是红细胞、维生素B_{12}、核苷酸还原酶和谷氨酸变位酶的必需成分之一。

饲用过多的钴可原因不明地引起中毒，动物表现为食欲减退、体重下降、贫血；这些症状奇特地与钴缺乏症相似。

制剂及用法　氯化钴：白色结晶，易溶于水。

内服。

（三）铜

铜是各种动物所必须的微量元素之一，内服后约1/4在小肠前段吸收，吸收率很低，吸收机制尚不清楚。硫酸铜和碳酸铜是铜的良好补充剂。在体内铜主要贮存于肝、脑、肾等组织中。

铜能促进骨髓形成红细胞。铜为酪氨酸酶的组成成分，它能催化黑色素的生成。

当饲料中缺铜或含量不足时，可引起畜禽铜的缺乏症。其症状在各种畜禽之间表现有较大的差异。一般为贫血，骨生长不良，新生幼畜发育不良，生长迟缓，心力衰竭，胃肠机能紊乱等。在猪等家畜中还可表现为“晃腰病”、“摇摆病”的特殊征候。

当摄入的铜过多时，可引起溶血性黄疸，肝坏死，肾功能障碍，甚至死亡。

制剂及用法　硫酸铜：蓝色结晶，易溶于水，内服日用量：作饲料添加剂：猪（用作生长促进剂）混饲浓度为800mg/kg（相当于含铜量200mg/kg）。

（四）锌

锌是各种动物必需的微量元素，主要吸收部位在十二指肠，吸收率约为摄入量的5%～40%。吸收机理尚不清楚。临床上常用硫酸锌为补充剂。据测定，根据猪的代谢需要，饲料中锌的含量仅需3～4mg/kg即可，但实际上饲料中需要含锌30～40mg/kg才能预防锌缺乏病。锌形成不溶性化合物而影响了锌的吸收。吸收后锌与血浆蛋白或各组织细胞蛋白结合分布全身组织。

锌在蛋白质的生物合成和利用中起重要作用。锌为碳酸酐酶、碱性磷酸酶、乳酸脱氢酶等的组成成分。锌构成了酶的活性中心并决定酶的特异性。锌是维持皮肤、黏膜的正常结构与功能，促进伤口愈合的必要因素。缺锌时，动物生长缓慢，血浆碱性磷酸酶的活性降低，精子的产生及其活性降低，猪上皮细胞角化、变厚，伤口及骨折愈合不良。

硫酸锌混料内服对锌缺乏症疗效良好。猪每日内服0.2～0.5g，连用3～4周，对猪的皮肤角化等有效。

锌对哺乳动物的毒性较小，但猪采食镀锌器皿调制的饲料时可发生中毒。中毒的表现为食欲不良、贫血等。

制剂及用法　硫酸锌：白色结晶，易溶于水。治疗锌缺乏症时，多用硫酸锌混饲内服。其内服日用量：猪0.2～0.5g每头，对皮肤角化症和因缺锌引起的皮肤损伤，数日后即可见效，经过数周，损伤可完全恢复。

（五）锰

锰自胃肠道吸收，血液中的锰与血浆蛋白结合疏松，锰可进入线粒体和细胞核。排泄途径主要是胆汁、胰液、汗液；尿也能排出少量。生产中常用硫酸锰制剂。畜禽缺锰时，骨的形成和代谢发生异常，腿短而弯曲，跛行，关节肿大，甚者发生运动失调。此外，患锰缺乏症时，母畜发情障碍，公畜性欲降低，精子不能形成而导致不孕症。

制剂及用法　硫酸锰：白色结晶，易溶于水。用作饲料添加剂防治锰缺乏症。

第四节　抗组胺类药物

组胺广泛存在于动物及植物中，动物体内各种组织中均含有组胺。它具有扩张毛细血管，增加血管壁通透性，促进渗出，降低血压，加快心率，兴奋平滑肌，引起支气管平滑肌痉挛、胃肠痉挛、膀胱和子宫收缩以及促进胃液分泌等作用。近来免疫学的研究成果证明：组胺参与某些变态反应，组胺的释放与变态反应有密切关系。

1. 结构　抗组胺药的种类很多，大多数都具有组胺所具有的乙基胺的共同结构。

2. 体内过程　单胃动物内服或注射抗组胺药后均易吸收，内服后经30min开始呈现作用，注射给药作用更快，而反刍动物内服不易吸收，宜注射给药。该类药吸收后迅速分布于各组织，其中以脾、肺、肾、肝等器官中含量较高。

3. 作用 近年来借助于特异性的阻断剂进行的研究，已判明体内有两种组胺受体：H_1受体和H_2受体。兽用抗组胺药多与拮抗组胺的H_1受体效应有关。

⑴抗组胺H_1型效应H_1受体阻断药可完全对抗组胺对胃、肠、气管、支气管平滑肌的收缩作用；对组胺所致毛细血管通透性增加，并引起的水肿也有强大的抑制作用；对组胺舒张血管及其降压作用仅能部分拮抗，其余部分可为H_2受体阻断药所拮抗。H_1受体阻断药本身不具有与组胺相反的作用，而是和组胺竞争H_1受体所致。

⑵中枢抑制作用治疗量H_1受体阻断药有镇静、嗜睡等中枢抑制作用，抑制程度随个体敏感性和药物品种而异。。

⑶其他作用大多数H_1受体阻断剂还有抗毒蕈碱样胆碱作用、局部麻醉和奎尼丁样作用。

4. 临床应用 抗组胺药适用于药物、血清等引起的过敏性疾病。此外，也可用于组织损伤而伴有组胺释放的疾病、大量组织被破坏的疾病，如霉菌性皮肤病、胎衣滞留、乳房炎和产后瘫痪等。

5. 不良反应与应用注意 应用本类药物的治疗剂量时，毒性小而安全。但抗组胺药的中枢抑制作用可加强麻醉药、镇静药的作用，合并用药时应予注意。静脉注射时常出现中枢兴奋症状，如肌肉震颤、轻度痉挛等。因此，常用的投药方法是肌肉注射或皮下注射。急性中毒时可静注显效特快的巴比妥类（如硫喷妥钠）解救，不可应用长效和中效的巴比妥类药物。

必须注意本类药物对致病病因没有任何作用，而仅仅是一种对症治疗措施。因此一定要配合给予对因治疗，同时抗组胺药也必须持续应用以至病因消除，不可中断投药。此外，对严重的急性过敏病例，应立即给予肾上腺素等药物，然后配合应用抗组胺药。

一、海拉明（苯那君、可他敏）

1. 性状 本品为乙醇胺类药物，为白色结晶性粉末，无臭，味苦，随后有麻痹感，在日光下逐渐变色。易溶于水和乙醇，应置遮光容器内密闭保存。

2. 作用与用途 苯海拉明可对抗组胺引起的各种皮肤、黏膜的过敏性疾病，如皮疹、荨麻疹、皮肤瘙痒症等，如与氨茶碱、麻黄碱、维生素C或钙制剂合用疗效更好。该药也可用于组织损伤而伴有组胺释放的疾病，如烧伤、冻伤、湿疹等；或由饲料过敏引起的腹泻、蹄叶炎等的辅助治疗。此外，本品有中枢抑制作用、局麻作用等。苯海拉明的抗组胺作用快而短暂，持续时间为4h。

3. 制剂及用法 片剂：规格：25mg或50mg。内服量：猪0.08～0.12g/次。每12h一次。注射液：规格：1mL：0.02g；5mL：0.1mg。肌内注射用量：猪40～60mg/次。每12h注射一次。

二、茶苯海明（乘晕宁）

1. 性状 本品为苯海拉明和氨茶碱的复合物，为白色透明结晶性粉末，无嗅，微溶于水，易溶于乙醇。

2. 作用与用途 本品较苯海拉明的抗过敏作用更强，对于动物有镇吐、防晕的作用。临床中应用应注意用量。

3. 制剂及用法 片剂：规格：50mg。内服量：猪每次1～1.5mg/kg。注射液：规格：2mL：50mg。肌内或皮下注射用量：同内服量。

三、盐酸异丙嗪（非那根、按胺荨）

1. 性状 该类药物为吩噻嗪类化合物，白色或近乎白色的粉末或颗粒，几无臭，味苦。在空气中久置变成蓝色。极易溶于水，易溶于乙醇。应置遮光容器内密封保存。盐酸异丙嗪注射液为无色澄明液体，如呈紫红色、紫色或绿色者不可再使用。

2. 作用与用途 异丙嗪的作用、应用与苯海拉明相似，抗组胺作用较苯海拉明强而持久，副作用较少；有明显的中枢神经系统抑制作用，可加强麻醉药、催眠药、镇痛药的作用，并能降低体温，可与氯丙嗪、度冷丁配合（冬眠合剂）应用。

3. 制剂及用法 片剂：规格：1.25mg或25mg。内服量：猪0.1～0.5g/次。注射液：规格：1mL：25mg；2mL：50mg；10mL：250mg。肌内注射用量：猪0.05～0.1g/次。

四、盐酸吡苄明（扑敏宁、去敏灵）

1. 性状 本品为乙二胺类药物，白色结晶性粉末，遇光其色渐变深，极易溶于水，易溶于乙醇，水溶液呈中性。应密封避光保存。

2. 作用与用途　扑敏宁的抗组胺作用较苯海拉明强而持久，对中枢神经系统的抑制作用较轻，但对胃肠道有刺激性。可用于动物的肺水肿、荨麻疹、药疹、湿疹等过敏性疾病。

3. 制剂及用法　片剂：规格：50mg。注射液：规格：1mL：25mg。肌内注射用量：猪每次1mg/kg。

五、马来酸氯苯吡胺（扑尔敏、氯苯那敏）

1. 性状　本品为烃胺类药物，白色结晶性粉末，无臭，味苦，易溶于水和乙醇，水溶液呈酸性。应避光密封保存。

2. 作用与用途　扑尔敏的特点为抗过敏作用强而持久，用量小，对中枢神经系统的抑制作用较轻，副作用小。该药用于动物各种过敏性疾病。此外，该药自皮肤吸收良好，可制成软膏外用治疗皮肤过敏性疾病。与解热镇痛药配伍用于治疗感冒。

3. 制剂及用法　片剂：规格：4mg。内服量：猪10～20mg/次。每12h一次。注射液：规格：1mL：10mg；2mL：20mg。肌内注射用量：猪10～20mg/次。

六、马来酸甲氧苄二胺（新安替根、美吡拉敏）

1. 性状　本品为乙二胺类抗组胺类药物，白色结晶性粉末，无臭，易溶于水，应密封保存。

2. 作用与用途　为一典型的抗组胺药，抗组胺作用较强，镇静作用弱，可用于各种过敏性疾病的治疗。本品有刺激性，猪肌注时宜用2.5%的注射液。此外，治疗局部过敏可用2%乳霜。

3. 制剂及用法　注射液：规格：1mL：25mg；1mL：50mg。肌内注射用量：猪0.25～0.5g/次。每日2～3次。片剂：规格：50mg。

七、息斯敏（阿斯咪唑）

本品为新型的H_1受体阻断药。其作用强而持久，一次用药可控制症状达24h。且该药不透过血脑屏障，所以无中枢抑制作用。此外该药具有较强的抗胆碱作用。

第七章
利尿药及脱水药

第一节　利尿药

利尿药是作用于肾脏，能促进电解质及水的排泄，使尿量增多的药物，常用于各种水肿。

按利尿药的效应力，可将它们分为如下几类：

⑴高效利尿药，如呋喃苯胺酸类。

⑵中效利尿药，包括噻嗪类和利尿素等。

⑶低效利尿药，包括安体舒通和氨苯喋啶等。

一、高效利尿药

（一）呋喃苯胺酸（利尿磺胺、速尿，呋塞米）

1. 性状　白色或类白色结晶性粉末；无臭，几乎无味，溶于丙酮而不溶于水，略溶于乙醇。呋喃苯胺酸的钠盐溶于水。应遮光密封保存。

2. 作用　本品内服后迅速经胃肠道吸收，作用迅速，静脉注射后约1h作用达到高峰，但持续时间4～6h。由于从肾脏排泄快，故无蓄积作用。

3. 临床应用　适用于各种原因引起的水肿如脑水肿、肺水肿、心性水肿、肾性水肿、肝硬化性腹水和其他利尿药无效的严重水肿。

对一般性水肿，因本品易引起电解质紊乱，故不宜常规应用。此外，该药也可用于预防急性肾功能衰竭，加速中毒毒物的排泄。

4. 不良反应

⑴电解质紊乱可出现低血容量、低血钠、低血钾、低血氯性碱中毒。

⑵耳毒性表现为眩晕，听力下降或暂时性耳聋。

5. 应用注意　应用本品时宜间歇给药，开始时宜用小剂量；大剂量或长期用药应与氯化钾或留钾性利尿药（氨苯喋啶）合用；应避免与具有耳毒性的氨基甙类抗生素合用。妊娠动物禁用。糖尿病、肝炎、肝硬化患犬慎用。

6. 制剂及用法　片剂：规格：每片20mg或40mg。内服。注射液：规格：2mL∶20mg；10mL∶100mg。肌肉或静脉注射：猪1～2mg/kg，每日1～2次。

（二）汞撒利（撒利汞）

1. 性状　本品为白色结晶性粉末；无臭，味苦，溶于水及乙醇。遇光分解，应遮光密封保存。

2. 作用　本品为有机汞强效利尿药，吸收后在肾脏内能释放出无机汞离子，后者可与肾小管细胞膜上所含巯基酶如ATP酶结合并使其失活，肾小管细胞主动再吸收钠离子所需的能量供应发生障碍，抑制了钠的再吸收，因而尿中钠、氯离子和尿量增加，呈现强大而持久的利尿作用。

3. 临床应用　主要用于治疗心性水肿和肝性水肿。

不良反应与应用注意本品能引起低氯性碱血症；排泄较慢而有蓄积性；对肾脏有刺激性，甚至引起肾小管退化或坏死。也忌用于急性肾炎和肾功能障碍的病畜，临床上现已少用。

4. 制剂及用法　汞撒利注射液：规格：每支1mL∶100mg；2mL∶200mg。肌肉注射：猪50～200mg。

汞撒利茶碱注射液：含汞撒利10%，茶碱5%，疗效比汞撒利注射液好。规格：每支1mL或2mL。肌肉注射：猪0.5～3mL。

二、中效利尿药

（一）氢氯噻嗪（双氢克尿塞）

1. 性状 为白色结晶性粉末；无臭，味微苦。微溶于水，在热乙醇、丙酮或碱性溶液中溶解。在碱性溶液中易水解，应密闭保存。

2. 体内过程 本品内服后可从胃肠道迅速吸收，主要分布在肾脏，其次为肝脏，其他各组织含量均甚低。利尿作用强而较持久。主要从尿中排出。

3. 作用 氢氯噻嗪的主要作用是抑制肾小管髓袢厚壁升支皮质部对氯、钠离子的再吸收，并对碳酸酐酶有微弱的抑制作用。因此，可降低近曲、远曲肾小管和集合管的H^+–Na^+交换率，HCO_3^-的排出稍有增加；又因Na^+重吸收减少，K^+–Na^+交换率代偿性增加，因而钾离子的排出也增加。综上所述结果，由于大量Cl^-、Na^+、K^+、HCO_3^-排出，形成了高渗小管液，阻止了水的重吸收，从而产生中效的利尿作用。

4. 临床应用

本品为常用的利尿药。适用于心性、肝性及肾性等各种水肿，尤对心性水肿的疗效较好。其优点为钠、氯离子的平衡排出，较少引起机体酸碱平衡的紊乱。对乳房浮肿，胸、腹部炎性肿胀，可作为辅助治疗用药。

5. 不良反应与应用注意

(1)电解质紊乱可引起低血钾、低血镁。长期或大量应用时应与氯化钾配合应用。又因低血钾可增强洋地黄对心脏的毒性，故本品忌与洋地黄配合应用。

(2)升高血糖此作用与剂量相关，可使机体的糖耐受量降低，血糖升高。故糖尿病患畜慎用。

(3)高尿酸血症本品可增加近曲小管对尿酸的再吸收。痛风患畜慎用。

(4)肝、肾功能减退者应慎用。

6. 制剂及用法 片剂：规格：每片25mg或50mg。内服：猪0.05～0.2g。每日1～2次。注射液：规格：5mL：125mg；10mL：250mg。肌内注射：猪50～75mg。

（二）环戊氯噻嗪（环戊甲噻嗪）

1. 性状 本品为白色结晶粉末；无臭。几乎不溶于水。

2. 作用 与双氢氯噻嗪相似，但作用较强，有显著的排Na^+作用，排K^+作用不明显。

3. 临床应用 适用于各种水肿及妊娠水肿、脑水肿、肺水肿等。

4. 制剂及用法 片剂：规格：每片0.25mg。内服：猪0.5～1.0mg。每日2次。

（三）氯肽酮（氯噻酮）

1. 性状 本品为白色结晶性粉末；无臭，无味。微溶于水，溶于乙醇。

2. 作用与用途 为长效利尿药，其作用可持续24～48h。毒性较小，可用于各种水肿的治疗。

3. 不良反应与应用 注意长期服用，能导致低血钾症。孕畜长期使用时，对胎儿有不利影响，故孕畜不宜连续使用。

4. 制剂及用法 片剂：规格：每片50mg或100mg。内服：猪0.2～0.4g。每日或隔日一次。

（四）水杨酸钠柯柯碱（利尿素）

1. 性状 本品为白色或略带红色粉末。易溶于水，水溶液呈碱性反应。

2. 作用与用途 作用与咖啡因相似。其特点是利尿作用较强而持久，而中枢兴奋作用极弱。因其毒性较小，在肾机能不全时也可应用。

3. 制剂及用法 粉剂：内服：猪0.5～2g。

三、低效利尿药

（一）醋酸钾

1. 性状 本品为白色晶粉或有光泽的针状结晶。易溶于水，易潮解，故应密封保存。

2. 作用与用途 服用后，可使血钾含量增加。肾脏为维持血钾的正常浓度，排出大量的K^+，同时带出大量的水分产生利尿作用。可用于心性及肾性水肿，但在肾功能严重障碍时严禁使用，因血钾过高，能产生抑制心脏机能的毒性反应。

3. 制剂及用法 粉剂：内服：猪2～5g。

（二）螺内酯（安体舒通）

1. 性状 本品为白色或淡黄色细微结晶性粉末；有轻微的硫醇臭，味稍苦。不溶于水，略溶于乙醇，极易溶于氯仿、苯和乙酸乙酯。

2. 作用与用途 其化学结构与醛固酮相似，为醛固酮作用受体的竞争拮抗剂。为留钾利尿药。其利尿作用较弱，且呈效缓慢而作用持久，口服3～4d始呈现最大的利尿作用，可持续作用5～6d。在临床上本品一般不作利尿首选药，可与氢氯噻嗪等药物合用，以加强其利尿作用，纠正其低血钾症。适用于肝性水肿或其他严重水肿。

3. 制剂及用法　胶囊：规格：每粒20mg（作用相当于普通片剂100mg）。内服：猪0.5～1.5mg/kg，每日3次。

（三）氨苯蝶啶（三氨蝶啶）

1. 性状　为黄色结晶性粉末；无臭或几乎无臭，无味。不溶于水、乙醇、氯仿和乙醚，在冰醋酸微溶。应密封遮光保存。

2. 作用与用途　为保钾性利尿药。尿中钠和氯的含量增多，而尿中钾的含量却减少或不变。此外，它还有排除尿酸的作用。

氨苯喋啶的利尿作用较弱，常与氢氯噻嗪等排钾利尿药合用或交替应用，不仅可加强排钠利尿作用，而且还可纠正后者失钾的不良反应。适用于肝性、心性、肾性水肿和其他严重水肿。也可用于使用氢氯噻嗪、螺内酯等药无效的病例。

3. 制剂及用法　片剂：规格：每片50mg。内服：猪0.1～0.15g。每日1～3次，3～5d为一疗程。

（四）乙酰唑胺（醋唑磺胺）

1. 性状　白色针状结晶或结晶性粉末；无臭，味微苦。略溶于沸水、丙酮及乙醇等，在氨水中易溶。

2. 作用与用途　本品利尿作用很弱，较少单独使用，与汞剂配合应用时，可纠正彼此引起的酸碱平衡失调。可用于治疗心性水肿，但对肾性及肝性水肿则无效。本品能降低眼内压而用于治疗青光眼。能减少胃酸的分泌，用于胃溃疡的辅助治疗药物。

3. 制剂及用法　片剂：规格：每片0.25g。内服：各种家畜1～3mg/kg，每日或隔日一次。

第二节　脱水药

脱水药为低分子化合物，在体内不易被代谢，静注其高渗液可使血液渗透压迅速提高，从而引起组织脱水。药物从肾小球滤过后，不被或很少被肾小管重吸收，使管腔内尿液渗透压升高，增加排出尿量，故又名渗透性利尿药。其利尿作用不强，故一般不作为利尿药以消除全身性水肿，主要利用其脱水作用以降低颅内压、眼内压等。。

该类药物在相同浓度下，分子量越小，所产生的渗透压越大，脱水的效能越强。

一、甘露醇

1. 性状　为白色结晶性粉末；无臭，味甜。易溶于水，于乙醇和乙醚中几不溶。应密闭保存。

2. 体内过程　内服后在胃肠道内不被吸收。静脉注射后主要分布在细胞外液，在体内不易被代谢，仅有一小部分在肝脏内变为糖原，大部分以原形从尿中排出。

3. 作用

⑴脱水作用静脉注入高渗甘露醇溶液后，该药不能透过毛细血管进入组织，故可迅速提高血浆渗透压，组织脱水，颅内压和眼内压迅速下降。另一方面还能增加血容量及扩张肾小球小动脉而增加肾血流量。

⑵利尿作用甘露醇以原形从肾小球滤过后，在肾小管不被再吸收，使肾小管保持高渗透压，因此产生利尿作用。此外，本品还能扩张肾血管，增加肾血流量，提高有效滤过压。促进肾原尿的生成产生利尿作用。

4. 临床应用　在临床上本品是治疗脑水肿的首选药物。其降低颅内压、眼内压的持续时间比尿素长。利用本品的利尿作用，可用于严重休克、广泛外科手术或创伤与出血后常出现的无尿症、急性少尿症，增加尿排出量，预防急性肾功能衰竭。但应及早应用，一旦发生衰竭后再用药，不但无效，还可能有害。此外，还可用于促进毒物的排出。

5. 应用注意

⑴静脉注射时不可漏出血管外，如漏出时，可立即用盐酸普鲁卡因溶液进行局部封闭。

⑵为了降低脑内压，必要时每隔6～12h重复静脉注射一次。

⑶对心功能不全和心性水肿的患畜，不宜应用。

⑷不能与高渗盐水配合应用，因为氯化钠能促进其迅速排泄。

⑸用量不可过大，防止造成脑组织的严重脱水。

⑹本品在气温较低时易出现结晶，可加热使其溶解后使用。

6. 制剂及用法　20%甘露醇注射液：规格：每瓶100mL、150mL或500mL。应保存于20～30℃室温中，天冷时易析出结晶，可用80℃热水加温振摇溶解后再用。静脉注射：猪100～250mL。

二、山梨醇

1. 性状　白色结晶性粉末，无臭，味略甜。易溶于水，常制成25%注射液应用。

2. 作用与用途　本品为甘露醇的同分异构体，作用与用途均基本与甘露醇相同。山梨醇溶解度较大，价格比较便宜，因此亦常采用。

3. 制剂及用法　注射液：用法与甘露醇基本相同。

三、尿素

1. 性状　无色或白色结晶性粉末。易溶于水。

2. 作用与用途　本品脱水作用同甘露醇，可用于脑水肿，降低颅内压。但因尿素能携带水分透过血脑屏障，最后使颅内压超过治疗前水平，产生“反跳”现象。因此，常在应用尿素后3～4h，加用其他脱水药；或以10%甘露醇（或10%山梨醇、10%葡萄糖等）溶液稀释尿素，制成30%溶液进行静滴。溶液温度不宜太低，配制后应于24h内用完。

3. 制剂及用法　粉剂：30g或60g。静脉注射量：猪0.5～1g/kg。每日2～3次。

第八章
作用于生殖系统的药物

第一节　子宫兴奋药

子宫兴奋药即子宫收缩药，为选择性兴奋子宫平滑肌的一类药物。主要有垂体后叶素和麦角制剂等，临床上用为子宫收缩剂和子宫止血剂。

一、脑垂体后叶素

1. 来源与性状　脑垂体后叶素是由下丘脑的视上核与室旁核的神经细胞分泌。主要含有两种不同的激素，即缩宫素（催产素）和抗利尿素。它们都是具有9个氨基酸的多肽，在中性或碱性溶液中均易破坏，在酸性溶液中甚为稳定。

缩宫素有较弱的抗利尿和加压活性，而抗利尿素也有轻微的兴奋子宫作用。

2. 作用

⑴兴奋子宫缩宫素直接兴奋子宫平滑肌，加强其收缩，作用强度取决于剂量和子宫的生理状态。小剂量缩宫素加强子宫的节律性收缩，使收缩振幅加大，张力稍增加，其收缩的性质与正常分娩相似，一方面使子宫底部肌肉发生节律性收缩，一方面使子宫颈平滑肌松弛，以促进胎儿娩出。随着剂量加大，将引起肌张力持续增高，最后可致强直性收缩，这对胎儿和母体都是不利的。子宫平滑肌对缩宫素的敏感性与体内雌激素和孕激素水平有密切关系。

脑垂体后叶素对子宫的作用特点是，作用快（约3～5min）；持续时间较短（约20～30min）；对子宫体的兴奋作用大；对子宫颈的兴奋作用小。产科上多用为子宫收缩药，治疗产后子宫出血、子宫弛缓等。

⑵乳房催产素能加速乳汁的分泌排放。同时又对垂体前叶生乳素的分泌也有促进作用，故可用为催乳药。

⑶肾脏抗利尿素能增加远曲肾小管和集合管对水分的重吸收，使尿液大为减少。

⑷血管抗利尿素能收缩毛细血管和小动脉，使血压上升，但由于压力感受器的反射作用，也可收缩冠状动脉。

⑸肠道及膀胱抗利尿素还能加强肠管蠕动，提高膀胱平滑肌的张力。

3. 临床应用　垂体后叶素和催产素注射液既可用于产前作催产药，又可用于产后止血及胎衣不下等。

4. 制剂及用法　垂体后叶素注射液：1mL：10IU；5mL：50IU。有效期为1年半。皮下或肌肉注射用量：猪10～50IU。治疗子宫出血时，用生理盐水或5%葡萄糖注射液500mL稀释后，缓慢静脉滴注。

催产素注射液：5mL：50IU；1mL：10IU；1mL：0.5IU。用量、用法同垂体后叶素注射液。

二、麦角

1. 来源与性状　麦角是寄生在黑麦或其他禾本科植物子房中的一种麦角菌的干燥菌核，在麦穗上突出如角，故称麦角。目前已用人工培养方法生产。

麦角中含多种作用强大的化学成分，其中主要是麦角碱类，此外尚有组胺、酪胺、胆碱和乙酰胆碱等。

麦角碱类可分为两类：氨基酸麦角碱类和氨基

麦角碱类。

2. 作用

(1)兴奋子宫 麦角碱类能选择性地兴奋子宫平滑肌，其作用也取决于子宫的机能状态，妊娠子宫对麦角碱类比未妊娠子宫敏感。在临产时或新产后则最敏感。

(2)收缩血管 氨基酸麦角碱类，特别是麦角胺，能直接作用于动静脉血管使其收缩；大剂量还会伤害血管内皮细胞，长期服用可导致肢端干性坏疽。

(3)阻断α受体 氨基酸麦角碱类尚有阻断α肾上腺素受体的作用，使肾上腺素的升压作用翻转。

3. 临床应用

(1)治疗子宫出血 产后或其他原因引起的子宫出血都可用麦角新碱止血，它能使子宫平滑肌强直性收缩，机械地压迫血管而止血。

(2)产后子宫复原 产后的最初10d子宫复原过程进行很快，如进行缓慢就易发生出血或感染，因此，须服用麦角制剂等子宫兴奋药以加速子宫复原。常用麦角流浸膏。

(3)治疗胎衣不下及子宫内膜炎 可用麦角新碱进行肌注。

4. 制剂及用法 马来酸麦角新碱注射液：每支1mL：0.5mg；1mL：0.2mg；2mL：0.5mg；10mL：5mg。肌肉或静脉注射用量：猪0.5～1mg。

三、前列腺素

1. 来源与性状 前列腺素（PGS）为一类有生理活性的不饱和脂肪酸衍生物的总称。机体的许多器官、组织，都含有PG合成酶能够合成PGS。

前列腺素按其化学结构不同，分为A、B、E、F等多种类型。

2. 作用与临床应用 前列腺素对机体许多组织器官都有影响，作用广泛。在畜牧业上主要利用它对生殖系统的作用，如利用本品能溶解卵巢黄体的作用，以促进发情和缩短排卵期，使母畜在予定时间发情、排卵，用于同期发情，便于同时进行人工授精；或治疗持久黄体；或利用可加强牛殖道蠕动的作用，用于催产、引产等。

3. 制剂及用法前列腺素$F_{2\alpha}$缓血酸胺注射液：1mL：5mg；10mL：50mg。肌肉注射：猪5～10mg（24～48h后催产，4～5d后发情）。

第二节 性激素

性激素为性腺所分泌的甾体类激素。性激素的分泌受促性腺激素的调节，垂体前叶促性腺激素的分泌又受下丘脑促性腺激素释放因子（释放激素）的调节。由于促性腺激素释放因子、促性腺激素和性激素相互促进，相互制约，协调统一地调节着生殖生理，故将这些激素统称为生殖激素。根据生殖激素产生的部位、化学性质和对靶组织引起的反应，可将生殖激素分为3种类型：促性腺激素释放因子、垂体促性腺激素和性激素。

生殖激素分泌的调节十分复杂，身体内外的刺激通过感受器产生的神经冲动，传到下丘脑，释放促性腺激素释放因子，释放因子经下丘脑门脉系统运送到垂体前叶，导致释放促性腺激素，后者经血液循环到达性腺，调节性腺的机能。

一、雌激素

雌激素由卵泡上皮细胞所分泌，又称动情激素，由卵巢卵泡液中提纯的雌激素称雌二醇；由孕畜尿中提纯的雌激素称雌醇和雌三醇。后两种为雌二醇在体内的代谢产物。由于天然雌激素的化学结构复杂，生产费用较高，现用作人工合成的雌激素，如己烯雌酚、己烷雌酚等。

（一）己烯雌酚（乙底酚）

1. 性状 己烯雌酚为无色结晶或白色结晶性粉末，几乎无臭、不溶于水，溶于酒精及脂肪油中。应置遮光容器内密封保存。

2. 体内过程 己烯雌酚内服后，可由消化道吸收。吸收后己烯雌酚迅速由肾脏排出，故在体内维持时间较短，如注射己烯雌酚的油溶液，可延长其作用时间。

3. 作用与临床应用　雌激素能诱导蛋白质的合成，而使子宫、阴道黏膜等生殖道细胞的形态和机能发生一系列变化。

⑴对生殖道促进输卵管发育，输卵管上段纤毛活动增强，将卵子迅速转移到输卵管壶腹。使输卵管肌肉蠕动增强，分泌细胞增加分泌，使子宫黏膜上皮及腺体增生，黏膜充血、水肿，子宫肌细胞增生肥大，血管增生扩张，子宫内膜增生加厚，并增强子宫肌对催产素的敏感性。同时也使阴道上皮增生，浅表层细胞角化。

⑵维持母畜副性征，促使母畜发情，但不排卵。

⑶促进蛋白质的合成，增加体内水分，能加速增重和加快骨盐的沉积。

⑷输入大剂量的雌激素能作用于下丘脑—垂体系统，抑制促卵泡素和促黄体素的分泌，并能抵消雄激素的主要作用。

临床上对子宫内膜炎、子宫蓄脓、胎衣不下或死胎等，可应用雌激素，加强子宫收缩，松弛子宫颈口，排出子宫内容物。

4. 制剂及用法　片剂：每片3mg、1mg或0.5mg。内服量：猪3～10mg。注射剂，为无色或几乎无色澄明油溶液，1mL∶1mg；1mL∶3mg；1mL∶5mg。肌肉注射：猪3～16mg。

（二）己烷雌酚（二酚己烷）

1. 性状　白色结晶性粉末，无臭，不溶于水，溶于酒精、脂肪油中，应置遮光容器内密封保存。

2. 作用与临床应用　同己烯雌酚，但作用较弱，用量较大。

3. 制剂及用法　片剂：每片5mg或1mg。内服量：猪6～20mg。注射剂：1mL∶5mg，皮下或肌肉注射：猪6～20mg。

（三）雌二醇

1. 性状　白色结晶性粉末，难溶于脂肪油中，应遮光密封保存。

2. 作用与临床应用　同己烯雌酚，但作用较强，内服无效，必须肌注。

3. 制剂及用法　苯甲酸雌二醇：针剂：为雌二醇苯甲酸酯的灭菌油溶液，1mL∶1mg；1mL∶2mg。肌肉注射：猪3～10mg。

二、孕激素

孕激素又称黄体激素，为卵泡排卵后形成的黄体所分泌。孕激素最初从黄体产生，自妊娠第四个月开始，黄体萎缩，转由胎盘分泌。

（一）黄体酮（孕酮）

1. 性状　白色或微黄色结晶性粉末，不溶于水，在酒精及植物油中溶解。应置遮光容器内密封保存。

2. 体内过程　黄体酮内服后经肝脏时迅速被破坏，故须肌肉注射。合成的孕激素衍生物内服能吸收。

3. 作用与临床应用

⑴对子宫的作用　①在雌激素作用的基础上，黄体酮继续使子宫黏膜内腺体生长与分枝，子宫充血，内膜增厚，为受精卵的植入内膜（着床）作好准备，并保证妊娠正常进行。②黄体酮还可降低子宫的兴奋性，因而抑制了妊娠子宫的活动，便于胎儿安全生长。③黄体酮功能不全时，孕激素分泌不足，引起不规则成熟、脱落和出血，发生功能性子宫出血。此时如果及时补充黄体酮，使子宫内膜发育成熟一致，即可避免不规则出血。

⑵对乳腺的作用　黄体酮能促进乳腺小叶及乳腺腺泡的发育，雌激素可刺激腺导管，使之生长和分枝，二者互相协作，使乳房充分发育。

⑶对卵巢的作用　给家畜应用本品后，由于血中黄体酮浓度上升，可抑制下丘脑促性腺激素释放激素（GnRH）的释放，随即也抑制了垂体促性腺激素的释放。因此，卵泡的生长成熟及排卵受阻，造成人为的黄体期，延迟家畜的发情。但是当停止用药后，血中孕酮浓度下降，家畜随即同时发情，故可用为同期发情药。本类药物不适用于猪，因用药后发情率低，不排卵等情况也较多见，而且较易发生卵巢囊肿。

黄体酮主要用于因孕激素不足所致的早期流产、后期流产或习惯性流产；或用于促使母畜同期发情，便于同时进行人工授精和同期分娩。

4. 制剂及用法 黄体酮注射液：为黄体酮的灭菌油溶液。1mL：50mg；1mL：10mg。肌肉注射：猪15～25mg。

（二）甲地孕酮

1. 性状 本品为人工合成的孕激素，白色结晶性粉末，无臭，不溶于水，溶于乙醇，稍溶于脂肪油。

2. 作用与用途 为高效黄体激素，用药后可使卵泡生长、成熟及排卵受阻，发情停止。用于母畜的同期发情、早期流产、先兆性流产等。

三、雄激素及同化激素

雄激素主要由睾丸间质细胞所分泌。

（一）睾丸素（睾酮）

1. 来源与性状 为人工合成的雄激素，甲基睾丸素为白色或乳白色结晶性粉末，不溶于水，应遮光密封保存。丙酸睾丸素为白色结晶或结晶性粉末，不溶于水，溶于脂肪油中，亦应遮光密封保存。

2. 体内过程 睾丸素内服后易于吸收，但在肝中迅速被破坏，故内服实际上无效。主要代谢产物为雄酮，以结合形式从尿排出。甲基睾丸酮因破坏较慢，可供猪内服，但剂量应加大。丙酸睾丸酮一般用其油溶液肌肉注射，效力比甲基睾丸酮略强。

3. 作用与临床应用

⑴对生殖系统的作用主要是促进雄性生殖器官的发育，维持其机能与保持第二性征。

⑵同化作用雄激素，特别是同化激素，能促进蛋白质的合成代谢，使肌肉增长、体重增加。还有增加远曲小管对水、钠的重吸收作用，加速钙盐的沉积。故能治疗虚弱性疾病和加速创伤和骨折的愈合。

当骨髓机能低下时，较大剂量的雄激素，可用于治疗再生障碍性贫血和其他原因的贫血，使骨髓造血机能得到显著改善。

4. 制剂及用法 甲基睾丸素：片剂：每片5mg。内服量：猪0.3g，每日1次。

丙酸睾丸素注射液：1mL：50mg；1mL：100mg；1mL：25mg。肌肉注射量：猪0.1g，每2～3d注射一次。

（二）苯丙酸诺龙

1. 性状 为白色或乳白色结晶性粉末，有特别气味，几不溶于水。一般制成油剂注射液应用，应遮光密封保存。

2. 作用与临床应用 本品为人工合成的同化激素，主要用于虚弱性疾病：包括手术后或热性病的康复期和各种长期消耗性疾病，家畜严重营养不良，幼畜发育不全，肌萎缩和骨质疏松症等；对外伤、烧伤和骨折等，也可加速愈合。

3. 制剂及用法 注射液：1mL：10mg；1mL：25mg。肌肉注射量：猪0.05～0.1g。每10～14日注射一次，严重病例每3～4d注射一次。注意避免长期使用，以防止出现损害肝、肾等不良反应。在用药期间多喂精料或配合给予钙剂。

四、促性腺激素

（一）非垂体促性腺激素

本类药物虽可促进卵泡成熟和排卵，但一般不能单独用为同期发情药，多与其他药物配合应用。通常是在应用抑制卵泡成熟、延迟发情的药物，或应用溶解黄体、促进同期发情的药物等基础上，当母畜处于相同情周期后，应用本类药物以加强发情效果。但母猪处于自然相同周期时，例如哺乳母猪同时断乳时，则可单独使用本类药物。

1. 孕马血清促性腺素（孕马血清）

⑴来源与性状 取自妊娠2～5月的孕马血液，经分离制得的灭菌血清。含有大量马促性腺激素，以妊娠45d至3个月的孕马含量最高。马促性腺素兼有促卵泡素（FSH）和促黄体素（LH）两种作用。提纯品为白色无定形粉末。

⑵药理作用 本品主要表现促卵泡素的作用，而促黄体素的作用较弱。对母畜能促进卵巢卵泡的生长发育，和促进雌激素的分泌而引起发情，较大剂量也能诱发成熟卵泡排卵。对公畜主要表现促黄体素作用，能促进雄激素的分泌而提高性欲。

⑶临床应用 主要用于久不发情或发情不显的母畜，能促使其发情、排卵和受孕；还可治疗因卵巢机能障碍而引起的不孕症；用于猪后，可引起超数排卵，促进多胎，增加产仔数。用于同期发情，本品与绒促性素合用或交替应用较好。猪的同期发情最常应用，而且要求既用本品也用绒促性素。但应注意只有发情后13～17d的母猪可用马促性腺素

（400IU）加绒促性素（200IU），如果不在此时期内用药，则不易达到同期化。对产仔时间相差不超过3周的母猪，在适当时间内同时断乳，断乳的当天肌注马促性腺素和绒促性素，可同期发情排卵，或在断乳的当天肌注马促性腺素，间隔3d后再注射绒促性素，效果极佳。

⑷制剂及用法　皮下或肌肉注射量：猪10～12mL。

2. 绒毛膜促性腺激素（绒促性素）

⑴性状　注射用绒促性素是绒促性素与适宜赋形药的混合灭菌制剂，为白色冻干块状或粉末，易溶于水。应置遮光容器内在阴凉处保存。

⑵作用与临床　应用本品作用与促黄体素相似，能促使成熟的卵泡排卵和形成黄体。大剂量时并能延长黄体存在时间。它还能短时间刺激卵巢，使其分泌雌激素而引起发情。对公畜则能促进睾丸间质细胞的生理功能。当母畜排卵障碍时，用药后可促进排卵受孕，提高受胎率。可用于卵巢囊肿、习惯性流产等。

⑶制剂及用法　注射用绒促性素：每支含5 000IU、2 000IU、1 000IU、500IU。肌肉注射量：猪500～1 000IU。临用前用生理盐水或注射用水溶解后应用。

3. 促性腺激素释放激素（GnRH）

⑴来源　促性腺激素释放激素是下丘脑神经细胞分泌的一种神经激素。目前已提纯了黄体生成素释放激素，并能人工合成，有醋酸盐和盐酸盐两种制剂。

⑵作用与用途　促性腺激素释放激素与垂体前叶促性腺激素分泌细胞的受体结合，促使其分泌垂体促黄体素（LH），同时也分泌少量垂体促卵泡素（FSH），从而促进卵泡的成熟和排卵。还能增强精子的活力，改善精液的品质。本品的应用与垂体促黄体素相似，其特点是无种族特异性，不产生抗原抗体反应。

⑶用法　肌肉或静脉注射。

（二）垂体前叶促性腺激素

1. 垂体促滤泡素（滤泡刺激素）

⑴性状　为白色或类白色的冻干块状物或粉末，应密封在冷暗处保存。每支含200IU或100IU。

⑵作用与临床　应用本品的主要作用是促进卵泡的生长和发育，在小剂量垂体促黄体素的协同作用下，可促使卵泡分泌雌激素，引起母畜发情。如与大剂量促黄体素合用，则可促进卵泡成熟和排卵。对公畜的作用是促进精原细胞的增殖，在促黄体素的协同下，促进精子的形成。

可用于不发情母畜的催情，治疗卵泡停止发育或两侧卵泡交替发育、多卵泡症和持久黄体等卵巢疾病。

⑶制剂及用法　注射用垂体促滤泡素：临用时以生理盐水等溶解后使用。

2. 垂体促黄体素（黄体生成素）（LH）

⑴性状　为白色或类白色的冻干块状物或粉末，应密封在冷暗处保存。每支200IU或100IU。

⑵作用与临床应用　本品的作用是在促卵泡素作用的基础上，促进卵泡成熟、排卵、排卵后形成黄体，分泌黄体酮，维持妊娠黄体而有早期安胎作用；能促进雌激素的分泌而引起正常发情；对公畜则作用于睾丸间质细胞，增加睾丸酮的分泌，提高公畜性欲，在促卵泡素协同作用下促进精子的形成，因此，能提高种公畜的性欲和精液质量，也能治疗隐睾症。

主要用于成熟卵泡排卵障碍、卵巢囊肿、早期胚胎死亡或早期习惯性流产、母畜久配不孕等。

⑶制剂及用法　注射用垂体促黄体素：临用前加水溶解后应用，治疗卵巢囊肿时剂量加倍。

第九章
作用于传入神经末梢部位的药物

第一节　局部麻醉药

局部麻醉药（简称局麻药）是局部应用于神经末梢或神经干，能暂时阻断感觉（传入）神经冲动的传导，使局部痛觉暂时消失的药物。

一、局部麻醉方法

1. 表面麻醉　将药液点眼或喷雾、涂布于黏膜表面，使黏膜下感觉神经末梢麻醉。

2. 浸润麻醉　将药液注入皮下或黏膜下的组织，药液扩散浸润术部的感觉神经末梢而产生麻醉。

3. 传导麻醉（阻断麻醉）　将药液注入神经干、神经丛或神经节周围，使该神经支配下的区域产生麻醉，如腰旁神经干传导麻醉。

4. 硬膜外麻醉　将药液注入硬脊膜外腔，阻滞由硬膜外出的脊神经，从而可使后躯麻醉。

二、局部麻醉药的作用

局部麻醉药在低浓度时就能阻断感觉神经冲动的产生和传导，较高浓度时对各种神经包括植物神经和运动神经都有麻醉作用。

神经冲动的产生与传导有赖于神经细胞膜对离子通透性的一系列变化。在静息状态下，钙离子与膜上磷脂蛋白结合，阻止钠离子内流。当兴奋时钙离子离开结合点，钠离子通道开放，钠离子大量内流，产生动作电位，从而产生神经冲动与传导。局部麻醉药的作用是牢固地占据钙离子结合点，阻止钠离子内流，动作电位不能产生（即膜稳定作用），神经传导阻断，产生局部麻醉作用。

三、常用的局部麻醉药

（一）盐酸普鲁卡因（盐酸奴佛卡因）

1. 来源与性状　为白色结晶或结晶性粉末。无臭，味微苦，继而有麻痹感。易溶于水，略溶于酒精。应置遮光容器内，密封保存。

2. 体内过程　本品从注射部位吸收较快，吸收后大部分可与血浆蛋白暂时性结合，而后逐渐释放出来蓄积于组织中，而后迅速水解。水解产物为二乙氨基乙醇和对氨苯甲酸，前者有极微弱的局麻效能，后者能竞争性对抗磺胺类的抗菌作用。因此，应用磺胺药时应避免大量应用普鲁卡因。水解产物经进一步代谢（氧化、脱羟、脱氨等）后随尿排出。

3. 作用

⑴局部作用：此药对黏膜的穿透力弱，一般不作表面麻醉用。

注入组织后，约经几分钟即可呈现局麻作用。为了延长局麻作用时间和减少药物的吸收，常在此药溶液中加入少量肾上腺素。

⑵吸收作用：静脉注射（或滴注）低浓度的普鲁卡因，对中枢神经系统有轻度抑制、镇痛、解痉和抗过敏作用。对心血管系统也有抑制作用，能抑制心脏异位起搏点的自律性，延长不应期，因此也可用于治疗心动过速、心律不齐等。但在临床上主要是应用利多卡因、普鲁卡因酰胺为抗心律失常药。

4. 不良反应　普鲁卡因的毒性较小。但必须控制用量，如果用量过大，可产生中枢兴奋、躁动、大出汗、脉搏频数、呼吸困难，甚至惊厥等。过度的兴奋往往又可转为抑制，引起呼吸麻痹等。

5. 应用注意 由于普鲁卡因在体内分解为对氨苯甲酸，所以在用磺胺制剂治疗期间，不能应用普鲁卡因。此外碱类、氧化剂易引起盐酸普鲁卡因的分解，所以也不宜配合在一起应用。

6. 制剂及用法 盐酸普鲁卡因针剂：每支10mL：0.3g；10mL：0.15g；50mL：0.125g。注射剂量：猪0.2～0.5g。

（二）利多卡因（普罗卡因）

1. 性状 盐酸利多卡因为白色结晶性粉末、无臭、味苦，继有麻木感，易溶于水。水溶液稳定，可高压灭菌。应密封保存。

2. 应用 毒性与普鲁卡因相似，但因作用强、持续时间长，故安全指数比较大。吸收后对中枢神经系统有抑制作用，但在治疗量时不影响房室结传导，多用于治疗心律失常。

利多卡因的应用较广，表面麻醉用2%～5%溶液，浸润麻醉用0.25%～0.5%溶液，传导麻醉用1%～2%溶液，硬膜外麻醉用2%溶液。

3. 制剂 盐酸利多卡因：针剂：每支5mL：0.1g；10mL：0.2g；20mL：0.4g。

（三）丁卡因（地卡因、潘妥卡因）

1. 性状 盐酸丁卡因为白色结晶性粉末，无臭，易溶于水。应避光密封保存。

2. 作用与用途 丁卡因穿透力强，适用于表面麻醉（0.5%～2%溶液），滴眼后无收缩血管、散大瞳孔、损伤角膜等不良反应，多用0.5%～1%溶液滴眼。本品的局麻作用和毒性约比普鲁卡因强10倍。注射后作用出现慢，局麻时间可长达3h左右，适用于硬膜外麻醉（0.2%～0.3%溶液）。由于毒性大和作用出现较慢，极少单独使用本品作浸润麻醉或传导麻醉。但可与普鲁卡因或利多卡因配制成混合液应用。

3. 制剂 盐酸丁卡因：针剂：每支5mL：50mg。

（四）可卡因（古柯碱）

1. 性状 盐酸可卡因为白色结晶或结晶性粉末，无臭，味初苦，后有刺痛与麻痹感，极易溶于水。

2. 作用与用途 可卡因的穿透力很强，适用于表面麻醉药，可用1%～5%溶液滴眼。但因尚能散大瞳孔、收缩血管，容易产生角膜损伤，吸收后毒性大，现已很少应用，已为合成局麻药取代。

3. 制剂 盐酸可卡因：根据需要配制不同浓度溶液。

第二节 刺激药

刺激药是对感觉神经末梢具有选择性刺激作用的一类药物。当刺激药与皮肤接触后，首先刺激了感觉神经末梢，从这里发出的冲动，一方面向中枢传导，一方面就沿着感觉神经纤维分布在血管的分枝，逆向传导于附近的血管，引起血管扩张（轴突反射）。其结果可加强局部的血液循环和改善局部营养，促进慢性炎性产物的吸收，因而可加速局部病变的消散。故刺激药主要用于治疗四肢的各种慢性炎症，如慢性变形性骨关节炎、慢性关节周围炎、慢性屈腱炎等。在用药时应注意药物的浓度和作用时间等。

一、松节油

1. 性状 无色至黄色澄明液体，有特殊气味，本品易燃，易溶于酒精，能与油类任意混合。贮存日久或久置空气中，臭气增强，应置遮光容器内，密封在阴凉处保存。

2. 作用与用途

(1)外用为刺激药 利用松节油的刺激作用，常用于治疗四肢的各种慢性炎症。多制成擦剂，如四三一擦剂，或10%软膏剂等外用。

(2)内服为健胃、止酵药 内服适量松节油，由于其对消化道黏膜的刺激作用，可用于治疗肠臌胀、胃肠弛缓等。一般多制成水剂或与植物油混合内服。有肾炎、急性胃肠炎的患畜禁止内服。

3. 制剂及用法 松节油：内服：猪2～6mL/次。加5倍量石蜡油或植物油稀释后服用。

四三一擦剂：由樟脑酒精4份，氨擦剂3份、松节油1份混合制成。临用前用力振摇均匀，然后用刷子涂擦于患部。

松节油擦剂：松节油65mL、樟脑5g、软皂7.5g，加水至100mL制成。外用涂擦患部。

二、氨溶液（氨水）

1. 性状　无色澄明液体，易挥发，有强烈刺激臭，含氨量为10%，显碱性反应。应置玻璃瓶中，密封在30℃以下保存。另有一种浓氨溶液含量为25%～27%，供药用时必须稀释。

2. 作用与用途

⑴外用为刺激药　氨溶液有刺激性，故可外用治疗各种慢性炎症。常配合松节油，或与植物油制成擦剂外用。

⑵外用为手指消毒药　能除去油脂、污垢，并能渗入皮肤深层呈现杀菌作用，故在手术前，可用其0.5%溶液作为术者的手指消毒药。洗手后不损伤皮肤，同时皮脂腺及汗腺均呈皱缩状态，从而可减少污染创伤的机会。

3. 制剂及用法　稀氨溶液：氨水25mL加温开水5L稀释后用于手术前的手指消毒。

氨擦剂：稀氨溶液25份，植物油75份混合制成。外用涂擦局部。

三、红碘化汞（赤色碘化汞）

1. 性状　红碘化汞为猩红色结晶性粉末，不溶于水，微溶于酒精，应密封保存。

2. 作用与用途　本品为强刺激药，当与组织接触时，能变成可溶性汞盐而发挥其作用，其腐蚀作用和杀菌效力与升汞相似。通常多用其5%～20%软膏，治疗皮肤、肌、腱、关节等的慢性炎症。

四、强发泡膏

1. 性状　本品是由斑蝥10g、橄榄油90mL、黄蜡70g、松节油30mL制成的外用软膏剂。

2. 作用与用途　该软膏有强烈的刺激作用，涂于皮肤上极易引起发泡，但其作用浅表，炎症不会深入皮下组织。故可用于治疗肌、腱、关节等的慢性炎症。由于本品刺激性极强，如用量过大可被吸收或被动物舔食后，可发生毒性反应。

五、樟脑

1. 性状　樟脑为萜类化合物。呈白色结晶粉末或半透明无色硬块，有特臭。易挥发，难溶于水，易溶于乙醇。

2. 作用与用途　本品对皮肤有温和的刺激作用和镇痛作用。外用于皮肤，有局部消炎作用，还有微弱的局麻作用及防腐作用。常配成樟脑醑，外用治疗挫伤，肌肉风湿症、腱炎等。内服有防腐止酵作用，可治疗消化不良，胃肠积气等。

3. 制剂及用法　樟脑：内服：猪1～4g。

樟脑醑：为含10%樟脑的酒精溶液。外用涂擦患部。

六、薄荷脑

1. 性状　无色披针形结晶，有强烈薄荷香气，味芳香清凉。难溶于水，易溶于酒精，溶于石蜡油、甘油等。

2. 作用与用途　薄荷脑有局部刺激作用，可选择性刺激冷觉感受器。神经痛等时用本品涂擦患部，可由于诱导作用而使疼痛减轻；本品溶于石蜡油后用于发炎黏膜，可使血管收缩、肿胀减轻、炎症消退，可用于治疗支气管炎。

3. 制剂及用法　5%薄荷脑液状石蜡注射液：气管内注射：猪2～3mL。第一、二日每日1次，以后隔日一次，4次为一疗程，用于治疗支气管炎。

第三节　保护药

保护药是用以覆盖皮肤、黏膜，缓和外界刺激。呈现机械性保护作用的药物，可减轻炎症和疼痛，对治疗皮肤或黏膜炎症具有一定的价值。根据保护药的作用特点，可分为收敛药、黏浆药、吸附药和润滑药。

一、收敛药

收敛药是能保护感觉神经末梢，消退局部炎症的一类药物。

治疗急性炎症时，应采用具有收缩血管，减少渗出等作用的药物，以促进炎症的的消退。

收敛药是一种蛋白质沉淀剂，用于黏膜或病变的皮肤上可呈现收敛作用，以保护下层组织和感觉神经末梢免受外界刺激，还可收缩血管，减少渗出，从而起到局部消炎、镇痛、止血等作用。所以收敛药对湿疹、急性皮炎、结膜炎，肠炎等都有疗效。

收敛药包括植物性收敛药和重金属盐。常用的重金属盐有醋酸铅、硫酸锌、氧化锌、硝酸银、明矾等。

1. 重金属盐作用原理　重金属盐能与组织细胞或细菌的蛋白质相互作用，产生重金属的蛋白盐，同时游离出酸。

如果重金属盐仅作用于局部表层组织或渗出物的蛋白质，使成凝胶状态，而重金属离子并不深入到组织深层，称为收敛作用，这种作用是可逆的。如果重金属离子不但与表层组织蛋白作用，而且还能透入到组织深层与蛋白作用，结果可引起组织损伤甚至坏死，这种作用则称为腐蚀作用，这种作用是不可逆的。

低浓度的重金属盐对蛋白无沉淀作用，但易与细菌中含巯基的酶结合，巯基为此种酶的活性基团，当巯基与重金属离子结合后酶即失去作用，从而影响细菌的生长与繁殖，故低浓度的重金属盐具有抑菌作用。

2. 影响重金属盐作用的因素　重金属盐的作用与其解离度和重金属离子与蛋白结合的紧密度，以及生成酸的强度有关。解离度大、其离子与蛋白结合疏松、能生成强酸的重金属盐，其作用深入，杀菌力强，对组织的腐蚀力也强，多用为杀菌药或腐蚀药。反之，解离度小、其离子与蛋白结合紧密、能生成弱酸的重金属盐，其作用浅表，仅呈现抑菌作用和收敛作用，多用为收敛药或防腐药。

（一）醋酸铅（铅糖）

1. 性状　无色或白色结晶，溶于水，在空气中可风化，并能缓慢吸收二氧化碳，故应密封保存。

2. 作用与用途　本品外用有收敛作用，0.5%～2%溶液可治疗皮肤或各种黏膜的急性炎症。临床上常常应用本品的制剂。

3. 制剂及用法　复方醋酸铅散（安得利斯、兽用消炎粉）：白色粉末，由醋酸铅10%、干燥明矾5%，樟脑2%、薄荷脑1%及白陶土82%组成。常与食醋混合制成泥膏剂，外用为消退各种炎性肿胀的药物。每日敷药1次，并适时洒上食醋，以防止泥膏干裂脱落。

复方醋酸铅液（布罗氏液）：由醋酸铅5.0，明矾2.5加水100.0制成。其上清液外用为消炎药。治疗关节挫伤，扭伤等急性炎症时，可用其1∶2.5倍（水）稀释液，或与白陶土或黄泥等混合后作冷敷应用。

（二）明矾

1. 性状　明矾的化学成分为$KAl(SO_4)_2 \cdot 12H_2O$。为无色透明结晶或白色粉末，无臭，极涩，易溶于水，应密封保存。

2. 作用与用途　铝虽属于轻金属，但其可溶性盐类能产生和重金属盐相同的作用，稀溶液以收敛作用为主，浓溶液或外用明矾粉末则可产生刺激与腐蚀作用。

外用其0.5%～4%溶液，可治结膜炎、口炎、咽喉炎等各种黏膜炎症。内服能止血、收敛，可用于胃肠出血、腹泻等。

3. 制剂及用法　内服量：猪5～10g。

（三）硝酸银

1. 性状　无色或白色板状结晶，易溶于水，能溶于酒精。与有机物混存时，遇光逐渐变为灰色或灰黑色，应置遮光容器内密封保存。

2. 作用与用途　本品多外用为抗菌消炎药或腐蚀药。对急性结膜炎可用其0.5%～1%溶液点眼，对烧伤、糜烂性湿疹等可用其3%～5%溶液。

3. 制剂及用法　硝酸银棒：由硝酸银、硝酸钾5%熔制而成。外用腐蚀疣瘊和过剩肉芽组织。

（四）蛋白银

1. 性状　有强蛋白银和弱蛋白银两种制剂。强蛋白银为棕色粉末，含银量7.5%～8.5%，解离度较大。弱蛋白银为棕黑色或类黑色有光泽的鳞片或颗粒，含银量19%～23%，离解度较小。两种制剂均易溶于水，微有吸湿性，遇光易变色，应置遮光容器内密封保存。

2. 作用与作途　银的有机化合物离解度小，因此，只有抑菌、收敛作用，但刺激性小。主要用于急性结膜炎或其他黏膜感染。常用浓度，强蛋白银为0.5%～3%，弱蛋白银为10%～25%。

（五）硫酸锌

1. 性状　无色透明的棱柱状或针状结晶或颗粒状结晶性粉末，无臭，味涩，有风化性，应密封保存。

2. 作用与用途　多外用为抗菌消炎药，对急性结膜炎，常用其0.5%～1%溶液点眼。如市售的沃古林眼药水，就是含硫酸锌的制剂。

3. 制剂及用法　沃古林眼药水：由硫酸锌0.5g、硼酸1.7g、盐酸普鲁卡因0.008g加蒸馏水至100mL制成。滴眼，每日3次，治结膜炎。

（六）氧化锌

1. 性状　白色或极微黄色的无砂性微细粉末，不溶水，易溶于酸中。暴露在空气中能逐渐吸收二氧化碳，故应密封保存。

2. 作用与用途　多外用为收敛药、消炎药，治疗湿疹、皮肤糜烂、溃疡、创伤等。通常多应用其粉剂或软膏剂，粉剂多由氧化锌与水杨酸、滑石粉等制成。软膏剂如氧化锌软膏和复方磺胺噻唑软膏。

3. 制剂及用法　氧化锌滑石粉：氧化锌和滑石粉各等量。散布治皮炎、湿疹。

氧化锌软膏：含氧化锌15%，以凡士林为基质。外用保护创面。

水杨酸锌糊剂：由氧化锌、淀粉各25%，水杨酸2%，凡士林48%制成。外用治皮炎，湿疹。

二、黏浆药

黏浆药如淀粉、明胶等，是药理性能不活泼的一类高分子胶性物质。溶于水形成黏糊胶状溶液，覆盖于黏膜或皮肤上，有缓和炎症刺激、减轻炎症和阻止毒物吸收等作用。

（一）淀粉

1. 性状　白色粉末，无臭，无味，呈不规则多角形易碎的颗粒。不溶于冷水及酒精，与水混合加热后成胶黏液体，呈中性反应。

2. 作用与用途　1%～5%的淀粉黏浆液可与有刺激性药物如水合氯醛混合内服或作灌肠剂。内服可缓和胃肠炎症或延缓毒物的吸收。此外，常用为撒布剂、丸剂、舐剂等赋形药。

3. 制剂及用法　内服量：猪10～50g。

（二）明胶

1. 性状　为淡黄色至黄色微带光泽的粉末或半透明薄片，无臭，无味，在冷水中可软化膨胀，在热水中则形成透明黏稠液体，呈弱酸性反应，冷却后即形成胶胨。

2. 作用与用途　明胶有止血作用，在消化道出血或腹泻时，可制成10%溶液内服，对其他内出血，可用其5%～10%注射液（以生理盐水为溶媒）静脉注射。制成明胶海绵亦常用于各种出血。此外还是制作胶囊、栓剂的赋形药。

3. 制剂及用法　内服量：猪5～10g。

（三）阿拉伯胶

1. 性状　为黄白色质脆易碎块，其粉末为白色，主要成分为阿拉伯胶素的酸式钾盐，钙盐及镁盐。溶于水成为透明淡黄色胶性液体，呈弱酸性反应，不溶于精酒。

2. 作用与用途　常用为黏合药、保护药及乳化剂。

3. 制剂及用法　内服量：猪2～5g。

（四）火棉胶

1. 性状　无色或微黄色澄明浓稠液体，有乙醚臭，极易着火，应避光密封保存于冷暗处。

2. 作用与作途　可外用涂封创口和涂敷创面或溃疡面作保护药。

三、吸附药

吸附药是一些不溶于水又没有药理活性的极微细的粉末，具有很大的表面积，能吸附毒素或其他有害物质，并对局部有机械性的保护作用。

（一）药用炭（活性炭）

1. 性状　为黑色微细粉末，无臭，无味，无砂性，不溶于水，在空气中能吸收水分，应密封保存。

2. 作用与用途　由于药用炭颗粒很小，并且具有很多微孔，故其表面积极大，具有强大的吸附作用。能吸附气体、固体和液体。内服后吸附了肠内各种化学刺激物、毒物和细菌毒素等，同时在肠壁上还可形成一层药粉层，因此可减轻肠内容物对肠壁的刺激，使肠蠕动减少，从而呈现止泻作用。

外用于炎症或损伤的组织表面时，具有机械性保护作用和止血作用。同时还能吸收创伤、炎症的渗出物，或组织、细菌的分解产物等。可用于治疗鞍伤等外伤，如与磺胺粉、碘仿等合用，则疗效更佳。

3. 制剂及用法　粉剂：内服量：猪10～25g。片剂：每片含0.3g或0.5g。内服剂量同粉剂。

（二）白陶土

1. 性状　为类白色细粉或易碎块状物，不溶于水，加水湿润即发生类似黏土的气味，并且颜色加深。主要成分为酸性矽酸铝。

2. 作用与用途　常外用为撒布剂和热（冷）敷剂的赋形药，用于创伤、糜烂性湿疹的撒布，或热（冷）敷治疗关节炎、挫伤等。

3. 制剂及用法　白陶土：内服用于腹泻。猪10～30g。

白陶土敷剂：含白陶土522.5g、硼酸粉45g、水杨酸甲酯2mL、薄荷油0.5mL、樟脑5g、甘油适量，全量为1000g。外用局部消炎，加热制成稠厚面团，涂布约1～3cm厚，趁热贴敷患部。外复以油布或油纸。

（三）滑石粉

1. 性状　本品为酸性矽酸铝和矽酸镁等的混合物，呈白色或类白色微细粉末，无臭，无味，有滑腻性，易粘着皮肤上，不溶于水。

2. 作用与用途　滑石粉有滑润，保护皮肤和使皮肤表面干燥的作用。常与其他收敛，消毒防腐药混合制成撒粉剂应用。治疗糜烂性湿疹，皮炎等。也用作手术胶皮手套的涂粉。

3. 制剂及用法　湿疹粉：水杨酸2份，干燥明矾5份，硼砂5份，薄荷脑1份，氧化锌43份，滑石粉44份加到100份混合制成。包于纱布内或用棉球蘸粉均匀撒布于皮肤，治疗皮炎、湿疹。滑石粉内服量：猪2～5g。

（四）氧化镁

1. 性状　白色微细粉末，不溶于水，露置空气中能吸收水和二氧化碳，故应密封保存。

2. 作用与用途　本品为良好的胃酸中和药，作用缓慢而持久，并不产生二氧化碳，到达肠内后能形成重碳酸镁而具有轻泻作用。此外，氧化镁也有吸附作用。

3. 制剂及用法　片剂：每片0.2g。内服量：猪2～10g。

四、润滑药

润滑药指油脂类或矿脂类物质。它们具有油样滑腻和粘着的性质，涂布于皮肤上既可缓和外来刺激，又可防止过度干燥。润滑药可归纳为矿脂类、动物脂类，植物油类和合成的润滑药4类。

（一）甘油（丙三醇）

1. 性状　无色澄明糖浆状液体，味略甜，呈中性反应。与水及酒精可以任意比例混合，在空气中引湿性很强，故应密封保存。

2. 作用与用途　本品灌肠后能润滑并轻度刺激肠壁，使蠕动增强，分泌增加而通便。可用于中小动物的便秘。外用于局部除具有润滑和保护作用外，还有吸湿作用，可使局部组织软化。

3. 制剂及用法　灌肠：猪5～10mL。

甘油软膏由甘油93份，水、淀粉各7份制成。外用涂敷。

（二）凡士林

1. 性状　淡黄色或白色半透明软块，可与脂肪油随意混合，性质稳定，密封可长期保存。

2. 作用与用途　外用于皮肤上不被吸收，并可阻碍其他药物的吸收。同时本品与多数药物不起反应，又不易酸败，并有润滑作用。因此，主要用为调制软膏的赋形药，涂于患部呈现局部作用。

（三）羊毛脂

1. 性状　淡黄色或棕黄色软膏状物，有黏性而滑腻，臭微弱而特异。不溶于水，但能与约2倍量的水均匀混合。在酒精中微溶。

2. 作用与用途　本品的特点为吸水性及穿透力强，因此可与水溶性药物或药液制成软膏，并使主药能迅速吸收而呈现吸收作用。

（四）聚乙二醇（PEG）

1. 性状　为人工合成的药用聚合物。液体中常用的有4种：PEG200、300、400和600；固体的有5种：PEG1000、1500、1540、4000和6000。液体PEG通常为澄明无色或浅色的浓稠液，有吸湿性，不挥发。固体的外观似蜡，有滑腻感，吸湿性较小，大多在一定温度范围内熔化。无论液体或固体PEG均耐热，性质不活泼，一般无臭、无味，与水及多数有机溶剂如酒精、苯等都能混合。

2. 作用与用途　PEG大多用于调制水溶性的软膏基质，又可作乳化剂，用于不同类型的乳剂中，低分子量的PEG可作为混悬剂，此外还可用于片剂、栓剂的制备。

第十章
作用于传出神经系统的药物

作用于传出神经系统的药物，或作用于交感神经系统，或作用于副交感神经系统；或作用于运动神经系统。从细微结构来看，它们或作用于神经节内节前神经末稍与次一级神经元的接头，或作用于神经末稍与效应器的接头，二者统称为突触。从其作用表现来看，或拟似传出神经的功能；或颉颃传出神经的功能。从作用机制来看，它们都影响传出神经系统突触前、后某些生理生化过程。

传出神经系统包括植物神经系统和运动神经系统。植物神经系统也称自主神经系统，主要支配心脏、平滑肌和腺体等效应器；运动神经系统则支配骨骼肌。植物神经自中枢神经系统发出后，都要经过外周神经节更换神经元后，才能达到所支配的效应器官，因此，植物神经有节前纤维与节后纤维之分。由脑、脊髓发出的植物神经纤维，叫节前纤维，由外周神经节发出的植物神经纤维，叫节后纤维。运动神经自中枢神经系统发出后，中途不更换神经元，直接达到骨骼肌。

当神经冲动到达神经末稍时，从末稍的突触前膜释放出一种化学物质，称为递质。通过递质作用于次一级神经元或效应器的受体，发生效应，从而完成神经冲动的传递过程。作用于传出神经系统的药物主要是在突触部位影响递质或受体而发挥作用。

第一节　拟胆碱药

拟胆碱药是一类作用与胆碱能神经递质（乙酰胆碱）相似的药物。按其作用机制可分为两类：

1. 胆碱受体激动药　此类药物又可分为3种：

⑴M及N胆碱受体激动药除递质乙酰胆碱外，尚有氨甲酰胆碱，既作用于节后胆碱能神经所支配的效应器内的M胆碱受体，也作用于神经节和骨骼肌的N胆碱受体。

⑵M胆碱受体激动药也称节后拟胆碱药，作用部位主要在节后胆碱能神经所支配的效应器内的M胆碱受体，毛果芸香碱是这类药的代表。

⑶N胆碱受体激动药以烟碱为代表，它是烟叶的重要成分。作用很复杂，既作用于N_1受体，也作用于N_2受体，此外，尚可作用于中枢神经系统，而且具有小剂量激动、大剂量阻断N受体的双相作用。因此无临床治疗应用价值。

2. 抗胆碱酯酶药　不直接作用于胆碱受体，而是通过抑制胆碱酯酶，使胆碱能神经末稍所释放的乙酰胆碱破坏减少，由此而积聚的乙酰胆碱可发挥拟胆碱作用，药物有新斯的明和有机磷酸酯类等。

一、胆碱能生物碱类

（一）毛果芸香碱（匹鲁卡品）

1. 性状　硝酸毛果芸香碱为无色结晶或白色有光泽的结晶性粉末；无臭，味苦，遇光易变质。易溶于水，水溶液呈现酸性反应。应置遮光容器内密封保存。

2. 作用　本品能直接选择性地作用于M胆碱受体，产生与节后胆碱能神经兴奋相似的效应。其特点是对多种腺体、胃肠平滑肌有强烈的选择性兴奋作用，而对心血管系统及其他器官的影响相对较小。

在腺体中以促进唾液腺、泪腺、支气管腺的分泌作用最明显。其次为胃腺、肠腺及胰腺等，而对汗腺的作用则较弱。

无论是注射或局部点眼，都能使瞳孔缩小，眼内压降低。

3. 临床应用

(1)适用于治疗不全阻塞的肠便秘、猪食道梗塞等。

(2)0.5%~2%溶液可用为缩瞳剂或治疗虹膜炎。

4. 应用注意

(1)当便秘后期机体脱水时，此药可加重机体脱水。因此，在用药前应大量给水，以补充体液。

(2)完全阻塞的便秘，由于干固粪块压迫肠壁，使局部血液循环障碍，此时应用毛果芸香碱，可能因肠壁平滑肌强烈的收缩而发生肠破裂。因此，对完全阻塞的肠便秘禁用毛果芸香碱。

(3)此药对循环系统的影响虽然较小，然而肠便秘的后期多伴发循环障碍，为安全起见，最好在用毛果芸香碱之前先注射强心剂和酌情补液。

(4)由于此药对支气管平滑肌和支气管腺体的强烈作用，可能发生呼吸困难和肺水肿。因此，用药后应保持患畜安静，加强护理。

(5)过量中毒时可用阿托品解毒。禁用于年老瘦弱、妊娠、心、肺疾患等患畜。

5. 制剂及用法 硝酸毛果芸香碱：注射液：每支1mL：30mg；5mL：150mg。皮下注射：猪5～50mg。滴眼剂：含量0.5%～2%。

（二）氨甲酰胆碱（碳酰胆碱）

1. 性状 其盐酸盐为无色或淡黄色小棱柱形结晶或结晶性粉末，难溶于酒精，有潮解性。水溶液性质稳定，虽经煮沸也不被破坏。

2. 作用与用途 氨甲酰胆碱的作用与乙酰胆碱相似，能直接兴奋M和N胆碱受体，也可能具有通过促进胆碱能神经末梢释放乙酰胆碱的间接作用。在治疗剂量时主要表现为M样作用。作用强而持久；对心、血管系统作用较弱，对胃肠、膀胱、子宫等平滑肌器官作用较强。

本品对消化系统的影响，在临床应用上具有重要的意义。通常在用药3～5min后，即见唾液分泌加强，并持续30～40min。用药后30～40min内胃液分泌可增加几倍，肠液的分泌可增加2～3倍，并可持续1.5～3h。在胃肠蠕动方面，小剂量可加强胃肠的收缩而促进肠内容物迅速排除，但大剂量时，可引起胃肠的痉挛性收缩，由于胃肠肌肉的紧张度提高，以致弛缓不完全。故反而使其机能减弱，同时由于括约肌的强烈收缩，也可产生不利的影响。总之，本品作用强烈而且选择性小，应用时须十分注意。阿托品对此药的颉颃作用虽然比较小，但如发生中毒时仍可作为解毒药。

3. 制剂及用法 氯化氨甲酰胆碱：注射液：每支1mL：0.25mg；5mL：1.25mg。皮下注射：猪0.25～0.5mg。

（三）氨甲酰甲胆碱（比赛可灵）

1. 性状 其盐酸盐为白色结晶性粉末；易潮解，易溶于水和酒精。水溶液可高压灭菌。

2. 作用与用途 本品的作用同氨甲酰胆碱，但作用强度仅为后者1/10，故安全度较大。N样作用微弱或没有，N样作用主要表现在肠管、膀胱和眼等方面，对心血管方面作用很小。阿托品可迅速阻止或取消此药的M样作用。临床应用和应用注意均同氨甲酰胆碱，主要优点在于毒性低于后者。点眼可用1%溶液。

3. 制剂及用法 氯化氨甲酰甲胆碱：注射液：每支1mL：2.5mg；1mL：5mg；10mL：20mg。皮下注射：0.05～0.08mg/kg。

（四）槟榔碱

1. 性状 氢溴酸槟榔碱为白色结晶或结晶性粉末；味苦，遇光易变质。易溶于水或酒精，应置遮光器内密封保存。

2. 作用与用途 本品能直接兴奋M和N胆碱受体，具有比毛果芸香碱更强的M样作用，兼具N样作用。例如此药对平滑肌的作用强度较毛果芸香碱更强，而与毒扁豆碱相似，可使胃肠蠕动增强，子宫、膀胱收缩，虹膜括约肌收缩而瞳孔缩小，眼内压降低等；对腺体的作用强度同氨甲酰胆碱。用于治疗肠便秘时，可将1次剂量分作2次注射，间隔30min，应用时机同毛果芸香碱。也可用于胃肠弛缓、子宫弛缓、胎衣不下等。治疗虹膜炎时可用0.5%～1%溶液点眼。此外，槟榔碱及槟榔都有驱绦虫作用，驱虫作用也与拟胆碱作用有关。应用禁忌同氨甲酰胆碱。

3. 制剂及用法　氢溴酸槟榔碱注射液：皮下注射：猪10～40mg。滴眼液：含量0.5%～1%。

二、抗胆碱酯酶药

1. 胆碱酯酶　体内胆碱酯酶可分为真性胆碱酯酶和假性胆碱酯酶，前者亦称乙酰胆碱酯酶，主要存在于神经元内，特别是胆碱能神经元内，神经肌肉接头处以及红细胞和肌组织中，对于生理浓度乙酰胆碱的作用最强，一般所称的胆碱酯酶即指此种。

胆碱酯酶是体内乙酰胆碱迅速水解所必需的酶。此酶蛋白分子表面的活性中心有两个能与乙酰胆碱结合的部位，即带负电荷的阴离子部位和酯解部位。

2. 抗胆碱酯酶药　抗胆碱酯酶药也是拟胆碱药中重要的一类。此类药物一般都是酯类，与乙酰胆碱一样，也能与胆碱酯酶结合，但结合较牢固，水解较慢，使酶失去活性，胆碱能神经末梢释放的乙酰胆碱便大量堆积，表现M及N样作用。

（一）毒扁豆碱（依色林）

1. 性状　水杨酸毒扁豆碱为无色或微带淡黄色有光泽的结晶性粉末；无臭，味苦。长时间露置空气与日光中，渐变为淡红色。水中略溶，在酒精中溶解，水溶液不稳定，其分解产物不仅效力减弱，而且能增加刺激性。应密闭避光保存。

2. 作用与用途　毒扁豆碱能可逆地抑制胆碱酯酶，导致乙酰胆碱不能及时被水解，引起堆积而出现全部胆碱能神经功能亢进现象。随着毒扁豆碱在体内缓慢地被水解而失效，胆碱酯酶的活性也逐渐恢复，所以其对酶的抑制作用是可逆的。

本品对内脏平滑肌的作用较氨甲酰胆碱还强，对支气管、胆管、虹膜和子宫等平滑肌的作用也较强，也能增强胃肠等腺体的分泌。这些作用都可被阿托品所颉颃。由于作用强烈，偶一过量就会使肠的个别部分产生痉挛性收缩，往往可发生肠腔的完全闭塞，如有大量内容物存在时，则可导致肠管破裂。

对心、血管系统的作用比较复杂，小剂量时仅表现出M样作用，心跳稍慢。大剂量时血压微降，心率稍慢，随后可出现血压稍上升和心率稍加速，这主要由于其N样作用的结果。

利用此药对骨骼肌的N样作用，可兴奋骨骼肌，对抗竞争型肌松药的作用。

和大多数叔胺类化合物相似，本品自消化道黏膜易吸收，也容易通过血脑屏障进入中枢神经系统。因此，在体内分布广泛。阿托品中毒时，可用本品对抗其中枢作用。

0.5%～1%溶液点眼，可用作为强力缩瞳药。禁忌症同氨甲酰胆碱。猪对毒扁豆碱的感受性较小。

3. 制剂及用法　水杨酸毒扁豆碱注射液：每支1mL：0.5mg；1mL：2mg；5mL：25mg。皮下注射：猪5～10mg。滴眼剂：含量0.25%。

（二）新斯的明（普洛色林、普洛斯的明）

1. 性状　甲基硫酸新斯的明为白色结晶性粉末；无臭，味苦。有引湿性，水中极易溶解，易溶于酒精，应密封避光保存。

2. 作用　新斯的明的作用与毒扁豆碱相似，能可逆性地抑制胆碱酯酶，呈现全部胆碱能神经兴奋的效应。其作用特点是：

⑴本品为季胺类化合物，故内服不易自胃肠道吸收，而且吸收不规则，也不易通过血脑屏障，体内分布与毒扁豆碱不同。

⑵对胃肠、膀胱及骨骼肌的作用较强，尤其是对骨骼肌。

⑶对各种腺体、心血管系统、支气管平滑肌及虹膜的作用较弱。

3. 用途　临床上适用于治疗术后腹气胀或尿潴留、重症肌无力、箭毒中毒和大剂量氨基糖甙类抗生素引起的呼吸衰竭等。也可用为缩瞳药（用1%溶液），应用注意同毒扁豆碱。过量中毒时可用阿托品解毒。

4. 制剂及用法　甲基硫酸新斯的明注射液：每支1mL：1mg；10mL：10mg。皮下或肌肉注射：猪2～5mg。

（三）加兰他敏（尼瓦林）

1. 性状　氢溴酸加兰他敏为白色或几乎白色结

晶性粉末；无臭，味苦。溶于水，微溶于酒精。应密封避光保存。

2. 作用与用途　本品能可逆性地抑制胆碱酯酶，药理作用与新斯的明相似，但作用较弱，毒性也较低。能提高胆碱受体的敏感性，使骨骼肌中受阻碍的神经肌肉间的传导恢复，改善脊髓灰质炎及末梢神经肌肉障碍的麻痹状态，从而增强其运动功能，因为此药能透过血脑屏障，所以中枢作用较强。

临床上适用于治疗重症肌无力、进行性肌营养不良、脊髓灰质炎和由于神经系统疾病或外伤所引起的感觉及运动障碍、多发性神经炎、脊神经根炎等。禁用于癫痫、运动机能亢进、支气管哮喘和心动徐缓等。此药无明显的不良反应，但用药过量或过敏反应时则偶有出现，不良反应严重时可用阿托品解救。过敏患畜可减少用量。为避免过敏反应发生，剂量一般应由小逐渐增大。

3. 制剂及用法　氢溴酸加兰他敏注射液：每支1mL：1mg；1mL：2.5mg；1mL：5mg。肌肉注射：猪10～15mg。每日1次，必要时，1日内可注射2次。从小剂量开始，逐渐加大剂量。20～40d为一疗程。

（四）吡啶斯的明

1. 性状　溴化吡啶斯的明为白色结晶性粉末；味苦，有特殊臭味，有潮解性。可溶于水，酒精及氯仿中，应密封避光保存。

2. 作用与用途　本品的作用与新斯的明相似，能抑制胆碱酯酶的活性，其抗胆碱酯酶作用强度为新斯的明的1/20，而抗箭毒作用和兴奋平滑肌作用强度为新斯的明的1/4。因此，临床应用时副作用较少，维持时间较长，适应症，应用注意等与新斯的明相同。

第二节　抗胆碱药

该类药物能与胆碱受体结合而本身不产生或较少产生拟胆碱作用，却能妨碍胆碱能神经递质或胆碱受体激动药与受体的结合，从而产生抗胆碱作用，故称抗胆碱药。

按照对M和N受体选择性的不同，可分为M胆碱受体阻断药和N_1、N_2胆碱受体阻断药。

一、M胆碱受体阻断药

本类药物主要有阿托品，阿托品类生物碱和阿托品的合成代用品。

（一）阿托品

1. 性状　阿托品是莨菪碱的消旋品，可人工合成。硫酸阿托品为无色结晶或白色结晶性粉末，无臭。极易溶于水与酒精，水溶液久置易变质。应置避光容器内密闭保存。

2. 体内过程　内服后在肠道内易吸收，吸收后很快分布于全身组织。在组织内大部分为阿托品酯酶水解而失效，少部分以原形随尿排出。

3. 作用　阿托品的药理作用是能与乙酰胆碱竞争M-胆碱受体，从而阻断乙酰胆碱的M样作用。

(1)对平滑肌的作用　阿托品具有松弛内脏平滑肌的作用。治疗剂量的阿托品对正常活动的平滑肌影响较小，而当平滑肌过度收缩或痉挛时，松弛作用就很明显。临床上可用于解除各种内脏平滑肌痉挛。

(2)对眼的作用　阿托品可松弛虹膜括约肌，从而散大瞳孔，升高眼内压。眼科上可用0.5%～1%阿托品溶液点眼，或3%～4%阿托品眼膏点眼，治疗虹膜睫状体炎、周期性眼炎等。

(3)对腺体的作用　阿托品能抑制唾液腺、支气管腺、胃腺、肠腺等的分泌，用药后可引起口干，皮肤干燥，消化道、呼吸道的分泌亦大为减少。

(4)对心、血管系统作用　本品对正常心、血管系统并无明显影响。较大剂量的阿托品可解除迷走神经对心脏抑制作用，对抗迷走神经过度兴奋所致的传导阻滞和心律失常。

(5)解毒作用　有机磷酸酯类中毒后应用阿托品，能迅速有效地解除M样作用的中毒症状。应及早足量应用，并常与胆碱酯酶复活剂合用。

⑹中枢作用 大量阿托品吸收后有明显的中枢兴奋作用，除兴奋迷走神经中枢、呼吸中枢外，也可兴奋大脑皮质运动区和感觉区。中毒剂量时强烈兴奋大脑和脊髓，动物表现兴奋不安、运动亢进、不协调、肌肉震颤，随后由兴奋转为抑制、昏迷，终因呼吸麻痹而死。拟胆碱药对阿托品的外周作用有一定的拮抗作用，毒扁豆碱可对抗阿托品的中枢作用。

4. 临床应用

⑴解痉对支气管痉挛性呼吸困难和肠痉挛等，可与氨茶碱及哌替啶配合应用。

⑵解毒有机磷制剂中毒时，可用阿托品配合解磷毒、双复磷等解救。应用毛果芸香碱过量中毒时，也可用阿托品来解毒。

⑶麻醉前给药在应用吸入性全麻药之前，可皮下注射小剂量阿托品，以防止因腺体分泌过多而引起呼吸道堵塞或误咽性肺炎。

⑷散瞳药0.5%～1%溶液和3%～4%眼膏点眼，可散大瞳孔，防止虹膜与晶状体粘连，用于治疗虹膜炎、周期性眼炎，或作眼底检查用。

5. 不良反应 用于治疗消化道疾病时，胃肠蠕动一般都显著减弱，消化液分泌亦剧减或停止，而全部括约肌完全收缩，故易发生肠膨胀、便秘等，尤其是当胃肠过度充盈或饲料强烈发酵时，可能造成胃肠过度扩张甚至胃肠破裂。

典型的阿托器中毒症状是：口腔干燥，脉搏及呼吸数增加，瞳孔散大，兴奋不安，肌肉震颤，进而体温下降，昏迷，感觉与运动麻痹，呼吸浅表，括约肌弛缓，最后因窒息而死。

中毒的解救措施主要是对症处理，要注意加强护理，随时导尿，防止发生肠膨胀，维护心脏机能等。毒扁豆碱可对抗阿托品的中枢作用，可用于解救。

6. 制剂及用法 硫酸阿托品：注射液：每支1mL：5mg；5mL：25mg；5mL：50mg。皮下注射：猪2～4mg。用于中毒性休克或解救有机磷化合物中毒时，可肌肉或静脉注射，剂量酌情增大。例如解救家畜有机磷中毒时，可按1mg/kg给药，必要时可重复用药。滴眼剂：0.5%～1%溶液。

（二）颠茄酊

1. 性状 本品为棕红色或棕绿色液体。主要成分是莨菪碱。

2. 作用与用途 作用与阿托品同，但较弱。主要用于缓解胃肠平滑肌痉挛，或治疗胃酸分泌过多。

3. 制剂及用法 内服：猪2～5mL。注射液：每支1mL：3mg；1mL：5mg。皮下注射：猪0.2～0.5mg。

（三）后马托品

1. 性状 氢溴酸后马托品为白色结晶性粉末，无臭。易溶于水，溶于酒精，应置避光容器内密封保存。

2. 作用与用途 本品的作用与阿托品相似但较弱，一般不供内用而常外用为散瞳药，对眼作用呈效较阿托品快，而持续时间较短，约经12～36h作用即消失，调节麻痹作用不完全，升高眼内压的作用较阿托品小。如与可卡因合用，可增强散瞳作用。点眼常用1%～2%浓度。

（四）东莨菪碱

1. 性状 氢溴酸莨菪碱为无色或白色棱柱状结晶或白色颗粒状粉末；味苦、辛，微有风化性。易溶于水，可溶于酒精，应置遮光容器内密闭保存。

2. 作用与用途 本品的作用基本上与阿托品相似，其特点为：散瞳作用较强而持续时间较短，抑制腺体分泌的作用也较阿托品强，但对心脏及支气管和胃肠平滑肌的作用则较弱。对中枢神经系统有抑制作用。

此药与其他抗胆碱药和解毒药合用，可治疗有机磷酸酯类中毒。

（五）山莨菪碱

1. 性状 氢溴酸山莨菪碱为白色结晶或结晶性粉末；无臭、味苦。极易溶于水，易溶于酒精。应置遮光容器内密封保存。

2. 作用与用途 本品具有明显的外周抗胆碱作用，能解除平滑肌痉挛和对抗乙酰胆碱抑制心血管的作用，作用强度与阿托品相似或稍弱。但其抑制唾液分泌的作用比阿托品弱20倍，散瞳作用较阿托品弱10倍，在中枢作用方面较阿托品弱6倍，甚至20倍，故在较大剂量时很少出现阿托品引起的动物兴奋行为。本品与阿托品同样能对抗或缓解各种有机磷酸酯类药物在动物引起的中毒症状。山莨菪碱静脉注射后排泄较快，在体内无蓄积作用。临床应用表明有治疗效果高和副作用小的优点。

适用于严重感染所致的中毒性休克，有机磷酸酯类药物中毒，内脏平滑肌痉挛等，不良反应等与阿托品同。肌注或静注量约为阿托品的5~10倍量。

3. 制剂及用法 氢溴酸山莨菪碱：注射液：每支1mL：10mg；1mL：20mg。肌肉或静脉注射量为硫酸阿托品的5~10倍。

二、N胆碱受体阻断药

1. N_1胆碱受体阻断药——神经节阻断药 常用的神经节阻断药多属竞争型，能选择性地与神经节细胞的N_1胆碱受体结合，竞争性地妨碍乙酰胆碱与受体结合，使节前纤维末稍释放的乙酰胆碱不能引起节后神经元的除极化反应，从而阻断了神经冲动在神经节中的传递。

神经节阻断药对交感神经节和副交感神经节都有阻断作用，它对效应器的具体效应则视两类神经对该器官的支配以何者占优势而定。

常见的神经节阻断药有季铵类的六甲双胺以及非季铵类的美加明和咪噻吩等，兽医临床上很少使用这类药物。

2. N_2胆碱受体阻断药——骨骼肌松驰药 骨骼肌松弛药简称肌松药，作用于神经肌肉接头，阻碍神经冲动的传递，使骨骼肌松弛。根据其作用方式和特点，可分为除极化型和非除极化型两大类。

除极化型肌松药这类药物与运动终板膜上的N_2胆碱受体相结合，产生与乙酰胆碱相似但较持久的除极化作用，使终板不能对乙酰胆碱起反应，出现骨骼肌松弛现象。除极化型肌松药的特点是：①常先出现短时的肌束颤动，这是由于不同部位的骨骼肌在药物作用下，除极化出现的时间先后不同。②连续用药可产生快速耐受性。③抗胆碱酯酶药不仅不能颉颃这类肌松药的作用，却反能加强之，因此禁止用新斯的明、毒扁豆碱等来解救这类药物的中毒。临床上常用的除极化型肌松药为琥珀酰胆碱。

非除极化型肌松药又称竞争型肌松药，此类药物能与运动终板膜上的N_2胆碱受体结合，而本身并不激动受体，从而竞争性地阻断乙酰胆碱的除极化作用，使骨骼肌松弛，张力下降。本类药物的作用特点是：①同类阻断药之间呈现相加效应。②吸入性麻醉药（如乙醚等）和氨基甙类抗生素能加强和延长此类药物的肌松作用。③与抗胆碱酯酶药物之间有颉颃作用，故过量时可用适量的新斯的明解毒。④兼有程度不等的神经节阻断作用。本类药物主要有筒箭毒碱和三碘季铵酚。

（一）琥珀胆酰碱（司可林）

1. 性状 氯化琥珀酰胆碱为白色或几乎白色的结晶性粉末；无臭、味咸。极易溶于水，水溶液呈酸性。遇光、碱均易分解失效，应密封贮存。

2. 作用 本品为去极化型肌松药，肌松有一定的顺序，即首先是头部的眼肌、耳肌等小肌肉，继而是头部、颈部肌肉，再次为四肢和躯干肌肉，最后是膈肌。用药过量时由于膈肌麻痹窒息而死。此药作用快，消失亦快，持续时间短。

3. 临床应用 在临床上可用为麻醉辅助药，但目前主要还是用作肌松性保定药。此时常采用肌肉或皮下注射法，作用出现虽较慢，但持续时间却较长。

4. 不良反应 与应用注意过量易引起呼吸肌麻痹，在用药过程中如发现呼吸抑制或停止时，应立即拉出舌头，以氨水刺激鼻腔，注射尼可刹米，输氧，同时进行人工呼吸；心脏衰弱时立即注射安钠咖，严重者可应用肾上腺素。新斯的明等对本品无对抗作用，反能增强毒性。有些氨基甙类抗生素和多肽类抗生素在大剂量时，也有肌松作用，与琥珀酰胆碱合用时，易致呼吸麻痹，应注意。

5. 制剂及用法 氯化琥珀酰胆碱：注射液：每支2mL：50mg；2mL：100mg。粉针：每支100mg，用时以蒸馏水溶解。静脉注射：猪2mg/kg。肌肉注射：用量同静脉注射。

（二）筒箭毒碱（管箭毒碱）

1. 性状 氯化筒箭毒碱为白色或黄白色结晶性粉末，能溶于水及酒精。

2. 作用与用途 为非去极化型肌松药，难从胃肠道吸收，故不适于内服，主要从静脉给药。静注后约1min呈现作用，3~5min作用最明显，依据个体敏感性和剂量的不同，作用持续约45min。此药除能引起肌松外，还有阻断神经节和释放组胺的作用，可产生血压暂时性下降，心率减慢和支气管痉挛等。新斯的明是本品的有效对抗药。

3. 制剂及用法　氯化筒箭毒碱：注射液：每支1mL：10mg；1.5mL：15mg。静脉注射：猪0.2～0.3mg/kg。

（三）三碘季铵酚（驰肌碘）

1. 性状　白色无定形粉末或颗粒状结晶；味稍苦，几乎无臭。有吸湿性，极易溶于水，稍溶于酒精。为人工合成的非去极化型肌松药。

2. 作用与用途　药理作用及作用持续时间与筒箭毒碱相似，但效力较后者弱，对心率和血压没有抑制作用。本品在体内不被破坏，多以原型由尿排出，故肾功能衰竭病畜禁用。

3. 制剂及用法　注射液：每支1mL：20mg；2mL：40mg。静脉注射：猪2mg/kg。

第三节　拟肾上腺素药与抗肾上腺素药

一、拟肾上腺素药

概述拟肾上腺素药是一类化学结构和药理作用与肾上腺素相似的胺类药物。因其作用与交感神经兴奋的效应相似，故亦称拟交感胺，其基本的化学结构是β-苯乙胺。

按作用方式拟肾上腺素药可分为3类：

⑴直接作用类　直接与肾上腺素受体结合而发挥作用，如肾上腺素、去甲肾上腺素、异丙肾上腺素等。

⑵间接作用类　通过促进去甲肾上腺素能神经释放去甲肾上腺素而发挥作用，如酪胺。

⑶兼具直接和间接作用类　如麻黄碱和间羟胺等。

比较实用的分类方法是按其对不同肾上腺素受体的选择性而分为三大类：

⑴α受体激动药　主要通过激动α肾上腺素受体而发挥作用。

⑵α，β受体激动药　对α和β受体都能激动。

⑶β受体激动药　主要通过激动β受体而发挥作用。

常见的拟肾上腺素药：

（一）α受体激动药

1. 去甲肾上腺素（正肾上腺素）

⑴来源与性状　去甲肾上腺素是去甲肾上腺素能神经末梢释放的主要递质。药用的是人工合成的，常用其重酒石酸盐。为白色或几乎白色结晶性粉末，无臭，味苦，遇光和空气易变质。易溶于水，略溶于酒精，水溶液呈酸性。去甲肾上腺素性质不稳定，遇光易失效，在中性尤其是碱性溶液中，迅速氧化变色失去活性，故忌与碱性药物配伍。应置遮光容器内密封保存。

⑵体内过程　由于本品的剧烈收缩血管作用，在肠内吸收很少，且可迅速为碱性肠液所破坏，故内服无效。皮下、肌肉注射时，也因剧烈的局部血管收缩作用而很少吸收，且易产生局部坏死，故应静滴给药。

⑶作用　本品主要兴奋α受体，对心脏的β受体也有兴奋作用，但对其他效应器官的β受体则作用很小。

血管去甲肾上腺素能兴奋血管的α受体，使血管收缩，而对血管的β受体作用十分微弱，故全身各部分的血管，主要是小动脉和小静脉几乎都收缩。

心脏本品作用于心脏的β受体，使心脏兴奋性增高，心肌收缩力加强，心率加快，传导加速，但对心脏的兴奋作用比肾上腺素弱。

小剂量时由于外周血管收缩，心脏兴奋，心输出量增加，故此药有较强的升压作用，收缩压和舒张压都升高，脉压略加大。但较大剂量时血压虽升高而脉压变小，组织的血液灌流量减少。

去甲肾上腺素对平滑肌、代谢的作用均较弱，仅在很大剂量才出现血糖升高。

⑷临床应用　临床上主要利用其升压作用，使

产生对循环有利的影响。使用小剂量的去甲肾上腺素，收缩周围血管，增加心输出量，使重要脏器如脑和心脏的血流量增加，对休克的治疗是有利的。

(5)应用注意 ①本品剂量不宜过大，也不宜长时间持续使用，否则可因血管持续收缩而引起急性肾功能衰竭，甚至导致不可逆性休克。②因本品收缩血管作用剧烈，静脉滴注时应严防药液外漏，以免引起局部组织坏死。本品不宜作皮下或肌肉注射。出血性休克禁用。

(6)制剂及用法 重酒石酸去甲肾上腺素：注射液：每支1mL：2mg；2mL：10mg。静脉滴注：猪2～4mg。临用时在100mL5%葡萄糖液中加入本品0.8～1mg，即稀释成每毫升8～10mg。猪按每分钟2mL速度滴注。

2. 间羟胺（阿拉明）

(1)性状 本品为白色结晶性粉末；无臭，味苦。易溶于水，难溶于乙醇。

(2)作用与用途 主要兴奋α受体，对β受体作用较弱。有较强而持久的血管收缩作用和中度增强心肌收缩力的作用。其升压作用比去甲肾上腺素稍弱，但持久而缓慢。可增加脑、肾及冠状血管的血流量。作为升压药，可用于各种休克，如心源性休克，感染性休克以及麻醉药引起的低血压。

(3)应用注意 ①本品有蓄积作用，冒然增量可使血压上升过高。②长期连续应用，可引起快速耐受性，作用大为减弱。

(4)制剂及用法 重酒石酸间羟胺：注射液：每支1mL：10mg；5mL：50mg。肌肉注射或静脉滴注：2～10mg。静脉滴注时应以500mL5%葡萄糖液或生理盐水稀释。

3. 去氧肾上腺素（苯肾上腺素，新福林）

(1)性状 本品为白色或带黄色结晶性粉末，无臭，味苦，易溶于水和乙醇。

(2)作用与用途 主要兴奋α受体，作用与去甲肾上腺素相似，但较弱，几乎无β样作用。由于收缩血管升高血压，可反射地兴奋迷走神经，使心率减慢。还能兴奋瞳孔扩大肌，产生扩瞳作用，但扩瞳作用弱，一般不引起眼内压升高。临床上可用于治疗中毒性休克及过敏性休克，室上性心动过速，麻醉引起的低血压；点眼可作为眼底检查时的快速短效扩瞳药。

(3)制剂及用法 盐酸去氧肾上腺素注射液：每支1mL：10mg。静脉注射：猪0.15mg/kg，缓慢注射或10mg稀释于100mL葡萄糖液中静脉滴注。滴眼剂：2%～10%溶液。

（二）α，β受体激动药

1. 肾上腺素（副肾素）

(1)来源 药用肾上腺素可从家畜肾上腺提取，或人工合成。

(2)性状 为白色或淡棕色轻质的结晶性粉末；无臭，味稍苦。难溶于水及乙醇。加稀盐酸时，容易形成水溶性盐，即盐酸肾上腺素。其水溶液与日光或空气接触，易分解变为红色。贮藏时，应特别注意避光及避免与空气接触。

(3)体内过程 内服肾上腺素无效，因可被消化液破坏。通常采用皮下或肌肉注射，皮下注射由于其强烈收缩局部血管，只有大约10%～40%可吸收入血，故作用微弱。肌肉注射时因收缩血管作用缓和，可呈现较强烈的吸收作用。静脉注射时作用更强烈，可用于紧急情况下，但必须稀释药液并减少用量。肌肉注射时应注意勿使药液注入血管，以免发生危险。

(4)作用 肾上腺素能与α和β受体结合，其α作用和β作用都强，吸收作用主要表现为心跳加快、增强，血管收缩，血压上升，瞳孔散大，多数平滑肌松弛，括约肌收缩，血糖升高等。

(5)临床应用 当麻醉、手术中的意外，药物中毒，窒息，过敏性休克或心脏传导阻滞等引起的心跳骤停时，可用为急救药。也可与局部麻醉药并用，或外用作为局部止血药。

(6)应用注意 ①急救时可根据病情，将0.1%盐酸肾上腺素注射液用生理盐水或葡萄溏注射液作10倍稀释后进行静脉输入，必要时可作心内注射。对一般轻症过敏性疾病或病情不甚紧急的急性心力衰竭，不必作静脉注射，可于10倍稀释后皮下或肌肉注射。②局部止血时，可将0.1%盐酸肾上腺素溶液作5～100倍稀释后应用。与局部麻醉药并用时，常在浸润用局麻药液100mL中加入0.1%盐酸肾上腺素注射液0.2或0.5mL，使含肾上腺素的浓度为1：50万或1：20万。③禁与洋地黄、氯化钙配合应用，因为肾上腺素能增加心肌的兴奋性，两药配合可使心肌极度兴奋而转化为抑制，甚至发生心跳停止。

⑺制剂及用法　盐酸肾上腺素注射液　每支1mL：1mg；5mL：5mg。皮下或肌肉注射：猪0.2～1mg。用于急救时，可用生理盐水或葡萄糖液将其10倍稀释后，作静脉注射。必要时，可作心内注射，其用量：猪0.2～0.6mg。

2. 麻黄碱

⑴性状　盐酸麻黄碱为白色针状结晶或结晶性粉末；无臭，味苦，遇光易变质。易溶于水，可溶于酒精，应置遮光容器内密封保存。

⑵体内过程　本品性质稳定，内服、皮下、肌肉或静脉注射均可吸收。内服后从肠道吸收完全，由于其对局部血管收缩作用较弱，皮下注射后吸收迅速。

⑶作用与用途　本品作用于去甲肾上腺素能神经末梢，可促使去甲肾上腺素的释放。此外，由于麻黄碱的化学结构与肾上腺素相似，也能直接与肾上腺素受体结合，因而产生拟肾上腺素作用。其作用大体上和肾上腺素相似，既有α作用，也有β作用。不同的是此药的外周作用弱而持久，而中枢作用则远比肾上腺素强。

给动物静注麻黄碱，也可升高血压，但升高作用缓和持久，其升压作用也是通过兴奋心脏和收缩血管所致。外用为止血药，收缩血管作用虽较肾上腺素弱，但作用持久。

对各种平滑肌的作用较肾上腺素弱，如松弛支气管平滑肌的作用，不如肾上腺素强而迅速，但作用持久，可用于缓解支气管痉挛，治疗支气管哮喘等。

麻黄碱的中枢兴奋作用远较肾上腺素为强，较大剂量即能引起精神兴奋、不安等症状。对呼吸中枢和血管运动中枢也有兴奋作用。在麻醉药中毒时可用为苏醒药。

总之，麻黄碱与肾上腺素比较，具有性质稳定、内服有效、作用弱而持久、有较强的中枢兴奋作用等特点。

⑷制剂及用法　盐酸麻黄碱：片剂：每片25mg。内服：猪20～50mg。每日2次。注射液：每支1mL：30mg；50mL：150mg。皮下注射：猪20～50mg。

3. 多巴胺（3-羟酪胺）

⑴来源与性状　是去甲肾上腺素生物合成的前体，也是中枢神经系统黑质——纹状体通路等部位的递质。药用的是人工合成品，为白色针状结晶或结晶性粉末；无臭，味微苦。易溶于水和乙醇，应密闭充氮避光保存。

⑵作用与用途　在一般剂量（低浓度）时，多巴胺能直接兴奋心脏的β受体，使心肌收缩力加强，略增加心率，提高心输出量。这时它对外周血管β受体作用甚微，但对内脏血管特别是肾和肠系膜血管，却有明显的扩张作用，小剂量即可引起，而且不被β受体阻断药所对抗。当低速度灌注多巴胺时，可以产生特殊的效应，既可兴奋心脏的β受体，同时又能兴奋肾、肠系膜血管中的多巴胺受体，表现为心收缩力增加和心输出量增加，心率和血压改变不明显，肾血管舒张，肾血流量和肾小球滤过率增加，肾功能明显改善，尿量增加。由于多巴胺的上述特点，故目前认为它是一个有希望的抗休克新药，适用于感染性、出血性、中枢性和心源性等各型休克，对伴有心收缩力减弱及尿量减少的休克尤为适用。但应用大剂量多巴胺时，则主要表现为兴奋α受体而致内脏血管收缩，并且超过了血管扩张作用，结果导致外周阻力增加和血压上升；应用过量时可致心律失常，均应予注意。

⑶制剂及用法　盐酸多巴胺：注射液：每支2mL：20mg。试用量：猪15～30mg，加入5%葡萄糖液中滴注，速度为100～500mg/min。

（三）β受体激动药

1. 异丙肾上腺素（喘息定）

⑴性状　盐酸异丙肾上腺素为白色或类白色的结晶性粉末；味微苦，无臭。易溶于水，略溶于酒精，水溶液呈酸性反应。溶液在空气中渐由淡红色变为红褐色，遇碱则迅速变色，故忌与碱性药物配合应用。应置遮光容器内，保存于阴凉处。

⑵作用与用途　对β受体作用较强，对α受体几无作用。但对β_1和β_2受体的选择性甚低，对它们

都有较强的作用。

对心脏有较强的兴奋作用，使心肌收缩力加强，心率加快。其加快心率和加速传导的作用比肾上腺素强，但引起心律失常的机会比肾上腺素少。

对血管有扩张作用，主要扩张骨骼肌血管，对肾和肠系膜血管也有扩张作用，对静脉也有较弱的扩张作用。

由于本品能兴奋心脏，使心输出量增加，收缩压上升；又能扩张外周血管，使血液进入毛细血管，外周阻力降低，从而使舒张压下降，于是心肌活动效率提高。

异丙肾上腺素能兴奋窦房结和房室结，加速房室传导，因而可有效地对抗房室传导阻滞。适用于心室自身节律缓慢、高度房室传导阻滞或窦房结功能衰竭并发心脏骤停等。

异丙肾上腺素能舒张支气管平滑肌，解除支气管痉挛，作用比肾上腺素强。可用于缓解支气管哮喘等。

(3)应用注意　用于抗休克时，应先补充血容量，因为血容量不足时，本品可致血压下降而发生危险。

(4)制剂及用法　盐酸异丙肾上腺素：注射液：每支2mL：1mg。静脉滴注：猪0.2～0.4mg。混入5%葡萄液500mL中缓慢滴注。

2. 克仑特罗（双氯醇胺，氨哮素）

(1)性状　其盐酸盐为白色结晶性粉末；无臭，无味。溶于水及热乙醇，略溶于丙酮，不溶于乙醚。

(2)作用与用途　为强效选择性β_2受体激动剂，其松弛支气管平滑肌作用强而持久，但对心血管系统影响较小。可用于防治支气管哮喘以及哮喘型慢性支气管炎、肺气肿等呼吸系统疾病所致的支气管痉挛。

此外，本品还具有促进脂肪分解，增加肌肉蛋白质含量和促使营养再分配的作用，因而将其试用作畜禽饲料添加剂，以改善动物性食品的质量。

二、抗肾上腺素药

抗肾上腺素药指能在受体水平上拮抗去甲肾上腺素能神经递质或拟肾上腺素药的作用，亦称肾上腺素受体阻断药。按照对α和β肾上腺素受体的选择性不同，分为α受体阻断药和β受体阻断药两类。

（一）α受体阻断药

α受体阻断药能选择性地与肾上腺素α受体结合，其本身不产生或较少产生拟肾上腺素作用，却能妨碍去甲肾上腺素能神经递质及拟肾上腺素药与α受体结合，从而产生抗肾上腺素作用。它们能将肾上腺素的升压效应翻转为降低。对于主要作用于血管α受体的去甲肾上腺素，它们只能减弱或取消其升压效应而无“翻转作用”。对于主要作用于β受体的异丙肾上腺素的降压作用则并无影响。

1. 酚妥拉明（瑞支亭）

(1)性状　常用其甲磺酸酯，为白色或淡奶酪色结晶性粉末；无臭，味苦。可溶于水，乙醇。

(2)作用与用途　能选择性地阻断α受体，颉颃肾上腺素的作用，但作用较弱，治疗剂量时远不能充分颉颃去甲肾上腺素能神经递质及拟肾上腺素药激动α受体的作用。①对心血管的影响静脉注射能使血管扩张，血压下降。血管舒张作用的机制，主要是对血管的直接舒张作用，大剂量亦出现阻断α受体的作用。对心脏有兴奋作用，使心收缩加强，心率加快，心输出量增加。②其他有拟胆碱作用，使胃肠平滑肌兴奋，有组胺样作用，能使胃酸分泌增加，皮肤潮红等。

临床上可用于外周血管痉挛性疾病如肢端动脉痉挛性疾病。亦可用于抗休克。

2. 妥拉苏林（苄唑啉）

(1)性状　其盐酸盐为白色或乳白色结晶性粉末；味苦，有微香。能溶于水及醇。

(2)作用与用途　与酚妥拉明属同类药物，对α受体阻断作用相似，但较弱，而组胺样作用和拟胆碱作用较强，临床上主要用于血管痉挛性疾病的治疗。

3. 氢毒角碱（氢化麦角碱，海得琴）　本品为乙烷（或甲烷）磺酸双氢麦角毒的双氢衍生物的混合物，属于α受体阻断药，能扩张周围血管，降低血压，减慢心律，并有中枢抑制作用，主要与异丙嗪、哌替啶等配成冬眠合剂应用。也可用于动脉内膜炎、肢端动脉痉挛症、血管痉挛性偏头痛等。

（二）β受体阻断药

β受体阻断药能和去甲肾上腺素能神经递质或拟肾上腺素药竞争β受体，从而颉颃其β型拟肾上腺素作用，包括对心脏的兴奋作用和对支气管和血管的舒张作用等。医学上可用于治疗心律失常、心绞痛等，药物如心得安、心得宁等。

第十一章 中枢兴奋药

中枢兴奋药是能提高中枢神经系统功能活动的药物。按其主要作用点的不同，可分为以下三类：

⑴大脑兴奋药可使大脑皮质神经细胞兴奋，精神焕发，行动活泼，如黄嘌呤类。

⑵延髓兴奋药主要能使延髓的呼吸中枢、血管运动中枢兴奋，如樟脑、尼克刹米、戊四氮、回苏灵、山梗菜碱。

⑶脊髓兴奋药能提高脊髓反射兴奋性，如士的宁。

前两类中枢兴奋药临床常用，主要用于抢救危重疾病或药物中毒所引起的昏迷和呼吸中枢抑制，以及加速麻醉的苏醒。有些药物如咖啡因、樟脑等除中枢兴奋作用外，还对心脏有兴奋作用，兽医临床上广泛用为强心剂。脊髓兴奋药士的宁，主要用于治疗脊髓性不全麻痹。

中枢兴奋药作用时间大都较短，在抢救患畜时常需反复应用。由于这类药物的有效量与中毒量很接近，故易过量中毒。

第一节　大脑兴奋药

黄嘌呤类

本类药物包括咖啡因、氨茶碱和柯柯碱3种生物碱，主要含于茶叶、咖啡豆等植物中。

1. 体内过程　本类药物口服、注射均易吸收，无蓄积作用。黄嘌呤类结构类似核酸代谢物，易进入细胞内，作用广泛，安全度也较大。

2. 作用机理　药物进入细胞后，主要抑制磷酸二酯酶，而磷酸二酯酶是灭活细胞内环磷腺苷（cAMP）的酶。黄嘌呤类因抑制磷酸二酯酶，使细胞内cAMP破坏减少。

3. 作用　黄嘌呤类药效广泛，但对各组织细胞磷酸二酯酶的选择性抑制作用，各药的主要药理作用比较如下：

咖啡因兴奋中枢神经系统与兴奋横纹肌的作用最强，茶碱的其他作用最强，因此这两种药物多用，而柯柯碱现已很少使用了。

⑴中枢神经系统咖啡因对大脑皮质有直接兴奋作用。由于咖啡因对大脑皮质的兴奋作用，必然会影响机体的许多机能，如消除疲，加强横纹肌的收缩力，增加每分钟的肺通气量、血液输出量及增加胃酸分泌等等。

⑵循环系统黄嘌呤类药物对心脏和血管具有中枢性和末梢性双重作用。中枢性作用使心率减慢、血管收缩；末梢性作用可使心率加快，血管舒张。在一般情况下末梢性作用常占优势。

⑶呼吸系统有兴奋呼吸中枢，扩张支气管、肺血管和增加肺血流量等作用。

⑷平滑肌对平滑肌有松弛作用，其中最主要的是对气管平滑肌及胆管的松弛作用。

⑸泌尿系统能抑制肾小管对钠离子的再吸收，同时提高肾小球滤过率，因而呈现利尿作用。

⑹横纹肌咖啡因对横纹肌有直接的兴奋作用，使肌肉工作更为持久，并可使疲劳很快消失。

⑺胃液分泌咖啡因还有增加胃液分泌的作用，

这是由于直接兴奋胃腺细胞的结果。

综上所述，黄嘌呤类药物兴奋中枢和强心作用比较确实，又兼有利尿、平喘等多方面作用，且毒性小、无蓄积性，故在临床上广为使用。

4. 临床应用

(1)作为中枢兴奋药，用于对抗中枢抑制药中毒，以及某些传染病所引起的呼吸中枢抑制和昏迷等，也用于重剧劳役引起的过劳。多应用安钠咖。

(2)作为强心剂，用于治疗各种疾病所引起的急性心力衰竭。在伴有精神沉郁、水肿、过劳、全身衰竭时更为适宜。可使用安钠咖及氨茶碱。

(3)作为平喘药，用于支气管喘息。多使用氨茶碱。

(4)作为利尿剂，可用于各种水肿。常用利尿素和氨茶碱。

(5)咖啡因与溴的化合物，可调整大脑皮质抑制过程与兴奋过程的平衡。由于兴奋与抑制过程平衡的恢复，有助于调节胃肠蠕动和消除疼痛。

5. 不良反应　本类药物按常规用药较为安全。若剂量过大则可能引起起中毒。急救时可用溴化物、水合氯醛、吗啡等对抗兴奋症状，并作对症处理。但不得使用麻黄碱或肾上腺素等强心药物，因为此二药与咖啡因类有互相增强的作用，可使毒性增大。

6. 配伍禁忌　黄嘌呤类药物属于生物碱类化合物。禁与鞣酸、强碱类及高浓度的碘化物、重金属盐等药物配合应用。其复盐制剂还禁与酸类药物配合，否则易析出沉淀。

7. 制剂及用法　咖啡因：内服量：猪0.5～2g/次。

苯甲酸咖啡因粉：内服量：猪1～2g/次。

苯甲酸咖啡因注射液：每支2mL：0．4g；10mL：2g。肌内、静脉注射：猪0.5～2g/次。一般每日给药1～2次，重症可隔猪4～6h给药一次。

氨茶碱：注射液：每支2mL：0.5g；5mL：1.25g。静脉或肌内注射用量：猪0.25～0.5g/次。

水杨酸钠可可碱：内服量：猪0.5～2g/次。

第二节　延髓兴奋药

一、尼可刹米（可拉明）

尼可刹米是烟酰胺的的二乙基衍生物，化学名称是二乙烟酰胺。

1. 性状　为澄明、无色或淡黄色的油状液体，放置冷处即成结晶，微有特异的香气，味微苦，随后有轻微的温暖感觉，有引湿性。能与水任意混合，易溶于酒精。须密封保存。

2. 体内过程　内服或注射时均易吸收，但通常以注射给药。

3. 作用　能直接兴奋延脑呼吸中枢，并刺激颈动脉体化学感受器反射性兴奋呼吸中枢。

当呼吸中枢处于抑制状态时，作用较为明显，可使呼吸加深加快，并提高呼吸中枢对二氧化碳的敏感性。对血管运动中枢也有一定的兴奋作用。

本品与戊四氮、回苏灵等呼吸兴奋药相比，作用温和，安全范围也较大。但维持时间短，呼吸兴奋作用只能维持10～20min。

4. 临床应用　作为呼吸兴奋药，治疗由于各种中枢抑制药和疾病所引起的中枢性呼吸抑制，也可解救一氧化碳中毒、溺水和新生仔畜窒息等。在对抗中枢抑制药方面，对吗啡中毒的解救效力比戊四氮好，对巴比妥类的解救作用不及戊四氮。

5. 制剂及用法　注射液：每支2mL：0.5g；5mL：2.5g。皮下、肌内或静脉注射用量：猪0.25～1g/次。必要时可间隔2h重复一次。

二、戊四氮（可拉佐、卡地阿唑）

1. 性状　戊四氮为人工合成化合物。白色结晶粉末，味微辛苦，易溶于水和酒精。应封闭保存。

2. 体内过程　内服或注射给药，均迅速被吸收，吸收后在体内分布均匀。大部分在肝中代谢，极少量以原形从尿排泄。

本药主要兴奋延髓，对呼吸中枢的作用最明

显。对心脏和血管没有直接作用。

过量的戊四氮也兴奋大脑和脊髓，表现为强烈的阵挛性及强直性惊厥。反复应用惊厥量的戊四氮，可使大脑皮质由于缺氧而发生弥漫性变性和坏死。

3. 临床应用　临床上主要用为呼吸兴奋剂，效力较尼可刹米强。可解救巴比妥类、水合氯醛及其他中枢抑制药中毒和严重疾病过程中引起的中枢性呼吸抑制。但因安全范围小，现已少用。

4. 制剂及用法　注射液：每支2mL：0.2g；5mL：0.5g。皮下、肌内或静脉注射用量：猪0.05～0.3g/次。对危急病例，可隔15～30min用药一次，直至呼吸好转。

三、回苏灵

1. 性状　回苏灵是较新的脑干兴奋药。白色结晶粉末，味苦，能溶于水和酒精。

2. 临床应用　回苏灵对延髓的呼吸中枢有强烈的兴奋作用，效力比戊四氮、尼可刹米和山梗菜碱为强。作用迅速、维持时间短。用药后，通过肺换气量的增加，降低动脉的二氧化碳分压，提高血氧饱和度。可用于治疗各种传染病和药物中毒引起的中枢性呼吸抑制。

本品过量易引起惊厥。此时可用短效巴比妥类解除之。孕畜忌用。

3. 制剂及用法　注射液：每支2mL：8mg。肌内或静脉注射用量：猪8～16mg/次。静注时，须以葡萄糖注射液稀释后缓慢注入或滴注。

四、氧化樟脑（维他康复）

1. 性状　氧化樟脑是樟脑的氧化产物。

2. 作用　氧化樟脑能直接兴奋延髓呼吸中枢和血管运动中枢，对大脑皮质也有兴奋作用。这种作用对中枢神经系统受抑制时更为明显。大剂量时则可引起间歇性的强直痉挛。

3. 临床应用　氧化樟脑具有强心作用。临床上常用之作为强心药，其效果比樟脑更好。对于重度心功能不全或营养状态极差的病畜，在使用氧化樟脑时应当慎重。

4. 制剂及用法　注射液：每支10mL：0.05g。皮下、肌内或静脉注射用量：猪0.025～0.05g/次。

第三节　脊髓兴奋药

士的宁（番木鳖碱、士的年）

1. 性状　硝酸士的宁为无色针状结晶或白色粉末，无臭，味极苦，密闭保存。

2. 体内过程　士的宁内服或注射都易吸收。主要由肾排泄。

3. 作用

⑴对中枢神经系统的作用士的宁吸收后，首先兴奋脊髓的反射机能，其次兴奋延髓呼吸中枢和血管运动中枢，并提高大脑皮质感觉区的敏感性。

⑵其他作用：①对呼吸和循环系统士的宁无直接作用，呼吸的加深加快和血压升高都是延髓兴奋的结果。②对消化系统士的宁因其味极苦而呈现苦味健胃作用。

4. 临床应用　主要用于脊髓性不全麻痹。临床上，士的宁常用于后躯麻痹、括约肌不全麻痹、阴茎下垂等。

5. 中毒及解救　士的宁的安全范围较小。

6. 制剂及用法　盐酸士的宁注射液：每支1mL：2mg；10mL：20mg。皮下注射用量：猪2～4mg/次。

第十二章
中枢神经抑制药

中枢神经抑制药是对中枢神经系统具有不同程度抑制作用的一类药物。中枢神经抑制药按其作用特点，可分为对中枢神经系统的全面性抑制药，如全身麻醉药，和只作用于中枢神经系统某些部位的选择性抑制药，如催眠药、镇静药、抗惊厥药和镇痛药。

第一节　全身麻醉药

能使动物产生全身麻醉的药物称为全身麻醉药。全身麻醉系指用药物使中枢神经系统产生广泛的抑制，暂时使机体的意识、感觉、反射活动和肌肉张力出现不同程度的减弱或完全丧失，但延髓生命中枢的功能仍然保持。造成适于进行外科手术的状态。

全身麻醉药的麻醉作用在中枢神经系统按一定顺序显现，最先抑制大脑皮质，其次是皮质下中枢，越过延髓，而抑制脊髓，麻醉的苏醒则按相反的顺序进行。

全身麻醉药按其理化性质和用药方法的不同，可分为吸入麻醉药和非吸入麻醉药。吸入麻醉药是气体或低沸点的液体，是利用麻醉装置使药物由呼吸道吸入，经肺吸收，产生全身麻醉。吸入麻醉药能很快地被吸收进入血液，而且又能迅速地被排出，所以，停止用药时，动物能立即恢复。非吸入麻醉药一般用静注法给药，故常称为静脉麻醉药。静脉麻醉药具有迅速升高血药浓度的优点，但由静脉注入血液中的药物，主要经过组织代谢和由肾脏排出，这种药物一旦在血液中达到中毒浓度时，则因不易排出与解毒而迅速停止作用。但用非吸入麻醉药进行静脉麻醉，可避免或缩短动物兴奋期的优点，而且不需要一定麻醉装置，使用方便，故我国兽医临床多采用非吸入麻醉药进行全身麻醉。如果先用静脉麻醉药使动物发生麻醉之后，再用吸入麻醉药维持麻醉，则更为安全。

一、麻醉的分期

麻醉药对动物的麻醉作用是一个由浅入深的连续的过程，为了便于掌握麻醉的深度，得到满意的麻醉效果，防止死亡事故的发生，而人为地将麻醉过程分为4期，各期之间并无明显的界限。判断各期的主要指标是：意识、感觉、呼吸、血压、脉搏、瞳孔、角膜反射、以及骨骼肌张力等。

第一期大脑皮质受到抑制，痛觉消失。第二期皮质下组织受到抑制，兴奋挣扎，呼吸不规则，血压心率不稳定。这两期统称诱导期，容易发生心跳骤停，喉头痉挛等麻醉意外。第三期为外科麻醉期，病畜安静，呼吸、血压平稳标志着本期开始。第四期吸抑制，通气量不足，出现紫绀，血压下降，呼吸、脉搏微弱，瞳孔突然扩大，所有反射消失，血管运动中枢麻痹，动物不久死亡，外科麻醉禁止达到此期。

麻醉的苏醒则按相反的顺序进行。

二、麻醉方式

一般采用复合麻醉方式，即同时或先后应用2种以上的药物，取长补短，增强麻醉药的作用，减低毒性和副作用，扩大麻醉药的应用范围，其主要方式如下：

1. 麻醉前给药　在用麻醉药前，先给一种或几种药物，以减少麻醉药的副作用或增强麻醉药的效能。常用阿托品和氯丙嗪作为麻醉前给药。阿托品能减少呼吸道黏膜腺体的分泌。防止干扰呼吸。氯丙嗪可增强麻醉药的麻醉和镇痛效果，减少麻醉药的用量，缩短恢复期，和减少动物在恢复期的挣扎。

2. 基础麻醉　先用一种排出缓慢、作用持久的麻醉药造成一定程度的麻醉，然后再用易于排出的吸入麻醉药达到一定麻醉深度，前一种药即称为基础麻醉药。

3. 混合麻醉　把几种药物配合在一起进行麻醉，使他们互补长短，增加麻醉强度，减低毒性，如水合氯醛硫酸镁注射液、水合氯醛酒精注射液等。

4. 配合麻醉　以某种麻醉药为主进行麻醉，同时选用另一种药物配合麻醉药的麻醉作用，临床上常用局麻药配合全麻药进行麻醉，如先用水合氯醛浅麻醉，再于手术部位或有关部位做局部麻醉，可减少水合氯醛的用量和毒性。

5. 平衡麻醉　为全身麻醉的一种改良法，在某一种麻醉药的基础上并用几种药物，造成与麻醉法相同的条件，尽量减少麻醉药的副作用，如配伍应用镇痛剂、肌松剂等达到平衡麻醉。

6. 分离麻醉　氯胺酮引起意识模糊，短暂性记忆缺失及满意的镇痛效应。病畜意识并未完全消失，但对环境刺激无反应，故称为分离麻醉。

7. 低温麻醉　合同氯丙嗪以解除机体对物理降温时冷刺激的寒战反应，使体温下降至较低水平，降低心脑等生命器官的耗氧量，一般用于心脏手术。

三、麻醉药的分类

（一）吸入麻醉药

1. 麻醉乙醚

⑴理化性状　为无色无臭的透明液体，沸点为35℃，易挥发，其蒸气比重是空气2.5倍。易燃易爆，接触空气和光能产生刺激性和毒性很强的过氧化物及乙醛，因此应保存于密闭的棕色瓶中。

⑵体内过程　乙醚的血/气分配系数高，血中溶解度大，给药初期血中乙醚分压上升缓慢，不易进入脑组织，所以使用乙醚诱导期长。药物进入脑组织后又分布到内脏、肌肉、脂肪组织中，并大量蓄积于脂肪组织中，当脑组织中乙醚含量下降时，储存在脂肪的乙醚可继续回到血流中。因此应间断分次给药。

⑶作用与应用　本品安全范围较大，可使动物安全进入麻醉状态，麻醉深度由吸入量控制。乙醚麻醉时肌松完全，镇痛效果好。对心脏有直接的强有力的抑制效应。乙醚吸入后约90%呼出，少量乙醚代谢为二氧化碳与水。乙醚对肝、肾毒性小，麻醉后苏醒较快。可与非吸入麻醉药合用，控制、维持麻醉的深度。

⑷制剂及用法　麻醉乙醚：每瓶100mL或50mL。制麻醉期，掌握用量。

2. 氟烷

⑴理化性状　是一种澄明的具有挥发性液体。沸点为50.2℃，具有悦人的气味，不易爆炸，在阳光下易分解，故保存于棕色瓶中。

⑵体内过程　氟烷体内过程与乙醚相似，但诱导期较乙醚短，能较快的进入脑组织。少部分氟烷在肝内转化。

⑶作用与应用　氟烷比乙醚麻醉效果好，麻醉作用迅速强大，诱导期与苏醒期均短，对呼吸道刺激小，有扩张支气管的作用。浅麻醉时氟烷对呼吸、循环系统影响不大。但进入深麻醉时对呼吸、循环系统有明显的抑制，甚至引起呼吸暂停，心动徐缓、心收缩力减弱、心输出量减少、血压下降，因此用氟烷麻醉时要掌握好麻醉深度。氟烷麻醉后肌肉松弛良好。

氟烷为兽医上常用的麻醉药，对大、小动物均适用。对大动物是在基础麻醉的前提下，用氟烷吸入控制麻醉深度。可用于猪的维持麻醉药。

⑷制剂及用法　氟烷：每瓶20mL或250mL。剂量按动物大小与手术情况而定。

3. 甲氧氟烷

⑴理化性状　甲氧氟烷为澄清、无色液体，具有挥发性，沸点104.8℃，比重1.472 9，有水果样气

味，在20℃时其各种浓度的甲氧氟烷均为不具备爆炸性与易燃性。

⑵体内过程　甲氧氟烷脂溶性高，油/气、血/气的分配系数在本类药中最大，故全麻醉后脂肪组织中蓄积较高。体内可反复多次再分布，故苏醒慢。

⑶作用与应用　甲氧氟烷有麻醉与镇痛作用，麻醉诱导期比氟烷长。甲氧氟烷降低心搏出量和对外周的抵抗力，降低心脏对儿茶酚胺的敏感性。本品对呼吸道刺激性小。深麻醉时肌肉松驰完全。

甲氧氟烷可与基础麻醉药伍用，控制麻醉深度。

⑷不良反应　本品对肾脏有一定的毒性，由于甲氧氟烷在转化中释放了大量的无机氟离子，导致肾脏中毒、肾衰竭。

⑸制剂及用法　甲氧氟烷：每瓶20mL或250mL。剂量按动物大小与手术情况而定。

（二）非吸入麻醉药

1. 水合氯醛

⑴来源与性状　本品又称水合三氯乙醛。为无色透明或白色结晶，有刺激性特臭，味微苦，在空气中渐渐挥发，易潮解，易溶于水，在酒精、乙醚及氯仿中亦易溶。配制注射剂时不可煮沸灭菌。应密封避光保存。

⑵体内过程　本品易由胃肠黏膜和直肠吸收。进入血液中的水合氯醛，易于透过生理屏障，广泛分布于机体各组织，还原成三氯乙醇，然后与葡萄糖醛酸结合，成为无催眠活性的尿氯醛酸由尿中排出。

⑶作用　①局部作用：本药有局部刺激作用，内服浓度超过5%时，则能引起黏膜炎症。浓度再高时可引起胃肠炎。静脉注射时，如果漏入皮下，则能发生组织坏死。②吸收作用：水合氯醛进入体内后，大部分在肝内还原为作用稍弱的三氯乙醇，两者共同对人脑产生抑制作用。

水合氯醛依剂量的大小，可产生麻醉作用、催眠作用和镇静作用。

⑷临床应用　①全身麻醉临床上常作为猪的全身麻醉药。有较大的不良反应，麻醉稍深易引起危险。在注射药液过程中，应严密观察呼吸、脉搏变化及角膜反射，以免过量引起中毒。所用剂量仍未达到麻醉效果，可用其他药物补助。②镇静、催眠、镇痉水合氯醛有较弱的抗惊厥作用，可用于破伤风、士的宁中毒和其他中枢神经兴奋药中毒，以对抗惊厥。

⑸不良反应　水合氯醛除对局部组织有刺激性外，在麻醉过程中，可表现为呼吸减慢，血压下降。

⑹应用注意　①水合氯醛对局部组织有强烈刺激性，静脉注射时，不得漏出血管外。内服和灌肠时应配成1～5%的水溶液，并加黏浆剂。②注意安全，做好麻醉前检查，心脏病、肺水肿及机体虚弱的患畜禁用。水合氯醛的麻醉作用一般在注射后10～15min后继续加深，因此，应先迅速注入2/3的量，再根据麻醉深度，以及呼吸、心跳变化的情况，决定继续注入的量，达到浅麻醉时应停药。③水合氯醛抑制体温调节中枢，故在深麻醉尤其与氯丙嗪合用时，可显著使体温降低3～5℃，麻醉后经10～24h，体温才能恢复正常。④安钠咖、樟脑制剂或尼可刹米等药物可解救水合氯醛中毒。⑤水合氯醛不能高温灭菌。为防止溶血，一般多用生理盐水或等渗葡萄糖溶液为溶媒，配成5%～10%溶液。

⑺制剂及用法　水合氯醛：用于镇静、镇痛。内服：猪2～4g。用于麻醉：内服：猪5～10g。灌肠：猪5～10g。静注：猪0.15～0.17g/kg。

水合氯醛硫酸镁注射液：为含水合氯醛85%，硫酸镁5%的灭菌液。

水合氯醛酒精注射液：为含水合氧醛5%，酒精12.5%的灭菌水溶液。

2. 乙醇

⑴作用与用途　乙醇吸收后，作用与乙醚相似，主要是呈现对中枢神经系统的抑制作用。大脑皮层首先受影响，其次是延髓的生命中枢，最后才影响脊髓的反射机能。乙醇的安全范围很小，不适于作深麻醉。

⑵制剂　本品含醇量不得低于94.87%（V/V），稀醇约为50%。

3. 盐酸氯胺酮

⑴性状　其盐酸盐为白色结晶性粉末，无臭，易溶于水，水溶液呈酸性，微溶于酒精。

⑵作用　氯胺酮具有作用快和持续时间短的特点，一般认为氯胺酮能抑制大脑皮质的联络通路和

丘脑向新皮层的投射系统，兴奋大脑边缘叶，肌肉不仅不松弛，反而出现肌肉张力增加。本品能兴奋心血管系统，使心率加快，血压上升，对呼吸也很少抑制。

⑶临床应用 在兽医临床上，氯胺酮已用做马、猪、羊及多种野生动物的化学保定、基础麻醉以及麻醉药。

氯胺酮常与二甲苯胺噻嗪配合使用，即先静注二甲苯胺噻嗪，再静注氯胺酮，可以避免肌肉过分紧张和中枢神经的兴奋。

在猪用氯胺酮18mg/kg体重肌注，麻醉作用可持续10～20min。

⑷制剂及用法 盐酸氯胺酮注射液：1mL：10mg；1mL：50mg。麻醉猪10～20mg/kg。

4. 乌拉坦

⑴性状 为无色或白色结晶性粉末，味咸，无臭，易溶于水，水溶液呈中性。

⑵作用与用途 乌拉坦可迅速由胃肠道吸收，内服后15～30min可产生催眠作用，可持续6～8h。24h内有90%的羰基碳由呼出气排出。

对中枢的抑制作用比水合氯醛小，对呼吸及血液循环的影响也不大。本品对延髓呼吸中枢的抑制作用较弱，为实验动物比较安全的麻醉药。

⑶注意事项 乌拉坦可与解热镇痛药配伍，能减弱奎宁的毒性，增加氨基比林或阿斯匹林等的镇痛作用。多供配制复方奎宁注射液等应用。

第二节 镇痛性化学保定药

化学保定药，也称制动药。制动药可使动物在不影响意识与感觉的情况下，情绪平定，动物呈嗜眠、肌松状态，停止各种挣扎活动，从而达到药物保定的目的。

一、盐酸二甲苯胺噻嗪（隆朋、息而静、噻拉嗪）

1. 性状 为白色结晶，易溶于水及有机溶剂。

2. 作用

⑴中枢抑制作用本类药是有中枢性镇痛、镇静、肌松作用。其镇痛、镇静作用是对中枢的直接抑制，从而诱导镇痛、镇静、降低运动性和抑制条件反射。

⑵心血管系统的作用本类药能抑制心脏传导，使心率减慢，中心静脉压降低。

⑶对呼吸系统影响用药初期呼吸次数增加，以后呼吸次数减少，呼吸加深，若剂量加大，对呼吸有抑制作用。

⑷其他亦有降低体温、升高血糖和抑制机体免疫系统的作用。

3. 临床应用

⑴本品可用于家畜的镇静、镇痛和化学保定，从而可用做进行复杂诊断、检查与治疗时的化学保定药。

⑵常与氯胺酮伍用进行麻醉、镇痛，做外科手术。或用于麻醉前给药，减少其他麻醉药的用量。

4. 不良反应 在治疗量的范围内给药是安全的，且无蓄积作用，本品可引起心率变慢，血压升高。过量时抑制呼吸。

5 制剂及用法 粉针；0.5g可溶解成2%、5%和10%的溶液，供注射用。肌注：猪3～5mg/kg。

二、二甲苯胺噻唑（静松灵）

1. 性状 白色或类白色结晶或结晶性粉末，味微苦，不溶于水和石油醚，易溶于氯仿、乙醚和丙酮中。

2. 体内过程 本品静注1min，肌注后10min显效。

3. 作用与用途 本品作用与隆朋相同，可用于化学保定，控制烈性动物，可直接或配合其他药物，代替全身麻醉药，进行各种外科手术。近年来在静松灵的基础上，研制出了不少新的制剂，如由静松灵与依地酸组成可溶性盐，称为保定宁注射液。

4. 制剂及用法　静松灵注射液：10mL∶0.5g；10mL∶0.2g；2mL∶0.2g。肌注：猪4mg/kg。

三、新保灵

1. 性状　本品为白色或类白色结晶粉末，无臭，无味。易溶于稀盐酸，微溶于热水。

2. 作用与用途　为化学保定药，主要用于动物的镇痛性保定，也可作为外科手术时的麻醉辅助用药。

3. 应用注意　有心肺疾患、体质差的病畜禁用。本品应置遮光、阴凉处保存。

4. 制剂及用法　注射液：10mL∶8.5mg。肌肉注射。

第三节　镇静药、安定药、抗惊厥药

镇静药对中枢神经系统产生轻度的抑制作用，使其机能活动减弱，动物表现安静，可减弱动物的疼痛，发痒等各种刺激的反应和外界因素引起的过度兴奋。

安定药是用于减少忧虑或恐惧的药物。安定药能选择地抑制中枢神经系统的某些机能，从而引起特殊的镇静作用，安定药虽然也能引起动物嗜眠，但在大剂量时，也不能引起全身麻醉。此类药物可减弱动物的攻击性，使动物安静、驯服。此类药物主要有氯丙嗪和丙嗪等。

抗惊厥药能作用于中枢神经系统，解除骨骼肌痉挛或防止痉挛发生。全身麻醉药和镇静药也具有抗惊厥作用，但其中多数只有在达到麻醉和催眠的剂量时，才能抑制惊厥。但有些药物在小于意识丧失的剂量就有抗惊厥作用，属于此类药物主要有苯巴比妥钠、异戊巴比妥钠、水合氯醛、安定和硫酸镁等。

一、镇静药

（一）巴比妥类

巴比妥类药物属于巴比妥酸衍生物，在水溶液中以酮式和烯醇式二种形式平衡存在，后者呈酸性，能与碱形成钠盐。

巴比妥类药物对中枢神经系统呈现抑制作用，抑制大脑皮质，对丘脑也可能发生作用，其抑制程度因药物及其用量而不同，可呈现镇静、催眠甚至麻醉。临床上将巴比妥用于镇静，苯巴比妥用于抗惊厥，而将异戊巴比妥钠、戊巴比妥钠和硫喷妥钠等用做全身麻醉药。

巴比妥类药物无论内服、皮下注射或肌肉注射，均易被吸收，吸收后分布于全身组织和体液中，易于透过血脑屏障。作用迅速，静脉注射后，30s即出现作用。也易透过胎盘，分布到胎儿组织，所以孕畜禁用。

巴比妥类药物在动物体内由于受肝脏和其他组织酶的作用而氧化破坏，药物作用时间的长短与氧化的难易有关，另外与其能迅速由神经系统转移，沉积于脂肪有关。

1. 硫喷妥钠

(1)性状　为淡黄色粉末。味苦，易潮解。易溶于水，呈强碱性。接触空气或在水溶液中极不稳定，分解产物失效，但不增加毒性。填充氮气，密封于玻璃容器中，并加有碳酸钠作为缓冲剂。

(2)体内过程　进入血液中的硫喷妥钠，能迅速转入各种组织。脑中的浓度也随之迅速降低，这种转移为其超短效麻醉作用的重要原因。然后逐渐在肝内代谢破坏，形成多种分解产物，由尿中排出。

(3)作用　硫喷妥钠的作用特点在于静脉注射后，麻醉作用产生很快，维持时间很短，一次麻醉剂量能维持20～30min，因此易于调节麻醉深度，较其他巴比妥类药物安全。另外苏醒期也较短，兴奋表现稍弱，这些都有利于做静脉麻醉用。

本药在静脉注射时所希望达到的麻醉深度和持续时间同注射速度很有关系，注射越快麻醉越深，但持续时间也较短。

主要毒性反应为抑制呼吸中枢。

(4)临床应用　可用作牛、猪、犬的麻醉药或基础麻醉药。在破伤风、脑炎、中枢兴奋药中毒时，可用作抗惊厥药。

(5)应用注意 ①本品对呼吸中枢有明显的抑制，在静脉注射时，如果注射速度太快或剂量过大时，有引起延髓呼吸中枢麻痹的危险。②本品有刺激性，应静脉注射，如漏入血管外时，可向局部注入生理盐水或1%盐酸普鲁卡因。

(6)制剂及用法 粉针：每支0.5g或1g。临用时用注射用水或生理盐水配制成2.5%～10%溶液。静脉麻醉用量：猪10～25mg/kg。

2. 环已丙烯硫巴比妥钠（硫烯丙巴比妥钠）

(1)性状 系淡黄色溶于水的粉末，其10%水溶液的pH为10.6。此溶液稳定，在冰箱中可保存1周。

(2)作用与用途 作用与持续时间均与硫喷妥钠相似，但抑制呼吸与降压的作用则比后者弱。动物麻醉后呼吸变慢，深而均匀，它还有良好的肌肉松弛作用，比戊巴比妥钠麻醉快，苏醒迅速，并在苏醒时常伴有轻度兴奋。因其能增加唾液分泌，故在麻醉前应注射阿托品。

(3)制剂及用法 粉针：每瓶1g。配成10%水溶液。静注麻醉：猪15～21mg/kg。

3. 戊巴比妥钠

(1)性状 为白色结晶性颗粒或白色粉末。无臭，味微苦，有引湿性，易溶于水，能溶于酒精，几乎不溶于氯仿和醚，水溶液显碱性，久置易分解，加热分解更快。

(2)作用与用途 本品静脉注射后基本上没有兴奋期，麻醉时间可持续30min，完全恢复需要数小时。在用于麻醉时首先应较快地注入半量，然后再少量缓慢地注射，达到适当的麻醉深度。

戊巴比妥钠可作为基础麻醉药，配合水合氯醛使用。还可与氯丙嗪、盐酸普鲁卡因等进行复合麻醉。

(3)应用注意 肝、肾功能减退的病畜慎用。孕畜禁用。

(4)制剂及用法 粉针：每支0.1g或0.5g。临用前以注射用水或生理盐水配成3%～6%溶液。静脉注射用于麻醉：猪10～25mg/kg。肌肉注射，用于镇静、基础麻醉：猪5～15mg/kg。

4. 异戊巴比妥钠

(1)性状 本品为白色颗粒或粉末，无臭，味苦，极易溶于水。水溶液显碱性反应，亦溶于乙醇。

(2)作用与用途 本药作用时间与戊巴比妥相近。主要用作中、小动物的镇静药和抗惊厥药，并可用作基础麻醉药。因为本药对呼吸和心脏活动有较显著的抑制，而且苏醒期有较强烈的兴奋，现已为戊巴比妥钠所代替。

(3)制剂及用法 片剂：每片0.1g。内服：用于镇静，猪5～10mg/kg。粉针：每支0.1g、0.5g或1g。临用时以注射用水或生理盐水配成3%～6%溶液。静脉注射：用于镇静、抗惊厥，猪2.5～10mg/kg。

5. 巴比妥（佛罗拿）

(1)性状 为白色结晶或结晶性粉末。难溶于水，可溶于乙醚或酒精，呈弱酸性反应。

(2)作用与用途 本药能抑制中枢神经系统，小剂量镇静，大剂量催眠和抗惊厥。作用时间较长。巴比妥类药物在动物意识消失之前有明显的镇痛作用。但与解热药合用，则镇痛作用显著增加，在临床上多与氨基比林、安替比林类镇痛药配合应用，以加强其镇痛作用。

(3)制剂及用法 巴比妥钠注射液：5mL：0.5g。肌注量：猪0.3～0.5g。

6. 苯巴比妥（鲁米那）

(1)性状 其钠盐称苯巴比妥钠，为白色片状结晶或结晶性颗粒或白色粉末，能溶于水，呈碱性。

(2)作用与用途 本品抑制中枢神经系统，特别是大脑皮质的运动区，而呈现抗惊厥和抗癫痫的作用。苯巴比妥在体内排泄慢，作用时间长，超过本类所有药物的抑制作用，可延续24h，单独或配合其他药物用于全身麻醉有害无利。本品的抗惊厥作用持续的时间超过所有其他的巴比妥类药物，主要用于各种原因引起的惊厥，减轻脑炎等疾病的中枢兴奋症状和解救中枢兴奋药中毒所引起的惊厥。

(3)制剂及用法 片剂：每片10mg、15mg、30mg或100mg。内服用于治疗轻微癫痫。

注射用苯巴比妥钠 每瓶0.1g、0.5g。临用前以注射用水或生理盐水溶解。肌肉或静脉注射，用于镇静、抗惊厥：猪0.25～1g/kg。

（二）溴化物

溴化物包括溴化钠溴化钾，溴化钙。临床上前两种用的较多。

1. 体内过程　内服后迅速由肠道吸收。溴离子在体内的分布与氯离子相同，主要分布于细胞外液中，由肾排出。

2. 作用与应用

⑴对中枢神经系统的作用　主要是溴离子的作用。溴离子对大脑皮层的运动区和感觉区均有抑制作用，即主要呈现镇静作用。在溴化物作用下中枢抑制过程增强，但兴奋过程并不减弱。能明显解除疼痛，也不致于产生睡眠与麻醉现象。

⑵溴化物与咖啡因配伍用，能同时加强大脑皮层的兴奋与抑制过程，协调兴奋与抑制过程之间的平衡，从而有助于调节内脏功能，在一定程度上能缓解胃肠痉挛，减轻腹部疼痛。

溴化物可做猪的镇静药，在车船运输时使用溴化物，用药后作用持续12h。

3. 不良反应　溴化物排泄很慢，连续用药可引起蓄积中毒。中毒时必须立即停药，并给予氯化钠制剂，加速溴离子的排出。

4. 制剂及用法　溴化钠、溴化钾和溴化铵：均匀无色透明或不透明的结晶或白色颗粒状粉末，无臭，味咸而微苦，有吸湿性。易溶于水，微溶于酒精，需密封保存，3种溴化物内服量相同。内服量：猪0.5～1g。内服时配成3%以下的溶液。

溴化钠注射液：1g：10mL。

溴化钙白色颗粒状物。易潮解，味咸，易溶于水。针剂：2.5g：50mL。静注量：猪0.5～1.5g。静注时勿漏于血管外。

三溴合剂：含溴化钠、溴化钾、溴化铵各3%的溶液。内服：猪20～30mL。

二、安定药

（一）吩噻嗪类

吩噻嗪类药物是临床应用较多的安定药，它们具有一个共同的吩噻嗪母杂环。

1. 氯丙嗪（冬眠灵）

⑴性状　盐酸氯丙嗪为白色或乳白色结晶性粉末，有微臭，味极苦，有引湿性。易溶于水、酒精。当pH接近6时即开始析出氯丙嗪沉淀，故忌与碳酸氢钠、巴比妥类钠盐等碱性药物配伍。遇光及氧化剂可逐渐变为樱桃红色，毒性也随着增加。应避光、密闭保存。

⑵体内过程　内服与注射均易吸收，在多种动物经常由肌注与静注给药，肌注对局部组织有轻度的刺激性。氯丙嗪被吸收后迅速分布于全身组织，脑内与大脑皮质相比在丘脑、丘脑下部、脑桥和小脑浓度较高。

⑶作用　此类药缺乏选择性，对多种受体均有非特异性阻断作用，因此对机体有广泛的影响。

镇静作用和对行为的影响：一般剂量时对中枢神经系统有特殊的抑制效果，即所谓“安定”作用。能减少自发运动，可诱导入睡但易觉醒，加大用量一般不导致麻醉。

镇吐作用：有强大的镇吐作用。能有效地对抗去水吗啡和L-多巴的催吐作用。但不能制止前庭刺激所致的呕吐。

对体温调节的影响：氯丙嗪对丘脑下部的体温调节中枢也有抑制作用，使体温调节功能减退。用药后如果周围环境的温度比体温低时，则体温下降，若周围环境温度比体温高时，则体温上升。氯丙嗪还有抑制代谢的作用。

对锥体外系的影响：长期大量应用时多可引起锥体外系不良反应。

对植物神经及心血管系统的影响：均有不同程度的α受体阻断作用，其中氯丙嗪的作用尤强，可翻转肾上腺素的升压效应，同时还能抑制血管运动中枢和直接舒张血管平滑肌，因而降低血压。但由于连续用药有耐受性，且其他副作用较多，故不作为降压药应用。对心脏有一定的抑制作用，但因血压降低可致反射性心动过速。还能阻断M受体，引起口干、便秘及视力模糊等副作用。

对内分泌系统的影响：减少催乳素抑制因子的释放；抑制促性腺素释放激素的分泌，使卵胞刺激素和黄体生成素释放减少，可延迟排卵等；抑制ACTH的释放，使糖皮质激素分泌减少；抑制垂体生长激素的分泌。

⑷临床应用　①镇静治疗破伤风、脑炎、中枢兴奋药中毒所引起的惊厥。各种动物应用小剂量都会产生安定作用，使一些暴躁、倔强的动物易于

进行各种处理。②麻醉前给药可与水合氯醛配合使用，用于马和猪的全身麻醉，或与局部麻醉药配合用于牛、羊和猪的外科手术。

(5)不良反应　氯丙嗪毒性不大，仅在高浓度时有局部刺激作用，在静注时应稀释缓慢注入；氯丙嗪用量过大时，引起血压下降，此时禁用肾上腺素解救，可选用去甲肾上腺素等药；有黄疸、肝炎及肾病的患畜应慎用。

(6)制剂及用法　氯丙嗪片：每片25mg或12.5mg。内服量3mg/kg。

盐酸氯丙嗪注射液：肌注25mg：1mL；50mg：2mL；250mg：10mL；500mg：20mL。安瓶中常加有稳定剂（焦亚硫酸钠），并充氮气。静注量：各种家畜0.5～1mg/kg。肌注量：猪1～3mg/kg。

复方氯丙嗪注射液：2mL/支内含盐酸氯丙嗪、盐酸异丙嗪各50mg。有镇静和抗过敏作用。肌注量：参照氯丙嗪。

2. 乙酰丙嗪（醋丙嗪）

(1)性状　本品为黄色结晶性粉末，其马来酸盐能溶于水及醇，味苦。

(2)作用与用途　作用与氯丙嗪相似，具有镇静、降温、降压、止吐等作用，其镇静作用比氯丙嗪强，毒性比氯丙嗪小，但仍能使心跳加快。用途同氯丙嗪。本品与盐酸哌替啶合用于痉挛疝，呈现有效的安定镇痛作用，此时用各药的1/3剂量。

(3)制剂及用法　静脉或肌内注射量：猪0.5～1mg/kg。静注时应加以稀释，缓慢注射。

3. 丙嗪

(1)性状　本品以盐酸盐的形式应用，1g盐酸丙嗪可溶于3mL水中。

(2)作用与用途　本品的作用与氯丙嗪相似，但较弱，降压作用明显。可用于对破伤风的治疗。用于麻醉前给药时，应将麻醉剂的用量减少30%～50%。本品若用于食用牲畜，在屠宰前73h必需停药。

(3)制剂及用法　丙嗪：静注或肌注量：猪2mg/kg。

（二）苯二氮䓬类

苯二氮䓬类是近十几年发展起来的一类抗焦虑药。本类药物主要有利眠宁和安定等。它们具有镇静、抗惊厥、中枢性肌肉松弛作用，并有较弱的催眠作用。对机体作用的部位，主要为脑干网状结构和大脑边缘系统等。兽医临床上已开始应用的为安定。

1. 安定

(1)性状　为白色或类白色的结晶性粉末，无臭，味微苦，在水中微溶，溶于酒精，易溶于氯仿及丙酮。

(2)作用　安定具有较强的镇静、中枢性肌肉松弛作用和抗惊厥作用，并能降低动物的攻击性，使之驯服。本品能对抗士的宁引起的痉挛。

安定的作用原理一般认为能抑制大脑边缘系统，抗惊厥与药物的中枢性肌松作用有关。安定在低剂量能抑制中脑网状结构神经元的放电，减少了网状结构对脊髓反射的易化，较大剂量对脊髓多突触反射亦有直接抑制作用。

(3)临床应用　作为猪等家畜的催眠药和肌肉松弛药，有利于外科手术的进行。可用作动物的抗焦虑药。

(4)制剂及用法　片剂：2.5mg/片。内服。针剂：2mL：10mg。肌注：猪0.55～1mg/kg。

2. 利眠宁

(1)性状　白色或类白色结晶性粉末，略有臭，味极苦。易溶于水和乙醇。

(2)作用与用途　本品的作用和用途与安定相似，能消除动物的恐惧和攻击行为。高剂量时由于抑制脊髓而出现肌肉松弛现象，长期应用会引起肝损伤。

(3)制剂及用法　片剂：每片：5mg或10mg。内服。粉针：每支50mg或100mg。肌肉注射。

三、抗惊厥药

硫酸镁

1. 作用与应用　镁离子对维持体内电解质平衡，预防某些疾病，也是不可缺少的微量元素。血浆中Mg^{2+}的正常含量低于正常浓度时则出现神经及肌肉组织的兴奋性升高，当血中Mg^{2+}浓度过高时，中枢神经系统则出现抑制，这也是抗惊厥的机理所在。Mg^{2+}还可对神经肌肉接头部位产生阻断作用，使骨骼肌松弛。

本品主要用于破伤风的肌肉强直，也可治疗胆管痉挛和黄疸（有利胆作用）。常与水合氯醛伍用做麻醉、镇痛、解除痉挛等。硫酸镁口服时呈泻下作用。

2. 不良反应　剂量大时易引起呼吸麻痹，镁离子对周围血管有舒张作用，可使血压下降。剂量大时可引起心肌传导阻滞。中毒时给予钙制剂解救。

3. 制剂及用法　注射液：100mL：5g；20mL：2.5g。静注或肌注，猪2.5~7.5g。

第四节　镇痛药

疼痛是一种复杂的主观感觉，是机体受到伤害性刺激后发出的一种保护性反应。

镇痛药主要作用于中枢神经系统，选择性减轻或缓解疼痛的感觉，多数镇痛药反复应用可成瘾，故又称成瘾性镇痛药或麻醉性镇痛药。

目前临床常用的镇痛药有经典的阿片生物碱类（吗啡及可待因等）和人工合成镇痛药（哌替啶、镇痛新、美散痛、芬太尼及颅通定等）。

一、常用药物

（一）吗啡

1. 来源与性状　吗啡是从阿片中提取的生物碱。为典型的强镇痛药，因为成瘾性强，现已被哌替啶等合成镇痛药所取代，吗啡在兽医临床更少使用，但吗啡常用做镇痛药的比较标准，在镇痛药中仍具有一定的意义。

2. 体内过程　吗啡易从小肠吸收，部分可能从胃吸收。皮下注射或肌肉注射吸收很快。吸收后主要分布于实质器官，其次是骨骼肌。在肝脏，主要形成吗啡与葡糖醛酸结合物。主要由尿中排出，小部分经乳腺和经胆汁由粪便排出。

3. 作用　吗啡的主要药理作用：

(1)中枢神经系统吗啡对脑和整个中枢神经的作用很不规则，小剂量抑制，大剂量兴奋，甚至引起惊厥。马、牛、羊、猪对吗啡的作用一般都是表现兴奋。在兽医上只要能控制吗啡在家畜中出现的兴奋性效应，吗啡不失为一个良好的镇痛药。

吗啡有明显的抑制呼吸的作用，其原因是使呼吸中枢对CO_2的敏感性降低，呼吸的频率减慢。吗啡对呼吸的抑制程度与剂量成正比。

吗啡能抑制延髓的咳嗽中枢，但一般都乐于使用可待因，虽然可待因抑制咳嗽中枢的作用不及吗啡，但其副作用较轻。

吗啡能兴奋延髓催吐化学感受区，引起恶心或呕吐。它又有缩瞳作用，中毒时瞳孔极度缩小，这成为鉴定中毒的一个重要标志。

(2)心血管系统治疗量的吗啡对血压和心律无明显作用。大剂量时因抑制呼吸中枢可导致严重缺氧，抑制血管运动中枢可致血压下降。

(3)消化系统吗啡对肠平滑肌有促使痉挛的作用。

4. 急性中毒　猪食罂粟的茎和蒴果均可引起中毒。中毒的解救：初期用0.1%高锰酸钾溶液洗胃，使吗啡氧化。如中毒时间已久，可内服泻剂，并反复灌肠。亦应皮下或肌注呼吸兴奋剂尼可刹米等以兴奋呼吸中枢，内服止酵剂以防止膨胀。

5. 临应应用　给猪作镇痛用。在给猪用巴比妥类麻醉药之前可肌注硫酸吗啡0.2~0.9mg/kg。

6. 制剂及用法　注射液：每支1mL：10mg；10mL：100mg。皮下注射，用于镇痛：猪0.1mg/kg。

（二）哌替啶（度冷丁）

哌替啶为人工合成的镇痛药。是目前常用的麻醉性镇痛药，可作为吗啡的良好代用品。

1. 性状　其盐酸盐为白色结晶性粉末，无臭，能溶于水及酒精。水溶液呈酸性，在常温下性质稳定，能耐高压灭菌。遇碱、碘及硫喷妥钠产生沉淀。久贮变为浅红色，不可供注射用。应避光密封保存。

2. 体内过程　哌替啶经各种途径给药均可吸收。药物代谢主要在肝脏进行，水解后生成哌替啶酸。

3. 作用 哌替啶具有镇痛作用，但其镇痛作用强度仅为吗啡的1/10～1/7，皮下或肌肉注射后，作用发生较快，但作用时间较短。

哌替啶有较强的解痉作用，其作用约为阿托品的1/20～1/10。哌替啶有轻度的镇静作用，并能显著增强其他中枢抑制药的作用。

4. 临床应用

(1)用为镇痛药，可治疗马、牛、猪的疝痛。

(2)用于猪、狗的麻醉前给药。

5. 应用注意 久用可成瘾。过量中毒可出现呼吸抑制。除用纳洛酮，丙烯吗啡解救呼吸抑制外，尚须配合巴比妥类药物缓解惊厥症状。

6. 制剂及用法 注射液：每支1mg：50mg；2mL：100mg。皮下或肌内注射用于镇痛：猪5～10mg/kg。用于麻醉前给药：猪1～2mg/kg。

（三）安那度（安依痛）

1. 性状 其盐酸盐为白色结晶性粉末，稍有苦咸味，有胺类臭，易溶于水及醇。水溶液微显酸性。

2. 作用与用途 本品作用与哌替啶相似，其特点为作用开始快，而维持时间短，皮下注射5min即见效，可维持2h。

临床上可用于痉挛疝及其他平滑肌痉挛性疼痛。

3. 制剂及用法 注射液：每支1mL：10mg；1mL：20mg，1mL：40mg。皮注或肌注用量：猪20～40mg/kg。

（四）枸橼酸芬太尼

1. 性状 白色结晶性粉末，无臭。易溶于水，稍溶于乙醇。

2. 作用与用途 本品为强效的麻醉性镇痛药，其麻醉镇痛效力约为吗啡的80倍。本品的药理性质与吗啡类似，但作用快，维持时间短。对呼吸的影响不恒定，有时出现呼吸暂停，有时呼吸量过高。静脉注射芬太尼后，现心动徐缓。

3. 制剂及用法 注射液：每支1mL：0.1mg。应与安定合同。

氟哌啶-芬太尼注射液：每毫升含氟哌啶20mg，枸橼酚芬太尼0.4mg。肌注，麻醉前给药为：1mg/15kg。镇痛、制动：2mL/kg。

（五）延胡索乙素

1. 性状 只左旋品有效。

2. 作用与用途 本品对大脑皮质无直接作用，但能抑制脑干网状结构上行激活系统，具有镇痛、镇静和催眠作用。延胡索乙素的镇痛作用较哌替啶弱，但比解热镇痛药的作用强。

对慢性持续性疼痛及内脏钝痛的效果较好，对创伤及手术后疼痛效果较差。

（六）埃托啡

1. 结构与性状 为白色或无色的细结晶粉末，溶于水，不溶于乙醚。

2. 体内过程 埃托啡在血浆中有一个较长的半衰期，经肠—肝循环，在胆汁中排出。

3. 作用与用途 本品镇痛作用比吗啡大1 000倍左右，埃托啡可作用于全部阿片受体。为此常与吩噻嗪类伍（如乙酰丙嗪），但二者伍用易引起呼吸抑制。本品对心血管系统也有影响。主要可使动物安定，镇痛。

4. 不良反应 本品可引起躯体运动障碍，抑制呼吸明显。中毒时用纳络酮解救，或用丙烯吗啡也可以。

5. 制剂及用法 盐酸埃托啡：粉针：每支10mg或20mg。

盐酸埃托啡乙酰丙嗪注射液：每毫升含埃托啡2.25mg，马来酸乙酰丙嗪10mg。静注或肌注：猪0.01mg/kg。

盐酸埃托啡甲异丁嗪注射液：每毫升含盐酸埃托啡66～82mg，盐酸甲异丁嗪16～20mg。

盐酸埃托啡乙酰丙嗪东莨菪碱合成剂：本品含盐酸埃托啡1～1.5mg，马来酸乙酰丙嗪20mg和氢溴酸东莨菪碱2.5mg组成。肌注：每250kg体重2.4mg。

（七）可待因

1. 性状 无色细微结晶，味苦，能溶于水，难溶于醇。为阿片中所含生物碱之一种，含量0.5%～1%。

2. 体内过程 口服后易吸收，在肌注后几分钟和口服后短暂停留后，由尿中迅速排出无活性代谢产物。给动物脑室内注射可待因无镇痛效应，而静脉注射则有效，故认为可待因是通过在体内转变为吗啡而发挥作用的。

3. 作用　镇痛作用约为吗啡的1/12～1/7，镇咳作用为吗啡的1/4。由于直接抑制咳嗽中枢而产生较强的镇咳作用，对各种原因引起的咳嗽均有效，持续时间与吗啡相似，欣快症与成瘾性也弱于吗啡，又无明显的便秘和尿潴留。

4. 临床应用　可用于中等程度疼痛的止痛。与解热镇痛药合用有协同作用。

5. 制剂及用法　磷酸可待因：片剂，每片15mg或30mg。内服量：猪15～60mg。

（八）镇痛新（戊唑星）

1. 性状　本品为白色或微黄色结晶。无臭，味微苦。不溶于水，可溶于乙醇。

2. 作用与用途　按等效剂量计算，本品镇痛效力为吗啡的1/3，其呼吸抑制作用为吗啡1/2。镇痛持续时间较吗啡短。因成瘾性极小，药政管理上已列入非麻醉品，故应用较广。可用于各种剧烈疼痛，也用作麻醉辅助剂。

3. 应用注意　中毒发生呼吸抑制时，可用纳洛酮解救。

4. 制剂及用法　乳酸镇痛新注射液：每支1mL∶15mg；1mL∶30mg。

（九）美散痛（美沙酮）

1. 性状　本品为无色结晶或白色结晶性粉末，无臭，味苦。溶于水，易溶于乙醇。

2. 作用与用途　作用与吗啡相似，镇痛效力与吗啡相等或稍强，镇静、抑制呼吸等作用也较弱。具成瘾性。

3. 制剂及用法　盐酸美散痛注射液：2mg∶7.5mg。皮下或肌肉注射，用于镇痛。

二、阿片受体拮抗剂

（一）丙烯吗啡

1. 性状与化学结构　丙烯吗啡氢溴酸盐为白色或类白色结晶性粉末，无臭、溶于水、略溶于乙醇。其盐酸盐为白色或几乎白色结晶性粉末，无臭、易溶于水、略溶于乙醇。

2. 作用　能有效、迅速地对抗吗啡及半合成的吗啡类镇痛药（如芬太尼、哌替啶等）的作用，包括镇痛、呼吸抑制、催吐、消化道痉挛作用。它本身也有与吗啡类似的镇痛作用，且无成瘾性，但不良反应严重，不做镇痛药应用。

3. 临床应用　主要用于解救吗啡、哌替啶等中毒引起的严重呼吸抑制。

（二）纳络酮

1. 性状与化学结构　本品为白色结晶，溶于水和乙醇。

2. 作用　纳络酮对4种阿片受体亚型都有颉颃作用，为吗啡受体颉颃剂，可解除吗啡类镇痛药引起的呼吸抑制等症状，作用较丙烯吗啡强10～30倍，也能对抗镇痛新所引起的呼吸抑制，因迅速消失故必须在短时间内反复给药。它本身并无明显药理效应及毒性。

3. 临床应用　临床上适用于吗啡类镇痛药急性中毒，解救呼吸抑制及其他中枢抑制症状，可使昏迷者迅速复苏。

（三）环丙羟丙吗啡（狄普诺芬）

1. 性状　其盐酸盐为白色或类白色结晶性粉末，略溶于水，微溶于乙醇。

2. 作用与应用　本品能特异性地对抗盐酸埃托啡的效应。静脉注射数分钟即可呈现效果。肌注需5～20min才能使埃托啡对中枢的抑制效应翻转过来，主要用于解救使用盐酸埃托啡过量中毒，其效果比丙烯吗啡好。

第十三章
解热镇痛抗炎药

解热镇痛抗炎药是一类具有解热、镇痛，且大多数兼有抗炎、抗风湿作用的药物。虽然它们在化学结构上各异，但都能抑制体内前列腺素（PG）的生物合成，目前认为这是它们共同作用的基础。它们有以下3项共同作用：

1. 解热作用　本类药物能降低发热动物的体温，而对正常者几无影响。

发热是机体的一种防御性反应，中等程度的发热，能增加新陈代谢，加速抗体形成，提高细胞的吞噬能力，不利于病原体繁殖与生存，有利于机体消除病原体。所以一般不需要过早地使用解热镇痛药。但长时间持续发热，由于影响病畜食欲，过分消耗机体能量，使机体抵抗力降低，或引起并发症，体温过高还可影响中枢神经系统机能，干扰酶系统的活动，甚至危及病畜生命。这时，应当用解热镇痛药进行对症治疗，消除各种病情，缩短疗程。感冒之类的发热，为解热镇痛药的最好适应症。

2. 镇痛作用　解热镇痛药具有中等程度的镇痛作用，对慢性钝痛（神经痛、肌肉痛、关节痛等）有效，对创伤性疼痛、肠变位等剧烈性疼痛几乎无效。因其毒性较低，无耐受性及成瘾性，故广泛应用于临床。

3. 消炎、抗风湿作用　本类药物中除了苯胺类（扑热息痛），都具有消炎、抗风湿作用。抗炎药从化学结构上可分为甾体类和非甾体类，具有抗炎作用的解热镇痛药又称非甾体抗炎药。解热镇痛药可作用于炎症的不同环节：

⑴抑制PG合成酶，阻止PG的合成。PG具有诸多生物学活性，如能引起充血、水肿、疼痛、发热、血管扩张等。目前普遍认为抑制PG合成和释放是非甾体药物抗炎作用的基础。

⑵稳定溶酶体膜。溶酶体是分布在胞浆的一种细胞器，内含有多种酶类，能分解组织而产生多量的致炎物质。稳定溶酶体膜，使其不易破裂，从而发挥消炎作用。

⑶对抗缓激肽作用。水杨酸类药物能抑制缓激肽的生成和加速其破坏。

解热镇痛药的抗风湿作用，能使风湿症患畜疼痛减轻，肿胀消退，体温下降。

第一节　苯胺类

苯胺类药物的有效基团为苯胺，它具有很强的解热镇痛作用，但毒性过大，能破坏红细胞。经对位羟化后可使毒性稍减，再以乙酰氨基取代氨基，则毒性更为减低而药效不变，故目前常用对乙酰氨基酚。

一、对乙酰氨基酚（扑热息痛、醋氨酚）

1. 性状　本品为白色结晶性粉末；味微苦。易溶于热水和多数有机溶剂。

2. 体内过程　内服本品后，吸收迅速，在肝内代谢，经肾排出。

3. 作用与用途 解热镇痛作用缓和持久，其强度类似阿司匹林，但几无消炎抗风湿作用。

4. 制剂及用法 片剂：每片0.5g。内服：猪1~2g。

第二节 吡唑酮类

属于本类药物有安替比林、氨基比林、安乃近、保泰松、羟基保泰松等。

一、氨基比林（匹拉米洞）

1. 性状 为白色结晶性粉末，无臭，味微苦，在空气中稳定，遇光易变质。易溶于水，水溶液呈现碱性反应，遇氧化剂则易被氧化，应遮光保存。

2. 体内过程 内服后易由消化道吸收，吸收后主要在肝脏生成4-甲基氨基安替比林和4-氨基安替比林而起作用。

3. 作用 本品有卓越的解热镇痛作用，作用较阿司匹林强而持久。与巴比妥类合用能增强其镇痛作用。还兼有良好的消炎抗风湿作用，强度不亚于水杨酸类。

4. 临床应用 氨基比林常用于治疗肌肉、关节、神经痛和热性病等。

5. 不良反应及应用注意 长期大量应用可引起粒性白细胞缺乏症。单一药物片剂及注射剂已被淘汰，但复方制剂仍被应用。

6. 制剂及用法 氨非咖（PPC）片剂：每片含氨基比林0.1g、非那西丁0.15g、咖啡因0.03g。内服：猪2~4片。

复方氨基比林注射液：含氨基比林7.15%、巴比妥2.85%。每支10mL或20mL。皮下或肌肉注射：猪5~10mL。

二、安替比林

1. 性状 为无色无臭的结晶性粉末，味微苦。能溶于酒精及水。当有碳酸氢钠和水分存在时可使其变质。

2. 体内过程 内服后被迅速吸收，吸收后一小部分以原形由尿中排出，大部分在肝脏代谢，变成4-羟基安替比林，与葡萄糖醛酸或硫酸结合，由尿中排出。

3. 作用与用途 本品解热作用迅速，维持时间较短，另外尚具有镇痛作用和抗炎作用，其疗效较氨基比林低，可用作中小动物的解热镇痛剂。局部应用尚能降低毛细血管壁的通透性。可用3%~6%溶液冲洗患部有消炎止血作用。

4. 不良反应与应用注意 剂量过大或连续应用本品，可能引起虚脱，产生高铁血红蛋白，引起缺氧、发绀，也可能引起颗粒白细胞减少。故不宜长期连续应用。

5. 制剂及用法 粉剂；内服；猪2~5g。

安痛定注射液：含氨基比林5%、安替比林2%、巴比妥0.9%。每支10mL、20mL或50mL。皮下、肌肉注射：猪5~10mL。

三、安乃近（诺瓦经）

1. 来源与性状 系氨基比林的磺酸钠盐。为白色或淡黄色结晶性粉末；无臭，味微苦。易溶于水，略溶于乙醇。

2. 作用与用途 安乃近的解热作用为氨基比林的3倍，镇痛作用与氨基比林相同。尚有一定的消炎抗风湿作用。经常用于解热、镇痛和抗风湿，也用于肠痉挛、肠膨胀，制止腹痛，具有不影响正常肠蠕动的优点。

3. 应用注意 长期使用可能产生粒性白细胞缺乏症，用量过大会引起虚脱，应用时应注意。

4. 制剂及用法 片剂：每片0.5g。内服：猪2~5g。安乃近注射液：每支5mL∶1.5g；10mL∶3g；20mL∶6g。皮下或肌肉注射：猪1~3g。

四、保泰松（布他唑丁、布他酮）

1. 性状 本品为白色或微黄色结晶性粉末；无臭，味微苦。难溶于水，能溶于酒精、醚，易溶于碱。性质较稳定。

2. 体内过程 内服后易于吸收，肌肉注射吸收反而缓慢。保泰松的血浆蛋白结合率高达98%以上，代谢和排泄缓慢，故作用持久。本药尚能竞争性地与血浆蛋白结合，使磺胺类、双香豆素、胰岛素等药物被释出，因而提高这些药物的血药浓度，增加它们的作用和毒性。合并用药时应注意。

3. 作用 保泰松具有解热、镇痛、消炎和抗风湿作用。其解热效力比氨基比林弱，且毒性较大，故不作解热用。对非风湿性疼痛的镇痛作用也比阿斯匹林弱。除因炎症引起的疼痛外，一般不做镇痛用。保泰松具有较强的抗炎作用，可与肾上腺皮质激素相比。

4. 临床应用 主要用于风湿病，关节炎、腱鞘炎、黏液囊炎及睾丸炎等。在治疗风湿病时，必须连续应用，直至病情好转为止。此外，还有促进尿酸排泄的作用，也可用于治疗痛风。

5. 制剂及用法 片剂：每片0.1g。内服：猪33mg/kg。每日2次。3d后剂量酌减。

五、羟基保泰松

1. 性状 为白色结晶性粉末。几乎不溶于水，但溶于酒精。

2. 作用与用途 本品为保泰松的衍生物，是保泰松在机体内的有效代谢产物。其作用类似原化合物，但稍强。具有解热、镇痛、消炎和抗风湿作用。副作用较保泰松低。主要用于关节炎和风湿病。

3. 制剂及用法 片剂：每片0.1g。内服：头2天12mg/kg，后5天剂量减半，每日1次。

第三节 水杨酸类

水杨酸类药物中在兽医临床上常用的为水杨酸钠，其次是阿司匹林。该类药物具有解热、镇痛、消炎和抗风湿作用。水杨酸本身具有刺激性，仅做外用，有溶解角质和抗真菌作用。

一、水杨酸钠

1. 性状 无色或微显红色的结晶性粉末或鳞片，无臭或微有特殊的臭气，味甜而带咸。遇光易变质。易溶于水、酒精或甘油。应避光保存。

2. 体内过程 水杨酸钠内服后，在胃内遇盐酸，有部分解离成水杨酸，对胃黏膜有刺激作用。所以内服时往往与等量碳酸氢钠合用。水杨酸钠内服后，能由胃和小肠吸收，内服后1～2h血中浓度可达到高峰。

水杨酸盐在体内能分布到各组织中，能透入关节腔中，也能分布到脑脊髓液及乳汁中，且易通过胎盘。主要在肝脏进行代谢。

3. 作用 水杨酸钠具有抗风湿、抗炎和解热镇痛作用。其解热镇痛作用不及阿司匹林、非那西汀和氨基比林。主要作为抗风湿药，用于急性风湿性关节炎，用药后数小时，关节疼痛显著减轻，肿胀消退，体温下降。此外对关节肿胀等非化脓性炎症，也有一定疗效。

4. 临床应用 主要用于肌肉风湿病，急性风湿性关节炎等的治疗，早期效果更好。

5. 不良反应

⑴水杨酸钠内服后，在胃的酸性环境中，能部分地游离出水杨酸，水杨酸对胃黏膜有强烈的刺激作用，可同时服用碳酸氢钠以防之。

⑵用水杨酸钠治风湿病时，需要投给大剂量才能保证疗效。但此时也能发生轻度中毒症状，例如大出汗、呼吸急促等，在这种情况下，可暂时停药，但不必中断疗程，下次用药时可减少剂量。若症状严重时，则需停药，同时静脉注射碳酸氢钠，也可同时注射葡萄糖注射液或生理盐水等。

6. 应用注意

⑴静脉注射时，不可漏入血管外，并应缓慢注入。

⑵有心脏病、肾脏病严重酸中毒和妊娠的病畜禁用。

⑶长期服用水杨酸钠，由于它能阻止维生素

K参与合成凝血酶原，而使凝血酶原减少，引起出血，此时必须立即停药，用维生素K进行治疗。

(4)有出血倾向时忌用。

7. 制剂及用法 水杨酸钠片剂：每片0.3g或0.5g。内服：猪2～5g。

复方水杨酸钠注射液：含水杨酸钠10%、氨基比林1.43%、巴比妥0.57%、乙醇（95%）10%、葡萄糖10%，另加适量的稳定剂。每支20mL、50mL或100mL。静脉注射：猪20～50mL。

撒乌安注射液：含水杨酸钠10%、乌洛托品8%、安钠咖1%。每支50mL。静脉注射：猪20～50mL。

二、乙酰水杨酸（阿司匹林）

1. 性状 本品又称为醋柳酸。为白色结晶或结晶性粉末；无臭或微带醋酸臭，味微酸。难溶于水，易溶于酒精，遇湿易缓慢分解。故应密闭保存。

2. 体内过程 阿司匹林被吸收后，与葡萄糖醛酸结合形成水杨酰葡萄糖醛酸而解毒，另有一小部分氧化为龙胆酸，由肾脏排出，尿的pH影响其排泄速度。

3. 作用与用途

(1)解热、镇痛、消炎和抗风湿阿司匹林具有较强的解热、镇痛、消炎和抗风湿作用。作用较水杨酸钠强2～3倍，且疗效肯定，不良反应较少。可用于治疗感冒、神经痛和风湿病。较大剂量时，可抑制肾小管对尿酸的重吸收，使尿酸排出增加，故可用于治疗痛风病。

(2)抑制血小板凝集作用阿司匹林能选择性地抑制血小板中脂肪酸环氧化酶，阻止血栓的形成。

4. 不良反应与应用注意 新生幼畜、妊娠动物和胃炎的患畜应慎用；其他不良反应同水杨酸钠，但较轻。

5. 制剂及用法 乙酰水杨酸片剂：每片0.3g或0.5g。内服：猪1～3g。

复方阿司匹林片：每片含阿司匹林226.8mg、非那西丁162mg、咖啡因32mg。内服：猪2～10片。

第四节 其他消炎镇痛药

一、吲哚美辛（消炎痛）

1. 来源与性状 本品为人工合成的吲哚的衍生物，是一种较新的消炎镇痛药。为白色结晶性粉末。不溶于水，易溶于酒精、丙酮，稍溶于醚。

2. 体内过程 消炎痛内服后，迅速而完全地由消化道吸收。主要在肝脏代谢。本品能通过胎盘屏障。

3. 作用 具有消炎、解热和镇痛作用。其消炎作用为消炎剂中最强者，解热作用亦为氨基比林的10倍。对炎性疼痛有镇痛作用，其镇痛作用比安乃近、水杨酸类好。本品的消炎作用比氢化可的松强，与皮质激素合用呈现相加作用，疗效增强，并可减少皮质激素用量，从而减轻皮质激素的不良反应。

4. 临床应用 用于治疗风湿性关节炎、神经痛、腱鞘炎、肌肉损伤等。

5. 不良反应 主要表现消化道症状，如恶心、腹痛、下痢，有时形成溃疡，肝功受损。

6. 制剂及用法 片剂：每片25mg。内服：猪2mg/kg。

二、炎痛静（消炎灵）

1. 性状 本品的盐酸盐为白色结晶性粉末；味辛辣。极易溶于水，易溶于乙醇。

2. 作用与用途 有消炎、镇痛和解热作用。其消炎作用与保泰松相似或稍强。主要用于手术后、外伤、风湿性关节炎等炎症性疼痛。

3. 制剂及用法 片剂：每片25mg。内服：猪2mg/kg。5%炎痛静软膏：外用治疗关节炎，挫伤、腱炎、腱鞘炎、黏液囊炎。每日2次。

三、甲灭酸（扑湿痛）

1. 性状 本品为白色或淡黄色粉末。几乎不溶于水，稍溶于乙醇。

2. 作用与用途　镇痛作用强于阿司匹林、氨基比林、氟灭酸；抗炎作于为阿司匹林的5倍、氨基比林的4倍，但不及氟灭酸。解热作用持续时间较长。主要用于治疗风湿痛、神经痛及其他炎性疼痛。

3. 不良反应与应用注意　本品不良反应较多，对胃肠道有刺激性，用药一般不超过1星期。可加剧哮喘症状，故禁用于哮喘病畜。

4. 制剂及用法　片剂：每片0.25g。内服（试用量）：猪0.5g。首次用量加倍，每日3～4次。用药不宜超过1周。

四、氟灭酸

1. 性状　本品为淡黄色至淡黄绿色的结晶或结晶性粉末；味苦。几乎不溶于水，溶于乙醇。

2. 作用与用途　解热、消炎作用比阿司匹林、氨基比林、保泰松强，镇痛作用较差。不良反应较小。

3. 应用注意　有胃肠道刺激反应。哮喘患畜慎用。

4. 制剂及用法　片剂：片0.2g。内服（试用量）：猪0.49g。每日2～3次。

五、奎宁（金鸡纳霜）

1. 性状　本品为白色粉末。难溶于水，易溶于沸水、乙醇。常用其硫酸盐、盐酸盐。系白色结晶或晶粉，能溶于水，味极苦。

2. 作用与用途　本品具有抑制细胞新陈代谢的作用，能减少热的产生，故有解热作用。但解热作用弱，临床上不常应用。奎宁对心脏有抑制作用，可延长不应期，减慢传导，故可用于治疗心房颤动，阵发性心动过速等心律不齐。

3. 应用注意　奎宁对妊娠子宫有微弱的兴奋作用，故孕畜忌用。

4. 制剂及用法　硫酸奎宁：片剂：每片0.3g。

重硫酸奎宁：片剂：每片0.12g。以上两种片剂内服量：猪0.3～1g。

复方奎宁（巴苦能、福白龙）注射液：每2mL含盐酸奎宁136mg、咖啡因34mg、乌拉坦28mg、硫脲1mg。每支2mL、5mL、10mL或20mL。用于解热及治疗阵发性心动过速。肌肉注射：猪5～10mg。

第十四章 抗寄生虫药

寄生虫在寄生生活过程中，夺取宿主的营养、破坏机体组织细胞、释放毒素和有害物质、干扰宿主机体生理机能和传播致病微生物及寄生虫等，严重危害动物健康，造成巨大经济损失，并且对人类公共卫生也带来极大危害。

在防制畜禽寄生虫病中，使用抗寄生虫药物是综合措施中重要的一环。

抗寄生虫药是指用于抑制、杀灭或驱除动物体内、外寄生虫的一类药物，包括抗蠕虫药、杀虫药和抗原虫药。

第一节　抗蠕虫药

凡能将寄生于体内的蠕虫杀死或驱除的药物称为抗蠕虫药，又称驱虫药。寄生于家畜的蠕虫主要有线虫、绦虫、吸虫，因此，将抗蠕虫药分为驱线虫药、驱绦虫药和驱吸虫药。

一、驱线虫药

（一）驱肠道线虫药

在兽医临床上常用的驱肠道线虫药，可分为抗生素类、咪唑骈噻唑类、苯骈咪唑类、四氢嘧啶类、有机磷化合物和其他等6类。

1. 抗生素类　在抗寄生虫药物的发展中，越来越多的专用抗寄生虫抗生素被研制应用。驱动物寄生线虫的抗生素类药物主要有大环内酯类、氨基糖甙类。大环内酯类的主要是阿维菌素/米白菌素族的阿维菌素、伊维菌素、多哈菌素、爱比菌素、埃普利诺菌素、米白菌素、莫西菌素，氨基糖甙类的越霉素A和潮霉素B。

⑴阿维菌素（阿弗菌素、阿佛汀）

性状　为白色或淡黄色结晶粉末，无味，不溶于水，微溶于甲醇、乙醇，易溶于氯仿、丙二醇、二甲亚砜等有机溶剂。

体内过程　阿维菌素是一类脂溶性药物，经口服和浇泼给药，吸收良好，并能分布与全身各组织中。经肝脏代谢。

抗虫谱　广谱驱线虫和杀灭外寄生虫。

作用与临床应用　能驱杀猪的肺丝虫、消化道线虫、旋毛虫、肾虫、浆膜心丝虫、疥螨、血虱。一些线虫对阿维菌素产生了耐药性。

应用注意　屠宰动物的休药期猪为28d；妊娠母畜禁止使用。

⑵伊维菌素（艾弗菌素、艾佛汀）

性状　为白色或淡黄色结晶粉末，微溶于水，易溶于丙酮、氯仿、四氯化碳、醋酸乙酯等有机溶剂。其溶液易受光线影响而降解。

体内过程　伊维菌素经口服后吸收良好，主要分布于肝脏、肾脏、肌肉和脂肪中，在肝脏中代谢。

作用与临床应用　同阿维菌素。

耐药性　古柏线虫对伊维菌素有耐药性。

不良反应　本品毒性小，临床使用对动物安全。

应用注意　屠宰动物的休药期为28d。

⑶多哈菌素

性状 为白色或淡黄色结晶粉末，无味，微溶于水，易溶于氯仿等有机溶剂。

体内过程 基本与伊维菌素相同，但多哈菌素的清除率较低，生物半衰期较长。经口服后，吸收良好，主要分布于肝脏、肾脏、肌肉和脂肪中。

作用与临床应用 同阿维菌素，但多哈菌素比伊维菌素的驱线虫的效果更好。

耐药性 对伊维菌素产生耐药性的古柏线虫对多哈菌素敏感。

不良反应 本品毒性小，临床使用对动物安全。

应用注意 屠宰动物休药期为35d。

(4)埃普利诺菌素

来源 本品是阿维菌素的衍生物。

不良反应 本品毒性小，临床使用对动物安全。

应用注意 屠宰动物的休药期为35d。

(5)米白菌素

成分 米白菌素共有米白菌素D和米白菌素肟等有效成分。

不良反应 本品毒性小，临床使用对动物安全。

(6)莫西菌素

来源与化学结构 本品是半合成的米白菌素，被称为第二代米白菌素。

体内过程 莫西菌素给药后吸收迅速，主要分布于肝脏、肾脏、脂肪中，极少部分经尿排泄，其余大部分由粪便排泄。

不良反应 本品毒性小，临床使用对动物安全。

(7)越霉素A（得利肥素）

性状 本品为白色粉末，易溶于水和低级醇，密封室温下保存极为稳定。

体内过程 内服后不易被吸收，因此在体内各组织器官中无残留。

抗虫谱 驱线虫药。

作用机理 使动物体内的寄生虫的体壁、生殖器管壁、消化道壁变薄和脆弱，以使虫体运动性削弱被排除体外。另外，能阻碍雌性虫体子宫内卵的卵膜形成，因此使虫卵不能成熟而变成异常卵。

作用与临床应用 对猪的蛔虫、鞭虫、猪粪类圆线虫、结节虫有较好的驱虫效果。本品毒性小，对动物安全。

耐药性 已有越霉素耐药性虫株产生的报道。

应用注意 猪屠宰前3d停止用药。

(8)潮霉素B（效高素）

性状 本品为微黄色粉末，弱碱性，易溶于水和低级醇，易于许多有机酸和无机酸生成盐。在密封、防潮、室温下保存极为稳定。

体内过程 内服后，不易被吸收，多由粪便排出，极少部分由尿排出。

抗虫谱 驱线虫药。

作用机理 使寄生虫的体壁、生殖器官壁、消化道壁变薄和脆弱，并能抑制虫体排卵，破坏虫体生活周期；阻止幼虫生长，使之不能发育成熟。

作用与临床应用 同越霉素A。

耐药性 已有潮素耐药性虫株产生的报道。

不良反应 本品毒性小，对动物安全。

应用注意 猪屠宰前3d停止用药。

2. 咪唑并噻唑类 咪唑并噻唑类药物是一类化学合成的广谱驱线虫药，主要有四咪唑和左咪唑，前者系混旋体，后者系左旋体。这类药物的驱虫作用主要由左旋体发挥作用，右旋体不但无驱虫作用，却保留其毒性反应。因此，四咪唑已被淘汰，而多用左咪唑驱畜禽的线虫。但左咪唑对吸虫、绦虫、原虫等无效。

除广泛用于驱除畜禽的肺和胃肠道的线虫外，左咪唑还是一种免疫调节剂，能选择性影响细胞免疫，使受抑制的巨噬细胞和T淋巴细胞功能恢复到正常。

性状 左咪唑的盐酸盐和磷酸盐为白色结晶，无臭，味苦，易溶于水，难溶于氯仿、乙醚和丙酮。在酸性水溶液中稳定，而在碱性条件下易分解失效。

体内过程 左咪唑内服能迅速吸收，在肝脏中代谢经肾脏排泄，在体内维持药效较短，连续应用一般不引起蓄积作用。

抗虫谱 广谱驱线虫药，尤其对畜禽消化道、呼吸道线虫有良好的驱虫效果。

作用与应用 对猪蛔虫、兰氏类圆线虫、后圆线虫、食道口线虫、红色猪圆吸虫的驱虫率高达90%～100%，本品对猪蛔虫和后圆线虫的幼虫效果也很好。但对猪冠尾线虫（肾虫）的效果不肯定。

耐药性　长期使用，有报道对左旋咪唑已有耐药虫株产生。

不良反应　此药对畜、禽的安全范围较窄，一般为治疗量的4～12倍。本品对动物的毒性反应主要与抑制胆碱酯酶有关，出现拟胆碱药中毒的症状，如流涎、排粪、呼吸困难、平滑肌收缩、瞳孔缩小、心率减慢等。

应用注意　猪的休药期为3d。在临床应用中，为了扩大驱虫范围，本品可与敌百虫、硫双二氯酚、丙硫咪唑、吡喹酮等药合用。

3. 苯骈咪唑类　这类化学药品已成为很有前途的一类广谱驱肠虫药，其特点是广谱、高效、低毒、安全性高，甚至有的种类还有一定的杀灭幼虫和虫卵的作用。

(1)丙硫咪唑（阿苯咪唑、抗蠕敏）

性状　为白色至浅黄色粉末，无臭，无味，不溶于水，微溶于有机溶剂，可溶于稀酸，在冰醋酸中易溶。

体内过程　丙硫咪唑内服后，经胃肠吸收，进入体内后很快被代谢成具有药理活性的产物亚砜和砜。

抗虫谱　抗胃肠道线虫、肺线虫、旋毛虫、肝片吸虫、绦虫及囊虫。另具有抗小袋纤毛虫和贾第鞭毛虫的作用。

作用与应用　对猪的肺丝虫、圆形蛔状线虫、刚棘颚口线虫和中华枝睾吸虫、猪囊尾蚴等有效，对仔猪蛔虫、食道口线虫、毛首线虫均有良好效果。但对姜片吸虫的效果不佳。

耐药性　长期使用，易产生耐药性虫株，与丙硫咪唑存在交叉耐药性。

不良反应　本品毒性很小。有丙硫咪唑致畸的报道。

应用注意　本品的适口性差，混饲时应少添多喂。动物妊娠前期禁用。屠宰动物的休药期为14d。

(2)丙氧咪唑（丙氧苯咪唑，奥苯达唑）

性状　本品为白色粉末，无臭，不溶于水，微溶于有机溶剂，性质较稳定。

作用与临床应用　对家畜大多数胃肠道线虫成虫及幼虫均有良好效果。

耐药性　与对噻苯咪唑有耐药性的线虫，对本品存在交叉耐药性。

不良反应　该药的毒性极低，治疗量不引起任何不良反应。

(3)噻苯咪唑（噻苯唑）

性状　为白色或米黄色粉末或结晶，味微苦，无臭，微溶于酸性水溶液，略溶于乙醇，几乎不溶于水和氯仿。

体内过程　噻苯咪唑内服后，能迅速经胃肠吸收，分布于机体的大部分组织。

抗虫谱　广谱驱虫药，对畜禽胃肠道线虫成虫均有效，并具杀蚴和抑杀虫卵的作用。对矛形双腔吸虫有一定效果。对驱毛首线虫、肺线虫时应加大剂量。

作用与应用　对猪的蛔虫、毛首线虫、食道口线虫、红色猪圆线虫、兰氏类圆线虫等有效。

耐药性　捻转血矛线虫、毛圆线虫已产生对噻苯咪唑的耐药性，并发现噻苯咪唑与丁苯咪唑存在交叉耐药性。

不良反应　本品毒性很小，使用治疗剂量不产生副作用。

应用注意　屠宰动物休药期为30d。

(4)甲苯咪唑（甲苯达唑）

性状　为白色或微黄色非结晶粉末，无臭，不溶于水及有机溶剂，微溶于冰醋酸，易溶于甲酸及苦杏仁油，不吸湿，暴露在空气中仍稳定。

体内过程　甲苯咪唑内服后吸收甚少。口服后约90%在24～48h内以原形由粪便排泄，5%～10%由尿排泄，仅小部分以甲苯咪唑的脱羧衍生物形式排泄。

抗虫谱　广谱驱虫药。

作用机理　该类药物选择性及不可逆抑制线虫对葡萄糖的摄取，导致虫体内糖原耗竭，引起虫体不能产生足够的三磷酸腺苷（ATP），而使虫体麻痹死亡。甲苯咪唑还具有显著的杀灭幼虫、抑制虫卵发育的作用。

作用与应用　对的猪蛔虫、毛首线虫、食道口线虫、红色猪圆线虫、兰氏类圆线虫等有效。

耐药性　对噻苯咪唑产生耐药性的圆形线虫，

对甲苯咪唑存在交叉耐药性。

不良反应 本品毒性很小，治疗剂量不产生副作用。

应用注意 屠宰动物的休药期为7d。与左旋咪唑和用可增加其驱虫效果。

4. 四氢嘧啶类 四氢嘧啶类主要有噻吩嘧啶、甲噻吩嘧啶和羟嘧啶。

(1)噻吩嘧啶（噻嘧啶、抗虫灵）

性状 噻吩嘧啶酒石酸盐为淡黄色晶性粉末，易溶于水；双羟萘酸盐为淡黄色晶形粉末，无臭，无味，不溶于水。对光敏感，其水溶液遇光易变质。

体内过程 猪内服酒石酸噻吩嘧啶吸收充分。药物在体内代谢迅速，部分以代谢产物经尿排出，其余大部分以原形随粪排出。

抗虫谱 广谱驱线虫药，但对肺线虫、毛首线虫、绦虫、吸虫等无效。

作用与应用 猪蛔虫、冠尾线虫、食道口线虫和后圆线虫具良好效果，对猪的鞭虫无效。

不良反应 本品毒性小，使用7倍治疗量时，动物一般不表现出中毒症状。使用治疗量时，对孕畜亦无不良反应。

应用注意 禁与拟胆碱类药物合用；与哌嗪类药物物同时应用时，有颉颃作用。禁用于体质瘦弱的动物。屠宰动物的休药期，猪为1d。

(2)甲噻吩嘧啶（甲噻嘧啶、保康宁）

性状 其酒石酸盐为黄色结晶粉末，易溶于水，不溶于醋酸和苯；而双羟萘酸盐不溶于水。对光敏感，应置于遮光密闭保存。

体内过程 动物内服后在真胃和小肠中被吸收，4～6h达血药峰值，96h内约有17%的药物经肝脏分解而随尿排除，其余部分随粪便排除。

作用与应用 基本同噻吩嘧啶，尤其对消化道线虫有效。

耐药性 若连续用药，虫体可产生耐药性。

不良反应 本品较噻吩嘧啶的疗效高，用量小、毒性低，对孕畜、胎儿均无影响。

应用注意 屠宰动物的休药期为14d。禁止与含铜、碘的制剂配伍使用。

(3)羟嘧啶（间吩嘧啶，奥克太尔）

性状 为白色或米黄色结晶粉末，无臭，无味，不溶于水、甲醇、乙醇和氯仿，微溶于二甲亚砜。

作用与临床应用 为抗毛首线虫的特效药，对肺线虫和其他消化道线虫效果较差或无效。与噻吩嘧啶、甲噻吩嘧啶合用，可发挥协同作用。

5. 有机磷化合物 有机磷化合物最早用于农业、医学及兽医临床的杀虫药。一些低毒的化合物用于动物的驱虫，如敌百虫、哈罗松、敌敌畏、蝇毒磷等。因该类药物价廉，杀虫效果确实，近年来缓释剂等新剂型的发展，使得该类药物仍然在生产实践中使用。

(1)敌百虫

性状 纯品为白色结晶性粉末，有潮解性、挥发性与腐蚀性，易溶于水，亦易溶于醚、酒精有机溶剂。水溶液呈酸性反应，性质不稳定，久置可分解，宜新鲜配制。碱性水溶液（或遇碱）不稳定，可经分子重排而产生敌敌畏，使毒性增强。本品密封阴凉处保存。

体内过程 无论内服或注射，本品均能很快吸收，以肝、肾、心、脑和脾中含量较多，肺次之，肌肉、脂肪等组织中较少。体内破坏较快，主要经肾排泄，排泄亦较快。

抗虫谱 广谱驱虫药，能杀灭体内外的线虫、吸虫、绦虫和外寄生虫。

作用机理 有机磷化合物的作用是抑制动物寄生虫体内的胆碱酯酶的活性，导致乙酰胆碱蓄积，引起虫体肌肉麻痹而致死。

作用与临床应用 本品驱虫范围广泛，不仅对畜禽内寄生虫有效，且对外寄生虫亦有杀灭作用。混饲投药对猪的蛔虫，毛首线虫、食道口线虫、螺咽胃虫，姜片吸虫效果良好。对猪肾虫病疗效不好。

不良反应 有机磷化合物对畜禽安全范围较小，用量过大可引起中毒。中毒可产生M样胆碱和N样胆碱作用。本品属有机磷化合物中低毒药物之一，母猪妊娠中期应用敌百虫，可导致仔猪出现共剂失调、震颤等神经症候，仔猪脑严重发育不良，同时脊髓发育也受到抑制。

应用注意 敌百虫的用量应准确，过大不仅会增加毒性，而且有蓄积毒性。屠宰动物的休药期为7d。

阿托品是一种有效的解毒剂。

(2)哈罗松

性状 白色粉末，无臭，不溶于水，易溶于丙酮和氯仿。

体内过程 口服后自肠道吸收迅速，在肝脏和血中水解，体内代谢甚快。

作用与应用 本品对猪的食道口线虫效果较好。

不良反应 哈罗松的毒性较敌百虫、蝇毒磷等小。

应用注意 同敌百虫。此药对孕畜及胎儿均无不良的反应。中毒症状与解毒方法同敌百虫。

(3)敌敌畏

性状 本品为淡黄色至淡黄棕色油状液体，稍带芳香味，易挥发，易被氧化和潮湿破坏；纯品为白色结晶性粉末，稍带芳香味。在强碱和沸水中易水解，在酸性溶液中较稳定。

体内过程 敌敌畏是有机磷药物中唯一能掺和到聚乙烯氯化树脂颗粒中去成为缓释剂的药物，可使敌敌畏在消化道缓慢释放，避免敌敌畏迅速吸收引起的毒害，并能较长期维持杀灭虫体的浓度。

作用与应用 本品对猪的蛔虫、结节虫、鞭虫、红色猪圆线虫有显著疗效。

应用注意 同敌百虫。本品对人畜毒性较大，易通过皮肤吸收，用时宜慎。中毒症状与解毒方法同敌百虫。应遮光密封保存。

6. 其他

(1)哌嗪（哌哔嗪，驱蛔灵）

性状 哌嗪的枸橼酸盐和磷酸盐均为白为色结晶性粉末，无臭，味酸，前者溶于水，后者在沸水中溶解，在水中微溶，难溶于氯仿、乙醚和乙醇；易吸潮。密封保存于干燥处。

体内过程 哌嗪及其简单盐类内服易吸收，一部分被代谢，大约30%～40%以原形经尿排出，24h可排完。

抗虫谱 为窄谱驱线虫药，对畜禽消化道线虫有良好的驱虫效果，对其他线虫效差或几乎无效。

作用机理 哌嗪的作用机理是使虫体不能附着在宿主肠壁，而随粪便排出体外。不过这种作用是暂时的，在短期内虫体不能排除体外又会恢复起运动性。该作用对畜禽骨骼肌的作用极为微弱。

作用与临床应用 主要用于防治畜禽的蛔虫病。对猪蛔虫、食道口线虫的驱虫效果很好。

在临床应用中，为了扩大驱虫范围，本品可与硫双二氯酚、左咪唑药合用。

不良反应 此药对家畜较为安全，猪使用5倍治疗量也仅短暂出现食欲下降。

应用注意 用药后3～4周应重复一次，饮水给药时，宜鲜配鲜用，加药的饲料和饮水必须在8～12h内用完。

(2)吩噻嗪（硫化二苯胺）

性状 该药为淡黄绿色、不定性粉末，不溶于水，较易溶于丙酮和乙醇；易吸潮氧化，遇光色变淡，应遮光密封保存于干燥处。

抗虫谱 驱线虫药，尤其对畜禽消化道线虫有良好的驱虫效果。

作用机理 可能是抑制虫体细胞酶系统，阻止糖原分解和抑制蛋白质合成，达到杀虫作用。

作用与应用 对猪蛔虫、食道口线虫的驱虫效果很好。

耐药性 血矛线虫等一些虫株已产生有耐药性。

不良反应 猪对此药耐受力强。

应用注意 病畜或体质虚弱者慎用。在用吩噻嗪驱虫后尽可能避免阳光直射2～3d。

本品的驱虫效果与药物纯度及颗粒大小有关。纯度高、颗粒愈细，效力愈高。

在临床应用中，为了扩大驱虫范围，本品可与硫双二氯酚、左咪唑药合用。

（二）驱肺线虫药

1. 氰乙酰肼

(1)抗虫谱 驱线虫药，尤其对畜禽呼吸道线虫有良好的驱虫效果。

(2)作用机理 氰乙酰肼的治疗作用并非杀虫，而是对虫体有一定损害作用，使虫体丧失活动能力，而被呼吸道黏膜的纤毛上皮细胞的定向运动，送到喉头咳出而吞入消化道内。

(3)不良反应 此药安全范围小，用时宜慎重，剂量稍大会引起中毒，中毒症状主要表现为精神沉郁，步态蹒跚，食欲废绝，全身肌肉抽搐，心律不整，呼吸促迫，严重者死亡。在抽搐刚开始时，立即应用同剂量的维生素B_6，有一定解毒效果，其他解毒措施为对症治疗。本品对注射部位有一定的刺激性，甚至可引起局部肿胀。

⑷应用注意　发病初期一般只需用药1次，而严重感染者则需连续用药2～3次。

2. 依米丁（吐根碱）

⑴体内过程　皮下注射，吸收良好，主要集中在肝，在肺、肾、脾、肠分布较少。主要由肾排出。

⑵抗虫谱　驱肺线虫和杀灭阿米巴原虫。

⑶作用机理　氰乙酰肼的治疗作用并非杀虫，而是对虫体有一定损害作用，使虫体丧失活动能力，而被呼吸道黏膜的纤毛上皮细胞的定向运动送到喉头咳出而吞入消化道内。

⑷作用与临床应用　对原圆科的多种线虫如缪勒线虫等有驱虫作用，并可杀灭阿米巴滋养体。

⑸不良反应　该药在治疗剂量范围内较为安全。大剂量可出现呕吐、腹泻症状。

（三）抗丝虫药

1. 乙胺嗪（海群生）

⑴性状　枸橼酸乙胺嗪为白色结晶性粉末，无臭、味酸苦，微有引湿性。易溶于水，略溶于酒精，不溶于丙酮、氯仿或乙醚。水溶液呈酸性反应。

⑵体内过程　内服后在肠道内易吸收，并迅速分布于除脂肪外所有器官和组织，大部分在体内经代谢后经肾排出。

⑶抗虫谱　驱蠕虫药，主要对丝虫及微丝蚴有特效。

⑷作用机理　在体外乙胺嗪并无杀灭微丝蚴的作用，但能引起虫体变性，用药后使其集中到肝微血管中，易被单核巨噬细胞系统的细胞逐渐包围吞噬掉。

⑸作用与临床应用　本品对猪的肺丝虫有一定驱虫作用。

⑹不良反应　乙胺嗪的毒性小，安全范围较大

⑺应用注意　要消灭成虫则常需要小剂量连续用药几周。

二、驱绦虫药

（一）吡喹酮（环吡异喹酮）

1. 体内过程　动物实验证实，口服后80%以上在十二指肠吸收，主要分布于肝、肾，其次为肺、胰、肾上腺及骨髓，心、肺中含量很少，几乎不通过胎盘，多次给药无蓄积现象。肌肉注射较口服生物利用度高。

2. 抗虫谱　广谱驱蠕虫药，主要对吸虫、绦虫及囊虫有特效。

3. 作用机理　本品与虫体表皮膜的磷脂相互作用，改变虫体细胞膜的通透性，提高Ca^{2+}的渗透力，引起虫体强直性收缩和表皮结构的损伤，导致虫体崩解死亡。此外，吡喹酮还可抑制虫体对葡萄糖的摄入，促使虫体内糖原的分解和耗竭。

4. 作用与应用　本品为高效的驱吸虫、驱绦虫药。对猪能杀灭囊尾蚴、细颈囊尾蚴和驱杀姜片吸虫、克氏伪裸头绦虫。

5. 不良反应　吡喹酮对各种动物极为安全，几乎所有动物都具有很好的耐受性。

6. 应用注意　在治疗囊虫病时，应注意因囊体破裂所引起的中毒反应。

（二）氯硝柳胺（灭绦灵、育末生）

1. 性状　淡黄色或灰白色轻质粉末或结晶性粉末，无臭，无味，放置空气中易呈黄色。在环已酮中溶解，微溶于酒精或乙醚，几乎不溶于水。

2. 体内过程　该药口服后不易被吸收，在肠中保持高浓度，主要从粪便排出。

3. 抗虫谱　广谱驱绦虫药，有杀钉螺作用。

4. 应用注意　用药前须空腹一夜。本药可用于妊娠动物。应置遮光容器内密封保存。

（三）丁萘脒

1. 性状　盐酸盐白色结晶性粉末，无臭，可溶于水，易溶于乙醇和氯仿；羟萘酸盐呈淡黄色结晶性粉末，不溶于水，可溶于乙醇。

2. 体内过程　药物口服后大部分在胃内迅速分解，在肠中保持高浓度从而对肠道内的绦虫发生驱除作用，极少部分药物吸收后，在肝脏中代谢，主要从粪便排出。

3. 抗虫谱　驱绦虫药。

4. 不良反应　盐酸丁萘脒的适口性差，动物饱食后会影响药物效果。此外，该药对口腔黏膜有刺激性。

（四）槟榔碱

1. 性状　氢溴酸槟榔碱为白色结晶性粉末或白色结晶，味苦，遇光易变质。易溶于水，应置遮光容器内密封保存。

2. 体内过程　口服易吸收，在肝脏中迅速灭活，皮下注射不产生驱虫作用。

3. 抗虫谱　驱绦虫有效。

4. 作用机理　槟榔碱对绦虫有较强的麻痹作用，使虫体瘫痪，失去其吸附于肠黏膜的能力；又由于本品的拟胆碱作用，能增加胃肠蠕动，有利于虫体的排出。

（五）南瓜子

1. 抗虫谱　驱绦虫有效。

2. 作用机理　南瓜子氨酸对绦虫有先兴奋后麻痹的作用，由于兴奋作用可使虫体收缩，甚至痉挛性收缩。此外，南瓜子氨酸还有抑制血吸虫童虫生长发育的作用。

3. 作用与临床应用　南瓜子单独应用效果差，常与槟榔合用，表现明显的协同作用，使虫体迅速停止活动，完全瘫痪。

4. 不良反应　南瓜子对宿主无毒性。

（六）仙鹤草酚

1. 性状　仙鹤草酚为浅黄色结晶，不溶于水，易溶于氯仿、苯，微溶于甲醇、乙醇、丙酮、乙醚。

2. 体内过程　该药口服后在胃肠道吸收缓慢，基本不被破坏，在体内存留时间较长，分布以肝脏最高。排泄缓慢，主要从粪便排出。

3. 抗虫谱　驱绦虫\蛔虫和血吸虫。

4. 作用机理　能迅速穿透绦虫虫体体壁，使虫体痉挛致死，并能持久的抑制虫体的细胞代谢。

5. 作用与临床应用　可驱除猪、家禽绦虫。

6. 应用注意　在临床使用时，避免与油剂类物质同用。

（七）硫酸铜

1. 性状　为蓝色结晶颗粒或粉末，有风化性，易溶于水，微溶于洒精。

2. 体内过程　该药口服后在胃肠道吸收缓慢，基本不被破坏，在体内存留时间较长，分布以肝脏最高。排泄缓慢，主要从粪便排出。

3. 作用机理　铜离子能破坏虫体内氧化还原酶系的活性，阻碍虫体代谢而具有驱虫作用。

4. 应用注意　本品对绦虫头节无驱除作用，有必要间隔2～3周进行第二次驱虫。此外，随着硫酸铜溶液浓度的不同，低浓度对组织有收敛作用，高浓度具刺激和腐蚀作用。

三、吸虫药

（一）驱肝片吸虫药

1. 三氯苯唑（肝蛭净）

⑴体内过程　内服后吸收入血，很快就被肝脏代谢为活性物质亚砜和砜，血中始终检测不到原形药物。

⑵抗虫谱　广谱驱吸虫药。

⑶作用机理　三氯咪唑是通过抑制虫体对葡萄糖的利用，导致虫体内糖元耗竭而达到驱虫作用的。

⑷作用与临床应用　本品对肝片吸虫的成虫和童虫和巨片吸虫有很强的杀灭作用，是目前国内外已用的几种杀肝吸虫药物中最安全有效药物之一。

⑸不良反应　三氯咪唑毒性很低，在治疗量范围内用药对各种动物较为安全。

⑹应用注意　屠宰动物的休药期为28d。可与左旋咪唑、甲噻吩嘧啶联合使用。

⑺制剂及用法　10%混悬液：每瓶100mL：10g；1 000mL：100g。内服。

2. 碘醚柳胺（重碘柳胺）

⑴性状　本品为白色晶形粉末，无臭，无味，不溶于水，溶于有机溶剂。

⑵抗虫谱　广谱驱虫药。

⑶作用机理　碘醚柳胺是阻断虫体的氧化磷酸化过程，使虫体内糖元耗竭、能量匮乏，导致虫体麻痹、死亡而达到驱虫作用的。

⑷不良反应　本品毒性很小，安全范围广，安全指数为5。

(5)应用注意　屠宰动物的休药期为28d。泌乳期禁用此药。

(6)制剂及用法　混悬液：每瓶20mL：0.4g。内服。

3. 羟氯柳胺（五氯柳酰苯胺）

(1)性状　纯品为白色结晶粉末，无臭，无味，不溶于水，能溶于乙醇。

(2)体内过程　内服后吸收后，在肝、肾、小肠内的浓度很高，并在肝脏代谢为一种有驱虫活性的葡萄糖苷酸结合产物，代谢的最终产物由胆汁排泄。

(3)抗虫谱　驱吸虫药，主要对肝片吸虫成虫有效。

(4)作用机理　该药的驱虫机理尚无定论，也属氧化磷酸化的解偶联剂，并有抑制延胡索酸还原酶的作用，从而发挥杀虫作用。

(5)不良反应　羟氯柳酰胺的毒性很低，其治疗指数为4。

(6)应用注意　屠宰动物的休药期为14d。

4. 氯氰碘柳胺（富基华，克洛杀）

(1)性状　纯品为浅黄色粉末，无臭，无味，不溶于水，易溶于丙酮、二甲基酰胺等有机溶剂，在氯仿中难溶。

(2)抗虫谱　广谱驱虫药，对肝片吸虫、消化道线虫和节肢动物有较好的驱杀效果。

(3)作用机理　该药是肝片吸虫线粒体的氧化磷酸化的解偶联剂，抑制虫体ATP的生成，致使虫体无法生存和发育。

(4)作用与临床应用　可驱除猪鞭虫和类圆线虫，对猪蛔虫的效果不稳定。

(5)不良反应　氯氰碘柳胺的毒性很低，按推荐的治疗量范围内用药，对动物无任何副作用。

(6)应用注意　屠宰动物的休药期为28d。有报道用氯氰碘柳胺钠（10mg/kg体重）与丙硫咪唑（5mg/kg体重）合用，其驱虫效果更广、更佳。

(7)制剂及用法　片剂：每片0.5g或0.05g。内服。注射液：每瓶250mL：2.5g；10mL：0.5g；5mL：0.25g。皮下注射剂量：猪2.5~5mg/kg。

5. 硫双二氯酚（别丁）

(1)性状　纯品为白色粉末，无臭或略带酚臭，不溶于水，能溶于有机溶剂和稀碱液。

(2)体内过程　内服后部分吸收，吸收的部分进入肝脏对吸虫发挥作用，未吸收的部分在肠道发挥驱绦虫的作用。吸收的药物主要由胆汁分泌，未吸收的药物由粪便排出。

(3)抗虫谱　广谱驱蠕虫药，主要对吸虫、绦虫有较好的效果。

(4)作用机理　硫双二氯酚通过抑制虫体的糖酵解和氧化代谢，特别是能抑制琥珀酸脱氢酶的作用，导致虫体内糖元耗竭，能量匮乏，导致虫体死亡而达到驱虫作用的。

(5)作用与临床应用　能驱杀猪的姜片吸虫。

(6)不良反应　给动物投药后，会出现食欲减退、轻度下泻。

(7)应用注意　禁用乙醇或稀碱液溶解本品进行内服。

(8)制剂及用法　片剂．每片0.25g或0.5g。内服剂量：猪80~100mg/kg。

6. 硝氯酚（拜耳-9015）

(1)性状　黄色结晶性粉末，无臭、无味，不溶于水，易溶于氢氧化钠液、丙酮和冰醋酸。其钠盐易溶于水。应置遮光容器内密封保存。

(2)体内过程　硝氯酚内服后，能从胃肠道吸收，在动物体内排泄缓慢，用药9d后，尿、乳中无残留物。由于本品与血中蛋白质结合牢固，因此血中浓度高而各组织中浓度低。

(3)抗虫谱　主要对肝片吸虫成虫、未成熟虫体有很强的杀灭作用。

(4)作用机理　驱虫作用机理可能是抑制虫体的琥珀酸脱氢酶，干扰虫体的代谢过程，阻止三磷酸腺苷的生存，使虫体的能量耗尽，最终使虫体麻痹而死。

(5)作用与应用　本品对猪内服3~6mg/kg，对肝片吸虫的杀虫率为100%。

(6)不良反应　硝氯酚的安全范围较窄，使用不慎可引起中毒。

(7)应用注意　屠宰动物休药期为15d。

(8)制剂及用法　硝氯酚片剂：每片0.05g或0.1g。内服剂量：猪3~6mg/kg。注射液：每支10mL：0.4g，

2mL：0.08g。

7. 联氨酚噻（双酰胺氧醚、地芬尼太）

⑴性状 纯品为白色结晶粉末，不溶于水及乙醚，微溶于乙醇、甲醇及氯仿。

⑵体内过程 本品内服后吸收入血分布全身，肝内特别是在胆囊中浓度最高，进入血液的量很少。

⑶抗虫谱 驱肝片吸虫药。

⑷作用机理 联氨酚噻在体外对肝片吸虫无作用。内服吸收后进入肝脏在脱氧酰酶作用下，经过脱乙酰而变为氨基代谢物，而氨基代谢物对肝实质内移行的童虫发挥杀灭作用。

⑸不良反应 联氨酚噻毒性很低，在治疗量范围内用药对各种动物较为安全。

⑹应用注意 屠宰动物的休药期为7d。与碘醚柳胺合用，效果很好。

⑺制剂 联氨酚噻混悬剂：每支10mL：1g。

8. 溴酚磷（蛭得净）

⑴性状 本品为白色或微黄白色结晶粉末。易溶于甲醇或丙酮，不溶于水、苯、氯仿或乙醚。

⑵抗虫谱 驱杀肝片吸虫。

⑶作用与临床应用 本品不仅对肝片吸虫成虫有效，且对移行于肝实质内的童虫亦有效。

⑷应用注意 本品安全范围较窄，必须严格按规定的剂量投药。

⑸制剂 溴酚磷片：规格：0.24g。溴酚磷粉：规格：1g含主药0.24g。

（二）抗血吸虫药

1. 硝硫氰胺（7505）

⑴性状 为黄色结晶粉末，无臭，无味，难溶于水，微溶于苯、氯仿，可溶于聚乙醇、二甲亚砜等有机溶剂，脂溶性高。

⑵体内过程 内服后在肠内吸收比较快，但药物的吸收率不高。吸收后约有80%与血浆蛋白结合，并经肝肠循环重吸收入血，因而血中浓度维持时间较长。药物入血后在体内分布不均匀，以肝脏含量最高。此药在体内代谢较快，主要以葡萄糖醛酸结合物自尿中排出。

⑶抗虫谱 抗血吸虫、姜片吸虫和钩虫。

⑷作用机理 其抗血吸虫的作用机理，经初步试验表明是，抑制虫体的琥珀酸脱氢酶与三磷酸腺苷酶，影响虫体三羧酸循环，虫体缺乏活动所必需的能量，迅速“肝移”，而被吞噬细胞包围而消灭。因此表明该药对血吸虫有直接的杀虫作用。

⑸作用与应用 本品为抗血吸虫药物中疗效很高的一种。能驱杀猪的姜片吸虫、并对蛔虫、钩虫和丝虫有效。

⑹不良反应 此药有明显的毒性，使用治疗剂量以下，动物所出现的反应较轻，一般为呼吸加快加深、步态不稳、消化机能障碍等。若加大剂量，对神经系统、心、肝、肾等都有严重损害。

⑺应用注意 怀孕、授乳母畜和体况衰弱的动物禁用。

2. 苯（血防-846、海涛尔）

⑴性状 本品为白色有光泽的结晶或结晶性粉末，略有酚味，不溶于水，可溶于酒精及植物油，易溶于聚氯仿。应密封保存。

⑵体内过程 药物能在小肠缓慢吸收，分布到脂肪、肾上腺、卵巢及神经系统等组织。主要在肝脏代谢，由尿排出。在体内存留时间长，约2周后才消减。

⑶抗虫谱 广谱抗吸虫药虫，对童虫的效果优于成虫。

⑷作用机理 其抗血吸虫的作用机理是对血吸虫的童虫和成虫都有抑制作用，能使血吸虫虫体细胞发生生理机能和组织形态的改变，特别是药物多作用于虫体的生殖系统，雌雄抱合分离，随血流带入肝脏而被消灭，并能使童虫停止发育。

⑸作用与临床应用 猪用以200mg/kg对姜片吸虫有效。

⑹不良反应 对肝脏、神经系统、消化系统和泌尿系统都有一定毒害作用。

⑺应用注意 用药后不能饲喂含甜菜、大头菜或大头菜叶饲料，否则会出现短暂副作用，并有引起死亡的。屠宰动物的休药期为60d。

⑻制剂及用法 片剂：每片0.25g。血防乳干粉：每100g冻干粉含本品21g。此药加菜油、蔗糖和明胶乳化后，其吸收率较片剂好。治血吸虫病内服剂量：猪0.2g/kg。每日1次。

第二节 抗原虫药

家畜原虫病是由单细胞的原生动物寄生家畜家禽引起的一类寄生虫病。多表现急性或亚急性过程，并呈季节性和地方性流行或散在发生，可造成畜禽成批死亡，直接危害畜牧业经济发展。抗原虫药可分为抗球虫药、抗梨形虫药、抗锥虫药和抗其他原虫药。

一、抗球虫药

畜禽的球虫病主要是由球虫寄生于动物的肠道、胆管及肾小管上皮细胞内所引起的一种原虫病，以消瘦、贫血、下痢、便血为主要临床特征，严重危害畜禽的生长发育。

抗球虫药种类很多，在临床实践中，无论使用何种抗球虫药，若经长期反复使用，均可产生明显的耐药性。为了避免或减少耐药性的产生，通常应选择适宜的抗球虫药的使用方案和变换药物。目前，抗球虫药主要有聚醚类抗生素、苯乙酰嗪类、硫胺类衍生物、酰胺类、吡啶类、胍类、磺胺类和其他等药物。

（一）聚醚类抗生素

聚醚类抗生素又称离子载体类药物，由于聚醚类抗生素为广谱、高效的新型抗球虫药，成为目前世界上使用得最多的一类抗球虫药。

本类药物常用的有莫能菌素、盐霉素、甲基盐霉素、拉沙里菌素、马度拉霉素、山度拉霉素、海南霉素等。

1. 莫能菌素（瘤胃素）

(1)性状　其钠盐呈淡黄色结晶，不溶于水，易溶于乙醇、氯仿、二甲基亚砜等有机溶剂。在酸性条件下易失活，而在碱性环境中稳定。

(2)体内过程　莫能菌素内服很少被吸收，约有99%的药物和代谢产物由粪便排出。因此，在体内维持药效较短，连续应用一般也不引起蓄积作用。

(3)抗虫谱　广谱抗球虫药。

(4)作用机理　该类药物的作用机理是能与球虫体内金属离子形成亲脂性络合物，进入生物膜的脂质层，妨碍离子正常平衡或转运，影响细胞的渗透压，导致球虫细胞崩解；还可使球虫的代谢环境发生变化，各种代谢物的摄取与排泄出现障碍。这种对球虫细胞的杀伤作用属不可逆性的。其活性主要是在球虫生活周期最初两天。

(5)耐药性　莫能霉素已有耐药虫株产生，并且与其他聚醚类抗生素的马杜霉素、甲基盐霉素、拉沙菌素有高度交叉耐药性。

(6)不良反应　本品毒性较低。

(7)应用注意　禁与泰乐菌素、二甲硝唑、红霉素、磺胺类药物合用。屠宰动物的休药期为3d。

2. 盐霉素（优素精）

(1)性状　其钠盐呈白色或淡黄色结晶粉末，几味，熔点140～142℃，易溶于甲醇、丙酮、三氯甲烷等有机溶剂，几乎不溶于水。在酸性条件下易失活，而在碱性环境中稳定。

(2)体内过程　盐霉素在消化道难于吸收，在胃和小肠内含量较高。被吸收的盐霉素在肝脏中迅速代谢，并由小肠分泌经粪便排出体外。

(3)抗虫谱　抗球虫药。

(4)作用机理　盐霉素的抗球虫机理同莫能霉素，一般认为是盐霉素能与球虫体内Na^+、K^+阳离子有特殊亲和性。其活性主要是在球虫生活周期最初两天。

(5)临床应用　本品混饲除有抗球虫作用外且对其他抗球剂有耐药性的球虫株仍然有效，并有较明显的改善饲料效应和促增长作用。

(6)应用注意　禁与泰乐菌素、二甲硝唑、红霉素、磺胺类药物合用。

(7)制剂及用法预混剂　规格有5%、10%、45%和50%。混饲（按原药计算）：猪25～75mg/kg。

3. 甲基盐霉素（那拉星、奈良菌素）

(1)性状　本品呈白色或淡黄色结晶粉末，熔点195～200℃，易溶于甲醇、丙酮、三氯甲烷等有机溶剂，不溶于水。在酸性条件下易失活，而在碱性环境中稳定。

⑵体内过程　在消化道难吸收，在胃和小肠内含量较高。

⑶作用与临床应用　其活性主要是在球虫生活周期最初两天，抑制子孢子或第一代裂殖体。本品混饲除有抗球虫作用外，还有较明显的改善饲料效应和促增长作用。可以与尼卡巴嗪联合使用。

⑷耐药性　与莫能有菌素、马杜霉素、拉沙菌素之间存在交叉耐药性。

⑸不良反应　本品对实验动物的毒性较大。

⑹应用注意　禁止与泰乐菌素、二甲硝唑、红霉素、磺胺类药物合用。

4. 拉沙里菌素（拉沙洛西、球安）

⑴性状　其钠盐呈白色粉末，具有特殊臭味，熔点165～171℃，不溶于水，易溶于甲醇和乙醚等有机溶剂。遮光、密闭保存。

⑵抗虫谱　广谱抗球虫药。

⑶耐药性　与莫能有菌素等之间存在交叉耐药性。

⑷应用注意　禁止与泰乐菌素、二甲硝唑、红霉素、磺胺类药物合用。

5. 马杜拉霉素（加福）

⑴性状　其胺盐呈白色结晶粉末，有微臭味，不溶于水，易溶于乙醇等有机溶剂。

⑵体内过程　在消化道不易被吸收。

⑶抗虫谱　广谱抗球虫药。

⑷耐药性　有耐药性产生，与莫能菌素等之间存在交叉耐药性。

⑸应用注意　禁止与泰乐菌素、二甲硝唑、红霉素、磺胺类药物合用。

6. 海南霉素（鸡球素）

⑴性状　其钠盐呈白色或类白色结晶粉末，无臭，不溶于水，易溶于甲醇、乙醇、丙酮、三氯甲烷等有机溶剂。

⑵抗虫谱　新型抗球虫药。

⑶作用机理　海南霉素为弱酸性离子载体药物，诱导虫体细胞被动失K^+，导致虫体细胞内蛋白质合成停止，从而杀灭虫体。

（二）苯乙酰氰类

这是目前被认为是抗球虫作用最强、毒性极低、用量很小的一类药物，有地可拉唑、甲基三嗪酮。

1. 地可拉唑（地克珠利、杀球灵）

⑴性状　本品为淡黄色粉末，无味，几乎不溶于水，在乙醇、乙醚中的溶解度极差，可溶于二甲基酰胺、二甲基亚砜和四氢呋喃。对光不稳定。

⑵体内过程　给药后6h，药物几乎全部从消化道排出。

⑶抗虫谱　抗球虫药，对畜禽的多种球虫有良好的效果。

⑷作用机理　地可拉唑的作用机理可能是通过干扰球虫的核分裂及破坏线粒体的作用，从而发挥杀伤球虫作用。

⑸作用与临床应用　其活性主要是抑制球虫的子孢子或第一代裂殖体。是目前使用的高效、低毒、广谱的新型抗球虫药。

⑹耐药性　与其他抗球虫药之间不存在交叉耐药性。

⑺制剂及用法　地可拉唑的常用制剂为预混剂和水溶液剂。预混剂规格为：100g：0.2g（0.2%）；100g：0.5g（0.5%）。溶液剂：规格为10mL：0.05g；20mL：0.1g；50mL：0.25g；100mL：0.5g。混饲、混饮剂量（按原药计算）：猪1mg/kg。

2. 甲基三嗪酮（妥曲珠利、百球清）

⑴性状　甲基三嗪酮液呈无色至浅黄色黏稠澄明。

⑵作用机理　该类药物的作用机理可能是干扰球虫的核分裂及线粒体的作用，影响虫体的呼吸代谢有关；并损害大配子的成壁颗粒，使虫体的内质网膨大而严重空泡化，从而发挥杀伤球虫作用。

⑶作用与临床应用　对哺乳类的球虫病、住肉孢子虫病和弓形体病有效。其活性主要是作用于球虫裂体生殖和配子生殖阶段，抑制子孢子或第一代裂殖体和大配子。对其他抗球剂有耐药性的球虫株，本品仍然有效。

⑷应用注意　治疗使用时，一般用药2d。药物稀释后，须在48h内使用。本品与聚醚类抗生素有互补作用。

⑸制剂及用法　2.5%甲基三嗪酮溶液：规格为100mL∶2.5g。混饮（按原药计算）：猪为10~15mg/L。

（三）硫胺类衍生物

1. 氨丙啉（安宝乐）

⑴性状　盐酸氨丙啉为白色粉末至黄褐色结晶粉末，略带酸味，无臭，易溶于水，可溶于乙醇，不溶于氯仿。稍有吸湿性，在室温下储藏60d，活性降低80%。

⑵抗虫谱　抗球虫药，对畜禽的多种球虫有较好的效果。

⑶作用机理　该类药物的作用机理是氯丙啉的化学结构与硫胺素相类似，干扰球虫的维生素B_1（硫胺素）的代谢，从而发挥抑制球虫发育的作用。

2. 硝基二甲硫胺（敌灭素）

⑴性状　本品为白色或淡黄色结晶粉末，略溶于水，带酸味，可溶于乙醇。

⑵不良反应　若长期使用，能引起动物的维生素D_1的缺乏症。

（四）酰胺类

硝苯酰胺（球痢灵）

⑴性状　本品为无色固体结晶，无味，性质稳定，不溶于水，能溶于乙醇和丙酮。应密封保存。

⑵作用与临床应用　硝苯酰胺既是一种预防药物，也有较好的治疗效果。

⑶耐药性　已查到耐药性的球虫株。并与痢特灵、呋喃西林等有交叉耐药性。

⑷应用注意　不宜与痢特灵、呋喃西林在轮换用药、穿梭用药或联合用药中使用。与洛克沙生联合使用，其抗球虫的作用增强。

（五）吡啶类

氯羟吡啶（克球粉、可爱丹）

⑴性状　本品为白色或浅棕色结晶，无味或你略带特殊气味，不溶于水和大多数有机溶剂，在强碱中有一定的溶解度。

⑵抗虫谱　抗球虫药。

⑶作用机理　该类药物作用于球虫的子孢子的形成，抑制球虫子孢子在上皮细胞内或巨噬细胞内不能发育。

⑷耐药性　易产生耐药性。

（六）胍类

氯苯胍（罗苯尼丁）

⑴性状　盐酸氯苯胍为白色或微黄色结晶粉末，微溶于乙醇，具有不愉快的特异氯臭味。

⑵抗虫谱　抗艾美耳球虫。

⑶作用机理　该药物的作用机理是干扰虫体胞浆中的内质网，影响虫体蛋白质代谢，使内质网和高尔基体肿胀，氧化磷酸化反应和ATP酶被抑制。

⑷耐药性　易产生耐药性。

（七）磺胺类

1. 磺胺喹噁啉

⑴作用与临床应用　兽医临床上主要用作为抗球虫药，只能作治疗药，不宜作预防药。

⑵耐药性　球虫易对磺胺喹噁啉产生耐药性，且能与其他磺胺药产生交叉耐药性。

2. 磺胺间甲氧嘧啶（磺胺-6-甲氧嘧啶、泰灭净）

⑴临床应用　磺胺间甲氧嘧啶是新型高效的磺胺药，是目前用于抗球虫、住白细胞虫和弓形体的有效药物。可用于治疗猪的弓形体病。

⑵制剂及用法　可溶性粉规格：50g或100g。

3. 磺胺间二甲氧嘧啶

⑴临床应用　磺胺间二甲氧嘧啶是新型长效的磺胺药，内服后吸收快而排泄慢，对球虫、住白细胞虫和弓形体等有明显抑制作用。

⑵制剂及用法　可溶性粉：规格有50g和100g。

4. 磺胺二甲嘧啶

⑴临床应用　磺胺二甲嘧啶是目前广泛使用的抗球虫药。常用制剂有可溶性剂、片剂和注射剂。

5. 二甲氧苄氨嘧啶（敌菌净）

⑴临床应用　不易吸收，能在胃肠内保持较高浓度，常与磺胺类合用。可用于治疗猪的弓形体病。与磺胺类合用的比例按1∶5，混饲或饮水给药，连用7d。

⑵制剂及用法　粉剂：常与磺胺类等药物按1∶5配合使用。

二、抗锥虫药

新胂凡纳明（九一四）

⑴性状　为黄色干燥粉末或颗粒，易溶于水，水溶液呈中性或弱碱性。无论粉末或溶液，如露置

于空气均易氧化，颜色变深，毒性增强，遇高温氧化加速。

⑵体内过程　本品系三价有机胂制剂，内服对胃肠黏膜有刺激性，吸收很少，故须静脉注射，入血后分布全身，肝、肾、脾、骨骼较多，脑脊髓较少，部分可与血浆蛋白和红细胞结合，排泄较慢。连续用药应间隔3～4d，以防蓄积中毒。

⑶抗虫谱　本品对伊氏锥虫和马媾疫锥虫有效。

⑷作用与临床应用　九一四常用于猪肺疫等。发病早期用药效果较好，对慢性病例只能减轻症状而不能根治。

⑸不良反应　此药虽有抑制病原体的作用，但毒性很大。

⑹应用注意　应用时须按无菌操作法配制，配制后应立即应用。安瓿打开后不可再贮存。为了减轻不良反应，在用药前30min注射强心剂，同时还应加强饲养管理。中毒时可用二巯基丙醇、二巯基丙磺酸钠等解毒。

⑺制剂　粉针：0.45g、0.6g、1.0g。

三、抗梨形虫药

硫酸喹啉脲（阿卡普林）

⑴性状　本品为淡黄绿色或黄色粉末。易溶于水，水溶液呈酸性反应，应遮光密闭保存。

⑵抗虫谱　抗梨形虫。

⑶作用机理　其作用机理尚不清楚，作用方式可能是扰乱虫体代谢。

⑷作用与临床应用　本品对猪、犬的巴贝西虫都有效。

⑸不良反应　本品的治疗量与中毒量间的范围很小。此药有抑制胆碱酯酶的作用，因此在给动物实验后，可出现站立不安、流涎、肌肉震颤、腹痛等不良反应。严重者频频起卧、呼吸困难、结膜发绀、频排粪尿，最后窒息死亡。

⑹应用注意　为减轻或防止副作用，可同时或在用药前注射阿托品。

⑺制剂及用法　注射液：规格：5mL：0.05g；10mL：0.1g。皮下注射剂量：猪2mg/kg。

四、抗其他原虫药

（一）甲硝咪唑（灭滴灵）

1. 体内过程　本品口服吸收良好，易通过血脑屏障，大部分以原形随尿排出，有少量从乳汁、精液及阴道分泌物排出。

2. 抗虫谱　具有抗滴虫、球虫、贾第虫、阿米巴的作用。此外，甲硝咪唑还具有抗厌氧菌的作用。

3. 作用机理　甲硝咪唑的抗原虫作用结合虫体的DNA，抑制其DNA的合成；此外还可以抑制原虫的氧化还原反应，使虫体的氮链发生断裂而死亡。

4. 不良反应　本品有一定毒性，剂量过大时，动物会出现震颤、共济失调为特征的神经系统紊乱等不良反应。在进行动物试验发现本品有明显的致癌、致畸和致突变的作用。

5. 应用注意　禁止用于怀孕和哺乳动物，休药期为4d。应密封遮光保存。

6. 制剂及用法　片剂：每片0.2g或0.5g。内服：猪10～25mg/kg。注射液：每支10mL：50mg；20mL：100mg；100mL：500mg。

（二）二甲硝咪唑（达美素）

1. 作用与临床应用　对猪的密螺旋体病（赤痢）大肠杆菌病、链球菌病和葡萄球菌病有效。

2. 不良反应　本品有一定毒性，剂量过大时，动物会出现震颤、共济失调为特征的神经系统紊乱等不良反应和引起厌食等消化紊乱。进行动物试验发现本品有致癌、致畸和致突变的作用。

3. 应用注意　禁止用于怀孕和哺乳动物。应密封遮光保存。

4. 制剂及用法　预混剂：规格为100g：20g；500g：100g。混饲（按原药计算）：猪200～500mg/kg。

（三）丙硫咪唑

1. 临床应用　本药除具有对畜禽胃肠道寄生线虫、吸虫、绦虫的功效外，还具有抗小袋纤毛虫和贾第鞭毛虫的作用。对猪的结肠小袋纤毛虫、犬的贾第鞭毛虫病有高效。

2. 制剂及用法　内服剂量：猪25mg/kg。

第三节 杀虫药

主要由螨、蜱、虱、蚤、蝇、蚊、虻、蠓、蚋以及蝇蛆等节肢动物寄生于家禽体外及体内所引起的寄生虫病，不仅直接危害动物，引起贫血，减少增重，降低饲料利用率，影响毛、皮质量，而且更重要的是传播畜禽的某些重要虫媒性疾病，给畜牧业造成很大的经济损失，并危害人类身体健康，因此，选用杀虫药具有重要意义。

杀虫药是指能杀灭体表寄生虫的一类药物，可分为有机磷类、有机氯类、拟除虫菊酯类及其他类杀虫药。

一、有机磷杀虫药

常见的有机磷杀虫药除敌百虫、哈乐松、敌敌畏已于驱线虫药物部分叙述外，还有蝇毒磷、皮蝇磷、倍硫磷等。

（一）敌百虫

1. 作用与应用　本品对畜禽外寄生虫亦具有杀灭作用。

2. 临床应用　对疥螨、痒螨、虱、蚤、蜱、蚊、蝇内服、喷洒、大群喷雾或涂擦有良好杀灭作用。

（二）蝇毒磷

1. 性状　纯品为微黄色或白色结晶性粉末，不溶于水，微溶酒精，能溶于丙酮、二甲苯等芳香有机溶剂。常温下性质稳定，碱性环境中渐水解。仅供外用。

2. 体内过程　内服能很快吸收，亦可经过皮肤吸收，较多的分布在脂肪等组织中较少，主要经肾排泄，由尿、粪排泄。

3. 临床应用　本品具有杀灭外寄生虫的作用和驱除消化道的吸虫、线虫作用。

药浴或喷淋或砂浴对蜱、螨、蚤、蝇、伤口蛆虱等有效。

4. 应用注意　对畜禽安全范围很窄，尤以水剂灌服时毒性较大。

5. 制剂及用法　20%油乳剂。外用：0.05%药浴、喷淋。

（三）倍硫磷

1. 性状　无色或淡黄色澄明油状液体，对光、热和碱较稳定，微溶于水，在乙醇、花生油中溶解。

2. 体内过程　本品外用后能很快吸收，主要在脂肪中含量较多。由肝脏代谢，主要经肾排泄。

3. 作用与临床应用　倍硫磷对外寄生虫如虱、蝇等也有效。

4. 制剂及用法　50%的乳油制剂。喷洒：可用0.25%乳剂，按5～10mg/kg计算用量，混溶于液体石蜡中制成1%～2%浓度应用。

（四）二嗪农（螨净）

1. 性状　纯品无色、无色液体，难溶于水，性质不稳定，在酸和碱溶液中均迅速分解。

2. 体内过程　本品外用后能很快吸收，由肝脏代谢降解，主要经肾排泄。

3. 作用与应用　本品为广谱有机磷杀虫剂，具有触杀、胃毒、熏蒸等作用，但内吸作用较弱，对蝇、蝇蛆、蜱、虱及各种螨有良好的杀灭效果。

4. 应用注意　休药期为14d。

5. 制剂及用法　25%的乳剂。喷淋：猪250mg/L。

二、有机氯杀虫药

自1941年发现滴滴涕的杀虫作用后，本类药物（滴滴涕、六六六）曾大量应用于农业、医疗卫生方面。但后来发现，这类药物性质稳定，残效期长，特别是对农产品的污染，给人和家畜机体造成一定毒害。并且，有残留的畜产品又供人食用，对人类威胁更大。所以，相当多的国家已禁止使用有机氯杀虫剂，我国的有机氯杀虫剂应用也日益减少。

（一）林丹

1. 性状　无色结晶，极微溶于水，易溶于有溶剂，性质稳定、遇光、空气、二氧化碳不分解，遇碱性物质易分解。

2. 作用机理　干扰虫体肌醇代谢，为接触、胃毒兼熏蒸杀虫药。

3. 作用与应用 全身喷洒或药浴对各种外寄生虫如虱、蚤、蜱及其他吸血昆虫等均有杀灭作用，并对疥螨、痒螨有特效。

4. 不良反应 家畜中毒后，表现沉郁，有时兴奋，间歇性痉挛，后躯软弱、流涎、严重时，口吐白沫，角弓反张，抽搐，瞳孔散大，因呼吸麻痹而死亡。

5. 制剂及用法 20%乳油。临床用时加水（按有效成分）配制400～600mg/L药液，全身喷洒或药浴，杀体表寄生虫，动物在浴池应保持1min。若重复处理需间隔2周。

（二）三氯杀虫酯

1. 来源与化学结构 三氯杀虫酯是滴滴涕的类似物。

2. 性状 本品为白色结晶，无特殊气味，不溶于水，易溶于丙酮。

3. 抗虫谱 为接触杀虫药，是一种高效、低毒、易生物降解的杀虫剂。

4. 临床应用 喷洒本品对蚊、蝇和家畜体表寄生虫如：虱、蚤、蜱及其他吸血昆虫等均有良好的杀灭作用。对有机氯或有机磷已产生耐药性的蝇类，也有杀灭作用。

5. 制剂及用法 有25%～50%溶液和50%乳剂。临用前加水稀释成0.1%～0.2%溶液，外用喷洒。

三、拟除虫菊酯类

拟除虫菊酯进入体内后迅速被降解灭活，因而这类药不能内服或注射给药。

（一）戊酸氰菊酯（速灭杀丁）

1. 性状 本品纯品为浅黄色结晶，难溶于水，可溶于丙酮等有机溶剂，性质较稳定，但在碱性溶液中不稳定。

2. 抗虫谱 本品对畜禽的多种外寄生虫，如螨、虱、蚤、蜱、蚊、蝇、蚊等均有良好的杀灭效果。

3. 作用机理 除虫菊酯药物属于神经毒，直接作用可兴奋神经膜，干扰钠通道，导致短暂的神经细胞去极化和持续的肌肉收缩，虫体痉挛而死。

4. 作用与临床应用 以触杀为主，兼有胃毒和驱避作用。杀虫力强，效力高而确实。临床上主要用于杀灭畜禽的体外寄生虫，并有杀灭虫卵的作用。因为本品很快被生物体降解，所以又具有低残毒的特点，而且药液稀释倍数高，实际用药量小。

5. 不良反应 临床试验表明，此药安全系数大。如治猪螨病时，药物浓度增加25倍，也未发现任何毒性反应。

6. 应用注意 药液稀释时，水温超过50℃时，药液分解失效；避免使用碱性水，并忌与碱性药物同用或混用。治疗畜禽体外寄生虫病时，应用本品稀释液喷雾，涂擦或药浴均可。但是不论应用何种方法，都要保证畜禽的被毛被药液充分湿透。一般情况用1次即可，不需重复用药。

7. 制剂及用法 制剂有20%溶液，用时加水稀释即可。杀灭各种体外寄生虫的有效浓度：猪螨80～200mg/L；猪虱5mg/L。

（二）溴氰菊酯（敌杀死）

1. 性状 本品纯品为白色结晶，难溶于水，在阳光、酸、中性溶液中较稳定，在碱性溶液中易分解。密封避光保存。

2. 抗虫谱 本品属于接触性杀虫剂，能杀灭动物的体外寄生虫。

3. 作用与临床应用 对寄生于畜禽的螨、虱、蚤、蜱、蚊、蝇、蚊等多种外寄生虫有很强的杀灭作用。

4. 应用注意 药液稀释时，水温超过50℃时，药液分解失效；还应避免使用碱性水，并忌与碱性药物同用或混用。喷淋时以被毛湿透力度，可间隔7～10d再用一次。在大面积皮肤病、有组织损伤者，用药后有轻度中毒表现，但不至于死亡。

5. 制剂及用法 常用剂型为5%溴氰菊酯乳油，又称倍特，为黄褐色黏稠液体。全身喷淋：治疗浓度为50～80mg/L，预防浓度为30mg/L，在治疗时，头部耳和眼的周围，可用棉子油稀释1：（1 000～1 500）倍擦拭。

四、其他

（一）西维因（胺甲萘）

1. 性状 纯品为白色结晶，工业品纯度为95%

以上，微溶于水，可溶于丙酮、甲酚等大多数有机溶剂，对光，热稳定，遇碱易水解失效。

2. 抗虫谱　本品能杀灭多种农作物害虫与畜禽体外寄生虫。

3. 作用与临床应用　西维因以触杀为主，兼有胃毒作用。对蚊、蝇击倒速度较快，但麻痹后有部分蚊、蝇复苏，混用其他杀虫药可防止复苏。

4. 不良反应　同有机磷。

5. 应用注意　宜与非碱性杀虫剂配合作用。必要时可于28d后重新处理。

6. 制剂及用法　2%药液喷洒，处理禽舍墙、地板缝隙蜱的易停留处。

（二）双甲脒（特敌克）

1. 性状　呈白色或浅黄色结晶性粉末，在水中几乎不溶，易溶于丙酮，在乙醇中缓慢分解。

2. 抗虫谱　本品为广谱杀虫剂，对各种螨、蜱、虱、蝇等均有效。

3. 作用机理　其杀虫作用可能与干扰神经系统功能有关，使虫体兴奋性过度增加，口器部分的失调，导致蜱等由动物皮肤拨出口器落地。并能影响雌蜱产卵功能和虫卵的发育活力。

4. 作用与临床应用　本品为接触性广谱杀虫剂，对牛、羊、猪等家畜体表寄生虫的驱杀有良效。

5. 应用注意　为了防止有一定活力的虫体再次感染畜体，最好将有关地面与畜体同时处理。休药期为1d。

6. 制剂及用法　12.5%乳油，系微黄色澄明液。药浴、喷洒和手洒：猪用500mg/L（本品1L加水250L）。

第十五章
解毒药

第一节　概述

一、毒物

在一定条件下，能够对生物体造成损害的物质都是毒物。毒物可能是固体、液体或气体，在进入机体后，由于其本身固有的特性，能与机体发生物理化学或生物化学反应，干扰或破坏机体的正常生理功能，引起暂时性或持久性的病理损害，甚至危及生命。如果进入机体的药物，在剂量上和给予途径上不加限制，都能成为毒物。因此，药物与毒物之间没有截然可分的界线。大多数治疗药物往往由于剂量过大、过速或重复给药，或药物在体内的相互作用等，都可对动物机体产生毒性。

二、影响毒物作用的因素

影响毒物的作用有许多因素，除吸收途径、毒物的脂溶性、与器管组织或蛋白的结合、在体内的解毒和消除速率等外，还有毒物的理化性质，中毒量和中毒时间、动物种类、动物的大小、年龄及性别、健康状况等。

脂溶性毒物比水溶性容易吸收。毒物颗粒的大小也影响吸收。即使是小量的毒物多次吸收比一次大剂量进入体内更易产生蓄积中毒。换而言之，接触毒物的时间愈长，毒物的吸收愈多。这些因素对了解毒物性状、中毒机会，为防止及排除毒物污染有密切关系。

不同种类的动物中毒的程度是不同的。动物的体积大小，成年、幼年与老年，雌性与雄性都与毒性反应高低有关。幼年动物的酶系统活性差，肾脏排泄功能不完全，老年动物对毒物较敏感、转化能力不及成年动物，所以幼年及老年动物对毒物的反应都比成年动物高。

三、解毒的基本原则及一般性解毒药

中毒家畜的治疗，特别是大群中毒，必须及早发现，尽快处理。解救措施应包括脱离现场污染，清除毒物；对中毒家畜应阻止进一步吸收毒物，用对症及支持疗法以缓和毒物在体内的作用，及用特效解毒剂以中和或除去毒物。下面是对中毒家畜的解毒原则：

1. 根据毒物吸收的途径进行排除　从胃肠道排除毒物的方式有洗胃、催吐、泻下、灌肠。如阻止毒物进一步吸收可使用吸附药（如药用炭）黏浆药（如淀粉）及蛋白等物质；也可使用化学解毒剂如氧化剂、中和剂配合洗胃、灌肠或灌服。在煤油、腐蚀性物质、巴比妥类中毒或动物在抽搐时禁止催吐。

环境污染或施用体表的杀虫剂往往从皮肤、黏膜吸收毒物，此时应以清水充分冲洗、抹净。对上述或其他途径进入体内并已吸收的毒物可使用利尿药或放血加速毒物排出。

2. 对症治疗对症疗法及支持疗法的目的　在于维持中毒家畜生命机能的正常运转，直至通过上述排毒措施或机体本身的解毒机制使毒物消除；同时对所出现症状加以治疗。常用于对症治疗的药物包括调节中枢神经系统的兴奋药、镇静药、强心药、利尿药、抗休克药、解痉药、制酵药和补液等。

3. 对因治疗根据发病原因的分析　病畜的症状

和毒物的检出等确实的诊断，进行对因治疗。这种对因治疗往往借助药理性的颉颃作用解毒。对相应类别毒物具有解毒性能的药物，称为特异性解毒药或特效解毒剂。目前尽管这些具有直接颉颃作用的解毒剂为数还很少。但随着对毒物的毒理和生化的知识不断增长，特效解毒药在不断增加。

第二节 特异性解毒药

一、有机磷化合物中毒的解毒药

（一）碘解磷定（解磷定、派姆）

1. 性状 为黄色结晶性粉末，略溶于水。在碱性溶液中不稳定，易水解成氰化物，有剧毒，故忌与碱性药物配伍。

2. 作用与用途 碘解磷定对胆碱酯酶的复活作用迅速，对中毒不久的病例，显效很快。静脉注射后数分钟内便可出现效果。但碘解磷定破坏较快，主要在肝脏分解，由肾排出。一次给药作用只能维持2h左右，故须反复给药。

碘解磷定为比较安全的药物，注射速度过快时，能引起呕吐、心动过速、运动失调等。

在静脉注射时，药液漏入皮下有强烈刺激性，所以应用时需加注意。

用做有机磷农药中毒的解毒药，对内吸磷（1059）、对硫磷（1605）、乙硫磷等急性中毒，有良好的解毒作用。对敌敌畏、乐果、敌百虫、马拉硫磷等中毒及慢性有机磷中毒的疗效较差。

（二）氯解磷定

1. 性状 本品化学结构与碘解磷定相似，不同之点在于本品为氯化物。白色或类白色结晶性粉末，无吸湿性，易溶于水。

2. 作用与用途 氯解磷定的作用及用途同碘解磷定，但它的溶解度较大，除供静脉注射外，也可肌肉注射。氯解磷定对乐果中毒无效，内吸磷、对硫磷、敌百虫、敌敌畏中毒达48～72h后，亦无效。本品也不通过血脑屏障，应与阿托品合用。

（三）双解磷

作用与用途 对胆碱酯酶的复活作用较碘解磷定强3.6～6倍，作用持久，水溶性较好。它也不能通过血脑屏障，且副作用较大，主要对肝脏有损伤，故其应用不及氯解磷定好，可配成5%溶液肌注或用葡萄糖生理盐水溶解后静注。

（四）双复磷

作用比双解磷又强1倍，作用持久，脂溶性较高，能通过血脑屏障，对中枢神经中毒症状疗效较好。副作用较小。剂量同双解磷。

二、重金属、类金属中毒的解毒药

重金属是指比重大于5.0的金属，如汞、铜、铅等，类金属如砷、锑等，它们有些化学性质类似于金属，而且有些药理作用与重金属相似。上述这些金属都以无机物或有机物的形式出现于医药或农药中。

解毒原理在于使用一种解毒剂，与进入体内的重金属或类金属离子结合，形成比较稳定的络合物，从而消除了重金属和类金属离子的生物活性，并迅速由机体排出。这类解毒剂主要有含巯基的化合物、依地酸和青霉胺等。

（一）二巯基丙醇

1. 性状 为无色或微黄色易流动的黏稠液体，有类似蒜的臭味，溶于水、酒精或苯甲酸苄酯中。在脂肪油中不溶，但在苯甲酸苄酯中溶解后，加脂肪稀释，可以混合。水溶液不稳定，一般用其灭菌油溶液。应密封在阴凉处避光保存。

2. 作用与用途 二巯基丙醇为含双巯基的螯合剂，易与重金属离子和类金属形成无毒的易于排出的二巯基丙醇——金属的复合体。

由于二巯基丙醇在动物机体易被氧化，已经形成的络合物还能重新解离出金属离子，而显现毒性。所以，在解毒时，必须保证足够量游离的二巯基丙醇存留在体液中，直至体内的有害金属完全排出为止。

二巯基丙醇对砷化物和汞盐中毒的救治，效果显著。对于铋、锑、镍、铬和估的中毒亦有效，而对铅、银和铁等中毒疗效较差，不如依地酸钙钠效果好。

3. 不良反应　二巯基丙醇对机体有一定的毒性，对皮肤黏膜和局部组织有较强的刺激性，对中枢神经系统可引起痉挛，继而发生抑制。对循环系统，少量时可由于末梢血管收缩，使血压升高。大量时毛细血管扩张，血液成分渗出，发生休克。动物呼吸促迫，大量流涎，严重时发生肌肉挛缩。必须通过一定的给药方法，保持体内有足够的药物浓度。

4. 应用注意　二巯基丙醇如果用量不足、用药时间过迟或用药间隔时间不当，则动物将死于砷中毒。如果二巯基丙醇用量过大，则动物将死于二巯基丙醇中毒。用二巯基丙醇治疗后2～3d内动物情况恶化时，可能是由于二巯基丙醇用量过大引起的，就减少应用剂量。

（二）二巯基丙磺酸钠

1. 性状　为白色结晶性粉末，有类似蒜臭气味，易溶于水，不溶于乙醇。

2. 作用及用途　作用原理及临床应用同二巯基丙醇。对汞中毒的解毒较二巯基丙醇好，副作用少。

（三）依地酸钙钠（乙二胺四乙酸钙钠）

1. 性状　为白色结晶性颗粒或结晶性粉末。无臭，无味，潮解性强。在空气中性质稳定。易溶于水。应密封保存。

2. 作用与用途　依地酸能与多价金属形成较难解离的可溶性金属络合物。依地酸对砷和汞中毒的疗效很小，不及二巯基丙醇。若将依地酸钠盐注射于动物体内，它能与钙离子结合，而使血钙降低。为了避免依地酸的脱钙作用，在重金属盐中毒时，可以使用依地酸钙钠排出体内重金属毒物。依地酸及其络合物在机体内不被破坏，静脉注射后，在数小时内由尿中排出。所以依地酸还能加速金属离子的排出。

（四）青霉胺

1. 性状　为青霉素的分解产物，又名二甲基半胱氨酸，含有巯基的氨基酸。为白色结晶性粉末，易溶于水。

2. 作用及用途　临床上应用D-盐酸毒霉胺。青霉胺驱铜效果好、驱铅、汞的效果不及二巯基丙磺酸钠和依地酸钙钠。内服后迅速吸收，不易破坏，迅速由尿排出。为重金属离子的有效络合剂，可促进金属毒物的排泄。毒性比二巯基丙醇低，且可内服，故受到医学重视，常用于慢性铜、铅、汞中毒的治疗。

三、亚硝酸盐中毒的解毒药

作为猪饲料的烂白菜、苋菜、南瓜藤等青饲料在煮后，较长时间慢慢冷却（在5h以上或隔日大量饲喂），由于微生物的作用，使其中的硝酸盐还原成亚硝酸盐，猪食后引起中毒。有的虽未焖煮，但因堆放不当，也能产生大量的亚硝酸盐，而引起中毒。

中毒症状主要表现为组织缺氧、肌肉无力、运动失调、痉挛、心率加速、呼吸困难、发绀、麻痹、昏迷，最后死亡。

用适当的还原剂如亚甲蓝和维生素C等使变性血红蛋白变为血红蛋白，以恢复其运送氧的功能。

四、氰化物中毒的解毒药

氰化物中毒是由氢氰酸或在机体内能水解游离出氰离子的含氰甙的物质而引起的中毒。农药中用于粮仓熏蒸杀虫的氰化钙、氰化钠，高粱苗、果仁如苦杏仁、桃仁、亚麻仁中所含的氰甙等，都能引起动物的氰化物中毒。在煮白菜、萝卜叶、芥菜或其他十字花科等饲料时，较长时间密盖焖煮，由于产生的氢氰酸不得挥发，立即取出喂猪，亦能引起氢氰酸中毒。

氰化物毒性剧烈，能引起细胞的中毒性缺氧。在动物体内，氰离子极易与线粒体中细胞色素氧化酶的三价铁结合，形成氰化细胞色素氧化酶，因而破坏了细胞利用血液带来的氧。发生组织窒息。动物表现高度呼吸困难，可视黏膜鲜红，流涎，惊恐，四肢无力，全身痉挛和麻痹，心率进行性减慢，呼吸停止数分钟后，心跳停止，最后动物因窒息而死亡。氢氰酸中毒动物，若抢救及时，能迅速恢复健康。

（一）亚硝酸钠

1. 性状　为微黄色或白色的结晶性粉末，无臭，味微咸，有潮解性。易溶于水，水溶液不稳定。

2. 作用与用途　亚硝酸钠为氰化物中毒的有效解毒物。静脉注射后经过2～3min，应再注射硫代硫酸钠。如果亚硝酸盐用量过大时，则因变性血红蛋白过多，而发生亚硝酸盐中毒症状，家畜因缺氧而发绀，此时可用亚甲蓝解救。

（二）对二甲氨基苯酚

1. 性状　本品的盐酸盐为白色结晶性粉末，易溶于水。

2. 作用与用途　本品作用快，药效强，副作用小，优于现有的氰化物中毒的解毒剂。为氰化物中毒的有效对抗剂。静脉和肌肉各半量注射时2min，肌肉注射时8min，即可见到氰化物中毒症状的缓解，更严重中毒时，则需要与硫代硫酸钠伍用。

本品10%水溶液，肌肉注射没有局部损伤。

（三）硫代硫酸钠（次亚硫酸钠）

1. 性状　为无色透明结晶性粉末。无臭，味碱，极易溶于水，不溶于酒精。

2. 作用与用途　硫代硫酸钠为氰化物中毒的有效解毒药，本品具有还原剂特性，还能与多种金属、类金属形成无毒的硫化物，而由尿中排出，故用于砷、铋、汞、铅等中毒的解毒，但疗效不及二巯基丙醇。

硫代硫酸钠能提高机体的一般解毒功能，因硫代硫酸钠被吸收后，增加了体内硫的含量，增强肝脏的解毒功能。配合其他药物，可用于一般中毒的解救。

五、有机氟中毒的解毒药

有机氟是目前应用较广的一类杀虫药和杀鼠药，目前最常用的有：氟乙酰胺，氟乙酸钠，甘氟等，属于剧毒性物质，能引起农畜的有机氟中毒。在某些工厂附近由于受到氟化物的污染，也能引起家畜中毒。

氟乙酸钠为水溶性化合物，无味，对人及畜禽都有剧毒。氟乙酰胺在动物体内经过代谢脱氨而逐惭生成氟乙酸，引起动物中毒。

目前解毒机理不详。由于主要是形成氟乙酸引起对机体的毒性，故认为如用乙酰胺在体内与氟乙酰胺争夺并取得酰胺酶后，氟乙酰胺便不能形成氟乙酸。静注葡萄糖也有显著治疗效果。最近报道，滑石粉有解氟中毒的作用。

（一）乙酰胺（解氟灵）

1. 性状　本品为白色结晶性粉末，无臭，可溶于水。

2. 作用与用途　为氟乙酰胺、氟乙酸钠的解毒剂，具有延长中毒潜伏期，减轻发病症状或制止发病等作用。乙酰胺的化学结构与氟乙酰胺、氟乙酸钠相似，可能是在体内以竞争酰胺酶的方式而起解毒作用。

（二）滑石粉

作用及用途　滑石粉分子中含有镁原子，镁属于碱土金属，易与氟离子形成络合物，降低血中氟浓度，减少机体对氟的吸收，因此可用为氟中毒的解毒剂。

第十六章
药物的配伍禁忌

为了充分发挥药物的作用，收到较高的疗效，临床上常将2种或多种药物或其制剂配伍使用。配伍之后，由于各种药物均具有不同的理化性质和药理作用，结果可能会出现一些药理的、物理的和化学的变化。其中有些变化可能减少毒性，增强作用，延长疗效，是符合治疗需要的；有些变化可能造成使用不便，减低或丧失疗效，甚至增强毒性，是属于配伍禁忌的范围。药物配伍后在理化性质或生理反应方面产生的变化统称为配伍变化，而在一定条件下，产生的不利于调配，应用和治疗的配伍变化称为配伍禁忌。但有些配伍禁忌可作为解毒使用，有些配伍禁忌经过特殊的操作或处理可以消除。

药物的配伍禁忌可分为物理性配伍禁忌、化学性配伍禁忌和药理性配伍禁忌3种。

第一节　物理性配伍禁忌

物理性配伍禁忌是在药物配伍时，由于物理性状的改变而引起的变化，这种变化给药物调配和临床用药带来一定的困难，药物配伍引起的物理性状的变化，有下列4种现象：

1. 分离　两种液体互相混合，不久又能分开。例如将油类或液状石蜡与水混合后，虽用力振摇可以混合，但静置后分为两层。这种剂型分次投药，剂量就不准确。

2. 析出　两种溶液互相混合后，由于溶媒性质的改变，其中一种药物析出沉淀或使溶液混浊，从而影响药物剂量的准确性。例如浓盐水和酒精互相混合，即析出氯化钠结晶。又如乙醇浸出制剂加水析出沉淀。

3. 潮解　与液化配制固体剂型时为了有利于成型，大多数成分应保持固态，但有时2种或2种以上的固体药物配伍时在调制或贮存过程中发生潮解和液化，给调配带来困难并影响制剂质量。

含结晶水多的盐与其他药物混合形成含结晶水少的盐而释放出结晶水，如醋酸铅与明矾或与碳酸钠混合则放出结晶水，而潮解。

形成低共熔混合物，两种粉末药物混合时由于形成了低熔点的低熔混合物，熔点下降，由固态变成了液态，这种现象叫做液化或共溶。如水合氯醛（熔点57℃）与樟脑（熔点171～176℃）各等分共同研磨时，由于形成了低熔点的低熔混合物（熔点-60℃），就会产生液化现象，由固态结晶变成油状液体。

4. 结块　散剂、颗粒剂由于药物吸湿而后又逐渐干燥会引起结块。结块会使这类剂型的质量变坏，有时会导致药物分解失效。

第二节 化学性配伍禁忌

化学性配伍禁忌是指处方各成分之间发生化学变化。药物的化学变化必然导致药理作用的改变，这种配伍禁忌是最常见的，而且危害性也较大。因为变质的药物至少在作用上与原药物不同，使疗效减弱或消失，甚至产生毒性物质。化学变化一般呈现沉淀、变色、产气、燃烧或爆炸等现象。但亦有许多药物的化学变化如水解等，难以从外观上看出来，如青霉素G钾在水中分解失效，即属于此类。

⑴沉淀 是常见的化学性配伍禁忌，2种或2种以上药物溶液配伍时，由于化学变化而生一种或一种以上的不溶性物质，此时溶液出现沉淀。

⑵产生气体 产生气体也是药物间发生化学反应的结果。如碳酸盐、碳酸氢盐与酸类药物、铵盐及乌洛托品与碱类药物混合时也可能产生气体，溴化铵与利尿素配伍可放出氨气。

⑶变色 药物间引起氧化还原、聚合、分解等反应时，有时产生带色化合物或发生颜色上变化。如鞣酸遇氯化高铁溶液变为绿色、蓝色或黑色。又如肾上腺素溶液遇光线或空气后，特别是在碱性条件下，就会逐渐变成红色或棕色而降低疗效，甚至失效。

⑷燃烧或爆炸 多为氧化剂与还原剂相遇，发生氧化－还原反应而引起的。剧烈的氧化－还原反应能产生热、引起燃烧或爆炸。例如少量高锰酸钾粉和甘油混合时，则发生燃烧。

⑸眼观外的变化 有许多化学性配伍禁忌，其分子结构已发生了变化，但外观看不出来，因而常被忽视，如青霉素的水解反应等即属于此类。

青霉素性质不稳定，其水溶液易于发生水解而失效。酸、碱均能加速分解。

第三节 药理性配伍禁忌

几种药物互相配伍时，其药理作用相互低消或毒性增强，称为药理性配伍禁忌。

由于药物及制剂品种迅速增加，并且联合用药的机会越来越多。联合用药不但在体外可产生变化，有些药物在体内也发生互相作用而影响作用和疗效。

两种药物作用相反：如中枢神经兴奋药和中枢神经抑制药；拟胆碱药和抗胆碱药；钙离子和镁离子的对抗等。

两种药物作用毒性增强：钙离子能显著地增强洋地黄制剂的毒性，配伍应用时易发生中毒；有些利尿剂和肾上腺皮质激素由于促进钾离子的排泄，亦能增强洋地黄制剂的毒性。

药物在代谢过程中增强毒性和产生对抗作用：氯化铵和氯化钙能增加磺胺类药物在肾小管的析出，损伤肾脏；盐酸普鲁卡因的代谢产物——对氨苯甲酸能对抗磺胺类药物的抑菌作用；巴比妥类药物能降低口服抗凝剂（如双香豆素类）的作用，这是由于巴比妥类诱发肝药酶对抗凝剂的代谢作用加强。

影响吸收而减弱疗效或增强毒性：如四环素族抗生素在消化道中与二价或三价金属离子（Ca^{2+}、Al^{2+}、Mg^{3+}、Bi^{3+}、Fe^{2+}）形成络合物，这些络合物在中性或弱碱性介质中溶解度更低，因而影响四环素族药物的吸收而减弱疗效；碳酸氢钠也能显著地降低四环素的吸收，因为四环素在pH5左右溶解度最小，当与碳酸氢钠配伍时胃液pH升高，使四环素溶解度下降及溶解速度变慢，影响吸收。所以一些抗酸剂如碳酸钙、氢氧化钙、氢氧化镁、氢氧化铝、碱性碳酸铋、碱性硝酸铋、三硅酸镁、碳酸氢钠等不宜与四环素族药物同时内服。植物油类能促进四氯化碳等由消化道吸收而增强毒性，禁配伍应用。

第四节　注射剂的配伍禁忌

为了增强药物的疗效，减少注射次数，临床上常将几种注射液混合应用，其中有些药物之间能发生物理性和化学性配伍禁忌。

注射剂的配伍禁忌，较一般液体药剂的配伍禁忌更为复杂，因为除了药物之间的配伍禁忌外，还有注射剂溶媒和附加剂等的影响，如非水溶性溶媒的注射剂与水溶性注射剂混合时，前者自混合液中游离而发生混浊或沉淀。此外，药液pH和浓度的改变以及混合药液放置的时间等，均对混合药液配伍禁忌的发生有一定影响。注射剂的种类很多，临床上一般应通过查阅注射剂配伍禁忌表，以确定是否可以混合应用。现就其主要问题介绍如下。

一、pH变化的影响

酸性药物注射液与碱性药物注射液混合时，发生中和反应，往往出现浑浊或沉淀。

酸性药物注射液如盐酸氯丙嗪、盐酸四环素、盐酸金霉素、盐酸土霉素、盐酸哌替啶等，这些药物都是由弱的有机碱与强酸结合而成的弱碱强酸盐。其水溶液都显不同程度的弱酸性（pH一般为2～5），若遇碱性药液很容易发生中和反应，由于盐中的强酸被碱中和，有机碱游离，因其难溶于水而发生沉淀。

碱性药物注射液如氨茶碱、乳酸钠、磺胺嘧啶钠、苯巴比妥钠等，这些药物都是由弱的有机酸或酸性化合物与强碱结合生成的弱酸强碱盐。其水溶液都显不同程度的弱碱性（pH一般为8～10），若遇酸性药很容易发生中和反应，由于盐中的强碱被酸中和，有机酸或酸性化合物被游离，因其难溶于水而发生沉淀。

如盐酸四环素（酸性药物）注射液的pH在1.8～2.8，而磺胺嘧啶钠（碱性药物）注射液的pH为8.5～10.5，混合时容易产生配伍变化，再如盐酸四环素注射液与乳酸钠（碱性药物），注射液的pH为6.0～7.5配伍时，则使盐酸四环素注射液pH上升而析出四环素的沉淀。

输液与添加注射液间pH改变的影响，注射液的pH是一个重要因素，在不适当的pH下，有些药物会产生沉淀或加速分解。如5%硫喷妥钠10mL加于5%葡萄糖500mL中则产生沉淀；新生霉素与5%葡萄糖注射液配伍时则析出沉淀，与pH低于6的输液配伍时有可能产生沉淀。这都是由于pH下降而产生沉淀。

输液本身pH是直接影响混合后pH的因素之一。而各种输液有不同的pH范围，而且所规定的pH范围比较大。例如葡萄糖注射液的pH为3.2～5.5，如其pH为3.2则与酸不稳定的抗生素配伍时会引起分解失效的百分数较大。如先锋霉素V在5%葡萄糖注射液中与维生素C注射液配伍，24h内含量下降8.9%，因此联合使用时间不可超过6h。

许多抗生素类药物在不同pH条件下其分解速度颇不同。如乳酸红霉素在等渗氯化钠中（pH约6.45）24h分解3%，若在糖盐水中（pH约5.5）24h则分解3.5%。

缓冲容量pH对于产生配伍禁忌影响既然很大，但药液混合的pH是受注射液中所含成分的缓冲能力决定的（有些加入缓冲剂）。缓冲剂抵抗pH变化能力大小称为缓冲容量。有些输液中有机阴离子如乳酸根、醋酸根等，它们有一定缓冲容量。在酸性溶液中沉淀的药物，在含有缓冲能力的弱酸溶液中常会出现沉淀。如5%硫喷妥钠10mL加入生理盐水或林格氏液（500mL）中不产生变化，但加入5%葡萄糖或含乳酸盐的葡萄糖液中则析出沉淀，这是由于具有一定低pH并有一定缓冲容量的溶液，使混合后的pH下降至药物沉淀的范围以内所致。

二、溶媒组成的改变

注射剂有时为了有利于药物的溶解，稳定而采用非水性溶媒如乙醇，丙二醇、甘油等。当这些非水性溶媒的注射剂加入输液（水溶液）中时，由于溶媒组成的改变而析出药物。如氯霉素注射液（含乙醇、甘油等）加入5%葡萄糖注射液中往往析出氯霉素。但输液中氯霉素的浓度低于0.25%则不致析出沉淀。

三、离子作用

有些离子能加速某些药物的水解反应。如乳酸根离子能加速氨苄青霉素的水解。若氨苄青霉素在含乳酸钠的复方氯化钠注射中4h后可损失20%，在M/6乳酸钠溶液中4h可损失40%；而同样的pH在等渗氯化钠注射液中24h内则没有变化。乳酸根还能加速青霉素G的分解，pH为6.4时青霉素G的分解速度与乳酸根离子浓度（0.1～0.5M）成正比，且其作用比枸橼酸根强。另一方面青霉素G及某些半合成青霉素如氨苄青霉素等在酸性时能受蔗糖、葡萄糖及右旋醣酐所作用使效价下降，但在37° 和pH高于8.0时，在10%葡萄糖、5%葡萄糖或6%右旋醣酐中其效价下降的趋势则能被足够量的碳酸氢钠所抑制，在室温失效变慢。

四、直接作用

某些药物可直接与输液中一种成分反应。如四环素与含钙盐的输液在中性或碱性下，由于形成螯合物而生成沉淀。但此螯合物在酸性下有一定的溶解度，故在一般情况下与复方氯化钠配伍时不致于出现沉淀。除Ca^{2+}外，四环素还能与Fe^{2+}形成红色，Al^{3+}形成黄色，Mg^{2+}绿色的螯合物。

此外还有些药物使用或配伍时应注意：

(1)青霉素G钾（或钠）的水溶液极不稳定，易发生水解，水解速度最小的pH为6.5，在pH4.5的混合液中，经过4h效力减低10%，在pH3.5的混合液中经过1h，效力减低10%。

(2)盐酸土霉素其水溶液在酸性溶液中稳定，在碱性溶液（磺胺嘧啶钠注射液等）中，较快地分解，用生理盐水或5%葡萄糖氯化钠注射液溶解后，应立即进行静脉注射。

(3)磺胺类遇pH较低的酸性药液，易析出沉淀。磺胺类溶液由于吸收CO_2，使药液pH下降也会产生沉淀。与各种生物碱盐、盐酸普鲁卡因、盐酸氯丙嗪、硫酸链霉素、青霉素G钾（钠）盐酸土霉素、维生素C、氯化钙、碳酸氢钠、氢化可的松等多数药物均为配伍禁忌。

(4)酚类药物如肾上腺素注射液、去甲肾上腺素注射液等，易于氧化变色，尤其是在碱性条件下易被氧化，所以与碱性药物配伍时，往往使疗效降低。

(5)维生素B_1在碱性条件下易被氧化，产生硫胺萤。维生素B_1性质类似生物碱，故易被很多生物碱沉淀剂所沉淀。

(6)维生素C的干品性质稳定，其水溶液易被氧化，碱类和重金属盐能促进其氧化。忌与水杨酸钠、乌洛托品等碱性药物配伍。

(7)甙类如洋地黄毒甙等性质不稳定，易被酸、碱水解，多单独使用。

(8)不透明的水溶液，原则上多为单独注射，混合注射的比较少。油溶液和油溶液，油溶液和油性混悬液相混合，一般问题不大。

表9.16–1 配伍禁忌表

区分	药名	禁忌配合药物	变化
抗微生物药	磺胺类药物	酸类药物 普鲁卡因 氯化铵、氯化钙 葡萄糖酸钙注射液	析出磺胺沉淀 疗效减弱或无效 增加对泌尿系统的毒性 析出磺胺沉淀
	青霉素	氧化剂如碘酊、高锰酸钾 高浓度的甘油或酒精 重金属盐类 酸性药液如盐酸氯丙嗪、四环素类抗菌素的注射液 快效抑菌剂如四环素、氯霉素	破坏失效 破坏失效 沉淀、失效 分解失效 疗效减低

续表9.16-1

区分	药名	禁忌配合药物	变化
抗微生物药	链霉素	较强的酸、碱性液 氧化剂及还原剂	破坏失效 破坏失效
	氯霉素	强碱性及强酸性溶液	破坏失效
	四环素类抗菌素如土霉素、金霉素等	中性及碱性溶液如碳酸氢钠注射液 生物碱沉淀剂 阳离子（二价或三价的离子）	分解失效 沉淀失效 形成不溶性难吸收的络合物
	红霉素	碱性溶液如碳酸氢钠注射液 氯化钠、氯化钙	析出游离碱沉淀 混浊、沉淀
防腐消毒药	碘及其制剂	氨水、铵盐类 碱类 重金属盐 红汞 鞣酸、硫代硫酸钠 生物碱类药物 淀粉 龙胆紫 挥发油	生成爆炸性碘化氮 生成碘酸盐 沉淀 产生有腐蚀性碘化汞 脱色 析出生物碱沉淀 呈蓝色 疗效减弱 分解失效
	碘仿	碱类、鞣酸、甘汞、升汞、硝酸银、高锰酸钾	分解
	阳离子表面活性消毒药	阴离子肥皂类、合成洗涤剂、高锰酸钾 碘化物	作用消失 沉淀
	硼酸	碱性物质 鞣酸	生成硼酸盐 疗效减弱
	利凡诺	碘及其制剂 含0.8%以上的氯化钠溶液	析出沉淀 疗效减弱
	高锰酸钾	有机物如甘油、酒精、吗啡等氨及其制剂 鞣酸、药用炭、甘油等	失效 沉淀 研磨时可爆炸
	过氧化氢液	碱类、药用炭、碘及其制剂、高锰酸钾	分解
	酒精	氧化剂、无机盐等	氧化、沉淀
	鱼石脂	酸类 氢氧化钠及碳酸钠等	生成树脂状团块 分解放出氨
	漂白粉	酸类	分解放出氯
	乌洛托品	酸类或酸性盐 铵盐如氯化铵 鞣酸、铁盐、碘	分解失效 发生氨臭 沉淀
强心药	洋地黄毒甙	钙盐 钾盐 酸或碱性制剂 鞣酸、重金属盐	增强洋地黄毒性 对抗洋地黄作用 分解失效 沉淀
	毒毛旋花子甙	碱性溶液如碳酸氢钠、氨茶碱	疗效减弱
止血药	止血敏	盐酸氯丙嗪、磺胺嘧啶钠	混浊沉淀
	维生素K_3	碱性药液 还原剂、卤素	混浊沉淀 分解
健胃药	胃蛋白酶	乙醇（30%以上） 强酸、碱、重金属盐	变性、失效 沉淀
	乳酶生	酊剂、抗生素、鞣酸蛋白	疗效减弱

续表9.16–1

区分	药名	禁忌配合药物	变化
健胃药	氨茴香精	酸类 生物碱类	中和 析出生物碱
	稀盐酸	有机酸盐如水杨酸钠、安钠咖、利尿素等	沉淀
	氯化钠	硝酸银、甘汞等	生成不溶性盐类
	碳酸氢钠	酸及酸性盐类 鞣酸及其含有物 生物碱类、镁盐、钙盐 重金属盐 利尿素 氯化铵或铵盐 次硝酸铋、鞣酸	中和失效 分解 沉淀 金属游离而变色 沉淀 分解放出氨 疗效减弱
	人工盐	酸类 硫酸镁	中和 沉淀
泻药	硫酸钠	钙盐、汞盐、钡盐	沉淀
	硫酸镁	碳酸盐、水杨酸盐 氯化钙	沉淀 沉淀
止泻药	鞣酸	生物碱类 碱类及碳酸盐类 重金属盐及明矾 氧化剂 人工盐 蛋白液	沉淀 分解变色 生成难溶性盐、变色 爆炸或氧化分解 疗效减弱 沉淀
	次硝酸铋	碳酸盐类如碳酸氢钠 鞣酸及其含有物	产生气体 逐渐分解变黄色
祛痰药	氯化铵	氢氧化钠及碳酸钠等	分解
利尿药	利尿素	碱类如碳酸盐等 重金属盐	沉淀 沉淀
	醋酸钾	利尿素 含酒精的制剂 矿酸类（如盐酸、硫酸）	白色沉淀 沉淀 分解
	呋喃苯氨酸（速尿）	酸类、酸性盐 含钙制挤	白色混浊 混浊、沉淀
影响代谢过程的药物	维生素B_1	生物碱沉淀剂 氧化剂、还原剂 碱性药液	沉淀分解、 失效分解、 失效
	维生素B_2	碱性药液、还原剂	分解、失效
	维生素C	碱类、氧化剂、重金属盐 乌洛托品、磺胺类钠盐	破坏、失效 分解、沉淀
	醋酸可的松	碱类、强酸液 某些抗菌素（四环素、氯霉素、卡那霉素等） 利尿剂	水解、失效 减弱抗菌素作用 血液缺钾
	氯化钙	碳酸氢钠、碳酸钠 硫酸钠、硫酸镁	沉淀 沉淀
	葡萄糖酸钙	碳酸盐类、酒精、水杨酸盐、苯甲酸盐	沉淀
	碳酸钙	酸类，酸性盐类	产生气体

续表9.16-1

区分	药名	禁忌配合药物	变化
影响代谢过程的药物	碘化钾	酸类及酸性盐类 生物碱类 氧化剂 红汞、甘汞	渐变色、游离出碘 沉淀 极出碘 毒性增强
局麻药	普鲁卡因	碱类 磺胺类药物、酸性盐 氧化剂	水解 疗效减弱或失效 分解
保护药	醋酸铅	硼砂、碳酸盐、硫酸盐、碱类 碘及碘化物 鞣酸	沉淀 生成碘化铅沉淀 沉淀
植物神经药	硫酸锌	碳酸盐类	沉淀
	肾上腺素、去甲肾上腺素	碱类、氧化剂、碘酊 三氯化铁 洋地黄制剂	易氧化变棕色、失效 失效 出现心律不齐
	硫酸 阿托品	碱类、鞣酸、碘及碘化 物溶液久置后	析出生物碱沉淀 分解、失效
	硝酸 毛果芸香碱	碱类 氧化剂	析出物碱沉淀 分解、失效
	水杨酸 毒扁豆碱	生物碱沉淀剂、碱性药物 氧化剂	沉淀 产生有色物质
中枢神经兴奋药	咖啡因及 安钠咖	鞣酸、碱类、酸类 奎宁含有物	沉淀 沉淀
	尼可刹米	碱类	水解、混虫
	山梗菜碱	碱类	沉淀
中枢神经抑制药	水合氯醛	溶液久置后 碱类、氨茴香精、铵盐 碘化物、溴化物 安钠咖	分解失效 分解 分解 疗效减弱或消失
	溴化钠	氧化剂、酸类 生物碱类	游离出溴 析出沉淀
	盐酸 氯丙嗪	碳酸氢钠、有机酸盐类、巴比妥类 生物碱沉淀剂 氧化剂	析出沉淀 沉淀 变色
	巴比妥钠	酸类 氯化铵 水合氯醛 乙醇	析出游离物 析出氨、游离出巴比妥酸 生成氯仿 毒性加强
	静松灵	碱性药物	沉淀
镇痛药	吗啡	碱类 生物碱沉淀剂	析出沉淀 沉淀
	度冷丁	碱类、硫喷妥钠	沉淀
解镇痛药	氨基比林	硝酸盐、亚硝酸盐、高铁盐 水杨酸钠、水合氯醛 鞣酸及其含有物	呈现颜色反应 共熔 沉淀
	安替比林	酸类、碱类、氧化剂 乌洛托品 鞣酸及其含有物	分解 结合无效 沉淀

续表9.16-1

区分	药名	禁忌配合药物	变化
解镇痛药	安乃近	酸类、氯霉素 鞣酸、奎宁制剂	分解、变色 沉淀
	复方奎宁注射液	水杨酸钠 生物碱沉淀剂 碱类	生成水杨酸奎宁沉淀 沉淀 析出奎宁
	水杨酸钠	无机酸类 碱类、重金属离子 奎宁制剂	析出水杨酸、沉淀 变色 生成水杨酸奎宁沉淀
解毒药	亚甲蓝	碱类，酸类 还原剂 碘离子、高锰酸钾	变色 褪色 沉淀
	碘解磷定	碱性药物	易水解成氰化物
	硫代硫酸钠	酸类 氧化剂	分解、沉淀 分解
抗寄生虫药	九一四	酸类 生物碱类 重金属盐、镁盐	析出沉淀 沉淀 疗效减弱或失效
	敌百虫	碱类	毒性增强、继而失效
	滴滴涕	强碱性溶液	分解、失效
	六六六	强碱性溶液	分解、失效
	四咪唑	碱类	水解、失效

注：

氧化剂——漂白粉、碘双氧水、高锰酸钾等。

还原剂——碘化物、硫代硫酸钠等。

重金属盐——汞盐、银盐、铁盐、铜盐、锌盐等。

酸类药物——稀盐酸、硼酸、鞣酸、醋酸、乳酸等

碱类药物——氢氧化钠、碳酸氢钠、氨水、氨茴香精等。

生物碱类药物——阿托品、安钠咖、肾上腺素、毛果芸香碱、普鲁卡因、利尿素等。

有机酸盐类药物——水杨酸钠、醋酸钾等。

生碱物沉淀剂——氢氧化钾、碘、鞣酸、重金属等。

药液显酸性的药物——氯化钙、葡萄糖、硫酸镁、氯化铵、盐酸肾上腺素、硫酸阿托品、水合氯醛、盐酸氯丙嗪、盐酸金霉素、盐酸土霉素、盐酸普鲁卡因、糖盐水、葡萄糖钙注射液等。

药液显碱性的药物——安钠咖、碳酸氢钠、氨茶碱、乳酸钠、磺胺嘧啶钠、乌洛托品等。

第十七章 生物制品

第一节 抗血清与抗毒素

一、抗炭疽血清

1. 性质 本品系以炭疽弱毒芽孢苗高度免疫马，采血分离血清，加适量防腐剂制成。

2. 性状 本品为微带乳光的橙黄色澄明液体，久置瓶底微有沉淀。

3. 用途 用于治疗或紧急预防动物炭疽病。

4. 免疫期 免疫期为10～14d。

5. 用法与用量 猪在耳根后部或腿内侧皮下注射。本品也可供静脉注射。

预防量：猪16～20mL/次。治疗量：猪50～120mL/次。治疗时，根据病情可以同样剂量重复注射。

6. 保存期 于2～15℃阴冷干燥处保存，有效期为3年半。

7. 注意事项

(1)治疗时，采用静脉注射疗效较好。如皮下或肌内注射剂量大，可分点注射。用注射器吸取血清时，不可把瓶底沉淀摇起。

(2)冻结过的血清不可使用。

(3)个别家畜注射本品后可能发生过敏反应，因此最好先少量注射，观察20～30min后，如无反应，再大量注射。发生严重过敏反应（过敏性休克）时，可皮下或静脉注射0.1%肾上腺素，猪2～4mL。

二、破伤风抗毒素（破伤风血清）

1. 性质 本抗毒素系用马经破伤风类毒素基础免疫后，再用产毒力强的破伤风梭菌制备的免疫原进行高度免疫，采血、分离血清，加适当防腐剂制成。

2. 性状 未精制的抗毒素应微带乳光，呈橙红色或茶色的澄明液体；精制抗毒素呈无色清亮液体。长期贮存瓶底微有灰白色或白色沉淀，轻摇即散。

3. 用途 用于治疗或紧急预防动物的破伤风病。

4. 免疫期 免疫期为14～21d。

5. 用法与用量 猪在耳根后或腿内侧皮下注射。本品也可供肌内或静脉注射。用量：猪预防量为1 200～3 000IU；治疗量为6 000～30 000IU。

治疗时，如果病情严重，可用同样剂量重复注射。

6. 保存期 于2～8℃阴冷干燥处保存，有效期为2年。

7. 注意事项

(1)治疗时，采用静脉注射疗效较好。如皮下或肌内注射剂量大，可分点注射。用注射器吸取血清时，不可把瓶底沉淀摇起。

(2)冻结过的血清不可使用。

(3)个别家畜注射本品后可能发生过敏反应，因此最好先少量注射，观察20～30min后，如无反应，再大量注射。发生严重过敏反应（过敏性休克）时，可皮下或静脉注射0.1%肾上腺素，猪2～4mL。

三、抗狂犬病血清

1. 性质 本品系用绵羊或山羊经狂犬病弱毒苗免疫后；再用狂犬病弱毒株高度免疫，采血、分高血清，加适当防腐剂制成。

2. 性状 本品为淡黄色透明液体，久置瓶底微有灰白色沉淀。

3. 用途 治疗或紧急预防动物的狂犬病。

4. 免疫期 免疫期为14d。

5. 用法与用量 肌内或皮下注射，治疗量1.5mL/kg；预防量减半。

6. 保存期 于2～15℃阴冷干燥处保存，有效期为2年。

7. 注意事项

(1)治疗时，采用静脉注射疗效较好。如皮下或肌内注射剂量大，可分点注射。用注射器吸取血清时，不可把瓶底沉淀摇起。

(2)冻结过的血清不可使用。

(3)个别家畜注射本品后可能发生过敏反应，因此最好先少量注射，观察20～30min后，如无反应，再大量注射。发生严重过敏反应（过敏性休克）时，可皮下或静脉注射0.1%肾上腺素，猪2～4mL。

四、抗伪狂犬病血清

1. 性质 本品系用猪经伪狂犬病活疫苗基础免疫后，再经伪狂犬病病毒强化免疫，采血、分离血清，加适当防腐剂制成。

2. 性状 本品为黄褐色清亮液体，久置瓶底微有沉淀。

3. 用途 用于治疗或紧急预防猪伪狂犬病。

4. 免疫期 免疫期为14d。

5. 用法与用量 本品可皮下或肌内注射。预防量每次10～25mL，治疗量加倍。必要时可间隔4～6d，重复注射一次。

6. 保存期

于2～10℃阴冷干燥处保存，有效期为2年。

五、抗猪瘟血清

1. 性质 本品系用猪经猪瘟弱毒疫苗免疫后，再用猪瘟病毒高度免疫，采血、分离血清，加适当防腐剂制成。

2. 性状 本品为微棕红色透明液体，久置瓶底微有灰白色沉淀。

3. 用途 治疗或紧急预防猪瘟。

4. 免疫期 免疫期14d左右。

5. 用法与用量 皮下、肌内或静脉注射均可。预防量：猪体重8kg以下，15mL；8～16kg，15～20mL；16～30kg，20～30mL；30～45kg，30～45mL；45～60kg，45～00mL；60～80kg，60～75mL；80kg以上，70～100mL。治疗量按预防量加倍，可重复应用，但对危重病猪疗效不佳。

6. 保存期 于2～15℃阴冷干燥处保存，有效期为3年。

7. 注意事项

(1)治疗时，采用静脉注射疗效较好。如皮下或肌内注射剂量大，可分点注射。用注射器吸取血清时，不可把瓶底沉淀摇起。

(2)冻结过的血清不可使用。

(3)个别家畜注射本品后可能发生过敏反应，因此最好先少量注射，观察20～30min后，如无反应，再大量注射。发生严重过敏反应（过敏性休克）时，可皮下或静脉注射0.1%肾上腺素，猪2～4mL。

六、抗猪丹毒血清

1. 性质 本品系用马经猪丹毒活疫苗基础免疫后，再用猪丹毒杆菌高度免疫，采血、分离血清，加适当防腐剂制成。

2. 性状 本品为略带乳光的橙黄色透明液体，久置瓶底微有灰白色沉淀。

3. 用途 用于治疗或紧急预防猪丹毒病。

4. 免疫期 免疫期为14d。

5. 用法与用量 于耳根后部或后腿内侧皮下注射，也可静脉注射。

预防量：仔猪3～5mL；猪体重50kg以下5～10mL；50kg以上10～20mL。治疗量：仔猪5～10mL；猪体重50kg以下30～50mL；50kg以上，50～75mL。

6. 保存期 于2～15℃阴冷干燥处保存，有效期为3年半。

7. 注意事项

(1)治疗时，采用静脉注射疗效较好。如皮下或肌内注射剂量大，可分点注射。用注射器吸取血清时，不可把瓶底沉淀摇起。

(2)冻结过的血清不可使用。

(3)个别家畜注射本品后可能发生过敏反应，因此最好先少量注射，观察20～30min后，如无反应，再大量注射。发生严重过敏反应（过敏性休克）时，可皮下或静脉注射0.1%肾上腺素，猪2～4mL。

七、抗猪、牛巴氏杆菌病血清

（抗猪、牛出血性败血症血清，抗出败二价血清）

1. 性质　本品系用免疫原性良好的B型多杀性巴氏杆菌制成免疫原，经高度免疫牛或马后，采血、分离血清，加适当防腐剂制成。

2. 性状　本品为橙黄色或淡棕红色澄明液体，久置瓶底微有灰白色沉淀。

3. 用途　用于治疗或紧急预防猪、牛巴氏杆菌病（出血性败血症）。

4. 免疫期　免疫期为14d。

5. 用法与用量　本品可皮下、肌内或静脉往射。预防量2月龄猪为10～20mL；2～5月龄猪20～30mL；5～10月龄猪为30～40mL。治疗量按预防量加倍。

6. 保存期　于2～8℃阴冷干燥处保存，有效期为3年。

7. 注意事项　本血清为牛或马源，注射猪可能发生过敏反应，应注意观察。其余同抗炭疽血清。

第二节　诊断液

一、结核菌素

1. 性质　结核菌素分牛型与禽型两种。牛型结核菌素系用2～3株牛型结核杆菌菌种；禽型系用2～3株禽型结核杆菌菌种分别接种于适宜的培养基中培养，经灭菌、过滤，水浴浓缩至原量的1/10而制成。

2. 性状　本品为褐色透明液体。

3. 用途　供诊断结核病用。

4. 用法与用量　猪用牛、禽两型结核菌素共同分别皮内注射。用量：0.2mL；3个月至1岁0.15mL；3个月以下0.1mL。

5. 结果判定　猪于注射后48～72h观察反应：

(1)阳性反应。局部发热，有痛感并呈现界限不明显的弥馒性水肿或硬片，其面积≥35mm×45mm，或皮厚差≥8mm。

(2)疑似反应：炎性水肿面积＜35mm×45mm，或皮厚差为5.1～7.9mm。

(3)阴性反应：无炎性水肿，皮厚差≤5mm，或仅有坚实界限明显的硬结。

6. 有效期　在2～15℃保存，有效期为5年。

提纯结核菌素用于诊断牛、马、绵羊、山羊和猎的结核病。

诊断猪结核病：同时分别用牛、禽两型提纯结核菌素，于一侧耳根外侧皮内注射牛型结核菌素0.1mL（1万IU），另一侧耳根外侧皮内注射禽型提纯菌素0.1mL（2 500IU），72h判定结果。

凡局部有明显的炎性反应，皮厚差≥4mm者为阳性；局部炎性反应不明显，皮厚差2.1~3.9mm为可疑反应；无炎件反应，皮厚差≤2mm者为阴性反应。

7. 贮藏　在2～10℃冷暗处保存，冻干菌素有效期6年；液体菌素有效期2年。

二、布氏杆菌试管凝集试验抗原

1. 性质　本品系用抗原性良好的光滑型布氏杆菌属牛、羊或猪种菌的2～3个菌株，接种于适宜的培养基中培养，经灭活后用国际标准阳性血清标化制成。

2. 性状　本品为乳白色混悬液体，静置后，瓶底有部分沉淀，振摇后能均匀混悬。

3. 用途　供诊断各种家畜布氏杆菌病。

4. 用法与用量　用含0.5%石炭酸生理盐水作为抗原和血清的稀释液。

5. 将抗原作1：20稀释；被检动物血清作1：12.5、1：25、1：50、1：100、1：200稀释。

每管加抗原0.5mL与各稀释度血清等量混合，振荡摇匀，置37℃温箱反应22～24h，观察反应结果。

6. 结果判定

(1)阳性反应：猪于血清1：50稀释度，出现50%以上凝集。

(2)疑似反应：猪于血清1∶25稀释度，出现50%以上凝集。

7. 有效期 在2～15℃冷暗处保存，有效期为18个月。

三、猪瘟酶标抗体

1. 性质 用猪瘟疫苗和猪瘟病毒免疫的猪，采血提取血清中免疫球蛋白，用辣根过氧化物酶标记后，再冷冻真空干燥而成的诊断制品。

2. 性状 乳自色略带黄色的海绵状疏松团块，易与瓶壁脱离，加稀释液迅速溶解，呈浅黄澄明液体。

3. 作用与用途 用于诊断猪瘟。

4. 用法与用量

(1)作活体检查时，采取猪扁桃体做成切片，或采血收集白细胞涂片，作为被检材料。

(2)收尸后尸检，可采取肾脏作成横断面触片，作为被检材料。

将被检材料制片放置室温干燥，在4℃条件下，用丙酮或20%丙酮缓冲盐水固定10min，固定好的片子浸泡在含有0.01%过氧化氢和0.01%迭氮钠的缓冲液（pH7.2）中，置室温30min，取出片子用缓冲盐水洗3～4次，再用蒸馏水洗3次，吹干后加猪瘟酶标记抗体，置湿盒内在37℃反应30min，取出用缓冲盐水洗6次，再将片子浸泡在二氨基联苯胺盐酸盐底物溶液中，置室温下30min，用蒸馏水洗6次，吹干，在显微镜下观察，细胞浆被染成棕黄色者为阳性结果，即被检动物为猪瘟。

5. 贮藏 冻干制品在4℃保存，有效期1年；启封后，置4℃保存，有效期为1个月。

6. 注意事项 被检病料必须新鲜，不能冻融，用白细胞制片，必须在采血后5h之内。猪瘟酶标抗体是制成试剂盒供使用的，应按规定的溶液与试制盒操作程序进行。诊断猪瘟敏感准确，需时间较短。

四、口蹄疫、猪水疱病反向间接血凝试验致敏红细胞诊断液

1. 性质 本品系用口蹄疫病毒A、O、C、Asia1型毒种和猪水疱病毒种分别高度免疫豚鼠或猪，分离血清，提取免疫球蛋白，致敏红细胞制成。

2. 性状 静置时诊断液中的致敏红细胞沉于玻瓶底部，上层溶液呈淡黄、透明。用时摇匀，致敏红细胞均匀分散于溶液中无结块。

3. 用途 用于猪口蹄疫与水疱病的鉴别诊断。

4. 用法及判定 按产品使用说明书操作和判定。

第三节 微生态活菌制剂

一、蜡样芽孢杆菌制剂（SA38）

1. 性质 本品为蜡样芽孢杆菌SA38菌株的培养液，加适宜赋形剂，经干燥制成的粉剂和片剂。

2. 性状 粉剂为灰白色或灰褐色的干燥粗粉；片剂为外观完整光滑、类白色或白色片。

3. 作用与用途 主要用于仔猪腹泻，并能促进生长。

4. 用法与用量 口服：治疗用量，猪按每千克体重0.1～0.15g，每日1次，连服3d。预防量减半，连服7d。

5. 保存期 避光，在干燥处室温保存，有效期为1年。

6. 注意事项 本品不得与抗菌药和抗菌药物添加剂同时使用。

二、乳酸菌复合活菌制剂

1. 性质 本品系用嗜酸乳杆菌、粪链球菌和枯草杆菌的液体培养物，以冷冻真空干燥制成混合菌粉，加载体制成粉剂或颗粒剂和片剂。

2. 性状勤克俭粉剂为灰白色或灰褐色干燥粗粉或颗粒状，片剂为外观完整光滑、类白色、色泽均匀。

3. 作用与用途 用于治疗由沙门氏菌及大肠杆菌引起的细菌性下痢，如仔猪的黄白痢，并有调整肠道菌群失调、促生长作用。

4. 用法与用量　用凉水溶解后作饮水用或拌入饲料口服，也可直接灌服，仔猪每次1～1.5g。

5. 保存期　25℃以下保存，有效期为1年。

6. 注意事项

⑴严禁与抗菌类药同时服用（包括饲料中的抗菌添加剂）。

⑵服用本制剂时，不得用含氯气的自来水稀释，要用煮沸后的凉开水稀释，水温不得超过30℃，稀释后限当日用完。

三、蜡样芽孢杆菌制剂（DM423）

1. 性质　本品为蜡样芽孢杆菌DM423菌株的培养液，加适宜赋形剂，经干燥制成的粉剂或片剂。

2. 性状　粉剂为灰白色或灰褐色的干燥粗粉；片剂为外观完整光滑、类白色或白色片。

3. 作用与用途　主要用于畜禽腹泻的预防和治疗，并能促进生长。

4. 用法与用量　口服。仔猪每千克体重0.6g。每日1～2次，连服3～5d。

5. 保存期　避光干燥处室温保存，有效期为1年。

6. 注意事项　本品不得与抗菌药和抗菌药物添加剂同时使用。

附录

猪病混合感染的临床应对

目前，猪病危害日趋严重，多病原混合感染呈上升趋势，由原来的单一病原感染发展至现在的两种或两种以上病原混合感染，如：猪流感、高致病性蓝耳病、圆环病毒2型感染、猪瘟、伪狂犬病、细小病毒病、猪喘气病、猪鼻支原体病、副猪嗜血杆菌病、附红细胞体病、猪传染性胸膜炎放线杆菌病、弓形体病、球虫病等多种病原之间的混合感染。

猪病的临床症状以高热、皮肤病变、神经症状、呼吸道症状和各种腹泻为主。猪病临床表现呈非典型化，由于多病原混感、病原的变异或免疫抑制病的压力，导致新病不断增多且致病力趋于增强，使老病出现新特征即典型临床症状减少，非典型病例增多。如过去常见、多发的猪瘟、猪丹毒、猪肺疫、仔猪副伤寒等多呈非典型经过。此外，新病原或新血清型毒株的出现，也给养猪生产中必须的免疫防治措施的实施带来困难。

从发病猪场的现状来看，条件致病菌副猪嗜血杆菌等对猪群的危害越来越严重，养猪人尚未充分认识霉菌毒素蓄积中毒是现代猪病综合征的始动因子，猪群的保健要从保护猪群免疫力开始。仍然“见病退烧抗菌”，习惯于抗菌药定期保健，不够重视精细饲养管理对控制猪群慢性应激维护猪群抗病力的重要性，还不够理解免疫营养的补充对保护并调整猪群免疫力的意义，使免疫抑制病在猪群肆虐，造成猪群多病原混合感染状况的日趋严峻。

一、猪群多病原混合感染临床表现

（一）临床表现

猪场的猪突然全群发病，高烧40～41℃，精神萎靡，喜卧，驱之行动表现跛行，眼结膜潮红，鼻镜干燥，鼻流清涕，厌食或不食；经2～3d后病猪卧地扎堆，身体颤抖，粪便开始干燥，有时粪表外附血性黏膜。

（二）临床判断

根据病情发展及临床表现，拟视为猪流感、温和性猪瘟混合感染。

（三）临床应对

发病初期（发病2～3d时）采取以下措施：

1. 加强饮水，饮水中加利瑞舒（电解质、能量补充剂）促其排毒。

2. 群体防控：

（1）加强消毒，采用博克熏蒸消毒或博宁清带猪喷雾消毒。

（2）拌料：黄金大败毒+利瑞欣+利瑞特。

3. 对症治疗：

注射用药：

上午：重症头孢+免疫核糖核酸+解百热肌注。

下午：呼吸道症状严重的可加注利瑞欣、并发猪喘气病时加注百克米先。

4. 温和性猪瘟临床症状逐渐明显时，适时进行适量的猪瘟细胞苗紧急接种，同时配合免疫核糖核酸。

5. 紧急接种后猪群厌食发烧，不宜使用抗菌药及解热药，饮利瑞舒补充电解质多维及能量补充剂，让其自然耐过。

二、猪群多病原混合感染临床表现

（一）临床表现

重胎期母猪突然早产、流产、产弱胎等；子猪高热、腹泻、哮喘，部分病猪伴有神经症状，共济失调，偶有呕吐，严重时耳朵、鼻镜发绀，呈地方流行性发展，造成严重的经济损失。

（二）临床判断

根据疫情发展趋势及临床表现，拟视为蓝耳病、圆环病毒2型感染、伪狂犬病混合感染。

（三）临床应对

1. 加强猪群蓝耳病疫情的监测，用蓝耳病活疫苗定期免疫，接种前后饮水中添加万力补+黄金大败毒，种猪免疫接种时，联合使用免疫核糖核酸，减少免疫应激。

2. 定期给母猪进行猪伪狂犬疫苗接种，对1～3日龄的子猪用基因缺失苗滴鼻，联合使用免疫核糖核酸效果更好，能很好的规避母源抗体的干扰及野毒的侵袭。有条件的猪场应进行猪伪狂犬病的净化。

3. 提倡一窝子猪一支免疫核糖核酸口服保健。

4. 对症治疗：

注射用药：

上午：免疫核糖核酸（连用3d，第一天倍量）+重症头孢+解百热肌注（静注效果更好）。

下午：氟苯尼考+利瑞克肌注。

5. 拌料用药：黄金大败毒+金泰妙+利瑞特。

6. 加强环境消毒，严格消毒制度，定期灭鼠，杀灭传播媒介。

三、猪群多病原混合感染临床表现

（一）临床表现

高热稽留41～42℃；耳尖发绀、皮肤发红；小便赤黄，严重时茶红色；大便干燥呈粒状；部分病猪咳喘或呕吐，便秘、拉稀交替，呼吸急促，咳嗽，呈腹式或犬坐式呼吸；四肢下端、腹下、肛门皮肤发绀或出现紫红色斑，病程长的猪皮肤发白，临床少见急性死亡病例。

（二）临床判断

根据病情发展及临床表现，拟视为猪附红细胞体病、弓形体病混合感染。

（三）临床应对

1. 饮水方法（同混感一，连续饮用1周以上）

2. 拌料用药：黄金大败毒+利瑞欣+弓红正气。

3. 注射用药（严格执行一猪一针头，控制交叉感染）：

（1）发病后2～3d内，可使用贝尼尔深部肌注。

（2）用免疫核糖核酸、百克米先分别肌注。（将百克米先用生理盐水稀释到5%静注或腹腔注射效果更佳）

（3）若以上症状发生于育成阶段的猪群，病程2～3d后，没有明显的血红蛋白尿表现时，可加注重症急救，饮水中加适量的利瑞舒。

（4）病情需要可适量使用解百热缓解症状，不宜依赖安乃近等解热药，退烧进食，这样会使处于免疫抑制状态的病猪多病原混合感染更加复杂化。

5. 消毒方法同混感一。

6. 病程后期皮肤苍白、食欲不振的猪只，用补血速、利瑞舒注射，饲料中添加激生肽。增进食欲，很好的缓解贫血状况。

7. 加强灭虱灭螨，注重环境卫生，清除吸血昆虫的滋生场所，精细饲养管理，可明显减少此类混感疫病的发生。

（温馨提示：治疗时用药至病猪的尿液清亮，不再发黄。肌注时一猪一针头，防止交叉感染。）

四、猪群多病原混合感染临床表现

（一）临床表现

猪群突然发病，且易出现急性死亡病例；病猪体温升高，有时达42℃以上；张口喘气，有时口鼻流血性泡沫；皮肤发绀，特别是颈部、前胸、腹下皮肤尤为严重；便秘、拉稀相交替；部分病猪有时仅表现关节肿大、跛行，体温及呼吸无明显临床表现。

病尸剖检可见，心包积液、胸腔积液、纤维素性渗出，胸腔粘连，肺脏呈大叶性肺炎、大理石样外观、间质增宽，严重时腹腔积液、脏器粘连。剖开病变关节，可见黄色胶冻样渗出液。

（二）临床判断

根据临床表现及剖检变化，拟视为猪传染性胸膜肺炎、副猪嗜血杆菌病、猪肺疫混合感染。

（三）临床应对

1. 加强饲养管理，严格执行消毒制度，减少环境应激，注重免疫营养，饲料中长期添加激生肽，提高猪群免疫力，避免条件性致病菌——副猪嗜血杆菌病的急性发作。

2. 拟猪传染性胸膜肺炎、副猪嗜血杆菌病、猪肺疫易发的猪场，应采取相应疫苗接种及脉冲式给药相结合的措施，进行有效的猪群保健。

3、拌料用药：

①利瑞舒+弓红正气；②替米康欣+利瑞特；①②交替使用。

4. 注射用药

上午：重症头孢+利瑞克+速尿肌注（静注效果更好），严重病例加注免疫核糖核酸。

下午：利瑞欣肌注（胸腔注射效果更好）。

5. 无害处理病尸。

五、猪群多病原混合感染临床表现

（一）控制子猪腹泻病的误区

猪的腹泻病是养猪生产中最常见的疾病，子猪腹泻病的病因尤其复杂，有病原菌、条件致病菌、病毒、原虫等。子猪对生存环境的温度、合理的营养、及应激的发生等都极其敏感，精细饲养稍有疏忽，子猪腹泻即会发生。目前，多病原的混合感染给子猪腹泻病的控制带来更大的难度，严重影响子猪的成活率。而且在养猪生产中对控制子猪腹泻病还存在着误区：

1. 重视腹泻病的治疗，轻视子猪对腹泻病的天然被动免疫力及人工主动免疫力的建立。

2. 重视肌肉注射给药、轻视口服及腹腔注射给药。

3. 重视抗菌止泻，轻视补液、调节代谢及免疫营养的供给。

（二）临床应对

1. 认真做好怀孕母猪腹泻病疫苗的有效免疫，尤其对低胎次怀孕母猪的免疫接种。

2. 提倡新生子猪免疫营养保健。

（1）一窝子猪一支免疫核糖核酸口服保健。

（2）从子猪补料开始，饲料中添加激生肽，促消化、抗应激、强免疫。

3. 猪混感腹泻病的临床控制

（1）断奶前后子猪腹泻，若粪便呈黄色、黄白色，粥状、稀粥状。（拟细菌、原虫多病原混感腹泻）

①免疫核糖核酸+利瑞特后海穴（交巢穴）注射或肌注，体温升高的病猪加注解百热。

②利瑞克+利瑞特腹腔注射结合口服。

③长效百病消+重症急救注射结合口服，安普泰欣拌料（球虫混染腹泻）。

（2）呈墨绿色、赭红色、血样稀便，部分病猪可体温升高至41.5～42℃，有时会表现为成年母猪不明原因突然死亡。（拟细菌、螺旋体多病原混感腹泻）

①利瑞欣+金泰妙拌料，百克米先或林克欣肌注，百克米先腹腔注射效果更好（方法同上）。

②体温升高的病猪加注安瑞克+免疫核糖核酸。

③病程较长的病猪，在恢复期用利瑞舒、补血速肌注，缓解贫血，增进食欲。

（3）水样腹泻。（拟病毒多病原混感腹泻）

①首先，停喂或少喂饲料（半天至1d），保证充足的饮水，饮水中添加利瑞舒。

②严重者用免疫核糖核酸+百克痢后海穴（交巢穴）注射或肌注。

③利瑞克+利瑞特腹腔注射结合口服，体温升高病猪加注解百热。

4. 强化精细饲养管理，做到：

⑴保持产房、子猪保暖箱的适宜温度及有效的消毒措施。

⑵新生子猪出生3h内吃到初奶；出生后2～3d内固定好乳头（原则前小后大）。

⑶认真落实新生子猪免疫核糖核酸的保健。

⑷5～7d仔猪诱食时开始添加激生肽，用匀添加，由少到多，以每天吃完为度，直至断奶。强消化、抗应激、防腹泻。

六、猪群多病原混合感染临床表现

（一）临床表现

病猪跛行，一肢或多肢关节肿大、严重的站立不起。部分病猪伴有呼吸道症状。临床上还可见屈伸行动不愿站立，仔细查看肢蹄部关节不肿大，但仔细观察关节部位皮肤皲裂。

（二）临床判断

根据临床症状及呈散发性感染，拟视为关节炎型链球菌病、副嗜血杆菌病、鼻支原体病、霉菌毒素慢性蓄积性中毒的混合感染。

（三）临床应对

1. 以上症状频发的猪场，建议用副猪嗜血杆菌病疫苗、链球菌疫苗免疫接种结合脉冲式给药控制疫情的发展。

2. 注意观察饲料霉变的情况，及时使用脱霉剂，减少霉菌毒素的危害。

3. 拌料用药：①利瑞欣+弓红正气+布莱霉；②金泰妙+阿莫西林+克霉；①②交替使用。

4. 定期用万力补+黄金大败毒饮水。

5. 注射用药：

上午：免疫核糖核酸+重症头孢，安瑞克分别肌注；

下午：泰瑞欣，百克米先分别肌注。

6、对化脓性关节炎可用切开脓包的外科方法治疗。

七、猪群多病原混合感染临床表现

（一）临床表现

耳朵、鼻吻、口腔及舌粘膜、蹄壳上缘、蹄叉、蹄踵、蹄底、皮薄毛少的部位出现痘疹、疱疹、水疱疹，无并发症时体温一般不高。

（二）临床应对

1、博瑞净带猪消毒，也可采用博克熏蒸消毒，患部用博疫杀消毒药局部涂抹。

2、注射用药：免疫核糖核酸+重症头孢肌注。

3、若出现急性死亡病例的猪场，一窝新生子猪一支免疫核糖核酸+1g重症头孢或阿莫西林口服，能明显降低死亡率。

4、拌料用药：①黄金大败毒+利瑞欣，②黄金大败毒+金泰妙；①②交替使用。

5、保持猪舍地面的清洁，加强带猪消毒。

八、猪群多病原混合感染临床表现

（一）临床表现

怀孕母猪分娩前后突然不食或减食，有的病猪体温升高至40～41℃，部分母猪体温偏低；粪便干燥，严重的呈球状，产后食欲不振，产子后1～2d左右突然无乳，不愿哺乳；母猪排尿用力后阵，后驱不洁，恶露不尽；也有的病猪突发喘气病，喘气声似“风箱声”。

（二）临床判断

根据病情拟视为产后无乳综合征、附红细胞体病、喘气病混合感染。

（三）临床应对

1. 加强怀孕母猪产前产后的科学限饲，易便秘的怀孕后期的母猪，可适当加喂麸皮，有条件的猪场可添喂青饲料，减少便秘。

2. 母猪怀孕到85～90d时，饲料中添加激生肽。强免疫、抗应激、促进乳腺发育。

3. 加强产房、产床的消毒，母猪产前产后用百克米先静注保健（方法同上），易突发喘气病的或体质偏弱的母猪加注免疫核糖核酸。

3. 注射用药：

(1)利瑞舒+重症头孢+利瑞康、生理盐水+百克米先（将百克米先稀释至5%的浓度）。

(2)母猪乳房饱满不泌乳的，乳房热敷按摩的同时，可用催产素静注或皮下注射，反复使用，直至乳汁分泌通畅。

(3)母猪乳房不充盈不泌乳的，采取乳房热敷按摩的同时，用雌二醇+黄体酮+催产素肌注，可促进泌乳。

(4)以上治疗宜在发病后1～2d及时应用，特别是使用激素治疗时。在治疗的同时，有条件的猪场要果断采用新生子猪寄养的方法，减少子猪因缺奶引起的损失。

参考文献

[1]胡体拉等·家畜传染病学(M). 北京: 科学出版社, 1972
[2]甘孟候, 杨汉春. 中国猪病学(M). 北京: 中国农出版社, 2005
[3]A. D. 莱曼. 刘文军等译. 猪病学(M). 6版. 北京: 北京农业大学出版社, 1990
[4]AE斯特劳等. 赵德明等译. 猪病学(M). 8版. 北京: 中国农业大学出版社, 2000
[5]蔡宝祥. 家畜传染病学(M). 4版. 北京: 中国农业出版社, 2001
[6]中国农业科学院哈尔滨兽医研究所. 动物传染病学(M). 北京: 中国农业出版社, 1999
[7]孔繁瑶. 兽医大辞典. (M). 北京: 中国农业出版社, 1999
[8]殷震等. 动物病毒学(M). 2版. 北京: 科学出版社, 1997
[9]李普霖. 动物病理学(M). 长春: 吉林科学技术出版社, 1994
[10]费恩阁. 动物传染病学(M). 长春: 吉林科学技术出版社, 1995
[11]费恩阁等. 动物疫病学(M). 北京: 中国农业出版社, 2004
[12]蔡宝祥等. 动物传染病诊断学(M). 南京: 江苏科学技术出版社, 1993
[13]娄高明等. 集约化养猪技术与疾病防治(M). 长春: 吉林科学技术出版社, 1998
[14]谢庆阁, 翟中和. 畜禽重大疫病免疫研究进展(M). 北京: 中国农业科技出版社, 1996.
[15]朴范哲. 家畜传染病学(M). 北京: 中国科学文化出版社, 2005
[16]李佑民. 家畜传染病学(M). 北京: 蓝天出版社, 1993
[17]李佑民. 猪病防治手册(M). 3版. 北京: 金盾出版社, 1997
[18]姚龙涛. 猪病毒病(M). 上海: 上海科学技术出版社, 2000
[19]丁壮等. 猪的重要传染病防治研究新成果. 长春: 中国畜牧兽医学会家畜传染病学分会, 2002
[20]杨汉春. 兽医免疫学(M). 2版. 北京: 中国农业大学出版社, 2002
[21]陆承平. 兽医微生物学(M). 3版. 北京: 中国农业出版社, 1991
[22]于恩庶, 徐秉锟. 中国人兽共患病(M). 福州: 福建科学技术出版社, 1998
[23]吴清民. 兽医传染病学(M). 北京: 中国农业大学出版社, 2002
[24]王小龙. 内科学(M). 北京: 中国农业大学出版社, 2004
[25]王洪斌. 家畜外科学(M). 4版. 北京: 中国农业出版社, 2002
[26]汪明. 兽医寄生虫学(M). 3版. 北京: 中国农业出版社, 2007
[27]赵兴绪. 兽医产科学(M). 3版. 北京: 中国农业出版社, 2007
[28]西北农业大学. 家畜内科学(M). 2版. 北京: 中国农业出版社, 2002
[29]中国农业大学. 家畜寄生虫学(M). 北京: 中国农业出版社, 1981
[30]陈怀涛, 许乐仁. 兽医病理学(M). 北京: 中国农业出版社, 2006
[31]赵德明. 兽医病理学(M). 2版. 北京: 中国农业大学出版社, 2004
[32]王明俊. 兽医生物制品学(M). 北京: 中国农业出版社, 1997
[33]于大海, 崔观林. 中国进出境动物检疫规范(M). 北京: 中国农业出版社, 1997
[34]李毓义, 杨宜林. 动物普通病学(M). 长春: 吉林科学技术出版社, 1994
[35]倪宏波等. 预防兽医学检验技术(M). 长春: 吉林人民出版社, 2002

[36]王在时. 猪瘟防制研究的回顾和展望(M). 北京: 中国农业科技出版社, 1996
[37]刘宝岩, 邱震东. 动物病理组织学彩色图谱(M). 长春: 吉林科学技术出版社, 1994
[38]范国雄. 动物疾病诊断与防治彩色图谱(M). 北京: 北京农业大学出版社, 1990
[39]蔡宝祥, 郑明球. 猪常见病诊断与肉品检验图谱(M). 上海: 科学技术出版社, 1994
[40]郑明球, 蔡宝祥. 动物疾病诊治彩色图谱(M). 北京: 中国农业出版社, 2002
[41]孙锡斌等. 动物检疫检验彩色图谱(M). 北京: 中国农业出版社, 1997
[42]何朝庄等. 实用动物屠宰检疫图谱(M). 昆明: 云南科学技术出版社, 2002
[43]潘耀谦等. 猪病诊治彩色图谱(M). 北京: 中国农业出版社, 2004
[44]国际动物卫生组织. 农业部畜牧兽医局译. 国际动物卫生法典(M). 北京: 兵器工业出版社, 2000
[45]世界动物卫生组织. 农业部畜牧兽医局译. 哺乳动物、禽、蜜蜂A和B类疾病诊断试验和疫苗标准手册(M). 北京: 中国农业科学技术出版社, 2002
[46]农业部畜牧兽医司. 中国动物疫病志(M). 北京: 科学出版社, 1993
[47]中国标准出版社第一编辑室. 编动物防疫标准汇编(M). 北京: 中国标准出版社, 2004
[48]史志诚. 动物毒物学(M). 北京: 中国标准出版社, 2001
[49]邓旭明等. 兽医药理学(M). 长春: 吉林人民出版社, 2001

第二篇总论主要参考资料

[1]张国红. 兽药抗病毒药的开发与应用现状. 中国动物保健, 2000(9)
[2]陆震方等. 无特定病原猪场综合防制措施的体会. 畜牧与兽医, 2001, (6): 28
[3]吴琦等. 规模化猪场猪瘟的诊断及防制. 中国兽医杂志, 1999, 25(10): 21~22
[4]孟文学. 浅谈近年猪瘟流行态势和防制对策. 中国兽医科技, 1999, 29(9): 29~30

猪瘟主要参考资料

[1]马利青. 猪瘟的研究动态(J). 青海畜牧兽医杂志, 1998, 28(2): 36~39.
[2]韩学清. 猪瘟病毒及其猪瘟疫苗研究进展(J). 动物医学进展, 2000, 21(2): 1~7
[3]蒋帅. 猪瘟病毒基因工程疫苗研究进展(J). 动物医学进展, 1999, 20(2): 1~3
[4]何存利等. 猪瘟乳前免疫及其抗体测定(J). 中国畜禽传染病, 1998, 20(3): 142~143
[5]王红宁等. 规模化猪场猪瘟防制中应往意的问题(J). 中国兽医杂志, 1999, 25(12): 21
[6]陈祝三等. 仔猪猪瘟免疫程序的研究(J). 中国畜禽传染病, 1998, (4): 206~208
[7]胡建和, 张彦明, 谢庆阁. 猪瘟病毒的分子、生物学研究进展. 动物医学进展, 2002, 23(4): 15~18
[8]孙世琪, 刘湘涛, 尚佑军等. 猪瘟流行毒株的致病性研究(J). 中国兽医科技, 2001, 31(1): 3~5
[9]陈轶霞等. 集约化猪场猪瘟免疫抗体的监测与防制对策(J). 中国兽医科技, 2001, 31(6): 19~21
[10]俞国乔等. 浙江省规模化猪场猪瘟免疫状况监测(J). 中国兽医科技, 2001, 31(11): 32~33
[11]赵耘等. 猪瘟野毒混合毒实验室感染研究(J). 中国预防兽医学报, 2002, 24(4): 273~276
[12]于立权等. 猪瘟疫苗研究进展(J). 动物医学进展, 2002, 23(2): 10~13
[13]张靖飞等. 猪瘟病毒致病机制研究进展(J). 动物医学进展, 2001, 22(3): 85~86
[14]王镇等. 猪瘟病毒致病机制及防治的研究进展(J). 畜牧兽医学报, 1998, 2(5): 449~50
[15]朱建国等. 集约化养猪场猪瘟免疫程序的研究(J). 中国预防兽医学报, 1999, 21(1): 40~43
[16]杜念兴. 猪瘟的回顾与展望. 中国畜禽传染病(J), 1998, 20(5): 317~319
[17]何庆兰. 国内猪瘟发生及防制的新动向(J). 中国兽医杂志, 1998, 24(7). 44~45
[18]刘湘涛等. 猪瘟防制技术与策略的发展及要求(C). 21世纪畜牧兽医生产和科学技术论坛会文

集. 中国畜牧兽医学会, 1999: 253~264

[19]吴增坚, 杨奎等. 非典型猪瘟(J). 畜牧与兽医, 2000, 32(2): 35~36

[20]王雯惫, 陈怀涛. 猪瘟流行的病因学分析与防制(J). 中国兽医科技, 2000, 30(3): 15~19

[21]林毅等. 规模化猪场4种猪瘟免疫程序的免疫效果比较(J). 中国兽医科技, 2000, 30(4): 20~21

[22]吴楚泓. 猪瘟疫苗免疫程序探讨(J). 中国兽医科技, 2000, 30(4): 35~37

[23]吕宗吉等. 我国部分地区猪瘟病毒流行的基因差异(J). 中国兽医学报, 2000, 20(4): 313~316

[24]吕宗吉, 涂长春, 余兴龙等. 我国猪瘟的流行病学现状分析(J). 中国预防兽医学报, 2001, 23(4): 300~303

[25]上海市奉贤区畜牧兽医站编译. 第十七届国际猪病会议论文选集, 2002

[26]黄金海等. 猪主要繁殖障碍病的流行现状及其防制对策(J). 动物医学进展, 2002, 23(2): 99~102

[27]丁壮. 猪瘟及其防制. 北京: 金盾出版社, 2003

猪细小病毒主要参考资料

[1]赵俊龙等. 猪细小病毒病疫苗研究进展(J). 动物医学进展, 2002, 01

[2]王汉中等. 应用套式PCR检测猪细小病毒(J). 病毒学报, 1996, 02

[3]李昌文等. 猪细小病毒研究进展(J). 动物医学进展, 2004, 01

[4]赵俊龙等. 猪细小病毒PCR检测方法的建立与应用(J). 中国兽医学报, 2003, 02

[5]刘建柱等. 猪细小病毒感染试验诊断方法研究进展(J). 动物医学进展, 2005, 25(1)

[6]姜永厚等. 应用ELISA双抗体夹心法检测猪细小病毒抗原的研究(J). 1997, 04

猪繁殖-呼吸障碍综合征主要参考资料

[1]郭宝清, 陈章水等. 从疑似PRRS流产胎儿分离PRRSV的研究(J). 中国畜禽传染病, 1996, 18:(2): 1~4

[2]杨汉春. 我国猪繁殖与呼吸综合征的流行现状与控制对策(J). 当代畜禽养殖业-猪世界, 2003, 4: 3~51

[3]李树根, 孙颖杰. 猪繁殖和呼吸障碍综合征(J). 北京: 中国农业大学出版社, 1999

[4]仇华吉, 童光志. 猪生殖-呼吸道综合征(J). 长春: 吉林科学技术出版社, 2000

[5]蔡雪辉. 猪繁殖与呼吸综合征的综合防治措施(J)广西畜牧业, 2004: 2~16

[6]李华, 杨汉春, 郭玉璞. 猪繁殖与呼吸综合征病毒(PRRSV)感染的免疫学研究进展(J). 中国兽医杂志, 1999(21): 9

[7]肖国生, 吕祖德. 猪繁殖与呼吸综合征病毒的研究进展. 中国兽医杂志, 2003(39): 2

[8]郭宝清, 陈章水, 刘文兴等. 应用间接免疫荧光法从国内生殖障碍综合征猪中检测生殖-呼吸综合征阳性抗体的研究(J). 中国兽医科技, 1996, 26(3): 3-a

[9]仇华吉, 童光志. 猪繁殖与呼吸综合征免疫防制面临的困惑与未来(J). 中国兽医学报, 2000, 20(1): 100~103

[10]蔡家利, 姜平, 蔡宝祥. 应用RT-PCR检测流产胎儿组织中猪繁殖与呼吸综合征病毒仁(J). 中国病毒学, 2000, 15(3): 272~275

[11]吴东来, 郭宝清, 李桂芝等. 猪繁殖-呼吸综合征病毒抗原在死胎及新生仔猪体内的分布(J). 中国预防兽医学报, 1999, 12(2): 128~129

[12]仇华吉, 周彦君, 童光志. 猪繁殖-呼吸综合征病毒蛋白的结构与功能(J). 动物医学进展, 2000, 12(2): 23~26

[13]乔传玲. 郑厚族. 甘孟侯等. 反转聚合酶链反应检测猪繁殖与呼吸综合征病毒的研究(J). 畜牧兽医学报, 2000, 31(3): 262~266

[14]高云, 杨汉春, 任慧英. 猪繁殖与呼吸综合征北京分离株的RF. 克隆与序列分析(J). 中国兽医科技, 1999, 29(10): 3~6

[15]仇华吉, 童光志, 周彦君等. 猪繁殖—呼吸综合征病毒CH-la株RF2-7序列测定(J). 中国预防兽医学报, 1999, 21(2): 156~158

猪伪狂犬病主要参考资料

[1]杨宜生. 湖北省猪伪狂犬病流行情况的分析报告(J), 湖北畜牧-兽医, 1993, 3

[2]谷日如, 张泽纪, 周运林. 离乳小猪伪狂犬病流行调查报告(J). 湖北畜牧-兽医

[3]谷日如, 张泽纪, 甄红华. 某猪场近一年间发生的“离乳综合症”却是伪狂犬病(J). 湖北畜牧-兽医

[4]谷日如, 张泽纪, 周运林. 伪狂犬病等三病并发的调查诊断报告(J)湖北畜牧-兽医

[5]冉智光, 童光志. 伪狂犬病病毒与伪狂犬病(J)

[6]陈焕春, 金梅林, 何启盖等. 伪狂犬病根除计划(华中农业大学动物病毒研究室)

[7]刘显煌. 伪狂犬病临床症状及控制对策(J). 养猪, 2003(39): 1~2

[8]李学伍, 陈焕春, 吴斌. PCR法对伪狂犬病病猪不同部位的检测及敏感性试验(PRV在体内各脏器分布)(J). 中国畜禽传染病, 1998, (6): 362~365

[9]周国辉, 仇华吉, 田志军等. 伪狂犬病病毒基因缺失及活载体疫苗研究进展(J)

[10]吴雅玲. 猪伪狂犬病综述(J) 青海畜牧兽医杂志, 2001(2): 22~25

猪圆环病毒主要参考资料

[1]崔尚金. 猪猪圆环病毒及其防治. 北京: 金盾出版社, 2005

[2]郎洪武, 张广川, 宋立. 猪的圆环病毒与断奶猪多系统衰弱综合征(PVC)(J). 北京市兽药研究所

[3]彭永刚, 许云贺, 姚汝强. 猪圆环病毒与相关猪病研究进展(J). 沈阳农业大学畜牧兽医学院

[4]刘正飞, 陈焕春, 据春梅等. 猪圆环病毒研究进展(J). 动物医学进展, 2002, 23(2): 14~16

[5]王永康. 猪圆环病毒(J). 国外畜牧学: 猪与禽, 2002, (5): 34~38

[6]孙泉云, 沈悦, 张苏华等. 上海市规模化猪场猪圆环病毒病的血清学调查(J). 上海畜牧兽医通讯, 2003, (2): 13~16

[7]王忠田, 杨汉春, 郭鑫. 规模化猪场猪圆环病毒2型感染的流行病学调查(J). 中国兽医杂志, 2002, 38(10): 3~6

[8]崔尚金. 猪圆环病毒病流行特点、危害状况及防治策略(J). 畜禽业, 2005, 8(148): 50~52

[9]夏春香, 肖啸, 李志敏. 猪圆环病毒病研究进展(J). 动物医学进展, 2005, 26(1): 35~38

[10]王天奇, 董发明, 龙塔等. 断奶仔猪多系统消耗综合征的流行及控制(J). 河南科技大学学报: 农学版, 2004, 24(1): 11~16

[11]张国强, 余平良, 张立昌. 猪肺炎支原体和蓝耳病病毒在PRDC中扮演的角色(J). 畜禽业, 2003(3): 4~6

[12]李彦明, 张映 猪肺炎支原体及其生物学研究进展(J). 动物医学进展, 2003(3): 25~27

[13]郎洪武, 张广川, 吴发权等. 断奶仔猪多系统衰弱综合征血清抗体检测(J). 中国兽医科技, 2000, 30(3): 3~5

[14]卫秀余, 余红梅, 宋文秀等. 48个发生PRDC的猪群中病原体的检测结果(J). 今日养猪业, 2004, (3): 44.

[15]李芙霞. 猪圆环病毒病的流行特点及防治对策. 动物科学与动物医学(J). 2003, (9): 71

[16]万遂如. 猪圆环病毒病的防治. 疫病防治(J). 2004, (11): 25

猪轮状病毒主要参考资料

[1]丁再棣等. 猪轮状病毒细胞培养的研究. 畜牧与兽医, 1984, 6(5)

[2]刘明军, 王正党. 光敏生物素标记核酸探针检测A群轮状病毒的研究(J). 中国畜禽传染病, 1997, 17(2): 45~47

[3]何孔旺, 何家惠. 我国动物轮状病毒研究概况(J). 江苏农业科学, 1994, (4): 61~63

[4]何家惠等. 猪轮状病毒血凝特性的研究(J). 中国人兽共患病杂志, 1987, 3(5): 16~18

[5]伶承刚. 轮状病毒的研究进展(J). 浙江畜牧兽医, 1994, (02): 28

[6]张君. 抗轮状病毒感染免疫的研究状况(J). 青海畜牧兽医杂志, 1997, 27, (6): 36

[7]张建琮. 轮状病毒RNA基因图谱变异分析(J). 中国病毒学, 1991, 324~329

[8]庞听等. 猪轮状病毒感染研究进展(J). 动物医学进展, 2000(04): 43

[9]赵长安. 轮状病毒感染的研究现状(J). 国外医学——流行病学传染病学分册, 1998, 25(4): 145~148

[10]侯继波, 何家惠, 丁再棣等. 猪3种病毒性腹泻的斑点免疫渗滤检测技术研究(J). 中国兽医学报, 1995, (03): 53~55

[11]刘明军, 王正党. 光敏生物素标记核酸探针检测A群轮状病毒的研究(J). 中国畜禽传染病, 1997, 17(2): 45~47

口蹄疫主要参考资料

[1]杨宜生. 湖北省农业科学院畜牧兽医研究所. 湖北畜牧兽医, 1999

[2]黄银君, 戈银生. 中国农业科学院兰州阳关研究所. 中因进出境动植检, 1995, 4

[3]李树春. 口蹄疫综合防制措施要点全国规模化养猪疫病监测与净化学习班培训资料. 2002

猪传染性胃肠炎病毒主要参考资料

[1]吴国平, 尹燕博. 猪传染性胃肠炎病毒(TGEV)研究进展(J). 中国兽医杂志, 2003, 39(2): 29

非洲猪瘟主要参考资料

[1]曲连东, 于康震. 非洲猪瘟研究进展(J). 中国兽医科技, 1998, 28(11): 42~43

[2]林荣泉. 非洲猪瘟与猪瘟的鉴定及防控技术(J). 肉类工业, 2001, 237(3): 25~28

[3]孙怀昌. 非洲猪瘟缺乏典型中和抗体的原因探讨(J). 中国兽医学报, 1999, 19(3): 308~310

猪脑心肌炎主要参考资料

[1]刘均. 猪脑心肌炎的病原体和诊断(J). 上海畜牧兽医通讯(J), 2003, 3: 30

[2]多海刚, 田克恭. 脑心肌炎病毒研究进展(J). 中国兽医杂志(J), 2003, 39(6): 41~43

猪链球菌病主要参考资料

[1]何家惠, 王继春, 林继煌. 猪链球菌2型——人畜共患病新病原菌的研究概况(J). 畜牧与兽医, 2001, 33(4): 38-40

[2]黄毓茂, 黄引贤. 2型猪链球菌的血清学鉴定(J). 中国兽医学报, 1995, (1): 63~65

[3]李军, 牛钟祥. 猪链球菌病研究进展(J). 动物医学研究进展, 2004, 25(3): 31~33

[4]倪宏波, 王兴龙. 长春地区猪源链球菌分离株的病原特性研究(J). 黑龙江八一农垦大学学报, 2002, 14(1): 64~68

[5]陈宏远. 贵州省猪链球菌的分离鉴定(J). 黑龙江畜牧兽医, 2002, (10): 37~38

[6]枕素芳, 刘佩红. 猪源链球菌溶血特性分析(J). 中国兽医杂志, 2002, 38(1): 19~21

[7]苗得国. 仔猪链球菌和沙门氏菌棍合感染(J). 中国兽医杂志, 2002, 38(6): 51

[8]叶五区. 猪瘟继发猪链球菌感染的诊断与治疗(J). 畜牧兽医杂志, 2004, 23(3); 50

[9]杨玉坚. 猪链球菌自家灭活苗的制备与应用(J). 养猪, 2002, (1): 38~39b

[10]倪艳秀, 何孔旺, 王继春等. 猪链球菌Ⅱ型的PCR速检测(J). 中国兽医学报, 2002, 22(5): 47

[11]倪宏波, 欧阳素贞, 王兴龙等. 利用随机扩增多态性DNA指纹技术对猪链球菌进行基因分型(J). 中国兽医科技, 2002, 32(7): 9212

[12]王自振, 陈丽颖, 王亚宾等. 猪链球菌多价灭活苗研究及免疫效果观察(J). 中国预防兽医学报, 2002, 24(2): 1482149

[13]潘久荣, 于珍, 戴志江. 猪链球菌病的诊治(J). 中国动物检疫, 2004, 21(4): 41

[14]王永康, 刘佩红, 沈素芳等. 上海地区猪链球苗病的流行病学调查(J). 上海畜牧兽医通讯, 2001, 1: 22~24

猪肺疫主要参考资料

[1]郎洪武. 我国一些地区猪肺疫的流行特点(J). 中国兽医杂志, 1994, (4)

[2]郑世军, 甘孟侯. 集约化养猪场不免疫猪丹毒、猪巴氏杆菌病和仔猪副伤寒的血清抗体检测观察(J). 中国兽医杂志, 1998, 24(7): 11

仔猪副伤寒主要参考资料

[1]甘孟侯. 仔猪副伤寒病原及病理变化观察(J). 中国兽医杂志, 1985, 11(4): 9~11

猪萎缩性鼻炎主要参考资料

[1]刘建杰, 吴斌, 陈焕春. 猪萎缩性鼻炎产毒多杀性巴氏杆菌的研究进展(J). 中国畜牧兽医学会家畜传染病分会. 猪的重要传染病防治研究新成果

[2]朱中早, 鲁杏华, 淡志祥等. 猪场猪传染性萎缩性鼻炎的净化技术(J). 中国兽医科技, 2000, 30(5): 19~21

[3]李春松, 高丰, 邓旭明. 猪传染性萎缩性鼻炎的诊治(J). 中国兽医科技, 2002, 32(10): 37(22)4.

[4]李连瑞, 刘彬. 规模化猪场猪传染性萎缩性鼻炎的防治研究(J). 黑龙江畜牧2002, 6: 28~29

[5]张立冒, 李春生. 猪传染性萎缩性鼻炎(J). 养猪2002, 2: 40~41

[6]吴斌, 陈焕春, 何启盖等. 应用新胶凝集试验进行猪传染性萎缩性鼻炎血清学流行病学调查(J). 中国兽医科技, 2001, 31(6): 21~22

[7]贾有茂, 杨旭夫, 苏荣海等. 一起由英国进口的斯格种猪暴发萎缩性鼻炎疫情的诊断(J). 中国预防兽医学报, 2000, 22(5): 384~385

大肠杆菌主要参考资料

[1]刘书亮, 王红宁, 陶勇等. 规模化猪场仔猪黄白痢大肠杆菌的药敏区系调查(J). 中国兽医杂志, 2001, 27(9): 18~20

副猪嗜血杆菌主要参考资料

[1]刘正飞, 蔡旭旺, 陈焕春等. 副猪嗜血杆菌研究进展(J). 动物医学进展, 2003, 24(5): 17~19

[2]张培君, 孙惠玲, 苗得园等. 猪胸膜肺炎放线杆菌和副猪嗜血杆菌的鉴别诊断及血清型鉴定(J). 中国兽药杂志, 2002, 36(10): 18

[3]曹澎泽. 兽医微生物学及免疫学技术(M). 北京: 北京农业大学出版社, 1992

猪放线菌病主要参考资料

[1]胡维华, 林成昌. 猪放线菌病的病理形态学观察(J). 中国兽医杂志, 1995, 21(11): 19~20

衣原体主要参考资料

[1]杨宜生，姜天童等. 衣原体和动物衣原体病（M）. 武汉：湖北科学技术出版社，1993
[2]彭国文. 猪衣原体病的血清学调查（J）. 养猪，2006，5：46
[3]索绪峰，王大林等. 海南省规模化猪场衣原体病血清流行病学调查（J）. 养猪，2005，3（2）：31~32
[4]姜天童，杨宜生. 母猪衣原体性繁殖障碍的诊断与防制（J）. 中国预防兽医学报
[5]万遂如. 规模猪场衣原体病防治（J）. 中国动物检疫，2004，12：34~35
[6]邵国青，蔡宝祥. 猪肺炎支原体的分子生物学研究进展（J）. 中国人兽共患病杂志，1999，（02）：68~71
[7]邵国青. 我国主要动物支原体病研究述略与展望（J）. 畜牧与兽医，2000，（02）：37~38
[8]邵国青. 规模化种猪场猪气喘病的防制与净化措施（J）. 猪的重要传染病防治研究新成果，2002，262~265
[9]杨何义，张映，聂向庭. 猪肺炎霉形体致病机理的研究（J）. 动物医学进展，2000，（01）：186~188
[10]曹玉璞，叶元康. 支原体与支原体病. 北京：人民卫生出版社，2000
[11]E. WayneJohnson，姜建阳，李德发. 猪支原体肺炎的诊断与防制（J）. 国外畜牧科技，1999，（02）：42~45

真菌主要参考资料

[1]柏内特. 真菌学基础. 北京：科学出版社，1989
[2]陆德源. 医学微生物学. 4版. 北京：人民卫生出版社，1997
[3]邵力平，沈瑞祥，张素轩等. 真菌分类学. 北京：中国林业出版社，1984
[4]邢来君，李明春. 普通真菌学. 北京：高等教育出版社，1999
[5]中国科学院微生物研究所. 常见与常用真菌. 北京：科学出版社，1973
[6]胡希荣. 食品微生物学. 北京：农业出版社，1993
[7]杨本升，刘玉斌，苟仕金等. 动物微生物学. 长春：吉林科技出版社，1995
[8]陆承平. 兽医微生物学. 3版. 北京：中国农业出版社，2001

炭疽主要参考资料

[1]梁旭东，艾泽孜. 我国炭疽研究进展（J）. 地方病通报，1995，10（4）：109~111
[2]俞东征. 第三届国际炭疽学术会议简介（J）. 中国媒介生物及控制杂志，1999，10（3）：219~224
[3]董树林. 炭疽的临床与治疗现状（J）. 中国人兽共患病杂志，2000，16（6）：92~93

钩端螺旋体主要参考资料

[1]万成松，张文炳，曹虹. 应用套式PCR检测6种血清型钩端螺旋体（J）. 中国人兽共患病杂志，1999，15（5）：18~20
[2]唐翠英，韦庆昌，黎得明. 猪钩端螺旋体病间接血凝抑制试验（J）. 中国人兽共患病杂志，1999，15（5）：98~110
[3]秦进才，高吉元. 中国钩端螺旋体参考菌株的建立与应用（J）. 医学研究通迅，2001，30（3）：19
[4]温庭玺，张羽，夏春艳等. 乳胶凝集法诊断猪钩端螺旋体的研究（J）. 中国动物检疫，2000，17（4）：27~31
[5]蒋秀高，聂一新，顾莉莉等. PCR技术在钩端螺旋体病传染源监测中的应用（J）. 中国人兽共患病杂志，2001，17（1）：108~109
[6]张立新，梁中兴，易建中等. 湖南省耕牛感染及携带钩端螺旋体的发现与研究（J）. 实用预防医学，1997，4（4）：202~204

支原体病主要参考资料

[1]宁宜宝. 动物支原体病预防与控制的研究进展（J）. 中国兽药杂志，1999，（01）：47~48
[2]邵国青，蔡宝祥. 猪肺炎支原体的分子生物学研究进展（J）. 中国人兽共患病杂志，1999，（02）：68~71

[3]邵国青. 我国主要动物支原体病研究述略与展望(J). 畜牧与兽医, 2000, (02): 37~38

[4]邵国青. 规模化种猪场猪气喘病的防制与净化措施. 猪的重要传染病防治研究新成果, 2002, 262~265

[5]杨何义, 张映, 聂向庭. 猪肺炎霉形体致病机理的研究(J). 动物医学进展, 2000, (01): 186~188

[6]曹玉璞, 叶元康. 支原体与支原体病. 北京: 人民卫生出版社, 2000

[7]E. WayneJohnson, 姜建阳, 李德发. 猪支原体肺炎的诊断与防制(J). 国外畜牧科技, 1999, (02): 42~45

寄生虫主要参考资料

[1]于恩庶等. 中国人兽共患病(M). 2版. 福州: 福建科学技术出版社, 1986

[2]孔繁瑶等. 家畜寄生虫学(M). 2版. 北京: 中国农业大学出版社, 1997

[3]赵辉元等. 畜禽寄生虫与防制学(M). 长春: 吉林科学技术出版社, 1996

[4]赵慰先. 人体寄生虫学(M). 北京: 人民卫生出版社, 1983

[5]甘孟侯, 蒋金书. 畜禽群发病防治(M). 2版. 北京: 中国农业大学出版社, 1998

[6]蒋金书. 动物原虫病学(M). 北京: 中国农业大学出版社, 2000

[7]蒋金书. 中国畜牧兽医学会家畜寄生虫学分会第五次学术讨论会论文专辑(C). 中国农业大学学报(1998年增刊), 3

[8]中国动物学会寄生虫专业学会. 1985—1995年中国动物学会寄生虫专业学会成立十周年纪念文集(C). 北京: 中国科学技术出版社, 1995

繁殖障碍综合征主要参考资料

[1]王泽洲, 余勇. 猪场繁殖障碍性疾病与防治(M). 成都: 四川科技出版社. 2007.

[2]甘孟侯. 当前我国猪传染病的发生特点及防治对策. 中国畜牧兽医学会2005学术年会论文集, 98~102

[3]卫秀余, 宋之秀, 余红梅等. 2004年猪病诊断回顾. 中国畜牧兽医学会2005学术年会论文集, 107~109

[4]姚龙涛. 关干猪繁植与呼吸综合征及其榨制的几点建议. 中国畜牧兽医学会2005年学术年会论文集, 110~112

[5]宁宜宝, 亢文华, 王琴厂. 非典型性猪瘟及其预防控制. 中国畜牧兽医学会2005学术年会论文集, 132~137

[6]陈健雄. 规模化猪场及病流行特点和控制策略. 中国畜牧兽医学会. 2005学术年会论文集, 142~148

[7]万遂如. 当前我国猪传染病流行新特点与防治对策. 中国畜牧兽医学会2005学术年会论文集, 744~748

[8]卫秀余, 姚尤涛, 余红梅等. 2002年猪病诊断回顾. 中国畜牧兽医学会家畜传染病学分会成立20周年庆典暨第十次学术研究会论文集, 194~196

[9]赵国平, 田夫林, 主海涛等. 2002年猪病门诊病例分析, 中国畜牧兽医学会家畜传染病学分会成立20周年庆典暨第十次学术研究会论文集, 197~198

[10]卫秀余, 姚尤涛, 余红梅等. 2001年猪病诊断回顾. 猪的重要传染病防治研究新成果, 325~327

[11]林继煌. 生猪主要传染病及其防治对策. 猪的重要传染病防治研究新成果, 329~331

[12]姚尤涛. 规模化猪场猪病流行特点和发展趋势. 猪的重要传染病防治研究新成果, 332~335

[13]苏双, 咸京淑, 李明等. 母猪繁殖障碍的病因调查. 猪的重要传染病防治研究新成果, 354~356

[14]韩先杰, 王金宝, 单虎等. 山东省规模化猪场繁殖障碍性疾病血清学调查. 猪的主要传染病防治研究新成果, 359~361

[15]林绍荣. 近年来猪病流行情况及防治. 猪的主要传染病防治研究新成果, 336~343

免疫抑制综合征主要参考资料

[1]陈怀涛, 许乐仁. 兽医病理学(M). 北京: 中国农业出版社, 2005

[2]刘忠贵. 动物免疫. 北京: 中国农业出版社, 1993

[3]杨东亮等. 感染免疫学(M). 武汉：湖北科学技术出版社，1998
[4]毕爱华等. 医学免疫学(M). 北京：人民军医出版社，2000
[5]邢杰. 寄生虫感染与免疫缺陷病研究进展(J). 医学综述，2001，7(1)：24~25
[6]阮幼冰等. 免疫病理学(M). 武汉：湖北科学技术出版社，1998
[7]苏菲等. 继发性免疫缺陷患者合并细菌性感染183例(J). 中华传染病杂志，2001，19(2)：119~120
[8]林剑 免疫遗传学(M). 北京：高等教育出版社，1997
[9]涂伟等. T细胞免疫缺陷症的类型与发病机制与发病机理(J). 国外医学(免疫学分册)，2002，25(4)：205~208
[10]程水生. 免疫缺陷动物和转基因动物(J). 中国兽药杂志，1993，27(2)：46~49
[11]何启盖. 猪病. 2000，(5)：15~17
[12](美)T. Opriessing等. 第十八界国际猪病会议论文. 2004. 6. 27
[13]佚名. 论猪的免疫抑制综合症及其防制策略